DICTIONNAIRE TOPOGRAPHIQUE

DU

DÉPARTEMENT DE LA VIENNE

COMPRENANT

LES NOMS DE LIEU ANCIENS ET MODERNES

RÉDIGÉ SOUS LES AUSPICES

DE LA SOCIÉTÉ DES ANTIQUAIRES DE L'OUEST

PAR

M. L. RÉDET

MEMBRE DE CETTE SOCIÉTÉ
MEMBRE NON RÉSIDANT DU COMITÉ DES TRAVAUX HISTORIQUES ET DES SOCIÉTÉS SAVANTES
ANCIEN ARCHIVISTE DU DÉPARTEMENT

PARIS

IMPRIMERIE NATIONALE

M DCCC LXXXI

DICTIONNAIRE TOPOGRAPHIQUE

DE

LA FRANCE

COMPRENANT

LES NOMS DE LIEU ANCIENS ET MODERNES

PUBLIÉ

PAR ORDRE DU MINISTRE DE L'INSTRUCTION PUBLIQUE

ET SOUS LA DIRECTION

DU COMITÉ DES TRAVAUX HISTORIQUES ET DES SOCIÉTÉS SAVANTES

INTRODUCTION.

I

Le département de la Vienne, situé entre les 51° 16′ et 52° 41′ de latitude septentrionale, et entre les 1° 24′ et 2° 72′ de longitude occidentale du méridien de Paris, est borné au Nord par les départements de Maine-et-Loire et d'Indre-et-Loire, à l'Est par ceux d'Indre-et-Loire, de l'Indre et de la Haute-Vienne, au Sud par ceux de la Haute-Vienne et de la Charente, et à l'Ouest par celui des Deux-Sèvres. Sa plus grande étendue, du Nord au Sud, est de 125 kilomètres, et sa plus grande largeur, de l'Est à l'Ouest, de 90 kilomètres.

D'après le cadastre, sa superficie est de 697,300 hectares qui se subdivisent ainsi qu'il suit :

Terres labourables...............................	412,290ʰ	35ᵃ
Prés..	49,067	09
Vignes...	29,782	52
Vergers, pépinières, jardins......................	6,118	75
Oseraies, aunaies, saussaies......................	60	34
Bois imposables.................................	78,775	49
Forêts nationales................................	6,311	92
Châtaigneraies..................................	955	97
Semis de sapins.................................	655	19
Landes, pâtis, bruyères, marais, rochers, terres vaines et vagues..	89,735	26
Carrières et mines...............................	31	74
Propriétés bâties imposables......................	3,497	38
Cimetières, églises, presbytères, bâtiments publics...........	227	49
Routes, chemins, rues, places publiques................	15,911	35
Rivières et ruisseaux.............................	2,834	51
Étangs..	912	79
Mares, canaux, abreuvoirs........................	132	74

La température moyenne du département est d'à peu près 12 degrés du thermomètre centigrade au-dessus de 0, ce qui constitue un climat tempéré. Janvier, le mois ordinairement le plus froid, marque en moyenne + 2°,72, et juillet, mois le plus chaud, + 21°,36. La moyenne des chaleurs extrêmes observées pendant un grand nombre d'années a donné + 31°, et celle des froids excessifs − 10°,80. Les vents dominants sont ceux du Sud-Ouest et de l'Ouest, qui règnent près de la moitié de l'année et amènent avec eux la pluie; le vent du Nord-Est, qui amène un temps sec et serein ou une reprise de l'hiver quand il souffle dans la dernière quinzaine de mars; enfin les vents du Sud et du Sud-Est, beaucoup plus rares, très variables, tièdes, humides et précurseurs des grandes pluies en mai, septembre et janvier, plus rarement en juillet et août. Il tombe chaque année en moyenne une quantité de pluie qui ne s'écarte guère de 0^m,60 de hauteur.

Plus des trois quarts de la surface du département, à l'Est, au centre, à l'Ouest et au Sud, ne forment pour ainsi dire qu'un vaste plateau ou plaine élevée, se relevant légèrement au Sud-Est et à l'Ouest, mais il est scindé par de profondes vallées, généralement dirigées du Sud au Nord. L'élévation moyenne de ce plateau varie de 140 à 150 mètres au-dessus du niveau de la mer. Au contact des pentes granitiques du Limousin et de la Vendée, cette élévation acquiert 180 et même 220 mètres; elle se maintient à 160 et 170 mètres dans la partie Sud, le long d'une ligne tirée du Sud-Est au Nord-Ouest, entre Availle-Limousine et Sanxay, et atteint même le chiffre de 194 mètres au faîte de la colline de Champagné-Saint-Hilaire. Cette uniformité de la surface du département, au point de vue de son relief général, cesse vers le Nord-Ouest, sur la rive gauche de la Vienne, partie du territoire qui est principalement formée par les terrains crayeux. Ces terrains sont partagés en petites chaînes de collines et en mamelons séparés les uns des autres par de petites vallées et de nombreux plis de terrain qui rendent cette partie du département plus accidentée que le reste de la contrée[1].

Quoique le département de la Vienne soit placé entre les massifs granitiques du Limousin et de la Vendée, le granite n'y paraît à découvert que sur une étroite lisière au Sud-Est; il présente, en outre, deux gisements de peu d'étendue au port Séguin, sur les deux rives du Clain, près Ligugé, et à Champagné-Saint-Hilaire. Au-dessus du granite et à la base des terrains jurassiques reposent les assises du lias, qui apparaît généralement au fond des vallées et sur quelques pentes élevées dans la moitié Sud du département. Dans la généralité de ses gisements, il ne présente bien développé que son étage supérieur (l'étage thoarcien de d'Orbigny), formé de marnes gris bleuâtre entremêlées de lits de moellons argilo-calcaires. Ses marnes putrides sont un

---

[1] Renseignements extraits de la *Géographie populaire du département de la Vienne*, par M. de Longuemar, p. 7 et 8.

prend deux groupes entièrement distincts. Le plus inférieur, composé de couches alternatives d'argiles, de marnes et surtout de sables gris, jaunes et verts, contenant des grès coquilliers, des grès ferrugineux et glauconieux, des moellons argilo-calcaires, du bois silicifié et pyriteux, etc., correspond évidemment aux grès verts ou étage cénomanien de d'Orbigny. Outre les caractères minéralogiques que nous venons de lui assigner, il est reconnaissable par le nombre considérable de fossiles qu'il renferme. Le groupe qui le surmonte est presque entièrement calcaire, si ce n'est à sa base et à sa partie supérieure; ses couches inférieures (celles qui reposent immédiatement sur l'étage cénomanien) débutent par des assises de craie argileuse passant rapidement à la craie blanc grisâtre. Peu à peu cet étage passe à la texture un peu sablonneuse du tufau, se colore en jaune verdâtre et devient plus solide. Cette modification est en outre signalée par un certain nombre de fossiles agglomérés à la partie supérieure et caractérisant nettement l'étage turonien de d'Orbigny. Enfin, à la partie supérieure se montrent, au milieu de sables verdâtres micacés et d'argile, une quantité considérable de coraux et de spongiaires siliceux appartenant à des genres qui caractérisent l'étage sénonien, réduit à quelques rudiments.

Au-dessus des craies et chevauchant sur les calcaires jurassiques, le lias et le granite, viennent les couches tertiaires qui sont argilo-sableuses et alors très propres à fabriquer des tuiles, des tuyaux de drainage et même des poteries; ou marneuses, avec meulières (propres à faire des meules de moulin), et calcaires d'eau douce (utiles pour la fabrication de chaux maigres); ou enfin coquillières et marines. On rencontre dans ces terrains d'abondants silex et des grès qui, les uns et les autres, sont propres au pavage des routes.

Outre les terrains de transport anciens formant les assises principales qui tapissent le fond et le flanc des vallées, de nouvelles couches viennent sans cesse recouvrir les anciennes, soit par suite des crues annuelles des rivières qui déposent des limons sur les prairies, soit par des éboulements que les eaux pluviales déterminent le long des pentes. L'action des courants est surtout dénoncée par le creusement des innombrables puits naturels ou siphons qui perforent d'outre en outre les étages jurassiques et donnent naissance aux sources des vallées; par les sillons qui entament si profondément les roches formant les berges de ces vallées; enfin par les masses de grès, de calcaires, de granites, dénudées des couches meubles au milieu desquelles elles s'étaient formées et reposant immédiatement aujourd'hui sur des roches d'une nature différente. Elle n'est pas moins indiquée par les formes tourmentées du sol dans toute la partie du département occupée par la craie. La période qui a suivi les dernières alluvions a en outre laissé des traces bien reconnaissables sur le sol du département. Ces traces

INTRODUCTION.

amendement précieux pour l'agriculture et ses calcaires argileux fournissent d'excellente chaux hydraulique. En général, cet étage est disloqué et masqué par les calcaires poreux de l'oolithe inférieur (étage bajocien de d'Orbigny), et se montre rarement à découvert sur une surface étendue. C'est au contact des marnes argileuses du lias avec les bancs jurassiques qui les surmontent que s'écoulent les sources les plus abondantes, telles que la Font-de-Cé, à Lusignan, la fontaine de Gabouret, au Nord de Cloué, celles de Fleury, près Montreuil-Bonnin, de Gouex, de Fontjoise, de la Truite, de Ligugé, de Fontaine-le-Comte, etc.

L'oolithe inférieur, comprenant les deux étages bajocien et bathonien de d'Orbigny, se présente immédiatement au-dessus de l'étage thoarcien du lias et forme un massif apparent assez considérable dans tout le Sud du département. Ses assises, d'une texture généralement grossière, sont sillonnées soit de bancs siliceux continus, soit de rognons isolés de silex disposés par lits. Elles fournissent des pierres d'appareil de grandes dimensions, mais difficiles à travailler, des silex pour l'entretien des routes et quelques couches pulvérulentes exploitées comme amendement pour les terres argileuses. A partir de l'étage bathonien se développent les étages qui composent l'ensemble de l'oolithe moyen, c'est-à-dire le callovien, l'oxfordien et le corallien. Toutefois, ce n'est que dans le Nord du département qu'on rencontre ces trois termes plus ou moins développés; dans le Sud, l'étage callovien et un peu de l'oxfordien se montrent seuls; ce dernier et le corallien se développent plus complètement dans le département de la Charente. Considérées dans leur ensemble, les assises de l'étage callovien sont essentiellement calcaires, celles de l'étage oxfordien proprement dit argilo-calcaires et celles de l'étage corallien tantôt purement calcaires et tantôt argilo-calcaires. C'est l'étage le plus inférieur, c'est-à-dire le callovien, qui offre les gisements les plus riches à exploiter comme pierres d'appareil et d'ornementation; leur grain ferme et serré se prête à tous les besoins de la construction. Les calcaires argileux fournissent des chaux maigres, et certaines assises offrent même des matériaux qui, par la finesse de leur pâte, se rapprochent beaucoup des pierres lithographiques. Comme il a été observé ci-avant, le granite et le lias ne se montrent à découvert que sur des surfaces peu étendues; les formations jurassiques, au contraire, occupent une très grande partie du département et notamment la presque totalité des arrondissements de Civray, de Montmorillon et de Poitiers, et une certaine portion de celui de Loudun.

La formation crétacée n'existe que dans la partie du département située au Nord de Poitiers, et encore y laisse-t-elle apercevoir çà et là de larges traces de l'oolithe moyen, soit par suite des failles qui ont dérangé l'assiette primitive des étages, soit parce que les eaux ont détruit les couches de grès verts qui les revêtaient. Elle com-

INTRODUCTION.

consistent dans les travertins qui se forment encore de nos jours, les stalactites et stalagmites des grottes naturelles, les tourbières de la plupart de nos vallées et les éboulements qui tapissent la base de leurs berges[1].

Au point de vue de l'écoulement général des eaux, le département de la Vienne est partagé en deux versants; le plus considérable, incliné vers le Nord, conduit les eaux à la Loire; l'autre, incliné vers le Sud-Ouest, les porte directement à l'Océan. Ce dernier comprend les deux bassins de la Charente et de la Sèvre, qui n'occupent qu'une petite étendue de la surface du département.

Le versant Nord comprend le bassin de la Dive, affluent du Thouet, qui se jette dans la Loire au-dessous de Saumur, et le bassin de la Vienne qui, après avoir recueilli sur le territoire du département et sur celui d'Indre-et-Loire les divers cours d'eau arrosant le versant Nord, va elle-même rejoindre la Loire à Candes.

Le bassin de la Dive embrasse une surface d'environ 813 kilomètres carrés. Cette rivière, qui, dans la majeure partie de son cours, sert de limite au département à l'Ouest, prend sa source près Montgauguier et reçoit sur sa droite le ruisseau de Cuhon, le Prepson, la Briande et la Petite-Maine.

Le bassin de la Vienne, y compris les petits bassins de la Veude et du Négron, qui n'atteignent cette rivière que sur le territoire d'Indre-et-Loire, peut être estimé à 5,810 kilomètres carrés. La Vienne prend sa source à l'extrémité Nord du département de la Corrèze, parcourt ceux de la Haute-Vienne et de la Charente avant de pénétrer dans celui de la Vienne qu'elle traverse du Sud au Nord sur une étendue de 116 kilomètres. Elle reçoit sur sa rive gauche la Dive de Mortemer, le Clain et l'Envigne, et, sur sa rive droite, la Grande et la Petite-Blour, l'Auzon et la Creuse.

Le Clain et la Creuse sont les deux principaux affluents de la Vienne. — Le Clain prend sa source dans le département de la Charente, à 6 kilomètres Sud de la limite du département de la Vienne, et traverse du Sud au Nord les arrondissements de Civray et de Poitiers avant de se jeter dans la Vienne, près Cenon, dans l'arrondissement de Châtellerault. Il reçoit sur sa rive gauche la Dive de Couhé réunie à la Bouleur, la Vonne, la Boivre, l'Auzance et la Palu, et, sur sa rive droite, le Pairoux, la Clouère et le Miosson. Son cours est d'environ 120 kilomètres, et son bassin comprend 2,400 kilomètres carrés. — La Creuse limite le département à l'Est et le sépare de celui d'Indre-et-Loire sur une longueur d'environ 40 kilomètres, depuis son confluent avec la Gartempe, un peu au-dessus de la Roche-Posay, jusqu'à son confluent avec la

---

[1] Tous les renseignements sur la constitution géologique ont été puisés dans l'*Esquisse géologique du département de la Vienne*, par M. de Longuemar, insérée dans l'Annuaire administratif et statistique de ce département (année 1861, p. 205), et dans la *Géographie populaire du département de la Vienne*, par le même.

Vienne, près le Port-de-Piles. La Gartempe traverse du Sud au Nord l'arrondissement de Montmorillon et, après avoir reçu l'Anglin, la commune de Vicq, dans l'arrondissement de Châtellerault; puis, sur un parcours de 7 kilomètres, sépare le département de la Vienne de celui d'Indre-et-Loire avant de se réunir à la Creuse. L'Anglin n'arrose dans le département que la commune d'Angle, après s'être accru, sur le territoire de l'Indre, de la Benaise et du Saleron, qui parcourent du Sud au Nord l'arrondissement de Montmorillon. L'Anglin, comme la Creuse, la Gartempe et la Benaise, vient du département de la Creuse.

Dans le versant Sud, le bassin de la Charente n'embrasse qu'une surface de 260 kilomètres carrés. Cette rivière sort du département auquel elle donne son nom pour y rentrer après un parcours d'environ 40 kilomètres; elle n'a pour affluents que des ruisseaux. Le bassin de la Sèvre n'occupe à l'Ouest qu'une étroite étendue, sur laquelle il n'existe point d'eaux courantes [1].

La Vienne est navigable à partir du barrage de Châtellerault; la Creuse ne l'est qu'à partir du port de l'Auvernière jusqu'à son confluent avec la Vienne, sur une longueur de 8,400 mètres. La Dive de Moncontour a été canalisée depuis Pas-de-Jeu jusqu'à son embouchure dans le Thouet.

Il n'existe de marais de quelque étendue que sur les bords de la Dive de Moncontour et de la Palu. Des étangs encore assez nombreux sont disséminés dans les cantons de Montmorillon, Lussac-le-Château, la Trimouille, l'Isle-Jourdain et Availle-Limousine.

Les forêts et bois occupent une superficie de 85,087 hectares, environ la huitième partie du sol du département. Les principales forêts, celles de Moulière, de Vouillé-Saint-Hilaire, de Saint-Sauvant, de la Mareuille et de Châtellerault, appartiennent à l'État (la dernière en partie seulement). Les autres forêts ayant une superficie de plus de 500 hectares sont celles de la Guerche, de la Groie et de Pleumartin, dans l'arrondissement de Châtellerault; de Scévolle, dans l'arrondissement de Loudun; de Verrières et de Lussac, dans l'arrondissement de Montmorillon; de l'Épine, dans l'arrondissement de Poitiers.

Le sol boisé était autrefois beaucoup plus étendu; les documents anciens mentionnent un assez grand nombre de forêts qui, si elles n'ont pas été défrichées, ont fait place à quelques taillis ou à des brandes. Telles sont les forêts de Corbery, près Vaux, de Saint-Remy, de Puymilleroux (commune de Dangé), de Montoiron, de Morillaut (commune de Chenevelles), d'Archigny, de Cenan, de Gâtine (entre Saint-Pierre-de-

---

[1] La plupart des renseignements sur les cours d'eau sont extraits de la *Géographie populaire du département de la Vienne*, p. 11 et suiv.

Maillé et la Puye), de Gâtine (commune de Coulombiers), de Chasseport (commune de Jazeneuil), de Fontaine-le-Comte, de la Doussière (commune de Pouzioux), du Lan (commune de la Chapelle-Viviers), de Chavagne ou Montmorillon (communes de Leigne et la Chapelle-Viviers), du Bourg-Archambault, d'Oriou (communes de Salles et Civaux), des Fayes-d'Anché (commune d'Anché), de Gençay (commune de la Ferrière), de Jean (commune de Saint-Romain), d'Usson, des Guillemans (commune d'Usson).

II

Le territoire formant aujourd'hui le département de la Vienne était compris dans le pays des Pictons, peuple gaulois mentionné pour la première fois par César. Les Gaulois ou Celtes étant le premier peuple que l'histoire nous fasse connaître dans la vaste région à laquelle a été donné le nom de *Gaule*, les plus anciens vestiges de la présence de l'homme qui s'y rencontrent leur sont attribués. Mais les découvertes et les explorations multipliées qu'on a faites dans ces derniers temps ont révélé l'existence de populations antérieures aux âges historiques les plus reculés, et, par cette raison, les monuments jusqu'alors dits *celtiques* ont été appelés *préhistoriques* ou *antéhistoriques*. C'est surtout dans les cavernes qu'on a trouvé les témoignages les plus frappants de l'ancienneté de ces populations; des ossements humains et des produits de l'industrie humaine s'y montrent mêlés à des fragments innombrables d'ossements d'animaux appartenant à des espèces dont une grande partie n'existent plus dans les contrées où sont situées ces cavernes. Celles qu'on a explorées dans le département de la Vienne, et notamment celles du Chaffault (commune de Savigné, près Civray), ont fourni un notable contingent de matériaux pour l'étude de cet ancien monde. D'autre part, les fouilles qu'on a faites dans les *tumulus* et dans le sol recouvert par les dolmens ont produit des résultats analogues; on y a trouvé des débris de l'industrie humaine qui se rapportent aux époques les plus anciennes, désignées aujourd'hui sous le nom d'*âge de la pierre*. Les dolmens disséminés sur le territoire du département sont encore très nombreux; on en compte plus de quarante, communément appelés *pierres levées*; ceux de Poitiers, de Mavault, d'Andillé, sont les plus connus; la Pierre Folle (commune de Bournan) est une allée couverte des plus remarquables. Un grand nombre de ces monuments ont été détruits; on en trouvera quelques-uns mentionnés au *Dictionnaire*, au mot PIERRE-LEVÉE.

Lors de la conquête romaine, le pays des Pictons faisait partie de la Gaule celtique. Les limites de l'Aquitaine ayant été, sous l'empire d'Auguste, reculées jusqu'à la Loire, il fut compris dans cette région; ensuite, lorsqu'elle eut été divisée par Dioclétien en Novempopulanie, première et seconde Aquitaine, il appartint à cette dernière. Dans la Notice des provinces et cités de la Gaule, rédigée sous l'empereur Honorius, la cité des Poitevins (*civitas Pictavorum* ou *Pectavorum*) est placée, après celles d'Agen, d'Angoulême et de Saintes, parmi celles qui relevaient de la métropole de Bordeaux, dans la province d'Aquitaine seconde.

Limonum, capitale du pays des Pictons, est mentionné dans les Commentaires de César, la Géographie de Ptolémée, la Table de Peutinger et l'Itinéraire d'Antonin, et dans les inscriptions de plusieurs bornes milliaires des règnes d'Adrien, Commode et Alexandre Sévère. A partir du ive siècle, cette ville ne fut plus connue que sous le nom du peuple dont elle était la capitale; elle est appelée *Pictavi* par Ammien Marcellin.

Sous la domination romaine, des voies nombreuses rayonnaient autour de *Limonum*. Les principales étaient celles qui se dirigeaient sur Saintes, sur Bourges, sur Tours et sur Nantes; elles sont tracées sur la Table de Peutinger. Les deux premières, d'après l'Itinéraire d'Antonin, formaient un tronçon de la voie de Bordeaux à Autun; elles ont laissé de nombreux vestiges sur le sol du département.

Celle qui venait de Saintes abordait le territoire des Pictons avant d'arriver à Aunay (*Avedonnaco* de la Table de Peutinger, *Aunedonnacum* de l'Itinéraire), passait à Brioux (*Brigiosum*, non mentionné dans l'Itinéraire), à Rom (*Rauranum* suivant l'Itinéraire, *Rarauna* suivant la Table); puis, à 6 kilomètres de cette dernière station, franchissait la limite actuelle du département de la Vienne et se dirigeait en droite ligne sur Vivonne; elle est indiquée sur la carte de l'état-major. En deçà de Vivonne, on en perd la trace; mais on la retrouve très apparente à l'Est de Mezeaux, à sa descente dans le vallon arrosé par le ruisseau de Fontaine-le-Comte, et dans les bois qui sont sur le versant opposé; passant près Fief-Clairet, elle abordait Poitiers par la Tranchée.

En quittant Poitiers, la voie de Bordeaux à Autun se dirigeait vers Argenton (*Argentomagus*), en traversant la Vienne au gué pavé des Chirets, près Saint-Pierre-des-Églises, la Gartempe au gué de Ceaux, entre Saint-Savin et Antigny, et l'Anglin à Ingrande, qui est la station *Fines* indiquée dans l'Itinéraire et sur la Table, et dans les inscriptions de trois bornes milliaires des règnes d'Adrien, Commode et Alexandre Sévère. Ingrande, autrefois en Poitou, fait aujourd'hui partie du département de l'Indre. La voie se dirigeait ensuite vers le Blanc; on en suit la trace sur la carte de l'état-major jusqu'à l'entrée de cette ville, à partir d'un point situé à 5 kilomètres environ de Saint-Pierre-des-Églises. La même carte en signale aussi un tronçon de 5 kilo-

INTRODUCTION.

mètres aboutissant à la Vienne sur la rive gauche. On trouve cette voie désignée dans les anciens titres sous les noms de *Chemin Chaussé*, *Chemin de la Chaussée* et *Chemin des Romains* (Voy. au *Dictionnaire* les mots CHAUSSÉ (CHEMIN), CHAUSSÉE (CHEMIN DE LA) et ROMAINS (CHEMIN DES)).

L'Itinéraire d'Antonin ne fait pas connaître d'autre voie sur le territoire des Pictons. Celle de *Limonum* à *Cæsarodunum* (Tours) est tracée sur la carte de Peutinger, mais sans station intermédiaire. Néanmoins, d'après les inscriptions de trois bornes milliaires du règne de l'empereur Adrien, conservées dans le parc du château du Fou (commune de Vouneuil-sur-Vienne), il existait un lieu appelé *Fines* à 16 lieues de *Limonum*. Ce lieu ne pouvait être celui du même nom qui se trouvait sur la voie d'*Argentomagus*, puisque ce dernier était situé à 21 lieues de *Limonum*. Or, la distance de 16 lieues convient à Ingrande, situé à 7 kilomètres au Nord de Châtellerault, sur la ligne directe de Poitiers à Tours. Ce *Fines* ou Ingrande devait donc être à la limite des Pictons et des Turons, comme l'autre l'était du côté des Bituriges. La voie dont il s'agit a été reconnue sur les hauteurs qui longent la rive droite du Clain; elle est indiquée sur la carte de l'état-major depuis Fontaine (commune de Chasseneuil) jusqu'au delà de Saint-Cyr.

La voie de *Limonum* au *Portus Namnetum* (Nantes) n'a pas laissé autant de traces que les précédentes. Elle traversait le territoire de Quinçay, où elle était appelée *Chemin de la Chaussée* (1517, 1539, 1608), le territoire d'Ayron, où elle était connue sous le nom de *Chemin de Saint-Hilaire* (1383, Grand-Gauthier); elle se dirigeait ensuite vers Faye-l'Abbesse (canton de Bressuire, département des Deux-Sèvres), en passant à la Chaussée-Faubert (commune de Thénezay) et à la Chaussée (commune de Gourgé). La Table de Peutinger indique une seule station sur cette voie, *Segora*, qu'on a tour à tour identifiée avec les localités les plus diverses; aujourd'hui la Ségourie (commune du Fief-Sauvin, près Beaupréau) rallie le plus grand nombre de suffrages; mais le tracé de la voie qui relierait Faye-l'Abbesse à cette localité n'a pas encore été reconnu, et la Commission de géographie historique de l'ancienne France se refuse à admettre cette identification.

Parmi les voies qui ne sont pas tracées sur la Table de Peutinger, celle qui a laissé le plus de vestiges mettait *Limonum* en communication avec *Augustoritum*, capitale des Lémovices. On la suit dans une grande partie de son parcours sur le territoire du département. Elle passait entre Nouaillé et Beauvoir, se dirigeait vers Bouresse, traversait la Vienne au-dessous du port de Queaux, passait entre Moussac et Nérignac, laissait Mouterre et Luchapt à sa gauche et, en franchissant la limite de la commune d'Asnières, entrait sur le territoire des Lémovices. La carte de l'état-major en indique de grands tronçons entre Poitiers et Bouresse et entre Queaux et Luchapt. On la trouve mentionnée dans les anciens titres sous les noms de *Chemin de la Grande-Chaussade*, *Grand Chemin de la Chaussée* et *Chemin ferré* (Voy. au *Dictionnaire* les mots CHAUSSADE et CHAUSSÉE (CHEMIN DE LA).

Une autre voie, se détachant de celle d'Argenton à peu de distance de Poitiers, se dirigeait vers l'Est en passant à Savigny-l'Évêcault et au Pas de Saint-Martin, et traversait la Vienne, soit à Toulon, soit à Cubord. C'est le chemin, tracé sur la carte de Cassini, qu'on a suivi pour aller de Poitiers à Montmorillon jusqu'à l'époque où (au commencement du siècle actuel) a été ouverte la route de Poitiers à Limoges par Lomaizé et Lussac-le-Château.

Au Nord, deux voies dont le parcours n'a pas été l'objet d'études suffisantes se dirigeaient, l'une vers le Loudunais, l'autre vers le Thouarsais. La première est jalonnée par quelques points de repère, tels que la Haute-Chaussée, commune de Thurageau, et la Chaussée, chef-lieu de commune. En 1388, elle était signalée sur le territoire de la commune de Chouppes sous la dénomination de Grand Chemin Chaussé. Elle passait peut-être aux Tours-Milandes, ruines romaines, près Vendeuvre. L'autre voie, se détachant au delà de Vouillé de celle de *Limonum* au *Portus Namnetum*, se dirigeait par Beauvais (commune de Cherves) vers Marnes (canton d'Airvault, département des Deux-Sèvres), traversait le Thouet au gué de Noizé et le Thouaret sur un pont dont on voit des restes près le hameau du Chillas (commune de Luzay, près Thouars), et continuait vers l'Ouest.

Au Sud, une voie, qui s'embranchait probablement sur celle de Poitiers à Saintes vers les Minières (commune de Pairé), suivait à peu près la même direction que la route moderne de Poitiers à Angoulême; dans des titres de 1562 et 1741, elle est appelée *Chemin de la Chaussée*, tendant de Chaunay aux Maisons-Blanches. Dom Fonteneau a cité plusieurs actes du XIVe et du XVe siècle où cette voie au delà de Ruffec est appelée *via publica de la Chaussade*. D'après des observations récentes, elle laissait Angoulême sur la droite et tendait vers Périgueux.

Quant aux voies transversales qui n'aboutissaient pas à la capitale des Pictons, la seule sur laquelle on ait des données positives, d'après les indications de dom Fonteneau, est celle qui passait à Charroux, désignée dans un acte de 1259 par les mots *via seu strata publica antiqua*, et qui, d'un côté, se serait dirigée sur Ruffec pour rejoindre à Aunay la voie de Poitiers à Saintes, et, de l'autre, se serait inclinée vers le Nord-Est pour atteindre, vers Queaux, la voie de Poitiers à Limoges.

Suivant le géographe Ptolémée, la partie la plus septentrionale de l'Aquitaine près la mer était occupée par les Pictons, dont les villes étaient *Ratiatum* et *Limonum*. Le pays des Pictons s'étendait donc jusqu'à la Loire, puisque *Ratiatum*, aujourd'hui Rezé, près Nantes, était situé sur la rive gauche de ce fleuve. Il devait comprendre dès lors le territoire des *Ambilatri* et des *Anagnutes*, que Pline l'Ancien nomme avant les *Pictones* et les *Santones* dans sa description de l'Aquitaine. Aucun autre auteur n'ayant fait mention de ces deux peuplades, dont aucun nom géographique d'ailleurs n'a conservé la trace, on a été réduit à conjecturer qu'elles occupaient le Nord du pays des Pictons. Suivant l'opinion de d'Anville et de plusieurs autres géographes, les Agésinates, aussi mentionnés par Pline (*Agenisates Pictonibus juncti*), auraient habité cette partie du Poitou située au bord de l'Océan, où se trouve le bourg d'Aizenay; mais la place attribuée à ce peuple dans l'énumération de ceux de l'Aquitaine et les mots *Pictonibus juncti* ont fait penser avec raison qu'il fallait le chercher au Sud et en dehors du pays des Pictons, et qu'il avait peut-être pour capitale Angoulême. Le pays des Pictons aurait donc été limité au Sud par les Santons et les Agésinates; il l'était à l'Est par les Lémovices, les Bituriges *Cubi* et les Turons; au Nord, par les Turons, les Andes et les Nannètes, et à l'Ouest par l'Océan.

Les divisions du pays des Pictons sous la domination romaine sont inconnues. Peut-être faut-il faire remonter à cette époque quelques-unes de celles qui existèrent dans les premiers siècles du moyen âge, telles que les pays d'Herbauge et de Mauge, le *pagus Briocensis* et le *pagus Toarcensis,* dont il sera question ci-après. Le mot *pagus* employé par Grégoire de Tours pour désigner le Poitou dans son entier, l'ancienne *civitas Pictavensis* identique au diocèse de Poitiers, s'appliqua aussi aux divisions de cette région. Jusqu'à la fin du xie siècle, ce mot eut cette double acception.

Les limites du *pagus Pictavus*, formées au Nord-Ouest par la Loire sur une assez grande étendue (depuis l'embouchure de ce fleuve jusqu'à Chalonne), furent considérablement modifiées au ixe et au xe siècle. D'abord le pays de Retz, partie du pays d'Herbauge confinant à la Loire, fut annexé au comté de Nantes en 851; puis le pays de Mauge, tombé aussi au xe siècle en la possession des comtes de Nantes, fut réuni à l'Anjou au commencement du xie siècle.

Ces démembrements du *pagus Pictavus* dans l'ordre politique eurent les mêmes conséquences dans l'ordre religieux; les contrées qui en furent détachées furent réunies aux diocèses de Nantes et d'Angers [1]. Mais les autres changements qui eurent lieu dans

---

[1] Les circonscriptions ecclésiastiques ont subi peu de changements. Ceux qui eurent lieu dans la limite septentrionale du diocèse sont les seuls dont on ait connaissance avant le grand démembrement de 1317. On serait toutefois fondé à croire que ces mêmes limites furent aussi déplacées entre la Vienne et la Creuse. Ingrande, comme toutes les autres localités du même nom, devait se trouver sur les confins de deux peuplades gauloises. Or, ce bourg, situé sur la voie de Poitiers à Tours, est à 15 kilomètres de la Creuse qui,

la circonscription du comté de Poitou n'apportèrent aucune modification aux limites ecclésiastiques. Ainsi tout le doyenné de Vihiers, un tiers environ de celui de Thouars (où se trouvaient Montreuil-Bellay, Passavant et le Puy-Notre-Dame), le Loudunais, le Mirebalais, Moncontour et son territoire, Fontevrault, en l'archiprêtré de Loudun, et près de la moitié de l'archiprêtré de Faye-la-Vineuse, furent réunis à l'Anjou sans cesser de faire partie du diocèse de Poitiers. Il en fut de même de 9 paroisses de l'archiprêtré de Châtellerault annexées en tout ou en partie à la Touraine, et de 53 paroisses des archiprêtrés d'Ambernac, Ruffec et Bouin, annexées à l'Angoumois et à la Saintonge [1].

Ces pertes de territoire, au Nord et au Sud, furent compensées à l'Est et au Sud-Est par l'effet de la suzeraineté des comtes de Poitou sur le comté de la Marche, dans le diocèse de Limoges. Le sénéchal de Poitou étendit sa juridiction sur toute la Basse-Marche, comprenant, outre le territoire qui forma le ressort des sièges royaux du Dorat et de Bellac, les vicomtés de Rochechouart, de Brosse, de Bridiers, qui relevèrent du comté de Poitou depuis la révolte de Hugues X de Lusignan contre Alphonse, frère de saint Louis [2]; les châtellenies de Brigueil-l'Aîné, Saint-Victurnien, Lussac-les-Églises, Peyrat, Pontarion, etc., Bourganeuf et sa juridiction : le tout régi par la coutume du Poitou, à l'exception des contrées ressortissant au siège de Bellac, où l'on suivait le droit écrit. Tout le territoire non attribué aux deux sièges du Dorat et de Bellac le fut à celui de Montmorillon. (Voy. ce mot au *Dictionnaire*.) Dans ce dernier étaient aussi compris le Blanc, Saint-Benoît-du-Saut, Bellabre et 22 autres paroisses du diocèse de Bourges. Dès 911, Pouligny, situé au Nord du Blanc, était le chef-lieu

avant le concordat de 1801 comme depuis, a formé la séparation au Nord entre le diocèse de Poitiers et celui de Tours. On peut remarquer qu'au VIIe siècle, lorsque le corps de saint Léger fut transporté à Saint-Maixent, l'évêque de Tours l'accompagna jusqu'à Ingrande, où il se reposa après être entré en Poitou : *Cum intravisset Pictavense solum... requievit paullulum in quodam viculo Igorande vocabulo* (vita S. Leodegarii, ap. Acta SS. ord. S. Bened. sæc. II, p. 696). Si la Creuse avait formé alors la limite entre les deux diocèses, l'évêque de Tours n'eût pas franchi cette rivière pour pénétrer aussi avant dans le diocèse de Poitiers. On pourrait aussi, à l'appui de la même thèse, citer un acte du cartulaire de Saint-Cyprien (p. 183), suivant lequel, vers 980, Mousseaux, *Moncelli*, commune des Ormes, faisait partie du *pagus Turonicus*, de même qu'une autre localité appelée *Macheries*, et qui pourrait être Mazières, commune de Saint-Remy. Il est constant d'ailleurs qu'une petite portion du territoire entre la Vienne et la Creuse a fait partie jusqu'en 1654 du diocèse de Tours; elle comprenait les localités appelées *Coupé, le Pin, les Poussardières* et *la Pelussière*, qui furent détachées de la paroisse d'Antogny-le-Tillac pour accroître celle des Ormes, créée à cette époque.

[1] De ces 53 paroisses, 7 de l'archiprêtré d'Ambernac, 33 de l'archiprêtré de Ruffec et 9 de l'archiprêtré de Bouin furent réunies à l'Angoumois; 1 de l'archiprêtré de Ruffec (Courcome) et 3 de l'archiprêtré de Bouin (Loubillé, Saint-Fraigne et les Gours), à la Saintonge.

[2] *Mémoires* de MM. Robert du Dorat (collection de D. Fontenau, t. XXIX, p. 105; t. XXX, p. 83 et 265).

d'une viguerie du *pagus Pictavus*, *vicaria Pauliniacensis*. Enfin une extension de territoire échut au Poitou au delà de son ancienne frontière méridionale, c'est-à-dire dans les diocèses d'Angoulême et de Saintes. Dans le premier, les paroisses de Turgon, Parsac, Saint-Laurent-de-Céris, le Grand-Masdieu, Vieux-Cérier, Mouton, Lanville et Gourville ressortissaient à la sénéchaussée de Poitiers; celles de Montembœuf, Vitrac, Chasseneuil et les Pins, à la sénéchaussée de Civray. Dans le diocèse de Saintes, qui s'avançait jusqu'à Saint-Florent, à la porte de Niort, 20 paroisses étaient au ressort du siège royal de cette ville.

DIVISIONS ECCLÉSIASTIQUES.

Le plus ancien document qui fasse connaître l'organisation du diocèse de Poitiers est le pouillé rédigé dans les premières années du xive siècle par l'évêque Gauthier de Bruges, peu de temps avant l'érection des sièges épiscopaux de Maillezais et de Luçon. D'après ce pouillé, le diocèse était divisé en 3 archidiaconés, subdivisés en 22 archiprêtrés et 8 doyennés; il y avait en outre un doyenné, celui d'Aizenay, qui ne dépendait d'aucun archidiaconé, et un certain nombre d'églises paroissiales qui ne faisaient partie d'aucun doyenné ou archiprêtré. Voici l'ordre dans lequel sont établies ces divisions :

I. L'archidiaconé de Briançay[1] ou Brioux (*archidiaconatus Briocensis*), comprenant 12 archiprêtrés et 3 doyennés, savoir : les archiprêtrés d'Ambernac, Ruffec, Bouin, Chaunay, Gençay, Rom, Lusignan, Melle, Sanxay, Exoudun, Saint-Maixent et Ardin, et les doyennés de Fontenay, Mareuil et Talmond. Il faut noter que 15 paroisses seulement de ce dernier doyenné sont dites appartenir à l'archidiaconé de Briançay; les autres, au nombre de 38, sont énumérées sans être rapportées à aucun archidiaconé.

II. Le doyenné d'Aizenay, en dehors des archidiaconés (*non habet archidiaconatum*).

III. L'archidiaconé de Thouars (*archidiaconatus Thoarcensis*), comprenant 2 archiprêtrés et 5 doyennés, savoir : les doyennés de Montaigu et de Saint-Laurent, l'archiprêtré de Pareds (*Alperiensis*), les doyennés de Vihiers, de Thouars et de Bressuire, et l'archiprêtré de Parthenay.

IV. L'archidiaconé de Poitiers (*archidiaconatus Pictavensis*), comprenant 9 archiprêtrés, savoir : Mirebeau, Loudun, Châtellerault, la Sie (*Sedis*), Mortemer, Lussac, Montmorillon, Faye-la-Vineuse et Angle.

---

[1] Ce nom de *Briançay*, employé seulement pour désigner l'archidiaconé de Brioux, paraît être une traduction vicieuse de *Briocensis*.

Enfin les églises *extra decanatus et archipresbyteratus* étaient celles de Maillé, Saint-Maurice près Niort, Notre-Dame, Saint-Vaise et Saint-Gaudent à Niort, Villefagnan, Sainte-Pezenne, Sciecq, Savigny, Dissay, Vendeuvre, Thuré, Chouppes, les Églises près Chauvigny, Saint-André de Niort, Celle-l'Évécault, Épieds, Smarve, Biard, Saint-Léger, Saint-Pierre, Saint-Martial et Saint-Just de Chauvigny, Sainte-Radegonde-en-Gâtine, Sèvre et Anxaumont. Il faut observer toutefois que, bien que les églises de Saint-Pierre et de Saint-Phêle de Maillé, de Celle-l'Évécault, Épieds, Smarve et Sainte-Radegonde-en-Gâtine soient mentionnées f° 139 v° et f° 178 v°, et celle d'Anxaumont f° 139 v°, comme étant *extra decanatus et archipresbyteratus,* elles sont classées parmi celles des archiprêtrés dont elles dépendirent avant 1790, savoir : celle de Maillé dans l'archiprêtré d'Angle (f° 148 v°); Celle-l'Évécault dans l'archiprêtré de Lusignan (f° 152); Épieds dans l'archiprêtré de Loudun (f° 172); Smarve dans l'archiprêtré de Gençay (f° 151); Sainte-Radegonde-en-Gâtine dans l'archiprêtré de Mortemer (f° 175), et Anxaumont dans celui de la Sie (f° 149). Aux églises *extra decanatus et archipresbyteratus,* il faut ajouter les 30 églises paroissiales de la ville de Poitiers, dont il n'est pas fait mention dans le pouillé.

L'époque où ces divisions furent établies ne peut être précisée. Aucun document ne prouve qu'il y ait eu avant le x° siècle plus d'un archidiacre dans le diocèse de Poitiers. Lorsqu'il en eut été institué trois, le territoire soumis à leur juridiction fut très inégalement partagé. Tandis que l'archidiacre de Briançay exerçait son autorité sur plus de 500 paroisses, celui de Thouars n'en avait que 320 dans son ressort, et celui de Poitiers 245 seulement (sans y comprendre celles de la ville épiscopale).

L'archidiaconé de Briançay embrassait toute la partie méridionale du diocèse, depuis les frontières du Limousin jusqu'à la mer. Il engloba le *pagus Briocensis* dans son entier, et s'étendit sur les autres *pagi* situés entre celui-là et l'Océan, y compris une partie du *pagus Herbadillicus.* Au Sud et à l'Est, l'archidiaconé et le *pagus Briocensis* avaient pour limites communes celles du diocèse même; au Nord-Est, ces limites paraissent avoir aussi coïncidé. Vivonne, Alonne, Iteuil, Marçay, en l'archiprêtré de Lusignan, étaient anciennement dans la viguerie de Vivonne dépendant du *pagus Briocensis.* Il est présumable que les archiprêtrés de Sanxay et de Saint-Maixent étaient compris dans ce même *pagus.* D'après une charte originale de l'église de Saint-Hilaire de Poitiers, conservée parmi celles qui concernent la terre de Masseuil et datée du mois de mai 985, *Quinciacus villa* (Quinçay), situé à 9 kilomètres au Nord-Ouest de Poitiers, était *in pago Pictavo, in vicaria Briocinse.* On ne comprend guère que la viguerie de Brioux se soit étendue aussi loin; mais ce lieu, dépendant de l'archiprêtré de Sanxay, faisait probablement partie du *pagus Briocensis.* En ce qui concerne l'archidiaconé de Thouars, le *pagus Toarcensis* paraît aussi être entré en entier dans sa circonscription; du moins, à l'Est, plusieurs localités situées à l'extrémité de ce *pagus*, telles que Cuhon, Cherves, Champigny-le-Sec, Milly, étaient les dernières aussi de l'archidiaconé de Thouars de ce côté. A l'Ouest, plusieurs autres contrées, entre autres les pays de Tiffauges et de Pareds, formèrent le ressort de cet archidiaconé. Celui de Poitiers fut composé du reste du territoire du diocèse à l'Est et au Nord.

Comme on l'a vu ci-dessus, le diocèse était divisé secondairement en 22 archiprêtrés et 9 doyennés. La différence entre les premiers et les derniers était purement nominale; les doyens et les archiprêtres paraissent avoir toujours été au même rang. Leurs territoires, comme ceux des archidiacres, étaient très inégaux. Tandis que l'archiprêtré de Melle contenait 71 paroisses et le doyenné de Mareuil 70, l'archiprêtré de Chaunay n'en comptait que 13, celui de Rom 17. Au nombre des paroisses comprises dans l'archiprêtré de Melle était celle de Brioux, qui donnait son nom à l'un des trois archidiaconés. Le doyenné de Bressuire ne fut créé qu'à la fin du xiie siècle; celui de Thouars était si étendu qu'il fut partagé en deux par Jean III, évêque de Poitiers : 67 paroisses formèrent la nouvelle circonscription. Il en resta 62 au doyenné de Thouars. On ne possède aucun document positif sur l'époque de la création des autres doyennés ou archiprêtrés.

En 1317, l'érection des sièges épiscopaux de Maillezais et de Luçon enleva à l'évêché de Poitiers environ les deux cinquièmes de son territoire. Il lui resta l'archidiaconé de Poitiers en entier avec 11 archiprêtrés de l'archidiaconé de Briançay, un archiprêtré et un doyenné de l'archidiaconé de Thouars. Au dernier siècle, suivant le pouillé publié en 1782, il comprenait 24 archiprêtrés, savoir : ceux d'Angle, Châtellerault, Chauvigny, Dissay, Faye-la-Vineuse, Loudun, Lussac, Mirebeau, Montmorillon et Mortemer, dans l'archidiaconé de Poitiers ou grand archidiaconé; ceux d'Ambernac, Bouin, Chaunay, Exoudun, Gençay, Lusignan, Melle, Niort, Rom, Ruffec, Saint-Maixent et Sanxay, dans l'archidiaconé de Briançay; et enfin ceux de Parthenay et Thouars, dans l'archidiaconé de Thouars.

Les archiprêtrés de Chauvigny et de Niort ne datent que des temps postérieurs à l'épiscopat de Gauthier de Bruges. Le territoire peu étendu des officialités existant dans ces deux villes a été attribué aux archiprêtrés qui en ont pris les noms. Les paroisses qu'il contenait sont classées dans le pouillé de Gauthier parmi celles qui étaient *extra decanatus et archipresbyteratus*. Celles de Notre-Dame, de Saint-André et de Saint-Gaudent à Niort, de Saint-Maurice, de Sainte-Pezenne et de Sciecq formèrent l'archiprêtré de Niort; celles de Saint-Pierre, de Saint-Léger, de Saint-Just et de Saint-Martial à Chauvigny, de Saint-Pierre-des-Églises et de Savigny-l'Évécault, l'archiprêtré de Chauvigny. Les autres paroisses *extra decanatus et archipresbyteratus* furent réunies aux archiprêtrés dans lesquels elles étaient enclavées ou auxquels elles étaient contiguës.

En vertu du concordat de 1801, le diocèse de Poitiers fut formé des deux départements de la Vienne et des Deux-Sèvres. Il a perdu un territoire assez considérable qui faisait partie des archiprêtrés de Thouars, Loudun, Faye-la-Vineuse, Angle, Montmorillon, Lussac, Ambernac, Ruffec et Bouin, et qui, en somme, ne contenait pas moins de 106 paroisses. Mais, en revanche, il a gagné dans le département des Deux-Sèvres 93 paroisses qui ont été prises à l'ancien diocèse de la Rochelle, autrefois de Maillezais, et 34 paroisses appartenant à l'ancien diocèse de Saintes. D'après le pouillé publié en 1782, il y avait à cette époque 742 paroisses dans le diocèse de Poitiers, y compris celles de la ville de Poitiers; aujourd'hui on en compte 640, mais il faut observer qu'un grand nombre d'anciennes paroisses de peu d'étendue n'ont pas été rétablies; de telle sorte que les 373 paroisses qui, par l'effet du concordat de 1801, se sont trouvées comprises dans les limites du département de la Vienne sont maintenant réduites à 307.

DIVISIONS CIVILES.

Les *pagi* du Poitou que font connaître les chartes et les chroniques sont :

I. *Pagus Erbadillicus,* le pays d'Herbauge, situé au Nord-Ouest du Poitou, entre la Loire et le Lay, appelé *Arbatilicus* par Grégoire de Tours : «*Apud terminum vero Pictavum vicus est in Arbatilico nomine Becciaco.*» Il comprenait le pays de Rais ou de Retz, dont la capitale, *Ratiatum* ou *Raciate,* était le chef-lieu d'une viguerie en 839, *vicaria Ratinsis.* Cette contrée, comme on l'a vu, fut détachée du Poitou en 851. Son nom s'est perpétué jusqu'à nos jours dans ceux de Saint-Père-en-Retz et de Bourgneuf-en-Retz, arrondissement de Nantes; mais celui d'Herbauge n'a point laissé de traces dans la nomenclature géographique. Le cartulaire de Saint-Cyprien fait connaître une viguerie existant au commencement du xie siècle dans la partie du pays d'Herbauge qui continua d'appartenir au Poitou, *vicaria de Bram et de Talamun in pago Erbadillico.*

II. *Pagus Medalgicus,* le pays de Mauge, contigu au pays d'Herbauge, s'étendait sur la rive gauche de la Loire jusqu'à Chalonne. Il est appelé *pagus Medalgicus* dans deux diplômes de Charles le Chauve, de 843 et 849, pour le monastère de Saint-Florent de Montglonne; *Metallica regio* dans la chronique de Nantes. Il fut réuni à l'Anjou dans la première moitié du xie siècle. On ignore quel en était le chef-lieu. Le nom de cette contrée est resté annexé à ceux de quelques localités, telles que le Pin-en-Mauges, Saint-Philbert-en-Mauges, Saint-Quentin-en-Mauges.

III. *Pagus Teofalgicus*, pays de Tiffauges, adjacent aux deux *pagi* qui précèdent, a pris son nom des Teifales, d'origine scythique, qui furent établis en Poitou à la fin du IVe siècle. Le préfet des Sarmates et des Teifales dans la seconde Aquitaine résidait à Poitiers, suivant la Notice des dignités de l'empire, qu'on croit rédigée au temps de Valentinien III. Grégoire de Tours rapporte que *beatus Senoch, gente Theiphalus, Pictavi pagi quem Theiphaliam vocant oriundus fuit* (*Vita patrum*, XV, 1). Tiffauges, bourg situé entre Mortagne et Clisson, était le chef-lieu de ce *pagus*, appelé *Theofalgia* dans la chronique de Nantes, ailleurs *pagus Teofalgicus*. Le nom des Teifales se retrouve peut-être dans ceux de quelques localités des environs de Poitiers, telles que la Tiffaille, commune de la Chapelle-Montreuil, et les Tiffalières, commune de Liniers. Le cartulaire de Saint-Cyprien fait mention, vers 1120, de deux moulins situés *sub Teofaugiis*, près Vivonne.

IV. *Pagus Briocensis*, pays de Brioux, appelé *pagus Briosinsis* dans une charte de l'abbaye de Nouaillé de 799, *territorium Briossium* dans la *Vie de saint Junien* écrite au temps de Louis le Débonnaire par Vulfin Boèce. Il avait pour chef-lieu *Brigiosum*, ancienne station romaine sur la voie de Poitiers à Saintes, aujourd'hui chef-lieu de canton dans l'arrondissement de Melle, département des Deux-Sèvres. On y a battu monnaie sous les Mérovingiens et on y a trouvé des antiquités romaines. Ce *pagus* avait une grande étendue et comprenait peut-être tout le territoire des archiprêtrés de Melle, Bouin, Ruffec, Ambernac, Gençay, Chaunay, Rom, Lusignan, Sanxay, Saint-Maixent et Exoudun, qui formèrent près des deux tiers de l'archidiaconé de Brioux ou Briançay. Brioux n'était pas chef-lieu d'un archiprêtré et dépendait de celui de Melle. Le pays dont ce lieu était le centre n'a pas eu en français de nom vulgaire.

V. *Pagus Toarcensis*; il n'est pas nommé avant le commencement du Xe siècle, mais son chef-lieu, Thouars, existait au temps du roi Pépin, c'est-à-dire au milieu du VIIIe siècle. Ce *pagus* renfermait vraisemblablement dans ses limites les doyennés de Thouars et de Bressuire et l'archiprêtré de Parthenay; il est difficile de savoir s'il s'étendait au delà au Nord et à l'Ouest. Il entra, comme celui de Brioux, dans la circonscription d'un vaste archidiaconé qui en prit le nom.

VI. *Pagus Partiniaci*, de Parthenay (Deux-Sèvres), mentionné une seule fois dans une charte de 848 pour l'abbaye de Saint-Maixent; il faisait probablement partie du *pagus Toarcensis*. Dans la seconde moitié du Xe siècle, Alonne, situé à 13 kilomètres au Sud-Ouest de Parthenay, était dans la viguerie de Thouars, d'après le cartulaire de

Saint-Cyprien. Le *pagus* dont Parthenay était le chef-lieu a été appelé *la Gâtine* et est encore connu sous ce nom.

VII. *Pagus Metulensis*, de Melle (Deux-Sèvres). Comme les trois suivants, il paraît dans des chartes du xe siècle. C'était une fraction du *pagus Briocensis*. Le cartulaire de Saint-Cyprien indique, en 983 ou 984, la *villa Venziacus in condita Briocense*[1], *in vicaria Metulinse*; toutefois les autres documents qui mentionnent la viguerie de Melle la placent dans le *pagus Pictavus* ou le *pagus Metulinsis* sans qu'il soit question du *pagus Briocensis*.

VIII. *Pagus Lausdunensis*, le Loudunais. (Voy. ce mot au *Dictionnaire*.)

IX. *Pagus Tiriacinsis*, de Thiré, canton de Sainte-Hermine (Vendée); mentionné dans un seul acte du cartulaire de Saint-Cyprien, de 965 ou 966, avec la *vicaria Arduacinsis*.

X. *Pagus Matreventi*, de Mervent, canton de Saint-Hilaire-des-Loges (Vendée); peu de documents font connaître ce *pagus* et la viguerie du même nom.

XI. *Pagus Niortensis*, de Niort; paraît ne dater que de la fin du xe siècle, de l'époque où Niort, en s'agrandissant, devint aussi chef-lieu d'une viguerie.

XII. *Pagus Castri Adraldi*, de Châtellerault. Ce *pagus* paraît sous le nom équivalent de *conditum* dans une charte de la première moitié du xie siècle[2]. (Voy. ci-dessous la note 1.)

---

[1] Le mot *condita* ou *conditum* désignait quelquefois le *pagus* particulier et s'employait ordinairement après l'indication du *pagus* principal. Ainsi, vers 970 : *in pago Pictavo, in condita Briocinse, in vicaria Uzoninse, villa Justiacus*; vers 1035 : *in pago Pictavo, in condito Castro Adraldum et in ipsa vicaria, villa Vilaris*. Le même mot toutefois semble être pris pour *vicaria* dans une charte de l'abbaye de Nouaillé de l'an 857: *Mesgonno in pago Pictavo, in condito Vicovedonense;* Vivonne a été le chef-lieu d'une viguerie, mais non d'un *pagus*. Il paraît avoir servi aussi à désigner une circonscription moins étendue que la viguerie dans une charte du chapitre de Saint-Hilaire de Poitiers de l'an 913 : *Marciacus in pago Pictavo, in vicaria Igorandinse, in condita Niverniacinse;* et dans une charte de l'abbaye de Nouaillé de l'an 1025 : *Vorera in pago Pictavo, in vicaria Lisilvalensi, in condito Brioninse*. Enfin, dans une charte de la première moitié du xie siècle, *Alliacus*, Aillé, c^{ne} de Saint-Pierre-des-Églises, situé *in pago Pictavo, in condita Calviniacensis castelli*, est placé *in territorio Calviniaci castri* à la fin du même siècle (cart. de Saint-Cyprien, p. 139); le mot *condita*, appliqué à une circonscription féodale, avait changé de signification.

[2] Quelques autres divisions géographiques peuvent être signalées en Poitou. Ainsi le pays de Pareds, en Bas-Poitou, dont le nom a été ajouté à ceux de plusieurs localités des cantons de la Châtaigneraie et des Herbiers, formait en tout ou en partie le territoire de l'archiprêtré de Pareds (*archipresbyteratus Alperiensis*) en l'archidiaconé de Thouars. D'après le pouillé de Gauthier, cet archiprêtré n'était annexé à aucune église. Un village du nom de Pareds se trouve dans la commune de la Jaudonnière, canton de Sainte-Hermine. — On trouve encore en Bas-Poitou le Talmondais, ancien territoire de la châtellenie de Talmond, et, dans le Haut-Poitou, le Mirebalais. (Voy. ce mot au *Dictionnaire*.)

INTRODUCTION.

Les *pagi* étaient divisés en vigueries, circonscriptions dans lesquelles les viguiers, délégués des comtes, exercèrent leur juridiction. Cette organisation fut en vigueur en Poitou pendant les ix°, x° et xi° siècles; mais elle déclina rapidement au xi°. Les plus anciennes mentions de vigueries en Poitou se trouvent dans une charte de 838 (*veggaria Undactus* (Fonteneau, t. XXI, p. 119), et dans une charte de 862 (*vicaria Exidualinsis* (Chartes de Saint-Hilaire, t. I, p. 9).

Grâce aux cartulaires des abbayes de Saint-Cyprien, de Saint-Maixent et de Saint-Jean-d'Angély et aux chartes de l'abbaye de Nouaillé et du chapitre de Saint-Hilaire de Poitiers, on connaît un grand nombre de ces vigueries. Voici leurs noms suivant l'ordre alphabétique. Il aurait été plus rationnel de les classer par *pagi*, mais les chartes n'indiquant souvent que le *pagus* principal, le *pagus Pictavus*, ce classement n'aurait pu être fait que par conjecture en ce qui concerne plusieurs de ces vigueries. Celles qui, dans la liste qui suit, ne sont rapportées à aucun *pagus* sont attribuées au *pagus Pictavus* dans les chartes qui les mentionnent.

Vicaria Africa ou *Africensis*, Aiffres, c^{on} de Prahecq (Deux-Sèvres).
Vicaria Aliarinsis, voy. *Linarinsis*.
Vicaria Arduacinsis, *in pago Tiriacinsi*, Saint-Juire, c^{on} de Sainte-Hermine (Vendée).
Vicaria Audenacinsis ou *Odenaci*, *in pago Briocinsi*, Aunay, chef-lieu de canton (Charente-Inférieure), siège d'un vicomte; le premier qu'on connaisse, Cadelon, paraît dans des chartes de 936.
Vicaria Barnizec serait Bernezay, aujourd'hui les Trois-Moutiers (Vienne), si le territoire de cette viguerie pouvait s'étendre jusqu'à Dercé et Maulay, localités qui en faisaient partie.
Vicaria Beljoensis; une copie défectueuse reproduite par dom Fonteneau (t. X, p. 147) est le seul document qui fasse connaître cette viguerie, où se trouvaient *Marciliacus* et *Aniliacus*.
Vicaria Bladelacensis, Blâlay, c^{on} de Neuville (Vienne).
Vicaria Blaziacinsis, *in pago Briocinsi*, Blanzay, c^{on} de Civray (Vienne). Le siège de cette viguerie était d'abord à Châtain (voy. *Castanedi vicaria*); il fut ensuite transféré de Blanzay à Civray.
Vicaria Bomocinsis ou *Bonni*, *in pago Briocinsi*, Bouin, c^{on} de Chef-Boutonne (Deux-Sèvres); fut le chef-lieu d'un archiprêtré.
Vicaria Braiacensis ou *Brainsis*, Braye, c^{on} de Richelieu (Indre-et-Loire).
Vicaria de Bram et de Talamun, *in pago Erbadillico*, Saint-Martin-de-Brem et Saint-Nicolas-de-Brem, c^{on} de Saint-Gilles-sur-Vie, et Talmond, chef-lieu de canton (Vendée).
Vicaria Briocinsis, *in pago Briocinsi*, Brioux, chef-lieu de canton (Deux-Sèvres), siège d'un archidiaconé.
Vicaria Brioninsis, *in pago Briocinsi*, Brion, c^{on} de Gençay (Vienne). Ce lieu dépendait de la viguerie de Gençay à la fin du xi° siècle.
Vicaria Calriacensis, Chauray, c^{on} de Niort.
Vicaria Cantoanensis, peut-être Chantonnay, chef-lieu de canton (Vendée).

INTRODUCTION.

Vicaria Castanedi, Châtain, c^ne de Blanzay, c^on de Civray (Vienne). Le siège de cette viguerie était à Blanzay dans la deuxième moitié du xe siècle (voy. *Blaziacinsis vicaria*).

Vicaria Castri Araldi, in condito Castri Araldi, Châtellerault (Vienne); démembrée de celle d'Ingrande. Châtellerault fut le siège d'un vicomte: Airaud, *Adraldus*, paraît avec ce titre en 936 ou 937 (cart. de Saint-Cyprien, p. 325).

Vicaria Colniaci, Caunay, c^on de Sauzé-Vaussay (Deux-Sèvres). Cette viguerie paraît avoir été démembrée de celle de Châtain ou Blanzay: *Culniacus*, Caunay, était *in vicaria Castanedo* en 937.

Vicaria Columberii, Colombiers, c^on de Châtellerault (Vienne); détachée de la viguerie de Sauves.

Vicaria Condacinsis, Condac, c^on de Ruffec (Charente).

Vicaria Edrinsis ou *Edrarinsis*, Adriers, c^on de l'Isle-Jourdain (Vienne).

Vicaria Exidualinsis ou *Sicvalinsis*, Civaux, c^on de Lussac-le-Château (Vienne).

Vicaria Exuldunensis, in pago Briocinsi, Exoudun, c^on de la Mothe-Saint-Héraye (Deux-Sèvres).

Vicaria Fontaniacinsis, in pago Niortinsi, Fontenay-le-Comte (Vendée).

Vicaria Gentiaci, Gençay, chef-lieu de canton (Vienne).

Vicaria Igrandinsis ou *Ygrandinsis*, Ingrande, c^on de Dangé (Vienne). La partie septentrionale de cette viguerie dépendait du *pagus Turonicus* à la fin du xe siècle (cart. de Saint-Cyprien, p. 185).

Vicaria Izannensis. Magnacus villa appartenant à cette viguerie est vraisemblablement le même *Magnacus* qui, d'après le cartulaire de Saint-Cyprien, se trouvait dans la viguerie d'Ingrande. *Izannensis* serait donc une forme altérée d'*Igrandensis*.

Vicaria Jauluiacinsis ou *Jozniaci, in pago Briocinse*. Les localités qui en dépendaient, Vanzay et Champagné-le-Sec, semblent dénoter qu'elle était la même que la *vicaria Colniaci*.

Vicaria Kanabinsis, Cherves, c^on de Mirebeau (Vienne).

Vicaria Lausdunensis, in pago Lausdunensi, Loudun (Vienne).

Vicaria Leenia, Aigne, c^ne d'Iteuil, c^on de Vivonne (Vienne).

Vicaria Liciniacinsis ou *Liziniaci*, Lusignan, chef-lieu de canton (Vienne).

Vicaria Linarinsis ou *Aliarinsis*, Liniers, c^on de Saint-Julien-Lars (Vienne).

Vicaria Lineacinsis, peut-être la même que *vicaria Leenia*.

Vicaria Marniaci, Marigny, c^on de Beauvoir (Deux-Sèvres).

Vicaria Matreventi ou *Marevenni*, Mervent, c^on de Saint-Hilaire-des-Loges (Vendée).

Vicaria Metulinsis, in pago Metulinse, Melle (Deux-Sèvres); siège d'un vicomte; le plus ancien qu'on connaisse, *Atto*, vivait en 925.

Vicaria Natolinensis, Nanteuil, c^on de Saint-Maixent (Deux-Sèvres).

Vicaria Niortensis, in pago Niortensi, Niort; formée en partie aux dépens de la *vicaria Bassiacensis* en Aunis.

Vicaria Niverniacinsis, vers 900. En 913, c'était une *condita* dans la viguerie d'Ingrande; Savigny, c^ne de Vouneuil-sur-Vienne, et Marcé, c^ne de Senillé, en faisaient partie. On n'en connaît pas le chef-lieu.

Vicaria Pauliniacensis, Pouligny, c^on du Blanc (Indre). Cette viguerie, attribuée au *pagus Pictavus* dans des actes de 911, 913 et 936, était située au delà de la Creuse, dans le diocèse de Bourges.

Vicaria Pictavensis, Poitiers, s'étendait autour de cette ville jusqu'à une distance d'environ 10 kilomètres.

Vicaria Prisciaci, lieu inconnu; *Sulniacus alodium* est la seule localité indiquée comme appartenant à cette viguerie (cart. de Saint-Cyprien, p. 56).

Vicaria Raciacinsis ou *Ranciacinsis*. Le chef-lieu de cette viguerie, qui s'étendait entre la Vienne et la Creuse, de Saint-Martin-la-Rivière à Luray, est aussi inconnu.

Vicaria Rodoninsis ou *Rodomni*, *in pago Briocinsi*, Rom, c^{on} de Lezay (Deux-Sèvres); ancienne station romaine sur la voie de Poitiers à Saintes.

Vicaria Rufiaci, *in pago Briocinse*, Ruffec (Charente).

Vicaria Salviusis, Sauves ou Saint-Jean-de-Sauves, c^{on} de Moncontour (Vienne). Cette viguerie, très étendue, confinait au Sud à celle de Poitiers.

Vicaria Sanciaci, Sanxay, c^{on} de Lusignan (Vienne).

Vicaria Sancti Maxentii, Saint-Maixent (Deux-Sèvres).

Vicaria Saviniaci, Savigné, c^{on} de Civray (Vienne). Cette viguerie fut probablement absorbée, comme la viguerie de Blanzay, par celle de Civray, qu'on voit paraître au commencement du xie siècle.

Vicaria Siculensis, d'après Besly (*Évêques de Poitiers*, p. 47) et le *Gallia christiana* (t. II, col. 1160); *vicaria Siculum*, d'après M. de la Fontenelle (*Recherches sur les vigueries et les origines de la féodalité en Poitou*); mais le texte du cartulaire de Saint-Cyprien, sur lequel se fondent ces auteurs (charte d'Alboin, évêque de Poitiers, de 963 ou 964), porte *vicaria Sicvalinsis* et non *Siculensis*; celle-ci doit donc être rayée.

Vicaria Sicvalinsis, voy. *Exidualinsis*.

Vicaria Silarinsis, Sillars, c^{on} de Lussac-le-Château (Vienne).

Vicaria Sivriaci, Civray (Vienne). Cette viguerie absorba celle de Blanzay et probablement aussi celle de Savigné.

Vicaria de Talamun, voy. *Bram*.

Vicaria Teneacinsis, *in pago Toarcinse*, Thénezay, chef-lieu de canton (Deux-Sèvres).

Vicaria Tilloli ou *Telli*, le Tillou, c^{on} de Chef-Boutonne (Deux-Sèvres).

Vicaria Toarcinsis, *in pago Toarcinse*, Thouars, chef-lieu de canton (Deux-Sèvres); siège d'un archidiaconé et d'un doyenné et de la plus importante vicomté du Poitou; le premier vicomte de Thouars qu'on connaisse, Geoffroi Ier, paraît en 876.

Vicaria Undactus, *in pago Pictavo*, *in urbem Bruisensem*, d'après une copie de dom Étiennot, reproduite par dom Fonteneau (t. XXI, p. 119); *Anctortus*, d'après Besly (*Rois de Guyenne*, p. 23), charte de 838, qui mentionne deux localités inconnues : *villa Dennazum* et *villa Ploria*. Cette dernière était *de ratione Sancti Juniani Mariacensis*, ce qui donne lieu de croire que la viguerie dont il s'agit était aux environs de Mairé-l'Évêcault, c^{on} de Sauzé-Vaussay (Deux-Sèvres).

Vicaria Uzoninsis ou *Uccionis*, *in pago Briocinse*, Usson, c^{on} de Gençay (Vienne).

Vicaria Vareciacinsis, Vezières, c^{on} des Trois-Moutiers (Vienne).

Vicaria Vicovedoninsis ou *Vicodoninsis*, *in pago Briocinsi*, Vivonne, chef-lieu de canton (Vienne). Au lieu de *vicaria*, on trouve *conditum Vicovedonense* dans une charte de 857 (D. Fonteneau, t. XXI, p. 127).

Vicaria Villæ Faniacinsis, *in pago Briosinse*, 892 (Besly, *Histoire des comtes de Poitou*, p. 210), Villefagnan, chef-lieu de canton (Charente). Ce lieu dépendit ensuite de la viguerie de Ruffec (cart. de Saint-Cyprien, p. 284).

Vicaria Villenæ, mentionnée dans une seule charte de l'abbaye de Nouaillé de 965 ou 966, avec *villa Vuthedolio*, *villa Flaiaco* et un lieu appelé *Lucbardo*. Plusieurs localités portent le nom de *Vilaine* ou *Villaine* et celui de *Fleix*; mais il reste à déterminer celles dont il est question dans la charte de 965 ou 966.

Vicaria Ygrandinsis, voy. *Igrandinsis*.

Au même temps que les viguiers, on voit paraître dans un rang plus élevé les vicomtes, qui devinrent héréditaires presque dès leur origine. Les vicomtes de Thouars, de Châtellerault, de Melle et d'Aunay sont nommés dans un grand nombre de documents; mais ce titre étant, dans le principe, attaché à la personne et non à la terre, il n'y avait point de division géographique appelée *vicomté*. Ce n'est que plus tard que furent désignés par ce nom les domaines des vicomtes de Thouars et de Châtellerault.

Au régime des vigueries succèdent les juridictions féodales; les seigneurs châtelains exercent tous les droits de justice dans leurs fiefs. Dès la fin du xie siècle paraissent, dans le territoire qui a formé le département de la Vienne, les châtellenies de Mirebeau (*castellania Mirebellensis*, vers 1088), de Gençay et de Mortemer (vers 1098), de Civray (1100). Au Nord, le *pagus Lausdunensis* est devenu la châtellenie de Loudun; on rencontre ensuite celles de Mirebeau et de Moncontour, la vicomté de Châtellerault, les châtellenies d'Angle, Saint-Savin, Chauvigny, Poitiers, Montreuil-Bonnin, Lusignan, Celle-l'Évêcault, Vivonne, Château-Larcher, Couhé, Champagné-Saint-Hilaire, Gençay, Dienné et Verrières, Mortemer, Lussac-le-Château, Montmorillon, Usson, Calais à l'Isle-Jourdain, Charroux, Civray et Availle-Limousine. Mais ces fiefs n'étaient pas tous compris dans le comté de Poitou, dont les limites ne concordaient plus avec celles du Poitou primitif ou ecclésiastique. Ainsi Loudun, Mirebeau et Moncontour avaient été cédés aux comtes d'Anjou, comme il a été dit ci-dessus. Lussac-le-Château, l'Isle-Jourdain et Availle-Limousine dépendaient du comté de la Basse-Marche. Sur quelques autres points, le territoire actuel du département était entamé par des fiefs étrangers au Poitou. Entre la châtellenie de Loudun et la vicomté de Châtellerault, la châtellenie de Faye-la-Vineuse en Anjou pénétrait dans les paroisses de Nueil-sous-Faye, Bertegon, Sérigny, Savigny et Saint-Christophe; au Nord et à l'Est de la vicomté de Châtellerault, les paroisses de Poizay-le-Joli, les Ormes, Buxeuil, Saint-Remy, Leugny, Mairé-le-Gaulier, Coussay-les-Bois, la Roche-Posay et Posay-le-Vieil se rattachaient en tout ou en partie aux baronnies de la Haye et de Preuilly et à la vicomté de la Guerche en Touraine.

INTRODUCTION.

Poitiers, et plus particulièrement la tour de Maubergeon, était le chef-lieu féodal du comté de Poitou. Au xviii° siècle, une centaine de fiefs en relevaient immédiatement. Mais plus de huit cents autres fiefs étaient tenus du roi en Poitou à cause des châteaux de Niort, Saint-Maixent, Fontenay, Montmorillon, Lusignan, Civray, Melle, Chizé, Aunay, Châtellerault, Vouvant et Secondigny, qui avaient été successivement unis au domaine comtal ou royal. Les principaux fiefs mouvants du comté de Poitou ou de la tour de Maubergeon, au dernier siècle, étaient la vicomté de Thouars, érigée en duché en 1563, la vicomté de Châtellerault, érigée en duché-pairie en 1515, et celles de Rochechouart, Brosse, Bridiers, Montbas et Saint-Mathieu; le marquisat de Mortemart, érigé en duché-pairie en 1650, la baronnie de Mauléon, érigée en duché-pairie en 1736 sous le nom de Châtillon-sur-Sèvre, la baronnie de la Mothe-Saint-Héraye, érigée en marquisat en 1633, la baronnie de Lezay, érigée aussi en marquisat en 1643, la baronnie de Gençay, érigée en vicomté en 1655, et celles de Montaigu, Champagne-Mouton, Saint-Loup, Mortemer, Dienné, Saint-Victurnien, Fromental, Peyrat, Villeneuve-au-Comte, Leyris et Château-Geoffroy; la châtellenie de la Flocelière, érigée en marquisat en 1616, la châtellenie de Bélabre, érigée aussi en marquisat en 1650, et celles de Montreuil-Bonnin, Saint-Savin, Château-Larcher, Chéneché, Auzance (celle-ci ayant titre de comté), Villeneuve-la-Comtesse, Sainte-Soline, le Donjon du Blanc, Château-Guillaume, Lussac-les-Églises, Brigueil-l'Aîné, Saint-Laurent-sur-Gorre, Peyrusse et Boucheron; le fief de Brin, érigé en comté en 1637, et celui de Sanzay, ayant aussi titre de comté.

Le Poitou et la Basse-Marche formaient primitivement le ressort de la sénéchaussée de Poitiers, régi par la coutume du Poitou. Cette juridiction s'exerça dans des limites de plus en plus restreintes par suite de la création successive de sièges royaux ou de sénéchaussées à Niort, Saint-Maixent, Lusignan, Châtellerault, Civray, Fontenay-le-Comte, Montmorillon, le Dorat et la Châteigneraie, par suite encore de l'annexion qui eut lieu en 1633 de 16 paroisses des Marches communes à la sénéchaussée de Saumur, et en 1639 de 14 paroisses des mêmes Marches à la sénéchaussée présidiale d'Angers. On trouvera dans le *Dictionnaire*, aux articles : Poitiers, Châtellerault, Civray, Lusignan et Montmorillon, l'indication de l'étendue de territoire soumise à la juridiction de ces tribunaux, ressortissant au parlement de Paris. L'institution du présidial de Poitiers, en 1551, ne changea point cette organisation qui subsista jusqu'en 1790; toutefois, un présidial ayant été établi à Guéret en 1635, on y porta dès lors les appels des sièges royaux du Dorat et de Bellac, formant la sénéchaussée de la Basse-Marche.

Sous le rapport administratif, le Poitou forma l'une des grandes divisions de la

France appelées *généralités*, dans chacune desquelles le roi Henri III établit en 1577 un bureau des finances composé de trésoriers de France. Poitiers fut le centre d'une généralité divisée en neuf élections : celles de Poitiers, Châtellerault, Saint-Maixent, Niort, Fontenay-le-Comte, Thouars, Mauléon ou Châtillon-sur-Sèvre, les Sables-d'Olonne et la Rochelle. Cette dernière fut distraite en 1694 de la généralité de Poitiers, lors de la création d'un bureau des finances à la Rochelle. Le nombre des élections fut reporté à 9 en 1714 par l'érection de celle de Confolens, qu'on forma en détachant la ville de Confolens de la généralité de Limoges, 56 paroisses de l'élection de Poitiers et 10 de celle de Niort. Dans les derniers temps, l'élection de Poitiers renfermait, indépendamment de la capitale, 258 paroisses; celles de : Châtellerault, 55, Saint-Maixent, 62, Niort, 125, Fontenay-le-Comte, 163, Thouars, 107, Mauléon ou Châtillon-sur-Sèvre, 75, les Sables-d'Olonne, 97, et Confolens, 67. Le territoire du département de la Vienne n'est pas compris en entier dans celui de la généralité de Poitiers. Le Loudunais formait une élection de la généralité de Tours; les baronnies de Mirebeau et de Moncontour faisaient partie de l'élection de Richelieu dans la même généralité; de plus, un certain nombre de paroisses situées à l'Est, entre autres Saint-Savin, Angle et Pleumartin, avaient été attribuées à la généralité de Bourges [1].

---

[1] Le désaccord existant entre les divisions ecclésiastiques, judiciaires et administratives occasionna une complication qui eut pour effet de rendre très ambigu le sens du mot *Poitou*, par lequel on désignait indifféremment le diocèse, le comté et la généralité de Poitiers. Ainsi, Mirebeau était ordinairement attribué au Poitou, et l'Administration des postes l'a appelé *Mirebeau-en-Poitou* pour le distinguer de *Mirebeau-sur-Bèze*, en Bourgogne, quoique depuis des siècles il appartint seulement au diocèse de Poitiers et relevât, quant au temporel, de la sénéchaussée de Saumur en Anjou et de la généralité de Tours. Ruffec était, comme Mirebeau, du diocèse de Poitiers; néanmoins, on le plaçait communément en Angoumois, dont il dépendait sous les rapports judiciaires et administratifs. Confolens était du diocèse de Limoges (sauf la paroisse de Saint-Barthélemy, sur la rive gauche de la Vienne, qui était du diocèse de Poitiers), de la sénéchaussée d'Angoumois et de la généralité de Poitiers. Courcome, au diocèse de Poitiers, était une paroisse de la sénéchaussée de Saint-Jean-d'Angély enclavée dans celle d'Angoumois.

Ces divisions sont souvent confondues et peu exactement tracées sur les cartes géographiques. Celle de Cassini, sans tenir compte des circonscriptions ecclésiastiques, indique avec précision la ligne qui séparait le Poitou de l'Aunis, de la Saintonge et de l'Angoumois jusqu'à Confolens. Mais à partir de cette ville, qui appartenait à la sénéchaussée d'Angoumois et qui est mal à propos comprise dans le Poitou, la limite orientale de la province, jusqu'aux approches de la Roche-Posay, est tracée quelque peu arbitrairement. D'abord elle embrasse la châtellenie de Saint-Germain-sur-Vienne, qui ressortissait au siège royal du Dorat, de même, il est vrai, que les châtellenies de Calais ou l'Isle-Jourdain et de Lussac-le-Château; mais elle exclut tout le territoire qui, à l'Est de la châtellenie de Montmorillon, était du ressort de la sénéchaussée de cette ville. Après avoir atteint la châtellenie de Saint-Savin, elle aurait dû la longer à l'Est pour la comprendre dans le Poitou, auquel cette contrée appartenait essentiellement; mais, contrairement au système suivi jusque-là, elle se confond avec la circonscription administrative, c'est-à-dire avec l'élection du Blanc en la généralité de Bourges, de sorte qu'elle laisse en dehors du Poitou : Antigny, Saint-Savin, Paisay-le-Sec, la Bussière, Maillé, Angle, Vicq, Pleumartin, Cremille

INTRODUCTION.

Les commissaires départis pour l'exécution des ordres du roi ou intendants de justice, police et finances de la généralité de Poitiers se succédèrent régulièrement dans cette charge depuis 1614. Ils avaient sous leurs ordres des subdélégués établis à Poitiers, Châtelleraült, Montmorillon, Chauvigny, Civray, Confolens, Rochechouart, Chef-Boutonne, Melle, Niort, Saint-Maixent, Parthenay, Bressuire, Thouars, Châtillon-sur-Sèvre, Montaigu, la Châtaigneraie, Fontenay-le-Comte, Luçon, les Sables-d'Olonne, Palluau, Bouin et Noirmoutier. La plupart des subdélégations comprenaient de 30 à 60 paroisses.

Le Poitou était divisé pour le gouvernement militaire en deux parties : le Haut et le Bas-Poitou, dont la ligne de démarcation, fixée par un arrêt du Conseil du 26 avril 1670, le coupait obliquement du Sud au Nord en suivant le cours de l'Autise et du

et tout le surplus du territoire des deux châtellenies de Saint-Savin et d'Angle. Entre Pleumartin et Coussay-les-Bois, elle rencontre la châtellenie de la Roche-Posay, qu'elle exclut régulièrement du Poitou pour l'attribuer à la Touraine.

La limite Nord du Poitou, entre la Vienne et la Dive, est tracée avec peu de précision sur cette même carte. Elle quitte la Vienne près Antogny-le-Tillac qu'elle laisse sur la droite, c'est-à-dire en Touraine, passe entre Vellèche et Marmande, et borne au Nord les paroisses de Mondion, Saint-Gervais et Saint-Christophe, se dirige vers le Sud pour contourner Sérigny, qu'elle laisse sur la droite, et se termine brusquement au Breuil, entre Sérigny et Orches, devant sans doute se prolonger jusqu'à la rencontre du Mirebalais à l'Est de Saire. Le territoire qui s'étend à droite de cette ligne, à partir d'un point situé au Nord-Est de Marmande jusqu'à Monts-sur-Guesne et Claunay, est appelé *bas Poitou*; il comprend 20 paroisses. du diocèse de Poitiers, dont 5 en totalité et 4 en partie seulement étaient réellement en Poitou sous le rapport temporel, comme dépendant de la sénéchaussée de Châtellerault. Les 4 dernières, pour leur partie étrangère au Poitou, avec 9 autres paroisses en totalité (dont Richelieu et Faye-la-Vineuse), étaient au ressort de la sénéchaussée de Saumur, et les 6 autres paroisses (Monts-sur-Guesne, Saire, Bertegon, Dercé, Maulay et Claunay) appartenaient au Loudunais. Il faut remarquer qu'il n'est pas tenu compte du Loudunais comme pays particulier, que le mot *Poitou* est écrit en grandes lettres sur l'espace qui

représente son territoire et qu'il n'est séparé de la Touraine par aucune ligne de démarcation. Le motif de cette unification était sans doute que l'élection de Loudun dépendait de la généralité de Tours; mais alors il ne fallait pas attribuer cette contrée au Poitou, et, en suivant le même système, il n'aurait pas fallu couper en deux, entre Ligniers-Langout et Saire, l'élection de Richelieu qui comprenait, avec les baronnies de Moncontour et de Mirebeau, tout le territoire appelé par Cassini *bas Poitou*, et appartenait à la Touraine au même titre que le Loudunais.

La confusion produite par ce système mixte de démarcation cesse à partir du point où la ligne qui, passant entre Candes et Montsoreau et à l'Est et au Sud de Fontevrault, sépare la Touraine de l'Anjou, atteint le Nord du Loudunais pour se diriger vers la Dive. Au delà de cette rivière, le territoire des Marches communes, attribué en 1633 à la sénéchaussée de Saumur, est compris dans le Poitou. La limite poursuit sa direction à l'Ouest jusqu'aux Échaubrognes, près Maulévrier, où elle s'arrête pour ne reparaître qu'au delà d'Évrunes, près Mortagne; de sorte que rien n'indique à quelle province appartiennent les paroisses de la Tessoualle, le Puy-Saint-Bonnet, Mortagne et Évrunes, qui se trouvent dans l'intervalle. La Sèvre sert de limite entre le Poitou et l'Anjou jusqu'à Tiffauges; en ce point, la ligne se bifurque pour circonscrire là haute Marche commune de Bretagne et du Poitou. Entre la Sèvre et la mer, une ligne faiblement accentuée et qu'on suit difficilement marque la limite du Poitou et de la Bretagne.

Thouet et en passant près Parthenay et Thouars, qui étaient du Haut-Poitou. Poitiers était la capitale de toute la province, et Fontenay-le-Comte la capitale du Bas-Poitou.

Par décrets des 15 janvier, 16 et 26 février 1790, l'Assemblée nationale divisa la France en 83 départements. Le Poitou en forma trois; celui de la Vienne comprit la plus grande partie du Haut-Poitou avec la capitale de la province. Le territoire de ce département fut découpé presque en entier dans celui du diocèse de Poitiers. Sa limite au Nord contourna le Loudunais, mais non sans en retrancher plusieurs paroisses au profit des départements de Maine-et-Loire[1] et d'Indre-et-Loire[2], et longea le Châtelleraudais en lui enlevant aussi, au profit de ce dernier département, quelques portions de son territoire[3]. Deux paroisses du Châtelleraudais, Saint-Romain-sur-Vienne et Vellèche, comprises dans le département de la Vienne, dépendaient du diocèse de Tours. A l'Est, la Creuse, qui formait la limite du diocèse[4], devint aussi celle du département à partir de son confluent avec la Vienne; mais la coïncidence cessa à une petite distance au-dessus de la Roche-Posay : les paroisses de Néon, Luray et Mérigny, situées entre l'Anglin et la Creuse et dépendant de la châtellenie d'Angle et du diocèse de Poitiers, passèrent dans le département de l'Indre, de même que celles d'Ingrande, Saint-Hilaire, Jauvard, Nesme et Château-Guillaume, qui faisaient partie de l'archiprêtré de Montmorillon. D'autre part, le département de la Vienne prit au diocèse de Limoges les paroisses de Thollet, Coulonges, Brigueil-le-Chantre et Asnières, et à son tour le département de la Haute-Vienne bénéficia de celles de Bussière-Poitevine, Darnac et Saint-Barbant. Availle-Limousine fut la dernière commune du département de la Vienne au Sud-Est. A partir de ce point, la limite Sud, jusqu'à la rencontre du département des Deux-Sèvres, s'écarta notablement de celles du Poitou soit ecclésiastique, soit civil; le territoire qui fut exclus entra dans la circonscription du département de la Charente. Quant à la ligne de démarcation entre le département de la Vienne et celui des Deux-Sèvres, on ne tint aucun compte des anciennes divisions territoriales pour la fixer; elle coupa inégalement les châtellenies de Civray, Couhé, Lusignan, Saint-Maixent, Montreuil-Bonnin, Parthenay et Moncontour, pour adopter ensuite la limite Ouest du Loudunais, formée par la Dive.

Le département de la Vienne fut partagé en 6 districts et 49 cantons, comprenant 353 municipalités. Les chefs-lieux des districts furent Poitiers, Châtellerault, Civray,

---

[1] Épieds, Brezé et partie de Saint-Cyr-en-Bourg.

[2] Marnay, Grassay, Assay et partie de Lerné, qui était au diocèse de Tours.

[3] Notamment les paroisses de Nancré et de Marigny-Marmande (celle-ci était au diocèse de Tours).

[4] Sauf toutefois dans les paroisses de Saint-Remy et de Leugny, où de petites portions de territoire se trouvaient sur la rive droite.

INTRODUCTION.

Loudun, Lusignan et Montmorillon. On trouvera le détail de cette division dans le *Dictionnaire*.

La constitution du 5 fructidor an III (22 août 1795) supprima les districts et conserva la division cantonale; mais cette organisation fut bientôt après modifiée par la constitution de l'an VIII. En exécution de la loi du 28 pluviôse an VIII (17 février 1800), le département de la Vienne fut partagé en 5 arrondissements communaux ou sous-préfectures qui comprirent le même nombre de cantons. Des 5 cantons qui avaient formé le district de Lusignan, 4 furent unis à l'arrondissement de Poitiers, savoir : ceux de Lusignan, Saint-Sauvant, Sanxay et Vivonne, et un à l'arrondissement de Civray, celui de Couhé.

Enfin, en exécution de la loi du 8 pluviôse an IX (28 janvier 1801), un arrêté des consuls du 27 brumaire an X (18 novembre 1801) réduisit les cantons ou arrondissements de justice de paix à 31, en maintenant les 5 arrondissements communaux ou sous-préfectures précédemment créés. Telle est encore aujourd'hui la division du département; seulement les 353 municipalités ou communes qui existaient en 1790 sont réduites à 300 par suite de diverses réunions indiquées dans le *Dictionnaire*. Voici le tableau de ces circonscriptions, avec le chiffre de leur population d'après le recensement de 1876 :

ARRONDISSEMENT DE POITIERS.

(10 cantons, 87 communes, 119,762 habitants.)

1° CANTON DE POITIERS NORD.

(2 communes, 23,167 habitants.)

Poitiers (partie nord), Migné.

2° CANTON DE POITIERS SUD.

(7 communes, 17,758 habitants.)

Poitiers (partie sud), Biard, Croutelle, Fontaine-le-Comte, Ligugé, Saint-Benoît, Vouneuil-sous-Biard.

3° CANTON DE LUSIGNAN.

(9 communes, 14,039 habitants.)

Celle-l'Évécault, Cloué, Coulombiers, Curzay, Jazeneuil, Lusignan, Rouillé, Saint-Sauvant, Sanxay.

4° CANTON DE MIREBEAU.

(10 communes, 9,748 habitants.)

Amberre, Champigny-le-Sec, Cherves, Cuhon, Massogne, Mirebeau, Montgauguier, Thurageau, Varennes, Vouzailles.

5° CANTON DE NEUVILLE.

(11 communes, 12,201 habitants.)

Avanton, Blâlay, Chabournay, Charay, Chéneché, Cissé, Marigny-Brizay, Neuville, Vendeuvre, Villiers, Yversay.

6° CANTON DE SAINT-GEORGES.

(7 communes, 8,589 habitants.)

Buxerolles, Chasseneuil, Dissay, Jaunay, Montamisé, Saint-Cyr, Saint-Georges.

7° CANTON DE SAINT-JULIEN-LARS.

(12 communes, 7,227 habitants.)

Bignoux, Bonnes, Chapelle-Moulière (la), Jardres, Lavoux, Liniers, Mignaloux-Beauvoir, Pouillé, Saint-Julien-Lars, Savigny-l'Évêcault, Sèvre, Tercé.

8° CANTON DE LA VILLEDIEU.

(10 communes, 6,256 habitants.)

Alonne, Andillé, Dienné, Fleuré, Gizay, Nieuil-l'Espoir, Nouaillé, Smarve, Vernon, Villedieu (la).

9° CANTON DE VIVONNE.

(6 communes, 6,672 habitants.)

Château-Larcher, Iteuil, Marçay, Marigny-Chemerault, Marnay, Vivonne.

10° CANTON DE VOUILLÉ.

(14 communes, 14,105 habitants.)

Ayron, Benassay, Béruges, Chalandray, Chapelle-Montreuil (la), Chiré-en-Montreuil, Frozes, Latillé, Maillé, Montreuil-Bonnin, Quinçay, Rochereau (le), Vausseau (la), Vouillé.

INTRODUCTION.

ARRONDISSEMENT DE CHÂTELLERAULT.
(6 cantons, 51 communes, 63,215 habitants.)

1° CANTON DE CHÂTELLERAULT.
(7 communes, 24,422 habitants.)

Châtellerault, Colombiers, Naintré, Saint-Sauveur, Senillé, Targé, Thuré.

2° CANTON DE DANGÉ.
(8 communes, 6,106 habitants.)

Buxeuil, Dangé, Ingrande, Leugny, Oiré, Ormes (les), Port-de-Piles (le), Saint-Remy-sur-Creuse.

3° CANTON DE LEIGNÉ-SUR-USSEAU.
(10 communes, 5,642 habitants.)

Antran, Leigné-sur-Usseau, Mondion, Saint-Christophe, Saint-Gervais, Saint-Romain-sur-Vienne, Sérigny, Usseau, Vaux, Vellèche.

4° CANTON DE LENCLOÎTRE.
(9 communes, 9,085 habitants.)

Cernay, Doussay, Lencloître, Orches, Ouzilly, Saint-Genest, Savigny, Scorbé-Clairvaux, Sossay.

5° CANTON DE PLEUMARTIN.
(9 communes, 9,494 habitants.)

Chenevelles, Coussay-les-Bois, Leigné-les-Bois, Lésigny, Mairé, Pleumartin, Puye (la), Roche-Posay (la), Vicq.

6° CANTON DE VOUNEUIL-SUR-VIENNE.
(8 communes, 8,466 habitants.)

Archigny, Availle, Beaumont, Bellefont, Bonneuil-Matours, Cenon, Montoiron, Vouneuil-sur-Vienne.

ARRONDISSEMENT DE CIVRAY.
(5 cantons, 45 communes, 49,260 habitants.)

1° CANTON D'AVAILLE-LIMOUSINE.
(4 communes, 5,691 habitants.)

Availle-Limousine, Mauprevoir, Pressac, Saint-Martin-Lars.

2° CANTON DE CHARROUX.

(9 communes, 8,575 habitants.)

Anois, Chapelle-Bâton (la), Charroux, Châtain, Genouillé, Joussé, Pairoux, Saint-Romain, Surin.

3° CANTON DE CIVRAY.

(12 communes, 11,563 habitants.)

Blanzay, Champagné-le-Sec, Champniers, Civray, Linazay, Lizant, Saint-Gaudent, Saint-Macou, Saint-Pierre-d'Exideuil, Saint-Saviol, Savigné, Voulême.

4° CANTON DE COUHÉ.

(10 communes, 11,910 habitants.)

Anché, Brux, Ceaux, Châtillon, Chaunay, Couhé, Pairé, Romagne, Vaux-en-Couhé, Voulon.

5° CANTON DE GENÇAY.

(10 communes, 11,521 habitants.)

Brion, Champagné-Saint-Hilaire, Château-Garnier, Ferrière (la), Gençay, Magné, Saint-Maurice, Saint-Secondin, Sommières, Usson.

ARRONDISSEMENT DE LOUDUN.

(4 cantons, 57 communes, 34,820 habitants.)

1° CANTON DE LOUDUN.

(14 communes, 10,859 habitants.)

Arçay, Basses, Beuxe, Ceaux, Chalais, Claunay, Loudun, Maulay, Messemé, Mouterre-Silly, Rossay, Saint-Laon, Sammarçolle, Veniers.

2° CANTON DE MONCONTOUR.

(17 communes, 8,541 habitants.)

Angliers, Aunay, Chaussée (la), Craon, Frontenay, Grimaudière (la), Martaizé, Mazeuil, Messay, Moncontour, Notre-Dame-d'Or, Ouzilly-Vignolles, Saint-Cassien, Saint-Chartres, Saint-Clair, Saint-Jean-de-Sauves, Verger-sur-Dive (le).

INTRODUCTION.

3° CANTON DE MONTS-SUR-GUESNE.

(12 communes, 7,117 habitants.)

Berlegon, Bouchet (le), Chouppes, Coussay, Dercé, Guesne, Monts-sur-Guesne, Nueil-sous-Faye, Pouant, Prinçay, Saire, Verrue.

4° CANTON DES TROIS-MOUTIERS.

(14 communes, 8,303 habitants.)

Bournan, Curçay, Glenouze, Morton, Nueil-sur-Dive, Pouançay, Ranton, Raslay, Roiffé, Saint-Léger-de-Montbrillais, Saix, Ternay, Trois-Moutiers (les), Vezières.

ARRONDISSEMENT DE MONTMORILLON.

(6 cantons, 60 communes, 63,859 habitants.)

1° CANTON DE CHAUVIGNY.

(11 communes, 9,032 habitants.)

Chapelle-Viviers (la), Chauvigny, Fleix, Lautier, Leigne, Paizay-le-Sec, Pouzioux, Saint-Martial, Saint-Martin-la-Rivière, Saint-Pierre-des-Églises, Sainte-Radegonde-en-Gâtine.

2° CANTON DE L'ISLE-JOURDAIN.

(10 communes, 11,248 habitants.)

Adriers, Asnières, Isle-Jourdain (l'), Luchapt, Millac, Moussac-sur-Vienne, Mouterre, Nérignac, Queaux, Vigean (le).

3° CANTON DE LUSSAC-LE-CHÂTEAU.

(13 communes, 12,430 habitants.)

Bouresse, Chapelle-Mortemer (la), Civaux, Gouëx, Lomaizé, Lussac-le-Château, Mazerolles, Mortemer, Persac, Saint-Laurent-de-Jourde, Salles-en-Toulon, Sillars, Verrières.

4° CANTON DE MONTMORILLON.

(9 communes, 13,099 habitants.)

Bourg-Archambault (Le), Jouet, Latus, Montmorillon, Moulime, Pindray, Plaisance, Saint-Remy, Saugé.

5° CANTON DE SAINT-SAVIN.

(9 communes, 9,426 habitants.)

Angle, Antigny, Béthines, Bussière (la), Nalliers, Saint-Germain, Saint-Pierre-de-Maillé, Saint-Savin, Villemort.

6° CANTON DE LA TRIMOUILLE.

(8 communes, 8,624 habitants.)

Brigueil-le-Chantre, Coulonges, Hains, Journet, Liglet, Saint-Léomer, Thollet, Trimouille (la).

Population totale du département : 330,916 habitants.

INTRODUCTION.

XXXIII

LISTE ALPHABÉTIQUE

DES SOURCES

OÙ L'ON A PUISÉ LES RENSEIGNEMENTS CONTENUS DANS CE DICTIONNAIRE.

I. Documents manuscrits.

Abbayes d'Angle, Celle (Saint-Hilaire de la), Charroux, Étoile (l'), Fontaine-le-Comte, Fontevrault, Merci-Dieu (la), Montierneuf, Moreaux; Nouaillé, Pin (le), Reau (la), Saint-Cyprien, Saint-Savin, Sainte-Croix, Trinité (la), Valence. — Titres; archives de la Vienne.

Aides et équivalents. — Compte des aides et équivalents du Poitou, 1595-1596; archives de la Société des antiquaires de l'Ouest, à Poitiers.

Archives de Poitiers. — Archives municipales conservées à la bibliothèque de la ville.

Archives de la Roche-de-Bran. — Archives de ce château appartenant à M. le duc Descars.

Archives de la Société des antiquaires de l'Ouest, à Poitiers.

Augustins de Poitiers. — Titres de ce couvent; archives de la Vienne.

Aumôneries d'Angle, Charroux, Curçay, Longève, Saint-Lazare, Sainte-Marthe. — Titres; archives de la Vienne.

Aveux de Chéneché, Clairvaux, Groye (la), Moncontour, Motte-d'Usseau (la), Puygarreau, Ry, Saint-Romain, Touche (la), Touffou; archives de la Vienne.

Aveu de Moncontour. — Aveu de la châtellenie de Moncontour, rendu au duc d'Anjou le 14 juillet 1409 par Guillaume de Craon, chevalier; archives nationales, reg. P 341, f° 148.

Aveu de Saint-Germain. — Aveu de la châtellenie de Saint-Germain-sur-Vienne, près Confolens; manuscrits de MM. Robert du Dorat, appartenant ci-devant à M⁽ᵍʳ⁾ Berteaud, évêque de Tulle.

Bissexte. — Registres de recette du droit de bissexte, dû par les curés à l'évêque de Poitiers chaque année bissextile (années 1520, 1552, 1649); archives de la Vienne.

Carmes de Loudun, de Poitiers. — Titres de ces couvents; archives de la Vienne.

Cartulaire de Bourgueil. — Cartulaire de l'abbaye de Bourgueil en Anjou; copie faite au commencement du XVIIIᵉ siècle, appartenant à M. Goupil de Bouillé.

Cartulaire de Fontevrault.—Cartulaire de cette abbaye; copie communiquée par M. Paul Marchegay, avec celle du grand cartulaire en partie reconstitué par lui.

Cartulaire de la Merci-Dieu. — Manuscrit du XIIIᵉ siècle, appartenant à M. de la Fouchardière, à Châtellerault.

Cartulaire de la Trinité. — Manuscrit contenant les aveux rendus à l'abbesse de la Trinité de Poitiers par ses vassaux, de 1381 à 1385, et l'énumération des rentes et redevances dues à l'abbaye en 1385; archives de la Vienne.

Chapelles de Laugerie, du Lac, Saint-Étienne, Saint-Marc, etc. — Titres; archives de la Vienne.

Chapitre cathédral; chapitres de Châtellerault, Chauvigny, Loudun, Menigoute (Deux-Sèvres), Mirebeau, Montmorillon, Mortemer, Notre-Dame-la-Grande, Saint-Hilaire, Saint-Martin de Tours, Saint-Pierre-le-Puellier, Sainte-Radegonde. — Titres; archives de la Vienne.

Chartes à la bibliothèque de Poitiers.— Pièces originales conservées dans cette bibliothèque.

Clergé. — Chambre ecclésiastique du diocèse de Poitiers. — Titres; archives de la Vienne.

Collège de Poitiers. — Titres; archives de la Vienne.

Commanderies d'Auzon, Foucaudière (la), Isle-Bouchard (l') (Indre-et-Loire), Loudun, Roche, Rouflac, Saint-Antoine-de-la-Lande (Deux-Sèvres), Saint-Georges, Vausseau (la), Villedieu (la). — Titres; archives de la Vienne.

Compte de J. Bourdin. — Compte des deniers levés en Poitou par Jean Bourdin pendant les mois de mai, juin, juillet et août 1479 pour le transport de l'artillerie du roi; bibliothèque nationale, mss., suppl⁽ᵗ⁾ français, n° 1452.

Compte d'une imposition ecclésiastique. — Compte d'une imposition levée en 1326 et 1327 sur les bénéfices de la province ecclésiastique de Bordeaux; bibliothèque nationale, mss., fonds latin, n° 9934.

Cordeliers de Poitiers. — Titres de ce couvent; archives de la Vienne.

Couvents de Guesne, Lencloître, Posay-le-Vieil, Puye (la), Rallerie (la), Villesalem. — Titres; archives de la Vienne. — Voy. *Augustins, Carmes, Cordeliers, Feuillants, Filles-de-Notre-Dame, Jacobins, Minimes.*

E

INTRODUCTION.

Cures d'Andillé, Angle, Angliers, Antogné, Antran,... Basses, Bellefont, Bertegon, Béthines, Beuxe,... Ceaux, Celle-l'Évêcault, Cenon, Chalais, Chapelle-Mortemer (la), etc. — Titres; archives de la Vienne.

Dénombrement de la population. — Archives de la Vienne.

Duché de Châtellerault. — Titres; archives de la Vienne.

Évêché. — Temporel de l'évêché de Poitiers. — Titres; archives de la Vienne.

Familles Allogny (d'), Argence (d'), Aubaneau, Aux (d'), Aviau (d'), Boivin, Breuil-Hélion (du), Brochard, ...Chabanais (de), Chabot, Chastoigner, etc. — Les titres de toutes les familles mentionnées parmi les sources du Dictionnaire sont conservés aux archives du département de la Vienne, excepté ceux qui concernent les deux familles suivantes.

Famille Jacques. — Titres appartenant à M. de Moulins de Rochefort.

Famille de Savatte de Genouillé. — Titres faisant partie des collections de feu M. Deniau, à Poitiers.

Feuillants de Poitiers. — Titres de ce couvent; archives de la Vienne.

Fiefs d'Abin, Âge-Bouet (l'), Auzance,... Bachers (les), Badevilain, Bagné, Beaupuy, Bellefontaine,... Caillotrie (la), Cartelière (la), Chaise (la), Chaleur, Champeaux, etc. — Titres; archives de la Vienne.

Filles-de-Notre-Dame de Châtellerault, de Poitiers; Filles-de-Saint-François de Mirebeau; Filles-de-Sainte-Catherine de Poitiers. — Titres de ces couvents; archives de la Vienne.

Fonteneau. — Documents pour l'histoire du Poitou, recueillis par dom Fonteneau, religieux bénédictin de la congrégation de Saint-Maur; 89 vol.; bibliothèque de Poitiers.

Gauthier. — Cartulaire de l'évêché de Poitiers, commencé par l'évêque de ce nom, qui siégea de 1279 à 1305; bibliothèque de Poitiers.

Grand-Gauthier. — Recueil d'aveux rendus, la plupart dans les premières années du xve siècle, à Jean, duc de Berry, comte de Poitou, par ses vassaux du Poitou; copie authentique et contemporaine; archives de la Vienne.

Hommages de Lusignan, de Montmorillon, du comté de Poitou. — Registres des hommages et aveux des fiefs relevant des châtellenies de Lusignan et de Montmorillon et du comté de Poitou; archives de la Vienne.

Inventaire de Font-le-Bon. — Inventaire des titres de la seigneurie de Font-le-Bon, fait en 1701; manuscrit appartenant à la Société des antiquaires de l'Ouest.

Jacobins de Poitiers. — Titres de ce couvent; archives de la Vienne.

Livre de recette de Vivonne. — Livre de recette des cens, rentes et autres revenus des seigneuries de Vivonne, Cercigny, Marçay, Bellefontaine, Clavière et la Ruffinière, 1489; manuscrit appartenant à M. Drochon, curé de l'Absie.

Livre noir de Saint-Florent de Saumur. — Cartulaire du xiie siècle, dont une copie est conservée aux archives de Maine-et-Loire; analysé par M. P. Marchegay dans ses *Recherches sur les cartulaires d'Anjou.*

Maison-Dieu. — Maison-Dieu de Montmorillon. — Titres; archives de la Vienne.

Minimes de Châtellerault, de Poitiers. — Titres de ces couvents; archives de la Vienne.

Nomenclature, 1820. — Nomenclature des lieux habités du département de la Vienne, faite en 1820; archives de la Vienne.

Notaires. — Minutes; archives de la Vienne.

Pouillé de Gauthier. — Pouillé fait dans les premières années du xive siècle par les soins de Gauthier de Bruges, évêque de Poitiers; il occupe les feuillets 129 à 179 du manuscrit appelé *Gauthier*; bibliothèque de Poitiers.

Prévôté de Bléhay. — Titres; archives de la Vienne.

Prieurés de Bernay, Bouchet (le), Bournan, Buxière, Chaise-aux-Moines (la), Chenagon, Cherchillé, Claunay, Coussay, etc. — Titres; archives de la Vienne.

Registres synodaux. — Listes des curés du diocèse de Poitiers qui devaient assister au synode de la Saint-Luc, 1478, 1479, 1613; archives de la Vienne.

Rôles des tailles de l'élection de Poitiers; archives de la Vienne.

Rôles du vingtième de l'élection de Richelieu; archives de la Vienne.

Seigneuries d'Aigne, Avanton, Baudiment, Daussay, Beaufort, Bellefont,...Cercigny, Château-Larcher, Chénéché, Chitré, etc.—Titres; archives de la Vienne.

Séminaires de Poitiers. — Titres; archives de la Vienne.

Taux du décime. — Compte d'une décime imposée en 1383 sur les trois diocèses de Poitiers, Luçon et Maillezais; arch. de la Vienne (clergé, 8).

Terriers de Champeaux, Gironde, Groye (la), Rouflac; archives de la Vienne.

Titres de Château-Larcher. — Titres concernant les seigneuries de Château-Larcher, Vivonne, Cercigny, etc. appartenant à M. Drochon, curé de l'Absie.

Trincant (Ms.). — Notices sur un grand nombre de lieux et de familles du Loudunais, rédigées au commencement du xviie siècle par Louis Trincant, procureur du roi au bailliage de Loudun. Un fragment du manuscrit (le quart environ) appartenait à M. le comte Ernest de Marconnay.

II. IMPRIMÉS.

Almanach provincial et historique du Poitou, 1779, 1786.

Almanach de Poitiers, 1701, 1719, 1726, 1743.

Annuaire du département de la Vienne, 1807, 1818.

Besly. *Histoire des comtes de Poictou et ducs de Guyenne*, suivie de celle des Roys de Guyenne depuis l'an 778. Paris, 1647, in-f°. — *Les Evesques de Poictiers, avec les preuves.* Paris, 1647, in-4°.

INTRODUCTION.

Bouquet (Dom). *Rerum gallicarum et francicarum scriptores.*
Bulletins de la Société des antiquaires de l'Ouest, 1834 et suiv.
Carte de l'état-major. — Carte de France du Dépôt de la guerre.
Cartulaire de Cormery. — Cartulaire de l'abbaye de Cormery, publié en 1861 par M. l'abbé Bourassé dans le tome XII des *Mémoires de la Société archéologique de Touraine.*
Cartulaire de Montazay. — Cartulaire du prieuré de Montazay, de l'ordre de Fontevrault, publié par M. L. Faye dans le tome XX des *Mémoires de la Société des antiquaires de l'Ouest* (année 1853).
Cartulaire de Noyers. — Cartulaire de l'abbaye de Noyers, publié en 1872 par M. l'abbé C. Chevalier dans le tome XXII des *Mémoires de la Société archéologique de Touraine.*
Cartulaire de Saint-Cyprien. — Cartulaire de l'abbaye de Saint-Cyprien de Poitiers, publié en 1875 par M. Rédet dans le tome III des *Archives historiques du Poitou.*
Cartulaire de Saint-Jouin. — Cartulaire de l'abbaye de Saint-Jouin-de-Marnes, publié en 1854 par M. Ch. Grandmaison dans le tome XVII des *Mémoires de la Société de statistique du département des Deux-Sèvres.*
Cartulaire de Saint-Maur-sur-Loire. — Cartulaire de l'abbaye de Saint-Maur-sur-Loire, publié par M. P. Marchegay dans ses *Recherches sur les cartulaires d'Anjou.*
Cartulaire de Saint-Nicolas. — Cartulaire du prieuré de Saint-Nicolas de Poitiers, publié en 1872 par M. Rédet dans le tome I des *Archives historiques du Poitou.*
Cassini. *Carte de la France.*
Chartes de Saint-Hilaire. — Documents pour l'histoire de l'église de Saint-Hilaire de Poitiers, publiés par M. Rédet dans les *Mémoires de la Société des antiquaires de l'Ouest,* t. XIV et XV (années 1847 et 1852).
Clypeus nascentis Fontebraldensis ordinis, par le P. de la Mainferme; 3 vol. in-8°.
Dénombrement du royaume. — Nouveau dénombrement du royaume, par généralités, élections, paroisses et feux, par Saugrain. 1720, in-4°.
Documents historiques inédits, publiés par M. Champollion-Figeac dans la Collection des documents inédits sur l'histoire de France. 4 volumes in-4°.
Du Chesne. *Histoire généalogique de la maison des Chasteigners.* Paris, Sébastien Cramoisy, 1634, in-f°.
Epistolæ Innocentii papæ III. Paris, 1682, 2 vol. in-f°.
Essais sur l'histoire de la ville de Loudun, par Dumoustier de la Fond. Poitiers, 1778, in-8°.
Gallia christiana, t. II, 1720.
Grégoire de Tours. *Historia Francorum,* etc. publiée pour la Société de l'histoire de France. Paris, 1838, 2 vol. in-8°.
Hommages d'Alphonse, comte de Poitiers, frère de saint Louis. État du domaine royal en Poitou (1260); publié d'après un manuscrit des Archives nationales par M. A. Bardonnet. Niort, 1872.
Inventaire des archives du château de la Barre, par M. Alfred Richard. 1868, 2 vol. in-8°.
Juenin. *Nouvelle histoire de l'abbaïe royale et collegiale de Saint-Filibert et de la ville de Tournus.* 1733, in-4°.
Labbe. *Nova bibliotheca manuscriptorum librorum,* 2 vol. in-f°.
Layettes du trésor des chartes, par A. Teulet. 3 vol. in-4°.
Ledain (B.). *Histoire d'Alphonse, frère de saint Louis, et du comté de Poitou sous son administration.* Poitiers, 1869, in-8°.
Mabille (E.). *La pancarte noire de Saint-Martin de Tours, brûlée en 1793, restituée d'après les textes imprimés et manuscrits.* Paris et Tours, 1866, in-8°.
Mémoires de la Société des antiquaires de l'Ouest. Poitiers, 1835 et suiv., in-8°.
Monuments historiques; cartons des rois aux Archives nationales, publiés par J. Tardif. 1866, in-4°.
Nomenclature des villages, hameaux et maisons isolées du département de la Vienne (d'après le cadastre), par Pinaudeau. 1841, in-8°.
Olim (Les) ou Registres des arrêts rendus par la cour du roi sous les règnes de saint Louis, de Philippe le Hardi, de Philippe le Bel, de Louis le Hutin et de Philippe le Long, publiés par le comte Beugnot dans la Collection des documents inédits sur l'histoire de France. 1839-1848, 3 vol. in-4°.
Pardessus. *Diplomata, chartæ, epistolæ, leges aliaque instrumenta ad res gallo-francicas spectantia.* Paris, 1843 et 1849, 2 vol. in-f°.
Pitra (Dom). *Histoire de saint Léger, évêque d'Autun.* Paris, 1846, in-8°.
Pouillé du diocèse de Poitiers, par Regnault de Beauvallon. Poitiers, 1782, in-8°.
Procès-verbal de publication de la coutume du Loudunois, en tête des *Coustumes du pays et seigneurie de Loudunoys, à Poictiers, par les Bouchetz frères.* In-18, sans date.
Réformation générale des forests et bois de Sa Majesté de la province de Poictou, par MM. Colbert et Barentin, commissaires départis, etc. Poitiers, 1667, in-f°.
Thibaudeau. *Abrégé de l'histoire du Poitou.* Poitiers, 1782-1788, 6 vol. in-12.

EXPLICATION

DES

ABRÉVIATIONS EMPLOYÉES DANS LE DICTIONNAIRE.

abb.	abbaye.	fam.	famille.
anc.	ancien.	f°	folio.
anc^t	anciennement.	gr.	grand.
ap.	apud.	h.; hh.	hameau; hameaux.
appart.	appartenant.	inv.	inventaire.
arch.	archives.	kilom.	kilomètre.
arr^t	arrondissement.	m.	maison.
auj.	aujourd'hui.	m. r.	maison rurale.
autref.	autrefois.	marq.	marquisat.
bar.	baronnie.	ms.	manuscrit.
bibl.	bibliothèque.	m^{in}	moulin.
cab.	cabinet.	nomencl.	nomenclature.
c^{on}	canton.	p.	page.
cart.	cartulaire.	pr.	preuve.
chap.	chapitre.	relev.	relevant.
ch.	chartes.	riv.	rivière.
chât.	château.	ruiss.	ruisseau.
châtell.	châtellenie.	s.; s^{te}	saint; sainte.
ch.-l.	chef-lieu.	seign.	seigneurie.
com^{rie}	commanderie.	s^e	siècle.
c^{ne}; c$^{nes\,1}$	commune; communes.	t.	tome.
couv.	couvent.	territ.	territoire.
dénomb.	dénombrement.	v.	vers.
dép.	dépendant.	v°	verso.
dép^t	département.	vic.	vicomté.
dip.	diplôme.	vill.	village ².
f.; ff.	ferme; fermes.	voy.	voyez.

¹ Cette abréviation, c^{nes}, quand elle est suivie des noms de deux communes, signifie que le village ou hameau qui fait l'objet de l'article est partagé entre ces deux communes; celle qui renferme la plus grande partie du village ou hameau est toujours désignée la première.

² Ce mot désigne un groupe de maisons plus grand que le hameau et consistant au moins en dix habitations; mais dans les citations d'anciens actes il a un sens plus général et s'applique même à des fermes isolées, composées d'une maison d'habitation et de bâtiments d'exploitation; le mot hameau n'était pas en usage dans la langue vulgaire du Poitou. On appelait bourg, comme on le fait encore aujourd'hui, le village où se trouve l'église paroissiale.

DICTIONNAIRE TOPOGRAPHIQUE
DE
LA FRANCE.

DÉPARTEMENT
DE LA VIENNE.

A

Abattis (Les), f. c^{ne} de Paizay-le-Sec. — *Les Abattis, les Habbatiz*, v. 1630 (abb. de St-Savin, 31).

Abbaye (L'), h. c^{ne} de Brion. — *Village de l'Abbaye*, 1506 (abb. de St-Cyprien, 36). — *Labée* (Cassini). — Anc. propriété de l'abbaye de Saint-Cyprien de Poitiers.

Abbaye (L'), h. c^{ne} de Craon; anc. propriété du prieuré de Craon, dép. de l'abbaye d'Airvault (Deux-Sèvres).

Abbaye (L'), chât. c^{ne} de Liglet; lieu dép. autref. de l'abbaye de Fontgombault (Indre), à cause de son prieuré de Fontmoron.

Abbaye (L'), h. c^{ne} de Marigny-Brizay. — *Logis appellé l'Abaïe, membre dépendant de l'abbaye de Fontaine le Comte*, 1657 (abb. de Fontaine-le-Comte, 25).

Abbaye (L'), f. et ruines, c^{ne} de Pairoux.

Abbaye (L'), lieu détruit, près Charcret, c^{ne} de Quinçay; — 1606 (chap. de St-Hilaire, 404); 1841 (nomencl.).

Abbaye-de-Cragon (L'), f. c^{ne} de Saint-Jean-de-Sauves. Voy. Cragon.

Abbaye-de-Fougère (L'), h. c^{ne} de Migné; anc. propriété de l'abbaye de Montierneuf.

Abbaye-de-Montazay (L'), f. c^{ne} de Savigné; anc. propriété du prieuré de Montazay, dép. de l'abbaye de Fontevrault.

Abbaye-de-Saint-Jean (L'), m. r. c^{ne} de Montamisé; anc. propriété de l'abbaye de Saint-Jean de Poitiers.

Abbaye-Saint-Pierre (L'), f. c^{ne} de Lencloître; — 1750 (cure de Boussageau). — Anc. propriété de l'église cathédrale Saint-Pierre de Poitiers.

Abbesse (Bois l'), c^{ne} de Nieuil-l'Espoir; bois appart. autref. à l'abbaye de la Trinité de Poitiers; contenait 114 arpents en 1792.

Abeille (L'), f. c^{ne} de Prinçay.

Abenans (L'), f. c^{ne} de Thurageau. — *La Benest*, 1620 (fam. de Fouchier, aveu de Rochefort, f° 33). — *La Benais*, 1778 (rôle du vingtième).

Abenoux, vill. c^{ne} de Latus. — *Vilagium de Abonor*, 1307 (évêché, 33). — *Abonour*, 1393 (chap. de Montmorillon, 2). — *Abonnour*, 1408 (gr. Gauthier, f° 121). — *Benour, Abenoir*, 1530 (maison-Dieu, terrier, f° 266 v°). — *Abenour*, 1566 (fam. Dalest). — *Abenou*, 1685 (fief de la Motte de Rouflame). — *Abenoux*, 1730 (rôle des tailles).

Aberton (L'), f. c^{ne} de Scorbé-Clairvaux.

Abin, chât. et h. c^{ne} de Saint-Genest. — *Estangt de Aboig*, 1280 (arch. de Maine-et-Loire, Fontevrault). — *Aboing*, 1439 (terrier de Gironde, f° 46 v°). — *Hostel d'Aboain*, 1462 (couvent de Lencloître). — *Aboyn, Auboyn*, 1474 (seign. de Puygarreau, 3). — *Abayn*, 1484; *Abain*, 1555

Vienne. 1

(couvent de Lencloître). — *Abin*, 1703 (fief d'Abin). — *Habin* (Cassini). — Anc. fief et haute justice relev. du duché de Châtellerault.

ABIN, chât. et vill. c^ne de Thurageau. — *Aboing*, 1213; *Auboing*, 1496 (chap. de Mirebeau, 27). — *Abain*, 1508 (aveu de Mirebeau). — *Abin*, 1577 (fam. Chasteigner). — Anc. fief relev. de la Tour de Massogne.

ABIRÉ, vill. c^ne de Vivonne. — *Abirecum*, v. 1120 (cart. de St-Cyprien, p. 69). — *Abiré*, 1489 (livre de recette de Vivonne, f° 30).

ABLET, f. c^ne d'Andillé. — *Maison d'Ablet*, 1462; — *seigneurie et métairie*, 1565 (inv. des titres de la Planche, à M. de Romans).

ABLET, vill. c^ne de Marnay. — *In villa que appellatur Abliaco cum aquarum decursibus et farinario*, 969 (cart. de St-Cyprien, p. 250). — *Terra de Ambliaco*, 1087-1100 (*ibid.* p. 272). — *Ablec*, vers 1155 (*ibid.* p. 36). — *Chapelle de Saint-Christophe d'Ablet*, 1782 (pouillé).

ABRE, h. et étang, c^ne de Millac. — *Apud Abram*, 1286 (cure de l'Isle-Jourdain). — *Abres*, 1430 (cure de Millac). — *Villagium de Abrüs*, 1434 (cure de l'Isle-Jourdain). — *Asbre* (Cassini). — Anc. fief.

ABREUVOIR (L'), f. c^ne de Scorbé-Clairvaux.

ACHENEAU (L'), m. isolée, c^ne de Chéneché.

ACHENEAU (L'), vill. c^ne de Saix. — *L'Achenault*, 1753 (cure de Saix). — *La Cheneau*, 1841 (nomencl.).

ADRIERS, c^on de l'Isle-Jourdain. — *Vicaria Edrinsis in pago Pictavo*, 927; *vicaria Edrarinsis*, 942 (abb. de Nouaillé). — *Ecclesia Sancti Hilarii de Adrerio*, 1185 (Fonteneau, t. XXIV, p. 438). — *Adrier* (pouillé de Gauthier, f° 175 v°). — *Adrer*, 1383 (taux du décime, p. 18). — *Rector de Adreyo*, 1478 (reg. synodal). — *Adriers*, 1668 (maison-Dieu, 139).

Les deux chartes de l'abbaye de Nouaillé citées plus haut sont les seuls documents qui fassent connaître la viguerie d'Adriers, en mentionnant le village de Fleigné, c^ne de Persac, et une manse située au bord de la Vienne.

Avant 1790 Adriers faisait partie de l'archiprêtré de Lussac-le-Château, de la baronnie de Calais au comté de la Basse-Marche et de l'élection de Poitiers. Le chapitre de Saint-Pierre du Dorat était seigneur châtelain de la paroisse et nommait à la cure.

AFFROIS (MAISON DES), à Ayron; anc. fief relev. de l'abbaye de Sainte-Croix de Poitiers. — *Maison des Affroys*, 1507 (abb. de Ste-Croix, 29). — *La Vaumartin*, 1645 (*ibid.* 30). — *Les Affrais*, 1673 (Fonteneau, t. XLIII, p. 995). — *La Vaumartin ou les Affrois*, 1703 (abb. de Ste-Croix, 31).

ÂGE (L'), f. c^ne d'Anois.

ÂGE (L'), f. c^ne d'Archigny. — *L'Age*, 1309 (Gauthier, f° 188 v°). — Anc. fief relev. de la bar. d'Angle.

ÂGE (L'), h. c^ne de la Bussière. — *Herbergamentum de Haia, P. de Lage*, 1260 (Hommages d'Alphonse, p. 79). — *L'Age*, 1403 (gr. Gauthier, f° 5). — *L'Aige*, 1537 (abb. de St-Savin, 1).

ÂGE (L'), f. c^ne de Gouex. — *L'Age aurei*, 1234; *Agia regis*, 1313 (abb. de Nouaillé, 19).

ÂGE (L'), h. c^ne de Journet. — *L'Age*, 1401 (gr. Gauthier, f° 114 v°). — *L'Age de Jornec*, 1524 (chap. cathédral, 24). — *L'Aage*, 1731 (rôle des tailles). — Anc. fief relev. de la bar. de la Trimouille.

ÂGE (L'), ff. c^ne de Jonssé. — *L'Age Frogier?* 1409 (gr. Gauthier, f° 215). — *L'Age*, 1718 (rôle des tailles).

ÂGE (MOULIN DE L'), sur la Gartempe, c^ne de Latus.

ÂGE (L'), lieu détruit, auj. inconnu, c^ne de Liglet. — *L'Age*, 1480; *l'Age de Marcillé*, 1485 (abb. de St-Savin, 26).

ÂGE (L'), h. c^ne de Lussac-le-Château; — 1775 (rôle des tailles).

ÂGE (L'), h. c^ne de Millac. — *L'Aige Bougrin*, 1525 (cure de l'Isle-Jourdain). — *L'Aige Bougrain*, 1577 (Fonteneau, t. XLV, p. 779). — Anc. fief.

ÂGE (L'), ff. c^ne de Pressac.

ÂGE (L'), anc. fief relev. de la bar. de Chauvigny, c^ne de Saint-Pierre-des-Églises. — *Dominus de Agia*, 1394 (seign. de l'Âge). — *Fief de l'Age en Chauvigny*, 1617 (évêché, 20). — Ce lieu, indiqué sur la carte de Cassini près la chapelle de Saint-Henri, n'est plus connu.

ÂGE (L') ou L'ÂGE-DE-PLAISANCE, f. c^ne de Saugé. — *Herbergamentum de Agia apud Pleissenciam*, 1253 (Hommages d'Alphonse, p. 86). — *L'Age*, 1403 (gr. Gauthier, f° 105 v°). — *L'Age de Plaisance*, 1494 (fief de l'Âge-de-Plaisance). — Anc. fief relev. de la bar. de Montmorillon.

ÂGE (LA PETITE-), vill. c^ne du Vigean. — *Agia in parrochia de Auvyggan*, 1286 (Fonteneau, t. XXII, p. 365). — *La petite Age*, 1552 (cure du Vigean).

ÂGE-AU-CHOU (L'), anc. fief, c^ne de Montmorillon. — *L'Age du Chauchour*, 1403 (gr. Gauthier, f° 107). — *L'Age du Chaucheur*, 1454 (hommages de Montmorillon, f° 23 v°). — *L'Age du Chauchoux*, 1496 (fief de la Lande). — *L'Age du Chaussour*, 1528; *l'Aige Chaussour*, 1565; *l'Age aux Choux* ou *Chausson*, 1726; *l'Age au Chou*, 1728 (fief de l'Âge-au-Chou). — Ce fief relevait de la bar. de Montmorillon; un tènement et un chemin, dans la haute ville, en portent encore le nom.

AGE-BOISSEAU (L'), h. c^{ne} de Mauprevoir; — 1656 (abb. de Charroux).

Le ruisseau de l'Âge-Boisseau prend naissance près la limite de la c^{ne} de Pressac et se réunit au Pairoux près Malbuffe, c^{ne} de Mauprevoir.

AGE-BOUET (L'), h. c^{ne} de Sillars. — *L'Age Bouet*, 1404 (gr. Gauthier, f° 107 v°). — *L'Age Bouhet*, 1493 (fief de Pruniers). — Anc. fief relev. de la bar. de Montmorillon.

AGE-BOURGET (L'), h. c^{ne} de Lussac-le-Château. — *L'Age Borget*, 1587 (cure de Lussac).

AGE-BOUTAUD (L'), h. c^{ne} d'Adriers. — *L'Age Boutaut*, 1651 (maison-Dieu, 182). — Anc. fief.

AGE-BOUTEAU (L'), vill. c^{ne} de Coulonges. — *L'Achebouteau*, 1841 (nomencl.).

Le ruisseau de l'Âge-Bouteau prend sa source au Peux-de-Tilly, c^{ne} de Coulonges, sépare cette c^{ne} de celle de Tilly, dép^t de l'Indre, et se jette dans le ruiss. de Vavre, sur le territ. de ce même dép^t.

ÂGE-BOUTRIGE (L'), h. c^{ne} d'Adriers; — 1561 (prieuré de St-Paixent).

AGE-COURBE (L'), ff. c^{ne} de Latus. — *L'Age de Courbe jarret*, 1454 (hommages de Montmorillon). — *L'Age Corbe jarret*, 1547 (fief de l'Age-Courbe). — *L'Age Courbe jarret*, 1496 (fief de la Lande). — *L'Age Courbe*, 1775 (rôle des tailles). — Anc. fief relev. de la bar. de Montmorillon.

AGE-DU-FAIX (L'), h. et étang, c^{ne} du Vigean. — *L'Ayge du Fays*, 1479; *l'Age du Fex*, 1532; *l'Age du Faix*, 1539; *l'Age du Faiz*, 1545; *l'Age du Faictz*, 1574; *l'Eage du Festz*, 1579 (fam. Laurent de Reyrac).

ÂGE-GANDELIN (L'); m. r. c^{ne} de Leigné. — *L'Age Gandelin*, 1403 (gr. Gauthier, f° 106). — *L'Age Gandellyn*, 1585 (maison-Dieu, 163). — *Lage Gandelain* (Cassini). — *Lâge-Jaquelin*, 1841 (nomencl.). — Anc. fief relev. de la bar. de Montmorillon.

ÂGE-GRASSIN (L'), f. c^{ne} de Saugé; — 1529 (maison-Dieu, 29).

AGE-MAISON (L'), h. c^{ne} du Vigean; — 1621 (cure du Vigean).

AGE-MINETTE (L'), f. c^{ne} de Sillars. — *L'Ageminete*, 1497 (fief de Fougerolles). — *La Geminete*, 1537 (notaires, Grault à Montmorillon).

ÂGE-PARIOLLE (L'), h. et mⁱⁿ sur le Pairoux, c^{ne} de Mauprevoir. — *Johannes de Laia?* v. 1169 (Fonteneau, t. XVIII, p. 397). — *Laia Pariola*, 1234; *molendinum de Laga Pariola*, 1236 (abb. de Charroux). — *Laia Periola*, 1237 (Fonteneau, t. IV, p. 321). — *Agia Pariola*, 1238 (fam. Gourjault). — *L'Age Pariolle*, 1473 (abb. de Charroux). — Anc. seign. appart. à l'abbaye de Charroux.

ÂGE-PINEAU (L'), f. c^{ne} de Pressac; — 1490 (abb. de St-Cyprien, 28).

ÂGE-RAULT (L'), h. c^{ne} d'Adriers. — *Lageraut* (Cassini).

ÂGES (LES), vill. c^{ne} de Bouresse. — *Agiæ de Chavernoyl, villagium de Chavernoyl*, 1320; *Agia de Chavernuilh*, 1370; *les Ages de Chavernueil*, 1456 (abb. de Nouaillé, 19). — *Les Ages de Chavernueil*, 1498 (ibid. 20). — *Les Aiges*, 1547 (maison-Dieu, 196).

ÂGES (LES), à Brux; — 1630 (abb. de Nouaillé, 53); maison appelée aujourd'hui le Bout-du-Pont.

ÂGES (LES), f. c^{ne} de la Bussière.

ÂGES (LES), h. c^{ne} de Fleix; — 1501 (chap. de Chauvigny, 11).

ÂGES (LES), h. c^{ne} de Mauprevoir. — *Les Ages autrement Chantegrellet*, 1656 (abb. de Charroux).

ÂGES (LES), h. c^{ne} de Pressac; — 1493 (seign. d'Availle). — Anc. fief.

ÂGES (LES), ff. c^{ne} de Queaux.

ÂGES (LES), mⁱⁿ sur la Charente, c^{ne} de Savigné. — *Maria de Agüs*, 1182 (Fonteneau, t. XVIII, p. 547). — *Les Ages, le moulin des Ages*, 1395 (gr. Gauthier, f° 272). — *Moulin des Aages*, 1662 (notaires, Pascault à Civray). — Le fief des Ages relevait du comté de Civray.

ÂGE-VALIN (L'), f. c^{ne} de la Trimouille. — *L'Age Vallin*, 1506 (fief de Fleix). — *L'Age Valin*, 1775 (rôle des tailles). — *Le Chevalin* (Cassini). — *La Joualin*, 1841 (nomencl.).

ÂGE-VOULERNE (L'), vill. c^{ne} d'Availle-Limousine. — *L'Age Volorne*, 1379; *l'Age Voullerne*, 1399 (seign. d'Availle). — *L'Age Volarne*, 1442 (cure de l'Isle-Jourdain). — *L'Age Volergne*, 1769 (fam. de la Broue de Vareilles). — Anc. fief relev. de la châtell. d'Availle.

AGNESSAY, vill. c^{ne} de Thurageau. — *Agrissiacus, Agriciacus villa*, v. 1050 (cart. de St-Nicolas, 1 et 27). — *Agriziacus*, 1061-1068 (ibid. 4). — *Agriciai*, v. 1075 (ibid. 38). — *Agricay*, 1394 (chap. de Mirebeau, 27). — *Agressay*, 1494 (prévôté de Blâlay, 4). — La dîme d'Agressay, appart. à la c^{ne} de Poitiers, était tenue en fief de la seign. de la Roche de Brizay.

AGUÉTONS (LES), f. c^{ne} de la Chapelle-Bâton. — *Les Aguestons*, 1633 (fam. du Breuil-Hélion).

AGUZON, m. r. c^{ne} de Saint-Pierre-des-Églises. — *Aguzon*, 1320 (évêché, 22). — *Aguison*, 1397 (seign. de Fressinay). — *Village de Gusson*, 1580 (terrier de Champeaux, f° 35 v°). — *Aguson*, 1584 (séminaires, 9).

AIGLETTERIE (L'), m. r. c^ne de Benassay.

AIGNE ou ESGNE, chât. et vill. c^ne d'Iteuil. — *Vicaria Lincaconsis?* 969 (cart. de St-Cyprien, p. 251). — *Vicaria Leenia*, 988-1031 (*ibid.* p. 50). — *Aigne*, 1507 (chap. de St-Hilaire, 90). — *Aygnes*, 1529 (seign. de Curzay). — *Exgne*, 1673 (seign. d'Aigne). — *Esgne*, 1701 (almanach de Poitiers).

Anc. seigneurie relev. de la bar. de Celle-l'Évécault. Le cartulaire de Saint-Cyprien est le seul document qui fasse connaître la viguerie d'Aigne, dans laquelle se trouvait Mezeaux. Quatre foires se tenaient à Aigne : le 3 février, jour de Saint-Blaise, le lundi de *Quasimodo*, le 1er septembre et le 13 décembre; elles ont été réduites à trois et fixées à d'autres jours.

Le ruiss. d'Aigne ou de Ruffigny prend naissance près Ruffigny et se jette dans le Clain près Aigne.

AIGNET, f. c^ne d'Arçay. — *Aygret*, 1522 (com^rie de Loudun, 24).

AIGNETTE (L'), m^in sur la Vienne, c^ne de Queaux.

AIGUILLON (L'), h. c^ne de Châtellerault.

AIGUILLON (BOIS DU GRAND et DU PETIT-), c^ne de Ligugé; appart. autref. au prieuré de Ligugé, contenaient 105 arpents en 1796.

AIGUISEAU (L'), h. c^ne de Targé. — *Leguiseau*, 1841 (nomencl.).

AILLÉ, vill. c^nes de Saint-Georges et Dissay. — *Aliacus*, 673 (charta S. Bercharii, ap. Pardessus, *Diplomata, chartæ*, etc. t. II, p. 159). — *Stephanus de Ailec*, v. 1092 (cart. de St-Cyprien, p. 204). — *Aillec*, 1200 (chap. de Notre-Dame-la-Grande, 52). — *Allec*, 1267; *Aylle*, 1273 (chap. cathédral, 72). — *Ayllec*, 1322 (abb. de la Celle, 18). — *Ayllec*, 1324 (arch. de Poitiers, 12). — *Aillé*, 1394 (com^rie de St-Georges, 35). — *Aillé, Aillet*, 1405 (gr. Gauthier, f° 9). — *Ailly*, 1406 (*ibid.* f° 13 v°). — Anc. fief relev. de la tour de Maubergeon.

AILLÉ, m. isolée et chapelle en ruine, c^ne de Saint-Pierre-des-Églises. — *Ecclesia de Alliaco*, 1019-1027 (cart. de St-Cyprien, p. 137). — *Ecclesia que vocatur Alliacus, in condita Calviniacensis castelli*, v. 1022 (*ibid.* p. 139). — *Allec*, 1149 (abb. de St-Cyprien). — *Aillec*, 1295 (Duchesne, Hist. généal. de la maison des Chasteigners, pr. p. 112). — *Ecclesia de Alhie annexa ecclesie Sancti Justi de Calvigniaco* (pouillé de Gauthier, f° 139). — *Ayllec*, 1309 (Gauthier, f° 186). — *Adillé*, 1613 (reg. synodal).

Ce lieu, mentionné comme paroisse dans les registres synodaux de 1479, 1598 et 1613, fut ensuite, comme au temps de Gauthier de Bruges, annexé à celle de Saint-Just, auj. Notre-Dame de Chauvigny, dont il dépend encore.

AINÇAY (LE GRAND et LE PETIT-), vill. c^ne de Mouterre-Silly. — *Guillelmus de Ainchaio, d'Aincei*, 1100-1108 (gr. cart. de Fontevrault, 31 et 712). — *Aimericus de Aincai*, 1129 (*ibid.* 611). — *Ahyncay*, 1239 (cure d'Aunay). — *Capellania Sancti Johannis de Incayo* (pouillé de Gauthier, f° 172). — *Le petit Yncay*, 1367 (abb. de Fontevrault, 1). — *Incay*, 1453 (com^rie de Loudun, 25). — *Insay*, 1617 (cure de Mouterre-Silly).

AINSON, m. r. c^ne de Saire. — *Inson* (Cassini).

AINZAY, ff. c^nes d'Angliers et Saint-Cassien. — *Ayncay*, 1287 (abb. de Fontaine-le-Comte, 28). — *Inzé* (Cassini).

AIRAULT (L'), h. c^ne de Coussay.

AIR-DES-CHAMPS (L'), f. c^ne de Saint-Martin-Lars. — *Lerdouchan*, 1657 (abb. de la Reau). — *L'Air des Champs*, 1657 (fam. Lambertie).

AIS (LES), f. c^ne de Sanxay.

AISANCE (L'), f. c^ne de Saint-Sauveur. — *L'Assistance*, 1841 (nomencl.).

AÎTRES (LES), h. c^ne de Scorbé-Clairvaux. — *Les Etres*, 1777 (aveu de Clairvaux). — *Les Hestres* (Cassini).

AJASSE (L'), f. c^ne de Saint-Genest. — *La Jasse*, 1621 (fief des Tessonnières).

AJASSEAU (L'), h. c^ne de la Bussière. — *La Jasseau*, 1507 (abb. de St-Savin, 12). — *Le Jasseau*, 1621 (couv. de la Puye, 9). — *Lajasseau*, 1708 (cure de Nalliers). — *L'Ajaccio*, 1841 (nomencl.).

AJONCS (LES), h. c^ne de Chenevelles. — *Mestairie des Ajeons*, 1631 (duché de Châtellerault, 5); — *des Ayons*, 1695 (seign. de Touffou, 5).

AJONCS (LES GRANDS-), m. r. c^ne de Saint-Julien-Lars.

ALBERDIÈRES (LES), h. c^ne de Prinçay. — *Les Allebardières*, 1872 (dénomb.).

ALBIZÉ (LE HAUT et le BAS-), f. et h. c^ne de Monts-sur-Guesne. — *Albizé*, 1648 (cure de Monts-sur-Guesne).

ALBRAULT, f. c^ne d'Archigny. — *Le Braud* (Cassini).

ALBROUX, h. c^ne de la Bussière. — *Allebroust*, 1497; *Allebroux*, 1516; *Hallebroux*, 1541; *Albroux*, 1639 (seign. de la Roche-Aguet).

ALEXANDRE, lieu détruit, près des Bordes, c^ne de Nouaillé. — *Villa Alsander in vicaria Pictavensi*, 866; *villa que dicitur Alexander, in pago Pictavo, infra quintam ipsius civitatis*, 906; *villa que nuncupatur Alexandria*, 911; *villa Alaxandras*, 913 (abb. de Nouaillé). — *Alexandra*, 946 (Fontenau,

t. XXI, p. 270). — *Nemus Alexandri*, 1274 (abb. de Nouaillé, 5). — *Le boys d'Alixandre*, 1505 (com^rie de la Villedieu, 22). — *Le champ d'Alexandre*, 1604 (abb. de Nouaillé, 6). — *Tenement d'Alexandre*, 1738 (ibid. 15).

Ce lieu fut le théâtre du funeste combat du 19 septembre 1356, d'après une pièce manuscrite du XVI° siècle, conservée aux archives du dép^t de la Vienne (jacobins de Poitiers) et commençant par ces mots : «Cy ensuyvent les noms de ceulx qui furent enterrés en convent des freres prescheurs de Poictiers, qui morurent en la bataille avec le Roy Jehan au champ de Alexandre à deulx lieues de Poictiers ou environ, en l'an de l'Incarnation mil troys cens cinquante et six, qui fut ung lundi dix et neuf^me jour de septembre.»

ALGRETS (LES), ff. c^ne du Vigean. — *Les Alegretz*, 1618; *les Allegrestz*, 1621; *les Allegrets*, 1721 (cure du Vigean).

ALIAUX (LES), h. c^ne de Mairé. — *Les Alyotz*, 1543 (seign. de Mairé).

ALISIER (BOIS DE L'), c^ne de Quinçay; autref. au chapitre de Saint-Hilaire; contenait 314 arpents en 1792.

ALIZONS (LES), m. r. c^ne de Nalliers; — 1698 (abb. de St-Savin, 33).

ALLANTS (LES), f. c^ne de Prinçay. — *Village des Lallantz, des Lallandz*, 1605; — *des Allandz*, 1641 (cure de Prinçay).

ALLAY, vill. c^ne de Brigueil-le-Chantre. — *Alée, Halée*, 1494 (fief de Gersant). — *Allests, Allais*, 1672 (fief de Fleix). — *Moullin d'Allez*, 1672 (fief du Riffault). — Le moulin d'Allay, sur la Benaise, n'existe plus.

ALLÉE (L'), h. c^ne de Scorbé-Clairvaux.

ALLÉE (LA GRANDE-), m. r. c^ne de Vendeuvre.

ALLÉES (LES), f. c^ne de Bertegon.

ALLEMAGNE, f. anc. seign. c^ne de Beaumont. — *Alamania?* 942 (ch. de St-Hilaire, t. I, p. 24). — *Gaufridus de Allemania*, 1236 (abb. de Fontaine-le-Comte, 20). — *La tour d'Alemaigne*, 1477 (chap. de Notre-Dame-la-Grande, 28). — *Almaigne*, 1507 (duché de Châtellerault, 4). — *Maison d'Allemagne*, 1841 (nomencl.).

ALLEMAGNE, lieu auj. inconnu, c^ne de Vendeuvre; anc. fief. relev. de la châtell. de Chéneché. — *Fief, terre et seigneurie d'Allemaigne*, 1670 (aveu de Chéneché, 71).

ALLETRIE (L'), h. c^ne de la Chapelle-Mortemer. — *L'Allerie* (Cassini).

ALLEU (L'), h. c^ne d'Ingrande. — *Lalus, Laleu*, 1425 (cure d'Ingrande). — Anc. fief.

ALLEUDS (LES), h. c^ne de Ligugé. — *L'Alu*, 1507 (collège de Poitiers, 9). — *Les Alluz*, 1626 (ibid. 10).

ALLEUX (LES), h. c^ne de Buxeuil. — *Les Alleuz*, 1676; *les Alus*, 1783 (cure de la Haye).

ALLIER (LE GRAND et LE PETIT-), vill. et h. c^ne d'Anché. — *In villa Campo Aliaco, in vicaria Vicovedonense*, v. 965 (cart. de St-Cyprien, p. 255). — *In villa quæ nuncupatur Campaliaco, in vicaria Vicodonense*, 969 (ibid. p. 251). — *Moulin de Laillé*, 1404 (seign. de la Limonerie). — *Laillé*, 1558 (fief de Château-Larcher).

ALLOUETTÉE (L'), m. r. c^ne d'Availle-Limousine.

ALOGNY ou CHÂTEAU-D'ALOGNY, chât. c^ne de Lésigny. — *Aloigné*, 1363 (duché de Châtellerault, inv. d'aveux, f° 42). — *Allogny*, 1673 (fief d'Alogny). — *Seigneurie d'Allogny Piedsec*, 1722 (seign. d'Alogny). — Anc. fief et haute justice relev. du duché de Châtellerault.

ALONNE ou ASLONNE, c^on de la Villedieu. — *Alona*, 799 (abb. de Nouaillé). — *In villa ad Alonna*, v. 1000 (cart. de St-Cyprien, p. 265). — *Ecclesia Sanctæ Mariæ de Allona*, 1119 (Fontenau, t. XXI, p. 594). — *Alone*, 1293 (abb. de Nouaillé, 24). — *Alonia* (pouillé de Gauthier, f° 152). — *Alonne*, 1394 (abb. de Nouaillé, 29). — *Aslonne*, 1494 (chap. de St-Hilaire, 84). — *Allonne*, 1537 (chap. de St-Pierre-le-Puellier, 29). — *Aslonnes*, 1859 (Diction. des postes).

Avant 1790 ce lieu faisait partie de l'archiprêtré de Lusignan, de la châtellenie de Château-Larcher, de la sénéchaussée et de l'élection de Poitiers. Le prieuré et la cure de Notre-Dame d'Alonne dépendaient de l'abbaye de Nouaillé. Une partie du bourg et de la paroisse relevait de la seign. de Jouarenne, appart. à cette abbaye.

Le ruisseau d'Alonne a sa source près ce lieu, passe à Jouarenne et tombe dans le Clain au nord-ouest de Vintray.

AMBAUDIÈRE (L'), h. c^ne de Sanxay. — *Lambaudière* (Cassini).

AMBERRE, c^on de Mirebeau. — *Amberra*, v. 1051 (Fontenau, t. XVIII, p. 115). — *Ecclesia Sancti Petri de Amberria*, 1119 (ibid. t. XXVII, p. 67). — *Amberia* (pouillé de Gauthier, f° 170 v°). — *Priorissa de Emberia*, 1383 (taux du décime, p. 19). — *Amberre*, 1398 (abb. de la Trinité, 87). — *Embeire*, 1701 (almanach de Poitiers).

Cette commune est formée des deux anciennes paroisses d'Amberre et Bournezeau (réunies auj. pour le spirituel à celle de Saint-André de Mirebeau. Avant 1790 celle d'Amberre faisait partie de l'archiprêtré et de la baronnie de Mirebeau, du duché-pairie et de l'élection de Richelieu, généralité de Tours. L'abbaye de la Trinité de Poitiers y exerçait les droits de seigneurie et de haute justice et nommait à la cure; néanmoins il y avait dans le bourg d'Amberre deux fiefs relev. de la baronnie de Mirebeau, dont l'un était possédé par la c^{ne} de Poitiers.

Amberre serait le lieu appelé *Burmezium* dans une charte du roi Lothaire pour l'abbaye de la Trinité de Poitiers, de l'an 962 (Fonteneau, t. XXVII, p. 23), suivant un mémoire conservé parmi les titres de cette abbaye aux archives de la Vienne (Trinité, 88, ch. IV, art. 17).

AMBERTIN, h. c^{ne} de Lavoux. — *Ambretin* (Cassini).

AMBOURG, m. r. c^{ne} de Leigné-les-Bois. — *Bours*, 1576 (abb. de la Merci-Dieu, 12). — *Bourg* (Cassini).

AMBRETTE, h. c^{ne} d'Amberre. — *Amberreta villa*, v. 995 (ch. de St-Hilaire, t. I, p. 48). — *Ambarrete*, 1267 (chap. de St-Hilaire, 414). — *Hostel et forteresse d'Amberrette*, 1508 (aveu de Mirebeau). — *Amberette*, 1509 (chap. de St-Hilaire, 326). — *Embrette, paroisse de Bournezeaux*, 1764 (abb. de la Trinité, 91). — Le fief d'Ambrette relevait de la bar. de Mirebeau.

AMÉNIQUE (L'), m. r. c^{ne} de Châtellerault.

AMEUILS (LES), f. c^{ne} des Ormes. — *Les Ameuilles*, 1598 (seign. de la Fontaine, 1). — *Les Ameilles*, 1670 (ibid. 4).

AMEUILS (LES), h. c^{ne} de Saint-Remy-sur-Creuse.

AMILLIÈRES (LES), ff. c^{ne} de Jazeneuil. — *Les Amyltiers*, 1627 (fief de Curzay). — *Les Amelières*, 1711; *les Amilliers*, 1723 (rôles des tailles). — Anc. fief relev. de Curzay.

AMIRAL (L'), rocher situé sur le coteau abrupt qui domine Poitiers au levant et près duquel se plaçait l'amiral de Coligny pour diriger les opérations du siège en 1569. — *Rocher de l'Admiral*, 1736 (abb. de Montierneuf, 46). — *Rocher appelé le Grand-Amiral*, 1738 (abb. de St-Cyprien, 4). — *Jardin situé au faux bourg Pont Joubert devant l'Amiral*, 1746 (chap. de Ste-Radegonde, 14).

ANCHÉ, c^{on} de Couhé. — *Anciacus villa in vicaria Vitvedonense*, 969 (cart. de St-Cyprien, p. 251). — *Anschec*, v. 1085 (ibid. p. 260). — *Audoinus de Anxiaco?* v. 1112 (abb. de Nouaillé). — *Anchec*, 1149 (abb. de St-Cyprien). — *Anchet*, 1317 (Fonteneau, t. XXII, p. 453). — *Capellanus de Anchiaco*, 1383 (taux du décime, p. 68). — *De Ancheyo*, 1478 (reg. synodal). — *Anchié*, 1479 (compte de J. Bourdin). — *Anché*, 1520 (bissexte). — *S. Martin d'Anché*, 1782 (pouillé).

Avant 1790 Anché dépendait de l'archiprêtré de Lusignan, de la châtellenie de Château-Larcher et, pour une portion, de celles de Lusignan et de Couhé, de la sénéchaussée et de l'élection de Poitiers. La cure était à la nomination du prieur de Notre-Dame de Château-Larcher. Le fief d'Anché relevait de Bois-Coursier.

ANCHÉS (LES), h. c^{ne} de Sérigny.

ANDÉRIE (LA GRANDE et LA PETITE-), h. c^{ne} de Pressac. — *Landerie*, 1493 (seign. d'Availle). — *Lenderie* (Cassini).

ANDILLÉ, c^{on} de la Villedieu. — *Ecclesia de Andiliaco*, 1097-1100 (abb. de St-Cyprien). — *Andeliacum*, 1157 (Fonteneau, t. XIX, p. 243). — *Andilliacum*, 1177 (abb. de Montierneuf). — *Endillé* (pouillé de Gauthier, f° 152). — *Andilhé*, 1383 (taux du décime, p. 68). — *Sainct Acapy d'Andillé*, 1537 (abb. de Montierneuf, 68). — *S. Agapit d'Andillé*, 1782 (pouillé).

Cette commune est formée des deux anciennes paroisses d'Andillé et des Roches-Prémary. Celle d'Andillé faisait partie de l'archiprêtré de Lusignan, de la châtellenie de Château-Larcher, de la sénéchaussée et de l'élection de Poitiers. Un acte de 1537 (abb. de Montierneuf, 68) donne pour patron à l'église d'Andillé saint Eutrope, de même qu'un titre de l'abbaye de la Trinité de Poitiers, de l'an 1564. La cure était à la nomination du prieur de Ligugé; elle a été rétablie en 1843.

ANDILLY, h. c^{nes} de Bournan et de Vezières. — *Hostel d'Andillé*, 1424 (cure de Messemé).

ANDRAULT, mⁱⁿ sur le Négron, c^{ne} de Beuxe; — 1596 (cure de Messemé).

ANDREAUX (LES), f. c^{ne} de Thuré.

ÂNE-BURE (L'), m. r. c^{ne} de Colombiers.

ÂNES (CHEMIN DES), c^{ne} de Marnay. — *Chemin des Asnes par lequel l'on va de Merenay à Bois Corcier*, 1488 (cure de Marnay).

ÂNE-VERT (L'), f. c^{ne} de Bonneuil-Matours. — *Lasnevert*, 1620 (aveu de Traversay).

ÂNE-VERT (L'), mⁱⁿ sur la Charente, c^{ne} de Châtain. — *Moulin de Sinsac, à présent le moulin de Lasnevert*, 1457, 1579 (inv. de Font-le-Bon, p. 69 et 76). — Anc. fief relev. de la seign. de Tralbeau.

ÂNE-VERT (L'), vill. c^{ne} de Colombiers, distrait de la c^{ne} de Naintré le 7 décembre 1825.

ÂNE-VERT (L'), f. c^{ne} de Saint-Pierre-des-Églises. — *Village de la Maison blanche aultrement Lasnevert*, 1580 (terrier de Champeaux, f° 56). — *Mestairie de Lasnevert*, 1606 (seign. de Charasson).

ÂNE-VERT (L'), f. c^{ne} de Sossay. — *Lasnevert*, 1639 (seign. de Puygarreau, 6).

ANGELARDE (L'), h. c^ne de Châtellerault. — *Langelarde, Lengelarde*, 1621 (fief du Savinier).
ANGELARDIÈRE (L'), h. c^ne de Saint-Gervais; — 1426 (duché de Châtellerauit, 5). — *L'Engeardière* (Cassini). — Anc. fief relev. du Plessis-Baunay.
ANGELLERIE (L'), lieu détruit, près Passac, c^ne de Champniers. — *Langelère*, 1405 (gr. Gauthier, f° 267). — *Langellerye, village*, 1611 (fief de Passac).
ANGELLERIE (L'), h. c^ne de Mouterre. — *Villagium de Langeleria*, 1442 (cure de l'Isle-Jourdain). — *Langelerie*, 1561 (prieuré de St-Paixent). — Ancien fief relev. du marq. du Vigean (Fonteneau, t. XLII, p. 211).
Le ruisseau de l'Angellerie sort de l'étang Jolly, c^ne de Mouterre, et tombe dans la Grande-Blour à la limite de cette commune et de celle de Luchapt.
ANGELLERIE (L'), m. r. ancien manoir, c^ne de Queaux. — *Lengellerie*, 1507; *Langellerie*, 1514 (seign. de Ressonneau, 2). — *Lanjallerie*, 1514 (cure de Queaux). — *Langelerye de Queaux*, 1577 (Fonteneau, t. XLV, p. 773). — Ancien fief relev. du marq. du Vigean (*ibid.* t. XLII, p. 211).
ANGENAY, vill. c^ne de Vouzailles; distrait de la c^ne d'Ayron le 29 mars 1817. — *Agenay*, 1448; *Agenes*, 1531 (seign. de Vouzailles). — *Agenaix*, 1640 (cure de Vouzailles).
ANGERIE (L'), f. c^ne de Bournan.
ANGLAIS (FONTAINE DES), à l'extrémité nord du retranchement de Sichard, c^ne d'Anché.
ANGLAIS (PRAIRIE DES), près Fonsalmois, c^ne d'Auché.
ANGLE, c^ne de Saint-Savin. — *Castellum Ingla*, v. 1025 (cart. de St-Cyprien, p. 135). — *Castellum Engli*, v. 1070 (*ibid.* p. 125). — *Engla*, v. 1080 (*ibid.* p. 131). — *Ecclesia Sancti Martini de castro Inglensi*, v. 1090 (*ibid.* p. 136). — *Abbas de Engle*, v. 1146 (cart. de Noyers, p. 583). — *Englia*, 1149; *Anglia*, 1217 (abb. de St-Cyprien). — *Archipresbyteratus de Anglia; de Anglis, de Angliis* (pouillé de Gauthier, f^s 138 v° et 148 v°). — *Capellanus Sancti Petri de Anglia*, 1383 (taux du décime, p. 19). — *Angle*, 1388 (évêché, 33). — *Angles*, 1807 (annuaire). — *Angles-sur-Langlin*, 1859 (Diction. des postes).
Il y avait à Angle une abbaye de l'ordre de Saint-Augustin sous le titre de Sainte-Croix (voy. ce mot), et deux cures, Saint-Martin et Sainte-Croix, à la nomination de l'abbé de Sainte-Croix. A cette dernière fut réunie par Mgr de la Poype, évêque de Poitiers, celle de Saint-Pierre désignée en ces termes dans le pouillé de Gauthier, f° 138 v° : *Item in castro est cappellania habens curam animarum familiæ de castro et paucorum extra, cujus cappellanie abbas est patronus. Una autre église sous le vocable de Notre-Dame existait en 1210, suivant une bulle du pape Innocent III pour l'abbaye de Sainte-Croix d'Angle : *ecclesias Sancti Martini, Beatæ Mariæ et Sancti Petri in Englia* (Epist. Innocentii papæ III, t. II, p. 509). Le pouillé de Gauthier fait aussi mention d'une aumônerie et d'une léproserie : *episcopus Pict. dat elemosinariam et leprosariam cui vult libere* (f° 138 v°); *maison Dieu et chapelle Sainct Jehan*, 1498; *magister Sancti Lazari de Englia*, 1320 (évêché, 22); *chapelle de Sainct Lazare*, 1596 (prieuré de St-Martin d'Angle). — Il n'y a plus à Angle qu'une seule église paroissiale, celle de Saint-Martin.

L'abbé de Sainte-Croix était archiprêtre d'Angle. Le territoire de cet archiprêtré, en l'archidiaconé de Poitiers, renfermait les paroisses de Sainte-Croix et Saint-Martin d'Angle, Luray (Indre), Saint-Pierre et Saint-Phèle de Maillé, Néon (Indre) et Vicq.

Dans l'ordre civil, Angle était le siège d'une châtellenie qualifiée baronnie dès 1459 (évêché, 33), dépendant du temporel des évêques de Poitiers depuis 1281 et composée, suivant le Compte de J. Bourdin, des paroisses d'Angle, la Bussière, Crémille, Luray (Indre), Saint-Phèle de Maillé, Saint-Pierre du même lieu, Mérigny (Indre), Néon (*idem*), Saint-Sencry et Vicq. Il faut y ajouter une portion des paroisses de Béthines et de Villemort. Cette circonscription, comprise dans le ressort de la sénéchaussée de Poitiers, faisait partie de la généralité de Bourges, élection du Blanc. Plus de 60 fiefs relevaient du château baronnial, qui est en ruines. La ville était entourée de murs; la porte Blansoize, 1452, — *Blanchoise*, 1556, la porte Gimon, 1478, la porte Saint-Lazare, 1603, sont mentionnées dans des titres du prieuré de Saint-Martin. L'ancien pont sur l'Anglin a été détruit par une crue des eaux en 1741 (Fonteneau, t. LII, p. 65); un nouveau pont en charpente a été construit de 1842 à 1845.

En 1790 Angle devint le chef-lieu d'un canton dépendant du district de Montmorillon et formé des communes d'Angle, la Bussière, Saint-Phèle de Maillé, Saint-Pierre de Maillé, Nalliers et Vicq. Ce canton fut supprimé le 17 novembre 1801.

ANGLE, f. c^ne d'Usson. — *Villa de Anglis*, 1088-1091 (cart. de St-Cyprien, p. 242). — *Angles*, 1365 (fief de la Fa). — *Petrus de Anglis*, 1404 (gr. Gauthier, f° 200). — *Angle*, 1600 (fief de Badevilain).

ANGLE (L'), f. c^ne de Doussay. — *Langle*, 1313

(seign. des Mées). — Anc. fief relev. de la bar. de Mirebeau.

ANGLIERS, c^on de Moncontour. — *Anglarias*, 644 (dipl. de Clovis II, non authentique, pour l'abb. de Saint-Denis, ap. Pardessus, Diplomata, chartæ, etc. t. II, p. 80). — *Terra de Anglerio*, v. 1100 (Fonteneau, t. XVII, p. 397). — *Ecclesia de Angleris*, 1104 (ibid. t. XVII, p. 400). — *Anglers*, 1216; *Angliers*, 1284; *Saint Martin d'Angliers*, 1455 (prieuré de Triou). — *Rector de Angleriis*, 1478 (reg. synodal).

Avant 1790 la paroisse d'Angliers faisait partie de l'archiprêtré, de la châtellenie, du bailliage et de l'élection de Loudun. La cure était à la nomination de l'abbé de Marmoutier près Tours. Le fief d'Angliers relevait de la baronnie de Berrie. Le fief du Saint-Lô d'Angliers, *Saint Laon*, 1478, *Saint Lao*, 1648 (cure d'Angliers), relevait du château de Loudun; il appartint jusqu'en 1575 au chapitre de Saint-Laud d'Angers. Il y avait, en outre, à Angliers une commanderie de l'ordre de Saint-Antoine, qui dépendait de celle de Saint-Antoine de la Lande (Deux-Sèvres), et dont les biens furent aliénés en 1677.

ANGLIN (L'), riv. prend sa source dans le dép^t de la Creuse, arrose l'arrond^t du Blanc (Indre) et, après avoir borné à l'est la c^ne de Saint-Pierre-de-Maillé, traverse la c^ne d'Angle pour se jeter dans la Gartempe. — *Fluvius Engle*, v. 1080 (cart. de St-Cyprien, p. 132). — *Riveria de Englis*, v. 1151 (Fonteneau, t. XVIII, p. 13). — *Fluvius Engliæ*, 1210 (Epist. Innocentii papæ III, t. II, p. 509). — *Fluvius qui vocatur Anglia*, 1247 (Fonteneau, t. V, p. 411). — *Riparia d'Engleen*, 1260 (maison-Dieu, 127). — *Aqua de l'Anglain*, 1309 (Gauthier, f° 200 v°). — *Fleuve de Englen*, 1353 (évêché, 33). — *L'Anglen*, 1450 (maison-Dieu, 154).

ANGREMYS (LES), h. c^ne de Savigné. — *Les Engremis*, 1405 (gr. Gauthier, f° 209). — *Les Engremys*, 1538 (seign. de Bois-Seguin). — *Les Angremis*, 1669 (notaires, Pascault à Civray).

ANGUITARD, anc. fief relev. de la tour de Maubergeon. La tour d'Anguitard était située à Poitiers, rue des Flageolles. — *Feodum Guitardi*, 1261 (Ledain, Hist. d'Alphonse, p. 124). — *Turris dompni Guitardi*, 1318 (abb. de St-Cyprien, 5). — *La tour en Guytart*, 1404 (hommages du comté de Poitou, f° 35 v°). — *La tour d'Anguitart*, 1405 (ibid. f° 62). — *Anguytard*, 1489 (chap. de St-Pierre-le-Puellier, 9). — Près de cette tour était la porte Guitard, *porta Guitardi*, 1221 (chap. de Notre-Dame-la-Grande, 1).

Le fief d'Anguitard s'étendait, en ville, sur le bourg Guitard, *bourt Guitart*, 1410 (gr. Gauthier, f° 30 v°), compris entre la place du Pilori, le plan de l'Étoile, la rue Sainte-Opportune et la rue Saint-Cibard; hors ville, sur la Roche-d'Anguitard (voy. ce mot), sur les Guitardières, situées entre la Roche et la Cucille-Mirebalaise, *terres de Guitardère*, 1464; *les Guitardières*, 1674 (fief d'Anguitard), et sur les paroisses de Migné et Chassencuil.

ANNEMARIE, vill. c^ne de Saint-Sauvant. — *Nemarie* 1409 (gr. Gauthier, f° 47 v°). — *Annemarie*, 1561 (fief de l'Éterpe). — *Anne Marye*, 1586 (com^rie de Roche, 6).

ANOIS ou ASNOIS, c^on de Charroux. — *Aneis*, 1096 (Fonteneau, t. IV, p. 89). — *Ecclesia de Anesio* (pouillé de Gauthier, f° 149 v°). — *Aneys*, 1389 (gr. Gauthier, f° 253). — *Annesium*, 1478 (reg. synodal). — *Asnoys*, 1482 (abb. de Charroux). — *Anoys*, 1528 (fief de Lairé). — *Asnois*, 1594 (famille Dexmier). — *S. Hilaire d'Anois*, 1782 (pouillé).

Avant 1790 Anois faisait partie de l'archiprêtré d'Ambernac (Charente), de la baronnie de Charroux, de la sénéchaussée et de l'élection de Poitiers. L'abbé de Charroux en était seigneur et nommait à la cure. Le chef-lieu de la commune ne se compose que de l'église et de six maisons. Une charte de l'abbaye de Charroux mentionne en 1231 *mansus de veteri Anesio*.

ANON (L'), h. c^ne de la Chapelle-Montreuil. — *L'Asnon* (Cassini).

ANSANT (L'), f. c^ne de Marçay.

ANSOULESSE (LE HAUT ET LE BAS-), vill. c^ne de Montamisé. — *Villa Exoletia infra quintam Pictavæ civitatis*, v. 934 (cart. de St-Cyprien, p. 195). — *Ecclesia de Exsoletia*, 1097-1100 (ibid. p. 12). — *Esolece*, 1250 (chap. cathédral, 84). — *Solezcia*, 1273 (abb. de St-Cyprien, 40). — *Prioratus de Esselette* (pouillé de Gauthier, f° 147). — *Ensoleyce*, 1310; *Enssoulece*, 1316; *Essolece*, 1320 (abb. de St-Cyprien, 40). — *Essolace*, 1332 (abb. de Ste-Croix, 96). — *Ansolece*, 1353 (chap. de Notre-Dame-la-Grande, 58). — *Essoulesce*, 1358 (chap. de Ste-Radegonde, 109). — *Exolesse*, 1363 (arch. de Poitiers, 15). — *Ansoulesse*, 1403 (gr. Gauthier, f° 6 v°). — *Ensoulece*, *Ensoullece*, 1404 (ibid. f° 7). — *En Solace*, 1410 (ibid. f° 29 v°). — *Ensoulesse*, 1448 (com^rie de St-Georges, 5). — *Ansolesse*, 1547 (abb. de St-Cyprien, 40).

Ansoulesse appartenait autrefois à l'abbaye de Saint-Cyprien. Il y avait en ce lieu une chapelle sous l'invocation de saint Goar, où la population des environs se rendait en dévotion le 7 juillet, jour de la fête de ce saint (abb. de S¹-Cyprien, Proprium Sanctorum).

ANTHENET, m. à Montmorillon. — *Mestairie d'Anthenet, rue Saint Pierre*, 1662; — *d'Antenet, faubourg de la Croix rouge, paroisse de Saint-Martial*, 1768 (maison-Dieu, 63); — appartenait à la maison-Dieu.

ANTIGNY, c^on de Saint-Savin. — *Antidiciunaco?* (triens mérovingien; Lecointre-Dupont, Essai sur les monnaies du Poitou). — *Ab Antiniaco villa seu vico* (légende de saint Savin et de saint Cyprien, ap. Labbe, Nova biblioth. manuscript. t. II, p. 665). — *Ecclesia Sanctæ Mariæ de Anthignec*, 1184 (abb. de S¹-Savin, bulle du pape Luce III). — *Antygnet*, 1309 (Gauthier, f° 192 v°). — *Capellanus de Antigniaco*, 1383 (taux du décime, p. 16). — *Antigné*, 1403 (gr. Gauthier, f° 5 v°). — *Paroiche d'Enteignet*, 1404 (ibid. f° 109). — *Antigny*, 1450; *Anteigny*, 1504 (abb. de S¹-Savin, 14).

Avant 1790 Antigny faisait partie de l'archiprêtré de Montmorillon, de la châtellenie de Saint-Savin, de la sénéchaussée de Montmorillon et de l'élection du Blanc, généralité de Bourges. La cure était à la nomination de l'abbé de Saint-Savin.

ANTOGNÉ, vill. c^ne de Châtellerault; anc. commune réunie à celle-là le 18 novembre 1801. — *Antoignec*, 1097-1100 (cart. de S¹-Cyprien, p. 13). — *Ecclesia de Antoniaco*, 1119 (ibid. p. 18). — *Ecclesia Sancti Petri de Antiniaco*, 1149 (abb. de S¹-Cyprien). — *De Antoigniaco* (pouillé de Gauthier, f° 173). — *De Anthogneyo*, 1349; *Antoigné*, 1380 (chap. de Châtellerault, 1). — *Antogné*, 1383 (taux du décime, p. 13). — *Anthogny*, 1467 (abb. de S¹-Cyprien, 23). — *Anthoigné*, 1470 (cure d'Antogné). — *S¹-Pierre d'Antoigné*, 1782 (pouillé).

Avant 1790 la paroisse d'Antogné faisait partie de l'archiprêtré, du duché, de la sénéchaussée et de l'élection de Châtellerault. La cure était à la nomination du prieur de Saint-Romain; elle a été maintenue en 1803.

ANTRAN, c^on de Leigné-sur-Usseau. — *Ecclesia Sancti Hylarii de Intra Annam, al. Intra Annum*, 637 (dipl. non authentique de Dagobert I, ap. Pardessus, Diplomata, chartæ, etc. t. II, p. 57). — *Ex Interamnis villa* (vita S. Leodegarii, auct. anonymo, ap. Bouquet, t. II, p. 625). — *Extramnis villa* (vita S. Leodegarii, auct. Frulando, ap. D. Pitra, Hist. de saint Léger, p. 560). — *Antran*, 1163 (bulle d'Alexandre III, ap. Doublet, Hist. de l'abb. de S¹-Denis, p. 510). — *Entron*, 1296 (abb. de la Celle, 17). — *Antron* (pouillé de Gauthier, f° 173). — *Capellanus de Antronio*, 1383 (taux du décime, p. 12). — *Antran*, 1423 (famille de Gain). — *Entran*, 1432 (cure d'Antogné). — *Entrem*, 1479 (compte de J. Bourdin). — *S¹-Hilaire d'Antran*, 1782 (pouillé).

Avant 1790 Antran faisait partie de l'archiprêtré, du duché, de la sénéchaussée et de l'élection de Châtellerault. La cure était à la nomination du prieur de Saint-Denis-en-Vaux.

ANTRIGÉ, h. c^ne de Chaunay; — 1676 (seign. de Couhé). — Anc. fief appart. à l'abbaye de Valence et relev. du marq. de Couhé.

ANVAUX, m^in sur la Vonne et h. c^ne de Cloué. — *Hébergement de Vaux, paroisse de Cloué*, 1369 (Fonteneau, t. LXXXI, p. 219). — *Moulin de Vaulx de Roches*, 1414 (com^rie de Roche, 2); — *de Vaux*, 1440 (ibid. 6). — Ce moulin dépendait de la commanderie de Roche.

ANXAUMONT, h. c^ne de Sèvre; anc^ne c^ne réunie à celle-là le 19 avril 1820. — *Essomont*, 1252 (chap. de Notre-Dame-la-Grande, 1). — *Enxomont*, 1264 (cure de S¹-Michel de Poitiers). — *Ecclesia de Exomundo, de Essomonte* (pouillé de Gauthier, f°s 139 v° et 147). — *De Excelso monte*, 1322 (abb. de la Celle, 18). — *Exomont*, 1344 (chap. cathédral, 84). — *Exoumont*, 1410 (gr. Gauthier, f° 29). — *Saint André d'Anxomont*, 1447 (chap. de S¹-Hilaire, 84). — *Anxaumont*, 1487 (abb. de la Celle, 12). — *Ansaumont*, 1508 (abb. de S¹-Benoît, 1). — *Anxomond*, 1547 (aveu de Touffou). — *Anxaulmont*, 1649 (bissexte). — *En Saumon*, 1748 (almanach de Poitiers, p. 41).

Avant 1790 Anxaumont faisait partie de l'archiprêtré de Dissay, de la châtellenie, de la sénéchaussée et de l'élection de Poitiers. Le pouillé de Gauthier, f° 139 v°, range cette ancienne paroisse (auj. réunie à celle de Sèvre) parmi celles qui étaient *de camera episcopi, extra decanatus et archipresbiteratus*; toutefois, dans le même pouillé, f° 149, elle est attribuée à l'archiprêtré de la Sie : *homines de Esse monte in archipresbiteratu Sedis*. La cure était à la nomination du chapitre de Notre-Dame-la-Grande de Poitiers.

ANZEC, h. c^ne de Jardres. — *Villa quæ dicitur Ansciacus, in vicaria Linarinse*, v. 970 (cart. de S¹-Cyprien, p. 75). — *Isembertus de Ansec*, v. 1080 (ibid. p. 62); — *de Ansiaco*, v. 1090 (ibid. p. 48). — *Enset*, 1251 (chap. cathédral, 84). — *Aïnzec*, 1503 (évêché, 22). — Anc. fief relev. de la seign. de Savigny-l'Évêcault.

ANACHIS (LES), f. c^ne de Basses.

Ançay, cⁿᵉ de Loudun. — *Arciacus*, 791 (cart. de Cormery, p. 4). — *Artiacus villa in vicaria castri Laudunensis*, 950 (cart. de Bourgueil, p. 102). — *Archeium*, 1115 (gr. cart. de Fontevrault, 910). — *Ecclesia Sancti Pauli de Arciaco*, 1139 (cart. de Cormery, p. 120). — *De Archayo* (pouillé de Gauthier, f° 151 v°). — *Arçay*, 1380 (comᵗⁱᵉ de Loudun, 24). — *Prior de Arçay, de Arcaio*, 1383 (taux du décime, p. 8 et 75). — *Saint Pol d'Arsay*, 1411 (abb. de Fontaine-le-Comte, 26).

Avant 1790 cette commune faisait partie de l'archiprêtré, de la châtellenie, du bailliage et de l'élection de Loudun. Le prieuré et la cure de Saint-Paul d'Arçay dépendaient de l'abbaye de Cormery (Indre-et-Loire).

Arceau (L'), faubourg de la Roche-Posay; — 1458 (notaires, Artaud à la Roche-Posay).

Arceau (L'), f. cⁿᵉ de Vendeuvre, autref. appelée le Marais.

Archambault, f. cⁿᵉ de Sommières. — *Rinchambaut, Rinchimbaut*, 1404 (gr. Gauthier, f° 194). — *Molin d'Archimbaut*, 1412 (abb. de Moreaux); — *de Rechembaut*, 1435 (chap. de Sᵗ-Pierre-le-Puellier, 21); — *de Rechimbault*, 1474; *d'Archambault*, 1541 (abb. de Moreaux). — Ce moulin, situé sur le Bé, a été détruit avant 1766.

Archambaux (Les), lieu détruit, cⁿᵉ d'Oiré.

Arche (Moulin de l'), détruit, cⁿᵉ d'Asnières, sur le ruiss. qui sortait de l'étang du même nom, auj. desséché, et qui se jette dans l'étang d'Asnières.

Arché, h. cⁿᵉ d'Hains. — *Archec*, 1260 (Hommages d'Alphonse, p. 79). — *Archet*, 1263 (maison-Dieu, 127). — *Archiet*, 1403 (gr. Gauthier, f°5). — *Archiec*, 1410 (abb. de Sᵗ-Savin, 23). — *Arché, Archet*, 1537 (Fontenau, t. XXV, p. 608 et 609).

Archidiacre (L'), mⁱⁿ sur le Clain et h. cⁿᵉ de Naintré. — *Moulin de l'Arcediacre*, 1436 (duché de Châtellerault, 1); — *de l'Archidiacre*, 1454 (abb. de Sᵗ-Cyprien, 21); — *de Lestiacre*, 1675 (comᵗⁱᵉ d'Auzon, 6). — *L'Archillac*, 1841 (nomencl.). — Ce moulin appartenait à l'archidiacre de Poitiers.

Archigny, cⁿ de Vouneuil-sur-Vienne. — *Rotbertus presb. de Archinneco*, v. 1000 (cart. de Sᵗ-Cyprien, p. 168). — *Gaufridus de Archinniaco*, v. 1083 (cart. de Noyers, p. 131). — *De Archiniaco*, v. 1183 (chap. cathédral). — *Parrochia de Archigneio*, 1264 (ibid. 84). — *Archigné*, 1293 (ch. de Sᵗ-Hilaire, t. I, p. 35a). — *Ecclesia de Archigniaco* (pouillé de Gauthier, f° 173). — *Archine, Archinec*, 1309 (Gauthier, f° 186). — *Archigny*, 1409 (chap. de Sᵗ-Pierre de Chauvigny, 12). — *Sᵗ-Georges d'Archigny*, 1779 (almanach provincial).

Avant 1790 la paroisse d'Archigny, archiprêtré de Châtellerault et élection de Poitiers, dépendait en partie de la baronnie de Chauvigny, en partie de la châtellenie de Montoiron. La cure était à la nomination de l'évêque.

La forêt d'Archigny, du temporel de l'évêché de Poitiers, est mentionnée en 1503 dans un titre de la châtellenie de Montoiron et postérieurement dans ceux de la baronnie de Chauvigny; elle n'existe plus.

Arcis (Les), h. cⁿᵉ de Montmorillon. — *Les Arsis*, xiiᵉ sᵉ (maison-Dieu, cart. 79); — 1573 (prieuré de Saugé).

Arcs de Parigny (Les), cⁿᵉ de Saint-Benoît; restes d'un aqueduc romain venant de Fontaine-le-Comte à Poitiers. — *Locus qui dicitur Als Arcs*, v. 980 (ch. de Sᵗ-Hilaire, t. I, p. 52). — *Ad arcus prope Patriniacum juxta Pictavim*, v. 1081 (abb. de Nouaillé). — *Arcus Pariniaci*, v. 1100 (ch. de Sᵗ-Hilaire, t. I, p. 120). — *Murs des Sarrazins appellez les Arcs de Parigny*, 1447 (abb. de Sᵗ-Benoît, 3, f° 66). — *Les Arcz de Paregny*, 1513 (ibid. 4, f° 342). — *Chapelle de Sainct Pierre des Arcs de Parigné*, 1646 (abb. de Sᵗ-Cyprien, 8). Voy. Parigny.

Suivant un acte du 21 décembre 1501 (chap. de Sᵗ-Hilaire, inv. du bourg, n° 142); une vigne située près les *Arcs de Parigné* tenait d'un côté à un *conduict de Sarazins*; auj. la croyance la plus populaire est que ces aqueducs sont l'œuvre de la fée Mélusine.

Ardan, lieu détruit, cⁿᵉ de Champniers. — *Ardan, Ardon*, 1470; *Ardant*, 1476 (chap. de Sᵗ-Hilaire, 243). — Une mare porte encore ce nom, située près le Gué, à la limite de la cⁿᵉ de Romagne.

Ardilleux, lieu détruit, entre la Roche-Mairan et Boisvert, cⁿᵉ de Romagne. — *Mazeris assis à Hardileux, en la parroisse de Romaigne*, 1494 (fief de Boisvert); — *à Ardeleaux*, 1550; — *à Ardilleaux*, 1561; — *aux Ardilloux*, 1726 (seign. du Parc et du Boisvert, 2 et 4).

Ardillon (L'), h. cⁿᵉ de Messay.

Ardillonnerie (L'), h. cⁿᵉ de Saint-Savin.

Argenson, anc. fief, cⁿᵉ d'Oiré. — *Fief d'Argençon*, 1457 (duché de Châtellerault, 5). — *Arsenson*, 1631 (cure d'Oiré). — Ce fief, qui n'a point laissé de vestiges et dont le nom même a disparu, avait droit de haute justice et relevait de la bar. de Montoiron; il fut uni en 1661 au marq. de la Groye.

Armelle, h. cⁿᵉ d'Usson. — *Ormelle*, 1480; *Armelle*, 1483 (prieuré de Grand-Chaume).

Arnaux (Les), m. r. cⁿᵉ de Dangé. — *Village des Arnaulx*, 1591 (seign. de la Fontaine, 1); —

alias le Chillollay, 1611 (ibid. 2). — *Village des Arnault*, 1673 (seign. de la Motte d'Usseau).

Arnaux (Les), f. c^{ne} d'Orches.

Arnaux (Les), h. c^{ne} de Saint-Gervais.

Arnaux (Les), m. r. c^{ne} d'Usseau. — *Village de Prinsay alias les Arnaults*, 1608 (seign. des Closures). — *Les Arnaux*, 1673 (cure d'Usseau).

Arondy (L'), h. c^{ne} de Poitiers.

Arpoix, h. c^{ne} de Ceaux, c^{on} de Loudun. — *Arepay*, 1460 (chap. de St-Hilaire, 427); — *Arpay*, 1462 (cure de Ceaux). — *Harpay*, 1556 (collège de Poitiers, 63). — *Herpay*, 1597 (seign. de Puygarreau, 10).

Arquetant (L'), ruiss. prend sa source dans la c^{ne} de Pleuville (Charente) et traverse la c^{ne} de Mauprevoir pour se réunir au Pairoux près l'Âge-Pariolle. — *Rivière de l'Arquetan*, 1555 (abb. de Charroux).

Artenay, vill. c^{ne} de Vezières; — 1494 (com^{rie} de Loudun, 33). — Anc. seigneurie.

Artige, m. r. c^{ne} de Chauvigny. — *Pratum nomine de Artigia*, 1295 (Duchesne, Hist. généal. de la maison des Chasteigners, pr. p. 112). — *Artiges*, 1309 (Gauthier, f° 187). — *Artige*, 1566 (évêché, 8). — Anc. fief relev. de la bar. de Chauvigny.

Artige, h. c^{ne} de Saint-Savin. — *Artigia*, 1260 (Hommages d'Alphonse, p. 109). — *Artige*, 1571 (abb. de St-Savin, p. 29).

Artige, h. c^{ne} de Sillars. — *Artiges, moulin d'Artiges*, 1404 (gr. Gauthier, f° 109 v°). — *Les forges d'Artiges*, 1504 (fief de Maillezac).

Le ruisseau d'Artige (1550, maison-Dieu, 177) prend sa source près ce lieu et se réunit au ruiss. des Grands-Moulins à l'est des Chirons.

Artigny, chât. et bois, c^{ne} de Ceaux, c^{on} de Loudun. — *Artigné, Artigny*, 1556 (collège de Poitiers, 63). — Ancien fief.

Artron, chât. et h. c^{ne} d'Usson. — *Silva Artroncnsis*, 780 (Fontencau, t. XXI, p. 27). — *Artron*, 1365 (fief de la Fa).

Artuzières (Les), terres près Nouzière, c^{ne} de Vivonne; anc. fief relev. de la châtell. de Clavière. — *L'Artuysère*, 1364 (abb. de St-Cyprien, 43). — *L'Artusère*, 1489 (livre de recette de Vivonne, f° 146 v°). — *L'Artuzière, l'Artusière*, 1507; *l'Arthuzière*, 1577 (seign. de l'Artuzière). — *L'herbergement de l'Artuzière*, mentionné en 1624, ne l'est plus en 1687.

Asnières, c^{on} de l'Isle-Jourdain. — *Ecclesia de Asnerias in episcopatu Lemovicensi*, 1096 (Fontencau, t. IV, p. 90). — *Anières*, 1379 (seign. d'Availle). — *Asnières*, 1458 (prieuré de Teil).

Avant 1790 la paroisse de Saint-Sulpice d'Asnières faisait partie du diocèse de Limoges, archiprêtré de Saint-Junien, des baronnies de Calais et de Saint-Germain-sur-Vienne et de la châtellenie de Champagnac au comté de Basse-Marche, et de la généralité de Poitiers, élection de Confolens. Le prieuré-cure dépendait de l'abbaye de Lesterp (Charente). La seigneurie d'Asnières relevait du marquisat de l'Isle-Jourdain (Fontencau, t. XXXIX, p. 279); le château est situé à l'est du bourg.

Le moulin d'Asnières se trouve à 1,300 mètres du bourg, sur le ruisseau de Villedon, à sa sortie de l'étang d'Asnières.

Asnières, f. c^{ne} de Journet; — 1494 (fief de Gersant).

Asnières, h. c^{ne} de Montoiron; anc. c^{ne} réunie à celle-là le 18 novembre 1818. — *Villa Asnerias in vicaria Igrandinse*, 987-996 (cart. de St-Cyprien, p. 166). — *Capellanus Sancti Medardi de Asneriis*, v. 1130 (ch. de St-Hilaire, t. I, p. 131). — *Asneres*, 1229 (chap. de St-Hilaire, 169). — *Asnières*, 1479 (compte de J. Bourdin). — *Anier* (Cassini). — *St-Médard d'Asnières*, 1782 (pouillé).

Avant 1790 Asnières, dont le chapitre de Saint-Hilaire de Poitiers était seigneur châtelain, faisait partie de l'archiprêtré, du duché, de la sénéchaussée et de l'élection de Châtellerault. Le curé, à la nomination de l'évêque, était archiprêtre de Mortemer. Cette ancienne paroisse est aussi réunie auj. à Montoiron pour le spirituel.

Asnières, h. c^{ne} de Pouillé. — *Anères*, 1320 (évêché, 22). — *Asnères*, 1384; *Asnières*, 1447 (abb. de la Trinité, 65).

Asnières, f. c^{ne} de Smarve. — *Terra de Asnerias*, v. 1110 (cart. de St-Cyprien, p. 205). — *Villa de Aneriis*, 1310 (abb. de St-Cyprien, 43). — *Asnères*, 1380 (abb. de la Trinité, 73). — *Asnière*, 1710 (rôle des tailles). — Anc. propriété de l'abb. de Montierneuf.

Assois. Voy. Anois.

Asse (L'), riv. prend sa source dans le dép^t de la Haute-Vienne, traverse la c^{ne} de Brigueil-le-Chantre du sud au nord et se réunit à la Benaise près Vaugelade, c^{ne} de la Trimouille. — *L'Asse*, 1494 (fief de Gersant); 1672 (fief du Bouchaud).

Atan, h. c^{ne} de Saire.

Aubelinière (L'), lieu auj. inconnu, c^{ne} de Mazerolles. — *Village de l'Aubellinière, paroisse de Loubressac*, 1490 (abb. de Nouaillé, 20). — *L'Aubelinière*, 1625 (famille de Savatte de Genouillé).

Aubeniaux (Les), h. c^{ne} de Mazerolles. — *Les Obeneaulx*, 1581; *les Aubeneaux*, 1607 (abb. de Nouaillé, 41).

Aubépine (L'), m. r. c^{ne} de Saix.

AUBERGÈRE (L'), m. r. c^{ne} de Mazerolles. — *L'Aubigère*, 1317; *l'Auberigère*, 1362; *l'Aubrugère*, *l'Aubrigère*, 1449; *l'Aubergère*, 1460 (abb. de Nouaillé, 40). — Anc. fief relev. de la seign. de Mazerolles.

AUBERTIÈRE (L'), f. c^{ne} d'Ingrande. — *Les Robertières autrement les Loubertières*, 1581 (seign. de Chêne, inv.). — *La Robetière*, 1599 (seign. de la Borde, inv. n° 207). — *Laubertière* (Cassini).

AUBERTS (LES), f. c^{ne} de Saint-Clair. — *Les Aubers*, 1453; *Auber*, 1652 (abb. du Pin, 42).

AUBIÈRE, h. c^{ne} de Persac. — *Albères*, 1260 (Hommages d'Alphonse, p. 82). — *Aubière*, 1567 (maison-Dieu, 178). — Anc. fief.

Le ruiss. d'Aubière sort de l'étang de Batresse, c^{ne} de Moulime, traverse la c^{ne} de Persac et se jette dans la Vienne en amont du pont de Lussac.

AUBIERS, h. c^{nes} de Champigny-le-Sec et Amberre. — *Albihec villa in pago Pictavo, in vicaria Toarcinse*, v. 974 (ch. de St-Hilaire, t. I, p. 47). — *Albiacum*, v. 1120 (*ibid.* t. I, p. 123). — *Aubyé*, 1363 (chap. de St-Hilaire, 324). — *Aubié*, 1439 (prévôté de Bléluay).

AUBIERS (LES), autref. les Peupliers, vill. c^{ne} d'Ouzilly.

AUBIERS (LES), m. r. c^{ne} de Saint-Gervais.

AUBIERS (RUISSEAU DES), a sa source près Boisrond, c^{ne} de Thurageau, passe près Gaudion et l'Étang, c^{ne} de Lencloître, et se jette dans l'Envigne.

AUBINE, m. r. c^{ne} de Lomaizé.

AUBONNIÈRE (L'), h. c^{ne} de Marigny-Brizay.

AUBONNIÈRE (L'), h. c^{ne} de Saint-Genest. — *L'Aubonynère*, 1411 (seign. de Puygarreau, 3). — *L'Auboynière*, 1439 (terrier de Gironde, f° 5). — *La Bouynière, la Boynière*, 1439 (*ibid.* f° 6).

AUBUE (L'), f. c^{ne} de Beaumont. — *L'Aubue*, 1306 (abb. de Fontaine-le-Comte, 24). — *L'Aubuhe*, 1540 (chap. de Notre-Dame-la-Grande, 27). — Anc. fief relev. du duché de Châtellerault.

AUBUE (L'), m. r. c^{ne} de Senillé.

AUBUE (LA GRANDE et LA PETITE-), ff. c^{ne} de Vouneuil-sur-Vienne. — *L'Aubue*, 1326 (évêché, 17). — *La grande Aubue*, 1726 (chap. cathédral, reg. 93).

AUBUGE (L'), f. c^{ne} du Vigean; — 1413, 1461 (fam. Laurent de Reyrac). — Anc. fief relev. de la Tour-aux-Cognons.

AUBUGES (LES), h. c^{ne} de Châtain.

AUBUIE-BLANCHE (L'), m. r. c^{ne} de Sossay. — *L'Aubeue blanche*, 1628 (seign. de Puygarreau, 8).

AUBUS (LES), chât. et ff. c^{ne} de Châtellerault. — *Les Aubues*, 1419 (chap. de Châtellerault, 10). — *Les Aulbues*, 1455 (abb. de St-Cyprien, 21). — *Les Aubus*, 1476 (chap. de Châtellerault, 10). —

L'Aubuc, 1661 (fief de l'Aubuc). — Ancien fief relev. du duché de Châtellerault.

Un acte de 1438 (com^{rie} d'Auzon, 9) mentionne le moulin des Aubucs, auj. inconnu.

AUBUYES (LES), h. c^{ne} de Morton. — *Maison des Aubus*, 1716 (cure de Morton).

AUDEBERTS (LES), h. c^{ne} de Leigné-sur-Usseau. — *Les Haudeberts* (Cassini).

AUDEMONT, f. c^{ne} de Fontaine-le-Comte. — *Grangia de Audemont*, 1250 (abb. de St-Cyprien, 50). — *Naudemont*, 1598 (abb. de Fontaine-le-Comte, 7). — *Laudemont*, 1820 (nomencl.).

AUDIENCE (LA HAUTE-), h. c^{ne} de Prinçay. — *L'Audiance*, 1605; *la haulte Audiance*, 1644 (cure de Prinçay).

AUDINERIE (L'), f. c^{ne} de la Chapelle-Bâton. — *La Naudinerie*, 1710 (rôle des tailles). — *La Nodinerie* (Cassini). — *Laudinerie*, 1841 (nomencl.).

AUGE, f. c^{ne} de Vicq.

AUGERIE (L'), m. près la Morinière, c^{ne} de Saint-Gervais; — 1774 (aveu de la Touche).

AUGES (LES), f. c^{ne} de Gizay. — *Les Auges*, 1470; *village des Auges de Benetz*, 1479 (chap. de St-Hilaire, 238).

AUGET, h. c^{ne} de Saint-Maurice. — *Augé*, 1483 (chap. de St-Pierre-le-Puellier, 26). — *Village des Augés*, 1623 (*ibid.* 27). — *Augeeq*, 1734 (rôle des tailles).

AUGIERS (LES), lieu détruit, près la Canarderie, c^{ne} de la Puye.

AUGIZIÈRE (L'), h. c^{ne} de la Chapelle-Montreuil; — 1599 (abb. de Montierneuf, 85). — *L'Ogizière*, 1720; *l'Augezière*, 1730; *l'Auzigière*, 1731 (rôles des tailles). — *L'Ausigière*, 1841 (nomencl.).

AUGOUARDS (LES), h. c^{ne} de Vouneuil-sur-Vienne; — 1745 (cure de Vouneuil-sur-Vienne). — *Les Augoires*, 1841 (nomencl.).

AULNAY. Voy. AUNAY.

AUMÔNE (L'), h. c^{ne} de Béruges. — *L'Aumosne*, 1476 (abb. du Pin, 7). — *L'Aumonne*, 1743 (rôle des tailles). — Anc. propriété de l'abbaye du Pin.

AUMÔNERIE (L'), f. c^{ne} de Ligugé.

AUMÔNERIE (L'), maisons près la porte Saint-Nicolas à Loudun; anc. aumônerie. — *L'Aumousnerie*, 1437; *l'Aumosnerie*, 1453 (com^{rie} de Loudun, 14).

AUMÔNERIE (L'), faubourg de Mirebeau où se trouvait l'aumônerie de Saint-Jean.

AUMÔNERIE (L'), h. c^{ne} de Persac. — *L'Aumonerye*, 1615; *l'Osmonerye du Puy*, 1653 (maison-Dieu, 181 et 182). — Anc. fief relev. d'Oranville.

AUMÔNERIE (L'), h. c^{ne} de Queaux. — *L'Aumosnerye*, 1613 (seign. de Ressonneau, 3). — *L'Aumonerie*, 1775 (rôle des tailles).

AUMÔNERIE (L'), lieu détruit, près la Pâquerie, c^{ne} de Saint-Gervais.

AUMÔNERIE (L'), faubourg de Chauvigny, c^{ne} de Saint-Pierre-des-Églises.

AUMÔNERIE (L'), vill. annexé au bourg de Sammarçolle.

AUNAY ou AULNAY, c^{on} de Moncontour. — *Aunaium*, 1231 (abb. de Fontaine-le-Comte, 28). — *Aunay*, 1239 (cure d'Aunay). — *Auney*, 1276 (abb. de Fontaine-le-Comte, 28). — *Ecclesia de Aunayo* (pouillé de Gauthier, f° 171 v°). — *Aulnay*, 1507 (cure d'Aunay). — *St-Sulpice d'Aunay*, 1782 (pouillé).

Avant 1790 Aunay faisait partie de l'archiprêtré, de la châtellenie, du bailliage et de l'élection de Loudun. Le prieuré-cure dépendait de l'abbaye de Fontaine-le-Comte; cette ancienne paroisse est auj. réunie à celle de la Chaussée pour le spirituel.

AUNISIÈRE (L'), h. c^{ne} de Benassay. — *L'Aunizière*, 1476 (chap. de St-Hilaire, 81).

AURORE (L'), vill. c^{ne} de Verrières.

AUTEL (LE GRAND-), anc. camp. c^{ne} de Charroux.

AUTEL (LE GRAND-), dolmen, près Bernezay, c^{ne} des Trois-Moutiers.

AUTON, vill. c^{ne} de Bournan. — *Authon*, 1508 (com^{rie} de Loudun, 16). — *Auton*, 1541 (ibid. 20). — *Le fief de la Crosse alias Auton, dépendant du prieuré de Bournan*, 1664 (prieuré de Bournan, 8). — Anc. fief relev. du château de Loudun.

AUVINETTE (L'), ruiss. a sa source au Haut-Chandigon, c^{ne} d'Usseau, et se réunit près Prédame au ruiss. de Prédame.

AUZANCE, chât. et vill. c^{ne} de Migné. — *Ausencia*, 1294 (Fontenau, t. XIX, p. 438). — *Ausance*, 1324 (arch. de Poitiers, 12). — *Auzancia*, 1384 (abb. de Montierneuf, reg. 10). — *Auzance*, 1384 (ibid. 61). — *Hostel d'Ouzance*, 1474 (Bulletins de la Soc. des antiq. de l'Ouest, 1839, p. 34). — *Tour et forteresse des Ances*, 1531 (fief d'Auzance). — *Le petit pont des Ances*, 1672 (chap. de St-Pierre-le-Puellier, 9). — *Les petites Ances*, 1767 (carte du Poitou). — *Auxances*, 1841 (nomencl.).

Anc. fief et haute justice relev. de la tour de Maubergeon, châtellenie en 1589 (cure de Migné), érigée en comté avant 1640. Le grand pont d'Auzance, qu'on appelait communément le grand pont des Ances, est dans la c^{ne} de Chasseneuil et n'est plus connu que sous le nom de Grand-Pont (voy. ce mot). C'est là que se trouvait au xvie siècle la papeterie d'Auzance.

AUZANCE (L'), riv. prend sa source dans la c^{ne} de Saint-Martin-du-Fouilloux (Deux-Sèvres), sépare la c^{ne} de Vasles (idem) de celle d'Ayron, traverse les c^{nes} de Latillé, Chiré, Vouillé, Quinçay, Migné et Chasseneuil sur une longueur d'environ 40 kilom., et se jette dans le Clain à 1 kilom. en aval du Grand-Pont, c^{ne} de Chasseneuil. — *Fluvius Alsancia*, 939 (ch. de St-Hilaire, t. I, p. 20). — *Ausancia*, 989 (Besly, Hist. des comtes de Poitou, p. 274). — *Rivière d'Ausance*, 1324 (arch. de Poitiers, 12); — *de l'Ausence*, 1375 (chap. de Ste-Radegonde, 15); — *d'Auzance*, 1404 (gr. Gauthier, f° 23); — *des Ausses*, 1447 (abb. du Pin, 26).

AUZANNERIE (L'), f. c^{ne} de Doussay.

AUZON ou OZON, vill. et m^{in} sur l'Auzon, c^{ne} de Châtellerault; anc. commanderie de l'ordre du Temple, puis de l'ordre de Malte. — *Ausum*, v. 1200 (abb. de St-Cyprien). — *Domus Templi de Ausonio*, 1230 (com^{rie} d'Auzon, 6). — *Commanderie d'Auson*, 1324 (arch. de Poitiers, 12). — *Auzon*, 1455 (abb. de St-Cyprien, 21). — *Bourg d'Ozon*, 1516; *moulin d'Auzon*, 1588 (com^{rie} d'Auzon, 1).

AUZON (L') ou L'OZON, petite riv. prend naissance à 2 kilom. à l'est d'Archigny, passe sur le territ. de Bonneuil-Matours, puis limite à l'ouest la c^{ne} d'Archigny, traverse celle de Montoiron, sert ensuite de séparation entre les c^{nes} d'Availle et de Senillé, passe sur le territ. de Targé et de Châtellerault, et se jette dans la Vienne en amont de cette ville, après un cours de 22 kilom. — *In Alsonem fluvium*, 909 (cart. de St-Cyprien, p. 153). — *Ausonius fluvius*, v. 1010 (ibid. p. 169). — *Aqua fluminis Alsonii*, v. 1010 (ibid. p. 171). — *Fluvius Alsoni*, v. 1020 (ibid. p. 166). — *Ausona flumen*, v. 1025 (ibid. p. 176). — *Super Ausum*, v. 1088 (ibid. p. 182). — *Rivière de l'Auzon*, 1309 (Gauthier, f° 185 v°). — *L'Auson*, 1449 (com^{rie} d'Auzon, 5). — *Ozon* (Cassini).

On a aussi donné le nom d'Auzon à quelques affluents de ce cours d'eau, tels que l'Auzon de Chenevelles, l'Auzon de Senillé, l'Auzon de Giron, l'Auzon de Badard. Voy. ces mots.

AUZON (L'), h. c^{ne} de Bonneuil-Matours; — 1609 (couv. de la Puye, 10).

AVAILLE, c^{on} de Vouneuil-sur-Vienne. — *Avalliacus villa in vicaria Igrandinse*, 1031-1046 (cart. de St-Cyprien, p. 164). — *Availia juxta castrum Burneys*, 1123 (chap. cathédral, 12). — *Avallia*, 1293 (chap. de St-Hilaire, 169). — *Availlia* (pouillé de Gauthier, f° 173 v°). — *Availle, Avaylle*, 1309 (Gauthier, f° 187 v°). — *Availhya*, 1478 (reg. synodal). — *Availles*, 1649 (bissexte). — *Notre-Dame d'Availles, Availles-les-*

Châtelleraudois, 1779 (almanach provincial, p. 115 et 204).

Cette commune est formée des deux anciennes paroisses d'Availle et Prinçay. Celle d'Availle faisait partie de l'archiprêtré, du duché, de la sénéchaussée et de l'élection de Châtellerault. La cure était à la nomination du chapitre cathédral.

AVAILLE, h. c^{ne} d'Antran; — 1423 (fam. de Gain). — Anc. fief relev. du duché de Châtellerault. — Les deux maisons situées en ce lieu sont appelées, l'une la Boussée d'Availle et l'autre la Planche d'Availle.

AVAILLE, vill. c^{ne} de Nouaillé; anc. prieuré dép. de l'abb. de Nouaillé. — *Ecclesia Sanctæ Mariæ de Avalia*, 1119 (Fonteneau, t. XXI, p. 594). — *Prioratus de Avallia*, 1257; *Avaylia*, 1273 (abb. de Nouaillé, 5). — *Avalhia*, 1305; *Availhia*, 1342 (*ibid.* 1).

AVAILLE (LE JEUNE-), vill. c^{ne} de Saint-Julien-Lars. — *Avallia in parrochia Sancti Juliani*, v. 1085 (cart. de S-Cyprien, p. 206). — *Avalhe*, 1385 (cart. de la Trinité, f° 51). — *Le jeune Availles*, 1522 (fam. Fumée).

AVAILLE (LE VIEUX-), h. c^{ne} de Sèvre. — *Availle*, 1511; *le viel Availle*, 1560 (abb. de la Trinité, 63). — *Le vieulx Availle*, 1588 (évêché, 68).

AVAILLE-LIMOUSINE, ch.-l. de c^{on}, arrond^t de Civray. — *Ecclesia de Avallia quæ est super Vigennam, prope castrum Sancti Germani*, v. 1090 (cart. de St-Cyprien, p. 246). — *Ecclesia de Avalliaco*, v. 1100; *Avalia*, 1149 (abb. de St-Cyprien). — *Hugo de Availa*, v. 1160 (Fonteneau, t. IV, p. 189). — *Availlya* (pouillé de Gauthier, f° 175 v°). — *Avalhe*, 1379 (seign. d'Availle). — *Availlia*, 1383, (taux du décime, p. 18). — *Availle*, 1399 (seign. d'Availle). — *Avaylle*, 1410 (fam. Laurent de Reyrac). — *Availhe Limosine*, 1420 (notaires, Fauconnier à Poitiers). — *Ville et chastellenie d'Availle*, 1443 (fam. d'Archiac). — *Availhia Lemovica*, 1478 (reg. synodal). — *Cure de Nostre Dame Sainct Martin d'Availle en Limousin*, 1602; *Availles*, 1608 (fam. de la Broue de Vareilles); — *ressort de la basse Marche en Poictou*, 1643 (fam. Laurent de Reyrac). — *Availles Limousine*, 1649 (bissexte). — *St-Martin d'Availle-Limousine*, 1782 (pouillé).

Ce lieu tire sans doute son surnom de sa proximité du Limousin; toutefois il n'en dépendait ni pour le spirituel ni pour le temporel.

Avant 1790 la paroisse d'Availle-Limousine, en l'archiprêtré de Lussac-le-Château, faisait partie du comté de la Basse-Marche, ressort du Dorat (Haute-Vienne), et de l'élection de Confolens (Charente). La cure était à la nomination de l'abbé de Saint-Cyprien. Il est fait mention d'une maladrerie dans des titres de 1410, 1448 (fam. Laurent de Reyrac). La châtellenie d'Availle relevait de celle de Saint-Germain-sur-Vienne (Charente).

En 1790 Availle devint le chef-lieu d'un canton dépendant du district de Civray et composé des communes d'Availle et Pressac; cette circonscription fut modifiée en 1801.

Le ruisseau d'Availle, qui tombe dans la Vienne en ce lieu, a sa source près les Palisses.

AVAILLÉ, vill. c^{ne} de Coussay-les-Bois; — 1391 (chap. de Châtellerault, 11). — Anc. fief relev. de la vic. de la Guerche (Indre-et-Loire).

Le ruisseau d'Availlé prend sa source près ce lieu et, réuni au ruiss. de Malaguet au-dessus du Grand-Moulin, forme le ruiss. des Fontaines.

AVANTON, c^{on} de Neuville. — *Ademarus de Aventun*, v. 1085 (cart. de St-Cyprien, p. 260). — *Avantum*, 1253 (abb. de la Trinité, 1°). — *Ecclesia de Aventun* (pouillé de Gauthier, f° 174 v°). — *De Avantonio*, 1302 (cure de St-Michel de Poitiers).— *De Aventonio*, 1322 (abb. de la Celle, 18). — *Avanton*, 1324 (arch. de Poitiers, 12). — *De Vantonio*, 1382 (abb. de Montierneuf, 48). — *Aventon*, 1479 (compte de J. Bourdin); 1720 (Dénomb. du royaume). — *St-Laurent d'Avanton*, 1782 (pouillé).

Avant 1790 Avanton faisait partie de l'archiprêtré de Dissay, de la châtellenie, de la sénéchaussée et de l'élection de Poitiers. La cure était à la nomination du chapitre de Notre-Dame-la-Grande de Poitiers. Le fief et haute justice d'Avanton relevait de la châtellenie de la Tour-de-Beaumont; l'ancien château seigneurial existe encore.

AVOINE (L'), m. r. c^{ne} de Massogne.

AVRIGNY, vill. c^{ne} de Saint-Gervais; anc. c^{ne} réunie à celle-là le 18 novembre 1818. — *Avriniciacus*, *Avriniacus villa*, 926 (Besly, Hist. des comtes de Poitou, p. 219 et 220). — *Ecclesia Sanctæ Mariæ de Avrignec*, v. 1075 (cart. de St-Cyprien, p. 182). — *Avrigné*, 1250 (chap. cathédral, 82). — *Ecclesia Beatæ Mariæ de Avrigniaco* (pouillé de Gauthier, f° 177 v°). — *Avreigné*, 1411 (notaires, Fauconnier à Poitiers).—*Avrigneyum*, 1478 (reg. synodal). — *Avrigné la Tousche*, 1478 (prieuré de Fontmore, 1). — *Avrigny*, 1479 (compte de J. Bourdin). — *Nostre Dame d'Avrigné*, 1649 (bissexte). — *Bourg d'Avrigny, autrefois ville close fermant à ponts et portes, environnée de fossés*, 1774 (aveu de la bar. de la Touche).

Avant 1790 Avrigny faisait partie de l'archiprêtré

de Faye-la-Vineuse (Indre-et-Loire), du duché, de la sénéchaussée et de l'élection de Châtellerault. La cure était à la nomination du prieur de Saint-Romain de Châtellerault; elle n'a pas été rétablie en 1803. Il y avait à Avrigny une maladrerie mentionnée en 1648 dans le pouillé de la province ecclésiastique de Bordeaux, p. 107; elle était située près le chemin d'Avrigny à la croix du Perrai (aveu de la bar. de la Touche).

Ayraults (Les), vill. c^{ne} de Saint-Sauvant. — *Les Hérault*, 1841 (nomencl.).

Ayron, c^{on} de Vouillé. — *Hugo de Araun*, vers 1100 (cart. de St-Cyprien, p. 38). — *De Airaone*, 1164 (Fonteneau, t. V, p. 591). — *Vicus de Haraun*, 1190 (ibid. t. V, p. 601). — *Airaum*, 1194; *Araon*, 1199 (abb. de Ste-Croix). — *Aeraon*, 1266 (ibid. 28). — *Ecclesia de Araone* (pouillé de Gauthier, f° 154 v°). — *Ayraon*, 1313 (abb. de Ste-Croix, 28). — *Ayron*, 1329 (Fonteneau, t. V, p. 665). — *Capellanus de Airone*, 1383 (taux du décime, p. 22). — *St-Gervais d'Airon*, 1779 (almanach provincial, p. 110). — *St-Gervais et St-Protais d'Ayron*, 1782 (pouillé).

Avant 1790 la paroisse d'Ayron, comprenant le territoire de la c^{ne} de Maillé, était de l'archiprêtré de Sanxay, de la sénéchaussée et de l'élection de Poitiers; elle dépendait, en majeure partie, de la châtellenie de Montreuil-Bonnin; le surplus dépendait de la châtellenie d'Autin (Deux-Sèvres), réunie à la baronnie de Parthenay. La seigneurie d'Ayron relevait du château de Montreuil-Bonnin; l'abbesse de Sainte-Croix de Poitiers avait aussi des droits de fief et de juridiction sur une partie du bourg et de la paroisse, et nommait à la cure.

Aynon, vill. c^{ne} de Saint-Chartres. — *Ayram*, 1281 (arch. de Poitiers, 14). — *Hostel d'Ayron*, 1393 (Fonteneau, t. XXXVIII, p. 238). — *Airon*, 1702 (cure de la Grimaudière).

Aynoux, h. c^{ne} de la Ferrière; anc. c^{ne} réunie à celle-là le 27 mars 1822. — *Ecclesia Sanctæ Mariæ de la Forest*, 1119 (Fonteneau, t. XXVII, p. 67). — *Ecclesia de Foresta annexa ecclesie de Brion* (pouillé de Gauthier, f° 151). — *Paroisse de Nostre Dame d'Airouz*, 1398 (chap. de St-Pierre-le-Puellier, 24); — *de Nostre Dame de la Fourest*, 1404 (gr. Gauthier, f° 84 v°). — *Nostre-Dame d'Ayroux*, 1406 (ibid. f° 81). — *Airoux, annexe de St-Martin de Brion*, 1779 (almanach provincial). — *Ayroux*, 1807 (annuaire).

Ayroux, dont l'église était une annexe de celle de Brion, était, dans l'ordre civil, au nombre des paroisses de l'élection de Poitiers.

Azac, h. et m^{in} sur la Clouère, c^{ne} d'Usson. — *Iterius de Azaco*, 1302 (Fonteneau, t. XXIV, p. 299). — *Herbergamentum de Azaco*, 1404 (gr. Gauthier, f° 99 v°). — *Moulin d'Azac*, 1404 (seign. d'Azac). — Anc. fief relev. du comté de Civray.

Azay, m. r. c^{ne} de Ranton. — *Moulin d'Azay*, 1564 (couv. de Guesne); 1661 (collège de Poitiers, 59). — Le moulin d'Azay, sur la Dive, a été supprimé lors de la canalisation de cette rivière; il formait un fief relevant du château de Loudun.

Azay, f. c^{ne} de la Roche-Posay. — *Azoy*, 1346 (abb. de la Merci-Dieu, 4). — *Azay*, 1521; *Aszay*, 1542 (ibid. 9).

B

Babauds (Les), h. c^{ne} de Saint-Genest.

Babenotière (La), h. c^{ne} de Saint-Georges.

Babert (Étang), près Juillet, c^{ne} de Saugé.

Babigeonnières (Les), f. c^{ne} de Paizay-le-Sec. — *Village des Babigeons*, 1537 (abb. de St-Savin, 29).

Babigère (La), h. c^{ne} de Paizay-le-Sec. — *La Babigère*, 1573 (fam. Scourion, 1). — *La Babigière*, 1645 (abb. de St-Savin, 31).

Babinerie (La), m. r. c^{ne} de Dangé.

Babinière (La), f. c^{ne} de Benassay; — 1589 (abb. du Pin, 17).

Babinière (La), f. c^{ne} de Saint-Sauvant. — *La Barbinière*, 1841 (nomencl.).

Babinière (La), h. c^{ne} de Sérigny.

Babinière (La), h. c^{ne} de Vaux-en-Couhé. — *La Babinyère*, 1566 (chap. de St-Hilaire, 343).

Babinières (Les), h. c^{ne} de Bonneuil-Matours. — *Les Babinières autrement la Sabournauderie*, 1620 (fief de Traversay).

Babinotière (La), f. c^{ne} de Bouresse. — *La Babinotière*, 1320 (abb. de Nouaillé, 19). — *La Babinotière*, 1633 (ibid. 41). — *La Babinatière* (Cassini).

Babins (Les), vill. c^{ne} de Vouneuil-sur-Vienne.

Bablinières (Les), ff. c^{ne} de Journet. — *La Babelynière, les Babelinières*, 1580 (seign. de Courtevrault). — *Les Bablinières*, 1710 (rôle des tailles).

Babousseau, h. c^{ne} de Saint-Savin. — *Apud Boscum Bocelli*, 1260 (Hommages d'Alphonse, p. 88). — *Guillaume de Boesbocea*, 1403 (gr. Gauthier, f° 5 v°). — *Boys Bousseau*, 1508 (abb. de St-Savin, 29). — *Babousseau*, 1572 (ibid. 22). — Ancien fief relev. de l'abbaye de Saint-Savin.

BACHARDRIE (LA), h. c"° de Marçay.
BACHAUDIÈRE (LA), h. c"° de la Bussière. — *La Bachaudère*, 1482 (couv. de la Puye, 7). — *La Bachaudière*, 1618 (seign. de la Roche-Aguet).
BACHELIERS (LES), h. c"° de Dangé.
BÂCHERIE-(LA), h. c"° de Saint-Romain.
BÂCHERIE (LA), h. c"° de Thuré.
BÂCHERS (LES), h. c"° de Vivonne. — *La fuye de Bachier, la tousche à Bascher*, 1400 (abb. de la Celle, 17). — *Herbergement aux Baschers de Mogont*, 1498; — *des Bachiers*, 1515 (fief des Bâchers). — Anc. fief relev. de la châtell. de Lusignan.
BACONNAY, h. c"° de Montoiron. — *Baconnoys*, 1475 (chap. de S'-Hilaire, 425). — *Baconnays*, 1489 (*ibid*. 220). — *Bacougnay*, 1622 (*ibid*. 221).
BACONNET, fontaine, c"° de Mirebeau; — 1438 (prieuré de S'-André de Mirebeau, 4). — Le ruiss. qui en sort se réunit à celui de la fontaine de Pré-Pesson.
BADARD, f. c"° de Chenevelles; — 1631 (duché de Châtellerault, 5).
Le ruiss. de Badard a sa source au Marchais-Durand, c"° de Chenevelles, et se réunit près Pont-Garnault, c"° d'Archigny, à l'Auzon de Chenevelles. Il est appelé *ruisseau du Vau* en 1631 (duché de Châtellerault, 5).
BADEUIL, h. c"°ˢ de Pressac et Availle. — *Pons Badulli*, v. 1080 (cart. de S'-Cyprien, p. 243). — *Via salnaria usque ad pontem Padul*, vers 1100 (*ibid*. p. 245). — *Badueil*, 1410; *Badeuil*, 1478 (abb. de S'-Cyprien, 28). — *Badœuil*, 1654 (notaires de la bar. de Charroux).
BADEVILAIN, chât. c"° d'Usson. — *Badevilain*, 1465 (fief des Granges d'Usson). — *Badevillain*, 1481 (prieuré de Grand-Chaume). — *Badevillen*, 1498 (fief de Badevilain). — Anc. fief relev. du comté de Civray.
Le ruiss. de Badevilain prend naissance près ce lieu et tombe dans la Clouère au-dessous d'Usson.
BADIFOU, m"ⁿ détruit, sur la Clouère, c"° de Château-Larcher.
BADONNIÈRE (LA), chât. c"° de Marçay. — *La Badonnière*, 1489 (livre de recette de Vivonne, f° 150).— *La Badonnière*, 1552 (fief de Bellefontaine). — Anc. fief relev. de Bellefontaine.
BADOUILLÈRES (LES), f. c"° de Saint-Martin-Lars; — 1626 (notaires de Rochemeaux).
BAFOLLET, m"ⁿ sur la Briande, c"° de Guesne. — *Pratum de Bafolet*, 1209; *domus de Baffolet*, 1240 (cart. de Fontevrault, f"° 407 et 412). — *Boisfollet*, 1460 (arch. de la Société des antiq. de l'Ouest; Loudunois, 9).

BAFOLLET, m"ⁿ sur le ruiss. de Martaizé, c"° de Martaizé. — *Molendinum de Batfolet*, 1100-1108 (gr. cart. de Fontevrault, 746). — *Seigneurie de Boisfollet*, 1392 (abb. du Pin, 39). — *Moulin de Boys Follet*, 1547 (chap. cathédral, 88); — *de Bafollet*, 1578 (abb. de S"-Croix, 65). — *Bafolet*, 1621 (com"ⁱᵉ de Loudun, 25). — Le fief du *Bois-Folette* relevait du château de Loudun (Ess. sur l'hist. de Loudun, 2° partie, p. 97).
BAGATELLE (LA), m. en ruine, près l'Espérance, c"° de Vouneuil-sur-Vienne.
BAGNÉ, chât. et f. c"° d'Usson.— *Hugo de Bagne*, 1226; *Lucia de Bagnec*, 1229 (abb. de Nouaillé, 19). — *Baigné*, 1403 (gr. Gauthier, f° 262 v°). — *Baingné*, 1498 (fief de Bagné). — *Baignec*, 1528 (seign. d'Artron). — Anc. fief relev. du comté de Civray.
BAGNEAU (LE), h. et étang, c"° de Coulonges.
Le ruiss. du Bagneau sort de l'étang de ce nom et se jette dans la Benaise près la Patronfière.
BAGNEUX, vill. c"° de Persac. — *Beigneos*, 1260 (Hommages d'Alphonse, p. 95). — *Bagneux*, 1536 (Fonteneau, t. XXIV, p. 570). — *Baigneulx*, 1609 (fam. Frotier). — Anc. fief relev. du marq. de Lussac-le-Château.
BAGOIRE, h. c"° de Civray. — *Bagouaire*, 1671 (notaires, Pascault à Civray).
BAGOTIÈRE (LA), f. c"° de Rouillé.
BAGOTIÈRE (LA), ff. c"° de Saint-Georges. — *La Bagotière*, 1576 (abb. de Montierneuf, 9). — *La Bachotière*, 1671 (fam. Rousseau).
BAGOUÉRAND, f. c"° d'Adriers. — *Bagouerent*, 1464 (maison-Dieu, 191). — *Bogoyran, Boygoeran*, 1471 (*ibid*. 194). — *Bagouerant*, 1580 (*ibid*. 181). — *Bagoueran*, 1631; *Boisgouerand*, 1668 (*ibid*. 194). — *Boisgorand*, 1686 (*ibid*. 195). — Anc. commanderie dép. de la maison-Dieu de Montmorillon.
BAGOUÈRE, f. c"° du Vigean; — 1650 (cure du Vigean).
BAIDON, f. c"° de Marigny-Brizay. — *Baidonnus villa in vicaria Salvinse*, 912 (Fonteneau, t. XV, p. 79).— *Baidon in vicaria Columberii*, 964 (*ibid*. t. XV, p. 131). — *Alicia de Baedon*, 1285 (chap. de Notre-Dame-la-Grande, 7). — *Baydon*, 1316 (couv. de Lencloître). — *Besdon*, 1394 (com"ⁱᵉ de S'-Georges, 35). — Anc. fief relev. de Launay.
BAIGNEBOEUF (RUISSEAU DE) ou DE LA ROUSTIÈRE, a sa source au nord de la Folie, c"° de Latus, et se réunit au Saleron près la Gibertière, même c"°. — *Le rys, le russeau de Baignebeuf*, 1529, 1530 (maison-Dieu, 29 et 265); — *de Baignebœuf*, 1682 (seign. de la Dallerie).
BAIGNEUX, vill. et m"ⁿ sur la Dive, c"° de Moncontour

— *Moulin de Baigneur*, 1449 (cure de S¹-Nicolas de Moncontour).

Bail (Le), m. r. cⁿᵉ d'Antran.

Bail (Le), m. r. cⁿᵉ de Marigny-Brizay.

Bail (Le), f. cⁿᵉ de Savigny-l'Evescault; — 1547 (abb. de la Trinité, 53).

Baillant, h. cⁿᵉ de Vendeuvre. — *Baillent*, 1592 (chap. de Mirebeau, 26).

Baillargeais (Les), lieu détruit, cⁿᵉ de Romagne. — *Village des Baillargiers*, 1619 (seign. de la Millière). — Les ruines de ce village se voient dans des bois taillis entre Romagne et Marchauveau.

Baillargeaux (Les), h. cⁿᵉ de Leigné-sur-Usseau. — *Les Baillergaux*, 1647 (seign. de Puygarreau, 10).

Baillère (La), h. cⁿᵉ de Lésigny.

Baillerie (La), f. cⁿᵉ de Leigné-sur-Usseau; — 1625 (seign. de Puygarreau, 10).

Baillerie (La), h. cⁿᵉ de Rouillé. — *La Baillerye*, 1608 (chap. de S¹-Hilaire, 558). — *La Baillère*, 1775 (rôle des tailles).

Baillets (Les), h. cⁿᵉ de Coussay-les-Bois. — *Les Bailletz*, 1629 (seign. de la Roche-Posay, 3).

Bailletterie (La), h. cⁿᵉ de Montoiron.

Baillollière (La), à Auzon, cⁿᵉ de Châtellerault; — 1454, 1521 (abb. de S¹-Cyprien, 23). — *La Ballalière*, 1619 (aveu de S¹-Romain, f° 4). — Anc. domaine du prieuré de S¹-Romain de Châtellerault; auj. inconnu.

Baillonnière (La), h. cⁿᵉ de Coulombiers.

Baillonnière (La), h. et mⁱⁿ sur la Vandelogne, cⁿᵉ de Chalandray.

Baillonnière (La), lieu détruit, cⁿᵉ de la Chapelle-Mortemer. — *La Balhionère, fondis*, 1405 (gr. Gauthier, f° 21 v°). — *La Ballionère*, 1417; *la Bailhonnère*, 1460 (carmes de Poitiers).

Baillonnière (La), m. r. cⁿᵉ de Montmorillon; — 1496 (fief de la Lande); 1583 (fief de l'Âge-de-Plaisance).

Baincy, vill. cⁿᵉ d'Amberre. — *Baincec*, 1238 (abb. de Fontaine-le-Comte, 26). — *Bencé*, 1361 (évêché, 87). — *Bainsi*, 1380 (abb. de Fontaine-le-Comte, 26). — *Baincy*, 1527 (chap. de Mirebeau, 32).

Bajon, mⁱⁿ sur le Clain, à Poitiers, appart. autref. à l'abb. de Sainte-Croix; anc. tour et porte des remparts. — *Tour de Bajon*, 1353 (arch. de Poitiers, inv. des titres perdus). — *Porte de Bajon*, 1411; *moulin de la tour de Bageon*, 1459 (abb. de S¹ᵉ-Croix, 13). — D'autres moulins avaient été construits à Bajon par Maurice Claveurier, lieutenant général de la sénéchaussée de Poitiers sous Charles VII, et formaient un fief relevant de la tour de Maubergeon. Suivant aveux rendus en 1526, 1548 et 1563,

ils consistaient en un moulin à blé à trois roues et en deux moulins à papier, avec teinturerie, pêcherie, etc. En 1581, et postérieurement, ils sont appelés *moulins de la Jasserie*.

Balamboine, mⁱⁿ sur la Briande et h. cⁿᵉ de Saire. — *Molendinum de Bolobe?* 1115-1149 (gr. cart. de Fontevrault, 59). — *Ballenbayne*, 1589 (chap. de S¹ᵉ-Radegonde, 92). — *Balanboune* (Cassini).

Balandière, vill. cⁿᵉ de Linazay. — *Balandières*, 1479 (fam. Jousserant, 1). — *Balendières*, 1496 (fief de Traversay). — *Ballandières*, 1498 (fief de la Chaux). — *Balandière*, 1742 (fief de la Bigeonnière).

Balange, h. cⁿᵉ de Senillé. — *Herbergement de Ballanger*, 1457 (duché de Châtellerault, 5). — Anc. fief relev. de la bar. de Montoiron.

Balardières (Les), f. cⁿᵉ d'Oiré.

Balatrie (La), f. cⁿᵉ d'Archigny; — 1650 (abb. de l'Étoile).

Balendaux, f. cⁿᵉ de Moussac-sur-Vienne.

Balentru, h. et mⁱⁿ sur la Vienne, cⁿᵉ de Moussac-sur-Vienne. — *Balentrud*, 1577 (Fonteneau, t. XLV, p. 773). — *Balantrut*, 1683 (prieuré de Nérignac). — Anc. fief.

Balesse (La), f. à Vintray, cⁿᵉ d'Alonne; appart. autref. à l'abbaye de Saint-Cyprien de Poitiers. — *La Balesse*, 1343 (abb. de Nouaillé, 24). — *La Balaise*, 1623 (abb. de S¹-Cyprien, 46).

Balétrie (La), h. cⁿᵉ de la Chapelle-Moulière. — *La Baretrie* (Cassini).

Balifière (La), h. cⁿᵉ de Sillars. — *La Barifière*, 1528 (fief de l'Âge-Chausson). — *La Balifière*, 1530 (maison-Dieu, terrier, n° 280). — *La Bailliffière*, 1561 (fief de la Chinau).

Balinerie (La), f. cⁿᵉ de Bellefont. — *La Brelinerie*, 1645 (cure de Bellefont).

Balisserie (La), m. r. cⁿᵉ de Saint-Pierre-des-Églises.

Balissière (La), f. cⁿᵉ de Tercé; — 1645 (carmes de Poitiers).

Ballangerie (La), lieu détruit, près la Majonnerie, cⁿᵉ de Saint-Pierre-de-Maillé. — *La Balangerie*, 1601 (seign. de la Bertholière). — *La Ballangerie*, 1626 (cure de Nalliers).

Balle (La), f. cⁿᵉ de Lencloître; — 1750 (cure de Boussageau).

Ballière (La), vill. cⁿᵉ de Vicq. — *La Baillière*, 1460 (notaires, Artaud à la Roche-Posay). — *La Baillère*, 1563 (seign. de Jeu).

Ballonnière (La), h. cⁿᵉ de Beaumont. — *La Ballonnière*, 1426 (chap. de Notre-Dame-la-Grande, 45). — *La Baslonnière*, 1471 (*ibid.* 28). — *La Balonnyère*, 1586 (seign. de Puygarreau, 2).

Balluc (Le Jeune-), vill. et le Vieux-Balluc, h. c^ne de Blanzay. — *Ulmus de Baluc*, v. 1199 (Fontenau, t. XVIII, p. 643). — *Balut*, 1401 (gr. Gauthier, f° 237 v°). — *Le veilh Balut*, 1405 (*ibid.* f° 268 v°). — *Balu*, 1483 (fam. Jousserant, 1). — *Baluc*, 1498 (fief de la Grenatière). — *Balucq*, 1664 (notaires, Pascault à Civray).

Balon, m. r. c^ne de Charay. — *Baslon* (Cassini).

Baltaudière (La), h. c^ne de Colombiers.

Bancelière (La), vill. c^ne de Vivonne. — *La Bancillère*, 1220 (abb. de Nouaillé, 24). — *La Bansillère*, 1489 (livre de recette de Vivonne, f° 164 v°). — *La Bancillyère*, 1586 (chap. de St-Hilaire, 482). — *La Bencellière*, 1621 (fam. Regnier). — *La Bancelière*, 1754 (carmes de Vivonne).

Banchereau (Le), f. c^ne de Monterre. — *Le Banchereau*, 1449 (seign. de l'Isle-Jourdain). — *Le Banchereau*, 1579 (seign. de Puyferrier).

Banchereau (Le), h. c^ne de Saugé. — *Le Banchereau*, 1571 (maison-Dieu, 121). — *Village de Banchereau*, 1583 (fief de l'Âge-de-Plaisance).

Banlègre (La), vill. c^ne de Saint-Julien-Lars. — *La Banlègue*, 1699 (abb. de la Trinité, 61).

Banne (La), f. c^ne de Thollet. — *La Bande*, 1841 (nomencl.).

Bannerie (La), f. c^ne du Bourg-Archambault.

Bannerie (La), f. c^ne de Thuré.

Baquelles (Les), h. c^ne d'Availle.

Baquinétrie (La), f. c^ne de Saint-Pierre-de-Maillé.

Baquinets (Les), m. r. c^ne de Saint-Pierre-de-Maillé.

Barachère (La), f. c^ne d'Adriers. — *La Bavachère*, 1872 (dénomb.).

Baraillères (Les), vill. c^ne de Cherves. — *Les Baraiellères*, 1523 (cure de Cherves).

Barauderie (La), h. c^ne de Buxeuil.

Barauderie (La), m. à Iteuil.

Barauderies (Les), tènement, près Lusignan, entre la route de Melle et celle de Vivonne, où existait autref. une habitation. — *La Baraudière*, 1557 (fam. Gourjault).

Barauderies (Les), h. c^ne de Saix. — *Les Baraudryes*, 1685 (cure de Solomé).

Baraudière (La), m. r. c^ne d'Auché. — *La Berauderie*, 1404 (seign. de la Limonerie). — *Les Ouches* (Cassini). — Ancien fief relevant de l'abbaye de Valence.

Baraudière (La), h. c^ne d'Availle. — *La Barraudière*, 1438 (com^rie d'Auzon, 9).

Baraudière (La), f. c^ne de Celle-l'Évescault. — *La Barrauldière*, 1543; *la Baraudrie*, 1544 (cure de Celle-l'Évescault).

Baraudière (La), ff. c^ne de la Chapelle-Montreuil. — *La Barraudère*, 1421 (abb. de Montierneuf, reg. 10). — *Les Barauderies*, 1775 (rôle des tailles).

Barbade (La), chapelle, h. et tuilerie, c^ne de Moussac-sur-Vienne. — *Tebleria de la Barbade*, 1247 (abb. de Nouaillé, 19).

Ce lieu est mentionné comme prieuré dans le pouillé de Gauthier, f° 148 v° : *prior de Barbate*, et dans le Taux du décime de 1383, p. 18 : *prior de la Barbada*, et comme cure dans un registre synodal de 1478 : *rector de Barbada*; dans la suite on ne trouve plus de traces ni du prieuré ni de la cure.

Barbade (La Haute-), h. c^ne de Queaux.

Barballières (Les), vill. c^ne de Bonnes. — *Barbaleria*, 1259 (évêché, 17). — *Les Barbaliers*, 1309 (Gauthier, f° 183 v°). — *Les Barbelères*, 1310 (*ibid.* f° 184 v°). — *Hostel des Barbalières*, 1482 (évêché, 17).

Barbarinières (Les), m. r. c^ne de la Bussière. — *Les Barbalinières*, 1480 (couv. de la Puye, 7). — *Les Barbarinières*, 1527, 1639 (seign. de la Roche-Aguet).

Barbate, f. c^ne de Nouaillé. — *Barbate*, 1320 (abb. de Nouaillé, 6). — *Barbaste*, 1393 (*ibid.* 16).

Barbaye (La Grande-), vill. c^ne de Lizant. — *La Barbaste*, 1353 (fam. de Chabanais). — *Les Barbates*, 1731 (rôle des tailles). — *La grande Barbate*, 1746 (notaires, Arnault à Bois-Seguin). — *La Barbatte*, 1775 (rôle des tailles).

Barbate (La Petite-), h. c^ne de Lizant. — *La petite Barbaste aultrement les Texerons*, 1594 (fief de Panièvre).

Barbateau (Le), f. c^ne de Mauprevoir. — *Les Barbataux*, 1775 (rôle des tailles).

Barbaudière (La), f. c^ne de Lusignan. — *La Barbaudère*, 1486 (fief des Pouternières). — *La Barbaudière, la Barbauldière*, 1566 (abb. de Nouaillé, 57).

Barbelinière (La), chât. et h. c^ne de Thuré ; 1444 (duché de Châtellerault, 1). — Anc. fief relev. de la bar. de Thuré.

Le ruiss. de la Barbelinière a sa source dans le parc de ce lieu, passe à Thuré et se réunit au ruiss. de Tireau au-dessous de la Merveillère.

Barberie (La), f. c^ne de Saint-Sauveur.

Barberies (Les Hautes et les Basses-), f. et h. c^ne de Fontaine-le-Comte. — *La Barberie*, 1434 ; *la grant Barberie*, 1561 ; *la petite Barberie*, 1595 (abb. de Fontaine-le-Comte, 12).

Barbeterie (La), m. r. c^ne de Châtellerault. — *La Barbottrie*, 1841 (nomencl.).

Barbinière (La), h. c^ne de Verrue. — *La Barbelinière*, 1621 (abb. de St-Cyprien, 16). — *La Barblinière* (Cassini). — *La Balbinière*, 1866 (dénomb.).

BARBOTEAUX (LES), h. c⁰ᵉ de Mondion.
BARBOTIÈRE (LA), h. c⁰ᵉ d'Arçay; — 1512 (com^rie de Loudun, 25).
BARBOTIÈRE (LA), h. c⁰ᵉ de Bournan; — 1591 (prieuré de Bournan, 4).
BARBOTIÈRE (LA), h. c⁰ᵉ de Journet; — 1542 (terrier de Rouflac, 63).
BARBOTINIÈRE (LA), h. c⁰ˢ de Chenevelles; — 1551 (seign. de Touffou, 5). — Anc. fief relev. de la bar. de Montoiron.
BARBOTINIÈRE (LA), h. c⁰ᵉ de Saint-Genest. — La Barbotinère, 1386 (seign. de Puygarreau, 3). — La Barbotinière, 1406 (duché de Châtellerault, 3).
BARBOTINS (LES), h. c⁰ᵉ de Beaumont; — 1437 (chap. de Notre-Dame-la-Grande, 42).
BARBOTTERIE (LA), m^in sur le ruiss. des Grands-Moulins, c⁰ᵉ de Lussac-le-Château; — 1669 (inv. des titres de Mme de Blom, p. 61; appart. à M. Beauchet-Filleau).
BARBOU (ÉTANG DE), près Vacheresse, c⁰ᵉ de Saugé.
BARBOUSSEAU, m. r. c⁰ᵉ de Saint-Pierre-de-Maillé. — Barbouceau, 1581 (abb. d'Angle).
BARBOUZERIE (LA), f. c⁰ᵉ de Saint-Gervais.
BARDE (LA), f. c⁰ᵉ de Journet. — *Hugotus de Barda*, 1292 (évêché, 33). — *La Barde*, 1710 (rôle des tailles).
BARDE (LA), h. c⁰ᵉ de Plaisance; — 1483 (fief de Beaupuy).
BARDE (LA), f. c⁰ᵉ de Queaux; — 1577 (Fonteneau, t. XLV, p. 773). — Anc. fief.
BARDE (LA), h. c⁰ᵉ de Saint-Germain; — 1572 (abb. de St-Savin, 22).
BARDEAU (LE), m. r. c⁰ᵉ de Montreuil-Bonnin; — 1719 (abb. du Pin, 31).
BARDERIE (LA), f. c⁰ᵉ de Savigny-l'Évescault. — *La Barberie*, 1691 (abb. de la Trinité, 63).
BARDINERIE (LA), vill. c⁰ᵉ de Jardres. — *La Bardinière*, 1518; *la Bardynerye*, 1536 (chap. cathédral, 19).
BARDINIÈRE (LA), f. c⁰ᵉ de Brion. — *La Bardinière*, 1409 (gr. Gauthier, f⁰ 100). — *La Bardinyère*, 1574 (prieuré de la Vayolle).
BARDINIÈRES (LES), vill. c⁰ᵉ de Thuré; distrait de la c⁰ᵉ de Naintré le 3 janvier 1839. — *La Bardinière*, v. 1400 (cure de Thuré). — *Les Bardinières*, 1437 (duché de Châtellerault, 5).
BARDONNEAU (LA), h. c⁰ᵉ de Saix. — *La terre feu Bardonneau*, 1389; *le Mont Bardonneau*, 1503 (abb.

de Ste Croix, 60). — *La Bardonneau*, 1758, 1766 (cure de Saix).
BARDONNERIES (LES), h. c⁰ᵉ de Bonneuil-Matours.
BARDONNIÈRE (LA), vill. c⁰ᵉ d'Avanton. — *La Bardonnière*, 1480 (chap. cathédral, 44). — Le fief de la Bardonnière relevait en partie de celui d'Avanton et en partie de celui de la Roche de Marigny.
BARDONNIÈRE (LA), f. c⁰ᵉ de la Roche-Posay. — *La Bardonnyère*, 1558 (abb. de la Merci-Dieu, 8). — *La Bardonnière*, 1627 (seign. de la Roche-Posay, 3).
BAREAU, m^in sur l'Auzance, c⁰ᵉ de Chiré-en-Montreuil. — *Molendinum de Barea*, 1241 (Fonteneau, t. V, p. 157). — *Le moulin Bareau*, 1463 (chap. de Ste-Radegonde, 29).
BAREAU, m^in à tan sur la Boivre, près le m^in de Rimbard, c⁰ᵉ de la Vausseau, et connu auj. sous ce nom de m^in de Rimbard. — *Moulin de Barrea*, 1403 (gr. Gauthier, f⁰ 70 bis). — *Moulin Bareau*, 1651 (com^rie de la Vausseau, 3).
BAREAU (LE HAUT-), h. c⁰ᵉ de Chiré-en-Montreuil. — *Bareau*, 1594 (com^rie de la Vausseau, 7). — *Le haut Barreau*, 1739 (rôle des tailles).
BARELLERIE (LA), f. c⁰ᵉ de Saint-Christophe.
BARGE, h. c⁰ᵉ d'Antran. — *Barges*, 1457 (seign. de la Motte d'Usseau). — *Le grand et petit Barge*, 1623 (chap. de Notre-Dame-la-Grande, 69).
BARGE (LA), h. c⁰ᵉ de Sommières. — *Bois de la Barge*, 1473; *vill. de la Barge*, 1494 (abb. de Moreaux).
BARGE (LE GRAND ET LE PETIT-), ff. c⁰ᵉ de Thurageau. — *Barges*, 1302 (chap. cathédral, 84). — *Haut et bas Barge* (Cassini).
BARILLERAIS (RUISSEAU DE LA), à sec la plupart du temps, prend naissance près la Majonnerie et se jette dans la Gartempe au-dessus de la Guitière, c⁰ᵉ de Saint-Pierre-de-Maillé. — *Rivollier de la Barillerais descendant de Gastine en la Gartempe*, 1639 (seign. de la Guitière).
BARILLÈRE (LA), h. c⁰ᵉ de Pairé. — *La Barelière*, 1841 (nomencl.).
BARILLET (LE), f. c⁰ᵉ de Thurageau; — 1778 (rôle du vingtième).
BARILLONNERIE (LA), h. c⁰ᵉ de Salles-en-Toulon.
BARINIÈRE (LA), h. c⁰ᵉ de Roiffé; — 1618 (com^rie de Loudun, 20).
BARITEAU, m^in sur le Négron, c⁰ᵉ de Beuxe.
BARLIÈRE (LA), f. c⁰ᵉ de Château-Garnier. — *La Barillère*, 1547 (chap. de St-Hilaire, 440). — *La Barouillère*, 1708 (seign. de Couhé).
BARLIÈRE (LA), h. c⁰ᵉ de Saint-Romain.
BARLOTIÈRE (LA), h. et m^in sur la Gartempe, c⁰ᵉ de Latus. — *Moulin de la Barlotière*, 1516 (maison-Dieu, 91). — *La Borlotière*, 1565 (fief des Bobins).

3.

— *La Berlotière*, 1841 (nomencl.). — Anc. fief relev. de la Motte-Rapichon.

Baron (La), chât. et f. c^ne de Chéneché. — *Ad fontem Barum*, 1122-1140 (cart. de St-Cyprien, p. 67). — *La Baron*, v. 1300 (seign. de Chéneché, 1). — Anc. fief relev. de la châtell. de Chéneché.

Baron (La), m^in sur l'Auzance, c^ne de Chiré-en-Montreuil. — *Moulin Baron*, 1633, 1644; — *de la Baron*, 1644 (fam. Jacques).

Baron (La), f. c^ne de Marigny-Brizay.

Baronnerie (La), f. c^ne de Lussac-le-Château. — *La Baronnerye*, 1687 (cure de Persac). — *La Baronnie*, 1775 (rôle des tailles).

Baronnerie (La), h. c^ne de Marigny-Brizay.

Baronnerie (La), f. c^ne de Sérigny. — *Les Baronneries* (Cassini).

Baronnie (La), f. c^ne de Saint-Sauveur. — *La Baronnerie* (Cassini).

Baronnière (La), m. près Pineau, c^ne de Beaumont.

Baronnière (La), m. r. et grottes, c^ne de Charroux. — *La Baronère*, 1298 (abb. de Charroux). — *La Baronnière*, 1494 (fief de Chaleur). — Anc. seign. appart. à l'abbaye de Charroux.

Baronnière (La), m^in sur la Charente, c^ne de Savigné. — *Moulin de la Baronnière*, 1498 (fief de la Grenatière).

Barotiers (Chemin des), de Montmorillon au Blanc. — *Grand chemin du Blanc appellé le chemin des Barrotiers*, 1530 (maison-Dieu, terrier, f° 200 v°).

Barotinerie (La), h. c^ne de Lencloître. — *La Barottinerie*, 1750 (cure de Boussageau).

Barottrie (La), f. détruite avant 1674, c^ne de Saint-Gervais, tenant au chemin du vill. des Normands à celui des Varennes; — 1674 (fief du Plessis-Baunay).

Barouse, m^in sur la Barouse, c^ne des Trois-Moutiers. — *Barrouze*, 1484 (com^rie de Loudun, 20). — *Moulin de Barouze*, 1765 (ibid. 25).

Le ruiss. appelé la Barouse a sa source près la limite sud de la c^ne, passe au bourg des Trois-Moutiers et se réunit à la Petite-Maine près le château de la Motte-Champdenier. — *La Barrouze*, 1486 (collège de Poitiers, 54).

Barraux (Les), f. c^ne de Coussay-les-Bois. — *Les Barraulx*, 1577 (abb. de la Merci-Dieu, 12).

Barre (La), h. c^ne de Buxerolles; — 1613 (arch. de Poitiers, 55). — Anc. propriété de l'hôpital des pestiférés ou hôpital des Champs, près Poitiers, auquel elle fut donnée en 1530 ou 1531 par Jacques Mesnager, doyen de l'église cathédrale.

Barre (La), h. c^ne de Buxeuil. — Anc. fief relev. de la Roche-Amenon.

Barre (La), vill. c^ne de Coulonges.

Barre (La), m. r. c^ne de Curzay. — *La Barre Favreau*, 1498; *la Barre Foureau*, 1669 (fief du Châtaignier).

Barre (La), f. et tuilerie, c^ne de Dienné; — 1473 (abb. de Nouaillé, 49).

Barre (La), h. c^ne de Jardres; — 1621 (seign. de Montlouis). — *La Barre d'Anzeo*, 1674 (chap. cathédral, 19). — Anc. fief relev. de la tour de Jardres.

Barre (La), chât. et f. c^ne de Jazeneuil. — *La Barre Baronneau*, 1473 (fief de Grassay). — *La Barre*, 1555 (fief de la Vaudebreuil).

Barre (La), f. c^ne de Maulay. — *La Barre*, 1483 (com^rie de Loudun, 31). — *Les Barres* (Cassini).

Barre (La), faubourg de Mirebeau. — *La Barre les Mirebeau*, 1666 (prieuré de St-Jean de Mirebeau, 3).

Barre (La), f. c^ne de Mondion.

Barre (La), h. c^ne de Montmorillon.

Barre (La), vill. c^ne de Moulime; — 1617 (maison-Dieu, 181).

Barre (La), f. c^ne de Paizay-le-Sec; — 1396 (abb. de St-Savin, 31); 1482 (couv. de la Puye, 7).

Barre (La), vill. c^ne de Saint-Pierre-des-Églises. — *Barra*, 1194 (abb. de l'Étoile). — *La Barre*, 1503 (évêché, 2).

Barre (La), f. c^ne de Saint-Romain-sur-Vienne; — 1500 (abb. de Ste-Croix, 82).

Barre (La), f. c^ne de Senillé.

Barre (La), f. c^ne de Sillars; — 1766 (rôle des tailles). — Anc. fief relev. du marq. de Lussac-le-Château.

Barre (Moulin de la) ou du Pont, sur l'Auzance, à Vouillé. — *Molendinum de Barra*, 1352 (chap. de Ste-Radegonde, 69).

Barre-Lignaud (La), h. c^ne de Thurageau. — Jacques Laigneau, escuyer, sieur de la Barre, 1620 (fam. de Fouchier, aveu de Rochefort, f° 47 v°).

Barrerie (La), vill. c^nes de la Ferrière et Magné. — *La Barrerie*, 1334 (chap. de St-Hilaire, 439). — *La Barrie*, 1404 (gr. Gauthier, f° 91). — *La Barie*, 1406 (ibid. f° 80 v°). — *La Barrye*, 1561 (fief de Magné).

Barres (Les), h. c^ne de la Chapelle-Moulière; — 1597 (abb. de Montierneuf, 82).

Barres (Les), h. c^ne de Châtain; — 1578 (inv. de Font-le-Bon, p. 62).

Barres (Les), vill. et m^in sur le Clain, c^ne de Naintré. — *Barra de Neintre*, v. 1245 (arch. nat. suppl. du trésor des ch.). — *Les Barres de Naintré*, 1520 (duché de Châtellerault, 7).

Barres (Les), f. et bois, c^ne de Thurageau; — 1601 (chap. de Mirebeau, 26).

Barret, m^in sur le Pairoux. — *Moulin de Barret*, 1672 (notaires de la vic. de Rochemeaux).— *Baret*, 1775 (rôle des tailles).

Barretère (La), vill. c^ne de Saint-Saviol. — *La Barretère*, 1315 (fam. de Fayolle). — *La Barretère*, 1405 (gr. Gauthier, f° 267 v°). — *La Barretière*, 1453 (abb. de Nouaillé, 56). — *La Barettière*, 1662 (notaires, Pascault à Civray).

Barretries (Les), f. c^ne d'Oiré. — *Les Barretères*, 1455 (abb. de St-Cyprien, 21). — *Les Barretries*, 1619 (aveu de St-Romain, f° 2). — *La Barretrie* (Cassini).

Barrière (La), f. c^ne de Chalandray.

Barrière (La), m. r. c^ne de Lusignan.

Barrière (La), f. c^ne d'Ouzilly.

Barrière (La), h. c^ne de Verrières. — *Villagium de la Baralhere?* 1370 (abb. de Nouaillé, 19). — *La Barrière*, 1405 (gr. Gauthier, f° 32). — *La Barrière alias la Morelière*, 1562 (fief de la Foucaudière).

Barrière (La), m. r. c^ne de Vouneuil-sur-Vienne.

Barriollières (Les), h. c^ne d'Ingrande.— *Les Barrialières*, 1524 (seign. de Puygarreau, 10). — Anc. fief.

Barrot, f. c^ne de Jouet. — *Barot*, 1582; *Barrot*, 1645 (abb. de St-Savin, 24).

Barrot (Étang de), c^ne de Mauprevoir.

Barrouterie (La), m. r. c^ne de Saint-Christophe.

Barroux (Les), lieu détruit, c^ne d'Oiré; — 1673 (aveu de Dercé).

Bars, h. c^ne de Saint-Martin-Lars. — *Petrus de Bar*, v. 1090 (cart. de St-Cyprien, f° 99).— *Bars*, 1362 (abb. de la Reau).

Bartière (La), h. et tuilerie, c^ne de Montmorillon. — *La Bardetière*, 1452 (abb. de St-Savin, 21); 1496 (fief de la Lande). — *La Barretière*, 1525 (maison-Dieu, 31).

Baslou, f. c^ne de Dercé. — *Forteresse et tour de Baslo*, 1434 (seign. des Mées).— *Baslou*, 1512 (cure de Prinçay). — *Ballou*, 1566 (cure de Dercé). — Le fief du *vieil Ballo* relevait de la bar. de Mirebeau, 1508 (aveu de Mirebeau).

Basses, c^on de Loudun. — *Beaaces* (pouillé de Gauthier, f° 171 v°).— *Basses*, 1383 (taux du décime, p. 156). — *Saint Vincent de Basses*, 1498 (cure de Basses).

Avant 1790 la paroisse de Basses faisait partie de l'archiprêtré, de la châtellenie, du bailliage et de l'élection de Loudun. La cure était à la nomination du chapitre de Saint-Léger de Loudun; elle a été rétablie en 1858. Le fief de Basses relevait de la Motte-Champdenier. Le chapitre de St-Martin de Candes (Indre-et-Loire) possédait à Basses un autre fief qui relevait du château de Loudun (ms. Trincant).

Basses (Vieille-), vill. c^ne de Basses. — *Vieille Basses*, 1498 (cure de Basses).

Bassotrie (La), f. c^ne de Paizay-le-Sec.

Baste (La), m. à Curçay. — *La Baste en Cursay*, 1618 (cure de Curçay). — Anc. fief relev. de la seign. de Chandoiseau (ms. Trincant).

Baste (La), f. c^ne de Thuré.

Baste (La), f. c^ne de Lussac-le-Château.

Bastière (La), h. c^ne de Sillars. — *La Bassetière*, 1493 (fief de l'Âge-Bouet). — *La Bastière*, 1561 (fief de la Chinau). — Anc. fief.

Bastille (La), h. c^ne de Châtellerault.

Bataille (Champ de la), près les Bordes, c^ne de Nouaillé; — 1653 (com^rie de la Villedieu, 27; terrier, p. 50). — *Le terroir de la Bataille*, 1654 (ibid. 26; terrier, p. 81). — *Lieu vulgairement appellé l'hameau de la Bataille*, 1654 (ibid. 23).— Il s'agit de la bataille de Maupertuis. Voy. Cardinerie (La).

Bataille (Croix de la), près Bourcanin, c^ne de Saint-Genest; — 1439 (terrrier de Gironde, f° 20).

Bataille (La), f. c^ne de Dangé. — *Le carroy de la Bataille*, 1476 (seign. de la Fontaine, 1). — *La Bataille*, 1603 (cure d'Oiré).

Bataille (La), f. c^ne de Vouneuil-sur-Vienne;— 1534 (com^rie d'Auzon, 6). — Anc. fief relev. de la bar. de Grisse (aveu de Mirebeau, 1508, p. 194).

Bataille (La Haute-), h. c^ne d'Ingrande.

Bataille (L'Houme de la), pièce de terre, c^ne d'Usson, tenant au chemin de ce bourg à Poux; — 1684 (fief de la Fa).

Bataillé, vill. c^ne de Vendeuvre. — *Aimericus de Batallec*, v. 1100 (cart. de St-Cyprien, p. 41). — *Bataillié*, v. 1300 (seign. de Chénéché, 1). — *Bataillé*, 1485 (ibid. 4). — Anc. fief relev. de la châtell. de Chénéché.

Bataillère (La), lieu détruit, près Vublon, c^ne de Romagne; — 1470, 1607 (chap. de St-Hilaire, 243 et 252).

Bataillerie (La), h. c^ne des Ormes.

Bâtard, f. c^ne de Marnay. — *Batart*, 1350 (abb. de Nouaillé, 28).

Bâtardelière (La), m. r. c^ne de Saint-Maurice.

Bâtardières (Les), h. c^ne d'Oiré; — 1494 (cure d'Oiré). — *Les Bastardières*, 1575 (seign. d'Oiré, inv. p. 61).

Bâte (La), m. r. et motte, c^ne d'Usseau. — *La Baste d'Eusseau*, 1432 (seign. de Mées).

Batelière (La), m^in sur le Clain, c^ne de Sommières.

— *Boateleria in riberia de Chantegreu*, v. 1180 (Fonteneau, t. XVIII, p. 533). — *Moulin de la Boatelière*, 1334; — *de la Bouatelière*, 1537 (chap. de St-Hilaire, 439); — *de la Bastelière*, 1547 (*ibid.* 440).

BATERESSE (ÉTANG DE), c^{ne} de Moulime.

BATEVIANDE, m. r. c^{ne} de Loudun. — *Basteviande*, 1436 (chap. de Ste-Croix de Loudun, 2).

BATIE (LA), chât. c^{ne} de Mouterre-Silly. — *L'Abaty* (Cassini).

BATIÈRE (LA), h. c^{ne} de Benassay.

BÂTIMENT (LE), m. r. c^{ne} de Dienné.

BÂTIMENT (LE), h. c^{ne} de Raslay.

BÂTIMENT (LE GRAND et LE PETIT-), ff. c^{ne} d'Antran.

BATISSERIE (LA), f. c^{ne} de Mouterre-Silly. — *La Batisserye*, 1547 (chap. cathédral, 88). — *La Batisserie*, 1680 (cure de Chasseignes).

BÂTONNERIE (LA), h. c^{ne} de Savigné. — *La Batonnerye*, 1754 (notaires, Buchey à Civray).

BÂTONNIÈRE (LA GRANDE et LA PETITE-), h. et f. c^{ne} de Saint-Georges. — *La Bastonère*, 1361 (chap. de Ste-Radegonde, 109). — *Les Bastonères*, 1393 (gr. Gauthier, f° 21). — *Batonnères*, 1406 (*ibid.* f° 13 v°). — *Maison de Bastonnière*, 1499 (fief de Forges). — *Hostel de la Court autrement des Bastonnières*, 1530; *maison noble des Bastonnières sise au village de Forges*, 1763 (fief des Bâtonnières). — *La Batonnière*, 1775 (rôle des tailles). — Anc. fief relev. de la tour de Mauhergeon.

BATREAU, mⁱⁿ sur le ruiss. du même nom, c^{ne} d'Ingrande. — *Moulin de Batreau*, 1375 (duché de Châtellerault, 8, inv. f° 78); — *de Bastereau*, 1425 (cure d'Ingrande); — *de Battreau*, 1579 (chap. de Châtellerault, 11).

Le ruiss. de Batreau est le même que le ruiss. d'Oiré. Voy. ce mot.

BATREAU, vill. c^{ne} de Massogne; — 1550 (chap. de Mirebeau, 31). — *Battreau*, 1614 (cure d'Annay). — Le fief de Batreau relevait de celui des Peux de Liaigues.

BATREAU, anc. mⁱⁿ sur l'Auzon, c^{ne} de Montoiron. — *Moulin de Batereau*, 1448 (cure d'Asnières); — *de Batreau*, 1565 (abb. de St-Savin, 8).

BATREAU, mⁱⁿ sur la Veude, c^{ne} de Saint-Gervais. — *Batereau*, 1426 (duché de Châtellerault, 5); — *Moulin de Battreau*, 1674 (fief du Plessis-Baunay); — *de Batreau*, 1761 (cure de St-Gervais).

BATREAU, h. et mⁱⁿ sur le ruiss. du Fougon, c^{ne} de Ternay. — *Batreau en Ternay*, 1581 (chap. de Ste-Croix de Loudun, 6).

BATREAU, mⁱⁿ sur la Barouse, c^{ne} des Trois-Moutiers. — *Moulin de Batereau*, 1412 (collège de Poitiers, 56).

BATRESSE, vill. c^{ne} de Château-Larcher; anc. c^{ne} réunie à celle-là le 7 septembre 1845. — *Batrizia villa*, *Batriacinsis villa, in vicaria Vicovedonense*, 923-936 (cart. de St-Cyprien, p. 268 et 269). — *Ecclesia de Batricia*, 938 ou 939 (*ibid.* p. 268). — *Batrezia*, 986 ou 987 (*ibid.* p. 270). — *Baterelzia*, 1097-1100 (*ibid.* p. 12). — *Batereza*, 1149 (abb. de St-Cyprien). — *Batereze*, 1264 (abb. de Nouaillé, 5). — *Baterose* (pouillé de Gauthier, f° 152). — *Batreze*, 1343 (abb. de Nouaillé, 24). — *Baptereze*, 1561 (*ibid.* 28). — *Batreize*, 1649 (bissexte). — *Batresse*, 1720 (Dénomb. du royaume). — *Notre-Dame de Bateresse*, 1782 (pouillé). — *Baptresse*, 1807 (annuaire).

Avant 1790 cette ancienne paroisse faisait partie de l'archiprêtré de Lusignan, de la châtellenie de Château-Larcher, de la sénéchaussée et de l'élection de Poitiers. La cure était à la nomination de l'abbé de Saint-Cyprien. Le fief de Batresse relevait de Maugué.

BATTU (LE), f. c^{ne} de Champagné-Saint-Hilaire. — *Le Batu*, 1446 (chap. de St-Hilaire, 243). — *Le Baptu*, 1533 (*ibid.* 245). — *Le Battu*, 1633 (abb. de Moreaux). — Anc. fief relev. de la châtell. de Champagné-Saint-Hilaire, créé par le chapitre de Saint-Hilaire de Poitiers en 1629.

BAUDIÈRE (LA), h. c^{ne} de Coussay-les-Bois; — 1545 (notaires, Artaud à la Roche-Posay).

BAUDINIÈRE (LA), h. c^{ne} de Lavoux.

BAUCÉE, anc. fief relev. de la Tonnière, à Cuhon ou près Cuhon; 1508 (aveu de Mirebeau).

BAUCHERIE (LA), m. au bourg de Chéneché; anc. fief relev. de la châtell. de Chéneché, jadis appelé *la Martinette*, 1670 (aveu de Chéneché).

BAUDAY, bois, près la Gregeaudière, c^{ne} de Bonneuil-Matours. — Anc. fief relev. de la bar. de Montoiron.

BAUDAY, f. c^{ne} de Doussay; — 1324 (couv. de Lencloître).

BAUDEAU, chât. et f. c^{ne} de Doussay; — 1494 (cure de Doussay). — Anc. fief relev. de Terrefort.

BAUDENALIÈRE (LA), h. c^{nes} de Tercé et Pouillé. — *La Baudenalère*, v. 1300 (seign. de Dienné et Verrières). — *La Baudonalera*, 1385 (cart. de la Trinité, f° 36). — *La Baudenallière*, 1564 (chap. de Mortemer, 1).

BAUDENELLE (LA), f. c^{ne} de Dienné; — 1740 (rôle des tailles).

BAUDERIE (LA), anc. fief relev. de la bar. de Mirebeau, paroisse de Boussageau, auj. c^{ne} de Lencloître; — 1508; *la Boderie*, 1534 (aveu de Mirebeau).

BAUDET (LE), f. à Benest, c^{ne} d'Alonne.

BAUDETRIE (LA), lieu détruit, près la Bussière, c^{ne} de

Persac. — *La Boudeterie*, 1775 (rôle des tailles). — *La Baudetrie*, 1841 (nomencl.).

BAUDIÈRE (LA), h. c^{ne} de Curzay. — *La Babaudère*, 1379 (gr. Gauthier, f° 56).

BAUDIÈRE (LA), h. c^{ne} d'Orches; — 1559 (chap. cathédral, reg. 108).

BAUDIÈRE (LA), h. c^{ne} de Persac.

BAUDIÈRE (LA), vill. c^{ne} de Salles-en-Toulon. — *La Boubaudère, la Bobaudière*, 1443 (prieuré du Teil-aux-Moines). — *La Baudière*, 1543 (fam. Ravenel); 1594 (prieuré du Teil-aux-Moines).

BAUDIÈRES (LES), f. c^{ne} d'Iteuil. — *Lubauderia*, 1488 (seign. d'Iteuil). — *La Lubaudière*, 1489 (livre de recette de Vivonne, f° 182 v°). — *L'Ebaudière*, 1616; *l'Hébaudière*, 1679 (collège de Poitiers, 15). — *l'Esbaudière*, 1701 (cure d'Iteuil). — *L'Herbaudière*, 1710; *la Baudière*, 1715; *les Baudières*, 1721 (rôles des tailles).

BAUDIMENT, chât. et vill. c^{ne} de Beaumont; avant le 20 avril 1820, c^{ne} de Moussay. — *Lanberga de Baldiment*, v. 1060 (cart. de St-Cyprien, p. 74). — *Ademarus de Baldimento*, v. 1076 (cart. de Noyers, p. 84). — *Aleardus de Baudiment*, v. 1170 (abb. de Nouaillé). — *Parrochia de Baudimento*, 1286 (chap. de Notre-Dame-la-Grande, 36). — *Baudimant, parroisse de Moussay*, 1485 (ibid. 48).

Suivant ce dernier document, Baudiment aurait, en 1485, dépendu de la paroisse de Moussay; le pouillé de 1782 indique aussi l'église de Sainte-Marie-Magdeleine de Baudiment comme annexe de celle de Saint-Hilaire de Moussay. Néanmoins c'est Baudiment et non Moussay qui figure dans le pouillé de Gauthier et dans toutes les autres listes des cures du diocèse de Poitiers, même dans celles que contient l'almanach provincial (1781 et années suivantes). Le compte de Jean Bourdin, en 1479, réunit les deux noms, *Moussay et Baudement*, et plus tard, dans les listes des paroisses de l'élection de Châtellerault, 1596, 1720, 1780, c'est Moussay qui paraît et non Baudiment.

Cette ancienne paroisse de Baudiment, réunie auj. à celle de Beaumont, avec son annexe de Moussay, réunie à la paroisse de Vouneuil-sur-Vienne, faisait partie de l'archiprêtré, du duché et de l'élection de Châtellerault. La cure était à la nomination du prieur de Saint-Denis-en-Vaux.: *Ecclesiæ de Baudimento patronatum habet prior de Vallibus* (pouillé de Gauthier, f° 173). Le fief et haute justice de Baudiment relevait du duché de Châtellerault.

BAUDIMENT, anc. fief réuni à celui de Puygarreau, c^{ne} de Saint-Genest. — *Baudyment*, 1539; *fief de Bourg et Baudiment*, 1555 (seign. de Puygarreau, 1 et 4).

BAUDIMENTS (LES), h. c^{ne} de Coussay-les-Bois. — *Baudiment*, 1450; *le Baudiment, les Baudimens*, 1500 (seign. de la Roche-Posay, 1). — *Baronnie des Baudimans et de la Boutelays*, 1690 (chap. cathéd. 25).

Le fief et haute justice des Baudiments relevait de la châtell. de Lusignan; il fut uni à la bar. de la Boutelaie, érigée en 1618.

BAUDINIÈRE (LA), h. c^{ne} de la Chapelle-Viviers. — *La Bodinière*, 1500 (prieuré du Teil-aux-Moines). — *La Baudouynière*, 1563; *la Baudinyère*, 1568 (maison-Dieu, 158). — Anc. fief.

BAUDINIÈRE (LA), h. c^{ne} de Journet. — *La Baudoyniére*, 1509 (maison-Dieu, 31). — *La Baudouynière*, 1530 (ibid. terrier). — *La Bodonnière*, 1612 (chap. cathédral, 24). — *La Baudinière*, 1635 (maison-Dieu, 13). — *La Bodinière*, 1841 (nomencl.).

BAUDINIÈRE (LA), f. c^{ne} de Saint-Genest. — *La Bodinière*, 1551 (seign. de Puygarreau, 4). — *La Baudouinière*, 1622 (cure d'Orches). — Anc. seigneurie.

BAUDINIÈRE (LA), h. c^{ne} de Saint-Secondin. — *Bodinières*, 1403 (gr. Gauthier, f° 83 v°). — *Baudinières*, 1406 (ibid. f° 82). — *Les Baudinières*, 1679 (fief de St-Martin-Lars). — Anc. fief relev. de Saint-Martin-Lars.

BAUDINIÈRE (LA), f. c^{ne} de Sanxay. — *La Bodiniaire*, 1775 (rôle des tailles).

BAUDINIÈRE (LA), h. c^{ne} de Thuré. — *La Bodinière*, 1676 (cure de Thuré).

BAUDINOT (CHEMIN DE) *par lequel ceulx de Sainct Pierre (d'Exideuil) vont à Civray*, 1467 (fam. Jousserant, 1).

BAUDISSIÈRES (LES), f. c^{ne} d'Adriers.

BAUDONNEAU, mⁱⁿ sur le ruiss. de Giron, c^{ne} de Chenevelles. — *Moulin de Bausdonneau*, 1559; — *de Bauldonneau*, 1581; — *de Baudonneau*, 1608 (cure de Chenevelles).

BAUDONNERIE (LA), h. c^{ne} de Ceaux, c^{on} de Loudun. — *La Boidonnerie*, 1841 (nomencl.).

BAUDONNIÈRE (LA), h. c^{ne} de Champagné-Saint-Hilaire. — *La Baudionnère*, 1454 (chap. de St-Hilaire, 243). — *La Baudionnière*, 1612 (seign. de la Millière).

BAUDONNIÈRE (LA), f. c^{ne} de Gizay. — *La Baudonère*, 1364 (abb. de la Trinité, 48). — *La Baudonnère*, 1404 (gr. Gauthier, f° 94 v°).

BAUDONNIÈRE (LA), f. c^{ne} de Sériguy. — *La Baudonnière*, 1453 (com^{rie} de Loudun, 32). — *La Baudouynière*, 1454 (seign. de la Baudonnière). — Anc. seigneurie.

BAUDONNIÈRE (LA), h. cne de Sossay. — *Hostel de la Baudouynière*, 1512 (bar. de Luain). — *La Baudonnerye, au village de Luains*, 1558 (comrie de l'Isle-Bouchard, 36). — *La Bodonnière*, 1841 (nomencl.).

BAUDONNIÈRE (LA), h. cne de Thuré; — 1623 (cure de Thuré).

BAUDONNIÈRE (LA), vill. cne de Vicq; — 1456 (abb. d'Angle). — *La Bodonnière* (Cassini).

BAUDONNIÈRES (LES), f. cne de Bellefont. — *La Baudouynière*, 1556 (seign. de Touffou, 3). — *Les Baudouinières*, 1590 (seign. de Bellefont). — *Baudinière*, 1841 (nomencl.).

BAUDOUIN, f. cne de Leigné-les-Bois. — *Baudoyn*, 1540 (comrie de la Foucaudière, 12). — *Fief de Forges aultrement appellé Baudoyn*, 1542 (ibid. 11). — *Baudouin*, 1582 (ibid. 12).

BAUDOUZE, h. cne de Saire et Monts-sur-Guesne; — 1674 (couv. de Guesne).

BAUDREGÈNE (LA), h. cne de Colombiers; distrait de la cne de Naintré le 7 décembre 1825.

BAUDREGÈRE (LA), h. cne de Marigny-Brizay. — *La Bodargère*, 1841 (nomencl.).

BAUDRIÈRE (LA), h. cne de Scorbé-Clairvaux; — 1480 (seign. des Robinières).

BAUDRILLONS (LES), f. cne d'Archigny. — *Les Baudrilloux*, 1674 (seign. de Touffou, 4). — *Les Baudrillons*, 1779 (rôle des tailles).

BAUDROUX (ÉTANG), près Ouzilly, cne de Latus.

BAUDUSIÈRE (LA), lieu détruit, auj. terres en labour, près la Vervolière, cne de Coussay-les-Bois. — *La Baudouzière*, 1458 (notaires, Artaud à la Roche-Posay). — *La Baudruzière*, 1637 (abb. de la Merci-Dieu, 12).

BAUGE (LA), h. cne d'Ingrande.

BAUGE (LA), m. près Moncontour; — 1702 (cure de St-Nicolas de Moncontour).

BAUGE (LA), h. cne de Saint-Pierre-de-Maillé; — 1598 (évêché, 25); — *autrement appellée la Davaillellerie*, 1645 (ibid. 34).

BAUGÉ, m. r. cne de Bonnes. — *Willelmus de Beljoco?* v. 1100 (cart. de St-Cyprien, p. 146). — *Baugé*, 1556 (seign. de Touffou, 3).

BAUGÉ, anc. fief, cne du Port-de-Piles; — 1727 (fief de Mousseaux). — Ce fief, situé entre le Port-de-Piles et l'Éperon, appartenait à l'abbaye de Noyers en Touraine et relevait de la seign. de Mousseaux.

BAUGERIE (LA), h. cne de Bonnes.

BAUGES (LES), m. isolée, cne de la Roche-Posay; — 1534, 1594 (seign. de la Roche-Posay, 2).

BAUJANDNIE, f. près Pilloué, cne de Chiré-en-Montreuil; — 1644 (aveu de Chiré, f° 6).

BAUMIÈRE (LA), chât. et f. cne de Brion. — *La Bemenère*, 1329 (cure de St-Secondin); 1396 (gr. Gauthier, f° 209 v°). — *La Bumenère*, 1404 (ibid. f° 99). — *La Beumenère*, 1406 (ibid. f° 82). — *La Bemenière*, 1445; *la Baumenière*, 1538 (seign. de la Boutinelière). — Anc. fief relev. du comté de Civray.

BAUQUETIÈRE (LA), f. détruite, près Maison-Celle, cne de Lusignan. — *La Baudetère*, 1408 (cure de Lusignan). — *La Bacquetière*, 1820 (nomencl.).

BAUSSAY, chât. et vill. cne de Mouterre-Silly; anc. seign. et prieuré. — *Hugo de Bauceio*, 1209 (Layettes du trésor des chartes, t. I, p. 334). — *Hugo de Bauchayo*, 1230 (collège de Poitiers, 54). — *Prioratus de Bocayo* (pouillé de Gauthier, f° 146). — *Prior de Baucay, de Baussay*, 1383 (taux du décime, p. 8 et 118). — *Baussay le noble*, 1678; *Beaussay*, 1732 (seign. de Baussay). — *Beaucé* (Cassini). — *Prieuré de Sainte-Agathe de Baussay*, 1782 (pouillé).

La châtellenie de Baussay, l'une des plus anciennes et des plus importantes du Loudunais, qualifiée baronnie dès 1607 (seign. de Baussay), relevait du château de Loudun et s'étendait sur les paroisses de Mouterre-Silly, Chasseignes et Arçay. Elle était, suivant Trincant (ms. p. 747), «la plus noble de toutes les chastelenies de Loudnnois. C'est pourquoy on dit au pays en proverbe commun Baussay le noble, St-Gratian (St-Cassien) l'antien, Berrie le riche et Cursay le pauvre... La maison et famille qui la possédoit antiennement estoit la plus grande et plus illustre du pays, et portoit le nom de Baussay, qui est perdu il y a environ deux cens ans... Le chasteau est tout ruiné.» Depuis le commencement du XVe siècle elle était divisée en deux fiefs, les deux tiers et le tiers de Baussay. Le prieuré de Sainte-Agathe était à la collation de l'abbé de Bourgueil.

BAUTERRE, h. cne de Béthines. — *Bausters*, 1233; *Bauters*, 1234 (maison-Dieu, 127). — *Vauters*, 1260 (Hommages d'Alphonse, p. 109). — *Bautest*, 1542 (terrier de Rouflac, 86). — *Le grand Beauterre* (Cassini).

BAUTERRE (LE PETIT-), f. cne de Villemort. — *Le petit Beauterre* (Cassini).

BAUTIÈRE (LA), vill. cne d'Yversay. — *La Baudetère*, 1316 (chap. de Ste-Radegonde, 64). — *La Baudetière*, 1484 (ibid. 55). — *La Bauptière*, 1781 (ibid. 25). — *La Boptière* (Cassini).

BAUVERIE (LA), vill. cne de Chaunay. — *Terra de Boveria*, v. 1175 (Fonteneau, t. XVIII, p. 465). — *La Bouverie*, 1496 (fief de Traversay). — *La Boverie*, *la Bauverie*, 1594 (fief de Panièvre). — *La Bauvrye*, 1715 (seign. de Panièvre).

Bauvinière (La), m. r. c^ne de Vezières.

Baux (Les), f. c^ne d'Asnières. — *Le Bost* (Cassini).

Bauzerie (La), f. c^ne de Sillars. — *La Bouzerie*, 1561 (fief de la Chinau). — *La Bozerie*, 1614 (fam. de la Gélie). — *La Bauzerie*, 1841 (nomencl.). — *La Boiserie*, 1872 (dénomb.).

Bavards (Les), h. c^ne de Saint-Pierre-de-Maillé.

Baye, m^in sur la Briande, c^ne de Monts-sur-Guesne.

Bayollet, étang desséché, c^ne de Sillars.

Baytné, lieu détruit, près Balresse, c^ne de Château-Larcher; auj. prairie, sans vestiges d'habitations. — *In villa Batriaco*, 923-936 (cart. de St-Cyprien, p. 269). — *In Bactriaco*, v. 990 (ibid. p. 270). — *Baitrec*, v. 1160; *molendinum de Baitrec*, v. 1200 (abb. de Nouaillé). — *Pré assis soubz Bestré en la rivière de la Clouère*, 1489 (livre de recette de Vivonne, f° 218 v°).

Bazanne (La), f. c^ne de la Chapelle-Bâton; — 1527 (chap. de St-Hilaire, 548). — *La Bazenne*, 1710; *la Bazainne*, 1727 (rôles des tailles).

Bazard, m^in sur la Boivre, c^ne de Montreuil-Bonnin, et m^in à tan, voisin du précédent, c^ne de la Vausseau; — 1665 (abb. du Pin, 29).

Bazinière (La), h. c^ne de Vendeuvre.

Bazoges, anc. fief, près la Chauvinerie, c^ne de Poitiers; — 1464 (fief d'Anguitard).

Bé (Le), ruiss. a sa source près Puyraveau, c^ne de Saint-Romain, et tombe dans le Clain à Sommières. — *Aqua deu Biez*, 1298 (abb. de Moreaux). — *Rivière de Beyz*, 1403 (gr. Gauthier, f° 249). — *Le Bez, le Bes*, 1404 (ibid. f° 90 v°). — *Le Befz*, 1460 (abb. de Moreaux). — *Ruisseau du Betz*, 1494 (fief de Chaleur). — *Le Bé*, 1498 (seign. du Parc et de Boisvert).

Beau (Le), m. r. c^ne de Persac. — *Village du Bost*, 1506 (seign. de la Brulonnière).

Beau-Bâton, f. c^ne de Mignaloux. — *Boybaton*, 1295 (abb. de la Celle, 1). — *De Bosco Baculi*, 1322 (ibid. 18). — *Boys Baston*, 1324; *Bois Baston*, 1337 (arch. de Poitiers, 12). — *Beaubaton*, 1506 (abb. de la Trinité, 43).

Beaucaire, h. c^ne de Ceaux, c^on de Loudun. — *Beauquaire*, 1446 (com^rie de Loudun, 29). — *Beaucaire*, 1453 (ibid. 31).

Beaucaire, f. c^ne de Sérigny. — *Guillaume de Beauquaire*, 1341 (prieuré du Bouchet). — *Beaucaire*, 1432 (cure de Sérigny). — Anc. fief et haute justice relev. de la bar. de Faye-la-Vineuse (Indre-et-Loire).

Beauce, h. c^ne de Claunay. — *Beausse*, 1662 (cure de Claunay).

Beauchamp, lieu détruit, près la Contric, c^ne de Mazerolles. — *Terra que vocatur Bellus campus juxta Maceriolas*, v. 1085; *Aimericus de Bello campo*, 1087 (Fontenеau, t. XXI, p. 495 et 507). — Quelques parcelles de terre, près la Contric, sont appelées Chêne-Beauchamp.

Beauchamp, m. r. c^ne de Saint-Germain. — *Beauchampt*, 1583 (abb. de St-Savin, 22). — *Beauchamp*, 1595 (maison-Dieu, 100). — Anc. fief relev. de l'abb. de Saint-Savin.

Beauclair, h. c^ne de Latus.

Beaucloux, f. c^ne de Vernon.

Beaufort, f. c^ne de Saint-Gervais; — 1340 (bar. de Lusin). — Anc. fief relev. de la bar. de la Touche.

Beaufour (Étang de), c^ne de Saugé; — 1530 (maison-Dieu, terrier, f° 312).

Beaufranc, h. c^ne de Sillars. — *Boffram*, 1427 (maison-Dieu, 81). — *Boysfranc, Bouffran*, 1460 (ibid. 98). — *Bauffran*, 1493 (fief de l'Âge-Bouet). — *Baufran*, 1542 (maison-Dieu, 126). — *Boiffran*, 1574 (ibid. 32). — *Les Bertauderies*, 1525; *les Bretaudières aultrement Boyfran*, 1577 (ibid. 31 et 32). — *Beaufranc*, 1597 (ibid. 98); 1651 (ibid. 35).

Beaufrand (Étang de), c^ne de Saugé.

Beaulieu, c^ne d'Angle. — *Bellus locus, de Pulcro loco*, 1320 (évêché, 22). — *Beaulieu*, 1444 (ibid. 43).

Beaulieu, f. c^ne de Benassay.

Beaulieu, m. r. c^ne de Cissé.

Beaulieu, h. c^ne de Cloué. — *Loncherye*, 1578; *la Cherie autrement Beaulieu*, 1770 (fief de Cloué). — Anc. fief relev. de celui de Cloué.

Beaulieu, f. c^ne de Coussay; — 1558 (chap. de Mirebeau, 28). — Anc. propriété du prieuré de Coussay.

Beaulieu, f. c^ne d'Hains; — 1494 (seign. de Courtevrault).

Beaulieu, m. r. c^ne de Martaizé; — 1437 (abb. du Pin, 37). — *Beaulieu-la-Ralette*, 1750 (Essais sur l'hist. de Loudun, t. II, p. 87). — Anc. fief relev. du château de Loudun, appelé fief de Raslettes dans une liste des fiefs relev. de ce chât., xviie siècle (arch. de la Soc. des antiquaires de l'Ouest, n° 15).

Beaulieu, h. c^ne de Montmorillon.

Beaulieu, f. détruite, près Barbâte, c^ne de Nouaillé. — *Beaulieu*, autrefois appelé *la Chevalerie*, 1393 (abb. de Nouaillé, 16); — était en ruine en 1716.

Beaulieu, h. c^ne de Pairé; — 1405 (chapelle St-Macou à Voulon). — Anc. fief relev. du Plessis, appart. au chap. cathédral de Poitiers.

Beaulieu, m. à Persac; — 1616 (seign. de Beaulieu). — Anc. fief relev. du marq. de Lussac-le-Château.

BEAULIEU, h. c^{ne} de Prinçay; — 1605 (cure de Prinçay).
BEAULIEU, h. c^{ne} de Saint-Julien-Lars.
BEAULIEU, h. c^{ne} de Saint-Martin-Lars; — 1403 (gr. Gauthier, f° 252 v°).
BEAULIEU, h. c^{ne} de Saint-Romain; — 1773 (rôle des tailles).
BEAULIEU, lieu détruit, c^{ne} de Saint-Saviol. — *Beaulieu, vieil village froust et desert en et au dessoubz le chemin par lequel l'on vait de Sainct Savioul à l'oulme de Bessigné*, 1460 (fam. Jousserant, 1).
BEAULIEU, m. r. c^{ne} de Sérigny; — 1484 (seign. de la Tour-Conzay).
BEAULIEU, h. c^{ne} de Sèvre. — *Bealieu*, 1386 (chap. de St-Hilaire, 356). — *Chapelle de Notre-Dame de Beaulieu*, 1782 (pouillé).
BEAULIEU, h. c^{ne} de Thuré.
BEAULIEU, vill. c^{ne} des Trois-Moutiers; — 1529 (collège de Poitiers, 45).
BEAULIEU, ff. c^{ne} d'Usson; — 1498 (fief de Bagné).
BEAULIEU, f. c^{ne} de Vellèche; — 1471 (prieuré de Fontmore). — *Maison noble de Beaulieu autrefois appellée la Puissottière*, 1601 (seign. de Montdidier). — Anc. fief relev. de Montdidier.
BEAULIEU, f. c^{ne} de Vendeuvre; — 1623 (seign. des Roches de Vendeuvre). — Anc. fief relev. des Roches de Vendeuvre.
BEAULIEU, f. c^{ne} de Veniers; — 1421 (ms. Trincant, Veniers).
BEAULIEU, mⁱⁿ sur la Vienne, c^{ne} du Vigean; aussi appelé Salles-Beaulieu.
BEAULIEU, m. r. c^{ne} de Vouneuil-sous-Biard. — *De Bello loco*, 1312; *Beaulieu*, 1406 (abb. de Fontaine-le-Comte, 16).
BEAULIN, h. c^{ne} de Dissay.
BEAUMARCHAIS, lieu détruit, vers la Maingre, c^{ne} de Saint-Maurice. — *Beamarchois*, 1345 (aveu de la Maingre). — *Antiquum herbergamentum de Pulchro marchezio*, 1404 (gr. Gauthier, f° 95 v°).
BEAUMARCHAIS, h. c^{ne} de Saint-Pierre-des-Églises. — *Le Beau marcheys*, 1309 (Gauthier, f° 188 v°). — *Beaumarches, Beaumarchoys, Mauricius de Pulcro marches*, 1320 (évêché, 22). — *Beaumarchays*, 1537 (seign. de Fressinay). — *Beaumarchaix*, 1547 (évêché, 8).
BEAUMARTIN, f. c^{ne} de Sillars. — *Baumartin*, xiie siècle (maison-Dieu, cart. 138). — *Tenuta de Bosco Martini*, 1427 (maison-Dieu, 81). — *Boysmartin*, 1530 (ibid. terrier, f° 280). — *Bon Martin*, 1572 (maison-Dieu, 86).
BEAUMONT, c^{on} de Vouneuil-sur-Vienne. — *Philippus, dominus Belli montis*, v. 1069 (cart. de Noyers,

p. 698). — *Castrum Belli montis*, 1123 (chap. cathédral, 12). — *Willelmus de Beaumont*, 1199 (abb. de Ste-Croix). — *Beamunt*, 1287 (chap. de Notre-Dame-la-Grande, 36). — *Ecclesia Beate Marie et ecclesia Sancti Georgii de Bello monte* (pouillé de Gauthier, f° 174). — *Beamont*, 1334 (chap. de Notre-Dame-la-Grande, 28).

Cette commune est formée des deux anciennes paroisses de Beaumont et Baudiment. Celle de Beaumont, en l'archiprêtré de Dissay, faisait partie de la châtellenie, de la sénéchaussée et de l'élection de Poitiers; toutefois elle n'est pas comprise dans la liste des paroisses composant la châtellenie de Poitiers en 1324 (arch. de Poitiers, 12); elle renfermait plusieurs fiefs mouvants du duché de Châtellerault, notamment ceux de la Tour-de-Beaumont, Bourneuil et Puygachet; la châtellenie de la Motte-de-Beaumont relevait de la baronnie de Colombiers, située dans le même duché. Le chapitre de Notre-Dame-la-Grande de Poitiers était seigneur haut justicier du bourg et d'une partie de la paroisse, et nommait à la cure de Notre-Dame. La chapelle de Saint-Georges, attenante à la Tour-de-Beaumont, n'est plus désignée comme église paroissiale dans les documents postérieurs au pouillé de Gauthier. Un prieuré de Saint-Sauveur, *prioratus Sancti Salvatoris de Bello monte*, est mentionné dans le même pouillé, f° 147, dans le Taux du décime, p. 10, et, en 1395, dans l'inventaire des titres de la seigneurie de Saint-Blaise (chap. cathédral).

La maladrerie de Beaumont, située entre ce bourg et la Tricherie, est mentionnée en 1499 (aveu de la Tour-de-Beaumont) et en 1607 (aveu de la Tour-de-Naintré); en 1398, elle est appelée maladrerie de la Tricherie (Filles de Notre-Dame de Poitiers, 9).

BEAUMONT, m. r. c^{ne} de Monts-sur-Guesne.
BEAUMONT, f. c^{ne} de Saint-Pierre-d'Exideuil. — *Willelmus de Belmunt*, v. 1174 (Fonteneau, t. XVIII, p. 441). — *De Bello monte*, v. 1180 (ibid. t. XVIII, p. 535). — *Beamont*, 1405 (gr. Gauthier, f° 267). — *Isle de Beaumont*, dans la Charente, 1405 (ibid. f° 209).
BEAUMONT, h. c^{ne} d'Usseau; — 1461 (cure de Remeneuil). — Anc. fief relev. de Haut-Mont.
BEAU-MOULIN, mⁱⁿ sur le ruiss. de l'étang Berland, c^{ne} de Saint-Sauveur; — 1464 (com^{rie} de la Foucaudière, 1). — *Moulin appellé le Beau Moulin*, 1751 (abb. de la Celle, 16).
BEAUPEUX, ff. c^{ne} de Salles-en-Toulon; — *Beaupuy*, 1467 (seign. de Traineau).

BEAUPINIÈRES (LES), f. c^{ne} d'Availle-Limousine. — *L'Esbaupinière*, 1568 (abb. de St-Cyprien, 28).

BEAUPUY, f. c^{ne} de Saint-Genest; — 1429 (duché de Châtellerault, 6). — Anc. fief relev. de Bourg.

Le ruisseau de Beaupuy naît près ce lieu et se réunit à la Fontpoise en amont du moulin du Pré.

BEAUPUY, chât. f. et étang, c^{ne} de Saugé. — *Bellum podium*, 1260 (Hommages d'Alphonse, p. 83). — *Johanna de Bello podio*, 1394 (maison-Dieu, 97). — *Herbergamentum de Pulchro podio*, 1418; *estang de Beaupuy*, 1469 (fief de Beaupuy). — Anc. fief relev. de la bar. de Montmorillon.

BEAUREGARD, chât. et f. c^{ne} d'Anois; — 1761 (fam. de Monfrebeuf).

BEAUREGARD, f. c^{ne} d'Ayron.

BEAUREGARD, ff. c^{ne} de Basses; — 1567 (cure de Basses).

BEAUREGARD, f. c^{ne} de Bellefont; — 1512 (seign. de Bellefont).

BEAUREGARD, h. c^{ne} de Bonnes; — 1563 (seign. de Touffou, 1).

BEAUREGARD, f. c^{ne} de Bonneuil-Matours; — 1564 (seign. de Touffou, 3).

BEAUREGARD, f. c^{ne} de la Chapelle-Moulière. — *Beauregard*, 1539 (abb. de Montierneuf, 82). — *Beauregard*, 1710 (rôle des tailles).

BEAUREGARD, h. c^{ne} de Châtellerault; — 1476 (chap. de Châtellerault, 10); 1628 (cure de Pouthumé).

BEAUREGARD, f. c^{ne} de Chenevelles.

BEAUREGARD, h. c^{ne} de Colombiers. — *Beau regart*, 1444 (duché de Châtellerault, 1). — Anc. fief relev. du marq. de Clairvaux.

BEAUREGARD, h. c^{ne} de Cuhon; — 1780 (rôle du vingtième). — Anc. fief relev. de Poué.

BEAUREGARD, m. r. c^{ne} de Ligugé; — 1775 (rôle des tailles).

BEAUREGARD, lieu détruit, près l'étang de la Forge, c^{ne} de Luchapt; — 1560 (cure de Luchapt).

BEAUREGARD, vill. c^{ne} d'Orches; — 1544 (seign. des Clouzeaux).

BEAUREGARD, f. c^{ne} de Pindray; — 1619 (fam. Babert).

BEAUREGARD, chât. et ff. c^{ne} de Queaux. — *Beauregart*, 1449; *Beauregard*, 1489 (seign. de Ressonneau, 1). — Anc. fief relev. de Ressonneau.

BEAUREGARD, f. c^{ne} de Roiffé.

BEAUREGARD, f. c^{ne} de Saint-Sauveur. — *Beauregard ou les Landes*, 1565 (com^{rie} de la Foucaudière, 2).

BEAUREGARD, f. c^{ne} de Sérigny. — *Beauregart*, 1418; *seigneurie de Beauregard*, 1555 (seign. de Germigny).

BEAUREGARD, étang, c^{ne} d'Usson. — Le ruisseau qui en sort et qu'on appelle ruiss. de l'étang de Beauregard ou ruiss. de la Font-Saint-Martin tombe dans la Clouère au-dessus de Busseroux.

BEAUREGARD, f. c^{ne} de la Vausseau.

BEAUREGARD, vill. c^{ne} de Vouillé. — *Beau regart*, 1447 (chap. de Ste-Radegonde, 35).

BEAUREPAIRE, f. détruite, près la Bouriotterie, bois et brandes, c^{ne} d'Archigny. — *Beau repere*, 1495: *Beau repaire*, 1512 (seign. de Touffou, 4).

BEAUREPAIRE, m. à Latillé; — 1423, 1621 (abb. du Pin, 26).

BEAUREPAIRE, f. c^{ne} de Loudun. — *Beaurepere*, 1410 (com^{rie} de Loudun, 18). — *Beaurepaire*, 1449 (*ibid.* 13).

BEAUREPAIRE, f. c^{ne} de Saint-Jean-de-Sauves, 1381 (arch. nat. chambre des comptes, reg. 332, n° 7).

BEAUREPAIRE, h. c^{ne} de Thuré. — *Beau repere*, 1552 (chap. de Châtellerault, 12). — Anc. fief relev. de la bar. de Thuré.

BEAUREPAIRE, h. c^{nes} de Vouneuil-sous-Biard et Fontaine-le-Comte; — 1296 (abb. de Fontaine-le-Comte, 15).

BEAUREPAIRE (LE PETIT-), h. c^{ne} de Veniers.

BEAUSÉJOUR, h. c^{ne} de Bertegon.

BEAUSOLEIL, vignes, c^{ne} de Loudun. — *Le Boys Souleil*, 1466; *Boysoleil*, 1469 (collège de Poitiers, 52 et 56).

BEAUSSAIS (LE), vill. c^{ne} de Frozes. — *Guillermus de Bausay*, 1323 (chap. de Ste-Radegonde, 72). — *La maeson aus Baucayz*, 1391 (*ibid.* 41). — *Village des Baussays*, 1486 (*ibid.* 46). — *Le Baussay*, 1560 (*ibid.* 41).

BEAUVAIS, h. c^{ne} de Béthines. — *Beauvoys*, 1450 (maison-Dieu, 154).

BEAUVAIS, f. c^{ne} de Ceaux, c^{on} de Couhé. — *Beauvoys*, 1462 (chap. de St-Hilaire, 342).

BEAUVAIS, h. c^{ne} de Châtain. — *Beauvais sur Charente*, 1719 (seign. de Fretet). — Anc. fief relev. de l'abb. de Charroux.

BEAUVAIS, h. c^{ne} de Cherves. — *Beaver*, 1178 (Fonteneau, t. V, p. 34). — *Beuver*, 1318 (*ibid.* t. V, p. 69). — *Beauveer, grangia de Belveario*, 1224 (*ibid.* t. V, p. 93 et 97). — *Beauveir*, 1239 (*ibid.* t. V, p. 149). — *Grangia de Pulchro visu*, 1263 (*ibid.* t. V, p. 181). — *Beauvoir*, 1396 (com^{rie} de St-Georges, 22). — Anc. domaine de l'abbaye des Châteliers (Deux-Sèvres).

BEAUVAIS, f. c^{ne} de Chouppes. — *Beauvoir*, 1416; *Beauvoys*, 1512; *Beauvais*, 1660 (chap. cathédral, 58). — Anc. fief relev. de celui de la Roche-de-Chizay appartenant au chap. cathédral de Poitiers.

BEAUVAIS, h. c^{ne} de Claunay. — *Beauvoys*, 1609; *Beau-*

voir, 1619 (arch. de la Soc. des antiquaires de l'Ouest; Loudunais).

BEAUVAIS, vill. cne d'Hains. — *Beauvoys*, 1504 (maison-Dieu, 103).

BEAUVAIS, h. cne d'Ingrande. — *Beauvoir*, 1438 (comrie d'Auzon, 9).

BEAUVAIS, h. cne de Joussé. — *Beauvoir, Bauveoir*, 1409 (gr. Gauthier, f. 215). — *Beauvais*, 1567 (Fonteneau, t. IV, p. 514). — Anc. fief relev. de l'abb. de Charroux (Fonteneau, t. XL, p. 447).

BEAUVAIS, f. cne de Marçay. — *Beauvoir*, 1613 (collège de Poitiers, 15). — *Beauvais*, 1775 (rôle des tailles).

BEAUVAIS, chât. cne de Montoiron. — *Beauvoir*, 1429 (seign. de Montoiron, 1). — *Beauvais*, 1589 (cure d'Asnières). — *Beauvoys*, 1635 (seign. de Clouchausson). — Anc. fief relev. de la bar. de Montoiron.

BEAUVAIS, vill. cne de Moulime. — *Beauvoix*, 1479 (prieuré de Teil). — *Beauvoys*, 1537 (cure de Moulime). — *Beauvoys*, 1583 (fief de l'Âge-de-Plaisance). — Anc. fief.

BEAUVAIS, h. cne de Nalliers. — *Hostel et lieu noble de Beauvoys où entiennement seulloit avoir une tour et maison forte*, 1565 (abb. de St-Savin, 33). — *Beauvoir*, 1618 (seign. de la Roche-Aguet).

BEAUVAIS, vill. cne de Romagne. — *Beauvoir*, 1470 (chap. de St-Hilaire, 243). — *Beauvoys*, 1537 (fam. de la Broue de Vareilles).

BEAUVAIS, f. cne de Saint-Christophe.

BEAUVAIS, vill. cne de Saint-Pierre-des-Églises. — *De Bello visu*, 1310 (Gauthier, f° 196). — *Beauvoir*, 1410 (chap. de Chauvigny, 23). — *Beauvoirs*, 1503 (évêché, 22). — *Beauvais*, 1775 (rôle des tailles).

BEAUVOIR, m. isolée, cne de Béruges.

BEAUVOIR, vill. cne de Mignaloux. — *Beauvoir, Biauroeyr*, 1266 (abb. de la Trinité, 49). — *Beaveir*, 1267 (Fonteneau, t. XXII, p. 293). — *Domus hospitalis apud Bellum visum*, 1295 (cure de St-Michel de Poitiers). — *Belvearium*, 1312 (abb. de la Trinité, 46). — *Beaver, Beavair*, 1333 (ibid. 20). — *Cappella de Bello visu annexa prioratui de Maignalour*, 1339 (ibid. 38). — *Beauvoir*, 1343 (ibid. 43). — *Beavoyr, Beavoer, Beavoir*, 1385 (ibid. cart. fus 94, 102 et 105). — *Biauvoir* (chron. de Froissard, publiée par la Soc. de l'hist. de France, t. V, p. 52). — *Chapelle Saint Nicholas à Beauvoir, paroisse de Meignaleur*, 1441 (abb. de la Trinité, 38). — *Beauvoyr*, 1562 (ibid. 43). — *Beauvoys*, 1654 (notaires, Gaultier à Poitiers). — *Beauvays*, 1655; *Beauvais*, 1689 (comrie de la Villedieu, 23).

La commanderie de Beauvoir, de l'ordre de Malte, dépendait de celle de la Villedieu. La seigneurie du lieu, avec droit de haute justice, appartenait par indivis à l'abbaye de la Trinité de Poitiers et au commandeur de Beauvoir. Le pouillé de 1782 range *Saint-Nicolas de Beauvais* au nombre des cures.

De 1790 à 1798 Beauvoir a formé une commune distincte de celle de Mignaloux.

Le château moderne de Beauvoir occupe l'emplacement d'une ferme qu'on appelait la Boissonnerie. Voy. ce mot.

BEAUVOIR (LE GRAND et LE PETIT-), chât. et vill. cne de Vouneuil-sous-Biard. — *Beauvoir*, 1404 (gr. Gauthier, f° 25). — *Beauvoys*, 1496 (abb. de Montierneuf, 61). — Le fief de Beauvoir relevait d'Auzance.

BEAUX (LES), m. près le bourg de Scorbé-Clairvaux. — *Maison des Beaulx*, 1571 (seign. des Robinières).

BÉCASSERIE (LA), f. cne de Roiffé; — 1656 (comrie de Loudun, 20).

BÉCASSES (LES), m. r. cne de Saint-Maurice.

BECHET, f. cne d'Hains. — *Bechet*, 1542 (maison-Dieu, 126). — *Beschet*, 1542 (ibid. 104). — *Village des Bechetz*, 1612 (comrie de Rouflac, 1).

BEDAUDIÈRE (LA), h. cne d'Usson.

BEDAUDRIE (LA), h. cne de Vouillé. — *La Bedaudière*, 1641 (chap. de Ste-Radegonde, 62).

BÉDOIRE (FONTAINE DE), sur la rive gauche de la Clouère, près Batresse, cne de Château-Larcher. — *Fontaine de la Beduyre*, 1489 (livre de recette de Vivonne, f° 200 v°).

BÉDONNIÈRE (LA), h. cne de Châtellerault; distrait de la cne de Naintré le 3 janvier 1839. — *Les Besdonnières*, 1512 (chap. de Châtellerault, 15). — *La Besdonnière*, 1595 (fief de la Bédonnière). — *La Bindonnière*, 1861 (dénomb.). — Anc. fief relev. du duché de Châtellerault.

BÉDONNIÈRE (LA), m. près la Tour-Légat, cne de Sérigny. — *La Besdonnière*, 1484 (seign. de la Tour-Conzay); 1575 (cure de Sérigny).

BEDOUCHE (LA), f. cne de Brigueil-le-Chantre; — 1525 (maison-Dieu, 31).

BEDOUÉ (LE), h. cnes de Saint-Pierre-de-Maillé et Vicq. — *Le Bedouer*, 1496; *le Bedoué*, 1640 (prieuré-cure de Vicq).

BEDOURIE (LA), ff. cne de Saint-Pierre-des-Églises. — *La Bedoerie*, 1309 (Gauthier, f° 186 v°). — *La Bodoerie*, 1310 (ibid. f° 196). — *La Bedorie*, 1328; *la Bedourie*, 1435 (chap. de Chauvigny, 8). — *La Bedouerie*, 1501; *la Bedourye*, 1511 (séminaires, 9).

BEDOUX, h. et étang, cne du Vigean; — 1449 (cure

de l'Isle-Jourdain); 1503 (cure du Vigean). — Anc. fief relev. du marq. de l'Isle-Jourdain (Fontencau, t. XXXIX, p. 547 et 588).

Bégandrie (La), f. c^{ne} de Coussay-les-Bois. — *La Begandrye*, 1656 (chap. cathédral, 25). — *La Bougandrie*, 1654 (seign. de la Roche-Posay, 4). — *La Begandérie*, 1841 (nomencl.).

Bégaudué, h. c^{ne} de Champagné-Saint-Hilaire. — *Bugaudré aussi appelé la Grange des Champs*, 1442 (chap. de St-Hilaire, 262). — *Burgaudré*, 1539 (ibid. 246). — *Begaudré*, 1598 (ibid. 250).

Béguerie (La), h. c^{ne} de Villemort.

Beilloire (La), h. c^{ue} de Vendeuvre; anc^t appelée *la Mainardière*, fief relev. de la châtell. de Chéneché, 1670 (aveu de Chéneché, f° 71).

Beiré, f. c^{ne} du Vigean. — *Boeretia juxta Buxiam*, 1087-1115 (cart. de St-Cyprien, p. 243). — *Berec*, 1479; *Beresté*, 1483 (fam. Laurent de Reyrac).

Belabre, m. à Saint-Maurice; anc. fief relev. de la vic. de Gençay; — 1580 (fief de Gençay). — *Bellabre*, 1658 (seign. de Belabre).

Bel-Air, f. c^{ne} d'Arçay.

Bel-Air, m. r. c^{ne} de Beuxe.

Bel-Air, m. à Biard; — 1659 (chap. cathédral, 13).

Bel-Air, f. c^{ne} de la Bussière.

Bel-Air, m. r. c^{ne} de Ceaux, c^{on} de Couhé.

Bel-Air, m. r. c^{ne} de Chalais; — 1641 (chap. de Ste-Croix de Loudun, 4).

Bel-Air, f. c^{ne} de Genouillé.

Bel-Air, m. r. c^{ne} de Jaunay.

Bel-Air, f. c^{ne} de Joussé.

Bel-Air, f. c^{ne} de Leigné-les-Bois.

Bel-Air, h. c^{ne} de Linazay.

Bel-Air, m. r. c^{ne} de Luchapt.

Bel-Air, m. r. près le pont de Pranzay, c^{ne} de Lusignan. — *Buffe ajasse*, 1657; ensuite appelé *Bellair*, v. 1750 (fam. Irland).

Bel-Air, h. c^{ne} de Marçay.

Bel-Air, f. c^{ne} de Nueil-sous-Faye.

Bel-Air, vill. c^{ne} de Poitiers; — 1659 (chap. cathédral, 13).

Bel-Air, h. c^{ne} de Queaux.

Bel-Air, m. r. c^{ne} de Saint-Christophe.

Bel-Air, h. c^{ne} de Saint-Laurent-de-Jourde.

Bel-Air, m. r. c^{ne} de Saint-Martin-Lars.

Bel-Air, f. c^{ne} de Saint-Maurice.

Bel-Air, f. c^{ne} de Saint-Romain.

Bel-Air, f. c^{ne} de Sérigny.

Bel-Air, f. c^{ne} de Sillars.

Bel-Air, tuilerie et h. c^{ne} de Sommières.

Bel-Air, m. r. c^{ne} de Verrue.

Bel-Air (Le Grand et le Petit-), h. et m. r. c^{ne} de Veniers.

Belardière (La), h. c^{ne} de Dissay.

Belbat, tuilerie, c^{ne} de Sossay.

Belébat, h. c^{ne} de Maulay.

Belébat, h. c^{ne} de Saint-Gervais. — *Bellebat*, 1774 (aveu de la bar. de la Touche).

Belendroit, h. c^{ne} de Prinçay; — 1643 (prieuré de Bournan, 7).

Belétat, lieu détruit, près Belphagé, c^{ne} de Saint-Léger-de-Montbrillais. — *Belestat*, 1586 (collège de Poitiers, 54); 1605 (prieuré de Chasseignes, 3).

Belhomme, h. c^{ne} de Lavoux. — *Belhomme*, 1402 (seign. de Touffou, 1). — *Bellosme*, 1493 (chap. de Ste-Radegonde, 108). — Anc. fief relev. de Touffou.

Bellabre ou la Fenicardière, c^{ne} de Savigné. Voy. Fenicardière (La).

Bellac, f. c^{ne} de Cloué; — 1638 (fam. Constant). — *Belacq aultrement Poupaudière*, 1667 (seign. de Cloué).

Bellardière (La), h. c^{ne} de Saint-Remy-sur-Creuse. — *La Belardière*, 1619 (fief de Toiré). — *La Bellardière*, 1650 (fief de la Chaise).

Le ruisseau de la Bellardière prend naissance près Marchais-Rond et se perd dans la Creuse.

Bellardrie (La), vill. c^{ne} de Champniers. — *La Berardère*, 1404 (gr. Gauthier, f. 260 v°). — *La Berardière, la Berarderye*, 1611 (fief de Passac). — *La Bellardrye*, 1629 (arch. de Poitiers, 71). — *La Blardrie* (Cassini).

Bellaudrie (La), m. r. c^{ne} de Château-Garnier.

Belle (La), m. r. c^{ne} de Mauprevoir; — 1633 (notaires de la bar. de Charroux). — Anc. fief.

Belle (La Haute et la Basse-), ff. c^{ne} de Magné. — *La Bele*, 1279 (arch. de Poitiers, 14). — *La Belle*, 1334 (chap. de St-Hilaire, 439). — *Belle*, 1520 (chap. de St-Pierre-le-Puellier, 22).

Le ruisseau qui coule près ce lieu et qui est appelé la Belle a sa source à Puyrabier, c^{ne} de Magné, et tombe dans la Clouère près Gençay.

Bellebâte, h. c^{ne} de Dercé.

Bellebâte, f. c^{ne} de Savigny-sous-Faye.

Bellebâte, h. c^{ne} de Sérigny. — *Bellebaste*, 1427 (fam. Boivin). — Anc. fief relev. de la bar. de Faye-la-Vineuse (Indre-et-Loire).

Belle-Cave (La), vill. c^{ne} de Saix; — 1552 (cure de Saix).

Belle-Croix (La), h. c^{ne} de Moncontour.

Belle-Épine (La), f. c^{ne} de Charroux.

Belle-Épine (La), m. r. c^{ne} de Millac.

Belle-Étoile (La), m. à Beauregard, c^{ne} de Vouillé.

Belle-Étoile (La), m. r. c^{ne} de Vouneuil-sur-Vienne.

BELLEFONT, c°" de Vouneuil-sur-Vienne. — *Bella fons villa in vicaria Igorande*, v. 950 (cart. de S¹-Cyprien, p. 147). — *Alodum quod vocatur Belefunt cum ecclesia in honore beati Hilarii*, v. 1080 (ibid. p. 143). — *Belefont*, v. 1100 (ibid. p. 146). — *De Bello fonte*, 1149 (abb. de S¹-Cyprien). — *Bellefons*, 1399 (Gauthier, f° 185 v°). — *Bellefont*, 1402 (seign. de Touffou, 1). — *Bellefonts*, 1429 (seign. de Montoiron, 1). — *Bellefondz*, 1564 (abb. de S¹-Cyprien, 18). — *Belfons*, 1596 (aides et équivalents, p. 80). — *Bellefonds*, 1609 (abb. de S¹-Cyprien, 20). — *Belle-Fond*, 1720 (Dénomb. du royaume).

Avant 1790 cette commune faisait partie de l'archiprêtré de Mortemer, du duché et de la sénéchaussée de Châtellerault, et de l'élection de Poitiers; de l'élection de Châtellerault avant le XVIIIᵉ siècle. Le prieuré et la cure de Saint-Hilaire de Bellefont dépendaient de l'abbaye de Saint-Cyprien. La seigneurie de Bellefont relevait de la baronnie de Montoiron; elle est mentionnée sous divers noms : *Puygormer ou fief des Guillemetz*, 1488; *Puygomer, Puygoumer*, 1510 (seign. de Bellefont). — *Puygrenier ou le fief Guillemet*, 1511 (seign. de Montoiron, 1). — *Maison noble de Bellefons autrement dicte la Roche de Puygomer ou le fief Guillemette*, 1549; *Puigremier*, 1715 (seign. de Bellefont). — Le chef-lieu de la commune ne se compose que de l'église et de trois maisons.

Bellefont a pris son nom d'une source abondante dont les eaux font tourner un moulin avant de se jeter dans la Vienne.

BELLEFONTAINE, h. cⁿᵉ de Morigny-Chemerault. — *Bellefontayne*, 1396 (fam. Frotier). — *Manerium de Bello fonte*, 1404 (gr. Gauthier, f° 56 v°). — *Bellefontaine*, 1489 (livre de recette de Vivonne, f° 126). — Le fief et haute justice de Bellefontaine ou Saisen-Vivonne relevait du château de Lusignan. Voy. SAIS.

BELLEFOYE, vill. cⁿᵉ de Neuville. — *Fulco de Belafaya*, 1073-1100 (cart. de S¹-Cyprien, p. 71). — *Bellefaye*, v. 1300 (seign. de Chénéché, 1.) — *Bellefay*, 1365 (chap. cathédral, 78). — *Bellefays*, 1537; *Bellefoye*, 1599; *Bellefois*, 1651 (chap. cathédral, 8). — Anc. fief relev. de Mavault (Fontenau, t. XL, p. 200).

BELLE-INDIENNE (LA), m. r. cⁿᵉ de Coussay-les-Bois.
BELLE-INDIENNE (LA), m. r. cⁿᵉ de Sérigny.
BELLEJOUANNE, h. cᵘᵉ de Poitiers. — *Bella Johanne, paroisse de Saincte Triaise*, 1486 (abb. de Fontaine-le-Comte, 4). — *Bellejouanne*, 1575 (collège de Poitiers, 8).

BELLE-MARION (LA), h. cᵘᵉ de Saint-Genest; — 1384 (seign. de Puygarreau, 3). — Anc. fief relev. de Puygarreau.
BELLE-PLAINE, f. cᵘᵉ de Moulime; — 1537 (cure de Moulime).
BELLEROUTE, f. cᵘᵉ de Béruges; — 1565 (comᵗⁱᵉ de S¹-Georges, 14).
BELLETIÈRE (LA), f. cⁿᵉ d'Availle-Limousine; — 1568 (abb. de S¹-Cyprien, 28).
BELLETIÈRE (LA), m. détruite, cⁿᵉ de Champigny-le-Sec. — *Molendinum venti de la Belletere*, 1407 (abb. de S¹-Cyprien, 39).
BELLETIÈRE (LA), f. dép. de la communauté de Sainte-Philomène, cⁿᵉ de Migné. — *La Beletère*, 1340; *maison de la Bessotière ou de la Belletière*, 1676 (abb. de Montierneuf, 60).
BELLETIÈRE (LA), f. cⁿᵉ de Saint-Martin-la-Rivière. — *La Belletère*, 1349 (chap. de Chauvigny, 15). — *La Belletière*, 1600 (seign. du Ry).
BELLETIÈRE (LA), lieu détruit et bois, près la Trébaudière, cⁿᵉ de Verrières. — *La Belletère*, 1469 (seign. de Dienné et Verrières, 3). — *La Beltière*, 1742 (ibid. 2). — Le bois des Beltières contenait 83 arpents en 1796.
BELLEVAUX, h. cⁿᵉ de Mazerolles. — *Bellevau*, 1458 (seign. de la Tour-aux-Cognons). — *Bellevault*, 1619 (abb. de Nouaillé, 41). — *Belvaux* (Cassini).
BELLEVENTRIE, f. cⁿᵉ de Buxeuil. — *La Bailventrie*, 1636 (duché de Châtellerault, 7). — *La Beilventerie, anciennement appellée Tropidort*, 1659 (ibid. 3).
BELLEVUE, h. cᵘᵉ d'Asnières.
BELLEVUE, h. cᵘᵉ d'Availle-Limousine.
BELLEVUE, f. cⁿᵉ de Basses.
BELLEVUE, f. cⁿᵉ de la Bussière.
BELLEVUE, m. r. cⁿᵉ de Cenon; — château détruit avant 1777 (aveu de Clairvaux, p. 161).
BELLEVUE, m. r. cⁿᵉ de la Chapelle-Mortemer.
BELLEVUE, m. r. cⁿᵉ de Châtellerault.
BELLEVUE, h. cⁿᵉ de Dangé.
BELLEVUE, h. cᵘᵉ de Leigné-sur-Usseau.
BELLEVUE, m. r. cⁿᵉ de Mauprevoir.
BELLEVUE, h. cⁿᵉ de Pairoux.
BELLEVUE, f. cⁿᵉ de Queaux.
BELLEVUE, f. dép. de la colonie agricole de Saint-Hilaire, cⁿᵉ de Roiffé.
BELLEVUE, maisons éparses, près l'Hermitage, cⁿᵉ de Saint-Benoît.
BELLEVUE, h. cⁿᵉ de Saint-Genest.
BELLEVUE, f. cⁿᵉ de Saint-Pierre-de-Maillé.
BELLEVUE, vill. cⁿᵉ de Saint-Pierre-des-Églises.
BELLEVUE, f. cⁿᵉ de Saint-Sauveur.

DÉPARTEMENT DE LA VIENNE. 31

Bellevue, h. c^{ne} de Savigné; — *Belle veue*, 1689 (notaires, Pascault à Civray).
Bellevue, f. c^{ne} de Sillars. — *Tout-lui-faut* (carte de l'état-major).
Bellevue, f. c^{ne} de Vendeuvre.
Bellevue, m. r. c^{ne} de Verrières.
Bellian, m. r. c^{ne} de Châtellerault. — *Bellian, Belian*, 1492 (abb. de St-Cyprien, 23). — *Bellean*, 1619 (aveu de St-Romain, f° 3).
Belliard, lieu détruit, c^{ne} d'Oiré; — 1630 (inv. de la Groye, t. II, p. 109); 1756 (terrier de la Groye, p. 753).
Bellien, h. c^{ne} de Mazeuil. — *Bethleam*, 1411 (abb. de St-Cyprien, 35). — *Bethleem*, 1467 (*ibid.* 21). — *Bethlean*, 1457 (com^{rie} de St-Georges, 27). — *Bellean*, 1610 (seign. de Chardonchamp). — *Belleen*, 1639 (abb. de St-Cyprien, 16). — *Belean*, 1653 (fam. de Marconnay). — *Belliens*, 1706 (abb. de St-Cyprien, 35). — *Beslean*, 1749 (chap. de Mirebeau, 31).
Bellinière (La), h. c^{ne} de Saint-Genest. — *La Bellinière*, 1437 (seign. de Puygarreau, 3). — *La Belonnière*, 1439 (terrier de Gironde, f° 22 v°). — *La tour de la Bellonnière*, 1474 (seign. de Puygarreau, 3). — *La Bellinière*, 1556 (*ibid.* 4). — *La Blinière*, 1866 (dénomb.).
Bellonnières (Les), h. c^{ne} de Bertegon. — *Les Belonnières*, 1478 (seign. de Germigny). — *Les Bellonnières*, 1501 (prieuré du Bouchet, 1). — Anc. seigneurie.
Bellutrie (La), m. r. c^{ne} de Champagné-Saint-Hilaire. — *La Bellutterye*, 1598 (chap. de St-Hilaire, 249). — *La Belluttrie autrement les Gautrons*, 1671 (*ibid.* 259).
Belmont, lieu détruit, près le Sebioux, c^{ne} de Saint-Léomer. — *Belmont*, 1841 (nomencl.).
Belonnières (Les), f. c^{ne} d'Ingrande. — *Les Belonnières*, 1599 (abb. de la Merci-Dieu, 13). — *Les Blonnières*, 1619 (seign. de Chêne, inv.). — *Les Bellonnières*, 1650 (cure d'Ingrande). — *Les Billonières*, 1841 (nomencl.). — Anc. fief relev. de Chêne.
Belotrie (La), m. à Vouillé.
Bemène, h. c^{ne} de Saugé. — *Bemennes*, 1625 (fam. Babert).
Bena, vill. c^{ne} de Chaunay. — *Benaz*, 1482 (fief de Loin). — *Benatz*, 1498 (fief de Bena). — *Bena*, 1669 (seign. de la Touche-Vivien). — Anc. fief relev. du comté de Civray.
Benaise, vill. et mⁱⁿ sur la Benaise, c^{ne} de Coulonges.
Benaise (La), riv. prend sa source dans le départ^t de la Creuse, court au nord du départ^t de la Haute-Vienne et entre dans celui de la Vienne, où elle arrose les c^{nes} de Coulonges, Briqueil-le-Chantre. Thollet, la Trimouille et Liglet sur une longueur d'environ 30 kilom., puis va se réunir à l'Anglin près Saint-Hilaire-de-Benaise (Indre). — *Beneysa*, 1274 (maison-Dieu, 127). — *La Benayse*, 1453 (*ibid.* 154). — *Rivière de Benoise*, 1481 (abb. de St-Savin, 26); — *de Benaise, de Benoize, de Benoyse*, 1494 (seign. de Courtevrault). — *La Benaize*, 1608 (maison-Dieu, terrier, f° 139).

Bénardière (La), m. r. c^{ne} de Mondion. — *La Bernardière*, 1479 (cure de Mondion); 1672 (aveu de Puygarreau, p. 141). — *La Besnardière*, 1586 (seign. de Puygarreau, 1); 1625 (seign. de Mondion, 2).

Benassay, c^{on} de Vouillé. — *Benaciacum*, 889; *Beneciacum*, 1187; *Benacaium*, 1224; *Beneceium*, 1228 (ch. de St-Hilaire, t. I, p. 13, 201, 230 et 236). — *Benacay*, 1275 (chap. de St-Hilaire, 222). — *Capellanus de Benassayo*, 1383 (taux du décime, p. 69). — *Benassay*, 1412 (chap. de St-Hilaire, 222). — *St-Hilaire de Benassay*, 1782 (pouillé). — *Benassais*, 1784 (carte du Poitou).

Cette commune est formée de l'ancienne paroisse de Benassay, moins la section de la Vausseau, érigée en commune le 11 juillet 1868, et de celle de Nesde. — Benassay faisait partie de l'archiprêtré de Sanxay, de la châtellenie de Montreuil-Bonnin, de la sénéchaussée et de l'élection de Poitiers. Le chapitre de Saint-Hilaire de Poitiers en était seigneur haut justicier et nommait à la cure.

Benasse, h. c^{ne} de Pairé. — *Benasses*, 1499 (fief de Guron). — *Benasse*, 1558 (fief de Château-Larcher).

Benest, h. c^{ne} d'Alonne. — *Benaicum*, v. 1055; *Benaiacum*, v. 1076; *Benays*, v. 1143 (ch. de St-Hilaire, t. I, p. 87, 95 et 148). — *Benais*, 1205 (abb. de Nouaillé, 1). — *Benayum*, 1248 (chap. de St-Hilaire, 238). — *Bennais*, 1295 (chap. de St-Hilaire, t. I, p. 357). — *Benes*, 1316; *Benais*, 1330 (chap. de St-Hilaire, 238). — *Benaz*, 1334 (abb. de Nouaillé, 24). — *Benaiz, Benestz*, 1492; *Benay*, 1497; *Benest*, 1552 (chap. de St-Hilaire, 151). — *Benet*, 1560 (*ibid.* 239). — *Seigneurie du petit Benest*, 1757 (*ibid.* 240); — *du petit Benet*, 1785 (*ibid.* 241). — Cette seigneurie appartenait au chapitre de Saint-Hilaire de Poitiers.

Benétière (La), h. c^{ne} de Pressac. — *La Benestière*, 1558 (abb. de St-Cyprien, 28).

Benétrie (La), f. c^{ne} d'Antran.

Bénière (La), m. r. c^{ne} de Bournan. — *La Besnière*, 1589 (prieuré de Bournan, 4).

Bérangerie (La), m. r. c^{ne} de Doussay.

Bercilière (La Halte et la Basse-), ff. c^ne de Châtellerault. — *La Bersillère*, 1637 (c^rie d'Auzon, 8).

Berdonnière (La), f. c^ne d'Oiré.

Berdrac (Le), f. c^l.e de Martaizé.

Berdy, f. et m^in sur l'Auzance, c^ne de Chiré-en-Montreuil. — *Brider*, 1404 (gr. Gauthier, f° 75). — *Le pont de Bridier, la fontaine de Bridier*, 1644 (fam. Jacques). — *Moulin de Bredy*, 1762 (rôle des tailles).

Bergault (Le), h. c^l.e de Mazerolles.—*Burgault*, 1450 (abb. de Nouaillé, 40). — *Le Bergaud*, 1640 (*ibid.* 41).

Bergault (Le), f. c^ne de Verrières.

Berge (La), h. et la Haute-Berge, f. c^ne de Magné.

Bergeais (Les), h. c^ne de la Bussière. — *Les Bergerais* (Cassini). — *Les Bergeas*, 1841 (nomencl.).

Bergeau (Le), h. c^ne de Liglet. — *Le Bergerault*, 1578 (seign. de Courtevrault, reg. f° 89). — *Bergeault*, 1638 (com^rie de Rouslac, 1). — *Le Bergeaud*, 1640; *le Bergault*, 1679 (abb. de St-Savin, 26).

Bergeaudière (La), f. c^ne de Doussay; — 1635 (cure de Doussay).

Bergeonneau (La), h. c^ne de Scorbé-Clairvaux; — 1777 (aveu de Clairvaux).

Bergeottière (La), h. c^nes de Sossay et Thuré. — *La Bergotière*, 1439 (terrier de Gironde, f° 58). — *La Bergerotière*, 1547 (seign. de Puygarreau, 7). — *La Berjottière*, 1626 (*ibid.* 8). — *La Bourgeottière*, 1644 (seign. des Robinières).

Bergères (Les), h. c^ne de Genouillé; — 1636 (notaires, Vaugelade à Civray).

Bergerie (La), m. r. c^ne d'Archigny; — 1564 (seign. de Touffou, 4).

Bergerie (La), h. c^ne de Châtellerault; — 1619 (aveu de St-Romain, f. 2 v°).

Bergerie (La), vill. c^ne de Coulonges.

Bergerie (La), f. c^ne de Journet.

Bergerie (La), m. r. c^lle de Lomaizé; — 1548 (fief de Dienné et Verrières). — Anc. fief relev. de Dienné et Verrières.

Bergerie (La), h. et anc. camp, c^ne de Saint-Martin-Lars; — 1650 (notaires de la bar. de Charroux).

Bergerie (La), vill. c^ne de Vicq.

Bergeries (Les), h. c^ne de Lussac-le-Château.

Bergerons (Les), h. c^ne de Nérignac. — *Bregeon*, 1841 (nomencl.).

Bergerons (Les), h. c^ne de Persac.

Bergers (Les), h. c^ne de Dangé; — 1652 (duché de Châtellerault, 7).

Bergeste, h. c^ne de Naintré. — *Bergeresse*, 1388 (duché de Châtellerault, 5). — Fief relev. de la vic. de Châtellerault au xive siècle.

Berilleries (Les), m. en ruine, près le Tarde, c^he de Vicq.

Bérin, vill. c^ne de Saint-Macou. — *Berin, Boyrin*, 1404 (gr. Gauthier, f° 264). — *Le grant Berin, le petit Berin*, 1498 (fief de Fayolle). — *Besrin*, 1663 (notaires, Pascault à Civray). — *Bairain*, 1784 (notaires, Gibaux à Civray).

Berlais (Le), h. c^ne de Ceaux, c^on de Conhé. — *Montbrelay*, 1489 (seign. de la Millière). — *Mombrelé*, 1558 (fief de Château-Larcher). — *Le Berlay*, 1686; *Monbrelay*, 1705 (seign. de Monts).

Berlalière (La), m. r. c^ne de Beaumont.

Berlanderie (La), f. à Benest, c^ne d'Alonne; — 1492 (chap. de St-Hilaire, 341).

Berlanderie (La), h. c^ne de Croutelle. — *La Brelandrie*, 1480 (seign. de Béruges, 2). — *La Bellandrie*, 1675; *la Berlanderye*, 1686 (abb. de Fontaine-le-Comte, 18).

Berlandière (La), h. c^ne de Naintré. — *Bellandières de les Chastellerault*, 1335 (Ordonnances, t. II, p. 105). — *La Bellandière*, 1380; *la Berlandière*, 1416 (chap. de Châtellerault, 1). — *La Brelendière*, 1621 (fief du Savinier). — Anc. chât. de plaisance des seigneurs de Châtellerault, démoli au dernier siècle.

Berlangen, f. c^ne d'Availle-Limousine. — *Brulangier*, 1656 (rôle des tailles).

Berlau, f. c^ne de la Vausseau. — *Decima de Berlo*, v. 1085 (cart. de St-Cyprien, p. 278). — *Berlou*, 1403 (gr. Gauthier, f° 70 v°). — *Brelo*, 1429 (abb. du Pin, 16). — *Brelou*, 1499 (*ibid.* 17). — Anc. fief appart. à l'abbaye du Pin et relev. de la châtell. de Montreuil-Bonnin.

Berliaquerie (La), f. c^ne de Marigny-Brizay. — *La Brelliaquerie*, 1738 (rôle des tailles).

Berlière (La), h. c^ne de Chaunay. — *Hugo de la Berlere, valetus*, 1334 (abb. de Nouaillé, 29).

Berlières (Les), m. r. c^ne de Jazeneuil.

Berlinguet (Le), h. c^ne de Mignaloux.

Berlotière (La), h. c^ne de Saint-Sauveur; — 1429 (com^rie de la Foucandière, 8). — *La Berlottière*, 1751 (abb. de la Celle, 16).

Bernacherie (La), f. c^ne de Lomaizé.

Bernacherie (La), m. r. c^ne de Nalliers.

Bernadière (La), f. c^ne de Millac.

Bernagout, chât. et f. c^ne de Vouneuil-sous-Biard. — *Bernagou*, 1324; *Bernagaoe*, 1337 (arch. de Poitiers, 12). — *Brenegou*, 1447; *Bernigou*, 1529 (abb. de St-Cyprien, 10). — *Bernegoux ou le May sur Boivre*, 1751 (chap. cathédral, 13). — *Bernagout* (Cassini). — Anc. fief relev. de la Chaise-de-Biard.

BERNARDIÈRE (LA), h. cne de Jazeneuil; — 1498 (fief du Châtaignier). — Anc. fief relev. de la châtell. de Lusignan.

BERNARDIÈRE (LA), h. cne de Mairé; — 1543 (seign. de Mairé).

BERNARDIÈRE (LA), h. cne de Mazeuil; — 1408 (fam. de Fouchier). — Anc. fief relev. de la Touraine, cne de Cuhon.

BERNARDIÈRE (LA), h. cne de Vicq. — *La Bernardère*, 1404 (gr. Gauthier, f° 7 v°). — *La Bernardière*, 1455 (notaires, Artaud à la Roche-Posay). — *La Bernarderye*, 1549 (fief de Sanzelle).

BERNARDIÈRE (LA), h. cne du Vigean; — 1577 (Fonteneau, t. XLV, p. 773).

BERNARDIÈRES (LES), h. cne de Liniers. — *La Bernardère*, 1275 (abb. de St-Cyprien, 44). — *Les Bernardères*, 1438 (seign. de Touffou, 1). — *Les Bernardières*, 1478 (abb. de St-Cyprien, 44).

BERNARDINIÈRE (LA), m. détruite, cne de Tercé. — *La Bernardinère*, 1405 (gr. Gauthier, f° 21 v°); 1417, 1463 (carmes de Poitiers).

BERNARDRIE (LA), lieu détruit, entre la Gilardière et Montagean, cne d'Adriers (Cassini).

BERNARDRIE (LA), au Plessis, cne d'Anché; anc. fief relev. de la châtell. de Château-Larcher; — 1577 (titres de Château-Larcher).

BERNARDRIE (LA), vill. cne de la Chapelle-Bâton. — *La Bernardie*, 1403 (gr. Gauthier, f° 252); 1494 (fief de Chaleur). — *La Bernardrie*, 1711 (rôle des tailles).

BERNARDRIE (LA), m. r. cne de Jazeneuil. — *La Bernarderie*, 1723 (rôle des tailles).

BERNARDRIE (LA), h. cne de Saint-Georges. — *La Bernardrye*, 1575 (abb. de Montierneuf, 9). — *La Bernardière*, 1671 (fam. Rousseau). — *La Bernardrie*, 1740 (rôle des tailles).

BERNARDRIES (LES), h. cne de Villemort.

BERNATELIÈRE (LA), f. cne de Montmorillon. — *La Brunatellère*, 1493 (fief de Pindray). — *La Bernatellière*, 1542 (maison-Dieu, 126). — *La Brenatelière*, 1638 (chap. de Montmorillon, 3).

BERNATIÈRE (LA), h. cne de Surin. — *La Bernardière*, 1572; *la Bernatière*, 1618; *la Brenatière*, 1626 (seign. du Cibiou). — *La Bernattière*, 1662 (notaires, Chevallier à Civray).

BERNAUDIÈRE (LA), h. cne de Fleuré. — *La Brignauldère*, 1560 (abb. de Nouaillé, 49). — *La Brinaudière*, 1620; *la Brenaudière*, 1767 (ibid. 50).

BERNAY, vieux manoir et vill. cne d'Iteuil; — 1398 (collège de Poitiers, 7). — *Homines de Bernasio*, 1488 (seign. d'Iteuil). — Anc. seign. réunie à celle d'Iteuil et relev. de la bar. de Celle-l'Évécault.

BERNAY, vill. et min sur le Clain, cne de Sommières; anc. prieuré dép. de l'abbaye de Charroux et seigneurie, qualifiée châtellenie en 1639 (abb. de Moreaux), relev. de la vic. de Gençay. — *Brenacum*, 1096 (Fonteneau, t. IV, p. 89). — *Bernay*, 1334 (chap. de St-Hilaire, 439). — *Prior de Brenay*, 1383 (taux du décime, p. 27). — *Sainte-Marie-Madeleine de Bernay*, 1741 (prieuré de Bernay).

BERNE (LA), h. cne de Châtellerault.

BERNESSAC, h. cne de Charroux. — *Brunessart*, 1265 (Fonteneau, t. IV, p. 369); 1403 (abb. de Charroux). — *Le grand et le petit Brunayssart*, 1401 (chap. de St-Hilaire, 548). — *Brenesart*, 1754 (rôle des tailles).

BERNETTERIE (LA), f. cne de Leigné-les-Bois.

BERNEZAY, vill. cne des Trois-Moutiers. — *Giraldus de Berneciaco*, v. 1050 (cart. de Noyers, p. 511). — *Bernezacum*, 1059 (dipl. du roi Henri Ier pour l'abb. de Tournus, ap. Bouquet, t. XI, p. 601). — *Berniziacum, Bernezay*, 1119 (bulle de Calixte II pour la même abbaye, ap. Juenin, Hist. de l'abb. de Tournus, pr. p. 146). — *Drogo de Bernazai*, 1121 (cart. de St-Maur-sur-Loire). — *Ecclesia Sanctæ Mariæ de Bernezaico*, 1123 (Fonteneau, t. XVII, p. 180). — *Ecclesia Sancti Ylarii de Bernezay cum capella Sancti Laurencii*, 1184 (abb. de St-Savin, 1). — *Ecclesie Sancti Hylarii, Beate Marie de Bernezayo, Sancti Petri de Bernezeyo* (pouillé de Gauthier, f° 171 v°); — *de Bernazoi, de Bernasaio*, 1383 (taux du décime, p. 9 et 76). — *Bernesay*, 1397 (comrie de Loudun, 16). — *Brenezay*, 1468 (collège de Poitiers, 52).

Ce village avait donné son nom aux trois paroisses de Saint-Pierre, Notre-Dame et Saint-Hilaire qui, depuis le xve siècle, furent appelées les Trois-Moutiers. Voy. ce mot.

La chapelle de Saint-Laurent de Bernezay était anct le siège d'un chapitre, *capitulum de Bernezay* (pouillé de Gauthier, f° 146), composé de six canonicats qui, à une époque non indiquée, furent supprimés et affectés à la dotation d'une simple chapelle presbytérale (pouillé de 1782, p. 218). — Le fief de Bernezay relevait en partie de la baronnie de Berrie, en partie de la seigneurie de Beuxe. Les droits de foire du jour de Saint-Laurent étaient tenus en fief du château de Loudun (ms. Trincant).

BERNIÈRE (LA), m. r. cne d'Angliers. — *La Barinière*, 1455 (prieuré de Triou).

BERNOCHÈRE (LA), f. cne de Lomaizé. — *La Bernochère*, 1405 (gr. Gauthier, f° 22). — *La Bernochière*, 1457; *la Brenochère*, 1553 (carmes de Poitiers).

— *La Brenochière*, 1548 (fief de Dienné et Verrières). — Anc. fief relev. de Dienné et Verrières.

BERNON, h. c^ne de Nouaillé. — *Barnon silva*, 1119 (Fontencau, t. XXI, p. 594).

BERNONNIÈRE (LA), h. c^ne de Saint-Benoît. — *La Brenonnière*, 1448 (abb. de St-Benoît, 3, f° 190). — *La Bernonière*, 1510 (*ibid.* 6). — *La Berlonnière*, 1841 (nomencl.).

BERNUSSON, f. c^ne de Saint-Sauveur.

BERNUSSON, h. c^ne de Thuré. — *Bernusson*, v. 1400 (cure de Thuré). — *Burnusson*, 1475 (duché de Châtellerault, 5). — *Brenusson*, 1579 (arch. de Poitiers, 70). — Anc. fief relev. du marq. de Clairvaux.

BERNUSSON (LE PETIT-), h. c^ne de Châtellerault.

BÉROUTE, m. r. c^ne de Marnay. — *Villa Berusta*, v. 1045; *in vicaria Vicovedonense*, v. 1070 (cart. de St-Cyprien, p. 255 et 264). — *Silva de Berustia*, v. 1084 (abb. de Nouaillé). — *Beirusta*, v. 1155 (cart. de St-Cyprien, p. 36). — *Beyrosta*, 1350 (abb. de Nouaillé, 28). — *Bayrouste*, 1489 (livre de recette de Vivonne, f° 204 v°). — *Berouste*, 1558 (fief de Château-Larcher). — Anc. fief relev. de la Ruffinière, unie à la châtell. de Château-Larcher.

BERRIE, chât. et vill. c^ne de Nueil-sur-Dive. — *Villa quæ Berria nuncupatur*, 1076 (cart. de Bourgueil, 125). — *Domus Berrie*, 1262 (ch. de Jean de Berrie à la bibl. de Tours). — *Berreia*, 1216 (abb. de Ste-Croix, 64). — *Chastellenie de Berrie*, 1439 (chap. cathédral, 37). — *Berrye*, 1462 (Fontencau, t. XXVI, p. 426). — *Chapelle de la Madeleine de Bery*, 1782 (pouillé). — Anc. châtell. relev. du château de Loudun, qualifiée baronnie dès 1584 (inscript. du portail de Berrie); elle s'étendait sur les paroisses de Nueil-sur-Dive et Pouançay.

BERRIS (LES), h. c^ne de Leigné-sur-Usseau.

BERSAUDIÈRE (LA), f. c^ne de Gençay. — *La Boursaudère*, 1468 (chap. de St-Pierre-le-Puellier, 24). — *La Bressaudière*, 1710 (rôle des tailles).

BERTANDINIÈRE (LA), f. c^ne de Smarve. — *La Bertrandinère*, 1428 (abb. de St-Cyprien, 43). — *La Bertrandière*, 1471 (abb. de la Celle, 15). — *La Bertandinière*, 1711 (rôle des tailles).

BERTANDRIE (LA), h. c^ne de Champniers. — *La Bertandère*, 1403 (gr. Gauthier, f° 250). — *La Bertranderie*, 1438 (seign. de la Millière). — *La Bertrandrye*, 1611 (fief de Passac).

BERTAUDIÈRE (LA), m. r. c^ne de Vendeuvre.

BERTAULT, vill. et m^in sur l'Auzance, c^ne de Migné. — *Molendinum de Bertaut*, 1335 (abb. de Montierneuf, 60). — *Bertaud*, 1565 (fief de Bertault). — Anc. fief relev. de la tour de Maubergeon.

BERTAULT, vill. c^ne d'Ouzilly, et h. c^ne de Saint-Genest, séparés par l'Envigne. — *Britellus?* 673 (charta S. Bercharii, ap. Pardessus, *Diplomata, chartæ*, etc. t. II, p. 159). — *Bertaut*, 1425 (duché de Châtellerault, 3). — *Berthault*, 1439 (terrier de Gironde, f° 17). — *Brethault*, 1473 (couv. de Lencloître). — *Bertault*, 1475 (chap. de St-Hilaire, 425).

BERTAULT, m^in détruit, en amont du m^in du Pont, c^ne de Saint-Genest. — *Moulin de Bretaut*, 1356 (couv. de Lencloître); — *de Berthaut*, 1459, 1639 (seign. de Puygarreau, 9).

BERTEGON ou BERTHEGON, c^on de Monts-sur-Guesne. — *Arx de Berthegonio, de Bretegonio*, 560 et 562 (diplômes faux de Clotaire et de ses fils, ap. Pardessus, *Diplomata, chartæ*, etc. t. I, p. 119 et 125). — *Bernegannum in vicaria Lugdunense*, 904 (E. Mabille, *La pancarte noire de Saint-Martin de Tours*, p. 98). — *Alodus de Bernegonno in pago Pictavensi, in vicaria Lauzdunensi*, 985-1009 (livre noir de St-Florent, f° 16). — *Bertegon*, 1276 (abb. de St-Benoît, 20). — *Bretegon* (pouillé de Gauthier, f° 177 v°). — *Berthegon*, 1398 (chap. de Ste-Radegonde, 92). — *Brethegon*, 1448 (com^rie de l'Isle-Bouchard, 35). — *Rector de Bretegonio*, 1476 (reg. synodal). — *Notre-Dame de Bertegon*, 1782 (pouillé).

Avant 1790 Bertegon faisait partie de l'archiprêtré de Faye-la-Vineuse et de l'élection de Richelieu (Indre-et-Loire). Le bourg et une partie de la paroisse dépendaient du Loudunais, le surplus, de la baronnie de Faye-la-Vineuse en Anjou. Le chapitre de Sainte-Radegonde de Poitiers était seigneur de Bertegon et des Meurs, et nommait à la cure, qui a été rétablie en 1845. L'aumônerie de Saint-Vincent de Bertegon fut unie à l'hôpital de Loudun en 1700.

Le ruisseau de Bertegon prend naissance en cette commune, près du Bouchet, et tombe dans le Machefer.

BERTELIÈRE (LA), m^in sur la Vonne, c^ne de Sanxay; — 1775 (rôle des tailles).

BERTELLERIE (LA), h. c^ne de Mignaloux. — *La Brequilière, la Braguillière*, 1624; *la Brequellerie*, 1630 (com^rie de la Villedieu, 26). — *La Bertellerie*, 1681 (abb. de la Trinité, 44); 1841 (nomencl.). — *La Béquellerie*, 1866 (dénomb.).

BERTENOT, f. c^ne des Ormes. — *Bertenour*, 1313 (seign. des Mées). — *Berthenou*, 1437 (duché de Châtellerault, 5). — *Berthenoz*, 1445 (*ibid.* 4). — *Bertenoz*, 1520 (*ibid.* 3). — *Berthenot*, 1641 (seign. de la Fontaine, 2). — *Bertenot* (Cassini).

BERTENOU, h. c^ne de Bonneuil-Matours. — *Berthenour*, 1429 (seign. de Montoiron, 1). — *Bertenou* (Cassini).

BERTERRE (LA), h. c^ne de Dangé. — *La Bertaize*, 1535 (seign. de Marigny, inv.). — *La Breterre*, 1735 (fief de Bois-Simon). — *La Pellaudière*, 1652 (fief de Poligny). — *La Bertaize ou Pelaudière*, 1755 (terrier de la Groye, p. 269).

BERTHEGON. Voy. BERTEGON.

BERTHOLIÈRE (LA), chât. en ruine et h. c^ne de la Bussière. — *Johannes de la Bertholière*, v. 1300 (Gauthier, f° 2 v°). — *La Berthollière*, 1506 (chap. de Chauvigny, 11). — *La Bertollière*, 1575 (seign. du Ry). — *La Bretolière*, 1605 (abb. de St-Savin, 33). — Anc. châtell. relev. de la bar. d'Angle; de la châtell. de la Roche-Aguet, suiv. les titres de cette seigneurie.

BERTHONNALIÈRE (LA), vill. c^ne de Naintré. — *Hostel feu Guillaume Berthonneau*, 1410 (duché de Châtellerault, inv. d'aveux, f° 27 v°). — *La Bertinalière*, 1444 (duché de Châtellerault, 1). — *La Berthonnalière*, 1520 (ibid. 7). — *La Bretonnalière*, 1684 (fief de la Berthonnalière). — *La Bertonnalière*, 1841 (nomencl.). — Anc. fief relev. du duché de Châtellerault.

BERTHONNERIE (LA), m. près Petit-Pot, c^ne de Châtellerault. — *Les Berthonnières*, 1621 (fief du Savinier).

BERTHONNIÈRE (LA), h. c^ne de Vicq. — *La Bertolonnère*, 1429 (fam. de Monléon). — *Village des Berriz aultrement la grand Berthonnière*, 1617 (seign. de Pleumartin, 2).

BERTHONS (LES), vill. c^ne de Naintré. — *Village des Brethons*, 1552 (prieuré de St-Jacques de Châtellerault); — *des Berthons*, 1607 (fief de la Tour-de-Naintré); — *des Bretons*, 1608 (duché de Châtellerault, 7). — *Les Bertons* (Cassini).

BERTIÈRE (LA), m. r. c^ne de Pleumartin; — 1676 (cure de Pleumartin).

BERTIGNOLLE, m^in sur la Vandelogne, c^ne d'Ayron. — *Molendinum de Bertagnola*, 1190 (Fonteneau, t. V, p. 601). — *Moulin de Bertignole*, 1383 (gr. Gauthier, f° 72); — *de Berteignoille*, 1647 (abb. de Ste-Croix, 30).

BERTINALIÈRE (LA), f. c^ne de Tercé. — *La Brethinalière*, 1541 (chap. de Notre-Dame-la-Grande, 6). — *La Bertinallière*, 1613 (abb. de Nouaillé, 49). — *La Bretenallière*, 1641 (seign. de Touffou, 2).

BERTINERIE (LA), f. c^ne de Doussay. — *La Bestiannerie* (Cassini).

BERTINERIE (LA), f. c^ne d'Ingrande. — *La Bertinnerie*, 1650 (seign. de Chêne, inv. p. 33). — *La Bretinerie* (Cassini).

BERTINIÈRE (LA), f. c^ne d'Antran. — *La Bretignère* (Cassini).

BERTINIÈRE (LA), m. r. c^ne de Pairé. — *La Bettinière*, 1627; *la Bertinière*, 1717 (fief de Curzay). — Anc. fief relev. de Curzay.

BERTINIÈRE (LA), f. c^ne de Saint-Gervais.

BERTINIÈRE (LA), h. c^ne de Sommières. — *Aimericus de Bertineria*, 1184 (Fonteneau, t. XVIII, p. 557). — *Bertynère*, v. 1300 (chap. de St-Pierre-le-Puellier, 21). — *La Bertinère*, 1404 (gr. Gauthier, f° 194). — *La Bertinière*, 1528 (fief de la Bertinière). — *La Bretinière*, 1766 (rôle des tailles). — Anc. fief relev. du comté de Civray.

BERTINIÈRE (LA), h. c^ne de Tercé; — 1577 (abb. de St-Cyprien, 36). — *La Bretinière*, 1645 (carmes de Poitiers).

BERTINIÈRE (LA), f. c^ne de Vernon. — *La Berthinerie*, 1688 (abb. de Montierneuf, 94).

BERTINIÈRES (LES), f. c^ne de Senillé.

BERTOLIÈRE (LA), f. c^ne de Montoiron. — *La Betrolière*, 1474 (chap. de St-Hilaire, 220). — *La Bertollière*, 1475 (ibid. 425). — *La Boitrollière*, 1489 (ibid. 220). — *La Boistrollière*, 1622 (ibid. 221). — Anc. fief relev. de la bar. de Montoiron.

BERTOLIÈRE (LA), chât. et f. c^ne de Saint-Léomer. — *La Bertollière*, 1498 (fief du prieuré de St-Léomer). — *La Bretholière*, 1525 (seign. de la Trimouille). — *La Bertholière*, 1528 (maison-Dieu, 28). — *La Bretollière*, 1626 (cure de St-Léomer). — Anc. fief relev. de la bar. de la Trimouille.

BERTONALIÈRE (LA), f. détruite, c^ne de Saint-Georges. — *La Berthonellère*, 1361; *la Bretonalière*, 1391 (chap. de Ste-Radegonde, 109). — *La Bertonualerie*, 1406 (gr. Gauthier, f° 14). — *La Bertonalière*, 1499 (fief de Forges). — *La Bretonalière*, 1532 (évêché, 21). — *La Berthonnalière*, 1671 (fam. Rousseau). — *Bertonolière*, 1841 (nomencl.). — Anc. fief relev. de la Cour.

BERTONNERIE (LA), h. c^ne de Coussay. — *La Bertonrie*, 1564; *la Brethonnerye*, 1587 (arch. de la Soc. des antiq. de l'Ouest; Loudunais, 6).

BERTONNERIE (LA), m. r. c^ne de Lésigny.

BERTONNERIE (LA), h. c^nes de Sommières et Champagné-Saint-Hilaire. — *La Bertonnère*, 1334 (chap. de St-Hilaire, 439). — *La Berthonerie*, 1483 (ibid. 561). — *La Berthonnerye*, 1598 (ibid. 249).

BERTONNIÈRES (LES), vill. c^nes de Vaux-en-Couhé et Brux. — *Les Bretonnières*, 1606 (notaires de la châtell. de Monts). — *Les Bertonnyères*, 1621 (seign. de Monts). — *Les Berthonnières*, 1666 (notaires, Couillaud à Civray).

BERTOUIN, h. et m^in sur l'Auzon, et LE HAUT-BERTOUIN, h. c^ne de Bonneuil-Matours. — *Berthouyn*, 1429 (seign. de Montoiron, 1).

BÉRUGES, c^om de Vouillé. — *Villa quæ vocatur Boerigia*, 1068-1076 (cart. de St-Cyprien, p. 204). — *Castrum Berugii*, 1124 (abb. de Montierneuf). — *Berugia*, v. 1125 (Fonteneau, t. VII, p. 511). — *Beruge*, 1237 (*ibid.* t. XIX, p. 399). — *Beyrugia*, 1285 (chap. de St-Hilaire, 388). — *Beruges*, 1383 (seign. de Béruges).

Avant 1790 cette commune faisait partie de l'archiprêtré de Sanxay, de la châtellenie de Montreuil-Bonnin, de la sénéchaussée et de l'élection de Poitiers. Le prieuré et la cure de Saint-Gervais et de Saint-Protais de Béruges dépendaient de l'abbaye de Montierneuf de Poitiers. Le fief de Béruges avec droit de haute justice relevait de la châtellenie de Montreuil-Bonnin; la tour de Béruges, assiégée et prise par saint Louis en 1242 (Vie de saint Louis, par Guill. de Nangis, ap. D. Bouquet, t. XX, p. 335), est appelée tour de Ganne dans des actes du XVIIe siècle (voy. GANNE). Le prieur avait aussi droit de haute justice sur le bourg et une partie de la paroisse, notamment sur la terre de Jalais.

BESACIÈRES (LES), h. c^ne de Nalliers. — *Les Bejassières*, 1648; *les Besassières*, 1669 (cure de Nalliers).

BESGE (LA), f. c^ne de Millac. — *La Bège*, 1841 (nomencl.).

Le ruiss. de la Besge prend naissance en ce lieu et se réunit au Puistourlet à la limite de la c^ne d'Availle-Limousine.

BESLAIS (LES), m. r. c^ne des Ormes. — *Les Bellais*, 1727 (fief de Mousseaux).

BESSAC, h. c^ne de Journet. — *Domus de Becac*, 1162-1184 (arch. de Maine-et-Loire, Fontevrault). — *Bessac*, 1510 (couv. de Villesalem).

BESSANTE (LA), ff. c^ne de Saint-Pierre-d'Exideuil.

BESSE, vill. c^ne de Thuré. — *Bessia, Baesse*, 1325 (chap. de Châtellerault, 9). — *Besse*, 1456 (seign. de Poligny).

BESSÉ, vill. c^nes de Saint-Léger-de-Montbrillais et Pouançay. — *Becai*, v. 1140 (cart. de Bourgueil, p. 123). — *Beczay*, 1454 (com^rie de Loudun, 21). — *Bessay*, 1465 (cure de St-Léger-de-Montbrillais).

BESSERIE (LA), h. c^ne de Saint-Cyr.

BESSERIE (LA), vill. c^ne de Scorbé-Clairvaux; — 1583 (seign. de la Citière).

BESSERONS (LES), lieu détruit, près la Brosse, c^ns de Saint-Remy-sur-Creuse (Cassini).

BESSIGNÉ, f. c^ne de Saint-Saviol. — *Baisignec*, v. 1165 (Fonteneau, t. XVIII, p. 321). — *Bessignet*, 1404 (gr. Gauthier, f° 195). — *Bessigné*, 1410; *Besseigné*, 1465 (fam. Jousserant, 1).

BESSONNERIE (LA), m. au bourg de la Villedieu. — *La Buissonnière*, 1775 (rôle des tailles).

BÉTHINES, c^on de Saint-Savin. — *De vico Betinas*, 938-949 (cart. de St-Cyprien, p. 118). — *Betinia*, v. 1163 (abb. de St-Savin, 1). — *Ecclesia Sancti Petri de Bethinis*, 1184 (*ibid.* 1). — *Betines* (pouillé de Gauthier, f° 176 v°). — *Bethines*, 1510 (abb. de St-Savin, 20).

Avant 1790 cette commune faisait partie de l'archiprêtré de Montmorillon, de la châtellenie et de l'élection du Blanc (Indre), au ressort de Montmorillon. Le prieuré et la cure de Saint-Pierre de Béthines dépendaient de l'abbaye de Saint-Savin.

BETIÈRE (LA), f. c^ne de Saint-Maurice. — *La Besquère*, 1345 (fief de la Maingre). — *La Bequère*, 1404 (gr. Gauthier, f° 95 v°). — *Creux aultrement la Besquière*, 1580 (fief de Gençay). — *La Bestière*, 1710 (rôle des tailles). — Anc. fief relev. de la vic. de Gençay.

BETOULLE (LA), vill. c^ne de Latus. — *La Betouilhe*, 1360 (maison-Dieu, 97). — *La Betoilhe, la Bethoille*, 1409 (gr. Gauthier, f° 123). — *La Betoulle, la Betouille*, 1496 (fief du Cluzeau-Bonneau).

BETPHAGÉ, m. isolée, c^ne de Saint-Léger-de-Montbrillais; — 1586 (collège de Poitiers, 54). — *Bœuf-Agé*, 1841 (nomencl.).

BEUGNON (FONTAINE DU), c^ne de Dangé. — *Fontayne de Buygnon*, 1473 (duché de Châtellerault, 3); — *du Beugnon*, 1652 (fief de Poligny); 1715, 1735 (fief de Bois-Simon). — Le ruisseau qui en sort tombe dans celui de Pissevieille.

BEUGNON (FONTAINE DU), entre Jorigny et Cercigny, c^ne de Vivonne. — *Fontaine du Buignon*, 1489 (livre de recette de Vivonne, f° 68).

BEUILLE (LA), f. c^ne de Saire; — 1671 (cure de Saire).

BEUILLON (LE), f. c^ne de Saint-Clair. — *Hostel du Buillon, du Boyllon, du Boullon*, 1432; *le Boillon* 1453; *le Bouillon*, 1652 (abb. du Pin, 42).

BEUMONT, h. c^ne de Béthines. — *Bomunt*, 1236; *Buemont*, 1243; *Boemont*, 1244; *Beomont*, 1248; *magnum et parvum Boemomt*, 1271; *Bemont*, 1439 (maison-Dieu, 127). — *Besmont*, 1450 (*ibid.* 154). — *Beaumont*, 1549; *le grand et le petit Beumont*, 1568 (*ibid.* 137). — *Bœufmond*, 1628 (cure de Béthines).

BEURNIERS (CHEMIN DES), de Poitiers à Richelieu.

BEUVRIE (LA), chât. en ruine et f. c^ne d'Anois.

BEUXE, c^on de Loudun. — *Aimericus de Bocia*, 1115-1149 (gr. cart. de Fontevrault, 757); — *de Buce*,

1198 (abb. de S¹ᵉ-Croix). — *Beoxia, Busseya*, v. 1300 (Gauthier, f⁰ˢ 17 v° et 171). — *Beucia, Beussia*, 1383 (taux du décime, p. 9 et 76). — *Beuxe*, 1410 (abb. de Fontevrault, 2). — *Beusse*, 1478 (reg. synodal). — *Busse*, 1520 (bissexte). — *Bœuxe*, 1703 (cure de Beuxe). — *S¹-Léger de Beuxe*, 1782 (pouillé).

Avant 1790 cette commune faisait partie de l'archiprêtré, de la châtellenie, du bailliage et de l'élection de Loudun. La cure était à la nomination de l'évêque; elle a été rétablie en 1845. Le fief de Beuxe relevait de la Motte-de-Baussay (ms. Trincant).

Bezilières (Les), f. cⁿᵉ de Saint-Secondin.
Bezillène (La), f. cⁿᵉ de Sanxay.
Bezocherie (La), f. cⁿᵉ de Béthines.
Biais, f. cⁿᵉ d'Adriers. — *Biers*, 1584, 1662; *Bies*, 1640 (prieuré d'Entrefins).
Biais, vill. et étang, cⁿᵉ de Moulime. — *Giraudus de Biaz*, 1260 (Hommages d'Alphonse, p. 85). — *Biers*, 1494 (fief de la Valade); 1680 (cure de Moulime). — *Bies*, 1586 (maison-Dieu, 178).
Biançon (Le), chât. et f. cⁿᵉ de Marçay. — *Le Biarson*, 1489 (livre de recette de Vivonne, f⁰ 166). — *Bierson* (Cassini). — Anc. fief appart. à l'abbaye de Bonnevaux et relevant de la châtell. de Vivonne.
Biard, cᵒⁿ sud de Poitiers. — *Biarcium*, 1265 (chap. de Notre-Dame-la-Grande, 11). — *Byars*, 1324 (arch. de Poitiers, 12). — *Biars, Biarz* (pouillé de Gauthier, f⁰ˢ 139 et 178 v°). — *Saint Marc de Byart*, 1364 (abb. de la Celle, 11). — *Biart*, 1479 (compte de J. Bourdin). — *Biard*, 1561 (chap. cathédral, 13).

Avant 1790 cette commune faisait partie de l'archiprêtré de Sanxay, de la châtellenie, de la sénéchaussée et de l'élection de Poitiers. Au temps de Gauthier de Bruges, évêque de Poitiers, c'était une des paroisses *extra decanatus et archipresbyteratus* (pouillé, f⁰ 139). La seigneurie de Biard ou la Chaise de Biard, avec droit de haute justice, appartenait au chapitre de l'église cathédrale de Poitiers, qui nommait à la cure, rétablie en 1844.

La commune de Biard a été réunie à celle de Vouneuil-sous-Biard depuis le 10 novembre 1819 jusqu'au 14 avril 1847.

Biard, vill. cⁿᵉ de Chenevelles. — *Moulin de Biart*, 1457 (duché de Châtellerault, 5). — *Biard*, 1623 (cure de Chenevelles). — Anc. fief relev. de la bar. de Montoiron. — Le moulin n'existe plus.
Biard, h. cⁿᵉ de Journet. — *Borderia de Biart*, v. 1150 (maison-Dieu, cart., 169). — *Biers le veylhz*, v. 1300 (Gauthier, f⁰ 2 v°). — *Byart le veilh*, 1525 (maison-Dieu, 31). — *Byars le veil*, 1529 (ibid. 29). — *Biard le viel*, 1573 (ibid. 105). — *Estang de Biard le vieil*, 1647 (ibid. terrier).
Biard, f. et étang, et le Petit-Biard, h. cⁿᵉ de Montmorillon. — *Biars*, 1407 (gr. Gauthier, f⁰ 118 v°). — *Biars aux monges*, 1408 (ibid. f⁰ 121 v°). — *Byertz*, 1483 (fief de Beaupuy). — *Byart aux monges*, 1496 (fief de la Lande). — *Biard aux monges*, 1530 (maison-Dieu, terrier, p. 165). — Anc. fief appart. au couvent de femmes de Coudon (cⁿᵉ de Tournon, Indre), dép. de l'abbaye de la Règle à Limoges.
Biard, h. cⁿᵉ de Moussac-sur-Vienne. — *Byart*, 1483 (fief de Beaupuy). — *Byars*, 1525; *Biars*, 1565 (seign. de Ressonneau, 2). — *Biard-sous-Buis*, 1841 (nomencl.).
Biardrie (La), f. cⁿᵉ d'Orches. — *La Billarderie* (Cassini).
Biardrie (La), m. r. cⁿᵉ de Saint-Gervais.
Biarge, vill. cⁿᵉ de Chaunay. — *Byarges*, 1403 (gr. Gauthier, f⁰ 252). — *Biarge*, 1648 (seign. de la Touche-Vivien).
Biarnais (Les), lieu détruit, au nord des Robins, cⁿᵉ d'Hains. — *Village des Biarnoys*, 1588 (couv. de la Puye, 12). — *Les Bigarnais* (Cassini).
Bibotière (La), h. cⁿᵉ d'Archigny.
Biche (Gué ou pas de la), cⁿᵉ de Civaux, où, suivant J. Bouchet (Annales d'Aquitaine, 1644, p. 63), Clovis passa la Vienne avec son armée pour aller combattre Alaric. Ce gué est à environ 350 mètres au-dessous du moulin du Fonteneau.
Bicoque (La), h. cⁿᵉ de Châtellerault.
Bidauderie (La), m. r. cⁿᵉ de Fontaine-le-Comte.
Bidaudière (La), h. cⁿᵉ d'Archigny. — *La Bidaudère*, 1320; *la Bidaudière*, 1503 (évêché, 22); — habitation d'Antoine et Martin Bidaux, 1566 (ibid. 8).
Bien-lui-vient, mⁿ sur la Petite-Maine, cⁿᵉ de Saix. — *Terra de Beenliveent*, 1194 (arch. de Maine-et-Loire, abb. de Fontevrault).
Bien-Nourri, h. cⁿᵉ de Saint-Georges.
Bière (La), f. cⁿᵉ de Sainte-Radegonde-en-Gâtine. — *La Billère*, 1643 (feuillants de Poitiers).
Bies (Les), mⁿ sur le ruiss. de Crochet et ff. cⁿᵉ de Queaux. — *Moulin d'Aubis*, xvIIIᵉ s° (Fonteneau, t. LXXVIII, p. 597).
Bies (Les), h. cⁿᵉ de Saint-Gervais.
Biez (Les), f. cⁿᵉ de Mairé. — Un ruiss. appelé le Bié, qui naît en ce lieu, se jette dans la Creuse.
Bigarné, m. r. cⁿᵉ de Vaux.
Bigaudrie (La), f. cⁿᵉ de Surin. — *La Bogaudrie*,

1679 (fief de Genouillé). — *La Bigaudrie*, 1695 (fief du Cibiou).

BIGEAUDERIES (LES), f. c^{ne} de Béthines. — *Tenue des Bigeaud*, 1606 (couv. de la Puye, 13).

BIGEAUDERIES (LES), vill. c^{ne} de Villemort.

BIGEONNERIE (LA), à Linazay; anc. fief relev. du comté de Civray. — *La Bigeonnerye*, 1581; *la Bigonnerye*, 1623; *la Bigeonnière*, 1748; *la Bijonnière*, 1775 (fief de la Bigeonnerie).

BIGNON (LA), m. près la Haute-Audience, c^{ne} de Prinçay.

BIGNOTIÈRE (LA), f. c^{ne} de Montamisé; — 1544 (notaires, Villain à St-Georges). — *La Binotière*, 1775 (rôle des tailles).

BIGNOUX, c^{on} de Saint-Julien-Lars. — *Ecclesia de Banonio* (pouillé de Gauthier, f° 175). — *Baygnos*, 1322 (abb. de la Celle, 18). — *Beygnox*, 1324 (seign. de Brin). — *Baygneous*, 1324 (arch. de Poitiers, 12). — *Beygneos*, 1333 (chap. cathédral, 84). — *Beigneux*, 1362 (seign. de Touffou, 3). — *Baignous, Beignoux*, 1383 (taux du décime, p. 17 et 60). — *Baignox, Beignox*, 1389; *Baigneoux*, 1413; *parrochia de Baignolio*, 1426 (abb. de la Celle, 13). — *Saint Hilaire de Baigneux*, 1464 (ibid. 4). — *Baignoux*, 1469 (ibid. 13); 1720 (Dénomb. du royaume). — *Begnox*, 1503 (seign. de Château-Fromage). — *Baignoulx*, 1547 (aveu de Touffou). — *Bignoux*, 1562 (fief de Château-Fromage). — *Bagneux*, 1617 (seign. de Château-Fromage). — *S. Hilaire de Bignou*, 1782 (pouillé).

Avant 1790 cette commune faisait partie de l'archiprêtré de Mortemer, de la châtellenie, de la sénéchaussée et de l'élection de Poitiers. Le prieuré-cure de Saint-Hilaire de Bignoux dépendait de l'abbaye de Saint-Hilaire de la Celle de Poitiers. La cure, successivement réunie à celles de Montamisé et de Sèvre, n'a été rétablie qu'en 1871.

BIGNOUX, h. et mⁱⁿ sur le ruiss. du même nom, c^{ne} de Châtellerault. — *Villa cujus vocabulum est Bacnolios, in vicaria de Castro Araldi; — cujus vocabulum est A Bagnos*, v. 1025 (cart. de St-Cyprien, p. 176 et 177). — *Estang de Beignoux*, 1404 (cure de St-Romain de Châtellerault). — *Baignos*, 1444 (duché de Châtellerault, 1). — *Baignox*, 1447 (com^{rie} de la Foucaudière, 8). — *Bygnoux*, 1455 (abb. de St-Cyprien, 21). — *Baignoux*, 1492 (ibid. 23). — *Moulin de Bignoux, de Bagnoux*, 1621 (fief du Savinier). — Anc. fief relev. du duché de Châtellerault.

Le ruiss. de Bignoux a sa source près Renoir, fait mouvoir les moulins de Bignoux et de Branger, et se jette dans l'Auzon près Auzon. Il est aussi appelé ruisseau des Planches-à-Branger.

BIGONNERIE (LA), h. c^{ne} de Vaux.

BIGORDERIE (LA), m. ruinée, près la Bertinière, c^{ne} de Tercé. — *La Bigorderye*, 1645 (carmes de Poitiers).

BIGOTERIE (LA), m. à Ferrière, c^{ne} de Béruges. — *La Bigotrye*, 1587 (abb. du Pin, 7).

BIGOTERIE (LA), h. c^{ne} de Fleix.

BIGOTERIE (LA), m. r. c^{ne} de Mouterre-Silly; — 1559 (com^{rie} de Loudun, 15).

BIGOTIÈRE (LA), m. r. c^{ne} d'Antran; — 1432 (seign. des Mées). — *La Bigottrie*, 1673 (fief de la Motte d'Usseau). — Ancien fief relev. du marq. de Clairvaux.

BIGOUT (LE), m. en ruine, près les Ouvrardières, c^{ne} de Saint-Sauveur.

BIGUERIE (LA), f. c^{ne} de Champagné-Saint-Hilaire. — *La Bicquerie*, 1610 (chap. de St-Hilaire, 254).

BIGUERIE (LA), h. c^{ne} de la Chapelle-Mortemer; — 1599 (chap. de Ste-Radegonde, 133).

BIGUERIE (LA), m. détruite, c^{ne} de Migné. — *La Biguerie*, 1404 (gr. Gauthier, f° 23). — *La Bigrerie*, 1463; *les fondictz de la Biguerie*, 1605 (chap. cathédral, 47). — *La Bigrie*, 1702 (abb. de Moutierneuf, 79). — *Les Bigueries*, 1775 (rôle des tailles).

BIGUÉTRIE (LA), m. r. c^{ne} de Bonnes. — *La Billetterie*, 1820 (nomencl.).

BILANGE (LA), f. c^{ne} d'Ouzilly-Vignolles. — *La Billange*, 1582 (arch. de la Soc. des ant. de l'Ouest; Loudunais, 7).

BILLARDERIE (LA), m. r. c^{ne} de Lavoux. — *La Billarderye*, 1775 (rôle des tailles).

BILLARDERIES (LES), h. c^{ne} de Bonneuil-Matours.

BILLARDIÈRE (LA), h. c^{ne} d'Archigny; — 1774 (évêché, 37).

BILLAUDERIE (LA), m. à Poiroux, c^{ne} de Leigne.

BILLAUDERIE (LA), m. détruite, près le Cormier, c^{ne} de Saint-Christophe.

BILLETIÈRE (LA GRANDE et LA PETITE-), ff. c^{nes} de Saint-Pierre-de-Maillé. — *Grangia de Bileteria*, 1210 (Epist. Innocentii papæ III, t. II, p. 509). — *La Billetière*, 1452 (abb. d'Angle). — Lieu noble de la Billettière, 1630 (fam. de la Bussière).

BILLETTE (LA), h. c^{ne} de la Bussière.

BILLETTES (LES), ff. détruites, c^{ne} de Cissé.

BILLON, f. c^{ne} d'Hains; — 1573 (abb. de St-Savin, 23).

BILLOTRIE (LA), m. r. c^{ne} de Benassay. — *La Billoterye*, 1613 (chap. de St-Hilaire, 110).

BILLY, vill. c^{ne} de Saint-Jean-de-Sauves; chât et h. c^{ne} de Chouppes. — *Petrus de Bilhe*, v. 1126 (cart. de

Fontevrault, t. II, (f° 398). — *Bilhé*, 1275 (abb. de S¹-Cyprien, 35). — *Chastel et maison forte de Billy*, 1508 (Inv. des arch. de la Barre, t. I, p. 261). — Anc. fief relev. de la bar. de Mirebeau. — *Le petit Billy Clairet*, 1676 (fam. de Fouchier), relevait de la seign. de Rochefort.

Le Prepson est appelé rivière de Billy entre ce lieu et Saint-Jean-de-Sauves. — *Rivière de Bilhé*, 1432 (prieuré de S¹-Jean de Mirebeau, 8).

BILOTERIE (LA), h. c^{ne} d'Ouzilly. — *La Birotrye*, 1609 (chap. cathédral, reg. 109).

BILOTIÈRE (LA), f. c^{ne} de Brigueil-le-Chantre. — *La Billotière*, 1691 (fam. de la Gélie).

BIMBARD, h. c^{ne} de Saint-Remy-sur-Creuse; — 1493 (seign. de la Chaise).

BIMBAUDIÈRE (LA), h. c^{ne} de Saint-Romain. — *La Bimbaudère*, 1410 (seign. de Bernay). — *La Bimbaudière*, 1498 (fief de la Remigère).

BINAUDRIE (LA), m. r. c^{ne} de Chalandray.

BINAUDRIE (LA), f. c^{ne} de Queaux; — 1788 (rôle des tailles).

BINDON, h. c^{ne} d'Antran. — *Moulin de Besdon*, 1444 (duché de Châtellerault, 7). — *Baidon*, 1777 (aveu de Clairvaux). — Le moulin n'existait plus en 1780 (seign. des Robinières); il était mû par un petit ruiss. qui se réunit au ruiss. de Remeneuil au-dessus du moulin du Gué.

BINERIE (LA), f. c^{ne} de Savigny-l'Évécault. — *La Binnerie*, 1775 (rôle des tailles).

BINETRIE (LA), lieu détruit, près la Bouée, c^{ne} de Mazeuil.

BINOTIÈRE (LA), h. c^{ne} d'Usseau. — *La Binottière*, 1673 (aveu de la Motte d'Usseau).

BINOTIÈRE (LA), vill. c^{ne} de Verrières. — *La Binotière*, propriété de Perrot Abinot, 1477 (fief de Mortemer). — Anc. fief relev. de la bar. de Mortemer.

BIOLIÈRE (LA), h. c^{ne} de la Chapelle-Moulière.

BIONNERIE (LA), m. près Bournan.

BIROCHELLERIE (LA), h. c^{ne} de Chenevelles. — *La Birocellerie* (Cassini). — *La Buchellerie*, 1841 (nomencl.).

BIRONNERIE (LA), h. c^{ne} d'Archigny. — *La Billonnerie*, 1610 (seign. de Touffou, 5). — *La Bironnerye*, 1674 (ibid. 4).

BIRONNERIE (LA), h. c^{ue} de Cloué; — 1632 (fam. Constant).

BIRONNIÈRE (LA), h. c^{ne} de Prinçay. — *La Bironnère*, 1456; *la Bironnière*, 1602 (cure de Prinçay).

BIRONS (LES), mⁱⁿ sur la Grande-Blour, c^{ne} de Millac.

BISQUINERIE (LA), h. c^{ne} de Vouillé; — 1677 (Filles de Notre-Dame de Poitiers).

BISSÉ, vill. c^{ne} de Vivonne. — *Bissiacus?* 673 (charta S. Bercharii, ap. Pardessus, Diplomata, chartæ, etc. t. II, p. 159). — *Bissé*, 1450 (titres de Château-Larcher). — *Bissec*, 1499 (fief de Guron). — *Bisset* (Cassini). — Anc. fief relev. de Bois-Coursier.

BITAUDIÈRE (LA), f. détruite, près Rouet, c^{ne} de Beaumont; — 1634 (fief de Rouet).

BITAUDRIE (LA), m. r. c^{ne} de Biard.

BITRIE (LA), h. c^{ne} de Thurageau; — 1592 (religieuses de S¹-François de Mirebeau).

BIZARDIÈRE (LA), f. c^{ne} de Saint-Sauveur. — *La Bisardère*, v. 1200 (abb. de S¹-Cyprien). — *La Bisardière*, 1623 (com^{rie} de la Foucaudière, 3).

BIZARDIÈRE (LA GRANDE-), m. r. c^{ne} de Senillé. — *La grande Bijardière*, 1835 (cadastre).

BIZARDRIE (LA), f. c^{ne} de Frontenay. — *La Brisardère*, 1534 (chap. de S¹-Hilaire, 347). — *La Bizardrie*, 1639 (cure de Frontenay).

BIZARDRIES (LES), h. c^{ne} des Ormes.

BIZE (LA GRANDE et LA PETITE-), ff. c^{ne} de Saint-Christophe. — *La Bize, le fief Vandelais*, 1489 (cure de S¹-Christophe). — *Vendelais aultrement la Bize*, 1575 (bar. de Luain, 1). — *La grande et la petite Bise*, 1841 (nomencl.).

BIZETTE (LA), m. détruite, c^{ne} de Doussay.

BLAIRIE (LA), m. r. c^{ne} de Sossay. — *La Bloirie, la Bloyrie*, 1411 (seign. de Puygarreau, 7). — *La Blesrie, la Blerie*, 1429 (duché de Châtellerault, 6). — *La Blairie*, 1439 (seign. de Puygarreau, 7). — *La Blayerie*, 1443 (ibid. 1). — *La Blaerie*, 1492 (arch. de Poitiers, 70).

BLAISERIE (LA), vill. c^{ne} de Poitiers; grange et terres dans le Fief-le-Comte, concédées en 1470 par le chapitre de Saint-Pierre-le-Puellier de Poitiers à Jean Bloys (chap. de S¹-Pierre-le-Puellier, 11). — *La maison des Blays*, 1478; *village des Blays, la Blaiserye*, 1547 (ibid. 11).

BLÂLAY ou BLASLAY, c^{on} de Neuville. — *Bladalaicus*, 774 (dipl. de Charlemagne pour S¹-Martin de Tours, ap. Bouquet, t. V, p. 737); — *cum capella et manso dominicato*, 862 (dipl. de Charles le Chauve (ibid. t. VIII, p. 573). — *Villa Bladelacensis in ipsa vicaria*, 987-996 (cart. de S¹-Cyprien, p. 71). — *Blaelai*, 1142 (abb. de S¹-Cyprien). — *Blaleium*, 1250; *Blaalai*, 1278 (chap. de S¹-Martin de Tours, 1). — *Blalay*, 1284 (ibid. 5). — *Præpositura de Bladolio*, 1308 (Les Olim, t. III, p. 283). — *Capellanus de Blalaio*, 1383 (taux du décime, p. 67). — *Blaslay*, 1472 (chap. de S¹-Martin de Tours, 5). — *Blaslais*, 1720 (Dénomb. du royaume). — S¹-Martin de Blaslai, 1782 (pouillé).

— *Blâlay*, 1706 (almanach provincial); 1807, 1818 (annuaires).

Blâlay était le chef-lieu d'une viguerie dont l'existence n'est révélée que par le cartulaire de Saint-Cyprien cité plus haut. — La paroisse de Blâlay faisait partie de l'archiprêtré de Dissay, de la baronnie de Mirebeau, du duché-pairie et de l'élection de Richelieu, généralité de Tours. Le chapitre de Saint-Martin de Tours en était le seigneur et nommait à la cure, qui a été rétablie en 1846.

BLANC (LE), f. c^{ne} de la Ferrière.

BLANCHARDIÈRE (LA), m. r. c^{ne} de Châtellerault.

BLANCHARDIÈRE (LA), h. c^{ne} de Leigné-les-Bois; — 1596 (prieuré de Maleray).

BLANCHARDIÈRE (LA), f. c^{ne} de Sommières. — *La Blanchardère*, 1403 (gr. Gauthier, f° 249). — *La Blanchardière*, 1473 (abb. de Moreaux). — Anc. fief appart. à l'abb. de Moreaux et relev. du comté de Civray.

BLANCHARDIÈRES (LES), f. c^{ne} d'Angle; — 1592 (prieuré de St-Martin d'Angle).

BLANCHARDS (LES), vill. c^{nes} de Châtellerault et Thuré; — 1580 (chap. de Châtellerault, 10). — Ce village a été distrait de la c^{ne} de Naintré le 3 janvier 1839.

BLANCHARDS-DE-POUTHUMÉ (LES), vill. c^{ne} de Châtellerault. — *Cheux les Blanchardz*, 1621 (fief du Savinier).

BLANCHAUDIN, f. c^{ne} du Vigean.

BLANCHET (LE), m. r. c^{ne} de Béthines; — 1580 (maison-Dieu, 137).

BLANCHETIÈRE (LA), h. c^{ne} de Leugny; — 1602 (cure de Leugny).

BLANCHETS (LES), grottes servant d'habitation, c^{ne} de Vaux.

BLANCHETTERIE (LA), h. c^{ne} de Saint-Sauveur. — *La Blanchetrie*, 1624 (com^{rie} de la Foucaudière, 3). — *La Blanchettrye*, 1647 (cure de St-Sauveur).

BLANCHIÈRE (LA), h. c^{ne} de Roiffé.

BLANCHISSERIE (LA), f. c^{ne} de Civray.

BLANZAC, h. c^{ne} d'Anois; — 1498 (fief de la Grenatière).

BLANZAY, c^{on} de Civray. — *Blanziacus vicaria*, v. 950 (cart. de St-Cyprien, p. 147). — *Blaziacinsis vicaria*, v. 960 (ibid. p. 267). — *Blanziacinsis vicaria in pago Briocinæ*, 969 (ibid. p. 251). — *Capellanus de Blanzaico*, 1183 (Fonteneau, t. XVIII, p. 549). — *Blanzay* (pouillé de Gauthier, f° 150 v°). — *De Blanzaio*, 1383 (taux du décime, p. 67). — *Blanzais*, 1649 (bissexte). — *St-Hilaire de Blanzay*, 1786 (almanach provincial).

Cette commune est formée des deux anciennes paroisses de Blanzay et Villaret, qui faisaient partie de l'archiprêtré de Chaunay, de la châtellenie et de la sénéchaussée de Civray, et de l'élection de Poitiers. La cure de Blanzay était à la nomination du sous-doyen de l'église cathédrale. — Blanzay fut le chef-lieu d'une viguerie du *pagus* de Brioux (Deux-Sèvres); les localités que lui attribue le cartulaire de Saint-Cyprien sont Blanzay et Champagné-le-Sec, et Cerzé, c^{ne} de Mairé-l'Évécault (Deux-Sèvres). Cette viguerie est vraisemblablement la même que celle qui avait pour chef-lieu Civray vers 1007.

BLASLAY. Voy. BLÂLAY.

BLÉ, vill. c^{ne} de Thollet. — *Bledz*, 1561; *Bleez*, 1610; *Blée*, 1672 (fief du Riffault).

BLÉE (CHEMIN DE LA). On appelait ainsi, en quelques endroits, le chemin que suivait la procession de la *Blée* en faisant le tour de la paroisse. Cette procession se faisait le 6 mai, jour de Saint-Jean en mai, à Bouresse (1522, cure de Bouresse), le 25 avril, jour de Saint-Marc, à Mortemer (1681, chap. de Mortemer), etc.

BLENAY, vill. c^{ne} de Dercé; — 1551 (chap. de Ste-Croix de Loudun, 6).

BLINERIE (LA), f. c^{ne} de Prinçay. — *La Belinerie*, 1725 (cure de Prinçay).

BLINIÈRES (LES), f. c^{ne} de Leigné-les-Bois.

BLONDEAUX (LES), f. c^{ne} de Sérigny.

BLONDELIÈRE (LA), f. c^{ne} de la Ferrière; — 1617 (seign. de la Lande).

BLONDS (LES), m. r. c^{ne} de Saint-Pierre-de-Maillé.

BLONNERIE (LA), m. r. c^{ne} de Vellèche. — *La Blonnerye*, 1722 (cure de Vellèche).

BLORDRIE (LA), m. r. c^{ne} de Chalandray. — *La Braudellerie*, 1524 (seign. de Chalandray).

BLOTERIE (LA), lieu détruit, près Pouzioux, c^{ne} de Chouppes.

BLOTERIE (LA), h. c^{ne} de Sommières.

BLOTIÈRE (LA), h. c^{ne} de Champniers. — *La Balotère*, 1393 (gr. Gauthier, f° 230). — *La Belotère*, 1403 (ibid. f° 281). — *La Bellotière*, 1498; *la Balotière*, 1601 (fief de la Chaux). — *La Belottière*, 1690 (notaires, Pascault à Civray).

BLOTS (LES), h. c^{ne} d'Availle.

BLOTS (LES), h. c^{ne} de Thuré. — *Cheux les Bellots*, 1624 (cure de Thuré).

BLOUR (LA GRANDE-), petite riv. prend sa source dans la c^{ne} de Brillac (Charente), traverse les c^{nes} d'Asnières, Luchapt et Mouterre, limite à sa droite celles d'Adriers et Nérignac, à sa gauche celles de Millac et Moussac, et va se jeter dans la Vienne au-dessus du moulin de Villars, c^{ne} de Persac; la longueur de son cours sur le territ. du dép^t est de

32 kilom. — *La Blour*, 1442 (cure de l'Isle-Jourdain). — *La Blaut*, 1457 (Fonteneau, t. XXIV, p. 259). — *La Blourt*, 1550 (seign. du Ry). — *Rivière de Blour*, 1561 (prieuré de St-Paixent); — *d'Ablour*, 1579 (seign. de Puyferrier). — *Grande Blourds* (Cassini). — *Grand Blourd*, 1784 (carte du Poitou).

Blour (La Petite-), ruiss. sort de l'étang de la Grande-Ferrière, c^{ne} de Saint-Remy, arrond^t de Montmorillon, traverse les c^{nes} de Plaisance, Moulimé et Persac sur une longueur de 22 kilom., et se jette dans la Vienne près de l'embouchure de la Grande-Blour. — *La petite Blour, la petite Abloux*, 1441 (prieuré de Teil). — *La petite Ablour, le petit Ablour*, 1517 (maison-Dieu, 181).
— *Petite Blourds* (Cassini).

Blouzard (Le), h. c^{ne} de Marigny-Brizay. — *La Vellouzard*, 1626; *le Velouzard*, 1729 (fam. des Courtis).

Bobanchère (La), h. c^{ne} de Mauprevoir. — *L'Esbaubanchère*, 1471; *la Baubanchère*, 1631 (abb. de St-Cyprien, 28). — *La Bobanchère*, 1652 (notaires de la bar. de Charroux).

Bobelinière (La), lieu détruit, près la Seguinière, c^{ne} de Savigny-l'Évescault.

Bobinière (La), f. c^{ne} d'Availle. — *La Bobinère*, 1364 (chap. cathédral, 82). — *La Bobinière*, 1493 (com^{rie} d'Auzon, 5).

Bobinière (La), m. r. c^{ne} de Châtellerault. — *L'ostel de Jehan Bobin*, 1471; *la Bobinière*, 1544 (cure d'Antogné). — *La Baubinnière*, 1625 (fief du Verger).

Bobinière (La), vill. c^{ne} de Sillars. — *La Bobinère*, 1454 (hommages de Montmorillon). — *La Bobinière*, 1493 (fief de l'Âge-Bouet). — *La Bobynière*, 1585 (prieuré de Saugé). — *La Baubinière*, 1841 (nomencl.). — Anc. fief relev. de la bar. de Montmorillon.

Boblière (La), h. et bois, c^{ne} de Lizant. — *La Baubellère*, 1403 (gr. Gauthier, f° 251). — *La Baubellère*, 1494 (fief de Chaleur). — *La Baubellère*, 1667 (notaires, Mestreau à Civray). — *La Bobelière*, 1731; *la Boblière*, 1775 (rôles des tailles).

Bocantes (Les), f. et bois, c^{ne} de Nouaillé. — *Tenement des Choyzyz appellé le Boys au Cante*, 1558 (fief de Château-Larcher). — *Bois des Bocantes*, 1696 (seign. de Château-Larcher). — *Les Boucantes*, 1755 (rôle des tailles de Nieuil-l'Espoir).

Bocquetière (La), f. c^{ne} d'Ayron. — *La Boutetère*, 1437 (abb. de Ste-Croix, 28). — *La Boetière* (Cassini).

Bodettrie (La), m. r. c^{ne} de la Bussière.

Bodineau (La), ff. c^{ne} de Paizay-le-Sec. — *La maison Bodineau, la Baudineau*, 1630 (abb. de St-Savin, 31).

Bodinière (La), h. c^{ne} de Dangé. — *La Baudinière*, 1493; *la Bodinère*, 1507 (prieuré de Fontmore, 2). — *La Bodinière*, 1604 (seign. de la Fontaine, 2). — La poste aux chevaux y était établie en 1604 (ibid.).

Bodinière (La), ff. c^{ne} de Prinçay. — *La Bodinière*, 1518; *la Baudinière*, 1587 (chap. de Ste-Radegonde, 92).

Bodinière (La), f. c^{ne} de Saint-Jean-de-Sauves. — *La Bodinière*, 1506 (fam. de Fouchier). — *Maison noble de la Baudinière*, 1614 (chap. cathédral, 47).
— Anc. fief relev. de la Roche-de-Chizay.

Boète (La), f. c^{ne} de Bertegon.

Boeuf-Mort (Le), h. c^{ne} de Naintré.

Boeufs (Chemin des) ou chemin Chariot, de Cissé à Châtellerault. — *Chemin Chariot*, 1670 (aveu de Chéneché, f° 69 v°).

Boeufs (Chemin des), de Mouterre aux Vieilles-Forges.

Boeufs (Chemin des), de Verrières à Loubressac.

Boide (Le), lieu détruit, c^{ne} de Saint-Sauveur. — *Le Boysde*, 1438 (com^{rie} d'Auzon, 9). — *Hostel du Bouesde*, 1509; *mestairie du Boisde*, 1515 (ibid. 8).
— *Le Boesde*, 1540 (com^{rie} de la Foucaudière, 2).
— En 1675 c'était une vieille masure, touchant au chemin de Châtellerault à Villebure (com^{rie} d'Auzon, 8).

Boine, f. c^{ne} de Bonneuil-Matours. — *Baynes*, 1476; *Baisnes*, 1506 (chap. de St-Hilaire, 220). — *Boisne*, 1622 (ibid. 221). — *Boine*, 1620 (fief de Traversay).

Boineau, h. c^{ne} de Château-Garnier.

Boinière (La), h. c^{ne} d'Oiré. — *La Boisnière*, 1500 (seign. de la Groye, inv.).

Boire (La), ruiss. prend naissance à la limite du départ^t d'Indre-et-Loire, au nord de la Pierre-Folle, c^{ne} de Bournan, sépare cette commune de celle de Roiffé et se réunit à la Petite-Maine au-dessous du moulin de la Motte-Champdeniers.

Boirie, vill. c^{ne} de Bonneuil-Matours. — *Boeries*, 1324 (arch. de Poitiers, 12). — *Bouerie*, 1405; *la Bouherie*, 1494; *Boyrie*, 1516 (abb. de Ste-Croix, 95).

Boiries (Les), h. c^{ne} de Vouneuil-sur-Vienne.

Bois (Le), f. c^{ne} d'Adriers; — 1663 (prieuré d'Entrefins).

Bois (Le), f. c^{ne} de Beaumont. — *Le Boys*, 1428 (chap. de Notre-Dame-la-Grande, 35).

Bois (Le), f. et étang, c^{ne} de Brigueil-le-Chantre. — *Village du Boys*, 1564 (fief de Fleix).

Bois (Le), h. c⁻ⁿᵉ de Chenevelles.

Bois (Le), f. c⁻ⁿᵉ de Jardres. — *Le Boys*, 1542 (chap. de S¹-Hilaire, 239). — *La maison du Boys*, 1566 (chap. cathédral, 19). — Anc. fief relev. de la tour de Jardres.

Bois (Le), f. c⁻ᵐᵉ de Journet. — *La maison du Boys*, 1524 (chap. cathédral, 24). — *Le Bois*, 1710 (rôle des tailles).

Bois (Le), f. c⁻ᵘᵉ de Lomaizé. — *Le Boys*, 1548 (fief de Dienné et Verrières). — Anc. fief relev. de Dienné et Verrières.

Bois (Le), f. c⁻ⁿᵉ de Montreuil-Bonnin.

Bois (Le), f. c⁻ⁿᵉ d'Usseau. — *Le Boys*, 1494 (duché de Châtellerault, 6). — *Village du Bois alias la Cour du Roi*, 1673 (fief de la Motte d'Usseau).

Bois (Le), anc. fief relev. de la bar. de Grisse, c⁻ᵘˢ de Vendeuvre. — *Hostel du Boys*, 1508 (aveu de Mirebeau). — *Métairie du Bois*, 1766 (rôle des tailles). — Ce lieu est indiqué sur la carte de Cassini près Vendeuvre, à l'est. Il n'y a plus d'habitation de ce nom.

Bois (Le Grand-), f. c⁻ⁿᵉ de Leigné-sur-Usseau. — *Le Boys*, 1467; seigneurie du Grand Bois, 1647 (seign. de Puygarreau, 10). — Anc. fief relev. de Bourg, réuni à la seign. de Puygarreau.

Bois (Le Petit-), f. c⁻ⁿᵉ de la Chapelle-Montreuil. — *Le Petit Bois aultrement la Petite Gaucherie*, 1622 (abb. de Montierneuf, 87).

Bois (Le Petit-), m. r. c⁻ⁿᵉ de Leigné-sur-Usseau. — *Village du Petit Bois autrement Cheux les Beriz*, 1651 (seign. de la Vieillardière).

Bois (Le Petit-), f. c⁻ⁿᵉ de Luchapt. — *Village du Boys*, 1581 (fam. de la Broue de Vareilles); — *du Bost*, 1614 (cure d'Asnières).

Bois (Le Petit-), f. c⁻ⁿᵉ de Thurageau.

Bois (Le Petit-), h. c⁻ⁿᵉ de Vaux-en-Couhé; — 1632 (seign. de Monts).

Bois (Les Petits-), m. r. c⁻ⁿᵉ de Doussay.

Boisatelle (La), m. détruite, près le Petit-Château, c⁻ⁿᵉ de Saint-Benoît; — 1696 (abb. de S¹-Benoît, 6); — était ruinée en 1696.

Boisaudrie (La), f. c⁻ⁿᵉ de Dissay.

Bois-aux-Rois (Les), bois, près la Cotetelue, c⁻ⁿᵉ de Bonneuil-Matours; dép. autref. de la bar. de Montoiron. — *Bois au Roys, paroisse de Bonoyl*, 1310 (Gauthier, f° 185). — *Bois aux Roys*, contenant 358 arpents, 1429 (seign. de Montoiron, 1).

Bois-Bâtard, f. c⁻ⁿᵉ de Saint-Maurice. — *Le Boys Bastart*, 1479 (chap. de S¹-Pierre-le-Puellier, 25); — dépendait de la seign. de la Touche-Gavaret.

Bois-Battu, h. c⁻ⁿᵉ de la Puye.

Boisbaudry, vill. c⁻ⁿᵉˢ de Cherves et Chalandray. — *Boys Baudri*, 1443 (seign. de Vouzailles). — *Boisbaudry*, 1497 (chap. de Chauvigny, 1).

Bois-Bercier (Le), m. r. c⁻ⁿᵉ de la Chapelle-Montreuil.

Bois-Bertault, f. c⁻ⁿᵉ de Chiré-en-Montreuil. — *De Bosco Bertaut*, 1306 (Fontenau, t. XXIV, p. 133). — *Bois Bertaut*, 1383 (fam. Jacques). — *Boisbretaut*, 1457 (abb. du Pin, 27). — *Boisbertault*, 1592 (ibid. 19). — *Boisberteau*, 1752 (rôle des tailles). — Anc. domaine de l'abb. du Pin.

Bois-Bertin, m. r. c⁻ⁿᵉ de Beuxe. — *Le Bois Berthin*, 1641 (cure de Beuxe).

Bois-Bineau, f. c⁻ⁿᵉ d'Usson. — *Marreau de boixz appellé le Boix Binauld*, 1498; *le Boys Bynault*, 1561 (fief de Bagné).

Bois-Blanc, f. c⁻ⁿᵉ d'Adriers; — 1586 (fam. Bonnin).

Bois-Blanc, h. c⁻ⁿᵉ de Lencloître; — 1750 (cure de Boussageau).

Bois-Bodin, m. r. c⁻ⁿᵃ de Chalais.

Bois-Boisseau, m. isolée, c⁻ⁿᵉ de Mairé. — *Le seigneur de Boysboisseau*, 1494 (duché de Châtellerault, 6).

Bois-Bouchard, f. c⁻ᵃᵉ de Pouant. — *Le Boys Bouchart*, 1464 (cure de Pouant). — Anc. fief relev. de la bar. de Faye-la-Vineuse (Indre-et-Loire).

Bois-Bouchet, m. r. c⁻ⁿᵉ de Saint-Saviol.

Bois-Boulard (Bois de), c⁻ⁿᵃ de Roiffé; autref. à l'abbaye de Fontévrault; contenait 200 arpents en 1800.

Bois-Bourdin, m. r. c⁻ⁿᵉ de Liglet; — 1578; *Boys Bordin*, 1580 (seign. de Courtevrault).

Bois-Bourrelière, f. c⁻ⁿᵉ de Cuhon. — *Hostel du Boys*, 1508 (aveu de Mirebeau). — *Bois Bourelière*, 1780 (rôle du vingtième). — Anc. fief relev. de celui de la Bourrelière.

Bois-Boursault, f. c⁻ⁿᵉ de Vernon. — *Nemus Borsaudi*, 1286 (abb. de Montierneuf, 92). — *Petrus de Boysborsaut*, v. 1300 (Gauthier, f° 14). — *Boyborsaut*, 1348 (abb. de Montierneuf, 92). — *Bois Borsaut, Boys Boyssaut*, 1393 (gr. Gauthier, f° 79 v°). — *Bois Boursaut*, 1399 (abb. de Montierneuf, 92). — *De Bosco Borssaudi*, 1419 (chap. de S¹-Pierre-le-Puellier, 1). — Anc. fief relev. de la vic. de Gençay.

Bois-Boutaud, h. c⁻ⁿᵒ de Luchapt.

Bois-Boutré, m. près Beauvoir, c⁻ⁿᵉ de Mignaloux.

Bois-Brault, h. c⁻ⁿᵉ de Sommières; anc. fief.

Bois-Brault (Le Grand et Le Petit-), hh. c⁻ⁿᵉ de Champagné-Saint-Hilaire. — *Boysberaut*, 1438; *Boisbraut*, 1558 (abb. de Moreaux).

Bois-Brulon, h. c⁻ⁿᵉ de Bouresse. — *Le Boys Bruslon*, 1490 (abb. de Nouaillé, 20). — *Boisbruslon*, 1640 (cure de Bouresse).

Bois-Brunet, h.. c^{ne} de Champagné-Saint-Hilaire; — 1670 (chap. de St-Hilaire, 258).

Bois-Bry, m. r. c^{ne} de Thurageau.

Bois-Butreau (Le), f. c^{ne} de Thuré. — *Le Bois Bouterea, Boys Botereau*, vers 1400 (cure de Thuré). — *Le Bois Butreau*, 1626 (seign. de Puygarreau, 9).

Bois-Clair, f. c^{ne} de Saint-Pierre-des-Églises.

Bois-Clairet (Le), f. c^{ne} de Journet. — *Boiscleret*, 1710 (rôle des tailles). — Anc. fief.

Bos-Clerbault, f. c^{ne} de Saint-Pierre-des-Églises. — *Le Boys Clerbaut*, 1397 (seign. de Fressinay). — *Bois Clerebaut*, 1409 (gr. Gauthier, f° 125). — *Le Boys Clerbault*, 1584 (évêché, 8). — Anc. fief relev. de la bar. de Montmorillon.

Bois-Communaux, m. r. c^{ne} de Béthines. — *Terra de Bosco communau*, 1224 (couv. de la Puye, 12). — *In Bosco communi*, 1233 (maison-Dieu, 127). — *Le Boys communault*, 1563 (ibid. 137).

Bois-Coudray (Le), chât. c^{ne} de Doussay.

Bois-Coursier, chât. et f. c^{ne} de Marnay. — *Bartholomeus de Bosco Corserii*, 1317 (abb. de Nouaillé, 58). — *Boyscourcer*, 1324 (Fonteneau, t. XXII, p. 467). — *Boiscorcer*, 1343 (abb. de Nouaillé, 24). — *Boyscoursier*, 1422 (chap. de St-Pierre-le-Puellier, 23). — *Boiscourcier*, 1485 (ibid. 21). — Anc. fief relev. de la Clielle.

Bois-Coutant, vill. c^{ne} de Vivonne. — *Boscostenc*, v. 1120 (cart. de St-Cyprien, p. 70). — *Territorium de Bosco Costant, village de Bois Costent*, 1335 (fam. Frotier). — *Boys Coustant*, 1423 (chap. de St-Hilaire, 565). — *Moulin de Bois Coutant*, 1788 (rôle des tailles). — Ce moulin, mentionné déjà en 1552 dans un aveu de Bellefontaine, n'existe plus.

Bois-d'Ambrenne, lieu auj. inconnu, de l'anc. paroisse de Moussac, c^{ne} de Montmorillon. — *Village du Boys d'Enbrenne*, 1585, 1654 (maison-Dieu, 181). — *Bois d'Anbrenne*, métairie, 1756 (ibid. 189).

Bois-d'Ancenne (Le), h. c^{ne} de Mondion. — *Eblo de Ventador, dominus de Baudencennes*, 1259 (couv. de la Puye). — *Baudayncene*, 1281 (Duchesne, Hist. généal. de la m. des Chasteigners, pr. p. 110). — *Vaudencennes*, 1407 (gr. Gauthier, f° 1 v°). — *Boisdancenne*, 1479 (cure de Mondion). — *Boisdencene*, 1674 (fief du Plessis-Baunay). — Anc. fief et haute justice relev. du duché de Châtellerault. — La forêt du *Boysdancene*, ayant une lieue et demie en long et en large, est mentionnée en 1497 (duché de Châtellerault, 4).

Bois-d'Arson (Le), m. r. c^{ne} du Vigean. — *Le Boys d'Arson*, 1479 (fam. Laurent de Reyrac). — *Verrie du Boisdarson*, 1643 (abb. de la Reau). — *Village du Boisdarsson*, 1655 (cure du Vigean).

Bois-d'Augère (Le), h. c^{ne} de Rouillé; — 1650 (chap. de St-Hilaire, 452).

Bois-de-Ceaux (Le), f. c^{ne} de Ceaux, c^{on} de Loudun.

Bois-de-Chet, f. c^{ne} de Chenevelles.

Bois-de-Chouppes, f. c^{ne} de Chouppes.

Bois-de-Craon (Le), f. c^{ne} de Bournan. — *Le Boys de Cron*, 1536 (prieuré de Bournan, 2). — *Le Boys de Craon*, 1643 (arch. de la Soc. des antiq. de l'Ouest; Loudunais).

Bois-de-Dain (Le), four à chaux, c^{ne} de Lomaizé.

Bois-de-Dive (Le), f. c^{ne} de Ternay.

Bois-de-Gond, h. c^{ne} de Saint-Julien-Lars. — *Boysagon, Boishuguon*, 1385 (cart. de la Trinité, f°s 52 et 60). — *Boydegon*, 1511; *Boisdegon*, 1638 (abb. de la Trinité, 63).

Bois-de-Lafa (Le), f. c^{ne} de Saint-Martin-Lars; — 1766 (rôle des tailles).

Bois-de-l'Âge (Le), f. c^{ne} d'Adriers.

Bois-de-la-Lande (Le), f. c^{ne} de Saint-Gervais.

Bois-de-Laleu (Le), h. c^{ne} de Château-Garnier. — *Le Boys de Laleu*, 1580 (fief de la Chaufferie).

Bois-de-la-Reau (Le), m. r. et bois, c^{ne} du Vigean.

Bois-de-la-Treille (Le), h. c^{ne} de Chabournay. — *Le Boys de la Treille*, 1481 (seign. de Chéneché, 4).

Bois-de-l'Essart (Le), h. c^{ne} de la Puye. — *Le Boys de Lessart*, 1480 (couv. de la Puye, 7).

Bois-de-Sairé (Le), vill. c^{ne} de Saint-Sauvant.

Bois-des-Perches (Le), f. c^{ne} de la Bussière.

Boisdichon, vill. c^{ne} d'Angle. — *Boisdichaon*, 1478 (prieuré de St-Martin d'Angle). — *Boisdichon*, 1559 (cure de Ste-Croix d'Angle).

Boisdinières (Les), vill. c^{ne} de Chenevelles. — *Les Boysdinières*, 1559; *la Boisdinière*, 1687 (cure de Chenevelles).

Bois-Dousset (Le), chât. et h. c^{ne} de Lavoux; anc. fief relev. des chanoines hebdomadiers du chapitre de Sainte-Radegonde de Poitiers. — *Village du Boys Dussé, en la parroisse de Laveour*, 1365; — *du Boys du Sief*, 1367 (évêché, 17). — *Le Boys du Sec*, 1408 (chap. de St-Pierre-le-Puellier, 33). — *Le Boys Doussé*, 1438 (abb. de la Celle, 13). — *Le Boys Daussé*, 1448 (ibid. 1). — *Le Boys Dosset*, 1476 (chap. cathédral, 19). — *Le Boys Dusset*, 1547 (aveu de Touffou). — *Le Boys Doulcé*, 1577 (chap. de St-Pierre-le-Puellier, 33). — *Le Boisdoucé*, 1640 (abb. de la Trinité, 59). — *Boisdoussay*, 1665 (chap. de St-Pierre-le-Puellier, 33). — *Maison noble du Boisdossé*, 1676 (abb. de St-Cyprien, 44).

Bois-du-Garreau (Le), m. r. c^{ne} de Mauprevoir.

Bois-du-Poirier (Le), f. c^ne de Saint-Martin-Lars; — 1673 (notaires de la vic. de Rochemeaux).

Bois-du-Poux (Le), f. c^ne de Verrue.

Bois-d'Usseau (Le), h. c^ne d'Antran; — 1626 (abb. de St-Cyprien, 24).

Bois-d'Usseau (Le), m. près le Peux, c^ne de Vaux. — *Le Boys d'Usseau*, 1647 (cure de Vaux).

Bois-Fouilloux (Le), m. r. c^ne de Sèvre.

Bois-Fouquerant (Le), lieu auj. inconnu, c^ne de Chouppes; anc. fief relev. de la Roche-de-Chizay. — *Le Boys Foucquairon*, 1480 (fam. de Fouchier). — *Le Bois Fouqueron*, 1508 (aveu de Mirebeau). — *Le Boys Foucquerant*, 1569 (cure de Varennes). — *Maison noble du Boisfouquairon*, 1623 (cure de St-Hilaire de Mirebeau).

Bois-Fremin, vill. c^ne de Quinçay. — *Aqua de Bosco Firmini*, 1189 (ch. de St-Hilaire, t. I, p. 205). — *Boyffremin*, 1461; *Boys Fremyn*, 1497 (seign. de Béruges). — *Bois-Fremin*, 1775 (rôle des tailles). — *Bois-Firmin*, 1841 (nomencl.).

Bois-Galant, f. c^ne de Thurageau. — *Boisgalant*, 1778 (rôle du vingtième).

Bois-Garnault, f. c^ne d'Angle. — *Boisgarnault sur Angle*, 1598 (évêché, 25).

Bois-Garnault, m. r. c^ne de Vicq. — *Aimericus de Bois Guarnaut*, 1203 (Fontenau, t. XXIII, p. 617). — *De Bosco Garnaudi*, v. 1300 (Gauthier, f° 1). — *Boys Garnaut*, 1403 (gr. Gauthier, f° 4 v°). — *Boygarnault*, 1449 (seign. de Jeu). — *Boisgarnault*, 1480 (seign. de Pleumartin, 1). — Anc. fief relev. du donjon du Blanc (Indre).

Bois-Garnier (Le), h. c^ne de Thuré.

Bois-Gautier, m. près Germigny, c^ne de Sérigny. — *Maison du Bois Gaultier*, 1488 (fam. Boivin). — *Bois Gautier*, 1629 (seign. de Germigny).

Bois-Gerbault, h. c^ne de Savigny-l'Évécault. — *Bois Gerbaut*, 1384 (chap. de St-Hilaire, 356).

Bois-Gigon, f. c^ne de Fleix. — *Boysjugon*, 1546 (chap. de Chauvigny, 11). — *Bois Gigon*, 1567 (*ibid.* 14). — Anc. fief relev. de la bar. de Chauvigny.

Bois-Gilet (Le), f. c^ne d'Orches. — *Le Boys Gillet*, 1538 (seign. de Lauberdière). — Anc. fief relev. du marq. de Clairvaux.

Bois-Girault, f. et bois, c^ne de Montoiron. — Ces bois sont peut-être ceux qui s'appelaient autref. Pontgirault ou Puygirault : *nemus vulgariter appellatum Pont Giraut*, 1324; *forest de Puigiraud*, 1596 (seign. de Montoiron, 1).

Bois-Goulin (Le), f. et tuilerie, c^ne de Persac.

Bois-Goulu, h. c^ne de Pouant. — *Le Boys Goulu*, 1430 (chap. de St-Hilaire, 427). — *Boisgoullu*, 1620 (seign. de Bois-Goulu). — Anc. fief relev. de la châtell. de Pouant.

Bois-Grenier, f. c^ne de Liglet. — *Le Boysgrenier*, 1528 (abb. de St-Savin, 26). — *Boisgrenier*, 1662 (seign. de Courtevrault, reg. f° 15). — Anc. fief relev. de la bar. de la Trimouille (Fontenau, t. XLII, p. 186).

Bois-Grolier, chât. et vill. c^ne de Rouillé. — *Boiscroulier*, 1245 (Fontenau, t. V, p. 163). — *De Bosco Grosleo*, 1270 (*ibid.* t. V, p. 97). — *Boys Grolier*, 1476 (chap. de St-Hilaire, 81). — Anc. fief et haute justice relev. de Mauprié.

Bois-Guérin (Le), lieu autref. habité, c^ne de Bournan. — *Village du Boisguerin*, 1419 (com^rie de Loudun, 16). — *Boys Gueryn*, 1536 (prieuré de Bournan, 2).

Bois-Guigneron (Le), lieu auj. inconnu, c^ne de Chouppes; anc. fief relev. de la Roche-de-Chizay; — 1508 (aveu de Mirebeau).

Bois-Guillemot (Le), h. c^nes de Champagné-le-Sec et Blanzay. — *Boislemot*, 1690 (notaires, Pascault à Civray). — *Le Bois Guillemot*, 1692 (notaires, Mestreau à Civray).

Boisguillon, vill. et m^in sur l'Auzance, c^ne de Latillé. — *Bois Guillon*, 1389 (abb. de Ste-Croix, 28). — *Moulin de la Billette ou de Boisguillon*, 1630 (cure de Latillé).

Bois-Hardouin, lieu détruit, c^ne de Dangé. — *Boys Hardouin*, 1598 (seign. de la Fontaine, 1).

Bois-Herpin, vill. c^ne de Saint-Germain. — *Boiserpin*, 1572; *Boisherpin*, 1583 (abb. de St-Savin, 22).

Bois-Hussard (Le), f. c^ne des Trois-Moutiers.

Bois-Joli (Le), f. c^ne de Lautier.

Bois-Joubert, vill. c^ne de Paizay-le-Sec. — *Boys Jaubert, Boisgeaubert, Bon Jobert*, 1494 (seign. de Courtevrault). — *Bois Joubert*, 1627 (fief des Clerbaudières).

Bois-Joubert (Le), f. c^ne de Saint-Pierre-des-Églises. — *Terra de Bosco Jouberti*, 1320 (évêché, 22). — *Boys Jobert*, 1403 (chap. de Chauvigny, 8). — *Le Boys Joubert*, 1594 (abb. de l'Étoile). — *Bois Gibert*, 1861 (dénomb.).

Bois-Joutard, lieu auj. inconnu, c^ne de Marnay ou d'Anché; anc. fief appart. au chapitre de Saint-Hilaire de Poitiers et relev. de Bois-Coursier. — *Boys Joustart*, 1489 (livre de recette de Vivonne, f° 117); 1563 (chap. de St-Hilaire, 440). — *Bois Joustard*, 1636 (*ibid.* 443).

Bois-Jurés (Les), bois, c^ne de Vivonne. — *Boys Juré*, 1489 (livre de recette de Vivonne, f° 105 v°); contenaient 218 arpents en 1796.

Bois-Lamy, m. r. c^ne de Savigny-l'Évécault. — *Le*

Boys Lamy, 1431 (com^rie de la Villedieu, 22). — Anc. fief relev. de Savigny-l'Évêcault.

BOIS-LANGLAIS (LE), h. c^ne des Trois-Moutiers. — *Le Boys l'Anglois*, 1730 (prieuré de Bournan, 9).

BOISLANTIER, h. c^ne de Sanxay. — *Boyslentier*, 1369 (Inv. des arch. de la Barre, t. II, p. 27). — *Boislanter*, 1469; *Boislenter*, 1479 (*ibid.* t. II, p. 83). — *Bois Lintier* (Cassini).

BOIS-LE-BON, vill. c^ne de Saint-Sauvant. — *Agnes de Bosco Lobon*, 1297 (Fontencau, t. XXVII, p. 213). — *Bozlebon*, 1420 (gr. Gauthier, f° 50). — *Boislebon*, 1423 (*ibid.* f° 65 v°).

BOIS-LE-COQ, f. c^ne de Thurageau.

BOISLENTOUR, m. r. c^ne de Sérigny. — *Boso de Boslentot*, v. 1083 (cart. de Noyers, p. 128); — *de Boslanto*, v. 1093 (*ibid.* p. 250); — *de Silva Lantildis, de Boslando*, v. 1113 (*ibid.* p. 430 et 431); — *de Boscolentot*, v. 1119 (*ibid.* p. 467); — *de Boscolentoldis*, v. 1130 (*ibid.* p. 503). — *Ugolinus de Boislentot*, 1108-1115 (gr. cart. de Fontevrault, 14). — *Boyslentoust*, 1453 (com^rie de Loudun, 32). — *Boyslentoux*, 1484 (seign. de la Tour-Conzay). — *Boislantours*, 1506 (chap. de Ste-Radegonde, 92). — *Boyslantost*, 1508 (com^rie de Loudun, 32). — *Boislentoust*, 1539 (seign. de Puygarreau, 1). — Anc. domaine de l'abb. de Fontevrault.

BOISLIVIÈRE (LA), h. c^ne d'Antigny. — *La Boylivière*, 1498 (fief de Pindray). — *La Boislivière*, 1568 (fam. Scourion). — *La Boyslivière*, 1611 (abb. de St-Savin, 14).

BOIS-MENU, f. c^ne de Paizay-le-Sec.

BOIS-MENU, m. r. c^ne de Sèvre. — *Boismeneud*, 1681 (évêché, 68).

BOIS-MÉTAIS, h. et bois, c^ne de Jazeneuil; anc. prieuré dép. de l'abbaye de la Reau. — *Ecclesia Sancti Jacobi de Bosco Mediatore*, 1218 (Fontencau, t. XXIV, p. 267). — *Capellanus de Bosco Meditarii*, 1326 (compte d'une impos. ecclés.); — *de Bosco Medietarii*, 1383 (taux du décime, p. 22). — *Boys Mestoier*, 1431 (seign. de la Maillolière). — *Boismetoier*, 1473 (fief de Grassay). — *Prieurté du Boys Mestayer*, 1529 (seign. de Curzay). — *Boismetais*, 1711 (rôle des tailles).

BOIS-MILLET, h. c^ne de Saint-Sauveur.

BOIS-MORAND, chât. et f. c^ne d'Antigny. — *Boys Mourant*, 1396 (chap. de Montmorillon, 1). — *Boys Morant*, 1404 (gr. Gauthier, f° 7 v°). — Anc. fief relev. de l'abbaye de Saint-Savin. — *L'hostel et maison fort du petit Bois Morand*, au bourg d'Antigny, 1644 (abb. de St-Savin, 14), relevait de la même abbaye.

BOIS-MORAND, f. c^ne de Ceaux, c^on de Couhé.

BOIS-MORIN, f. c^ne de Lussac-le-Château; — 1775 (rôle des tailles).

BOIS-MORIN, f. c^ne de Magné. — *Boys Morin*, 1489 (livre de recette de Vivonne, f° 76 v°). — *Boismorin*, 1623 (abb. de Nouaillé, 28).

BOIS-MORIN, h. c^ne de Montmorillon; — 1728 (fief de l'Âge-Chausson). — Anc. fief.

BOISNALIÈRE (LA), h. c^ne de Champagné-Saint-Hilaire. — *La Bouynallière*, 1533 (chap. de St-Hilaire, 246).

BOISNAUDIN, f. détruite, c^ne de Coussay-les-Bois; — 1316; *estang de Boisnaudin*, 1474 (abb. de la Merci-Dieu, 12). — Il existe encore un bois connu sous ce nom près et au nord des Préaux et de Malaguet.

BOIS-NERBERT (LE), bois, près le parc de Montreuil-Bonnin, c^ne de Béruges. — *Nemus Herberti*, 1259; *les bois Nerbert*, 1332 (com^rie de St-Georges, 14).

BOISNES (LES GRANDES-), h. c^ne de Chaunay. — *Les grans Boynes*, 1491 (fief du Puy de Brux). — *Les grandes Boisnes*, 1599 (seign. de Couhé).

BOISNES (LES PETITES-), vill. c^ne de Chaunay. — *Les petites Boynes*, 1491 (fief du Puy de Brux). — *Les petites Boisnes*, 1599 (seign. de Couhé).

BOIS-NOUVEAU, f. c^ne de Saint-Martin-Lars; — 1673 (notaires de la bar. de Charroux).

BOIS-NOUVEAU, h. c^ne de Thurageau; — 1620 (fam. de Fouchier, aveu de Rochefort).

BOIS-NOYAU, h. c^ne de Scorbé-Clairvaux.

BOIS-OLIVIER, f. c^ne de Mouterre. — *Les Bois Oliviers*, 1775 (rôle des tailles).

BOIS-PARVIS (LE), h. c^ne de Bonnes; — 1641 (abb. de St-Cyprien, 20).

BOIS-PICAULT (LE), h. c^ne de Nieuil-l'Espoir.

BOIS-POUZIN, vill. c^ne des Ormes. — *Le Bois Pousin, le Boys Poussin*, 1486 (cure de Poizay-le-Joli). — *Le Boys Pouzin*, 1610 (abb. de St-Cyprien, 24). — *Bois Pouzain*, 1615 (seign. de Vaugaudin).

BOIS-PRIEUR (LE), h. c^ne de Brion.

BOIS-PRIEUR (LE), m. forestière, c^ne de la Chapelle-Moulière.

BOIS-PUTET, h. c^ne de Marçay. — *Quercus de Bosco Putet*, 1302 (abb. de Nouaillé, 5). — *Boys Putet*, 1489 (livre de recette de Vivonne, f° 163 v°).

BOISRAND (LE), f. c^ne de la Bussière. — *Le Boesran*, 1571; *le Boisran*, 1643 (abb. de St-Savin, 29).

BOIS-RENAUD, h. c^ne de Château-Garnier. — *Boys Renault*, 1580 (fief de la Chaufferie).

BOIS-RENOUX (LE), h. c^ne de Leigné-les-Bois. — *Le Boys Arnou*, 1539; *Boys Renou*, 1542 (com^rie de la Foucaudière, 12). — Anc. fief relev. de la bar. de Montoiron.

Bois-Richard (Le), h. c^ne de Scorbé-Clairvaux; — 1655 (seign. des Robinières).

Bois-Robert (Le), h. c^ne de Lavoux; — 1604 (seign. de Touffou, 3).

Bois-Robert (Le), h. c^ne de la Puye; bois dép. anc^t de la châtell. de Montoiron; contenait, en 1429, 554 arpents. — *Boscus Roberti*, v. 1104 (Clypeus nasc. Fontebrald. ord. t. I, part. 2, p. 137). — *Village du Boys Robert*, 1561 (évêché, 33). — Anc. fief relev. de la bar. de Montoiron.

Bois-Robin (Le), m. r. c^ne de la Grimaudière; — 1639 (cure de la Grimaudière). — Anc. fief relev. de la Vergère.

Bois-Robin (Le), h. c^ne de Naintré.

Bois-Rogue (Le), chât. c^ne de Rossay. — *Joudouin de Coué, seigneur du Bois Rogues*, 1397 (Fonteneau, t. II, p. 187). — *Le Boys Rogues*, 1431 (com^rie de Loudun, 12). — *Le Boisrogue*, 1544 (collège de Poitiers, 59). — Anc. fief. relev. du château de Loudun. — Il y avait au Bois-Rogue un prieuré ou chapelle sous l'invocation de saint Eutrope, appart. à l'abbaye de Bonnevaux.

Bois-Rond, f. détruite, c^ne d'Archigny; — 1645 (seign. de Touffou, 5).

Bois-Rond (Le), f. c^ne de Thurageau; — 1491 (prieuré de St-Jean de Mirebeau, 6). — Anc. fief relev. du marq. de Pleumartin.

Bois-Roy, m. r. c^ne de Lencloître.

Bois-Saint-Hilaire (Le), vill. c^ne des Trois-Moutiers.

Boisse, h. et m^in sur la Clouère, c^ne d'Availle-Limousine; anc. prieuré dép. de l'abbaye de Saint-Cyprien de Poitiers. — *Terra de Buxia*, v. 1080 (cart. de St-Cyprien, p. 243). — *Ecclesia de Buxia*, 1097-1100; *de Bucsia*, 1149 (abb. de St-Cyprien). — *Prioratus de Buxeria* (pouillé de Gauthier, f° 148 v°); — *de Boessia*, 1383 (taux du décime, p. 12). — *Prieuré de Boesse*, 1450, 1741; — *de Boece*, 1469; — *de Boysse*, 1558; — *de Boisse*, 1564 (abb. de St-Cyprien, 28). — *S. Cyprien de Boisse*, 1782 (pouillé). — Le prieur était seigneur du lieu avec droit de haute justice, au ressort du Dorat dans la Basse-Marche.

Le ruiss. de Boisse a sa source près Chez-Jourdot et se jette dans la Clouère près le m^in de Boisse.

Boisseau (Le), f. c^ne de Magné. — *Le Boisseau*, 1404; *Boiceau*, 1461 (chap. de St-Hilaire, 439).

Boisseaux (Les), vill. c^ne de la Chapelle-Montreuil. — *La Guilberdière*, 1550 (abb. de Montierneuf, 84). — *La Guilbardière aultrement les Boiceaux*, 1622; *les Boisseaux*, 1739 (ibid. 87).

Boissec, f. c^ne de Journet. — *Boesset*, 1245, 1252; *Boysset*, 1266; *Bouesset*, 1562 (maison-Dieu, 127);

— *Bouessec*, 1542; *Boisset*, 1655 (terrier de Rouflac).

Le ruiss. de Boissec ou d'Éport naît près d'Éport et va se jeter dans le Saleron au-dessus du m^in de Chantebon.

Boissec (Moulin de), sur le Saleron, c^ne de Béthines. — *Moulin de Boysseul*, 1450 (maison-Dieu, 154); 1592 (couv. de Villesalem); — *de Boissec*, 1668 (abb. de St-Savin, 20).

Bois-Seguin, chât. et ff. c^ne de Lizant. — *Bois Seguin*, 1405 (gr. Gauthier, f° 232). — *Boesseguin*, 1408 (seign. de Bois-Seguin). — Anc. fief relev. du comté de Civray, érigé en châtellenie au mois de février 1557 en faveur de Jean Jay, chevalier.

Boisselière (La), f. c^ne d'Adriers. — *La Boisselière*, 1506 (seign. de la Brulonnière). — *La Boicellière*, 1640 (prieuré d'Entrefins). — *La Boissellière*, 1748 (chapelle St-Jean à Luchapt).

Boisselière (La), m. r. c^ne d'Usseau. — *La Boissallière*, 1494 (duché de Châtellerault, 6). — *La Boysalière*, 1500 (cure d'Usseau). — *La Boicellière*, 1776 (seign. de la Motte d'Usseau).

Boissellerie (La), h. c^ne de Sérigny.

Boissenatière, h. c^ne d'Asnières. — *Bessonotère*, 1379; *Bouessonatères*, 1399; *Boyssenatières*, 1493 (seign. d'Availle-Limousine). — *Village de Boissenatière*, 1659 (cure d'Asnières).

Bois-Senebault, m. r. c^nes de Jardres et Chauvigny. — *Le Boys Sandebaut*, 1309 (Gauthier, f° 184). — *Boys Sendebaut*, 1326 (évêché, 17). — *Le Boys Sennebaut*, 1410 (chap. de Chauvigny, 23). — *Le Boys Senebault*, 1518 (seign. de Touffou, 1). Anc. fief relev. de Talmont.

Boisseran, lieu détruit, près Boissenatière, c^ne d'Asnières; — (Cassini).

Bois-Servant, h. c^ne de Chaunay. — *Boiservant*, 1679 (notaires, Mestreau à Civray).

Boisses (Les), m^in sur l'Auzance et h. c^ne de Migné. — *Le moulin d'Anboysse*, 1368; — *d'Amboisse*, 1573; *les Boisses*, 1610 (abb. de Montierneuf, 61).

Boissière (La), h. c^ne de Ceaux, c^on de Couhé. — *La Boixière*, 1483 (chap. de St-Hilaire, 244).

Boissière (La), f. c^ne de Journet; — 1612 (chap. cathédral, 24).

Boissière (La), f. c^ne de Lizant. — *La Boyssière*, 1518 (fam. Jousserant, 2). — *La Boissière*, 1731 (rôle des tailles).

Boissière (La), h. c^ne de Pleumartin. — *La Boissière*, 1434 (seign. de Tricon). — *La Boussière*, 1453 (abb. de la Merci-Dieu, 11). — *La Boyssière*, 1538; *la Boessière*, 1602 (seign. de Pleumartin, 1). — Anc. fief relev. du marq. de Pleumartin.

Boissière (La), chât. et mⁱⁿ sur la Clouère, c^{ne} de Saint-Secondin. — *La Boissère*, 1396 (gr. Gauthier, f° 210). — *La Boissière*, 1479; *la Boessière*, 1532 (seign. de la Boutinelière). — Anc. fief relev. de la vic. de Gençay.

Boissière (La), h. c^{ne} de Sanxay; — 1775 (rôle des tailles).

Bois-Simon, f. c^{ne} de Dangé. — *Boissimon*, 1598 (seign. de la Fontaine, 1). — *Boyssimon*, 1603 (cure de Dangé). — *Boissimon ou petit Pouligny*, 1727 (fief de Bois-Simon). — Anc. fief relev. du duché de Châtellerault.

Boisson (Le), lieu détruit, c^{ne} de Lomaizé ou aux environs. — *Le Boesson*, 1405 (gr. Gauthier, f° 22). — *Le Boisson*, 1463 (carmes de Poitiers).

Boissonnerie (La), m. près Beauvoir, c^{ne} de Migna-loux; — 1723 (abb. de la Trinité, 44). — C'était peut-être le même lieu que la *Mulonnerie*, indiqué sur la carte de Cassini et appelé *la Milonnère* en 1385 (cart. de la Trinité, f° 96). C'est auj. le château de Beauvoir; le nom de la Boissonnerie est tombé dans l'oubli.

Boissonnière (La), h. c^{ne} de Blanzay; — 1607 (chap. de St-Hilaire, 253).

Boissonnière (La), f. c^{ne} de Marnay. — *La Boyssonnière*, 1550 (seign. de la Vergne). — *La Boessonnière*, 1572 (fam. Pidoux).

Boissonnière (La), m. r. c^{ne} de Romagne.

Boissonnière (La), f. c^{ne} de Sanxay; — 1775 (rôle des tailles).

Bois-sur-l'Ane, ff. c^{ne} de Chalandray. — *Bois sur Lasne*, 1703 (abb. de Ste-Croix, 31).

Boistardières (Les), h. c^{ne} de Saint-Remy-sur-Creuse. — *Les Boistardières*, 1531 (duché de Châtellerault, 3). — *Les Boitardières*, 1541 (collège de Poitiers, 20). — *Village des Boistardières anciennement nommé le village des Hardouins*, 1650 (fief de la Chaise).

Boisterne, f. c^{ne} de Marnay. — *Boysterne*, 1505 (cure de Gizay). — *Boiterne*, 1565 (religieuses de Ste-Catherine de Poitiers). — *Boisternes*, 1625 (titres de Château-Larcher). — Anc. fief relev. de la Clielle.

Bois-Vent, h. c^{ne} de Champagné-Saint-Hilaire.

Bois-Vent, h. c^{ne} de Chenevelles; — 1687 (cure de Chenevelles).

Bois-Vent, m. à la Rabotalière, c^{ne} de Doussay.

Bois-Vert, h. c^{ne} d'Hains.

Bois-Vert, h. c^{ne} de Romagne. — *Boisvert*, 1363; *le grand et le petit Boisvert*, 1448 (seign. du Parc et de Boisvert, 1). — Boisvert était un fief relev. du comté de Civray. Le petit Boisvert, détruit avant 1642, relevait de la châtellenie de Champagné-Saint-Hilaire.

Bois-Vert, m. r. c^{ne} de Saint-Pierre-d'Exideuil. — *Boysverdt*, 1492 (fam. Jousserant, 1). — *Boysvert*, 1530 (ibid. 2).

Bois-Vent, h. c^{ne} de Thurageau; — 1778 (rôle du vingtième).

Bois-Vert, près Dandésigny, h. c^{ne} de Verrue.

Bois-Vert, près la Loge, h. c^{ne} de Verrue.

Bois-Vert, maisons entourant le champ de foire à la Villedieu. — *Boisvert*, métairie, 1775 (rôle des tailles).

Bois-Vezin, m. r. c^{ne} d'Iteuil.

Boisvinières (Les), h. c^{ne} de Coussay-les-Bois. — *Les Boisvinières*, 1454 (notaires, Artaud à la Roche-Posay). — *Les Boysvignières*, 1497 (seign. de la Roche-Posay, 1). — *Les Boyvinières*, 1501 (ibid. 2). — *Les Bouvinières*, 1841 (nomencl.).

Boitaudière (La), ff. c^{nes} de Fleix et Paizay-le-Sec. — *La Butaudère*, 1494 (seign. de Courlevrault). — *La Boytaudière, la Boistaudière, la Boutaudière*, 1580 (terrier de Champeaux, f°s 31 et 36 v°). — *La Boitaudière*, 1618 (maison-Dieu, 159). — *La Bautodière* (Cassini).

Boite (La), h. c^{ne} d'Ouzilly. — *La Bouette*, 1676 (fam. des Courtis). — *La Boitte*, 1725 (cure d'Ouzilly).

Boite (La), h. c^{ne} de la Roche-Posay. — *La Boixte*, 1455 (notaires, Artaud à la Roche-Posay). — *La Boeste*, 1505 (cure de la Roche-Posay). — *La Bouette* (Cassini).

Boitières (Les), f. c^{ne} d'Orches. — *La Bouetière*, 1444 (duché de Châtellerault, 1). — *Les basses Bouettières*, 1513 (seign. des Hautes-Boitières). — *Les haultes Bouitières*, 1545 (seign. des Clouzeaux). — *La haulte et la basse Boitière*, 1543 (chap. de Châtellerault, 15). — Le fief des Hautes-Boitières relevait du marq. de Clairvaux.

Boivre, chât. et h. c^{ne} de Vouneuil-sous-Biard. — *La Bogaudère*, 1401 (seign. de Béruges). — *La Begaudière*, 1594 (abb. du Pin, 14). — *Boisvre aultrement la Begaudière*, 1676; *Touchembert cy devant Boivre et la Begaudière*, 1748 (abb. du Pin, 36). — Anc. fief relev. de l'abb. du Pin.

Boivre (La), petite riv. prend sa source c^{ne} de Benassay, près la limite du dép^t des Deux-Sèvres, et se jette dans le Clain à Poitiers, après avoir arrosé les c^{nes} de Benassay, la Vausseau, la Chapelle-Montreuil, Montreuil-Bonnin, Béruges, Vouneuil-sous-Biard, Biard et Poitiers, sur une longueur de 38 kilom. — *Bibera*, 923 (cha. de St-Hilaire, t. I, p. 18). — *Biberis*, 926 (Fonteneau, t. XXIV,

p. 11). — *Bevria*, v. 1110 (cart. de S¹-Cyprien, p. 280). — *Aqua de Buevre*, 1295 (abb. de la Celle, 1). — *Le Besvre*, 1398 (seign. de Béruges). — *Le Boyvre*, 1404 (gr. Gauthier, f° 71 v°). — *Le Boisvre*, 1442 (Fontencau, t. XIX, p. 519). — *La Boyvre*, 1448 (abb. du Pin, 31). — *Rivière de Boesvre*, 1451 (Fontencau, t. XIX, p. 530). — *Le Bèvre*, 1459 (chap. de S¹-Hilaire, 97). — *Le Boivre*, 1583 (abb. du Pin, 28).

Un moulin sur la Boivre, près Poitiers, appelé *Biberii molendinum infra quintam Pictavæ civitatis* dans une charte de 926 (Besly, Hist. des comtes de Poitou, p. 225), fut donné vers 1050 par la comtesse Agnès au monastère de Saint-Nicolas de Poitiers, *molendinus qui est in flumine Biberis* (cart. de S¹-Nicolas, n°⁵ 1, 4 et 13).

BOLIN, h. c⁰ᵉ de Jardres. — *Bolen*, 1309 (Gauthier, f° 186 v°). — *Village de Baulain aultrement appellé la Jarrousserie*, 1531; *Boullain*, 1562 (chap. cathédral, 19). — *Baulin*, 1674 (seign. de Touffou, 3).

BOMBARDERIE (LA), h. c⁰ᵉ de la Bussière.

BONDE (LA), m. r. c⁰ᵉ de Magné.

BONDE (LA), h. c⁰ᵉ de Montreuil-Bonnin.

BONDILLY, vill. c⁰ᵉ de Saint-Cyr. — *Villa que vocatur Bundiliacus*, 951 (Fontencau, t. XIII, p. 49); — *in vicaria Liraninse*, 989 (*ibid.* t. XIII, p. 96). — *Bundeliacus*, v. 1020 (Besly, Hist. des comtes de Poitou, p. 358). — *Bondillé*, 1403 (gr. Gauthier, f° 6).

BONHOMMERIES (LES), h. c⁰ᵉ de Villemort.

BONIFARDIÈRES (LES), h. c⁰ᵉ d'Availle-Limousine. — *Les Boulfardières, les Broulfardières, les Broufardières*, v. 1520 (seign. d'Availle). — *Les Bonnesfardières*, 1656 (rôle des tailles). — *Les Bonnifardières*, 1716 (abb. de S¹-Cyprien, 28).

BONILLET, lieu auj. inconnu, c⁰ᵉ de Pouillé; — 1385 (cart. de la Trinité, f° 34 v°).

BONIOTRIE (LA), lieu détruit, près Fondeuil, c⁰ᵉ de Saint-Martin-la-Rivière. — *La Bonniotrye*, 1636 (fam. Chessé). — *La Boniotrie*, 1841 (nomencl.).

BONNAIE (LA), f. c⁰ᵉ de Blâlay.

BONNAIGNE, f. c⁰ᵉ de Vernon. — *Bonne aygue*, 1473 (abb. de Montiernouf, 92). — *Bonnesgue*, 1534; *Bonnaigue*, 1605 (chap. de S¹-Pierre-le-Puellier, 28).

BONNAISERIE (LA), h. c⁰ᵉ de Chasseneuil. — *La Bonnaizerie*, 1617 (collège de Poitiers, 18).

BONNALIÈRE (LA), lieu détruit, entre Touffou et les Filardières, c⁰ᵉ de Bonnes. — *Fondeys de la Bonnalère*, 1438 (seign. de Touffou, 1). — *La Bonnallière*, 1604 (*ibid.* 2).

BONNALIÈRE (LA), h. c⁰ᵉ de Châtellerault. — *Mestairie de la Bonnallyère*, apparl. à René Androuet, s¹ du Cerceau, 1634 (fief de Mauvoisin). — *La Bonalière*, 1751 (arch. de Poitiers, 71).

BONNALIÈRE (LA), h. c⁰ᵉ d'Usseau. — *Les Bonnallières*, 1608; *les Bonnalières*, 1650 (seign. des Closures). — *La Bonallière*, 1783 (seign. de la Motte d'Usseau).

BONNARCHERIE (LA), f. c⁰ᵉ de Surin. — *La Bonnacherie*, 1640 (fief du Cibiou).

BONNARDELIÈRE (LA), vill. et bois, c⁰ᵉ de Saint-Pierre-d'Exideuil. — *La Bonardelère*, 1347 (abb. de Nouaillé, 19). — *La Bonnardelière*, demeure de Jehan Bonardea, 1353 (fam. de Chabanais). — *La Bonardellère*, 1405 (gr. Gauthier, f° 206). — Anc. fief. relev. du comté de Civray.

BONNAUDEAUX (LES), m. r. c⁰ᵉ de Sossay.

BONNAUDRIE (LA), h. c⁰ᵉ de Chalandray; — 1594 (seign. de Chalandray).

BONNE (LA), h. c⁰ᵉ d'Ingrande; — 1686 (fief de la dîme de Piolant).

BONNE (LA), vill. c⁰ᵉ de Ternay.

BONNE-AIDE, chapelle et h. c⁰ᵉ de Saint-Jean-de-Sauves. — *Chapelle de Nostre Dame de Bonne Aide*, 1502 (cure de S¹-Aubin-du-Dolet); — de *Bonnaide*, 1612 (prieuré de S¹-André de Mirebeau).

BONNEAUX (LES), h. c⁰ᵉ de Bonnes. — *Village des Bonneaulx*, 1604 (seign. de Touffou, 2).

BONNEAUX (LES), f. c⁰ᵉ de Thuré.

BONNEFIN, h. c⁰ᵉ de Benassay.

BONNELERIE (LA), f. à la Vausseau, c⁰ᵉ de Chalandray.

BONNELIÈRE (LA), f. c⁰ᵉ de Paizay-le-Sec; — v. 1630 (abb. de S¹-Savin, 31). — *La Bournalière*, 1841 (nomencl.).

BONNELIÈRE (LA), lieu auj. inconnu, c⁰ᵉ de Saint-Saviol. — *La Bonnellière*, 1405 (gr. Gauthier, f° 268). — *La Bonnelière*, 1465 (fam. Jousserant, 1).

BONNES, c⁰ⁿ de Saint-Julien-Lars. — *Johannes de Bonis*, 1173 (abb. de l'Étoile). — *Bones*, 1203 (Fontencau, t. XXIII, p. 617). — *Bonnes*, 1309 (Gauthier, f° 189 v°). — *Bonnes sur Vienne*, 1383 (seign. de Loubressay). — *Capellanus de Bonis; prior de Bonis, monasterii Dolensis*, 1383 (taux du décime, p. 17 et 18).

Avant 1790 cette commune faisait partie de l'archiprêtré de Mortemer, de la châtellenie, de la sénéchaussée et de l'élection de Poitiers. Le prieuré et la cure de Saint-André de Bonnes dépendaient de l'abbaye du Bourg-Dieu (Indre); le prieuré était situé sur la rive droite de la Vienne.

BONNES-TERRES (LES), h. c⁰ᵉ de Nalliers. — *Les Becneceres*, 1260 (Hommages d'Alphonse, p. 109).

Bonnetalière (La), h. c^ne de Bonnes.
Bonneterie (La), h. c^ne de Pouzioux. — *La Bonetterie*, 1778 (seign. de St-Martin-la-Rivière, 4).
Bonneterie (La), m. r. c^ne de Saint-Pierre-d'Exideuil.
Bonnetière (La), chât. c^ne de la Chaussée. — *La Bonetère*, 1239 (cure d'Aunay). — *La Bonetière*, 1405 (couv. de Guesne).
Bonnetières (Les), h. c^ne de Marçay. — *Les Bonnatières*, 1507 (collège de Poitiers, 87). — Anc. fief relev. de la châtell. de Clavière (Fontenau, t. XLII, p. 265).
Bonnets (Les), h. c^ne de Saint-Christophe. — *Cheulx les Bonnays*, 1625 (cure de St-Christophe). — *Les Baunets* (Cassini).
Bonneuil, vill. c^ne de Saint-Martin-la-Rivière. — *In villa cujus vocabulum est Bonogilo*, 780 (ch. de St-Hilaire, t. I, p. 2). — *In villa quæ appellatur Bonoiolo, in vicaria Sicvalinse*, 963 ou 964 (cart. de St-Cyprien, p. 150). — *Villa quæ vocatur Bonolium, in vicaria Exinvalinse*, 989 (*ibid.* p. 149).— *Bonuilh*, 1390; *Bonuil*, 1456; *Bonneilh*, 1515 (seign. de St-Martin-la-Rivière, 1). — *Bonneuilh*, 1477 (fief de Mortemer).
Bonneuil, vill. c^ne de Verrue. — *Bonueil*, 1539; *Bonœul*, 1572 (chap. de Mirebeau, 30). — *Bonneuil*, 1590 (cure de Guesne).
Bonneuil-Matours (populairement Bonimatours), c^on de Vouneuil-sur-Vienne. — *Parrochia de Bonolio monasterio*, v. 980 (cart. de St-Cyprien, p. 148). — *Bonolium*, 1077 (Fontenau, t. XIX, p. 34). — *Ecclesia de Bonolio castro*, 1097-1100 (cart. de St-Cyprien, p. 13). — *Raginaudus sacerdos de Bono oculo*, 1108-1115 (arch. de Maine-et-Loire, abb. de Fontevrault). — *Ecclesia de Boonolio*, 1119 (cart. de St-Cyprien, p. 18).—*Parroysse de Bonuyl*, *Bonoyl*, 1310 (Gauthier, f°s 184 v° et 185). — *Bonuyl Matorre, Bonnuyl*, 1324; *Bonœul Mathorre*, 1337 (arch. de Poitiers, 12). — *Portus de Matorre*, 1339 (évêché, 17). — *Capellanus de Bonolio Matorre*, 1383 (taux du décime, p. 60). — *Bonneil Matorre*, 1407 (gr. Gauthier, f° 1 v°). — *Bonneil Matorre*, 1434 (seign. de Touffou, 3). — *Bonneilh Matourre*, 1439 (abb. de Ste-Croix, 95). — *Bonneil Mathore*, 1479 (compte de J. Bourdin). — *Bonimatorre*, 1489 (livre de recette de Vivonne, f° 179). — *Bonnimatourre*, 1511 (abb. de Ste-Croix, 95).— *Bonneuil Mathoure*, 1649 (bissexte). — *Bonimatoure*, 1719; *Bonimatours*, 1743 (almanachs de Poitiers). — *S. Pierre de Bonneuil Matour*, 1782 (pouillé). — *Bonneuilmatours*, 1786 (almanach provincial).

Avant 1790 la paroisse de Bonneuil-Matours faisait partie de l'archiprêtré de Mortemer, du duché et de la sénéchaussée de Châtellerault, et de l'élection de Poitiers; elle a dépendu de l'élection de Châtellerault jusqu'au commencement du xviiie siècle. Une portion de la paroisse, comprenant Boirie et Traversay, était de la châtellenie de Poitiers. La cure était à la nomination de l'abbé de Saint-Cyprien de Poitiers. La châtellenie de Bonneuil-Matours (1408, gr. Gauthier, f° 1 v°) était unie au duché de Châtellerault. Le four banal de Bonneuil-Matours constituait un fief relevant de ce duché; le port et passage de la Vienne au même lieu était tenu en fief de la châtellenie de Touffou : *le port et passage on fluve de Vienne, appellé le port de Bonueil Matourre, assis entre le moullin de Sainct Mars et l'arceau de Mathourre*, 1547 (aveu de Touffou).
Bonnevaux, h. c^ne de Brigueil-le-Chantre. — *Massum de Bona valle*, xiie s^e (maison-Dieu, cart. n° 184). — *Bonneval*, 1506; *Bonnevaux*, 1672 (fief de Fleix).
Bonnevaux, m. r. c^ne de Marçay; anc. abbaye de l'ordre de Cîteaux, fondée au commencement du xiie siècle. — *Bonavallis*, v. 1120 (Gallia christ. t. II, instr. col. 375). — *Bonnevau*, 1280 (abb. de Fontaine-le-Comte, 22). — *Abbatia de Bonavalle, Cisterciensis ordinis* (pouillé de Gauthier, f° 140). — *Bonnevaux*, 1489 (livre de recette de Vivonne, f° 163 v°). — *Notre-Dame de Bonnevaux*, 1782 (pouillé).

La forêt de Bonnevaux est mentionnée en 1785 dans un titre de l'abbaye; il en reste quelques taillis; une pièce de terre est encore appelée la Forêt.
Bonnevie, m. r. c^ne de Saint-Saviol; — 1492 (fam. Jousserant, 1).
Bonnezac, vill. et m^in sur la Charente, c^ne de Châtain; — 1400 (abb. de Charroux).
Bonnière (La), f. c^ne de Saint-Gervais; — 1704 (fief de la Bonnière). — Anc. fief et haute justice relev. du duché de Châtellerault.
Bonnifond, h. c^ne de Châtain.
Bonnigon, m^in sur la Barouse, c^ne des Trois-Moutiers. — *Moulin de Bonnegon*, 1484 (com^rie de Loudun, 18); — *de Bonnigon*, 1641 (prieuré de Bournan, 12).
Bonnillet, vill. c^nes de Blanzay et Chaunay. — *Bonillet*, 1409 (gr. Gauthier, f° 223). — *Bonnillé, Bonneuil, Bonneill*, 1594 (fief de Panièvre).
Bonnillet, vill. et m^in sur le Clain, c^ne de Chasseneuil. — *Bonollet*, 1240 (abb. de Fontaine-le-Comte, 17). — *Bonoyllet*, 1267 (abb. de la Trinité, 30). — *Boneyllet, Bonnillet*, 1294 (Fontenau, t. XIX,

p. 439 et 441). — *Bonilhet*, 1322 (abb. de la Celle, 18). — *Bonnuyllet*, 1324; *Boneullet*, 1337 (arch. de Poitiers, 12). — *Bonnyllet*, 1437 (collège de Poitiers, 18). — Anc. fief relev. de la tour de Maubergeon. Autre fief et haute justice appart. à l'abbaye de la Trinité de Poitiers et au prieuré de Ligugé.

Bonnins (Les), h. c^{ne} de Dangé. — *Village des Bonnyns*, 1578 (cure de Dangé). — *La Bailletrie autrement le village des Bonnins*, 1598 (seign. de la Fontaine, 1).

Bonnivet, h. c^{ne} de Joussé.

Bonnivet, h. c^{ne} de Vendeuvre; chât. détruit. — *De Bonyveto*, 1317 (seign. de Chéneché, 7). — *Bonivet*, 1358 (abb. de St-Cyprien, 43). — *Bonnivet*, 1481 (seign. de Bonnivet). — Ce fief, relev. de la châtell. de Vendeuvre, fut érigé en châtellenie par l'évêque de Poitiers en 1518, en faveur de Guillaume Gouffier, amiral de France.

Bons-Hommes (Les), h. c^{ne} d'Oiré. — *Village des Biardeaux*, 1586 (seign. de Chêne, inv. p. 43); — *des Biardeaux ou Bons hommes*, 1653 (*ibid.* p. 47).

Bons-Hommes (Moulin des), sur la Veude, c^{ne} de Saint-Christophe. — *Molendinum bonorum virorum*, 1288; *le molin aus bons homes*, 1370; *le moulin des bons hommes*, 1417, 1784 (prieuré de Fontmore, 2). — Ce moulin, qui dépendait du prieuré de Fontmore, n'existe plus.

Bonvent (Ruisseau de), prend naissance près Chemerault, c^{ne} de Brux, et tombe dans la Bouleur à l'est de la Raffinière, même commune.

Boquerie (La), h. c^{ne} de Dienné.

Borbonnerie (La), f. c^{ne} de Salles-en-Toulon; — 1752 (cure de Salles).

Bord (Le Grand et le Petit-), ff. c^{ne} d'Andillé. — *Bours*, 1362 (fam. Jacques). — *Bortz*, 1540 (abb. de St-Cyprien, 46). — *Le grand Bors, le petit Bors*, 1658 (fam. Brochard).

Borde (La), f. c^{ne} de la Bussière.

Borde (La), f. c^{ne} de Liglet; — 1528 (abb. de St-Savin, 26).

Borde (La), f. c^{ne} de la Roche-Posay. — *La Borde*, 1376 (abb. de la Merci-Dieu, 9). — *La Borde Burin*, 1455 (*ibid.* 8). — *La Borde Busain*, 1478 (*ibid.* 3). — *La Bourde*, 1521 (*ibid.* 9).

Borde (La), f. c^{ne} de Saint-Sauveur; — 1456 (com^{rie} de la Foucaudière, 1).

Borde (La), ff. c^{ne} de Vicq; — 1512 (abb. d'Angle).

Bordeaux, f. c^{ne} de Ceaux, c^{on} de Loudun.

Bordeaux (Le Petit-), h. c^{ne} de Lencloître.

Borde-Busain, lieu détruit, entre Saint-Martin-la-Rivière et Cubord. — *Maison de Borde Busain*, 1390, 1456 (seign. de St-Martin-la-Rivière, 1).

Borde-d'Antran (La), chât. et f. c^{nes} d'Ingrande et Châtellerault. — *La Borde*, 1432 (cure d'Antogné).

Borde-des-Bois (La), f. c^{ne} d'Ingrande. — *Dominus de Borda*, 1349 (chap. de Châtellerault, 1). — *La Borde*, 1444 (duché de Châtellerault, 1). — Anc. fief relev. de celui de la Forêt, uni en 1661 au marq. de la Groye.

Bordelière (La), h. c^{ne} de Journet. — *La Bourdelière*, 1525 (maison-Dieu, 31). — *La Bordelière*, 1530 (*ibid.* terrier). — *La Bordellière*, 1612 (chap. cathédral, 24).

Bordereau, m^{in} sur le ruisseau de Cuhon, c^{ne} de Cuhon. — *Moulin de Borderea*, 1478 (chap. de St-Hilaire, 338); — *de Bourdereau*, 1499 (*ibid.* 325); — *de Bourdreau*, 1544 (cure de St-Hilaire de Mirebeau); — *de Bourdeau*, 1548 (cure de Chouppes); — *de Bordereau*, 1780 (rôle du vingtième).

Borderie (La), f. c^{ne} de Chéneché.

Borderie (La), f. c^{ne} de Mondion. — *Le Bourdrie*, 1841 (nomencl.).

Borderie (La), f. c^{ne} de Saugé.

Borderie (La), h. c^{ne} de Sommières.

Borderie (La Petite-), f. c^{ne} de Blâlay.

Borderies (Les), h. c^{ne} de Coulonges.

Borderies (Les), f. et les Petites-Borderies, h. c^{ne} de Liglet; — 1580 (seign. de Courtevrault, reg. f° 33). — *La Bordria*, 1775 (rôle des tailles).

Borderies (Les), h. c^{ne} de la Puye.

Borderies (Les), h. c^{ne} de Saint-Georges.

Borderies (Les), h. c^{ne} de Vouneuil-sur-Vienne. — *La Borderie*, 1579 (chap. cathédral, reg. 93).

Bordes (Les), f. c^{ne} d'Antran.

Bordes (Les), h. c^{ne} de Brux; — 1446 (abb. de Nouaillé, 53).

Bordes (Les), h. c^{ne} de Coussay-les-Bois. — *Les Bourdes*, 1508 (fam. de Marconnay). — *Seigneurie des Bordes*, 1664 (seign. de la Roche-Posay, 4). — Anc. fief relev. de la vic. de la Guerche (Indre-et-Loire).

Bordes (Les), vill. et grottes, c^{ne} de Gouex. — *Les Bourdes*, 1604 (cure de Gouex). — *Les Bordes*, 1611 (abb. de Nouaillé, 41). — Anc. fief relev. du marq. de Lussac-le-Château.

Bordes (Les), f. c^{ne} de l'Isle-Jourdain. — *De Bordis*, 1286 (cure de l'Isle-Jourdain).

Bordes (Les), vill. c^{ne} de Latus; — 1548 (fief de Latus).

Bordes (Les), h. c^{ne} de Millac.

Bordes (Les), m^{in} sur le Clain et f. c^{ne} de Naintré.

— *Les Bordes*, 1388 (duché de Châtellerault, 5). — *Les Bourdes*, 1466; *moulin des Bordes*, 1506 (duché de Châtellerault, 4). — Anc. fief relev. du duché de Châtellerault.

Bordes (Les), vill. c^{ne} de Nouaillé. — *Ballia de Bordis*, v. 1209 (abb. de Nouaillé, 1). — *Les Bordes*, 1326 (*ibid.* 6). — *Les Bourdes*, 1479 (*ibid.* 15). — Le moulin des Bordes sur le Miosson est aussi appelé moulin de la Petite-Vau ou de Trompe-Souris. — *Moulin de la petite Vaux*, 1775 (rôle des tailles).

Bordes (Les), chât. et h. c^{ne} de Sèvre. — *Locus qui dicitur Ad illas Bordas, in vicaria Linarinse*, 987-990 (cart. de St-Cyprien, p. 127). — *Village des Bordes de Lacenniers*, 1448 (abb. de la Celle, 1). — Anc. fief relev. du Bois-Dousset.

Bordes (Les), h. c^{ne} de la Trimouille; — 1775 (rôle des tailles).

Bordes (Les), h. c^{ne} du Vigean; — 1507 (cure du Vigean).

Bordesoulle, h. c^{ne} de Brigueil-le-Chantre. — *Bordesolle*, 1506 (fief de Fleix). — *Bordesoulle*, 1678 (cure de Brigueil-le-Chantre).

Bordet, m. r. c^{ne} de Marigny-Brizay.

Bordière (La), h. c^{ne} de la Chapelle-Montreuil. — *La Bouhardère*, 1445 (com^{rie} de St-Georges, 14). — *La Bouardère*, 1467 (abb. de St-Cyprien, 4). — *La Bouardière*, 1539 (abb. de Montierneuf, 84).

Bordière (La), ff. c^{ne} de Coussay. — *La Bouardière*, 1572 (chap. de Mirebeau, 28); 1751 (prieuré de Coussay). — Anc. propriété du prieuré de Coussay.

Bordigal, h. c^{ne} de Saint-Remy-sur-Creuse. — *Bourdigalle*, 1650 (fief de la Chaise).

Bords, h. c^{ne} de Charroux. — *Bours*, 1401; *Bors*, 1527 (chap. de St-Hilaire, 458).

Borgetterie (La), f. détruite, c^{ne} de la Puye; — 1577 (couv. de la Puye, 4). — Ce lieu est aujourd'hui inconnu.

Borie (La), f. c^{ne} de Charroux.

Borie (La), bois, c^{ne} de Romagne; contenait 114 arpents en 1796.

Borie (La), f. c^{ne} de Saint-Romain; — 1751 (seign. de Joussé). — Anc. fief relev. de Joussé.

Borlière (La), h. c^{ne} d'Hains. — *La Borreillère, la Bourrelère*, 1486 (abb. de St-Savin, 14). — *La Borlière*, 1542 (terrier de Rouflac, 76). — *La Bourlière*, 1611 (com^{rie} de Rouflac).

Borlière (La), h. c^{ne} de Lussac-le-Château; — 1604 (inv. des titres des biens de Mme de Blom, f° 18; appart. à M. Beauchet-Filleau).

Borlière (La), lieu détruit, au sud du vill. du Pont, c^{ne} de Mazerolles. — *La Borlère*, 1310, 1409; *la Bornellère*, 1332 (abb. de Nouaillé, 40). — *Village de la Borglère*, 1640 (*ibid.* 41).

Bornais (Le), chât. c^{ne} de Senillé; anc. prieuré dép. de l'abb. de Saint-Hilaire de la Celle de Poitiers. — *Ecclesia de Borneis in parrochia Sancti Albini de Senillec*, v. 1088 (cart. de St-Cyprien, p. 183); — *de Burnais*, v. 1110 (*ibid.* p. 45); — *de Bornesio*, 1119 (*ibid.* p. 18). — *Rainaldus de Bornei*, v. 1119 (Fontcneau, t. LXXII, p. 375). — *Castrum Burneys*, 1125 (chap. cathédral, 12). — *B. de Bornai, miles*, v. 1216 (Fontcneau, t. XXII, p. 45). — *Le seigneur dou Bornays*, 1326 (évêché, 17). — Arnauld d'Aux, sire du *Bournais*, 1346; — *du Bornais*, 1355 (fam. d'Aux). — *Le Bornois*, 1388 (duché de Châtellerault, 6). — *Prieuré de la Magdalène du Bournays*, 1432 (abb. de la Celle, 5). — *Le Bournoys*, 1457 (duché de Châtellerault, 5).

Le fief et haute justice du Bornais relevait de la châtelenie de Montoiron.

Bornais (Le), m. r. c^{ne} d'Usseau.

Bornais (Les), f. c^{ne} d'Angle.

Bornais (Les), m. r. c^{ne} de Naintré.

Bornais (Les), f. c^{ne} de Sérigny.

Bornasserie (La), h. c^{ne} de Coussay-les-Bois.

Bornat, fontaine, près Mortaigue, c^{ne} de Queaux. — *Font du Bornan*, 1470 (fam. de Genouillé).

Bonne-aux-Moines (La), h. c^{ne} de Latillé. — *La Bonne au moyne*, 1621; *la Bonne aux moines*, 1696 (abb. du Pin, 26).

Bonne-aux-Moines (La), ff. c^{ne} de Montmorillon.

Bos (Le), f. c^{ne} de Brigueil-le-Chantre. — *Village au Bostz*, 1525 (maison-Dieu, 31); — *du Boustz*, 1564; — *du Bosts*, 1672 (fief de Fleix); — *du Bost*, 1678 (cure de Brigueil-le-Chantre).

Bossard, mⁱⁿ sur le ruiss. de Gabouret, c^{ne} de Cloué. — *Molendinum de Bossarts*, 1405 (gr. Gauthier, f° 59 v°). — *Moulin de Bossart*, 1477 (fief de Monts); *de Boussard*, 1578 (fief de Cloué).

Bossé (Bois de), c^{ne} de Quinçay; autref. au chap. de Saint-Hilaire de Poitiers; contenait 150 arpents en 1792.

Bothère (La), h. c^{ne} de Colombiers.

Bottereau, h. c^{ne} de Messay.

Bottines (Les), h. c^{ne} de Lencloître.

Bou (Le), vill. c^{ne} de Voulême. — *Le Boust*, 1512 (fam. Jousserant, 2).

Boubrault, f. c^{ne} de Montmorillon. — *Bobereau*, 1418 (fief de Beaupuy). — *Bouberaut*, 1474 (chap. de Montmorillon, 3). — *Boubrault*, 1494 (fief de la Vergne). — *Boubrault*, 1583 (fief de l'Âge-de-Plaisance).

Bougarault (Le), ruiss. prend sa source près le hameau de Chez-Mairat, c^ne d'Availle-Limousine, passe à Malubert et se jette dans la Vienne au-dessus du chef-lieu de la commune. — *Grand ruisseau de la Morrie qui descend de l'estang de chez Benoist*, 1616 (fam. Laurent de Reyrac).

BOUCARDRIE (LA), f. c^ne de Marnay; — 1618 (cure de Château-Larcher). — *La Bouchardrie*, 1680 (seign. de Château-Larcher).

BOUCAUDIÈNE (LA), h. c^ne de Liglet. — *La Boucaudère*, 1494 (seign. de Courtevrault). — *La Boucauldière*, 1541 (maison-Dieu, 133). — *La Becaudière*, 1572 (*ibid.* 139). — *La Boucaudière*, 1580 (*ibid.* 133). — *La Caudière* (Cassini).

BOUCAUDIÈRE (LA), lieu détruit, auj. inconnu, c^ne de Verrières. — *La Bacaudère, fondis*, 1405 (gr. Gauthier, f° 21 v°). — *La Boucaudère*, 1417, 1463 (carmes de Poitiers).

BOUCAUDRIES (LES), h. c^ne de Salles-en-Toulon. — *Les Boucquaudries, parroisse de Toullon*, demeure de Jacques Boucquaud, 1597 (prieuré du Teil-aux-Moines). — *Les Boucauderyes*, 1623 (fief de Fressine). — *Les Boucaudries*, 1670 (chap. de Mortemer).

BOUCHAGE (LE), h. c^ne de Latus. — *Le Bouchage*, 1489 (chap. de Montmorillon, 3). — *Le Boschage*, 1568 (*ibid.* 2).

BOUCHALAIS, ff. c^ne de Saint-Léomer. — *Bouchalays*, 1494 (seign. de Courtevrault). — *Bouchalois*, 1561 (*ibid.* 35). — *Bouchalais*, 1623 (cure de St-Léomer).

BOUCHARDERIE (LA), h. c^ne de Scorbé-Clairvaux. — *La Bouchardière*, 1619 (seign. des Robinières).

BOUCHARDIÈRE (LA), h. c^ne de la Ferrière. — *Les Bouchardères*, 1404 (gr. Gauthier, f° 84 v°). — *Bouchardières*, 1498 (fief de la Baumière). — *Bouchardière*, 1617 (seign. de la Lande). — Anc. fief relev. de la Ruffinière.

BOUCHARDIÈRE (LA), à Sully, c^ne de Mirebeau; anc. fief relev. de celui de la Rochedolant et appart. au chap. de Mirebeau; auj. inconnu. — *La Bouchardère*, 1448; *la Bouchardière*, 1485 (chap. de Mirebeau, 12).

BOUCHAUD (LE), vill. c^ne de Champagné-Saint-Hilaire. — *Le Boschea*, 1257 (ch. de St-Hilaire, t. I, p. 287). — *Le Bouschaut*, 1470 (chap. de St-Hilaire, 243). — *Le Bouchaud*, 1505 (seign. du Parc et de Boisvert, 1).

BOUCHAUD (LE), vill. c^ne de Chaunay. — *Le Bouchault*, 1576 (fief de Bellabre).

BOUCHAUD (LE), h. c^ne de Marnay.

BOUCHAUD (LE), m. r. c^ne de la Roche-Posay. — *Le Bouschau*, 1463 (notaires, Artaud à la Roche-Posay).

BOUCHAUD (LE), m. r. c^ne de Saint-Georges.

BOUCHAUD (LE), vill. c^ne de Thollet. — *Le Bouchaut*, 1408 (gr. Gauthier, f° 120). — *Le Bouchault*, 1494 (fief de Gersant). — *Le Bouchaud*, 1561 (fief du Bouchaud). — Anc. fief et haute justice relev. de la bar. de Montmorillon. Un étang du même nom est situé près Jappe-Loup, même commune.

BOUCHAUDRIE (LA), m. au village du Moulin-Garnier, c^ne de Marçay.

BOUCHAU-MARIN (LE), vill. et m^lin sur le Clain, c^ne de Naintré. — *Le Boucheau Marin*, 1616 (cure de Châteauneuf à Châtellerault).

BOUCHAUX (LES), h. c^ne d'Archigny; — 1480 (couv. de la Puye, 7).

BOUCHAUX (LES), h. c^ne de Pouzioux. — *Villagium de Bocheaus*, 1309 (Gauthier, f° 191 v°). — *Les Bouchaux*, 1445 (évêché, 21). — *Les Bouschaulx*, 1580 (terrier de Champeaux). — *Les Bouchault*, 1660 (abb. de St-Savin, 33).

BOUCUELLERIE (LA), f. détruite, près la Chaise, c^ne de Sillars. — *La Bouchellerye*, 1587 (prieuré du Teil-aux-Moines).

BOUCHÈRE (LA VIEILLE-), f. c^ne de Pairé. — *La Bouchère*, 1622 (fief de la Gralière).

BOUCHÈRE-NEUVE (LA), f. c^ne de Celle-l'Évêcault. — *La Bouchère*, 1366 (Fonteneau, t. XVII, p. 518).

BOUCHERIE (LA), h. c^ne de Luchapt; — 1561 (prieuré de St-Paixent).

BOUCHERON (LE), ff. c^ne de Pressac. — *Le Bocheyron*, 1493 (seign. d'Availle). — *Le Boucheron*, 1631 (fam. Laurent).

BOUCHERS (LES), f. c^ne de la Roche-Posay. — *Village aux Bouchiers*, 1542 (abb. de la Merci-Dieu, 8); — *des Bouchers*, 1564 (*ibid.* 10); — *des Bouchères*, 1630 (cure de la Roche-Posay).

BOUCHET (LE), c^en de Monts-sur-Guesne. — *Ecclesia Sancti Petri de Bosculo*, deuxième moitié du XIe siècle (Arch. hist. du Poitou, t. II, p. 36). — *Ecclesia de Boschet*, 1164 (Fonteneau, t. V, p. 592); — *de Bocheto* (pouillé de Gauthier, f° 171 v°). — *Saint Pierre de Bouschet*, 1433; *le Bouchet*, 1456 (abb. de Ste-Croix, 71).

Avant 1790 le Bouchet faisait partie de l'archiprêtré, de la châtellenie et du bailliage de Loudun, et de l'élection de Richelieu, généralité de Tours. La cure était à la nomination de l'abbesse de Sainte-Croix de Poitiers. Le principal seigneur de la paroisse était le comte de la Chapelle-Bellouin.

BOUCHET (LE), f. c^ne d'Availle.

BOUCHET (LE), chât. c^ne d'Availle-Limousine. — *Le Bouschet*, 1656 (rôle des tailles).

Bouchet (Le), h. c^{ne} de Bertegon; anc. maison de l'ordre de Grandmont, dép. du prieuré du Pommier-Aigre près Chinon. — *La meson de Boucheit*, 1313 (prieuré du Boucheit). — *Corrector de Bocheto*, 1383 (taux du décime, p. 15). — *Prieuré du Boschet*, 1437; — *de Saint Sébastion du Bouschet, en la chastellenie de Faye la Vineuse*, 1501; — *du Bouchet de Bertegon*, 1636; — *de Notre-Dame du Bouchet en Bertegon*, 1739 (prieuré du Bouchet). — Il est fait mention en 1639 (chap. de Ste-Radegonde, 133) d'une seign. de *la Tour du Bouchet* ou *la Tibaudière*.

Bouchet (Le), h. c^{ne} de la Bussière.

Bouchet (Le), vill. c^{nes} de Lencloître et Thurageau. — *Le Boschet, le Bochet*, 1389 (arch. nat. chambre des comptes, reg. 330, n° 27). — *Le Bouchet*, 1455 (seign. de Chéneché, 11). — *Le Bouschet*, 1486 (couv. de Lencloître). — Anc. fief, qualifié châtellenie dès 1663 (seign. du Bouchet), relev. de la seign. de Rochefort.

Bouchet (Le), m. r. c^{ne} de Marigny-Brizay. — *Le Boucheret*, 1526 (chap. de St-Pierre-le-Puellier, 22). — *Le Bouchet*, 1766 (rôle des tailles).

Bouchet (Le), f. c^{ne} de Marnay.

Bouchet (Le), f. et étang, c^{ne} de Millac. — *Le Boschet, le Bouschet*, 1449 (cure de l'Isle-Jourdain).

Bouchet (Le), m^{in} sur la Boivre et h. c^{ne} de Montreuil-Bonnin. — *Arbergamentum de Bocheto*, 1272 (Fonteneau, t. LV, p. 349); — *de Boscheto*, 1285 (ibid. t. V, p. 205). — *Le Bouschet*, 1464 (abb. de St-Cyprien, 13). — *Le Bouchet*, 1565 (abb. du Pin, 17). — *Moulin du Bouchet*, 1775 (rôle des tailles).

Bouchet (Le), ff. c^{nes} d'Oiré et Ingrande. — *Le Bouchet*, 1493 (duché de Châtellerault, 5). — *Le Bouschet*, 1610 (abb. de St-Cyprien, 24). — Anc. fief relev. de Chêne.

Bouchet (Le), m^{in} sur l'Auzance et h. c^{ne} de Quinçay. — *Molendinum de Boschet*, 1245; — *de Bochet*, 1287 (chap. de St-Hilaire, 388). — *Moulin du Bouchet*, 1575 (ibid. 557). — *Moulin Bouchet*, 1788 (cure de Quinçay).

Bouchet (Le), f. c^{ne} de la Roche-Posay. — *Le Bouschet*, 1461 (notaires, Artaud à la Roche-Posay). — *Le Bouchet*, 1504 (abb. de la Merci-Dieu, 6). — *Le Bochet*, 1521 (ibid. 9).

Bouchet (Le), h. c^{ne} de Saint-Gervais; — 1674 (fief du Plessis-Baunay).

Bouchet (Le), h. c^{ne} de Saint-Sauveur.

Bouchet (Le), h. c^{ne} de Savigny-l'Évéault; — 1750 (abb. de la Trinité, 53).

Bouchet (Le), m. r. c^{ne} de Sossay. — *Le Bouschet,*

le Bouchet, 1429 (duché de Châtellerault, 6). — *Estang du Bouchet*, 1520, 1558 (seign. de Puygarreau, 4 et 7).

Bouchet (Le), m. r. c^{ne} de Vouneuil-sur-Vienne.

Bouchetières (Les), h. c^{ne} de Gizay. — *La Bouchetère*, 1334; *les Bochetères*, 1346 (abb. de St-Cyprien, 17). — *Les Bouchetères, les Bouschetères*, 1451 (abb. de Montierneuf, 92). — *Les Bouchetières*, 1656 (notaires, Gaultier à Poitiers).

Bouchèvre (La), h. c^{ne} d'Orches. — *La Bouchièvre*, 1523 (seign. de la Citière). — *La Bouchyèvre*, 1607 (seign. de Lauberdière).

Boudauzière (La), h. c^{ne} de la Chapelle-Montreuil. — *La Baudouzière*, 1485; *la Boudouzière*, 1549 (abb. de Montierneuf, 84). — *La Boudauzierre*, 1711; *la Boudosière*, 1712 (rôles des tailles).

Boudignoux, f. et étang, c^{ne} du Vigean; — 1649 (fam. Laurent de Reyrac).

Boue (La Grande et la Petite-), hh. c^{ne} de Bournan. — *Boue*, 1451 (prieuré de Bournan, 11). — *La Boue*, 1462 (ibid. 1). — *La Boe*, 1484 (com^{rie} de Loudun, 20).

Boué, f. c^{ne} de Mondion. — *Boué*, 1411 (seign. de la Bruère). — *Bouhé*, 1571 (prieuré de Fontmorre, 2).

Boué, f. c^{ne} de Saint-Christophe; — 1706 (cure de St-Christophe). — Anc. fief relev. de la bar. de Faye-la-Vineuse (Indre-et-Loire).

Bouée (La), m. r. c^{ne} de Mazeuil.

Bouées (Les), h. c^{ne} de Naintré.

Bouées (Les), f. c^{ne} d'Oiré. — *Les Bouers*, 1642 (seign. de la Groye, inv.).

Bouénaudrie (La), m. près Mougon, c^{ne} d'Iteuil.

Bouereau, f. c^{ne} de Gouex.

Bouesse, vill. c^{ne} de Saint-Germain. — *Boesse*, 1499 (couv. de la Puye, 12). — *Bouesse*, 1538 (abb. de St-Savin, 8). — *Boisse*, 1529 (ibid. 22). — *Terres en friche au lieu appellé la fourest de Boysse*, 1580 (ibid. 8). — *Chappelle de Bouesse*, 1586 (ibid. 22).

Bouex (Le), h. c^{ne} de Nalliers. — *Le grand Boys, le petit Boys*, 1571; *le grand Bouez*, v. 1650 (abb. de St-Savin, 33).

Bouffard, m^{in} sur la Bouleur, c^{ne} de Ceaux, c^{on} de Couhé. — *Moulin de Bouffart*, 1462 (chap. de St-Hilaire, 342).

Bouffetalière (La), h. c^{ne} de Scorbé-Clairvaux. — *La Bouffetallière*, 1644 (seign. des Robinières).

Bouffray, m. r. anc. m^{in} sur la veude ou ruiss. de Goille, c^{ne} de Maulay. — *Moulin de Bouffray*, 1589 (chapelle des Quirits à Ste-Croix de Loudun). — *Boufray*, 1670 (chap. de Ste-Croix de Loudun, 5).

BOUFONNERIE (LA), h. c^{ne} d'Archigny.
BOUGARNIER, f. c^{ne} de la Trimouille. — *Boisgarnier*, 1654 (cure de la Trimouille). — *Bourgarnier, Bourgavier*, 1775 (rôle des tailles).
BOUGETTE (LA), lieu détruit, près Laudouard, c^{ne} d'Orches. — *La Bougecte*, 1523; *la Bougette*, 1588 (seign. des Clouzeaux).
BOUGEVILLE, lieu détruit, c^{ne} d'Orches; — 1446, 1780 (seign. de Bougeville). — Anc. fief relev. du marq. de Clairvaux.
BOUGRALIÈRE (LA), lieu détruit, c^{ne} de Smarve; anc. fief relev. de l'Épinette. — *Thomas Boguerelli de la Boguerelière*, 1339; *la Bougralère, la Bourgalière*, 1462 (abb. de St-Cyprien, 43).
BOUGRIÈRE (LA), vill. c^{ne} de Colombiers. — *La Bouguerère*, 1439 (duché de Châtellerault, 4). — *La Bougrière*, 1563 (prieuré de Colombiers). — Anc. fief relev. de la bar. de Colombiers.
BOUGRIÈRE (LA), bois, c^{ne} de Queaux; autrefois au prieuré de Grand-Chaume; contenait 82 arpents en 1796.
BOUIGE (LA), vill. c^{ne} d'Adriers. — *La Boyge*, 1479 (prieuré de Teil). — *La Bouige*, 1623 (maison-Dieu, 194).
BOUIGE (LA), lieu détruit, c^{ne} de Frontenay; — 1841 (nomencl.).
BOUIGE (LA), h. près le vill. du Pont, c^{ne} de Mazerolles.
BOUIGE (LA), h. c^{ne} de Moulime. — *La Boige*, 1454 (hommages de Montmorillon, f° 23 v°). — *La Boyge*, 1479 (prieuré de Teil). — *La Bouyge de Bellepleine*, 1537; *la Bouige*, 1664 (curé de Moulime). — Anc. fief.
BOUIGE (LA), h. c^{ne} de Saugé. — *La Bouyge*, 1483 (fief de Beaupuy). — *La Bouige*, 1541 (abb. de St-Savin, 34). — *La Boyge*, 1542 (maison-Dieu, 126).
BOUIGES (LES), h. c^{ne} de Saint-Sauvant; — 1726 (rôle des tailles).
BOUIGES-PENINS (LES), vill. c^{ne} de Persac.
BOUILLAUX (LES), m. r. c^{ne} de Nouaillé; terres concédées en 1482 par l'abbaye de Nouaillé à Jean Bouliau (abb. de Nouaillé, 7). — *Village des Bouiliaux, appellé Pertuy Renard*, 1611; *métairie des Bouillaux*, 1777 (ibid. 15).
BOUILLÈRE (LA), m. r. c^{ne} de Ceaux, c^{on} de Couhé. — *La Bouillère*, 1488 (chap. de St-Hilaire, 343). — *La Bouslière*, 1676 (seign. de Couhé). — Anc. fief relev. du marq. de Couhé.
BOUILLERIE (LA), h. c^{ne} de Colombiers.
BOUILLOLIÈRE (LA), h. c^{ne} de Civaux. — *La Botouillère, la Botinolière*, 1487; *la Boutinolière*, 1595;

la Boutignollière, 1604 (seign. de la Tour-aux-Cognons). — *La Boulolière*, 1737; *la Bouillollière*, 1779 (cure de Civaux).
BOUJATIÈRE (LA), h. c^{ne} de Sanxay. — *La Boujattière*, 1775 (rôle des tailles).
BOULANDERIE (LA), f. c^{ne} de Mignaloux. — *Les Boullenderies*, 1476 (arch. de Poitiers, 16).
BOULANDIÈRE (LA), f. c^{ne} de Mouterre.
BOULARD, f. c^{ne} de Roiffé, auj. colonie agricole, appelée Saint-Hilaire depuis 1860.
BOULARDIÈRE (LA), h. c^{ne} de Liniers. — *La Bolardère*, 1257 (abb. de Montierneuf, reg. 10). — *La Boulardière*, 1436 (ibid. 12). — *La Boullardière*, 1547 (aveu de Touffou).
BOULAUDRIE (LA), h. c^{ne} de Chenevelles. — *La Boujauderie*, 1681 (cure de Chenevelles).
BOULDIÈRE (LA), h. c^{ne} de Nieuil-l'Espoir. — *La Bolodère*, 1267 (abb. de la Trinité, 49). — *La Bouloudère*, 1301 (ibid. 45). — *La Bouledère*, 1384 (ibid. cart. f° 114). — *La Bouilledière*, 1662 (ibid. 45).
BOULE (LA), vill. c^{ne} de Benassay.
BOULE (LA), f. c^{ne} de Ceaux, c^{on} de Loudun.
BOULE (LA), h. c^{ne} de Sanxay. — *La Bousle Pouvreau*, 1627; *fief de la Boulle Pouvreau appellé la Gaudinière*, 1717 (fief de Curzay). — *La Boule, la Boulle*, 1775 (rôle des tailles). — Anc. fief relev. de Curzay.
BOULEAU, bois, c^{ne} de Nouaillé. — *Bois de Bouleau*, 1358 (abb. de Nouaillé, 6). — Autref. à l'abb. de Nouaillé.
BOULE-D'OR (LA), h. c^{ne} de Bournan.
BOULE-D'OR (LA), m. r. c^{ne} de Moussac-sur-Vienne.
BOULERIE (LA), h. c^{ne} de Leigné-sur-Usseau.
BOULETRIE (LA), h. c^{ne} de Ligugé. — *La Boulletrie*, 1775 (rôle des tailles). — *La Boulitière* (Cassini).
BOULEUR (LA), f. c^{ne} de Vaux-en-Couhé. — *La Boulour*, 1403 (gr. Gauthier, f° 286). — *Garenne de le Bouleur*, 1409 (ch. de St-Hilaire, t. II, p. 66). — *Verrerie de la Bouleur*, 1441, 1469 (chap. de St-Hilaire, 342). — *La Boulleur*, 1621 (seign. de Monts). — Anc. fief relev. du marq. de Couhé. — Un hameau voisin est appelé Forêt de la Bouleur. Voy. FORÊT (LA), c^{ne} de Vaux-en-Couhé.
BOULEUR (LA), ruiss, a sa source dans la c^{ne} de Clussay (Deux-Sèvres), arrose les c^{nes} de Chaunay, Brux, Vaux et Ceaux, sépare les c^{nes} de Pairé et Voulon de celle d'Anché, et se réunit à la Dive avant de se jeter dans le Clain; la longueur de son cours dans le dép^t de la Vienne est de 28 kilom. — *La Boulour*, 1403 (gr. Gauthier, f° 286); 1436 (abb. de Nouaillé, 54). — *La Bouleur*, 1498 (fief de

Bena). — *Rivière de Boulleur*, 1658 (notaires, Mestreau à Civray).

BOULINIÈRE (LA), h. c^{ne} de Journet. — *La Bolinière*, 1494 (fief de Gersant). — *La Boulignère*, 1553 (cure de St-Léomer). — *La Bonnière*, 1553; *la Boullynière*, 1562 (fief du prieuré de St-Léomer). — *La Boulinière*, 1685 (fief de la Boulinière). — Anc. fief relev. de la bar. de Montmorillon.

BOULINIÈRE (LA), m. à Latillé. — *La Bonninère*, 1457 (abb. du Pin, 27). — *La Bonninière, la Boullinière*, 1621 (*ibid.* 26). — Anc. seign. appart. à l'abb. du Pin.

BOULINIÈRE (LA), h. et bois, c^{ne} d'Usseau. — *La Bonynère*, 1303 (seign. des Mées). — *La Boninère*, 1419; *la Bonninière*, 1487 (seign. des Closures). — *La Boulinière*, 1457 (com^{rie} d'Auzon, 9). — *La Boulynyère*, 1528; *la Boullinière*, 1650; *la Boullanière*, 1656 (seign. des Closures). — Anc. fief et haute justice relev. de la Motte d'Usseau.

BOUQUENET, m. r. c^{ne} de Doussay.

BOUQUET (LE), h. c^{nes} de Brux et Vaux-en-Couhé.

BOUQUETERIE (LA) ou CHEZ-LES-MOREAUX, f. c^{ne} de Fleuré.

BOUQUINS (LES), h. c^{ne} de Lésigny.

BOURALIÈRE (LA), m. détruite, auj. inconnue, près Beauregard, c^{ne} d'Orches. — *Hostel assis aux Bouralières*, 1542; *la Bourallière*, 1667 (seign. des Clouzeaux).

BOURALIÈRE (LA), f. c^{ne} de Vouneuil-sous-Biard. — *La Borrelère*, 1299; *la Bouralière*, 1643 (abb. de Fontaine-le-Comte, 15).

BOURBES (LES), lieu détruit, près et à l'ouest de Saint-Pierre-d'Exideuil. — *Village de la Bobe*, 1398, 1460; — *de la Boube*, 1602 (fief de la Porte Niortaise à Civray).

BOURBIAS, f. c^{ne} de Montamisé; — 1652 (abb. de la Trinité, 32).

BOURBON, lieu inhabité depuis l'ouverture du canal de la Dive, c^{ne} de Pouançay.

BOURBONNE (LA), m. r. c^{ne} d'Adriers.

BOURCANI (LE), fief du prieuré de Saint-Nicolas à Poitiers, composé de 25 ou 30 maisons voisines de ce prieuré. — *Le Bourcany*, 1551 (abb. de Montierneuf, terrier de St-Nicolas, p. 39).

BOURCANIN, vill. réuni au bourg de Jaunay. — *Village de Bourcanin*, 1598 (fief de Chincé).

BOURCANIN, vill. c^{ne} de Saint-Genest. — *Bourcanin*, 1437 (abb. de Montierneuf, 98). — *Bourcany*, 1439 (terrier de Gironde, f° 18).

BOURCANIN, f. c^{ne} de Varennes. — *Bourcanyn*, 1439 (prévôté de Blâlay, 4). — *Bourcagnin*, 1502 (cure de Varennes). — *Bourcany*, 1675 (prévôté de Blâlay, 3).

BOURCANY, h. c^{ne} de Beuxe. — *Bourcanin*, 1424 (cure de Messemé). — *Bourcanyn*, 1503 (com^{rie} de l'Isle-Bouchard, 27). — *Bourcany*, 1622 (cure de Beuxe). — Anc. fief relev. de la bar. de Berrie (Fonteneau, t. XLIII, p. 717).

BOURCAVIER, h. c^{ne} d'Antigny. — *Boucarvé*, 1447 (abb. de St-Savin, 18). — *Herbergamentum de Bosco Herverii*, 1486 (*ibid.* 14). — *Bois de Borcarvier*, 1492 (fam. Scourion). — *Bourgavier*, 1494 (seign. de Courtevrault). — *Bourcavier*, 1643 (abb. de St-Savin, 17). — Anc. fief et haute justice relev. de l'abb. de Saint-Savin.

BOURCERON (LE), ruiss. sort de la Font-de-Cé à Lusignan et se jette dans la Vonne au-dessous de la ville. — *Ruisseau appellé Bourceron*, 1700 (fam. Lauvergnat).

BOURDAUDERIE (LA), h. c^{ne} de Saint-Pierre-des-Églises. — *La Bourdauderye*, 1605 (évêché, 8).

BOURDE (LA) ou RUISSEAU DE LAUNAY, c^{ne} d'Ouzilly. Voy. LAUNAY.

BOURDELIÈRE (LA), f. c^{ne} d'Ayron. — *La Bordelère*, 1383 (gr. Gauthier, f° 74 v°).

BOURDEROI, ancien fief réuni à celui de Primery, c^{ne} de Saint-Jean-de-Sauves. — *Bourderroy*, 1508; *Bauderoy*, 1534 (aveux de Mirebeau).

BOURDES (LES), vill. c^{ne} de Thurageau; — 1592 (chap. de Mirebeau, 26).

BOURDET, h. c^{ne} de Dercé.

BOURDEUIL, lieu détruit, c^{ne} de Saint-Pierre-d'Exideuil. — *Bourdeuilh*, 1353 (fam. de Chabanais); 1601 (fief de la Roche-d'Orillac). — *Bourduil*, 1398 (fief de la Porte Niortaise). — *Borredeuilh*, 1404 (gr. Gauthier, f° 259). — *Borredeuilh*, 1405 (*ibid.* f° 208). — *Bordeuil*, 1460 (fief de la Porte Niortaise). — *Bourdeuil*, 1576 (fief de Bellabre).

BOURDEVAIRE, lieu détruit, près la Nivaudière, c^{ne} d'Oiré. — *Bourdevayre*, 1455; *hostel de Bourdevère*, 1502 (com^{rie} de la Foucaudière, 11).

BOURDEVAY, m. r. c^{ne} de Pairé. — *Bourdevert*, 1672 (chap. de St-Hilaire, 498). — *Bourdevers* (Cassini). — Anc. fief relev. de la châtell. du Treuil.

BOURDEVERRE, f. c^{ne} de Lusignan. — *Bourdevère*, 1753; *Bourdeverre*, 1788 (rôles des tailles).

BOURDEVERRE, h. c^{ne} de Sanxay. — *Bourdevayre*, 1641 (abb. de Nouaillé, 60). — *Bourdevaire*, 1775 (rôle des tailles). — Anc. fief relev. de Curzay.

BOURDIÈRE (LA), vill. c^{ne} d'Usson. — *La Bordière*, 1493 (fam. du Breuil-Hélion). — *Les Bordières*, 1548; *la Bourdière*, 1684 (fief de la Fa).

BOURDIGAL, f. c^{ne} de la Roche-Posay. — *Bordigalle*, 1333 (abb. de la Merci-Dieu, 9). — *Fontaine de Bourdigalle*, 1493 (*ibid.* 4).

BOURDIGAL, m^in sur le ruiss. du même nom, c^ne des Trois-Moutiers. — *Goslenus de Bordigale*, 1146 (Clypeus nasc. Fontebrald. ord. t. II, p. 305).

Le ruisseau de Bourdigal sort de la fontaine du Bouillon, près Bourdigal, et tombe dans la Petite-Maine, après avoir servi de limite entre la c^ne des Trois-Moutiers et celle de Morton.

BOURDIGALIÈRE (LA), f. c^ne de Rossay. — *La Bourdigalière*, 1500 (com^rie de Loudun, 27). — *La Bourdigallière*, 1550 (abb. de Ste-Croix, 64).

BOURDIGAUX (LES), h. c^ne d'Usseau. — *Bourdigault*, 1651 (seign. de la Motte d'Usseau).

BOURDILLÈRE (LA), vill. c^ne de Béruges. — *La Bordillère*, 1324 (arch. de Poitiers, 12). — *La Bourdillère*, 1423; *la Bourdellière*, 1695 (seign. de Béruges). — Anc. fief relev. de la châtell. de Montreuil-Bonnin.

BOURDILLÈRE (LA), h. c^ne de Saint-Cyr. — *La Bordillère*, 1438 (com^rie d'Auzon, 9). — *La Bourdelière*, 1775 (rôle des tailles). — Anc. fief relev. de la Tour-de-Beaumont.

BOURDILLÈRE (CHEMIN DE LA), de Curçay à Ternay; — 1448 (cure de Curçay).

BOURDINS (FIEF DES), à Angle, relev. de la bar. d'Angle. — *Fief des Bordyns*, 1551; *— des Bordins*, 1619; *— de Bourdins*, 1666 (fief des Bourdins). — L'hôtel des Bourdins, situé près le château et l'église Saint-Pierre, était ruiné dès 1619.

BOURDINS (LES), h. c^ne d'Orches. — *Village des Bordins*, 1582; — *des Bourdins*, 1631 (seign. du Magnou).

BOURDON (GRAND CHEMIN DU), autrement appelé le GRAND CHEMIN DE LUSIGNAN, c^ne de Poitiers; — 1579 (ch. de St-Hilaire, t. II, p. 266).

BOURDONNIÈRE (LA), m. r. c^ne de Thuré. — *La Rebordonnière*, 1598 (cure d'Avrigny).

BOURELIÈRE (LA), m^in sur la Boivre, c^ne de Montreuil-Bonnin. — *La grange de la Bourrelère*, 1403 (gr. Gauthier, f° 70 v°). — *Moulin de la Bourrelière*, 1556 (abb. du Pin, 31); *— de Bourlière*, 1653 (ibid. 28).

BOURELIÈRE (LA), vill. c^ne de Vicq. — *La Borrellyère*, 1617 (seign. de Pleumartin, 2). — *La Bourellière*, 1640 (fam. de la Bussière).

BOURESSE, c^en de Lussac-le-Château. — *Silva Sanctæ Mariæ quæ vulgo dicitur Boerecia*, 904 (Fontenau, t. XXI, p. 163). — *Ecclesia Sanctæ Mariæ in villa Boericia pertinente ad monasterium Nobiliacense, in pago Pictavo, in vicaria Exsidualensi*, 936; *Isembertus de Bubalitia*, 1016; *Bubalicia*, v. 1085; *Boerethia, Boerithia*, 1147 (abb. de Nouaillé). — *Borrecia*, 1234 (maison-Dieu, 196). — *Boerece*, 1236; *Borecia*, 1250; *Bohericia, Boherecia*, 1256 (abb. de Nouaillé, 19). — *Boeressia*, 1264 (maison-Dieu, 196). — *Boaressa*, 1283; *Bouerece*, 1325; *Boeresse*, 1361; *Boyressia*, 1365; *Boirecia*, 1370 (abb. de Nouaillé, 19). — *Bouresse*, 1373 (arch. de Poitiers, 23). — *Boueresse*, 1404 (gr. Gauthier, f° 85 v°). — *Boresse*, 1456 (abb. de Nouaillé, 19). — *Boressia*, 1478 (reg. synodal).

Avant 1790 Bouresse faisait partie de l'archiprêtré de Lussac, de la châtellenie et de la sénéchaussée de Montmorillon, et de l'élection de Poitiers. Le prieuré et la cure de Notre-Dame de Rouresse étaient à la nomination de l'abbé de Nouaillé, qui était seigneur châtelain de la paroisse.

BOURETARD, f. et m^in sur la Briande, c^ne du Bouchet. — *Molendinum de Bosco Rotardi*, XIIe s°, 1re moitié (gr. cart. de Fontevrault, 874). — *Bois Retard*, 1571; *Bourtard*, 1633 (cure du Bouchet).

BOURETTERIE (LA), m. r. c^ne d'Hains.

BOURETTERIE-DE-COURGÉ (LA), m. r. c^ne de Saint-Sauvant.

BOURG, anc. fief, c^ne de Bournan. — *Hostel de Bour en Lodunoys*, 1424 (cure de Messemé). — *Seigneurie de Bour*, 1440 (com^rie de Loudun, 21); *— de Bourg*, 1551 (prieuré de Bournan, 12); *— de Bourg en Bournan*, 1785 (ibid. 13). — Ce fief relevait de la bar. de Verrières (ms. Trincant).

BOURG, près les Houliers, h. et ruines, c^ne de Saint-Genest. — *Bors*, 1363 (duché de Châtellerault, 4). — *Bort*, 1372 (seign. de Puygarreau, 3). — *Hostel de Borc*, 1415 (ibid. 1). — *Bours*, 1422 (duché de Châtellerault, 4). — *Bourg*, 1605 (ibid. 3). — Fief relev. anc^t de la vic. de Châtellerault et uni en 1434 à la seign. de Puygarreau.

BOURG, près Maritorne, h. c^ne de Saint-Genest.

BOURG (LE), h. c^ne de la Chaussée; — 1674 (cure de la Chaussée). — Anc. seigneurie.

BOURG (LE), vill. c^ne de Prinçay; — 1605 (cure de Prinçay).

BOURG-ARCHAMBAULT (LE), c^en de Montmorillon. — *Burgus au Chaboz*, 1243; *Burgus Chabaldorum, Burgus Chabaudorum*, 1247 (comptes d'Alphonse, ap. Arch. hist. du Poitou, t. IV, p. 58, 166, 190). — *Homines de Burgo aus Chabaus*, 1260 (Hommages d'Alphonse, p. 111). — *Ecclesia de Chiaux, de Chyaux*, v. 1300 (Gauthier, f°s 5 et 176 v°). — *Dominus de Burgo aus Chalbaux*, 1346 (maison-Dieu, 81). — *Capellanus de Burgo Archinbaut, de Chiaut*, 1383 (taux du décime, p. 59 et 60). — *Le Bourg aux Chabaux*, 1407 (gr. Gauthier, f° 192). — *De Burgo aux Chabotz*, 1478 (reg. synodal). — *Le Bourg Archambault*, 1495; le

Bourg aux Chambaux, 1504 (fief du Bourg-Archambault). — *Chiaulx alias le Bourg Archambault*, 1544 (chap. cathédral, 55). — *Le Bourg au Chambault*, 1559 (maison-Dieu, 106). — *Le Bourg à Chambault*, 1597 (*ibid.* 121). — *S¹-Laurent du Bourg-Archambault*, 1782 (pouillé).

Avant 1790 le Bourg-Archambault faisait partie de l'archiprêtré, de la châtellenie et de la sénéchaussée de Montmorillon, et de l'élection de Poitiers. La cure était à la nomination de l'abbé de Saint-Savin. Le fief du même nom, ayant titre de châtellenie, relevait de la baronnie de Montmorillon. L'ancien château seigneurial existe encore.

La forêt du Bourg-Archambault contenait de 150 à 160 arpents en 1803; elle ne consistait plus alors qu'en taillis et brandes. Le grand étang du Bourg-Archambault est situé près Flamagne.

BOURG-BERNARD (LE), h. cⁿᵉ de Montgauguier.

BOURG-CHAMBAULT, h. cⁿᵉ de Ligugé; — 1775 (rôle des tailles).

BOURGE (LA), tuilerie, cⁿᵉ de Lavoux; — 1775 (rôle des tailles).

BOURGEOISIE (LA), m. à Iteuil. — *Hostel noble de la Bourgeoisière*, relev. de la seign. d'Iteuil, 1541 (Inv. des arch. de la Barre, t. 1, p. 277). — *La Bourgesie*, 1572 (fam. Vernon).

BOURGEOISIE (LA), f. cⁿᵉ de Poitiers.

BOURGESSE (LA), h. cⁿᵉ de Mouterre; — 1582 (seign. de l'Isle-Jourdain). — Anc. fief relev. de la Motte-d'Autefa.

BOURGETIÈRES (LES), lieu détruit, vers la Cotterie, cⁿᵉ de Bonnes. — *Les Bourgetères*, 1438; *terres de feu Guyon Bourget; les Bourgetières*, 1457, 1640 (seign. de Touffou, 1).

BOURG-GAILLARD, h. cⁿᵉ de Massogne; — 1780 (rôle du vingtième de Cuhon).

BOURGIGNET (LE), m. à Bernezay, cⁿᵉ des Trois-Moutiers.

BOURG-JOLI, vill. annexé au bourg de Vouillé. — *Le Bourg Jolly*, 1551 (chap. de Sᵗᵉ-Radegonde, 35).

BOURG-JOLI (LE), chât. cⁿᵉ de Marigny-Brizay.

BOURG-JOLI (LE), h. cⁿᵉˢ d'Orches et Sossay. — *Le Bourg Jolly*, 1645 (seign. des Clouzeaux).

BOURG-JOLI (LE), h. cⁿᵉ de Roiffé.

BOURG-JOLI (LE), f. cⁿᵉ de Saint-Gervais. — *Le Bourg Jolli*, 1774 (aveu de la bar. de la Touche).

BOURG-L'ÉVÊQUE, h. cⁿᵉ de Basses. — *Le Bourg l'évesque*, 1448 (comⁿⁱᵉ de Loudun, 33).

BOURG-MARIN, m. à Béruges; — 1474, 1609 (seign. de Béruges).

BOURG-MARIN (LE), h. cⁿᵉ de Saint-Gervais; — 1625 (seign. de la Potinière).

BOURG-NEUF, f. cⁿᵉ de Bertegon. — *Bourneuf*, 1553 (seign. de Germigny); 1605 (cure de Prinçay). — Anc. seigneurie.

BOURG-NEUF (LE), m. à Loudun, au faubourg Porte de Chinon; anc. seigneurie; — 1573 (chap. de Sᵗᵉ-Croix de Loudun, 3); 1728 (arch. de la Soc. des antiq. de l'Ouest; Loudunais).

BOURG-NEUF (LE), m. près Montbrillais, cⁿᵉ de Saint-Léger-de-Montbrillais. — *Bourneuf*, 1465 (cure de Sᵗ-Léger-de-Montbrillais). — *Le Bourgneuf de Montbrillais*, 1543 (comⁿⁱᵉ de Loudun, 20).

BOURG-NEUF (LE), h. cⁿᵉ de Vendeuvre. — *Le Bourneuf*, 1559 (seign. de Chéneché, 7). — Anc. fief relev. de la châtellenie de Chéneché.

BOURGOGNE (LA), f. cⁿᵉ d'Iteuil.

BOURGUEIL, vill. cⁿᵉ de Bonnes. — *Borgueil*, 1466 (seign. de Touffou, 1).

BOURGUEIL, vill. cⁿᵉ de Ceaux, cᵒⁿ de Loudun; — 1466 (chap. de Sᵗ-Hilaire, 427).

BOURGUEIL, m. r. cⁿᵉ de Marigny-Brizay.

BOURGUEIL, m. isolée, cⁿᵉ de Saint-Cyr.

BOURG-VERSÉ, h. cⁿᵉ de Béruges. — *Borreversé*, 1335 (seign. de Béruges). — *Le Bourc Reversé*, 1369 (comⁿⁱᵉ de Sᵗ-Georges, 14). — *Boureversé*, 1438 (abb. du Pin, 11). — *Le Bourg Reversé*, 1455 (*ibid.* 5). — *Bourreversé*, 1463 (seign. de Béruges). — *Boulversé*, 1626; *Bourgversé*, 1661 (abb. du Pin, 5). — Anc. fief relev. de la châtell. de Montreuil-Bonnin. .

BOURICHÈRE (LA), h. cⁿᵉ de Romagne. — *La Bouerechière*, 1470 (chap. de Sᵗ-Hilaire, 243). — *La Boerichière*, 1598 (*ibid.* 250).

BOURIE (LA), h. cⁿᵉ de Ceaux, cᵒⁿ de Couhé. — *La Bourye*, 1596 (notaires de la châtell. de Monts).

BOURIE (LA), h. cⁿᵉ de Chalandray. — *La Bouherie*, 1550 (seign. de Chalandray).

BOURIE (LA), h. cⁿᵉ d'Orches. — *La Bouherie*, 1443 (chap. cathédal, reg. 108). — *La Bourie*, 1514 (seign. des Clouzeaux).

BOURIE (LA), lieu auj. inconnu, près Pouant. — *La Bourye*, mestairie, 1558 (chap. de Sᵗ-Hilaire, 427).

BOURIE (LA), f. cⁿᵉ de Vellèche.

BOURIE (LA), f. cⁿᵉ de Vouillé.

BOURIELLES (LES), m. r. cⁿᵉ de Queaux; — 1656 (seign. de Ressonneau, 3).

BOURIL (LE GRAND et LE PETIT), ff. cⁿᵉ de Saint-Sauveur. — *Bourry*, 1626 (comⁿⁱᵉ de la Foucaudière, 10).

BOURIOTTERIE (LA), h. cⁿᵉ d'Archigny. — *Tenement de Flory Borrivit*, 1495 (seign. de Touffou, 4). — *La Bourioterie*, 1674 (*ibid.* 5).

BOURIQUETRIE (LA), m. r. cⁿᵉ de Buxerolles.

Bourliaudrie (La), vill. c⁽ⁿᵉ⁾ de Saint-Gaudent. — *La Borlhauderie*, demeure de Pierre Borlhaut, 1467 (fam. Jousserant, 1). — *La Brouillarderie, la Bouillauderie*, 1498 (fief du Montet). — *La Bourilhauderye*, 1553 (fam. Jousserant, 3). — *La Boulaudrie*, 1611 (fief du Montet). — *La Bourglauderie*, 1609 (seign. de Comporté). — *La Bouillaudrie*, 1739 (notaires, Trébuchet à Bois-Seguin).

Bourlière (La Grande et la Petite-), ff. c⁽ⁿᵉ⁾ de Blâlay. — *La Borillère*, 1301 (prévôté de Blâlay, 5). — *La Bourellère*, 1444; *la Bourellière*, 1563 (ibid. 2).

Bourlotières (Les), h. c⁽ⁿᵒ⁾ de la Chapelle-Montreuil. — *Les Brelotières*, 1495; *les Berlotières*, 1551 (abb. de Montierneuf, 84).

Bourna (Le), faubourg de la Trimouille.

Bournais (Les), f. c⁽ⁿᵉ⁾ de Loudun. — *Les Bournais, les Bournoys*, 1410 (chap. de S⁽ᵗᵉ⁾-Croix de Loudun, 2). — *Les Bournois*, 1440; *les Bournays*, 1453 (com⁽ʳⁱᵉ⁾ de Loudun, 12).

Bournais (Les), h. c⁽ⁿᵉ⁾ de Pouant. — *Les Bourgnoys*, 1545 (com⁽ʳⁱᵉ⁾ de l'Isle-Bouchard, 34). — *Le Bournais*, 1787 (cure de Joué). — *Les Bournets* (Cassini).

Bournalière (La), chât. c⁽ⁿᵉ⁾ de Cuhon; — 1433 (chap. de S⁽ᵗ⁾-Hilaire, 324). — Anc. fief relev. de Billy.

Bournalières (Les), vill. c⁽ⁿᵉ⁾ de Vouneuil-sous-Biard.

Bournan, c⁽ⁿᵉ⁾ des Trois-Moutiers. — *Ecclesia Sancti Martini in villa Burnonio in pago Pictavo*, 850 (dipl. de Charles le Chauve, ap. Bouquet, t. VIII, p. 514); — *in villa Bornomo* (même dipl. ap. J. Tardif, Monuments historiques, p. 103). *Villa Burnomus*, 1066 (cart. de S⁽ᵗ⁾-Maur-sur-Loire, p. 176). — *Burnan*, 1228 (cart. de Fontevrault, t. I). — *Ecclesia de Bornen* (pouillé de Gauthier, f⁰ 171 v°). — *Prioratus de Bornan* (ibid. f⁰ 146). — *Bournan*, 1397 (com⁽ʳⁱᵉ⁾ de Loudun, 16). — *Bournam*, 1456 (prieuré de Bournan, 1). — *Bournand*, 1790 (cure de Bournan).

Avant 1790 Bournan faisait partie de l'archiprêtré, de la châtellenie, du bailliage et de l'élection de Loudun. Le prieuré et la cure de Saint-Martin-de-Vertou au même lieu dépendaient de l'abbaye de Saint-Maur-sur-Loire (Maine-et-Loire). Le fief et haute justice de Bournan relevait de la seigneurie de Ranton (arch. de la Soc. des antiq. de l'Ouest; seign. de Ranton).

Bournaveau, h. c⁽ⁿᵉ⁾ de Pleumartin. — *Bournaseau*, v. 1550 (abb. de la Merci-Dieu, 11). — *Bornaveau*, 1674 (cure de Cremille).

Bournay, h. c⁽ⁿᵉ⁾ de Claunay; — 1572 (arch. de la Soc. des antiq. de l'Ouest; Loudunais). — Anc. seigneurie.

Bourneau, bois, c⁽ⁿᵉ⁾ de Nouaillé. — *Nemus quod dicitur Borneas, Burnel*, v. 1085; *silva que dicitur Bornel, nemus Bornelli*, v. 1095; *nemus de Borno*, v. 1120; *de Borneaus, de Borneus*, 1251 (abb. de Nouaillé). — *La touche de Bourneau*, 1571 (ibid. 57).

Bourneuil, m. r. c⁽ⁿᵉ⁾ de Beaumont. — *Bornul*, 1259 (Fontencau, t. XXXVIII, p. 59). — *Dornayl*, 1286; *Bornoil*, 1287 (chap. de Notre-Dame-la-Grande, 36). — *Bornouyl*, 1349 (seign. de Montcouard). — *Bournuil*, 1362 (duché de Châtellerault, inv. d'aveux, f⁰ 15 v°). — *Bourneil appelé Almaigne*, 1423 (ibid. f⁰ 28 v°). — *Bourneuil*, 1439 (duché de Châtellerault, 4). — Anc. fief relev. du duché de Châtellerault.

Il est fait mention d'un *moulin de Bourneille*, 1445, *de Bourneilh*, 1487, sur le Clain, dans l'Inv. des arch. de la Barre, t. II, p. 113 et 114.

Bournezeau, vill. c⁽ⁿᵉ⁾ d'Amberre; anc. c⁽ⁿᵉ⁾ réunie à celle-ci le 25 février 1829. — *Parochia de Bornezellis*, 1278 (chap. de S⁽ᵗ⁾-Hilaire, 324). — *De Bornezello*, 1295 (ibid. 134). — *Bornezeou* (pouillé de Gauthier, f⁰ 170 v°). — *Bornoveaux*, v. 1300 (seign. de Chénêché, 1). — *Bornezeas*, 1335 (chap. de S⁽ᵗ⁾-Martin de Tours, 5). — *Bornezeaux*, 1363 (chap. de S⁽ᵗ⁾-Hilaire, 324). — *Bornazeaux*, 1383 (taux du décime, p. 76). — *Bournazeaux*, 1390 (abb. de Fontaine-le-Comte, 26). — *Bournazeas*, 1401 (chap. de S⁽ᵗᵉ⁾-Radegonde, 95). — *Bournezeaux*, 1437 (fam. de Fouchier). — *Bornaveas*, 1478 (chap. de S⁽ᵗ⁾-Hilaire, 141). — *Bournezeau*, 1539 (chap. de Mirebeau, 32). — *S. Martin de Bournezeau*, 1782 (pouillé).

Avant 1790 cette ancienne paroisse faisait partie de l'archiprêtré et de la baronnie de Mirebeau, du duché-pairie et de l'élection de Richelieu, généralité de Tours. La cure était à la nomination du doyen de l'église cathédrale; elle est réunie auj. à celle de Saint-André de Mirebeau. Le fief de Bournezeau relevait de la baronnie de Mirebeau.

Bournigal (La), m. r. c⁽ⁿᵉ⁾ de Smarve.

Bournot, fontaine, près Marsugeau, c⁽ⁿᵉ⁾ d'Archigny; — 1505 (seign. de Touffou, 4).

Bourouy, h. c⁽ⁿᵉ⁾ de Saint-Savin, 12). — *Borrouy*, 1531 (abb. de S⁽ᵗ⁾-Savin, 12). — *Borouy*, 1532 (ibid. 14). — *Bourrouil*, 1578; *Bourrouy*, 1595 (ibid. 11).

Bourpeuil, vill. c⁽ⁿᵉ⁾ de la Chapelle-Mortemer. — *Bourpouilh*, 1453 (chap. de Mortemer, 2). — *Bourpoil*, 1548; *Bourpoilh*, 1561 (fief de Dienné et Verrières). — *Bourgpoilh*, 1601 (chap. de Mortemer, 1). — *Bourpeuil*, 1659 (ibid. 2).

Bourpeuil, vill. c⁽ⁿᵉ⁾ du Vigean. — *Brepoilh*, v. 1426

(Fonteneau, t. XXXIX, p. 139). — *Bourgpoilh*, 1486 (cure de l'Isle-Jourdain). — *Boursepoilh*, 1524 (Fonteneau, t. XXVII, p. 765). — *Bourgpeuilh*, 1559 (cure de l'Isle-Jourdain). — *Bourgpeil*, 1614 (Fonteneau, t. XXVII, p. 769). — Anc. fief relev. du marq. de l'Isle-Jourdain. Il y avait à Bourpeuil une chapelle sous le vocable de saint Michel, ruinée en 1615 ou 1616 (procès-verbal de visite de 1634).

Bourpin (Le), h. c^{ne} de Monts-sur-Guesne.

Bourquet (Le), partie du bourg de Montreuil-Bonnin. — *Le Bourquet de Monstreuilh Bonnyn*, 1543 (abb. de St-Cyprien, 14).

Bourreau, usine sur l'Auzance, c^{ne} de Chiré-en-Montreuil. — *Moulin de Bourrea*, 1378 (gr. Gauthier, f° 70); — *de Bourreau*, 1454 (abb. du Pin, 26); — *de Boureau*, 1644 (fam. Jacques).

Bourrelière (La), vill. et m^{lin} sur la Dive, c^{ne} de Cuhon. — *Borreleria*, 1168 (ch. de St-Hilaire, t. I, p. 179). — *La Borralère*, 1327; *la Borrellère*, 1389 (arch. nat. chambre des comptes, reg. 330, n° 36). — *La Bourlière*, 1408 (fam. de Fouchier). — *La Bourrelière*, 1409 (fam. Boivin). — Anc. fief relev. de la bar. de Mirebeau. Le prieuré de la Bourrelière dépendait de l'abbaye d'Airvault (Deux-Sèvres). Voy. Prieuré (Le), c^{ne} de Massogne.

Boursaudière (La), h. c^{ne} de Pouillé. — *La Borsaudière*, 1385 (cart. de la Trinité, f° 33). — *La Boursadère*, 1453 (abb. de la Trinité, 66). — *La Boursaudière*, 1513 (*ibid.* 70).

Boursault (Les), h. c^{ne} de Charroux. — *Les Bourceaux*, 1754 (rôle des tailles).

Boursegate, chapelle détruite, auj. inconnue, c^{ne} de Celle-l'Évécault. — *Chapelle de Bourcegaste*, 1495 (cure de Celle-l'Évécault); — *de Notre-Dame de Boursegate*, 1782 (pouillé).

Boursignoux, f. et fontaine, c^{ne} de la Trimouille. — *Boursignoulx*, 1525 (seign. de la Trimouille). — *Fontaine de Bersegerost*, 1547; — *de Borsegerost*, 1547; — *de Boussignoux*, 1600; — *de Borsignost*, 1611; — *de Boursignoux*, 1674 (fief de la Jautrudon). — Anc. fief relev. de la bar. de la Trimouille (Fonteneau, t. XLIII, p. 1095).

Bourville, partie du bourg de Monts-sur-Guesne, à l'opposite du château. — *Brouville*, 1656 (chapelle du Lac à Ste-Croix de Loudun). — *Bourg-Ville*, 1841 (nomencl.).

Bousseaux (Les), h. c^{ne} d'Availle.

Boussac, h. c^{ne} d'Antigny; — 1447 (abb. de St-Savin, 18).

Boussac, f. c^{ne} de Pressac; — 1493 (seign. d'Availle).

Boussageau, vill. c^{ne} de Lencloître; anc. c^{ne} réunie à celle-ci le 4 décembre 1822. — *Parochia de Bossagello*, *Bossagea*, 1308 (abb. de St-Benoît, 20). — *Boussageau*, 1379 (chap. de Mirebeau, 29). — *Boussagea*, 1391 (abb. de Fontaine-le-Comte, 26). — *Bocageau*, 1474 (couv. de Lencloître). — *Bossageau*, 1478 (reg. synodal). — *S. Hilaire de Boussageau et Ste-Mélaine de Celliers son annexe*, 1782 (pouillé).

Avant 1790 cette ancienne paroisse, aussi réunie auj. à Lencloître pour le spirituel, faisait partie de l'archiprêtré et de la baronnie de Mirebeau, du duché-pairie et de l'élection de Richelieu, généralité de Tours. Elle n'est dénommée ni dans le pouillé de Gauthier ni dans le Taux du décime de 1383, parce que, sans doute, elle était alors annexée à celle de Celliers; dans le registre synodal de 1478 et dans le compte du droit de bissexte de 1649, ces deux églises sont mentionnées comme étant unies.

Boussagère (La), h. c^{ne} de Lomaizé.

Boussarderie (La), h. c^{ne} de Pressac.

Boussardière (La), m. r. c^{ne} de Sammarçolle. — *La Boussardière*, 1622 (collège de Poitiers, 60).

Boussay, h. et le Grand-Boussay, h. c^{ne} de Béruges. — *Villa quæ dicitur Bociacus, in pago Pictavo, infra quintam ipsius civitatis*, 894 (ch. de St-Hilaire, t. I, p. 15). — *Bocaicum*, 1199 (abb. de Fontaine-le-Comte). — *Bocai*, 1226; *parvum Boucay*, 1301 (*ibid.* 17). — *Parvum Bossayum*, 1332 (seign. de Béruges). — *Le grand Boussay*, 1463 (abb. de Fontaine-le-Comte, 17). — Le fief du Grand-Boussay, appart. à l'abbaye de Fontaine-le-Comte, relevait de la seign. de Béruges.

Boussay, vill. c^{ne} de Vendeuvre. — *Bociacus*, 938 (cart. de St-Cyprien, p. 60); — *in vicaria Columbario*, 993 (*ibid.* p. 72). — *Boucay*, v. 1300 (seign. de Chénéché, 1). — *Boussay*, 1452 (*ibid.* 7). — Anc. fief relev. de la châtell. de Chénéché.

Boussec, h. c^{ne} de Liniers; — 1324 (arch. de Poitiers, 12).

Boussec, h. c^{ne} de Saint-Pierre-des-Églises. — *Boussec*, v. 1300 (seign. de Dienné et Verrières); 1435 (chap. de Chauvigny, 8). — *Bousset*, 1483 (abb. de Ste-Croix, 96). — Anc. fief relev. de la bar. de Mortemer.

Boussée (La), h. c^{ne} d'Archigny; — 1774 (évêché, 37).

Boussée (La), h. c^{ne} de Châtellerault; — 1571 (fam. Choisnin).

Boussée (La), f. c^{ne} de Prinçay; — 1605 (cure de Prinçay).

Boussée (La), f. c^{ne} de Scorbé-Clairvaux.

8.

Boussée-à-l'Oiseau (La), f. c^{ne} de Leigné-les-Bois.
Boussées (Les), m. r. c^{ne} de Lencloître.
Boussevais, f. c^{ne} de Saint-Genest.
Boussigny, h. c^{ne} de Latus. — *Johannes de Bocigne*, 1281 (Fonteneau, t. XXVI, p. 268). — *Bousignet*, 1404 (gr. Gauthier, f° 107 v°). — *Bossignee*, 1418 (fief de Beaupuy). — *Boussignet*, 1480 (chap. de Montmorillon, 3). — *Boussigny*, 1517 (prieuré de Latus). — *Boussigné*, 1547 (chap. de Montmorillon, 2). — *Bossigné*, 1525 (maison-Dieu, 31). — Anc. fief. relev. d'Ouzilly.
Boussonne (La), f. c^{ne} d'Archigny. — *Boussennes*, 1503 (évêché, 22).
Boutalerie (La), h. c^{ne} de Sainte-Radegonde-en-Gâtine. — *La Bouteillerie*, 1490; *la Boutalerye*, 1615 (com^{rie} de Roche-Villedieu, 28). — *La Boutallerie*, 1766 (rôle des tailles).
Boutalière (La), h. c^{ne} de Saint-Pierre-de-Maillé. — *La Botatère*, v. 1300 (Gauthier, f° 5 v°). — *La Boutetalière*, 1469 (évêché, 43). — *La Bouteillière*, 1515 (seign. de la Roche-Aguet). — *La Boutallière*, 1515 (prieuré de St-Martin d'Angle). — *La Boutalyère*, 1605 (évêché, 26).
Boutandrie (La), h. c^{ne} de Villemort. — *La Boutandière*, 1486 (abb. de St-Savin, 14). — *La Boutandrye*, 1573 (maison-Dieu, 104).
Boutargent, f. c^{ne} de Bouresse.
Boutaude (La), m. r. c^{ne} d'Oiré. — *La Boutaude alias Gaudais*, 1758 (terrier de la Groye, p. 171).
Boutaudière (La), vill. c^{ne} de Charroux. — *Terra Aymerici Botander, la Botandère*, 1298 (abb. de Charroux). — *La Boutaudière*, 1498 (fief des Malpierres).
Boutaudière (La), h. c^{ne} de Rouillé. — *La grande et la petite Boutaudière*, 1775 (rôle des tailles). — Anc. fief relev. de la Salvagère.
Boutaudière (La), h. c^{ne} de Thurageau.
Boutault, mⁱⁿ sur la Veude et h. c^{ne} de Thuré. — *Moulin de Boutault*, 1492 (cure d'Ingrande); — *de Boutaud*, 1777 (aveu de Clairvaux).
Boutaux (Les), h. c^{ne} d'Orches.
Boutaux (Les), h. près la Géliric, c^{ne} de Thuré. — *Les Boutaulx*, 1484 (cure de Thuré). — *Les Boutaux*, 1698 (cure de Notre-Dame de Châtellerault).
Bout-du-Monde (Le), f. c^{ue} de Chenevelles.
Bouteille, h. c^{ne} d'Ingrande. — *Bouteilhes*, 1425 (cure d'Ingrande). — *Bouteilles*, 1559 (seign. de Marigny).
Bouteille (La), m. à Auzon, c^{ne} de Châtellerault.
Boutelaie (La), h. c^{ne} de Chenevelles. — *La Boutelay*, 1631 (duché de Châtellerault, 5).
Boutelaie (La), chât. f. et mⁱⁿ, sur la Luire, c^{ne} de Lésigny. — *La Boutraie*, 1455 (notaires, Arfaud à la Roche-Posay). — *La Bouteraie*, 1469 (fief de la Boutelaie). — *La Boutteraye*, 1473 (chap. cathédral, 25). — *La Boutellaye*, 1500 (seign. de la Roche-Posay, 1). — *La Boutroys*, 1542 (abb. de la Merci-Dieu, 12). — *La Boutellerays*, 1557 (chap. cathédral, 25). — *La Boutelays*, 1619 (seign. d'Alogny). — *La Boutelaye*, 1756 (abb. de la Merci-Dieu, 9). — Fief relev. autref. de celui des Baudiments; en avril 1618 il fut érigé en baronnie avec adjonction du fief des Baudiments et depuis releva immédiatement de la châtellenie de Lusignan.
Boutelaie (La), h. c^{ue} de Saint-Genest. — *La Boutelaye*, 1439 (terrier de Gironde, f° 34). — *La Boutellaye*, 1628 (couv. de Lencloître).
Boutelée (La), f. c^{ne} de Pairé. — *La Bouttelaie*, 1622 (fief de la Gralière).
Bouterre (Le), h. c^{ne} de Pleumartin. — *Les Boutaires*, 1841 (nomencl.).
Boutetière (La), m. détruite, c^{ne} de Mondion; maison tenant au chemin de Mondion à Châtellerault, 1596 (seign. de Mondion, 1).
Boutière (La), f. c^{ne} de Benassay.
Boutière (La), h. c^{ue} de Lencloître; — 1555 (couv. de Lencloître).
Boutière (La), f. c^{ne} de Saint-Christophe; — 1640 (seign. de la Boutière). — Anc. fief relev. de Chougne.
Boutière (La Grande et la Petite-), ff. c^{ne} de Saint-Gervais. — *La Boustière*, 1580; *la Boutière*, 1598 (Filles de Notre-Dame de Châtellerault). — Le fief de la Boutière, avec haute justice, relevait de la bar. de la Touche.
Boutiers, mⁱⁿ sur la Charente, c^{ne} de Lizant. — *Moulin de Boutière*, 1594 (fief de Panièvre); — *de Boutiers*, 1659 (notaires, Pascault à Civray).
Boutigny, vill. c^{ne} d'Archigny. — *Botigné*, 1309 (Gauthier, f° 193 v°); 1340 (abb. de l'Étoile). — *Boutigny*, 1779 (rôle des tailles).
Boutigny, h. c^{ne} de Liniers. — *Petronilla de Botinnec*, v. 1085 (cart. de St-Cyprien, p. 206). — *Botigné*, v. 1300 (Gauthier, f° 9). — *Botigné*, 1364 (seign. de Touffou, 1).
Boutinelière (La), f. c^{ne} de Saint-Secondin. — *La Boutinelière*, 1329 (cure de St-Secondin). — *La Botinellière*, 1454; *la Boutinellière*, 1479; *la Boutillenière*, 1528; *la Bouteillinière*, 1559 (seign. de la Boutinelière). — Anc. fief relev. de la Baumière.
Boutinerie (La), f. c^{ne} de Marnay. — *La Bouttinerie*, 1621 (seign. de Bois-Coursier).
Boutinerie (La), m. r. c^{ne} de Naintré.

BOUTINERIE (La), h. c^{ne} de Saint-Gervais; — 1774 (aveu de la bar. de la Touche).
BOUTINERIE (La), h. c^{ne} de Scorbé-Clairvaux.
BOUTINIÈRE (La), f. c^{ne} d'Antran; — 1762 (cure d'Antran).
BOUTINIÈRE (La), ff. c^{ne} de Bellefont; — 1609 (abb. de St-Cyprien, 20).
BOUTINIÈRE (La), m. r. c^{ne} de Bonnes. — *La Boutinère*, 1467 (seign. de Touffou, 1).
BOUTINIÈRE (La), m. r. c^{ne} de Coulombiers.
BOUTINIÈRE (La), vill. c^{ne} de Saint-Genest. — *Fief de Pellegrolle*, 1363 (duché de Châtellerault, 4). — *Pellegrole*, 1372 (seign. de Puygarreau, 3). — *La Boutinière ou Pellegrolle*, 1429 (fam. Gillier).
BOUTINIÈRE (La), h. c^{ne} de Saint-Pierre-de-Maillé. — *La Botinère*, 1309 (Gauthier, f° 199 v°). — *La Boutinère*, 1353 (évêché, 33). — *La Boutinière*, 1444 (*ibid.* 43). — Anc. fief relev. de la bar. d'Angle.
BOUTINIÈRE (La), vill. c^{ne} de Vendeuvre; — 1464 (évêché, 69). — *Village de l'Estang autrement la Boutinière*, 1703 (seign. de Chénéché, 7).
BOUTINS (Les), h. c^{ne} de Mairé.
BOUTINS (Les), h. c^{ne} de Saint-Genest.
BOUTRIE (La), f. c^{ne} de Lizant. — *La Bouterye*, 1561 (fief de Comporté). — *La Bouttrie*, 1731 (rôle des tailles). — Anc. fief relev. de Comporté.
BOUTRIE (La), f. c^{ne} de Maulay.
BOUTRIGIÈRE (La), f. c^{ne} de Sillars; — 1547 (évêché, 17). — *La Boutrigière*, 1574 (maison-Dieu, 121).
BOUX (Le), vieux manoir et f. c^{ne} de Savigné. — *Le Bout*, 1403 (gr. Gauthier, f° 249 v°). — *Le Boust*, 1404 (*ibid.* f° 194 v°).
BOUZANTRE, f. et anc. m^{in} sur le ruiss. de Gauberté, c^{ne} de Gouex. — *Alveus Busanla*, 964; *decima de Bosantra*, 1147 (abb. de Nouaillé). — *Molendinum de Bozantre*, 1365 (abb. de Nouaillé, 19). — *Bouzantray*, 1485 (*ibid.* 40). — Dans la charte de 964, *Busanla* est le nom donné au ruiss. de Mazerolles ou de Goberté, qui passe à Bouzantre.
BOUZAT, vill. c^{ne} de Thollet.
BOUZONS (Les), h. c^{ne} de Roiffé.
BOUZOTTERIE (La), h. c^{ne} de Dienné.
BRAC, h. c^{ne} de Moussac-sur-Vienne. — *Terra de Brax*, v. 1085 (abb. de Nouaillé). — *Villagium de Brax*, 1406 (seign. de Chadelat). — *Brac*, 1612 (fam. Laurent).
BRACHETRIE (La), f. c^{ne} d'Archigny. — *La Bracheterie*, 1476 (abb. de l'Étoile). — *La Brecheterie*, 1480 (couv. de la Puye, 7). — *La Brescheterie*, 1482 (abb. de l'Étoile). — *La Brachetrye*, 1546 (chap. de Chauvigny, 12).

BRACON, h. c^{ne} de Naintré; — 1431 (duché de Châtellerault, 7).
Le moulin de Bracon, sur le Clain, mentionné en 1610 (*ibid.* reg. de recette, 158), en 1646 (seign. des Robinières), n'existait plus en 1777 (aveu de Clairvaux, p. 183).
BRACONNERIE (La), f. c^{ne} de Curzay. — *La Braconnerye*, 1553 (minutes de J. Defonboisset, notaire à St-Maixent). — *La Braconnerie*, 1627 (fief de Curzay). — Anc. fief relev. de Curzay.
BRACONNERIE (La), f. c^{ne} de Rouillé.
BRADIÈRES (Les), colonie agricole, c^{ne} de Liniers. — *Les Braguières*, 1322 (abb. de la Celle, 18). — *Les Bradières*, 1820 (nomencl.).
BRAGUERIE (La), h. c^{ne} de Leigné-sur-Usseau.
BRAGUIENS (Les), lieu auj. inconnu, près les Closures, c^{ne} d'Usseau. — *Village des Braguiers*, 1658 (seign. des Mées); 1673 (aveu de la Motte d'Usseau).
BRAIRIE (La), m. près le Carroir-Pineau, c^{ne} de Leugny. — *La Brayrie*, 1631; *la Brairie autrefois appellée la Librajois*, 1777 (cure de Leugny). — *La Brerie*, 1841 (nomencl.).
BRALNAY, h. c^{nes} de la Grimaudière et du Verger-sur-Dive.
BRAMIÈRE (La), h. c^{ne} de Vivonne. — *La Bramère*, 1489 (livre de recette de Vivonne, f° 171). — *La Bramyère*, 1586 (chap. de St-Hilaire, 482).
BRAN, h. c^{ne} de Montamisé. — *Villa de Braenc*, 1230 (chap. de Notre-Dame-la-Grande, 58). — *Berenc*, 1324; *Brenc*, 1337; *Brent*, 1345 (arch. de Poitiers, 12). — *Brain*, 1552 (abb. de St-Cyprien, 42). — *Bran*, 1775 (rôle des tailles). — Voy. ROCHE-DE-BRAN (La).
BRANDALLIÈRE (La), vill. c^{ne} de Claunay. — *La Brandalière*, 1533 (chap. de Ste-Croix de Loudun, 5). — *La Brandallière*, 1625 (prieuré de Claunay).
BRANDES (Les), f. c^{ne} d'Adriers.
BRANDES (Les), h. c^{ne} de Bouresse.
BRANDES (Les), m. r. c^{ne} de Curzay.
BRANDES (Les), vill. c^{ne} de Lizant; — 1659 (notaires, Pascault à Civray).
BRANDES (Les), m. r. c^{ne} de Nieuil-l'Espoir; — 1651 (abb. de la Trinité, 46).
BRANDES (Les), h. c^{ne} de Pairé.
BRANDES (Les), h. c^{nes} de Queaux et Moussac; — 1642 (seign. de Ressonneau, 3).
BRANDES-JEANNIN (Les), f. c^{ne} de Nueil-sous-Faye.
BRANDINIÈRE (La), f. c^{ne} de Fleuré; — 1560 (abb. de Nouaillé, 49).
BRANGEARDIÈRE (La), f. c^{ne} de Thuré; — 1644 (seign. des Robinières).

Branger, m^in sur le ruiss. de Bignou, c^ne de Châtellerault. — *Moulin Barengier*, 1404 (cure de St-Romain de Châtellerault); — *de Belengier*, 1455 (abb. de St-Cyprien, 21); — *de Brangé*, 1580 (chap. de Châtellerault, 10); — *de Baranger*, 1621 (fief du Savinier); — *de Branger*, 1667 (abb. de St-Cyprien, 23).

Brangerie (La), lieu détruit, c^ne de Dangé. — *La Brangerie tenant au chemin qui vient de Puymillereou à Poulligné*, 1415 (seign. de Poligny). — *Hostel de la Berengerie*, 1456 (seign. de la Fontaine, 1).

Brangerie (La); h. c^ne de Verrières; — 1469 (seign. de Dienné et Verrières, 3).

Brangier, bois, c^ne de Charroux; — 1479, 1642 (aumônerie de Charroux); — seigneurie, 1527 (chap. de St-Hilaire, 548). — On y voit des vestiges d'un camp.

Branjardières (Les), h. c^nes de Champagné-Saint-Hilaire et Sommières. — *Les Branjardères*, 1495 (chap. de St-Hilaire, 244). — *Les grandes Brangeardières*, 1687 (seign. de Monts).

Branlerie (La), h. c^ne de Saint-Sauvant.

Brantelay, vill. c^ne de Rouillé. — *Brenteliacus, Brandelai villa in dominicatu Liziniacensi*, v. 1030 (cart. de St-Cyprien, p. 274). — *Brantelai*, v. 1060 (*ibid.* p. 275). — *Brantelay*, 1413 (chap. de St-Hilaire, 558).

Brassaise (La), h. c^ne de Ligugé. — *La Bracère*, 1488 (fief de la Motte-sur-Croutelle).

Brasserie (La), brasserie, près le m^in des Mas, c^ne de Saugé; anc. papeterie établie en 1603 par Paul Thomas, sénéchal de Montmorillon (1610, maison-Dieu, 89). — *Moulinet des Mas*, en ruine en 1653, rebâti par les Augustins en 1671 (*ibid.* 89). — *Papetterie du Moulinet*, 1678 (*ibid.* 90).

Brassioux, m. r. c^ne de Montoiron. — *Braceox*, 1429; *Brasseoux*, 1507 (seign. de Montoiron, 1). — Anc. fief relev. de la bar. de Montoiron.

Braude, ff. c^ne de Cloué; — 1572 (fam. Irland).

Braudière (La), m. r. c^ne de Benassay.

Braudière (La), f. c^ne de Dangé. — *La Beraudière*, 1508 (duché de Châtellerault, 5). — *La Beraudière*, 1598 (seign. de la Fontaine, 1).

Braudière (La), h. et m^in sur le Saleron, c^ne de Journet. — *La Beraudière*, 1542 (terrier de Rouflac, 63). — *Chastel et forteresse de la Braudière*, 1606 (seign. de la Braudière). — Anc. fief relev. de la bar. de la Trimouille (Fonteneau, t. XL, p. 290).

Braudière (La), f. c^ne de Leigné-les-Bois. — *La Beraudière*, 1603 (com^rie de la Foucaudière, 12).

Braudière (La), ff. c^ne de Leigné-sur-Usseau. — *La Beraudère*, 1426 (duché de Châtellerault, 5). — *La Berauldière*, 1506 (*ibid.* 6). — *La Braudière*, 1673 (fief de la Motte d'Usseau).

Braudière (La), f. c^ne de Romagne. — *La Beraudère*, 1243 (ch. de St-Hilaire, t. I, p. 253). — *La Braudière*, 1578 (chap. de St-Hilaire, 250).

Braudière (La), f. c^ne de Saint-Benoît. — *La Beraudère*, 1376 (abb. de Ste-Croix, 25). — *La Beraudière*, 1535; *la Braudyère*, 1583 (*ibid.* 23).

Braudière (La), ff. c^ne de Saint-Léomer. — *La Beraudière*, 1553 (fief du prieuré de St-Léomer). — *La Braudière*, 1553 (cure de St-Léomer).

Braudière (La), m. r. c^ne de Saint-Romain-sur-Vienne. — *La Beraudière*, 1661 (abb. de Ste-Croix, 86).

Braudière (La), f. c^ne de Sérigny. — *La Beraudière*, 1453 (com^rie de Loudun, 32). — *La Braudière*, 1742 (cure de Sérigny).

Braudière (La), m. r. c^ne de Vernon. — *La Beraudère*, 1296 (prieuré de la Vayolle). — *La Beraudière*, 1524 (abb. de Montierneuf, 93). — *La Braudière*, 1656 (*ibid.* 94).

Braudières (Les), m. r. c^ne de Vouneuil-sur-Vienne. — *Les Bradières*, 1766 (rôle des tailles).

Braudrie (La), f. c^ne de Saint-Sauveur. — *La Brauldrie*, 1612 (com^rie de la Foucaudière, 3). — *La Braudière*, 1624 (seign. de la Cour). — *La Beraudière ou la Fa*, 1642; *la Braudrie*, 1664 (com^rie de la Foucaudière, 9). — *La Braudrye*, 1727 (fief de la Cour).

Brault, f. c^ne de Dercé. — *Berault*, 1469 (com^rie de Loudun, 31). — *Brault*, 1725 (chap. de Ste-Croix de Loudun, 5). — Anc. fief relev. du Bois-Rogue ou de la Rabastière (ms. Trincant).

Brault, f. c^ne de Saint-Pierre-de-Maillé. — *Grangia de Beraut*, 1210 (Epist. Innocentii papæ III, t. II, p. 509). — *Berault*, 1469; *Brault*, 1555 (abb. d'Angle). — Le moulin de Brault, sur la rive droite de l'Anglin, est sur le territ. de la c^ne de Luray (Indre).

Braults (Les), f. c^ne de Saint-Genest. — *Village des Braulx*, 1561 (seign. de Puygarreau, 4); — *des Beraux*, 1562 (*ibid.* 7). — *Les Brault*, 1623 (*ibid.* 6).

Braverie (La), m. r. c^ne de Saint-Pierre-de-Maillé.

Brazou, h. c^ne de Mignaloux. — *Brasor*, 1320; *Brasour*, 1333 (abb. de la Trinité, 20). — *Brazou*, 1535 (*ibid.* 43). — *Brassour*, 1546 (*ibid.* 44).

Brebail, m^in sur la Vienne, c^ne d'Availle-Limousine. — *Moulin de Burbail*, 1651 (fam. de la Broue de Vareilles).

Le ruiss. de Brebail est aussi appelé ruiss. des Gourdines. Voy. ce mot.

BRECHETS (LES), h. c^{ne} de Saint-Gervais.
BRECHONNERIE (LA), h. c^{ne} de Salles-en-Toulon. — *La Brechonnère*, v. 1412 (fam. de Genouillé). — *La Breschonnère*, 1477 (fief de Mortemer). — *La Brischonnière*, 1548 (fief de Dienné et Verrières). — *La Brechonnière*, 1614 (cure de Salles). — Anc. fief relev. de Dienné et Verrières.
BREDANCHÈRE (LA), f. c^{ne} de Latus. — *La Bresdanchère*, 1404 (gr. Gauthier, f° 108). — *La Bredanchère*, 1409 (*ibid.* f° 123). — *Johannes Bresdant ratione tenute sue de la Bresdanchiere*, 1496 (fief du Cluzeau-Bonneau).
BRÉE, vill. c^{ne} d'Orches. — *Brez*, 1484 (cure de Sérigny). — *Brées*, 1487; *Brœfs*, 1499 (chap. cathédral, reg. 108). — *Brée*, 1579 (cure d'Orches).
BREGEONNERIE (LA), h. c^{ne} d'Availle. — *La Berjonnière*, 1841 (nomencl.). — Ce lieu s'appelait autref. *la Papignonnère*, 1438 (com^{rie} d'Auzon, 9).
BREGEONNERIE (LA), m. r. c^{ne} de Benassay. — *La Berjonnerie*, 1841 (nomencl.).
BREGÈRE (LA), f. c^{ne} d'Adriers. — *La Bregière*, 1615 (prieuré d'Entrefins).
BREGOUX, vill. c^{ne} de Millac. — *Bregou*, 1286 (cure de l'Isle-Jourdain). — *Bregou*, 1618 (prieuré de Teil). — *Brigoux*, 1730 (fam. de la Broue de Vareilles).
BRÉNU, vill. c^{ne} de Romagne. — *Breu*, 1470 (chap. de St-Hilaire, 243). — *Breux*, 1477 (*ibid.* 244). — *Brehus*, 1598 (*ibid.* 249). — *Breheuz*, 1598 (*ibid.* 250). — *Village de veil Braud qui à present est appellé Brehu*, xvie s° (*ibid.* 259).
BRELAISIÈRE (LA), f. c^{ne} de Saint-Pierre-des-Églises. — *Le Charraut Berles*, 1309 (Gauthier, f° 189 v°). — *La Berlaisère*, 1372 (chap. de Chauvigny, 15). — *Le Charraut Berlays*, 1386; *herbergement aux Berlays*, 1414; *la Berlayzère*, 1436 (évêché, 8). — *La Brelaisière*, 1503 (*ibid.* 22). — *La Brillaisière*, 1536 (chap. de Chauvigny, 8). — *La Berlaysière*, 1604 (évêché, 8). — Anc. fief relev. de la bar. de Chauvigny.
BRELAISIÈRES (LES), h. c^{ne} de Saint-Pierre-des-Églises. — *Bruillesères*, 1320; *les Bruilhaisères*, 1402, habitation de Jehan et Guillaume Bruilhais (évêché, 21 et 22). — *Les Bruillaizières*, 1503 (*ibid.* 22).
BRELIÈRE (LA), f. c^{ne} d'Adriers. — *La Brelière*, 1494 (fief de l'Âge-de-Plaisance). — *La Brellière*, 1640 (prieuré d'Entrefins).
BRELOUX (LES), h. c^{ne} de Vouneuil-sur-Vienne; — 1777 (cure de Vouneuil-sur-Vienne).
BRÉMALON ou PRÉMALON, h. c^{ne} de Châtellerault.
BREMAUDIÈRE (LA), f. c^{ne} de Saint-Pierre-des-Églises.
— *La Bourmaudère*, 1320 (évêché, 22). — *La Brumaudière*, 1536 (chap. de Chauvigny, 8). — *La Bremaudière*, 1617 (évêché, 8).
BREMOLIER, f. c^{ne} de Lussac-le-Château. — *Bremollier*, 1493 (fief de l'Âge-Bouet).
BREMONDIÈRE (LA), m. r. c^{ne} de Liniers. — *La Brumandière*, 1447 (arch. de la Soc. des antiq. de l'Ouest, n° 368). — *La Bremaudière*, 1604 (seign. de Touffou, 2).
BRENUCHÉ, m. r. c^{ne} d'Alonne.
BREPOUIL, h. c^{ne} de Verrières. — *De Burgopoyl*, 1320; *Bourpouylh*, 1370; *Berpoucil*, 1456 (abb. de Nouaillé, 19). — *Bourpouil*, 1490; *Berpouil*, 1498 (*ibid.* 20). — *Bourpeuilh*, 1569 (cure de Bouresse). — *Bourpeuil*, 1611 (abb. de Nouaillé, 22).
BRESSAUDIÈRES (LES), h. c^{ne} de Bonnes. — *Les Brissaudières*, 1422 (seign. de Loubressay). — *Les Boursaudières*, 1556 (*ibid.* 3). — Anc. fief relev. de Loubressay.
BRETAGNE, h. c^{ne} de Champagné-Saint-Hilaire. — *Bretaigne*, 1607 (chap. de St-Hilaire, 254).
BRETAGNE, h. c^{ne} de Montreuil-Bonnin. — *Bertaigne*, 1609 (prieuré de Tallent). — *La grande Bretagne, la petite Bretagne*, 1719 (abb. du Pin, 31).
BRETAGNE, faubourg de Chauvigny, c^{ne} de Saint-Martial. — *Faubourg de Bertaigne*, 1659 (chap. de Chauvigny, 5).
BRETAIGNE, h. et m^{in} sur le Clain, c^{ne} de Cenon. — *Bretaigne*, 1617 (chap. de Châtellerault, 13). — *Bretagne*, 1690 (abb. de la Celle, 4).
BRETALLIÈRE (LA), m. r. c^{ne} de Leigné-sur-Usseau. — *La Bretaillerie*, 1571 (prieuré de Fontmore, 2).
BRETELLERIE (LA), f. c^{ne} de Chenevelles. — *La Brethelière*, 1444 (duché de Châtellerault, 1). — Anc. fief relev. de la bar. de Montoiron.
BRETIGNY, vill. c^{ne} de Beaumont. — *Bretenys*, 1348; *Bertenis*, 1419 (chap. de Notre-Dame-la-Grande, 36). — *Brethenis*, 1476 (seign. de la Tour-de-Beaumont). — *Berthenis*, 1489; *Bretigny*, 1491 (seign. de Chénéché, 1). — *Bretegnys*, 1494 (Fonteneau, t. XIX, p. 607). — *Berthenys*, 1511 (seign. de Chénéché, 1). — *Bertheny*, 1608 (fam. des Courtis). — Anc. fief relev. du chapitre de Notre-Dame-la-Grande de Poitiers à cause de sa seign. de Beaumont; érigé en châtellenie avec la Valette au mois d'août 1675 en faveur de César Rousseau, chevalier, seigneur de la Parisière (chap. de Notre-Dame-la-Grande, 36).
BRETIGNY, m. r. c^{ne} de Jardres.
BRETINIÈRES (LES), h. c^{ne} de Coussay-les-Bois. — *Les Berthinières*, 1450 (seign. de la Roche-Posay, 1).

— *Les Bretinières*, 1469 (fief de la Boutelaie). — — *Les Bertinières*, 1477 (seign. de la Roche-Posay, 1).

BRETINIÈRES (LES), m. r. c^ne d'Iteuil. — *In villa quæ vocatur Britinerio, in pago Pictavo, in vicaria Vicavedoninse*, 954 ou 955 (ch. de St-Hilaire, t. I, p. 28). — *Breteneria*, v. 1120 (cart. de St-Cyprien, p. 68). — *Les Brethinières*, 1498; *les Bertinières*, 1515 (fief des Bâchers). — Anc. fief relev. de la châtell. de Lusignan. Il ne reste qu'une tourelle de l'ancien château.

BRETON, h. c^ne de Messay.

BRETON (LE), f. détruite, près Grand-Champ, c^ne de Champagné-Saint-Hilaire.

BRETONNERIE (LA), lieu détruit, c^ne de Bellefont. — *La Berthonnerie*, 1512; *la Brethonnerye*, 1571 (seign. de Bellefont).

BRETONNIÈRE (LA), chât. c^ne de Chalandray. — *La Berthonierre*, 1447 (terrier de la com^rie de St-Remy). — Anc. fief et haute justice relev. de Rouilly.

BREUIL, f. c^ne de Celle-l'Évécault; — 1537 (cure de Celle-l'Évécault).

BREUIL, vill. c^ne de Lusignan. — *Brolium*, v. 1150 (abb. de Nouaillé). — *Ballia de Brolio apud Lesigniacum*, 1227 (Fonteneau, t. XXII, p. 117). — *Le Bruilh*, 1409 (gr. Gauthier, f° 46). — *Village de Breuil*, 1506 (fief des Pouternières).

BREUIL, usine sur la Bouleur, c^ne de Pairé. — *Moulin de Breulh*, 1550 (seign. de la Vergne). — Le fief de Breuil, appart. à l'abbaye de Valence, relevait du marq. de Couhé.

BREUIL (LE), c^ne d'Antran; anc. m. noble dép. du marq. de Clairvaux; détruite avant 1777 (aveu de Clairvaux). — *Terre du Bruel en la chastellenie de Clereveaux*, 1389 (abb. de la Celle, 17). — Auj. inconnu.

BREUIL (LE), chât. c^ne de Blâlay. — *Forteresse du Bruel*, 1445 (prévôté de Blâlay, 2). — *Le Breuil en Myrebalays*, 1572 (seign. de Lauberdière). — Anc. fief relev. de Ry.

BREUIL (LE), vill. c^ne de Blanzay. — *Brolium*, 1404 (gr. Gauthier, f° 195 v°). — *Le Bruoil*, 1498 (fief de Fayolle). — *Le Breuilh aux Jacobz*, 1571 (chap. cathédral, 83).

BREUIL (LE), h. c^ne de Brux. — *Le Breuil de Messé*, 1599 (seign. de Couhé). — Anc. fief relev. du marq. de Couhé.

BREUIL (LE), vill. c^ne de Chalandray. — *Le Breuil*, 1633 (cure de Cramard). — *Le Breuil de Prin*, 1703 (com^rie de St-Antoine de la Lande, 17). — Anc. fief relev. de la com^rie de Saint-Antoine de la Lande (Deux-Sèvres).

BREUIL (LE), h. c^ne de Charroux. — *Pons de Brullio*, v. 1080 (Fonteneau, t. IV, p. 67). — *Molendinum de Brolio*, 1172 (ibid. t. XVIII, p. 415). — *Le pont de Brueilh*, 1499 (abb. de Charroux). — *Moulin de Breuil*, 1573 (cure de Charroux). — Le moulin de Breuil, sur la Charente, est encore mentionné en 1618 (aumônerie de Charroux). Le pont est détruit depuis longtemps.

BREUIL (LE), vill. c^ne de Château-Larcher. — *Brollium*, 1108-1115 (cart. de St-Cyprien, p. 266). — *Brolium*, v. 1155 (ibid. p. 36). — *Le Breuil*, 1469 (abb. de St-Cyprien, 46). — *Le Breuilh*, 1549 (abb. de Nouaillé, 58).

BREUIL (LE), vill. c^nes de Chauvigny et Jardres. — *Locus qui vocatur Brolius in terra Isemberti episcopi*, v. 1060 (cart. de St-Cyprien, p. 140). — *Locus qui vocatur Au Brol*, v. 1080 (ibid. p. 141). — *Bruyl, le Brueyl*, 1309 (Gauthier, f°s 186 v° et 190 v°). — *Le Brueilh*, 1434 (seign. de Touffou, 3). — *Le Breuilh*, 1540 (chap. de Chauvigny, 1).

BREUIL (LE), h. c^ne de Dangé. — *Village des Berards*, 1652 (fief de Poligny). — *Le Breuil*, 1598 (seign. de la Fontaine, 1); — *anciennement appelé les Berards*, 1670 (ibid. 4).

BREUIL (LE), lieu détruit, près Mortroux, c^ne de Jouet; — 1841 (nomencl.).

BREUIL (LE), f. c^ne de Latus. — *Brolium*, 1403 (abb. de St-Savin, 34). — *Le Breuil*, 1730 (rôle des tailles). — Anc. fief relev. de l'abbaye de Saint-Savin.

BREUIL (LE), h. c^ne de Leigné-les-Bois. — *Le Brueil*, 1429 (seign. de Montoiron, 1). — *Le Bruilh*, 1457 (duché de Châtellerault, 5). — *Le Breuil*, 1507 (seign. de Montoiron, 1). — Anc. fief relev. de la seign. de Montoiron.

BREUIL (LE), h. c^ne de Lencloître. — *Le Breuil de Coursay*, 1562 (seign. de Chéneché, 11). — *Le Breuil de Cursais*, 1750 (cure de Boussageau). — Anc. seigneurie.

BREUIL (LE), ff. c^ne de Lomaizé; — 1428 (seign. de Dienné et Verrières).

BREUIL (LE), h. c^ne de Magné. — *In villa que vocatur Ad Brolio*, v. 1100 (cart. de St-Cyprien, p. 211). — *Brollium, le Brueil*, 1334 (chap. de St-Hilaire, 439). — *Le Bruil, le Broil*, 1404 (gr. Gauthier, (f°s 86 v° et 87).

BREUIL (LE), h. c^ne de Mirebeau. — *Le Breuil de Rochefort*, 1389 (fam. de Fouchier).

BREUIL (LE), h. c^ne de Pouzioux. — *Le Bruil*, 1309 (Gauthier, f° 192). — *Le Breilh*, 1498 (fief de Champeaux). — *Le Breuilh*, 1535 (maison-Dieu, 160). — *Le Bruelh*, 1580 (ibid. 157). — *Le*

Breulh, 1602 (ibid. 158). — Le Breuil, 1646 (seign. de St-Martin-la-Rivière, 1).

Breuil (Le), h. cne de Pressac.

Breuil (Le), h. cne de la Roche-Posay. — Bruilh, 1429 (cure de la Roche-Posay). — Le Brueil, 1458 (notaires, Artaud à la Roche-Posay). — Le Bruel, 1459 (seign. de la Roche-Posay, 1). — Anc. fief relev. de la châtell. de la Roche-Posay.

Breuil (Le), f. cne de Saint-Gervais. — Le Brueil, 1452 (duché de Châtellerault, 4).

Breuil (Le), f. cne de Saint-Pierre-de-Maillé. — Brolium, 1309 (Gauthier, f° 198). — Le Brueilh, 1444 (évêché, 43). — Le Breil, 1511; le Breulh, 1521; le Breuilh, 1540 (seign. de la Roche-Aguet). — Anc. fief relev. de la bar. d'Angle (évêché, 35).

Breuil (Le), f. cne de la Trimouille. — Brolium, 1274 (maison-Dieu, 127). — Moulin du Bruel, 1458 (ibid. 154). — Village du Broil, 1494 (seign. de Courtevrault). — Le Breuilh, 1525 (maison-Dieu, 31). — Moulin du Breul autrement de la Chaulme, 1529 (ibid. 140). — Le moulin du Breuil est appelé auj. moulin de la Chaume. Voy. Chaume (La).

Breuil (Le), h. cne d'Usson.

Breuil (Le), h. cne de Vendeuvre.

Breuil (Le), chât. à Vernon. — Le Bruil, 1403 (hommages du comté de Poitou, f° 19). — Le Breulh de Vernon, 1580 (fief de Gençay). — Anc. fief relev. de la vic. de Gençay.

Breuil (Le), f. cne de Vicq. — Moulin du Bruil, 1512; — de Brieul, 1515; village de Breilh, 1531 (abb. d'Angle). — Le moulin du Breuil, sur le ruiss. de Ris, n'existe plus.

Breuil (Le), à Vivonne. — Brolium, v. 1120 (cart. de St-Cyprien, p. 69). — Houstel et jardin de Breuil, molin de Breuil, 1489 (livre de recette de Vivonne, f° 66 et 68). — On ne connaît plus sous ce nom qu'une prairie au bord du Clain, non loin du pont de la Levée.

Breuil (Le Grand et le Petit-), h. et f. cne de Persac.

Breuil (Le Grand et le Petit-), vill. cne de Rouillé. — Breuilh Gouffis, 1476; hostel noble du Boys Gouffeys, 1479 (chap. de St-Hilaire, 81). — Le grand Breuilh, 1559 (fief de Venours). — Le Breul Bouffitz, 1640 (chap. de St-Hilaire, 451). — Petit Breuil Bouffy (Cassini).

Breuil (Le Grand et le Petit-), vill. et h. cne de Saint-Pierre-d'Exideuil. — Le Bruil aus Bourgoins, 1379 (fief de Guillaume Chales de Civray). — Le Bruil aus Borgoigns, 1403 (gr. Gauthier, f° 211 v°). — Le Brueil aux Borgoins, 1440 (abb. de Nouaillé, 56). — Le Breuil aux Be-

gouains, 1663; — aux Begouins, aux Berjouins, 1664 (notaires, Pascault à Civray). — Le Breuil aux Bourgeons, 1719 (fief de la dîme du Breuil). — La moitié de la dîme du Breuil-aux-Bourgoins constituait un fief relev. du comté de Civray.

Breuil (Le Grand et le Petit-), h. et f. cne de Saint-Savin. — Le Broueil, 1508; le Breuilh, 1563; le petit Breuil, 1662 (abb. de St-Savin, 29).

Breuil (Le Petit-), f. cne de Marnay. — Le Breuil, 1565 (religieuses de Ste-Catherine de Poitiers). — Le Petit Bruil, 1775 (rôle des tailles). — C'était peut-être le fief du Breuil, paroisse de Marnay, qui relevait de la châtell. de Vivonne (Fonteneau, t. XLII, p. 162). — Le moulin de Breuil, sur la Clouère, mentionné dans un aveu du fief des Hautes-Vergnes de 1550, n'existe plus.

Breuil (Le Pont de), vill. cne de Persac. — Breux (Cassini).

Breuil-Bardin, m. r. cne d'Ayron. — Bruel Bourdin, 1324; Breul Bordin, 1337 (arch. de Poitiers, 12). — Le Breuil Bardin, 1386 (abb. de Ste-Croix, 28).

Breuil-Cartais (Le), ff. cne de Saint-Sauvant. — Le Bruil Quartois, le Bruil Cartois, 1420 (gr. Gauthier, f° 50). — Le Breuil Cartoys, 1498 (fief du Coudré). — Anc. seigneurie.

Breuil-de-Jay (Le), lieu détruit, près Commenjart, cne de Romagne. — Houstel du Breuilh de Jay, 1415 (chap. de St-Hilaire, 242).

Breuil-de-Surin (Le), anc. seign. cne de Surin. — Le Brueil de Surin, 1567 (seign. du Cibiou). — Le Breuilh de Surin, 1573 (seign. de Bois-Seguin). — Ce lieu n'est plus connu.

Breuil-d'Haleine (Le), vill. cnes de Saint-Macou et Saint-Saviol. — Brolium Helene, 1172 (Fonteneau, t. XVIII, p. 417). — Le Bruil d'Alenne, 1398 (gr. Gauthier, f° 228 v°). — Le Brueil d'Alayne, 1463 (fam. Jousserant, 1). — Le Breuilh d'Alenne, 1498 (fief de Bellabre). — Le Breuil d'Allaine, 1689 (notaires, Pascault à Civray).

Breuil-l'Abbesse (Le), vill. cne de Mignaloux. — Brolium, 962 (Fonteneau, t. XXVII, p. 23). — Brolium abbatisse Sancte Crucis, 1268 (chap. de Notre-Dame-la-Grande). — Le Bruel l'abbaesse, 1324; le Breul l'abbasse, 1337 (arch. de Poitiers, 12). — Le Breulh l'abbasse, 1371 (abb. de Ste-Croix, 24). — Il y avait au Breuil-l'Abbesse deux seigneuries appartenant l'une à l'abbaye de Sainte-Croix, l'autre à l'abbaye de la Trinité de Poitiers.

Breuillac (Le), vill. cne de Blanzay. — Le Bruylhat, 1345 (fam. Jousserant, 1). — Le Bruillac, 1404 (gr. Gauthier, f° 264). — Le Breuillac, 1572 (fief de Dessé). — *Le Brueillac*, 1590 (chap. cathédral, 83).

BREUILLAC (LE), h. c^{ne} de Surin. — *Le Brellac*, 1665 (notaires, Chevallier à Civray).

BREUILLETÉ, h. c^{ne} de Rouillé. — *La Broilhetière*, 1409; *Breuillotière*, 1524 (chap. de St-Hilaire, 558). — *Breuilletté*, 1604 (fief de Mauprié). — *Le Breuil Ytier*, 1657 (cure de Rouillé). — *Breuilleté*, 1775 (rôle des tailles).

BREUILLONS (LES), h. c^{ne} de Béthines. — *Les Breulglons*, 1561; *les Breuillons*, 1563 (maison-Dieu, 133). — *Les Brouillons*, 1683 (seign. de Liglet).

BREUIL-MARGOT (LE), h. c^{ne} de Savigné; — 1678 (notaires, Pascault à Civray).

BREUIL-MINGOT (LE), vill. c^{ne} de Poitiers; anc. fief et haute justice relev. de la tour de Maubergeon. — *In loco qui vocatur Brolio infra quintam civitatis*, 1027 (Fonteneau, t. XIII, p. 127). — *Brolium Maengoti*, 1220 (aumônerie de Ste-Marthe). — *Brolium Mangoti*, 1257 (Layettes du trésor des chartes, t. III, p. 382). — *Bruilmayngo*, 1281 (Duchesne, Hist. généal. de la maison des Chasteigners, pr. p. 111). — *Brolium Maingoti*, 1295 (Fonteneau, t. XII, p. 668). — *Le Bruel Maingo*, 1324; *le Breul Mainguo*, 1337 (arch. de Poitiers, 12). — *Le Bruil Mangou*, 1410 (gr. Gauthier, f° 29). — *Le Breuil Mangou*, 1476 (abb. de la Celle, 13). — *Le Breuilh Mingot*, 1539 (*ibid.* 10). — *Le Breuil Mangot*, 1669; *la Tour du Breuil*, 1773 (fief du Breuil-Mingot).

Le Breuil-Mingot dépendait de la paroisse de Saint-Hilaire de la Celle de Poitiers; il y avait en ce village une chapelle sous l'invocation de sainte Catherine et un cimetière. Cette enclave figure sous le nom de la Celle hors Poitiers dans les listes des paroisses de l'élection de Poitiers.

BREUIL-PATRI (LE), h. c^{ne} d'Orches. — *Brolium*, 1367; *le Breuil Patri*, 1461 (chap. cathédral, reg. 108). — *Le Breuil Patrix*, 1518 (seign. de Germigny). — *Le Breuil Patris*, 1606 (chap. cathédral, 41). — Anc. fief relev. de la bar. de Faye-la-Vineuse (Indre-et-Loire); acquis, au XIVe siècle, de Jean Patris par le chapitre cathédral de Poitiers.

BREUX (LES GRANDS et LES PETITS-), f. et h. c^{ne} d'Angle. — *Les Brueilz*, 1459; *les Breux*, 1586; *les petits Breux*, 1596 (prieuré de St-Martin d'Angle). — *Les Breulx*, 1618 (seign. de la Roche-Aguet). — Anc. fiefs relev. de la bar. d'Angle.

BRIANDE, m. r. c^{ne} d'Angliers. — *Molendina quæ sunt in Briandia*, av. 1116 (Clypeus nasc. Fontebrald. ord. t. II, p. 261). — *Terra de Briande*, v. 1180 (cart. de Fontevrault, f° 512). — *Briende*, 1455 (prieuré de Triou). — *Moulins de Briande*, 1544 (chap. cathédral, 37).

BRIANDE, f. c^{ne} d'Arçay; — 1571 (arch. de la Soc. des antiq. de l'Ouest; Loudunais, 3).

BRIANDE (LA), petite riv. prend sa source près les Roches-Longefonts, c^{ne} de Saire, passe près Guesne, Angliers et Saint-Cassien, et se jette dans la Dive sur le territ. de la c^{ne} d'Arçay, après un parcours de 24 kilom. — *Briandia*, av. 1116 (Clypeus nasc. Fontebrald. ord. t. II, p. 261). — *Brianda*, 1124-1140 (gr. cart. de Fontevrault, 735). — *Rivière de Briande*, 1501 (chap. cathédral, 37).

BRIANDIÈRE (LA), f. c^{ne} d'Arçay.

BRIANDIÈRE (LA), h. c^{ne} de Prinçay. — *La Briendière*, 1605 (cure de Prinçay). — *La Briandière*, 1678 (chap. de Ste-Radegonde, 92).

BRIANDIÈRE (LA), f. c^{ne} de Ranton. — *Hostel de la Briandère*, 1376; — *de la Briandière joignant aux douves du chasteau de Ranton*, 1564, 1717 (couv. de Guesne). — Anc. propriété des religieuses de Guesne.

BRIANDRIE (LA), h. c^{ne} d'Avanton.

BRIANDRIE (LA), f. c^{ue} de Montoiron.

BRIANDRIE (LA), f. détruite, près la Martinière, c^{ne} d'Orches. — *La Bryandrye*, 1520 (seign. de Puygarreau, 9). — *La Brianderie*, 1528 (*ibid.* 4).

BRIANDRIE (LA), f. c^{ne} de Sillars. — *La Briendère*, 1404 (gr. Gauthier, f° 104 v°). — *La Brianderie*, 1498 (fief de Pindray).

BRIAUDRIE (LA), f. c^{ne} de Senillé.

BRIAUX (LES), h. c^{ne} de Buxeuil. — *Village des Briaux*, 1743 (cure de Buxeuil). — *Les Bruyaults*, 1841 (nomencl.).

BRICAUDRIE (LA), f. c^{ne} de Saint-Sauvant. — *La Baricaudrie*, 1841 (nomencl.).

BRICOU (LE), f. c^{ne} de Latillé. — *Chez Bricou*, 1620 (cure de Latillé). — *Mestairie des Bricou*, 1621 (abb. du Pin, 26).

BRIDE-LES-LOUPS, m. r. c^{ne} d'Antran.

BRIDE-LES-LOUPS, m. r. c^{ne} de Saint-Gervais; — 1774 (aveu de la bar. de la Touche).

BRIDERAIE (LA), ff. c^{ne} de Vicq. — *La Brideraye*, 1459 (notaires, Artaud à la Roche-Posay). — *La Brideroys*, 1527 (abb. d'Angle). — *La Briderays*, 1673 (abb. de la Merci-Dieu, 5). — *La Bridraie*, 1644 (prieuré-cure de Vicq).

BRIDIER, pont et anc. m^{in} sur la Charente, c^{ne} de Saint-Saviol. — *Brider*, 1404 (gr. Gauthier, f° 264). — *Pont de Bridier*, 1410 (*ibid.* f° 219 v°). — *Moulin de Bridier*, 1460, 1494 (fam. Jousserant,

1); 1601 (fief de la Chaux). — Ce moulin n'existe plus depuis longtemps.

BRIFAUDIÈRE (LA), f. c^{ne} d'Ayron.

BRIFAUDIÈRE (LA), f. c^{ne} de Ceaux, c^{on} de Loudun.

BRIFAUDIÈRE (LA), f. c^{ne} de Ligugé. — *La Bruffaudère*, 1446; *la Briffaudière*, 1504 (collège de Poitiers, 9).

BRIFOU, m^{lin} sur la Boivre, c^{ne} de Montreuil-Bonnin. — *Molendinum de Brifol*, v. 1140 (cart. de St-Cyprien, p. 280); — *de Briefou*, 1237 (Fonteneau, t. XIX, p. 399). — *Moulin de Briffou*, 1464 (abb. de Montierneuf, 84); — *de Brifou*, 1711 (rôle des tailles de la Chapelle-Montreuil).

BRIGÈRE (LA), h. c^{ne} de Saint-Pierre-des-Églises. — *La Berigère*, 1320; *la Brigière*, 1503 (évêché, 22). — *La Brigère*, 1775 (rôle des tailles).

BRIGNOLLE (LA), f. c^{ne} de Vezières; — 1622 (cure de Vezières).

BRIGUEIL-LE-CHANTRE, c^{on} de la Trimouille. — *Brigolium*, XIIe siècle (maison-Dieu, cart. n° 184). — *Ecclesia Sancti Hilarii de Brigolio*, 1185 (Fonteneau, t. XXIV, p. 437). — *Briguil*, 1408 (gr. Gauthier, f° 120). — *Brigueil le Chantre*, 1479 (compte de J. Bourdin). — *Brigueilh*, 1494 (fief de Mareuil). — *Brigueul*, 1525 (maison-Dieu, 31). — *Brigueilh le Chantre*, 1579 (ibid. 107). — *Brigueil le Chantre*, 1592; *Brigueueil le Chantre*, 1638; *Briguil le Chantre*, 1655 (cure de Brigueil-le-Chantre).

Brigueil, surnommé le Chantre parce que le chantre de la collégiale de Saint-Pierre du Dorat (Haute-Vienne) avait le patronage de l'église de cette paroisse, était du diocèse de Limoges, archiprêtré de Rancon, de la châtellenie et de la sénéchaussée de Montmorillon, et de l'élection de Poitiers. En 1743 les terres de Brigueil, Fleix et Mareuil formaient une châtellenie.

BRILLÈRE (LA), chât. c^{ne} de Verrières. — *La Brelière*, 1696; *la Brillière*, 1773 (cure de Verrières).

BRIN, f. et donjon en ruine, c^{ne} de Jaunay. — *Turris de Brahenc*, 1324 (seign. de Brin). — *La tour de Brainc*, 1405 (gr. Gauthier, f° 15). — *Brain*, 1505; *Brin*, 1644 (fief de Brin). — Anc. fief relev. de la tour de Maubergeon; érigé en comté au mois de novembre 1637 en faveur de Jacques de Nuchèze, évêque et comte de Chalon-sur-Saône (fief de Brin).

BRINDAURIE (LA), f. c^{ne} de Curzay. — *La Brindaudrie*, 1627 (fief de Curzay). — *La Brindorie* (Cassini).

BRINGUETTRIE (LA), h. c^{ne} de Saugé; — 1775 (rôle des tailles).

BRINS (LES), m. r. c^{ne} de Raslay.

BRINS (LES), m. à Agressay, c^{ne} de Thurageau.

BRION, c^{on} de Gençay. — *Vicaria Brionensis in pago Pictavo*, 903 (abb. de Nouaillé); — *in pago Briciuse*, 969 (cart. de St-Cyprien, p. 251). — *Vicaria que dicitur Briom, in pago Pictavo*, 987-990 (ibid. p. 210). — *Brion in vicaria castri Genciaci*, v. 1080 (ibid. p. 216). — *Ecclesia de Briun in castellania Genciaci*, 1097-1100 (ibid. p. 13); — *de Brio*, 1149 (abb. de St-Cyprien); — *de Brion cum ecclesia de Foresta aunexa* (pouillé de Gauthier, f° 151). — *Rector Sancti Martini de Brionio*, 1478 (reg. synodal).

La viguerie de Brion, d'après les documents peu nombreux qui la font connaître, renfermait *Villaris*, Villiers, c^{ne} de Saint-Secondin, *Rete* ou *Redus* sur la Clouère et *Falgeriolus*. Dans une charte de l'abbaye de Nouaillé du 1er novembre 1025, Brion paraît comme chef-lieu d'une *condita* en la viguerie de Civaux. (Voy. VERNIÈRES.) — La paroisse de Brion dépendait de l'archiprêtré et de la châtellenie de Gençay, de la sénéchaussée et de l'élection de Poitiers; une portion de son territoire toutefois ressortissait à la sénéchaussée de Civray. La cure était à la nomination de l'abbé de Saint-Cyprien.

BRIONNERIE (LA), f. c^{ne} de Cuhon.

BRIONNIÈRE (LA), f. c^{ne} d'Ingrande; — 1448 (chapelle de St-Étienne en St-Jean-Baptiste de Châtellerault). — *La Brignonnère*, 1455 (abb. de St-Cyprien, 21). — *La Brionnerye*, 1619 (aveu de St-Romain, f° 17 v°).

BRIONNIÈRE (LA), f. c^{ne} de Lomaizé; — 1700 (notaires, Sandilleau à Verrières).

BRIONS (LES), lieu détruit avant 1686, c^{ne} de Dangé (fief de la dîme de Piolant).

BRIONS (LES), m. r. c^{ne} d'Ingrande; — 1619 (seign. de Chêne, inv.); — *autrement le Plessis*, 1756 (terrier de la Groye, p. 259).

BRIONS (LES), h. c^{ne} de Leigné-sur-Usseau; — 1726 (seign. de la Salle).

BRIOU (LE), h. c^{ne} de Sossay. — *Briou*, 1639 (seign. de Puygarreau, 8). — *Le Briou* (Cassini).

BRIOUSE (LA), h. c^{ne} de Sanxay.

BRIOUX, vill. c^{ne} de Pairé, et m^{in} sur la Bouleur, c^{ne} de Ceaux, c^{on} de Couhé. — *Briost*, 1303; *Brioz*, 1307; *domus de Brioto*, 1320; *Brioust*, 1343; *Bryou*, 1518; *Brioux*, 1605 (abb. de Nouaillé, 54). — Terre acquise en 1303 par l'abbaye de Nouaillé.

BRIOUX (LA), h. c^{ne} de Savigny-l'Évescault.

BRIQUETIÈRE (LA), h. c^{ne} de Saint-Sauveur. — *La Bricquetière*, 1616 (com^{rie} de la Foucaudière, 10).

BRIS (LES), h. c^{ne} des Ormes.

BRISE (LA), h. c^{ne} de Nueil-sous-Faye; — 1663 (cure de Maulay).
BRISSARD (LE), h. c^{ne} de Château-Garnier.
BRISSONNERIE (LA), m. r. c^{ne} d'Ayron.
BRISSONNERIE (LA), f. c^{ne} de Bonneuil-Matours.
BRISSONNERIE (LA), f. c^{ne} de Bournan.
BRISSONNIÈRE (LA), f. c^{ne} de Lomaizé; — 1556 (chap. de Mortemer, 5).
BRISSONNIÈRE (LA), h. c^{ne} de Thurageau; — 1592 (religieuses de St-François de Mirebeau).
BRISSONNIÈRES (LES), h. et m^{ln} sur la Gartempe, c^{ne} de Latus. — *La Brissonnère*, 1404 (gr. Gauthier, f° 113 v°). — *Les Brissonnières*, 1483 (fief de Beaupuy).
BRIZAY, vill. c^{nes} de Coussay et Verrue. — *Alo de Brizai*, 1136 (ch. de St-Hilaire, t. I, p. 134). — *Petrus de Brisaio*, 1213 (chap. de Mirebeau, 27). — *La Roche de Brisay*, 1383 (ibid. 11). — *Brisay*, 1458 (prévôté de Blâlay, 8). — *Brizay*, 1504 (cure de Verrue). — Le fief de *la Roche de Brissay*, 1508 (aveu de Mirebeau), relevait de la bar. de Mirebeau.
BRIZAY, chât. et f. c^{ne} de Marigny-Brizay. — *P. de Brisaio*, 1220 (Fonteneau, t. XX, p. 529). — *Brisay*, 1499 (duché de Châtellerault, 4). — *Brizay*, 1502 (seign. de Brizay). — Anc. fief relev. de la Tour-de-Beaumont. On l'a appelé le *Petit-Brizay* pour le distinguer de la seign. du même nom près Mirebeau.
BRIZAY, f. c^{ne} de Saint-Gervais. — *Brizé*, 1426 (duché de Châtellerault, 5). — *Brizay*, 1459 (ibid. 6). — Anc. fief relev. du Plessis-Baunay.
BROCARDIÈRE (LA), h. c^{ne} de Tercé.
BROCARDIÈRES (LES), h. c^{ne} de Lomaizé; — 1700 (notaires, Sandilleau à Verrières).
BROCHAILÈRES (LES), h. c^{ne} de Vouneuil-sur-Vienne. — *Les Brochaillères*, 1563 (com^{rie} d'Auzon, 7). — *Les Brochallières*, 1579 (chap. cathédral, reg. 93).
BROCHARD, f. c^{ne} de Sérigny. — *Brochard*, 1450 (cure de Sérigny); — *moulin sur la rivière de Masble*, 1523 (seign. de Germigny). — Il ne reste point de traces de ce moulin.
BROCHARDERIE (LA), h. c^{ne} d'Availle.
BROCHARDIÈRE (LA), h. c^{ne} de Prinçay; — 1575 (chap. de Ste-Radegonde, 8).
BROCHARDIÈRE (LA), h. c^{ne} de Saint-Genest; — 1438 (seign. de Puygarreau, 3). — Anc. fief relev. de Piolant.
BROCHARDIÈRE (LA), à Soudun, c^{ne} de Savigny-sous-Faye; anc. fief relev. de l'abbaye de Saint-Benoît; — 1306, 1673 (abb. de St-Benoît, 20 et 22).
BROCON, f. c^{ne} de Nieuil-l'Espoir. — *Brocou*, 1576;

Beaucours, 1599 (abb. de la Trinité, 46). — *Brocourt*, 1751 (ibid. 53). — *Broqueroux*, 1755 (rôle des tailles). — *Breaucou*, 1841 (nomencl.).
BRODINIÈRES (LES), f. c^{ne} de Chiré-en-Montreuil. — *Les Braudinières*, 1625 (com^{rie} de la Vausseau, 7). — Anc. fief relev. de Chiré.
BROIES (LES), f. c^{ne} de Châtillon.
BROSSAC, h. c^{ne} de Celle-l'Évécault. — *Brochechat*, 1404 (gr. Gauthier, f° 53). — *Brochessac*, 1543 (com^{rie} de Roche, 6). — *Brochesac*, 1768 (fief de Brossac). — Anc. fief relev. de la châtell. de Lusignan.
BROSSAC, h. c^{nes} de Mirebeau et Thurageau. — *Bracheissac*, 1286; *Brochessac*, 1446 (abb. de Fontaine-le-Comte, 26). — *Brochesacq*, 1660; *Brochesac*, 1677 (prieuré de St-Jean de Mirebeau, 5).
BROSSAC, m^{in} sur la Clouère et tuilerie, c^{ne} de Saint-Maurice. — *Moulin de Brochessac*, 1404 (gr. Gauthier, f° 89 v°).
BROSSARDIÈRE (LA), f. c^{ne} de Naintré; — 1542 (duché de Châtellerault, 7).
BROSSE (LA), h. c^{ne} de Brigueil-le-Chantre. — *La Brousse*, 1506 (fief de Fleix).
BROSSE (LA), ff. c^{ne} de Doussay. — *La Broce*, 1459; *la Brosse*, 1509 (couv. de Lencloître).
BROSSE (LA), h. c^{ne} de Lavoux. — *Herbergamentum de Brocia*, 1322 (abb. de la Celle, 18). — *La Brousse, la Brosse*, 1362; *la Broce*, 1491 (seign. de Touffou, 3). — Anc. fief relev. de la châtell. de Touffou.
BROSSE (LA), f. c^{ne} de Lencloître.
BROSSE (LA), ff. c^{ne} de Naintré; — 1436 (duché de Châtellerault, 1). — Anc. fief et haute justice relev. du duché de Châtellerault.
BROSSE (LA), bois, près les Granges, c^{ne} de Saint-Remy-sur-Creuse; — 1682 (seign. de la Chaise). — Anc. fief relev. de celui de Buxeuil.
BROSSE (LA), h. c^{ne} de Savigny-sous-Faye.
BROSSE (LA), chât. et f. c^{ne} de Thollet. — *Fief de Serpantin autrement appellé la Brosse*, 1561 (fief de Serpentin). — Anc. fief relev. de la bar. de Montmorillon.
Le ruiss. de la Brosse sort des fontaines de ce lieu et tombe dans la Benaise près Thollet.
BROSSE (LA), ff. c^{ne} de Vicq. — *La Brousse au Bouyer*, 1532 (abb. de Ste-Croix, 96). — Anc. fief relev. de la châtell. de la Roche-Posay.
BROSSE (LA BASSE-), f. c^{ne} de Raslay. — *Seigneurie de la Brosse*, 1452; *prieuré de la basse Brosse*, 1498 (com^{rie} de Loudun, 20). — Anc. domaine de l'abb. de Fontevrault.
BROSSE (LA GRANDE et LA PETITE-), vill. et h. c^{ne}

d'Ingrande. — *La Brosse*, 1462 (cure de St-Ustre). — La Petite-Brosse a été distraite de la c^{ne} de Vaux le 9 avril 1841.

Brosse (La Grande et la Petite-), h. et f. c^{ne} de Pouant. — *La Brosse*, 1632 (chap. de St-Hilaire, 429).

Brosse (La Haute-), vill. c^{ne} de Roiffé. — *La haulte Broce*, 1603 (com^{rie} de Loudun, 20). — *La haulte Brosse*, 1661 (cure de Roiffé). — Anc. seigneurie.

Brosse-de-Favars (La), h. et m^{in} sur la Grande-Blour, c^{ne} de Persac. — *Moulin de la Brousse*, 1536 (Fonteneau, t. XXIV, p. 566).

Brosse-de-Persac (La), f. c^{ne} de Persac. — *La Brosse*, 1609 (seign. de la Brûlonnière). — Anc. fief et haute justice relev. du marq. de Lussac-le-Château.

Brosse-Rouault (La), m. r. c^{ne} de Latillé. — *Marrea de boys appellé la Brosse Rouaut*, 1403 (gr. Gauthier, f° 70). — *La Broussereaux*, 1775 (rôle des tailles). — *La Breau-Sureau*, 1841 (nomencl.).

Brosses (Les), f. c^{ne} de Persac.

Brou, vill. c^{ne} de Maulay; — 1466 (com^{rie} de Loudun, 31).

Brou, h. c^{ne} de Mouterre-Silly; — 1453 (com^{rie} de Loudun, 25); 1558 (*ibid.* 22). — *Brou Preuilly* (Cassini). — C'était peut-être le fief appelé *Boys Preuillé*, 1547 (chap. cathédral, 88); *le Boys Preuilly alias le Boys de Marmende*, 1591 (arch. de la Soc. des antiq. de l'Ouest; Loudunais), relev. du château de Loudun.

Broue (La), f. c^{ne} de Charroux; — 1754 (rôle des tailles).

Broue (La), m^{in} sur le Ry, c^{ne} du Vigean. — *Moulin de la Brouhe*, 1479; — *de la Broue*, 1539 (fam. Laurent de Reyrac).

Brouées (Les), m. r. c^{ne} de Voulême. — *Les Brouhes*, 1602 (fief de Fayolle). — *Les Broux* (Cassini).

Broues (Les), h. c^{ne} de Saint-Gaudent. — *Les Brouhes*, 1535 (seign. de la Vigerie). — *Les Broues*, 1702 (seign. de Landraudière). — *Les Broux* (Cassini).

Brouillardrie (La), lieu détruit, c^{ne} d'Oiré. — *Le champ Duvau autrement la Brouillardrie*, 1615 (seign. de Chêne, inv. p. 11). — *Borderie appellée la Brouillardrie autrement les Maurains*, 1698 (*ibid.* p. 13); — était située entre les Gautrons et la Fosse-au-Loup.

Brouin, m^{in} sur l'Auzon, c^{ne} de Chenevelles. — *Moulin de Broyn*, 1511 (cure de Chenevelles); — *de Bruin*, 1617 (abb. de St-Cyprien, 24); — *de Brouin*, 1695 (seign. de Touffou, 5).

Brousse (La), f. c^{ne} d'Archigny.

Brousse (La), f. c^{ne} de Béruges; — 1710 (abb. du Pin, 11).

Brousse (La), m^{in} sur la Bouleur, c^{ne} de Chaunay.

Brousse (La), f. et tuilerie, c^{ne} de Gizay. — *La Brosse de Breuil*, 1542; *la Brosse du Brueuilh*, 1549; *la Brousse de Breuil*, 1650 (chap. de St-Pierre-le-Puellier, 27); — dépendait de la seign. de la Touche-Gavaret.

Brousse (La), m. près la Chamoisière, c^{ne} de Latus. — *Villagium de Brucia*, 1418 (fief de Beaupuy). — *La Brousse*, 1498 (fief de Plaisance).

Brousse (La), f. c^{ne} de Nalliers.

Brousse (La), f. c^{ne} de Saint-Romain. — *La Brousse, la Broce, la Brosse*, 1403 (gr. Gauthier, f°s 250 et 251 v°).

Brousse (La), f. c^{ne} de Savigné.

Brousse (La), h. c^{ne} du Vigean; — 1680 (cure du Vigean).

Brousse-au-Prieur (La), lieu détruit, c^{ne} de Béthines. — *La Brousse au Prieur*, 1510, 1554 (abb. de St-Savin, 20). — *La Brouce au Prieur*, 1549; *la Brosse au Prieur*, 1558 (maison-Dieu, 150). — Une pièce de terre, près le bourg de Béthines, porte encore ce nom.

Brousse-Bazin (La), h. c^{ne} de Chaunay. — *La Brouce Bazin*, 1648 (seign. de la Touche-Vivien). — *La Brousse Barin*, 1704 (notaires de la châtell. de Monts).

Brousse-Bonneau, f. c^{ne} de Vernon. — *Broce Boneau*, 1393 (gr. Gauthier, f° 70 v°). — *La Brouce Bonnea*, 1404 (*ibid.* f° 84). — *Bourcebonneau*, fief relev. de la châtell. de Clavière, 1614 (Fonteneau, t. XLII, p. 206). — *Brousse Bonneau*, 1766 (rôle des tailles).

Brousse-Boulet (La), f. c^{ne} de la Vausseau.

Brousse-Motheau (La), vill. c^{ne} de Saint-Sauvant.

Brousse-Portron (La), vill. c^{ne} de Saint-Sauvant. — *La Brousse Porteron*, 1608 (notaires, Marsault à Brejeuille).

Brousses (Les), h. c^{ne} de Béruges; — 1578 (seign. de Béruges).

Brousses (Les), h. c^{ne} de la Bussière; — 1618 (seign. de la Roche-Aguet). — Anc. fief relev. de la Roche-Aguet.

Brousses (Les), h. c^{ne} de Champagné-Saint-Hilaire. — *Les Brosses*, 1483 (chap. de St-Hilaire, 244). — *Les Brousses*, 1547 (seign. du Parc et de Boisvert, 2).

Brousses (Les), lieu détruit, près et au nord-est de Château-Garnier.

Brousses (Les), f. c^{ne} de Liglet; — 1580 (seign. de Courtevrault).

Brousses (Les), m. r. c^ne de Lomaizé; — 1573 (cure de Bouresse).
Brousses (Les), f. c^ne de Lusignan.
Brousses (Les), bois, c^ne de Marçay; autref. à l'abb. de Bonnevaux.
Brousses (Les), f. c^ne de Saint-Maurice. — *Les Brouces*, 1334 (chap. de St-Hilaire, 439). — *De Brociis*, 1345 (fief de la Maingre). — *Les Brousses*, 1483 (chap. de St-Pierre-le-Puellier, 26). — *Les Brosses*, 1547 (chap. de St-Hilaire, 440).
Brousses (Les), f. c^ne de Saint-Pierre-de-Maillé; — 1614 (cure de St-Phèle de Maillé).
Brousses (Les), h. c^ne de Sommières; — 1666 (chap. de St-Hilaire, 443).
Brousses (Les), vill. c^ne d'Usson. — *Les Brousses*, 1481 (prieuré de Grand-Chaume). — *Les Brosses*, 1561 (fief de la Grande-Épine). — Anc. fief relev. de la châtell. de Saint-Martin-Lars.
Brousses (Les Grandes et les Petites-), hh. c^ne de Vaux-en-Couhé. — *Les Brousses*, 1538 (chap. de St-Hilaire, 346).
Broussette (La), f. c^ne de la Bussière. — *La Brossete*, 1475 (évêché, 37).
Broussette (La), f. c^ne de Celle-l'Évescault.
Broussillette (La), m. r. c^ne d'Usson.
Broute (La), f. c^ne de Béthines. — *La Brouste*, 1499; *la Broute*, 1535 (couv. de la Puye).
Broux (Les), lieu détruit, près Torsac, c^ne d'Adriers; — 1841 (nomencl.).
Broux (Les), f. c^ne de Luchapt.
Broux (Les), h. c^ne de Saint-Macou. — *Les Brouhees*, 1524 (fam. Jousserant, 2). — *Les Brouhes*, 1571 (ibid. 3).
Broye (La), h. c^ne de la Vausseau.
Bruère (La), h. c^nes d'Availle et Vouneuil-sur-Vienne.
Bruère (La), la Grande-Bruère et la Petite-Bruère, h. c^ne de Châtellerault. — *La Bruyère*, 1634 (fief de Mauvoisin).
Bruère (La), vill. c^ne de Fontaine-le-Comte. — *La Bruière*, 1286 (abb. de Fontaine-le-Comte, 33). — *La Bruère*, 1384; *la Bruyère*, 1597 (ibid. 9).
Bruère (La), m. r. c^ue de Lencloître.
Bruère (La), f. c^ne de Nieuil-l'Espoir. — *Brugeria*, 1314 (abb. de la Trinité, 45). — *La Brugère*, 1340 (abb. de Nouaillé, 6). — *La Bruyère*, 1483 (abb. de la Trinité, 45). — *La Bruère*, 1755 (rôle des tailles).
Bruère (La), f. c^ne de Savigny-sous-Faye.
Bruère (La), m. r. c^ne de Thuré; distraite de la c^ne de Naintré le 3 janvier 1839.
Bruères (Les), h. c^ne de Latillé; — 1620 (cure de Latillé).

Bruères (Les), h. c^ne de Mignaloux; — 1501 (com^rie de la Villedieu, 22).
Bruères (Les Petites-), f. c^ne de Mignaloux. — *Le Collège des Moreaux*, 1643 (com^rie de la Villedieu, 26); 1841 (nomencl.). — Anc. propriété du collège des Moreaux à Poitiers.
Brûlerie (La), h. c^ne de Migné.
Brûlés (Les), lieu détruit, près Pied-de-Chèvre, c^ne de Vellèche.
Brûlière (La), f. c^ne de Saint-Léomer. — *La Bruslyère*, 1573 (maison-Dieu, 121). — *La Brulière*, 1623 (cure de St-Léomer).
Brulis (Le), lieu détruit, c^ne d'Oiré. — *Le Brulis*, 1756 (terrier de la Groye, p. 697). — *Le Bruly*, 1757 (ibid. p. 425). — *Les Brulis*, 1841 (nomencl.).
Brûlon (Le), m^in sur la Grande-Blour, c^ne de Persac. — *Moulin Bruslon*, 1506 (seign. de la Brûlonnière).
Brûlonnière (La), chât. à Persac; anc. châtell. relev. de la bar. de Calais. — *La Brulonnière*, 1465 (Fontenau, t. XXIV, p. 517). — *La Bruslonière*, 1575 (seign. de Ressonneau, 2).
Brûlons (Les), h. c^ne de Vaux.
Brunalière (La), f. c^ne d'Archigny.
Brunalière (La), h. c^ne de Ligugé. — *La Brunallière*, 1505 (collège de Poitiers, 9). — *La Bournallière*, 1608 (cure de Ligugé).
Brunalière (La), f. c^ne de Scorbé-Clairvaux. — *La Brunalière*, 1444 (duché de Châtellerault, 1). — *La Bournallière*, 1631; *la Brunallière*, 1649, 1689; *la Burnallière*, 1688 (fam. Richard). — Anc. fief relev. du marq. de Clairvaux.
Brunallières (Les), h. c^ne d'Antran. — *Les Brenallières* (Cassini).
Bruneaux (Les), h. c^ne de Sérigny; — 1782 (cure de Sérigny).
Brunelière (La), h. c^ne de Brux. — *La Brunellière*, 1625 (abb. de Nouaillé, 53).
Brunelière (La), h. c^ne de Saint-Martin-Lars; — 1469 (cure de St-Martin-Lars).
Brunelière (La), f. c^ne d'Usson. — *La Brunelère*, *la Brunalère*, *la Brunellère*, 1404 (gr. Gauthier, f°s 89 v° et 200). — *La Brunalière*, 1515 (maison-Dieu, 196). — *La Brunellière*, 1536 (fief d'Azac).
Brunetière (La), h. c^ne de la Chapelle-Montreuil. — *La Brunetère*, 1478 (abb. de Montierneuf, 84). — *La Brunetière*, 1731 (rôle des tailles).
Brunetière (La), m. près Chénèché; — 1576 (seign. de Chénèché, 1).
Brunetière (La), h. c^ne de Liniers; — 1547 (aveu de Touffou).

BRUNETIÈRE (LA), f. c^ne de Luchapt; — 1560 (cure de Luchapt).

BRUNETIÈRE (LA), vill. c^ne de Saint-Martin-Lars; — 1506 (abb. de la Reau).

BRUNETIÈRE (LA), m. r. c^ne de Vendeuvre. — *Maisons neufves*, 1530 (seign. de la Tour-Signy). — *Maison noble de la Maison neufve à présent appellée la Brunetière*, 1687 (seign. de Chéneché, 7). — Anc. fief relev. de la châtell. de Chéneché.

BRUNETRIE (LA), h. c^ne de Magné.

BRUNETRIE (LA), h. c^ne de Scorbé-Clairvaux.

BRUNETRIE (LA), m. r. c^ne de Sèvre. — *La Bruneterie*, 1593 (évêché, 68).

BRUNETS (LES), h. c^es de Paizay-le-Sec. — *Les Brunetz*, 1598 (abb. de St-Savin, 31).

BRUNETTES (LES), m. r. c^ne de Poitiers.

BRUNS (LES), m. r. c^ne de la Chapelle-Mortemer. — *Village des Bruns*, 1709 (rôle des tailles).

BRUNS (LES), lieu détruit, c^ne d'Oiré. — *Les Bruns* (Cassini).

BRUNTRIE (LA), h. c^ne de Sèvre.

BRUSSE (ÎLE et MOULIN DE), sur la Vienne, vers les Manseaux, c^ne de Bonnes; — 1547 (aveu de Touffou). — Ce moulin était détruit en 1547.

BAUTILLES (LES), m. r. c^ne de Mirebeau.

BRUX, c^on de Couhé. — *Brusc*, v. 1080 (abb. de Nouaillé). — *Ecclesia Sancti Martini de Bruso*, 1119 (Fontencau, t. XXI, p. 594). — *Brucs*, v. 1160 (*ibid.* t. XVIII, p. 317). — *De Brucco*, 1230 (*ibid.* t. XXII, p. 225). — *Ecclesia de Bruayo* (abb. de Nouaillé, 53). — *Brut, Bruth*, 1388 (gr. Gauthier, f° 206). — *Brust*, 1404 (*ibid.* f° 264). — *Bruc*, 1446 (abb. de Nouaillé, 53). — *Brutz*, 1479 (compte de J. Bourdin). — *Bruz*, 1558 (abb. de Nouaillé, 53). — *Brux*, 1649 (bissexte). — *Brcheu*, 1662; *Breux*, 1679 (notaires, Pascault à Civray).

Avant 1790 Brux faisait partie de l'archiprêtré de Chaunay, de la châtellenie de Couhé, au ressort de Saint-Maixent, et de l'élection de Poitiers. L'abbaye de Nouaillé possédait en cette paroisse un fief appelé la Grange de Nouaillé; l'abbé nommait à la cure.

BRUYÈRE (LA), vill. c^ne de Champigny-le-Sec. — *La Bruère*, 1251 (chap. cathédral, 84). — *Les grandes et les petites Bruyères* (Cassini). — Anc. fief relev. du Grand-Parigny.

BRUYÈRE (LA), h. c^ne de Dercé.

BRUYÈRE (LA), h. c^ne de Glenouze. — *La Bruère*, 1470 (com^rie de Loudun, 21).

BRUYÈRE (LA), vill. c^ne de Guesne.

BRUYÈRE (LA), f. détruite avant 1756, à la Croix-Baudy, c^ne d'Ingrande; — 1579 (terrier de la Groye).

BRUYÈRE (LA), vill. c^nes de Lusignan et Rouillé. — *La Bruère*, 1440 (com^rie de Roche, 6).

BRUYÈRE (LA), h. c^ne de Mussemé.

BRUYÈRE (LA), m. r. c^ne de Nueil-sur-Dive.

BRUYÈRE (LA), f. c^ne d'Ouzilly. — *Les Bruyères*, 1471 (seign. de Puygarreau, 10). — *Les Bruères* (Cassini).

BRUYÈRE (LA), h. c^ne de Saint-Gervais. — *La Bruère*, 1411; *la Bruyère*, 1447 (seign. de la Bruère). — Anc. fief relev. de la seign. de la Varanne.

BRUYÈRE (LA), h. c^ne de Vezières.

BRUYÈRE (LA BASSE-), h. c^ne de Leigné-sur-Usseau.

BRUYÈRE (LA HAUTE-), f. c^ne de Saint-Gervais.

BRUYÈRE-DU-MONTEIL (LA), h. c^ne d'Ouzilly.

BRUYÈRES (LES), lieu auj. inconnu, c^ne de Béthines. — *Village des Bruières alias de la Pierre Barraud*, 1535 (couv. de la Puye, 12); — *des Bruères*, 1549 (maison-Dieu, 137).

BRUYÈRES (LES), f. c^ne de Montamisé.

BRUYÈRES (LES), f. c^ne de Montreuil-Bonnin. — *La Roche aux fées*, 1461 (abb. du Pin, reg. 1, p. 37). — *Boys des Roches aux fées*, 1565 (*ibid.* 31). — *Les Bruhères*, 1609; *les Bruères alias la Roche des fées*, 1719 (prieuré de Tallent). — Anc. fief relev. de l'abb. du Pin.

BRUYÈRES (LES), f. c^ne de Prinçay. — *Les Bruères*, 1605 (cure de Prinçay).

BRUYÈRES (LES), m. r. c^ne de Saint-Martial. — *Les Bruyères*, 1526; *les Brières*, 1699 (chap. de Chauvigny, 6). — *Les Bruères*, 1766 (rôle des tailles).

BRUYÈRES (LES), m. détruite, près les Pasquiers, c^ne de Saint-Pierre-de-Maillé. — *Les Bruères*, 1552 (cure de St-Phéle de Maillé). — *Les Bruyères*, 1841 (nomencl.).

BUCHER (LE), f. c^ne de Sossay.

BUÉ (LE), h. c^ne de Veniers. — *Closum de Monbuer*, 1117-1123 (gr. cart. de Fontevrault, 741). — *Le Buest*, 1518 (pr. verb. de publication de la coutume du Loudunais). — *Le Buez*, 1562; *chasteau de Montbuez*, 1670 (abb. de Fontevrault, 1). — Anc. fief relev. du château de Loudun.

BUFFAGRASSE, m. r. c^ne de Pairé.

BUFFALIÈRE (LA), f. c^ne de Vernon. — *La Bufalère*, 1276 (abb. de Montierneuf, 92). — *La Buffalière*, 1439 (abb. de St-Cyprien, 17).

BUFFEFEU, à Civray; anc. fief relev. du comté de Civray. — *Hébergement qui fut feu Jehan Buffefeu, assis à Civray*, 1498; *fief de Bufefeu*, 1695 (fief de la

Chaux). — Ce fief était le même que celui de la Chaux.

Buffomone, h. c^{ne} de Jaunay. — *Buffeaulmosne*, 1598; *fief de Buffaumosne*, 1717 (cure de Jaunay). — *Beufaumont*, 1841 (nomencl.).

Buffrières (Les), h. c^{ne} de Coussay-les-Bois. — *La Bufferie*, 1456 (notaires, Artaud à la Roche-Posay). — *La Buffrière*, 1654 (seign. de la Roche-Posay, 4). — *Les Buffrières* (Cassini).

Bugellerie (La), vill. c^{ne} de Poitiers; maisons et terres dans le Fief-le-Comte, concédées en 1493 par le chapitre de Saint-Pierre-le-Puellier à Micheau Guyot et Pierre Bugeau (chap. de St-Pierre-le-Puellier, 11). — *La Bugeallerye alias la Gallotyère*, 1540; *village des Bugeaux, la Bugellerye*, 1542 (*ibid*. 11).

Bugenderie (La), m. au vill. de la Ville-Malnommée, c^{ne} de Chabournay; anc. fief relev. de la châtell. de Chéneché, 1670 (aveu de Chéneché, f° 74).

Bugendrie (La), h. c^{ne} d'Archigny. — *La Bejandrye*, 1642 (évêché, 34).

Buisson (Le), f. c^{ue} d'Availle.

Buissonnière (La), f. c^{ne} de Maulay; — 1774 (com^{rie} de Loudun, 31).

Buissons (Les), f. c^{ne} d'Antigny. — *Village des Boissons*, 1539 (abb. de St-Savin, 14). — *Les Buissons*, 1552 (*ibid*. 11).

Buissons (Les), vill. c^{ne} de la Bussière; — 1601 (seign. de la Bertholière).

Buissons (Les), f. c^{ne} de la Trimouille; — 1775 (rôle des tailles).

Buisson-Vert (Le), vill. c^{ne} de Roiffé.

Bujaudière (La), f. c^{ne} de Liglet. — *La Bujaudère*, 1679 (abb. de St-Savin, 26).

Burallière (La), m. r. c^{ne} de Naintré.

Bureau, f. c^{ne} de Saint-Sauveur.

Bureaudrie (La), m. r. c^{ne} d'Hains. — *La Buradière*, 1841 (nomencl.).

Busserais, h. et mⁱⁿ sur la Gartempe, c^{ne} de la Bussière. — *Moulin Busserais*, 1601 (seign. de la Roche-Aguet).

Busserolles, anc. fief relev. de la seign. du Fou, à Vouneuil-sur-Vienne. — *Hostel de Bours autrement Busserolles*, 1619 (seign. du Fou). — *Busserolle*, 1640 (chap. de Châtellerault, 16).

Busseroux, h. c^{ne} d'Usson. — *Willelmus de Busserol*, 1088-1091 (cart. de St-Cyprien, p. 242). — *Gaufridus de Buixero*, 1221 (Fonteneau, t. XXII, p. 77); — *de Buissero*, 1223 (*ibid*. t. XXII, p. 85). — *Willelmus de Busserou*, 1251 (abb. de Nouaillé, 19). — *Bussero*, 1365 (fief de la Fa). — *Buxereou*, 1395 (gr. Gauthier, f° 283). — *Buxerolium*, *Bouxereou*, 1404 (*ibid*. f°s 199 v° et 270). — *Busserolium*, 1536 (fief d'Azac). — *Busseroux*, 1561 (fief de Busseroux). — *Buxeroux*, 1566 (fief de la Grande-Épine). — Anc. fief relev. du comté de Civray.

Bussière, lieu détruit, près les Rochons, c^{ne} de Mouterre. — *Villagium de Buxeris*, 1442 (cure de l'Isle-Jourdain). — *Bussière*, 1620 (Fonteneau, t. XLV, p. 797). — *La Bussière*, 1775 (rôle des tailles). — Anc. fief.

Bussière (La), c^{on} de Saint-Savin. — *Capellanus Buxeriæ*, v. 1075 (cart. de St-Cyprien, p. 135). — *Ecclesia Sancti Petri de Buxeria sita super fluvium Gartimpæ*, 1211 (Epist. Innocentii papæ III, t. II, p. 509). — *Busseria*, 1320 (évêché, 22). — *La Bussère en la chastellenie d'Angle*, 1357 (chap. de Mirebeau, 20). — *La Buxère*, 1403 (gr. Gauthier, f° 5). — *Buxeria prope Angliam*, 1478 (reg. synodal). — *La Buxière*, 1507 (abb. de St-Savin, 2). — *La Bussière*, 1558 (*ibid*. 33). — Avant 1790 cette commune faisait partie de l'archiprêtré de Montmorillon, de la baronnie d'Angle, de la sénéchaussée de Poitiers et de l'élection du Blanc (Indre), généralité de Bourges. Le prieuré-cure dépendait de l'abbaye de Sainte-Croix d'Angle. Le fief de la Bussière relevait de la baronnie d'Angle (évêché, 35).

Bussière (La), f. à Raboué, c^{ne} d'Andillé.

Bussière (La), f. c^{ne} d'Availe-Limousine.

Bussière (La), f. c^{ne} de Brigueil-le-Chantre. — *La Buxière*, 1506 (fief de Fleix). — *La Bussière*, 1638 (cure de Brigueil-le-Chantre).

Bussière (La), chât. et f. c^{ne} de Brion. — *Terra de Buxeria*, 1345 (fief de la Maingre). — *La Bussière*, 1580 (fief de Gençay). — Anc. fief relev. de la vic. de Gençay.

Bussière (La), h. et grottes, c^{ne} de Gouex; — 1456 (Fonteneau, t. XXII, p. 541); 1530 (seign. de Lussac, 1).

Bussière (La), h. c^{ne} de Lomaizé. — *La Buissère, fondis*, 1405 (gr. Gauthier, f° 21 v°). — *La Bussière*, 1428 (seign. de Dienné et Verrières, 1). — *La Buxère*, 1469 (*ibid*. 3).

Bussière (La), h. c^{ne} de Persac. — *La Buxière*, 1479 (prieuré de Teil). — *Moulin de la Bussière*, 1530 (seign. de Lussac, 1).

Bussière (La), m. r. c^{ne} de Pressac.

Bussy, m. r. c^{ne} de Saint-Secondin.

Butière (La), h. c^{ne} d'Usson. — *La Butière*, 1465 (fief des Granges d'Usson). — *La Buttière*, 1706 (fam. du Breuil-Hélion).

Butinière (La), f. c^{ne} d'Ouzilly.

Butte (La), h. c^{ne} d'Angliers.
Butte (La), h. c^{ne} de Latillé.
Butte (La), h. c^{ne} de Luchapt.
Butte-de-Dandesigny (La), h. c^{ne} de Verrue.
Buxerolles, c^{on} de Saint-Georges. — *Parochia Sancti Jacobi de Buxeroliis*, 1286 (abb. de Montierneuf, 48). — *Buxeroles*, 1298 (abb. de Ste-Croix, 9). — *Busselloles* (pouillé de Gauthier, f° 174 v°). — *Buyxerole*, 1322 (abb. de la Celle, 18). — *Buysseroles*, 1324 (arch. de Poitiers, 12). — *Saint Jame de Buxerolles*, 1409 (cure de St-Michel de Poitiers). — *Busserolles*, 1479 (compte de J. Bourdin).

Avant 1790 la paroisse de Buxerolles faisait partie de l'archiprêtré de Dissay, de la châtellenie, de la sénéchaussée et de l'élection de Poitiers. La cure était à la nomination du chapitre cathédral; elle a été rétablie en 1848. Le fief de Buxerolles relevait de l'évêque de Poitiers.

Buxeuil, c^{on} de Dangé. — *Saint Pere de Bussuil*, 1297 (com^{rie} de Fretay). — *Ecclesia de Buxalio* (pouillé de Gauthier, f° 173). — *Capellanus de Bossolio*, 1383 (taux du décime, p. 59). — *Buxenil*, 1437 (duché de Châtellerault, 5). — *Bussueil*, 1444 (seign. des Landes). — *Buxueil*, 1450 (seign. de la Fontaine, 1). — *Buxolium*, 1478 (reg. synodal).

Avant 1790 cette commune dépendait de l'archiprêtré de Châtellerault, de la vicomté de la Guerche et de l'élection de Loches (Indre-et-Loire), sauf la Roche-Amenon, qui faisait partie de l'élection de Châtellerault. La cure était à la nomination de l'évêque de la Rochelle, ancien^t de l'abbé de Maillezais. Le fief de Buxeuil relevait de la vicomté de la Guerche. — Le chef-lieu de la commune ne se compose que de l'église et de cinq maisons.

Buxière, vill. c^{ne} de Dangé; anc. prieuré dép. de l'abbaye de Noyers (Indre-et-Loire), uni à la cure des Ormes en 1765. — *Prior Buxeriarum*, v. 1080 (cart. de Noyers, p. 88). — *Villa de Buxeriis*, 1108 (ibid. p. 393). — *Burgus Busseriarum*, v. 1110 (ibid. p. 402). — *Prioratus de Buxeria* (pouillé de Gauthier, f° 147); — *dé Busseriis*, 1319 (abb. de Ste-Croix, 81). — *Bourg de Bussières la Gaillarde*, 1450 (seign. de la Fontaine, 1). — *Buxières*, 1455 (abb. de St-Cyprien, 21). — *Prieuré de St-Jehan Baptiste de Bussière la Gaillarde*, 1609 (prieuré de Buxière). — *Maladerie de Bussières*, 1657 (prieuré de St-Sulpice). — Le fief dép. du prieuré avait le titre de châtellenie dès 1547.

Bye (La), lieu autref. habité, près le vill. de la Rondelle, c^{ne} du Rochereau. — *La vielle Bée*, 1256 (chap. de Ste-Radegonde, 73). — *La Bée*, 1438 (ibid. 72). — *Village de la Bye*, 1664 (ibid. 43). — *Fief de la pierre de la Bie*, 1697 (cure de Champigny-le-Sec). — Un dolmen existe en ce lieu.

C

Cabanne (La), faubourg de Couhé, sur la rive gauche de la Dive.
Cabanne (La), f. c^{ne} d'Usseau.
Cabanne-Brûlée (La), m. r. c^{ne} de Martaizé.
Cabanet (Le), m. aux Bourdes, c^{ne} de Thurageau; — 1600 (prieuré de St-Jean de Mirebeau, 6).
Cabonne (La), f. détruite, c^{ne} de Bignoux; — 1519 (abb. de la Celle, 13); appart. autref. à l'abbaye de Saint-Hilaire de la Celle de Poitiers.
Cabonne (La), h. c^{ne} de Bellefont. — *Village des Noez vulgaument appellé la Cabanne*, 1499 (seign. de Touffou, 1). — *La Cabonne*, 1641 (abb. de St-Cyprien, 19).
Cabonne (La), h. c^{ne} de Buxerolles.
Cabonne (La), vieille tour et h. c^{ne} de Lavoux.
Cabottrie (La), lieu détruit, auj. inconnu, près Barge, c^{ne} d'Antran; — 1673 (aveu de la Motte d'Usseau, p. 64).

Cacaudière (La), f. c^{ne} de Journet. — *La Cacauldière, la Cacaudière*, 1562 (maison-Dieu, 127).
Cache-Grenouille, m. à Latillé. — *Estang de Quachagrenoilhe*, 1378 (gr. Gauthier, f° 70). — *Moulin de Cachegrenouille*, 1454 (abb. du Pin, 26).
Cadétrie (La), m. r. c^{ne} d'Usseau.
Cadoue (La), h. c^{ne} de Marçay. — *La Cadoux*, 1761: *la Cadoue*, 1775 (rôles des tailles). — Il y avait autref. en ce lieu un moulin sur le ruiss. appelé la Rune.
Cadoue (La), chapelle détruite, c^{ne} de Smarve, près le chemin de Poitiers aux Roches-Prémary. — *La Cadoe*, 1385 (cart. de la Trinité, f° 81). — *Aumosnerie et chapelle de la Cadoue*, 1548 (abb. de la Trinité, 73). — *Chapelle de Notre-Dame de la Cadoux*, en ruine de temps immémorial, 1783 (chapelle de la Cadone).
Cadoue (La), vill. c^{ne} de Vouneuil-sous-Biard. — *La*

Cadoue, 1280 (abb. de Montierneuf, 13). — *La Cadoe*, 1332 (abb. de S¹-Cyprien, 10). — *La Cadohe*, 1404 (gr. Gauthier, f° 24). — *La Cadouhe*, 1448 (cure de Vouneuil-sous-Biard).

CADOUILLÈRE (LA), h. c^{ne} de Saint-Benoît; distrait de la c^{ne} de Poitiers, avec le vill. de Flée, en 1832. — *La Cadoillère*, 1255 (abb. de la Celle, 1). — *Molin de la Quadoillère*, 1435 (abb. de S¹-Cyprien, 43). — *La Cadouillère*, 1445; *la Cadollère*, 1457 (abb. de la Celle, 15). — Anc. domaine de l'abbaye de Saint-Hilaire de la Celle. Le moulin n'existe plus.

CADRIE (LA), h. c^{ne} de Jouet. — *Caderia*, 1450; *la Cadrye*, 1571 (maison-Dieu, 100). — *La Cadrie*, 1655 (cure de Jouet). — Anc. fief.

CADRIE (LA), h. près les Moreaux, c^{ne} de la Roche-Posay.

CADROUSE (LA), h. c^{ne} de Nouaillé. — *La Codruze*, 1332 (abb. de Nouaillé, 6). — *La Cosdrouse*, 1393 (*ibid.* 27). — *La Coudrouse*, 1418; *la Casdrouse*, 1433 (com^{rie} de la Villedieu, 22). — *La Couldrouse*, 1456 (chap. cathédral, 72). — *La Credousse*, 1605 (abb. de Montierneuf, 69).

CAFFINERIE (LA), f. c^{ne} de Frontenay.

CAGNOCHE (LA), f. c^{ne} de Coulombiers.

CAGOUILLÈRE (LA), jardins avec quelques habitations et viaduc sur le Clain, c^{ne} de Poitiers.

CAGOUILLÈRES (LES), f. c^{ne} de Saint-Pierre-de-Maillé. — *La Cagouillère*, 1514; *la Cagouillère*, 1515; *la Cagoilhière*, 1516; *la Gagoullière*, 1527 (seign. de la Roche-Aguet).

CAHIER (LE), caves autref. habitées, près la Blanchière, c^{ne} de Roiffé.

CAILLALLIÈRE (LA), vill. réuni à celui de la Boutinière, c^{ne} de Saint-Genest. — *Village des Fouets appellé la Caillallière*, 1613 (seign. de Puygarreau, 6).

CAILLAUDRIE (LA), h. c^{ne} de Benassay. — *La Bonnesmanderie*, 1476 (chap. de S¹-Hilaire, 81). — *La Caillaudrie*, 1534 (*ibid.* 223). — *La Bonnemandière autrement la Caillaudière*, 1599 (*ibid.* 226).

CAILLAUDIÈRE (LA), f. c^{ne} de Tercé. — *La Caillaudrye*, 1662 (notaires, Gaultier à Poitiers). — *La Caillaudière*, 1672 (chap. de Mortemer, 2).

CAILLAUDIÈRES (LES), h. c^{ne} de Villemort.

CAILLAUDRIE (LA), lieu détruit, c^{ne} de Bouresse. — *La Caillaudrie alias la Touche aux Moniers, village*, 1539; — *ou la Touche aux Mousniers*, 1744 (maison-Dieu, 198).

CAILLAUDRIE (LA), f. c^{ne} de Chiré-en-Montreuil; — 1752 (rôle des tailles).

CAILLAUDRIE (LA), f. c^{ne} d'Hains. — *Les Caillaudières*, 1575 (abb. de S¹-Savin, 23).

CAILLAUDRIE (LA), f. détruite, près le Bail, c^{ne} de Savigny-l'Évécault; — 1716 (abb. de la Trinité, 53).

CAILLAULT, mⁱⁿ sur le ruiss. de la Reguilouzière et h. c^{ne} de Saint-Gervais. — *Moulin de Cayllau*, 1340 (bar. de Luain); — *de Caillau*, 1451; — *de Cailleau*, 1538 (seign. de Puygarreau, 10); — *de Caillault*, 1774 (aveu de la Touche).

CAILLAUX (LES), f. c^{ne} de Pouzioux, et mⁱⁿ sur le ruiss. de Servon, c^{ne} de la Chapelle-Viviers. — *Moulin de Sanzelle aultrement dit le moulin des Trezauriers*, 1648 (seign. du Ry).

CAILLAUX (LES), h. c^{ne} de Saint-Genest. — *Les Caillaux*, 1589 (seign. de Puygarreau, 4). — *Village des Bachers alias les Caillaux*, 1607 (*ibid.* 5).

CAILLAUX (LES), m. r. c^{ne} de Saint-Remy-sur-Creuse. — *Village des Caillaulx*, 1566 (minimes de Châtellerault). — *Les Caillaux*, 1650 (fief de la Chaise). — *Les Calleaux*, 1652 (duché de Châtellerault, 3).

CAILLAUX (LES), h. c^{ne} de Sossay. — *Village des Caillaux*, 1599 (duché de Châtellerault, 3); — *alias les Vachiers*, 1639 (*ibid.* 8).

CAILLÈRE (LA), f. c^{ne} d'Ayron.

CAILLERIE (LA), f. c^{ne} d'Adriers.

CAILLERIE (LA), m. auj. inconnue, à Chassencuil; — 1635 (cure de Chassencuil); 1708 (com^{rie} de S¹-Georges, 9). — Anc. fief relev. de la com^{rie} de Chassencuil.

CAILLERIE (LA), vill. c^{ne} d'Orches. — *La petite Caillerye*, 1597 (seign. de Puygarreau, 9).

CAILLERIE (LA), f. c^{ne} de Sossay. — *Herbergement de la Caillierie qui fut feu Guillaume Cailler, autrefoiz appellé la Mayson neuve*, 1301 (seign. de Puygarreau, 7). — *La Caillerie*, 1370 (*ibid.* 3). — Anc. fief relev. du marq. de Clairvaux.

CAILLERIES (LES), f. c^{ne} de Chiré-en-Montreuil; — 1626 (com^{rie} de la Vausseau, 7).

CAILLERS (LES), m. r. c^{ne} de Saint-Genest. — *Village des Cailliers*, 1602 (seign. de Puygarreau, 5).

CAILLERS (LES), f. c^{ne} de Saint-Gervais. — *La terre Jehan Caillier*, 1459 (duché de Châtellerault, 6). — *Mestairie des Cailliers*, 1735 (cure de S¹-Gervais).

CAILLES (LES HAUTES et LES BASSES-), h. c^{ne} de Naintré. — *La Caille*, 1605 (chap. de Châtellerault, 15). — *La haulte Caille*, 1649 (cure de Notre-Dame de Châtellerault).

CAILLETEAUX (LES), lieu détruit, c^{ne} d'Oiré; — 1607 (inv. de la Groye); 1756 (terrier de la Groye, p. 120).

CAILLETIÈRE (LA), f. c^{ne} de Marnay; — 1561 (chap.

de St-Pierre-le-Puellier, 26). — Le bois de la Cailletière est sur le territ. de Gizay.

CAILLETRIE (LA), m. r. cne de Maulay.

CAILLETRIE (LA), h. cne de Mondion. — *La Cailletrie*, 1522 (cure de Mondion).

CAILLETRIE (LA), f. cne de Sérigny.

CAILLONNIÈRE (LA), m. r. cne de Saint-Georges.

CAILLOTRIE (LA), m. dans le bourg de La tier; anc. fief relev. de la bar. de Montmorillon. — *La Caillotière*, 1462 (hommages de Montmorillon). — *La Caillotrie*, 1523 (fief de la Caillotrie).

CAILLOTRIE (LA), f. cne de Romagne. — *La Caillaudère*, 1470 (chap. de St-Hilaire, 243). — *La Caillaudière*, 1598 (*ibid.* 249).

CAILLOTRIE (LA), h. cne de Vouneuil-sur-Vienne.

CAILLOU-BAUDOIN (LE), f. cne de Vezières.

CALABRE (ÉTANG DE), cne de Jouet.

CALAIS, anc. château, détruit depuis longtemps, à l'Isle-Jourdain. — *Castellania de Calesio*, 1154 (Fonteneau, t. IV, p. 183); — *de Qualesio*, 1330; *chastellenie de Qualoys*, 1377; — *de Calois*, 1389 (seign. de Ressonneau, 1). — *Castellania de Kalezio*, 1395 (fam. Laurent de Reyrac). — *Terre de Calais*, 1398 (Fonteneau, t. XXIV, p. 489). — — *Chastellenie de Caloys*, 1431 (seign. de la Messelière). — *Baronnie de Callaix*, 1589 (seign. de Ressonneau, 2). — Ce château était situé «près de l'église, vers le pont; on y voit encore à présent (v. 1640) une fort vieille et ancienne tour, appelée la tour de Calaix». (Mém. de MM. Robert du Dorat, ap. Fonteneau, t. XXIX, p. 117, 119, 151). Il était le siège d'une châtellenie, qualifiée baronnie au XVIe siècle, unie au comté de la Basse-Marche et ressortissant au siège royal du Dorat. Cette baronnie, de laquelle relevaient les châtellenies de l'Isle-Jourdain, le Vigean, la Messelière, Lussac-le-Château, la Tour-aux-Cognons, etc., comprenait les paroisses de l'Isle-Jourdain, Adriers, Asnières, Luchapt, Millac, Moussac, Mouterre, le Vigean, et celles qui dépendaient de la châtellenie de Lussac-le-Château.

CALAIS, f. cne de Lencloître.

CALAUDRIE (LA), h. cne de Coulombiers.

CALCULA (LE), h. cne de Beaumont.

CALIFORNIE (LA), f. cne de la Vausseau.

CALOTIÈRE (LA), h. cne de Ligugé. — *La Carotère*, 1443; *la Callottière*, 1579 (collège de Poitiers, 15). — *La Calottière*, 1775 (rôle des tailles).

CALOTS (LES), h. cne de Beaumont.

CALVINERIE (LA), h. cne de Châtellerault; — 1698 (minimes de Châtellerault).

CAMALETS (LES), f. détruite avant 1721, près les Maillards, cne de Leigné-les-Bois (minimes de Châtellerault).

CAMBUSE (LA), h. cne de Moulime.

CAMBUSE (LA), m. isolée, cne de Lavoux.

CAMP (LE), h. cne de Mignaloux. — *Le Champ* (Cassini).

CAMUS (LE), h. cne de Queaux.

CANARDERIE (LA), h. cne de la Puye. — *La Quenaudière*, 1515; *la Quenardrie*, 1567 (couv. de la Puye, 4). — *La Canarderye*, 1608 (*ibid.* 5).

CANDÉ, h. et fontaine ferrugineuse, cne de Veniers; — 1444 (com{rie} de Loudun, 16). — Anc. fief.

CANETIÈRE (LA), f. cne de Saint-Georges.

CANNE (LA), h. c{ue} de Jouet; — 1573 (maison-Dieu, 133).

CANNELIÈRE (LA), f. cne de Lusignan; — 1753 (rôle des tailles).

CANNETONS (LES), h. cne d'Orches.

CANNETRIE (LA), h. cne de Saint-Cyr; détaché de la cne de Dissay en 1847.

CANTERIE (LA), h. c{nes} d'Archigny et Bellefont. — *Village du Can*, 1514 (seign. de Touffou, 1).

CANTES (LES), h. cne de Civray; anc. m{in} sur la Charente. — *Moulin au Cante*, 1363 (fam. de Chabanais); — *de Cante*, 1540 (chap. de St-Hilaire, 548); — *des Quantes*, 1662 (notaires, Pascault à Civray).

CANTIÈRE (LA), f. cne de Paizay-le-Sec; — v. 1630, 1719 (abb. de St-Savin, 31).

CANTINE (LA), m. isolée, cne de Roiffé.

CANTINERIE (LA), f. cne de Scorbé-Clairvaux.

CANTINIÈRE (LA), f. cne de Latus; — 1452 (chap. de Montmorillon, 2). — *La Quantinière*, 1682 (seign. de la Dallerie).

CANTON (LE), lieu détruit, situé entre le bourg et le château du Vigean. — *Le Quanton*, 1613 (cure du Vigean).

CANTOURIÈRE (LA), h. cne de Prinçay; — 1605 (cure de Prinçay).

CANZAY, m. r. cne de Quinçay; anc. fief relevant du chapitre de Saint-Hilaire de Poitiers; — 1739 (seign. de Béruges).

CAPEZIOUX, m{ins} sur le ruiss. de Crochet, cne de Queaux; — 1633 (seign. de Ressonneau, 3).

CAPUCINERIE (LA), m. r. cne de Nouaillé.

CAPUCINS (LES), h. cne de Civray; anc. couv. de capucins.

CAQUINOT, ff. cne de Saint-Romain; — 1403 (gr. Gauthier, f{o} 248). — *Caquynot*, 1494 (fief de Chaleur).

CARAILLÈRE (LA), f. cne de Marnay. — *La Careillère*, 1422 (chap. de St-Pierre-le-Puellier, 23). —

La Carrelière, 1460 (seign. de la Vergne). — *La Caraillère*, 1517 (chap. de St-Pierre-le-Puellier, 29). — *La Caralière*, 1544 (ibid. 23). — *La Carraillière*, 1569 (fief de Château-Larcher). — Anc. fief relev. des Hautes-Vergnes.

Caraque (La), ff. c^{ne} d'Archigny. — *La Carraque*, 1604; *la Caracque*, 1645 (seign. de Touffou, 5). — Anc. fief relev. de la bar. de Montoiron.

Caraque (La), h. c^{ne} de Chenevelles. — *La grand Caracque de Morigend*, 1596 (prieuré de Malleray). — *La Caracque de Morillaud*, 1604 (cure de Chenevelles).

Caraque (La), m. de garde dans la forêt de la Groie, c^{ne} de Mairé.

Caraque (La), f. c^{ne} d'Orches. — *La Carracque*, 1620 (seign. de Lauberdière).

Caraque (La), f. détruite, c^{ne} de Saint-Gervais. — *La Carraque*, 1633 (cure de St-Gervais).

Carbon, m. isolée, c^{ne} de Vaux-en-Couhé.

Carcaudrie (La), m. r. c^{ne} de Marigny-Brizay; — 1733 (seign. de la Tour-Signy).

Cardinaux (Les), vill. c^{ne} d'Ouzilly; — 1724 (cure d'Ouzilly).

Cardinaux (Les), h. c^{ne} de Saint-Christophe.

Cardinaux (Les), vill. c^{nes} de Saint-Sauveur et Senillé; — 1753 (com^{rie} de la Foucaudière, 12).

Cardinerie (La), f. c^{ne} de Nouaillé; terres concédées en 1495 par le commandeur de la Villedieu et Beauvoir à Richard Delyé alias Cardin (com^{rie} de la Villedieu, 22). — *Terrouer de Maupertuys*, 1499 (ibid. 22). — *Mestairie de la Cardinerie aultrement Maupertuiz*, 1653 (ibid. 26); bâtie sur l'emplacement du village de Maupertuis, ruiné lors de la funeste bataille qui se livra en ce lieu le 19 septembre 1356; *cette bataille qui fu assés priès de Poitiers ès camps de Biauvoir et de Maupetruis* (chron. de Froissart, publ. par la Soc. de l'histoire de France, t. V, p. 52); — *ès camps de Maupetruis* (al. *Maupertuis*) *à deux lieues de la cité de Poitiers* (ibid. p. 60 et 284).

Careille (La), vill. c^{ne} de Verrue.

Carêmière (La), f. c^{ne} de Bouresse. — *La Caresmière*, 1492; *la Quaresmière*, 1562 (maison-Dieu, 196). — *La Kresminière*, 1561 (fief de la Motte de Jourde).

Carillonnerie (La), m. r. c^{ne} de Marigny-Brizay.

Carillonnière (La), f. c^{ne} d'Antran. — *La Carillonnière*, *la Carionnière*, 1666 (seign. de la Maison-Neuve).

Carlet (Le), vill. c^{ne} de la Chapelle-Bâton. — *Le Quarelet*, 1475 (fam. Chapperon). — *Le Carlet*, 1561 (fief de Rabouas). — *Le Quarlet*, 1784 (fam. de la Cropte-Sainte-Abre).

Carloits (Les), vill. c^{ne} de Lésigny. — *Village des Carlouets ou des Espagneux*, 1634 (chap. cathédral, 35).

Carmes (Chemin des), de Mortemart (Haute-Vienne) à l'Isle-Jourdain par Asnières, *à présent appellé les vyes de Saint Valenxin*, 1557 (seign. de Serre et Abzac).

Caroline (La), ff. c^{ne} de Montreuil-Bonnin.

Caronnerie (La), partie nord-ouest du faubourg de la Cueille-Mirebalaise à Poitiers.

Caronnière (La), m. près le Carroir-Pineau, c^{ne} de Leugny. — *La Carronnie*, 1631; *la Caronnière*, 1711 (cure de Leugny).

Caronnière (La), vill. c^{ne} de Saint-Pierre-des-Églises. — *La Carrenère*, 1281 (évêché, 17). — *La Karronère*, 1309 (Gauthier, f° 185). — *La Carronnère*, 1320 (évêché, 22). — *La Carronnière*, 1485 (chap. de Chauvigny, 7). — *La Quarronnière*, 1547 (évêché, 17). — Anc. fief relev. de la bar. de Chauvigny.

Canot (Le), h. c^{ne} de Celle-l'Évescault.

Caroterie (La), h. c^{ne} de la Puye. — *La Carloterie*, 1482 (couv. de la Puye, 7). — *La Carlouettrie*, 1572 (ibid. 4). — *La Carouetrie*, 1602 (ibid. 5). — *La Caroueterie*, 1697 (ibid. 1). — *La Carotterie*, 1760 (ibid. 6).

Carrelière (La), h. c^{ne} de Vivonne. — *La Quarelière*, 1480; *la Carrellière*, 1535 (chap. de St-Hilaire, 482).

Carrés (Les), h. c^{ne} de Mairé. — *Les Carrez*, 1543 (seign. de Mairé).

Carrières (Les), h. c^{ne} d'Availle-Limousine.

Carrières (Les), m. isolée, c^{ne} de Blanzay.

Carrières (Les), h. c^{ne} de Mauprevoir.

Carroi-Rasilly (Le), h. c^{ne} de Saint-Georges.

Carroir (Le), f. c^{ne} de Nalliers. — *Le Carouer*, 1670 (cure de Nalliers).

Carroir (Le), m. r. c^{ne} de Saint-Romain-sur-Vienne. — *Le Carroy Gaillard* (Cassini).

Carroir (Le), m. r. c^{ne} d'Usseau. — *Le Carroy*, 1539 (seign. de la Motte d'Usseau). — *Le Caroy*, 1607 (seign. des Mées).

Carroir-Bernard (Le), f. c^{ne} de Thuré; — 1738 (fief du Carroir-Bernard). — Anc. fief relev. du duché de Châtellerault.

Carroir-de-la-Place (Le), h. c^{ne} de Sammarçolle. — *Le Carroy de la Place*, 1717 (cure de Sammarçolle).

Carroir-des-Places (Le), vill. c^{ne} de Vezières.

Carroir-du-Bois (Le), lieu détruit, entre la Chaise et les Minaudières, c^{ne} de Saint-Remy-sur-Creuse. — *Le Carroy du Bois*, 1650 (fief de la Chaise).

Carroir-du-Lats (Le), f. c^{ne} de Saint-Sauveur.

Carroir-Duval (Le), f. cne de Buxeuil.
Carroir-Frotard (Le), h. cne de Vaux. — *Le Carroy Fertard*, 1669; *le Carroy Fretard*, 1743 (cure de Vaux).
Carroir-Lamotte (Le), m. isolée, cne de Vezières.
Carroir-Moron (Le), h. cne de Vezières.
Carroir-Pinard (Le), h. cne de Beuxe.
Carroir-Pineau (Le), vill. cne de Leugny. — *Le Carroy Pinaud*, 1596 (cure de Leugny). — *Le Caroy Pineau*, 1734 (terrier de la Groye, p. 175).
Carroir-Robin (Le), h. cnes de Coussay-les-Bois et Leigné-les Bois; — 1756 (fief de Pouzieux).
Carroir-Ropion (Le), partie du village des Vallées, cne de Targé. — *Village des Ropions*, 1673 (fief de Dercé).
Carrons (Les), h. cne de Scorbé-Clairvaux.
Cars (Les), h. cne de Montreuil-Bonnin; — 1605 (abb. du Pin, 31).
Cartage, f. et bois, cnes de Savigny-l'Évescault et Nieuil-l'Espoir; autref. à l'abbaye de la Trinité de Poitiers. — *Cartage*, 1295 (cure de St-Michel de Poitiers). — *Arbergement de Cartages*, 1336 (cart. de la Trinité, f° 128). — *Quartages*, 1343 (abb. de la Trinité, 43). — *Carthages*, 1504 (*ibid*. 47). — *Cartaige*, 1518 (*ibid*. 46).
Cartaillère (La), m. r. cne de Thurageau. — *La Quamalière*, 1841 (nomencl.).
Cartaudière (La), h. cne de la Chapelle-Viviers. — *La Courtaudère*, 1497 (cure de la Chapelle-Viviers). — *La Courtodière*, 1546 (seign. du Teil-au-Servant). — *La Cortaudyère*, 1575 (maison-Dieu, 159). — *La Courtaudière*, 1580 (terrier de Champeaux, 58). — *La Cartaudière*, 1699 (fam. Babert).
Cartaudrie (La), m. isolée, cne de Chéneché; — 1731 (rôle des tailles).
Cartaudrie (La), h. cne de la Puye. — *La Quartauderye*, 1576 (cure de St-Hilaire-entre-les-Églises de Poitiers). — *La Cartaudrie*, 1598 (couvent de la Puye, 4).
Carte (La), h. cne d'Asnières. — *La Quarte*, 1458; *la Carte*, 1479 (prieuré de Teil).
Le ruiss. de la Carte a sa source près ce hameau et se réunit à la Grande-Blour en se jetant dans l'étang de la forge de Luchapt.
Carte (La), m. r. cne de Bouresse. — *La Quarte*, 1476 (abb. de Nouaillé, 40). — *La Carte*, 1508 (*ibid*. 20).
Carte (La), m. r. cne de Civaux. — *La Quarte*, 1493 (seign. de la Tour-aux-Cognons). — *La Carthe*, 1498 (fief de Pindray). — *La Carte*, 1574 (maison-Dieu, 158).

Carte (La), f. cne de Jazeneuil; — 1555 (fief de la Vaudebreuil).
Carte (La), f. et étang, cne de Latus. — *La Carte*, 1452; *la Quarte*, 1513 (chap. de Montmorillon, 2). — Anc. fief relev. du chap. de Notre-Dame de Montmorillon.
Carte (La), h. cne de Leigné-sur-Usseau. — *La Quarte*, 1339 (seign. de la Garde). — *Hostel de la Quarte*, 1426 (duché de Châtellerault, 5). — Anc. fief relev. de la Tour-Balan.
Le ruiss. de la Carte a sa source près Leigné-sur-Usseau et se réunit au ruiss. des Voies près la limite de la cne de Mondion.
Carte (La), f. cne de Lomaizé; — 1469 (seign. de Dienné et Verrières, 3).
Carte (La), h. cne de Magné. — *Quarta*, 1384; *la Carthe*, 1461 (chap. de St-Hilaire, 439).
Carte (La), h. cne de Mondion; — 1672 (prieuré de Fontmore, 1).
Carte (La), vill. cne de Moussac-sur-Vienne. — *La Carthe*, 1577 (Fontenau, t. XLV, p. 773). — Anc. fief.
Carte (La), f. cne de Vernon; — 1293 (prieuré de la Vayolle). — *Bois de la Quarte*, 1404 (gr. Gauthier, f° 86).
Carte (La), ruiss. prend sa source près les Tabourins, cne de Saint-Pierre-de-Maillé, et tombe dans la Gartempe près Jutreau, même cne. Il est appelé *la Basse* en 1478 (évêché, 33).
Carte-de-Bagné (La), f. cne d'Usson. — *La Quarte*, 1560 (fief de la Cour d'Usson). — *La Carte de Bagné*, 1766 (rôle des tailles).
Cartelière (La), h. cne de la Chapelle-Montreuil. — *La Cartelière*, 1469 (abb. de Montierneuf, reg. 10). — *La Quartelière*, 1599 (*ibid*. 85).
Cartelière (La), h. cne de Lusignan. — *La Quartellère*, v. 1405 (gr. Gauthier, f° 64 v°). — *La Quartellière*, 1486; *la Cartelière*, 1506 (fief des Pouternières). — *Lespau* ou *la Cartelière*, 1705 (fief de la Cartelière). — Anc. fief relev. de la châtell. de Lusignan et réuni à celui de l'Épau.
Carte-Pingonnette (La), vill. cne d'Usson. — *La Quarto Pinsonnet*, 1555 (maison-Dieu, 197). — *La Carte Pinsonnet*, 1600 (fief de Badevilain).
Cartes (Les), m. r. cne d'Antigny; — 1503 (fam. Scourion, 1); 1644 (abb. de St-Savin, 14).
Cartes (Les), h. cne de Ceaux, con de Couhé; — 1513 (seign. de Millière). — Anc. fief relev. de Cujalais.
Cartes (Les), f. cne de Chenevelles.
Cartes (Les), f. détruite, cne des Ormes. — *Ad Quarias*, v. 1075 (cart. de Noyers, p. 82). — *Mes-*

tairie des Cartes vulgairement appellée la Chillollière, 1641, 1664 (arch. du château des Ormes). — Anc. fief relev. de Mousseaux; appart. autref. au philosophe Descartes.

Cartes (Les), m. de garde, c^{ne} de Saint-Laurent-de-Jourde. — *Terra quæ vocatur Ad Cartas*, 1087 (abb. de Nouaillé).

Cartes (Les), f. c^{ne} de Sèvre. — *Les Quartes*, 1322 (abb. de la Celle, 18). — *Les Cartes*, 1492 (chap. cathédral, 47).

Cartes (Les), ff. c^{ne} de Varennes. — *Moulin de la Quarte*, 1439 (prévôté de Blàlay, 4). — *Les Cartes*, 1554 (cure de Varennes). — Le moulin de la Carte, sur la Palu, n'existe plus.

Cartes (Les), h. c^{ne} de la Villedieu; — 1648 (com^{rie} de la Villedieu, 15). — Anc. domaine de la com^{rie} de la Villedieu.

Cartes (Bois des), c^{ne} de Rouillé; autref. au chapitre de Saint-Hilaire de Poitiers. — *Boys des Quartes*, 1527 (chap. de St-Hilaire, 94); — contenait 248 arpents en 1796.

Cartes (Forêt des), c^{nes} de Saint-Laurent-de-Jourde, Bouresse, Saint-Secondin et Saint-Maurice. — *Les grans Quartes, la petite Quarte*, 1534; *boys du Roy appellé les Cartes*, 1548 (seign. de Dienné et Verrières, 1). — *Boys et fourestz des grandes Cartes*, 1562 (fief de Mortemer). — La forêt des Grandes-Cartes contenait 320 arpents en 1534 et dépendait alors de la bar. de Mortemer; elle faisait partie du domaine du comté de Civray en 1667 et fut aliénée par l'État en 1832. La forêt des Petites-Cartes, dép. de la bar. de Dienné et Verrières, contenait 120 arpents en 1534.

Casse (La), h. c^{ne} de Bournan.

Casse (La), m. r. c^{ne} de Roiffé.

Casse-Cou, h. c^{ne} de Saint-Julien-Lars.

Cassette (La), h. anc. papeterie, c^{ne} de Vouneuil-sous-Biard. — *Fontaine et moulin à papier de Mazay*, 1560 (chap. de St-Hilaire, 103). — *Moulin de la fontaine de Mazay*, 1622 (cure de Vouneuil-sous-Biard). — *Moulin de la Cassette*, 1731; *moulin à cassette*, 1773 (abb. de la Celle, 11).

Cassine (La), f. c^{ne} de Mondion; — 1467 (seign. de Puygarreau, 10). — Anc. fief relev. de la seign. de Mondion.

Casson (Le), h. c^{rs} de la Vausseau; — 1546 (chap. de St-Hilaire, 224).

Castoinde (La), h. c^{ne} de Saint-Laurent-de-Jourde.

Cataudière (La), m. r. c^{ne} d'Availle. — *La Cadouaudière, la Quadouaudière*, 1493 (duché de Châtellerault, 6). — Anc. fief relev. de Tarnay.

Cataudière (La), lieu détruit avant 1736, c^{ne} de Mondion. — *La Gustaudière*, 1570; *la Cataudière*, 1595 (seign. de Mondion, 1). — Anc. fief tenant au chemin de Mondion à Vaux; réuni avant 1736 à la seign. de Mondion.

Cataudrie (La), m. r. c^{ne} de Coussay-les-Bois.

Catinerie (La), m. r. c^{ne} de Fontaine-le-Comte.

Cave (La), m. r. c^{ne} d'Usseau.

Cave-Revilou (La), vill. c^{ne} de Ternay. — *La Caverne-Vilou*, 1841 (nomencl.).

Caverie (La), f. c^{ne} d'Availle. — *Villacus qui dicitur Cabriella in villa quæ vocatur Avalliaco, in vicaria Igrandinse, et in ipso loco fuit antiqua ecclesia?* 1031-1046 (cart. de St-Cyprien, p. 164).

Caves (Les), m. r. c^{ne} d'Adriers.

Caves (Les), m. r. c^{ne} de Roiffé.

Caves (Les), f. c^{ne} de Saint-Genest.

Caves (Les), habitations souterraines, c^{ne} de Saint-Remy-sur-Creuse; — 1541 (duché de Châtellerault, 3).

Caves (Les), h. c^{ne} de Senillé.

Caves (Les Grandes-), vill. c^{ne} de Loudun. — *Les Caves*, 1482; *les Caves de Chiefdefueil*, 1486; — *de Chevrefeuil*, 1515 (com^{rie} de Loudun, 13 et 14).

Caves-Bourgogne (Les), f. c^{ne} de Roiffé.

Caves-de-la-Gilberdrie (Les), vill. c^{ne} d'Orches. — *Les Caves*, 1593 (seign. des Clouzeaux).

Caves-de-Puygarreau (Les), vill. c^{ne} d'Orches.

Caves-Neuves (Les), h. c^{ne} de Ternay.

Caves-Saint-Marc (Les), h. c^{ne} de Bertegon. — *La Juzalère*, 1401 (cure de Bertegon). — *La Judalière*, 1469 (com^{rie} de Loudun, 31); — *près la chapelle Saint Marc*, 1490; *les Caves Sainct Marc*, 1655; *les Caves Saint Marc ou la Judalière*, 1704 (chap. de Ste-Radegonde, 92).

Cayenne (La), m. r. c^{ne} de Pouzioux.

Ceaux, c^{on} de Couhé. — *Villa quæ vocatur Selsis*, 1013 (Fontenau, t. XXI, p. 437). — *Ecclesia Sancti Clementis de Ceus*, 1149 (abb. de St-Cyprien). — *Ceaus* (pouillé de Gauthier, f° 151 v°). — *Capellanus de Celsis*, 1383 (taux du décime, p. 66). — *Seaux*, 1458 (chap. de St-Hilaire, 427). — *Ceaulx*, 1478 (reg. synodal). — *Seaulx*, 1520 (bissexte). — *Sceaux*, 1705 (épitaphe en l'église de Ceaux). — *S. Clément de Seaux*, 1782 (pouillé); — *de Ceaux*, 1786 (almanach provincial).

Avant 1790 cette commune faisait partie de l'archiprêtré de Rom (Deux-Sèvres), de la châtellenie de Couhé, au ressort de Saint-Maixent, et de l'élection de Poitiers. La cure était à la nomination de l'abbé de Saint-Cyprien.

Ceaux, c^{on} de Loudun. — *Sancta Maria de Celsis*, 1093 (Fontenau, t. XVII, p. 163). — *Apud Celsum vicum*,

v. 1108 (cart. de Noyers, p. 392). — *Ecclesia de Ceos*, 1164 (bibl. nat. fonds latin, n° 5480 ², f° 423). — *Ceaus* (pouillé de Gauthier, f° 177 v°). — *Ceaulx*, 1406 (chap. de S¹-Hilaire, 162). — *Seaulx*, 1436 (prieuré de Fontmore, 2). — *Seaux*, 1490 (collège de Poitiers, 63). — *Ceaux*, 1564 (com^rie de Loudun, 14).

Cette commune est formée des deux anciennes paroisses de Ceaux et Joué. Celle de Ceaux faisait partie de l'archiprêtré de Faye-la-Vineuse (Indre-et-Loire), du bailliage de Loudun et du duché-pairie de Richelieu, et de l'élection de Richelieu, généralité de Tours. Le prieuré-cure de Notre-Dame de Ceaux dépendait de l'abbaye de la Trinité de Mauléon ou Châtillon-sur-Sèvre (Deux-Sèvres).

En 1790 Ceaux devint le chef-lieu d'un canton, district de Loudun, composé des communes de Ceaux, Claunay, Crué, Joué, Nueil-sous-Faye et Pouant. Ce canton exista jusqu'au 18 novembre 1801.

Ceaux, f. c^ne de Sillars. — *Sceaulx*, 1580 (terrier de Champeaux, f° 52 v°). — *Ceaulx*, *Seaulx*, 1604 (évêché, 8). — *Seaux*, 1608 (maison-Dieu, 175). — *Sceaux*, 1611 (prieuré du Teil-aux-Moines). — Anc. terre noble.

Celle, m. r. c^ne de Curçay; — 1618 (cure de Curçay).

Celle (La), vill. c^ne de Latus. — *Sella*, 1260 (Hommages d'Alphonse, p. 86). — *Tenuta de Cella*, 1409 (gr. Gauthier, f° 123). — *Celle*, 1452; *la Celle*, 1598 (chap. de Montmorillon, 2).

Le ruiss. de la Morelle, en amont de sa jonction avec celui de la Sagne, est appelé ruiss. de la Celle en 1561 (seign. de la Dallerie).

Celle (Bois de la), c^ne de Smarve; — 1445 (abb. de la Celle, 15); appart. autref. à l'abbaye de Saint-Hilaire de la Celle; contenait 68 arpents en 1792.

Celle (Moulin de la), sur le Clain, à Poitiers; appart. autref. à l'abbaye de Saint-Hilaire de la Celle. — *Molins de la Celle*, 1427 (notaires, Fauconnier à Poitiers).

Celle (Moulin de la), sur la Dive, à Voulon; anc. fief appart. à l'abbaye de Valence et relev. de la seign. de Cloué. — *La Celle de Voulon*, 1396 (Fontenau, t. LXXXI, p. 220). — *La Celle et court de Voullon*, 1433 (*ibid.* p. 221). — *Moulin de la Selle*, 1601 (maison-Dieu, 203); — *de la Celle, sur la Dive*, 1777 (seign. de Couhé).

Celle (Saint-Hilaire de la), anc. prieuré de l'ordre de Saint-Augustin à Poitiers, fondé avant 962; érigé en abbaye à la fin du xiv° siècle. — *Cella sancti Hilarii*, 962 (Besly, Hist. des comtes de Poitou, p. 269). — *Cella beati Hilarii*, v. 1000 (cart. de S¹-Cyprien, p. 31). — Dans l'église abbatiale était desservie une paroisse qui a existé jusqu'en 1791 et dont dépendait hors la ville un territoire appelé la Celle hors Poitiers, où se trouvait le Breuil-Mingot.

Celle-l'Évécault, c^on de Lusignan. — *Episcopalis cellula*, 1218 (Fontenau, t. XXII, p. 65). — *Cella episcopalis* (pouillé de Gauthier, f° 152). — *Celle l'évesqual*, xiv° s° (chap. cathédral, 57). — *Celle l'évesquau*, 1404 (gr. Gauthier, f° 52). — *Celles l'évescau*, 1492 (collège de Poitiers, 25). — *Celles l'évesquau*, 1494; *Celles l'évesquault*, 1543 (cure de Celle-l'Évécault). — *Celle l'évescault*, 1592 (collège de Poitiers, 25). — *S. Etienne de Cellevescaut*, 1782 (pouillé). — *Celle-l'Évéquault*, 1786 (almanach provincial). — *Celle-l'Évécault*, 1807 (annuaire).

Suivant la plupart des historiens poitevins, Jean Bouchet, Thibaudeau, Dufour, Celle-l'Évécault serait le *Sellense castrum* où le duc Austrapius fut sacré évêque et tué par les Teifales (Greg. Turon. Hist. IV, 18); mais Besly (Évêques de Poitiers, p. 8, reproduit par le Gall. christ. t. II, col. 1144) cite le texte d'une chronique où ce lieu est nommé *Castrum Celsum*. Ce serait donc Champtoceaux, situé sur la rive gauche de la Loire et faisant alors partie du diocèse de Poitiers, qui aurait été le siège de l'évêché créé par le roi Clotaire en faveur d'Austrapius; assertion qu'on serait porté à accepter en considérant que Celle-l'Évécault est bien peu distant de Poitiers pour avoir été le centre de ce nouveau diocèse.

Avant 1790 cette commune faisait partie de l'archiprêtré de Lusignan, de la sénéchaussée et de l'élection de Poitiers. Celle-l'Évécault était le siège d'une châtellenie mentionnée vers 1300 (Gauthier, f° 15) et qualifiée baronnie dès 1400 (seign. d'Iteuil), laquelle appartenait aux évêques de Poitiers et comprenait la plus grande partie de la paroisse, avec quelques portions de celles de Pairé, Vivonne, Voulon et Anché. Le château épiscopal est appelé *forteresse de Celle levesquau* en 1496 (cure de Celle-l'Évécault). — Il y avait à Celle-l'Évécault un chapitre composé, en 1789, de cinq canonicats à la nomination de l'évêque, dont un était uni à la cure du lieu et un autre à celle de Voulon (procès-verbal de visite d'églises, ms. 156 de la bibl. de Poitiers). Le prieur de ce chapitre était archiprêtre de Lusignan (pouillé de Gauthier, f°s 134 et 152 v°) et curé de Voulon (*ibid.* f° 134,

note marginale, écrite vers 1500). — Au temps de Gauthier de Bruges, évêque de Poitiers, Celle-l'Évécault était *de camera episcopali* et l'archiprêtre de Lusignan n'y avait point de juridiction, quoiqu'il fût prieur des chanoines de ce lieu (*ibid.* f° 139 v°).
— L'aumônerie de Celle-l'Évécault est mentionnée dans le même pouillé, f° 134; ses biens furent unis à l'hôpital de Chauvigny en 1695.

CELLES, h. c^{ne} de Thuré. — *Selles*, v. 1400 (cure de Thuré). — *Celles*, 1439 (seign. de Puygarreau, 9). — *Celle*, 1575 (cure de Thuré).

CELLEVEZAY, vill. c^{ne} de Celle-l'Évécault. — *Sarvazay*, 1409 (gr. Gauthier, f° 47 v°). — *Cellevesay*, 1485 (com^{rie} de Roche, 6). — *Servezay*, 1495 (cure de Celle-l'Évécault). — *Cellevezay*, 1520 (collège de Poitiers, 25.) — *Cervezay*, 1522; *Cernezay*, 1543 (cure de Celle-l'Évécault). — Anc. fief relev. de Cloué.

CELLIERS, h. c^{ne} de Lencloître; anc. prieuré dépendant de l'abbaye de Saint-Benoît-de-Quinçay. — *Sciliacus in pago Pictavensi*, 888 ou 889 (Besly, Hist. des comtes de Poitou, p. 202). — *Ciliacus alodus in pago Pictavensi, in vicaria Salvinse, prope villam Sancti Martini nomine Dociacum, cum ecclesia in honore Sancti Salvatoris constructa*, 892 (*ibid.* p. 210). — *Cyliacus alodes*, 990 (cart. de Bourgueil, p. 18). — *Celié*, 1288 (arch. de Poitiers, 14). — *Prioratus de Celye, ecclesia de Seliaco* (pouillé de Gauthier, f°s 146 v° et 170 v°). — *Celié, Solié*, 1383 (taux du décime, p. 19 et 128). — *Cellyer*, 1570 (chap. de Mirebeau, 29). — *Celliers*, 1586 (seign. de Puygarreau, 1). — *Sainte Melene de Celliers, annexe de Saint-Hilaire de Boussageau*, 1771 (abb. de St-Benoît, 18). — *Cellières* (Cassini). — *Saint-Melaine de Celiers*, 1786 (almanach provincial).

L'église de Celliers figure comme église paroissiale dans le pouillé de Gauthier : *ecclesie de Seliaco patronatum habet abbas Sancti Benedicti*, et dans le compte de décimes de 1383; elle devint plus tard une annexe de celle de Boussageau, qui n'est pas mentionnée dans ces deux documents. — L'hôtel de *Celié* relevait de la Roche de Brizay (aveu de Mirebeau).

CENAN, vill. c^{ne} de la Puye; anc. c^{ne} réunie à celle-là le 19 mai 1819. — *Senentum*, v. 1103 (Fontaneau, t. VIII, p. 449). — *Ecclesia de Senentio inter Anglam et Calviniacum posita*, 1102 (ch. de Pierre II, év. de Poitiers, ap. Clypeus nasc. Fontebr. ord. t. II, p. 21). — *Foresta de Senanz*, 1238 (ch. appart. à M. de Boismorand). — *Senens* (pouillé de Gauthier, f° 173). — *Senant*, 1383 (taux du décime, p. 58). — *Forest de Cenant*, 1429 (seign. de Montoiron, 1); — *de Senans*, 1473 (évêché, 33). — *Senant*, 1485; *Sennent*, 1491 (seign. de Touffou, 4). — *Cenans*, 1590 (abb. de l'Étoile). — *Cenan*, 1649 (bissexte). — *St-Hilaire de Cenan*, 1782 (pouillé).

Avant 1790 cette ancienne paroisse, aussi réunie auj. à la Puye pour le spirituel, faisait partie de l'archiprêtré, du duché, de la sénéchaussée et de l'élection de Châtellerault. La cure était à la nomination du chevecier de l'église collégiale de Saint-Pierre de Chauvigny. Le fief de Cenan ayant titre de châtellenie relevait de celle de Montoiron. La forêt de Cenan, mentionnée en 1238, 1429, 1473, n'existe plus.

CENITAL (LE), anc. hôpital des pestiférés, auj. abattoir, c^{ne} de Châtellerault. — *Le Sanital*, 1544 (cure de St-Jean-Baptiste de Châtellerault).

CENON, c^{on} de Vouneuil-sur-Vienne. — *Sanonno*, *Sannonno* (triens mérovingiens, Mém. de la Soc. des antiq. de l'Ouest, 1839, p. 293, et 1844, p. 502). — *In vicum Sannone*, VIIe siècle (Vita S. Leodegarii, ap. Bouquet, t. II, p. 626). — *Ecclesia constructa in honore sancti Petri in villa quæ vocatur Senona*, v. 1090 (cart. de St-Cyprien, p. 186). — *Ecclesia de Senun*, 1097-1100 (*ibid.* p. 13); — *de Senone*, 1119 (*ibid.* p. 18); — *de Seno*, 1149 (abb. de St-Cyprien). — *Senon*, 1237 (abbaye de Nouaillé, 1). — *Cenon*, 1306 (abb. de St-Benoît, 12). — *St-Pierre de Cenon*, 1769 (procès-verbal de visite, ms. 156 à la bibl. de Poitiers).

Avant 1790 cette commune faisait partie de l'archiprêtré, du duché, de la sénéchaussée et de l'élection de Châtellerault. Le prieuré de Saint-Martin de Cenon dépendait de l'abbaye de Saint-Hilaire de la Celle de Poitiers. La cure était à la nomination du prieur de Saint-Romain de Châtellerault; elle a été rétablie en 1828. Le fief de Cenon relevait du duché de Châtellerault.

CENON (LE PETIT-), h. c^{ne} de Cenon. — Ancien fief relev. du duché de Châtellerault.

CENSIF (LE), lieu détruit, près la limite de Pouzioux, c^{ne} de Saint-Martin-la-Rivière. — *Mestairie du Sansy, du Censif*, 1649 (seign. de St-Martin-la-Rivière, 1).

CERBON (LE), ruiss. prend sa source près la Grande-Gaillardière, c^{ne} de Saint-Secondin, et se jette dans la Clouère au-dessous du chef-lieu de cette commune.

CENCIGNY, vill. et LE VIEUX-CENCIGNY, vill. c^{ne} de Vivonne. — *Cercigné*, 1257 (ch. de St-Hilaire, t. I, p. 284). — *Cersigné, Sercigné*, 1343 (abb. de Nouaillé,

24). — *Cercigny*, 1388 (Gauthier, f° 18). — Anc. châtell. relev. de celle d'Étable.

Cerné, f. c^ne de Saint-Secondin. — *Ceresius villa in vicaria Gentiaco*, 986-999 (cart. de St-Cyprien, p. 266). — *Sorez*, 1396 (gr. Gauthier, f° 210). — *Seris*, 1404 (*ibid.* f° 200 v°). — *Sereis*, 1405 (*ibid.* f° 285 v°). — *Sereys*, 1445; *Serez*, 1454 (seign. de la Boutinelière).

Cérier-de-chez-Pijoux (Le), h. c^ne d'Availle-Limousine. — *Le Serier*, 1656 (rôle des tailles).

Cérier-de-Vareilles (Le), m. r. c^ne d'Availle-Limousine. — *Le Serier*, v. 1520 (seign. d'Availle). — *Le Cerier*, 1592 (cordeliers de Poitiers). — *Le Serier de Vareilles*, 1684 (fam. de la Broue de Vareilles). — Anc. fief.

Ceriserie (La), m. r. c^ne de Montamisé.

Cerisier (Le), h. c^ne de Nérignac. — *Moulin des Ceriziers*, 1775 (rôle des tailles). — Ce moulin, sur la Grande-Blour, n'existe plus.

Cerisiers (Les), m. r. c^ne de Loudun.

Cernay, c^on de Lencloître. — *Ecclesia de Cerniaco*, 1104 (Fonteneau, t. XVII, p. 400); — *de Sernayco* (pouillé de Gauthier, f° 171). — *Prioratus de Cernayo* (*ibid.* f° 146 v°). — *Cernay, Sernay*, 1383 (taux du décime, p. 20 et 128). — *Sarnay*, 1474 (seign. de Puygarreau, 3).

Avant 1790 cette commune faisait partie de l'archiprêtré de Mirebeau, du duché, de la sénéchaussée et de l'élection de Châtellerault. Le prieuré et la cure de Notre-Dame de Cernay dépendaient de l'abbaye de Marmoutier près Tours; la cure a été rétablie en 1842. Le prieur était seigneur du fief de Cernay, relevant du duché de Châtellerault.

Cerné, f. c^on de Chaunay; — 1487 (fam. Aubaneau). — Anc. seigneurie.

Certallière (La), h. c^ne de Cuhon. — *La Sartalière*, 1414 (arch. nat. chambre des comptes, reg. 330, n° 108). — *La Sartallière*, 1437 (chap. de St-Hilaire, 324). — *La Certallière*, 1780 (rôle du vingtième).

Certeaux (Les), chât. c^ne d'Angle. — *Essarteau*, 1409 (évêché, 33). — *Exarteaulx*, 1444 (*ibid.* 43). — *Les Sarteaux*, 1468; *les Serteaux*, 1581 (abb. d'Angle). — *Esserteaux*, 1592 (prieuré de St-Martin d'Angle). — *Les Certeaux*, 1613, 1719 (évêché, 27 et 43). — Anc. fief relev. de la bar. d'Angle.

Cerveaux (Les), h. c^ne de Thuré.

Cervolet, m^in sur le Saleron, c^ne de Journet. — *Moulin de Sarvollet*, 1542 (maison-Dieu, 126). — *Cervolet*, 1731 (rôle des tailles).

Cervolet, m. isolée, c^ne de Nouaillé. — *Sarvollet*, 1635 (abb. de Nouaillé, 12). — *Servollet*, 1775 (rôle des tailles).

Cervolet, h. c^ne de Thuré. — *Salerolet*, 1610 (duché de Châtellerault, reg. de recette, 227). — *Cervollet*, 1632; *Servollet*, 1680 (cure de Notre-Dame de Châtellerault).

César (Camp de), enceinte de terre, c^ne de Thollet, près la limite de la c^ne de Liglet.

Cesse (La), h. c^ne de Saint-Sauvant.

Cezay, vill. c^ne de Savigny-sous-Faye. — *Arbertus de Sazai*, 1087-1100 (abb. de St-Cyprien). — *Sazay*, 1440 (com^rie de St-Georges, 30). — *Cezay*, 1519 (chap. de Ste-Radegonde, 94). — *Sezay*, 1514 (com^rie de St-Georges, 30).

Chabanne, f. c^ne de Chenevelles. — *In Cavannas?* 673 (charta S. Bercharii, ap. Pardessus, Diploplomata, chartæ, etc. t. II, p. 159). — *Villa quæ vocatur Kabannas, in vicaria Ygrandinse*, v. 990 (cart. de St-Cyprien, p. 171). — *Villa Cavannas*, 988-1031 (*ibid.* p. 168). — *Cabannas*, 1022 (*ibid.* p. 169). — *Chabanes*, 1474 (duché de Châtellerault, 5). — *Chabannes*, 1551 (seign. de Touffou, 5). — Anc. fief relev. de la bar. de Montoiron.

Chabanne (Le Grand-), h. c^ne de Château-Garnier. — *Chabanes*, 1403 (gr. Gauthier, f° 263).

Chabanne (Le Petit-), m^in sur le Clain et h. c^ne de Château-Garnier. — *Moulin de Chabourz*, 1404 (gr. Gauthier, f° 89 v°); — *de Chabanes*, 1498 (fief de la Tour-St-Secondin); — *de Chabannes*, 1527 (abb. de la Reau). — Anc. propriété de l'abb. de la Reau.

Chabannes, m^in sur la Dive et m. r. c^ne de Salles-en-Toulon. — *Moulin de Chabannes*, 1477 (fief de Mortemer); — *de Chabanes*, 1536 (chap. de Mortemer, 3).

Chaboisseau (Le), m. r. c^ne de Naintré.

Chaboisselière (La), vill. c^ne de Vicq. — *La Chabocelière*, 1521 (seign. de Jeu). — *La Chaboisselière*, 1787 (prieuré-cure de Vicq).

Chaboissière (La), m. r. c^ne de Nouaillé. — *Boys appellés les Chabocères*, 1267 (abb. de la Trinité, 49). — *La Chabozcère*, 1276 (abb. de Nouaillé, 5). — *Bois de la Chaboucère*, 1334 (cart. de la Trinité, f° 116). — *Maison appellée la Chabocière*, 1497 (abb. de la Trinité, 43). — *La Chaboissière*, 1650 (chap. de Ste-Radegonde, 109).

Chabonne, vill. c^ne d'Availle. — *Chabones*, 1606 (com^rie d'Auzon, 7).

Chabonne, vill. c^ne de Vouneuil-sur-Vienne; — 1644 (cure de Vouneuil-sur-Vienne).

Chabossière (La), f. c^ne de la Ferrière. — *Chabocères*, 1405 (gr. Gauthier, f° 80). — *Les Cha-*

bocères, 1423 (chap. de Notre-Dame-la-Grande, 68). — *La Chabocère*, 1467 (hommages du comté de Poitou, f° 103). — *Chabossière*, 1617 (seign. de la Lande).

Chabotnie (La), f. c^{ne} de Mignaloux. — Deux jours avant la bataille de Poitiers le prince de Galles vint en ce lieu «où le roi de France avoit cuché le nuit devaunt» (lettre de Barthélemi de Burghersh, citée dans les notes des chron. de Froissart, publ. par M. Kervyn de Lettenhove, t. V, p. 525). La Chaboterie y est appelée *Chabutorie*.

Chabotterie (La), f. détruite, près Pilloué, c^{ne} de Chiré-en-Montreuil; — 1644 (aveu de Chiré, f° 4).

Chabotterie (La), f. c^{ne} de Loudun. — *La Chabotrye*, 1615 (com^{rie} de Loudun, 13); terre acquise par Jean Chabot en 1499 (*ibid.*).

Chabotterie (La), m. r. et la Petite-Chabotterie, m. r. c^{ne} de Mazeuil.

Chabotterie (La), h. c^{ne} de Saint-Jean-de-Sauves.

Chabournay, c^{on} de Neuville. — *Tetbaud de Chabornai*, v. 1100 (cart. de St-Cyprien, p. 40). — *Chabornay*, 1270 (chap. cathédral, 49). — *Ecclesia de Chabarnayo* (pouillé de Gauthier, f° 174 v°). — *Chabournay*, 1383 (taux du décime, p. 123).

Avant 1790 la paroisse de Saint-Martin de Chabournay faisait partie de l'archiprêtré de Dissay, de la châtellenie de Chénéché, de la sénéchaussée et de l'élection de Poitiers. Le chapitre de Saint-Martin de Tours nommait à la cure. Le chef-lieu de la commune ne consiste qu'en l'église et cinq maisons.

Chabrenaux (Les), m. r. c^{ne} de Senillé.

Chadelat, ff. c^{on} d'Adriers. — *Chazallac*, 1406 (seign. de Chadelat). — *Chazelac*, 1449 (seign. de l'Isle-Jourdain). — *Chadelat*, 1561 (prieuré de St-Paixent). — Anc. fief relev. de Lézignac.

Chaffaud (Le), h. c^{ne} de Latillé. — *Le Chaffault*, 1621 (cure de Latillé).

Chaffaud (Le), f. c^{ne} de Lusignan. — *Le Chaffaut*, 1435 (abb. de Nouaillé, 60). — *Le Chaffault*, 1486 (fief des Pouterniéres).

Chaffaud (Le), m. r. c^{ne} de Mauprevoir. — *Le Chaffault*, 1775 (rôle des tailles).

Chaffaud (Le), vill. et grottes, c^{ne} de Savigné. — *Le Chaffaut*, 1405 (gr. Gauthier, f° 267 v°). — *Le Chaffault*, 1498 (fief de la Grenatière).

Chaffaud (Le), ff. c^{ne} du Vigean. — *Le Chauffault*, 1461; *le Chaffault*, 1551 (fam. Laurent de Reyrac).

Chaffaud (Le Grand-), c^{ne} d'Usseau; anc. fief relev. de Remeneuil. — *Le Chauffaux de Remeneuil*, 1486 (seign. du Grand-Chaffault). — *Le grand Chaffault*, 1764 (fief de Remeneuil).

Chaffaudrie (La), h. c^{ne} de Mazerolles. — *La Chafauderie*, 1619; *la Chauffaudria*, 1643 (abb. de Nouaillé, 41).

Chagnats (Les), h. c^{ne} de Saint-Sauveur. — *Village des Chagneaulx appellé Beaulieu*, 1624 (com^{rie} de la Foucaudière, 3). — *Les Chasgnaux*, 1679 (*ibid.* 9).

Chagnay (La), m. au bourg de la Puye. — *La Chaignaye*, xve s^e (couv. de la Puye, 4). — *La Chasgnée*, 1585 (cure de Cenan). — *La Chaignay*, 1661 (arch. de Poitiers, 71). — *La Chaignais*, 1764 (couv. de la Puye, 6).

Chagne (La), h. c^{ne} d'Adriers. — *La Sechaigne*, 1583 (fief de l'Âge-de-Plaisance).

Chagneraie (La), m. r. c^{ne} d'Archigny.

Chagneraie (La), h. c^{ne} de Jardres.

Chagnerie (La), h. c^{ne} de Civaux. — *La Chaignerie*, 1498 (fief de Pindray).

Chagnerie (La), ff. c^{ne} de Saint-Gervais. — *La Chasgnerie*, 1550 (bar. de Luain). — *La Chaignerie*, 1618 (cure de St-Martin-de-Quinlieu).

Chagnerotte (La), f. c^{ne} de Targé.

Chagnoux (Le), f. c^{ne} d'Adriers. — *Le Chesnou*, 1583 (fief de l'Âge-de-Plaisance). — *Le Chaignoux*, 1640 (prieuré d'Entrefins).

Chagon (Le), h. c^{ne} d'Availle. — *Chasgont*, 1435 (seign. de Chitré). — *Chagond*, 1493 (duché de Châtellerault, 6). — *Chagons*, 1580 (seign. de Chitré).

Chaguin, h. c^{ne} de Marigny-Chemerault. — *Métairie des Chadiens*, 1775 (rôle des tailles).

Chaignerie, m. r. c^{ne} de Saint-Georges. — *La Chaignerie*, 1564 (com^{rie} de St-Georges, 2).—*La Chagnerie*, 1740 (rôle des tailles).

Chaignerie (La), m. détruite, c^{ne} de Smarve. — *La maison de Chaigne*, 1461; *hostel de la Chaignerie, près la Meollère*, 1472; *vieille maison appellée la Chasgnerie*, 1488 (abb. de la Celle, 15).

Chaigneroux, h. c^{ne} de la Bussière. — *Le Chagneroux*, 1570 (abb. de St-Savin, 33).

Chaillé, ff. c^{ne} de Buxeuil; — 1611 (seign. de la Fontaine, 2).

Chaillerie (La), f. au village de la Fenêtre, c^{ne} de Biard; — 1627 (cure de Biard).

Chaillerie (La), ff. c^{on} de la Vausseau; — 1665 (chap. de St-Hilaire, 235).

Chaillochère (La), vill. c^{ne} de Blanzay. — *La Chaillochère*, 1405 (gr. Gauthier, f° 268 v°). — *La Chaillotère*, 1498 (fief de la Grenatière). — *La Chaillochière*, 1561 (fief de Comporté).

CHAILLY, anc. fief relev. d'Abin, cne de Saint-Genest. — Hostel de Maulay, tenant au chemin de Piolent au moulin Perrot Bourriau, 1439 (terrier de Gironde, f° 92). — Fief de Chailly ou Maullay, 1474 (duché de Châtellerault, 3). — Maullay de Piollant qu'on nomme de présent Chaillé, xv° siècle (ibid. 2). — Village de Maulay, 1589 (seign. de Puygarreau, 4).

CHAILLY, f. cne de Thurageau. — Chailli, 1355 (arch. de Poitiers, 15). — Chaillé, 1457 (notaires, Artaud à la Roche-Posay). — Chailly, 1765 (rôle des tailles). — Anc. fief relev. de la Tour de Massogne.

CHAINCHENEVA, h. cne de la Bussière. — Chesnevaux (Cassini).

CHAINTRAGE (BOIS DE), cne de Vernon; autref. aux Filles-de-Notre-Dame de Poitiers; contenait 114 arpents en 1792.

CHAINTRE (LA), m. r. cne de Saint-Gervais.

CHAINTRE (LA), f. cne de Sanxay; — 1707 (cure de Sanxay).

CHAISE (LA), h. cne d'Amberre. — La Cheize, 1278; la Chèze, 1362 (chap. de St-Hilaire, 324). — Anc. fief relev. du chapitre de Saint-Hilaire de Poitiers.

CHAISE (LA), f. cne de Lautier. — La Chèze, 1644 (seign. de Touffou, 3).

CHAISE (LA), vill. cnes de Liniers et la Chapelle-Moulière. — La Chèze, 1394 (comrie de St-Georges, 35). — La Chère, 1564 (ibid. 7).

CHAISE (LA), h. cne de Montmorillon. — La Chèze Poictevine, 1483 (fief de Beaupuy). — La Chèze, 1509 (maison-Dieu, 31). — La Chèze Poictevyne, 1573 (ibid. 56). — Anc. fief.

CHAISE (LA), f. cnes d'Orches et Saint-Genest. — La Cheize, 1392 (seign. de Clairvaux). — La Chèze, 1439 (terrier de Gironde, f° 21). — Moulin de la Chèze. Voy. DUNOIS. — Anc. fief relev. du marq. de Clairvaux.

CHAISE (LA), h. cne de Paizay-le-Sec. — La Chèze, 1598 (abb. de St-Savin, 31).

CHAISE (LA), f. cne de Pouzioux. — La Chèze, 1465 (fam. Taveau). — La Chèze oultre Vienne, 1469 (seign. de Dienné et Verrières, 3). — La Chaize oultre Vienne, 1741 (seign. de la Chaise-outre-Vienne). — Anc. fief relev. de Gouzon; qualifié châtellenie dès 1575 (seign. de la Chaise-outre-Vienne).

CHAISE (LA), chât. et f. cne de Saint-Remy-sur-Creuse. — La Chèze, 1435 (duché de Châtellerault, 3). — La Chaize, 1574; la Chèze Sainct Remy, 1652 (seign. de la Chaise). — Anc. fief et haute justice relev. de la châtell. de Saint-Remy unie au duché de Châtellerault.

CHAISE (LA), h. cne de Sillars; anc. prieuré dép. de l'abbaye de la Chaise-Dieu (Haute-Loire). — Prioratus de Chesa, 1258 (Ledain, Hist. d'Alphonse, p. 114); — de Chesia (pouillé de Gauthier, f° 148 v°). — La Chèze aux moynes, 1493 (fief de Pruniers). — La Chèze aux moygnes; 1544 (maison-Dieu, 163). — La Chèse aux moynes, 1575; prieuré de Sainct Denis de la Chèze au moyne, 1666; prioratus de Casa monachorum, 1671 (prieuré de la Chaise-aux-Moines).

CHAISE (LA), f. cne d'Usson. — Chesia, 1404 (gr. Gauthier, f° 200). — La Chèze, 1496 (seign. d'Azac). — Chesia, 1536 (fief d'Azac).

CHAISE (LA), f. cne de Vernon. — La Chisse, 1392 (abb. de St-Cyprien, 17). — La Chèze, 1437 (chap. de Notre-Dame-la-Grande, 68).

CHAISE-DE-BIARD (LA), anc. seign. appart. au chapitre cathédral de Poitiers. — La Chère de Biard, 1566; la Chèze de Biard, 1603 (chap. cathédral, 13). — Ce nom n'est resté attaché à aucune habitation dans la commune de Biard.

CHALACHE, vill. cne de Fleix. — Chaslache, 1580 (terrier de Champeaux, f° 31 v°). — Chalache, 1617 (évêché, 8). — Challache, 1617 (fief des Clerbaudières).

CHALACHOLE (LA), h. cne de Paizay-le-Sec. — Challecholes, 1258 (Ledain, Hist. d'Alphonse, comte de Poitou, p. 113). — La Challacholle, 1486 (abb. de St-Savin, 14). — La Chalacholle, 1580 (terrier de Champeaux, f° 82). — Village de Challacholes, 1628 (fief de Champeaux).

CHALAIS, con de Loudun. — Chaleys, 1285 (cure de Chalais). — Ecclesia de Chalesio (pouillé de Gauthier, f° 171 v°). — Prior de Chalais (ibid. f° 131 v°). — Chaleis, 1427 (comrie de Loudun, 26). — Chaloys, 1470 (cure de Chalais). — Challays, 1481 (chap. de Ste-Croix de Loudun, 4). — Chalais, 1720 (dénomb. du royaume). — Notre-Dame de Chalais, 1782 (pouillé).

Avant 1790 cette commune faisait partie de l'archiprêtré, de la châtellenie, du bailliage et de l'élection de Loudun. Le prieuré-cure de Notre-Dame de Chalais dépendait de l'abbaye d'Airvault (Deux-Sèvres).

CHALAIS, h. cne de Millac. — Chalet, Challet, rivus de Chalet, 1449 (cure de l'Isle-Jourdain). — Chalest, 1474, 1494 (cure de Millac).

Le petit ruiss. de Chalais se jette dans la Vienne près ce lieu.

CHALANDRAY, con de Vouillé. — Ecclesia Sanctæ Mariæ

de Calandraio, 1179 (cart. de S¹-Jouin, p. 39). — Prioratus de Chalandraio, 1226 (ibid. p. 48). — Chalendray, 1238 (Fonteneau, t. V, p. 145). — Chalandray, 1242 (ibid. t. V, p. 159). — Ecclesia de Calondreyo, prioratus de Chalandrayo (pouillé de Gauthier, f⁰ 141 et 154 v°).

Cette commune est formée des deux anciennes paroisses de Chalandray et Cramard. Celle de Chalandray faisait partie de l'archiprêtré de Sanxay, de la châtellenie de la Ferrière, unie à la baronnie de Parthenay (Deux-Sèvres), de la sénéchaussée et de l'élection de Poitiers; toutefois le fief de Chalandray, ou de la Motte de Chalandray, avec droit de haute justice, relevait de la châtellenie de Montreuil-Bonnin. Le prieuré et la cure de Notre-Dame de Chalandray dépendaient de l'abbaye de Saint-Jouin-de-Marnes (Deux-Sèvres).

CHALANTONNIÈRE (LA), h. c^{ne} de Sanxay; — 1775 (rôle des tailles).

CHALAPY, souterrain et caves, c^{ne} de Saint-Remy-sur-Creuse. — Les caves de Chalapy, 1619 (fief de Toiré).

CHALERIE (LA), m. r. c^{ne} de Ligugé. — La Charlerie, 1616 (collège de Poitiers, 15).

CHALERNES, h. c^{ne} d'Antran.

CHALEROUX, h. c^{ne} de Château-Garnier. — Chalerou, 1403 (gr. Gauthier, f° 248). — Chaleroux, 1409 (ibid. f° 215). — Challeroux, 1520 (chap. de S¹-Hilaire, 439).

CHALEROUX, h. c^{ne} de Saint-Laurent-de-Jourde. — Chez-les-Roux, 1872 (dénomb.).

CHALEUR, h. c^{ne} de Saint-Romain. — Chaleur, 1395 (gr. Gauthier, f° 272 v°). — Chalour, 1403 (ibid. f° 248). — Challeur, 1482 (fief de Loin). — Anc. fief relev. du comté de Civray.

CHALLERIE (LA), tuilerie, c^{ne} de Basses.

CHALLERIE (LA), h. c^{ne} de Vernon. — La Charlerie, 1662 (fam. de Riberé).

CHALLERIE (LA), m. isolée, c^{ne} de Vezières.

CHALLERIES (LES HAUTES et LES PETITES-), villages, c^{nes} de Guesne et Verrue. — Les Challeries de Gayne, 1599 (prieuré de S¹-Jean de Mirebeau, 5). — Les Challeries, 1670 (chap. de Mirebeau, 30).

CHALMINIÈRES (LES), m. r. c^{ne} de Nieuil-l'Espoir. — La Chaleminère, 1362 (abb. de la Trinité, 46). — Les Chalemynières, 1402 (abb. de Nouaillé, 9). — Les Challemynières, 1447 (abb. de la Trinité, 46). — Les Chalminères, 1492 (jacobins de Poitiers). — Les Chalminières, 1656 (ibid.) — Les Cherminières, 1820 (nomencl.).

CHALMONT, h. et bois, c^{ne} de Bournan. — Willelmus de Chalmont, v. 1100 (cart. de Bourgueil, p. 122).

— Chalmon, 1451 (prieuré de Bournan, 11). — Challemon, 1643 (arch. de la Soc. des antiq. de l'Ouest; Loudunais).

CHALONGES, c^{ne} de Saint-Pierre-des-Églises; terrain planté en vignes, où se voient des restes de fortifications et de constructions anciennes appelées Montafilan. — Les Chalonges, 1309 (Gauthier, f° 184). — Challonge, 1628 (évêché, 17).

CHALONS, m. isolée, c^{ne} de Poitiers. — Locus qui dicitur Chalaum, juxta Gignech prope civitatem, v. 1085 (cart. de S¹-Cyprien, p. 33). — Chalon, 1299 (abb. de Ste-Croix, 25). — Chalaon, 1322 (abb. de la Celle, 18). — Chaslon, 1536 (abb. de Ste-Croix, 15). — Chalons, 1602 (ibid. 24). — Terrouer de Challon près la pierre levée, 1615 (ibid. 15).

CHÂLONS, mⁱⁿ sur le ruiss. de l'Étang-Berland, c^{ne} de Senillé. — Molin de Chalon, 1355 (abb. de la Celle, 16). — Moulin de Chaslon, 1622 (com^{rie} de la Foucaudière, 10).

CHALOPIN, h. c^{ne} d'Archigny. — Challoppin, 1495; Chaloppin, 1626 (seign. de Touffou, 4). — Chapolin, 1779 (rôle des tailles).

CHAMAILLARD, f. c^{ne} de Bertegon. — Les Chamaillars, 1470 (chap. de Ste-Radegonde, 92). — Chamaillard, 1559 (prieuré du Bouchet).

CHAMAILLARD, m. r. c^{ne} de Varennes; — 1470 (chap. cathédral, 81).

CHAMAILLARDERIE (LA), h. c^{ne} de Leigné-les-Bois. — La Chamaillardrye, 1609 (com^{rie} de la Foucaudière, 12).

CHAMASSÉ, f. c^{ne} de Tercé. — Champmacé (Cassini). — Champ-Massé, 1841 (nomencl.).

CHAMBALLON (LE), h. c^{ne} de Bellefont.

CHAMBARON, f. c^{ne} de la Ferrière; — 1680 (seign. de Gençay, reg. de recette). — Anc. fief relev. de la vic. de Gençay.

CHAMBAUDIÈRE (LA), vill. c^{ne} de Monts-sur-Guesne; — 1551 (chap. de Ste-Croix de Loudun, 6). — Chapelle de Notre-Dame de la Chambaudière, desservie dès 1728 dans la chapelle du château de Monts (clergé, 15).

CHAMBAUDRIE (LA), f. c^{ne} de Plaisance. — La Chambaudère, 1408 (gr. Gauthier, f° 121). — La Chambauderie, 1531 (maison-Dieu, 97).

CHAMBE, vill. c^{ne} de Vouléme. — Villa Gamba in vicaria Blaziacinse, v. 960 (cart. de S¹-Cyprien, p. 267). — Guillelmus de Chambis, 1322 (Fonteneau, t. XXXVIII, p. 48). — Chambe, 1494 (gr. Gauthier, f° 259). — Chanbes, 1482 (fief de Loin). — Anc. fief.

CHAMBEAU, h. c^{ne} de Champagné-le-Sec. — Chambault, 1664 (notaires, Mestreau à Civray).

DÉPARTEMENT DE LA VIENNE.

Chambon, vill. c^ne de Celle-l'Évécault; — 1489 (livre de recette de Vivonne, f° 140 v°).

Chambon, usine sur la Clouère, c^ne de Château-Larcher. — *Molendinum de Chambun*, 1311; *Johannes de Campo bono*, 1316; *moulin de Champbon, assis sur la rivère de la Cloère, en la parroisse de Mayrenay*, 1353 (titres de Chambon aux arch. de la Vienne). — *Moulin de Chambon*, 1618 (cure de Château-Larcher). — Ce lieu fut détaché de la paroisse de Marnay en 1716. — Le fief de Chambon relevait de celui de Valenfray (titres de Château-Larcher, aveu de 1506).

Chambon (Le), h. et m^in sur le ruiss. du même nom, c^ne de Jouet. — *Villagium de Campo bono*, 1450; *Chambon*, 1544 (maison-Dieu, 100). Le ruiss. de Chambon naît près la Rangeardière, c^ne de Jouet, et se jette dans la Gartempe à la limite de cette c^ne et de celle de Montmorillon. — *Ruisseau du Chambon*, 1745 (fief de la haute justice de Jouet).

Chambon, h. c^ne de Latus. — *Chambon*, xiie s^e (maison-Dieu, cart. n° 168); 1480 (chap. de Montmorillon, 3). — *Le Chambon*, 1509 (maison-Dieu, 31). — Anc. fief relev. de la bar. de Montmorillon.

Chambon, h. c^ne de Quinçay. — *Villa que vocatur Cambon*, 970 (ch. de St-Hilaire, t. I, p. 43). — *Champbon*, 1398 (chap. de St-Hilaire, 389). — *Chambon*, 1461 (seign. de Ringère). — Anc. fief relev. de Ringère.

Chambon (Le), f. c^ne de Thollet. — *Chanbon*, 1479 (compte de J. Bourdin). — *Le Chambon*, 1561 (fief du Riffault).

Chambonne (La), f. c^ne de Fontaine-le-Comte.

Chambonneau, f. c^ne de Gizay. — *Villa cui nomen est Camboniaco super fluvium Milcioni*, v. 950 (cart. de Bourgueil, p. 103). — *Terra de Cambonelli, de Campo Bonelli*, v. 1100 (cart. de St-Cyprien, p. 209 et 211). — *Chambonea, Johanna de Champo Bonea*, 1221 (abb. de Nouaillé, 1). — *Chambonneau*, 1439 (abb. de St-Cyprien, 17). — Les grands bois de Chambonneau étaient un fief relev. de la châtell. de Château-Larcher.

Chambonneau (Le Petit-), chât. et f. c^ne de Gizay; — 1489 (livre de recette de Vivonne, f° 178 v°). — Anc. fief relev. de la châtell. de Clavière (Fonteneau, t. XLII, p. 12).

Chambonnerie (La), h. c^ne de Vouneuil-sur-Vienne. — *La Chanbonnerie*, 1642 (chap. cathédral, reg. 92).

Chambons (Les), m. r. c^ne de Civray.

Chambord, h. c^ne de Journet. — *Le Chambors*, 1542 (terrier de Rouflac, 63). — *Les Chambors*, 1711 (rôle des tailles).

Chambourg (La), h. c^ne d'Antigny.

Chambrechon, territ. c^ne de Biard. — *Masnile vocatum Campobriconi*, 989 (ch. de St-Hilaire, t. I, p. 55). — *Terra de Chanbricon*, 1153 (évêché); — *de Chambrichum*, 1155 (chap. cathédral). — *Terouer de Chambrechon, tenant au chemin de Quinçay à Poictiers*, 1569; *le champ Brechon*, 1606 (ibid. 13).

Chambrerie (La), h. c^ne d'Antigny. — *La Chambarrye*, 1542 (terrier de Rouflac, 80); 1588 (abb. de St-Savin, 14); — autref. au chambrier de l'abb. de Saint-Savin.

Chambrochet, ff. c^ne de Pressac. — *Champbrochet* (Cassini). — *Chez Brochet*, 1841 (nomencl.).

Chambrun, h. c^ne de Sanxay. — *Chambrin* (Cassini).

Chambut (La), h. c^ne de Sillars. — *La Chambut*, 1509; *Lage Chambut*, 1525 (maison-Dieu, 31). — *La Chambute*, 1635 (ibid. 13). — *La Chambu*, 1633 (fief de la Chinau). — *La Chambus*, 1763 (cure de Sillars).

Chamoiserie (La), h. c^ne de la Chapelle-Moulière.

Chamoiserie (La), f. c^ne de Naintré.

Chamoiserie (La), h. c^ne de Vouneuil-sur-Vienne. — *Village des Chamoix*, 1624 (seign. de Chitré).

Chamoisière (La), h. c^ne de Latus. — *La Chemoisière*, 1452 (chap. de Montmorillon, 2). — *La Chamoysière*, 1506 (sergenterie fieffée de Montmorillon). — *La Chamesière*, 1583 (fief de l'Âge-de-Plaisance).

Chamoisière (La), m. r. c^ne de Saint-Georges. — *La Chamazière*, 1507; *la Chamoisière*, 1552 (abb. de St-Cyprien, 42). — *La Chamoizerie*, 1596 (com^rie de St-Georges, 1). — *La Chamoiserie*, 1740 (rôle des tailles).

Chamousseau, chât. et vill. c^ne de Queaux. — *Chaumoucea*, 1314; *Chaumoussea*, 1449 (seign. de Ressonneau, 1). — *Chaumousseau*, 1457 (fam. Frotier). — *Chamouceau*, 1483 (abb. de Ste-Croix, 96). — *Chamousseau*, 1701 (fam. Frotier). — Anc. fief qualifié châtellenie en 1770, relev. de la bar. de Calais.

Champ, vill. c^ne du Bourg-Archambault. — *Village de Champ*, 1403 (gr. Gauthier, f° 102 v°). — *Champs Challoys*, 1525 (maison-Dieu, 31). — *Champs*, 1600 (chap. de Montmorillon, 1).

Champ, h. c^ne de la Trimouille. — *Campotrimolia*, xiie s^e (maison-Dieu, cart. n° 167). — *Champs*, 1509; *Champs Trymoullays*, 1525 (ibid. 31). — *Champs Trimouillais*, 1651 (ibid. 140). — *Champ*, 1775 (rôle des tailles).

Champabou, h. c^{ne} de Thurageau. — *Champabour*, 1389 (arch. nat. chambre des comptes, reg. 330, n° 27); 1438 (abb. du Pin, 34). — *Champabou*, 1564 (seign. de Chénéché, 10). — Anc. fief relev. de Rochefort.

Champagne, f. c^{ne} de Coussay-les-Bois. — *Champaigne*, 1452 (prieuré de la Roche-Posay).

Champagne, vill. c^{ne} de Latus. — *Champaigne*, 1248 (maison-Dieu, 27); 1489 (chap. de Montmorillon, 3). — *Champagne*, 1730 (rôle des tailles).

Champagne, h. c^{ne} de Paizay-le-Sec. — *Champaigne*, 1396, 1565 (abb. de St-Savin, 31 et 8).

Champagne, vill. c^{ne} de Saint-Sauveur. — *Champaigne*, 1429 (com^{rie} de la Foucaudière, 8).

Champagné, h. c^{ne} d'Anois; — 1663 (notaires, Pascault à Civray).

Champagné-le-Sec, c^{on} de Civray. — *Terra Campaniacus appellata*, 969 (cart. de St-Cyprien, p. 252). — *Villa Campaniacus in vicaria Blanziaco*, v. 970 (ibid. p. 268); — *in vicaria Jozniaco*, 986-999 (ibid. p. 266). — *Ecclesia de Campigniaco* (pouillé de Gauthier, f° 138 v°). — *Champeigné le sec*, 1403 (gr. Gauthier, f° 52). — *Champaigné le sec*, 1403 (ibid. f° 251). — *Champigné le sec*, 1649 (bissexte). — *Chanpaigné le secq*, 1680 (fief de Champagné-le-Sec). — *S. Léger de Champagné-le-Sec*, 1782 (pouillé).

La *vicaria Jozniaci*, de laquelle dépendait Champagné-le-Sec à la fin du x° siècle, appelée *vicaria Jauluiacinsis* dans le même cartulaire de Saint-Cyprien, p. 79, était vraisemblablement la même que la *vicaria Colniaci* ou *Colniacinsis*, de Caunay (Deux-Sèvres), mentionnée dans une charte de l'abbaye de Nouaillé (voy. cart. de St-Cyprien, p. 441).

Avant 1790 Champagné-le-Sec faisait partie de l'archiprêtré de Chaunay, de la châtellenie et de la sénéchaussée de Civray, et de l'élection de Poitiers. La cure était à la nomination de l'évêque. Le fief de Champagné-le-Sec relevait du comté de Civray.

Champagné-Lureau, vill. c^{ne} de Savigné. — *Champaigne Guenaut?* 1493 (fief de Passac). — *Champaigné Lureau*, 1661 (notaires, Pascault à Civray).

Champagnerie (La), m. isolée, c^{ne} de Sillars.

Champagnerie (La Grande et la Petite-), ff. c^{ne} de Pressac. — *La Champaignerie*, 1493 (seign. d'Availle).

Champagné-Saint-Hilaire, c^{on} de Gençay. — *Curtis quæ Campaniacus vocatur*, 511 (dipl. de Clovis, non authentique, ap. Pardessus, Diplomata, chartæ, etc. t. I, p. 61). — *Campaniacus*, 889 (ch. de St-Hilaire, t. I, p. 13). — *Champagnee beati Hylarii*, 1239 (ibid. t. I, p. 246). — *Champegné*, 1248 (chap. de St-Hilaire, 124). — *Champeigné*, 1251; *Champaigné*, 1253 (ibid. 112). — *Campiniacum, Champagné, Campaigniacum*, 1257 (ch. de St-Hilaire, t. I, p. 283 et 286). — *Champaniacum*, 1259; *Campeigniacum*, 1262 (ibid. t. I, p. 291 et 301). — *Champanhiet*, 1286 (chap. de St-Hilaire, 83). — *Champaigné Saint Hilaire*, 1361 (ibid. 112). — *Campigniacum*, 1383 (taux du décime, p. 28). — *Champaigny Saint Hilaire*, 1467 (ch. de St-Hilaire, t. I, p. 143). — *S. Gervais et S. Protais de Champagné-Saint-Hilaire*, 1782 (pouillé). — *Champagné-la-Montagne*, 1794.

Avant 1790 la paroisse de Champagné-Saint-Hilaire faisait partie de l'archiprêtré de Gençay, de la sénéchaussée et de l'élection de Poitiers; elle formait avec celle de Romagne le territoire d'une châtellenie appartenant au chapitre de Saint-Hilaire de Poitiers, à l'exception de ce qui dépendait de la seigneurie de la Millière. Le patronage de la cure appartenait au même chapitre.

Champaisière (La), h. c^{ne} de Lusignan. — *La Champazière*, 1555 (fief de la Vaudebreuil). — *La Champaisière*, 1573 (com^{ris} de Roche, 2). — *La Champeizière*, 1753 (rôle des tailles).

Champalu, h. c^{ne} de Jaunay.

Champaudin, vill. c^{ne} de Brigueil-le-Chantre. — *Champodin*, 1506; *Champaudin*, 1672 (fief de Fleix).

Champ-Berland (Le), h. c^{ne} de Poitiers.

Champbertin, m. r. près le Plaix, c^{ne} de Bouresse. — *Villagium de Chanbertin*, 1313; *Champbertin*, 1370 (abb. de Nouaillé, 19). — *Chambertin*, 1408; *Champbretin*, 1581 (ibid. 21).

Champ-Braud, h. c^{ne} de Coulé.

Champbron (Le), f. c^{ne} de Guesne.

Champ-Changé, f. c^{ne} de Lencloître; — 1750 (cure de Boussageau).

Champ-Chauvin, f. c^{ne} de Sérigny.

Champcloux, h. c^{ne} de Savigné. — *Champclos*, 1364 (abb. de Moreaux). — *Champtclos, Champtcloux*, 1406 (gr. Gauthier, f°s 220 v° et 221 v°). — *Chancloux*, 1629 (arch. de Poitiers, 71).

Champ-Collin, f. détruite, entre Masseuil et Montreuil-Bonnin, c^{ne} de Quinçay; — 1517 (chap. de St-Hilaire, 395).

Champ-Compagnon (Le), f. c^{ne} de Montreuil-Bonnin.

Champ-Cosson (Le), ff. c^{ne} de Leigné-les-Bois.

Champ-de-la-Porte (Le), h. c^{ne} de Thuré.

Champ-de-Sandille, m. près de Ruffigny, c^{ne} d'Iteuil. — *Chantesandille*, 1485; *Champ de Sandille*, 1579 (collège de Poitiers, 15).

Champdorin, f. c^{ne} de Chiré-en-Montreuil; — 1644 (fam. Jacques).

Champ-du-Meslier (Le), h. c^ne de Romagne; — 1598 (chap. de St-Hilaire, 249). — *Le Champ du Mellier*, 1679 (notaires, Mestreau à Civray).

Champ-du-Roi (Le), h. c^ne de Rouillé.

Champeaux, vill. c^ne de Dercé. — *Champeaulx*, 1547 (chapelle du Lac en Ste-Croix de Loudun). — *Champeaux*, 1653 (com^rie de l'Isle-Bouchard, 35).

Champeaux, ff. c^ne de Pouzioux. — *Champeaux*, 1454 (hommages de Montmorillon). — *Champeaulx*, 1500 (fam. Frotier). — Anc. fief relev. de la bar. de Montmorillon.

Champerault, h. c^nes de Pouant et Nueil-sous-Faye; — 1607 (com^rie de Loudun, 31). — Anc. seigneurie.

Champfleury, h. c^ne de Saint-Sauveur.

Champ-Fouché, h. c^ne de Vicq; — 1602 (prieuré de St-Martin d'Anglo).

Champ-Gaillard, h. c^ne de Saint-Pierre-de-Maillé. — *Village de Gaillard*, 1546 (chap. de Chauvigny, 12).

Champ-Gobert, h. c^ne de Vicq. — *Champ Gobert*, 1494 (abb. d'Angle). — *Changobert*, 1605 (évêché, 96). — *Chamgobert*, 1708 (abb. de la Merci-Dieu, 6).

Champ-Greulet, m. détruite, près la Robinalière, c^ne de Thuré. — *Le Chamgroler*, 1393 (chap. de St-Hilaire, 562).

Champ-Guérin, h. c^nes de Salles-en-Toulon et Saint-Martin-la-Rivière; — 1562 (fief de Mortemer). — Anc. fief relev. de la bar. de Mortemer.

Champignolière (La), h. c^ne de Bonneuil-Matours.

Champignolles, h. et m^in sur le Salcron, c^ne de Journet. — *Champaignelles*, v. 1300 (Gauthier, f° 5 v°). — *Champignolles*, 1420 (seign. de Courtevrault, reg. f° 17). — *Champignolle*, 1573 (maison-Dieu, 102). — Anc. fief relev. de la bar. de la Trimouille (Fontenau, t. XLII, p. 593).

Champigny, ff. c^ne de Journet. — *Champaigné*, 1494 (fief de Gersant). — *Champigny*, 1661 (fam. Dalest).

Champigny-le-Sec, c^on de Mirebeau. — *Villa Campaniacus in pago Toarcinse, in vicaria Tenaciacinse*, 913 (abb. de Nouaillé); — *in pago Pictavo, in vicaria Toarcinse*, 928 ou 929 (cart. de St-Cyprien, p. 89). — *Champegnec*, 1251 (chap. cathédral, 84). — *Champegné*, 1292 (chap. de Mirebeau, 32). — *Ecclesia de Campigniaco* (pouillé de Gauthier, f° 137). — *Champeigné*, 1308 (chap. de St-Hilaire, 140). — *Campaigniacum*, 1330 (chap. de Ste-Radegonde, 95). — *Champaigné*, 1336 (arch. de Poitiers, 14). — *Champaigné le sec*, 1383 (gr. Gauthier, f° 74 v°). — *Campagniacum siccum*, 1389 (chap. de Ste-Radegonde, 41). — *Champeigné le scec*, 1437 (cure de St-André de Mirebeau). — *Champigni le sec*, 1581 (abb. de Bourgueil). — *Champigné le sec*, 1649 (bissexte). — *Notre-Dame de Champigny-le-Sec*, 1782 (pouillé).

Cette commune est formée des deux anciennes paroisses de Champigny-le-Sec et Linigues, qui, ayant 1790, faisaient partie de l'archiprêtré de Parthenay (Deux-Sèvres), de la baronnie de Mirebeau, du duché-pairie et de l'élection de Richelieu, généralité de Tours. La cure était à la nomination de l'évêque. Le fief de Champigny-le-Sec relevait de la baronnie de Mirebeau.

Champions (Les), h. c^ne de Saint-Remy-sur-Creuse.

Champ-la-Dame (Le), f. c^ne d'Anché.

Champlière (Le Grand-), vill. c^ne d'Asnières. — *Champellière*, 1608 (cure d'Asnières).

Champlière (Le Petit-), f. c^ne d'Asnières.

Champ-Lieu, vill. c^ne de Rouillé. — *Champlieu*, 1476 (chap. de St-Hilaire, 81). — *Champtleu*, 1632 (*ibid.* 447).

Champmagnan, vill. c^ne de Saint-Macou. — *Chamagnan, lieu noble*, 1673; *Chamagnen*, 1686 (notaires, Pascault à Civray). — *Champmagnen*, 1759 (notaires, Trébuchet à Bois-Seguin).

Champmiet, h. c^ne de Leigné-les-Bois.

Champnet, m. r. c^ne de Chiré-en-Montreuil. — *La Chaulme Penet*, 1644 (fam. Jacques). — *Champenet*, 1752 (rôle des tailles).

Champneuf, m. à Bernay, c^ne de Sommières; — 1404 (gr. Gauthier, f° 91 v°).

Champniers, c^on de Civray. — *Chamner*, v. 1194 (Fontenau, t. XVIII, p. 599). — *Chenier, Chemiez* (pouillé de Gauthier, f°s 133 v° et 150 v°). — *Capellanus de Campo nigro*, 1383 (taux du décime, p. 64). — *Saint Pierre de Champner*, 1388 (gr. Gauthier, f° 205 v°). — *Champnier*, 1440 (abb. de Nouaillé, 36). — *Chapnier*, 1479 (compte de J. Bourdin). — *Chanier*, 1604 (fief de Boisvert). — *Champniers*, 1649 (bissexte). — *Chaniers*, 1703 (épitaphe en l'église de Champniers). — *S. Martin de Chaniers*, 1782 (pouillé). — *Chapniers*, 1807 (annuaire).

Avant 1790 la paroisse de Champniers faisait partie de l'archiprêtré de Gençay, de la châtellenie et de la sénéchaussée de Civray, et de l'élection de Poitiers. La cure était à la nomination de l'évêque.

Champnoir, f. c^ne de Château-Garnier.

Champnoir, h. c^ne de Queaux. — *Chant noir*, 1577 (Fontenau, t. XLV, p. 773). — *Champnoir*, 1607 (prieuré de Grand-Chaume). — Anc. fief.

Champoint, m. r. c^ne de Vouneuil-sous-Biard.

CHAMPOISAY, vill. c^{ne} de Pleumartin.

CHAMPONY, h. c^{ne} de Glenouze; — 1487 (cure de Glenouze).

CHAMPOT, m. r. c^{ne} de Bignoux. — *Arbergamentum de Chanpot*, 1130 (Docum. hist. publiés par Champollion-Figeac, t. II, p. 13). — *Champot*, 1337 (arch. de Poitiers, 12). — Anc. fief relev. des Meurs.

CHAMPOUANT, f. c^{ne} d'Ouzilly-Vignolles.

CHAMP-PACHAU, m. isolée, c^{ne} de Chiré-en-Montreuil.

CHAMPROND, ff. c^{ne} de Romagne. — *Champ ront*, 1470 (chap. de St-Hilaire, 243). — *Champron*, 1528 (*ibid.* 245). — *Champs ronds*, 1598 (*ibid.* 249). — *Champrond*, 1633 (ch. de St-Hilaire, t. II, p. 232).

CHAMPS (LES), h. c^{ne} de Massogne; — 1545 (chap. de St-Hilaire, 327).

CHAMPS (LES), ff. c^{ne} de Persac; — 1775 (rôle des tailles).

CHAMPS (LES), f. c^{ne} de Saint-Martial; — 1442 (seign. de Touffou, 3).

CHAMPS (LES), vill. c^{ne} de Saint-Pierre-d'Exideuil; — 1315 (fam. de Fayolle; 1402 (gr. Gauthier, f° 226 v°).

CHAMPS (LES), h. c^{ne} de Thuré; — v. 1400 (cure de Thuré).

CHAMPSALÉ, vill. c^{ne} de Savigny-sous-Faye. — *Chancelée*, 1279; *Champsalée*, 1485 (abb. de St-Benoît, 20). — *Chamsallé*, 1544 (cure de Sérigny). — *Chanssalée*, 1548 (seign. de Germigny).

CHAMPS-BUSSEREAUX (LES), f. c^{ne} de Saint-Sauveur.

CHAMPSIN, h. c^{ne} de Scorbé-Clairvaux. — *Fief de Chanssain*, 1520 (fam. de Sauzay). — *Chensain*, 1621 (fief de Colombiers). — *Champsain*, 1655 (seign. des Robinières). — *Chamsin*, 1777 (aveu de Clairvaux).

CHAMPVENT, h. c^{ne} de Thurageau. — *Chanvent*, 1291; *Chanvent*, 1292 (abb. de Fontaine-le-Comte, 26). — *Chant vent*, v. 1300 (seign. de Chéneché, 1). — *Champveent*, 1316 (prieuré de St-André de Mirebeau, 9). — *Champvant*, 1498 (seign. de Chéneché, 11). — *Chanvant en Mireballays*, 1507 (seign. de Montoiron, 1). — *Chauvant*, 1765 (rôle du vingtième). — *Champventu* (Cassini). — Anc. fief relev. de la bar. de Montoiron.

CHANALIÈRE (LA), h. c^{ne} d'Oiré. — *La Chesnallière*, 1536 (abb. de la Merci-Dieu, 13). — *La Chasgnallière*, 1625; *la Chanalière*, 1666 (abb. de St-Cyprien, 25). — *La Chanelière* (Cassini).

CHANÇAIS, ff. c^{ne} des Ormes.

CHANCELAY, vill. c^{nes} de Vicq et Pleumartin. — *Chansellée*, 1478 (abb. de la Merci-Dieu, 11).

CHANCELLERIE (LA), lieu détruit; anc. fief relev. de Mousseaux, c^{ne} des Ormes; — 1446 (duché de Châtellerault, 5); 1727 (fief de Mousseaux).

CHANDALOUE, h. c^{ne} de Colombiers. — *Champdalouhe*, 1541 (seign. de Bellefont). — *Chandallouhe*, 1621 (fief de Colombiers). — Anc. fief relev. de la bar. de Colombiers.

CHANDELIÈRE (LA), f. c^{ne} de Fleuré. — *Village du Plessis alias des Laurens*, 1612 (abb. de Nouaillé, 49). — *Village des Laurens autrement la Chandelière*, v. 1750 (abb. de Nouaillé, 50).

CHANDIGON (LE HAUT et LE BAS-), vill. c^{ne} d'Antran. — *Champdigon*, 1419 (seign. des Closures). — *Chandigon*, 1432 (seign. des Mées). — Anc. fief relev. de la Motte d'Usseau.

CHANDOR, f. c^{ne} de Fleuré; — 1596 (abb. de Nouaillé, 8).

CHANDORS (LES), m. en ruine, près la Chambonnerie, c^{ne} de Vouneuil-sur-Vienne. — *Village des Champsdors*, 1703; — *des Chandors*, 1748 (cure de Vouneuil-sur-Vienne).

CHANET, h. c^{ne} de Chiré-en-Montreuil.

CHANFARONNERIE (LA), f. c^{ne} de Pairoux; — 1775 (rôle des tailles).

CHANFREAU, anc. fief relev. du château de Loudun, c^{ne} de Nueil-sur-Dive; — v. 1630 (arch. de la Société des ant. de l'Ouest, n° 15). — *Chamfrau, paroisse de Nueil-sur-Dive* (Ess. sur l'hist. de Loudun, 2e partie, p. 89). — Ce lieu est auj. inconnu.

CHANJEAU, f. c^{ne} d'Archigny. — *Chantegeault*, 1841 (nomencl.).

CHANSEAU, f. c^{ne} de Persac.

CHANTDOISEAU, chât. c^{ne} des Trois-Moutiers. — *Champdoizeau*, 1416 (com^{rie} de Loudun, 20). — *Chantdoyseau*, 1446 (fam. Odard). — *Chandoyseau*, 1467 (abb. de Fontaine-le-Comte, 29). — *Champdoiseau*, 1524 (prieuré de Bournan, 2). — *Chandozeau*, 1525 (minutes de J. Bonizeau, notaire à St-Maixent). — *Champdoysceau*, 1527 (cure de Rossay). — *Chantdoiseau* (Cassini). — Anc. fief relev. de la bar. de Berrie (Fontenau, t. XLI, p. 852).

CHANTEBON, h. et mⁱⁿ sur le Saleron, c^{ne} de Béthines. — Le mⁱⁿ de Chantebon s'appelait nutref. *Mauboisseau*, 1510; *moulin de Maubuceau*, 1592; — *de Maubusseau*, 1606; — *de Maubousseau*, 1629; *moulin aux Dames*, 1732 (couv. de Villesalem). — Il appartenait aux religieuses de Villesalem.

CHANTEBRAULT, mⁱⁿ sur la Dive, c^{ne} de Saint-Laon; — 1672 (com^{rie} de Loudun, 22).

CHANTE-COUCOU, h. c^{ne} de Ceaux, c^{on} de Couhé.

CHANTEGAIN, vill. c^{ne} de Saint-Georges. — *Chantegain*,

1319 (chap. de Ste-Radegonde, 109). — *Chantegruen*, 1392 (gr. Gauthier, f° 2). — *Champ de Gain*, 1403 (ibid. f° 22 v°). — *Chanteguin*, 1611 (fief de Chantegain). — Anc. fief relev. de la tour de Maubergeon.

CHANTEGEAI, h. c^{ne} de Liglet. — *Chantegay*, 1775 (rôle des tailles).

CHANTEGEAI, ff. c^{ne} de Pouzioux. — *Chantegeaiz*, 1580 (terrier de Champeaux, f° 18). — *Chantegeay*, 1628 (fief de Champeaux).

CHANTEGEAI, f. c^{ne} de Saint-Martial. — *Champte jay*, 1514 (seign. de Touffou, 1). — *Chantegeay*, 1575 (chap. de Chauvigny, 6).

CHANTEGEAU, m. en ruine, c^{ne} de Ceaux, c^{on} de Loudun. — *Chantejau*, 1551 (collège de Poitiers, 63).

CHANTEGEOLIÈRE (LA), f. c^{ne} de Doussay. — *Champgeollière* (Cassini). — *La Chantejaulière*, 1841 (nomencl.).

CHANTEGRELET, h. c^{ne} de la Chapelle-Moulière. — *Champ Grelet* (Cassini).

CHANTEGRELET, m. r. c^{ne} de Couhé; — 1617 (fam. de Saint-Georges).

CHANTEGRELIÈRE, f. c^{ne} du Vigean.

CHANTEGROLLE, m. r. et mⁱⁿ sur le Merdenson, c^{ne} de Charroux.

CHANTEGROS, vill. c^{ne} de Lussac-le-Château. — *Chantegreou*, *Chantegreoulx*, *Chantegroux*, 1530 (seign. de Lussac, 1). — *Chantegros*, 1775 (rôle des tailles).

CHANTEGROS, f. c^{ne} de Marçay. — *Champdegrau* (Cassini).

CHANTEGROS, h. c^{ne} de Sommières. — *Chantegreu*, v. 1180 (Fonteneau, t. XVIII, p. 533). — *Chantegreo*, 1334; *Chantegrou*, 1461; *Chantegreoux*, 1486 (chap. de St-Hilaire, 439). — *Chantegroux*, 1580 (fief de Gençay).

CHANTEGROS, f. c^{ne} de Vicq. — *Chantegreou*, 1454 (notaires, Artaud à la Roche-Posay). — *Chantegrou*, 1519 (abb. de la Merci-Dieu, 7). — *Chantegroux*, *Chantegroulz*, 1617 (seign. de Pleumartin, 2).

Le ruisseau de Chantegros a sa source à la Serenne et se jette dans le Ris près ledit lieu de Chantegros.

CHANTEGROUX, f. c^{ne} de Marnay. — *Chantegrue*, 1621 (seign. de Bois-Coursier). — *Champ-de-Gros*, 1841 (nomencl.).

CHANTEGRUE, f. c^{ne} de Cuhon; — 1572 (fam. de Chouppes).

CHANTEGRUE, f. c^{ne} de Mazeuil.

CHANTEJAU, f. c^{ne} de Saint-Benoît; — 1481 (abb. de St-Benoît, 16).

CHANTELLE, vill. c^{ne} de Sèvre. — *Villa que dicitur Cantela infra quintam civitatis*, v. 934 (cart. de St-Cyprien, p. 29). — *Chantela*, 1216 (ch. de St-Hilaire, t. I, p. 223). — *Chanteles*, 1322 (abb. de la Celle, 18).

CHANTELOUBE, h. c^{ne} d'Availle-Limousine; — 1412 (fam. Laurent de Reyrac). — Anc. fief.

Le ruisseau de Chanteloube, appelé ruisseau Noir, a sa source près ce lieu et tombe dans la Vienne à l'est de Lorgère.

CHANTELOUBE, h. et tuilerie, c^{ne} du Bourg-Archambault; — 1407 (gr. Gauthier, f° 192). — Anc. fief et haute justice relev. de la bar. de Montmorillon.

CHANTELOUP, f. c^{ne} de Guesne. — *Champtelou*, 1568; *Chanteloup*, 1620 (couv. de Guesne).

CHANTELOUP, f. et étang, c^{ne} de Journet. — *Chanteloub*, 1562 (maison-Dieu, 127). — *Chanteloup*, 1572 (ibid. 138). — *Chanteloube*, 1721 (rôle des tailles).

CHANTELOUP, h. c^{ne} de Mazerolles; anc. prieuré dép. de l'abbaye de Montierneuf. — *Cantum lupi*, 1157 (abb. de Montierneuf, bulle d'Adrien IV). — *Chantaloe*, 1310; *Chante aloe*, 1409 (abb. de Nouaillé, 40). — *Prieuré de Chanteloube, membre deppendent de l'abbé de Montierneuf de Poitiers*, 1501 (ibid. 41). — *Prioratus de Cantolupe*, 1505 (Fonteneau, t. XIX, p. 629). — *Chanteloup* (Cassini).

CHANTELOUP, f. c^{ne} de Mondion. — *Tenamentum de Chantelo*, 1224 (prieuré de Fontmore, 2). — *Chantelou*, 1339 (seign. de la Garde). — *Chantelou en Bosnay*, 1612 (seign. de Chanteloup). — *Chanteloup*, 1638 (seign. de la Fuie).

CHANTELOUP, h. c^{ne} de Saint-Pierre-de-Maillé. — *Chantelou*, 1514; *Champteloup*, 1551; *Chanteloup*, 1639 (seign. de la Roche-Aguet).

CHANTELOUP, vill. c^{ne} de Salles-en-Toulon. — *Chanteloube*, 1467 (cure de Salles); 1685 (fief de Mortemer). — *Chanteloup*, 1775 (rôle des tailles). — *Chanteloupe* (Cassini). — Anc. fief relev. de la bar. de Mortemer.

CHANTELOUP, f. c^{ne} d'Usson. — *Apud Cantum lupi*, 1404 (gr. Gauthier, f° 200). — *Chanteloupt*, 1408 (ibid. f° 203 v°). — *Chanteloup*, 1498 (fief de Bagné).

CHANTELOUP, mⁱⁿ détruit, c^{ne} de Vivonne; — 1552 (fief de Bellefontaine). — Une prairie près Vounant porte encore ce nom.

CHANTELOUP, m. isolée, c^{ne} de Vouneuil-sous-Biard.

CHANTEMERLE, f. c^{ne} de Brux.

CHANTEMERLE, m. près Bois-Bodin, c^{ne} de Chalais.

CHANTEMERLE, faubourg de Couhé, sur la rive gauche de la Dive.

CHANTEMERLE, h. c^{ne} de Guesne.

CHANTEMERLE, m. r. c^{ne} de Mignaloux.

CHANTEMERLE, f. c^{ne} de Moulime; — 1775 (rôle des tailles).

CHANTEMERLE, vill. c^{ne} de Saint-Maurice; — 1619 (seign. de Panièvre).

CHANTEMERLE, f. c^{ne} de Vezières.

CHANTEMERLE, f. c^{ne} de Vouneuil-sur-Vienne. — *Estang de Chantemerle*, 1663 (fief de la dîme de Montgamé).

CHANTEPIE, f. c^{ne} de Leugny. — *Chantepie*, 1755 (terrier de la Groye, p. 742). — *Chantepy*, 1777 (cure de Leugny).

CHANTERANE, h. c^{ne} de Saint-Martial. — *Champt Ramee*, 1514 (seign. de Touffou, 1). — *Chanterraine*, 1547 (aveu de Touffou). — *Chanterane*, 1605 (abb. de l'Étoile).

CHANTERANE, f. c^{ne} de Sommières. — *La Chanterrayne*, 1498 (seign. du Parc et Boisvert, 1). — *Moulin de Chanterane*, 1663 (abb. de Moreaux). — *Chanteraine*, 1766; *Chanteranne*, 1769 (rôles des tailles). — Le moulin, situé sur le Bé, était aussi appelé *moulin des Raffinières* (1541, abb. de Moreaux); il n'existait plus en 1766.

CHANTILLÉ, f. c^{ne} du Vigean. — *Chantilhee*, 1472 (fam. Audebert). — *Chantillet*, 1481 (prieuré de Grand-Chaume). — *Chantillé*, 1660 (cure du Vigean).

CHANTILLON, m^{in} sur la Clouère, à Baterosse, c^{ne} de Château-Larcher. — *Chasteilhon, Chastellon, Chasteillon*, 1343 (abb. de Nouaillé, 24).

CHANTILLONNE (LA), f. détruite, près la Grange-Neuve, c^{ne} d'Asnières.

CHANTONNERIE (LA), lieu détruit, près les Montas, c^{ne} d'Ingrande.

CHANTOUAN, anc. tuilerie, près Coupelle, c^{ne} de Saint-Pierre-de-Maillé; — 1455 (notaires, Artaud à la Roche-Posay); 1480 (couv. de la Puye, 7).

CHANTOUILLET, vill. c^{ne} de Moussac-sur-Vienne. — *Stephanus de Cantolern*, v. 1085; — *de Cantole, de Cantoler*, v. 1090 (abb. de Nouaillé); — *de Chantolern*, 1184 (Fonteneau, t. XVIII, p. 553). — *Dominus de Cantulerno*, 1449 (cure de l'Isle-Jourdain). — *Chantoliers*, 1449 (seign. de l'Isle-Jourdain). — *Chantouillier*, 1508 (Fonteneau, t. XXVII, p. 763). — *Chantouliers*, 1561 (prieuré de St-Paixent). — Anc. fief.

CHANTOUILLET (LE PETIT-), h. c^{ne} de Moussac-sur-Vienne.

CHANTRIE (LA), m. près Cloué.

CHANTURERIE (LA), m. r. c^{ne} de Leugny. — *La Chartrie*, 1505 (seign. de Marigny, inv.). — *La Chanturie*, 1772 (cure de Leugny). — *La Charterie* (Cassini).

CHANVROLLE, h. c^{ne} de Chouppes. — *Cabriouls curtis*, v. 1095; *terra de Chebrois*, v. 1110 (cart. de St-Cyprien, p. 44 et 84). — *Chauverole*, 1271 (abb. de Fontaine-le-Comte, 26). — *Chauverolle*, 1288 (évêché, 87). — *Chauverolles*, 1476 (com^{rie} de St-Georges, 28). — *Chauvrolles*, 1481 (chap. de Mirebeau, 16). — *Champvrolle* (Cassini). — Le fief de *la Mothe de Chaverolle*, 1508, relevait du Verger-Gazeau.

CHAPALIÈRE (LA), f. c^{ne} de Lenclottre. — *La Choupallière*, 1750 (cure de Boussageau).

CHAPAUDIÈRES (LES), h. c^{ne} de Châtellerault. — *Les Chappodières*, 1621 (fief du Savinier). — *Les Chapaudières*, 1628 (cure de Pouthumé).

CHAPEAU (MOULIN DE), sur la Luire, c^{ne} de Lésigny. — *Moulin du Chappeau*, paroisse de St-Martin de Coussay, 1423 (arch. de la Soc. des antiq. de l'Ouest, n° 721); — *de Chappeau*, 1457 (notaires, Artaud à la Roche-Posay); — *de Chapeau*, 1626 (seign. de la Roche-Posay, 3).

CHAPELATIÈRE (LA), vill. c^{nes} de Rouillé et Saint-Sauvant. — *La Chappellatière*, 1562 (minutes de J. Defonboisset, notaire à St-Maixent). — *La Chapellottière*, 1629; *la Chapelatière*, 1691 (abb. de Nouaillé, 54).

CHAPELIÈRE (LA), h. c^{ne} de la Chapelle-Bâton. — *La Chappellière*, 1710 (rôle des tailles).

CHAPELIÈRE (LA), vill. c^{ne} de Coussay-les-Bois. — *La Chappelière*, 1395 (arch. de la Soc. des antiq. de l'Ouest, n° 717). — *La Chapellière*, 1496 (chap. cathédral, 25). — *Village des Joullains*, 1531 (seign. de la Roche-Posay, 2); — *des Jollains*, 1629 (ibid. 3); — *des Jolains autrement la Chapelière*, 1653 (ibid. 4). — Anc. fief relev. de la Patrière.

CHAPELINERIE (LA), f. détruite, près Visay, c^{ne} de Béruges. — *La Chapelinière*, 1743 (rôle des tailles).

CHAPELLE (LA), m. isolée, c^{ne} d'Antran.

CHAPELLE (LA), h. c^{ne} de Châtellerault. — *Hostel de la Chapelle*, 1505 (duché de Châtellerault, 6); — dépendait de la chapelle de Ste-Catherine, fondée en l'église Saint-Jacques de Châtellerault.

CHAPELLE (LA), f. c^{ne} de Chouppes. — *Hostel de la Chappelle*, 1476 (com^{rie} de St-Georges, 28). — *Seigneurie de la chappelle Sainct Legier*, 1582; — *de la chappelle Toucheronde près l'église Saint Leger*, 1643 (cure de Chouppes). — Anc. fief relev. de la Voûte.

DÉPARTEMENT DE LA VIENNE.

Chapelle (La), m. r. près Marcé, c^{ne} de Chouppes. Voy. Marcé.

Chapelle (La), f. c^{ne} de Colombiers. — Anc. fief relev. de la bar. de Colombiers.

Chapelle (La), vill. c^{ne} de Frontenay. — *La Chappelle*, 1533 (chap. de St-Hilaire, 347).

Chapelle (La), f. c^{ne} de Journet.

Chapelle (La), m. r. c^{ne} de Mazerolles. — *La Chapelle-de-Loubressac*, 1841 (nomencl.).

Chapelle (La), h. c^{ne} de Nalliers.

Chapelle (La), m. r. c^{ne} d'Oiré; dépendait autref. de la chapelle de Sainte-Catherine en l'église d'Oiré.

Chapelle (La), chapelle et m. r. près la Roche, c^{ne} de St-Jean-de-Sauves. — *Chapelle de Notre-Dame de la Roche-Chizé*, 1782 (pouillé). Voy. Roche-de-Cuizay (La).

Chapelle (La), h. c^{ne} de Saint-Romain. — *La Chappelle*, 1569; *la Chappelle Vaution*, 1690 (abb. de Charroux).

Chapelle (La), chât. et f. c^{ne} de Vouillé. — *La chapelle de Pruigné*, 1375 (chap. de Ste-Radegonde, 15). — *La chapelle de Perigné*, 1565 (*ibid.* 25). — Anc. fief relev. du chap. de Sainte-Radegonde de Poitiers.

Chapelle-Bâton (La), c^{ne} de Charroux. — *Capella Baston* (pouillé de Gauthier, f° 151). — *Capella Baculi*, 1383 (taux du décime, p. 65). — *La Chapelle Baston*, 1395 (gr. Gauthier, f° 283). — *La Chappelle Baton*, 1479 (compte de J. Bourdin). — *S. Pierre de la Chapelle-Baton*, 1782 (pouillé).

Avant 1790 la paroisse de la Chapelle-Bâton faisait partie de l'archiprêtré de Gençay, de la baronnie de Charroux, de la sénéchaussée et de l'élection de Poitiers. La cure était à la nomination de l'évêque; elle a été rétablie en 1825.

Chapelle-Bellouin (La), chât. en ruine et vill. c^{ne} de Claunay; anc. prieuré dép. de l'abbaye de Charroux et anc. seigneurie. — *Prior de Capella Bloini, de Capella Belloini*, 1204; — *de Capella Berlloini*, 1240 (cart. de Fontevrault, f°s 411 et 412). — *Capella Benoin* (pouillé de Gauthier, f° 146). — *Capella Bernoin, Capella Berloin*, 1383 (taux du décime, p. 8 et 147). — *La Chappelle Bernoyn*, 1439 (com^{rie} de Loudun, 30). — *La Chappelle Bernouyn, la Chappelle Belloin*, 1456 (abb. de Ste-Croix, 64 et 71). — *La Chappelle Berlouyn*, 1481 (collège de Poitiers, 59). — *La Chapelle Bellouyn*, 1550 (abb. de Ste-Croix, 64). — *Prieuré de S. Blaise de la Chapelle-Berlouin*, 1782 (pouillé).

La seign. de la Chapelle-Bellouin, relevant du château de Loudun, fut érigée en comté par François Ier en faveur de Jean d'Escoubleau et acquise en 1637 par le cardinal de Richelieu, qui l'unit au duché-pairie de Richelieu; sa juridiction s'étendait sur les paroisses de Claunay, le Bouchet, Dercé et Maulay.

Chapelle-Biraudelle (La), chapelle détruite, c^{ne} de Poitiers; — 1597 (abb. de la Celle, 9). — Elle a donné son nom à quelques maisons voisines du faubourg Saint-Saturnin ou du Pont-Neuf.

Chapelle-de-Courtevrault (La), h. c^{ne} de Liglet.

Chapelle-de-Jeu (La), m. r. c^{ne} de Marigny-Brizay.

Chapelle-de-la-Barbade (La), h. c^{ne} de Moussac-sur-Vienne.

Chapelle-de-Reuzé (La), f. c^{ne} d'Orches.

Chapelle-des-Grises (La), f. c^{ne} de Frontenay. — *Chapelle des Grisses*, 1519; *Nostre Dame de la Grisse*, 1533 (chap. de St-Hilaire, 347). — *Chapelle des Grises*, 1639 (cure de Frontenay).

Chapelle-de-Teil (La), f. c^{ne} d'Asnières.

Chapelle-Montreuil (La), f. c^{ne} de Vouillé. — *Monachi de Capella*, v. 1110 (cart. de St-Cyprien, p. 280). — *Terra de Capellis*, v. 1135 (abb. de Montierneuf). — *Capella Monsterolii*, 1157 (Fontaneau, t. XIX, p. 243). — *Capella Monsterolii*, 1177 (abb. de Montierneuf). — *Capella prope Mosterolium Bonin*, — *de Mosterolio Bonin*, 1237 (Fontaneau, t. XIX, p. 399 et 403). — *Capella Mosterolii*, 1257 (Layettes du trésor des ch. t. III, p. 383). — *Cappella juxta Mosterolium Bonini* (pouillé de Gauthier, f° 154 v°). — *La Chappelle de Monstreul Bonin*, 1345 (arch. de Poitiers, 23). — *La Chappelle de Monstereul*, 1403 (gr. Gauthier, f° 70). — *La Chappelle près de Monstereul Bonin*, 1419 (abb. de St-Cyprien, 13). — *Prieuré de la Chapelle*, 1456; *Cappella Monsterioli Bonnini*, 1477; *la Chappelle sur Monstereul Bonnyn*, 1485; *la Chapelle Monstereul Bonyn*, 1511; *la Chappelle les Monstreul Bonnyn*, 1537 (abb. de Montierneuf, 84). — *La Chapelle Montreuil, la Chapelle de Montreuil*, 1734 (*ibid.* 90).

Avant 1790 la paroisse de la Chapelle-Montreuil faisait partie de l'archiprêtré de Sanxay, de la châtellenie de Montreuil-Bonnin, de la sénéchaussée et de l'élection de Poitiers. Le prieuré et la cure de Saint-Entrope de la Chapelle-Montreuil, dépendaient de l'abbaye de Montierneuf de Poitiers, qui avait droit de seigneurie et haute justice dans la paroisse. La cure a été rétablie en 1865.

Cette commune a été réunie à celle de Montreuil-Bonnin depuis le 24 novembre 1819 jusqu'au 15 mai 1869.

Chapelle-Mortemer (La), c^{on} de Lussac-le-Château. — *Ecclesia Sanctæ Mariæ de Capella quæ est apud*

Mortuum Mare extra castrum, v. 1095 (abb. de Nouaillé). — *Cappella supra Mortuum Mare* (pouillé de Gauthier, f° 175). — *Capella de Mortuo Mari*, 1383 (taux du décime, p. 61). — *Capella Mortui Maris*, 1478 (reg. synodal). — *La Chappelle près Morthemer*, 1509 (cure de la Chapelle-Mortemer). — *La Chappelle de Mortemer*, 1479 (compte de J. Bourdin). — *La Chapelle Mortemer*, 1770 (cure de la Chapelle-Mortemer). — *Notre-Dame de la Chapelle-Morthemer*, 1782 (pouillé).

Avant 1790 la Chapelle-Mortemer faisait partie de l'archiprêtré et de la baronnie de Mortemer, de la sénéchaussée et de l'élection de Poitiers. Le patronage de l'église paroissiale appartenait au chapitre de Mortemer. Cette ancienne paroisse a été rétablie en 1873.

CHAPELLE-MOULIÈRE (LA), c^{on} de Saint-Julien-Lars. — *Villam Januas quæ Molerias dicitur*, 1077 (Fonteneau, t. XIX, p. 34). — *Capella Moleriarum*, 1157 (ibid. t. XIX, p. 243). — *Capella de Moleriis*, 1177 (abb. de Montierneuf). — *Capella de Moleria*, 1274 (abb. de St-Cyprien, 44). — *Capella de Molere* (pouillé de Gauthier, f° 175). — *Capella Molerie*, 1314 (abb. de St-Cyprien, 44). — *Capella Mollerie*, 1317 (abb. de Montierneuf, 82). — *La Chapele de Molère*, 1324 (arch. de Poitiers, 12). — *La Chappelle de Molière*, 1345 (ibid. 23). — *Parrochia de Moleria*, 1382 (abb. de Montierneuf, reg. 10). — *La Chapelle de Moulière*, 1394 (com^{rie} de St-Georges, 35). — *La Chapelle de Moulière*, 1404 (gr. Gauthier, f° 26). — *La Chappelle de Mollière*, 1503; *paroisse de Moulières*, 1520 (abb. de Montierneuf, 82). — *La Chappelle de Moullières*, 1548 (fief de la Pigeolière). — *La Chapelle de Moullière*, 1610 (abb. de Montierneuf, 82). — *La Chapelle de Molière*, 1746; *la Chapelle Moulière*, 1779; *la Chapelle Mollière*, 1782; *la Chapelle Molière*, 1783 (ibid. 83).

Avant 1790 cette commune, dont le territoire comprend une portion de la forêt de Moulière, faisait partie de l'archiprêtré de Mortemer, de la châtellenie, de la sénéchaussée et de l'élection de Poitiers. Le prieuré et la cure de Sainte-Marie-Magdeleine de la Chapelle-Moulière dépendaient de l'abbaye de Montierneuf; le prieur était seigneur du lieu.

CHAPELLENIE (LA), f. c^{ne} de Lusignan. — *Là Chanponnière*, 1753 (rôle des tailles). — *La Chaponnerie*, 1841 (nomencl.); — dépendait autref. de la cure de Pranzay.

CHAPELLERIE (LA), m. isolée, c^{ne} de Beuxe.

CHAPELLERIE (LA), f. détruite, près la Jalaiserie, c^{ne} de Saint-Georges. — *La Chepellière, la Chappelterie*, 1671 (fam. Rousseau).

CHAPELLERIE (LA), m. r. c^{ne} de Sossay. — *La Chappellenye*, 1563; maison et terres dép. de la chapelle de St-Laurent en l'église de Sossay (seign. de Puygarreau, 8).

CHAPELLE-ROUGE (LA), m. r. c^{ne} de Châtellerault.

CHAPELLE-ROUX (LA), h. c^{ne} de Chenevelles; anc. c^{ne} réunie à celle-là le 18 novembre 1818. — *Ecclesia Sancti Petri de Capella Rubea*, 1211 (Epist. Innocentii papæ III, t. II, p. 509). — *La Chapelle Roye*, 1281 (Duchesne, Hist. généal. de la maison des Chasteigners, pr. p. 110). — *La Chapelle Rouge*, 1324 (arch. de Poitiers, 12). — *La Chappelle Roe*, 1388 (duché de Châtellerault, 4). — *La Chapelle Rouhe*, 1462 (cure de Fressineau). — *La Chappelle Roue*, 1474 (duché de Châtellerault, 5). — *La Chappelle Roux*, 1649 (bissexte).

Avant 1790 cette ancienne paroisse, aussi réunie auj. à Chenevelles pour le spirituel, faisait partie de l'archiprêtré, du duché, de la sénéchaussée et de l'élection de Châtellerault. Le prieuré-cure de Saint-Pierre de la Chapelle-Roux dépendait de l'abbaye de Sainte-Croix d'Angle; son temporel formait un fief relev. du duché de Châtellerault.

CHAPELLE-SEBILETTE (LA), chapelle détruite, c^{ne} de Poitiers, près le faubourg Saint-Saturnin. — *Chappelle de Estienne Sebilet*, 1426 (abb. de Montierneuf, 41).

CHAPELLE-SOUDUN (LA), vill. c^{nes} d'Orches et Saint-Genest.

CHAPELLE-TOIRÉ (LA), f. c^{ne} de Paizay-le-Sec. — *La Chapelle de Thoyrec*, 1564 (abb. de St-Savin, 8). — *La Chapelle de Thoiré*, 1756 (ibid. 31). — La forêt de Thoiré est mentionnée en 1567 et v. 1630 (ibid. 31).

CHAPELLE-VIVIERS (LA), c^{on} de Chauvigny. — *Villa quæ taxatur Vivarius, in pago Pictavo, in vicario Ranciacinse*, 924 (ch. de St-Hilaire, t. I, p. 19). — *Capella de Vivario*, 1184 (abb. de St-Savin, 1). — *Prior de Viveriis*, 1227 (Fonteneau, t. XXV, p. 593). — *Ecclesia de Vivariis*, 1238 (abb. de Nouaillé, 40). — *Capella de Vivers* (pouillé de Gauthier, f° 177). — *La Chapele de Vivers*, 1309 (Gauthier, f° 188). — *La Chappelle de Viviers*, 1452 (prieuré du Teilaux-Moines). — *La Chapelle Vivier*, 1720 (dénombrement du royaume). — *S. Étienne de la Chapelle-Viviers*, 1782 (pouillé).

Avant 1790 la paroisse de la Chapelle-Viviers faisait partie de l'archiprêtré de Montmorillon, de la châtellenie de Lussac-le-Château, de la sénéchaussée de Montmorillon et de l'élection de Poitiers. La cure était à la nomination de l'abbé de Saint-Savin.

Chapitre (Le), h. c^{ne} d'Availle. — *Lieu appellé la Rhue de Chapitre*, 1576 (com^{rie} d'Auzon, 7). — *La Rue du Chapitre* (Cassini).

Chapitre (Le), ff. c^{ne} de Saint-Christophe.

Chaplière (La), f. c^{ne} de Saint-Maurice. — *Houstel de la Chappellère*, 1404 (gr. Gauthier, f° 85 v°). — *La Chapellière*, 1734 (rôle des tailles).

Chapronnière (La), h. c^{ne} de Sanxay.

Chapt (Moulin du), sur le ruiss. du Thé, c^{ne} d'Antran. — *Moulin du Chat;* — *du Chapt*, 1457 (seign. de la Motte d'Usseau).

Charajou, vill. c^{ne} de Charay. — *Charageou*, 1485 (chap. de Ste-Radegonde, 68). — *Charajou*, 1499 (seign. de Chéneché, 9).

Charantonnière (La), h. c^{ne} de Rouillé; — 1476 (chap. de St-Hilaire, 81). — *La Charentonnière*, 1529 (*ibid.* 558).

Charassé, m. r. c^{ne} de Mignaloux. — *Charrassec*, 1322 (abb. de la Celle, 18). — *Village des Charassé de Mignalou*, 1556; *des Charrassez*, 1604 (abb. de la Trinité, 41).

Charassé, vill. c^{ne} de Montamisé. — *De Charraceio*, 1211 (chap. de Notre-Dame-la-Grande, 58). — *Charrassé*, 1324; *Charracé*, 1337 (arch. de Poitiers, 12). — Anc. fief et haute justice relev. de la tour de Maubergeon.

Charasson, h. c^{ne} de Pouzioux. — *Les Ageois*, 1548; *village des Ageoys*, 1573; *fief des Ageois alias Charrasson*, 1608 (seign. de St-Martin-la-Rivière). — Le fief des Ageois relev. de la bar. de Chauvigny.

Charasson, h. c^{ne} de Saint-Pierre-des-Églises. — *Charrasson*, 1326 (évêché, 8). — *Grand Charasson* (Cassini).

Charaudellerie (La), h. c^{ne} d'Archigny; — 1631 (seign. de Touffou, 4). — *La Chaudellerie*, 1779 (rôle des tailles).

Charaudemont, f. c^{ne} de Saint-Martial. — *Herbergamentum de Montibus*, 1307 (Gauthier, f° 197). — *Le Charrault de Mons*, 1477 (seign. de Loubressay). — *Le Charraud du Mont*, 1556 (seign. de Charaudemont). — *Le Charrau de Mons*, 1560 (évêché, 17). — Anc. fief relev. de la bar. de Chauvigny.

Charaudrie (La), h. c^{ne} d'Availle.

Charaudrie (La), h. c^{ne} de Gizay. — *La Charoderie*, 1589; *la Charaudrie*, 1596 (cure de Gizay).

Charaudrie (La), f. c^{ne} de Saint-Sauveur; — 1673 (fief de Dercé).

Charaudrie (La), f. c^{ne} de Senillé.

Charay, c^{on} de Neuville. — *Ecclesia que Charaai vocatur*, v. 1088 (abb. de St-Cyprien). — *Ecclesia Sancti Martini de Charai*, v. 1090 (cart. de St-Cyprien, p. 86). — *De Caraio*, 1119 (*ibid.* p. 18). — *Charais*, 1149 (abb. de St-Cyprien). — *De Charaio*, 1280 (arch. de Poitiers, 84). — *Charay* (pouillé de Gauthier, f° 169 v°). — *Capellanus de Cheraio*, 1383 (taux du décime, p. 72). — *Charays*, 1557; *Charray*, 1558; *Charrays*, 1654; *Charrais*, 1694 (abb. de St-Cyprien, 38). — *S. Martin de Charais*, 1782 (pouillé).

Avant 1790 la paroisse de Charay faisait partie de l'archiprêtré de Parthenay (Deux-Sèvres), de la châtellenie, de la sénéchaussée et de l'élection de Poitiers; toutefois le hameau de Milly dépendait du Mirebalais. La cure était à la nomination de l'abbé de Saint-Cyprien.

Charbon-Blanc (Le), h. c^{ne} de Bonneuil-Matours. — *Le Cherbon blanc*, 1525 (abb. de Montierneuf, 82). — *Le Charbon blanc*, 1620 (fief de Traversay).

Charbon-Blanc (Le), f. c^{ne} de Ceaux, c^{on} de Loudun.

Charbon-Blanc (Le), vill. c^{ne} de Mauprevoir. — *Le Cherbon blancq*, 1645; *le Charbon blanc*, 1650 (notaires de la bar. de Charroux).

Charbon-Blanc (Le), h. c^{ne} de Vendeuvre. — *Le Cherbon blanc*, 1766 (rôle des tailles).

Charbonneries (Les), h. c^{nes} de Châtellerault et Ingrande. — *Villa quæ dicitur Carboneria in vicaria Ygrandinse*, 1022 (cart. de St-Cyprien, p. 169). — *Les Charbonneries*, 1391 (chap. de Châtellerault, 11). — *Les Cherbonneries*, 1477 (com^{rie} de la Foucaudière, 11). — *Les Cherbonnières*, 1635 (cure d'Antogné).

Charbonnière, bois, près Erveux, c^{ne} de Champniers; — 1641 (inscr. en l'église de Champniers).

Charbonnière (La), groupe de cinq maisons au bourg de Dissay.

Charbonnières, f. c^{ne} de Saix. — *Cherbonnières*, 1455 (com^{rie} de Loudun, 20); 1684 (cure de Solomé). — *Charbonnières*, 1463 (collège de Poitiers, 54). — Anc. seigneurie dont la justice était tenue en fief du château de Loudun (arch. de la Soc. des antiq. de l'Ouest, n° 15).

Charbonnières (Les), f. c^{ne} de Paizay-le-Sec. — *La Cherbonnière*, v. 1630 (abb. de St-Savin, 31).

Charbonnières (Les), f. c^{ne} de Saint-Martin-la-Rivière. — *Mesterie de Bonneuilg aultrement appellée les Cherbonnyères*, 1615 (chap. de Chauvigny, 11). — *Les Charboniers*, 1766 (rôle des tailles).

Charbonniers (Chemin des), de Vouzailles à Cramard.

CHABBRET, h. cne de Saint-Saviol. — *Chalbret*, 1750 (notaires, Arnault à Bois-Seguin).

CHANÇAY, vill. et mⁱⁿ sur le ruiss. de Vellèche, cne de Saint-Romain-sur-Vienne. — *Charracay*, 1317; *Charrocay*, 1322; *Charressay*, 1377; *moulin de Chercay*, 1451; — *de Charsay*, 1457 (abb. de Sᵗᵉ-Croix, 81). — *Charrosay*, 1476; *Charrecay*, 1494 (*ibid.* 82).

CHARCNET, f. cne de Quinçay. — *Champ Recret*, 1513, 1608 (chap. de Sᵗ-Hilaire, 394 et 405).

CHARDAT, vill. cne de Pressac; — 1665 (notaires de la bar. de Charroux).

CHAR-DE-CHIEN, f. cne d'Usseau. — *Chardechien*, 1640 (prieuré de Fontmore, 2). — *Cherdechien*, 1600 (seign. de Malicorne). — *Chairdechien*, 1657; *le petit Chardechain*, 1666 (seign. de Char-de-Chien). — Anc. fief relev. du duché de Châtellerault.

CHAR-DE-CHIEN (LE GRAND-), m. r. cne de Leigné-sur-Usseau. — *Hostel de Chardechien*, 1506; *Chardechain*, 1664; *le grand Cherdechain*, 1666 (seign. de Char-de-Chien).

CHAR-DE-CHIEN (LE HAUT-), m. r. cne de Leigné-sur-Usseau.

CHARDES (LE GRAND et LE PETIT-), hh. et mⁱⁿ sur la Vienne, cne de l'Isle-Jourdain; détachés de la cne de Millac le 27 mai 1857. — *Chardes*, 1449 (seign. de l'Isle-Jourdain). — *Moulin de Chardes*, 1530 (cure de l'Isle-Jourdain).

CHARDONCHAMP, à Mornay, cne de Mazeuil; — 1610 (seign. de Chardonchamp). — Anc. seigneurie.

CHARDONCHAMP, vill. cne de Migné. — *Carduus campi*, v. 1112; *Carduncampus*, v. 1116 (abb. de Montierneuf). — *Chardonchamp*, 1277 (abb. de Sᵗᵉ-Croix, 1).

CHARDONNIÈRE (LA), lieu détruit, cne de Saint-Martin-Lars. — *Village froust de la Chardonnerie*, 1498; — *de la Chardonnière*, 1679 (fief de Sᵗ-Martin-Lars).

CHARENTE (LA), fleuve, vient du dépᵗ de la Charente et y rentre après avoir arrosé dans l'arrondᵗ de Civray les cⁿᵉˢ de Châtain, Ansis, Charroux, Savigné, Civray, Saint-Pierre-d'Exideuil, Saint-Saviol, Saint-Macou, Voulême et Lizant. — Καυαντέλος (Ptolémée, ap. Bouquet, t. I, p. 69). — *Carantonus* (Ausone, *ibid.* t. I, p. 740). — *Fluvius Karante*, 799 (præcept. Caroli M. ap. Bouquet, t. V, p. 762); — *Karentone*, 815 (dipl. Ludovici pii, *ibid.* t. VI, p. 474); — *Karantone*, v. 817 (Fonteneau, t. IV, p. 23). — *In Carantino fluvio*, 848 (*ibid.* t. XV, p. 57). — *Super fluvium Carantum*, 892 (Besly, Hist. des comtes de Poitou, p. 209). — *Cerantonia*, 951 (Fonteneau, t. XIII, p. 47). — *Cherantonia*, 968 (*ibid.* t. XIII, p. 69). — *Ad fluvium Quarantonem*, 1071 (*ibid.* t. XIII, p. 175). — *Charanta*, v. 1100 (*ibid.* t. VII, p. 395). — *Caranta*, 1112 (abb. de Montierneuf, 20). — *Charantona*, 1238 (fam. Gourjault). — *Carantona*, 1253; *Karantona*, 1260 (abb. de Charroux). — *Fluvius Charentonæ*, 1279 (Rymer, Fœdera, etc. t. I, part. 2, p. 181, col. 2).

CHARENTON, h. cne de Savigny-l'Évécault. — *Charontont*, 1360 (cart. de la Trinité, fᵒ 119). — *Charenton*, 1538 (évêché, 66).

CHARENTONNERIE (LA), m. r. cne de Saint-Gervais. — *La Chavantonnerye*, 1625 (seign. de la Potinière). — *La Chavantonnerie*, 1732 (fief des Vaux).

CHARILLONNERIE (LA), f. cne d'Hains.

CHARLARDIÈRE (LA), f. cne de Sossay. — *Maison de Guillaume Chargelart, la Chargelardière*, 1439 (terrier de Gironde, fᵒˢ 103 et 112). — *La Chargellardière*, 1489 (comⁱᵉ d'Auzon, 8). — *La Charlardière*, 1599 (duché de Châtellerault, 3).

CHARLÉE, chât. cne de Châtellerault. — *Cherelée*, 1405 (abb. de Sᵗ-Cyprien, 23). — *Chierelée*, 1438 (comⁱᵉ d'Auzon, 9). — *Cherlée*, 1444 (duché de Châtellerault, 1). — *Charlée*, 1511 (chap. de Châtellerault, 10). — *Château de Charlay*, 1841 (nomencl.). — Anc. fief relev. du duché de Châtellerault.

CHARLERIE (LA), f. cne de Saint-Léomer. — *La Charlerie*, 1498; *la Chaslerye*, 1611 (fief du prieuré de Sᵗ-Léomer). — *La Challerie*, 1623 (cure de Sᵗ-Léomer).

CHARLETERIE (LA), ff. cne de Buxerolles. — Métairie appelée la *Grange à l'humeau*, donnée en mariage à Jeanne Charlet, femme de Jean Jarno, écuyer, sʳ du Lac, le 27 septembre 1621; *la Charlotterie*, 1674 (abb. de Sᵗᵉ-Croix, 19). — Anc. fief relev. de l'abb. de Sainte-Croix de Poitiers.

CHARLOTTERIE (LA), h. cne de Châtellerault.

CHARLOTTERIE (LA), f. cne de Montoiron. — *La Charlottrye*, 1622 (chap. de Sᵗ-Hilaire, 221).

CHARLOTTERIE (LA), f. cne de Naintré. — *La Charlotterie ou le Puy de Naintré*, 1683 (fief du Puy de Naintré). — Anc. fief relev. du duché de Châtellerault.

CHARMETTE, f. cne de Saint-Genest.

CHARMINIÈRES (LES), h. cne de Lomaizé. — *La Challemynière*, *les Challeminières*, 1548 (fief de Dienné et Verrières). — *Les Charminières*, 1619; *les Chalminières*, 1622 (chap. de Mortemer, 5).

CHARNIER (LE), m. r. cne de Mignaloux.

CHARNOIRE (LA), h. cne de Châtellerault. — *La Chernuère*, 1625 (fief du Verger). — *La Charnuaire*, 1685 (fief de la Grande-Vau).

Charon, h. c^{ne} de Pouillé. — *Champ ron*, 1503 (abb. de la Trinité, 68). — *Champrom*, 1567 (ibid. 70).

Charonnerie (La), m. près Petit-Pot, c^{ne} de Châtellerault.

Charpeau (Le), lieu détruit, près la Berterre, c^{ne} de Dangé. — *Fontayne du Cherpea*, 1473 (duché de Châtellerault, 3). — *Le Cherpeau*, 1600 (seign. de Poligny). — *Le Charpeau*, 1763 (prieuré de St-Sulpice). — *Le Charpreau* (Cassini).

Charpentrie (La), h. c^{ne} de la Chapelle-Montreuil. — *La Charpentrie*, 1712; *la Cherpentrie*, 1718 (rôles des tailles).

Charpentrie (La), f. c^{ne} de Saint-Gervais. — *La Charpenterie*, 1674 (fief du Plessis-Baunay).

Charpillé, lieu détruit, c^{ne} de Béthines. — *Charpillec*, 1234; *Charpilec*, 1243; *Charpilhec*, 1244; *Charpellec*, 1250 (maison-Dieu, 127). — *Charpillé*, 1278 (évêché, 33). — *Cherpillet*, 1439 (maison-Dieu, 127). — *Cherpillé*, 1543 (ibid. 132).

Charpraie (La Haute et la Basse-), h. et f. c^{ne} de la Roche-Posay. — *La Charproye*, 1312 (abb. de la Merci-Dieu, 3). — *La Cherpraye*, 1455 (notaires, Artaud à la Roche-Posay). — *La Charprais*, 1615 (seign. de la Roche-Posay, 3). — *La haulte Cherpraye*, 1637 (abb. de la Merci-Dieu, 3). — *La basse Cherprais*, 1657 (cure de la Roche-Posay).

Charpreau (Le), f. c^{ne} de Latillé; — 1620 (cure de Latillé).

Charrais. Voy. Charay.

Charrault (Le), vill. c^{ne} d'Adriers. — *Le Charrault*, 1640; *le Charaud*, 1663 (prieuré d'Entrefins).

Charrault (Le), lieu détruit, c^{ne} de Beaumont. — *Le Charault*, 1528 (seign. de Baudiment). — *Le Charrault*, 1538 (seign. de Montcouard). — Anc. fief relev. de Montcouard.

Charrault (Le), h. c^{ne} de Bellefont. — *Le Charrault*, 1609 (abb. de St-Cyprien, 20). — *Le Charaud*, 1641 (ibid. 19).

Charrault (Le), h. c^{ne} de la Bussière. — *Le Charrault Constable?* 1480 (couv. de la Puye, 7). — *Le Charrault*, 1531 (seign. de la Roche-Aguet).

Charrault (Le), f. c^{ne} de Dienné. — *Le Charrault*, 1700 (notaires, Sandilleau à Verrières). — *Le Charault*, 1743 (rôle des tailles).

Charrault (Le), h. et bois, c^{ne} de Fleix. — *Le Charrault de Flez*, 1580 (terrier de Champeaux, f° 32). — Anc. seigneurie.

Charrault (Le), f. c^{ne} de Liniers. — *Le Charrau*, 1289; *le Charrault*, 1475 (abb. de St-Cyprien, 44). — *Le Charrault l'aumosnier*, 1525 (abb. de Montierneuf, 82). — *Le Charraux de Liniers*, 1668 (ibid. 12); — appart. autref. à l'aumônier de l'abbaye de Saint-Cyprien.

Charrault (Le), h. c^{ne} de Pleumartin. — *Le Charrau*, 1458 (notaires, Artaud à la Roche-Posay). — *Le Charrault*, 1673 (prieuré de Maleray).

Charrault (Le), f. c^{ne} de Pouzioux. — *Charault*, 1775 (rôle des tailles). — *Le Charrault Prieur* (Cassini).

Charrault (Le), bois, près la Croix-Fulgent, c^{ne} de Saint-Sauveur; anc. métairie appart. à la com^{rie} de la Foucaudière. — *Le Charrau*, 1554 (com^{rie} de la Foucaudière, 2).

Charrault (Le), f. près le Pas-Saint-Martin, c^{ne} de Salles-en-Toulon. — *Terra Charel?* v. 1125 (cart. de St-Cyprien, p. 229).

Charrault (Le), h. c^{ne} de Saugé.

Charrault (Le), ff. c^{ne} du Vigean. — *Le Charrault*, 1613; *le Charaud*, 1631 (cure du Vigean). — *Le Charraud*, 1682 (cure de l'Isle-Jourdain).

Charrault-Boireau (Le), f. c^{ne} de Bonnes. — *Le Charaud Boireau*, 1659 (seign. de Loubressay).

Charrault-Boireau (Le), f. c^{ne} de Lautier; — 1583 (fief du Charrault-Boireau). — Anc. fief relev. de la bar. de Montmorillon.

Charrault-Bonnot (Le), h. c^{ne} de Saint-Pierre-des-Églises. — *Jehan Bonnyot*, s^r du Charaud, 1605 (abb. de l'Étoile). — *Le Charault Bonhiot* (Cassini). — *Le Charault Bonniot*, 1775; *le Charaud Bonneau*, 1788 (rôles des tailles).

Charrault-Bourgeois (Le), h. c^{ne} de Salles-en-Toulon. — *Le Charrault Borjoys*, 1510 (fam. de Savatte de Genouillé).

Charrault-de-Boussec (Le), m. r. c^{ne} de Saint-Pierre-des-Églises. — *Le Charrau*, v. 1300 (seign. de Dienné et Verrières, 1). — *Le Charrault Goupil?* 1547 (évêché, 17). — *Le Charrault de Boussecq*, 1666 (chap. de Chauvigny, 16).

Charrault-de-la-Lande (Le), h. c^{ne} de Sainte-Radegonde-en-Gâtine. — *Le Charrault*, 1766 (rôle des tailles).

Charrault-Doux (Le), h. c^{ne} de Saint-Pierre-des-Églises.

Charrault-Jacob (Le), anc. métairie appart. à l'abbaye de Saint-Savin, près la ville de Saint-Savin; — 1542 (terrier de Rouffiac, 101). — *Le Charault Jacob*, 1566 (abb. de St-Savin, 12). — Ce lieu, encore indiqué sur la carte de Cassini et dans la nomenclature de 1820, n'est plus connu sous ce nom; la rue Jacob en marque l'emplacement.

Charraux (Les), vill. c^{ne} de Châtellerault. — *Hostel du Charrau*, 1438 (com^{rie} d'Auzon, 9). — *Le Charau*, 1531 (ibid. 2). — *Le Charreau*, 1607 (cure de St-Romain de Châtellerault).

CHARRAUX (LES), lieu détruit, près les Sables, c^{ne} de Vicq; — 1585 (prieuré de St-Martin d'Angle).

CHARRETIERS (CHEMIN AUX), près Couhé, *par où l'on vait de Lussac à Niort*, 1454 (chap. de St-Hilaire, 342).

CHARRIÈRE, vill. c^{ne} du Bouchet. — *Charrères*, 1418; *Charrières*, 1464 (com^{rie} de Loudun, 27). — *Charière*, 1522 (chap. de Ste-Croix de Loudun, 4). — *Charrière*, 1625 (prieuré de Claunay). — Anc. terre noble.

CHARRIÈRE, h. c^{ne} de Rossay. — *Charrières*, 1470 (cure de Chalais). — *Charière*, 1571; *Charrière*, 1625 (cure du Bouchet). — Anc. fief relev. du Doimont.

CHARRIÈRE (LA), f. et m^{in} sur la Dive, c^{ne} de Curçay. — *La Charrière de Cursay*, 1487 (com^{rie} de Loudun, 33).

CHARRON, vill. c^{ne} de Saint-Pierre-des-Églises; — 1503 (évêché, 22).

CHARRONNIÈRE (LA), h. c^{ne} de Claunay.

CHARROUX, ch.-l. de c^{on}, arr^t de Civray. — *Carofo* (triens mérovingien). — *Karrofum*, 789 (dipl. de Charlemagne, ap. Bouquet, t. V, p. 762). — *Carrof*, v. 797 (Theodulfi carmina, *ibid.* t. V, p. 421). — *Carrofense monasterium*, 815; *Carrofinii monasterium*, 817 (dipl. de Louis le Débonn. *ibid.* t. VI, p. 474 et 409). — *Monasterium Karroffense in pago Pictavo, in terraturio Briosense, constructum in honore domini nostri Salvatoris*, 874 (Fontencau, t. IV, p. 39). — *Carroficum*, v. 1014 (epist. Guillelmi V, Aquit. ducis, ap. Bouquet, t. X, p. 482). — *S. Carrofus* (chron. Ademari Caban. ap. Besly, Hist. des comtes de Poitou, p. 301 et 340). — *Karrofium*, 1117 (Fonteneau, t. IV, p. 139). — *Karroffia*, 1123 (chap. cathédral, 12). — *Carofium*, 1210 (abb. de Nouaillé, 1). — *Charros*, 1247 (Fonteneau, t. IV, p. 331). — *Charroux*, 1392 (abb. de Charroux). — *Charroulx*, 1596 (aides et équivalents, p. 34). — *S. Sulpice et S. Michel de Charoux*, 1782 (pouillé).

Cette ville doit son origine à une célèbre abbaye de l'ordre de Saint-Benoît, fondée en 785 par Charlemagne et Roger, comte de Limoges; unie en 1760 au chapitre de Brioude (Haute-Loire).

Charroux, en l'archiprêtré de Gençay, renfermait autrefois, indépendamment de l'abbaye, deux églises paroissiales : Saint-Sulpice, *ecclesia Sancti Supplicii est de dono capituli Pictavensis* (pouillé de Gauthier, f° 151), et Saint-Michel, *ecclesie Sancti Michaelis de Karroffio patronatum habet abbas de Karroffio* (*ibid.*); mais cette dernière ayant été ruinée pendant les guerres de religion sous le règne de Charles IX, la paroisse de Saint-Michel fut réunie à celle de Saint-Sulpice; — la chapelle de Saint-Ambroise, vis-à-vis le grand portail de l'abbaye, desservie par quatre chapelains, *cappellania Sancti Ambrosii quam tenet confraternitas clericorum* (*ibid.* f° 151 v°); — une aumônerie, *elemosinaria que est ante portam abbatie, ubi deservit secularis* (*ibid.*); — les chapelles de Saint-André, Saint-Pierre, contiguë à la halle, et Saint-Antoine près l'abbaye : les deux premières, mentionnées dans le même pouillé comme étant à la collation de l'abbé de Charroux, furent ruinées pendant les guerres de religion. Il y avait en outre, hors la ville, l'aumônerie de Saint-Jean et Saint-Blaise, dont les biens furent unis en 1758 au chapitre de Notre-Dame-la-Grande de Poitiers, et le prieuré de Saint-Remy. (Voy. ce mot.)

Charroux faisait anciennement partie de la Basse-Marche. Boson, petit-fils de Geoffroi, premier comte de Charroux, fut créé comte de la Marche par Guillaume Tête d'Étoupes, duc d'Aquitaine. L'abbaye, qui dès 1329 ressortissait à la sénéchaussée de Poitiers (Fonteneau, t. IV, p. 423), succéda par la libéralité de Louis XI aux droits des comtes de la Basse-Marche sur la baronnie de Charroux, dont la juridiction s'étendait sur les paroisses de Charroux, Anois, le Bouchage (Charente), la Chapelle-Bâton, Châtain, Maupreveoir, Messeux et Moutardon en partie (Charente), Pairoux, Pleuville (Charente), Pressac et Saint-Martin-Lars (compte de J. Bourdin, et compte des aides et équivalents). Suivant d'autres documents, il faut y ajouter Benet (Charente). Ce territoire était compris dans l'élection de Poitiers, à l'exception des paroisses de Benet, le Bouchage, Pleuville et Pressac, qui faisaient partie de l'élection de Confolens. — Des conciles se sont tenus à Charroux en 983, 990, 1028, 1082 et 1186. — Les coutumes de Charroux ont été publiées en 1842 dans le tome IX des Mémoires de la Société des antiquaires de l'Ouest.

En 1790 Charroux devint le chef-lieu d'un canton dépendant du district de Civray et formé des communes de Charroux, Anois, la Chapelle-Bâton, Châtain, Genouillé, Maupreveoir et Surin. Cette circonscription fut modifiée en 1801.

La forêt de Charroux, c^{nes} de Maupreveoir et Pressac, appartenait autrefois à l'abbaye de Charroux. Une partie était appelée forêt de l'Aumônerie, une autre partie *Beaubos* ou *Beaubois*, 1603 (Fonteneau, t. XXIV, p. 753); *silva que dicitur Bellus* boscus, v. 1080 (ibid. t. IV, p. 67). Elle contenait 166 hectares en 1802 (Statist. de la Vienne).

HARTERIE (LA), h. c^{ne} de Lotus. — *La Chareterie*, 1481 (fief des dîmes de Latus). — *La Charreterie*, 1496 (fief du Cluzeau-Bonneau). — *La Chartrie*, 1547 (chap. de Montmorillon, 2). — *La Charterye*, 1561 (seign. de la Dallerie).

HARTIÈRE (LA), m. r. c^{ne} de Targé.

HARZAY, f. c^{ne} de Ranton. — *Domus de Cherazayo in archipresbiteratu de Loduno*, 1270 (abb. de Ste-Croix, 1); — *do Charzaio*, 1298 (ibid. 9). — *Chiersay*, 1427; *Charzay*, 1449; *Cherzay*, 1461 (ibid. 71). — *Cherzé*, 1668 (arch. de la Soc. des antiq. de l'Ouest; Ranton). — Anc. fief appart. à l'abb. de Sainte-Croix de Poitiers et relev. de la bar. de Berrie.

HASLON, vill. c^{ne} de Saint-Léger-de-Montbrillais.

HASSAGNE (LA), vill. c^{ne} de Blanzay. — *Petrus de la Chassagna*, v. 1194 (Fonteneau, t. XVIII, p. 603). — *La Sachaigne*, 1403 (gr. Gauthier, f° 251). — *La Chasseigne*, 1405 (ibid. f° 231). — *La Chassagne*, 1629 (arch. de Poitiers, 71). — *La Chesaigne*, 1629 (notaires, Pascault à Civray).

CHASSAIGNE, mⁱⁿ sur le Clain à Poitiers. — *In loco qui vocatur Kassannas in suburbio Pictavis*, 1013; *Cassanas*, v. 1027 (abb. de Nouaillé). — *Locus qui dicitur Chassagnie*, 1076 (abb. de Montierneuf). — *Molendina de Cassanis*, 1077 (Fonteneau, t. XIX, p. 35); — *de Chassagnes*, 1126 (abb. de Montierneuf). — *Chasseignes*, 1199 (Fonteneau, t. XIX, p. 320). — *Molendinum de Charazaio*, 1221 (abb. de Nouaillé, 60). — *Chassaignes*, 1398 (arch. de Poitiers, 15). — *Moulins de Charrassé aultrement Chassaigne*, 1598 (abb. de Nouaillé, 60).

CHASSE (LA), m. à Saint-Cassien; — 1629 (cure de St-Cassien). — Anc. fief.

CHASSEIGNE (LA), h. c^{ne} de Thollet.

CHASSEIGNES, vill. c^{ne} de Mouterre-Silly; anc. c^{ne} réunie à celle-ci le 4 juin 1845. — *Curtis de Cassanias*, 989 (Besly, Hist. des comtes de Poitou, p. 273); — *cum ecclesia Sanctæ Mariæ*, 1003 (cart. de Bourgueil; p. 3). — *Chassaignes, Chassagne* (pouillé de Gauthier, f°s 146 et 171 v°). — *Chasseignes*, 1370 (prieuré de Chasseignes, 3).

Avant 1790 cette paroisse, aussi réunie auj. à Mouterre-Silly pour le spirituel, faisait partie de l'archiprêtré, de la châtellenie, du bailliage et de l'élection de Loudun. Le prieuré et la cure de Notre-Dame de Chasseignes dépendaient de l'abbaye de Bourgueil (Indre-et-Loire). Le temporel du prieuré était un fief relev. du château de Loudun.

CHASSEIGNES, vill. c^{ne} de Saint-Sauvant. — *Alodes Kassanas*, 1090 (abb. de Nouaillé). — *Chassaignes*, 1456 (ibid. 54). — Anc. fief.

CHASSENAY, h. c^{ne} d'Availle-Limousine. — *Chassenoys*, 1493 (seign. d'Availle). — *Chassenoix*, 1611 (fam. Laurent de Reyrac). — *Chassenois*, 1656 (rôle des tailles). — Anc. fief.

CHASSENEUIL, c^{on} de Saint-Georges. — *Cum nos... Casanogilo villa palatio nostro in pago Pictavo secus alveum Clinno resideremus*, 828 (ch. de Pepin, roi d'Aquitaine, ap. Guérard, Polyptique d'Irminon, t. II, p. 344). — *Ex curte Cassenoilo*, 927 ou 928 (cart. de St-Cyprien, p. 190). — *Bernefredus de Cassanol*, v. 1080 (ibid. p. 198). — *Ecclesia Sancti Clementis in villa quæ dicitur Cassanolium*, 1098 (Besly, Évêques de Poitiers, p. 77). — *De Chassenoillio*, 1220 (abb. de Nouaillé, 1). — *Cassenolium*, 1226 (Besly, Évêques de Poitiers, p. 135). — *Chassanol*, 1240 (abb. de Fontaine-le-Comte, 17). — *Chassanolium*, 1276 (chap. cathédral, 42). — *Chassenolium*, 1281 (chap. de Notre-Dame-la-Grande, 42). — *Chassenuyl*, 1324; *Chasseneul*, 1337 (arch. de Poitiers, 12). — *Chasseneuil*, 1375 (chap. de St-Hilaire, 88). — *Chassenuil*, 1383 (taux du décime, p. 10). — *Chassenoil*, 1410 (gr. Gauthier, f° 29 v°).

Avant 1790 cette commune faisait partie de l'archiprêtré de Dissay, de la châtellenie, de la sénéchaussée et de l'élection de Poitiers. Il y avait à Chasseneuil une commanderie de l'ordre de Malte, membre de celle de Saint-Georges; le commandeur exerçait dans son fief les droits de haute justice. L'évêque de Poitiers, à cause de son château d'Harcourt à Chauvigny, était seigneur châtelain d'une autre portion de la paroisse; il nommait à la cure. Il y avait aussi à Chasseneuil une aumônerie dont les biens furent unis à l'hôpital général de Poitiers en 1695.

CHASSENEUIL, mⁱⁿ sur la Fontpoise, c^{ne} de Saint-Genest. — *Moulin de Chassenueil, Chassenuyl*, 1439 (terrier de Gironde, f° 80); — *de Chasseneuil*, 1456 (seign. de Puygarreau, 3).

CHASSENEUIL, f. c^{ne} d'Usson. — *Chassenoilh, Chassenueilh*, 1404 (gr. Gauthier, f°s 259 et 270). — *Chassenuilh*, 1405 (ibid. f° 208). — *Chasseneuil*, 1498 (fief de Badevilain). — Anc. fief relev. de la châtell. de Saint-Martin-Lars.

CHASSEPORT, bois et bruyères, c^{ne} de la Vausseau; dép. autref. de la seign. de Grassay. — *Forest de Chasseport*, 1403 (hommages du comté de Poitou, f° 13 v°); — *de Chasseporo*, 1473 (fief de Grassay); — *de Chassepoil*, 1667 (Réform. des forêts du Poitou, p. 84).

CHASSERIE (LA), f. c^{ne} de Vellèche. — *La Cheveceric*, 1494 (duché de Châtellerault, 6). — *La Cheveserie*, 1676 (seign. de Lardonnière).

CHASSES (LES), m. en ruine, près Puy-Gachet, c^{ne} de Beaumont.

CHASSIGNOLLE (LA), f. c^{ne} d'Hains. — *La Chachignolle*, 1550 (abb. de St-Savin, 23).

CHASSIGNY, vill. c^{ne} d'Arçay. — *Chesigné*, 1441 (com^{rie} de Loudun, 24). — *Chessigné*, 1507 (cure d'Arçay). — *Chassigné*, 1509; *Chassigni*, 1571 (com^{rie} de Loudun, 24). — *Chassigny*, 1602 (chap. de Ste-Croix de Loudun, 6). — Anc. fief relev. en partie de la bar. de Baussay.

CHASSIGNY, f. c^{ne} de Blâlay. — *Chassigné*, 1258 (prévôté de Blâlay, 4). — *Chassigniacum*, 1312 (*ibid.* 5). — Anc. fief relev. de la châtell. de Chéneché.

CHASSIGNY, c^{ne} de Chasseneuil; anc. fief uni à celui de la Payre. — *Cassiniacus*, 673 (charta S. Bercharii, ap. Pardessus, Diplomata, chartæ, etc. t. II, p. 159). — *In curte Capsinsiaco super fluvium Climni*, 967 (cart. de Bourgueil, p. 106). — *Chassigny*, 1480; *Chassigny*, 1613 (com^{rie} de St-Georges, 8). — Ce fief, qui en 1480 ne consistait plus qu'en terres, comprenait entre autres les territoires de la Jacquellinière, les Cluselles, Vaussigond et le Petit-Verre.

CHÂTAIGNERAIE (LA), f. c^{ne} de Moulime.

CHÂTAIGNERAIE (LA), vill. c^{ne} de Vicq. — *Nemus de la Chasteighnereyo*, v. 1300 (Gauthier, f° 4). — *La Chetenerée*, 1309 (*ibid.* f° 200 v°). — *La Chaigneraye*, 1429 (fam. de Monléon). — *La Chasteigneraie*, 1444 (évêché, 43). — *La Chastigneraye*, 1456 (notaires, Arteud à la Roche-Posay). — *La Chastegneraye*, 1535 (seign. de la Roche-Posay, 5). — *La Chastegneraye*, 1531 (abb. d'Angle).

CHÂTAIGNIER (LE), vill. et bois, c^{ne} de Jazeneuil. — *Le Chastenay*, 1410 (chap. de Notre-Dame-la-Grande, 7). — *Le Chastenier*, 1547 (fief du Châtaignier). — *Les Chasteigners*, 1563 (chap. de St-Hilaire, 446). — *Le Chasteignier*, 1716 (fief du Châtaignier). — Anc. fief relev. de la châtellenie de Lusignan. Les bois du Châtaignier contenaient 200 arpents en 1796.

CHÂTAIGNIER (LE), h. c^{ne} de Mondion. — *Le Chasteigner*, 1375 (duché de Châtellerault, 8, inv. f° 78). — *Le Chatigner*, 1651 (cure de Mondion).

CHÂTAIGNIER (LE), f. c^{ne} de Saint-Martial. — *Mestairie du Chasteigner cy devant appellée la mestairie de Cadeu*, 1660 (seign. de Loubressay).

CHÂTAIGNIER (LE), m. r. c^{ne} de Vouneuil-sur-Vienne.

CHÂTAIGNIER (LE PETIT-), m. r. c^{ne} de Pairé. — *Les petits Chastaigniers*, 1622 (fief de la Gralière). — *Les petits Châteigniers*, 1775 (rôle des tailles).

CHÂTAIGNIERS (LES), m. r. c^{ne} de Buxeuil.

CHÂTAIGNIERS (LES), lieu détruit, c^{ne} de Sillars. — *Village des Chastigniers*, 1544 (maison-Dieu, 154). — *Les Chataigners* (Cassini).

CHÂTAILLON (LE), f. c^{ne} de Saint-Clair. — *Tour et hébergement de Chastillon*, 1409 (aveu de Moncontour). — *Le Chastaillon*, 1670 (cure de St-Clair). — Anc. fief relev. de la bar. de Moncontour.

CHÂTAIN, c^{on} de Charroux. — *Molendinum de Chastagn*, v. 1170 (Fonteneau, t. XVIII, p. 407). — *Chastain*, 1226 (Besly, Évêques de Poitiers, p. 80). — *Chastaing*, 1238 (Fonteneau, t. IV, p. 325). — *Prior de Chastaingn, capellanus de Chasteigne*, 1383 (taux du décime, p. 61). — *Chastaign*, 1377 (gr. Gauthier, f° 253). — *Chasteing*, 1720 (dénombr. du royaume). — *S. Pierre de Châtain*, 1786 (almanach provincial).

Avant 1790 la paroisse de Châtain faisait partie de l'archiprêtré d'Ambernac (Charente), de la baronnie de Charroux, de la sénéchaussée et de l'élection de Poitiers. La cure était à la nomination de l'abbé de Saint-Amant-de-Boixe (Charente), à qui Philippe, évêque de Poitiers, avait cédé l'église de Châtain en échange de celle de Chasseneuil (Besly, Évêques de Poitiers, p. 74, 76, 80 et 135).

CHÂTAIN, vill. c^{ne} de Blanzay. — *In vicaria Castanedo in pago Pictavo*, 937 (abb. de Nouaillé). — *In villa Castaniaco dicta, in pago Briocinse, in vicaria Blaziacinse*, v. 963 (cart. de St-Cyprien, p. 257). — *Villa quæ dicitur Castaniacus, in vicaria Sivriaco*, v. 1010 (*ibid.* p. 283). — *Chastaign*, 1404 (gr. Gauthier, f° 195 v°). — *Chastaing*, 1451 (chap. cathédral, 83). — *Chasten*, 1678 (notaires, Pascault à Civray). — La viguerie de Châtain est vraisemblablement la même que celle qui fut appelée viguerie de Blanzay dans la deuxième moitié du xe siècle.

CHÂTALÉ, f. c^{ne} de Bonnes. — *Le Chastalier*, 1756 (seign. de Loubressay). — *Chantallay*, 1820 (nomencl.).

CHÂTALIÈRE (LA), h. c^{ne} d'Usseau. — *La Chastelère*, 1275 (chap. cathédral, 47). — *La Chastallière*, 1494 (duché de Châtellerault, 6). — *La Chatalière*, 1663 (cure de Châteauneuf de Châtellerault).

CHAT-COURTAUD, h. c^{ne} de la Vausseau. — *Chat Courtaud*, 1536 (chap. de St-Hilaire, 223). — *Chacourtaut*, 1626 (com^{rie} de la Vausseau, 3).

CHATE (MOULIN DE), sur le ruiss. de Godet, c^{ne} de Vaux. — *Moulin du Chat*, 1690 (cure de Vaux).

CHÂTEAU (LE), h. c^ne de Bellefont. — *Château de Bellefons* (Cassini).

CHÂTEAU (LE), f. c^ne de Chalandray; sur l'emplacement d'un vieux château.

CHÂTEAU (LE), chât. c^ne de Nalliers. — *Le Chasteau de Nalliers*, 1617 (fief des Clerbaudières).

CHÂTEAU (LE), h. c^ne de Saint-Clair.

CHÂTEAU (LE), chât. et ff. c^ne du Vigean.

CHÂTEAU-BRULON, anc. fief à Montmorillon. — *Hostel de Chasteau Brulon*, près la fontaine de Grassevau, 1531 (maison-Dieu, 97). — Ce fief relevait de la viguerie de Plaisance; il est inconnu aujourd'hui.

CHÂTEAU-COUVERT, à Jaunay; anc. fief et haute justice relev. de la tour de Maubergeon. — *Chasteau Couvert de Jaunay*, 1643 (fief de Château-Couvert).

CHÂTEAU-DE-DOUSSAY (LE), h. c^ne de Doussay.

CHÂTEAU-DE-TERNAY (LE), chât. et vill. c^ne de Ternay. Voy. TERNAY.

CHÂTEAUFORT, f. c^ne d'Antran.

CHÂTEAUFORT, h. c^ne de Targé. — *Castrum forte*, 1404 (cure de St-Romain de Châtellerault). — *Chasteaufort*, 1455 (abb. de St-Cyprien, 21). — Anc. fief relev. du Bornais.

CHÂTEAU-FOU (LE), lieu détruit, près Bellevue, c^ne de Queaux.

CHÂTEAU-FROMAGE, vill. c^ne de Bignoux. — *Domus de Castro Casei*, 1258 (Ledain, Hist. d'Alphonse, p. 119). — *Chasteau Fromage*, 1324 (arch. de Poitiers, 12). — *Chasteau Fourmage*, 1515 (fief de Château-Fromage). — *La tour de Chasteau Fromaige*, 1617 (seign. de Château-Fromage). — Anc. fief relev. de la tour de Maubergeon.

CHÂTEAU-FROMAGE, h. c^ne de Champigny-le-Sec. — *Chasteau Fromage*, 1521 (chap. de St-Hilaire, 326). — Anc. fief.

CHÂTEAU-GAILLARD, f. c^ne d'Asnières. — *Chasteau Gailhard*, 1550 (seign. du Ry). — *Chasteau Gaillard*, 1561 (prieuré de St-Paixent). — Anc. fief relev. de la châtell. de l'Isle-Jourdain.

CHÂTEAU-GAILLARD, m. r. c^ne de Beaumont.

CHÂTEAU-GAILLARD, m. isolée, c^ne de Brion.

CHÂTEAU-GAILLARD, h. c^ne de la Chapelle-Montreuil.

CHÂTEAU-GAILLARD, lieu détruit, près Pilloué, c^ne de Chiré-en-Montreuil. — *Maison noble de Chasteau Gaillard*, 1644 (aveu de Chiré, f° 3 v°).

CHÂTEAU-GAILLARD, m. à Ruffigny, c^ne d'Iteuil.

CHÂTEAU-GAILLARD, h. c^ne de Nieuil-l'Espoir; — auberge, 1755 (rôle des tailles).

CHÂTEAU-GAILLARD, m. r. c^ne d'Ouzilly.

CHÂTEAU-GAILLARD, f. détruite, près Bellejouanne, c^ne de Poitiers. — *Chasteau Gaillart*, 1506 (collège de Poitiers, 8).

CHÂTEAU-GAILLARD, f. c^ne de Prinçay.

CHÂTEAU-GAILLARD, m. r. c^ne de Queaux.

CHÂTEAU-GAILLARD, m. r. c^ne de Quinçay.

CHÂTEAU-GAILLARD, f. c^ne de Saint-Martial. — *Chasteau Gaillard*, 1633 (chap. de Chauvigny, 6).

CHÂTEAU-GAILLARD, m. à la Villedieu. — *Métairie de Chasteau Gaillard appellée autrefoys la Pautonnerie*, 1661 (com^rie de la Villedieu, 17). — *Gaillard*, 1739 (rôle des tailles).

CHÂTEAU-GANNE, m. r. c^ne de Martaizé. — *Chasteau Gasne*, 1621 (com^rie de Loudun, 25). — *Chasteau Ganne*, 1653; *Chasteau Gane*, 1666 (cure de Martaizé). — Anc. seigneurie.

CHÂTEAU-GARNIER, c^on de Gençay. — *Ecclesia de Castello Garnerii*, 1096 (Fonteneau, t. IV, p. 89). — *Chatea Guarner*, 1293 (fam. de Fayolle). — *Castrum Garnerii* (pouillé de Gauthier, f° 151). — *Chastea Garnier*, 1372 (arch. de Poitiers, 23). — *Chasteau Garnier, Chateau Garnier*, 1388 (gr. Gauthier, f° 204 v°). — *Chastel Garner*, 1403 (ibid. f° 248). — *S. Maurice de Château-Garnier*, 1782 (pouillé).

Avant 1790 la paroisse de Château-Garnier faisait partie de l'archiprêtré de Gençay, de la châtellenie et de la sénéchaussée de Civray, et de l'élection de Poitiers. La cure était à la nomination de l'abbé de Charroux.

CHÂTEAUGNAC, h. c^ne de Saint-Germain. — *Chathonat*, 1563; *Chastonnac*, 1572; *Chastougnac*, 1607 (abb. de St-Savin, 22).

CHÂTEAU-GONTIER, m. r. c^ne de Leigné-sur-Usseau. — *Chasteau Gontier*, 1571 (prieuré de Fontmore, 2). — Anc. seigneurie.

CHÂTEAU-LARCHER, populairement CHÂTELACHER ou CHÂTELACHAIR, c^on de Vivonne. — *In loco qui vocatur Mesgonno, in pago Pictavo, in condito Vico Vedonense*, [secus] *alveum Cloderie*, 857 (abb. de Nouaillé). — *In villa Mesgone, in vicaria Vicovedonense, super fluvium Clodera, cum ipsa castra, cum ipso farinario*, etc. 888 (cart. de St-Cyprien, p. 247). — *Farinarios tres qui sunt siti super fluvium Clori et sunt subtus castrum nostrum prope turrem quæ antiquitus Metgon vocatur*, 969 (ibid. p. 250, ch. de fondation du prieuré de Notre-Dame de Château-Larcher par Ebbon, Ode, sa femme, et Achard, leur fils). — *Monasterium Sanctæ Mariæ Castri Acardi*, 976 ou 977 (ibid. p. 254). — *Ecclesia Sanctæ Mariæ de Castro Achardo*, v. 1040 (ibid. p. 291). — *Castellum Achardi*, v. 1055 (ch. de St-Hilaire, t. I, p. 87). — *Castelachart*, v. 1172 (abb. de Nouaillé). — *Castrum Hachardi*, 1248 (Layettes du trésor des ch. t. III, p. 43). — *Castrum Achardi* (pouillé de Gauthier, f°° 140 et 152). — *Chatelachart*, 1308 (abb. de Nouaillé, 24). — *Chastelachart*, 1323; *Chastellachar*, 1326 (ibid. 58). — *Chastel Accart* (chron. de Froissard, éd. Denis Sauvage, t. I, p. 434). — *Chastelacher*, 1403 (hommages du comté de Poitou). — *Chastellacher*, 1409 (gr. Gauthier, f° 36 v°). — *Chastelachair*, 1457 (abb. de Montierneuf, 67). — *Chasteaulacher*, 1458 (chap. de St-Hilaire, 107). — *Chasteaulachair*, 1463 (chap. de St-Pierre-le-Puellier, 29). — *Chasteaulachier*, 1473 (collège de Poitiers, 16). — *Chastellachier*, 1489 (livre de recette de Vivonne, f° 63 v°). — *Chasteaularchair*, 1599 (collège de Poitiers, 16). — *Chasteaularcher*, 1601 (seign. du Sauzour). — *N. D. de Châtelacher*, 1779 (almanach provincial); — *de Château-Larcher*, 1782 (pouillé). — *Le Rocher*, 1794.

Cette commune est formée des deux anciennes paroisses de Château-Larcher et Batresse, qui, avant 1790, faisaient partie de l'archiprêtré de Lusignan, de la sénéchaussée et de l'élection de Poitiers.

Château-Larcher était le siège d'une châtellenie qui relevait de la tour de Maubergeon et s'étendait sur les paroisses de Château-Larcher, Alonne, Anché, Andillé, Batresse, Marnay, et sur des parties seulement des paroisses de Ceaux, Champagné-Saint-Hilaire, Gizay, Nieuil-l'Espoir, Pairé et Vivonne. Le château seigneurial est en ruine. Une tour qui lui est contiguë, près la Clouère, est appelée tour à Maguin ou à Mesgnen; c'est peut-être l'ancienne tour de Mégon. Ce château avait 25 fiefs dans sa mouvance. — Le prieuré et la cure de Notre-Dame de Château-Larcher dépendaient de l'abbaye de Saint-Cyprien de Poitiers. Le prieur nommait aux cures d'Anché, Notre-Dame de Couhé et Marnay. — Il y avait anciennement à Château-Larcher une maladrerie mentionnée en 1333 (abb. de Nouaillé, 24). L'hospice actuellement existant a été fondé en 1770.

CHÂTEAU-MERLE, m. r. c^{ne} de Savigny-l'Évescault. — *Chasteamerle, la Targelière*, 1435; *hostel noble de la Trejallière aultrement appellé Chantemerle*, 1597; *Chasteau Merle autrement Trejallière*, 1670 (abb. de St-Benoît, 1). — Anc. fief relev. de l'abbaye de Saint-Benoît-de-Quinçay.

CHÂTEAU-MILAN, f. c^{ne} d'Alonne. — *Chasteau Milan*, 1625 (titres de Château-Larcher). — *Chasteau Millan*, 1651 (abb. de Nouaillé, 29).

CHÂTEAUNEUF, h. c^{ne} d'Anois.

CHÂTEAUNEUF, f. c^{ne} de Charroux; — 1754 (rôle des tailles).

CHÂTEAUNEUF, faubourg de Châtellerault, sur la rive gauche de la Vienne. — *Castrum novum*, 1169 (Bouillart, Hist. de l'abb. de St-Germain-des-Prés, pr. p. 42).

Peu avant 1169 Hugues II, vicomte de Châtellerault, avait fait bâtir sur le territoire de la paroisse de Naintré ce château et une église sous le vocable de saint Jean l'Évangéliste, *capella in honore Sancti Johannis evangeliste fundata* (ibid.). Le patronage de cette église devenue paroissiale appartint jusqu'en 1790 à l'abbaye de Saint-Germain-des-Prés de Paris, de laquelle dépendait la cure de Naintré. — *Ecclesia Sancti Johannis de Castro novo*, 1211 (Fonteneau, t. XI, p. 193). — *Paroisse de Saint Jehan evvangeliste de Chasteauneuf près Chastellerault*, 1456 (notaires, Artaud à la Roche-Posay). — C'est encore une des églises paroissiales de Châtellerault.

CHÂTEAUNEUF, h. c^{ne} de Saint-Julien-Lars. — *Chasteaneuf, Chastelneuf*, 1385 (cart. de la Trinité, f°s 58 et 60). — *Chasteauneuf*, 1431 (abb. de la Trinité, 57).

CHÂTEAUNEUF, f. c^{ne} de Thollet.

CHÂTEAUNEUF, m. r. c^{ne} du Verger-sur-Dive. — *Chasteau neuf*, 1461 (cure de Ste-Radegonde de Marconnay). — Anc. fief relev. de Marconnay.

CHÂTEAU-RINGUET, m. r. c^{ne} de la Ferrière.

CHÂTEAU-RINGUET, m. r. c^{ne} de Liglet.

CHÂTEAU-RINGUET, m. r. c^{ne} de Saint-Laurent-de-Jourde.

CHÂTEAU-RINGUET, m. r. c^{ne} de Sillars. — *Chez-Ginguet* (carte de l'état-major).

CHÂTEAUROCHER, m. à Bouresse. — *Mestairie de Chasteaurocher*, 1607 (abb. de Nouaillé, 21).

CHÂTEAU-TROMPÉ (LE), m. r. c^{ne} de Queaux.

CHÂTEAU-VERT (LE), f. c^{ne} de Roiffé.

CHÂTELARD (LE), lieu autref. habité, c^{ne} de Latus. — *Village du Chastellar*, 1489 (chap. de Montmorillon, 3). — *La grange du Chastelar*, 1597 (maison-Dieu, 95).

CHÂTELET (LE), h. c^{ne} d'Archigny. — *Le Chastellet*, 1551 (seign. de Touffou, 5). — *Le Chastelet*, 1610 (ibid. 4).

CHÂTELET (LE), h. c^{ne} de Charroux. — *Le Chastellet de Charroux*, 1546 (cure de Charroux).

CHÂTELET (LE), à Châtellerault. — *Hostel du Chastellet*, 1635 (fief des Maux); — *du Chatelet*, 1734 (fief du Châtelet). — Ce fief relevait du duché de Châtellerault; une communauté de Filles-de-Notre-Dame s'y établit en 1640; c'est auj. la prison.

CHÂTELET (LE), h. c^{ne} de Marigny-Brizay. — *Le Chastellet*, 1531 (seign. des Roches de Marigny).

CHÂTELET (LE), m. r. c^ne de la Roche-Posay.
CHÂTELET (LE), f. c^ne de Thuré.
CHÂTELLERAUDAIS (LE), territ. de la vicomté de Châtellerault. — *En Chastelleraudois*, 1403 (hommages du comté de Poitou, f° 15). — *Chastelleraudois*, 1579 (carte du Poitou). — *Le Chastelleraudais*, 1595 (fam. Richard). — On ne trouve pas le mot *pagus* employé pour désigner ce territoire; mais le mot *condita* paraît avoir le même sens dans une charte d'environ 1035, citée ci-après. Voy. CHÂTELLERAULT.

CHÂTELLERAULT, ch.-l. d'arr^t. — *Vicaria de Castro Araldi in pago Pictavo*, v. 1025 (cart. de St-Cyprien, p. 176). — *In condito Castro Adraldum*, v. 1035 (abb. de Nouaillé). — *Castrum Airaldi*, 1047 (Fonteneau, t. XXV, p. 374). — *Castellum Airaudi*, v. 1055 (ch. de St-Hilaire, t. I, p. 87). — *Castrum Araudi*, v. 1065 (cart. de Noyers, p. 50). — *Castri Arraldi vicecomes*, v. 1080 (Arch. hist. du Poitou, t. II, p. 108). — *Chastelarraut*, v. 1080 (Fonteneau, t. XIX, p. 45). — *Castrum Ayraudi*, 1093 (abb. de St-Savin). — *Castrum Aeraudi*, 1260 (Fonteneau, t. III, p. 365). — *Guillolmus de Castro Eraudi*, 1268 (Les Olim. t. I, p. 273). — *Chastelerault*, 1277 (abb. de St-Benoît, 12). — *Chatelerault*, 1291 (prieuré de Fontmore). — *Chastel Ayraut*, 1291 (abb. de St-Benoît, 12). — *Chatelleraut*, 1316 (abb. de la Merci-Dieu, 12). — *Chastelacraut*, 1324 (couv. de Lencloître). — *Chastelleraut*, 1368 (évêché, 59). — *Chasteaulceraut*, 1377 (Fonteneau, t. II, p. 153). — *Castieleraut* (chron. de Froissard, publ. par M. Kervyn de Lettenhove, t. V, p. 432). — *Chastelleraud*, 1441 (chap. cathédral, 82). — *Chastellerault*, 1445 (évêché, 59). — *Chastealchesraut*, 1457 (duché de Châtellerault, 7). — *Chatellerault*, 1705 (fief de Piolant). — *Châtelleraud, Chastelleraud*, 1786 (almanach provincial).

Cette forme *Châtelleraud* est plus régulière et aurait dû prévaloir, mais depuis longtemps *Châtellerault* est l'orthographe officielle et généralement adoptée.

La commune de Châtellerault s'est accrue en 1801 de celles d'Antogné et de Pouthumé.

Il y avait à Châtellerault une église collégiale sous l'invocation de Notre-Dame, fondée en 1196; — le prieuré de Saint-Romain, ancienne abbaye (voyez ce mot), et le prieuré de Saint-Jacques, dépendant de l'abbaye de Saint-Savin, fondé par Isembert Ier, évêque de Poitiers; — cinq paroisses: 1° Notre-Dame, *ecclesia Sanctæ Mariæ*, 1119 (cart. de St-Cyprien, p. 18); *cappellanie beate Marie in ecclesia prebendali Castri Ayraudi patronatum habet prior Sancti Romani* (pouillé de Gauthier, f° 173 v°); 2° Saint-Jacques, à la nomination de l'abbé de St-Savin; 3° Saint-Jean-Baptiste, *ecclesia Sancti Johannis ultra portam* (ibid. f° 173 v°), à la nomination du prieur de Saint-Romain, de même que: 4° Saint-Romain; 5° Saint-Jean-l'Évangéliste de Châteauneuf (voy. CHÂTEAUNEUF); — un couvent de cordeliers, fondé avant 1259, un couvent de minimes, fondé en 1495, un couvent de capucins, fondé en 1612, et un couvent de Filles-de-Notre-Dame, fondé en 1640; — un hôpital général, créé en 1684; il est fait mention dans un acte du commencement du xii° siècle (cart. de St-Cyprien, p. 81) d'une maladrerie, *domus infirmorum ultra pontem Vigennæ et ultra flumenculo Inenvinea*, et, dans le pouillé de Gauthier (f° 173 v°), d'une aumônerie: *elemosinaria Castri Ayraudi est de dono episcopi*. — Les églises paroissiales de Notre-Dame et de Saint-Romain dans la ville, et celle de Pouthumé hors la ville, n'ont pas été rétablies.

L'archiprêtré de Châtellerault, en l'archidiaconé de Poitiers, était uni à la cure de Saint-Martin de Coussay-les-Bois; son territoire renfermait, indépendamment de la ville de Châtellerault, les paroisses d'Antogné, Antran, Archigny, Asnières, Availle, Buxeuil, Cenan, Cenon, la Chapelle-Roux, Chenevelles, Colombiers, Coussay-les-Bois, Cremille, Dangé, Fressineau, Ingrande, Leigné-les-Bois, Lésigny, Leugny, Mairé-le-Gaulier, Montoiron, Moussay, Naintré, les Ormes, Oiré, Pleumartin, Poizay-le-Joli, Pouthumé, Posay-le-Vieil, Prinçay, Remeneuil, la Roche-Posay, Saint-Hilaire-de-Mons, Saint-Remy, Saint-Sauveur, Saint-Ustre, Senillé, Targé, Thuré, Usseau, Vaux et Vouneuil-sur-Vienne. Toutes ces localités sont comprises dans l'arrondissement de Châtellerault.

Dans l'ordre civil, Châtellerault fut le chef-lieu d'une viguerie et d'une vicomté. La viguerie, démembrée de celle d'Ingrande, est mentionnée seulement dans deux documents, l'un d'environ 1025 (cart. de St-Cyprien, p. 176), et l'autre d'environ 1035 (abb. de Nouaillé). Les localités qui y sont dénommées sont situées dans les c^nes de Châtellerault, Ingrande, Targé et Vouneuil-sur-Vienne. Suivant cette charte d'environ 1035, Châtellerault donnait son nom à une *condita* ou petit *pagus*: *Vilares in pago Pictavo, in condito Castro Adraldum et in ipsa vicaria*. La vicomté relevait du comté de Poitou. Le vicomte appelé Airault, *Airaldus vicecomes*, qui a donné son nom à la localité, vivait dans la seconde moitié du xᵉ siècle (Fontoneau, t. VI et XV). Le territoire de cette vicomté était un peu moins étendu que celui de l'arrondissement actuel; il ne comprenait pas les cⁿᵉˢ de Buxeuil, Doussay, Mairé-le-Gaulier, Pleumartin, Port-de-Piles, la Roche-Posay, Vicq et Vouneuil-sur-Vienne, et ne renfermait qu'en partie celles d'Archigny, Beaumont, Coussay-les-Bois, Lésigny, Leugny, les Ormes, Saint-Remy, Savigny et Sérigny; il avait en plus celles de Saint-Cyr, Marigny-Brizay et Marigny-sous-Marmande, celle-ci dans le dépᵗ d'Indre-et-Loire, et des portions de celles d'Antogny-le-Tillac, Luzay-de-Pont-Enboisé et la Tour-Saint-Gelin dans le même dépᵗ d'Indre-et-Loire. La vicomté de Châtellerault fut réunie à la couronne en 1482, séparée en 1491, érigée en duché-pairie en 1515. Ce duché fut réuni par confiscation à la couronne en 1527, supprimé en 1545, rétabli sans titre de pairie en 1548, confisqué en 1560, engagé en 1582. Il avait plus de 120 fiefs dans sa mouvance directe.

En 1482 Louis XI institua à Châtellerault un siège royal et sénéchaussée qui ressortissait au parlement de Paris et releva du présidial de Poitiers aux cas de l'édit de 1551; son ressort, démembré de celui de la sénéchaussée de Poitiers, avait les mêmes limites que la vicomté ou duché.

Châtellerault fut aussi le chef-lieu d'une élection de la généralité de Poitiers, créée en 1520 et comprenant dans son ressort le même territoire que le duché et la sénéchaussée; toutefois, dès 1720, Bellefont, Bonneuil-Matours, Saint-Cyr et Saint-Léger-la-Palu faisaient partie de l'élection de Poitiers.

Une municipalité élective, composée d'un maire et de deux échevins, fut instituée à Châtellerault par le roi Charles IX au mois de janvier 1561 (v. s.).

En 1790, lors de l'organisation du département, Châtellerault devint le chef-lieu d'un district composé des cantons de Châtellerault, Dangé, Leigné-sur-Usseau, Lésigny, Montoiron, Pleumartin, Saint-Genest, Thuré et Vouneuil-sur-Vienne. Le canton de Châtellerault renfermait les cⁿᵉˢ de Châtellerault, Antogné, Pouthumé et Targé. Cette organisation fut modifiée en 1795, 1800 et 1801. (Voy. l'Introduction.)

Les armoiries de la ville de Châtellerault sont *d'argent au lion de gueules, à la bordure de sable besantée d'or.*

La forêt de Châtellerault, cⁿᵉ de Naintré, était un domaine de la vicomté. En 1653 elle contenait environ 1,870 arpents, dont 374 en bois de haute futaie (duché de Châtellerault, 2). Une partie, moins de la moitié, de cette forêt est auj. propriété de l'État.

Châtellier (Le), m. à Cenon, anc. fief relev. du duché de Châtellerault. — *Le Chastellier,* 1425 (chap. de Notre-Dame-la-Grande, 70). — *Le Chatellier,* 1705 (fief du Châtellier).

Châtellier (Le), h. cⁿᵉ de Châtellerault. — *Le Chastellier,* 1619 (aveu de Sᵗ-Romain, f° 11).

Châtellier (Le), h. cⁿᵉ de Romagne. — *Le Chasteler,* 1422 (chap. de Sᵗ-Hilaire, 242). — *Les Chatelliers,* 1554 (seign. du Parc et de Boisvert, 2). — *Le Chastellier,* 1562 (ibid. 3).

Châteliers (Les), h. cⁿᵉ de Bouresse. — *Les Chastelers,* 1320 (abb. de Nouaillé, 19). — *Les Chastelliers,* 1434 (ibid. 20).

Châtelliers (Les), près Faudré, cⁿᵉ de Brux; lieu détruit avant 1732.

Châtelliers (Les), anc. quartier de la ville basse à Chauvigny; une rue en porte encore le nom. — *Domus sita en Chasteler,* 1314 (chap. de Chauvigny, 14). — *En Chataler,* 1316 (évêché, 17). — *Domus de Chastellier, de Chateller,* 1320 (évêché, 22). — *Vicus de Chateler,* 1364; *maison assise au bourg des Chasteliers,* 1506 (chap. de Chauvigny, 3).

Châtelliers (Les), h. cⁿᵉ de Chéneché. — *Les Chateliers,* v. 1300 (seign. de Chéneché, 1). — *Les Chatelliers,* 1525 (religieuses de Sᵗ-François de Mirebeau).

Châtelliers (Les), f. cⁿᵉ de Fleuré. — *Les Chasteliers,* 1437 (abb. de Nouaillé, 9). — *Les Chastelliers,* 1482 (ibid. 49).

Châtelliers (Les), bois et brandes et anc. camp, cⁿᵉ de Nouaillé. — *Au Chastellers,* 1334 (abb. de Nouaillé, 24).

Châtenay, vill. cⁿᵉ de Vendeuvre. — *Herbergamentum de Chastanayo,* 1254 (Fonteneau, t. III, p. 361). — *Chastenay,* 1350 (chap. cathédral, 78). — *Chatenay,* 1450 (évêché, 72).

Châtenay (Le), vill. cⁿᵉ de Roiffé. — *Le Chastonay,* 1446 (comʳⁱᵉ de Loudun, 20).

Châtenet, h. cⁿᵉ de Brigueil-le-Chantre et mⁱⁿ sur la Benaise, cⁿᵉ de Coulonges. — *Chastenet,* 1506 (fief de Fleix).

Châtenet, f. cⁿᵉ d'Hains. — *Village des Chastonnoetz,* 1541 (maison-Dieu, 103). — *Chatenet,* 1769 (rôle des tailles).

Châtenet, f. cⁿᵉ de Montmorillon. — *Mestairie de Chastenet,* au faubourg de la maison-Dieu, 1659 (maison-Dieu, 63).

Châtenet (Le), f. cⁿᵉ de l'Isle-Jourdain, détachée de la cⁿᵉ de Millac le 27 mai 1857.

CHÂTENET (LE), h. c^ne de Scorbé-Clairvaux. — *Le Chastennay*, 1571 (seign. des Robinières). — *Le Chastenay*, 1626 (seign. de Puygarreau, 9).

CHATILLE (LA), vill. et m^in sur le Saleron, c^ne de Béthines; anc. commanderie, avec haute justice, dép. de la maison-Dieu de Montmorillon. — *Catillia*, 1214, 1274; *la Chatille*, 1242, 1264; *Chatilhia*, 1265; *Castillia*, 1296 (maison-Dieu, 127). — *La Chastilhe*, 1446 (ibid. 125). — *La Chastille*, 1450 (ibid. 154); 1765 (ibid. 131).

CHÂTILLON, c^on de Couhé. — *Chaystellon* (pouillé de Gauthier, f° 151 v°). — *Chastillon*, 1383 (taux du décime, p. 66). — *Parochia de la Dyve*, 1389 (chap. de St-Hilaire, 138). — *Chastillon sur Dyve*, 1689 (notaires, Pascault à Civray). — *Châtillon en Couhé*, 1720 (dénomb. du royaume). — *S. Severin de Châtillon*, 1779 (almanach provincial).

Avant 1790 cette ancienne paroisse faisait partie de l'archiprêtré de Rom (Deux-Sèvres), de la châtellenie de Couhé et de l'élection de Poitiers. La cure était à la nomination de l'évêque; elle fut réunie à celle de Couhé dès le commencement du XVII° siècle. Le fief de Châtillon relevait de la châtellenie de Brejeuil, c^ne de Rom (Deux-Sèvres). — Le chef-lieu de la c^ne ne se compose que de sept maisons. L'ancienne église est détruite.

CHÂTILLON, h. c^ne de la Bussière. — *Chastillon les Saint Savin*, 1403 (gr. Gauthier, f° 4 v°). — *Chastilhon*, 1461 (abb. d'Angle). — *Chatillon*, 1531 (seign. de Châtillon). — Anc. fief relev. de la bar. d'Angle.

CHÂTILLON, chât. et m^in sur le Clain, c^ne de Sommières. — *Chasteillon*, *Chastillon*, 1404 (gr. Gauthier, f° 90 v°). — Anc. fief relev. de la vic. de Gençay.

CHÂTILLONS (LES), h. c^ne des Ormes.

CHATONNIÈRES (LES), lieu détruit, près la Rochereau, c^ne de Saint-Maurice. — *Chatonnères*, 1396 (gr. Gauthier, f° 78). — *Village des Chatonnières*, 1477 (chap. de St-Pierre-le-Puellier, 24).

CHÂTONOIRE (LA), h. c^ne de Chenevelles. — *La Chasteaunouère*, 1457 (duché de Châtellerault, 5). — *La Chatonoire*, 1636 (cure de Chenevelles).

CHAT-PENDU (LE), m. isolée, c^on de Roiffé.

CHÂTRE, h. c^ne de Moulime. — *Chastres*, 1517 (seign. de la Motte de Persac). — *Chastre*, 1736 (notaires, Fleury à Moulime).

CHÂTRE, vill. c^ne de Saint-Romain-sur-Vienne. — *Chastres*, 1468 (abb. de Ste-Croix, 81). — *Chastre*, 1635 (cure de St-Romain). — Anc. fief relev. de la châtell. de Saint-Romain.

CHÂTRE (LA), f. c^ne de Journet. — *Molendinum de la Chatra*, 1252 (maison-Dieu, 127). — *Massum de Castra*, 1260 (Hommages d'Alphonse, p. 83). — *La Chatre in riparia de Saleron*, 1320 (évêché, 33). — *Herbergamentum de Castra*, 1357; *la Chastre*, 1460; *la Chatre*, 1524 (chap. cathédral, 24). — Anc. domaine de l'église cathédrale de Poitiers, possédé antérieurement par Guy de Gouzon, chevalier, à qui Fort d'Aux, évêque de Poitiers, l'avait cédé en échange du château de Gouzon à Chauvigny (chap. cathédral, 24, c. 4).

CHÂTRE (LA), h. c^ne de Joussé. — *La Chastre*, 1395 (gr. Gauthier, f° 283); 1486 (fief de Pairoux).

CHÂTRE (LA), f. c^ne de Lomaizé. — *La Chastre*, 1405 (gr. Gauthier, f° 21 v°).

CHÂTRE (LA), h. c^ne de Queaux. — *Guillelmus Bobin de Castra*, 1540 (seign. de Ressonneau, 1). — *La Chastre de Queaux*, 1404 (gr. Gauthier, f° 273 v°). — *La Chastre*, 1540 (seign. de Ressonneau, 1).

CHÂTRE (LA), vill. c^ne de Saint-Remy. — *La Chastre*, 1487 (cure de Plaisance).

CHÂTRE (LA), lieu détruit, c^ne d'Usson. — *Castra in parrochia de Huconio*, 1405 (gr. Gauthier, f° 274 v°). — *Houstel frost appellé la Chastre, assis près le bourg d'Usson*, 1465 (fief des Granges). — *La Chastre*, 1566 (fief de la Grande-Épine).

CHÂTRE-AU-VOLENT (LA), h. et anc. camp, c^ne de Genouillé. — *La Chastra au Vollant*, 1668 (notaires, Chevallier à Civray). — *La Chatre au Volant* (Cassini). — *La Châtre-au-Talent*, 1841 (nomencl.).

CHÂTRE-DE-BENASSAY (LA), f. c^ne de Benassay. — *La Chastre*, 1476 (chap. de St-Hilaire, 81).

CHÂTRE-DE-CHASSEPORT (LA), ff. c^ne de la Vausseau.

CHÂTRES (LES), h. c^ne de Jazeneuil. — *Terra de Castres*, v. 1160 (abb. de Nouaillé). — *La Chastre*, 1473 (fief de Grassay). — *Les Chastres*, 1515 (fam. Constant). — Anc. fief relev. de la Contrie.

CHÂTRE-TRAFIC (LA), h. et anc. camp, c^ne de Genouillé. — *La Chastre*, 1405 (gr. Gauthier, f° 234). — *La Chastre Traffic*, 1641 (fam. Chiton). — *La Chastre à Traffieq*, 1661 (notaires, Chevallier à Civray).

CHATS (LES), f. c^ne de Paizay-le-Sec; — 1739 (abb. de St-Savin, 31).

CHATTERIE (LA), m. r. c^ne de Naintré. — *La Chatterie*, 1607 (fief de la Tour-de-Naintré). — *La Chatrie*, 1608 (com^rie d'Auzon, 6).

CHAUCHALLIÈRE (LA), anc. fief relev. de la bar. de Mirebeau, c^ne de Cuhon. — *Fondis de la Chauchallière*, 1508 (aveu de Mirebeau).

CHAUDAY, h. c^ne de Rouillé. — *Chaudot*, 1775 (rôle des tailles).

CHAUDET, m^in sur le ruiss. de l'Étang-Berland et h.

c^{ne} de Senillé. — *Moulin de Chaudet*, 1438 (com^{rie} d'Auzon, 9).

CHAUDIETTE (LA), f. c^{ne} de Saint-Jean-de-Sauves.

CHAUDOUR (LE), h. et m^{in} sur la Palu, c^{ne} de Varennes. — *Le Chamdour*, 1494 (prévôté de Blâlay, 4). — *Le Chandour*, 1644 (chap. de Mirebeau, 25).

CHAUDRIE (LA), lieu détruit, près Neussouan, c^{ne} de la Roche-Posay. — *La Rechauldrie, village, paroisse de Pouzay le Viel*, 1634 (seign. de la Gatelinière).

CHAUFEU, m^{in} sur la Boivre et f. c^{ne} de la Vausseau. — *Moulin de Chevaufuz*, 1483 (abb. de St-Cyprien, 13); — *de Chevaufeu*, 1563 (com^{rie} de la Vausseau, 1).

CHAUFFERIE (LA), h. c^{ne} de Château-Garnier. — *La Chaufferie*, 1561; *la Chauffrie*, 1580 (fief de la Chaufferie). — Anc. fief relev. du comté de Civray.

CHAUFFETIÈRE (LA), h. c^{ne} de Chiré-en-Montreuil. — *La Chauvettière*, 1625 (com^{rie} de la Vausseau, 7). — *La Chauvetière*, 1633 (fam. Jacques).

CHAUFFETIÈRE (LA), ff. c^{ne} de Leigné-les-Bois. — *La Chauvetière*, 1559 (seign. de Puygarreau, 7). — *La Chauvettière*, 1673 (prieuré de Maleray). — Anc. fief relev. de la bar. de Montoiron.

CHAUFFETIÈRE (LA), h. c^{ne} de Pleumartin.

CHAUFFETRIE (LA), f. c^{ne} de Maulay.

CHAUFIÈRE (LA), vill. c^{ne} de Savigné. — *La Chauffère*, 1485 (fief de la Roche-d'Orillac). — *La Chauffière*, 1752 (rôle des tailles).

CHAULET, m^{in} sur la Barouse, c^{ne} des Trois-Moutiers.

CHAUME, f. c^{ne} d'Antigny. — *Chaulmes*, 1514 (abb. de St-Savin, 14). — *Chaumes*, 1528 (fief de l'Âge-Chausson). — *La Chaulme*, 1646 (maison-Dieu, 102).

CHAUME, h. c^{ne} de Dissay. — *L'hospital de Chaulmes*, 1547; *Chaulme*, 1581 (com^{rie} de St-Georges, 6). — Anc. domaine de la commanderie de Saint-Georges.

CHAUME, h. et m^{in} sur le Clain, c^{ne} de Champagné-Saint-Hilaire. — *Moulin de la Chaulme*, 1313; — *de Chaumes*, 1464; *village des Chaulmes*; 1482; — *de Chaulmes*, 1513 (seign. de la Millière). — *Chaulme*, 1558 (abb. de Moreaux). — *Moulin de Chaume*, 1735 (notaires, Grollier à Brux).

CHAUME, vill. c^{ne} de Millac. — *Chaume*, 1286 (cure de l'Isle-Jourdain). — *Chaulme*, 1641 (cure de Millac).

CHAUME, h. c^{ne} de Persac. — *Chaulmes*, 1507 (cure de l'Isle-Jourdain). — *Chaulme*, 1633 (prieuré de Teil). — Anc. fief relev. de la Brulonnière.

CHAUME (LA), f. c^{ne} de Bertegon.

CHAUME (LA), h. c^{ne} de Blâlay. — *La Chaulme*, 1399 (seign. de Chénéché, 1). — *La Chaume*, 1472 (prévôté de Blâlay, 5). — *La Chaume de Pouziou*, 1736 (seign. de la Chaume). — Anc. fief relev. du Verger-Saint-Martin.

CHAUME (LA), h. c^{ne} de la Chapelle-Viviers. — *Chaume, Chaumes*, 1414 (cure de la Chapelle-Viviers). — *Village de Chaulmes*, 1519 (prieuré du Teil-aux-Moines).

CHAUME (LA), lieu détruit, près Bateresse, c^{ne} de Château-Larcher. — *Villa que dicitur Calma in vicaria Vivedona*, v. 980; *in villa Batriaco vel Cauma*, 986 ou 987 (cart. de St-Cyprien, p. 256 et 270).

CHAUME (LA), m. près la Maladerie, c^{ne} de Chauvigny. — *Chalma, Calma*, 1320 (évêché, Chauvigny).

CHAUME (LA), m. r. c^{ne} de Dangé; — 1444 (duché de Châtellerault, 1). — Anc. fief relev. de Piolant.

CHAUME (LA), h. c^{ne} de Lencloître. — *Hostel de la Chaume*, 1439 (terrier de Gironde, f° 93).

CHAUME (LA), m. r. c^{ne} de Marigny-Brizay.

CHAUME (LA), f. c^{ne} de Marnay.

CHAUME (LA), m. isolée, c^{ne} de Mondion.

CHAUME (LA), partie nord du faubourg de la Cueille-Mirebalaise à Poitiers.

CHAUME (LA), f. c^{ne} de Quinçay.

CHAUME (LA), h. c^{ne} de Saint-Benoît; — 1513 (abb. de St-Benoît, 4, f° 344).

CHAUME (LA), f. détruite, près Ribaud, c^{ne} de Saint-Christophe.

CHAUME (LA), vill. c^{ne} de Saint-Genest. — *La Chaume Aguillon*, 1384 (seign. de Puygarreau, 3). — *La Chaume à Guyllon*, 1536; *la Chaulme Guillon*, 1580 (ibid. 4).

CHAUME (LA), vill. c^{ne} de Saint-Jean-de-Sauves.

CHAUME (LA), lieu détruit, près la Bertolière, c^{ne} de Saint-Léomer. — *Manoir de la Chaume*, 1498; *la Chaulme*, 1611 (fief du prieuré de St-Léomer).

CHAUME (LA), vill. c^{ne} de Saint-Romain. — *La Chaulme*, 1562 (fief du Bois de Vaux). — *La Chaume*, 1773 (rôle des tailles).

CHAUME (LA), h. c^{ne} de Savigny-l'Évescault.

CHAUME (LA), h. c^{ne} de Sérigny.

CHAUME (LA), h. et m^{in} sur la Benaise, c^{ne} de la Trimouille. — *La Chaulme*, 1509 (maison-Dieu, 31). — *Moulin du Breul aultrement de la Chaulme*, 1577 (ibid. 140); — *de la Chaume*, 1775 (rôle des tailles).

CHAUME (LA), h. annexé au bourg de Vouillé. — *La Chaulme de Vouillé*, 1633 (chap. de Ste-Radegonde, 42). — *La Chaume*, 1766 (rôle des tailles).

CHAUMEAUX (LES), m. r. c^{ne} de Châtellerault. — *Les Chaumes*, 1841 (nomencl.).

CHAUME-BLANCHE (LA), m. détruite, près Boirie, c^ne de Bonneuil-Matours; — 1620 (fief de Traversay).

CHAUME-BLANCHE (LA), m. r. c^ne de Chénéché. — *Les Chaulmes blanches*, 1637 (seign. de Chénéché, 2).

CHAUME-BRUYÈRE, f. détruite, près la Grand'Maison, c^ne de Saint-Gervais. — *Chaume bruière*, 1674 (fief du Plessis-Baunay).

CHAUME-D'ADIN (LA), f. c^ne de Doussay. — *La Chaume*, 1672 (aveu de Puygarreau). — Ancien fief et haute justice relev. de Puygarreau.

CHAUME-DE-GERMIGNY (LA), h. c^ne de Sérigny.

CHAUME-DE-LA-LANDE (LA), ff. c^ne de Doussay.

CHAUMEIL, vill. c^ne d'Adriers. — *Chaumelhs*, 1406 (seign. de Chadelat). — *Chaumeille*, 1449 (cure de l'Isle-Jourdain). — *Chaumeil*, 1561 (pricuré de St-Paixent).

CHAUMEIL, h. c^ne de Persac. — *Chaumeil*, 1260 (Hommages d'Alphonse, p. 112). — *Chomeilh*, 1449; *Chaulmeil*, 1582 (seign. de l'Isle-Jourdain).

CHAUMELIÈRE (LA), h. c^ne de Jazeneuil. — *La Chaumelère*, v. 1406 (gr. Gauthier, f° 64). — *La Chaumelière*, 1447 (com^rie de Roche, 6). — *La Chaumellère*, 1486 (fief des Pouternières). — Anc. fief relev. des Pouternières.

CHAUMELLERIE (LA), m. à Iteuil.

CHAUMELLIÈRE (LA), lieu détruit, près Prudenier, c^ne de Saint-Remy-sur-Creuse; — 1540 (minimes de Châtellerault). — Anc. fief appart. aux minimes de Châtellerault et relev. de la Chaise.

CHAUMELONGE, f. c^ne d'Andillé. — *Chaulmelongue*, 1507; *Chaumelonge*, 1636 (collège de Poitiers, 16).

CHAUMENETIÈRE (LA), f. détruite, près la Salle, c^ne d'Archigny. — *La Chaulnenetière*, 1601 (évêché, 8).

CHAUMERIE (LA), h. c^ne de Chenevelles.

CHAUMES (LES), h c^ne de Buxeuil.

CHAUMES (LES), vill. c^ne de Curzay; — 1627 (fief de Curzay).

CHAUMES (LES), vill. et LES BASSES-CHAUMES, h. c^ne de Leigné. — *Les Chaumes*, 1473 (abb. de Montierneuf, reg. 206). — *Les basses Chaumes*, 1599 (fief de Jarrige). — *Les haultes Chaumes*, 1618 (fief de Sanzelle).

CHAUMES (LES), f. c^ne de Leigné-les-Bois.

CHAUMES (LES), f. c^ne de Montmorillon.

CHAUMES (LES), h. c^ne de Pouzioux. — *Les Chaulmes*, 1489 (fief de Champeaux).

CHAUMES (LES), vill. c^ne de Rouillé.

CHAUMES (LES), h. c^ne de la Vausseau. — *Les Chaumes*, 1403 (gr. Gauthier, f° 70). — *Les Chaulmes*, 1534 (chap. de St-Hilaire, 223).

CHAUMES (LES), vill. c^ne de Vaux-en-Couhé. — *Les Chaulmes*, 1628 (seign. de Monts). — *Les Chaumes*, 1766 (rôle des tailles).

CHAUMES (ÉTANG DES), c^ne de Coulonges.

CHAUMETTE (LA), f. c^ne du Coussay.

CHAUME-VERTE (LA), m. r. c^ne de Saint-Christophe.

CHAUMIÈRE (LA), f. c^ne de Ceaux, c^on de Loudun.

CHAUMIÈRE (LA), h. c^ne de Châtellerault.

CHAUMILIÈRE (LA), vill. c^ne de Lavoux. — *La Chomignère*, 1410 (chap. de Chauvigny, 23). — *La Chaumignyère*, 1542 (ibid. 11). — *La Chauminière*, 1641 (seign. de Touffou, 2). — *La Chaumillière*, 1775 (rôle des tailles).

CHAUMILLON, vill. c^ne de Champagné-le-Sec. — *Chaumillon*, *Chaumillon*, 1403 (gr. Gauthier, f° 51 v° et 239).

CHAUMONNERIE (LA), vill. c^ne d'Yversay.

CHAUMONT, vill. c^ne d'Archigny. — *Johannes Calvimontis*, 1124 (Gall. christ. t. II, instr. col. 378). — *Chaumont*, 1483 (abb. de l'Étoile). — *Chaulmont*, 1497 (chap. de Chauvigny, 12).

CHAUMONT, chât. et vill. c^ne de Fontaine-le-Comte. — *Gaufridus de Chaumonte*, 1081 (abb. de Montierneuf). — *Durannus de Chalmunt*, v. 1112 (cart. de St-Cyprien, p. 50). — *Calvus mons*, 1149 (abb. de Fontaine-le-Comte). — *Chaumont*, 1250 (abb. de St-Cyprien, 50).

CHAUMONT, chât. et f. c^ne de Nouaillé. — *Le boys de Chaumont*, 1358 (abb. de Nouaillé, 6). — *Chaulmont*, 1573 (abb. de la Trinité, 45).

CHAUMONT, vill. c^ne de Thurageau. — *Chautmont*, v. 1300 (seign. de Chénéché, 1). — *Chaumont*, 1446 (ibid. 10). — La dîme de Chaumont, appart. à la c^ne de Poitiers, était tenue en fief de la seign. de Rochefort.

CHAUMONT, h. c^ne de Vouneuil-sur-Vienne; — 1435 (seign. de Chitré).

CHAUNAY, c^n de Couhé. — *In villa Canniaco*, 976 ou 977 (cart. de St-Cyprien, p. 254). — *Chaunai*, 1119-1130 (cart. de Montazay, n° 2). — *Vivianus de Chanai*, 1150 (abb. de Nouaillé). — *Odo de Chounac*, v. 1166 (cart. de Montazay, n° 13). — *Archipresbiter de Chonai*, 1216; — *de Cheonaio*, 1217 (abb. de Nouaillé, 30); — *de Chonayo* (pouillé de Gauthier, f° 133 v°). — *de Chonaio*, 1383 (taux du décime, p. 29). — *Chaunay*, 1479 (compte de J. Bourdin). — *Chaulnay*, 1596 (aides et équivalents, p. 19). — *S. Pierre de Chaunay*, 1782 (pouillé).

Dans les anciens documents en langue latine le nom de Chaunay se distingue difficilement de celui de Caunay, commune contiguë (Deux-Sèvres). C'est à celle-ci que semblent devoir s'appliquer les noms de *Coloniacus* et *Colniacus*, qui se trouvent dans la vie de saint Junien (Bolland. aug. t. III, p. 38), et ceux de *Colnagus*, *Culniacus*, *vicaria Colniacus*, *Coniacus* et *Conai* dans les chartes de l'abbaye de Nouaillé du VIII° au XII° siècle. Cette abbaye avait succédé aux droits de celle de Mairé sur Caunay, où saint Junien s'était retiré et mourut. *Canniacus* est désigné comme un lieu différent de *Culniacus* dans le cartulaire de Saint-Cyprien, p. 254.

Chaunay était le siège d'un archiprêtré annexé à la cure de Saint-Pierre du même lieu et dont le territoire renfermait les paroisses de Chaunay, Blanzay, Brux, Caunay (Deux-Sèvres), Champagné-le-Sec, la Chapelle-Pouilloux (Deux-Sèvres), Clussay (*idem*), Limalonges (*idem*), Linazay, Mairé-l'Évécault (Deux-Sèvres), Montalembert (*idem*), Pliboux (*idem*), Vanzay (*idem*), Vaussay (*idem*) et Villaret. Cet archiprêtré faisait partie de l'archidiaconé de Brinçay ou Brioux (Deux-Sèvres).

Dans l'ordre civil, Chaunay était de la châtellenie et du ressort de Civray, et de l'élection de Poitiers. Le fief du Parc de Chaunay relevait du comté de Civray.

En 1790 cette commune devint le chef-lieu d'un canton du district de Civray, formé des communes de Chaunay, Blanzay, Brux, Champagné-le-Sec, Linazay et Villaret; ce canton exista jusqu'au 18 novembre 1801.

Chaunay (Le Grand-), m. r. c^{ne} de Pouant. — *Chaunac*, 1460 (chap. de St-Hilaire, 427). — *Chaunay*, 1576 (*ibid.* 428). — *Motte de Chaunay* (Cassini).

Chaunay (Le Petit-), ff. c^{ne} de Ceaux, c^{on} de Loudun; — 1476 (collège de Poitiers, 63).

Chaunerie (La), f. c^{ne} du Vigean.

Chaura, h. c^{ne} d'Iteuil.

Chaurière (La), h. c^{ne} de Rouillé. — *La Charrière*, 1657 (arch. de Poitiers, 40). — *La Chauvière*, 1717 (fief de Curzay). — Anc. fief relev. de Curzay.

Chaussac, vill. et mⁱⁿ sur l'Auzance, c^{ne} de Migné. — *Molendina de Chaussac*, 1335 (abb. de Montierneuf, 60).—*Moulin de Chaussac*, 1640 (*ibid.* 4).

Chaussade (Chemin de la), joignant celui de l'Isle-Jourdain à la Faverie, c^{ne} de Millac, 1459; — *de la grant Chaussade*, 1501; traversé par celui de Gauderin à Saint-Paixent, 1717 (cure de l'Isle-Jourdain). — *Le grand chemin de la Chaussée*, près la Vergnaudière, c^{ne} de Moussac, 1506 (seign. de la Brulonnière). — C'est l'anc. voie romaine de Poitiers à Limoges, appelée aussi Chemin ferré.

Chaussat (Le), f. c^{ne} de Queaux. — *Chaussac*, 1328 (seign. de Ressonneau, 1). — *Le Chaussat*, 1463

(prieuré de Grand-Chaume). — *Le Chaussac*, 1475 (abb. de Charroux).

Chaussé (Le), mⁱⁿ sur la Briande, c^{ne} de Saire.

Chaussé (Chemin), anc. voie romaine de Poitiers à Saintes. — *Via que vocatur la Chaussee*, 1335 (fam. Frotier). — *Voie de la Chaussée*, 1405 (gr. Gauthier, f° 283 v°); 1407 (*ibid.* f° 201 v°). — *Chemin chaussé par où l'on va de Vivonne à Comblé; de Vivonne à Rom*, 1489 (livre de recette de Vivonne, f°s 126 v°, 127 v°, 178 v°). — *Chemin de la Chaussée qui va de Vyvonne à Saincte Soulline*, 1594 (fief du péage de Rom). — *Chemin chaussé comme l'on va de Vivonne à Rom*, 1646, 1663 (collège de Poitiers, 25). — Ce chemin est encore pratiqué en quelques endroits et appelé Chemin des Romains.

Chaussé (Grand chemin), c^{ne} de Chouppes, 1388 (chap. cathédral, 36).

Chaussée (La), c^{on} de Moncontour. — *Amelia de Calciata, de Calceia, Guarnerius de Calcearia*, 1104 (prieuré de Triou). — *Aimericus de Calcea*, 1100-1108 (gr. cart. de Fontevrault, 709). — *Nostre Dame de la Chaucée en Louduneis*, 1279 (abb. de Fontaine-le-Comte, 28). — *Capellanus de Calciata*, 1383 (taux du décime, p. 75). — *La Chaussée*, 1473 (chap. de Mirebeau, 30). — *La Chaussée de Renoué*, 1607 (cure de la Chaussée). — *N. D. de la Chaussée de Renouhé*, 1779 (almanach provincial).

L'ancienne voie qui a donné son nom à cette localité est mentionnée dans une charte du temps de Guillaume Adelelme, évêque de Poitiers, 1124-1140, *via calceiæ* (gr. cart. de Fontevrault, 739).

Avant 1790 la paroisse de la Chaussée faisait partie de l'archiprêtré, de la châtellenie, du bailliage et de l'élection de Loudun. La cure était à la nomination de l'abbé de Saint-Jouin-de-Marnes, seigneur de la paroisse. Les bois de la Chaussée sont contigus à la forêt de Scévolle.

Chaussée (La), h. c^{ne} d'Archigny.

Chaussée (La), f. c^{ne} de Béthines; — 1511 (couv. de la Puye, 12).

Chaussée (La), h. c^{ne} de Sanxay.

Chaussée (La), m. r. c^{ne} de Thurageau.

Chaussée (La Grande-), vill. c^{ne} de la Chaussée.

Chaussée (La Haute-), h. c^{ne} de Thurageau. — Le fief de la Chaussée relevait de celui de Bournezeau, 1508 (aveu de Mirebeau).

Chaussée (Chemin de la), de Chaunay aux Maisons-Blanches, 1562, 1741 (fief du Magnou).

Chaussée (Chemin de la), anc. voie romaine de Poitiers à Angers et à Nantes. — *Grand chemin de*

Poictiers appellé le chemin de la Chaussée, au territoire de Vaubusson près la Gère, 1517 (chap. de S¹-Hilaire, 395). — *Chemin de la Chaussée par lequel on va de Poictiers à Ayron*, 1539 (ibid. 396); — *de Poictiers à Parthenay*, 1608 (ibid. 405); — *de Poictiers à Boisbaudry*, 1603 (fam. Piorry).

CHAUSSÉE (CHEMIN DE LA), anc. voie romaine de Poitiers à Argenton. — *De Guédeceau suyvant le chemin de la Chaussée jusques en la rivière de Gartempe*, 1495 (fam. Scourion, 1). — *Chemin de la Chaussée, près Villiers*, cⁿᵉ de Saint-Germain, 1565; — *par lequel on va d'Antigny au Blanc*, 1575 (abb. de S¹-Savin, 22); — *près les Mées*, cⁿᵉ de Fleix, v. 1630 (ibid. 31).

CHAUSSÉE (CHEMIN DE LA), près la Cardinerie, cⁿᵉ de Nouaillé; anc. voie romaine de Poitiers à Limoges; — 1494 (comᵗⁱᵉ de la Villedieu, 22); — *appellé vulgairement le chemin ferré*, 1654 (ibid. 23).

CHAUSSENIGOUX, f. cⁿᵉ de Millac. — *Chaucenigou*, 1467; *Chaussenigoux*, 1755 (cure de Millac). — Anc. fief.

CHAUSSEROUE, m¹ⁿ détruit, en aval de la Grève, cⁿᵉ de Dissay. — *Molendinum de Chauceroye*, 1281 (évêché, 59). — *Moulin de Chauceroe*, v. 1307 (Gauthier, f° 210 v°); — *de Chausseroye*, 1374 (évêché, 61); — *de Chausse rouhe*, 1486 (arch. de la Soc. des antiq. de l'Ouest, n° 595).

CHAUSSEROY, m. r. cⁿᵉ de Cissé. — *Chausseroye*, 1294 (Fontenau, t. XIX, p. 438). — *Chausserouhe*, 1399 (abb. de Montierneuf, 48). — *Chausseray*, 1468 (ibid. 65). — Anc. domaine de l'abb. de Montierneuf.

CHAUSSEUR (LE), f. cⁿᵉ d'Amberre. — *Chaucheur*, 1494 (prévôté de Blâlay, 4). — *Hostel de Changeur*, 1508 (aveu de Mirebeau). — *Le Chauchour*, 1527 (chap. de Mirebeau, 32). — Anc. fief relev. de la bar. de Mirebeau.

CHAUSSEVILLE, lieu détruit, cⁿᵉ de Queaux; — *veilh village froust*, 1472 (prieuré de Grand-Chaume).

CHAUSSIDIER, vill. cⁿᵉ de Brigueil-le-Chantre. — *Le Chaussidier*, 1408 (gr. Gauthier, f° 120). — *Chaussidier*, 1506 (fief de Fleix). — *Chaussidière*, 1635 (maison-Dieu, 13).

CHAUSSIDIERS (LES), f. cⁿᵉ de Brigueil-le-Chantre. — *Chez les Chaussidiers*, 1506 (fief de Fleix). — *Les Chaussidiés*, 1525 (maison-Dieu, 31).

CHAUSSIDOUX, h. cⁿᵉ de Brigueil-le-Chantre. — *Chauchedour*, 1506 (fief de Fleix). — *Chaussidou*, 1525 (maison-Dieu, 31). — *Chaussidoux*, 1579 (ibid. 107).

CHAUVALIÈRE (LA), f. cⁿᵉ d'Antran.

CHAUVALIÈRE (LA), h. et m¹ⁿ sur l'Auzance, cⁿᵉ de Latillé. — *La Chauvalère*, 1391 (gr. Gauthier, f° 69).

— *La Chauvallière*, 1423 (cure de Latillé). — *La moulin de Moury*, 1620; — *autrement appellé le moulin de Charlet*, 1646; *le moulin de Charlet, autrement de Groussineau, appellé de présent le moulin de Moury*, 1646 (cure de Latillé).

CHAUVALIÈRE (LA), vill. cⁿᵉ de Saint-Pierre-des-Églises. — *La Chauvalère*, 1320 (évêché, 22). — *La Chauvallière*, 1480 (chap. de Chauvigny, 8).

CHAUVEAU, m. r. cⁿᵉ de Vaux-en-Couhé; — 1475 (seign. de la Millière).

CHAUVEAUX (LES), h. cⁿᵉ d'Antran; — 1623 (chap. de Notre-Dame-la-Grande, 69). — Anc. fief relev. du marq. de Clairvaux.

CHAUVELIÈRE (LA), h. cⁿᵉ de Saint-Pierre-de-Maillé.

CHAUVELLERIE (LA), h. cⁿᵉ de Bonneuil-Matours; — 1620 (fief de Traversay).

CHAUVELLERIE (LA), f. cⁿᵉ de Savigné. — *La Chauvellère*, 1494 (fief de Chaleur). — *La Chauvelerye*, 1674 (notaires, Pascault à Civray).

CHAUVET, lieu détruit, près le bois de Jean, cⁿᵉ de Saint-Romain. — *Chaulvet, village froust et desert*, 1498; *Chauvet*, 1601 (fief de la Chaux).

CHAUVETIÈRE (LA), h. cⁿᵉ de Marçay. — *La Chauvetière*, 1489 (livre de recette de Vivonne, f° 138 v°). — *La Chaulvetière*, 1552 (fief de Bellefontaine). — Anc. fief relev. de la châtell. de Bellefontaine.

CHAUVETTERIE (LA), f. cⁿᵉ d'Hains. — *La Chauvetonnerye*, 1584 (maison-Dieu, 137).

CHAUVETERIE (LA), f. cⁿᵉ de Jouet.

CHAUVIÈRE (LA), h. cⁿᵉ de Mairé; — 1543 (seign. de Mairé).

CHAUVIÈRES (LES), h. cⁿᵉ de Gizay. — *Chauvière*, 1460 (abb. de S¹-Benoît, 6). — *Les Chauvières*, 1564 (chap. de S¹-Pierre-le-Puellier, 27). — *Chaulvière*, 1570 (séminaires de Poitiers, 24).

CHAUVIGNY, ch.-l. de cⁿ, arrᵗ de Montmorillon. — *Guido de Calviniaco*, 1004-1018 (cart. de S¹-Cyprien, p. 228). — *Infra castello Calviniaco*, v. 1013 (Fontenau, t. XXI, p. 357). — *Calvigniacum*, v. 1080 (ch. de S¹-Hilaire, t. I, p. 105). — *In castro Cauviniaco*, v. 1080 (cart. de S¹-Cyprien, p. 141). — *Helias de Calvinec*, v. 1090 (ibid. p. 236). — *Castrum de Chalvigniaco* (Gauthier, f° 139). — *Chauvigné*, 1309 (ibid. f° 182); 1447 (abb. de S¹-Cyprien, 10). — *Chauvigny*, 1353 (évêché, 21). — *Chauvegni, Cauvegni* (chron. de Froissart, publ. par la Soc. de l'hist. de France, t. V, p. 14 et 15).

Il y avait à Chauvigny une église collégiale sous le vocable de saint Pierre, fondée avant 1100, *Gauterius cantor ecclesiæ Calviniacensis*; 1087-1100 (cart. de S¹-Cyprien, p. 136); le prieuré de

Saint-Just (voy. ce mot), et quatre cures : Saint-Pierre et Saint-Martial dans la haute ville, Saint-Léger, *ecclesia Sancti Leodegarii*, 1019-1027 (cart. de St-Cyprien, p. 137), *Saint Ligier*, 1309 (Gauthier, f° 183), et Saint-Just (aujourd'hui Notre-Dame) dans la basse ville. Les trois premières étaient à la nomination du chapitre de Chauvigny; la dernière avait pour collateur l'abbé de Saint-Cyprien. Anciennement ces églises étaient *de camera episcopi, extra decanatus et archipresbyteratus*, c'est-à-dire soumises directement à la juridiction de l'évêque et de son official. Gauthier de Bruges nous apprend dans son pouillé (f° 139 v°) qu'il avait établi une officialité à Chauvigny, mais qu'il ne l'avait maintenue que pendant cinq ans, à cause de la modicité des émoluments qui en provenaient, et qu'il l'avait réunie à celle de Poitiers, dont elle était voisine. Elle avait dans sa juridiction les églises de Chauvigny, Saint-Pierre-des-Églises, Maillé, Savigny-l'Évêcault, Sèvre et Anxaumont. Après cette suppression, pendant longtemps encore, les églises de Chauvigny, de Saint-Pierre-des-Églises et de Savigny-l'Évêcault paraissent n'avoir été soumises à aucun archiprêtré. En 1647 elles figurent sous le titre d'auditorat de Chauvigny dans le pouillé placé à la suite des *Évesques de Poictiers* de Besly, p. 220 et 272. Elles formèrent ensuite la circonscription d'un archiprêtré uni à la dignité de chantre du chapitre de Saint-Pierre de Chauvigny. — Le territoire de la paroisse de Saint-Martial a formé celui de la commune du même nom. (Voy. SAINT-MARTIAL.) Une partie de la basse ville était de la paroisse de Saint-Pierre-des-Églises et dépend encore aujourd'hui de cette commune.

Le pouillé de Gauthier, f°s 139 v° et 179 r°, mentionne une aumônerie dans la ville et une léproserie près de la ville (voy. MALADERIE), auxquelles succéda en 1695 un hôpital établi en la paroisse de Saint-Just. Chauvigny possédait aussi une communauté de Filles-de-Saint-François fondée avant 1653, supprimée en 1779, et une communauté de religieuses hospitalières fondée en 1707.

Cette ville fut le chef-lieu d'une *condita*, v. 1022 (cart. de St-Cyprien, p. 139 v°), *condita Calviniacensis castelli*, puis d'une châtellenie, *castellania de Calvigniaco*, 1284 (évêché, 17), qualifiée baronnie au XIV° siècle, laquelle, dès le XI° siècle, faisait partie du temporel des évêques de Poitiers et comprenait Chauvigny, Fleix, Lautier, Pouzioux, Saint-Pierre-des-Églises, Sainte-Radegonde-en-Gâtine et une partie seulement des paroisses d'Archigny, Bonnes, la Puye et Saint-Martin-la-Rivière, le tout au ressort de la sénéchaussée et de l'élection de Poitiers. — Outre le château baronnial, *castrum episcopale*, 1370, le *chastel évesqual*, le *chasteau évesquau*, v. 1375 (évêché, 21), *le grant chastel de Chauvigny*, 1404 (ibid. 8), qui est en ruine, la ville haute renfermait les châteaux de Monléon, Gouzon et Harcourt (voy. ces mots), qui furent successivement acquis par les évêques de Poitiers. Plus de 50 fiefs relevaient de ces châteaux.

L'ancien pont sur la Vienne était très délabré en 1643; les réparations qu'on y fit à cette époque coûtèrent, suivant un procès-verbal de visite, 44,000 livres. Il avait 67 toises et demie de long et 2 et demie de large (évêché, 10, c. 438); on en voit encore les culées à 60 mètres en aval de celui qui a été bâti en 1868.

En 1790 Chauvigny devint le chef-lieu d'un canton dépendant du district de Montmorillon et formé des c^{nes} de Chauvigny, la Chapelle-Viviers, Fleix, Lautier, Pouzioux, Saint-Martin-la-Rivière et Saint-Pierre-des-Églises. Cette circonscription fut modifiée en 1801.

CHAUVIN, f. c^{ne} de Dercé et m^{in} sur le ruiss. ou veude de Maine, c^{ne} de Maulay.

CHAUVINEAU, m^{in} sur l'Auzance et h. c^{ne} de Quinçay; — 1562 (chap. de St-Hilaire, 398).

CHAUVINERIE (LA), h. c^{ne} de Poitiers; terres dans le Fief-le-Comte, concédées en 1476 par le chapitre de Saint-Pierre-le-Puellier à Jean et Pierre Chauvin. — *La Grange de Jehan Chauvin*, 1478; *la Chauvynerie*, 1530 (chap. de St-Pierre-le-Puellier, 13).

CHAUVINIÈRE (LA), h. c^{ne} de la Chapelle-Montreuil.

CHAUVINIÈRE (LA), ff. c^{ne} de Vezières.

CHAUVRETEAU, h. c^{ne} de Millac. — *Rechauvritan*, 1755 (cure de Millac).

CHAUVRON, m^{in} sur le ruiss. du Thé, c^{ne} d'Antran. — *Moulin de Chauveron*, 1457; — *de Chauvron*, 1603 (seign. de la Motte d'Usseau).

CHAUX (LA), chât. et h. c^{ne} de Linazay. — *La Chau*, 1403 (gr. Gauthier, f° 280 v°). — *La Chaux*, 1690 (notaires, Pascault à Civray). — Ancien fief relev. du comté de Civray; aussi appelé Buffefeu. (Voy. ce mot.)

CHAVAGNE, vill. c^{ne} de Ceaux, c^{on} de Loudun. — *Villa quæ dicitur Cavanecella, in vicaria Lauzidunense?* 975 ou 976 (cart. de St-Cyprien, p. 80). — *Chavaignes*, 1439 (seign. de Beaucaire). — *Chaveigne*, 1441 (com^{rie} de Loudun, 29). — *Chavaigne*, 1462 (cure de Ceaux). — Anc. fief relev. du château de Loudun.

CHAVAGNE (FORÊT DE), c^{nes} de Leigne et la Chapelle-Viviers. — *Nemus Chavaniæ*, XII° s° (maison-

Dieu, cart.). — *Foresta de Chaveigna*, 1260 (Hommages d'Alphonse, p. 86). — *Chavenia*, 1258 (Ledain, Hist. d'Alphonse, p. 114). — *La Chavaigne*, 1265 (maison-Dieu, 109). — *Foresta de Chaveigne*, 1281 (Fonteneau, t. XXVI, p. 268). — *Bois de la Chaveigne*, 1401 (gr. Gauthier, f° 114 v°); — *de Chavaigne*, 1403 (ibid. f° 106 v°). — *Forest de Chavaignes*, 1529 (maison-Dieu, 109); — *de Chavagne*, 1586 (prieuré du Teil-aux-Moines). — Cette forêt a aussi été appelée forêt de Montmorillon. (Voy. ce mot.) En 1667 elle avait une superficie de 1,170 arpents, dont 260 seulement étaient plantés en bois, y compris 25 arpents attribués, le 5 août 1643, aux augustins de Montmorillon en compensation de leur droit d'usage dans cette forêt (Réform. des forêts du Poitou, p. 267).

Chavagné, vill. c⁰⁰ de Vivonne. — *Pratum de Cavaniaco*, 1108-1115 (cart. de S¹-Cyprien, p. 266). — *Chaveigné*, 1423 (chap. de S¹-Hilaire, 96). — *Chavaigné*, 1489 (livre de recette de Vivonne, f° 68). — *Chavagné*, 1580 (chap. de S¹-Hilaire, 565).

Chavaigne (Le Haut et le Bas-), hh. c⁰⁰ d'Hains. — *Villa quæ vocatur Cavania*, 954-986 (cart. de S¹-Cyprien, p. 120). — *Chaveigne*, 1461 (abb. de S¹-Savin, 23). — *Chavoygne*, 1575 (maison-Dieu, 137).

Chavaneau, m. r. c⁰⁰ de Sommières; — 1533 (chap. de S¹-Hilaire, 245).

Chavanne, h. c⁰⁰ d'Angle. — *Chavennes*, 1320 (évêché, 22). — *Chavannes*, 1551 (fief des Bourdins).

Chavannes, f. c⁰⁰ de Lencloître; — 1499 (seign. de Chéneché, 11).

Chavard, m¹ⁿ sur l'Auzon, c⁰⁰ d'Archigny. — *Molin de Chavart*, 1309 (Gauthier, f° 193); — *de Chavard*, 1565 (couv. de la Puye, 10).

Chaveigne, f. c⁰⁰ de Persac. — *Chaveignes*, 1507 (cure de l'Isle-Jourdain). — *Chaveigne*, 1667 (fam. Naudin).

Chavenat, vill. c⁰⁰ de Saint-Remy. — *Chavanac*, 1494; *Chavenat*, 1583 (fief de l'Âge-de-Plaisance).

Chavenay, h. c⁰⁰ de Vezières. — *In villa que dicitur Cavanedis, in pago Pictavo, in vicaria Laucedunense vel Vareciacinse*, 969 ou 970; — *in villa Cavanetis, in pago Pictavo, in vicaria Lauziduncnse*, 975 ou 976 (cart. de S¹-Cyprien, p. 80). — *Locus Cavanaici*, 1119 (Gall. christ. t. II, col. 1315). — *Cavaneum*, 1108-1115 (gr. cart. de Fontevrault, 705). — *Chavenniacum*, 1115-1149 (ibid. 28). — *Terra de Chavenaio, de Chavaneio, de Cavaneio, de Chaveneio, de Chavaneio*, xii° s° (ch. sans date aux arch. de Maine-et-Loire).

Le ruiss. de Chavenay prend sa source près Civéné, c⁰⁰ de Vezières, sépare la c⁰⁰ de Beuxe de celle de Scuilly (Indre-et-Loire) et se jette dans le Négron sur le territ. de cette dernière commune. — *Fluvius Menie*, 1115-1149 (gr. cart. de Fontevrault, 28).

Chavenière (La), lieu anc¹ habité, près la Barrerie, c⁰⁰ de Magné; auj. inconnu; — 1461 (chap. de S¹-Hilaire, 439).

Chavigné, f. c⁰⁰ de Saint-Sauveur. — *Chavigné*, 1561 (com¹ⁱᵉ de la Foucaudière, 8). — *Chavigny*, 1673 (fief de Dercé). — *Savigny*, 1866 (dénomb.).

Chavigné, bois, c⁰⁰ de Smarve; autref. à l'abbaye de Saint-Cyprien de Poitiers; contenait 68 arpents en 1792. — *Cavaniacus villa in pago Pictavo infra quintam civitatis*, 933 ou 934 (cart. de S¹-Cyprien, p. 207). — *Terra de Cavannet*, v. 1110 (ibid. p. 206).

Chavignerie (La), f. c⁰⁰ de Gizay. — *La Chauvinerie*, 1589; *la Chavignerie*, 1596 (cure de Gizay).

Chavonelles (Les), f. c⁰⁰ de Sossay.

Ché (Le), h. c⁰⁰ de Latus. — *Le Chiers*, 1404 (gr. Gauthier, f° 108 v°). — *Le Chers*, 1496 (fief du Cluzeau-Bonneau). — *Le Chiez*, 1547 (fief de l'Âge-Courbejarret). — *Les Chiers*, 1557 (prieuré de Latus). — *Le Chef*, 1598 (chap. de Montmorillon, 2). — *Le Chez*, 1628 (prieuré de Latus).

Chebanlière (La), f. c⁰⁰ de Saint-Léomer. — *La Chebaulière*, 1553 (fief du prieuré de S¹-Léomer).

Chebannetière (La), h. c⁰⁰ de Marigny-Chemerault. — *La Chabanetière*, 1563 (titres de Château-Larcher). — Anc. fief.

Chebasserie (La), vill. c⁰⁰ de Saint-Romain. — *Herbergement aux Chebassiers*, 1494 (fief de Chaleur). — *La Chebacière*, 1498 (fief de la Grenatière).

Chebaudière (La), h. c⁰⁰ d'Antigny. — *La Chabaudière*, 1542 (terrier de Rouflac, 80). — *La Chebaudière*, 1578 (abb. de S¹-Savin, 11).

Chebaudière (La), ff. c⁰⁰ de Benassay. — *La Chaubaudière*, 1476 (chap. de S¹-Hilaire, 81). — *La Chebaudière*, 1627 (ibid. 237).

Chebaudière (La), h. c⁰⁰ de Sommières.

Cheberson, m. isolée, c⁰⁰ de Rouillé.

Chebertrie (La), ff. c⁰⁰ de Châtain.

Chebillères (Les), lieu détruit, c⁰⁰ de Bonnes. — *Les Chebillères*, 1549; *cloux des Rossetières aultrement appellé les Chebillières, tenant au chemin de Bonnes à la Grange*, 1555 (seign. de Touffou, 1). — *Les Cheblières* (cadastre).

Chebotrie (La), f. c⁰⁰ de Queaux. — *La Chabotrie*, 1641 (prieuré de Grand-Chaume). — *La Chabottière*, 1670 (seign. de Ressonneau, 4).

CHEBRIE (LA), h. c^ne de la Chapelle-Viviers.
CHÉDEAU, m^in sur le ruiss. de la Font-de-Cé, en la basse ville de Lusignan. — *Molendinum Chozea*, 1252 (abb. de Fontaine-le-Comte, 22); — *de Chozeaux subtus castellum de Lesigniaco*, 1405 (gr. Gauthier, f° 59). — *Moulin de Choizeau soubz le chastel de Lesignen*, 1477 (fief de Monts); — *de Chazeau*, 1486 (fief des Pouternières). — *Moulin à Chedeau*, 1670 (fief du moulin de Chédeau). — Anc. fief relev. du chât. de Lusignan. C'était peut-être le moulin anc^t appelé *molendinum de Vallibus* ou *de Valle*, qui, au xiiie s°, appartenait à l'abbaye des Châtelliers (Deux-Sèvres). — *Locus qui dicitur ad Valles in prospectu castri Liziniacensis*, v. 1030 (cart. de St-Cyprien, p. 274). — *Molendinum de Vallibus*, v. 1060 (ibid. p. 275); — *de Valle apud Leziniacum*, 1227 (Fonteneau, t. V, p. 109).
CHÉDEVERGNES (LES), lieu détruit, près la Chaise, c^ne d'Orches. — *Village des Chesdevergnes*, 1581; — *des Chedevergnes*, 1588 (seign. de Puygarreau, 4).
CHÉDEVILLE, vill. c^ne de Naintré. — *Chiefdeville*, 1431 (duché de Châtellerault, 7). — *Chiepdeville*, 1476 (com^rie d'Auzon, 5). — *Chedeville*, 1607 (fief de la Tour-de-Naintré).
CHÉDEVILLE, vill. c^ne de Vendeuvre. — *Chepdeville*, 1403 (chap. cathédral, 78). — *Chedeville*, 1487 (chap. de St-Hilaire, 562). — *Chefdeville*, 1543 (seign. de Chénèché, 7). — Anc. fief réuni à celui des Roches.
CHEIX, m. r. c^ne de Dissay. — *Ché*, 1386 (séminaires de Poitiers, 24). — *Chey*, 1535 (Filles-de-Notre-Dame de Poitiers, 9).
CHEMELIÈRE (LA), h. c^ne de Marigny-Chemerault. — *La Charmelière*, *la Chalumelière*, 1489 (livre de recette de Vivonne, f°s 135 v°, 139 et 147). — *La Chaumellière*, 1775 (rôle des tailles). — *La Chaumelière*, 1841 (nomencl.).
CHEMERAULT, m. à Ayron. — *Herbergement de Chemerault*, 1383 (gr. Gauthier, f° 72).
CHEMERAULT, f. c^ne de Brux; — 1599 (seign. de Couhé). — *Les Chemereaux*, 1841 (nomencl.). — Anc. fief relev. de celui de la Bouleur, réuni au marq. de Couhé; en 1650 il fut appelé la Planche-Chemerault, le nom de Chemerault ayant été attribué à la terre de Marigny. — La garenne de Chemerault, de *Chemereaux* (Cassini), avait une superficie de 94 hectares en 1803.
CHEMIEN (LE GRAND et LE PETIT), ff. c^ne de Saint-Genest.
CHEMILLÉ, h. c^ne d'Archigny. — *Nemora de Chemille*, 1324; *Chenillé*, 1587 (seign. de Montoiron, 1).

CHEMIN CHÂTELAIN, d'Ingrande à Dangé. — *Chemin chastellain*, 1455 (abb. de St-Cyprien, 21).
CHEMIN CHÂTELAIN (GRAND): *Grand chemin chastellain tendant de Chastellerault à Mermande*, 1634 (seign. de Malicorne).
CHEMIN FERRÉ (GRAND), de la Guerjaudière, c^ne de Targé, à Senillé.
CHEMIN-PAVÉ (LE), m. isolée, c^ne de Poitiers.
CHEMIN-VERT (LE), h. c^ne de Châtellerault.
CHEMIN-VERT (LE), h. c^ne de Saint-Gervais.
CHENAGON, f. c^ne de Marigny-Brizay; anc. prieuré dép. de l'abbaye de Saint-Benoît-de-Quinçay. — *Arnaldus de Chinagunt*, v. 1060 (cart. de St-Cyprien, p. 74). — *Chenagunt*, 1160 (ch. de St-Hilaire, t. I, p. 164). — *Chenagun*, 1260 (chap. de Notre-Dame-la-Grande, 26). — *Prioratus de Chanagunt in parochia Sancti Leodegarii* (pouillé de Gauthier, f° 147). — *Chenagont*, 1383 (taux du décime, p. 10). — *S. Hilaire de Chenagon*, 1782 (pouillé).
CHENAGONS (LES), h. c^ne de Colombiers, distrait de la c^ne de Naintré le 7 décembre 1825.
CHÊNAIE (LA), vill. c^ne de Pairé. — *La Chesnée*, 1659 (notaires, Mestreau à Civray). — *La Chaignais*, 1775 (rôle des tailles). — *La Chagnée* (Cassini).
CHENAILLERIES (LES), f. c^ne de Lencloître.
CHÊNAIS (LA), m. r. c^ne de Saint-Remy-sur-Creuse.
CHENAT, h. c^ne de Luchapt; — 1561 (prieuré de St-Paixent).
CHÊNE (LE), f. c^ne de Benassay. — *Le groux Cheigne*, 1476 (chap. de St-Hilaire, 81). — *Le Chaigne*, 1536; *le Chesgne*, 1543 (ibid. 223).
CHÊNE (LE), m. près la Bodétrie, c^ne de la Bussière. — *Forge du Chaigne?* 1482 (couv. de la Puye, 7). — *Le Chaigne*, 1522 (seign. de la Roche-Aguet).
CHÊNE (LE), f. c^ne de Celle-l'Évécault. — *Le Chaigne*, 1552; *le Chesne*, 1597 (collège de Poitiers, 25).
CHÊNE (LE), lieu détruit, près Château-Garnier. — *Village du Chesne*, 1561 (fief de la Grande-Épine).
CHÊNE (LE), h. c^ne de Dercé.
CHÊNE (LE), f. près Aillé, c^ne de Dissay. — *Le Chaigne*, 1425 (chap. cathédral, 73). — *Le Chesne* (Cassini).
CHÊNE, chât. en ruine et f. c^ne d'Ingrande. — *Locus qui dicitur Chasnas in vicaria de Castro Araldi*, v. 1025 (cart. de St-Cyprien, p. 176). — *Capella de Chenec in parrochia de Ingrandia* (pouillé de Gauthier, f° 173 v°). — *Chagnes*, 1419 (chap. de St-Pierre-le-Puellier, 1). — *Chesnes*, 1425 (cure d'Ingrande). — *Chaignes*, 1531; *Chesgne*, 1752; *Chesne*, 1758 (abb. de la Celle, 4). — Anc. fief relev. du duché de Châtellerault; uni en 1661 au marq. de la Groye.

CHÊNE (LE), f. c^ne de Lusignan. — *Le Chaigne*, 1498 (fief de Venours). — *Le Chesgne*, 1604 (fief de Mauprié). — *Le Cheigne*, 1753; *le Chesne*, 1775 (rôles des tailles).

CHÊNE (LE), m^in sur l'Auzon, c^ne de Montoiron. — *Herbergement du Chesne*, relev. de Montoiron, 1429 (seign. de Montoiron, 1). — *Moulin du Chesne*, 1492 (arch. de Poitiers, 58).

CHÊNE (LE), ff. c^ne de Pouzioux. — *La dame du Chene*, 1309 (Gauthier, f° 185 v°). — *Village du Chaigne*, 1498; *le Chesne*, 1549 (chap. de Chauvigny, 12). — Anc. fief relev. de Sanzelle.

CHÊNE (LE), f. c^ne de Saint-Gervais. — *Le Chesne*, 1452 (duché de Châtellerault, 4). — Anc. fief relev. de la Tour de Baunay.

CHÊNE (LE) ou LE CHÊNE-SALBERT, c^ne de Sanxay. — *Herbergement du Chaigne*, 1369 (Inv. des arch. de la Barre, t. II, p. 23).

CHÊNE (LE), h. c^ne d'Usseau. — *Le Chesne*, 1600 (seign. de Malicorne).

CHÊNE (LE), vill. c^ne de Vendeuvre. — *Le Chaigne*, 1353 (abb. de Fontaine-le-Comte, 29). — *Le Chesne*, 1624 (évêché, 69).

CHÊNE (LE), h. c^ne de Vivonne.

CHÊNE (MOULIN DU), sur le Négron, c^ne de Sammarçolle.

CHÊNE-À-L'AIRE (LE), m. isolée, c^ne de Saint-Georges.

CHÊNE-À-RICHARD (LE), f. c^ne de Marnay. — *Chaisgne Richard*, 1558 (fief de Château-Larcher). — *Le Chaigne Richard*, 1571; *le Chesne Richard*, 1573 (fam. Pidoux).

CHENEAU (LA), h. c^ne de Saint-Cyr.

CHÊNE-BERCY (LE), m. isolée, c^ne de Bonneuil-Matours.

CHÊNE-BERLAND, h. c^ne de Tercé. — *Chagne Berland*, 1769; *Chene Berland*, 1776 (rôles des tailles).

CHÊNE-BILLAULT (LE), vill. c^nes de Pouant et Nueil-sous-Faye. — *Le Chesne Billault*, 1575 (chap. de St-Hilaire, 428).

CHENEBOUX, lieu détruit, près Ressonneau, c^ne de Queaux. — *Village de Cheneboux*, 1641 (seign. de Ressonneau, 3).

CHÉNECHÉ, c^n de Neuville. — *Ecclesia Sancti Vincentii apud Chinipiacum castellum, ecclesia Sancti Aventini*, v. 1080 (cart. de St-Cyprien, p. 61 et 62). — *Chenepiacum*, v. 1085 (ibid. p. 278). — *Lozoious de Chiniciaco*, v. 1090 (cart. de St-Nicolas, 33). — *Chenepchec*, v. 1090 (cart. de St-Cyprien, p. 86). — *Chunichec*, 1095 (abb. de Nouaillé). — *Ecclesiæ de Chenipiaco*, 1097-1100 (cart. de St-Cyprien, p. 14); — *de Cano Capite*, v. 1110 (ibid. p. 44); — *de Chiniaco*, 1119 (ibid. p. 18). — *Castrum, forum et domus infirmorum Canitiapi*, 1122-1140 (ibid. p. 65 et 66). — *Goscelinus de Cheneche, de Chenechiaco, de Chenecheaco; Gauvens de Cheniciaco, dominus Canuti Capitis*, v. 1128 (cart. de Noyers, p. 494 et 495). — *Chenuchiacum*, 1142 (abb. de St-Cyprien). — *Chenéché*, 1239; *Chéniché*, 1243 (séminaires de Poitiers, 3). — *De Chenicheto*, 1258 (Fontcneau, t. VII, p. 635). — *Ecclesia de Ceniaco* (pouillé de Gauthier, f° 174). — *Chenuché*, 1370 (chap. de Ste-Radegonde, 18). — *Sainct Vincent de Seneché*, 1396 (seign. du Peux-de-Cissé). — *Chenecheyum*, 1520 (bissexte). — *Ceneché*, 1645 (almanach de Poitiers). — *Seneché*, 1657 (arch. de Poitiers, 40).

Avant 1790 la paroisse de Chénéché était de l'archiprêtré de Dissay et de l'élection de Poitiers. Le prieuré et la cure de Saint-Vincent dépendaient de l'abbaye de Saint-Cyprien; le prieuré fut uni au grand séminaire de Poitiers en 1683. Il y avait en outre à Chénéché une église sous le vocable de saint Aventin, mentionnée ci-dessus, vers 1080; puis dans le pouillé de Gauthier, f° 174 : *Ecclesiarum Sancti Aventini et de Ceniaco que unite sunt patronatum habet abbas Sancti Cypriani*, et dans un compte de la chevecerie de l'église cathédrale, de 1542 : *Rector de Cheneche, rector Sancti Aventini dicti loci*. Il ne reste aucuns vestiges de cette église.

La seigneurie de Chénéché, qualifiée châtellenie dès 1410 (gr. Gauthier), relevait en partie du comté et de la sénéchaussée de Poitiers, en partie de la baronnie de Mirebeau, au duché-pairie de Richelieu, et s'étendait principalement dans les paroisses de Chénéché, Chabournay, Vendeuvre, Neuville, Charay, Champigny-le-Sec, Blâlay et Thurageau.

CHÊNE-CORBEAU, m. r. c^ne de Bonnes.

CHÊNE-D'AY (ÉTANG DU), auj. desséché, c^ne de Saugé.

CHÊNE-DES-GRANDS-CRINS (LE), m. de garde dans la forêt de Pleumartin.

CHÊNE-FERRÉ, vill. c^ne de Guesne.

CHÊNE-FOURCHER (LE), m. r. c^ne de Bonnes. — *Le Chaigne forcheu*, 1567; *le Choigne forchier*, 1602 (seign. de Loubressay). — *Le Chesne fourché*, 1714 (seign. de Bellefont).

CHÊNE-L'ABBÉ (LE), h. c^ne de la Chapelle-Moulière. — *Chasgne l'abbé*, 1472 (abb. de Montierneuf, reg. 10). — *Le Chaigne l'abbé*, 1597 (ibid. 82).

CHENELLE (LA); on donne ce nom près Messay à la rivière de Saint-Jean-de-Sauves, aussi appelée Prepson. (Voy. ce mot.) — *Flumen quod dicitur Kadelena*, 932 (cart. de St-Cyprien, p. 90). — *Cadisinila*, 988-1031 (ibid. p. 94). — *La Chenelle*, 1609,

1682 (collège de Poitiers, 67); 1781 (Affiches du Poitou, p. 65).

Chêne-Morin (Le), h. c^ne de Latillé. — *Le Chaigne Morin*, 1458 (abb. du Pin, 26).

Chêne-Prieur (Le), h. c^ne de la Chapelle-Moulière.

Chênerie (La), m. r. c^ne d'Ingrande. — *La Chesnerie*, 1673 (seign. d'Ingrande, inv.).

Chêne-Rond (Le), m. de garde dans la forêt de la Groie, c^ne de Mairé.

Chêne-Sapin (Le), f. c^ha de Fontaine-le-Comte. — *Terres appelées les Essarts ou Novalles, appartenant à Jacques Sappyn*, 1576; *le Chesgne Chappin*, 1589; *le Chesne Sapin*, 1737 (abb. de Fontaine-le-Comte, 12).

Chenet, h. c^ne de Mazerolles. — *Chenner*, 1225; *Chanet*, 1439; *Chenet*, 1490 (abb. de Nouaillé, 40). — Il est fait mention en 1490 et en 1640 de la chapelle de Chenet et des bois du même nom appartenant à l'abbaye de Nouaillé (*ibid.* 40 et 41). Cette chapelle, qui était sous l'invocation de saint Jacques, est ruinée; on s'y rend encore en pèlerinage pour obtenir la guérison de la fièvre.

Chêne-Tord (Le), m. en ruine, près la Clorie, c^ne de Vellèche.

Chenetrie (La), h. c^ne de Mazerolles; — 1633 (abb. de Nouaillé, 41).

Chenevaux, h. c^ne de Saint-Pierre-de-Maillé. — *Champnoau*, 1444 (évêché, 43). — *Champnouhau*, 1470 (*ibid.* 37). — *Chantnouau*, 1503 (*ibid.* 33). — *Lieu noble de Chenouau*, 1599; *Chanouvault*, 1682 (fam. de la Bussière). — *Champs Nivaulx*, 1602 (fam. de Savatte). — *Chanouau*, 1639 (seign. de la Roche-Aguet). — *Chanaux* (Cassini).

Chenevelles, c^on de Pleumartin. — *Ecclesia de Canavellis in castellania de Monte Oiran*, 1123 (chap. cathédral, 12). — *Senevelles* (pouillé de Gauthier, f° 173). — *Chenevelles*, 1446 (cure de Chenevelles). — *S. Remy de Chenovelle*, 1782 (pouillé). Cette commune est formée des deux anciennes paroisses de Chenevelles et la Chapelle-Roux. Celle de Chenevelles faisait partie de l'archiprêtré de Châtellerault, de la baronnie de Montoiron, du duché, de la sénéchaussée et de l'élection de Châtellerault. Le patronage de la cure fut attribué par l'évêque Guillaume 1er, en 1123, au chevecier de l'église cathédrale (chap. cathédral, 1). Le fief de Chenevelles et le temporel de la cure relevaient du duché de Châtellerault.

Le ruisseau de Chenevelles, aussi appelé Auzon de Chenevelles ou le Jeune-Auzon, prend sa source à la Bouffonnerie, c^ne d'Archigny, traverse la c^ne de Chenevelles et se réunit à l'Auzon près Montoiron.

Chêne-Vert (Le), h. c^na de Bertegon.

Chêne-Vert (Le), vill. c^ne de Pairé. — *Le Chaigne vert*, 1737 (notaires, Grollier à Brux).

Chêne-Vert (Le), f. c^ne de la Puye.

Chêne-Vert (Le), m. r. c^ne de Roslay.

Chenevière (La), lieu détruit, près Briande, c^ne d'Arçay; — 1551 (arch. de la Soc. des antiq. de l'Ouest; Loudunais, 3); 1570 (com^rie de Loudun, 24). — Anc. seign. appartenant à la com^rie de Moulins.

Chenières (Les), m. r. c^ne de Mairé. — *Les Chesnières*, 1543 (seign. de Mairé).

Chenille (La), f. c^ne de Châtillon; — 1705 (chap. cathédral, reg. 98).

Chenilleries (Les), f. c^ne de Thurageau; autref. *la Chevallerie* (Cassini); 1841 (nomencl.).

Chennetrie (La), h. c^ne de Saint-Gervais. — *Village des Choisnetz, la Choisnetterie*, 1634 (fief de la Tour de Baunay). — *La Choisnetrie*, 1731 (cure de St-Gervais). — *La Chouenetrie* (Cassini).

Chenu, f. c^ne d'Archigny; — 1585 (abb. de l'Étoile).

Chepsière (La), h. c^ne de Persac. — *La Gibetière*, 1739 (notaires, Fleury à Moulime). — *La Gipsière*, 1841 (nomencl.).

Cherbonneau, m^in sur l'Auzance et vill. c^ne de Vouillé. — *Molendinum de Plantois*, 1303 (chap. de Ste-Radegonde, 64). — *Moulin du Plantis*, 1380 (*ibid.* 31); — *de Cherbonneau*, 1569 (*ibid.* 28); — *de Charbonneau ou du Plantis*, 1605 (abb. du Pin, 2).

Cherches (Les), f. c^ne de Magné.

Cherches (Les), f. c^ne de Marnay.

Cherchillé, f. c^ne de Sillars; anc. prieuré dép. de l'abbaye de Saint-Savin, suivant déclaration du prieur en 1728 (clergé, 15). — *Prioratus de Chachilli* (pouillé de Gauthier, f° 148 v°). — *Prieuré de Sainct Sicaire de Cherchillé, membre deppendant de l'abbaye de Brantosme*, 1509; — *de Sainct Marcq de Cherchillé*, 1683; — *de Sainct Genest de Cherchilly*, 1689; *prieuré commanderie de Sainct Genest de Cherchillé*, 1692; *prieuré de S. Jean et S. Genest de Cherchillé*, 1733, 1783; *Cherchillot*, 1783 (prieuré de Cherchillé).

Cherelles (Les), h. c^ne de Thuré, 1619; *les Chezelles*, 1648 (fief de la Rimbertière).

Chénie (La), h. c^ne de Moulime. — *Village du Cours*, 1494; — *des Corretz aultrement la Chairie*, 1583 (fief de l'Âge-de-Plaisance). — *La Cherie*, 1736 (cure de Moulime).

Cherpe (Le), h. c^ne de Tercé. — *Le Cherpre* (Cassini).

Cherpraie (La), h. c^ne de Bouresse. — *La Soterie*, 1486 (maison-Dieu, 196). — *La Soterie alias*

DÉPARTEMENT DE LA VIENNE.

la *Cherpée*, 1539; *la Sauterie ou la Cherpraye*, 1680; *la Sotterie ou la Cherprée*, 1744 (ibid. 198).

CHERPRÉE (LA), f. cne de Magné. — *La Charprée*, 1461 (chap. de St-Hilaire, 439). — *La Cherpraye*, 1572; *la Cherprée*, 1610 (cure de Magné).

CHERVÉ, h. cne de Coulombiers.

CHERVES, c{en} de Mirebeau. — *Vicaria Kanabinsis in pago Pictavo*, 936 ou 937 (cart. de St-Cyprien, p. 325). — *Charva*, 1161 (Fonteneau, t. V, p. 23). — *Aimericus de Charves*, 1169 (arch. de Maine-et-Loire, abb. de Fontevrault). — *Cherves*, 1219 (Fonteneau, t. V, p. 73). — *Capellanus de Chervis*, 1383 (taux du décime, p. 34). — *S. André de Cherves*, 1782 (pouillé).

L'existence de la viguerie de Cherves n'est révélée que par le cartulaire de Saint-Cyprien, mentionnant Ibeille et Ségenay.

Avant 1790 la paroisse de Cherves, en l'archiprêtré de Parthenay, dépendait en partie de la baronnie de Mirebeau, élection de Richelieu, généralité de Tours, et en partie de la baronnie de Parthenay, élection de Poitiers. La cure était à la nomination de l'abbesse de Sainte-Croix de Poitiers. Le fief de Cherves relevait de la baronnie de Mirebeau.

CHESSÉ, vill. cne de Brux. — *Sechers*, 1446; *Sechiers*, 1476 (abb. de Nouaillé, 53).

CHÉTARDIÈRE (LA), h. cne de Montreuil-Bonnin.

CHÉTIF-BREUIL, f. cne de Persac.

CHÉTIF-MOULIN (LE), m{in} détruit, sur la Fontpoise, cne d'Orches.

CHÉTIVEAU, m{in} sur la veude ou ruiss. de Maine, cne de Dercé. — *Moulin de Chestiveau*, 1566 (cure de Dercé).

CHETONNIÈRE (LA), h. cne de Rouillé; — 1775 (rôle des tailles). — *La Chatonnière* (Cassini).

CHEVAL-BLANC (LE), faubourg de Charroux.

CHEVAL-BLANC (LE), m. r. cne de Châtellerault. — *Mestairie de l'Augeardière aultrement le Cheval blanc*, 1616 (cure d'Antogné).

CHEVAL-BLANC (LE), m. détruite, près Condac, cne de Thollet.

CHEVALERIN, f. cne de Mairé.

CHEVALIÈRES (LES), m. ruinée, cne d'Usseau. — *Les Chevaliers* (Cassini).

CHEVALIERS (LES), m. r. cne de Lavoux. — *Village du Moullin, vulgairement appellé le village des Chevaliers*, 1604 (seign. de Touffou, 2). — *Les Chevaliers*, 1676 (abb. de St-Cyprien, 44).

CHEVALIERS (LES), f. cne de Thuré.

CHEVALLERIE (LA), f. cne de Blâlay; anc. fief relev. de la châtell. de Chéneché, 1670 (aveu de Chéneché);

érigé par Nicolas Chevalier, premier président de la cour des aides de Paris, seigneur de Chéneché.

CHEVALLERIE (LA), m. r. cne de Pouant. — *La Chevallerye*, 1662 (chap. de St-Hilaire, 431).

CHEVALLERIE (LA), h. cne de Saint-Genest. — *La Chevalerie*, 1439 (terrier de Gironde, f° 25).

CHEVALLERIE (LA), f. cne de Thuré; — 1544 (chap. de Châtellerault, 12).

CHEVARDERIES (LES), h. cne de Chenevelles. — *La Cheverlerie*, 1452 (abb. de la Merci-Dieu, 11).

CHEVAUX-BLANCS (LES), h. cne de Loudun.

CHEVÉCAND, h. cne de Saint-Maurice. — *Les Vesquants*, 1710; *Chevesquand*, 1734 (rôles des tailles).

CHEVESSERIES (CHEMIN DES), cne de Varennes.

CHEVILLAT (LE), f. cne de Queaux; — 1656 (seign. de Ressonneau, 3).

CHEVILLONNIÈRE (LA), h. cne de Mauprevoir. — *La Chevilloneria*, 1403 (abb. de Charroux). — *La Chevillonnière*, 1654 (notaires de la bar. de Charroux).

CHEVINET, h. cne de la Bussière.

CHEVRAISE (LA), vill. cne de Saint-Sauvant; — 1710 (rôle des tailles).

CHEVRALIÈRE (LA), f. cne de Liniers. — *La Chevralère*, 1394 (com{rie} de St-Georges, 35). — *La Chevralière*, 1455 (ibid. 7). — *La Chevrolière*, 1507 (abb. de St-Cyprien, 44).

CHEVRALIÈRE (LA), h. cne de Saint-Gervais; — 1459 (duché de Châtellerault, 6). — Anc. fief relev. du Plessis-Baunay.

CHÈVRE (LA), f. cne d'Amberre.

CHEVREAUX (LES), h. et bois, cne de la Chapelle-Bâton; — 1710 (rôle des tailles).

CHEVRET, m{in} sur la Vonne, cne de Curzay. — *Moulin de Chevré*, 1627 (fief de Curzay).

CHEVRIE (LA), ff. cne de Jardres. — *La Chevrie*, 1531 (seign. du Ry). — *La Cheverie*, 1566 (chap. cathédral, 19). — Ancien fief relev. de la Tour de Jardres.

CHEVRIES (LES), h. cne de Thurageau. — *La Chevrerie*, v. 1300 (seign. de Chéneché, 1). — *La Cheverie*, 1466 (conv. de Lencloître). — *La grande Chevrie*, 1593 (seign. de la Grande-Chevrie). — *La Chevrie Chappeau*, 1628 (abb. de Montierneuf, 8). — *Les Chevries*, 1716 (ibid. 8). — Le fief de la Grande-Chevrie relevait du Lizon (aveu de Mirebeau).

CHEVRILLIÈRE (LA), f. cne de Marçay; — 1507 (collège de Poitiers, 9).

CHEVNOCHE (LA), f. cne de Vernon.

CHEVROLIÈRE (LA), f. détruite, près la Grange, cne de Mairé.

Chevrolière (La), f. c^ne de Pairoux. — *La Cheverollière*, 1634 (notaires de la bar. de Charroux).
Chevrolière (La), vill. c^ne de Saint-Martin-la-Rivière. — *La Chevrolère*, 1390 (seign. de St-Martin-la-Rivière, 1). — *La Chebrolère*, 1410 (chap. de Chauvigny, 23). — *La Chevrolière*, 1450 (chap. de Mortemer, 2). — *La Chevrollière*, 1521 (ibid. 1).
Chez-Andrau, h. c^ne de Lizant. — *Le Puys de la Ville autrement Cheux Andraux*, 1633 (seign. de Landraudière). — *Chés Endrault*, 1748 (notaires, Arnault à Bois-Seguin).
Chez-Bachelard, f. c^ne d'Adriers. — *Cheuz Bachellard*, 1639 (maison-Dieu, 181).
Chez-Bailly, h. c^ne de Saint-Laurent-de-Jourde.
Chez-Bardon, vill. c^ne d'Anois.
Chez-Barrault, ff. c^ne de Romagne.
Chez-Barret, ff. c^ne d'Anois. — *Cheux Baret*, 1661 (notaires, Chevallier à Civray).
Chez-Barret, f. c^ne de Mouterre; — 1775 (rôle des tailles).
Chez-Baudoin, h. c^ne de Lizant.
Chez-Baudry, vill. c^ne de Châtain.
Chez-Belau, h. et anc. camp. c^ne de Charroux. — *Chez Belland*, 1754 (rôle des tailles).
Chez-Benest, f. c^ne de Savigné. — *Chez Benez*, 1693 (notaires, Pascault à Civray).
Chez-Benêteau, h. c^ne de Savigné. — *Chez Benesteau*, 1693 (notaires, Pascault à Civray).
Chez-Benoist, f. c^ne d'Availle-Limousine; — 1616 (fam. Laurent de Reyrac).
Chez-Bernard, f. c^ne de Brux. — *Le petit Daumont alias Grange des Bernard*, 1731 (seign. de Couhé, inv. t. 2). — *Métairie des Bernards*, 1732 (rôle des tailles de Couhé).
Chez-Bernard, h. c^ne de Lomaizé. — *Village du Poirier aux Coustz alias cheux les Bernardz*, 1562 (fief de la Foucaudière).
Chez-Bernard, f. c^ne de Queaux. — *Village des Bernards*, 1656 (seign. de Ressonneau, 3). — *Chez Bernard*, 1788 (rôle des tailles).
Chez-Bernard, h. c^ne de Verrières. — *Cheux Bernard*, 1700 (notaires, Sandilleau à Verrières).
Chez-Bernardeau, vill. c^ne de Champniers. — *Maison de Pierre Bernardeau*, 1438 (seign. de la Millière). — *Chez Bernardeau*, 1611 (fief de Passac).
Chez-Bertrand, h. c^ne d'Availle-Limousine; — 1656 (rôle des tailles).
Chez-Biron, h. c^ne de Civaux.
Chez-Blet, h. c^ne d'Availle-Limousine. — *Chez Bellet*, 1656 (rôle des tailles).
Chez-Blondin, vill. c^ne de Voulême.
Chez-Bobet, f. c^ne de Luchapt. — *Chez Bobet* (Cassini).

Chez-Bobin, vill. et m^in sur le ruiss. de Varennes, c^ne de Latus. — *Village des Baubyns alias de Lassoulv*, 1565; *les Bobins*, 1674 (fief des Bobins). — *Chez Bobin*, 1602 (prieuré de Latus). — *Chez Boby*, 1775 (rôle des tailles). — Anc. fief relev. de la bar. de Montmorillon.
Chez-Bois, f. c^ne de Château-Garnier.
Chez-Boisson, h. c^nes de Saint-Saviol et Saint-Pierre-d'Exideuil; — 1667 (notaires, Pascault à Civray).
Chez-Bon-Clou, h. c^ne de Chaunay.
Chez-Bonnaudeau, h. c^ne de Champniers.
Chez-Bonneau, f. c^ne de Voulême.
Chez-Bonnesset, ff. c^ne de Charroux. — *Chez Bonesel*, 1754 (rôle des tailles).
Chez-Bonnet, f. c^ne d'Availle-Limousine.
Chez-Bonnet-Rouge, tuilerie et h. c^ne de Persac. — *La Maison-Neuve*, 1841 (nomencl.).
Chez-Bossay, f. c^ne de Verrières.
Chez-Boucher, h. c^ne d'Availle-Limousine. — *Chés Bouchier*, 1633 (seign. d'Availle).
Chez-Bouchet, h. c^ne de Romagne. — *Le viel Breus aultrement Chez Bouchet*, 1597 (chap. de St-Hilaire, 249).
Chez-Bouillat, h. c^ne de Luchapt.
Chez-Boulard, vill. c^ne de Lizant. — *Chez Boullard*, 1693 (notaires, Pascault à Civray).
Chez-Boulard, f. c^ne de Luchapt. — *Chés Boullard*, 1697 (fam. de la Broue de Vareilles).
Chez-Boulon, f. c^ne de Pressac. — Anc. fief.
Chez-Bourdet, vill. c^ne de la Chapelle-Bâton. — *Cheux Bourdez alias les Pradolles*, 1642 (aumônerie de Charroux). — Une maison de ce village est sur le territ. de la c^ne de Charroux.
Chez-Bourliaud, f. c^ne d'Asnières.
Chez-Bourlot, h. c^ne de Gouex.
Chez-Boury, f. c^ne de Brion.
Chez-Bouton, m. r. c^ne de la Chapelle-Bâton.
Chez-Bouyer, h. c^ne de Mauprevoir. — *Chés Bouyer alias Perrin*, 1538 (aveu de St-Germain). — *Chés Bouhier*, 1665 (notaires de la bar. de Charroux).
Chez-Briant, h. c^ne de Romagne.
Chez-Brideix, vill. c^ne de Luchapt.
Chez-Brisset, vill. c^ne de Verrières; — 1700 (notaires, Sandilleau à Verrières).
Chez-Brisson, h. c^ne de Saint-Romain.
Chez-Brosset, f. c^ne de Lussac-le-Château.
Chez-Brumelot, h. c^ne de Savigné. — *Chez Brumelot*, 1735 (notaires, Buchey à Civray).
Chez-Caillaud, h. c^ne de Queaux. — *Cheux Caillaud*, 1610 (seign. de Ressonneau, 3). — *Chez Cayot* (Cassini).
Chez-Cailleton, vill. c^ne de Civray.

DÉPARTEMENT DE LA VIENNE.

Chez-Canaux, f. c^{ne} d'Availle-Limousine.
Chez-Carteau, h. c^{ne} de Pairoux. — *Chez Cartaud*, 1775 (rôle des tailles).
Chez-Chalais, lieu autref. habité, c^{me} de Plaisance. — *Chez Challay*, 1775 (rôle des tailles). — *Chez Chalais* (Cassini).
Chez-Charles, f. c^{ne} de Luchapt.
Chez-Charbeau, h. c^{ne} du Vigean.
Chez-Chat-Nègre, m. r. c^{ne} du Vigean.
Chez-Chatrère, h. c^{ne} de la Chapelle-Bâton. — *Chez Chatraire*, 1726 (rôle des tailles).
Chez-Chauveau, vill. c^{ne} de Savigné; — 1693 (notaires, Pascault à Civray).
Chez-Chavegrain, h. c^{ne} de Saint-Laurent-de-Jourde.
Chez-Chenu, f. c^{ne} de Romagne. — *Les Brousses alias Chez Chenu*, 1598 (chap. de St-Hilaire, 249).
Chez-Chevallon, ff. c^{ne} de Lizant. — *Cheux Chevallon*, 1740 (notaires, Trébuchet à Bois-Seguin).
Chez-Chevaux, vill. c^{ne} de Saint-Macou; — 1754 (prieuré de St-Nicolas de Civray).
Chez-Coindeau, h. c^{ne} de Surin. — *Village des Coindaux*, 1695 (fief du Cibiou). — *Cheux Coindault*, 1663 (notaires, Chevallier à Civray). — *Cheux Couindaud*, 1696 (seign. du Cibiou). — *Chez-Couandot*, 1841 (nomencl.).
Chez-Collin, h. c^{ne} d'Asnières. — *Cheux Collin*, 1628 (cure d'Asnières).
Chez-Conmy, h. c^{ne} de Brux.
Chez-Cottier, h. c^{ne} de Voulême. — *Village des Cottiers*, 1753 (notaires, Trébuchet à Bois-Seguin).
Chez-Coudret, vill. c^{ne} de Brux. — *Cheux Coudré*, 1629 (arch. de Poitiers, 71). — *Cheix Cousdré*, *Cheix Couldré*, 1630 (abb. de Nouaillé, 53). — *Chez Coudrait*, 1679 (notaires, Pascault à Civray).
Chez-Couillaud, vill. c^{ne} de Châtain.
Chez-Courte-Soupe, h. c^{ne} d'Asnières; — 1771 (cure d'Asnières).
Chez-Cubeau, h. c^{ne} de Saint-Remy. — *Village des Cubault*, 1557 (maison-Dieu, 191). — *Chez Cubaud*, 1639 (ibid. 181).
Chez-Daguenet, f. c^{ne} d'Adriers.
Chez-Dandault, ff. c^{ne} de Saint-Laurent-de-Jourde; — 1690 (notaires, Barrot à Poitiers).
Chez-Darat, h. c^{ne} du Vigean.
Chez-Dauffard ou la Doitelière, h. c^{ne} de Magné. — *La Doatellère*, 1334 (chap. de St-Hilaire, 439). — *La Doatelière*, 1480; *la Douatellière*, 1600 (fief de Magné). — *La Doitelière*, 1841 (nomencl.).
Chez-Dauphin, h. c^{ne} de Luchapt; — 1561 (prieuré de St-Paixent).
Chez-David, h. c^{ne} d'Adriers.
Chez-David, mⁱⁿ sur le Cibiou, c^{ne} de Lizant. — *Chez David, moulin à David*, 1618 (seign. de Bois-Seguin). — *Moulin de David*, 1787 (fam. de Chergé).
Chez-Davinot, h. c^{ne} d'Asnières. — *Village des Davynotz, Chez Davynot*, 1557 (seign. de Serre et Abzac). — *Chés Davinot*, 1722 (cure d'Asnières).
Chez-Delâge, h. c^{nes} de Verrières et Saint-Laurent-de-Jourde.
Chez-Denison, f. c^{ne} de Pairoux; — 1775 (rôle des tailles).
Chez-Déranlot, partie du vill. de la Féolle, c^{me} de Blanzay. — *Terres de Johanne Dorenlot*, 1404 (gr. Gauthier, f° 196); — *à Pierre Darenlos*, 1405 (ibid. f° 232).
Chez-Derindeau, h. c^{ne} de Latus. — *Cheux Derindeau*, 1642; *Cheux Darindeau*, 1652 (seign. du Cluzeau).
Chez-Devin, m. r. c^{ne} de Quincay. — Anc. fief relev. de Masseuil.
Chez-Dijonneau, h. c^{ne} de Lizant.
Chez-Dinette, f. c^{ne} de Charroux. — *Chez Dinet*, 1693 (notaires, Pascault à Civray).
Chez-Domain, h. c^{ne} de Latus. — *Chez Dosmin*, 1730 (rôle des tailles).
Chez-Dorange, m. r. c^{ne} de Linazay.
Chez-Faneau, h. c^{ne} de Saint-Romain.
Chez-Ferraud, f. c^{ne} d'Availle-Limousine. — *Chez Ferreau*, 1643 (abb. de St-Cyprien, 28). — *Chez Fayraud* (Cassini).
Chez-Ferrier, f. c^{ne} de Mouterre.
Chez-Fontaudier, f. c^{ne} de Luchapt. — *Chez Fontenier*, 1841 (nomencl.).
Chez-Foucault, f. c^{ne} de Ceaux, c^{on} de Couhé. — *Cheux Foucault*, 1620 (seign. de Monts). — *Chez Foucquault*, 1621 (seign. de la Millière).
Chez-Foucher, vill. c^{ne} de Brux. — *La Tousche aux Bertrand*, 1491 (fief du Puy de Brux). — *Village des Fouschiers*, 1599 (seign. de Couhé). — *Les Fouchers de la Tousche aux Bertrand*, 1620; *la Tousche aux Bertrands, autrement le village de Chez Fouchier*, 1736 (fief du Puy de Brux).
Chez-Foureau ou la Coquelinière, vill. c^{ne} de Civaux. — *La Coquelinyère*, 1535 (seign. de la Tour-aux-Cognons). — *La Coquelinière*, 1841 (nomencl.).
Chez-Fréreau, ff. c^{ne} du Vigean. — *Village des Frereaux*, 1659 (cure du Vigean). — *Chez Fresveau*, 1716; *Chez Frereau*, 1723 (fam. Laurent de Reyrac).
Chez-Frétet, h. c^{ne} de Luchapt. — *Chés Frestet*, 1581 (fam. de la Broue de Varcilles). — *Chez Freté* (Cassini).
Chez-Fumeron, h. c^{ne} de Pairoux.

Chez-Gabourin, f. c^{ne} de Pairoux. — *Village de la Grange alias Cheux Guabourin*, 1592 (notaires de la vic. de Rochemeaux); — *alias Chez Gabourin*, 1633 (notaires de la bar. de Charroux).

Chez-Gâchat, h. c^{ne} de Vaux-en-Couhé. — *Village des Gaschatz*, 1538; *Chez Gaschapt alias Grolard*, 1566 (chap. de St-Hilaire, 343).

Chez-Gadillon, m. r. c^{ne} d'Asnières.

Chez-Gaillard, h. c^{ne} d'Adriers. — *Puy Gaillard* (Cassini).

Chez-Gailledrat, h. c^{ne} d'Asnières. — *Cheux Gailledratz*, 1618 (prieuré de Teil). — *Chés Gailledras*, 1668 (cure d'Asnières).

Chez-Gamori, f. c^{ne} d'Asnières. — *Chez Gamary*, 1841 (nomencl.).

Chez-Gâtineau, vill. c^{ne} de Maupreyoir. — *Cheux Gastineau autrement la Couillebaudière*, 1650 (notaires de la bar. de Charroux).

Chez-Geny, m. r. c^{ne} d'Asnières.

Chez-Georges, h. c^{ne} de Luchapt; — 1755 (fam. de la Broue de Vareilles).

Chez-Géron, h. c^{ne} de Couhé.

Chez-Géron, f. c^{ne} de Vaux-en-Couhé. — *Chés Gesron*, 1680 (notaires de la châtell. de Monts).

Chez-Gilbert, f. c^{ne} de Mouterre; — 1775 (rôle des tailles).

Chez-Gilet, f. c^{ne} du Vigean. — *Chez Gillet*, 1680 (cure du Vigean).

Chez-Giraud, h. c^{ne} de Brigueil-le-Chantre. — *Cheulx Girand*, 1622 (cure de la Trimouille).

Chez-Giraud, h. c^{ne} de Civaux.

Chez-Goué, vill. c^{ne} de Lussac-le-Château. — *Cheulx Gouez*, 1618 (maison-Dieu, 159).

Chez-Goyon, m. isolée, c^{ne} de Maupreyoir.

Chez-Grelet, h. c^{ne} de Maupreyoir. — *Chez Grellet*, 1694 (notaires, Decroux à St-Martin-Lars).

Chez-Grollier, partie du vill. de la Garde, c^{ne} de Blanzay; — 1690 (notaires, Pascault à Civray).

Chez-Grosse-Dent, vill. c^{ne} de Voulême.

Chez-Guérin, h. c^{ne} de Lizant; — 1661 (notaires, Chevallier à Civray).

Chez-Guibe, h. c^{ne} de Saint-Laurent-de-Jourde.

Chez-Guibonneau, lieu détruit, près la Bourliaudrie, c^{ne} de Saint-Gaudent.

Chez-Guingant, h. c^{ne} de la Ferrière.

Chez-Guingat, h. c^{ne} de Surin.

Chez-Guinot, vill. et mⁱⁿ sur le Cibiou, c^{ne} de Genouillé. — *Village de la Michenie alias de Cheux Guinot*, 1597; — *de la Mecherye alias Cheux Guinot*, 1599 (seign. de Bois-Seguin). — *La Michenye*, 1633 (seign. de Landraudière). — *Moulin de Chez Guinot*, 1695 (fief du Cibiou).

Chez-Guyonneau, h. c^{ne} de Channay. — *Chez Gouveneau*, 1841 (nomencl.).

Chez-Jamet, c^{ne} de Brux. — *Miserit*, 1498; *Miseré*, 1605 (fief de Miscrit). — Ce fief relevait du comté de Civray. Le nom de Miserit a été remplacé par celui de Chez-Jamet au xviiie siècle.

Chez-Jardin, f. c^{ne} de Châtain. — *Village des Jardrins*, 1573 (inv. de Font-le-Bon, p. 74). — *Chez Jardrin*, 1590 (ibid. p. 53).

Chez-Jean-Blanc, lieu détruit, près Chez-Georges, c^{ne} de Luchapt; — 1631 (prieuré de Teil).

Chez-Jean-Delaveau, vill. c^{ne} de Château-Garnier.

Chez-Jean-Frère, m. r. c^{ne} de Charroux. — *Cheux Jean Frère*, 1642 (aumônerie de Charroux).

Chez-Jeannot, h. c^{ne} de Voulême.

Chez-Jodard, h. c^{ne} de Latus. — *Village des Joubertz*, 1577; *Cheux Joubert*, 1650 (prieuré de Latus).

Chez-Jouannet, h. c^{ne} de Maupreyoir. — *Chez Jouanet*, 1629 (notaires de la bar. de Charroux).

Chez-Jourdot, ff. c^{ne} d'Availle-Limousine. — *Chez Jourdo*, 1656 (rôle des tailles).

Chez-Jus, h. c^{ne} de Châtain; — 1777 (notaires, Gibaux à Civray).

Chez-Larabe, h. c^{ne} de Saint-Martin-Lars. — *La Punilhière*, 1552 (cure de St-Martin-Lars). — *Village de la Pluvillière alias Chez la Rabe*, 1650; *Chez la Rabbe*, 1684 (notaires de la bar. de Charroux).

Chez-Laudonné, f. c^{ne} de la Chapelle-Bâton.

Chez-Laurance, f. c^{ne} de Charroux.

Chez-le-Blanc, h. c^{ne} d'Adriers.

Chez-le-Blanc, h. c^{ne} de Savigné. — *Chez le Blancq*, 1672 (notaires, Pascault à Civray).

Chez-le-Bourgeon, h. c^{ne} d'Availle-Limousine. — *Chez Robourjon* (Cassini).

Chez-Lebrun, h. c^{ne} de Château-Garnier.

Chez-le-Cante, h. c^{ne} de Châtain. — *Village de la Roche*, 1452 (inv. de Font-le-Bon, p. 80); — *alias le Cante*, 1613 (ibid. p. 136). — *Chés Cante*, 1607 (ibid. p. 171).

Chez-Lelot, h. c^{ne} de Gouex.

Chez-le-Maçon, vill. c^{ne} de Saint-Remy. — *Cheulx le Masson*, 1573 (maison-Dieu, 188).

Chez-Lemaire, h. c^{ne} de la Chapelle-Bâton; — 1711 (rôle des tailles).

Chez-le-Maître, m. r. c^{ne} de Luchapt. — *Chez le Mestre autrement Chez Mesrine*, 1683 (fam. de la Broue de Vareilles). — *Chez Maître*, 1841 (nomencl.).

Le ruiss. de Chez-le-Maître se jette près de ce lieu dans la Grande-Blour, après avoir séparé à l'ouest la c^{ne} de Mouterre de celle de Luchapt.

Chez-le-Maréchau, m. r. c^ne de Luchapt.
Chez-Léobet, ff. c^ne de Latus; — 1730 (rôle des tailles).
Chez-le-Peil, h. c^ne de Latus.
Chez-le-Pont, h. c^ne d'Adriers.
Chez-le-Rouge, h. c^ne d'Adriers.
Chez-les-Geais, h. c^ne de la Chapelle-Bâton. — *Chez les Geay*, 1711; *Chez les Jay*, 1726 (rôles des tailles). — *Chez Leger* (Cassini).
Chez-les-Gonds, h. c^ne de Fleuré. — *Johanna de Chilleio*, 1227 (abb. de Nouaillé, 49). — *Herbergamentum do Chillo*, 1238 (ibid. 1). — *Le Chilloux*, 1560 (ibid. 49). — *Le Chillou ou les Gons*, 1767 (ibid. 50).
Chez-les-Gris, h. c^ne de la Ferrière. — *Les Guerritz*, 1539 (cure de la Ferrière). — *Les Guerris*, 1712 (rôle des tailles). — *Chez les Gury* (Cassini).
Chez-les-Lars, f. c^ne de Pairoux. — *Chez les Lards*, 1775 (rôle des tailles).
Chez-les-Nauds, f. c^ne de Magné. — *Herbergamentum de veteri Ferreria*, 1334; *la vielle Ferrière*, 1461 (chap. de St-Hilaire, 439). — *La vielle Ferrière autrement Chez les Nault*, 1668 (ibid. 443).
Chez-Linet, h. c^ne de Château-Garnier.
Chez-Lionnet, f. c^ne de Latus. — *Chilhonet*, 1307 (évêché, 33). — *Chillonet*, 1409 (gr. Gauthier, f° 123). — *Chillionnet*, 1548 (fief de Latus). — *Chez Leonet* (Cassini).
Chez-Lochon, h. c^ne de Mauprevoir; — 1775 (rôle des tailles).
Chez-Maillou, h. c^ne de Mouterre. — *Chez Mayoux*, 1775 (rôle des tailles).
Chez-Mairat, m. r. c^ne d'Availle-Limousine.
Chez-Mairine, ff. c^ne de Luchapt. — *Chez Mesrine*, 1683 (fam. de la Broue de Vareilles).
Chez-Mallet, f. c^ne d'Asnières; — 1668 (cure d'Asnières). — *Chez Mollet*, 1841 (nomencl.).
Chez-Mallet, h. c^ne de Luchapt; — 1561 (prieuré de St-Paixent).
Chez-Marchelet, vill. c^ne d'Usson.
Chez-Marin, f. c^ne de Voulême; — 1689 (notaires, Pascault à Civray).
Chez-Marquille, m. d'école, c^ne de Leigné-les-Bois.
Chez-Mauduit, vill. c^ne de Blanzay. — *Village des Mauduietz*, 1594 (fief de Panièvre). — *Cheux Mauduict*, 1643 (seign. de Panièvre). — *Chez Mauduit*, 1766 (rôle des tailles).
Chez-Maupin, f. c^ne de Civaux. — *La maison Jehan Maupoint*, 1487 (seign. de la Tour-aux-Cognons). — *Maupoint* (Cassini).
Chez-Mauroux, tuilerie, c^ne de Saint-Maurice. — *Village des Mauroux*, 1608 (chap. de St-Pierre-le-Puellier, 26). — *Chez Mauroux*, 1674 (ibid. 25).
Chez-Meillaud, h. c^ne d'Asnières. — *Chez Melhiault alias la Rivallyère*, 1603; *Cheux Meilhaud*, 1623 (prieuré de Toil). — *Chés Milland*, 1771 (cure d'Asnières).
Chez-Meillaud, m. r. c^ne de Queaux; — 1788 (rôle des tailles).
Chez-Ménard, h. c^ne de Savigné; — 1754 (notaires, Buchey à Civray).
Chez-Mencier, h. c^ne de Brux.
Chez-Ménigeon, h. c^ne de Linazay.
Chez-Ménigot, h. c^ne de Romagne. — *Cheulx les Merigotz*, 1671 (chap. de St-Hilaire, 259).
Chez-Mesrine, h. c^ne de Mauprevoir. — *Village de la Giraud; la Guiraud autrement Cheux Merine*, 1634 (notaires de la bar. de Charroux).
Chez-Meunier, h. c^ne de Châtain.
Chez-Micard, m. r. c^ne de Civaux. — *La Mouraudière*, 1482; *la Mourraudère*, 1496 (fam. de Savatte de Genouillé). — *La Mouraudière*, 1585 (maison-Dieu, 121). — Un tènement porte encore le nom de vignes de la Mouraudière.
Chez-Micoulaud, h. c^ne de Charroux; — 1754 (rôle des tailles).
Chez-Millot, f. c^ne de Savigné. — *Chez Millaud*, 1690 (notaires, Pascault à Civray).
Chez-Mondeneau, h. c^ne de Mouterre. — *Chés Mondenault*, 1775 (rôle des tailles).
Chez-Monjeau, h. c^ne de Saugé. — *Village de Montjaulx*, 1564 (maison-Dieu, 8). — *La Pichonnerie aultrement les Monjaulx*, 1627 (fam. Léobet). — *Cheux Monjault*, 1651 (maison-Dieu, 35). — *Cheux Monjeaud*, 1663 (prieuré de Saugé).
Chez-Moquerat, vill. c^ne de Lizant. — *Cheux Mauquerat*, 1739 (notaires, Trébuchet à Bois-Seguin).
Chez-Moreau, vill. c^ne de Luchapt; — 1561 (prieuré de St-Paixent).
Chez-Moreau, h. c^ne de Saint-Romain.
Chez-Moroux, vill. c^ne de Latus. — *Chés Mauroulx*, 1565 (fief des Bohins). — *Village des Morroux*, 1566 (maison-Dieu, 188); — *des Moroulx*, 1577 (ibid. 121); — *des Mauroux*, 1602; *Chez Mauroux*, 1681 (prieuré de Latus). — *Chez Moroux*, 1775 (rôle des tailles).
Chez-Moutaud, h. et étang, c^ne de Mauprevoir. — *Cheux Moustaux*, 1650; *Chez Moutaud*, 1656 (notaires de la bar. de Charroux).
Chez-Nadeau, vill. c^ne d'Adriers.
Chez-Nadeau, f. c^ne d'Availle-Limousine. — *Chez Nadot*, 1841 (nomencl.).

Chez-Nadeau, h. c^{ne} de Pindray; — 1682 (cure de Jouet).

Chez-Navette, f. c^{ne} de Pairoux; — 1775 (rôle des tailles).

Chez-Nigout, h. c^{ne} d'Asnières.

Chez-Niquet, h. c^{ne} de Luchapt; — 1714 (cure de Luchapt).

Chez-Normand, h. c^{ne} d'Asnières.

Chez-Pagnoux, f. c^{ne} de Pairoux.

Chez-Paillaud, h. c^{ne} de Châtain.

Chez-Panis, vill. c^{ne} de Couhé; — 1602 (notaires de la châtell. de Monts). — Ce village était anc^t appelé le Grand-Daumont. Un bois voisin porte encore le nom de Daumont.

Chez-Pasquier, f. c^{ne} d'Asnières, aussi appelée les Pasquettes.

Chez-Paynaud, lieu détruit, près Chez-le-Bourgeon, c^{ne} d'Availle-Limousine.

Chez-Pérégran, h. c^{ne} de Château-Garnier. — Chez Pellegrand, 1872 (dénomb.).

Chez-Périllon, h. c^{ne} de Saint-Macou.

Chez-Perrochon, h. c^{ne} de Genouillé. — Cheux Perochon, 1661 (notaires, Chevallier à Civray).

Chez-Perry, vill. c^{ne} de Pressac.

Chez-Philbuche, m. détruite, près l'Écosse, c^{ne} d'Orches.

Chez-Pibouille, m. r. c^{ne} de Château-Garnier.

Chez-Picard, vill. c^{ne} de Surin. — Chez Picquard, 1678 (seign. du Cibiou).

Chez-Picault, h. c^{ne} de Verrières. — Bussière, 1456 (abb. de Nouaillé, 19). — La Bussière, 1611 (ibid. 22); 1841 (nomencl.).

Chez-Pijoux, f. c^{ne} d'Availle-Limousine.

Chez-Pingault, h. c^{ne} de Surin. — Village des Pingaudz, 1572; Chez Pingault, 1662 (notaires, Chevallier à Civray).

Chez-Pinguet, m. r. c^{ne} du Vigean; anc. m^{in} sur le ruiss. de Sazat.

Chez-Pipaud, f. c^{ne} d'Adriers. — Chés Pypaud, 1577; village des Pipaux, 1640 (prieuré d'Entrefins).

Chez-Piquet, h. c^{ne} de Saint-Martin-Lars. — Village des Goubeillon autrement Cheux Picquet, 1628 (cure de St-Martin-Lars).

Chez-Pochau, h. c^{ne} de Saint-Macou.

Chez-Poineau, h. c^{ne} de Gouex.

Chez-Poirier, h. c^{ne} d'Asnières. — Chés Perier, 1668 (cure d'Asnières).

Chez-Pollet, vill. c^{ne} d'Adriers. — Chez Paulet (Cassini).

Le ruiss. de Chez-Pollet a sa source près ce lieu et se jette dans la Grande-Blour au sud-ouest de Chadelat.

Chez-Poncet, h. c^{ne} de Mauprevoir. — Chez Ponset, 1775 (rôle des tailles).

Chez-Poton, vill. c^{ne} de Lizant. — Cheux Poton, 1700 (notaires, Texier à Bois-Seguin).

Chez-Pougé, f. c^{ne} d'Adriers.

Le ruiss. de Chez-Pougé a sa source près ce lieu et tombe dans la Franche-Doire près la Bourbonne, même commune.

Chez-Profit, f. c^{ne} de Brigueil-le-Chantre. — Chez Proffit, 1578 (fief de Fleix).

Chez-Quessot, f. c^{ne} de Charroux. — Chez Quesot, 1754 (rôle des tailles).

Chez-Ragon, h. c^{ne} de Latus. — Cheux Ragon, 1548 (fief de Latus). — Cheux Varenne autrement Cheuz Ragon, 1651 (maison-Dieu, 35).

Chez-Rangier, vill. c^{ne} d'Adriers. — Village des Rengiers, 1561 (prieuré de St-Paixent). — Cheux Rangier, 1640 (prieuré d'Entrefins).

Chez-Rantonneau, h. c^{ne} de Savigné. — Cheranthonneau, 1678; Charantonneau, 1690 (notaires, Pascault à Civray).

Chez-Rateau, f. c^{ne} d'Availle-Limousine.

Chez-Rateau, h. c^{ne} de Mauprevoir.

Chez-Rebis, h. c^{ne} de Vaux-en-Couhé.

Chez-Redon, m. r. c^{ne} de Saint-Pierre-d'Exideuil. — Cheux Redont, 1645 (notaires, Vaugelade à Civray). — Village des Redons, 1663 (notaires, Pascault à Civray).

Chez-Renard, vill. c^{ne} de Queaux. — Cheux Regnard, 1553 (seign. de Ressonneau, 2). — Cheux Renard, 1619 (ibid. 3).

Chez-Renaud, h. c^{ne} de Voulême.

Chez-Ribourjon, h. c^{ne} de Pressac.

Chez-Ringuet, ff. c^{ne} de Pressac.

Chez-Robineau, f. c^{ne} de Civray.

Chez-Rodet, m. r. c^{ne} de Charroux. — Chez Roddet, 1630 (fam. Chiton). — Chés Rodet, 1754 (rôle des tailles).

Chez-Rodier, f. c^{ne} de Mouterre.

Chez-Rondeau, f. c^{ne} de Mauprevoir. — Cheux Rondault, 1650 (notaires de la bar. de Charroux). — Chez Rondeau, 1775 (rôle des tailles).

Chez-Rouguer, m. r. c^{ne} de la Chapelle-Bâton. — Chez Rouché, 1727 (rôle des tailles).

Chez-Rouchen, h. c^{ne} de Château-Larcher. — Village des Rouschiers, 1558 (fief de Château-Larcher).

Chez-Rouyoux, vill. c^{ne} de Luchapt. — Chez Rioux (Cassini).

Chez-Ruau, lieu détruit, près Chez-Triquin, c^{ne} d'Adriers (Cassini).

Chez-Sabourault, h. c^{ne} de Brux. — Cheux Sabourault, 1594 (fief de Panièvre). — *Cheix Sabouraud*, 1630 (abb. de Nouaillé, 53).

Chez-Sagault, f. c^ne de Saint-Saviol; — 1662 (notaires, Pascault à Civray).

Chez-Sapin, h. c^ne de la Chapelle-Bâton.

Chez-Sauvaire, m. r. c^ne de Voulême.

Chez-Savoye, f. c^ne d'Asnières. — *Chez Lavoye*, 1841 (nomencl.).

Chez-Savoye, f. c^ne de Château-Garnier. — *Chés Savoie*, 1708 (seign. de Couhé).

Chez-Seguier, f. c^ne de Pressac.

Chez-Serpoux, f. c^ne de Charroux. — *La Velocière autrement Chez Serpoux*, 1613 (cure de Charroux).

Chez-Sicault, vill. c^ne de Romagne. — *Puycrachoux*, 1470 (chap. de St-Hilaire, 243). — *Chez Sicault*, 1598 (ibid. 250). — *Piedcrachoux alias Chculx Sicault*, 1607 (ibid. 251).

Chez-Souchaud, vill. c^ne d'Adriers; — 1615 (prieuré d'Entrefins).

Chez-Taboury, ff. c^ne d'Availle-Limousine. — *Village du Tron*, 1410, 1470 (fam. Laurent de Reyrac). — *Village du Tron alias Chez Taboury*, 1636 (abb. de St-Cyprien, 28). — *Le Troncq*, 1656 (rôle des tailles).

Chez-Tabuteau, h. c^ne de Latus. — *Les Tabutellères*, 1404 (gr. Gauthier, f° 113 v°). — *La Tabutelère*, 1408 (ibid. f° 121). — *Les Tabutelières*, 1452 (chap. de Montmorillon, 2). — *Chés Tabusteau*, 1483 (fief de Beaupuy). — *Village des Tabuteaux*, 1603 (maison-Dieu, 91). — *Chez Tabutteau*, 1730 (rôle des tailles).

Chez-Tartaud, ff. c^ne de Latus. — *Village des Tartault*, 1517 (prieuré de Latus); — *de Choux Tartaud alias la Ville au Roy*, 1547 (chap. de Montmorillon, 2).

Chez-Texier, h. c^ne de Genouillé; — 1663 (notaires, Chevallier à Civray).

Chez-Timonier, f. c^ne de Monterre.

Chez-Timonier, h. et étang, c^ne du Vigean.

Chez-Tony, m. près le bourg d'Adriers.

Chez-Touraud, vill. c^ne de Luchapt. — *Chez Tourrault*, 1561 (prieuré de St-Paixent).

Chez-Tourteau, f. c^ne d'Availle-Limousine.

Le ruiss. de Chez-Tourteau ou de la Croix-Noyau prend naissance près les Rivaux et se jette dans la Vienne au-dessous du chef-lieu de la commune.

Chez-Tribot, h. c^ne de Savigné. — *Chez Tribot autrement la Pigerye*, 1663; *village des Triboz*, 1693 (notaires, Pascault à Civray).

Chez-Triquin, f. c^ne d'Adriers. — *Cheux Tricquin*, 1623; *Chés Triquain*, 1640 (maison-Dieu, 194).

Chez-Vaillant, lieu auj. inhabité, c^ne de Surin. —

Pierre Vaillant, mousnier, demeurant au moulin de l'Estang de Surin, 1507 (seign. de Bois-Seguin). — *Moulin de l'Estang*, 1578, 1698; — *de Cheux Vaillant*, 1678 (seign. du Cibiou). — Ce moulin n'existe plus.

Chez-Vailler, h. c^ne de la Chapelle-Bâton. — *Chez Vallier*, 1727 (rôle des tailles).

Chez-Valade, f. c^ne de Pairoux. — *Cheux Vallade*, 1621 (fam. du Breuil-Hélion).

Chez-Vallet, f. c^ne de Lussac-le-Château.

Chez-Vauloux, f. c^ne de Luchapt. — *Cheux Vaulou*, 1667 (cure de Luchapt). — *Chez Volou* (Cassini).

Chez-Vergeau, f. c^ne de Château-Garnier. — *Chés Vergeau*, 1708 (seign. de Couhé).

Chez-Verry, ff. c^ne de Queaux. — *Cheux Verrier*, 1588 (seign. de Ressonneau, 2). — *Village du vieux Chaussat aultrement appellé les Verriers*, 1628; *mestairie de Chez Verrier*, 1641 (prieuré de Grand-Chaume). — *Chez Very, Chez Verry*, 1775 (rôle des tailles).

Chez-Vezin, h. c^ne de Vaux-en-Couhé. — *Village des Voizins*, 1735 (notaires, Grollier à Brux).

Chez-Vignaud, f. c^ne d'Availle-Limousine; — 1656 (rôle des tailles).

Chez-Villatte, ff. c^ne de Mauprevoir; — 1656 (notaires de la bar. de Charroux).

Chez-Villeau, f. c^ne de Latus. — *Chés Villaud*, 1730 (rôle des tailles). — *Chez Villot* (Cassini).

Chez-Vincent, f. c^ne de Pressac.

Chèze (La), chât. et m^in sur l'Auzance, c^ne de Latillé. — *Harbergement de la Cheze*, 1378 (gr. Gauthier, f° 70). — *La Chaize, moulin de la Cheze*, 1775 (rôle des tailles). — Ancien fief relev. de la châtell. de Montreuil-Bonnin.

Chezeau, vill. et m^in sur le ruiss. du même nom, c^ne d'Andillé. — *Moulin de Chezeaux*, 1430 (arch. de la Soc. des antiq. de l'Ouest, n° 256); — *de Chozeau*, 1493 (com^rie de la Villedieu, 24); — *de Chauseau*, 1537 (abb. de Montierneuf, 68); — *à Chauzeau*, 1558 (fief de Château-Larcher); — *des Chezeaux*, 1680; *de Chazeau*, 1741 (cure d'Andillé). — *Segeau*, 1820 (nomencl.).

Le ruiss. de Chezeau prend sa source au-dessous du village des Roches-Prémary et se réunit, au-dessous de Chezeau, au ruiss. des Roches-Prémary.

Chezeaux (Les), f. c^ne de Mairé. — *Les Chezeaulx*, 1564 (cure de St-Jean-Baptiste de Châtellerault). — *Les Cheseaux*, 1663 (seign. de Puygarreau, 10).

Chezeaux (Les), vill. c^ne de Vendeuvre. — *In Casillis*, 938 (cart. de St-Cyprien, p. 60). — *Les Chesaus*,

1365 (chap. cathédral, 78). — *Les Chezaux*, 1444 (seign. de Puygarreau, 3). — *Les Chezeaulx*, 1482 (chap. de St-Hilaire, 562). — *Les Chezeaux*, 1766 (rôle des tailles). — Anc. fief relev. de la bar. de Grisse.

Chezelle, f. c^{ne} d'Angle; — 1592 (prieuré de St-Martin d'Angle).

Chezelle, vill. et m^{in} sur le Clain, c^{ne} de Naintré. — *Molendinum de Chezeles*, 1257 (Layettes du trésor des ch. t. III, p. 384). — *Chezelles*, 1388 (duché de Châtellerault, 5). — *Chezelle* (carte de l'état-major). — Le moulin était un fief relev. de la bar. de Montoiron.

Chezelle, f. c^{ne} de Thurageau. — *Jezellas*, v. 1068 (cart. de St-Nicolas, 31). — *Durant de Cassellas*, v. 1075 (*ibid.* 38). — *Chezeles*, 1389 (arch. nat. chambre des comptes, reg. 330, n° 27). — *Chezelles*, 1455 (chap. cathédral, 81). — Anc. fief relev. de la bar. de Mirebeau.

Chezelles, anc. fief relev. de Curzay, c^{ne} de Jazeneuil. — *Cheuzelles*, 1627; *Chezelles*, 1717 (fief de Curzay). — Ce lieu est auj. inconnu.

Chezotte, lieu détruit, près le Coury, c^{ne} de Brigueil-le-Chantre. — *Les Chezotes*, 1525 (maison-Dieu, 31); 1529 (*ibid.* 29). — L'étang de Chezotte ou Sejotte est en partie sur le territ. de Brigueil-le-Chantre et en partie sur le territ. du Bourg-Archambault.

Chicane (La), m. r. c^{ne} de Bournan.

Chicards (Les), h. c^{ne} de Vouneuil-sur-Vienne.

Chigebien, anc. m^{in} sur la Gartempe, auj. inconnu, c^{ne} de Lattus. — *Moulin de Chigebian*, 1402 (chap. de Montmorillon, 2); — *de Chigebien*, 1526 (prieuré de Lattus).

Chigné, m. r. c^{ne} de Saint-Martin-Lars. — *Chinier*, 1766 (rôle des tailles).

Chigounde, f. c^{ne} de Guesne.

Chillion, f. c^{ne} de Salles-en-Toulon. — *Chilion*, 1469 (seign. de Dienné et Verrières, 3). — *Chillion*, 1477 (fief de Mortemer). — *Tenue des Chillions du Temple*, 1615 (chap. de Mortemer, 3).

Chilloc (Le), m. r. c^{ne} de Biard. — *Terres du Chilloc*, 1561 (chap. cathédral, 13).

Chilloc (Le), f. c^{ne} de Queaux. — *Le Chillaud*, 1624 (cure de Queaux). — *Le Chilleau*, 1788 (rôle des tailles).

Chilloli (Le), f. c^{ne} de Pleumartin. — *Le Chilloloys*, 1545 (abb. de la Merci-Dieu, 3).

Chillot (Le), f. c^{ne} de Brion.

Chillot (Le), lieu auj. inconnu, c^{ne} de Saint-Gaudent. — *Village du Chilloc, du Chilloc*, 1538; *Chillot*, 1702; *seigneur de la Touche du Chilloc*, 1741 (seign. de Landraudière). — Anc. fief relev. de Landraudière.

Chillou (Le), f. c^{ne} du Bourg-Archambault; — 1525 (maison-Dieu, 31). — *Le Chilloux*, 1728 (clergé, 16).

Chillou (Le), m^{in} sur l'Auzon, c^{ne} de Châtellerault. — *Moulin du Chillou*, 1609 (com^{rie} d'Auzon, 2).

Chillou (Le), h. c^{ne} de Jardres; — 1515 (seign. de Touffou, 1).

Chillou (Le), h. c^{ne} de la Puye; — 1599 (fam. de la Bussière).

Le ruiss. qui sort de la fontaine du Chillou se perd dans un gouffre à la Puye.

Chillou (Le), f. c^{ne} de la Trimouille. — *Chilloux*, 1775 (rôle des tailles).

Chillou (Le Gros-), h. c^{ne} de Mairé; — 1543 (seign. de Mairé).

Chillou (Le Petit-), h. c^{ne} de Saint-Pierre-de-Maillé. — *Le Chillou*, 1585; *le petit Chillou*, 1682 (fam. de la Bussière).

Chillou-Rousseau (Le), vill. c^{ne} de Thuré. — *Le Chillou Roucea*, 1393 (chap. de St-Hilaire, 562). — *Le Chillou Rousseau*, 1661 (seign. des Robinières).

Chilloux, h. c^{ne} de Civaux. — *Chillou*, 1496 (fam. de Savatte de Genouillé). — *Chilloux*, 1728 (cure de Civaux).

Chilly, h. c^{ne} de Marigny-Brizay. — *Chilhé*, 1398 (Filles-de-Notre-Dame de Poitiers, 9). — *Chillé*, 1466 (duché de Châtellerault, 4). — *Chilly*, 1580 (Inv. des arch. de la Barre, t. II, p. 149). — *Cheilly*, 1598 (abb. de Fontaine-le-Comte, 25). — Anc. fief relev. de celui des Bordes, c^{ne} de Naintré.

Chiloup, f. c^{ne} de Benassay.

Chilvent, territ. près le faubourg de la Tranchée de Poitiers, en partie occupé auj. par un cimetière. — *In villa quæ dicitur Gileveto*, 989 (ch. de St-Hilaire, t. I, p. 55). — *Chilevert*, v. 1080 (abb. de St-Cyprien). — *Chillevert*, 1466 (chap. cathédral, 47).

Chinau (La), h. c^{ne} de Sillars. — *La Chenau*, 1260 (Hommages d'Alphonse, p. 81). — *Herbergamentum de Canali*, 1407 (gr. Gauthier, f° 118). — *La Chinaud*, 1418 (fief de Beaupuy). — *La Chenaut*, 1454 (hommages de Montmorillon). — *La Chenault*, 1493 (fief de l'Âge-Bouet). — *La Chinau*, 1493 (fief de la Chinau). — *La Chinault*, 1498 (fief du Querroux). — Anc. fief relev. de la bar. de Montmorillon.

Chinsé, vill. et m^{in} sur la Vonne, c^{ne} de Celle-l'Évécault. — *Chinssé*, 1415 (Gauthier, f° 215 v°). —

Chincé, 1434 (seign. de Chincé). — *Moulin de Chinsec*, 1477 (fief de Monts). — Le fief de Chincé relevait de la bar. de Celle-l'Évécault.

CHINCÉ, vill. c^{ne} de Jaunay. — *De Chinciaco*, v. 1080; *de Chinchiaco*, 1178 (ch. de St-Hilaire, t. I, p. 104 et 191). — *Terra de Chinze*, 1164-1180 (gr. cart. de Fontevrault, 168). — *Chincé*, 1235 (abb. de Fontaine-le-Comte, 1). — *Chinché*, 1408 (gr. Gauthier, f° 13). — *Chinssé*, 1487 (fief de Chincé). — Anc. fief et haute justice relev. de la tour de Maubergeon; érigé en comté en 1619.

CHINIÈRE (LA), vill. c^{ne} de Saint-Genest. — *La Chaygnerie*, 1363; *la Chignère*, 1388 (duché de Châtellerault, 4). — *La Chynière, la Chinière*, 1439 (terrier de Gironde). — *La Choignère*, 1576 (cure de Thuré). — Anc. fief relev. de Bourg, uni à la seign. de Puygarreau.

CHINÉ, h. c^{ne} de Saint-Sauvant; — 1262 (abb. de St-Benoît, 1). — Anc. fief relev. de l'abbaye de Saint-Benoît de Quinçay.

CHINÉ-EN-MONTREUIL, c^{ne} de Vouillé. — *Ecclesia de Chiree*, v. 1095 (cart. de St-Cyprien, p. 271). — *Ecclesia Sancti Johannis Baptistæ de Chire*, 1151 (chap. de Ste-Radegonde). — *Parochia de Chireyo*, 1405 (*ibid*. 73). — *Chiré près Vouillé*, 1499 (abb. de la Celle, 11). — *Sainct Jehan de Chiré*, 1517; *Chiré en Montreuil*, 1727 (cure de Chiré).

Avant 1790 la paroisse de Chiré faisait partie de l'archiprêtré de Sanxay, de la châtellenie de Montreuil-Bonnin, de la sénéchaussée et de l'élection de Poitiers. Le chapitre de Sainte-Radegonde de Poitiers nommait à la cure. Le fief de Chiré relevait du château de Montreuil-Bonnin. Le moulin de Sauvigny, sur l'Auzance, est appelé moulin de Chiré en 1597. Voy. SAUVIGNY.

CHINÉ-LES-BOIS, vill. c^{ne} de Vernon; anc. c^{ne} réunie à celle-ci le 1er décembre 1819. — *Chiriacum*, 1112; *Chirech*, 1155 (abb. de Montierneuf). — *Chyree*, 1225; *Chyré*, 1257; *Chiré*, 1272 (*ibid*. 92). — *Chiriee*, 1276 (prieuré de la Vayolle). — *Chiret* (pouillé de Gauthier, f° 133 v°). — *Saint Cire de Chiré*, 1460 (évêché, 66). — *Rector Sanctorum Cirici et Jullite prope Gencayum*, 1478 (reg. synodal). — *Chiré les Bois*, 1686 (abb. de Montierneuf, 94). — *Chiray en Gençay*, 1720 (dénomb. du royaume). — *Chiré-en-Gençay*, 1807 (annuaire).

Avant 1790 la paroisse de Chiré-les-Bois faisait partie de l'archiprêtré et de la châtellenie de Gençay, de la sénéchaussée et de l'élection de Poitiers. L'abbé de Montierneuf en était seigneur et nommait à la cure, qui a été rétablie en 1865. Les bois de Chiré appartenaient à l'abbaye de Montierneuf; ils contenaient 128 hectares en 1816.

CHIRON (LE), ff. c^{ne} de Bonnes.

CHIRON (LE), m. r. c^{ne} de Celle-l'Évécault.

CHIRON (LE), h. c^{ne} de Sèvre.

CHIRON-MARTYR (LE), tènement près le faubourg Saint-Saturnin de Poitiers, où l'on a découvert récemment d'anciennes sépultures chrétiennes.

CHIRONS (LES), h. c^{ne} de Civaux; — 1548 (fief de Dienné et Verrières). — *La Chironnière*, 1639 (fam. de Savatte de Genouillé).

CHIRONS (LES), lieu détruit, près Mazaire, c^{ne} de Journet; — 1579 (maison-Dieu, 138).

CHIRONS (LES), vill. c^{nes} de Lussac-le-Château et Persac. — *Les Chirons Taupeaux*, 1599 (inv. des titres des biens de Mme de Blom, f° 44; cab. de M. Beauchet-Filleau). — *Village des Chirons*, 1687 (cure de Persac).

CHIRONS (LES), h. c^{ne} de Paizay-le-Sec. — *Village du Chiron, des Chirons*, 1494 (fief des Clerbaudières).

CHIRONS (LES), h. c^{ne} de Pindray.

CHIRONS (LES), h. c^{ne} de Salles-en-Toulon.

CHIRONS (LES), f. c^{ne} de Sillars.

CHIRONS (LES), m. r. c^{ne} d'Usson.

CHIRON-VERT (LE), h. c^{ne} de Lavoux.

CHIROUX, ff. c^{ne} de Plaisance. — *Chiroux*, 1410 (maison-Dieu, 97). — *Chirou*, 1494 (fief de l'Âge de Plaisance). — *Chirost*, 1640 (prieuré d'Entrefins).

CHIROUX-NEUF, f. c^{ne} de Plaisance.

CHISE (LA), vill. c^{ne} de Genouillé. — *La Cheze, la Chieze*, 1377 (gr. Gauthier, f° 253). — *La Chise*, 1403 (*ibid*. f° 234). — *La Chige*, 1406 (*ibid*. f° 281 v°). — *La Chize*, 1525 (seign. de la Roche-d'Orillac). — *Moulin de la Chize*, 1663 (notaires, Chevallier à Civray). — Anc. seign. dép. de l'office de chambrier de l'abbaye de Charroux. — Le moulin de la Chise, sur le Cibiou, n'existe plus.

CHITRÉ, chât. en ruine et vill. c^{ne} de Vouneuil-sur-Vienne; anc. prieuré dép. de l'abbaye de Saint-Cyprien de Poitiers et châtell. relev. de la bar. de Chauvigny. — *Chistriacus villa*, 899 (Docum. hist. publiés par M. Champollion-Figeac, t. I, p. 477). — *Villa quæ nuncupatur Cistriacus, in pago Pictavo, in vicaria Igrandinæ*, v. 942 (cart. de St-Cyprien, p. 163). — *In villa Kastriaco*, v. 942 (*ibid*. p. 152). — *Goffredus de Chistrico*, v. 1077 (Fontenau, t. XXI, p. 447). — *Apud Chestriacum, Hugo de Chistrec*, v. 1090 (cart. de St-Cyprien, p. 349). — *Capella de Chistriaco*, 1097-1100 (*ibid*. p. 13). — *Chistré*, 1237 (Fontenau, t. III, p. 321). — *Chitré, Chitriacum*, 1241 (abb.

Vienne.   16

de Sᵗ-Cyprien, 36). — *Chitreyum*, 1298 (Les Olim, t. II, p. 421). — *La tour de Chitré*, 1309 (Gauthier, f° 187). — *Prieuré de S. Laurent de Chitré*, 1782 (pouillé).

CHOLAY, mᶦⁿ sur la Dive, cⁿᵉ de Saint-Chartres. — *Moulins de Chollay*, 1649 (cure de Craon); — *de-Chollst*, 1841 (nomencl.).

CHOLTIÈRE (LA), f. cⁿᵉ de Queaux. — *La Choletière*, 1375 (seign. de Ressonneau, 1). — *La Cholletière*, 1450 (seign. du Vigean). — *La Chollettière*, 1612 (prieuré de Grand-Chaume). — *La Chaultière*, 1722; *la Choltière*, 1728 (fam. Frotier).

CHOLTIÈRE (LA), h. cⁿᵉ de Tercé. — *La Chollettière*, 1562 (fief de Mortemer). — Anc. fief appart. aux carmes de Poitiers et relev. de la bar. de Mortemer.

CHOUÉ, f. cⁿᵉ de Vivonne. — *Ex villa Cavadado?* 834 (Fonteneau, t. XXI, p. 215). — *Choué*, 1467; *cours d'eau venant des fontaines du boys de Choué*, 1592 (abb. de Nouaillé, 54). — *Forest de Choué*, 1601 (Fonteneau, t. XLII, p. 14).

CHOUGNE, chât. et f. cⁿᵉ de Saint-Christophe. — *Chognes*, 1255 (chap. cathédral, 82). — *Veil fondeis appellé la Tour de Choignes*, 1459 (duché de Châtellerault, 6). — *Chougnes*, 1489 (cure de Sᵗ-Christophe). — *Chousgnes*, 1640 (seign. de la Boutière). — Anc. fief relev. de la bar. de Faye-la-Vineuse (Indre-et-Loire).

CHOUPPES, cⁿᵉ de Monts-sur-Guesne. — *Petrus de Chaoppa*, v. 1120 (cart. de Sᵗ-Cyprien, p. 98). — *Caopia*, 1236 (abb. de Sᵗ-Cyprien, 35). — *Chaopes, Caopes* (pouillé de Gauthier, fᵒˢ 149 et 178 v°). — *Ecclesia de Chopis* (ibid. f° 171). — *Choopes*, 1320 (évêché, 22). — *Chaoupes*, 1376 (chap. de Mirebeau, 11). — *Choapes*, 1383 (taux du décime, p. 19). — *Chopes*, 1412 (chap. de Mirebeau, 13). — *Chouppes*, 1478 (reg. synodal). — *Sainct Sournyn de Chouppes*, 1550 (cure de Chouppes). — *S. Saturnin de Chouppes*, 1782 (pouillé).

Cette commune est formée des deux anciennes paroisses de Chouppes et Poligny. Celle de Chouppes faisait partie de l'archiprêtré et de la baronnie de Mirebeau, du duché-pairie et de l'élection de Richelieu, généralité de Tours. La cure était à la nomination du chapitre cathédral. Le fief de Chouppes, relev. de la bar. de Mirebeau, fut érigé en châtellenie en 1651 en faveur de Pierre de Chouppes, lieutenant général des armées du roi.

CHOUTRIE (LA), m. r. cⁿᵉ de Coulombiers.

CHOYAU, f. cⁿᵉ de Bournan. — *Chouan*, 1451 (prieuré de Bournan, 11). — *Choyau*, 1544 (comᵗⁱᵉ de Loudun, 17). — Anc. seign. dép. de l'abbaye de Fontevrault.

CHRISTOPHERIE (LA), f. cⁿᵉ de Tercé.

CHUCHETTRIE (LA), lieu détruit, près Poligny, cⁿᵉ de Dangé. — *La Bertonnerie ou Chuchettrie*, 1760 (terrier de la Groye, p. 759). — *La Chuchetterie* (Cassini).

CIBIOU (LE), chât. cⁿᵉ de Surin. — *Le Sebiou*, 1410; *hostel de Suruin autrement dit du Sebiou*, 1439 (seign. de Bois-Seguin). — *Estang du Sebiou*, 1467 (seign. du Cibiou). — *Le Sebioux, le Sibioux*, 1498 (fief de la Grenatière). — *Le Cybioux*, 1618; *le Sibiou*, 1620 (fief du Cibiou). — *Le Cibioux*, 1767 (fief de Nutin). — Anc. fief et haute justice, qualifié châtellenie dès 1678; relev. du comté de Civray.

Le Cibiou, ruiss. prend sa source près de ce lieu, passe à Lizant et se jette dans la Charente. On l'appelle aussi la Sonnette. Dans des titres de la seign. du Cibiou il est appelé *ruisseau du Pays Villiers*, 1572; *de Puy Villier*, 1626; *de Puyvilliers*, 1698.

CIBOTTIÈRE (LA), lieu détruit avant 1621, auj. inconnu, près Barge, cⁿᵉ d'Antran. — *La Sibotière*, 1582; *la Cyboterye*, 1603; *la Cibottière*, 1621 (seign. de la Motte d'Usseau).

CICARDIÈRE (LA), f. cⁿᵉ de Saint-Maurice. — *La Sicardière*, 1710 (rôle des tailles).

CIGOGNE (LA), chât. et ff. cⁿᵉ de Mignaloux. — *Rainaldus de la Cigunnia*, v. 1100 (cart. de Sᵗ-Cyprien, p. 38). — *La Sigogne*, 1385 (cart. de la Trinité, f° 25). — *La Sigoigne*, 1398 (comᵗⁱᵉ de la Villedieu, 22). — *La Sigoigne*, 1559 (abb. de la Trinité, 41). — *La Cigoigne*, 1623 (cure de Mignaloux). — Anc. fief relev. de la comᵗⁱᵉ de Beauvoir.

CIGOGNE (LA), f. cⁿᵉ de Saint-Jean-de-Sauves. — *La Sigougne*, 1576 (abb. de Sᵗ-Cyprien, 16).

CIGOGNE (LA), m. r. cⁿᵉ de Senillé. — *La Sigoigne*, 1486 (abb. de la Celle, 5).

CIGOGNE (LA), lieu détruit avant 1727, cⁿᵉ de Thurageau; anc. fief appart. au chapitre de Mirebeau et relev. de la bar. de Grisse. — *Ciconia villa*, v. 1068 (cart. de Sᵗ-Nicolas, 31 et 35). — *La Cigoigne*, v. 1300 (seign. de Chéneché, 1). — *La Sigogne*, 1476; *la Sigogne*, 1680 (chap. de Mirebeau, 26).

CIGONNIÈRE (LA), h. cⁿᵉ de Marigny-Chemerault. — *La Syguonière, la Siguoynère*, 1489 (livre de recette de Vivonne, fᵒˢ 130 et 150). — *La Sigonnière*, 1775 (rôle des tailles).

CILLAIS, mᶦⁿ sur l'Auzance et h. cⁿᵉ de Vouillé. — *Moulin de Silay*, 1375 (chap. de Sᵗᵉ-Radegonde, 15); — *de Cilay*, 1403 (ibid. 29). — *Cillay*, 1560 (ibid. 19). — *Moulin de Cillais, de Sillais*, 1644 (fam. Jacques).

CIMEAU (LE), h. et m¹ⁿ détruit, sur le ruiss. de la Reinière, cⁿᵉ de Ligugé; anc. fief relev. de la châtell. de Lusignan. — *Simon dau Cimau*, 1203 (Fonteneau, t. XXIII, p. 617). — *Simon do Cimal*, 1227 (abb. de Nouaillé, 19). — *Gaufridus de Cimallis*, 1238; *molendinum do Cimau*, 1288; *moulin du Symau*, 1379 (abb. de Fontaine-le-Comte, 19). — *Les Symaulx*, 1539; *le Simault*, 1604 (ch. à la bibl. de Poitiers). — *Cymault*, 1547 (hommages de Lusignan).

CIMETIÈRE-NOUVEAU (LE), h. cⁿᵉ de la Roche-Posay.

CINQ-NOYERS (LES), f. cⁿᵉ de Ligugé. — *Les Cinq Nouyers*, 1535; *les Cinq Nohiers*, 1588 (collège de Poitiers, 9). — *Les Cinq Noyers*, 1636 (abb. de Montierneuf, 13). — Anc. propriété du prieuré de Saint-Nicolas de Poitiers, arrentée en 1689 au collège des Jésuites.

CINTRALIÈRE (LA), h. cⁿᵉ de Thuré; — 1610 (duché de Châtellerault, reg. de recette).

CIOUVRE, f. cⁿᵉ de Sillars. — *Scove*, 1498 (fief du Quéreux). — *Siouvre*, 1766 (rôle des tailles).

CISSÉ, cᵒⁿ de Neuville. — *In villa que vocatur Cissiaco*, 989 (ch. de S¹-Hilaire, t. I, p. 55). — *Cisicus*, 1061-1068 (cart. de S¹-Nicolas, 4). — *Tisiciacus villa?* 1068 (*ibid.* 30). — *Ecclesia de Cissec*, v. 1095 (cart. de S¹-Cyprien, p. 271). — *Syssec*, 1221; *Cissot*, 1253 (abb. de Montierneuf, 48). — *Cysset*, 1266 (cure de S¹-Michel de Poitiers). — *Cyssé*, 1324 (arch. de Poitiers, 12). — *Sissec*, 1345 (fam. Jousserant, 1). — *Cissé*, 1364 (abb. de Fontaine-le-Comte, 1). — *Capellanus de Cisseio*, 1383 (taux du décime, p. 73). — *S. Pierre de Cissé*, 1782 (pouillé).

Avant 1790 la paroisse de Cissé faisait partie de l'archiprêtré de Parthenay (Deux-Sèvres), de la châtellenie, de la sénéchaussée et de l'élection de Poitiers. La cure était à la nomination de l'évêque.

CITÉ (LA), m. r. cⁿᵉ de Saint-Sauvant.

CITERNE (LA), h. cⁿᵉ de Coulombiers.

CITIÈRE (LA), chât. et f. cⁿᵉ d'Orches. — *La Scietière*, 1425 (seign. de la Citière). — *La Citière*, 1434 (seign. de Puygarreau, 1). — *La Scitière*, 1444 (duché de Châtellerault, 1). — *La Sitière*, 1454 (seign. de Lauberdière). — *La neufve Sixtière*, 1456 (abb. de S¹-Benoît, 20). — *La Cistière*, 1473 (seign. de la Citière). — Anc. fief relev. du marq. de Clairvaux.

CITIÈRE (LA HAUTE et LA BASSE-), h. et f. cⁿᵉ de Vendeuvre. — *La Syetière*, 1450 (évêché, 7a). — *La Citière*, 1571 (chap. de S¹-Hilaire, 563). — Anc. fief relev. de la châtell. de Chéneché.

CITIÈRE (LA VIEILLE-), f. cⁿᵉ d'Orches. — *La vieille Citière*, 1438; *la vieille Cytière*, 1537; *la vielle Cittière*, 1659 (seign. de la Citière).

CIVAUX, cᵒⁿ de Lussac-le-Château. — *Vicaria Exidualinsis in pago Pictavo*, 862 (ch. de S¹-Hilaire, t. I, p. 9). — *Vic. Exhidualinsis*, 902; *vic. Exsidoalinsis*, 916; *vic. Exsidualinsis*, 936 (abb. de Nouaillé). — *Vic. Sicvalensis*, 963 ou 964 (cart. de S¹-Cyprien, p. 150). — *Vic. Exivalis*, v. 970 (*ibid.* p. 237). — *Vic. Sicval.*, v. 980 (*ibid.* p. 226). — *Vic. Exinvalensis*, 989 (*ibid.* p. 149). — *Vic. Sicvallis*, 992 (abb. de Nouaillé). — *Vic. de Sivallis*, v. 1007 (cart. de S¹-Cyprien, p. 225). — *Vic. Silvalensis*, 1025 (abb. de Nouaillé). — *Ecclesia de Sitvals*, 1097-1100 (cart. de S¹-Cyprien, p. 13). — *Sivax*, XII⁰ s⁰ (Gérard de Roussillon, éd. Francisque Michel, p. 160 et 161). — *Sivaus* (pouillé de Gauthier, f° 175). — *Civaus, Civaux*, 1383 (taux du décime, p. 17 et 60). — *Syvaulx*, 1404 (gr. Gauthier, f° 110). — *Sivaulx*, 1472 (fam. de Genouillé). — *Civaulx*, 1479 (compte de J. Bourdin). — *Sivaux*, 1487 (seign. de la Tour-aux-Cousins). — *S. Gervais et S. Protais de Civaux*, 1782 (pouillé).

Civaux, célèbre par ses vastes champs de sépulture, fut le chef-lieu d'une viguerie qui s'étendait dans les paroisses de Civaux, Lussac-le-Château, Verrières, Lomaizé, Dienné et Saint-Martin-la-Rivière; mais, n'étant le centre d'aucun fief et resserrée entre les baronnies de Mortemer et de Lussac-le-Château, cette localité perdit son importance à mesure que celles-là grandissaient.

Avant 1790 la paroisse de Civaux faisait partie de l'archiprêtré de Mortemer, de la châtellenie de Lussac-le-Château, de la sénéchaussée de Montmorillon et de l'élection de Poitiers. Le prieuré-cure de Civaux dépendait de l'abbaye de Lesterp (Charente).

CIVÉNÉ, h. cⁿᵉ de Vezières. — *Cyvenay*, 1468; *Syvesnay*, 1512 (comᵗⁱᵉ de Loudun, 33). — *Civené* (Cassini). — *Sivéné*, 1872 (dénomb.).

CIVEUIL, h. cⁿᵉ de Verrières. — *Siveulh*, 1439 (abb. de Nouaillé, 40). — *Cyveul*, 1469 (seign. de Dienné et Verrières, 3). — *Siveuilh*, 1477 (fief de Mortemer). — *Cyveuil*, 1580 (abb. de Nouaillé, 41). — *Civeilh*, 1590 (cure de Verrières). — Anc. fief relev. de Dienné et Verrières.

CIVOLLE, f. cⁿᵉ d'Asnières. — *Cyvole*, 1561 (prieuré de S¹-Paixent). — *Cyvolla*, 1582 (seign. de l'Isle-Jourdain).

CIVRAY, ch.-l. d'arrᵗ. — *In vicaria Sivriaco*, v. 1010 (cart. de S¹-Cyprien, p. 283). — *In vicaria Sivriaco castro*, v. 1020 (Besly, Hist. des comte de Poitou, p. 281 bis). — *Severiacum castrum*, 1079 (Fonteneau, t. XV, p. 367). — *Castellum Sivraici*, v. 1125 (*ibid.* t. XVIII, p. 274). — *Sivrac*, v. 1130 (cart. de Montazay, n° 4). — *Cyvraicum castrum*, 1190 (Fonteneau, t. XXIV, p. 449). — *Sivrai*, 1243 (ch. de S'-Hilaire, t. I, p. 251). — *Castrum de Sivrayo*, 1270 (Fonteneau, t. XXII, p. 305). — *Civray*, 1377 (gr. Gauthier, f° 253). — *Sivray*, 1383 (taux du décime, p. 27). — *S'-Nicolas de Sivrai*, 1779 (almanach provincial). — *Civrai*, 1807 (annuaire).

Cette commune comprend le territoire des deux anciennes paroisses de Saint-Nicolas et de Saint-Clémentin de Civray.

Civray faisait partie de l'archiprêtré de Gençay en l'archidiaconé de Briançay ou Brioux (Deux-Sèvres). Le prieuré et la cure de Saint-Nicolas étaient à la nomination de l'abbé de Nouaillé. Le prieuré et la cure de Saint-Clémentin, au faubourg de ce nom, dépendaient de l'abbaye de Charroux. (Voy. SAINT-CLÉMENTIN.) Il y avait à Civray une maison de templiers, *domus Templi apud Sivraicum*, 1184 (Fonteneau, t. XVIII, p. 555), qui devint une commanderie de l'ordre de Saint-Jean de Jérusalem et dépendit de celle d'Ensigné (Deux-Sèvres) pendant les deux siècles qui précédèrent sa suppression; un couvent de capucins fondé vers 1613, et un couvent de bénédictines fondé en 1637. L'aumônerie de Saint-Christophe, qui existait dès le xiiᵉ siècle (Fonteneau, t. XVIII, p. 445, 491 et 609), fut unie à l'hôpital de Lusignan en 1698.

La viguerie de Civray n'est mentionnée que dans les deux documents cités plus haut, avec des localités situées dans les cⁿᵉˢ de Savigné, Blanzay et Champagné-le-Sec, et dans celle de Sauzé-Vaussay (Deux-Sèvres); elle paraît être la même que celle dont Blanzay fut le chef-lieu au xᵉ siècle. La châtellenie de Civray, *castellania Sivriacensium*, 1100 (cart. de S'-Cyprien, p. 241), relevait de l'évêché de Poitiers avant d'être unie au domaine de la couronne. D'après le compte de J. Bourdin, de l'an 1479, elle comprenait les paroisses de Civray, Aizecq (Charente), Blanzay, Caunay (Deux-Sèvres), Champagné-le-Sec, Champniers, la Chapelle-Pouilloux (Deux-Sèvres), Château-Garnier, Chaunay, Genouillé, Limalonges (Deux-Sèvres), Linazay, Lizant, Lorigné (Deux-Sèvres), Mairé-l'Évêcault (*idem*), Montjean (Charente), Pliboux (Deux-Sèvres), Saint-Gaudent, Saint-Macou, Saint-Pierre-d'Exideuil, Saint-Romain, Saint-Saviol, Surin, Taizé en partie (Charente), Usson, Vanzay en partie (Deux-Sèvres), Vaussay (*idem*), Vieilleville (*idem*), Villaret et Voulême. Suivant d'autres documents, il faut y ajouter les paroisses de Joussé, Saint-Clémentin et Savigné en entier, et celles de Bouresse, Brion, Brux, Pairoux, Saint-Laurent-de-Jourde, Saint-Martin-Lars, Saint-Maurice, Saint-Secondin et Vaux en partie seulement.

Après avoir pendant plus de trois siècles successivement appartenu aux comtes de la Marche et aux comtes d'Eu, la seigneurie de Civray fut réunie par confiscation au domaine de la couronne en 1350, puis érigée en comté et sénéchaussée en 1526, avec l'adjonction des châtellenies d'Usson, Chizé (Deux-Sèvres), Melle (*idem*) et Saint-Maixent (*idem*). Ce comté et cette sénéchaussée furent supprimés en 1533 et rétablis en 1541, avec adjonction de la vicomté d'Aunay (Charente-Inférieure); mais un siège particulier ayant été en même temps créé à Saint-Maixent, le ressort de la sénéchaussée de Civray se composa dès lors des châtellenies de Civray, Usson, Chizé, Melle et Aunay, des paroisses de Montembœuf, Vitrac, les Pins et d'une partie de celle de Chasseneuil enclavées dans la province d'Angoumois, et de celles de Denant, Saint-Hilaire-sur-l'Autise et Saint-Étienne-des-Loges, près Fontenay-le-Comte en Bas-Poitou. Cette sénéchaussée ressortissait au parlement de Paris, et, pour les cas présidiaux, au présidial de Poitiers. Le comté de Civray fut réuni à la couronne en 1545 et engagé en 1589. Il comptait plus de 140 fiefs dans sa mouvance directe.

La châtellenie de Civray faisait partie de l'élection de Poitiers, à l'exception de Taizé, qui était de l'élection d'Angoulême. Le château seigneurial, situé sur la rive gauche de la Charente, est détruit.

Une porte de la ville, appelée le *Pourtal de la porte Niortoyse*, 1398 (gr. Gauthier, f° 228 v°), formait un fief relevant du château de Civray.

En 1790, lors de l'organisation du département, Civray fut le chef-lieu d'un district composé des cantons de Civray, Availle, Charroux, Chaunay, Gençay, Sommières et Usson. Le canton de Civray comprenait les cⁿᵉˢ de Civray, Lizant, Saint-Clémentin, Saint-Gaudent, Saint-Macou, Saint-Pierre-d'Exideuil, Saint-Saviol, Savigné et Voulême. Cette organisation fut modifiée en 1795, 1800 et 1801. (Voy. l'INTRODUCTION.)

La station de Civray, sur le chemin de fer de Paris à Bordeaux, est située à 7 kilom. de Civray, sur le territ. de la cⁿᵉ de Saint-Saviol. Le sol sur lequel elle a été établie en 1853 a été détaché de la cⁿᵉ de Limalonges (Deux-Sèvres) le 9 mai 1860.

CIVRAY, vill. et m^in sur la Vandelogne, c^ne de Chiré-en-Montreuil; anc. commune appelée Civray-les-Essarts, supprimée le 4 juillet 1806; Civray fut réuni à Chiré, les Essarts à Vouillé. — *Syvraium*, 1231 (chap. de Ste-Radegonde, 73). — *Sivray*, 1299 (*ibid.* 32). — *Civray*, 1440 (*ibid.* 22).

Le village de Civray dépendait, avant 1790, de la paroisse de Vouillé; il formait avec celui des Essarts, dès 1657 (arch. de Poitiers, 40), une communauté d'habitants distincte de celle de Vouillé et figurait à ce titre dans les listes des paroisses de l'élection de Poitiers.

CLABARDERIE (LA), h. c^ne de Béruges; — 1743 (rôle des tailles).

CLABATRIE (LA), h. c^ne de Savigny-sous-Faye.

CLAIE (LA), h. c^ne de la Chapelle-Bâton. — *La Claye* (Cassini). — *La Clie*, 1841 (nomencl.).

CLAIELAND, m. r. c^ne de Vellèche. — *Guillaume de Cleslant*, 1457 (duché de Châtellerault, 6). — *Claisland*, 1484 (abb. de Ste-Croix, 82). — *Bois qui fut Jehan Clayland*, 1601; *Clesland*, 1669 (seign. de Mondidier).

CLAIN (LE), riv. prend sa source dans la c^ne d'Hiesse (Charente), limitrophe de celle de Pressac, traverse du sud au nord les arr^ts de Civray et de Poitiers, en passant à Pressac, Sommières, Vivonne et Poitiers, et, après un court trajet dans l'arr^t de Châtellerault, se jette dans la Vienne près Cenon. — *Clennus* (Greg. Turon. Hist. IX, 41). — *Clinnus* (Gesta reg. franc. ap. Bouquet, t. II, p. 554). — *Clennius*, 888 (cart. de St-Cyprien, p. 248). — *Clinnius*, 924 (Fonteneau, t. XXI, p. 231). — *Clinus*, 932-936 (cart. de St-Cyprien, p. 117). — *Clinnus*, 938 (*ibid.* p. 58). — *Clenus*, 962 (Fonteneau, t. XXVII, p. 23). — *Aqua Clennis*, 1077 (*ibid.* t. XIX, p. 35). — *Clienne fluvio*, v. 1080; *fluvius Clenc*, 1083 (abb. de Montierneuf). — *Clemnis* (hist. Mon. Novi, ap. Bouquet, t. XI, p. 120). — *Flumen Clin*, v. 1120 (cart. de St-Cyprien, p. 68). — *Ripparia de Clayn*, 1281 (Fonteneau, t. XXVI, p. 267). — *La ryvere dau Cleyn*, v. 1300 (chap. de St-Pierre-le-Puellier, 21). — *Clanus*, 1311 (Fonteneau, t. XXII, p. 432). — *Le Clain*, 1403 (gr. Gauthier, f° 249). — *Le Clen*, 1405 (*ibid.* f° 9). — *Le Clan*, 1473 (duché de Châtellerault, 7).

CLAIN (LE), h. c^ne de Maupreoir. — *Clen*, 1234 (abb. de Charroux). — *Le Clain*, 1645 (notaires de la bar. de Charroux).

CLAIN (MOULIN DU), sur le Clain, c^ne d'Andillé; — 1681 (cure d'Andillé).

CLAIRBAUDIÈRES (LES), h. c^ne de Dienné. — *Les Clerbaudières*, 1743 (rôle des tailles).

CLAINÉ, h. c^ne de Salles-en-Toulon; — 1562 (fief de Mortemer). — Anc. fief relev. de la bar. de Mortemer.

CLAIREAU, m^in sur la Dive, c^ne de Salles-en-Toulon. — *Moulin de Clereau*, 1465 (fam. Taveau); 1685 (fief de Mortemer); — *de Claireau*, 1775 (rôle des tailles).

CLAIREFA, bois, près Fontboué, c^ne de Maupreoir. — *Nemus de Clarefa*, 1458; *bois de Clerefa*, 1558 (abb. de Charroux).

CLAIRVAUX, chât. en ruine et chât. moderne, c^ne de Scorbé-Clairvaux. — *Bolotus de Claris Vallibus*, v. 1090 (cart. de St-Cyprien, p. 77). — *Gaufridus de Claro Vallo*, v. 1126 (cart. de Noyers, p. 486). — *Capella de Clara Valle*, 1180 (cart. de Cormery, p. 134). — *Claraval* (sirv. de Bertrand de Born, ap. Raynouard, Choix de poésies des troubadours, t. IV, p. 147). — *Clerevaus*, 1291 (prieuré de Fontmore, 1). — *Clervaus*, 1296 (abb. de la Celle, 17). — *Clervaux*, 1370 (seign. de Puygarreau, 3). — *Chastellenie de Clerevaux*, 1393 (abb. de la Celle, 17). — *Clervaulx*, 1522; *Clervault*, 1683; *Clervaux*, 1769 (seign. de Clairvaux). — *Clairvaux*, 1782 (pouillé, p. 322).

Il reste du vieux château un donjon en ruine, situé près le Haut-Clairvaux et appelé la Tour de Clairvaux, et l'ancienne chapelle seigneuriale de Notre-Dame du Verger ou des Vergers, aussi en ruine. Le château moderne a été bâti dans la plaine, près et au sud du bourg de Scorbé. La seign. de Clairvaux, qualifiée châtellenie en 1389, 1393, baronnie en 1522, 1601, fut érigée en marquisat au mois de février 1611 en faveur de César d'Aumont.

CLAIRVAUX (LE HAUT-), village et fontaine, c^ne de Scorbé-Clairvaux.

Le ruisseau de la fontaine du Haut-Clairvaux passe près Bois-Richard et pénètre dans la c^ne de Thuré pour se jeter dans l'Envigne.

CLAÎTRES (LES), h. c^ne d'Usson. — *Les Clouestres*, 1600 (fief de Badevilain). — *Les Cloistres*, 1766 (rôle des tailles).

CLALIÈRE (LA), h. c^ne de Chenevelles. — *La Claslière*, 1522; *la Flalière*, 1676, 1773 (cure de Chenevelles).

CLAN, vill. et m^in sur le Clain, c^ne de Jaunay. — *Clam seu villa dicta le Petit Jaunoy*, 1269 (arch. nat. reg. B, f° 20, cité par E. Boutaric, ap. Saint-Louis et Alfonse de Poitiers, p. 384). — *Clan*, 1546 (cure de Jaunay).

CLANÉ, h. c^{ne} de Châtellerault; distrait de la c^{ne} de Naintré le 3 janvier 1839. — *Claonnay*, 1259 (couvent de la Puye, 1). — *Claanay*, 1281 (Duchesne, Hist. généal. de la maison des Chasteigners, pr. p. 110). — *Clanay*, 1426 (duché de Châtellerault, 7). — *Clasnay*, 1540 (cure de Naintré).

CLAPIERS (LES), f. c^{ne} de Lencloître.

CLARTERIE (LA), h. c^{ne} de Saint-Macou. — *La Clairterye*, 1630 (notaires, Pascault à Civray). — *La Clartrie*, 1699 (fam. Malapert).

CLAUDERIES (LES), vill. c^{ne} de Brux. — *Les Clauderyes*, 1604 (abb. de Nouaillé, 53).

CLAUDY (LE), h. c^{ne} de Benassay. — *Le Clouty*, paroisse de Nesde, 1530 (minutes de J. Defonboisset, notaire à St-Maixent). — *Le Cloudy*, 1665 (chap. de St-Hilaire, 235).

CLAUNAY, c^{en} de Loudun. — *Ecclesia Sancti Germani de Cloenaio*, v. 1088 (Fontenau, t. XXV, p. 159). — *Prioratus de Clauniaco, de Cloniaco*, v. 1216 (ibid. t. XXV, p. 105). — *Ecclesia de Clonayo* (pouillé de Gauthier, f° 171 v°). — *Clonai*, 1383 (taux du décime, p. 156). — *Claunay*, 1438 (com^{rie} de Loudun, 30).

Avant 1790 cette commune faisait partie de l'archiprêtré, de la châtellenie, du bailliage et de l'élection de Loudun. Le prieuré et la cure de Saint-Germain de Claunay étaient à la nomination de l'évêque de la Rochelle, anciennement de l'abbaye de Maillezais (Vendée). Le fief de Claunay relevait de la baronnie de Baussay. Le principal seigneur de la paroisse était le comte de la Chapelle-Bellouin.

CLAVEAUX (LES), h. c^{ne} d'Antran. — *Les Guillottières* (Cassini).

CLAVELLIÈRE (LA), lieu détruit, près les Bergeais, c^{ne} de Nalliers. — *La Clavalère*, 1320 (évêché, 22). — *La Clavellière*, 1618 (seign. de la Roche-Aguet).

CLAVIÈRE, chât. en ruine, près la Gruzalière, c^{ne} d'Iteuil. — *Beraudus de Claveria*, v. 1095 (cart. de St-Cyprien, p. 271). — *Clavère*, 1230 (Fontenau, t. XXII, p. 167). — *Nemus de Claveris*, 1310; *Clavères*, 1386 (abb. de St-Cyprien, 43). — *Clavières*, 1505 (collège de Poitiers, 24). — Anc. fief, châtellenie dès 1400 (abb. de la Celle, 17), relev. de la bar. de Celle-l'Évécault.

CLAVIÈRE, f. près Ruffigny, c^{ne} d'Iteuil, et bois, c^{ne} de Marçay. — *Chapelle de Clavères; la Mothe de Clavères; les Landes de Clavères, herbergement*, 1489 (livre de recette de Vivonne, f°s 179 v°, 182 r° et 193 v°). — *La Lande de Clavière*, 1655 (ch. à la bibl. de Poitiers). — *Forest de Clavière*, 1696 (seign. de Château-Larcher). — Anc. fief relev. de la châtell. de Clavière. Le bois de Clavière contenait 153 hectares en 1802 (Statist. de la Vienne).

CLAVIÈRE, m. r. c^{ne} du Vigean; — 1530 (cure du Vigean).

CLAVIÈRE (LA), vill. c^{ne} de Vaux-en-Couhé. — *Claveria*, 1326 (abb. de Nouaillé, 54). — *La Clavière*, 1604 (abb. de St-Cyprien, 36).

CLAVIÈRE (LA GRANDE et LA PETITE-), hh. c^{ne} de Blanzay. — *La Clavère*, 1404 (gr. Gauthier, f° 196). — *La Clavière*, 1476 (chap. cathédral, 83). — *La grant Clavière*, 1490 (augustins de Poitiers). — *La petite Clavière*, 1664 (notaires, Pascault à Civray).

CLÈME, m. adjacente au bourg d'Aunay. — *Clomes*, 1556 (cure de Guesne). — Anc. seigneurie.

CLÉMENSALIÈRE (LA), vill. c^{ne} d'Iteuil. — *La Clemensalère*, 1488 (seign. d'Iteuil). — *La Clemenssallière*, 1601 (abb. de Nouaillé, 26). — *La Clemensalière*, 1642 (cure d'Andillé).

CLÉNAUDRIE (LA), m. r. c^{ne} de la Trimouille.

CLERBAUDIÈRES (LES), chât. c^{ne} de Paizay-le-Sec. — *La Clerebaudère*, 1260 (Hommages d'Alphonse, p. 94). — *La Clerbaudière*, 1462 (hommages de Montmorillon). — *Les Clerbaudières*, 1561; *fons de terre qui fut aultrefois en bois de haulte futaie qu'on appelloit la forest des Clerbaudières*, 1617 (fief des Clerbaudières). — *Les Clairbaudières*, 1841 (nomencl.). — Anc. fief relev. de la bar. de Montmorillon.

CLÉRET, h. c^{ne} d'Archigny. — *Molin de Clarec*, 1309 (Gauthier, f° 186). — *Clairet*, 1362 (chap. cathédral, 84). — *Claret*, 1503 (évêché, 22). — *Cleret*, 1525 (ibid. 24).

CLERFEUILLE, f. c^{ne} d'Asnières. — *Clerfueil* (Cassini).

CLERFEUILLE, h. c^{ne} de Charroux. — *Clerefeuilhe*, 1498 (fief des Malpierres).

CLERGERIE (LA), m. r. c^{ne} d'Oiré; — 1620 (seign. d'Oiré, inv.).

CLERGAUDRIE (LA), f. c^{ne} de Lencloître; — 1750 (cure de Boussageau). — *La Clergeaudrie*, 1841 (nomencl.).

CLERGAUDRIE (LA), f. c^{ne} de Lussac-le-Château.

CLERMONT, four à chaux, c^{ne} de la Chapelle-Montreuil; — 1550 (abb. de Monticrneuf, 84).

CLERPAIN (LE), h. c^{ne} de Saint-Genest. — *Le Clerpin*, 1536 (seign. de Puygarreau, 7). — *Le Clerpain*, 1633 (ibid. 6).

CLENS (LES), h. c^{ne} de Vouneuil-sur-Vienne. — *Village des Clercs*, 1619 (aveu de St-Romain, f° 19 v°). — *Les Clères*, 1766 (rôle des tailles).

CLERTERIE (LA), h. c^{ne} d'Archigny. — *La Clartrie*, 1779 (rôle des tailles).

CLERVILLE, vill. c^{ne} de Maulay. — *Clerevilla*, 1398; *Clerville*, 1513 (chap. de Ste-Radegonde, 92).

CLERVILLE, lieu détruit, c^{ne} de Prinçay; — 1605, 1644 (cure de Prinçay).

CLIE (LA), h. c^{ne} de la Chapelle-Mortemer. — *La Clie*, 1405 (gr. Gauthier, f° 21 v°). — *La Clye*, 1562 (fief de la Foucaudière). — Anc. fief relev. de la Foucaudière.

CLIE (LA), m. r. c^{ne} de Queaux. — *La Clye*, 1514; *la Clie*, 1540 (seign. de Ressonneau, 2).

CLIE (LA GRANDE-), h. c^{ne} de Lautier; — 1596 (chap. de St-Pierre-le-Puellier, 33).

CLIEL, f. c^{ne} de Moussac-sur-Vienne. — *Clielles*, 1497 (seign. de Lussac, 1).

CLIELLE (LA), chât. et f. c^{ne} d'Andillé. — *Silva que dicitur Ad Cliellam*, v. 1120 (abb. de Nouaillé). — *La Clielle*, 1477 (ibid. 7). — Anc. fief relev. de la châtell. de Château-Larcher.

Le bois de la Clielle, touchant au chemin de Smarve à Raboué, appartenait à l'abbaye de la Trinité de Poitiers.

CLIELLE (LA), h. c^{ne} de Scorbé-Clairvaux; — 1777 (aveu de Clairvaux).

CLIFFORT, lieu détruit, c^{ne} de Lusignan. — *Herbergamentum de Clifort*, 1353 (abb. de Nouaillé, 57). Un pré porte encore ce nom; il est situé entre le parc de Lusignan et la Vonne.

CLIONNERIE (LA), h. et bois, c^{ne} de la Chapelle-Viviers. — *Village des Clyons*, 1573 (maison-Dieu, 158). — *La Clionerye*, 1602 (ibid. 157). — *La Clonerie* (Cassini). — Le bois de la Clionnerie était autref. appelé *boys de Haulte feuille*, 1533 (maison-Dieu, 164); — *de Haulte feuille*, 1628 (seign. de Champeaux).

CLOISONS (LES), m. r. c^{ne} de Leigné-sur-Usseau.

CLOÎTRE, anc. fief, auj. inconnu, à Chasseneuil. — *Cloistres*, 1506; *Cloistre*, 1675 (fief de Cloître). — Ce fief relevait de la tour de Maubergeon.

CLOÎTRE, vill. c^{ne} de Vendeuvre. — *Locus qui Claustrum vocatur*, 637 (dipl. de Dagobert, non authentique, ap. Pardessus, *Diplomata, chartæ*, etc. t. II, p. 57). — *Claustræ*, 938 (cart. de St-Cyprien, p. 60). — *Garinus de Claustris*, v. 1000 (ibid. p. 71). — *Cloytres*, 1322 (abb. de la Celle, 18). — *Renaut de Cloystres*, 1324 (arch. de Poitiers, 12). — *Cloistres*, 1393 (séminaires de Poitiers, 3). — *Cloestres*, 1395; *Cloaistres*, 1510 (seign. de Vaurais). — *Cloistre*, 1573 (seign. de Chéneché, 7).

CLOÎTRE (LE PETIT-), h. c^{ne} de Vendeuvre.

CLOÎTREAU (LE), h. c^{ne} de Blâlay. — *Le Clotereau*, 1450 (couvent de Lencloître). — *Le Cloystereau*, 1561 (prévôté de Blâlay, 1). — *Le Cloistreau*, 1681 (couvent de Lencloître). — Anc. domaine des religieuses de Lencloître.

CLOÎTRIE (LA), f. c^{ne} de Bignoux.

CLORIE (LA), h. c^{ne} de Vellèche. — *La Clouerie*, 1866 (dénomb.).

CLOS (LE), f. c^{ne} de Châtellerault.

CLOS (LE), h. c^{ne} de Raslay.

CLOS (LE), vill. c^{ne} de Saint-Clair. — *Le Clot*, 1652 (abb. du Pin, 42).

CLOS (LE), h. c^{ne} de Saint-Remy-sur-Creuse. — *Le Cloux*, 1619 (fief de Toiré).

CLOS (LE GRAND-), h. c^{ne} de la Vausseau. — *Le Grand Clou* (Cassini). — Un titre de 1476 (chap. de St-Hilaire, 81) mentionne le *petit Cloux*.

CLOS (LE PETIT-), h. c^{ne} de Saint-Martin-la-Rivière.

CLOS (LES), h. c^{ne} de Saint-Genest.

CLOS (LES), h. c^{ne} de Scorbé-Clairvaux.

CLOS-ACHARD, f. c^{ne} de Marigny-Brizay. — *Clos Achart*, 1398 (Filles-de-Notre-Dame de Poitiers, 9). — *Cloux Achart*, 1498 (fam. des Courtis). — *Clos Achard*, 1766 (rôle des tailles). — *Clouachard* (Cassini).

CLOS-BAUDE (LE), f. c^{ne} de Saint-Sauveur.

CLOS-BILLOIR (LE), h. c^{ne} de Sossay.

CLOS-BONNEAU (LE), c^{ie} de Vouneuil-sur-Vienne; anc. fief appart. à l'abbaye de Montierneuf et relev. de la châtell. de Montgamé. — *Clausum Bonelli*, 1392 (chap. cathédral, reg. 93). — *Chapelle de Clou Bonneau*, 1478; *houstel de Chabonnea*, 1537; *Clos Bonneau*, 1664 (abb. de Montierneuf, 8). — C'était peut-être le lieu appelé le *Clos*, près les Babins.

CLOS-DE-LA-HAYE (LE), h. c^{ne} de Rossay.

CLOS-DES-BARRES (LE), f. c^{ne} de Saint-Romain-sur-Vienne.

CLOS-DE-TEIL (LE), h. c^{ne} de Bonnes. — *Le Clou du Teil* (Cassini).

CLOS-GOUIN (LE), h. c^{ne} de Ceaux, c^{on} de Loudun.

CLOS-GOUPY (LE), caves autref. habitées, près les Bouzons, c^{ne} de Roiffé.

CLOS-POPINEAU (LE), h. c^{ne} de Colombiers.

CLOSSAT, h. c^{ne} de Sillars. — *Clossat*, 1407 (gr. Gauthier, f° 118 v°). — *Clossac*, 1547 (fief de Clossat). — Anc. fief relev. de la bar. de Montmorillon.

CLOSURE (LA), vill. c^{ne} de Doussay. — *La Closure*, 1440 (arch. de Poitiers, 12). — *Moulin de la Clousure*, 1460 (prévôté de Blâlay, 8). — *La Clouzure*, 1570 (chap. de Mirebeau, 29).

CLOSURES (LES), vill. c^{ne} de Roiffé. — *Les Clausures*, 1523; *les Closures*, 1556 (abb. de Fontevrault, 3). — Seigneurie des grandes *Clouzures*, appart. à l'abbaye de Fontevrault, 1673 (cure de Roiffé).

CLOSURES (LES), f. cne de Saint-Georges. — *Clousures*, 1392 (gr. Gauthier, f° 2).

CLOSURES (LES), m. r. cne d'Usseau. — *Les Clousures*, 1419; *les Closures*, 1487; *les Clouzures*, 1525 (seign. des Closures). — Anc. fief et haute justice relev. de la Motte d'Usseau.

CLOTET, vill. cne de Buxerolles; — 1433 (évêché, 60). — Anc. fief relev. de Bonnillet.

CLOU (LE), h. cne de Pleumartin; — 1558 (abb. de S¹-Cyprien, 50).

CLOUCHAUSSON, f. cne d'Availle. — *Herbergement de Cloux Sanson*, 1444 (duché de Châtellerault, 1). — *Cloux Chausson*, 1446 (ibid. 6). — *Clouchausson*, 1442 (seign. de Clouchausson). — Anc. fief relev. de la bar. de Montoiron; de la seign. de Tarnay, suivant un terrier de Chitré.

CLOUDI (LE), f. cne d'Angliers. — *Les Cloudis*, 1478 (cure d'Angliers). — Anc. seigneurie.

CLOUÉ, con de Lusignan. — *Clodoacus*, v. 1030 (cart. de S¹-Cyprien, p. 274). — *Cloec*, v. 1060 (ibid. p. 275). — *Parochia Sancti Maxencii de Clohe*, 1388 (abb. de Ste-Croix, 95). — *Cloyacum*, 1405 (gr. Gauthier, f° 58 v°). — *Cloc*, 1410 (comrie de Roche, 2). — *Cloviacum*, 1478 (reg. synodal). — *Cloué*, 1479 (compte de J. Bourdin).

Avant 1790 la paroisse de Cloué faisait partie de l'archiprêtré, de la châtellenie et du ressort du siège royal de Lusignan, et de l'élection de Poitiers. La cure était à la nomination de l'évêque; elle a été rétablie en 1859. Le fief et haute justice de Cloué relevait du château de Lusignan.

CLOUÈRE, h. cne de Saint-Martin-Lars. — *Moulin de Cloire*, 1409 (gr. Gauthier, f° 216). — *Clouère*, 1469 (cure de Saint-Martin-Lars). — *Moulin de Galopin*, 1679; — *ou de Clouère*, 1767 (fief de Saint-Martin-Lars). — Ce moulin n'existe plus.

CLOUÈRE (LA), riv. prend sa source dans la cne de Lessac (Charente), à peu de distance de la limite du dépar¹ de la Vienne, traverse l'arr¹ de Civray du sud au nord, les cnes de Marnay et de Château-Larcher dans l'arr¹ de Poitiers et se jette dans le Clain à 2,500 mètres au-dessous de Vivonne. — *Cludra*, 799 (abb. de Nouaillé). — *Cloderia*, 857 (Fonteneau, t. XXI, p. 127). — *Clodera*, 888 (cart. de S¹-Cyprien, p. 247). — *Cludera*, 903 (abb. de Nouaillé). — *Cloira*, 936 (cart. de S¹-Cyprien, p. 265). — *Fluvius Clori*, 969 (ibid. p. 250). — *La Cloère*, 1234 (Fonteneau, t. XXIV, p. 277). — *La Cloyre*, 1281 (abb. de Nouaillé, 24). — *La Clueyra*, 1289 (ibid. 27). — *La Clouère*, 1398 (chap. de S¹-Pierre-le-Puellier, 24). — *La Cloire*, 1403 (gr. Gauthier, f° 252 v°). — *Cloeria*, 1404 (ibid. f° 199 v°).

Un cours d'eau appelé Cloire est inexactement tracé sur la carte de Cassini comme distinct de la Clouère et se jetant dans le Clain près la Brunetière, cne de Saint-Martin-Lars.

CLOUSIÈRE (LA), h. cne de Savigny-sous-Faye.

CLOUTERIE (LA), f. cne de Sainte-Radegonde-en-Gâtine. — *La Cloutrie*, 1766 (rôle des tailles).

CLOUX (LES), h. cnes de Latillé et Chiré-en-Montreuil. — *Le Clo*, 1378 (gr. Gauthier, f° 70). — *Les Cloux*, 1383 (fam. Jacques). — Anc. fief relev. de la Chèze.

CLOUX (LES), f. cne de Liglet.

CLOUZEAU (LE), h. cne d'Amberre. — *Domus de Clausea*, 1185; *le Closeau*, 1446 (prieuré de S¹-Jean de Mirebeau, 1 et 9). — *Le Clouseau*, 1456 (chap. de Mirebeau, 22). — *Le Clouzeau*, 1560 (prieuré de S¹-Jean de Mirebeau, 4).

CLOUZEAUX (LES), f. cne d'Orches. — *Les Clouzeaulx*, 1436 (bar. de Luain). — *Clozeaux*, 1444 (duché de Châtellerault, 1). — *Les Clouzeaux*, 1480 (bar. de Luain). — *Les Clouseaux*, 1516; *les Cluseaux*, 1780 (seign. des Clouzeaux). — Anc. fief relev. de Grandchamp. — Autre fief relev. du marq. de Clairvaux.

CLUNERIE (LA), f. à Moulins, cne de Smarve; — 1625 (chap. de S¹-Pierre-le-Puellier, 29); — appart. autref. au chapitre de Saint-Pierre-le-Puellier de Poitiers.

CLUZAUDIÈRE (LA), h. cne d'Anché. — *La Cleuzaudière*, 1642; *la Cluzaudière*, 1655 (notaires de la châtell. de Monts).

CLUZEAU (LE), f. cne d'Adriers; — 1663 (prieuré d'Entrefins). — *Le Clouzeau*, 1841 (nomencl.).

CLUZEAU (LE), min sur le ruiss. de Villedon et étang, cne d'Asnières. — *Le Cluseau, moulin du Cluzeau*, 1557 (seign. de Serre et Abzac). — *Les Écluseaux*, 1841 (nomencl.). — Anc. fief.

CLUZEAU (LE), chât. en ruine, h. mie sur la Gartempe et étang, cne de Latus. — *Capella de Clusello Bonelli in parochia de Latuz*, v. 1300 (Gauthier, f° 176). — *Fortalicium de Cluzello Bonelli*, 1404 (ibid. f° 108). — *Estang du Cluseau*, 1496; *fortilesse du Cluseau Bonneau*, 1518 (fief du Cluzeau). — *Chapelle du Cleuzeau*, 1561 (seign. de la Dallerie). — *Moulin banal du Cluseau*, 1642; *le Cluzeau de Lastus*, 1652 (seign. du Cluzeau). — Anc. fief, qualifié châtellenie en 1638, relev. de la bar. de Montmorillon.

CLUZEAU (LE), f. et min sur la Benaise, cne de Thollet; anc. prieuré dép. de l'abbaye de bénédictines de la Règle à Limoges. — *Prieuré du Cluzeau*, 1507; — *de Thollet et du Cluzeau*, 1611; — *du Cluzeau de Tollet*, 1627 (prieuré du Cluzeau).

CLUZETTE, m^{in} sur la Clouère, c^{ne} de Marnay. — *Molin de Cloirete*, 1343 (abb. de Nouaillé, 24); — *de Clurette*, 1550 (seign. de la Vergne); — *de Clusettes*, 1558 (fief de Château-Larcher); — *d'Esclusette*, 1655 (com^{rie} de Roche, 6); — *de Clouzet*, 1775 (rôle des tailles); — *de Clauzete*, 1841 (nomencl.).

COCAGNE, f. c^{ne} de Veniers. — *Cocquaigne*, 1494; *Cocaigne*, 1613 (com^{rie} de Loudun, 18).

COCHARDERIE (LA), h. c^{ne} de Loudun.

COCHONNIÈRE (LA), f. c^{ne} de Nalliers; — 1639 (seign. de la Roche-Aguet). — Anc. fief et haute justice relev. de l'abb. de Saint-Savin.

COENSERIE (LA), m. r. c^{ne} d'Angle.

COEUR-LIAME, f. c^{ne} d'Ouzilly.

COEURS (LES), f. c^{ne} de Bonnes; anc. fief relev. de Touffou.

COFABRE (LA), h. c^{ne} de Scorbé-Clairvaux. — *La Croix Favre* (Cassini).

COGNAC, donjon en ruine à Mortemer. — *Herbergamentum quod fuit Guidonis de Coignaco militis*, 1372; *houstel de Mortemer appellé anciennement l'oustel de Coignac*, 1436; *fief de Mortemer autrement Cougnac*, 1629 (abb. de Nouaillé, 6). — Anc. fief relev. de l'abb. de Nouaillé.

COGNÉES (LES), h. c^{ne} de Benassay. — *La Cougnée*, 1568 (chap. de St-Hilaire, 233).

COIN (LE), lieu auj. inconnu, c^{ne} de Saint-Martin-Lars. — *Village du Coinq*, 1634 (notaires de la bar. de Charroux); — *du Coin*, 1674 (notaires de la vic. de Rochemeaux).

COINDARDIÈRE (LA), h. c^{ne} de Sanxay. — *La Cointardière*, 1627 (fief de Curzay). — Anc. seigneurie.

COINDRES (LES), vill. et m^{in} sur le Clain, c^{ne} de Naintré.

COINDRIE (LA), f. c^{ne} du Bourg-Archambault. — *La Coinderie*, 1525 (maison-Dieu, 31). — *La Coindrye*, 1728 (clergé, 16).

COINDRIE (LA), f. c^{ne} de Saint-Gervais; — 1744 (bar. de la Touche).

COINDRIES (LES), h. c^{ne} de Sérigny. — *Terres des Coyndes, la Coinderie*, 1519 (cure de Sérigny).

COIN-DU-BOIS (LE), h. c^{ne} de Benassay. — *La Sigauderye*, 1540 (chap. de St-Hilaire, 223). — *Le Coing du Bois ou la Sigauderie*, 1672 (ibid. 235).

COINTIÈRE (LA), h. c^{ne} de Sanxay.

COIRAUDRIE (LA), h. c^{ne} de Vendeuvre. — *La Coyraudère*, 1317; *la Coiraudrie*, 1621 (seign. de Chénéché, 7).

COLIGNÉ, ff. c^{ne} de Saint-Romain. — *Coulaigné*, 1601 (fief de Chaleur).

COLINIÈRE (LA), h. c^{ne} de Latillé. — *La Collinière*, 1638 (cure de Latillé).

COLIVAUDRIE (LA PETITE-), f. c^{ne} de Sossay. — *Héritaiges qui furent à feu Simon Corlivaut, la Corlivauderie*, 1505 (chap. de Châtellerault, 16).

COLLAY, m^{in} sur la Veude, c^{ne} de Saint-Gervais. — *Colay*, 1340 (bar. de Luain). — *Moulin de Colay*, 1405 (seign. de Puygarreau, 7); — *de Collay*, 1533 (couv. de Lencloître); — *de Collai, de Collé*, 1774 (aveu de la Touche); — *de Collet*, 1841 (nomencl.). — Anc. fief relev. de la bar. de la Touche.

COLLET, m. isolée, c^{ne} de Thuré.

COLLETIÈRE (LA), f. c^{ne} de Saint-Genest; — 1585 (seign. de Puygarreau, 1).

COLLIER (LE), m. r. c^{ne} de Ceaux, c^{on} de Loudun.

COLLINEAUX (LES), vill. c^{ne} de Lizant. — *Cheux Collineaux, village des Collineaux*, 1659 (notaires, Pascault à Civray).

COLLINEAUX (LES), f. c^{ne} de Senillé.

COLLINERIE (LA), h. c^{ne} de la Chapelle-Montreuil.

COLLINIÈRE (LA), h. c^{ne} de Lomaizé. — *La Collinerie*, 1562 (fief de la Foucaudière). — *La Collinière*, 1566 (carmes de Poitiers). — *La Callinière* (Cassini).

COLOMBERIE (LA), h. c^{ne} de Chouppes.

COLOMBERS (LES), h. c^{ne} de Buxeuil.

COLOMBIER (LE), m. au vill. de la Vallée, c^{ne} d'Avanton.

COLOMBIER (LE) ou LA VICANNE, m. à Biard. — *La Vicanne*, 1599; *le Colombier*, 1673 (chap. cathédral, 14).

COLOMBIER (LE), f. c^{ne} de Celle-l'Évécault.

COLOMBIER (LE), h. c^{ne} de Dienné. — *Colombier*, 1469 (seign. de Dienné et Verrières). — *Coulombier*, 1478 (abb. de Nouaillé, 49).

COLOMBIER (LE), ff. c^{ne} de Doussay.

COLOMBIER (LE), h. c^{ne} de Marnay.

COLOMBIER (LE), f. c^{ne} de Mignaloux. — *Le Coulombier*, 1629 (abb. de Ste-Croix, 24). — *Le Collombier*, 1666 (abb. de la Celle, 14).

COLOMBIER (LE), f. c^{ne} d'Oiré; — 1755 (terrier de la Groye).

COLOMBIER (LE), h. c^{ne} de Pouant.

COLOMBIER (LE), f. c^{ne} de Prinçay.

COLOMBIER (LE), m. r. c^{ne} de Savigné.

COLOMBIER (LE), f. c^{ne} d'Usseau.

COLOMBIER (LE), m. à Vouillé. — *Le Collombier*, 1602 (chap. de Ste-Radegonde, 35).

COLOMBIER (LE PETIT-), m. r. c^{ne} de Vouneuil-sous-Biard.

COLOMBIERS, c^{on} de Châtellerault. — *Columberum castrum*, 926 (Besly, Hist. des comtes de Poitou, p. 219). — *In villa Columberio*, 928 ou 929 (cart. de St-Cyprien, p. 76). — *Villa Columberia in vicaria Salvinse, castrum cum ecclesia*, 936 ou 937 (ibid. p. 76). — *Vicaria Columbarii*, 993 (ibid. p. 72). — *Alodum Columbarium cum ecclesia in honore Sanctæ Virginis Mariæ*, 1000 (cart. de Bourgueil, p. 56; Besly, Hist. des comtes de Poitou, p. 355). — *Ecclesia de Columberio vetustissimo castro*, 1097-1100 (abb. de St-Cyprien). — *Gaufridus de Columber*, 1157 (ch. de St-Hilaire, t. I, p. 162). — *Parochia de Columberiis*, 1296 (chap. de Notre-Dame-la-Grande, 26). — *Ecclesia de Columbariis* (pouillé de Gauthier, f° 173). — *Capellanus de Colomberio, de Colomberiis*, 1383 (taux du décime, p. 13 et 58). — *Colombiers*, 1399 (chap. de Notre-Dame-la-Grande, 42). — *Tour et forteresse de Coulumbiers*, 1423 (duché de Châtellerault, inv. d'aveux, f° 22). — *Coulumbiers*, 1433 (chap. de Notre-Dame-la-Grande, 28). — *Columbiers*, 1479 (compte de J. Bourdin). — *Coulumbières*, 1596 (aides et équivalents, p. 81). — *Coullombiers*, 1621 (fief de Colombiers). — *Collombiers*, 1649 (bissexte). — *Notre-Dame de Colombiers*, 1786 (almanach provincial).

Colombiers, après avoir dépendu de la viguerie de Sauves, fut le chef-lieu d'une viguerie mentionnée dans des actes de la seconde moitié du Xe siècle, relatifs à des localités situées dans les communes de Marigny-Brizay et Vendeuvre. La paroisse de Colombiers faisait partie de l'archiprêtré, du duché, de la sénéchaussée et de l'élection de Châtellerault. Le prieuré et la cure de Notre-Dame dépendaient de l'abbaye de Nouaillé. La châtellenie de Colombiers, qualifiée baronnie dès 1661, relevait du duché de Châtellerault, de même que le fief du prieuré.

COLOMBIERS, vill. c^{ne} des Ormes. — *Tethbaldus de Columbers*, v. 1109 (cart. de Noyers, p. 401). — *De Columberiis*, v. 1140 (ibid. p. 550). — *Coulumbiers*, 1446 (duché de Châtellerault, 5). — *Columbiers*, 1486 (cure de Poizay-le-Joli). — *Collombiers*, 1586 (seign. de Puygarreau, 1). — Anc. fief relev. de la bar. de Marmande.

COLOMBIERS-LÈS-LUSIGNAN. Voy. COULOMBIERS.

COLOMBIERS (LES), f. c^{ne} de Vezières.

COLONNIÈRE (LA), h. c^{ne} de Dangé. — *La Coullonnière*, 1639 (seign. de Puygarreau, 10). — *La Colonnière*, 1730 (fief de Piolant).

COMBAUDIÈRE (LA), vill. c^{ne} de Champagné-Saint-Hilaire. — *La Combaudère*, 1488 (cure de Marnay). — *La Combaudière*, 1505 (seign. de la Millière).

COMBAUDRIE (LA), m. en ruine, près Forges, c^{ne} de Saint-Pierre-de-Maillé.

COMBE, chât. et h. c^{ne} de Saint-Martin-Lars. — *Domus de Combes*, 1238 (fam. Gourjault). — Anc. fief relev. de Joussé.

COMBE (LA), chât. et ff. c^{ne} d'Adriers; — 1479 (prieuré de Teil).

COMBE (LA), h. c^{ne} de Béthines. — *La Comba*, 1236; *villagium de Comba*, 1244; *la Combe*, 1271 (maison-Dieu, 127).

COMBE (LA), vill. c^{ne} de Genouillé; — 1538 (seign. de Bois-Seguin).

COMBE (LA), f. c^{ne} d'Hains.

COMBE (LA), f. c^{ne} de Luchapt.

COMBE (ÉTANG DE LA), c^{ne} de Thollet.

COMBES (LES), h. c^{ne} d'Anois. — *Nemus de Cumbis*, 1191 (Fonteneau, t. XVIII, p. 589). — *Les Combes*, 1662 (notaires, Chevallier à Civray).

Le ruiss. de la fontaine des Combes se jette dans la Charente près le moulin de Lanière.

COMBES (LES), h. c^{ne} de Pairoux; — 1612 (fam. du Breuil-Hélion). — Anc. terre noble.

COMBETTE (LA), h. c^{ne} de Vendeuvre.

COMBLAIS (LA), f. c^{ne} de Béthines. — *La Conmelaye*, 1535 (couv. de la Puye, 12). — *La Conninglays*, 1564 (maison-Dieu, 150). — *La Commillais, la Comblais*, 1606 (couv. de la Puye, 13).

COMBLÉ, vill. et mⁱⁿ sur la Longève, c^{ne} de Celle-l'Évécault; anc. c^{ne} réunie à celle-ci le 13 octobre 1819; anc. prieuré dép. de l'abbaye de Nouaillé, uni au collège des jésuites de Poitiers en 1618. — *In villa vocitante Condato; villa Condaita*, v. 1077; *terra de Comdaco*, 1081 (abb. de Nouaillé). — *Prior de Condiaco*, v. 1172 (Fonteneau, t. XXI, p. 671). — *Willelmus de Cumde*, 1198; *prior de Conde*, 1209 (abb. de Nouaillé); — *de Compde*, 1211 (Fonteneau, t. XXII, p. 23). — *Villa de Condeio*, 1229 (abb. de Nouaillé, 54). — *Condetum*, 1339 (ibid. 7). — *Comblé*, 1383 (taux du décime, p. 30). — *Saincte Florence de Comblé*, 1467 (abb. de Nouaillé, 54).

Sainte Florence se retira en ce lieu, *in cella quadam in vico Condatense, duodeno milliario ab urbe differenti* (bréviaire de la fin du XIIIe siècle, cité par D. Chamard, Origines de l'église de Poitiers, p. 378), et y mourut du vivant de saint Hilaire; ses reliques y furent conservées jusqu'au XIe siècle.

Dès 1479 (compte de J. Bourdin) Comblé formait une communauté d'habitants distincte de

Celle-l'Évêcault, et son nom figure à ce titre dans les listes des paroisses de l'élection de Poitiers.

COMBLES (LES), vill. c^{ne} de Montmorillon; — 1690 (com^{rie} de Rouflac, 2). — *Les Combes* (Cassini).

Le ruiss. des Combles, *ruisseau des Combes*, 1656 (terrier de Rouflac, 178), a sa source à l'est du hameau de la Chaise et tombe dans la Gartempe près la Duchènerie.

COMBOSSEIZE, f. c^{ne} de Saint-Pierre-d'Exideuil. — *La Combe bossèze*, 1408 (gr. Gauthier, f° 243). — *Combe bocesze*, 1448 (com^{rie} de Civray, 1). — *Combossèze*, 1465; *Comboscayze*, 1487 (fam. Jousserant, 1). — *Combosay*, 1494 (com^{rie} de Civray, 2). — *Combebaussese*, 1498; *la Combe baussaize*, 1598 (fief du Montet). — *Comboseze*, 1690 (notaires, Pascault à Civray). — *Comboseize*, 1788 (fam. Dexmier).

COMBOURG, chât. et m^{in} détruit, sur le Pairoux, c^{ne} de Mauprevoir; f. étang desséché et bois, c^{ne} de Pressac; — 1591 (fam. Jousserant).

COMBRENNE, m. r. c^{ne} de Béthines. — *Combrayne*, 1556 (maison-Dieu, 142).

COMÈTE (LA), h. c^{ne} de Poitiers.

COMIGNÉ, m^{in} détruit, sur le ruiss. de Fontbenoit, c^{ne} de Saint-Gervais. — *Molendinum de Cumigneck*, 637 (dipl. de Dagobert, non authentique, ap. Pardessus, Diplomata, chartæ, etc. t. II, p. 57). — *Villa quæ dicitur Cumilliacus*, v. 1098 (Fonteneau, t. LXXI, p. 617). — *Moulin de Coumigny, Commiglly, paroisse d'Avrigné, sur la rivière de Fontbenoiste*, 1570; — *de Coumigné*, 1658 (seign. de la Varenne); — *de Commigné*, 1674 (fief du Plessis-Baunay). — *Lieu où étoit le moulin de la Varenne, appellé le moulin de Comigné*, 1774 (seign. de la Touche). — *Le gué de Comigné où étoit le moulin de Comigné*, 1774 (aveu de la Touche).

Le m^{in} de Comigné ou de la Varenne et le gué de Comigné sont auj. tout à fait inconnus; mais il existe au bas du château de la Touche un gué de la Varanne, où était peut-être le m^{in} dont il s'agit, sur le ruiss. provenant de la fontaine de Montbrard, laquelle était probablement celle qu'on appelait Fontbenoît.

COMILIÈRES (LES), h. c^{ne} de la Chapelle-Montreuil. — *Les Connillières*, v. 1616 (abb. de Montierneuf, 86).

COMMANDERIE (LA), vill. c^{ne} de Civray; anc. com^{rie} de l'ordre de Malte, dép. de celle d'Ensigné (Deux-Sèvres). C'était primitivement une maison des chevaliers du Temple, existant dès 1184 : *domus templi apud Sivriacum*. (Fonteneau, t. XVIII, p. 555). — *La commanderie de Civray*, 1460 (com^{rie} de Civray).

COMMANDERIE (LA), f. c^{ne} de Cloué. Voy. ROCHE.

COMMANDERIE (LA), m. r. c^{ne} d'Hains. — *Mestairie de la Commanderie*, 1542 (terrier de Rouflac, 98); — dép. de la com^{rie} de Rouflac.

COMMANDERIE (LA), f. c^{ne} de Leigné-les-Bois. — *La Commendrye*, 1625 (com^{rie} de la Foucaudière, 12); — dép. de la com^{rie} de la Foucaudière.

COMMANDERIE (LA), m. r. c^{ne} d'Oiré. — *La Commandrie*, 1755 (terrier de la Groye, p. 728); — dép. de la com^{rie} de la Foucaudière.

COMMANDERIE (LA), f. c^{ne} de Sainte-Radegonde-en-Gâtine. — *La Commandrie*, 1766 (rôle des tailles); — dép. de la com^{rie} de la Laude. Voy. ce mot.

COMMANDERIE-D'AUZON (LA), m. r. c^{ne} de Châtellerault. Voy. AUZON.

COMMENJART, h. c^{ne} de Romagne. — *Hébergement de Goumenjart qui jadis souloit estre panerie, assise en la rivière du Clain*, 1455 (chap. de St-Hilaire, 262). — *Gomengart*, 1466; *Gomanjart*, 1488; *Commanjard*, 1516 (seign. du Parc et Boisvert, 1). — *Coumangard, Coumanjard*, 1550; *Commenjard*, 1553 (*ibid.* 2). — *Commangiard*, 1563 (chap. de St-Hilaire, 247). — *Commengeard*, 1775 (rôle des tailles).

COMMÉRÉ, vill. et m^{in} sur l'Auzance, c^{ne} de Vouillé. — *Commiré*, 1382 (chap. de Ste-Radegonde, 58). — *Commeré*, 1522 (*ibid.* 28). — *Comiré*, 1674 (*ibid.* 206).

COMMERSAC, m. r. c^{ne} de Mauprevoir. — *Bertrandus de Commarcac*, 1208 (Fonteneau, t. XXIV, p. 266). — *Commarsat*, 1538 (aveu de St-Germain). — *Commorsac*, 1577 (Fonteneau, t. XLV, p. 771). — Anc. fief relev. de la châtellenie de Saint-Germain (Charente).

COMMUNAUX, f. c^{ne} de Gizay. — *Le Communau*, 1570 (chap. de St-Pierre-le-Puellier, 27). — *Communault*, 1589 (cure de Gizay).

COMMUNAUX, h. c^{ne} de Saint-Julien-Lars. — *Le Cominal*, 1385 (cart. de la Trinité, f° 56). — *Comminau*, 1407 (chap. de St-Hilaire, 356). — *Communau*, 1431 (abb. de la Trinité, 57). — *Communault*, 1732 (rôle des tailles).

COMMUNE, vill. c^{ne} d'Amberre; anc. fief appart. à la commune de Poitiers et relev. de la bar. de Mirebeau. — *Houstel de la Commune*, 1485 (arch. de Poitiers, 16). — *Maison Commune* (Cassini).

COMPORTÉ, h. m^{in} et pont sur la Charente, et bois, c^{ne} de Saint-Macou et Saint-Saviol. — *Molendinum de Conporte*, v. 1160 (Fonteneau, t. XVIII, p. 305); — *de Comportet*, v. 1180 (*ibid.* t. XVIII, p. 543). — *Comporté*, 1353, 1456; *pont de Compourté*, 1433 (fam. de Chabanais). — Anc. fief relev. du comté de Civray.

Comprigny, vill. c^{ne} de Beuxe. — *Molendinum de Comprigneio; ad Comprengniacum*, commencement du XIIe s^e (gr. cart. de Fontevrault, 662 et 782). — *Comprigné*, 1594 (arch. de la Soc. des antiq. de l'Ouest; Loudunais). — *Comprigny*, 1716 (abb. de Fontevrault, 2).

Le ruiss. de Comprigny sort de la fontaine de Maumont et se jette dans le Négron sur le territ. du départ^t d'Indre-et-Loire.

Conac, h. c^{ne} de Verrières. — *Cosnacq*, 1617 (cure de Verrières).

Conche (La), mⁱⁿ sur la Grande-Blour et h. c^{ne} de Luchapt.

Concin (Le), ruiss. sort de la fontaine de Brézé, près la Bigoterie, c^{ne} de Mouterre-Silly, et se réunit au Martiel entre le moulin Gelet et celui de la Madeleine. — Un village de ce nom, auj. inconnu, est mentionné en 1367 : *Herbergement seant au Cousin* (abb. de Fontevrault, 1); en 1546 et 1548 : *village de Coussin* ou *Conssin, Coucyn* ou *Concyn* (com^{rie} de Loudun, 18).

Concise, vill. c^{ne} de Montmorillon; anc. c^{ne} réunie à celle-là le 18 novembre 1801. — *Ecclesia Sancti Ylarii de Concisa*, 1093 (abb. de St-Savin, 1). — *Concise*, 1408 (gr. Gauthier, f° 121 v°). — *Consise*, 1452 (abb. de St-Savin, 21). — *Concize*, 1493 (maison-Dieu, 77).

Avant 1790 cette paroisse était de l'archiprêtré, de la châtellenie et de la sénéchaussée de Montmorillon, et de l'élection de Poitiers; elle s'étendait sur une partie de la ville de Montmorillon, comprenant le château, l'église collégiale de Notre-Dame et le couvent des religieuses de Saint-François. Le prieuré et la cure de Saint-Hilaire de Concise dépendaient de l'abbaye de Saint-Savin. — L'ancienne paroisse de Concise a été réunie à celle de Notre-Dame de Montmorillon, érigée en 1803.

Condac, h. et mⁱⁿ sur la Beuaise, c^{ne} de Thollet; anc. c^{ne} réunie à celle-là le 12 janvier 1825. — *Condac*, 1479 (compte de J. Bourdin). — *Condat*, 1509 (maison-Dieu, 31).

Avant 1790 les *enclaves de Condac, Bouchault et Chanbon* (compte de J. Bourdin) faisaient partie indivise des paroisses de Saint-Pierre de la Trimouille et Brigueil-le-Chantre, et formaient une communauté distincte, ayant ses rôles spéciaux pour la levée de la taille (aveu du fief du Bouchaud, 1672). — Depuis 1803 jusqu'en 1825 la c^{ne} de Condac a été réunie à celle de la Trimouille pour le spirituel.

Confiance (La), f. c^{ne} de Mauprevoir.

Congaillard, h. c^{ne} de la Chapelle-Montreuil.

Connérie (La), m. r. c^{ne} d'Antran.

Connilles (Les), h. c^{ne} d'Oiré. — *La Garenne autrement les Conilles*, 1722 (seign. de la Groye, inv.).

Cononnière (La), h. c^{ne} de Saint-Genest. — *La Cougnonnière*, 1439 (terrier de Gironde, f° 11). — *La Cononière*, 1841 (nomencl.). — *La Colonnière*, 1866 (dénomb.). — Anc. fief relev. de Monclair.

Conservatresse (La), f. c^{ne} de Bonneuil-Matours.

Contais, mⁱⁿ sur la Clouère, c^{ne} de Brion. — *Moulin de Contest*, 1334 (chap. de St-Hilaire, 439). — *Contays*, 1452 (chap. de St-Pierre-le-Puellier, 28). — *Moulin de Contes*, 1480 (fief de Magné); — *de Conteiz*, 1498 (fief de la Tour de St-Secondin). — *Contais*, 1515 (abb. de St-Cyprien, 36).

Contants (Les), f. c^{ne} de Lavoux. — *Les Contans*, 1502 (seign. de Touffou, 1).

Contensinière (La), h. c^{ne} de Vicq. — *La Constantinère, la Cotantinère*, 1320 (évêché, 22). — *La Constantinière*, 1444 (*ibid.* 43). — *La Contensinière*, 1584 (seign. de Pleumartin, 2).

Contentinière (La), h. c^{ne} de Saint-Sauvant. — *La Constantinère*, 1470 (chap. de Notre-Dame-la-Grande, 72). — *La Contantinière*, 1539 (chap. de St-Hilaire, 476).

Contilloux, f. c^{ne} de Brion. — *Contillou*, 1680 (seign. de Gençay, papier de recette). — *Châtillon*, 1841 (nomencl.). — Anc. fief relev. de la vic. de Gençay.

Contour (La), chât. et f. c^{ne} de Jouet. — *Le Comtour*, 1404 (gr. Gauthier, f° 112). — *La Contour*, 1467 (fam. de Moussy). — Anc. fief relev. de Pindray.

En 1471 Louis XI permit à Jean de Moussy de fortifier le château de la Contour (Ordonnances, t. XVII, p. 417, note).

Contrie (La), h. c^{ne} de Mazerolles. — *La Gonterie*, 1490; *la Contrye*, 1611 (abb. de Nouaillé, 41).

Contrie (La), anc. fief relev. de Chougne, c^{ne} de Saint-Christophe; — 1640; *la Contarye*, 1641 (seign. de la Boutière). — Ce lieu, situé entre la Boutière et Chougne, n'était plus habité en 1723.

Coppe (La), f. c^{ne} de Vernon. — *La Coupe*, 1841 (nomencl.).

Coquelu, m. r. c^{ne} de Sèvre.

Coquetière (La), f. c^{ne} de Saint-Gervais; — 1481 (seign. de la Boutière).

Coratière (La), h. c^{ne} de Savigné. — *La Couratière*, 1498 (fief de Fayolle). — *La Corattière*, 1662 (notaires, Pascault à Civray). — *La Coiratière*, 1735 (notaires, Buchcy à Civray).

Corbeau, h. c^{nes} de Morton et Saint-Léger-de-Montbrillais; — 1613 (cure de Morton).

Corbeau-Blanc (Le), m. r. c^{ne} de Sommières.

Corbefou, étang desséché, près Salvert, c^{ne} de Leigne.

— *Stangnum de Crebefeou*, 1389; *estang de Corbefeoux*, 1524; — *de Corbefou*, 1645 (seign. de Touffou, 3, aveu de Vaucour).

Corbellière (La), lieu détruit, près le bourg de Coussay-les-Bois; anc. fief acquis en 1316 par l'abbaye de la Merci-Dieu et relev. de la bar. de la Trompaudière. — *La Corbelière*, 1316; *la Corbellière*, 1451 (abb. de la Merci-Dieu, 12). — *Village de la Gorbellière, de la Gorbillière*, 1456 (notaires, Artaud à la Roche-Posay).

Corbellière (La), h. c^ne de la Roche-Posay. — *La Gorbeillière*, 1454 (notaires, Artaud à la Roche-Posay). — *La Gourbillière*, 1629 (seign. de la Roche-Posay, 3).

Corberaie (La), h. c^nes de Celle-l'Évécault et Lusignan. — *La Corberoye*, 1404 (gr. Gauthier, f° 52 v°). — *La Corberaie*, 1489 (cure de Pranzay). — *La Corberaye*, 1497; *la Corbraye*, 1574 (cure de Celle-l'Évécault).

Corbery, m. et landes, anc. forêt, c^nes d'Antran et Vaux. — *Bruières et brandes de Corbery*, 1621 (seign. du Moulin d'Usseau). — En 1563 il n'y restait plus de bois; il avait été coupé et vendu par les habitants de Châtellerault, à qui le roi François Ier l'avait donné pour la réparation du pont sur la Vienne; les terres étaient ensemencées en avoine (évaluation des revenus du duché de Châtellerault, cab. de feu M. Abel Pervinquière, avocat).

Corbière (La), h. c^ne de la Bussière.

Corbière (La), lieu détruit, près le Bedoué, c^ne de Vicq. — *Gunterius de la Corberia*, v. 1090 (cart. de St-Cyprien, p. 134). — *Aenricus de la Corbere*, 1216 (Fonteneau, t. XXII, p. 55). — *Philippus de Corbiera*, 1240 (abb. de la Merci-Dieu, 1). — *La Corbière*, 1593 (seign. d'Issoudun-sur-Creuse). — Anc. fief relev. d'Issoudun-sur-Creuse (Indre).

Corbinière (La), m. r. c^ne de Glenouze.

Cordon, m^in sur la Palu, c^ne de Vendeuvre; — 1766 (rôle des tailles).

Corchard (Le), lieu détruit, près la Tourette, c^ne de Marigny-Brizay.

Corchon (Le), partie du bourg de Liglet. — *Cerchon in castellania de Tremollia*, 1268 (Fonteneau, t. XXXVIII, p. 75). — *Corchon*, 1328 (abb. de St-Savin, 34). — *Corichon*, 1547 (*ibid.* 33). — *Corcheron*, 1643; *Courcheron*, 1648 (cure de Liglet). — Anc. fief relev. de l'abb. de Saint-Savin. Ce lieu donne son nom à un ruisseau qui sort de l'étang du Bouchaud, c^ne de Thollet, et arrose la c^ne de Liglet jusqu'à son embouchure dans la Benaise au-dessous du moulin de Marcilly. — *Le rys de Courchon*, 1498 (seign. de Courtevrault). — *Ruisseau de Corchon*, 1578 (*ibid.* reg. f° 110).

Condeau (La), h. c^ne de Moussac-sur-Vienne. — *La Cordaut*, 1442; *la Courdaux*, 1701 (cure de l'Isle-Jourdain). — *Le Cordeau* (carte de l'état-major).

Cordeliers (Les), église en ruine et h. c^ne de Queaux; anc. couvent de cordeliers, fondé le 8 décembre 1416 par Guy Frotier, seigneur de la Messelière, Fougeré, etc. — *Maison de la Raslerie*, 1457 (Fonteneau, t. XXIV, p. 259). — *Couvent de St-François de Fougeray*, 1621 (couv. de la Rallerie); — *de la Rallerie de Fougeré*, 1664 (Fonteneau, t. LXXIX, p. 158). — Il y avait en ce lieu, avant la fondation du couvent, une chapelle dédiée à saint Jérôme, desservie par deux ermites (*ibid.* t. LXXIX, p. 157).

Cordieu (La), h. c^ne d'Antigny. — *Prioratus de Curia Dei*, 1291 (seign. de Tussac). — *Le prieur de la Cordiey*, 1498 (fief de Chanteloube). — *La Court Dieu*, 1543 (fam. Scourion). — *La Cordé*, 1574 (maison-Dieu, 32).

Condonnerie (La), f. c^ne de Thuré.

Corée (La), f. c^ne de Persac.

Corgère (La), m. r. c^ne d'Oiré; — 1558 (seign. de Ferrière, inv.). — Anc. fief relev. de Ferrière.

Corigné, h. c^ne de Saint-Martin-Lars. — *Corgnet, Corignet*, 1403 (gr. Gauthier, f° 252 v°). — *Corigné*, 1409 (*ibid.* f° 215 v°). — Anc. fief relev. du comté de Civray.

Cormaillère (La), vill. c^ne de Dissay. — *La Cormaillère*, 1324 (arch. de Poitiers, 12). — *La Cormallère*, 1391 (chap. de Ste-Radegonde, 109). — *La maison qui fut Aymery Cormailh dit Duplais*, 1405 (gr. Gauthier, f° 15 v°). — *La Cormailhère*, 1425 (évêché, 21). — Anc. fief relev. du château d'Harcourt.

Cormier (Le), lieu détruit, près Oursaty, c^ne d'Ayron.

Cormier (Le), h. c^ne de Pairoux. — *Le Cormenier*, 1660 (notaires de la vic. de Rochemeaux). — Anc. fief relev. de Joussé.

Cormier (Le), m. r. c^ne de Prinçay; — 1644 (cure de Prinçay).

Cormier (Le), f. c^ne de Saint-Christophe; — 1489 (cure de St-Christophe). — Anc. fief.

Cormier (Le Petit-), f. c^ne de Saint-Sauveur.

Cormy (Le Grand-), vill. c^ne de Vaux-en-Couhé. — *Cornis*, 1457 (chap. de St-Hilaire, 342). — *Cormis*, 1516 (seign. du Parc et de Boisvert, 1). — *Cormy*, 1766 (rôle des tailles).

Cormy (Le Petit-), vill. c^ne de Vaux-en-Couhé. — *Le petit Cormis*, 1677 (notaires de la châtell. de

Monts). — *Le petit Cormier*, 1686 (seign. de Monts).

CORNAC, vill. c^ne de Saint-Gaudent. — *Apud Tornec*, v. 1141; *nemus de Tornec; Stephanus heremita de Tornec et socii ejus; Willelmus presbiter de Torniaco*, v. 1160 (Fonteneau, t. XVIII, p. 287 et 313). — *Apud Torniacum in ecclesia beati Johannis Baptistæ*, 1166 (*ibid.* t. XVIII, p. 377). — *Cornac*, v. 1195 (*ibid.* t. XVIII, p. 619). — *Prez et rivière de Tornat; près la Baubelère*, 1403 (gr. Gauthier, f° 251). — *Fontaine et moulin de Cornac*, 1618 (seign. de Bois-Seguin).

Il n'est fait mention de l'église de Cornac dans aucun autre document. Le moulin de Cornac est sur le territ. de Lizant.

Le ruisseau de Cornac sort des fontaines de ce lieu et se jette dans le Cibiou à Lizant.

CORNAY, f. c^ne d'Ayron; — 1661 (abb. de Ste-Croix, 30).

CORNE-BOEUF, f. c^ne de Marçay.

CORNE-DE-BOEUF, m. r. c^ne de Beaumont.

CORNEROUX, h. c^ne de Saugé. — *Cornereou*, 1498 (fief de la Lande). — *Corneroux*, 1505 (prieuré de Saugé). — *Courneroux*, 1506 (sergenterie fieffée de Montmorillon). — *Cormeroux*, 1547 (fief de la Jautrudon). — *Cornereoux*, 1580 (fief de l'Âge-Rouil).

CORNET, faubourg de Poitiers, sur la rive droite du Clain, entre le pont Joubert et le pont Neuf. — *Cornet*, 1303 (cure de St-Michel de Poitiers). — *Moulin de Cornet sur la rivère du Clain au dessoubz de l'église de Madame saincte Ragonde*, détruit v. 1380 (arch. de Poitiers, 15).

CORNET, h. c^ne de Saugé. — *Villagium de Corne, Cornet*, XIIe s^e (maison-Dieu, cart. n°s 176 et 179). — *Corners*, 1260 (Hommages d'Alphonse, p. 81). — *Moulin de Courner*, 1408 (gr. Gauthier, f° 120 v°). — *Cornier*, 1506 (sergenterie fieffée de Montmorillon). — *Le moulin Cornier*, 1541 (abb. de St-Savin, 34); — *de Corné*, 1596 (*ibid.* 24). — *Cormier*, 1841 (nomencl.). — Le moulin de Cornet n'existe plus.

CORNETTE, f. c^ne de Brigueil-le-Chantre. — *Cornecte*, 1496 (fief de Gersant). — *Corne, Cornete*, 1506 (fief de Fleix). — *Cornette*, 1630 (fam. de la Gélie).

CORNETTE (LA), lieu détruit, c^ne de Dangé; — 1652 (fief de Poligny). — *Lieu où estoit la mestairie de la Cornette*, 1669 (seign. de la Fontaine, 4).

CORNIÈRE (LA GRANDE-), h. c^ne d'Usson. — *La grand Cornière*, 1628 (seign. de Ressonneau, 3). — *La Grande Cormière* (Cassini).

CORNILLAC, lieu détruit, c^ne de Saugé. — *Cornillat*, 1775 (rôle des tailles); — était situé près et au sud-ouest de Cornet (Cassini).

CORNILLÈRE (LA), lieu détruit, auj. inconnu, c^ne de Romagne. — *Frostis jadis herbergement appellé la Cornuellière; la Cornullière*, 1528; *la Cornilhère*, 1553 (com^rie de Civray, 2).

CORNOUAILLE, f. c^ne de Nieuil-l'Espoir. — *Boys de la Beletère*, 1334 (cart. de la Trinité, f° 116); — *de la Belletère*, 1362; *la Belletvie*, 1420 (abb. de la Trinité, 45). — *Cornoeille*, 1478 (*ibid.* 46). — *Cornuaille*, 1485; *Cornouaille appellé anciennement la Beletière*, 1595 (*ibid.* 45).

CORNOUILLÈRE (LA), h. c^ne de Voulon.

CORNOUIN, m. r. c^ne de Lussac-le-Château. — *Cornoin*, 1530 (seign. de Lussac, 1).

CORNUS (LES), h. c^ne d'Oiré. — *Maison des Cornus alias la Poupetière*, 1755 (terrier de la Groye, p. 47).

CORPALIÈRE (LA), m. détruite avant 1619, près la Ronde, c^ne de Vellèche. — *La Corpallère*, 1392; *la Courpallière*, 1457; *la Corpaillère*, *la Corpalière*, 1473 (duché de Châtellerault, 6). — *La Corpallière*, 1619 (fief de la Ronde).

CORSAC, f. c^ne de Jouet; — 1494 (fief de Pruniers). — Anc. fief relev. de Pruniers.

CORSET, vill. c^ne de Naintré. — *Croxet*, 1388; *Coussec*, 1397 (duché de Châtellerault, 5). — *Grouset*, 1405; *Corsec*, 1431; *Corset*, 1514 (*ibid.* 7).

CORSETTERIE (LA), f. c^ne de Saint-Sauveur.

CORVARDS (LES), lieu détruit, près les Naux, c^ne de Coussay-les-Bois; — 1756 (fief de Pouzieux).

COSSES (LES), m. r. c^ne de Biard. — *Terroir des Cosses*, 1598 (chap. cathédral, 14).

COSSES (LES), f. c^ne de la Bussière; — 1601 (seign. de la Bertholière).

COSSES (LES), f. c^ne de Paizay-le-Sec; — 1617 (fief des Clerbaudières).

COSSES (LES), h. c^ne de Verrue.

COSSIÈRE (LA), f. c^ne de Queaux. — *La veille Cousière*, 1463; *la veilhe Cossière*, 1472; *la Cossière*, 1641 (prieuré de Grand-Chaume).

COSSIS (LE), h. c^ne de Fontaine-le-Comte.

COSSONNIÈRE (LA), f. détruite, près la Nalière, c^ne de Béruges; — 1604 (abb. du Pin, 9); 1744 (rôle des tailles).

COSSONNIÈRE (LA), h. c^ne de Bournan; — 1442 (prieuré de Bournan, 1).

COSSONNIÈRE (LA), f. c^ne de Montoiron. — *La Cossonnère*, 1429 (seign. de Montoiron, 1). — *La Coussonnère*, 1475 (chap. de St-Hilaire, 425). — Anc. fief relev. de la bar. de Montoiron.

Cossonnière (La), m. r. c⁽ⁿ⁾. de Saint-Benoît. — *La Cossonnydre*, 1574 (abb. de S¹-Benoît, 1).

Cossonnière (La), h. c⁽ⁿᵉ⁾ de Saint-Pierre-de-Maillé.

Costonnière (La), f. c⁽ⁿᵉ⁾ de Leigné-sur-Usseau.

Côte (La), f. c⁽ⁿᵉ⁾ de Brigueil-le-Chantre. — *La Costa*, 1565 (fam. de la Gélie). — *La Coste sans chemin*, 1680 (cure de Brigueil-le-Chantre).

Côte (La), h. c⁽ⁿᵉ⁾ de Saint-Gervais. — *La Couste*, 1648 (cure de S¹-Martin-de-Quinlieu). — *La Coste*, 1674 (fief du Plessis-Baunay).

Côte (La), m. r. c⁽ⁿᵉ⁾ de Vaux.

Coteau (Le), f. c⁽ⁿᵉ⁾ d'Alonne. — *Le Coustau*, 1604 (abb. de Nouaillé, 26).

Coteau (Le), h. c⁽ⁿᵉ⁾ de Brion.

Coteau (Le), h. c⁽ⁿᵉ⁾ de Brux. — *Le Coustauld*, 1621 (seign. de Monts). — *Le Coustault*, 1676 (seign. de Couhé).

Coteau (Le), m⁽ⁱⁿ⁾ sur la Dive, c⁽ⁿᵉ⁾ de Lomaizé. — *Moulin du Coustau*, 1548 (fief de Dienné et Verrières).

Coteau (Le), tuilerie, c⁽ⁿᵉ⁾ de Lussac-le-Château.

Coteau (Le), vill. c⁽ⁿᵉ⁾ de Marigny-Brizay. — *Village des Coustaulx*, 1599 (seign. de la Tour-Signy).

Coteau (Le), f. c⁽ⁿᵉ⁾ de Mouterre. — *Le Coutault*, 1775 (rôle des tailles).

Coteau-Regombert (Le), m. r. c⁽ⁿᵉ⁾ de Nouaillé.

Coteaux (Les), vill. et m⁽ⁱⁿ⁾ sur la Dive, c⁽ⁿᵉ⁾ de la Grimaudière. — *Lea Coustaulx de la Grimaudière*, 1640; *les Coteaux*, 1773 (cure de la Grimaudière).

Coteaux (Les), h. c⁽ⁿᵉ⁾ de Saint-Pierre-de-Maillé.

Côte-Bertrand (La), m⁽ⁱⁿ⁾ détruit, sur la Vienne, c⁽ⁿᵉ⁾ de Queaux. — *Moulin de la Coste Bertrand*, 1638 (seign. de Ressonneau, 3).

Cotelequin, m⁽ⁱⁿ⁾ sur la Longève et h. c⁽ⁿᵉ⁾ de Marigny-Chemerault. — *Costallum Aquini*, 1335 (fam. Frotier). — *Coustelequin, Coustelesquins, Coustalesquins*, 1489 (livre de recette de Vivonne, f⁰ 130). — *Coustaulequin*, 1498; *Coustelequyn*, 1565 (fief des Bâchers). — *Coutellequin*, 1624 (seign. de Vounant). — *Coutelequin*, 1775 (rôle des tailles). — Anc. fief relev. de Bellefontaine.

Côte-Maronneau (La), vill. c⁽ⁿᵉ⁾ de Moussac-sur-Vienne. — *La Coste Marronneau*, 1561 (prieuré de S¹-Paixent). — *La Couste Marionneau*, 1585 (maison-Dieu, 181).

Cotelelue (La), vill. c⁽ⁿᵉ⁾ de Bonneuil-Matours. — *Cotelue* (carte de l'état-major).

Cotets (Les), m. r. c⁽ⁿᵉ⁾ de Saint-Pierre-de-Maillé.

Cotinière (La), m. détruite, près le Breuil, c⁽ⁿᵉ⁾ de Leigné-les-Bois.

Cottenème (La), m. près les Richarderies, c⁽ⁿᵉ⁾ de Châtellerault.

Cotterie (La), vill. c⁽ⁿᵉ⁾ de Blanzay. — *La Cotière, la Coterie*, 1404 (gr. Gauthier, f⁰ 196). — *Aymery Cothier de la Cotherie*, 1494 (fief de Chaleur). — *La Cotherye*, 1560 (arch. de Poitiers, 70). — *La Cottorye*, 1629 (ibid. 71).

Cotterie (La), h. c⁽ⁿᵉ⁾ de Bonnes. — *Maison des Quotz*, 1442 (chap. de S¹-Hilaire, 543). — *La Coterie*, 1457; *la Cotteria*, 1594 (seign. de Touffou, 1). — *La Cottrye*, 1630 (chap. de S¹-Hilaire, 543).

Cotterie (La), f. c⁽ⁿᵉ⁾ d'Usson. — *La Cotterye*, 1566 (fief de la Grande-Épine). — *La Cottrie*, 1766 (rôle des tailles).

Cou (La), h. c⁽ⁿᵉ⁾ de Pouillé. — *Lacost, Lacou*, 1385 (cart. de la Trinité, f⁰⁸ 34 et 37). — *Laquox*, 1447 (abb. de la Trinité, 66). — *Lacoux*, 1543 (ibid. 68).

Couadié (Le), m. isolée, c⁽ⁿᵉ⁾ de Luchapt.

Couallière (La), vill. c⁽ⁿᵉ⁾ de Tercé. — *La Quaillère* (Cassini).

Coucoussac, h. c⁽ⁿᵉ⁾ de Charroux. — *Cougrousat*, 1754 (rôle des tailles).

Coudane, h. c⁽ⁿᵉ⁾ de Benassay. — *Couhedasne*, 1476 (chap. de S¹-Hilaire, 81).

Coudâne, h. c⁽ⁿᵉ⁾ de Châtellerault. — *Quouedasne*, 1410 (chap. de Châtellerault, 10). — *Queuedasne*, 1616; *Couedasne*, 1627 (abb. de S¹-Cyprien, 22). — *Coudasne*, 1675 (com⁽ᵗᵉ⁾ d'Auzon, 2).

Coudavid, h. c⁽ⁿᵉ⁾ de Saint-Julien-Lars, et tuilerie, c⁽ⁿᵉ⁾ de Lavoux. — *Le Codavid*, 1511 (abb. de la Trinité, 68). — *Le Coudavy*, 1553 (ibid. 63). — *Le Coudavid*, 1640 (ibid. 59).

Cou-de-Cerf (Le), lieu détruit, c⁽ⁿᵉ⁾ de Leugny. — *Couhedeserre*, 1650 (fief de la Chaise). — Anc. fief relev. de la châtell. de la Chaise.

Coudinière (La), h. c⁽ⁿᵉ⁾ de Blanzay. — *La Codognère*, 1404 (gr. Gauthier, f⁰ 264). — *La Codeignée, la Coudoynère*, 1405 (ibid. f⁰⁸ 231 v⁰ et 268 v⁰). — *La Codoignère*, 1409 (ibid. f⁰ 222 v⁰). — *La Coudoignère*, 1457 (chap. cathédral, 83). — *La Codougnère*, 1498 (fief de Fayolle). — *Les Coudignères*, 1666 (notaires, Couillaud à Civray).

Coudinière (La), h. c⁽ⁿᵉ⁾ de Brigueil-le-Chantre. — *La Coudonière*, 1408 (gr. Gauthier, f⁰ 120). — *La Coudignière*, 1494 (fief de Mareuil). — *La Coudinière*, 1657 (fam. de la Gélie).

Coudonnière (La), f. c⁽ᵘᵉ⁾ d'Availle-Limousine; 1611 (fam. Laurent de Reyrac). — *La Coudougnière*, 1656 (rôle des tailles).

Coudrais (Les Grands-), h. c⁽ⁿᵉ⁾ de Civray et Saint-Gaudent; les Petits-Coudrais, m. r. c⁽ⁿᵉ⁾ de Civray. — *Les Couisdrées*, 1498; *les Coudrais*, 1716 (fief des Coudrais). — Le fief des Coudrais relevait du comté de Civray.

COUDRALIÈRE (LA), h. c^ne de la Chapelle-Mortemer. — *La Coudrallière*, 1710 (rôle des tailles). — *La Cridollière*, 1841 (nomencl.).

COUDRAY (LE), vill. c^nes de Châtellerault et Targé. — *Coldredum villa in vicaria Ygrandinse*, 928 ou 929 (cart. de St-Cyprien, p.177). — *Couldrayum*, 1404 (cure de St-Romain de Châtellerault). — *Le Cosdray*, 1438 (com^rie d'Auzon, 9). — *Le Couldray*, 1619 (aveu de St-Romain, f° 3 v°). — *Le Cousdray*, 1667 (cure de Targé). — *Le Coudray*, 1675 (com^rie d'Auzon, 3).

COUDRAY (LE), h. c^ne de Lésigny.

COUDRAY (LE), vill. c^ne de Liglet. — *Le Cousdret*, 1506 (fief de Fleix). — *Le Couldret*, 1542 (terrier de Rouflac, 64). — *Le Coldret*, 1570 (maison-Dieu, 104). — *Le Couldray*, 1580 (ibid. 139). — *Le Coudret*, 1700 (cure de Liglet). — *Le Coudray*, 1788 (rôle des tailles).

COUDRAY (LE), lieu auj. inconnu, c^ne de Marnay; anc. fief relev. de la Chielle. — *Lieu noble du Coudray*, 1625 (titres de Château-Larcher).

COUDRAY (LE) et LE HAUT-COUDRAY, hh. c^ne de Mondion. — *Le Coudray*, 1736 (seign. de Mondion, 2). — *Le Bas-Couzay, le Haut-Couzay*, 1841 (nomencl.).

COUDRAY (LE), f. c^ne de la Roche-Posay. — *Le Couldray*, 1459 (notaires, Artaud à la Roche-Posay).

COUDRAY (LE), m. r. c^ne de Saint-Gervais; — 1774 (aveu de la bar. de la Touche).

COUDRAY (LE), f. c^ne de la Trimouille.

COUDRAY (LE), bois, c^ne de Vezières; contenait 17 hectares en 1800.

COUDRE (LA), f. détruite, c^ne de Rouillé. — *La Codre*, 1357 (chapelle de Laugerie). — *La Cousdre*, 1440 (com^rie de Roche, 6). — *La Coudre*, 1775 (rôle des tailles).

COUDRE (LA), f. c^ne de Saint-Secondin. — *La Cosdre, la Coudre*, 1387 (arch. de Poitiers, 35). — *La Cousdre*, 1409 (gr. Gauthier, f° 100). — *La Couldre*, 1551 (chap. de St-Pierre-le-Puellier, 28).

COUDRE (LA), m. r. c^ne de Thuré. — *La Cosdre*, 1393 (chap. de St-Hilaire, 562). — *La Cousdre*, 1477 (cure de Thuré). — *La Coudre*, 1538 (duché de Châtellerault, reg. d'hommages). — *La Coudre*, 1777 (aveu de Clairvaux). — Anc. fief relev. du duché de Châtellerault.

COUDRÉ (LE), vill. c^ne de Saint-Sauvant. — *Le Cousdray*, 1420 (gr. Gauthier, f° 49 v°). — *Le Cousdroy*, 1498; *le Couldré*, 1608; *le Coudré*, 1644 (fief du Coudré). — *Le Coudray*, 1841 (nomencl.). — Anc. fief relev. de la châtell. de Lusignan.

COUDREAU (LE), f. c^ne de Cenon. — *Le Cousdreau*, 1455 (abb. de St-Cyprien, 21). — *Le Coudreau*, 1659 (com^rie d'Auzon, 6).

COUDREAU (LE), h. c^ne de Jazeneuil. — *Le Coudreau*, 1473 (fief de Grassay). — *Le Coudrault*, 1710 (rôle des tailles).

COUDREAU (LE), h. c^ne de Targé. — *Village des Coudreaulx*, 1617 (abb. de St-Cyprien, 23).

COUDREAUX (LES), m. r. c^ne de Dangé. — *Le Couldreou*, 1598; *village du Coudrou*, 1726 (seign. de la Fontaine, 1 et 5).

COUDREAUX (LES), h. c^ne de Roiffé. — Anc. terre noble (ms. Trincant).

COUDRÉE (LA), f. c^ne de Saint-Laurent-de-Jourde; — 1742 (seign. de Dienné et Verrières, 2).

COUDRES (LES), f. c^ne de Saint-Maurice. — *Les Couldres*, 1558 (fief de Château-Larcher). — *Les Coudres*, 1710 (rôle des tailles).

COUDRET (LE), lieu détruit, près Chez-Mauduit, c^ne de Blanzay. — *Coudré*, 1498; *hostel du Coudré*, 1600 (fief de la Fuie et la Remigère).

COUDRET (LE), h. c^ne de Bouresse. — *Cousdret*, 1402; *le Cosdret*, 1536 (chap. de Mortemer, 6). — *Le Couldret*, 1538 (abb. de Nouaillé, 21). — *Le Coudret*, 1634 (chap. de Mortemer, 6).

COUDRET (LE), vill. c^ne de Celle-l'Évécault. — *Le Couldray*, 1543; *le Cousdroys*, 1544 (cure de Celle-l'Évécault).

COUDRET (LE), h. c^ne de Leigne. — *Le Cousdret*, 1569 (fief de l'Age-Gandelin). — *Le Couldret*, 1575 (maison-Dieu, 158). — *Le Coudret*, 1587 (ibid. 163).

COUDRET (LE), f. c^ne de Saint-Romain; — 1601 (fief de Chaleur). — Anc. fief relev. de Chaleur.

COUDRET (LE), vill. c^ne de Thurageau. — *Le Coudray*, 1389 (arch. nat. chambre des comptes, reg. 330, n° 27). — *Le Cousdroy*, 1468; *le Couldroy*, 1497 (couv. de Lencloître). — *Le Couldray*, 1559 (prieuré de St-Jean de Mirebeau, 8).

COUDRIÈRE (LA), f. c^ne de Lusignan. — *La Davière*, 1486; *la Coudrière autrement la Davyère*, 1768 (fief des Pouternières). — Anc. fief relev. de Cloué.

COUDRIÈRES (LES), bois, c^ne de Lussac; confinant, au sud-est, à la forêt de Lussac; contenait 19 hectares en 1805.

COUDRIÈRES (LES), f. c^ne de Saint-Savin. — *Les Codrières*, 1571 (abb. de St-Savin, 29).

COUDRIÈRES (LES), h. c^ne de Salles-en-Toulon.

COUDRINIÈRE (LA), m. r. c^ne d'Usseau. — *La Couldrinière*, 1628; *la Coudrinière*, 1673 (seign. de la Motte d'Usseau).

COUDROUX (ÉTANG DE), c^ne de Journet.

Coudroux (Le), f. c^ne de Mignaloux. — *Vinea de Codros*, 1276 (abb. de la Trinité, 56). — *Le Codroux*, 1385 (*ibid.* cart. f° 24). — *Le Couldroux*, 1559 (*ibid.* 41).

Coue (La), vill. c^ne de Lencloître. — *Lacoux*, 1439 (terrier de Gironde, 91). — *Lacoustz*, 1455; *Lacoulz*, 1474 (seign. de Puygarreau, 3). — *Lacoue*, 1596 (*ibid.* 4). — Anc. fief relev. de Bourg, uni à la seign. de Puygarreau.

Coué, h. c^ne de Cenon. — *Peires de Coé*, 1277; *Petrus de Cohe*, 1286 (abb. de St-Benoît, 12). — *Couhé*, 1438 (com^rie d'Auzon, 9). — *Couez*, 1469 (*ibid.* 6). — Anc. maison noble dép. du marq. de Clairvaux.

Coufalière (La), lieu détruit, auj. inconnu, c^ne de Pouillé. — *La Cofalère, la Cofelère*, 1385 (cart. de la Trinité, f^a 33 et 37). — *La Couffalière, la Gouffalière*, mazeris, 1453 (abb. de la Trinité, 66). — *La Couffallière*, 1557 (*ibid.* 70).

Cougnon (Le), h. c^ne de Prinçay; — 1605 (cure de Prinçay).

Cougouille, h. c^ne d'Antigny. — *Villagium de Cogolle*, 1291 (seign. de Tussac); — *de Cogoullia*, 1400 (abb. de St-Savin, 8). — *Quegouilhe*, 1475 (maison-Dieu, 156). — *Cougoilhe*, 1498 (fief de Chanteloube). — *Quegoille*, 1508 (fam. Scourion). — *Congouilhe*, 1528 (abb. de St-Savin, 17). — *Cougouille*, 1628 (seign. de Champeaux).

Cougouillon, h. c^ne de Leigne. — *Gougoulhon*, 1466 (maison-Dieu, 157). — *Cougoullon*, 1533 (*ibid.* 164). — *Cougouillon*, 1564 (*ibid.* 157). — *Cougoulhon*, 1580 (terrier de Champeaux, f° 10 v°).

Couhé, ch.-l. de c^on, arr^t de Civray. — *Castrum quod vocitatur Coacus*, xie siècle (conventus inter comitem Pict. et Hugonem, ap. Besly, Hist. des comtes de Poitou, p. 290). — *Cohec*, 1025 (Fonteneau, t. XXI, p. 388). — *Coec*, 1080 (ch. de St-Hilaire, t. I, p. 103). — *Quoetium castrum*, v. 1100 (cart. de St-Cyprien, p. 262). — *Ecclesia Sancti Martini de Coherio*, 1119 (Fonteneau, t. XX, p. 594). — *Choec*, 1149 (abb. de St-Cyprien). — *Giraudus de Coiaco*, 1155 (Fonteneau, t. II, p. 25). — *Coé*, 1248 (*ibid.* t. I, p. 312). — *Couhec*, 1305 (ch. de St-Hilaire, t. II, p. 3). — *Coyacum*, 1320 (abb. de Nouaillé, 54). — *Prior de Choiaco, de Cohiaco, de Cohe*, 1383 (taux du décime, p. 66 et 142). — *Couhé*, 1395 (chap. de St-Hilaire, 342). — *Marquisat de Couhé Verac*, 1652; *de Coué Verac*, 1678 (fam. de St-George).

Il y avait à Couhé, en l'archiprêtré de Rom (Deux-Sèvres), un prieuré dépendant de l'abbaye de Nouaillé, *prioratus beati Martini ante castrum de Cohyaco*, fondé en 1025 (Fonteneau, t. XXI, p. 387); trois cures : Saint-Martin, à la nomination de la même abbaye; Saint-Vincent, à la nomination de l'évêque, et Notre-Dame, à la nomination du prieur de Château-Larcher: réduites à une seule, celle de Saint-Martin, à la fin du xviie siècle; et une aumônerie, mentionnée en 1248, *domus elemosinaria de Choec* (Layettes du trésor des ch. t. III, p. 43), et dans le pouillé de Gauthier, f° 152, dont les biens furent unis en 1695 à l'hôpital de Lusignan.

Couhé était dès 1272 (Fonteneau, t. XXII, p. 319) le siège d'une châtellenie, qualifiée baronnie au xve siècle, laquelle relevait de l'abbaye de Saint-Maixent à foi et hommage lige, au devoir d'une peau de cerf pour couvrir ses livres, abonnée à 40 sous à mutation de seigneur ou de vassal, et ressortissant au siège royal de Saint-Maixent (Deux-Sèvres). Cette baronnie s'étendait dans les paroisses de Couhé, Châtillon, Pairé, Ceaux, Vaux et Brux (Vienne), Rom, Messé, Vérines, Vanzay et Sainte-Soline (Deux-Sèvres). La baronnie de Couhé fut, au mois de février 1652, érigée en marquisat sous le nom de Couhé-Vérac, en faveur d'Olivier de Saint-Georges, baron de Couhé; elle faisait partie de l'élection de Poitiers. — Il ne reste qu'une partie du château rebâti au commencement du xviiie siècle par César de Saint-Georges.

En 1790 Couhé devint le chef-lieu d'un canton dépendant du district de Lusignan et formé des communes de Couhé, Anché, Ceaux, Châtillon, Pairé, Vaux et Voulon. Les districts ayant été supprimés, ce canton fut réuni à l'arr^t de Civray en 1800 et modifié dans son étendue en 1801.

La forêt de Couhé, *foresta de Cohec*, 1171, 1248 (Fonteneau, t. V, p. 27 et 165), *bois de Couhé* (Cassini), fait aujourd'hui partie de la forêt de Saint-Sauvant.

Couhinère (La), h. c^ne de Benassay. — *La Couynière*, 1534 (chap. de St-Hilaire, 223).

Couinière (La Grande et la Petite-), ff. c^nes de Bonneuil-Matours. — *La Couhinière*, 1594 (seign. des Closures).

Coulaine, f. c^ne de Monterre-Silly. — *Coulaines*, 1427 (com^rie de Loudun, 22). — *Coullaines*, 1473; *Coulaynes*, 1540 (prieuré de Chassoignes, 2). — Anc. fief relev. en partie de la bar. de Baussay.

Coulbray, h. c^ne de Saint-Martin-la-Rivière. — *Coulbré*, 1733 (rôle des tailles de Jardres). — Anc. seigneurie.

Coule (La), f. détruite, près le Grand-Moulin, c^ne de Coussay-les-Bois.

Coulée (La), m. r. c^ne de Châtellerault.

Coulin, h. c^ne de Saint-Georges; anc. fief relev. du château d'Harcourt à Chauvigny. — *In villa quæ nuncupatur Colanio in vicaria Linarinsæ*, 927 ou 928 (cart. de St-Cyprien, p. 189). — *In villa quæ dicitur Colanno in vicaria Linarinsæ*, 948 (Fonteneau, t. XXIV, p. 13). — *In villa Colano in vicaria Linarinsæ*, 953 ou 954 (cart. de St-Cyprien, p. 191); — *in vicaria Pictavæ civitatis*, v. 1000 (*ibid.* p. 191). — *Villa Colliani in vicaria Linarinsæ*, 987-996 (*ibid.* p. 190). — *Vineæ de Colans*, 1073-1100 (*ibid.* p. 192). — *Coulant*, 1685; *Coullain*, 1708; *Coulin*, 1709 (évêché, 46).

Coulombelière (La), h. c^ne de Rouillé. — *La Coulumbellière*, 1476 (chap. de St-Hilaire, 81). — *La Coullombelière*, 1642 (*ibid.* 451).

Coulombiers, c^on de Lusignan. — *Alodum quod vocant Columerias?* 1019-1028 (Besly, Hist. des comtes de Poitou, p. 364). — *De Columberio*, 1119 (Fonteneau, t. XXI, p. 594). — *Ecclesia de Columbariis, Columbarium* (pouillé de Gauthier, f° 152 r° et 152 v°). — *Capellanus de Colomberiis*, 1383 (taux du décime, p. 68). — *Colombier, Coulombier*, 1435; *Columbier*, 1451 (abb. de Nouaillé, 60). — *Colombiers*, 1462 (arch. de Poitiers, 16). — *Columber*, 1489 (livre de recette de Vivonne, f° 138 v°). — *Coulombiers-lès-Lusignan*, 1782 (pouillé). — *Notre-Dame de Coulombiers*, 1786 (almanach provincial).

Deux maisons du bourg dépendent de la c^ne de Marçay, c^on de Vivonne.

Depuis 1820 Coulombiers est l'orthographe officielle et par cette modification de la première syllabe se distingue de Colombiers près Châtellerault.

Avant 1790 la paroisse de Coulombiers faisait partie de l'archiprêtré, de la châtellenie et du ressort du siège royal de Lusignan, et de l'élection de Poitiers. Le prieur de Lusignan nommait à la cure. Il y avait en ce lieu une aumônerie (pouillé de Gauthier, f° 152 v°); *aumosnerie de Sainct Jacques de Coulombiers*, 1634 (évêché, 46), dont les biens furent unis à l'hôpital de Lusignan en 1698.

En 1790, lors de l'organisation du département, Coulombiers devint le chef-lieu d'un canton, district de Lusignan, composé des communes de Coulombiers, la Chapelle-Montreuil, Montreuil-Bonnin et Ruffigny; le 16 décembre de la même année ce canton fut supprimé: la c^ne de Coulombiers fut réunie au c^on de Lusignan, celles de la Chapelle-Montreuil et de Montreuil-Bonnin au c^on de Sanxay, et celle de Ruffigny au c^on de Vivonne.

La forêt de Coulombiers, anc. domaine de l'État, aliéné en 1831, s'étend sur le territ. des c^nes de Coulombiers et Marçay. — *Bois de Colombier*, 1385 (arch. de Poitiers, 27). — *Fourest de Colombiers*, 1463 (*ibid.* 16). — Elle contenait 291 hectares en 1831.

Coulonges, c^on de la Trimouille. — *De Colungiis*, 1247 (Fonteneau, t. V, p. 413). — *Colonges*, 1327 (*ibid.* t. V, p. 449). — *Colunges*, 1365 (*ibid.* t. V, p. 466). — *Coulonges*, 1494 (fief de Gersant). — *Collonges*, 1596 (prieuré de Coulonges). — *Coulonge* (Cassini). — *Coulonges-les-Hérolles*, 1807 (annuaire).

Pour distinguer ce lieu des autres du même nom, on l'appelle quelquefois Coulonges-les-Hérolles, ce dernier nom étant celui d'un village de la commune où se tiennent des foires importantes.

Avant 1790 Coulonges faisait partie de l'archiprêtré de Rancon, diocèse de Limoges, de la châtellenie de Lussac-les-Églises (Haute-Vienne), sénéchaussée de Montmorillon, et de l'élection du Blanc (Indre), généralité de Bourges. Le prieuré et la cure de Saint-Pierre et Saint-Paul de Coulonges dépendaient de l'abbaye de Saint-Augustin de Limoges.

Coulongette, h. c^ne de Thollet.

Coulonnière (La), vill. c^ne de Saint-Martin-la-Rivière. — *La Couilhonnyère*, 1546 (seign. de St-Martin-la-Rivière, 1). — *La Couillonnière*, 1621 (prieuré du Teil-aux-Moines). — *La Coulonnière*, 1751 (rôle des tailles).

Cou-Martineau (Le), près le Breuil, c^ne de Blâlay; anc. fief relev. de la prévôté de Blâlay. — *Le Coul Martineau*, 1441; *la Maison Nesme alias le Cou Martineau*, 1580, 1610 (prévôté de Blâlay, 4).

Counillerie (La), h. c^ne de Maulay.

Coupe (La), h. c^ne de Queaux. — *La Couppe*, 1631 (seign. de Ressonneau, 3).

Coupé, lieu détruit, dans le parc des Ormes, c^ne des Ormes. — *Terra de Copiet inter Crosam et Vigennam, in parrochia Antoniaci ecclesiæ*, v. 1089 (cart. de Noyers, p. 205). — *Copei*, v. 1090 (*ibid.* p. 226). — *Copeis*, v. 1091 (*ibid.* p. 241). — *Colpoi*, v. 1102 (*ibid.* p. 334). — *Coupey*, 1654 (cure des Ormes). — *Coupé* (Cassini).

Ce lieu fut détaché en 1654 de la paroisse d'Antogny-le-Tillac, diocèse de Tours, pour former celle des Ormes.

Coupé, vill. c^ne de Pindray. — *Couppée*, 1493 (fief de Pruniers). — *Coupet*, 1596 (maison-Dieu,

121). — *Couppé*, 1611 (fief de Coupé). — Anc. fief relev. de la bar. de Montmorillon.

COUPELIÈRE (LA), f. c^ne de Saint-Maurice. — *La Coppelère*, 1334 (chap. de St-Hilaire, 439). — *La Compelère*, 1396 (gr. Gauthier, f° 78). — *La Copelère*, 1435 (chap. de St-Pierre-le-Puellier, 21). — *La Coupelière*, 1465 (ibid. 26). — *La Couplière*, 1735 (rôle des tailles). — Anc. fief relev. du chapitre de Saint-Pierre-le-Puellier.

COUPELLE, h. c^ne de Saint-Pierre-de-Maillé. — *Copella, Coupella*, 1320 (évêché, 22). — *Coupelle*, 1480 (couv. de la Puye, 7). — *Couppelle*, 1576 (seign. de Pleumartin, 1). — *Coupelle alias la Croix Guyon*, 1622 (évêché, 43).

COUPERIE (LA), h. c^ne de Brigueil-le-Chantre. — *La Couperie*, 1506 (fief de Fleix). — *La Croperie*, 1525 (maison-Dieu, 31).

COUPIGNY, h. c^ne de Dercé.

COUR (LA), f. c^ne d'Antran. — *La Court*, 1516 (chap. de Châtellerault, 13). — *La Cour d'Antran*, 1777 (aveu de Clairvaux). — Anc. fief relev. du marq. de Clairvaux.

COUR (LA), h. c^ne de Chalandray.

COUR (LA), h. c^ne de Dienné.

COUR (LA), m. r. c^ne de Saint-Georges. — *Herbergement de Forges ancien, au dedans les dohes anciennes, appellé la Court de Forges*, 1520; *la Cour de Forges*, 1669; *la Cour le Roy*, 1711 (fief de la Cour de Forges). — Anc. fief relev. de la tour de Maubergeon.

COUR (LA), vill. c^ne de Saint-Romain-sur-Vienne. — *La Court*, 1509; *la Cour*, 1659 (cure de St-Romain).

COUR (LA), chât. à la Foucaudière, c^ne de Saint-Sauveur. — *La Court*, 1326 (évêché, 17). — *La Cour*, 1704 (fief de la Cour). — Ce fief appartenait à la com^rie de la Foucaudière et relevait du duché de Châtellerault.

COUR (LA), h. c^ne de Thollet.

COUR (LA), f. c^ne de Thurageau. — *La Cour près le Maignou*, 1534 (aveu de Mirebeau). — Anc. fief relev. de la bar. de Mirebeau.

COUR (LA GRANDE-), m. r. c^ne de Lencloître. — *Hostel de la Court*, 1470 (couvent de Lencloître). — Anc. fief relev. de la bar. de Mirebeau.

COUR (MOULIN DE LA), sur la Liaigue, c^ne de Champigny-le-Sec.

COUR (MOULIN DE LA), sur le ruiss. de Cuhon, c^ne de Cuhon. — *Moulin de la Court*, 1410 (chap. de St-Hilaire, 324); — *de la Cour*, 1780 (rôle du vingtième).

COURAGE (LE), f. c^ne de Saint-Léomer.

COURALLANT (LE), f. c^ne de Doussay. — *Le Courolant* (Cassini).

COURANCE (LA), h. c^ne de Saint-Pierre-des-Églises.

COURANCES (LES), f. c^ne de Journet; — 1530 (maison-Dieu, terrier, f° 197).

COURANCES (LES), h. c^ne d'Oiré. — *La Bouquetière*, 1614 (seign. de Ferrière, inv. p. 68). — *La Lussaudrie anciennement appellée la Boucquetrie et de présent les Courances*, 1755 (terrier de la Groye, p. 718).

COURANDE (LA), h. c^ne de Moussac-sur-Vienne.

COURANSANNE (LA), h. c^ne de Romagne. — *La Couransane*, 1363 (seign. du Parc et de Boisvert, 1). — *La Couransane*, 1598 (chap. de St-Hilaire, 249).

COURAULT (LE), vill. c^ne de Ceaux, c^on de Couhé; — 1619 (notaires de la châtell. de Monts).

COURAZEAUX, h. c^ne de Saint-Léomer. — *Courrazeau*, 1525 (seign. de la Trimouille). — *Courrazoys*, 1553; *Courazay*, 1611 (fief du prieuré de St-Léomer). — *Courazais*, 1623; *le Courazeau*, 1727 (cure de St-Léomer). — *Couraseau*, 1745; *Courazeaux*, 1766 (rôles des tailles).

COURBEJARRE, m^in sur la Vandelogne, c^ne de Chiré-en-Montreuil. — *Moulin de Courbejarre*, 1633 (chap. de Ste-Radegonde, 42); — *de Coubrejarre*, 1644 (fam. Jacques); — *du Bergeas*, 1841 (nomencl.); — *de Cors-Bergeas*, 1866 (dénomb.).

COURCELLES, h. c^ne de Gizay. — *Terra de Curcelles*, v. 1100 (cart. de St-Cyprien, p. 209). — *Courcelles*, 1393 (gr. Gauthier, f° 79 v°). — *Corcelles*, 1404 (ibid. f° 88 v°). — *Courselles*, 1589 (cure de Gizay).

COUR-CHENEAU (LA), m. à Sammarçolle.

COUR-DE-BAGNEUX (LA), h. c^ne de Persac.

COUR-DE-COURGÉ (LA), f. c^ne de Saint-Sauvant. — *La Cour de Courgié*, 1420 (gr. Gauthier, f° 50).

COUR-DE-JAZENEUIL (LA), m. près Juzeneuil. — *La Court de Jazeneuil*, 1604 (fief de Mauprié). — Anc. fief relev. de la Gonterie.

COUR-DE-MAINE (LA), anc. seign. à Bernezay, c^ne des Trois-Moutiers. — *La Court de Mayne*, 1440 (com^rie de Loudun, 21). — *La Court de Maine*, 1518 (procès-verbal de publication de la coutume du Loudunais).

COURDESMIÈRE (LA), ff. c^ne de Champagné-Saint-Hilaire. — *La Cour desmière*, 1505 (chap. de St-Hilaire, 245). — *La Court dexmère*, 1533 (ibid. 246).

COUR-DE-NESDE (LA), f. c^ne de Benassay.

COUR-DE-SAINT-BONNET (LA), ff. c^ne de Sérigny. — *La Court*, 1450 (cure de Sérigny). — *La Cour de*

18.

Germignd, 1634 (seign. de Germigny). — Anc. fief relev. de la bar. de Faye-la-Vineuse (Indre-et-Loire).

Cour-des-Noms (Les), m. r. c^ne de Cissé.

Cour-de-Verné (La), h. c^ne de Saint-Sauvant.

Cour-d'Orches (La), h. c^ne d'Orches. — *La Court*, 1541 (seign. des Clouzeaux). — *La Court d'Orches*, 1608 (seign. de Lauberdière). — Anc. fief relev. de Lauberdière.

Cour-du-Roi (La), m. r. c^ne d'Usseau; — 1673 (aveu de la Motte d'Usseau).

Couret (Le), vill. c^ne de Genouillé. — *Le Corret*, 1405 (gr. Gauthier, f° 234 v°). — *Le Courret*, 1647 (seign. de Bois-Seguin). — *Le Couret*, 1661 (notaires, Chevallier à Civray).

Couret (Le), h. c^ne de Queaux. — *Le Corret*, 1440; *le Courret*, 1613 (seign. de Ressonneau, 1 et 3).

Courgé, h. c^ne de Saint-Sauvant. — *Corgé*, 1250 (Fonteneau, t. V, p. 173). — *Corgec*, 1288 (ibid. t. LV, p. 350). — *Courget*, 1407 (gr. Gauthier, f° 43 v°). — *Chappelle Saint Laurens de Gourgié*, 1420 (ibid. f° 50). — *Courgé*, 1498 (fief du Coudré).

Courlis (Les), h. c^ne de Saint-Martial.

Cour-Morand (La), m. à Saint-Sauvant; — 1766 (rôle des tailles). — Anc. seigneurie.

Cour-Nallet, m. r. c^ne d'Availle. — *La Gaudinière*, 1438 (com^rie d'Auzon, 9); 1510 (ibid. 7).

Courratier (Le), h. c^ne de Vaux.

Courroux, lieu auj. inconnu, c^ne de Journet; — 1623 (maison-Dieu, 138).

Courry (Le), f. c^ne de Brigueil-le-Chantre. — *Le Couriz*, 1506 (fief de Fleix). — *Le Courry*, 1678 (cure de Brigueil-le-Chantre).

Courry (Le), vill. c^ne de Thollet. — *Courris*, 1365 (Fonteneau, t. V, p. 468). — *Le Courry*, 1561 (fief du Riffault).

Cours (Les), h. c^ne de Béruges; — 1405 (chap. de St-Hilaire, 542).

Cours (Les), h. c^ne de Montoiron.

Cours (Les), h. c^ne de Saint-Martin-Lars. — *Les Corres*, 1560 (cure de St-Martin-Lars). — *Les Courres*, 1619; *les Cours*, 1648 (fam. du Breuil-Hélion).

Cours (Les), h. c^ne de Sérigny.

Coursec, chât. et f. c^ne de Montamisé. — *Crocet*, 1324; *Croucet*, 1337 (arch. de Poitiers, 12). — *Crosseys*, 1364 (abb. de Fontaine-le-Comte, 1). — *Croussé*, 1404 (gr. Gauthier, f° 26). — *Estang de Corscet, de Corsec*, 1488 (fief de l'Étang de Coursec). — *Crosset*, 1501 (abb. de Fontaine-le-Comte, 1). — *Coursec*, 1520 (fief de l'Étang de Coursec).

L'étang de Coursec, aujourd'hui desséché, était un fief relev. de la tour de Maubergeon.

Coursue, f. détruite, c^ne des Trois-Moutiers; entre Lantray et Ternay; — 1480, 1545 (collège de Poitiers, 56). — Il existe en ce lieu un menhir de 4 mètres de haut.

Courtalon, f. c^ne de Thuré. — *Cortallon*, 1607 (seign. de la Motte d'Usseau). — *Courtallon*, 1673 (fief de la Motte d'Usseau).

Courtaudière, f. c^ne d'Asnières. — *Courtaudières*, 1557 (seign. de Serre et Abzac).

Courtaudières (Les), f. c^ne d'Availle-Limousine; — 1656 (rôle des tailles).

Courtauvillain, bois, près la Chatille, c^ne de Béthines. — *Chesne appellé la Court au villain*, 1563 (maison-Dieu, 134).

Courteil (Le), vill. c^ne de Château-Garnier; — 1708 (seign. de Couhé).

Courteloup, h. c^ne de Prinçay. — *Courteloue*, 1532; *Corteloue*, 1585 (cure de Prinçay). — Anc. seigneurie.

Courtepré, h. c^nes de Lautier et Sainte-Radegonde-en-Gâtine; — 1764 (rôle des tailles).

Courterie (La), m. à Benassay; — 1665 (chap. de St-Hilaire, 235).

Courtevrault, chât. en ruine, vill. m^in sur la Benaise et bois, c^ne de Liglet. — *Courtevraut*, 1427 (évêché, 33). — *Courtevraud, Courtevrault*, 1433 (abb. de St-Savin, 26). — *Courtevrau*, 1558 (seign. du Rys-Chazerat). — Anc. fief relev. de la bar. de la Trimouille.

Courtil (Le), m. r. c^ne de Prinçay. — *Les Courtilz*, 1528 (chap. de Ste-Radegonde, 92).

Courtil-Bruneau (Le), c^ne de Saint-Georges; anc. fief réuni à celui de Forges. — *Bourmaut*, 1358; *le Cortil Bormaut*, 1364 (chap. de Ste-Radegonde, 109). — *Le Courtil Bruneau*, 1499 (fief de Forges). — Ce lieu est inconnu aujourd'hui.

Courtille (La), h. c^ne de Quinçay.

Courtillères (Les), m. r. c^ne de Saint-Gervais.

Courtils (Les), vill. c^ne de Ceaux, c^on de Loudun. — *Les Courtilz*, 1449 (fam. Boivin).

Courtils (Les), m. r. c^ne de Coussay-les-Bois. — *Les Cortilz*, 1456 (notaires, Artaud à la Roche-Posay). — *Les Courtilz*, 1481 (seign. de Mairé).

Courtils (Les), h. c^ne de Nueil-sur-Dive; — 1716 (chap. de Ste-Croix de Loudun, 6).

Courtines (Les), h. c^ne de Saint-Martin-Lars; — 1657 (fam. Lambertie).

Courtinières (Les), h. c^ne de Chalandray. — *Les Courtinyères*, 1576 (abb. de Ste-Croix, 59).

Courtins (Les), h. c^ne de Nalliers.

COURTIOU (LE), vill. c^{ne} d'Anché. — *Le Courtyou*, 1644 (com^{rie} de Roche, 6).

COURTIOU (LE), f. c^{ne} de Blâlay. — *Hostel du Cortiou*, 1445 (abb. de Montierneuf, 74). — *Le Courtiou*, 1605; *maison du Courteoux*, 1675; — *du Courtioux*, 1777 (prévôté de Blâlay, 2).

COURTIOU (LE), h. c^{ne} de Blanzay; — 1629 (arch. de Poitiers, 71).

COURTIOU (LE), lieu détruit, c^{ne} d'Hains, indiqué sur la carte de Cassini entre les Pagenauds et la Barlière. — *Le Courtiou*, 1654 (terrier de Rouflac, 130).

COURTIOU (LE), h. c^{ne} de Pouillé. — *Bois du Corteoux*, 1385 (cart. de la Trinité, 44). — *Courtioux*, 1410 (abb. de la Trinité, 69). — *Le Courtiou*, 1447 (ibid. 66).

COURTIOU (LE), f. c^{ne} de Rouillé.

COURTIOU (LE), h. c^{ne} de Saint-Martin-la-Rivière.

COURTIOU (LE), h. c^{ne} de Saint-Sauvant.

COURTIOU (LE), h. c^{ne} de Thuré.

COURTIOU (LE GRAND et LE PETIT-), ff. c^{ne} de Thurageau. — *Le Cortioux*, 1402 (abb. de Montierneuf, reg. 206). — *Le Courtioux Beaulieu*, 1702 (abb. de Montierneuf, 74).

COURTIOU (MOULIN DU), détruit, sur la Fontpoise, en aval du mⁱⁿ du Pont, c^{ne} de Saint-Genest. — *Moulin des Courtilz, de Courtioulz, de Courtielz*, 1439 (terrier de Gironde, f° 17, 21 v° et 80); — *du Courtiou*, 1474 (seign. de Puygarreau, 3); — *du Courtioux*, 1586 (ibid. 4).

COURTIS (LES), m. r. c^{ne} de Buxeuil. — Anc. fief relev. de la Roche-Amenon.

COURZON, au Monteil, c^{ne} de Saint-Jean-de-Sauves; — 1508 (aveu de Mirebeau). — Anc. fief relev. du Monteil.

COUSINE (LA), h. c^{ne} de Saint-Macou.

COUSINELIÈRE (LA), f. c^{ne} de Sanxay; — 1775 (rôle des tailles).

COUSINIÈRE (LA), f. c^{ne} de Châtellerault; — 1619 (aveu de St-Romain, f° 2).

COUSSAIE (LA), m. r. c^{ne} d'Ayron. — *La Coussaye* (Cassini).

COUSSAUDIÈRE (LA), lieu détruit, c^{ne} de Coussay-les-Bois. — *Mestairie de la Coussaudère, paroisse de Nostre Dame de Coussay*, 1480 (couv. de la Puye, 7).

COUSSAY, c^{on} de Monts-sur-Guesne. — *Villa Cusciacus*, 837 (cart. de Cormery, p. 24). — *Curtis de Cussiaco*, v. 1054 (ibid. p. 81). — *Ecclesia Sancti Petri de Cuciaco*, 1119 (ibid. p. 120). — *Gauterius de Cocai*, 1661 (Fonteneau, t. XXVII, p. 106). — *Ecclesia de Coucayo* (pouillé de Gauthier, f° 170 v°). — *Prior de Coucay, de Coussaio*, 1383 (taux du décime, p. 19 et 76). — *Rector de Cossayo*, 1478 (reg. synodal). — *S. Paul de Coussay*, 1782 (pouillé).

Avant 1790 cette commune faisait partie de l'archiprêtré de Mirebeau, de la châtellenie, du bailliage et de l'élection de Loudun. Le prieuré et la cure de Saint-Paul de Coussay dépendaient de l'abbaye de Cormery (Indre-et-Loire). Le fief du prieuré, en titre de châtellenie, relevait du château de Loudun; le château seigneurial existe encore. Le cardinal de Richelieu a été prieur de Coussay.

En 1790 Coussay devint le chef-lieu d'un canton du district de Loudun, composé des communes de Coussay, Chouppes, Dandesigny, Ligniers-Langout, Poligny et Verrue; ce canton exista jusqu'au 18 novembre 1801.

COUSSAY, ff. c^{ne} de Chaunay; — 1496 (fief de Traversay).

COUSSAY-LES-BOIS, c^{on} de Pleumartin. — *Ecclesia Sancti Martini de Cosciaco*, 1099 (bulle du pape Urbain II, ap. Mém. de la Soc. archéol. de Touraine, t. II, p. 28). — *Coschaium*, 1220 (cart. de la Merci-Dieu, 36). — *Ecclesiæ beatæ Mariæ et beati Martini de Cocayo*, 1263 (ch. de St-Hilaire, t. I, p. 313); — *de Coucayo* (pouillé de Gauthier, f° 173); — *de Coczayo* (ibid. f° 138). — *Coussay*, 1315 (seign. de Pleumartin). — *Coucay*, 1316 (abb. de la Merci-Dieu, 12). — *Cossai*, 1346 (arch. de la Soc. des antiq. de l'Ouest, n° 710). — *Coussay les Bois*, 1459 (seign. de la Roche-Posay). — *Rector beatæ Mariæ de Cossayo*, 1478 (reg. synodal).

Avant 1790 il y avait à Coussay-les-Bois deux églises paroissiales, Saint-Martin et Notre-Dame; le curé de Saint-Martin était archiprêtre de Châtellerault (pouillé de Gauthier, f° 188). Les deux cures étaient à la nomination de l'évêque de Poitiers; toutefois, en 1099, celle de Saint-Martin était à la nomination de l'abbé de Preuilly, suivant la bulle d'Urbain II citée plus haut. La plus grande partie du territoire de ces deux paroisses dépendait de la baronnie de Preuilly en Touraine, le surplus, du duché de Châtellerault; le tout était en élection de Loches, généralité de Tours. L'église de Notre-Dame a seule le titre de paroisse depuis 1803.

La seigneurie de Coussay-les-Bois, mentionnée comme châtellenie en 1519 (abb. de la Merci-Dieu, 12), relevait de celle de la Roche-Posay (seign. de la Roche-Posay, 2).

COUSSEC (LE GRAND et LE PETIT-), vill. et h. c^{ne} de Chenevelles. — *Coussec*, 1489 (seign. de Touffou, 4). — *Village de Coussec à présent appelé le vil-*

lage aux Rybreaulx, 1576 (seign. de Touffou, 5). — Anc. fief relev. de la bar. de Montoiron.

Cousset, f. c^{ne} du Bourg-Archambault. — *Coussec*, 1574 (maison-Dieu, 121). — *Cousset*, 1631 (seign. du Bourg-Archambault). — *Coussay*, 1841 (nomencl.).

Coussière (La), h. c^{ne} de Saint-Maurice; — 1599 (chap. de St-Pierre-le-Puellier, 24).

Coussières (Les), bois, c^{nes} d'Anché et Marnay; — 1690 (seign. de Château-Larcher). — Sa superficie était de 241 arpents en 1796.

Cousue (La), h. c^{ne} de Mortemer.

Coutancière (La), h. c^{ne} de Bertegon. — *La Constanoière*, 1505 (chap. de Ste-Radegonde, 92).

Coutancière (La), lieu auj. inconnu, c^{ne} de Dangé. — *Hostel de la Coutencière*, 1456 (seign. de la Fontaine, 1); — *de la Constancère tenant au chemin de Paymillerou à Polignè*, 1473 (duché de Châtellerault, 3).

Coutancière (La), m. r. c^{on} de St-Pierre d'Exideuil. — *La Constancère*, 1388 (gr. Gauthier, f° 208). — *La Coutencière*, 1483 (prieuré de St-Nicolas de Civray). — *La Coutancière*, 1498 (fief de Passac).

Coutancière (La), vill. c^{ne} de Saint-Romain. — *La Contancère*, 1403 (gr. Gauthier, f° 250). — *La Constancière*, 1494 (fief de Chaleur). — *La Coutantière*, 1645 (notaires de la bar. de Charroux).

Coutant, h. c^{ne} de Saint-Remy; — 1766 (rôle des tailles).

Coutarderie (La), f. c^{ne} de Chenevelles. — *Mestairie de Grisse autrement la Coustardière*, 1598 (seign. de Touffou, 5). — *Beauregard autrement la Coustardière*, 1606 (*ibid.* 4). — *La Goularderie*, 1841 (nomencl.).

Coutardière (La), h. c^{ne} de Saint-Léger-de-Montbrillais.

Coutardière (La), vill. c^{ne} de Scorbé-Clairvaux. — *La Costardière*, 1444 (duché de Châtellerault, 1). — *La Coustardière*, 1456 (seign. de Puygarreau, 9). — *La Coutardière ou les Faucons*, 1777 (aveu de Clairvaux). — Anc. fief relev. du marq. de Clairvaux.

Coutardières (Les), m. r. c^{ne} d'Antran. — *Les Coustardières*, 1600 (seign. de Malicorne). — *La Coutardières*, 1634 (fief de Mauvoisin). — *Les Coutardières*, 1673 (fief de la Motte d'Usseau).

Coutardières (Les), m. r. c^{ne} d'Usseau; — 1673 (aveu de la Motte d'Usseau).

Coutauderie (La), f. c^{ne} d'Usson.

Couterie (La), m. r. c^{ne} de Sossay.

Couture, vill. c^{ne} de Château-Garnier. — *Coustures*, 1580 (fief de la Chaufferie).

Couture, vill. c^{ne} de Vendeuvre. — *In Culturas*, 938 (cart. de St-Cyprien, p. 60). — *Colures*, 1255 (chap. cathédral, 78). — *Coustures*, 1295 (abb. de la Celle, 1). — *La Cousture*, 1349 (abb. de Fontaine-le-Comte, 29). — *Cultura*, 1375 (chap. cathédral, 78). — *La Couture*, 1694 (*ibid.* 77). — Anc. fief relev. de la châtell. de Chéneché.

Couture (La), h. c^{ne} de Celle-l'Évécault.

Couture (La), vill. c^{ne} de Chalandray.

Couture (La), h. c^{ne} d'Orches. — *La Coustura*, 1444 (duché de Châtellerault, 1). — *La Couture*, 1684 (chap. cathédral, 82). — Anc. fief relev. du marq. de Clairvaux.

Couture (La), m. r. c^{ne} de Saint-Jean-de-Sauves. — *Moulin de la Costure*, 1385; *de la Cousture*, 1567 (abb. de St-Cyprien, 16). — Ce moulin, sur le Prepson, n'existe plus.

Couture (La), près Jouet, c^{ne} de Saint-Secondin; anc. fief relev. de la Guéronnière. — *La Cousture anciennement appellée la Maleschoite*, 1538 (seign. de la Boutinelière). — Ce lieu est auj. inconnu.

Couture (La), h. c^{ne} de Saix. — *La Cousture*, 1433 (abb. de Ste-Croix, 66).

Couture (La), m. r. c^{ne} d'Usson.

Couture (La Grande et la Petite-), vill. et h. c^{ne} de Leigné-les-Bois. — *La grant Cousture, la petite Cousture*, 1448 (seign. de Puygarreau, 10).

Le fief de la Grande-Couture relevait de celui de Bourg, uni à la seign. de Puygarreau.

Couture (Le Petit-), h. c^{ne} de Vendeuvre.

Couvracerie (La), m. à Fontprévoir, c^{ne} de Leigne; — 1572 (maison-Dieu, 158).

Couvray, anc. fief, près les Allants, c^{ne} de Prinçay. — *Covert*, 1341; *hostel de Couvrestz*, 1470 (prieuré du Bouchet, 1). — *Couvray*, 1603 (cure de Prinçay).

Coux (Le), h. c^{ne} d'Availle-Limousine. — *Les Coux*, 1568 (abb. de St-Cyprien, 28).

Couyou (Le), ff. c^{ne} d'Anché. — *Ameylhyus de Monte cuculli*, 1286 (abb. de Nouaillé, 19). — *Aymericus de Monte cugulli in castellania de Cella episcopali*, v. 1300 (Gauthier, f° 15). — *Millot de Montcoggiou, de Moncgguyou*, 1388 (gr. Gauthier, f°s 206 et 207). — *Le seigneur de Montcougneo*, 1410 (*ibid.* f° 29 v°). — *Mont cogniou*, 1489 (abb. de Nouaillé, 62). — *Moncognou, Moncoignou*, 1489 (livre de recette de Vivonne, f°s 71 et 88). — *Moncoyou*, 1579 (séminaires de Poitiers, 24). — *Moncougnoux*, 1582; *Moncorniou*, 1585 (*ibid.* 19). — *Montcoyoux*, 1616; *Moncouguyon*, 1620 (seign. de Monts). — *Le Couyou*, 1661 (notaires de la châtell. de Monts).

Couzay (Le Bas-), h. c^{ne} de Saint-Gervais.
Coyeux, h. c^{ne} de Vouzailles.
Cragon ou l'Abbaye de Cragon, f. et mⁱⁿ, c^{ne} de Saint-Jean-de-Sauves; anc. domaine de l'abbaye de Saint-Cyprien de Poitiers. — *Villa Gragoni in vicaria Salvinse super ripam fluminis quod dicitur Kadelena*, 932 (cart. de St-Cyprien, p. 90). — *Villa Gragonus cum ecclesiola lignea in honorem Sancti Salvatoris et farinario in flumine Kadelena*, 963-975 (*ibid.* p. 92). — *Molendinum de Gragone*, v. 1090 (*ibid.* p. 96). — *Apud Cragonem*, commencement du XIIe s^t (gr. cart. de Fontevrault, 62). — *Ecclesia de Grago*, 1149 (abb. de St-Cyprien). — *Prioratus de Gragum*, 1236; — *de Cragum*, 1243; — *de Gragonio*, 1253 (*ibid.* 35); — *de Gragon* (pouillé de Gauthier, f° 146 v°). — *L'abbaye de Cragon*, 1672 (cure de Ceaux); 1749 (abb. de St-Cyprien, 35).

Cramard, vill. c^{ne} de Chalandray; anc. c^{ne} réunie à celle-ci le 8 décembre 1819. — *Villa nomine Craimarci in vicaria Toarcinse*, 928 ou 929 (cart. de St-Cyprien, p. 89). — *Villa Cracmarcius in pago Pictavo*, 989 (Fonteneau, t. XIII, p. 95). — *Cremart*, 1164 (*ibid.* t. V, p. 591). — *Cramart*, 1179 (cart. de St-Jouin, p. 39). — *Prior de Cramardo*, 1383 (taux du décime, p. 22). — *Cramard*, 1720 (dénomb. du royaume).

Une charte de l'abbaye de Saint-Jean-d'Angély, de l'an 951 (Fonteneau, t. XIII, p. 48), qui fait mention de *Cracmarcius in comitatu Pictavo in vicaria Liraninse*, n'est pas authentique.

Avant 1790 cette ancienne paroisse, aussi réunie auj. à Chalandray pour le spirituel, faisait partie de l'archiprêtré de Sanxay, de la châtellenie de la Ferrière, unie à la baronnie de Parthenay (Deux-Sèvres), de la sénéchaussée et de l'élection de Poitiers. Le prieuré et la cure de Saint-Hilaire de Cramard dépendaient de l'abbaye de Saint-Jouin-de-Marnes (Deux-Sèvres).

Craon ou Cron, c^{on} de Moncontour. — *Crun*, v. 1080 (ch. de St-Hilaire, t. I, p. 104). — *Ecclesia Creonii*, v. 1094 (cart. de Noyers, p. 254). — *Crom*, 1095 (Besly, Évêques de Poitiers, p. 84). — *Creun*, 1248 (cart. de Noyers, p. 687). — *Cron* (pouillé de Gauthier, f° 169 v°). — *Capellanus de Croon, de Craonio*, 1383 (taux du décime, p. 34 et 72). — *Craon*, 1393 (com^{rie} de St-Georges, 19); 1807, 1817 (annuaires). — *S. Michel de Crom*, 1782 (pouillé).

Cron a été la forme la plus usitée pendant les trois derniers siècles.

Il y avait à Craon deux hébergements tenus en fief de la bar. de Mirebeau et un autre relev. de Poué.

Avant 1790 cette commune faisait partie de l'archiprêtré de Parthenay (Deux-Sèvres), de la baronnie de Mirebeau, du duché-pairie et de l'élection de Richelieu, généralité de Tours. Le prieuré-cure de Saint-Michel de Cron dépendait de l'abbaye d'Airvault (Deux-Sèvres).

Cray, f. c^{ne} de Pouzioux. — *Villa que dicitur Craiacus in vicaria Ranciacinse*, 924 (ch. de St-Hilaire, t. I, p. 19). — *Guillelmus de Creys*, v. 1300 (Gauthier, f° 7). — *Le Puy de Cree*, 1515 (fief de Granchamp). — *Crez*, 1580 (terrier de Champeaux). — *Cres*, 1608 (maison-Dieu, 158). — *Crée*, 1775 (rôle des tailles).

Crechauderie (La), lieu inconnu, c^{ne} de Béthines. — *Tenue de Jehan Crechaut*, 1450; *la Cruchauderie*, 1560; *la Crechauderie*, 1610 (maison-Dieu, 154 et 136).

Crechère (La), f. c^{ne} d'Antigny. — *La Crechière*, 1501 (com^{rie} de Rouflac, 1). — *La Crechère*, 1575 (abb. de St-Savin, 23). — *La Crecherière*, 1582 (*ibid.* 14).

Crechène (La), vill. c^{ne} de Vicq; — 1409 (abb. d'Angle).

Crechet, mⁱⁿ sur la Luire, c^{ne} de Coussay-les-Bois. — *Moulin de Creschet*, 1457 (notaires, Artaud à la Roche-Posay); — *de Crechet*, 1566 (chap. cathédral, 25).

Cregnaudière (La), h. c^{ne} de la Chapelle-Mortemer. — *La Crignaudyère*, 1576 (chap. de Mortemer, 2). — *La Crignaudière*, 1645 (carmes de Poitiers). — *La Cremaudière*, 1709 (rôle des tailles). — *La Crenaudière* (Cassini).

Crémault, chât. à Bonneuil-Matours. — *Cremault, autrement la Maison neufve, anciennement les Arables*, 1522; *Cresmault*, 1548; *Craimault ou les Arables*, 1775 (fief de Crémault). — Anc. fief et haute justice relev. de la tour de Maubergeon.

Crémiers, f. c^{ne} de Journet; — 1628 (chap. cathédral, 24). — Anc. fief.

Cremille, vill. c^{ne} de Pleumartin. — *Ecclesia Sancti Petri Cromeliæ*, 1099 (bulle du pape Urbain II, ap. Mém. de la Soc. archéol. de Touraine, t. XIV, p. 111). — *Cremillia*, 1256; *Crimilia*, 1274; *Cremille*, 1278 (cart. de la Merci-Dieu, 149, 230 et 245). — *Gremille* (pouillé de Gauthier, f° 173). — *Cremilhe*, 1320 (évêché, 22). — *Cremilles*, 1444 (évêché, 43).

Avant 1790 Cremille, siège d'une paroisse rétablie en 1846, faisait partie de l'archiprêtré de Châtellerault, du marquisat de Pleumartin, de la sénéchaussée de Poitiers et de l'élection du Blanc, généralité de Bourges. Son territoire a été réuni en 1790 à celui de la commune de Pleumartin.

L'église paroissiale, qui, en 1099, dépendait de l'abbaye de Preuilly, fut ensuite à la collation de l'évêque de Poitiers : *ecclesia de Gremille est de dono episcopi* (pouillé de Gauthier).

CRÉPIN (LE), h. c^{ne} de Naintré.

CRETÉS (LES), lieu détruit, près la Barge, c^{ne} de Sommières. — *Village des Cretez*, 1613 (abb. de Moreaux).

CRETYS (LES), f. c^{ne} de Paizay-le-Sec.

CREUILLÈRE, h. c^{ne} de Saint-Saviol. — *La font. de Cruillière*, 1461; *la font Creulière*, 1465; — *de Crulière*, 1493 (fam. Jousserant, 1). — *Croullières*, 1542 (*ibid*. 3). — *Crullière*, 1641 (notaires, Vaugelade à Civray).

CREUSE (LA), riv. prend sa source dans le dép^t auquel elle donne son nom, traverse celui de l'Indre, puis sert de limite entre ceux de la Vienne et d'Indre-et-Loire depuis sa jonction avec la Gartempe près la Roche-Posay jusqu'à son confluent avec la Vienne près le Port-de-Piles. — *Chrosa fluvius*, 730 (Pardessus, Diplomata, chartæ, etc. t. II, p. 361). — *Crosa* (anonym. Ravenn. ap. Bouquet, t. I, p. 121); 936 (cart. de St-Cyprien, p. 6). — *Croza*, 1310 (Gauthier, f° 198 v°).

CREUX, près Gougé, c^{ne} de Saint-Secondin; anc. fief relev. de la vic. de Gençay; — 1409 (gr. Gauthier, f° 99 v°).

CRIAGE, m. près la Gravelle, c^{ne} de Senillé; — 1619, 1713 (cure de Notre-Dame de Châtellerault).

CRIEUIL, vill. c^{ne} de Rouillé. — *Crueil*, 1357 (chapelle de Laugerie). — *Crieuilh*, 1476 (chap. de St-Hilaire, 81). — *Moulin de Crioil*, 1515 (cure de Rouillé). — *Creuilh*, 1524 (chap. de St-Hilaire, 558). — Le m^{in} de Crieuil, mû par un petit ruiss. qui se perd dans les terres, n'existe plus; c'est auj. une ferme.

CRISSÉ, anc. fief, c^{ne} de Prinçay; — 1605 (cure de Prinçay). — Auj. inconnu.

CROCHARTS (LES), h. c^{ne} de Colombiers; distrait de la c^{ne} de Naintré le 7 décembre 1825.

CROCHATIÈRE (LA), m^{in} et h. c^{ne} de Moussac-sur-Vienne. — *La Crocheterie*, 1404 (seign. de Ressonneau, 1). — *Moulin bannier de la Crochatière*, 1536 (*ibid*. 2). — C'était le moulin banal de la seign. de Ressonneau.

Le ruiss. de la Crochatière naît près la Barbade, c^{ne} de Moussac, et tombe dans la Vienne à la limite de cette c^{ne} et de celle de Queaux. — *Ruisseau de la Crochatière*, 1769 (fam. Laurent).

CROCHE (LA), h. c^{ne} de Civaux; — 1532 (fam. de Savatte de Genouillé).

CROCHET, m^{in} sur le ruiss. de Mazerolles et h. c^{ne} de Civaux. — *Moulin Crochet*, 1491 (fam. de Savatte de Genouillé). — *Moulin de Crochet*, 1535 (seign. de la Tour-aux-Cognons).

CROCHET, m^{in} sur le ruiss. du même nom et f. c^{ne} de Queaux. — *Massum de Crosset*, 1292; — *de Crochet*, 1312 (seign. de Ressonneau, 1). — *Moulin de Crochet*, 1470 (prieuré de Grand-Chaume).

Le ruiss. de Crochet prend sa source près Ressonneau et se jette dans la Vienne près Peusot.

CROCHET, m^{in} sur la Clouère, c^{ne} de Saint-Maurice. — *Seguinonus de Crochet*, 1121 (abb. de St-Cyprien). — *Moulin de Crochet*, 1398 (chap. de St-Pierre-le-Puellier, 24). — L'hébergement et fief de Crochet relevait du comté de Civray; le moulin de Crochet dépendait de la seign. de la Touche-Gavaret.

CROCHET (LE), f. c^{ne} de Coulombiers. — *Herbergement du Crochet, assis es vielles ventes de Gastine*, 1545 (hommages de Lusignan).

CROCHET (LE) ou RUISSEAU DE SENILLÉ, sort de l'étang de la Salbordière, c^{ne} de Saint-Sauveur, et tombe dans l'Auzon au-dessous du moulin du Gué-Girard, c^{ne} de Senillé.

CROCHETON (LE), f. c^{ne} d'Antran.

CROISETTE (LA), m. r. c^{ne} de Civaux; — 1548 (fief de Dienné et Verrières).

CROIX (LA), h. c^{ne} d'Avanton.

CROIX (LA), vill. c^{ne} de Cenon.

CROIX (LA), m. r. c^{ne} de Chiré-en-Montreuil.

CROIX (LA), m. r. c^{ne} de la Grimaudière; — 1677 (cure de la Grimaudière). — Anc. seigneurie.

CROIX (LA), m. à Neuville; — 1670 (aveu de Chénéché). — Anc. fief appart. au chap. cathédral de Poitiers et relev. de la châtell. de Chénéché.

CROIX (LA), h. c^{ne} de Saint-Georges.

CROIX (LA), ff. c^{ne} de Saint-Gervais; — 1674 (fief du Plessis-Baunay).

CROIX (LA), m. r. c^{ne} de Saint-Jean-de-Sauves; — 1520 (cure de St-Aubin-du-Dolet). — Anc. fief relev. du Rognon.

CROIX (LA), f. c^{ne} de Saint-Remy-sur-Creuse; — 1682 (seign. de la Chaise).

CROIX (LA), f. c^{ne} de Saire.

CROIX (LA), h. c^{ne} de Senillé; — 1457 (duché de Châtellerault, 5). — Anc. fief relev. du Bornais.

CROIX (LA), f. c^{ne} de Sérigny.

CROIX (LA), h. c^{ne} d'Usseau.

CROIX (LES), f. c^{ne} de Sillars; — 1544 (maison-Dieu, 163).

CROIX-AVRIL (LA), f. c^{ne} de Dercé.

DÉPARTEMENT DE LA VIENNE.

Croix-Bardon (La), maisonnette du chemin de fer de Poitiers à la Rochelle, c^{ne} de Rouillé.

Croix-Bardin (La), h. c^{ne} de Saint-Saviol. — *La Croix Bardin*, 1404 (gr. Gauthier, f° 264). — *La Croys Bardon*, 1409 (*ibid.* f° 222).

Croix-Basse (La), h. c^{ne} de Smarve.

Croix-Bâtie (La), f. c^{ne} de Saint-Christophe. — *La Croix Baty*, 1596; *la Croix Basty*, 1690 (cure de St-Christophe).

Croix-Baudy (La), f. c^{ne} d'Ingrande.

Croix-Belle-Fille (La), f. c^{ne} d'Orches; — 1607 (seign. de Lauberdière).

Croix-Bernard (La), m. isolée, c^{ne} de Beaumont.

Croix-Berton (La), m. à Neuville.

Croix-Blanche (La), h. c^{ne} d'Availle; — 1438 (com^{rie} d'Anzon, 9).

Croix-Blanche (La), f. c^{ne} de Bournan; — 1454; *Crux alba*, 1459 (prieuré de Bournan, 1).

Croix-Blanche (La), vill. c^{ne} de Dercé.

Croix-Blanche (La), f. c^{ne} de Mignaloux. — *Terrouer de la Croix blanche*, 1494 (abb. de la Trinité, 37).

Croix-Blanche (La), f. c^{ne} de Pouant; — 1576 (chap. de St-Hilaire, 428).

Croix-Blanche (La), h. c^{ne} de Saint-Pierre-des-Églises.

Croix-Blanche (La), partie du bourg de Savigny-l'Évécault.

Croix-Bourdon (La), h. c^{ne} de Beaumont.

Croix-Bourdon (La), vill. c^{ne} de Poitiers. — *Chemin ancien descendant de la croix du bourdon au chemin de Maubernage*, 1451 (abb. de Ste-Croix, 14).

Croix-Boutet (La), f. c^{ne} de Saint-Genest. — *La Croix Bouttet*, 1695 (cure de St-Genest).

Croix-Brault (La), lieu détruit, près la Charaudellerie, c^{ne} d'Archigny; — 1551, 1674 (seign. de Touffou, 5).

Croix-Busserreau (La), h. c^{ne} d'Availle. — *La Croix Brisseau* (Cassini).

Croix-d'Artigny (La), f. c^{ne} de Ceaux, c^{on} de Loudun.

Croix-Dauvau (La), f. c^{ne} de Buxeuil. — *La Croix Daviau*, 1682 (seign. de la Chaise).

Croix-de-Bois (La), m. isolée, c^{ne} de Lizant.

Croix-de-Chaume (La), vill. c^{ne} de Roiffé; — 1700 (cure de Roiffé). — *Le fief de Chaume relevait de la bar. de Baussay* (ms. Trincant).

Croix-de-la-Justice (La), ff. c^{ne} d'Archigny.

Croix-de-la-Luce (La), f. c^{ne} de Chenevelles.

Croix-de-l'Étang (La), m. isolée, c^{ne} de Saint-Léomer.

Croix-de-Nieuil (La), h. c^{ne} de Saint-Macou.

Croix-de-Pierre (La), h. c^{ne} de Vaux.

Croix-de-Plomb (La), f. c^{ie} de Voulon.

Croix-des-Aubus (La), h. c^{ne} de Châtellerault.

Croix-des-Sept-Chemins (La), f. c^{ne} de Savigny-sous-Faye.

Croix-des-Tuileries (La), tuilerie, c^{ne} de Sossay.

Croix-de-Sully (La), f. c^{ne} de Mirebeau. — *La Croix*, 1528 (chap. de Mirebeau, 14).

Croix-d'Or (La), f. c^{ne} de Dercé.

Croix-du-Breuil (La), h. c^{ne} de Saint-Gervais.

Croix-du-Salut (La), m. isolée, c^{ne} de Mouterre-Silly.

Croix-Fernée (La), m. r. c^{ne} de Quinçay; — 1537 (chap. de St-Hilaire, 396).

Croix-Fulgent (La), h. c^{ne} de Saint-Sauveur; — 1624 (com^{rie} de la Foucaudière, 10). — *La Croix Fulgeau* (Cassini).

Croix-Girard (La), h. c^{ne} de Montreuil-Bonnin. — *La Croix Gouard*, 1675; *la Croix-Girard*, 1700 (abb. du Pin, 28).

Croix-Grain (La), m. r. c^{ne} de Saint-Gervais; — 1674 (fief du Plessis-Baunay).

Croix-Margot (La), f. c^{ne} de Dercé.

Croix-Marie (La), m^{in} à vent, c^{ne} de Martaizé.

Croix-Mense (La), m. isolée, c^{ne} de Vezières.

Croix-Merlet (La), h. c^{ne} de Châtellerault.

Croix-Milvau (La), h. c^{ne} de Mazerolles.

Croix-Poulailler (La), m. isolée, c^{ne} de Naintré.

Croix-Richard (La), h. c^{ne} de Bonneuil-Matours; — 1583 (seign. de Touffou, 3).

Croix-Robert (La), f. c^{ne} de Doussay.

Croix-Rouge (La), h. c^{ne} de Châtellerault.

Croix-Rouge (La), f. près Charlée, c^{ne} de Châtellerault.

Croix-Rouge (La), f. détruite, près la Boissonnerie, c^{ne} de Mignaloux.

Croix-Rouge (Ruisseau de la), c^{ne} d'Availle-Limousine, prend sa source près les Rénières et tombe dans la Vienne au-dessus des Grands-Moulins.

Croix-Saume (La), vill. c^{ne} de Civray. — *La Croix Enceasme*, 1404 (gr. Gauthier, f° 195). — *La Croix Enceaume*, 1460 (fief de la Porte-Niortaise). — *La Croix Enceaulmes*, 1576 (fief de Bellabre). — *La Croix Saulme*, 1669 (notaires, Pascault à Civray).

Croix-Siaume (La), f. c^{ne} de Saint-Sauveur. — *La Croix Seaulme*, 1624 (com^{rie} de la Foucaudière, 10). — *La Croix Siaume* (Cassini).

Croix-Verte (La), f. c^{ne} d'Antran.

Croix-Verte (La), h. c^{ne} de Dercé.

Croix-Verte (La), h. c^{ne} de Saix.

Croizette (La), h. c^{ne} de Champagné-Saint-Hilaire. — *La Coursete*, 1465 (chap. de St-Hilaire, 243). — *La Crouzete*, 1533 (*ibid.* 246). — *La Croizete*;

1533 (ibid. 245). — *La Croysette*, 1551 (ibid. 440).

Cron. Voy. Craon.

Crouaillerie (La), h. c^{ne} d'Orches; — 1595 (chap. cathédral, reg. 108).

Crouailles, f. c^{ne} de Monts-sur-Guesne. — *Aimericus de Croallio*, xiie s^e, 1re moitié (gr. cart. de Fontevrault, 876). — *Crouail*, 1525, 1618 (cure de Monts-sur-Guesne). — Le fief du petit Crouail relevait du château de Loudun (arch. de la Soc. des antiq. de l'Ouest, n° 15).

Croule (La), h. c^{ne} de Vezières. — *La Croulle*, 1451 (prieuré de Bournan, 11). — *La Crousle*, 1593 (ibid. 4).

Croupe (La), m. isolée, c^{ne} de Targé.

Croupière (La Vieille-), f. c^{ne} de Loudun.

Croutelle, c^{on} Sud de Poitiers. — *Cruptellæ*, v. 1130 (Gall. christ. t. II, instr. col. 370). — *Villa de Crostellis*, 1250 (abb. de St-Cyprien, 50). — *Domus Dei de Crotellis*, 1276 (abb. de Fontaine-le-Comte, 1). — *Croteles*, 1286 (chap. de St-Hilaire, 82). — *Cruteles* (pouillé de Gauthier, f° 152 v°). — *Helemosynaria de Scruptellis*, 1303; *Crotelles*, 1330 (abb. de Fontaine-le-Comte, 18). — *Croustelles*, 1408 (gr. Gauthier, f° 44). — *Croustelle*, 1720 (dénomb. du royaume). — *S. Barthélemy de Croutelles*, 1782 (pouillé). — *Croutelle*, 1807 (annuaire).

La paroisse de Croutelle faisait anc^t partie de l'archiprêtré de Lusignan, de la châtellenie, de la sénéchaussée et de l'élection de Poitiers. Le prieuré-cure dépendait de l'abbaye de Fontaine-le-Comte. La cure a été rétablie en 1843. L'aumônerie est aussi mentionnée dans le pouillé de Gauthier, f° 152 v° : *apud Cruteles est elemosinaria de dono abbatis Fontis comitis*; ses biens furent unis à l'hôtel-Dieu de Poitiers en 1698.

En 1790 Croutelle devint le chef-lieu d'un canton dépendant du district de Poitiers et formé des communes de Croutelle, Béruges, Biard, Fontaine-le-Comte, Iteuil, Ligugé, Mezeaux et Vouneuil-sous-Biard; ce canton fut supprimé le 18 novembre 1801.

Crouzats (Les), vill. c^{ne} de Nalliers. — *Village des Crouzats*, 1627 (abb. de St-Savin, 14); — *de cheux les Crouzas*, 1629 (cure de Nalliers). — *Chanbon alias les Crouzatz*, v. 1650 (abb. de St-Savin, 33). — *Les Crouzats*, 1682 (cure de Nalliers).

Crouzattes (Les), h. c^{ne} de Voulême.

Crouzette (La), m. isolée, c^{ne} de Journet.

Crouzette (La), vill. c^{ne} de Persac. — *La Crossette*, 1567 (maison-Dieu, 178).

Crouzille, m. à Jazeneuil. — *Métairie de la Crousille*, 1517 (minutes de J. Bonizeau, notaire à St-Maixent). — *La Crouzille*, 1627 (fief de Curzay). — Anc. fief relev. de Curzay.

Cruchet, mⁱⁿ sur la Boivre et h. c^{ne} de Béruges. — *Molendinum Cruchet*, 1342; *moulin de Crochet*, 1491 (seign. de Béruges).

Crue (La), m. isolée, c^{ne} de Jardres.

Crué, vill. c^{ne} de Sammarçolle; anc. c^{ne} réunie à celle-là le 24 novembre 1819. — *Garnerius de Crue*, 1156 (arch. de Maine-et-Loire, abb. de Fontevrault). — *Crué*, 1298; *chappelle de Nostre Dame de Crué*, 1481 (collège de Poitiers, 60). — En 1728 (clergé, 15) cette chapelle était une annexe de Saint-Pierre d'Assay, église voisine en l'archiprêtré de Faye-la-Vineuse (Indre-et-Loire). C'était peut-être l'église appelée *de Curentayco*, *de Cruencayco*, dans le pouillé de Gauthier, f°s 137 v° et 171, et *ecclesia de Curon* dans le rôle d'une imposition ecclésiastique levée en 1326.

Crué, sans avoir été au nombre des paroisses de l'élection de Loudun, devint en 1790 une des municipalités du c^{on} de Ceaux, dont elle fit partie jusqu'à la suppression de ce c^{on}, et fut alors annexée au c^{on} de Loudun.

Crué (Le Haut-), vill. c^{ne} de Sammarçolle.

Cuas (Les), h. c^{ne} de Châtellerault.

Cubaiserie (La), h. c^{ne} de Montamisé.

Cubes (Les), h. c^{ne} de Magné; — 1666 (chap. de St-Hilaire, 443).

Cubord, vill. c^{nes} de Salles-en-Toulon et Saint-Martin-la-Rivière; anc. prieuré dép. de l'abbaye de Saint-Benoît de Quinçay, situé en la paroisse de Saint-Martin-la-Rivière, sur la rive droite de la Vienne. — *Cubort*, 1260 (Hommages d'Alphonse, p. 86). — *Prior de Cubors*, 1383 (taux du décime, p. 17). — *Port de Cubort*, 1404 (gr. Gauthier, f° 109 v°). — *Cubours*, 1535 (évêché, 19). — *Notre-Dame de Cubord*, 1782 (pouillé).

Cuchaudière (La), m. r. c^{ne} d'Ingrande. — *La Cuschardère*, 1388 (duché de Châtellerault, 4). — *La Cuchardière*, 1425 (cure d'Ingrande). — *La Cuchaudière*, 1455 (seign. de Chêne, inv. p. 159). — *La Chuchardière*, xvie siècle (duché de Châtellerault, 2). — *La Chuchaudière* (Cassini). — Anc. fief relev. de Bourg, uni à la seign. de Puygarreau; autre fief relev. de Chêne.

Cueille (La), h. c^{ne} de Curzay. — *La Ceuille*, 1627; *la Cœuille*, 1717 (fief de Curzay).

Cueille (La), faubourg de Montmorillon. — *La Colia*, xiie s^e (cart. de la maison-Dieu, n° 73). — *La Queuilhe*, 1529 (terrier de la maison-Dieu). —

La Cœuille, 1579 (prieuré de S¹-Martial de Montmorillon).

Cueille (La), lieu ruiné, anc. fief, près Benasse, c⁽ⁿᵉ⁾ de Pairé.

Cueille (La), m^{in} sur le Clain, c^{ne} de Romagne. — *Molendinum collis*, 1136 (ch. de S¹-Hilaire, t. I, p. 134); — *de Cuylla*, 1257; *pons de Cuillia*, 1260; *la Cuilhe*, 1438 (chap. de S¹-Hilaire, 242). — *Isle de la Queuille*, 1446 (ibid. 243). — *Moulin de la Queuilhe*, 1533 (ibid. 246); — *de la Cœulle*, 1598 (ibid. 249); — *de la Cueuille*, 1616 (seign. du Parc et Boisvert, 3); — *de la Ceuille*, 1775 (rôle des tailles).

Cueille (La), h. c^{ue} de Sanxay.

Cueille-Aiguë (La), faubourg de Poitiers, attenant à celui de Montbernage. — *Culla acuta*, 1254 (abb. de Ste-Croix, 15). — *Cuilleya acuta*, 1300; *la Cueilhe aguë*, 1456 (abb. de Ste-Croix, 15).

Cueille-Blanche (La), partie haute du faubourg de Montbernage à Poitiers. — *La Colle blanche*, v. 1250 (ms. de S¹-Pierre-le-Puellier à la bibl. de Poitiers). — *Coilla alba*, 1265 (cure de S¹-Michel de Poitiers). — *La Coylle blanche*, 1272 (chap. de S¹-Pierre-le-Puellier, 7). — *La Cueille blanche, Cullia alba*, 1291; *Collia alba*, 1323 (chap. de Ste-Radegonde, 8). — *Cuylhia alba*, 1370 (ibid. 10). — *La Ceuille blanche aultrement Maubernage*, 1582 (abb. de Ste-Croix, 15). — Il y avait à la Cueille-Blanche deux fiefs de ce nom, l'un relevant de la tour de Maubergeon, l'autre de l'abbaye de Sainte-Croix.

Cueille-de-Pranzay (La), m. isolée, c^{ue} de Lusignan.

Cueille-Mirebalaise (La), faubourg de Poitiers, sur l'ancienne route de Mirebeau. — *La Cuelle*, 1324 (arch. de Poitiers, 12). — *Chapelle de la Cueille*, 1409 (Fonteneau, t. XXXIX, p. 54). — *La Cueille Mirebaloise*, 1413; *la Queuilhe Mirbaleze*, 1445 (chap. de S¹-Pierre-le-Puellier, 9). — *Capella beate Marie de Acullia*, 1452 (Fonteneau, t. XXXIX, p. 303). — *La Cuille Mirebalaise*, 1492 (chap. de S¹-Pierre-le-Puellier, 9). — *La Queille Mirebalaise*, 1573 (fief d'Anguitard). — Une partie de la Cueille-Mirebalaise était comprise dans le Fief-le-Comte.

Cueilles (Les), h. c^{ue} de Bellefont. — *Les Queilles*, 1564 (seign. de Touffou, 3). — *Les Ceuilles*, 1609, 1624 (abb. de S¹-Cyprien, 20).

Cufroy, h. c^{ne} de Beuxe. — *Arnaudus de Cufreit*, 1115-1149 (gr. cart. de Fontevrault, 25).

Cuhon, c^{on} de Mirebeau. — *Cuionnum*, 889 (ch. de S¹-Hilaire, t. I, p. 13). — *Ex curte Cuion*, 969 (ibid. t. I, p. 41); — *in pago Pictavo in vicaria Toarcinse*, v. 975 (ibid. t. I, p. 48). — *Cuon*, v. 1082 (ibid. t. I, p. 103). — *Curtis de Cuio*, v. 1143 (ibid. t. I, p. 149). — *Cuum*, 1215 (ibid. t. I, p. 221). — *Cuonium*, 1246 (ibid. t. I, p. 256). — *Cuhonnium*, 1305 (ibid. t. II, p. 3). — *Cuhon*, 1485 (chap. de S¹-Hilaire, 134). — *Cuon*, 1720 (dénomb. du royaume). — *S. Hilaire de Cuhon*, 1782 (pouillé).

Avant 1790 Cuhon faisait partie de l'archiprêtré de Parthenay (Deux-Sèvres), de la baronnie de Mirebeau, du duché-pairie et de l'élection de Richelieu, généralité de Tours. La cure était à la nomination du chapitre de Saint-Hilaire de Poitiers, seigneur d'une partie de la paroisse. Un hôtel à Cuhon était tenu en fief de la bar. de Mirebeau.

Le ruiss. de Cuhon ou de la Rochebourreau prend sa source dans la c^{ne} de Vouzailles, traverse celle de Cuhon et se jette dans la Dive au-dessous de Mazeuil.

Cuismes, h. c^{ne} de Dangé. — *Cuysmes*, 1551; *Queulmes*, 1598 (seign. de la Fontaine, 1).

Cujalais, chât. en ruine et h. c^{ne} de Ceaux, c^{on} de Couhé. — *Cujalais*, 1404 (seign. de la Millière). — *Cujallays*, 1558 (fief de Château-Larcher). — Anc. châtell. relev. de celle de Château-Larcher.

Cujaud, h. c^{ne} de Vaux-en-Couhé. — *Cujaux*, 1403 (gr. Gauthier, f° 286). — *Cujaulx*, 1451 (terre de la Jarrige). — *Cujaut*, 1475 (seign. de la Millière). — *Cugeault*, 1607 (fam. de Saint-George). — Anc. fief relev. du marq. de Couhé.

Culée (La), f. c^{ne} d'Ouzilly-Vignolles. — *La Cullée de Vaulx*, 1562 (arch. de la Soc. des antiq. de l'Ouest; Loudunais, 7).

Cumaut, m. détruite, près Vaon, c^{ne} des Trois-Moutiers; — 1412 (collège de Poitiers, 58).

Cunaye (La), m. r. c^{on} de Sèvre. — *Lacunes*, 1522; *la Cunay*, 1673 (fam. Fumée).

Curçay, c^{on} des Trois-Moutiers. — *Curciaco vico* (triens mérovingien, Mém. de la Soc. des antiq. de l'Ouest, 1843, p. 384). — *Cruciacus villa in pago Pictavo*, 844 (dipl. de Charles le Chauve pour S¹-Martin de Tours, ap. Bouquet, t. VIII, p. 453). — *Curciacus*, 862 (dipl. du même, ibid. t. VIII, p. 573). — *In Crusaco*, ixe s^e (Hist. translat. S. Filiberti, ibid. t. VII, p. 343). — *Ex corte Curiaco*; *in Curciaco villa*, 946 (Besly, Hist. des comtes de Poitou, p. 218). — *Gaufredus de Curcaio*, v. 1104 (prieuré de Triou). — *Curzaicum*, 1107 (Gall. christ. t. II, instr. col. 373). — *Giraldus de Curchai*, 1115-1149 (gr. cart. de Fontevrault, 12). — *Longus de Cursai*, 1126 (ibid. 19). — *Rainaldus de Curceiaco*, v. 1140 (cart. de S¹-Maur-sur-Loire). — *Apud Curciacum super Divam*, 1146 (ch. de l'abb. de Cormery, ap. Revue des Sociétés savantes, 3ᵉ série, t. I, p. 126). — *W. de Curceio*, *miles*; *Araud de Kursai*, 1194 (arch. de Maine-et-Loire, abb. de Fontevrault). — *Ecclesia de Curcayo* (pouillé de Gauthier, f° 171 v°). — *Capellanus de Cursaio, Sancti Gervasii de Curcay*, 1383 (taux du décime, p. 75 et 157). — *Cursay*, 1448 (cure de Curçay). — *S. Gervais de Curçay, S. Pierre de Curçay*, 1782 (pouillé).

Avant 1790 Curçay faisait partie de l'archiprêtré, de la châtellenie, du bailliage et de l'élection de Loudun; en 926 et 1046 était du *pagus* de Thouars (Besly, Hist. des comtes de Poitou, p. 218; Évêques de Poitiers, p. 57). — Il y avait en ce lieu deux églises paroissiales dont le patronage appartenait au chapitre de Saint-Martin de Tours, l'une sous le vocable de saint Pierre, *ecclesia Sancti Petri de Cursayo* (pouillé de Gauthier, f° 172), l'autre sous le vocable de saint Gervais, *ecclesia Sancti Gervasii* (ibid. f° 171 v°); la première était desservie par deux curés, *semirectores* (ibid. f° 172); — et une aumônerie mentionnée en 1446 (titres de cette aumônerie), dont les biens furent unis à l'hôpital de Montreuil-Bellay (Maine-et-Loire) en 1698. — Une seule église paroissiale, celle de Saint-Pierre, existe aujourd'hui.

La seigneurie de Curçay, qualifiée baronnie dès 1388 (Lainé, généalogie de la maison Odart, p. 19), relevait du château de Loudun; elle s'étendait sur les deux paroisses du lieu. L'ancien donjon seigneurial est en ruine. — Au mois de février 1228 le roi saint Louis, accompagné de la reine Blanche et des comtes de Bretagne et de la Marche, tint parlement pendant près de vingt jours *apud charreiam Curcaii* (A. Salmon, Recueil de chroniques de Touraine, p. 159).

En 1790 Curçay devint le chef-lieu d'un canton dépendant du district de Loudun et composé des communes de Curçay, Arçay, Glenouze, Ranton, Saint-Laon et Ternay; ce canton fut supprimé le 18 novembre 1801.

Cunçay, h. cⁿᵉ de Lencloître. — *Curcay in parrochia de Turagello*, 1303 (abb. de Fontaine-le-Comte, 26). — *Cursay*, 1455 (chap. cathédral, 81).

Le ruiss. de Curçay naît près de ce lieu, traverse les cⁿᵉˢ de Lencloître et Doussay, et se jette dans l'Envigne près l'Égouet. Il est aussi appelé ruiss. d'Asnières.

Cure (La), h. cⁿᵉ de Saint-Sauveur.

Cure (L'Ancienne-), h. cⁿᵉ de Saint-Maurice.

Cure (La Vieille-), m. r. cⁿᵉ de Sérigny.

Curé-Levrault (Le), m. r. cⁿᵉ d'Iteuil. — *Le Quéreux-Levrault*, 1820 (nomencl.).

Curnault (La), f. cⁿᵉ de Mouterre-Silly; — 1543 (comᵉ de Loudun, 22).

Curzay, cⁿ de Lusignan. — *Arnulfus de Cursiaco*, v. 1025 (cart. de Sᵗ-Cyprien, p. 276). — *Aemarus de Cursaio*, v. 1055 (ch. de Sᵗ-Hilaire, t. I, p. 88). — *Unbertus de Corciaco*, v. 1085 (Fonteneau, t. XXI, p. 504). — *Johannes de Curzai*, v. 1119 (ibid. t. III, p. 271). — *Guillelmus de Cursaico*, v. 1160 (abb. de Nouaillé). — *Simon de Corcayo*, 1283 (ch. de Sᵗ-Hilaire, t. I, p. 347); — *de Curcay*, 1285 (ibid. t. I, p. 348). — *Ecclesia de Cursayo* (pouillé de Gauthier, f° 154 v°). — *Cuerzay*, 1379 (gr. Gauthier, f° 56). — *Curzay*, 1424 (seign. de Curzay). — *Cursay*, 1596 (aides et équivalents, p. 17). — *S. Martin de Curzay*, 1782 (pouillé).

Avant 1790 la paroisse de Curzay faisait partie de l'archiprêtré de Sanxay, de la châtellenie et du ressort du siège royal de Lusignan, et de l'élection de Poitiers. La cure était à la nomination de l'évêque. La seigneurie de Curzay, avec droit de haute justice, relevait du château de Lusignan; elle avait plus de 60 fiefs dans sa mouvance. Le château de Curzay s'appelait autref. Laudonnière. Voy. ce mot. La forêt de Curzay, mentionnée en 1506, 1736 (fief de Curzay), ne consiste plus qu'en bois taillis.

Curzay à Lusignan. — *Burgus Willelmi de Cursai apud Lezigniacum*, 1230 (abb. de Nouaillé, 57). — Les aveux de Curzay mentionnent comme dépendant de ce fief *le bourg de Curzay assis hors la ville de Lezignen, entre lad. ville et la font de Cef*, 1506, 1736. Aucunes maisons ni terres n'ont conservé ce nom à Lusignan.

Cussec, h. cⁿᵉ de Poitiers; anc. fief relev. de l'abbaye de Saint-Cyprien. — *Excussec*, 1323 (abb. de la Celle, 18). — *Ecussec*, 1323 (chap. de Sᵗᵉ-Radegonde, 8). — *Escuysset, parroche de la Celle*, 1324 (arch. de Poitiers, 12). — *Excusset, Ecusset*, 1404 (gr. Gauthier, f° 7). — *Cusset*, 1488 (fief de la Loubantière). — *Escussé*, 1605 (collège de Poitiers, 2).

Cussonnerie (La), m. r. cⁿᵉ de Paizay-le-Sec; — 1494 (seign. de Courtevrault).

Cussotrie (La), h. cⁿᵉ de Ceaux, cⁿ de Couhé. — *La Cussautrie*, 1715 (notaires de la châtellenie de Monts).

Custière (La), f. cⁿᵉ de Latus. — *La Cuchetière*, 1496 (fief du Cluzeau-Bonneau). — *La Custière*, 1652 (seign. du Cluzeau).

Cuzay, vill. cⁿ de Roiffé; — 1550 (cure de Roiffé).

D

Dabinière (La), f. détruite, c^{ne} d'Oiré; — 1619 (aveu de St-Romain, f° 18 v°).

Dain (Le), h. c^{ne} de Leigné-les-Bois; — 1655 (com^{rie} de la Foucaudière, 12).

Dalidant, mⁱⁿ sur la Charente et h. c^{ne} de Saint-Pierre-d'Exideuil. — *Moulin de Dalident*, 1345 (fam. Jousserant, 1); — *de Daludent*, 1398 (gr. Gauthier, f° 229). — *Dalidant*, 1449 (chap. cathédral, 83). — *Dallidant*, 1669 (notaires, Pascault à Civray). — Dalident était un nom de personne, suivant le cart. de Montazay : *Dalidenz*, v. 1178, *dedit monialibus Montis Adsüi medietatem farinarum quas habebat in molendinis de Volec* (Fonteneau, t. XVIII, p. 513).

Dalinière (La), lieu détruit, entre la Roche et le Deffend, c^{ne} de Saint-Cyr.

Dallerie (La), chât. c^{ne} de Latus. — *La Darlerie ou tenue aux Doreaux*, 1511 (chap. de Montmorillon, 2). — *La Darlerye*, 1575 (maison-Dieu, 91). — *La Dallerie*, 1667 (fief de la Dallerie). — Anc. fief relev. de la bar. de Montmorillon.

Dandesigny, vill. et chât. c^{ne} de Verrue; anc. c^{ne} réunie à celle-là le 1er août 1849. — *Ecclesia Abdon et Sennes in castellania Mirebellense*, 1097-1100 (abb. de St-Cyprien); — *de Dom de Segne*, 1097-1100 (cart. de St-Cyprien, p. 14). — *Ecclesia quæ vocatur Addon Desenne*, 1087-1115 (*ibid.* p. 82). — *Dondesennec*, v. 1100 (*ibid.* p. 44). — *Reginaldus de Abdom et Sencs*, 1253 (abb. de St-Cyprien, 35). — *Ecclesia de Addon et Segnes* (pouillé de Gauthier, f° 137). — *Dandescigné*, 1307 (abb. de Fontaine-le-Comte, 26). — *Danseigné*, 1308 (Fonteneau, t. XXXVIII, p. 18). — *Dandecigné*, 1499 (chap. de Mirebeau, 30). — *Dancigné*, 1508 (aveu de Mirebeau). — *Anseigné*, 1520 (bissexte). — *Dandecigny*, 1571 (chap. de Mirebeau, 21). — *Ecclesia parochialis sanctorum Abdonis et Sennis alias Danseigny*, 1622 (chap. cathédral, 4). — *Dandesigny*, 1649 (bissexte). — *S. Abdoni et S. Sennen d'Andesigny ou Ansigny*, 1782 (pouillé).

Avant 1790 Dandesigny faisait partie de l'archiprêtré et de la baronnie de Mirebeau, du duché-pairie et de l'élection de Richelieu, généralité de Tours. La cure était à la nomination du chapitre cathédral. Cette ancienne paroisse est aussi réunie auj. à Verrue pour le spirituel. Le fief de Dandesigny relevait de la baronnie de Mirebeau.

Dangé, ch.-l. de c^{on}, arr^t de Châtellerault. — *Ecclesia sanctorum apostolorum Petri et Pauli de Dangeo*, 637 (dipl. de Dagobert 1er, non authentique, ap. Pardessus, Diplomata, chartæ, etc. t. II, p. 57). — *Parochia Dangiaci*, 1057 (cart. de Noyers, p. 20); — *Parochia Dongiacensis*, 1058 (Fonteneau, t. XX, p. 721). — *Ecclesia de Dangi*, 1163 (bulle du pape Alexandre III, ap. Doublet, Hist. de l'abbaye de St-Denis, p. 510). — *De Dangeio*, 1234; *de Dangeyo*, 1246 (prieuré de Fontmore, 1). — *De Dangeaco* (pouillé de Gauthier, f° 173). — *Dangé*, 1383 (taux du décime, p. 13). — *Dangié*, 1479 (compte de J. Bourdin). — *Dangiacum*, 1520 (bissexte). — *S. Pierre de Danger*, 1782 (pouillé).

Avant 1790 la paroisse de Dangé faisait partie de l'archiprêtré, du duché, de la sénéchaussée et de l'élection de Châtellerault. La cure était à la nomination du prieur de Saint-Denis-en-Vaux.

En 1790 Dangé devint le chef-lieu d'un canton dépendant du district de Châtellerault et formé des communes de Dangé, Buxeuil, Ingrande, les Ormes, Oiré, Poizay-le-Joli, Saint-Ustre et Saint-Remy-sur-Creuse. Cette circonscription n'a pas été modifiée en 1801.

Danguie (La), tuilerie, c^{ne} de Châtellerault.

Danjotrie (La), m. r. c^{ne} de Saint-Pierre-de-Maillé. — *La Danjotterie*, 1605 (évêché, 26).

Danlot, h. c^{ne} de Vivonne. — *Ad Domnum Lotium*, v. 1120 (cart. de St-Cyprien, p. 69). — *Donloz*, 1264 (abb. de Nouaillé, 5). — *Denloz*, 1310 (abb. de St-Cyprien, 43). — *Danlot*, 1441 (abb. de Nouaillé, 24). — *Danletum*, 1458 (Fonteneau, t. XXII, p. 543). — Anc. fief relev. de Goupillon.

Dasat (Le), h. c^{ne} de Nalliers. — *Village des Mereggars et Dasatz*, 1617 (fief des Clerbaudières).

Dauge (La), h. c^{ne} de Saint-Remy. — *La Dauge*, 1560 (maison-Dieu, 126). — *La Daulge*, 1564 (*ibid.* 181).

Daumatrie (La), f. c^{ne} de la Puye. — *La Domatrie*, 1779 (rôle des tailles d'Archigny).

Dauphinière (La), h. c^{ne} de Beaumont.

Davaillerie (La), h. c^{ne} de Colombiers.

Davidière (La), vill. c^{ne} d'Adriers; — 1538 (maison-Dieu, 181).

Davie (La), n. c^{ne} de la Chapelle-Montreuil. — *La Davière*, v. 1450 (abb. de Montierneuf, reg. 10). — *La Davye*, 1551 (*ibid.* 84).

Davière (La), f. cne de Jazeneuil.
Davière (La), h. cne de Lésigny; — 1452 (prieuré de la Roche-Posay). — *Les Davières*, 1537 (chap. cathédral, 25).
Davière (La Basse-), m{in} sur l'Auzon de Chenevelles, cne d'Archigny. — *Moulin de la Davyère*, 1538 (seign. de Touffou, 4).
Davière (La Haute-), h. cne d'Archigny.
Davières (Les), f. cne de Saint-Martial. — *Les Davyères*, 1309 (Gauthier, f° 191). — *Les Davières*, 1442 (seign. de Touffou, 3).
Davitières (Les), lieu détruit, près Beauvoir, cne de Mignaloux. — *Village des Davitières*, 1491 (com{rie} de la Villedieu, 22).
Deballière (La), h. cne d'Archigny. — *La Debalière*, 1774 (évêché, 37).
Decomberie (La), h. cne de Dienné. — *La Decomberie*, 1578 (abb. de Nouaillé, 49). — *La Comberye*, 1607 (*ibid.* 50).
Deffend (La), m. r. cne de la Chapelle-Mortemer.
Deffend (Le), h. et ruines, cne de Colombiers.
Deffend (Le), forêt et m. de garde, cne de Dissay. — *Le Deffens*, 1351 (évêché, 61). — *La tour des Deffens*, 1394 (com{rie} de St-Georges, 35). — *Les Deffans*, 1444 (*ibid.* 6). — *Les Deffendz*, 1558 (fief du Deffend). — Anc. fief relev. de la tour de Maubergeon; érigé en marquisat en faveur de François Gouffier en juin 1585.
Deffend (Le), m. r. cne de Mignaloux. — *Maison noble des Deffends*, 1613 (abb. de la Trinité, 37). — Anc. fief relev. de celui du Breuil-l'Abbesse appart. à l'abb. de la Trinité de Poitiers; relev. de la bar. de Mortemer, suivant un aveu de cette bar. de 1685.
Deffends (Les), brandes faisant partie des bois de la Foucaudière, cne de Saint-Sauveur, où était *la maison noble des Deffens*, 1523 (com{rie} de la Foucaudière, 8).
Défriche (La), f. cne de Ceaux, c{on} de Loudun.
Degennerie (La), f. détruite, près le Champ-Cosson, cne de Leigné-les-Bois.
Dehors (La) ou la Déaure, pierre levée, près la Rondelle, cne du Rocherau. Un chemin de Maillé aux vignes de la Dehors est appelé chemin de la Dehors.
Delagère (La), h. cne de Moussac-sur-Vienne.
Delavaux (Les), h. cne d'Ingrande.
Delefferie (La), h. cne de Vouneuil-sur-Vienne.
Demaigeons (Les), f. cne de Journet. — *Les Demangions*, 1710; *les Desmingeons*, 1721 (rôles des tailles). — *Maingeon* (Cassini). — *La Demaison*, 1841 (nomencl.).

Demaison (La), f. cne de Chiré-en-Montreuil. — *Lagdemaison*, 1644 (fam. Jacques). — Anc. fief relev. de Chiré.
Démé, h. cne de Bertegon. — *Desmer*, 1589 (chap. de Ste-Radegonde, 92). — *Desmés*, 1605; *Desmais*, 1696 (cure de Prinçay).
Demi-Lune (La), h. cne des Ormes.
Demi-Lune (La), vill. cne de Poitiers.
Démoulines, f. cne de Lomaizé. — *Moulin de Deux Molines*, 1391 (seign. de Dienné et Verrières); — *de Deux Moulines*, 1477 (fief de Mortemer); — *de la Moulline*, 1565 (carmes de Poitiers); — *de Desmoulime*, 1646 (seign. de Dienné et Verrières). — *Desmoulismes* (Cassini). — Le moulin n'existe plus; il n'est pas indiqué sur la carte de Cassini.
Denaisière (La), f. cne d'Oiré. — *La Denaizière*, 1618 (abb. de St-Cyprien, 24).
Deniaux (Les), h. cne d'Antran; — 1666 (seign. de la Maison-Neuve).
Deniaux (Les), h. cne de Saint-Christophe.
Dépôt (Le Petit-), h. c{nes} de la Puye et Saint-Pierre-de-Maillé.
Dératerie (La), lieu détruit, près Brepouil, cne de Verrières.
Dercé, c{on} de Monts-sur-Guesne. — *In villa que dicitur Darciaco, in pago Pictavo, in vicaria Barnisec*, 987 (cart. de Bourgueil, p. 148). — *Ecclesia de Derciaco*, 1102 (Fonteneau, t. I, p. 575). — *Guillelmus de Derce*, v. 1135 (cart. de Noyers, p. 527). — *Ecclesia de Derce* (pouillé de Gauthier, f° 177 v°). — *Rector de Derceyo*, 1478 (reg. synodal).

Avant 1790 cette commune faisait partie de l'archiprêtré de Faye-la-Vineuse (Indre-et-Loire), du comté de la Chapelle-Bellouin, uni au duché-pairie de Richelieu, et de l'élection de Richelieu, généralité de Tours. Le prieuré et la cure de Saint-Jean-Baptiste de Dercé dépendaient de l'abbaye de Bourgueil (Indre-et-Loire); la cure a été rétablie en 1865. Le fief de Dercé relevait du château de Loudun; le château, en ruine, est sur le territ. de la cne de Maulay. Dercé, chef-lieu de la commune, se compose de l'église paroissiale et de trois maisons seulement.

Le chenal de Dercé ou veude de Maine est un affluent du Mable. Voy. Maine (Moulin de).

Dercé, chât. h. et bois, cne de Saint-Sauveur; — 1447 (duché de Châtellerault, inv. d'aveux, f° 4). — Anc. fief et haute justice relev. du duché de Châtellerault. — Le bois de Dercé avait une superficie de 233 arpents en 1802.

Deschamps (Les), lieu autref. habité, près Poizay-le-Joli, c^ne des Ormes.
Désespoir (Le), maisons de construction moderne sur la rive gauche du Clain, c^ne de Poitiers.
Désespoir (Le), f. c^ne de Saint-Germain.
Désiré (Le), m. r. c^ne de Saint-Romain-sur-Vienne.
Désirée (La), h. c^ne de Châtellerault.
Désirée (La), h. c^ne de Saint-Romain.
Désirée (La), f. c^ne de Saint-Sauveur.
Deux-Bornes (Les), m. de garde dans la forêt de Moulière, c^ne de Montamisé.
Deux-Fosses (Les), f. c^ne de Buxeuil.
Devaillerie (La), h. c^ne de Vicq. — *La Daveillerie* (Cassini).
Devinalière (La), h. c^ne de Fontaine-le-Comte; — 1541 (abb. de Fontaine-le-Comte, 10).
Devinière (La), ff. c^ne d'Availle-Limousine; — 1616 (fam. Laurent de Reyrac).
Devinière (La), f. c^ne de Coulombiers; — 1658 (fief de Cloué).
Devollerie (La), f. c^ne de Leigné-les-Bois. — *La Devollerie* (Cassini).
Dia (La), f. et fontaine, c^ne de Montreuil-Bonnin. — *La Goyea*, 1440 (abb. du Pin, reg. 1). — *Fontaine de la Goya*, 1475 (seign. de Béruges). — *La Guya*, 1557 (abb. du Pin, 29). — *La Gua*, 1609 (prieuré de Tallent). — *La Dia*, 1775 (rôle des tailles).
Dienné, c^on de la Villedieu.—*Villa quæ dicitur A Deinet*, v. 970 (cart. de St-Cyprien, p. 237). — *Dinet in vicaria Sicvalinse*, v. 996 (*ibid.* p. 227). — *Dienet*, v. 1000 (*ibid.* p. 238). — *Diené*, 1202 (abb. de Nouaillé, 19). — *Dienné*, 1244 (Layettes du trésor des chartes, t. II, p. 544). — *Dyené*, 1267 (seign. de Dienné, 1). — *Dienet* (pouillé de Gauthier, f° 175). — *Dyenné*, 1391 (seign. de Dienné, 1).—*Dianné*, 1403 (gr. Gauthier, f° 225). — *Digné*, 1473 (abb. de Nouaillé, 49). — *Dyné*, 1520 (bissexte). — *S. Hilaire de Dienné*, 1782 (pouillé).

Avant 1790 Dienné faisait partie de l'archiprêtré de Mortemer, de la sénéchaussée et de l'élection de Poitiers. La cure était à la nomination de l'abbé de Saint-Benoît-de-Quinçay. Le fief de Dienné, qualifié baronnie dès 1547, relevait de la tour de Maubergeon. Cette baronnie et la châtellenie de Verrières, qui y était réunie, s'étendaient sur les paroisses de Dienné, Verrières, Lomaizé et Saint-Laurent-de-Jourde.

La forêt de Dienné ou Follatier, mentionnée en 1547 (fief de Dienné), est appelée aujourd'hui forêt de Verrières. Voy. ce mot.

Dignoneaux (Les), f. c^ne du Vigean.
Dîme (La), m. r. c^ne de Sammarçolle.
Dimerie (La), f. c^ne d'Adriers. — *La Dixmerie*, 1583 (fief de l'Âge-de-Plaisance). — *La Dismerie*, 1664 (prieuré d'Entrefins).
Dinière (La), vill. c^ne de Buxerolles. — *La Deynerie*, 1324; *la Daynère*, 1337 (arch. de Poitiers, 12). — *La Disnière*, 1544; *la Dinière*, 1645 (abb. de St-Cyprien, 41).
Dinsé, h. c^ne de Leigne. — *Deinsec*, 1565 (maison-Dieu, 158). — *Dinsec*, *Dinsé*, 1580 (terrier de Champeaux, f° 35 v° et 38). — *Dainsay* (Cassini).
Dionnerie (La), h. c^ne de Saint-Pierre-des-Églises. — *La Guillonnère*, 1309 (Gauthier, f° 194 v°). — *La Guyonnerie*, 1628 (seign. de St-Martin-la-Rivière, 1). — *La Guionnère*, 1788 (rôle des tailles).
Dispute (La), h. c^ne de Vouneuil-sur-Vienne.
Dissay, c^on de Saint-Georges. — *In villa Diseio supra fluvium Crete*, 673 (charta sancti Berchari, ap. Pardessus, Diplomata, chartæ, etc. t. II, p. 159). — *Dicay*, 1263 (chap. de Notre-Dame-la-Grande, 52). — *Diciacum*, 1287 (chap. cathédral, 47). — *Ecclesia de Dissayo* (pouillé de Gauthier, f° 131 v°). — *Dissay*, 1383 (taux du décime, p. 123). — *Dissais*, 1752 (cure de Dissay). — *S. Pierre de Dissay* (pouillé).

La charte de saint Bercaire mentionnant plusieurs localités qui se trouvent aux environs de Dissay, telles que *Aliacus*, Aillé, *Montigniacus*, Montigny, *Musciacus*, Moussay, *Cassiniacus*, Chassigny, *Saviniacus*, Savigny, il est probable que la *villa Diseium* est ce lieu même de Dissay, situé sur le Clain; il faut supposer dès lors que le nom de cette rivière a été altéré : il n'existe dans la région aucun autre cours d'eau auquel puisse s'appliquer la dénomination de *Creta*.

Dissay fut le chef-lieu d'un archiprêtré appelé *archipresbyteratus sedis* (pouillé de Gauthier, f° 174); archiprêtré *de Lapsye*, 1475 (cure de Dissay); — *de Lassye*, 1486 (Fontenau, t. II, p. 337); — *de la Sée*, 1487 (cure de Ste-Radegonde de Marconnay); — *de Lassée*, 1516 (fam. Legier). — *de Lassie*, 1779 (almanach provincial, p. 115); — *de Dissay*, 1782 (pouillé), et comprenant les paroisses de Dissay, Anxaumont, Avanton, Beaumont, Blalay, Buxerolles, Chabournay, Chassenenil, Chéneché, Jaunay, Marigny-Brizay, Migné, Moncontour, Montamisé, Ouzilly, Saint-Cyr, Saint-Genest-d'Ambière, Saint-Georges, Saint-Léger-la-Palu, Scorbé-Clairvaux, Sèvre et Vendeuvre. Anciennement cet archiprêtré était annexé à un canonicat de l'église cathédrale de Poitiers (pouillé de Gauthier, f° 138). Au temps de Gauthier de Bruges l'église de Dissay n'en faisait point partie et n'appartenait à aucun archiprêtré (ibid. f° 139); dans le Taux du décime de 1383 elle est placée parmi celles de l'archiprêtré de la Sie (p. 10 et 123). En 1475 le curé était investi de la dignité d'archiprêtre (cure de Dissay).

Les évêques de Poitiers étaient seigneurs de la châtellenie de Dissay, au ressort de la sénéchaussée et de l'élection de Poitiers; ce fief comprenait une partie de la paroisse de Dissay, sur la rive droite du Clain, et une partie de celle de Saint-Cyr. Le roi Charles VII, par ses lettres patentes du 11 janvier 1434 (v. s.), permit à l'évêque de Poitiers de fortifier le château et l'église de Dissay (évêché, 48). Le château seigneurial existe encore.

En 1790 Dissay devint le chef-lieu d'un canton dépendant du district de Poitiers et formé des communes de Dissay, Buxerolles, la Chapelle-Moulière, Montamisé, Saint-Cyr et Saint-Georges. La circonscription de ce canton fut modifiée le 18 novembre 1801 et le chef-lieu fut transféré à Saint-Georges.

DIVANDRIÈRE (LA), f. c^{ne} de Romagne. — *La Divandrère*, 1403 (gr. Gauthier, f° 250 v°). — *La Drivandière*, 1446; *la Divandère*, 1470 (chap. de St-Hilaire, 2). — *La Divandrie*, 1521 (ibid. 245). — *La Divendrière*, 1598 (ibid. 250). — *La Dimandrière*, 1599; *la Disnandrière*, 1607 (ibid. 251). — *La Drivandrière*, 1663 (abb. de Moreaux).

DIVE (LA) ou DIVE DE COUHÉ, petite riv. prend sa source dans la c^{ne} de Lezay (Deux-Sèvres), arrose celles de Couhé, Châtillon, Pairé et Voulon, et se jette dans le Clain près le chef-lieu de cette dernière, après s'être réunie à la Bouleur. La longueur de son cours dans le dép^t de la Vienne est de 18 kilomètres. — *Diva*, v. 1025, 1080 (abb. de Nouaillé); v. 1120 (cart. de St-Cyprien, p. 503).

DIVE (LA) ou DIVE DE MONCONTOUR ou DIVE MIREBALAISE, riv. prend sa source près le vill. des Saules, c^{ne} de Montgauguier, passe à Mazeuil, la Grimaudière et Saint-Chartres, traverse la c^{ne} de Marnes (Deux-Sèvres), pénètre dans celle de Moncontour, puis limite à l'ouest l'arr^t de Loudun, sauf une portion du territ. de Curçay qui se trouve sur sa rive gauche, et entre enfin dans le dép^t de Maine-et-Loire, où elle se réunit au Thouet. — *Fluviolus Divæ*, 977 (cart. de St-Florent, XVI). — *Super alveum Divanæ*, 994 (abb. de Nouaillé). — Cette riv. a été canalisée et les marais voisins ont été desséchés en vertu d'arrêts du Conseil d'État du 5 novembre 1776 et du 12 juin 1781, et d'une ordonnance royale du 9 octobre 1825.

DIVE (LA) ou DIVE DE VERRIÈRES ou DIVE DE MORTEMER, ruiss. prend sa source entre Bouresse et Verrières, passe à Verrières, Lomaizé, Mortemer et Salles, et se jette dans la Vienne près Toulon. — *Fluvius Divane*, 916 (abb. de Nouaillé). — *Aqua que dicitur Diva*, 1228 (ibid. 49). — *Russeau de Dyve*, 1512 (chap. de Mortemer, 3); — *de Dive*, 1685 (fief de Mortemer).

DIVES, h. c^{ne} de Verrières. — *Dyves*, 1490 (abb. de Nouaillé, 20).

DIX-HEURES, f. c^{ne} de Vendeuvre.

DIX-HUIT (LE), m. isolée, c^{ne} de Béruges.

DIXME (LA), f. c^{ne} de Doussay. — *La Dixme*, 1499 (chap. cathédral, 50). — *La Disme*, 1635 (cure de Doussay).

DIZAC, h. c^{ne} de Leigne. — *Disat*, 1454 (hommages de Montmorillon). — *Disac*, 1533 (maison-Dieu, 164). — *Dizac*, 1599 (fief de Jarrige).

DOCHANDRIE (LA), lieu détruit, c^{ne} d'Archigny. — *Le Puis griffer*, 1512; *Puisgreffier*, 1605; *la Dochanderye*, 1610; *Peugriffier, la Dochandrie*, 1645; *village de la Dochenderye autrement le Puys Griffé*, 1664 (seign. de Touffou, 4).

DODINIÈRE (LA PETITE-), f. c^{ne} de Chalandray.

DOGNON (LE), h. c^{ne} de Lencloître. — *Le Doignon*, 1433 (terre du Dognon). — *Dougnon*, 1439 (terrier de Gironde, f° 95).

DOGNON (LE), f. c^{ne} de Quinçay. — *Le Doignon*, 1571 (abb. du Pin, 33). — *Le Dognon*, 1587 (ibid. 14). — *Le Dougnon*, 1599 (cure de Quinçay).

DOGNON (LE), vill. c^{ne} de Saint-Maurice. — *Le Doignon*, 1404 (gr. Gauthier, f° 85). — *Le Duygnon*, 1409 (ibid. f° 100 v°). — *Le Dognon*, 1637 (chap. de St-Pierre-le-Puellier, 22).

DOIMONT (LE), chât. et vill. c^{ne} de Martaizé. — *Doat Mont*, 1309 (Les Olim, t. III, p. 429). — *Le Desmons*, 1435 (abb. du Pin, 39). — *Le Doymon, le Doismon*, 1546; *le Daymon*, 1563 (com^{rie} de Loudun, 18). — *Le Desmon*, 1595 (chap. de Mirebeau, 30). — Anc. fief.

DOISERIE (LA), f. c^{ne} de Savigny-l'Évêcault.

DOITERIE (LA), h. c^{ne} de Saint-Romain-sur-Vienne.

DOMINE, vill. et mⁱⁿ sur le Clain. — *Moulin de Domines*, 1444 (duché de Châtellerault, 1). — Ce moulin était tenu en fief de la Tour-de-Naintré.

DOMINERIE (LA), f. c^{ne} de Châtellerault.

DOMINO (LE), h. c^{ne} de Champagné-Saint-Hilaire.

DONALIÈRE (LA), m. r. c^{ne} de la Chapelle-Mortemer. — *La Donnallyère*, 1601 (chap. de Mortemer, 2). — *La Donalière*, 1769 (cure de la Chapelle-Mortemer).

Donné, vill. c^ne de Saint-Sauvant; — 1627 (seign. de Monts).

Donné (Le), f. c^ne de Saint-Savin. — *Le Mont au Donnet*, 1531, 1644 (abb. de St-Savin, 12 et 35). — *Le Donnet*, 1640 (*ibid.* 29).

Donnefigarde, m. à Chilly, c^ne de Marigny-Brizay; — 1626 (fam. des Courtis).

Dorelle (La), h. c^ne de Bournan. — *Hostel de la Dorelle*, dép. du prieuré du Pommier-Aigre, près Chinon, 1436 (prieuré de Fontmore, 2).

Dorreterie (La), f. c^ne de Journet. — *La Dorreterie*, 1509; *la Dortière*, 1525 (maison-Dieu, 31). — *La Dortyère*, 1605 (*ibid.* 105).

Doriette (La), lieu détruit, près Châtre, c^ne de Saint-Romain-sur-Vienne; — 1685 (cure de St-Romain).

Dorlière (La), f. c^ne de Mazerolles. — *Les Dorlières*, 1490 (abb. de Nouaillé, 40).

Dorlière (La), h. c^ne d'Usson. — *La Dorelière*, 1314 (seign. de Ressonneau, 1). — *La Dorlière*, 1597 (*ibid.* 2). — *La Dorlyère*, 1600 (fief de Badevilain).

Donnec (Le Petit-), lieu détruit, c^ne de Saugé; — 1572 (maison-Dieu, 121); — était situé entre le Léché et Peux-Sec.

Dotrie (La), f. c^ne de Couhé.

Dotrie (La), h. c^ne de Nouaillé. — *La Dotterie*, 1775 (rôle des tailles).

Douardière (La), h. c^nes de Ligugé et Fontaine-le-Comte.

Douardière (La), f. c^ne de Vernon. — *La Droetère?* 1281 (prieuré de la Vayolle). — *La Douardière*, 1709 (notaires, Sandilleau à Verrières). — *La Dordière*, 1866 (dénomb.).

Douault (Moulin de), sur la Briande, c^ne du Bouchet. — *Molin de Doaut*, 1276 (abb. de Fontaine-le-Comte, 28); — *de Douault*, 1554 (chap. de Ste-Croix de Loudun, 6). — Anc. fief relev. du château de Loudun.

Doublatière (La), f. détruite, près le château de Remeneuil, c^ne d'Usseau. — *Terres aux Doubleaux, village de la Doublalière*, 1494 (duché de Châtellerault, 6). — *La Doublallière*, 1764 (aveu de Remeneuil).

Doublaux (Les), h. c^ne de Leigné-sur-Usseau; — 1651 (seign. de la Vieillardière).

Douce, vill. c^ne d'Angle. — *Doulces*, 1567 (seign. de Douce). — *Doulce*, 1593 (abb. d'Angle). — Anc. fief relev. de la Roche-Aguet.

Douce, h. c^ne de Thurageau. — *Villa Daucias*, v. 1068 (cart. de St-Nicolas, 31). — *Daulces*, v. 1075 (*ibid.* 38). — *Douces*, v. 1300 (seign. de Chéneché). — *Daouces*, 1351; *Doulces*, 1445 (abb. de Montierneuf, 74). — *Douxe*, 1446 (seign. de Puygarreau). — *Dousse*, 1531 (cure de St-Cibard de Poitiers).

Doucelinière (La), lieu détruit, auj. inconnu, c^ne de Pouillé. — *La Doucelinère*, 1385 (cart. de la Trinité, f° 34).

Doucets (Les), m. près la Croix-de-Pierre, c^ne de Vaux. — *Village des Doussets*, 1692 (cure de Vaux).

Doucé, f. c^ne de Varennes. — *Dongé*, 1363; *Dongié*, 1387 (arch. de Poitiers, 15). — *Dougé*, 1462 (cure de Sully). — Anc. maison noble.

Doulé, anc. maison seigneuriale, près Saint-Aubin-du-Dolet, c^ne de Saint-Jean-de-Sauves. — *Doloir*, 1495 (prieuré de St-André de Mirebeau, 11). — *Dollé*, 1612; *Doullet*, 1613 (*ibid.* 11). — *Doulé*, 1633; *Doullé*, 1647 (abb. du Pin, 41). — *Doulay* (Cassini). — Ce fief appartenait au prieuré de Saint-André de Mirebeau et relevait de la bar. de Baussay. — Suivant le compte des décimes de 1383, p. 128, 152 et 153, il y avait à Doulé une église paroissiale distincte de celle de Saint-Aubin : *capellanus de Dolento*, *de Doles*. — Doulé fait partie du hameau de l'Ormeau et n'est plus connu que sous ce nom.

Douris (Les), h. c^ne de Leugny. — *Les Dorryz*, 1550 (minimes de Châtellerault). — *Les Douris*, 1662 (cure de Leugny).

Dournalière (La), c^ne de Champagné-Saint-Hilaire; — *herbergement froust et en ruine de là les bois*, 1496 (chap. de St-Hilaire, 244).

Doussac, h. c^ne de Béthines. — *Docat*, 1242; *Dossat*, 1264, 1275 (maison-Dieu, 127). — *Douxat*, 1500; *Doussac*, 1510 (couv. de Villesalem).

Doussaints (Les), m. r. c^ne de Sérigny.

Doussandière (La), vill. c^ne de Saint-Martin-la-Rivière; — 1621 (chap. de Mortemer, 4).

Doussay, c^ne de Lencloître. — *Dociacus*, 774 (dipl. de Charlemagne pour St-Martin de Tours, ap. Bouquet, t. V, p. 737). — *Villa Dociacus in pago Pictavo, in vicaria Braciacinse, cum ecclesia in honore sancti Martini constructa*, 892 (Besly, Hist. des comtes de Poitou, p. 210). — *Rainaldus de Dulcia*, v. 1085 (cart. de St-Cyprien, p. 77); — *de Dulciaco*, v. 1090 (*ibid.* p. 81); — *de Dochai*, v. 1090 (*ibid.* p. 86). — *Docai*, 1230 (chap. de Notre-Dame-la-Grande, 70). — *Parochia de Doceyo*, 1276 (abb. de St-Benoît, 20). — *Ducei*, 1278 (chap. de St-Martin de Tours, 8). — *Docay* (pouillé de Gauthier, f° 170 v°). — *Doucay*, 1448 (com^rie de l'Isle-Bouchard, 32). — *Dossayum*, 1478 (reg. synodal). — *Doussay*, 1460 (chap. de St-Martin de Tours, 8).

Avant 1790 cette commune faisait partie de l'archiprêtré et de la baronnie de Mirebeau, du duché-pairie et de l'élection de Richelieu, généralité de Tours. La cure était à la nomination du chapitre de Saint-Martin de Tours. La châtellenie de Doussay relevait de la baronnie de Mirebeau. Jean de Brisay, chevalier, fit fortifier le château de Doussay vers 1433 (com^{rie} de l'Isle-Bouchard, 35). Un hébergement à Doussay et la grande dîme de Doussay étaient aussi tenus en fief de la bar. de Mirebeau.

Dousse, f. c^{nes} de Vicq et Angle.

Dousse (La), h. c^{ne} de Château-Larcher. — *La Daousse*, 1325 (Fontoneau, t. XXVII, p. 725). — *La Dousse*, 1680 (seign. de Château-Larcher). — Anc. fief appart. à l'abb. de Valence et relev. de la Clielle.

Le ruiss. de la Dousse ou de Fontjoise sort de la fontaine de Fontjoise, c^{ne} d'Alonne, et tombe dans la Clouère au-dessous du mⁱⁿ de Parou, c^{ne} de Château-Larcher.

Dousseline (La), groupe de 3 maisons au bourg de Dissay.

Doussetenie (La), près Logerie, c^{ne} de Bonneuil-Matours; — *vieil mazeris*, 1620 (fief de Traversay).

Doussière (La), anc. forêt dép. de la bar. de Montmorillon, c^{nes} de Pouzioux et Saint-Martin-la-Rivière. Elle contenait 562 arpents, dont la moitié était déjà défrichée en 1667; elle était autref. plantée de vieille futaie de chênes, dont il ne restait aucun vestige (Réform. des forêts du Poitou, p. 268).

Doussineau, h. c^{ne} de Chenevelles. — *Village des Dausinaux*, 1685 (cure de Chenevelles).

Doutardes (Les), vill. et mⁱⁿ sur le Clain, c^{ne} de Naintré. — *Moulin des Dutertres*, 1580 (seign. de la Massardière). — *Village des Dutertres*, 1607 (fief de la Tour-de-Naintré).

Doutardes (Les), f. c^{ne} de Thuré.

Doutière (La), h. c^{ne} d'Availle. — *La Doubtière*, 1493 (duché de Châtellerault, 6). — *La Doutière*, 1671 (seign. de Clouchausson).

Doyenné (Le) ou l'Andraudière, lieu détruit avant 1774, entre Avrigny et Saint-Christophe, c^{ne} de Saint-Gervais (aveu de la Touche).

Doyenné (Le), m. à Vouillé; — 1766 (rôle des tailles).

Draux (Les), vill. c^{ne} de Coussay-les-Bois. — *Village des Drouaulx*, 1501 (seign. de Pleumartin, 2).

Drevaux (Les), h. c^{ne} d'Oiré. — *Les Drouaulx*, 1612 (cure d'Oiré).

Drisiers (Les), m. r. c^{ne} d'Antran. — *Les Derigny*, 1651; 1664 (seign. de la Motte d'Usseau).

Drion (Le), ruiss. a sa source près la Maugarnie, c^{ne} de Saint-Secondin, et tombe dans la Clouère près et en aval du moulin de Mousseaux, même c^{ne}. — *L'aigue du Droyon*, 1396 (gr. Gauthier, f° 78 v°). — *Rivière du Droion*, 1404 (ibid. f° 97 v°); — *du Druon*, 1580 (fief de la Tour de St-Secondin).

Droiterie (La), f. c^{ne} de Vouneuil-sous-Biard. — *La Droueterie*, 1700; *la Droiterie*, 1742 (cure de Vouneuil-sous-Biard).

Drouetterie (La), h. c^{ne} de Sérigny.

Droutière (La), m. r. c^{ne} de Saint-Remy-sur-Creuse. — *La Droitière*, 1682; *la Droutière*, 1750 (seign. de la Chaise).

Druènes (Les), m. r. c^{ne} de Lésigny; — 1499 (arch. de la Soc. des antiq. de l'Ouest, n° 738).

Dubois (Les), m. r. c^{ne} de Leugny.

Duchandrie (La), f. c^{ne} de Saint-Georges. — *La Dochandrye*, 1584; *la Dochampdrye*, 1597 (com^{rie} de St-Georges, 2). — *La Douchandrie*, 1602 (ibid. 3).

Duchènerie (La), h. c^{ne} de Montmorillon.

Duget (Le), vill. c^{ne} de Cherves. — *Villa dou Ducai*, 1218 (Fontoneau, t. V, p. 69). — *Le Dogay*, 1223 (ibid. t. V, p. 89). — *De Doiayo*, 1227 (ibid. t. V, p. 111). — *Le Dujay, le Dugeay*, 1498 (cure de Cherves). — *Le grand Dugeais, le petit Dugeais* (Cassini).

Dugerie (La), h. c^{ne} de Civaux. — *La Dugrye*, 1626; *la Duguerie*, 1689 (prieuré du Teil-aux-Moines).

Dulfort, f. c^{ne} de Leigne. — *Bois de Durfort*, 1403 (gr. Gauthier, f° 106 v°). — *Durefort*, 1493 (seign. de la Tour-aux-Cognons). — *Dureffort*, 1503 (seign. de Dulfort). — Anc. fief et haute justice relev. de la bar. de Montmorillon.

Dultière (La), f. c^{ne} de Saint-Maurice. — *La Druetière*, 1403 (gr. Gauthier, f° 225). — *La Duretière*, 1574 (chap. de St-Pierre-le-Puellier, 26). — *La Dultière*, 1710 (rôle des tailles).

Dumeray, f. c^{ne} des Ormes. — *Roscelinus de Dumere*, v. 1080 (cart. de Noyers, p. 88). — *Dumire*, v. 1140 (ibid. p. 549).— *Dumeré*, 1485 (seign. de Vaugodin). — Anc. fief relev. de la châtell. de Nouâtre (Indre-et-Loire).

Dunois, mⁱⁿ détruit, sur la Fontpoise, c^{ne} d'Orches. — *Moulin et estang de Duneys*, 1392; *moulin du Dunoys assis en la rivière du Dunoys*, 1430 (seign. de Clairvaux); — *de Dunoys aultrement dict de la Chèze*, 1561 (seign. de Puygarreau, 4).

Dupe (La), h. c^{ne} de Brux. — *La Duppe*, 1604 (abb. de Nouaillé, 53).

Duplais (Les), h. c^{ne} de Vouneuil-sur-Vienne. — *Village des Duplex*, 1625 (cure de Vouneuil-sur-Vienne).

Durandière (La), f. c^{ne} d'Ayron.
Durandière (La), h. c^{ne} de Doussay; — 1383 (chap. de Mirebeau, 11). — Anc. fief relev. de Marcé (aveu de Mirebeau).
Durandière (La), lieu détruit, près la Forge, c^{ne} de Saint-Gervais; — 1732 (fief des Vaux).
Durandrie (La), ruines et brandes, près les Michalières, c^{ne} d'Archigny.
Durandrie (La), h. et étang, c^{ne} de Latus. — La Durandrie, 1528 (fief de l'Âge-Chausson). — La Durandrye, 1583 (maison-Dieu, 35). — Anc. fief appartenant au chapitre de Notre-Dame de Montmorillon et relevant de la baronnie de Chauvigny.
Durandrie (La), f. c^{ne} de Leigné-sur-Usseau; — 1664 (seign. de la Motte d'Usseau).
Durandrie (La), f. c^{ne} d'Orches; — 1589 (chap. cathédral, reg. 108).
Durands (Les), h. c^{ne} de la Chapelle-Viviers.
Durands (Les), lieu détruit, près Poligny, c^{ne} de Dangé. — Village des Durands, 1606 (cure de Dangé). — Les Durans (Cassini).

Durantière (La), vill. c^{ne} de Mauprevoir; — 1645 (notaires de la bar. de Charroux).
Durantière (La), h. c^{ne} de Saint-Pierre-de-Maillé. — La Durantière, 1309 (Gauthier, f° 200). — La Durantière, 1552 (cure de St-Phèle de Maillé). — La Rondillière ou la Durantière, 1719 (évêché, 43). — Anc. fief relev. de la bar. d'Angle.
Durantière (La), f. c^{ne} du Vigean; — 1655 (cure du Vigean).
Durauderye (La), chât. c^{ne} de Châtellerault. — La Durauderye, 1619 (cure d'Antogné).
Durboisière (La), lieu détruit, près la Messelière, c^{ne} de Queaux. — Arbergamentum de la Durboeziere, 1322; la Durboisière, 1480 (seign. de Ressonneau, 1).
Durivauderie (La), h. c^{ne} de Vouneuil-sur-Vienne; — 1625 (arch. de la Roche-de-Bran, aveu de Chitré).
Duvauderie (La), h. c^{ne} de la Chapelle-Moulière. — La Delavaudrye à présent appellée le Village au prieur, 1604, 1675; la Delavaudrie, 1677 (seign. de Touffou, 2).
Duviviers (Les), h. c^{ne} de Saint-Christophe.

E

Eau-Mouillée (L'), h. c^{ne} d'Ouzilly; — 1743 (seign. des Roches de Marigny).
Eaux-Melles (Les), h. c^{ne} de Roiffé. — Oyseaumesle, 1451 (prieuré de Bournan, 11). — Oiseaumesle, 1518 (proc.-verb. de public. de la coutume du Loudunais). — Les Aumelles, 1656 (collège de Poitiers, 55). — Seigneurie des Aumesles, 1771 (cure de Roiffé). — Anc. fief relev. du château de Loudun.
Ébaupin (L'), f. c^{ne} d'Angliers. — L'Esbaupin, 1555 (couv. de Guesne).
Ébaupin (L'), vill. c^{ne} de Pindray. — L'Esbaupin, 1544 (maison-Dieu, 102). — L'Ebaupin, 1563 (abb. de St-Savin, 34).
Ébaupinières (Les), f. c^{ne} de Sillars. — Les Esbaupynyères, 1442 (terrier de Rouflac, 43). — Les Esbaupinières, 1574 (maison-Dieu, 32). — Les Ebaupinières, 1764 (seign. de St-Martin-la-Rivière, 3). — Les Bopinières, 1766 (rôle des tailles).
Écharpeau, h. c^{ne} de Saint-Pierre-d'Exideuil. — Eschirpes, 1388 (gr. Gauthier, f° 206). — Eschirpea, 1405 (ibid. f° 266 v°). — Eschiepeau, 1408 (ibid. f° 243). — Escherpeau, 1448 (com^{rie} de Civray, 1).
Échelle (L'), h. c^{ne} de Saint-Saviol. — L'Eschalle, 1607; l'Eschelle, 1617 (fam. Jousserant, 4).

Échelle (L'), f. c^{ne} de Sossay. — L'Eschalle, 1400 (seign. de Puygarreau, 7). — L'Eschelle, 1439 (terrier de Gironde, f° 59 v°). — Anc. fief.
Écheneau (L'), f. c^{ne} de Saint-Gervais. — L'Eschenau, 1459 (duché de Châtellerault, 6). — L'Echenau, 1732 (fief des Vaux).
Échevardières (Les), h. c^{ne} de Bonnes. — Les Eschevardières, 1549 (seign. de Touffou, 1).
Éclaine (L'), ruiss. c^{ne} d'Ingrande, se jette dans le ruiss. de Batreau, près le m^{in} de Batreau.
Éclopchin, h. c^{ne} de Pressac. — Esclopochin, 1552 (abb. de St-Cyprien, 28). — Anc. fief.
Écluselles (Les), m^{in} sur le Clain, c^{ne} de Saint-Georges; autref. appart. à la com^{rie} de Saint-Georges. — Escluselles, 1300 (com^{rie} d'Auzon). — Moulin des Clusellcs, 1394 (com^{rie} de St-Georges, 35); — de Cluzelles, des Excluses, 1478 (ibid. 2); — des Ecluselles, 1740 (rôle des tailles).
Écluzioux (L'), h. c^{ne} de Lavoux. — La Guizcoulx, la Guzeoulx, 1594 (seign. de Touffou, 1). — La Guiziou, 1633 (ibid. 2). — L'Ecusious, 1820 (nomencl.).
Écoin (L'), f. c^{ne} de Bournan. — L'Escoing, 1554 (chap. de Ste-Croix de Loudun, 6).
École (Moulin de l'), sur la Dive, à la Grimaudière.

— *Moulin de l'Escolle*, 1537; — *de l'Ecole*, 1719 (com^rie de Loudun, 36).

Écoles (Les Grandes-), groupe de 3 maisons près la haute ville de Chauvigny, c^ne de Saint-Martial. — — *La grande Escole*, 1623 (chap. de Chauvigny, 5).

Éconcerie (L'), f. c^ne de Ligugé. — *L'Escoserie*, 1775 (rôle des tailles).

Écorchancnère (La Grande et la Petite-), ff. c^ne de Pressac. — *Masum de l'Encorchanchère*, 1239; *l'Escorchenchière*, 1450 (abb. de St-Cyprien, 28). — Anc. fief. relev. de la châtell. de Saint-Germain (Charente).

Écorchetrie (L'), h. c^ne de Châtellerault.

Écornilières (Les), h. et tuilerie, c^ne de Journet. — *L'Escomillière*, 1451; *l'Escomullière*, 1612; *les Comnillières*, 1778 (chap. cathédral, 24). — *Les Econillières*, 1710 (rôle des tailles).

Écosse (L'), f. c^ne d'Orches. — *La Cosse*, 1618 (cure d'Orches).

Écosse (L'), h. c^ne d'Usseau. — *Seigneurie du petit Beaumond alias l'Ecosse*, 1572 (cure de St-Jean-Baptiste de Châtellerault).

Écosseaux (Les), f. c^ne de Paizay-le-Sec.

Écoterie (L'), h. c^ne de Pleumartin. — *L'Ecottrie*, 1700 (seign. de la Roche-Posay, 4).

Écotière (L'), h. c^ne d'Antran. — *L'Escottière*, 1673 (fief de la Motte d'Usseau).

Écotière (L'), m. r. c^ne de la Chapelle-Moulière. — *L'Escotère*, 1339 (chap. de Notre-Dame-la-Grande, 70). — *Le port de l'Escotière*, 1477 (abb. de St-Cyprien, 18).

Écotière (L'), f. c^ne de Pairé. — *L'Escotière*, 1672 (chap. de St-Hilaire, 498). — Anc. fief relev. de la châtell. du Treuil.

Écotion, vill. c^ne de Senillé. — *Escotion*, 1281 (Duchesne, Hist. généal. de la maison des Chasteigners, pr. p. 110). — *Village d'Ecaution*, 1576 (com^rie d'Auzon, 8).

Écots (Les), f. c^ne d'Availle-Limousine. — *Les Escots*, 1656 (rôle des tailles).

Écoubesse, h. c^ne de Leigné-les-Bois. — *Les Coubesses*, 1597 (abb. de l'Étoile). — *Escoubesse*, 1631 (duché de Châtellerault, 5). — *Lescoubesse* (Cassini).

Écoubillon (L'), ff. c^ne de Thuré. — *Les Coubillons*, 1562 (cure de St-Christophe). — *Mestairie de Lescoublon*, 1679; — *des Coublons sur l'Envigné*, 1688 (cure de Châteauneuf de Châtellerault). — Anc. fief relev. de la Massardière.

Écoutard, f. c^ne de Senillé. — *Moulin d'Escotart*, 1455 (abb. de St-Cyprien, 21). — *Escoutart*, 1463 (cure de Notre-Dame de Châtellerault). — *Moulin de Cotard*, 1619 (aveu de St-Romain, f° 21 v°).

Le m^in de ce lieu était mis en mouvement par un ruiss. appelé ruiss. d'Écoutard, qui prend naissance près la Gravelle et se jette dans l'Auzon.

Écrouzilles, vill. c^ne de Château-Larcher; anc. c^ne réunie à celle-là le 8 décembre 1819; anc. prieuré dép. de l'abbaye de Saint-Cyprien de Poitiers. — *Villa quæ vocatur Scrugelia, in vicaria Vicodonense*, v. 969 (cart. de St-Cyprien, p. 251). — *Airandus de Scrugilis*, v. 1092 (abb. de Nouaillé). — *Crosile*, 1276 (fam. Taveau). — *Prioratus de Crusilhes* (pouillé de Gauthier, f° 140). — *Crousilhes*, 1383 (taux du décime, p. 30). — *Prior de Crozilhiis*, 1390 (abb. de St-Cyprien, 46). — *Escrouzilles*, 1463 (seign. du Sauzour). — *Crouzilles*, 1636; *prieuré de Sainct Jehan des Crouzilles*, 1642 (abb. de St-Cyprien, 36).

Dès 1657 ce village formait une communauté d'habitants distincte de celle de Château-Larcher, et son nom figurait à ce titre dans les listes des paroisses de l'élection de Poitiers.

Écu (L'), f. c^ne de Marçay. — *Gaigneria antiqua de l'Escu*, 1302 (abb. de Nouaillé, 5). — *L'Ecu*, 1761 (rôle des tailles).

Écuné, f. c^ne de Celle-l'Évêcault. — *Villa Scuriacus in vicaria Vicovennense*, 966 ou 967 (cart. de St-Cyprien, p. 91). — *Escuré*, 1420 (seig. de Vounant). — Anc. fief relev. de Guron.

Écuré (L'), f. c^ne de Saint-Genest. — *Simon de Lomeye, seigneur de Lescuré*, 1335 (fam. de Lomeye). — Fief anc. mouv. de la vicomté de Châtellerault et réuni en 1434 à la seign. de Puygarreau.

Écuries (Les), h. c^ne de Saint-Pierre-de-Maillé. — *Les Escuris*, 1614 (cure de St-Phèle de Maillé).

Effe (L'), h. c^ne de Coulonges.

Effe (La Grande-), étang, c^ne de Thollet.

Effe-Guillaume (L'), lieu détruit, près les Flammes, c^ne d'Archigny; — 1674 (seign. de Touffou, 5); 1774 (évêché, 37).

Effes (Les), f. c^ne de Gizay; — 1483 (chap. de St-Pierre-le-Puellier, 27).

Effes (Les), h. c^ne de Moussac-sur-Vienne. — *Villagium de Ayffis*, 1406 (seign. de Chadelat). — *Les Effes, les Ayffes*, 1442 (cure de l'Isle-Jourdain).

Effes (Les), f. c^ne de Queaux. — *Les Aiffes*, 1472 (prieuré de Grand-Chaume). — *Les Effes*, 1597 (seign. de Ressonneau, 2).

Effes (Les), f. c^ne de Saint-Pierre-de-Maillé.

Effes (Les), f. c^ne de Saint-Secondin; — 1334 (chap. de St-Hilaire, 439). — *Bois des Effes*, 1406 (gr. Gauthier, f° 81 v°).

Égouet (L'), h. c^ne de Doussay. — *Fief de l'Esgouet*, 1543 (couvent de Lencloître).

ÉMARIÈRE (L'), f. c^ne de Lizant. — *L'Esmarière*, 1498 (fief de Comporté). — *L'Emarière*, 1731 (rôle des tailles).

ÉMARIÈRES (LES), f. c^ne d'Adriers. — *Les Aimardières*, 1841 (nomencl.).

ÉNAUX (LES), h. c^ne de Roiffé.

ENCREBIER, anc. m^in sur la Charente, c^ne de Civray, auj. inconnu. — *Molendinum d'Encreber*, 1187 (Fontenau, t. XVIII, p. 575). — *Moulin d'Encreber, d'Encrebier*, 1363 (fam. de Chabanais); 1498 (fief de la Chaux). — D'après les titres de 1363 et 1498, ce moulin était situé près et en amont du moulin au Cante.

ENCREVÉ, m^in sur la Dive et h. c^ne de Mazeuil. — *Guillonus d'Encrever*, 1199 (abb. de Ste-Croix). — *Rug. de Montailh, dominus de Encremero*, v. 1300 (Gauthier, f° 14 v°). — *Moulin d'Encrever*, 1430 (com^rie de St-Georges, 27); — *d'Ancrever*, 1528 (fam. de Marconnay); — *d'Ancrevé*, 1662 (cure de Mazeuil).

ENFAVE, h. c^ne de Lizant; — 1731 (rôle des tailles).

ENFER (L'), lieu détruit, près Mornay, c^ne de Mazeuil.

ENFER (L'), lieu détruit, près Paillé, c^ne de Saint-Remy-sur-Creuse.

ENFRENET, m^in sur la Clouère, aussi appelé m^in de Garotin, c^ne de Gençay. — *Moulin d'Anffrenet, assis en la rivière de la Cloère, soubz la ville de Gencay*, 1404 (gr. Gauthier, f° 279); — *d'Anfrenet*, 1643 (fief du Mis d'Enfrenet). — Anc. fief relev. du comté de Civray.

ENGENIEC, m. isolée, c^ne de Mignaloux. — *Gignech prope civitatem*, v. 1085 (cart. de St-Cyprien, p. 33). — *Terræ de Gignet in parrochia de Magnalour*, 1322 (abb. de la Celle, 18). — *Le champ de Gignet*, 1502 (abb. de Ste-Croix, 24).

ENJAMBES, faubourg de Lusignan; anc. c^ne réunie à celle de Lusignan le 18 novembre 1801. — *Villa quæ vocatur Engambella infra castro Liziniaco*, 1009 (Fontenau, t. XXI, p. 335). — *Ecclesia Sancti Martini de Ingambia*, 1119 (ibid. t. XXI, p. 594). — *Bertrandus de Ajambe*, v. 1120 (cart. de St-Cyprien, p. 303). — *Enjambia*, 1203 (Fontenau, t. XXIII, p. 617). — *Injambia*, 1229 (ibid. t. XXII, p. 151). — *Molendinum de Jambe*, 1261 (ibid. t. XXII, p. 273). — *Ingambe*, 1280 (abb. de Fontaine-le-Comte, 22). — *Enjambe, Injambe* (pouillé de Gauthier, f°s 140 et 152). — *Anjambe*, 1449 (com^rie de Roche, 6). — *Anjambes*, 1605 (abb. de Nouaillé, 60). — *Enjambes*, 1720 (dénomb. du royaume).

Cette anc. paroisse faisait partie de l'archiprêtré, de la châtellenie et du ressort du siège royal de Lusignan, et de l'élection de Poitiers. Le prieuré et la cure de Saint-Martin d'Enjambes dépendaient de l'abb. de Nouaillé. Cette cure est auj. réunie à celle de Notre-Dame de Lusignan.

ENTRAIGUES, h. c^ne de Montoiron. — *Entrayguas*, 1578 (cure de Fressineau).

ENTREBRAULT, vill. c^ne de Champniers. — *Estebbrault*, 1546 (seign. du Parc et Boisvert, 1). — *Estebraud*, 1550 (ibid. 2). — *Enthebrault, Anthebrault*, 1611 (fief de Passac). — *Entreberault*, 1663 (notaires. Pascault à Civray).

ENTREFINS, h. c^ne d'Adriers; anc. prieuré de l'ordre de Grandmont, uni par le pape Jean XXII au prieuré de Puy-Chévrier, c^ne de Mérigny (Indre). — *Corrector d'Entrefins*, 1383 (taux du décime, p. 18). — *Entreffins*, 1462; *Antrefin*, 1664 (prieuré d'Entrefins). — Le prieur était seigneur haut justicier. L'église du prieuré était probablement sous le vocable de saint Étienne, dont les habitants de la contrée vont invoquer l'intercession pour la guérison des maux de tête.

Le nom d'Entrefins a donné lieu de croire que cette localité était située à la limite du territoire des Pictons et de celui des Lémovices; mais elle était à une distance de 9 kilomètres du diocèse de Limoges, qui représente l'ancienne *civitas Lemovicensis*.

ENTRE-LES-DEUX-CHEMINS, h. c^ne de Buxerolles. — *Fief d'entre les deux chemins de Buxerolles et de Lessard*, 1711 (abb. de Ste-Croix, 20).

ENVAUX, ff. c^ne d'Ouzilly-Vignolles. — *Vaux*, 1567 (arch. de la Soc. des antiq. de l'Ouest; Loudunais, 7). — *Hostel des Vaulx*, appart. à l'abb. de Saint-Jouin-de-Marnes, fief relev. de la bar. de Baussay (ms. Trincant). — *Vaux*, 1715 (notaires, Auriau à Messay). — *Anveau*, 1841 (nomencl.).

ENVAUX, m^in sur la Dive, c^ne de Saint-Chartres. — *Moulin de Vaux*, 1841 (nomencl.).

ENVIGNE (L'), h. c^ne d'Ouzilly. — *Envigne in parochia d'Ozille*, 1225 (Fascic. antiquit. Nobiliac. p. 478). — *Lenvigne*, 1663 (fam. des Courtis).

ENVIGNE (L'), vill. c^ne de Scorbé-Clairvaux. — *Gaufridus de Envigne*, 1225 (abb. de Nouaillé, 60). — *Prioratus videlicet capellania beate Marie inter vineas* (pouillé de Gaulthier, f° 147). — *Anvigne*, 1444 (duché de Châtellerault, 1). — *Lanvigne*, 1521; *Lenvigne*, 1540 (Inv. des arch. de la Barre, t. I, p. 22 et 24). — Anc. fief. relev. du marq. de Clairvaux.

ENVIGNE (L'), petite riv. prend sa source dans la c^ne de Chouppes, près le Verger-Gazeau, traverse la c^ne de Doussay, passe à Lencloître, sépare ensuite cette c^ne de celle de Saint-Genest, puis, après avoir limité à sa droite les c^nes d'Ouzilly, Marigny-Brizay, Colombiers et Naintré, et à sa gauche celles de Saint-Genest, Scorbé-Clairvaux et Thuré, se jette dans la Vienne à Châtellerault; la longueur de son cours est de 28 kilomètres. — *Flumenculum Inenvinea*, v. 1120 (cart. de St-Cyprien, p. 181). — *Riperia de Envigne*, 1286 (chap. de Notre-Dame-la-Grande, 36). — *Rivière de l'Envigne*, 1423 (chap. de Châtellerault, 9); — *de Anvigne*, 1447 (abb. de Nouaillé, 60); — *de l'Anvigne*, 1481 (chap. cathédral, 81).

ÉPAGNÉ, h. c^{ne} d'Usson. — *Espoigné*, 1470; *Espaigné*, 1480 (prieuré de Grand-Chaume). — *Epaigné*, 1560 (fief de la Cour d'Usson). — *Epagné*, 1299 (fief de la Fa).

ÉPANVILLIERS, chât. et vill. c^{nes} de Brux et Blanzay. — *Espanviller*, 1368 (Fontcneau, t. XXIV, p. 306). — *Espanvilier*, 1404 (gr. Gauthier, f° 264 v°). — *Espenvillier*, 1529; *Espanvilliers*, 1572 (fief d'Épanvilliers). — *Panvilliers*, 1583 (fief de la Garde). — *Penvilliers*, 1665 (notaires, Pascault à Civray). — Anc. fief relev. du comté de Civray.

ÉPEINE, vill. c^{ne} de Bournan; anc. prieuré dép. de l'abbaye de Saint-Maur-sur-Loire (Maine-et-Loire), réuni à celui de Bournan en 1405. — *Major de Hispaniis*, v. 1090 (cart. de St-Maur-sur-Loire). — *Prioratus de Espeines* (pouillé de Gauthier, f° 146); — *de Espences*, 1383 (taux du décime, p. 8). — *Espaniez*, 1397; *Espaines*, 1410 (com^{rie} de Loudun, 16). — *Epeyne*, 1575 (com^{rie} de Loudun, 5). — *Saint Pierre d'Epeine*, 1730 (prieuré de Bournan, 9).

Le ruiss. d'Épeine prend naissance au Vivier, c^{ne} de Bournan, et se réunit au Martiel près la limite de la c^{ne} des Trois-Moutiers.

ÉPERON (L'), f. c^{ne} du Port-de-Piles. — *Lesperon*, 1444 (duché de Châtellerault, 1). — *Lespron*, 1564 (arch. de la Soc. des antiq. de l'Ouest, 534). — *Léperon* (Cassini). — Anc. fief relev. de Mousseaux.

Le ruiss. de l'Éperon prend naissance en ce lieu et se jette dans la Vienne à Salvert. Il est aussi appelé ruiss. de la Prée.

ÉPIFFETTES (LES), f. c^{ne} de Beuxe. — *Les Espiffettes*, 1548 (com^{rie} de Loudun, 3).

ÉPINASSE (L'), h. c^{ne} de Genouillé. — *L'Espinace*, 1636 (fam. Chiton). — *L'Espinasse*, 1663 (notaires, Chevallier à Civray). — *Lépinasse*, 1841 (nomencl.).

ÉPINASSE (L'), f. c^{ne} d'Oiré. — *Locus qui dicitur Spinalia*, v. 1010 (cart. de St-Cyprien, p. 173). — *L'Espinasse*, 1349 (chap. de Châtellerault, 1). — *Espinace*, 1455 (abb. de St-Cyprien, 21). — *L'Espinace*, 1491 (cure de St-Romain de Châtellerault). — Anc. fief relev. du duché de Châtellerault.

ÉPINASSE (L'), vill. c^{nes} de Pairé et Voulon. — *L'Espinasse*, v. 1300 (fam. de Rechignevoisin). — *L'Espinace*, 1489 (livre de recette de Vivonne, f° 77 v°). — *L'Epinasse*, 1611 (collège de Poitiers, 25).

ÉPINASSE (L'), vill. c^{ne} de Saint-Pierre-des-Églises. — *Alodus de Spinatia*, v. 1080 (cart. de St-Cyprien, p. 140). — *Espinasse, Espinace*, 1309 (Gauthier, f°s 185 v° et 186). — *Epinasse*, 1775 (rôle des tailles).

ÉPINASSE (L'), f. c^{ne} de Sainte-Radegonde-en-Gâtine. — *Epinasse la Lande*, 1766 (rôle des tailles).

ÉPINASSE (L'), vill. c^{ne} de Sommières. — *L'Epinazce*, 1298 (abb. de Moreaux). — *L'Espinace*, 1403 (gr. Gauthier, f° 250 v°). — *Les Pinasses*, 1841 (nomencl.).

ÉPINASSES (RUISSEAU DES), affluent de l'Envigne, c^{ne} de Colombiers, sort de la fontaine du même nom, près la Guindonnière.

ÉPINAY (L'), h. c^{ne} d'Adriers. — *Lepinay*, 1841 (nomencl.).

ÉPINAY (L'), h. c^{ne} de Benassay. — *L'Espinée*, v. 1226 (chap. de St-Hilaire, 222). — *L'Espinoie*, 1403 (gr. Gauthier, f° 70). — *L'Espinaye*, 1476 (chap. de St-Hilaire, 81). — *L'Espinay*, 1528 (ibid. 223). — *Lepinay*, 1841 (nomencl.).

Le ruiss. de l'Épinay a sa source dans la c^{ne} de Vasles (Deux-Sèvres) et se réunit à la Boivre près le m^{in} de l'Étang, c^{ne} de la Vausseau.

ÉPINAY (L'), h. c^{ne} de Béruges. — *L'Espinaye*, 1324; *l'Espinoys*, 1337 (arch. de Poitiers, 12). — *L'Espinoye*, 1375 (seign. de Béruges). — *L'Espinay*, 1409 (abb. de Fontaine-le-Comte, 17).

ÉPINAY (L'), f. c^{ne} de Frontenay.

ÉPINAY (L'), anc. seign. à Saint-Léger-de-Montbrillais. — *L'Espinay*, 1465, 1545 (cure de St-Léger-de-Montbrillais).

ÉPINE (L'), chât. h. et m^{in} sur la Gartempe, c^{ne} d'Antigny. — *Spina*, 1486 (abb. de St-Savin, 14). — *L'Espine*, 1542 (terrier de Rouflac, 85). — Anc. fief et haute justice relev. de la bar. d'Angle.

ÉPINE (L'), f. c^{ne} d'Archigny. — *L'Espine*, 1501 (abb. de l'Étoile).

ÉPINE (L'), h. c^{ne} de Béruges; anc. commanderie de l'ordre du Temple, puis de l'ordre de Malte, membre de celle de Saint-Georges. — *Willelmus de Spina*, 1188 (abb. de Fontaine-le-Comte). — *Præceptor domus de Spina*, 1259 (com^{rie} de St-Georges, 14). — *Templarii de Spina*, 1269 (abb. de St-Cyprien, 50). — *L'Espine*, 1286 (abb. de Fontaine-le-Comte, 33). — Haute justice.

La forêt de l'Épine dépendait autref. de la commanderie de ce nom; sa contenance était de 984 arpents en 1670. — *Boys du Temple*, 1283 (abb. de Fontaine-le-Comte, 13). — *Bois de l'Espino*, 1437 (com^{rie} de St-Georges, 14).

Épine (L'), h. c^{ne} de Château-Garnier. — *L'Espine*, 1388 (gr. Gauthier, f° 204 v°). — *Lépine*, 1841 (nomencl.).

Épine (L'), vill. c^{ne} de Fleuré. — *Spina*, 1312; *l'Espine*, 1436 (abb. de Nouaillé, 6). — *L'Espyne*, 1564 (*ibid.* 49).

Épine (L'), f. c^{ne} de Lutus. — *Spina*, 1409 (gr. Gauthier, f° 123). — *L'Espine*, 1509; *moulin de l'Espine*, 1525 (maison-Dieu, 31). — Le m^{in} de l'Épine, sur le ruiss. de la Roustière, n'existe plus.

Épine (L'), f. c^{ne} de Lavoux.

Épine (L'), f. c^{ne} de Mauprevoir. — *Les Rondières*, 1627; *l'Espine autrement les Rondières*, 1656 (abb. de Charroux). — Anc. fief.

Épine (L'), f. c^{ne} de Persac.

Épine (L'), f. c^{ne} de Pouant.

Épine (L'), h. c^{ne} de Pouillé.

Épine (L'), ff. c^{ne} de Pressac.

Épine (L'), vill. c^{ne} de Rouillé.

Épine (L'), f. c^{ne} de Saint-Gervais.

Épine (L'), f. c^{ne} de Saint-Pierre-des-Églises. — *L'Espyne*, 1548 (seign. des Ageois). — *Lépine*, 1841 (nomencl.).

Épine (L'), f. c^{ne} de Saint-Saviol.

Épine (L'), four à chaux et tuilerie, c^{ne} de Saugé.

Épine (L'), h. c^{ne} de la Trimouille. — *L'Espine*, 1494 (fief de Gersant). — *Moulin de l'Espinne*, sur la Benaise, 1562 (maison-Dieu, 127). — *Lépine*, 1841 (nomencl.).

Épine (La Grande-), h. c^{ne} d'Usson. — *L'Espine*, 1365 (fief de la Petite-Vau). — *Spina*, 1404 (gr. Gauthier, f° 199 v°). — *La grant Espine*, 1462 (abb. de Nouaillé, 20). — Anc. fief relev. du comté de Civray.

Épine (La Petite-), h. et m^{in} sur la Clouère, c^{ne} d'Usson. — *Moulin de l'Espine*, 1408 (gr. Gauthier, f° 203 v°). — *La petite Espine*, 1561 (fief de la Grande-Épine).

Épinet (L'), vill. c^{ne} de Bouresse. — *Terra que nominatur Spineia, in Bubalitia*, v. 1090; *Espine*, v. 1090 (abb. de Nouaillé). — *Espinet*, 1236 (*ibid.* 19).

Épinette (L'), faubourg de Lencloître.

Épinette (L'), f. c^{ne} de Saint-Gervais. — *L'Espinete*, 1438 (duché de Châtellerault, 7). — *Lépinette*, 1841 (nomencl.). — Anc. fief relev. de la bar. de la Touche.

Épinette (L'), f. c^{ne} de Smarve. — *L'Espinette*, 1310; *Spineta*, 1333 (abb. de St-Cyprien, 43). — *L'Epinette*, 1710 (rôle des tailles); — appart. autref. à l'abbaye de Saint-Cyprien.

Épinettes (Les), h. c^{ne} de Saint-Sauveur. — *Les Espinettes*, 1660 (com^{rie} de la Foucaudière, 9).

Épinglerie (L'), chât. et f. c^{ne} d'Iteuil.

Épinière (L'), lieu auj. inconnu; anc. fief relev., avec ceux de Béroute, la Grimaudière et la Touche, situés c^{ne} de Marnay, de la seign. de la Ruffinière, unie à la châtell. de Château-Larcher. — *L'Espynière*, 1558 (fief de Château-Larcher).

Épinoux, vill. c^{ne} de Savigné. — *Espinou*, 1482 (fief de Loin). — *Espinoux*, 1678 (notaires, Pascault à Civray). — *Epinoux*, 1758 (notaires, Buchey à Civray).

Épinoux (L'), h. c^{ne} de Beaumont.

Épinoux (L'), h. c^{ne} de Champagné-Saint-Hilaire. — *L'Espinoux*, 1533 (chap. de St-Hilaire, 246). — *Lépinoux*, 1841 (nomencl.).

Épinoux (L'), à Chauvigny; anc. fief relev. de la bar. de Chauvigny. — *L'Espinoux*, 1379 (évêché, 17). — *Fief de la Courgée autrement l'Espinoux*, 1601 (*ibid.* 8). — Ce lieu, aujourd'hui inconnu, se trouvait peut-être près la porte Brunet, appelée *porte de l'Espineux* en 1381 (chap. de Chauvigny, 3).

Épinoux (L'), chât. et f. c^{ne} de Jardres. — *L'Espinoux*, 1400 (chap. de Chauvigny, 8). — Anc. fief relev. de celui de Clavière (Inv. des arch. de la Barre, t. I, p. 7).

Épinoux (L'), f. c^{ne} de Journet. — *Village d'Espinoux autrement nommé la Tramblade*, 1553 (cure de St-Léomer). — *L'Epinou*, 1711 (rôle des tailles).

Éplais (Les), bois, c^{ne} d'Anché, contigu à celui des Coussières.

Éport, h. c^{ne} de Journet. — *Epors*, 1450 (maison-Dieu, 154). — *Espours*, 1458; *Espors*, 1492 (*ibid.* 138). — *Esports*, 1612 (chap. cathédral, 24).

Le ruiss. d'Éport a sa source près ce lieu et va se jeter dans le Saleron au-dessus du m^{in} de Chantebon.

Éports, vill. et étang, c^{ne} de Brigueil-le-Chantre. — *Espors*, 1506 (fief de Fleix).

Épran, h. c^{ne} de Saint-Pierre-des-Églises. — *Esperent*, *Esperant*, 1309 (Gauthier, f° 194 v°). — *Esprans*, 1600 (fief de Boisclerbault). — *Epront* (Cassini). — *Epran*, 1788 (rôle des tailles).

Équilandes (Ruisseau des), a sa source à la limite sud-est de la c^{ne} du Bourg-Archambault et sépare cette c^{ne} de celle d'Azat-le-Ris (Haute-Vienne) jusqu'à son confluent avec le Saleron.

ÉRABLE (L'), f. c^{ne} de Marigny-Brizay.
ÉRABLE (L'), m. isolée, c^{ne} de Migné. — *L'Ayrable*, 1324 (arch. de Poitiers, 12). — *L'Airable*, 1452 (abb. de Montierneuf, 48). — *L'Erable*, 1684 (notaires, Gaultier à Poitiers). — Anc. fief relev. de la tour d'Anguitard.
ÉRABLE (L'), h. c^{ne} de Saint-Gaudent. — *L'Airable*, 1508 (seign. de la Roche-d'Orillac).
ÉRABLE (L'), vill. c^{ne} de Savigné. — *L'Ayrable*, 1405 (gr. Gauthier, f° 267). — *L'Airable*, 1482 (fief de Loin).
ÉRAUDIÈRE (L'), f. c^{ne} d'Iteuil.
ERPINIÈRE (L'), h. c^{ne} de Saugé. — *Arpineria*, 1368 (maison-Dieu, 81). — *L'Arpinère*, 1404 (gr. Gauthier, f° 113 v°). — *L'Erpinère*, 1498 (fief de Plaisance). — *L'Erpinière*, 1505 (prieuré de Saugé). — *L'Herpinière*, 1775 (rôle des tailles).
ERS (LES), h. c^{ne} de Lussac-le-Château. — *Les Haires*, 1566 (inv. des titres des biens de Mme de Blom, f° 23 v°; cab. de M. Beauchet-Filleau).
ERVAUX, h. c^{ne} de Civaux. — *Orvau*, 1469 (seign. de Dienné et Verrières). — *Ayrevau*, 1496 (fam. Savatte de Genouillé). — *Ervault*, 1548 (chap. de Mortemer, 4). — *Herédault*, 1673; *Ervaux*, 1741 (*ibid*. 6).
ERVEU, h. c^{ne} de Champniers. — *Revoc*, 1178 (Fonteneau, t. XVIII, p. 487). — *Reveut, Revet*, 1393 (gr. Gauthier, f°s 229 v° et 230). — *Reveu*, 1470 (chap. de St-Hilaire, 243). — *Reveux*, 1498 (fief de Leigné). — *Erveu*, 1550 (seign. du Parc et Boisvert, 2). — *Erveux*, 1641 (inscription en l'église de Champniers).
ESCADRON (L'), h. c^{ne} de Verrue.
ESCORCIÈRE (L'), chât. et h. c^{ne} de Gouex. — *Fief des Escorsières*, 1624 (prieuré de Grand-Chaume). — *L'Escorsière, l'Escorcière*, 1634 (fam. Frotier). — *Les Corcières* (Cassini). — Anc. fief relev. du prieuré de Grand-Chaume.
ESCUSSON, mⁱⁿ sur le Négron, c^{ne} de Sammarçolle.
ESCUTEAUX (LES), f. c^{ne} de Vezières.
ESPASSIÈRE (L'), f. c^{ne} de Béruges. — *L'Estopacère*, 1335 (seign. de Béruges). — *L'Estopassère*, 1369 (com^{rie} de St-Georges, 14). — *L'Estoupassère*, 1429 (abb. du Pin, 5). — *La Toppasère*, 1437; *la Toupasière*, 1467 (abb. de St-Cyprien, 13). — *L'Etoupassière*, 1634 (abb. du Pin, 5). — *L'Espacière*, 1743 (rôle des tailles).
ESPÉRANCE (L'), m. r. c^{ne} de Coussay-les-Bois.
ESPÉRANCE (L'), m. isolée, c^{ne} de Saint-Germain.
ESPÉRANCE (L'), f. c^{ne} de Saint-Sauveur.
ESPÉRANCE (L'), f. c^{ne} d'Usseau.
ESPÉRANCE (L'), f. c^{ne} de Vouneuil-sur-Vienne.

ESSART, m. près le pont d'Estrée, c^{ne} de Châtellerault; détachée de la c^{ne} de Naintré le 9 juillet 1845.
ESSART (L'), h. c^{ne} de la Bussière.
ESSART (L'), h. c^{ne} de la Puye; — 1544 (notaires, Villain à Saint-Georges).
ESSART (L') ou LE FERRANON, lieu détruit avant 1740, c^{ne} de Saint-Secondin; anc. fief relev. du comté de Civray. — *L'Effe Resmon*, 1547 (hommages de Civray). — *Lessart aultrement appellé l'Efe Raymon*, 1562; *l'Effe Ranon*, 1595; *Lessard ou le Ferranon*, 1734 (fief de l'Essart). — Auj. inconnu.
ESSARTS (LES), f. c^{ne} d'Availle-Limousine.
ESSARTS (LES), h. c^{ne} de Bellefont. — *Les Exarts*, 1536 (seign. de Bellefont). — *Les Essartz*, 1554 (seign. de Touffou, 3). — *Les Essards*, 1555 (*ibid*. 1).
ESSARTS (LES), f. c^{ne} de Béruges. — *Les Essars*, 1286 (abb. de Fontaine-le-Comte, 33). — *Les Exars*, 1442 (*ibid*. 7). — *Les Essards*, 1650 (seign. de Béruges). — Appart. autref. à l'abbaye du Pin, de même que le bois des Essarts, appelé *forest des Essars* en 1437 (com^{rie} de St-Georges, 14), dont la contenance était de 100 arpents en 1792.
ESSARTS (LES), f. c^{ne} de Brigueil-le-Chantre.
ESSARTS (LES), f. c^{ne} de Colombiers. — *Les Essars*, 1397 (duché de Châtellerault, 5). — *Les Escars*, 1447 (abb. de Nouaillé, 60). — *Les Essardz*, 1672 (aveu de Puygarreau, p. 166). — Anc. fief relev. de Puygarreau.
ESSARTS (LES), f. c^{ne} de Leigné-les-Bois.
ESSARTS (LES), h. c^{ne} de Leigné-sur-Usseau.
ESSARTS (LES), f. c^{ne} de Nieuil-l'Espoir.
ESSARTS (LES), f. c^{ne} d'Oiré.
ESSARTS (LES), h. c^{ne} d'Ouzilly. — *Les Essardz*, 1597 (fam. des Courtis).
ESSARTS (LES), vill. c^{ne} de Vouillé. — *Les Exars*, 1382 (chap. de Ste-Radegonde, 34). — *Chapelle de Nostre Dame des Essars*, 1437 (abb. du Pin, reg. 1, p. 11). — *Les Essards*, 1560 (chap. de Ste-Radegonde, 19). — Les Essarts ont formé avec Civray une commune qui a été supprimée en 1806. Voy. CIVRAY, c^{ne} de Chiré-en-Montreuil.
ESSARTS-DE-BOISLAMY (LES), f. c^{ne} de Savigny-l'Évêcault.
ESSERVIÉ, f. c^{ne} de Persac.
ESSIER, f. c^{ne} de Latus. — *Hisset*, 1489 (chap. de Montmorillon, 3). — *Isset*, 1525 (maison-Dieu, 31). — *Issiet*, 1566 (fam. Dalest). — *Yssec*, 1583 (fief de l'Âge-de-Plaisance). — *Yssiet*, 1635 (maison-Dieu, 13). — *Essiet*, 1730 (rôle des tailles).
ESTRÉE, pont et mⁱⁿ sur l'Envigne à Châtellerault. —

Le pont d'Estrée, 1440 (duché de Châtellerault, 1).
— *Moulin d'Estrée*, 1501 (com^rie d'Auzon, 3).
· Le terrain occupé par les maisons situées près le pont d'Estrée a été détaché de la c^ne de Naintré le 9 juillet 1845.

Estrelle (Chemin de l'), près Bois-Firmin, c^ne de Quinçay. — *L'Estralle*, 1404 (gr. Gauthier, f° 23). — *Chemin de l'Estrelle*, 1460 (chap. de St-Hilaire, 391); 1598 (*ibid.* 557); 1608 (*ibid.* 405).

Estremer, anc. m^lin sur l'Auzance, près la Chapelle, c^ne de Vouillé; auj. inconnu. — *Molendinum Estremer*, 1276 (chap. de Ste-Radegonde, 34); — *de Emcremer*, 1316 (*ibid.* 64). — *Moulin d'Escremer*, 1375 (*ibid.* 15).

Étables, vill. c^nes de Charay et Blâlay. — *De Stabulis*, 1284; *Estables*, 1330 (prévôté de Blâlay, 5). — Le trésorier du chapitre de Saint-Hilaire de Poitiers était seigneur châtelain d'Étables, où il avait une maison forte, *fortillesse d'Estables*, 1460 (chap. de St-Hilaire, 500).

Étang (L'), f. c^ne de Bouresse.
Étang (L'), h. c^ne de Buxeuil.
Étang (L') ou Chez-Guignier, h. c^ne de Civaux.
Étang (L'), f. c^ne de Lencloître.
Étang (L'), f. c^ne de Moulime.
Étang (L'), h. c^ne de Saint-Genest.
Étang (L'), m. r. c^ne de Saint-Pierre-d'Exideuil. — *L'Estang*, 1594 (fam. Jousserant, 3).
Étang (L'), f. c^ne de la Vausseau.
Étang (L'), h. c^ne du Vigean. — *Village de l'Estang*, 1652 (fam. Laurent de Reyrac).
Étang (Moulin de l'), sur la Boivre, et h. c^ne de Benassay. — *Molendinum de Stagno*, 1476 (chap. de St-Hilaire, 81). — *L'Estang*, 1523 (*ibid.* 223).
Étang (Moulin de l'), détruit, c^ne de Mazerolles. — *Molendinum de Stagno*, v. 1120, 1277 (abb. de Nouaillé); —était situé près et en amont des Moulins.
Étang (Moulin de l'), sur la Dive, et h. c^ne de Mazeuil. — *Moulin de l'Estang*, 1635 (com^rie de St-Georges, 27).
Étang (Moulin de l'), sur le ruiss. de Saint-Martin, c^ne de Saint-Gervais; — 1774 (aveu de la bar. de la Touche).
Étang-Berland (L'), f. et étang, c^ne de Saint-Sauveur. — *L'Estang Berland*, 1506; *mestairie de l'Estang Berland*, 1660 (com^rie de la Foucaudière, 8).
Le ruiss. qui sort de l'étang Berland et qui en prend le nom, arrose les c^nes de Saint-Sauveur et Senillé, et tombe dans l'Auzon au-dessous du moulin des Halles. Il est aussi appelé Poustron. — *Rivière de Pousseectront*, 1454 (com^ris de la Foucaudière, 1); — *de Poustron, de Poussetron*, 1673 (fief de Dercé). — *Ruisseau du Portron*, 1727 (fief de la Cour).

Étang-Curé (L'), h. et étang desséché, c^ne du Vigean.
Étang-de-Banot (L'), m. r. et étang, c^ne de Mauprevoir. — *Estang de Barrot*, 1645 (notaires de la bar. de Charroux).
Étang-de-la-Font (Le Petit-), f. c^ne d'Usson.
Étang-Neuf (L'), f. c^ne du Vigean.
Étangs (Les), h. c^ne de Paizay-le-Sec.
Étangs (Les), m. r. c^ne de Prinçay. — *Mestairie des Estangs*, 1644 (cure de Prinçay).
Étangs (Les Vieux-), h. c^ne d'Antran.
Étapeau (L'), f. c^ne de Ceaux, c^on de Couhé. — *L'Estappeau*, 1488 (chap. de St-Hilaire, 343).
État (L'), f. c^ne de Saint-Pierre-des-Églises. — *Lestap*, 1210 (Epist. Innoc. papæ III, t. II, p. 509); 1320 (évêché, 22). — *Lestat*, 1580 (terrier de Champeaux, f° 27 v°). — *Létat*, 1743 (chap. de Chauvigny, 16).
Éterne, chât. et vill. c^ne de Saix. — *Esternus alodus*, 889, 942 (ch. de St-Hilaire, t. I, p. 13 et 24). — *Prieuré de Saint Ladre et d'Esternes*, 1379 (com^ris de Loudun, 18). — *Hostel d'Esternes*, à l'abbaye de Fontevrault, 1467 (abb. de Fontaine-le-Comte, 29).
Éterpe (L'), vill. c^ne de Saint-Sauvant. — *L'Esterp*, 1489 (chap. de Notre-Dame-la-Grande, 72). — *L'Eterp*, 1751 (fief de l'Éterpe). — Anc. fief relev. de la châtell. de Lusignan.
Étivault, vill. c^ne d'Ouzilly-Vignolles. — *In Estivali*, ixe s^e (De translat. et mirac. S. Filiberti, ap. Juenin, Hist. de l'abb. de Tournus, pr. p. 78). — *Ecclesia de Estivalibus*, 1119 (Juenin, *ibid.* pr. p. 146). — *Estivaulx*, 1562 (arch. de la Soc. des antiq. de l'Ouest; Loudunais, 7). — *Estivaux* (Cassini).
Étivault, vill. c^ne de Romagne. — *De Stivallo*, v. 1080 (ch. de St-Hilaire, t. I, p. 104). — *Estivault*, 1479 (chap. de St-Hilaire, 244).
Étoile (L'), f. c^ne d'Archigny; anc. abbaye de l'ordre de Cîteaux, fondée en 1124 en un lieu appelé *Fons Calcis*. — *Abbatia Stellæ, ecclesia Stellensis*, 1124 (Gall. christ. t. II, instr. col. 378). — *L'Estelle*, 1309 (Gauthier, f°s 184 et 196 v°). — *L'Estoille*, 1473 (abb. de l'Étoile). — *Notre-Dame de l'Étoile*, 1782 (pouillé). — L'abbé avait droit de haute justice dans sa seign. de l'Étoile.
Étourloubier, h. c^ne de Romagne. — *Torlober*, 1243 (chap. de St-Hilaire, 242). — *Estorlober*, 1262 (*ibid.*

262). — *Torlobier*, 1422; *Estourlouber*, 1441 (*ibid.* 242). — *Entourlober*, 1470 (*ibid.* 243). — *Estourloubier*, 1487 (seign. du Parc et de Boisvert, 1). — *Etourloubier*, 1775 (rôle des tailles). — Anc. fief relev. de la châtell. de Champagné-Saint-Hilaire.

Étourneau (Moulin d'), sur la Charente, c^{ne} de Vouléme. — *Le puy, la font, le moulin d'Estournea*, 1416 (com^{rie} de Civray, 1). — *Moulin et isle d'Estourneaux*, 1662 (notaires, Pascault à Civray). — *Fontaine d'Etourneaux*, 1746 (*id.* Arnault à Bois-Seguin). — *Moulin d'Etournaux*, 1766 (rôle des tailles).

Étourneau (L'), m. r. c^{ne} d'Usseau.

Étournelière (L'), h. c^{ne} de Rouillé. — *L'Estournellière*, 1515; *l'Etournelière*, 1657 (cure de Rouillé). — *Les Tournelières* (Cassini).

Étouzière (L'), h. c^{ne} de Fleuré. — *Litousère*, 1469 (seign. de Dienné et Verrières, 3).

Étranglard (L'), h. c^{ne} de Vicq. — *Les Tranglars* (Cassini).

Étrepied, vill. c^{ne} de Sammarçolle. — *Estrepié*, 1298 (collège de Poitiers, 60). — *Etrepé*, 1436 (prieuré de Fontmore, 2).

Eulées (Les), f. c^{ne} d'Andillé.

Évêchère (L'), m. r. c^{ne} de Bonnes.

Éveillerie (Pont de l'), sur la Vienne, près de Touffou, c^{ne} de Bonnes; auj. inconnu. — *Port de l'Eveilherie*, v. 1400; — *de l'Esvillerie*, 1467 (seign. de Touffou, 1).

F

Fa (La), tuilerie, c^{ne} du Bourg-Archambault.

Fa (La), h. c^{ne} de la Chapelle-Bâton. — *La Fa*, 1710 (rôle des tailles). — *La Fas*, 1841 (nomencl.).

Fa (La), h. c^{ne} de la Ferrière. — *La Fa*, 1404 (gr. Gauthier, f° 89 v°). — *Faia*, 1405 (*ibid.* f° 80). — *Lafa*, 1841 (nomencl.).

Fa (La), h. c^{ne} de Pairoux. — *La Fa de Peyroux*, 1404 (gr. Gauthier, f° 196 v°). — *La Fa de Peroul*, 1486 (fief de Pairoux). — *Lafa*, 1841 (nomencl.).

Fa (La), h. c^{ne} de Saugé; — 1403 (gr. Gauthier, f° 102 v°).

Fa (La Grande et la Petite-), f. et h. c^{ne} du Vigean. — *La Fa*, 1646 (cure du Vigean).

Facterie (La), m. r. c^{ne} de Saint-Pierre-de-Maillé.

Fadets (La Grotte aux), grotte, c^{ne} de Lussac-le-Château.

Fagotilles (Les), f. c^{ne} d'Oiré. — *Le Fagotis*, 1755 (terrier de la Groye, p. 672).

Faguet (Le), h. c^{nes} de Leigné-les-Bois et Pleumartin.

Faillaudrie (La), m. r. c^{ne} de Lussac-le-Château. — *La Fayaudrie*, 1775 (rôle des tailles). — *La Faillodrie* (Cassini).

Faille-Baudin (Le Grand et le Petit-), h. c^{ne} de Surin. — *Faille*, 1482 (fief de Loin). — *Fayebodin*, 1571 (seign. du Cibiou). — *Faye Baudin*, 1695 (fief du Cibiou).

Fairoux (Le), h. c^{ne} de Saint-Secondin.

Faisannière (La), h. c^{ne} de Rouillé. — *La Faysannère*, 1409; *la Faizannyère*, 1595 (chap. de St-Hilaire, 558).

Falaise, chât. et f. c^{ne} des Ormes. — *Fallaise*, 1446 (duché de Châtellerault, 5). — Anc. fief et haute justice relev. de la châtell. de la Roche-Amenon.

Faljoie, h. c^{ne} de Saint-Sauvant. — *Hugo de Faelijoev*, 1248; — *de Faylijoie*, 1253; — *de Felijoye*, 1271 (chap. de Notre-Dame-la-Grande, 72). — *Faillijoie*, 1420 (gr. Gauthier, f° 50). — *La Faylijoye*, 1498 (fief du Coudré). — *Fellejoye*, 1552 (minutes de J. Defonboisset, notaire à St-Maixent). — *Faljoie*, 1710 (rôle des tailles).

Fan, f. c^{ne} de Bouresse. — *Petrus de Fan*, 1016 (abb. de Nouaillé). — *Fam*, 1282 (*ibid.* 19). — *Fen*, 1402 (chap. de Mortemer, 6). — *Fand* (Cassini).

Fanet, h. c^{ne} d'Asnières; — 1550 (seign. du Ry); 1633 (prieuré de Teil). — Anc. fief.

Fants (Les), vill. c^{ne} de Chaunay. — *Les Fans*, 1488 (fam. Aubaneau). — *Le Fant*, 1663 (notaires, Mestreau à Civray).

Farcière (La), f. et bois, c^{ne} de Saint-Maurice; — 1245 (fief de la Maingre); 1488 (chap. de St-Pierre-le-Puellier, 24). — *La Ferracelère?* 1403 (gr. Gauthier, f° 224 v°).

Farnoux (Les), h. c^{ne} de Leigné-sur-Usseau; — 1774 (aveu de la bar. de la Touche).

Farnoux (Moulin), sur la Veude, c^{ne} de Saint-Gervais. — *Le moulin neuf dit Farou*, 1546 (seign. de Mondion, 1). — *Le moulin Farrou*, 1711 (fam. de Brusse). — *Le moulin Farroux*, 1774 (seign. de la Touche).

Faubauban, f. c^{ne} de Sanxay; — 1775 (rôle des tailles).

Fauchonnerie (La), h. c^{ne} de Fleuré. — *La Faul-*

chonnerie, 1601 (abb. de Nouaillé, 49). — *La Fochonnière*, 1669 (*ibid.* 50).

FAUCONNIÈRE (LA), h. c^{ne} de Moussac-sur-Vienne. — *La Fauconère*, 1406 (cure de Millac). — *La Fauconnière*, 1434 (cure de l'Isle-Jourdain). — *La Faulconnière*, 1561 (prieuré de St-Paixent).

FAUDRET, vill. c^{ne} de Brux. — *Faudré*, 1599 (seign. de Couhé).

FAUGERAIE (LA), chât. et h. c^{ne} de Pairoux. — *Felgericus villa in vicaria Uccionis?* v. 1000 (cart. de St-Cyprien, p. 240). — *La Fougeraye*, 1505 (Fontenau, t. XL, p. 42). — *La Faulgeraye*, 1614 (cure de Charroux). — *La Faugeraye*, 1775 (rôle des tailles).

FAUGÈRE, f. c^{ne} de Béthines. — *Faulgères*, 1499 (couv. de la Puye).

FAUGERÉ, h. c^{ne} de Champniers. — *Fougeret*, 1393 (gr. Gauthier, f° 230). — *Faugerit*, 1403 (*ibid.* f° 280 v°). — *Faugeré*, 1482 (fief de Loin). — *Faulgeré*, 1498 (fief de la Chaux). — *Faugery*, 1611 (seign. de Panièvre).

FAUGERIT, h. c^{ne} de Saint-Gaudent. — *Faugeret*, 1395 (gr. Gauthier, f° 272 v°). — *Faugeray*, 1635 (fief de Boistillé). — *Faugery*, 1647 (notaires, Vaugelade à Civray). — *Faugerit*, 1766 (id. Trébuchet à Bois-Seguin).

FAULE, vill. c^{ne} de Saint-Secondin. — *Faolo*, 1329 (cure de St-Secondin). — *Faulle*, 1402 (prieuré de Grand-Chaume). — *Faule*, 1739 (rôle des tailles). — Anc. fief relev. de l'abbaye de Charroux.

FAULIN (LE), f. c^{ne} d'Usseau. — *Le Faullin*, 1560; *le Follain, le Follin*, 1608 (fam. de Gain). — *Le Faulin, le Foulin*, 1764 (aveu de Remeneuil). — *Le Folin*, 1776 (seign. de la Motte d'Usseau).

FAUQUE (LA), h. c^{ne} de Naintré.

FAUQUERIE (LA), m. à Saint-Benoît. — *La Faulquerie*, 1616 (abb. de St-Benoît, 5).

FAUQUERIE (LA), h. c^{ne} de Saint-Georges. — *Terres de Faulque*, 1499 (fief de Forges). — *La Fouquerie*, 1775 (rôle des tailles).

FAVANS, vill. c^{ne} de Persac. — *Favars*, 1449 (seign. de l'Isle-Jourdain). — *Favart*, 1591 (cure de l'Isle-Jourdain).

FAVREAUX (LES), 2 m. l'une, c^{ne} de Saint-Christophe, l'autre, c^{ne} de Sérigny. — *La maison neufve des Favereaulx*, 1544; *les Favreaux*, 1573 (cure de Sérigny).

FAVRIE (LA), f. c^{ne} de Ceaux, c^{on} de Loudun. — *La Faverie*, 1468; *la Favrie*, 1513 (com^{rie} de Londun, 29). — *La Febverye*, 1598 (couv. de Guesne). — *La Fabvrie*, 1634 (chap. de St-Hilaire, 429). — Anc. seign. appart. à l'abb. de Fontevrault.

FAVRIE (LA), f. c^{ne} de Millac. — *La Favere de Montibus*, 1286; *la Faverrie*, 1459; *la Faverie*, 1540 (cure de l'Isle-Jourdain).

FAVRIE (LA), f. c^{ne} de Mondion. — *La Faverie*, 1479 (cure de Mondion). — *La Favrye*, 1597 (seign. de Mondion, 1).

FAVRIE (LA), vill. c^{ne} de Saint-Genest. — *La Faverrie*, 1439 (terrier de Gironde, f° 64). — *La Faverie*, 1518 (seign. de Puygarreau, 6).

FAVRIE (LA), m. r. c^{ne} de Saint-Georges. — *La Faverie*, 1615 (com^{rie} de St-Georges, 3). — *La Favrie*, 1740 (rôle des tailles).

FAY (LE), f. c^{ne} d'Andillé. — *Le grand Fay*, 1820 (nomencl.).

FAY (LE), h. c^{ne} de Bouresse; anc. prieuré dép. de l'abbaye du Beuil (Haute-Vienne). — *Prioratus de Fe*, 1270 (abb. de Nouaillé, 19). — *Prior de Feodo*, 1404 (gr. Gauthier, f° 200). — *Le prieur du Fyé*, 1499 (abb. de Nouaillé, 20); — *du Fiefz*, 1498 (fief de Bagné); — *de Fó*, 1548 (fief de la Fa); — *du Fé*, 1560 (fief de la Cour d'Usson). — Ce prieuré était du ressort de la baronnie de Calais.

FAY (LE), ff. c^{ne} de Saint-Martin-Lars. — *Terra de Faia*, v. 1080 (cart. de St-Cyprien, p. 243). — *Le Faix*, 1695 (notaires, Decroux à St-Martin-Lars). — *Le Fays*, 1685 (*id.* Pascault à Civray).

FAYDEAU, f. c^{ne} de Saugé. — *Feydellum*, 1418 *Fesdeau*, 1483 (fief de Beaupuy). — *Fedeau* (Cassini). — Anc. fief relev. de Pruniers.

FAYE (LA), h. c^{ne} d'Antigny. — *La Fes*, 1447 (abb. de St-Savin, 18). — *La Feiz*, 1504; *la Fez*, 1505 (*ibid.* 14). — *La Faiz*, 1528 (*ibid.* 17). — *La Fays*, 1570 (*ibid.* 14). — *La Faix*, 1645 (chap. de Chauvigny, 12).

FAYE (LA), bois, c^{ne} de Béthines. — *Nemus Faye*, 1211 (Revue des soc. sav. 2e série, t. VIII, p. 71). — *Boscus de Faya*, 1253; — *de la Bothola et de la Faa*, 1257; — *de la Fay in parrochia de Betines*, 1269 (maison-Dieu, 127). — Ce bois est détruit ou n'est plus connu sous ce nom.

FAYE (LA), ff. c^{ne} de Genouillé; — 1403 (gr. Gauthier, f° 234). — *Le boys de la Faye*, 1484 (seign. de la Roche-d'Orillac).

FAYE (LA), vill. c^{ne} de Lizant; — 1561 (fief de Comporté). — Anc. fief relev. de Comporté.

FAYE (LA), f. c^{ne} de Saint-Gervais. — *La Foye*, 1872 (dénomb.).

FAYES D'ANCHÉ (LES), bois défriché, c^{ne} d'Anché; autref. à l'abbaye de Nouaillé. — *Faiha villa et silva*, 834 (Fontenau, t. XXI, p. 115). — *Nemora vocata les Fayes d'Anchec, sita inter Bos-*

cum Corserii et villagium d'Anchec, 1317; bois appellé les Faies d'Anchec, 1323; fourest des Fayes d'Anché, fourest de Nouaillé, 1549 (abb. de Nouaillé, 58). — Sa contenance était de 80 arpents en 1577, de 60 arpents en 1623; elle fut arrentée en 1650 par l'abbaye de Nouaillé pour être mise en culture.

Fayolle, chât. vill. et bois, c^{ne} de Saint-Saviol. — *Fayole*, 1345 (fam. Jousserant, 1). — *Fayolle*, 1409 (gr. Gauthier, f° 222). — *Féolles*, 1472 (fam. Jousserant, 1). — *Fayolles*, 1531 (ibid. 2). — Anc. fief relev. du comté de Civray. — Les bois de Fayolle contenaient 80 arpents en 1796.

Fayolle, f. et bois, c^{ne} de Savigné. — *La Fayole*, 1315 (fam. de Fayolle). — *Fayolle*, 1482 (fief de Loin). — *Féolle*, 1764 (fief de Fayolle). — — Anc. fief relev. du comté de Civray.

Fayolle (La), f. c^{ne} d'Adriers; — 1650 (seign. de Frêté).

Fé (Le Grand et le Petit-), ff. c^{ne} de Paizay-le-Sec.

Febretière (La), h. c^{ne} de Pouillé. — *La Ferbetère, la Frebetère, la Frebertère*, 1385 (cart. de la Trinité, f°s 34, 36 et 47). — *La Froybertière*, 1453 (abb. de la Trinité, 66). — *La Febertière*, 1550 (ibid. 70). — *La Fesbretière*, 1714 (ibid. 65).

Freignaudrie (La), f. c^{ne} de Gizay. — *La Frenauderie*, 1589; *la Fregnaudrie*, 1596 (cure de Gizay). — *La Frignauderie* (Cassini).

Felin, m. autref. seigneuriale en la ville haute de Chauvigny. — *La tour de Felins en Chauvigny*, 1543 (fam. Ravenel). — *Fellins*, 1694 (chap. de Chauvigny, 22).

Felin (Le Grand-), f. et le Petit-Felin, h. et mⁱⁿ sur la Vienne, c^{ne} de Bonnes. — *Felins*, 1173 (abb. de l'Étoile). — *Le petit Felins*, 1573 (seign. de Loubressay). — *Le moullin de Felins*, 1547, fief relev. de la châtell. de Touffou (aveu de Touffou). — *Phelins*, 1556 (seign. de Touffou, 3).

Féline, f. c^{ne} de Leugny. — *Feslynes*, 1544 (cure de Leugny).

Felins, lieu détruit, près le Pas-Charpentier, c^{ne} de Scorbé-Clairvaux. — *Estang de Felins*, 1456 (seign. de Puygarreau, 9). — *Village de Fellins*, 1551 (ibid. 4).

Fémolant, vill. c^{ne} de Romagne. — *Faye molant*, 1257; *Faymolan*, 1368 (chap. de St-Hilaire, 242). — *Fié Molan*, 1393 (gr. Gauthier, f° 230). — *Femolan*, 1422 (chap. de St-Hilaire, 242). — *Faymolant*, 1494 (ibid. 244). — *Fesmolant, Feumolant*, 1498 (fief de Leigné). — *Femoulans*, 1548; *Femollant*, 1551 (seign. du Parc et de Boisvert, 2). — *Femaullans*, 1598 (chap. de St-Hilaire, 249). — *Fiefmolant*, 1604 (fief de Boisvert).

Fénéan (Moulin de), sur le ruiss. de Fontaine-le-Comte, c^{ne} de Fontaine-le-Comte. — *Molendinum de Fenion*, 1308; *moulin de Feneon*, 1675 (abb. de Fontaine-le-Comte, 7). — *Moulin des Feuillants*, 1841 (nomencl.).

Feneau, vill. c^{ne} de Saint-Genest et mⁱⁿ sur l'Envigne, c^{ne} d'Ouzilly. — *Feneaulx*, 1439 (terrier de Gironde, 12). — *Feneau*, 1447 (abb. de Nouaillé, 60). — *Moulin de Feneaux*, 1455 (seign. de Puygarreau, 3). — *Pheneaux*, 1604 (duché de Châtellerault, 3). — Anc. fief relev. de la bar. de Marmande.

Fenet, h. c^{ne} de Colombiers; — 1599 (chap. de Châtellerault, 14). — Anc. fief relev. de la bar. de Colombiers.

Fenêtre (La), h. c^{ne} de Biard. — *Fenestra*, 1322 (abb. de la Celle, 18). — *La Fenestre*, 1404 (gr. Gauthier, f° 23). — La maison de la Fenêtre, anc^t appelée la *Cour Robinet*, fut anoblie par le chapitre cathédral de Poitiers le 13 juillet 1670 (chap. cathédral, 14).

Fenicardière (La), h. c^{ne} de Savigné. — *La Ferrychardère*, 1364 (abb. de Moreaux). — *La Frenicardère*, 1404 (gr. Gauthier, f° 199). — *Bellabre, Bellarbre*, 1498; *Belasbre ou la Frenicardière*, 1576 (fief de Bellabre). — *La Fenicardière*, 1662 (notaires, Pascault à Civray). — *Bellabre ou la Fournicardière*, 1770 (fief de Bellabre). — Anc. fief relev. du comté de Civray.

Fenongle, m. r. c^{ne} de Lésigny; — 1463 (notaires, Artaud à la Roche-Posay).

Féole (La Grande-), f. c^{ne} de Celle-l'Évescault. — *Fayola*, 1405 (gr. Gauthier, f° 59). — *La Feolle*, 1477 (fief de Monts). — *La Fayolle*, 1515; *la grande Féolle*, 1688 (fief de la Grande-Féole). — Anc. fief relev. de la châtell. de Lusignan.

Féole (La Petite-), f. c^{ne} de Celle-l'Évescault. — *La petite Féolle*, 1560 (collège de Poitiers, 25).

Féolle (La), vill. c^{ne} de Blanzay. — *La Faiole Vigerau, la Fayole Vigerat*, 1388 (gr. Gauthier, f°s 206 et 207). — *La Feolle*, 1451; *la Fayolle*, 1476 (chap. cathédral, 83). — *La Faiole Vigerault*, 1490 (augustins de Poitiers). — *La Feolle Vigerault*, 1498 (fief de Fayolle). — *La Fayolle Vigron, la Fayolle Vigart*, 1498 (fief de la Maillolière).

Féolle-Boisdretaux (La), lieu détruit, près Lambertière, c^{ne} de Romagne. — *Fayola Badestraut*, habitation de Pierre Badestraut, valet, 1406 (Fonteneau, t. XXXIX, p. 37). — *La Feolle Boisdretaux*, 1598 (chap. de St-Hilaire, 250).

DÉPARTEMENT DE LA VIENNE. 165

Féolle-Mauny, h. c^{ne} de Romagne. — *La Fayolle*, 1470 (chap. de St-Hilaire, 243). — *La Féolle*, 1528 (ibid. 245). — *Féolmauni*, 1841 (nomencl.).

Feraboeuf, vill. c^{ne} de Marnay. — *Faia Rathbodi*, 1078 ; *Faia Raboti*, v. 1092 ; *in Ferrabovem*, v. 1120 ; *ballia de Ferrebo*, v. 1172 (abb. de Nouaillé). — *Ferrabou*, 1226 (ibid. 28). — *Ferrabeu*, 1293 (ibid. 24). — *Villagium de Ferraboto*, 1313 (ibid. 28). — *Ferrebœuf*, 1461 (chap. de St-Hilaire, 444). — *Ferrabœuf*, 1489 (livre de recette de Vivonne, f° 210). — *Fer à Bœuf*, 1775 (rôle des tailles). — Anc. seigneurie appart. à l'abb. de Nouaillé.

Férandière (La), h. c^{ne} de Béruges.

Férandière (La), au bourg de Curzay ; anc. fief relev. de Curzay, 1627 (fief de Curzay) ; — auj. inconnu.

Ferbouchère (La), vill. c^{nes} de Saint-Laurent-de-Jourde, Verrières et Bouresse. — *La Ferrebochère*, 1312 ; *vilagium de Forest Becher*, 1372 (abb. de Nouaillé, 6). — *La Ferrebouchère*, 1391 ; *la Ferrebouchière*, 1649 (seign. de Dienné et Verrières). — *La Ferrebouschère*, 1402 ; *la Ferbouchère*, 1673 (chap. de Mortemer, 6).

Ferfroy, h. c^{ne} de Maulay. — *Frefoy* (Cassini). — *Forfoué*, 1872 (dénomb.).

Ferjaudrie (La), h. c^{ne} de Châtillon. — *La Frejaudrie*, 1618 (chap. cathédral, reg. 98). — *La Fregeaudrie*, 1778 (rôle des tailles).

Ferme (La), m. r. anc. mⁱⁿ sur le ruisseau de l'Étang-Berland, c^{ne} de Senillé. — *Moulin de la Ferme*, 1610 (duché de Châtellerault, reg. de recette, 101).

Ferme (La), h. c^{ne} de Vaux-en-Couhé.

Fernaulière (La), h. c^{ne} de Saint-Germain. — *La Frenollière*, 1541 (abb. de St-Savin, 8). — *La Fernollière*, 1570 ; *la Frenaullière*, 1597 (ibid. 22). — *La Frenouillère* (Cassini).

Férolle, h. et anc. forêt, c^{ne} de Bonneuil-Matours. — *Forest de Ferrolles*, 1596 (seign. de Montoiron, 1) ; à cette époque on n'y voyait plus que des brandes.

Férolle (La), f. c^{ne} d'Anché ; — 1624 (abb. de St-Cyprien, 46).

Feroux (Le), f. c^{ne} de Sillars. — *Le Ferroux*, 1497 (fief de Fougerolles). — *Le Frou*, 1766 ; *le Ferou*, 1769 (rôles des tailles).

Ferracerie (La), lieu détruit, près Chez-Bonnaudeau, c^{ne} de Champniers. — *Herbergement de la Ferracerie*, 1438 (seign. de la Millière). — *La Ferracerye*, 1611 (fief de Passac). — *La Ferasserye*, 1629 (arch. de Poitiers, 71).

Ferrandière (La), h. c^{ne} de Châtellerault.

Ferrandière (La), lieu détruit et anc. étang, c^{ne} de Jouet ; — 1650 (abb. de St-Savin, 24).

Ferrandière (La), h. c^{ne} de Savigny-sous-Faye.

Ferrandière (La), h. c^{ne} de Tercé. — *La Ferrandière*, 1405 (gr. Gauthier, f° 22). — *La Ferandère*, 1463 (carmes de Poitiers). — Anc. fief. relev. de la Foucaudière.

Ferrandière (La), f. c^{ne} de Thuré. — *La Ferrandière*, 1437 (duché de Châtellerault, 5).

Ferrandière (La), h. c^{ne} du Vigean ; — 1479 (fam. Laurent de Reyrac).

Ferrasseau (Le), lieu auj. inconnu, c^{ne} de Saint-Pierre-de-Maillé. — *Le Feraceau*, 1613 ; *le Ferrasseau*, 1640 (fam. de la Bussière). — Anc. fief relev. de la Roustière.

Ferraudière (La), vill. c^{ne} de Champagné-Saint-Hilaire. — *La Ferraudère*, 1404 (chap. de St-Hilaire, 439). — *La Ferraudière*, 1609 (fam. Roatin).

Ferrière, vill. c^{nes} de Béruges et Quinçay. — *Ferreria*, v. 1150 (cb. de St-Hilaire, t. I, p. 154). — *Ferrères*, 1389 (abb. du Pin, 14). — *Ferrière*, 1570 (ibid. 1).

Ferrière, f. c^{ne} de Saint-Secondin. — *Ferrères*, 1445 ; *Ferrières*, 1454 (seign. de la Boutinelière).

Ferrière (La), c^{on} de Gençay. — *Ferraria* (pouillé de Gauthier, f° 151). — *Ferreria*, 1383 (taux du décime, p. 65). — *La Ferrère*, 1406 (gr. Gauthier, f° 81). — *La Ferrière*, 1539 (cure de la Ferrière). — *La Ferrière en Gençay*, 1705 (cure de la Ferrière).

Cette commune est formée des deux anciennes paroisses de la Ferrière et Ayroux. Celle de la Ferrière faisait partie de l'archiprêtré et de la châtellenie de Gençay, de la sénéchaussée et de l'élection de Poitiers. Le prieuré-cure de Saint-Hilaire de la Ferrière dépendait de l'abbaye de Saint-Hilaire de la Celle de Poitiers. Le fief de la Ferrière relevait de la vicomté de Gençay.

Ferrière (La), h. c^{ne} d'Adriers ; — 1583 (fief de l'Âge-de-Plaisance).

Ferrière (La), h. c^{nes} de Blanzay et Champagné-le-Sec. — *Villa quæ vocatur Ferreras in vicaria Blanziacinse*, 969 (cart. de St-Cyprien, p. 251). — *La Ferrère*, 1388 (gr. Gauthier, f° 206 v°). — *La Ferrière*, 1493 (fief de Passac).

Ferrière (La), h. c^{ne} de Pairé.

Ferrière (La), vill. et étang, c^{ne} de Saint-Remy. — *Estang de la Ferrière*, 1529 (terrier de la maison-Dieu, f° 298 v°). — *Villages de la grande et de la petite Ferrière*, 1573 (maison-Dieu, 188).

Ferrière-aux-Velours, lieu détruit, c^{ne} d'Oiré ; — 1457 (duché de Châtellerault, 5) ; 1631 (cure d'Oiré). — Anc. fief et haute justice relev. de la bar. de Montoiron ; uni en 1661 au marq. de la Groye.

Ferrières, h. c^{ne} de Gizay. — *Terra de Ferreriis*,

v. 1100 (cart. de S¹-Cyprien, p. 209). — *Ferrières*, 1564 (chap. de S¹-Pierre-le-Puellier, 27).

FERRIÈRES, ff. c^ne de Montmorillon. — *Houstel de Ferrères*, 1404 (gr. Gauthier, f° 1:2). — *Ferrière*, 1498 (fief de Pindray). — *Ferrières*, 1496 (fief du Cluzeau-Bonneau).

FERTRIE (LA), h. c^ne de Thuraggeau. — *La Fruiterie*, 1856 (dénomb.). — *La Furetrie*, 1861 (*ibid.*).

FERVALIÈRE (LA), f. c^ne d'Availle. — *La Vervalière* (Cassini).

FÊTE (LA GRANDE-), vill. c^ne des Trois-Moutiers. — *Feste*, 1441 (collège de Poitiers, 54).

FÊTE (LA PETITE-), vill. c^ne des Trois-Moutiers. — *Petitte Feste*, v. 1630; anc. fief uni à celui de Ternay et relev. du château de Loudun (arch. de la Soc. des antiq. de l'Ouest, n° 15).

FÉTIVIÈRE (LA), f. c^ne de Pouzioux. — *La Festivière*, 1623 (seign. de la Chaise-outre-Vienne).

FEUE (LA) OU LA FUYE, f. c^ne d'Archigny. — *La Fuye*, 1674 (seign. de Touffou, 5).

FEUILLEBERT, vill. c^ne de Romagne. — *Feuilhebert*, 1406 (chap. de S¹-Hilaire, 242). — *Feuillebert*, 1466; *Feillebert*, 1494 (seign. du Parc et de Boisvert, 1).

FEUILLÈRE (LA), h. c^ne de Châtellerault. — *La Fiollière*, 1628 (cure de Pouthumé).

FEUILLET, m. r. c^ne de Vaux. — *Feuillé*, 1655 (abb. de S¹e-Croix, 85).

FEUILLETRIE (LA), vieux manoir, c^ne de Saint-Saviol. — *Herbergement qui fut aux Froyns, assis à Sainct Savyou*, 1498 (fief de la Feuilletrie). — *La Fouilhetrye*, 1531; *la Feuilhetrye*, 1535 (fam. Jousserant, 2). — *La Feulletrie, qui fut aux Froings*, 1627 (fief de la Feuilletrie). — *La Feuilletrie*, 1766 (rôle des tailles). — Anc. fief relev. du comté de Civray.

FEUILLU (LE), ff. c^nes de Paizay-le-Sec et la Bussière. — *Le Feuglu*, 1573 (fam. Scourion, 1). — *Le Feuillou*, v. 1630 (abb. de S¹-Savin, 31).

FEUMORANT, h. c^ne de la Chapelle-Bâton; — 1710 (rôle des tailles). — *Feumollant*, 1727 (*ibid.*).

FEUVÉ (LE), f. et ruine, à Iteuil.

FÉVRIZ (LA), f. c^ne de Benassay. — *La Favrie* (Cassini).

FIACRIE (LA), m. r. c^ne de Leugny. — *La Fiacrie*, 1755 (terrier de la Groye, p. 742). — *La Fiaquerie autrement appellée la Breandrie*, 1777 (cure de Leugny).

FIEF (LE), f. c^ne de Ligugé; anc. fief appartenant au prieuré de Ligugé et relev. du prieuré de Saint-Nicolas de Poitiers. — *Le Fief*, 1604 (collège de Poitiers, 9).

FIEF-BÂTARD, f. c^ne de Chenevelles. — *Le fief Bastard*, 1544 (com^rie de la Foucaudière).

FIEF-BÂTARD (LE PETIT-), f. c^ne de Leigné-les-Bois.

FIEF-BERNARD (LE), ruines et brandes, près la Maupetitière, c^ne de Brion; — 1515 (abb. de S¹-Cyprien, 36). — Anc. fief relev. de la vic. de Gençay.

FIEF-CLAIRET, m. r. c^ne de Saint-Benoît. — *Fief Clairet*, 1433 (abb. de S¹-Benoît, 3, f° 65). — *Feu Clairet*, 1639 (*ibid.* 7, f° 21).

FIEF-GUÉRIN (LE), lieu détruit, c^ne de Frontenay; — 1764 (cure de Frontenay).

FIEF-LARGEAU (LE), f. c^ne de Naintré; — 1665 (fief du Verger). — Anc. fief relev. du duché de Châtellerault.

FIEF-LE-COMTE (LE), c^ne de Poitiers. — *Defensum Comitis*, 1241 (Fontoneau, t. XXIII, p. 123). — *Le deffens le Comte*, 1455; *le fief le Comte*, 1461 (chap. de S¹-Pierre-le-Puellier, 9). — Ce fief, appartenant au chapitre de Saint-Pierre-le-Puellier, comprenait une partie du faubourg de la Cueille-Mirebalaise, la Grange, la Peloquinerie, la Chauvinerie, la Blaiserie, la Bugellerie, Vauchardon, Charruyau sur la rive gauche du Clain et la Folie en partie. C'était, suivant la légende, le territoire qui fut concédé par le comte de Poitou à sainte Loubette, pour la dotation de l'église où devaient être conservées les précieuses reliques apportées par elle de Jérusalem; il était limité à l'ouest et au nord par la levée de Sainte-Loubette.

FIEF-VAILLANT (LE), c^ne de Jaunay; anc. fief consistant en terres, cens, rentes et dîmes et relev. de l'abbé de Bourgueil (Indre-et-Loire); — 1567, 1768 (arch. de la Soc. des antiq. de l'Ouest, n° 790).

FIEFS (LES), m. r. c^ne de Marigny-Brizay.

FIES (LES), h. c^ne de Pairoux. — *Village du Fye*, 1474 (abb. de Charroux); — *du Fie*, 1479 (aumônerie de Charroux). — *Les Fils*, 1775 (rôle des tailles).

FIÉS (LES), h. c^ne de Beaumont.

FILARDIÈRE (LA), vill. c^ne de Bonnes. — *La Falhardère*, 1438; *la Phillardière*, 1457; *la Fillardière*, 1515 (seign. de Touffou, 1).

FILAUDIÈRE (LA), f. c^ne de Vellèche. — *La Fillaudière*, 1511 (cure de Mondion). — *La Fillodière* (Cassini).

FILESOIE, f. c^ne de Saint-Sauveur. — *Fillesoye*, 1506 (com^rie de la Foucaudière, 8). — *Filsoye*, 1685 (*ibid.* 5).

FILLASSERIE (LA), f. c^ne de Prinçay; — 1605 (cure de Prinçay).

FILLETIÈRE (LA), f. c^ne de Vellèche; — 1473 (seign. de Mondion, 1). — Anc. fief relev. de la bar. de Marmande.

FILLIÈRE (LA), h. c⁽ⁿᵒ⁾ d'Asnières. — *La Fillyère*, 1557 (seign. de Serre et Abzac). — *La Filière*, 1561 (prieuré de S⁽ᵗ⁾-Paixent). — *La Fillière*, 1618 (prieuré de Teil).

FILLOLIÈRE (LA), h. c⁽ⁿᵉ⁾ de Latus. — *La Fillollère*, 1404 (gr. Gauthier, f⁰ 108). — *La Filhollère*, 1409 (*ibid.* f⁰ 123). — *La Fillolière*, 1496 (fief du Cluzeau-Bonneau). — *Guilhaume Fillou pour cause du lieu de la Filloulère*, 1498 (fief de Plaisance).

FILLOUX (LES), h. c⁽ⁿᵉ⁾ de Saint-Gervais. — *Le Fouilloux*, 1411 (seign. de la Bruère). — *Mestairie des Fouilloux, du Feilloux*, 1634 (fief de la Tour de Baunay). — *Les Filloux*, 1640 (cure de S⁽ᵗ⁾-Gervais).

FILONNIÈRE (LA), h. c⁽ⁿᵉ⁾ de Brigueil-le-Chantre. — *La Fillonnière*, 1506 (fief de Fleix).

FINESSE (LA), m⁽ⁱⁿ⁾ sur le ruiss. de Crochet, c⁽ⁿᵉ⁾ de Queaux; — 1701 (seign. de Ressonneau, 4).

FLAMAGNE, h. c⁽ⁿᵉ⁾ du Bourg-Archambault. — *Flemaigne*, 1407 (gr. Gauthier, f⁰ 192 v⁰). — *Flameignes*, 1498 (fief de Chanteloube). — *Flumaignes*, 1525 (maison-Dieu, 31). — *Flamaignes*, 1586 (*ibid.* 121). — *Flamaigne*, 1609 (notaires, Brisson à Montmorillon).

FLAMMES (LES), vill. c⁽ⁿᵉ⁾ d'Archigny.

FLASSAC, h. c⁽ⁿᵉ⁾ de Béthines. — *Locus Flathaici*, 1119 (Gall. christ. t. II, col. 1816). — *Flacac*, 1224; *Fluxac*, 1459; *Flassac*, 1466 (couv. de la Puye, 12). — Anc. seign. et haute justice appart. au couvent de la Puye; était de la châtell. d'Angle.

FLEAU (LE), f. c⁽ⁿᵉ⁾ de Dangé. — *Le Flau*, 1598 (seign. de la Fontaine, 1). — *Le Fleau* (Cassini).

FLÉE, vill. c⁽ⁿᵒ⁾ de Saint-Benoît; distrait de la c⁽ⁿᵉ⁾ de Poitiers en 1832; anc. fief. et haute justice appart. à l'abbaye de la Trinité de Poitiers. — *Villa Flaiacus infra quintam civitatis Pict.*, 924 (Fontenau, t. XV, p. 83). — *Flagiacus*, 923-936 (cart. de S⁽ᵗ⁾-Cyprien, p. 28). — *Fleec*, 1322 (abb. de la Celle, 13). — *Flaac*, 1353 (abb. de la Trinité, 36). — *Flée, parroisse de Saint Sornin hors Poictiers*, 1399; *Flec*, 1496 (chap. de S⁽ᵗ⁾-Pierre-le-Puellier, 8). — *Flex*, 1574 (abb. de S⁽ᵗᵉ⁾-Croix, 23).

FLEIGNÉ, h. c⁽ⁿᵉ⁾ de Persac. — *In villa que vocatur Flazniaco, in vicaria Edrinse*, 927 (abb. de Nouaillé). — *Flanec*, 1218 (couv. de Villesalem). — *Fluyné*, 1479 (prieuré de Teil). — *Flignec*, 1498 (fief de Chanteloube). — *Fleigné*, 1631 (prieuré de Teil).

FLEIX, c⁽ⁿ⁾ de Chauvigny. — *Villa que vocatur Flaiacus, in vicaria Ranciacinse*, 924 (ch. de S⁽ᵗ⁾-Hilaire, t. I, p. 19). — *Flaec*, 1309 (Gauthier, f⁰ 188). — *Fleec*, 1320 (évêché, 22). — *Fleet*, 1362 (*ibid.*

17). — *Flec*, 1479 (compte de J. Bourdin). — *Flez*, 1494 (seign. de Courtevrault). — *Flée*, 1497 (séminaires de Poitiers, 13). — *Fleecz*, 1501 (chap. de Chauvigny, 11). — *Fleix*, 1534 (évêché, 8). — *Fleiz*, 1535 (*ibid.* 19). — *Fleez*, 1546 (chap. de Chauvigny, 11). — *Saint Barthélemy de Flex*, 1719 (cure de Fleix).

Avant 1790 Fleix faisait partie de l'archiprêtré de Mortemer, de la baronnie de Chauvigny, de la sénéchaussée et de l'élection de Poitiers. La cure était à la nomination du chapitre de Saint-Pierre de Chauvigny; unie en 1803 à la paroisse de Paizay-le-Sec, l'église de Fleix a recouvré son titre paroissial en 1869. Le fief de Fleix relevait de la baronnie de Chauvigny.

FLEIX, vill. c⁽ⁿᵉ⁾ d'Ayron. — *Flaet*, 1273 (abb. de S⁽ᵗ⁾-Croix, 28). — *Flaec*, 1298; *Floy*, 1368 (chap. de S⁽ᵗᵉ⁾-Radegonde, 32). — *Fleet*, 1383 (gr. Gauthier, f⁰ 72 v⁰). — *Fleye*, 1463; *Flé*, 1490 (abb. de S⁽ᵗᵉ⁾-Croix, 28). — *Flais*, 1644 (fam. Jacques). — *Fleix*, 1755 (abb. de S⁽ᵗᵉ⁾-Croix, 32).

FLEIX, chât. en ruine et vill. c⁽ⁿᵉ⁾ de Brigueil-le-Chantre. — *Fliec*, 1410 (gr. Gauthier, f⁰ 125 v⁰). — *Fliest*, 1494 (fief de Mareuil). — *Flée*, 1494 (fief de Gersant). — *Fleec*, 1506 (fief de Fleix). — *Fleez*, 1525 (maison-Dieu, 31). — *Flez*, 1561 (fief du Bouchaud). — *Fleistz*, 1565 (fam. de la Gélie). — Anc. châtell. relev. de la bar. de Montmorillon. Le moulin de Fleix, sur la Benaise, est à une distance de 3,500 mètres.

FLEIX, vill. c⁽ⁿᵉ⁾ de Vaux-en-Couhé. — *Fellé*, 1632 (seign. de Monts); 1694 (notaires de la châtell. de Monts). — *Flex*, 1766 (rôle des tailles). — *Flée* (Cassini).

FLEURÉ, c⁽ⁿ⁾ de la Villedieu. — *Apud Floriacum*, v. 1090 (abb. de Nouaillé). — *Floirec*, v. 1156 (Fontenau, t. XXI, p. 645). — *Florec* (pouillé de Gauthier, f⁰ 175). — *Floereq*, 1310 (abb. de S⁽ᵗ⁾-Cyprien, 43). — *Floyré*, 1312 (abb. de Nouaillé, 6). — *Floeret*, 1326 (Fontenau, t. XXII, p. 472). — *Floré*, 1361 (abb. de la Trinité). — *Fluyrec*, 1372; *Flourec*, 1436 (abb. de Nouaillé, 5). — *Fleurec*, 1454; *Saint Martin de Fleuré*, 1464 (*ibid.* 49).

Avant 1790 Fleuré faisait partie de l'archiprêtré et de la baronnie de Mortemer, de la sénéchaussée et de l'élection de Poitiers; la cure était à la nomination de l'abbé de Nouaillé; elle a été rétablie en 1843.

FLEURÉ (LE BAS-), h. et LE HAUT-FLEURÉ, f. c⁽ⁿᵉ⁾ de Vellèche. — *Floeré*, 1281 (abb. de S⁽ᵗᵉ⁾-Croix, 81). — *Flouré*, 1373 (*ibid.* 97). — *Floré*, 1377 (*ibid.* 81).

— *Fleuré*, 1457 (duché de Châtellerault, 6). — *Hault Fleuré*, 1567 (abb. de Ste-Croix, 84). — Anc. fief relev. de la châtell. de Saint-Romain.

FLEURENSANT, vill. c^ne d'Usson. — *Willelmus de Florencans*, 1165 (Fontencau, t. XVIII, p. 321). — *Florencens*, 1403 (gr. Gauthier, f° 252). — *Flourenssans*, 1481 (prieuré de Grand-Chaume). — *Fleuransent*, 1548 (fief de la Fa). — *Fleuransant*, 1579 (cure de St-Martin-Lars). — La forêt de Fleurensant est mentionnée en 1561 (fief de Busseroux).

FLEURY, vill. c^ne de Coussay; — 1535 (chap. de Mirebeau, 28).

FLEURY, h. m^in sur la Boivre et fontaine, c^ne de la Vausseau. — *Johannes de Floriaco, feodum de Fluirec*, 1187 (ch. de St-Hilaire, t. I, p. 201). — *Fluyrec*, 1323; *Floré*, 1378 (chap. de St-Hilaire, 222). — Un aqueduc romain amenait à Poitiers les eaux de la fontaine de Fleury.

FLIEN, f. c^ne d'Availle-Limousine; — 1563 (fam. de la Broue de Vareilles).

FLOCELIÈRE (LA), f. anc^t appelée le grand hôtel de Vatre, c^ne de Martaizé; fief relev. de la bar. de Baussay (ms. Trincant). — *La Flossalière*, 1652 (abb. du Pin, 38).

FLORASSIÈRE (LA), f. c^ne de Naintré.

FLOTTE (LA BASSE et LA HAUTE-), h. c^ne de Saint-Cyr. — *Flota*, 1196 (abb. de la Celle). — *La Flote*, 1436 (duché de Châtellerault, 1). — *La basse Flotte*, 1475 (com^rie de St-Georges, 5). — Le fief de la Flotte relevait du duché de Châtellerault.

FLOURS, h. c^ne de Saint-Léomer. — *Flours*, XIIe s^e (maison-Dieu, cart. n° 161). — *Fleurs*, 1577 (ibid. 32). — Anc. fief relev. de la bar. de la Trimouille (Fonteneau, t. XLIII, p. 1071).

FOIE, h. c^ne de Vaux-en-Couhé. — *Villa quæ dicitur Faia, in pago Briocinse, in vicaria Rodoninse*, 969 (cart. de St-Cyprien, p. 249). — *Faia Froteldis*, v. 1080 (ch. de St-Hilaire, t. I, p. 104). — *Faia Frotillis*, 1102-1127 (ibid. t. I, p. 121). — *Faye*, 1469 (ibid. t. II, p. 67). — *Faye en Couhé*, 1618 (ibid. t. II, p. 309). — Terre appart. autref. au chapitre de Saint-Hilaire de Poitiers.

FOIE (LA GRANDE et LA PETITE-), vill. et h. c^ne de Bonneuil-Matours. — *La Faye*, 1472 (abb. de Ste-Croix, 95). — *La Fois*, 1620 (fief de Traversay). — *La Foye*, 1667 (notaires, Gaultier à Poitiers).

FOIRE-DE-MAI (LA), faubourg de Couhé. — *La Fayre de may*, 1520 (chap. de St-Hilaire, 344).

FOITERIE (LA), m. r. c^ne de Vouillé.

FOIX, m. r. c^ne de Saint-Pierre-de-Maillé. — *Foys*, 1629; *Foix*, 1670 (cure de St-Phéle de Maillé).

FOLATIÈRE (LA), f. c^ne de Joussé. — *La Follatière*, 1718 (rôle des tailles).

FOLATIÈRE (LA), f. c^ne de Queaux. — *La Foullatère*, 1449; *la Follatière*, 1489 (seign. de Ressonneau, 1).

FOLIE (LA), m^in sur la Franche-Doire, c^ne d'Adriers; — 1787 (prieuré d'Entrefins).

FOLIE (LA), f. c^ne de Bonnes.

FOLIE (LA), h. c^ne de Bonneuil-Matours.

FOLIE (LA), m. r. c^ne de Bouresse.

FOLIE (LA), f. c^ne de Celle-l'Évécault. — *La Follye*, 1620 (seign. de Chincé).

FOLIE (LA), f. c^ne de Jardres.

FOLIE (LA), h. c^ne de Latus.

FOLIE (LA), f. c^ne de Leigné-les-Bois; — 1667 (cure de Chenevelles); — maison bâtie v. 1640 (ibid.).

FOLIE (LA), étang, c^ne de Liglet.

FOLIE (LA), f. c^ne de Marigny-Brizay.

FOLIE (LA), h. c^ne de Moussac-sur-Vienne.

FOLIE (LA), h. c^ne d'Ouzilly.

FOLIE (LA), m. isolée, c^ne de Pleumartin.

FOLIE (LA), h. c^nes de Poitiers et Migné. — *La Grange Sainct Gelays*, 1486 (abb. de Montierneuf, 48). — *Prairie de la Folye du Muntierneuf*, 1542 (seign. de Puygarreau, 2). — *Mestairie de la Follye*, 1565 (abb. de Montierneuf, 49). — Charles de Saint-Gelais, abbé de Montierneuf, fit bâtir en ce lieu une maison de campagne et une chapelle qu'il bénit en 1487 et dédia à saint Eutrope et saint Macou, suivant une inscription encore existante. Une partie du territ. de la Folie était comprise dans le Fief-le-Comte, appart. au chapitre de Saint-Pierre-le-Puellier.

FOLIE (LA), f. c^ne de Quinçay; bâtie peu avant 1664 (chap. de St-Hilaire, 414).

FOLIE (LA), m. r. c^ne de Saint-Genest.

FOLIE (LA), tuilerie et h. c^ne de Saugé; autrefois appelés l'Épine.

FOLIE (LA), h. c^ne de Savigné. — *La Foullye*, 1494; *la Foulie*, 1509 (prieuré de St-Nicolas de Civray). — *La Follye*, 1667 (notaires, Pascault à Civray).

FOLIE (LA), m^in détruit, sur la Dive, c^ne de Verrières. — *Moulin de la Follie*, 1723 (seign. de Dienné et Verrières, 2).

FOLIE-À-POISSON (LA), h. c^ne de Chouppes.

FOLLE-ENTREPRISE (LA), h. c^ne de Liglet; — 1788 (rôle des tailles).

FOLLEMPRISE, m^in sur la Charente, c^ne de Lizant. — *Follemprinse*, 1491 (fam. Jousserant, 1). — *Moulin de Folemprise*, 1646 (seign. du Cibiou); — *de Follanprise*, 1731 (rôle des tailles).

FOLLET (MOULIN DE), sur la Veude, c^ne de Sossay. — *Moulin de Folet*, 1414; *de Follet*, 1529 (seign. de

Puygarreau, 9). — Anc. fief relev. de la Tour de Sossay.

FOMBEURE, h. c^{ne} de Bonneuil-Matours. — *Fonsburs, Fonzburz*, 1309 (Gauthier, f°s 182, 186, 192). — *Fontbeurs*, 1429 (seigu. de Montoiron, 1). — *Fontbeufz*, 1508; *Fombeure*, 1609 (couv. de la Puye, 10).

FOMBEURS (LES), h. c^{ne} d'Availle. — *Fontbeurs*, 1429 (seign. de Montoiron, 1). — *Les Fonbeurs, les Fombeurs*, 1493 (duché de Châtellerault, 6).

FONBEDOIRE, fontaine, près Rouet, c^{ne} de Beaumont. — *Fontaine de Fonbedoyre*, 1439 (duché de Châtellerault, 4); — *de Fonbedoire*, 1619 (seign. de Baudiment).

FONBEDOIRE, fontaine, c^{ne} de Béruges. — *Fons Bodoyre*, 1332 (seign. de Béruges). — *Cours d'eau descendant de la fontaine de Fonbedoyre au moulin de Recullon*, 1538 (abb. de Montierneuf, 99).

FONBOYER, f. c^{ne} de Massogne, appart. autref. au chapitre de Menigoute (Deux-Sèvres). — *Fontboué*, 1781 (rôle du vingtième).

FONCLUSE, h. c^{ne} de Roiffé. — *Fons clusa in vicaria Lauzdunensi*, 985-1009 (Livre noir de St-Florent, f° 16). — *Fontaine de Foncluse*, 1494 (com^{rie} de Loudun, 20).

FONCUBE (ÉTANG DE), près les Verrières, c^{ne} d'Availle-Limousine.

FOND, mⁱⁿ sur l'Auzance et h. c^{ne} de Vouillé. — *In villa que dicitur Fano*, 939 (ch. de St-Hilaire, t. I, p. 20). — *Moulin de Fam*, 1384 (chap. de Ste-Radegonde, 31); — *de Fom*, 1471 (ibid. 27); — *de Fons*, 1528 (ibid. 28); — *de Faom*, 1549 (ibid. 15).

FONDELIN, m. r. c^{ne} de Naintré.

FONDERIE (LA), m. isolée, c^{ne} de Latus.

FONDEUIL, h. et mⁱⁿ détruit, sur la Vienne, c^{ne} de Saint-Martin-la-Rivière. — *Molendinum de Fontbedoyre*, 1393; *moulin de Fombedeure*, 1592; — *de Fonbedeusle, de Fonbedeure*, 1636; — *de Fontbedeule*, 1652 (fam. Chessé).

FONDIGON, fontaine, près le chât. de la Motte-d'Usseau, c^{ne} d'Usseau; — 1642 (seign. de la Motte d'Usseau). — *Le ruiss. qui en sort se réunit au ruiss. d'Usseau.*

FONDIS (LE), f. c^{ne} de Thurageau.

FONDOIRE, m. r. et fontaine, c^{ne} de Guesne. Le ruiss. qui sort de cette fontaine tombe dans la Briande au-dessus du mⁱⁿ de Painperdu.

FONDS (LES), f. c^{ne} de Moussac-sur-Vienne. — *Les Fons*, 1501 (cure de l'Isle-Jourdain).

FONFADOUR (LA), h. c^{ne} de Pressac. — *La Font Fadut*, 1552; *la Fonfadoux*, 1741 (abb. de St-Cyprien, 28).

FONSALMOIS, chât. et h. c^{ne} d'Anché. — *Fonssalemoys*, 1489 (livre de recette de Vivonne, f° 77 v°). — *Fonssalmais*, 1497 (seign. de Thorue). — *Fonsellemaye*, 1558 (fief de Château-Larcher). — *Fonssellemoys*, 1577 (abb. de Nouaillé, 58). — *Fonsallemoys*, 1610; *Fonsalmois*, 1655 (com^{rie} de Roche, 6). — Anc. fief relev. de la Ruffinière.

FONT (LA), f. c^{ne} de la Bussière.

FONT (LA), chât. et f. c^{ne} de Chenevelles. — *La Font*, 1673; *la Fond*, 1753 (fam. d'Argence).

FONT (LA), lieu détruit, c^{ne} de Mazerolles. — *Villagium de Fonte*, 1310; *village de la Font*, 1450; — *de la Fons*, 1490 (abb. de Nouaillé, 40 et 20); — était situé sur la rive droite du ruiss. de Mazerolles, près le gué de Petiault.

FONT (LA), f. et tuilerie, c^{ne} de Mouterre. — *Villagium de Fontibus*, 1449 (cure de l'Isle-Jourdain). — *La Font*, 1577 (Fonteneau, t. XLV, p. 775). — *La Fond*, 1775 (rôle des tailles). — Anc. fief.

L'étang de la Font, c^{ne} d'Adriers, près la limite de celle de Mouterre, donne naissance à un ruiss. qui se jette dans le Ris-Boué, sur le territ. de cette dernière commune.

FONT (LA), f. c^{ne} de Saint-Georges. — *La Fons*, 1567 (évêché, 46). — Anc. fief relev. de Verre.

FONT (LA), m. r. c^{ne} de Vendeuvre. — *La Fons*, 1393 (séminaires de Poitiers, 3). — *La Font*, 1602 (seign. de Purnault).— Anc. fief relev. du prieuré de Chénéché.

FONT (LA), h. c^{ne} de Vezières.

FONT (MOULIN DE LA), sur la Benaise, c^{ne} de la Trimouille.

FONT (MOULIN DE LA), sur le Martiel, c^{ne} de Veniers. — *Moulin de la Fons*, 1494 (com^{rie} de Loudun, 18); — *de la Fon*, 1654 (collège de Poitiers. 59).

FONTAFFROY, lieu détruit, près la Fuie, c^{ne} de Saint-Pierre-d'Exideuil. — *Fontaffré*, 1388, 1404 (gr. Gauthier, f°s 206 et 264).— *Fontaffroy*, 1395 (ibid. f° 272). — *La fontaine de Fondaffié*, 1405 (ibid. f° 231 v°). — *Fontaffray*, 1487 (fam. Jousserant, 1). — *Fontafré*, 1600 (fief de la Fuie et la Remigère).

FONTAIGRE, h. c^{ne} de Marnay. — *Fontegres*, 1610 (notaires de la châtell. de Monts). — *Lieu noble de Fontaigue*, 1641 (fam. Aubaneau). — Anc. fief relev. de Cercigny.

FONTAINE, h. c^{ne} de Saint-Martin-Lars; — 1654 (notaires de la bar. de Charroux).

FONTAINE, m. r. c^{ne} de Vicq. — *Grangia de Fontanis*, 1210 (Epist. Innocentii papæ III, t. II, p. 509). — *Fontaine*, 1599 (prieuré-cure de Vicq).

FONTAINE (LA), f. c^{ne} de Châtellerault; — 1621 (fief du Savinier).
FONTAINE (LA), h. c^{ne} de Chenevelles. — *La Fontayne*, 1631 (duché de Châtellerault, 5).
FONTAINE (LA), m. r. c^{ne} d'Ingrande. — *La Fontaine*, 1425 (cure d'Ingrande). — *Chasteauneuf*, 1438 (seign. de Chêne, inv. p. 200). — *La Fontaine ou Chasteauneuf*, 1613 (*ibid*. p. 201). — Anc. fief relev. de Chêne.
FONTAINE (LA), h. c^{ne} de Joussé.
FONTAINE (LA), chât. c^{ne} des Ormes. — *La Fontaine*, 1448; *la Fontaine de Benays*, 1570 (seign. de la Fontaine, 1). — *La Fontaine de Benest*, 1610; *la Fontaine Dangé*, 1626 (*ibid*. 2). — Anc. fief et haute justice relev. de la bar. de la Haye (Indre-et-Loire) et de la bar. des Ormes.
FONTAINE (LA), vill. et fontaine, c^{ne} de Scorbé-Clairvaux. Le ruiss. de la Fontaine tombe dans l'Envigne, au-dessous du Pas-Charpentier.
FONTAINE (LA), h. anc. m^{in} sur le Crochet ou ruiss. de Senillé, c^{ne} de Senillé. — *Moulin de la Fontaine*, 1530; *moulin Crochet*, 1547 (cure de Notre-Dame de Châtellerault).
FONTAINE (LA), m. r. c^{ne} de Thuré.
FONTAINE (LA), m. r. c^{ne} de Vaux.
FONTAINE (BASSE-) ou VIEILLE-FONTAINE, vill. c^{ne} de Fontaine-le-Comte. — *La vieille Fontayne*, 1542; *vieille Fontaine*, 1603 (abb. de Fontaine-le-Comte, 6). — *La basse Fontayne*, 1616 (*ibid*. 7). — Les eaux de la source de Basse-Fontaine étaient amenées à Poitiers par un aqueduc romain dont les Arcs de Parigny sont un remarquable débris.
FONTAINE (BASSE-), vill. c^{nes} de Saint-Georges, Chasseneuil et Montamisé. — *Fontaines près de Saint Georges*, 1324 (arch. de Poitiers, 12). — *Village du bas Fontaine*, 1661 (collège de Poitiers, 19).
FONTAINE (LA GRANDE-), f. c^{ne} de Chenevelles.
FONTAINE (HAUTE-), vill. c^{ne} de Fontaine-le-Comte. — *La haulte Fontaine*, 1640 (abb. de Fontaine-le-Comte, 7).
FONTAINE (HAUTE-), h. c^{ne} de Saint-Georges.
FONTAINE (NOTRE-DAME DE LA), anc. chapelle, c^{ne} de Saint-Sauveur; —1506 (com^{rie} de la Foucaudière, 8). — *Nostre Dame la Fontaine*, ermitage, 1673 (fief de Dercé).
FONTAINE (LA VIEILLE-), c^{ne} des Ormes;—1485 (seign. de Vaugodin). — Anc. fief relev. de la seign. des Ormes et réuni à celui de la Fontaine.
FONTAINE-BOIVIN (LA), lieu détruit, c^{ne} de Bournan. — *Hostel de la Fontaine Boyvin*, 1420 (chapelle de St-Nicolas à Loudun). — Anc. fief relev. de la bar. de Verrières (ms. Trincant).

FONTAINE-D'ANTOGNÉ (LA), vill. c^{ne} de Châtellerault. — *La Fontaine d'Anthoigné*, 1505 (duché de Châtellerault, 6).
FONTAINE-DE-CRIEUIL (LA), h. c^{ne} de Rouillé; — 1610 (fief de la Virlaine).
FONTAINE-DE-GOUELLE (LA), m. isolée, c^{ne} de Maulay.
FONTAINE-DU-LÉJAT (LA), h. c^{ne} de Fontaine-le-Comte.
FONTAINE-LE-COMTE, c^{on} sud de Poitiers; anc. abb. de l'ordre de Saint-Augustin, fondée par Guillaume VIII, comte de Poitou, 1127-1137. — *Fons Comitis*, v. 1080 (cart. de St-Cyprien, p. 24). — *Locus qui dicitur de Fonte Comitis*, 1127-1137 (Gallia christ. t. II, instr. col. 370). — *Abaie de la Fontayne le Conte*, 1286 (abb. de Fontaine-le-Comte, 33). — *Moustier de Nostre Dame de la Fontaine le Conte*, 1384 (*ibid*. 1). — *Fontaine-l'Égalité*, 1793.

L'usage de faire précéder le nom de Fontaine-le-Comte de l'article *la* a persévéré jusqu'au milieu du XVIIe siècle.

Un acte du Xe siècle (cart. de St-Cyprien, p. 54) mentionne *villa Fontanella, in pago Pictavo, in ipsa vicaria, in parrochia Sancti Martini*. C'était peut-être le même lieu que Fontaine-le-Comte, qui alors aurait été sur le territ. de la paroisse de Ligugé, aucune autre église dans la viguerie de Poitiers n'ayant été sous l'invocation de saint Martin.

La paroisse de Notre-Dame de Fontaine-le-Comte faisait partie de l'archiprêtré de Lusignan, de la châtellenie, de la sénéchaussée et de l'élection de Poitiers. La juridiction temporelle de l'abbaye, en titre de châtellenie, s'exerçait sur la plus grande partie de cette paroisse et sur de moindres portions de celles de Croutelle, Mezeaux, Vouneuil-sous-Biard et Béruges. L'abbé nommait à la cure de Fontaine-le-Comte.

La fontaine qui a donné son nom à la localité réunit ses eaux à celles de la source de Basse-Fontaine pour former le ruiss. de Fontaine-le-Comte, qui passe à Croutelle et Mezeaux et se jette dans le Clain à 1,200 mètres environ au-dessus de Saint-Benoît.

Une charte de l'abbaye, de l'an 1149, mentionne une forêt de Fontaine-le-Comte, *foresta de Fonte Comitis*.

FONTAINES, h. c^{ne} de Savigny-l'Évescault; — 1385 (cart. de la Trinité, f° 55). — *Fontenes*, 1426 (abb. de la Trinité, 57).
FONTAINES (LES), h. c^{ne} de Beuxe; — 1596 (cure de Messemé). — Anc. seigneurie.
FONTAINES (LES), h. c^{ne} de Blâlay. — *Les Fontaines*,

1599; *la Fontaine des Grolières*, 1614 (prévôté de Blâlay, 2). — *Les Fontaines de la Grolière*, 1644 (seign. des Fontaines de la Grolière). — Anc. fief relev. de la bar. de Mirebeau.

FONTAINES (LES), h. c^{ne} d'Hains.

FONTAINES (LES), f. c^{ne} de Lencloître.

FONTAINES (LES), établissement de bains, c^{ne} de la Roche-Posay.

FONTAINES (LES), ff. c^{ne} de Sérigny.

FONTAINES (LES), h. c^{ne} de Thurageau; — 1521 (couv. de Lencloître).

FONTAINES (LES), f. c^{ne} de Vernon. — *Fontanes*, 1406 (gr. Gauthier, f° 81 v°). — *Les Fontaynes*, 1594 (abb. de Montierneuf, 93).

FONTAINES (LES), h. c^{ne} de Vezières.

FONTAINES (LES HAUTES et les BASSES-), h. et f. c^{ne} de Vellèche. — *Les Fontaynes de Velesche*, 1595 (seign. de la Varenne). — *Les hautes Fontaines*, 1755 (cure de Vellèche).

FONTAINES (RUISSEAU DES), c^{ne} de Coussay-les-Bois, formé des ruiss. d'Availle et de Malaguet, tombe dans la Luire au-dessus du mⁱⁿ de Crechet.

FONTAINES-BLANCHES (LES), m. r. c^{ne} de Loudun.

FONTAINES-D'AUZON (LES), h. c^{ne} de Châtellerault. — *Les Fontaines près la commanderie d'Auzon*, 1667 (abb. de St-Cyprien, 23).

FONTAINE-TALBAT (LA), source du Talbat et mⁱⁿ, c^{ne} de Saint-Pierre-des-Églises. — *La Fontaine Tallebast*, 1457 (chap. de Chauvigny, 9). — *Moulin de la Fontayne Tallebast*, 1482; — *de la Fontaine Talbast*, 1493 (évêché, 17). — *Moulin Talbast*, 1517 (seign. de la Talbatière).

FONTALOUX, h. c^{ne} de Chenevelles.

FONTAMIEL, h. c^{ne} d'Adriers. — *Fontamelh*, 1406 (seign. de Chadelat). — *Fontamiel*, 1586 (fam. Bonnin).

FONTANVILLE, f. c^{ne} de Naintré; — 1607 (fief de la Tour de Naintré).

FONTARABIE, f. c^{ne} de Persac. — *Fontarabye*, 1697 (fam. Guillon).

FONTARD, anc. manoir, c^{ne} de Mairé.

FONTARNAULT, h. c^{ne} de Saint-Benoît. — *Fontarnaud*, 1460 (abb. de St-Benoît, 4, f° 35a). — *Fons Arnauldi*, 1491 (ibid. 1, f° 127). — *Fonternault*, 1726 (ibid. 2).

FONT-AU-CORPS (LA), m. r. c^{ne} d'Availle-Limousine.

FONTAVILLIERS, h. c^{ne} de Saint-Sauveur.

FONTBEAU, f. c^{ne} de Saint-Gervais. — *Fonbiau*, *Fontbiau*, 1634 (fief de la Tour de Baunay).

FONTBELLE, h. c^{ne} de Genouillé. — *Lo mas de Pulchra Fonte*, v. 1130 (cart. de Montazay, n° 5). — *Terra de Fonte Pulcra*, v. 1139 (Fonteneau, t. XVIII,

p. 281); — *de Pulcro Fonte*, v. 1172 (ibid. t. XVIII, p. 437). — *Fontbela*, 1184 (ibid. t. XVIII, p. 553). — *Fontbelle*, 1498 (fief de la Grenatière). — *Fonbelle*, 1663 (notaires, Pascault à Civray).

FONTBENOÎT, fontaine et ruiss. c^{ne} de Saint-Gervais. — *Fons qui dicitur Benedicta*, 637 (dipl. de Dagobert, non authentique, ap. Pardessus, Diplomata, chartæ, etc. t. II, p. 57). — *Rivière de Fontbenoiste, paroisse d'Avrigny*, 1570 (seign. de la Varenne). — *Fontaine de Fonbenoist, Fonbenaistre*, 1774 (aveu de la Touche). — C'était probablement la fontaine de Montbrard.

FONT-BERNARD, h. c^{ne} de Saint-Sauveur. — *Fontbernard*, 1447 (com^{rie} de la Foucaudière, 8). — *Fonbernard*, 1661 (ibid. 9).

FONT-BETON, bois, c^{ne} de Ligugé; autref. au prieuré de Ligugé; contenait 98 arpents en 1792.

FONT-BLANCHE (LA), f. c^{ne} de Jouet.

FONTBOUÉ, f. et ruines, c^{nes} de Mauprevoir et Pairoux. — *Font Bouher*, 1606; *Fontboué*, 1612 (fam. du Breuil-Hélion). — *Fontboyer*, 1774 (abb. de la Reau). — *Fonbois*, 1775 (rôle des tailles de Pairoux). — Anc. fief relev. de l'abbaye de la Reau.

FONTBREDÉ, h. c^{ne} de Vouneuil-sur-Vienne.

FONTBRETTE (LA), h. c^{ne} de Châtain. — *Fonbrete* (Cassini).

FONTBRUN (LA), m. r. c^{ne} de Pleumartin.

FONT-CHRÉTIEN (LA), fontaine, sur la rive droite de la Vienne, près le gué de la Biche, c^{ne} de Civaux. — *La font crestienne*, 1404 (gr. Gauthier, f° 109 v°); 1498 (fief de Pindray).

FONT-COUDREAU (LA), f. c^{ne} de Saint-Maurice.

FONT-D'ALEUGNY (LA), h. c^{ne} de Chenevelles. — *Herbergement de Lougné*, 1457 (duché de Châtellerault, 5). — Anc. fief relev. de la bar. de Moutoiron.

FONT-DE-CÉ (LA), fontaine à Lusignan; a donné son nom à une aumônerie dont les biens furent unis à l'hôpital de Lusignan; une rue de la basse ville s'appelle rue de la Font-de-Cé. — *Fons que Se*, 1009 (ch. à la bibl. de Poitiers). — *Fons que vocatur Seca*, 1024 (abb. de Nouaillé). — *Elemosinaria de Fonte Sitis*, 1248 (Fonteneau, t. I, p. 312); — *de collatione comitis Marcie* (pouillé de Gauthier, f° 152 v°). — *La Font de Sey*, 1280 (abb. de Fontaine-le-Comte, 22). — *Maison Dieu de la Font de Cé de Lesignen*, 1379 (gr. Gauthier, f° 56 v°). — *La Fons de Cef*, 1486; *la Fondecef*, 1505 (fief des Pouternières). — *La Fondecé*, 1748 (almanach de Poitiers). — Une des foires de Lusignan, appelée foire de la Font-de-Cé, se tient, de temps immémorial, le lundi avant la Pentecôte.

FONTDOUCE, ff. c^{ne} de la Puye.

FONT-DU-PARC (LA), h. c^{ne} d'Usson. — *La Fons du Parc*, 1597 (seign. de Ressonneau, 2). — *La Font du Parc*, 1641 (prieuré de Grand-Chaume).

FONTEBON, fontaine, c^{ne} de Frontenay; le ruiss. auquel elle donne naissance tombe dans le Prepson.

FONTÉGRIVE, fontaine et ruines, c^{ne} de Brion. — *Font Aygrive*, 1345 (fief de la Maingre); 1409 (gr. Gauthier, f° 100). — *Herbergamentum de Fontaygue in parrochia de Brion*, 1404 (ibid. f° 96). — Anc. fief relev. de la vic. de Gençay.

FONTÉGRIVE, h. c^{ne} de Romagne. — *Fontaygrive*, 1404 (gr. Gauthier, f° 194 v°). — *Fontagrive*, 1410 (seign. de Bernay). — *Fontaigrive*, 1494 (fief de Chaleur). — *Fontesgrive*, 1596 (fief de la Bretinière).

FONTELLE, f. à Chassigny, c^{ne} d'Arçay; anc. fief relev. du château de Loudun (Ess. sur l'hist. de Loudun, 2° partie, p. 97).

FONTENELLE (LA), f. c^{ne} de Saint-Secondin; — 1680 (seign. de Gençay, reg. de recette).

FONTENELLE (LA), f. c^{ne} d'Usseau.

FONTENELLE (ÉTANG DE LA), c^{ne} de Brigueil-le-Chantre.

FONTENELLES (LES), f. c^{ne} d'Archigny.

FONTENELLES (LES), h. c^{ne} d'Availle.

FONTENELLES (LES), m. r. c^{ne} de Coussay-les-Bois; — 1465 (chap. cathédral, 25).

FONTENELLES (LES), h. c^{ne} de Jardres; — 1406 (chap. de St-Hilaire, 356).

FONTENILLE, mⁱⁿ sur la Dive, c^{ne} de Verrières. — *Moulin de Fontenilhes*, 1477 (fief de Mortemer).

FONTENILLE (LA), h. c^{ne} de Champagné-Saint-Hilaire. — *La Fontenilhe*, 1446 (chap. de St-Hilaire, 243). — Anc. fief relev. de la châtell. de Champagné-Saint-Hilaire.

FONTENILLES (RUISSEAU DES), c^{ne} de Millac, tombe dans la Vienne au-dessous de Chalais. — *Le ry de Fontenilhes*, 1474 (cure de Millac).

FONTEVEILLE, h. c^{ne} de Châtellerault; autref. c^{ne} de Naintré.

FONTEVRAULT, m. isolée, c^{ne} de Doussay.

FONTFERMÉE (LA), chât. c^{ne} de Naintré; — 1419 (chap. de Châtellerault, 14). — Anc. fief relev. de la Massardière.

FONTFROIDE (RUISSEAU DE), prend sa source à Fontfroide, c^{ne} de Vasles (Deux-Sèvres), et se jette dans l'Auzance près Beauregard, c^{ne} d'Ayron.

FONTGEOFFROY, lieu détruit, près la Voûte, c^{ne} de Chouppes. — *La tour de Fonsgeoffroy, de Fongeoffroy*, 1480 (fam. de Fouchier, aveu de Gloriette).

FONT-GERBEAU, bois, c^{ne} de Lussac-le-Château; contenait 38 hectares en 1805.

FONTIOUX, h. c^{ne} de Morçay. — *Fontiaut*, 1435; *Fontiau*, 1527 (chap. de St-Hilaire, 549); *Fontiou*, 1775 (rôle des tailles). — Anc. fief relev. de la châtell. de Clavière (Fonteneau, t. XLII, p. 35).

FONT-JANDE, f. c^{ne} de Persac.

FONTJOINT, h. c^{ne} de Verrières.

FONTJOISE, vill. et fontaine, c^{ne} d'Alonne. — *Stagnum de Funt Joise*, 1188 (abb. de Nouaillé). — *Fonjuze*, 1293; *Fonjoise, Fontgeize*, 1335; *Fons Joize*, 1343 (ibid. 24). — *Fonjoyse*, 1441 (ibid. 27). — *Fongoise*, 1480; *Fonjoize*, 1610 (ibid. 28). — Ce vill. dépendait de la seign. de Jouarenne.

Le ruiss. qui sort de la fontaine de Fontjoise est appelé ruiss. de Fontjoise ou de la Dousse. Voy. ce mot.

FONT-LE-BON, chât. ff. et fontaine, c^{ne} de Châtain. — *Isdrael de Fontlobon*, v. 1160 (Fonteneau, t. XVIII, p. 313). — *Apud Fontem Lobun*, 1169 (ibid. t. XVIII, p. 393). — *Iterius de Fontobun*, 1263 (abb. de Nouaillé, 1). — *Chasteau et forteresse de Fontebon*, 1363 (inv. de Font-le-Bon, p. 142). — *Fontlebon*, 1498 (fief de la Grenatière). — Anc. fief dont la moitié relevait de Comporté.

Le ruiss. de Font-le-Bon se jette dans la Charente en aval de Chez-Paillaud.

FONTLIÂMES, ff. c^{ne} de Mazerolles. — *Font Guillaume*, 1479 (abb. de Nouaillé, 40). — *Fontaine de Font Guillaume*, 1490 (seign. de la Tour-aux-Cognons).

FONT-MÉNARD (LA), f. c^{ne} de Sillars.

FONTMOLLANGE, f. c^{ne} de la Trimouille; anc. fief.

FONTMORE, f. c^{ne} de Vellèche; anc. prieuré de l'ordre de Grandmont, annexe de celui de Notre-Dame du Pommier-Aigre ou Grandmont-lès-Chinon (Indre-et-Loire). — *Fratres Fontis Mauri*, 1201; — *Fontis More*, 1234; — *de Fonte Maure*, 1246; *ecclesia beate Marie de Fonte Mauro*, 1278; *Fontmore*, 1291; *Fonmore*, 1479 (prieuré de Fontmore). — Le fief du prieuré relevait du duché de Châtellerault.

Le ruiss. de Fontmore prend sa source en ce lieu et se réunit au ruiss. de Vellèche près le chef-lieu de la commune.

FONTMORIN, h. c^{ne} de Gouex. — *Willelmus de Fonte Morini*, v. 1220 (abb. de Nouaillé, 19). — *Funtmorin*, 1273 (Fonteneau, t. XXII, p. 323). — *Fontmorin*, 1544 (cure de Gouex).

Le moulin de Fontmorin, sur le ruiss. de Mortaigue, mentionné en 1530 et 1624 (seign. de Lussac, 1), n'existe plus.

FONTMORINE (LA), h. c^{ne} de Persac.

FONTMORON, vill. et tuilerie, c^{ne} de Liglet; anc. prieuré dép. de l'abbaye de Fontgombault (Indre). — *Prior de Fontemoron*, 1287 (Fontencau, t. XXVI, p. 275); — *de Fontemorum* (pouillé de Gauthier, f° 148). — *Fontmoron*, 1383 (taux du décime, p. 16). — *Fontmorand* (Cassini). — *S. Antoine de Fontmoron*, 1782 (pouillé).

FONTMORT, h. c^{ne} de Champagné-Saint-Hilaire. — *Fontmor*, 1558 (abb. de Moreaux). — *Fontmort*, 1558 (fief de Château-Larcher).

FONT-MORTE, lieu détruit, près la Chaufuronnerie, c^{ne} de Pairoux; — 1404 (gr. Gauthier, f° 196 v°); 1486 (fief de Pairoux).

FONT-MORTE (LA), f. c^{ne} de Sillars; — 1573 (maison-Dieu, 138).

FONT-NADEAU (LA), f. c^{ne} de Plaisance. — *La Font Nadault*, 1583 (fief de l'Âge-de-Plaisance).

FONTNAU, lieu détruit, près Chantemerle, c^{ne} de Saint-Maurice; — 1404 (gr. Gauthier, f° 98 v°).

FONTPÉRON, h. et m^{in} sur la Grande-Blour, c^{ne} de Persac; — 1506 (seign. de la Brulonnière).

FONTPETARD, h. c^{ne} d'Adriers. — *Fontpedart*, 1640 (prieuré d'Entrefins).

FONTPIOT, h. c^{nes} de Pairoux et Saint-Martin-Lars. — *Fontpiot*, 1498 (fief de St-Martin-Lars). — *Font Pyot*, 1561 (fief de la Grande-Épine).

FONTPOISE (LA), ruiss. sort de la fontaine de ce nom, c^{ne} d'Orches, et tombe dans l'Envigne près Lencloître, après avoir arrosé la c^{ne} de Saint-Genest.

FONTPOURRY, f. c^{ne} de Thuré. — *Fonpourry*, 1671 (fief de la dîme de la Plante).

FONTPRÉVOIR, vill. c^{ne} de Leigne. — *Apud Fontem Prouart*, 1148 (cart. de la maison-Dieu, 166). — *Domus Dei de Fonteproart*, 1258 (Ledain, Hist. d'Alphonse, comte de Poitou, p. 114). — *Fontproart*, 1484 (gr. Gauthier, f° 7 v° et 111). — *Fontproard*, 1475 (maison-Dieu, 156). — *Fontprohard*, 1533; *Fontprouard*, 1547 (*ibid.* 164). — *Fontprevoir*, 1775 (rôle des tailles). — Anc. com^{rie} dép. de la maison-Dieu de Montmorillon.

FONTPUTET, lieu autref. habité, c^{ne} de Plaisance; — 1494, 1583 (fief de l'Âge-de-Plaisance).

FONTPUTET, f. c^{ne} de Smarve. — Le cadastre mentionne Fontputel et l'ancienne villa de Fontputet.

FONTRABOT, h. c^{ne} de Lencloître. — *Fons Rabot*, 1620 (famille de Fouchier, aveu de Rochefort, f° 65).

FONTRAPÉ, f. c^{ne} de Mazerolles.

FONT-SAINT-MARTIN (LA) ou LA FONT-D'USSON, vill. c^{ne} d'Usson; anc. couvent de l'ordre de Fontevrault. — *Ad Fontem Sancti Martini*, 1119 (gr. cart. de Fontevrault, 769). — *Sanctimoniales Fontis Sancti Martini*, 1162, 1164 (abb. de Nouaillé). — *Fons Beati Martini*, 1406 (gr. Gauthier, f° 277). — *Prieuré de la Font Saint Martin*, 1408 (*ibid.* f° 203 v°). — *Les religieuses de la Font de Sainct Martin*, 1585 (seign. de Lussac, 1). — Après 1585 il n'est plus fait mention de ce couvent.

Le ruiss. de la Font-d'Usson, qui sort de l'étang de Beauregard, se jette dans la Clouère au-dessus de Busseroux.

FONTSÉMONT, h. c^{ne} de la Roche-Posay. — *Girardus de Fosaimunt*, 1211; *Fossamont*, 1221; *Fossa Eadmundi*, 1256 (cart. de la Merci-Dieu, 115, 121, 149). — *Humbertus de Fossa Aymont*, 1259 (évêché, 17). — *Fossamont*, 1346 (abb. de la Merci-Dieu, 4). — *Foncesmont*, 1448 (*ibid.* 5). — *Focemont*, 1498 (seign. de la Roche-Posay, 1). — *Foncemont*, 1499 (*ibid.* 5). — *Fossesmont*, 1503; *Fonsaymond*, 1629 (abb. de la Merci-Dieu, 4). — Anc. fief relev. de Bois-Garnault.

FONTSERIN, m. isolée, fontaine et grotte, c^{ne} de Lussac-le-Château. — *Russeau de Font Sorin*, 1499 (seign. de Lussac, 1); appelé auj. ruiss. des Petits-Moulins.

FONTVIDEAU, f. c^{ne} d'Anois. — *Fontvidault*, 1498 (fief de la Grenatière).

FOREIL, h. c^{nes} de la Chaussée et Verrue.

FORESTRIE (LA), m. r. c^{ne} de Vouneuil-sur-Vienne.

FORESTRIES (LES), f. c^{ne} d'Antran. — *Les Fourestries*, 1532 (cure d'Ingrande). — *Les Forestryes*, 1666 (seign. de la Maison-Neuve).

FORÊT (LA), f. c^{ne} d'Archigny.

FORÊT (LA), h. c^{ne} de Curzay. — *La Forest*, 1615 (abb. de Nouaillé, 60).

FORÊT (LA), h. dans la forêt du Gassouillé, c^{ne} de Dienné; anc. seign. appart. à l'abbaye de Saint-Benoît-de-Quinçay. — *La Fourest*, 1466; *la Fourest de Dyné*, 1538; *mestairie noble de la Forêt du Gassouillé*, 1767 (abb. de St-Benoît, 27).

FORÊT (LA), f. c^{ne} de Gouex.

FORÊT (LA), m. r. c^{ne} d'Ingrande. — *La Forest*, 1444 (duché de Châtellerault, 1). — Anc. fief relev. du duché de Châtellerault.

FORÊT (LA), m. isolée, c^{ne} de Lussac-le-Château.

FORÊT (LA), h. c^{ne} de Marçay.

FORÊT (LA), f. c^{ne} de Millac. — *La Forest*, 1449; *la Forest Bost*, 1498 (seign. de l'Isle-Jourdain). — *La Fourest Botz*, 1554 (cure de l'Isle-Jourdain).

FORÊT (LA), f. c^{ne} de Pairoux.

FORÊT (LA), f. c^{ne} de Saint-Gaudent. — *Mestaeria de la Forest?* v. 1188 (Fonteneau, t. XVIII. p. 585).

FORÊT (LA), h. c^{ne} de Saint-Sauvant. — *La Fourest*, 1282 (arch. de Poitiers, inv. des titres perdus). — *La Forest de Sainct Sauvant, maison noble*, 1676 (seign. de Couhé). — Anc. fief relev. du marq. de Couhé.

Forêt (La), m. près Germigny, c⁽ⁿᵉ⁾ de Sérigny.

Forêt (La), h. c⁽ⁿᵉ⁾ de Vaux-en-Couhé. — *Foresta*, 1242; *Foresta de Bolor*, 1257 (chap. de S¹-Hilaire, 342). — *Foresta de Beloer* (pouillé de Gauthier, f° 152). — *La Fourest du Bouleur*, 1395 (chap. de S¹-Hilaire, 342). — *La Foretz*, 1621 (seign. de Monts). — *La Farest de la Boulleur*, 1660 (notaires, Mestreau à Civray). — *La Forest de Bouleur*, 1676 (seign. de Couhé).

Forêt (La), m⁽ⁱⁿ⁾ sur le ruiss. de Vellèche et f. c⁽ⁿᵉ⁾ de Vellèche.

Forêt (La), h. c⁽ⁿᵉ⁾ de Vicq. — *La Forest de Vic* (Cassini).

Forêt (La), h. et étang, c⁽ⁿᵉ⁾ du Vigean. — *La Forest*, 1470 (fam. de Genouillé). — *La Fourest*, 1554 (cure du Vigean).

Forêt (La Grande et la Petite-), ff. c⁽ⁿᵉ⁾ d'Asnières. — *La Forest*, 1557 (seign. de Serre et Abzac). — *La petite Foret*, 1722; *la grande Forest*, 1747 (cure d'Asnières).

Forêt (La Grande et la Petite-), ff. c⁽ⁿᵉ⁾ de la Ferrière. — *Herbergement de la Fourest*, 1404 (gr. Gauthier, f° 84 v°). — *Fouresta d'Airoux*, 1404 (ibid. f° 95). — *La petite Fourest*, 1404 (ibid. f° 89 v°). — *La grand Fourest*, 1617 (seign. de la Lande).

Forêt-Marot (La), h. c⁽ⁿᵉ⁾ de Latillé. — *Silva que vocatur Mairalts*, 951 (Fontencau, t. XIII, p. 49); — *Mairalt*, 989 (ibid. t. XIII, p. 97). — *La Follie Marot*, 1452 (abb. du Pin, 26). — *La Fourest Marot*, 1775 (rôle des tailles).

Forêt-Mériget (La), vill. c⁽ⁿᵉ⁾ de Chaunay. — *Foresta in parochia de Chonayo*, 1314 (terre de la Forêt). — *La Fourest de Meriget*, 1402 (gr. Gauthier, f° 227). — *La Forest Meriget*, 1598 (fief de Chigeloup). — Anc. fief.

Forêts (Les), h. c⁽ⁿᵉ⁾ de Saint-Secondin. — *La Forest Civrazeze*, 1379 (fief de Guillaume Chales de Civray); 1406 (gr. Gauthier, f° 82). — *La Fourest Civraisaise*, 1538 (seign. de la Boutinelière). — *La Fourest Cyvraise*, 1595 (fief de l'Essart ou le Ferranon). — *Les grandes et les petites Forest Civraize*, 1740 (ibid.). — *Les Forests*, 1737 (rôle des tailles).

Forêts (Les), ff. c⁽ⁿᵉ⁾ de Saugé. — *Maison des Fourestz*, 1506 (maison-Dieu, 29).

Forêts (Les Basses-), h. c⁽ᵇˢ⁾ de Montreuil-Bonnin.

Forge, m. r. c⁽ⁿᵉ⁾ de Chenevelles. — *Forges*, 1474 (duché de Châtellerault, 5). — *Les Forges*, 1475 (seign. de Puygarreau, 10). — Fief et haute justice relev. du duché de Châtellerault. Autre fief relev. de celui de Bourg, uni à la seign. de Puygarreau.

Forge (La), h. c⁽ⁿᵉ⁾ d'Antran; — 1520 (seign. de la Motte d'Usseau).

Forge (La), h. c⁽ⁿᵉ⁾ d'Archigny. — *La Forge aux Giraulx*, 1474 (évêché, 22); 1503 (seign. de Montoiron, 1). — *La Forge*, 1774 (évêché, 37).

Forge (La), m⁽ⁱⁿ⁾ sur le ruiss. du Teil et h. c⁽ⁿᵉ⁾ de la Chapelle-Viviers. — *Moulin de la Forge*, 1536 (prieuré du Teil-aux-Moines). — *La Forge aux Sornins*, 1626 (cure de la Chapelle-Viviers).

Forge (La), h. c⁽ⁿᵉ⁾ de Châtain. — *Forges juxta Fontlobon*, v. 1191 (Fontencau, t. XVIII, p. 593). — *Village de la Forge*, 1492 (inv. de Font-le-Bon, p. 104).

Forge (La), m. r. c⁽ⁿᵉ⁾ de Civray; — 1690 (notaires, Pascault à Civray).

Forge (La), f. c⁽ⁿᵉ⁾ de Latus; — 1466 (prieuré de Latus).

Forge (La), h. c⁽ⁿᵉ⁾ de Lautier; — 1702 (cure d'Archigny).

Forge (La), h. c⁽ⁿᵉ⁾ de Leigné-les-Bois.

Forge (La), forge, chât. et vill. c⁽ⁿᵉ⁾ de Lomaizé. — Cette forge, communément appelée forge de Verrières, a été construite en 1671 sur l'emplacement d'un moulin.

Forge (La), forge, vill. et étang, c⁽ⁿᵉ⁾ de Luchapt. — Cette forge a été établie en 1710 (Fontencau, t. XLIV, p. 42).

Forge (La), h. c⁽ⁿᵉ⁾ de Pouzioux; — 1514 (cure de la Chapelle-Viviers).

Forge (La), m. détruite, entre la Sicotière et les Bruyères, c⁽ⁿᵉ⁾ de Prinçay; — 1644 (cure de Prinçay).

Forge (La), h. c⁽ⁿᵉ⁾ de Romagne. — *Molendina de Molinars noviter facta*, 1257 (chap. de S¹-Hilaire. 242). — *Molinart*, 1466; *Moulinart*, 1475 (seign. du Parc et Boisvert, 1). — *Moulin à fer ou forge et forneau à fer nouvellement basty sur la rivière du Clain au lieu apellé Moulynard entre le moulin veilh et le moulin de-la Queuilhe*, 1533 (chap. de S¹-Hilaire, 245). — *Forge de Moulinard*, 1562 (seign. du Parc et Boisvert, 3). — *Lieu de Moulynard où antiennement estoit basty et ediffié ung moulin à forge à faire fer*, 1607 (chap. de S¹-Hilaire, 252).

Forge (La), f. c⁽ⁿᵉ⁾ de Saint-Gervais; — 1585 (seign. de Puygarreau, 1).

Forge (La), f. c⁽ᵗᵉ⁾ de Vellèche.

Forge (La Grande et la Petite-), h. c⁽ⁿᵉ⁾ de Senillé. — *La Forge*, 1617 (seign. de la Forge). — Anc. fief relev. du Bornais.

Forge-Audouard (La), f. c^ne d'Archigny.
Forge-Mouline, m^tn sur la Dive et h. c^ue de Salles-en-Toulon. — *Forge Mouline*, 1668 (chap. de Mortemer, 3). — *Moulin de Forge Moulline*, 1685 (fief de Mortemer).
Forges, vill. c^nes de Chaunay et Brux. — *Terra de Faurgas*, av. 1130 (cart. de Montazay, n° 1). — *Forges*, v. 1166 (*ibid.* n° 15). — *Forge*, 1594 (fief de Panièvre).
Forges, f. c^ue de Journet; — 1524 (chap. cathédral, 24).
Forges, h. c^ne de Saint-Georges. — *De Forgiis*, 1077 (Fonteneau, t. XIX, p. 34). — *Forges*, 1257 (abb. de Monticrneuf, reg. 10). — Anc. fief relev. de la tour de Maubergeon.
Forges, f. c^ne de Saint-Pierre-de-Maillé; — 1552 (cure de St-Phèle de Maillé). — Anc. fief relev. de la Roche-Aguet.
Forges (Les), h. c^ne de Celle-l'Évécault; — 1622 (fief de la Gralière).
Forges (Les), ff. c^ne de Saint-Martin-Lars.
Forges (Les), h. c^ne de Thollet.
Forges (Les), vill. c^ne de Vaux-en-Couhé.
Forges (Les), h. c^ne de Vezières. — *La Forge*, 1527 (arch. de la Soc. des antiq. de l'Ouest; Loudunais); 1554 (chap. de Ste-Croix de Loudun, 6). — *Les Forges*, 1674 (cure de Vezières).
Forges (Les), f. c^ne du Vigean; — 1650 (cure du Vigean).
Forges (Les Basses et les Hautes-), vill. et f. c^us de Tercé. — *Les Forges*, 1562 (fief de Mortemer).
Forges (Étang des), c^ne d'Asnières. — Le ruiss. qui en sort et qui en prend le nom arrose la c^ue de Luchapt et se jette dans la Grande-Blour au-dessus du moulin de la Conche.
Forges (Les Grandes et les Petites-), ff. c^ne de Château-Garnier.
Forges (Les Vieilles-), vill. c^nes de Millac et Asnières.
Forges-les-Bois, f. c^ue de la Trimouille. — *Forges*, 1494 (fief de Gersant). — *Forges du Boys*, 1528; *la Forge du Boys*, 1580; *Forges des Boys*, 1586 (seign. de Courtevrault).
Forgetière (La), h. c^ne de Saint-Pierre-de-Maillé.
Forgets (Les), m. r. c^ne de Dangé. — *Village des Forgetz*, 1598 (seign. de la Fontaine, 1).
Forgets (Les), ff. c^ne de Sérigny. — *Cheulx les Forgetz*, 1552 (cure de Sérigny).
Forgettrie (La), m. r. c^ne de Morçay.
Forgué (Le), m. r. c^ne de Lavoux. — *Le Fordié*, 1820 (nomencl.).
Forlière (La), m. r. c^ne de Marnay. — *La Fourrelière*, 1505 (cure de Gizay). — *La Fourellière*, 1565 (religieuses de Ste-Catherine de Poitiers).

Forochon, m. isolée, c^ue de la Vausseau.
Fort (Le), chât. et f. c^ne d'Aionne; anc. habitation du commandeur de la Villedieu. — *Au Fort*, 1251 (chap. de St-Hilaire, 238). — *Chasteau du Fort*, 1645 (com^rie de la Villedieu, 17).
Fort (Le), h. c^ne de Chéneché. — *Le seigneur du Fort*, 1567 (seign. de Chéneché, 4). — Anc. fief relev. de la châtell. de Chéneché.
Forteresse (La), h. c^ne de Saint-Jean-de-Sauves. — *La fortilesse de Saint Aubin du Dolet*, 1768 (cure de St-Aubin-du-Dolet). — Anc. domaine de l'abbaye de Fontévrault.
Fortinière (La), f. c^ne de Saint-Gervais; — 1494 (duché de Châtellerault, 6). — *La Poissonnière ou Fortinière*, 1634 (fief de la Tour de Baunay). — Anc. fiefs relev. l'un de la Tour de Baunay et l'autre de la bar. de la Touche; la dîme de la Fortinière relevait de la Motte d'Usseau.
Fortins (Les), grange, c^ne d'Ingrande. — *Village des Fortins alias les Blons*, 1756 (terrier de la Groye, p. 400).
Fort-Moquet (Le), h. c^ne de Sossay.
Fortran, vill. c^ne de Linazay. — *Foletruan*, 1389 (gr. Gauthier, f° 245 v°); 1404 (*ibid.* f° 265). — *Foulletruan*, 1475 (fam. Jousserant, 1). — *Folletruan*, 1498 (fief de la Chaux). — *Foultruan*, 1503 (fam. Jousserant, 2). — *Folletruant*, 1576 (fief de Bellabre). — *Fortruand*, 1730 (rôle des tailles). — *Foltruans*, 1742 (fief de la Bigeonnerie).
Forts (Les), m. r. c^ne de Senillé.
Forvallon, h. c^nes de Saint-Pierre-de-Maillé et Pleumartin.
Forzon, h. c^ne de Sanxay. — *Abelina de Forzons*, 1260 (Hommages d'Alphonse, p. 78). — *Forzon*, 1503 (seign. de Puygarreau, Bourg). — Anc. fief relev. de Curzay.
Forzon (Le Petit-), f. c^ne de Sanxay.
Fosse (La), h. c^ne de la Chapelle-Mortemer. — *La Fousse*, 1601 (chap. de Mortemer, 2). — *La Fosse*, 1711 (rôle des tailles).
Fosse-à-Gaby (La), vill. c^ne de Châtellerault.
Fosse-à-Lamy (La), f. détruite, près Bois-Brunet, c^ne de Champagné-Saint-Hilaire; — 1670 (chap. de St-Hilaire, 258).
Fosse-à-Mahaie (La), f. détruite, c^ne d'Archigny; — était située au milieu des brandes, entre Archigny et Chenevelles.
Fosse-au-Blanc (La), f. c^ne d'Archigny. — *La Fousse au Blanc*, 1559 (seign. de Touffou, 5).
Fosse-au-Loup (La), f. c^ne d'Oiré; — 1578 (seign. de la Groye, inv.).
Fosse-au-Paillé (La), h. c^ne de Poitiers; — 1606

(collège de Poitiers, 8). — *La Fosse aux Pailler*, 1623 (abb. de Fontaine-le-Comte, 21).

Fosse-au-Roi (La), c^{ne} de Cenon, à 1,500 mètres environ au sud du chef-lieu de cette c^{ne}; lieu où, suivant une tradition locale, fut inhumé Abdérame, dont l'armée fut taillée en pièces par Charles-Martel.

Fosse-aux-Loups (La), f. c^{ne} de Pouant.

Fosse-Blanche, usine sur la rive gauche de la Gartempe, c^{ne} de Montmorillon.

Fosse-Blanche, m. isolée, c^{ne} de Queaux.

Fosseblot, h. c^{ne} de Saint-Remy-sur-Creuse. — *Fossebleau*, 1619 (fief de Toiré). — *Fousse Blau*, 1650 (fief de la Chaise).

Fosse-Catherine (La), m. isolée, c^{ne} de Thuré.

Fosse-du-Grand-Chemin (La), h. c^{ne} de Smarve.

Fosse-Grande, h. c^{ne} de Liniers. — *Fovea grandis*, *Fossegrant*, 1320 (évêché, 22). — *Foussegrant*, 1439 (seign. de Touffou). — *Fossegrand*, 1635 (abb. de Montierneuf, 82). — Anc. fief relev. de Touffou.

Fosse-Grand-Homme (La), vill. c^{ne} de Joussé. — *Fosse grand lhomme*, 1736 (rôle des tailles).

Fosse-Loup, h. c^{ne} de Blâlay.

Fosse-Marion, h. c^{ne} de Liniers. — *Fousse Marion*, 1437 (seign. de Touffou, 1). — *La Fosse Marion*, 1481 (abb. de St-Cyprien, 44).

Fosse-Martin (La), h. c^{ne} de Montreuil-Bonnin. — *La Foussse Martin*, 1562 (abb. de Ste-Croix, 29). *La Fosse Martin*, 1775 (rôle des tailles).

Fossemorin, lieu détruit, c^{ne} de Dangé; — 1686 (fief de la dîme de Piolant).

Fosse-Nédot (La), m. r. c^{ne} de Marçay.

Fosse-Noire (La), m. r. c^{ne} de Smarve; — 1710 (rôle des tailles).

Fosse-Picault (La), h. c^{ne} d'Ouzilly.

Fosses (Les), vill. c^{ne} de Champagné-le-Sec; — 1594 (fief de Panièvre).

Fosses (Les), lieu détruit, près et au nord de Champniers. — *Les Fousses*, 1403 (gr. Gauthier, f°s 251 et 280 v°); *le grant chemin des Fosses allant à Civray*, 1403 (ibid. f° 251 v°). — *Village des Foulces*, 1498; — *des Fosses*, 1601 (fief de la Chaux).

Fosses (Les), f. c^{ne} de Lomaizé. — *Les Foussses*, 1405 (gr. Gauthier, f° 22). — *Les Fosses*, 1428 (seign. de Dienné et Verrières).

Fosses (Les), m^{in} sur le ruiss. de Beaupuy et h. c^{ne} de Saint-Genest. — *Moulin des Foussses*, 1516 (seign. de Puygarreau, 4); — *des Fosses*, 1684 (ibid. 2).

Fosses (Les), f. c^{ne} de Saint-Martial. — *Mestairie des Foussses*, 1656 (chap. de Chauvigny, 6). — *Les Fosses*, 1766 (rôle des tailles).

Fou (Le) ou l'Orillandière, f. à Saint-Laurent, c^{ne} de Saint-Cyr; — 1535 (chap. cathédral, 84).

Fou (Le), chât. vill. et bois, c^{ne} de Vouneuil-sur-Vienne. — *Decima d'Armenterose*, v. 1250 (cart. de St-Pierre-le-Puellier à la bibl. de Poitiers). — *Fié d'Armenteresse*, 1326 (évêché, 17). — *Jehan Salmon, chevalier, seigneur d'Armintresse*, 1433 (chap. cathédral, reg. 93, p. 905). — *Boys de l'Armenteresse*, 1438 (com^{rie} d'Auzon, 9). — *Le Fou alias la Menteresse*, 1500 (abb. de Montierneuf, 8). — *Chasteau du Fou*, 1523 (abb. de St-Benoît, 12). — La mutation du nom a eu lieu en vertu de lettres patentes de mai 1470, obtenues par Jacques du Fou, sénéchal de Poitou (Réform. des forêts du Poitou, p. 68). — Le fief du Fou relevait du marq. de Clairvaux.

Fouardière (La), f. c^{ne} de Dangé; — 1425 (cure d'Ingrande).

Foubertière (La), h. c^{nes} de Linazay et Saint-Saviol. — *Fulberteria*, 1172 (Fonteneau, t. XVIII, p. 413). — *La Foubertière*, 1528 (fief de Lairé).

Foucaudière (La), h. c^{ne} de la Chapelle-Mortemer. — *La Foucaudière*, 1405 (gr. Gauthier, f° 21). — *La Foucauldière*, 1562 (fief de Mortemer). — Anc. fief relev. de la tour de Maubergeon, donné aux carmes de Poitiers, le 11 avril 1635, par Étienne Boynet, chevalier des ordres de Saint-Lazare et de Notre-Dame du Mont-Carmel.

Une forêt de la Foucaudière est mentionnée en 1417 (carmes de Poitiers).

Foucaudière (La), chef-lieu de la c^{ne} de Saint-Sauveur; anc. com^{rie} de l'ordre de Saint-Antoine de Viennois, fondée en 1349. — *La Foucaudère*, 1349; *Folcoderia*, 1366; *la Foucauldère*, 1442; *St-Antoine de la Foucaudière*, 1454 (com^{rie} de la Foucaudière).

L'église de la commanderie est auj. l'église paroissiale de la c^{ne} de Saint-Sauveur, celle de Saint-Sauveur ayant été détruite. — Le fief de la Foucaudière relevait du duché de Châtellerault. — Une foire se tenait autref. à la Foucaudière le 17 janvier, fête de Saint-Antoine (almanachs de Poitiers, de 1645 à 1798).

Les bois de la Foucaudière appartenaient à la commanderie; ils contenaient 108 hectares en 1815.

Fouchalerie (La), f. c^{ne} de Marigny-Brizay. — *La Fourchallerie*, 1506 (couvent de Lencloître). — *Hostel noble de la Fouschallerye*, 1542 (com^{rie} d'Auzon, 8). — *La Fouschallière*, 1585 (maison-Dieu, 121). — *La Fouchallerie*, 1627 (com^{rie} d'Auzon, 8). — Anc. fief relev. de la bar. de Colombiers.

Fouchardière (La), h. c^{ne} d'Ayron.

Fouchardière (La), m. r. c^{ne} de Châtellerault; — 1455 (abb. de St-Cyprien, 21).

FOUCHANDIÈRE (LA), f. c^{ne} d'Ingrande; — 1493 (duché de Châtellerault, 5).
FOUCHANDIÈRE (LA), h. c^{ne} de Lizant. — *La Fouschardère*, 1405 (gr. Gauthier, f° 209 v°). — *La Fouchardière*, 1566 (seign. de Landraudière).
FOUCHANDIÈRE (LA), f. c^{ne} de Rouillé. — *La Fouchardère*, 1357 (chapelle de Laugerie). — *La Fouschardère*, 1524 (chap. de St-Hilaire, 558).
FOUCHANDIÈRE (LA), lieu détruit, près le Cormier, c^{ne} de Saint-Christophe; — 1444 (duché de Châtellerault, 1). — Anc. fief relev. du duché de Châtellerault.
FOUCHANDIÈRE (LA), chât. et bois, c^{ne} de Sillars; — 1557 (maison-Dieu, 98).
FOUCHANDIÈRE (LA), f. c^{ne} de Thuré.
FOUCHAUDIÈRE (LA); m. r. c^{ne} de Mirebeau. — *La Fourchaudière*, 1534 (couvent de Lencloître).
FOUCHÈNES (LES), h. c^{ne} de Bonnes; — 1547 (aveu de Touffou).
FOUCHERIE (LA), f. c^{ne} de Thuré. — *La Foucherye*, 1619 (fief de la Rimbertière).
FOUCHERS (LES), f. c^{ne} de Saint-Romain-sur-Vienne; — 1675 (cure de St-Romain).
FOUCTERIE (LA), h. c^{ne} de Sammarçolle.
FOUCTIÈRE (LA), m. r. c^{ne} de Thuré. — *La Foulquetière*, 1426 (duché de Châtellerault, 7). — *La Foucquetière*, 1456 (chap. de Châtellerault, 12). — *La Fouquetière*, 1572 (duché de Châtellerault, 5).
FOUDRE (LA), h. c^{ne} de Vendeuvre.
FOUET (LE), c^{ne} de Sommières; anc. fief relev. de la vic. de Gençay. — *Terra de Foueta*, 1406 (gr. Gauthier, f° 80 v°).
FOUETENFOUET, f. c^{ne} de Millac. — *Font en Foys, Font Enfoues*, 1449 (seign. de l'Isle-Jourdain). — Anc. fief relev. du marq. de l'Isle-Jourdain.
FOUGEASSIÈRE (LA), f. c^{ne} de Nouaillé. — *La Fogerassère*, 1293 (abb. de la Trinité, 56). — *Faugerata*, 1342 (abb. de Nouaillé, 1). — *Faugeraceria*, 1360 (ibid. 9). — *La Faugeracère*, 1445 (ibid. 6). — *La Foujassière*, 1569 (ibid. 5). — *Village de la Violette, anciennement la Foujassière*, 1638 (ibid. 9). — *La Faujacière*, 1643; *la Fougeassière*, 1649 (ibid. 16). — Anc. fief relev. de l'abbaye de Nouaillé.
FOUGERAIS (LE), h. c^{ne} de Chouppes.
FOUGERAY, lieu détruit, c^{ne} de Sammarçolle (Cassini).
FOUGÈRE, h. c^{nes} de Migné et Cissé. — *Faugères*, 1274 (abb. de Montierneuf, 48). — *Fougières*, 1565 (ibid. 49).
FOUGÈRE (LA) et LA PETITE-FOUGÈRE, h. c^{ne} de Saint-Maurice. — *La Faugère*, 1710 (rôle des tailles).

FOUGÈRE (LA), m. isolée, c^{ne} de Saire.
FOUGERÉ, vill. c^{ne} de Champagné-Saint-Hilaire. — *Faugeracum*, v. 1084 (Fonteneau, t. XXI, p. 489). — *In villa que vocatur Falgeriaco?* v. 1100 (cart. de St-Cyprien, p. 211). — *Faugeret*, 1362 (chap. de St-Hilaire, 539). — *Faugeré*, 1446 (ibid. 243). — *Fougeré*, 1524 (ibid. 245). — *Faugery*, 1591 (seign. de Couhé).
FOUGÈRES (LES GRANDES-), h. c^{ne} de la Chapelle-Montreuil.
FOUGERET, chât. et vill. c^{ne} de Queaux. — *Helias de Faugerec*, 1337 (Fonteneau, t. XXXVIII, p. 83). — *Chastel noble de Fougeré*, 1416 (ibid. t. XXIV, p. 257). — *Faugeré*, 1483 (abb. de Ste-Croix, 96). — *Faulgeray*, 1577 (Fonteneau, t. XLV, p. 773). — *Chastel de Faugery*, 1597 (seign. de Ressonneau, 2). — *Couvent de S. François de Fougeray*, 1621 (Voy. CORDELIERS). — *Fougeré*, 1624 (couv. de la Rallerie). — *Fougeret*, 1775 (rôle des tailles). — Anc. fief et haute justice relev. du comté de la Basse-Marche.
FOUGERET, f. c^{ne} de Vendeuvre. — *Faugeray*, 1450 (évêché, 72). — *Moulin de Faulgereys*, 1531 (seign. de Chénéché, 8); — *de Fougeray*, 1667 (fief de Chénéché). — Le m^{in} de Fougeret, sur la Palu, n'existe plus.
FOUGEROLLES, chât. c^{ne} de Sillars. — *Villa que dicitur Fougerolles*, XIIe s^e (maison-Dieu, cart. n° 64); *boscus et terra de Felgerollis* (ibid. n° 162). — *Place forte de Faugerolles*, 1497 (fief de Fougerolles). — Anc. fief relev. de la bar. de Montmorillon.
FOUGÉS (LES GRANDS et LES PETITS-), ff. c^{ne} de Verrue.
FOUGETTERIE (LA), h. c^{ne} de Vaux-en-Couhé.
FOUGON (FONTAINE DU), près Ternay; le ruiss. qui en prend le nom passe à Batreau et se jette dans la Dive.
FOUILLARDE (LA), bois, c^{ne} de Pouzioux; — 1623 (seign. de la Chaise-outre-Vienne); 1735 (seign. de St-Martin-la-Rivière, 3).
FOUILLANGES (LES), bois et étang, c^{ne} du Vigean.
FOUILLAUDIN, bois, c^{ne} de Lomaizé. — *Bois et bruyères de Fouillaudin*, 1548; *Foullaudin*, 1561 (fief de Dienné et Verrières). — Il contenait 110 arpents en 1657. C'était un fief relev. de la bar. de Dienné et Verrières.
FOUILLAUDRIE (LA), f. c^{ne} de Marigny-Chemerault. — *La Fouillauderie*, 1489 (livre de recette de Vivonne, f° 141 v°). — *La Fouillaudrye ou la Court du Fouilloux*, 1524 (abb. de Nouaillé, 60). — Anc. fief relev. de Bellefontaine.
FOUILLEMARE, étang, c^{ne} de Saugé. — *Étang de Fouillamart*, 1767 (fief de la Lande). — Un acte de

1496 (fief de la Lande) mentionne les landes de *Foulhamar*.

Fouilloux, vill. c^nes de Marigny-Chemerault et Marçay. — *Le Fouilloux*, 1416 (abb. de Nouaillé, 60).

Fouilloux, f. c^ne de Scorbé-Clairvaux; — 1621 (fief de Colombiers).

Fouilloux (Le), vill. c^ne de Chaunay. — *Terra del Foiost, au Folos*, av. 1130 (cart. de Montazay, n°s 1 et 2). — *Nemus deu Foillos*, v. 1166 (Fonteneau, t. XVIII, p. 343). — *Terra de Foloso*, v. 1166 (*ibid.* p. 355). — *Boscus dou Follos*, v. 1192 (*ibid.* p. 595).

Fouilloux (Le), h. c^ne de Pressac. — *Le Foulloux*, 1493 (seign. d'Availle). — *Le Fouilloux*, 1592 (cordeliers de Poitiers).

Fouilloux (Le), h. c^ne de Saint-Martin-la-Rivière. — *Herbergamentum de Foilhosio*, 1393; *le Fouilloux*, 1592 (fam. Chessé). — Anc. fief. relev. de la bar. de Chauvigny.

Fouilloux (Le), h. c^ne de Saint-Maurice. — *Le Fouilloux*, 1409 (gr. Gauthier, f° 100 v°). — *Le Foilleux*, 1443 (chap. de St-Pierre-le-Puellier, 21). — *Le grand Fouillou, le petit Fouillou*, 1612 (seign. du Fouilloux). — Le fief du Grand-Fouilloux relevait de la châtell. de Celle-l'Évêcault.

Fouilloux (Le), vill. c^ne de Saint-Romain. — *Le Fouilhoux*, 1403 (gr. Gauthier, f° 250). — *Le Foulioux*, 1773. c^ne (rôle des tailles).

Fouillu (Le), f. c^ne de Lomaizé. — *Le Fouylhoux*, 1379 (carmes de Poitiers). — *Le Fouylloux*, 1405 (gr. Gauthier, f° 22). — *Le Fouilloux*, 1417 (carmes de Poitiers). — Anc. fief relev. de la Foucaudière.

Fouines (Les), ff. c^ne de Pressac. — *Village des Bonnes aultrement appellé la Grange des fouynes*, 1558 (abb. de St-Cyprien, 28). — *Mestairie des Fouynes*, 1656 (fam. de la Broue de Vareilles).

Fouinières (Les), h. c^ne d'Ingrande. — *Les Fouynères*, 1425 (cure d'Ingrande). — *Les Fouynières*, 1460 (chap. de Châtellerault, 11). — *La Fouineraye* (Cassini). — Anc. fief relev. de Chêne.

Foule, h. c^ne de Claunay. — *Hostel de Folles*, 1429; *Fosle*, 1439 (prieuré de Triou). — *Foulles*, 1512 (com^rie de Loudun, 30). — *Foulle*, 1625 (prieuré de Claunay). — Anc. fief. relev. de l'abb. de Marmoutier (Indre-et-Loire).

Foule (La), h. c^ne de Saint-Romain-sur-Vienne. — *Villa de Faole*, 1299; *Feole*, 1351 (abb. de Ste-Croix, 46). — *Foole*, 1384 (*ibid.* 48). — *La Fousle*, 1473 (duché de Châtellerault, 6). — *Folla*, 1473 (abb. de la Trinité, 46). — *Foulle*, 1479 (*ibid.* 54). — *La Foulle*, 1521 (abb. de Ste-Croix, 83).

Fouleresse (La), h. c^nes de Saire et Savigny.

Foulière (La), h. c^ne de Notre-Dame-d'Or.

Foulle, vill. c^ne de Nieuil-l'Espoir. — *Fole, Feole*, 1385 (cart. de la Trinité, f°s 64 et 66). — *Foulle, Folle*, 1473 (abb. de la Trinité, 45). — *Fosle*, 1503 (chap. cathédral, 41).

Foulle (La), f. détruite, près Courcelles, c^ne de Gizay; — 1404 (gr. Gauthier, f° 88 v°).

Foulleresse (La), h. c^ne de Mirebeau. — *La Foulleresse*, 1439 (prévôté de Blâlay, 4). — *La Foulleresse*, 1498 (fam. de Fouchier). — Anc. fief relev. de Ry.

Fouquet (Moulin de), sur la Vienne, c^ne de Millac.

Fouquetière (La), h. c^ne de Ceaux, c^on de Loudun. — *La Foquetière*, 1406 (chap. de St-Hilaire, 427). — *La Foucquetière*, 1561 (com^rie de Loudun, 30). — *La Fouquetière*, 1692 (cure de Joué). — Anc. fief relev. de la bar. de Baussay.

Fouquetière (La), h. c^ne de Lencloître. — *La Foucquetière*, 1545 (chap. de Mirebeau, 27).

Fouquetière (La), m. r. c^ne de Liniers.

Fouquetière (La), h. c^ne de Saint-Georges. — *La Fouquetère*, 1361 (chap. de Ste-Radegonde, 109). — *La Foucquetère*, 1520 (fief de la Cour de Forges). — *La Fouctrie* (Cassini). — *La Fouqueterie*, 1775 (rôle des tailles).

Four (Le) ou La Tuilerie, h. c^ne de Fontaine-le-Comte. — *Mestairie de la Teublerye*, 1612 (abb. de Fontaine-le-Comte, 7).

Fouracue (La), m. isolée, c^ne de Lencloître. — *La Fourrache*, 1439 (terrier de Gironde, f° 122).

Fourboureau, m. r. c^ne d'Iteuil.

Fourchadeau (Ruisseau), c^ne de Moulime; prend naissance près la Barre et se jette dans la Petite-Blour au nord-est de la Grange.

Fourchaud, h. c^ne de Thurageau. — *Fourchaut*, 1477 (prieuré de St-Jean de Mirebeau, 6). — *Fourchault*, 1540 (chap. de Mirebeau, 27).

Fourchaudrie (La), lieu détruit, près Verrines, c^ne de Frontenay. — *La Fourchauderie*, 1599 (cure de Frontenay).

Fourché, h. c^ne de Vezières. — *Fourché*, 1451 (prieuré de Bournan, 11). — *Forché*, 1452 (com^rie de Loudun, 33).

Fourilles, anc. fief relev. de Curzay, c^ne de Curzay; auj. inconnu. — *Furille*, 1627; *Fourilles*, 1717 (fief de Curzay).

Fourneau (Le), f. c^ne de Bonnes.

Fourneau (Le), m^in sur le Clain, c^ne de Sommières; — 1766 (rôle des tailles).

FOURNERAIE (LA), f. c^ne de Mairé. — *La Forneraye*, 1459 (notaires, Artaud à la Roche-Posay). — *La Fourneraye*, 1599 (abb. de la Celle, 19). — *La Fourneraye d'Arnacq*, 1664 (cure de St-Jean-Baptiste de Châtellerault). — Anc. fief relev. de la vic. de la Guerche (Indre-et-Loire).

FOURNEUF, lieu auj. inconnu, c^ne de Saugé. — *Village de Fourneufz*, 1481 (maison-Dieu, 11).

FOURNEUF (LE HAUT et LE VIEUX-), h. c^ne de Sérigny. — *Boso de Furniols, de Furnols*, 1061 (cart. de Noyers, p. 25 et 697); — *de Fornols*, v. 1065 (ibid. p. 52); — *de Forniolis*, 1082 (ibid. p. 118). — *Airaldus de Furnoliis*, v. 1085 (cart. de St-Cyprien, p. 162). — *Chalo de Furneolis*, v. 1089 (cart. de Noyers, p. 204). — *Boso de Fornoils*, 1144 (gr. cart. de Fontevrault, 226); — *de Fornos*, 1146 (Clypeus nasc. Fontebrald. ord. t. II, p. 305). — *Fourncoux*, 1453 (com^rie de Loudun, 32). — *Fourneolz*, 1505 (cure de Sérigny). — *Fourneux le vieil*, 1520 (com^rie de Loudun, 32). — *Fief de Collay aultrement Vieulx Fourneulx*, 1555 (cure de Sérigny). — Anc. fief relev. de la bar. de Faye-la-Vineuse (Indre-et-Loire).

FOURNIÈRE (LA), f. c^ne de Latus; — 1730 (rôle des tailles).

FOURNIÈRES (LES), m. r. c^ne de Cloué. — *Les Ferronnyères*, 1481; *les Fournières*, 1521 (com^rie de Roche, 2).

FOURS (LES), f. c^ne de Thollet. — *Fourt*, 1525 (seign. de la Trimouille). — *Les Fours*, 1599 (fief du Bouchaud).

FOUSSAC, chât. c^ne de la Bussière. — *Boys de Foussac*, 1473 (évêché, 33). — *Fossac*, 1507 (abb. de St-Savin, 12). — *Foussat*, 1599 (fam. de la Bussière). — Anc. seign. et haute justice.

FOUSSAC, h. c^ne d'Hains. — *Fociacus*, 932-936 (cart. de St-Cyprien, p. 117). — *Foussac*, 1450 (maison-Dieu, 154). — Anc. fief relev. de l'abb. de Saint-Savin.

FOUSSADIÈRE (LA), f. c^ne du Bourg-Archambault; — 1498 (fief de Chanteloube).

FOUX (LE), f. c^ne de Thurageau. — *Le Four* (Cassini).

FOY (LA), ff. c^ne de Fontaine-le-Comte. — *Grangia de Faia*, 1245; *la Faya*, 1250; *la Foix*, 1618 (abb. de St-Cyprien, 50). — *La Foye*, 1755 (rôle des tailles).

FOYANT (LE), f. détruite, c^ne de Couhé. — *Le Fayant*, 1732 (rôle des tailles). — Dans l'Inv. du marq. de Couhé, *le Fayeau* est au nombre des fiefs qui relevaient de cette seigneurie.

FOYANT (LE), f. c^ne de Marçay. — *Le Fayaud*, 1778 (cure de Marçay).

FOYE (LA), m. r. c^ne d'Antran. — *Hostel de la Faye*, 1438 (chap. de Châtellerault, 16). — *Prieuré de la Foye*, 1684 (cure de Thuré); 1777 (aveu de Clairvaux, p. 200). — *Chapelle de Sainte Neomée de la Foye, paroisse de Thuré*, 1728 (clergé, 13). — Anc. fief relev. du marq. de Clairvaux.

FOYE (LA), bois, c^ne de Montoiron. — *Boys de la Faye*, 1507 (seign. de Montoiron, 1); — contenait 216 arpents à cette époque.

FOYE (LA GRANDE et LA PETITE-), hh. c^ne de Bignoux. — *Faya*, 1289 (abb. de St-Cyprien, 44). — *La Faye*, 1415 (abb. de la Celle, 1). — *La Fois*, 1607; *la Foy*, 1613; *la Foye*, 1667 (ibid. 18). — La terre de la Foye appartenait à l'abbaye de Saint-Hilaire de la Celle de Poitiers.

FRAGNÉE (LA), ff. c^ne de Lizant. — *La Fraignée*, 1439 (com^rie de Civray, 1). — *La Fragnée*, 1731; *la Fragnais*, 1775 (rôles des tailles).

FRANCE, m. détruite, près la Couture, c^ne d'Orchès. — *Maison de France*, 1555, 1686; — *alias la Grassienerie*, 1608; *mestairie de la Gratienerye*, 1582 (cure de Sérigny). — Anc. fief. relev. de Lauberdière. — Ce lieu est auj. inconnu.

FRANCHE-DOIRE (LA), ruiss. prend sa source dans la forêt des Coutumes (Haute-Vienne), traverse la c^ne d'Adriers de l'est à l'ouest et tombe dans la Grande-Blour. — *La Franchedoera*, 1449 (seign. de l'Isle-Jourdain). — *La Franchedoire*, 1662; *la Franche Douaire*, 1787 (prieuré d'Entrefins).

FRANCHERIE (LA), m. r. c^ne d'Archigny.

FRANCHISE (LA) ou BEL-AIR ou CHEZ-GRAZILLIER, h. c^ne de Couhé.

FRANCHISE (MOULIN DE LA), sur la Fontpoise, c^ne de Lencloître. — *Moulin des Dames*, 1610; — *de la Franchise*, 1611 (couv. de Lencloître).

FRANGOUIS, m^in détruit, sur la Gartempe, c^ne de Vicq. — *Frangort*, 1272 (cart. de la Merci-Dieu, 222). — *Moulin de Frangours*, 1462; *moulin à pappier assis en Frangoux*, 1499 (abb. d'Angle). — *Le Frangoux*, 1599 (prieuré-cure de Vicq).

FRAPPINIÈRE (LA), f. c^ne de Dangé. — *La Frappinère*, 1438 (com^rie d'Auzon, 9). — *La Frappinière*, 1598 (seign. de la Fontaine, 1).

FRAUDIÈRE (LA), h. c^ne de Saint-Pierre-de-Maillé.

FRAVALIÈRE (LA), lieu détruit, près Charon, c^ne de Pouillé. — *La Fravalère*, 1385 (cart. de la Trinité, f° 34).

FRAVALIÈRES (LES), vill. et LES BASSES-FRAVALIÈRES, h. c^ne d'Oiré. — *Les Fravallières*, 1594 (seign. de Ferrière, inv.).

FREDILLY, h. c^ne d'Ouzilly-Vignolles. — *Fredillé*, 1478 (com^rie de Loudun, 32). — *Fredilly*, 1675

23.

(cure de S‍t-Nicolas de Moncontour). — Anc. seigneurie.

Fredilly, f. c‍ne de Rossay. — *Fredillé*, 1536 (cure de Rossay).

Fredinière (La), h. c‍ne d'Archigny. — *La Fradinère*, 1473 (évêché, 33). — *La Fredinière*, 1636 (abb. de S‍t-Savin, 33).

Fredotrie (La), m. r. c‍ne de Salles-en-Toulon. — *La Ferdoterye*, 1623 (fief de Fressine).

Frefoin, f. c‍ne de Cenon.

Frefoin, h. c‍ne de Senillé. — *Frefoyre*, 1444 (duché de Châtellerault, 1). — *Fretfouer*, 1457 (*ibid.* 5). — *Farfoué*, 1604 (seign. de Montoiron, 1). — *Frefoy*, 1835 (cadastre). — Anc. fief relev. de la bar. de Montoiron.

Frefoin, f. c‍ne de Vouneuil-sur-Vienne. — *Ferfouyer*, 1568 (chap. cathédral, reg. 92). — *Frefouer, Fourfouer*, 1572 (chapelle de S‍t-Marc à Châtellerault). — *Farfouer*, 1672 (abb. de la Celle, 4). — *Frefoué*, 1766 (rôle des tailles).

Fregnée (La), h. c‍ne de Genouillé. — *Freigné*, 1566 (seign. de Landraudière). — *La Freignée* (Cassini).

Frelonnières (Les), f. c‍ne de Saint-Sauveur.

Frémont, fontaine, c‍ne de Ligugé, sur la rive gauche du ruiss. de Fontaine-le-Comte.

Frémonts (Les), m. r. c‍ne d'Usseau.

Frêne (Le), m‍in sur le ruiss. d'Artige, c‍ne de Sillars. — *Moulin de Frayne*, 1503 (évêché, 22); — *du Fraigne*, 1550; — *du Fresne*, 1644 (maison-Dieu, 177).

Frênes (Étang des), c‍ne de Coulonges.

Frépuy, vill. réuni au bourg de Dissay. — *Frapuy*, 1403 (gr. Gauthier, f° 6 v°). — *Frepuy*, 1407 (chap. cathédral, 73). — *Lieu appellé Fortpuy, assis on village de Dixés*, 1438 (évêché, 59). — *Fruitpuys*, 1565 (*ibid.* 49). — *Freppoulx*, 1603 (*ibid.* 51). — *Frepuys*, 1618 (*ibid.* 52).

Fresne (Le), m. r. c‍ne d'Availle-Limousine.

Fresne (Le), m. r. c‍ne de Cherves. — *Philippus de Fraisne*, 1206 (Fontereau, t. V, p. 59). — *Haemericus de Fraene*, 1219 (*ibid.* t. V, p. 77). — *Petrus de Fragnayo, miles*, 1266 (*ibid.* t. V, p. 183).

Fresne (Le), h. c‍ne de Montreuil-Bonnin. — *Le Fraigne*, 1408 (hommages du comté de Poitou). — *Le Fresgne*, 1775 (rôle des tailles). — Anc. fief relev. de la châtell. de Montreuil-Bonnin.

Fresne (Le), f. entre Ringère et la Croix-Ferrée, c‍ne de Quinçay; anc. fief relev. de celui de Ringère. — *Le Fraigne*, 1537 (chap. de S‍t-Hilaire, 401). — *Le Fresne*, 1602 (*ibid.* 403).

Fressange, lieu détruit, entre Sautard et Bertault, c‍ne de Lencloître; anc. fief. relev. du duché de Châtellerault. — *Bois de Fressanges*, 1409 (seign. de la Roche d'Usseau). — *Frexanges*, 1447 (duché de Châtellerault, inv. d'aveux, f° 33 v°). — *Mestairie de Frezange*, 1630; *Fresange*, 1671 (fief de Fressange).

Fressenay, m‍in sur la Palu, f. et chât. détruit, c‍ne de Vendeuvre. — *Molin de Fressenay*, 1405 (gr. Gauthier, f° 15 v°). — Le fief de Fressenay, relev. anc‍t de celui de Vaurais, fut réuni à la châtell. de Chéneché avant 1670 (aveu de Chéneché, f° 5).

Fressinay, h. c‍ne de Saint-Pierre-des-Églises. — *Aymericus de Frayssenay*, 1289 (abb. de Montierneuf, 92). — *Fressiney, Fressigney*, 1320 (évêché, 22). — *Fressinay*, 1326 (*ibid.* 17). — *Frecinay*, 1537 (seign. de Fressinay). — *Fressinet* (Cassini). — Anc. fief. relev. de la bar. de Chauvigny.

Fressine, chât. en ruine et h. c‍ne de Salles-en-Toulon. — *Fressines*, 1407 (gr. Gauthier, f° 193). — Anc. fief relev. de la bar. de Montmorillon.

Fressineau, vill. c‍ne de Montoiron; anc. c‍ne réunie à celle-ci le 18 novembre 1818. — *In Fraxenello in Alsonem fluvium*, 909 (cart. de S‍t-Cyprien, p. 153). — *In villa Fraxenolio*, 962 ou 963 (*ibid.* p. 178). — *In villa Fraxineto*, v. 990 (*ibid.* p. 171). — *Airaudus de Fraxinellio*, v. 1090 (*ibid.* p. 163). — *Fraxiniacum*, 1178 (abb. de l'Étoile). — *Ecclesia de Fraxinello*, v. 1183 (chap. cathédral). — *De Frayssineio, de Fressineyo* (pouillé de Gauthier, f°s 138 et 173). — *Fressinea, Fracinetum*, 1383 (taux du décime, p. 12 et 58). — *Nostre Dame de Frexineau*, 1408 (abb. de S‍t-Cyprien, 36). — *Fressineau*, 1429 (seign. de Montoiron, 1). — *Rector de Fressigneyo*, 1478 (reg. synodal). — *Fressinay*, 1520 (bissexte).

Avant 1790 Fressineau faisait partie de l'archiprêtré de Châtellerault, de la baronnie de Montoiron, du duché, de la sénéchaussée et de l'élection de Châtellerault. La cure était à la nomination de l'évêque. Cette anc. paroisse est aussi réunie auj. à Montoiron pour le spirituel.

Fressinet, m. isolée, c‍ne de Lavoux; — 1775 (rôle des tailles).

Fretaiserie (La), f. c‍ne de Sainte-Radegonde-en-Gâtine; — 1766 (rôle des tailles).

Frété, vill. c‍ne d'Adriers. — *Frestet*, 1644; *Fretet*, 1650 (seign. de Frété). — *Freteix* (Cassini). — Anc. fief relev. de la châtell. de Champagnac (Haute-Vienne).

Fretet, ff. c‍ne de Maupreveoir. — *Jordanus de Fraitet*, v. 1178 (Fontereau, t. XVIII, p. 497). — *Frestet*, 1659 (notaires de la bar. de Charroux). — *Freté*, 1775 (rôle des tailles).

Freyère, h. c^ne de Saint-Pierre-d'Exideuil.
Friches (Les), h. c^nes de Beuxe et Vezières.
Friches (Les), f. c^ne de Saix.
Frilou, h. c^ne de Ternay.
Frincardière (La), h. c^ne de Saint-Martin-Lars. — La Frenicardière, 1498; la Frincardière, 1679 (fief de St-Martin-Lars).
Friponnière (La), m. r. c^ue de Mirebeau.
Fripotrie (La), f. c^ne de Blâlay. — La Fripotterie, la Phlipoterie, 1730 (prévôté de Blâlay, 2).
Friquerie (La), m. isolée, c^ne de Fontaine-le-Comte.
Frissonnière (La), f. c^ne de Montmorillon. — La Frussonnère, 1494 (fief des Clerbaudières). — La Frissonnière, 1530 (maison-Dieu, terrier, 166).
Frissonnière (La), h. c^ne de Saint-Léomer; — 1525 (maison-Dieu, 31).
Froidefont, f. c^ne de Pressac. — Anc. fief.
Fromenterie (La), f. c^ne de Saint-Remy.
Fromentinière (La), h. c^ne de Nieuil-l'Espoir. — La Fromentinière, 1601 (abb. de Nouaillé, 49). — La Fromantinière, 1669 (ibid. 50).
Froncille, m. r. c^ue de Châtellerault. — Froncilles, 1416 (chap. de Châtellerault, 1). — Hostel de Froncilles autrement nommé Maulay, 1446 (duché de Châtellerault, inv. d'aveux, f° 35 v°). — Anc. fief relev. du duché de Châtellerault.
Fronsallière (La), h. c^ne de Senillé. — La Flossallère, 1444 (duché de Châtellerault, 1). — La Floxalère, 1459 (abb. de St-Cyprien, 16). — La Fonsallière, 1572 (abb. de la Celle, 5). — La Flousallière, 1609; la Fouxallière, 1617; la Fossalière, 1666 (abb. de St-Cyprien, 23). — Anc. fief relev. de la bar. de Montoiron.
Frontenay, c^on de Moncontour. — Fronteniacus, 889 (ch. de St-Hilaire, t. I, p. 13). — De ecclesia Frontiniaco, v. 1080 (ibid. p. 104). — Frontenayum, 1238 (ibid. p. 245). — Frontenay (pouillé de Gauthier, f° 171). — S. Pierre de Frontenay, 1782 (pouillé).
Avant 1790 Frontenay faisait partie de l'archiprêtré de Mirebeau, de la bar. de Moncontour, de la sénéchaussée de Saumur et de l'élection de Richelieu, généralité de Tours. La cure était à la nomination du chapitre de Saint-Hilaire de Poitiers, seigneur haut justicier de la paroisse. La seigneurie de Frontenay est qualifiée châtellenie dans des titres de 1719 et 1773.
Frotte-Miche, h. c^ne de Liglet.
Froust (Le), lieu auj. inconnu, c^ne de Saint-Gaudent. — Village du Froust, 1576 (seign. du Cibiou); — était situé entre Saint-Gaudent et la Vigerie.
Fnoux, f. c^ne de Joussé. — Johannes de Ferros? 1187

(Fonteneau, t. XVIII, p. 571). — Froz, 1270 (ibid. t. XXII, p. 305). — Feroux, 1736 (rôle des tailles).
Fnoux, f. c^ne de Lomaizé. — Nemus de Ferro, 1312; Ferrou, 1436 (abb. de Nouaillé, 6). — Froux, 1700 (notaires, Sandilleau à Verrières). — Ferroux (Cassini).
Fnoux (Les), vill. c^ne de Lésigny. — Lerau froust, 1463 (notaires, Artaud à la Roche-Posay). — Les Froustz, 1611 (seign. d'Atogny).
Frouzille, h. c^ne de Saint-Georges. — Villa que dicitur Frozilia, in pago Pictavo, infra quintam ipsius civitatis, 967 (cart. de Bourgueil, p. 105). — Forzillus, 990 (ch. de St-Hilaire, t. I, p. 60). — Forcilia, 1061-1068 (cart. de St-Nicolas, 4). — Villa Forziliarum, 1104 (ch. de St-Hilaire, t. I, p. 119). — Forzilles, 1284 (chap. de Notre-Dame-la-Grande, 52). — Apud Frozillias, 1305 (ch. de St-Hilaire, t. II, p. 3). — Fredilles, 1386; Fordilles, 1393; Frouzille, 1397 (chap. de St-Hilaire, 356). — Une partie de la terre de Frouzille appartenait autrefois au chapitre de Saint-Hilaire et l'autre partie au prieuré de Saint-Nicolas de Poitiers.
Frozes, c^on de Vouillé. — De Frozis, v. 1140 (chap. de Ste-Radegonde). — Petrus de Frozes, 1190 (Fonteneau, t. V, p. 602). — Froses, 1340 (abb. de Ste-Croix, 43).
Frozes, section de l'ancienne paroisse de Vouillé, formait dès 1657 (arch. de Poitiers, 40) une communauté d'habitants distincte de celle de Vouillé et figurait à ce titre dans les listes des paroisses de l'élection de Poitiers. Le fief de Frozes relevait de la seigneurie de Maillé, appartenant à l'abbaye de Sainte-Croix de Poitiers. Cette c^ue est encore réunie à celle de Vouillé pour le spirituel.
Fruchons (Les), h. c^ne d'Antigny.
Frugerie (La), h. c^ne de Bouresse. — La Furgerye, 1456 (abb. de Nouaillé, 19). — La Frugerie, 1489 (ibid. 20). — La Fugerie (Cassini).
Frugerie (La), vill. c^ne de Chiré-en-Montreuil; — 1644 (fam. Jacques).
Frugerie (La), f. détruite, dans le parc du château de Thuré, c^ne de Thuré; — 1777 (aveu de Clairvaux).
Frutin (Le), h. c^ne de Cherves. — Le Froutix, 1533 (cure de Cherves). — Frutain (Cassini).
Fuie (La), h. c^ne de Colombiers; distrait de la c^ne de Naintré le 7 décembre 1825.
Fuie (La), h. c^ne de Lusignan. — La Fuye, 1775 (rôle des tailles).
Fuie (La), f. c^ne de Marigny-Brizay. — La Fuye, 1485; la Fuye de Marigny, 1662 (seign. de Chéneché, 12).

Fuie (La), f. c^ne de Mouterre-Silly. — *La Fuye*, 1454 (com^rie de Loudun, 22). — Anc. fief relev. de la bar. de Berrie.

Fuie (La), vill. c^ne de Saint-Pierre-d'Exideuil. — *La Fue*, 1362 (fam. Jousserant, 1). — *La Feue*, 1388 (gr. Gauthier, f° 206). — *La Fuye*, 1486 (fam. Jousserant, 1). — *La Feuhe*, 1498; *la Fuhe*, 1561 (fief de la Fuie). — Anc. fief relev. du comté de Civray.

Fuie (La), vill. c^nes de Savigny et Doussay. — *Fugia de Baudayo*, 1239; *Fodia de Bauday*, 1260 (abb. de Fontaine-le-Comte, 26). — *Foya de Bauday*, 1288 (arch. de Poitiers, 14). — *La Fuye de Bauday*, 1297 (abb. de St-Benoît, 20). — *La Feue*, 1324 (couv. de Lencloître). — *La Fuie*, 1599 (prévôté de Blálay, 8). — *Chapelle de S. Vincent de la Fuie*, 1769 (cure des Ormes).

Fuie (La), lieu détruit, c^ne de Senillé; anc. fief relev. de Montoiron. — *La tour de la Fuye*, 1429 (seign. de Montoiron, 1). — *Herbergement de la Fuye*, 1457 (duché de Châtellerault, 5). — Cette maison se trouvait peut-être dans le vallon appelé la Feue, près les Pissotières.

Funeries (Les), h. c^ne de Jazeneuil. — *La Funerie*, 1515 (fam. Constant). — *La Finerye*, 1604; *la Funerye*, 1613 (fief de Mauprié). — Anc. fief relev. de Mauprié.

Furigny, chât. et vill. c^ne de Neuville. — *Villa que vocatur Fluriniacus*, v. 1000 (cart. de St-Cyprien, p. 31). — *Stephanus de Furniaco, de Furne*, 1178 (ch. de St-Hilaire, t. I, p. 189). — *Furigné*, 1443 (ibid. t. II, p. 99). — Anc. fief relev. de la bar. de Grisse.

Furtière (La), vill. c^ne de Brigueil-le-Chantre. — *La Furatière, la Furtière*, 1506 (fief de Fleix). — *La Furetière*, 1622 (cure de la Trimouille).

Fuselerie (La), h. c^ne d'Orches. — *La Fuzellerye*, 1667 (seign. des Clouzeaux).

Fusellerie (La), h. c^ne de Thuré. — *La Fuzellerye*, 1624 (chap. de Châtellerault, 12).

G

Gaballe (La), h. c^ne de Tercé.

Gabelines (Les), m. r. c^ne de Benassay.

Gabidière (La), ff. et étang, c^ne de Montmorillon. — *Gabideria*, xiie s^e (maison-Dieu, cart. 129). — *Domus de la Gabidere*, 1246 (ibid. cart. 127). — *Grand estang de la Gabidière; estang neuf de la Gabidière ou estang Maxime*, 1684 (maison-Dieu, 18). — Anc. propriétés de la maison-Dieu de Montmorillon.

Gabilière (La), m. r. c^ne de Chenevelles. — *La Gabillère*, 1573 (cure de Chenevelles). — *La Gabillière*, 1576 (seign. de Touffou, 5).

Gabillas (Les), h. c^ne d'Oiré. — *Les Gabillaux*, 1610 (abb. de St-Cyprien, 24). — *Les Gabilleaux*, 1675 (fief de l'Épinasse).

Gabillault (Le Grand et le Petit-), ff. c^ne de Saint-Gervais.

Gabillerie (La), f. c^ne de Dienné. — *La Gabillerye*, 1599 (abb. de Nouaillé, 49). — *La Gabillière*, 1606 (ibid. 50). — *La Gabillerie*, 1742 (seign. de Dienné et Verrières).

Gabins (Les), h. c^ne de Gizay. — *Village de la Chevrerye aultrement les Gabins*, 1564 (chap. de St-Pierre-le-Puellier, 27).

Gabouret, f. c^ne de Cloué. — *Gabouray*, 1667 (seign. de Cloué).

Le ruiss. de Gabouret sort de la fontaine du même nom et tombe dans la Vonne près Chambon, c^ne de Celle-l'Évécault. Il est appelé *ruisseau de Taillepied, qui descend du moulin de Bossard au pont de Taillepied*, dans un titre de 1719 (fam. Irland).

Gabriets (Les), f. c^ne de Saint-Gervais. — *La terre Jehan Gabriet*, 1459 (duché de Châtellerault, 6). — *Les Gabriets*, 1732 (fief des Vaux).

Gachardière (La), f. c^ne de Fleuré. — *La Gaschardère*, 1560 (abb. de Nouaillé, 49).

Gâchères (Les), m. r. c^ne de Ligugé.

Gacherie (La), lieu autref. habité, c^ne de Plaisance. — *La Guacherie*, 1775 (rôle des tailles). — *La Gacherie* (Cassini).

Gâchet, f. c^ne de Latillé. — *Gachet*, 1295 (fam. Jacques). — *Gaschet*, 1391 (gr. Gauthier, f° 69).

Gâchetrie (La), h. c^ne de Montamisé. — *La Gaschetrie*, 1617 (seign. de Château-Fromage).

Gâcon (Le), h. c^ne de Coussay. — *Les Gascons*, 1383 (chap. de Mirebeau, 11). — *Le Gascon*, 1607 (com^rie de Loudun, 32). — *Le Gacon*, 1637 (chap. de Mirebeau, 28).

Gadelière (La), vill. c^ne de Château-Garnier. — *La Gadellière*, 1533 (chap. de St-Hilaire, 549).

Gadoret (Étang de), c^ne de Saint-Léomer.

Gagnerie (La), h. c^ne de Beuxe.

Gaillardières (Les), f. c^ne de Saint-Secondin. — *La Gaillardière*, 1595 (fief de l'Essart ou le Ferranon). — *Les Gaillardières*, 1737 (rôle des tailles).

GAILLOCHE (La), f. c^{ne} de Bouresse.
GAILLOTRIE (La), m. r. c^{ne} de Romagne. — La Jonnète autrement la Gailloterye, 1532 ; village des Gaillotz autrement appellé la Jonnète, 1537 (seign. du Parc et de Boisvert, 1). — La Jonnettère, 1607 (chap. de St-Hilaire, 253).

GAINE. Voy. GUESNE.

GAINS (LES), h. c^{ne} de Jaunay.

GALANDRIE (La), h. c^{ne} de Beuxe. — La Galanderie, 1614 (abb. de Fontevrault, 2).

GALANDRIE (La), m. r. c^{ne} de Gizay. — La Gallandrie, 1625 (titres de Château-Larcher). — La Galandrie, 1647 (cure de Gizay).

GALANDIÈRE (La), f. c^{ne} de Saint-Clair. — La Gaillardière, terre noble (ms. Trincant).

GALARDONNERIE (La), f. c^{ne} de la Trimouille. — La Gallardonnière, 1775 (rôle des tailles).

GALARDRIE (La), h. c^{ne} de Lizant. — La Gallardrie, 1618 (seign. de Bois-Seguin). — Chez Gallard, 1731 (rôle des tailles).

GALARDRIE (La), h. c^{ne} de Sainte-Radegonde-en-Gâtine ; — 1766 (rôle des tailles).

GALÉSERIE (La), m. à Civray, c^{ne} de Chiré-en-Montreuil.

GALETTRIE (La), f. c^{ne} de Fontaine-le-Comte. — La Loge ou la Galleterie, 1604 (abb. de Fontaine-le-Comte, 11). — La Galetrie, 1755 (rôle des tailles).

GALÉZIÈRE (La), h. c^{ne} d'Archigny. — La Gallaisière, 1574 (cordeliers de Poitiers).

GALICHERIE (La), h. c^{ne} de Bonnes. — La Gallicherie, 1381 (chap. de Menigoute). — La Galicherie, v. 1400 (seign. de Touffou, 1).

GALINIÈRE (La), lieu détruit, près les Pots-Verts, c^{ne} de Buxeuil. — La Glinière (Cassini).

GALIPALIÈRE (La), h. c^{ne} de Saint-Martin-la-Rivière. — La Galipalère, 1393 (fam. Chessé). — La Galipalière, 1484 (chap. de Chauvigny, 14). — La Gallipallière, 1685 (fief de Mortemer). — Anc. fief relev. de la bar. de Mortemer.

GALISERIE (La), f. c^{ne} de Sérigny. — La Gallaizerie, la Galezerie, 1551 (cure de Sérigny).

GALISIÈRE (La), h. c^{ne} de Saint-Pierre-des-Églises. — Galigeria, 1281 (évêché, 17). — La Galisère, 1307 (Gauthier, f° 197 v°). — La Galeysère, 1310 (ibid. f° 185). — La Galizère, 1320 (évêché, 22). — La Gallizière, 1584 (ibid. 8). — La Gallezière, 1775 (rôle des tailles).— Anc. fief.

GALLEBRUN, anc. fief à Saint-Jean-de-Sauves. — Gallebrung, 1612 (abb. de St-Cyprien, 16).

GALLERANDIÈRE (La), lieu détruit, c^{ne} de Liniers ; — 1547 (aveu de Touffou).

GALLERIE (La), h. c^{ne} de la Bussière.

GALLERIE (La), h. c^{ne} de Pouant. — La Gallerye, 1624 (cure de Maulay).

GALLOIS (MOULIN DES), sur le Clain, à Poitiers. — Moulins Galoys, 1497 ; moullins et maisons des Galloys, terres de feu François Galloys, 1581 (abb. de Ste-Croix, 17).

GALLONNIÈRE (La), m. à Ayron ; anc. fief.

GALMANDRIE (La), h. annexé au bourg de Vouillé. — La Garmenderie, 1551 (chap. de Ste-Radegonde, 35). — La Gourmenderie, 1560 (ibid. 19). — La Gallemandrie, 1766 (ibid. 40). — La Galmanderie, 1769 (rôle des tailles). — Anc. fief relev. du chap. de Sainte-Radegonde.

GALMARDIÈRE (La), h. c^{ne} de Saint-Savin. — La Galemardière, 1564 ; la Gallemardière, 1577 (abb. de St-Savin, 29).

GALMOISIN, chât. c^{ne} de Saint-Maurice. — Garmaysin, 1435 (chap. de St-Pierre-le-Puellier, 21). — Gallemoisin, 1517 ; Galmoizin, 1598 (ibid. 22). — Anc. fief relev. de la vic. de Gençay.

GALOCHONNERIE (La), h. c^{ne} de Colombiers. — La Galochonnerye, 1730 (fief de la Jarrie).

GALONNIÈRE (La), f. c^{ne} de Ligugé. — La Gallonnière, 1579 (collège de Poitiers, 15).

GALVESSE, m. r. c^{ne} de Montmorillon. — Les Seriziers, 1498 ; Galvesse ou les Seriziers, 1671 ; estang de Galvesse, 1671 ; Gallevesse ou les Seriziers, 1673 (fief des Serisiers). — Anc. fief relev. de la bar. de Montmorillon.

GANDERIN, f. c^{ne} de Millac. — Ganderrin, 1561 (prieuré de St-Paixent). — Gandery, 1579 (seign. de Puyferrier). — Ganderin, 1654, 1717 (cure de l'Isle-Jourdain). — Grandrin (Cassini). — Grandin, 1841 (nomencl.).

GANDILLONNERIE (La), f. c^{ne} de Pairoux ; — 1775 (rôle des tailles).

GANDOMIER, f. et m^{in} sur le Clain, c^{ne} de Sommières. — Moulin de Gandosmer, 1410 (seign. de Bernay). — Gandoumé, 1769 (rôle des tailles).

GANNE, fief relev. de la bar. de Montoiron, à la Reliandrie, c^{ne} d'Availle.

GANNE (LA TOUR DE), tour en ruine, à Béruges. — La tour de Béruges, 1460 ; — de Gane, 1610 ; — de Gasne, 1617 ; — de Ganne, 1695 (seign. de Béruges).

GANNE (LA TOUR DE), restes d'une tour carrée à Bonneuil-Matours.

GANNE (LA TOUR DE), ruines, près le bourg de Saint-Remy-sur-Creuse.

GANNERIE (La), h. c^{ne} de Cissé. — La Garnerie, 1324 (arch. de Poitiers, 12).

GANNERIE (LA), f. c^ne d'Iteuil. — *La Garnerie*, 1563 (collège de Poitiers, 15).

GANNERIE (LA), anc. camp. près le Peux-Bataillé, c^ne de Mauprevoir.

GANNERIE (LA), h. c^ne de Thurageau. — *La Garnerie*, 1499 (seign. de Chéneché, 11). — *La Garennerie*, 1778 (rôle du vingtième).

GANNERIE (LA), h. c^ne de Vouneuil-sous-Biard. — *La Garnerie*, 1742 (cure de Vouneuil-sous-Biard).

GANTRIE (LA), h. c^ne de Mignaloux. — *Ganteria*, 1322 (abb. de la Celle, 18). — *La Ganterie*, 1482 (*ibid.* 14).

GARANDEAU, h. c^ne de Pressac. — *Herbergamentum de Garendea*, 1351 (Fontenau, t. XXXVIII, p. 110). — *Garandeau*, 1493 (seign. d'Availle). — *Garendeau*, 1557 (fam. Laurent). — Anc. fief relev. de Rochemeaux.

GARANDIÈRE (LA), lieu détruit, près la Cour, c^ne de Thurageau. — *La Garrandière*, 1555 (chap. de Mirebeau, 26). — *La Garandière*, 1667 (couv. de Lencloître). — *La Giraudière*, 1841 (nomencl.).

GARAUDIÈRE (LA GRANDE et LA PETITE-), hh. c^ne de Vaux-en-Couhé. — *La Garaudière*, 1641 (seign. de Monts). — Anc. fief appart. à l'abbaye de Valence et relev. du marq. de Couhé.

GARCILLÈRE (LA), ff. c^ne d'Usson. — *La Garcilhière*, 1470; *la Garsillière*, 1481 (prieuré de Grand-Chaume). — Chapelle de la Madeleine de la Garcelière, à la collation de l'abbé de Lesterp, 1782 (pouillé).

GARDACHÉ, étang, c^ne de Journet. — *Gardecher*, 1525 (maison-Dieu, 31). — *Estang de Gardescher autrement appellé l'estang de la Roche Coaigne*, 1542 (*ibid.* 126); — *de Gardesché*, 1684 (*ibid.* 18).

GARDE (LA), h. c^ne de Beaumont.

GARDE (LA), vill. c^ne de Blanzay. — *La Garde*, 1379 (maison-Dieu, 203). — *La Guarde de Blanzay*, 1594 (fief de Panièvre). — Anc. fief relev. du comté de Civray.

GARDE (LA), lieu détruit, près les Terriers, c^ne de Bonnes; — 1439, 1506 (seign. de Touffou, 1).

GARDE (LA), vill. c^ne de Brux. — *La Garde*, 1409 (gr. Gauthier, f° 223). — *La Guarde de Brux*, 1594 (fief de Panièvre).

GARDE (LA), ff. c^ne de la Chapelle-Bâton.

GARDE (LA), ff. c^ne de Charroux.

GARDE (LA), h. c^ne de Chenevelles; — 1457 (duché de Châtellerault, 5). — Anc. fief relev. de la bar. de Montoiron.

GARDE (LA), h. c^ne de Genouillé.

GARDE (LA), f. c^ne de Leigné-sur-Usseau; — 1339 (seign. de la Garde). — Anc. fief relev. de la Motte d'Usseau.

GARDE (LA), m. r. c^ne de Nuintré; — 1397 (duché de Châtellerault, 5).

GARDE (LA), f. c^ne d'Ouzilly.

GARDE (LA), m. au faubourg de Montbernage, c^ne de Poitiers.

GARDE (LA), m. r. c^ne de Queaux.

GARDE (LA), f. c^ne de Saint-Martin-Lars.

GARDE (LA), h. c^ne de Saugé.

GARDE (LA), h. c^ne de Savigné.

GARDE (LA), f. c^ne de Sérigny. — *Hostel de la Garde*, 1427 (fam. Boivin).

GARDE (LA), f. c^ne de Sossay; — 1446 (seign. de Puygarreau, 1).

GARDE (LA), h. c^ne de Verrue.

GARDE (LA GRANDE et LA PETITE-), ff. c^nes d'Antran. — *La Garde*, 1587 (fam. de Gain).

GARDE (LA PETITE-), m. détruite avant 1722, près Bourg, c^ne de Saint-Genest; — 1722 (seign. de Clairvaux). — Anc. fief relev. du marq. de Clairvaux.

GARDELOUP, f. c^ne de Lencloître; — 1750 (cure de Boussageau). — *Gardelou* (Cassini).

GARDES (LES), h. c^ne d'Antran; — 1528 (seign. des Closures).

GARDIEU (LA), f. c^ne de Prinçay.

GARDIGON (LA), h. c^ne de Sommières. — *Garde Hugon*, 1403 (gr. Gauthier, f° 248 v°). — *La Gardigon, la Guardigon*, 1404 (*ibid.* f° 90 v°). — *La Garde Ugon*, 1494 (fief de Chaleur).

GARDILLONS (LES), h. c^ne de Joussé.

GARDON-FRAIS (LE), auberge, c^ne d'Iteuil.

GAREMBEAU, m^in sur la Vandelogne, c^ne de Chalandray.

GARENNE (LA), f. c^ne d'Ayron.

GARENNE (LA), m. r. c^ne de Claunay.

GARENNE (LA), m. r. c^ne de Fontaine-le-Comte.

GARENNE (LA), h. c^ne d'Ingrande.

GARENNE (LA), m. r. c^ne de Marigny-Brizay.

GARENNE (LA), f. détruite, près le b. des Champs, c^ne de Massogne; — 1781 (rôle du vingtième); — appartenait aux ursulines de Poitiers.

GARENNE (LA), h. c^ne de Romagne.

GARENNE (LA), ff. c^ne de Savigné. — *La Guerenne*, 1679 (notaires, Pascault à Civray).

GARENNE (LA), f. c^ne de Senillé.

GARENNE (LA), f. c^ne de Sillars.

GARENNE (LA), f. c^ne de la Trimouille.

GARENNE (LA), f. c^ne d'Usseau.

GARENNE (LA), f. c^ne de Vendeuvre.

GARENNE (LA), f. c^ne du Vigean. — *La Guerenne*, 1646 (cure du Vigean).

GARENNE (LA PETITE-), m. isolée, c^ne d'Ayron.

GARENNE-DES-MOTTES (LA), h. c"° de Colombiers.
GARENNERIE (LA), m. r. c"° de Ceaux, c°" de Loudun.
GARINETTRIE (LA), h. c"° de Marçay.
GARINIÈRE (LA), h. et m'" sur le Clain, c"° de Mauprevoir;
GARINIÈRE (LA), lieu détruit, près Brepouil, c"° de Verrières. — *La Guarinière*, 1405 (gr. Gauthier, f° 22). — *La Garinière*, 1463 (carmes de Poitiers).
GARMONIÈRE (LA), m. r. c"° d'Oiré.
GARNAUDIÈRE (LA), m. r. c"° de Montreuil-Bonnin. — *La Garnaudère*, 1439 (abb. de Montierneuf, reg. 10).
GARNAUDIÈRE (LA), vill. c"° de Rouillé; — 1476 (chap. de S'-Hilaire, 81).
GARNAUDIÈRE (LA PETITE-), m. r. c"° de la Chapelle-Montreuil.
GARNAULT, f. c"° de Saint-Secondin. — *Garnau*, 1329 (cure de S'-Secondin). — *Garnaut*, *Guarnaut*, 1404 (gr. Gauthier, f° 98). — *Garnault*, 1498 (fief de la Tour de S'-Secondin).
GARNAUX (LES), h. c"° des Ormes. — *Les Garnaulx*, 1506 (seign. des Landes). — *Les Garnaux*, 1639 (seign. de Poligny).
GARNERIE (LA), h. et m'" sur le Clain, c"° de Mauprevoir; — 1648 (notaires de la vic. de Rochemeaux).
GARNERIE (LA), anc. fief, c"° de Saint-Georges. — *La Garnerie ou hébergement de Lucas de Forges*, 1673 (fief de la Garnerie). — Ce fief, auj. inconnu, relevait de la tour de Maubergeon.
GARNIÈRE (LA), m. r. c"° de Magné. — *La Garnière*, 1461; *la Garnyère*, 1537 (chap. de S'-Hilaire, 439).
GARNIÈRE (LA), h. c"° de Pouzioux. — *La Garinère, la Guarinère*, 1309 (Gauthier, f"" 186 v° et 187). — *La Garignère*, 1320; *la Garinière*, 1482 (évêché, 22). — *La Guarinière*, 1557 (chap. de Chauvigny, 12). — *La Garnière*, 1775 (rôle des tailles). — Anc. fief relev. du chât. d'Harcourt à Chauvigny.
GARNIERS (LES), m. r. c"° d'Oiré.
GARNISON (LA), m. près Valence, c"° de Châtillon; — 1778 (rôle des tailles).
GARNISON (LA), f. c"° d'Usson; — 1766 (rôle des tailles).
GARREAU (LE), h. et bois, c"° de Mauprevoir; — 1667 (notaires de la bar. de Charroux).
GARTEMPE (LA), riv. prend sa source dans le dép' de la Creuse, traverse celui de la Haute-Vienne, parcourt ensuite l'arrond' de Montmorillon du sud au nord en passant à Montmorillon, Saint-Savin et Saint-Pierre-de-Maillé, et après un cours de 4 kilomètres sur le territ. de Vicq, arr' de Châtellerault, sert de limite au dép' jusqu'à son confluent avec la Creuse à 1 kilomètre au-dessus de la Roche-Posay. — *Fluvius Vuartimpe*, 825 (abb. de S'-Savin). — *Fluvius qui dicitur Guartimpa*, 886 (abb. de Nouaillé). — *Aqua nomine Gartimpa*, v. 1080 (cart. de S'-Cyprien, p. 133). — *Fluvius Gartemple*, 1177 (cart. de la Merci-Dieu, 212). — *Gardimpa*, 1245 (ibid. 214). — *Riparia de Gartampe*, 1260 (Hommages d'Alphonse, p. 85). — *Fluvius Gartampiæ*, 1418 (fief de Beaupuy). — *Rivière de Guertempe*, 1492 (abb. de la Merci-Dieu, 4); — *de Gardempe*, 1549 (fief de Sanzelle); — *de Gardampe*, 1605 (évêché, 26). — *La Gardemple*, 1786 (almanach provincial, p. 83).

GAS (LE), lieu détruit, près Chez-Renard, c"° de Queaux. — *Le Gua*, 1630 (seign. de Ressonneau, 3). — *Le Gât*, 1775; *le Gas*, 1788 (rôles des tailles).

GAS (MOULIN DU), sur la Grande-Blour, c"° de Nérignac.

GASCHARD, m'" sur le ruiss. de Crochet et h. c"° de Queaux. — *La terre Gaschart*, 1404 (gr. Gauthier, f° 273 v°). — *Moulin Gaschart*, 1512 (seign. de Ressonneau, 2); — *de Guaschard*, 1606 (ibid. 1); — *de Gaschard*, 1665 (notaires de la vic. de Rochemeaux). — *Gachard*, 1775 (rôle des tailles).

GASCHARD (LE), vill. c"° de Saint-Martin-la-Rivière. — *Village du Noyer Gachard*, 1614 (seign. de la Chaise-outre-Vienne). — *Le Noyer Guaschard*, 1617 (prieuré du Teil-aux-Moines). — *Le Noyer Gaschard*, 1656 (seign. de S'-Martin-la-Rivière, 2). — *Le Gaschard*, 1751 (rôle des tailles).

GASSE (LA), m. près Saint-Laurent, c"° de Béruges. — *La Casse*, 1841 (nomencl.).

GASSE-AUX-VEAUX (LA), h. c"° de Vouillé.

GASSOTIÈRE (LA), f. c"° d'Adriers. — *La Gasottière*, 1632 (maison-Dieu, 194).

GASSOTTE (LA), h. c"° d'Alonne. — *La Gassote*, 1560 (chap. de S'-Hilaire, 7).

GASSOTTE (LA), h. c"° de Gizay.

GASSOTTE (LA), partie de la ville de S'-Savin. — *Faulxbourgs de la Gassotte*, 1612 (abb. de S'-Savin, 29).

GASSOUIL, m'" sur le Cibiou, c"° de Lizant.

GASSOUILLÉ (LE), h. et bois, c"° de Dienné. — *Le Gassouillé*, 1543 (abb. de S'-Benoît, 27). — *Pregonde alias le Gassouillé*, 1567 (ibid. 13). — *Pergonde*, 1568 (ibid. 27).

Le bois du Gassouillé, qu'on appelle aujourd'hui bois de la Ronde, appartenait à l'abbaye de Saint-Benoît; il contenait 217 arpents en 1753. — *Nemus de Pergondes*, 1288; bois du Gassouillé, 1732 (abb. de S'-Benoît, 27).

GASSOUILLET (LE), m. isolée, c"° de Poitiers.

GASSOUILLETTE (LA), m. isolée, c^{ne} de Fontaine-le-Comte.

GAST (LE GRAND et LE PETIT-), ff. c^{ne} d'Iteuil. — *Les Gastz, le petit Gas*, 1661; *le Gastz*, 1662 (notaires, Gaultier à Poitiers).

GÂT (ÉTANG DU), c^{ne} de Thollet.

GÂTEAU (LE), h. c^{ne} d'Anché.

GÂTEAU (LE), h. c^{ne} de Coussay-les-Bois.

GÂTEAU (LE), h. c^{ne} de Verrières. — *Cogastea, Coguastea*, 1405 (gr. Gauthier, f° 21 v°). — *Gasteau*, 1548 (fief de Dienné et Verrières). — *Le Gasteau*, 1709; *le Gateau*, 1774 (cure de Verrières).

GATEBOURG, lieu détruit, près Mortaigue, c^{ne} de Queaux; — 1775 (rôle des tailles).

GATEBOURG, lieu détruit, c^{ne} de Saint-Martin-la-Rivière; — 1775 (rôle des tailles de Salles).

GÂTEBOURSE, h. c^{ne} de Châtellerault. — *Gastebourse*, 1455 (abb. de St-Cyprien, 21). — *Gastebource*, 1538 (minimes de Châtellerault).

GÂTEBOURSE, m. à Frontenay. — *Gateborce*, 1499 (cure de Frontenay). — *Hostel de Gastebource*, 1509; *Gatebource*, 1512 (chap. de St-Hilaire, 347). — *Gastebourse*, 1718 (cure de Frontenay). — Anc. fief relev. de la bar. de Moncontour.

GÂTEBOURSE, h. c^{ne} de Maulay.

GÂTEBOURSE, m^{in} sur la Gartempe, c^{ne} de Montmorillon. — *Moulin des Grites*, 1493 (maison-Dieu, 77); — *de Gastebource aultrement des Griptes*, 1528 (ibid. 29); — *des Grittes ou Gastebource*, 1625 (abb. de St-Savin, 21).

GÂTEBOURSE, lieu détruit, c^{ne} de Vivonne. — *Hostel de Gastebource*, 1586 (chap. de St-Hilaire, 482); — était situé entre Vivonne et la Bancellière; il existe encore un tènement de ce nom.

GATELINIÈRE (LA), m. r. c^{ne} de la Roche-Posay. — *Prioratus qui vocatur la Gastinelière* (pouillé de Gauthier, f° 147 v°). — *La Gastinelère*, 1399 (abb. de la Merci-Dieu, 9). — *La Gastinalière*, 1423 (arch. de la Soc. des antiq. de l'Ouest, n° 721). — *La Guastellenière*, 1453; *la Gastellenière*, 1458 (notaires, Artaud à la Roche-Posay). — *La Gastellinière*, 1488 (abb. de la Merci-Dieu, 9). — *La Gatelinière, la Gatellinière*, 1498 (seign. de la Gatelinière). — *La Gatinière*, 1841 (nomencl.). — Anc. fief et haute justice relev. de la bar. de Preuilly. — Le pouillé de Gauthier et le Taux du décime, p. 12, sont les seuls documents qui révèlent l'existence d'un prieuré en ce lieu.

GATELLERIE (LA), f. c^{ne} de Queaux. — *La Gastellerie*, 1641 (prieuré de Grand-Chaume). — *La Gatellerie*, 1788 (rôle des tailles).

GATELOUSIÈRE (RUISSEAU DE LA), c^{ne} de Millac; auj. inconnu sous ce nom. — *Rivus de la Gatelousiere*, 1449 (cure de l'Isle-Jourdain).

GÂTINALIÈRE (LA), h. c^{ne} d'Antran. — *La Gastinalière*, 1444 (duché de Châtellerault, 1). — *La Gastinallière*, 1482 (fam. de Gain). — *La Gatinalière*, 1486 (seign. du Grand-Chaffault). — Anc. fief relev. du marq. de Clairvaux.

GÂTINALIÈRE (LA), h. c^{ne} de Bonneuil-Matours.

GÂTINALIÈRE (LA), f. c^{ne} de Saint-Christophe. — *La Gastynalière*, 1550 (cure de Sérigny). — *La Gastinallière*, 1585 (cure de St-Christophe).

GÂTINE, h. c^{ne} de Loudun. — *Gastine*, 1519 (com^{rie} de Loudun, 14).

GÂTINE, f. c^{ne} de Saint-Maurice. — *Gastines*, 1334 (chap. de St-Hilaire, 439). — *Gastine*, 1619 (seign. de Panièvre).

GÂTINE, m. près Bernezay, c^{ne} des Trois-Moutiers.

GÂTINE (FORÊT DE), c^{ne} de Coulombiers. — *Nemus de la Gastina*, 1228 (Fonteneau, t. XXII, p. 141). — *Nemus quod vocatur Gastina*, 1229 (ibid. t. XIX, p. 385). — *Forest de Guastina appartenant au Roi*, 1446 (com^{rie} de Roche, 2); — *de Gastine*, 1433 (arch. de Poitiers, 21).

La forêt de Gâtine appartenait anc^t aux seigneurs de Lusignan, qui en faisaient hommage aux évêques de Poitiers : *nemora et forestas nostras de Gastina*, 1268 (Fouteneau, t. III, p. 375). — Une grande partie de cette forêt a été défrichée avant 1545 (hommages de Lusignan); dès lors existaient les habitations de la Liardière, la Vitrie, le Crochet, les Hayes, Gaury et la Turpaudrie, *assises es vielles ventes de Gastine, laquelle Gastine souloit estre boys*.

Une partie de cette forêt et l'étang de Tombebœuf, 1505, 1519, constituèrent un fief relev. de la châtell. de Lusignan, lequel fut uni en 1740 à la châtell. de la Motte-sur-Croutelle.

GÂTINE (FORÊT DE), c^{nes} de St-Pierre-de-Maillé, la Puye et la Bussière. — *Boscus de Gastina*, commenc^t du XIIe s^e (gr. cart. de Fontevrault, 672 bis). — *Guastina*, v. 1160 (abb. de la Merci-Dieu). — *Foresta de Gastina*, 1245 (Fonteneau, t. XXIII, p. 619). — *Boys de Gastine*, 1310 (Gauthier, f° 184 v°). — *Fourest de Gastine*, 1473 (évêché, 33). — Cette forêt dépendait de la bar. d'Angle appart^t aux évêques de Poitiers. En 1555 elle avait une superficie de 3,517 arpents. La moitié en fut cédée au roi en 1774 pour l'établissement d'une colonie d'Acadiens; elle ne consistait plus dès lors qu'en brandes et bruyères.

GÂTINE (MOULINS DE), m^{ins} à vent, c^{ne} de Mirebeau.

— *Gastine lez Mirebeau*, 1541 (prieuré de S'-Jean de Mirebeau, 10).

Gâtine (La), vill. c^{ne} de Journet.

Gâtineau, m. r. c^{ne} d'Antran. — *Moulin de Gastineau*, 1437 (duché de Châtellerault, 5). — Anc. fief relev. du marq. de Clairvaux.

Gâtineau, h. c^{ne} de Lésigny, et mⁱⁿ sur la Creuse, c^{ne} de la Roche-Posay. — *Moulin de Gastineau*, 1438 (seign. de la Roche-Posay, 1); — *de Guastineau*, 1455 (notaires, Artaud à la Roche-Posay); — *cy devant appellé le moulin de la Gastelinière*, 1661 (seign. de la Roche-Posay, 4).

Gâtineau (Le), h. c^{ne} de Ste-Radegonde-en-Gâtine. — *Estang du Gastineau*, 1547 (évêché, 17). — *Le Gatinneau*, 1766 (rôle des tailles).

Gâtinelles (Les), f. c^{ne} de Montreuil-Bonnin.

Gâts (Les), lieu détruit, près la Chaise, c^{ne} de la Chapelle-Moulière.

Gâts (Les), f. c^{ne} de Châtellerault. — *Les Gastz*, 1521 (abb. de St-Cyprien, 23). — *Les Gas*, 1587 (Filles-de-Notre-Dame de Châtellerault).

Gâts (Les), ff. c^{ne} de Saugé. — *Payaudus de Vado seu du Gua*, 1346 (maison-Dieu, 81). — *Village du Gua de Saugé*, 1496 (fief de la Lande); — *du Ga*, 1525 (maison-Dieu, 31); — *des Gatz*, 1580 (fief de l'Âge-Rouïl); — *des Gas*, 1683 (fief de la Lande).

Gâts (Les Grands-), f. c^{ne} de Liglet.

Gâts (Les Petits-), f. c^{ne} de Liglet. — *Petite métairie du Gas*, 1775; *le petit Gat*, 1788 (rôles des tailles).

Gaubardière (La), h. c^{ne} de Latillé. — *La Gabardère*, 1391 (gr. Gauthier, f° 69). — *La Goubardière*, 1638 (cure de Latillé). — *La Gaubardière*, 1775 (rôle des tailles).

Gauberté, h. et étang, c^{ne} de Gouex. — *Moulin de Gaubreter*, 1530 (seign. de Lussac, 1). — *Fourneau de Gaubreté*, 1655 (bureau des finances de la généralité de Poitiers, 236). — *Forge de Gobreté* (Cassini). — Anc. forge établie en 1655.

Le ruiss. de Gauberté sort de l'étang du même nom, traverse la c^{ne} de Mazerolles et se perd dans la Vienne à la limite de la c^{ne} de Civaux. — Il est appelé *Busanla* dans une charte de l'abbaye de Nouaillé de l'an 964.

Gaubertière (La), h. c^{ne} d'Archigny; — 1480 (couv. de la Puye, 7).

Gaubertière (La), vill. c^{nes} de Ceaux et Pouant. — *La Gaubretière*, 1460 (chap. de St-Hilaire, 427). — *La Gaubertière*, 1490 (collège de Poitiers, 63).

Gaubertière (La), h. c^{ne} de Montreuil-Bonnin. — *La Gauberière*, 1403 (gr. Gauthier, f° 70 v°). — *La Gaubretière*, 1490 (seign. de la Gaubertière). — Anc. fief.

Gaubertières (Les), f. c^{ne} de Gizay. — *Herbergement de Gaubertère*, 1404 (gr. Gauthier, f° 88 v°). — *La Gaubertière*, 1505 (cure de Gizay). — *Les Goubertières*, 1538 (chap. de St-Pierre-le-Puellier, 27). — *Les Gobertyères*, 1558 (fief de Château-Larcher). — *Les Gaubertières*, 1589 (cure de Gizay). — Anc. fief relev. de la vic. de Gençay.

Gaucherie (La), h. c^{ne} de la Chapelle-Montreuil. — *La Gauscherie*, 1446 (abb. de Montierneuf, reg. 10). — *La Gaucherie*, 1467 (abb. de St-Cyprien, 13).

Gaucherie (La), h. c^{ne} de Colombiers. — *La Gaulcherye*, 1545 (hommages de Lusignan).

Gaucherie (La), f. c^{ne} de Jazeneuil. — *La Gaulcherye*, 1646 (fam. Vasselot). — *La Gaucherie*, 1710 (rôle des tailles). — Anc. fief relev. de la châtell. de Lusignan.

Gaucherie (La), h. c^{ne} de Salles-en-Toulon; — 1513 (fam. Herbert). — Anc. fief relev. de la Gaudinière.

Gaucherie (La), h. c^{ne} de Senillé.

Gaud (La), h. c^{ne} de Jazeneuil. — *La Gau*, 1604 (fief de Mauprié). — *La Gault*, 1646 (fam. Vasselot).

Gaudais, mⁱⁿ sur le ruiss. d'Oiré, appelé aussi ruiss. de Gaudais, c^{ne} d'Oiré. — *Moulin de Gaudois*, 1493 (duché de Châtellerault, 5); — *de Gaudais*, 1528 (cure d'Oiré).

Gaudent, h. c^{ne} de Béruges. — *Gaudent*, 1375 (seign. de Béruges). — *Gaudant*, 1407 (abb. de Montierneuf, 99). — *Gaudan*, 1437 (com^{rie} de St-Georges, 14).

Gaudenies (Les), h. c^{ne} de Saint-Julien-Lars. — *La Gauterie*, 1385 (cart. de la Trinité, f° 59). — *Gaudrie ou Cormerie*, 1676 (abb. de la Trinité, 57). — *Les Goderies* (Cassini).

Gaudier (Le), m. r. c^{ne} de Guesne.

Gaudière (La), ff. c^{ne} de Bournan. — *La Gouaudière*, 1379, 1602 (com^{rie} de Loudun, 17 et 18). — *La Gaudière*, 1618 (prieuré de Bournan, 16). — Anc. fief relev. de Verrières (ms. Trincant).

Gaudière (La), vill. c^{ne} de Champagné-Saint-Hilaire. — *La Gouaudère*, 1439; *la Gaudère*, 1502; *la Gaudière*, 1506 (seign. de la Millière); — *La Gauldère*, 1508 (chap. de St-Hilaire, 245). — Anc. fief relev. du marq. de Couhé.

Gaudière (La), h. c^{ne} de Saix. — *La Gouaudière*, 1517; *la Gaudière*, 1629 (com^{rie} de Loudun, 20). — Anc. fief dép. de la com^{rie} de Moulins.

Gaudières (Les), f. c^{ne} de Montoiron. — *La Gouauldière*, 1530; *la Gouaudière*, 1598 (cure de Fressineau).

GAUDINERIE (La), h. cne de Bournan. — *Cheux les Gaudins*, 1546 (prieuré de Bournan, 2).
GAUDINERIE (La), h. cne de Senillé.
GAUDINIÈRE (La), f. cne de Gouex.
GAUDINIÈRE (La), m. r. cne de Maulay.
GAUDINIÈRE (La), ff. cne de Pouzioux; — 1498 (fief de Champeaux). — *La Gauldinière*, 1566 (seign. de la Chaise-outre-Vienne). — Anc. fief relev. de la bar. de Chauvigny.
GAUDINIÈRES (Les), f. cne de Pouant. — *La Godinière*, 1471 (chap. de St-Hilaire, 427). — *La Gaudinière*, 1587 (collège de Poitiers, 63). — *Les Godinières* (Cassini).
GAUDION, vill. cne de Lencloître; — 1508 (couv. de Lencloître).
GAUDONNERIE (La), m. r. cne de Leigne.
GAUDRAN, bois et ruines, cne de Bonneuil-Matours; — village, 1620 (fief de Traversay).
GAUDRONS (Les), m. r. cne de Sossay.
GAUDRY, mlin sur le ruiss. du Crochet et h. cne de Queaux. — *Gauderic*, 1450 (seign. de Ressonneau, 1). — *Gaudric*, 1472 (prieuré de Grand-Chaume). — *Gaudrit*, 1475 (abb. de Charroux). — *Gaudry*, 1788 (rôle des tailles).
GAUFFRAND, min sur le ruiss. de Senillé, cne de Senillé. — *Moulin de Gauffrerant*, 1371 (abb. de la Celle, 16); — *de Gaufferrant*, 1457; *de Goferant*, 1541 (comrie d'Auzon, 8). — *Gaufrant*, 1646 (abb. de la Celle, 4).
GAUFFREAU (Le), h. cne de Marigny-Brizay.
GAUFFRON (La), m. r. cne de Vendeuvre.
GAUFRAN, min cne de Pleumartin et m. r. cne de Vicq. — *Gauffrans*, 1607; *Gauferrand*, 1617 (seign. de Pleumartin, 2).

Le ruiss. de Gaufran prend naissance près ce lieu et se jette dans le Ris, après avoir servi de limite entre la cne de Vicq et celles de Pleumartin et la Roche-Posay.

GAUGRENIÈRE (La), h. cne de Cloué; — 1578 (fief de Cloué).
GAUGRIÈRE (La), h. cne de Vicq. — *La Gogrière* (Cassini).
GAUGUIER, h. cne de Vicq. — *Gauguier*, 1600 (évêché, 35). — *Gaugué*, 1613; *Gaugay*, 1721 (fam. de la Bussière). — *Gogué* (Cassini). — *Gaudier*, 1841 (nomencl.). — Anc. fief relev. de la bar. d'Angle (évêché, 35).
GAUMANT, f. cne de la Chapelle-Bâton. — *Gaumant*, 1330; *Gamant*, 1337 (chap. de St-Hilaire, 548). — *Gaument*, 1710 (rôle des tailles).
GAURY (Le Grand et le Petit-), hh. cne de Coulombiers. — *L'héritage des Gaury, situé es vielles ventes de Gastine*, 1545 (hommages de Lusignan).

GAUTELIÈRE (La), h. cne de Rouillé. — *La Gautelière*, 1476 (chap. de St-Hilaire, 81). — *La Gaultelière*, 1563 (ibid. 446).
GAUTELIÈRES (Les), ff. cne de Latillé. — *La Gaultelière*, 1464 (abb. de Ste-Croix, 28). — *La Gautellière*, 1775 (rôle des tailles).
GAUTIÈRE (La), h. cne de Saint-Martin-Lars.
GAUTIERS (Les), vill. cne de Béthines. — *Les Gaultiers*, 1573 (maison-Dieu, 132).
GAUTREAU, min sur le Clain, auj. inconnu, cne d'Andillé. — *Moullin à Gaultereau*, 1558 (fief de Château-Larcher). — *Moulin Gaultreau*, 1646 (cure d'Andillé). — Ce moulin se trouvait sans doute près le gué Gautreau, en amont du min du Clain, s'il n'était pas le même que ce dernier.
GAUTREAUX (Les), vill. cne d'Ouzilly. — *Village de Gaultreau*, 1641; *des Gautreaux*, 1700 (fam. des Courtis).
GAUTRELLE (La), h. cne de Nalliers.
GAUTRIE (La), vill. cne d'Anois. — *La Gautrye*, 1662 (notaires, Chevallier à Civray).
GAUTRIE (La), f. cne de Mirebeau. — *La Gautrie*, 1446 (abb. de Fontaine-le-Comte, 26). — *La Gaultrie*, 1600 (prieuré de St-Jean de Mirebeau, 6).
GAUTRONNIÈRE (La), vill. cne de Ceaux, con de Loudun. — *La Gautronnière*, 1452 (comrie de Loudun, 30). — *La Gaultronnyère*, 1506; *la Gautronière*, 1689 (cure de Joué).
GAUTRONNIÈRE (La), h. cne de Champagné-Saint-Hilaire. — *La Gaultronyère*, 1598 (chap. de St-Hilaire, 250).
GAUTRONS (Les), h. cne d'Oiré. — *Les Gaultrons*, 1619 (aveu de St-Romain, f° 18 v°). — *Les Gautrons*, 1666 (abb. de St-Cyprien, 24).
GAUTRONS (Les), lieu auj. inconnu, près les Voiries, cne d'Usseau. — *Village des Gaultrons*, 1651 (seign. de la Motte d'Usseau).
GAUVANIÈRE (La), vill. cne de Rouillé. — *La Gauvignère*, 1448; *la Gauvaignère*, 1485 (comrie de Roche, 6). — *La Gauvagnère*, 1635 (fief de Venours). — *La Gauvinière*, 1775 (rôle des tailles). — *La Govanière* (Cassini).
GAUVELLERIE (La), f. cne de la Bussière. — *La Gauvillerie*, 1595 (abb. de la Merci-Dieu, 4).
GAUVIGNELLERIE (La), f. cne de Chenevelles. — *La Gauvillenerie*, 1773 (cure de Chenevelles).
GAUVINIÈRE (La), lieu détruit, cne de Liglet. — *La Gauvigère*, 1528 (abb. de St-Savin, 26). — *La Gauvinière aultrement appellée la Closure*, 1578; *la*

Gauvingière aultrement appellée la Closière, 1580 (seign. de Courtevrault).

GAUVINIÈRE (LA), f. c^ne de Paizay-le-Sec. — *La Gauvignère*, 1486 (abb. de St-Savin, 14). — *La Gauvinière*, 1562 (maison-Dieu, 164). — *La Gauvynière*, 1580 (terrier de Champeaux, f° 43).

GAVERTIÈRE (LA), f. c^ne de Gizay. — *La Gavartière*, 1476; *la Gavertière*, 1596; *la Gavretière*, 1641 (chap. de St-Pierre-le-Puellier, 27).

GAYRIE (LA), f. c^ne d'Anois.

GAZILIÈRE (LA), f. c^ne de Saint-Genest. — *La Garrelère*, 1389 (seign. de Puygarreau, 3). — *La Garielère, la Garrelière, la Gazelière*, 1439 (terrier de Gironde, f°s 13, 43 v° et 56 v°). — *La Gazillière*, 1445 (seign. de Puygarreau, 1).

GAZON (LE), m. r. c^ne de Biard.

GAZON (LE PETIT-), m. sur la rive gauche de la Boivre, c^ne de Poitiers.

GEFFE (LA), f. c^ne de Voulon.

GÉLIE (LA), h. c^ne de Brigueil-le-Chantre. — *L'Age Helye, la Gelie*, 1494 (fief de Gersant). — *La Gellie*, 1506; *la Gehellye*, 1578 (fief de Fleix). — *La Gehelie*, 1565 (fam. de la Gélie). — Anc. fief relev. de la châtell. de Fleix.

GÉLIRIE (LA), h. c^ne de Thuré. — *La Jaloirye*, 1624; *la Gallairie*, v. 1630; *la Jallerie*, 1763 (cure de Thuré). — *La Jaillerie* (Cassini).

GELY, f. c^ne de Champigny-le-Sec. — *Gelis*, 1204 (chap. de Mirebeau, 32). — *Gelix*, 1503 (com^rie de St-Georges, 30). — *Gellie*, 1630 (chap. de Ste-Radegonde, 42). — *Gely*, 1782 (rôle du vingtième). — Anc. fief relev. de la bar. de Mirebeau.

GEMELLE, vill. c^ne de Liglet. — *Gemeles*, 1211 (Revue des Soc. savantes, 2e série, t. VIII, p. 71). — *Gimelles*, 1433 (abb. de St-Savin, 26). — *Gemelles, Jemelles*, 1450 (maison-Dieu, 154).

GENAURAIE (LA), h. c^ne de Thuré. — *La Genouroie*, 1437 (duché de Châtellerault, 5). — *La Genouraye*, 1483; *la Genoraye*, 1576 (cure de Thuré). — *La Genaurais*, fief relev. du duché de Châtellerault, 1763 (arch. de la Roche-de-Bran).

GENÇAY, ch.-l. de c^on, arr^t de Civray. — *In vicaria Gentiaco*, 986-999 (cart. de St-Cyprien, p. 266). — *Ecclesie Sancti Mauricii et Sancte Marie apud castrum Genciacum*, 1097-1100 (*ibid.* p. 13). — *Gencai*, 1205 (abb. de Nouaillé, 1). — *Gencay*, 1224 (abb. de Montierneuf, 92). — *Archipresbiter de Jenciaco*, 1234 (abb. de Charroux). — *Ecclesia beate Marie de Genssayo; archipresbiteratus de Gencayo* (pouillé de Gauthier, f°s 150 v° et 151). — *Baronnie de Jancay*, 1566; *Gençais*, 1767 (fief de Gençay).

L'archiprêtré de Gençay, en l'archidiaconé de Briançay ou Brioux (Deux-Sèvres), était annexé à la cure de Savigné près Civray; son territoire comprenait les paroisses de Gençay, Brion, Champagné-Saint-Hilaire, Champnier, la Chapelle-Bâton, Charroux, Château-Garnier, Chiré-les-Bois, Civray, la Ferrière, Genouillé, Gizay, Joussé, Magné, Mauprevoir, Nieuil-l'Espoir, Nouaillé, Pairoux, les Roches-Prémary, Romagne, Saint-Benoît, Saint-Clémentin, Saint-Gaudent, Saint-Macou, Saint-Martin-Lars, Saint-Maurice, Saint-Romain, Saint-Saviol, Saint-Secondin, Savigné, Smarve, Sommières, Usson, Vernon, la Villedieu et Voulême. L'abbé de Saint-Cyprien de Poitiers avait le patronage des deux églises paroissiales de Notre-Dame et de Saint-Maurice de Gençay; celle-ci, située sur la rive droite de la Clouère, a donné son nom à un bourg, chef-lieu de commune. Voy. SAINT-MAURICE. Il y avait à Gençay une aumônerie, *domus infirmorum*, mentionnée v. 1100 (cart. de St-Cyprien, p. 223) et en 1553 : *elemosinaria beate Marie de Gencayo* (titres de cette aumônerie).

Gençay, qualifié ville dans le procès-verbal de réformation de la coutume du Poitou, 1559, fut le chef-lieu d'une viguerie comprenant Brion et Céré; puis d'une châtellenie, *castellania Gentiaci*, 1097-1100 (cart. de St-Cyprien, p. 13), relev. du comté de Poitou, au ressort de la sénéchaussée et de l'élection de Poitiers. Cette châtellenie, baronnie dès la fin du XVe siècle, érigée en vicomté en mai 1655, avait plus de 40 fiefs dans sa mouvance directe et comprenait les paroisses de Gençay, Brion en partie, Chiré-les-Bois, la Ferrière, Gizay, Magné, Saint-Secondin en partie, Saint-Maurice, Sommières et Vernon. Le château de Gençay, *castellum quod Gentiacum dicitur*, fut assiégé en 993 par Boson II, comte de la Basse-Marche (chron. de Pierre, moine de Maillezais, ap. Labbe, Nova bibl. manuscr. libr. t. II, p. 228); ce château est depuis longtemps en ruine.

En 1790 Gençay devint le chef-lieu d'un canton du district de Civray, formé des c^nes de Gençay, Ayroux, Brion, la Ferrière, Magné et Saint-Maurice; cette circonscription fut modifiée en 1801.

La forêt de Gençay ou de la Teublère était située entre la Ferrière et Sommières; le sol qu'elle occupait est couvert de brandes. — *Forest de la Tyblère*, v. 1300 (chap. de St-Pierre-le-Puellier, 21). — *Bois de la Teublère, de la Tremblère*, 1334 (chap. de S-Hilaire, 439). — *Fourest de Teblère*, 1404 (gr. Gauthier, f° 90 v°). — *Forest de Gençay*, 1533 (chap. de St-Hilaire, 246); 1580 (fief de Gençay); — *de la Tieublerie de Gençay*, 1537 (chap. de St-Hilaire, 439).

GENÇAY, vill. c^{ne} de Sérigny; anc. prieuré dép. de l'abbaye de Noyers (Indre-et-Loire). — *Rainaldus de Gentiaco*, 1061 (cart. de Noyers, p. 697). — *Capella de Gentiaco*, v. 1116 (ibid. p. 449). — *Prioratus de Jonchayo* (pouillé de Gauthier, f° 146 v°); — *de Gençay*, 1383 (taux du décime, p. 14). — *Jançay*, 1453 (com^{rie} de Loudun, 32). — *Jensay*, 1526; *Jençay*, 1543 (cure de Sérigny). — *Notre-Dame de l'Épine de Gençay*, 1782 (pouillé).

GENDREAUX (LES), h. c^{ne} de Vaux.

GENÈBRE (LE), m. r. c^{ne} d'Iteuil. — *Nemora vulgariter appellata les Coustaux de Genebres*, 1488 (seign. d'Iteuil). — *Les Genèbres*, 1710 (rôle des tailles). — *Le Geniébre* (Cassini).

GENEBRÉE (LA), lieu détruit, près la Pouge, c^{ne} de Verrières. — *Alodium de Genebrea, de Gerebria*, v. 1090 (cart. de St-Cyprien, p. 231 et 232). — *La Genebrée*, 1585 (maison-Dieu, 121). — Anc. fief relev. du Vigean.

GENÈBRES (LES), vill. c^{ne} d'Antigny. — *Les Genèbres*, 1467 (abb. de St-Savin, 11). — *Les Genièvres*, 1564 (maison-Dieu, 164).

GENEBRIE, m. r. c^{ne} de Saint-Benoît. — *Genebrie*, 1523 (abb. de St-Benoît, 2). — *Gennebrye*, 1583 (collège de Poitiers, 8).

GENEBRIÈRE (LA), vill. c^{ne} d'Usson. — *La Genebrière*, 1470; *la Genevrière*, 1480 (prieuré de Grand-Chaume).

GENEBROU, h. c^{ne} d'Usson; — 1567 (maison-Dieu, 197).

GENET (LE), lieu détruit, auj. inconnu, c^{ne} de Château-Garnier. — *Village du Genest*, 1388 (gr. Gauthier, f° 204 v°); 1493 (fief de Passac).

GENÊT (LE PETIT-), h. c^{ne} de Vouillé, et four à chaux, c^{ne} de Montreuil-Bonnin. — *Le petit Gennays*, 1603 (chap. de Ste-Radegonde, 21). — *Le petit Genais*, 1758 (ibid. 63).

GENETON, h. c^{nes} du Bouchet et Claunay. — *Geneston*, 1468 (chap. de Ste-Croix de Loudun, 4).

GENÊTS (LES), h. c^{ne} de Bournan. — *Les Genectz*, 1451 (prieuré de Bournan, 11). — *Les Genestz*, 1542 (ibid. 2).

GENÊTS (LES), m. r. c^{ne} de Brigueil-le-Chantre.

GENÊTS (LES), h. et étang, c^{ne} du Vigean. — *Arbergamentum de Genesto*, 1361 (Fontenau, t. XXXVIII, p. 130). — *Le Genest*, 1564 (cure du Vigean). — Anc. fief relev. du marq. de l'Isle-Jourdain.

GENEVRAYE (LA), lieu détruit, près la Davière, c^{ne} de Dangé; — 1686 (fief de la dîme de Piolant).

GENEVRIE (LA), h. c^{ne} de Moussac-sur-Vienne.

GENEVRIÈRE (LA), h. c^{ne} de Romagne; — 1598 (chap. de St-Hilaire, 249).

GENOAUDIÈRE (LA), m. r. c^{ne} de Saint-Laurent-de-Jourde.

GENIOUX (LES), h. c^{ne} de Marçay; — 1761 (rôle des tailles).

GENNERIE (LA), h. c^{ne} de Chiré-en-Montreuil. — *La Gognerye*, 1575 (abb. du Pin, 19). — *La Jignerie*, 1626; *la Generie*, 1629 (com^{rie} de la Vausseau, 7). — *La Gegnerie*, 1644 (fam. Jacques).

GENOUILLÉ, c^{on} de Charroux. — *Ecclesia de Genulliaco*, 1096 (Fonteneau, t. IV, p. 89). — *Genolec*, v. 1160 (ibid. t. XVIII, p. 309). — *Genoliacum*, v. 1165 (ibid. t. XVIII, p. 331). — *Willelmus de Genoillec*, v. 1166 (ibid. t. XVIII, p. 349). — *Ecclesia de Genolliaco, de Genoylliaco* (pouillé de Gauthier, f°s 133 v° et 150 v°). — *Genoilhé, Genoilli*, 1377 (gr. Gauthier, f° 253). — *Genollé, Jenoilhet*, 1383 (taux du décime, p. 28 et 64). — *Genoilhet*, 1401 (gr. Gauthier, f° 238 v°). — *Genoillé*, 1452 (abb. de Nouaillé, 56). — *Genoilé*, 1479 (compte de J. Bourdin). — *Genouillé*, 1498 (fief de Genouillé). — *Notre-Dame de Genouillé*, 1872 (pouillé).

Avant 1790 la paroisse de Genouillé faisait partie de l'archiprêtré de Gençay, de la châtellenie et de la sénéchaussée de Civray, et de l'élection de Poitiers. La cure était à la nomination de l'évêque. Le fief de Genouillé relevait du comté de Civray. — Les bois de Genouillé contenaient 68 arpents en 1796.

Le ruiss. de la fontaine de Genouillé se jette dans le Cibiou près Chez-David, c^{ne} de Lizant.

GENOUILLÉ, h. c^{ne} de Civaux. — *Guillelmus de Genoilhec*, 1328; *Hugo de Genollec*, 1334 (abb. de Nouaillé, 40). — *Hugo de Genolhe*, 1350 (ibid. 19). — *Genoilhé*, 1396; *Genoilly*, 1443; *Genoillé*, 1449 (fam. de Savatte). — *Genoulhé*, 1466 (seign. de la Tour-aux-Cognons). — *Genouillé*, 1470 (fam. de Genouillé). — *Janeillé*, 1629 (fam. de Savatte). — Anc. fief relev. de la bar. de Mortemer.

GENOUSE, f. c^{ne} de Marnay. — *Bâtard Genouse* (Cassini).

GENTAUDRIE (LA), f. c^{ne} d'Usson. — *La Gentauderie*, 1498 (fief de Bagné). — Anc. fief relev. de la châtell. de Saint-Martin-Lars.

Le ruiss. de la Gentaudrie a sa source près Bois-Bineau et se jette dans la Clouère au-dessous de Busseroux.

GENTILLESSE (LA), h. c^{ne} d'Ingrande; — 1756 (terrier de la Groye, p. 399).

GEOFFLONNIÈRE (LA), m. r. c^{ne} de Vouneuil-sous-Biard. — *La Joffrionère*, 1312 (abb. de Fontaine-le-Comte, 16). — *La Geoffrionnyère*, 1451 (*ibid.* 4). — *La Geoffelonnière, la Jauflonnière, la Joffelinière*, 1623 (*ibid.* 14). — *La Geoffelinière*, 1669 (*ibid.* 15). — *La Geofronière*, 1742 (cure de Vouneuil-sous-Biard).

Geoffrios, h. c^{ne} du Vigean.

Geolier (Le Grand et le Petit-), ff. c^{ne} de Pairé. — *Le Joliet* (Cassini).

Geollerie (La), f. c^{ne} de Coussay.

Georgerie (La), m. r. c^{ne} de Montmorillon.

Georgets (Les), vill. c^{ne} d'Hains. — *Village des Georgetz*, 1573 (maison-Dieu, 104).

Georginière (La), f. c^{ne} de Lusignan. — *La Georginère*, 1440 (com^{rie} de Roche, 6). — Anc. fief relev. du marq. de Couhé.

Gerbaudière (La), vill. c^{ne} d'Antran; — 1394 (duché de Châtellerault, 4).

Gerbaudière (La), m. r. c^{ne} de Leigné-sur-Usseau; — 1556 (abb. de St-Cyprien, 24).

Gerbaudière (La), ff. c^{ne} de Liglet; — 1599 (Fonteneau, t. XLI, p. 985). — Anc. fief relev. de la bar. de la Trimouille.

Gerbaudières (Les), m. r. c^{ne} de Saint-Pierre-de-Maillé. — *Les Gerbauldières*, 1521 (seign. de la Roche-Aguet). — *Les Gerbaudières*, 1581 (abb. d'Angle).

Gerbault, f. et m^{in} sur le ruiss. ou veude de Maine, c^{nes} de Maulay et Dercé. — *Moulin de Gerbault*, 1450 (com^{rie} de Loudun, 31).

Gerbussière (La), vill. c^{ne} de Pleumartin. — *La Gerbuscière*, 1453 (notaires, Artaud à la Roche-Posay). — *La Gerbussière*, 1487 (abb. de la Merci-Dieu, 11).

Gère (La), m. r. c^{no} de Fleuré. — *La Jaere*, 1325 (Fontenau, t. XXXVIII, p. 56). — *Guillelmus de la Gerie*, 1372 (abb. de Nouaillé, 6). — *La Gère*, 1440 (*ibid.* 49). — *Laugère*, 1601 (*ibid.* 50).

Gère (La), f. c^{ne} de Journet; — 1651 (maison-Dieu, 35).

Gère (La), h. c^{ne} de Quinçay; — 1517 (chap. de St-Hilaire, 395).

Gerge (Chemin de la), s'embranchant au chemin des Sarrasins, c^{ne} d'Avanton.

Germier, vill. c^{ne} de Mouterre-Silly. — *Germer*, 1287 (abb. de Fontaine-le-Comte, 28). — *Germier*, 1439 (chap. de Ste-Croix de Loudun, 4). — Anc. fief.

Germigny, h. c^{ne} de Sérigny. — *Aimericus de Germeniaco*, v. 1087 (cart. de Noyers, p. 219). — *Germaniacum*, v. 1090 (*ibid.* p. 219). — *Germeigné*, 1432; *Germigné*, 1449 (cure de Sérigny). — Anc. fief relev. de la seign. des Courtilz, 1559 (seign. de Germigny).

Germon (Le), h. c^{ne} de Thuré.

Germonerie (La), h. c^{ne} de Quinçay. — *Tenement des Germons, la Germonerye*, 1619 (chap. de St-Hilaire, 406).

Germonière (La), h. c^{ne} de Montamisé. — *La Germonnière*, 1564 (com^{rie} de St-Georges, 5).

Gernelle, puits, près Puypousin, c^{ne} de Saint-Macou. — *Villa Gernella in pago Brioensa*, 987 ou 988 (cart. de St-Cyprien, p. 283). — *Le poys de Gernelles*, 1389 (gr. Gauthier, f° 245 v°).

Gersant, anc. fief à la Trimouille. — *Gersant, Gerzant*, 1494 (fief de Gersant). — *Gerzant lez la Tremoulle*, 1542 (terrier de Rouflac, 58). — *Jarsant*, 1580 (seign. de Courtevrault). — Ce fief avec haute justice relevait de la bar. de Montmorillon. — Un moulin de *Gerzan* est mentionné dans un rôle des tailles de 1775.

Gervaisière (La), h. c^{ne} de la Chapelle-Moulière. — *La Gervaisère*, 1457 (abb. de Montierneuf, reg. 10).

Gervaisière (La), lieu détruit, c^{ne} de Rouillé; anc. fief et haute justice relev. du marq. de la Mothe-Saint-Héraye (Deux-Sèvres). — *Mazure du château de la Gervaisière*, 1741 (aveu du marq. de la Mothe-St-Héraye, document appart. à M. A. Richard).

Gerverie (La), f. c^{ne} de Celle-l'Évécault; — 1506 (collège de Poitiers, 25). — *La Gerverye de Comblé*, 1519 (cure de Celle-l'Évécault).

Giat (Le Grand et le Petit-), ff. c^{ne} du Vigean. — *Giat*, 1408 (gr. Gauthier, f° 247). — *Le petit Gyat*, 1587 (notaires de la vic. de Rochemeaux).

Un ruiss. appelé le Giat sort de l'étang de Boudignoux et se réunit, au-dessus de Salles, à un autre ruiss. appelé le Ry.

Gibauderie (La), m. r. c^{ne} de Poitiers.

Gibauderie (La), m. r. c^{ne} de Vendeuvre.

Gibaudière (La), h. c^{ne} du Verger-sur-Dive.

Gibauts (Les), h. c^{ne} de Saint-Romain-sur-Vienne. — *Les Gibaults* (Cassini).

Gibertière (La), h. c^{ne} de Fleix. — *La Gibetière*, 1580 (terrier de Champeaux, f° 36 v°).

Gibertière (La), f. c^{ne} de Latus. — *La Jobertère, la Joubertère*, 1404 (gr. Gauthier, f° 108 v°). — *La Gibetière*, 1452 (chap. de Montmorillon, 2); 1547 (fief de l'Âge-Courbejarret). — *La Gibertière*, 1561 (seign. de la Dallerie). — *La Gibretière*, 1730 (rôle des tailles).

Giborlière (La), f. c^{ne} de Benassay. — *La Giborlière*, 1476 (chap. de St-Hilaire, 81). — *La Giborlière*, 1539 (*ibid.* 223).

Gibonlière (La Petite-), h. c^{ne} de Latillé.

Gibouncère (La), h. c^{ne} de Prinçay; — 1605 (cure de Prinçay).

GIE (LA HAUTE et LA BASSE-), ff. c^ne de Chiré-en-Montreuil. — *Molendinum de Lagee*, 1238 (Fontenau, t. V, p. 145). — *La Gye*, 1573 (abb. du Pin, 17). — *La Gie*, 1644 (fam. Jacques).

GIEZ, vill. c^ne de Marigny-Chemerault; anc. fief relev. de la châtell. de Bellefontaine. — *In villa Gippiaco, Giptiacus*, x^e s^e (ch. de St-Hilaire, t. I, p. 31 et 75). — *Gihec*, 1401; *Gié*, 1412 (chap. de St-Hilaire, 242). — *Vieil pont de Gyé*, 1475 (seign. de Vounant). — *Herbergement de Gihec appellé la Belotérie*, 1500; — *de Giez appellé la Vollotière, la Bellotère; Gyec appellé la Vallotière*, 1542 (seign. de Giez). — *Fief de Gyé alias Petoufle*, 1673, 1697 (*ibid.*). — Petoufle était un autre fief dont relevait celui de Giez au XVIe siècle, d'après des aveux rendus en 1500 et en 1593.

GIGARDEAU (LA), f. c^ne d'Adriers; — 1566 (maison-Dieu, 191).

GIGOGNES (LES), f. c^ne de Doussay.

GILARD, m^in sur le ruiss. ou veude de Maine, c^ne de Maulay. — *Moulin de Gillard*, 1634 (cure de Dercé).

GILARDERIE (LA), m. r. c^ne de Savigny-l'Évécault.

GILARDIÈRE (LA), f. c^ne d'Adriers. — *La Gillardière*, 1586 (fam. Bonnin).

GILARDIÈRE (LA), f. c^ne de Liglet.

GILARDIÈRES (LES), h. c^ne de Gouex. — *Les Gilardières*, 1604 (cure de Gouex). — *Les Gillardières*, 1608 (maison-Dieu, 198).

GILBERDIÈRE (LA), f. détruite, à Bonest, c^ne d'Alonne; — 1506 (chap. de St-Hilaire, 84).

GILBERDRIE (LA), f. c^ne d'Orches.

GILBERTIÈRE (LA), f. c^ne de la Roche-Posay. — *La Gilbertière*, 1454 (notaires, Artaud à la Roche-Posay). — *La Gillebertière*, 1629 (seign. de la Roche-Posay, 3). — *La Gilbretière*, 1684 (prieuré de la Roche-Posay).

GILBERTRIE (LA), h. c^ne de Surin. — *La Gilleberterie*, 1507; *la Gilbertye*, 1527; *la Gillebertie*, 1538 (seign. de Bois-Seguin).

GILLARDIÈRE (LA), h. c^ne de la Bussière.

GILLARDIÈRE (LA), f. c^ne de Vicq.

GILLERIE (LA), f. c^ne d'Angle.

GILLERIE (LA), f. c^ne de Villemort.

GILLETIÈRE (LA), lieu auj. inconnu, c^ne de Saugé; — 1403 (gr. Gauthier, f° 102 v°).

GILLIER, m^in sur le Négron et h. c^ne de Beuxe; — 1624 (abb. de Fontevrault, 2).

GILLIERS (LES), m. près le vill. de la Vallée, c^ne d'Avanton. — *Terres des Gilliers*, 1482 (seign. d'Avanton).

GILOIRDRIE (LA), m. r. c^ne de Sérigny.

GINCHÈRE (LA), h. c^ne d'Archigny; — 1444 (duché de Châtellerault, 1). — Anc. fief relev. de la châtell. de Montoiron en 1444.

GINCIÈRE (LA), m. détruite avant 1727, c^ne de Saint-Sauveur; — 1673 (fief de Dercé); 1727 (fief de la Cour).

GINCIÈRES (LES), h. c^ne de Vouneuil-sur-Vienne.

GINIÈRE (LA), vill. c^ne de Beaumont. — *La Ginère*, 1430 (chap. de Notre-Dame-la-Grande, 41). — *La Gisnière*, 1634 (fief de Rouet).

GIOUX ou JIOUX, caverne à ossements dans la vallée des Goths, c^ne de Saint-Pierre-des-Églises.

GIPSIÈRE (LA), f. c^ne de Saint-Remy. — *La Giptière* (Cassini).

GIRAFE (LA), h. c^ne de Saint-Secondin.

GIRARDERIE (LA), h. c^ne de Vouneuil-sur-Vienne; — 1527 (chap. de Châtellerault, 9).

GIRANDIÈRE (LA), h. c^ne d'Antran; — 1519 (seign. de la Tapisserie).

GIRARDIÈRE (LA), f. c^ne de Colombiers; — 1621 (fief de Colombiers).

GIRARDIÈRE (LA), f. c^ne de Dercé; — 1457 (fam. de Clérembault). — Anc. seigneurie.

GIRARDIÈRE (LA), h. c^ne de Savigné; — 1576 (fief de Bellabre).

GIRARDIÈRE (LA), h. c^ne de Sérigny; — 1586 (seign. de Puygarreau). — Anc. fief relev. de la bar. de Faye-la-Vineuse (Indre-et-Loire).

GIRARDIÈRES (LES), vill. c^ne de Marnay; — 1505 (cure de Gizay).

GIRARDIÈRES (LES), f. c^ne de Saint-Sauveur.

GIRARDS (LES), h. c^ne de Coussay-les-Bois. — *Les Girardz*, 1576 (abb. de la Merci-Dieu, 12).

GIRAUDEAUX (LES), h. c^ne de Saint-Genest. — *Les Petits-Giraudeaux*, 1841 (nomencl.).

GIRAUDEAUX (LES GRANDS-), h. c^ne de Sossay. — *La terre de Johan Giraudeau*, 1439 (terrier de Gironde, f° 10). — *L'Angibaudière, l'Engibaudière*, 1547 (seign. de Puygarreau, 7). — *Village des Giraudeaulx*, 1579 (*ibid.* 4). — *Village de l'Angibaudière à présent appellé le village des Giraudeaux*, 1604 (*ibid.* 8).

GIRAUDELLES (LES), h. c^nes de Sossay et Thuré. — *La Giraudère*, 1434; *les Giraudières*, 1489 (seign. de Puygarreau, 7). — *Les Giraudelles*, 1684 (*ibid.* 2).

GIRAUDIÈRE (LA), f. c^ne d'Amberre; anc. fief relev. de celui de Bournezeau; — 1508 (aveu de Mirebeau).

GIRAUDIÈRE (LA), f. détruite, entre la Faye et Poux, c^ne d'Antigny; — 1647 (abb. de St-Savin, 15).

GIRAUDIÈRE (LA), f. c^ne de Béthines. — *La Gyrauldière*, 1562 (maison-Dieu, 127). — *La Giraudière*, 1584 (*ibid.* 104).

GIRAUDIÈRE (LA), vill. c^ne de Chabournay; — v. 1300

(seign. de Chéneché, 1). — Une maison de ce vill. est sur le territ. de Vendeuvre.

Giraudière (La), f. c^ne de Civaux.

Giraudière (La), h. c^ne de Colombiers; — 1621 (fief de Colombiers). — Anc. fief relev. de la bar. de Colombiers.

Giraudière (La), f. c^ne de Coussay; — 1542 (prieuré de St-Jean de Mirebeau, 8).

Giraudière (La), h. c^ne de Jaunay.

Giraudière (La), f. c^ne d'Hains.

Giraudière (La), f. c^ne de Nieuil-l'Espoir. — *La Giraudère*, 1385 (cart. de la Trinité, 65). — *La Giraudière*, 1492 (abb. de la Trinité, 46).

Giraudière (La), m. au vill. du Bourg, c^ne de Prinçay. — *La Girauderye*, 1583; *la Girardière, la Girauldrye*, 1605 (cure de Prinçay).

Giraudière (La), f. c^ne de Saint-Germain; — 1538 (abb. de St-Savin, 8).

Giraudière (La), f. c^ne de Saint-Pierre-de-Maillé; — 1605 (évêché, 26).

Giraudière (La), f. c^ne de Savigny-sous-Faye.

Giraudières (Les), m. r. c^ne d'Ingrande. — *Les Giraudères*, 1425 (cure d'Ingrande). — *Les Girauldières*, 1482 (seign. de la Roche-Posay, 1).

Giraudières (Les), f. détruite, près Belhomme, c^ne de Lavoux. — *Domus au Giraus*, 1289 (abb. de St-Cyprien, 44). — *La Giraudère*, 1470 (seign. de Touffou, 1).

Giraudières (Les), lieu détruit, auj. inconnu, c^ne de Mondion; — 1546 (seign. de Mondion, 1).

Giraudrie (La), f. c^ne d'Archigny.

Giraudrie (La), f. c^ne de Benassay. — *La Giraudrie*, 1665 (chap. de St-Hilaire, 235).

Giraudrie (La), m. r. c^ne d'Ingrande.

Giraudrie (La), lieu détruit, près Toucheronde, c^ne de Ligugé; anc. fief relev. du prieuré de Saint-Nicolas de Poitiers. — *La Giraudrie*, 1355 (abb. de Montierneuf, 10). — *La Giraudère*, 1446 (collège de Poitiers, 9).

Giraudrie (La), h. c^ne de Senillé. — Anc. fief relev. de la bar. de Montoiron.

Giraudrie (La), h. c^ne de Vouillé.

Giraudries (Les), h. c^ne de Thuré. — *Les Girauldries*, 1562 (cure de St-Christophe). — *Les Giraudries*, 1605 (cure de Châteauneuf de Châtellerault).

Girault, f. anc. m^in sur le ruiss. de l'Étang-Berland, c^ne de Saint-Sauveur. — *Moulin Girault*, 1540 (com^rie de la Foucaudière, 8). — *Moulin de Girault*, 1727 (fief de la Cour).

Girauts (Les), f. c^ne de Paizay-le-Sec. — *Village des Girauds aultrement appellé les Meurs Baguelins*, 1543 (abb. de St-Savin, 31).

Gires (Les), à Traversay, c^ne de Chaunay; anc. fief relev. du comté de Civray; — 1600 (fief des Gires).

Girettrie (La), h. c^ne de Vendeuvre. — *La Gilleterie*, 1520 (seign. de Bonnivet).

Giroir, vill. et m^in sur l'Auzance, adjacents au bourg de Migné. — *Moulins de Girouart*, 1381 (abb. de Montierneuf, 61). — *Bourg de Girouard*, 1554 (*ibid.* 49).

Giron, m^ins, c^ne de Chenevelles. — *Moulin de Giron*, 1559 (cure de Chenevelles).

Le ruiss. de Giron naît près la Font et se jette près Baudonneau dans l'Auzon de Chenevelles.

Gironde, vill. c^ne de Saint-Genest. — *Rainaldus de Gerunda*, v. 1088 (cart. de Noyers, p. 191). — *Aufridus de Jerondia*, comm^t du xiie s^e (gr. cart. de Fontevrault, 781). — *Garunda*, v. 1103 (Fonteneau, t. VIII, p. 451). — *Gironde*, 1294; *Jaronde*, 1303 (couv. de Lencloître). — Voy. Lencloître. — Anc. châtell. unie au duché de Châtellerault (gr. Gauthier, f° 1 v°). — La garenne ou forêt de Gironde, ayant une superficie de 102 hectares, était unie au domaine du même duché.

Girondelle (La), h. c^ne de Thuré.

Girouardière (La), f. détruite, c^ne de Morton; — 1716 (cure de Morton). — Un pré, situé au bord de la Petite-Maine, est appelé pré Girouard.

Girouardière (La), à Naintré; anc. fief relev. du duché de Châtellerault. — *La Girouardière*, 1388 (duché de Châtellerault, inv. d'aveux, f° 55). — *Le fief Girouard*, 1538 (*ibid.* reg. d'hommages). — *La Girouardière aultrement dicte le fief Ducas et de la Douhe*, 1619 (fief de la Girouardière). — Ce lieu est auj. inconnu.

Girouette (La), h. c^ne d'Antran; — 1628 (seign. de la Motte d'Usseau).

Girouette (La), h. c^ne de Lussac-le-Château; — 1775 (rôle des tailles).

Girouette (La), h. c^ne de Montoiron. — *La petite Guyonnière alias la Fleuriellerie*, 1593; — *alias la Girouette*, 1701 (cure de Fressineau).

Girouette (La), m. r. c^ne d'Oiré.

Girouette (La), f. c^ne de Saint-Genest; — 1608 (couv. de Lencloître).

Girouettes (Les), m. r. c^ne de Châtellerault. — *La Girouette*, 1625 (fief du Verger).

Giverdan, ff. c^nes de Millac et Luchapt. — Anc. fief.

Le ruiss. de Giverdan ou de Ponteil sort de l'étang de Giverdan et va se jeter dans la Grande-Blour en amont du m^in des Birons. — *Ruisseau de Ponteil*, 1654 (cure de l'Isle-Jourdain).

Givray, m. r. c^ne de Ligugé; — 1598 (collège de Poitiers, 9).

Gizay, c^on de la Villedieu. — *Ecclesia de Gisiaco in castellania de Gentiaco*, 1097-1100 (cart. de St-Cyprien, p. 13). — *Gisai*, v. 1100 (*ibid.* p. 209). — *Gizay*, 1294 (abb. de St-Cyprien, 17). — *Ecclesia de Gisayo* (pouillé de Gauthier, f° 151). — *Gizaium*, 1383 (taux du décime, p. 65). — *S. Martin et S. Fiacre de Gizay*, 1782 (pouillé).

Avant 1790 la paroisse de Gizay faisait partie de l'archiprêtré et de la châtellenie de Gençay, de la sénéchaussée et de l'élection de Poitiers. La cure était à la nomination de l'abbé de Saint-Cyprien ; elle a été rétablie en 1837.

Glande, f. c^ne de Saint-Jean-de-Sauves. — *Glanle villa*, 954 (E. Mabille, La Pancarte noire de St-Martin de Tours, p. 225). — *Terrouer des Glandes*, 1520 (cure de St-Aubin-du-Dolet). — *Glando*, 1723 (notaires, Auriau à Messay).

Glandée (La), m. r. c^ne de Naintré.

Glandon, m^in, c^ne de Liglet. — *Fontaine et moulin de Glandon*, 1480 (abb. de St-Savin, 26). — Ce moulin est mû par le ruiss. de la fontaine de Glandon, qui se jette dans la Benaise.

Glantinière (La), h. c^ne de Lautier; — 1550 (abb. de St-Savin, 25).

Glantinoux, f. c^ne d'Archigny. — *Glantinoulx*, 1493; *Glantignous*, 1514 (seign. de Touffou, 4). — *La Glantinou*, 1779 (rôle des tailles).

Glaudière (La), f. c^ne d'Usson; — 1566 (fief de la Grande-Épine).

Glégnon, h. c^ne du Vigean. — *Glignon*, 1541 (cure du Vigean).

Glenouze, c^on des Trois-Moutiers. — *Gaufridus de Glenosa*, v. 1017 (cart. de St-Cyprien, p. 208). — *Radulfus de Glennosa*, v. 1060 (*ibid.* p. 110). — *Raginaldus de Glenosse*, 1115-1149 (gr. cart. de Fontevrault, 12). — *Glenoso, Glenosse*, 1383 (taux du décime, p. 9 et 75). — *Glenouse*, 1429 (com^rie de Loudun, 21). — *Glenouxe*, 1453 (abb. du Pin, 40). — *Notre-Dame des Fontenelles de Glenouse*, 1752 ; — *des Fontaines de Glenouze*, 1779 (cure de Glenouze).

Avant 1790 cette commune faisait partie de l'archiprêtré, de la châtellenie, du bailliage et de l'élection de Loudun. La cure était à la nomination du chapitre cathédral. La haute justice de Glenouze était tenue en fief du château de Loudun (Essais sur l'hist. de Loudun, 2° partie, p. 98).

Glomerie (La), m. r. c^ne de Leugny. — *La Gleaumorie*, 1755 (terrier de la Groye, p. 740). — *La Glomière*, 1770 (cure de Leugny).

Glomière (La), m. r. c^ne d'Antran. — *La Glaumière*, 1650 (seign. des Closures). — *La Glaunerie* (Cassini).

Gloriette, f. et m^in à vent, c^ne de Coussay. — *Hostel de Gloriete*, 1480 (aveu du fief de Gloriette; titre appart. à M. E. de Fouchier). — *Gloryette*, 1573 (seign. de Gloriette). — *Gloriette*, 1628 (chap. de Mirebeau, 28). — Anc. fief et haute justice relev. de la bar. de Mirebeau.

Glotomerie (La), lieu auj. inconnu, c^ne de la Puye. — *La Glotomnye*, 1561 (évêché, 33). — *La Glotomerye*, 1606 (couv. de la Puye, 5).

Glouzet, h. c^ne d'Archigny; — 1774 (évêché, 37). — *Liozet*, 1779 (rôle des tailles).

Goberie (La) et la Petite-Goberie, ff. c^ne de Curzay. — *La Goberie*, 1627 (fief de Curzay).

Goberts (Les), m. isolée, c^ne de Thuré.

Gobier (Le), h. c^ne d'Ouzilly. — *Le Gobier*, 1468 (chap. cathédral, reg. 109). — *Le Gobé*, 1730 (fam. des Courtis).

Godarderie (La), f. c^ne de Saint-Gervais; — 1674 (fief du Plessis-Baunay).

Godards (Les), lieu détruit, près Pied-de-Chèvre, c^ne de Vellèche. — *Village des Godardz*, 1597 (seign. de Mondion).

Godenalière (La), f. c^ne d'Alonne. — *La Gauteralière*, 1445 (abb. de la Celle, 15). — *La Gaulterallère*, 1558 (fief de Château-Larcher). — *La Gaultenallière*, 1601 (abb. de Nouaillé, 26). — *La Gothenallière*, 1645 (prieuré de Lavairé). — *La Godenalière*, 1773 (abb. de St-Benoît, 4, f° 381). — Anc. fief relev. de la châtell. de Château-Larcher.

Godet (Moulin), sur le ruiss. de Godet, c^ne de Vaux. — *Le moulin Gaudet*, 1667 (prieuré de St-Denis-en-Vaux). — *Le moulin Godet*, 1670 (cure de Vaux).

Le ruiss. de Godet ou de Prédame a sa source près la Pelletrie, c^ne d'Antran, et se jette dans la Vienne au-dessous du m^in Godet.

Godet (La), h. c^ne d'Archigny. — *Lagodet*, 1307 (Gauthier, f° 195). — *La Godet*, 1676 ; *la Gaudet*, 1681 (seign. de Bellefont).

Godiers (Les), h. c^ne de Lavoux.

Godinière (La), h. c^ne de Raslay. — *La Godynière*, 1561 (com^rie de Loudun, 33). — *La Gaudinière* (Cassini).

Godins (Les), lieu détruit, près la Petite-Guerche, c^ne de Leugny. — *Les Gaudins*, 1684 (cure de la Guerche).

Godus (Les), ff. c^ne de Montoiron. — *Village du Paqreau*, 1631 ; — *des Godus autrement le Paquereau*, 1636 (chap. de St-Hilaire, 221).

Goibeau, f. c^ne de Latillé. — *Chez Goibeau*, 1620 (cure de Latillé). — *La Gounbaux*, 1775 (rôle des tailles). — *Goisbeau* (Cassini).

DÉPARTEMENT DE LA VIENNE. 195

Goilarderie (La), vill. c^{ne} de Saimmarçolle.
Gonnèche, f. c^{de} de Vernon. — *Goneches, Gonneches*, 1396 (gr. Gauthier, f° 78). — *Goneche*, 1447 (chap. de Notre-Dame-la-Grande, 58). — *Gonnesche*, 1525 (Filles-de-Notre-Dame de Poitiers, 10). — *La Gounesche*, 1672 (chap. de St-Pierre-le-Puellier, 28).
Gontrie (La), f. c^{ne} d'Antran; — 1623 (chap. de Notre-Dame-la-Grande, 69).
Gontrie (La), m. isolée, c^{ne} de Leigné-sur-Usseau.
Gorce, h. c^{ne} de Charroux. — *Gorces*, 1308 (chap. de St-Hilaire, 539).
Gorce (Nouvelle-), h. c^{ne} d'Anois.
Gorce (Vieille-), f. c^{ne} d'Anois.
Gorcière (La), h. c^{ne} de Saint-Remy. — *La Gorressière*, 1494; *la Gorcière*, 1583 (fief de l'Âge-de-Plaisance).
Gorderie (La), h. c^{ne} de la Puye. — *La Gourderie*, 1482 (couv. de la Puye, 7). — *La Gorderie*, 1501 (ibid. 4). — *La Gourderye*, 1604 (ibid. 5).
Gorgerie (La), f. c^{ne} de Saint-Gervais.
Gorlière (La), h. c^{ne} d'Archigny. — *La Gorilhère*, 1307 (Gauthier, f° 195). — *La Gorrellière*, 1474 (évêché, 22). — *La Gorrilhière*, 1503; *la Gorilière*, 1662 (seign. de Montoiron, 1). — *La Gaurillère*, 1670 (seign. de Bellefont).
Gorlière (La), h. c^{ne} de Latillé. — *La Gorrellère*, 1409 (abb. du Pin, 26). — *La Gorrelière*, 1630 (cure de Latillé).
Gornière (La), f. c^{ne} de Châtellerault. — *La Gornière*, 1619 (aveu de St-Romain, f° 1 v°). — *La Gorronnière*, 1621 (fief du Savinier). — *La Gorrenière*, 1622 (chap. de St-Hilaire, 221).
Gosay (Le), lieu détruit, entre la Foy et la Catinerie, c^{ne} de Fontaine-le-Comte.
Gotelle (La), h. c^{ne} de Champigny-le-Sec. — *La Gautelle*, 1782 (rôle du vingtième).
Gotus (Vallée des), vallée, en quelques points étroite et profonde, qui traverse la commune de Saint-Pierre-des-Églises du sud-est au nord-ouest.
Goualerie (La), f. c^{ne} de Saint-Pierre-de-Maillé. — *La Goeslerie*, 1547 (fam. de la Bussière). — *La Goueslerye*, 1620 (évêché, 34). — *La Gouellerie*, 1639 (ibid. 28).
Gouarderie (La), m. r. c^{ne} de Velléche. — *La Gouardrie*, 1662 (seign. de la Vieillardière).
Goubillerie (La), h. c^{ne} de Coussay-les-Bois.
Goublerie (La), m. près la Batardelière, c^{ne} de Saint-Maurice. — *La Gourbeillerie*, 1710 (rôle des tailles).
Gouelle, mⁱⁿ, c^{ne} de Nueil-sous-Faye; le Haut-Gouelle, f. c^{ne} de Maulay. — *Uldricus de Goilo*, 1124-1140 (gr. cart. de Fontevrault, 17). —

Domus de Goeles, v. 1200 (couv. de Lencloitre). — *Gouelles*, 1473; *moulin de Gouelle*, 1691 (com^{rie} de Loudun, 31). — *Moulin de Goille, Haut-Goille*, 1841 (nomencl.). — Anc. fief appart. à l'abbaye de Turpenay (Indre-et-Loire) et relev. du chât. de Loudun.
Le ruiss. ou veude de Gouelle prend naissance près la Ribardière, c^{ne} de Maulay, et se réunit à la veude de Maine au-dessous du mⁱⁿ de Marselon, c^{ne} de Nueil-sous-Faye.
Gouex, c^{on} de Lussac-le-Château. — *Goia*, 1096 (Fontencau, t. IV, p. 89). — *Goy*, 1273 (abb. de Nouaillé, 1). — *Guoy*, 1277 (ibid. 40). — *Goiz*, 1383 (taux du décime, p. 62). — *Goix*, 1416 (Fontencau, t. XXIV, p. 257). — *Goues*, 1449 (seign. de Lussac). — *Gouez*, 1456 (Fontencau, t. XXII, p. 541). — *Gouetz*, 1487 (abb. de Nouaillé, 40). — *Gouhez*, 1514 (seign. de Ressonneau, 2). — *Gouex*, 1524 (cure de Gouex). — *S. Médard de Gouay*, 1782 (pouillé).
Avant 1790 la paroisse de Gouex faisait partie de l'archiprêtré et de la châtellenie de Lussac-le-Château, de la sénéchaussée de Montmorillon et de l'élection de Poitiers. La cure était à la nomination de l'abbé de Charroux.
La forêt de Gouex s'étend sur les c^{nes} de Gouex et de Mazerolles; elle contenait 130 hectares en 1805. — *Forest de Gouex*, 1594 (seign. de Lussac-le-Château, 1).
Gouffrie (La), f. c^{ne} de Marigny-Brizay. — *La Goufferia*, 1441; *la Gouffrye*, 1620; *la Goufrie*, 1626 (fam. des Courtis). — Anc. fief relev. de Launay.
Gougé, f. c^{ne} de Saint-Secondin. — *Gauger, Goger*, 1409 (gr. Gauthier, f° 100).
Le ruiss. de Gougé, affluent du Drion, est peut-être celui qui, en 1404, est appelé *petite rivière de Bodines* (gr. Gauthier, f° 89 v°).
Gouillerie (La), lieu détruit, près Tageau, c^{ne} d'Adriers; — (Cassini).
Gouillés (Les), h. c^{ne} de Leigné-sur-Usseau. — *Terres des Gouillez*, 1467 (seign. de Puygarreau, 10).
Gouinière (La), h. c^{ne} de Ceaux, c^{on} de Loudun. — *La Gouynère*, 1406 (chap. de St-Hilaire, 427). — *La Gouinière*, 1522 (com^{rie} de Loudun, 30). — *La Gouynière*, 1589 (collège de Poitiers, 63).
Gouinières (Les), h. c^{ne} d'Oiré; — 1606 (seign. d'Oiré, inv.). — *Les Gonnières*, 1841 (nomencl.).
Gouins (Les), h. c^{ne} d'Usseau. — *Village des Girards alias les Gouins*, 1608 (seign. des Closures).
Goujonnerie (La), m. r. c^{ne} de Leigné. — *La Gou-*

25.

gonnerie, 1533 (maison-Dieu, 164). — *La Goujonnerye*, 1553 (*ibid.* 160).

GOUJONS (LES), h. c^ne de Leugny. — *Village des Goujons*, 1650 (fief de la Chaise-St-Remy); — *des Gougeons*, 1662 (cure de Leugny).

GOULET (LE), h. c^ne de Champigny-le-Sec. — *Le Goullet*, 1549 (chap. de Mirebeau, 32). — Anc. fief.

GOULET (LE), ruiss. prend naissance à Availle et tombe dans l'Auzon. — *Russeau du Goullet*, 1493 (duché de Châtellerault, 6).

GOULFANDIÈRE (LA), vill. c^ue de Saint-Pierre-de-Maillé. — *La Gouffrandière*, 1455 (notaires, Artaud à la Roche-Posay); 1496 (évêché, 33). — Anc. fief relev. de la bar. d'Angle.

GOULINERIE (LA), f. c^ne de Leigné-les-Bois.

GOULVANTIÈRE (LA), f. c^ne de Paizay-le-Sec; — v. 1630 (abb. de St-Savin, 31).

GOUMAS, vill. c^ne de Thollet. — *Villagium seu massum de Gomart*, 1365 (Fontenau, t. V, p. 468). — *Goumas*, 1561; *Gouma*, 1672 (fief du Riffault).

GOUMOISIÈRE (LA), h. c^ne de Saint-Martin-la-Rivière. — *La Goumoisière*, 1527 (évêché, 8). — *La Goumaizière*, 1546 (seign. de St-Martin-la-Rivière, 1). — *La Goumoizière*, 1621 (prieuré du Teil-aux-Moines).

GOUPILLÈRE (LA), m. près les Énaux, c^ne de Roiffé.

GOUPILLÈRES (LES), lieu détruit, près Boussec, c^ne de Saint-Pierre-des-Églises. — *Arbergement de Goupilères*, v. 1300 (seign. de Dienné et Verrières). — *Les Goupillières*, 1483 (abb. de Ste-Croix, 96). — Ancien fief relev. de la bar. de Mortemer.

GOUPILLÈRES (LES), h. c^ne de Saint-Sauveur. — *La Goupillère Tallebart*, 1460; *les Goupillères*, 1562 (com^rie de la Foucaudière, 8).

GOUPILLON, m^in sur le Palais et h. c^ne de Vivonne. — *Feodum de Gopilhon*, v. 1300 (Gauthier, f° 15). — *Goupillon*, 1466 (seign. du Parc et Boisvert). — Anc. fief relev. de la bar. de Celle-l'Évêcault.

GOURAUDIÈRE (LA), f. c^ne de Vouneuil-sous-Biard; — 1752 (cure de Biard).

GOURDINES (RUISSEAU DES) ou DE BRÉBAIL, c^ne d'Availle-Limousine, a sa source près le hameau des Carrières et se jette dans la Vienne près le m^in de Brébail. — *Ruisseau du Rioupeyru*, 1651 (fam. de la Broue de Vareilles).

GOURJAUDIÈRE (LA), h.; LA GRANDE et LA PETITE-GOURJAUDIÈRE, ff. c^ne de Sanxay. — *La Gourjaudière*, 1775 (rôle des tailles). — *La Gourgeaudière* (Cassini).

GOURJAUDRIE (LA), vill. c^ne de Genouillé. — *La Goujauderie*, habitée par Guillaume Goujault, 1485 (seign. de la Roche-d'Orillac). — *La Gourjaulderie*, 1566 (seign. de Landraudière). — *La Gourjaudrie*, 1695 (fief du Cibiou).

GOUZON, chât. en ruine, à Chauvigny. — *Domina de Gozon*, 1295 (Duchesne, Hist. généal. de la maison des Chasteigners, pr. p. 112). — *Castrum de Gosonio situm apud Calvigniacum*, 1357 (chap. cathédral, 24); — *de Gozomio*, 1370 (évêché, 21). — — *La grande tour du chasteau de Gouzon*, 1567 (*ibid.* 8).

Ce fief relevait de la bar. de Chauvigny avant d'y être uni par Fort d'Aux, évêque de Poitiers, qui l'avait acquis de Guy de Gouzon, chevalier, en échange de la terre de la Châtre, c^ne de Journet.

GRÂCE-DE-DIEU (LA), h. c^ne de Moussac-sur-Vienne.

GNAILLÉ, h. et chapelle ancienne, c^ne de Pindray. — *Graillé*, 1379; *Graillé*, 1454 (abb. de l'Étoile). — Anc. seign. appart. à l'abbaye de l'Étoile.

GRAILLERIE (LA), h. c^ne de Cenon.

GRAINETRU, m. r. c^ne de Thuré. — *Pas de Grenetru*, 1307 (Gauthier, f° 206). — *Moulin de Grenetru*, 1439 (terrier de Gironde, f° 126); — *de Grenetu*, 1492 (cure d'Ingrande). — Ce moulin, situé sur la Veude, n'existe plus.

GRAINEVALDIÈRES (LES), h. c^ne de Saint-Sauveur. — *La Guenevardère*, 1454 (abb. de St-Cyprien, 24). — *La Gallevardière*, 1537; *la Grenevardière*, 1564 (com^rie de la Foucaudière, 10). — *La Galvardière*, 1621 (fief de Colombiers). — Anc. fief appart. à la com^rie de la Foucaudière et relev. de la bar. de Colombiers.

GRALIÈRE (LA), f. c^ne de Lusignan. — *La Gralère*, 1373 (seign. des Verrines). — *La Grallère*, 1404 (gr. Gauthier, f° 52). — *La Gralière*, 1532; *la Graslière*, 1595 (fief de la Gralière). — *La Grelière*, 1753; *la Grallière*, 1775 (rôles des tailles). — Anc. fief relev. de la châtell. de Lusignan.

GRAND-CHAMP, f. c^ne de Champagné-Saint-Hilaire. — *Grant Champ*, 1505 (seign. de la Millière).

GRAND-CHAMP, lieu détruit, près Fontprévoir, c^ne de Leigne. — *Grantchamp*, 1462 (hommages de Montmorillon). — *Grantchampt*, 1515; *Grandchamps*, 1598 (fief de Grand-Champ). — Anc. fief relev. de la bar. de Montmorillon; les bâtiments étaient en ruine en 1515.

GRAND-CHAMP, chât. et f. c^ne d'Orches. — *Rainaldus de Grandicampo*, v. 1065 (cart. de Noyers, p. 52). — *Joscelinus de Grandichampo*, 1229 (abb. de St-Benoît, 20). — *Grantchamp*, 1436 (bar. de Luain). — *Grandchamps*, 1586 (seign. de Puygarreau, 1). — Anc. fief et haute justice relev. de la bar. de Faye-la-Vineuse (Indre-et-Loire) et réuni dès 1639 à la bar. de Luain.

GRAND-CHAMP (LE), ff. c^{ne} des Trois-Moutiers.
GRAND-CHAUME, f. c^{ne} de Queaux; anc. prieuré dép. de l'abbaye de Charroux. — *Willelmus de Grantchauma*, v. 1169 (Fontenau, t. XVIII, p. 395). — *Domus de Grand Chaume*, 1217 (*ibid.* t. IV, p. 281). — *Villa de Grandi Calma*, 1230 (*ibid.* t. IV, p. 303). — *Prioratus de Grandi Calma* (pouillé de Gauthier, f° 148). — *Prieurté de Saincte Catherine de Grand Chaulme*, 1461 (prieuré de Grand-Chaume). — Le fief du prieuré était qualifié châtellenie en 1770.
GRAND-CHEMIN (LE), f. c^{ne} de la Chapelle-Montreuil; — 1718 (rôle des tailles). — *Le Grand-Chemin ou la Petite-Brunetière*, 1780 (abb. de Montierneuf, 90).
GRAND-CHEMIN (LE), m. r. c^{ne} de Marçay.
GRAND-CHEMIN (LE), f. c^{ne} de Saint-Genest.
GRAND'COUR (LA), f. c^{ne} de Coussay.
GRAND'COUR (LA), h. c^{ne} de Dercé.
GRAND'COUR (LA), m. r. c^{ne} de Saint-Christophe.
GRAND'COUR (LA), h. c^{ne} de Saint-Cyr.
GRAND'CROIX (LA), h. c^{ne} de Dangé.
GRANDE-BLANCHE (LA), f. c^{ne} de Pressac.
GRANDE-EAU (LA), m. r. c^{ne} de Leugny; — 1754 (terrier de la Groye, p. 179).
GRANDE-EAU (LA), f. c^{ne} de Saint-Gervais.
GRANDE-MAISON (LA), f. c^{ne} de Villemort.
GRAND-FONT, h. c^{ne} d'Archigny. — *Grant Fons*, 1478 (abb. de St-Savin, 33). — *Moulin de Grant Font*, 1495; *de Grand Fons*, 1538 (seign. de Touffou, 4).
Le nom de rivière de Grantfond est donné, dans un titre de 1496 (arch. de Poitiers, 58), à l'Auzon de Chenevelles, qui a l'une de ses sources en ce lieu.
GRANDINS (LES), h. c^{ne} de Dangé; — 1754 (terrier de la Groye, p. 169).
GRAND'MAISON (LA), f. c^{ne} d'Alonne. — *La Grand Maison du bout du bourg de la Villedieu*, 1558 (fief de Château-Larcher). — Anc. fief relev. de la châtell. de Château-Larcher.
GRAND'MAISON (LA), h. c^{ne} d'Availle.
GRAND'MAISON (LA), h. c^{ne} de Beaumont.
GRAND'MAISON (LA), h. c^{ne} de Béruges.
GRAND'MAISON (LA), h. c^{ne} du Bouchet. — *La Grand Maison*, 1678; *la Grande Maison du seigneur de Rasilly*, 1727 (cure du Bouchet).
GRAND'MAISON (LA), m. à Cenon; anc. fief relev. du duché de Châtellerault; — 1763 (arch. de la Roche-de-Bran).
GRAND'MAISON (LA), h. c^{ne} de Châtellerault. — *La Maison vieille*, 1619 (aveu de St-Romain, f° 11); 1841 (nomencl.).

GRAND'MAISON (LA), f. c^{ne} de Chiré-en-Montreuil.
GRAND'MAISON (LA), f. c^{ne} d'Ingrande. — *La Grande Maison autrement la Renetrie*, 1756 (terrier de la Groye, p. 156).
GRAND'MAISON (LA), h. c^{ne} de Leigné-les-Bois; 1747 (com^{rie} de la Foucaudière, 12). — Anc. fief relev. de la bar. de Montoiron.
GRAND'MAISON (LA), m. r. c^{ne} de Marigny-Brizay.
GRAND'MAISON (LA), f. c^{ne} de Martaizé.
GRAND'MAISON (LA), f. c^{ne} de Messemé.
GRAND'MAISON (LA), f. c^{ne} de Mignaloux.
GRAND'MAISON (LA), m. r. c^{ne} de la Puye.
GRAND'MAISON (LA), h. c^{ne} de Saint-Benoît. — *Le Pré Girauld*, 1549 (collège de Poitiers, 8). — *La Grand Maison Saincte Marthe*, 1576 (abb. de St-Benoît, 2). — *La Grand Mayson de l'escolle*, 1577 (abb. de la Celle, 15). — *Métayrie de la Grange dicte le Pré Girauld*, 1583 (collège de Poitiers, 78). — *La Grange de Saincte Marthe*, 1590 (*ibid.* 8). — *La Grand Maison*, 1655 (abb. de St-Benoît, 1). — *La Maison de Sainte Marthe*, 1663 (*ibid.* 3). — Anc. propriété du collège Sainte-Marthe de Poitiers.
GRAND'MAISON (LA), ff. c^{ne} de Saint-Gervais.
GRAND'MAISON (LA), f. détruite, aux Retinières, c^{ne} de Saint-Sauveur; — 1727 (fief de la Cour).
GRAND'MAISON (LA), f. c^{ne} de Sillars.
GRAND'MAISON (LA), vill. c^{ne} de Thurageau.
GRAND'MAISON (LA), vill. annexé au bourg de Vouillé; — 1560 (chap. de Ste-Radegonde, 19).
GRAND'MAISONS (LES), f. c^{ne} de Saint-Sauveur. — *Les Grans Maysons*, 1619 (com^{rie} de la Foucaudière, 3).
GRAND'MAISONS (LES), vill. c^{ne} de Vernon. — *Les Grandz Maisons*, 1574 (prieuré de la Vayolle). — *Les Grandes Maysons*, 1593 (abb. de Montierneuf, 93).
GRANDMONT, f. c^{ne} de Bonneuil-Matours; — 1557 (seign. de Bellefont). — Anc. seigneurie.
GRANDMONT, anc. maison de l'ordre de Grandmont à Montmorillon. — *Prior et fratres Grandimontenses*, 1246; prieuré de Grantmont, 1465 (prieuré de Grandmont); — *de Gramont*, 1553 (maison-Dieu, 56); — *du petit Grandmont*, 1702 (prieuré de Grandmont).
Le prieuré de Sainte-Marguerite du Petit-Grandmont fut uni au chef d'ordre avant 1295 (Bulletin monumental, t. XLII, p. 328).
GRAND-PONT (LE), vill. pont et m^{in} sur l'Auzance, c^{ne} de Chasseneuil. — *Pons Ausanciæ*, 1242 (abb. de la Trinité, 31). — *Le pont d'Auzence devers Chassenoil*, 1398 (Filles-de-Notre-Dame de Poitiers, 9). — *Le grand pont d'Auxance*, 1556 (abb. de Montierneuf, 62). — *Le grand pont des Ances*, 1669

(chap. cathédral, 42). — *Les grandes Ances*, 1767 (carte du Poitou). — *Le Grand Pont*, 1770 (fief de Brin).

Le moulin du Grand-Pont était, au XVI° siècle, une papeterie appelée papeterie d'Auzance, qui fut arrentée le 29 novembre 1586 par Nicolas Clabat, sieur d'Orfeuille (abb. de Montierneuf, 49).

GRAND'VILLE (LA), h. c™ de Basses. — *La Grand Ville*, 1567 (cure de Basses).

GRANGE, vill. c™ de Linazay. — *Granges*, 1498 (fief de la Remigère).

GRANGE (LA), m. r. c™ d'Availle-Limousine.

GRANGE (LA), f. c™ de Béruges; — 1482 (abb. du Pin, reg. 1, p. 59).

GRANGE (LA), h. c™ de Bonnes. — *La Chevrerie*, 1469 (seign. de Touffou, 2). — *La Grange*, 1549 (*ibid.* 1). — *La Chevrye aultrement le village de la Grange*, 1594 (*ibid.* 2).

GRANGE (LA), h. c™ de Celle-l'Évécault.

GRANGE (LA), h. c™ de Châtellerault.

GRANGE (LA), f. c™ de Chiré-en-Montreuil. — *La Grange Baccouil?* 1644 (fam. Jacques). — *La Grange à Liret*, 1739 (rôle des tailles).

GRANGE (LA), f. c™ de Coussay-les-Bois; — 1689 (abb. de la Merci-Dieu, 12).

GRANGE (LA), f. c™ de Fontaine-le-Comte.

GRANGE (LA), h. c™ de Gouex.

GRANGE (LA), h. c™ de Jouet et Antigny. — *La Grange à Barois*, 1674; *la Grange à Barrois*, 1741 (cure de Jouet).

GRANGE (LA), ff. c™ de Lencloître.

GRANGE (LA), h. c™ de Lésigny; — 1619 (seign. d'Alogny).

GRANGE (LA), f. c™ de Luchapt.

GRANGE (LA), f. c™ de Lusignan; — 1753 (rôle des tailles).

GRANGE (LA), h. c™ de Mairé. — *La Vaudebloys*, 1459 (notaires, Artaud à la Roche-Posay). — *La Grange ou Vauldebloys*, 1543 (seign. de Mairé). — Ancien fief relev. de Mairé.

GRANGE (LA), vill. c™ de Martaizé. — *Hostel de la Grange*, 1437 (abb. du Pin, 37). — *Fief de la Grange vulgairement appellé le fief du Becq*, 1549 (seign. de la Grange). — Ce fief relevoit de la bar. de Baussay.

GRANGE (LA), vill. c™ de Mazerolles; — 1491 (seign. de Lussac, 1). — Anc. fief relev. de la châtell. de la Tour-aux-Cognons.

GRANGE (LA), h. c™ de Messemé. — *La Grange Pacault*, 1739 (com™ de Loudun, 28).

GRANGE (LA), m. r. c™ de Montmorillon.

GRANGE (LA), h. c™ de Montreuil-Bonnin.

GRANGE (LA), h. c™ de Moulime.

GRANGE (LA), f. c™ de Nieuil-l'Espoir; autref. au collège Sainte-Marthe de Poitiers; — 1591 (abb. de la Trinité, 48).

GRANGE (LA), vill. c™ de Poitiers, où était la grange du Fief-le-Comte, appart. au chapitre de Saint-Pierre-le-Puellier. — *La Grange de Saint Pierre le Puellier*, 1404 (chap. de St-Pierre-le-Puellier, 1).

GRANGE (LA), h. c™ de Pouzioux; — 1643 (seign. de Charasson).

GRANGE (LA), h. c™ de Prinçay; — 1512 (cure de Prinçay).

GRANGE (LA), m. isolée, c™ de Saint-Gervais. — *La Grange Maugarny*, 1628 (cure de St-Martin-de-Quinlieu).

GRANGE (LA), près la Belletière, lieu détruit, c™ de Saint-Martin-la-Rivière. — *Les Granges* (Cassini).

GRANGE (LA), m. r. c™ de Savigné. — *La Grange de Bellevue?* 1671 (notaires, Pascault à Civray).

GRANGE (LA), f. c™ de Sillars; — 1586 (fief de la Chinau).

GRANGE (LA GRANDE et LA PETITE-), vill. et f. c™ de Champagné-Saint-Hilaire. — *La Grange*, 1510 (seign. de la Millière). — *La grande Grange, la petite Grange*, 1598 (chap. de St-Hilaire, 250).

GRANGE-À-BARREAU (LA), h. c™ de Bonnes.

GRANGE-À-BASTARD (LA), f. c™ de Liglet. — *La Grange aux Batards*, 1788 (rôle des tailles).

GRANGE-À-BERRI (LA), m. r. c™ de Gençay. — *La Grange aux Berris*, 1601 (fief de Gençay). — *La Grange à Berry*, 1623 (chap. de St-Pierre-le-Puellier, 22). — Anc. fief relev. de la vic. de Gençay.

GRANGE-À-BONNET (LA), m. r. c™ de Bouresse; — 1611 (abb. de Nouaillé, 22).

GRANGE-À-COURTOIS (LA), m. près Antrigé, c™ de Chaunay.

GRANGE-À-GAUDON (LA), f. c™ de Saugé. — *La Grange à Goudon*, 1580 (fief de l'Age-Rouil). — *L'Âge-Gaudon*, 1861 (dénomb.).

GRANGE-À-MAILLAUD (LA), h. c™ de Saint-Martial. — *La Grange à Mayault*, 1766 (rôle des tailles).

GRANGE-À-MOUSSAC (LA), f. c™ de Genouillé; — 1663 (notaires, Chevallier à Civray).

GRANGE-À-PASQUIER (LA), f. c™ de Latillé; — 1620; — *anciennement appellée la Grange à la Croix Chappellet*, 1645 (cure de Latillé).

GRANGE-À-RONDEAU (LA), h. c™ de Gençay; — 1619 (seign. de Panièvre). — *La Grange aux Rondeaux*, 1623 (chap. de St-Pierre-le-Puellier, 22).

GRANGE-À-TRANCANT (LA), f. c™ de Marnay. — *La*

Grange à Tranquard, 1617 (titres de Château-Larcher, aveu de la Randonnière).

GRANGE-AU-MIEN (LA), h. c^{ue} de Bouresse. — *La Grange du meignen de Bouresse*, v. 1490 (abb. de Nouaillé, 20). — *La Grange au meignen*, 1611 (*ibid*. 21).

GRANGE-AUX-GRELIERS (LA), f. c^{ue} de Salles-en-Toulon.

GRANGE-AUX-IMBERTONS (LA), grange, c^{ne} d'Angle. — *La Grange de Jehan Ymbrethon*, 1473 (abb. d'Angle). — *La Grange des Ymberthons*, 1557 (fam. Imberthon). — *La Grange aux Imberthons*, 1574 (seign. de Jeu).

GRANGE-BLANCHE (LA), h. c^{ne} de Saint-Germain.

GRANGE-BRÛLÉE (LA), f. c^{ne} de Benassay.

GRANGE-CALLEBIN (LA), m. à Civaux; — 1770 (cure de Civaux).

GRANGE-CARRÉE (LA), f. c^{ne} de Saint-Maurice; — 1710 (rôle des tailles).

GRANGE-CARRÉE (LA), f. c^{ne} de Sommières.

GRANGE-DE-BREUIL (LA), f. c^{ne} de Lusignan.

GRANGE-DES-BORNAIS (LA), f. c^{ne} d'Antigny.

GRANGE-DES-BRANDES (LA), f. c^{ne} de Saint-Maurice; — 1619 (seign. de Panièvre).

GRANGE-DES-BRUYÈRES (LA), f. c^{ne} de la Vausseau.

GRANGE-DES-SOUCHES (LA), f. c^{ne} de Benassay.

GRANGE-DE-VAUX (LA), f. c^{ne} d'Ingrande; distraite de la c^{ne} de Vaux le 9 avril 1841; — 1637 (prieuré de St-Denis-en-Vaux).

GRANGE-DU-BOIS (LA), h. c^{ne} de Châtain.

GRANGE-DU-BOIS (LA), h. c^{ne} de Chaunay; — 1648 (seign. de la Touche-Vivien).

GRANGE-DU-BOIS (LA), f. c^{ne} de Saint-Laurent-de-Jourde. — C'était peut-être le fief du *Boys*, 1396, relev. de Gençay (gr. Gauthier, f° 78 v°).

GRANGE-DU-BOIS (LA), m. r. c^{ne} de Saint-Martin-Lars.

GRANGE-DU-BOIS (LA), f. c^{ne} de Saint-Remy.

GRANGE-DU-BOIS (LA), h. c^{ne} de Vaux-en-Couhé. — *Le Grand-Bois*, 1841 (nomencl.).

GRANGE-DU-MONTIL (LA), m. isolée, c^{ne} de Prinçay.

GRANGE-DU-PRIEURÉ (LA), m. r. c^{ne} de Leugny. — C'était la grange du prieuré de Sainte-Catherine.

GRANGE-DU-PUY (LA), m. r. c^{ne} de Saint-Maurice. — *La Grange du Puis*, 1619 (seign. de Panièvre). — *La Grange du Puy*, 1734 (rôle des tailles).

GRANGE-GIRARD (LA), f. c^{ne} de Châtellerault.

GRANGE-NEUVE, m. r. c^{ne} de Fontaine-le-Comte. — *La Grange neufve*, 1543 (abb. de Fontaine-le-Comte, 9).

GRANGE-NEUVE, f. c^{ne} de Senillé. — *Corval*, 1563; *Corval autrement la Grange neuve*, 1674, 1746 (chapelle Saint-Marc à Châtellerault).

GRANGE-NEUVE (LA), f. c^{ne} d'Archigny; — 1779 (rôle des tailles).

GRANGE-NEUVE (LA), f. c^{ne} d'Asnières.

GRANGE-NEUVE (LA), f. c^{ne} de la Bussière.

GRANGE-NEUVE (LA), h. c^{ne} de Marnay.

GRANGE-NEUVE (LA), f. c^{ne} de Mouterre; — 1775 (rôle des tailles).

GRANGE-NEUVE (LA), h. c^{ne} de Pairoux. — *La Grange neufve de Monais*, 1665 (notaires de la vic. de Rochemeaux). — *La Grange neuve*, 1775 (rôle des tailles).

GRANGE-NEUVE (LA), f. c^{ne} de Paizay-le-Sec.

GRANGE-NEUVE (LA), h. c^{ne} de la Puye.

GRANGE-NEUVE (LA), f. c^{ne} de Vouneuil-sur-Vienne.

GRANGERIES (LES), h. c^{nes} de Saint-Julien-Lars et Sèvre. — *La Grangerie*, 1376 (abb. de la Trinité, 56). — *Les Grangeries*, 1385 (*ibid*. cart. f° 59).

GRANGES (LES), h. c^{ne} de Charroux; — 1403 (abb. de Charroux).

GRANGES (LES), f. c^{ne} de Château-Larcher. — *Les Granges de Chastellachier*, 1489 (livre de recette de Vivonne, f° 206).

GRANGES (LES), f. c^{ne} de Jazeneuil; — 1627 (fief de Curzay).

GRANGES (LES), h. c^{ne} de Pressac; — 1617 (fam. de la Broue de Vareilles).

GRANGES (LES), vill. c^{nes} de Raslay et Saix.

GRANGES (LES), h. c^{ne} de Saint-Pierre-des-Églises. — *Herbergamentum de Grangiis*, 1320 (évêché, 22). — *Village des Granges*, 1409 (gr. Gauthier, f° 125). — Anc. fief relev. de la bar. de Chauvigny.

GRANGES (LES), h. c^{ne} de Saint-Remy-sur-Creuse. — *Hostel des Granges*, 1435 (duché de Châtellerault, 3); — dépendait de la seign. de la Chaise.

GRANGES (LES), h. c^{ne} de Saint-Savin; — 1527 (abb. de St-Savin, 20).

GRANGES (LES), à Usson; — 1465 (fief des Granges); anc. fief relev. du comté de Civray.

GRANGES-FONTMORTE (LES), vill. c^{ne} de Saint-Martin-la-Rivière. — *Fontmorte, village*, 1539; *Fonsmorte*, 1571; *les Granges, au fief de Fontmorte*, 1571; *village des Granges Fontmorthe*, 1633 (seign. de St-Martin-la-Rivière, 1). — *Les Granges Fontmorte*, 1665 (seign. des Granges-Fontmorte). — *Les Granges*, 1751 (rôle des tailles).

GRANGE-THOMASSIN (LA), m. à Gençay; — 1710 (rôle des tailles).

GRANGE-VENDOISE (LA), f. c^{ne} de la Vausseau. — *La Grange près l'Étang*, 1378 (chap. de St-Hilaire, 222). — *La Grange-Bourgeoise*, 1872 (dénomb.).

GRANGE-VILLEDON (LA), h. c^{ue} d'Asnières. — *La Grange*, 1577 (seign. de Serre et Abzac). — *La Grange de Vildon*, 1668 (cure d'Asnières).

Grassay, h. et bois, cne de Benassay. — *Johannes de Craciaco*, 1101 (abb. de Montierneuf). — *Giraldus de Graciaco*, 1266 (abb. de Fontaine-le-Comte, 1). — *Crassay*, 1456 (abb. de Montierneuf, 84). — *Grassay*, 1464 (abb. de St-Cyprien, 13).

Anc. fief et haute justice relev. de la tour de Maubergeon. Ce domaine fut engagé en 1424 par Charles VII à Laurent Vernon moyennant 2,000 écus d'or (Fontenau, t. XXXIV, p. 113).

Les bois de Grassay contenaient 200 arpents en 1796.

Le ruiss. de Grassay prend naissance près ce lieu et tombe dans la Boivre au-dessous du min de Rimbard.

Grassay, h. cne de Saint-Secondin. — *Graciacus villa super fluvium Climni in pago Briosinse*, v. 950 (cart. de Bourgueil, p. 104). — *Crassay*, 1403 (gr. Gauthier, f° 83 v°). — *Grassay*, 1404 (ibid. f° 98).

Grassay (Le Petit-), m. à Benassay.

Grasse (La), vill. cne de Bouresse.

Grassevau, faubourg de Montmorillon, sur la rive gauche de la Gartempe. — *Crassa Vallis*, xiie se (cart. de la maison-Dieu, n° 105). — *Quadrivium de Grassa Valle*, 1351 (maison-Dieu, 56). — *Grassevault*, 1522 (fief de Fressines). — *Gracevaulx*, 1528 (maison-Dieu, 29). — *Gracevault*, 1542 (terrier de la maison-Dieu).

Grassinières (Les), f. cne de Savigny-l'Évescault.

Gratesseau, min sur la veude de Maine, cne de Dercé.

Gratouzay, f. cne de Béthines. — *Gratouzet*, 1450 (maison-Dieu, 154). — *Gratouset*, 1500 (ibid. 150).

Gratte-Balle, f. près la Rose, cne d'Antran. — *Gratebard*, 1754 (terrier de la Groye, p. 109).

Gratteloube (La), h. cne de Ceaux, con de Couhé. — *Grateloube*, 1587; *la Gratteloube*, 1749 (séminaires de Poitiers, 19).

Cravelines (Moulin de), sur la Vienne, cne de Châtellerault; détruit lors de l'établissement de la manufacture d'armes.

Gravelle (La), vill. cne de Dangé; — 1598 (seign. de la Fontaine, 1).

Gravelle (La), h. cne de Senillé.

Gravier (Le), m. près Vublon, cne de Romagne; — 1640 (chap. de St-Hilaire, 256).

Greffallerie (La), m. r. cne de Cernay.

Greffier, min sur la Charente, cne de Charroux. — *Molendinum de Graifec*, v. 1166 (Fontenau, t. XVIII, p. 339); — *de Grayfiech*, 1260 (abb. de Charroux). — *Greffier*, 1498 (fief des Malpierres).

Gregaudière (La), f. cne de Jardres; — 1531 (seign. du Ry). — Anc. fief relev. de la Tour de Jardres.

Gregeaudière (La), h. cne de Bonneuil-Matours.

Gregeaudière (La), h. cne de Targé. — *La Grugeaudière* (Cassini). — *La Guerjaudière*, 1841 (nomencl.).

Gregoucières (Les), m. r. cne de Bonnes.

Gregoussé, h. cne de Chabournay. — *Gercocé*, 1288; *Gourgoussé*, 1565; *Gergoussé*, 1597 (chap. cathédral, 42). — *Gregoucé*, 1625 (seign. de Chéneché, 5). — *Gargoussé*, 1657 (ibid. 4). — *Gregoussay*, 1666 (ibid. 5). — Anc. fief relev. de la châtell. de Chéneché.

Grelandière (La), m. r. cne de Coussay-les-Bois. — *La Garlendyère*, 1557 (chap. cathédral, 25). — *La Garlandière*, 1637; *la Guerlandière*, 1785 (abb. de la Merci-Dieu, 12).

Grelé, f. cne de Messemé. — *Hostel de Grellay*, 1424 (comrie de Loudun, 28). — *Grelay*, 1645 (cure de Messemé). — *Grellé*, 1662 (comrie de Loudun, 28).

Grèlerie (La), f. cne de Château-Garnier.

Grelets (Les), h. cne de Pouant.

Greletterie (La), m. r. cne de Colombiers.

Greletterie (La), ff. cne de Saint-Sauveur.

Greletterie (La), h. cne de Thurageau.

Grelières (Les), f. et étang, cne de l'Isle-Jourdain; détachés de la cne de Millac le 27 mai 1857. — *Les Grellières*, 1586 (fam. Bonnin).

Gremillon, m. r. cne de Marigny-Brizay. — *Villa quæ dicitur Grezilion*, v. 964 (Fontenau, t. XV, p. 132). — *Gremillon*, 1766 (rôle des tailles).

Gremillon (Le), f. cne de Vernon. — *Les Gremillons*, 1766 (rôle des tailles).

Gremont, vill. cues de la Chapelle-Viviers et Salles-en-Toulon. — *Grantmons*, 1468 (gr. Gauthier, f° 15). — *Grantmont*, 1473 (prieuré du Teil-aux-Moines). — *Gremont*, 1563; *Grandmont*, 1567 (maison-Dieu, 158). — *Gramont*, 1568 (ibid. 164). — *Village des Gremondz*, 1618 (fief de Sanzelle). — *Gremond*, 1768 (chap. de Mortemer, 3). — Anc. fief relev. de Fontprévoir; érigé en 1566.

Grenalière (La), h. cne d'Archigny. — *La Grenallière*, 1663 (seign. de Chitré).

Grenatière (La), f. cne de Savigné. — *La Granetère, la Grenetère*, 1395 (gr. Gauthier, f° 272). — *Moulin veil de la Granetère*, 1404 (ibid. f° 260 v°). — *La Grenatière*, 1468 (seign. de Bois-Seguin). — *La Grenetière*, 1482 (fief de Loin). — Anc. fief relev. du comté de Civray.

Grenaudière (La), f. cne de Persac.

Grenaudières (Les), ff. cne d'Ingrande. — *La Grenaudière*, 1425 (cure d'Ingrande).

Grenetrie (La), f. cne de Chalandray.

GRENIVE, m. r. c^ne de Vivonne.
GRENOLLIÈRE (LA), m. r. c^ne de Nieuil-l'Espoir. — *La Guernoilhère*, 1334; *la Gronolhère*, 1385 (cart. de la Trinité, f°s 116 et 120). — *La Grenoillère*, 1441 (abb. de la Trinité, 46). — *La Grenouillère*, 1587 (*ibid.* 45). — Anc. fief relev. de la vic. de Gençay.
GRENOUILLE (LA), f. c^ne de Colombiers; distraite de la c^ne de Naintré le 7 décembre 1825. — *La Grenouille*, 1593 (cure de Naintré).
GRENOUILLE (LA), m. r. c^ne d'Usseau. — *La Grenoillère*, 1542 (seign. de la Motte d'Usseau). — *La Grenoille*, 1583 (fam. de Brusse). — *La Grenouille*, 1646 (seign. des Mées).
GRENOUILLEAU, m. isolée, c^ne de Sérigny. — *Grenoilleau*, 1552 (seign. de Germigny). — *Moulin de Grenouilleau*, 1751 (fam. de Brusse). — Ce m^in, qui n'existe plus, était mis en mouvement par un petit ruiss. qui se jette dans le Mable.
GRENOUILLÈRE (LA), h. c^ne de Roiffé. — *La Bonaudière aultrement la Grenollère*, 1544 (com^rie de Loudun, 17). — *La Grenouillère*, 1700 (cure de Roiffé).
GRENOUILLÈRE (LA), m. r. c^ne de Saint-Martial. — *Les Grenoillères*, 1483 (abb. de l'Étoile).
GRENOUILLÈRE (LA), vill. c^ne de Saint-Romain-sur-Vienne. — *La Grenoilhère*, 1304 (abb. de Ste-Croix, 81). — *La Granoillère*, 1385 (*ibid.* 97). — *La Grenouillère*, 1608 (cure de St-Romain). — Anc. fief relev. de la châtell. de Saint-Romain.
GRENOUILLÈRE (LA), lieu détruit, c^ne de Thuré. — *Herbergement de la Grenollère*, 1307 (Gaulhier, f° 206). — Des terres situées entre Thuré et Tireau sont appelées la Grenouillère.
GRENOUILLÈRE (LA), m. isolée, c^ne de la Vausseau.
GRENOUILLÈRES (LES), h. c^ne de Thurageau. — *Les Grenoillères*, 1581 (prieuré de St-Jean de Mirebeau, 6).
GRENOUILLERIE (LA), h. c^ne de Bonneuil-Matours. — *La Grenoillerie; le village des Grenoillaux*, 1620 (fief de Traversay).
GRENOUILLERIE (LA), m. isolée, c^ne d'Iteuil.
GRENOUILLETS (RUISSEAU DES), c^ne de Pindray, prend naissance au sud-est de Graillé, passe près Pindray et se jette dans la Gartempe.
GRENOUILLON (FONTAINE DE), près Saint-Remy-sur-Creuse.
GRÉSILLON, m. isolée, c^ne de Pouant.
GRESILS (LES), m. isolée, c^ne de Dissay.
GRESSELLERIE (LA), f. c^ne d'Orches.
GRESSIÈRE (LA), f. c^ne de Chouppes; anc. fief relev. de Marcé; — 1508 (aveu de Mirebeau).
GRESSONNIÈRE (LA), f. c^ne de Benassay. — *La Groissonnerie*, 1461 (chap. de St-Hilaire, 222).

GRETARD, m^in sur le ruiss. de Martaizé, c^rie de Martaizé. — *Moulin de Gratart*, 1486 (com^rie de Loudun, 25); — *de Gretard*, 1547 (chap. cathédral, 88).
GRÈVE (LA), ff. c^ne de Bonneuil-Matours.
GRÈVE (LA), vill. et m^in sur le Clain, c^ne de Dissay. — *La Greve*, v. 1307 (Gaulhier, f° 210 v°). — *Moulin de la Greve*, 1669 (évêché, 48).
GRÈVE (LA), prés et pont sur le Clain, c^ne d'Iteuil. — *Chemin de la Greve*, 1489 (livre de recette de Vivonne, f° 182). — *Prairie de la Greve*, 1665 (notaires, Gaulthier à Poitiers).
GRÈVE (LA), h. c^ne de Nieuil-l'Espoir.
GRÈVE (LA), h. c^ne de Saint-Laon.
GRÈVE (LA), h. c^ne de Vendeuvre. — *Terra de Gravis, de Grevis*, 1100-1136 (cart. de St-Cyprien, p. 24 et 25). — *La Greve*, 1573 (seign. de Chénéché, 7). — Anc. fief relev. du fief d'Allemagne.
GRICOLLIÈRE (LA), h. c^ne de Pleumartin. — *La Grocolère*, 1320 (évêché, 22). — *La Grocollière*, v. 1550 (abb. de la Merci-Dieu, 11).
GRIFFARDIÈRES (LES), h. c^ne d'Ingrande. — *Les Griffardères*, 1425 (cure d'Ingrande).
GRIFFERIE (LA), f. détruite, c^ne de Béruges; — 1478 (abb. du Pin, reg. I, p. 73).
GRIFFONNIÈRE (LA), h. c^ne de Cuhon. — *La Grifonière*, 1458 (arch. nat. chambre des comptes, reg. 330, n° 63). — *La Griffonnière*, 1489 (chap. de St-Hilaire, 325). — Anc. fief relev. de la bar. de Mirebeau.
GRIFFONNIÈRE (LA), f. c^ne de Doussay. — *La Griffonnière*, 1333 (seign. des Mées). — *La Grifonnière*, 1635 (cure de Doussay).
GRIGNON, h. c^ne de Ranton. — *Moulin de Grignon*, 1615 (abb. de Ste-Croix, 72). — Ce moulin, sur la Dive, n'existe plus.
GRIGNON (ÉTANG), c^ne de Liglet.
GRIGNY, m^in sur un petit cours d'eau affluent de la Briande, c^ne du Bouchet. — *Moulin de Grigné*, 1523 (com^rie de Loudun, 27). — Anc. fief relev. du château de Loudun (Essais sur l'hist. de Loudun, 2e partie, p. 98).
GRILLEA (LE), h. c^ne de Quinçay. — *Cheulx Grilleau*, 1527 (chap. de St-Hilaire, 395). — *Village des Bruères aultrement appellé Cheulx les Grilleaux*, 1580 (*ibid.* 400). — *Le Grillas*, 1775 (rôle des tailles).
GRILLEMONTS (LES), h. c^ne de Saix. — *Grillemont*, 1708; *village des Grillemonts*, 1720 (cure de Solomé).
GRILLÈRE (LA), f. c^ne de Vernon. — *La Grière* (Cassini).
GRILLES (LES), h. c^ne de Sossay.

Vienne.

GRIMAUDIÈRE (LA), c^{on} de Moncontour. — *Paganus Grimaudi, miles, dominus de la Grimaudere*, 1219 (arch. de Maine-et-Loire, abb. de Fontevrault). — *Grimauderia* (pouillé de Gauthier, f° 169 v°). — *S. Cybard de la Grimaudière*, 1782 (pouillé).

Avant 1790 la paroisse de la Grimaudière faisait partie de l'archiprêtré de Parthenay (Deux-Sèvres), de la baronnie de Mirebeau, du duché-pairie et de l'élection de Richelieu, généralité de Tours; une portion de son territoire toutefois se rattachait à la bar. de Moncontour. Le prieuré-cure dépendait de l'abbaye d'Airvault (Deux-Sèvres). Six fiefs en ce lieu, savoir : les Fontaines de la Grimaudière, la Tour-Rinquet, le fief Jourdain et trois hébergements, dont l'un appelé la Vergère, relevaient de la baronnie de Mirebeau.

Une source abondante, existant au bourg de la Grimaudière, donne naissance à un ruisseau qui fait tourner un moulin avant de se jeter dans la Dive.

GRIMAUDIÈRE (LA), m. r. c^{ne} d'Availle; — 1426 (chap. de Châtellerault, 1). — *La Grimauldière*, 1527 (com^{rie} de la Foucaudière, 13). — Anc. fief relev. de Tarnay.

GRIMAUDIÈRE (LA), f. c^{ne} de Marnay. — *La Grimaudière*, 1343 (abb. de Nouaillé, 24). — *Grimauderia*, 1416 (chap. de St-Hilaire, 554). — *La Grymauldière*, 1558 (fief de Château-Larcher). — Anc. fief relev. de la Ruffinière, unie à la châtell. de Château-Larcher.

GRIMAUDIÈRE (LA), h. c^{ne} d'Oiré; — 1547 (seign. de Chêne, inv. p. 185). — Anc. fief relev. de Chêne.

GRIMAUDIÈRE (LA), m. près Flée, c^{ne} de Saint-Benoît.

GRIMAUDIÈRE (LA GRANDE et LA PETITE-), h. c^{ne} de la Vausseau. — *La Grimaudière*, 1476 (chap. de St-Hilaire, 81).

GRIMOUARDIÈRE (LA), m. détruite, près Mortier, c^{ne} de Montamisé; — 1565 (fief de la Grimouardière). — Anc. fief relev. de la tour de Maubergeon.

GRIPAUX (LES), m. r. c^{ne} de Cenon. — *Les Gripaux*, 1449 (com^{ris} d'Auzon, 9). — *Les Grippaux*, 1467 (abb. de St-Cyprien, 23). — *Maison des Gripaulx*, 1520; *Gripault*, 1570 (abb. de St-Benoît, 12).

GRIPPEAU (LE), h. c^{na} de Blâlay.

GRIS, h. c^{ne} de Ceaux, c^{on} de Couhé. — *Grix*, 1505; *Gris*, 1529 (seign. de la Millière). — *Village de Grix ou Cheux Doussel*, 1595 (titres de Château-Larcher, aveu de Cujallais).

GRISONNIÈRE (LA), f. c^{ne} de Châtellerault.

GRISONNIÈRES (LES), h. c^{ne} de Béruges. — *Les Grisonnyères*, 1560 (chap. de Ste-Radegonde, 19).

GRISSE, h. c^{ne} de Chénéché. — *Rotbertus de Griscia*, v. 1080 (chap. de Ste-Radegonde). — *Wido de Gritia*, v. 1080 (cart. de St-Cyprien, p. 62). — *Guido de Gricia*, v. 1100 (ibid. 41). — *Grice*, 1198 (ch. de St-Hilaire, t. I, p. 212). — *Grisse*, 1395 (seign. de Vaurais). — Anc. bar. relev. de celle de Mirebeau.

GRISSIÈRE (LA), mⁱⁿ sur l'Auzon et f. c^{ne} de Chenevelles. — *Grisfera prope Capellam Rubeam*, 1281 (Fonteneau, t. XXVI, p. 267). — *La Griffière*, 1281 (Duchesne, Hist. généal. de la maison des Chasteigners, pr. p. 110). — *Moulin de la Grissière*, 1457 (duché de Châtellerault, 5). — *Hostel de la Grissière*, 1507 (arch. de Poitiers, 58). — Le fief de la Grissière relevait de la bar. de Montoiron.

GRISSIÈRE (LA), m. r. c^{ne} de Vendeuvre; — 1559 (seign. de Chénéché, 7).

GRITIN, h. c^{ne} de Nueil-sur-Dive.

GRITONNERIE (LA), f. c^{ne} de Lautier; — 1667 (seign. de Touffou, 3).

GRIVELIÈRE (LA), h. c^{ne} d'Antigny. — *La Grivellière*, 1542 (terrier de Rouflac, 80).

GRIVOTTES (LES), f c^{ne} d'Oiré.

GROGE (LA), f. c^{ne} de Béthines.

GROGE (LA), h. c^{ne} de Chenevelles.

GROGE (LA), h. c^{ne} de Gouex.

GROGE (LA), f. c^{ne} de Nalliers. — *Grogæ*, 1260 (Hommages d'Alphonse, p. 109). — *Les Grohes*, 1310 (Gauthier, f° 198 v°). — *La Groge*, 1566 (abb. de St-Savin, 8).

GROGE (LA), f. c^{ne} de Pindray; — 1588 (maison-Dieu, 175). — *Les Groges*, 1611 (fief de Coupé).

GROGERIE (LA), f. c^{ne} de Pairoux.

GROGES (LES), h. c^{ne} d'Antigny; — 1322 (abb. de St-Savin, 11). — Anc. fief relev. de l'abbaye de Saint-Savin (Fonteneau, t. XLII, p. 292).

GROGES (LES), h. c^{ne} de Jardres.

GROGES (LES), h. c^{ne} de Saint-Pierre-des-Églises; — 1309 (Gauthier, f° 183). — *Herbergamentum de Grogiis*, 1310 (ibid. f° 196). — Anc. fief relev. de la bar. de Chauvigny.

GROGETS (LES), f. c^{ne} d'Antigny. — *Les Grogetz*, 1654 (abb. de St-Savin, 23).

GROIE (LA), h. c^{na} de Ceaux, c^{on} de Couhé. — *La Groye*, 1659 (notaires, Mestreau à Civray).

GROIE (LA), vill. c^{ne} de Champagné-Saint-Hilaire. — *La Groye*, 1510 (seign. de la Millière). — *La Grois*, 1610 (chap. de St-Hilaire, 254).

GROIE (LA), h. c^{ne} de Château-Larcher. — *La Groye*, 1572 (titres de Château-Larcher).

GROIE (LA), h. et grotte, c^{ne} de Châtillon. — *La Groys*, 1389 (chap. de St-Hilaire, 342). — *La*

Grois, 1703 (notaires de la châtell. de Monts). — La Groix, 1778 (rôle des tailles). — Anc. fief relev. du marq. de Couhé. — La grotte de la Groie est aussi appelée Roche-à-Poupard.

Groie (La), h. c^ne d'Iteuil. — La Groie, 1488 (seign. d'Iteuil). — La Grois, 1653 (collège de Poitiers, 15). — La Groix, 1710 (rôle des tailles).

Groie (La), forêt, c^ne de Mairé; contenant de 1,500 à 1,800 hectares.

Groie (La), vill. c^nes de Mauprevoir et Pairoux. — La Groye, 1561 (fief de la Grande-Épine). — La Groix, 1592 (notaires de la vic. de Rochemeaux). — La Groys, 1633 (notaires de la bar. de Charroux).

Groie (La), vill. c^ne de Savigné. — La Groie, 1482 (fief de Loin). — La Groye, 1572 (com^rie de Civray, 1). — La Grois, 1685 (fam. de la Faye). — La Groix, 1775 (rôle des tailles).

Groie (La), h. c^ne de Vivonne. — La Groye, 1518 (seign. de Vounant).

Groies (Les), f. c^ne de Saint-Sauveur. — Les Grois, 1640 (com^rie de la Foucaudière, 10).

Groix (La), terres, c^ne d'Availle; anc. fief relev. de la bar. de Montoiron.

Groix (La), lieu détruit, près et au nord-ouest de Château-Garnier; — 1666 (chap. de St-Hilaire. 445).

Groix (La), f. c^ne de Thuré. — La Groye (Cassini).

Groix (Les), m. isolée, c^ne de Mignaloux.

Groix (Ruisseau des), sort de la fontaine des Matois, c^ne de Saint-Remy, sépare cette c^ne de celle de Leugny et se jette dans la Creuse. — Courance des Groix, 1662 (cure de Leugny).

Grolier, f. détruite, c^ne de Saint-Martin-la-Rivière. — Grollier, 1562 (chap. de Mortemer, 4). — Grolier, 1650 (seign. de Charasson).

Grolier, f. c^ne d'Usson; — 1402 (prieuré de Grand-Chaume).

Grolière (La), f. c^ne de Latillé. — La Grolière, 1447 (abb. de Ste-Croix, 28). — La Grollière, 1614 (cure de Latillé).

Grolleau (Étang), c^ne de Saint-Léomer.

Grollerie (La), f. c^ne d'Anois. — La Grollerye, 1663 (notaires, Chevallier à Civray).

Grollerie (La), f. c^ne d'Ingrande. — La Grollerye, 1536 (abb. de la Merci-Dieu, 13). — Les Grolleries, 1619 (aveu de St-Romain, f° 13 v°).

Grollière (La), f. c^ne de Mirebeau; — 1508 (aveu de Mirebeau). — Anc. fief relev. de la bar. de Mirebeau.

Grollière (La), f. c^ne de Mouterre-Silly. — La Grolière, 1286 (collège de Poitiers, 54). — La Grolère, 1389 (abb. de Fontevrault, 1). — La Grollère, 1430 (com^ie de Loudun, 22). — Anc. terre noble.

Grolterie (La), h. c^ne de Buxeuil.

Grondillé, vill. c^ne de Lizant. — Grandilhé, 1535 (fam. Jousserant, 2). — Grondillé, 1664 (notaires, Pascault à Civray).

Grondinière (La), ff. c^ne de la Roche-Posay. — La Grondinère, 1456 (notaires, Artaud à la Roche-Posay). — La Grondinyère, 1631 (seign. de la Roche-Posay, 3).

Gros-Bois, h. c^ne de Montreuil-Bonnin.

Gros-Bois, f. c^ne de Sainte-Radegonde-en-Gâtine.

Gros-Bost, tuilerie, h. et étang, c^ne de Persac. — Estang de Grosboslz, 1477 (fief de Mortemer). — Gros Beau (Cassini).

Gros-Bost, h. c^ne de Sillars; anc. prieuré. — Prioratus de Grossobosco (pouillé de Gauthier, f° 148 v°). — Groboust, 1508; Grobost, 1515; Grosbost, 1552 (fief de l'Âge-Bouet). — Prieuré de Grosbois, 1648 (pouillé).

Gros-Bot, m. r. c^ne de Beaumont.

Grosbout, vill. c^ne de Bonnes. — Grosbou, 1456; Grozboz, 1505 (seign. de Touffou, 1). — Grozboux, 1594; Grozbourg, 1604 (ibid. 2).

Gros-Bout (Le), h. c^ne de Salles-en-Toulon. — Aqua de Grosso Bosco, Grosbot, 1372; Grousboys, 1436 (abb. de Nouaillé, 6). — Le Gros Bous, 1767 (chap. de Mortemer, 3).

Gros-Chêne (Le), h. c^ne de Béthines. — Le Groz Chesne, 1535 (couv. de la Puye, 12).

Gros-Chêne (Le), h. c^ne de Lizant. — Le Gros Chesgne, 1659 (notaires, Pascault à Civray).

Gros-Chêne (Le), f. c^ne de Paizay-le-Sec.

Gros-Chêne (Le), f. c^ne de Salles-en-Toulon. — Les Seppes, 1662; le Gros Chesne, 1689; les Seppes autrement le Groz Chaigne, 1733 (cure de Salles).

Gros-Paire (Le), vill. c^ne de Rouillé. — Le Grospère, 1841 (nomencl.).

Grosse-Pierre (La), m. isolée, c^ne d'Oiré.

Grosse-Pierre (La), f. c^ne de Saint-Genest.

Gros-Puy, m. à Beauvoir, c^ne de Mignaloux. — Le Gros Puys, 1642; Gros Puy de Beauvoir, 1676 (com^rie de la Villedieu, 26).

Grossière (La), vill. c^ne de Latus. — La Gourroussière, 1452; la Groissière, 1484 (chap. de Montmorillon, 2). — La Grossière, 1496 (fief du Cluzeau-Bonneau).

Grotte (La), h. c^ne de Bertegon.

Grotte (La), h. c^ne de Marigny-Brizay.

Grotte (La), m. isolée, c^ne de Naintré.

Grotte (La), f. c^ne de Scorbé-Clairvaux.

Grotte-à-Calvin (La), sur la rive droite du Clain,

c^{ne} de Poitiers; ainsi nommée parce qu'elle servit d'abri à Calvin et à ses prosélytes lorsqu'il commença à annoncer sa nouvelle doctrine à Poitiers. — *Prairie de la grotte à Calvin, paroisse de Saint-Saturnin-lès-Poitiers*, 1778 (fam. Fumée).

GROUE (LA), f. c^{ne} de Raslay.

GROUIN, f. c^{ne} du Port-de-Piles. — *Castrum quod vulgo Cronnium appellatur*, v. 1054 (cart. de Noyers, p. 510). — *Groin*, 1449; *Grouyn*, 1461; *Groing*, 1463 (fam. Gillier). — Anc. fief relev. de Châtillon-sur-Indre.

GROUSSEAUX (LES), h. c^{ne} de Doussay.

GROUSSINIÈRE (LA), ff. c^{ne} de la Chapelle-Montreuil. — *La Grossinière*, 1494 (abb. de Montierneuf, 84).

GROUSSINIÈRE (LA), vill. c^{ne} de Lusignan. — *La Grossinière*, 1324 (chap. cathédral, reg. 49). — *La Groussinière*, 1690 (seign. de la Salvagère). — *La Joussinière* (Cassini).

GROUX (LES), h. c^{ne} de Marnay. — *Chez les Groux*, 1629 (abb. de Nouaillé, 24).

GROYE (LA), chât. en ruine et f. c^{ne} d'Ingrande. — *La Groye*, 1425 (cure d'Ingrande). — *La Grois*, 1687 (seign. de la Groye). — Anc. fief relev. du duché de Châtellerault; érigé en marquisat en janvier 1661, avec les fiefs de Marigny, Ingrande, Chêne, la Borde, Oiré, le Pin, Argenson et Ferrière, en faveur de Louis d'Allogny, chevalier, seigneur de la Groye.

GROYE (LA PETITE-), f. c^{ne} d'Oiré.

GROYE (MOULIN DE LA), sur le ruiss. d'Oiré, c^{ne} d'Oiré. — *Moulin du Pin*, 1493 (duché de Châtellerault, 5); — *du Pin autrement le moulin de la Groye*, 1756 (terrier de la Groye, p. 400).

GRUGE (LA), h. c^{ne} de Vendeuvre.

GRUGEAT (LE), h. c^{ne} de Jardres.

GRUGEONNERIE (LA), f. c^{ne} de la Puye.

GRUGES (LES), h. c^{ne} de Thuré; — 1583 (fam. de Brusse).

GRUJAILLE, f. c^{ne} de Cenon.

GRUSSON, m^{in} sur l'Auzon, c^{ne} de Montoiron. — *Moulin de Grusson*, 1475 (chap. de St-Hilaire, 425).

GRUZALIÈRE (LA), chât. et h. c^{ne} d'Iteuil. — *La Groussalière*, 1489 (livre de recette de Vivonne, f° 184 v°). — *La Greuzallière*, 1615 (fief de Vounant). — *La Groizallière*, 1628 (collège de Poitiers, 15). — *La Gruzallière*, 1677 (notaires, Gaultier à Poitiers). — *La Grouzalière*, 1684 (fief des Bretinières). — Anc. seigneurie.

GUA (MOULIN DU), sur la Benaise, c^{ne} de Thollet. — *Moulin du Ga de Thollet*, 1408 (gr. Gauthier, f° 120); — *du Gua*, 1561 (fief du Riffault); — détruit depuis longtemps.

GUÉ (LE), chât. c^{ne} de Marnay; — 1468 (cure de Marnay). — Anc. fief relev. des Hautes-Vergnes.

GUÉ (LE), h. c^{ne} de Mazerolles. — *Vadum de Mazeroles*, 1277; *le Guey de Mazeroles*, 1317; *le Gué de Mazerolles*, 1409 (abb. de Nouaillé, 40).

GUÉ (LE), h. c^{ne} de Saint-Jean-de-Sauves.

GUÉ (LE GRAND-), vill. c^{ne} de Vendeuvre.

GUÉ (LE PETIT-), m^{in} sur la Palu, c^{ne} de Vendeuvre. — *Molendinum de Vado Vendovrie*, v. 1120 (cart. de St-Cyprien, f° 23). — *Moulin du Gué*, 1342 (seign. de Chénéché, 7); — *du petit Gué*, 1633 (seign. des Roches de Vendeuvre).

GUÉ (MOULIN DU), sur le ruiss. de Remeneuil, c^{ne} d'Antran; — 1313 (seign. des Mées). — Anc. fief relev. du marq. de Clairvaux.

GUÉ-DE-CEAUX, lieu détruit, c^{ne} d'Antigny. — *Savinus et Cyprianus fratres... deducti in insulam fluminis ejusdem (Wartimpæ) contra prædium quod dicitur Psellis* (légende de S. Savin et S. Cyprien, ap. Labbe, Nova bibl. manusc. libr. t. II, p. 665). — *Guédeceau*, 1495; *Gué de Sceau*, 1541; *le Gué d'Usseau*, 1644 (fam. Scourion). — Anc. fief relev. de l'abbaye de Saint-Savin. — La voie romaine de Poitiers à Bourges passait en ce lieu.

GUÉ-DE-LA-LOGE (LE), h. c^{ne} de Béruges.

GUÉ-DE-LANDE (LE), ff. c^{ne} de Latus.

GUÉ-DE-LANDIN (LE), f. c^{ne} d'Availle. — *Le Gué de Landain*, 1493 (duché de Châtellerault, 6). — *Le Gué de Landin*, 1635 (seign. de Clouchausson).

GUÉ-DE-L'HOMME (LE), tuilerie, c^{ne} de Nouaillé.

GUÉ-DE-MESSAY (LE), m^{in} sur la Chenelle ou rivière de Saint-Jean-de-Sauves; — 1609, 1620 (collège de Poitiers, 67). — Ce moulin, détruit avant 1682, dépendait de la seign. de la Rée.

GUÉ-DE-POIRIER (LE), m. r. c^{ne} de Thuré.

GUÉ-DE-PRÉ (LE), m. r. c^{ne} de Verrières.

GUÉ-DE-SAINT-SERIN (LE), h. c^{ne} de Cernay. — *Le Gué de Saint Serin*, 1764 (prévôté de Blâlay, 8). — La fontaine de *Saint Cerin* est mentionnée en 1476 (couv. de Lencloître).

GUÉ-DES-ROCHES (LE), m^{in} sur la Boivre, c^{ne} de Béruges; dép. autref. de la com^{rie} de l'Épine; — 1573 (com^{rie} de St-Georges, 14). Il est appelé *Jean-Moulin* en 1841 (nomencl.).

GUÉ-DES-THIBETS (LE), h. c^{ne} de Frontenay.

GUÉDONNIÈRE (LA), vill. c^{ne} de Colombiers. — *La Guesdonnère*, 1465 (cure de Colombiers). — *La Guesdonnière*, 1563 (prieuré de Colombiers). — Anc. fief relev. de la bar. de Colombiers.

GUÉDONNIÈRE (LA), f. c^{ne} de Paizay-le-Sec. — *La Guesdonnière*, 1617 (fief des Clerbaudières).

GUÉ-DU-PONT (LE), m. isolée, c^{ne} de Saugé.

GUEFFÉ, vill. c^ne de Vaux-en-Couhé.
GUÉ-GIRARD (LE), m^in sur le ruiss. de Senillé, c^ne de Senillé; — 1564 (com^rie de la Foucaudière, 10).
GUENAUDRIE (LA), h. c^ne de Saint-Gervais. — *La Guenaudière*, 1525; *la Guenauldrye*, 1564 (cure de St-Christophe). — *La Guenaudrie*, 1774 (aveu de la bar. de la Touche).
GUERCHE (ÉTANG DE LA), dans la forêt du même nom, détruit; — 1669 (seign. d'Argenson, inv.); 1755 (terrier de la Groye, p. 745).
GUERCHE (FORÊT DE LA), c^nes de Leugny, Oiré, Ingrande et Dangé. — *Forest de la Guerche*, 1564 (cure de la Guerche); — *de la Guierche*, 1569 (abb. de la Merci-Dieu, 13). — Cette forêt dépendait de la vic. de la Guerche (Indre-et-Loire); elle a une superficie d'environ 2,000 hectares.
GUERCHE (LA), h. c^ne de Dercé. — *La Guierche*, 1413 (com^rie de Loudun, 31). — *La Guerche*, 1566 (cure de Dercé). — Anc. fief relev. de celui de Dercé.
GUERCHE (LA) et LA PETITE- GUERCHE, hh. c^ne de Saix. — *La Guierche*, 1316 (abb. de Ste-Croix, 66). — — *La Guerche*, 1552 (cure de Saix).
GUERCHE (LA), f. c^ne de Scorbé-Clairvaux.
GUERCHE (LA GRANDE et LA PETITE-), h. et f. c^ne de Thuré. — *La Guerche*, 1405 (abb. de St-Cyprien, 24). — *La Guierche*, 1429 (duché de Châtellerault, 6). — *La petite Guerche*, 1586 (com^rie d'Auzon, 8); — *alias le Rivau*, 1651 (seign. de la Petite-Guerche). — *Chapelle de la Guierche*, 1736 (seign. de Montigny). — Le fief de la Petite-Guerche relevait de la Motte d'Usseau.
GUERCHE (LA PETITE-), vill. c^nes de Leugny et Mairé. — *La petite Guierche*, 1605 (cure de Leugny).
GUÉRET (MOULIN DU), sur le ruiss. du Thé, c^ne d'Antran; — 1668 (chap. de Notre-Dame-la-Grande, 69).
GUÉRINERIE (LA), h. c^ne de Champniers. — *La Garynerie*, 1555 (seign. du Parc et Boisvert, 3). — *La Garrinière*, 1611 (fief de Passac).
GUÉRINERIE (LA), f. c^ne de Savigny-l'Évécault. — *La Cadinière autrement la Guerinière*, 1544 (abb. de la Trinité, 46).
GUÉRINIÈRE (LA), lieu détruit, c^ne d'Availle. — *Hostel de la Guerinière, tenant au chemin par lequel on va de l'église de Prinssay à la rivière de Vienne*, 1493 (duché de Châtellerault, 6).
GUÉRINIÈRE (LA), chât. c^ne de Guesne.
GUÉRINIÈRE (LA), anc. m. noble, au bourg de Massogne. — *La Garinère*, 1431; *la Guerinière*, 1554 (chap. de Mirebeau, 32).
GUÉRINIÈRE (LA), vill. c^ne d'Ouzilly; — 1637 (chap. de St-Hilaire, 425).

GUÉRINIÈRE (LA), lieu détruit, près la Lévinière, c^ne de Saint-Genest. — *La Garinière*, 1439 (terrier de Gironde, f° 52 v°). — *La Guerinière*, 1555 (couv. de Lencloître).
GUÉRINIÈRE (LA), h. c^ne de Saint-Sauvant.
GUÉRINIÈRE (LA), f. près Purnaud, c^ne de Vendeuvre; anc. fief relev. de la châtell. de Vendeuvre. — *La Guarinière*, 1395 (seign. de Vaurais). — *La Garinière*, 1398 (seign. de Purnaud). — *La Garnière*, 1469 (cure de St-Michel de Poitiers). — *La Guerinière*, 1500 (seign. de Chénecbé, 7).
GUÉNINS (LES), h. c^ne de Buxeuil.
GUÉNINS (LES), f. c^ne de Dangé.
GUÉNINS (LES), h. c^ne de Saint-Christophe; — 1580 (cure de Sérigny).
GUÉRITE (LA), m. isolée, c^ne de Lencloître.
GUÉRIVIÈRE (LA), f. c^ne d'Archigny. — *La Guesrivière*, 1548 (abb. de St-Cyprien, 18). — *La Guerivière*, 1630 (séminaires de Poitiers, 9).
GUERLANDIÈRE (LA), f. c^ne de Saint-Pierre-de-Maillé. — *La Garlandière*, 1618 (seign. de la Roche-Aguet). — Anc. fief relev. de la Roche-Aguet.
GUÉ-ROCHELIN (LE), h. annexé au bourg de Vouillé. — *Molendinum de Vado in riperia de Auzancia*, 1316 (fam. Jacques). — Le m^in du Gué-Rochelin, indiqué sur la carte de Cassini, n'existe plus.
GUÉNOCHÈRE (LA), h. c^ne de Prinçay. — *La Guirochère*, 1398 (chap. de Ste-Radegonde, 92). — *La Guyrochière*, 1512; *la Guyrochère*, 1605 (cure de Prinçay).
GUÉRONNIÈRE (LA), chât. et f. c^ne d'Usson. — *La Gronère*, 1403 (gr. Gauthier, f° 262 v°). — *La Garnonère*, 1404 (ibid. f° 270). — *La Garonnère*, 1498 (fief de la Grande-Épine). — *La Garronère*, 1498 (fief de Bagné). — *La Garonnère*, 1514 (fam. du Breuil-Hélion). — *La Guéronnière*, 1712 (fief de la Grande-Épine). — Anc. fief relev. du comté de Civray.
GUERTIÈRE (LA), h. c^ne de Pouant. — *La Gueritière*, v. 1460 (chap. de St-Hilaire, 427). — *La Gueretière*, 1531 (cure de Ceaux).
GUÉ-SAINTE-MARIE (LE), h. c^ne des Trois-Moutiers; — 1633 (collège de Poitiers, 55).
GUESNE ou GAINE, c^ne de Monts-sur-Guesne; ancien couvent de femmes, de l'ordre de Fontevrault, fondé de 1106 à 1109. — *Guaina*, 1108 (gr. cart. de Fontevrault, 598). — *Obedientia de Gaina*, 1109 (epist. Roberti de Arbrissello, ap. Clypeus nasc. Fontebrald. ord. t. I, part. 2, p. 130). — *Vagina*, 1124-1140 (gr. cart. de Fontevrault, 739). — *Prioratus de Gayna*, 1376; *prieuré de Gaigne*, 1376; *Guesne*, 1380 (couv. de Guesne). — *Prio-*

rissa de Gayne, 1383 (taux du décime, p. 15).
— *Gueigne*, 1389 (chap. de Ste-Croix de Loudun, 2). — *Gaisne*, 1448 (cure d'Aunay). — *Prieuré de Nostre Dame de Gaysne*, 1579; *Guesne*, 1616 (couv. de Guesne). — *Guesnes*, 1720 (dénomb. du royaume).

- Le territoire de cette commune était, avant 1790, une section de la paroisse de Dercé et formait dans l'ordre civil une des paroisses de l'élection de Loudun. La seigneurie de Guesne, ayant titre de châtellenie, appartenait au couvent. En 1863, la chapelle de cet ancien couvent a été érigée en église paroissiale.

GUESSARDIÈRE (LA), lieu détruit, près Longe, c^{ne} de Saint-Sauvant; une mare est encore appelée de ce nom. — *La Guessardère, herbergement*, 1423 (gr. Gauthier, f° 65).

GUESSERIE (LA), h. c^{ne} de Coulombiers; — 1515 (fief des Pouternières). — *La Guessière*, 1658 (fief de Cloué).

GUESSERIE (LA), f. c^{ne} de Saint-Savin.

GUET (LE), h. c^{ne} de Champniers.

GUET (LE), f. c^{ne} de Saint-Pierre-des-Églises; — 1600 (fief de Boisclerbault).

GUETTAULT, étang auj. desséché, c^{ne} de Naintré; — 1683 (fief du Puy de Naintré).

GUIBERDRIE (LA), anc. fief, à Charay; relev. de la châtell. d'Étables, 1627 (chap. de St-Hilaire, 482).

GUIBERDRIE (LA), lieu auj. inconnu, c^{ne} d'Ouzilly. — *Village de la Guiberdrye autrement Cheulx les Servays*, 1626; *village des Servays*, 1633 (fam. des Courtis).

GUIBERDRIE (LA), m. détruite, près le Haut-Ronday, c^{ne} de Roiffé. — *La Gilberderie* (Cassini).

GUIBERT, mⁱⁿ sur le Martiel, c^{ne} de Veniers. — *Moulin de Guibert*, 1367 (abb. de Fontevrault, 1); — *Le Guybert*, 1379 (com^{rie} de Loudun, 18). — *Le moulin Guibert*, 1654 (collège de Poitiers, 59).

GUIBERTIÈRE (LA), h. c^{nes} de la Chapelle-Moulière et Liniers. — *La Guibertère*, 1394 (com^{rie} de St-Georges, 35). — *La Guibretère*, 1441; *la Guibertière*, 1455 (ibid. 7). — *La Guybretière*, 1489 (seign. de Touffou, 1). — *La Guibretière* (Cassini).

GUIBERTIÈRE (LA), h. c^{ne} de Pairé. — *La Guibertère*, 1404 (gr. Gauthier, f° 53). — *La Guibretière*, 1622 (fief de la Gralière).

GUICHARDIÈRE (LA), lieu détruit, près Chadelat, c^{ne} d'Adriers; — 1820 (nomencl.).

GUICHARDIÈRE (LA), f. c^{ne} de Châtellerault; distraite de la c^{ne} de Naintré le 3 janvier 1839.

GUICHARDIÈRE (LA), f. c^{ne} de Mignaloux. — *La Richardière*, 1841 (nomencl.).

GUIDÔME, f. c^{ne} de Sommières. — *Le Guédosme*, 1461; *Guédhousmes, Guédhosmes*, 1537 (chap. de St-Hilaire, 439). — *Guidosme*, 1620 (ibid. 442).

GUIGNARDIÈRE (LA), m. r. c^{ne} d'Oiré. — *La Guignardrie*, 1619 (seign. de la Groye, inv.).

GUIGNARDIÈRE (LA), m. r. c^{ne} de Vouneuil-sur-Vienne; — 1515 (chap. cathédral, reg. 93).

GUIGNARDIÈRES (LES), f. c^{ne} de Saint-Pierre-de-Maillé. — *Les Guignardières, les Guynardières*, 1497 (seign. de la Roche-Aguet). — Anc. fief relev. de la Roche-Aguet.

GUIGNAUDELIÈRE (LA), f. c^{ne} de Lusignan. — *La Guinaudelière* (Cassini).

GUIGNAUX (LES), f. c^{ne} des Ormes. — *Les Guygnaulx*, 1556 (seign. des Ormes). — *Les Guignaux*, 1745 (cure des Ormes).

GUIGNÉ, h. c^{ne} de Ceaux, c^{on} de Loudun; — 1513 (c^{rie} de Loudun, 29).

GUIGNEFOLLE, m. à Chasseneuil. — *Guignefolle*, 1437 (gr. Gauthier, f° 37). — *Guignefolles*, 1561; *Guinefolle*, 1669; *Guignefolle*, 1756 (fief de Guignefolle). — Ancien fief relev. de la tour de Maubergeon.

GUIGNEFOLLE, f. c^{ne} de Saint-Germain; — 1573 (abb. de St-Savin, 22).

GUIGNÈRE (LA), m. aux Bruères, c^{ne} de Mignaloux.

GUIGNES-FOLLES (LES), h. c^{ne} de Béthines. — *Guynefolle*, 1450 (maison-Dieu, 154). — *Guygnefolle*, 1525 (ibid. 134). — *Guinefolle*, 1562 (ibid. 127).

GUIGNET, mⁱⁿ sur le Négron, c^{ne} de Beuxe. — *Moulin du Roy, dit Guignet*, 1581 (abb. de Fontevrault, 2).

GUIGNETIÈRE (LA), f. c^{ne} de Ceaux, c^{on} de Loudun. — *La Guinetière*, 1436 (prieuré de Fontmore, 2). — *La Guignetière*, 1455 (com^{rie} de Loudun, 29). — *La Guynetière*, 1513 (chap. de St-Hilaire, 544).

GUIGNETIÈRE (LA), f. c^{ne} de Senillé. — *La Guynetère*, 1371; *la Guignetière*, 1549; *la Guinettière*, 1563 (abb. de la Celle, 16).

GUIGNÉTRIE (LA), h. c^{ne} de Bellefont. — *La Guignetrye*, 1609 (abb. de St-Cyprien, 20). — *La Guineterie*, 1739 (seign. de Bellefont).

GUIGNEVERT, m. r. c^{ne} de la Ferrière. — *Guignevert*, 1563 (chap. de St-Hilaire, 440). — *Guinevert*, 1711 (rôle des tailles).

GUIGNOTRIE (LA), vill. c^{ne} de Saint-Pierre-de-Maillé.

GUILBAUDIÈRE (LA), f. c^{ne} de Châtellerault.

GUILBAULT, mⁱⁿ sur l'Auzance, c^{ne} de Chiré-en-Montreuil. — *Moulin de Guillebaut*, 1404 (gr. Gauthier, f° 75); — *de Guillebault*, 1693 (chap. de Ste-Radegonde, 29).

GUILGAUDRIE (LA), h. c^{ne} de Vezières; — 1618 (com^{rie} de Loudun, 33).

GUILLANCHÈRE (LA), f. c^{ne} de Bertegon.

Guillaudière (La), f. c^ne de Vernon. — *La Guynaudière*, 1404 (gr. Gauthier, f° 86). — *La Guynaudière*, 1537; *la Guignaudière*, 1570 (chap. de St-Pierre-le-Puellier, 28). — *La Guinandière*, 1735 (rôle des tailles).

Guillaudrie (La), m. près la Groie, c^ne d'Iteuil.

Guillé (Le), h. c^ne de Fleuré. — *Villa que vocatur Mons Willerius*, 1013 (abb. de Nouaillé). — *Apud Montem Guillerium*, v. 1112; *Mont Guiller*, 1216 (ibid. 1). — *Monguillier*, 1455; *village du Guilher*, 1469 (ibid. 49). — *Le Guiller*, 1489 (livre de recette de Vivonne, f° 190 v°). — *Le Guillé*, 1601 (abb. de la Trinité, 54).

Guillebaudière (La), h. c^ne de Luchapt.

Guillebaudières (Les), vill. c^ne de la Chapelle-Moulière; — 1465 (abb. de Montierneuf, 82). — *Les Guilbaudières* (Cassini).

Guillebaudières (Les), f. c^ne de Fleuré. — *La Guillebaudère*, 1293; *les Guillebaudères*, 1460 (abb. de Nouaillé, 49). — *Les Guibaudières*, 1841 (nomencl.).

Guillements (Bois des), c^ce d'Usson; anc. forêt qui faisait partie du domaine du comté de Civray. — *Fourest du Guillement*, 1482 (seign. de la Fa); — *de Guillemens*, 1548; *de Guillemans*, 1578; *de Guillemant*, 1684 (fief de la Fa); — *des Guillemans*, 1667 (Réform. des forêts du Poitou, p. 161). — En 1667, cette forêt avait une superficie de 279 arpents dont la plus grande partie était en landes et bruyères; elle était réduite à 50 arpents en 1796.

Guillemetrie (La), f. c^ne de Châtellerault. — *La Guillemettrye autrement les petites Cherbonneryes*, 1674 (fief de la Tour-Girard).

Guilleminerie (La), m. r. c^ce de la Chapelle-Montreuil. — *La Guilleminière*, 1682 (abb. de Montierneuf, 90).

Guillemotrie (La), h. c^ne d'Archigny.

Guilleraud, m^in sur la Gartempe, c^ne de Saugé. — *Moulin de Guilheraut*, 1408 (gr. Gauthier, f° 120 v°); — *de Guilleraud*, 1483 (fief de Beaupuy). — *Moulin-Gilleronde*, 1841 (nomencl.).

Guillerie (La), f. c^ne de Marnay. — *La Guillerye*, 1550 (seign. de la Vergne).

Guillerie (La), f. c^ne de Saint-Pierre-des-Églises. — *La Degueillerie* (Cassini). — *La Gueullerie*, 1841 (nomencl.).

Guilletière (La), f. c^ne de Vernon. — *La Guillietière*, 1656 (abb. de Montierneuf, 94). — *La Guilletière*, 1743 (rôle des tailles).

Guilletrie (La), ff. c^ne d'Archigny; — 1610 (seign. de Touffou, 5).

Guilletrie (La), h. c^ne de Senillé.

Guilletrie (La), f. c^ne de la Trimouille.

Guillochère (La), f. c^ne de Pleumartin.

Guillochère (La), h. c^ne de Saint-Pierre-de-Maillé.

Guillocherie (La), h. c^ne de Beaumont.

Guillonnerie (La), m. détruite, près Baudeau, c^ne de Doussay.

Guillonnerie (La), h. c^ne de Vicq.

Guillonnerie (La), h. c^ne de Bonneuil-Matours. — *La Guillonnière*, 1476 (seign. de la Guillonnière). — *Maison de Jean Agguilhon*, 1484 (seign. de Touffou, 3). — Anc. fief relev. de Touffou.

Guillonnière (La), chât. c^ne de Dienné. — *La Guillonnyère*, 1534 (seign. de Dienné et Verrières). — Anc. fief relev. de la bar. de Mortemer. — Les bois de la Guillonnière, dép. de cette bar., contenaient 270 arpents en 1562.

Guillonnière (La), f. c^ne de Latillé. — *La Guillonère*, 1378 (gr. Gauthier, f° 70).

Guillonnière (La), f. c^ne de Mauprevoir; — 1651 (notaires de la bar. de Charroux).

Guillonnière (La), f. c^ne de Saint-Cyr; détachée de la c^ne de Dissay en 1847.

Guillonnière (La), près la Chevalerie, h. c^ne de Thuré.

Guillonnière (La), près Thuré, h. c^ne de Thuré; — 1437 (duché de Châtellerault, 5). — Anc. fief relev. de la bar. de Thuré.

Guillotière (La), vill. c^ne de Châtellerault; — 1471 (cure d'Antogné).

Guillotière (La), h. c^ne de Civaux. — *La Guilhotière*, 1487 (seign. de la Tour-aux-Cognons). — *La Guillotère*, 1498 (fief de Pindray).

Guillotière (La), h. c^ne de Mauprevoir. — *La Guilhotière*, 1538 (aveu de St-Germain).

Guillotière (La), h. c^ne de Saint-Georges; — 1671 (fam. Rousseau).

Guillotière (La), f. c^ne de Vernon. — *La Guilhotère*, *la Guillotère*, 1404 (gr. Gauthier, f° 86). — *La Guillotière*, 1435 (chap. de Notre-Dame-la-Grande, 68).

Guillotière (La), h. c^ne de Vezières; — 1538 (prieuré de Bournan, 4).

Guillotrie (La), h. c^ne de Béruges. — *La Guillotière*, 1564 (seign. de Béruges).

Guillotrie (La), m. en ruine, c^ne de Vellèche. — *La Guiliottrie*, 1687 (seign. de Montdidier).

Guillouets (Les), h. c^ne de Montoiron. — *Terres des Guillouez*, 1474 (chap. de St-Hilaire, 220). — *Village des Guillouetz*, 1650 (ibid. 221).

Guiltière (La), h. c^nes de Sanxay et Curzay.

Guimbaudière (La), h. c^ne de Gouex.

Guimblinière (La), f. cne d'Iteuil. — *La Gabelinère*, 1405; *la Guebelinère*, 1443; *la Guesbellinyère*, 1579 (collège de Poitiers, 15). — *La Guimblinière*, 1775 (rôle des tailles).

Guimetière (La), m. r. cne de Béthines. — *La Guemectère*, 1450 (maison-Dieu, 154). — *La Guesmettière*, 1584 (*ibid.* 137).

Guiminière (La), f. cne de Thurageau; appart. jadis à la comrie d'Auzon. — *La Gueminère, la Guemynière*, 1439 (prieuré de St-Jean de Mirebeau). — *La Guesminière*, 1481 (prieuré de St-André de Mirebeau, 9). — *La Guyminière*, 1570 (comrie d'Auzon, 2). — *La Guiminière*, 1715 (*ibid.* 8).

Guinemendière (La), m. détruite, près Chenagon, cne de Marigny-Brizay. — *La Guynemendière*, 1476 (seign. de la Tour-de-Beaumont).

Guinfolle, f. cne de Brux. — *Guignefolle*, 1599 (seign. de Couhé). — *Guinfolle*, 1630 (abb. de Nouaillé, 53). — Anc. fief uni à celui de Chemerault.

Guingaudrie (La), f. cne d'Adriers.

Guinterie (La), vill. cne de Chiré-en-Montreuil. — *La Guignetterie*, 1644 (fam. Jacques).

Guiots (Les), vill. cne de Vicq; — 1714, 1777 (prieuré-cure de Vicq). — *Les Diots* (Cassini).

Guirochau, min sur le ruiss. du même nom, cne de Prinçay. — *Moulin de Guirochau*, 1398 (chap. de Ste-Radegonde, 92); — *de Guirocheau*, 1644 (cure de Prinçay).

Le ruiss. qui fait mouvoir ce moulin prend naissance près de ce lieu et se jette dans le Mable près de Belendroit.

Guissabault, h. cne de Quinçay. — *Guye Sabault*, 1446 (chap. de Saint-Hilaire, 390). — *Le Gué Sabault*, 1499; *Guy Sabault*, 1504; *Guyssabeault*, 1512 (*ibid.* 394). — *Guisabault*, 1664 (cure de Cissé). — *Guizabeau* (Cassini).

Guitière (La), h. cnes de Leigné-lés-Bois et Coussay-lés-Bois; — 1645 (abb. de la Merci-Dieu, 11).

Guitière (La), f. cne de Pleumartin.

Guitière (La), chât. cne de Saint-Pierre-de-Maillé. — *La Guaytère, herbergamentum Guillelmi Aguayt*, 1309 (Gauthier, f° 198). — *La Gaytère*, 1376 (Fonteneau, t. VII, p. 649). — *La Guistière*, 1458 (abb. d'Angle). — *La Guetière*, 1473 (évêché, 33). — *La Guestière*, 1490 (seign. de la Guitière). — *La Guytière*, 1577 (abb. de l'Étoile). — *La Guettière*, 1618 (seign. de la Roche-Aguet). — Anc. fief et haute justice relevant de la Roche-Aguet.

Guitière (La), h. cne de Thuré. — *La Guilhetière*, 1393 (chap. de St-Hilaire, 562). — *La Guitière*, 1670 (cure de Thuré). — *La Guittière*, 1661 (seign. des Robinières).

Guitons (Les), h. cne de Buxeuil. — *Les Guittons*, 1636 (duché de Châtellerault, 7).

Guiveil, f. cne de Bonnes. — *Angiveil*, 1547 (aveu de Touffou).

Gureau (Le), h. cne de Romagne. — *Le Dioreau*, 1470 (chap. de St-Hilaire, 243). — *Le Dyoreau*, 1598 (*ibid.* 249). — *Le Geureau*, 1671 (*ibid.* 259).

Guron, chât. et vill. cne de Pairé. — *Guron*, v. 1300 (fam. de Rechignevoisin). — *Aguron*, 1404 (gr. Gauthier, f° 53). — Anc. fief relev. de la châtell. de Lusignan.

Guyardière (La), h. cne de Montgauguier.

Guyonnerie (La), f. cne de la Bussière; — 1558 (abb. de St-Savin, 33).

Guyonnets (Les), h. cne de Coussay-les-Bois. — *Village des Guyonnetz*, 1554 (chap. cathédral, 25). — *Les Dionets* (Cassini).

Guyonnière (La), h. cne de Montoiron.

Guyonnière (La), f. cne de Persac. — *La Guionnière*, 1506 (seign. de la Brulonnière).

Guyonnière (La), lieu détruit, près le Tarde, cne de Vicq. — *La Guionière*, 1615 (abb. d'Angle). — *La Guyonnière* (Cassini).

Guyotrie (La), h. cne de Sérigny.

H

Habéan, f. cne de Bouresse. — *Abahane*, 1256; *Abahent*, 1321 (abb. de Nouaillé, 19). — *Habeant autrement le Puy de la Crée*, v. 1550 (*ibid.* 20). — *Abean*, 1584 (*ibid.* 21). — *Chapelle de Notre-Dame d'Abean*, 1782 (pouillé).

Habit-Beaumont (L'), lieu détruit, cne de Pairoux; anc. prieuré dép. de l'abbaye de la Reau. — *Boamundi locus*, 1169 (Fonteneau, t. XVIII, p. 391). — *Domus reverendorum religiosorum de Habitu Boamundi*, 1190 (*ibid.* t. XXIV, p. 449). — *Domus de Habitu*, 1208 (*ibid.* t. XXIV, p. 265). — *Ecclesia de Habitu domini Boamundi*, 1228 (*ibid.* t. XXIV, p. 271). — *Prioratus de Habitu Beamondi*, 1362 (abb. de la Reau); — *de Habitu*

Beamont, 1383 (taux du décime, p. 27). — *Prieurté de Labbit Beaumont*, 1404 (gr. Gauthier, f° 89 v°). — *Labit Bouamond*, 1527 (abb. de la Reau). — *Labit Beaumont*, 1561 (prieuré de S¹-Paixent). — *L'Habit de Beaumont*, 1564; *l'Habit Beaumont*, 1664 (prieuré de l'Habit-Beaumont). — *S. Jean et Notre-Dame de l'Habit-Beaumont*, 1782 (pouillé).

Habit-d'Or (L'), m. r. c°° de Marigny-Brizay.

Hacquinière (La), f. c°° des Trois-Moutiers; — 1466 (collège de Poitiers, 54). — Anc. terre noble.

Haha (Le), f. c°° de Vendeuvre.

Hains, c°° de la Trimouille. — *Villa que dicitur Agenti, in vicaria Raciacinse*, 954-986 (cart. de S¹-Cyprien, p. 120). — *Ecclesia Sancti Michaelis de Aent*, 1093 (abb. de S¹-Savin, 1). — *Ecclesia de Haento*, 1272 (maison-Dieu, 127). — *Haans, Hanz* (pouillé de Gauthier, f°° 138 v° et 176 v°). — *Haent, Hant*, 1383 (taux du décime, p. 16 et 60). — *Heint*, 1403 (gr. Gauthier, f° 5). — *Hent*, 1461 (abb. de S¹-Savin, 23). — *Heyns*, 1483 (fief de Beaupuy). — *Paroisse d'Aint*, 1486 (com°° de Rouflac, 1). — *Heent*, 1504; *Henc*, 1526; *Heant*, 1539 (maison-Dieu, 103). — *Hains*, 1542 (com°° de Rouflac, terrier). — *Hayns*, 1544; *Hainctz*, 1550 (abb. de S¹-Savin, 23). — *Hainct*, 1552 (maison-Dieu, 104). — *Haings*, 1567 (abb. de S¹-Savin, 22). — *Aynt*, 1584 (ibid. 14). — *Ains*, 1586 (abb. de S¹-Cyprien, 37). — *Haintz*, 1587 (Fontenau, t. XXV, p. 627). — *Aingstz*, 1613 (com°° de Rouflac, 1). — *Haims*, 1625 (abb. de S¹-Savin, 24). — *Aingts*, 1745 (fief de Jouet). — *S. Michel d'Hains*, 1782 (pouillé).

La commune d'Hains est formée des deux anciennes paroisses d'Hains et de Thenet. Le bourg d'Hains, avec un hameau et deux métairies, était au ressort du Dorat (Haute-Vienne); le surplus de la paroisse dépendait de la sénéchaussée de Montmorillon: le tout en l'élection du Blanc, généralité de Bourges. Le curé d'Hains, à la nomination de l'évêque, était archiprêtre de Montmorillon.

Halle (La), f. détruite, c°° de Lavoux; — 1733 (rôle des tailles de Jardres).

Halle (La), h. c°° de Ligugé.

Hallebardière (La), f. c°° de Vezières. — *La Halbardière* (Cassini).

Hallebaudries (Les), h. c°° de Saix.

Halles (Moulin des), sur l'Auzon, c°° d'Availle; — 1624 (com°° de la Foucaudière, 12).

Harcourt, chât. à Chauvigny. — *Castellanus de Haricuria*, 1320 (évêché, 22). — *Chastea de Arecourt*, 1353; *chastel de Herecourt*, 1366; *manerium de Ayricuria*, 1370 (ibid. 21). — *Chastel de Harecourt, assis à Chauvigné*, 1373 (ibid. 17); — *de Hairecourt*, 1468 (ibid. 22). — *Hayrecourt*, 1601; *baronnie d'Harcourt*, 1643 (cure de Chasseneuil). — *Seigneurie d'Hercourt*, 1683 (évêché, 21).

Ce chât. relevait anc¹ de la bar. de Chauvigny; il prit le nom d'Harcourt après qu'il fut venu, avec la vic. de Châtellerault, en la possession de la maison d'Harcourt par le mariage de Jean II, sire d'Harcourt, avec Jeanne de Châtellerault, vers 1280. Il fut vendu le 27 mars 1447 par Jean VII, comte d'Harcourt, à Charles d'Anjou, comte du Maine, qui le céda le 21 mai suivant à Guillaume de Charpaigne, évêque de Poitiers, en échange des terres de Thuré, Saint-Christophe, etc. (évêché, 21).

Comme seigneurs de ce château, les vicomtes de Châtellerault étaient obligés avec trois autres barons du Poitou de porter l'évêque de Poitiers le jour de son intronisation dans l'église cathédrale; ils continuèrent de remplir cet office après que la châtell. d'Harcourt eut été réunie à la bar. de Chauvigny (évêché, 2, actes de 1612).

Hardonnière (La), m. r. c°° de Dangé.

Hardouins (Les), h. c°° de Dangé. — *Village des Hardoyns*, 1551 (seign. de la Fontaine, 1); — *des Hardouyns*, 1608 (seign. de Puygarreau, 10).

Harpe (La), h. c°°° de Chabournay et Vendeuvre; — 1570 (seign. de Chéneché, 5).

Haut-Blay, lieu détruit, près des Massonneaux, c°° de Mairé.

Haut-Bois (Le), m. r. c°° de Bonnes. — *Le Hault Bois*, 1602 (seign. de Touffou, 2).

Haut-Bois (Le), h. c°° de la Chapelle-Moulière; — 1641 (abb. de S¹-Cyprien, 20).

Haut-Bois, lieu détruit, c°° de Leugny. — *Haultbois*, 1669 (seign. d'Argenson, inv. p. 27); — *joignant à la courance qui descend de la forest de la Guerche à la maison de la Grande Eau*, 1755 (terrier de la Groye, p. 742).

Haute-Porte (La), f. c°° de Prinçay. — *Haulteporte*, 1603 (cure de Prinçay).

Hauteville, m. r. c°° de Nieuil-l'Espoir. — *La Haulte Ville de Fousle*, 1617 (abb. de la Trinité, 54). — *La Haute Ville*, 1755 (rôle des tailles).

Haut-Mont, f. c°° d'Usseau. — *Haumont*, 1431 (seign. de Mortevieille). — *Haultmont*, 1482 (fam. de Gain). — *Haultmont*, 1508 (abb. de Montierneuf, 6). — Anc. fief relev. de Remeneuil.

Haye (La), h. c°° de Claunay.

Hayes (Les), m. r. c°° de Beuxe.

Hayes (Les), h. c°° de Coulombiers. — *Les Hays*,

aux vieilles ventes de Gastine, 1545 (hommages de Lusignan).

Hélies (Les), anc. fief à Montmorillon. — Maison des Hélyes, sise en Gracevault, 1547 (maison-Dieu, 7).

Hénaudières (Les), lieu auj. inconnu, c^{ne} de Coussay-lès-Bois ou de Lésigny, vers les Druères. — Village des Hénaudières, 1452 (prieuré de la Roche-Posay); — des Hénaudières, 1463 (notaires, Artaud à la Roche-Posay); 1690 (chap. cathédral, 25).

Héraudière (L'), vill. c^{ne} de la Chapelle-Bâton. — Léraudière, 1498; Lérodière, 1601 (fief de la Chaux). — Lairaudière, 1667 (notaires, Pascault à Civray).

Héraudière (L'), f. c^{ne} de Doussay; — 1529 (cure de Doussay).

Héraudière (L'), h. c^{ne} de Pairé. — Lairaudière, 1676 (seign. de Couhé). — Leraudière, 1841 (nomencl.). — Anc. fief relev. du marq. de Couhé.

Héraudière (L'), f. c^{ne} de Sillars. — Layraudière, 1497; l'Héraudière, 1561 (fief de la Bobinière). — Léraudière, 1567 (maison-Dieu, 178). — Lesraudière, 1596 (ibid. 121). — La Rodière, 1841 (nomencl.).

Hénaudières (Les), f. c^{ne} d'Archigny.

Hénaudières (Les), m. r. c^{ne} de Leugny. — Les Herraudières (Cassini).

Héraudrie (L'), h. c^{ne} de Lencloître. — L'Héraudrye, 1741 (cure de Boussageau). — Lerraudrie (Cassini).

Héraudrie (L'), h. c^{ne} de Saint-Gervais.

Hérault (L'), h. et bois, c^{ne} de Vicq. — L'Airau (cart. de l'état-major).

Herbaudière (L'), h. c^{ne} de Beaumont. — Lerbaudière, 1456 (chap. de Notre-Dame-la-Grande, 28). — Lerbaudière, 1507 (duché de Châtellerault, 4).

Herbaudières (L'), f. c^{ne} de Saint-Gervais. — Les Herbaudières, 1452 (duché de Châtellerault, 4). — L'Herbaudière, 1570 (seign. de la Varanne). — Anc. fief relev. de la seign. de la Varanne.

Herbayes (Les), m. r. c^{ne} de Salles-en-Toulon. — Les Herbais, 1691 (cure de Salles).

Herbertière (L'), h. c^{ne} de Rouillé. — Lerbertère, 1404 (chap. de St-Hilaire, 558). — Lerbetière, 1755 (seign. de Venours).

Herbond, vill. c^{ne} de Sanxay; — 1641 (abb. de Nouaillé, 60).

Héricanne, f. c^{ne} de Sammarçolle; — 1680 (com^{rie} de Loudun, 19).

Hermeneau (L'), f. c^{ne} de Ligugé. — Larmeneau, 1636 (collège de Poitiers, 15). — Lermernault, 1775 (rôle des tailles).

Hermentin, chât. et bois, c^{ne} de Sillars. — Hermentit, 1407 (gr. Gauthier, f° 118). — Armentic, 1493; Ermentic, 1561 (fief de l'Âge-Bouet). — Hermentin, 1561 (fief de la Chinau). — Normantin, 1766 (rôle des tailles).

Hermitage (L'), m. à Chéneché.

Hermitage (L'), h. c^{ne} de Civray.

Hermitage (L'), anc. chapelle du chât. de Lussac et grotte, c^{ne} de Lussac-le-Château.

Hermitage (L'), h. c^{ne} de Millac.

Hermitage (L'), chât. et f. c^{ne} de Saint-Benoît. Ce lieu, où se trouvait autref. une chapelle appart. aux capucins de Poitiers, s'appelait les Arcs de Parigny. Voy. Arcs de Parigny.

Hermitières (Les), h. c^{ne} de Saint-Pierre-de-Maillé. — Lermitière, 1410 (abb. d'Angle).

Hérolles (Les Grandes-), vill. c^{ne} de Coulonges. — Les Hérolles, 1627 (prieuré du Cluzeau). — Les Airolles (carte de l'état-major).

Héronnière (Bois de l'), c^{ne} de Couhé; contenait 84 arpents en 1796.

Herpe (La), h. c^{ne} de Saint-Gervais. — La Herpe, 1634 (fief de la Tour de Baunay). — La Harpe, 1674 (fief du Plessis-Baunay).

Herpinière (L'), f. c^{ne} de Bonnes. — Lerpinère, 1310 (Gauthier, f° 185). — Lerpinière, 1490 (seign. de Touffou, 3). — L'Herpinière, 1634 (abb. de l'Étoile). — L'Arpinière (Cassini). — Anc. fief relev. de Loubressay.

Herse (L'), h. c^{ne} de Châtellerault. — L'Erse, 1438 (com^{rie} d'Auzon, 9). — L'Erce, 1455 (abb. de St-Cyprien, 21). — L'Herce, 1759 (chap. de Châtellerault, 10).

Herson, f. détruite, appart. autref. à l'abbaye des Châtelliers (Deux-Sèvres). — Hurchun, 1178 (Fontenau, t. V, p. 33). — Urchon, 1242 (ibid. t. V, p. 159). — Urconium, 1263 (ibid. t. V, p. 181). — Herson (Cassini).

Heurtrie (L'), m. au h. de la Jagorderie, c^{ne} de Quinçay. — Hostel de l'Urterie, à Thevenin Hurtier, 1429 (chap. de St-Hilaire, 390). — L'Eurterie, 1484 (ibid. 393); arrentée en 1481 à Philippe Jagord.

Hibaudières (Les), h. c^{ne} de Gouex. — Les Imbaudières, 1530; les Hibaudières, 1597 (seign. de Lussac, 1). — Les Ibaudières (Cassini).

Hilairière (L'), h. c^{ne} de Benassay. — Lilairière (Cassini).

Hillerets (Les), m. r. c^{ne} d'Oiré. — Hostel de la Gorgeaudière, 1486 (cure d'Oiré). — Les Hilleretz, 1649 (cure de St-Ustre). — Les Hilerets, 1683 (cure d'Oiré).

HOCHERIE (LA), f. c^{ne} de Coussay.
HOCHERIE (LA), h. c^{ne} de Sossay. — *L'Aucherye*, 1592; *l'Aucherie*, 1651 (bar. de Luain). — *Locherie*, 1698 (prieuré-cure de Sossay). — *La Hocherie* (Cassini).
HOHO (LE), h. c^{ne} de Marçay.
HOMME (L'), f. c^{ne} de Blâlay. — *Lorme*, 1444 (prévôté de Blâlay, 2). — *Lomme*, 1473 (*ibid.* 5). — *Losmes*, 1509; *Lousme*, 1605; *Lhoume*, 1675 (*ibid.* 2). — *Lhomme*, 1764 (cure de Blâlay).
HOMME (L'), h. c^{ne} de Buxeuil.
HOMME (L'), f. c^{ne} de Saint-Gervais. — *Lhome*, 1711 (fam. de Brusse).
HOMME-A-LA-BONNE (L'), ff. c^{ne} de Thollet.
HOMMÉE (LA GRANDE et LA PETITE-), ff. c^{ne} de Curzay. — *La grande et la petite Housmée*, 1627 (fief de Curzay). — *Grande et Petite Houmée* (Cassini).
HOMME-GRAND (L'), près la chapelle Saint-Jacques, au faubourg de la Tranchée à Poitiers; anc. fief appart. à l'abbaye de Saint-Cyprien. — *Ulmus*, v. 1100 (cart. de St-Cyprien, p. 115). — *Bivium Ulmi Magni*, 1255 (abb. de la Celle, 1). — *Locus qui dicitur Ulmus Grandis juxta stratam publicam per quam itur de civitate Pict. versus castrum Leziniaci*, 1261 (abb. de St-Cyprien, 8). — *Lhomme Grand*, 1594 (*ibid.* 7).
HOMMERAY (L'), h. c^{ne} de Ligugé. — *Lomeré*, 1408 (gr. Gauthier, f° 44). — *Lomeraye*, 1488 (fief de la Motte-sur-Croutelle). — *Loumeray*, *Lhommeraye*, 1720; *Lommeraye*, 1726 (séminaires de Poitiers, 26).
HOMMES (LES), h. c^{ne} de Moussac-sur-Vienne. — *Les Hosmes*, *les Osmes*, 1501 (cure de l'Isle-Jourdain). — *Les Hommes*, 1775 (rôle des tailles).
HOMMES-GUILLAUME (LES), vill. c^{nes} de Saint-Saviol et Saint-Pierre-d'Exideuil. — *Les Ohnes Guillaume*, 1404 (gr. Gauthier, f° 264). — *Losme Guillaume*, 1450; *les Holmes Guillaume*, 1461 (fam. Jousserant, 1). — *Les Hosmes Guillaume*, 1498 (fief de la Grenatière). — *Les Housmes Guillaume*, *les Oulmes Guillaume*, 1576 (fief de Bellabre). — *L'Housme Guillaume*, 1662 (notaires, Pascault à Civray).
HÔPITAL (L'), h. adjacent à la ville de Charroux.
HÔPITAL (L'), h. c^{ne} de Pairoux.
HÔPITAU (L'), f. à Beauvoir, c^{ne} de Mignaloux; anc. manoir de la com^{rie} de Beauvoir.
HÔPITAU (L'), f. c^{ne} de Dissay; dép. autref. de la com^{rie} de St-Georges. Voy. CHAUME.
HÔPITAU (L'), h. c^{ne} de Messay. — *Loppitau*, 1410 (collège de Poitiers, 66). — *Lospytal*, 1535 (*ibid.* 64).

HÔPITAU (L'), à Saint-Georges; anc. com^{rie} de l'ordre de Malte. — *Lospital*, 1332 (chap. de Notre-Dame-la-Grande, 52). — *Lospitau*, 1406 (gr. Gauthier, f° 14). — *Lopitau*, 1437; *l'Hospitau*, 1582 (com^{rie} de St-Georges, 2).
HÔPITAU (L'), h. c^{ne} de la Vausseau; autref. appart. à la com^{rie} de la Vausseau. — *L'Hospitault*, 1702 (com^{rie} de la Vausseau, 2).
HÔPITAU (MOULIN DE L'), sur le ruiss. des Roches-Prémary, c^{ne} d'Andillé; dép. autref. de la com^{rie} de la Villedieu. — *Moulin de Lospital*, 1371 (abb. de la Celle, 15); — *de Lopitau*, 1493 (com^{rie} de la Villedieu, 15); — *de l'hospital de la Villedieu*, 1550 (seign. de la Vergne); — *de l'Hopitault*, 1775 (rôle des tailles de la Villedieu).
HORDIN, h. c^{ne} de Montoiron. — *Ordaien*, 1622; *le Ridain*, 1636 (chap. de St-Hilaire, 221). — *Mestairie d'Ourdain*, 1669 (cure d'Asnières). — *Le Ridin* (Cassini).
HOSANNIÈRE (L'), h. c^{ne} de Jazeneuil. — *L'Auzannière*, 1604 (fief de Mauprié).
HOUILLÈRES (LES), m. r. c^{ne} de Ceaux, c^{on} de Couhé. — *Les Houllières*, 1667 (seign. de Monts). — Anc. fief.
HOUILLÈRES (LES), h. c^{ne} de Marçay. — *Les Oullières*, 1598 (Fonteneau, t. XLI, p. 952). — *Les Houslières*, 1761; *les Houillères*, 1775 (rôles des tailles). — Anc. fief relev. de la châtell. de Clavière.
HOUILLÈRES (LES), h. c^{ne} de Saint-Pierre-des-Églises. — *Les Olères*, 1309 (Gauthier, f° 194 v°). — *Les Oulières*, 1478 (chap. de Chauvigny, 8). — *Les Houllières*, *les Houlières*, 1547 (évêché, 8).
HOULIERS (LES), h. c^{ne} de Saint-Genest.
HOULIERS (CHEMIN DES), près la Valade, c^{ne} de Plaisance.
HOUPERRIÈRE (LA), vill. c^{ne} de Saix. — *La Houppellière*, 1613 (cure de Saix). — *La Houperrière* (Cassini). — *La Haute-Perrière*, 1866 (dénomb.).
HOZANNETS (LES), f. c^{ne} de Lomaizé. — *Les Auzenets*, 1872 (dénomb.).
HUARDIÈRE (LA), f. c^{ne} d'Usseau; — 1486 (seign. du Grand-Chaffault); 1622 (seign. de la Huardière). — Anc. fief relev. de la Motte d'Usseau.
HUGUETS (LES), h. c^{ne} de Sérigny. — *Maison de Jacques Huguet*, 1565; *cheulx les Huguetz*, 1573 (cure de Sérigny).
HUILERIE (L'), h. c^{ne} d'Antran.
HUILERIE (L'), vill. c^{ne} de Pleumartin. — *L'Huillerye*, 1673 (cure de Pleumartin).
HUILERIE (L'), f. c^{ne} de Thuré.
HUILERIE (L'), lieu détruit, près la Jarrige, c^{ne} de Vaux-en-Couhé. — *L'Huyllerye*, 1558 (fief de Châ-

teau-Larcher). — *Les Huilleries*, 1595 (titres de Château-Larcher, aveu de Cujalais). — Anc. fief relev. de la châtell. de Château-Larcher.

Huit-Maisons (Les), h. c^{ne} d'Archigny. — *Acadie des Huit-Maisons*, 1811 (cadastre).

Humeau (L'), m^{in} sur le Martiel, c^{ne} de Bournan. — *Moulin de Loys Humeau*, 1530; — *de l'Humeau*, 1602 (com^{rie} de Loudun, 16).

Humeau (L'), f. c^{ne} de Jardres. — *L'Humeau de la Coux*, 1558 (chap. cathédral, 19).

Huppeloup, f. c^{ne} de Saint-Sauveur. — *Uppeloup*, 1727 (fief de la Cour). — *Leupeloup*, 1773 (com^{rie} de la Foucaudière, 19).

Hutte (La), f. c^{ne} d'Orches.

Hutte (La), f. c^{ne} de Saix.

Hutte-à-Trimouilland (La), h. c^{ne} de Bonneuil-Matours.

I

Ibeille, vill. c^{ne} de Cherves. — *In villa quæ vocatur Iboullio in vicaria Kanabinse*, 936 ou 937 (cart. de St-Cyprien, p. 325). — *Petrus d'Ibuils*, 1218 (Fonteneau, t. V, p. 69). — *Guillelmus d'Yboul*, 1263 (abb. de St-Cyprien, 1). — *Ybueilh*, 1498; *Ybeuil*, 1523 (cure de Cherves). — *Ibeil*, 1685 (com^{rie} de St-Georges, 25).

Île. Voy. Isle.

Imbaudière (L'), h. c^{ne} de Prinçay. — *L'Ymbaudière*, 1398 (chap. de Ste-Radegonde, 92). — *L'Imbaudière*, 1564 (ibid. 134). — Anc. seigneurie.

Imbertière (L'), près Liberrière, c^{ne} de Cloué; anc. fief relev. de l'abbaye de Sainte-Croix de Poitiers. — *L'Imbertère*, 1364; *les Ymbertières*, 1477; *la Limbertière*, 1486 (abb. de Ste-Croix, 95). — Ce lieu n'est plus connu.

Ingrande, c^{on} de Dangé. — *Fines* (bornes milliaires de la voie romaine de Poitiers à Tours, érigées sous le règne de l'empereur Adrien; conservées dans le parc du château du Fou). — *Vicus Ingrandisse cum ecclesiis apostolorum Petri et Pauli et sancti Ypoliti martiris*, 637 (dipl. de Dagobert Ier, non authentique, ap. Pardessus, *Diplomata, chartæ, etc.* t. II, p. 57). — *In quodam viculo Igorande vocabulo* (vita S^t. Leodegarii, auct. anonymo, ap. Bouquet, t. II, p. 625). — *Eurande villa* (vita ejusd. auct. Frulando, ap. D. Pitra, *Hist. de S. Léger*, p. 559). — *Vicaria Igorandinsis in pago Pictavo*, 913 (ch. de St-Hilaire, t. I, p. 17). — *Vic. Izannensis*, 918 (abb. de Nouaillé). — *Vic. Ingrandinsis*, 925 (cart. de St-Cyprien, p. 154). — *Vic. Ygrandinsis*, 927 (ibid. p. 155). — *Vic. Yngrandinsis*, 941 ou 942 (ibid. p. 158). — *Vic. Igrandinsis*, v. 942 (ibid. p. 163). — *Vicaria Igorandis*, v. 950 (ibid. p. 147). — *Vic. Ingoranda*, 964 (ch. de St-Hilaire, t. I, p. 35). — *In vic. Ygrandisse*, v. 998 (cart. de St-Cyprien, p. 148). — *Vic. Ygranda*, v. 1030 (abb. de Nouaillé). — *Ingranda*, 1163 (bulle d'Alexandre III, ap. Doublet, *Hist. de l'abb. de St-Denis*, p. 510).

— *Ingrandia* (pouillé de Gauthier, f° 173). — *Ingrande*, 1479 (compte de J. Bourdin). — *S. Pierre et S. Paul d'Ingrande*, 1782 (pouillé).

La viguerie d'Ingrande, limitrophe de la Touraine, s'étendait sur la rive droite de la Vienne jusqu'à Bellefont. Les localités qui en dépendaient se trouvent sur le territoire des communes d'Ingrande, les Ormes, Châtellerault, Targé, Senillé, Availle, Montoiron, Chenevelles, Archigny, Vouneuil-sur-Vienne, Bonneuil-Matours et Bellefont. Une petite portion de cette viguerie appartenait à la Touraine: *in pago Turonico, in vicaria Ygrandinse, villa que dicitur Nocearius*, Noyers, au delà de la Creuse, *villa que vocatur Moncell.*, Mousseaux, c^{ne} des Ormes, et *villa cujus vocabulum est Macheries*, Mazières, c^{ne} de Saint-Remy, v. 985 (cart. de Saint-Cyprien, p. 185).

La commune d'Ingrande est formée des deux anciennes paroisses d'Ingrande et Saint-Ustre, qui faisaient partie de l'archiprêtré, du duché, de la sénéchaussée et de l'élection de Châtellerault. La cure d'Ingrande était à la nomination du prieur de Saint-Denis-en-Vaux. Le fief d'Ingrande relevait de celui de Pouzieux; il fut uni au marquisat de la Groye en 1661.

Iseau (L') ou l'Isop, ruiss. prend sa source dans la c^{ne} de Saint-Martial (Haute-Vienne) et traverse la c^{ne} de Mouterre pour se jeter dans la Grande-Blour au-dessous du chef-lieu de cette c^{ne}. — *Rediseau* (Cassini).

Isle, h. c^{nes} de Cenon et Vouneuil-sur-Vienne. — *Apud Illas*, v. 1090 (abb. de St-Benoît). — *Isles*, 1455 (abb. de St-Cyprien, 21). — *Isle*, 1501 (abb. de St-Benoît, 12). — Ancien fief relev. de la bar. de Montoiron.

Isle (L'), f. détruite, au bord de la Vienne, c^{ne} de Bonneuil-Matours. — *Mestairie de l'Isle*, 1541 (seign. de Bellefont).

Isle (L'), m. r. c^{ne} de Curçay.

Isle (L'), anc. fief relev. du château de Loudun, c^ne de Roiffé. — *Lisle*, 1518 (proc.-verb. de public. de la coutume du Loudunais). — *Lisle en Roiffé*, v. 1630 (arch. de la Soc. des antiq. de l'Ouest, n° 15).

Isle-de-Pons (L'), m^in ruiné, sur le Clain, c^ne de Ligugé; — 1430 (collège de Poitiers, 9).

Isle-Gandouart (L'), île dans le Clain, c^ne de Naintré; anc. fief relev. du duché de Châtellerault. — *L'Isle Gandouart*, 1445 (Inv. des arch. de la Barre, t. II, p. 114). — *L'Isle Dandouard* (Cassini).

Isle-Jourdain (L'), ch.-l. de c^on, arr^t de Montmorillon. — *Seniores de Isla, Jordanus de Hisla, de la Isla*, 1087-1115 (cart. de St-Cyprien, p. 243, 244, 245). — *Jordanus de Insula*, 1112 (abb. de Montierneuf). — *Insula Jordanis*, v. 1178 (Fontenau, t. XVIII, p. 503). — *Insula Jordani*, 1268 (*ibid.* t. XXIV, p. 287). — *Lile Jordayn*, 1365 (fief de la Fa). — *Ville et chastellenie de l'Isle Jourdain*, 1483 (Fontenau, t. XXXIX, p. 554). — *S. Gervais et S. Protais de l'Ile-Jourdain*, 1786 (almanach provincial, p. 99).

Cette commune est formée des deux anciennes paroisses de l'Isle-Jourdain et Saint-Paixent.

Avant 1790 l'Isle-Jourdain faisait partie de l'archiprêtré de Lussac-le-Château, de la sénéchaussée du Dorat (Haute-Vienne) et de l'élection de Confolens (Charente). Le prieuré-cure de Saint-Gervais et Saint-Protais dépendait de l'abbaye de Lesterp (Charente).

Il y avait à l'Isle-Jourdain, près l'église, un château appelé Calais (voy. ce mot), siège d'une baronnie au comté de la Basse-Marche. Le fief de l'Isle-Jourdain, qualifié marquisat dès la fin du xvie s^e, relevait de la baronnie de Calais. Une partie de la ville dépendait d'un autre fief ayant le titre de châtellenie et appartenant aux carmes de Mortemart. (Haute-Vienne.)

En 1746 le pont sur la Vienne se composait de onze arches, dont deux seulement étaient voûtées en pierre de taille (ms. 315 à la bibl. de Poitiers).

Sainte Quitère, *madame saincte Quitère*, 1453 (cure de l'Isle-Jourdain), *sainte Aquitaire*, 1719

(almanach de Poitiers), était autrefois honorée à l'Isle-Jourdain; une foire se tenait en ce lieu le 22 mai, jour de sa fête.

En 1790 l'Isle-Jourdain devint le chef-lieu d'un canton dépendant du district de Montmorillon et renfermant les communes de l'Isle-Jourdain, Adriers, Asnières, Luchapt, Millac et Saint-Paixent, Moussac-sur-Vienne, Mouterre, Nérignac, Queaux et le Vigean. Cette circonscription n'a pas été modifiée en 1801.

Isle-Malo (L'), f. c^ne d'Arçay.

Isles (Les), f. c^ne de Mairé.

Isse, f. c^ne de Jouet; — 1639 (maison-Dieu, 100).

Iteuil, c^on de Vivonne. — *In villa que vocatur Estolio, in pago Pictavo, in vicaria Vicavedoninse*, 954 ou 955 (ch. de St-Hilaire, t. I, p. 28). — *Istaol*, 1108-1115 (cart. de St-Cyprien, p. 266). — *Ecclesia de Istolio*, 1149 (abb. de St-Cyprien). — *Ytolium*, 1269; *Itolium*, 1283 (abb. de Ste-Croix, 96). — *Ytuel*, 1324 (arch. de Poitiers, 12). — *Ituilg*, 1335 (abb. de Nouaillé, 24). — *Ytuil*, 1372 (chap. de St-Hilaire, 68). — *Yteuyl*, 1398 (collège de Poitiers, 9). — *Yteuil, Iteuil*, 1400; *Itueilh*, 1426 (seign. d'Iteuil). — *Iteuilh*, 1454 (chap. de St-Hilaire, 90). — *Isteuil*, 1479 (compte de J. Bourdin). — *Ysteuil*, 1596 (aides et équivalents, p. 9). — *S. Saturnin d'Iteuil*, 1782 (pouillé).

Cette commune est formée des deux anciennes paroisses d'Iteuil et Ruffigny. Celle d'Iteuil, avant 1790, faisait partie de l'archiprêtré de Lusignan, de la châtellenie, de la sénéchaussée et de l'élection de Poitiers. La cure était à la nomination de l'abbé de Saint-Cyprien. Les seigneuries d'Iteuil, Aigne et Bernay, avec droit de haute justice, relevaient de la baronnie de Celle-l'Évéault.

Ivernay, vill. et m^in sur la Palu, c^ne de Marigny-Brizay. — *Ivernay*, 1444 (duché de Châtellerault, 1). — *Moulin d'Yvernoys*, 1504 (seign. des Roches de Marigny). — Anc. fief appartenant au chapitre de Ménigoute (Deux-Sèvres) et relev. du marq. de Clairvaux.

J

Jabouinerie (La), m. près Prémilly, c^ne de Saint-Germain. — *La Jabonnière* (Cassini).

Jabrouille (La), f. c^ne de Marnay. — *Estang de la Jabreuille*, 1450; *village de la Jabrouilhe*, 1452 (chap. de St-Hilaire, 554).

Jacquelin (Le), vill. c^ne de Doussay. — *Le Gué Jacquelin*, 1313 (seign. des Mées). — *Le Gué Jacquelin*, 1383 (chap. de Mirebeau, 11). — *Le Jacquelin*, 1580 (cure de Doussay).

Jacquelin (Le), m^in sur le Prepson, c^ne de Saint-Jean-de-Sauves; — 1574 (abb. de St-Cyprien, 16); — dép. autref. du prieuré de Sauves.

JACQUELINIÈRE (LA), m. r. c^{ne} d'Archigny. — *La Jaqueliniere*, 1474 (évêché, 22). — *La Jacquelinière*, 1525 (*ibid.* 24).

JACQUELINIÈRE (LA), m. au Jacquelin, c^{ne} de Doussay; anc. fief relev. de la châtell. de Doussay. — *La Jaquelinière*, 1586 (seign. de Puygarreau, 1).

JACQUEMIN (LA), f. c^{ne} de Journet. — *L'Age Aquemyn*, 1542 (terrier de Rouffac, 63). — *La Jaquemin*, 1615 (maison-Dieu, 121). — *La Jacquemain*, 1739 (rôle des tailles).

JACQUENELLES (LES), m. r. c^{ne} de Saint-Jean-de-Sauves.

JACQUERIE (LA), m. r. c^{ne} de Montmorillon.

JACQUETIÈRE (LA), m. à Ayron; — 1599 (cure d'Ayron).

JACQUETIÈRE (LA), h. c^{ne} d'Oiré. — *La Jacquetière ou village des Vignault*, 1615 (seign. de la Groye, inv.). — *Les Jaqueries* (Cassini).

JACQUETIÈRE (LA), m. r. c^{ne} de Tercé; — 1645 (carmes de Poitiers).

JACTIÈRE (LA), h. c^{ne} de Liglet. — *La Jacquetière*, 1640 (cure de Liglet). — *La Jactière*, 1775 (rôle des tailles).

JAGONNIÈRE (LA), h. c^{ne} de Pouant; — 1498 (com^{rie} de l'Isle-Bouchard, 34).

JAGORDRIE (LA), h. c^{ne} de Quinçay. — *La Renerie*, 1491 (chap. de St-Hilaire, 394). — *Village de la Renerye aultrement appellé la Jagordrye*, 1587 (abb. du Pin, 14).

JAILLE (LA GRANDE-), chât. près Sammarçolle; — 1451 (prieuré de Bournan, 11). — Anc. fief relev. du château de Loudun.

JAILLE (LA PETITE-), vill. c^{ne} de Sammarçolle.

JALAIS, vill. c^{ne} de Béruges. — *Gelasius villa*, 990-996 (cart. de St-Cyprien, p. 51). — *Gelais*, 1149 (abb. de Fontaine-le-Comte). — *Jallais*, 1237 (Fonteneau, t. I, p. 403). — *Jalais*, 1345 (arch. de Poitiers, 23). — *Prieurté de Jalays et de Beruges*, 1387 (abb. de Montierneuf, 99). — Anc. seign. dép. du prieuré de Béruges.

JALAISERIE (LA), m. détruite, c^{ne} d'Archigny; terres concédées en 1487 à Mathurin Jallais, entre Chenu et la Porcherie. — *La Jallezerie*, 1605; *la Jallaiserie*, 1610; *maison fondue de la Jaleserye*, 1674 (seign. de Touffou, 4 et 5).

JALAISERIE (LA), f. c^{ne} de Saint-Georges. — *La Jalaisère*, 1361 (chap. de Ste-Radegonde, 109). — *Les Treilhes*, 1398 (abb. de Montierneuf, reg. 10). — *Village aus Treilles*, 1403 (gr. Gauthier, f° 22 v°). — *Fief des Treilles aultrement dict la Jallaiserie*, 1590 (abb. de Montierneuf, 9). — *Hostel noble des Treilles appellé l'erbergement de Regnault Garnier*, 1515 (fief de Regnault-Garnier). — Ce fief relevait de la tour de Maubergeon.

JALETIÈRE (LA), lieu détruit, vers Saint-Claud, c^{ne} de la Chapelle-Moulière; — 1466 (seign. de Touffou, 1).

JALIÈRE (LA), f. c^{ne} de la Chapelle-Bâton. — *La Jallière*, 1711 (rôle des tailles).

JALINIÈRES (LES), h. c^{ne} de Saint-Martin-Lars. — *Les Jollinières*, 1766 (rôle des tailles).

JALLAIS, h. c^{ne} d'Usseau. — *Jasloys, Jaslays*, 1494 (duché de Châtellerault, 6). — *Jallays*, 1620 (cure de Remeneuil).

JALLET, chât. c^{ne} de Nueil-sous-Faye.

JALLETIÈRE (LA), h. c^{ne} de Saint-Pierre-de-Maillé.

JALLETIÈRE (LA), au vill. de Cloitre, c^{ne} de Vendeuvre; — 1482 (seign. d'Avanton). — Anc. fief relev. de la seign. d'Avanton; auj. inconnu.

JALLETIÈRES (LES), f. c^{ne} de Chénéché. — *La Jaletière*, v. 1300 (seign. de Chénéché, 1). — *La Jalletère*, 1312 (prévôté de Blâlay, 1). — Anc. fief relev. de la châtell. de Chénéché; érigé le 31 juillet 1574.

JALNAY, h. c^{nes} de Glenouze et Mouterre-Silly. — *Jallonnay*, 1533 (chapelle des Cartaux). — *Jalnay*, 1620 (chap. cathédral, 88). — *Jallenai*, 1625 (cure de Glenouze). — Anc. fief relev. de la bar. de Baussay.

JALOUIN, h. c^{ne} de Cherves; anc. domaine de l'abbaye des Châtelliers (Deux-Sèvres). — *Jalonia*, 1161 (Fonteneau, t. V, p. 23).

JALTIÈRE (LA), h. c^{ne} de Coussay-les-Bois. — *La Jalletière*, 1461 (notaires, Artaud à la Roche-Posay).

JALTIÈRE (LA), h. c^{nes} de Loudun et Rossay. — *La Jalletière*, 1424 (com^{rie} de Loudun, 28).

JAMBE-À-L'ÂNE (LA), maisons et terres attenantes au faubourg Saint-Cyprien de Poitiers. — *Clausum de Thibia Asini*, 1298 (abb. de la Trinité, 23). — *Terra de Jambe de Ane*, 1322 (abb. de la Celle, 18). — *Clou de vigne appellé Jambe d'Asne*, 1403 (chap. cathédral, 42).

JAMETTERIE (LA), h. c^{ne} de Coulombiers.

JANDOUX, f. c^{ne} de Chenevelles.

JANETIÈRE (LA), lieu détruit, près la Chaillerie, c^{ne} de la Vausseau. — *La Jonnetère*, 1309 (chap. de St-Hilaire, 223). — *La Johnnetière*, 1476 (*ibid.* 81). — *La Janettière*, 1667 (*ibid.* 235).

JANNETS (LES), m. r. c^{ne} de Bertegon.

JAPPE-LOUP, f. et étang, c^{ne} de Thollet. — *Japelloup*, 1627 (prieuré du Cluzeau).

JARCO (LE), vill. c^{ne} de Champagné-le-Sec. — *In villa Giaco in vicaria Sivriaco?* v. 1010 (cart. de St-

Cyprien, p. 283). — *Le Jarcq*, 1629 (arch. de Poitiers, 71). — *Le Jard*, 1678 (notaires, Mestreau à Civray).

Jard (Le), gouffre, c^ne de Bellefont, près la Boutinière.

Jardière (La), f. c^ne d'Usseau. — *La Jouardière* (Cassini).

Jardières (Les), f. c^ne de Bellefont. — *Village de Lesjardières*, 1573 (seign. de Touffou, 3). — *Clous de Legeardière*, 1590 (seign. de Bellefont). — *Lejardière* (Cassini).

Jardin (Le Bas-), m. r. c^ne de Lencloître.

Jardins (Les Grands-), f. et tuilerie, c^ne de la Roche-Posay.

Jardres, c^on de Saint-Julien-Lars. — *Jadres*, 1239 (Fonteneau, t. III, p. 332). — *Jardres* (pouillé de Gauthier, f° 175). — *Parochia de Yadris*, 1311 (chap. de St-Pierre de Chauvigny, 10). — *Capellanus de Jadris*, 1383 (taux du décime, p. 60).

Avant 1790 cette commune faisait partie de l'archiprêtré de Mortemer, de la châtellenie, de la sénéchaussée et de l'élection de Poitiers. Le prieuré-cure de Saint-Hilaire de Jardres dépendait de l'abbaye de Saint-Séverin (Charente-Inférieure). Le fief de Jardres, qui appartenait au chapitre de l'église cathédrale de Poitiers depuis le milieu du xve siècle, relevait de la châtellenie de Touffou; le fief de la Tour et Motte de Jardres relevait du duché de Châtellerault.

Jarige, h. c^ne de Jardres. — *Jarrige*, 1309 (Gauthier, f° 186 v°).

Jarige, chât. c^ne de Leigné. — *Jarrige*, 1544 (maison-Dieu, 163). — *Hostel et maison forte qui se nommoit anciennement Jarrige et maintenant Rozière*, 1599; *Jarrige*, 1692; *Jarrige ou Roziers*, 1713 (fief de Jarige). — *Jarriges*, 1788 (rôle des tailles). — Anc. fief relev. de la bar. de Montmorillon.

Jarige, filature, c^ne de Marnay. — *La Jarrige*, 1615, fief relev. de Cercigny (Fonteneau, t. XLII, p. 216). — *Moulin de la Jarrige*, 1782 (prieuré de la Vayolle).

Jarlandière (La), h. c^ne de Bonneuil-Matours. — *Hébergement de Jarrandère*, 1444 (duché de Châtellerault, 1). — Anc. fief relev. de la bar. de Montoiron.

Jarnet, h. c^ne d'Avanton. — *Jarnay*, 1253 (abb. de la Trinité, 1). — *Jarnacum*, 1439 (chap. cathédral, 76). — *Jarnet*, 1485 (seign. de Chénéché, 12). — *Jarnac*, 1492; *Jarnec*, 1555 (*ibid*. 8) — *Fief de Jarrige aultrement Jarnecq*. Voy. Jarige (La).

Jarrandière (La), h. c^ne de Beaumont. — *La Jarrendère*, 1426; *la Jarrondère*, 1451; *la Jarrandère*,

1460 (chap. de Notre-Dame-la-Grande, 45). — Anc. fief relev. du chapitre de Notre-Dame-la-Grande de Poitiers à cause de sa châtellenie de Beaumont.

Jarrie (La), f. c^ne d'Archigny. — *La Jarrige*, 1474 (évêché, 22). — *La Jarrie*, 1774 (*ibid*. 37).

Jarrie (La), f. c^ne de la Bussière. — *La Jarrye*, 1473 (évêché, 33). — Anc. fief et haute justice relev. de l'abb. de Saint-Savin.

Jarrie (La), vill. c^ne de Ceaux, c^on de Loudun. — *La Jarrie*, 1446 (com^rie de Loudun, 29). — *La Jarrye*, 1671 (collège de Poitiers, 63).

Jarrie (La), f. c^ne de Châtillon. — Anc. fief érigé en 1623 et relev. du marq. de Couhé.

Jarrie (La), h. c^ne de Colombiers; — 1397 (duché de Châtellerault, 5). — Anc. fief relev. du duché de Châtellerault.

Jarrie (La Grande et la Petite-), ff. c^ne de Leigné-les-Bois. — *La Jarrye*, 1461 (notaires, Artaud à la Roche-Posay).

Jarrie (La), m. près le bourg des Ormes. — *La Jarrye*, au ressort de Chinon, 1631 (cure de Poisay-le-Joli).

Jarrie (La), anc. fief, à Saint-Georges. — *Herbergement qui fut jadis à feu Aymery de la Jarrie*, 1496 (fief de la Jarrie). — Ce fief, auj. inconnu, relevait de la tour de Maubergeon.

Jarrie (La) et la Petite-Jarrie, ff. c^ne de Saint-Gervais; — 1634 (fief de la Tour de Baunay).

Jarrie (La), f. c^ne de Saint-Romain-sur-Vienne; — 1509 (cure de St-Romain).

Jarrie (La), vill. c^ne de Scorbé-Clairvaux; — 1438 (com^rie d'Auzon, 9).

Jarrie (La), vill. c^ne de Vouneuil-sous-Biard. — *La Jarrye*, 1576 (abb. de Montierneuf, 59). — *La Jarye*, 1788 (arch. de Poitiers, 17).

Jarrie, f. c^ne de Mouterre. — *Jarrie*, 1775 (rôle des tailles).

Jarrige (La), anc. fief, à Jarnet, c^ne d'Avanton. — *Villa Jarigia*, v. 1104 (Fonteneau, t. XX, p. 115). — *La Jarrige*, 1542 (chap. de Mirebeau, 26). — *Fief de Jarrige aultrement Jarnecq*, 1580 (*ibid*. 26). — Ce fief, dont le nom est auj. inconnu, appartenait au chapitre de Mirebeau et relevait du fief de la Cigogne. Le manoir qui en était le siège était déjà ruiné en 1581.

Jarrige (La), h. c^ne de Coulonges.

Le ruiss. de la Jarrige prend sa source en ce lieu, sépare la c^ne de Coulonges de celle de Lignac (Indre) sur une étendue d'environ 1,400 mètres et va se jeter dans le ruisseau de Vavre, sur le territ. de ladite c^ne de Lignac.

JARRIGE (LA), f. c^ne de Latus; — 1452 (chap. de Montmorillon, 2). — Anc. fief.

JARRIGE (LA), m. r. c^ne de Pressac; — 1379 (seign. d'Availle). — Anc. fief relev. de la châtell. d'Availle-Limousine.

JARRIGE (LA), vill. c^ne de Vaux-en-Couhé. — *La Jarrige*, 1458 (seign. de la Millière). — *La Jarige*, 1687 (seign. de Monts). — Anc. fief relev. de la châtell. de Château-Larcher.

JARRIGES (LES), h. c^ne du Vigean. — *La Jarrige*, 1403 (gr. Gauthier, f° 253). — *Les Jarriges*, 1658 (cure de l'Isle-Jourdain).

Le ruiss. des Jarriges prend naissance près ce lieu et tombe dans la Vienne près Glégnon, même commune.

JARRILIÈRE (LA), h. c^ne de Cloué. — *La Jarrillière*, 1613 (fam. Irland).

JARRIBIÈRE (LA), vill. c^ne de Rouillé. — *La Jarriclière*, 1448; *la Jarillère*, 1485 (com^rie de Roche, 6). — *La Jarrillière*, 1766 (rôle des tailles).

JARRONNIÈRE (LA), m. r. c^ne de Verrières. — *La Jarronnyère*, 1589; *la Jarronnière*, 1625 (cure de Verrières).

JARROUE (LA), ff. c^ne de Pairoux. — *La Jarroux*, 1775 (rôle des tailles).

JARROUIE (LA) ou L'ÂGE-ROUIL, f. c^ne de Saugé. — *Aya Roil*, 1260 (Hommages d'Alphonse, p. 83). — *Agia Rouylh*, 1346 (maison-Dieu, 81). — *L'Age Rouih*, 1404 (gr. Gauthier, f° 113). — *La Jarrouilh*, 1454 (hommages de Montmorillon, f° 22 v°). — *L'Age Royl*, 1479; *la Jarrouy*, 1561; *l'Age à Rouilh*, 1580 (fief de l'Âge-Rouil). — *La Jarrouilhe*, 1559 (maison-Dieu, 126). — Anc. fief relev. de la bar. de Montmorillon.

JARTES (LES), h. c^ne de Bouresse. — *Les Jartres*, 1531 (cure de Bouresse).

JARZAY, vill. et chât. c^ne de Massogne; anc. c^ne réunie à celle-ci le 25 février 1829. — *Jarsois*, 1389 (arch. nat. chambre des comptes, reg. 330, n° 27). — *Jarzois*, 1406 (abb. du Pin, reg. 1, p. 138). — *Jarzais*, 1451 (com^rie de St-Georges, 25). — *Jarsays*, 1469 (prieuré de St-André de Mirebeau, 10). — *Jarzoy*, 1501 (com^rie de St-Georges, 25). — *Jarzay*, 1522 (ibid. 26). — *Jerzay*, 1701 (cure de Jarzay). — *Jarzais*, 1807 (annuaire).

Jarzay dépendait anciennement de la paroisse de Craon; est mentionné parmi les cures dans le pouillé de 1782, p. 128: *Saint-Urbain de Jarzay*; faisait partie de l'archiprêtré de Parthenay (Deux-Sèvres), de la baronnie de Mirebeau et de l'élection de Richelieu, généralité de Tours. Le fief de Jarzay, haute justice, relevait de la baronnie de Mirebeau. — Les noms de Craon et de Jarzay sont accouplés dans les listes des paroisses de l'élection de Richelieu.

JASSERIE (LA HAUTE et LA BASSE-), ff. c^ne de Vouneuil-sous-Biard. — *La Jasserie*, 1447 (abb. de St-Cyprien, 10). — *La Jacerie*, 1475 (seign. de Béruges, 2). — *Lageasserie*, 1766 (rôle des tailles).

JAU (LE), f. c^ne de Châtellerault. — *Le Jau*, 1525 (fabrique de St-Jean-Baptiste de Châtellerault). — *Le Jeau*, 1841 (nomencl.).

JAU (LE), m. r. c^ne de Marigny-Brizay. — *Le Jau*, 1615 (fam. des Courtis). — *Maison du Jaux*, 1775 (seign. de la Tour-Signy).

JAU (LE), près la Guignardière, h. c^ne d'Oiré. — *Mestairie des Jaux*, 1755 (terrier de la Groye, p. 676); — *du Jau*, 1756 (ibid. p. 156).

JAU (LE), près Mavaux, h. c^ne d'Oiré.

JAUDONNIÈRE (LA), h. c^ne de Châtain. — *Village de Jodoin?* 1464 (inv. de Font-le-Bon, p. 86).

JAUGUETTERIE (LA), f. c^ne d'Ouzilly.

JAULNAY. Voy. JAUNAY.

JAUMAIN, h. c^ne de Roiffé.

JAUMANGÉ, h. c^ne d'Angle. — *Guillelmus de Gallo Comesto*, 1320 (évêché, 22). — *Jaumangé*, 1522 (aumônerie d'Angle). — *Jaumangier*, 1548 (abb. d'Angle).

JAUNAY ou JAULNAY, c^on de Saint-Georges. — *Ad villam Gelnacum* (vita S. Leodegarii, auct. anonymo, ap. D. Bouquet, t. II, p. 626). — *Ad vicum Gallinacum* (vita ejusd. auct. Frulando, ap. D. Pitra, Vie de St Léger, p. 561). — *Capella in villa quæ vulgo nuncupatur Jalniacus sita, in honore sancti Dionysii dicata*, 985 (cart. de Bourgueil, p. 42). — *Ecclesia sita in curte Jalniaco, quæ olim extitit Pauli doctoris ecclesia, infra quintam civitatis Pictavæ, fundata ac dedicata in honore martyrum Dyonisii, Rustici et Eleutherii*, v. 988 (ibid. p. 41). — *In loco qui vocatur Janizas*, 989 (Besly, Hist. des comtes de Poitou, p. 274). — *Ecclesia de Jazenas*, 990 (cart. de Bourgueil, p. 20). — *Ecclesia S. Dionisii in curti Galnaica*, 1003 (ibid. p. 3). — *Ecclesia de Galinaco*, 1105 (bulle de Pascal II, ap. Gaignières, t. CXCII, f° 179; bibl. nat.). — *Jaunaicum*, 1162 (ch. de St-Hilaire, t. I, p. 172). — *Jaunai*, 1232 (abb. de la Trinité, 32). — *Jonayum*, 1271 (abb. de St-Cyprien, 49). — *Jaunayum* (pouillé de Gauthier, f° 174 v°). — *Jaunay*, 1324, 1337 (arch. de Poitiers, 12). — *In burgo de Jaunoio prope Pictavis*, 1451 (Ordonnances, t. XIV, p. 187). — *Jaulnay*, 1587 (abb. de Fontevrault, 3). — *Jaunaye*, 1668 (fief de Brin). — *Jaunais*, 1719 (abb. de Fontevrault, 3). — *Jaunay*, 1807 (annuaire).

Avant 1790 cette commune faisait partie de l'archiprêtré de Dissay, de la châtellenie, de la sénéchaussée et de l'élection de Poitiers. Le prieuré et la cure de Saint-Denis de Jaunay dépendaient de l'abbaye de Bourgueil (Indre-et-Loire). L'abbaye de Fontevrault (Maine-et-Loire) possédait à Jaunay un fief ayant titre de châtellenie.

«Le jour de la Trinité la quintaine à Jaunay» (almanachs de Poitiers, 1701 à 1790). «Tous les jeunes hommes et nouveaux mariés de l'année sont aussi tenus de courir la quintaine le dit jour avec chevaux dont le roi des bacheliers doit fournir et se doivent aussi fournir de lances; et où ils manqueroient de le faire, me doivent par chacun an soixante sols d'amende» (aveu de Clairvaux, 1778). L'assemblée populaire qui avait lieu à cette occasion a été l'origine de la foire qui se tient le 2 juin.

En 1790 Jaunay devint le chef-lieu d'un canton, district de Poitiers, composé des communes de Jaunay, Chasseneuil, Marigny-Brizay, Migné et Saint-Léger-la-Palu; ce canton fut supprimé le 18 novembre 1801.

JAUNELIÈRE (LA), h. c^{ne} d'Ayron. — *La Joulnière* (Cassini). — *La Jounellière*, 1820 (nomencl.).

JAUNERIE (LA), h. c^{ne} de Charroux. — *La Josnerie*, 1559 (abb. de Charroux). — *La Jaumerie*, 1754 (rôle des tailles).

JAUNERIE (LA), h. c^{ne} de Naintré.

JAUTRUDON (LA), f. c^{ne} de Journet. — *Agia au Drudon*, 1292 (évêché, 33). — *L'Age au Trudon*, 1462 (hommages de Montmorillon). — *La Jautrudon*, 1547 (fief de la Jautrudon). — Anc. fief relev. de la bar. de Montmorillon.

JAVARDENAC, lieu auj. inconnu, c^{ne} de Jouet. — *Javardenac*, 1403 (gr. Gauthier, f° 103). — *Javerzenac*, 1407 (ibid. f° 118 v°). — *Villagium de Javardenaco*, 1450 (maison-Dieu, 100). — *Javredenac*, 1461 (abb. de St-Savin, 23). — *Javeizenac*, 1493 (fief de la Chinau). — *Jauvrardenat*, 1494 (fief des Clerbaudières).

JAY, vill. c^{ne} de Saint-Chartres; — 1593 (cure de la Grimaudière).

JAZENEUIL, c^{ne} de Lusignan. — *Zezinoialo* (alias *Zizolliolo*) *viculo* (vita S. Leodegarii, auct. anonymo, ap. D. Bouquet, t. II, p. 626). — *Geniolum* (vita ejusd. auct. Frulando, ap. D. Pitra, Vie de St Léger, p. 562). — *Gazenogili ecclesia*, 1110 (epist. Paschalis papæ II, ap. D. Bouquet, t. XV, p. 46). — *Jazanoyl*, 1267 (Fontenau, t. XVI, p. 202). — *Jazenuil*, 1270 (ch. de St-Hilaire, t. I, p. 328). — *Parrochia de Jasonolio*, 1296 (Fontenau,

t. XXII, p. 379). — *Prioratus de Jazenolio* (pouillé de Gauthier, f° 141). — *Ecclesia de Jayzonolio*, (ibid. f° 154 v°). *Jasenuyl*, 1324; *Jazencul*, 1337 (arch. de Poitiers, 12). — *Jazenoil*, 1379 (Gauthier, f° 56). — *De Jasenolio*, 1383 (taux du décime, p. 22). — *Jazeneuil*, 1506 (fief de la Vau-de-Breuil).

Avant 1790 cette commune faisait partie de l'archiprêtré de Sanxay, de la châtellenie et du ressort du siège royal de Lusignan, et de l'élection de Poitiers. Le prieuré et la cure de Saint-Jean-Baptiste de Jazeneuil dépendaient de l'abbaye de la Chaise-Dieu (Haute-Loire). La maladrerie de Jazeneuil est mentionnée dans un titre de 1526. Le fief de Jazeneuil relevait de celui de Curzay; les droits de foire et péage du même lieu constituaient un autre fief relevant du château de Lusignan.

JEAN (BOIS DE), c^{ne} de Saint-Romain; anc. domaine du comté de Civray. — *Forest de Joen*, 1403 (gr. Gauthier, f° 248 v°). — *Boys de Johant*, 1405 (ibid. f° 266 v°). — *Forest de Jouhent*, 1494 (fief de Chaleur). — *Bois de Jouhant*, 1498 (fief de Fayolle); — *de Jean*, 1667, «contient environ «500 arpens, partie en brandes et bruyères, partie «en terres labourées par des particuliers qui ont «pris des baux des officiers et engagistes de Civray» (Réform. des forêts du Poitou, p. 271).

JEAN-BOUYER, vill. c^{ne} de Champniers. — *Village de Jamboher, Jean Boher*, 1403 (gr. Gauthier, f° 281); — *de Jehan Bouher, Jehan Bouyer*, 1498 (fief de la Chaux).

JEANNILLE, f. c^{ne} de Joussé.

JEANNINS (LES), f. c^{ne} de Prinçay. — *Les Jehannins*, 1602; *les Jeannins*, 1696 (cure de Prinçay).

JEDAUX (LES), m. r. c^{ne} de Basses. — *Gedaux*, 1498; *les Gedaux*, 1508 (cure de Basses). — Anc. fief relev. de la prévôté du chapitre de Candes (Indre-et-Loire).

JERNEZAY, mⁱⁿ sur la Vonne, c^{ne} de Jazeneuil. — *Moulin de Jarzenay*, 1604 (fief de Mauprié).

JÉRUSALEM, h. c^{ne} du Bouchet; — 1554 (chap. de Ste-Croix de Loudun, 6).

JÉRUSALEM (TOUR DE), vieille tour à Vouillé.

JESSON, vill. c^{ne} de Blanzay. — *Terra de Agezun, de Gezun*, v. 1170 (Fontenau, t. XVIII, p. 409); — *de Jezo*, v. 1172 (ibid. p. 425); — *de Gecon*, v. 1194 (ibid. p. 603). — *Terra et nemus de Gaiton*, v. 1199 (ibid. p. 641). — *Gesson*, 1347 (abb. de Nouaillé, 19). — *Jesson*, 1353 (fam. de Chabanais). — *Jeson*, 1664; *Jusson*, 1671 (notaires, Pascault à Civray).

JEU, f. près Marcé, c^{ne} de Chouppes. — *L'hôtel de Jeu*,

1389, relevait de Marcé (arch. nat. chambre des comptes, reg. 330, n° 2).

Jeu, f. c^ne d'Ingrande; — 1444 (duché de Châtellerault, 1). — Anc. fief relev. de Chêne.

Jeu, h. et étang, c^ne de Plaisance. — *Massum de Judo*, 1360; *villagium de Judo, Johannes Montelhon de Joco*, Jeu, 1410 (maison-Dieu, 97).

Jeu, h. c^ne de Vicq. — *Guillelmus de Joco*, 1284; Jeu, 1409 (évêché, 33). — *Juhe*, 1508 (seign. de Pleumartin, 1). — Anc. fief relev. de la baronnie d'Angle.

Jeune-Bois (Le), m. r. c^ne de Lavoux.

Joanisberg, m. r. c^ne de Mazerolles.

Joctrie (La), f. c^ne de Marçay.

Jofinerie (La), f. c^ne de Mondion. — *La Jouffinerie*, 1625; *la Jauffnerie*, 1736 (seign. de Mondion, 2).

Joie (La), h. c^ne de Couhé.

Jolandrie (La), ff. c^ne d'Anois.

Jolines, h. c^ne d'Archigny. — *Jolines*, v. 1309 (Gauthier, f° 197 v°). — *Geollynne*, 1557 (évêché, 20). — *Jaulline*, 1566 (ibid. 8). — *Jollines*, 1595 (abb. de l'Étoile).

Jolis (Les), h. c^ne de Béthines. — *Village des Jollis*, 1556 (maison-Dieu, 132).

Jolis (Les), vill. c^ne de Liniers.

Jolis (Les), f. c^ne de Saint-Sauveur.

Jolivaux (Les), m. isolée, c^ne de Vaux.

Jolivois, f. c^ne de Savigny-l'Évêcault.

Jollets (Les), h. c^ne d'Oiré. — *Village de la Touche*, 1619 (aveu de St-Romain); — *ou des Jollets*, 1666 (abb. de St-Cyprien, 24). — *Les Jolliets* (Cassini).

Jollinière (La), lieu détruit, c^ne d'Oiré; — 1493 (duché de Châtellerault, 5, aveu de la Groye).

Jonchère (La), m^in sur le Clain et h. c^ne de Dissay. — *La Jonchière*, 1407 (chap. cathédral, 73). — *Moulins de la Jonchière*, 1457 (chap. de Notre-Dame-la-Grande, 26). — Ces moulins appartenaient au chapitre de Notre-Dame-la-Grande de Poitiers.

Jonchère (La), f. c^ne de Thollet.

Jonchère (La), f. c^ne d'Usson; — 1404 (gr. Gauthier, f° 269 v°).

Jonc-Noir (Le), f. c^ne d'Ouzilly-Vignolles.

Jonnetière (La), lieu autref. habité, auj. inconnu, c^ne de Verrières; — 1490 (abb. de Nouaillé, 20).

Jonoux, vill. c^ne de Salles-en-Toulon. — *Jounoux*, 1548 (chap. de Mortemer, 3).

Jordonnière (La), h. c^ne de la Chapelle-Mortemer. — *La Jordenère*, 1481 (chap. de Mortemer, 1). — *La Jordonnière*, 1562 (fief de Mortemer). — Anc. fief relev. de la bar. de Mortemer.

Jorigny, vill. c^ne de Vivonne. — *Jorgneium*, v. 1120 (cart. de St-Cyprien, p. 69). — *Jorgnec*, 1343 (abb. de Nouaillé, 24). — *Jorigné*, 1410 (chap. de St-Hilaire, 564). — *Jorigny*, 1788 (rôle des tailles). — Anc. fief relev. de la châtell. de Vivonne (Fonteneau, t. LX, p. 563). — Le pouillé de Gauthier, f° 140, mentionne en l'archiprêtré de Lusignan un prieuré du nom de *Jorye* qu'il faut peut-être placer à Jorigny.

Jouachère (La), h. c^ne de Persac. — *La Jouachière*, 1506 (seign. de la Brulonnière). — *La Jouachère*, 1667; *la Joischère*, 1693 (fam. Naudin). — *La Jonchère*, 1841 (nomencl.).

Jouachère (La), m. r. c^ne de Queaux. — *La Jouachière*, 1533; *la Jouachière*, 1541 (seign. de Ressonneau, 2).

Jouardière (La), m. près Boirie, c^ne de Bonneuil-Matours. — *La Jouardière autrement la Precerodrie*, 1620 (fief de Traversay).

Jouardière (La), f. c^ne de Saint-Pierre-des-Églises. — *La Jouardère*, 1497 (chap. de Ste-Radegonde, 139). — *La Jouardière*, 1503 (évêché, 22).

Jouarenne, vill. c^nes d'Alonne et Château-Larcher. — *Jouarinna inter Alona et alveum Cludra*, 799 (abb. de Nouaillé). — *Joarenna*, 1083 (ibid.). — *Ecclesia Sancti Hilarii de Jugo Arenæ*, 1119 (Fonteneau, t. XXI, p. 594). — *Joarena*, v. 1150 (abb. de Nouaillé). — *Joarene*, 1293; *Jouarenne*, 1471; *Joarennes*, 1630 (ibid. 24). — La terre et haute justice de Jouarenne appartenait à l'abbaye de Nouaillé.

Jouballerie (La), vill. c^ne de Saint-Remy-sur-Creuse. — *La Huballerie*, 1574 (seign. de la Chaise). — *La Juballière*, 1670 (fief de Toiré). — *L'Uballerie* (Cassini).

Joubardière (La), vill. c^ne de Vendeuvre. — *La Joberdière*, 1384; *la Jouberdère, la Jouberderie*, 1413 (seign. de la Joubardière). — *La Joubardière*, 1670 (aveu de Chéneché, f° 72). — Anc. fief relev. de la châtell. de Chéneché.

Joubertière (La), ff. c^ne de Paizay-le-Sec. — *Les Jobertères*, 1402 (évêché, 21). — *La Jobertière*, v. 1630 (abb. de St-Savin, 31).

Jouberts (Les), h. c^ne de Saint-Remy-sur-Creuse.

Joué, vill. c^ne de Ceaux, c^on de Loudun; anc. c^ne réunie à celle-ci le 24 novembre 1819. — *Gaudiacus villa in vicaria Lugdunense*, 904 (E. Mabille, La Pancarte noire de Saint-Martin de Tours, p. 98 et 225). — *Joec*, 1290 (Fonteneau, t. II, p. 52). — *Joé* (pouillé de Gauthier, f° 172). — *Johet, Johé*, 1383 (taux du décime, p. 118 et 156). — *Joué*, 1449 (com^rie de Loudun, 30). — *Jouhé*, 1478 (reg. synodal). — *S. Pierre de Jouhé*, 1782 (pouillé). — *Joué*, 1807 (annuaire).

Avant 1790 Joué faisait partie de l'archiprêtré, de la châtellenie et du bailliage de Loudun, et de l'élection de Richelieu (Indre-et-Loire). La cure était à la nomination du chapitre cathédral. Cette anc. paroisse est aussi réunie auj. à Ceaux pour le spirituel.

JOUENCE (GRAND CHEMIN DE LA), c^{ne} de Bonnes; — 1457 (seign. de Touffou, 1).

JOUET ou JOUHET, c^{on} de Montmorillon. — *Ecclesia Sanctæ Mariæ de Johec*, 1093 (abb. de St-Savin, 1). — *Joec*, 1268 (Hommages d'Alphonse, p. 86). — *Jouhé, Jouhet*, 1403 (gr. Gauthier, f°s 106 v° et 109). — *Jouet*, 1454 (hommages de Montmorillon). — *Jouhec*, 1478 (reg. synodal). — *Jouec*, 1520 (bissexte). — *Joué*, 1726 (cure de Jouet). — *Jouhet*, 1807 (annuaire).

Avant 1790 la paroisse de Jouet faisait partie de l'archiprêtré, de la châtellenie et de la sénéchaussée de Montmorillon, et de l'élection de Poitiers. Le prieuré et la cure de Notre-Dame dépendaient de l'abbaye de Saint-Savin. La haute, moyenne et basse justice de Jouet constituait un fief relev. de la bar. de Montmorillon.

JOUET, mⁱⁿ sur la Charente, c^{ne} de Charroux. — *Moulin de Jouhec*, 1401; *de Juyhec*, 1534 (chap. de St-Hilaire, 548). — *Rivère de Joec*, 1403 (gr. Gauthier, f° 252 v°). — *Moulin de Jouet*, 1679 (notaires, Pascault à Civray).

JOUET, f. c^{ne} de Saint-Secondin. — *Jouhet*, 1479 (seign. de la Boutinelière).

JOUETTRIE (LA), f. c^{ne} de Châtillon; — 1731 (seign. de Couhé, inv.).

JOUFFRE, mⁱⁿ sur l'Auzance à Vouillé. — *Molendinum de Jouffrey*, 1276 (chap. de Ste-Radegonde, 34); — *de Gaufrido*, 1285 (*ibid.* 69). — *Moulin de Geoffroy*, 1380 (*ibid.* 31); — *de Geoffre*, 1551 (*ibid.* 32); — *de Jouffre*, 1723 (*ibid.* 27); — *de Geouffre*, 1769 (rôle des tailles).

JOUHET. Voy. JOUET.

JOUIN, gué du Mable, à la limite des c^{nes} de Prinçay et Sérigny. — *Le Gué de Joyn*, 1539; — *de Jouin*, 1602 (cure de Prinçay); — *de Jouyn*, 1617 (seign. de Germigny).

JOUMÉ, b. c^{nes} de Leigne et Antigny. — *Jomet*, 1475 (maison-Dieu, 156). — *Jaumer*, 1489 (chap. de Montmorillon, 3). — *Jomez*, 1503 (évêché, 22). — *Josmer*, 1533 (maison-Dieu, 164). — *Josmet*, 1570 (*ibid.* 158). — *Josmé*, 1594 (*ibid.* 161). — *Jousmé*, 1697 (abb. de St-Savin, 33). — *Joumé*, 1788 (rôle des tailles).

JOURDAIN (MOULIN DE), sur la Luire, près les Bretinières, c^{ne} de Coussay-les-Bois. — *Moulin de Jordain*, 1450 (seign. de la Roche-Posay, 1); — *de Jourdain*, 1520 (*ibid.* 2); — *de Jourdin*, 1654 (*ibid.* 4). — Ce moulin, qui dépendait de la seign. de Baudiment, n'existe plus.

JOURDAINS (LES), m. r. c^{ne} de Dangé; — 1648 (seign. de Marigny). — *Les Jourdins*, 1735 (fief de Bois-Simon).

JOURDAINS (LES), h. c^{ne} d'Orches; — 1608 (seign. de Puygarreau, 9).

JOURDANIÈRE (LA), m. r. c^{ne} de Ceaux, c^{on} de Couhé. — *La Jordannière*, 1443 (Fonteneau, t. XXVII, p. 746). — *La Jourdanière*, 1482 (*ibid.* t. LXXXI, p. 224). — Anc. fief appart. à l'abbaye de Valence.

JOURDE, f. c^{ne} de Bouresse. — *Jorda*, 1311 (abb. de Nouaillé, 19). — *Jordia*, 1312 (maison-Dieu, 196). — *Jorde*, 1391; *Jordre*, 1503 (seign. de Dienné et Verrières). — *Jourdre*, 1561 (fief de la Motte de Jourde). — Le fief de la Motte de Jourde relevait du comté de Civray.

JOURDINIÈRE (LA), h. c^{ne} de la Vausseau. — *La Jourdenière*, 1476 (chap. de St-Hilaire, 81). — *La Jourdinière*, 1680 (abb. du Pin, 17).

JOURDONNIÈRE (LA), h. c^{ne} de Saint-Remy; — 1515 (fief de la Vergne).

JOURIE (LA), maison d'école, c^{ne} de Montamisé. — *Village de la Jouherie*, 1404 (gr. Gautbier, f° 26 v°). — *Jorie*, 1711 (fief de Charassé).

JOURLANDRIE (LA), f. détruite, près Pilloué, c^{ne} de Chiré-en-Montreuil; — 1644 (aveu de Chiré, f° 7 v°).

JOURNAUDIÈRE (LA), h. contigu au vill. de Bagneux, c^{ne} de Persac. — *La Gernaudière*, 1775 (rôle des tailles).

JOURNET, c^{on} de la Trimouille. — *Jornet*, XIIe s^e (maison-Dieu, cart. n° 131); 1284 (couv. de Villesalem). — *Jornec*, 1247 (Fonteneau, t. V, p. 413). — *Parochia de Jornaco*, 1407 (chap. cathédral, 24). — *Journee*, 1450 (maison-Dieu, 154). — *Journé*, 1625 (cure de Journet). — *Journet*, 1649 (bissexte).

Avant 1790 cette commune faisait partie de l'archiprêtré, de la châtellenie et de la sénéchaussée de Montmorillon, et de l'élection de Poitiers. Le prieuré-cure de Saint-Martin de Journet dépendait de l'abbaye de Lesterp (Charente).

JOUSSAMIÈRE (LA), h. c^{ne} de Cherves. — *La Jousseamère*, 1535 (cure de Cherves).

JOUSSÉ, c^{on} de Charroux. — *Villa cujus vocabulum est Justiaco*, 780 (ch. de St-Hilaire, t. I, p. 2). — — *Justiacus, Jusciacus, in pago Pictavo, in con-*

dita Briocinse, in vicaria Uzoninse, v. 970 (cart. de S¹-Cyprien, p. 239). — Joucet (pouillé de Gauthier, f° 151). — Jossec, 1373 (arch. de Poitiers, 23). — Joussec, 1383 (taux du décime, p. 65). — Jousset, Joussiet, 1409 (gr. Gauthier, f⁰⁸ 214 v° et 215). — Jussiec, 1415 (Fonteneau, t. XXXIX, p. 87). — De Jousseto, 1478 (reg. synodal). — Joussé, 1649 (bissexte). — S. Martin de Joussé, 1782 (pouillé).

Avant 1790 cette commune faisait partie de l'archiprêtré de Gençay, de la châtellenie et de la sénéchaussée de Civray, et de l'élection de Poitiers. La cure était à la nomination de l'évêque; elle a été rétablie en 1845. Le fief de Joussé relevait du comté de Civray; l'ancien château seigneurial existe encore.

Jousseau, mᶦⁿ sur la Vienne, cⁿᵉ de Millac. — Moulin de Joussault, 1582 (seign. de l'Isle-Jourdain).

Jousselinière (La), f. détruite, près la Lézilière, cⁿᵉ de Saint-Genest; — 1586 (seign. de Puygarreau, 1).

Jousserandière (La), lieu auj. inconnu, cⁿᵉ de Magné; — 1489 (livre de recette de Vivonne, f° 211 v°); — hostel noble, 1665 (seign. de la Ferrière). — Anc. fief relev. de la vic. de Gençay.

Jouy, f. cⁿᵉ de Scorbé-Clairvaux. — Terra de Joec, v. 1170 (abb. de Nouaillé). — Jouy, 1610 (seign. des Robinières). — Étang de Joui, 1777 (aveu de Clairvaux).

Juchaudière (La), lieu détruit, cⁿᵉ de Romagne. — La Juchaudère, 1598 (chap. de S¹-Hilaire, 249). — Ce lieu, situé vers Vublon, est auj. inconnu.

Juderie (La), à Lussay, cⁿᵉ de Ceaux, cⁿ de Loudun; anc. seign. appart. au chapitre de S¹-Hilaire de Poitiers. — La Juderie, 1509; la Judrie, 1626 (chap. de S¹-Hilaire, 544).

Judes (Village des), cⁿᵉ de Dangé; — 1598 (seign. de la Fontaine, 1); — réuni à la Gravelle.

Juet, mᶦⁿ sur la Barouse, cⁿᵉ des Trois-Moutiers. — Moulin de Jué, 1676 (collège de Poitiers, 55).

Jugerie (La), f. cⁿᵉ d'Archigny; — 1779 (rôle des tailles).

Jugière (La), h. cⁿᵉ de Saint-Léomer. — La Jussière, 1573 (maison-Dieu, 121). — La Juzière, 1611 (fief du prieuré de S¹-Léomer). — La Jugière, 1623 (cure de S¹-Léomer).

Juifs (Chemin des), cⁿᵉ de Loudun; du Portail-Chaussées aux Roches.

Juillet, ff. et étang, cⁿᵉ de Saugé. — Julhet, 1346 (maison-Dieu, 81). — Juillet, 1403 (gr. Gauthier, f° 102 v°). — Juilhec, 1525 (maison-Dieu, 31). — Juillé, 1567 (ibid. 178). — Jullé, 1635 (ibid. 13).

Jumeau (La), f. cⁿᵉ de Jazeneuil. — La Jemea, 1379 (gr. Gauthier, f° 56). — La Jumeau, 1604 (fief de Mauprié). — Long-Jumeau, 1872 (dénomb.).

Jumeaux, h. cⁿᵉ de Cenon. — Gemeas, 1277; Jumeaux, 1306; Gemeaux, 1452 (abb. de S¹-Benoît, 12). — Anc. seign. appart. à l'abbaye de S¹-Benoît-de-Quinçay.

Jumeaux, lieu détruit, cⁿᵉ de Senillé. — Hostel de Jumeaux, 1482; tenant au chemin de Senillé à Chastellerault, 1533; maison des Bruns alias de Jumeaux, 1541 (abb. de la Célle, 16).

Juniat, h. cⁿᵉ d'Asnières. — Juygnatz, 1533; Juignat, 1618 (prieuré de Teil). — Juniat, 1771 (cure d'Asnières). — Anc. fief relev. de la Motte-d'Autefa.

Juptière (La), mᶦⁿ sur l'Auzance, cⁿᵉ de Latillé. — La Gibertère, 1378 (gr. Gauthier, f° 70). — La Gibetère, 1447 (abb. du Pin, 26). — La Gebetière, 1466 (ibid. reg. 1, p. 97). — La Jubtière, 1744 (ibid. 27). — Moulin de la Juptière, 1775 (rôle des tailles).

Junie (La), m. isolée, cⁿᵉ de Celle-l'Évécault.

Juserie (La), ff. cⁿᵉ de Paizay-le-Sec. — La Juserie, 1540 (abb. de S¹-Savin, 8). — La Juzerie, 1752 (ibid. 31).

Jusie (La), h. cⁿᵉ de Latillé. — La Juzye, 1638 (cure de Latillé). — Anc. fief relev. de l'abbaye de Sainte-Croix de Poitiers.

Juspy, h. cⁿᵉ de Maulay. — Juchepie, 1603 (cure de Prinçay).

Juspy, h. cⁿᵉ de Sérigny. — Juchepye, 1535 (cure de Sérigny). — Juchepie, 1617; Juspie, 1641 (seign. de Germigny). — Huchepie, 1656 (cure de Sérigny).

Jussaumière (La), f. cⁿᵉ de Saire.

Jusselière (La), h. cⁿᵉ de Buxeuil. — La Jousselière, 1520; la Jusselière, 1599 (cure de Buxeuil).

Jussié, h. cⁿᵉ de Charroux. — Jussiec, 1300 (chap. de S¹-Hilaire, 548). — Jussiers, 1754 (rôle des tailles). — Anc. fief.

Justaudières (Les), m. r. cⁿᵉ de la Chapelle-Moulière.

Justice (La), h. cⁿᵉ d'Archigny. — La Justice de Marsigeau, 1551 (seign. de Touffou, 5).

Justice (La), h. cⁿᵉ de Saint-Sauveur.

Justice (Bois de la), cⁿᵉ de Journet; autref. au couvent de Villesalem; contenait 43 arpents en 1792.

Justice (Chemin de la), de Forges, cⁿᵉ de Tercé, à Tenaigre, cⁿᵉ de Fleuré.

Justices (Les), m. isolée, cⁿᵉ de Thuré.

Justrie (La), h. cⁿᵉ de Basses.

Jutandries (Les), h. cⁿᵉ de Bonneuil-Matours.

Juteaux (Les), h. cⁿᵉ de Vellèche. — Village des Juteaux, 1679 (cure de Vellèche).

Jutière (La), vill. cⁿᵉ de Doussay. — La Juetière,

1436 (fam. Barbin). — *La Jutière*, 1440 (arch. de Poitiers, 12). — *La Juzetière*, 1451 (prévôté de Blâlay, 8). — *La Justière*, 1459 (couv. de Lencloître).

JUTREAU, chât. f. tuilerie et m^{in} sur la Gartempe, c^{ne} de Saint-Pierre-de-Maillé. — *Dominus de Joterello, Philippus de Joterea*, v. 1300 (Gauthier, f°s 2 et 5 v°). — *Jotereau*, 1429 (fam. de Monléon). — *Joutereau*, 1462; *Joustreau*, 1541 (abb. d'Angle). — *Justreau*, 1552 (cure de Vicq). — *Jouxterau*, 1552 (cure de St-Phêle de Maillé). — *Jutreau*, 1616 (fam. de la Bussière). — Anc. fief relev. de la bar. d'Angle.

JUZIE (LA GRANDE-), h. c^{ne} de Benassay. — *Magna Juzia*, 1476 (chap. de St-Hilaire, 81). — *La grant Juzée*, 1536 (*ibid.* 223). — *La grand Juzie*, 1622 (*ibid.* 234). — *Grande Giuzie* (Cassini).

JUZIE (LA PETITE-), h. c^{ne} de la Vausseau. — *Parva Juzia*, 1476 (chap. de St-Hilaire, 81). — *La petite Juzée*, 1536 (*ibid.* 223). — *La petite Juzie*, 1680 (abb. du Pin, 18). — *Petite Giuzie* (Cassini).

L

LABIT, h. c^{ne} d'Usson. — *Le prieur de Labit*, 1395 (gr. Gauthier, f° 283). — *Prieuré de Labit*, 1445 (seign. de la Boutinelière). — «C'étoit là où résidoient deux religieux préposés pour la direction des religieuses du monastère de la Font-Saint-Martin» (Fonteneau, t. LXXVII, p. 125).

LAC (LE), f. c^{ne} de Charay; — 1626 (seign. de Chéneché, 9).

LAC (LE), h. c^{ne} de Frozes. — *Terreur de Lac Douhet*, 1399 (chap. de Ste-Radegonde, 74). — *Le Lac*, 1528 (*ibid.* 41). — *Le Lac Douault*, 1650 (*ibid.* 43).

LAC (LE), f. c^{ne} de Ligugé. — *Le lieu de la Corcherie appellé le Lac*, 1488 (fief de la Motte-sur-Croutelle).

LAC (LE), h. c^{ne} de Pouant; — 1646 (chap. de St-Hilaire, 430).

LAC (LE), h. c^{ne} de Saint-Gervais; — 1732 (fief des Vaux).

LAC-DE-BERNAGOUT (LE), f. c^{ne} de Vouneuil-sous-Biard.

LAC-DE-MAISON (LE), h. c^{ne} de Benassay. — *Le Lacdemaison*, 1461 (chap. de St-Hilaire, 222).

LAC-DE-MAISON-NEUVE (LE), f. c^{ne} de Vouneuil-sous-Biard.

LAC-DE-PUY (LE), h. c^{ne} de Migné.

LAC-DE-VILLIERS (LE), vill. c^{ne} de Villiers. — *Lacus de Villers*, 1379 (chap. de Ste-Radegonde, 47). — *Le Lac de Villiers*, 1451 (*ibid.* 68).

LAC-NOIR (LE), h. c^{ne} de Latillé; — 1638 (cure de Latillé). — *Le Lanoir*, 1775 (rôle des tailles).

LACS (LES), h. c^{ne} de Chalais.

LAC-SARGET (LE), f. c^{ne} de la Chapelle-Montreuil; — 1529 (abb. de Montierneuf, 84).

LADINIÈRE (LA), lieu auj. inconnu, c^{ne} de Bouresse. — *Villagium de Loradinere*, 1313, 1423; *la Ladinère*, 1464 (abb. de Nouaillé, 19 et 20).

LAFA, h. c^{ne} de Château-Garnier. — *La Fa*, 1708 (seign. de Couhé).

LAFA, h. c^{ne} de Fleuré. — *Laffa*, 1312; *la Fa*, 1372 (abb. de Nouaillé, 6).

LAFA, h. c^{ne} de Maupreyoir. — *La Fa*, 1657 (notaires de la bar. de Charroux). — *Laffa*, 1775 (rôle des tailles).

LAFA, h. c^{ne} d'Usson. — *La Fa*, 1766 (rôle des tailles). — *La Fas Blanchard* (Cassini).

LAFONT. Voy. FONT (LA).

LÂGE. Voy. AGE (L').

LAGEON, vill. c^{ne} de Brigueil-le-Chantre. — *Lajon*, 1506 (fief de Fleix). — *Lageon*, 1680; *Lajeon*, 1776 (cure de Brigueil-le-Chantre).

LAGNÉ, h. c^{ne} de Rouillé. — *Legré*, 1404 (chap. de St-Hilaire, 558). — *Lagrest*, 1455 (*ibid.* 513). — *Laigrest, Lesgret*, 1476 (*ibid.* 81). — *Lagré*, 1595 (*ibid.* 558). — *La Grée*, 1841 (nomencl.).

LAILLET, m. près Tagné, c^{ne} de Chaunay; anc. fief relev. du comté de Civray. — *Chieloup, Chisseloup*, 1403 (gr. Gauthier, f°s 202 et 239). — *Chigeloupt*, 1405 (*ibid.* f° 283 v°). — *Chigeloup*, 1407 (*ibid.* f° 201). — *Chief de loux*, 1498; *Chef de loup*, 1598; *fief de Chef de loup vulgairement appellé Laillé*, 1676 (fief de Chigeloup). — *Lalier* (Cassini).

Le fief de Chigeloup relevait du comté de Civray.

LAIMÉ (LE GRAND et LE PETIT-), h. c^{ne} d'Antran. — *Leymé, Laymé*, 1303 (arch. de Poitiers, 14). — *Lesmé*, 1440 (cure d'Antran). — *Lexmé*, 1508 (fam. de Marconnay). — *Laimay* (Cassini).

LAIRAULT, vill. c^{ne} de Doussay. — *L'Airault* (Cassini).

LAISES (LES), h. c^{ne} de Béthines. — *Les Lezes, les Layses*, 1450 (maison-Dieu, 154). — *Les Leszes*, 1562 (*ibid.* 127). — *Les Layzes*, 1571; *les Lesses*, 1599 (*ibid.* 132).

LAITIER (LE), f. c^{ne} de Champagné-Saint-Hilaire.
LAITIÈRE (LA), h. c^{ne} de Moussac-sur-Vienne. — *La Letière*, 1501; *la Lestière*, 1566 (cure de l'Isle-Jourdain).
LALEU, h. c^{ne} de Bouresse. — *Lalieu*, 1370; *Laleu*, 1456 (abb. de Nouaillé, 19). — *Lalleu*, 1556 (maison-Dieu, 196).
LALEU, chât. et h. c^{ne} de Châtain. — Anc. fief.
Le ruiss. de Laleu prend naissance près ce lieu et tombe dans la Charente en aval du moulin de Loubersac.
LALEU, h. c^{ne} de Saint-Romain. — *Laleu*, 1298 (abb. de Moreaux). — *Lalieu*, 1403 (gr. Gauthier, f° 249).
LALEUF, h. c^{ne} de Sillars. — *Lalieu*, 1404 (gr. Gauthier, f° 109 v°). — *Laleu*, 1498 (fief du Querroux). — *La Leuf*, 1609 (maison-Dieu, 98). — *Laleux*, 1766 (rôle des tailles). — Anc. fief.
LALLIER, vill. c^{ne} de Château-Garnier. — *Laillé*, 1677 (notaires, Pascault à Civray).
LAMARIN, ff. c^{ne} de Scorbé-Clairvaux.
LAMBARDERIE (LA), f. c^{ne} de la Roche-Posay. — *La Lamberderie*, 1724 (cure de Posay-le-Vieil).
LAMBERTIÈRE, h. c^{ne} de Romagne. — *Lanbertère*, 1422 (chap. de St-Hilaire, 242). — *Lembretère*, 1470 (*ibid.* 243). — *Lambertière*, 1559 (*ibid.* 247).
LAMBERTIÈRES (LES), h. c^{ne} de Rouillé. — *La Lambertière*, 1476 (chap. de St-Hilaire, 81). — *Les Lanbertières*, 1511 (*ibid.* 446).
LAMBRAY, vill. c^{ne} de Bournan. — *Lanbre*, v. 1090 (cart. de St-Maur-sur-Loire). — *Lambre*, 1449 (cure de Bournan). — *Lambray*, 1462 (prieuré de Bournan, 1).
LAMOURAY, h. c^{ne} de la Chapelle-Moulière.
LAN (LE), f. c^{ne} de la Chapelle-Viviers.
LAN (BOIS DU), c^{nes} de Sillars et la Chapelle-Viviers; contigu à la forêt de Chavagne et dép. de même de la bar. de Montmorillon. — *Le grand Lanz de Chaveigne*, 1504; *le grand Lant de Chaveigno*, 1536; *le grand Lan de Chavaigne*, 1685 (fief de Maillezac). — *Forest du Lans*, 1667 (Réform. des forêts du Poitou, p. 268); elle était alors entièrement ruinée; sa superficie était de 313 arpents. — Les titres de l'évêché de Poitiers mentionnent aussi comme dépendant de la bar. de Chauvigny *les boys du Lan*, 1625, qui, en 1710, consistaient en terres vaines et vagues, en brandes et en marais.
LANDAIS (LES), h. c^{ne} de Montoiron.
LANDE (LA), h. c^{ne} de Béthines.
LANDE (LA), m. r. c^{ne} de Beuxe.
LANDE (LA), lieu détruit, près Jérusalem, c^{ne} du Bouchet; — 1535 (cure du Bouchet). — Anc. fief

relev. du château de Loudun (Essais sur l'hist. de Loudun, 2e partie, p. 98).
LANDE (LA), f. c^{ne} de Colombiers; anc. moulin de la seign. de la Lande, située en la c^{ne} de Marigny-Brizay. — *Moulin de la Lande*, 1692 (cure de Colombiers), sur un ruiss. qui se jette dans l'Envigne près la Grenouille, même c^{ne} de Colombiers.
LANDE (LA), h. c^{ne} de Craon. — *La Lande de Creon*, 1284; — *de Craon*, 1393; — *de Cron*, 1482 (com^{rie} de St-Georges, 19 et 33). — Anc. commanderie de l'ordre de Malte, annexée à celle de Saint-Georges.
LANDE (LA), ff. c^{ne} de la Ferrière; — 1404 (gr. Gauthier, f° 91). — Anc. fief relev. de Châtillon.
LANDE (LA), ff. c^{ne} de Latus; — 1409 (gr. Gauthier, f° 123). — *Village de Lande*, 1506; *de Landes*, 1550 (seign. de Boussigny).
LANDE (LA), h. c^{ne} de Lencloître; — 1316 (couv. de Lencloître).
LANDE (LA), f. c^{ne} de Marigny-Brizay; — 1441 (fam. des Courtis). — Anc. fief et haute justice relev. de la Motte-de-Beaumont (Inv. des arch. de la Barre, t. I, p. 22 et 24).
LANDE (LA), h. c^{ne} de Montmorillon; — 1496 (fief de la Lande). — Anc. fief relev. de la bar. de Montmorillon. — Le moulin de la Lande, qui n'existe plus, est mentionné en 1496 dans le même acte.
LANDE (LA), f. c^{ne} de Montoiron. — *Terra de Landa*, 1215 (ch. de St-Hilaire, t. I, p. 220). — *La Lande*, 1457 (duché de Châtellerault, 5). — Anc. fief relev. de la bar. de Montoiron.
LANDE (LA), m^{in} sur le ruiss. de la Reguilouzière, c^{ne} de Saint-Gervais. — *Moulin de la Lande*, 1483 (seign. de la Varenne). — Anc. fief relev. de la bar. de la Touche.
LANDE (LA), f. c^{ne} de Saint-Julien-Lars.
LANDE (LA), h. c^{ne} de Sainte-Radegonde-en-Gâtine. — *Landa*, v. 1300 (Gauthier, f° 8. v°); 1355 (abb. de l'Étoile). — *La Lande*, 1445; *la petite Lande*, 1653 (com^{rie} de Roche-Villedieu, 28). — Anc. seign. dép. de la com^{rie} de la Villedieu.
LANDE (LA), vill. c^{ne} de Vaux-en-Couhé; — 1491 (prieuré de la Millière).
LANDE (LA), anc. fief relev. du château du Vigean, c^{ne} du Vigean; — 1542 (Fontenoau, t. XL, p. 377). — Quelques terres avec des vestiges de constructions portent encore ce nom près la Grande-Rye.
LANDE (LA GRANDE et LA PETITE-), h. et f. c^{ne} de Lusignan. — *La Lande*, v. 1405 (gr. Gauthier, f° 64 v°). — *La grand Lande*, 1643 (com^{rie} de Roche, 6).

LANDEAU (Le), f. c^{ne} de la Chapelle-Viviers.
LANDES (Les), h. c^{ne} de la Bussière; — 1618 (seign. de la Roche-Aguet).
LANDES (Les), vill. c^{ne} de Morton; — 1524 (collège de Poitiers, 59).
LANDES (Les), h. c^{ne} d'Oiré.
LANDES (Les), m. r. c^{ne} des Ormes; — 1444 (seign. des Landes). — Anc. fief relev. de la châtell. de Nouâtre (Indre-et-Loire).
LANDES (Les), f. c^{ue} d'Ouzilly-Vignolles; — 1582 (arch. de la Soc. des antiq. de l'Ouest; Loudunais, 7).
LANDES (Les), h. c^{ne} de Raslay.
LANDES (Les), f. c^{ne} de Saint-Pierre-de-Maillé; — 1515 (seign. de la Roche-Aguet).
LANDRAUDIÈRE, h. c^{ne} de Celle-l'Évécault. — *Feodum de Landraudère*, v. 1119 (Fonteneau, t. III, p. 271). — *Landrodière*, 1603 (fief de Guron).
LANDRAUDIÈRE, vill. c^{ne} de Rouillé. — *Landrosdère*, 1409; *Landraudère*, 1413; *Landraudière*, 1595 (chap. de St-Hilaire, 558).
LANDRAUDIÈRE, f. c^{ne} de Saint-Gaudent. — *Lendraudère*, 1345 (fam. Jousserant). — *Landraudière*, 1353 (fam. de Chabanais). — *Lendrodière*, 1528 (fief de Lairé). — *Landrodière*, 1535 (seign. de Landraudière). — Anc. fief relev. de la Roche-d'Orillac.
LANDRECY, m. r. c^{ne} de Tercé.
LANDRIE (La), f. c^{ne} de Prinçay. — *La Landrye*, 1617 (seign. de Germigny).
LANGINS (Les), lieu détruit, près Saint-Sulpice, c^{ne} des Ormes. — *Village des Langins*, 1663 (seign. de Vaugodin). — *Carroy des Longins* (Cassini).
LANGLÉE, mⁱⁿ sur la Vonne et f. c^{ne} de Sanxay; — 1775 (rôle des tailles).
LANGUILLÉ, h. c^{ne} de Pleumartin.
LANIBOIRE, h. c^{ne} de Saint-Pierre-de-Maillé. — *Terra de Lanibor*, 1309 (Gauthier, f° 199 v°). — *Laneboire*, *Lanebouère*, 1452; *Lannybouère*, 1461 (abb. d'Angle).
LANIER, mⁱⁿ sur la Dive, c^{ne} de Lomaizé. — *Moulin de Lannier*, 1773 (cure de Lomaizé). — *Lasnier*, 1841 (nomencl.).
LANIÈRE, mⁱⁿ sur la Charente, c^{ne} d'Anois. — *Lanière*, 1332 (chap. de St-Hilaire, 548). — *Moulin l'Anière* (Cassini).
LANJOUINIÈRE, h. c^{ne} de Vivonne. — *Langevinyère*, 1586 (chap. de St-Hilaire, 482).
LANSONNIÈRE, h. c^{ne} de Rouillé. — *Lassonnère*, 1404 (gr. Gauthier, f° 60 v°). — *Lanssonnière*, 1540 (hommages de Lusignan). — *Lassonnière, aux hoirs feu Harbert Assonneau*, 1555 (fief de Lansonnière). — Anc. fief relev. de la châtell. de Lusignan.

LANTIGNY, f. c^{ne} de Latus. — *Guillelmus de Lantiniaco, Lantinee*, XIIe s^e (maison-Dieu, cart. n°s 50 et 114). — *Theobaldus de Lentiniaco, miles*, 1218 (couv. de Villesalem). — *Lantinghet*, 1404; *Lantignee*, 1409 (gr. Gauthier, f°s 108 et 123). — *Lantigné*, 1418 (fief de Beaupuy). — *Lantigny*, 1730 (rôle des tailles).
LANTRAIS, h. et bois, c^{ne} des Trois-Moutiers. — *Lantraye*, 1497 (collège de Poitiers, 54).
LANTRANS (Les), h. c^{ne} de Genouillé; — 1663 (notaires, Chevallier à Civray).
LAPITAUX, vill. c^{ne} de Brux. — *L'Hopitault*, 1599 (seign. de Couhé). — *Lapytaud*, 1630 (abb. de Nouaillé, 53).
LAPITEAU, vill. c^{nes} de Saint-Macou et Voulême. — *Lopitau*, 1396 (fam. Jousscrant, 1). — *Lospital*, 1404 (gr. Gauthier, f° 199). — *Lospitau*, 1525 (com^{rie} de Civray, 2). — *Lappitault*, 1566; *l'Hospitault*, 1602 (fief de la Vau-Frenicart). — *Lapitaux*, 1686 (notaires, Pascault à Civray).
LAPS, h. c^{ne} de Civaux. — *Latz*, *Laz*, 1469 (seign. de Dienné et Verrières). — *Laps*, 1753 (chap. de Mortemer, 6).
LARDIÈRE, f. c^{ne} de Ligugé; — 1488 (fief de la Motte-sur-Croutelle). — *Lordière*, 1775 (rôle des tailles). — *Lerbière* (Cassini).
LARDIÈRE, f. c^{ne} de Nouaillé; — 1566 (abb. de Nouaillé, 17).
LARDINIÈRE (La), h. c^{ne} de Thuré.
LARDONNIÈRE, manoir à tourelles, c^{ne} de Vellèche. — *Lardoinère*, 1317 (abb. de Ste-Croix, 81). — *La Hardouynière*, 1489 (prieuré de Fontmore, 2). — *Lardouynière*, 1494 (duché de Châtellerault, 6). — *La Hardouinière*, 1566; *la Hardonnière*, 1623; *Lardouinière*, 1664 (seign. de Lardonnière). — *Lardonnière*, 1788 (fam. de Mauvise). — *La Redonnière*, 1866 (dénomb.). — Anc. seigneurie.
LAREAU, h. c^{ne} de Lussac-le-Château. — *Moulin de la Reaux*, 1626 (seign. de Lussac, 2); — *de Lareau*, 1669 (inv. des titres des biens de Mme de Blom, f° 61; cab. de M. Beauchet-Filleau).
LARMIGÈRE, vill. c^{ne} de Châtain.
LARNAY, anc. fief, au vill. de Pineau, c^{ne} de Beaumont; — 1621 (chap. de Notre-Dame-la-Grande, 40); — relevait du chapitre de Notre-Dame-la-Grande de Poitiers.
LARNAY, institution de sourdes-muettes et de jeunes aveugles, c^{ne} de Biard. — *Nernai*, 1232 (chap. de St-Pierre le-Puellier, 13). — *Narnay*, 1255 (abb. de la Celle, 1). — *Larnay*, 1574 (fief de Lar-

nay). — Anc. fief relev. de la tour de Maubergeon.

LARREY, vill. c^{ne} de Messay. — *La Rée*, 1410 (collège de Poitiers, 66). — Anc. fief relev. de la bar. de Moncontour; acquis en 1683 par les jésuites de Poitiers.

LARRIÈRE, f. c^{ne} de Prinçay. — *Lerière*, 1518 (chap. de Ste-Radegonde, 92). — *Lairière*, 1565 (*ibid.* 94). — *Lesrière*, 1605 (cure de Prinçay).

LARTIGAULT, f. détruite, à Benest, c^{ne} d'Alonne. — *Lartigault, Lertigaud*, 1492 (chap. de St-Hilaire, 541).

LASNEBOIRE, f. c^{ne} de Coulombiers. — *Bourderie de Lesne bouhère*, 1658 (fief de Cloué).

LASSAY, vill. c^{ne} de Loudun. — *Lacay*, 1287 (abb. de Fontaine-le-Comte, 28). — *Laissay*, 1455 (com^{rie} de Loudun, 25). — *Lassay*, 1482 (*ibid.* 15).

LASTEIGNE, f. détruite, dans le parc des Ormes, c^{ne} du Port-de-Piles. — *Lastaigne* (Cassini).

LATILLÉ, c^{on} de Vouillé. — *Villa Latiliacus super fluvium Alsantia*, 951 (Fontcneau, t. XIII, p. 49). — *Petrus de Latelcio*, v. 1092 (ch. de St-Hilaire, t. I, p. 111). — *Latilliacum*, 1193 ou 1194 (Fonteneau, t. V, p. 617). — *Latilhé*, 1273 (abb. de Ste-Croix, 28). — *Latelhé*, 1496 (abb. du Pin, 28). — *Latillé*, 1520 (bissexte). — *La Thillé*, 1644 (fam. Jacques). — *S. Cybard de Latillé*, 1782 (pouillé).

Avant 1790 la paroisse de Latillé faisait partie de l'archiprêtré de Sanxay, de la châtellenie de Montreuil-Bonnin, de la sénéchaussée et de l'élection de Poitiers. La cure était à la nomination de l'abbesse de Sainte-Croix.

LATUS, c^{on} de Montmorillon. — *Latu*, 1218 (arch. de Maine-et-Loire, abb. de Fontevrault, Villesalem). — *Lastuz*, 1253 (Hommages d'Alphonse, p. 84). — *Latuz* (pouillé de Gauthier, f° 177). — *Lasticium*, 1307 (évêché, 33). — *Latutz, Latus*, 1383 (taux du décime, p. 16 et 59). — *Lathus*, 1720 (dénomb. du royaume). — *S. Maurice de Latus*, 1782 (pouillé).

Avant 1790 la paroisse de Latus faisait partie de l'archiprêtré, de la châtellenie et de la sénéchaussée de Montmorillon, et de l'élection de Poitiers. Le prieuré de Saint-Maurice du même lieu dépendait de l'abbaye de la Chaise-Dieu (Haute-Loire). Le fief de Latus relevait de la baronnie de Montmorillon. La cure était à la nomination de l'abbé de Montierneuf, suivant le pouillé de Gauthier; du prieur de Latus, suivant le pouillé de 1782.

Le ruiss. de Latus a sa source près la Durandière et tombe dans la Gartempe à l'est de Chez-Moroux. Il est appelé ruiss. du *Puys-Durant* en 1561 (seign. de la Dallerie).

LAUBERDERIE, m. détruite avant 1437, près la Bertandinière, c^{ne} de Smarve. — *Fóndeys où souloit avoir anciennement maison vulgaument appellée Lauberderie, parroisse de Semarve*, 1437 (abb. de la Celle, 15).

LAUBERDIÈRE, f. c^{ne} d'Orches. — *L'Auberdière*, 1438 (bar. de Luain); *ladicte Auberdière*, 1519 (seign. de Lauberdière). — Anc. fief relev. autref. de la bar. de Faye-la-Vineuse (Indre-et-Loire), puis de la seign. de Grand-Champ (1656); qualifié châtellenie dans des titres de 1656, 1698, 1734.

LAUBERGÈRE, vill. c^{ne} de Diennè. — *Laubrigère*, 1473 (abb. de Nouaillé, 49). — *Laubregière*, 1548 (fief de Dienné et Verrières). — *Laubergerie*, 1578 (abb. de Nouaillé, 49). — *Laubergière*, 1607 (*ibid.* 50). — *Lobergères*, 1672; *Laubergès*, 1700 (notaires, Sandilleau à Verrières). — *L'Auberge aux Villières*, 1742 (seign. de Dienné et Verrières).

LAUBERTIÈRE, vill. c^{ne} de Benassay. — *Laubertère*, v. 1226 (chap. de St-Hilaire, 222). — *Laubretière*, 1476 (*ibid.* 81). — *Loubertière*, 1512 (*ibid.* 222). — *Laudebertière*, 1633; *Laubertière*, 1635 (collège de Poitiers, 80).

LAUBIN, h. c^{ne} de Sérigny.

LAUBONNIÈRE, f. c^{ne} d'Ouzilly. — *Laubouinière*, 1660 (chap. de St-Hilaire, 425).

LAUBRECÉ, f. c^{ne} de Nieuil-l'Espoir. — *Liberssé*, 1436; *Loubarcé*, 1495; *Loubarçay*, 1547; *Loubressay*, 1557 (abb. de la Trinité, 46). — *Loubrecé*, 1755 (rôle des tailles).

LAUDERDRIE, f. c^{ne} de Saint-Cyr.

LAUDERIE, h. c^{ne} de Saugé; — 1403 (gr. Gauthier, f° 102 v°). — *Lauderye*, 1548 (fief de Latus).

LAUDONNIÈRE, vill. c^{ne} de Celle-l'Évêcault. — *Lodouynère*, 1516 (cure de Celle-l'Évêcault).

LAUDONNIÈRE, auj. chât. de Curzay, c^{ne} de Curzay. — *Laudouynère*, 1405 (Inv. des arch. de la Barre, t. II, p. 202). — *Laudouynière*, 1528; *Laudouinière*, 1627; *maison noble de Laudonnière et château de Curzay*, 1736 (fief de Curzay).

LAUDONNIÈRE, h. c^{ne} de Moussac-sur-Vienne; — 1775 (rôle des tailles).

LAUDONNIÈRE, h. c^{ne} de Pouzioux. — *Laudouinière*, 1623 (seign. de la Chaise-outre-Vienne). — *Laudonnière*, 1778 (seign. de St-Martin-la-Rivière, 4). — *Laudenière*, 1841 (nomencl.).

LAUDONNIÈRE, chât. c^{ne} de Saint-Maurice. — *Laudonnère, le sire de Laudoneyre*, 1404 (gr. Gauthier, f° 88). — *Laudouynère*, 1477 (chap. de

Sᵗ-Pierre-le-Puellier, 24). — *Laudouinière*, 1637 (abb. de Montierneuf, 94).

LAUDONNIÈRE, lieu détruit, entre la Borde et la Moralière, cⁿᵉ de Vicq. — *Laudoynère*, 1461 (abb. d'Angle, 2). — *Laudonnière*, 1646 (seign. de Pleumartin, 1).

LAUDOUARD, f. cⁿᵉ d'Orches. — *Laudouart*, 1485 (abb. de Sᵗ-Benoît, 20). — *Laudouard*, 1620 (seign. de Lauberdière). — *Laudoir* (Cassini). — Anc. seigneurie.

LAUDOUARD, f. cⁿᵉ d'Ouzilly.

LAUDUSSIÈRE, h. cⁿᵉ de Bonnes. — *Laudoycère*, 1383; *Laudouyssière*, 1468; *Laudouissière*, 1611 (seign. de Loubressay). — *Loudouissière*, 1677 (seign. de Touffou, 2). — *La Doussière*, 1711 (seign. du Teil).

LAUGERIE, f. cⁿᵉ de la Puye. — *Logerie*, 1444; *Laugerie*, 1502 (couv. de la Puye, 4).

LAUGERIE, chât. cⁿᵉ de Rouillé. — *Laugérie*, 1313 (chap. de Sᵗ-Hilaire, 342). — *Logerie*, 1357 (chapelle de Laugerie). — Anc. fief relev. de la châtell. de Lusignan.

LAUGISIÈRE, f. cⁿᵉ de Chalandray. — *Lausigière*, 1841 (nomencl.).

LAUMARIÈRE, f. cⁿᵉ d'Ayron.

LAUMONE, h. cⁿᵉ de Béthines. — *Villagium de Helemosina*, 1271, 1332; *Laumosne*, 1439 (maison-Dieu, 127). — *Laulmosne*, 1469 (ibid. 136). — *Lausmonne*, 1511; *Lomosne*, 1518 (ibid. 150). — *Losmone*, 1521 (ibid. 136). — *Laumosne*, 1629 (cure de Béthines).

LAUMONT, h. cⁿᵉ de Colombiers; distrait de la cⁿᵉ de Naintré le 7 décembre 1825.

LAUMOUFFLE, f. cⁿᵉ de Cenon.

LAUNAY, f. cⁿᵉ de Beuxe; — 1503 (cure de Beuxe).

LAUNAY, mⁿ, cⁿᵉ d'Ouzilly. — *Launay*, 1272 (chap. de Sᵗ-Hilaire, 425). — Le fief de Launay relevait de Tricon.

Le ruiss. de Launay ou de la Bourde a sa source à Baillant, cⁿᵉ de Vendeuvre, traverse la cⁿᵉ d'Ouzilly et tombe dans l'Envigne au-dessus du moulin de Feneau.

LAUNAY, h. cⁿᵉ de Saint-Romain-sur-Vienne. — *Launaye*, 1603 (abb. de Sᵗᵉ-Croix, 85).

LAUNAY, chât. cⁿᵉ de Sérigny.

LAUNAY, f. cⁿᵉ de Vouneuil-sur-Vienne. — *Laulnaix*, 1533 (abb. de Sᵗ-Cyprien, 23). — *Launay*, 1619 (aveu de Sᵗ-Romain, f° 19).

LAURAY, mⁿ sur la Dive, cⁿᵉ de Saint-Chartres. — *Moulin de Lorray*, 1409 (seign. de Moncontour).

LAURENCIÈRE (LA), h. cⁿᵉ de Saint-Laurent-de-Jourde. — *Les Laurencères*, 1469 (seign. de Dienné et Verrières, 3). — *Les Laurentières*, 1567; *la Laurenzière*, 1573 (maison-Dieu, 196). — *La Laurentière*, 1742 (seign. de Dienné et Verrières, 2).

LAURENTS (LES), h. cⁿᵉ de Genouillé. — *Village des Laurans*, 1663 (notaires, Chevallier à Civray). — *Les Lauternes*, 1841 (nomencl.).

LAURIERS (LES), h. cⁿᵉ de Vicq.

LAURIER-VERT (LE), h. cⁿᵉ de Lavoux.

LAUSSAIZE, f. cⁿᵉ de Saint-Christophe. — *L'Auxais* (Cassini). — *L'Auçaise*, 1840 (cadastre).

LAUTIER, cᵒⁿ de Chauvigny. — *Ecclesia Sancti Leodegarii de Altario*, 1093; *ecclesia de Altari*, 1184 (abb. de Sᵗ-Savin, 1). — *Prior Altaris Montis Maurilii*, 1383 (taux du décime, p. 16). — *Lautier*, 1410 (chap. de Chauvigny, 23). — *Sainct Legier de Laultier*, 1550 (abb. de Sᵗ-Savin, 25). — *Sainct Legier sur Lautier*, 1596 (chap. de Sᵗ-Pierre-le-Puellier, 33). — *Lauthier*, 1672 (abb. de Sᵗ-Savin, 25); 1807 (annuaire). — *Lautiers*, 1720 (dénomb. du royaume).

Avant 1790 cette commune faisait partie de l'archiprêtré de Montmorillon, de la baronnie de Chauvigny, des sénéchaussées de Poitiers et de Montmorillon, et de l'élection de Poitiers. Le prieuré et la cure de Saint-Léger de Lautier dépendaient de l'abbaye de Saint-Savin. Dans un titre de 1572 (abb. de Sᵗ-Savin, 25), l'église de Lautier est mentionnée comme *fillole* de celle de Paizay-le-Sec; elle ne figure point dans le pouillé de Gauthier; elle fut déclarée paroissiale par l'évêque de Poitiers le 15 mai 1675 (ibid. 25). Réunie en 1803 à celle de Paizay-le-Sec, elle a recouvré son titre paroissial en 1873. Le fief de *la Mothe de Lautier* (1547, évêché, 8) relevait du château de Gouzon, uni à la baronnie de Chauvigny.

LAUTIMIÈRE, h. cⁿᵉ d'Ayron. — *Lautynière*, 1497 (abb. de Sᵗᵉ-Croix, 28).

LAVAIRÉ, vill. cⁿᵉ d'Alonne; anc. prieuré dép. de l'abbaye de Nouaillé. — *Lavairec*, 1198 (abb. de Nouaillé). — *Prioratus de Lavayret* (pouillé de Gauthier, f° 140). — *La Vayré*, 1343 (abb. de la Celle, 15). — *Prioratus de Laveriaco*, 1444 (prieuré de Lavairé). — *Le prieur de la Veré*, 1489 (livre de recette de Vivonne, f° 180 v°). — *La Vesré*, 1492 (abb. de Saint-Benoît, 4, f° 370). — *Lavairé*, 1507; *la Verré*, 1625 (prieuré de Lavairé). — *S. Léobon de la Verray*, 1782 (pouillé).

LAVAL, m. détruite, cⁿᵉ de Lomaizé ou aux environs. — *Harbergement de Laval*, 1405 (gr. Gauthier, f° 22). — *La Val*, 1417, 1463 (carmes de Poitiers).

LAVAU, h. cⁿᵉ d'Availle-Limousine. — *La Vau*, 1379

(seign. d'Availle). — *La Vault*, 1619 (fam. de la Broue de Vareilles).

LAVAU, h. c^ne de Bonnes. — *La Vau*, 1456 (seign. de Touffou, 1). — *La Veaux St-James* (Cassini).

LAVAU, m. r. c^ne de Celle-l'Évécault. — *Laveau* (Cassini). — *Lavaud*, 1841 (nomencl.).

LAVAU, h. c^ne de Leigné-les-Bois. — *La Vau*, 1460 (duché de Châtellerault, inv. d'aveux, f° 33). — *Lavaux* (Cassini). — Anc. fief relev. du duché de Châtellerault.

LAVAU, vill. c^ne de Migné. — *La Vau*, 1340 (abb. de Montierneuf, 60). — *Lavault* (Cassini). — Anc. fief relev. de l'abbaye de Montierneuf.

LAVAU, f. c^ne de Montmorillon. — *La Vau*, 1496 (fief de la Lande). — *Moulin de Lavault*, 1506; — *de Lavau*, 1619 (sergenterie fieffée de Montmorillon). — *Lavaud*, 1683 (fief de la Lande).

LAVAU, ff. c^ne de Moulisme. — *La Vau*, 1464; *la Vau de Moulisme*, 1566 (maison-Dieu, 191). — *Lavaud*, 1736 (cure de Moulisme).

LAVAU, f. c^ne de Mouterre-Silly. — *La Vau*, 1513 (com^rie de Loudun, 25). — *Sainct Jehan de la Vau*, 1575 (chapelle du Lac à Ste-Croix de Loudun). — *Laveau*, 1841 (nomencl.).

LAVAU, vill. c^ne de Queaux. — *La Vaud*, 1613; *la Vau*, 1623 (seign. de Ressonneau, 3).

LAVAU, ff. c^ne de Saix; — v. 1550 (abb. de Ste-Croix, 67); 1628 (cure de Saix).

LAVAU, f. c^ne de Sanxay. — *Lavault*, 1775 (rôle des tailles).

LAVAU, m. r. c^ne de Sèvre.

LAVAU, h. c^ne de Sommières. — *La Vau*, 1403 (gr. Gauthier, f° 250 v°). — *La Vaulx*, 1506 (com^rie de Civray, 2).

LAVAU, vill. c^ne de Voulême. — *Vallis Frenicart*, 1341 (seign. de la Vau-Frenicart). — *La Vaufrenicart*, 1406 (gr. Gauthier, f° 220 v°). — *La Vau Fournicat*, 1649 (seign. de Panièvre). — *Lavault*, 1766 (rôle des tailles). — Anc. fief relev. du comté de Civray.

LAVAU-DE-CUINCÉ, m. r. c^ne de Celle-l'Évécault. — *Lavaux* (Cassini).

LAVOUX, c^on de Saint-Julien-Lars. — *Hildegarius de Lavatorio*, 1068 (ch. de St-Hilaire, t. 1, p. 192). — *Frère Guillaume de Gencay, prious dou Lavcour*, 1286 (abb. de Fontaine-le-Comte, 33). — *Paroisse de Laveor, du Lavour*, 1300 (Gauthier, f° 183 v°). — *Le Laveur*, 1344 (abb. de la Celle, 14). — *Lavour, Lavouz*, 1362 (seign. de Touffou, 3). — *Lavoux*, 1479 (compte de J. Bourdin). — *La Voulx*, 1511 (seign. de Touffou, 1).

Avant 1790 la paroisse de Lavoux faisait partie de l'archiprêtré de Mortemer, de la châtellenie de Touffou, de la sénéchaussée et de l'élection de Poitiers. Le prieuré-cure de Saint-Martin de Lavoux dépendait de l'abbaye de St-Hilaire de la Celle de Poitiers.

LAVOUX-MARTIN, chât. ruiné et tuilerie, c^ne de Lavoux. — *Vauxmartin*, 1491 (seign. de Touffou, 1). — *Maison noble de Vaumartin*, 1562 (ibid. 3). — *La Vaumartin*, 1598; *la Vousmartin*, 1610 (chap. de Ste-Radegonde, 108).

LAYRÉ, chât. c^ne de Saint-Pierre-d'Exideuil. — *Aleriacus alodus in pago Briocinse, in vicaria Saviniacinse, super fluvium Carantum, cum ecclesia in honore S. Petri constructa*, 892 (Besly, Hist. des comtes de Poitou, p. 209). — *Layrec, Leyrec*, 1345; *Lairé*, 1442; *Leré*, 1445; *Layret*, 1460 (fam. Jousserant). — *Layré*, 1446 (abb. de Nouaillé, 56). — *Leray*, 1841 (nomencl.). — Anc. fief relev. du comté de Civray.

LÉCUÉ (LE), f. et étang desséché, c^ne de Saugé. — *Le Lechier*, 1531 (maison-Dieu, 178). — *Le Leché*, 1651 (ibid. 35). — *Estang du Lesché*, 1684 (ibid. 18).

LÉDUREAU, m^in sur l'Auzance, c^ne de Quinçay. — *Moulin de Laidureau*, 1620 (abb. de St-Cyprien, 11).

LEIGNE, c^on de Chauvigny. — *Ecclesia Sancti Ylarii de Lemnia*, 1093 (abb. de St-Savin, 1). — *Lemna*, 1123 (Fonteneau, t. XIX, p. 169). — *Lempnia*, 1177 (abb. de Montierneuf). — *Leygne, Lompna* (pouillé de Gauthier, f°s 148 et 177). — *Leigne, Lengne*, 1309 (Gauthier, f°s 188 et 192 v°). — *Laigne, Ligne*, 1383 (taux du décime, p. 17 et 59). — *Leigne Souzterrous*, 1389 (seign. de Touffou, 3). — *Legne*, 1403 (gr. Gauthier, f° 103). — *Laignon*, 1407 (ibid. f° 193). — *Laignia*, 1448 (abb. de l'Étoile). — *Legnia*, 1472 (abb. de Montierneuf, reg. 10). — *Leigneya, Dolompna*, 1478 (reg. synodal). — *Leignec*, 1508 (chap. cathédral, 51). — *Leignya*, 1520 (bissexte). — *Leigne soubz Toiroux*, 1524 (seign. de Touffou, 3). — *Leigne Soubterroux*, 1547 (aveu de Touffou). — *Leigne sur Fontaine* (Cassini). — *Leignes*, 1807 (annuaire).

Avant 1790 cette commune faisait partie de l'archiprêtré, de la châtellenie et de la sénéchaussée de Montmorillon, et de l'élection de Poitiers. Le prieuré et la cure de Saint-Hilaire de Leigne dépendaient de l'abbaye de Montierneuf de Poitiers.

LEIGNE, m^in sur la Vonne, et LE HAUT-LEIGNE, f. c^ne de Cloué. — *Villa vocitata Lemma ou Lemnia*, 1024 (abb. de Nouaillé). — *Leigne*, 1405 (gr. Gauthier, f° 59).

LEIGNÉ, vill. c^ne de Champniers. — *Legnet*, 1393

(gr. Gauthier, f° 229 v°). — *Leignet*, 1403 (*ibid.* f° 249 v°). — *Leigné*, 1494 (fief de Chaleur). — *Ligné*, 1690 (notaires, Pascault à Civray). — Anc. fief relev. du comté de Civray.

Leigné, h. et m^in sur la Benaise, c^ne de Liglet. — *Loignet*, 1494 (seign. de Courtevrault). — *Leugnec*, 1687; *Leugné*, 1689 (seign. de Leigné). — *Leigné*, 1775 (rôle des tailles). — *Ligniers*, 1841 (nomencl.). — Anc. seigneurie.

Leigné-les-Bois, c^on de Pleumartin. — *Laingniacum et ecclesia beati Remigii*, 637 (dipl. de Dagobert Ier, non authentique, ap. Pardessus, *Diplomata*, chartæ, etc. t. II, p. 57). — *Ecclesia Sancti Remigii de Lainec*, 1093 (abb. de St-Savin, 1). — *Laygné* (pouillé de Gauthier, f° 173). — *Laigné*, *Ligné*, 1383 (taux du décime, p. 12 et 58). — *Ligné les Bois*, 1395 (arch. de la Soc. des antiq. de l'Ouest, n° 717). — *Leigné les Bois*, 1429 (seign. de Montoiron, 1). — *Laigné des Bois*, 1438 (abb. de la Merci-Dieu, 11). — *Lugny les Boys*, 1444 (duché de Châtellerault, 1). — *Legné les Boys*, 1452 (abb. de la Merci-Dieu, 11). — *Lugné les Boys*, 1455 (abb. de St-Cyprien, 21). — *Ligneyum Nemorum*, 1478 (reg. synodal). — *Leugny les Boys*, 1536 (abb. de la Merci-Dieu, 11). — *Leigny les Boys*, 1598 (prieuré de Malleray). — *S. Remy de Ligné-les-Bois*, 1782 (pouillé).

Avant 1790 cette commune faisait partie de l'archiprêtré de Châtellerault, de la baronnie de Montoiron, du duché, de la sénéchaussée et de l'élection de Châtellerault. La cure était à la nomination de l'abbé de Saint-Savin.

Leigné-sur-Usseau, ch.-l. de c^on, arr^t de Châtellerault. — *Terra de Laingniaco et ecclesia beati Hylarii*, 637 (dipl. de Dagobert Ier, non authentique, ap. Pardessus, *Diplomata*, chartæ, etc. t. II, p. 57). — *Rainaldus de Lainiaco*, v. 1084 (cart. de Noyers, p. 144). — *Laigne*, 1225 (prieuré de Fontmore, 1). — *Ecclesia de Leyngne annexa archipresbiteratui de Faya* (pouillé de Gauthier, f° 138 v°). — *Ligné*, 1383 (taux du décime, p. 130). — *Leigné sur Usseau*, *Luigné sur Usseau*, 1426 (duché de Châtellerault, 5). — *Leigné soubz Usseau*, 1460 (prieuré de Fontmore, 2). — *Leigniacum*, 1520 (bissexte). — *S. Hilaire de Ligné-sur-Usseau*, 1779 (almanach provincial).

Avant 1790 cette commune faisait partie de l'archiprêtré de Faye-la-Vineuse (Indre-et-Loire), du duché, de la sénéchaussée et de l'élection de Châtellerault. Le curé de Leigné-sur-Usseau, à la nomination de l'évêque, était archiprêtre de Faye-la-Vineuse.

En 1790 Leigné-sur-Usseau devint le chef-lieu d'un canton dépendant du district de Châtellerault et formé des communes de Leigné-sur-Usseau, Avrigny, Mondion, Saint-Christophe, Saint-Gervais, Saint-Martin-de-Quinlieu, Saint-Romain-sur-Vienne, Sérigny, Vaux et Vellèche; cette circonscription fut modifiée en 1801.

Léjat (Le), h. c^ne de Fontaine-le-Comte. — *Terra de Lujat*, 1184 (*Gallia christ.* t. II, instr. col. 371). — *Terra dou Lijat*, 1303 (abb. de Fontaine-le-Comte, 18). — *Le Ligeat*, 1352; *le Legeat*, 1528; *village du Legat*, 1604 (*ibid.* 9).

Lembertière, h. c^ne de Mauprevoir. — *Lamberteria*, 1403 (abb. de Charroux). — *Lembertière*, 1665 (notaires de la bar. de Charroux). — Anc. seign. appart. à l'abb. de Charroux.

Lémergère, f. c^ne de Pressac. — *Lesmergère*, 1716 (abb. de St-Cyprien, 28).

Lencloître, ch.-l. de c^on, arr^t de Châtellerault; anc. couvent de femmes de l'ordre de Fontevrault, fondé de 1106 à 1109 dans la forêt de Gironde, paroisse de Saint-Genest-d'Ambière. — *Obedientia de Jarunda*, 1109 (epist. Roberti de Arbrissello, ap. Clypeus nasc. Fontebrald. ord. t. I, part. II, p. 129). — *Locus Girundæ*, 1119 (bulle de Calixte II pour Fontevrault, ap. *Gallia christ.* t. II, col. 1316). — *Girondia* (chron. S. Maxentii, ap. Bouquet, t. XII, p. 404). — *Sanctimoniales de Jarundia*, 1186 (ch. de St-Hilaire, t. I, p. 199). — *Claustrum Jarundie*, 1265 (Fonteneau, t. XXXVIII, p. 71). — *La Cloistre en Gironde*, v. 1280 (abb. de Fontaine-le-Comte, 26). — *La Cloestre en Gironde*, 1294 (couv. de Lencloître). — *Prioratus de la Cloistre de Gironde in parrochia de Amberia* (pouillé de Gauthier, f° 147). — *Lencloytre en Jaronde*, 1303; *ecclesia beate Marie de Claustro in Gerundia*, *la Cloaistre*, 1316 (couv. de Lencloître). — *La Cloistre*, 1324 (abb. de la Celle, 5). — *Prior de Claustro in Geronda*, 1383 (taux du décime, p. 11). — *Lencloistre en Gironde*, 1423; *la Claustre*, 1447 (couv. de Lencloître). — *La Cloître*, 1471 (seign. de la Fontaine). — *Lencloître sous Gironde*, 1781 (couv. de Lencloître). — *L'Encloître*, 1784 (carte du Poitou).

Cette commune a été formée le 4 décembre 1822 d'une section de celle de Saint-Genest et du territoire de la commune de Boussageau, qui fut alors supprimée. Le siège de la justice de paix était fixé à Lencloître depuis le 27 brumaire an x (18 novembre 1801). Une cure y fut établie en 1803, lors de la réorganisation du culte; l'église du couvent supprimé fut affectée au service paroissial.

Les bois de Lencloitre, appart. aux religieuses de ce lieu, avaient une superficie de 144 arpents en 1796.

LENCLOITRE (MOULIN DE), sur la Veude, et f. c^{ne} de Saint-Gervais. — *Molendinum de Claustro*, v. 1113 (cart. de Noyers, p. 429). — *Molin de la Cloistre*, 1459 (duché de Châtellerault, 6).

LENET, chât. en ruine, h. étang et mⁱⁿ sur la Gartempe, c^{ne} de Saugé. — *Johannes de Lenet*, xiie s^e (maison-Dieu, cart. n° 157). — *Guillelmus de Laneto*, 1360 (maison-Dieu, 97). — *Lanet*, 1509 (*ibid*. 31). — *Moulin de Lenet*, 1562 (*ibid*. 121). — Anc. fief relev. de celui de Latus.

Le ruiss. de Lenet sort de l'étang de la Penetrie, c^{ne} de Latus, et se jette dans la Gartempe en amont du moulin de Lenet.

LENRAY, m. isolée, c^{ne} de Sammarçolle. — *Lanray*, 1623; *Lenray*, 1624 (collège de Poitiers, 60).

LÉPAUD, anc. fief relev. de la châtell. de Lusignan, c^{ne} de Lusignan. — *Nemus de Lespaut*, 1228 (Fontencau, t. XXII, p. 141). — *Harbergement frost appellé la grange de Lespau*, v. 1405 (gr. Gauthier, f° 64 v°). — *Lépau*, 1767 (fief de la Cartelière). — Ce fief avait été réuni avant 1705 à celui de la Cartelière.

LÉPAUX, f. c^{ne} de Liglet. — *Lepaud*, 1788 (rôle des tailles).

LÉPORT, h. c^{ne} de Gouex. — *Les Ports* (Cassini).

LÉRAUDIÈRE, vill. c^{ne} de Chalandray. — *Layraudère*, 1447 (terrier de la com^{rie} de St-Remy, f° 187). — *Lairaudière*, 1594; *Léraudière*, 1607 (seign. de Chalandray).

LÉRINE, h. c^{ne} de Beuxe.

LEROU, anc. chapelle près Curzay; était en ruine en 1615. — *Chappelle de Sainct Pierre de Lerou; de Lherou*, 1615; — *de Larreau*, 1631 (abb. de Nouaillé, 60).

LÉSIGNAC, h. c^{ne} de Luchapt. — *Aymericus de Lezignaco*, 1406 (seign. de Chadelat). — *Lezignac*, 1561 (prieuré de St-Paixent). — Anc. fief.

Le ruiss. de Lésignac prend sa source près Bois-Boutaud et se jette dans la Grande-Blour au-dessus du hameau des Mas.

LÉSIGNY, c^{on} de Pleumartin. — *Lezigniacum*, v. 1115 (cart. de Noyers, p. 440). — *Liziniacum prope Meri, Lezengny*, 1227 (cart. de la Merci-Dieu, 202 et 203). — *Lezigné*, 1383 (taux du décime, p. 13). — *Le Port de Lesignen*, 1425 (chap. cathédral, 25). — *Le Port de Lezigné*, 1450 (seign. de la Roche-Posay, 1). — *Lezigné sur Creuse*, 1453 (notaires, Artaud à la Roche-Posay). — *Portus Lezigniaci*, 1478 (reg. synodal). — *Le Port de Luzignem*, 1479 (compte de J. Bourdin). — *Sainct Hillaire de Lezigny sur Creuse*, 1497 (seign. de la Roche-Posay, 1). — *Lesigny*, 1590 (chap. cathédral, 25). — *Lesigny ou le Port de Luzinan*, 1720 (dénomb. du royaume).

Avant 1790 cette commune faisait partie de l'archiprêtré de Châtellerault, de la châtellenie et du ressort judiciaire de Lusignan, et de l'élection de Châtellerault : de celle de Poitiers avant le xviiie siècle; toutefois une petite portion de son territoire, du côté de Mairé, dépendait de l'élection de Loches en Touraine. La cure était à la nomination de l'évêque.

Lésigny et Lusignan sont deux formes différentes du même nom; mais on ne sait quelle est l'origine des droits des seigneurs de Lusignan sur la paroisse de Lésigny, séparée du territoire de leur châtellenie par une distance de plus de 50 kilomètres.

En 1790 Lésigny devint le chef-lieu d'un canton dépendant du district de Châtellerault et formé des communes de Lésigny, Coussay-les-Bois, Leugny, Mairé-le-Gaulier, Posay-le-Vieil et la Roche-Posay; ce canton exista jusqu'au 18 novembre 1801.

LÉSIGNY, h. c^{ne} d'Availle-Limousine. — *Lizignier*, 1656 (rôle des tailles).

LESSART, vill. et mⁱⁿ sur le Clain, c^{ne} de Buxerolles. — *Sartus alodus*, 962 (Fontencau, t. XXVII, p. 28). — *Molendini de Xartis*, 1077 (*ibid*. t. XIX, p. 35); — *de Exartis*, 1126; — *de Exsartis*, 1199 (abb. de Montierneuf); — *de Essartis*, 1211 (chap. de Notre-Dame-la-Grande, 58). — *Moulin des Exars*, 1403 (chap. de St-Pierre-le-Puellier, 13). — *Lessard*, 1559 (abb. de Ste-Croix, 20).

LESSART, h. c^{ne} de Chenevelles.

LESSERIE, m. r. c^{ne} de Montreuil-Bonnin. — *Lesserie*, 1474 (abb. de Montierneuf, reg. 10). — *Lexerie*, 1476 (abb. du Pin, 30). — Anc. fief relev. de la châtel. de Clavière (Fontencau, t. XLII, p. 7).

LÉTAGOT, h. c^{ne} de Buxenil. — *Letago* (Cassini).

LEUE-DES-BOIS (LA), f. c^{ne} d'Oiré. — *Laleu*, 1598 (seign. de Chêne, inv. p. 177). — *Laleu des Bois*, 1740 (*ibid*. p. 181). — Anc. fief relev. de Chêne; érigé en 1598 (*ibid*. p. 177).

LEUGNY, c^{on} de Dangé. — *Ecclesia beati Hylarii de Luncziniaco*, 1122 (Fontencau, t. XV, p. 625). — *Leigny*, 1295 (cart. de la Merci-Dieu, 238). — *Ecclesia de Lugniaco, de Luygniaco* (pouillé de Gauthier, f°s 138 et 173). — *Luegny sur Creuse, Leigné sur Creuse*, 1429 (seign. de Montoiron, 1). — *Luigné*, 1442 (cure de Leugny). — *Lugny sur Creuse*, 1444 (duché de Châtellerault, 1). — *Luigny sur Creuze*, 1466 (cure de Leugny). — *Ligneyum supra Crosam*, 1478 (reg. synodal). — *Li-*

gné, 1520 (bissexte). — *Leugné sur Creuze*, 1547 (seign. de Pleumartin). — *Leugny sur Creuse*, 1566 (abb. de Fontaine-le-Comte, 29). — *Leugny*, 1807 (annuaire).

Avant 1790 la paroisse de Leugny, en l'archiprêtré de Châtellerault, dépendait en partie de la baronnie de Montoiron, duché et élection de Châtellerault, et en partie de la vicomté de la Guerche et de la baronnie de la Haye en Touraine, élection de Loches. La cure était à la nomination de l'évêque; son temporel formait un fief relev. du duché de Châtellerault.

Une petite partie du territ. de la paroisse était située sur la rive droite de la Creuse et comprenait, d'après la carte de Cassini, les Pagés, Villeplate, Château-Fromage, les Mouchettières et les Bardonnières. Ces quatre dernières localités dépendent auj. de la c^{ne} de la Guerche et la première de celle d'Abilly, dép^t d'Indre-et-Loire.

LEUGNY, lieu détruit, près Bertouin, c^{ne} de Bonneuil-Matours. — *Villa Lunziacus in vicaria Ygrandinse, cum molendino sito in fluvio Alsoni*, v. 1020 (cart. de St-Cyprien, p. 166). — *Leugny de Bretouin*, XVIIIe s^o (arch. de la Roche-de-Bran). — Anc. fief relev. de la bar. de Montoiron.

LEUGNY, vill. c^{ne} de Saint-Jean-de-Sauves. — *Villa Luniacus in vicaria, Salvinse*, v. 960 (cart. de St-Cyprien, p. 93). — *Luiniacus*, v. 1000 (ibid. p. 94). — *Luygné*, 1344 (cure de Sauves). — *Lueigné*, 1522; *Leugné*, 1536; *Lugny*, 1548 (chap. de Mirebeau, 20). — *La tour de Ligné*, 1508 (aveu de Mirebeau), relevait de Marconnay.

LEVÉE (MOULIN et PONT DE LA), sur le Clain, à Vivonne; — 1586 (chap. de St-Hilaire, 482).

LÉVINIÈRE (LA), f. c^{ne} de Saint-Genest. — *La Leyvinère*, 1335 (fam. de Lomeye). — *La Lesvinière*, 1411; *la Levinière*, 1433 (seign. de Puygarreau, 3).

LEVRAULT, mⁱⁿ sur le ruiss. de Tireau, c^{ne} de Thuré.

LEZAY, anc. chât. dont il ne reste point de traces, à Montoiron; siège de la châtell. de Montoiron-Lezay, réunie à celle de Montoiron-Turpin en 1490. — La forêt de Lezay ou de la Grande-Mortaigue était contiguë à celle de Montoiron. Ces deux forêts, dépendant de la châtell. de Montoiron, contenaient 800 arpents en 1429 (seign. de Montoiron, 1).

LÉZILIÈRE (LA), f. c^{ne} de Saint-Genest. — *La Lezilière*, 1586 (seign. de Puygarreau, 1).

LÉZINIÈRE (LA), h. c^{ne} de Nouaillé. — *Levineria*, 1360 (abb. de Nouaillé, 9). — *La Leysinère*, 1445; *la Lezinère*, 1466 (ibid. 6). — *La Lezinière*, 1549 (ibid. 16). — Anc. fief relev. de l'abbaye de Nouaillé.

LHIG, h. c^{ne} de Cissé. — *Lic*, 1404 (gr. Gauthier, f° 23 v°). — *Lyc*, 1634; *Licq*, 1653 (cure de Migné).

LHOMMAIZÉ. Voy. LOMAIZÉ.

LIAIGUE, vill. c^{ne} de Champigny-le-Sec; anc. c^{ne} réunie à celle-là le 10 novembre 1819. — *Lata Aqua*, 1097-1100; *ecclesia Sancti Philiberti de Lata Aqua*, 1149 (abb. de St-Cyprien). — *Liæaygue*, v. 1300 (seign. de Chéneché, 1). — *Liesgue*, 1444 (chap. de St-Martin de Tours, 2). — *Liaigue*, 1495 (abb. de St-Cyprien, 39). — *Lyaisgues*, 1649 (bissexte). — *Liaigre*, 1666 (abb. de St-Cyprien, 39). — *Liesgues*, 1720 (dénomb. du royaume). — *S. Philibert de Liaigues*, 1782 (pouillé). — *Liaigres*, 1807 (annuaire).

Avant 1790 Liaigue faisait partie de l'archiprêtré de Parthenay (Deux-Sèvres), de la baronnie de Mirebeau, du duché-pairie et de l'élection de Richelieu, généralité de Tours. La cure était à la nomination de l'abbé de Saint-Cyprien. Cette anc. paroisse est aussi réunie auj. à Champigny-le-Sec pour le spirituel. Le fief de la Tour de Liaigue et une maison du bourg appelée l'Officialité relevaient de la baronnie de Mirebeau.

Liaigue donne son nom à un ruisseau qui prend naissance près le village de la Prairie, c^{ne} de Vouzailles, traverse la c^{ne} de Champigny-le-Sec et se réunit à la Palu près les Fontaines, c^{ne} de Blâlay. On l'appelle à Champigny-le-Sec rivière de Baignechat. — *La Liesgue*, 1580 (chap. de Mirebeau). — *La Liegue*, 1652 (prévôté de Blâlay).

LIAIRE ou LIÈNE (LA), ruiss. sort de la fontaine de Chenagon, c^{ne} de Marigny-Brizay, et tombe dans la Palu près le moulin d'Ivernay.

LIALIÈRE (LA), f. c^{ne} d'Availle.

LIAMERIE (LA), f. c^{ne} de Villemort. — *La Liagmerie* (Cassini).

LIARD (LE), h. c^{ne} de Vezières.

LIARDIÈRE (LA), m. r. c^{ne} de Coulombiers. — *La Lyardière, herbergement assis aux nouvalles de Gastine*, 1545 (hommages de Lusignan).

LIARDIÈRE (LA), vill. c^{ne} de Gençay. — *La Leardère*, 1334 (chap. de St-Hilaire, 439). — *La Liardère*, 1404 (gr. Gauthier, f° 97). — *La Lyardière*, 1468 (chap. de St-Pierre-le-Puellier, 24). — *La Liardière*, 1561 (fief de Puyfélix). — Anc. fief relev. de la vic. de Gençay.

LIARDIÈRE (LA), à Marnay; anc. fief relev. de la Clielle. — *Hostel noble de la Liardière, sis au bourg de Mernay*, 1625 (titres de Château-Larcher, aveu de la Clielle); auj. inconnu.

LIARDIÈRE (LA), h. c^{ne} de Saint-Remy; — 1548 (fief de Latus).

LIAUDRIE (LA), h. c^ne de Cissé.
LIAUDRIE (LA), m. r. c^ne de Lomaizé.
LIAUDRIE (LA), h. c^ne de Nieuil-l'Espoir. — *La Guiaudrie* (Cassini).
LIAUNAY, f. c^ne de Saint-Christophe. — *Moulin de Launay*, 1634 (fief de la Tour de Baunay). — Ce m^in, sur la Veude, n'existe plus.
LIBERRIÈRE, h. c^ne de Cloué. — *Lerbesrière*, 1449 (com^rie de Roche, 2). — *Libesrière*, 1495 (abb. de Ste-Croix, 95). — *Libairière*, 1578 (fief de Cloué). — Anc. fief relev. de celui de Cloué.
LIBOUREAUX (LES), vill. c^nes d'Angle et Saint-Pierre-de-Maillé.
LIBRAIRIE (LA), m. r. c^ne de Vouillé. — *Librairyes*, 1616; *la Librairie*, 1654 (chap. de Ste-Radegonde, 73).
LICOTIÈRE, ff. c^ne de Moulime; anc. com^rie dép. de la maison-Dieu de Montmorillon. — *Terra de Lescoteria*, XIIe s^e (maison-Dieu, cart. n° 170). — *Licoteria*, 1382; *Lescotière*, 1411; *Lescothière*, 1479; *Licotière*, 1556; *Licottière*, 1568 (maison-Dieu, 181 et 191).
LIENNERIE (LA), h. c^ne de Bignoux.
LIÈRES (LES), m. r. c^ne de Buxeuil.
LIEUTENANDERIE (LA), f. c^ne de Saint-Julien-Lars. — *La Lieutenandrie*, 1676 (abb. de la Trinité, 57).
LIGAUDIÈRE, h. c^ne de Cloué. — *Ligaudère*, 1405 (gr. Gauthier, f° 59). — *Lingaudère*, 1415 (Gauthier, f° 215 v°). — *Ligaudière*, 1477 (fief de Monts).
LIGAUDIÈRE, h. c^ne de Moulime; — 1494 (fief de l'Âge-de-Plaisance).

Le ruiss. de Ligaudière sort de l'étang de Monterbeau, c^ne d'Adriers, et se réunit à la Petite-Blour au sud-ouest de Moulime.

LIGAUDRIE (LA), f. c^ne de la Bussière.
LIGERIE (LA), lieu auj. inconnu, c^ne de Pouillé; — 1385 (cart. de la Trinité, f°s 38 et 46).
LIGERIE (LA), h. c^ne de Saint-Romain-sur-Vienne; — 1628 (fam. de Gain).
LIGERIE (LA), m. r. c^ne de Thuré; — 1572 (duché de Châtellerault, 5).
LIGLET, c^on de la Trimouille. — *Ecclesia Sancti Ylarii de Lilec*, 1093 (abb. de St-Savin, 1). — *Lille*, 1244 (Arch. hist. du Poitou, t. IV, p. 58). — *Liglec*, 1247 (Fontenau, t. V, p. 413). — *Lillec, Leliec* (pouillé de Gauthier, f°s 176 et 177). — *Lilhec*, 1328 (abb. de St-Savin, 34). — *Liglet*, 1383 (taux du décime, p. 59). — *Lislec*, 1478 (reg. synodal). — *Lilet*, 1506 (fief de Fleix). — *Lilhet*, 1528 (seign. de Courtevrault).

Avant 1790 cette commune faisait partie de l'archiprêtré, de la châtellenie et de la sénéchaussée de Montmorillon, et de l'élection de Poitiers. La cure était à la nomination de l'abbé de Saint-Savin.

LIGNE (LA), h. c^ne d'Archigny, et LA GRANDE-LIGNE, vill. c^ne de la Puye. — *La Ligne Acadienne*, 1811 (cadastre). — *L'Accadie* (carte de l'état-major). — Anc. colonie d'Acadiens réfugiés en France, établie en 1773.
LIGNE (LA), f. c^ne d'Availle-Limousine. — *La Lingne*, 1651 (fam. de la Broue de Vareilles). — *La Ligne*, 1656 (rôle des tailles).
LIGNERS, vill. c^ne de Chouppes. — *Ligners*, 1388 (chap. cathédral, 36). — *Lyniers*, 1548 (ibid. 35). — *Ligniers*, 1552 (chap. de Mirebeau, 30). — Anc. domaine de l'église cathédrale de Poitiers.
LIGNERS, ff. c^ne de Paizay-le-Sec. — *Liners*, 1494 (seign. de Courtevrault). — *Liniers*, v. 1630 (abb. de St-Savin, 31).
LIGNES (LES), f. c^ne de Leigné-les-Bois; — 1541 (com^rie de la Foucaudière, 12). — Anc. fief relev. de la bar. de Montoiron.
LIGNIERS, vill. c^ne du Rochereau et, pour une petite portion, c^ne de Charay. — *Liners*, 1389; *Liniers*, 1403 (chap. de Ste-Radegonde, 41).
LIGNIERS-LANGOUT, m. r. et église détruite, c^ne de Verrue; anc. c^ne réunie à celle-ci le 1er août 1849. — *Lineris villa*, 954 (E. Mabille, La Pancarte noire de Saint-Martin de Tours, p. 227). — *Liners Lengoste* (pouillé de Gauthier, f° 170 v°). — *Liners Langote*, 1383 (taux du décime, p. 128). — *Ligners Lengouste*, 1458 (prévôté de Blâlay, 5). — *Liniers Langoste*, 1478 (reg. synodal). — *Liniers Langouste*, 1520 (bissexte). — *Ligniers Langouste*, 1554 (cure de Varennes). — *S. Paul de Ligniers-Langouste*, 1782 (pouillé). — *Ligniers-Langoust*, 1807 (annuaire). — *Ligners-Langout*, 1859 (Dictionnaire des postes).

Avant 1790 cette ancienne paroisse, réunie auj. à Verrue pour le spirituel, faisait partie de l'archiprêtré et de la baronnie de Mirebeau, du duché-pairie et de l'élection de Richelieu, généralité de Tours. La cure était à la nomination du chapitre de Faye-la-Vineuse (Indre-et-Loire).

LIGNON (LE), ff. c^ne de Brigueil-le-Chantre. — *Le Leignon*, 1506 (fief de Fleix). — *Le Lignon*, 1509; *Lugnon*, 1525; *le Laignon*, 1651 (maison-Dieu, 31 et 35). — Anc. fief.
LIGUEIL, h. c^ne de Lencloître; — 1439 (terrier de Gironde, f° 62). — Anc. fief relev. du prieuré de Lencloître.
LIGUGÉ, c^ne sud de Poitiers; monastère fondé par saint Martin. — *In vico Locogeiaco* (Fortunat, De

vita S. Hilarii, lib. I, cap. xii, ap. D. Coustant, Opera S. Hilarii. Ces variantes y sont indiquées en note : *Locojaco, Locoteiaco, Locodiaco, Legudiaco, Tyacus, Goteloicacus, Lugduniacus, Tegiaco*). — *In vico Tegiaco* (idem, ap. Bolland. jan. t. I, p. 792). — *Monasterium Locociagense, Locodiacense, Locotigiagense* (Grégoire de Tours, De mirac. S. Martini, l. IV, cap. xxx). — *De loco Tejaco seu Luco Giaco* (Vita S. Savini eremitæ, ap. Labbe, Nova biblioth. manuscript. t. II, p. 666). — *Cœnovium Locutiacense Martini sancti* (Defensor, prologus in lib. Scintillarum, ap. Mabillon, Annal. bened. t. II, p. 704). — *Sci Martini Locoteiaco*, vii° siècle (tiers de sou d'or ; Bull. de la Soc. des antiq. de l'Ouest, 1862, p. 15). — *Parrochia Sancti Martini*, v. 950 (cart. de St-Cyprien, p. 54). — *In villa Luguyiaco*, 962 (Labbe, Alliance chronol. t. II, p. 537). — *Terræ de Leguziaco*, 1077 (Fonteneau, t. XIX, p. 34). — *Ecclesia Sancti Martini de Leguziaco*, 1197 (ibid. t. XXV, p. 80). — *Prior Legugiacensis*, 1198 (collège de Poitiers). — *Ecclesia de Lugugiaco* (pouillé de Gauthier, f° 152). — *Prioratus de Lugudiaco*, 1307 (lettre du pape Clément V, ap. Baluze, Vitæ papar. Avenion. t. II, p. 73). — *Leguge*, 1324 (arch. de Poitiers, 12). — *Leguyié*, 1398 (collège de Poitiers, 9). — *Liguyé*, 1430 (seign. d'Iteuil). — *Lugugé*, 1433 (abb. de St-Benoît, 3, f° 65).

Cette commune est formée des deux anciennes paroisses de Ligugé et Mezeaux. Celle de Ligugé faisait partie de l'archiprêtré de Lusignan, de la châtellenie, de la sénéchaussée et de l'élection de Poitiers. Le monastère de Ligugé, régi d'abord par des abbés, fut depuis le xi° siècle un prieuré dépendant de l'abbaye de Maillezais (Vendée); en 1607 il fut uni au collège des jésuites de Poitiers. Le prieur de Saint-Martin nommait à la cure de Saint-Paul de Ligugé et à celles d'Andillé, Magné, Pairé et Ruffigny; il était seigneur haut justicier de la paroisse de Ligugé, de celle de Ruffigny et de la terre de Raboué, paroisse d'Andillé. Rétabli en 1853, le prieuré de Ligugé a été peu de temps après érigé en abbaye. L'église Saint-Paul est détruite; l'église du prieuré a été affectée en 1803 au culte paroissial.

LILLET, vill. cⁿᵉ de Buxeuil. — *Lislet*, 1520 (cure de Buxeuil). — *Lilette*, 1662 (cure de la Haye).

LIMBAUDIÈRE, lieu détruit, près la Messelière, cⁿᵉ de Savigny-sous-Faye; dép. autref. du temple de Faye-la-Vineuse (Indre-et-Loire); — 1448 (com^rie de l'Isle-Bouchard, 35).

LIMBAUDIÈRES (LES), m. r. cⁿᵉ d'Usseau. — *Linbaudière*, 1376 (fam. de Gain). — *Limbaudière*, 1458 (seign. de Mortevicille). — *Les Limbaudières*, 1673 (aveu de la Motte d'Usseau).

LIMBERDIÈRE, m. r. cⁿᵉ de Dangé; — 1487 (seign. de la Fontaine, 1). — *Limbardière*, 1841 (nomencl.).

LIMBRE, vill. et m^in sur l'Auzance, cⁿᵉ de Migné. — *Lembre*, 1274 (abb. de Montierneuf, 48). — *Molondinum de Lambre*, 1312 (Les Olim, t. III, p. 733). — *Laymbre*, 1324 (arch. de Poitiers, 12). — *Limbre*, 1662 (abb. de St-Cyprien, 49).

LIMBRINCHÈRE, f. cⁿᵉ de Vernon. — *Lembruchière*, 1396 (gr. Gauthier, f° 78). — *Lenbrouchère*, 1404 (ibid. f° 93 v°). — *Limbruchière*, 1521 (abb. de Montierneuf, 93). — *Lenbrynchière*, 1562 ; *Limbranchère*, 1672 (chap. de St-Pierre-le-Puellier, 28).

LIME, h. cⁿᵉ de Champagné-Saint-Hilaire. — *Lysme*, 1483 (chap. de St-Hilaire, 244). — *Lyme, Lymes*, 1533 (ibid. 245). — *Nymes*, 1539 (ibid. 246).

LIMERAGE, m. r. cⁿᵉ de Vouillé.

LIMEUIL, vill. cⁿᵉ de Pouant. — *Limol*, v. 1200 (ch. de St-Hilaire, t. I, p. 216). — *Herbergement appellé au temple de Limueil*, 1377; *Limetil*, 1421 (com^rie de l'Isle-Bouchard) ; — dépendait de la com^rie de l'Isle-Bouchard et relevait de la bar. de Faye-la-Vineuse (Indre-et-Loire).

LIMON, vill. cⁿᵉ de Curçay. — *Limons*, 1491 (com^rie de Loudun, 22). — *Limontz*, 1664 ; *Limon*, 1782 (cure de Curçay). — Anc. fief relev. de la bar. de Berrie (Fonteneau, t. XLIII, p. 814).

LIMONERIE (LA), f. cⁿᵉ d'Anché. — *La Limosinerie, la Limousinère*, 1404 ; *la Limousinerye*, 1611 ; *la Limonnerie*, 1671 (seign. de la Limonerie). — Anc. fief relev. de Bois-Coursier.

LIMOUSINERIE (LA), h. cⁿᵉ de Bonnes.

LIMOUSINERIE (LA), m. isolée, cⁿᵉ de Fontaine-le-Comte.

LIMOUSINIÈRE (LA), lieu détruit, près Château-Ganne, cⁿᵉ de Martaizé. — *Hostel de la Lymousinère*, 1437; *mestairie de la Mouzinière*, 1645 (abb. du Pin, 39).

LIMOUSINIÈRE (LA HAUTE et LA BASSE-), vill. et h. cⁿᵉ d'Archigny. — *La Limosinère*, 1474 (évêché, 22). — *La Lymousinière*, 1601 (fam. de Marans). — *La haute Limouzinière, la basse Limouzinière*, 1774 (évêché, 37).

LIMOUSINS (CHEMIN DES), de la Trimouille au Blanc.

LINAUDIÈRE (LA), vill. cⁿᵉ de Monts-sur-Guesne.

LINAZAY, cⁿᵉ de Civray. — *Linaziacus villa*, v. 950 (cart. de Bourgueil, p. 104). — *Aymericus de Linazayo*, 1281 (abb. de Nouaillé, 58). — *Ecclesia de Linezay* (pouillé de Gauthier, f° 133 v°). — *Linazay*, 1345 (fam. Jousserant). — *Capellanus de Linazaio*, 1383 (taux du décime, p. 67). — *Linasay*, 1389 (gr. Gauthier, f° 245). — *S. Hilaire de Li-*

nezay, 1649 (bissexte). — *Linazais*, 1807 (annuaire).

Avant 1790 la paroisse de Linazay faisait partie de l'archiprêtré de Chaunay, de la châtellenie et de la sénéchaussée de Civray, et de l'élection de Poitiers. La cure était à la nomination de l'évêque; elle a été rétablie en 1846.

Liniers, c^{on} de Saint-Julien-Lars. — *Linarinsis vicaria in pago Pictavo*, 909 (cart. de St-Cyprien, p. 153). — *Villa Linarius in ipsa vicaria*, 923-936 (*ibid.* p. 203). — *Aliarinsis vicaria*, v. 937 (*ibid.* p. 187). — *Villa que vocatur Linaris*, 964 (ch. de St-Hilaire, t. I, p. 35). — *Vicaria Liraninsis*, 989 (Fonteneau, t. XIII, p. 95). — *In villa Liners ecclesia in honore sancte Marie constructa*, v. 1080 (cart. de St-Cyprien, p. 144). — *Lignérs*, 1276 (abb. de St-Cyprien, 44). — *Liniers*, 1322 (abb. de la Celle, 18). — *De Lineriis*, 1383 (taux du décime, p. 60). — *Lyners*, 1404 (gr. Gauthier, f° 26). — *Ligniers*, 1436 (abb. de Montierneuf, 12).

La viguerie de Liniers s'étendait entre le Clain et la Vienne sur le territoire des communes de Liniers, Sèvre, Jardres, la Chapelle-Moulière, Saint-Cyr, Dissay et Saint-Georges. En 909 Savigny, au delà de la Vienne, en faisait partie. Suivant deux chartes de l'abbaye de Saint-Jean-d'Angély, de 951 et 963 (Fonteneau, t. XIII, p. 47 et 69), Cramard aurait été dans cette viguerie; mais ces chartes ne sont pas authentiques; la même erreur ne se reproduit pas dans la charte de 989 (*ibid.* 95).

La paroisse de Liniers dépendait de l'archiprêtré de Mortemer, de la châtellenie de Touffou, de la sénéchaussée et de l'élection de Poitiers. La cure était à la nomination des abbés de Saint-Cyprien et de Montierneuf; elle a été rétablie en 1847.

Cette commune a été réunie à celle de Lavoux depuis le 8 décembre 1819 jusqu'au 11 octobre 1869.

Liniers, vill. c^{ne} de Nalliers. — *Liners*, 1260 (Hommages d'Alphonse, p. 85, 89, 109); 1310 (Gauthier, f° 198 v°). — *Liniers*, 1547 (abb. de St-Savin, 33). — *Ligniers*, 1638 (cure de Nalliers). — Anc. fief relev. de l'abbaye de Saint-Savin.

Linot (Le), f. c^{ne} de Vouneuil-sous-Biard. — *Mestairie du Linault*, 1624 (cure de Vouneuil-sous-Biard). — *Le Lineau*, 1769 (rôle des tailles).

Lion-d'Or (Le), h. c^{ne} de Nieuil-l'Espoir.

Lionnière, f. c^{ne} de Saint-Secondin. — *Village de Guillonnières*, 1396 (gr. Gauthier, f° 78). — *Guillonnère*, 1403 (*ibid.* f° 262 v°). — *Guillonnières*, 1580 (fief de la Tour de St-Secondin). — *Glionnière*, 1680 (seign. de Gençay, reg. de recette).

Lionnière (La), h. c^{ne} de Château-Garnier. — *La Guillonnière*, 1461 (chap. de St-Hilaire, 445).

Lionnière (La), m. r. c^{ne} d'Orches.

Lionnière (La), f. c^{ne} de Vernon.

Liots (Les), h. c^{ne} de Saint-Romain-sur-Vienne. — *Les Liotz*, 1628 (fam. de Gain).

Lioux, f. c^{ne} de Jaunay.

Lira (Le), h. c^{ne} de Lésigny.

Lirec, h. et bois, c^{ne} de Bignoux; — 1322 (abb. de la Celle, 18). — Anc. fief relev. de l'abbaye de Saint-Hilaire de la Celle de Poitiers.

Liron, f. c^{ne} de Sommières. — *Moulin de Liron*, 1547 (abb. de Moreaux). — Il ne reste point de vestiges de ce moulin qui était mû par le Bé.

Lironnerie (La), f. c^{ne} de la Roche-Posay.

Litaudière (La), f. à la Thibaudière, c^{ne} de Tercé; — 1457 (carmes de Poitiers).

Literie, h. c^{ne} de la Chapelle-Mortemer. — *Literie*, 1417 (carmes de Poitiers). — *La Litrye*, 1564 (chap. de Mortemer, 1). — *La Letrie*, 1709; *la Litteria*, 1728 (rôles des tailles). — Anc. fief relev. de la bar. de Mortemer.

Litière (La), vill. c^{ne} de Saint-Sauvant. — *La Listière*, *la Litière*, 1562 (com^{rie} de Roche, 6).

Livraie (La), m. r. c^{ne} de Celle-l'Évécault. — *La Livray*, 1611 (collège de Poitiers, 25). — *La Livraie*, 1622 (fief de la Gralière).

Lizac (Le Grand et le Petit-), h. et vill. c^{ne} de Savigné. — *Apud Lizaicum*, 1182 (Fonteneau, t. XVIII, p. 547). — *Lizac*, 1405 (gr. Gauthier, f° 267). — *Lisac*, 1498 (fief de Fayolle). — *Le petit Lizac*, 1523; *le grand Lizat*, 1530 (com^{rie} de Civray, 2).

Lizant ou Lisant, c^{ne} de Civray. — *Lysant* (pouillé de Gauthier, f° 149 v°). — *Lizant*, 1383 (taux du décime, p. 24). — *Lizent*, 1388 (gr. Gauthier, f° 206). — *Lisent*, 1398 (*ibid.* f° 216 v°). — *Lisant*, 1779 (almanach provincial). — *S. Junien et Ste Radegonde de Lisan*, 1782 (pouillé).

Avant 1790 Lizant faisait partie de l'archiprêtré de Ruffec (Charente), de la châtellenie et de la sénéchaussée de Civray, et de l'élection de Poitiers. La cure était à la nomination de l'évêque. Une maison appelée le Temple de Lizant dépendait de la com^{rie} de Civray.

Lizaubière (La), h. c^{ne} de Blanzay. — *Lizobière*, 1629 (arch. de Poitiers, 71). — *Lizaubière*, 1664; *la Lizobière*, 1689 (notaires, Pascault à Civray).

Lizeau (Le) ou la Grand'Maison, m. au village de la Ville-Malnommée, c^{ne} de Chabournay; — 1670 (aveu de Chéneché). — Anc. fief relev. de la châtell. de Chéneché; érigé en 1578.

Lizelier, mⁱⁿ sur le Clain, c^{ne} d'Iteuil. — *Liselier*, 1488 (seign. d'Iteuil). — *Lizellé*, 1507; *moulin de*

Lizelay, 1642; — *de Lizelier*, 1690 (chap. de S¹-Hilaire, 552).

Lizière (La), lieu auj. inconnu, cⁿᵉ de Saint-Gervais.— *Hostel de la Lizère*, 1426; *la Lizière*, 1616 (duché de Châtellerault, 5). — Anc. fief relev. du Plessis-Baunay.

Lizon (Le), m. r. cⁿᵉ de Thurageau. — *Le Lison*, v. 1300 (seign. de Chénéché, 1). — *Le Lizon*, 1338 (prévôté de Blâlay, 5). — Anc. fief relev. de la bar. de Mirebeau.

Locherie (La), m. r. cⁿᵉ de Béruges. — *La Loucherie*, 1369 (comⁿᵉ de S¹-Georges, 14). — *La Locherie*, 1437 (abb. de S¹-Cyprien, 13).

Loches, chât. cⁿᵉ d'Anois; — 1594 (fam. Dexmier).

Lochon (La), h. cⁿᵉ de Montmorillon. — *Moulin de la Lochon*, 1603 (maison-Dieu, 116). — *L'Alochon*, 1841 (nomencl.). — Le moulin n'existe plus.

Le ruiss. de la Lochon a sa source près des Arcis et se jette dans la Gartempe près et au-dessus de Montmorillon.

Loge (La), f. cⁿᵉ de Basses.

Loge (La), h. près le Pin, cⁿᵉ de Béruges. — *La maison des Rousseaulx aultrement la Loge*, 1564; *la Loge aux Rousseaux*, 1601 (abb. du Pin, 9). — *La Loge du Pin*, 1820 (nomencl.).

Loge (La), h. près la Torchaise, cⁿᵉ de Béruges; — 1482 (abb. de Montierneuf, 99).

Loge (La), f. cⁿᵉ de Bonnes.

Loge (La), f. cⁿᵉ du Bourg-Archambault.

Loge (La), h. cⁿᵉ de la Chapelle-Viviers.

Loge (La), h. cⁿᵉ de Châtellerault. — *Les Loges*, 1610 (duché de Châtellerault, reg. de recette).

Loge (La), f. cⁿᵉ de Colombiers.

Loge (La), m. r. cⁿᵉ de Coulombiers. — *La Loge qui jadis fut Trevallet*, 1486 (fief des Pouternières). — *La Loge Trevallet*, 1624 (fief de la Ratonnière).

Loge (La), f. cⁿᵉ de Curzay.

Loge (La), h. cⁿᵉ de Genouillé.

Loge (La), grange, lieu autref. habité, cⁿᵉ d'Iteuil; — 1722 (rôle des tailles).

Loge (La), m. isolée, cⁿᵉ de Jazeneuil.

Loge (La), mⁱⁿ sur l'Auzance, cⁿᵉ de Latillé.

Loge (La), h. cⁿᵉ de Leigné-sur-Usseau.

Loge (La), h. cⁿᵉ de Liniers. — *Les Loges*, 1562 (chap. de Sᵗᵉ-Radegonde, 108). — *La Loge*, 1567 (abb. de S¹-Cyprien, 44).

Loge (La), f. cⁿᵉ de Martaizé.

Loge (La), h. cⁿᵉ d'Ouzilly.

Loge (La), f. cⁿᵉ de Pouillé.

Loge (La), m. de garde, cⁿᵉ de Saint-Pierre-des-Églises.

Loge (La), f. cⁿᵉ de Saint-Sauveur; — 1595 (comᵣⁱᵉ de la Foucaudière, 10).

Loge (La), h. cⁿᵉ de Thurageau.

Loge (La), f. cⁿᵉ des Trois-Moutiers.

Loge (La), h. cⁿᵉ de Vendeuvre.

Loge (La), f. cⁿᵉ de Veniers.

Loge (La), h. cⁿᵉˢ de Verrue et Saire; — 1381 (arch. nat. chambre des comptes, reg. 332, n° 7).

Loge-à-Marin (La), f. cⁿᵉ de Liglet.

Loge-à-Pilier (La), h. cⁿᵉ de la Vausseau.

Loge-au-Tailleur (La), f. cⁿᵉ de Liglet. — *La Loge-à-Charré*, 1841 (nomencl.).

Loge-au-Vieux (La), f. cⁿᵉ d'Archigny. — *La Loge aux Vieux*, 1779 (rôle des tailles).

Loge-Bonnesset (La), f. cⁿᵉ de Thollet.

Loge-Boursault (La), f. cⁿᵉ de Vezières; — 1538 (chap. de Sᵗᵉ-Croix de Loudun, 2).

Loge-Caillault (La), h. cⁿᵉ de Coussay.

Loge-de-Combourg (La), m. isolée, cⁿᵉ de Pressac.

Loge-de-Raboué (La), h. cⁿᵉ de la Villedieu.

Loge-du-Bouchaud (La), f. cⁿᵉ de Thollet.

Loge-Fradet (La), h. cⁿᵉ de Saugé. — *La Loge au Bordellié*, 1606; *la Loge aux Bordellières*, 1642; *la Loge aux Bordeliers*, 1652; *la Loge aux Bordiers*, appartenant au sʳ Fradet, 1663 (maison-Dieu, 74).

Loge-Monteil (La), h. cⁿᵉ de Montmorillon.

Logerie, vill. cⁿᵉ de Bonneuil-Matours. — *Logerie*, 1525 (abb. de Montierneuf, 82). — *Laugerie*, 1558 (abb. de Sᵗᵉ-Croix, 95).

Logerie, f. cⁿᵉ de Maupreveir. — *Laugeria*, 1236 (abb. de Charroux). — *Laugerie*, 1626 (notaires de la bar. de Charroux). — *Logerie*, 1775 (rôle des tailles).

Logers (Les), m. r. cⁿᵉ d'Archigny. — *Les Logers*, 1605; *prise de Marquet Logier*, 1610 (seign. de Touffou, 4 et 5).

Loges (Îles), h. cⁿᵉ d'Ayron; — 1639 (cure d'Ayron).

Loges (Les), f. cⁿᵉ de Béthines.

Loges (Les), h. cⁿᵉ de Bournan.

Loges (Les), f. cⁿᵉ de Buxeuil.

Loges (Les), vill. cⁿᵉ de Celle-l'Évécault.

Loges (Les), f. près les Petites-Maisonnettes, cⁿᵉ de la Chapelle-Montreuil.

Loges (Les), m. r. cⁿᵉ de Colombiers; distraite de la cⁿᵉ de Naintré le 7 décembre 1825.

Loges (Les), m. r. cⁿᵉ de Couhé; — 1455 (seign. de Couhé, inv.).

Loges (Les), ff. cⁿᵉ de Curçay.

Loges (Les), vill. cⁿᵉ de Marçay; — 1567 (cure de Marçay).

Loges (Les), h. cⁿᵉˢ de Nalliers et la Bussière.

Loges (Les), h. cⁿᵉ d'Orches. — *Estang des Loges*, 1513 (seign. de Lauberdière). — *Les Loges*,

1615 (seign. des Hautes-Boitières). — Anc. fief relev. de celui des Hautes-Boitières.

Loges (Les), h. c^{ne} de Pindray. — *Les Loges autrement les Baudinières*, 1701 (cure de Pindray).

Loges (Les), f. c^{ne} de Prinçay; — 1512 (cure de Prinçay).

Loges (Les), f. c^{ne} de Vernon.

Loges (Les) et les Petites-Loges, ff. c^{ne} de Verrières.

Loges (Les), m. r. c^{ne} du Vigean; anc. fief relev. du marq. du Vigean, 1733 (Fontenau, t. XLIV, p. 153).

Loges (Les), f. c^{ne} de Vouneuil-sur-Vienne.

Loges (Les Basses-), m. isolée, c^{ne} d'Oiré; — 1756 (terrier de la Groye, p. 703).

Loges (Les Grandes-), f. c^{ne} de Saint-Sauveur. — *Les Loges*, 1506 (com^{rie} de la Foucaudière, 8). — *Les grandes Loges*, 1624 (*ibid.* 10). — *Les Loges et les bois de la Vergnoye*, 1394 et 1431 (duché de Châtellerault, inv. d'aveux, f°s 12 et 24), formaient un fief relev. de la vicomté de Châtellerault.

Loges (Les Hautes et les Basses-), h. c^{ne} de Vellèche.

Loges (Les Petites-), f. c^{ne} de Saint-Sauveur; — 1457 (duché de Châtellerault, 5). — Anc. fief relev. du Bornais.

Loges-de-Tallent (Les), vill. c^{ne} de la Chapelle-Montreuil.

Loges-Geoffroy (Les), h. c^{ne} de Montreuil-Bonnin.

Logettes (Les), f. c^{ne} de Mazerolles; — 1670 (abb. de Nouaillé, 41).

Logis (Le), m. r. c^{ne} d'Amberre.

Logis (Le), m. r. c^{ne} de Mazerolles.

Logis (Le Grand-), h. c^{ne} de Saint-Genest.

Logis-de-Chambe (Le), f. c^{ne} de Voulême; — 1754 (notaires, Trébuchet à Bois-Seguin).

Logis-de-Foussac (Le), f. c^{ne} d'Hains.

Loin, f. c^{ne} de Savigné. — *Willelmus de Leu, miles*, 1172 (Fontenau, t. XVIII, p. 417). — *Aimericus de Leum*, v. 1195 (*ibid.* t. XVIII, p. 611). — *Lehum*, 1395 (gr. Gauthier, f° 272). — *Lun, Lohun*, 1482; *Lehun*, 1548; *Lung*, 1575, 1600; *Lhun*, 1775 (fief de Loin). — *Loin*, 1752 (rôle des tailles). — Anc. fief relev. du comté de Civray.

Loiriers (Les), f. c^{ne} de Couhé.

Loisellerie, h. c^{ne} de Buxeuil.

Lomaizé ou Lhommaizé, c^{on} de Lussac-le-Château. — *Lomaisec*, 1223 (abb. de Nouaillé, 49). — *Lomesec*, 1284 (abb. de Montierneuf, 92). — *Lomayset* (pouillé de Gauthier, f° 175). — *Loumesec*, v. 1300 (seign. de Dienné, 1). — *Lomaisé, Lomaiset*, 1383 (taux du décime, p. 17 et 60). — *Lomaysé*, 1478 (reg. synodal). — *Lomaizé*, 1520 (bissexte). — *Loumaizé*, 1548 (fiefs de Dienné et Verrières). — *Lommaizé*, 1584 (collège de Poitiers, 9); 1784 (carte du Poitou). — *Lhoumaizé*, 1623 (chap. de Mortemer, 5). — *Lhommaisé*, 1656 (cure de Dienné). — *Lommaisé*, 1720 (dénomb. du royaume). — *L'Hommaizé*, 1779 (almanach provincial). — *S. Jean-Baptiste de Lhomaizé*, 1782 (pouillé).

Avant 1790 cette commune faisait partie de l'archiprêtré et de la baronnie de Mortemer, de la sénéchaussée et de l'élection de Poitiers. La cure était à la nomination du chapitre de Mortemer.

Lombardie, vill. c^{ne} de Curzay. — *Lombardye*, 1615 (abb. de Nouaillé, 60).

Lombas (Le), vill. c^{ne} de Rouillé. — *Le Long-Bas*, 1841 (nomencl.).

Lombrail, f. c^{ne} de Pairé; — 1622 (fief de la Gralière).

Lonchard, vill. c^{ne} de Cissé. — *Lonchart*, 1266 (cure de St-Michel de Poitiers).

Londière, chât. et f. c^{ne} de Chenevelles; — 1429 (seign. de Montoiron, 1). — Anc. fief relev. de la bar. de Montoiron.

Longchamp (Le Grand et le Petit-), ff. c^{ne} de Martaizé.

Longe, vill. c^{ne} de Saint-Sauvant. — *Longes*, 1423 (gr. Gauthier, f° 65). — *Longe*, 1710 (rôle des tailles). — Anc. fief relev. de la châtell. de Lusignan.

Longères (Les), f. c^{ne} de Monts-sur-Guesne.

Longève, vill. c^{nes} de Beaumont et Dissay; anc. aumôneric. — *Elemosynaria et pons Longe Aqua*, v. 1245 (arch. nat. suppl. du trésor des ch.). — *Guillelmus de Longa Aqua*, 1271; *Longe Aigue, Longue Ayve*, 1384 (chap. de Notre-Dame-la-Grande, 26). — *Longe Ayve*, 1386 (*ibid.* 24). — *Longe Eaue*, 1392 (*ibid.* 46). — *Longeyve*, 1398 (Filles-de-Notre-Dame de Poitiers). — *Longesgue*, 1404 (prieuré de Jaunay). — *Sainct Jacques de Longesve*, 1557 (aumônerie de Longève). — Les biens de cette aumônerie furent unis en 1696 à l'hôpital de Châtellerault.

Longève (La), ruiss. prend sa source à Pousigny, c^{ne} de Celle-l'Évécault, et se jette dans la Vonne au-dessous du m^{lin} de Cotelequin, c^{ne} de Marigny-Chemerault. — *Rivière de Longeayve*, 1412 (chap. de St-Hilaire, 112). — *Russeau de Longesve, de Longáyve, la Longauve*, 1489 (livre de recette de Vivonne, f°s 119 v°, 146 v°, 150 r°). — *La Longesve*, 1600 (collège de Poitiers, 25).

Lorbras, h. c^{ne} de Buxerolles. — *L'Orbras* (Cassini).

Lordière, h. c^{ne} de Mauprevoir; — 1666 (notaires de la vic. de Rochemeaux).

Longe-Froidure, h. c^ne de la Vausseau. — *Loge Fredure*, 1667 (chap. de St-Hilaire, 235).

Longène, f. c^ne d'Availle-Limousine. — *Lurgère*, 1656 (rôle des tailles).

Longène, f. c^ne de Leigné-les-Bois; — 1685 (prieuré de Maleray).

Lorière, h. c^ne de Liniers. — *Lorere, Guydo de Loreriis*, 1309 (Gauthier, f°s 186 v° et 191 v°). — *Lourères*, 1439 (seign. de Touffou, 1). — *Hostel de Lorière autrement appelé la Bourrachière*, 1547 (aveu de Touffou). — *Laurière*, 1567 (abb. de St-Cyprien, 44). — Anc. fief relev. de la châtell. de Touffou.

Lortet, h. c^ne de Béthines. — *Lorthet*, 1533 (maison-Dieu, 132). — *Lortheil*, 1535 (ibid. 160). — *Lortet*, 1544 (ibid. 135). — Anc. fief relev. de la Chatille.

Lortet, h. c^ne de Sillars.

Lots (Les), f. c^ne de Sillars. — *Les Lotz*, 1550 (maison-Dieu, 177).

Louandières (Les), vill. réuni au bourg de Dissay. — *La Ayroardère*, 1408 (gr. Gauthier, f° 18). — *L'Ayrouardière*, 1422; *l'Esrouardère*, 1511 (chap. cathédral, 73). — *L'Erouardère*, 1445 (évêché, 59). — *Les Louardières*, 1565 (cure de Dissay). — Anc. fief relev. de la châtell. de Dissay.

Loubantière (La), f. c^ce de Buxerolles. — *Lobanterias*, v. 1112 (cart. de St-Cyprien, p. 30). — *Lobantère*, 1221 (abb. de Nouaillé, 1). — *Harbergement de Loubantère, Loubentère*, 1404 (gr. Gauthier, f° 7). — *Loubantière*, 1488; *Laubantière*, 1513 (fief de la Loubantière). — Anc. fief relev. de la tour de Maubergeon.

Loubatière (La), m. r. c^ne de Pairé.

Loubatière (La), h. c^ne de la Vausseau. — *La Loubatère*, 1403 (gr. Gauthier, f° 69 v°). — *La Loubatière*, 1583 (abb. du Pin, 17). — *La Lebattière*, 1624 (ibid. 16). — Anc. fief appart. à l'abb. du Pin et relev. de Berlou.

Loubellerie (La), h. c^nes de la Bussière et la Puye.

Loubersac, vill. et m^in sur la Charente, c^ne de Châtain. — *Loubresac*, 1333 (inv. de Font-le-Bon, p. 2). — *Moulin de Verier autrement de Loubersac*, 1400 (ibid. p. 77); — *de Laubressac*, 1587 (seign. de Bois-Seguin); — *de Loubressac*, 1588 (arch. de Poitiers, 70); — *de Loubersac*, 1661 (notaires, Chevallier à Civray).

Loubillé, lieu détruit, près Chez-Mauduit, c^ne de Blanzay. — *Herbergement de Loubilhé*, 1601 (fief de Chaleur).

Loubressac, chapelle, vill. et m^in sur la Vienne, c^ne de Mazerolles; anc. prieuré et cure dép. de l'abbaye d'Airvault (Deux-Sèvres). — *Decima de Sancto Silvano*, 1232 (abb. de Nouaillé, 40). — *Loubersac*, 1295 (abb. de la Celle, 1). — *Ecclesia de Lobrecac* (pouillé de Gauthier, f° 176). — *Capellanus de Loubrecac, capellanus seu prior de Lobresac*, 1383 (taux du décime, p. 18 et 62). — *Loubressac*, 1449; *Lobresab*, 1457; *lopin de terre appellé à la pierre levée de Loubersac*, 1633 (sain. de Savatte de Genouillé). — *Rector de Lobressaco*, 1478 (reg. synodal). — *Prieuré de S. Silvain de Loubressac*, 1782 (pouillé).

La paroisse de Loubressac a été réunie à celle de Mazerolles avant 1696, comme le constate un procès-verbal de visite (clergé, 8); le curé de Loubressac est encore mentionné dans le registre du droit de bissexte de 1649. — La chapelle de Saint-Silvain attire de nombreux pèlerins, surtout le dimanche qui précède la fête de Saint-Michel; les mères y portent leurs enfants atteints de convulsions. D'après les almanachs de Poitiers de 1701 à 1777, il y avait le 22 septembre : *S. Silvain, fête à la chapelle de Loubersac, paroisse de Mazerolles, et, le dimanche d'après, assemblée*.

Le moulin de Loubressac est aussi appelé m^in de la Maigne et m^in de la Seigne.

Loubressay, chât. c^ne de Bonnes. — *Loubercay, Loborsay*, 1310 (Gauthier, f° 184 v°). — *Loubrecay*, 1383 (seign. de Loubressay). — *Loubressay*, 1477 (chap. de Chauvigny). — *Loubersay*, 1490 (seign. de Touffou, 3). — Anc. fief et haute justice relev. de la bar. de Chauvigny. — Un moulin de Loubressay est mentionné en 1547 dans l'aveu de la châtell. de Touffou.

Loubrière, f. c^ne d'Ingrande; — 1754 (terrier de la Groye, p. 182). — *Lauberière*, 1841 (nomencl.).

Louche, f. c^ne de Fleix.

Loudun, ch.-l. d'arr^t. — *Leuduno, Lauduno, Lunduconni?* (triens mérovingiens; Lecointre-Dupont, Essai sur les monnaies du Poitou). — *Castro Lauduno*, 799 ou 800 (dipl. de Charlemagne, ap. Bouquet, t. V, p. 764). — *Vicaria Ludomensis*, 849 (dipl. de Charles le Chauve, ibid. t. VIII, p. 504). — *Vicaria Laucidunensis in pago Pictavo*, 895 (cart. de Bourgueil, p. 68). — *Vicaria Lugdunensis*, 904 (Mabille, La Pancarte noire de Saint-Martin de Tours, p. 227). — *Vicaria castri Laudunensis*, 950 (cart. de Bourgueil, p. 102). — *Vicaria Laucedunensis in pago Pictavo*, 969 ou 970; — *Lauzidunensis*, 975 ou 976 (cart. de St-Cyprien, p. 80). — *Vicaria Lausdunensis*, 977 (Livre noir de St-Florent, f° 12 v°); v. 985 (cart. de St-Cyprien, p. 185). — *Vicaria*

Lauzdunensis, 985-1009 (Livre noir de S¹-Florent, f° 16). — *Losdunum castrum*, 1059 (dipl. du roi Henri I⁰ʳ, ap. Bouquet, t. XI, p. 601). — *Lausdunum*, 1060 (Juenin, Hist. de l'abb. de Tournus, pr. p. 129). — *Castellum Laucidunum*, 1062 (Gallia christ. t. II, instr. col. 333). — *Lodunum* (chron. de Tours de la fin du xi° s°, ap. Bouquet, t. XII, p. 474). — *Laudun* (sirv. de Bertrand de Born, ap. Raynouard, Choix de poésies des troubadours, t. IV, p. 146). — *Ecclesia Beate Marie de Laudunio*, 1227 (collège de Poitiers, 44). — *Lodun*, 1298 (ibid. 60). — *Prioratus Beate Marie de Luduno* (pouillé de Gauthier, f° 146). — *Loudun*, 1315 (collège de Poitiers, 54). — *Juliodunum*, xvi° s° (œuvres de Macrin et de Scévole de Sainte-Marthe).

Il y avait à Loudun une église collégiale sous le vocable de sainte Croix, à laquelle fut unie celle de Saint-Léger en 1773 (voy. ces mots) ; — trois prieurés : Notre-Dame-du-Château , Saint-Maur et Saint-Nicolas (voy. ces mots) ; — deux églises paroissiales, dont le patronage appartenait au prieur de Notre-Dame-du-Château : Saint-Pierre-du-Marché, *ecclesia parrochialis in honorem beati Petri apostoli infra muros castri Lausdunensis*, 1060 (Juenin, Hist. de l'abb. de Tournus, pr. p. 129), *ecclesia Sancti Petri de foro*, 1478 (reg. synodal) ; et Saint-Pierre-du-Martray, *Sanctus Petrus ad Besolgios Losduni*, v. 1104 (prieuré de Trion), *ecclesia de Basilicis*, 1119 (bulle de Calixte II pour l'abb. de Tournus, ap. Juenin, pr. p. 146), *ecclesia Sancti Petri du Martreys*, 1383 (taux du décime, p. 9), *rector de Martreyo*, 1478 (reg. synodal); — une commanderie de l'ordre de Malte (voy. Saint-Jean); — trois couvents d'hommes : de cordeliers, fondé vers 1250 ; de carmes, fondé en 1334 ; de capucins, fondé en 1616 ; — quatre couvents de femmes : de religieuses du Calvaire, fondé en 1624 ; d'ursulines, fondé en 1626 ; de la Visitation, fondé en 1648, et de l'Union-Chrétienne, fondé en 1672 ; — le collège des Chauvets, fondé en 1710 ; — une aumônerie ou léproserie (voy. Saint-Lazare).

— L'église Saint-Pierre-du-Marché est encore l'une des deux églises paroissiales de Loudun ; mais celle de Saint-Pierre-du-Martray ayant été détruite, son titre paroissial fut transféré à la chapelle de l'ancien couvent des carmes, mise alors sous le vocable de saint Hilaire.

L'archiprêtré de Loudun, en l'archidiaconé de Poitiers, *archipresbyteratus de Loduno, cui non est ecclesia nec capellania annexa* (pouillé de Gauthier, f° 137 v°), fut, au xv° siècle, annexé à la cure de Sammarçolle par Jacques Juvénal des Ursins, évêque de Poitiers. Son territoire comprenait avec Loudun les paroisses d'Angliers, Arçay, Aunay, Basses, Beuxe, le Bouchet, Bournan, Brezé (Maine-et-Loire), Chalais, Chassaignes, la Chaussée, Claunay, Curçay, Épieds (Maine-et-Loire), Fontevrault (*idem*), Glenouze, Joué, Marçay (Indre-et-Loire), Martaizé, Maulay, Messay, Messemé, Morton, Mouterre-Silly, Nueil-sur-Dive, Ouzilly-Vignolles, Pouançay, Ranton, Roiffé, Rossay, Saint-Cassien, Saint-Citroine, Saint-Clair, Saint-Cyr-en-Bourg (Maine-et-Loire), Saint-Laon-sur-Dive, Saint-Léger-de-Montbrillais, Saint-Vincent-de-l'Oratoire, Saix, Sammarçolle, Solomé, Ternay, les Trois-Moutiers, Veniers, Vezières et Villiers.

Loudun fut le chef-lieu d'un *pagus* (voy. Loudunais) et d'une viguerie, qui s'étendait à l'est jusqu'à Ham près Richelieu, *villa Han*, située partie en Poitou, viguerie de Loudun, et partie en Touraine, viguerie de Chinon (après 1004, Livre noir de S¹-Florent, f° 18), et à l'ouest jusqu'à la Dive. Cette ville fut ensuite le siège d'une châtellenie, *castellania de Lauduno*, 1281 (lettres de Philippe le Hardi, ap. Thibaudeau, hist. du Poitou, 1ʳᵉ éd. t. I, p. 434), ou prévôté, puis d'une juridiction qui fut érigée en bailliage en 1480, lequel ressortissait au parlement de Paris et toutefois releva du présidial de Tours aux cas de l'édit de 1551. Cette châtellenie et ce bailliage avaient pour ressort le pays appelé Loudunais (voy. ce mot). Plus de 60 fiefs relevaient du château seigneurial, dont le donjon carré est encore debout.

Loudun fut aussi le chef-lieu d'une élection qui était primitivement d'une grande étendue, mais qui subit de notables réductions lorsque de nouvelles élections furent créées à Mirebeau sous François I⁰ʳ, puis à Montreuil-Bellay en 1577 (Essais sur l'histoire de Loudun, 2° partie, p. 67) ; elle faisait partie de la généralité de Tours et comprenait dans son territoire, moins étendu que le Loudunais, les paroisses de Loudun, Angliers, Arçay, Assay (Indre-et-Loire), Aunay, Basses, Beuxe, Bournan, Brossay (Maine-et-Loire), Chalais, Chasseignes, la Chaussée, Coussay, Curçay, Épieds (Maine-et-Loire), Glenouze, Grazay (Indre-et-Loire), Guesne, la Madeleine, c⁰ᵉ de Cizay (Maine-et-Loire), Marçay (Indre-et-Loire), Martaizé, Messay, Morton, Mouterre-Silly, Nueil-sur-Dive, Ouzilly-Vignolles, Pouançay, Ranton, Roiffé, Rossay, Saint-Aubin-du-Dolet, Saint-Cassien, Saint-Citroine, Saint-Clair, Saint-Laon, Saint-Léger-de-Montbrillais, Saix, Sammarçolle, Solomé, Ternay, les Trois-

Moutiers, Veniers, Vezières, Villiers (Expilly, Dict. géogr.).

En 1790, lors de l'organisation du département, Loudun fut le chef-lieu d'un district composé des cantons de Loudun, Ceaux, Coussay, Curçay, Martaizé, Moncontour, Monts, Saint-Jean-de-Sauves et Saint-Léger-de-Montbrillais. Le canton de Loudun comprenait les c^{nes} de Loudun, Basses, Beuxe, Bournan, Chalais, Chasseignes, Messemé, Mouterre-Silly, Rossay, Saint-Citroine, Sammarçolle, Notre-Dame, Saint-Hilaire et Saint-Pierre des Trois-Moutiers, Veniers, Vezières et Villiers. En l'an IV, ces c^{nes} étaient réparties entre deux cantons : Loudun *intra muros* et Loudun *extra muros*. Celui de Loudun *intra muros* comprenait les c^{nes} de Loudun, Basses, Beuxe, Bournan, Chalais, Chasseignes, Messemé, Mouterre-Silly et Notre-Dame des Trois-Moutiers; celui de Loudun *extra muros*, les c^{nes} de Rossay, Saint-Citroine, Sammarçolle, Saint-Hilaire des Trois-Moutiers, Saint-Pierre des Trois-Moutiers, Veniers, Vezières et Villiers. Cette organisation fut modifiée en 1795, 1800 et 1801 (voy. l'Introduction).

Les armoiries de la ville de Loudun sont : *de gueules à une tour carrée, crénelée d'argent, au chef d'azur chargé de trois fleurs de lis d'or* (Essais sur l'hist. de Loudun, 2e partie, p. 65).

LOUDUNAIS (LE), pays compris autref. dans le *pagus Pictavus* et le diocèse de Poitiers, et formant le ressort de la châtellenie et du bailliage de Loudun. — *Laudunensis patria*, v. 970 (Fonteneau, t. V, p. 543). — *Pagus Lausdunensis*, 987-996 (cart. de Saint-Cyprien, p. 80). — *En Louduneis*, 1279 (abb. de Fontaine-le-Comte, 28). — *Le Lodunoys*, 1316 (prévôté de Blâlay). — *Le Loudunoys*, 1418 (abb. de Ste-Croix, 72). — *Le Loudunois*, 1424 (cure de Messemé).

Le *pagus* de Loudun était une division du *pagus* de Poitiers. Outre la viguerie de Loudun, il comprenait probablement aussi celles de Vezières et de *Barnizec*, qui sont simplement attribuées au *pagus* principal, *pagus Pictavus*.

Le Loudunais a toujours fait partie du diocèse de Poitiers, mais il a été de bonne heure envahi par les comtes d'Anjou et détaché du Poitou. En 985 ou 986, Guillaume Fier-à-Bras, duc d'Aquitaine, contraignit Geoffroy Grise-Gonelle, comte d'Anjou, à lui faire hommage pour cette terre et quelques autres en Poitou; mais cette suzeraineté fut méconnue dans la suite. Après avoir été réunie au domaine de la couronne par Philippe-Auguste, la châtellenie de Loudun appartint de nouveau aux comtes d'Anjou de 1367 à 1480 et fut, en 1579, érigée en duché en faveur de Françoise de Rohan, dame de la Garnache; mais, après la mort de cette dernière, le duché fut éteint.

Plus étendu que l'archiprêtré de Loudun, le Loudunais comprenait le territoire qui a formé les cantons de Loudun et des Trois-Moutiers; les paroisses d'Angliers, Aunay, la Chaussée, Martaizé, Ouzilly-Vignolles en partie, Saint-Aubin-du-Dolet, Saint-Cassien et Saint-Clair dans le canton de Moncontour; Berlegon, le Bouchet, Coussay, Dercé, Guesne, Saint-Vincent-de-l'Oratoire et Saire dans le canton de Monts; Brezé, Épieds et partie de Saint-Cyr-en-Bourg dans le dép^{t} de Maine-et-Loire; Assay, Grazay, Lerné en partie et Marçay dans le dép^{t} d'Indre-et-Loire, et Bouillé-Loret en partie (l'abbaye de Ferrière) dans le dép^{t} des Deux-Sèvres (Essais sur l'hist. de Loudun, 2e partie, p. 62). Suivant une carte du Loudunais publiée en 1645 par Guillaume et Jean Blaeu dans le *Théâtre du monde*, t. II, f° 36, Pouant, c^{ne} de Monts, Messay, c^{ne} de Moncontour, Bouillé-Saint-Paul et Argenton-l'Église (Deux-Sèvres), le Puy-Notre-Dame en partie et l'abbaye de Brignon, c^{ne} de Saint-Macaire (Maine-et-Loire), auraient aussi appartenu au Loudunais.

Le Loudunais était régi par une coutume particulière et nommait ses propres députés aux états généraux.

LOUINNE (LA), h. c^{ne} de Saint-Clair.

LOUISSE (LA), m. isolée, c^{ne} de Sérigny. — *La Loysse*, 1397; *la Louyce*, 1418; *la Louisse*, 1604 (seign. de Germigny). — Anc. fief relev. de la Tour de Germigny.

LOUMAILLERIE, vill. c^{ne} de Genouillé. — *Laumailherie*, 1509 (abb. de Charroux). — *Laumaillerye*, 1663 (notaires, Pascault à Civray). — *L'Hommaillerie* (Cassini).

LOUNEUIL, vill. c^{ne} de Jaunay. — *Lodonolium*, v. 1050 (cart. de St-Nicolas, 1). — *Lodonium*, 1061-1067 (ibid. 4). — *Lonul*, 1245 (séminaires de Poitiers, 3). — *Lonnuylh*, 1404 (gr. Gauthier, f° 24 v°). — *Lonuyl*, 1405 (ibid. f° 15). — *Louneuil*, 1408 (ibid. f° 11). — *Lonueil*, 1480 (abb. de Montierneuf, 75). — Anc. seign. appart. au prieuré de Saint-Nicolas de Poitiers.

LOUP-PENDU (LE), h. c^{ne} de Saint-Pierre-de-Maillé.

LOURDINES, vill. c^{ne} de Curçay. — *Fontaine de Lordines*, 1487 (arch. de la Soc. des antiq. de l'Ouest; Ranton). — *Lourdines*, 1493 (carmes de Loudun). — *Lourdine*, 1618 (cure de Curçay). — Anc. fief relev. du château de Loudun.

LOURDINES (LES), carrières, cne de Migné. — *Lordines*, 1384 (abb. de Montierneuf, reg. 10). — *Grange des Lourdines*, 1609 (*ibid.* 56).

LOUTRE, f. cne d'Adriers.

LOUTRE, vill. cne de la Trimouille. — *Loustre*, 1677 (cure de la Trimouille). — *Loutre*, 1775 (rôle des tailles).

LOUZIL, lieu détruit, près la Montallerie, cne de Sérigny. — *Lozil*, 1384; *Louzil*, 1438; *Losil, Lousil*, 1481 (bar. de Luain). — Anc. fief et haute justice relev. de la bar. de Faye-la-Vineuse (Indre-et-Loire).

LUAIN, h. c{nes} de Sérigny et Saint-Christophe. — *Fulbertus de Luiens*, v. 1076 (cart. de Noyers, p. 85). — *Willelmus de Luens*, 1088 (cart. de St-Cyprien, p. 180). — *Luains*, 1410 (seign. de Luain). — *Luain* (Cassini). — Anc. bar. relev. de celle de Faye-la-Vineuse (Indre-et-Loire).

LUBERT, h. cne d'Availle-Limousine; — v. 1520 (seign. d'Availle).

LUCHAPT (on prononce LUCHAT), c{on} de l'Isle-Jourdain. — *Louchac* (pouillé de Gauthier, f° 176). — *Louchap, Lochap*, 1383 (taux du décime, p. 18 et 64). — *Lopchac*, 1442 (cure de l'Isle-Jourdain). — *Luchac*, 1478 (reg. synodal). — *Luchat*, 1479 (prieuré de Teil). — *Luchapt*, 1665; *Luchap*, 1717 (cure de Luchapt). — *S. Hilaire de Luchapt*, 1782 (pouillé).

Avant 1790 cette commune faisait partie de l'archiprêtré de Lussac, de la baronnie de Calais au ressort du Dorat (Haute-Vienne), et de l'élection de Confolens (Charente). La cure était à la nomination du prieur de Saint-Paixent.

LUCHÉ, f. cne de Saint-Sauvant. — *Villa que dicitur Lupiacus*, v. 980 (cart. de St-Cyprien, p. 281). — *Luchec*, 1332 (abb. de Nouaillé, 420). — *Luché*, 1526 (com{rie} de Roche, 6). — Anc. seigneurie.

LUCHÉ, h. cne de Varennes. — *Petrus de Luchec*, v. 1060 (cart. de St-Cyprien, p. 74). — *Petronus de Luchiaco*, 1060-1068 (*ibid.* 87); — *de Lupchiaco*, v. 1080 (Fonteneau, t. I, p. 468). — *Petrus de Luccheio*, v. 1090 (cart. de St-Cyprien, p. 232). — *Guillelmus de Luche*, v. 1180 (abb. de St-Benoît). — *La Tour de Luché*, 1508 (aveu de Mirebeau). — Anc. fief relev. de la bar. de Mirebeau.

LUCHET, vill. cne de Saint-Pierre-des-Églises. — *Louchiec*, 1309 (Gauthier, f° 182 v°). — *Luchec*, 1320 (évêché, 22). — *Luchet*, 1401 (*ibid.* 21). — *Luché*, 1775 (rôle des tailles).

LUÇONS (LES), h. cne de Saint-Gervais.

LUDERIE (LA), f. à la Milétrie, cne de Mignaloux. — *Domus de Ludrie*, 1333 (abb. de la Trinité, 20).

— *Luderie*, 1466 (abb. de la Celle, 14). — *La Ludrye autrement la Gauguerye*, 1580 (collège de Poitiers, 1).

LUDES (LES), h. et m{in} sur la Rune, cne de Marçay. — *Le Lude*, 1480 (livre de recette de Vivonne, f° 80 v°). — *Les Ludes*, 1761 (rôle des tailles). — Anc. fief relev. de la châtell. de Vivonne.

LUGUETRIE (LA), f. cne de Mirebeau.

LUINE (LA), ruiss. formé de deux petits cours d'eau qui se réunissent près la Bégandrie, cne de Coussay-les-Bois, traverse la cne de Lésigny pour se jeter dans la Creuse au chef-lieu de cette dernière cne. L'un de ces deux cours d'eau a sa source à Pleumartin, l'autre à l'extrémité occidentale de la cne de Leigné-les-Bois, qu'il traverse avant de pénétrer sur le territ. de Coussay-les-Bois. — *La Locre*, 1355 (abb. de la Merci-Dieu, 1). — *La Luize*, 1458 (notaires, Artaud à la Roche-Posay). — *La Luyze*, 1469 (fief de la Boutelaie). — *La Luyre*, 1477 (seign. de la Roche-Posay).

LUNOTRIE (LA), f. cne d'Oiré; — 1755 (terrier de la Groye, p. 673).

LURAULT, h. cne de Vendeuvre.

LUSIGNAN, ch.-l. de c{on}, arr{t} de Poitiers. — *Vicaria Liciniacensis in pago Pictavo*, 929 (abb. de Nouaillé). — *Infra castro Liziniaco*, 1009 (Fonteneau, t. XXI, p. 355). — *Hugo de Leziniaco*, 1078 ou 1079 (ch. de St-Hilaire, t. I, p. 99). — *Lezinan*, v. 1080 (Fonteneau, t. XIX, p. 45). — *Lusignon* (Li romans de Garin le Loherain, publié par M. P. Paris, t. I, p. 295). — *Lezinhans* (sirv. de Bertrand de Born, ap. Raynouard, Choix de poésies des troubadours, t. IV, p. 146). — *Hugo Brunus de Lezegneio*, 1127 (cart. de Talmont, ap. Mém. de la Soc. des antiq. de l'Ouest, t. XXXVI, p. 226). — *Castellum Lezenniaci*, 1171 (Fonteneau, t. V, p. 27). — *Lezignen*, 1220 (abb. de Nouaillé, 24). — *Lezegnan*, 1224 (Fonteneau, t. XVII, p. 51). — *Lezingniacum*, 1237 (*ibid.* t. XIX, p. 399). — *Leziniacum*, 1238 (abb. de Fontaine-le-Comte, 22). — *Guido de Lenzigniaco*, 1248 (Layettes du trésor des chartes, t. III, p. 44). — *Leseignen*, 1269 (Fonteneau, t. XXVI, p. 255). — *Lesignan*, 1271 (*ibid.* t. XXII, p. 319). — *Lezigné* (pouillé de Gauthier, f° 152 v°). — *Lisignanum*, 1307 (abb. de Fontaine-le-Comte, 1). — *Baronnie de Lusignen*, 1340 (*ibid.* 1). — *Lesignen*, 1352, 1381; *castellania de Lesigniaco*, 1419 (*ibid.* 22). — *Luzignen*, 1479 (compte de J. Bourdin). — *Lezignan*, 1520 (bissexte). — *Luzignan*, 1536 (épitaphe de François du Fou en l'église du Vigean). — *Lusignan*, 1573 (fief de la Tillolle).

Au xive et au xve siècle, la forme la plus usitée a été Lezignen ou Lesignen; au xvie, Luzignen; au xviie, Lusignen, Luzignan, Lusignan; au xviiie, Luzignan ou Lusignan.

Cette commune comprend le territoire des trois anciennes paroisses de Lusignan, Pranzay et Enjambes.

Lusignan avait un prieuré sous le nom de Notre-Dame, fondé en 1024 par Hugues IV de Lusignan et dépendant de l'abbaye de Nouaillé. Dans l'église prieurale était desservie une petite paroisse comprenant la haute ville; le prieur nommait à cette cure et à celles de Coulombiers et de Nesde. La basse ville était de la paroisse de Pranzay (voy. ce mot).

Le faubourg appelé Enjambes formait une paroisse à part (voy. ce mot). Une autre église paroissiale, Saint-Aquilin, dont il ne reste point de traces, est mentionnée dans une bulle de 1119 : *ecclesia Sancti Aquilini de Liziniaco* (Gall. christ. t. II, instr. col. 347), dans le pouillé de Gauthier, fo 152 : *ecclesie Sancti Aquilini patronatum habet abbas de Nobiliaco et est in castro de Lezigniaco nec habet cappellanum propter paupertatem*, et dans un registre de recette de la chevecerie de l'église cathédrale de Poitiers de l'an 1542 (chap. cathédral, 51). Il y eut aussi près de Lusignan un prieuré de Saint-Gilles (voy. ce mot). Le pouillé de Gauthier, fo 152 vo, indique deux aumôneries, dont l'une dite de la Font-de-Cé (voy. ce mot); leurs biens furent unis en 1695 à l'hôpital de Lusignan établi à cette époque.

Quelques maisons près la Font-de-Cé relevaient de la seign. de Curzay et étaient appelées le bourg de Curzay : *homines burgi domini de Cursaio militis, quod est apud Leziniactum*, 1230 (abb. de Nouaillé, 57). Ce bourg est mentionné dans tous les aveux du fief de Curzay.

L'archiprêtré de Lusignan, en l'archidiaconé de Briançay ou Brioux (Deux-Sèvres), comprenait, avec les paroisses de Notre-Dame de Lusignan, Pranzay et Enjambes, celles d'Alonne, Anché, Andillé, Batresse, Celle-l'Évécault, Château-Larcher, Cloué, Coulombiers, Croutelle, Fontaine-le-Comte, Iteuil, Ligugé, Marçay, Marigny-Chemerault, Marnay, Mezeaux, Rufligny, Saix-lès-Vivonne, Saint-Georges et Saint-Michel de Vivonne et Voulon. La dignité d'archiprêtre de Lusignan était unie à celle de prieur du chapitre de Celle-l'Évécault, suivant le pouillé de Gauthier, fos 134 et 152 vo; ces deux titres furent ensuite annexés à la cure de Voulon (voy. Voulon).

Lusignan fut le chef-lieu d'une viguerie mentionnée dans trois documents du xe siècle, avec ces localités : *villa Riberola*, Ribrolle, cne de Salles (Deux-Sèvres), 929 (Fontoneau, t. XXI, p. 241); *ecclesia Sancti Albini de Rubrio*, Rouvre (Deux-Sèvres), v. 975 (Fonteneau, t. LXVI, p. 193), et *villa Brittaniola*, peut-être Bretignole, cne de Saint-Maxire (Deux-Sèvres), v. 996 (Fonteneau, t. LXVI, p. 205); — puis d'une châtellenie, quelquefois qualifiée baronnie, qui, d'après le compte de Jean Bourdin, comprenait les paroisses de Lusignan, Avon (Deux-Sèvres), Bougon (*idem*), Celle-l'Évécault en partie, Chenay (Deux-Sèvres), Chey (*idem*), Cloué, Coulombiers, Curzay, Enjambes, les Forges (Deux-Sèvres), Jazeneuil, Lésigny, Marçay, Marigny-Chemerault, Mezeaux, Saint-Martin de Pamprou (Deux-Sèvres), Pers (*idem*), Pranzay, Rom en partie (Deux-Sèvres), Rouillé, Rufligny, Saint-Romans près Melle (Deux-Sèvres), Saint-Sauvant, Sevret (Deux-Sèvres), Vançay (*idem*) et Voulon. L'étendue de cette châtellenie toutefois n'était pas rigoureusement circonscrite dans les limites des paroisses qui viennent d'être indiquées. Un état du ressort du siège royal de Lusignan, dressé en 1787 par M. Filleau, procureur du roi au présidial de Poitiers, attribue à ce ressort des portions plus ou moins considérables de plusieurs autres paroisses, notamment de celles d'Anché, la Chapelle-Montreuil et Pairé (Vienne), et de celles d'Exoudun, la Motte-Saint-Héraye, Saint-Germier, Soudan et Vasles (Deux-Sèvres). En outre, il y avait des fiefs relevant du château de Lusignan dans les paroisses de Fontaine-le-Comte, Iteuil et Vivonne (Vienne), et dans celles de Clussay, Mougon, Saint-Éanne et Saint-Gelais (Deux-Sèvres). Le château de Lusignan a été démantelé en 1575 et rasé en 1622 (Thibaudeau, histoire du Poitou, t. IV, p. 304); il avait environ 60 fiefs dans sa mouvance directe.

Le plus ancien seigneur de Lusignan que l'on connaisse est Hugues le Veneur, père de Hugues le Cher qui fit bâtir le château de ce lieu, et aïeul de Hugues le Blanc (chronique de St-Maixent, ap. Labbe, Nova biblioth. manusc. libr. t. II, p. 206 et 218), qui paraît le premier dans les chartes poitevines, *Ugo Liziniacensis dominus* (cart. de St-Cyprien, p. 49, donation faite de 1004 à 1018). Ses successeurs du même nom possédèrent la seigneurie de Lusignan jusqu'au commencement du xive siècle. Guy, frère et héritier de Hugues XIII, étant mort en 1308 sans laisser de postérité, cette terre fut unie au domaine de la couronne par le roi Philippe le Bel.

Les sires de Lusignan étaient vassaux du comte

de Poitou, *comes Marchie facit duo homagia ligia domino comiti, unum videlicet ratione comitatus Marchio, et aliud ratione castri et castellanie de Leziniaco* (Hommages d'Alphonse, 1260, p. 90). Ils l'étaient aussi de l'évêque de Poitiers; en 1236, Hugues de Lusignan, comte de la Marche et d'Angoulême, reconnut, *ratione dominii Lezigniacensis*, être obligé de porter le prélat le jour de son intronisation dans l'église cathédrale (Fonteneau, t. III, p. 319). Guy, seigneur de Lusignan, comte de la Marche et d'Angoulême, remplit cet office en personne, avec les trois autres barons poitevins qui étaient assujettis à la même obligation, le 7 mai 1307, lors de l'entrée d'Arnaud d'Aux en sa ville épiscopale (évêché, 1; Besly, Évêques de Poitiers, p. 166). Cette charge incomba ensuite aux rois de France ou aux comtes apanagistes du Poitou.

Après sa réunion au domaine de la couronne, la châtellenie de Lusignan forma le ressort d'un siège royal dont les appels étaient portés au parlement de Paris, mais qui releva du présidial de Poitiers aux cas de l'édit de 1551. Il faut noter qu'en 1787, d'après l'état cité plus haut, les paroisses de Mezeaux, Ruffigny et Marigny-Chemerault étaient au ressort de la sénéchaussée de Poitiers et que celle de Saint-Romans près Melle avait été depuis longtemps attribuée au siège royal de Melle.

La châtellenie de Lusignan, moins les paroisses de Lésigny, Saint-Martin de Pamprou et Saint-Romans, faisait partie de l'élection de Poitiers.

En 1790, lors de l'organisation du département, Lusignan fut le chef-lieu d'un district composé des cantons de Lusignan, Couhé, Coulombiers, Sanxay et Vivonne. Le canton de Lusignan comprenait les communes de Lusignan, Celle-l'Évécault, Cloué, Comblé, Enjambes, Rouillé et Saint-Sauvant. Le 16 décembre de la même année, le canton de Coulombiers fut supprimé et remplacé par celui de Saint-Sauvant; les deux communes de Saint-Sauvant et Rouillé furent alors distraites du canton de Lusignan, qui, en compensation, s'accrut de celles de Coulombiers et Jazeneuil. Le district de Lusignan fut supprimé en 1795 et son territoire fut réuni en 1800 aux arrondissements de Poitiers et de Civray.

Les bois appelés le Grand Parc de Lusignan dépendaient du château de Lusignan : *les boys du Roy appellez les boys du veil parc de Luzignen*, 1499 (fief de Longe). Ils contenaient 153 hectares en 1831, lorsqu'ils furent aliénés par l'État.

LUSIGNAN (LA PLANCHE DE), terres sur le bord du ruiss. de Mazerolles, c^{ne} de Mazerolles. — *Decima de Lezignee*, v. 1120 (abb. de Nouaillé).

LUSIGNY, f. c^{ne} d'Usson. — *Willelmus de Lezinec*, 1169 (Fonteneau, t. XVIII, p. 391). — *Lessignet*, 1403 (gr. Gauthier, f° 262). — *Lezignet*, 1405 (ibid. f° 236 v°). — *Lézigné*, 1498 (fief de la Guéronnière). — *Luzigné*, 1514 (fam. du Breuil-Hélion). — *Lesignec, Lezignec*, 1528 (seign. d'Artron).

LUSSADEAU, h. c^{ne} de Champagné-Saint-Hilaire; — 1538 (chap. de St-Hilaire, 246).

LUSSAC-LE-CHÂTEAU, ch.-l. de c^{on}, arr^t de Montmorillon. — *In villa Luciago*, 780 (Foneneau, t. XXI, p. 31). — *Villa cujus vocabulum est Luciaco in vicaria Silarinse*, 901; *villa Luciacus in vicaria Exidualinse*, 927 (abb. de Nouaillé). — *De castello Luciaco*, v. 1065 (cart. de St-Cyprien, p. 34). — *Luceac*, 1159 (abb. de Montierneuf). — *Luchac, pons Luchiaci*, 1202 (abb. de Nouaillé, 19). — *Lucac* (pouillé de Gauthier, f° 176). — *Lussac* (ibid. f° 138). — *Lussac le Chastel*, 1434 (abb. de Nouaillé, 40). — *Lussacum Castri*, 1446 (seign. de Lussac). — *Lussac le Chasteau*, 1515 (prieuré de Saugé). — *Lussac-les-Châteaux*, 1780 (almanach provincial). — *Lussac-le-Château*, 1784 (carte du Poitou). — *Lussac-sur-Vienne*, 1794.

Le surnom donné à Lussac le distingue des autres localités du même nom, notamment de la plus voisine, Lussac-les-Églises, dép^t de la Haute-Vienne. C'est mal à propos que l'usage a prévalu d'écrire Lussac-les-Châteaux au lieu de Lussac-le-Château.

Il y avait à Lussac un prieuré sous le nom de Sainte-Marie-Madeleine, dépendant de l'abbaye de Saint-Savin, une église paroissiale sous le vocable de saint Maixent, donnée à la même abbaye en 1093 par Pierre II, évêque de Poitiers, et une aumônerie sous le vocable de saint Roch.

Cette ville était le chef-lieu d'un archiprêtré de l'archidiaconé de Poitiers, *archipresbiter de Luciaco*, 1225 (abb. de Nouaillé, 19), dont le curé de Moussac-sur-Vienne était titulaire (pouillé de Gauthier, f° 138), et dont le territoire renfermait les paroisses de Lussac, Adriers, Availle-Limousine, Bouresse, Bussière-Poitevine (Haute-Vienne), Châtain (idem), Gouex, l'Isle-Jourdain, Lessac (Charente), Luchapt, Mazerolles, Millac, Moulime, Moussac-sur-Vienne, Mouterre, Persac, Plaisance, Queaux, Saint-Barbant (Haute-Vienne), Saint-Paixent, Saint-Remy, Sillars et le Vigean.

Dans l'ordre civil, Lussac était le siège d'une châtellenie qui relevait de la baronnie de Calais, unie au comté de la basse Marche, et ressortissait au siège royal du Dorat; mais, dès le XVIe siècle, les habitants de cette contrée avaient pris l'habitude d'aller plaider à Montmorillon. La châtellenie de Lussac, qualifiée marquisat depuis la fin du xvii° s°, comprenait les paroisses de Lussac, la Chapelle-Viviers, Civaux, Gouex, Mazerolles, Persac et Queaux; elle faisait partie de l'élection de Poitiers. Le château seigneurial est détruit.

L'ancien pont de Lussac, sur la Vienne, était construit vis-à-vis du village du Pont, c°° de Mazerolles.

En 1790 Lussac-le-Château devint le chef-lieu d'un canton dépendant du district de Montmorillon et formé des communes de Lussac-le-Château, Bouresse, Civaux, Gouex, Mazerolles, Persac et Sillars. Cette circonscription fut modifiée en 1801.

La forêt de Lussac, autref. dép. du marquisat de ce nom, avait en 1657 une superficie de 630 arpents, dont 550 en futaies et 80 en terres vagues (seign. de Lussac).

Lussaudrie (La), f. c°° de Mignaloux. — *La Lussaudrye*, 1654 (notaires, Gaultier à Poitiers). — *La Russauderie*, 1866 (dénomb.).

Lussay, h. c°° de Ceaux, c°° de Loudun. — *Luccy*, 1271 (chap. de S¹-Hilaire, 427). — *Lussay*, 1449 (com°° de Loudun, 30).

Lussay, vill. c°° de Saint-Pierre-de-Maillé. — *Lussayum*, 1320 (évêché, 22). — *Lussay*, 1353 (*ibid*. 33). — Le fief de la Salle de Lussay relevait de la bar. d'Angle.

Lusseau, fontaine, près Dalidant, c°° de Saint-Pierre-d'Exideuil. — *Ruisseau de la fontaine de Lusseau*, 1786 (notaires, Baudinot à Civray).

Lussinge, h. c°° de Saint-Laon. — Une communauté de religieuses de l'ordre de Sainte-Claire y fut établie en 1626; elle fut transférée à Thouars (Deux-Sèvres) en 1652 à cause de l'isolement et de l'insalubrité du lieu (clergé, 19). — *Lusinge*, 1626 (arch. de la Soc. des antiq. de l'Ouest, n° 367). — *Lussinge* (Cassini).

Lusson, m°° détruit, en aval du m°° de Trouvé, sur le ruiss. de la Reguilouzière, c°° de Saint-Gervais; — 1550 (cure de Sérigny).

Lussonnières (Les), f. c°° de Saint-Savin. — *Les Luxonnières*, 1572 (abb. de S¹-Savin, 29). — *Les Lussonnières*, 1573 (fam. Scourion, 1).

Luth (Le), f. c°° de Quinçay. — *Champ du Luc*, 1559 (chap. de S¹-Hilaire, 397). — *Terroir du Luth*, 1664 (*ibid*. 414).

Lutière (La), h. c°°° de Saint-Pierre-de-Maillé et Mérigny (Indre); — 1561 (abb. d'Angle).

M

Mable (Le), ruiss. prend sa source dans la c°° d'Orches, sépare la c°° de Sérigny de celles de Bertegon, Prinçay et Nueil-sous-Faye, entre dans le dép¹ d'Indre-et-Loire, passe à Richelieu et tombe dans la Veude à Champigny-sur-Veude. — *Rivus Meabilæ*, v. 1108 (cart. de Noyers, p. 392). — *Rivière de Mable*, 1462 (com°° de l'Isle-Bouchard, 34); — *du Mable*, 1501 (seign. de Germigny).

Machaux (Les), m. détruite et débris de constructions romaines, près les Pissotières, c°° de Senillé.

Machecou, m°° sur la Cloudre, c°° de Saint-Maurice. — *Moulin de Machegoux*, 1422; — *de Machecou, Machigoux*, 1499 (chap. de S¹-Pierre-le-Puellier, 23); — *de Machicou*, 1548 (*ibid*. 24). — Anc. fief appart. au chapitre de Saint-Pierre-le-Puellier de Poitiers et relev. du fief du Fouilloux.

Machefer (Le), f. c°° de Targé.

Machefer (Le), ruiss. a sa source près Bourgneuf, c°° de Bertegon, sépare cette c°° de celle de Prinçay et tombe dans le Mable.

Machelidon (La), f. c°° de Journet. — *Fosses-à-Marchelidone*, 1841 (nomencl.).

Machère (La), vill. c°° du Bourg-Archambault. — *La Machère*, 1346 (maison-Dieu, 81). — *La Machière*, 1635 (*ibid*. 13).

Machère (La), vill. c°° de Saugé. — *La Machère*, 1408 (gr. Gauthier, f° 121). — *La Macherie*, 1496 (fief de la Lande). — *La Macherre*, 1580 (fief de l'Âge-Rouil). — Un moulin de la Macherie est mentionné en 1654 (terrier de Rouflac, 106 et 108).

Machetteau, f. c°° de Saint-Germain. — *Machetteau*, 1567 (abb. de S¹-Savin, 22).

Machine (La), h. c°° de Chenevelles.

Machine (La), h. c°° de Coussay-les-Bois.

Machine (La), f. près Pouzieux, c°° de Coussay-les-Bois.

Machine (La), h. c°° de Saint-Sauveur.

Maçonnière (La), h. c°° de la Bussière. — *La Massonnière*, 1639 (seign. de la Roche-Aguet).

Macre (Moulin de), c°° de Lusignan; anc. m°° près la source d'un ruiss. qui se jette dans la Vonne.

Madame (Chemin de), par lequel Anne de France, vicomtesse de Châtellerault, qui le fit ouvrir, se rendait à pied de sa maison de la Berlandière à l'église de Notre-Dame de Châtellerault (Thibaudeau, hist. du Poitou, t. III, p. 166). — *Chemin de Madame*, 1562 (chapelle de S¹-Marc à Châtellerault).

MADELEINE (LA), chapelle, cⁿᵉ de Beaumont. — *Chapelle de la Magdalaine, parroisse de Moussay*, 1520 (chap. de Notre-Dame-la-Grande, 27). — *La Magdelaine*, 1669 (seign. de Baudiment). — Anc. paroisse de la Madeleine de Baudiment. Voy. BAUDIMENT.

MADELEINE (LA), mⁱⁿ sur le Martiel, cⁿᵉ de Bournan. — *Moulins de la Magdalaine*, 1646 (comʳⁱᵉ de Loudun, 18).

MADELEINE (LA), rue et faubourg de Mirebeau, qui tirent leur nom d'un anc. prieuré et cure dép. de l'abbaye de Vézelay (Yonne). — *Ecclesiam Sancte Marie Magdalene juxta Mirebellum claustrum*, 1102 (bulle du pape Pascal II pour l'abbaye de Vézelay, ap. Bibliotheca Cluniacensis). — *Prioratus de Viziliaco*, 1245 (Besly, Évêques de Poitiers, p. 141). — *Verzelayum*, 1267 (chap. de S¹-Hilaire, 139). — *Rector de Vezallaio*, 1288 (évêché, 87). — *Ecclesia de Vezeilliaco* (pouillé de Gauthier, f° 170 v°). — *Prioratus de Verdelhiaco* (ibid. f° 146); — *de Verdelay*, 1383 (taux du décime, p. 20). — *Paroisse de la Magdalaine de Vesselay*, 1421 (chap. de Notre-Dame-la-Grande, 61). — *Vezellay*, 1445 (prieuré de S¹-André de Mirebeau, 2). — *Rector de Verdeleyo*, 1478 (reg. synodal); — *de Vedelayo*, 1520 (bissexte). — *Prieuré de la Magdalayne de Vedellay lez Myrebeau*, 1536 (chap. de S¹ᵉ-Radegonde, 95). — *Vezelay*, 1649 (bissexte). — *Sainte-Marie-Magdeleine de Vezelai-lès-Mirebeau*, 1782 (pouillé).

Le fief de Vézelay, appartenant au couvent de Lencloître, relevait de la baronnie de Mirebeau en franche aumône.

MADELEINE (LA), caves creusées dans le roc et servant d'habitation, cⁿᵉ de Senillé; dép. autref. du prieuré de la Madeleine du Bornais.

MADELEINERIE (LA); h. cⁿᵉ de Vellèche.

MAGNÉ, cⁿ de Gençay. — *Magniacum*, 1169 (Fonteneau, t. XVIII, p. 391). — *Maigné*, 1290 (chap. de S¹-Pierre-le-Puellier, 1); 1649 (bissexte). — *Maygnec* (pouillé de Gauthier, f° 151). — *Meignec*, *Maignec*, 1334 (chap. de S¹-Hilaire, 439). — *Meigné*, *Meignet*, 1404 (gr. Gauthier, f° 86 v°). — *Meigné lez Gençay*, 1543 (chap. de S¹-Pierre-le-Puellier, 1). — *Magné*, 1596 (aides et équivalents, p. 15). — *S. Médard de Magné*, 1782 (pouillé).

Avant 1790 Magné faisait partie de l'archiprêtré et de la châtellenie de Gençay, de la sénéchaussée et de l'élection de Poitiers. Le fief de Magné toutefois relevait du comté de Civray. Un autre fief du même nom, aussi appelé *le Masta* (1580, fief de Gençay), relevait de la vicomté de Gençay. La cure était à la nomination du prieur de Ligugé.

MAGNÉ, mⁱⁿ sur le Clain, cⁿᵉ de Château-Garnier. — *Moulin de Maigné*, 1561 (fief de la Chaufferie).

MAGNOU (LE), h. cⁿᵉ d'Availle.

MAGNOU (LE), f. cⁿᵉ de Brux; — 1594 (fief de Panièvre).

MAGNOU (LE), ff. cⁿᵉ de la Bussière. — *Boys du Maignoux*, 1480 (couv. de la Puye, 7). — *Seigneurie du Maignoux*, v. 1500 (évêché, 33). — *Le grand Maignou*, 1649 (fam. Scourion, 2). — *Le Mugnoux*, 1618 (seign. de la Roche-Aguet). — Anc. fief et haute justice relev. de Gouzon.

MAGNOU (LE), h. cⁿᵉ de Châtillon; — 1676 (seign. de Couhé). — Anc. fief relev. du marq. de Couhé.

MAGNOU (LE), chât. cⁿᵉ de Linazay. — *Le Maignou*, 1389 (gr. Gauthier, f° 246). — *Le Maigniou*, 1405 (fam. Jousserant, 1). — *Le Maignou Baupin*, 1498 (fief de la Chaux). — *Le Maignou de Linazay*, 1527 (seign. du Magnou). — *Le Magnou*, 1623 (fief du Magnou). — Anc. fief relev. du comté de Civray.

MAGNOU (LE), h. cⁿᵉ de Mignaloux. — *Le Magnou*, 1605 (abb. de S¹ᵉ-Croix, 24). — *Le Magnou*, 1637 (abb. de la Trinité, 38).

MAGNOU (LE), h. cⁿᵉ de Romagne. — *Le Maignyou*, 1450 (cure de Romagne). — *Le Magnyou*, 1516 (seign. du Parc et de Boisvert, 1). — *Le Maignou*, 1547 (ibid. 2). — *Le Magnoux*, 1607 (chap. de S¹-Hilaire, 251).

MAGNOU (LE), h. cⁿᵉ de Savigné. — *Arbergamentum de Maynious*, 1260 (abb. de Charroux). — *Le Maignyou*, 1537 (fam. Jousserant, 2). — *Le Maignou*, 1679 (notaires, Pascault à Civray).

MAGNOU (LE), f. cⁿᵉˢ de Savigny et Orches. — *Boys du Maignoux*, 1384 (abb. de S¹-Benoît, 20). — *Le Maignou*, 1529 (chap. cathédral, 41). — *Le Magnou*, 1627 (seign. du Magnou). — Anc. fief relev. de Lauberdière.

MAGNOU (LE), h. cⁿᵉ de Thurageau. — *Maignos*, v. 1300 (seign. de Chénéché, 1). — *Le Maigneux*, 1389 (arch. nat. chambre des comptes, reg. 330, n° 27). — *Le Maygnoulx*, 1527 (abb. de Montiernent, 74). — *Le Magnou*, 1765 (rôle du vingtième).

MAGNOU (LE), ff. cⁿᵉ du Vigean.

MAGNY (LE), f. cⁿᵉ de Lésigny. — *Fief des Magnys*, 1544 (cure de Leugny).

MAI (LES), f. cⁿᵉ de Bellefont. — *Les Mez*, 1482 (comʳⁱᵉ de S¹-Georges, 7). — *Village d'Esmée*,

1590 (seign. de Bellefont). — *Les Mées*, 1609 (abb. de S¹-Cyprien, 20).

Maigne (La), m. r. et m¹ⁿ sur la Vienne, cⁿᵉ de Maze-rolles. — *Terra que dicitur Alemania in ripam Vigenne ?* v. 1080 (cart. de S¹-Cyprien, p. 141). — *Moulin d'Alemaigne*, 1457; *la Maigne*, 1574, 1625; *Almaigne*, 1618 (famille de Savatte de Genouillé). — Anc. fief relev. du marq. de Lussac-le-Château.

Maignet, m. r. cⁿᵉ de Lavoux.

Maigrette (Chemin de la), de Saint-Remy-sur-Creuse à Dangé.

Mail (Le), m. r. cⁿᵉ de Mignaloux.

Maillardière (La), h. cⁿᵉ de Targé; — 1455 (abb. de S¹-Cyprien, 21).

Maillards (Les), f. cⁿᵉ de Leigné-les-Bois.

Maillasson (Étang de), cⁿᵉ de Montmorillon.

Maillaudière (La), h. cⁿᵉ de la Chapelle-Montreuil; — 1511 (abb. de Montierneuf, 84).

Maillé ou Saint-Pierre-de-Maillé, cⁿᵉ de Saint-Savin. — *Mailee, Maille, Maillec*, 1195 (docum. inédits publiés par la Soc. des antiq. de l'Ouest, p. 152). — *Parrochia de Maylleio*, 1274 (cart. de la Merci-Dieu, 230). — *Guillelmus de Mallec*, 1278 (évêché, 33). — *Mailhec, Maylliacum, Mayllec* (pouillé de Gauthier, fᵒˢ 139, 148 vᵒ et 178). — *Sanctus Petrus de Malhec, Sanctus Fidolus de Malhac*, 1309 (Gauthier, fᵒ 198). — *Parrochia Sancti Phidoli de Malle*, 1383 (taux du décime, p. 20). — *S. Pierre de Maillé*, 1807 (annuaire).

Une partie du bourg, située sur la rive gauche de la Gartempe, est appelée le Bas-Bourg.

Avant 1790 Maillé faisait partie de l'archiprêtré et de la baronnie d'Angle, de la sénéchaussée de Poitiers et de l'élection du Blanc, généralité de Bourges. Il y avait à Maillé deux églises paroissiales à la nomination de l'évêque, Saint-Pierre et Saint-Phesle, *S. Phelasius* (pouillé de Gauthier, fᵒ 178); *S. Fidolus*, 1309 (Gauthier, fᵒ 198); *S. Feodolus*, 1320 (évêché, 22); *S. Fesle*, 1464 (abb. de l'Étoile); *S. Phesle*, 1589 (évêché, 33). Ces deux églises, attribuées par Gauthier de Bruges (fᵒ 148 vᵒ de son pouillé) à l'archiprêtré d'Angle, sont cependant (fᵒ 139 même pouillé) rangées parmi celles qui étaient *de camera episcopi, extra decanatus et archipresbyteratus*, dans l'officialité de Chauvigny. Le *taux du décime* de 1383 les place encore dans cette officialité. La paroisse de Saint-Phêle a formé une municipalité distincte qui a été réunie à celle de Saint-Pierre le 18 novembre 1801. Depuis ce temps-là on a appelé la commune Saint-Pierre-de-Maillé pour la distinguer de celle du même nom située dans le canton de Vouillé.

Le pont de Maillé, sur la Gartempe, mentionné dans un acte du 28 mars 1458 (abb. d'Angle), a été renversé par les eaux en 1741 (Fonteneau, t. LII, p. 65). — En 1480, noble homme Jehan Guiffart était «maistre de la forge à fer de Maillé près Angle» (évêché, 37).

Maillé, cᵒⁿ de Vouillé. — *In villa Marliaco, in pago Toarcinse, in vicaria Tenaciacinse*, 913 (abb. de Nouaillé). — *Terra de Masliaco*, 1164 (Fonteneau, t. V, p. 591). — *Maallé*, 1278 (abb. de S¹ᵉ-Croix, 28). — *Maillé*, 1284 (Fonteneau, t. V, p. 656). — *Mailhé*, 1299 (abb. de S¹ᵉ-Croix, 36). — *Mayllé*, 1306 (ibid. 9).

Maillé, section de l'ancienne paroisse d'Ayron, châtellenie de Montreuil-Bonnin, formait dès le commencement du xvɪɪɪᵉ siècle une communauté d'habitants distincte de celle d'Ayron. L'abbesse de Sainte-Croix de Poitiers exerçait les droits de seigneurie et de haute justice en ce lieu. En 1443, le roi Charles VII permit aux religieuses de Sainte-Croix de fortifier leur hôtel de Maillé (abb. de S¹ᵉ-Croix, 36). Un fief de Maillé, qui s'étendait principalement sur la paroisse de Vouzailles, relevait de la bar. de Mirebeau. Cette cⁿᵉ est réunie pour le spirituel à celle d'Ayron.

Maillé, h. cⁿᵉ de Saint-Martin-Lars. — *Maillet*, 1403 (gr. Gauthier, fᵒ 230 vᵒ). — *Mailhé*, 1409 (ibid. fᵒ 215 vᵒ).

Maillerie (La), t. cⁿᵉ de Charroux; — 1573 (cure de Charroux).

Mailleroux, h. cⁿᵉ d'Ayron. — *Malleroue*, 1266; *Mailherouhe*, 1467 (abb. de S¹ᵉ-Croix, 28).

Mailletière (La), prairie traversée par la Clouère, cⁿᵉ de Saint-Maurice. Une maison y existait en 1619 (seign. de Panièvre).

Mailletrie (La), lieu détruit, auj. inconnu, cⁿᵉ de Bellefont. — *La Mailletrye, tenant au chemin de l'église de Bellefons au village des Ceuilles*, 1641 (abb. de S¹-Cyprien, 20).

Mailletrie (La), m. près Logerie, cⁿᵉ de Bonneuil-Matours. — *La Maillettrye*, 1579 (seign. de Touffou, 3).

Mailletrie (La), h. cⁿᵉ de Marigny-Brizay. — *La Mailletrye*, 1631 (fam. Chabot).

Maillets (Les), vill. cⁿᵉˢ de la Chapelle-Moulière et Liniers.

Maillezac (Le Grand et le Petit-), ff. cⁿᵉ de Sillars. — *Magesac*, 1498 (fief de Pindray). — *Magezac*, 1504; *le grant Mailhezat*, 1530 (maison-Dieu, terrier, fᵒ 309 vᵒ). — *Mayezac*, 1571 (cure de la Chapelle-Viviers). — Anc. fief relev. de la bar. de Montmorillon.

Mailloche (La), m. détruite, près Varennes, c^{ne} d'Ingrande; — 1594 (seign. de Chêne, inv.).

Maillochon, faubourg de Poitiers; — 1660 (seign. de Chéneché, 8).

Maillolière (La), chât. et h. c^{ne} de Blanzay. — *La Maillolère, la Mailholère*, 1405 (gr. Gauthier, f° 231). — *Feu Aymery Mailhon de la Mailholière*, 1498 (fief de la Maillolière). — Anc. fief relev. du comté de Civray.

Maillolière (La), à Bois-Métais, c^{ne} de Jazeneuil; anc. fief relev. du Portail de Bois-Métais. — *La Moillerie*, 1413; *la Maillollière*, 1433 (seign. de la Maillolière). — *La Maylhorière*, 1529; *la Maillolière autrement appelée la Grand Maison*, 1775 (seign. de Curzay).

Maillorlières (Les), f. c^{ne} de Persac.

Main (Moulin de), sur le ruiss. de Saint-Martin, c^{ne} de Saint-Gervais. — *Moulin de Maen*, 1313 (seign. des Mées); — *de Main*, 1774 (aveu de la bar. de la Touche); — dép. autref. de la seign. de Mouclair.

Maine (Moulin de), sur le ruiss. du même nom, c^{ne} de Nueil-sous-Faye.

Le ruiss. ou veude de Maine prend naissance près Coupigny, c^{ne} de Dercé, fait mouvoir plusieurs moulins sur le territ. de Maulay et, après s'être réuni à la veude de Goille sur le territ. de Nueil-sous-Faye, se jette dans le Mable.

Maine (La Petite-), petite riv. appelée Martiel avant d'arriver au château de la Motte-Champdeniers, c^{ne} des Trois-Moutiers, sépare cette c^{ne} de celle de Roiffé, passe à Raslay et, après avoir servi de limite entre les c^{nes} de Saix et de Morton, va se jeter dans la Dive près Épieds (Maine-et-Loire).

Maingotière (La), h. c^{ne} de Saint-Macon. — *La Mangotère*, 1406 (gr. Gauthier, f° 221). — *La Mangotière*, 1525 (com^{rie} de Civray, 2).

Maingotière (La), f. c^{ne} de Voulon.

Maingotières (Les), lieu détruit, près Jeu, c^{ne} d'Ingrande. — *Les Maingottières* (Cassini).

Maingre (La), f. et bois, c^{ne} de Saint-Maurice. — *La Mingue*, 1404 (gr. Gauthier, f° 89 v°). — *La Meingre*, 1580 (fief de Gençay). — *La Maingre*, 1710 (rôle des tailles). — Anc. fief relev. de la vic. de Gençay.

Maingre (La Petite-), f. c^{ne} de Brion.

Mairé, Mairé-le-Gaulier ou Méné, c^{ne} de Pleumartin. — *Mairé*, 1225 (cart. de la Merci-Dieu, 239). — *Mayré* (pouillé de Gauthier, f° 147 v°). — *Meré le Gaulier*, 1455 (abb. de St-Cyprien, 21). — *Mayré le Golier*, 1520 (bissexte). — *Mairé le Gaulier*, 1649 (ibid.). — *Meré* (Cassini). — Prieuré et cure de S. Silvain de Meré-le-Gautier, de Mairé-le-Gaultier, 1782 (pouillé, p. 66 et 139).

Avant 1790 la paroisse de Mairé-le-Gaulier faisait partie de l'archiprêtré de Châtellerault, de la vicomté de la Guerche et de l'élection de Loches en Touraine. Le prieuré et la cure dépendaient de l'abbaye de Preuilly (Indre-et-Loire). Le fief de Mairé-le-Gaulier relevait de la vic. de la Guerche (*idem*).

Maison-au-Roi (La), m. r. c^{ne} d'Oiré. — *La Maison au Roy*, 1481 (com^{rie} de la Foucaudière, 1). — *La Maison Roy*, 1620 (abb. de St-Cyprien, 24). — *La Maison Roy des Bois*, 1755 (terrier de la Groye, p. 720).

Maison-Blanche (La), f. c^{ne} d'Asnières.

Maison-Blanche (La), m. près le Petit-Bernusson, c^{ne} de Châtellerault.

Maison-Blanche (La), m. r. c^{ne} de Civaux.

Maison-Blanche (La), m. isolée, c^{ne} de Fontaine-le-Comte.

Maison-Blanche (La), h. c^{ne} de Messay.

Maison-Blanche (La), m. r. c^{ne} de Veniers.

Maison-Bouchet (La), vill. c^{nes} d'Amberre et Varennes; — 1594 (chap. de Mirebeau, 23).

Maison-Bruleau (La), f. c^{ne} de Fontaine-le-Comte. — *La Maison à Brureau*, 1503; *la Maison Brusleau*, 1604 (abb. de Fontaine-le-Comte, 9).

Maison-Brûlée (La), f. c^{ne} de la Chapelle-Montreuil. — *La Maison brullée*, 1716 (rôle des tailles).

Maison-Brûlée (La), f. c^{ne} de Mirebeau.

Maison-Brûlée (La), m. isolée, c^{ne} de Rouillé.

Maisoncelle, vill. c^{ne} de Brux; — 1599 (seign. de Couhé).

Maisoncelle, h. c^{ne} de Lusignan. — *Maisoncelles*, 1379 (gr. Gauthier, f° 56).

Maisoncelle, vill. c^{ne} de Saint-Remy. — *Maisons Celles*, 1407 (gr. Gauthier, f° 118). — *Maisoncelles*, 1483 (fief de Beaupuy).

Maison-Cuat (La), m. isolée, c^{ne} des Trois-Moutiers.

Maison-Coupée (La), f. c^{ne} de Mignaloux.

Maison-de-Bois (La), f. c^{ne} de Fontaine-le-Comte.

Maison-de-Paille (La), h. c^{ne} de Saint-Sauveur.

Maison-des-Champs (La), f. c^{ne} de Fleix.

Maison-de-Sossay (La), m. r. c^{ne} de Sossay.

Maison-de-Terre (La), f. c^{ne} de Targé.

Maison-de-Terre (La), m. r. c^{ne} de Vendeuvre.

Maison-de-Travers (La), m. isolée, c^{ne} de Leigné-les-Bois.

Maison-Gâtine (La), m. r. c^{ne} de Mirebeau.

Maison-Hode (La), h. c^{ne} de Saint-Romain-sur-Vienne. — *La Maison Haudays*, 1509; *la Maison Hode*, 1710 (cure de St-Romain).

Maison-Martin (La), h. c^{ne} de Sossay; — 1574 (seign. de Puygarreau, 7); — alias Lausaize, 1639 (ibid. 8).
Maison-Midi (La), m. r. c^{ne} de la Roche-Posay.
Maisonnais, h. c^{ne} de Luchapt. — Maysonnays, 1582 (seign. de l'Isle-Jourdain). — Maisonnais, 1665 (cure de Luchapt).
Maisonneau, h. c^{ne} de Château-Garnier.
Maisonnettes (Les), h. c^{ne} de la Chapelle-Montreuil; — 1637 (abb. de Montierneuf, 88).
Maisonnettes (Les Petites-), f. c^{ne} de la Chapelle-Montreuil. — La petite Maisonnette, 1712 (rôle des tailles).
Maison-Neuve (La), m. r. c^{ne} d'Anché.
Maison-Neuve (La), à Andillé, anc. fief relev. de la Clielle. — La Maison neufve d'Andillé, 1625 (titres de Château-Larcher).
Maison-Neuve (La), m. r. c^{ne} d'Antran. — La Maison neufve, 1452 (duché de Châtellerault, 5). — Anc. fief et haute justice relev. de la Motte d'Usseau.
Maison-Neuve (La), h. c^{ne} d'Archigny; — 1774 (évêché, 37).
Maison-Neuve (La), f. c^{ne} d'Availle.
Maison-Neuve, m. isolée, c^{ne} d'Availle-Limousine.
Maison-Neuve (La), h. c^{ne} de Béthines.
Maison-Neuve (La), f. détruite, c^{ne} de Bignoux; autref. à l'abbaye de Saint-Hilaire de la Celle de Poitiers. — Herbergamentum de Domo nova, 1315; la Maison neufve, 1438 (abb. de la Celle, 14).
Maison-Neuve (La) ou Bas-Teil, chât. en ruine et ff. c^{ne} de Bonnes. — La Maison neufve, 1596 (prieuré de St-Martin d'Angle).
Maison-Neuve (La), h. c^{ne} de Bonneuil-Matours. — La Tousche de Touffou aultrement la Mayson neufve, 1594 (seign. de Touffou, 3).
Maison-Neuve (La), f. c^{ne} du Bouchet.
Maison-Neuve (La), f. c^{ne} de Bouresse.
Maison-Neuve (La), f. c^{ne} de Brion.
Maison-Neuve (La), f. c^{ne} de Buxeuil. — La Maison neufve, 1663 (prieuré de Vaugibault).
Maison-Neuve, f. c^{ne} de la Chapelle-Montreuil.
Maison-Neuve, f. c^{ne} de Châtellerault. — Maison neufve, 1621 (fief du Savinier).
Maison-Neuve (La), f. c^{ne} de Chouppes.
Maison-Neuve (La), h. c^{ne} de Colombiers; distrait de la c^{ne} de Naintré le 7 décembre 1825. — Mestairie des Deffens autrement la Maison neufve, 1621 (fief de Colombiers).
Maison-Neuve (La), m. r. c^{ne} de Dangé. — La Maison neufve, 1642 (duché de Châtellerault, 3).
Maison-Neuve (La), h. c^{ne} de Dissay.
Maison-Neuve (La), f. c^{ne} de Fleuré.

Maison-Neuve (La), h. c^{ne} de Genouillé. — La Maison neufve, 1602 (fam. de Gorot).
Maison-Neuve, h. c^{ne} de Leigné-les-Bois. — La Maysson neufve, 1646 (com^{rie} de la Foucaudière, 12). — Anc. fief.
Maison-Neuve (La), lieu détruit, c^{ne} de Liniers; anc. fief relev. de la châtell. de Touffou. — La Maison neufve, 1547 (aveu de Touffou).
Maison-Neuve (La), f. c^{ne} de Lizant.
Maison-Neuve (La), h. c^{ne} de Loudun.
Maison-Neuve (La), ff. c^{ne} de Lussac-le-Château; — 1734 (rôle des tailles).
Maison-Neuve (La), f. c^{ne} de Mignaloux.
Maison-Neuve (La), f. c^{ne} de Mondion.
Maison-Neuve, vill. c^{ne} de Montgauguier. — Les Maysons noes, 1284 (com^{rie} de St-Georges, 19). — Molin de Meson nueve, 1396 (ibid. 22). — Les Mesons neuez, 1439 (abb. de Ste-Croix, 59). — Maison neufve, 1554 (chap. de Mirebeau, 23). — Notre-Dame de Maison-Neuve de Montgauguier, 1785 (almanach provincial, p. 113). — La chapelle de Notre-Dame est auj. l'église paroissiale de la c^{ne} de Montgauguier.
Maison-Neuve (La), h. c^{ne} de Montgauguier.
Maison-Neuve, h. c^{ne} de Montreuil-Bonnin. — Aigremond, 1476 (abb. du Pin, 30). — Maison neufve, 1584 (abb. de St-Cyprien, 14). — Maison neuve, anciennement Naigremont, 1688 (abb. du Pin, 30).
Maison-Neuve, f. c^{ne} de Monts-sur-Guesne.
Maison-Neuve (La), h. c^{ne} de Mortemer.
Maison-Neuve (La), m. r. c^{ne} de Moussac-sur-Vienne.
Maison-Neuve, f. c^{ne} de Mouterre-Silly. — La Maison neufve, 1546 (com^{rie} de Loudun, 23).
Maison-Neuve (La), f. c^{ne} de Naintré; — 1683 (fief du Puy de Naintré).
Maison-Neuve (La), f. c^{ne} de Nalliers. — La Maison neufve, 1626 (cure de Nalliers).
Maison-Neuve (La), h. c^{ne} de Nueil-sous-Faye.
Maison-Neuve, h. c^{ne} d'Ouzilly-Vignolles. — Maison neufve, 1582 (arch. de la Soc. des antiq. de l'Ouest; Loudunais, 7). — Chapelle et appartenances de la Maison neufve à Ouzillé, appart. à l'abbaye de Saint-Jouin et relev. de Baussay (ms. Trincant).
Maison-Neuve (La), m. r. c^{ne} de Poiroux.
Maison-Neuve (La), m. détruite, près Grouin, c^{ne} du Port-de-Piles.
Maison-Neuve (La), f. c^{ne} de la Puye.
Maison-Neuve (La), m. r. c^{ne} de Queaux.
Maison-Neuve (La), f. c^{ne} de Saint-Benoît; — 1713 (abb. de St-Benoît, 9).

Maison-Neuve (La), f. c^{ne} de Saint-Christophe.
Maison-Neuve (La), h. c^{ne} de Saint-Clair.
Maison-Neuve (La), h. c^{ne} de Saint-Genest. — *La Maison neufve*, 1439 (terrier de Gironde, f° 22). — Anc. fief relev. d'Abin.
Maison-Neuve (La), près la Jarrie, h. c^{ne} de Saint-Gervais.
Maison-Neuve (La), près la Touche, c^{ne} de Saint-Gervais; anc. fief relev. de la bar. de la Touche; — 1774 (aveu de la bar. de la Touche); — auj. inconnu.
Maison-Neuve (La), f. c^{ne} de Saint-Martin-Lars.
Maison-Neuve, h. c^{ne} de Saint-Maurice.
Maison-Neuve (La), près Rinsac, f. c^{ne} de Saint-Pierre-de-Maillé.
Maison-Neuve (La), f. c^{ne} de Saint-Pierre-des-Églises; — 1775 (rôle des tailles).
Maison-Neuve (La), f. c^{ne} de Saint-Pierre-d'Exideuil. — *La Maison neufve*, 1643 (notaires, Vaugelade à Civray).
Maison-Neuve (La), f. c^{ne} de Saint-Sauveur.
Maison-Neuve (La), m. r. c^{ne} de Sanxay.
Maison-Neuve (La), f. c^{ne} de Savigné.
Maison-Neuve (La), h. c^{ne} de Scorbé-Clairvaux.
Maison-Neuve (La), f. c^{ne} de Senillé.
Maison-Neuve (La), f. c^{ne} de Sérigny. — *La Maison neufve*, 1552 (cure de Sérigny).
Maison-Neuve (La), h. c^{nes} de Sèvre et Poitiers.
Maison-Neuve (La), près la Fouchardière, f. c^{te} de Sillars.
Maison-Neuve (La), près Fougerolles, h. c^{ne} de Sillars; — 1766 (rôle des tailles).
Maison-Neuve, f. c^{ne} de Smarve. — *La Maison neufve*, 1623 (abb. de la Trinité, 72).
Maison-Neuve (La), m. r. c^{ne} de Tercé.
Maison-Neuve (La), h. c^{ne} de Thurageau. — *La Maison neve*, v. 1300 (seign. de Chéneché, 1).
Maison-Neuve (La), f. c^{ne} de la Trimouille. — *La Maison neufve*, 1592 (maison-Dieu, 107).
Maison-Neuve, h. c^{ne} de la Vausseau.
Maison-Neuve (La), m. r. c^{ne} de Vellèche.
Maison-Neuve (La), m^{in} sur le Martiel, c^{ne} de Veniers.
Maison-Neuve (La), m. r. c^{ne} de Vernon.
Maison-Neuve (La), h. c^{ne} de Verrue.
Maison-Neuve (La), m. près Civéné, c^{ne} de Vezières. — *La Maison neufve*, 1622 (cure de Vezières).
Maison-Neuve (La), h. c^{ne} de Vicq. — *La Maison neufve*, 1455 (notaires, Artaud à la Roche-Posay).
Maison-Neuve, chât. et ff. c^{ne} de Vouneuil-sous-Biard. — *Les Maisons neufves*, 1406 (abb. de Fontaine-le-Comte, 14). — *Maison neufve*, 1526 (chap. cathédral, 14).

Maison-Neuve (La), h. c^{ne} de Vouneuil-sur-Vienne.
Maison-Neuve (La Petite-), m. r. c^{ne} de Sèvre.
Maison-Neuve-de-Beaupuy (La), f. c^{ne} de Saugé. — *La Maison neufve*, 1483 (fief de Beaupuy).
Maison-Neuve-de-la-Vaucellerie (La), m. r. c^{ne} de Saint-Christophe.
Maison-Neuve-de-Mavault (La), anc. fief, au vill. de Mavault, c^{ne} de Neuville; — 1746 (fam. Constant).
Maison-Neuve-des-Droux (La), h. c^{ne} de Saint-Pierre-de-Maillé.
Maisonnière (La), h. c^{ne} de Bonnes. — *La Mazouynière*, 1547 (aveu de Touffou). — *La Masonnière*, 1595; *la Masouinière*, 1610 (seign. de Loubressay). — *La Maizonnière*, 1677 (seign. de Touffou, 2).
Maison-Rouge (La), f. c^{ne} d'Availle-Limousine.
Maison-Rouge (La), f. c^{ne} de Bellefont.
Maison-Rouge (La), m. r. c^{ne} de Mirebeau; appart. autref. au chapitre de Notre-Dame de cette ville.
Maison-Rouge (La), f. c^{ne} de Moulime.
Maison-Rouge (La), f. c^{ne} de Paizay-le-Sec.
Maison-Rouge (La), h. c^{ne} de Saint-Pierre-des-Églises.
Maison-Rouge (La), h. c^{ne} de Thurageau.
Maisons-Brûlées (Les), f. c^{ne} de Lavoux.
Maison-Seule (La), m. r. c^{ne} de Mazeuil. — *La Maison sulle*, 1628; *la Maison seulle*, 1666 (cure de Mazeuil).
Maison-Seule (La), f. c^{ne} de Saint-Jean-de-Sauves. — *La Maison seulle*, 1502 (chap. cathédral, 60).
Maisons-Neuves (Les), vill. c^{ne} de Mauprevoir.
Maisons-Neuves (Les), h. c^{ne} d'Usson.
Maisons-Rouges (Les), m. r. c^{ne} de la Bussière.
Maison-Vieille (La), m. r. c^{ne} de Buxcuil.
Maison-Vieille (La), f. c^{ne} de Dangé. — *La Maison vielle*, 1598 (seign. de la Fontaine, 1).
Maison-Vieille (La), h. c^{ne} de Naintré; — 1520 (duché de Châtellerault, 7).
Maîtrie (La), m. isolée, c^{ne} de Mondion. — *La Mectrie*, 1479 (cure de Mondion). — *Hostel de la Mestrise*, 1497 (duché de Châtellerault, 4). — *La Mestrye*, 1608 (seign. de Mondion, 1). — *La Maitrie*, 1736 (*ibid.* 2). — *La Maintrie* (Cassini). — Anc. fief relev. du Plessis-Baunay.
Maîtrise (La), f. et étang détruits, près Coursec, c^{ne} de Montamisé; — 1667 (Réform. des forêts du Poitou, p. 80, 81, 105).
Maizonnerie (La), f. c^{ne} de Saint-Pierre-de-Maillé; —1626 (cure de Nalliers).
Malabry, h. c^{nes} de Nucil-sous-Faye et Maulay.
Malache, ff. c^{ne} de Saint-Gervais; — 1774 (aveu de la bar. de la Touche).
Maladerie (La), vill. c^{nes} de Chauvigny et Jardres.

— *Domus infirmorum*, 1019-1027 (cart. de S¹-Cyprien, p. 137). — *Leprosaria prope villam* (pouillé de Gauthier, f° 179). — *La Malladerie*, 1457; *la Maladrie*, 1566 (chap. de Chauvigny, 6).

Malaguer, h. près Valence, c^ne de Coubé; anc. domaine de l'abbaye de Valence.

Malaguet, h. c^ne de Coussay-les-Bois; — 1424 (arch. de la Soc. des antiq. de l'Ouest, n° 722).

Le ruiss. de Malaguet prend naissance en ce lieu et, réuni au ruiss. d'Availlé en amont du Grand-Moulin, forme le ruiss. des Fontaines.

Malaguet, chât. c^ne de Migné. — *Malagait*, 1384 (abb. de la Celle, 12). — *Malaguet*, 1403 (abb. de Montierneuf, 48). — *Malaguart, Maliguart*, 1410 (gr. Gauthier, f° 29 v°). — Anc. fief relev. de la tour de Maubergeon.

Malangray, m. r. c^ne de Mirebeau.

Malaquais, f. c^ne de Chalais.

Malardières (Les), f. c^ne de Bouxe. — *Les Mallardières*, 1622 (abb. de Fontevrault, 2).

Malbran, f. c^ne de Thurageau.

Malbran, h. c^ne de Verrue. — *Mallebran*, 1632 (cure de Verrue).

Malbuffe, f. c^ne de Mauprevoir. — *Domus de Malabuffa*, 1251 (Fontenau, t. XXXVIII, p. 48). — *La Mallebuffe*, 1261 (ibid. t. IV, p. 363). — *Malebuffe*, 1446 (abb. de Charroux). — *Malbuffe*, 1669 (notaires de la vic. de Rochemeaux). — *Malbœuf*, 1775 (rôle des tailles). — Anc. fief et haute justice relev. de l'abbaye de Charroux; maison forte, en ruine en 1656 (abb. de Charroux).

Malécot, m^in détruit, sur la Luire, c^ne de Leigné-les-Bois. — *Moulin de Mallecot*, 1626; — *de Malescot*, 1693 (abb. de la Celle, 16).

Malécor, f. c^ne de la Trimouille. — *Mallecot*, 1664 (com^rie de Rouflac, 1). — *Malescot*, 1775 (rôle des tailles).

Maleffe (La), vill. c^ne de Bouresse.

Maleffe, h. c^ne de la Chapelle-Bâton. — *Nemus de Maleffa*, 1330 (chap. de S¹-Hilaire, 548). — *Malleffe*, 1710 (rôle des tailles).

Maleffe (La), h. c^ne de Vernon. — *La Maleffe*, 1396 (gr. Gauthier, f° 78). — *La Malteffe*, 1575 (prieuré de la Vayolle).

Malépine, f. c^ne de Sanxay. — *Mala Spina*, 1224 (Fontenau, t. V, p. 101). — *Mala Espine*, 1401; *Malespine*, 1442 (abb. de S¹-Cyprien, 50).

Maleray, h. c^ne de Leigné-les-Bois; anc. prieuré dép. de l'abbaye de Saint-Savin. — *Terra de Maleredo cum pratis, vineis et nemoribus*, 637 (dipl. de Dagobert Ier, non authentique, ap. Pardessus, Diplomata, chartæ, etc. t. II, p. 57). — *Prioratus de Mayleray* (pouillé de Gauthier, f° 147 v°); — *de Malereio, Meillereio*, 1383 (taux du décime, p. 11 et 126). — *Estang de Malleray*, 1448 (seign. de Puygarreau, 10). — *S. Laurens de Malleray*, 1598 (prieuré de Maleray). — *Masleray*, 1660 (abb. de S¹-Savin, 34).

Le fief de *Malezay*, 1540 (com^rie de la Foucaudière, 12); de *Maillezay*, 1635 (prieuré de S¹-Denis-en-Vaux), dépendait du prieuré de Saint-Denis-en-Vaux.

Maleuf, vill. c^ne de Marnay. — *Masleu*, 1450; *Maleu*, 1452 (chap. de S¹-Hilaire, 554). — *Maleuf*, 1621 (seign. de Bois-Coursier).

Malezay, lieu détruit, près la Guignetière, c^ne de Ceaux, c^on de Loudun. — *Malciacus curtis in rem sancti Martini?* 987 (cart. de Bourgueil, p. 148). — *Le quarroy de Malezay*, 1450; *Malleray*, 1455 (com^rie de Loudun, 29).

Malferme (La), f. c^ne de Saint-Laurent-de-Jourde.

Malfiance, h. et m^in sur l'Envigne, c^ne de Doussay. — *Pratum de Malafidencia, via Malafiducia*, commencement du xiie s^e (gr. cart. de Fontevrault, 781 et 913). — *Mallefiance*, 1534; *Malfiance*, 1555 (couv. de Lencloître). — *Moulins de Mallefiance*, 1646 (fam. Sabourin).

Malfois, vill. c^ne de Pairé; — 1700 (notaires de la châtell. de Monts).

Malfosse (La), f. c^ne de Nouaillé.

Malfourné, f. c^ne de Romagne.

Malgache (La), h. c^ne de Béthines. — *La Mallegache, la Mallegasche*, 1450 (maison-Dieu, 154).

Malhubert, f. c^ne d'Availle-Limousine. — *Mallubert*, 1626 (fam. de la Broue de Varcilles). — *Malubert*, 1656 (rôle des tailles). — Anc. fief.

Malicorne, h. c^ne d'Antran. — *Malicorne*, 1431 (seign. de Mortevieille). — *Mallicorne*, 1600 (seign. de Malicorne). — Anc. fief dont une moitié relevait du marq. de Clairvaux et l'autre moitié de la seignourie de la Motte d'Usseau.

Maligaunes (Les), h. c^ne de Genouillé.

Malignat, f. c^ne de Sammarçolle.

Maligratte, f. c^ne de Bournan. — *Terrouer de Maligrate*, 1454 (com^rie de Loudun, 16).

Maligratte, f. c^ne de Buxeuil.

Maligratte, vill. c^nes de Vaux et Saint-Romain-sur-Vienne. — *Maligrate*, 1456 (abb. de Ste-Croix, 81). — *Malligratte*, 1610 (prieuré de S¹-Denis-en-Vaux).

Malinière (La), m. isolée, c^ne de Béruges. — *La Malinère*, 1375 (seign. de Béruges). — *La Marinière*, 1453; *la Malinière*, 1583 (abb. du Pin, 4 et 6).

MALLÉE, f. c^ne de la Chapelle-Mortemer; — 1583 (chap. de Mortemer, 2).
MALLEVAU, lieu autref. habité, c^ne de Saugé. — *Mallevau*, 1483 (fief de Beaupuy). — *Village de Mallevau*, 1583 (fief de l'Age-de-Plaisance).
MALMORT, f. et grotte, c^ne de Savigné.
MALOIRE (LA), ff. c^ne de Millac. — *La Mauloère*, 1286; *la Maloère*, 1449 (cure de l'Isle-Jourdain). — *La Malhouère*, 1579 (seign. de Puyferrier).
MALPIERRES (LES), vill. et grotte, c^ne de Charroux. — *Les Males Pierres*, 1377 (gr. Gauthier, f° 253). — *Les Males Piarres*, 1498; *les Mallepierres*, 1611; *les Malpierres*, 1734 (fief des Malpierres). — *Mallepierre*, 1663 (notaires, Pascault à Civray). — Anc. fief relev. du comté de Civray.
MALTARD (LE PETIT-), f. c^ne de Pressac. — *Le Mas Letard*, 1493 (seign. d'Availle).
MALTIÈRE (LA'), f. c^ne de Celle-l'Évécault. — *La Maletière*, 1616 (collège de Poitiers, 25).
MALTIÈRE (LA), h. c^ne de Vaux. — *La Malletière*, 1515 (prieuré de Saint-Denis-en-Vaux). — *La Maltière*, 1669 (cure de Vaux).
MALTOTERIE (LA), h. c^ne de Châtellerault.
MALVAU, m^in sur la Vonne, c^ne de Cloué. — *Molendinum de Malavalle*, 1405 (gr. Gauthier, f° 59). — *Malevau*, 1435 (abb. de Nouaillé, 60). — *Mallevau*, 1477 (fief de Monts). — *Malvau*, 1506 (fief des Pouternières).
MALVAU, h. c^ne de Paizay-le-Sec. — *Malvault*, 1529 (abb. de St-Savin, 25). — *Mallevau*, 1631 (ibid. 31). — *Malvaux*, 1740 (cure de Lautier).
MALVAU, lieu détruit, près le Breuil, c^ne de Persac. — *Village de Malevaud*, 1506 (seign. de la Brulonnière). — *Malvaux*, 1775 (rôle des tailles).
MAMINIÈRE (LA), h. c^ne de Vezières.
MANFRAULT, f. c^ne de Marçay.
MANGON (LE), f. c^ne de Dienné; — 1548 (fief de Dienné et Verrières).
MANGOTIÈRE (LA), h. c^ne de Cloué. — *Maingoteria*, 1405 (gr. Gauthier, f° 58 v°). — *La Mangotière*, 1436 (com^rie de Roche, 2). — *La Maingotière*, 1477 (fief de Monts). — Anc. fief relev. de Curzay.
MANICLE (LA), f. c^ne d'Availle-Limousine.
MANIÈRE (LA), h. c^ne de Champniers. — *La Magnanière, la Meignenère, la Maignanère*, 1403 (gr. Gauthier, f°s 249 v° et 251). — *La Magnonnière*, 1601 (fief de Chaleur). — *La Mananière*, 1685 (notaires, Pascault à Civray).
MANIÈRE (LA), h. c^ne de Lizant. — *La Meignonère, la Maignère*, 1406 (gr. Gauthier, f° 257). — *La Magnanière*, 1607 (seign. du Cibiou). — *La Maguière*, 1731; *la Mananière*, 1775 (rôles des tailles).

MANSARDERIE (LA), m. r. c^ne d'Orches; — 1635 (chap. cathédral, reg. 108). — *La Massarderye*, 1655 (abb. de St-Benoît, 24).
MANSEAUX (LES), vill. c^ne de Bonnes. — *Village des Manceaulx*, 1594 (seign. de Touffou, 1).
MANSEAUX (LES), m. r. c^ne de Dangé. — *Village des Manseaux*, 1686 (fief de la dîme de Piolant).
MAQUIGNONIÈRE (LA), f. c^ne d'Usseau.
MARAICHE (LA), ff. c^ne de Bellefont. — *La Maresche*, 1309 (Gauthier, f° 185 v°).
MARAIS (LE), h. c^ne de Beuxe.
MARAIS (LE), lieu détruit, près les Loges, c^ne de Bournan. — *Hostel du Maroys*, 1449 (com^rie de Loudun, 20). — *Le Marais* (Cassini).
MARAIS (LE), m. r. c^ne de Pouant. — *Les Maroys*, 1430 (chap. de St-Hilaire, 427). — *Le Marays*, 1575 (ibid. 428).
MARAIS (LE), h. c^ne de Saint-Pierre-des-Églises. — *Le Marays*, 1344 (évêché, 8). — *Le Maroys*, 1403; *les Maroix*, 1536 (chap. de Chauvigny, 8). — *Fief des Maroys*, 1566 (ibid. 1); — *des Marays*, 1601 (ibid. 8); — appartenait au chapitre de Saint-Pierre de Chauvigny.
MARAIS (LE), h. annexé au bourg de Vouillé. — *Herbergement feu Simon Maroys*, 1409 (chap. de Ste-Radegonde, 36). — *Le fié Maroys*, 1447 (ibid. 35). — *Maison du Marestz*, 1683 (ibid. 36). — Anc. fief relev. du chapitre de Sainte-Radegonde de Poitiers.
MARAIS (LE PETIT-), f. c^ne d'Ingrande. — *Le Maroys d'Ingrande*, 1436; *le petit Marois*, 1442 (chap. de Châtellerault, 11).
MARAIS (LES) ou LA FOLIE, m. r. c^ne d'Archigny.
MARAIS (LES), h. c^ne de Châtellerault. — *Le Marois*, 1350 (chap. de Châtellerault, 1). — *Pissevielle ou les Marez d'Anthoigné*, 1404 (cure de St-Romain de Châtellerault). — *Le Marays*, 1538 (cure d'Antogné). — *Les Marais*, 1621 (fief du Savinier).
MARAIS (LES), h. c^ne de Vezières.
MARAIS-PICARD (LE), m. r. c^ne de Nueil-sous-Faye.
MARANCHÈRE (LA), vill. c^ne de Paizay-le-Sec. — *La Malanchère*, v. 1630; *la Marenchère*, 1740 (abb. de St-Savin, 31).
MARANDIÈRE (LA), f. c^ne de Curzay. — *La Marandière alias Flescherie*, 1627 (fief de Curzay). — Le fief de la Fléchérie relevait de Curzay.
MARAUDERIE (LA), h. c^ne de Vouneuil-sur-Vienne.
MARBAUDIÈRE (LA), lieu détruit, près la Boîte, c^ne de la Roche-Posay; — *vieil village*, 1456 (notaires, Artaud à la Roche-Posay).
MARBERIE (LA), f. c^ne de Sèvre. — *La Barberye*, 1575; *la Marbrie ou Barberie*, 1681 (évêché, 68).

MARCANDIÈRE (LA), près Albroux, lieu détruit, c^{ne} de la Bussière; — 1541 (seign. de la Roche-Aguet); 1612 (seign. de Nalliers).

MARÇAY, c^{on} de Vivonne. — *Marciacus*, 1073-1100 (cart. de St-Cyprien, p. 281). — *Ecclesia de Marciaco*, 1119 (Fonteneau, t. XXI, p. 594). — *Prior de Marchai*, 1219 (abb. de Nouaillé, 5). — *Ecclesia de Marsayo* (pouillé de Gauthier, f° 152). — *Prioratus de Marcayo* (ibid. f° 140). — *Marcaium*, 1302 (abb. de Nouaillé, 5). — *Marcay*, 1383 (taux du décime, p. 30). — *Marssay*, 1596 (aides et équivalents, p. 16).

Avant 1790 cette commune faisait partie de l'archiprêtré, de la châtellenie et du ressort du siège royal de Lusignan, et de l'élection de Poitiers. Le prieuré et la cure de Saint-Médard de Marçay dépendaient de l'abbaye de Nouaillé. La châtellenie de Marçay relevait de celle d'Étables (chap. de St-Hilaire, 56).

MARÇAY, h. c^{ne} de Saint-Cyr. — *Marsay*, 1343; *fief de Marcay dit Pinceguerre*, 1556 (seign. de Marçay). — Anc. fief relev. de Montcouard; autre fief relev. de Talmont et acquis par le chapitre cathédral de Poitiers en 1647.

MARCAZIÈRE (LA), h. c^{ne} de Nieuil-l'Espoir. — *La Marquoysière*, 1547; *la Marquaisière*, 1550 (abb. de la Trinité, 46). — *La Marquazière*, 1673 (ibid. 45).

MARCÉ, chât. c^{ne} de Chouppes. — *Arbertus de Marciaco*, v. 1090 (cart. de St-Cyprien, p. 83). — *Thomas de Marcaio*, 1100-1115 (gr. cart. de Fontevrault, 891). — *Ecclesia de Marsayo* (pouillé de Gauthier, f° 137 v°). — *Capellanus de Marsay, de Marcay*, 1383 (taux du décime, p. 128 et 153). — *La chappelle de Marsay*, 1383 (chap. de Mirebeau, 11); — *de Notre-Dame de Marsay*, 1728 (clergé, 16). — Après 1383 l'église de Marcé n'est plus mentionnée comme paroissiale. — Le fief de Marcé relevait de la bar. de Mirebeau.

MARCÉ (LE GRAND-), f. c^{ne} de Senillé. — *Marciacus villa in pago Pictavo, in vicaria Igorandinse, in condita Niverniacinse*, 913 (ch. de St-Hilaire, t. I, p. 17); — *in vicaria Ygrandinse*, 954-986 (cart. de St-Cyprien, p. 170). — *Le grant Marcay*, 1355 (abb. de la Celle, 16). — *Le grant Marsay*, 1444 (duché de Châtellerault, 1). — Anc. fief appart. à l'abbaye de Saint-Hilaire de la Celle et relev. de la seign. du Bornais.

MARCÉ (LE PETIT-), m. r. c^{ne} de Senillé. — *Le petit Marsay*, 1444 (duché de Châtellerault, 1).

MARCELLERIE (LA), m. à Benassay.

MARCESSIÈRE (LA), h. c^{ne} de Mairé. — *La Marchai-*

sière, 1657; *la Marchessière*, 1714; *la Marcessière*, 1779 (minimes de Châtellerault). — *La Malsussière* (Cassini).

MARCHAIN, vill. c^{ne} de Latus. — *Marchin*, 1404 (gr. Gauthier, f° 107 v°).

MARCHAIS (LE), h. c^{ne} d'Availle. — *Le Marches*, 1438 (com^{rie} d'Auzon, 9). — *Le Marchais*, 1493 (duché de Châtellerault, 6).

MARCHAIS (LE), f. c^{ne} de Bonneuil-Matours.

MARCHAIS (LE), m. r. c^{ne} de Curzay; — 1615 (abb. de Nouaillé, 60). — Anc. fief relev. de Curzay.

MARCHAIS (LE), f. c^{ne} de Frozes.

MARCHAIS (LE), h. c^{ne} de Liniers. — *Le Marchais*, 1387 (arch. de Poitiers, 35). — *Le Marches de Cherves*, 1394 (com^{rie} de St-Georges, 35). — *Le Marchay*, 1441; *le Marchays de Cherbes*, 1454 (ibid. 7). — *Le Marchais de Boussec*, 1572 (ibid. 2). — *Le Marchais de Cherbre*, 1578 (abb. de Montierneuf, 12). — *Le Marchais Piffault ou de Boussec*, 1603 (com^{rie} de St-Georges, 3).

MARCHAIS (LE), f. c^{ne} de Saint-Martial.

MARCHAIS (LES), m. à Montoiron.

MARCHAIS-À-L'ANGUILLE (LE), f. c^{ne} de Liglet.

MARCHAIS-D'AUZON (LE), ff. c^{ne} de Naintré.

MARCHAIS-DE-VRON (LE), vill. détruit, près le Petit-Vron, c^{ne} de Romagne. — *Le Marchais de Veron*, 1470 (chap. de St-Hilaire, 243).

MARCHAIS-DURAND (LE), vill. c^{ne} de Chenevelles. — *Marchoys Durant*, 1474 (duché de Châtellerault, 5). — *Le Marches Durant*, 1492 (couv. de la Puye, 8). — *Le Marchais Durant*, 1566 (seign. de Pleumartin).

MARCHAIS-GREGEAU, m. r. c^{ne} de Sommières. — *Marchays Gregeault*, 1461 (chap. de St-Hilaire, 439). — *Marchais Gourjault*, 1558 (ibid. 440). — *Marchais Grujault*, 1666 (ibid. 443). — *Le Marchais Grejaud*, 1779 (ibid. 561).

MARCHAIS-ROND, m. isolée et bois, c^{ne} de Saint-Remy-sur-Creuse; anc. prieuré dép. de l'abbaye de Maillezais (Vendée), uni à la cure de Notre-Dame de la Haye (Indre-et-Loire) avant 1756. — *S. Martinus de Marchaio rotundo*, 1220 (Fonteneau, t. XXV, p. 107). — *Prioratus de Machese rotundo* (pouillé de Gauthier, f° 147 v°); — *de Marchesio rotundo*, 1383 (taux du décime, p. 12). — *Marchays ront, Marches ront*, 1473 (duché de Châtellerault, 3). — *Marchoys ront*, 1495 (seign. de Poligny). — *Prieuré de S. Martin de Marchais rond*, 1672 (collège de Poitiers, 21). — *Marchay le rond*, 1728 (clergé, 13). — Ce prieuré fut pendant longtemps annexé à celui de Vaugibault.

MARCHAIS-SAVATIER (LE), m. r. c^{ne} de la Roche-Posay.

MARCHAND (CHEMIN), du Grand-Pont, c^{ne} de Chasseneuil, à Chincé, c^{ne} de Jaunay.

MARCHAND (CHEMIN), du grand gué de Saint-Cassien à Seugné, c^{ne} de Chalais.

MARCHANDE (LA), f. c^{ne} de Vouneuil-sous-Biard.

MARCHANDIÈRE (LA), f. c^{ne} d'Availle; — 1594 (seign. des Closures).

MARCHANDISE (LA), f. à la Rabotalière, c^{ne} de Doussay; — 1586 (seign. de Puygarreau, 1).

MARCHANDRIE (LA), f. c^{ne} de Couhé; — 1615 (seign. de Couhé).

MARCHANDS (CHEMIN DES), de Château-Larcher à Lussac-le-Château; — 1483, 1556 (chap. de St-Pierre-le-Puellier, 25 et 26).

MARCHANDS (CHEMIN DES), de Comporté à Limalonges; — 1781 (notaires, Gibaux à Civray).

MARCHANDS (CHEMIN DES), près Layré, c^{ne} de Saint-Pierre-d'Exideuil; — 1528 (fam. Jousserant).

MARCHAUVEAU, h. c^{ne} de Romagne. — Le Marchauveau, 1602; le Marchais au Veau, 1612 (seign. de la Millière).

MARCHE (LA), f. c^{ne} de Liguggé. — Bois de la Marche, 1408 (gr. Gauthier, f° 44). — Pièce de terre qui estoit autrefois en bois, appellée le bois de la Marche, 1. 60 (abb. de St-Cyprien, 49).

MARCHE (LA), mⁱⁿ sur le ruiss. des Petits-Moulins et tannerie, c^{ne} de Lussac-le-Château.

MARCHÉ-POISSON (LE), f. c^{ne} de Saint-Laurent-de-Jourde.

MARCHES (LES), f. c^{ne} de Saugé; — 1572 (maison-Dieu, 121).

MARCILLY, vill. et mⁱⁿ sur la Benaise, c^{ne} de Liglet; anc. prieuré dép. de l'abbaye de Saint-Savin. — Capella Sancte Marie de Marcilliaco, 1093; capella de Marcillec, 1184 (abb. de St-Savin, 1). — Marcilhec in castellania de Tremollia, 1268 (Fontenau, t. XXXVIII, p. 75). — Prioratus de Marcillet (pouillé de Gauthier, f° 148). — Marcillé, 1433; prieuré de Sainte Marguerite de Marsilly, 1609 (abb. de St-Savin, 26).

MARCOLIÈRE (LA), f. c^{ne} de Liglet. — La Marcollière, 1501 (abb. de St-Savin, 26). — Anc. fief relev. de la bar. de la Trimouille (Fontenau, t. XI, p. 229).

MARCONNAY, f. c^{ne} d'Availle; — 1438, hostel de m^{re} Jehan de Marconnay (com^{rie} d'Auzon, 9). — Anc. fief et haute justice relev. de la bar. de Montoiron.

MARCONNAY, chât. et ff. c^{ne} de Sanxay; — 1627 (fief de Curzay). — Moulin de Marconnay, 1775 (rôle des tailles). — Anc. fief relev. de Curzay.

Le ruiss. de Marconnay sort de l'étang du même nom et tombe dans la Vonne au-dessus de Sanxay.

MARCONNAY, chât. et vill. c^{ne} du Verger-sur-Dive. — Gauterius de Marconai, v. 1030 (cart. de St-Cyprien, p. 98); — de Marchonai, 1087-1100 (ibid. p. 96). — Galcherius de Marconnai, 1087-1100 (abb. de St-Cyprien). — Tour et forteresse ancienne de Marconnay, 1508 (aveu de Mirebeau). — Anc. fief. relev. de la bar. de Mirebeau.

MARCOUX, h. c^{ne} de Saint-Laon. — Marcoux, 1470; Marcoulx, 1508 (com^{rie} de Loudun, 24).

MARDELLE (LA), h. c^{ne} des Ormes; — 1480 (seign. de la Fontaine, 1). — Anc. fief relev. de la bar. de Marmande.

MARDELLE (LE HAUT et LE BAS-), vill. et h. c^{ne} de Saint-Pierre-de-Maillé. — Mardelles, 1481 (fam. de Couhé). — Mardelle, 1595 (cure de St-Phèle de Maillé).

MARDELON (LE), ruiss. a sa source près Mépied, c^{ne} de Sammarçolle, et tombe dans le Négron en amont du moulin de Beuxe.

MARDOUIN (LE), ruiss. descend du parc du Vigean dans le bourg, 1625 (cure du Vigean), et sert à arroser les prairies voisines.

MARE (LA), h. c^{ne} de Coulombiers.

MARE (LA), chât. et ff. c^{ne} de Marigny-Brizay. — La Marre, anciennement appellée le petit Fou, 1685 (cure de Marigny-Brizay).

MARE (LA), f. c^{ne} de Saint-Gervais. — La Marre, 1711 (fam. de Brusse). — La Mare, 1774 (aveu de la bar. de la Touche).

MARÉCHALE (CHEMIN DE LA), de Targé au pont des Planches.

MARÉCHAUDERIE (LA), f. à Charenton, c^{ne} de Savigny-l'Évescault.

MARÉCHAUX (LES), h. c^{ne} de Beaumont.

MARÉCHÈRE (LA), h. c^{ne} d'Asnières. — La Mareschère, 1665 (cure d'Asnières).

MARÉCHAUX (LES), h. c^{ne} de Saint-Genest. — Hostel Mareschau, tenant au chemin par lequel l'on va de la Chèze à Lencloistre, 1439 (terrier de Gironde, f° 21).

MARENGO, h. c^{ne} d'Orches.

MAREUIL, chât. mⁱⁿ sur l'Asse et tuilerie, c^{ne} de Brigueil-le-Chantre. — Mareuil, 1454 (hommages de Montmorillon). — Hostel et maison forte de Maroilh, 1494; Mareulh, 1523; Mareuilh, 1561 (fief de Mareuil). — Anc. fief relev. de la bar. de Montmorillon.

MAREUIL, f. c^{ne} de Saint-Georges. — Marolium, 1298 (chap. de St-Hilaire, 83). — La tour de Maruel, 1324; Mareul, Maruel, 1337 (arch. de Poitiers, 12). — Maruil, 1361 (chap. de Ste-Radegonde, 109). — Mareuil, 1392 (gr. Gauthier, f° 2). — Maruyl, Maruel, 1403 (ibid. f° 6).

MAREUILLE (La), forêt, c^ne de Saint-Pierre-des-Églises; anc. domaine des évêques de Poitiers, en leur baronnie de Chauvigny. — *Nemus de Marolia*, 1307 (Gauthier, f° 197). — *Forest de la Marueille*, 1309 (ibid. f° 182); — *de Maroylle*, 1309 (ibid. f° 192). — *Foresta de Marellia*, 1318 (évêché, 8). — *Fourest de Maruilhe*, 1366 (ibid. 21). — *Nemora de Marollia*, 1379 (ibid. 20). — *Boys de Mareilhe*, 1386; — *de Maruelhe*, 1404; — *de Maruille*, 1410; *fourest de Mareuilhe*, 1414; — *de Mareuille*, 1566; — *de Mareille*, 1584 (ibid. 8); — *de la Mareuille*, 1625 (ibid. 20).

En 1645 cette forêt avait une superficie de 2,000 arpents dont, en 1711, les trois quarts étaient ruinés (évêché, 20). L'évêque de Poitiers en avait acquis une partie en 1356 de Guy de Gouzon (Besly, Évêques de Poitiers, p. 176). C'est aujourd'hui une propriété de l'État, contenant 612 hectares.

MARGAROUX, faubourg de Châtellerault et place aussi appelée place de la Croix-Rouge.

MARGOTTERIE (La), vill. c^ne de Cherves.

MARIGNÉ, vill. c^nes de Savigné, Saint-Pierre-d'Exideuil et Blanzay. — *Marignee*, 1353 (fam. de Chabanais). — *Margnet*, 1403, 1406 (gr. Gauthier, f°s 224 et 221 v°). — *Marigné*, 1472 (abb. de Nouaillé, 56). — *Margné*, 1661 (notaires, Pascault à Civray). — Le fief de Marigné ou des Marquets, paroisse de Blanzay, relevait du comté de Civray.

MARIGNY, lieu détruit, c^ne de Beuxe. — *Marigniacus alodus*, 1055-1089 (cart. de Bourgueil, p. 67). — *Marigny*, 1641; *fondis du château de Marigny, dépendant des Mallardières et joignant le chemin du grand Ponçay à Chinon à main droite*, 1741 (cure de Beuxe).

MARIGNY, f. c^ne de Tercé. — *Marilly*, 1642 (notaires, Gaultier à Poitiers). — *Marigny*, 1645 (carmes de Poitiers). — *L'ancien chasteau et forteresse de Marilly, vulgairement Marigny*, 1760 (abb. de St-Cyprien, 36).

MARIGNY, m. r. c^ne de Vaux.

MARIGNY (Le Grand-), m. r. c^ne d'Ingrande. — *Magnacus villa in vicaria Izannense*, 918 (abb. de Nouaillé). — *Magniacus villa in vicaria Ygrandinse*, 937 ou 938 (cart. de St-Cyprien, p. 173). — *Marniacus*, v. 1010 (ibid. p. 173). — *Marigné*, 1405 (fam. de la Touche); — *hostel et forteresse*, 1446 (duché de Châtellerault, inv. d'aveux, f° 8). — *Marigny*, 1489 (chap. de Notre-Dame-la-Grande, 70). — Anc. fief relev. du duché de Châtellerault; uni en 1661 au marq. de la Groye.

MARIGNY (Le Petit-); f. c^ne d'Ingrande; — 1411 (seign. de Marigny, inv.). — Anc. fief relev. du Grand-Marigny.

MARIGNY-BRIZAY, c^on de Neuville; tire son surnom du château de Brizay. — *Ecclesia de Marginaco juxta castrum Bellimontis*, 1123 (chap. cathédral, 12). — *Margné*, 1255 (abb. de Fontaine-le-Comte, 24). — *Marignee prope Bellum Montem*, 1259 (cure de Marigny-Brizay). — *Marigné* (pouillé de Gauthier, f° 174). — *Mareignee*, 1322 (abb. de la Celle, 18). — *Sainct Estienne de Marigny*, 1530 (seign. de la Tour de la Plaine). — *Marigné soubz Beaumont en Chastelleraudois*, 1595 (fam. Richard). — *Marigny Brizé*, 1680 (abb. de Fontaine-le-Comte, 24). — *Marigny Brisay*, 1720 (dénomb. du royaume). — *Marigny Brizay*, 1733 (seign. de la Tour-Signy).

Cette commune est formée des deux anciennes paroisses de Marigny-Brizay et Saint-Léger-la-Palu, qui faisaient partie de l'archiprêtré de Dissay, du duché, de la sénéchaussée et de l'élection de Châtellerault. La cure était à la nomination du chapitre cathédral. Le fief de Marigny relevait du marq. de Clairvaux.

MARIGNY-CHEMERAULT, c^on de Vivonne. Le nom de Chemerault fut ajouté à celui de Marigny en vertu de lettres patentes du mois de janvier 1650, obtenues par Charles de Barbezières, seigneur de Chemerault et de Marigny (seign. de Couhé, inv. t. III, p. 448). — *Alodus nomine Marnei, situs in pago Pictavo, in vicaria Vievedone, cum ecclesia constructa in honore sancti Fredemii atque sancti Nazarii*, v. 968 (Fontenau, t. LXVI, p. 201). — *Margnee*, 1264 (abb. de Nouaillé, 5). — *Margné* (pouillé de Gauthier, f° 152). — *Marigné*, 1412 (chap. de St-Hilaire, 112). — *Rector de Marigneyo*, 1478 (reg. synodal). — *Marigny*, 1520 (bissexte). — *S. Nazaire de Marigny-Chemereau*, 1782 (pouillé).

Avant 1790 la paroisse de Marigny-Chemerault faisait partie de l'archiprêtré et de la châtellenie de Lusignan, de la sénéchaussée et de l'élection de Poitiers. L'évêque nommait à la cure, qui a été réunie à celle de Vivonne de 1803 à 1843. Le fief de Marigny relevait de la baronnie de Celle-l'Évêcault; l'ancien château seigneurial était à la Roche.

MARIN, f. c^ne du Bourg-Archambault. — *Les Marains*, 1728 (clergé, 16). — *Marin*, 1775 (rôle des tailles).

MARINEAUX (Les), f. et bois, c^ne de Leigné-les-Bois. — *Moulin et étang de Marigneau*, 1429; *Marineau*, 1507 (seign. de Montoiron, 1). — Il ne reste point de traces du moulin; on ne voit plus que la chaussée de l'étang.

MARINERIE (LA), f. c^ne d'Alonne. — *La Marinerye aultrement la Nougeray*, 1638 (prieuré de Lavairé). — *La Malinerie* (carte de l'état-major).

MARINIENS (CHEMIN DES), d'Angliers à Messemé.

MARIT, chât. et vill. c^ne de Dissay. — *Marisius villa in vicaria Linarinse*, 969 (cart. de St-Cyprien, p. 251). — *Marins*, v. 976 (*ibid.* p. 188). — *Maris*, v. 1000 (*ibid.* p. 197). — *Mariz*, 1324 (arch. de Poitiers, 12). — *Marys*, 1444 (com^rie de St-Georges, 6). — *Mary*, 1460 (abb. de Ste-Croix, 96). — Anc. fief relev. de la tour de Maubergeon.

MARITORNE, h. c^ne de Saint-Genest. — *Malitorne*, 1409 (seign. de Puygarreau, 1). — *Malytorne*, *Malitourne*, 1439 (terrier de Gironde, f°s 88 et 100).

MARIVILLE, chât. c^ne de Bonneuil-Matours; bâti en 1856 sur l'emplacement de la métairie des Pinaudières.

MARMANDE, chât. en ruine et vill. c^ne de Vellèche; anc. bar. de Touraine relev. du chât. de Chinon. — *Mirmanda*, v. 1061 (cart. de Noyers, p. 24). — *Mirmandia*, v. 1083 (*ibid.* p. 126). — *Milmandia*, v. 1139 (*ibid.* p. 545). — *Buccardus de Meremande*, 1161 (ch. de St-Hilaire, t. I, p. 166). — *Capella de Milmanda*, 1164 (Fonteneau, t. V, p. 592). — *Espersius de Mirmandia*, 1184 (*ibid.* t. I, p. 218). — *Mermandia*, 1224 (prieuré de Fontmore, 2). — *Mermende*, 1338 (*ibid.* 1). — *Baronnie de Meremande*, 1427 (duché de Châtellerault, 6). — *Chapelle de la Magdelaine de Mermande*, 1543 (seign. de Marmande).

MARMAUDIÈRE (LA), h. c^ne de Brux. — *La Marmaudère*, 1446 (abb. de Nouaillé, 53).

MARMINIÈRE (LA), h. c^ne de Benassay.

MARNAY, c^on de Vivonne. — *Ecclesia de Matriniaco*, 938 ou 939 (cart. de St-Cyprien, p. 268). — *Villa Marronniacus in vicaria Vicodonense*, 986-999 (*ibid.* p. 266). — *Mairenai, Marenai, Marrenai*, 1060-1110 (*ibid.* p. 257 et 258). — *Ecclesia de Maiereniaco in castellania de Gentiaco*, 1097-1100 (*ibid.* p. 13); — *de Maireniaco*, 1119 (*ibid.* p. 18). — *Mairenai l'eglese*, v. 1155 (*ibid.* p. 36). — *Margneium*, 1215 (Fonteneau, t. XXII, p. 35). — *Mayrenay*, 1253 (chap. de St-Hilaire, 112). — *Margnec*, 1264 (Fonteneau, t. XXII, p. 282). — *Ecclesia de Maerenaio*, 1273 (abb. de Nouaillé, 1). — *Parochia de Meyrenayo*, 1281 (*ibid.* 24). — *Marenay* (pouillé de Gauthier, f° 152). — *De Merenayco*, 1312 (abb. de St-Cyprien, 17). — *Mairenay*, 1383 (taux du décime, p. 31). — *Merenay*, 1414 (chap. de St-Hilaire, 92). — *Rector de Mesrenayo*, 1478 (reg. synodal). — *Marnay*, 1520 (bissexte). — *Mernay*, 1535 (chap. de St-Pierre-le-Puellier, 24); 1720 (dénomb. du royaume). — *Mairnay*, 1596 (aides et équivalents, p. 14). — *S. Pierre de Marnay*, 1782 (pouillé).

Avant 1790 la paroisse de Marnay faisait partie de l'archiprêtré de Lusignan, de la châtellenie de Château-Larcher, de la sénéchaussée et de l'élection de Poitiers. La cure était à la nomination du prieur de Château-Larcher.

Une charte de 780 (Fonteneau, t. XXI, p. 27) mentionne la forêt de Marnay, *Matriniacinsis silva*, auj. inconnue.

MARNAY, h. c^ne de Vaux-en-Couhé. — *Mernay*, 1632 (seign. de Monts).

MARNAY (LE VIEUX-), h. c^ne de Marnay. — *Villa que dicitur Vetulus Madreniacus, in vicaria Vicovidonense*, 969 (cart. de St-Cyprien, p. 250). — *Vetus Mareniacus*, v. 1085 (*ibid.* p. 261). — *Le vieil Mornay*, 1550 (seign. de la Vergne). — Ancien fief relev. des Hautes-Vergnes.

MARNE (LA), f. c^ne de Coussay-les-Bois; — 1556 (chap. cathédral, 25).

MARNIÈRE (LA), f. c^ne d'Archigny; — 1557 (abb. de l'Étoile).

MARNIÈRE (LA), m. r. c^ne de Bouresse. — *La Marnière*, 1455 (abb. de Nouaillé, 49). — *La Marnière*, 1611 (*ibid.* 22).

MAROLLE, h. c^ne de Leigné-les-Bois.

MARONNERIE (LA), h. c^ne de Châtellerault.

MAROTELLERIE (LA), lieu détruit, c^ne de Leigné-les-Bois.

MAROTIÈRE (LA), h. c^ne de Cuhon; — 1476 (cure de Vouzailles). — Anc. fief relev. de la bar. de Mirebeau, anciennement la Chauchallière.

MAROTIÈRE (LA), f. c^ne de Saint-Genest; — 1439 (terrier de Gironde, f° 23 v°).

MAROTTES (LES), h. c^ne de Châtellerault; — 1649 (seign. de Charlée).

MAROTTIÈRE (LA), anc. fief relev. de la bar. de Parthenay, c^ne de Chalandray; — 1639 (fam. Jousserant, 5). — Ce lieu, qui était en la paroisse de Cramard, n'est plus connu.

MAROTTRIE (LA), m. à Iteuil.

MARQUETERIE (LA), h. c^ne d'Archigny. — *La Marqueterie*, 1457 (duché de Châtellerault, 5). — *La Marquetterye*, 1695 (seign. de Touffou, 5). — Anc. fief relev. de la bar. de Montoiron.

MARQUETERIE (LA), h. c^ne d'Orches. — *La Marqueterye*, 1482 (seign. des Clouzeaux). — *La Marqueterie autrement Puyraveau*, 1536 (seign. de

Puygarreau, 9). — *La Marquetrie*, 1544 (seign. des Clouzeaux). — *La Martrie* (Cassini). — Anc. fief relev. du marq. de Clairvaux.

Mars (Le), h. c^ne de Mignaloux. — *Le Mas*, 1549 (abb. de la Trinité, 44). — *Le Mars*, 1654 (notaires, Gaultier à Poitiers).

Mans (Les), h. c^ne de Vouillé. — *Les Mas*, 1510 (chap. de Ste-Radegonde, 61). — *Les Mars*, 1700 (*ibid.* 62).

Marsaillé, f. c^ne d'Antigny. — *Marchezaler*, 1403 (gr. Gauthier, f° 5). — *Marchezallier*, 1537 (abb. de St-Savin, 1).

Marsat, h. c^ne de Latus; — 1408 (gr. Gauthier, f° 121).

Marsauderie (La), f. c^ne de Béruges. — *Maisons et héritages des Marsaultz*, 1437 (abb. du Pin, reg. 1, p. 19). — *La Marsaudrye*, 1587 (seign. de Béruges).

Marsauderie (La), m. r. c^ne de Fleix.

Marsaudière (La), f. c^ne de Dercé; — 1542 (com^rie de Loudun, 31).

Marsaudière (La), f. c^ne de Saint-Christophe; — 1484 (seign. de la Tour-Conzay).

Marsay, m. à Signy, c^ne de Vendeuvre; anc. fief relev. de la châtell. de Chéneché ; — 1658 (seign. de Chéneché, 7).

Marselon, m^in sur la Veude de Maine, c^ne de Nueil-sous-Faye.

Marsilly (Le Grand et le Petit-), hh. c^ne de Saint-Pierre-de-Maillé. — *Marsillé*, 1472 (abb. d'Angle). — *Le petit Marcillé* est mentionné en 1439 (*ibid.*).

Marsonnière (La), f. c^ne de Saint-Clair. — *La Marcironnière*, 1453; *la Marsonnière*, 1574 (abb. du Pin, 42). — Anc. terre noble.

Marsugeau, chât. en ruine, f. et m^in sur l'Auzon, c^ne d'Archigny. — *Marcegea*, 1307 (fam. Piet). — *Marcigea*, 1367 (séminaires de Poitiers, 9). — *Marcigeau*, 1444 (duché de Châtellerault, 5). — *Mersigeau*, 1457 (*ibid.* 5). — *Marsigeau*, 1476; *Marcijeau*, 1492; *Marcegeau*, 1538; *Marsugeau*, 1610 (seign. de Touffou, 4). — *Chastel de Marsujau*, 1611 (fam. Chasteigner). — Anc. fief et haute justice relev. de la bar. de Montoiron; mentionné en 1600 et 1719 parmi ceux qui relevaient de la bar. d'Angle.

Martaisière (La), h. c^ne de Latus. — *La Marteysère*, 1409 (gr. Gauthier, f° 122). — *La Martoysière*, habitation de Collin Marteyz, 1496 (fief du Cluzeau-Bonneau). — *La Martaisière*, 1528 (fief de l'Âge-Chausson). — *La Martezière*, 1730 (rôle des tailles).

Martaizé, c^n de Moncontour. — *Morinus de Martiscio*, v. 1104 (prieuré de Trion). — *Martesé*, 1251; *parochia de Martheseio*, 1252 (abb. de Ste-Croix, 65). — *Martcizé*, 1295 (*ibid.* 9). — *Ecclesia de Martheseyo* (pouillé de Gauthier, f° 171). — *Marthesé*, 1345 (abb. du Pin, 38). — *Capellanus de Marthesio*, 1383 (taux du décime, p. 76). — *Martaizé*, 1391 (abb. de Ste-Croix, 65). — *Martaisé*, 1437 (abb. du Pin, 37). — *Martoizé*, 1451 (*ibid.* 40). — *Martezay*, 1720 (dénomb. du royaume). — *S. Maurice de Martaisé*, 1782 (pouillé).

Avant 1790 cette commune faisait partie de l'archiprêtré, de la châtellenie, du bailliage et de l'élection de Loudun. La cure était à la nomination de l'évêque. La seigneurie et haute justice de Martaizé appartenait à l'abbaye de Sainte-Croix de Poitiers.

En 1790 Martaizé devint le chef-lieu d'un canton dépendant du district de Loudun et formé des communes de Martaizé, Angliers, Aunay, la Chaussée, Saint-Cassien et Saint-Clair; ce canton exista jusqu'au 18 novembre 1801.

Le ruiss. de Martaizé prend naissance près le château de Sautonne et tombe dans la Briande au-dessous du hameau de Sainte-Catherine.

Martellière (La), lieu détruit, c^ne de Massogne; — 1648 (cure de Cron). — Anc. fief.

Martiel (Le), ruiss. a sa source à Baussay, c^ne de Monterre-Silly, arrose les c^nes de Loudun, Veniers et Bournan, passe près le château de la Motte-Champdeniers, c^ne des Trois-Moutiers, et prend le nom de Petite-Maine. Voy. Maine (Petite-).

Martière (La), f. c^ne d'Archigny. — *La Marquetière*, 1525 (évêché, 24, et Cassini).

Martigny, vill. c^nes d'Avanton et Chasseneuil. — *Hugo de Martiniaco*, v. 1112 (abb. de Montierneuf). — *Martigné*, 1322 (abb. de la Celle, 18). — *Chapellenie Sainct Jacques à Martigné*, 1546 (com^rie de St-Georges, 8). — *Martigny*, 1550 (*ibid.* 13).

Martinalière (La), lieu auj. inconnu, près la Grange, c^ne de Béruges; — 1579, 1583 (abb. du Pin, 13).

Martin-Chapon, m. r. c^ne de Châtellerault.

Martinerie (La), m. d'institutrices, c^ne de Mauprevoir.

Martinerie (La), f. c^ne de Vernon. — *La Martinière*, 1632; *la Martinerie*, 1677 (carmes de Poitiers). — Anc. fief appart. aux carmes de Poitiers et relev. de Montsorbier.

Martinet, f. c^ne de Civaux; — 1577 (seign. de la Tour-aux-Cognons). — Anc. fief relev. de la Tour-aux-Cognons.

Martinet (Le), f. c^ne du Bouchet.

Martinets (Les), f. c^ne de Targé.

Martinière (La), lieu détruit, près Champs, c^ne du

Bourg-Archambault. — *La Martynière*, 1576 (maison-Dieu, 121).

Martinière (La), h. c^ne de Celle-l'Évêcault; — 1483 (fief de Monts).

Martinière (La), h. c^ne de Châtellerault. — *La Martinière*, 1438 (com^rie d'Auzon, 9). — Anc. fief relev. de Charlée.

Martinière (La), f. détruite, près la Machine, c^ne de Coussay-les-Bois.

Martinière (La), ff. c^ne de Doussay; — 1508 (prévôté de Blâlay, 8).

Martinière (La), h. c^ne de Lésigny.

Martinière (La), h. c^ne de Lusignan. — *La Martinière*, 1409 (gr. Gauthier, f° 48 v°).

Martinière (La), f. à Beauvoir, c^ne de Mignaloux.

Martinière (La), h. c^ne de Notre-Dame-d'Or; — 1409 (aveu de Moncontour). — Anc. fief relev. de la bar. de Moncontour.

Martinière (La), f. c^ne d'Orches; — 1519 (seign. de Lauberdière).

Martinière (La), f. et grotte, c^ne de Savigné.

Martinière (La), f. c^ne de Sérigny; — 1484 (seign. de la Tour-Conzay).

Martinière (La), h. c^ne de Targé. — *La Martinière*, 1425; *la Martinière*, 1531 (abb. de la Celle, 4). — Anc. fief dép. du prieuré de Saint-Martin de Cenon et relev. de la seign. de Chêne, c^ne d'Ingrande.

Martinière (La), h. c^ne d'Usseau. — *La Martinière*, 1298 (cure de Remeneuil). — Anc. fief relev. de Remeneuil.

Martinière (La), f. c^ne d'Usson; — 1498 (fief de Bagné).

Martinière (La), f. c^ne de Vouneuil-sous-Biard. — *La Martignière*, 1699 (cure de Vouneuil-sous-Biard). — *La Martinière*, 1766 (rôle des tailles).

Martinières (Les), vill. c^ne d'Oiré. — *Les Martinières*, 1394 (com^rie de la Foucaudière, 11). — *Les Martinières*, 1425 (cure d'Oiré).

Le ruiss. des Martinières (1630, seign. de Ferrière, inv. p. 123) prend sa source un peu au-dessus des Basses-Martinières et se réunit au ruiss. d'Oiré dans le bourg de ce nom.

Martinières (Les Basses-), h. c^ne d'Oiré; — 1670 (com^ris de la Foucaudière, 11). — *Les basses Martinières, anciennement les Talochous*, 1756 (terrier de la Groye, p. 728).

Martins (Les), h. c^ne de Bignoux. — *Village des Martins*, 1617 (seign. de Château-Fromage).

Martins (Les), h. c^ne de Châtellerault; — 1586 (com^rie de la Foucaudière, 2). — *Les bas Martins*, 1673; *village des haults Martins aultrement la Dangne, village de la Denguye*, 1673 (fief de Dercé).

Martins (Les), m. r. c^ne d'Oiré. — *Freresche des Martins*, 1625 (abb. de St-Cyprien, 24).

Martins (Les), h. c^ne d'Usseau; — 1644 (abb. de Montierneuf, 6). — *Village de la Bernardière ou les Martins*, 1673 (fief des Mées).

Martonnerie (La), f. c^ne de Dienné. — *La Marthonnerye*, 1565 (abb. de Nouaillé, 49). — *La Martronnerie*, 1665 (cure de Dienné). — *La Martonnerie*, 1700 (notaires, Sandilleau à Verrières).

Martrais, h. c^ne de St-Léomer; anc. chapelle et fief. — *Umbertus de Martois*, xii° s° (maison-Dieu, cart. n° 165). — *Cappella de Martroiz in parrochia Sancti Lonomari valet vi lib. et deservitur per canonicum Stirpensem* (pouillé de Gauthier, f° 176). — *Martoys, chappelle Sainct Bartholomy de Martays*, 1529 (maison-Dieu, terrier, f°s 222 v° et 226 v°). — *Martheys, Martheis*, 1553; *Marthoys*, 1611 (fief du prieuré de St-Léomer). — *Martrais*, 1623 (cure de St-Léomer). — *Martois*, 1695 (seign. de Martrais).

La chapelle de Martrais dépendait, avec le prieuré-cure de Saint-Léomer, de l'abbaye de Lesterp (Charente). Le fief du même nom relevait de la bar. de la Trimouille.

Ce lieu donne son nom à un ruiss. qui est aussi appelé la Riance. Voy. ce mot.

Martrais (Le), h. c^ne d'Orches. — *Le Martray*, 1583 (seign. de Puygarreau, 7).

Martran, h. c^ne de Rouillé. — *Marthan*, 1627 (fief de Curzay). — *Martan* (Cassini).

Martray (Le), f. c^ne de Saint-Gervais. — *Le Martrai*, 1774 (aveu de la bar. de la Touche).

Martreuil, vill. c^ne de la Trimouille. — *Martrueil*, xii° s° (maison-Dieu, cart. n° 167). — *Martreuilh*, 1266 (ibid. 127). — *Martreuilh*, 1509 (ibid. 31).

Martreuil (Le Petit-), f. c^ne de la Trimouille.

Marzelle (La), h. c^ne de Chenevelles. — *La Marselle*, 1429 (seign. de Montoiron, 1). — *La Marzelle*, 1492 (arch. de Poitiers, 58).

Marzelle (La), m. r. c^ne de Saint-Sauvant; — 1420 (gr. Gauthier, f° 50).

Marzelle (La), m. r. c^ne de Sanxay.

Mas (Le), h. et bois, c^ne de la Ferrière.

Mas (Le), h. c^ne de Savigné. — *Le Maz*, 1576 (fief de Bellabre). — *Le Matz*, 1673; *le Mats*, 1685 (notaires, Pascault à Civray). — *Le Mas*, 1697 (notaires, Deschamps à Civray).

Mas (Les), h. c^ne d'Adriers. — *Village du Mas*, 1618 (prieuré d'Entrefins). — *Les Mats*, 1841 (nomencl.).

Mas (Les), vill. c^ne de Béthines. — *Le Mas*, 1448

(maison-Dieu, 133). — *Les Mas*, 1450 (*ibid.* 154). — *Les Mastz*, 1690 (couv. de la Puye, 15).

Mas (Les), ff. c^ne de Brigueil-le-Chantre. — *Les Mas*, 1708; *les Mats*, 1747 (cure de Brigueil-le-Chantre).

Mas (Les), h. c^ne de Luchapt. — *Villagium de Masso*, 1442 (cure de l'Isle-Jourdain). — *Le Mas Verinaud*, 1577 (Fonteneau, t. XLV, p. 773). — *Le Mas Verinault*, 1667 (cure de Luchapt). — *Les Mats* (Cassini). — Anc. fief.

Mas (Les), h. c^ne de Persac. — *Le Mas*, 1775 (rôle des tailles).

Mas (Les), f. c^ne de Pressac. — *Le Mas*, 1716 (abb. de St-Cyprien, 28).

Mas (Les), vill. c^nes de Saugé et Montmorillon, et 2 m^ins, l'un sur la rive droite de la Gartempe, c^ne de Montmorillon, et l'autre sur la rive gauche, c^ne de Saugé. — *Molendini de Maso*, xiie s^e (maison-Dieu, cart.). — *Le Mas*, 1401 (gr. Gauthier, f° 114 v°). — *Village et moulin des Mas*, 1473 (maison-Dieu, 89). — *Moulin des Maz*, 1525 (*ibid.* 31).

Le m^in situé sur la rive gauche, près la Brasserie, était autref. une papeterie et appartenait au chapitre de Notre-Dame de Montmorillon.

Masoirard, f. c^ne d'Availle-Limousine. — *Masum Girac*, 1239; *le Mas Girard*, 1469 (abb. de St-Cyprien, 28).

Mas-Puyront (Le), c^ne d'Availle-Limousine; anc. fief relev. de la châtell. de Saint-Germain (Charente); — 1410, 1470 (fam. Laurent de Reyrac).

Massandière (La), vieux chât. et f. c^ne de Thuré. — *La Massardère*, 1309 (Gauthier, f° 204). — *La Massardière*, 1439 (terrier de Gironde, 8). — *La Marsadière*, 1456 (chap. de Châtellerault, 12). — Anc. fief relev. de la bar. de Thuré.

Massay, vill. c^ne de Chaunay; — 1460 (fam. Jousserant, 1). — Anc. fief appart. au chapitre cathédral de Poitiers et relev. du comté de Civray.

Masse (La), m. r. c^ne de Vendeuvre.

Masselinière (La), m. près Boirie, c^ne de Bonneuil-Matours; — autrement *la Bouliauderie*, 1620 (fief de Traversay).

Masseuil, chât. vill. et bois, c^ne de Quinçay; anc. seign. avec haute justice, appart. au chapitre de St-Hilaire de Poitiers. — *Masogilus*, 889 (ch. de St-Hilaire, t. I, p. 13). — *Massolium*, 989 (*ibid.* t. I, p. 56). — *Masollius*, 993-1029 (cart. de St-Cyprien, p. 23). — *Stephanus de Masolio*, v. 1025 (*ibid.* p. 276). — *Masseul*, 1380 (chap. de Ste-Radegonde, 31). — *Masseuil*, 1443 (ch. de St-Hilaire, t. II, p. 99).

Les bois de Masseuil contenaient 902 arpents en 1792.

Massilly (Le Bas-), vill.; le Haut-Massilly, f. c^ne de Doussay. — *Massillé*, 1440 (arch. de Poitiers, 12). — *Masseillé*, 1480, *Masseilly*, 1521; *Massilhé*, 1534 (couv. de Lencloître). — *Massilly*, 1613 (seign. de Massilly). — Le fief de Massilly relevait de la bar. de Mirebeau.

Massinière (La), h. c^ne de Mazeuil.

Massogne, c^on de Mirebeau. — *Willelmus de Maceunnia*, 1122-1140 (cart. de St-Cyprien, p. 65). — *Macognia*, 1262 (ch. de St-Hilaire, t. I, p. 304). — *Macoigne*, 1262 (*ibid.* t. I, p. 303). — *Macoignia* (pouillé de Gauthier, f° 169 v°). — *Macogne, Massoigne*, 1383 (taux du décime, p. 35 et 72). — *Maxoigne*, 1401 (chap. de Mirebeau, 32). — *Massougnes*, 1478 (reg. synodal). — *Notre-Dame de Massougnes*, 1782 (pouillé). — *Massognes*, 1807 (annuaire).

Cette commune est formée des deux anciennes paroisses de Massogne et Jarzay, qui faisaient partie de l'archiprêtré de Parthenay (Deux-Sèvres), de la baronnie de Mirebeau, du duché-pairie et de l'élection de Richelieu, généralité de Tours. Le prieuré-cure de Massogne dépendait de l'abbaye d'Airvault (Deux-Sèvres). Le fief de la Tour de Massogne relevait de la baronnie de Mirebeau.

Massogne (La Vieille-), vill. détruit, près la Sauvagère, c^ne de Massogne. — *La veille Maxoigne*, 1446 (com^rie de St-Georges, 25). — *La Jeune Mote au village de la Vieille Massoigne*, 1495 (Inv. des arch. de la Barre, t. II, p. 393).

Massone (La), f. c^ne de Châtellerault.

Massonneaux (Les), f. c^ne de Mairé.

Massonnerie (La), lieu détruit, près Arché, c^ne d'Hains. — *La Massonnerye*, 1672 (maison-Dieu, 103).

Massonnerie (La), h. c^ne de Saint-Martin-Lars.

Massonnière (La), f. c^ne de Mondion; — 1458 (seign. de Mondion, 1). — Anc. fief relev. de la seign. de Mondion.

Massonnière (La), f. c^ne d'Oiré.

Massonnière (La), f. c^ne de Sérigny. — *La Massonnière*, 1484 (seign. de la Tour-Gonzay).

Massotière (La), m. r. et m^in sur le Salcron, c^ne de Béthines; — 1611 (couv. de la Puye, 13). — Ce moulin est peut-être celui qui anciennement était appelé m^in de Moisseron. Voy. ce mot.

Massugeon, m^in sur la Gartempe, c^ne de Saint-Remy. — *Moulin de Massugeon*, 1583 (fief de l'Age-de-Plaisance).

Masta (Le) ou fief de Magné, à Magné. — *Matax*,

1404 (gr. Gauthier, f° 86 v°). — *Le Masta*, 1580 (fief de Gençay). — Anc. fief relev. de la vic. de Gençay.

MASTALIÈRE (LA), f. c^{ne} de Jardres. — *La Mastallière*, 1531 (seign. du Ry).

MATAUDERIE (LA), f. et bois, c^{ne} de Ligugé.

MATEFELON, h. c^{ue} de Charroux. — *Mathefelon*, 1559 (abb. de Charroux).

MATHEYS (LES), h. c^{ne} de Dangé. — *Village des Mathés*, 1686 (fief de la dîme de Piolant). — *Les Matteys* (Cassini).

MATHIEUX (LES), f. c^{ne} d'Archigny.

MATHORAIE (LA), h. c^{ne} d'Ingrande. — *La Mathorais*, 1642 (seign. d'Ingrande, inv.).

MATHURINE (LA), f. c^{ne} du Vigean.

MATOIS (LES), h. c^{ne} de Dangé. — *Les Mathons*, 1841 (nomencl.). — *Les Mathois*, 1856 (dénomb.).

MATOIS (LES), h. c^{ne} d'Oiré. — *La Bordière*, 1529 (cure d'Oiré). — *Les Matois*, 1755 (terrier de la Groye). — *Village des Mathois, anciennement le village de la Bordière*, 1756 (ibid. p. 725).

MATOIS (LES), h. et fontaine, c^{ne} de St-Remy-sur-Creuse. — *Les Matois*, 1610 (duché de Châtellerault, reg. de recette, 271). — *Les Mathois*, 1650 (fief de la Chaise).

MATONNERIE (LA), h. c^{ne} de Civaux. — *La Motronnerie* (Cassini).

MAUBERGEON (TOUR DE), tour du palais des comtes de Poitou à Poitiers; c'était le centre féodal du comté de Poitou. — *Turris Mauberjoni*, 1243 (Arch. hist. du Poitou, t. IV, p. 36). — *Tour de Maubergeon*, 1404 (gr. Gauthier, f° 25 v°); — *de Maubrejon*, 1503 (fief de Bridiers); — *de Mauberjon*, 1505 (fief des Touches). — *Chastel et tour de Maubergeon de Poictiers*, 1668 (fief de Brin).

MAUBUGÉ, h. c^{ne} de Champagné-Saint-Hilaire. — *Montbugier*, 1418 (seign. du Parc et de Boisvert, 1). — *Monbugier*, 1446; *Montbuger*, 1454 (chap. de St-Hilaire, 243). — *Le Bugé*, 1872 (dénomb.).

MAUDEBERT, m. r. c^{ne} d'Usson; — 1641 (prieuré de Grand-Chaume).

MAUDUIT (LE), ff. c^{ne} de Brigueil-le-Chantre. — *Les Mauduytz*, 1494 (fief de Gersant). — *Les Mauduits*, 1672 (fief de Fleix).

MAUGARNIE (LA), f. c^{ne} de Saint-Secondin. — *La Maugarnye*, 1580 (fief de la Tour de St-Secondin).

MAUGAS (LE), bois, c^{nes} de Queaux et Usson.

MAUGÉ, mⁱⁿ sur le ruiss. de la fontaine de Son, c^{ne} de Saint-Léger-de-Montbrillais. — *Molin des Maugier*, 1278; *Mauger*, 1467 (collège de Poitiers, 54). — *Maugé*, 1573 (cure de St-Léger-de-Montbrillais).

MAUGEANT, h. et bois, c^{ne} de Montoiron. — *Malgandus villa in vicaria Igorande*, v. 950 (cart. de St-Cyprien, p. 147). — *In villa que dicitur Mallogante in vicaria Ygrandinse*, 960 (ch. de St-Hilaire, t. I, p. 38). — *Maalgannum, Maalgenti villa*, 908-1031 (cart. de St-Cyprien, p. 170 et 171). — *Malgam villa super fluvium Alsoni*, v. 1020 (ibid. p. 166). — *Maalgam*, v. 1030 (ibid. p. 167). — *Maujant*, 1293 (ch. de St-Hilaire, t. I, p. 352). — *Maugent*, 1429 (seign. de Montoiron, 1). — Ce hameau a été distrait de la c^{ne} d'Archigny le 9 août 1833.

MAUGÉRIE (LA), h. c^{ne} d'Usseau. — *La Maugerye*, 1563 (seign. de la Motte d'Usseau).

MAUGINERIE (LA), h. c^{ne} de Béthines. — *La Maugenellerye*, 1572 (maison-Dieu, 145). — *La Mauginerye*, 1657; *la Manjenerie*, 1672 (ibid. 137).

MAUGINERIE (LA), h. c^{ne} de Montoiron.

MAUGINERIE (LA), h. c^{ne} de Pleumartin. — *La Monginerye*, 1590 (seign. de Pleumartin, 1). — *La Monginerie*, 1712 (cure de Pleumartin). — *La Maujonnerie* (Cassini).

MAUGOGRIE (LA), f. détruite, près la Paquerie, c^{ne} de Curzay. — *La Mougaugrie*, 1627 (fief de Curzay). — Anc. fief relev. de Curzay.

MAUGUÉ, chât. c^{ne} de Marnay. — *Willelmus de Maugue*, v. 1088; *de Malovado*, v. 1120 (abb. de Nouaillé). — *Maulgué*, 1558 (fief de Château-Larcher). — Anc. fief relev. de la châtell. de Château-Larcher.

MAUGUÉ, f. c^{ne} de Vivonne; — 1489 (livre de recette de Vivonne, f° 178 v°).

MAUJALLONNERIE (LA), lieu détruit, près la Morinière, c^{ne} de Saint-Gervais; — 1411 (seign. de la Bruère).

MAULAY, c^{om} de Loudun. — *De curte Maleciaco*, 987 (cart. de Bourgueil, p. 148). — *Petrus de Maulaio*, 1213 (chap. de Mirebeau, 27). — *Ecclesia de Maulayo* (pouillé de Gauthier, f° 171). — *Maulay*, 1383 (taux du décime, p. 9). — *Paroisse de Saint Martin de Maulay*, 1436 (collège de Poitiers, 59).

Avant 1790 la paroisse de Maulay dépendait de l'archiprêtré, de la châtellenie, du bailliage et de l'élection de Loudun. La cure était à la nomination de l'évêque; elle a été rétablie en 1872. Le fief et haute justice de Maulay ou du Bas-Maulay relevait de la châtellenie de Purnon. Le principal seigneur de la paroisse était le comte de la Chapelle-Bellouin.

MAULAY, m. à Bondilly, c^{ne} de Saint-Cyr; — 1426 (chap. de Notre-Dame-la-Grande, 70).

MAULAY, f. c^{ne} de Thuré. — *Maulay*, 1437 (duché de Châtellerault, 5). — *Moslay*, 1619 (fief de la Rimbertière).

MAULAY, anc. fief relev. de Chénéché, au village du Chêne, c^ne de Vendeuvre; — 1670 (aveu de Chénéché, f° 77); — auj. inconnu.

MAULAY (LE HAUT-), f. c^ne de Maulay; anc. fief relev. du château de Loudun.

MAULÉON, anc. fief relev. de la châtell. de Gironde, c^ne de Saint-Genest. — *Terre de Mauléon*, 1564 (seign. de Puygarreau, 7). — *Fief de Moléon*, 1686; — *de Mauléon ou dîme d'Ambière*, 1734 (fief de Mauléon). — Ce lieu est auj. inconnu.

MAULÉVRIER, anc. fief relev. du château de Loudun, c^ne de Curçay. — *Loys Odart, escuyer, seigneur de Cursay, Maulevrer en Cursay et Samarcolles*, 1498 (aumônerie de Curçay).

MAUMULON, ff. c^ne de Charroux. — *Montmulon*, 1754 (rôle des tailles).

MAUNIS, h. c^ne de Champagné-Saint-Hilaire. — *Maunys*, 1598 (chap. de St-Hilaire, 250).

MAUPAS (LE), m. près Bellefont; — 1474 (abb. de St-Cyprien, 18).

MAUPAS (LE), h. c^ne de Dangé.

MAUPAS (LE), h. c^ne du Rochereau.

MAUPAS (LE), f. c^ne de Sillars.

MAUPERTUIS, anc. village, c^ne de Châtain, mentionné en 1483 dans l'inv. des titres de la seign. de Font-le-Bon, p. 97.

MAUPERTUIS, h. et étang, c^ne de Coulombiers; — 1545 (hommages de Lusignan).

MAUPERTUIS, étang, c^ne de Montmorillon. — *Estang de Maupertuys*, 1528 (maison-Dieu, terrier); — appartenait à la maison-Dieu de Montmorillon.

MAUPERTUIS, c^ne de Nouaillé. Voy. CARDINERIE (LA).

MAUPERTUIS, m. détruite, près le Bois-Gilet, c^ne d'Orches. — *Maupertuys*, 1561 (seign. des Clouzeaux).

MAUPETITIÈRE (LA), f. c^ne de Brion. — *La Mautitière* (Cassini).

MAUPREVOIR, c^on d'Availle-Limousine. — *Ecclesia de Malo Presbytero*, 1096 (Fontenean, t. IV, p. 89). — *Fortalicium de Malo Presbytero*, 1307 (*ibid.* t. XXXVIII, p. 17). — *Maupreveire*, v. 1204 (*ibid.* t. XVIII, p. 653). — *Maupreveyr*, 1359 (*ibid.* t. IV, p. 435). — *Malprevere, Malprevoyr*, 1403 (abb. de Charroux). — *Mauprevayre*, 1596 (aides et équivalents, p. 36). — *Monprevoir*, 1686 (notaires, Pascault à Civray). — *Sainte Imperie*, 1702 (cure d'Ayron), *S. Impair*, 1779 (almanach provincial), *S. Impère*, 1782 (pouillé), *de Mauprevoir*.

Avant 1790 la paroisse de Mauprevoir faisait partie de l'archiprêtré de Gençay, de la baronnie de Charroux, de la sénéchaussée et de l'élection de Poitiers. La cure était à la nomination de l'abbé de Charroux, seigneur de la paroisse. Le château est situé à environ 400 mètres du bourg.

MAUPRIÉ, chât. et ff. c^ne de Lusignan. — *Mauperer*, 1379 (gr. Gauthier, f° 56). — *Dominus de Malapiro*, 1408 (cure de Lusignan). — *Malperer*, 1409 (gr. Gauthier, f° 56). — *Mauperier*, 1542; *Mauprier*, 1670; *Mauprié*, 1684 (fief de Mauprié). — Anc. fief. relev. de la châtell. de Lusignan.

MAURAT, f. c^ne de Senillé.

MAUREPAS, h. c^ne de la Bussière.

MAUREVILLE, f. c^ne d'Anois.

MAURIE (LA), vill. c^ne d'Availle-Limousine. — *La Morrie*, 1614 (fam. de la Broue de Vareilles). — *La Morye*, 1671 (fam. Laurent).

MAUROC, f. c^ne de Smarve; m. de campagne du séminaire de Poitiers.

MAURY, h. c^ne de Latillé. — *Morry*, 1386; *Maury*, 1611 (abb. de Ste-Croix, 28). — *Moulin de Moury*, 1626. Voy. CHAVALIÈRE (LA). — Anc. fief appart. à l'abb. de Sainte-Croix de Poitiers et relev. de la seign. d'Ayron.

MAURY (LE), ruiss. sort. de l'étang de Chez-Moutand, c^ne de Mauprevoir, et se réunit à l'Arquetant près Logerie, même c^ne. — *Ruisseau du Mory*, 1656 (abb. de Charroux).

MAUSSANGRIE (LA), lieu auj. inconnu, c^ne de Saint-Saviol; — 1487, 1519 (fam. Jousserant); 1576 (fief de Bellabre).

MAUTRU (LA), lieu auj. inconnu, vers Genouillé, c^ne de Civaux. — *La Maustru*, 1482; *la Mautru*, 1532 (fam. de Savatte de Genouillé).

MAUVAISE-FOI (LA), m. isolée, c^ne de Lésigny.

MAUVAIS-VENT (LE), f. c^ne de Bonneuil-Matours.

MAUVIE (LA), f. c^ne de Montmorillon.

MAUVILLANT, h. c^ne de Lussac-le-Château. — *Mavillan*, 1530 (seign. de Lussac-le-Château).

MAUVINIÈRE (LA), f. c^ne d'Archigny; — 1709 (seign. de Chitré).

MAUVINIÈRE (LA), h. c^ne de Blâlay. — *La Mauvinère*, 1437; *la Mauvynère*, 1447; *la Mauvignière*, 1460; *la Mauvinière*, 1465 (fam. de Fouchier). — Anc. fief relev. de Ry.

MAUVINIÈRE (LA), f. c^ne de Saint-Gervais. — *La Mauvinère*, 1440 (seign. de Puygarreau, 7). — *La Maulvinière*, 1536; *la Mauvynière*, 1539 (com^rie de l'Isle-Bouchard, 36). — Anc. fief relev. de la bar. de la Touche.

MAUVOISIN, anc. fief relev. du duché de Châtellerault, faubourg de Châteauneuf à Châtellerault; — 1538 (duché de Châtellerault, reg. d'hommages).

MAUVOISINS (LES), vill. c^ne de Genouillé. — *Terre des Malveisins*, 1405 (gr. Gauthier, f° 234 v°). — *Her*-

hergement qui fut Malvoysin, 1498 (fief de Genouillé); — *des Movoisins*, 1498 (fief de Comporté). — *Village des Mauvoysins*, 1542 (fam. Jousserant, 3). — *Les Maulx Vezins*, 1566 (seign. de Landraudière). — *Les Mauvoizins*, 1641 (fam. Chiton).

MAVAULT, vill. c^{ne} de Neuville. — *Mavau*, v. 1300 (seign. de Chéneché). — *Mauvau*, 1489; *Mavault*, 1575 (chap. cathédral, 77). — Anc. fief et haute justice relev. de la bar. de Grisse (aveu de Mirebeau).

MAVAULT, h. c^{ne} de Vendeuvre. — *Mavau*, 1522 (seign. de Bonnivet). — *Mavaux*, 1602 (seign. de Purnault).

MAVAUX, h. c^{ne} d'Oiré. — *Mavau*, 1576 (seign. d'Oiré, inv. p. 195). — Anc. fief.

MAVIAUX, h. c^{ne} de Journet. — *Maviaulx*, 1555 (maison-Dieu, 132). — *Maviault*, 1597; *Masviault*, 1607 (arch. de la Soc. des antiq. de l'Ouest, Villesalem). — *Maviaux*, 1721; *Maviaud*, 1739 (rôles des tailles).

MAY, vill. c^{ne} de Basses. — *May*, 1541 (com^{rie} de Loudun, 16). — *Le Mays*, 1556 (prieuré de Bournan, 2).

MAZAIRE, vill. c^{ne} de Saint-Pierre-de-Maillé. — *Mazières*, 1444 (évêché, 43). — *Mazaires*, 1458 (abb. d'Angle). — *Mazère*, 1515 (évêché, 33).

MAZAULT, vill. c^{ne} de Chalais. — *Alodus vocabulo Ad Maso in pago et vicaria Lausdunense?* 987-996 (cart. de St-Cyprien, p. 80). — *Masaus*, 1285 (cure de Chalais). — *Mazaux*, 1435 (abb. du Pin, 39). — *Mazault*, 1526 (com^{rie} de Loudun, 26).

MAZAY (LE GRAND et LE PETIT-), m. r. et f. c^{ne} de Vouneuil-sous-Biard. — *Mazaicum*, 1083 (ch. de St-Hilaire, t. I, p. 105). — *Mazaium*, 1204; *Mazay*, 1267; *maison noble du petit Mazay*, 1665 (abb. de la Celle, 11). — La papeterie de Mazay était appelée, dans les derniers temps, la Cassette. Voy. ce mot. — La terre du Petit-Mazay appartenait à l'abbaye de Saint-Hilaire de la Celle de Poitiers.

MAZEAU (LE), h. c^{ne} de Pouzioux. — *Les Mazeaux*, 1568 (maison-Dieu, 156).

MAZERAY, mⁱⁿ sur l'Auzon, c^{ne} de Targé. — *Macheret super Ausonam flumen*, v. 1025 (cart. de St-Cyprien, p. 176). — *Rainaldus de Mazeriaco*, 1025 ou 1026 (*ibid*. p. 68). — *Moulin de Mazeré*, 1438 (com^{rie} d'Auzon, 9); — *de Maseré*, 1444 (duché de Châtellerault, 1); — *de Mazeray*, 1620 (cure de Targé). — C'était un fief relev. de la seign. de Chêne, c^{ne} d'Ingrande.

MAZEROLLES, c^{on} de Lussac-le-Château. — *Maciriolas cellula super amnem Vingennam*, v. 696 (Pardessus, *Diplomata*, *chartæ*, etc. t. II, p. 239). — *Ex curte Maceriolas*, 964 (abb. de Nouaillé). — *In curte de Mazeroliis*, v. 1070 (Fontencau, t. XXI, p. 427). — *Mazeriole*, v. 1085; *Willelmus de Macheriolis*, v. 1095 (abb. de Nouaillé). — *Ecclesia S. Petri de Mazeroliis*, 1119 (Gall. christ. t. II, instr. col. 847). — *Mazeroles*, v. 1150 (abb. de Nouaillé). — *Mazerolles*, 1256 (*ibid*. 40). — *Prioratus de Mayzerolles* (pouillé de Gauthier, f° 148). — *S. Romain de Mazerolle*, 1728 (clergé, 15); 1782 (pouillé).

Avant 1790 la paroisse de Mazerolles faisait partie de l'archiprêtré et de la châtell. de Lussac-le-Château, de la sénéchaussée de Montmorillon et de l'élection de Poitiers; l'abbé de Nouaillé en était seigneur haut justicier et nommait à la cure, qui a été rétablie en 1841. Le prieuré de Mazerolles avait été uni dès le XVe siècle à la mense abbatiale de cette abbaye. Les appels des jugements rendus par le sénéchal de la justice seigneuriale étaient portés au siège de Montmorillon, malgré les réclamations du seigneur châtelain de Lussac.

Le ruiss. de Mazerolles ou de Gauberté sort de l'étang de Gauberté, c^{ne} de Gouex, traverse la c^{ne} de Mazerolles et se perd dans la Vienne à la limite de la c^{ne} de Civaux. — *Busanla*, 964 (abb. de Nouaillé). — *Rivus de Mazeroles*, 1277 (abb. de Nouaillé, 40).

MAZERT, h. c^{ne} de Journet. — *De Mazeriis*, 1211 (Revue des sociétés savantes, 2e série, t. VIII, p. 71). — *Mazere*, v. 1300 (Gauthier, f° 4). — *Les grans Mazoires, les petites Mazoires*, 1542 (terrier de Rouflac, 55 et 56). — *Masoires*, 1547 (fief de la Jautrudon). — *Mazaire*, 1612 (chap. cathédral, 24).

MAZEUIL, c^{on} de Moncontour. — *Masol*, 1178 (ch. de St-Hilaire, t. I, p. 189). — *Masolium*, 1280 (arch. de Poitiers, 14). — *Masueil*, 1327 (fam. de Fouchier). — *Mazuyl*, 1385 (com^{rie} de Loudun, 36). — *Mazueil*, 1388 (chap. cathédral, 36). — *Mazueil*, 1442 (fam. de Fouchier). — *Mazolium*, 1478 (reg. synodal). — *Massouyl*, 1520 (bissexte). — *S. Hilaire de Mazueil*, 1782 (pouillé).

Avant 1790 cette commune faisait partie de l'archiprêtré de Parthenay (Deux-Sèvres), de la baronnie de Mirebeau, du duché-pairie et de l'élection de Richelieu, généralité de Tours. Le prieuré-cure dépendait de l'abbaye d'Airvault (Deux-Sèvres). — Il y avait à Mazeuil une maison tenue en fief de la baronnie de Mirebeau.

MAZEUIL (LE PETIT-), m. r. c^{ne} de Mazeuil.

MAZIÈRE, vill. c^{ne} de Saint-Remy-sur-Creuse. — *Villa cujus vocabulum est Macheries, in pago Turonico*, in *vicaria Ygrandinse*, v. 985 (cart. de S¹-Cyprien, p. 185). — *Mazières*, 1554 (collège de Poitiers, 20). — *Mazière*, 1619 (fief de Toiré).

Mazilly, f. c^{ne} de Doussay ; — 1508 (prévôté de Blalay, 8). — Anc. fief relev. de la châtell. de Doussay.

Mazurie (La), h. c^{ne} de Pressac. — *La Mosseurye*, 1538 (aveu de S¹-Germain). — *La Mazeurie*, 1681 (abb. de S¹-Cyprien, 28). — *La Mazurie*, 1683 (fam. de la Broue de Vareilles).

Méchière (La), lieu détruit, c^{ne} de la Chapelle-Montreuil. — *La Mechière*, 1419 ; *la Meschère*, 1428 (abb. de S¹-Cyprien, 13). — *La Meschière*, 1465 (abb. de Montierneuf, 84).

Méchinière (La), m. r. c^{ne} de Maulay. — *La Meschinière*, 1436 (collège de Poitiers, 59).

Médelle, vill. c^{ne} de Marnay. — *Alodus qui appellatur Mesdela*, 969 (cart. de S¹-Cyprien, p. 250). — *Mesdelles*, 1497 (seign. de Thorus).

Médoc, h. c^{ne} de Sèvre.

Médoquerie (La), f. c^{ne} de Saint-Benoît. — *La Medocquerie*, 1598 (chap. de Ste-Radegonde, 19).

Mées (Les), vill. c^{ne} de Ceaux, c^{on} de Loudun. — *Esmé*, 1430 (chap. de S¹-Hilaire, 427). — *Les Mées*, 1449 (com^{rie} de Loudun, 30). — *Les Més*, 1455 (*ibid*. 29).

Mées (Les), anc. chât. fort et vill. c^{ne} de Mazeuil. — *Les Mez*, 1327 (arch. nat. chambre des comptes, reg. 330, n° 36). — *Les Mées*, 1408 (fam. de Fouchier). — *Les Mex*, 1469 ; *les Meex*, 1470 (prieuré de S¹-André de Mirebeau). — *Tour et forteresse ancienne des Mées*, 1508 (aveu de Mirebeau). — Anc. fief relev. de la bar. de Mirebeau.

Mées (Les), h. c^{ne} de Pouant.

Mées (Les), m. r. c^{ne} d'Usseau. — *Les Mées*, 1313 ; *hostel et forteresse des Mées*, 1432 (seign. des Mées). — *Seigneurie d'Esmée*, 1673 (aveu de la Motte d'Usseau) ; — *d'Emées*, 1673 (fief des Mées). — Anc. fief et haute justice relev. du duché de Châtellerault.

Mées (Moulin des), sur le Négron, c^{ne} de Beuxe.

Meillerie (La), h. c^{ne} de Saint-Genest.

Melet (Moulin de), détruit, sur le Miosson, c^{ne} de Nieuil-l'Espoir. — *Moulin de Mely, de Meley*, 1334 (cart. de la Trinité, f° 116). — *Vieil moulin appellé le moulin de Melet*, 1463 (abb. de la Trinité, 46).

Melgarin, lieu détruit, c^{ne} de Saint-Laurent-de-Jourde. — *Melgarin*, 1589 (cure de Verrières). — *Village de Merguerin*, 1658 (notaires, Gaultier à Poitiers) ; — *des Margarins*, 1700 (notaires, Sandilleau à Verrières). — Ce lieu était peu distant de la Réric, c^{ne} de Verrières.

Mélier (Le), h. c^{nes} de Montreuil-Bonnin et Vouillé. — *Le Mellié* (Cassini).

Melinerie (La), m. r. c^{ne} d'Iteuil.

Mellaudière (La), h. c^{ne} de Leigné-les-Bois.

Melles (Les), h. et mⁱⁿ sur la Charente, c^{ne} de Châtain. — *Moulin des Melles*, 1589 (inv. de Font-le-Bon, p. 43).

Melotières (Les), f. c^{ne} de Châtellerault. — *Les Melotières*, 1482 (cure d'Antogné). — *Les Mellotières*, 1505 (duché de Châtellerault, 6).

Meltière (La), f. c^{ne} de la Vausseau. — *Les Melletières* (Cassini).

Mémageon, vill. c^{ne} de Brux. — *Mesmagent*, 1230 ; *Mamajent*, 1233 ; *Memagen*, 1446 ; *Mesmageon*, 1556 ; *Mesmagean*, 1604 (abb. de Nouaillé, 53).

Mémageon, f. c^{ne} de Pairé.

Mémains (Les), f. c^{ne} de Leugny.

Ménagère (La), f. c^{ne} de Ceaux, c^{on} de Loudun.

Menalière (La), h. c^{ne} de Thuré.

Ménardière (La), f. c^{ne} de Saint-Gervais ; — 1459 (duché de Châtellerault, 6).

Ménardière (La), h. c^{ne} de Saint-Pierre-de-Maillé. — *La Maynardère*, 1374 (fam. de Couhé). — *La Moynardère*, 1447 ; *la Menardière*, 1493 (seign. de la Roche-Aguet). — Anc. fief relev. de la Roche-Aguet.

Ménardière (La), h. c^{ne} de Saint-Romain.

Ménards (Les), h. c^{ne} de Saint-Gervais.

Menassé (Bois), bois détruit, auj. inconnu, c^{ne} de la Bussière. — *Boscus Manase juxta Gastinas*, 1243 (Arch. hist. du Poitou, t. IV, p. 11). — *Boscus Manassier*, 1258 (Ledain, Hist. d'Alphonse, p. 114). — *Brolium Menacer*, 1260 (Hommages d'Alphonse, p. 109). — *Nemus de Menesse prope Sanctum Savinum*, v. 1300 (Gauthier, f° 3). — *Les boes Menassa, parroiche de la Buxère*, 1403 (gr. Gauthier, f° 5). — C'est peut-être de ce bois que tire son nom une ferme appelée Bois-Menu, c^{ne} de Paizay-le-Sec, située à peu de distance de la limite des c^{nes} de la Bussière et Saint-Savin.

Menaudier (La), vill. c^{ne} de Leigné-les-Bois ; — 1668 (prieuré de Malcray).

Menaudière (La), h. c^{ne} de Sérigny ; — 1454 (com^{rie} de Loudun, 32).

Menaudières (Les), f. c^{ne} d'Usseau ; — 1508 (abb. de Montierneuf, 6). — *La Menaudière*, 1673 (fief de la Motte d'Usseau).

Ménerie (La), m. r. c^{ne} d'Usson ; — 1566 (fief de la Grande-Épine).

Menisière (La), h. c^{ne} de la Chapelle-Montreuil. — *La Monezière*, 1533 (abb. de S¹-Cyprien, 13). — *La Mousnerière*, 1550 (abb. de Montierneuf, 84).

— *La Menezière*, 1594 (seign. de Béruges). — *La Menusière*, 1597; *la Monnaisière*, 1605 (abb. de Montierneuf, 85).

Menonnière (La), m. r. c^{ne} de Sérigny. — *La Menonnère*, 1379 (com^{rie} de Loudun, 32). — *La Menonnyère*, 1549 (cure de Sérigny).

Mesotière (La), h. c^{ne} de Châtellerault; distrait de la c^{ne} de Naintré le 3 janvier 1839.

Menuiserie (La), f. c^{ne} de Vouneuil-sous-Biard; terres incultes concédées en 1512 par l'abbé de Fontaine-le-Comte à Jean Horré, menuisier (abb. de Fontaine-le-Comte, 15). — *La Menuzerie*, 1616 (*ibid.* 15). — *La Menuserie*, 1766 (rôle des tailles).

Méoco, h. c^{ne} de Marigny-Brizay. — *Mehuc*, 1318; *Meuc*, 1353 (abb. de Fontaine-le-Comte, 24). — *Meot*, 1394 (com^{rie} de St-Georges, 35). — *Meoc*, 1438 (com^{rie} d'Auzon, 9). — *Muoc* (Cassini). — Anc. fief relev. du marq. de Clairvaux.

Méolière (La), lieu détruit, c^{ne} de Smarve. — *Villagium de la Meoliere*, 1425; —*de la Meolere*, 1445 (abb. de la Celle, 15). — Ce vill. était situé paroisse de Smarve, sur les rives du Miosson, à peu de distance de la Cadouillère. Le dernier acte où il en soit fait mention est de 1488.

Mépied, h. c^{ne} de Sammarçolle. — *Ernaudus de Maipodio*, commencement du xiie s^e (gr. cart. de Fontevrault, 881). — *Mespé*, 1309 (Les Olim, t. III, p. 429). — *Mepié*, 1436 (prieuré de Fontmore, 2). — *Mespié*, 1503 (com^{rie} de Loudun, 19). — *Mepied*, 1544 (collège de Poitiers, 59). — *Mespied*, 1639 (chap. de Ste-Croix de Loudun, 5).

Mérâne, mⁱⁿ sur la Charente, c^{ne} de Voulême. — *Moulin de Merdedane*, 1405 (gr. Gauthier, f° 267); — *de Merdedasne*, 1416 (com^{rie} de Civray, 1); — *de Meredane*, 1602 (fief de la Vau-Frenicart); — *de Merasne*, 1766 (rôle des tailles).

Méraudiers (Les), f. c^{ne} de Mirebeau.

Méraudrie (La), f. c^{ne} de Champagné-Saint-Hilaire.

Méray, m. r. c^{ne} de Beaumont. — *Villa que vocatur Mariacus*, 968 (ch. de St-Hilaire, t. I, p. 40). — *Meiré*, 1259; *Mairé*, 1260 (chap. de Notre-Dame-la-Grande, 26). — *Mairet*, 1352 (*ibid.* 28). — *Meré*, 1438 (com^{ris} d'Auzon, 9). — *Mesré*, 1541 (seign. de la Tour-de-Beaumont). — Anc. fief relev. de la Tour-de-Beaumont.

Mercaudières (Les), m. détruite avant 1673, près les Closures, c^{ne} d'Usseau; — 1673 (aveu de la Motte d'Usseau).

Merci-Dieu (La), chât. et mⁱⁿ sur la Gartempe, c^{ne} de la Roche-Posay; anc. abb. de l'ordre de Cîteaux, fondée en 1151 dans la paroisse de Posay-le-Vieil, en un lieu appelé Bécheron : *ecclesia que tunc temporis vocabatur Becherum... que ejus (Danielis abbatis) tempore vocata est Misericordia Dei* (cart. de la Merci-Dieu, 73). — *Abbatia Becheronis*, v. 1165 (*ibid.* 5). — *Abbatia Misericordie Dei*, av. 1169 (abb. de la Merci-Dieu); — *de la Mercidé*, 1218; *li abbés de la Merci Deu*, 1291 (cart. de la Merci-Dieu, 50 et 278). — *La Merci Dieu*, 1312; *la Merchidieu*, *la Merchidieux*, 1326; *la Mercy Dé*, 1344; *la Merssy Dieu*, 1393; *abbaye de Nostre Dame de la Mercy Dieu*, 1447 (abb. de la Merci-Dieu, 1).

L'abbaye avait droit de haute, moyenne et basse justice dans le fief de la Merci-Dieu.

Les bois de la Merci-Dieu avaient une superficie de 140 hectares en 1815.

Merdenson (Le), ruiss. vient de la Jaunerie, c^{ne} de Charroux, passe au chef-lieu de cette c^{ne} et se jette dans la Charente. — *Ad pontem deu Mardenso*, 1269 (Fonteneau, t. IV, p. 273); — *Le Merdenson*, 1392 (abb. de Charroux). — *Le Merdusson* (Cassini).

Merdric, mⁱⁿ sur la Palu, c^{ne} de Vendeuvre. — *Molendinum juxta Claustras quod vocatur Merderec*, 1073-1100 (cart. de St-Cyprien, p. 70). — *Merderye*, 1398 (seign. de Purnaud). — *Moulin de Merdry*, 1538 (séminaires de Poitiers, 4); — *de Mardry*, 1573 (seign. de Chénecé, 7); — *de Merdric*, 1617 (séminaires de Poitiers, 7).

Méré. Voy. Mairé.

Merennerie (La), h. c^{ne} de Buxeuil. — *La Merinerie*, 1841 (nomencl.).

Mergaudrie (La), lieu auj. inconnu, c^{ne} de Verrières. — *Villagium de la Morgandere in parrochia de Borecia*, 1313, 1423 (abb. de Nouaillé, 19). — *La Morgaudrie*, v. 1490, 1607 (*ibid.* 20 et 21). — *La Mergaudrie, paroisse de Verrières*, 1708 (notaires, Sandilleau à Verrières).

Mériaudière (La), f. c^{ne} d'Antigny. — *La Mariandière*, 1562; *la Meriaudière*, 1645 (abb. de St-Savin, 14).

Mériaux (Les), h. c^{nes} de Saint-Christophe et Saint-Gervais. — *Les Meraux* (Cassini).

Mérichère (La), f. c^{re} d'Antigny. — *La Mesrichère*, 1627 (abb. de St-Savin, 14). — *La Merichère*, 1657 (fam. Scourion).

Merlatières (Les), h. c^{ne} de Pairoux. — *La Marletère*, 1404 (gr. Gauthier, f° 196 v°). — *La Merlatère*, 1486 (fief de Pairoux). — *Les Marlatières*, 1775 (rôle des tailles).

Merlatrie (La), f. c^{ne} de Plaisance.

Merlaudière (La), lieu auj. inconnu, c^{ne} d'Hains; — 1539 (maison-Dieu, 103).

MERLAUDRIE (LA), h. c^ne de Château-Garnier ; — 1580 (fief de la Chaufferie).
MERLE (LE), h. c^ne de Béruges. — *Village des Merles*, 1564 (chap. de St-Hilaire, 398).
MERLET, f. c^ne de Mouterre.
MERLETRIE (LA), h. c^ne de Saint-Pierre-de-Maillé.
MERLIÈRE (LA), vill. c^ne de Saint-Romain. — *La Merlère*, 1403 (gr. Gauthier, f° 251 v°). — *La Merlière*, 1494 (fief de Chalour).
MERLIN, h. c^ne de Béthines. — *Merlyn*, 1578 (couv. de la Puye, 12).
MÉRONNIÈRE (LA), f. c^ne de Saint-Georges. — *Maison de Forge appellée la Meronnière*, 1584 (com^rie de St-Georges, 2). — *La Maronnière*, 1667 (Réform. des forêts, p. 74).
MERTIÈRE (LA), h. c^ne de Cuhon. — *La Meretyère*, 1615 (chap. de St-Hilaire, 329). — *La Mertière*, 1780 (rôle du vingtième).
MERVANT, h. c^ne de Poitiers. — *Mayrevant*, 1410 (gr. Gauthier, f° 29). — *Mervant*, 1565 (fief de la Grimouardière).
MERVEILLÈRE (LA), m^in sur le ruiss. de la Massardière et f. c^ne de Thuré. — *Moulin de la Merveilhère*, 1437 (duché de Châtellerault, 5). — *La Mervillère*, 1619 (fief de la Rimbertière).
MERZELLIÈRES (LES), h. c^ne de Saint-Sauvant. — *L'Esmergellère*, 1561 (minutes de J. Defonboisset, notaire à St-Maixent).
MÉS (LES), h. c^ne de Fleix. — *Les Mez*, 1402 (évêché, 21). — *Les Meez*, v. 1630 (abb. de St-Savin, 31). — *Les May* (Cassini).
MÉSACHARD, vill. c^ne de Ceaux, c^on de Couhé. — *Mesachard*, 1513 (seign. de la Millière). — *Mezachard*, 1571 (séminaires de Poitiers, 19).
MESCHINIÈRE (LA), f. c^ne de Saint-Gervais. — *La Mechinière*, 1674 (fief du Plessis-Baunay). — *Les Meschinières autrement la Cave*, 1774 (aveu de la bar. de la Touche).
MESCHINIÈRE (LA PETITE-), f. c^ne de Saint-Gervais.
MESCHINS (LES), f. c^ne de Saint-Gervais.
MESDIÈRES (LES), h. c^ne de Bonnes; — 1551 (seign. de Touffou, 1). — *Les Medières* (Cassini).
MESPIED, h. c^ne de Chouppes; — 1657 (chap. de Mirebeau, 19).
MESSAY, c^on de Moncontour. — *Messiacum*, ix° s^e (hist. transl. S. Filiberti, ap. Bouquet, t. VII, p. 344). — *Mesciacum*, 854 (dipl. de Charles le Chauve, ibid. t. VIII, p. 528). — *Metsiacum*, 915 (dipl. de Charles le Simple, ibid. t. IX, p. 524). — *Maciacum*, 1119 (Juenin, Hist. de l'abb. de Tournus, pr. p. 146). — *Mecayum*, 1287 (abb. de Fontaine-le-Comte, 28). — *Ecclesia de Macayo* (pouillé de Gauthier, f° 171 v°). — *Mecay*, 1320; *Messay*, 1347 (collège de Poitiers, 64). — *Capellanus de Misscio*, 1383 (taux du décime, p. 156). — *S. Philbert de Messay*, 1782 (pouillé).

Avant 1790 la paroisse de Messay faisait partie de l'archiprêtré, de la châtell., du bailliage et de l'élection de Loudun; une portion de son territoire toutefois ne dépendait pas de la châtell. et du bailliage de Loudun, mais de la bar. de Moncontour. Le prieur de Notre-Dame-du-Château de Loudun était seigneur de Messay et nommait à la cure, réunie auj. à celle de Saint-Clair.

MESSE (CHEMIN DE LA), de Bellefoye à Neuville en passant à la Pierre-Levée.
MESSELIÈRE (LA), chât. en ruine et h. c^ne de Queaux; bois, c^ne du Vigean. — *La Messelère*, 1304; *forteresse de la Maissellère*, 1357; *la Messellière*, 1480 (seign. de Ressonneau, 1). — *Tour de la Messelière*, 1431 (fam. Frotier). — Anc. fief, qualifié châtellenie en 1559 (proc.-verb. de réform. de la coutume de Poitou), relev. de la bar. de Calais.
MESSELIÈRE (LA), vill. c^nes de Savigny et Saire. — *La Messellière*, 1447 (com^rie de l'Isle-Bouchard, 32). — *La Messallière*, 1448 (ibid. 35). — *La Messalière*, 1479 (prieuré du Bouchet, 2).
MESSEMÉ, c^ne de Loudun. — *In Maximiaco*, ix° s^e (hist. translat. S. Filiberti, ap. Bouquet, t. VII, p. 343). — *In villa Massiniaco*, 854 (dipl. de Charles le Chauve, ibid. t. VIII, p. 528). — *Fulcherius de Maximiaco*, 1082; — *de Messme*, v. 1098; — *de Maxime*, v. 1102; — *de Maximei*, v. 1106 (cart. de Noyers, p. 116, 289, 326 et 373). — *Stephanus de Maixime*, 1119 (Gall. christ. t. II, col. 1315). — *Gauterius de Maxeme*, 1146 (Clypeus nasc. Fontebrald. ord. t. II, p. 305). — *Mayxime* (pouillé de Gauthier, f°s 137 v° et 171). — *Messemé*, 1309 (Les Olim, t. III, p. 429). — *S. Cesaire de Messemé*, 1782 (pouillé).

Cette commune est formée des deux anciennes paroisses de Messemé et Villiers, qui faisaient partie de l'archiprêtré, de la châtellenie, du bailliage et de l'élection de Loudun. La cure de Messemé était à la nomination de l'évêque. Le château de Messemé ou de la Motte de Messemé est situé à un kilomètre au sud du chef-lieu de la commune.

MESSEMÉ, c^ne de Châtellerault; anc. fief uni à celui de Charlée et relev. du duché de Châtellerault. — *Donjon de Messemé basti de neuf*, 1621 (fief de Charlée). — Le lieu est auj. inconnu.
MESSEMÉ (LE HAUT-), vill. c^ne de Messemé.
MESSIGNAC, chât. et f. c^ne d'Adriers. — *Guillelmus de*

Mayssignac, 1303 (seign. de Ressonneau, 1). — *Messignac*, 1406 (cure de Millac). — Anc. fief.

MÉTAIRIE (LA), h. c^{ne} de Benassay. — *La Mestairie*, 1476 (chap. de St-Hilaire, 81).

MÉTAIRIE (LA), f. c^{ne} du Bourg-Archambault.

MÉTAIRIE (LA), vill. c^{ne} de Vaux-en-Couhé. — *Mestayrie de l'aumousnerie de Couhé*, 1593 (chap. de St-Hilaire, 344).

MÉTAIRIE (LA GRANDE-), f. c^{ne} d'Archigny.

MÉTAIRIE (LA GRANDE-), f. c^{ne} d'Asnières. — *La grande métairie d'Asnières*, 1771 (cure d'Asnières).

MÉTAIRIE (LA GRANDE-), f. c^{ne} de Brigueil-le-Chantre.

MÉTAIRIE (LA GRANDE-), f. c^{ne} de Coussay-les-Bois.

MÉTAIRIE (LA GRANDE-), f. c^{ne} de Leigne.

MÉTAIRIE (LA GRANDE-), f. c^{ne} de Leugny.

MÉTAIRIE (LA GRANDE-), h. c^{ne} de Mauprevoir.

MÉTAIRIE (LA GRANDE-), h. c^{ne} de Romagne.

MÉTAIRIE (LA GRANDE-), h. c^{ne} de Thuré.

MÉTAIRIE (LA GRANDE-), f. c^{ne} de Vicq.

MÉTAIRIE (LA GRANDE-), m. r. c^{ne} de Villemort.

MÉTAIRIE (LA PETITE-), h. c^{ne} de la Chapelle-Montreuil.

MÉTAIRIE (LA PETITE-), h. c^{ne} de la Chapelle-Moulière.

MÉTAIRIE (LA PETITE-), f. c^{ne} de Coussay.

MÉTAIRIE-DE-BAGNÉ (LA GRANDE-), f. c^{ne} d'Usson.

MÉTAIRIE-D'OIRÉ (LA), f. c^{ne} d'Oiré.

MÉTAIRIE-NEUVE (LA), f. c^{ne} de Pindray.

MÉTAIRIE-NEUVE (LA), f. c^{ne} de la Trimouille.

MÉTAIRIES (LES HAUTES-), ff. c^{ne} de Vicq.

MÉTAIRIES-DE-CLAIRVAUX (LES), h. c^{ne} de Cenon. — *Clervaux*, 1570; *mestairie de Clervault*, 1577 (abb. de St-Benoît, 12).

MÉTIVIERS (LES), m. r. c^{ne} d'Usseau. — *La Ricardere in parrochia de Huyssello*, 1353 (chap. de St-Hilaire, 425). — *Village des Mestiviers ou la Ricardière*, 1642 (seign. de la Motte d'Usseau).

MEUNIÈRE (LA), ff. c^{ne} de Plaisance. — *La Mononère*, 1418; *la Monnenière*, 1483 (fief de Beaupuy). — *La Menomyère*, 1494 (fief de l'Âge-de-Plaisance). — *La Mesnonnyère, la Mosnyère*, 1578; *la Menonière*, 1587; *la Masnonière*, 1598 (cure de Plaisance). — *La Mesnonière*, 1617 (fief de la Valade). — *La Meunier*, 1775 (rôle des tailles).

MEUNIERS (CHEMINS DES), c^{nes} d'Arçay, Avanton, Bellefont, Chiré, Dissay, Lusignan, Maillé, Martaizé, Moncontour, Montmorillon, Saint-Cassien, Sammarçolle, Smarve, Verrue, Villiers, Vivonne et Vouzailles.

MEUNS (LES), h. c^{ne} de Bertegon. — *Oppidum de Muris*, 560 (dipl. faux de Clotaire, ap. Pardessus, *Diplomata, chartæ*, etc. t. 1, p. 119). — *Les Meurs*, 1506; *les Murs*, 1528; *les Mœurs en Berthegon*, 1685 (chap. de Ste-Radegonde, 92). — Anc. fief appart. au chap. de Sainte-Radegonde de Poitiers et relev. du château de Saumur.

MEUNS (LES), h. c^{ne} de Liniers. — *Les Murs*, 1394 (com^{rie} de St-Georges, 35). — *Les Meurs*, 1459 (chap. de Ste-Radegonde, 108). — Anc. fief relev. de la tour de Maubergeon.

MEUNS (LES), f. c^{ne} de Saint-Gervais. — *Hostel des Murs*, 1438 (bar. de Luain). — *Les Meurs*, 1444 (duché de Châtellerault, 1). — Anc. fief relev. de la bar. de la Touche.

MEUNS (LES), m. à Cubord, c^{ne} de Salles-en-Toulon. — *Les Murs*, 1659; *les Meurs*, 1687 (arch. de la Soc. des antiq. de l'Ouest, Mortemer). — Anc. fief relev. de la bar. de Mortemer.

MÉVEILLÉ, h. c^{ne} de Ceaux, c^{on} de Loudun. — *Mesveillé*, 1496 (com^{rie} de Loudun, 29). — *Mesveilhé*, 1509 (chap. de St-Hilaire, 544). — *Mesvillé*, 1556 (collège de Poitiers, 63).

MÉZAUMENT, h. c^{ne} de Romagne. — *Mezaument*, 1598 (chap. de St-Hilaire, 249). — *Mesoment*, 1599 (*ibid.* 251). — *Mezoment*, 1626 (abb. de Moreaux). — *Metzaumant* (Cassini).

MEZEAUX, h. c^{ne} de Ligugé; anc. c^{ne} réunie à celle-là le 3 novembre 1819. — *In villa quæ dicitur Maseliis*, 1008 (abb. de Nouaillé); — *in vicaria Lecunia*, 988-1031 (cart. de St-Cyprien, p. 50). — *Ecclesia Sancti Vincentii de Masels*, 1004-1020 (*ibid.* p. 49). — *Nemus de Maseus*, 1153 (abb. de Fontaine-le-Comte). — *Maseas*, 1230 (Fontenau, t. XXII, p. 177). — *Ecclesia de Masellis*, 1269 (abb. de St-Cyprien, 50). — *Messeas* (pouillé de Gaultier, f° 152 v°). — *Mazeas, Meseaux*, 1383 (taux du décime, p. 31 et 68). — *Mezeaux*, 1479 (compte de J. Bourdin).

Avant 1790 Mezeaux faisait partie de l'archiprêtré et de la châtellenie de Lusignan, de la sénéchaussée et de l'élection de Poitiers. Le prieuré-cure dépendait de l'abbaye de Fontaine-le-Comte. Cette ancienne paroisse est aussi réunie auj. à Ligugé pour le spirituel.

MÉZERAY, vill. c^{ne} de Pleumartin. — *Meseré*, 1459 (notaires, Artaud à la Roche-Posay). — *Mezeré*, 1487 (abb. de la Merci-Dieu, 11).

MÉZIEUX, chât. et f. c^{ne} de Ceaux, c^{on} de Couhé; — 1572 (fam. Irland). — Anc. fief relev. du marq. de Couhé.

MIALOUP, h. c^{ne} de Vouneuil-sur-Vienne. — *Mygnalou*, 1543; *Mignalou*, 1682 (com^{rie} d'Auzon, 6).

MICHALIÈRE (LA), f. c^{ne} d'Usseau; — 1487 (chap. de Châtellerault, 15). — Anc. fief et haute justice relev. de Remeneuil.

MICHALIÈRES (LES), h. c^{ne} d'Archigny; — 1645 (seign. de Touffou, 5).

MICHELLIÈRE (LA), m. près le Bouchet, c^{ne} de Saint-Gervais; n'est plus connue que sous le nom du Bouchet.

MICHETTRIE (LA), f. c^{ne} de la Bussière. — *La Micheleterie*, 1541 (seign. de la Roche-Aguet).

MICOLIÈRE (LA), ff. c^{nes} de Charroux et Mauprevoir. — *La Micholière*, 1403 (abb. de Charroux). — *La Micollière*, 1665 (notaires de la bar. de Charroux).

MIDOUIN, h. c^{ne} de Saint-Jean-de-Sauves; — 1620 (prieuré de St-André de Mirebeau, 11).

MIELLERIE (LA), m. près les Bruyères, c^{ne} de Champigny-le-Sec. — *La Mielerie*, 1782 (rôle du vingtième).

MIÉTRIE (LA), h. c^{ne} de Bouresse. — *La Myeterie*, 1444; *la Myotherie*, 1485 (maison-Dieu, 196). — *La Mugnoterie*, 1491 (seign. de Lussac, 1). — *La Miettrie*, 1637 (chap. de Ste-Radegonde, 133). — *La Myetrie*, 1670 (abb. de Nouaillé, 22).

MIGNAC, vill. c^{ne} de Glenouze. — *Meygnac*, 1429; *Mignac*, 1470 (com^{rie} de Loudun, 21). — *Mygnac*, 1547 (chap. cathédral, 88).

MIGNALOUX, populairement MIALOU, c^{on} de Saint-Julien-Lars. — *Villa Exania Magnalorum*, 848 (abb. de Nouaillé). — *Villa Magnalorum*, 951 (Fonteneau, t. XIII, p. 49). — *Magnalor*, 1295 (abb. de la Celle, 2). — *Magnalour, Maygnalour*, 1322 (abb. de la Celle, 18). — *Maignalor*, 1324; *Maignaleur*, 1337 (arch. de Poitiers, 12). — *Meygnalour*, 1336 (abb. de Ste-Croix, 8). — *Meignalor, Meignalour*, 1383 (taux du décime, p. 17 et 61). — *Megnalour*, 1385 (cart. de la Trinité, f° 96). — *Meignaleur*, 1415 (abb. de la Celle, 1). — *Mignalour*, 1479 (compte de J. Bourdin). — *Mignalou*, 1519 (abb. de la Celle, 13). — *Mialous*, 1757 (chap. cathédral, 41). — *Notre-Dame de Mignalou*, 1782 (pouillé). — *Mignaloux*, 1818 (annuaire).

Cette commune, réunie à celle de Beauvoir en 1798, a eu pour chef-lieu Beauvoir jusqu'en 1815; depuis ce temps-là, elle a été appelée Mignaloux-Beauvoir. Mignaloux, chef-lieu actuel, ne se compose que de l'église paroissiale et de trois maisons.

Avant 1790 Mignaloux faisait partie de l'archiprêtré de Mortemer, de la châtellenie, de la sénéchaussée et de l'élection de Poitiers. Le prieuré-cure de Notre-Dame dépendait de l'abbaye de Saint-Hilaire de la Celle de Poitiers.

MIGNÉ, c^{on} nord de Poitiers. — *In villa quæ dicitur Magniaco*, 989 (Besly, Hist. des comtes de Poitou, p. 274). — *Magnac*, v. 1080 (Docum. hist. publiés par Champollion-Figeac, t. I, p. 495). — *Ec-* *clesia de Magnecio*, 1083; *Magnec*, 1086; *Magnech*, v. 1120; *Manec*, v. 1195 (abb. de Montierneuf). — *Megnec*, 1253 (abb. de la Trinité, 1). — *Maigné*, 1260 (Fonteneau, t. XIX, p. 418). — *Maygnec*, 1274 (abb. de Montierneuf, 48). — *Maigné*, 1294 (Fonteneau, t. XIX, p. 438). — *Magné* (pouillé de Gauthier, f° 147). — *Meigné*, 1315 (chap. de St-Pierre-le-Puellier, 33). — *Maignet, Maigny*, 1324 (arch. de Poitiers, 12). — *Meygné*, 1333 (chap. cathédral, 75). — *Meigny* (gr. Gauthier, f° 23). — *Meigné sur l'Auzance*, 1445 (abb. de la Celle, 11). — *Paroisse de Sainct Pierre de Migné*, 1528 (abb. de Montierneuf, 60).

Avant 1790 Migné faisait partie de l'archiprêtré de Dissay, de la châtellenie, de la sénéchaussée et de l'élection de Poitiers. La cure était à la nomination de l'abbé de Montierneuf, principal seigneur de la paroisse.

MIGNÉ, f. c^{ne} de Jardres. — *Maygnec*, 1309 (Gauthier, f° 186 v°). — *Meygné*, 1326 (évêché, 17). — *Meigné*, 1550; *Migné*, 1641 (chap. de Chauvigny, 10). — *Meigny*, 1601 (évêché, 8). — Anc. fief relev. de la bar. de Chauvigny.

MIGNONNERIE (LA), f. c^{ne} d'Usseau. — *La Roche ou la Mignonnerye*, 1600 (seign. de Malicorne). — *La Roche ou la Mignonnerie*, 1673 (aveu de la Motte d'Usseau). — *La Mignonerie* (Cassini). — C'est peut-être l'anc. fief de *la Roche d'Usseau*, 1409, ou *la Roche sur Usseau*, 1456 (seign. de la Roche d'Usseau), relev. du duché de Châtellerault.

MIGNONNIÈRE (LA), f. c^{ne} de la Bussière.

MIGNONNIÈRE (LA), h. c^{ne} de Lussac-le-Château; — 1587 (cure de Lussac-le-Château).

MIGNONNIÈRE (LA), h. c^{ne} de Prinçay.

MIGNOTERIE (LA), f. c^{ne} de Béruges. — *La Mignoterye*, 1580 (seign. de Béruges). — *Lieux appellez la Mignoterie parce qu'ils ont esté cy devant exploitez par les Mignots*, 1607 (abb. du Pin, 6).

MILÉTRIE (LA), h. c^{ne} de Mignaloux. — *Maison neuve appellée Luderie, autrement la Milletrie, avec la chappelle fondée en l'honneur de Sainct Mathurin*, 1530 (collège de Puygarreau). — *La Milletorye appellée autrement la Giraulderye*, 1531 (abb. de la Celle, 14).

MILLAC, c^{on} de l'Isle-Jourdain. — *Amellac* (pouillé de Gauthier, f° 175 v°). — *Amailhac, Meilhac*, 1383 (taux du décime, p. 18 et 62). — *Ameilhac*, 1406 (cure de Millac). — *Ameillac*, 1449 (cure de l'Isle-Jourdain). — *Amilhacum*, 1478 (reg. synodal). — *Meillat*, 1479 (prieuré de Teil). — *Meillac*, 1520 (cure de Millac). — *Amilhat*, 1525 (cure de l'Isle-Jourdain). — *Millac*, 1649 (bissexte).

Avant 1790 Millac faisait partie de l'archiprêtré de Lussac, de la bar. de Calais, au ressort de la sénéchaussée du Dorat (Haute-Vienne), et de l'élection de Confolens (Charente). Le prieuré-cure de Saint-Gervais et Saint-Protais de Millac dépendait de l'abbaye de Lesterp (Charente).

Millerie (La), h. c^{ne} d'Usseau.

Millerie (La), lieu autref. habité, auj. inconnu, c^{ba} de Verrières. — *Terra dels Millerins*, v. 1030 (cart. de St-Cyprien, f° 95). — *La Millerie*, 1590; *la Millière*, 1607 (maison-Dieu, 198).

Milleron (Le), h. c^{ne} de Verrue.

Milleronnes (Les), m. r. c^{ne} de Lavoux.

Millerote, anc. m^{in} sur la Palu, c^{ne} de Vendeuvre. — *Molendinum de Millerote*, 1254 (Fonteneau, t. III, p. 361). — Des prés et chènevières portent encore le nom de la Meillerote.

Milleroux (Les), h. c^{ne} d'Ingrande. — *Village des Pigournets*, 1627 (seign. de Marigny, inv.). — *Les Milleroux autrement les Pigournets*, 1754 (terrier de la Groye, p. 183).

Millets (Les), h. c^{ne} de Lésigny.

Millier, m^{in} sur le Talbat, à Chauvigny, en amont du m^{in} de Saint-Just. — *Molendinum de Miler*, 1370; *moulin de Milier*, v. 1400; — *de Miller*, 1425; — *Millier*, 1442 (évêché, 21). — Ce moulin est appelé aujourd'hui moulin d'En-Bas.

Millière (La), f. c^{ne} de Coulombiers.

Millière (La), chât. en ruine, vill. et bois, c^{ne} de Romagne; anc. prieuré et seigneurie. — *Milleria*, 1257 (ch. de St-Hilaire, t. I, p. 287). — *La Millière*, 1313 (seign. de la Millière). — *La Millère*, 1459 (prieuré de la Millière). — *La Millière*, 1504; *chastel et forteresse de la Millyère*, 1619 (seign. de la Millière).

Le prieuré de Sainte-Catherine de la Millière, de l'ordre de Saint-Augustin, dépendait de l'abbaye de Saint-Séverin (Charente-Inférieure). — La seigneurie de la Millière, érigée en châtellenie en 1609 (seign. de Couhé, inv. t. I, p. 189), relevait du marquisat de Couhé. Les bois de la Millière, c^{hes} de Vaux et Ceaux, contenaient 153 hectares en 1802.

Millochère (La), m. r. c^{ne} d'Oiré; — 1756 (terrier de la Groye, p. 128); *la Millachère anciennement la Fistardière* (ibid. p. 149).

Millonnière (La), m. r. c^{ne} d'Availle.

Millonnière (La), anc. fief relev. de la bar. de Mirebeau, à la Roche-de-Chizay, c^{ne} de Saint-Jean-de-Sauves; — 1508 (aveu de Mirebeau).

Millonnière (La), vill. c^{ne} de Saint-Pierre-des-Églises. — *La Millonnière*, 1551; *la Milonnière*, 1610 (évêché, 8).

Milly, h. c^{ne} de Charay; anc. prieuré dép. de l'abbaye de Saint-Cyprien de Poitiers et relev., pour le temporel, de la bar. de Mirebeau; uni au grand séminaire de Poitiers en 1725. — *Villa que vocatur Miliacus, in pago Pictavo, in vicaria Toarcinse, cum capella Sancti Severini*, 936 (cart. de St-Cyprien, p. 6); — *in vicaria Teneacinse vel Toarcinse*, v. 960 (ibid. p. 87). — *In Milliaco*, 1060-1068 (ibid. p. 87). — *Johannes de Millec*, v. 1080 (ibid. p. 62). — *Milech*, 1149 (abb. de St-Cyprien). — *Mille*, 1293; *Milli*, 1336 (arch. de Poitiers, 14). — *Prior de Milhe, de Milhiaco*, 1383 (taux du décime, p. 72 et 116). — Une foire se tenait autrefois en ce lieu le 10 août (almanachs de Poitiers, 1701, 1792).

Milmaux, h. c^{ne} de Saint-Secondin. — *Millemaux*, 1600 (fief de Badevilain).

Milonnière (La), m. r. c^{ne} de Beuxe.

Miltière (La), f. c^{ne} de Messemé. — *La Meletière*, 1453; *la Melletière*, 1471 (com^{ris} de Loudun, 28). — *La Mesletière*, 1549 (cure de Messemé). — *La Millettière*, 1658 (arch. de la Soc. des antiq. de l'Ouest, Loudunais). — *La Meltière* (Cassini).

Miltière (La), h. c^{ne} de Saint-Christophe. — *La Miltière*, 1490 (seign. des Clouzeaux). — *La Milletière*, 1525 (cure de St-Christophe).

Miltière (La), h. c^{ne} de Sérigny. — *La Meilletière*, 1550 (cure de Sérigny).

Mimarderie (La), f. c^{ne} de Saire.

Mimaudière (La), vill. c^{ne} de Blanzay. — *La Minaudère*, 1405 (gr. Gauthier, f° 231 v°). — *La Mimaudère*, 1482 (fief de Loin). — *La Mymaudière*, 1507 (abb. de Nouaillé, 56). — *La Mymodière*, 1561; *la Mimaudière*, 1600 (fief de Comporté).

Mimaudière (La), vill. c^{ne} de Jazeneuil; — 1627 (fief de Curzay). — Anc. fief relev. de Curzay.

Mimetière (La), ff. c^{ne} de Chalandray. — *La Mymetière*, 1460 (seign. de Chalandray).

Minade (La), ff. c^{ne} de Mouterre.

Minarderie (La), ff. c^{ne} de Benassay.

Minaudière (La), h. c^{ne} de Cuhon; anc. prieuré ou commanderie dép. de la maison-Dieu de Montmorillon. — *Prieuré de la Minaudère*, 1375 (chap. de St-Hilaire, 324).

Minaudière (La), f. c^{ne} de Lomaizé. — *La Mynaudyère*, 1562 (fief de Mortemer). — *La Minaudière*, 1693 (seign. de Dienné et Verrières, 1). — Anc. fief relev. de la bar. de Mortemer.

Minaudières (Les), vill. c^{ne} de Coussay-les-Bois. —

Les Mynaudières, 1503 (chap. de Châtellerault, 14). — *Les Minaudières*, 1756 (fief de Pouzieux).

MINAUDIÈRES (LES), f. c^{ne} de Saint-Remy-sur-Creuse; — 1619 (fief de Toiré).

MINAUDIÈRES (LES PETITES-), f. c^{ne} de Saint-Sauveur. — *Les Mynauldières*, 1506 (com^{rie} de la Foucaudière, 8). — *Les petites Minaudières*, 1660 (*ibid.* 9).

MINAUDRIE (LA), f. c^{ne} de Poitiers.

MINAZERIE (LA), f. près Jouarenne, c^{ne} d'Alonne.

MINÉE (LA), m. détruite, c^{ne} de Sammarçolle. — *Hostel de la Minée*, 1427, 1602, 1656 (com^{rie} de Loudun, 19); — appartenait à la com^{rie} de Moulins.

MINERET (LE), f. c^{ne} de la Ferrière.

MINERET (LE), ff. c^{ne} de Saint-Maurice. — *Le Myneray*, 1334 (chap. de St-Hilaire, 439). — *Le Mineray*, 1404 (gr. Gauthier, f° 85 v°). — *Le Mineret*, 1734 (rôle des tailles).

MINERET (LE), ff. c^{ne} de Vernon.

MINETIÈRES (LES), h. c^{ne} de Bonnes. — *Les Minatères*, 1352 (chap. de Notre-Dame-la-Grande, 69). — *Les Minetères*, 1456 (seign. de Touffou, 1). — *Les Menetières*, 1841 (nomencl.).

MINGOIRE (LA), f. c^{ne} de Savigny-l'Évescault. — *La Mingouère*, 1681 (évêché, 67). — Anc. fief relev. de Savigny-l'Évescault.

MINGOTIÈRES (LES), h. c^{nes} de Bonnes; — 1466 (seign. de Touffou, 1). — Anc. fief relev. de Talmont.

MINGUETS (LES), m. r. c^{ne} de Châtellerault. — *Les Betuzelles*, 1451; *les Betuzaleries*, 1522 (abb. de St-Cyprien, 23). — *Village des Mesgrets autrement les Betuzallières*, 1685 (fief de la Grande-Vau).

MINGUÉTRIE (LA), f. c^{ne} de Saint-Cyr; détachée de la c^{ne} de Dissay en 1847.

MINIÈRE (LA), h. c^{ne} de Brigueil-le-Chantre.

MINIÈRE (LA), m. r. c^{ne} de Smarve. — *La Mesminère*, 1380 (abb. de la Trinité, 73). — *La Meminère*, 1404 (abb. de St-Cyprien, 43). — *Le Memynère, paroisse de Saint Sornin*, 1449 (abb. de la Celle, 15). — Ce lieu était à la limite des paroisses de Smarve et de Saint-Saturnin de Poitiers; il est limitrophe de Saint-Benoît depuis l'adjonction de la section de Flée à cette commune.

MINIÈRES (LES), h. c^{ne} de Château-Garnier.

MINIÈRES (LES), vill. c^{ne} de Marçay.

MINIÈRES (LES), vill. c^{ne} de Pairé. — *Les Minères*, 1489 (livre de recette de Vivonne, f° 74 v°). — *Les Minières*, 1611 (collège de Poitiers, 25). — Anc. seigneurie. Une église paroissiale a été érigée en ce lieu en 1870.

MINIMES (LES), m. près la Calvinerie, c^{te} de Châtellerault; — 1665 (fief du Verger).

MINIMES (LES), f. c^{ne} de Mairé. — *Mestairie de la Vernallière*, 1630; —*autrement Bride les Loups*, 1739 (minimes de Châtellerault).

MINIMES (LES), h. c^{ne} de Naintré. — *Maison des Pères Minimes*, 1683 (fief du Puy de Naintré).

MINOTIÈRE (LA), f. c^{ne} de Benassay. — *La Mynotière*, 1536 (chap. de St-Hilaire, 223).

MINOTIÈRE (LA), f. c^{ne} de Saint-Georges. — *La Minotière*, 1361 (chap. de Ste-Radegonde, 109). — *La Minottière*, 1615 (cure de Dissay).

MINOTRIE (LA), f. c^{ne} de Senillé.

MIOCHÈRE (LA), ff. c^{nes} d'Ingrande et Oiré.

MIOLLIÈRES (LES), vill. c^{ne} de Bonnes. — *Les Mayolières*, 1437; *les Mayolières, les Meolières*, 1457 (seign. de Touffou, 1). — *Les Meaulières*, 1547 (aveu de Touffou). — Anc. fief relev. de la châtell. de Touffou.

MIOSSON (LE), ruiss. a sa source près la Charaudière, c^{ne} de Gizay, et se jette dans le Clain près Saint-Benoît, après avoir arrosé les c^{nes} de Gizay, Nieuil-l'Espoir, Nouaillé, Smarve et Saint-Benoît. — *Super annem Miltionem*, 866; *fluvius Milcioni*, 936 (abb. de Nouaillé). — *Fluvius Mulcinus*, v. 1120 (cart. de St-Cyprien, p. 206). — *Aqua que vocatur Myocum*, 1272 (chap. cathédral, 16). — *Le Miosson*, 1323 (abb. de Nouaillé, 7). — *Le Musson*, 1404 (chap. de St-Hilaire, 25). — *L'eauve de Moysson* (gr. Gauthier, f° 88 v°). — *Le Meosson*, 1404 (abb. de St-Cyprien, 43). — *Le Moyouson*, 1466 (*ibid.* 17). — *Le Myosson*, 1482 (abb. de la Trinité, 45). — *Le Moyson*, 1512; *le Myousson*, 1523 (abb. de St-Benoît, 4). — *Rivière de Meysson*, 1581 (fam. Piorry).

MIRANDE, m. r. c^{ne} de Ligugé; — 1324 (abb. de Fontaine-le-Comte, 19).

MIRANDON, h. c^{ne} de Beaumont. — *Miraudan*, 1600 (fam. Legier).

MIRAUDRIE (LA), f. c^{ne} de Saint-Gervais.

MIRBAZIN, vill. c^{ne} de Pairé. — *Mirebazin*, 1676 (seign. de Couhé). — *Mirbazain*, 1694 (seign. de Monts). — Anc. fief relev. du marq. de Couhé.

MIREAUX (LES), f. c^{ne} des Ormes.

MIREBALAIS (LE), petit pays compris dans le diocèse de Poitiers et formant le ressort de la baronnie de Mirebeau. — *En Mirballois*, 1376 (couv. de Guesne). — *En Mirebaleys*, 1429 (seign. de Montoiron, 1). — *Le Mirebalays*, 1434 (chap. de Notre-Dame-la-Grande, 61). — *Le Mireballays*, 1507 (seign. de Montoiron, 1).

Le Mirebalais faisait anciennement partie du *pagus* de Poitiers. On croit qu'il passa en même temps que le Loudunais sous la domination des comtes d'Anjou ; cependant, d'après le diplôme du roi Robert, mentionné ci-après (voy. Mirebeau), il appartenait encore au comté de Poitou vers l'an 1000. Depuis son adjonction à l'Anjou, il dépendait de la sénéchaussée de Saumur et suivait la coutume de cette province, avec quelques modifications en ce qui concernait le partage des biens nobles. — Plus étendu que l'archiprêtré de Mirebeau, il renfermait, outre les cinq paroisses de cette ville, celles d'Amberre, Blâlay, Bournezeau, Boussageau, Champigny-le-Sec, Chéneché en partie, Cherves, Chouppes, Craon, Cuhon, Dandesigny, Doussay, la Grimaudière, Jarzay, Linigue, Ligniers-Langout, Massogne, Mazeuil, Montgauguier, Poligny, Saint-Jean-de-Sauves, Sainte-Radegonde - de - Marconnay, Sully, Thurageau, Varennes, Verrue et Vouzailles. — Le Mirebalais était compris dans l'élection de Richelieu, généralité de Tours.

Mirebalaise (La), h. c^{ne} de Savigny-sous-Faye. — *La Mirebalaize*, 1485 (abb. de St-Benoît, 20).

Mirebeau, ch.-l. de c^{on}, arr^t de Poitiers. — *Castellum quod vocatur Mirebellum in comitatu Pictavo*, v. 1000 (dipl. du roi Robert pour l'abb. de Cormery, ap. Bouquet, t. X, p. 578). — *Castrum quod dicitur Mirabel*, v. 1050 (cart. de St-Nicolas, 27). — *Castrum Mirabelli*, v. 1051 (Fonteneau, t. XVIII, p. 115). — *Miribellum*, 1092 (Bouquet, t. XIV, p. 85). — *Petrus de Mirebel*, v. 1100 (cart. de St-Cyprien, p. 82). — *Mirabelh* (sirv. de Bertrand de Born, ap. Raynouard, Choix de poésies des troubadours, t. IV, p. 146). — *Mirebeau*, 1259 (ch. à la bibl. de Poitiers). — *Mirebea*, 1273 (abb. de Fontaine-le-Comte, 26). — *Dominus de Mirembello*, 1275 (abb. de St-Cyprien, 35). —*Mirabiau*, 1278 (chap. de St-Martin de Tours, 1). — *Prioratus seu elemosinaria de Mirabello Sicco*, 1350 (prieuré de St-Jean de Mirebeau, bulle de Clément VI). — *Mirebeau-en-Poitou*, 1859 (Dictionnaire des postes).

Cette commune comprend le territoire des cinq anciennes paroisses de Mirebeau et de celle de Sully.

Il y avait à Mirebeau une église collégiale sous l'invocation de Notre-Dame, fondée en 1200 par Maurice de Blazon, évêque de Poitiers; le prieuré de Saint-André (voy. ce mot); le prieuré ou aumônerie de Saint-Jean-l'Évangéliste (voy. ce mot); un couvent de cordeliers, fondé vers 1225, et un couvent de Filles-de-Saint-François, fondé au xve s^e. Les cures étaient au nombre de cinq, dont quatre dans la ville : *ecclesie S. Andree, S. Marie, S. Petri et S. Ylarii, que quator sunt Mirebelli*, 1102 (cart. de Bourgueil, p. 89), à la nomination : Saint-André, de l'abbé de Bourgueil (Indre-et-Loire), Notre-Dame et Saint-Hilaire, du chapitre de Mirebeau, et Saint-Pierre, de l'évêque; et une cure hors la ville, la Madeleine (voy. ce mot). Celles de Notre-Dame et de Saint-André ont seules été rétablies en 1803. La paroisse de Saint-Pierre ne comprenait que douze maisons en 1728 et, de même que celle de Saint-Hilaire, ne s'étendait pas hors de la ville.

L'archiprêtré de Mirebeau, en l'archidiaconé de Poitiers, était uni à la dignité de chevecier du chapitre de Notre-Dame ; son territoire renfermait les paroisses de Mirebeau, Amberre, Bournezeau, Boussageau, Cernay, Chouppes, Coussay, Dandesigny, Doussay, Frontenay, Ligniers-Langout, Poligny, Saint-Aubin-du-Dolet, Sauves, Sully, Thurageau, Varennes et Verrue.

Mirebeau fut le siège d'une châtellenie, *castellania Mirebellensis*, v. 1090 (cart. de St-Cyprien, p. 83), qualifiée baronnie dès la fin du xive siècle, laquelle relevait du château de Saumur et dont la juridiction s'étendait sur un petit pays appelé Mirebalais (voy. ce mot). Cette baronnie, qui faisait partie de la sénéchaussée de Saumur, fut acquise en 1628 par le cardinal de Richelieu et unie en 1631 au duché-pairie de Richelieu ; dès lors les appels des jugements rendus par le sénéchal de Mirebeau furent portés à Richelieu et de Richelieu au parlement de Paris, sauf les cas présidiaux, dont connaissait le présidial d'Angers; le siège de Saumur n'eut plus dans le Mirebalais que la connaissance des cas royaux (Coustume du pays et duché d'Anjou, conférée avec les coustumes voisines; Angers, 1751, p. 449). L'élection créée à Richelieu vers la même époque absorba en 1657 celle qui avait été instituée à Mirebeau sous le règne de François 1er.

La ville était entourée de murs flanqués de tours; on voit des restes de cette enceinte, reposant sur un rocher crayeux dans lequel s'ouvrent des habitations souterraines. Le château, bâti à la fin du xe siècle par Foulques Nerra, comte d'Anjou, fut démoli par ordre du cardinal de Richelieu, baron de Mirebeau. Arthur de Bretagne y fut fait prisonnier en 1202 par son oncle Jean-Sans-Terre, roi d'Angleterre. De ce château relevaient plus de 110 fiefs, et entre autres les châtellenies de Chéneché, Purnon et Doussay, et la baronnie de Grisse.

En 1790 Mirebeau devint le chef-lieu d'un canton dépendant du district de Poitiers et formé des communes de Mirebeau, Amberre, Blâlay, Bournezeau, Champigny-le-Sec, Cuhon, Linigue, Massogne, Sully, Thurageau et Varennes. Cette circonscription fut modifiée en 1801.

MIREBELIÈRE (LA), f. c^ne de Jazeneuil. — *Jehan Mirbeau, seigneur de la Mirbellière*, 1434 (seign. de Chincé).

MIREVACHE, h. c^ne de Saint-Saviol.

MIRON, m^in sur la Dive, c^ne de Saint-Laon. — *Ecclesia sita in pago Pictavo, in vicaria Ludomensi, quæ dicitur Miron*, 849 (dipl. de Charles le Chauve pour l'abb. de St-Florent, ap. Bouquet t. VIII, p. 504). — *Villula noncupata Miron in vicaria Laudunensi, habens capellam in honorem sancti Cesarcii constructam*, avant 866 (ch. de St-Florent, ap. Arch. hist. du Poitou, t. II, p. 8). — *Molendinum de Mirot*, 1309 (Les Olim, t. III, p. 425). — *Moulin de Meron*, 1680 (cure de Chasseignes).

MISSAUDIÈRES (LES), ff. c^ne de Pouzioux. — *Les Missaudières*, 1498 (fief de Champeaux). — *Les Missoudyères*, 1594; *les Missandières*, 1606 (seign. de Charasson). — *Les Missandières* (Cassini).

MISSETRIE (LA), f. c^ne d'Archigny. — *La Misseltrie*, 1779 (rôle des tailles).

MISSION (LA), m. près les Roches-Guérin, c^ne de Maulay.

MITAU (LE), vill. c^ne de Mazeuil. — *Le Mitault*, 1558 (cure de Chouppes).

MITAUDIÈRE (LA), h. c^ne d'Angle. — *La Mytaudière*, 1482 (évêché, 33).

MITAUDRIE (LA), h. c^ne de Targé.

MITAUDRIE (LA), f. c^ne de Thuré.

MITONNIÈRE (LA), f. c^ne d'Orches.

MITONS (LES), h. c^ne de Sérigny.

MODEMAIS, f. c^ne de Gouex. — *Maudemer*, 1530 (seign. de Lussac, 1). — *Maudomer*, 1616, 1645 (cure de Gouex).

MODÉTRIE (LA), f. c^ne de Bonnes.

MOIE (LA), f. c^ne d'Angliers. — *La Moy* (Cassini).

MOINAUDRIE (LA), h. c^ne de Sossay. — *La Moynaudière*, 1518 (seign. de Puygarreau, 7). — *La Moynaulderye*, 1527; *la Moynaudrie*, 1552 (ibid. 4).

MOINDENEAU, h. c^ne d'Archigny; — 1779 (rôle des tailles).

MOINDIN, h. c^ne d'Archigny. — *Mondenium*, lieu où se retira Isembaud de l'Étoile avant la fondation de l'abbaye de l'Étoile, dont il fut le premier abbé (Fonteneau, t. LVIII, p. 369). — *Petronus de Moiden*, v. 1070 (cart. de St-Cyprien, f° 43). — *Maindain*, 1581 (abb. de l'Étoile). — *Moindain*, 1627 (seign. de Montoiron, 1).

MOINERIE (LA), m. r. c^ne de Chenevelles.

MOINERIE (LA), h. c^ne de Marigny-Chemerault. — *La Moynerie*, 1553 (chap. de St-Pierre-le-Puellier,

29). — *La Monnerye*, 1653; *la Moisnerye*, 1669 (abb. de Nouaillé, 60).

MOINERIE (LA), h. c^ne de Pouzioux. — *La Moynerie*, 1549 (seign. du Ry). — *La Moisnerye*, 1580 (terrier de Champeaux). — *La Monnerie*, 1775 (rôle des tailles).

MOINERIES (LES), h. c^ne d'Ingrande. — *Les Moyneries*, 1624 (cure de St-Ustre).

MOINES (CHEMIN DES), c^ne de Saint-Gaudent; de la Bourliaudrie au chemin de Ruffec.

MOINETTRIE (LA), m. isolée, c^ne de Blanzay.

Moiné, m^in sur la Vienne, détruit avant 1642, c^ne d'Ingrande. — *Moulin de Mesé*, 1425 (cure d'Ingrande); — *de Moiré*, 1446 (seign. de Chêne, inv.).

MOIRIER, f. c^ne de Latus. — *Moyrié*, 1548 (fief de Latus). — *Mouriet*, 1560 (maison-Dieu, 126). — *Moyriet*, 1577 (ibid. 121). — *Moirier*, 1730 (rôle des tailles).

Mois, h. et m^in sur le Clain, c^ne de Pairoux. — *Moys, Mohes*, 1404 (gr. Gauthier, f° 89 v° et 196 v°). — *Moes*, 1409 (ibid. f° 215). — *Moy*, 1601 (fam. Jousserant, 3). — *Moulin de Mois*, 1601 (fief de Joussé).

MOISAY, vill. c^nes de Ceaux et Anché. — *Willelmus de Maissac*, v. 1085 (cart. de St-Cyprien, p. 258). — *Mayses*, 1481 (prieuré de la Millière). — *Moysay*, 1500 (seign. de Marigny-Chemerault). — *Maizay*, 1506; *Maisay*, 1586 (séminaires de Poitiers, 19). — *Mezay*, 1632; *Mayzay*, 1639 (notaires de la châtell. de Monts). — *Moizay*, 1676 (seign. de Couhé). — Anc. fief relevant du marq. de Couhé.

MOISEAU, chât. c^ne de Joussé. — *Moyseau*, 1403 (gr. Gauthier, f° 263). — *Moysea, Moyssea*, 1409 (ibid. f° 215). — *Mouesseau*, 1601 (fief de Joussé). — *Moiseaux*, 1710 (rôle des tailles). — Anc. fief relev. de Joussé.

MOISNIÈRES (LES), h. c^ne de Champagné-Saint-Hilaire. — *L'Esmoynère*, 1313; *l'Esmaynère*, 1404; *l'Emoynère*, 1474 (seign. de la Millière). — *L'Esmosnière*, 1483 (chap. de St-Hilaire, 244). — *L'Esmoinière*, 1671 (ibid. 259). — *Les Monnières*, 1841 (nomencl.).

MOISSEAU, vill. et m^in sur le Clain, c^ne d'Anché. — *Villa que dicitur Moncels, in pago Pictavo, in vicaria Vividonense*, 969 (ch. de St-Hilaire, t. I, p. 42). — *De Moncellos*, v. 1080 (ibid. t. I, p. 104). — *Monceaux*, 1489 (livre de recette de Vivonne, f° 71). — *Manceau*, 1592; *Monceaulx*, 1597 (séminaires de Poitiers, 24). — *Manseaux*, 1631 (seign. de Monts).

DÉPARTEMENT DE LA VIENNE.

Moisseron, lieu auj. inconnu, près Vrassac, c^ne de Béthines. — *Nemus de Mocyron*, 1271 (maison-Dieu, 127). — *Mousseron*, 1535 (couv. de la Puye, 12). — *Moulin de Mousseran*, 1671; — *de Mociron*, 1274; — *de Moisseron*, 1673 (ibid. 14). — Ce m^in est peut-être celui qu'on appelle aujourd'hui moulin de la Massotière.

Moix (La), vill. c^ne d'Amberre. — *Robertus de la Mahye*, 1290 (chap. de St-Hilaire, 324). — *La Moye*, 1420 (chap. de Mirebeau, 24).— *La Maye*, 1474 (abb. de la Trinité, 90). — *La Mois*, 1667 (ibid. 86). — *La Moix* (Cassini).

Molaise (La), m. r. c^ne de Montoiron. — *La Maulaye*, *la Maulaize*, 1475 (chap. de St-Hilaire, 425). — *La Mollaize*, 1545 (cure d'Asnières).

Molante, h. c^ne de Saint-Pierre-de-Maillé.— *Molente*, 1320 (évêché, 22). — *Mollante*, 1617 (seign. de Pleumartin, 2). — Anc. fief relev. du marq. de Pleumartin.

Molay, h. c^ne de Cenon, et m^in sur le Clain, c^ne de Naintré. — *Vivianus de Mallai*, 1088; — *de Maulai*, v. 1090 (cart. de St-Cyprien, p. 180 et 350). — *Willelmus de Mailai*, v. 1090 (ibid. p. 186).— *Aymericus de Maulayo miles*, 1259 (abb. de St-Benoît, 12). — *Le port de Mollay*, 1431 (duché de Châtellerault, 7); — *de Maulay*, 1438 (com^rie d'Auzon, 9). — *Maullay*, 1537 (chap. cathédral, 62). — *Moslay*, 1621 (fief du Savinier). — *Molé* (Cassini).

Molière (La), h. c^ne d'Availle-Limousine.

Molière (La), f. c^ne de Mouterre.

Molle (La), h. c^ne de Saint-Pierre-des-Églises. — *La Mole*, 1309 (Gauthier, f° 183). — *La Molle*, 1576 (abb. de l'Étoile).

Molles (Les), f. c^ne de Saint-Sauvant. — *Les Moles*, 1366 (Fontenau, t. XVII, p. 517).— *Les Molles*, 1420 (gr. Gauthier, f° 50). — Anc. fief appart. à l'aumônerie de la Font-de-Cé et relev. de Mauprié.

Molles (Les), h. c^nes de Vernon et Saint-Maurice. — *Les Mottes*, 1688 (abb. de Montierneuf, 94).

Monas, vill. c^ne de Civaux. — *Mousnay*, 1476; *Mosnay*, 1482; *Monnar*, 1629 (fam. de Savatte de Genouillé). — *Monas*, 1713 (cure de Civaux).

Monbaudon, f. c^ne de Leigné-sur-Usseau. — *Ad Montem Baldonis*, v. 1083 (Fontenau, t. LXXI, p. 285). — *Montbaudon*, 1429 (fam. Gillier). — *Monbaudon*, 1512 (seign. de Puygarreau, 10).

Moncabré, tour détruite, à Gençay.— *Ancien chasteau appellé la tour de Moncabrier*, 1598 (chap. de St-Pierre-le-Puellier, 22). — *La tour de Moncabret*, 1652 (ibid. 22); — *de Moncabré près le vieux chasteau de Gençay*, 1770 (abb. de la Celle, 15). — Il ne reste point de traces de cette tour dont une rue, la rue Moncabré, a seulement conservé le nom.

Monchandy, chât. c^ne de Château-Garnier. — *Mauchandit*, 1404 (gr. Gauthier, f° 89 v°). — *Moulin de Mauchande*, 1498 (fief de la Tour de St-Secondin). — *Mauchandy*, 1663 (notaires de la bar. de Charroux). — Le m^in, sur le Clain, n'existe plus.

Monclain, f. c^ne de Saint-Gervais. — *Moncler*, 1405 (seign. de Puygarreau, 7). — *Montcler*, 1421 (cure d'Avrigny). — *Montcler*, 1439 (terrier de Gironde, f° 19). — *Chastellenie de Monclere*, 1585 (seign. de Puygarreau, 6). — *Monclair*, 1597 (cure d'Avrigny). — *Montclert*, 1774 (aveu de la bar. de la Touche). — Anc. châtell. relev. de la bar. de la Touche.

Monconseil, m. r. c^ne de Vicq.

Moncontour, ch.-l. de c^on, arr^t de Loudun. — *Robertus de Monte Contorio*, 1050 (ch. de Geoffroi Martel, citée par Valois, Notitia Galliarum, p. 346). — *Bertrannus de Montcomtur*, 1087-1100 (abb. de St-Cyprien); — *de Muntcontur*, *de Montcomtor*, 1087-1100 (cart. de St-Cyprien, p. 69 et 100); — *de Monte Contori*, v. 1092 (cart. de St-Jouin, p. 26). — *Mons Comitoris*, v. 1095 (ibid. p. 28). — *Mons Consularis*, fin du XIe s° (hist. Andegavensis fragm. auct. Fulcone comite, ap. Bouquet, t. X, p. 204). — *Moncontor*, v. 1100 (collège de Poitiers). — *De Monconturio*, v. 1104 (prieuré de Triou). — *Petrus de Moncantorio*, 1100-1108 (gr. cart. de Fontevrault, 709). — *Castellum Montis Cunctorii*, 1119 (Fonteneau, t. XXI, p. 593). — *Apud Monte Cantorium*, v. 1160 (ibid. t. XXVII, p. 709). — *Papinus de Monte Cantoris*, 1162 (ibid. t. XXVII, p. 111). — *Castrum de Muncuntour* (Mat. Paris anglica historia, ap. Bouquet, t. XVII, p. 713). — *Castellania Montis Contorii*, 1287 (Fonteneau, t. VIII, p. 482). — *Moncontour*, 1411 (chap. de Mirebeau, 11). — *Mons Contoris*, 1478 (reg. synodal). — *Montcontour*, 1779 (almanach provincial). — *Moncontour-de-Poitou*, 1859 (Dictionnaire des postes).

Moncontour, en l'archiprêtré de Dissay, avait deux églises paroissiales, Notre-Dame et Saint-Nicolas, *ecclesie beate Marie et beati Nicholay de Monte Cantoris* (pouillé de Gauthier, f° 147 v°), dépendant de l'abbaye de Saint-Jouin-de-Marnes (Deux-Sèvres), et une aumônerie sous le vocable de saint Thomas. Les deux paroisses sont auj. réunies en une seule, celle de Saint-Nicolas.

Cette petite ville, autref. fortifiée, était le siège d'une châtellenie, baronnie depuis le XVIe siècle, qui relevait du château de Saumur en Anjou et comprenait, outre Moncontour, les paroisses de Frontenay, la Grimaudière en partie, Marnes (Deux-Sèvres), Messay en partie, Notre-Dame-d'Or, Ouzilly-Vignolles en partie, Saint-Chartres, Saint-Clair en partie et Saint-Généroux (Deux-Sèvres). Il est probable qu'elle passa sous la domination des comtes d'Anjou en même temps que Loudun et Mirebeau. Elle faisait partie, comme Mirebeau, de la sénéchaussée de Saumur et de l'élection de Richelieu. Elle est dominée par une haute tour carrée, ancien donjon seigneurial. La bataille de Moncontour, en 1569, s'est livrée au sud-ouest de cette ville, entre Marnes et Borc-sur-Airvault, dép' des Deux-Sèvres.

En 1790 Moncontour devint le chef-lieu d'un canton dépendant du district de Loudun et formé des communes de Moncontour, la Grimaudière, Messay, Notre-Dame-d'Or, Ouzilly-Vignolles et Saint-Chartres. Cette circonscription fut agrandie en 1801.

Moncou, à Beauvoir, c^ne de Vouneuil-sous-Biard. — *Villa Muncot*, v. 996 (cart. de St-Cyprien, p. 57). — *Moncut*, 1409 ; *métairie de Beauvoir, autrement Moncou*, 1775 (abb. de Montierneuf, 78). — Ce nom n'est plus connu.

Monde (Le Petit-), f. c^ne de Liglet ; — 1570 (maison-Dieu, 104).

Mondemain, lieu auj. inconnu, c^ne d'Ouzilly. — *Mundaimen*, 1186 (ch. de St-Hilaire, t. I, p. 199). — *Mondeme*, 1259 ; *Mundomayn in parrochia de Ozilhe*, 1317 ; *de Mondo Aymen*, 1332 ; *Mondemayn*, 1344 (abb. de Fontaine-le-Comte, 24).

Mondenau, h. c^ne de Millac. — *Mondenavaut*, 1286 ; *Mondenault, rivus de Montdenault*, 1449 ; *Mondenau*, 1453 (cure de l'Isle-Jourdain). — *Mondenaut*, 1449 (seign. de l'Isle-Jourdain).

Le ruiss. de Mondénau tombe dans la Vienne près de ce lieu.

Mondésin, m. isolée, c^ne de Saint-Martin-Lars.

Mondie (La), anc. fief, à Chauvigny, haute ville, relev. de Loubressay ; — 1639 (seign. de Loubressay).

Mondie (La), h. c^ne de Millac. — *La Mondie*, 1468 (cure de Millac). — *La Mondye*, 1721 (seign. de la Mondie). — Anc. fief relev. de l'église collégiale de Saint-Martial de Limoges.

Mondie (La), h. c^ne de Queaux.

Mondie-Bigarre (La), h. et étang, c^ne du Vigean ; anc. prieuré dép. de l'abb. de Charroux. — *Prior de la Mundie*, 1234 (Fontenau, t. XXIV, p. 277). — *La Mondie*, 1449 (cure de l'Isle-Jourdain). — *La Mondye Bigarre, Mondie-Bigare*, 1752, 1778 (almanachs de Poitiers).

Ce lieu est mentionné comme cure à la nomination de l'abbé de Charroux dans le pouillé de Gauthier, f° 176 : *ecclesia de la Monzie*, et comme prieuré, f° 148 v° : *prioratus de la Mondie* ; comme prieuré dans le taux du décime de l'an 1383, p. 18 : *prior de la Mondie*, et comme annexe de la cure du Vigean en 1542 (chap. cathédral, 51) : *rector de Vigano et Lamondie*. — Depuis, il n'est plus question ni de la cure ni du prieuré. En 1634 il ne restait qu'une chapelle où se célébrait une messe chaque année le jour de la fête de sainte Madeleine (procès-verbal de visite), et près de laquelle se tenait une foire le même jour (almanachs de Poitiers, de 1752 à 1792) ; cette foire a été transférée au Vigean en 1793. La chapelle a été démolie dans la première moitié du siècle actuel.

Mondion, c^en de Leigné-sur-Usseau. — *Salatiel de Monte Duim*, v. 1096 (cart. de Noyers, p. 269). — *Ecclesia de Mundium*, 1163 (Doublet, Hist. de l'abb. de St-Denis, p. 510). — *Bertrannus de Montedeum*, v. 1176 (cart. de Noyers, p. 631). — *Rainaudus de Montedionis*, 1186 (*ibid*. p. 669). — *Mondion*, 1225 (prieuré de Fontmorc, 1). — *Bertramus de Mondem*, 1248 (cart. de Noyers, p. 687). — *Ecclesia de Monte Dyonis* (pouillé de Gauthier, f° 138 v°). — *Sainct Martin de Montdion*, 1484 (seign. de Mondion, 1). — *Paroisse de Mondion vulgairement appellé Sainct Martin de la Forest*, 1651 (cure de Mondion).

Avant 1790 cette paroisse faisait partie de l'archiprêtré de Faye-la-Vineuse (Indre-et-Loire), du duché, de la sénéchaussée et de l'élection de Châtellerault. Le bourg de Mondion toutefois, siège d'une châtellenie relev. de la baronnie de Marmande, était au pays et duché de Touraine, suivant les lettres patentes de Louis XI instituant trois foires et un marché en ce lieu, à la demande de Pierre Lermite, écuyer, seigneur de Beauvais et de Mondion, panetier ordinaire du roi (mars 1478, v. s. orig. à la bibl. de Poitiers).

Dans une bulle du pape Alexandre III du 13 août 1163, l'église de Mondion est mentionnée avec celles d'Ingrande, Antran et Oiré comme dépendant du prieuré de Saint-Denis-en-Vaux ; néanmoins les pouillés du diocèse en attribuent le patronage à l'évêque. La cure a été rétablie en 1837.

Mondions (Les), lieu détruit, près la Vergerie, c^ne de Buxeuil. — *Village des Mondions*, 1625 (cure de Buxeuil).

Mondon, vieux chât. et f. c^ne de Doussay ; — 1376 (chap. de Mirebeau, 11). — Anc fief relev. de la bar. de Mirebeau.

Mondonnerie (La), h. c^ne de Chasseneuil.

Monétrie (La), f. c^ne de Saint-Georges. — *Métairie*

de la Monetterye appartenant autrefois au s^r Monnette, 1702 (com^{rie} de St-Georges, 4).

MONÉTRIE (LA), m. r. c^{ne} de Saint-Pierre-de-Maillé. — *La Monetrye*, 1543; *la Monnestrye*, 1583 (abb. d'Angle).

MONETTRIE (LA), h. c^{be} de la Bussière.

MONFOU, f. c^{ne} de la Roche-Posay. — *Mont Feu in parrochia Beati Martini de Veteri Pozaio*, 1274 (cart. de la Merci-Dieu, 244). — *Monfou*, 1456 (notaires, Artaud à la Roche-Posay). — *Montfou*, 1540 (abb. de la Merci-Dieu, 11).

MONFOUSSAC, f. c^{ne} de Pressac. — *Le Maufoussac*, 1493 (seign. d'Availle).

MONFRAULT, h. c^{ne} de Celle-l'Évécault. — *Montferrault*, v. 1300 (Gauthier, f° 10). — *Monferault*, 1489 (livre de recette de Vivonne, f° 238 v°). — *Monfrault*, 1597 (collège de Poitiers, 25). — Anc. fief.

Le ruiss. de Monfrault a sa source près ce lieu et se réunit à la Longève près Comblé.

MONFREMIGÉ, h. c^{ne} de Pairoux. — *Maufromiger*, 1236 (abb. de Charroux). — *Montfromagier*, *Maufromagier*, 1404 (gr. Gauthier, f° 196 v°). — *Maufroumigier*, 1656 (notaires de la bar. de Charroux). — *Maufremigé*, 1775 (rôle des tailles).

MONGADON, vill. et mⁱⁿ sur la Vonne, c^{ne} de Lusignan. — *Alodium nominatum Montem Gaudonum, et est super fluvium Vedone, uno miliario distans a Liziniaco*, v. 1032 (cart. de St-Cyprien, p. 273). — *Molendinum de Monte Gaudon*, 1261 (Fonteneau, t. XXII, p. 273). — *Moulin de Mongadon*, 1775 (rôle des tailles).

MONGARNI, h. c^{ne} de Sossay. — *Hostel de la Jaletière*, 1440; *fief de la Jalletière alias Maugarnye*, 1559 (seign. de Puygarreau, 7). — *Maugarnies*, 1644 (*ibid.* 8).

MONGAURAND, vill. c^{ne} d'Antigny. — *Mangoueran*, 1447 (abb. de St-Savin, 18). — *Maugoyram*, 1495 (fam. Scourion). — *Mangoyran*, 1511 (abb. de St-Savin, 17). — *Mogoeran*, 1566 (*ibid.* 14). — *Mongoueran*, 1648 (*ibid.* 15). — *Mongoirand* (Cassini).

MONGÈRE (LA), vill. c^{ne} de Civray. — *La Mongière*, 1658 (notaires, Mestreau à Civray). — *La Mougère*, 1664 (notaires, Pascault à Civray).

MONGON, h. c^{ne} de Coussay-les-Bois; — 1460 (notaires, Artaud à la Roche-Posay).

MONGOULIN, mⁱⁿ sur la Vonne, c^{ne} de Jazeneuil. — *Mongoulain*, 1486 (fief des Pouternières). — *Mongoullin*, 1604 (fief de Mauprié). — *Mongoulins*, 1655 (com^{rie} de Roche, 6).

MONICONNERIE (LA), h. c^{ne} de Châtellerault. — *La Mo-diconnerie*, 1742 (seign. de la Groye, inv.). — *La Maudiconnerie*, 1759 (*ibid.* terrier).

MON-IDÉE, m. r. c^{ne} de Brigueil-le-Chantre.

MONIQUE, h. c^{ne} de Pairoux. — *Terra de Malonido*, 1236 (Fonteneau, t. IV, p. 315). — *Maulnyq*, 1585 (abb. de Charroux). — *Maunicq*, 1645 (notaires de la bar. de Charroux). — *Mauny* (Cassini).

MONJARDIN, f. c^{ne} de Saint-Gervais. — *Monjardrin*, 1397 (seign. de Puygarreau, 10). — *Montjardain*, 1452 (duché de Châtellerault, 4). — *Monjardin*, 1774 (aveu de la bar. de la Touche). — Anc. fief relev. de la bar. de la Touche.

MONJATIÈRE (LA), h. c^{ne} de Ceaux, c^{on} de Couhé. — *La Mongeatère*, 1483 (chap. de St-Hilaire, 244). — *La Monjatère*, 1489 (livre de recette de Vivonne, f° 72). — *La Monjattière*, 1676 (seign. de Couhé). — Anc. fief et haute justice relev. du marq. de Couhé.

MONJOIN, m. r. c^{ne} de Gouex. — *Mont Jouyn*, 1461 (abb. de Nouaillé, 40).

MONLÉON, anc. chât. à Chauvigny; vendu en 1295 par Guy de Monléon, *Guido de Monte Leonis*, chevalier, seigneur de Touffou, à Gauthier de Bruges, évêque de Poitiers: *castrum situm juxta ecclesiam Sancti Petri de Calviniaco ad partem australem*, 1295 (Duchesne, Hist. généal. de la maison des Chasteigners, pr. p. 112). — *Tour de Monleon jadis appellée la tour Oger*, v. 1375 (évêché, 21). — *Chasteau de Montleon*, 1503 (*ibid.* 22). — Il reste peu de traces de ce château.

MONNAIE (CHEMIN DE LA). — *Chemin de Poictiers à Vyvousne, appellé le chemyn de la Monnoye*, 1579; *le grand chemin de la Monnoye*, 1599, 1673 (collège de Poitiers, 15).

MONNERIE (LA), f. c^{ne} de Jardres.

MONNEROY (LE), f. c^{ne} de Pairoux. — *Les Monneroix*, 1775 (rôle des tailles). — *Monneroye* (Cassini). — *L'Aumonnerie*, 1841 (nomencl.).

MONNIÈRE (LA), lieu détruit, près la Braudière, c^{ne} de Journet. — *Hostel de la Monnière*, 1606 (seign. de la Braudière); 1668 (Fonteneau, t. XLIII, p. 937).

MONPLAISIR, ff. c^{ne} d'Availle-Limousine.

MONPLAISIR, m. r. c^{ne} de Charroux.

MONPLAISIR, m. r. c^{ne} de Civray.

MONPLAISIR, m. r. c^{ne} de Montmorillon.

MONPLAISIR, f. c^{ne} de Pleumartin. — *Polaut*, 1841 (nomencl.).

MONPLAISIR, f. c^{ne} de Sillars.

MONPOIR, f. c^{ne} de Quinçay. — *Maupouoit*, 1482 (chap. de St-Hilaire, 392). — *Montpou*, 1504 (fief d'Auzance). — *Maupouet*, 1598 (chap. de St-Hilaire, 402). — *Maupoit*, 1775 (rôle des tailles).

MONPOMMERY, f. c^{ne} de Pairoux. — *Manssus Pomerin*, 1236 (abb. de Charroux). — *Monpomeret*, 1775 (rôle des tailles).

MONS (MOULIN DE), sur le ruiss. de Cuhon, c^{ne} de Cuhon. — *Petrus de Munz*, 1125-1130 (ch. de St-Hilaire, t. I, p. 125). — *Molendinum de Maam*, 1243 (chap. de St-Hilaire, 324). — *Moulin de Maon*, 1458 (arch. nat. chambre des comptes, reg. 330, n° 63). — *Moulins de Maux*, 1478 (chap. de St-Hilaire, 338); — *de Mons*, 1491 (ibid. 325).

— Le fief de Mons relevait de la bar. de Mirebeau.

MONSANDEAU, h. et étang, c^{ne} de Thollet.

MONSERANT, h. étang et mⁱⁿ, c^{ne} d'Asnières. — *Monserant*, 1379; *Montserant*, 1399 (seign. d'Availle-Limousine). — *Estang de Monserand*, 1557 (seign. de Serre et Abzac).

Le ruiss. qui sort de l'étang de Monserant prend sa source à Fontgrive, c^{ne} d'Oradour-Fanais (Charente), et se jette dans la Grande-Blour à peu de distance du hameau de Monserant.

MONSON, ff. c^{ne} de Journet. — *Monson*, 1284 (couv. de Villesalem). — *Mosson*, 1292 (évêché, 33). — *Mousson*, 1542 (terrier de Rouflac, 63). — Anc. fief relev. de la bar. de la Trimouille (Fonteneau, t. XL, p. 227).

MONT, lieu autref. habité, près Châtenay, c^{ne} de Vendeuvre. — *Villa que nuncupatur Mont ex curte Vindopere*, 973 ou 974 (cart. de St-Cyprien, p. 70). — *Mons qui vocatur Bertent?* 988-1031 (ibid. p. 63).

MONT (LE), m. r. c^{ne} de Béruges. — *Dominus de Montibus*, 1342; *les Mons*, 1395; *le Mont*, 1397; *Mons*, 1491 (seign. de Béruges). — Anc. fief relev. de la châtell. de Montreuil-Bonnin.

MONT (LE PETIT-), anc. fief relev. de la bar. de Montmorillon, à Plaisance; — 1561 (fief du Petit-Mont).

MONTAGEAN, h. c^{ne} d'Adriers. — *Montagen*, 1479 (prieuré de Teil). — *Montagean*, 1628 (maison-Dieu, 194).

MONTAGNE, vill. c^{ne} de Latus. — *Montagnes*, 1238 (maison-Dieu, 91). — *Johannes de Montanis seu de Montanhuez*, 1408 (gr. Gauthier, f° 121). — *Montaignes*, 1525 (ibid. 31). — *Montaigne*, 1598 (chap. de Montmorillon, 2). — Anc. fief relev. de la bar. de Montmorillon.

MONTAGNE (LA), h. c^{ne} de Béruges.

MONTAGNE (LA), f. c^{ne} de Fontaine-le-Comte. — *La Montaigne*, 1648 (abb. de Fontaine-le-Comte, 8).

MONTAGNÉ, vill. c^{nes} de Nueil-sous-Faye et Maulay. — *Ainardus de Montagre*, 1061 (cart. de Noyers,

p. 697). — *Boso de Monte Agrio*, v. 1089 (ibid. p. 205); — *de Monte Agriaco*, v. 1116 (ibid. p. 448). — *Montagré*, 1453 (com^{rie} de Loudun, 31). — Le fief de Montagré, autrement appelé *le Rideau*, relevait du château de Loudun (arch. de la Soc. des antiq. de l'Ouest, n° 15).

MONTAIGU, vill. c^{ne} de Couhé. — *Montagu*, 1622 (seign. de Couhé). — Anc. fief appart. à l'aumônerie de Couhé et relev. du marq. de Couhé.

MONTAIN, vill. c^{ne} de Vicq. — *Montain*, v. 1309 (Gauthier, f° 201 v°). — *Montein*, *Monteins*, *Montains*, 1320 (évêché, 22). — *Montning*, 1444 (ibid. 43). — *Montaign*, 1450 (prieuré-cure de Vicq).

MONTAIRON, h. c^{ne} de Saint-Maurice. — *Montayran*, 1404 (gr. Gauthier, f° 85 v°). — *Montoiron*, 1619 (seign. de Panièvre). — *Le Montairon*, 1735 (rôle des tailles).

MONTALLERIE (LA), f. c^{ne} d'Ouzilly-Vignolles. — *La Montallerye*, 1562 (arch. de la Soc. des antiq. de l'Ouest; Loudunais, 7).

MONTALLERIE (LA), lieu auj. inconnu, c^{ne} de Pouant. — *La Montaglerie*, 1430 (chap. de St-Hilaire, 427). — *Le temple de la Montaillerye*, 1474 (com^{rie} de l'Isle-Bouchard, 34). — Ce domaine, situé entre Limeuil et Puyraveau, appartenait à la com^{rie} de l'Isle-Bouchard (Indre-et-Loire).

MONTALLERIE (LA), f. c^{ne} de Sérigny. — *La Montalerie*, 1481; *la Mantallerye*, 1549 (cure de Sérigny). — *La Monteillerie*, 1561 (seign. des Clouzeaux).

MONTAMISÉ, c^{ne} de Saint-Georges. — *Paroechia Sanctæ Mariæ de Monte Tamiscrio*, v. 964 (Fonteneau, t. XV, p. 132). — *In villa Monte Tamiserio, in pago Pictavo, infra quintam ipsius civitatis*, v. 990 (cart. de St-Cyprien, p. 199). — *Villa que dicitur Mons Tamisarius*, v. 1000 (ibid. p. 199). — *Montamiser*, 1079-1086 (cart. de St-Nicolas, 19). — *Parochia de Monte Amiser*, v. 1200 (abb. de l'Étoile); — *de Monte Miserii*, 1232; — *Montis Amiserii*, 1255 (abb. de la Trinité, 32). — *Ecclesia de Mont Thamiser* (pouillé de Gauthier, f° 174 v°); — *de Monte Thamisiez* (ibid. f° 147). — *De Monta Miseri*, 1328 (abb. de St-Cyprien, 40). — *De Monte Misero*, 1383 (taux du décime, p. 67). — *Montamisier*, 1477 (chap. de Notre-Dame-la-Grande, 58). — *Montamisé*, 1547 (abb. de St-Cyprien, 40). — *Montemiser*, 1645; *Montamizé*, 1701 (almanachs de Poitiers). — *Notre-Dame de Montamiser*, 1782 (pouillé).

La forme la plus usitée de ce nom, aux siècles derniers, était Montamiser.

Avant 1790 la paroisse de Montamisé dépendait de l'archiprêtré de Dissay, de la châtellenie, de la sénéchaussée et de l'élection de Poitiers. La cure était à la nomination du chapitre de Notre-Dame-la-Grande, seigneur haut justicier de la paroisse.

Sainte Aquilaire était autrefois honorée à Montamisé; le jour de sa fête, le 22 mai, il y avait en ce lieu une assemblée ou foire qui, depuis 1806, se tient le 21 mai (almanachs de Poitiers).

MONTANDAULT, h. c^{ne} de Civaux. — *Alodium de Monte Endaut*, v. 1092 (cart. de St-Cyprien, p. 231). — *Montandau, Montandaut*, 1469 (seign. de Dienné et Verrières). — *Montandault*, 1673 (chap. de Mortemer, 6).

MONTANT, h. c^{ne} d'Oiré; LE HAUT-MONTANT, vill. c^{nes} d'Oiré et Mairé, et LE BAS-MONTANT, vill. c^{ne} de Mairé. — Le prieuré de Montant, c^{ne} d'Oiré, dépendait de l'abbaye de Preuilly (Indre-et-Loire); il fut uni en 1742 à l'hôpital de Châtellerault. — *Prioratus de Montan, ordinis Turonensis* (pouillé de Gauthier, f° 147 v°). — *Prieuré régulier de Montant; S. Jean de Montant*, 1748 (prieuré de Montant).

Le ruiss. de Montant a sa source en ce lieu et se jette dans la Creuse au-dessous du Moulin-au-Roi. Il est aussi appelé ruiss. du Moulin-au-Roi.

MONTAS (LES), h. c^{ne} d'Ingrande.

MONTAUBAN, h. c^{ne} de Migné.

MONTAUBAN, ruines, c^{ne} de Saint-Pierre-des-Églises. — *Perrinellus de Monte Albano*, 1320 (évêché, 22). — *Tenue de Montauban*, 1623 (*ibid*. 9).

MONTAUBAN, lieu détruit, près les Bouiges, c^{ne} de Saint-Sauvant.

MONTAZAY, vill. c^{ne} de Savigné; anc. prieuré de l'ordre de Fontevrault. — *Montazesum locum*, 1119 (Gallia christ. t. II, col. 1316). — *De Monte Azesio*, v. 1125 (Fonteneau, t. XVIII, p. 271). — *Terra de Monte Adeso*, v. 1130 (cart. de Montazay, n° 19); — *de Montazes*, v. 1130 (*ibid*. n° 20). — *Ecclesia Sancte Marie et sanctimonialies de Montazeis*, v. 1140 (*ibid*. n° 8). — *Ecclesia Montis Adesii*, 1165 (Fonteneau, t. XVIII, p. 321). — *Muntazeis*, 1264 (abb. de Nouaillé, 5). — *Prior de Monte Asii*, 1295 (Fonteneau, t. XVIII, p. 685). — *Montasoys*, 1392 (gr. Gauthier, f° 222 v°). — *Montazeys, Montazoys*, 1395 (*ibid*. f° 272 v°). — *Montasois*, 1398 (fief de la Porte-Niortaise). — *Prieurté de Montaseys*, 1404 (gr. Gauthier, f° 93). — *Montases*, 1408 (*ibid*. f° 242 v°). — *Montazois*, 1437; *Montazay*, 1493 (fam. Jousserant, 1). — Ce lieu fut donné à l'abbaye de Fontevrault de 1117 à 1119.

MONTBEIL, b. et forêt, c^{ne} de Benassay. — *Mumbuil*, 1187 (ch. de St-Hilaire, t. I, p. 201). — *Foresta de Montbuel*, 1272 (Les Olim, t. I, p. 403). — *Montbuyl*, 1291 (chap. de St-Hilaire, 222). — *Fourest de Monbeuil*, 1393 (abb. du Pin, 30). — *Montbeuilh*, 1493 (chap. de St-Hilaire, 222). — *Monbeil*, 1534 (*ibid*. 223). — Anc. fief relev. de la châtell. de Montreuil-Bonnin. — La forêt de Montbeil dépendait du château de Montreuil-Bonnin; sa contenance était de 380 arpents en 1781, de 187 hectares en 1876.

MONTBERNAGE, faubourg de Poitiers, sur la rive droite du Clain. — *Maubernage*, 1451 (abb. de Ste-Croix, 14). — *Montbrenage*, 1693 (chap. de St-Pierre-le-Puellier, 7).

MONTBERTAUD, h. c^{ne} d'Ayron. — *Montbertaut*, 1383 (gr. Gauthier, f° 73 v°). — *Monbertaut*, 1386 (abb. de Ste-Croix, 28).

MONTBRARD, f. et fontaine, c^{ne} de Saint-Gervais. — *Monberart*, 1374 (bar. de Luain). — *Monbrart*, 1510 (seign. de la Motte d'Usseau). — *Montberard*, 1597 (fam. de Brusse). — *Montbrard*, 1774 (aveu de la bar. de la Touche). — Anc. fief et haute justice relev. de la bar. de la Touche.

La fontaine de Montbrard donne naissance à un ruiss. qui se jette dans la Veude au-dessous de Saint-Martin-de-Quinlieu; c'est probablement celle qui est appelée Fontbenoist en 1774, dans l'aveu de la bar. de la Touche. Voy. FONTBENOÎT.

MONTBRILLAIS, vill. c^{ne} de Saint-Léger-de-Montbrillais. — *De Monbrulesio*, 1230; *Montbrileys, Monbrilleys*, 1281 (collège de Poitiers, 54). — *Monbrilloys*, 1547 (*ibid*. 45). — *Chappelle de Sainct Jehan de Montbrilloys*, 1545 (cure de St-Léger de Montbrillais). — *Monbrillays*, 1554 (cure de St-Pierre des Trois-Moutiers). — Anc. fief relev. de la bar. de Berrie (ms. Trincant). — Montbrillais était autref. de la paroisse de Saint-Pierre des Trois-Moutiers.

MONTBRON, f. c^{ne} de Luchapt. — *Montberon*, 1442 (cure de l'Isle-Jourdain). — *Mombrou, Monbron, Monberon*, 1561 (prieuré de St-Paixent). — *Montbroux*, 1563 (cure de Luchapt). — Anc. fief.

MONTCHALAN, m. r. c^{ne} de Jardres; — 1503 (évêché, 22). — *Monchalland*, 1623 (*ibid*. 9).

MONT-CHARRAUD, ruines près Chitré, c^{ne} de Vouneuil-sur-Vienne; appelées dans le pays ruines de l'abbaye de Mont-Charraud.

MONTCOUARD, vill. c^{ne} de Beaumont. — *Petrus de Moncoart*, 1242; *Montcoard*, 1249; *Guillelmus de Monte Coardi*, 1256; *la tour de Moncouart*, 1362 (chap. de Notre-Dame-la-Grande, 26). — *Johan de Montcouart*, 1394 (duché de Châtellerault, 4). — *Montcouhard*, 1538 (seign. de Montcouard). — Anc. fief relev. de la Motte-de-Beaumont.

MONIDIMER, f. cne de Vellèche. — *Mondidier*, 1437 (fam. Frotier). — *Montdidier*, 1489 (prieuré de Fontmore, 2). — Anc. fief relev. de celui de Marigny-sous-Marmande (Indre-et-Loire).

MONTEDON, h. cne de Mauprevoir. — *Mons Odonis*, 1234; *Montedon*, 1555 (abb. de Charroux).

MONTÉE-TOURTEAU (LA), h. cne de Prinçay.

MONTEIL (LE), h. cne de Latus; — 1496 (fief du Cluzeau-Bonneau).

MONTEIL (LE), vill. cne d'Ouzilly; — 1561 (chap. de St-Hilaire, 425). — *Monteuil*, 1620 (fam. des Courtis).

MONTEIL (LE), h. cne de Saint-Christophe.

MONTEIL (LE), vill. cne de Saint-Jean-de-Sauves. — *Le Montelh*, 1275 (abb. de St-Cyprien, 35). — *Le Montail*, 1344 (cure de Sauves). — *Le Monteilh*, 1419 (abb. du Pin, 34). — *Le Monteil*, 1433 (chap. de Mirebeau, 21). — Anc. fief relev. de la bar. de Mirebeau.

MONTEIL (LE), vill. cne de Sainte-Radegonde-en-Gâtine; — 1339, 1523 (abb. de l'Étoile).

MONTEIL (LE), ff. cne de Sérigny. — *Mainardus de Montellio*, v. 995 (cart. de St-Cyprien, p. 63). — *David de Monteilo*, v. 1116 (cart. de Noyers, p. 448). — *Le Monteil*, 1427 (fam. Boivin). — *Le Monteil Boivin*, 1666 (ibid.). — Anc. fief relev. de la tour de Germigny.

MONTEIL (LE), h. cne des Trois-Moutiers; — 1485 (collège de Poitiers, 54). — Anc. fief relev. en partie de la bar. de Berrie et en partie de la seign. de Ranton (ms. Trincant).

MONTELLE (LA), m. r. cne de Saint-Laurent-de-Jourde. — *Verrerie de la Montelle*, 1538 (seign. de la Boutinelière).

MONTENAT (LE GRAND-), h. cne d'Availle-Limousine. — *Montenac*, v. 1520 (seign. d'Availle); 1592 (cordeliers de Poitiers). — Anc. fief.

MONTENAY, h. cne d'Usseau. — *Hugo de Montanai*, v. 1082 (cart. de Noyers, p. 117). — *Rainaldus de Montenai*, v. 1139 (ibid. p. 547). — *Hugues de Montenay*, 1313 (seign. des Mées). — Anc. fief relev. de la Motte d'Usseau.

MONTENEAU (LE GRAND et LE PETIT-), ff. cne de Veniers.

MONTERBEAU, h. et étang, cne d'Adriers. — *Terra de Monte Urbani*, 1260 (Hommages d'Alphonse, p. 86). — *Monturbau*, 1494 (fief de l'Âge-de-Plaisance). — *Monturbo*, 1574 (maison-Dieu, 121). — *Monturbau*, 1640; *Monterban*, 1644 (prieuré d'Entrefins). — *Monterbaud*, 1732 (notaires, Fleury à Moulime). — *Monterbeau* (Cassini).

MONTET (LE), h. cne de Saint-Gaudent. — *Philippe de Montet*, 1379 (fief de Guillaume Chales de Civray).

— *Hostel du Montet*, 1598 (fief du Montet). — Anc. fief relev. du comté de Civray.

MONTFAUCON, f. cne de Marigny-Brizay. — *De Monte Falconis*, 1270 (chap. de Notre-Dame-la-Grande, 26). — *Montfaucon*, 1334 (ibid. 28). — *Monfaucon*, 1398 (Filles-de-Notre-Dame de Poitiers, 9). — Anc. fief relev. de la tour d'Allemagne; appartenait depuis 1664 au couvent des Filles-de-Notre-Dame de Poitiers.

MONTFORTON, vill. cnes de Nueil-sur-Dive et Ternay. — *Monfortum*, 1262 (ch. de Jean de Berrie à la bibl. de Tours). — *Monforton*, 1448 (cure de Curçay); 1589 (cure de Ternay). — *Montforton*, 1482 (collège de Poitiers, 54).

MONTFRAY, vill. cne des Trois-Moutiers. — *Mons Alfredi, alodus*, 925-1009 (Livre noir de St-Florent, f° 16). — *Hostel de Monteffroy*, 1416 (comrie de Loudun, 20). — *Montefray*, 1485, 1567 (collège de Poitiers, 54).

MONTGAMÉ, tours en ruine et vill. cne de Vouneuil-sur-Vienne. — *Capella de Monte Guatmerio*, 1097-1100 (abb. de St-Cyprien). — *Mongamer*, 1283 (chap. de Châtellerault, 1). — *De Monte Gamerii* (pouillé de Gauthier, f° 147). — *Montgamer*, 1371 (chap. cathédral, 82). — *Montgamier*, 1619 (aveu de St-Romain, f° 21). — La terre de Montgamé, ayant titre de châtellenie, appartenait au chapitre cathédral de Poitiers.

MONTGAUGUIER, cne de Mirebeau; anc. commanderie de Templiers, unie à l'ordre de Saint-Jean de Jérusalem, puis, au xve siècle, annexée à la commanderie de Saint-Georges-les-Baillargeaux. — *Ugo de Monte Gualgerio*, v. 1084; *de Monte Galgerio*, 1095 (abb. de Nouaillé). — *Locus Mongoguerii*, 1119 (bulle du pape Calixte II pour l'abb. de Fontevrault, ap. Gall. christ. t. II, col. 1136). — *Montgauger*, 1219 (Fontencau, t. V, p. 77). — *Domus milicie templi de Monte Gaugerii*, 1258 (comrie de St-Georges, 19). — *Apud Montem Gauguerii*, 1272 (Lainé, généalogie de la maison Odart, p. 5). — *Montguaugueir*, 1284; *l'hospital de Montgauguier*, 1408 (comrie de St-Georges, 19). — *Forteresse de Mongauguier*, 1437 (ibid. 22). — *Parroche de Gauguier*, 1439 (abb. de Ste-Croix, 59). — *Montgauguer*, 1478 (comrie de St-Georges, 5). — *Gauguier*, 1598 (ibid. 19). — *S. Anthoine du Monguogué*, 1659 (procès-verbal de visite, arch. de la Soc. des antiq. de l'Ouest, ms. n° 4). — *Notre-Dame et Tous les Saints de Mongogué*, 1789 (pouillé, p. 147). — *Notre-Dame de Maison-Neuve de Montgauguier*, 1785 (almanach provincial, p. 113).

La paroisse de Montgauguier, que ne mentionnent pas les pouillés du diocèse antérieurs au XVIII° siècle, fut démembrée de celle de Cherves. Par un arrêt du conseil d'État du 19 mars 1781, la distinction qui existait depuis longtemps quant au spirituel entre les paroisses de Cherves et de Montgauguier fut adoptée quant au temporel et dès lors cette dernière eut son syndic et ses collecteurs particuliers. — Le commandeur était seigneur haut justicier de la paroisse, qui faisait partie de l'archiprêtré de Parthenay (Deux-Sèvres) et de la baronnie de Mirebeau. — Montgauguier est un hameau composé de trois maisons. La principale localité de la commune est Maison-Neuve, où se trouve l'église paroissiale érigée en 1856.

MONTGERBAULT, f. c^{ne} de la Trimouille; — 1691 (cure de la Trimouille). — L'étang de Montgerbault est sur le territ. de Liglet.

MONTGODAN (LA), h. c^{ne} de la Chapelle-Viviers.

MONTGEORGE, territ. près Maillochon, c^{ne} de Poitiers. — *Sub Monte gorgio*, 1143 (ch. de St-Hilaire, t. I, p. 141). — *Mongorge*, 1263 (*ibid.* t. I, p. 314).

MONTGNÉ, f. c^{ne} de Pleumartin.

MONTGRIFFON, m. r. c^{ne} de Nueil-sur-Dive. — *Mongriffon*, 1538 (cure de Pouançay).

MONTIERNEUF, anc. abb. de l'ordre de Cluni, à Poitiers, fondée en 1075 par Guillaume VIII, duc d'Aquitaine. — *Monasterium quod ipse* (*Goffredus Aquitanorum dux*) *ædificare facit in suburbio Pictavis, in loco scilicet qui dicitur Chassagniæ*, 1076. — *Monasterium in honore Dei et perpetuæ virginis Mariæ sanctique Johannis evangelistæ atque beati Andreæ apostoli constructum, Novum Monasterium*, v. 1080. — *Monasterium Novum in honore sanctæ Dei genitricis Mariæ et beati Johannis evangelistæ et omnium sanctorum sub urbe Pictavensi ædificatum*, v. 1088. — *Ecclesia sancti Johannis evangelistæ Novi Monasterii*, 1126 (abb. de Montierneuf). — *L'abé de Mosternou*, 1246 (terrier du grand fief d'Aunis, Mém. de la Soc. des antiq. de l'Ouest, t. XXXVIII, p. 146). — *Abbaye de Mosters nuefs*, 1300; *du Mouster neuf*, 1368; *du Moustier neuf*, 1393 (abb. de Montierneuf, 13). — *Le Mouterneuf*, 1465 (arch. de Poitiers, 84). — *Sainct Jehan de Montiernœuf*, 1647 (abb. de Montierneuf, 13). — *Saint Jean l'évangéliste et Saint André de Monstierneuf*, 1671 (La clef du grand pouillé de France).

Cette abbaye était le siège d'une châtellenie et haute justice qui comprenait le bourg de Montierneuf, les faubourgs de Rochereuil et de Saint-Saturnin, le bourg et une partie de la paroisse de Migné, et des portions de plusieurs autres paroisses des environs. Le bourg de Montierneuf était limité par une ligne qui, partant des moulins de Chasseigne, passait par la rue du Pré-l'Abbesse, puis entre les rues des Feuillants et Saint-Denis, suivait la rue de l'Hôtel-Dieu jusque près l'église Saint-Germain, remontait pour traverser la rue de la Chaîne et redescendait vers la rue de la Latte pour se diriger vers la porte Saint-Lazare en faisant le tour de l'étang de Montierneuf.

Dans l'église abbatiale était desservie une cure à la nomination de l'abbé. Cette paroisse a été rétablie en 1808.

MONTIERNEUF, chapelle en ruine, à Mortemer; anc. prieuré dép. de l'abbaye de Saint-Cyprien. — *Ecclesia Sancti Christofori que est in cimiiterio*, v. 1090 (cart. de St-Cyprien, p. 235); — *apud castrum Mortemarum*, 1097-1100 (*ibid.* p. 13); — *ad portam Mortui Maris*, v. 1110 (*ibid.* 45). — *Prioratus Novi Monasterii* (pouillé de Gauthier, f° 147 v°). — *Prior Monasterii Novi prope Mortuum Mare*, 1383 (taux du décime, p. 17). — *Mousterneuf de Mortemer*, 1499 (seign. de Lussac, 1). — *Moustierneuf près Mortemer*, 1577 (abb. de St-Cyprien, 36). — *S. Christophe de Montierneuf*, 1782 (pouillé).

MONTIFAUX, h. c^{ne} de Thurageau. — *Montiffaux*, 1711 (seign. de Chéneché, 11). — *Montifault*, 1778 (rôle du vingtième).

MONTIGNON (LE), m. isolée, c^{ne} du Bourg-Archambault. — *Montignon*, 1509 (maison-Dieu, 31).

MONTIGNY, m. r. c^{ne} de Colombiers; — 1621 (fief de Colombiers).

MONTIGNY, f. c^{ne} de Coussay-les-Bois. — *Montegné*, 1459 (notaires, Artaud à la Roche-Posay). — *Montigny*, 1654 (seign. de la Roche-Posay, 4).

MONTIGNY, f. c^{ne} de Dissay. — *Montigniacus ?* 673 (charta S. Bercharii, ap. Pardessus, Diplomata, chartæ, etc. t. II, p. 159). — *Montigny*, 1650 (chap. de Notre-Dame-la-Grande, 67).

MONTIGNY, h. c^{ne} de Messay. — *Montigné*, 1400 (ch. à la bibl. de Poitiers).

MONTIGNY, f. c^{ne} de Montamisé. — *Montigné*, 1404 (gr. Gauthier, f° 26 v°). — *Montigny*, 1775 (rôle des tailles).

MONTIGNY, lieu auj. inconnu, près la Petite-Guerche, c^{ne} de Thuré; anc. fief relev. de la Motte d'Usseau; — 1673 (fief de la Motte d'Usseau); 1736 (seign. de Montigny).

MONTJAUGIN, vill. c^{nes} de Ternay et Nueil-sur-Dive. — *Monjaugin*, 1515 (com^{rie} de Loudun, 12). — *Montgeaugyn*, 1536; *Monjeaulgin*, 1601 (cure de Ternay).

MONTJEAN, lieu détruit, c^{ne} de Charroux. — *Vilagium seu arbergamentum de Monte Johannis prope nemus de Maleffa in parochia Sancti Sulpicii de Karroffio*, 1330 (chap. de St-Hilaire, 548).

MONTJEAN, m^in sur la Dive, c^ne de Moncontour. — *Mont Jehan*, 1409 (bar. de Moncontour).

MONTLABEUR, f. c^ne de Mondion. — *Monlabeur*, 1753 (seign. de Mondion, 2).

MONTLARGE, vill. c^ne de Champagné-Saint-Hilaire ; — 1438 (chap. de St-Hilaire, 242). — *Monlarge*, 1475 (abb. de Moreaux).

MONTLORGIS, vill. c^nes de Lusignan et Saint-Sauvant. — *Monlorgis*, 1604 (fief de Mauprié). — *Montlorgy*, 1629 (abb. de Nouaillé, 54). — *Monlogis*, 1753 ; *Montlogis*, 1788 (rôles des tailles).

MONTLORIER, chât. f. et bois, c^ne d'Anois. — *Montlorier*, 1528 (abb. de Charroux). — *Monlauryer*, 1610 (fam. Chiton).

MONTLOUIS, chât. c^ne de Jardres. — *Montlouys*, 1493 (chap. de St^e-Radegonde, 108). — *Montloys*, 1522 (fam. Fumée). — Anc. fief relevant de Chauvigny.

Trois foires se tiennent chaque année en ce lieu de temps immémorial: la première, le 18 juin, autref. le jour de la Fête-Dieu ; la deuxième, le 12 novembre, autref. le 11, fête de saint Martin, et la troisième le 27 décembre.

MONTMATIN, h. c^ne de Pairé ; détaché de la c^ne de Celle-l'Évescault le 24 juillet 1839. — *Maumatin*, 1622 (fief de la Gralière).

MONTMIDI, territ. près Pont-Achard, c^ne de Poitiers, où l'on a bâti plusieurs maisons. — *Villa quæ vocatur Monte Malo?* 989 (ch. de St-Hilaire, t. I, p. 55).

MONTMORILLON, ch.-l. d'arr^t. — *Monmorlio*, v. 1085 (cart. de St-Cyprien, p. 142). — *Ranulfus de Monte Morithone*, v. 1088 (ibid. 243). — *Capella Sancte Marie de Monte Maurilionis*, 1093 (abb. de St-Savin). — *Montmorlun*, 1096 (Fonteneau, t. IV, p. 90). — *Apud Montem Maurelium*, 1107 (ibid. t. XXIV, p. 387). — *Domus Dei de Monmorlo*, v. 1145 (ibid. t. XXIV, p. 407). — *De Monte Maurilii*, 1167 (maison-Dieu, 1). — *Ecclesia Sancti Petri de Montmorlio*, 1185 (Fonteneau, t. XXIV, p. 438). — *Prepositura Montis Maurillii*, 1246 (Arch. hist. du Poitou, t. IV, p. 137). — *Monmorellium*, 1248 (ibid. t. IV, p. 220). — *Castrum Motæ Montis Maurilii*, 1281 (Fonteneau, t. XXVI, p. 268). — *Montmorillon*, 1408 (maison-Dieu, 13).

Montmorillon renfermait: un chapitre institué en 1220 (Robert du Dorat, ap. Fonteneau, t. XXIX, p. 69) dans la chapelle de Notre-Dame, donnée en 1093 à l'abbaye de Saint-Savin par Pierre II, évêque de Poitiers ; — une riche maison hospitalière, la maison-Dieu, fondée au commencement du XIIe siècle, *prior domus Dei Montis Maurilii* (pouillé de Gauthier, f° 148), dont furent mis en possession des religieux Augustins en 1614 ; — le prieuré et la cure de Saint-Martial, à la collation de l'abbé de Saint-Martial de Limoges, *ecclesia Sancti Marcialis*, 1184 (abb. de St-Savin) ; *Saint Marsault*, 1455 ; *Sainct Martial*, 1543 (chap. de Montmorillon, 1) ; *Saint Marçolle*, 1652 (fam. de Chastenet). Le pouillé de Gauthier mentionne aussi comme paroissiales les églises de Notre-Dame et de Saint-Michel, données en 1093 avec celle de Concise à l'abbaye de Saint-Savin, et celle de Saint-Pierre, à la nomination du chapitre du Dorat (Haute-Vienne) ; mais postérieurement Saint-Martial fut la seule église paroissiale de la ville, dont une portion, située sur la rive gauche de la Gartempe, dépendait de la paroisse de Concise. En 1803, lors de la réorganisation du culte, Notre-Dame fut érigée en église paroissiale et la c^ne de Montmorillon, qui comprenait dès lors le territoire de l'anc. paroisse de Concise, fut divisée en deux paroisses, celles de Saint-Martial et de Notre-Dame. Il y avait aussi à Montmorillon un prieuré de l'ordre de Grandmont (voy. ce mot), des Récollets et une communauté de Filles-de-Saint-François, établie en 1623 ou 1624.

L'archiprêtré de Montmorillon, en l'archidiaconé de Poitiers, était uni à la cure d'Hains: *archipresbyteratus Montis Maurilii cui ecclesia de Haans est annexa* (pouillé de Gauthier, f° 138 v°) ; son territoire renfermait avec Montmorillon les paroisses d'Antigny, Béthines, le Bourg-Archambault, la Bussière, la Chapelle-Viviers, Château-Guillaume (Indre), Concise, Darnac (Haute-Vienne), Hains, Ingrande (Indre), Jauvard (idem), Jouet, Journet, Latus, Lautier, Leigne, Liglet, Mérigny (Indre), Mont-Saint-Savin, Nalliers, Nesme (Indre), Paizay-le-Sec, Pindray, Saint-Germain, Saint-Hilaire-de-Benaise (Indre), Saint-Léomer, Saint-Savin, Saugé, Thenet, la Trimouille et Villemort.

Montmorillon était le siège d'une châtellenie qui fut acquise par le roi Philippe le Hardi de Guy de Monléon, le 22 décembre 1281 (Fonteneau, t. XXVI, p. 267). Cette châtellenie, qualifiée dès lors baronnie, *baronia Montis Maurilii*, comprenait, suivant le compte de J. Bourdin, 1479, les paroisses de Saint-Martial de Montmorillon, Bouresse, Bourg-Archambault, Brigueil-le-Chantre, Concise, Jouet, Journet, Latus, Leigne, Liglet, Moulime, Moussac-sur-Gartempe, Pindray, Plaisance, Saint-Léomer, Saint-Remy avec l'enclave de Bussière,

Saugé, Sillars, Thenet, la Trimouille et les enclaves de Condac, le Bouchaud et Chambon. L'ancien château seigneurial est détruit; plus de 90 fiefs étaient dans sa mouvance directe.

Cette ville fut aussi (anc. coutume du Poitou, ms. du xv° s°) le siège d'une juridiction dont le ressort fort étendu forma celui de la sénéchaussée qui y fut établie en 1545. Outre la châtellenie de Montmorillon, ce ressort comprenait celles de Lussac-le-Château et de Saint-Savin (Vienne), du Blanc et de Saint-Benoît-du-Sault avec la vicomté de Brosse (Indre), la vicomté de Rochechouart et la châtellenie de Saint-Victurnien (Haute-Vienne), la châtellenie de Brigueil-l'Aîné (Charente), la vicomté de Bridiers, et Bourganeuf avec les baronnies de Châtelus-Marcheix, Laron, Peyrusse et Pontarion (Creuse), et celle de Peyrat (Haute-Vienne). La sénéchaussée de Montmorillon ressortissait au parlement de Paris et, pour les cas présidiaux, au présidial de Poitiers. Suivant une liste dressée en 1788 par M. Filleau, procureur du roi au présidial de Poitiers, ce vaste territoire, qui entourait de trois côtés la sénéchaussée de la Basse-Marche, renfermait 166 paroisses, dont 39 dans les limites actuelles du département de la Vienne, 57 dans la Haute-Vienne, 35 dans la Creuse, 33 dans l'Indre (la ville du Blanc n'étant comptée que pour une paroisse) et 2 dans la Charente. Ses deux points extrêmes, à l'ouest et à l'est, étaient Bouresse, canton de Lussac-le-Château, et Royère, chef-lieu de canton dans l'arrondissement de Bourganeuf, séparés par une distance d'environ 130 kilomètres.

En 1790, lors de l'organisation du département, Montmorillon fut le chef-lieu d'un district composé des cantons de Montmorillon, Angle, Chauvigny, l'Isle-Jourdain, Lussac-le-Château, Saint-Savin, la Trimouille et Verrières. Le canton de Montmorillon comprenait les c^{nes} de Montmorillon, Bourg-Archambault, Concise, Jouet, Journet, Latus, Leignac, Moulime, Moussac-sur-Gartempe, Pindray, Plaisance, Saint-Remy et Saugé. Cette organisation fut modifiée en 1795, 1800 et 1801. (Voy. l'Introduction.)

La forêt de Montmorillon, *foresta Montis Maurilii*, 1260 (Hommages d'Alphonse, p. 111); 1281 (Fontenau, t. XXVI, p. 268); *fourest de Montmorillon*, 1541, 1641 (maison-Dieu, 109), était la même que la forêt de Chavagne (maison-Dieu, 109, titres de 1529 et 1541).

Montmorillon, f. c^{ne} de Poitiers. — *Montmorillon*, 1382 (cart. de la Trinité, f° 12). — *Montmorillon*, 1410 (gr. Gauthier, f° 30).

Montoiron, c^{on} de Vouneuil-sur-Vienne. — *De Monte Oram*, v. 1000 (cart. de St-Cyprien, p. 168). — *Airaudus de Montoiran*, 1019-1027 (*ibid.* p. 137); — *de Montauranno*, 1030 ou 1031 (*ibid.* p. 174); — *de Montoiranno*, v. 1030 (*ibid.* p. 167); — *de Monte Tauro*, v. 1032 (*ibid.* p. 29); — *de castro Monte Oiranno*, v. 1085 (*ibid.* p. 162); — *de Monteranno*, v. 1086 (*ibid.* p. 146); — *de Monte Hoiranno*, v. 1090 (*ibid.* p. 99). — *De Montoranno*, v. 1090 (*ibid.* p. 30). — *Mons Oiramni*, v. 1110 (*ibid.* p. 45). — *Ecclesiæ Sancti Petri et Sancti Ambrosii de Monte Oirranmi*, 1093 (abb. de St-Savin, 1). — *Petronilla de Montoiranto*, v. 1112 (Fonteneau, t. VIII, p. 463). — *Muntoiran*, 1178 (abb. de l'Étoile). — *Ad mensuram Montis Oirandi*, 1215 (ch. de St-Hilaire, t. I, p. 219). — *Dominus de Monte aureo*, 1229 (*ibid.* t. I, p. 240). — *Mons Orandi*, 1230 (abb. de la Merci-Dieu, 1). — *Montoyron*, 1382 (abb. de l'Étoile). — *Montoiron*, 1388 (seign. de Chitré). — *Montairain*, 1395 (arch. de la Soc. des antiq. de l'Ouest, n° 717). — *Montoyron*, 1408 (abb. de St-Cyprien, 36). — *Montairant*, 1473 (abb. de la Merci-Dieu, 13). — *Monthayron*, 1479 (compte de J. Bourdin). — *S. Ambroise de Montoiron*, 1782 (pouillé). — *Monthoiron*, 1841 (nomencl.).

Cette commune est formée des trois anciennes paroisses de Montoiron, Asnières et Fressineau, qui faisaient partie de l'archiprêtré, du duché, de la sénéchaussée et de l'élection de Châtellerault. Le prieuré de Saint-Fulgence de Montoiron était à la collation de l'abbé de Saint-Savin, de même que les deux cures de Saint-Ambroise et de Saint-Pierre, réunies dès le xviie siècle. — Montoiron était le siège d'une châtellenie qualifiée baronnie dans le procès-verbal de réformation de la coutume du Poitou du 15 octobre 1559, laquelle relevait de la vicomté de Châtellerault et s'étendait principalement sur les paroisses de Montoiron, Fressineau, Chenevelles, Leigné-les-Bois, Senillé, Saint-Hilaire-de-Mons, Archigny, Cenan, Bonneuil-Matours et Bellefont. La terre de Montoiron fut jusqu'en 1490 divisée en deux châtellenies, dont l'une appartenait à la maison de Lezay et l'autre à la maison Turpin de Crissé. Le château de Montoiron, qui avait 77 ou 78 fiefs dans sa mouvance, est situé à l'est du bourg, près la rivière d'Auzon.

En 1790 Montoiron devint le chef-lieu d'un canton dépendant du district de Châtellerault et formé des communes de Montoiron, Archigny, Asnières, Availle, Chenevelles, Fressineau, Saint-

Hilaire-de-Mons, Saint-Sauveur et Senillé. Ce canton exista jusqu'au 18 novembre 1801.

La forêt de Montoiron avait, au commencement du xv° siècle, une superficie de 465 arpents (arch. de la Roche-de-Bran). On l'appelle auj. le bois des Forts.

Montonchon, chât. et h. c⁽ⁿᵉ⁾ de Pairé ; — 1622 (épitaphe en l'église de Pairé).

Montoré, h. c⁽ⁿᵉ⁾ de Sillars. — *Montorier*, 1407 (gr. Gauthier, f° 193). — *Monthorier*, 1587 (maison-Dieu, 126). — *Montoré*, 1766 (rôle des tailles de Sillars). — *Montauré*, 1775 (rôle des tailles de Lussac). — Anc. fief.

Montouzalière (La), h. c⁽ⁿᵉ⁾ de Bonnes. — *La Menthousallière*, 1609 (seign. de Loubressay).

Montpellier, f. c⁽ⁿᵉ⁾ d'Ingrande. — *Montpellyer*, 1493 (duché de Châtellerault, 5).

Montpensier, f. c⁽ⁿᵉ⁾ de Mirebeau.

Montpensier, f. c⁽ⁿᵉ⁾ de Vezières. — *Montpancier*, 1494 (com⁽ʳⁱᵉ⁾ de Loudun, 33); 1585 (abb. de Fontevrault, 2). — *Monpensier*, 1518 (procès-verbal de public. de la coutume du Loudunais). — Anc. fief.

Montplaisir, chât. c⁽ⁿᵉ⁾ de Ligugé.

Le ruiss. de Montplaisir prend naissance près la Brunalière et tombe dans le Clain près Ligugé.

Montplanet, f. c⁽ⁿᵉ⁾ de Brigueil-le-Chantre ; — 1506 (fief de Floix).

Montrée (Bois de la), c⁽ⁿᵉ⁾ de Sommières. — *La Monstre*, 1404 (gr. Gauthier, f° 90 v°). — *Bois de la Montrée* (Cassini). — Ce bois, appelé bois du Pontet sur la carte de l'état-major, faisait probablement partie de la forêt de Gençay.

Montrée (La Grande-), h. c⁽ⁿᵉ⁾ d'Archigny. — Terres de la grande et la petite Monstrée, 1645 (seign. de Touffou, 4).

Montreuil-Bonnin, c⁽ⁿ⁾ de Vouillé. — *In castro Monsteriolo*, xi° siècle (conv. inter Guillelmum comitem Pict. et Hugonem de Lezign. ap. Besly, Hist. des comtes de Poitou, p. 288). — *Borellus de Mosteriolo*, 1077 (Fonteneau, t. XIX, p. 35); — *de Mosterol*, *de Monsterol*, *de Musterol*, 1068-1087 (cart. de St-Cyprien, p. 24, 189 et 204). — *Ecclesia nova in honorem Sancti Andree subtus castrum Musterollium et ecclesia Sancti Petri infra castrum*, v. 1085 (cart. de St-Cyprien, p. 277). — *Mosterolium*, 1149 (abb. de St-Cyprien). — *Mostereol*, v. 1150 (ch. de St-Hilaire, t. I, p. 155). — *Petrus de Mosteruel*, 1171 (Fonteneau, t. V, p. 27). — *Mostereo*, *Mostreu*, 1199 (Fonteneau, t. XXIV, p. 69 et 70). — *Castellania de Mosterolio Bonini*, 1221 (ibid. t. V, p. 635). — *Mosterolium in Gastina*, 1241 (ch. à la bibl. de Poitiers). — *Prepositura de Monsterolio*, 1243 (Arch. hist. du Poitou, t. IV, p. 29). — *Monsterollium*, 1244 (ibid. t. IV, p. 59). — *Mostereo Bonini*, 1251 (ch. de St-Hilaire, t. I, p. 108). — *Monsteruel*, 1267 (arch. nat. J. 319, n° 4). — *Monstereul Bonnin*, 1267 ; *leprosaria de Mostrevelio*, 1269 (Ledain, Hist. d'Alphonse, p. 151 et 199). — *Monsteruel en Gastine*, v. 1280 (vie de st Louis par G. de Nangis, ap. Bouquet, t. XX, p. 335). — *Monstereo*, 1286 (abb. de Fontaine-le-Comte, 33). — *Prior Sancti Andree de Monsterolio Bonini*, 1311 (abb. de St-Cyprien, 13). — *Rector S. Andree de Monsteriollio Bonin*, 1478 (reg. synodal). — *Montereul Bonnin*, 1508 (abb. de St-Cyprien, p. 14). — *Montreuil Bonnin*, 1551 (seign. de Béruges, 3).

Le prieuré et la cure de ce lieu, en l'archiprêtré de Sanxay, dépendaient de l'abbaye de Saint-Cyprien de Poitiers. Montreuil-Bonnin, ancien domaine des comtes de Poitou, atelier monétaire de Richard Cœur-de-Lion, d'Alphonse, frère de saint Louis, du roi Philippe le Hardi et de ses successeurs jusqu'à la prise du château par les Anglais en 1346, fut aliéné par le roi Charles VII en 1423, releva dès lors de la tour de Maubergeon, puis fut réuni à l'apanage du comte d'Artois en 1784. La châtellenie de Montreuil-Bonnin, *castellania Monsterolli*, v. 1145 (cart. de St-Cyprien, p. 280), s'étendait sur les paroisses de Montreuil-Bonnin, Benassay, Béruges, Chiré, Latillé, Vouillé, et sur des portions de celles d'Ayron, Chalandray, la Chapelle-Montreuil, Saint-Martin-du-Fouilloux (Deux-Sèvres), Vasles (idem) et Vausseroux (idem); elle était comprise dans le ressort de la sénéchaussée et de l'élection de Poitiers. Le château seigneurial avait 16 fiefs dans sa mouvance, suivant un aveu de 1620; il existe encore avec un vieux donjon de forme circulaire.

Le parc ou forêt de Montreuil-Bonnin, *foresta Mosterolii*, 1257 (Layettes du trésor des ch. t. III, p. 381), contenant 188 hectares, dépendait du château de ce nom, de même que les forêts de Montbeil et du Verger-Marion, et une garenne de 54 hectares.

Montriou, h. c⁽ⁿᵉ⁾ de Bonnes. — *Le Montriou*, 1655 (seign. de Touffou, 3).

Mont-Rousset, f. c⁽ⁿᵉ⁾ de Dienné. — *Maurusset*, 1562 ; *Maurousset*, 1685 (fief de Mortemer). — *Montrousset*, 1687 (cure de Dienné). — Anc. fief relev. de la bar. de Mortemer.

Monts, chât. et f. c⁽ⁿᵉ⁾ de Ceaux, c⁽ⁿ⁾ de Couhé. — *In villa que nuncupatur Monte, in pago Pictavo, in vicaria que vocatur Rodom*, 961 (ch. de St-Hilaire,

t. I, p. 34). — *Estang de Mons*, 1313 (seign. de la Millière). — *Dominus de Montibus*, 1391 (seign. de Monts). — *Montz*, 1606; *Monts*, 1682 (*ibid.*). — Anc. châtell. relev. du marq. de Couhé.

Deux foires se tiennent en ce lieu, l'une le mardi de la Pentecôte, l'autre le 13 août. Cette dernière tire probablement son origine de l'affluence des pèlerins qui se rendaient le jour de la fête de sainte Radegonde à la Troussaie, prieuré voisin de Monts, dont l'église était sous l'invocation de cette sainte.

Monts, f. c^{ne} de Cloué. — *Egidius de Montibus*, v. 1300 (Gauthier, f° 15). — *Herbergamentum de Montibus*, 1405 (gr. Gauthier, f° 58 v°). — *Mons*, 1477; *Monts*, 1561 (fief de Monts). — Anc. fief relev. de la châtell. de Lusignan.

Monts, vill. c^{ne} de Messay. — *Monz*, 1320 (collège de Poitiers, 64). — *Mons soubz Messay*, 1435 (abb. du Pin, 39). — *Monts*, 1466 (collège de Poitiers, 64). — *Monts sur Messay*, 1608 (*ibid.* 67). — *Mons sur Messay*, 1615 (abb. de Ste-Croix, 72). — Anc. fief relev. de la bar. de Moncontour.

Mont-Saint-Savin, h. c^{ne} de Saint-Savin; anc. c^{ne} réunie à celle-là le 20 mai 1820. — *In montem dictum Ad tres Cypressos, ubi olim ecclesia sancti Vincentii martyris... in qua sepultum sancti Savini corpus...* (légende de s^t Savin et de s^t Cyprien, ap. Labbe, Nova bibl. manusc. libr. t. II, p. 665). — *Capella Sancti Vincencü*, 1184 (abb. de St-Savin, 1). — *Ecclesia de Monte Savini* (pouillé de Gauthier, f° 176 v°); — *de Monte Sancti Savini*, 1478 (reg. synodal). — *Le Mont Saint Savin*, 1404 (gr. Gauthier, f° 8).

Avant 1790 cette ancienne paroisse, réunie auj. à celle de Saint-Savin, faisait partie de l'archiprêtré de Montmorillon, de la châtellenie de Saint-Savin, de la sénéchaussée de Montmorillon et de l'élection du Blanc (Indre). La cure était à la nomination de l'abbé de Saint-Savin.

Mont-Serbé, h. c^{ne} de Marigny-Chemerault.

Mont-Sorbier, vill. c^{ne} de la Ferrière. — *Eustachius de Monte Sorberii*, 1280 (arch. de Poitiers, 14). — *Monsorber, Montsorber*, 1404 (gr. Gauthier, f°s 84 et 89 v°). — *Monsorbier*, 1580 (fief de Gençay). — *Le Sorbier*, 1872 (dénomb.). — Anc. fief relev. de la vic. de Gençay.

Monts-sur-Guesne, ch.-l. de c^{on}, arr^t de Loudun. — *Papinus de Montibus*, 1100-1108 (gr. cart. de Fontevrault, 709). — *Ecclesia Sancti Laurentii de Montibus*, 1139, 1180 (cart. de Cormery, p. 120 et 134). — *Villa de Montibus*, 1313 (Les Olim, t. III, p. 868). — *Mons en la parroesse de Saint Vincent*, 1455 (com^{rie} de Loudun, 32). — *Mons sur Guesnes*, 1580 (cure de St-Vincent-de-l'Oratoire). — *Monts*, 1720 (dénomb. du royaume). — *Mons-sur-Guesne*, 1782 (pouillé, p. 182). — *Mons-sur-Gaîne*, 1786 (almanach provincial).

Monts-sur-Guesne dépendait autrefois de la paroisse de Saint-Vincent-de-l'Oratoire (voy. ce mot). En 1810 la chapelle du château de Monts, sous le vocable de saint Laurent, dép. anciennement de l'abbaye de Cormery (Indre-et-Loire), fut affectée au service paroissial. Une aumônerie est mentionnée en 1415 : *domus Dei Sancti Avertini* (titres de cette aumônerie). Une communauté de Filles-de-Saint-François ou cordelières, fondée en 1671, fut réunie à celle du même ordre à Poitiers avant 1769.

La terre de Monts fut érigée en châtellenie au mois de juillet 1481 et en marquisat au mois de novembre 1655. Ce fief relevait du château de Loudun et s'étendait sur les paroisses de Saint-Vincent, Dercé, Saire et Bertegon.

En 1790 Monts devint le chef-lieu d'un canton dépendant du district de Loudun et formé des communes de Monts, Bertegon, le Bouchet, Dercé, Guesne, Maulay, Prinçay et Saire. Cette circonscription a été modifiée en 1801.

Montvinard, chapelle, c^{ne} de Nouaillé. — *Predium sancti Juniani que nuncupatur Monte Vinardo*, 905: *ecclesia beatæ Mariæ virginis sita in loco qui dicitur Mons Vinarius, ex potestate Nobiliacensis monasterii*, 934 (abb. de Nouaillé). — *Capella Montis Vinardi*, 1226; *Nostre Dame de Montvinart*, 1445 (*ibid.* 6).

Moque-Souris, f. c^{ne} de Saint-Gervais. — *Moquejoury*, 1674 (fief du Plessis-Baunay). — *Moquesouris*, 1774 (aveu de la bar. de la Touche).

Morallière (La), f. c^{ne} d'Antran. — *La Mourallière*, 1572 (seign. de la Motte d'Usseau). — *La Morallière*, 1600 (seign. de Malicorne).

Morallière (La), m. r. c^{ne} de Châtellerault.

Morallière (La), h. c^{ne} de Pleumartin.

Morallière (La), h. c^{ne} de Vicq. — *La Morraillière*, 1439; *la Morrallière*, 1498; *la Morallière*, 1514 (abb. d'Angle). — Anc. fief relev. de la bar. d'Angle (évêché, 35).

Morcière (La), h. et bois, c^{nes} de Vaux-en-Couhé et Brux. — *La Maurossère*, 1409 (ch. de St-Hilaire, t. II, p. 67). — *La Morissère*, 1441; *la Morroussière*, 1466; *la Mauricère*, 1475 (chap. de St-Hilaire, 342). — *La Morrucère*, 1486 (*ibid.* 343). — *La Moricière*, 1486 (*ibid.* 95). — *La Mauroussière*, 1597 (*ibid.* 344). — *La Morsière*, 1766 (rôle des tailles). — Le bois de la Morcière contenait 188 arpents en 1796.

Mordron, f. m^in détruit, sur le ruiss. de la Planche, c^ne de Vivonne. — *Moulin de Merdron*, 1754 (carmes de Vivonne).

Moreaux, f. c^ne de Champagné-Saint-Hilaire; anc. abbaye de l'ordre de Saint-Benoit, fondée avant 1165. — *Locus qui dicitur Morellus*, 1136 (ch. de St-Hilaire, t. I, p. 133). — *Aimericus subprior Morelli*, 1165 (Fontenau, t. XVIII, p. 321). — *W. abbas de Morel*, v. 1170 (abb. de Nouaillé). — *Nostre Dame de Moreau*, 1395 (abb. de Moreaux). — *Abbaye de Moreaux*, 1404 (gr. Gauthier, f° 194 v°). — L'église abbatiale est en ruine.

Moreaux (Les), f. c^ne de la Ferrière; — 1537 (chap. de St-Hilaire, 439). — Anc. fief relev. de la vic. de Gençay.

Moreaux (Les), f. c^ne d'Hains. — *Village des Moreaux*, 1657 (fam. Dalest).

Moreaux (Les), h. c^ne de la Roche-Posay. — *Village des Moreaux*, 1555; — *des Moreaux*, 1631 (seign. de la Gatelinière).

Moreaux (Les), f. c^ne de Saint-Christophe.

Moreaux (Les), h. c^ne de Scorbé-Clairvaux.

Moreaux (Les), h. c^ne de Sossay.

Morelle (Ruisseau de la), c^ne de Latus, prend sa source près le hameau de Chez-Léobet et se jette dans la Gartempe au moulin d'Ouzilly. Il est appelé ruiss. de *Girondelle* en 1561 (seign. de la Dallerie).

Morellerie (La), f. à Benest, c^ne d'Alonne.

Morellerie (La), f. c^ne des Ormes.

Monfonds (Les), m. r. c^ne de Saint-Pierre-de-Maillé. — *Mortefons*, 1564; *Morteffons*, 1639 (seign. de la Roche-Aguet). — Anc. fief relev. de la Roche-Aguet.

Morgeas (Le), h. c^ne de Ciré-en-Montreuil. — *Le Mourgeau*, 1739 (rôle des tailles). — *Les Mourigeaux*, 1820 (nomencl.).

Moricets (Les), h. c^ne de Dangé. — *Les Mauricets* (Cassini).

Morillaut (Forêt de), détruite, c^nes d'Archigny, Montoiron et Chenevelles; autref. dép. de la bar. de Montoiron; — 1539 (arch. de la Roche-de-Bran); 1598 (cure de Chenevelles). — Cette forêt était située entre la Billardière, c^ne d'Archigny, la Guyonnière, c^ne de Montoiron, la Garde et le Grand-Coussec, c^ne de Chenevelles; elle contenait 500 arpents en 1589.

Morillonnière (La), m. détruite, dans les bois de Marchais-Rond, c^ne de Dangé. — *La Morilhonnère*, 1473 (duché de Châtellerault, 3).

Morin, h. c^ne de Saint-Secondin; — 1404 (gr. Gauthier, f° 89 v°).

Morinerie (La), chât. et f. c^ne de Nueil-sous-Faye. — *La Morinerye*, 1575 (chap. de St-Hilaire, 427). — *La Maurinière* (Cassini). — Anc. fief relev. de la Motte de Baché.

Morinière (La), f. c^ne d'Anché.

Morinière (La), f. c^ne de la Bussière. — *La Morinère*, 1309 (Gauthier, f° 200). — Anc. fief relev. de la bar. d'Angle.

Morinière (La), m. r. c^ne de Dissay; — 1594 (chap. de Notre-Dame-la-Grande, 67). — Anc. fief érigé par M. de la Roche-Posay, évêque de Poitiers, le 26 mai 1618, et relev. de la châtell. de Dissay.

Morinière (La), lieu détruit, près d'Asnières, c^ne de Pouillé. — *La Morinère*, 1385 (cart. de la Trinité, f° 39).

Morinière (La), f. c^ne de Roiffé. — Anc. terre noble (ms. Trincant).

Morinière (La), h. c^ne de Saint-Genest. — *La Morinière*, 1370 (seign. de Puygarreau, 3). — *La Morinière*, 1439 (terrier de Gironde, f° 13).

Morinière (La), lieu détruit, près Monjardin, c^ne de Saint-Gervais. — *La Morinère*, 1411 (seign. de la Bruère). — *La Morinière*, 1452 (duché de Châtellerault, 4). — *La Mornière*, 1774 (bar. de la Touche).

Morinière (La), h. c^ne de Sommières; — 1461 (chap. de St-Hilaire, 439).

Morinières (Les), tuilerie et h. c^ne d'Ingrande; distraits de la c^ne de Vaux le 9 avril 1841. — *Les Morynières*, 1594 (abb. de St-Cyprien, 24). — *Les Morinières*, 1638 (prieuré de St-Denis-en-Vaux).

Morinières (Les), h. c^ne d'Usseau. — *La Morinière*, 1494 (duché de Châtellerault, 6). — Anc. fief relev. de Remeneuil.

Le ruiss. des Morinières prend naissance près la Gatinalière, c^ne d'Antran, et se réunit au ruiss. de Remeneuil au-dessous du moulin de ce nom.

Morins (Les), h. c^ne de Saint-Romain-sur-Vienne.

Morlière (La), h. c^ne de Chaunay. — *La Morelière*, 1482 (fief de Loin). — *La Morlière*, 1496 (fief de Traversay).

Morlière (La), h. c^ne de Mauprevoir; — 1633 (notaires de la bar. de Charroux).

Morlière (La), f. c^ne du Vigean. — 1550 (cure du Vigean).

Mormartin (La), m. à Bonneuil-Matours. — *Moremartin*, 1499; *la Mormartin*, 1670; *la Mortmartin*, 1676 (fief de la Mormartin). — Anc. fief relev. de la tour de Maubergeon.

Mornay, chât. et vill. c^ne de Mazeuil. — *De Mornayo*, 1280 (arch. de Poitiers, 14). — *Mournay*, 1572 (chap. de Mirebeau, 31). — Deux fiefs en ce lieu

Mornes, h. cne de Queaux. — *Morne*, 1457 (fam. de Savatte de Genouillé); 1585 (seign. de Beauregard).

Monxetrie (La), lieu détruit, près Cenan, cne de la Puye; — 1841 (nomencl.).

Monônnerie (La), lieu détruit, entre la Fosse-au-Loup et les Garniers, cne d'Oiré; — (Cassini).

Montaigue, f. cne d'Availle-Limousine. — *Mortesgue*, v. 1520 (seign. d'Availle).

Montaigue, lieu détruit, cne de Nouaillé. — *Domus leprosorum de Mortaigue*, 1225 (abb. de Nouaillé, 5). — *Morte Aygue*, 1433; *estang de Mortesgue*, 1554 (*ibid.* 9). — Cet étang, autref. alimenté par un ruiss. qui sort de la fontaine du Pinier et va se jeter dans le Miosson, a été desséché et converti en prés appelés prés de l'Étang.

Montaigue, h. et étang, cne de Queaux. — *Massum de Mortua Aqua*, 1292; *Mortesgue*, 1449 (seign. de Ressonneau, 1 et 3). — *Mortaigue*, 1470 (fam. de Genouillé). — *Mortegue*, 1577 (Fonteneau, t. XLV, p. 773). — *Mortaigre*, 1775 (rôle des tailles). — Anc. fief relev. de Giat (Fonteneau, t. XL, p. 192).

Le ruiss. de Mortaigue sort de l'étang de ce lieu et se perd dans l'étang de Gauberté, cne de Gouex.

Montaigue, f. cne de la Roche-Posay. — *Villagium de Mortua Aqua*, 1284 (évêché, 33). — *Mortaigne*, 1396; *Mortesgue*, 1425 (abb. de la Merci-Dieu, 4).

Montaigue (La Grande et la Petite-), h. et forêt détruite, cne de Saint-Sauveur. — *Fourest de Mortaygue et de Boisguillaume*, 1371 (abb. de la Celle, 16). — *Forest de Mortesgue*, contenant avec celle de Montoiron 800 arpents en 1429 (seign. de Montoiron, 1); — *de Mortesve*, 1457 (duché de Châtellerault, 5). — *La Mortesgre, la Mortaigre*, 1561 (comrie de la Foucaudière, 8).

Mont-à-l'Ane (La), h. cne de Vouneuil-sous-Biard. — *La Mort à l'Asne*, 1250 (abb. de St-Cyprien, 50). — *Domus de Morte Asini*, 1281 (abb. de Fontaine-le-Comte, 15). — *La Morthalasne*, 1649 (cure de Vouneuil-sous-Biard).

Mont-au-Chevalier (La), bois et bruyères près la Bernaudière, cue de Fleuré. — *Carrefour de la Mort au chevalier*, 1637 (abb. de Nouaillé, 50).

Mortemer, populairement Montomé, con de Lussac-le-Château. — *Castrum Mortemarum*, v. 1077; *Seguinosus de Mortuomare*, v. 1080 (abb. de Nouaillé). — *Engelelmus de Mortemara*, 1081 (abb. de Montierneuf); — *de Mortemare*, v. 1090 (abb. de Nouaillé). — *Castrum Mortemaris*, v. 1090 (cart. de St-Cyprien, p. 229). — *Ecclesia Sancte Marie que est intra castrum de Mortemaro*, 1110 (*ibid.* p. 230). — *Guillelmus de Mortamare*, 1122 (chap. de Ste-Radegonde). — *Bernardus de Mortemario*, v. 1156; *Mortemer*, 1164; *ecclesia beate Marie Mortemarensis*, 1238 (abb. de Nouaillé). — *Ecclesia de Mortuomari* (pouillé de Gauthier, f° 175). — *Mortomer*, 1379 (évêché, 17). — *Mortoumé*, 1421 (Fonteneau, t. XXV, p. 596). — *Mortoumer*, 1450 (chap. de Mortemer, 1). — *Morthomer*, 1478 (abb. de Nouaillé, 49). — *Morthemer*, 1515 (seign. de St-Martin-la-Rivière). — *Mortommer*, 1548 (fief de la Pigeolière).

Il y avait à Mortemer une église collégiale et paroissiale sous l'invocation de Notre-Dame, un prieuré appelé Montierneuf (voy. ce mot), et une maladrerie sous le vocable de saint Nicolas, dont les revenus furent unis à l'hôpital de Chauvigny en 1695.

Mortemer donnait son nom à un archiprêtré de l'archidiaconé de Poitiers, dont le curé de Saint-Médard d'Asnières en l'archiprêtré de Châtellerault était titulaire depuis l'an 1486 (Gauthier, f° 175); antérieurement cette dignité était conférée à un chanoine de l'église cathédrale, qui prenait le titre d'archiprêtre de Poitou (*ibid.* f°s 138 et 187), ou de Mortemer (*ibid.* f° 190 v°). Le territoire de cet archiprêtré renfermait les paroisses de Mortemer, Bellefont, Bignoux, Bonnes, Bonneuil-Matours; la Chapelle-Mortemer, la Chapelle-Moulière, Civaux, Dienné, Fleuré, Fleix, Jardres, Lavoux, Liniers, Lomaizé, Mignaloux, Pouillé, Pouzioux, Saint-Julien-Lars, Saint-Laurent-de-Jourde, Saint-Martin-la-Rivière, Sainte-Radegonde-en-Gâtine, Salles-en-Toulon, Tercé et Verrières.

Dans l'ordre civil, Mortemer était le siège d'une châtellenie, *castellania Mortemari*, 1097-1100 (cart. de St-Cyprien, p. 13), qualifiée baronnie dès 1428, relevant, avant le xve siècle, de la bar. de Chauvigny et, depuis, de la tour de Maubergeon; elle avait 28 fiefs dans sa mouvance, faisait partie de la sénéchaussée et de l'élection de Poitiers, et comprenait les paroisses de Mortemer, la Chapelle-Mortemer, Dienné, Fleuré, Lomaizé, Saint-Laurent-de-Jourde, Saint-Martin-la-Rivière, Salles-en-Toulon, Tercé et Verrières. Le vieux château baronnial, nouvellement restauré, est contigu à l'église. Une déclaration rendue en 1771 à la bar. de Mortemer fait mention des vieilles murailles de la ville.

Mortemer (Bois de), cne de Saint-Martin-la-Rivière. — *Bois de Morthemer*, 1643 (seign. de Charasson).

Mortesson, f. cne des Trois-Moutiers; — 1416 (comrie de Loudun, 20).

DÉPARTEMENT DE LA VIENNE.

Morteveille, m. détruite, près les Guignaux, c^{ne} des Ormes. — *Morteveille, paroisse d'Antogny*, 1623 (arch. du château des Ormes). — *Domus de Mortevilliers*, 1654 (cure des Ormes). — *Morteveille* (Cassini). — Anc. fief relev. de la seign. de Ports (Indre-et-Loire) et réuni à la terre des Ormes.

Morteveille, lieu détruit, près les Limbaudières, c^{ne} d'Usseau. — *Mortevieille*, 1431; *Mortevielle*, 1458 (seign. de Mortevieille). — *Morteveille*, 1444 (duché de Châtellerault, 1). — Anc. fief relev. de la Motte d'Usseau.

Mortier, h. et bois, c^{ne} de Montamisé. — *Gauffrodus de Morteriis*, 1162 (Fonteneau, t. XXVII, p. 111). — *Stephanus de Morters*, 1192 (abb. de Fontaine-le-Comte). — *Jordanus de Morterio*, v. 1194 (abb. de Ste-Croix). — *Mortiers*, 1324 (arch. de Poitiers, 12). — Anc. fief relev. de l'abbaye de Saint-Hilaire de la Celle de Poitiers.

Mortière (La), f. c^{ns} de Tercé. — *La Moretière*, 1469 (seign. de Dienné et Verrières, 3). — *La Mortière*, 1562 (fief de Mortemer).

Morton, c^{on} des Trois-Moutiers. — *Gosbertus de Mortum*, 1104-1109 (ch. de Foulques V, comte d'Anjou, pour l'abb. de Fontevrault, ap. Bulletins de la Soc. des antiq. de l'Ouest, t. XI, p. 190). — *Mortensis ecclesia, Morton*, 1120-1145 (Arch. hist. du Poitou, t. II, p. 37). — *Ecclesia de Morton, de Mortonio* (pouillé de Gauthier, f°s 171 et 172). — *S. Pierre de Morton*, 1782 (pouillé).

Avant 1790 cette commune faisait partie de l'archiprêtré, de la châtellenie, du bailliage et de l'élection de Loudun. Le prieuré de Saint-Pierre de Morton dépendait de l'abbaye de Saint-Florent de Saumur; la cure était à la nomination de l'évêque. Le fief de Morton relevait de la baronnie de Berrie. Les bois de Morton s'étendent sur cette c^{ne} et sur celle des Trois-Moutiers.

Montroux, vill. c^{ne} de Jouet. — *Mortcreoul, Morteroul*, 1424 (maison-Dieu, 160). — *Mortereoux*, 1461; *Morteroux*, 1491 (ibid. 100). — *Mortereou*, 1509; *Mortreou*, 1536 (ibid. 31). — *Mortreoux*, 1560 (fam. de Moussy). — *Morteroulx*, 1565 (abb. de St-Savin, 24). — Anc. fief relev. de la maison-Dieu de Montmorillon.

Monts (Chemin des), c^{ne} de Villiers, par où l'on conduisait les morts à l'église paroissiale de Vouillé.

Mossay, h. c^{ne} de Saint-Maurice. — *Mousay*, 1396 (gr. Gauthier, f° 78 v°). — *Messay, Mossay, Moussay*, 1407 (ibid. f° 82 v°). — *Maussay*, 1580 (fief de Gençay). — Anc. fief relev. de la vic. de Gençay.

Motardière (La), m. isolée, c^{ne} de la Villedieu.

Mothe (La). Voy. Motte (La).

Motheboeuf, m. isolée, c^{ne} de Vendeuvre.

Motte (La), partie du bourg de Biard; — 1659 (chap. cathédral, 14).

Motte (La), f. c^{ne} de Blâlay. — *La Mothe*, 1537 (prévôté de Blâlay, 2).

Motte (La), lieu détruit, près Pouzioux, c^{ne} de Chouppes; anc. terre noble. — *La Mothe de Challigny*, 1706 (cure de Chouppes).

Motte (La), m. r. c^{ne} de Dercé.

Motte (La), partie du bourg de Dissay. — *La Mote de Dicay*, 1351; *la Mothe de Dissay*, 1374 (évêché, 61). — Anc. fief relev. de la bar. de Chauvigny; acquis le 27 mai 1631 par M. de la Roche-Posay, évêque de Poitiers.

Motte (La), h. c^{ne} de l'Isle-Jourdain.

Motte (La), vill. c^{ne} d'Iteuil. — *La Mothe de Clavière*, 1661 (notaires, Gaultier à Poitiers).

Motte (La), chât. et f. c^{ne} de Ligugé. — *La Mothe dessus Croustelles*, 1408 (gr. Gauthier, f° 44). — *La Mothe sur Croustelles*, 1527; *la Mothe de Croustelle*, 1674 (fief de la Motte-sur-Croutelle). — Anc. fief et haute justice relevant du chât. de Lusignan; érigé en châtellenie au mois de juillet 1740 avec les fiefs du Cimeau, la forêt de Gâtine et l'étang de la Tomberrard.

Motte (La), butte, près la Sansonnerie, c^{ne} de Lomaizé; anc. fief relev. de Dienné et Verrières. — *La Mothe de Lumaisé*, 1474 (seign. de la Motte de Lomaizé). — *La Mothe Rapichon*, 1577 (seign. de Dienné et Verrières).

Motte (La), m. r. c^{ne} de Marigny-Brizay.

Motte (La), f. c^{ne} de Marlaizé.

Motte (La), chât. c^{ne} de Messemé. — *La Mote*, 1369 (chap. de Ste-Croix de Loudun, 6). — *La Mothe Messemé*, 1543 (com^{rie} de Loudun, 30). — *La Motte de Messemé*, 1771 (chap. de Ste-Croix de Loudun, 6).

Motte (La), h. c^{ne} de Montreuil-Bonnin. — *La Mothe*, 1775 (rôle des tailles).

Motte (La), h. c^{ne} d'Oiré.

Motte (La), h. c^{ne} de Pairoux. — *La Mothe de Peroux*, 1613 (fam. de Moussy).

Motte (La), chât. ruiné, à Persac. — *La Mothe de Peressac*, 1449 (seign. de Lussac). — *La Mothe*, 1457 (Fonteneau, t. XXIV, p. 259). — Anc. châtell. relev. du marq. de Lussac-le-Château.

Motte (La), f. c^{ne} de Pouant. — *La Roche Bascher*, 1449; *la Mothe Bacher*, 1460; *la Mote Baschier*, 1471 (chap. de St-Hilaire, 427). — *La Mothe*, 1526 (cure de Pouant). — *La Roche Motte de Baché*, 1677 (chap. de St-Hilaire, 431). — Anc. fief relev. de la châtell. de Pouant.

Vienne. 36

MOTTE (LA), h. c^{ne} de Pressac. — *La Mothe*, 1493 (seign. d'Availle).

MOTTE (LA), vill. c^{ne} de Prinçay.

MOTTE (LA), f. c^{ne} de Queaux. — *La Mothe Pommerée*, 1594 (seign. de Ressonneau, 3).

MOTTE (LA), h. c^{ne} de Saint-Genest. — *La Mothe*, 1439 (terrier de Gironde, f° 29).

MOTTE (LA), h. c^{ne} de Saint-Gervais. — *La Mothe*, 1474 (com^{rie} de l'Isle-Bouchard, 32).

MOTTE (LA), chât. et bois, c^{ne} de Saint-Maurice. — *Mota*, 1312 (arch. de Poitiers, 14). — *Le sire de la Mote*, 1396 (gr. Gauthier, f° 78). — *La Mothe*, 1452 (chap. de St-Pierre-le-Puellier, 28). — *Lieu noble de la Mothe de Brion*, 1592 (chapelle Naudin à Charroux). — *La Motte Contais* (Cassini).

MOTTE (LA), h. c^{ne} de Senillé ; — 1607 (abb. de St-Cyprien, 23). — Anc. fief relev. de la bar. de Montoiron.

MOTTE (LA), chât. et bois, c^{ne} d'Usseau. — *La Mote*, 1313 (seign. des Mées). — *La Mote d'Usseau*, 1425 (cure d'Ingrande). — *Hostel et forteresse de la Motte d'Usseau*, 1452 ; *la Mothe d'Usseau*, 1541 (duché de Châtellerault, 5). — Anc. fief et haute justice, qualifié châtellenie en 1447 (seign. de la Motte d'Usseau), relev. du duché de Châtellerault. Les bois de la Motte d'Usseau contenaient 230 hectares en 1796.

MOTTE (LA GRANDE-), vill. c^{ne} de Brigueil-le-Chantre.

MOTTE (LA JEUNE-), anc. seign. près la Sauvagère, c^{ne} de Massogne. — *La Jeune Mote au village de la vieille Massoigne*, 1495 ; *la jeune Mothe*, 1496 ; *la Mothe Monléon*, 1545, 1582 (Inv. des arch. de la Barre, t. II, p. 150 et 393).

MOTTE-BLANCHE (LA), f. c^{ne} de Vernon ; — 1688 (abb. de Montierneuf, 94).

MOTTE-BOURBON (LA), vill. c^{ne} de Pouançay. — *Pont de la Motte de Bourbon*, 1455 (Lecoy de la Marche, Comptes et mém^s du roi René, p. 152). — *La Mothe de Bourbon*, 1547 (cure de Pouançay).

MOTTE-BURE (LA), m. r. c^{ne} de Vernon.

MOTTE-BUREAU (LA), h. c^{ne} de Montgauguier ; distrait de la c^{ne} de Vouzailles le 25 avril 1866. — *Jacques Bureau, écuyer, seigneur de la vieille Motte*, 1489 ; *la Mothe Bureau*, 1539 (seign. de la Motte-Bureau). — Anc. fief relev. de la bar. de Grisse.

MOTTE-CHAMPDENIERS (LA), chât. c^{ne} des Trois-Moutiers. — *La Mothe de Baucay*, 1464 (abb. de Fontaine-le-Comte, 29). — *La Mothe de Baussay alias Chandenier*, 1624 (collège de Poitiers, 55). — *La Motte de Champdenier*, 1718 (abb. de Fontaine-le-Comte, 29). — Anc. fief et haute justice relev. du château de Loudun ; érigé en marquisat en 1700.

Le moulin de la Motte-Champdeniers, sur la Petite-Maine, est sur le territ. de Roiffé.

MOTTE-D'AUTEFA (LA), lieu détruit, près Chez-Moreau, c^{ne} de Luchapt. — *Guido Blaonni d'Autafa*, 1217 (Fonteneau, t. IV, p. 281). — *Villagium de Auteffa*, 1442 (cure de l'Isle-Jourdain). — *La Moute de Auteffa*, 1461 ; *Motha de Authefa*, 1533 (prieuré de Teil). — *Village d'Autefa*, 1560 (cure de Luchapt). — *Forest d'Auteffa*, 1582 (seign. de l'Isle-Jourdain). — *La Mothe d'Auteffa*, 1610 (fam. de la Broue de Varcilles). — Anc. fief relev. du marq. de l'Isle-Jourdain.

MOTTE-DE-BAUSSAY (LA). Voy. MOTTE-CHAMPDENIERS (LA).

MOTTE-DE-BEAUMONT (LA), anc. fief, à Beaumont. — *La Mothe de Beaumont*, 1487 (chap. de Notre-Dame-la-Grande, 67). — Ce fief, ayant titre de châtellenie, relevait de la bar. de Colombiers.

MOTTE-DE-CELLES (LA), h. c^{ne} de Thuré.

MOTTE-DE-GANNE (LA), vill. c^{ne} de Vivonne. — *La Mothe de Gane*, 1469 (abb. de St-Cyprien, 46). — *La Mothe de Gannes*, 1549 (abb. de Nouaillé, 58).

MOTTE-GUENET (LA), vieux manoir près Saint-Citroine, c^{ne} de Vezières.

MOTTE-JAMET (LA), f. c^{ne} de Doussay. — *La Mothe Jamet*, 1473 (arch. nat. chambre des comptes, reg. 330, n° 2).

MOTTE-RAPICHON (LA), anc. fief, à Montmorillon. — *Jean Rapichon, escuyer, s^r de la Motte*, 1506 ; *la Mothe, tenant au gué Combort sur la Gartempe et à la rue par laquelle on va du pont neuf à Saint Marsault*, 1533 ; *la Mothe Rapichon*, 1573, 1610 (maison-Dieu, 64). — Ce fief relevait de la maison-Dieu de Montmorillon ; il n'est plus connu aujourd'hui.

MOTTES (LES), m. r. c^{ne} d'Availle-Limousine.

MOTTES (LES), mⁱⁿ sur l'Envigne, h. et bois, c^{ne} de Colombiers. — *Mestairie et moulin des Mothes*, 1621 (fief de Colombiers). — Le péage du pont des Mottes constituait un fief relev. du marq. de Clairvaux. — La garenne des Mottes contenait 100 arpents en 1796.

MOTTES (ÉTANG DES), auj. desséché, c^{ne} de Saugé ; — 1653, 1684 (maison-Dieu, 18).

MOTTRUE (LA), f. c^{ne} de Saint-Genest.

MOUCHAUDERIE (LA), m. au village des Basses-Forges, c^{ne} de Tercé. — *La Michaudrie*, 1841 (nomencl.).

MOUCHAUX, h. c^{ne} de Lésigny. — *Mouschau*, 1455 (notaires, Artaud à la Roche-Posay). — *Mouchau*, 1571 (seign. de la Roche-Posay, 2). — Ancien fief.

MOUCHAUX, h. c^{ne} de Saint-Remy-sur-Creuse.

Mouchedune, f. c^ne de Saint-Benoît; — 1454; *Moussedune*, 1565 (abb. de S¹-Benoît, 6).

Mouchedune, h. c^ne de Vaux-en-Couhé. — *Mouchedusnes, autrefois la Tousche Roussin*, 1621; *Mouchedune*, 1641 (seign. de Monts).

Mouguet (Le), m. r. c^ne de Leigne, et m^in sur le ruiss. de Servon, c^ne de la Chapelle-Viviers. — *Le Moulin Mouschet*, 1618 (fief de Sauzelle). — *Le Moullin Mouchet*, 1682 (prieuré du Teil-aux-Moines).

Moudurerie (La), f. c^ne de Mignaloux. — *La Grange des Mouduriers*, 1485 (abb. de la Trinité, 43). — *Village de la Moudurerie*, 1515 (com^rie de la Villedieu, 22). — *La Moudurie*, 1643 (ibid. 26).

Mougère (La), lieu détruit, près le bois de Jean, c^ne de Saint-Romain. — *Village de la Nougière, assis auprès du boys de Johent*, 1403 (gr. Gauthier, f° 280 v°). — *La Maugière*, 1498; *la Mougère*, 1604, 1611 (fief de la Chaux).

Mougon, vill. c^ne d'Iteuil; anc. prieuré. — *Rex Chludowicus... cum Alarico rege Gothorum in campo Mogotinse super fluvium Clinno, milliario decimo ab urbe Pictavis, bellum conseruit* (vita S. Remigii, auct. Hincmaro, ap. Bouquet, t. III, p. 379). — *Mogunt*, 1229 (abb. de Fontaine-le-Comte, 33). — *Prioratus de Mougon* (pouillé de Gauthier, f° 140). — *Mogonium*, 1310 (abb. de S¹-Cyprien, 43). — *Mogont*, 1335; *Megont*, 1343 (abb. de Nouaillé, 24). — *Prior de Mogon*, 1383 (taux du décime, p. 30). — *Prieuré de Saint Marc de Meugon*, 1648 (pouillé de l'archevêché de Bordeaux).

Mouillardrie (La), f. c^ne de Savigné. — *La Mouilladrye*, 1677 (notaires, Pascault à Civray).

Mouillebert (Le), h. c^ne de Celle-l'Évécault. — *Moyllebert*, 1404 (gr. Gauthier, f° 53). — *Mouillebert*, 1542 (fief de Mouillebert). — Anc. fief uni à celui de la Gralière et relev. de la châtell. de Lusignan.

Mouillebet, h. c^ne de Latus. — *Montlobet*, 1408 (gr. Gauthier, f° 121). — *Moilhobet*, 1418; *Moillebec*, 1483 (fief de Beaupuy). — *Montliobet*, 1496 (fief du Cluzeau-Bonneau). — *Mont leobet*, 1506 (sergenterie fieffée de Montmorillon). — *Mouillebec*, 1583 (fief de l'Âge-de-Plaisance).

Le ruiss. de Mouillebet prend naissance à la limite des c^ves de Latus, Plaisance et Saint-Remy, et tombe dans la Gartempe en aval du m^in Moreau, c^ne de Latus.

Mouillères (Les), h. c^ne de Dangé. — *Les Moslières*, 1421 (seign. de la Fontaine, 1). — *Les Mollères, les Molières*, 1473 (duché de Châtellerault, 3). — *La Molière*, 1476 (seign. de la Fontaine, 1). — *Les Moullières*, 1628 (seign. de Poligny).

Moulière (Forêt de), domaine de l'État, s'étend sur le territ. des c^nes de la Chapelle-Moulière, Lavoux, Bignoux, Montamisé, Saint-Georges, Dissay, arr¹ de Poitiers, et Bonneuil-Matours, arr¹ de Châtellerault. Son nom lui vient des pierres meulières qu'on y exploitait. Sa contenance en 1667 était de 8,170 arpents (Réform. des forêts du Poitou, p. 266). Elle était alors en majeure partie ruinée, et il n'y restait que 301 arpents de futaie. Elle a auj. une superficie de 3,435 hectares. — *Actum in foreste quæ dicitur Molarias*, 826 (dipl. de Pepin, roi d'Aquitaine, pour l'abb. de Ste-Croix, ap. Fonteneau, t. V. p. 524). — *Moleria silva*, v. 1105 (ibid. t. XIX, p. 117). — *Silva de Moleriis*, 1126 (abb. de Montierneuf). — *Boscus de Moleves*, v. 1200 (abb. de l'Étoile). — *Nemus de la Moliere*, v. 1247 (arch. nat. J. 491). — *Forest de la Molere*, 1267 (ibid. J. 190, n° 52). — *Foresta de Molleria*, 1297 (abb. de Ste-Croix, 1). — *Forest de Molière*, 1358 (chap. de Ste-Radegonde, 109); — *de Moulière*, 1403 (gr. Gauthier, f° 6); — *de la Molière*, 1443; — *de Moullière*, 1464, 1614 (abb. de Ste-Croix, 95); — *de Moullières*, 1547 (aveu de Touffou).

Mouline, c^on de Montmorillon. — *Ecclesia Sancti Hilarii de Monisma*, 1185 (Fonteneau, t. XXIV, p. 438). — *Molisma* (pouillé de Gauthier, f° 176). — *Molisme*, 1408 (gr. Gauthier, f° 121). — *Moulime*, 1471 (maison-Dieu, 194). — *Moulisme*, 1489 (prieuré de Teil). — *Molyme*, 1491; *Moulymes*, 1537 (cure de Mouline). — *Moulismes*, 1649 (bissexte). — *Moullime*, 1680 (cure de Moulime). — *Moulimes*, 1720 (dénomb. du royaume). — *S. Hilaire de Moulime*, 1782 (pouillé).

Avant 1790 la paroisse de Moulime faisait partie de l'archiprêtré de Lussac-le-Château, de la châtellenie et de la sénéchaussée de Montmorillon, et de l'élection de Poitiers; une portion de son territoire toutefois dépendait de la sénéchaussée de la Basse-Marche. La cure était à la nomination du chapitre du Dorat.

Moulin (Le), f. c^ne de Brux.

Moulin (Le), h. c^ne de Chénéché; anc. m^in sur la Palu.

Moulin (Le), h. c^ne de Neuville.

Moulin (Le), h. c^ne de Saint-Julien-Lars.

Moulin (Le), m. r. c^ne de Saint-Remy-sur-Creuse; anc. m^in sur la Creuse.

Moulin (Le), h. c^ne de Vellèche; anc. m^in sur le ruiss. de Fontmore.

Moulin (Le Grand-), vill. et m^in sur le ruiss. des Fontaines, c^ne de Coussay-les-Bois; — 1637; *mou_* lin du Milllieu dit le grand moulin de la Vervollière, 1689 (abb. de la Merci-Dieu, 12).

MOULIN (LE GRAND-), m^{in} sur la Vonne, c^{ne} de Curzay.

MOULIN (LE GRAND-), m^{in} sur la Belle, c^{ne} de Gençay.

MOULIN (LE GRAND-), m^{in} sur le ruiss. de ce nom, c^{ne} de Lussac-le-Château. — *Les grans Moulins*, 1530 (seign. de Lussac, 1).

Le ruiss. du Grand-Moulin prend naissance près Clossat, c^{ne} de Sillars, et tombe dans la Vienne près du port de Lussac.

MOULIN (LE PETIT-), m^{in} sur le ruiss. des Fontaines, c^{ne} de Coussay-les-Bois.

MOULIN (LE PETIT-), f. anc. m^{in} sur la Dive, c^{ne} de Curçay. — *Le petit Moulyn*, 1552 (arch. de la Soc. des antiq. de l'Ouest; Loudunais).

MOULIN (LE PETIT-), m^{in} sur le ruiss. de ce nom, c^{ne} de Lussac-le-Château.

Le ruiss. du Petit-Moulin a sa source près la Roche, même c^{ne}, et se réunit au ruiss. des Grands-Moulins au-dessous de Lussac.

MOULIN (LE PETIT-), m^{in} sur un bras de la Dive et h. c^{ne} de Moncontour; — 1643 (seign. de Moncontour).

MOULIN (LE PETIT-), m^{in}, c^{ne} de Pressac; sur un ruiss. qui tombe dans le Clain, près de ce lieu.

MOULIN (LE PETIT-), m^{in} sur le ruiss. de Sazat, c^{ne} du Vigean.

MOULIN-À-PARENT (LE), m^{in} sur le Clain, c^{ne} de Poitiers. — *Alodus qui dicitur Caruas*, 990 (cart. de Bourgueil, p. 18). — *Molendinum de Charrele*, v. 1105 (Fonteneau, t. XIX, p. 116); — *de Charruhel*, 1199 (abb. de Montierneuf). — *Insulæ de Chauruia*, 1224 (ibid. 13). — *Molendinum de Charruel*, 1227 (abb. de Ste-Croix, 22). — *Exclusa Chaurelli*, v. 1250 (ms. de St-Pierre-le-Puellier à la bibl. de Poitiers). — *Charruia*, 1263 (abb. de Ste-Croix, 22). — *Charrua*, 1298 (ibid. 9). — *Charruau*, 1388 (ibid. 17). — *Charruyca*, 1402 (ibid. 22). — *Charruyau*, 1451 (Fonteneau, t. XIX, p. 536).

Le moulin de Charruyau, relevant de l'abbaye de Sainte-Croix, fut arrenté en 1529 à Guillaume Parent, bedeau de l'université de Poitiers; il fut appelé ensuite moulin à Parent : *moulins à bled de Charruyau vulgairement appellés moulins à Parent*, 1713 (abb. de Ste-Croix, 23). — Un autre moulin, contigu à celui-là, fut bâti vers 1650 dans la censive du chapitre de Saint-Pierre-le-Puellier. — On appelait Charruyau le territoire avoisinant ces deux moulins sur les deux rives du Clain; la portion qui était sur la rive droite relevait de l'abbaye de Sainte-Croix et celle qui était sur la rive gauche dépendait du Fief-le-Comte, appartenant au chapitre de Saint-Pierre-le-Puellier.

MOULIN-À-TAN (LE), auj. m^{in} à farine, sur la Vonne, c^{ne} de Lusignan.

MOULIN-À-TAN (LE), huilerie, c^{ne} d'Usson; — 1766 (rôle des tailles).

MOULIN-AU-CHAT (LE), anc. m^{in} sur la Vienne, c^{ne} de Queaux; — 1651 (cure de Queaux).

MOULIN-AU-MOINE (LE), m^{in} détruit, sur la Fontpoise, près la Coue, c^{ne} de Saint-Genest ou de Lencloître; — 1439 (terrier de Gironde, f° 91 v°); 1462 (couv. de Lencloître).

MOULIN-AU-PRIEUR (LE), sur la Charente, c^{ne} de Charroux; — 1614 (cure de St-Sulpice de Charroux). — Ce m^{in}, situé entre ceux de Rochemeaux et de Chantegrolle, n'existe plus.

MOULIN-AU-PRIEUR (LE), m^{in}, c^{ne} de l'Isle-Jourdain; — 1599 (cure de l'Isle-Jourdain). — Ce moulin, situé sur la Vienne, sous le château de l'Isle-Jourdain, était dès lors en ruine depuis plus de cent ans.

MOULIN-AU-ROI (LE), m^{in} et h. c^{ne} de Mairé. — *Le Moulin Roy*, 1674 (minimes de Châtellerault).

Le ruiss. du Moulin-au-Roi prend sa source à Montant et se jette dans la Creuse au Moulin-au-Roi. Il est aussi appelé ruiss. de Montant.

MOULIN-AU-VENT (LE), m. isolée, c^{ne} de Nieuil-l'Espoir. — *Molendinum de vento*, 1276 (abb. de la Trinité, 56). — *Molendinum ad ventum*, 1325; *le Moulin au vent*, 1473 (ibid. 46).

MOULIN-À-VENT (LE), f. c^{ne} de Châtellerault; — 1489 (cure d'Antogné).

MOULIN-À-VENT (LE), f. c^{ne} de Sérigny.

MOULIN-BEAU (LE), m^{in} sur la Vienne, c^{ne} de Gouex. — *Le Moulin Ybault*, 1530 (seign. de Lussac, 1). — *Le Moulin Imbault*, 1578 (cure de Gouex); 1751 (seign. de Gouex).

MOULIN-BEAU (LE), m^{in} sur la Vienne, c^{ne} de l'Isle-Jourdain; détaché de la c^{ne} de Millac le 8 mars 1839. — *Les Moullins Botz*, 1599; *le Moulin Bost*, 1671; *le Moulin Bot*, 1776 (cure de l'Isle-Jourdain).

MOULIN-BOIS, m^{in} sur le Clain, c^{ne} de Sommières. — *Moulin de Boet*, 1403 (gr. Gauthier, f° 248 v°). — *Moulin de Bertinère appellé Moulin Bois*, 1403 (ibid. f° 250 v°). — *Le Moulin Bois*, 1653 (seign. de la Bertinière).

MOULIN-BOUIN (LE), h. et m^{in} détruit, sur la Vienne, c^{ne} de Saint-Martin-la-Rivière; — 1594 (prieuré du Teil-aux-Moines).

MOULIN-BOURGEOIS (LE), m^{in} sur la Dive, c^{ne} de Salles-en-Toulon. — *Le Moulin Borgeoix*, 1465 (fam.

Taveau). — *Le Moullin Bourgeoys*, 1512 (chap. de Mortemer, 3).

Moulin-Brault (Le), m^{in} sur la Vienne et h. c^{ne} de Saint-Martin-la-Rivière. — *Le Moulin Beraud*, 1458 (chap. de Chauvigny, 7). — *Le Moulin Berauld*, 1546 (seign. de St-Martin-la-Rivière, 1). — *Le Moulin Brault*, 1675 (seign. de la Chaise-outre-Vienne).

Moulin-Brûlé (Le), m^{in} sur l'Auzance, c^{ne} de Chiré-en-Montreuil.

Moulin-Carbon (Le), m^{in} sur le ruiss. de Villedon, c^{ne} d'Asnières.

Moulin-Chapron (Le), m^{in} sur la Palu, c^{nes} de Jaunay et Vendeuvre. — *Le Molin Chapperon*, 1515 (seign. de Bonnivet). — *Moullin Chappron*, 1659 (seign. de Chincé).

Moulin-Charais (Le), m. r. anc. m^{in} sur la Dive, c^{ne} de Mazeuil; — 1598 (com^{rie} de St-Georges, 27).

Moulin-Chauvet (Le), m^{in} sur la Vienne, c^{ne} de Moussac-sur-Vienne. — *Le Moulin Chaulvet*, 1561 (prieuré de St-Paixent).

Moulin-Colas (Le), h. c^{ne} de Montmorillon. — *Le Moullin au Roy vulgairement appellé le Moullin à Collas*, 1669 (chap. de Montmorillon, 1). — Ce moulin, sur la Gartempe, n'existe plus.

Moulin-Colon (Le), m. r. c^{ne} de Chouppes. — *Le Moulin Coullon*, 1559 (prieuré de St-Jean de Mirebeau, 5).

Moulin-Cordier (Le), m^{in} sur la Vienne, c^{ne} d'Availle-Limousine.

Moulin-d'Asnières (Le), m^{in} sur le ruiss. de Villedon et vill. c^{ne} d'Asnières.

Moulin-Daudin (Le), m. r. anc. m^{in} sur l'Auzance, c^{ne} d'Ayron. — *Le Moulin à Daudin*, 1715 (abb. du Pin, 25).

Moulin-de-Pindray (Le), h. c^{ne} de Pindray; — anc. m^{in} sur le ruiss. des Grenouillets.

Moulin-des-Nonnains (Le), m^{in} sur la Vienne, c^{ne} de Saint-Martial. — *Les Molins aus Nonnayns*, 1310 (Gauthier, f° 185). — *Le Moulin aux Dames*, 1482 (couv. de la Puye, 7); — appart. autref. aux religieuses de la Puye.

Moulin-des-Dames (Le), m^{in} sur la Gartempe et h. c^{ne} de Saugé.

Moulin-des-Dames (Le), m^{in} sur le ruiss. des Roches-Prémary, c^{ne} de Smarve. — *Les Moulins de Smarve*, 1543 (abb. de la Trinité, 84). — *Le Moulin aux Dames*, 1547 (ibid. 76). — *Le Moullin à la Dame*, 1694 (ibid. 75). — Anc. m^{in} banal de la seign. de Smarve, appart. aux religieuses de la Trinité de Poitiers.

Moulin-du-Bois (Le), m^{in} sur la Palu, c^{ne} de Marigny-Brizay, et f. c^{ne} de Dissay. — *Molendinum de Bosco?* 1106-1109 (Clypeus nasc. Fontebrald. ord. t. II, p. 241). — *Moulin du Bois*, 1739 (rôle des tailles).

Moulin-du-Pré (Le), m^{in} sur l'Auzance, c^{ne} de Migné; — 1404 (gr. Gauthier, f° 23).

Moulin-du-Roi (Le), m^{in} sur la Boivre, c^{ne} de Montreuil-Bonnin. — *Le Moulin du Roy*, 1404 (gr. Gauthier, f° 71). — *Les Moulins le Roy*, 1456 (abb. du Pin, reg. 1, p. 13).

Moulin-du-Tan (Le), m^{in} à farine, sur la Boivre, c^{ne} de la Chapelle-Montreuil. — *Le Moulin de Batitan*, 1403 (gr. Gauthier, f° 70 v°); — *de Batitan*, 1464 (abb. de St-Cyprien, 13). — *Le Moulin à Tan*, 1464; *le Moulin du Than*, 1504 (abb. de Montierneuf, 84); — *du Temps*, 1720 (rôle des tailles). — Anc. propriété du prieuré de la Chapelle-Montreuil.

Moulin-du-Tan (Le), m^{in} à farine, sur la Charente, c^{ne} de Savigné; — 1680 (notaires, Pascault à Civray).

Moulinet, m^{in} sur l'Auzance et vill. c^{ne} de Migné. — *Molendinulum in flumine Ausantie*, v. 1090 (cart. de St-Cyprien, p. 47). — *Molinet*, 1276 (chap. de St-Hilaire, 83). — *Molinetum*, 1329 (abb. de Ste-Croix, 96). — *Moulinet*, 1375 (abb. de Montierneuf, 48).

Moulin-Fargant (Le), m^{in} sur le Clain, c^{ne} de Pressac. — *Le Moulin Fregand*, 1493; *le Moulin Fargant*, 1751 (seign. d'Availle).

Moulin-Font (Le), m^{in} sur le ruiss. de Batreau, c^{ne} d'Ingrande; — 1545 (cure d'Ingrande).

Moulin-Garnier (Le), vill. et m^{in} sur la Rune, c^{ne} de Marçay. — *Molin Garnier*, 1489 (livre de recette de Vivonne, f° 163 v°).

Moulin-Gilet (Le), m^{in} sur le ruiss. du Coucin, c^{ne} des Trois-Moutiers. — *Le Moullin Gillet*, 1620 (collège de Poitiers, 55).

Moulin-Guillot (Le), m^{in} sur le Négron et h. c^{ne} de Sammarçolle. — *Le Moulin de Cous*, 1457 (com^{rie} de Loudun, 19). — *Le Moulin Guillot alias de Cous*, 1508 (cure de Basses); — *alias de Coux*, 1589 (cure de Sammarçolle).

Moulin-Jacquelin (Le), m^{in} sur la Dive, c^{ne} de Salles-en-Toulon. — *Le Moulin Jaquollin*, 1560 (arch. de la Soc. des antiq. de l'Ouest; Mortemer). — *Le Moulin Jacquelin*, 1620 (chap. de Mortemer, 3).

Moulin-Jaulin (Le), m. r. c^{ne} de Nieuil-l'Espoir. — *Le Moulin Jaulain*, 1545 (fam. Piorry). — *Le Moulin à Jouslain*, 1550 (abb. de la Trinité, 46). — *Le Moulin à Jollin* (Cassini). — Anc. propriété du prieuré de la Vayolle. Le m^{in}, sur le Miosson, n'existe plus depuis longtemps.

Moulin-Milon (Le), m^{in} sur la Vienne et vill. c^{ne} de Saint-Pierre-des-Églises. — *Le Moulin à Millon*, 1604 (évêché, 8).

Moulin-Minot (Le), m^{in} sur la Charente et vill. c^{ne} de Saint-Pierre-d'Exideuil. — *Le Moulin Mynot*, 1556 (fam. Jousserant, 3). — *Le Moullin Minot*, 1632 (cure de Civray).

Moulin-Moreau (Le), m^{in} sur la Gartempe, c^{ne} de Latus. — *Moulin de Moriat*, 1663 (seign. de Lussac-le-Château, 2). — *Moulin Moreau*, 1775 (rôle des tailles).

Moulin-Neuf (Le), m^{in} sur le Négron, c^{ne} de Beuxe.

Moulin-Neuf (Le), m^{in} sur la Vienne, c^{ne} de Bonnes; — 1682 (seign. du Teil).

Moulin-Neuf (Le), m^{in} sur la Briande, c^{ne} de Chalais; — 1440 (com^{rie} de Loudun, 26).

Moulin-Neuf (Le), m^{in} sur la Vandelogne, à Chalandray.

Moulin-Neuf (Le), m^{in} sur le Clain, c^{ne} de Champagné-Saint-Hilaire. — *Molendinum novum*, 1257 (chap. de St-Hilaire, 242). — *Moulin neuf*, 1395 (abb. de Moreaux). — Anc. fief appart. à l'abbaye de Moreaux et relev. de l'abbaye de Valence (Fonteneau, t. LXXXI, p. 223).

Moulin-Neuf (Le), m^{in} sur l'Envigne et h. c^{ne} de Châtellerault. — *Molin de Baesse appellé le Molin neuf*, 1325 (chap. de Châtellerault, 9). — *Moulins neufz*, 1438 (com^{rie} d'Auzon, 9). — *Le Moulin neuf*, 1481 (duché de Châtellerault, 1).

Moulin-Neuf (Le), m^{in} sur la Charente, à Civray; — 1662 (notaires, Pascault à Civray).

Moulin-Neuf (Le), m^{in} sur le Saleron, c^{ne} d'Hains; — 1541 (maison-Dieu, 103).

Moulin-Neuf (Le), m^{in} sur la Vonne, c^{ne} de Jazeneuil; — 1604 (fief de Mauprié).

Moulin-Neuf (Le), m^{in} sur l'Auzance, c^{ne} de Latillé; — 1775 (rôle des tailles).

Moulin-Neuf (Le), m^{in} sur le Palais, c^{ne} de Marçay; — 1761 (rôle des tailles).

Moulin-Neuf (Le), m^{in} sur l'Auzance et h. c^{ne} de Migné; — 1775 (rôle des tailles).

Moulin-Neuf (Le), m^{in} sur la Boivre, c^{ne} de Montreuil-Bonnin; — 1403 (gr. Gauthier, f° 70 v°).

Moulin-Neuf (Le), m^{in} sur le ruiss. d'Oiré, c^{ne} d'Oiré; — 1604 (cure d'Oiré).

Moulin-Neuf (Le), m^{in} sur la Vienne, c^{ne} de Queaux.

Moulin-Neuf (Le), m^{in} sur l'Envigne et h. c^{ne} de Saint-Genest; — 1425 (duché de Châtellerault, 3). — Une maison de ce hameau, située sur la rive droite de l'Envigne, est sur le territ. de Lencloître.

Moulin-Neuf (Le), m^{in} sur la Dive et h. c^{ne} de Salles-en-Toulon; — 1685 (fief de Mortemer).

Moulin-Neuf (Le), m^{in} détruit, sur le ruiss. d'Artige, c^{ne} de Sillars; — 1766 (rôle des tailles).

Moulin-Neuf (Le), m^{in} sur la Benaise, c^{ne} de la Trimouille; — 1687 (maison-Dieu, 141).

Moulin-Neuf (Le), h. c^{ne} d'Usson; — 1498 (fief de la Guéronnière). — Anc. m^{in} sur la Clouère.

Moulin-Neuf (Le), m^{in} à vent, c^{ne} de Veniers; — xviie s^e (ms. Trincant).

Moulin-Neuf (Le), m^{in} sur la Dive, c^{ne} du Verger-sur-Dive; — 1493 (cure de Ste-Radegonde-de-Marconnay).

Moulin-Nouet (Le), m^{in} détruit, sur le ruiss. de Servon, c^{ne} de Pouzioux; — 1576 (maison-Dieu, 163). — *Le Moulin Nouhet*, 1623 (seign. de la Chaise-outre-Vienne). — Ce moulin, encore mentionné en 1778, était situé au-dessous du moulin du Ry.

Moulin-Patron (Le), m^{in} sur le Martiel, c^{ne} de Loudun; — 1588 (abb. de Fontevrault, 1).

Moulin-Pocheau (Le), sablière, anc. m^{in} à vent, c^{ne} d'Amberre; — 1462 (chap. de St-Hilaire, 325).

Moulin-Quenet (Le), m^{in} sur le Sentinet et vill. c^{ne} de Cernay; — 1627 (prieuré de Cernay).

Moulin-Renault (Le), m^{in} sur la Briande et h. c^{ne} de Saire; — 1559 (prieuré du Bouchet, 1).

Moulin-Renault (Le), m^{in} sur le Martiel, c^{ne} de Veniers; — 1431; *le Moulin Regnault*, 1561 (com^{rie} de Loudun, 16).

Moulin-Robert (Le), m^{in} sur la Fontpoise, c^{ne} de Lencloître. — *Molendinum Ratbert, — Raberti*, 1100-1108 (gr. cart. de Fontevrault, 391 et 894). — *Le Moulin de Robert*, 1439 (terrier de Gironde, f° 80).

Moulins, f. c^{ne} de Bournan; anc. com^{rie} de l'ordre du Temple, puis de l'ordre de Malte, unie à celle de Loudun au commencement du xviie s^e. — *Paganus de Molendinis ?* 1115-1149 (cart. de Fontevrault, 757). — *Le temple de Moulins*, 1380 (com^{rie} de Loudun, 24). — *Preceptor de Molendino*, 1383 (taux du décime, p. 10). — *L'ospital de Molins*, 1397; — *de Moulins*, 1405 (com^{rie} de Loudun, 16).

Moulins, chât. et ff. c^{ne} de Sèvre. — *Hug. de Molins*, 1385 (cart. de la Trinité, f° 56). — *Moulins*, 1522 (fam. Fumée).

Moulins, m^{in} sur le Clain et vill. c^{ne} de Smarve. — *Molini*, 962 (Fonteneau, t. XXVII, p. 23). — *Gaufredus de Molins*, 1158 (abb. de la Trinité). — *Moulins*, 1337 (arch. de Poitiers, 12). — Anc. fief appart. à l'abbaye de la Trinité de Poitiers; autre fief appart. au chapitre de Saint-Pierre-le-Puellier et relev. du précédent.

Moulins (Les), m^{in} sur le ruiss. de Mazerolles, c^{ne} de

Mazerolles; — 1490 (abb. de Nouaillé, 20). — *Moulin du Ruisseau*, 1640 (*ibid.* 41).

MOULINS (LES), f. c^{ne} de Savigny-sous-Faye.

MOULINS (LES GRANDS-), m^{in} sur la Vienne, c^{ne} d'Availle-Limousine.

MOULINS (LES GRANDS-), m^{in} sur la Gartempe, c^{ne} de Montmorillon. — *Les grans Molins*, 1420 (maison-Dieu, 56). — *Les grans Moulins de Montmorillon*, 1547 (fief de la Jautrudon).

MOULINS (LES GRANDS-), m^{ins} sur le ruiss. de Crochet, c^{ne} de Queaux. — *Moulins banniers de Puycessault*, 1535; *les grans mollins de la Messellière appellés les grans mollins de Puycessaud*, 1566 (seign. de Ressonneau, 1). — *Les grands Moullins*, 1650 (*ibid.* 3).

MOULINS-AU-ROI (LES), sur la Gartempe, à Montmorillon. — *Molendina regia*, 1381; *moulins du Roy situés soubz les pontz*, 1538; *les moullins au Roy*, 1576 (maison-Dieu, 65). — Ces moulins n'existent plus. Une rue est encore appelée rue du Moulin-au-Roi. On donnait aussi le même nom au moulin Colas, situé plus bas, sur l'autre rive de la Gartempe.

MOULINS-DE-BASLOU (LES), m. r. c^{ne} de Dercé.

MOULINS-DE-CHOUPPES (LES), m^{ins} à vent, c^{ne} de Chouppes.

MOULIN-VIEIL (LE), m^{in} détruit, en amont du m^{in} du Gué, c^{ne} d'Antran; — 1576, 1628 (fam. de Gain); 1673 (aveu de la Motte d'Usseau, p. 58).

MOULIN-VIEUX (LE), m^{in} sur l'Auzance, c^{ne} de Migné. — *Molendinum vetus*, 1277 (abb. de Montierneuf, 65). — *Le Molin vieil*, 1340 (*ibid.* 60). — *Le moulin vieux de Salvert*, 1775 (rôle des tailles).

MOULIN-VIEUX (LE), m^{in} sur le Clain, c^{ne} de Romagne. — *Molendinum vetus*, 1257 (chap. de St-Hilaire, 242). — *Le Moulin veilh*, 1533 (*ibid.* 245). — *Le Moulin vieil*, 1551 (seign. du Parc et de Boisvert). — *Le Moulin vieux*, 1775 (rôle des tailles).

MOULIN-VIEUX (LE), m^{in} sur la Dive, c^{ne} du Verger-sur-Dive. — *Le Moulin vieil*, 1483 (cure de Ste-Radegonde-de-Marconnay).

MOULISME. Voy. MOULIME.

MOURALIÈRE (LA), c^{ne} de Saint-Maurice; anc. fief relev. de la vic. de Gençay. — *La Morelère, tousche et bois*, 1404 (gr. Gauthier, f° 88). — *La Mourallière*, 1580 (fief de Gençay).

MOURAUDRIE (LA), f. c^{ne} de Dissay.

MOURILLÈRE (LA), f. c^{ne} de Dangé. — *La Morelière*, 1476 (seign. de la Fontaine, 1). — *La Morellière*, 1686 (fief de la dîme de Piolant).

MOURY, h. c^{ne} de Châtellerault. — *Morri in parrochia de Naintre*, 1225 (Fonteneau, t. XXII, p. 99). — *Morry*, 1477 (duché de Châtellerault, 8).—*Moury*, 1547 (seign. de Montoiron).

MOURY, f. c^{ne} de Dangé. — *Silva de Molri*, v. 1131° (cart. de Noyers, p. 505). — *Boscus de Morri*, v. 1140 (*ibid.* p. 551). — *Morry*, 1431 (duché de Châtellerault, 3). — *Mourry*, 1476 (seign. de la Fontaine, 1).

MOUSELIÈRE (LA), h. c^{ne} de Dissay. — *La Mauzellière*, 1650 (chap. de Notre-Dame-la-Grande, 67). — *La Mozelière* (Cassini).

MOUSSAC, f. c^{ne} de Saint-Romain. — *Mocac*, v. 1172 (Fonteneau, t. XVIII, p. 429). — *Moussac*, 1403 (gr. Gauthier, f° 248 v°).

MOUSSAC-SUR-GARTEMPE, h. c^{ne} de Montmorillon; anc. c^{ne} réunie à celle-là le 1er mai 1822. — *Ecclesia Sancti Martini de Monzac*, 1097 (bulle d'Urbain II pour St-Martial de Limoges, ap. Baluz. Miscell. t. VI, p. 388). — *Parochia de Monsac, Moncac*, XIIe s^e (maison-Dieu, cart.). — *Monciacum*, 1260 (Hommages d'Alphonse, p. 112). — *Monsac*, 1403 (gr. Gauthier, f° 102). — *Mousac sur Gartempe*, 1494; *paroisse de Saint Martin de Moussac*, 1583 (fief de l'Age-de-Plaisance). — *Moussac sur Gartempe*, 1720 (chap. de Montmorillon, 3).

L'église de Moussac-sur-Gartempe, annexe de Saint-Martial de Montmorillon, n'est mentionnée dans aucun pouillé du diocèse; néanmoins, dans l'ordre civil, ce lieu était au nombre des paroisses qui composaient l'élection de Poitiers.

MOUSSAC-SUR-VIENNE, c^{ne} de l'Isle-Jourdain. — *Moncac* (pouillé de Gauthier, f° 175 v°). — *Moussac*, 1383 (taux du décime, p. 62). — *Moussac sur Vienne*, 1449 (seign. de Lussac-le-Château). — *Monsac*, 1479 (compte de J. Bourdin). — *S. Martin de Moussac-sur-Vienne*, 1782 (pouillé).

Avant 1790 la paroisse de Moussac-sur-Vienne faisait partie de l'archiprêtré de Lussac-le-Château, de la baronnie de Calais au ressort de la sénéchaussée du Dorat (Haute-Vienne), et de l'élection de Poitiers. Le curé de Moussac était archiprêtre de Lussac, à la nomination de l'évêque de Poitiers.

MOUSSANDREAU, f. c^{ne} de Martaizé. — *Monsalendraut*, 1386; *Monsalandraut*, 1435; *Montsalandrault*, 1437 (abb. du Pin, 37, 38 et 39). — *Mousselandrault*, 1457 (chap. cathédral, 88); 1766 (abb. du Pin, 38). — *Monselandrault*, 1637 (abb. du Pin, 39). — *Mouslandrault*, 1647 (*ibid.* 37). — Anc. fief appart. à l'abbaye du Pin et relev. de la bar. de Baussay. — Il y avait en ce lieu une chapelle sous l'invocation de saint Côme et saint Damien.

MOUSSAY, h. c^{ne} de Vouneuil-sur-Vienne; anc. c^{ne} dont une partie, la section de Moussay, a été réunie à la c^{ne} de Vouneuil-sur-Vienne, et l'autre partie, la section de Baudiment, à celle de Beaumont, le

20 avril 1820. — *Musciacus*, 673 (charta S. Bercharii, ap. Pardessus, Diplomata, chartæ, etc. t. II, p. 159). — *Mulciacus*, 942 (ch. de S¹-Hilaire, t. I, p. 24). — *Moussay*, 1438 (com^rie d'Auzon, 9). — *Moucay*, 1451 (seign. de Montcouard). — *Moussay et Baudement*, 1479 (compte de J. Bourdin). — *S.˜Hilaire de Moussais et Ste-Marie-Magdeleine de Baudiment son annexe*, 1782 (pouillé). — *Moussay-la-Magdeleine*, 1807 (annuaire).

Ce lieu est quelquefois appelé Moussay-la-Bataille, en souvenir, dit-on, de la bataille dans laquelle Charles Martel défit les Sarrasins. Une ferme voisine est appelée la Bataille.

C'est Baudiment et non Moussay qui est nommé parmi les cures de l'archiprêtré de Châtellerault dans les anciens pouillés du diocèse de Poitiers; aux derniers siècles, c'est Moussay qui figure dans les listes des paroisses de l'élection de Châtellerault. Voy. BAUDIMENT.

MOUSSEAUX, vill. c^ne des Ormes. — *In villa quæ vocatur Moncell., in pago Turonico, in vicaria Ygrandinse*, v. 985 (cart. de St-Cyprien, p. 185). — *Stephanus de Moncellis*, v. 1080 (cart. de Noyers, p. 93). — *Andreas de Moncels*, v. 1081 (ibid. p. 107). — *Monceaux*, 1444 (duché de Châtellerault, 1). — *Mousseaux*, 1455 (abb. de St-Cyprien, 21). — *Monceaulx*, 1466 (ibid. 24). — *Maison noble et forteresse de Mousseaux au lieu anciennement appellé la Renaudière*, 1727 (fief de Mousseaux). — Anc. fief et haute justice relev. du duché de Châtellerault.

MOUSSEAUX, vill. c^ne de la Roche-Posay. — *Monceaus*, 1211; *terra de Moncellis*, *Monciaus*, 1218 (cart. de la Merci-Dieu, 115, 116 et 117). — *Monceis*, 1222 (ibid. 17). — *Monseaux*, 1391 (abb. de la Merci-Dieu, 4). — *Mousseaux*, 1408 (ibid. 5). — *Monceaulx*, 1447 (seign. de la Roche-Posay, 1).

MOUSSEAUX, h. et m^in sur la Clouère, c^ne de Saint-Secondin. — *Moulin de Monsaut*, 1396 (gr. Gauthier, f° 210). — *Monceaux*, 1404 (ibid. f° 200 v°). — *Monceaulx*, 1479 (seign. de la Boutinelière). — *Mousseaux*, 1643 (fief de Mousseaux). — Anc. fief relev. du comté de Civray.

MOUSSEL, m. de garde dans la forêt de Moulière, c^ne de la Chapelle-Moulière.

MOUSSELLERIE (LA), f. près Pilloné, c^ne de Chiré-en-Montreuil. — *La Maoucelère, la Mahoucelère*, 1404 (gr. Gauthier, f° 75). — *La Moussellerie*, 1644 (aveu de Chiré, f° 7 v°).

MOUSSELLERIE (LA), lieu détruit, près Mazière, c^ne de Saint-Remy-sur-Creuse. — *La Moussellerye*, 1652 (duché de Châtellerault, 3).

MOUSSIE, m. isolée, c^ne de Saint-Georges.

MOUSSU, f. c^ne de Marnay; — 1625 (titres de Château-Larcher).

MOUTARDON, f. c^ne d'Anois. — *Manssus de Montardo*, 1279 (abb. de Charroux).

MOUTERRE, c^on de l'Isle-Jourdain. — *Moutier* (pouillé de Gauthier, f° 175 v°). — *Monter*, 1383 (taux du décime, p. 62). — *Moustier*, 1449 (seign. de l'Isle-Jourdain). — *Rector de Monasterio*, 1478 (reg. synodal); — *de Monasteriis*, 1520 (bissexte). — *Mouster*, 1538 (seign. de Ressonneau, 2). — *Le Moustier*, 1596 (aides et équivalents, p. 30). — *S. Pierre et S. Paul de Mouter*, 1782 (pouillé). — *Mouterre*, 1841 (nomencl.).

Avant 1790 la paroisse de Mouterre faisait partie de l'archiprêtré de Lussac-le-Château, de la baronnie de Calais au ressort de la sénéchaussée du Dorat (Haute-Vienne), et de l'élection de Poitiers. La cure était à la nomination du prieur de Saint-Paixent.

MOUTERRE-SILLY, c^on de Loudun. — *Apud Monasterium Sille* (*Philippus episcopus Pictavensis*) *corpus S. Maximini episcopi.., a terra levavit* (chron. Turon. anno 1226, ap. Bouquet, t. XVIII, p. 17; voy. Origines de l'église de Poitiers, par D. Chamard, p. 121). — *Morterssille*, 1239 (cure d'Aunay). — *Ecclesia de Monasteriis Sille*, 1287; *parochia do Monasterio Silhe*, 1304 (abb. de Fontaine-le-Comte, 28). — *Mouster Seillé*, 1358 (chap. de Ste-Croix de Loudun, 6). — *Mouter Silhé*, 1383 (taux du décime, p. 147). — *Moustersillé*, 1389 (abb. de Fontevrault, 1). — *Saint Mesmes de Moutersillé*, 1462 (chap. de Ste-Croix de Loudun, 6). — *Moutersilly*, 1513 (chap. cathédral, 81). — *Saint-Maximin de Mouterre-Silly*, 1769 (cure de Mouterre-Silly).

Cette localité a pris son nom du monastère bâti sur la sépulture de saint Maximin, archevêque de Trèves, dans la terre de Silly appartenant à sa famille. Silly est auj. un village de plus de 50 maisons, situé à 1,100 mètres sud-est de Mouterre.

Avant 1790 la paroisse de Mouterre-Silly faisait partie de l'archiprêtré, de la châtellenie, du bailliage et de l'élection de Loudun. La cure était à la nomination du chapitre cathédral de Poitiers.

MOUTET (LE), f. c^ne de Jouet.

MOUTONNERIE (LA), h. c^ne de Saint-Pierre-des-Églises.

MOUZAN, m^in sur la Clouère, c^ne de Saint-Maurice. — *Molendinum de Mouzent prope Motam*, 1312 (arch. de Poitiers, 14). — *Mosant, Mozant*, 1345 (fief de la Maingre). — *Moulin de Mouzant*, 1404 (gr. Gauthier, f° 86). — *Moulin de Monzay*, 1498 (fief de la Baumière); — *de Moizans*, 1561 (fief

de la Tour de S¹-Secondin). — *Mouzan*, 1710 (rôle des tailles).
Moye (La), h. cⁿᵉ de Ceaux, cᵒⁿ de Loudun. — *La Maye*, 1642 (com^rie de Loudun, 29). — Le fief de la Maye, dép. du prieuré de Ceaux, relevait du château de Loudun.
Mules (Chemin des), de Châtain à Melle par Genouillé, Saint-Gaudent, Comporté et Sauzé-Vaussay.

Mur (Le), f. cⁿᵉ de Moussac-sur-Vienne. — *Village du Mur*, 1481 (prieuré du Grand-Chaume); — *des Murs*, 1483 (fief de Beaupuy).
Murault (Le), m. r. cⁿᵉ de Lusignan. — *Les Muraulx, le Murault*, 1542 (hommages de Lusignan). — *Les Mureaux*, 1666 (Fonteneau, t. XLIII, p. 893). — Anc. fief relev. de Curzay.
Murier (Le), h. cⁿᵉ de Montoiron.

N

Nableron (Le), ruiss. Voy. Raulane (La).
Nadaudrie (La), h. cⁿᵉ de Jazeneuil; — 1669 (fief de la Bernardière).
Naillac, terres et bois, cⁿᵒˢ de Brigueil-le-Chantre et Thollet; anc. fief relev. de la bar. de Montmorillon; — 1498 (fief de Naillac). — Ce lieu n'est plus connu.
Naillé, m. détruite, près les Michalières, cⁿᵉ d'Archigny. — *Hostel de Naillé*; — *du Brucilh de Naillé*, 1429; *fresche de Michallière et Naillé*, 1712 (seign. de Montoiron, 1).
Naintré, cᵒⁿ de Châtellerault. — *Villa de Nintrinco secus fluvium Clinnum*, 868 (dipl. de Charles le Chauve, ap. Bouquet, t. VIII, p. 610). — *Ecclesia de Naintrec*, v. 1088 (cart. de S¹-Cyprien, p. 182); — *de Neentrec*, 1097-1100 (*ibid.* p. 13). — *Ecclesia Nantriaci*, v. 1130 (Martène, Ampliss. collectio, t. I, col. 703). — *Parrochia de Neintre*, 1157-1175 (Bibl. de l'école des chartes, t. IV, p. 172). — *Naintré*, 1225 (Fonteneau, t. XXII, p. 99). — *Prior de Nentreyo* (pouillé de Gauthier, f° 131 v°). — *Nentré*, 1321 (abb. de Fontaine-le-Comte, 4). — *Nantré*, 1383 (taux du décime, p. 58). — *Neytré*, 1429 (chap. de Notre-Dame-la-Grande, 43). — *Netré*, 1429 (fam. Gillier). — *Naytré*, 1447 (abb. de Nouaillé, 60). — *SS. Vincent et Germain de Nintré*, 1779 (almanach provincial); — *de Naintré*, 1782 (pouillé).
Avant 1790 cette commune faisait partie de l'archiprêtré, du duché, de la sénéchaussée et de l'élection de Châtellerault. Le prieuré et la cure de Naintré dépendaient de l'abbaye de Saint-Germain-des-Prés de Paris.
Le territoire de cette commune, autref. très étendu, a subi plusieurs démembrements au profit de celles de Châtellerault, Thuré, Colombiers et Cenon. Le château et la chapelle de Saint-Jean-l'Évangéliste, qui furent l'origine du faubourg de Châteauneuf de Châtellerault, furent bâtis par Hugues II, vicomte de Châtellerault, dans la paroisse de Naintré, 1157-1175.
Naintrés (Les), h. et les Petits-Naintrés, h. cⁿᵉ de Thuré.
Nalière (La), f. cⁿᵉ de Béruges. — *La Naslère, arbergement qui jadis fut ou Nasleas*, 1398 (seign. de Béruges). — *La Naslière*, 1453 (abb. du Pin, 4).
Nalin, h. cⁿᵉ de Vivonne. — *Via vel calciata de Nallent*, v. 1105 (cart. de S¹-Cyprien, p. 68). — *Narlent*, 1489 (livre de recette de Vivonne, f° 40). — *Narlant, Nerland*, 1586 (chap. de S¹-Hilaire, 482). — *Nallins*, 1728 (fam. Regnier). — *Nalin*, 1754 (carmes de Vivonne).
Nalliers, cᵒⁿ de Saint-Savin. — *Ecclesia Sancti Ylarii de Naler*, 1093 (abb. de S¹-Savin, 1). — *Nalers* (pouillé de Gauthier, f° 176 v°). — *Nalhac*, 1309 (Gauthier, f° 198). — *Nalier*, 1451 (abb. de S¹-Savin, 33). — *Naslier*, 1478 (reg. synodal). — *Nallier*, 1571 (abb. de S¹-Savin, 33). — *Nallier en Serluc*, 1597 (fief de la Caillotrie). — *Nalliers*, 1649 (bissexte).
Avant 1790 cette commune faisait partie de l'archiprêtré et de la sénéchaussée de Montmorillon, de la châtellenie de Saint-Savin et de l'élection du Blanc (Indre). L'église de Saint-Hilaire de Nalliers fut donnée en 1093 par Pierre II, évêque de Poitiers, à l'abbaye de Saint-Savin. Au dernier siècle, c'était le seigneur du lieu qui présentait à la cure (pouillé de 1782, p. 151). — Le fief et haute justice de Nalliers relevait de l'abbaye de Saint-Savin; le château est séparé du bourg par la Gartempe. Il y avait en 1488 une forge à fer à Nalliers (seign. du Ry).
Namboiron, f. cⁿᵉ d'Ingrande. — *Amboiron* (Cassini). — *Lamboiron*, 1841 (nomencl.).
Nambon, h. cⁿᵉ du Port-de-Piles; — 1446 (duché de Châtellerault, 5).
Nansand (Bois de), cⁿᵉ de Gizay; contenait 100 arpents en 1796.

NANTEUIL, vill. cne de Migné. — *Nantolium super flumen Ausantie*, v. 1085 (cart de St-Cyprien, p. 278). — *Nantueilh*, 1404 (gr. Gauthier, f° 23 v°). — *Nantueil*, 1410 (*ibid.* f° 29 v°). — *Nanteil*, 1565; *Nanteuil*, 1665 (fief de Nanteuil). — Anc. fief relev. de la tour de Maubergeon.

NANTILLÉ, vill. cne de Linazay. — *Nantilhé*, 1562 (fief du Magnou). — *Nantillé*, 1581 (fief de la Bigeonnerie). — *Nentillé*, 1667 (notaires, Pascault à Civray).

NANTILLY, vill. cne de Chouppes. — *Gaufredus de Lentilleio*, 1115 (cart. de Fontevrault, n° 848). — *Lantillé*, 1309 (Les Olim, t. III, p. 428). — *Nantilly*, 1383 (chap. de Mirebeau, 11). — *La tour de Lentillé*, 1494 (prévôté de Blâlay, 2). — *Nantillé*, 1543 (com{rie} de Loudun, 32). — *Lantilly*, 1553 (chap. de Mirebeau, 17). — Anc. seign. appart. à la com{rie} de Loudun. La tour de Nantilly relevait de Ry.

NANVILLE, f. cne de Saint-Laon. — *L'Enville* (Cassini).

NARBONNE, m. à Amberre, appart. autref. à l'abbaye de la Trinité de Poitiers. — *Nerbonne*, 1497 (abb. de la Trinité, 90). — *Narbonne*, 1676 (*ibid.* 88).

NARBONNE, m. à Montcouard, cne de Beaumont. — *Philippus de Narbone, dominus de Montcoart*, 1258 (chap. de Notre-Dame-la-Grande, 26). — *Hostel de Nerbonne*, 1407 (*ibid.* 41).

NARBONNE, h. cne d'Ingrande.

NARBONNE, f. détruite, près la Gazilière, cne de Saint-Genest. — *Nerbonne*, 1384 (seign. de Puygarreau, 3); 1439 (terrier de Gironde, f° 56).

NARBONNE (LA GRANDE et LA PETITE-), ff. cne de Senillé. — *Aimericus de Nerbona*, v. 1157 (Fonteneau, t. LXXII, p. 703). — *Nerbonne*, 1429 (seign. de Montoiron, 1). — Anc. fief relev. de la bar. de Montoiron.

NARDANNE, h. cne de Loudun. — *Hostel d'Ardenne*, 1419; *d'Ardanne*, 1420 (collège de Poitiers, 44). — *Nardanne*, 1562; *Nardanes*, 1622 (com{rie} de Loudun, 13).

NARDENNE, h. cne de Rouillé. — *Ardaynne*, 1476 (chap. de St-Hilaire, 81). — *Nardenne*, 1610 (fief de la Virlaine). — *Nardaine* (Cassini).

NASSÉ, h. cne de Leugny. — *Assay*, 1662; *Assé*, 1675 (cure de Leugny). — *Nassay*, 1754 (terrier de la Groye, p. 175).

NAUBUSSON, m{in} sur la Belle, cne de Magné. — *Molendinum de Maubucan*, 1334 (chap. de St-Hilaire, 439). — *Moulin de Nabusson*, 1404 (gr. Gauthier, f° 87); *— de Naubusson*, 1461 (chap. de Saint-Hilaire, 439). — *Naubussan*, 1480 (fief de Magné). — *Naubisson* (Cassini).

NAUDINS (LES), h. cne de Sossay. — *Cheux les Naudins*, 1604 (seign. de Puygarreau, 8).

NAUDONIÈRE (LA), lieu détruit, cne de Saint-Saviol. — *La Nauldonnerie, froustiz, jadiz maison, tenant au chemin ancien qui descend de la croix Bardon au molin de Roches soubz les Poyriers*, 1473; *village de la Naudonyère*, 1563 (fam. Jousserant, 1).

NAUDONS (LES), h. cne d'Antigny.

NAUDS (LES), h. cne d'Availle.

NAULETIÈRE (LA), lieu auj. inconnu, cne de Pouillé. — *Domus Johannis Nauleti*, 1362 (cart. de la Trinité, f° 124). — *La Nauletère*, 1385 (*ibid.* f° 41).

NAULIÈRE (LA), f. cne de Paizay-le-Sec; — 1498 (fief des Clerbaudières). — Anc. fief relev. de l'abbaye de Saint-Savin.

NAUX (LES), h. cne de Coussay-les-Bois; — 1756 (fief de Pouzieux).

NAVELIÈRE (LA), f. cne de Coussay-les-Bois. Le ruiss. de la Navelière a sa source près des Blinières, cne de Leigné-les-Bois, et se réunit à la Luire près des Guyonnets, cne de Coussay-les-Bois.

NAVETTE (LA), m. isolée, cne de Nouaillé.

NAVINIÈRES (LES), lieu détruit, près le Pay, cne de Coussay-les-Bois. — *La Nesvinière*, 1465; *les Nesvinières*, 1554; *les Navinières*, 1575, 1672 (chap. cathédral, 25).

NÉCHAUD, h. et m{in} sur le ruiss. de la Lochon, cne de Montmorillon. — *Nechault*, 1494 (fief de la Vergne). — *Neschaud*, 1563 (prieuré de St-Martial de Montmorillon). — *Moulin de Neschaulx*, 1593 (maison-Dieu, 121).

NÉDA (LE), h. cne de Champagné-Saint-Hilaire. — *Le Nesda*, 1533 (chap. de St-Hilaire, 245).

NÉGEBAULT, h. cne de Smarve.

NÈGRES (LES), h. cne de Celle-l'Évêcault; — 1522 (cure de Celle-l'Évêcault).

NÉGRET (LE), h. cne de Lusignan; — 1753 (rôle des tailles).

NÉGREVAULT, h. cne de Romagne. — *Negrevau*, 1470 (chap. de St-Hilaire, 243). — *Nesgrevault*, 1558 (fief de Château-Larcher). — *Bois de Naigrevaulx*, 1619 (seign. de la Millière).

NÉGRON (LE), ruiss. sort de la fontaine du Bois-Rogue, sur les confins des c{nes} de Rossay et de Loudun, passe sur le territ. de cette dernière, limite à sa droite celle de Sammarçolle, à sa gauche celle de Basses, traverse du sud au nord la cne de Beuxe et va se jeter dans la Vienne au-dessous de Chinon (Indre-et-Loire). — Ce cours d'eau est appelé Villaigron avant d'entrer dans la cne de Beuxe.

NEIGE-SOURY (ÉTANG DE), auj. desséché, près la Maison-Neuve de Fougerolles, c^{ne} de Sillars; — 1684 (maison-Dieu, 18).

NÉMAUX, au faubourg de Châteauneuf à Châtellerault; anc. fief relev. du duché de Châtellerault. — *Mestairie des Maux*, 1634; *Nemault, Nemaux*, 1730 (seign. des Robinières). — *Esmaux*, 1758 (fief de Némaux). — Ce fief a donné son nom à la rue de Némaux.

NERGERIC, f. c^{ne} de Dienné.

NÉRIAU, vill. c^{ne} de Chalais. — *Neriau*, 1435 (abb. du Pin, 39). — *Niriau*, 1438 (chap. de Ste-Croix de Loudun, 2). — *Nyriau*, 1470 (cure de Chalais). — *Nyreau*, 1476 (com^{rie} de Loudun, 26). — *Nerieau*, 1768 (seign. de Nériau). — Anc. seigneurie.

NÉRIGNAC, c^{ne} de l'Isle-Jourdain; anc. prieuré dép. de l'abbaye de Saint-Martin de Limoges. — *Narnac*, 1159 (abb. de Montierneuf). — *Prioratus de Margnac; de Sancto Martino Lemovicensi* (pouillé de Gauthier, f° 148). — *Nargnac*, 1383 (taux du décime, p. 18). — *Navignac*, 1494 (fief de Nérignac). — *Largnac*, 1537 (cure de Moulime). — *Nérignac*, 1611 (fief de Nérignac). — *SS. Gervais et Protais de Nérignac*, 1726 (clergé, 15). — *Lérignac*, 1788 (rôle des tailles).

Avant 1790 Nérignac était de la paroisse de Moussac-sur-Vienne, mais formait, dans l'ordre civil, une communauté d'habitants distincte de celle-ci. Le temporel du prieuré, avec haute justice, constituait un fief relev. de la bar. de Montmorillon. — Une église paroissiale sous le vocable de saint Blaise a été érigée en ce lieu en 1871.

NERMAILLÉ, h. c^{ne} de Liglet. — *Armalec*, 1211 (Revue des Sociétés savantes, 2° série, t. VIII, p. 71). — *Boscus de Armalet et boscus de la Faea*, 1248; *nemora de Armilhec et de Faia*, 1252 (maison-Dieu, 127). — *Le prieur de Nermaillé*, 1454; *Armailhet*, 1494 (seign. de Courtevrault). — *Nermaillet*, 1775 (rôle des tailles).

NERPUY, f. c^{ne} de Naintré; — 1543 (duché de Châtellerault, 4). — Anc. domaine des vicomtes de Châtellerault.

NERVARAND, h. et brandes, c^{ne} de Saint-Maurice. — *Boys d'Arnarent*, 1396 (gr. Gauthier, f° 78 v°); — *d'Arverant, Arnarant*, 1404 (ibid. f°s 85 v° et 86). — *Nervarand*, 1734 (rôle des tailles).

NERVEAU (LE), m. isolée, c^{ne} de Leugny.

NESDE, h. c^{ne} de Benassay; anc. c^{ne} réunie à celle-là le 24 novembre 1819. — *Naide*, v. 1226 (chap. de Saint-Hilaire, 222). — *Johannes de Naydia*, 1285 (Fontenau, t. V, p. 205). — *Nayde* (pouillé de Gauthier, f° 154 v°). — *Nesdes*, 1478 (reg. synodal). — *Neydes*, 1479 (compte de J. Bourdin). — *S. Mathieu de Nesde*, 1782 (pouillé).

Avant 1790 Nesde faisait partie de l'archiprêtré de Sanxay, de la châtellenie de Boispouvreau au ressort du siège royal de Saint-Maixent (Deux-Sèvres) et de l'élection de Poitiers. La cure était à la nomination du prieur de Notre-Dame de Lusignan; elle a été rétablie en 1847.

NESDE (LA), f. c^{ne} de Saint-Genest. — *Moulin de la Nesde*, 1286 (duché de Châtellerault, 8, inv. f° 92 v°); — *de la Naisde*, 1389 (seign. de Puygarreau, 3). — Ce moulin, sur le ruiss. de Beaupuy, n'existe plus.

NEUT-CHEVAUX, f. c^{ne} de Paizay-le-Sec.

NEUIL, vill. et mⁱⁿ sur la Dive, c^{ne} de Pairé. — *Nœuil*, 1632 (notaires de la châtell. de Monts). — *Moulin de Neuil*, 1704 (chap. de St-Hilaire, 346).

NEUILLY, f. c^{ne} de Vezières; — 1580 (seign. des Clouzeaux).

NEUSSOUAN, h. c^{ne} de la Roche-Posay. — *Villagium quod vocatur en Essoan*, 1284 (évêché, 33). — *Essouen, Nessouen*, 1454 (notaires, Artaud à la Roche-Posay). — *Nessouan*, 1554; *Essouan*, 1631; *Neusouan*, 1675 (seign. de la Gatelinière).

NEUVILLE, ch.-l. de c^{on}, arr^t de Poitiers. — *Nova Villa in vicaria Salvense*, 876 (ch. de St-Hilaire, t. I, p. 10). — *Villa Nova* (pouillé de Gauthier, f° 169). — *Noefville, Nofville*, v. 1300 (seign. de Chéneché, 1). — *Nueville*, 1324 (arch. de Poitiers, 12). — *Paroisse de Nostre Dame de Neufville*, 1410 (chap. de St-Pierre-le-Puellier, 31). — *Neuville*, 1430 (abb. de la Celle, 11). — *Neuville-du-Poitou*, 1859 (Diction. des postes).

Neuville faisait autref. partie de l'archiprêtré de Parthenay (Deux-Sèvres), de la châtellenie, de la sénéchaussée et de l'élection de Poitiers. La cure était à la nomination de l'évêque. — Les principaux seigneurs de la paroisse étaient le trésorier du chapitre de Saint-Hilaire de Poitiers et le seigneur de Chéneché. Il était dû à ce dernier par le roi des bacheliers de Neuville une paire de gants blancs et deux poulets pour avoir permission de courre la bague le jour de l'Assomption Notre-Dame au bourg de Neuville par les bacheliers et jeunes garçons du lieu (aveu de Chéneché, 1670, f° 2).

En 1790 Neuville devint le chef-lieu d'un canton dépendant du district de Poitiers et formé des c^{nes} de Neuville, Avanton, Chabournay, Charay, Chéneché, Cissé, Vendeuvre et Yversay; cette circonscription fut modifiée en 1801.

NEUVILLE, f. c^{ne} d'Ingrande. — *Nova Villa*, 1349 (chap. de Châtellerault, 1). — *Neufville*, 1391 (*ibid.* 11). — Anc. fief appart. au chapitre de Notre-Dame de Châtellerault et relev. du duché de Châtellerault.

NEUVILLE, vill. c^{ne} de Nueil-sous-Faye. — *Neuville*, 1392 (fam. Boivin). — *Neufville*, 1457 (fam. de Clérambault). — Anc. seigneurie.

NEUVILLE (LE PETIT-), vill. c^{ne} de Chouppes. — *Neuville*, 1274 (chap. de Mirebeau, 16). — *Nuefville*, 1328; *Nova Villa*, 1386 (abb. de la Trinité, 88). — *Neufville*, 1473 (évêché, 87). — Anc. fief appart. à l'abbaye de la Trinité de Poitiers. Le fief du Temple, à Neuville, dépendait de la com^{rie} de Montgauguier.

NEUVILLE (LE PETIT-), f. c^{ne} de Saint-Gervais.

NEUVILLE (LA), h. c^{ne} de Thurageau. — *La Neufville*, 1539 (Inv. des arch. de la Barre, t. I, p. 9). — *La Neuville*, 1770 (rôle du vingtième).

NIALLIÈRES (LES), h. c^{ne} d'Ingrande; — 1386 (seign. de Chêne, inv.). — Anc. fief relev. de Chêne.

NIALLIÈRES (LES), près le Peux, c^{ne} de Vaux; — (Cassini); lieu auj. inconnu.

NIAPTERIE (LA), m. r. c^{ne} de Veniers.

NICOLASSIÈRE (LA), m. r. c^{ne} de Tercé; — 1645 (carmes de Poitiers). — Anc. fief.

NIDAUDIÈRES (LES), h. c^{ne} de Bonnes. — *Les Nadauderies*, 1437; *la Nadaudière*, 1466; *terres des Vellez et Nydaudières*, 1594 (seign. de Touffou, 1). — *Les Nidaudières*, 1627 (*ibid.* 2). — Ce lieu n'est plus connu que sous le nom des Velés.

NID-D'AJASSE (LE), maisons sur la rive gauche de la Boivre, c^{ne} de Biard.

NIEUIL, f. c^{ne} de Voulême. — *Petrus de Niol*, v. 1160 (Fonteneau, t. XVIII, p. 305). — *Nyeulh*, 1396 (fam. Jousserant, 1). — *Nyuilh*, 1405 (gr. Gauthier, f° 278). — *Nyeuilh*, 1406 (*ibid.* f° 220 v°). — *Nueilh*, 1464 (fam. Jousserant, 1). — *Nyeul*, 1482 (fief de Loin). — *Nieuil sur Charante*, 1505 (Fonteneau, t. III, p. 653). — Anc. fief.

NIEUIL (LE PETIT-), h. c^{ne} de Montamisé. — *Domus de Niolio*, v. 1200 (abb. de l'Étoile). — *Nyeul*, 1324 (arch. de Poitiers, 12). — *Nieuil*, 1404 (gr. Gauthier, f° 7). — *Le petit Nieuil*, 1635 (abb. de St-Cyprien, 44).

NIEUIL-L'ESPOIR, c^{on} de la Villedieu. — *Villa quœ dicitur Niolium*, v. 1098 (abb. de la Trinité). — *Ecclesia Sanctorum Gervasii et Protasii*, 1119 (Fonteneau, t. XXVII, p. 67). — *Niol*, 1144 (abb. de la Trinité). — *Nyolium*, 1269 (*ibid.* 45). — *Parochia de Niolio Lespaer*, 1310; — *de Niolio Lespayer*, 1315 (abb. de la Trinité, 45). — *Nyeul Lespeer*, 1324 (arch. de Poitiers, 12). — *Niolium Lespeyer*, 1328; — *Nyeul Lespaier*, 1398 (abb. de la Trinité, 45). —

Nyeulh Lespoier, 1428 (*ibid.* 46). — *Nyoil Lespiera*, 1430 (chap. cathédral, 72). — *Nyeuyl Lespeir*, 1432 (abb. de la Trinité, 47). — *Nyeuil Lespoir*, 1477 (collège de Poitiers, 80). — *Nyeil Lespoyer*, 1478 (abb. de la Trinité, 45). — *Nyeil Lespoir*, 1482 (Fonteneau, t. XXVII, p. 309). — *Nyeul Lespayeur*, 1503 (chap. cathédral, 41). — *Nyeul Lespayr*, 1510 (abb. de la Trinité, 48). — *S. Gervais et S. Protais de Nieuil-Lespoir*, 1782 (pouillé).

On lit dans les Affiches de Poitou, 1775, p. 22, qu'il y avait autrefois en ce lieu des forges où l'on fabriquait des épées. C'est de là que vient le surnom de l'Espoir, au XIVe siècle l'Espaer, l'Espeer, etc., mots qu'on trouve dans le glossaire de Ducange avec le sens de *spatarius, qui facit spatas, ensium faber*.

Avant 1790 Nieuil-l'Espoir faisait partie de l'archiprêtré de Gençay, de la châtellenie, de la sénéchaussée et de l'élection de Poitiers. Le patronage de la cure et les droits de seigneurie et de haute justice dans la paroisse appartenaient à l'abbaye de la Trinité de Poitiers.

NIEUILLET, vill. c^{ne} de Voulême. — *Nyeuillet*, 1353 (fam. de Chabanais). — *Nyeulhet*, 1400 (gr. Gauthier, f° 214). — *Nyulhet*, 1410 (*ibid.* f° 219 v°). — *Nyeullet*, 1421 (prieuré de St-Nicolas de Civray). — *Nieullet*, 1664 (notaires, Pascault à Civray). — *Nieuillet*, 1766 (rôle des tailles).

NIEULLET ou NEUILLET, lieu détruit, c^{ne} de Frozes. — *Villa de Nuallec*, 1129; *decima de Frozis et de Nuilleco*, v. 1140 (chap. de Ste-Radegonde).

NIGRIE (LA), h. c^{ne} d'Orches. — *La Nigrerye*, 1524; *la Neguerie*, 1527 (seign. des Clouzeaux). — *La Nigrie*, 1606 (seign. des Hautes-Boitières).

NIGNOS (LE), h. c^{ne} de Thuré.

NILLÉ, vill. c^{ne} de Saint-Sauvant. — *Nilhé*, 1498 (fief de Venours). — *Nyllé*, 1561 (fief de l'Éterpe).

NINAUX (BOIS DES), c^{ne} de Genouillé; appart. autref. au couvent de Montazay; contenait 82 arpents en 1792.

NINTRÉ, vill. c^{ne} de Saint-Benoît. — *Terra Sancti Johannis quœ dicitur Mintrecus*, 1096 (Fonteneau, t. XIII, p. 207). — *Terra de Mintrec*, v. 1110 (cart. de St-Cyprien, p. 206). — *Myntrec*, 1283 (ch. de St-Hilaire, t. I, p. 348). — *Meintré*, 1433; *Mintré*, 1457; *Maintré*, 1611; *Nintré*, 1741 (abb. de St-Benoît, 3).

NIORTEAU, vill. et mⁱⁿ sur le Négron, c^{ne} de Loudun. — *Niorteau*, 1439 (com^{rie} de Loudun, 14). — *Nyorteau*, 1468 (*ibid.* 13).

NIORTIÈRE (LA), h. c^{ne} de Lusignan. — *La Nyortière*,

1441 (com^rie de Roche, 6). — *La Niortière*, 1690 (seign. de la Salvagère). — Anc. fief relev. de la Salvagère.

NINÉ (LE HAUT-), vill. et LE BAS-NINÉ, vill. c^ne de Verniers. — *Nyré*, 1379 (com^rie de Loudun, 18).

NIRÉ-DES-LANDES, h. c^ne de Mouterre-Silly. — *Nyré des Lendes*, 1506 (prieuré de Chasseignes, 1). — *Niré des Landes*, 1617 (com^rie de Loudun, 24).

NIRÉ-LE-DOLENT, vill. c^nes de Loudun et Mouterre-Silly. — *Nyré le Dolent*, 1556 (cure de Basses). — *Nyré le Dolant*, 1663 (com^rie de Loudun, 14).

NIVARD (LA), vill. c^nes de Coussay et Chouppes. — *La Nyvart*, 1513; *Lanivart*, 1613 (prieuré de St-André de Mirebeau, 12). — *La Nivard*, 1613 (arch. de la Soc. des antiq. de l'Ouest; Loudunais).

NIVARDIÈRE (LA), h. c^ne de Bertegon.

NIVARDIÈRE (LA), h. c^ne de Tercé. — *Hostel de la Nyvardière*, 1501 (arch. de la Soc. des antiquaires de l'Ouest; Mortemer). — Anc. fief relev. de la châtell. de Normandoux.

NIVAUDIÈRE (LA), h. c^ne d'Oiré. — *La Nyvaudère*, 1398; *les Nyvaudières*, 1455; *les Nivardières*, 1470 (com^ris de la Foucaudière, 11). — *La Nyvauldière*, 1536 (abb. de la Merci-Dieu, 13). — Anc. fief relev. de Chêne.

NIVAUDS (LES), h. c^ne de Saint-Pierre-de-Maillé.

NIVERDRIE (LA), h. c^ne de Saint-Romain-sur-Vienne. — *La Nivarderie* (Cassini).

NIVIÈRE (LA), f. c^ne de Vernon. — *La Nyvière*, 1580 (fief de Gençay). — Anc. fief relev. de la vic. de Gençay.

NIVOIRE (LA), h. c^ne d'Archigny. — *La Nepveuère*, 1474; *la Nevoire*, 1503 (évêché, 22). — *La Nepvouère*, 1525 (*ibid.* 24). — *La Nesvoire*, 1627 (seign. de Montoiron, 1). — *Lanivoire*, 1779 (rôle des tailles).

NOBLESSE (LA), m. r. c^ne de Saint-Jean-de-Sauves.

NOBLESSE (LA), f. c^ne de Saint-Martial; — 1766 (rôle des tailles).

NOCELIÈRE (LA), f. c^ne d'Hains. — *La Nocellière*, 1563 (abb. de St-Savin, 24). — *La Noucellière*, 1638 (com^rie de Rouflac, 1).

NODIGEON, h. c^ne de Saint-Pierre-de-Maillé.

NOILLETTE, vill. c^ne de Coulonges. — *Nocillet* (Cassini).

NOINON, h. c^nes de Varennes et Blâlay. — *Neyron*, 1336 (prévôté de Blâlay, 5). — *Noyron*, 1494 (*ibid.* 4). — *Noiron*, 1599 (*ibid.* 2). — Anc. fief relev. de Ry.

NOLIÈRE (LA), f. c^ne de Saint-Léomer. — *La Noelière*, 1494 (seign. de Courtevrault). — *La Nouellière*, 1509; *la Nollière*, 1525 (maison-Dieu, 31). — *Le Nolière*, 1561 (*ibid.* 35). — *La Naullière*, 1745 (cure de St-Léomer).

NONNE, f. c^ne de Naintré. — *Lonnes*, 1234 (cart. de la Merci-Dieu, 30). — *Hostel de Nonnes*, 1438 (com^rie d'Auzon, 9). — *Nonne*, 1578 (*ibid.* 5). — Anc. domaine des vicomtes de Châtellerault. Le fief de Nonne relevait de Chêne.

NORAIE (LA), à Buxeuil; anc. seign. annexée à celle de Buxeuil. — *La Nouraye*, 1520 (cure de Buxeuil). — *La Noraie*, 1620 (fam. d'Aviau). — *La Norrais*, 1682 (seign. de la Chaise).

NORDIÈRE (LA), f. près le Chaussat, c^ne de Queaux; — 1470, 1625 (prieuré de Grand-Chaume).

NORÉ, vill. c^ne de Claunay. — *Neuray*, 1533 (chap. de Ste-Croix de Loudun, 5). — *Neuray autrement le petit Claunay* (ms. Trincant). — Anc. fief relev. de la bar. de Baussay.

NORMANDEAUX (LES), h. c^ne de Vouneuil-sur-Vienne.

NORMANDIE (LA), m. r. c^ne de la Ferrière. — *La Normandye*, 1617 (seign. de la Lande).

NORMANDON, c^nes de Chenevelles et Archigny. — On donne ce nom à des ruines éparses sur la rive droite de l'Auzon de Chenevelles, à partir de la Bouffonnerie, c^ne d'Archigny, jusque près le bourg de Chenevelles, sur une étendue de 6 kilomètres. Ces ruines, qu'on appelle dans le pays la ville de Normandon, ou aussi la Roche-Normandon, sont surtout nombreuses et apparentes près la Marzelle, située à une égale distance entre ces deux points. Un titre de 1748 (cure d'Archigny) mentionne *la Roche Normandon*, métairie en la paroisse d'Archigny, qu'on dit être le lieu appelé aujourd'hui la Bouffonnerie.

NORMANDOUX, h. c^ne de Tercé. — *Turris de Normandos*, 1260 (Hommages d'Alphonse, p. 94). — *Normandoz*, 1312 (abb. de Nouaillé, 5). — *Normandour*, 1326 (Fonteneau, t. XXII, p. 469). — *La tour de Normandeur*, 1335 (fam. Taveau). — *Château de Normandon près de Mortemer*, 1748 (almanach de Poitiers). — Anc. châtell. réunie à la bar. de Mortemer. — La forêt de *Normandour* est mentionnée en 1548 (fief de Dienné et Verrières).

NORMANDRIE (LA), f. à Champagne, c^ne de Paizay-le-Sec; — 1841 (nomencl.).

NORMANDRIE (LA), lieu détruit, près Avrigny, c^ne de Saint-Gervais. — *La Normandrye*, 1629; *la Normenderye*, 1666; *la Normandrie*, 1735 (cure d'Avrigny).

NONNAYE (LA), f. à Sigon, c^ne de Migné; — 1710 (seign. de Purnault). — Lieu auj. inconnu.

NOSSIOU, f. c^ne de Saint-Gervais. — *Noceos*, 1276 (Filles-de-Notre-Dame de Châtellerault). — *Nor-*

ceou.c, 1411; *Noceaulx*, 1607 (seign. de la Bruère).
— *Noceoux*, 1597 (fam. de Brusse). — *Nosseoux*, 1658 (seign. des Mées). — *Nossioux*, 1663 (seign. de Puygarreau, 10).

NOTRE-DAME (CHEMIN), de Rouillé à Couhé; — 1559 (fief de Venours).

NOTRE-DAME (MOULIN DE), sur la Belle, c^{ne} de Magné; appelé autref. Cassenielle.

NOTRE-DAME-DE-GRÂCE, chapelle détruite, à Sully, c^{ne} de Mirebeau. — *Nostre Dame de Grace*, 1462 (cure de Sully).

NOTRE-DAME-DE-GRÂCE, chapelle détruite, c^{ne} de Saint-Martial, près la ville haute de Chauvigny. — *Chappelle de Nostre Dame de Graces*, 1464 (chap. de Chauvigny, 3).

NOTRE-DAME-DE-PITIÉ, chapelle sur la place publique de Jouet, c^{on} de Montmorillon; décorée de peintures murales du XVIe siècle.

NOTRE-DAME-DE-PITIÉ, chapelle, c^{ne} de Ranton; — 1615 (abb. de Ste-Croix, 72); — aussi appelée *la Bonne-Dame-de-Ranton*.

NOTRE-DAME-D'OR, c^{on} de Moncontour. — *Decima de Oz*, 1219 (arch. de Maine-et-Loire, abb. de Fontevrault). — *Ecclesia parrochialis Beate Marie de Dos*, 1383 (taux du décime, p. 114). — *Nostre Dame d'Oz*, 1471 (cure de Notre-Dame-d'Or). — *Beata Maria d'Ochz*, 1478 (reg. synodal). — *Nostre Dame d'Ox*, 1480 (seign. de Baussay). — *Nostre Dame d'Otz*, 1501; *Nostre Dame d'Ouz*, 1536 (cure de Notre-Dame-d'Or). — *Nostre Dame d'Aux*, 1639 (abb. de St-Cyprien, 16). — *Nostre Dame d'Aoust*, 1702 (cure de Notre-Dame-d'Or). — *Nostre Dame d'Ost*, 1735; *Nostre Dame d'Or*, 1751 (cure de la Grimaudière).

Avant 1790 la paroisse de Notre-Dame-d'Or faisait partie du doyenné de Thouars (Deux-Sèvres), de la baronnie de Moncontour, de la sénéchaussée de Saumur (Maine-et-Loire) et de l'élection de Richelieu, généralité de Tours. La cure était à la nomination de l'abbé de Saint-Jouin-de-Marnes (Deux-Sèvres); elle n'est point mentionnée dans le pouillé de Gaulhier; elle a été rétablie en 1857.

NOTRE-DAME-DU-CHÂTEAU, à Loudun; anc. prieuré dép. de l'abb. de Tournus en Bourgogne; uni en 1606 au collège des jésuites de Poitiers. — *Ecclesia Beatæ Mariæ Lausdunensis*, 1060; *cella Sanctæ Mariæ Lauduni*, 1119 (Juenin, Hist. de l'abb. de Tournus, pr. p. 129 et 146). — *Prior Beate Marie de Loduno*, v. 1170 (collège de Poitiers). — *Prioratus Beate Marie de castro de Loduno*, 1351 (*ibid.* 44).
— Le prieur nommait aux cures de Saint-Pierre-du-Marché et Saint-Pierre-du-Martray à Loudun, Saint-Pierre des Trois-Moutiers, Messay, Taizé (Deux-Sèvres), Assay et Ponçay (Indre-et-Loire).

NOTRE-DAME-LA-GRANDE, anc. église collégiale et paroissiale à Poitiers, dont l'origine est inconnue. Le premier dignitaire du chapitre avait le titre d'abbé; le plus ancien qu'on rencontre est *Launus abbas*, 938 (cart. de St-Cyprien, p. 61). — *Launus abbas ex canonica Beate Marie et archidiaconus ecclesie Sancti Petri*, v. 965 (*ibid.* p. 255). — *Capitulum Beate Marie majoris Pictavensis*, 1200 (chap. de Notre-Dame-la-Grande, 51). — *Nostre Dame la grant de Poyters*, 1309 (Gauthier, f° 184). — Notre-Dame est auj. l'une des six églises paroissiales de Poitiers.

NOTRE-DAME-LA-PETITE, anc. église paroissiale à Poitiers. — *Ecclesia Sancte Marie de Aula*, 1083 (abb. de Montierneuf). — *Parrochia Beate Marie de ante aulam Pict.*, 1278; — *de ante pontem aule regie Pict.*, 1321; *paroisse de Nostre Dame la petite*, 1420 (chap. de Notre-Dame-la-Grande, 18). — Une rue a gardé ce nom; elle est appelée *rue du Pont de la Sale* dans un acte de 1404 (*ibid.* 18).

NOUAILLÉ, c^{ne} de la Villedieu; anc. abb. de l'ordre de Saint-Benoît, unie l'une des premières, dès 1620, à la congrégation de Saint-Maur; c'était, avant le IXe s^e, un petit monastère dép. de l'abb. de St-Hilaire de Poitiers. — *Cella Novaliacensis*, 780 (ch. de St-Hilaire, t. I, p. 2). — *Ex cellola Nobiliaco*, 780 (Fonteneau, t. XXI, p. 27). — *Cellola Novaliacus*, 794 (*ibid.* t. XXI, p. 45). — *Noviliacus*, 808 (ch. de St-Hilaire, t. I, p. 4). — *Abbas Nuviliacinsis*, 832 (Fonteneau, t. XXI, p. 111). — *Ad Nobiliacum*, 848; *monasterium Nobiliacum in honorem sancti Hilarii constructum, ubi sanctus Junianus unato quiescit corpore, super amnem Miltionem*, 868; *monasterium Sancti Ilarii de Nubiliaco*, 901; *monasterium Nobiliacense in honorem sancte Marie vel sancti Juniani constructum, in pago Pictavo, infra quintam ipsius civitatis*, 912 (abb. de Nouaillé). — *Johannes de Nuailec, de Noalec*, v. 1100 (cart. de St-Cyprien, p. 37). — *Abbas de Noale*, 1162; *Noaillec*, 1261 (abb. de Nouaillé). — *Noayllé*, 1266 (abb. de la Trinité, 49). — *Nuaillé*, 1266 (Fonteneau, t. XXII, p. 289). — *Noallé*, 1267 (*ibid.* t. XXII, p. 293). — *Noualhé*, 1290 (*ibid.* t. XXII, p. 381). — *Noallé*, 1304 (abb. de Nouaillé, 17).
— *Noaylliec*, 1313 (*ibid.* 24). — *Nouaillé*, 1323 (*ibid.* 7). — *Noaillé*, 1324 (arch. de Poitiers, 12).
— *Noaylhé*, 1327 (abb. de Nouaillé, 19). — *Noailhé*, 1334 (*ibid.* 24). — *Abbas de Noailliaco*, 1394 (*ibid.* 1). — *Nouailly*, 1398 (*ibid.* 40). —

Saint Marsault de Nouaillé, 1428 (abb. de la Trinité, 46).

L'église abbatiale était sous l'invocation de Notre-Dame et de saint Hilaire, et plus particulièrement sous celle de saint Junien, depuis que le corps de ce saint y avait été transféré de l'abbaye de Mairé, c'est-à-dire depuis l'an 830. L'église paroissiale était sous le vocable de saint Martial, à la nomination de l'abbé. L'ancienne église abbatiale est auj. l'église paroissiale.

La paroisse de Nouaillé faisait partie de l'archiprêtré de Gençay, de la châtell., de la sénéchaussée et de l'élection de Poitiers. L'abbé en était seigneur châtelain.

En 1790 Nouaillé devint le chef-lieu d'un c^{on} dép. du district de Poitiers, et formé des c^{nes} de Nouaillé, Beauvoir, Fleuré, Mignaloux et Nieuil-l'Espoir; ce c^{on} fut supprimé le 18 novembre 1801.

La garenne et la forêt de Nouaillé appartenaient à l'abbaye; en 1796 la première contenait 62 arpents, la dernière 111.

NOUATRIE (LA), m. près Avrigny, c^{ne} de Saint-Gervais; — 1774 (aveu de la bar. de la Touche). — *La Noitrie* (Cassini).

NOUÈRES, vill. c^{ne} de Rossay. — *Bernardus de Noeriis*, 1117-1120 (gr. cart. de Fontevrault, 770). — *Tenamentum de Noeriis*, 1216 (abb. de Ste-Croix, 64). — *Nouères*, 1470 (cure de Chalais).

NOUGERAIE (LA), m. r. c^{ne} d'Andillé.

NOUGERAIE (LA), m. r. c^{ne} de Chaunay. — *La Nougerée*, 1594; *la Nougeraye*, 1754 (fief de Panièvre).

NOUGERAIE (LA), m. r. c^{ne} de la Vausseau. — *La Nougeraye*, 1565 (chap. de St-Hilaire, 224). — *La Nougeray*, 1651 (com^{rie} de la Vausseau, 3).

NOUILLÈRE (LA), h. c^{ne} de Latus. — *La Noellère*, 1404 (gr. Gauthier, f° 108 v°). — *La Nouvellière*, 1557 (prieuré de Latus). — *La Noullière*, 1599 (fief de l'Âge-Courbejarret). — *La Nollière*, 1775 (rôle des tailles).

NOUILLÈRE (LA), vill. c^{ne} de la Roche-Posay. — *La Noelière*, 1433; *la Noulière*, 1441; *la Noslière*, 1452 (abb. de la Merci-Dieu, 6).

NOUSSEC, h. c^{ne} de Lavoux; — 1493 (Inv. des arch. de la Barre, t. I, p. 7). — Anc. fief relev. de Talmont.

NOUZIÈRE, h. c^{ne} de Dissay. — *Nouzières*, 1598 (fief de Chincé). — Anc. fief relev. de Chincé.

NOUZIÈRE, vill. c^{ne} de Vivonne. — *Nouzières*, 1489 (livre de recette de Vivonne, f° 75). — *Forest de Nouzières*, 1552 (fief de Bellefontaine). — *Nosière* (Cassini).

NOUZIÈRES, vill. c^{ne} de Vouzailles. — *Nozère*, 1253 (chap. de St-Hilaire, 324). — *Nouzères*, 1440 (seign. de Vouzailles). — *Nouzières*, 1512 (cure de Vouzailles).

NOUZILLET, f. c^{ne} de Dissay; — 1486 (fief de Marit). — Anc. fief relev. de Dissay.

NOUZILLIÈRE (LA), h. c^{ne} de Saint-Sauveur.

NOUZILLON, m. à Iteuil.

NOUZILLY, vill. et anc. chapelle, c^{ne} de Chalais. — *Drogo de Noziliaco*, 1117-1140 (gr. cart. de Fontevrault, 760). — *Nozillé*, 1285 (cure de Chalais). — *Nouzillé*, 1397 (Fonteneau, t. II, p. 187). — *Terra de Noiseillio*, 1402 (ibid. t. II, p. 195); — *de Nozilleyo*, 1421 (ibid. t. III, p. 634). — *Nozillié*, 1434 (ibid. t. II, p. 227). — *Nozilly*, 1660 (chap. de Ste-Croix de Loudun, 4). — Anc. fief relev. du chât. de Loudun et donné en 1421 au chapitre cathédral de Poitiers par l'évêque Simon de Cramaud.

NOYEN (MOULIN DU), sur le Martiel, c^{ne} de Veniers; — 1620 (collège de Poitiers, 55).

NOYER-NOIR (LE), f. c^{ne} de Curçay; — 1618 (cure de Curçay).

NOYERS (LES), m. r. c^{ne} de Vezières. — *Seigneurie de Noyers* (Essais sur l'hist. de Loudun, 2e partie, p. 89). — C'est probablement le fief appelé v. 1630 *la terre des Nois*, relev. du chât. de Loudun (arch. de la Soc. des antiq. de l'Ouest, n° 15).

NOYER-VERT (LE), m. isolée, c^{ne} de Lencloître.

NOYER-VERT (LE), f. c^{ne} de Sérigny.

NUÉ, h. c^{ne} de Moutèrre-Silly. — *Nueil*, 1435 (abb. du Pin, 39). — *Nueil sur Baucay*, 1544 (com^{rie} de Loudun, 24). — *Nueil soubz Baussay*, 1547 (chap. cathédral, 88). — Anc. fief relev. de la bar. de Baussau.

NUEIL (LE BAS-). Voy. NUEIL-SUR-DIVE.

NUEIL (LE HAUT-), vill. c^{ne} de Nueil-sur-Dive. — *Altum Niolium*, 1262 (ch. de Jean de Berrie à la bibl. de Tours).

NUEIL-SOUS-FAYE, c^{on} de Monts-sur-Guesne. — *Cum ecclesia dicta Niolo*, 892 (cart. de Cormery, p. 58). — *Milo de Niul*, v. 1085 (cart. de St-Cyprien, p. 77). — *Ecclesia de Niolio* (pouillé de Gauthier, f° 177 v°). — *Nueil*, 1421 (com^{rie} de l'Isle-Bouchard, 34). — *Nueil soubz Faye*, 1477 (chap. de Ste-Croix de Loudun, 6). — *Nyolium subtus Fayam*, 1478 (reg. synodal). — *Sainct George de Nueil*, 1516 (seign. de Germigny). — *Nueil soubz Faye*, 1649 (bissexte). — *Neuil-sous-Faye*, 1779 (almanach provincial). — *S. George de Nieuil-sous-Faye*, 1782 (pouillé).

Avant 1790 cette commune faisait partie de

l'archiprêtré de Faye-la-Vineuse, du duché-pairie et de l'élection de Richelieu, généralité de Tours. La cure était à la nomination du chapitre de Faye-la-Vineuse (Indre-et-Loire); elle a été rétablie en 1826.

NUEIL-SUR-DIVE ou BAS-NUEIL, c^{on} des Trois-Moutiers. — *Villa quæ dicitur Nioli*, 1076 (cart. de Bourgueil, p. 125). — *Ecclesia de Niolio*, 1102 (Fontencau, t. I, p. 575). — *Niolium super Divam*, 1247 (*ibid.* t. V, p. 642). — *Nueil sus Dive*, 1316 (chap. de St-Martin de Tours, 9). — *Nyeuyl*, 1380 (com^{rie} de Loudun, 21). — *Parroisse de Nostre Dame du bas Nuel*, 1467 (collège de Poitiers, 54). — *Rector de Nyolio supra Divam*, 1478 (reg. synodal). — *Parroisse de Bas Nueil*, 1545 (cure de Morton). — *Prieuré du Bas Nueil*, 1614 (prieuré du Bas Nueil). — *Nieuil-sur-Dive ou Bas-Nieuil*, 1782 (pouillé). — *Neuil-sur-Dive*, 1807 (annuaire).

Avant 1790 cette paroisse faisait partie de l'archiprêtré, de la châtellenie, du bailliage et de l'élection de Loudun. Le prieuré de Saint-Jean et la cure de Notre-Dame de Nueil-sur-Dive dépendaient de l'abbaye de Bourgueil (Indre-et-Loire). Le service paroissial a été transféré, en 1842, dans une église nouvellement bâtie à Berrie. Il n'y a que cinq maisons à Nueil-sur-Dive.

NUTIN (LE), ff. c^{ne} de Surin. — *Le Neutun*, 1477; *le Nutun*, 1478; *le Nutin*, 1618 (seign. de Bois-Seguin). — *Nutung*, 1646 (notaires, Dunoyer à Bois-Seguin). — *Nuptin*, 1658 (*id.* Mestreau à Civray). — *Le Nuptun*, 1663 (*id.* Chevallier à Civray). — Anc. fief relev. du comté de Civray.

O

OFFOINS (LES), m. r. c^{ne} de Thurageau. — *Métairie des Affouarts*, 1778 (rôle du vingtième). — *Zafoir* (Cassini).

OGENON, h. c^{ne} de Bonneuil-Matours.

OGNON (L'), f. c^{ne} d'Anché. — *Mansus del Ognum*, 1073-1100 (cart. de St-Cyprien, p. 260). — *Lognon*, 1558 (fief de Château-Larcher). — *Loignon*, 1566 (seign. de la Touche-Vivien).

OGNONNERIE (L'), m. r. c^{ne} de Châtellerault.

OIRÉ ou ORNÉ, c^{on} de Dangé. — *Fiscus de Odriaco et ecclesia Sancti Sulpicii*, 637 (dipl. de Dagobert Ier, non authentique, ap. Pardessus, Diplomata, chartæ, etc. t. II, p. 58). — *Hugo de Oriaco*, v. 1152 (cart. de Noyers, p. 597). — *Ecclesia de Auriaco*, 1163 (bulle d'Alexandre III pour l'abb. de St-Denis, ap. Doublet, Hist. de l'abb. de St-Denis, p. 510). — *Oiriacum*, 1221 (cart. de la Merci-Dieu, 92). — *Oiré*, 1222; *Oyré*, 1226; *Oyreium*, 1274 (*ibid.* 89, 90, 244). — *Ecclesia de Oyriaco* (pouillé de Gauthier, f° 173). — *Aureyum*, 1348 (chap. de Châtellerault, 1). — *Oairé*, 1456 (abb. de Fontaine-le-Comte, 29). — *S. Sulpice d'Oiré*, 1782 (pouillé).

Avant 1790 cette commune faisait partie de l'archiprêtré, du duché, de la sénéchaussée et de l'élection de Châtellerault. La cure était à la nomination du prieur de Saint-Denis-en-Vaux. Le fief d'Oiré relevait de la bar. de Preuilly en Touraine; il fut uni en 1661 au marquisat de la Groye.

Le ruiss. d'Oiré, aussi appelé ruiss. de Remilly (1756, terrier de la Groye, p. 144), ruiss. de Gaudais en amont du bourg d'Oiré, et ruiss. de Batreau en aval, a sa source près Remilly et se jette dans la Vienne près le mⁱⁿ de Batreau, c^{ne} d'Ingrande.

OIRÉ, f. c^{ne} de Mondion. — *Oyré*, 1448 (cure de Mondion). — *Oizé*, 1506 (duché de Châtellerault, 6). — *Oiré*, 1672 (aveu de Puygarreau, f° 141). — Anc. fief relev. de la Tour-Balan.

OLIVERIE (L'), f. c^{ne} de Saint-Gervais. — *L'Oliverye*, 1674 (fief du Plessis-Baunay).

OLIVIERS (LES), m. r. c^{ne} de Saint-Pierre-de-Maillé. — *Village des Olliviers*, 1639 (seign. de la Roche-Aguet).

OPTERRE, h. c^{ne} de Saint-Sauveur. — *Albaterra*, 1348 (chap. de Châtellerault, 1). — *Aubaterre*, 1412 (com^{rie} de la Foucaudière, 1). — *Obterres*, 1660 (*ibid.* 9).

ORANGERIE (L'), m. près la Durauderie, c^{ne} de Châtellerault.

ORANVILLE, chât. et f. c^{ne} de Persac. — *Seigneurie d'Oranville*, 1788 (seign. d'Oranville). — Cette terre est qualifiée baronnie en 1457 (Fonteneau, t. XXIV, p. 259).

Le ruiss. d'Oranville a sa source près ce lieu et se jette dans la Petite-Blour au sud-est des Renardières, même c^{ne}.

ORCHES, c^{on} de Lencloître. — *Goffredus de Orchis*, v. 1089 (cart. de Noyers, p. 205). — *Gaufridus d'Orches*, v. 1150 (chap. de Ste-Radegonde). — *Ecclesia de Orches* (pouillé de Gauthier, f° 177 v°); — *de Orchis*, 1383 (taux du décime, p. 14).

Avant 1790 cette commune faisait partie de l'archiprêtré de Faye-la-Vineuse (Indre-et-Loire), du duché, de la sénéchaussée et de l'élection de Châtellerault. Le prieuré et la cure de Saint-Hilaire d'Orches dépendaient de l'abbaye de Saint-Benoît-de-Quinçay. — «Les prieuré, cure et paroisse d'Orches sont situés en Anjou, baronnie de Faye-la-Vineuse, annexe de la duché de Richelieu, suivant les vieux titres, et, suivant les nouveaux titres, sont situés en Poitou, relevant du marquisat de Clairvaux, en la sénéchaussée de Châtellerault», 1728 (déclaration du prieur d'Orches, clergé, 14).

Orfond, h. c^{ne} de Persac. — *Orfont*, 1601 (maison-Dieu, 121).

Orgerie (L'), h. c^{ne} de Thuré.

Origny, h. c^{ne} de Leigné-sur-Usseau. — *Origné*, 1339 (seign. de la Garde). — *Aurigny*, 1673 (fief de la Motte d'Usseau). — Anc. seigneurie.

Origny, h. c^{ne} de Vendeuvre. — *Origné*, 1444 (duché de Châtellerault, 1). — *Origny*, 1622 (seign. de Bonnivet). — Anc. fief relev. du marq. de Clairvaux.

Orillac, m. contiguë au bourg de Brion. — *Orilheau, herbergement*, 1404 (gr. Gauthier, f° 96 v°). — *Clos d'Orllac*, 1404 (ibid. f° 261). — *Aurillhet*, 1407 (hommages du comté de Poitou, f° 102 v°). — *Orillac*, 1580 (fief de Gençay). — Anc. fief relev. de la vic. de Gençay.

Orillets (Les), anc. fief relev. du comté de Civray, c^{ne} de Saint-Martin-Lars. — *Le fief Aurillet*, 1473; *herbergement des Aurilhes, parroisse de Saint Martin Lars*, 1482 (seign. des Orillets). — *Les Aurilhetz*, 1536; *les Orillets*, 1747 (fief des Orillets). — Ce lieu est auj. inconnu.

Oriolières (Les), h. c^{ne} de Mignaloux. — *Les Ozillères*, 1440 (abb. de la Celle, 9). — *Les Horiollères*, 1458 (abb. de la Trinité, 42). — *Les Ozoriollières*, 1503; *les Orioulières*, 1600; *les Oriollières*, 1634 (chap. cathédral, 41). — *Les Orillières*, 1703 (abb. de la Celle, 14).

Oriou, brandes et terres labourables entre Mortemer et Civaux. — *Bois de Orio*, 1405 (gr. Gauthier, f° 21 v°). — *Landes de Oryou appellées la fourest de la Foucauldière*, 1539 (carmes de Poitiers). — *Fourest d'Orioust*, 1542; *boys et fourest d'Oriou es parroisses de Salles et Civaux, dépendans de la baronnie de Mortemer*, 1562 (fief de Mortemer).

Orioux, f. c^{ne} de Persac. — *Oyroux*, 1407 (gr. Gauthier, f° 193). — *Orioust*, 1441; *Oriou*, 1479 (prieuré de Teil). — *Orioux*, 1498 (fief de Chanteloube).

Ormandrie (L'), f. c^{ne} de Jouet. — *La Normandie*, 1726 (cure de Jouet). — *La Normandrie* (Cassini).

Ormeau (L'), vill. c^{ne} de Buxerolles. — *L'Oumea l'abbesse*, 1376 (abb. de Ste-Croix, 25). — *L'Ousmeau l'abbesse*, 1444; *l'Umeau l'abbasse*, 1457 (*ibid.* 20). — Anc. domaine de l'abbaye de Sainte-Croix de Poitiers.

Ormeau (L') ou l'Humeau, f. c^{ne} de Lavoux.

Ormeau (L'), h. c^{ne} de Lusignan. — *L'Ousmeau*, 1477 (fief de Monts). — *L'Houmeau*, 1753; *l'Ormeau*, 1775 (rôles des tailles). — *L'Hommeau* (Cassini).

Ormeau (L'), h. près la Merci-Dieu, c^{ne} de la Roche-Posay. — *Ulmus Marion*, 1391; *l'Omeau Marion*, 1432 (abb. de la Merci-Dieu, 4). — *L'Umeau Marion*, 1473 (*ibid.* 11). — *L'Hormeau Marion*, 1638; *l'Humeau Marion*, 1666 (*ibid.* 4).

Ormeau (L'), h. c^{ne} de Saint-Jean-de-Sauves.

Ormeau (L'), h. c^{ne} de Sossay.

Ormeau (L'), h. c^{ne} de Vendeuvre.

Ormeau (L'), m. isolée, c^{ne} de Vouneuil-sur-Vienne.

Ormeau (Le Grand-), m. r. c^{ne} de Vezières.

Ormeau (Le Gros-), f. c^{ne} de Saint-Christophe. — *Mestairie de Brizay, vulgairement appellée le Gros Humeau*, 1604; *seigneurie du Gros Ormeau, aultrement la seigneurie de Brizay*, 1630 (cure de St-Christophe). — Anc. fief relev. de la bar. de Faye-la-Vineuse (Indre-et-Loire).

Ormeau-Chaunay (L'), h. c^{ne} de Nueil-sous-Faye.

Ormeau-Creux (L'), m. près la Chambaudière, c^{ne} de Monts-sur-Guesne.

Ormeau-de-Richemont (L'), f. c^{ne} de Prinçay.

Ormeau-du-Guet (L'), f. c^{ne} de Prinçay.

Ormeau-Fontaine (L'), h. c^{ne} de Chasseneuil.

Ormeaux (Les), chât. c^{ne} de Bournan. — *Les Humeaux*, 1541 (prieuré de Bournan, 2).

Ormeaux (Les Grands-), m. isolée et fontaine, c^{ne} de Craon. Le ruiss. qui sort de cette fontaine se jette dans la Dive près la Grimaudière.

Ormeaux (Les Grands-), f. c^{ne} de Mignaloux. — *La Millonère*, 1324 (arch. de Poitiers, 12). — *La Milhonnère*, 1398 (com^{rie} de la Villedieu, 22). — *La Millonnière*, 1625 (*ibid.* 26). — *Les Grands Ormeaux anciennement la Milonnière*, 1744 (*ibid.* 25).

Ormes (Les), c^{on} de Dangé. — *Les Homes Saint Martin*, 1437; *les Hommes Saint Martin*, 1446 (duché de Châtellerault, 5). — *Les Ormes de Saint Martin*, 1564 (arch. de la Soc. des antiq. de l'Ouest, 534). — *S. Martin et Ste Marguerite des Ormes*, 1782 (pouillé). — *Les Ormes*, 1807 (annuaire). — *Les Ormes-sur-Vienne*, 1859 (Dictionnaire des postes).

Cette commune est formée des deux anciennes

paroisses des Ormes et de Poizay-le-Joli, moins le Port-de-Piles. Celle des Ormes faisait partie de l'archiprêtré, du duché, de la sénéchaussée et de l'élection de Châtellerault; toutefois une certaine étendue de son territoire, comprenant la Jarrie et le Pin, était au ressort de Chinon en Touraine.

La paroisse des Ormes-Saint-Martin fut érigée en 1654; la plus grande partie de son territoire fut démembrée de la paroisse de Poizay-le-Joli; le surplus, comprenant le Pin, la Pousardière, Coupé et la Pellussière, fut distrait de la paroisse d'Antogny-le-Tillac, au diocèse de Tours. Le patronage de la cure appartient au seigneur du lieu. — La seigneurie des Ormes-Saint-Martin, érigée en baronnie au mois d'octobre 1652 en faveur d'Antoine-Martin Passort, relevait du duché de Châtellerault. Elle fut acquise en 1729 par le comte Voyer d'Argenson; le château, rebâti par son fils, a été en partie détruit.

Ors (Les), f. c^{ne} de Lussac-le-Château.

Ors (Les), f. c^{ne} de Paizay-le-Sec; — 1543 (abb. de St-Savin, 31).

Ouachère (La), h. c^{ne} de Vouneuil-sur-Vienne.

Ouches (Les), m. r. c^{ne} d'Anché.

Ouches (Les), lieu autref. habité, c^{ne} de Marçay.

Ouches (Les), f. c^{ne} des Ormes. — *Les Oches*, 1446 (duché de Châtellerault, 5). — *Osches*, 1455 (abb. de St-Cyprien, 21). — *Les Ousches*, 1727 (fief de Mousseaux). — Anc. seigneurie.

Ouches (Les), f. c^{ne} de Pouant. — *Villa que dicitur Olcas, in pago Pictavo, in vicaria Brainse*, 1007 (cart. de St-Cyprien, p. 79).

Oudards (Les), h. c^{ne} d'Orches.

Oundière (L'), f. c^{ne} de Thuré. — *Hostel de la Huardière?* 1494 (duché de Châtellerault, 6).

Ouly, vill. c^{ne} de Champigny-le-Sec. — *Petrus de Orleio*, 1213 (chap. de Mirebeau, 15). — *Villa d'Orle*, 1251 (chap. cathédral, 84). — *Horle*, 1491 (prieuré de St-Jean-de-Mirebeau, 6). — *Ourely*, 1620 (fam. de Fouchier, aveu de Rochefort, f° 23 v°). — *Ourly*, 1765 (rôle du vingtième).

Oursaty, f. c^{ne} d'Ayron.

Ousine, h. c^{ne} de Vivonne. — *Hostel d'Ouzines*, 1586 (chap. de St-Hilaire, 482).

Outres (Les), h. c^{ne} de Thuré; distrait de la c^{ne} de Naintré le 3 janvier 1839. — *Village des Hostes*, 1602 (cure de Thuré).

Outreville, h. c^{ne} de Saint-Romain-sur-Vienne.

Ouvrardière (L'), f. c^{ne} de Saint-Gervais. — *L'Ouvradière*, 1551; *l'Ouvarardière*, 1658 (seign. de la Varenne). — *L'Ouvardière*, 1774 (aveu de la bar. de la Touche).

Ouvrardières (Les), f. c^{ne} de Saint-Sauveur. — *Les Ovrardières*, 1380 (abb. de St-Cyprien, 24). — *Les Ouvrardières*, 1685 (ibid. 25).

Ouzillé, lieu auj. inconnu, c^{ne} de Savigny-l'Évescault. — *Ousillé*, 1385 (cart. de la Trinité, f° 57). — *Ourillé*, 1404 (gr. Gauthier, f° 8 v°). — *Ouzillé*, 1578 (évêché, 66).

Ouzilly, c^{ne} de Lencloître. — *Villa que vocatur Oziliacus in pago Pictavo*, v. 970 (cart. de St-Cyprien, p. 54). — *Ozillec*, v. 1180 (abb. de St-Benoît). — *Ozille*, 1186 (ch. de St-Hilaire, t. I, p. 199). — *Ozilleyum*, 1261 (ibid. t. I, p. 294). — *Ozilliacum*, 1272 (chap. de St-Hilaire, 169). — *Ozile*, 1276 (ibid. 83). — *Ousilliacum*, 1295 (ch. de St-Hilaire, t. I, p. 356). — *Oizille* (pouillé de Gauthier, f° 138). — *Ozilheyum*, 1316; *Ouzillé*, 1347 (abb. de Fontaine-le-Comte, 24). — *Ozilhé, Ouzilhé*, 1383 (taux du décime, p. 11 et 67). — *Osilly*, 1439 (terrier de Gironde, 62). — *Ouzilly*, 1637 (chap. de St-Hilaire, 169). — *S. Hilaire d'Ouzilly*, 1782 (pouillé).

Avant 1790 cette commune faisait partie de l'archiprêtré de Dissay, du duché, de la sénéchaussée et de l'élection de Châtellerault. La cure était à la nomination du chantre du chapitre cathédral.

Ouzilly, h. et m^{in} sur la Gartempe, c^{ne} de Latus. — *Ousilhet*, 1408 (gr. Gauthier, f° 121). — *Ouzillec*, 1452 (chap. de Montmorillon, 2). — *Ozillé*, 1525 (maison-Dieu, 31). — *Ouzilhé*, 1530 (ibid. terrier). — *Ousilly*, 1651 (maison-Dieu, 35). — *Ouzillé*, 1671 (fief d'Ouzilly). — *Ouzilly*, 1728 (clergé, 16). — Anc. fief relev. de la bar. de Montmorillon.

Ouzilly-Vignolles, c^{on} de Moncontour. — *Ecclesia de Ozileio*, 1179 (cart. de St-Jouin, p. 39). — *Osigli* (pouillé de Gauthier, f° 171 v°). — *Ouzillé*, 1383 (taux du décime, p. 156). — *Ouzillé*, 1481; *Sainct Martin d'Ouzilly*, 1641 (abb. du Pin, 41). — *Ouzilly Vignolle*, 1740 (cure d'Ouzilly-Vignolles).

Ouzilly, où il ne se trouve que l'église et deux maisons, tire son surnom du village de Vignolles, situé à 1 kilomètre au sud.

Avant 1790 cette commune faisait partie de l'archiprêtré, de la châtellenie, du bailliage et de l'élection de Loudun, sauf une certaine étendue de son territoire qui dépendait de la baronnie de Moncontour. La cure était à la nomination de l'abbé de Saint-Jouin-de-Marnes (Deux-Sèvres); elle a été rétablie en 1822.

Ovné. Voy. Oiné.

P

PABEUIL, f. c⁽ⁿᵉ⁾ de Fleix. — *Pabeuilh*, 1628 (fief de Champeaux). — *Pabouille*, 1643 (évêché, 10).

PACAUDERIE (LA), f. c⁽ⁿᵉ⁾ de Mondion. — *La Paquauderie*, 1663 (seign. de Puygarreau, 10).

PACAUDIÈRE (LA), m. au bourg de Cissé. — *La Pascauldère*, 1407 (seign. du Peux-de-Cissé). — *La Pacaudière*, 1564; *la Picaudière*, 1673 (cure de Cissé). — *La Pascaudière*, 1820 (nomencl.).

PACHÉ, vill. c⁽ⁿᵉ⁾ d'Avanton. — *Pachiacum*, v. 1105 (Fonteneau, t. XIX, p. 117). — *Pachee*, v. 1120 (abb. de Montierneuf). — *Pacheium*, 1389; *Pasché*, 1448; *Paché*, 1497 (ibid. 56).

PACHOTERIE (LA), h. c⁽ⁿᵉ⁾ de Coulonges.

PACHOTIÈRE (LA), f. détruite, près la Gatelinière, c⁽ⁿᵉ⁾ de la Roche-Posay; — 1458 (notaires, Artaud à la Roche-Posay; 1608 (seign. de la Gatelinière).

PAGEARDS (LES), lieu détruit, vers la Maison-Vieille, c⁽ⁿᵉ⁾ de Dangé. — *Village des Pajardz*, 1627 (cure de Dangé); — *des Pageards*, 1686 (fief de la dîme de Poligny).

PAGEAUDRIE (LA), f. c⁽ⁿᵉ⁾ de Saint-Sauveur. — *La Pageaulderie*, 1480 (com⁽ʳⁱᵉ⁾ de la Foucaudière, 1). — *La Pajaudrye*, 1619 (ibid. 3).

PAGENAUDRIE (LA), f. c⁽ⁿᵉ⁾ de Lussac-le-Château.

PAGENAUDS (LES), m. r. c⁽ⁿᵉ⁾ d'Hains.

PAGERIE (LA), m. r. c⁽ⁿᵉ⁾ d'Antran.

PAGÉS (LES), f. c⁽ⁿᵉ⁾ des Ormes.

PAGOTIÈRE (LA), h. c⁽ⁿᵉˢ⁾ de Verrue et Coussay. — *La Pagotière*, 1504 (cure de Verrue). — *La Pagottière*, 1610 (cure de Coussay). — Anc. seigneurie.

PAILLE (LA), m. isolée, c⁽ⁿᵉ⁾ de Saint-Germain. — *La Pailhe*, 1581 (abb. de St-Savin, 22).

PAILLÉ (LE), h. c⁽ⁿᵉ⁾ de Saint-Remy-sur-Creuse. — *Le Paillier*, 1533; *le Pallier*, 1552; *le Paillé*, 1627 (minimes de Châtellerault).

PAILLERIE (LA), f. c⁽ⁿᵉ⁾ de Poitiers.

PAILLERIE (LA), m. r. c⁽ⁿᵉ⁾ d'Usson; — 1597 (seign. de Ressonneau, 2). — Anc. fief relev. de Joussé.

PAILLERIE (LA), m. isolée, c⁽ⁿᵉ⁾ de Vouneuil-sur-Vienne; — 1579 (chap. cathédral, reg. 92).

PAILLES (LES), h. c⁽ⁿᵉ⁾ de Claunay. — *Peala prope Rocayum*, 1250 (chap. cathédral, 84). — *Les Pailles*, 1429 (prieuré de Triou).

PAILLETEAU, h. c⁽ⁿᵉ⁾ de Saix.

PAILLETERIE (LA), lieu détruit, c⁽ⁿᵉ⁾ de Saint-Saviol ; *veilles murailles et froustiz jadiz maisons, assises près la font de la Cruillière*, 1461 (fam. Jousserant, 1).

PAILLETERIE (LA), m. à Étrepied, c⁽ⁿᵉ⁾ de Sammarçolle

PAINCHAUD, f. c⁽ⁿᵉ⁾ de Châtellerault. — *Village des Anneteaulx alias Painchault*, 1616 (cure d'Antogné). — *Pinchault, cy devant le village des Anneteaux*, 1665 (fief du Verger).

PAIN-PERDU, h. et m⁽ⁱⁿ⁾ sur la Briande, c⁽ⁿᵉ⁾ de Guesne; une maison de ce hameau est sur le territ. de Monts. — *Paimperdu*, 1460 (arch. de la Soc. des antiq. de l'Ouest; Loudunais, 9). — *Painperdu*, 1531 (com⁽ʳⁱᵉ⁾ de Loudun, 32). — Anc. fief relev. de Monts-sur-Guesne.

PAIN-PERDU, f. c⁽ⁿᵉ⁾ de Saint-Martin-la-Rivière.

PAIN-PERDU, m. à Peumartin, c⁽ⁿᵉ⁾ de Sèvre; — 1522 (fam. Fumée).

PAIN-PERDU, h. c⁽ⁿᵉ⁾ de Vivonne; — 1335 (fam. Frotier).

PAIRE (LA), m. isolée, c⁽ⁿᵉ⁾ de la Chaussée.

PAIRÉ ou PAYRÉ, c⁽ᵒⁿ⁾ de Couhé. — *Pairec*, 1230 (Fonteneau, t. XXII, p. 171). — *Payrec* (pouillé de Gauthier, f⁰ 151 v⁰). — *Payré*, 1478 (reg. synodal). — *Peyré*, 1479 (compte de J. Bourdin). — *Pairé*, 1489 (livre de recette de Vivonne, f⁰ 77 v⁰). — *S. Hilaire de Peyré*, 1782 (pouillé).

Avant 1790 cette commune dépendait de l'archiprêtré de Rom (Deux-Sèvres), de la châtellenie de Couhé en majeure partie et, pour le surplus, des châtellenies de Château-Larcher, Celle-l'Évécault et Lusignan, et de l'élection de Poitiers. La cure était à la nomination du prieur de Ligugé.

PAIRÉ, m⁽ⁱⁿ⁾ sur la Vonne, c⁽ⁿᵉ⁾ de Curzay. — *Moulin de Pesré*, 1557 (fief de Grassay). — *Payré*, 1604 (fie de Mauprié).

PAIROUX ou PAYROUX, c⁽ᵒⁿ⁾ de Charroux. — *Ecclesia Sanctæ Mariæ de Pero*, 1218 (Fonteneau, t. XXIV, p. 267). — *Parochia de Perosio*, 1284 (ibid. t. XXIV, p. 293). — *Pevou* (pouillé de Gauthier, f⁰ 151). — *Perolium*, 1324 (chap. de St-Hilaire, 83). — *Peroux*, 1373 (arch. de Poitiers, 23). — *Peyrou* 1395 (gr. Gauthier, f⁰ 282 v⁰). — *Peyroux, Peyroul*, 1404 (ibid. f⁰ 196 v⁰). — *Peroulx*, 1482 (fam. Jousserant, 1). — *Peroul*, 1486 (fief de Pairoux). — *Poiroux*, 1596 (aides et équivalents, p. 35). — *Peiroux*, 1649 (bissexte). — *Pairoux*, 1779 (almanach provincial). — *Notre-Dame de Payroux*, 1782 (pouillé).

Avant 1790 cette paroisse, de l'archiprêtré de Gençay et de l'élection de Poitiers, dépendait en partie de la baronnie de Charroux et en partie de la châtellenie de Civray. Le prieuré-cure dépendait de l'abbaye de la Reau. Le fief de Pairoux relevait du comté de Civray.

Le Pairoux, ruiss. a sa source dans la c^ne d'Épenède (Charente), près la limite du dép^t de la Vienne, et, après avoir arrosé les c^nes de Pressac, Mauprevoir et Pairoux, se jette dans le Clain au-dessous du chef-lieu de cette dernière. — *L'eauve vulgairement appellée le Peyrou*, 1404 (gr. Gauthier, f° 196 v°). — *Rivière du Peroulx*, 1482 (fam. Jousserant); — *du Peroux*, 1626 (notaires de la bar. de Charroux).

PAISSEAU (LE), f. c^ne de Saint-Maurice. — *Herbergamentum de Payssea*, 1299 (chap. de St-Pierre-le-Puellier, 1). — *Le Pesseau*, 1485 (ibid. 21).

PAIZAY-LE-SEC, c^n de Chauvigny. — *Ecclesia Sancti Ylarii de Payzayco*, 1093; *Payzayum*, 1184 (abb. de St-Savin, 1). — *Paisai* (pouillé de Gauthier, f° 176 v°). — *Paysai*, 1310 (Gauthier, f° 185). — *Paizay*, 1383 (taux du décime, p. 17). — *Rector de Paisayo Sico*, 1478 (reg. synodal). — *Paisay le Sec*, 1533 (abb. de St-Savin, 29). — *Poizay le Sec*, 1572 (ibid. 25). — *Paizé le Secq*, 1649 (bissexte). — *S. Hilaire de Paizé-le-Sec*, 1782 (pouillé).

Avant 1790 cette commune faisait partie de l'archiprêtré de Montmorillon, de la châtellenie de Saint-Savin, au ressort de Montmorillon et de l'élection du Blanc, généralité de Bourges. La cure était à la nomination de l'abbé de Saint-Savin.

PAJARDERIE (LA), h. c^ne d'Availle.

PAJAUDRIE (LA), m. isolée, c^ne de Nieuil-l'Espoir.

PALAIS, f. c^ne de Leugny; — 1456 (abb. de Fontaine-le-Comte, 29).

PALAIS (LE), m. r. c^ne de Blâlay; — 1444 (prévôté de Blâlay, 2). — Anc. fief relev. de la prévôté de Blâlay.

PALAIS (LE), f. c^ne de Verrières.

PALAIS (LE), ruiss. sort de l'étang de Maupertuis, c^ne de Coulombiers, passe au chef-lieu de cette c^ne, traverse celle de Marçay et se jette dans le Clain à Vivonne. — *Le Palais*, 1418 (chap. cathédral, 71). — *Rivière du Paleys*, 1489 (livre de recette de Vivonne, f° 29). — *Le Pallays*, 1535 (Inv. des arch. de la Barre, t. II, p. 440). — *Le Pallais*, 1586 (chap. de St-Hilaire, 482).

Ce ruiss. a donné son nom à un moulin sis à Vivonne : *moulin du Palais*, 1489 (livre de recette de Vivonne, f° 66), et au faubourg où il se trouve : *fauxbourgs du Pallais de Vivonne*, 1615 (seign. de Vounant).

PALAIS-DE-CROUTELLE (LE), chât. c^ne de Croutelle.

PALATRIES (LES), h. c^ne de Civray. — *Les Pallastries*, 1576 (fief de Bellabre).

PALENNE (LA), m. à Saix.

PALENNE (LA), f. c^ne de Senillé.

PALERNE, m^in sur la Clouère, c^ne d'Alonne; détruit v. 1850.

PALICAUDRIE (LA), h. c^ne de Châtain. — *La Pallicaudrye*, 1725 (cure de Châtain).

PALISSE (LA), f. c^ne de Millac. — *La Pallisse*, 1448; *la Palisse*, 1453; *étang de la Palice*, 1706 (cure de l'Isle-Jourdain). — L'étang de la Palisse est peut-être celui qui est appelé *estang de la Popaudière* en 1448; — *de la Papodière* en 1449 (cure de l'Isle-Jourdain).

PALISSE (LA), m. isolée, c^ne de Nueil-sous-Faye.

PALISSES (LES), h. c^ne d'Availle-Limousine.

PALLONERIE (LA), anc. fief, à Benasse, c^ne de Pairé.

PALLU, m^in sur le Mardelon, c^ne de Beuxe. — *Molendinum de Palu*, 1235; *moulin de Paluz*, 1410 (abb. de Fontevrault, 2). — Ce moulin appartenait à l'abbaye de Fontevrault.

PALLUAU, m^in sur l'Auzance, c^ne de Chiré-en-Montreuil. — *Moulin de Paluya*, 1404 (gr. Gauthier, f° 75); — *de Palliau*, 1644 (fam. Jacques); — *de Palias, de Paillias*, 1715 (abb. du Pin, 25).

PALLUAU, h. c^ne de Loudun.

PALLUAU, f. c^ne de Pouant. — *Paluau*, 1461 (chap. de St-Hilaire, 427).

PALLUAU, m^in sur le Négron, c^ne de Sammarçolle. — *Paluau*, 1456 (com^rie de Loudun, 19).

PALLUAU (RUISSEAU DE), a sa source près Chitré, c^ne de Vouneuil-sur-Vienne, et tombe dans la Vienne. — *Rivus de Paluia*, 1237 (abb. de St-Cyprien, 36). — *Rivau de Palluau*, 1587 (évêché, 20).

PALLUS (LES), h. c^ne de Colombiers. — *Mestairie de Palu*, 1520 (duché de Châtellerault, 7). — *Le grand Pallu*, 1665 (fief du Verger).

PALU (LA), ff. c^ne de Blâlay.

PALU (LA), petite riv. prend sa source près de Rochefort, c^ne de Mirebeau, traverse celles de Varennes, Blâlay, Chénéché et Vendeuvre, puis limite sur sa droite celles de Jaunay et de Dissay, sur sa gauche celles de Marigny-Brizay et de Beaumont, et se jette dans le Clain après un parcours de 27 kilomètres. — *Flumen Venezia?* v. 1000 (cart. de St-Cyprien, p. 64). — *Riperia de Palude propre Blalayum*, 1329 (prévôté de Blâlay, 5). — *La Paludz*, 1386 (séminaires de Poitiers, 4). — *La Paluz*, 1398 (Filles de-Notre-Dame de Poitiers, 9). — *La Palud*, 1404 (prieuré de Jaunay). — *La Palu*, 1480 (seign. de Chénéché, 4). — *La Pallu*, 1491 (ibid. 1). — *La Palleu*, 1590 (séminaires de Poitiers, 4).

PANCHONIÈRE (LA), vill. c^ne de Verrières. — *La Pachonère*, 1409; *la Pichonnère*, 1462 (abb. de Nouaillé,

20). — *La Pachonnière*, 1742 (seign. de Dienné et Verrières, 2).

Pandoines (Les), m. r. cⁿᵉ de Doussay. — *Terres de l'Epandouère*, 1529 (cure de Doussay). — *Les Pandouères*, 1536 (chap. de Mirebeau, 29).

Panier (Le), h. cⁿᵉ de Vendeuvre.

Panièvre, vill. cⁿᵉ de Chaunay. — *Pennèvres*, 1399 (seign. de Panièvre). — *Panèvres*, 1403 (gr. Gauthier, f° 224). — *Pagnièvre, Pannièvre*, 1566 (seign. de la Touche-Vivien). — *Panièvre*, 1594 (fief de Panièvre).— Anc. fief relev. du comté de Civray.

Panlois, f. cⁿᵉ de Mondion. — *Panloie*, 1570 (seign. de Mondion, 1). — *Penlois*, 1623 (*ibid.* 2).

Panneau (Le), m. r. cⁿᵉ de Frontenay.

Pannetiers (Les), m. r. cⁿᵉ de Saint-Remy-sur-Creuse. — *Les Penetiers*, 1593 (minimes de Châtellerault). — *Les Pannetiers*, 1728 (collège de Poitiers, 22).

Pantalière (La), h. cⁿᵉ de Saint-Gervais. — *La Pastallière*, 1671 (fam. de Brusse). — *La Patallière*, 1674 (fief du Plessis-Baunay).

Papaudière (La), f. cⁿᵉ de Vaux-en-Couhé; — 1621 (seign. de Monts).

Papault, papeterie sur le Clain et vill. cⁿᵉ d'Iteuil. — *Les molins Papault*, 1542 (abb. de la Trinité, 75). — *Le moulin Poupault*, 1668 (abb. de S¹-Cyprien, 49).

Papeaux (Les), m. r. cⁿᵉ de la Ferrière. — *Village de Papeas*, 1404 (hommages du comté de Poitou, f° 29). — *Herbergement de Massé Papaut du Rivau*, 1405 (gr. Gauthier, f° 80). — *Fief des Papaulx*, 1580 (fief de Gençay). — Anc. fief relev. de la vic. de Gençay.

Papeterie (La), m¹ⁿ sur l'Auzance, cⁿᵉ de Migné; anc. papeterie. — *Le moulin Jousselin*, 1481; *le moulin Jousselin*, 1563; *le moulin Jousselin*, *la Papeterie, scis à Nanteuil*, 1676 (abb. de Montierneuf, 60). — *Moulin de la papetrie de Salvert*, 1775 (rôle des tailles). — Il était dû sur ce moulin à papier, possédé en 1563 par Mathieu Fleuriau, une rente de quatre rames de papier fin à l'abbaye de Montierneuf (abb. de Montierneuf, 60).

Papetrie (La), h. cⁿᵉ de Saint-Georges. — *Hostel noble de la Picardière ou fief des Judes*, 1552 (fief de la Picardière). — *La Picquardière aultrement la Papetrye*, 1582 (com¹ⁱᵉ de S¹-Georges, 2). — *La Papettrie*, 1603 (*ibid.* 3). — *La Papetrye*, 1622 (évêché, 21). — Le fief de la Picardière relevait de la tour de Maubergeon.

Papinerie (La), m. r. cⁿᵉ de Pleumartin. — *La Papinerye*, 1676 (cure de Pleumartin).

Papinière (La), bt cⁿᵉ de Blâlay; — 1444 (prévôté de Blâlay, 2).

Papinière (La), h. cⁿᵉ de Lomaizé. — *La Paponère*, 1234 (abb. de Nouaillé, 19). — *La Papinière*, 1474 (seign. de la Motte de Lomaizé). — Anc. fief relev. de la Motte de Lomaizé.

Papinière (La), m. r. cⁿᵉ de Queaux.

Papiotière (La), h. cⁿᵉ de Civaux. — *La Pabiotière*, 1487 (seign. de la Tour-aux-Cognons).

Paplais, h. cⁿᵉ de Châtillon. — *Paplais*, 1596 (chap. de S¹-Hilaire, 344). — *Papelais*, 1689 (notaires, Pascault à Civray). — Anc. fief relev. de Cercigny (Fonteneau, t. XLI, p. 952).

Papleterie (La), f. cⁿᵉ de Latillé. — *La Patelotrye*, 1620 (cure de Latillé). — *La Paploterie*, 1775 (rôle des tailles).

Papotière (La), f. cⁿᵉ de Plaisance; — 1517 (seign. de la Motte de Persac).

Paquenalière (La), lieu détruit, cⁿᵉ de Saint-Gervais. — *Murs et foucez qui furent jadis feu Aymeri Paguenau*, 1340 (bar. de Luain). — *La Paguenalère*, 1440 (seign. de Puygarreau, 7). — *La Paganalière*, 1452 (duché de Châtellerault, 4). — *La Paguenalière*, 1459 (*ibid.* 6). — *La Paquenalière*, 1841 (nomencl.). — Anc. fief relev. de Faye-la-Vineuse (Indre-et-Loire).

Pâquerie (La), h. cⁿᵉ de la Chapelle-Mortemer. — *La Pasquerie*, 1517 (chap. de Mortemer, 2).

Pâquerie (La), f. détruite, près le chât. de Curzay, cⁿᵉ de Curzay. — *La Pasquerie*, 1627 (fief de Curzay).

Pâquerie (La), f. cⁿᵉ de Saint-Gervais. — *La Pacquerye*, 1550 (bar. de Luain). — *La Pasquerie*, 1552 (seign. de Puygarreau, 10).

Pâquerie (La), f. cⁿᵉ de Saint-Romain-sur-Vienne. — *La Pasquerie*, 1635 (cure de S¹-Romain).

Paquerière (La), ff. cⁿᵉ d'Archigny. — *Les Paquères*, 1307 (Gauthier, f° 195). — *La Pasquelière*, 1474 (évêché, 22). — *La Pasquerière*, 1525 (*ibid.* 24). — *La Paquerière*, 1779 (rôle des tailles).

Paquetrie (La), h. cⁿᵉ de Nalliers. — *La Pacquettrie*, v. 1650 (abb. de S¹-Savin, 33). — *La Pacquetrye*, 1670 (cure de Nalliers).

Paquignons (Les), vill. cⁿᵉ de Lussac-le-Château.

Paradis, f. cⁿᵉ de Saint-Julien-Lars. — *Village de Paradys autrement Abrioux*, 1618 (évêché, 66).

Paradis, f. cⁿᵉ de Targé; — 1418 (seign. de Chitré).

Paradis (Le), m. r. cⁿᵉ de Mazeuil.

Paradis (Le), m. r. cⁿᵉ de Saint-Martin-Lars.

Paradis-des-Ânes (Le), h. cⁿᵉ de Mauprevoir.

Paragère (La), f. près la Coindardière, cⁿᵉ de Sanxay.

Paragère (La), f. près la Rougerie, cⁿᵉ de Sanxay.

PARBEAU, f. cne de la Bussière. — *Parbault*, 1505 (abb. de St-Savin, 12).

PARC (LE), vill. cnes de Celle-l'Évescault et Saint-Sauvant.

PARC (LE), m. r. cne de Fleuré.

PARC (LE), h. cne d'Ingrande.

PARC (LE), f. cne de Lusignan; appart. autref. au prieuré de Saint-Martin d'Enjambe.

PARC (LE), forêt, cne de Montreuil-Bonnin. — *Parcus Monsterolii*, 1272 (Les Olim, t. I, p. 403). — Cette forêt dépendait autref. du château de Montreuil-Bonnin; sa contenance était, en 1781, de 375 arpents.

PARC (LE), h. cne de Romagne. — *Le Parc*, 1488 (seign. du Parc et Boisvert, 1); — *aultrement dict le veil Parsay*, 1554 (ibid. 2). — Anc. fief relev. de la châtell. de Champagné-Saint-Hilaire.

PARC (LE), f. cne de Saint-Secondin.

PARC (LE), h. cne de Targé.

PARC (LE), h. cne du Vigean.

PARC-AU-ROGER (LE), f. cne de Marigny-Brizay.

PARÇAY, vill. cne de Saint-Genest. — *Parssay*, 1439 (terrier de Gironde, f° 12). — *Parcay*, 1539 (abb. de Montierneuf, 98). — *Parsay*, 1586 (seign. de Puygarreau, 1).

PARCS (LES), f. cne d'Ouzilly.

PARCS (LES), m. r. cne de Vendeuvre.

PARDINE, vill. cne d'Usson. — *Pardines*, 1404 (gr. Gauthier, f° 199 v°).

PARELLE (LA), h. cne de Pouillé. — *La Perère*, 1385 (cart. de la Trinité, f° 33). — *La Parère*, 1450; *la Parière*, 1453 (abb. de la Trinité, 66). — *La Paresle*, 1513; *la Parayre*, 1560 (ibid. 70).

PARENTIÈRE (LA), h. cne de Leigné-sur-Usseau; — 1673 (fief de la Motte d'Usseau).

PARENTIÈRE (LA), h. cne du Verger-sur-Dive.

PARENTRIE (LA), h. cne d'Archigny.

PARENTRIE (LA), f. cne de Celle-l'Évescault. — *La Parenterye*, 1645 (seign. de Vounant).

PARIALIÈRE (LA), h. cne de Saint-Pierre-de-Maillé; — 1444 (évêché, 43).

PARIGNY, lieu détruit, cne de Champigny-le-Sec. — *Archimbaudus de Paregne*, 1206 (Fontenau, t. LV, p. 347). — *Parigné*, 1251 (chap. cathédral, 84). — Les fiefs du Grand-Parigny et de la Tour de Parigny relevaient de la bar. de Mirebeau.

PARIGNY, vill. cne de Jaunay. — *Parigné*, 1239 (abb. de Fontaine-le-Comte, 29). — *Parigniacum*, 1265 (Fonteneau, t. XXIV, p. 117). — *Payrigné*, 1322 (abb. de la Celle, 18). — *Parigny*, 1728 (rôle des tailles). — Anc. fief relev. de l'abbaye de Fontevrault.

PARIGNY, vill. détruit, cne de Saint-Benoît. — *Villa Pariniacus in pago Pictavo et in ipsa vicaria*, 987-996; *Parinniacus in vicaria Pictavo civitatis*, 988-1031 (cart. de St-Cyprien, p. 52). — *Patriniacus*, v. 1081 (abb. de Nouaillé). — *Parigniacus*, 1083 (ch. de St-Hilaire, t. I, p. 106). — *Payrigné*, 1283 (ibid. t. I, p. 348). — *Fondeis où souloit estre la grange de Parigné*, 1407 (abb. de Saint-Benoît, 3, f° 63). — *Parigny*, 1447 (ibid. 3, f° 661). — *Perigné*, 1491 (ibid. 3, f° 73). — Voy. ARCS DE PARIGNY (LES).

PARIS, m. à Ingrande; — 1755 (terrier de la Groye, p. 455).

PARISIÈRE (LA), f. au village de la Fenêtre, cne de Biard; — 1541 (chap. cathédral, 15).

PARLY (LA CROIX DE), à la limite des cnes de Frontenay et de Saint-Jean-de-Sauves.

PAROU, usine sur la Clouère, cne de Château-Larcher.

PARSAY, vill. cne de Romagne. — *Parsay*, 1393 (gr. Gauthier, f° 230). — *Persay*, 1446 (chap. de St-Hilaire, 243). — *Parcay*, 1464 (seign. du Parc et de Boisvert, 1). — Anc. fief relevant du Petit-Boisvert.

PARTENIÈRE (LA), vill. cne de Civaux. — *La Pelletenère*, 1496 (fam. de Savatte de Genouillé). — *La Pelletenière*, 1528; *la Pertenière*, 1559 (chap. de Mortemer, 6). — *La Partenière*, 1654 (seign. de la Tour-aux-Cognons). — *La Partinière*, 1780 (chap. de Mortemer, 6). — Anc. fief relev. de la bar. de Mortemer.

PARTHENAISERIE (LA), m. r. cne de Chauvigny. — *Chez Partenay*, 1543 (abb. de la Trinité, 65). — *La Partenaiserie*, 1644 (évêché, 11).

PARTRIE (LA), h. cne de Buxeuil.

PAS (LE), h. cne de Beuxe; — 1584 (abb. de Fontevrault, 2). — Anc. seigneurie.

PAS (LE), f. et chât. en ruine, cne de Chouppes; — 1514 (chap. cathédral, 58). — Anc. fief relev. de celui de la Roche-de-Chizay appart. à l'église cathédrale de Poitiers.

PAS (LE), m. à Étrepied, cne de Sammarçolle.

PAS (LE GRAND-), m. r. cne d'Availle.

PAS (MOULIN DU), sur le Ris, cne de Sérigny; — 1469 (bar. de Luain).

PAS-BERTIN (LE), m. r. cne de Marigny-Brizay. — *Le Pas Bretin* (Cassini).

PASCALIÈRE (LA), h. cne de Jardres. — *La Pascallière*, 1733 (rôle des tailles).

PAS-CHARPENTIER (LE), h. cne de Scorbé-Clairvaux; — 1439 (terrier de Gironde, f° 138). — Anc. fief relev. du marq. de Clairvaux.

Pas-de-la-Groie (Le), h. c de Thuré. — *Le Pas de la Groix*, 1594 (chap. cathédral, 42).

Pas-de-la-Mule (Chemin du), c de Ligugé, dans les bois situés entre Nintré et le ruiss. de Fontaine-le-Comte; a pris son nom d'une pierre où, suivant la légende, on voyait l'empreinte du pied de la mule de saint Martin (Annales d'Aquitaine, 1644, p. 41). C'était probablement, à l'époque de saint Martin, le chemin de Poitiers à Ligugé; la route actuelle est à peu de distance sur la droite. — *Chemin du Pas de la Mulle*, 1438 (chap. de St-Hilaire, 553).

Pas-de-Loup (Le), chât. et f. appelée Moulin-de-Pas-de-Loup, c de Saix; — 1485 (abb. de Ste-Croix, 71). — *Pasdelloup*, 1599 (fam. de Vaucelles). — Anc. fief relev. de l'abbaye de Ste-Croix de Poitiers.

Pas-de-Roux (Le), h. c^{nes} de Scorbé-Clairvaux et Colombiers. — *Pas de Rouhe*, 1571 (seign. des Robinières).

Pas-des-Champs (Le), h. c d'Oiré. — *Le Pont des champs*, 1478 (abb. de St-Cyprien, 24).

Pas-Lourd (Le), m. r. c de Doussay.

Pasquerie (La), f. à Poligny, c de Dangé; — 1469 (seign. de Poligny).

Pasquiers (Les), f. c de Saint-Pierre-de-Maillé.

Passac, vill. c de Champniers. — *Pacac*, v. 1194 (Fonteneau, t. XVIII, p. 599). — *Passac*, 1377 (gr. Gauthier, f° 204 v°). — Anc. fief relev. du comté de Civray.

Pas-Saint-Martin (Le), pierre portant l'empreinte d'un pied, c de Bignoux.

Pas-Saint-Martin (Le), terres situées sur le plateau de Bonnillet, c de Chasseneuil, près la limite de celle de Buxerolles; on y voit une pierre portant l'empreinte d'un pied.

Pas-Saint-Martin (Le), c de Nouaillé. — *Ad limitem de Fogerassere per quem itur de Sevria ad locum vulgariter appellatum Passus sancti Martini in territorio dau Rondez*, 1293 (abb. de la Trinité, 56). — Ce lieu est auj. inconnu.

Pas-Saint-Martin (Le), terres près la Cueille-Mirebalaise, entre le chemin de Poitiers à la sablière du chapitre de Saint-Pierre-le-Puellier et celui de Poitiers à Chardonchamp, 1445 (chap. de St-Pierre-le-Puellier, 9).

Pas-Saint-Martin (Le), chapelle, c de Salles-en-Toulon.— *Le dimanche après la Translation S. Martin assemblée au Pas S. Martin, parroisse de Salle en Toullon*, 1701, 1777 (almanachs de Poitiers).

Passay, h. c de Vendeuvre; — 1528 (seign. de Passay). — Le fief de Passay relevait de celui de la Guérinière.

Passedou (Ruisseau de), c de Millac; se jette dans la Vienne près et en amont de Rochelinard. — *Rivus de Passedour*, 1449 (cure de l'Isle-Jourdain).

Passelipotte, h. c de la Ferrière.

Passelourdin, rochers et grotte sur la rive droite du Clain, c de Saint-Benoît. — *Passelardun*, 1435 (abb. de St-Benoît, 7). — *Passalardin*, 1514 (ibid. 3, f° 176). — *Passelardin*, 1523 ou 1524 (ibid. 2, f° 140 v°). — *Le Passelourdin*, 1530 (abb. de la Celle, 15). — *La roche du Pas Sallardin, du Passe Allardin*, 1624 (abb. de St-Benoît, 7, f° 34). — *Passelourdault*, 1729 (ibid. 7). — Le chemin de fer de Poitiers à Limoges traverse ces rochers sous un tunnel.

Passerelle (La), m. r. c de Châtellerault.

Passetemps, f. c de Bonnes. — *Passetent*, 1609; *Passetemps*, 1720 (seign. de Loubressay).

Passoir (Le), vill. c de Bournan. — *Le Passouer*, 1397 (com^{rie} de Loudun, 16).

Passoir (Le), m. r. c de Saint-Gervais.

Passoux (Le), h. c de Chenevelles. — *Hostel du Passour*, 1429 (seign. de Montoiron, 1). — Anc. fief relev. de la bar. de Montoiron.

Passoux (Le), h. c de Scorbé-Clairvaux.

Patallières (Les), lieu détruit, près les Raboteaux, c de Sossay. — *Terra de la Pastelere?* 1296 (abb. de St-Benoît, 20). — *Les Patelères*, 1439 (terrier de Gironde, f° 135). — *Les Pastallères*, 1438; *les Patallières*, 1504 (prieuré-cure de Sossay).

Patarin, mⁱⁿ sur la Clouère, c de Gençay. — *Moulin aux Patarins*, 1404 (gr. Gauthier, f° 89 v°). — *Moulin Patarin*, 1680 (seign. de Gençay, reg. de recette).

Patauderie (La), h. c de Vendeuvre; — 1766 (rôle des tailles).

Patelotière (La), vill. c de Vicq. — *La Patelotière*, 1584; *la Patellotière*, 1617 (seign. de Pleumartin, 2). — *La Papelotière*, 1866 (dénomb.).

Patinière (La), f. à Yversay; terres arrentées par le chapitre de Sainte-Radegonde de Poitiers à Guy et Hugues Patin en 1366 (chap. de Ste-Radegonde, 74). — *La Patinière*, 1409 (ibid. 74). — *La Patinière*, 1569 (ibid. 25).

Pâtis-Bonneau (Le), h. c de la Chapelle-Montreuil.

Patons (Les), h. c de Bertegon.

Patrie (La), h. c d'Usseau. — *La Patrye*, 1550; *la Pasterye*, 1553 (seign. de la Motte d'Usseau). — *La Pastrie*, 1673 (fief des Mées).

Patrière (La Haute et la Basse-), m. r. et ff. c de Lésigny. — *La Patrière*, 1291 (abb. de la Merci-Dieu, 16). — *Seigneurie des hautes et basses Patrières*, 1757 (chap. cathédral, 25). — Anc. fief relev. de celui de Boussay en Touraine et appart. au chapitre cathédral de Poitiers.

PATRONFIÈRE (LA), h. c^{ne} de Coulonges.

PATTE-D'OIE, h. c^{ne} des Trois-Moutiers. — *Pothedoye*, 1466 (collège de Poitiers, 54). — *Potedoye*, 1505 (*ibid*. 56). — Anc. fief relev. du prieuré de Notre-Dame-du-Château de Loudun.

PÂTURAL (LE GRAND-), f. c^{ne} de Pressac.

PÂTUREAU (LE), f. anc. manoir, c^{ne} d'Oiré. — *Le Pasturau*, 1493 (duché de Châtellerault, 5). — *Le Pastureau*, 1543 (chap. de St-Hilaire, 220). — *Pastoureau*, 1567 (com^{rie} de la Foucaudière, 11). — Anc. fief relev. de la Groye; érigé en 1584 (seign. de la Groye, inv.).

PATURELLE (LA), h. c^{ne} de Coussay-les-Bois. — *La Pastourelle*, 1508 (fam. de Marconnay). — *Étang de la Paturelle*, 1756 (fief de Pouzieux). — Anc. fief relev. de la vic. de la Guerche (Indre-et-Loire).

PAU (LE), f. c^{ne} de Vendeuvre.

PAUBRY, f. c^{ne} de Moulime. — *Peabric*, 1441; *Peaubry*, 1472; *Puyhabry*, 1489 (prieuré de Teil). — *Peaubric*, 1503 (seign. de Lussac, 1). — *Peu Aubry*, 1581 (maison-Dieu, 97). — *Peaubri*, 1639 (*ibid*. 191). — *Peaubriq*, 1664; *Peaubrit*, 1736 (cure de Moulime). — *Paubry*, 1775 (rôle des tailles). — Anc. fief.

PAUFICHET, f. c^{ne} de Sèvre; — 1580 (chap. de St-Hilaire, 290).

PAUILLÉ, vill. c^{ne} de Montgauguier. — *Curtis de Pollec*, 1164 (Fontenau, t. V, p. 591). — *Poillé*, 1284 (com^{rie} de St-Georges, 19). — *Pouillé*, 1439; *Poilhé*, 1461; *Pougly*, 1522; *Pauillé*, 1583; *Paully*, 1652; *Paulier*, 1739 (abb. de Ste-Croix, 59). — *Paulié* (Cassini). — La terre de Pauillé appartenait à l'abbaye de Sainte-Croix de Poitiers.

PAULIÈVRE, f. c^{ne} de Charroux.

PAULLET (MOULIN DE), sur le Clain, à Poitiers; on appelait ainsi l'un des moulins de Chassaignes. — *Molendinum de Poollet*, 1265 (cure de St-Michel de Poitiers); — *de Poyllet*, 1295 (abb. de la Celle, 1).

PAUTRIE (LA), f. c^{ne} de Latus. — *La Pauterie*, 1495; *la Paultrie*, *la Potrie*, 1599 (chap. de Montmorillon, 2). — *La Potterye*, 1628 (prieuré de Latus). — *La Posterie*, 1730 (rôle des tailles). — *La Poterie* (Cassini).

PAUTROT, h. c^{ne} de Saint-Remy-sur-Creuse; — 1521 (duché de Châtellerault, 3). — *Poutrot*, 1779 (cure de St-Remy-sur-Creuse).

PAUVRARDIÈRE (LA), lieu détruit, près Prudenier, c^{ne} de Saint-Remy-sur-Creuse.

PAVÉ (LE), m. r. c^{ne} de Raslay.

PAVÉ (LE), vill. c^{ne} de Scorbé-Clairvaux.

PAVILLON (LE), m. r. c^{ne} d'Availle-Limousine.

PAVILLON (LE), m. r. c^{ne} de Châtellerault.

PAVILLON (LE), h. c^{ne} de Chouppes.

PAVILLON (LE), m. isolée, c^{ne} de Coulombiers.

PAVILLON (LE), f. c^{ne} de Coussay-les-Bois.

PAVILLON (LE), m. isolée, c^{ne} de Joussé.

PAVILLON (LE), h. c^{ne} de Nalliers.

PAVILLON (LE), h. c^{ne} d'Oiré; — 1755 (terrier de la Groye, p. 672).

PAVILLON (LE), h. c^{ne} de Persac.

PAVILLON (LE), m. isolée, c^{ne} de Queaux.

PAVILLON (LE), m. r. c^{ne} de Roiffé.

PAVILLON (LE), m. près le Temple, c^{ne} de Saint-Gervais; anc. fief relev. de la bar. de la Touche.

PAVILLON (LE), m. près les Cherelles, c^{ne} de Thuré.

PAVILLON (LE), m. r. c^{ne} d'Usseau.

PAVILLON-DU-PIN (LE), f. c^{ne} de Coulonges.

PAVILLONNERIE (LA), f. c^{ne} de Sossay.

PAYRE (LA), h. c^{ne} de Ternay.

PAYRE (LA BASSE-), vill. c^{ne} de Chasseneuil, et LA HAUTE-PAYRE, vill. c^{nes} de Chasseneuil et Jaunay. — *Ad Perum de Jaunaio*, 1262 (abb. de Fontaine-le-Comte, 29). — *Petra*, 1322 (abb. de la Celle, 18). — *La Père, la Piére*, 1324 (arch. de Poitiers, 12). — *La Perre, la Pierre*, 1408 (gr. Gauthier, f° 11 v°). — *La Peyre de Jaunay*, 1437 (*ibid*. f° 39 v°). — *La Paire*, 1532 (abb. de la Celle, 12). — Le fief de la Payre, paroisse de Chasseneuil, relevait de la tour de Maubergeon.

PAYRÉ. Voy. PAIRÉ.

PAYROUX. Voy. PAIROUX.

PAZIOTERIE (LA), h. c^{ne} de Coulombiers.

PEAUGEARD, vill. c^{ne} de la Puye. — *Puyojart*, 1470 (cure de St-Hilaire-entre-les-Églises de Poitiers). — *Puyogeart*, 1482 (couv. de la Puye, 7). — *Peogeart*, 1473 (évêché, 33). — *Puisaugeard*, 1576; *Peaujard*, 1772 (cure de St-Hilaire-entre-les-Églises de Poitiers).

PEIRON (LE), lieu auj. inconnu, dans l'anc. paroisse de Moussac, c^{ne} de Montmorillon. — *Village du Peiron*, 1651 (maison-Dieu, 35). — *Estang du Peyron*, 1653 (*ibid*. 18).

PÈLERIN (GRAND CHEMIN), de Couhé à Charroux; — 1409 (ch. de St-Hilaire, t. II, p. 66).

PÈLERIN (GRAND CHEMIN), c^{ne} de Cuhon; — 1410 (chap. de St-Hilaire, 134).

PÈLERINS (CHEMIN AUX), à la Tomberrard, c^{ne} de Coulombiers; — 1283, 1479 (abb. de Fontaine-le-Comte, 13); — près Croutelle, 1408 (gr. Gauthier, f° 44).

PÈLERINS (CHEMIN DES), de Gençay à Charroux. — *Chemin aux pelerins*, 1403 (gr. Gauthier, f° 248). — *Via peregrinorum que ducit de Gencayo apud la Ferrere*, 1404 (*ibid.* f°ˢ 95 et 279 v°). — *Chemin des pellerins par où l'on va de Gencay à Charroux*, 1487 (chap. de Sᵗ-Hilaire, 439); — *par où l'on va de Gencay à la Ferrière*, 1579 (abb. de Moreaux).

Pellegrolle, anc. fief, cⁿᵉ de Leigne; relev. de Fontprouard; — 1562 (maison-Dieu, 76).

Pellegrolle, h. cⁿᵉ de la Puye. — *Pellegrole*, 1480 (couv. de la Puye, 7). — *Pellegrolle*, 1585 (cure de Cenan).

Pellejeau, cⁿᵉ de Verrières. — *Moulin de Pellegeault*, 1709 (notaires, Sandilleau à Verrières); — *de Pellegaux*, 1742 (seign. de Dienné et Verrières, 2).

Pelletière (La), h. cⁿᵉ de Saint-Julien-Lars. — *La Peilletère, la Pioletère, la Pailhetère*, 1385 (cart. de la Trinité, f°ˢ 53 et 56). — *La Pailletière*, 1446; *la Pelletière*, 1511 (abb. de la Trinité, 63). — *La Pilletière*, 1548 (*ibid.* 61).

Pelletrie (La), h. cⁿᵉ d'Antran. — *La Peleterie*, 1470 (abb. de la Celle, 17). — *La Pelletrie*, 1623 (chap. de Notre-Dame-la-Grande, 69).

Pelletrie (La), h. cⁿᵉ de Thuré. — *La Pelletière*, 1427 (duché de Châtellerault, 7). — *La Pelleterie*, 1430 (chap. de Châtellerault, 12). — Anc. fief relev. de la Tour-Sebille.

Pelletruye, étang desséché, près Grand-Chaume, cⁿᵉ de Queaux; — 1641 (prieuré de Grand-Chaume).

Pellevoisin, lieu auj. inconnu, près Saint-Gaudent. — *Village de Pelvesin, près le cimetière de Saint Gaudent, le chemin entre deux*, 1443; — *de Pellevoisin, de Poylevoisin*, 1530 (fam. Jousserant).

Pellevoisin, h. cⁿᵉ de Saint-Pierre-d'Exideuil. — *Audebertus de Pelavezin*, v. 1160 (Fontenau, t. XVIII, p. 305). — *Pelevezin*, v. 1195 (*ibid.* t. XVIII, p. 614). — *Pellevoisin*, 1405 (gr. Gauthier, f° 208). — *Pelevesin*, 1405 (*ibid.* f° 266 v°). — *Chapelle de Sᵗᵉ-Neomaye de Pellevoisin*, 1782 (pouillé).

Pellordallières (Les), f. détruite, vers les Roussières, cⁿᵉ de Bonnes; — 1602 (seign. de Touffou, 2).

Pelloueille (La), h. cⁿᵉ de Sommières.

Pellussière (La), lieu détruit, cⁿᵉ des Ormes; — 1654 (cure des Ormes). — Ce lieu fut détaché en 1654 de la paroisse d'Antogny-le-Tillac, diocèse de Tours, pour former celle des Ormes.

Peloquinerie (La), vill. cⁿᵉ de Poitiers. — *Maisons des Peloquins*, 1492; *village des Pelloquins*, 1519 (chap. de Sᵗ-Pierre-le-Puellier, 9). — *La Pelloquinerie*, 1547 (*ibid.* 11). — Ce village faisait partie du Fief-le-Comte; il est communément appelé aujourd'hui le Porteau. Voy. ce mot.

Peloquinière (La), m. détruite, cⁿᵉ de Saint-Genest. — *Mazeris anciennement appellé l'hostel de la Pelloquinière, tenant au chemin par lequel l'on vait d'Ambière à la Chignière*, 1406 (duché de Châtellerault, 3). — *La Peloquinière, où souloit avoir maison*, 1439 (terrier de Gironde, f° 33 v°).

Pelouze (La), vill. cⁿᵉ de Saint-Léger-de-Montbrillais.

Pelouze (La Petite-), m. isolée, cⁿᵉ des Trois-Moutiers.

Pelsac, mⁱⁿ sur la Vandelogne, à Chiré-en-Montreuil. — *Molendinum de Pelesac*, 1351 (fam. Jacques). — *Moulin de Pelesacq*, 1404 (gr. Gauthier, f° 75); — *de Pellessacq*, 1644 (fam. Jacques).

Peltiers (Les), f. cⁿᵉ de Saint-Gaudent. — *Les Peltiers*, 1542 (fam. Jousserant, 3).

Peneau, h. cⁿᵉ de Leigné-les-Bois.

Penetrie (La), f. et étang, cⁿᵉ de Latus. — *Paneteria villa*, xiiᵉ s° (maison-Dieu, cart. n° 142). — *La Peneterie*, 1408 (gr. Gauthier, f° 121). — *La Penetrie*, 1506 (sergenterie fieffée de Montmorillon). — *La Pennetrie*, 1775 (rôle des tailles).

Penillons (Les), h. cⁿᵉ de Saint-Christophe.

Penillou, f. cⁿᵉ de Queaux. — *Penoilhoux*, 1470; *Penilhoux*, 1472 (prieuré de Grand-Chaume). — *Penillou*, 1573 (cure de Queaux).

Penins (Les), h. cⁿᵉ d'Hains. — *Les Penyns*, 1582; *les Penins*, 1670 (comᵉⁱᵉ de Rouflac, 1).

Penisseau (Le), h. cⁿᵉ d'Avanton.

Penotière (La), lieu détruit, près Laimé, cⁿᵉ d'Antran; — 1660 (cure d'Antran).

Pensier (Le), h. cⁿᵉ de Vezières.

Pentenay, vill. cⁿᵉ de Glenouze. — *Pontenay*, 1429 (abb. de Sᵗᵉ-Croix, 71). — *Pantenay*, 1487 (cure de Glenouze). — *Penthenay*, 1547 (chap. cathédral, 88).

Pentiqueries (Les), f. cⁿᵉ de Villemort. — *Les Pentieris*, 1841 (nomencl.).

Pépinière (La), f. cⁿᵉ de Lésigny.

Péquinerie (La), h. cⁿᵉ de Thuré. — *La Pequinerye*, 1629 (cure de Thuré).

Pérade (La), mⁱⁿ sur la Charente, cⁿᵉ de Charroux. — *La Payrade*, 1401 (chap. de Sᵗ-Hilaire, 548). — *La Perade*, 1499; *pont de la Peyrade*, 1507 (abb. de Charroux). — *Moulin de la Perade*, 1662 (notaires, Chevallier à Civray).

Pérajoux, h. cⁿᵉ de la Bussière. — *Peurageou*, 1601 (seign. de la Bertholière). — *Peurajou*, 1621 (couv. de la Puye, 9). — *Parajoue*, 1841 (nomencl.).

Péranche (La), h. cⁿᵉ de Brux. — *La Perenche*, 1498 (fief de Miserit). — *La Peranche*, 1599 (seign. de Couhé). — Anc. fief relev. de Chemerault.

PÉRANCHES (LES), h. c^{ne} de Varennes. — *Les Paranches*, 1494 (prévôté de Blàlay, 4). — *Les Peroches*, 1544 (couv. de Lencloître). — *Les Peranches*, 1554 (cure de Varennes). — *Auperanche* (Cassini).

PÉRAT (LE), ruiss. naît près le hameau de la Forge, c^{ne} de Châtain, et tombe dans la Charente près le moulin de Bonnezac, même c^{ne}.

PÉRAT (LE GRAND-), h. c^{ne} de Millac. — *Villagium de Perata*, 1449; *le Peyrat*, 1459; *le Perat*, 1533 (cure de l'Isle-Jourdain).

PÉRAT (LE PETIT-), h. c^{ne} de Millac; — 1561 (prieuré de St-Paixent).

PÉRAUDERIE (LA), f. à Benest, c^{ne} d'Alonne.

PÉRAUDERIE (LA), f. c^{ne} de Pouzioux. — *La Perauderie*, 1624 (seign. du Ry). — *La Peraudière*, 1630 (seign. de la Chaise-outre-Vienne). — *La Pairoderye*, 1647 (séminaires de Poitiers, 12).

PÉRAUDIÈRE (LA), f. c^{ne} de Béruges.

PÉRAY (LA), f. c^{ne} du Vigean.

PERCEJEAU, h. c^{ne} de Champagné-Saint-Hilaire. — *Parsagaea*, 1450 (cure de Romagne). — *Persageau*, 1483 (chap. de St-Hilaire, 244). — *Persegeau*, 1598 (*ibid.* 249).

PERCERIE (LA), vill. c^{ne} d'Ayron. — *La Perserie*, 1749 (cure de Cramard).

PERCEVAUX (LES), h. c^{ne} de Coussay-les-Bois. — *La Beliveraye*, 1453 (notaires, Artaud à la Roche-Posay). — *La Briveraye*, 1617; *village des Persevaultz*, 1625 (seign. de la Roche-Posay, 3). — *La Briverays autrement les Percevaux*, 1653 (*ibid.* 4).

PERCHAIE (LA), h. c^{ne} de Saint-Pierre-des-Églises. — *Feodum Percheie*, 1194 (abb. de l'Étoile). — *Rector donus de la Porchoie*, 1320 (évêché, 22). — *La Perches*, 1410 (chap. de Chauvigny, 23). — *La Perchaiz*, 1447 (seign. de la Roche-Aguet). — *La Parchaiz*, 1605 (évêché, 22). — *La Prechaiz*, 1605 (abb. de l'Étoile). — *La Perchais*, 1775 (rôle des tailles). — Anc. seign. appart. à l'abbaye de l'Étoile et relev. de la châtell. d'Harcourt.

PERCHATIÈRE (LA), f. c^{ne} de Jouet. — *La Pelchatière*, 1611 (abb. de St-Savin, 24).

PERCHÉ (LE), m. isolée, c^{ne} de Sérigny.

PERCHÉE (LA), f. c^{ne} de Sillars; — 1407 (gr. Gauthier, f° 118); 1493 (fief de Pruniers). — Anc. fief relev. de Pruniers.

PERCUETRIE (LA), m. à Saint-Sauvant; — 1766 (rôle des tailles).

PERDRIGÈRE (LA), lieu détruit, près Bonnevaux, c^{ne} de Marçay.

PERDRIGÈRE (LA), f. c^{ne} de Vernon. — *La Perdrigonnère*, 1396 (gr. Gauthier, f° 78). — *La Perdrigeonnère*, 1404 (*ibid.* f° 86). — *La Perdrigère*, 1672 (chap. de St-Pierre-le-Puellier, 28).

PERDRIX (LA), m. isolée, c^{ne} de Poitiers.

PÉRIGNÉ, mⁱⁿ sur la Charente, c^{ne} de Savigné. — *Villa Parriniacus in vicaria Blaziacinse*, v. 960 (cart. de St-Cyprien, p. 267). — *Villa Patriniacus in vicaria Sivriaco*, v. 1010 (*ibid.* p. 283). — *Molendinum de Pairinec*, v. 1120 (Fontaneau, t. XVIII, p. 269); — *de Parignec, de Pairignec*, v. 1130 (*ibid.* t. XVIII, p. 281 et 283). — *Payrigniec*, 1253 (abb. de Charroux). — *Moulin de Perigné*, 1689 (notaires, Pascault à Civray).

PÉRIGNY, vill. c^{ne} de Vouillé. — *Villa que dicitur Pruniacus in vicaria Sanciaco*, 939 (ch. de St-Hilaire, t. I, p. 20). — *Ecclesia Pruniaci*, v. 1120 (Besly, Hist. des comtes de Poitou, p. 438). — *Pruygné*, 1303 (chap. de Ste-Radegonde, 64). — *Prugné*, 1364 (*ibid.* 25). — *Prigné*, 1430 (*ibid.* 31). — *Prigny*, 1439 (Filles-de-Notre-Dame de Poitiers). — *Preigné*, 1531 (chap. de Ste-Radegonde, 31). — *Perigny*, 1595 (ch. de St-Hilaire, t. II, p. 279). — Anc. fief relev. du chapitre de Sainte-Radegonde de Poitiers.

PÉRINELLE (LA), m. r. c^{ne} de Saint-Gervais. — *La Perronnelle*, 1841 (nomencl.).

PÉRINIÈRE (LA), m. r. c^{ne} de Dienné. — *La Perrinère ou petit Reignec*, 1436 (abb. de Nouaillé, 6). — *La Perrinière*, 1743 (rôle des tailles). — Anc. fief relev. de Cognac, à Mortemer.

PÉRINIÈRE (LA), h. c^{ne} de Savigny-l'Évécault. — *La Perrinière*, 1670 (abb. de St-Benoît, 1). — *La Perinière*, 1775 (rôle des tailles).

PÉRIOUX, f. c^{ne} du Vigean. — *Periou*, 1503 (cure du Vigean). — *Perioux*, 1689 (cure de l'Isle-Jourdain).

PERLOTIÈRE (LA), f. c^{ne} de Saint-Gervais.

PERLOTIÈRE (LA), h. c^{ne} de Thuré. — *La Pallotère, la Perlotière*, 1390 (duché de Châtellerault, 5). — *La Parlotère*, 1396 (chap. de St-Hilaire, 562). — *Hostel et forteresse de la Parlotière*, 1443 (duché de Châtellerault, inv. d'aveux, f° 38). — Anc. fief relev. du duché de Châtellerault.

PÉROGE (LA), f. c^{ne} de Lomaizé. — *La Peroge*, 1605 (carmes de Poitiers). — *La Perroge*, 1672 (notaires, Sandilleau à Verrières).

PÉROTIÈRE (LA), f. c^{ne} de Béthines. — *La Perottière*, 1672 (couv. de la Puye, 14).

PÉROTIÈRE (LA), h. et mⁱⁿ sur la Gartempe, c^{ne} de Latus; — 1496 (fief du Cluzeau-Bonneau). — *Moulin de la Perotière*, 1599 (fief de l'Âge-Courbejarret). — Ce mⁱⁿ est probablement celui qui est appelé le Moulin-Neuf au xve et au xvie siècle, et sur lequel était assise une rente tenue en fief de la bar. de Montmorillon : *Molendinum novum*, 1409 (gr. Gauthier, f° 121 v°). — *Le Moulin neuf*, 1501 (fief de la rente due sur le Moulin-Neuf).

Le ruiss. de la Pérotière a sa source près la Pautrie et sépare la c^{ne} de Latus de celle de Darnac (Haute-Vienne) jusqu'à son embouchure dans la Gartempe au moulin de la Pérotière.

Pérotière (La), lieu détruit, près les Effes, c^{ne} de Queaux ; — 1470 ; *la Perottière*, 1621 (prieuré de Grand-Chaume).

Perpigère (La), f. c^{ne} de la Chapelle-Mortemer. — *La Pelepigère*, 1312 ; *la Pelpichère*, 1436 (abb. de Nouaillé, 6). — *La Pelpigère*, 1460 (carmes de Poitiers). — *La Pelpigière*, 1564 (abb. de Nouaillé, 49). — *La Perpigère*, 1711 (rôle des tailles).

Perraudière (La), f. c^{ne} des Ormes ; — 1727 (fief de Mousseaux).

Perraudière (La), ff. c^{ne} de Sanxay. — *La Peraudère*, 1448 (Fonteneau, t. XXXIX, p. 271). — *La Pairaudière*, 1641 (abb. de Nouaillé, 60).

Perreaux (Les), h. c^{nes} de Saint-Gervais et Thuré. — *Village des Peraulx aultrement appellé la Bersonnière*, 1595 (seign. de la Varenne). — *Les Pairault*, 1774 (aveu de la bar. de la Touche). — *Les Perreaux*, 1777 (aveu de Clairvaux).

Perrière (La), h. c^{ne} d'Antran.

Perrière (La), h. c^{ne} de Beaumont. — *Herbergamentum dau Perer*, 1283 (chap. de Notre-Dame-la-Grande, 26). — *Perreria*, 1310 (ibid. 28). — *La Perrière*, 1516 (fam. Legier).

Perrière (La), m. r. c^{ne} de Claunay ; — 1560 (chap. de Ste-Croix de Loudun, 5).

Perrières (Les), vill. c^{ne} de Verrue ; — 1539 (chap. de Mirebeau, 30).

Perrières (Les) et les Hautes-Perrières, hh. c^{ne} de Châtellerault. — *Villechenour*, 1345 (duché de Châtellerault, 6). — *Fié de la Perrère*, relev. de Chêne, 1444 (duché de Châtellerault, 1). — *Les Perrières*, 1479 (cure d'Antogné). — *Villechenu*, 1505 (duché de Châtellerault, 6). — *Village des Pierrières aultrement Villecheneu*, 1645 (abb. de St-Cyprien, 23).

Perriotrie (La), m. r. c^{ne} de Prinçay.

Perron (Le), h. c^{ne} d'Availle. — *Hostel du Perron*, 1438 (com^{rie} d'Auzon, 9). — Anc. propriété de Descartes.

Perron (Le), h. c^{ne} de Mondion ; — 1482 (seign. de Mondion, 2).

Perroquet (Le), h. c^{ne} de Vouneuil-sur-Vienne.

Perroterie (La), h. c^{ne} de Colombiers ; distrait de la c^{ne} de Naintré le 7 décembre 1825.

Persac, c^{on} de Lussac-le-Château. — *Ecclesia de Puracinco*, 1097-1100 (abb. de St-Cyprien). — *Willelmus de Pairacac*, 1203 (Fonteneau, t. XX, p. 525). — *Paeressac*, 1246 (maison-Dieu, 127). — *Perrecac* (pouillé de Gauthier, f° 176). — *Patriciacum*, 1314 (chap. de Chauvigny, 15). — *Perecat, Peiressac*, 1383 (taux du décime, p. 18 et 62). — *Payressac*, 1403 (gr. Gauthier, f° 107). — *Peyressac*, 1407 (ibid. f° 193). — *Peressac*, 1454 (hommages de Montmorillon). — *Perissac*, 1479 (prieuré de Teil). — *Persac*, 1649 (bissexte). — S. Gervais et S. Protais de *Persac*, 1782 (pouillé).

Avant 1790 la paroisse de Persac faisait partie de l'archiprêtré et de la châtellenie de Lussac-le-Château, de la sénéchaussée de Montmorillon et de l'élection de Poitiers. La cure était à la nomination du doyen de l'église cathédrale.

Persillère (La), m. près les Roches-Guérin, c^{ne} de Maulay.

Persil-Vent, h. c^{ne} de Prinçay. — *La Cornardière*, 1553 ; — *autrement le Persylvert*, 1726 (cure de Prinçay).

Pertuis (Le), m. r. c^{ne} de Bonnes.

Pertuzière (La), champs, lieu autref. habité, c^{ne} de Sainte-Radegonde-en-Gâtine ; — 1547 (évêché, 17).

Peruges (Les), f. c^{ne} de Mouterre ; — 1538 (seign. de Ressonneau, 2). — Anc. fief.

Pérusse, h. c^{ne} de Saint-Pierre-de-Maillé. — *Perruce*, 1309 (Gauthier, f° 200). — *Perusse*, 1444 (évêché, 43). — *Peruse*, 1571 (ibid. 25).

Pérusserie (La), h. c^{ne} de Targé.

Pervé, vill. c^{ne} de Latillé. — *Puihervé*, 1378 (gr. Gauthier, f° 70). — *Puyhervé*, 1391 (ibid. f° 69). — *Pervé*, 1620 (cure de Latillé). — *Puihervé* (Cassini).

Pescuaux, h. c^{ne} de Mortemer.

Pesseau (Le), m. détruite, près Champagne, c^{ne} de Saint-Sauveur ; — 1506 (com^{rie} de la Foucaudière, 3) ; 1727 (fief de la Cour).

Petanin, m. r. c^{ne} de Vicq ; anc. m^{in} sur le Ris. — *Russeau qui vait de Petavi à Ris*, 1450 (abb. de la Merci-Dieu, 5). — *Molendinum de Petasvim*, 1456 (abb. d'Angle). — *Petavin*, 1459 (seign. de la Roche-Posay, 1). — *Russeau de Petavin*, 1477 (abb. de la Merci-Dieu, 6).

Petaudière (La), lieu auj. inconnu, c^{ne} d'Hains ; — 1564 (maison-Dieu, 142).

Petaudière (La), f. c^{ne} de Paizay-le-Sec. — *La Pedaudière*, v. 1630 (abb. de St-Savin, 31). — *La Pataudière* (Cassini).

Petaveau, étang, c^{ne} de Journet. — *Estang de Puy-*

taveau, 1529 (maison-Dieu, terrier, f° 211 v°); — *de Petaveau*, 1684 (*ibid.* 13).

PÉTERENARD, f. c^{ne} d'Archigny. — *Petrenard* (Cassini).

PÉTIAU, vill. c^{ne} de Montoiron. — *Petiaulx*, 1576 (seign. de Touffou, 5). — *Petiault*, 1600 (cure de Fressineau).

PÉTIGNY, f. c^{ne} de Roiffé.

PETINIÈRE (LA), vill. c^{ne} de Jazeneuil. — *La Bethinière*, 1559; *la Bettinière*, 1601 (fief de Venours). — *La Petinière*, 1655 (com^{rie} de Roche, 2). — *La Betinière*, 1717 (fief de Curzay). — Anc. fief relev. de Curzay.

PETINIÈRE (LA), f. c^{ne} de Rouillé. — *La Pellinière*, 1476 (chap. de St-Hilaire, 81).

PETIT-CHÂTEAU (LE), m. r. c^{ne} de Saint-Benoit. — *Le petit Chasteau alias la Ludonnière*, 1565 (abb. de St-Benoît, 6).

PETITE-MAISON (LA), h. c^{ne} d'Ouzilly; — 1620 (fam. des Courtis).

PETITE-OIE (LA), m. r. c^{ne} de Celle-l'Évécault. — *La petite Haye*, 1753; *la petite Oye*, 1775 (rôles des tailles de Pranzay). — La ferme de nom qui était sur le territ. de Lusignan est détruite.

PETITES-MAISONS (LES), h. c^{ne} de Coussay-les-Bois.

PETITES-MAISONS (LES), h. c^{ne} de Targé.

PETITES-MAISONS (LES), f. c^{ne} de Vellèche. — Anc. fief. Le ruiss. des Petites-Maisons a sa source près ce lieu et se réunit au ruiss. de Vellèche près du chef-lieu de la commune.

PETIT-LIEU (LE), f. c^{ne} de Lomaizé.

PETIT-POITIERS (LE), h. c^{ne} de Bertegon.

PETIT-POT, h. c^{ne} de Châtellerault; — 1551 (seign. de la Groye, inv.).

PETIT-SOUPÉ (LE), m. r. c^{ne} de Bonneuil-Matours.

PETIT-SOUPÉ (LE), partie du vill. de Poizay-le-Joli, c^{ne} des Ormes.

PETIT-SOUPÉ (LE), f. c^{ne} de Pouant.

PETOULLÉE (LA), vill. c^{ne} de Château-Garnier.

PETUREAU, lieu auj. inconnu, près Antogné, c^{ne} de Châtellerault. — *Village du Pettureau*, 1665 (fief du Verger). — *Petureau*, 1676, 1708 (cure d'Antogné).

PEUBLANC, f. c^{ne} de Château-Garnier.

PEUBLANC, f. c^{ne} de la Ferrière. — *Verrye de Puyblanc*, 1597 (minimes de Poitiers).

PEUBLANC, m. r. c^{ne} de Jaunay.

PEUBLON (LE), f. c^{ne} de Paizay-le-Sec. — *Puybelony*, 1573 (fam. Scourion, 1). — *Le Peubellon*, v. 1630 (abb. de St-Savin, 31). — *Le Peublond* (Cassini). — *Le Puits-Blanc*, 1841 (nomencl.).

PEUCHAULT, f. c^{ne} de Vivonne. — *Crux de Podio calido*, 1335 (fam. Frotier). — *Puychaut*, 1404 (gr. Gauthier, f° 53). — *Puichault*, 1542; *Peuchaud*, 1622 (fief de la Gralière).

PEUCOT, h. c^{ne} de Liglet. — *Puycot*, 1506 (fief de Floix). — *Peuxcot*, 1683; *Peucot*, 1689 (seign. de Peucot). — Anc. seigneurie.

PEUFAVARD, vill. c^{ne} de Journet; — 1606 (abb. de St-Savin, 24). — *Puy Favard*, 1620 (notaires, Brisson à Montmorillon).

PEUGIBLE, h. c^{ne} de Liglet. — *Puy augibes*, 1457 (cure de Liglet). — *Le Puygibes*, 1476; *le Puygilbes*, 1480 (abb. de St-Savin, 26). — *Puy aus Gibez*, 1494 (seign. de Courtevrault). — *Peugibe*, 1627 (cure de Liglet). — *Le Peux Gibes*, 1653 (Fonteneau, t. XLIII, p. 742). — *Peugible*, 1775 (rôle des tailles). — Anc. fief relev. de la bar. de la Trimouille.

PEUGIRARD, f. c^{ne} de Jouet. — *Peuz Girard*, 1575 (maison-Dieu, 178). — *Peu Girard*, 1644; *Puy Girard*, 1648 (abb. de St-Savin, 24). — *Peugilard*, 1841 (nomencl.).

PEUGRENIER, f. c^{ne} de Liglet; — 1775 (rôle des tailles).

PEULBERT, f. c^{ne} de Surin. — *Prebert*, 1408 (seign. de Bois-Seguin). — *Pelebert*, 1626; *Pillebert, Prebert*, 1698 (seign. du Cibiou).

PEULIARD, h. c^{ne} de Lizant. — *Puesliard*, 1668 (seign. de Bois-Seguin).

PEUMARTIN, h. c^{ne} de Pouzioux. — *Plemartin*, 1501 (abb. de St-Cyprien, 36). — *Puymartin*, 1519; *Peumartin*, 1576 (seign. de St-Martin-la-Rivière, 1).

PEUMARTIN, h. c^{ne} de Sèvre. — *Le Peux d'Ansaulmon*, 1603 (évêché, 68).

PEUMEUNIER, vill. c^{ne} de Journet. — *Puymonnyer*, 1524 (chap. cathédral, 24). — *Peumeusnier*, 1655 (terrier de Rouflac, 144). — *Puymeunier*, 1711; *Puimeusnier*, 1721 (rôles des tailles).

PEUPLEAU, lieu détruit, c^{ne} de Persac; placé sur la carte de Cassini entre les Maillorlières et le Peux. C'est peut-être *le Puy au Poyateau*, 1517; *le Peux Piateau*, 1671 (maison-Dieu, 181 et 182).

PEURATY, h. c^{ne} de Surin. — *Puy Ratier*, 1399 (fam. de la Roche). — *Peuratier*, 1618 (fam. de la Cropte-Sainte-Abre). — *Paraty*, 1841 (nomencl.).

PEURON, f. c^{ne} de Chauvigny.

PEUROUX, vill. c^{ne} d'Anois. — *Podium Rodulphi*, 1279 (abb. de Charroux).

PEUSEC, h. c^{ne} de Persac. — *Puyset*, 1498 (fief de Chanteloube).

PEUSEC, lieu détruit avant 1695, c^{ne} de Surin. — *Peusecq*, 1695 (fief du Cibiou).

PEUSECRET, m. r. c^{ne} de Ligugé.

PEUSSEC, h. c^{ne} de Cloué. — *Peucet* (Cassini).
PEUSSEC, m. r. c^{ne} de Saint-Saviol. — *Puisset*, 1507 (fam. Jousserant, 2).
PEUSSICOT, vill. c^{ne} de Genouillé. — *Puissigot*, 1377 (gr. Gauthier, f° 253). — *Puyssigot*, 1405 (*ibid.* f° 234). — *Peussigot*, 1566 (seign. de Landraudière). — *Puissicot, Puysicot*, 1659; *Peussicot*, 1673 (notaires, Pascault à Civray). — *Puisigot*, 1679 (fief de Genouillé).
PEUTROT, f. et mⁱⁿ sur l'Asse, détruit, c^{ne} de Brigueil-le-Chantre. — *Puyterraud*, 1506 (fief de Fleix). — *Puisteraud*, 1565 (fam. de la Gélie). — *Puyterault*, 1653 (fam. Dalest). — *Puitraud*, 1779 (cure de Brigueil-le-Chantre). — *Peutro*, 1841 (nomencl.). — Ancien fief relev. de Fleix.
PEUX (LE), f. c^{ne} d'Adriers. — *Puy de Launay* (Cassini).
PEUX (LE), h. c^{ne} d'Antigny. — *Le Puy*, 1483 (abb. de l'Étoile). — *Le Peux*, 1586 (abb. de St-Savin, 14).
PEUX (LE), h. c^{ne} d'Availle-Limousine; — 1684 (fam. de la Broue de Vareilles).
PEUX (LE), h. c^{ne} de Blâlay. — *Le Pucy de Blalay*, 1315; *le Puy de Blalay*, 1346 (prévôté de Blâlay, 5).
PEUX (LE), vill. c^{ne} de Blanzay. — *De Puteo*, 1404 (gr. Gauthier, f° 196). — *Le Poix de Gesson*, 1405 (*ibid.* f° 232). — *Le Peux de Gesson*, 1629 (arch. de Poitiers, 71).
PEUX (LE), vill. c^{ne} de Brux. — *Le Poiz*, 1445 (abb. de Nouaillé, 53). — *Le Puis*, 1486; *fortilaise et chasteau du Puy de Bru*, 1491 (fief du Puy de Brux). — *Poix*, 1599 (fief d'Épanvilliers). — *Le Puis de Brux*, 1573 (abb. de Nouaillé, 53). — *Le Puy de Bruz jadis chasteau et forteresse*, 1620 (fief du Puy de Brux). — *Village du Peu*, 1663 (seign. de Panièvre). — *Le Peux de Brux*, 1740 (seign. du Puy de Brux). — Anc. fief relev. du comté de Civray.
PEUX (LE), vill. c^{ne} de Celle-l'Évescault. — *Le Peux de Brochesac*, 1632 (seign. de Cercigny). — *Le Peux de Brossac*, 1841 (nomencl.).
PEUX (LE), f. c^{ne} de Chalandray. — *Hostel du Puis de Sonnay, assis en la parroisse de Cramart*, 1489 (seign. du Puy de Sonnay). — *Le Puy de Saunay*, v. 1530 (Inv. des arch. de la Barre, t. I, p. 117). — Anc. fief relev. de Rouilly.
PEUX (LE), h. c^{ne} de Châtellerault; — 1610 (duché de Châtellerault, reg. de recette).
PEUX (LE), f. c^{ne} de Dangé. — *Le Peu*, 1598 (seign. de la Fontaine, 1).
PEUX (LE), vill. c^{ne} de Dienné. — *Le Puy*, 1469 (seign. de Dienné et Verrières). — *Le Peux*, 1646 (abb. de St-Cyprien, 17).
PEUX (LE), h. c^{ne} de Gouex.
PEUX (LE), f. c^{ne} de Leigné. — *Le Peu de Leigne*, 1473 (abb. de Montierneuf, reg. 206). — *Le Peulx*, 1582 (maison-Dieu, 102). — *Le Peux Montfleury*, 1599 (fief de Jarige).
PEUX (LE), h. c^{ne} de Marçay. — *Le Peu*, 1628 (arch. de Poitiers, 71).
PEUX (LE), f. c^{ne} de Marnay. — *Poux*, 1550 (titres de Château-Larcher, aveu des Hautes-Vergnes).
PEUX (LE), f. c^{ne} de Mouterre; — 1775 (rôle des tailles).
PEUX (LE), vill. c^{ne} de Naintré. — *Le Puy de Naintré*, 1402 (duché de Châtellerault, inv. d'aveux). — *Le Peu de Naintré*, 1730 (fief de la Jarrie). — Anc. fief relev. du duché de Châtellerault.
PEUX (LE), h. c^{ne} de Nalliers. — *Le Peulx*, 1588; *le Peux*, 1670 (cure de Nalliers).
PEUX (LE), h. c^{ne} de Pairoux. — *Templier*, 1403 (gr. Gauthier, f° 263). — *Le Peux Templer*, 1561 (fief de la Grande-Épine). — *Le Peux Tanplier*, 1656 (notaires de la bar. de Charroux). — *Le Puis Templier*, 1660 (notaires de la vic. de Rochemeaux). — *Le Peux*, 1775 (rôle des tailles). — Anc. domaine de l'abbaye de la Reau.
PEUX (LE), f. c^{ne} de Persac; anc. commanderie ou aumônerie dép. de la maison-Dieu de Montmorillon. — *Elemosinaria de Podio*, 1382; *commanderie du Puys*, 1513; — *du Peulx*, 1566 (maison-Dieu, 181).
PEUX (LE), vill. c^{ne} de Saint-Georges. — *Hostel noble du Puys*, 1544 (chap. de Ste-Radegonde, 109). — *Le Peux*, 1576 (abb. de Montierneuf, 9).
PEUX (LE), ff. c^{ne} de Saint-Martin-Lars. — *Poez*, 1406 (gr. Gauthier, f° 284 v°). — *Le Poux*, 1408 (*ibid.* f° 247). — *Le Peux Joyeux*, 1624 (notaires de la vic. de Rochemeaux).
PEUX (LE), h. c^{ne} de Salles-en-Toulon. — *Le Puy Maujugé*, 1443 (prieuré du Teil-aux-Moines). — *Le Puy Maujugat*, 1454 (hommages de Montmorillon). — *Le Peux Maujugé*, 1561 (seign. de Traineau). — Anc. fief relev. de la bar. de Mortemer.
PEUX (LE), f. c^{ne} de Sanxay.
PEUX (LE), vill. c^{ne} de Surin. — *Le Puys*, 1573; *le Peu*, 1588 (seign. de Bois-Seguin). — *Le Peux alias le Puimaudeau*, 1695 (fief du Cibiou).
PEUX (LE), h. c^{ne} de Vaux.
PEUX (LE BAS-), chât. et ff.; LE HAUT-PEUX, f. c^{ne} de Journet. — *Le Peux*, 1557 (maison-Dieu, 105). Voy. PUY-JOUSSERAND.

Peux (Le Grand et le Petit-), hh. c⁰ᵉ d'Archigny. — *Le petit Puys*, 1474; *le Puys*, 1503 (évêché, 22). — *Le Peux*, 1655 (seign. de Montoiron, 1). — *Le petit Peu*, 1774 (évêché, 37).

Peux (Le Grand et le Petit-), vill. et h. c⁰ᵉ de Lomaizé. — *Village du Peu*, 1548 (fief de Dienné et Verrières); — *du Peux de la Ruche*, 1629; — *du grand Peux*, 1669 (abb. de Nouaillé, 50). — *Le Peux de la Roche*, 1700 (notaires, Sandilleau à Verrières).

Peux (Les), m. r. c⁰ᵉ de Champigny-le-Sec. — *Seigneurie des Puys*, 1489; *les Puyz de Liesgue*, 1543 (chap. de Mirebeau, 10). — *Les petits Peux de Liesgues*, 1778 (rôle du vingtième). — Anc. fief relev. de la bar. de Mirebeau.

Peux (Moulin du), h. et mⁱⁿ sur le Saleron, c⁰ᵉ de Journet. — *Le Moulin du Peux*, 1542 (terrier de Rouflac, 56).

Peux-Bart, h. c⁰ᵉ d'Adriers.

Le ruiss. de Peux-Bart prend naissance près les Baudissières, sépare la c⁰ᵉ d'Adriers de celle de Saint-Barbant (Haute-Vienne) et se réunit à l'Iseau près la Bourgesse, c⁰ᵉ de Mouterre.

Peux-Bataillé (Le), h. c⁰ᵉ de Mauprevoir. — *Puy Bataveyer*, 1538 (aveu de St-Germain). — *Le Peux Bataillier*, 1645 (notaires de la bar. de Charroux).

Peux-Blanc, lieu détruit, c⁰ᵉ de Mondion; — 1841 (nomencl.).

Peux-de-Cissé (Le), chât. à Cissé; anc. fief relev. de la châtell. de Chéneché. — *Hostel du Peulx de Cissé*, 1396 (seign. du Peux-de-Cissé).

Peux-de-Tay (Le), vill. c⁰ᵉ de Vivonne. — *Tahec*, 1335 (fam. Frotier). — *Le Puy de Thée*, *molin de Thée*, 1489 (livre de recette de Vivonne, fᵒˢ 45 et 49). — *Le Peux de Thé*, 1688 (cure de Marigny-Chemerault). — *Le Peu de Tay* (Cassini).

Peux-de-Tilly (Le), h. c⁰ᵉ de Coulonges.

Peux-du-Pin (Le), h. et mⁱⁿ sur le ruiss. de la Jarrige, c⁰ᵉ de Coulonges.

Peux-Gauvin (Le), h. c⁰ᵉ de Salles-en-Toulon. — *Puy Gauvain*, 1465 (fam. Taveau). — *Puy Gauvaign*, 1469 (seign. de Dienné et Verrières, 3). — *Le Peux Gauvin*, 1693 (arch. de la Soc. des antiq. de l'Ouest; Mortemer).

Peux-Pintureau (Le), vill. c⁰ᵉ de Latus. — *Podium Pectureau*, 1218 (couv. de Villesalem). — *Podium Poignevrea*, 1260 (Hommages d'Alphonse, p. 86). — *Le Puy Paintureau*, 1403 (gr. Gauthier, fᵒ 105 vᵒ). — *Le Puys Pastoureau*, 1525 (maison-Dieu, 31). — *Le Peux Paincteureau*, 1561 (seign. de la Dallerie). — *Le Puis Pasturcau*, 1574 (maison-Dieu, 32). — *Le Puy Pircutureau*, 1592 (*ibid.* 91). — *Peux Pastoureau*, 1635 (*ibid.* 13). — *Le Peux Pintureau*, 1743 (prieuré de Latus).

Peux-Sec, f. c⁰ᵉ de Saugé.

Peyre (La), m. à Blâlay; — 1434 (aveu de Ry). — Anc. fief relev. de Ry.

Pezay, h. c⁰ᵉ de Nouaillé. — *Terra de Passiaco*, 1077 (Fonteneau, t. XIX, p. 34). — *In Pasiaco*, v. 1112 (*ibid.* t. XIX, p. 131). — *Paisec*, v. 1140 (abb. de Nouaillé). — *Terra de Paisiaco*, 1199 (abb. de Montierneuf). — *Bois de Paysé*, 1470; *Pesé*, 1497; *Paisé*, 1498 (*ibid.* 67). — *Paizé*, 1524 (*ibid.* 101).

Phelippières (Les), h. c⁰ᵉ de Sainte-Radegonde-en-Gâtine. — *La Phelippière*, 1543 (fam. Ravenel). — *La Fripière*, 1766 (rôle des tailles).

Phélonnière (La), m. r. c⁰ᵉ de Tercé.

Philebertière (La), f. c⁰ᵉ d'Archigny.

Philippière (La), m. près Prinsort, c⁰ᵉ d'Antran. — *La Phelipère*, 1313 (seign. des Mées). — *La Phellipière*, 1506 (seign. des Closures). — *La Phelippière*, 1539 (seign. de la Motte d'Usseau). — *Les grandes Phillipières*, 1776 (seign. des Grandes-Philippières). — Anc. fief relev. de la Motte d'Usseau.

Philippière (La), f. c⁰ᵉ de Leigné-sur-Usseau. — *La Phelipère*, 1506 (duché de Châtellerault, 6). — *La Phelippière*, 1571 (prieuré de Fontmore, 2).

Philippière (La), h. c⁰ᵉ de Mauprevoir. — *La Felipière*, 1645; *la Phelipière*, 1656 (notaires de la bar. de Charroux). — *La Philipière*, 1775 (rôle des tailles).

Philippière (La), f. c⁰ᵉ de Saint-Gervais. — *La Phelippière*, 1538; *la Philipière*, 1539 (chap. cathédral, 82). — *La Fripière* (Cassini).

Philipponnière (La), lieu auj. inconnu, c⁰ᵉ de Chouppes. — *La Phellipponnière*, 1603; *la Philiponnière*, *paroisse de Poligny*, 1703 (prieuré de St-Jean de Mirebeau, 6).

Piallière (La), h. c⁰ᵉ de Châtellerault; — 1615 (cure d'Antogné).

Piamé, m. r. c⁰ᵉ de Château-Garnier; — 1708 (seign. de Couhé).

Piardière (La), f. c⁰ᵉ d'Usseau; — 1642 (seign. de la Motte d'Usseau).

Piauderie (La), f. c⁰ᵉ de Pindray.

Piaux (Les), lieu auj. inconnu, près Antogné, c⁰ᵉ de Châtellerault. — *Village des Piaulx*, 1615 (cure d'Antogné). — *Cheux Mery Piau*, 1619 (aveu de St-Romain, fᵒ 7 vᵒ).

Pibertière (La), h. c⁰ᵉ de Joussé. — *La Pemertière*, 1558 (abb. de Charroux).

Pibolière (La), m. à Benassay.

PICARDIE (LA), f. c^ne d'Ayron.
PICARDIE (LA), lieu détruit, près le moulin Faroux, c^ne de Saint-Gervais.
PICARDIE (LA), h. c^ne de Montamisé. — *La Picquarderie*, 1682 (notaires, Gaultier à Poitiers).
PICARDS (LES), h. c^ne de Colombiers.
PICAUDIÈRE (LA), lieu détruit, près Panlois, c^ne de Mondion; — 1484; *la Picauldière*, 1570 (seign. de Mondion, 1).
PICAUDRIE (LA), f. c^ne de Brion.
PICHARDIÈRE (LA), h. c^ne de Celle-l'Évécault. — *La Pichardère*, 1353 (abb. de Nouaillé, 57).
PICHAUDERIE (LA), m. r. c^ne de Poitiers.
PICHE (LA), h. c^ne de la Chaussée.
PICHÉ, m^in sur la Dive, c^ne de la Chapelle-Mortemer. — *Molendinum de Picher*, 1312; — *de Peychier*, 1436 (abb. de Nouaillé, 6). — *Moulin de Piché*, 1684 (chap. de Mortemer, 1).
PICHEILLE, vill. c^ne de Cuhon. — *Villa quæ vocatur Pugeila*, 974 (ch. de St-Hilaire, t. I, p. 45). — *Pugeilla*, v. 975 (*ibid*. t. I, p. 48). — *Puchaille*, 1458 (arch. nat. chambre des comptes, reg. 330, n° 63). — *Pucheilles*, 1470 (cure de Champigny-le-Sec). — *Puychelles*, 1531 (maison-Dieu, 206). — *Puchelles*, 1534 (prévôté de Blâlay, 4). — *Puycheilles*, 1603 (cure de la Grimaudière). — *Picheil*, 1780 (rôle du vingtième).
PICHEREAUX (LES), vill. c^ne de Thuré. — *La maison Pichereau*, 1396 (chap. de St-Hilaire, 562). — *Village des Pichereaux*, 1548 (cure de Thuré).
PICHEREAUX (LES), f. détruite, près Saint-Éloi, c^ne d'Usseau. — *Les Pichereaux ou la Girouardière*, 1651 (seign. de la Motte d'Usseau).
PICHERIE (LA), m. r. c^ne de Sérigny.
PICHERIE (LA), h. c^ne de Thuré; — 1444 (duché de Châtellerault, 1). — Anc. fief appart. aux cordeliers de Châtellerault et relev. du marq. de Clairvaux.
PICHON, f. c^ne d'Antran; — 1673 (fief de la Motte d'Usseau).
PICHONNERIE (LA), lieu détruit, près le Breuil, c^ne de Saint-Gervais; — 1732 (fief des Vaux).
PICHONNIÈRE (LA), f. c^ne d'Antran. — *La Bichonnière*, 1673 (fief de la Motte d'Usseau).
PICOTELLERIE (LA), m. détruite, c^ne de Smarve. — *Maison de la Picoterie*, 1472; *la Picotelerie au village de la Meolière*, 1488 (abb. de la Celle, 15).
PICTERIE (LA), m. r. c^ne de Saint-Sauveur.
PIDOIRE (LA), f. c^ne d'Usseau. — *La Pidouère*, 1494 (duché de Châtellerault, 6). — *La Pidouaire*, 1651 (seign. de la Motte d'Usseau). — *La Pidoire*, 1673 (fief des Mées).

PIÉCOURTAULT, h. c^ne de Saint-Martial. — *Puycourtault*, 1429 (chap. de Chauvigny, 10). — *Puycourtault*, 1527 (cure de St-Michel de Poitiers). — *Piécourtault* (Cassini).
PIED-BARAU, h. c^ne de Brion.
PIED-BAUGÉ, vill. c^ne de Champagné-Saint-Hilaire. — *Puybauger*, 1429 (seign. du Parc et Boisvert, 1). — *Puybaugier*, 1446 (chap. de St-Hilaire, 243). — *Peubaugier*, 1490 (abb. de Moreaux). — *Puybaulgé, Puysbaugier*, 1544 (seign. du Parc et Boisvert, 1). — *Piébauger*, 1554 (*ibid*. 2). — *Piedbaugier*, 1598 (chap. de St-Hilaire, 249). — *Puibaugé*, 1632 (abb. de Moreaux). — *Piedbaugé*, 1686 (notaires, Pascault à Civray).
PIED BOURDIN, h. c^ne de Fleuré.
PIED-BUZIN, f. c^ne de Vernon. — *Poybuzan*, 1276 (prieuré de la Vayolle). — *Herbergamentum de Podio Buzen*, v. 1300 (Gauthier, f° 13 v°). — *Podium Busan*, 1336 (abb. de Montierneuf, 92). — *Piébuzain*, 1466 (abb. de St-Benoît, 27). — *Peubeuzain*, 1490 (abb. de Montierneuf, 92). — *Puybussan*, 1503; *Puybuzain*, 1546 (*ibid*. 93). — *Piébuzin*, 1618 (évêché, 68). — *Le Pied Buzin*, 1743 (rôle des tailles). — Anc. domaine de l'abbaye de Montierneuf de Poitiers.
PIED-DE-CHÈVRE, f. c^ne de Vellèche.
PIED-DE-GROLLE, m. r. c^ne de Bournan.
PIED-DE-GROLLE, h. c^ne de Lavoux. — *Pelegrole*, 1437 (terre de Pellegrolle). — *Pellegrolle*, 1549 (seign. de Touffou, 1). — Anc. fief relevant de Touffou.
PIED-DE-GROLLE, f. c^ne des Trois-Moutiers.
PIED-DE-LANCE, m^in sur la Dive, c^ne de Pairé. — *Moulin de Pistelance*, 1591 (chap. de St-Hilaire, 344); — *de Piédelance*, 1619 (fief de Guron).
PIED-GRIFFÉ, h. c^nes de Saint-Pierre-de-Maillé et Angle. — *Puygreffier*, 1451 (couv. de la Puye, 10). — *Puygriffier*, 1473 (abb. d'Angle). — *Puygriffé*, 1566 (évêché, 25). — *Peugriffet*, 1646; *Puigriffé*, 1769 (couv. de la Puye, 10).
PIED-SEC, h. c^ne de Mondion.
PIED-SEC, vill. c^ne de Vouneuil-sur-Vienne; — 1620 (chap. cathédral, reg. 92).
PIED-TABLE, f. c^es de Prinçay. — *Piétable*, 1656 (cure de Prinçay).
PIERRE (LA), f. c^ne de Dangé.
PIERRE-BRUNE (LA), ff. c^ne de Pairé; — 1731 (seign. de Couhé, inv. t. II).
PIERRE-COUVERTE (LA), c^ne d'Ayron. — *Pièce de terre assise à Champdolent et à la père couverte*, 1383 (gr. Gauthier, f° 74).
PIERRE-FITTE, ff. c^ne d'Antigny. — *Perefixte*, 1542

(terrier de Rouflac, 80). — *Perefiste*, 1565 (abb. de S*t*-Savin, 22).

Pierre-Fitte, lieu détruit, c*ne* de Doussay. — *Perefixe, Perficte*, 1508 (aveu de Mirabeau, p. 292). — Il y avait en ce lieu deux hébergements relev. du fief de Langle.

Pierre-Fitte, h. c*ne* de Saint-Gervais. — *Pierreficte*, 1498 (seign. des Clouzeaux). — *Perreficte*, 1536 (com*rie* de l'Isle-Bouchard, 36).

Pierre-Folle, étang, c*ne* de Plaisance. — *Estang de Perrefolle*, 1494; — *de Pierrefolle*, 1583 (fief de l'Âge-de-Plaisance).

Pierre-Folle (La), m. r. et allée couverte de 17 mètres de long, c*ne* de Bournan; — 1510 (prieuré de Bournan, 2).

Le ruiss. de la Pierre-Folle est aussi appelé la Boire. Voy. ce mot.

Pierre-Folle (La), h. c*ne* de Sillars. — *Perecouillon aujourd'huy la Pierre folle*, 1529 (maison-Dieu, terrier, f*o* 306 v*o*). — *La Pere folle*, 1547 (fief de Clossat). — *La Perre folle*, 1561 (fief de la Chinau).

Pierre-Levée, près Chassigny, c*ne* d'Arçay; — 1530 (com*rie* de Loudun, 24).

Pierre-Levée, c*ne* d'Archigny. — *Petra sopeyze*, 1309 (Gauthier, f*o* 192 v*o*). — Détruite.

Pierre-Levée, c*ne* de Basses, près le sentier des Meuniers, tendant de Vieille-Basses à Ponçay, 1508 (cure de Basses). — Détruite.

Pierre-Levée, c*ne* de Béthines, près le chemin de Béthines à Villesalem; — 1614 (maison-Dieu, la Chatille). — Détruite.

Pierre-Levée, c*ne* du Bouchet, tenant au chemin de Charrières à Saint-Antoine-d'Angliers, 1519 (com*rie* de Loudun, 27). — Détruite.

Pierre-Levée, près Épeine, c*ne* de Bournan; — 1451 (prieuré de Bournan, 11, f*o* 10 v*o*).

Pierre-Levée, près Nouzilly, c*ne* de Chalais; — 1459 (collège de Poitiers, 44). — Détruite.

Pierre-Levée, près Liaigue, c*ne* de Champigny-le-Sec; — v. 1550 (abb. de S*t*-Cyprien, 39).

Pierre-Levée, c*ne* de Latus. — *Pièce de terre appellée A la Pierre levée, joignant au ruisseau de Baigneboeuf et aux terres de Marchin*, 1682 (seign. de la Dallerie).

Pierre-Levée, c*ne* de Marigny-Brizay. — *Petra sopese*, 1247 (abb. de Fontaine-le-Comte, 24). — Détruite.

Pierre-Levée, près Loubressac, c*ne* de Mazerolles. — *La Pierre levée*, 1619 (abb. de Nouaillé, 41); — peut-être la même que celle qui est appelée *Pierre pèze* dans l'aveu de Lussac de 1536 (Fonteneau, t. XXIV, p. 567).

Pierre-Levée, près Ainçay, sur le territ. de l'anc. paroisse de Chasseignes, c*ne* de Mouterre-Silly; — 1367 (abb. de Fontevrault, 1).

Pierre-Levée, c*ne* de Naintré; tenant au chemin de la Piraudière à Souhers, 1520 (duché de Châtellerault, 7). — Détruite.

Pierre-Levée, près Mavau, c*ne* de Neuville; — 1776 (seign. du Lac de Mavau).

Pierre-Levée, c*ne* de Poitiers, située au-dessus du faubourg Saint-Saturnin; a donné son nom à une rue de ce faubourg et à un cimetière. — *Petra levata*, 1299 (abb. de S*te*-Croix, 25). — *Petra soupoeze super dubiam*, 1302 (*ibid.* 9). — *Petra suspensa*, 1322 (abb. de la Celle, 18).

Une foire qui se tenait à la Pierre-Levée le lundi après la fête de Saint-Denis et le lundi suivant fut transférée en ville dans les halles appartenant à Herbert Berland, chevalier, en vertu de lettres du roi Philippe de Valois du 16 décembre 1347 (hospitalières de Poitiers).

Pierre-Levée, à Aillé, c*ne* de Saint-Georges; — 1486 (fief de la Cueille-Blanche); 1506 (fief d'Aillé).

Pierre-Levée, près le Mineret, c*ne* de Saint-Maurice; — 1334, 1461 (chap. de S*t*-Hilaire, 439). — Détruite.

Pierre-Levée, près la Bonnardelière, c*ne* de Saint-Pierre-d'Exideuil. — *La piarre levée*, 1472 (abb. de Nouaillé, 56). — Détruite.

Pierre-Levée, près la Bastière, c*ne* de Sillars. — *Tenue appellée la Pierre levée*, 1662 (maison-Dieu, 98).

Pierre-Levée, près Fleuransant, c*ne* d'Usson; — 1625 (prieuré de Grand-Chaume).

Pierre-Levée (Champ de la), près Angle; — 1581 (abb. d'Angle).

Pierre-Levée (Champ de la), près Vivonne; tenant d'une part au chemin de Vivonne à Rom et d'autre part au grand chemin de la Chaussée, 1489 (livre de recette de Vivonne, f*o* 128 v*o*); — touchant au chemin de Comblé à Vivonne, 1499 (fief de Guron).

Pierre-Levée (Pièce de terre assise à), c*ne* de Château-Larcher; tenant d'une part au chemin de la Ruffinière à Cercigny et d'autre part au chemin de Château-Larcher à Coulé, 1489 (livre de recette de Vivonne, f*o* 200 v*o*).

Pierre-Levée (Pièce de terre assise à la), près le moulin de Crechet, c*ne* de Coussay-les-Bois; — 1665 (chap. cathédral, 25).

Pierre-Levée (Terroir de la), c*ne* d'Ayron ou de Maillé; — 1507 (abb. de Sainte-Croix, 29).

PIERRE-LEVÉE-DE-GÂTINE, près la Petite-Pinçonnerie, cne de Saint-Pierre-de-Maillé; — 1670 (cure de Saint-Phèle de Maillé). — Détruite.

PIERRE-PÉZE (CHEMIN DE), entre Civaux et Mazerolles; — 1487 (seign. de la Tour-aux-Cognons).

PIERRERIE (LA), min sur le Clain, cne de Champagné-Saint-Hilaire. — *Domus de Pareria*, 1264; *moulin de la Parrie*, 1475; *la Pierrie*, 1629 (abb. de Moreaux).

PIERRERIE (LA), h. cne d'Oiré. — *La Pierrie*, 1755 (terrier de la Groye, p. 720).

PIERRE-SAINT-MARSAULT (LA), près Gençay; anc. fief relev. de la vic. de Gençay. — *La Pierre Saint Marsault de Gençay*, 1404 (gr. Gauthier, f° 279 v°). — *La Pierre St-Marsaut et Martinandrie*, 1680 (seign. de Gençay, reg. de recette, f° 141). — Auj. inconnu.

PIERRES-BRUNES (LES), m. r. cne de Benassay.

PIERRE-SOUPÈSE (LA), f. cne de Montmorillon.

PIERRE-TAILLÉE, h. cne de Gouex. — *Piretailhée*, 1393 (cure de Gouex).

PIERRIÈRE (LA), min sur le Clain, cne de Saint-Cyr.

PIERRIÈRE (LA), m. r. cne d'Usseau.

PIERRIÈRE-GODEAU (LA), vill. cne de Thuré. — *La Perrière Godeau*, 1624 (chap. de Châtellerault, 12).

PIERNOIS, lieu détruit, cne de Brux. — *Bois de Puyroy*, 1446; *village de Peuroy*, 1604 (abb. de Nouaillé, 53).

PIERRON (LE), m. r. cne de Marigny-Brizay. — *Le Perron*, 1466 (duché de Châtellerault, 4).

PIERROTTERIE (LA), f. cne d'Archigny.

PIÉTARD, h. cne de Châtellerault. — *Platart*, 1404 (cure de St-Romain de Châtellerault). — *Piétart*, 1488 (chap. de Châtellerault, 9). — *Plétard*, 1610 (duché de Châtellerault, reg. de recette).

PIÉTARD (LE GRAND-), f. cne d'Archigny. — *Piétard*, 1779 (rôle des tailles).

PIÉTARD (LE PETIT-), f. cne de Chenevelles. — *Platard* (Cassini).

PIFERIE (LA), h. cne de Pairé. — *La Grange au Piffe*, 1622 (fief de la Gralière).

PIFFONS (LES), h. cne de Lencloître.

PIFOU, h. cne de Châtellerault. — *Piffou*, 1610 (duché de Châtellerault, reg. de recette). — *Pifou*, 1621 (fief du Savinier). — *Piffau*, 1714 (minimes de Châtellerault).

PIFOU, lieu auj. inconnu, cne de Marigny-Brizay. — *Pufo*, 1258; *Podium Stulti*, 1302; *Pyfou*, *Pifou*, 1306; *Pipho*, 1316; *Piefo*, 1347 (abb. de Fontaine-le-Comte, 24).

PIFOU, h. cne de Thuré. — *Closure de Pefo*, 1309 (Gauthier, f° 206). — *Piefou*, v. 1400 (cure de Thuré). — *Piedfou*, 1572 (duché de Châtellerault, 5).

PIGEALIÈRE (LA), f. cne de Liniers. — *La Pigealière*, 1492 (comrie de St-Georges, 7). — *La Pigealière*, 1547 (aveu de Touffou). — *La Poygeollière*, 1563 (abb. de Montierneuf, 12). — *La Pigeallière*, 1640 (seign. de Touffou, 2).

PIGEOLLIÈRE (LA), h. cne de la Chapelle-Moulière. — *La Poujalière*, *la Pojolière*, 1404 (gr. Gauthier, f° 26). — *La Pigeolière*, 1524 (abb. de Montierneuf, 82). — *La Pougeolière*, 1548 (fief de la Pigeollière). — Anc. fief relevant de la tour de Maubergeon.

PIGEONNERIE (LA), f. cne de Saint-Sauveur.

PIGÈRE (LA), m. r. cne de Senillé; — 1660 (cure de Notre-Dame de Châtellerault).

PIGERIE (LA), vill. cne de Château-Garnier. — *La Pigerye*, 1580 (fief de la Chaufferie).

PIGERIES (LES), h. cne de Savigné. — *La Pigerie*, 1661 (notaires, Pascault à Civray).

PIGEROLLE (LA), h. cne de Queaux. — *La font de la Pigeroulle*, 1450; — *de la Pigerolle*, 1489 (seign. de Ressonneau, 1).

PIGEROLLES, h. cne d'Alonne. — *Pigeroles*, 1316; *Puygirolles*, 1479 (chap. de St-Hilaire, 238). — *Pigerolles*, 1492 (ibid. 541).

PIGNAUDERIE (LA), f. cne de Saint-Germain.

PIGNEREAUX (LES), m. r. cne de Sérigny. — *Cheux Pignereau*, 1653 (comrie de l'Isle-Bouchard, 36).

PIGNONNIÈRE (LA), min sur la Vandelogne, cne de Chalandray.

PIGUETS (LES), m. r. cne de Sossay. — *Village des Poguetz*, 1599; — *des Poiguetz*, 1671 (prieuré-cure de Sossay).

PIHOTRIE (LA), h. cne de la Chapelle-Viviers.

PIJATIÈRE (LA), h. cne de Ceaux, con de Couhé. — *La Puygatière*, 1483 (chap. de St-Hilaire, 444). — *La Pigeatière*, 1512 (seign. de la Millière). — *La Pijatière*, 1619 (notaires de la châtell. de Monts). — *La Pijattière*, 1671 (seign. de Monts). — Anc. fief relev. du marq. de Couhé.

PILAIRON, f. et min sur le ruiss. du même nom, cne des Ormes. — *Pilleron*, 1539 (seign. de la Fontaine, 1). — *Pilesron*, 1841 (nomencl.).

Le ruiss. de Pilairon a sa source à Dumeray, cne des Ormes, et se jette dans la Vienne près la Rivière, cne de Dangé.

PILARDIÈRE (LA), h. cne de Poitiers. — *La Pilardère*, 1446; *la Pillardière*, 1527 (chap. de St-Pierre-le-Puellier, 7).

PILAUDRIE (LA), f. cne de Saint-Gervais.

PILIERS (LES), chât. et ff. cne de Fontaine-le-Comte. — *Les Deffens*, 1510; *mestairie des Défens ou les Troys Piliers*, 1572; *maison noble des Deffendz alias des Pilliers*, 1603 (abb. de Fontaine-le-Comte, 11). — Anc. fief relev. de l'abbaye de Fontaine-le-Comte.

PILLATRIÈRE (LA), chât. et f. c^{ne} de Persac; — 1517 (maison-Dieu, 181).

PILLON, h. c^{ne} de la Chapelle-Montreuil. — *Locus qui dicitur Pilons*, 1129 (Fontenau, t. XIX, p. 385). — *Piston*, 1503; *Pillon*, 1550 (abb. de Montierneuf, 84). — *Pilon*, 1731 (rôle des tailles).

PILLON, h. c^{ne} de Voulon. — *Piston*, 1619; *Pillon*, 1663 (fief de Guron).

PILLOUÉ, chât. et vill. c^{ne} de Chiré-en-Montreuil. — *Karolus de Podio Loyer, miles*, 1295 (fam. Jacques). — *Puyloer*, 1378 (gr. Gauthier, f° 70). — *Puylouher*, 1403 (chap. de St-Radegonde, 31). — *Puylouer*, 1404 (gr. Gauthier, f° 75). — *Pillouer*, 1666 (abb. du Pin, 19). — Anc. fief relev. de Chiré.

PILOTRIE (LA), h. c^{ne} de Saint-Pierre-de-Maillé.

PILOUBIN, f. c^{ns} de la Puye. — *Puybouyn, Puylouyn*, 1429; *Puylobin*, 1507 (seign. de Montoiron, 1). — *Piloubin*, 1572 (cure de Cenan).

PILOUIN (LE), f. c^{ne} de Saint-Gervais. — *Les Puyloins*, 1459 (duché de Châtellerault, 6). — *Les Pillouins*, 1732 (fief des Vaux).

PILTIÈRE (LA), f. c^{ne} de Sérigny. — *La Pequetière* (Cassini).

PIMPANEAU, bois, au faubourg de Montbernage à Poitiers; anc. fief relev. de l'abbaye de Sainte-Croix. — *Pepenea*, 1403; *Puypanea*, 1423 (abb. de Montierneuf, 41). — *Fief de la Rochebacon*, 1434; *Pinpaneau autrement appellé la Rochebacon*, 1642 (abb. de Ste-Croix, 16).

PIMPARÉ, h. c^{nes} de Veniers et Basses. — *Painparé*, 1656 (com^{rie} de Loudun, 18). — *Puyparé* (ms. Trincant). — Anc. fief.

PIN (FONTAINE DU), près la Clouère, entre Batresse et Parou, c^{ne} de Château-Larcher. C'est près de cette fontaine que se trouvait peut-être le m^{in} du Pin, *molendinum de Pinu*, mentionné en 1276 (fam. Taveau).

PIN (LE), h. et m^{in} sur la Boivre, c^{ne} de Béruges; anc. abb. de l'ordre de Cîteaux, fondée en 1120. — *Ecclesia Sanctæ Mariæ de Pino*, v. 1150 (abb. du Pin); — *de Pinu*, 1162 ou 1163 (ch. de St-Hilaire, t. I, p. 173). — L'abbé du Pin avait droit de haute justice dans sa seigneurie du Pin.

PIN (LE), m^{in} sur le Clain et h., LE GRAND et LE PETIT-PIN, ff. c^{ne} de Château-Garnier. — *Hostel noble du Pin*, 1574 (seign. de la Salle de Chaunay). — *Lo seigneur du Pyn*, 1580 (fief de la Chaufferie).

PIN (LE), m. r. c^{ne} de Château-Larcher. — *Le Pain*, 1734 (rôle des tailles).

PIN (LE), h. c^{ne} de Châtellerault. — *Le Pin*, 1390 (com^{rie} d'Auzon, 3). — *Molendinum de Pinu*, 1404 (cure de St-Romain de Châtellerault). — *Endroict où soulloit estre le moullin du Pin*, 1566 (cure de St-Jean-Baptiste de Châtellerault).

PIN (LE), chât. et m^{in}, c^{ne} de Coulonges. — *Villa de Pinu*, 1263 (Fontenau, t. XVII, p. 137). — *Apud Pinum Tremolhaum*, 1365 (Fontenau, t. V, p. 469).

Le ruiss. du Pin sort de l'étang des Frênes et se jette dans le ruiss. de la Jarrige au-dessous du moulin du Peux.

PIN (LE), f. c^{ne} de Marnay. — *Ad Pinum*, v. 980 (cart. de St-Cyprien, p. 221). — *Le Pin*, 1489 (livre de recette de Vivonne, f° 76 v°).

PIN (LE), f. c^{ne} d'Oiré; anc. fief relev. de la vic. de la Guerche (Indre-et-Loire) et uni en 1661 au marq. de la Groye.

PIN (LE), f. dans le parc des Ormes, c^{ne} des Ormes. — *Le Pin*, fief relev. de la châtell. de Nouâtre en Touraine, 1535 (cure de Poizay-le-Joli). — *Le Pain*, 1707 (cure des Ormes). — Ce lieu fut détaché en 1654 de la paroisse d'Antogny-le-Tillac, diocèse de Tours, pour former celle des Ormes.

PIN (LE), vill. c^{ne} de Pouant; — 1430 (chap. de St-Hilaire, 427). — *Le Pain* (Cassini). — Anc. fief.

PIN (LE), f. c^{ne} de Saint-Cyr; anc. fief uni à celui de la Flotte et relev. du duché de Châtellerault, 1764 (fief de la Flotte).

PIN (LE), f. c^{ne} de Saint-Gervais; — 1570 (seign. de la Varanne).

PIN (LE), chât. c^{ne} de Saint-Maurice. — *Terra del Pino*, v. 1095 (cart. de St-Cyprien, p. 216). — *Le Pin*, 1526 (chap. de St-Pierre-le-Puellier, 22).

PIN (LE), f. c^{ne} de Saint-Pierre-des-Églises. — *Villa Pinum*, v. 1090 (cart. de St-Cyprien, p. 139). — *Lo Pyn*, 1307 (gr. Gauthier, f° 195). — *Village du Pin*, 1403 (chap. de Chauvigny, 9). — *Le Pain*, 1788 (rôle des tailles).

PIN (LE), h. c^{ne} de Saint-Sauveur. — *Le Pain*, 1673 (fief de Dercé). — *Le Pin*, 1712 (com^{rie} de la Foucaudière, 5).

PIN (LE), h. c^{ne} de Scorbé-Clairvaux; — 1571 (seign. des Robinières). — Anc. seigneurie.

PIN (LE), f. c^{ne} de Sérigny. — *Moulin du Pin*, 1576 (seign. des Clouzeaux).

PIN (LE), h. c^{ne} de Thuré; — 1393 (chap. de St-Hilaire, 562).

PIN (LE GRAND et LE PETIT-) et LES VIEUX-PINS,

ff. c^{ne} de Lusignan. — *Le Pyn*, 1543 (minutes de J. Defonboisset, notaire à St-Maixent). — *Le vieil Pin*, 1695 (seign. de Curzay). — *Le vieux Pin*, 1753 (rôle des tailles). — *Le Grand-Pin* était un fief relev. de Curzay.

PIN (LE GRAND et LE PETIT-), ff. c^{ne} de Saint-Savin. — *Apud Pinum*, 1260 (Hommages d'Alphonse, p. 88). — *Le grand Pin*, 1563; — *le petit Pin*, 1572 (abb. de St-Savin, 29).

PINACLE (LE), vill. annexé au bourg de Jazeneuil.

PINAGUET, m. près les Loges, c^{ne} de Marçay.

PINALIÈRE (LA), f. c^{ne} de Saint-Romain-sur-Vienne; — 1509 (cure de St-Romain).

PINAUDIÈRE (LA), ff. c^{ne} d'Adriers; — 1506 (seign. de la Brulonnière). — Anc. fief relev. du marq. de l'Isle-Jourdain (Fonteneau, t. XXXIX, p. 337).

PINAUDIÈRE (LA), f. c^{ne} de Leigné-sur-Usseau. — *La Pinaudère*, 1339 (seign. de la Garde). — Anc. fief relev. de la Tour-Balan.

PINAUDIÈRE (LA), h. c^{ne} de Leugny; — 1688 (cure de Leugny).

PINAUDIÈRE (LA), f. c^{ne} de Savigny-sous-Faye. — *La Pinauderie*, 1438 (chap. cathédral, 82). — *La Pinaudière*, 1485 (abb. de St-Benoît, 20).

PINAUDIÈRES (LES), h. c^{ne} de Mignaloux.

PINAUDRIE (LA), f. c^{ne} de Marnay.

PINCEVENT, f. c^{ne} de Saire.

PINÇONNERIE (LA), m. r. c^{ne} d'Angle. — *La Pinssonerie*, 1607 (abb. d'Angle).

PINÇONNERIE (LA GRANDE et LA PETITE-), ff. c^{ne} de Saint-Pierre-de-Maillé; — 1670 (cure de St-Phèle de Maillé). — Un acte de 1531 mentionne *la Pinsonnerie* (seign. de la Roche-Aguet).

PINÇONNERIE-DES-DROUX (LA), m. r. c^{ne} de Saint-Pierre-de-Maillé.

PINÇONNIÈRE (LA), m. r. c^{ne} de Sillars. — *La Pinsonyère*, 1600 (maison-Dieu, 98). — *La Pinsonnière*, 1769 (rôle des tailles).

PINDRAY, c^{on} de Montmorillon. — *Petrus de Pindrai*, 1088-1091 (cart. de St-Cyprien, p. 30). — *Castellania de Pindrac*, XIIe s^e (maison-Dieu, cart. n° 141). — *Pindray*, 1283 (chap. de Châtellerault, 1). — *Pindac* (pouillé de Gauthier, f° 176 v°). — *Capellanus de Pindraio*, 1383 (taux du décime, p. 59).

Avant 1790 cette commune faisait partie de l'archiprêtré, de la châtellenie et de la sénéchaussée de Montmorillon, et de l'élection de Poitiers. Le prieuré-cure de Saint-Pardoux de Pindray dépendait de l'abbaye de Lesterp (Charente). Le fief et haute justice de Pindray relevait du château de Montmorillon.

Cette c^{ne} a fait partie du c^{on} de Chauvigny depuis le 18 novembre 1801 jusqu'au 12 août 1818.

PINEAU, vill. c^{ne} de Beaumont. — *Domus de Pineau*, 1229 (Fonteneau, t. XX, p. 537). — *Pinea*, 1272 (chap. de Notre-Dame-la-Grande, 26). — *Herbergamentum de Pinello*, 1317 (ibid. 28). — *Pineaux*, 1439 (duché de Châtellerault, 4). — Anc. fief relev. de la châtell. de Beaumont appart. au chapitre de Notre-Dame-la-Grande de Poitiers.

PINEAU (LE VILLAGE-À-), vill. c^{ne} de Queaux.

PINEAUX (LES), h. c^{ne} d'Amberre.

PINELIÈRE (LA), f. c^{ne} de Benassay. — *La Pinellerie*, 1476 (chap. de St-Hilaire, 81). — *La Pinelière*, 1528 (ibid. 223).

PINELIÈRE (LA), h. c^{ne} de Mauprevoir; — 1659 (notaires de la bar. de Charroux). — *La Pinière* (Cassini).

PINERAIE (LA), f. c^{ne} de Magné. — *Pineraye*, 1404 (gr. Gauthier, f° 86 v°).

PINERIE (LA), h. c^{ne} de Lésigny; — 1445 (notaires. Artaud à la Roche-Posay).

PINET (LE), f. près Visay, c^{ne} de Béruges.

PINET (LE), h. c^{ne} de Chenevelles. — *Mestairie du Pynier*, 1542; — *du Pingnier*, 1551 (seign. de Touffou, 5).

PINETRIE (LA), m. à Saint-Sauvant. — *La Pinetière*, 1676 (seign. de Couhé). — *La Penetrie*, 1766 (rôle des tailles). — Anc. fief relev. du marq. de Couhé.

PINGAUDRIE (LA), h. c^{ne} d'Ingrande.

PINGAUDRIE (LA), m. r. c^{ne} de Senillé.

PINGRAY, anc. fief, près la Patrière, c^{ne} de Lésigny. — *Pindray*, 1482; *Pingray*, 1496, 1499 (arch. de la Soc. des antiq. de l'Ouest, n° 730, 735 et 738).

PINIER (LE), h. c^{ne} de Bonnes.

PINIER (LE), h. c^{ne} de Ceaux, c^{on} de Couhé. — *Le Pinyer*, 1569 (fief de Château-Larcher). — *La Grojonière aultrement le Pinier près Montbrelais*, 1595 (titres de Château-Larcher, aveu de Cujalais).

PINIER (LE), h. c^{ne} de la Ferrière. — *Le Pigné* (Cassini).

PINIER (LE), f. détruite, près la Gruzalière, c^{ne} d'Iteuil. — *Le Pignier*, 1715; *le Pinier*, 1722 (rôles des tailles).

PINIER (LE), vill. c^{ne} de Nouaillé. — *Silva de Pinhec*, 1095; — *de Pineec*, v. 1118 (abb. de Nouaillé). — *Pineti*, 1119 (Fonteneau, t. XXI, p. 594). — *Village de Pyneec*, 1340 (abb. de Nouaillé, 6). — *Pigniers*, 1601; *Pinyers*, 1613 (ibid. 16). — *Bois de Pigniers*, ancienne forêt de châtaigniers, 1630 (ibid. 17).

PINIER (LE), f. c^{ne} de la Puye; — 1482 (couv. de la Puye, 7).
PINIER (LE), h. c^{ne} de Rouillé.
PINIER (LE), h. c^{ne} de Saint-Gaudent. — *Pigné*, 1754 (notaires, Trébuchet à Bois-Seguin). — *Le Pinier*, 1760 (notaires, Arnault à Bois-Seguin).
PINIER (LE), h. c^{ne} de Vaux-en-Couhé; distrait de la c^{ne} de Romagne en 1836.
PINIER (LE GRAND et LE PETIT-), hh. c^{ne} de Sèvre. — *Le petit Pinier*, 1553 (abb. de la Trinité, 59). — *Le grand Pinier*, 1573 (*ibid.* 63).
PINIER-DE-LA-VERRONNIÈRE (LE), f. c^{ne} de la Chapelle-Montreuil. — *La Vesronière*, 1530; *la Varronnière aultrement appellée le Pinyer*, 1602 (abb. de Montierneuf, 85).
PINIER-DU-PARC (LE), h. c^{ne} de la Chapelle-Montreuil; — 1664 (abb. de Montierneuf, 84).
PINIÈRE (LA), h. c^{ne} de Curzay.
PINIÈRE (LA), f. c^{ne} de Luchapt.
PINIERS (LES), partie du vill. de Servon, c^{ne} de Leigne.
PINIERS (LES), h. c^{ne} de Lussac-le-Château. — *La Pinnière*, 1775 (rôle des tailles).
PINOCHÈRES (LES), f. c^{ne} de Latus. — *Les Pinochières*, 1674 (fief des Bobins). — *Les Pinochères*, 1730 (rôle des tailles).
PINOCHET (LE), h. c^{ne} d'Orches.
PINOCHON (MOULIN DE), situé au-dessous de celui de Remeneuil, c^{ne} d'Usseau; — 1555 (fam. de Gain); — détruit avant 1794 (aveu de Remeneuil, p. 59).
PINOLIÈRE-DES-BOIS (LA), h. c^{ne} de Pairé. — *La Pignollière du Bois*, 1676 (seign. de Couhé). — Anc. fief relev. du marq. de Couhé.
PINOLIÈRE-DU-COTEAU (LA), ff. c^{ne} de Pairé.
PINOT, h. c^{ne} de Béthines. — *Peupinot*, 1572 (couv. de la Puye, 12). — *Pinot*, 1606 (*ibid.* 13). — *Pineau*, 1841 (nomencl.).
PINOTIÈRE (LA), f. c^{ne} d'Antigny; — 1322 (abb. de St-Savin, 11).
PINOTIÈRE (LA), f. c^{ne} de Lésigny; — 1469 (fief de la Boutelaie). — Anc. fief relev. de la Boutelaie.
PINOTIÈRE (LA), f. c^{ne} de Prinçay; — 1605 (cure de Prinçay).
PINOTIÈRE (LA), vill. c^{ne} de Thuré; — 1610 (duché de Châtellerault, reg. de recette). — *La Pinottière*, 1619 (fief de la Rimbertière). — Anc. fief relev. de la Perlotière.
PINOTRIE (LA), h. c^{ne} de Saint-Remy.
PINS (LES), f. c^{ne} de Millac.
PINSONS (LES), lieu détruit avant 1695, c^{ne} de Surin (fief du Cibiou).

PINTARNIÈRE (LA), f. c^{ne} de Vicq. — *La Pintarnère*, 1320 (évêché, 22). — *La Pinternère*, 1409 (abb. d'Angle).
PINTERIE (LA), h. c^{ne} de Saint-Georges. — *La Pintrie*, 1775 (rôle des tailles).
PINTERIE (LA), chât. c^{ne} de Vouneuil-sous-Biard; clos de la Garenne arrenté en 1506 par l'abbé de Fontaine-le-Comte à Allain Aubault, marchand pintier à Poitiers (abb. de Fontaine-le-Comte, 15). — *La Pintrie*, 1669 (*ibid.* 15).
PINTIÈRE (LA), h. c^{ne} de la Vaüsseau. — *La Paynetière*, 1476 (chap. de St-Hilaire, 81). — *La Peintière*, 1534; *la Poingtière*, 1538 (*ibid.* 223). — *La Pinctière*, 1613 (*ibid.* 237).
PIOLANT, chât. c^{ne} de Dangé. — *Rainaldus de Podio Ollant*, v. 1090 (cart. de St-Cyprien, p. 96). — *Raginaudus de Puellento*, v. 1103 (Fonteneau, t. VIII, p. 451); — *de Pellento*, 1100-1108 (gr. cart. de Fontevrault, 677). — *Poilent*, 1220 (Fonteneau, t. XXV, p. 107). — *Puyolant*, 1363 (chap. de Châtellerault, 1). — *Piolent*, 1430; *Piollant*, 1508 (duché de Châtellerault, 5). — Anc. fief relev. du duché de Châtellerault. — Il est fait mention de la poste de Piolant dans des titres de 1611 et 1669 : *chemin tendant de la poste de Piollant à la Haye*, 1611 (seign. de la Fontaine, 2).
PIOLANT, f. c^{ne} de Saint-Genest. — *Simon de Peolant*, v. 1180 (abb. de St-Benoît). — *Pyolent*, 1422 (seign. de Puygarreau, 3). — *Piolent*, 1439 (duché de Châtellerault, 4). — *Puyoland*, 1452 (*ibid.* 1). — Fief anc^t mouv. de la vic. de Châtellerault et uni en 1452 à la seign. de Puygarreau.
PIOUSSAY, h. c^{ne} d'Anché. — *Piousay*, 1489 (livre de recette de Vivonne, f° 90 v°). — *Pioussay*, 1731 (notaires de la châtell. de Monts).
PIPAUDIÈRE (LA), lieu détruit, c^{ne} de Châtain; mentionné en 1463 et 1579 dans l'inv. des titres de la seign. de Font-le-Bon, p. 84 et 127.
PIPOIRIER, h. c^{ne} de Sèvre. — *Puypoirier*, 1681 (évêché, 68). — *Pipoirier* (Cassini).
PIQUEFESSE, h. c^{ne} de Saint-Martin-Lars. — *Les Bordes*, 1487 (abb. de la Reau); 1642 (cure de St-Martin-Lars). — *Les Bordes alias Piquefesse*, 1644 (notaires de la vic. de Rochemeaux).
PIQUES (LES), h. c^{ne} de Coussay-les-Bois. — *Les Pies*, 1866 (dénomb.).
PIQUETRIES (LES), h. c^{ne} de Bonneuil-Matours.
PIQUETTRIE (LA), m. r. c^{ne} de Poitiers.
PIRAUDEAUX (LES), m. r. c^{ne} d'Archigny.
PIRAUDEAUX (LES), f. c^{ne} de Leigné-les-Bois.

PIRAUDIÈRE (LA), h. c^{ne} de Naintré; — 1465 (duché de Châtellerault, 7).

PIREAU (LE), h. c^{ne} de Vouneuil-sur-Vienne; — 1626 (chap. cathédral, reg. 92).

PIRONNERIE (LA), f. c^{ne} d'Orches. — *La Perronnerie* (Cassini).

PIRONNIÈRE (LA), m. r. c^{ne} de Saint-Benoît.

PISAY, f. c^{ne} de Celle-l'Évécault. — *Pisiacus*, v. 1032 (cart. de St-Cyprien, p. 273). — *Pisai*, v. 1119 (Fonteneau, t. III, p. 271). — *Pizay*, 1620 (seign. de Chincé).

PISSELOUP, h. c^{ne} de Pouzioux; — 1663 (seign. de St-Martin-la-Rivière).

PISSEREAU (LE), m. en ruine, près les Saudières, c^{ne} de Vouneuil-sur-Vienne.

PISSEVIEILLE (RUISSEAU DE), c^{ne} de Dangé, prend naissance près la limite d'Ingrande et se jette dans la Vienne en amont de Dangé. — *Corrance du Bedoer*, 1445 (duché de Châtellerault, 3). — *Rivière du Bedouer*, 1470 (seign. de la Fontaine, 1); 1658 (cure de Dangé). — *La rivière de Poullouze*, 1620 (cure de Dangé). — *La courance Pouillouze, qui descend de Saint-Maurice à la rivière de Vienne*, 1735 (fief de Bois-Simon).

PISSOT (LE), lieu détruit, c^{ne} de la Roche-Posay; *viel village à présent en fruche, joignant au chemin par lequel l'on va de la Roche de Pousay à Coussay*, 1459 (notaires, Artaud à la Roche-Posay). — *Couranse du Pissot*, 1664 (seign. de la Roche-Posay, 4).

PISSOTIÈRES (LES), f. c^{ne} de Senillé. — *Mestairie des Puissautières*, 1550; *les Pissotières*, 1570 (abb. de la Celle, 17).

PITACHON, h. c^{ne} de Varennes. — *Pictachon*, 1589 (prieuré de St-Jean de Mirebeau, 9). — *Pitachon*, 1733 (prieuré de St-André de Mirebeau, 8).

PITAGE (LA), m. r. c^{ne} de Civaux.

PITAUDIÈRE (LA), vill. c^{ne} de Vezières.

PITIÈRE (LA), h. c^{ne} de la Chapelle-Moulière. — *La Pietère*, 1307 (fam. Piet). — *La Pytaire*, 1524 (abb. de Montierneuf, 82). — *La Petitière*, 1564 (abb. de St-Cyprien, 18). — *La Pittière*, 1597 (abb. de Montierneuf, 82). — *La Pitière*, 1727 (rôle des tailles).

PITIÈRE (LA), vill. c^{ne} de Tercé. — *La Pitère*, 1501 (abb. de la Trinité, 67). — *La Pietère*, 1520 (fam. Taveau). — *La Pitière*, 1553 (abb. de la Trinité, 70).

PIVOT, lieu détruit, près l'Épinasse, c^{ne} d'Oiré.

PLACE (LA), f. c^{ne} de la Chaussée.

PLACE (LA), f. c^{ne} de Saire.

PLACE (LA), f. c^{ne} de Senillé; — 1493 (duché de Châtellerault, 6).

PLACES (LES), f. c^{ne} d'Archigny.

PLACES (LES), vill. c^{ne} de Leigne. — *Les Plasses*, 1562; *les Places*, 1568 (maison-Dieu, 164).

PLACES (LES), m. isolée, c^{ne} de Thuré.

PLACETREAU (LE), vill. c^{ne} de Sillars.

PLACHERIE (LA), f. c^{ne} d'Andillé. — *La Placherye*, 1557 (chap. de St-Pierre-le-Puellier, 29). — *La Pellacherye*, 1645 (seign. de Vounant). — *La Pillacherie*, 1647 (cure d'Andillé). — Anc. fief relev. de la Clielle.

PLACIN (LE), f. c^{ne} d'Ouzilly-Vignolles.

PLAIDS (LES), h. c^{ne} de Nouaillé. — *Willelmus dans Plais*, 1205 (abb. de Nouaillé, 1). — *Les Ples*, 1332 (*ibid.* 6). — *Les Plaiz*, 1489 (*ibid.* 62). — *Les Plaix*, 1566 (*ibid.* 6).

PLAINE (LA), f. c^{ne} de Marigny-Brizay. — *Plania*, 1300 (cure de St-Michel de Poitiers). — *La Pleigne*, 1530; *la Plaigne*, 1608; *la Playne*, 1623 (seign. de la Tour-Signy).

PLAINE (LA), f. c^{ne} de Mignaloux.

PLAINE (LA), h. c^{ne} de Mirebeau.

PLAINE (LA), vill. c^{ne} de Naintré. — *La Plaigne*, 1431 (duché de Châtellerault, 7). — *La Pleigne de Naintré*, 1434 (seign. de Tricon). — Anc. fief relev. du duché de Châtellerault.

PLAINE (LA), m. r. c^{ne} d'Ouzilly. — *La Pleigne*, 1461 (chap. cathédral, reg. 109).

PLAINE (LA), h. c^{ne} de Pouillé. — *La Plegne, la Playgne*, 1385 (cart. de la Trinité, f°s 35 et 73). — *La Plaigne*, 1447; *la Plaine*, 1685 (abb. de la Trinité, 66).

PLAINE (LA), f. c^{ne} de Pressac.

PLAINE (LA), h. c^{ne} de Savigny-sous-Faye. — *La Pleigne*, 1605 (fam. de Vaucelles).

PLAINE (LA), h. c^{ne} d'Usson. — *Vilagium et molendinum de la Playgne*, 1362 (abb. de la Reau). — *Moulin de la Plaigne*, 1404 (gr. Gauthier, f° 270). — *La Pleigne*, 1494 (fief de Chaleur); — Le moulin de la Plaine, sur la Clouère, n'existe plus.

PLAINE (LA), m^{in} sur le Martiel, c^{ne} de Veniers. — *Moulins de la Pleine*, 1571 (chap. de Ste-Croix de Loudun, 5); — *de la Plaine*, 1624 (collège de Poitiers, 59).

PLAISANCE, c^{on} de Montmorillon. — *Plaisantia*, XIIe s^e (maison-Dieu, cart. n° 158). — *Plesencia, Pleissencia, Plessencia*, 1260 (Hommages d'Alphonse, p. 83, 84, 112). — *Placencia* (pouillé de Gauthier, f° 175 v°). — *Plaisance*, 1302 (Fonteneau, t. XXIV, p. 474). — *Plesance*, 1431 (maison-Dieu, 74). — *Plesence*, 1493 (fief de l'Âge-Bouet).

Ce bourg, composé de deux rues, la grand'rue et la rue Sainte-Catherine, était autrefois entouré de murs et de fossés, *ville et forteresse de Plaisance*

1494 (fief de l'Âge-de-Plaisance). Il faisait partie de l'archiprêtré de Lussac-le-Château, de la châtellenie et de la sénéchaussée de Montmorillon, et de l'élection de Poitiers. Le prieuré-cure de Notre-Dame dépendait de l'abbaye de Lesterp (Charente). Suivant la tradition, Charlemagne avait fondé cette église, et plusieurs de ses successeurs, Louis VIII, Philippe le Bel, Charles V et Louis XI, lui avaient fait des libéralités (Mém. de MM. Robert du Dorat, ap. Fonteneau, t. XXIX, p. 219). Elle était fréquentée par un grand nombre de fidèles et on s'y rendait de fort loin en procession. Le prieur percevait sur des moulins mus par la Gartempe une rente de 544 boisseaux de blé, moitié froment et moitié seigle, qui lui avait été assignée par Philippe le Bel pour être distribuée en pain aux pauvres de la localité; les moulins ayant été emportés par les eaux en 1732, la rente et l'aumône cessèrent d'être acquittés (état général des établissements de charité dans la génér. de Poitiers, aux arch. de la Vienne). — Il y avait à Plaisance deux maisons, dont l'une appelée le Petit-Mont, tenues en fief de la bar. de Montmorillon. — La cure de Plaisance a été réunie à celle de Moulime de 1813 à 1826.

PLAISANCE, vill. c^{ne} de la Chapelle-Bâton; — 1711 (rôle des tailles).

PLAISANCE, f. c^{ne} de Châtellerault.

PLAISANCE, m. isolée, c^{ne} de Lencloître.

PLAISANCE, h. c^{ne} de Vouillé.

PLAISANCE (LA), m. isolée, c^{ne} de Smarve.

PLAIX (LE), f. c^{ne} de Bouresse. — Le Pletz, le Plaiz, v. 1490; houstel noble du Plaist, 1498 (abb. de Nouaillé, 20). — Le Plaix, 1584 (ibid. 21). — Anc. fief relev. du marq. de Lussac-le-Château.

PLAIX (LE), f. c^{ne} de Queaux. — Le Plex, 1629 (seign. de Ressonneau, 3).

PLAMNOUX, ff. c^{ne} de Saint-Maurice. — Planboc, 1237 (abb. de Montierneuf, 13). — Plambo, 1363 (arch. de Poitiers, 15). — Plamboux, 1396 (gr. Gauthier, f° 78). — Plambot, 1403 (ibid. f° 225). — Plambox, Planum Boscum, 1404 (ibid. f° 88 et 235 v°). — Plambout, 1407 (ibid. f° 82 v°). — Planbou, 1578 (abb. de Montierneuf, 93). — Anc. fief relev. de la vic. de Gençay.

PLAN, vill. c^{ne} de Saint-Secondin. — Plans, 1396 (gr. Gauthier, f° 78 v°). — Le Plans, les Plans, 1406 (ibid. f° 81). — Plan, 1498 (fief de la Baumière).

PLAN (LE), h. c^{ne} de Nouaillé.

PLANCHE (LA), mⁱⁿ sur le Clain, c^{ne} d'Anché. — Moulin de la Planche, 1337 (abb. de Nouaillé, 58).

PLANCHE (LA), chât. et f. c^{ne} d'Andillé. — Rivallus de Plancha, 1310 (abb. de St-Cyprien, 43). — La Planche, 1469 (abb. de Montierneuf, 67). — La Planche d'Andilhé, 1558 (fief de Château-Larcher). — Anc. fief uni à celui de Toucheronde.

Le ruiss. de la Planche se réunit au ruiss. de Chezeau au-dessous des Roches-Prémary.

PLANCHE (LA), h. c^{ne} de Charroux.

PLANCHE (LA), h. c^{ne} de Chiré-en-Montreuil.

PLANCHE (LA), h. c^{ne} de Montmorillon; — 1448 (maison-Dieu, 72). — La Planche de Montmorillon, 1548 (fief de Lutus). — Anc. com^{rie} dép. de la maison-Dieu de Montmorillon.

PLANCHE (LA), f. c^{ne} de Persac; — 1506 (seign. de la Brulonnière).

PLANCHE (LA), vill. c^{ne} de Vivonne; — 1343 (abb. de Nouaillé, 24).

PLANCHE-A-ROBIN (LA), m. isolée, c^{ne} de Coulombiers.

PLANCHE-AU-GROS (ÉTANG DE LA), auj. desséché, c^{ne} de Saugé. — La Planche au Greou, 1506 (maison-Dieu, 29). — La Planche au Groux, 1757 (ibid. terrier, f° 271 v°).

PLANCHELLE (LA), lieu détruit, c^{ne} d'Anché. — La Planchelle, 1566 (seign. de la Touche-Vivien); 1641 (chap. de St-Hilaire, 257).

Un ruiss. de ce nom a sa source à l'Ognon et se jette dans le Clain près le mⁱⁿ de la Planche. — Ruisseau de la Planchelle, 1624 (abb. de St-Cyprien, 24).

PLANCHE-LORION (LA), m. r. c^{ne} de Celle-l'Évescault.

PLANCHE-LUCAS (LA), h. c^{ne} de Montgauguier.

PLANCHES (LES), partie du bourg de Brigueil-le-Chantre.

PLANCHES (LES), ff. c^{ne} de Chaunay.

PLANCHETTE (LA), f. c^{ne} de Saint-Gervais; — 1732 (fief des Vaux).

PLANCHETTE (LA), m. r. c^{ne} de Thuré.

PLANCHONNERIE (LA), f. c^{ne} de Châtellerault; — 1621 (fief du Savinier).

PLANCHONNERIE (LA), h. c^{ne} de Vendeuvre; — 1624 (seign. de Vieux).

PLANÇON (LE), vill. c^{ne} de Saint-Romain. — Planson, 1629 (arch. de Poitiers, 71).

PLANFOURCHÉ, tènement, c^{ne} de Brux, à la limite de celles de Couhé et de Vaux. — Terra Planifurches, v. 1085 (cart. de St-Cyprien, p. 261). — Planforchais in curte de Faya, v. 1143 (ch. de St-Hilaire, t. I, p. 148). — Terra de Planteforche prope Coiacum, 1200 (ibid. t. I, p. 214). — Plainforches, 1469; Planfourchays, 1475 (chap. de St-Hilaire, 342).

PLANS (LES), ff. et fontaine, c^{ne} de Saugé. — Les Plans, 1360 (maison-Dieu, 97). — Villagium de Planis,

1418 (fief de Beaupuy). — *Les Plantz*, 1635 (maison-Dieu, 13).

PLANTE (LA), m. r. c^(ne) d'Availle-Limousine.

PLANTE (LA), vill. c^(ne) de Thuré. — *Airinus de la Planta*, v. 1120 (cart. de Noyers, p. 476). — *La Plante*, v. 1300 (Gauthier, f° 7 v°). — *La Plente*, 1307 (ibid. f° 206 v°). — *Dominus de Planta*, 1325 (chap. de Châtellerault, 1). — Anc. fief relev. du duché de Châtellerault.

PLANTEAU (LE), h. c^(ne) de Moussac-sur-Vienne.

PLANTÉCHELLE, vill. c^(ne) de la Chapelle-Montreuil. — *Plandeschalle*, 1494 (abb. de Montierneuf, 84). — *Plante Eschalle*, 1529 (seign. de Curzay). — *Plantéchelle*, 1779 (abb. de Montierneuf, 90).

PLANTES (LES), m. r. c^(ne) d'Oiré; — 1756 (terrier de la Groye, p. 701).

PLANTIS (LE), f. c^(ne) de Lusignan.

PLANTIS (LE), f. c^(ne) de Montmorillon. — *Le Planty*, 1628; *le Plantis*, 1630 (chap. cathédral, 24). — *Les Plantis*, 1651 (maison-Dieu, 35).

PLANTIS (LE), h. c^(ne) de Senillé.

PLANTIS-BOUTIN (LE), h. c^(ne) de Châtellerault; — 1621 (fief du Savinier).

PLANTIVIÈRE (LA), ff. c^(ne) de Lusignan; — 1655 (seign. de la Plantivière). — Anc. fief.

PLANTY (LE), m. r. c^(ne) de Buxerolles. — *Terroir du Plantis*, 1581; *le Planty*, 1702 (abb. de S^(te)-Croix, 21).

PLANTY (LE), m. r. c^(ne) d'Ingrande. — *Le Plantis Pochon*, 1642 (cure d'Ingrande). — *Le Planty*, 1756 (terrier de la Groye, p. 161).

PLANTY (LE), h. c^(ne) de Verrue. — *Le Planteis*, 1502 (fam. de Fouchier). — *Le Plantis*, 1571 (chap. de Mirebeau, 21).

PLASTEAU (LE), h. c^(ne) de Montmorillon.

PLATS (LES), h. c^(ne) et LES PETITS-PLATS, vill. c^(ne) de Luchapt. — *Les Plas*, 1480 (fam. de Genouillé). — *Les Placts*, 1582 (seign. de l'Isle-Jourdain). — *Les Plats*, 1699 (fam. de la Broue de Vareilles). — Anc. fief.

PLAUDERIE (LA), f. c^(ne) de la Chaussée. — *La Pellaudrye*, 1607 (cure de la Chaussée).

PLAUDES (LES), h. c^(ne) de Salles-en-Toulon.

PLAUDIÈRES (LES), h. c^(ne) de Chenevelles.

PLEIN (LE), f. c^(ne) de Messemé. — *Le Plain*, 1563 (cure de Messemé).

PLEIN-BOIS, m. r. c^(ne) de la Roche-Posay. — *Grangia de Plano Nemors*, 1177; — *de Plano Bosco*, 1197 (cart. de la Merci-Dieu, 212 et 213). — *Pleinbois*, 1224 (ibid. 167). — *Plaimboys*, 1450 (abb. de la Merci-Dieu, 4). — *Plamboys*, 1545 (seign. de Fontsémont).

PLESSAC (FORÊT DE), c^(ne) d'Asnières. — *Bois de Plasac*, 1410 (fam. Laurent de Reyrac). — *Nemus de Plessac*, 1442 (cure de l'Isle-Jourdain). — *Forest de Plessac*, 1631 (prieuré de Teil); — *de Plassac*, 1725 (cure d'Asnières). — Sa superficie, en 1802, était de 264 hectares.

PLESSIS (LE), h. c^(ne) d'Anché. — *Plesseyacum de Anchec*, 1313 (abb. de Nouaillé, 24). — *Le Plessis*, 1497 (seign. de Thorue). — *Le Plessis d'Anché*, 1703 (épitaphe en l'église d'Anché).

PLESSIS (LE), vill. et m^(in) sur la Vandelogne, c^(ne) d'Ayron; — 1383 (gr. Gauthier, f° 72).

PLESSIS (LE), m. r. c^(ne) de Celle-l'Évécault. — *Le Plaisis*, 1495; *le Plaissis*, 1497 (cure de Celle-l'Évécault).

PLESSIS (LE), h. c^(ne) de la Chapelle-Montreuil. — *Terra que est Monsterolio castro et vocatur ad Plaiseit*, 1110 (Fontenau, t. XV, p. 545). — *Le Plessis*, 1485 (abb. de Montierneuf, 84).

PLESSIS (LE), m. r. c^(ne) de Châtellerault.

PLESSIS (LE), f. c^(ne) de Châtillon. — *Le Plesseys*, 1471; *le Plessis*, 1564 (chap. cathédral, reg. 98). — Anc. fief relev. de Clavières; acquis par le chapitre cathédral de Poitiers en 1472.

PLESSIS (LE), ff. c^(ne) de Coussay-les-Bois; — 1454 (notaires, Artaud à la Roche-Posay).

PLESSIS (LE), f. c^(ne) de Naintré.

PLESSIS (LE), f. c^(ne) de Saint-Gervais. — *Le Plessis de Bonnay*, 1382 (duché de Châtellerault, inv. d'aveux, f° 14 v°). — *Le Plessis Bosnay*, 1674; *le Plessis Baunay*, 1720 (fief du Plessis-Baunay). — *Le Plessis Bauné* (Cassini). — Anc. fief et haute justice relev. du duché de Châtellerault.

PLESSIS (LE), f. détruite, près la Cintrallière, c^(ne) de Thuré; — 1572 (duché de Châtellerault, 5).

PLESSIS (LE), f. c^(ne) de Vellèche.

PLESSIS (LE HAUT et LE BAS-), vill. et h. c^(ne) d'Availle. — *Le Plessis*, 1446 (duché de Châtellerault, 6).

PLEUMARTIN, ch.-l. de c^(on), arr^(t) de Châtellerault. — *Plaimartin*, 1230 (abb. de la Merci-Dieu, 1). — *Plein Martin*, 1230 (cart. de la Merci-Dieu, 123). — *Plen Martin*, 1272 (ibid. 295). — *De Plano Martino*, 1274 (ibid. 231). — *Plemartin*, 1446 (seign. de la Roche-Posay, 1); 1601 (évêché, 26). — *Plumartin*, 1507, 1723 (seign. de Pleumartin). — *Bourg de la Chaulme près le chastel de Pleumartin*, 1558 (abb. de St-Cyprien, 50). — *Pleumartin*, 1759 (évêché, 35).

Cette commune est formée des deux anciennes paroisses de Pleumartin et Cremille. Celle de Pleumartin faisait partie de l'archiprêtré de Châtellerault, de la baronnie d'Angle au ressort de Poitiers, et de l'élection du Blanc, généralité de Bourges. L'église paroissiale était primitivement à Saint-Sénery (voy. ce mot). La châtellenie de Pleumartin, relevant de la baronnie d'Angle, fut érigée en marquisat au mois de janvier 1652 en faveur de René Ysoré. Il ne reste qu'une tour de l'ancien château seigneurial.

En 1790 Pleumartin devint le chef-lieu d'un canton dépendant du district de Châtellerault et composé des communes de Pleumartin et Cremille, Cenan, la Chapelle-Roux, Leigné-les-Bois, la Puye et Sainte-Radegonde-en-Gâtine. Cette circonscription fut modifiée en 1801.

La forêt de Pleumartin contenait 2,150 hectares en 1802, suivant la statistique publiée alors par M. Cochon, préfet du département.

PLISSON, h. c^{ne} de Pouant. — *Pellisson*, 1643 (chap. de St-Hilaire, 430).

PLISSONNERIE (LA), m. r. c^{ne} de Lomaizé. — *Le Boys Naulet*, 1539 ; *le Boys Nollet*, 1566 ; *le Bois Nollet ou la Pellissonnerie*, 1729 (carmes de Poitiers). — Anc. fief relev. de celui de la Foucaudière.

PLOBINS (LES), ff. c^{ne} de Saugé. — *Podium aux Bobins*, 1404 (gr. Gauthier, f° 113 v°). — *Puybobins*, 1483 (fief de Beaupuy). — *Le Peux aux Bobyns*, 1561 ; *le Puy au Bobin*, 1573 (prieuré de Saugé). — *Les Peaubins*, 1583 (fief de l'Âge-de-Plaisance). — *Les Plobins*, 1775 (rôle des tailles). — *Les Plaubins* (Cassini). — *Plébin*, 1841 (nomencl.).

PLOMB (LE GRAND et LE PETIT-), hh. c^{ne} de Saint-Pierre-d'Exideuil. — *Le Plomb*, 1395 (gr. Gauthier, f° 282 v°). — *Le veil Plomp*, 1408 (ibid. f° 246 v°). — *Le grant Plont, le petit Plont*, 1483 (prieuré de St-Nicolas de Civray).—*Le grand Plom, le petit Plom*, 1598 (seign. de la Bonnardelière).

PLODERIE (LA), h. c^{ne} d'Archigny. — *La Pellourdrie*, 1610 (seign. de Touffou, 4).

PLOTINIÈRE (LA), h. c^{ne} de Saint-Romain-sur-Vienne. — *Village appellé le Pelloquin*, 1502 (abb. de Ste-Croix, 83). — *La Peloquinière*, 1545 (cure de St-Romain).

PLOUBES, vill. c^{ne} de Coussay. — *Pelloube*, 1529 (religieuses de St-François de Mirebeau). — *Pelloubes*, 1587 (arch. de la Soc. des antiq. de l'Ouest ; Loudunais).

PLOURDE (LA), h. c^{ne} de Saint-Sauveur.

PLOURDRIE (LA), f. c^{ne} de Saint-Gervais.— *La Pelourdrie*, 1774 (aveu de la bar. de la Touche).

PLOURDRIE (LA), h. c^{ne} de Thuré. — *La Pelorderie*, 1423 (duché de Châtellerault, 5). —*La Pellordrie*, 1494 (cure de Thuré).

PLUCHE (LA), m. isolée, c^{ne} de la Roche-Posay.

PLUCHES (LES), ruiss. qui se jette dans la Clouère, près Usson. — *Rivus qui dicitur Espelugia*, 1088-1091 (cart. de St-Cyprien, p. 242).

PLUCHONNERIE (LA), h. c^{ne} de Vouneuil-sur-Vienne.

PLUMALIÈRE (LA), h. c^{ne} de Prinçay. — *La Plumallière*, 1495 ; *la Plumallière*, 1605 (cure de Prinçay).

PLUMASSIÈRE (LA), m. près Saint-Jacques, c^{ne} de Buxeuil ; anc. fief réuni à celui de la Chaise. — *La Plumassière*, 1573 (seign. des Landes). — *La Plumassière*, 1644 (collège de Poitiers, 21). — *La Pleumassière*, 1650 (fief de la Chaise).

PLUMECEAU, m. r. c^{ne} de Chenevelles.

PLUMET, h. c^{ne} de Nouaillé.

PLUMIN, h. c^{ne} de Saint-Chartres. — *Terra de Poumedio*, v. 1160 (Fontencau, t. XXVII, p. 709). — *Pumain* (Cassini).

PLUVOISINIÈRE (LA), h. c^{ne} d'Antigny. — *La Pluvausinière*, 1467 (abb. de St-Savin, 11). — *La Plevoysinière*, 1486 ; *la Plouvesinière*, 1563 (ibid. 14). — *La Pluvoisynière*, 1573 (ibid. 29). — *La Plumosinière*, 1587 (ibid. 11).

POCHETIÈRE (LA), f. c^{ne} d'Antigny ; — 1487 (com^{rie} de Rouflac, 1). — Anc. fief relev. de la com^{rie} de Rouflac.

POCQUETIÈRE (LA), lieu détruit, c^{ne} de Dangé. — *La Pocquettière*, 1562 (fief de Poligny). — *Terre traversée par le chemin Sauvert, tendant de la fontaine du Beugnon au village des Moulières, en laquelle estoit autrefois une maison appellée la Pocquetière*, 1735 (fief de Bois-Simon).

POCTERIE (LA), h. c^{ne} de Vouneuil-sur-Vienne. — *La Pocterye*, 1624 (seign. de Chitré).

POCTIÈRE (LA), f. c^{ne} de Doussay. — *La Potitière*, 1383 (chap. de Mirebeau, 11). — *La Pocquetière*, 1669 (ibid. 29). — *La Poctière*, 1688 (prieuré de St-André de Mirebeau, 12).

PODEVINS (LES), f. c^{ne} des Ormes.

POIGNARDERIE (LA), m. détruite, c^{ne} de Sèvre.

POÊLE (LE), tour en ruine, à Vouillé ; anc. fief relev. du chapitre de Sainte-Radegonde de Poitiers. — *Le Pelle*, 1390 (Filles-de-Notre-Dame de Poitiers). — *Hostel du Pesle*, 1432 (chap. de Ste-Radegonde, 17). — *Le Poisle*, 1607 (ibid. 19). — *Le Poele*, 1769 (rôle des tailles).

POILIEU, vill. c^{ne} de Saugé. — *Poylieu*, 1531 ; *Poislieu*, 1550 (maison-Dieu, 178). — *Poilleux* (Cassini).

POINFOUX, f. c^{ne} de Queaux. — *Painfou*, 1489 ; *Poinfou*, 1724 (seign. de Ressonneau, 1). — *Poinfoux*, 1775 ; *Pointfoux*, 1788 (rôles des tailles).

POINIÈRE (LA), h. c^{ne} de Rouillé. — *La Poynère*,

1476 (chap. de St-Hilaire, 81). — *La Poinière*, 1775 (rôle des tailles).

Poinière (La), h. c^ne de Saint-Sauvant. — *La Paynère*, 1409 (gr. Gauthier, f° 47 v°). — *La Paignière*, 1499 (fief de Longe). — *La Peynière*, 1538 (hommages de Lusignan). — *La Panyère*, 1567 (fief de la Poinière). — *La Poisnière* (Cassini). — Anc. fief relev. de Lusignan.

Point-de-Vue (Le), h. c^ne de Fleuré.

Pointe-à-Miteau (La), h. c^ne de Poitiers.

Pointureaux (Les), lieu détruit, près la Touratière, c^ne de Sossay. — *Village des Poinctureaux*, 1625; — *des Pointureaux*, 1639 (seign. de Puygarreau, 8).

Poirat (Le), h. c^ne de Coussay-les-Bois.

Poirat (Le), h. c^ne de Pindray. — *Le Peyrat*, 1404 (gr. Gauthier, f° 109). — *Perat*, 1454 (abb. de l'Étoile). — *Le Payrat, le Pairat*, 1493 (fief de Pruniers). — *Le Poirat*, 1683 (fief de la Lande). — Anc. fief relev. de Pruniers.

Le ruiss. du Poirat a sa source près ce lieu et tombe dans la Gartempe près le hameau de Chez-Nadeau. Il est appelé ruiss. du Ponteil dans un acte de 1701 (cure de Pindray).

Poiré (Chemin du), de Vendeuvre à la Tricherie par Ivernay.

Poireil, vill. c^ne de Chalandray.

Poirelles (Les), f. c^ne de Béthines. — *Nemus de Perelles*, 1211 (Revue des Sociétés savantes, 2e série, t. VIII, p. 71). — *La Poirille*, 1610, 1670 (maison-Dieu, 133 et 136).

Poires (Les), lieu détruit, près l'Aubertière, c^ne d'Ingrande.

Poiret (Le), h. c^ne de Colombiers; distrait de la c^ne de Naintré le 7 décembre 1825.

Poirier (Le), h. c^ne de Blâlay. — *Le Poiré de Blalay*, 1473 (prévôté de Blâlay, 1). — *Le Poirier*, 1599 (*ibid.* 5).

Poirier (Le), vill. c^ne de Champigny-le-Sec.

Poirier (Le), m. isolée, c^ne de Doussay.

Poirier (Le), vill. c^ne de Saint-Pierre-des-Églises.

Poirier (Le Grand et le Petit-), m. r. et h. c^ne de Sèvre.

Poirier (Le Haut et le Bas-), ff. c^ne d'Archigny. — *Le Poirier*, 1554 (abb. de l'Étoile).

Poirier (Le Haut et le Bas-), ff. c^ne de Chenevelles. — *Hostel du Poiré*, 1482 (seign. de Montoiron, 1). — Anc. fief relev. de la bar. de Montoiron.

Poirier-Bouin (Le), f. c^ne de Thuré.

Poirière (La), h. c^ne de Rouillé.

Poirière (La), h. c^ne de Salles-en-Toulon. — *La Pierrière*, 1605 (chap. de Mortemer, 3). — *La Poirière*, 1692 (arch. de la Soc. des antiq. de l'Ouest; Mortemer).

Poirière (La Grande et la Petite-), h. et vill. c^ne de Scorbé-Clairvaux. — *La Poirière*, 1617 (seign. de Beaufort).

Poiriers (Les), h. c^ne de Biard. — *Herbergamentum de Perriers*, 1290; *les Poyriers*, 1556 (chap. cathédral, 14). — *Les Poiriers*, 1620 (cure de Biard).

Poiriers (Les), f. c^ne d'Orches.

Poiriers (Les), vill. c^nes de Saint-Macou et Saint-Saviol. — *Village des Periers*, 1401; — *des Perers*, 1410; — *des Poyriers*, 1461 (fam. Jousserant, 1); — *des Poiriers*, 1600 (fief de Comporté).

Poirigeonnerie (La), f. c^ne de Pouzioux; — 1729 (seign. de St-Martin-la-Rivière, 3).

Poiron (Le), h. et bois, c^ne de Liglet. — *Homines dou Peron*, 1328 (abb. de St-Savin, 34). — *Le Poyron*, 1528 (*ibid.* 26). — *Le Poiron*, 1577 (maison-Dieu, 140). — Anc. fief relev. de Courtevrault.

Poiron (Le), m. r. c^ne de Saint-Martin-la-Rivière. — *Herbergement du Poueron*, 1457 (fam. de Savatie de Genouillé). — *Le Poiron*, 1766 (rôle des tailles).

Poiroux (Le), h. c^ne de Bouresse. — *Au Peiros*, 1234 (abb. de Nouaillé, 19). — *Villa de Perros*, 1270 (Fontenau, t. XXII, p. 303). — *Lo Peyros*, 1287; *le Payrouz*, 1370 (abb. de Nouaillé, 19). — *Le Peyroux*, 1446; *le Peroux*, 1477 (*ibid.* 20). — *Le Poirou*, 1584 (*ibid.* 21).

Poiroux (Le), vill. c^ne de Leigné. — *Le Pairoux*, 1489 (chap. de Montmorillon, 3). — *Poiron*, 1533 (maison-Dieu, 164). — *Le Poyroux*, 1544 (*ibid.* 163). — *Le Poisrou*, 1574 (*ibid.* 156). — *Le Poyrou*, 1586 (*ibid.* 158). — *Poiroux*, 1788 (rôle des tailles).

Poiroux (Le), f. c^ne de Saint-Cyr; — 1775 (rôle des tailles).

Poissonnais (Le), h. c^ne de Basses. — *Mestairie des Poissonnetz*, 1645 (cure de Basses).

Poitevinière (La), m. r. c^ne de Fleuré. — *La Peytavinière*, 1293; *la Poictevinière*, 1455 (abb. de Nouaillé, 49).

Poitiers, ch.-l. du dép^t. — *Lemonum* ou *Limonum* (comment. de César, VIII, 26). — Λιμονον (Ptolémée). — *Lemuno* (table de Peutinger). — *Lomounum* ou *Lomonum* (itinér. d'Antonin). — *Civitas Pictonum* (inscript. de Cl. Varenilla, du IIIe s^e, au musée de Poitiers). — *Pictavi* (Amm. Marcellin, XV, 11, 13). — *Civitas Pictavorum* (notice des provinces, ap. Bouquet, t. II, p. 11). — *Civitas Pictava* (Sulp. Sévère, vita S. Martini, v). — *Pictavis, Pictava urbs, Pictavensis civitas* (Grégoire de Tours). — *Pectavum, urbs Pectava* (Frédégaire, ap.

Bouquet, t. II, p. 409 et 464). — *Pectavis, Pectavo* (monnaies mérovingiennes). — *Apud Pictavium civitatem* (Eginard, vita Caroli imp. 11). — *Pictavia civitas*, ix° s° (miracles de s¹ Benoît, ap. Bouquet, t. III, p. 671). — *Apud Pictavim*, 1080 (ch. de S¹-Hilaire, t. I, p. 102). — *Pictavensis ecclesia*, 1092 (ibid. t. I, p. 109). — *Seignoratge de Peytieus* (chansons de Guillaume IX, duc d'Aquitaine). — *Pictaviensis comes*, v. 1102 (ch. de S¹-Hilaire, t. I, p. 119). — *Poyters, Peytiers*, 1266 (abb. de la Trinité, 49). — *Peiters, Peters*, 1266 (abb. de Nouaillé, 6). — *Poitiers*, 1278 (prévôté de Blálay, 8). — *Poytiers*, 1286 (abb. de Fontaine-le-Comte, 33). — *Poiters*, 1363; *Poictiers*, 1366 (arch. de Poitiers, 15). — *Poitiers*, 1394 (com¹ie de S¹-Georges, 35). — *Paytiers*, 1445 (abb. de Nouaillé, 6).

Limonum prit, au ive siècle, le nom du peuple gaulois dont il était la capitale, comme le firent la plupart des autres cités de la Gaule. Il fut, au ive siècle, entouré d'épaisses murailles dont on retrouve les fondations sur la plus grande partie de son périmètre. Cette enceinte était beaucoup moins étendue que celle qui date des règnes de Henri II, roi d'Angleterre, et de Philippe-Auguste, et qui a englobé l'amphithéâtre romain et les faubourgs de Saint-Hilaire et de Montierneuf. Dans la notice des provinces et cités de la Gaule rédigée sous l'empereur Honorius (de 395 à 423), la cité de Poitiers, *civitas Pictavorum*, occupe le cinquième rang parmi celles de la seconde Aquitaine dont Bordeaux était la métropole. L'évêché de Poitiers fut alors le quatrième suffragant de l'archevêché de Bordeaux; mais il n'occupa plus que le cinquième rang depuis la création du diocèse de Condom, détaché de celui d'Agen en 1317. Son territoire, qui avait primitivement la même étendue que le *pagus Pictavus*, subit plusieurs démembrements, notamment en 1317, lors de l'érection des sièges épiscopaux de Maillezais et de Luçon (voyez l'Introduction). Il fut après cette époque partagé en trois archidiaconés subdivisés en vingt-quatre archiprêtrés. Poitiers était le siège du grand archidiaconé, comprenant dix archiprêtrés; la ville épiscopale toutefois n'était sous la juridiction d'aucun archiprêtre. En 1791, il fut établi dans le département de la Vienne un évêque constitutionnel qui résida à Poitiers. Par le concordat de 1801, le département des Deux-Sèvres fut réuni à celui de la Vienne pour reconstituer le diocèse de Poitiers.

Un comte fut institué à Poitiers par Charlemagne en 778. Devenu définitivement héréditaire en 935, le comté de Poitiers fut réuni à la couronne en 1137, séparé en 1152, confisqué en 1204, apanagé en 1241, réuni à la couronne en 1271, apanagé en 1311, réuni en 1316, apanagé en 1357, cédé au roi d'Angleterre en 1360, réuni et apanagé en 1369, réuni en 1416, apanagé en 1417 et réuni définitivement en 1422.

Poitiers fut le chef-lieu d'une viguerie, *vicaria Pictavensis*, mentionnée pour la première fois en 866 (Fontenau, t. XXI, p. 131). Les localités comprises dans le ressort du viguier de Poitiers, Parigny, Vouneuil-sous-Biard, Jalais, *Alexandria*, Ansoulesse, Saint-Georges, étaient situées dans un rayon de 10 à 12 kilomètres. Au x° siècle paraît un autre magistrat, le prévôt, qui acquit peu à peu une grande autorité et survécut aux viguiers. Sa juridiction s'exerçait sur tout le territoire qui relevait immédiatement du château comtal et formait la châtellenie de Poitiers. L'office du prévôt fut supprimé en 1436, lorsqu'un siège royal et cour ordinaire fut institué à Poitiers par Charles VII.

Suivant le compte de J. Bourdin, la châtellenie de Poitiers, en 1479, comprenait, avec cette ville, les paroisses d'Anxaumont, Avanton, Beaumont, Biard, Bignoux, Bonnes, Buxerolles, Chabournay, la Chapelle-Moulière, Charay, Chasseneuil, Chéneché, Cissé, Dissay, Fontaine-le-Comte, Iteuil, Jardres, Jaunay, Lavoux, Ligugé, Liniers, Mignaloux, Migné, Montamisé, Neuville, Nieuil-l'Espoir, Nouaillé, Pouillé, Quinçay, Saint-Benoît, Saint-Georges, Saint-Julien, Savigny-l'Évêcault, Sèvre, Smarve, Vendeuvre, la Villedieu, Vouneuil-sous-Biard, Vouneuil-sur-Vienne, et des portions seulement des paroisses de Blálay, Boussageau, Buxeuil (la Roche-Amenon), Champigny-le-Sec, Doussay, Liaigue et Saint-Cyr. Un rôle des tailles de l'élection de Poitiers, de l'année 1658 (arch. de Poitiers), y ajoute Croutelle et les Roches-Prémary.

Dès la première moitié du xii° siècle, Poitiers fut la résidence d'un sénéchal dont la juridiction s'étendait sur le comté de Poitou et la Basse-Marche; mais, par suite de la création successive de plusieurs sièges royaux et sénéchaussées, son ressort fut notablement amoindri. Suivant une liste dressée en 1780 (arch. de la Vienne), il ne renfermait plus alors que la ville capitale et quatre cent soixante-douze paroisses, dont cent dix-neuf font actuellement partie du dép¹ de la Vienne, cent soixante et onze des Deux-Sèvres, cent soixante-cinq de la Vendée, treize de la Charente, deux de l'Indre et deux de la Loire-Inférieure. Dans le territoire du dép¹ de la Vienne, ce ressort comprenait la châtellenie de Poitiers, la vicomté de Gençay, les baronnies d'Angle,

Celle-l'Évêcault, Charroux, Chauvigny et Mortemer, et les châtellenies de Champagné-Saint-Hilaire, Château-Larcher, Montreuil-Bonnin et Vivonne.

De 1418 à 1436 le parlement siégea à Poitiers, tandis que Paris fut au pouvoir des Bourguignons et des Anglais.

Un présidial y fut établi en 1551 et uni à la sénéchaussée. Sa juridiction s'étendait sur tout le comté de Poitou et sur la Basse-Marche; mais, en 1635, le ressort des sièges royaux du Dorat et de Bellac en fut distrait au profit du présidial alors institué à Guéret, et en 1633 et 1639 trente paroisses des Marches communes furent attribuées au présidial d'Angers.

Une partie de la ville de Poitiers n'était pas sous la juridiction immédiate de la magistrature royale; c'étaient les bourgs de Saint-Hilaire et de Montierneuf, où le chapitre de Saint-Hilaire et l'abbaye de Montierneuf avaient droit de haute, moyenne et basse justice et leurs propres officiers pour l'exercice de leur juridiction. En outre, les abbayes de Saint-Cyprien, Sainte-Croix et la Trinité étaient en possession des mêmes droits dans quelques parties de la ville et principalement dans les faubourgs.

Poitiers fut aussi le siège d'un bureau des finances et d'une intendance dont le ressort, appelé généralité de Poitiers, comprenait une grande partie du Poitou, et le chef-lieu d'une élection qui, indépendamment de la ville capitale, renfermait deux cent cinquante-huit paroisses (Affiches du Poitou, 1780, p. 1, 5 et 10), dont cent quatre-vingt-sept font actuellement partie du dép^t de la Vienne, soixante-neuf du dép^t des Deux-Sèvres et deux du dép^t de la Charente. Dans le territoire du dép^t de la Vienne, cette élection comprenait l'arr^t de Poitiers, excepté Amberre, Blâlay, Champigny-le-Sec, Cherves, Cuhon, Massogne, Mirebeau, Montgauguier, Thurageau, Varennes et Vouzailles, en Mirebalais, qui étaient de l'élection de Richelieu, généralité de Tours; l'arr^t de Civray, excepté Availle et Pressac, qui étaient de l'élection de Confolens; une petite partie de l'arr^t de Châtellerault, savoir: Archigny, Beaumont, Bellefont, Bonneuil-Matours et Vouneuil-sur-Vienne, et plus des deux tiers de l'arr^t de Montmorillon; Asnières, l'Isle-Jourdain, Luchapt, Millac et le Vigean étaient de l'élection de Confolens; Angle, Antigny, Béthines, la Bussière, Coulonges, Haims, Nalliers, Paizay-le-Sec, Saint-Germain, Saint-Pierre-de-Maillé, Saint-Savin, Thollet et Villemort étaient de l'élection du Blanc, généralité de Bourges.

Il y avait à Poitiers, outre l'église cathédrale sous le vocable de saint Pierre, quatre églises collégiales: Saint-Hilaire-le-Grand, Sainte-Radegonde, Notre-Dame-la-Grande et Saint-Pierre-le-Puellier (voy. ces mots); vingt-quatre églises paroissiales; trois abbayes d'hommes: Saint-Cyprien, Montierneuf et Saint-Hilaire de la Celle (voy. ces mots); deux abbayes de femmes: Sainte-Croix et la Trinité (voy. ces mots); quatre prieurés: Saint-Paul, Saint-Nicolas, Saint-Porchaire et Saint-Denis (voy. ces mots); huit couvents d'hommes: jacobins, établis en 1218, cordeliers, 1267, augustins, 1345, carmes, 1361-1369, minimes, 1591, capucins, 1610, feuillants, 1616, frères de la Charité, avant 1627; dix couvents de femmes: filles de Notre-Dame, établies en 1609, ursulines, 1616, filles du Calvaire, 1617, filles de Sainte-Catherine, 1628, carmélites, 1630, filles de Saint-François, 1632, visitandines, 1633, hospitalières, 1644, dames de l'Union chrétienne, 1682, pénitentes, 1739.

Les vingt-quatre cures, dénommées dans le pouillé de 1782, étaient: Saint-Jean (voy. ce mot), Notre-Dame-la-Petite (voy. ce mot) et Saint-Simplicien, à la nomination du doyen de la cathédrale; Saint-Hilaire-entre-les-Églises, à la nomination du chantre de la même église; Saint-Michel, à la nomination des hebdomadiers de la même église; Notre-Dame-de-la-Chandelière, *Beata Maria de Candelaria*, Saint-Pierre-l'Hospitalier, *eccl. Sancti Petri Hospitalis* ou *de Hospicio*, vulg. Saint-Pierre-Loustau, et Sainte-Triaise, *eccl. Sanctæ Troeciæ*, à la nomination du chapitre de Saint-Hilaire; Notre-Dame-la-Grande (voy. ce mot), Saint-Didier, *eccl. Sancti Desiderii*, et Saint-Étienne, à la nomination du chapitre de Notre-Dame-la-Grande; Sainte-Radegonde (voy. ce mot); Notre-Dame-l'Ancienne, *Beata Maria Antiqua*, à la nomination du chapitre de Saint-Pierre-le-Puellier; Saint-Jean de Montierneuf (voy. ce mot), Saint-Paul, Saint-Cibard, *eccl. Sancti Eparchii*, Saint-Germain et Sainte-Opportune, à la nomination de l'abbé de Montierneuf; Saint-Hilaire de la Celle (voy. ce mot); Saint-Savin, à la nomination des abbés de Saint-Savin et de Saint-Maixent alternativement; Saint-Porchaire (voy. ce mot); Saint-Austregisille, vulg. Saint-Oustril, à la nomination de l'abbesse de Sainte-Croix; la Résurrection, à la nomination de l'abbesse et des religieuses de la Trinité, et Saint-Saturnin (voy. ce mot). — De ces vingt-quatre églises, huit seulement servent encore au culte, et quatre de celles-ci: Notre-Dame-la-Grande, Sainte-Radegonde, Saint-Porchaire et Saint-Jean de Montierneuf ont conservé le titre paroissial, qui a été aussi conféré en 1803 à l'église cathédrale de Saint-Pierre et à l'ancienne collégiale de Saint-Hilaire.

Plusieurs autres paroisses avaient existé antérieurement. Celle de Saint-Symphorien n'est connue que par une charte de 1097-1100. L'église de Saint-Christophe fut donnée aux dominicains ou jacobins lorsqu'ils s'établirent à Poitiers, et perdit alors son titre paroissial. Il existait dans le bourg de Saint-Hilaire une quatrième cure, Saint-Michel, qui fut supprimée en 1315. Celle de Saint-Léger était en 1316 annexée à celle de Saint-Savin. Saint-Hilaire-très-la-Porte, *ecclesia Sancti Hilarii de retro portam Sanctæ Crucis*, était, en 1386, réuni à Saint-Austregisille. On ne connaît point l'emplacement de Notre-Dame-entre-Églises, *Beata Maria de inter ecclesias*, qui se trouvait probablement entre la cathédrale et Saint-Michel; cette église est encore mentionnée en 1589. Celle de Saint-Grégoire ayant été cédée aux capucins en 1609, la cure fut unie à celle de Saint-Porchaire. Enfin, en 1636, la paroisse de Saint-Pélage, aussi appelée Saint-Palaine ou Palesne, fut supprimée et son territoire annexé à celui de la Résurrection.

De nombreuses maisons charitables ou aumôneries précédèrent les grands établissements hospitaliers que Poitiers possède aujourd'hui. C'étaient notamment celles de Saint-Lazare (voy. ce mot), Notre-Dame, près l'église de Notre-Dame-la-Grande, Saint-Pierre, près l'église cathédrale, Saint-Cyprien, en l'abbaye de ce nom, Saint-Mathurin, au faubourg Saint-Saturnin, la Madeleine, près la porte de la Tranchée, Saint-Antoine, dont une rue a gardé le nom, Saint-Jacques-de-la-Vergne, près l'abbaye de Sainte-Croix, Sainte-Néomaie, entre le pont Joubert et Montbernage, Sainte-Marthe, près l'ancien collège de ce nom, aujourd'hui le lycée.

L'université de Poitiers fut fondée en 1432. Le collège des Jésuites, établi en 1604, remplaça les anciens collèges de Sainte-Marthe, de Montanaris et de Puygarreau.

Poitiers était aussi le chef-lieu d'un prieuré de l'ordre de Malte, appelé le grand prieuré d'Aquitaine, dans la circonscription duquel se trouvaient trente-cinq commanderies, disséminées en Poitou, Angoumois, Saintonge, Aunis, Touraine, Anjou, Maine, Perche et Bretagne.

La charte de commune de la ville de Poitiers lui fut octroyée par la reine Éléonore en 1199.

En 1790, lors de l'organisation du département, Poitiers fut le chef-lieu d'un district composé des cantons de Poitiers, Croutelle, Dissay, Jaunay, Mirebeau, Neuville, Nouaillé, Saint-Julien, la Villedieu, Vouillé et Vouzailles. Le canton de Poitiers fut formé de la commune de Poitiers seulement, comprenant les deux anciennes municipalités de Saint-Saturnin et la Celle-hors-Poitiers. En vertu de l'arrêté des consuls du 27 brumaire an x (18 novembre 1801), qui modifia le nombre des justices de paix du département de la Vienne, Poitiers devint le siège de deux justices de paix qui eurent pour ressorts le canton nord et le canton sud.

Les armoiries de la ville de Poitiers sont *d'argent au lion de gueules, à la bordure de sable chargée de douze besants d'or, au chef d'azur chargé de trois fleurs de lis d'or*.

Poitiers (Le Vieux-), anc. station romaine, c^{ne} de Certon; ruines d'un temple antique et menhir avec inscription celtique. Carloman et Pépin, fils de Charles-Martel, s'y partagèrent le royaume en 742 : — *in loco qui dicitur Vetus Pictavis* (Ademari chron. ap. Bouquet, t. II, p. 576). — *Actum in loco qui dicitur Vetus Pictavis*, 849 (dipl. Caroli Calvi pro monast. S. Florentii veteris, *ibid.* t. VIII, p. 502). — *Vetus Pictavus* (Adonis chron. *ibid.* t. II, p. 672). — *Vetus Pictavium* (Eginhardi annal. *ibid.* t. V, p. 196). — *Le viel Poitiers* (chron. de St-Denis, *ibid.* t. III, p. 313). — *Veil Poicters*, 1438 (com^{rie} d'Auzon, 9). — *Le Vieux Poictiers*, 1574; *la mazure du viel Poictiers*, 1675 (*ibid.* 6).

Poitou (Le), anc. province bornée, au nord, par la Bretagne, l'Anjou et la Touraine; à l'est, par la Touraine, le Berri et la Marche; au sud, par l'Angoumois, la Saintonge et l'Aunis; à l'ouest, par l'Océan. Elle a formé les départements de la Vienne, des Deux-Sèvres et de la Vendée. Les *Pictones*, peuplade gauloise qui a donné son nom à ce territoire, sont mentionnés par César, Strabon et Pline. — *Pagus Pictavus, terminus Pictavus, terminus Pictavorum, terminus urbis Pictavæ, Pictavum, territorium Pictavum, diœcesis Pictava* (Grég. de Tours). — *Pictavus ager*, 671 (præcept. Childerici de Arduno, ap. Bouquet, t. IV, p. 651). — *Pectavus pagus*, 876 (ch. de St-Hilaire, t. I, p. 10). — *Comitatus Pictavensis*, 942 (*ibid.* t. I, p. 24). — *Comitatus Pictavinus*, v. 1000 (dipl. Roberti pro Cormaric. monast. ap. Bouquet, t. X, p. 578). — *Guillaume de Poitou* (Li romans de Garin le Loherain, publ. par M. P. Paris, t. II, p. 177). — *Pictavia*, 1215 (ch. de St-Hilaire, t. I, p. 221). — *Le Poyto*, 1296 (arch. de Poitiers, 14). — *Seneschaucie de Poyto*, 1309 (Gauthier, f° 184). — *Le Poictou*, 1352 (arch. de Poitiers, 14).

Depuis le xe siècle, les limites du Poitou, en

DÉPARTEMENT DE LA VIENNE.

tant que division politique et civile, ne concordaient plus avec celles du diocèse de Poitiers. Ainsi Loudun, Mirebeau, Moncontour avaient continué de faire partie de ce diocèse après leur cession aux comtes d'Anjou. Il en fut de même de Montreuil-Bellay, Faye-la-Vineuse et Richelieu, qui, comme Mirebeau et Moncontour, ressortissaient à la sénéchaussée de Saumur. La Roche-Posay relevait de la baronnie de Preuilly en Touraine. Ruffec dépendait de la sénéchaussée d'Angoulême. Ainsi, lorsqu'on attribuait ces localités au Poitou, cela ne pouvait s'entendre que du Poitou ecclésiastique, car, dans l'ordre civil, elles étaient étrangères au Poitou et suivaient d'autres coutumes. La division en généralités et élections était venue compliquer cet état de choses. C'est ainsi que plusieurs paroisses du Poitou, entre autres Saint-Savin, Angle et Pleumartin, passèrent dans la généralité de Bourges. — En ce qui concerne les divisions ecclésiastiques, féodales, judiciaires et administratives du Poitou, voy. l'Introduction.

Poitou, f. c^{ne} de Sérigny.

Poitou (Le), h. c^{ne} de Moncontour.

Poitoux (Les), f. c^{ne} de Leigné-les-Bois.

Poiveil, h. c^{ne} de Tercé.

Poizac (Le Grand et le Petit-), h. et f. c^{ne} de Fontaine-le-Comte. — *Poizac*, 1149 (abb. de Fontaine-le-Comte). — *Lo Poyzat*, 1250 (abb. de St-Cyprien, 50). — *Le Poysat*, 1286 (abb. de Fontaine-le-Comte, 33). — *Le grand Poissac*, 1370 (ibid. 8). — *Le petit Poizat*, 1376 (ibid. 10).

Poizay-le-Joli, vill. c^{ne} des Ormes; anc. c^{ne} réunie à celle-là le 18 novembre 1818. — *Parrochia quæ dicitur Paizaicus*, v. 1061 (cart. de Noyers, p. 26). — *Paiziacus*, v. 1065 (ibid. p. 44). — *Paizai*, 1113 (ibid. p. 431). — *Poizai*, v. 1163 (ibid. p. 622). — *Payzai* (pouillé de Gauthier, f° 173). — *Paizei, Paisaium*, 1383 (taux du décime, p. 13 et 58). — *Saint Martin de Paysay le Joli*, 1448 (seign. de la Fontaine, 1). — *Paysai le Jolly* 1451 (cure de St-Hilaire-entre-les-Églises de Poitiers). — *Paisay le Joly*, 1480 (seign. de la Fontaine, 1). — *Paisé le Joly*, 1520 (duché de Châtellerault, 3). — *Poyzay le Jolly*, 1564 (arch. de la Soc. des antiq. de l'Ouest, n° 534). — *Poezay le Jolly*, 1596 (aides et équivalents, p. 78). — *Paizay le Jolly*, 1649 (bissexte). — *Poisay le Jolly*, 1720 (dénomb. du royaume). — *S. Martin de Poizai-le-Joli*, 1782 (pouillé); — *de Paizay-le-Joly*, 1786 (almanach provincial). — *Poizay-le-Joli*, 1807 (annuaire).

Avant 1790 Poizay-le-Joli était de l'archiprêtré et de l'élection de Châtellerault. Une partie de cette ancienne paroisse dépendait de la baronnie de la Haye au ressort de Chinon en Touraine, le surplus était au duché de Châtellerault. La cure était à la nomination de l'abbé de Noyers (Indre-et-Loire). Aujourd'hui ce lieu est aussi réuni aux Ormes pour le spirituel.

Poligny, vill. c^{ne} de Chouppes; anc. c^{ne} réunie à celle-là le 21 juillet 1848. — *Ecclesia de Polignec*, 1097-1100 (cart. de St-Cyprien, p. 14); — *de Poliniaco*, 1119 (ibid. p. 18); — *de Poligniaco* (pouillé de Gauthier, f° 137 v°). — *Poligné*, 1383 (taux du décime, p. 19). — *Polligné*, 1439; *Poligny*, 1476 (com^{rie} de St-Georges, 30). — *Saint Léobin de Poligny*, 1728 (cure de Poligny).

Avant 1790 Poligny faisait partie de l'archiprêtré et de la baronnie de Mirebeau, du duché-pairie et de l'élection de Richelieu, généralité de Tours. La cure était à la nomination de l'évêque. Aujourd'hui cette ancienne paroisse est aussi réunie à Chouppes pour le spirituel. Un hôtel à Poligny était tenu en fief de la baronnie de Mirebeau.

Poligny, f. c^{ne} de Dangé. — *Alodus de Polinniaco*, v. 1065 (cart. de Noyers, p. 51); — *de Polineio*, 1108-1115 (gr. cart. de Fontevrault, 8). — *Poligné*, v. 1130 (cart. de Noyers, p. 500). — *Poligny*, 1436 (seign. de la Fontaine, 1). — *Poligné*, 1444 (duché de Châtellerault, 1). — *Poulligny*, 1652 (fief de Poligny). — *Pouligny ou les Lattereaux*, 1747 (ibid.). — Anc. fief et haute justice relev. du duché de Châtellerault. — La forêt de *Poligné* est mentionnée en 1421 (seign. de la Fontaine, 1).

Pollinière (La) ou la Paullinerie, lieu détruit, c^{ne} de Chiré-en-Montreuil; — 1626 (com^{rie} de la Vausseau, 7).

Poloteau (Le), m. r. c^{ne} d'Availle-Limouzine.

Pommeraie (La), h. c^{ne} de Châtillon. — *La Poumeraye*, 1705 (chap. cathédral, reg. 98). — *La Pommeraye*, 1778 (rôle des tailles).

Pommeraie (La), h. c^{ne} de Gouex. — *La Pommeraye*, 1567 (maison-Dieu, 196). — *La Pommerays*, 1661 (seign. de Lussac, 2).

Pommerée (La), vill. c^{ne} de Queaux. — *La Pommerée*, 1461 (seign. de Ressonneau, 1). — *La Pomerée*, 1514; *la Pommeraye*, 1527 (cure de Queaux). — *La Pommeray*, 1626 (seign. de Ressonneau, 3).

Pommeraie (La), h. c^{ne} de Saint-Pierre-d'Exideuil. — *La Pommeray*, 1565 (seign. du Parc et Boisvert, 3). — *La Pommerée*, 1646 (cure de Civray). — *La grande Poumeraye*, 1678 (notaires, Mestreau à Civray).

POMMERAIE (LA), m. isolée, c^{ne} de Senillé:
POMMERAIE (LA), f. c^{ne} de Vernon.
POMMEROUX, h. c^{ne} de Vivonne. — *Pommereoux*, 1489 (livre de recette de Vivonne, f° 30). — *Poumeroux*, 1586 (chap. de St-Hilaire, 482). — *Pommeroux*, 1788 (rôle des tailles).
POMMIER (LE GRAND-), f. c^{ne} de Senillé. — *Hostel du Pommier*, 1483 (abb. de la Celle, 16). — *Mestairie du grant Pomier*, 1604 (seign. de Montoiron, 1).
POMPRIANTS (LES), f. c^{ne} de Pressac.
PONÇAY OU LE GRAND-PONÇAY, h. et mⁱⁿ sur le Négron, c^{ne} de Beuxe. — *Molendinum de Ponzaio*, 1102-1109 (gr. cart. de Fontevrault, 885). — *Poncay, Ponssay*, 1508 (cure de Basses).
PONÇAY (LE PETIT-), h. et mⁱⁿ sur le Négron, c^{ne} de Sammarçolle.
PONCHÈRE, m. r. c^{ne} de Ceaux, c^{on} de Loudun.
PONEUF, h. c^{ne} de Saint-Sauvant.
PONRAULT, vill. c^{ne} de Migné. — *Pons regalis*, 993-1029 (cart. de St-Cyprien, p. 23); 1281 (cure de Notre-Dame-la-Grande de Poitiers). — *Pontreau*, 1324; *Pont royau*, 1337 (arch. de Poitiers, 12). — *Pont Rouault*, 1499; *Pont Rau*, 1561 (fief de Malaguet). — *Le Pontreau*, 1841 (nomencl.).
PONT (LE), f. c^{ne} de Bournan.
PONT (LE), m. r. c^{ne} de Genouillé; — 1403 (gr. Gauthier, f° 234).
PONT (LE), h. c^{ne} de Lomaizé; — 1469 (seign. de Dienné et Verrières, 3).
PONT (LE), f. c^{ne} de Saix. — *Hostel du Pont*, 1476 (abb. de Ste-Croix, 66). — *Pons*, 1562; *village du Pont*, 1751 (cure de Saix).
PONT (LE), m. près Beaulieu, c^{ne} de Veniers.
PONT (MOULIN DU), sur le Saleron, c^{ne} de Béthines; — 1635 (maison-Dieu, 132).
PONT (MOULIN DU), sur la Clouère, c^{ne} de Brion; — 1598 (seign. de la Boutinclière).
PONT (MOULIN DU), sur la Charente, c^{ne} de Châtain.
PONT (MOULIN DU), f. et mⁱⁿ à vent, c^{ne} de Coussay; — 1473 (arch. nat. chambre des comptes, reg. 330, n° 2); 1543 (com^{rie} de Loudun, 32).
PONT (MOULIN DU), sur la Vonne, c^{ne} de Jazeneuil; — 1604 (fief de Mauprié).
PONT (MOULIN DU), sur la Gartempe, c^{ne} de Latus. — *Le moulin Dupont*, 1730 (rôle des tailles).
PONT (MOULIN DU), sur la Benaise, c^{ne} de Liglet. — *Le moulin Dupond*, 1775 (rôle des tailles).
PONT (MOULIN DU), sur la Fontpoise, et f. c^{ne} de Saint-Genest. — *Moulin du Pont*, 1474 (seign. de Puygarreau, 3); — *aultrement appellé le moullin Caillier*, 1594 (ibid. 5).

PONT (NOTRE-DAME-DU-), chapelle détruite, à Chauvigny, bénie le 30 avril 1651 (reg. baptismal de St-Léger de Chauvigny).
PONT-ACHARD, pont et mⁱⁿ sur la Boivre et anc. porte de ville à Poitiers. — *Tentenonus farinarium super fluvium Biberim*, 997 (ch. de St-Hilaire, t. I, p. 71). — *Pons Acardi*, 1017 (ibid. t. I, p. 82). — *Molendina de super Pontem Achardi*, 1102 (ibid. t. I, p. 117). — *Le Pont Achard*, 1389 (ibid. t. II, p. 51).
Il y avait autref. à Pont-Achard un moulin à papier mentionné en 1455 (chap. de St-Hilaire, inv. du bourg, p. 114); en 1562 un moulin à drap ou moulin à foulon (ibid. p. 231).
PONTAIGON, h. c^{ne} de Lomaizé. — *Pontum Aigone in vicaria Exxidoalinse*, 916 (abb. de Nouaillé). — *In villa que vocatur Ponte Aigoni in vicaria Exidualinse*, 936 (cart. de St-Cyprien, p. 234). — *Pontaigun*, 1228; *Pontaegon*, 1313 (abb. de Nouaillé, 19). — *Pontaigon*, 1376 (abb. de la Trinité, 48). — *Pontesgon*, 1477 (fief de Mortemer). — Anc. fief relev. de Dienné et Verrières.
PONTALON, h. c^{ne} de Vezières. — *Pontallon, Ponthalon*, 1618 (com^{rie} de Loudun, 3).
PONT-AUBERT, mⁱⁿ sur l'Auzance, c^{ne} de Latillé; — 1775 (rôle des tailles).
PONT-CAILLAS (LE), h. c^{ne} de Lencloître. — *Le Pacaillas*, 1671 (fief de Fressange).
PONTDARTIN, anc. seign. près la Motte-Champdeniers, c^{ne} de Roiffé; — 1506; — *alias la Jubinière*, 1544 (com^{rie} de Loudun, 17). — Lieu détruit.
PONT-DE-CHARDONCHAMP (LE), h. c^{ne} de Migné.
PONT-DE-LA-BARRE (LE), h. c^{ne} de Scorbé-Clairvaux.
PONT-DE-LUSSAC (LE), vill. c^{ne} de Mazerolles. — *Apud Pontem*, 1332; *le Pont*, 1460 (abb. de Nouaillé, 40). — *Le Pont de Lussac*, 1490 (ibid. 20).
Ce village est situé près l'ancien pont de Lussac, sur la rive gauche de la Vienne. Le tombeau de Jean Chandos, qui se trouvait à l'entrée de ce pont, a été transporté à environ 150 mètres de là en 1865 ou 1866.
PONT-DE-MAILLÉ (LE), f. c^{ne} de Saint-Martin-Lars. — *Le Pont de Maillet*, 1482 (fief de Loin). — *Le Pont de Mailhé*, 1536 (fief des Orillets).
PONT-DES-CHANSONS (LE), ff. c^{ne} de Lizant.
PONT-DE-TERVANNES (LE), h. c^{ne} de Journet.
PONT-DE-VAUX, ff. c^{ne} de Millac. — *Le Pont de Vaulx*, 1451; *le Pont de Vaux*, 1460 (cure de l'Isle-Jourdain). — *Le Pont de Vault*, 1582 (seign. de l'Isle-Jourdain).
PONTEIL (LE), m. r. c^{ne} de Gouex. — *Garda do Ponteil*, 1234; *de Pontellio*, 1313; *de Pontel*, 1340

(abb. de Nouaillé, 19). — Anc. fief relev. du marq. de Lussac-le-Château.

PONTEIL (LE), f. c^{ne} de Thuré; — 1611 (chap. cathédral, 42).

PONTET (LE), f. et bois, c^{ne} de Sommières. — *Les Pontetz*, 1461; *les Pontez*, 1520 (chap. de St-Hilaire, 439). — *Le Pontet*, 1766 (rôle des tailles).

PONT-GARNAULT, m. r. c^{ne} d'Archigny.

PONTIGNOU (LE), vill. c^{ne} de Roiffé. — *Ponthignou*, 1464 (collège de Poitiers, 54).

PONTILLON (LE), h. c^{ne} de Châtellerault.

PONTILLOU (LE), h. c^{ne} d'Ouzilly. — *Pantillou*, 1599; *le Pontillou*, 1765 (seign. de la Tour-Signy).

PONT-JOUBERT (LE), pont sur le Clain à Poitiers; a donné son nom à une rue, à un faubourg, à une porte de ville démolie et à une fontaine. — *Pons Engelberti*, 1083 (abb. de Montierneuf). — *Pons Ingelberti*, 1118 (Fontèneau, t. XV, p. 593). — *Pons Enjoberti*, 1265 (*ibid.* t. XXIV, p. 117). — *Pons Joberti*, 1298 (chap. de Ste-Radegonde, 10). — *Ad pontem Engeobert*, vers 1300 (Gauthier, f° 131 v°). — *Le pont Enjoubert*, 1386 (chap. de Ste-Radegonde, 10). — *Grand rue du pont en Jobert*, 1386 (chap. de Notre-Dame-la-Grande, 14). — *Le pont au Joubert*, 1451 (Fontèneau, t. XIX, p. 539). — *Le pont Joubert*, 1539 (*ibid.* t. XXIII, p. 380). — *Porte du pont à Joubert*, 1564 (*ibid.* t. XXIV, p. 231).

PONTMOREAU, h. c^{ne} de Saint-Jean-de-Sauves. — *Podium Morelli*, 1236 (abb. de St-Cyprien, 35). — *Pontmoreau*, 1502 (fam. de Fouchier). — *Pontmoreau*, 1589 (abb. de St-Cyprien, 16). — Anc. fief relev. de Dandesigny.

PONTON, h. c^{ne} du Vigean; — 1449 (cure de l'Isle-Jourdain).

PONTONNIÈRE (LA); h. c^{ne} de Saint-Martial. — *La Pontenère*, 1309 (Gauthier, f° 189 v°). — *La Pontenière*, 1547 (aveu de Touffou). — *La Pontonnière*, 1766 (rôle des tailles). — Anc. fief. relev. de la bar. de Chauvigny.

PONTOREAU (LE), mⁱⁿ sur le ruiss. de Mazerolles, près de son embouchure dans la Vienne; c^{ne} de Civaux. — *Moulin du Ponthoreau*, 1535 (seign. de la Tour-aux-Cognons); — *du Pontaureau*, 1713; — *du Pontoreau*, 1726 (cure de Civaux).

PONT-PERRIN (LE), pont sur le Clain, près la Touche, c^{ne} de Pairoux; — 1404 (gr. Gauthier, f° 196 v°).

PONTPRIEN, h. c^{ne} de Maupevoir. — *Pomperier*, 1538 (aveu de St-Germain). — *Ponperier*, 1645 (notaires de la bar. de Charroux). — *Pomprier*, 1665 (seign. de Commersac). — *Pont Prié*, 1775 (rôle des tailles).

PONTREAU (LE), vill. c^{nes} d'Anché, Champagné-Saint-Hilaire et Ceaux. — *Le Pontreau*, 1616 (séminaires de Poitiers, 19). — *Le Pontereau*, 1634 (notaires de la châtell. de Monts).

PONTREAU (LE), f. c^{ne} d'Arçay.

PONTREAU (LE), f. c^{ne} de Vouneuil-sur-Vienne.

PONT-RIGAULT, vill. c^{ne} des Trois-Moutiers. — *Pont Rigaut*, 1416 (com^{rie} de Loudun, 20). — Un moulin de *Rigault* est mentionné en 1482 (cure de St-Pierre des Trois-Moutiers).

PONT-VERDELLE, f. c^{ne} de Prinçay. — Maison des *Paouvredières*, *des Pauvredières?* 1605 (cure de Prinçay). — *Poverdelle* (Cassini).

POPELINIÈRE (LA), f. c^{ne} de Tercé. — Anc. fief.

POPINEAU, mⁱⁿ sur le ruiss. de Crochet et h. c^{ne} de Queaux; — 1450 (seign. de Ressonneau, 1).

POPINIÈRE (LA), vill. c^{ne} de Blanzay. — *La Popinère*, 1388 (gr. Gauthier, f° 207 v°). — *La Popinière*, 1457 (chap. cathédral, 83). — *La Paupinière*, 1493 (fief des dîmes de Passac).

POPLINIÈRE (LA), h. c^{ne} de Latus. — *La Popelinère*, 1405 (gr. Gauthier, f° 114). — *La Poupellinière*, 1480 (chap. de Montmorillon, 3). — *La Popellinière*, 1550 (seign. de Boussigny). — *La Poplinière*, 1566 (fam. Dalest).

PORCHALIÈRE (LA), f. c^{ne} d'Andillé. — *La Porchallière*, 1605 (abb. de Montierneuf, 69).

PORCHERIE (LA), m. r. c^{ne} d'Archigny. — Maison appellée le Plan aultrement *la Pourcherie*, 1551; *la Porcherie* ou village du Plan, 1610 (seign. de Touffou, 5).

PORCHERIE (LA), m. à Nesde, c^{ne} de Benassay.

PORCHERIE (LA), h. c^{ne} de Champagné-Saint-Hilaire.

PORCHERIE (LA), vill. c^{ne} de Cissé. — *Porcheria*, 1322 (abb. de la Celle, 18). — *La Porcherie*, 1404 (gr. Gauthier, f° 24).

PORCHERIE (LA), h. c^{ne} de Saint-Remy-sur-Creuse.

PORCHERIE (LA), vill. c^{ne} de Sommières. — *La Porcherye*, 1556 (seign. du Parc et Boisvert, 3).

PORCHERIES (LES), f. c^{ne} de Dangé; — 1652 (fief de Poligny).

PORCHERONS (LES), h. c^{ne} de Targé.

PORCHERS (LES), m. r. c^{ne} de Thuré.

PORÉTRIE (LA), f. c^{ne} de Béthines.

PORT (LE), h. c^{ne} d'Availle-Limousine; — v. 1520 (seign. d'Availle).

PORT (LE), h. c^{ne} de Bonnes. — *Le port de Bonnes*, 1523 (seign. de Touffou, 1).

PORT (LE), h. c^{ne} de Chauvigny.

PORT (LE), mⁱⁿ sur le Clain et h. c^{ne} d'Iteuil.

PORT (LE), vill. c^{ne} de Lussac-le-Château. — *Ad portum Luciaco in vicaria Silares*, v. 1000 (Fonteneau, t. XXI, p. 345). — Il y avait en ce lieu un cimetière avec une chapelle sous l'invocation de saint Antoine de Padoue.

Pont (Le Grand-), vill. c^{ne} de Persac; — 1625 (prieuré de Grand-Chaume).

Pont (Le Petit-), h. et mⁱⁿ sur la Vienne, c^{ne} de Persac; — 1541 (seign. de Ressonneau, 2).

Portaiguière, h. c^{ne} de Queaux. — *Portesguières*, 1463 (seign. de Ressonneau, 1). — *Portaiguière*, 1775; *Porteguière, Porteguère*, 1788 (rôles des tailles).

Portail (Le), chât. et f. c^{ne} de Jazeneuil. — *Le Portal de Boys Mestoier*, 1413 (seign. de la Maillolière). — *Le Portail du Boys Mestayer autlrement appellé le Portail Jouslain*, 1529; *le Portail Jaulin*, 1661 (seign. de Curzay). — *Boys Metays autrement le Portail Jaulain*, 1717 (fief de Curzay). — *Le Portau*, 1711 (rôle des tailles). — Anc. fief relev. de Curzay.

Portail (Le), f. c^{ne} de Saint-Benoit; distraite de la c^{ne} de Poitiers, avec le vill. de Flée; en 1832. — *Le Portau*, 1627 (abb. de la Trinité, 36). — *Le Portal*, 1654; *le Portail*, 1660 (*ibid.* 35). — Anc. fief relev. de l'abbaye de la Trinité de Poitiers.

Portail-Rouge (Le), h. c^{ne} de Châtellerault.

Portal (Le), vill. c^{ne} d'Usson. — *Le Portau*, 1498 (fief de la Guéronnière). — *Le Portal de Surun*, 1566 (fief de la Grande-Épine). — *Le Portal*, 1587 (notaires de la vic. de Rochemeaux). — *Le Portal de Surin*, 1767 (fief du Portal de Surin). — Anc. fief relev. du comté de Civray.

Portal-de-la-Porte-Niortaise (Le), anc. fief à Civray. Voy. Civray.

Portaudrie (La), m. détruite, près Lombrail, c^{ne} de Pairé.

Port-d'Alogny (Le), m. r. c^{ne} de Lésigny. — *Le Port d'Alloigny*, 1619 (seign. d'Alogny). — *Le Port d'Alogny*, 1629 (seign. de la Roche-Posay, 3).

Port-de-Beaumont (Le), mⁱⁿ sur le Clain, c^{ne} de Beaumont, et m. sur la rive droite du Clain, c^{ne} de Saint-Cyr. — *Moulins du port de Beaumont*, 1586 (seign. de Puygarreau, 1).

Port-de-Lavainé (Le), m^{ins} sur le Clain et f. c^{ne} d'Alonne. — *Le Port de la Vayré*, 1343; *le Port de la Veré*, 1532 (abb. de la Celle, 15).

Port-de-Moussac (Le), h. c^{ne} de Moussac-sur-Vienne; — 1551 (fam. Laurent).

Port-de-Piles (Le), c^{on} de Dangé; c^{ne} érigée le 26 novembre 1849; démembrée de celle des Ormes. — *Portus qui est ad Pilas*, v. 1064 (cart. de Noyers, p. 37). — *Portus Pilarum*, v. 1081 (*ibid.* p. 103). — *Portus de Pilis*, v. 1081 (*ibid.*

p. 107). — *Portus Pile*, v. 1107 (Fonteneau, t. LXXII, p. 195). — *Prioratus de Pilis*, 1244 (*ibid.* p. 685). — *Portus de Piles* (chron. Turon. ap. Bouquet, t. XII, p. 474). — *Le Port de Pilles*, 1446 (duché de Châtellerault, 5). — *Le Port de Pille*, 1728 (cure de Noyers).

Le Port-de-Piles était autrefois de la paroisse de Poizay-le-Joli. Le prieuré, *prioratus de Pilos* (pouillé de Gauthier, f° 147 v°), *de Piles, de Pilers* (taux du décime, p. 11 et 126), dépendait de l'abbaye de Noyers en Touraine; le fief et haute justice de Piles ou du Port-de-Piles, relevant du duché de Châtellerault, dépendait de l'office claustral de cellérier de la même abbaye: il fut cédé par échange, le 22 mars 1749, à René-Louis de Voyer, marquis d'Argenson, ministre d'État (cure de Poizay-le-Joli). — L'ancienne chapelle prieurale de Saint-Nicolas du Port-de-Piles a été érigée en église paroissiale le 15 septembre 1846. Une autre église, sous l'invocation de la Sainte-Vierge-Immaculée, a été bâtie en 1861.

Port-de-Rives (Le), h. c^{ne} de Saint-Remy-sur-Creuse; — 1520 (duché de Châtellerault, 3).

Port-de-Vaux (Le), vill. c^{ne} de Vaux. — *Le Port de Vaulx*, 1425 (cure d'Ingrande).

Port-de-Vouneuil (Le), m. de batelier, c^{ne} de Vouneuil-sur-Vienne.

Port-d'Ingrande (Le), h. c^{ne} d'Antran; — 1666 (seign. de la Maison-Neuve).

Porte (La), f. détruite, près la Grange-Neuve, c^{ne} d'Asnières. — *La grande métairie de la Porte*, fief relev. de la bar. de Calais, 1612 (Fonteneau, t. XLII, p. 188).

Porte (La), f. c^{ne} de Montoiron; — 1594 (seign. des Closures).

Porte (La), m. à la Chérie, c^{ne} de Moulime. — *Mestairie de la Porte; — de la porte du chastel*, 1635 (cure de Moulime).

Porte (La), f. c^{ne} de Sillars.

Porteau (Le), f. c^{ne} d'Alonne. — *Le Portau*, 1621 (abb. de Nouaillé, 26).

Porteau (Le), m. à Ayron; anc. fief.

Porteau (Le), m. à Benassay. — *La Richardière alias le Portault*, 1669 (chap. de St-Hilaire, 111).

Porteau (Le), m. près la Mignoterie, c^{ne} de Béruges.

Porteau (Le), m. r. c^{ne} de Colombiers. — *Le Portau*, 1621 (fief de Colombiers).

Porteau (Le), h. c^{ne} de Migné. — *Le Portau*, 1340 (abb. de Montierneuf, 61). — *Portallum*, 1384 (*ibid.* reg. 10). — *Le Portal*, 1410 (gr. Gauthier, f° 33). — *Le Portau sur Meigné*, 1470 (chap. cathédral, 75).

PORTEAU (LE), m. c^{ne} de Poitiers, a donné son nom au vill. adjacent, qui s'appelait la Peloquinerie (voy. ce mot). — *Le Portault*, 1676 (chap. de St-Pierre-le-Puellier, 10).

PORTEAU (LE), h. c^{ne} de Roiffé. — *Le Portau*, 1602 (cure de Roiffé).

PORTEAU (LE), m. r. c^{ne} de Senillé. — *Le Portau*, 1655 (abb. de St-Cyprien, 23).

PORTE-AU-SEC (LA), f. c^{ne} de Saint-Christophe. — *La Porte Haussee*, 1621 (cure de St-Christophe).

PORTE-DES-BOIS (LA), h. c^{ne} d'Oiré.

PORTE-DU-PIN (LA), f. c^{ne} de Coulonges.

PORTE-ROUGE (LA), h. c^{ne} des Trois-Moutiers.

PORTE-ROUGE (LA), m. isolée, c^{ne} de Vendeuvre.

PORTES (LES), vill. c^{nes} de Cernay et Doussay.

PORTES (LES), h. c^{ne} de Montmorillon; — 1529 (maison-Dieu, 29).

PORTES-ROUGES (LES), h. c^{ne} de Beaumont.

PORT-SEGUIN, h. au bord du Clain, c^{ne} de Smarve. — *Portus Seguini*, 1245 (abb. de la Trinité, 72). — *Le Port Seguin*, 1397 (abb. de St-Cyprien, 49).

POSAY-LE-VIEIL, vill. c^{ne} de la Roche-Posay; anc. c^{ne} réunie à celle-ci le 23 mai 1806. — *Ecclesia Sancti Martini Pociaci*, 1099 (bulle d'Urbain II pour l'abbaye de Preuilly, ap. Mém. de la Société archéol. de Touraine, t. XIV, p. 111). — *Pozai*, 1163 (cart. de la Merci-Dieu, 211). — *Pozay*, 1175; *parrochia Veteris Pozaii*, 1229 (ibid. 2 et 106). — *Prioratus de Pouzayo, ecclesia de Veteri Pauzayo* (pouillé de Gauthier, f°s 147 et 173). — *Pazé le Vel*, 1311 (abb. de la Merci-Dieu, 9). — *Posay le Viel*, 1346 (ibid. 4). — *Veil-Pouzay*, 1376; *Vetus Posayum*, 1378; *Pozay le Viel*, 1390 (ibid. 9). — *Pousay le Viel*, 1399 (couv. de Posay-le-Vieil). — *Pouzay le Viel*, 1457 (cure de la Roche-Posay). — *Poizay le Vieil*, 1591 (abb. de la Merci-Dieu, 11). — *Le Vieux Pouzay*, 1649 (bissexte). — *Posay le Vieil* (Cassini). — *St Martin de Pozay-le-Vieux*, 1782 (pouillé).

Avant 1790 cette ancienne paroisse faisait partie de l'archiprêtré de Châtellerault, de la châtellenie de la Roche-Posay et de l'élection de Loches, généralité de Tours. Le prieuré et la cure de Posay-le-Vieil dépendaient de l'abbaye de Preuilly en Touraine. En 1645 une communauté de Filles-de-Saint-François fut mise en possession du prieuré. Aujourd'hui Posay-le-Vieil est aussi réuni à la Roche-Posay pour le spirituel.

POSTRIE (LA), h. c^{ne} de Lusignan. — *La Posterie*, 1775 (rôle des tailles).

POT-À-BEURRE (LE), lieu détruit, près le Pinier, c^{ne} de Nouaillé, 1649, 1671 (abb. de Nouaillé, 16).

POTARDIÈRES (LES), lieu détruit, c^{ne} de Vellèche. — *Houstel de la Potardière en la chastellenie de Mermande*, 1477; *les Potardyères*, 1551 (prieuré de Fontmore, 2). — Des terres en labour, vignes et bois, près la Clorie, sont appelées le Potard.

POT-AUX-CHÈVRES (LE), f. c^{ne} de Scorbé-Clairvaux; — 1764 (seign. des Robinières).

POTEAU (LE), m. r. c^{ne} d'Availle-Limousine.

POTEAU (LE), h. c^{ne} de Bournan.

POTEAU (LE), h. c^{ne} de Saint-Gervais.

POTEAU-ROUGE (LE), h. c^{ne} de Buxeuil.

POTEREAU, f. c^{ne} de Bonnes. — *Potereau*, 1556 (seign. de Touffou, 3). — *Potreau*, 1612 (abb. de l'Étoile).

POTERIE (LA), f. c^{ne} d'Archigny. — *La Potrie*, 1779 (rôle des tailles).

POTERIE (LA), m. r. c^{ne} de la Chapelle-Montreuil.

POTERIE (LA), m. r. c^{ne} de Leugny. — *La Potterye*, 1606; *la Poterie autrefois les Lussiers*, 1777 (cure de Leugny).

POTERIE (LA), f. c^{ne} de Saint-Gervais. — *La Poterye*, 1629 (cure d'Avrigny). — *La Pottrie*, 1774 (aveu de la bar. de la Touche).

POTERIE (LA), f. c^{ne} de Saint-Sauveur.

POTERIE (LA), f. c^{ne} de Sèvre. — *La Porterie*, 1602; *la Potterye*, 1697 (évêché, 68).

POTEVINERIE (LA), lieu détruit, près les Gardes, c^{ne} d'Antran.

POTIÈRE (LA), vill. c^{ne} de Lusignan. — *La Potère*, 1353 (abb. de Nouaillé, 57). — *Vilagium de Poteria*, 1405 (gr. Gauthier, f° 59). — *La Potière*, 1486 (fief des Pouternières).

POTIÈRE (LA), h. c^{ne} de Persac. — *La Pottyère*, 1635 (maison-Dieu, 184).

POTIERS (LES), h. c^{ne} de Leugny. — *Village des Potiers*, 1665 (cure de Leugny); — *des Pottiers*, 1754 (terrier de la Groye, p. 175).

POTIERS (CHEMIN DES), des Âges, c^{ne} de Fleix, à Saint-Savin.

POTINEAUX (LES), m. à Leigné-les-Bois. — *Les Potineaulx*, 1540 (com^{rie} de la Foucaudière, 12). — *Maison noble des Potineaux*, 1598 (prieuré de Maleray). — Anc. fief relev. de la bar. de Montoiron.

POTINIÈRE (LA), h. c^{ne} de Saint-Gervais. — *La Potinière*, 1333 (seign. des Mées). — *La Potinière*, 1634; *la Pottinière*, 1674 (fief de la Tour de Baunay). — Il y avait deux fiefs de ce nom, dont l'un relevait du Plessis-Baunay et l'autre des Mées.

POTS (LES), m. r. c^{ne} de Paizay-le-Sec. — *Les Potz alias la Maison Bozier*, v. 1630 (abb. de St-Savin, 31).

POTS-VERTS (LES), m. r. c^{ne} de Buxeuil.

POU, f. c^{ne} de Liglet. — *Poux*, 1433 (abb. de St-Savin, 26). — *Pou*, 1583 (cure de Liglet).

Pouançay, c⁰ⁿ des Trois-Moutiers. — *Poencaium*, 1262 (ch. de Jean de Berrie, à la bibl. de Tours). — *Ecclesia beati Hylarii de Ponsayo, de Poansayo* (pouillé de Gauthier, fᵒˢ 137 vᵒ et 172). — *Capellanus de Poensaio*, 1383 (taux du décime, p. 118); — *de Pouhencayo*, 1478 (reg: synodal). — *Pouançay*, 1520 (bissexte).

Avant 1790 Pouançay faisait partie de l'archiprêtré, de la châtellenie, du bailliage et de l'élection de Loudun. La cure était à la nomination de l'évêque; elle a été rétablie en 1857.

Pouant, c⁰ⁿ de Monts-sur-Guesne. — *Potentum*, 889 (ch. de Sᵗ-Hilaire, t. I, p. 13). — *In villa Potente*, 942 (*ibid*. t. I, p. 24). — *Ex curte Potente in pago Pictavo, in vicaria Brainse*, 957 (*ibid*. t. I, p. 30). — *Johannes de Poent*, v. 1083 (cart. de Noyers, p. 132). — *Ecclesia de Puento* (pouillé de Gauthier, fᵒ 177 vᵒ). — *Pouhentum*, 1305 (ch. de Sᵗ-Hilaire, t. II, p. 3). — *Pouent*, 1377; *Saint Hilaire de Pouant*, 1421 (comᵗᵉ de l'Isle-Bouchard, 34). — *Pouhant*, 1562 (chap. de Sᵗ-Hilaire, 428). — *Pouant soubz Ceaux en Lodunois*, 1646 (*ibid*. 430).

Avant 1790 cette commune faisait partie de l'archiprêtré de Faye-la-Vineuse (Indre-et-Loire), du bailliage de Loudun et du duché-pairie de Richelieu, et de l'élection de Richelieu, généralité de Tours. Le chapitre de Saint-Hilaire de Poitiers était seigneur de la châtellenie de Pouant et nommait à la cure.

Pouant, vill. c⁰ᵉˢ de Nueil-sur-Dive et Pouançay. — *Pouent*, 1358 (chap. de Sᵗᵉ-Croix de Loudun, 6). — *Terra de Pouento juxta Berriam in castellania de Loduno*, 1402; *Pouent en la chastellenie de Berrie*, 1439; *Pouant soubz Berrye*, 1627; *seigneurie de Pouant ou le petit Poitiers*, 1742 (chap. cathédral, 27.) — La terre de Pouant fut donnée en 1402 au chapitre de la cathédrale par Simon de Cramaud, patriarche d'Alexandrie, auparavant évêque de Poitiers, pour la fondation de la psallette.

Poublaie (La), f. cⁿᵉ de Prinçay. — *La Poubloye Bodin*, 1398 (chap. de Sᵗᵉ-Radegonde, 92).

Poublaie (La Haute et la Basse-), hh. cⁿᵉ de Leigné-sur-Usseau. — *La Poublais*, 1654 (cure de Mondion). — *La Poublaye*, 1781 (seign. de Mondion).

Poubleaux (Les), h. cⁿᵉ du Bouchet. — *Les Poublaux*, 1571 (cure du Bouchet).

Poué, vill. cⁿᵉ de Cuhon. — *Apud Puteum, Poiz*, 1262 (ch. de Sᵗ-Hilaire, t. I, p. 303 et 304). — *Pouez*, 1456 (chap. de Mirebeau, 22). — *Poué*, 1727 (*ibid*. 24). — *Poys*, 1765 (rôle du vingtième). — Anc. fief relev. de la bar. de Mirebeau.

Pouet, lieu détruit, près la Vervolière, cⁿᵉ de Coussay-les-Bois. — *Village du Pouet qui de present est en fruche*, 1465 (seign. de la Roche-Posay, 1). — *Le Pouet*, 1550 (chap. cathédral, 25).

Pouet (Le), f. cⁿᵉ de Rossay.

Pouet (Le), f. cⁿᵉ de Saint-Sauveur.

Pouet (Le Grand et le Petit-), vieille tour et ff. cⁿᵉ de Saint-Genest. — *Pociacus villa*, 928 ou 929 (cart. de Sᵗ-Cyprien, p. 76). — *Poziacus*, 929 ou 930 (*ibid*. p. 77). — *Potiacus villa in vicaria Salvinse*, 938 (*ibid*. p. 59). — *Hugo de Pocec*, 1142-1150 (*ibid*. p. 88). — *Poet*, 1306 (abb. de Sᵗ-Benoît, 20). — *Le Pouet*, 1372 (seign. de Puygarreau, 3). — Anc. fief relev. d'Abin.

Ce lieu, qui dépendait encore de la viguerie de Sauves en 959 ou 960 (cart. de Sᵗ-Cyprien, p. 72), était de la viguerie de Colombiers à la fin du même siècle (*ibid*. p. 75).

Poufon (Le Grand et le Petit-), ff. et four à chaux, cⁿᵉ de Lusignan. — *Le petit Pouffons*, 1563 (abb. de Nouaillé, 57). — *Le grand, le petit Pouffon*, 1753; *le grand, le petit Pouffond*, 1775 (rôles des tailles).

Pouge (La), h. cⁿᵉ de Journet. — *La Pogue*, v. 1300 (Gauthier, fᵒ 4). — *La Pouge*, 1454 (maison-Dieu, 105). — *La Poulge*, 1635 (*ibid*. 13).

Pouge (La), ff. cⁿᵉ de Mauprevoir; — 1650 (notaires de la bar. de Charroux).

Pouge (La), vill. cⁿᵉ de Verrières; — 1409 (abb. de Nouaillé, 20).

Pouge (La), h. et mⁱⁿ sur le roiss. de Sazat, cⁿᵉ du Vigean. — *La Pousge*, 1481 (prieuré de Grand-Chaume). — *Moulin de la Pouge*, 1631 (seign. de Ressonneau, 3).

Pouge (Chemin de la), cⁿᵉ de Saint-Gervais, *par lequel l'on va d'Avrigné à Jounay*, 1459 (duché de Châtellerault, 6).

Pouge (Chemin de la), près Chauvigny. — *Grant chemin de Poictiers appellé le chemin de la Pouge*, 1412 (évêché, 17).

Pouillac, vill. cⁿᵉ de la Chapelle-Bâton. — *Aimericus de Poilec?* v. 1178 (Fonteneau, t. XVIII, p. 491). — *Pouillac*, 1556; *Pouilhac*, 1573 (abb. de Charroux).

Pouillac, vill. cⁿᵉ de Mouterre. — *Polhac*, 1449 (seign. de l'Isle-Jourdain). — *Pouillac*, 1561 (prieuré de Sᵗ-Paixent). — *Paullac*, 1583 (fief de l'Âge-de-Plaisance). — Anc. fief.

Pouillé, c⁰ⁿ de Saint-Julien-Lars. — *Isembertus de Pailec?* v. 1095 (cart. de Sᵗ-Cyprien, p. 202). — *Ecclesia Sancti Martini de Pailec*, 1119 (Fonteneau, t. XXVII, p. 67). — *Paillet*, 1232 (abb. de la Trinité, 62). — *Paillec*, 1233 (Fonteneau,

t. XXVII, p. 149). — *Paylleyum*, 1273 (*ibid.* t. XXVII, p. 197). — *Payllé*, 1300 (abb. de la Trinité, 56). — *Payllec*, 1309 (Gauthier, f° 186 v°). — *Paellé*, 1324 (arch. de Poitiers, 12). — *Pailhé*, 1327 (Fontenenu, t. XXVII, p. 231). — *Peilhé*, 1372 (abh. de la Trinité, 65). — *Paillé*, 1384 (*ibid.* cart. f° 111). — *Peillé*, *Puilhé*, 1450 (*ibid.* 66). — *Pouillé*, 1482 (*ibid.* 65). — *Poueilhé*, 1506 (*ibid.* 66). — *Pouylhé*, 1520 (bissexte). — *Poilhé*, 1537 (abh. de la Trinité, 68). — *Poeslé*, 1545 (*ibid.* 67). — *Poillé*, *Poyllé*, 1547 (évêché 17).

Avant 1790 Pouillé faisait partie de l'archiprêtré de Mortemer, de la châtellenie, de la sénéchaussée et de l'élection de Poitiers. Le patronage de la cure et les droits de seigneurie et de haute justice dans la paroisse appartenaient à l'abbaye de la Trinité de Poitiers. La cure a été rétablie en 1855.

POUILLÉ, m^in sur l'Auzon, c^ne de Montoiron. — *Moulin de Pouillet*, 1475 (chap. de St-Hilaire, 425). —

POUILLÉ, vieille tour en ruine et f. c^ne de Thuré. — *Villa que dicitur Pollicias, in pago Pictavo, in vicaria Brainse ?* 933 ou 934 (cart. de St-Cyprien, p. 79). — *Poillé*, 1384 (chap. de Notre-Dame-la-Grande, 28). — *Pouylhé*, v. 1400 (cure de Thuré). — *Le seigneur de Poully*, — *du grant Poully*, 1439 (terrier de Gironde, f°^s 6 et 33). — *La tour de Pouillé*, 1444 (duché de Châtellerault, 1). — *Le petit Pouillé ou la tour de Pouillé*, 1747 (fief du Petit-Pouillé). — *Le grand Pouillé*, 1764 (fief du Grand-Pouillé). — Les fiefs de Pouillé, le Grand-Pouillé, haute justice, et le Petit-Pouillé ou la Tour de Pouillé relevaient du duché de Châtellerault.

POUILLERIE (LA), anc. manoir, près Montant, c^ne d'Oiré.

POUILLOTÉ (LE), f. c^ne de Jouet.

POUILLOUX (LE), f. c^ne de Marçay. — *Le Poollos*, 1302 (Fontencau, t. XXII, p. 415). — *Le Pouilloux*, 1489 (livre de recette de Vivonne, f° 169 v°).

POUILLY, h. c^ne de Colombiers. — *Payllet*, 1277 (ch. de St-Hilaire, t. I, p. 341). — *Pouilly*, 1621 (fief de Colombiers).

POULASSERIE (LA), f. c^ne de Saint-Genest.

POULIE (LA), m^in détruit, près le m^in de Roche, c^ne de Jouet; — 1491 (maison-Dieu, 100).

POUPARDIÈRE (LA), f. à Alonne. — *La Poupardière*, 1494 (abb. de Nouaillé, 29); — *ou la Pyngaulderye*, 1558 (fief de Château-Larcher). — *La Poupardière d'Alonne*, 1604 (abb. de Nouaillé, 26). — Anc. fief relev. de la châtellenie de Château-Larcher.

POUPARDIÈRE (LA), h. c^ne de Cloué. — *Poparderia*, 1405 (gr. Gauthier, f° 59). — *La Poupardière*, 1506 (fief des Pouternières). — Anc. fief relev. de la châtellenie de Lusignan.

POUPARDIÈRE (LA), f. c^ne de Saint-Maurice; — 1710 (rôle des tailles).

POUPAUDIÈRE (LA GRANDE et LA PETITE-), ff. c^ne d'Antran. — *La Poupaudière*, 1592 (fam. de Gain).

POUPETIÈRE (LA), lieu auj. inconnu, c^ne d'Oiré. — *La Popetière*, 1493 (duché de Châtellerault, 5). — *La Poupetière*, 1551 (chap. de Châtellerault, 2).

POUPETIÈRE (LA), vill. c^ne de Scorbé-Clairvaux. — *La Poupetère*, 1437 (fam. Gillier).

POUPETRIE (LA), h. c^ne de Saint-Cyr.

POUPETRIE (LA), f. c^ne de Sèvre.

POUPINIÈRE (LA), m. à Boine, c^ne de Bonneuil-Matours. — *La Popinière*, 1475 (chap. de St-Hilaire, 425). — *La Poupinière*, 1485 (*ibid.* 220).

POUPINOTIÈRE (LA), lieu auj. inconnu, c^ne de Thuré. — *La Popinitière*, 1437 (duché de Châtellerault, 5). — *Maison de la Poupinottière*, 1619 (fief de la Rimbertière). — *La Poupinotière*, 1622 (cure de Thuré).

POURETTERIE (LA), h. c^ne de Couhé. — *Cheux Pourret*, 1610 (seign. de Couhé). — *La Pouretterie*, 1732 (rôle des tailles).

POUSARDIÈRE (LA), f. c^ne des Ormes. — *La Pousardière*, fief relev. de la châtell. de Noûatre en Touraine, 1535 (cure de Poizay-le-Joli). — *La Poussardière*, 1598 (seign. de la Fontaine, 1). — *Les Poussardières*, village détaché en 1654 de la paroisse d'Antogny-le-Tillac, diocèse de Tours, pour former celle des Ormes (cure des Ormes).

POUSIGNY, h. c^ne de Celle-l'Évécault. — *Pouzigné*, 1543 (com^rie de Roche, 6).

POUSINIÈRE (LA), f. c^ne de Celle-l'Évécault. — *La Possinère*, 1366 (Fontencau, t. XVII, p. 519). — *La Pouzinière*, 1574 (cure de Celle-l'Évécault).

POUSSARD, m^in sur l'Auzance, c^ne d'Ayron.

POUSSARDIÈRE (LA), h. c^ne d'Ayron.

POUSSARDRIE (LA), h. c^ne de Beaumont. — *La Puisardère*, 1422 (cure de Notre-Dame-la-Grande de Poitiers).

POUSSARDRIE (LA), f. c^ne de Lizant.

POUSSARDRIE (LA), h. c^ne de Marçay. — *La Poussardrye*, 1673 (collège de Poitiers, 15). — *La Poussardière*, 1775 (rôle des tailles).

POUSSAUDEBRAN, h. c^ne d'Usson. — *Le Poux Audebran*, 1403 (gr. Gauthier, f° 262 v°). — *Le Pois Audebran*, 1408 (*ibid.* f° 203 v°). — *Le Peux Audebran*, 1498 (fief de la Guéronnière). — *Puy Audebran*, 1561 (fief de Busseroux). — *Poussaulde-*

bran, 1566; *Poussaudebran*, 1597 (fief de la Grande-Épine). — *Poussau-de-Bran*, 1841 (nomencl.).

Poussinière (La), f. c^ne de Marnay. — *La Pousinière*, 1505 (cure de Gizay). — Anc. fief relev. de la châtell. des Basses-Vergnes.

Poustais, m^in sur la Vonne, c^ne de Curzay. — *Moulin de Poustay*, 1627 (fief de Curzay).

Pousterie (La), m. près les Forges, c^ne de Vezières. — *La Poussetrie*, 1674 (cure de Vezières).

Pouternières (Les), anc. fief relev. de la châtell. de Lusignan, en la basse ville de ce nom. — *La Poutarnière*, v. 1405 (gr. Gauthier, f° 64). — *La Pouternière*, 1477; *la Pousternière*, 1506; *les Pousternières*, 1553; *les Poustarnières*, 1597; *les Pouternières*, 1670 (fief de Monts).

Pouthumé, h. c^ne de Châtellerault; anc. c^ne réunie à celle-ci le 18 novembre 1801. — *Villa que dicitur Postimiacus, in vicaria Ygrandinse*, 1025 (cart. de St-Cyprien, p. 175). — *Villa Postemia in vicaria de Castro Araldi*, v. 1025 (ibid. p. 176). — *Ecclesia Sancte Marie de Postumiaco*, 1097-1100 (ibid. p. 13); — *de Postumec*, v. 1125 (ibid. p. 179). — *Postumé*, 1283 (chap. de Châtellerault, 1). — *Poustumé*, 1455 (abb. de St-Cyprien, 21). — *Pouthumé*, 1617 (ibid. 23).

Avant 1790 Pouthumé faisait partie de l'archiprêtré, du duché, de la sénéchaussée et de l'élection de Châtellerault. La cure était à la nomination du prieur de Saint-Romain de Châtellerault. Cette anc. paroisse est auj. réunie à celle de Saint-Jacques de la même ville.

Pouthumé, f. c^ne d'Ingrande. — *Potume* (Cassini).

Poutort, vill. c^ne de Rouillé. — *Poutort*, 1404 (gr. Gauthier, f° 60 v°). — *Poustord*, 1555 (fief de Lansonnière).

Pouvet, h. et m^in sur le Bouleur, c^ne de Chaunay. — *Pouvet*, 1403 (gr. Gauthier, f° 280 v°). — *Moulin de Pouvet*, 1537 (seign. de Cerné).

Pouvreau, f. c^ne de Saint-Martial. — *Mestairie Pouvreau*, 1567 (chap. de Chauvigny, 14).

Pouvreau, m^in sur la Vonne et h. c^ne de Sanxay.

Pouvreau (Le), m. isolée, c^ne de Vendeuvre.

Poux, h. c^ne d'Antigny. — *Pou*, 1533; *Poux*, 1564 (maison-Dieu, 164).

Poux, h. c^ne d'Usson. — *Le Poux*, 1395 (gr. Gauthier, f° 282 v°). — *Pou*, 1600 (fief de Badevilain). — Anc. fief relev. de la châtell. de Saint-Martin-Lars.

Poux (Le), h. c^ne d'Availle-Limousine. — *Masum de Puteo*, 1239; *village du Poix*, 1469; — *du Poux*, 1478 (abb. de St-Cyprien, 28).

Pouyade (La), f. c^ne de Pressac.

Pouyaud (Le), h. c^ne de Champagné-Saint-Hilaire. — *Pouyaulx*, 1598 (chap. de St-Hilaire, 250). — *Le Pouyeau*, 1607 (ibid. 252).

Pouyoux (Le), vill. c^ne de Jouet. — *Village de Pouyoux*, 1528 (fief de l'Âge-Chausson); — *du Poyoux*, 1645 (abb. de St-Savin, 24). — *Le Pouioux* (Cassini). — *Le Pouilloux*, 1841 (nomencl.).

Pouzac, f. c^ne d'Andillé.

Pouzac, f. c^ne de la Villedieu.

Pouzaire (La), m. détruite, c^ne de Sossay. — *La Pousayre, la Pousère*, 1429 (seign. de Puygarreau, 7). — *La Pouzaire*, 1439 (terrier de Gironde, f° 41). — *La Pozaise*, 1445 (seign. de Puygarreau, 1). — Anc. fief relev. de Puygarreau.

Pouzeau, vill. c^ne de Saint-Sauvant. — *Pouzeaux*, 1423 (gr. Gauthier, f° 65). — *Pouzeau*, 1499 (fief de Longe). — Anc. fief appart. à l'abbaye de Valence et relev. de la châtell. de Brejeuille (Deux-Sèvres).

Pouzenet (Le), f. c^ne de Vendeuvre.

Pouzieux, vill. c^ne de Coussay-les-Bois. — *Pouzeoux*, 1443 (duché de Châtellerault, 6). — *Pouzeaux*, 1443 (seign. de Puygarreau). — *Pouseoux*, 1457 (notaires, Artaud à la Roche-Posay). — *Pouzieux*, 1622; *Pouzioux*, 1717 (fief de Pouzieux). — Anc. fief et haute justice relev. du duché de Châtellerault. — En ce lieu était vraisemblablement le prieuré appelé *Poyzeus* dans le pouillé de Gauthier, f° 147 v°, et *Pozeoux, Pouzeoux*, dans le taux du décime, p. 12 et 126.

Pouzioux, c^on de Chauvigny. — *Pouzeos* (Gauthier, f° 175). — *Pozeouz*, 1307 (ibid. f° 195). — *Pozeos, parochia de Pozeo*, 1309 (ibid. f°s 188 et 191 v°). — *Pouseoux*, 1379 (évêché, 17). — *Pouzeous, Pozeoux*, 1383 (taux du décime, p. 17 et 62). — *Pouzeoux*, 1478 (reg. synodal). — *Sainct Cyphorien de Pouzeoulx*, 1519 (seign. de St-Martin-la-Rivière, 1). — *Pouzioux*, 1723 (ibid. 3). — *S. Symphorien de Pouzioux*, 1782 (pouillé).

Avant 1790 cette commune faisait partie de l'archiprêtré de Mortemer, de la baronnie de Chauvigny (sauf le fief de Champeaux, qui relevait de la bar. de Montmorillon), de la sénéchaussée et de l'élection de Poitiers. La cure était à la nomination du chapitre de Mortemer. Le fief de Pouzioux relevait de la bar. de Chauvigny.

Pouzioux, h. c^ne de Blâlay. — *Pozeos*, 1330; *Pozeux*, 1337 (prévôté de Blâlay, 5). — *Pouzeoux*, 1444 (ibid. 2). — *Le Pouziou* (Cassini).

Pouzioux, vill. c^nes de Chouppes et Saint-Jean-de-

Sauves. — *Pozueus*, 1275 (abb. de S¹-Cyprien, 35). — *Pozeos*, 1284 (évêché, 87). — *Pozeoux*, 1328 (abb. de la Trinité, 88). — *Pouzeoux*, 1388 (chap. cathédral, 36). — Anc. fief relev. de Rochefort.

Pouzioux, m. r. cⁿᵉ de Saint-Romain. — *Pouzeoux*, 1403 (gr. Gauthier, f° 250). — *Pousioux*, 1773 (rôle des tailles).

Pouzioux, vill. cⁿᵉ de Vouneuil-sous-Biard. — *Terra de Puteolis*, v. 1050 (cart. de S¹-Nicolas, 1). — *Pozeaus*, 1280 (ibid. 13). — *Pouzeos*, 1332 (abb. de S¹-Cyprien, 6). — *Pouzeoux*, 1371 (abb. de Montierneuf, 59). — *Chapelle de Sainte-Radegonde de Pousioux*, 1760 (chapelle de Pouzioux). — Anc. seign. appart. par indivis à l'abbaye de Montierneuf et au prieuré de Saint-Nicolas de Poitiers.

Poyau (Le), f. cⁿᵉ de Saint-Sauvant; — 1766 (rôle des tailles).

Prade (La), h. cⁿᵉ d'Asnières; — 1550 (seign. du Ry).

Prade (La), m¹ⁿ sur la Gartempe, cⁿᵉ de Saugé; — 1775 (rôle des tailles).

Pradeau (Le), h. cⁿᵉ de Nérignac.

Pradeau (Le), h. cⁿᵉ de Pouzioux. — *Le Pradeau*, 1584; *les Pradeaux*, 1617 (prieuré du Teil-aux-Moines).

Prailles, h. cⁿᵉ de Benassay. — *Praille*, 1534 (chap. de S¹-Hilaire, 223).

Prairie, prairie, près Danlot, cⁿᵉ de Vivonne. C'est peut-être là que se trouvait le moulin *de Praeria*, v. 1095, *de Praheria*, v. 1120 (cart. de S¹-Cyprien, p. 169 et 271). — *Prés de Prahère*, 1489 (livre de recette de Vivonne, f° 39 v°); — *de Prehère*, *de Prehaire*, 1586 (chap. de S¹-Hilaire, 482).

Prairie (La), m. r. cⁿᵉ de Coussay-les-Bois. — *La Preraie* (Cassini).

Prairie (La), vill. cⁿᵉ de Vouzailles. — *La Praherie*, 1408 (com^rie de S¹-Georges, 30). — *La Praerie*, 1489 (seign. de Vouzailles). — *La Prairie*, 1638 (cure de Vouzailles).

Pranzay, cⁿᵉ de Lusignan; anc. paroisse dont une maison appelée la Grange de Pranzay et le pont de Pranzay, sur la Vonne, ont seuls conservé le nom. — *Prantiaco villa que est super amnem Vedauna*, v. 696 (Pardessus, Diplomata, chartæ, etc. t. II, p. 240). — *Ecclesia Pranziacus*, 917; *Umbertus de Pranzai*, v. 1083 (abb. de Nouaillé). — *Pransai*, 1119 (Fontenau, t. III, p. 271). — *Pranzaium*, *Prunzayum*, 1248 (Layettes du trésor des chartes, t. III, p. 43 et 44). — *Ecclesia Sancti Petri de Pranzay* (pouillé de Gauthier, f° 152).

L'église de Pranzay, située au lieu où se trouve actuellement le cimetière de la commune de Lusignan, ayant été détruite pendant les guerres civiles de la seconde moitié du xvıᵉ siècle, le service paroissial fut transféré dans l'église Notre-Dame de Lusignan; les deux cures toutefois ne furent réunies qu'en 1712. La paroisse de Pranzay comprenait une grande partie de la ville de Lusignan. L'abbé de Nouaillé nommait à la cure. Il y avait une aumônerie dont les biens furent unis à l'hôpital de Lusignan, *elemosinaria de Pranzaio*, 1248 (testam. de Hugues de Lusignan).

Prat (Le Grand et le Petit-), ff. cⁿᵉ de Moussac-sur-Vienne. — *Le Prat*, 1406 (cure de Millac).

Praudière (La), h. cⁿᵉ de Leugny. — *Le Peraudière*, 1529 (seign. d'Argenson, inv. p. 66). — *La Praudière*, 1771 (cure de Leugny).

Praveil, f. cⁿᵉ de Montmorillon. — *Praveilh*, 1496 (fief de la Lande). — *Praveil*, 1525 (maison-Dieu, 31).

Pré, vill. cⁿᵉ de Béthines. — *Preth*, 1119 (Gall. christ. t. II, col. 1316). — *Villagium de Prato*, 1318 (maison-Dieu, 127). — *Prez*, 1481; *Pré*, 1546 (couv. de la Puye, 12). — Anc. seign. appart. au couvent de la Puye.

Il est fait mention d'un moulin de Pré en 1499 et 1677 (couv. de la Puye).

Pré, f. cⁿᵉ de Persac. — *Pret*, 1506 (seign. de la Brulonnière).

Pré (Le), h. cⁿᵉ de Celle-l'Évécault. — *Les Prés*, 1504 (cure de Celle-l'Évécault).

Pré (Le), h. cⁿᵉ de la Chapelle-Mortemer. — *Village du Pré*, 1564 (chap. de Mortemer, 1); — *des Près*, 1644 (cure de la Chapelle-Mortemer).

Pré (Le), h. cⁿᵉ de Lavoux; — 1604 (seign. de Touffou, 2).

Pré (Moulin du), sur l'Anglin, cⁿᵉ d'Angle. — *Molendinum de Prato*, 1320 (évêché, 22).

Pré (Moulin du), détruit, près Poitiers. — *Tritia inter collem et Clennim secus viam que ducit ad molendina que dicuntur de Prato*, 1194 (abb. de S^tᵉ-Croix). — Ce moulin était probablement situé entre le faubourg de Rochereuil et le moulin à Parent; on voit encore dans le Clain les restes d'une chaussée.

Pré (Moulin du), sur la Fontpoise, cⁿᵉ de Saint-Genest. — *Molendinum de Prato*, 1102-1151 (gr. cart. de Fontevrault, 872). — *Moulin du Pré*, 1363 (duché de Châtellerault, 4).

Preau, h. cⁿᵉ de Loudun. — *Preaulx*, 1428; *Preaux*, 1436 (com^rie de Loudun, 12). — Anc. fief relev. du château de Loudun.

PREAU, vill. c^{ne} de Queaux; — 1440 (seign. de Ressonneau, 1).

PREAUX (LES), f. c^{ne} de Coussay-les-Bois; — 1483 (arch. de la Soc. des antiq. de l'Ouest, n° 317).

PRÉ-BAUDRANT (LE), pré au bord de la Clouère, près Laudonnière, c^{ne} de Saint-Maurice; — 1404 (gr. Gauthier, f° 279 v°). — Anc. fief relev. du comté de Civray.

PRÉBERNARD, f. c^{ne} de Quinçay. — *Pratum Bernart juxta Aussanciam*, 1284 (abb. de Montierneuf, 21). — *Prébernard*, 1546 (cordeliers de Poitiers).

PRÉ-CAILLÉ (LE), m. r. c^{ne} de Tercé.

PRÉ-CHARRAULT, vill. c^{ne} de Vouneuil-sous-Biard. — *Grange nouvellement bastie par l'abbé et les religieux de la Fontaine le Comte ou terrouer du Pré Charraut, près la fousse de Maupertuys*, 1483 (abb. de Fontaine-le-Comte, 14).

PRÉDAME, vill. c^{ne} de Vaux. — *Preaudame*, 1578 (prieuré de St-Denis-en-Vaux). — *Preadame*, 1596 (cure de St-Jean-Baptiste de Châtellerault). — *Prédame*, 1755 (cure de Vaux).

Le ruiss. de Prédame est aussi appelé ruiss. de Godet. Voy. ce mot.

PRÉ-DU-COU (LE), f. c^{ne} de Fleuré; — 1620 (abb. de Nouaillé, 50).

PRÉE (LA), m. détruite, près la Caraque, c^{ne} d'Orches.

PRÉE (LA), h. c^{ne} du Port-de-Piles. — *In loco qui dicitur Praella?* v. 1031 (cart. de St-Cyprien, p. 164).

Le ruiss. de la Prée prend naissance à l'Éperon, c^{ne} du Port-de-Piles, et se jette dans la Vienne à Salvert, sur le territ. de la même c^{ne}. Il est aussi appelé ruiss. de l'Éperon.

PRÉ-GIRAULT (LE), h. c^{ne} d'Ouzilly. — *Le Pré Giraud*, 1599 (chap. cathédral, reg. 109). — *Prégirault*, 1660 (chap. de St-Hilaire, 425).

PRÉ-GUYON, f. c^{ne} de la Puye; — 1482 (couv. de la Puye, 7). — L'étang de Pré-Guyon est mentionné en 1480 (*ibid.* 7).

PRÉ-HAUT (LE), f. c^{ne} de Savigny-l'Évécault.

PRÉHOBE (LE), ruiss. a sa source dans la c^{ne} du Petit-Lessac (Charente) et entre dans celle de Pressac pour se jeter dans le Clain au chef-lieu de cette commune.

PRÉJASSON, h. c^{ne} de Fontaine-le-Comte. — *Le tenement des Barbiers, aultrement Plajason*, 1640; *le Plajasson, au village de la Bruère*, 1664; *Pellejasson*, 1669 (abb. de Fontaine-le-Comte, 9). — *Préjasson*, 1755 (rôle des tailles).

PRÉ-L'ÉVÊQUE (LE), h. c^{ne} de Thurageau. — *Le Pré l'évesque*, v. 1300 (seign. de Chéneché, 1).

PRÉLONG, chapelle en ruine, c^{ne} de Leugny; anc. prieuré dép. de l'abbaye de Preuilly (Indre-et-Loire), uni en 1769 à la cure de la Guerche (*idem*). — *Ecclesia Sancti Petri de Longoprato*, 1210 (Epist. Innocentii papæ III, t. II, p. 509). — *Prioratus de Longo prato* (pouillé de Gauthier, f° 147); — *de Prato longo*, 1311 (Fontenau, t. XXIII, p. 499). — *Prélonc*, 1456 (abb. de Fontaine-le-Comte, 29). — *Notre-Dame de Prélong*, 1769 (prieuré de Prélong).

D'après la bulle d'Innocent III citée plus haut, l'église de Prélong était au nombre de celles que possédait l'abbaye de Sainte-Croix-d'Angle en 1210. Au XIVe s^e et postérieurement, c'était un prieuré dép. de l'abbaye de Preuilly (Fontenau, t. XXIII, p. 490 et 499; Mém. de la Soc. archéol. de Touraine, t. XIII, p. 88 et 114); il était situé sur le territoire de la vicomté de la Guerche (Indre-et-Loire).

PRÉMARY, chât. et vill. c^{ne} d'Andillé. — *Pratum ma[le dictum] in pago Pictavo in vicaria Vicavedoninse*, 954 ou 955 (ch. de St-Hilaire, t. I, p. 28). — *Pré mandit*, 1434 (collège de Poitiers, 16). — *Primaly*, 1443 (abb. de Montierneuf, 67). — *Primaliz*, 1465 (abb. de la Trinité, 84). — *Prémery*, 1495 (abb. de Montierneuf, 67). — *Prémeliz, Primary*, 1507 (*ibid.* 68). — *Primery*, 1547 (abb. de la Trinité, 76). — *Pré Marie* (Cassini). — Voy. ROCHES-PRÉMARY (LES).

La terre seigneuriale de Prémary appartenait aux religieux de Montierneuf de Poitiers. En 1443 le roi Charles VII leur permit de fortifier le manoir qu'ils y possédaient.

PRÉ-MERCIER (LE), m. r. c^{ne} d'Iteuil.

PRÉMILLANT, vill. c^{ne} de Brux. — *Terra de Parmoliaco*, 1119 (Fontenau, t. XXI, p. 594). — *Permellans*, v. 1150 (abb. de Nouaillé). — *Permeillans*, 1230; *Premellant*, 1336 (*ibid.* 53). — *Premeillon, Permeillant*, 1409 (gr. Gauthier, f° 222 v°). — *Premillant*, 1446 (abb. de Nouaillé, 53). — *Premilhant*, 1498 (fief de Fayolle). — Anc. fief relev. de l'abbaye de Nouaillé.

PRÉMILLY (LE HAUT et LE BAS-), vill. c^{ne} de Saint-Germain. — *Premilhé*, 1553 (maison-Dieu, 137). — *Premilly*, 1559 (abb. de St-Savin, 22).

PRENDIANGARDE, f. détruite, c^{ne} de Mairé; — 1630; *Prentangarde*, 1654 (minimes de Châtellerault).

PRENDS-Y-GARDE, m. r. c^{ne} de Bouresse.

PRENDS-Y-GARDE, f. c^{ne} de Mauprevoir.

PRENSOUR (LE), f. c^{ne} d'Iteuil. — *Le Pranssour*, 1489 (livre de recette de Vivonne, f° 182). — *Le Pransour*, 1624 (abb. de St-Cyprien, 46). — *Le Pransoux*, 1722 (rôle des tailles). — Anc. fief relev.

de la châtell. de Clavière (Fontencau t. XLII, p. 161).

Pré-Pesson, m. r. c^{ne} d'Amberre. — *Pré appellé Préfeson*, 1331 (cart. de la Trinité, f° 126). — *Fief de Champfort autrement Préfesson*, 1398 (abb. de la Trinité, 87). — *Préfexon*, 1446 (prieuré de St-Jean de Mirebeau, 1).

La fontaine du Pré-Pesson donne naissance à un ruisseau qui traverse les c^{nes} de Chouppes et Saint-Jean-de-Sauves, sépare la c^{ne} de Saint-Clair de celle de Frontenay, limite au sud celle de Messay et se jette dans la Dive à Moncontour, après avoir pris successivement les noms de Prepson, rivière de Billy, rivière ou chenal de Saint-Jean-de-Sauves et Chenelle. — *Cours d'eau de Préfesson*, 1714 (chap. cathédral, 35). — *Ruisseau du Pré-Pesson*, 1838 (tableau des cours d'eau du département de la Vienne).

Pré-Prouvaire, m. détruite, c^{ne} du Port-de-Piles.

Prère (La), f. c^{ne} de Sérigny. — *La Prière*, 1454; *la Prère*, 1611 (com^{rie} de Loudun, 32).

Prés (Les), m. r. c^{ne} de Bignoux.

Prés (Les), vill. c^{ne} de Thollet; — 1627 (prieuré du Cluzeau).

Prés (Les Petits-), f. c^{ne} de Cenon.

Presle (La), h. c^{ne} de Lencloître.

Presle (La) ou ruiss. de la Torchaise, sort de la fontaine des Essarts et se jette dans la Boivre près le m^{in} de Cruchet, c^{ne} de Béruges. — *La Presle*, 1551 (seign. de Béruges, 3).

Pressac, c^{on} d'Availle-Limousine. — *P. de Prissac*, v. 1160 (Fontencau, t. XVIII, p. 313). — *Preisac*, v. 1178 (ibid. t. XVIII, p. 473). — *Pressac*, (pouillé de Gauthier, f° 149). — *Parrochia de Prissaco*, 1335 (Fontencau, t. XXXVIII, p. 78). — *Perissac*, 1399 (seign. d'Availle). — *S. Just de Pressac*, 1782 (pouillé).

Avant 1790 Pressac faisait partie de l'archiprêtré d'Ambernac (Charente), de la baronnie de Charroux, de la sénéchaussée de Poitiers et de l'élection de Confolens (Charente). Une partie de la paroisse, toutefois, dépendait de la châtellenie de Saint-Germain-sur-Vienne en la Basse-Marche. Le curé de Pressac, à la nomination de l'évêque, était archiprêtre d'Ambernac.

Pressec, vill. c^{ne} de Jardres. — *Prissec*, 1309 (Gauthier, f° 184). — *Prisscec*, 1326 (évêché, 17). — *Prinssec*, *Pressac*, 1491 (abb. de la Trinité, 67). — Anc. fief relev. de la bar. de Chauvigny.

Pressec (La), h. c^{ne} de Montreuil-Bonnin.

Prés-Secs (Les), m. r. c^{ne} de Vendeuvre.

Pressoir (Le), h. c^{ne} d'Availle.

Pressoir (Le), h. c^{ne} de Champigny-le-Sec; — 1765 (rôle du vingtième).

Pressoir (Le), h. c^{ne} de Saint-Gervais.

Pressoir (Le), h. c^{ne} de Scorbé-Clairvaux. — *Le Pressouer*, 1446 (seign. de Puygarreau, 1). — Anc. fief. relev. du marq. de Clairvaux.

Pressureaux (Les), f. c^{ne} de Saint-Gervais.

Prés-Verts (Les), f. c^{ne} d'Oiré.

Pret, m^{in} détruit, sur la Dive, c^{ne} de Verrières. — *Moulin de Peret*, 1393 (abb. de Monticrneuf, 92); 1409 (abb. de Nouaillé, 20); — *de Pret*, 1548 (fief de Dienné et Verrières).

Prétrie (La), m. r. c^{ne} d'Archigny. — *La Perreterye*, 1605; *la Prouterie*, 1671; *la Perotrye*, 1695 (seign. de Touffou, 5).

Preugné, chât. c^{ne} de Chalais. — *Pruigné*, 1389 (chap. de Ste-Croix de Loudun, 2). — *Preugny*, 1512 (com^{rie} de Loudun, 15). — *Preuigné*, 1547 (chap. cathédral, 88). — Anc. fief relev. du château de Loudun (Ess. sur l'hist. de Loudun, 2° partie, p. 89).

Preuille (La), vill. c^{ne} de Montreuil-Bonnin. — *La Pruilhe*, 1403 (gr. Gauthier, f° 70 v°). — *La Pieuille*, 1448 (abb. du Pin, 31). — *La Preille*, 1572 (ibid. 17). — *La Presle*, 1594 (ibid. 36).

Preuillé, h. et m^{in} sur la Dive, c^{ne} de Pairé. — *Preuillé*, 1604 (abb. de Nouaillé, 57). — *Moulin de Preuillé*, 1692 (seign. de Couhé).

Preuilly, vill. et m^{in} sur l'Auzance, c^{ne} de Chasseneuil. — *Pruylhé*, 1384 (abb. de la Celle, 12). — *Pruillé*, 1410 (gr. Gauthier, f° 31). — *Pruilly*, 1432 (com^{rie} de St-Georges, 8). — *Preuilly*, 1522 (chap. de Notre-Dame-la-Grande, 65).

Preuilly, vill. c^{ne} de Mouterre-Silly. — *Curtis de Pruliaco?* v. 970 (abb. de Ste-Croix). — *Pruillé*, 1358 (chap. de Ste-Croix de Loudun, 6). — *Pruilly*, 1508 (ibid. 4). — *Preuillé*, 1547 (chap. cathédral, 88). — Anc. terre noble.

Preuilly, f. c^{ne} de Saint-Christophe. — *Pruillé*, 1438 (bar. de Luain). — *Estang de Pruylly*, 1464 (seign. de la Tour-Conzay). — *Preuilly*, 1525 (cure de St-Christophe); — *grosse tour carrée découverte*, 1585 (seign. de Puygarreau, 1). — Anc. fief relev. de la bar. de Faye-la-Vineuse (Indre-et-Loire).

Preuilly, fontaine, c^{ne} de Smarve; au-dessous de Mauroc. — *Fontaine de Pruyllé*, 1362 (cart. de la Trinité, f° 128); — *de Pruilly*, 1727 (abb. de St-Benoît, 7, f° 62).

Prevost (Étang), c^{ne} de Montmorillon.

Prévôté (La), h. c^{ne} de Lussac-le-Château.

Prévôté (La), m. à Beauvoir, c^{ne} de Mignaloux.

— *La Provosté*, 1669 (notaires, Gaultier à Poitiers).

Prieuré (Le), h. c^{ne} de Béruges. — Anc. propriété du prieuré de Béruges.

Prieuré (Le), vill. c^{ne} de Cenon; — 1518 (abb. de St-Benoit, 12). — Anc. domaine du prieuré de Saint-Martin de Cenon. — Ce vill. a été distrait de la c^{ne} de Naintré le 19 mars 1841; une maison est encore sur le territ. de Naintré.

Prieuré (Le), h. c^{ne} de Coulonges.

Prieuré (Le), f. et chapelle ruinée, c^{ne} de Massogne; ci-devant à l'abbaye d'Airvault (Deux-Sèvres). — *Capella de Borreleria*, 1168 (ch. de St-Hilaire, t. I, p. 179). — *Prior de Boreleria*, 1326 (compte d'une impos. ecclésiast.). — *Le Prieuré-de-la-Bourlière*, 1841 (nomencl.).

Prieuré (Le), h. c^{ne} de Saint-Jean-de-Sauves.

Prieuré (Le), m. r. c^{ne} de Sérigny; anc. propriété du prieuré de Saint-Étienne de Sérigny.

Prieuré (Le), m. r. c^{ne} d'Usseau.

Prieuré (Le), h. c^{ne} de Vouneuil-sur-Vienne. Voy. Savigny.

Prigny, lieu détruit, c^{ne} de Mondion. — *Prigné*, village sur le chemin de Mondion à Marmande, 1623; *Prigny*, 1736 (seign. de Mondion, 2). — Anc. fief réuni à la seign. de Mondion.

Primery, h. c^{ne} de Saint-Jean-de-Sauves. — *Premeré*, 1381 (arch. nat. chambre des comptes, reg. 332, n° 7). — *Primery*, 1508 (aveu de Mirebeau). — Anc. fief relev. de la bar. de Mirebeau.

Prinçay, c^{on} de Monts-sur-Guesne. — *Villa Prisciacus*, 854 (dipl. de Charles le Chauve, ap. Bouquet, t. VIII, p. 529). — *Giraldus de Prissiaco*, v. 1050 (abb. de Nouaillé). — *Ecclesia Sanctorum Gervasii et Protasii de Prischaico*, 1122 (chap. de Ste-Radegonde). — *Decima de Prischai*, 1191 (cart. de Bourgueil, p. 51). — *Princay*, 1309 (Gauthier, f° 187 v°). — *De Princaio*, 1383 (taux du décime, p. 77). — *Prinssai*, 1401 (cure de Bertegon).

Avant 1790 Prinçay faisait partie de l'archiprêtré et de la châtellenie de Faye-la-Vineuse (Indre-et-Loire), du duché-pairie et de l'élection de Richelieu (*idem*). La cure était à la nomination du chapitre de Sainte-Radegonde de Poitiers. Le chef-lieu de la commune se compose de l'église paroissiale et de deux maisons seulement.

Prinçay, vill. c^{ne} d'Availle, c^{on} de Vouneuil-sur-Vienne; anc. c^{ne} réunie à celle-ci le 18 novembre 1818. — *Villa Prisciacus in vicaria Ygrandinse*, v. 1020 (cart. de St-Cyprien, p. 166). — *Prisai, Priscay*, 1237 (abb. de St-Cyprien, 36). — *Princay*, 1309 (Gauthier, f° 187 v°). — *Prissay*, 1429 (seign. de Montoiron, 1). — *Prinssay*, 1493 (duché de Châtellerault, 6). — *Sainte-Marie-Magdeleine de Princé*, 1782 (pouillé).

Avant 1790 la paroisse de Prinçay faisait partie de l'archiprêtré, du duché, de la sénéchaussée et de l'élection de Châtellerault. La cure était à la nomination du chapitre cathédral; elle a été rétablie en 1852.

Prinçay (Les), h. c^{nes} de Sérigny. — *Village des Princays*, 1578; — *des Prinsays*, 1606 (cure de Sérigny).

Princerie (La), f. c^{ne} de la Bussière.

Prinche (La), ff. c^{ne} de Doussay.

Prinsonnière (La), m. r. c^{ne} de Ceaux, c^{on} de Couhé.

Prinsort, f. c^{ne} d'Antran.

Priourat (Le), f. c^{ne} d'Asnières; — 1647 (cure d'Asnières).

Prioux (Le), mⁱⁿ sur la Grande-Blour, c^{ne} de Nérignac.

Prisay, lieu détruit et fontaine, entre la Rouère et Malaguet, c^{ne} de Coussay-les-Bois. — *Preisay*, v. 1400; *hostel et fontaine de Prisay*, 1424 (arch. de la Soc. des antiq. de l'Ouest, n° 720 et 722).

Procession (Chemins de la), c^{nes} d'Arçay, Béthines, Moncontour, Nueil-sur-Dive.

Pron, grotte, c^{ne} de Nouaillé.

Proterie (La), ff. c^{ne} de Leigne. — *La Perrotterye*, 1569 (évêché, 17). — *La Perrotrie*, 1599 (fief de Jarige). — *La Perottrie*, 1618 (fief de Sanzelle). — *La Protterie*, 1775 (rôle des tailles).

Proterie (La), f. c^{ne} de Saint-Sauveur.

Protière (La), f. c^{ne} de Leigné-les-Bois.

Protière (La), m. r. c^{ne} de Lésigny.

Proutalière (La), h. c^{ne} de Vouillé. — *Les Proustallières*, 1512 (chap. de Ste-Radegonde, 61).

Prouteries (Les), h. c^{ne} d'Ingrande. — *Les Prouteries*, 1492 (seign. d'Ingrande, inv.). — *Les Prousteries*, 1615 (fief d'Ingrande). — *Les Plouteries*, 1866 (dénomb.). — Anc. fief relev. de la Groye.

Proutrie (La), hh. c^{ne} de Benassay. — *La Prevosterie*, 1476 (chap. de St-Hilaire, 81). — *La Prousterie*, 1497 (*ibid.* 222). — *La Proutrie de Benassay et la Proutrie de Nesde*, 1861 (dénomb.).

Proutrie (La), h. c^{ne} de Montreuil-Bonnin. — *La Prevosterie*, 1464; *la Prousterie*, 1491 (abb. de St-Cyprien, 13).

Prudenier, h. c^{ne} de Saint-Remy-sur-Creuse. — *Prodemyer*, 1550; *Prodomyer*, 1551; *Prodenier*, 1593 (minimes de Châtellerault). — *Purdenier*, 1652 (duché de Châtellerault, 3).

Prun, h. c^{ne} d'Adriers. — *Pruns*, XIe s^e (cart. de la maison-Dieu, 171). — *Villagium de Pruno*, 1382; *Prung*, 1643 (*ibid.* 181). — *Prun*, 1651 (*ibid.* 35). — Anc. domaine de la maison-Dieu de Montmorillon.

Le ruiss. de Prun prend naissance en ce lieu et sert de limite entre les c^{nes} de Persac et de Moulime avant de se réunir à la Petite-Blour. Il est appelé *rys de Chabezan* en 1530 (maison-Dieu, terrier, 301); *ry de Chebessan qui depart les paroisses de Persac et de Moulisme*, en 1625, dans un titre concernant Persac.

PRUNERIE (LA), f. c^{ne} de Champagné-Saint-Hilaire; — 1498 (chap. de St-Hilaire, 244).

PRUNERIE (LA), vill. c^{ne} de Saint-Martin-la-Rivière. — *Pruneria*, 1393 (fam. Chessé); — *Le port de la Prunerie*, 1662 (seign. de St-Martin-la-Rivière, 2).

PRUNERIE (LA), f. c^{ne} de Vernon. — *La Prunerye*, 1598 (abb. de Montierneuf, 93).

PRUNES (LES), ff. c^{ne} de Persac. — *Les Preugnes*, 1775 (rôle des tailles).

PRUNIER, f. près Sougé, c^{ne} d'Oiré; — 1643 (inv. de la Groye, t. II, p. 210).

PRUNIER (LE), f. c^{ne} de Montamisé; — 1642 (collège de Poitiers, 19).

PRUNIERS, h. c^{ne} d'Ingrande. — *Puyrenier*, 1486 (seign. de la Groye, inv. t. I, p. 224). — *Puyregnier*, 1493 (duché de Châtellerault, 5). — *Pruniers*, 1581 (seign. de la Groye, inv. t. I, p. 227).

PRUNIERS, chât. vill. et m^{in} sur la Gartempe, c^{ne} de Pindray. — *Pruniers*, 1293 (abb. de la Merci-Dieu, 1); 1463 (fam. Gillier). — Anc. fief et haute justice relev. de la bar. de Montmorillon.

PRUSSE, h. c^{ne} de Thuré. — *Perusses, Peruces, Pruces*, 1437 (duché de Châtellerault, 5). — *Prusses*, 1461 (chap. de Châtellerault, 12). — *Perusse*, 1656 (cure de St-Jean-Baptiste de Châtellerault).

PUDEAUX, h. c^{ne} de Vouneuil-sur-Vienne; — 1579 (chap. cathédral, reg. 92).

PUISSEAU, vill. c^{ne} de Queaux. — *Puysessault*, 1487; *Puycessaulx*, 1535; *Puycessaud*, 1566 (seign. de Ressonneau, 1). — *Peusot*, 1841 (nomencl.).

PUISTOUBLET (LE), ruiss. prend sa source à l'ouest des Forges, c^{ne} de Millac, et sert de limite entre cette c^{ne} et celle d'Availle avant de se jeter dans la Vienne. — *Le riou de Puyturllet*, 1410 (fam. Laurent de Reyrac). — *Ruisseau de Puistourlet*, 1568 (abb. de St-Cyprien, 28); — *de Puyturlet*, 1721 (seign. de la Mondie). — *Puistourlet* (Cassini).

PUITS-DE-PACHÉ (LE), h. c^{ne} d'Avanton.

PUNAIRONS (LES), f. c^{ne} d'Antran. — *Les Punaisons*, 1595 (seign. de la Motte d'Usseau). — *Les Punairons*, 1749 (cure d'Usseau).

PURBEZIN, f. c^{ne} de Sanxay. — *Pupozin*, 1775 (rôle des tailles). — *Purbezin* (Cassini).

PURNAULT, m. r. c^{ne} de Vendeuvre. — *Préregnaud*, 1573; *Purnault*, 1601; *Puirenault*, 1691 (seign. de Purnault). — Anc. fief relev. de celui de la Cigogne, c^{ne} de Thurageau.

PURNON, chât. et vill. c^{ne} de Verrue; anc. prieuré dépend. de l'abbaye de Fontaine-le-Comte et châtellenie relev. de la bar. de Mirebeau. — *De Podio Regnon*, 1308 (abb. de Fontaine-le-Comte, 26). — *Prior de Podio Renon*, 1383 (taux du décime, p. 19). — *Le seigneur de Puyrenon*, 1385 (couv. de Guesne). — *Puerenon*, 1396 (chap. de Mirebeau, 30). — *Puyrenom*, 1438 (fam. de Fouchier). — *Chastellenie de Puyregnon*, 1508 (aveu de Mirebeau). — *Chapelle Sainct Blays dans le chasteau de Peurnon*, 1586 (seign. de Puygarreau, 1). — *Purgnon*, 1606; *Purnon*, 1610 (cure de Verrue). — *S. Blaise de Puirenon*, 1782 (pouillé).

Deux autres fiefs, la dîme et les terrages de Purnon, relevaient de la bar. de Mirebeau. — Une église bâtie à Purnon en 1825 a été investie du titre paroissial dont celle de Verrue était auparavant en possession.

PUSSALÉ, h. c^{ne} de Varennes. — *De Podio salsato*, 1311 (prévôté de Blâlay, 5). — *Puissallé*, 1439 (*ibid.* 4). — *Puysallé*, 1561 (*ibid.* 1). — *Pusalé* (Cassini). — Anc. fief relev. de Ry.

PUSSALIÈRE (LA), f. c^{ne} de Dangé. — *La Pussallière*, 1518; *la Poussalière*, 1520 (fam. de Sauzay). — *La Puissellière*, 1735 (terrier de la Groye, p. 746).

PUTET, lieu où a été établie la communauté de Sainte-Philomène, c^{ne} de Migné. — *Domus de Puteto*, 1286 (abb. de Montierneuf, 48). — *Putet*, 1382 (*ibid.* 60).

PUY (LE), f. c^{ne} d'Archigny.

PUY (LE), h. c^{ne} de la Chapelle-Bâton. — *Le Puis*, 1710 (rôle des tailles). — *Le Puy* (Cassini). — *Le Puits*, 1841 (nomencl.).

PUY (LE), lieu détruit, près Genouillé, c^{ne} de Civaux. — *Village du Puy*, 1472 (fam. de Genouillé).

PUY (LE), f. c^{ne} de Coussay-les-Bois. — *Le Puy*, 1363; *moulin du Puy*, v. 1400 (arch. de la Soc. des antiq. de l'Ouest, n°s 712 et 720). — Anc. fief appart. au chapitre cathédral de Poitiers et relev. de la bar. de Preuilly en Touraine.

PUY (LE), h. c^{ne} de Dangé. — *Le Puy*, 1421 (seign. de la Fontaine, 1). — *Le Puits*, 1841 (nomencl.).

PUY (LE), h. c^{ne} de Luchapt.

PUY (LE), h. c^{ne} de Marigny-Brizay. — *Le Puy de*

Montfaucon, 1455 (seign. de Chéneché, 12). — Anc. fief relev. de la Motte-de-Beaumont; de Rouet, suivant le Dict. des fam. de l'anc. Poitou, t. II, p. 254.

Puy (Le), h. c^ne de Saint-Georges; — 1478 (com^rie de St-Georges, 2).

Puy (Le Grand-), m. r. c^ne de Vouillé.

Puy-au-Comte (Le), ff. c^ne du Vigean. — *Le Puy au comte*, 1403 (gr. Gauthier, f° 253). — *Le Puy aucande*, 1406 (ibid. f° 284 v°). — *Le Puy au caute*, 1486 (cure de l'Isle-Jourdain).

Puy-au-Roi (Le), ff. c^ne du Vigean. — *Le Puy au Roy*, 1403 (gr. Gauthier, f° 253).

Puy-Baleré (Le), m. r. c^ne de Sèvre.

Puybelliard, lieu auj. inconnu, c^ne de Bonnes; anc. fief relev. du château de Gouzon à Chauvigny. — *Puy Bruyllart*, 1309 (Gauthier, f° 183 v°). — *Gaufridus de Podio Brulart*, 1320 (évêché, 22). — *Puybruilhart*, 1411; *Puy Brouillart*, 1506; *Puy Buyllard*, 1547; *Puy Buillard*, 1566; *Puy Boullard*, 1582 (évêché, 17).

Puybergault, vill. c^ne de Benassay. — *Puy Burgault*, 1466 (chap. de St-Hilaire, 222).

Puy-Berger, h. c^ne de Lusignan; — 1753 (rôle des tailles). — *Puiberger* (Cassini).

Puy-Bernard, territ. c^ne de Buxeuil. — *Puy Besnard*, 1682 (seign. de la Chaise). — Anc. fief relev. de Buxeuil.

Puy-Bernard, f. c^ne de Marçay. — *Pied Bernard* (Cassini).

Puy-Berthon, m. r. c^ne de la Roche-Posay.

Puybouin, f. c^ne de Saint-Gervais. — *Puybouyn*, 1595 (seign. de la Varenne). — *Poubouin*, 1774 (aveu de la bar. de la Touche). — *Puyboin* (Cassini).

Puybouyer, m. à Linazay; dép. autref. de la seign. du Magnou. — *Le Puysbouyer*, 1562; *Puybouyer*, 1623 (fief du Magnou).

Puy-Buisant, ff. c^ne de Châtain. — *Pubuisant* (Cassini).

Puy-Carré (Le), faubourg de Civray. — *Poicairer*, v. 1166 (Fontencau, t. XVIII, p. 353). — *Puyquayrer*, *Puyquerrer*, 1395 (gr. Gauthier, f° 272 v°). — *Le Puycarrez*, 1402 (ibid. f° 226 v°). — *Puyquerier*, 1408 (ibid. f° 242 v°). — *Puyquayré*, 1453 (abb. de Nouaillé, 56). — *Le Puysquarré*, 1498 (fief de la Chaux). — *Le Puycarrier*, 1498 (fief de la Grenatière). — *Faulxbourg du Puy carré*, 1624 (seign. de Panièvre). — *Puiscarré*, 1669 (notaires, Pascault à Civray).

Puy-Chaton, lieu détruit, c^ne de Dissay. — *Puits-Chaton*, 1841 (nomencl.).

Puy-Chaume (Le), h. c^ne de Ternay.

Puy-Chévrier, m. r. c^ne d'Availle-Limousine.

Puy-Chévrier, m. r. c^ne de Beaumont. — *Podium Chevrer*, 1259; *Poychevrer*, 1271 (chap. de Notre-Dame-la-Grande, 26). — *Puychevrier*, 1563 (fam. de Chambord). — Anc. fief relev. de la châtell. de Beaumont, appart. au chapitre de Notre-Dame-la-Grande de Poitiers.

Puy-Chévrier (Le), h. c^ne de Bonneuil-Matours. — *Puychevre*, 1544; *Puichevrier*, 1624 (seign. de Chitré).

Puy-Chévrier, vill. c^ne de Saint-Martin-Lars. — *Puischevrier*, 1665; *Puychevrier*, 1672 (notaires de la vic. de Rochemeaux).

Puycourté, m. r. c^ne de Moussac-sur-Vienne. — *Moulin de Puycourtet*, 1561 (prieuré de St-Paixent). — *Picourté*, 1775 (rôle des tailles). — Le m^in de Puycourté, qui était probablement sur la Grande-Blour, n'existe plus.

Puy-d'Arçay (Le), vill. c^ne d'Arçay; — 1380 (com^rie de Loudun, 24).

Puy-d'Ardanne (Le Grand et le Petit-), vill. c^ne de Chalais. — *Puy Dardenne*, 1304 (cure d'Aunay). — *Le petit Puidardane*, 1406; *le grant Puydardenne*, 1440; chapelle de *Puydardenne*, 1520 (com^rie de Loudun, 26). — *Puydardanne*, 1573 (ibid. 18). — Chapelle de Notre-Dame-de-Pitié de *Puidardaine*, 1782 (pouillé). — Une petite portion du vill. du Grand-Puy-d'Ardanne dépend de la c^ne de Rossay.

Puy-de-la-Lande (Le), f. c^ne de Sainte-Radegonde-en-Gâtine. — *Le Puy*, 1766 (rôle des tailles).

Puy-de-la-Roche (Le), à Vitré, c^ne de Saint-Secondin; anc. fief relev. de la vic. de Gençay; — 1404 (gr. Gauthier, f° 89). — *Le Puys de la Roche alias Vittré*, 1580 (fief de Gençay).

Puy-de-la-Verrerie (Le), f. c^ne du Vigean.

Puy-de-Luc (Le), territ. c^ne de Migné, entre les routes de Poitiers à Auzance et de Poitiers à Moulinet. — *Terra de Lucho*, v. 1050 (cart. de St-Nicolas, 1); — *de duobus Lucis*, v. 1080 (ibid. 42). — *Apud Lucum in via que tendit ad Mirebellum*, v. 1116 (abb. de Montierneuf). — *Puteus de Luc*, 1464 (ibid. reg. 10). — *Le Puy de Luc*, 1475 (ibid. 79). — Anc. domaine du prieuré de Saint-Nicolas de Poitiers. En 1123 il y avait en ce lieu des maisons et des vignes (Fonteneau, t. XX, p. 119).

Puy-de-Mouron (Le), monticule, c^ne de Frontenay. — *Podium de Dos*, v. 1255 (Docum. inédits publiés par la Soc. des antiq. de l'Ouest, p. 26).

Puy-de-Quenouille (Le), terres appart. autref. au prieuré de Saint-Nicolas de Poitiers, près Furigny, c^{ne} de Neuville; — 1536 (abb. de Montierneuf, terrier de St-Nicolas, p. 75).

Puy-de-Saire (Le), m. r.; le Petit-Puy-de-Saire, f. c^{ne} de Saire. — *Podium de Serra*, v. 1105 (Fonteneau, t. XIX, p. 117). — *Le Puy de Soire*, 1394 (chap. de Mirebeau, 27). — *Le Puy de Sayre*, 1518 (chap. de Ste-Radegonde, 92). — *Le Puy de Saire*, 1543 (cure de Saire).

Puydonneau, vill. c^{ne} de Thuré. — *Puydeneau*, 1494; *Puyduneau*, 1548; *Pied d'humeau*, 1617 (cure de Thuré). — *Puydhumeau*, 1661 (seign. des Robinières).

Puy-du-Pin (Le), vill. c^{ne} de Brigueil-le-Chantre. — *Le Puy du Pin*, 1494 (fief de Gersant). — *Le Puis du Pin*, 1565 (fam. de la Gélie).

Puye (La), c^{ne} de Pleumartin; anc. couvent de femmes de l'ordre de Fontevrault, fondé avant 1106; auj. maison mère des Filles-de-la-Croix. — *Podia*, 1106 (bulle de Pascal II, ap. Clypeus nasc. Fontebrald. ord. t. II, p. 103). — *Podia inter Calviniacum et Englam*, 1109 (epist. Roberti de Arbrissello, *ibid.* t. I, part. 2, p. 129). — *Podium* (chron. de St-Maixent, ap. Bouquet, t. XII, p. 404). — *Puia*, 1203 (Fonteneau, t. XXIII, p. 617). — *Moniales de Poya*, 1268 (couv. de la Puye). — *Prioratus de la Pue* (pouillé de Gauthier, f° 147 v°). — *La Puye, paroisse de Cenan*, 1472 (cure de St-Hilaire-entre-les-Églises de Poitiers). — *Nostre Dame de la Peue*, 1529 (seign. de Touffou, 4). — *La Peuhe*, 1596 (aides et équivalents, p. 26). — *Lapuye*, 1720 (dénomb. du royaume). — *Lappuye*, 1821 (nomencl.). — *Lappuy*, 1841 (*idem*). — *Lapuye* ou *Lappuie*, 1859 (Dict. des postes).

Cette commune est formée de l'ancienne paroisse de Cenan. La Puye n'est mentionnée comme paroisse dans aucun pouillé du diocèse; néanmoins, dans l'ordre civil, elle était au nombre des paroisses qui composaient l'élection de Châtellerault; en 1596 elle faisait partie de l'élection de Poitiers comme appartenant à la châtellenie de Chauvigny. Le couvent avait la haute justice dans une partie de la paroisse. L'étang de la Puye est mentionné en 1470 dans un titre de la cure de Saint-Hilaire-entre-les-Églises de Poitiers. — Il y avait dans la forêt de Gâtine une verrerie appelée verrerie de la Puye, appartenant à l'évêque de Poitiers et mentionnée dans plusieurs documents du xve et du xvie siècle, entre autres en 1461 (notaires, Artaud à la Roche-Posay), en 1480 et 1555 (couv. de la Puye, 7 et 4), et en 1562 (seign. de Touffou, 5).

L'ancienne église conventuelle, placée sous l'invocation de saint Martin et de Notre-Dame, fut mise au nombre des églises paroissiales lors de la réorganisation du culte en 1803; elle est devenue la propriété exclusive des Filles-de-la-Croix, établies à la Puye en 1820, par suite de l'érection d'une nouvelle église paroissiale sous le vocable de saint Martin, consacrée le 8 septembre 1864. Le titre paroissial n'a pas été rendu à l'église de Cenan.

Puye (La Vieille-), f. c^{ne} de la Puye. — *La vueille Puye*, 1480 (couv. de la Puye, 7). — *La veilhe Puye*, 1503 (*ibid.* 4). — *La vielle Puye*, 1561 (évêché, 33).

Puyfélix, vill. c^{ne} de Saint-Maurice. — *Podium Felis*, 1293 (arch. de Poitiers, 14). — *Puyfelix*, 1403 (gr. Gauthier, f° 224 v°). — *Moulin de Puyfelix*, 1404 (*ibid.* f° 89 v°). — Anc. fiefs relev. du comté de Civray et de la vic. de Gençay.

Puyferrier, h. c^{ne} de Millac. — *Podium ferrier*, 1286 (cure de l'Isle-Jourdain). — *Puiferrier*, 1561 (prieuré de St-Puixent). — *Puyferrier*, 1579 (seign. de Puyferrier). — Anc. fief.

Puyfolet, h. c^{ne} de Marnay. — *Moulin de Puyfolet*, 1410 (seign. de Bernay); — *de Piéfollet*, v. 1510 (chap. de St-Hilaire, 554). — *Peoufollet*, 1565 (religieuses de Ste-Catherine de Poitiers). — *Puyfolet* (Cassini). — Le moulin de Puyfolet, sur la Clouère, n'existe plus.

Puyfranc, vill. c^{ne} d'Hains. — *Peufranc*, 1529 (maison-Dieu, 29). — *Puifranc*, 1542 (terrier de Rouflac, 68). — *Puiffrant*, 1571; *Puyfrant*, 1575 (maison-Dieu, 104). — *Puyfran*, 1654 (terrier de Rouflac, 116). — *Puifrans*, 1612 (chap. cathédral, 24). — *Peufran*, 1724 (abb. de St-Savin, 23).

Puyfroid, vill. c^{ne} d'Availle-Limousine. — *Puiffroit*, 1656 (rôle des tailles).

Puy-Gaby, f. c^{ne} de Vellèche. — *Puy Gabil*, 1493 (abb. de Ste-Croix, 82). — *Puygaby*, 1534 (*ibid.* 83). — *Pygabil*, 1512; *Puigabil*, 1525 (seign. de Puygarreau, 10). — Anc. seigneurie.

Puy-Gachet, vill. c^{ne} de Beaumont. — *Podium Gacher*, 1261; *Puy Gascher*, 1315 (chap. de Notre-Dame-la-Grande, 26). — *Puy Gaschier*, 1444 (duché de Châtellerault, inv. d'aveux, f° 38). — *Puigaschier*, 1634 (fief de Rouet). — Anc. fief et haute justice relev. du duché de Châtellerault.

Puy-Gamé, m. r. c^{ne} d'Oiré. — *Puygamer*, 1345 (duché de Châtellerault, 6). — *Puygamé*, 1607 (cure d'Ingrande). — *Puigamier*, 1619 (aveu de St-Romain, f° 17 v°). — *Pré Gamin* (Cassini).

Puygarreau, chât. et vill. c^{nes} de Sossay et Saint-Genest. — *Podium Garrelli*, 1307 (Gauthier, f° 203 v°).

— *Puygarreau*, 1384 (seign. de Puygarreau, 3).
— *Puigarreau*, 1439 (*ibid.* 7). — *Pigarreau*, 1604 (*ibid.* 10). — Anc. fief et haute justice relev. du duché de Châtellerault, qualifié châtellenie en 1783.

Puy-Gervier (Le), h. c^{ne} de Queaux. — *Le Puigervier*, 1613 (seign. de Ressonneau, 3). — Anc. terre noble.

Puy-Girard, vulg. Peugilard, vill. c^{ne} de Genouillé. — *Puygirart*, 1403 (gr. Gauthier, f° 233 v°). — *Peugirard*, 1740 (notaires, Trébuchet à Bois-Seguin).

Puy-Girault, m. r. c^{ne} d'Archigny; — 1779 (rôle des tailles).

Puy-Girault, m. r. c^{ne} de Saint-Pierre-de-Maillé. — *Podium Geraldi*, v. 1300 (Gauthier, f° 2). — *Herbergamentum de Podio Giraut*, 1309 (*ibid.* f° 200 v°). — *Helias de Podio Giraudi*, 1320 (évêché, 22). — *Boys de Puigirault*, 1473 (*ibid.* 33). — *Puygirault*, 1494 (abb. d'Angle). — *Puigirault en Gatine*, 1614 (cure de Saint-Phèle de Maillé). — Anc. fief relev. de la bar. d'Angle.

Puygiron, vill. c^{ne} de Saint-Julien-Lars. — *De Podio Giron*, 1308 (abb. de la Trinité, 56). — *Puygiron*, 1367 (abb. de la Celle, 17). — *Puoygeron*, *Puygeron*, 1385 (cart. de la Trinité, f° 51). — *Puigiron* (Cassini).

Puy-Godet, h. c^{ne} de Jazeneuil; — 1717 (fief de Curzay).

Puygremier, h. c^{nes} de Dissay et Jaunay. — *Puygremier*, 1386 (séminaires de Poitiers, 24). — *Puygramier*, 1493 (Inv. des arch. de la Barre, t. I, p. 7). — Anc. fief relev. de la seign. de Jaunay appart. à l'abbaye de Fontevrault.

Puygrenioux, h. c^{ne} d'Alonne. — *Puygrignoux*, 1493; *Pegrignoux*, 1531 (abb. de la Celle, 15). — *Puigrignoux*, 1591 (abb. de St-Cyprien, 46). — *Piegrignoux* (Cassini).

Puy-Grippon (Le), vill. annexé au bourg de Vouillé; — 1551 (chap. de Ste-Radegonde, 35).

Puy-Guillot (Le), h. c^{ne} de Civray.

Puy-Joubert, h. c^{ne} de Saint-Benoît. — *Podium Joberti*, 1491 (abb. de St-Benoît, 1). — *Puy Joubert*, 1523 (*ibid.* 3). — *Peu Joubert*, 1523 (*ibid.* 2).

Puy-Jousserand, auj. le Bas-Peux, anc. fief, c^{ne} de Journet. — *Podium Jocerandi*, 1292 (évêché, 33). — *Puy Jousserault*, 1458; *Puy Jousserant*, 1485 (maison-Dieu, 138).

Puy-Lonchard, vill. c^{ne} de Cissé. — *Terra de Puteo*, v. 1105; — *de Puteis*, 1119 (Fonteneau, t. XIX, p. 117 et 155). — *Le Poyz de Lonchart*, 1280 (abb. de Montierneuf, 13). — *Poez*, 1324 (arch.

de Poitiers, 12). — *Poiz*, 1375; *Podium*, 1382 (abb. de Montierneuf, 48). — *Poucz*, 1512; *le Puys*, 1553; *le Peux*, 1669 (cure de Cissé). — *Pouhé*, 1748 (abb. de Montierneuf, 61).

Puy-Martin, f. c^{ne} de Latus. — *Puy Martin*, 1403 (gr. Gauthier, f° 105 v°). — *Peu Martin*, 1599 (fief de l'Âge-de-Plaisance). — *Peux Martin*, 1730 (rôle des tailles).

Puy-Mérault, m. r. c^{ne} de la Ferrière. — *Domus de Puteo ?* 1405 (gr. Gauthier, f° 80). — *Village du Puy ?* 1665 (cure de la Ferrière).

Puymilleroux, chât. ruiné et anc. prieuré dép. de l'abbaye de Nouaillé, c^{ne} de Dangé. — *Ecclesia Sancti Mauricii in villa que vocatur Unceiacus*, v. 1033; *villa que Unciacus vocatur*, v. 1083 (abb. de Nouaillé). — *Ecclesia Sancti Mauritii de Capella*, 1119 (Fonteneau, t. XXI, p. 594). — *Terra de Podio Moliereo*, 1257 (Layettes du trésor des ch. t. III, p. 382). — *Prioratus de Puymillereus* (pouillé de Gauthier, f° 147 v°); — *de Podio Millerii*, 1336; *Podium Millereo*, 1349 (chap. de Châtellerault, 1). — *Chastellenie de Puymillereo*, 1364 (duché de Châtellerault, 3). — *Fort du Peu Milleron sis es frontières de Guienne*, 1371 (arch. nat. JJ. 102, n° 259). — *Prior de Podio Milherii*, 1383 (taux du décime, p. 12). — *Puymillerou*, 1388 (duché de Châtellerault, 4). — *Puymillereou*, 1407 (gr. Gauthier, f° 1 v°). — *Le prieur de Sainct Maurice de Puymeillerio*, 1425 (cure d'Ingrande). — *Chastel de Puymillereou*, 1438 (com^{rie} d'Auzon, 9). — *Sainct Maurice de Puymilleriou*, 1599 (abb. de Nouaillé, 60). — *Puilmeriou*, 1619 (aveu de St-Romain, f° 22 v°). — *Plumeriou*, 1632 (duché de Châtellerault, 3). — *Puimillerou*, 1686 (fief de la dîme de Piolant). — *Château de Plumerou*, 1727; — *de Puymelleriou*, 1735 (fief de Bois-Simon). — *Le Puy Milleroux* (Cassini). — *S. Maurice de Puimeilleroux*, 1782 (pouillé).

La châtellenie de Puymilleroux était unie à la vicomté de Châtellerault.

La forêt de Puymilleroux, anc. domaine de cette vicomté, est mentionnée en 1596 (arch. de la Roche-de-Bran, 57), en 1686 et 1704 (fief de la dîme de Poligny). En 1563 elle contenait 490 arpents de bois de haute futaie (évaluation des revenus du duché de Châtellerault, cabinet de feu M. Abel Pervinquière, avocat).

Puynard, f. c^{ne} de Bouresse. — *Penart*, 1313; *Poenart*, *Poynart*, 1320; *de Podio Nardi*, 1370; *Puinard*, 1456 (abb. de Nouaillé, 19). — *Puynart*, 1498 (*ibid.* 20). — *Le Puisnard* (Cassini).

Puynard (Le), vill. et mⁱⁿ sur le Clain, c^{ne} de Sommières. — *Arbergamentum de Podio Nardi*, 1334 (chap. de St-Hilaire, 439). — *Molendinum de Podio Aynardi*, 1406 (gr. Gauthier, f° 80 v°). — *Le Puynart*, 1461 (chap. de St-Hilaire, 439). — *Le Puisnard*, 1481; *le Puynard*, 1506 (abb. de Moreaux). — *Le Puinard* (Cassini).

Puy-Potier, f. c^{ne} de Saint-Remy. — *Puyboutier*, 1470 (maison-Dieu, 181). — *Puy Pouthier*, 1494; *Puipotier*, 1583 (fief de l'Âge-de-Plaisance).

Puypousin, vill. c^{nes} de Saint-Macou et Saint-Saviol. — *Paiposzin*, 1174 (Fonteneau, t. XVIII, p. 449). — *Puy Posin*, 1389 (gr. Gauthier, f° 245 v°). — *Puy Pousin*, 1465 (fam. Jousserant, 1). — *Pipouzin*, 1602 (fief de Fayolle).

Puyrabier (Le), f. et bois, c^{ne} de Magné. — *Arbergamentum de Puteo Raberii*, 1334; *le Puy Rabier*, 1404 (chap. de St-Hilaire, 439). — *Le Poux au Rabier*, 1404 (gr. Gauthier, f° 86 v°). — *Le Puys au Rabier*, 1470 (chap. de St-Hilaire, 439). — *Le Puys Rabier*, 1483 (*ibid.* 547). — *Le Puy au Raber*, 1489 (livre de recette de Vivonne, f° 211 v°). — *Purabié*, 1775 (rôle des tailles). — Anc. fief appart. au chapitre de Saint-Hilaire de Poitiers et relev. de la châtell. de Bernay.

Puyrajoux, anc. manoir et vill. c^{ne} de Queaux. — *Puy Rajoux*, 1389; *Podium Rapies*, 1482; *Puyrageou*, 1489 (seign. de Ressonneau, 1). — *Puys Rajoux*, 1514; *Puyrageou*, 1515 (cure de Queaux). — *Peurajou*, 1739 (notaires, Fleury à Moulime). — Anc. fief relev. de la bar. de Calais.

Puyraveau, h. c^{ne} de Pouant. — *Puy Raveau*, 1423 (com^{rie} de l'Isle-Bouchard, 34).

Puyraveau, h. c^{ne} de Saint-Jean-de-Sauves. — *Podium Ravelli*, 1236 (abb. de St-Cyprien, 35). — *Puraveau*, 1448 (chap. cathédral, 60). — *Puiraveau*, 1463 (com^{rie} de St-Georges, 19). — *Puyraveau*, 1755 (chap. de St-Martin de Tours, 9). — Anc. fief relev. de la bar. de Mirebeau.

Puyraveau, vill. c^{ne} de Saint-Romain. — *Puy Raveau*, 1403 (gr. Gauthier, f° 250). — *Puiraveaux*, 1766 (rôle des tailles).

Puyraveau, m^{in} sur le Rivet et f. c^{ne} de Sanxay. — *Puy Ravea*, 1401; *Puy Raveau*, 1442 (abb. de St-Cyprien, 50).

Puyrenard, lieu détruit, près les Fonbeurs, c^{ne} d'Availle. — *Puy Renart*, 1444 (duché de Châtellerault, 1). — *Puy Regnart*, *Puy Regnault*, fondis en la rivière de l'Auzon, 1493 (*ibid.* 6). — Anc. fief relev. de Tarnay.

Puyribier, ff. c^{ue} de Pressac.

Puyrigault (Le), vill. c^{ne} de Naintré.

Puys (Les), h. c^{ne} de Saint-Genest. — *Les Puys d'Ambière*, 1439 (terrier de Gironde, f° 5). — *Le Peulx d'Embierre*, 1598; *les Puys*, 1604 (cure de Sérigny). — *Les Puits*, 1841 (nomencl.).

Puys (Les), anc. fief, c^{ne} de Saint-Martial, près la haute ville de Chauvigny. — *Mestairie des Puis*, 1694 (chap. de Chauvigny, 5).

Puy-Saboureau (Le), vill. c^{ne} du Bouchet. — *Puy Savoreau*, 1542 (abb. de Ste-Croix, 71). — *Le Puy Savoureau*, 1558 (cure du Bouchet). — Anc. fief réuni à celui de la Roche-Rigault (ms. Trincant).

Puy-Saison, m. à Saint-Jean-de-Sauves.

Puys-Blancs (Les), h. c^{ne} de Roiffé. — *Le Puyblanc* (ms. Trincant). — Anc. seigneurie.

Puysebert, f. c^{ne} de l'Isle-Jourdain; détachée de la c^{ne} de Millac le 27 mai 1857. — *Payshubert*, 1561 (prieuré de St-Paixent).

Puytaillé (Motte de), butte, c^{ne} de Saint-Chartres, à la limite du dép^t des Deux-Sèvres. — *Motte de Puitaillé* (carte de l'état-major). — Un village de Puitaillé est mentionné en 1409 dans l'aveu de la châtell. de Moncontour.

Puzé, vill. c^{ne} de Champigny-le-Sec. — *Pusiacus villa*, 1060-1068 (cart. de St-Cyprien, p. 87). — *Puyzé*, 1407 (abb. de St-Cyprien, 39). — *Puzé*, 1504 (seign. de Chénéché, 12). — *Pusé*, 1547 (abb. de St-Cyprien, 39).

Q

Quarantinière (La), h. c^{ne} de Beaumont. — *La Corentinière*, 1258 (chap. de Notre-Dame-la-Grande, 26). — *La Carantinière*, 1507 (duché de Châtellerault, 4). — *La Quarantinière*, 1539 (chap. de Notre-Dame-la-Grande, 27). — *La Quarantière*, 1586 (seign. de Puygarreau, 1).

Quart (Le), f. c^{ne} du Port-de-Piles.

Quartrons (Les), h. c^{nes} de Nalliers et Saint-Savin; — 1565 (abb. de St-Savin, 33).

Quarts (Les), h. c^{ne} de Maulay.

Quarts (Les), h. c^{ne} des Trois-Moutiers. — *Les Cars* (Cassini).

Quarts-de-Nueil (Les), h. c^{ne} de Nueil-sous-Faye.

Quatre-Maisons (Les), h. c^{ne} de Saint-Pierre-de-Maillé.

Quatre-Roues (Moulin des), sur le Clain, à Poitiers; appart. autref. à l'abbaye de Sainte-Croix. — *Moulins de Quatre roez*, 1386; — *de Quatre rohes*,

1411 (abb. de Ste-Croix, 17); — *de Quatre rouhes*, 1427 (abb. de la Celle, 9).

QUATRE-VENTS (LES), m. r. c^{ne} de Bouresse.

QUATRE-VENTS (LES), h. c^{ne} de Brigueil-le-Chantre.

QUATRE-VENTS (LES), m. isolée, c^{ne} de la Chapelle-Montreuil.

QUATRE-VENTS (LES), f. c^{ne} de Joussé.

QUATRE-VENTS (LES), m. r. c^{ne} de Mauprevoir.

QUATRE-VENTS (LES), f. c^{ne} de Rouillé.

QUATRE-VENTS (LES), h. c^{ne} de Saint-Remy; — 1766 (rôle des tailles).

QUATRE-VENTS (LES), chât. et f. c^{ne} de Vouneuil-sous-Biard.

QUATRE-VENTS (LES), h. c^{ne} de Vouneuil-sur-Vienne.

QUEAUX (on prononce QUIAU), c^{on} de l'Isle-Jourdain. — *Caioca in pago Pictavensi ?* 826 (Fonteneau, t. V, p. 523). — *Dominium de Queleis*, 1247 (abb. de Nouaillé, 19). — *Ecclesia de Queo*, 1261 (abb. de Charroux, 19). — *Queas*, 1286 (abb. de Nouaillé, 19). — *Parochia de Quello*, 1292 (seign. de Ressonneau, 1). — *Queau* (pouillé de Gauthier, f° 176). — *Queaux*, 1373 (arch. de Poitiers, 23). — *Queax*, 1388 (seign. de Ressonneau, 1). — *Queaulx*, 1431 (seign. de la Messelière). — *Quiaux*, 1724 (seign. de Ressonneau, 1). — *S. Martin de Queaux*, 1782 (pouillé).

Avant 1790 la paroisse de Queaux faisait partie de l'archiprêtré et de la châtellenie de Lussac-le-Château, de la sénéchaussée du Dorat (Haute-Vienne) et de l'élection de Poitiers. La cure était à la nomination de l'abbé de Charroux.

Il n'est pas certain que Queaux soit le lieu appelé *Caioca* dans la charte de 826, par laquelle Pépin Ier, roi d'Aquitaine, maintint l'abbaye de Sainte-Croix de Poitiers en possession des marchés qui se tenaient en ce lieu. Aucun autre document ne fait connaître que les religieuses de Sainte-Croix aient jamais joui de droits ou revenus à Queaux.

QUÉBRIE (LA), vill. c^{ne} de Veniers.

QUENETS (LES), h. c^{ne} de Vouneuil-sur-Vienne.

QUÉREAU (LE), h. c^{ne} de Saint-Macou; — 1482 (fam. Jousserant, 1).

QUÉREUX (LE), h. c^{ne} d'Anché.

QUÉREUX (LE), vill. adjacent à celui d'Auzance, c^{ne} de Migné. — *Le Quaireux*, 1775 (rôle des tailles).

QUÉREUX (LE), h. c^{ne} de Saint-Pierre-des-Églises.

QUÉREUX-AU-MERLE (LE), m. détruite, à Beauvoir, c^{ne} de Mignaloux.

QUÉREUX-BALLANT (LE), h. c^{ne} de Saint-Georges.

QUÉREUX-MAUPRÉ (LE), f. c^{ne} de Thurageau.

QUÉRIOUX (LE), m. à Auget, c^{ne} de Saint-Maurice. — *Le Quierrioux*, 1710; *le Querioux*, 1734 (rôles des tailles).

QUÉROIR (LE), h. c^{ne} de Quinçay. — *Le Querrouer*, 1546 (chap. de St-Hilaire, 557). — *Le Carroir*, 1608 (*ibid.* 404). — *Le Quéreux* (Cassini).

QUÉROUX (LE), f. c^{ne} de Journet.

QUERROUX (LE), h. c^{ne} de Sillars. — *Le Quesruy, le Quaroy*, 1454; *le Quesray*, 1462 (hommages de Montmorillon). — *Le Querouer de Barberoux alias de la Perchée*, 1498 (fief du Querroux). — *Le Quesroux*, 1561 (fief du Chinau). — *Le Querroux*, 1772 (prieuré de la Chaise-aux-Moines). — *Le Querrou* (Cassini). — *Le Querreux*, 1841 (nomencl.). — Anc. fief relev. de la bar. de Montmorillon.

QUERROUX (LE HAUT ET LE BAS-), ff. c^{ne} de Saugé. — *Le Querrou*, 1515 (prieuré de Saugé). — *Le Queroux*, 1536 (abb. de St-Savin, 34). — *Le Quereoulx*, 1536 (maison-Dieu, 31). — *Le Queroulx*, 1573 (*ibid.* 81). — *Le Quereux*, 1574 (*ibid.* 32). — *Le Querou*, 1600 (fief de la Jautrudon). — *Le Querroux*, 1775 (rôle des tailles).

QUERVALIÈRE (LA), h. c^{ne} de Saint-Pierre-de-Maillé. — *La Quervaillière*, 1599 (fam. de la Bussière). — *La Quervallière*, 1613 (évêché, 27).

QUETARDIÈRE (LA), h. c^{ne} de Bouresse. — *La Gatardère*, 1474; *la Guetardère*, 1515 (maison-Dieu, 196). — *La Quetardière*, 1738 (cure de St-Laurent-de-Jourde). — *La Questardière*, 1744 (maison-Dieu, 198). — *Lactardière* (Cassini).

QUEUE-DES-FIÈNES (LA), ff. c^{ne} de Sillars. — *La Godefère, la Godoflère*, 1260 (Hommages d'Alphonse, p. 87). — *La Coudoeffère*, 1407 (gr. Gauthier, f° 118 v°). — *La Coudeffière*, 1561 (fief de la Chinau). — *La Coudefière*, 1635 (maison-Dieu, 13).

QUIENFOUR, m. r. c^{ne} de Latillé. — *Querfour*, 1775 (rôle des tailles).

QUINATIÈRE (LA), h. c^{ne} de Bouresse. — *La Quinatère* 1259 (maison-Dieu, 196). — *La Quynatière*, 1573 (cure de Bouresse). — *La Quinatière*, 1644 (chap. de Mortemer, 6).

QUINÇAY, c^{on} de Vouillé. — *Villa quæ vocatur Quinciaco, in pago Pictavo, in vicaria Briosinse*, 985 (ch. de St-Hilaire, t. I, p. 53). — *Ecclesia de Quinciaco, quæ in pago Pictavensi circiter quatuor millia occidentem versus distans ab urbe juxta Alsantie fluvium sita est*, 1078-1086 (*ibid.* t. I, p. 99). — *Parrochia de Quincaio*, 1237 (*ibid.* t. I, p. 243). — *Quincay*, 1300 (chap. de Ste-Radegonde, 69). — *Quyncay*, 1324 (arch. de Poitiers, 12). — *SS. Eleusippus, Meleusippus et Pseusippus de Quinssay*, 1647 (Besly, Évêques de Poitiers, p. 252). —

Sainct Anthoine de Quincay, 1670 (notaires, Gaultier à Poitiers); 1728 (clergé, 16).

Il est étrange que ce lieu au x° s° ait fait partie de la viguerie de Brioux, dont il était très éloigné. Le fait s'expliquerait plus facilement si, au lieu de *vicaria*, on lisait *condita*, Quinçay, en l'archiprêtré de Sanxay, ayant pu faire partie de cette *condita* ou *pagus minor*.

Avant 1790 Quinçay était de l'archiprêtré de Sanxay, de la châtellenie, de la sénéchaussée et de l'élection de Poitiers. Le chapitre de Saint-Hilaire, seigneur de la paroisse, nommait à la cure.

QUINÇAY (LE PETIT-), f. à Masseuil, c^{ne} de Quinçay.
QUINCHAMP, carrière, près la Sauvagère, c^{ne} de Massogne; anc. fief relev. de la bar. de Grisse; — 1508 (aveu de Mirebeau, p. 194).
QUINQUEMPOIX (MOULIN DE), près Auzon, c^{ne} de Châtellerault; — 1605 (cure de Saint-Romain de Châtellerault); — auj. inconnu.
QUINQUENIÈRE (LA), f. c^{ne} de Dienné.
QUINSAC, mⁱⁿ sur le Clain et h. c^{ne} de Pairoux. — *Moulin de Quinzac*, 1649 (cure de St-Martin-Lars). — *Quinsac*, 1656 (notaires de la bar. de Charroux).
QUINTARDERIE (LA), m. r. c^{ne} de Ceaux, c^{on} de Couhé.
QUINTANDIÈRES (LES), vill. c^{ne} de Jazeneuil. — *Les Quintardères*, demeure de Jacques Quintard, 1515 (minutes de J. Bonizeau, notaire à St-Maixent). — *Les Quintardières*, 1658 (fief de Cloné). — Anc. fief relev. de Cloué.
QUINTERIE (LA), h. c^{ne} de Jazeneuil. — *La Gonterie*, 1379 (gr. Gauthier, f° 56). — *La Gontterye*, 1604 (fief de Mauprié). — Anc. fief relev. de Mauprié.

R

RABARDEAU, vill. c^{nes} de Verrières et Lomaizé; — 1725 (cure de Verrières).
RABATÉ (LE), m. r. c^{ne} d'Availle.
RABATÉ, m. et rue à Loudun, au faubourg Porte-de-Chinon. — *Rabasté*, 1618 (com^{rie} de Loudun, 13).
RABATÉ, mⁱⁿ sur le ruiss. ou veude de Maine, c^{ne} de Maulay. — *Moulin de Rabasté*, 1547 (chapelle du Lac à Ste-Croix de Loudun).
RABATÉ, m. r. et bois, c^{ne} de Roiffé. — Les bois de Rabâté s'étendent sur le territoire de Roiffé et Saix.
RABATÉ, mⁱⁿ sur le ruiss. de la fontaine de Son, c^{ne} de Saint-Léger-de-Montbrillais. — *Moulin de Rabasté*, 1555 (cure de St-Léger de Montbrillais).
RABATELIÈRE (LA), h. c^{ne} de Saint-Pierre-de-Maillé. — *La Rabatellerie*, 1603 (évêché, 35). — *La Rebastellière*, 1611 (cure de St-Phèle de Maillé). — *La Ribatellière, la Rabathellière*, 1618 (seign. de la Roche-Aguet). — Anc. fief relev. de la Roche-Aguet.
RABÂTIÈRE (LA), h. c^{ne} de Dercé. — *La Rabatière*, 1497; *la Rabastière*, 1531; *la Rabattière*, 1775 (com^{rie} de Loudun, 31). — Anc. fief relev. du Bois-Rogue.
RABATRIE (LA), lieu auj. inconnu, c^{ne} de Chouppes. — *La Rabasterie*, 1508 (aveu de Mirebeau). — Anc. fief relev. de Billy.
RABATRIE (LA), f. c^{ne} de Sérigny. — *La Rabastrie*, 1514 (seign. de Germigny). — *La Rabasterye*, 1598 (fam. Gillier).
RABAUDRIE (LA), h. c^{ne} d'Archigny. — *La Rabaudrye*, 1546 (chap. de Chauvigny, 12). — *La Rabauderye*, 1587 (seign. de Montoiron, 1). — *La Rabaudrie*, 1589 (seign. de Touffou, 5).
RABAULT (LE), h. c^{ne} de Neuville.
RABELLERIE (LA), f. c^{ne} de Vaux.
RABLANE (LA) ou LE NABLERON, ruiss. prend sa source au sud-est du hameau du Bos, c^{ne} de Brigueil-le-Chantre, traverse cette c^{ne} du sud au nord et va se jeter dans la Benaise près et en amont de la Trimouille. — *Russeau de l'Arablan*, 1494 (fief de Gersant). — *Rivière de l'Arable, de l'Arablon*, 1506 (fief de Fleix). — *Russeau de la Rablane*, 1525 (maison-Dieu, 31); — *de Narablan*, 1529 (*ibid.* terrier, f°s 216 v°, 218 et 219 v°).
RABOIS, vill. c^{ne} de Saint-Romain. — *Le marchais de Raboeau*, 1403 (gr. Gauthier, f° 248 v°). — *Rabouas*, 1519 (notaires de la vic. de Rochemeaux). — *Rabois*, 1641 (notaires, Vaugelade à Civray). — Anc. fief relev. du comté de Civray.
RABOTALIÈRE (LA), vill. c^{ne} de Doussay.
RABOTEAUX (LES) ou LES VALLÉES, vill. c^{ne} d'Orches.
RABOTEAUX (LES), h. c^{ne} de Sossay. — *Hostel de Bertran Raboteau*, 1429 (duché de Châtellerault, 6). — *La Rabotalière, village des Raboteaulx*, 1518 (seign. de Puygarreau, 7).
RABOTRIE (LA), f. c^{ne} de Bignoux.
RABOTRIE (LA), m. r. c^{ne} de Jardres.
RABOTS (LES), h. c^{ne} de Saint-Pierre-de-Maillé. — *La Betouzallière alias le village des Rabotz*, 1622 (évêché, 43).

Rabotte (La), vill. c^{nes} de Colombiers et Beaumont. — *La Rabote*, 1260 (chap. de Notre-Dame-la-Grande, 26). — *La Rabotte*, 1372 (seign. de Montcourad).

Rabotte (La), h. c^{nes} de Saint-Gervais et Thuré.

Rabottes (Les), h. c^{nes} de Cenon et Vouneuil-sur-Vienne. — *Terra daus Rabotes*, 1259 (abb. de St-Benoît, 12). — *Les Rabottes*, 1605 (com^{rie} d'Auzon, 6).

Rabottes (Les), h. c^{ne} de Coussay-les-Bois. — *La Rabote*, *les Rabotes*, 1452 (prieuré de la Roche-Posay). — Anc. fief.

Rabottes (Les), f. c^{ne} de Senillé. — *Les Rabotes*, 1429 (abb. de la Celle, 16).

Rabottes (Les), m. r. c^{ne} d'Usseau.

Rabottes (Les), h. c^{ne} de Vaux. — *Territorium de Rabotis*, 1268 (Les Olim, t. I, p. 273). — *Les Rabottes*, 1670 (cure de Vaux).

Raboué, vill. et bois, c^{ne} d'Andillé. — *Rabaé*, 1434 (collège de Poitiers, 10). — *Rabayé*, 1442 (*ibid.* 16). — *Raboué*, 1561 (*ibid.* 68); chapelle *Sainte Agathe*, 1611 (*ibid.* 10). — La seign. de Raboué appartenait au prieuré de Saint-Martin de Ligugé.

Rabout (Le), f. c^{ne} de Bonnes.

Rabries (Les), h. c^{ne} de Brion.

Racinière (La), m. r. c^{ne} de Vernon. — *La Racynère*, 1276 (prieuré de la Vayolle). — *La Rafinère?* 1286 (abb. de Montierneuf, 92). — *La Racinière*, 1502 (cure de Gizay).

Racterie (La), m. r. c^{ne} de Lussac-le-Château. — *La Racterie*, 1699 (cure de Lussac).

Raffinière (La), chât. et h. c^{ne} de Brux. — *La Raffinère*, 1498 (fief de la Grenatière). — *La Raffinière*, 1676 (seign. de Couhé). — Anc. fief relev. du marq. de Couhé.

Raganne, f. c^{ne} de Benassay.

Ragondelière (La), chât. et f. c^{ne} de Marçay. — *La Ragondelière*, 1477 (fief de Monts). — *La Regondellière*, 1775 (rôle des tailles). — *La Rigondilière*, 1841 (nomencl.).

Ragotière (La), lieu détruit, près les Aubeniaux, c^{ne} de Mazerolles.

Ragotière (La), ff. c^{ne} de Rouillé. — *La Ragottière*, 1470 (chap. de St-Hilaire, 558). — *La Ragotière*, 1657 (arch. de Poitiers, 40).

Ragotrie (La), f. c^{ne} d'Archigny. — *La Ragottrie*, 1779 (rôle des tailles).

Ragotrie (La), f. à Champagne, c^{ne} de Paizay-le-Sec.

Ragouillet, m^{in} sur la Vandelogne, c^{ne} de Chalandray.

Ragrinière (La), m. près l'Herse, c^{ne} de Châtellerault.

Raguenerie (La), f. c^{ne} de Lavoux.

Raguenière (La), m. r. c^{ne} d'Ayron. — *La Raguenière*, 1598 (Inv. des arch. de la Barre, t. I, p. 118). — *La Raganière*, 1601 (*ibid.* t. II, p. 366).

Raguillé, h. c^{ne} de Saint-Pierre-des-Églises; — 1737 (seign. de St-Martin-la-Rivière, 3).

Raguiteau, f. c^{ne} de Monts-sur-Guesne.

Raguits (Les), vill. c^{ne} de Scorbé-Clairvaux.

Raguits (Les), f. c^{ne} de Sossay. — *Raguy*, 1439 (terrier de Gironde, f° 140).

Raimbaux (Les), h. c^{ne} d'Usseau. — *Chez les Rimbaux*, 1651 (seign. de la Motte d'Usseau). — *Les Raimbaux*, 1673 (fief des Mées).

Raintiers (Les), m. près la Coudrinière, c^{ne} d'Usseau. — *Freresche des Rainctiers*, 1487 (seign. des Closures). — *Village des Rintiers*, 1673 (aveu de la Motte d'Usseau). — *Les Raintiers* (Cassini).

Raintrie (La), f. c^{ne} de Thuré. — *La Rainterie*, 1501 (cure de St-Jean-Baptiste de Châtellerault, 1). — *La Raintrie*, 1692 (cure de Thuré).

Rajasse (La), m. à Arçay; anc. fief relev. du château de Loudun (Ess. sur l'histoire de Loudun, 2e partie, p. 97).

Ralerie (La), h. c^{ne} de Sèvre.

Ralière (La), f. détruite, près la Grange, c^{ne} de Coussay-les-Bois. — *La Ratière*, 1278 (cart. de la Merci-Dieu, 273). — *La Raslière*, 1460 (notaires, Artaud à la Roche-Posay). — *La Ralière*, 1531 (seign. de la Roche-Posay, 2). — *La Rattière*, 1689 (abb. de la Merci-Dieu, 12).

Ralière (La), vill. c^{ne} de Lésigny.

Rallerie (La), vill. c^{ne} de Gouex. — *La Raslerie*, 1416 (Fonteneau, t. XXIV, p. 257). — *Couvent de la Rallerie*, 1664 (*ibid.* t. LXXIX, p. 158). Voy. Cordeliers (Les).

Rallière (La), f. c^{ne} de Saint-Christophe; — 1489 (cure de St-Christophe). — Anc. fief relev. de la bar. de Faye-la-Vineuse (Indre-et-Loire).

Rambauderie (La), f. à Batresse, c^{ne} de Château-Larcher; — 1625 (titres de Château-Larcher, aveu de la Clielle).

Ramée (La), h. c^{ne} de Cenon. — *La Romée*, 1438 (com^{rie} d'Auzon, 9). — *La Ramée*, 1564 (*ibid.* 6).

Ranchers (Les), m. r. c^{ne} d'Availle.

Rancureau, f. c^{ne} de Bouresse. — *Rancurea*, 1270; *nemora de Renqureau*, 1286 (abb. de Nouaillé, 19).

Randonnière (La), f. c^{ne} de Marnay. — *La Randonère*, 1264 (abb. de la Trinité, 1). — *La Rendonnère*, 1444 (abb. de Nouaillé, 29). — Anc. fief relev. de la seign. des Hautes-Vergnes (Fonteneau, t. XLII, p. 6).

Rangarnaud, f. c^{ne} de Liglet. — *Randgarnaulx*, 1599

(seign. de Courtevrault). — *Rangarnaud*, 1775 (rôle des tailles).

RANGEARDIÈRE (LA), f. c^{ne} de Jouet. — *La Rangardière*, 1669 (abb. de St-Savin, 24).

RANGEARDIÈRE (LA), f. c^{ne} de Latus. — *La Ringardère*, 1408 (gr. Gauthier, f° 121). — *La Renjardière*, 1493 (fief de l'Âge-Bouet). — *La Rengeardère*, 1506; *la Rangeardière*, 1619 (sergenterie fieffée de Montmorillon). — *La Ranjardière*, 1530 (maison-Dieu, terrier, 265). — *La Rinjardière*, 1775 (rôle des tailles).

RANGONNIÈRE (LA), f. c^{ne} de Lusignan. — *La Rangonnère*, 1483 (seign. des Verrines). — *La Rengonnère*, 1489 (cure de Pranzay).

RANSANNE, f. c^{ne} de Saint-Laurent-de-Jourde.

RANTON, c^{on} des Trois-Moutiers. — *Ecclesia Sancti Martini de Rantum*, 1123 (Fontencau, t. XVII, p. 180); — *de Rantonio*, 1158 (ibid. t. XVII, p. 222). — *Renton*, 1376 (couv. de Guesne). — *Ranton*, 1383 (taux du décime, p. 8).

Avant 1790 cette commune faisait partie de l'archiprêtré, de la châtellenie, du bailliage et de l'élection de Loudun. Le prieuré-cure dépendait de l'abbaye de la Trinité de Mauléon (Deux-Sèvres); la cure a été rétablie en 1821. Le fief de Ranton, qualifié baronnie dès 1672, relevait du château de Loudun, ainsi qu'un autre fief appelé le Petit-Ranton. L'ancien château seigneurial existe encore.

RÂPERIE (LA), h. c^{ne} d'Archigny; — 1774 (évêché, 37).

RAPIETTE (LA), h. c^{ne} de Pairoux.

RAPINIÈRE (LA), h. c^{ne} de Saint-Saviol.

RAPT (MOULIN DE), sur la Bennaise, c^{ne} de Liglet.

RASILLÉ (LE), lieu détruit, près Verbrisse, c^{ne} de Veniers. — *Rasillé en Lodun*, 1502 (cure de St-Aubin-du-Dolet). — *Le Rasillé*, 1841 (nomencl.). — Anc. seigneurie.

RASLAY, c^{on} des Trois-Moutiers. — *Terra de Raaleio*, 1100-1108 (gr. cart. de Fontevrault, 600). — *Raleium, Raalai*, v. 1195 (cart. de Fontevrault, t. II, f°s 444 et 765). — *Rallayum*, 1316 (collège de Poitiers, 54). — *Ralay*, 1480 (abb. de Ste-Croix, 66). — *Raslay*, 1486 (collège de Poitiers, 54). — *Paroisse de Nostre Dame sus Maine de Rallay*, 1545 (com^{rie} de Loudun, 33).

Avant 1790 Raslay était comme auj. de la paroisse de Morton; il n'en est fait mention dans aucun pouillé ni dans les listes des paroisses de l'élection de Loudun; toutefois plusieurs actes du XVIIe et du XVIIIe siècle l'attribuent à celle de Fontevrault. En 1790 Raslay fut une des municipalités qui formèrent le canton de Saint-Léger-de-Montbrillais. La seigneurie de Raslay appartenait à l'abbaye de Fontevrault (Maine-et-Loire).

Il n'y a qu'une seule maison à Raslay et une chapelle dédiée à saint Avertin; le moulin de Raslay, sur la Petite-Maine, en est distant d'un kilomètre.

RASSETRIE (LA), h. c^{ne} d'Oiré; — 1756 (terrier de la Groye, p. 117).

RATAUDE (LA), m. r. c^{ne} de Vouneuil-sous-Biard.

RATEAU (LE), vill. c^{ne} de la Bussière; anc. fief relev. de la bar. d'Angle.

RATEAU (LE), f. c^{ne} de Journet; — 1710 (rôle des tailles).

RATEAU (MOULIN DE), détruit avant 1689, c^{ne} de Coussay-les-Bois. — *Moulin de Rasteau*, 1458 (notaires, Artaud à la Roche-Posay); — *de Rateau*, 1531; *biez descendant de Ratteau au grand moulin*, 1637 (abb. de la Merci-Dieu, 12).

RATERIE (LA), vill. c^{ne} d'Avanton.

RATERIE (LA), f. c^{ne} de la Puye; — 1480 (couv. de la Puye, 7). — *La Ratrye*, 1695 (cure de Cenan).

RATERIE (LA), m. r. c^{ne} de Saint-Gervais.

RATIÈRE (LA), h. c^{ne} de Liglet; — 1775 (rôle des tailles).

RATONNIÈRE (LA), h. c^{ne} de Coulombiers. — *La Ratonnère*, 1424 (seign. de Curzay). — Anc. fiefs relev. de Lusignan, de Curzay, de Belle-Fontaine et de Clavière.

RATONNIÈRE (LA), mⁱⁿ sur le Palais, c^{ne} de Marçay; — 1761 (rôle des tailles).

RATONNIÈRE (LA), m. au vill. de Jarzay, c^{ne} de Massogne; anc. fief relev. de la bar. de Mirebeau; — 1508 (aveu de Mirebeau).

RATRAYE (LA), lieu détruit, près la Cotterie, c^{ne} de Bonnes. — *Village des Ratrays, la Ratraye*, 1594 (seign. de Touffou, 1).

RAUDIÈRE (LA), chât. c^{ne} de Béruges. — *Terre aux Roaus*, 1281 (abb. de Fontaine-le-Comte, 17). — *La Rouhaudyère*, 1413 (abb. de Montierneuf, 99). — *La Rouaudière*, 1546 (abb. du Pin, 8).

RAUDIÈRE (LA), h. c^{ne} de Latillé. — *La Rouaudère*, 1403 (gr. Gauthier, f° 70). — *La Rouhaudière*, 1614 (abb. du Pin, 27). — *La Raudière*, 1775 (rôle des tailles). — *La Rodière* (Cassini). — Anc. fief relev. de Montreuil-Bonnin.

RAVARD, mⁱⁿ sur la Palu, c^{ne} de Vendeuvre; — 1637 (arch. de Poitiers, 71). — Anc. fief relev. de la bar. de Grisse.

RAVARD, mⁱⁿ sur l'Auzance, c^{ne} de Vouillé; — 1571 (chap. de Ste-Radegonde, 154).

RAVARDIÈRE (LA), lieu détruit, c^{ne} de Bertegon; — 1463 (chap. de St-Hilaire, 427); 1727 (chap. cathédral, 44).

RAVARIT (LE), h. c^ne de Saint-Saviol. — *Ravariz*, 1646 (fam. Jousserant, 5). — *Village des Ravaris*, 1689 (notaires, Pascault à Civray).

RAVENEAU, h. c^ne de Thuré; — 1396 (chap. de St-Hilaire, 562).

RAYE (LA), h. c^ne du Bouchet; — 1455 (com^rie de Loudun, 27); 1609 (cure du Bouchet).

RAYE (LA), f. c^ne de Maulay; — 1598 (arch. de la Soc. des antiq. de l'Ouest; Loudunais).

RAYMONDIÈRE (LA), m. détruite, c^ne de Dangé. — *La Resmondière*, 1409 (seign. de Poligny). — *Hostel de la Raymondère*, tenant au chemin du Puy à Puymillerou, 1473 (duché de Châtellerault, 3). — *La Raymondière*, 1496 (seign. de la Fontaine, 1).

RAYMONDIÈRE (LA), h. c^ne de Lomaizé. — *La Raymondère*, 1405 (gr. Gauthier, f° 22). — *La Raymondière*, 1511 (chap. de Mortemer, 5).

RAYOUX (LE), h. c^ne de Quinçay.

RAZAI, h. et étang desséché, c^ne de Saint-Martin-Lars.

REAU (LA), h. c^ne de Coussay-les-Bois; anc. prieuré dép. de l'abb. de la Reau, uni à l'hôpital de Châtellerault en 1773. — *Prioratus beate Marie de Regali* (pouillé de Gauthier, f° 147 v°); — *de Capella Girardi*, 1326 (compte d'une impos. ecclés.); — *de Capella Giraudi*, 1383 (taux du décime, p. 12). — *Le prieur de la Reau*, 1398 (arch. de la Soc. des antiq. de l'Ouest, n° 719); — *de la Chappelle Girart*, 1448 (seign. de Puygarreau, 10); — *de Larreau*, 1520 (abb. de la Merci-Dieu, 11); — *de la Chapelle-Girard alias Larreau*, 1782 (pouillé).

REAU (LA), h. c^ne de Saint-Martin-Lars; anc. abbaye de l'ordre de Saint-Augustin, fondée au commencement du XIIIe s^e. — *Ecclesia Sanctæ Mariæ Regalis*, 1218 (Fonteneau, t. XXIV, p. 267). — *Abbatia de Regali*, 1268 (ibid. t. XXIV, p. 288). — *La Royau*, 1324 (arch. de Poitiers, 12). — *Nostre Dame de la Reau*, 1368 (Fonteneau, t. XXIV, p. 305); — *de la Real*, 1445 (ibid. t. XXIV, p. 483). — *Abbayé de la Royal*, 1449 (seign. de l'Isle-Jourdain); — *de la Reaux*, 1686 (notaires, Pascault à Civray). — *Lareau* (Cassini). — *L'Araux*, 1784 (carte du Poitou). — *Larreau*, 1841 (nomencl.).

Le domaine seigneurial de l'abbaye avait le titre de châtellenie, 1695, 1714 (abb. de la Reau).

REAUTÉ (LA), m. à Ligugé, anoblie le 25 février 1622 par le prieur de Saint-Nicolas de Poitiers en faveur de Jacques Desanges, procureur (abb. de Montierneuf, terrier de St-Nicolas, p. 222).

REAUX, lieu inhabité depuis la construction du canal de la Dive, c^ne de Pouançay. — *Reau*, 1547 (cure de Pouançay).

REAUX (LES), m. r. c^ne des Ormes. — *Les Ruaulx*, 1494; *les Ruaux*, 1525 (seign. de la Fontaine, 1).

REBARDIÈRE (LA), h. c^ne de la Vausseau. — *La Rabardière*, 1464 (abb. de St-Cyprien, 13). — *La Raibardière*, 1841 (nomencl.).

REBERTIÈRE (LA), lieu détruit, auj. inconnu, près Vauvinard, c^ne de Béruges; — 1579, 1583, 1585; *la Rebetière*, 1581; *la Ribertière*, 1584 (abb. du Pin, 13).

REBERTIÈRE (LA), h. c^ne de Queaux. — *La Rebertière*, 1457 (fam. Frotier). — *La Roubertière*, 1461 (prieuré de Grand-Chaume). — *La Ribartière*, 1788 (rôle des tailles).

REBIÈRES (LES), m. au Grand-Vorié, c^ne de Moulime.

RECHÉS (LES), vill. c^ne de Genouillé. — *Les Richier*, 1553 (chapelle Naudin à Charroux). — *Les Rochiers*, 1566 (seign. de Landraudière).

RECLOUX (LE), vill. et m^in sur le Clain, c^ne de Vivonne. — *Le Recloux*, 1489 (livre de recette de Vivonne, f°s 45 v° et 122). — *Moulin du Recloux*, 1582 (seign. du Recloux). — *Le Recloux, ci-devant appellé l'herbergement de Thée*, 1602 (Fonteneau, t. XLII, p. 35). — Anc. fief relev. de la châtell. de Vivonne (ibid.).

RECULÉE (LA), h. c^ne de Doussay. — *La Recullée*, 1630 (fam. Poudret).

RECULON, étang et m^in détruits, c^ne de Béruges; dép. autref. du prieuré de Béruges. — *Moulin de Reculon*, 1482 (seign. de Béruges); ruiné avant 1609. — Le ruisseau de Reculon, qui faisait mouvoir ce moulin, se jette dans la Boivre.

RECULON, m^in détruit vers 1840, au-dessous de celui de Thorus, sur le ruiss. de Fontjoise, c^ne de Château-Larcher.

REDONNIÈRE (LA), h. c^ne de Roiffé.

REDOUX (LES), lieu détruit, près Alogny, c^ne de Lésigny. — *Le Redour*, 1619 (seign. d'Alogny).

REFOUX, m^in sur la Charente, c^ne de Saint-Saviol. — *Isle de Roeffou en la rivière de la Charante*, 1403 (gr. Gauthier, f° 211 v°). — *Moulin de Roeffou*, 1405 (ibid. f° 209); — *de Rouffou*, 1446; — *de Royffou*, 1450; — *de Reffou*, 1472 (fam. Jousserant, 1); — *de Reffoux*, 1528 (fief de Layré).

Un personnage appelé *Airodus Roifos*, v. 1160, *Roifou*, 1172; *Roifol*, v. 1178, figure dans les chartes du prieuré de Montazay (Fonteneau, t. XVIII, p. 303, 413 et 503).

REGARD (LE), h. c^ne de Sillars. — *Village de la Maison Dieu*, 1530, 1561 (maison-Dieu, 98 et 32). — *Métairie des Augustins*, 1766 (rôle des tailles).

REGARDALIÈRE (LA), f. c^ne de Leigné-sur-Usseau. — La Gardallière (Cassini). — La Cartallière, 1841 (nomencl.).

REGARDALIÈRE (LA), lieu détruit, près la Maugerie, c^ne d'Usseau. — La Rigadalière, 1487 (seign. des Closures). — La Regardallière, 1600 (seign. de Malicorne). — Fontaine de la Regardalière, dont les eaux descendent au moulin d'Usseau, 1673 (aveu de la Motte d'Usseau, p. 63).

REGEADE (LA), h. et étang, c^ne de Saint-Léomer. — La Rejade, 1494 (seign. de Courtevrault). — La Reigeade, la Reijade, 1525 (seign. de la Trimouille).

REGNAUDIÈRE (LA), lieu détruit, près Dive, c^ne de Verrières; — 1490 (abb. de Nouaillé, 20).

REGNONNIÈRE (LA), f. c^ne de Saint-Maurice. — Reignonnyère, 1580 (fief de Gençay). — Les Rayonnières (Cassini). — Anc. fief relev. de la vic. de Gençay.

Le ruiss. de la Regnonnière a sa source près la Rochereau et tombe dans la Clouère au-dessus du m^in de Crochet.

REGORDONNIÈRE (LA), h. c^ne de Saint-Remy. — La Rigordonnière, 1494; la Regordonnière, 1583 (fief de l'Âge-de-Plaisance). — La Gordonnière, 1841 (nomencl.).

REGUILOUZIÈRE (LA), h. c^ne de Saint-Gervais. — L'Orgoyllousère, 1340; la diesme aux Orgueilloux, 1410 (bar. de Luain). — L'Orguiglozière, 1431; l'Orgueilheusière, 1438; l'Orguillenerie, 1539 (chap. cathédral, 82). — L'Orguillousière, 1541 (com^rie de l'Isle-Bouchard, 32). — L'Orglouzierre, 1659 (ibid. 36). — La Relousière (Cassini). — Anc. fief relev. de la bär. de Luain.

Ce lieu donne son nom à un ruiss. qui y prend naissance et se jette dans la Veude au-dessous du m^in de Batreau.

REIGNE, f. c^ne de Dienné. — Nemus de Regnec, 1150 (abb. de la Trinité). — Reignec, 1372 (abb. de Nouaillé, 6). — Garenne de Regné, 1393 (gr. Gauthier, f° 79 v°). — Reigné, 1539; Rigné, 1553 (carmes de Poitiers). — Regnier (Cassini).

REIGNE, f. c^ne de Marnay. — Regniacus villa in vicaria Vicodonense, 988-1031 (cart. de St-Cyprien, p. 264). — Reigné, 1443 (chap. de St-Pierre-le-Puellier, 21). — Rigné, 1498 (ibid. 24). — Moulin de Regné, 1534 (seign. de Cercigny). — Anc. fief relev. de Cercigny.

REIGNE, chât. et f. c^ne de la Trimouille. — Rignet, 1494 (fief de Gersant). — Tour et maison forte de Reignec, 1493 (Fontenau, t. XXXIX, p. 640). — Reigné, 1525 (maison-Dieu, 31). — Regnec,

1542 (terrier de Rouflac, 163). — Regny, 1639 (seign. de Courtevrault). — Anc. fief et haute justice relev. de la châtell. de Château-Guillaume (Indre).

REINE-BLANCHE (CHEMIN DE LA), de Curçay au pont de la Charrière, c^ne de Curçay.

REINERIE (LA), f. c^ne de la Bussière.

REINIÈRE (LA), chât. m^in et h. c^ne de Ligugé. — La Raynère, 1302 (abb. de Nouaillé, 5). — La Reynère, 1320 (abb. de Fontaine-le-Comte, 19). — La Raynière, 1455 (collège de Poitiers, 15). — La Resnière, 1605; la Reignière, 1619 (ch. à la bibl. de Poitiers). — La Rainière, 1636 (collège de Poitiers, 15). — Anc. fief relev. du Cimeau.

Le ruiss. de la Reinière a sa source près ce lieu et se jette à Mezeaux dans le ruiss. de Fontaine-le-Comte.

REINIÈRE (LA), lieu détruit, près Chevalerin, c^ne de Mairé. — Village de la Rijnière; fontaine de la Raisnière, 1459 (notaires, Artaud à la Roche-Posay).

REINIÈRE (LA), m. r. c^ne de Marçay. — La Renière, 1761; la Regnière, 1775 (rôles des tailles).

RELANDAIS (LE), à Loudun; quartier de la ville. — In Rollandesio, 1227; treille à Rolandeys, 1278; bourg de Nostre Dame appellé vulgairement Relanday, 1382 (collège de Poitiers, 44).

RELANDIÈRE (LA), vill. c^ne de Moussac-sur-Vienne. — Herbergamentum de Rollanderia, 1402 (Bulletin de la Soc. des antiquaires de France, 1868, p. 137). — La Roullandière, 1464; la Rellandière, 1566; la Relandière, 1588 (cure de l'Isle-Jourdain). — Anc. fief relev. des carmes de Mortemart.

RELANDIÈRES (LES), h. c^ne de Leigné-sur-Usseau.

RELANDIÈRES (CHEMIN DES), de Sechère, c^ne de Saint-Secondin, à la Chaise, c^ne d'Usson.

RELIANDERIE (LA), h. c^ne d'Availle. — La Reveillandrie, 1596; la Rillandrie, 1651; la Reglanderye, 1675 (chap. cathédral, 42). — La Reglandrie, 1698 (chap. de Ste-Radegonde, 109). — La Reillandrie, 1678 (seign. de Montoiron, 1). — La Revillanderie, 1724 (chap. de Ste-Radegonde, 109).

RELIESSES (RUISSEAU DES), a sa source près Saint-Genest et se jette dans l'Envigne au-dessous de Feneau.

RELIETTE (LA), vill. c^ne de Celle-l'Évécault. — La Rillete, la Riglete, 1494 (cure de Celle-l'Évécault). — La Rillette, 1622 (fief de la Gralière). — La Reillette, 1659 (notaires, Mestreau à Civray).

RELINIÈRE (LA), lieu auj. inconnu, c^ne de Saint-Remy-sur-Creuse. — La Reullière, 1540; la Ruynellyère, 1550; la Rueillière, 1551; hostel de la Relinière, 1572; la Relinière, 1632 (minimes de

44.

Châtellerault). — Anc. fief appart. aux minimes de Châtellerault et relev. de la châtell. de la Chaise.

REMAGES (LES), f. c^{ne} de Journet. — *Les Roumages*, 1580 (maison-Dieu, 105). — *Les Romages*, 1628 (notaires, Brisson à Montmorillon). — *Les Remages*, 1710 (rôle des tailles).

REMBINOIR, h. c^{ne} de Saint-Germain. — *Rembinoires*, 1567 (abb. de St-Savin, 22). — *Rambinoîre* (Cassini).

REMENEUIL, chât. h. et mⁱⁿ, c^{ne} d'Usseau; anc. c^{ne} réunie à celle-ci le 18 novembre 1818. — *Romanoculus*, 1037 (Fonteneau, t. XIII, p. 149). — *Gosbertus de Romanul*, v. 1075 (cart. de St-Cyprien, p. 182); — *de Romenol*, v. 1080 (ibid. p. 144); — *de Romenul*, v. 1110 (ibid. p. 44). — *Romenolium*, 1273 (chap. cathédral, 82). — *Romonolium*, 1298 (cure de Remeneuil). — *Romenuel*, 1307 (Gauthier, f° 207). — *Romenuyl*, 1309 (ibid. f° 204 v°). — *Remenueil*, 1454 (cure de Remeneuil). — *Romenueil*, 1455 (abb. de St-Cyprien, 21). — *Remeneil*, 1494 (duché de Châtellerault, 6). — *Romeneuil*, 1508 (abb. de Montierneuf, 6). — *Remeneuil*, 1649 (bissexte).

Avant 1790 cette ancienne paroisse, aussi réunie auj. à Usseau pour le spirituel, faisait partie de l'archiprêtré, du duché, de la sénéchaussée et de l'élection de Châtellerault. Le prieuré-cure de Saint-Pierre de Remeneuil dépendait de l'abbaye de Saint-Hilaire de la Celle de Poitiers. Le fief et haute justice de Remeneuil relevait du duché de Châtellerault.

Le ruiss. de Remeneuil ou d'Ambrais a sa source près la Fontenelle, c^{ne} d'Usseau, et se jette dans la Vienne à Antran.

REMERLE, mⁱⁿ sur l'Anglin et h. c^{ne} d'Angle. — *Moulin de Rymelle*, 1420 (Gauthier, f° 41); — *de Remelle*, 1444 (évêché, 43); — *de Remerle*, 1568 (ibid. 37).

REMETELIÈRE (LA), lieu auj. inconnu, c^{ne} de Vicq. — *La Rometelère*, 1414 (seign. de la Roche-Posay, 5). — *La Remetellière*, 1456; *la Remetelière*, 1463 (notaires, Artaud à la Roche-Posay). — Anc. fief relev. de la Roche-Posay.

REMIERS (LES), h. c^{ne} de Verrières. — *Les Remés*, 1694; *les Remiers*, 1739 (seign. de Dienné et Verrières, 2).

REMIGEOUX (LE), bois, c^{ne} de Bignoux; autref. à l'abbaye de Saint-Hilaire de la Celle; contenait 123 arpents en 1792.

REMIGEOUX (LE), f. c^{ne} de Ceaux, c^{on} de Couhé. — *Le Romejous*, 1363 (seign. du Parc et Boisvert, 1). — *Le Remigeoux*, 1513 (seign. de la Millière). — *Le Remijou*, 1659 (notaires, Mestreau à Civray). — *Le Remigeou*, 1676 (seign. de Couhé). — Anc. fief relev. du marq. de Couhé.

REMIGEOUX (LE), vill. c^{ne} de Romagne. — *Le Remigoux*, 1452 (cure de Romagne). — *Le Remigeoux*, 1470 (chap. de St-Hilaire, 243). — *Le Remigeou*, 1614 (seign. du Parc et Boisvert, 3).

REMIGEOUX (LE), f. c^{ne} de Saint-Martin-Lars; — 1657 (fam. Lambertie).

REMIGEOUX (LE), h. c^{ne} de Saint-Maurice. — *Le Romigeoux*, 1334 (chap. de St-Hilaire, 439). — *Les Roumigeoux*, 1339; *les Romigeoux*, 1368; *le Remigeoux*, 1410 (chap. de St-Pierre-le-Puellier, 24); — dépendait de la seign. de la Touche-Gavaret.

REMIGÈRE (LA), h. c^{ne} de Genouillé. — *La Remigère*, 1498; *la Remigière*, 1531 (fief de la Remigère). — *L'Hermigère*, 1866, 1872 (dénomb.). — Anc. fief relev. du comté de Civray.

REMIGÈRE (LA), h. c^{ne} de Savigny-l'Évêcault; — 1767 (abb. de la Trinité, 46).

REMIGIÈRES (LES), h. c^{ne} de Moulimé. — *Les Remygières*, 1556 (maison-Dieu, 191). — *La Remigière*, 1575 (seign. de la Valade). — *Les Remigères*, 1775 (rôle des tailles).

REMIGÈRES (LES), f. c^{ne} de Saugé. — *La Romigère*, 1403 (gr. Gauthier, f° 106). — *La Remigière*, 1561; *la Remigère*, 1623 (fief de la Remigère). — *L'Ermigère*, 1861 (dénomb.). — Anc. fief relev. de la bar. de Montmorillon.

REMILLY, h. c^{ne} d'Ingrande; anc. prieuré dép. de l'abbaye de Saint-Jean-d'Angély (Charente-Inférieure). — *Capella de Romillec*, v. 1108 (Fonteneau, t. LXIII, p. 523). — *Ecclesia Sanctæ Mariæ Romeliacensis in territorio Castri Airaldi*, 1119 (ibid. t. XXVII bis, p. 353). — *Prioratus de Romillie* (pouillé de Gauthier, f° 147 v°). — *Remillé*, 1345 (duché de Châtellerault, 6). — *Remilly*, 1371 (chap. de Châtellerault, 11). — *Romillé*, 1383 (taux du décime, p. 12). — *Romillé*, 1455 (abb. de St-Cyprien, 21). — *Notre-Dame de Remilly et Saint-Pierre de Tiers son annexe*, 1718 (prieuré de Remilly).

Suivant les pouillés de 1648 et 1782, les prieurés de Remilly et de Tiers étaient à la collation de l'abbé de Saint-Cyprien; mais ils ne figurent point dans les listes des bénéfices dépendant de cette abbaye.

REMILLY, f. c^{ne} d'Oiré. — *Hostel de Remillé*, 1410; *Remilly*, 1481 (com^{rie} de la Foucaudière, 11). — Ce lieu, voisin du prieuré du même nom, c^{ne} d'Ingrande, était un fief appart. à la com^{rie} de la Foucaudière et relev. du duché de Châtellerault.

REMILLY, h. c^{ne} d'Usseau. — *Remilhé*, 1313 (seign.

des Mées). — *Romyglé, Romiglé, Romillé,* 1437 (fam. Frotier). — *Remillé,* 1452; *Remilly,* 1541 (duché de Châtellerault, 5). — Anc. fief relev. de la Motte d'Usseau.

RÉMONDIÈRE (LA), h. et étangs, c^{ne} de Thollet. — *La Rimaudière,* 1841 (nomencl.).

RÉMONDIÈRE (LA GRANDE et LA PETITE-), ff. c^{ne} de Jazeneuil. — *La Raymondère,* 1379 (gr. Gauthier, f° 56). — *La Raimondière,* 1604 (fief de Mauprié). — *La grande et la petite Remondière,* 1711 (rôle des tailles).

RÉMONDIÈRE-DE-BREUIL (LA), h. c^{ne} de Lusignan. — *La Raymondière,* 1775 (rôle des tailles).

RÉMONERIE (LA), f. c^{ne} de Saint-Secondin.

REMOUET, h. c^{ne} d'Availle. — *Remouet,* 1396 (seign. de Montoiron, 1). — *Remouhet,* 1530 (cure de Fressineau). — Anc. fief relev. de la bar. de Montoiron.

RENAINTRIE (LA), f. c^{ne} de Châtellerault. — *La Raintrye,* 1606 (cure de Pouthumé). — *La Rainetrie,* 1625 (fief du Verger).

RENARDE (LA), ff. c^{ne} de Lizant; — 1618 (seign. de Bois-Seguin).

RENARDIÈRE (LA), f. c^{ne} de Chouppes. — *La Roignardière,* 1473 (arch. nat. chambre des comptes, reg. 330, n° 2). — *La Regnardière,* 1485 (chap. de Mirebeau, 12). — *La Renardière,* 1495 (com^{rie} de Loudun, 32).

RENARDIÈRE (LA), m. r. c^{ne} de Dangé. — *Les Regnardières,* 1598 (seign. de la Fontaine, 1).

RENARDIÈRE (LA), ff. c^{ne} de Queaux.

RENARDIÈRES (LES), f. c^{ne} d'Andillé, et bois, c^{ne} de Nouaillé. — *Les Regnardyères,* 1548; *les Regnardières, aultres foys Champ Charroux,* 1653 (collège de Poitiers, 16).

RENARDIÈRES (LES), h. c^{ne} de Biard.

RENARDIÈRES (LES), m. r. c^{ne} de Bouresse. — *Les Regnardières,* 1468 (abb. de Nouaillé, 20). — *Les Renardières,* 1564 (ibid. 21).

RENARDIÈRES (LES), h. c^{ne} de Champagné-Saint-Hilaire. — *Les Regnardières,* 1495 (chap. de St-Hilaire, 244). — *Les Renardières,* 1598 (ibid. 249).

RENARDIÈRES (LES), h. c^{ne} de Charroux; — 1754 (rôle des tailles).

RENARDIÈRES (LES), h. c^{ne} de Naintré.

RENARDIÈRES (LES), f. c^{ne} de Persac.

RENARDIÈRES (LES), h. c^{ne} de Saint-Romain. — *Les Regnardières,* 1519 (notaires de la vic. de Rochemeaux). — *Les Renardières,* 1562 (abb. de Charroux).

RENARDRIE (LA), h. c^{ne} d'Antran.

RENARDRIE (LA), f. c^{ne} d'Ingrande; — 1678 (cure d'Ingrande).

RENAUDELIÈRE (LA), f. c^{ne} de Sanxay; — 1775 (rôle des tailles).

RENAUDIÈRE (LA), vill. c^{ne} d'Adriers; — 1579 (seign. de Puyferrier).

RENAUDIÈRE (LA), m. r. c^{ne} de Chouppes. — *Hostel de la Regnauldière,* 1508 (Inv. des arch. de la Barre, t. I, p. 261). — *La Renaudière,* 1620 (fam. de Fouchier). — Anc. terre noble.

RENAUDIÈRE (LA), m. près la Nouillère, c^{ne} de Latus. — *L'Arnaudère,* 1404 (gr. Gauthier, f° 108 v°). — *La Regnaudière,* 1483 (fief de Beaupuy). — *La Renaudière,* 1730 (rôle des tailles).

RENAUDIÈRE (LA), m. r. c^{ne} de Mazerolles.

RENAUDIÈRE (LA), c^{ne} des Ormes. — *Hostel de la Regnaudière,* 1446 (duché de Châtellerault, 5). — Voy. MOUSSEAUX.

RENAUDIÈRE (LA), h. c^{ne} de Romagne. — *L'Arnaudère,* 1342 (chap. de St-Hilaire, 242). — *La Regnaudère,* 1464; *la Renaudère,* 1470 (ibid. 243). — *La Regnaudière,* 1498 (seign. du Parc et de Boisvert, 1). — *La Renaudière,* 1775 (rôle des tailles).

RENAUDIÈRE (LA), h. c^{ne} de la Vausseau. — *Les Regnaudières,* 1464 (abb. de St-Cyprien, 13). — *Les Renaudières,* 1621 (abb. du Pin, 16). — Anc. fief relev. de Curzay.

RENAUDIÈRE (LA), vill. c^{ne} de Vaux-en-Couhé. — *La Regnauldière,* 1558 (fief de Château-Larcher). — *La Renaudière,* 1604 (abb. de St-Cyprien, 36).

RENAUDIÈRE (LA), m. r. c^{ne} de Vouneuil-sur-Vienne; — 1540 (chap. cathédral, reg. 91).

RENAUDIÈRES (LES), f. c^{ne} de la Bussière. — *Les Regnaudères,* 1482 (couv. de la Puye, 7).

RENAUDIÈRES (LES), lieu détruit, près la Corbellière, c^{ne} de Coussay-les-Bois. — *Village des Renaudières,* 1573 (seign. de la Roche-Posay).

RENAUDINS (LES), h. c^{ne} de Paizay-le-Sec. — *Village des Renauldins,* 1575 (abb. de St-Savin, 29).

RENAUDRIE (LA), vill. c^{ne} de Pressac.

RENAUDRIE (LA), h. c^{ne} de Saint-Cyr; détaché de la c^{ne} de Dissay en 1847.

RENAUDRIES (LES), f. c^{ne} de Béthines. — *Les Regnaulderies,* 1535 (couv. de la Puye, 12). — *Les Renaudries,* 1659 (ibid. 14). — *Les Renaudières,* 1671 (cure de Nalliers).

RENAULTS (LES), lieu détruit, près les Colombers, c^{ne} de Buxeuil. — *Village des Renault,* 1663, 1786 (prieuré de Vaugibault).

RENAULTS (LES), lieu auj. inconnu, c^{ne} de Châtellerault. — *Village des Renault aultrement la Castille,* 1571 (seign. de Chêne, inv.); — *des Renaulx,* tenant au chemin de Chastellerault aux Richardières, 1625 (fief du Verger).

RENCLOS (LE), h. c^ne de Biard; — 1728 (chap. cathédral, 13).

RÈNERIE (LA), ff. c^ne de Paizay-le-Sec. — *La Rainerie, la Reignerie*, 1494 (fief des Clerbaudières). — *La Reynerie*, 1494 (seign. de Courtevrault). — *La Rynerie*, v. 1630; *la Rinerie*, 1740 (abb. de St-Savin, 31).

RÈNERIE (LA), f. c^ne de Saint-Secondin. — *La Raynère*, 1396 (gr. Gauthier, f° 78 v°). — *La Reynerie*, 1538; *la Rignerye*, 1560 (seign. de la Boutinelière). — *La Resnerie*, 1737 (rôle des tailles). — *La Rinerie* (Cassini).

RENETTERIE (LA), f. c^ne de Saint-Sauveur. — *La Resnerie*, 1660 (com^rie de la Foucaudière, 9).

RÈNIÈRES (LES), f. c^ne d'Availle-Limousine. — *Village des Raynières*, 1618; *les Resniers*, 1728 (fam. Laurent de Reyrac). — *Les Resgnières*, 1656 (rôle des tailles).

RENOIR, h. c^ne de Châtellerault. — *Renouard*, 1545; *le Renoir*, 1650 (fam. Choisnin). — *Renoir* (Cassini). — *Arnoire* (carte de l'état-major). — Anc. fief relev. de la bar. de Montoiron.

RENONCIÈRE (LA), f. c^ne de Bonnes. — *Renonssère*, 1309 (Gauthier, f° 191 v°).

RENONCIÈRE (LA), h. c^ne de Montoiron; — 1600 (cure de Fressineau).

RENONCIÈRE (LA), h. c^ne de Romagne. — *La Renontière*, 1598 (chap. de St-Hilaire, 249).

RENONCIÈRE (LA), h. c^ne de Rouillé. — *La Renonssère*, 1498; *la Renancère*, 1534 (fief du Châtaignier). — *La Renonsière*, 1775 (rôle des tailles).

RENOTERIE (LA), vill. c^ne de Leigné-les-Bois.

RENOUARD, h. et tuilerie, c^ne de la Roche-Posay. — *Renouart*, 1458 (notaires, Artaud à la Roche-Posay). — *Regnouard*, 1534 (seign. de la Roche-Posay, 2). — *Renouard*, 1629 (*ibid.* 3). — *Renoir*, 1841 (nomencl.).

RENOUARD, m^in détruit, sur la Dive, c^ne de Verrières. — *Moullins de Tredo et de Renouard, assis en la rivière qui descend de Verrières à Loumaizé*, 1548 (fief de Dienné et Verrières).

RENOUÉ, vill. c^nes de Saint-Jean-de-Sauves et la Chaussée. — *Aimericus de Renoe*, 1131 (gr. cart. de Fontevrault, 721). — *Regnoué*, 1448 (chap. cathédral, 60). — *Forteresse de Renoué*, 1551, 1696 (cure de la Chaussée).

REPAS (LES), f. c^ne d'Adriers. — *Le Repast*, 1449 (seign. de l'Isle-Jourdain).

REPOUSSARDIÈRE (LA), h. c^ne de Pairé. — *Nemus de la Repossardere*, 1323 (abb. de Nouaillé, 54). — *La Repoussardrie*, 1671 (notaires, Pascault à Civray). — *La Repoursardière*, 1680 (notaires de la châtell. de Monts).

REPOUSSON, vill. c^ne de Naintré; — 1619 (fief de la Girouardière).

RÈRIE (LA), vill. c^ne de Verrières. — *La Rerie*, 1409 (abb. de Nouaillé, 20). — *La Rayrye*, 1589 (cure de Verrières). — *La Resrie*, 1658 (notaires, Gaultier à Poitiers).

RESSIÈRE (LA), h. c^ne du Vigean; — 1552 (cure du Vigean). — *La Dressière*, 1861 (dénomb.).

RESSINIÈRES (LES), f. c^ne d'Antran. — *La Raffinère*, 1298; *les Raffinères*, 1301; *les Raffinières*, 1582 (abb. de la Celle, 17). — *Les Ressinières*, 1673 (aveu de la Motte d'Usseau, p. 61).

RESSONNEAU, chât. et ff. c^ne de Queaux. — *Ressonea*, 1292; *dominus de Ressonello*, 1314; *Raissonnea*, 1357 (seign. de Ressonneau, 1). — *Raissonneau*, 1457 (fam. Frotier). — *Moulin de Ressonneau*, 1788 (rôle des tailles). — Anc. fief relev. de la bar. de Calais. Le moulin n'existe plus.

RESSONNIÈRE (LA), h. c^ne de Pairé; — 1619 (fief de Guron). — Anc. fief relev. de la châtell. du Treuil.

RESSONNIÈRE (LA), f. c^ne de Saint-Maurice. — *La Ranconnère*, 1448 (chap. de St-Pierre-le-Puellier, 28). — *La Roussonnère*, 1511; *la Ressonnière*, 1570 (abb. de Montierneuf, 93). — *La Resonnyère*, 1580 (fief de Gençay). — Anc. fief relev. de la vic. de Gençay.

RETAUDIÈRE (LA), f. c^ne de Scorbé-Clairvaux. — *La Rataudère*, 1410 (marq. de Clairvaux). — *L'Artaudière*, 1536 (seign. de Puygarreau, 8).

RETIÈRES (LES), f. c^ne de Savigny-l'Évêcault. — *Les Redetières*, 1618 (évêché, 66). — *Les Riditières*, 1645 (chap. de St-Pierre-le-Puellier, 33). — *Les Retières*, 1775 (rôle des tailles).

RETINERIE (LA), lieu détruit, près la Ronde, c^ne de Vellèche; — 1473 (duché de Châtellerault, 6).

RETINIÈRES (LES), vill. c^ne de Saint-Sauveur. — *Les Reguignères*, 1429 (com^rie de la Foucaudière, 8). — *Les Raquinières*, 1491 (*ibid.* 1). — *Les Requinières*, 1612 (*ibid.* 3).

RÉTIVERIE (LA), h. c^ne de la Ferrière.

RETRAIE (LA), f. c^ne de Vellèche. — *La Rateraye près Meremande*, 1434 (seign. des Mées). — *La Retraye*, 1544 (seign. de la Retraie). — *Lartraye*, 1571 (prieuré de Fontmore, 2). — Anc. fief.

RETS (LES), vill. et m^in sur le Clain, c^ne d'Anché; anc prieuré dép. de l'abbaye de Moreaux. — *Boschaudus de Reiz*, 1257 (ch. de St-Hilaire, t. I, p. 286). — *Prioratus dau Rez*, 1264 (abb. de Nouaillé, 5); — *de Aureis*, 1326 (compte d'une impos. ecclés.). —

Le Rectz, 1404 (seign. de la Limonerie). — *Moulin et fontaine des Retz*, 1558 (fief de Château-Larcher). — *Le Ret*, 1611 (seign. de la Limonerie). — *Chapelle de S. Fiacre des Rets*, 1728 (clergé, 15).

REUE (LA), h. c^{ne} de Thuré. — *La Reue*, 1437 (duché de Châtellerault, 5). — *La Ruhe*, 1483 (cure de Thuré).

REUGNY, ff. c^{ne} de Leigné-les-Bois. — *Prioratus de Royne?* (pouillé de Gauthier, f° 147 v°). — *Ruigné*, 1438; *Rigné*, 1446; *chapelle de Ruegné*, 1451; *Roigné*, 1478 (abb. de la Merci-Dieu, 11). — *Reugny*, 1598 (prieuré de Maleray).

REUZÉ, f. c^{ne} d'Orches; anc. prieuré dép. de l'abbaye de Thiron (Indre-et-Loire). — *Prioratus de Rusayo* (pouillé de Gauthier, f° 146 v°). — *Rusay*, 1476 (seign. de la Citière). — *Chapelle de Ruzay*, 1477; *de Reuzay*, 1579 (cure de Sérigny). — *Rusé* (Cassini). — *S. Blaise de Ruzay*, 1782 (pouillé).

REVEILLAUD (LE), mⁱⁿ sur le ruiss. d'Artige, c^{ne} de Sillars. — *Moulin de Reveilhaut*, 1530 (maison-Dieu, terrier, 311). — *Moulin de Revelhaud*, 1573; *moulin de la Forge Bareau à présent appellé le moulin de Reveillaud*, 1618 (ibid. 175).

REVERSAIE (LA), h. c^{ne} de Romagne. — *La Reversée*, 1342 (chap. de St-Hilaire, 243). — *La Revercée*, 1549 (seign. du Parc et de Boisvert, 2). — *La Reversière*, 1603 (ibid. 3). — *La Renversée*, 1607 (chap. de St-Hilaire, 251).

REYNER (LE), h. c^{ne} de Magné. — *Le Marchays Regner*, 1461 (chap. de St-Hilaire, 439). — *Le Marchays Regnyer*, 1486 (ibid. 553). — *Le Marchays Renier*, 1486 (ibid. 439). — *Le Regnier*, 1532 (ibid. 553). — *Le Resnier*, 1666 (ibid. 443). — *Le Marchais Resnier*, 1680 (ibid. 553).

REZAN, f. c^{ne} d'Angle. — *Rezoan, Ressean, Rezan*, 1320 (évêché, 22). — *Resant*, 1352 (ibid. 33).

REZANDIÈRE (LA), lieu auj. inconnu, c^{ne} de Prinçay; — 1606; *l'Arzandière*, 1644 (cure de Prinçay).

REZEAU (LE), vill. c^{ne} de Marigny-Chemerault. — *Le Rezeoux, Orezeaux, Orezeoux*, 1489 (livre de recette de Vivonne, f° 119 v°, 129 et 135 v°). — *Orzeau, Orzeou*, 1499 (fief de Guron). — *Le Rezeaux*, 1688 (cure de Marigny-Chemerault). — *Le Raizeau* (Cassini). — *Ourzault*, 1821 (nomencl.).

REZON, f. c^{ne} de Pindray. — *Resant, Resont*, 1404 (gr. Gauthier, f° 111 v°). — *Redon*, 1498; 1548 (fief de Pindray). — *Rézon*, 1500 (abb. de l'Étoile). — *Resons*, 1561 (fief de la dîme de Rillet). — *Rezons*, 1592 (fief de Pindray). — Anc. fief relev. de Pindray.

RIANE (LA) ou RUISS. DE MARTRAIS, prend sa source près la Regeade, c^{ne} de Saint-Léomer, et se jette dans le Saleron près la Braudière, même c^{ne}. — *La Romelle, la Roumaille*, 1553 (cure de St-Léomer). — *La Rianne*, 1611 (fief du prieuré de St-Léomer). — *La Riane*, 1695 (seign. de la Bertholière). — *Le Martrais* (Cassini).

RIBADIÈRE (LA), lieu autref. habité, auj. inconnu, c^{ne} de Latus; — 1496 (fief du Cluzeau); 1561 (seign. de la Dallerie).

RIBALLIÈRE (LA), f. c^{ne} de Vouneuil-sous-Biard. — *La Roubalère*, 1452 (chap. de St-Hilaire, 97). — *La Riballière*, 1538 (ibid. 154).

RIBANDIÈRE (LA), h. c^{ne} de Maulay; — 1391 (chapelle des Quirits à Ste-Croix de Loudun).

RIBANDIÈRES (LES), h. c^{ne} d'Availle-Limousine. — *Les Ribadières*, 1656 (rôle des tailles).

RIBATIÈRES (LES), lieu détruit, près la Morinière, c^{ne} de Saint-Genest. — *Village des Rybatières*, 1565 (seign. des Robinières).

RIBATOUX (LE), f. c^{ne} de Leigné-les-Bois. — *Pré du Rybatoux*, 1513; *mestairie du Ribatoux*, 1643 (abb. de la Merci-Dieu, 11).

RIBAUDIÈRE (LA), m. à Chasseneuil; — 1604 (cure de Chasseneuil).

RIBAUDRIE (LA), h. c^{ne} de Saint-Julien-Lars.

RIBAULT, h. c^{ne} de Saint-Christophe. — *Ribouau*, 1653 (com^{rie} de l'Isle-Bouchard, 36); 1661 (cure de St-Christophe).

RIBAULT, mⁱⁿ sur la Vonne, c^{ne} de Sanxay. — *Moulin de Ribereau*, 1717; — *de Ribeau*, 1736 (fief de Curzay).

RIBE, h. c^{ne} de Béthines. — *Villa quæ dicitur Riba*, 1031-1060 (cart. de St-Cyprien, p. 121). — *Ribes*, 1234 (maison-Dieu, 127). — *Rives*, 1450 (ibid. 154). — *Ribe*, 1565 (ibid. 135).

RIBEREAU (LE), m. r. c^{ne} de Poitiers.

RIBES, vill. c^{ne} de Civaux. — *Ribes*, 1493 (seign. de la Tour-aux-Cognons). — *Ribbes*, 1498 (fief de Pindray).

RIBES, vill. c^{ne} de Vouneuil-sur-Vienne. — *Ribes*, 1407 (abb. de St-Cyprien, 36). — *Ribbes*, 1587 (évêché, 20).

RIBIÈRE, mⁱⁿ sur l'Auzance, à Vouillé. — *Molendinum de Ripperia*, 1276 (chap. de Ste-Radegonde, 34). — *Moulin de Ribère*, 1458 (ibid. 28); — *de Ribier*, 1473 (ibid. 27); — *de Ribière*, 1769 (rôle des tailles).

RIBIÈRE (LA), f. c^{ne} d'Availle-Limousine; — 1478 (fam. Laurent de Reyrac). — *La Rivière*, 1656 (rôle des tailles). — Anc. fief relev. de la châtell. d'Availle.

RIBLOTIÈRES (LES), m. r. anc. mⁱⁿ sur la Vonne, c^{ne} de Marigny-Chemerault. — *Les Rebellotières, la Rebel-*

lotière, 1489 (livre de recette de Vivonne, f^s 129 et 136). — *Moulin des Riblottières*, 1690 (seign. de la Salvagère).

Riboire, m. r. c^ne de Béruges. — *Ribouard*, 1493 (abb. du Pin, 12). — *Ribouart*, 1551 (seign. de Béruges).

Ribolleries (Les), h. c^ne de Thuré. — *La Ribolère*, v. 1400 (cure de Thuré).

Riboteau (Le), partie de la ville de l'Isle-Jourdain.

Ribouard, vill. c^ne de Cissé. — *Rebouart*, 1407 (seign. du Peux-de-Cissé). — *Ribouard*, 1508 (aveu de Mirebeau). — Anc. fief relev. de la baronnie de Grisse.

Riboulière (La), h. c^ne de Scorbé-Clairvaux. — *La Ribaudière*, 1841 (nomencl.).

Riboux (Les), h. c^ne d'Ingrande. — *Village des Vaux à présent les Riboux*, 1756 (terrier de la Groye, p. 409).

Ricatellerie (La), f. c^ne de Pleumartin. — *La Riquatellerie*, 1458 (notaires, Artaud à la Roche-Posay). — *La Ricatellerye*, 1607 (prieuré de Maleray).

Richardière (La), h. c^nes de Pouzioux et la Chapelle-Viviers; — 1575 (seign. du Ry).

Richarderies (Les), h. c^ne de Châtellerault. — *Les Richarderies*, 1460; *les Richardières*, 1483 (fam. d'Allogny); 1619 (cure d'Antogné).

Richarderies (Les), m. r. c^ne d'Ingrande.

Richardière (La), h. c^ne d'Antigny. — *La Richardère*, 1486 (abb. de St-Savin, 14). — *La Richardière*, 1583 (maison-Dieu, 164).

Richardière (La), vill. c^ne de Béruges. — *La Richardère*, 1432; *maison de la Richardière alias du Tay*, 1475 (seign. de Béruges).

Richardière (La), m. à Château-Larcher; — 1577 (titres de Château-Larcher). — Anc. fief relev. de la châtell. de Château-Larcher.

Richardière (La), f. c^ne de Chaunay; — 1496 (fief de Traversay).

Richardière (La), h. c^ne de Coulombiers; — 1658 (fief de Cloué).

Richardière (La), f. c^ne de Dangé; — 1476 (seign. de la Fontaine, 1).

Richardière (La), f. c^ne d'Iteuil. — *La Richarderye*, 1599 (collège de Poitiers, 15).

Richardière (La), h. c^ne de Montamisé; — 1439 (chap. de Ste-Radegonde, 133).

Richardière (La), f. c^ne de Saint-Christophe; — 1484 (seign. de la Tour-Conzay).

Richardière (La), f. c^ne de Thuragcau.

Richardière (La), h. c^ne de Vaux-en-Couhé. — *La Richardère*, 1595 (chap. de St-Hilaire, 342). — Anc. fief relev. du marq. de Couhé.

Riche (La), f. c^ne d'Orches.

Richefort, h. c^ne du Bourg-Archambault. — *Rochefort*, 1498 (fief de Chanteloube). — *Rochefort*, 1529 (maison-Dieu, terrier). — *Richefort*, 1775 (rôle des tailles).

Richelieu, lieu détruit, c^ne d'Archigny; — 1578 (seign. de Montoiron, 1). — Anc. fief relev. de la bar. de Montoiron. — Ce lieu, auj. inconnu, était situé vers Rijoux et la Rabaudrie.

Richelieu, f. c^ne de Benassay; — 1667 (chap. de St-Hilaire, 229).

Richelieu, lieu détruit, près la Martinière, c^ne de Coussay-les-Bois; — 1489, 1497 (arch. de la Soc. des antiq. de l'Ouest, n°s 734 et 736). — Anc. seigneurie.

Richemont, chât. c^ne de Prinçay; — 1398 (chap. de Ste-Radegonde, 92). — Anc. seigneurie.

Richer (Moulin de), sur le ruiss. de la fontaine de Son, c^ne de Morton.

Richerie (La), lieu détruit, c^ne de Lésigny; — 1841 (nomencl.).

Ricouillettes (Ruisseau des), prend sa source près l'Âge-Grassin, c^ne de Saugé, et se jette dans la Gartempe à Montmorillon, près le pont neuf. — *Le rys de Recoullecte*, 1528 (maison-Dieu, 29).

Ricoux, lieu détruit, près Thiourat, c^ne d'Asnières; — (Cassini).

Ridalière (La) ou la Vallée, f. c^ne de Prinçay. — *La Ridallière*, 1644 (cure de Prinçay).

Ridalière (La), h. c^ne de Vouneuil-sur-Vienne. — *La Ridallière*, 1579 (chap. cathédral, reg. 91).

Rideaux (Les), vill. c^ne de Saint-Genest. — *Les Rideaulx*, 1560 (duché de Châtellerault, 3). — *Les Rideaux*, 1596 (seign. de Puygarreau, 5).

Ridière (La), lieu détruit, près Marineau, c^ne de Leigné-les-Bois. — *Hostel de la Ridère*, 1429 (seign. de Montoiron, 1).

Rie (La), f. c^ne de Vellèche. — *La Rye*, 1544 (seign. de la Retraie). — Anc. fief.

Ries (Les), h. c^ne de Vellèche. — *Le Ry*, 1484 (abb. de Ste-Croix, 84). — *Les Ris* (Cassini).

Riffaudrie (La), h. c^ne de Montoiron. — *Hostel du Boys*, 1475; *le Bois autrement appellé la Riffaulderie*, 1634; *la Rifaudière*, 1667 (chap. de St-Hilaire, 425). — Anc. fief relev. du chapitre de Saint-Hilaire de Poitiers.

Riffaudrie (La), h. c^ne de Thuré. — *La Riffauderie*, 1477 (cure de Thuré).

Riffault (Le), anc. fief, au bourg de Thollet; — 1547; *l'hostel au Riffault*, 1561 (fief du Riffault). — Ce fief, auj. inconnu, relevait de la bar. de Montmorillon.

Riffonnerie (La), m. isolée, c^ne de Fontaine-le-Comte.

Rigalière (La), h. c^ne de Roiffé. — Anc. terre noble (ms. Trincant).

Rigane (La), h. c^ne de Vendeuvre.

Rigaudière (La), vill. près Villemblée, c^ne de Bouresse. — *La Rigaudière*, 1510 (seign. de la Rigaudière). — *La Rigaudière*, 1548 (fief de Dienné et Verrières). — Anc. fief relev. en partie de Dienné et Verrières et en partie de Mortemer.

Rigaudière (La), h. c^ne de Coussay-les-Bois. — *La Rigaudière*, 1451 (abb. de la Merci-Dieu, 12). — *La Rigauldière*, 1537 (chap. cathédral, 25).

Rigaudière (La), vill. c^ne de Marçay. — *La Rigaudière*, 1477 (fief de Monts). — *La Rigaudyère*, 1586 (chap. de St-Hilaire, 482). — Anc. fief uni à la châtell. du Treuil.

Rigaudière (La), f. c^ne de Sillars.

Rigaudière-de-Fan (La), f. c^ne de Bouresse.

Rigault, vill. c^ne de Chiré-en-Montreuil. — *Rigault*, 1295 (fam. Jacques). — *Rigault*, 1528 (com^rie de la Vausseau, 5). — Le fief de Rigault, relevant de la seign. de Chiré, appartenait à la commanderie de la Vausseau.

Rigny, vill. c^ne d'Amberre. — *Reniacus villa*, 969 (ch. de St-Hilaire, t. I, p. 41). — *Terra de Regniaco*, v. 1120 (*ibid.* t. I, p. 124). — *Reignec*, 1248 (abb. de la Trinité, 89). — *Reygné*, 1267 (chap. de St-Hilaire, 414). — *De Rigniaco*, 1317; *Rigné*, 1363 (*ibid.* 324). — *Regny*, 1572 (chap. de Mirebeau, 22).

Rigny, vill. c^ne de Claunay. — *Rigné*, 1468 (chap. de Ste-Croix de Loudun, 4). — *Rigny*, 1694 (cure de Claunay). — Anc. fief relev. du château de Loudun.

Rigny (Le Haut et le Bas-), vill. et h. c^ne de Thurageau. — *Regnec*, 1272 (chap. de St-Hilaire, 425). — *Rigné*, v. 1300 (seign. de Chéneché, 1). — *Rigny*, 1506 (*ibid.* 11). — *Regny les Boys*, 1617 (évêché, 69). — *Reigné*, 1623 (*ibid.* 72). — Le fief de Rigny relevait de la châtell. de Vendeuvre.

Rigomier, vill. c^ne de Vouzailles; distrait de la c^ne d'Ayron le 26 mars 1817. — *Rigaumer*, 1419; *Rigaumier*, 1579 (seign. de Vouzailles).

Rigon, h. c^ne de Saint-Remy-sur-Creuse; — 1435 (duché de Châtellerault, 3).

Rigondaine (La), lieu détruit, près la Touratière, c^ne de Sossay.

Rigondaine (La), f. c^ne de Thuré. — *La Rigaudaine, la Rigaudène*, 1423 (duché de Châtellerault, 5). — *La Rigauldène*, 1520 (cure de Sossay).

Rigondrie (La), m. r. c^ne de Châtain. — *La Regondrie*, 1408 (inv. de Font-le-Bon, p. 2). — *La Raygondrie*, 1509 (*ibid.* p. 3). — Anc. fief relev. de la seign. d'Ordière (*ibid.* p. 50).

Rigourdaine (La), cours d'eau, à la Villedieu; — 1617, 1633 (com^rie de la Villedieu, 21). — Ce nom n'est plus connu; il désignait le cours d'eau qui se forme dans le bourg, en temps de pluie, et se dirige vers la Planche, c^ne d'Andillé.

Rijoux, h. c^ne d'Archigny. — *Rigou*, 1473 (abb. de l'Étoile). — *Rigou*, 1605 (seign. de Touffou, 5). — *Regoux*, 1779 (rôle des tailles).

Rillet, vill. c^ne de Jouet. — *Capella Sancte Marie de Reyllec*, 1184 (abb. de St-Savin, 1). — *Rilhec*, 1260 (Layettes du trésor des ch. t. III, p. 365). — *Prioratus de Ryellec* (pouillé de Gaulhier, f° 148). — *Rillet*, 1403 (gr. Gaulhier, f° 5). — *Rigloc*, 1483 (fief de Beaupuy). — *Rillec*, 1557; *Rillé*, 1642; *Reillé*, 1644; *Rillecq*, 1645; *Rillet*, 1757 (abb. de St-Savin, 24). — Anc. seign. et haute justice appart. à l'abbaye de Saint-Savin. — La dîme de Rillet constituait un fief relev. de la bar. de Montmorillon.

Rilly, gué du Mable, à la limite des c^nes de Nueil-sous-Faye et Sérigny. — *Gué de Rillé*, 1502 (seign. de Germigny).

Rimaudes (Les), h. c^ne d'Availle-Limousine.

Rimbard, h. et m^in sur la Boivre, c^ne de la Vausseau. — *In terris et pratis de Raibart*, v. 1135 (abb. de Montierneuf). — *Domus de Reebart*, 1192 (abb. du Pin). — *Rambart*, 1403 (hommages du comté de Poitou, f° 13 v°). — *Rembart*, 1464 (abb. de St-Cyprien, 13). — *Fief de Rembert, appellé le fief des Jaux*, 1466; *fief de Rambard ou des Jaux blancs*, 1665 (abb. du Pin, 29).

Rimbardière (La), m. r. c^ne de Thuré.

Rimbault, m^in détruit, près la Navelière, c^ne de Coussay-les-Bois. — *Moulin de Raymbaut, de Rinbaut, de Rambaut*, 1460 (notaires, Artaud à la Roche-Posay).

Rimbault, m^in sur la Palu, c^ne de Varennes. — *Rainbault*, 1473 (prévôté de Blâlay, 3). — *Moulin de Rambault*, 1477 (prieuré de St-André de Mirebeau, 8). — *Raymbault*, 1554 (cure de Varennes). — *Moulin de Rimbault*, 1599 (chap. de Notre-Dame-la-Grande, 62).

Rimbaults (Les), h. c^ne de Saint-Genest.

Rimbertière (La), f. c^ne de Thuré. — *La Rambertère*, 1357 (duché de Châtellerault, 6). — *La Rimbertère*, 1390 (*ibid.* 5). — *La Rimberthière*, 1417 (*ibid.* inv. d'aveux, f° 18). — *La Rainberdière*, 1603 (seign. de Puygarreau, 5). — Anc. fief relev. du duché de Châtellerault.

Rimonerie (La), f. c^ne de Saint-Christophe.

Rimort, h. c^ne de Brigueil-le-Chantre; — 1506 (fief de Fleix).

Rimort, h. c^ne de Savigny-sous-Faye; — 1312 (abb. de St-Benoît, 20). — Anc. fief relev. de Clairvaux.

Ringère, vill. et m^in sur l'Auzance, c^ne de Quinçay. — *Rungeria*, 1157 (ch. de St-Hilaire, t. I, p. 161). — *Rongère*, 1237 (*ibid.* t. I, p. 243). — *Rungères*, 1324 (arch. de Poitiers, 12). — *Ringères*, 1332 (abb. de St-Cyprien, 10). — *Rungières*, 1344 (chap. de St-Hilaire, 500). — *Rongères*, 1423 (*ibid.* 390). — Anc. fief et haute justice relev. de la châtell. d'Étable.

Ringères (Les), f. c^ne de Mairé; — 1543 (seign. de Mairé).

Rinsac, f. c^ne de Saint-Pierre-de-Maillé. — *Raincec*, v. 1300 (Gauthier, f° 5 v°). — *Rinsac*, 1605 (évêché, 26).

Riorteau (Le), h. c^ne de Romagne. — *Le Reorteau, le Riorteau*, 1403 (gr. Gauthier, f° 251 v°). — *Le Ryortheau*, 1494 (fief de Chaleur).

Riousserie (La), m. r. c^ne de Dissay.

Ripaille, m^in sur le Martiel et h. c^ne de Bournan. — *Moulin de Ripaille*, 1431 (com^rie de Loudun, 16). — Anc. fief relev. de la bar. de Berrie (ms. Trincant).

Ripaudière (La), h. c^ne de Pouant. — *La Rippaudière*, 1460 (chap. de St-Hilaire, 427). — *La Ripaudière*, 1587 (collège de Poitiers, 63). — Anc. fief relev. de la bar. de Faye-la-Vineuse (Indre-et-Loire).

Ripault (Le), h. c^ne de Coulombiers. — *Village des Ripaulx*, 1655 (com^rie de Roche, 6).

Ris, vill. c^ne de Vicq, et m^in sur le Ris, c^ne de la Roche-Posay. — *Ris*, 1242 (cart. de la Merci-Dieu, 165). — *Moulin de Ris*, 1459 (seign. de la Roche-Posay, 1).

Le ruiss. du même nom a sa source à la Guillochère, c^ne de Saint-Pierre-de-Maillé, et se jette dans la Gartempe près le vill. de Ris, après avoir servi de limite entre la c^ne de Vicq et celle de la Roche-Posay.

Ris (Le), h. c^ne de Millac.

Ris (Le), f. c^ne de Sérigny. — *Estang du Ry*, 1550 (seign. des Clouzeaux). — *Mestairie du Ry*, 1586 (seign. de Puygarreau, 1).

Le ruiss. de ce nom prend naissance en amont du m^in du Pas et tombe dans le Mable près Villeneuve.

Ris (Moulin du), sur la Gartempe, c^ne de Latus; anc. m^in transformé en carderie.

Ris-Boué (Le), ruiss. prend sa source près le hameau de la Font, c^ne de Mouterre, et se jette dans la Grande-Blour au-dessus du moulin de la Roderie, même c^ne.

Ris-Chazerat (Le), h. c^ne de Journet. — *Le Ris de Chazerat*, 1451 (chap. cathédral, 24). — *Le Rys Chazerac*, 1525 (maison-Dieu, 31). — *Le Rys Chasserat*, 1542 (*ibid.* 126). — Anc. fief relev. de la bar. de la Trimouille.

Ritournelle (La), m. r. c^ne d'Anois.

Rivages (Les), m. isolée, c^ne de Sillars.

Rivalier (Le), h. c^ne de Thuré; — 1437 (duché de Châtellerault, 5).

Rivalière (La), m^in sur la Vienne, c^ne de Queaux. — *Moulin et village de la Rivallière*, 1510 (seign. de Ressonneau, 1). — C'était autref. le moulin banal de la seign. de Ressonneau.

Rivalière (La), h. c^ne de Sillars.

Rivalin (Le), ff. c^ne de Colombiers. — *Le Rivallin*, 1621 (fief de Colombiers). — Anc. fief relev. de la bar. de Colombiers.

Rivardière (La), h. c^ne de Migné. — *La Ravardère*, 1266 (chap. de St-Hilaire, 83). — *Ravarderia, herbergamentum Aymerici Ravardi*, 1322 (abb. de la Celle, 18). — *La Ravardière*, 1460 (abb. de Montierneuf, 48).

Rivau (Le), h. c^ne de Bertegon.

Rivau (Le), h. c^ne de Bouresse. — *Terra de Rivis*, v. 1090 (abb. de Nouaillé). — *Village des Rivoux*, 1491 (*ibid.* 20); — *du Rivault*, 1607 (*ibid.* 21).

Rivau (Le), anc. fief, à Jaunay. — *L'oustel du Rivau*, 1486 (fief du Rivau). — Ce fief, auj. inconnu, relevait de la tour de Maubergeon.

Rivau (Le), f. c^ne de Montoiron.

Rivau (Le), m. r. c^ne de la Roche-Posay. — *Le Ryvau*, 1556; *le Rivau*, 1633 (seign. de la Gatelinière).

Le ruiss. de ce nom a sa source près des Moreaux et se jette dans la Creuse. — *Le rivau aux malades?* 1498 (abb. de la Merci-Dieu, 9).

Rivau (Le), m. r. c^ne de Saint-Jean-de-Sauves. — *Le Rivau*, 1403 (chap. de Mirebeau, 20). — *Le Rivaut*, 1633 (*ibid.* 21). — Anc. fief appart. au chapitre de Mirebeau et relev. du Monteil.

Rivau (Le), faubourg de la Trimouille. — *Le Rivaut*, 1721 (maison-Dieu, 141).

Rivau (Le), h. c^ne de Vellèche. — *Herbergamentum de Rivallo*, 1386 (abb. de Ste-Croix, 97). — *Le Rivau*, 1441 (*ibid.* 81). — *Le Rivault*, 1638 (cure d'Orches). — Anc. fief relev. de la châtell. de Saint-Romain-sur-Vienne.

Le petit ruiss. du Rivau tombe dans celui de Fontmore.

Rivau (Le), vill. c^ne de Vouneuil-sur-Vienne; — 1543 (com^rie d'Auzon, 6).

Rivau (Le Grand et le Petit-), f. et h. cⁿᵉ de la Bussière. — *Le Rivau*, 1425 (chap. de Chauvigny, 12). — *Le Ryvault*, 1637 (abb. de Sᵗ-Savin, 29).

Rivau (Le Grand et le Petit-), ff. cⁿᵉ de Naintré. — *Hostel du Rivau*, 1490 (comᵗⁱᵉ d'Auzon, 5). — *Le Rivault*, 1697 (fief du Rivau). — Anc. fief relev. du duché de Châtellerault.

Rivaubrault, h. cⁿᵉ de Chouppes. — *Le Rivau Beraud*, 1389 (arch. nat. chambre des comptes, reg. 380, n° 27). — *Le Rivauberaut*, 1459 (chap. de Mirebeau, 16). — *Le Rivaubrault*, 1476 (comᵗⁱᵉ de Sᵗ-Georges, 28). — *Le Ryvauberaud*, 1583 (cure de Sᵗ-Hilaire de Mirebeau). — *Le Rivault Brault*, 1643 (cure de Chouppes). — *Le grand et le petit Rivault Brault*, 1782 (*ibid.*), fiefs relev. l'un de Rochefort, l'autre de Mondon.

Rivaudière (La), f. cⁿᵉ d'Anché. — *La Rivauldère*, 1489 (livre de recette de Vivonne, f° 68). — *La Rivaudière*, 1601 (Fonteneau, t. XLII, p. 14). — Anc. fief relev. de la châtell. de Vivonne ou de celle de Cercigny (*ibid.*).

Rivaux (Les), f. cⁿᵉ d'Availle-Limousine. — *Le Rivault*, v. 1520 (seign. d'Availle). — *Les Rivaux*, 1656 (rôle des tailles).

Rivaux (Les), f. cⁿᵉ de Mairé. — *Les Rivaux, les Rivault*, 1543 (seign. de Mairé).

Ce lieu est situé près d'un ruisseau appelé le Rivau, lequel est formé de deux cours d'eau dont l'un a sa source près les Minimes, cⁿᵉ de Mairé, et l'autre près Tiers, cⁿᵉ de Coussay-les-Bois.

Rivet (Le), ruiss. a sa source sur le territ. de Saint-Germier (Deux-Sèvres), arrose les cⁿᵉˢ de Sanxay et de Curzay, et se perd dans la Vonne près la Baudière. Il est aussi appelé ruiss. de Saint-Germier. — *Le Rivet*, 1401 (abb. de Sᵗ-Cyprien, 50). — *Le Ryvet*, 1404 (gr. Gauthier, f° 57).

Rivet (Le Grand-), f. cⁿᵉ de Curzay. — *Riveth*, 1235 (Fonteneau, t. V, p. 135). — *Le grand Rivet*, 1627 (fief de Curzay). — Anc. fief relev. de Curzay.

Rivet (Le Petit-), m. r. cⁿᵉ de Curzay.

Rivetière (La), f. cⁿᵉ de Thurageau. — *La Riveitère*, 1285 (abb. de Fontaine-le-Comte, 26). — *La Rivetère*, 1389 (arch. nat. chambre des comptes, reg. 330, n° 27). — *La Rivetière*, 1564 (seign. de Chéneché, 10).

Rivière, mⁱⁿ sur la Dive, cⁿᵉ de Saint-Laon.

Rivière (La), h. cⁿᵉ de Blâlay; — 1611 (prévôté de Blâlay, 2).

Rivière (La), h. cⁿᵉ de Châtain; — 1567 (Fonteneau, t. IV, p. 514).

Rivière (La), ff. cⁿᵉ de Chouppes.

Rivière (La), h. cⁿᵉ de Claunay. — *La Rivière aux Gaultiers*, 1533 (chap. de Sᵗᵉ-Croix de Loudun, 5). — *La Rivière au Gautier*, 1774 (comᵗⁱᵉ de Loudun, 30).

Rivière (La), f. cⁿᵉ de Dangé. — *Hostel de la Rivière*, 1488; *la Rivière de Bonays*, 1598 (seign. de la Fontaine, 1). — *La Rivière Benoist*, 1641 (cure de Dangé).

Rivière (La), h. cⁿᵉ de Dercé. — *Villa Rucaria*, 931 (D. Bouquet, t. IX, p. 575). — *Villa Riparia*, v. 987 (*ibid.* t. X, p. 551). — *La Rivière Petaille*, 1468 (chap. de Sᵗᵉ-Croix de Loudun, 4). — *La Rivière Puistaille*, 1518 (pr.-verbal de public. de la coutume du Loudunais). — *La Ryvière Puytaille*, 1547 (chap. cathédral, 88). — *Grande et petite Rivière Piedtaille* (Cassini). — Anc. fief.

Ce lieu est probablement celui qui est appelé Puytalle par Pierre Bersuire et dont le seigneur avait un si merveilleux empire sur les serpents qu'à sa voix ils s'enfuyaient et ne reparaissaient jamais dans les lieux d'où ils avaient été bannis : *Est enim prope castrum quod dicitur Mirabellum oppidum parvulum quod in lingua gallica Puytalle, latine vero Scissus Podius nuncupatur, cujus dominus*, etc. (Reduct. mor. lib. XIV).

Rivière (La), f. cⁿᵉ de Doussay; — 1508 (aveu de Mirebeau). — Anc. fief relev. de Terrefort.

Rivière (La), m. r. cⁿᵉ de Leigné-sur-Usseau. — *La Rivère*, 1467; *la Rivière*, 1512 (seign. de Puygarreau, 10). — Anc. fief relev. de celui du Grand-Bois.

Rivière (La), f. cⁿᵉ de Saint-Jean-de-Sauves; — 1502 (fam. de Fouchier). — Anc. fief relev. de la Roche-de-Chizay.

Rivière (La), h. cⁿᵉ de Saint-Pierre-de-Maillé. — *La Rivère*, 1455 (seign. de la Roche-Aguet).

Rivière (La), h, cⁿᵉ de Sammarçolle.

Rivière (La), lieu auj. inconnu, cⁿᵉ de Saugé. — *Village de la Rivère*, 1408 (gr. Gauthier, f° 120 v°). — *Riperia*, 1418; *la Rivière*, 1483 (fief de Beaupuy).

Rivière (La), f. cⁿᵉ de Sérigny. — *Guillelmus de Riberia*, v. 1082 (cart. de Noyers, p. 119). — *Paganus de Riperia*, v. 1103 (*ibid.* p. 341). — *Garinus de Riveria*, v. 1110 (*ibid.* p. 405). — *Curtis de Riparia*, 1216 (ch. de Sᵗ-Hilaire, t. 1, p. 223). — *La Rivère*, 1434 (chap. de Sᵗ-Hilaire, 427). — *La Rivière*, 1530 (cure de Sérigny). — Anc. fief relev. de la bar. de Faye-la-Vineuse (Indre-et-Loire).

Rivière (La), f. cⁿᵉ de Sèvre.

Rivière (La), chât. et vill. cⁿᵉ de la Trimouille. —

45.

Sidrac, 1401 (gr. Gauthier, f° 114 v°). — *Tour et forteresse de la Rivière*, 1494 (fief de Gersant). — *Village de la Rivière Cydrat*, 1627 (seign. de Courtevrault). — *La Rivière de Cidrac* (Cassini). — Anc. fief relev. de Gersant.

Rivière (La), lieu détruit, près Beaulieu, c^{ne} de Vendeuvre; — 1450 (évêché, 72). — *Rivière*, 1841 (nomencl.). — Anc. fief relev. des Roches de Vendeuvre.

Rivière (La Petite-), h. c^{ne} de Saint-Jean-de-Sauves.

Rivière-aux-Chirets (La), f. c^{ne} de Saint-Pierre-des-Églises. — *Riperia*, 1328; *la Rivière au Chirez*, 1400; *la Rivière aux Chirets*, 1542 (chap. de Chauvigny, 8). — Anc. fief. relev. de la bar. de Chauvigny.

Rivière-d'Amdarde (La), f. c^{ne} d'Availle.

Rivières (Les), h. c^{ne} de Liglet. — *Rivière*, 1634 (abb. de St-Savin, 26).

Rivières (Les), f. c^{ne} de Moussac-sur-Vienne. — *Villagium de Ribières*, 1406 (seign. de Chadelat).

Rivières (Les), vill. c^{nes} de Raslay et Roiffé. — *Les basses Rivières*, 1600 (cure de Roiffé).

Rivières (Les Grandes-), f. c^{ne} de Saint-Gervais.

Rivolière (La), f. c^{ne} de Jazeneuil. — *La Rivalère*, v. 1406 (gr. Gauthier, f° 64). — *La Rivallère*, 1486; *la Rivollière*, 1768 (fief des Pouternières).

Robe-de-Loup (La), m. r. c^{ne} d'Antran.

Roberdrie (La), h. c^{ne} d'Archigny.

Roberdrie (La), f. c^{ne} de Latillé. — *La Robertrye*, 1620 (cure de Latillé). — *La Roberdry*, 1775 (rôle des tailles).

Roberdrie (La), h. c^{ne} de Saint-Georges. — *La Roberderye*, 1690 (abb. de Montierneuf, 9).

Roberies (Les), f. c^{ne} de Saint-Sauveur. — *Les Roberyes*, 1673 (fief de Dercé).

Robertières (Les), h. c^{ne} de Marnay. — *Les Debertyères*, 1575; *fief des Debretières*, 1618 (cure de Château-Larcher). — *Les Debartières*, 1775 (rôle des tailles). — *Les Rebertières* (Cassini).

Robertrie (La), h. c^{ne} de Vouléme; — 1775 (rôle des tailles de Lizant).

Roberts (Les), m. détruite, près la Griffonnière, c^{ne} de Doussay.

Robichonnière (La), f. c^{ne} de Saint-Gervais; — 1604 (seign. de Puygarreau, 10).

Robinalière (La), f. c^{ne} de Thuré. — *La Robinallière*, 1679 (cure de Thuré).

Robinerie (La), m. isolée, c^{ne} de Dercé.

Robinerie (La), h. c^{ne} de Mazerolles; — 1694 (abb. de Nouaillé, 42).

Robinerie (La), m. r. c^{ne} de Saint-Martin-Lars; — 1579 (cure de St-Martin-Lars).

Robinerie (La), f. c^{ne} de Saix.

Robinière (La), h. c^{ne} de Chalandray. — *La Robinère*, 1447 (terrier de la com^{rie} de St-Remy, f° 187). — *La Robinière*, 1594 (seign. de Chalandray).

Robinière (La), f. c^{ne} de Coulombiers. — *La Robinerie*, 1573 (fief de la Tillolle).

Robinière (La), f. c^{ne} de Marnay. — *Robineria*, 1392 (seign. de la Robinière). — *La Robinère*, 1450 (chap. de St-Hilaire, 554). — Anc. fief relev. de la châtell. des Basses-Vergnes.

Le ruiss. de la Robinière naît près Chantegroux et se jette dans la Clouère près Maugué.

Robinières (Les), f. détruite, près la Maison-Neuve, c^{ne} d'Antran; — 1673 (aveu de la Motte d'Usseau, p. 56).

Robinières (Les), h. c^{ne} de la Chapelle-Mortemer. — *La Robinière*, 1709 (rôle des tailles).

Robinières (Les), chât. et f. c^{ne} de Scorbé-Clairvaux; — 1524 (seign. des Robinières). — Anc. fief. relev. du marq. de Clairvaux.

Le ruiss. des Robinières a sa source en ce lieu et se jette dans l'Envigne au-dessous de Thiours, c^{ne} de Thuré.

Robins (Les), h. c^{ne} d'Angle. — *Village des Robins*, 1593 (prieuré de St-Martin d'Angle).

Robins (Les), h. c^{ne} de Bonnes.

Robins (Les), h. c^{ne} d'Hains. — *Cusiacus villa*, 938-949 (cart. de St-Cyprien, p. 118). — *Les Robins*, 1541 (maison-Dieu, 103). — *Clusac*, 1542 (terrier de Rouflac, 79). — *Le mas de Clazac*, 1550; *Cusac, Crousac*, 1551 (abb. de St-Cyprien, 37). — *Clusat*, 1564 (maison-Dieu, 150). — *Les Robins ou Clazat*, 1586 (abb. de St-Cyprien, 37).

Robins (Les), h. c^{ne} d'Ingrande. — *La Brenallière*, 1572 (seign. de Chêne, inv. p. 108). — *La Bernallière*, 1605 (cure de St-Ustre). — *La Burallière*, 1630 (seign. de Chêne, inv.). — *Village des Robins, autrefois la Burallière*, 1757 (aveu du marq. de la Groye).

Robins (Les), h. c^{ne} de Mondion; — 1602 (seign. de Mondion, 1).

Robins (Les), h. c^{ne} de Vicq.

Roc (Le) ou la Montée-du-Roc, h. c^{ne} de Châtellerault.

Roc (Le), anc. seign. à Saint-Gaudent; — 1594 (fam. Dexmier).

Roc (Le), vill. et mⁱⁿ sur la Charente, c^{ne} de Vouléme. — *Moulin du Rocq de Voulesme*, 1677 (notaires, Pascault à Civray). — Ce lieu faisait partie du marquisait de Ruffec en Angoumois.

Roc (Moulin du), mⁱⁿ à tan, détruit, près le mⁱⁿ de

Chevaufen, c^{ne} de la Vausseau; — 1626 (com^{rie} de la Vausseau, 3).

Roc-Fer, h. c^{ne} de Vernon.

Rochangout, terres au bord de la Gartempe, c^{ne} d'Antigny. — *Rocha Jongeules*, 1260 (Hommages d'Alphonse, p. 89). — *Rochangout*, 1586; *Rochangou*, 1594 (abb. de St-Savin, 14).

Roche, mⁱⁿ sur la Charente et h. c^{ne} de Civray. — *Moulin de Roche*, 1404 (gr. Gauthier, f° 260 v°). — *Roche prez Civray*, 1667 (notaires, Pascault à Civray).

Roche, h. c^{ne} de Cloué; anc. maison de Templiers unie à l'ordre de Malte. — *Præceptor de Rupibus*, 1216 (Fonteneau, t. XXII, p. 39). — *Hospital de Roches*, 1381 (com^{rie} de Roche, 2). — *Preceptor templi de Rochis*, 1383 (taux du décime, p. 31). — *Temple des Rôches*, 1499 (fief de Guron).

Roche, vill. c^{ne} de Mouterre; — 1449 (cure de l'Isle-Jourdain).

Le ruiss. de Roche sort de la font Champierre, près Chez-Gilbert, c^{ne} de Mouterre, et se jette dans la Grande-Blour, sur le territoire de la même c^{ne}, au sud du Banchereau.

Roche (Étang de la), près Clossat, c^{ne} de Sillars; — 1561 (fief de la Chinau).

Roche (La), h. c^{ne} d'Adriers; — 1566 (maison-Dieu, 191).

Le ruiss. de la Roche prend sa source près ce hameau et tombe dans la Petite-Blour au nord-est du Grand-Vorié, c^{ne} de Moulime; — peut-être celui qui est appelé ruiss. de Mauverdun en 1630 (prieuré d'Entrefins).

Roche (La), h. c^{ne} d'Anois. — *La Roche d'Asnoys*, 1482 (abb. de Charroux). — Anc. fief.

Roche (La), ff. c^{ne} d'Antigny.

Roche (La) ou la Motte-Guignement, anc. fief relev. de la Tour-de-Beaumont, c^{ne} de Beaumont. — *Hébergement de la Roche, aultrement appellé la Mothe Guynement*, 1476 (seign. de la Tour-de-Beaumont); — *de la Roche alias la Mothe Guignement*, 1499 (duché de Châtellerault, 4). — Ce lieu est auj. inconnu.

Roche (La), vill. c^{ne} de Bellefont; — 1457 (seign. de Bellefont).

Roche (La), m. isolée, c^{ne} de Bonneuil-Matours.

Roche (La), h. c^{ne} de Brigueil-le-Chantre; — 1494 (fief de Gersant). — Anc. fief relev. de Fleix.

Roche (La), h. c^{ne} de Champagné-Saint-Hilaire; — 1485 (chap. de St-Hilaire, 244).

Roche (La), vill. c^{ne} de la Chapelle-Mortemer; — 1562 (fief de Mortemer). — Anc. fief relev. de la châtell. de Normandoux.

Roche (La), h. et grottes, c^{ne} de Charroux. — *La Rocha Sagailh*, 1507 (abb. de Charroux). — *Roche Sagail* (Cassini). — Anc. fief relev. de l'abbaye de Charroux.

Roche (La), anc. fief relev. du comté de Civray, c^{ne} de Château-Garnier. — *La Roche de Chasteau Garnier*, 1498 (fief de la Roche). — *La Roche* (Cassini). — Il est fait mention en 1404 (gr. Gauthier, f° 89 v°) d'un moulin de la Roche, dont il ne reste point de traces.

Roche (La), f. c^{ne} de Chenevelles; — 1631 (duché de Châtellerault, 5). — Anc. fief relev. de Forge.

Roche (La), lieu détruit, près Ribes, c^{ne} de Civaux; — 1498 (fief de Pindray). — Anc. fief relev. de Pindray.

Roche (La), vill. c^{ne} de Colombiers. — *Peynaut de Rocha de parrochia de Columberiis*, 1278 (Fonteneau, t. XXXVIII, p. 108). — *Les Roches de Coulombiers*, 1444 (duché de Châtellerault, 1). — *La Roche de Coullombiers*, 1621 (fief de Colombiers). — Il y avait deux fiefs de ce nom, relev. l'un de la bar. de Colombiers, l'autre du fief de Tricon.

Roche (La), h. c^{ne} de Fleix. — *La Roche aux Tornoulx*, 1580 (terrier de Champeaux, f° 34). — *La Roche aux Tournoux*, 1599 (chap. de Chauvigny, 11).

Roche (La), f. c^{ne} de Gizay. — *La Roche*, 1364 (abb. de la Trinité, 48). — *La Roche de la Baudonnère*, 1434 (chap. de Notre-Dame-la-Grande, 68). — *Les Roches de Gizay*, 1531; *la Roche de Gizay*, 1532 (abb. de la Trinité, 47). — Anc. fief relev. de la seign. de Nieuil-l'Espoir.

Roche (La), f. c^{ne} de Journet. — *Rocha*, 1292 (évêché, 33). — *Molendinum de Rocha in riparia de Saleron*, v. 1300 (Gauthier, f° 3 v°). — *Le seigneur de la Roche Coigne*, 1530 (maison-Dieu, terrier, f° 191). — *Moulin de la Roche Coaigne*, 1542 (terrier de Rouflac, 63). — *La Roche Couigne*, 1562 (fief du prieuré de St-Léomer). — *La Roche*, 1710 (rôle des tailles).

Roche (La), f. c^{ne} de Latus; — 1480 (chap. de Montmorillon, 3).

Roche (La), f. détruite, près Boutigny, c^{ne} de Liniers. — *La Roche au prieur*, 1804 (plan de la c^{ne} de Liniers).

Roche (La), h. c^{ne} de Loudun. — *La Roche Plesmeau*, 1454 (com^{rie} de Loudun, 15). — *La Roche Plaimeau* (Cassini).

Roche (La), mⁱⁿ sur le ruiss. des Petits-Moulins, c^{ne} de Lussac-le-Château. — *Moulin de la Roche*, 1530 (seign. de Lussac, 1); — *de Roche*, 1583 (cure de Lussac).

Roche (La), chât. c^ne de Magné. — *Pierre de la Roche, chevalier*, 1404 (gr. Gauthier, f° 87). — *La Roche*, 1463 (chap. de St-Hilaire, 243). — *La Roche de Gençay*, 1533 (ibid. 245). — Anc. fief relev. de la châtell. de Bernay.

Roche (La), chât. en ruine, vill. et m^in sur la Vonne, c^ne de Marigny-Chemerault. — *Herbergamentum de Rocha de Margnet*, 1328 (Fontencau, t. XXXVIII, p. 64). — *La Roche de Margné*, 1402 (chap. de St-Hilaire, 439). — *La Roche de Marigny*, 1521 (arch. de Poitiers, 73). — Anc. fief relev. de la bar. de Celle-l'Évécault. Un nouveau château seigneurial ayant été bâti à Marigny, ce lieu devint le centre du fief.

Roche (La), vill. c^ne de Mauprevoir; — 1650 (notaires de la bar. de Charroux).

Roche (La), lieu détruit, entre la Chaffaudrie et la Grange, c^ne de Mazerolles. — *Terra de sub Rupe*, v. 1120 (abb. de Nouaillé). — *Village de la Roche*, 1640 (ibid. 41).

Roche (La), m^in sur la Vienne et h. c^ne de Millac. — *Rocha*, 1286; *villagium de Rupe Forteti*, 1434 (cure de l'Isle-Jourdain). — *La Roche Fortet*, 1449 (seign. de l'Isle-Jourdain); 1630 (cure de l'Isle-Jourdain). — *La Roche*, 1572 (ibid.). — Anc. fief.

Le ruiss. de la Roche sort de l'étang du Bouchet, c^ne de Millac, et tombe dans la Vienne près du m^in de la Roche. C'est peut-être celui que mentionnent, sous le nom de ruiss. de Cortesole, des titres de la cure de l'Isle-Jourdain, de 1434 et 1630.

Roche (La), vill. c^ne de Pairé.

Roche (La), m. r. c^ne de Pairoux.

Roche (La), faubourg de Poitiers; anc. fief relev. de la tour d'Anguitard. — *Vinea de super Rocham*, 1268 (chap. de Notre-Dame-la-Grande, 1). — *Hostel de la Roche autrement nommé la Pisserote*, 1478 (chap. de St-Pierre-le-Puellier, 9). — *La Roche d'Anguitard*, 1546 (ch. de St-Hilaire, t. II, p. 214). — *La Roche Enguytard*, 1579 (ibid. t. II, p. 267).

Roche (La), ff. c^ne de Pouzioux. — *Village de la Rouche*, 1459 (abb. de St-Benoît, 18). — *La Roche*, 1498 (fief de Champeaux).

Roche (La), vill. c^ne de Queaux. — *La Roche Meminot*, 1388; *la Roche*, 1531 (seign. de Ressonneau, 1).

Roche (La), f. détruite, près Bonilly, c^ne de Saint-Cyr; anc. fief réuni à celui de la Flotte et relev. du duché de Châtellerault, 1764 (fief de la Flotte).

Roche (La), f. c^ne de Saint-Gervais. — *Les Roches*, 1459 (duché de Châtellerault, 6). — *La Roche*, 1774 (aveu de la bar. de la Touche).

Roche (La), m. à Puygiron, c^ne de Saint-Julien-Lars.

Roche (La), chât. en ruine et vill. c^ne de Saint-Léger-de-Montbrillais; — 1467 (collège de Poitiers, 54). — *Chasteau de la Roche Rabasté*, 1631 (cure de St-Léger-de-Montbrillais). — Anc. fief et haute justice relev. du château de Loudun.

Roche (La), h. anc. m^in sur la Gartempe, c^ne de Saugé. — *Moulin de la Roche*, 1483 (fief de Beaupuy); 1494, 1583 (fief de l'Âge-de-Plaisance).

Roche (La), h. c^ne de Smarve.

Roche (La), f. c^ne de Targé; — 1619 (aveu de St-Romain, f° 12).

Roche (La), f. c^ne de Verrières. — *Rocha*, 1228 (abb. de Nouaillé, 49). — *La Roche*, 1469 (seign. de Dienné et Verrières, 3).

Roche (La), chât. et f. c^ne de Vouneuil-sous-Biard. — *La Roche souz Vonnuyl*, 1324 (arch. de Poitiers, 12). — *La Roche sus le Boyvre*, 1414 (seign. de la Roche). — *La Roche*, 1531 (chap. cathédral, 13).

Roche (La), h. c^ne de Vouneuil-sur-Vienne. — *Hostel de la Roche*, 1493 (fief de Traversay). — *Village des Roches*, 1709 (chap. cathédral, reg. 92).

Roche (La Grande et la Petite-), ff. c^ne de Curzay. — Le m^in de la Roche, qui n'existe plus, est mentionné en 1627 (fief de Curzay).

Roche (La Haute et la Basse-), ff. c^ne d'Ingrande.

Roche (La Vieille-), f. c^ne d'Usson; — 1560 (fief de la Cour d'Usson).

Roche-Aguet (La), chât. et m^in sur la Gartempe, c^ne de Saint-Pierre-de-Maillé. — *Rocha Agait*, 1320 (évêché, 22). — *La Roche Agait*, 1410; *la Roche Aguet*, 1451 (abb. d'Angle). — *La Rouche Aguet*, 1480 (évêché, 37). — *La Roche à Guet* (Cassini). — Anc. fief et haute justice relev. de la bar. d'Angle, qualifié châtellenie en 1618.

Roche-Amenon (La), chât. et f. c^ne de Buxeuil. — *Emeno de Rocha*, 1260 (Hommages d'Alphonse, p. 95). — *Ameno de Rupe, miles*, 1265 (maison-Dieu, 109). — *La Roche Amenon*, 1437; *la Roche Amellon*, 1446 (duché de Châtellerault, 5). — *La Roche Amelon*, 1520 (cure de Buxeuil). — *La Roche à Menon*, 1720 (dénomb. du royaume). — *La Roche à Melons* (Cassini). — Anc. châtellenie relev. de celle de Chénêché. — Une section de l'ancienne paroisse de Buxeuil, où était située la Roche-Amenon, dépendait du Poitou; de l'élection de Poitiers jusqu'au commencement du xviiie siècle, puis de celle de Châtellerault.

Roche-au-Baussan (La), vill. c^ne de Pindray. — *Mussum de Rocha au Bocenz*, 1276 (évêché, 33). — *Moulin de la Roche aux Bossaux*, 1404 (gr. Gauthier, f° 109). — *La Roche aux Baussans*, 1463 (fam. Gillier). — *La Roche aux Bossans*, 1493 (fief de la Chinau). — *La Roche au Boussans*, 1494 (fief des Clerbaudières). — *La Roche à Bossant*, 1544 (maison-Dieu, 119). — *La Roche au Bossant*, 1570 (*ibid*. 102). — Anc. fief relev. de Pruniers.

Roche-au-Renard (La), m. r. c^{ne} de la Chapelle-Moulière.

Roche-aux-Fées (La), grotte sur la rive gauche de la Vonne, c^{ne} de Jazeneuil.

Roche-aux-Fées (La), grotte sur la rive droite du Clain, c^{ne} de Romagne.

Roche-aux-Moines (La), h. c^{ne} de Brux. — *La Roche aux Moynes*, 1409 (gr. Gauthier, f° 223). — *La Roche au Moine*, 1633 (abb. de Valence). — Anc. seign. appart. à l'abbaye de Valence.

Roche-aux-Moines (La), grotte, c^{ne} de Saugé; lieu autref. habité. — *Village de la Roche aux Moynes*, 1530 (maison-Dieu, terrier, f°s 281 v° et 283).

Roche-Aymart (La), lieu détruit avant 1650, c^{ne} de Saint-Remy-sur-Creuse; — 1650 (fief de la Chaise). — Anc. fief réuni à la châtell. de la Chaise.

Roche-Bardin (La), vill. c^{ne} de Saint-Saviol; — 1388 (gr. Gauthier, f° 207 v°). — La plus grande partie de ce village fait partie de la c^{ne} de Limalonges (Deux-Sèvres).

Roche-Bauzon (La), f. c^{ne} de Senillé. — *La Roche*, 1429 (seign. de Montoiron). — *La Roche de Villaray*, XVIIIe s° (arch. de la Roche-de-Bran). — *La Roche Bouzon* (Cassini). — Anc. fief relev. de la bar. de Montoiron.

Roche-Bernard (La), f. c^{ne} de Thurageau; — 1499 (seign. de Chénéché, 10). — Anc. fief relev. de la bar. de Mirebeau.

Rochebertau (La), lieu auj. inconnu, c^{ne} de Chasseneuil; — 1644 (cure de Chasseneuil).

Rochebceuf (La), f. c^{ne} d'Alonne. — *La Rochebeuf*, 1678 (chap. de St-Hilaire, 240).

Rochebosuf (La Grande et la Petite-), ff. c^{ne} de Vendeuvre. — *Rocha Bovis*, 1312 (chap. de St-Hilaire, 83). — *La Rochebeuf*, 1365 (chap. cathédral, 78). — Anc. fief relev. de la châtell. de Vendeuvre sous le même hommage que Bonnivet.

Rocheboureau (La), lieu détruit, c^{ne} de Massogne; anc. fief relev. de la bar. de Mirebeau. — *La Roche Bourreau*, 1362 (chap. de Mirebeau, 21). — *La Roche Borreau*, 1407 (com^{rie} de St-Georges, 30). — *La Rocheboureau*, 1484 (seign. de Vouzailles).

Ce lieu donne son nom à un ruiss. aussi appelé ruiss. de Cuhon. Voy. Cuhon.

Roche-Bourreau (La), m. détruite, entre Agressay et Brossac, c^{ne} de Thurageau; — 1620 (fam. de Fouchier, aveu de Rochefort, f° 21 v°).

Rochebridier (La), mⁱⁿ à vent qui a donné son nom à un faubourg de Mirebeau. — *Moulin de la Rochebridé*, 1554 (cure de Varennes). — *La Roche Bridier*, 1609 (prieuré de St-Jean de Mirebeau, 3).

Rochebrune, h. c^{ne} de Mignaloux.

Rochecourbe, h. c^{ne} de Quinçay; — 1775 (rôle des tailles).

Roche-Creuse, chât. nouvellement bâti en un lieu appelé la Table-au-Loup, c^{ne} de Mairé.

Roche-d'Argent, f. c^{ne} de Nieuil-l'Espoir; — 1625 (abb. de la Trinité, 46).

Roche-de-Bran (La), ch. et ff. c^{ne} de Montamisé. — *La Roche prez de Molère* ? 1324, 1337 (arch. de Poitiers, 12). — *Herbergement de Brent*, 1404 (gr. Gauthier, f° 25 v°). — *Fief de Bran près Montamiser*, 1504 (hommages du comté de Poitou). — *La Roche de Bran*, 1669 (notaires, Gaultier à Poitiers). — *La Roche de Brande*, 1669; *la Roche de Brand*, 1748 (fief de la Roche-de-Bran). — Anc. fief et haute justice relev. de la tour de Maubergeon.

Roche-de-Chizay (La), vill. c^{ne} de Saint-Jean-de-Sauves. — *Willemus de Rupe de Chiezeis*, 1142-1150 (cart. de St-Cyprien, p. 88). — *Rocha de Chiseis* (pouillé de Gauthier, f° 149). — *Prioratus de Roche de Chysais* (*ibid*. f° 146 v°). — *La Roche de Chisoys*, 1448; *la Roche de Chizay*, 1455; *la Roche de Chizé*, 1636; *la Roche Chizay*, 1643 (chap. cathédral, 59 et 60).

Anc. seigneurie appart. à l'église cathédrale de Poitiers, et autre fief, *hostel et forteresse de la Roche de Chizay* (aveu de Mirebeau, 1508), relev. de la bar. de Mirebeau. Il y avait en outre à la Roche-de-Chizay cinq maisons formant autant de fiefs relev. de la même baronnie, dont l'une appelée la Millonnière et l'autre Vernay (aveu de Mirebeau). — Le pouillé de Gauthier est le seul document qui fasse mention du prieuré de la Roche-de-Chizay.

Roche-de-Cuhon (La), m. au bourg de Cuhon; anc. fief relev. de la bar. de Mirebeau. — *La Roche de Cuon*, 1458 (arch. nat. chambre des comptes, reg. 330, n° 63); 1568 (aveu de Mirebeau).

Roche-Dolant (La), f. c^{ne} de Mirebeau. — *La Roche à Dollant*, 1376 (chap. de Mirebeau, 11). — *La Roche Dolant*, 1412 (*ibid*. 13). — Anc. fief relev. de Chouppes et appart. au chapitre de Mirebeau.

Roche-d'Orillac (La), chât. et h. c^{ne} de Saint-Gaudent. — *La Roche d'Orilhac*, 1425; *la Roche d'Orillac*, 1474 (seign. de la Roche-d'Orillac). — Anc. fief relev. du comté de Civray.

Roche-du-Maine (La), chât. en ruine et h. c^ne de Prinçay. — *Rocha Dominica*, 1252 (prieuré de Fontmore, 1). — *La Roche du Maine*, 1398 (chap. de Ste-Radegonde, 92). — *La Roche Domaine*, 1453 (com^rie de Loudun, 16). — Anc. fief relev. de la bar. de Faye-la-Vineuse (Indre-et-Loire).

Roche-Épron (La), h. c^ne de Saint-Clair.

Rochefolle, f. et bois, c^ne de Basses ; — 1498 (cure de Basses).

Rochefort, h. c^ne de Bonnes. — *Vineæ de Ruppe forti*, *de Rocha forti*, 1320 (évêché, 22). — *Rochefort*, 1505 (seign. de Touffou, 1).

Rochefort, anc. fief, c^ne de Chalandray ; — 1406 (gr. Gauthier, f° 76) ; — auj. inconnu.

Rochefort, m. r. c^ne de Mirebeau. — *Calo de Rupe forti*, 1199 (abb. de Ste-Croix). — *Rochefort*, 1421 (chap. de Mirebeau, 61). — Anc. fief relev. de la bar. de Mirebeau.

Rochefort (Le Petit-), m. à Saint-Pierre-de-Maillé ; — v. 1458 (évêché, 33); 1757 (cure de St-Phèle de Maillé). — Anc. fief relev. de la bar. d'Angle.

Rochegouet, fontaine, près la Louisse, c^ne de Sérigny ; — 1529 (seign. de Germigny).

Rochelas, h. c^ne de Sommières. — *Pochelas* (Cassini).

Rochelière (La), h. c^ne de la Bussière ; — 1558, 1605 (abb. de St-Savin, 33).

Rochelière (La), f. c^ne de Sillars.

Rochelinart, m^in détruit, sur la Vienne, c^ne de Millac. — *Molendinum de Rochelinart in parochia de Millac*, 1253 (Fonteneau, t. XXIV, p. 281) ; 1449 (cure de l'Isle-Jourdain). — *Isle de Rochelinard*, 1672 (*ibid.*). — Ce moulin, dont il reste peu de traces, était situé vis-à-vis de Ponton, c^ne du Vigean.

Rochelles (Les), vill. c^ne de Champigny-le-Sec ; anc. fief relev. de la châtell. de Chéneché ; — 1670 (aveu de Chéneché).

Roche-Mairan (La), vill. c^ne de Romagne. — *Rocha de Chamairant*, 1243 (ch. de St-Hilaire, t. 1, p. 253). — *La Roche Champmerant*, 1404 (gr. Gauthier, f° 194 v°). — *La Roche Chemeraut*, 1405 (*ibid.* f° 209). — *La Roche Mayrant*, 1446; *la Rochemeran*, 1476 (chap. de St-Hilaire, 243). — *La Roche Chemerent*, 1539; *la Roche Mesrain autrement la Roche Chemerault*, 1556 (seign. du Parc et de Boisvert, 1).

Roche-Marteau (La), chât. en ruine et f. c^ne de Roiffé. — *La Roche Marteau*, 1600; *la Roche Martel*, 1602 (cure de Roiffé). — Anc. fief relev. de la bar. de Berrie et appelé jusqu'au xvi° siècle la Roche de Maine ; Jean Marteau en était seigneur en 1304 et 1344 (Inv. des titres de la seign. de la Roche-Marteau, appart. à M. Haward, de Loudun).

Rochemeaux, chât. h. m^in sur la Charente et bois, c^ne de Charroux. — *Castrum Rocameltis vicinum S. Carrofo* (Adem. Caban. ap. Besly, Hist. des comtes de Poitou, p. 301). — *Oppidum quod Rupis Medeldis vocitatur* (Petri Malleac. De antiquitate Malleac. monast. *ibid.* p. 302). — *Audebertus de Rocameldis*, v. 1050 (Fonteneau, t. IV, p. 56); — *de Rocamello*, v. 1080 (*ibid.* t. IV, p. 67). — *Bertrannus de Rochamelt*, 1088-1091 (cart. de St-Cyprien, p. 213). — *Aldebertus de Rochamel*, v. 1112 (*ibid.* p. 31). — *Roca Meolia*, v. 1125 (Fonteneau, t. XVIII, p. 273). — *Willelmus de Rochamoldi*, v. 1135 (abb. de Montierneuf). — *Ecclesia Beati Ursini de Rochamello*, 1178 (Fonteneau, t. XVIII, p. 499). — *Dominus de Rupemellis*, 1236 (*ibid.* t. IV, p. 315). — *Ecclesia de Rochemeyo*, *de Rupemelli* (pouillé de Gauthier, f° 151); — *de Rochemeo* (*ibid.* f° 134). — *Rochemeau*, 1404 (gr. Gauthier, f° 196 v°). — *Rochemeoul*, 1463 (prieuré de Grand-Chaume). — *Rochemeoux*, 1558 (abb. de Charroux). — *Vieux fossés ou douhes qui anciennement renfermoient la ville de Rochemeaux*, 1611 (fief des Malpierres).

Rochemeaux avait autref. une église paroissiale dont le patronage appartenait à l'évêque. Cette paroisse, encore mentionnée dans le registre du droit de bissexte de 1649, fut réunie à celle de Saint-Sulpice de Charroux. Rochemeaux fut aussi le siège d'une châtellenie (Fonteneau, t. XXXVIII, p. 13; t. XXXIX, p. 237) relevant du comté de la Basse-Marche, puis d'une baronnie qui fut érigée en vicomté, au mois de janvier 1599, en faveur de Jean Green, seigneur de Saint-Marsault.

Les bois de Rochemeaux contenaient 180 arpents en 1796.

Rochemenault, h. c^ne d'Anois ; — 1528 (abb. de Charroux). — *Roche-Minault*, 1841 (nomencl.).

Roche-Mingalet (La), lieu détruit, près la Bertandrie, c^ne de Champniers. — *La Roche Mycalet*, village, 1493 (fief de Passac). — *La Roche Mingalet*, 1576 (fief de Bellabre). — *La Roche Maingallet*, 1611 (fief de Passac).

Rochemioux, f. c^ne de Saint-Secondin. — *Rochemeo*, 1363 (arch. de Poitiers, 15). — *Rochemeou*, *Rochemeol*, 1404 (gr. Gauthier, f°s 85 et 98). — *Rochemeoul*, 1445; *Rochemeoux*, 1538 (seign. de la Boutinelière). — Anc. fief relev. de la vic. de Gençay.

Roche-Papillon, m^in sur la Charente, c^ne de Saint-Saviol. — *Moulin de Roche*, 1401 (gr. Gauthier, f° 238); — *de Roche Papailhon*, 1404 (*ibid.* f° 264 v°); — *de Roches sous les Periers*, 1455; *de Ro-*

chés soubz les Poyriers, 1473 (fam. Jousserant, 1); — de Roches Papaillon, 1498 (fief de Fayolle); — de Roche soubz les Poiriers, de Roche Papillon, 1663 (notaires, Pascault à Civray).

ROCHEPIANDE, m. r. c^{ne} de Poitiers.

ROCHE-PIED-NU (LA), f. c^{ne} de Sérigny.

ROCHEPINTE, caves autref. habitées, c^{ne} de Saint-Remy-sur-Creuse.

ROCHE-POSAY (LA), c^{on} de Pleumartin. — *Ecclesia Sanctœ Mariœ de Rupe*, 1099 (bulle d'Urbain II pour l'abbaye de Preuilly, ap. Mém. de la Soc. archéol. de Touraine, t. XIV, p. 111). — *Rupes de Pozaico*, v. 1119 (cart. de Noyers, p. 467). — *Rupes de Poizay*, v. 1137 (ibid. p. 540). — *Pons de Rochia*, 1175; — *de Rocha*, 1204 (cart. de la Merci-Dieu, 2 et 4). — *Rocha de Pouzai*, 1208 (ibid. 105). — *La Roche*, 1211 (ibid. 115). — *Rocha Pozaii*, 1226 (ibid. 13). — *Rupes Pozai*, 1232 (ibid. 185). — *Castrum et castellania de Rocha de Posayo*, 1260 (Duchesne, Hist. généal. de la maison des Chasteigners, pr. p. 183). — *La Roche de Pozay*, 1295 (abb. de la Merci-Dieu, 11). — *Castellania de Rocha Pozay*, 1302 (Fonteneau, t. V, p. 441). — *La Roche de Pozé*, 1311 (abb. de la Merci-Dieu, 9). — *Iglise de Saint Bertromé de la Roche de Pouzay*, 1313 (seign. des Mées). — *La Roche de Posay*, 1346; *la Roche de Pousay*, 1376 (abb. de la Merci-Dieu, 9). — *Prior Sancti Bartholomei de Roca de Pouzay*, 1383 (taux du décime, p. 12). — *Notre-Dame de la Roche-Posay*, 1779 (almanach provincial). — *La Roche-pozay*, 1782 (pouillé).

Cette commune est formée des deux anciennes paroisses de la Roche-Posay et Posay-le-Vieil; celle de la Roche-Posay faisait partie de l'archiprêtré de Châtellerault, de la baronnie de Preuilly en Touraine et de l'élection de Loches, généralité de Tours.

Il y avait à la Roche-Posay un prieuré sous le titre de Saint-Barthélemi, dépendant, comme la cure de Notre-Dame, de l'abbaye de Preuilly. Cette petite ville, entourée de murs, était le siège d'une châtellenie relevant anciennement de la baronnie d'Angle et, depuis le XIVe siècle, de la baronnie de Preuilly (Thibaudeau, Hist. du Poitou, t. IV, p. 167); il y reste une tour carrée de l'ancien château seigneurial. On y suivait la coutume de Touraine modifiée par une coutume locale relative aux biens des aubains et des intestats (Nouveau coutumier général, t. IV, p. 623; Fonteneau, t. V, p. 442).

Le pont sur la Creuse, mentionné en 1175 dans le cartulaire de la Merci-Dieu, fut rebâti en 1185 (Mabille, Notice sur les divisions territ. de la Touraine, p. 59) et détruit avant 1711.

Les eaux minérales de la Roche-Posay furent découvertes en 1753 (Journal de Guillaume et de Michel Le Riche, publié par M. de la Fontenelle, p. 145).

La forêt de la Roche-Posay contenait 296 hectares en 1806.

ROCHE-POTIN (LA); h. c^{ne} de Roiffé.

ROCHE-RASTEAU (LA), c^{ne} de Lésigny; anc. fief appart. au chapitre cathédral de Poitiers et uni à celui de la Patrière; — 1522 (chap. cathédral, 25). — C'est le tènement appelé auj. la Rochateau, consistant en terres labourables et en bois.

ROCHER (LE), vill. c^{ne} de Luchapt. — *Le Rochier*, 1563; *le Rocher*, 1759 (cure de Luchapt).

ROCHER (MOULIN DU), sur la Vienne, c^{ne} de l'Isle-Jourdain.

ROCHÈRE (LA), chât. c^{ne} de Mouterre. — *La Rochière*, 1577 (Fonteneau, t. XLV, p. 773). — Anc. fief.

ROCHÈRE (LA), mⁱⁿ à Vivonne. — *Roscheria*, 1188 (abb. de la Trinité). — *Molin de la Rochère à Vivone*, v. 1300 (ch. de St-Hilaire, t. I, p. 361). — Ce moulin est inconnu auj., soit qu'il ait été détruit, soit qu'il ait changé de nom.

ROCHEREAU, mⁱⁿ sur le Talbat, à Chauvigny, en amont du mⁱⁿ de Millier. — *Molendinum de Rochereo de Calvigniaco*, v. 1300 (Gauthier, f° 9); 1320 (évêché, 22). — *Moulin de Rochereau assis es Barrières de Chauvigny*, 1536 (chap. de Chauvigny, 4). — Encore mentionné sous le même nom en 1655, ce moulin est sans doute l'un de ceux qui, dès 1694 (chap. de Chauvigny, 22), étaient appelés moulins de dessus et de dessous des Barrières.

ROCHEREAU (LA), h. c^{ne} de Saint-Maurice. — *La Rocheréau*, 1396 (gr. Gauthier, f° 78). — *La Roche Charea*, 1404 (ibid. f° 98 v°). — Anc. fief relev. de la vic. de Gençay. — *Le Puy de la Rochereau autrement la Bonnellière*, 1580 (fief de Gençay), était un autre fief relev. de la vic. de Gençay. — *La Bonnelère*, 1396 (gr. Gauthier, f° 78).

ROCHEREAU (LE), c^{ne} de Vouillé; c^{ne} érigée le 7 septembre 1845, démembrée de celle de Frozes; réunie pour le culte à celle de Champigny-le-Sec. — *Le Rochereau, paroisse de Vouillé*, 1664 (chap. de Ste-Radegonde, 45).

ROCHEREAU (LE), h. c^{ne} d'Archigny; — 1309 (Gauthier, f° 193 v°).

ROCHEREAU (LE); m. r. c^{ne} de Saint-Martin-Lars; — 1660 (notaires de la bar. de Charroux).

ROCHEREAUX (LES), vill. c^{ne} de Roiffé et Saix.

Le bois des Rochereaux, c^no de Roiffé, appartenait à l'abbaye de Fontevrault; il contenait 150 arpents en 1800.

ROCHEREUIL, m^in sur la Vienne, à Bonneuil-Matours; — 1576 (seign. de Touffou, 3); — détruit avant 1576.

ROCHEREUIL, faubourg de Poitiers et pont sur le Clain. — *Rochereo*, 1298 (abb. de Ste-Croix, 9). — *Rochereou*, 1421 (abb. de Montierneuf, 26). — *Rochercoul*, 1456; *Rochereul*, 1457; *Rochereuil*, 1581 (abb. de Ste-Croix, 15).

ROCHERIE (LA), f. c^ne de Latus. — *De Forgiis*, 1409 (gr. Gauthier, f° 123). — *La Rocherie anciennement les Forges*, 1496 (fief du Cluzeau-Bonneau).

ROCHERIE (LA), h. c^ne de Verrières. — *La Rocherie*, 1610 (maison-Dieu, 198). — *Village de la Bosse alias la Rocherie*, 1651 (ibid. 35).

ROCHERIES (LES), h. c^nes d'Ingrande et Oiré. — *La Rocherie*, 1415 (seign. de Chêne, inv.). — *Les Rocheryes*, 1599 (abb. de la Merci-Dieu, 13).

ROCHE-RIGAULT (LA), vill. c^nes du Bouchet et Claunay. — *Roca Rigaut*, 1250 (chap. cathédral, 84). — *La Roche Rigault*, 1445 (com^rie de Loudun, 4). — Le ms. 15 des arch. de la Soc. des antiq. de l'Ouest mentionne quatre fiefs de ce nom, relevant du château de Loudun.

ROCHE-RIMBAULT (LA), vill. c^ne de Saint-Sauvant. — *La Roche Raymbaut*, 1409 (gr. Gauthier, f° 48 v°). — *La Roche Rambaut*, 1567 (fief de la Poinière). — *La Roche Rimbault*, 1584 (séminaires de Poitiers, 19).

ROCHENS (LES), f. c^ne de Sérigny. — *Chez les Rochers*, 1644 (seign. de Germigny).

ROCHES, m^ins sur la Gartempe, c^nes d'Antigny et Leigne. — *Moulins de Roches*, 1424 (maison-Dieu, 160); 1618 (fam. Scourion, 2). — *Forge à fer de Roches, paroisse de Leigne*, 1566 (abb. de St-Savin, 22). — La forge et les moulins étaient en ruine en 1595; ils sont mentionnés en 1461, 1576 et 1580 (maison-Dieu, 100).

ROCHES, f. et m^in détruit sur la Gartempe, c^ne de Jouet; — 1565 (abb. de St-Savin, 24).

ROCHES, m. isolée, c^ne de Saint-Chartres. — *Moulin de Roche*, 1577 (maison-Dieu, 206).

ROCHES (LES), vill. c^ne de Beaumont. — *Herbergamentum de Rupibus*, 1257; *Rupes Belli Montis*, 1265; *apud Rochas in parrochia de Bella Monte*, 1270; *les Roches*, 1273 (chap. de Notre-Dame-la-Grande, 26).

ROCHES (LES), h. c^ne de Bonneuil-Matours. — *Hostel de la Roche*, 1620 (fief de Traversay).

ROCHES (LES), vill. c^ne de Coussay. — *Les Rouches Saint Poul*, 1389 (arch. nat. chambre des comptes, reg. 330, n° 27). — *Les Roches Sainct Paoul*, 1504 (cure de Verrue). — *Les Roches Sainct Pol*, 1542 (prieuré de St-Jean de Mirebeau, 10). — *Les Roches Sainct Paul*, 1619 (prieuré de St-Jean de Mirebeau, 3). — *Les Roches*, 1623 (prieuré de Coussay).

ROCHES (LES), h. c^ne de Croutelle.

ROCHES (LES), f. c^ne de Doussay. — *Les Roches du Gué Jaquelin*, 1444 (duché de Châtellerault, 1). — *Les Roches Jacquellin de Doussay*, XVI° s° (ibid. 2). — *Les Roches Jacquellain*, 1777 (aveu de Clairvaux, p. 2). — Anc. fief relev. du marq. de Clairvaux.

ROCHES (LES), h. et carrières, c^ne de Jazeneuil.

ROCHES (LES), faubourg de Loudun. — *Les Roches*, 1483 (com^rie de Loudun, 13). — *Les Roches lez Lodun*, 1508 (cure de Basses). — *Seigneurie des Roches Rabasté, paroisse de S. Pierre du Marché*, 1617 (com^rie de Loudun, 13). — Anc. fief relev. du château de Loudun.

ROCHES (LES), chât. et f. c^ne de Marigny-Brizay. — *Petrus de Curzayo, miles, dominus de Rochis*, 1334 (fam. de Curzay). — *Les Roches de Cuersay*, 1459; *les Roches de Curzay ou Roches de Marigny*, 1640 (chap. cathédral, 59). — Anc. fief relev. de la prévôté de la Roche-de-Chizay.

ROCHES (LES), f. c^ne de Mondion.

ROCHES (LES), h. c^ne de Montoiron; — 1475 (chap. de St-Hilaire, 425). — Ce lieu est peut-être la *villa quæ dicitur Roca ou Rocha, in vicaria Ygrandinse*, v. 1020 et v. 1030 (cart. de St-Cyprien, p. 166 et 167).

ROCHES (LES), h. et m^in sur la Vienne, c^ne de Moussac-sur-Vienne. — *Village des Roches*, 1483 (fief de Beaupuy). — *Moulin des Roches*, 1612 (fam. Laurent). — Anc. fief relev. du marq. du Vigean (Fonteneau, t. XLII, p. 356).

ROCHES (LES), h. c^ne de Pairoux.

ROCHES (LES), vill. c^ne de Prinçay.

ROCHES (LES), vill. c^ne de Quinçay. — *Les Roches de Quincay*, 1406 (abb. de la Celle, 17). — Anc. fief relev. d'Auzance.

ROCHES (LES), f. c^ne de Saint-Christophe; — 1481 (chap. cathédral, 82). — Anc. fief relev. de la bar. de Faye-la-Vineuse (Indre-et-Loire).

ROCHES (LES), f. c^ne de Saint-Genest.

ROCHES (LES), vill. c^nes de Saint-Martin-la-Rivière et Saint-Pierre-des-Églises; — 1571 (seign. de St-Martin-la-Rivière, 1).

ROCHES (LES), h. c^ne de Saint-Martin-Lars. — *Roches*,

1456 (Fonteneau, t. XXXIX, p. 331). — Anc. fief relev. de la bar. de Calais.

Roches (Les), f. c^{ne} de Saint-Sauveur.

Roches (Les), vill. et mⁱⁿ sur la Clouère, c^{ne} de Saint-Secondin; — 1407 (hommages du comté de Poitou, f° 102 v°).

Roches (Les), vill. c^{ne} de Saire. — *Les Roches de Longefons*, 1411 (notaires, Fauconnier à Poitiers). — *Les Roches Longefonts*, 1519 (épitaphe de Jean d'Aubigné au musée de Poitiers). — *Les Roches Longefondz*, 1591 (fam. de Marconnay). — Anc. fief relev. de Richemont.

Roches (Les), h. c^{ne} de Scorbé-Clairvaux; — 1529 (seign. des Robinières).

Roches (Les), m. isolée, c^{ne} de Sillars.

Roches (Les), h. c^{ne} d'Usson; — 1403 (gr. Gauthier, f° 262); 1566 (fief de la Grande-Épine).

Roches (Les), chât. et ff. c^{ne} de Vendeuvre. — *Renaut des Roches*, 1324 (arch. de Poitiers, 12). — *Hostel des Roches*, 1457 (seign. des Roches). — *Les Roches en Vendeuvre*, 1547 (évêché, 72). — *Les Roches de Vendeuvre*, 1695 (seign. des Roches). — Anc. fief relev. de la châtell. de Vendeuvre.

Roches (Les Hautes et les Basses-), hh. c^{ne} de la Trimouille; — 1775 (rôle des tailles).

Roches (Les Petites-), vill. c^{ne} de Vendeuvre; — 1558 (chap. de St-Hilaire, 563).

Roche-Saint-Sulpice (La), lieu détruit, c^{ne} des Ormes; anc. fief relev. de la châtell. de Nouâtre en Touraine. — *La Roche Saint Supplice*, 1485 (seign. de Vaugodin); 1539 (seign. de la Fontaine, 1).

Roches-Caduc (Les), lieu détruit, près les Varennes, c^{ne} de Sossay. — *Les Roches Caduz*, 1528 (seign. de Puygarreau, 7). — *La Roche Caduc*, 1684 (ibid. 2). — *Les Roches Caduc* (Cassini).

Roches-de-Mavault (Les), à Mavault, c^{ne} de Neuville; anc. fief relev. de la bar. de Grisse. — *Les Roches de Mavau*, 1378 (abb. de la Celle, 11).

Roches-Guérin (Les), vill. c^{ne} de Maulay; — 1519 (com^{rie} de Loudun, 31).

Roche-sous-Nieul (La), mⁱⁿ sur la Charente, c^{ne} de Saint-Macou.

Roches-Parrouines (Les), mⁱⁿ sur la Charente, c^{ne} de Charroux. — *Molendinum situm apud Rupem Parcoygne, supra Karantonam*, 1260 (abb. de Charroux). — *Les Roches Perinnes*, 1669 (notaires, Chevallier à Civray). — *Moulin de Roche, les Roches*, 1669 (notaires, Pascault à Civray).

Roches-Prémary (Les), vill. c^{ne} d'Andillé; anc. c^{ne} réunie à celle-ci le 22 décembre 1819. — *Ecclesia Sancti Nicolai de Prato Maledicto*, 1119 (Fonteneau, t. XXVII, p. 67). — *Priorissa de Rochis*, 1192 (abb. de la Trinité). — *Rochæ prope Pratum Maledictum*, 1320 (chap. de St-Pierre-le-Puellier, 29). — *Roches*, 1324 (arch. de Poitiers, 12). — *Rochæ in parrochia de Nyolio*, 1330 (abb. de la Trinité, 46). — *Parrochia de Rupibus*, 1338 (ibid. 81). — *Les Roches de Premalayt*, 1360 (ibid. 81). — *Les Roches de Premaleys en la parroisse de Nyoilh Lespoir*, 1410 (chap. de St-Pierre-le-Puellier, 27). — *Les Roches de Premaliz*, 1430 (arch. de la Soc. des antiq. de l'Ouest, n° 256). — *Les Roches de Primaliz*, 1465 (abb. de la Trinité, 84). — *Les Roches de Premary*, 1494; *les Roches de Primary*, 1548; *les Roches Primary*, 1559; *les Roches Prémary*, 1683 (abb. de la Trinité, 81). — *S. Nicolas des Roches-Primaries*, 1782 (pouillé). — *Les Roches-Prémaries*, 1807 (annuaire).

La chapelle de Saint-Nicolas des Roches-Prémary, archiprêtré de Gençay, était anciennement une annexe de l'église paroissiale de Nieuil-l'Espoir. Depuis 1634 elle fut desservie par un vicaire perpétuel nommé et stipendié par l'abbesse et les religieuses de la Trinité de Poitiers, à qui appartenait la seigneurie et haute justice du lieu. Toutefois, dans un titre de 1627 (seign. de Chantegain), il est fait mention du village des *Roches Primary, paroisse d'Andillé*. Ce village dépendait de la châtellenie de Poitiers.

Le ruiss. des Roches-Prémary, *la rivière de Primaly*, 1550 (titres de Château-Larcher, aveu des Hautes-Vergnes), aussi appelé ruiss. des Dames, prend sa source près les Renardières, passe sur le territoire de Smarve et tombe dans le Clain au-dessous du moulin de l'Hôpitau.

Rochet (Le), f. c^{ne} d'Usson; — 1405 (gr. Gauthier, f° 236).

Rochetaillère, h. c^{ne} de Saint-Germain. — *Rochetallière*, 1542 (terrier de Rouflac, 96). — *Rochetalière*, 1563 (abb. de St-Savin, 22).

Roche-Tardille, m. r. c^{ne} d'Orches. — *La Groix*, 1841 (nomencl.).

Rocheteau, mⁱⁿ sur le Négron, c^{ne} de Sammarçolle. — *Molendinum de Rochetello*, 1117-1129 (Clypeus nasc. Fontebrald. ord. t. II, p. 339). — *Rochetteau*, 1410 (abb. de Fontevrault, 2). — *Rocheteau*, 1623 (collège de Poitiers, 60). — Anc. seign. appart. à l'abbaye de Fontevrault.

Rochette (La), f. c^{ne} de Marçay. — *La Rochete*, 1489 (livre de recette de Vivonne, f° 170 v°). — *La Rochette*, 1761 (rôle des tailles). — Anc. fief uni à la châtell. du Treuil.

Rochettes (Les Grandes et les Petites-), ff. c^{ne} du Bourg-Archambault. — *Les Rochetes*, 1542 (terrier de Rouflac, 46). — *Les Rochettes*, 1562 (maison-Dieu, 126).

ROCHE-VERNAISE (LA), chât. et vill. c^{ne} des Trois-Moutiers. — *Curtis de Rocha Vernoyse*, 1246 (ch. de St-Hilaire, t. I, p. 257). — *Rochevernaise*, 1449 (com^{rie} de Loudun, 20). — Anc. fief relev. de la bar. de Baussay.

ROCHEVIEILLE, lieu détruit, c^{ne} de Champagné-Saint-Hilaire; — 1479 (chap. de St-Hilaire, 244). — Quelques débris de constructions et une grotte, près la Baudonnière, ont conservé ce nom.

ROCHÈVRE, h. c^{ne} de Vaux-en-Couhé. — *Rochecheve*, 1409 (ch. de St-Hilaire, t. II, p. 67).— *Rochevre*, 597 (chap. de St-Hilaire, 344). — *Rochiefvres*, 1621 (seign. de Monts).

ROCHILLES (LES), m. r. c^{ne} du Vigean.— *Les Rochilhes*, 1559 (cure du Vigean).— Anc. fief relev. du marq. du Vigean (Fonteneau, t. XLII, p. 212).

ROCHONS (LES), f. c^{ne} de Mouterre; — 1775 (rôle des tailles).

ROCNON, h. c^{ne} de Saint-Laurent-de-Jourde. — *Rouchoux*, 1872 (dénomb.).

ROCQ (LE), f. c^{ne} de la Grimaudière.

ROC-QUI-BOIT-À-MIDI (LE), sur la rive droite du Clain, c^{ne} de Saint-Benoit, ainsi appelé parce qu'à cette heure de la journée l'extrémité de son ombre atteint le bord de la rivière.

ROC-SAINT-JEAN (LE), grotte, c^{ne} de Ligugé.

ROCTIÈRE (LA), h. c^{ne} de Tercé.

ROCTRIE (LA), m. r. c^{ne} de Romagne. — *La Roqueterie*, 1598 (chap. de St-Hilaire, 249).

RODE (LA), f. c^{ne} de Moulime; — 1495 (prieuré de Teil).

RODERIE (LA), h. c^{ne} de Brigueil-le-Chantre; — 1506 (fief de Fleix).

RODERIE (LA), lieu détruit, c^{ne} de Charroux; — 1498 (fief des Malpierres et de la Roderie). — *La Raudrie*, 1754 (rôle des tailles). — Anc. fief réuni à celui des Malpierres et relev. du comté de Civray.

RODERIE (LA), h. c^{ne} de Millac. — *Roderia*, 1286 (cure de l'Isle-Jourdain). — *La Roderie*, 1572 (seign. de Puyferrier).

RODERIE (LA), mⁱⁿ sur la Grande-Blour, c^{ne} de Mouterre; —1572 (seign. de Puyferrier).

RODERIE (LA), chât. c^{ne} de Sillars. — *La Roderie*, 1498 (fief de la Roderie). — *La Raudrye*, 1611 (prieuré du Teil-aux-Moines). — *La Raudrie*, 1762 (prieuré de Cherchillé). — Anc. fief relev. de la bar. de Montmorillon.

RODERIE (LA), ff. c^{ne} de Vouneuil-sur-Vienne.

RODIÈRES (LES), h. c^{ne} de Sérigny. — *La Rahaudère*, 1480; *la Raudière*, 1543 (cure de Sérigny).

ROGERIE (LA), m. près l'Épine, c^{ne} de Pouillé.

ROGERIE (LA), ff. c^{ne} de Vouneuil-sur-Vienne;— 1579 (chap. cathédral, reg. 92).

ROGNON (LE), h. c^{ne} de Doussay.

ROGNON (LE), h. et mⁱⁿ sur le Prepson, c^{ne} de Saint-Jean-de-Sauves. — *Le Rougnon*, 1478; *le Roignon*, 1484 (prieuré de St-André de Mirebeau, 11). — Anc. fief relev. de la bar. de Mirebeau.

ROIFFÉ, c^{on} des Trois-Moutiers. — *Roifec*, XIe siècle (Livre noir de St-Florent, f° 43). — *Ecclesia de Roffiaco sita inter Lausdunum et Montem Sorelli*, 1109 (ch. de Pierre II, év. de Poitiers, ap. *Clypeus nasc. Fontebrald.* ord. t. II, p. 21). — *Parochia ecclesiæ de Ruiphec*, v. 1127 (ch. de Girard, év. d'Angoulême, pour Fontevrault, ap. Bibl. de l'école des chartes, t. XXV, p. 239). — *Ecclesia de Rodayo* (pouillé de Gauthier; f° 171); — *de Ruffiaco* (ibid. f° 137 v°). — *Capellanus de Rodey, Rondaio, Ronday*, 1383 (taux du décime, p. 9, 118, 147). — *Royffé*, 1478 (reg. synodal). — *Ruffé*, 1481 (prieuré de Bournan, 1). — *Sainct Martin de Roeffé*, 1482, 1609 (cure de Roiffé). — *Reuffé*, 1501 (abb. de Fontevrault, 3). — *Reufey*, 1540 (cure de Roiffé). — *Ronday alias Roueffé*, 1520 (bissexte). — *Rueffé*, 1550; *Roiffé*, 1555 (cure de Roiffé).

Avant 1790 cette commune faisait partie de l'archiprêtré, de la châtellenie, du bailliage et de l'élection de Loudun. La cure était à la nomination de l'évêque. Le nom de Ronday qu'on donnait jadis à la paroisse de Roiffé est, en particulier, celui de deux petites localités, le Haut et le Bas-Ronday, peu distantes du centre de la commune.

Les bois de Roiffé se trouvent dans la partie méridionale de la commune.

ROI-JEAN (CHEMIN DU), entre le Mars et la Boissonnerie, c^{ne} de Mignaloux.

ROIS (LES), vill. c^{ne} d'Andillé. — *Maison des Roys*, 1507 (collège de Poitiers, 16). — *Chez les Roys*, 1662 (fam. de Riberé). — *Village des Roys alias la Galonnière*, 1682 (chap. de Ste-Radegonde, 7). — *Les Rois* (Cassini). — *Chez-les-Rats*, 1841 (nomencl.).

ROIS (LES), m. r. c^{ne} de Cissé. — *Village des Roy*, 1614 (cure de Cissé). — *Village des Rois alias les Malinges*, 1770 (seign. de Chéneché, 12).

ROLLEAUX (LES), h. c^{ne} d'Usseau.

ROMAGNE, c^{on} de Couhé. — *Romania*, 1136 (ch. de St-Hilaire, t. I, p. 133). — *Romegne*, 1243 (ibid. t. I, p. 253). — *Romeigne*, 1249; *Romaigne*, 1253; *Romagne*, 1257; *Romaygne*, 1274 (chap. de St-Hilaire, 112). — *Romagna* (pouillé de Gauthier, f° 151). — *Romagnia*, 1383 (taux du décime, p. 64). — *S. Laurent de Romagne*, 1782 (pouillé).

Avant 1790 la paroisse de Romagne faisait partie de l'archiprêtré de Gençay, de la sénéchaussée et de l'élection de Poitiers. La cure était à la nomination du chapitre de Saint-Hilaire de Poitiers. La terre et châtellenie de Romagne, unie à celle de Champagné-Saint-Hilaire, appartenait au même chapitre.

ROMAGNÉ, vill. c^nes de Pairé et Voulon. — *Vilagium de Romigniaco*, 1405 (gr. Gauthier, f° 59 v°). — *Romaigné*, 1471 (chap. cathédral, reg. 98). — *Roumaigné*, 1603 (fam. Jousserant, 4). — Anc. fief appart. au chapitre cathédral de Poitiers et relev. de Guron.

ROMAINS (CHEMIN DES), nom donné en quelques endroits à l'ancienne voie romaine de Poitiers à Saintes, voy. CHAUSSÉ (CHEMIN), et à celle de Poitiers à Argenton, voy. CHAUSSÉE (CHEMIN DE LA).

ROMANSAC, h. c^ne de Civray. — *Romenssac*, 1363 (fam. de Chabanais). — *Romensac*, 1498 (fief de Comporté). — *Roumansac*, 1541 (fam. Jousserant, 2).

ROMEGOUX, f. c^ne de Marnay. — *Territorium de Ramegoz*, 1226 (Fontenau, t. XXII, p. 109). — *Remegeaulx*, 1549 (abb. de Nouaillé, 58).

RONCIÈRE (LA), f. c^ne de Pairé. — *La Roncière*, 1588 (arch. de la Soc. des antiq. de l'Ouest, n° 300). — *La Ronsière*, 1611 (collège de Poitiers, 25). — Anc. fief.

ROND, m. isolée, c^ne de Leugny. — *Le Rond-du-Chêne*, 1841 (nomencl.).

RONDAN, ff. c^ne d'Antigny; — 1573 (fam. Scourion).

RONDAY (LE), lieu détruit, près Barre, c^ne de Maulay; — 1406 (chap. de St-Hilaire, 427); 1732 (com^rie de Loudun, 31). — *Rondé* (Cassini). — Anc. seigneurie.

RONDAY (LE BAS-), h. et LE HAUT-RONDAY, m. r. c^ne de Roiffé. — *Hostel du Ronday*, 1467; *le bas Ronday*, 1506 (com^rie de Loudun, 20).

ROND-DE-SAINT-HUBERT (LE GRAND-), m. de garde dans la forêt de la Groie, c^ne de Mairé.

RONDÉ (LA), m^in sur la Vienne, c^ne de Bonnes. — *Le moulin de Jadres appellé le moulin de la Ronde, assis en la rivière de Vienne*, 1417 (chap. cathédral, 19).

RONDE (LA), vill. réuni au bourg de Dissay; — 1351 (évêché, 61).

RONDE (LA), chât. c^ne de Mouterre-Silly. — *Cappellanie Sancti Petri et Sancte Katerine de Rotonda, de patronatu scolastici Pict.* (pouillé de Gauthier, f° 172). — *La Ronde*, 1547 (chap. cathédral, 88). — Anc. seigneurie.

RONDE (LA), f. c^ne de Saint-Genest; — 1439 (terrier de Gironde, f° 13).

RONDE (LA), vill. c^ne de Saint-Gervais; — 1410 (bar. de Luain).

RONDE (LA), m. r. c^ne de Sèvre; — 1611 (évêché, 68).

RONDE (LA), vill. et LA GRANDE-RONDE, h. c^ne de Vellèche. — *La Ronde*, 1377 (abb. de Ste-Croix, 81). — Anc. fief relev. du duché de Châtellerault.

RONDE (LA), f. et bois, c^ne de Vernon. — *La Fredesnerye*, 1580; *la Fredainnerye*, 1601 (fief de Gençay). — *La Ronde anciennement appellée la Fredinière*, 1680 (seign. de Gençay, reg. de recette). — Anc. fief relev. de la vic. de Gençay. — Les bois de la Ronde étaient anc^t appelés bois du Gassouillé. Voy. ce mot.

RONDEAU (LE), vill. c^nes de Champagné-le-Sec et Blanzay; — *Rendaut*, 1404 (gr. Gauthier, f° 196). — *Le Rondeau*, 1529 (arch. de Poitiers, 71).

RONDE (LE GRAND-), m. r. c^ne de Poitiers.

RONDE-DE-BEAULIN (LA), h. c^ne de Dissay.

RONDELIÈRE (LA), ff. c^ne d'Ayron. — *La Rondellère*, 1386 (abb. de Ste-Croix, 28).

RONDELLE (LA), vill. c^ne du Rocherau; — 1733 (rôle des tailles de Frozes).

RONDIÈRE (LA), h. c^ne de Vezières.

ROQUETTE (LA), h. c^ne de Millac.

ROSE (LA), h. c^ne d'Antran; — 1538 (chap. de Notre-Dame-la-Grande, 69). — *La Rose ou Chamaillardière*, 1777 (aveu de Clairvaux).

ROSE (LA), f. c^ne de Saint-Sauveur.

ROSEAU (LE), f. et m^in détruit, sur la Clouère, c^ne de Château-Larcher. — *Molin do Rosea*, 1343 (abb. de Nouaillé, 24). — *Molendinum de Rosello*, 1360; *moulin à parrerye du Rouzea*, 1395 (ibid. 27). — *Le Rouseau*, 1454 (seign. de Château-Larcher). — *Le Rozeau*, 1541 (titres de Château-Larcher).

ROSEMBOURG, f. c^ne d'Antran; — 1668 (chap. de Notre-Dame-la-Grande, 69).

ROSETTE, f. c^ne de Luchapt.

ROSIÈRE, h. et m^in détruit, sur la Petite-Blour, c^ne de Persac. — *Rozière*, 1775 (rôle des tailles).

ROSIERS, vill. c^ne de Pouant. — *Rouziers*, 1377; *hostel des Roziers*, 1423; *village des Rousiers*, 1496; *le temple de Rouziers*, 1619 (com^rie de l'Isle-Bouchard, 34); — dépendait de la com^rie de l'Isle-Bouchard.

ROSIERS (LES), f. c^ne de Mignaloux. — *Les Rosiers*, 1404 (gr. Gauthier, f° 8). — *Les Rouziers*, 1502 (abb. de Ste-Croix, 24). — Anc. fief appart. à l'abbaye de Sainte-Croix de Poitiers et relev. des Touches.

Rosiers (Les), h. c^ne de la Puye ; — 1591 (couv. de la Puye, 4).

Rossay, c^on de Loudun. — *Willelmus de Roseio*, v. 1120 (cart. de Fontevrault). — *Ecclesia de Rozaico*, 1164 (Fonteneau, t. V, p. 592). — *Rocey*, 1216 (*ibid*. t. V, p. 631). — *Prior de Rochaio*, 1216 (abb. de Ste-Croix, 64). — *Rocaium*, 1218 (collège de Poitiers, 44). — *Rocayum*, 1250 (chap. cathédral, 84). — *Ecclesia de Rocheyo* (pouillé de Gauthier, f° 171 v°). — *Rocay*, 1407 (chap. de Ste-Croix de Loudun, 6). — *Rector de Rossayo*, 1478 (reg. synodal). — *S. Etienne de Rossay*, 1648 (cure de Rossay).

Avant 1790 la paroisse de Rossay faisait partie de l'archiprêtré, de la châtellenie, du bailliage et de l'élection de Loudun. La cure était à la nomination de l'abbesse de Sainte-Croix de Poitiers ; elle a été rétablie en 1845. La seigneurie et haute justice de Rossay appartenait à cette abbaye et au baron de Berrie en commun.

Rossignolière (La), f. c^ne de la Chapelle-Mortemer ; — 1517 (chap. de Mortemer, 2).

Rossignolière (La), lieu détruit, près le Boisseau, c^ne de Magné. — *La Roussignollière*, 1461 (chap. de St-Hilaire, 439).

Rossignollerie (La), f. c^ne de Pressac. — *La Roussignollerie*, 1493 (seign. d'Availle).

Rossignollerie (La), f. c^ne de Saint-Pierre-de-Maillé.

Rotisserie (La), m. r. c^ne de Marigny-Brizay. — *La Routisserie*, 1608 (fam. des Courtis).

Roty (Le), vill. c^ne de Brux. — *Hugo du Roptiz*, v. 1180 (ch. à la bibl. de Poitiers). — *Les Roustiz*, 1446 ; *le Rousty*, 1625 ; *le Routy*, 1630 (abb. de Nouaillé, 53).

Rouaillère (La), f. détruite, près le Teil, c^ne de Bonnes. — *La Roualière*, 1460 (chap. de Chauvigny, 10). — *La Roualère*, 1481 (seign. du Teil). *La Rouhalière, la Rouhallière*, 1547 (aveu de Touffou). — Anc. fief relev. de la châtell. de Touffou.

Roualière (La), lieu détruit, près Champagné et Opterre, c^ne de Saint-Sauveur. — *La Roualère*, 1447 (com^rie de la Foucaudière, 8). — *La Rouallière*, 1727 (fief de la Cour).

Rouchène (La), h. c^ne de Châtain.

Roucherie (La), f. et m^in sur la Charente, c^ne de Charroux.

Roue (La), f. c^ne de Saint-Pierre-de-Maillé. — *La Rouhe*, 1540 (seign. de la Roche-Aguet). — *La Roux*, 1581 (abb. d'Angle).

Rouennerie (La), m. r. c^ne de Vaux.

Rouère (La), m. r. c^ne de Beaumont. — *La Roère*, 1456 (seign. de la Tour-de-Beaumont). — *La Rouhère*, 1608 (chap. de Notre-Dame-la-Grande, 43).

Rouère (La), h. c^ne de Champagné-Saint-Hilaire. — *La Rouhère*, 1533 (chap. de St-Hilaire, 246).

Rouère (La), f. c^ne de Coussay-les-Bois. — *La Rouayre*, 1637 (abb. de la Merci-Dieu, 12). — *La Rouère*, 1646 (chap. cathédral, 25).

Rouère (La), m. isolée, c^ne de Marçay.

Rouère (La), h. c^ne de Saint-Romain. — *La Rouhère*, 1559 (abb. de Charroux).

Rouerie (La), ff. c^ne de Chaunay. — *La Rourye*, 1648 ; *la Rouerie*, 1669 (seign. de la Touche-Vivien).

Rouerie (La), faubourg de Couhé.

Rouerie (La), h. c^ne de Pairé.

Rouertinière (La), m. à Beauvoir, c^ne de Mignaloux. — *La Rouertinière*, 1624 (com^rie de la Villedieu, 26). — *La Rouertinière*, 1841 (nomencl.).

Roués (Les), h. c^ne de Nalliers.

Rouet, chât. et vill. c^ne de Beaumont. — *Roet*, v. 1200 (abb. de St-Cyprien). — *Rouet*, 1456 (seign. de la Tour-de-Beaumont). — *Rouhet*, 1634 (fief de Rouet). — Anc. fief et haute justice relev. de la tour de Maubergeon.

Rouet, h. c^ne de Bonneuil-Matours. — *Village du Rouet*, 1514 (arch. de la Creuse, E 117).

Rouflac, h. c^ne d'Hains ; anc. commanderie de templiers, puis de l'ordre de Malte, unie à celle du Blizon (Indre) en 1470. — *Ruflac*, 1247 ; *templarii de Rofflac*, 1263 (maison-Dieu, 127). — *Meson do temple de Roflac*, 1278 (cab. de feu M. de Boismorand). — *Rufflac*, 1339 (maison-Dieu, 127). — *Roufflac*, 1465 ; *Roflac*, 1481 (com^rie de Rouflac, 1). — Les appellations de la haute justice de la commanderie ressortissaient aux grandes assises de Saint-Savin, 1543 (terrier).

Rouflame, f. c^ne de Saugé. — *Roeflames*, 1403 (gr. Gauthier, f° 102 v°). — *La Mote de Roufflames*, 1408 (*ibid*. f° 120 v°). — *La Mothe de Roufflames*, 1454 (hommages de Montmorillon). — *Village de Roufflame*, 1685 (fief de la Motte de Rouflame). — Anc. fief relev. de la bar. de Montmorillon.

Rougeons (Les), h. c^ne de Saint-Sauveur.

Rougerie (La), h. et tuilerie, c^ne d'Hains.

Rougerie (La), h. c^ne de Sanxay ; — 1775 (rôle des tailles).

Rouges (Les), h. c^ne de Saint-Gervais.

Rougetterie (La), f. c^ne de Nalliers. — *La Rougettrye*, 1674 (cure de Nalliers).

Rougné, m. r. c^ne de Liniers. — *Roygné*, 1551 (seign. de Touffou, 1) ; — *Rougné*, 1706 (chap. de Ste-Radegonde, 108).

Rouillac, fontaine, c^ne de Châtellerault; — 1600 (cure de Pouthumé).

Rouillard, h. c^ne de Vellèche. — *Rouzlart*, 1547; *Rouillard*, 1577 (cure de Vellèche).

Rouillé, c^on de Lusignan. — *Roliacus villa*, 889 (ch. de St-Hilaire, t. I, p. 13). — *De curte Rauliaco*, v. 1030 (cart. de St-Cyprien, p. 274). — *De ecclesia Roilliaco*, v. 1080 (ch. de St-Hilaire, t. I, p. 104). — *Rorgo de Roilec*, v. 1112 (cart. de St-Cyprien, p. 50). — *De Rolliaco*, v. 1180 (ch. de St-Hilaire, t. I, p. 193). — *Royllec*, 1270 (ibid. t. I, p. 326). — *Rolhec*, 1340 (Fontenau, t. III, p. 555). — *Roillé*, 1368 (ch. de St-Hilaire, t. II, p. 43). — *Roilhé*, 1404 (chap. de St-Hilaire, 94). — *Rouilhé*, 1479 (compte de J. Bourdin). — *Rouillé*, 1596 (aides et équivalents, p. 17). — *S. Hilaire de Rouillé*, 1782 (pouillé).

Avant 1790 la paroisse de Rouillé faisait partie de l'archiprêtré d'Exoudun (Deux-Sèvres), de la châtellenie et du ressort du siège royal de Lusignan, et de l'élection de Poitiers. Le chapitre de Saint-Hilaire, principal seigneur et haut justicier de la paroisse, nommait à la cure.

Rouille (La), lieu détruit, c^ne de Lomaizé. — *La Royilhe*, 1417; *la Rouilhe*, 1463; *village de la Rouille*, 1601 (carmes de Poitiers).

Rouille-Couteau, m. isolée, c^ne de Thollet.

Rouillère (La), ff. c^ne d'Usson. — *La Roelère*, 1362 (abb. de la Reau). — *La Raoulère*, 1403 (gr. Gauthier, f° 262 v°). — *La Roellère*, 1408 (ibid. f° 203 v°). — *La Roullière*, 1498 (fief de la Guéronnière). — *La Roulière*, 1566 (fief de la Grande-Épine).

Rouilleterie (La), m. au Bourquet, c^ne de Montreuil-Bonnin. — *La Rouilleterye*, 1602 (abb. de St-Cyprien, 14).

Rouilly, f. et m^in sur la Vandelogne, c^ne de Chalandray. — *Rouillé*, 1447 (terrier de la com^rie de St-Remy, f° 187). — *Roillé*, 1498; *Rouilly*, 1507; *Rouilley*, 1524; *Rouilhé*, 1546 (arch. du chât. de la Barre, fam. de la Chappellerie). — Anc. fief relev. de la bar. de Parthenay.

Rouleau (Le), m. r. c^ne de Béruges.

Roulenesse (La), f. c^ne de Vernon. — *La Roulleresse*, 1766 (rôle des tailles).

Roulier (Chemin des), de Renoué à Guesne.

Rourie (La), f. c^ne de Fontaine-le-Comte. — *La Roaria*, 1286 (chap. de St-Hilaire, 539). — *La Rourie*, 1712 (rôle des tailles).

Rourie (La Petite-), h. c^ne de Ligugé.

Roussac, vill. c^ne de Saint-Savin; — 1404 (gr. Gauthier, f° 8). — *Le grant Roussac*, 1536 (abb. de l'Étoile).

Roussac (Le Petit-), f. c^ne de Nalliers; — 1536 (abb. de l'Étoile).

Roussalière (La), vill. c^nes de Chabournay et Vendeuvre. — *La Roussellière*, v. 1300 (seign. de Chénéché, 1). — *La Roussalière*, 1480 (ibid. 4). — *La Roussallière*, 1561 (ibid. 1). — Anc. fief relev. de la châtell. de Chénéché.

Roussalière (La), vill. c^ne de Saint-Martin-la-Rivière. — *La Rossalère*, 1320 (évêché, 22). — *La Roussalère*, 1362 (chap. de Chauvigny, 15). — *La Roussallière*, 1580 (terrier de Champeaux, f° 44 v°).

Roussay, vill. c^ne de Vendeuvre. — *Petrus de Rociai*, v. 1090 (cart. de St-Cyprien, p. 77). — *Roussay*, 1405 (gr. Gauthier, f° 15 v°).

Rousselière (La), h. c^ne de la Chapelle-Bâton; — 1728 (rôle des tailles).

Rousselière (La), m. à Saint-Ustre, c^ne d'Ingrande. — *La Roucelière*, 1438 (com^rie d'Auzon, 9).

Rousselière (La), ff. c^ne de Paizay-le-Sec; — 1573 (fam. Scourion, 1).

Rousselière (La), lieu détruit, c^ne d'Usson. — *Herbergement de la Roussellière tenant à la fourest de Fleuransans*, 1561 (fief de Busseroux).

Rousselières (Les), ff. et bois, c^ne de Saint-Maurice. — *La Rousseillière*, 1515 (abb. de St-Cyprien, 36). — *La Rousselyère*, 1558 (fief de Château-Larcher). — *Les Rouzellières*, 1710 (rôle des tailles).

Rousselin, m^in sur la Bouleur, c^ne de Ceaux, c^on de Couhé. — *Moulin de Roucellain*, 1495; — *de Roussellain*, 1518; — *de Roussellin*, 1677 (séminaires de Poitiers, 19).

Roussière (La), f. c^ne de Chalandray; — 1524 (cure de Cherves). — Anc. fief relev. de Rouilly.

Roussière (La), h. c^ne de Dienné. — *La Roussère*, 1469 (seign. de Dienné et Verrières, 3). — *La Roussière*, 1539 (carmes de Poitiers).

Roussière (La), f. détruite, c^ne de Saint-Léger-de-Montbrillais; — 1660 (cure de St-Léger-de-Montbrillais).

Roussière (La), f. c^ne de Thurageau; — 1508 (aveu de Mirebeau). — Anc. fief relev. de celui de Rochefort.

Roussière (La), h. c^ne de Vendeuvre.

Roussières (Les), h. c^ne de Bonnes; — 1593 (seign. de Touffou, 1).

Roussières (Les), m. r. c^ne de Gizay; — 1547 (cure de Gizay).

Roussille, h. et m^in sur la Charente, c^ne d'Anois. — *Village du viel Roussille, la veille Roussille, moulin de Roussille*, 1482 (abb. de Charroux).

ROUSSILLE (LA), f. c^{ne} de Dissay.
ROUSSILLE (LA), ff. c^{ne} de Genouillé. — *La Roucilhe,* 1403 (gr. Gauthier, f° 234). — *La Rouissille,* 1661 (notaires, Chevallier à Civray). — *La Roussille,* 1679 (fief de Genouillé).
ROUSSILLON, h. c^{ne} de Pleumartin.
ROUSSILLON, vill. c^{ne} de Vaux-en-Couhé. — *Roussilhon,* 1409 (ch. de St-Hilaire, t. II, p. 67). — *Roussillon,* 1441 (chap. de St-Hilaire, 342).
ROUSSINIÈRE (LA), m. r. c^{ne} de Naintré.
ROUSTIÈRE (LA), h. c^{ne} de Latus. — *La Roussetière,* 1506; *la Roustière,* 1619 (sergenterie fieffée de Montmorillon).
Le ruiss. de la Roustière est aussi appelé ruiss. de Baigneboeuf. Voy. ce mot.
ROUSTIÈRE (LA), ff. c^{ne} de Saint-Pierre-de-Maillé. — *La Roussetere, herbergamentum Stephani Rousset,* 1309 (Gauthier, f° 199 v°). — *La Roussetière,* 1490; *la Roustière,* 1640 (fam. de la Bussière). — Anc. fief relev. de la bar. d'Angle.
ROUTE (LA), m. r. c^{ne} de Tercé. — *La Roylle,* 1405 (gr. Gauthier, f° 21 v°). — *La Rouilhe,* 1477 (fief de Mortemer). — *La Rouille,* 1548 (fief de Dienné et Verrières). — *La Route* (Cassini). — Anc. fief relev. de la bar. de Dienné et Verrières.
ROUTIÈRE (LA), f. c^{ne} de Saint-Gervais; — 1648 (cure de St-Martin-de-Quinlieu). — Anc. fief relev. du Plessis-Baunay.
ROUTIÈRE (LA PETITE-), h. c^{ne} de Saint-Gervais.
ROUTISSERIE (LA), m. r. c^{ne} de la Chapelle-Montreuil.
ROUTRIE (LA), h. c^{ne} de Montreuil-Bonnin.
ROUVRAIE (LA), m. près le Bourgneuf, c^{ne} de Saint-Léger-de-Montbrillais. — *La Rouveraye,* 1662 (cure de St-Léger-de-Montbrillais). — *La Rouvraye,* 1683 (arch. de la Soc. des antiquaires de l'Ouest; Loudunais). — Anc. seigneurie.
ROUYÈRE, f. anc. mⁱⁿ sur la Clouère, c^{ne} d'Availle-Limousine. — *Willelmus de Roer,* v. 1100 (cart. de St-Cyprien, p. 245). — *Berto de Roera,* v. 1160 (Fontenau, t. XVIII, p. 314). — *Royère,* 1448; *Rouyère,* 1470 (fam. Laurent de Reyrac).
ROUYÈRE, f. c^{ne} de Pairoux. — *Roeyre, Rouyère,* 1473 (abb. de Charroux). — Anc. domaine de l'abbaye de la Reau.
ROUYOUX, m. r. c^{ne} d'Adriers. — *Royou,* 1449 (seign. de l'Isle-Jourdain). — *Rouyou,* 1521 (cure de Lussac). — *Moulin de Rouyoulx,* 1530 (seign. de Lussac, 1). — *Roioux,* 1640 (prieuré d'Entrefins).
ROYAUME (LE), f. c^{ne} de Saint-Sauveur.
ROYAUTÉ (LA), f. c^{ne} de Celle-l'Évécault.
ROYAUTÉ (LA), m. isolée, c^{ne} de Lusignan.

ROYAUTÉ (LA), m. isolée, c^{ne} de Marçay.
ROYAUTÉ (LA), h. adjacent au vill. de Chantegain, c^{ne} de Saint-Georges.
ROYAUTÉ (LA), m. r. c^{ne} de Vezières.
ROYÈRES (LES), f. c^{ne} de Montamisé.
ROYERS (LES), f. c^{ne} de la Chapelle-Viviers. — *Cheulx les Royers,* 1580 (terrier de Champeaux, 58).
ROZERIE (LA), vill. c^{ne} de Bellefont. — *La Rouserie,* 1512; *la Rouzerie,* 1549 (seign. de Bellefont). — *La Rousserie,* 1564 (seign. de Touffou, 3). — *La Rozerie,* 1609 (abb. de St-Cyprien, 20).
RUCHET (LE), h. c^{ne} de Persac.
RUDELIÈRE (LA), vill. c^{ne} de Magné. — *Les Rudelères,* 1404 (gr. Gauthier, f° 87 v°). — *La Rudelière,* 1480 (fief de Magné).
RUDEPAILLE, vill. c^{ne} de Mauprevoir. — *Rutepaille,* 1651; *Rudepaille,* 1656; *Ruhe de Paille,* 1659 (notaires de la bar. de Charroux).
RUDEPÈRE, m. r. c^{ne} de Vouneuil-sur-Vienne. — *Ridepère,* 1309 (Gauthier, f° 187 v°). — *Rudepère,* 1461 (seign. du Fou). — *Rudepaire,* 1463 (chap. cathédral, reg. 91). — *Rudepeire,* 1527 (com^{rie} de la Foucaudière, 13). — Anc. fief relev. de la châtell. de Montgamé et de celle de Chitré.
RUE (LA), m. détruite, près la Gouinière, c^{ne} de Ceaux, c^{on} de Loudun.
RUE (LA), f. c^{ne} de Jardres. — *La Rue,* 1465 (fam. Taveau). — *La Ruhe,* 1574 (seign. de la Rue). — *La Rue Chessée,* 1685 (fief de Mortemer). — Anc. fief relev. de la châtell. de Normandoux.
RUE (LA), f. c^{ne} de Messemé; — 1453 (com^{rie} de Loudun, 28). — Anc. fief.
RUE (LA), vill. et tuilerie, c^{ne} de Montmorillon. — *La Rue,* 1454 (chap. de Montmorillon, 1). — *La Ruhe,* 1461 (maison-Dieu, 100).
RUE (LA), vill. c^{ne} de Vaux. — *La haulte Rue,* 1674 (cure de Vaux).
RUE (LA BASSE-), h. c^{ne} de Saint-Martin-Lars.
RUE (LA BASSE-), h. c^{ne} de Surin. — *La basse Ruhe de Surun,* 1572 (seign. du Cibiou).
RUE (LA HAUTE-), h. c^{ne} de Saix. — *La haulte Rue,* 1611 (cure de Saix).
RUE (MOULIN DE LA), sur la Grande-Blour, et h. c^{ne} de Moussac-sur-Vienne. — *Moulin de la Rue,* 1586 (fam. Bonnin). — *Lareux* (Cassini).
RUE-DE-FEU, f. c^{ne} de Bournan.
RUE-DES-PAGES (LA), h. c^{ne} d'Availle.
RUE-DES-ROCS (LA), vill. c^{ne} de Buxerolles.
RUE-ÉNAULT (LA), vill. c^{ne} de Dercé. — *La Rue Esnault,* 1673 (com^{rie} de Loudun, 31).
RUE-NEUVE, h. c^{ne} de Pouant.
RUES (LES), f. c^{ne} de Villemort.

RUETTE (LA), m. r. c^{ne} de Marigny-Brizay; anc. fief relev. de la Tour-Signy.

RUFFIGNY, vill. c^{ne} d'Iteuil; anc. c^{ne} réunie à celle-ci le 8 décembre 1819. — *Bernardus de Rufiniaco*, 1192 (abb. de Fontaine-le-Comte). — *Ecclesia de Roffigniaco* (pouillé de Gauthier, f° 152). — *Roffigné*, 1322 (abb. de la Celle, 18). — *Rouffigné*, 1324 (arch. de Poitiers, 12). — *Ruffigné*, 1473 (seign. de Béruges, 2). — *Roffigny*, 1573; *Ruffigny*, 1628 (collège de Poitiers, 15). — *Ste-Magdeleine de Rufigny*, 1779 (almanach provincial).

Avant 1790 cette ancienne paroisse, aussi réunie auj. à Iteuil pour le spirituel, faisait partie de l'archiprêtré et de la châtellenie de Lusignan, de la sénéchaussée et de l'élection de Poitiers; elle était de la châtellenie de Poitiers en 1324 (arch. de Poitiers, 12). Le prieur de Saint-Martin de Ligugé nommait à la cure; il était seigneur haut justicier de la paroisse.

Le ruiss. de Ruffigny a sa source près ce lieu et se jette dans le Clain près Aigne. Il est aussi appelé ruiss. d'Aigne.

RUFFINIÈRE (LA), lieu détruit, près Écrouzilles, c^{ne} de Château-Larcher. — *La Rouffinère*, 1489 (livre de recette de Vivonne, f°s 79 et 90 v°). — *Houstel noble de la Ruffynière, qui est froust*, 1558 (fief de Château-Larcher). — Anc. fief réuni à celui de Château-Larcher.

RUFFINIÈRES (LES), h. c^{ne} de Jazeneuil. — *La Ruffinière*, 1604 (fief de Mauprié). — *Les Ruffinières*, 1711 (rôle des tailles).

RUGE (LE GRAND et LE PETIT-), ff. c^{ne} de Paizay-le-Sec. — *Reuge*, 1486 (abb. de St-Savin, 14). — *Ruges*, 1573 (fam. Scourion, 1). — *Ruge*, 1689 (évêché, 20).

RUISSEAU, h. c^{ne} de Saint-Romain-sur-Vienne. — *Ruceaus*, 1332 (abb. de Ste-Croix, 81). — *Ruceaulx*, 1545; *Ruisseaux*, 1636 (cure de St-Romain).

RUISSEAU, h. c^{ne} de Vendeuvre. — *Ruisseau*, 1687 (seign. de Chénéché, 7). — *Les Ruisseaux* (Cassini). — Anc. fief relev. de la Tour-Signy.

RUISSEAU (LE), f. c^{ne} d'Adriers. — Anc. fief.

RULECROTTE, f. c^{ne} de Raslay. — *Roule Crotte* (Cassini).

RUNE (LA), ruiss. a sa source dans la forêt de l'Épine, sépare la c^{ne} de Coulombiers de celle de Fontaine-le-Comte et arrose la c^{ne} de Marçay, où il se réunit au Palais. — *Li rivaus de la Rune*, 1283 (abb. de Fontaine-le-Comte, 13); *rivière de la Rune*, 1489 (livre de recette de Vivonne, f° 163 v°).

RUSSAUDRIE (LA), ff. c^{ne} de Doussay.

RUSSAY, vill. c^{ne} de Pleumartin. — *Russay*, 1566 (seign. de Pleumartin, 1). — *Russais*, 1713 (cure de Pleumartin). — Anc. fief relev. de la bar. de Montoiron.

RUSSETTE (LA), m. isolée, c^{ne} de Mazeuil.

RUSSON, m. isolée, c^{ne} de Nouaillé. — *Estanc de Ruson*, 1363 (abb. de Nouaillé, 7). — *Le moulin de Russon*, 1427 (com^{rie} de la Villedieu, 22).

RUZERIE ou RUZIÈRE (LA), lieu détruit, c^{ne} de Marnay; anc. fief réuni à celui de la Randonnière.

RY, chât. c^{ne} de Varennes. — *In villa que dicitur Rivis, in vicaria Salvinse*, v. 970 (cart. de St-Cyprien, p. 85). — *Villa que dicitur Ad Rivas*, 988-1031 (*ibid.* p. 53). — *Hugo de Ri*, 1158 (abb. de la Trinité). — *Ry*, 1278 (prévôté de Blâlay, 1). — Anc. fief relev. de la bar. de Mirebeau.

RY (LE), f. c^{ne} de Pouzioux. — *Herbergement deu Ry*, 1309 (Gauthier, f° 188). — *Le Ris*, 1444 (évêché, 17). — *Le Riz*, 1491 (prieuré du Teil-aux-Moines). — *Hostel du Rys*, 1539 (chap. cathédral, 42). — Anc. fief relev. de la bar. de Chauvigny. — Le moulin du Ry, sur le ruiss. de Servon, mentionné en 1533 (maison-Dieu, 164) et en 1775 (rôle des tailles), n'existe plus.

RY (LE), ruiss. formé de petits cours d'eau provenant de plusieurs étangs, c^{nes} d'Availle-Limousine et du Vigean, se jette dans la Vienne au port de Salles.

RY-DE-JEU (LE), f. c^{ne} de Saugé. — *Le Riz de Jeu*, 1483 (fief de Beaupuy). — *Le Ris de Jeu* (Cassini). Le Ry ou ruiss. de Jeu prend naissance à la Papotière, c^{ne} de Plaisance, et se jette dans la Gartempe en aval de Rouflame, c^{ne} de Saugé.

RYE (LA GRANDE-), chât. et h. c^{ne} du Vigean. — *La grant Rye*, 1479 (fam. Laurent de Reyrac). — Anc. fief.

RYE (LA PETITE-), m. r. c^{ne} du Vigean; — 1479 (fam. Laurent de Reyrac). — Anc. fief relev. du marq. du Vigean.

S

SABLÉ, f. c^{ne} de Dangé; — 1534 (seign. de la Groye, inv.).

SABLE (LE), h. c^{ne} de Paizay-le-Sec.

SABLES (LES), vill. c^{ne} de Bertegon.

SABLES (LES), vill. c^{ne} de la Ferrière. — *Le Sable*, 1398 (chap. de St-Pierre-le-Puellier, 24). — Do-

minus de Sabulo, 1405 (gr. Gauthier, f° 80). — — Anc. fief relev. de la Ruffinière unie à la châtell. de Château-Larcher.

SABLES (LES), territ. sur la rive droite du Clain, c^ne de Poitiers, où sont disséminées plusieurs maisons, et où l'on a établi en 1874 un parc d'artillerie; autrefois dans le fief et juridiction de l'abbaye de la Trinité.

SABLES (LES), h. c^ne de Targé.

SABLES (LES), f. c^ue de Vellèche.

SABLES (LES), f. c^ue de Vicq; — 1560 (seign. de Jeu).

SABLES-D'AUZON (LES), h. c^ne de Châtellerault.

SABLIÈRE (LA), m. isolée, c^ne de Benassay. — *Mestairie des basses Sablières*, 1665 (chap. de St-Hilaire, 235).

SABLIÈRE (LA), f. c^na de Cenon.

SABLIÈRE (LA), h. c^ne de Naintré.

SABLIÈRE (LA), h. c^ne de Poitiers.

SABLIÈRE (LA), m. isolée, c^ne de Saint-Gervais.

SABLON (LE), f. c^ne de Dercé; — 1485 (com^rie de Loudun, 31).

SABLON (LE), m. au faubourg de Notre-Dame de Moncontour; — 1715 (notaires, Auriau à Messay).

SABLON (LE), vill. c^nes de Morton et Raslay; — 1694 (cure de Morton).

SABLONNIÈRE (LA), f. c^ne d'Hains.

SABLONNIÈRE (LA), m. r. c^ne de Montamisé.

SABLONNIÈRE (LA), m. r. c^ne de Veniers.

SABLONNIÈRE (LA), chât. et f. c^ne de Vouneuil-sous-Biard. — *La Sablonère*, 1324 (arch. de Poitiers, 12). — *La Sablonnière*, 1418 (chap. de St-Hilaire, 97).

SABLONNIÈRES (LES), m. r. c^ne de Queaux; — 1651 (cure de Queaux). — Anc. fief.

SABLONS (LES), h. c^ne de Châtellerault.

SABLONS (LES), m. r. c^ne de Doussay.

SABORNERIE (LA), ff. c^ne de Chenevelles. — *La Sablonnère*, 1489 (seign. de Montoiron, 1). — *La Sabornerye*, 1674 (seign. de Touffou, 5). — *La Sarbonnerie*, 1699 (seign. de Montoiron, 1). — *La Sablonnerie*, 1841 (nomencl.).

SABOTERIE (LA), h. c^ne de Buxerolles.

SABOTERIE (LA), h. c^ne de Buxeuil.

SABOURAUDRIE (LA), m. r. c^ne d'Iteuil. — *La Sabouraudrie*, 1489 (livre de recette de Vivonne, f° 186). — *La Sabouraudrye*, 1663 (notaires, Gaultier à Poitiers).

SABOUREAUX (LES), m. r. c^ne de Saint-Genest.

SABOURINS (LES), m. r. c^ne de Dangé; — 1686 (fief de la dîme de Piolant).

SABOURINS (LES), m. r. c^ne d'Usson.

SACHÉ, anc. habitation, mentionnée en 1489 (livre de recette de Vivonne, f° 169), près le ruisseau appelé le Palais et près la Rochette, c^ne de Marçay.

SADOUX, h. c^ne de Gizay. — *Bois de Sandoux*, 1396 (gr. Gauthier, f° 78). — *Hostel de Montgoyon appartenant à Laurent Sadour*, 1475 (chap. de St-Hilaire, 238). — *Montgoion aultrement Sadours*, 1589; *Mongouion*, 1596; *Montgoyon*, 1601 (cure de Gizay).

SAGNE (LA), f. c^ne de Latus. — *La Seigne*, 1405 (gr. Gauthier, f° 114). — *La Saigne*, 1496 (fief du Cluzeau-Bonneau). — *La Sagne*, 1730 (rôle des tailles).

Le ruiss. de la Sagne prend naissance près ce lieu et se réunit à celui de la Morelle. — *Ruisseau de la Seigne*, 1561 (seign. de la Dallerie).

SAGUERIE (LA), f. c^ne de Jazeneuil. — *La Saguerie*, 1379 (gr. Gauthier, f° 56). — *La Sagrie* (Cassini). — *La Segrie*, 1841 (nomencl.). — Anc. fief relev. de Mauprié.

SAILLE (LA), lieu détruit, près le Dognon, c^ne de Saint-Maurice. — *Village de la Sailhe*, 1404 (gr. Gauthier, f° 85).

SAINT-ALLIER, m^in sur le ruiss. de Saint-Martin et f. c^ne de Saint-Gervais. — *Moulin de Saint Allier*, 1435 (cure d'Avrigny); — *de Saint Allié*, 1774 (aveu de la bar. de la Touche).

SAINT-AMANT, h. c^ue de Marçay. — *Capella Sancti Amandi de Columberio, de Faduntiis*, 1119 (Fonteneau, t. XXI, p. 594). — *Herveius presbyter de Sancto Amando*, v. 1112 (cart. de St-Cyprien, p. 306). — *Sainct Ament*, 1489 (livre de recette de Vivonne, f° 163 v°). — *Saint Amant*, fief relev. de la châtell. de Clavière, 1620 (Fonteneau, t. XLII, p. 265). — Il est présumable que *Faduntiis* est le nom des terres où avait été bâtie cette chapelle et que ces terres sont celles qui, appelées *terra de Faiduncino cum silva*, furent données v. 1090 par Hugues de Lusignan à l'abbaye de Nouaillé (*ibid.* t. XXI, p. 521).

SAINT-ANDRÉ, f. c^ns de Latus. — *Locus de la Jahon*, 1409 (gr. Gauthier, f° 123). — *Lajahon*, 1496 (fief du Cluzeau-Bonneau). — *Village des Varennes alias Lajeon, Lajon*, 1561 (seign. de la Dallerie). — *Lageon*, 1658 (seign. du Cluzeau).

SAINT-ANDRÉ, anc. prieuré et cure à Mirebeau, dép. de l'abbaye de Bourgueil (Indre-et-Loire). — Ce prieuré a été fondé vers 1055 par Barthélemi Ier, archevêque de Tours. — *Ecclesia Sancti Andreæ Mirebelli*, 1102 (Fonteneau, t. I, p. 575). — *Prioratus Sancti Andree de Mirabello* (pouillé de Gauthier, f° 146).

Saint-Antoine, chapelle détruite, dans l'anc. cimetière de Jazeneuil.

Saint-Antoine, f. et chapelle détruite, c^ne de Vernon; — 1766 (rôle des tailles). — *Chapelle Saint-Antoine de Verbereuil*, 1782 (pouillé, p. 322). Voy. Verbreuil.

Saint-Aubin, chapelle détruite, c^ne d'Ingrande; — 1642 (seign. d'Ingrande, inv.).

Saint-Aubin, h. c^ne de Vivonne; anc. prieuré dép. de l'abbaye de Saint-Cyprien de Poitiers et fief relev. de la bar. de Celle-l'Évécault. — *Ecclesiola Sancti Albini*, 1097-1100 (cart. de St-Cyprien, p. 13). — *Ecclesia Sancti Albini de Vicoveone*, 1149 (abb. de St-Cyprien). — *Prior Sancti Albini*, 1383 (taux du décime, p. 30). — *Saint Aubin*, 1411 (seign. de la Salle d'Entrigé). — *L'arbergement de Saint Aulbin*, 1442 (seign. de St-Aubin).

Saint-Aubin-du-Dolet, vill. c^ne de Saint-Jean-de-Sauves; anc. c^ne réunie à celle-là le 7 septembre 1845. — *Ecclesia de Dole*, 1102 (cart. de Bourgueil, p. 90). — *Sanctus Albinus de Doleto*, 1238 (ch. de St-Hilaire, t. I, p. 245). — *Sanctus Albinus de Dolez*, 1287 (abb. de Fontaine-le-Comte, 28). — *Capellanus de Sancto Albino*, 1383 (taux du décime, p. 128, 152, 153).— *Parroisse de Douloir; Sainct Aubin de Doulez*, 1483 (chap. cathédral, 44). — *Sainct Aulbin de Doloir*, 1495 (prieuré de St-André de Mirebeau, 11). — *Sainct Aulbin du Doulloir*, 1520; *Sainct Aulbin des Doletz*, 1544 (cure de St-Aubin-du-Dolet). — *Sainct Aubin de Dollet*, 1573 (prieuré de St-André de Mirebeau, 11). — *Sainct Aulbin de Doullé*, 1612; *Sainct Aubin du Doloir*, 1669; *Saint Aubin du Dolet*, 1768 (cure de St-Aubin-du-Dolet). — *St-Aubin de Doulay* (Cassini). — *S. Aubin*, 1807 (annuaire).

Saint-Aubin-du-Dolet tire son surnom d'une localité adjacente, qui appartenait au prieuré de Saint-André-de-Mirebeau. Voy. Doulé.

Avant 1790 cette ancienne paroisse faisait partie de l'archiprêtré de Mirebeau, de la châtellenie de Saint-Cassien, du bailliage et de l'élection de Loudun. C'est probablement celle qui, dans le pouillé de Gauthier, est appelée *Sancti Olompi* (f° 170 v°). La cure était à la nomination de l'abbé de Bourgueil (Indre-et-Loire); depuis 1803 elle est réunie à celle de Saint-Jean-de-Sauves.

Saint-Benoît ou Saint-Benoît-de-Quinçay, c^ne sud de Poitiers; anc. abbaye de bénédictins, fondée au viie siècle par saint Achard. — *Quinciacus monasterium* (vita S. Filiberti, ap. Bouquet, t. III, p. 600). — *Via quæ ducit Sancti Benedicti*, 990-1004 (cart. de St-Cyprien, p. 22). — *Monachi Sanctæ Mariæ nec non et Sancti Andreæ atque almi Christi Benedicti Quinciacensis*, 1027 (Fontencau, t. XIII, p. 127). — *Abbas Sancti Benedicti de Quinciaco*, v. 1180 (abb. de St-Benoît). — *Abbas Benedicti de Quincai*, 1226 (ibid. 20). — *Saint Benoyt de Quincay*, 1283 (ibid. 12). — *Abbas Sancti Benedicti de Umbris*, 1289 (chap. de St-Hilaire, 529). — *Saint Benait de Quincay*, 1295 (abb. de St-Benoît, 1). — *Ecclesia Sancti Benedicti de Quincayo* (pouillé de Gauthier, f°151). — *Saint Benoît*, 1324 (arch. de Poitiers, 12). — *Saint Benoest de Quinsay*, 1329 (abb. de St-Benoît, 20). — *Abbaye de Saint Benoist de Quincay*, 1415 (ibid. 6). — *L'abbé de Saint Benest des Umbres*, 1449 (com^rie d'Auzon, 9). — *Parroisse de Saint Benoist*, 1479 (compte de J. Bourdin); — *de saint André de Quincay*, 1480 (abb. de St-Benoît, 4). — *Quinçay-les-Plaisirs*, 1794.

Saint-Benoît-de-Quinçay faisait anciennement partie de l'archiprêtré de Gençay, de la châtellenie, de la sénéchaussée et de l'élection de Poitiers. L'abbé était seigneur haut justicier de la paroisse. L'église paroissiale, sous le vocable de saint André, était distincte de l'église abbatiale, qui avait pour titulaire saint Benoît, évêque et confesseur, dont la fête se célèbre le 23 octobre. En 1803 cette dernière a été affectée au culte paroissial. — Le moulin à papier de Saint-Benoît, sur l'emplacement duquel on a bâti un moulin à farine en 1869, est mentionné en 1466, *molendina papiri* (abb. de St-Benoît, 16); en 1491, *mollin de la papeterie de Sainct Benoist* (ibid. 3); il dépendait de l'abbaye.

Saint-Benoir, chapelle, près les Hermitières, c^ne de Saint-Pierre-de-Maillé.

Saint-Blais, m. et anc. chapelle, c^ne de Civray. — *Chappelle de Saint Blays*, 1498 (fief de la Grenatière). — Cette chapelle était celle d'une confrérie mentionnée dès 1417 (Notes sur Civray, par M. L. Faye, ap. Bull. de la Soc. des antiq. de l'Ouest, t. V, p. 533).

Saint-Blaise, m. et chapelle, au village de la Tour-de-Beaumont, c^ne de Beaumont. — *Sainct Blais*, 1473; *chapelle de Sainct Blais*, v. 1556; *Sainct Blaise*, 1583 (chap. cathédral, reg. 110). — Anc. fief relev. de la châtell. de la Motte-de-Beaumont et appart. au chapitre cathédral de Poitiers.

Saint-Bonifet, f. c^ne de la Puye; anc. chapelle dép. du couvent de la Puye. — *Ecclesia Sancti Bonifacii*, v. 1025 (cart. de St-Cyprien, p. 135); — *Sancti Bonefacii*, 1097-1100 (abb. de St-Cyprien). — *Locus S. Bonifacii ex dono Petri Pictavorum episcopi et capituli monachorum S. Cypriani*, 1119 (bulle du pape Calixte II pour l'abb. de Fontevrault, ap. Gall. christ. t. II, col. 1316). — *Saint Boniffet*, 1470 (cure de St-Hilaire-entre-les-Églises de Poitiers). — *Saint Bonniffait*, 1473 (évêché, 33). — *Sainct Bonnifaict*, 1526 (couv. de la Puye, 4). — *Sainct Bonnifet*, 1697 (*ibid.* 1).

Une croix en fer a été érigée sur l'emplacement de la chapelle.

SAINT-BONNET, h. c^{ne} de Saint-Gaudent; — 1404 (gr. Gauthier, f° 195).

SAINT-BONNET, chât. et vill. c^{ne} de Sérigny. — *La Tour de Germigné*, 1397; — *de Germigny*, 1489; *Sainct Bonnet*, 1487 (seign. de la Tour-de-Germigny). — *Saint Bonnet ou la Tour de Germigny*, 1776 (chap. de Faye-la-Vineuse). — Anc. fief relev. de la bar. de Faye-la-Vineuse (Indre-et-Loire).

SAINT-CAPRAIS, chapelle détruite, c^{ne} de Mazeuil. — *Chapelle de Saint-Crapaire*, 1728 (clergé, 16); — *de S. Caprais ou Grapère*, 1782 (pouillé). — Elle était contiguë à l'église de Mazeuil.

SAINT-CASSIEN, c^{on} de Moncontour. — *Philippus Sancti Cassiani*, v. 1122 (cart. de Fontevrault, f° 119). — *Ecclesia Sancti Cassiani Laperere*, 1179 (cart. de St-Jouin-de-Marnes, p. 39). — *Ecclesia Sancti Cassiani* (pouillé de Gauthier, f° 171). — *Baronie de Saint Cassien*, 1345 (abb. du Pin, 38). — *Sainct Gatien*, 1518 (proc.-verb. de public. de la coutume du Loudunais). — *Sainct Cassian*, 1470 (cure de Chalais). — *S. Gatien*, 1720 (dénomb. du royaume). — *S. Cassien ou Gatien*, 1782 (pouillé).

Avant 1790 cette anc. paroisse, réunie auj. à Angliers pour le spirituel, faisait partie de l'archiprêtré, de la châtellenie, du bailliage et de l'élection de Loudun. Le prieuré et la cure de Saint-Cassien dépendaient de l'abbaye de Saint-Jouin-de-Marnes (Deux-Sèvres). La baronnie de Saint-Cassien relevait du château de Loudun; son ressort comprenait la paroisse du même nom, celle de Saint-Aubin-du-Dolet, et une partie de celles de Saint-Clair et Martaizé; le château seigneurial est en ruine.

SAINT-CHARTRES, c^{on} de Moncontour. — *Ecclesia Sancti Cirici* (pouillé de Gauthier, f° 166 v°). — *Capellanus Sancti Cirici prope Marnes*, *Sancti Cirici super Divam*, 1383 (taux du décime, p. 33 et 74). — *Sainct Chardre*, 1409 (seign. de Moncontour). — *Sanctus Ciricus supra Divam*, 1478 (reg. synodal). — *Sainct Chartre*, 1593 (cure de la Grimaudière). — *S. Chartres alias S. Cyr*, 1782 (pouillé). — *S. Cyr-sur-Dive*, 1786 (almanach provincial).

Avant 1790 cette commune faisait partie de l'archiprêtré de Thouars (Deux-Sèvres), de la baronnie de Moncontour, au ressort de Saumur, et de l'élection de Richelieu, généralité de Tours. La cure était à la nomination de l'abbé de Saint-Jouin-de-Marnes (Deux-Sèvres). Le fief de Saint-Chartres relevait de la baronnie de Moncontour.

SAINT-CHRISTOPHE, c^{on} de Leigné-sur-Usseau. — *Sanctus Christoforus*, v. 1106 (cart. de Noyers, p. 374). — *Parrochia Sancti Christofori prope Fayam*, 1255 (chap. cathédral, 82). — *Ecclesia Sancti Christophori* (pouillé de Gauthier, f° 177 v°). — *Prior Sancti Christofori, monasterii Dolensis*, 1326 (compte d'une impos. ecclés.). — *Saint Christofle*, 1340 (bar. de Luain). — *Rector Sancti Christofori subtus Fayam*, 1478 (reg. synodal). — *Sainct Christofle soubz Faye la Vineuse*, 1480 (chap. cathédral, 82). — *Paroisse de Sainct André du bourg l'abbé dit Sainct Christofle*, 1508 (cure de St-Christophe). — *S. Christophe-sous-Faye*, 1782 (pouillé).

Avant 1790 cette commune faisait partie de l'archiprêtré de Faye-la-Vineuse (Indre-et-Loire), du duché, de la sénéchaussée et de l'élection de Châtellerault; quelques fiefs toutefois relevaient de la baronnie de Faye-la-Vineuse en Anjou. Le prieuré de Saint-Christophe était annexé à celui de Saint-Léonard de l'Isle-Bouchard (Indre-et-Loire), dépendant de l'abbaye de Déols (Indre). La cure était à la nomination de l'évêque. Le fief de Saint-Christophe, qualifié châtellenie dès 1483, relevait de la baronnie de Thuré; comme cette baronnie, il faisait partie avant 1447 du temporel des évêques de Poitiers. Voy. THURÉ.

SAINT-CITROINE, vill. c^{ne} de Vezières; anc. c^{ne} réunie à celle-ci le 1er décembre 1819. — *Locus Sancti Citronii*, v. 1040 (Arch. hist. du Poitou, t. II, p. 43). — *Ecclesia S. Citronii de Vareza*, 1082 (*ibid.* t. II, p. 45). — *Ecclesia de Sancto Citronio* (pouillé de Gauthier, f° 171 v°). — *Prioratus Sancti Cytronii* (*ibid.* f° 146). — *Parochia Sancti Citronini*, v. 1300 (Gauthier, f° 17 v°). — *Saint Cytroine*, 1451 (prieuré de Bournan). — *Saincte Soubzterrayne près Vezières*, 1580 (seign. de Bougeville). — *S. Cytronne*, 1649 (bissexte). — *S. Citroine*, 1720 (dénomb. du royaume).

Avant 1790 cette ancienne paroisse faisait partie de l'archiprêtré, de la châtellenie, du bailliage et de l'élection de Loudun. Le prieuré et la cure de Saint-Citroine dépendaient de l'abbaye de Saint-Florent de Saumur; la cure est réunie à celle de Vezières depuis 1803.

SAINT-CLAIR, c^{on} de Moncontour. — *Villa que voca-*

tur Alerius, v. 985 (cart. de S¹-Cyprien, p. 185).
— Aler, 1245 (abb. du Pin, 41). — Capellanus Sancti Clari de Alerio, 1326 (compte d'une impos. ecclés.). — Saint Cler, 1344 (abb. du Pin, 40). — Capellanus de Alerio ; — Sancti Clari, 1383 (taux du décime, p. 9 et 76). — Village de Aller qui à présent se nomme Sainct Cler, 1446 (abb. du Pin, 42). — Saint Clier, 1478 (prieuré de S¹-André de Mirebeau, 11). — Rector Sancti Clari d'Agler, 1542 (chap. cathédral, 51). — Le grand Sainct Clair, 1687 (abb. du Pin, 42). — S. Clair, 1720 (dénomb. du royaume). — S. Clair-le-Grand, 1782 (pouillé).

Avant 1790 cette commune faisait partie de l'archiprêtré, de la châtellenie, du bailliage et de l'élection de Loudun ; une portion de son territoire toutefois dépendait de la bar. de Moncontour. La cure était à la nomination de l'évêque. La seigneurie de Saint-Clair relevait en partie de la bar. de Berrie (ms. Trincant).

SAINT-CLAIR, m. r. c°ᵉ de Beaumont.

SAINT-CLAIR, anc. seign. à Montbrillais, c°ᵉ de Saint-Léger-de-Montbrillais. — Saint Cler, 1541 ; Saint Clair, 1613 (collège de Poitiers, 57).

SAINT-CLAUD, chapelle détruite, vill. et m¹ⁿ sur la Vienne, c°ᵉˢ de la Chapelle-Moulière et Bonneuil-Matours. — Capella in villa Salcedo in vicaria que vocatur Linaris ; villa Salzedo, 964 (ch. de S¹-Hilaire, t. I, p. 35). — De Sancto Flodaldo, v. 1080 (ibid. t. I, p. 104). — Chapelle de Saint Clouaut, 1466 ; village de Sauzay, 1466, 1572 (seign. de Touffou, 1). — Moulin de Sainct Clouaud, 1547 (aveu de Touffou). — Village de Sainct Clouault, 1564 (seign. de Touffou, 3). — S¹ Cloud, 1781 (almanach de Poitiers). — Une foire se tient en ce lieu le 7 septembre, jour de la fête de saint Cloud. Des terres voisines sont encore appelées les Sausais.

SAINT-CLAUDE, anc. chapelle, c°ᵉ de Blâlay. — Saint Clouault, 1445 (prévôté de Blâlay, 2). — Saint Clault alias Saint Clou, 1770 (ibid. 4). — Chapelle de Saint-Clouaud, à la collation du chapitre de Saint-Martin de Tours, 1782 (pouillé). — Saint-Claude, 1841 (nomencl.). — Cette chapelle était située entre Blâlay et le Poirier.

SAINT-CLÉMENTIN, faubourg de Civray, sur la rive gauche de la Charente ; anc. c°ᵉ réunie à celle de Civray le 24 octobre 1821. — Ecclesia Sancti Clementini de Sivraico, 1128 (Fontereau, t. IV, p. 161) ; — de Sivrayo (pouillé de Gauthier, f° 151). — S. Clementin de Civray, 1782 (pouillé).

Avant 1790 cette ancienne paroisse faisait partie de l'archiprêtré de Gençay, de la châtellenie et de la sénéchaussée de Civray, et de l'élection de Poitiers. Le prieuré et la cure de Saint-Clémentin dépendaient de l'abbaye de Charroux. La cure de Saint-Clémentin n'a pas été rétablie.

SAINT-CRÉPIN, anc. chapelle, près Verre, c°ᵉ de Saint-Georges. — Cymiterium Sancti Crispini, 1315 (chap. de S¹ᵉ-Radegonde, 8). — Chapelle et cimetière de Saint Crispin, 1438 (chap. de Notre-Dame-la-Grande, 52).

SAINT-CYPRIEN, h. c°ᵉ d'Antigny ; anc. chapelle bâtie sur l'emplacement de la sépulture de saint Cyprien, frère de saint Savin, cujus corpus circa Antiniacum prædium sepultum (légende de s¹ Savin et s¹ Cyprien). — Locus Sancti Cipriani, 1400 (abb. de S¹-Savin, 8). — Saint Cyprien, 1495 (fam. Scourion).

SAINT-CYPRIEN, rue, faubourg, pont sur le Clain et fontaine, à Poitiers ; anc. abbaye de bénédictins fondée en 828 par Pépin 1ᵉʳ, roi d'Aquitaine ; unie à la congrégation de Saint-Maur en 1642. — Cella Sancti Severiani et Sancti Vincentii, 904 (cart. de S¹-Cyprien, p. 156). — Cenobium Sancti Cypriani, 909 (ibid. p. 153). — Ecclesia Beate Marie et Sancti Cipriani, 927 ou 928 (ibid. p. 190). — Cenobium dedicatum in honore Sancte Dei genitricis Marie nec non et Sancti Martini foris muros Pictavis civitate super fluvium Clini, 931-936 (ibid. p. 1). — Ecclesia Beate Marie virginis et Sancti Petri clavigeris Sanctique Martini, ubi requiescit corpus Sancti Severiani, 933 ou 934 (ibid. p. 207). — Ecclesia Sancte Marie et Sancti Martini et Sancti Severiani, 936 (ibid. p. 231).

Cette abbaye, située hors de la ville, sur la rive droite du Clain, avait tous droits de justice dans son fief, qui s'étendait sur la rive droite de cette rivière et sur quelques maisons en ville. — Le faubourg de Saint-Cyprien s'appelait anciennement la Paille : village de la Pailhe, paroisse de Saint Sornin, 1397 (abb. de la Celle, 9). — Faulxbourgs de Saint Ciprien, anciennement appellés la Paille, 1584 (abb. de S¹-Cyprien, 5). — Faubourg de Nostre Dame de la Paille, 1664 (carmes de Poitiers). Il ne reste point de vestiges de la chapelle de la Paille. Le pont de Saint-Cyprien est mentionné en 1083 (ch. de S¹-Hilaire, t. I, p. 106).

Un couvent de dominicains occupe aujourd'hui l'emplacement de l'abbaye.

SAINT-CYR, c°ⁿ de Saint-Georges. — Parochia Sancti Cirici, 1260 (abb. de la Celle, 15). — Ecclesia de Cappella Sancti Cirici (pouillé de Gauthier, f° 174). — Saint Cerdre, 1309 (Gauthier, f° 187 v°).

— *Saint Cerde*, 1363 (arch. de Poitiers, 15). — *Saint Serdre*, 1401 (chap. de Ste-Radegonde, 133). — *Saint Cire*, 1455 (com^{rie} d'Auzon, 9). — *Saint Cyre près Sainct Laurent des Brosses*, 1535 (chap. cathédral, 84). — *Ecclesia parrochialis Sanctorum Cirici et Jullito prope Dissayum*, 1575 (chap. de Notre-Dame-la-Grande, 70). — *La Constitution*, 1795. — *S. Cyr*, 1807 (annuaire).

Avant 1790 la paroisse de Saint-Cyr faisait partie de l'archiprêtré de Dissay, du duché et de la sénéchaussée de Châtellerault, et de l'élection de Poitiers; elle a dépendu de l'élection de Châtellerault jusqu'au commencement du xviiie siècle. La cure était à la nomination du chapitre de Notre-Dame-la-Grande de Poitiers; elle a été rétablie en 1843.

Saint-Cyr, chapelle détruite, à Brigueil-le-Chantre. — *Sainct Cierde*, 1506; *Sainct Sire*, 1672 (fief de Fleix).

Saint-Cyr, ni. r. c^{ne} de Thuré. — *Terre de Saint Sire*, 1309 (Gauthier, f° 205 v°). — *Sainct Cyre*, 1594; *Sainct Cire*, 1682 (chap. cathédral, 42). — Anc. chapelle et métairie dép. du chapitre cathédral de Poitiers.

Saint-Denis, anc. prieuré, paroisse de Saint-Michel à Poitiers, dép. de l'abbaye de Noyers en Touraine. —*Ecclesia Sancti Dionisii juxta murum civitatis prope portam que vocatur Mainardi*, 1120 (Fonteneau, t. XX, p. 729). — *Ecclesia Sancti Dyonisii de Triliis*, 1269 (cure de St-Michel de Poitiers). — *Prieurté de Sainct Denys des Treilhes*, 1507 (cure de St-Hilaire-entre-les-Églises de Poitiers).

Saint-Denis-en-Vaux, anc. prieuré. Voy. Vaux.

Saint-Drémont, h. c^{ne} des Trois-Moutiers; détaché de la c^{ne} de Bournan le 6 juillet 1862. — *Sidremum*, v. 1090 (cart. de St-Maur-sur-Loire). — *Saint Dremont*, 1493 (collège de Poitiers, 54). — *Saindremont*, 1565 (seign. de Bernezay).

Saint-Éloi, h. c^{nes} de Poitiers et Buxerolles; anc. chapelle et domaine de l'abbaye de Montierneuf. — *Terrouer de la Perche*, 1352; *Pertica*, 1354 (chap. de Ste-Radegonde, 14). — *Domus de Perticha*, 1399 (abb. de Montierneuf, reg. 10). — *Saint Heloy de la Perche*, 1426 (ibid. 4). — *Saint Eloy de la Perche*, 1451 (Fonteneau, t. XIX, p. 540).

Saint-Éloi, h. c^{ne} d'Usseau. — *Hostel de la Barroterie*, 1436; *village, terre et seigneurie de la Baroterie*, 1508; *la Barrotrie Sainct Elloy*, 1644; *chapelle de Sainct Esloy*, 1684; *chapelle de la Barottière*, 1730 (abb. de Montierneuf, 6). — Anc. domaine de l'abbaye de Montierneuf de Poitiers.

Saint-Étienne, chapelle détruite, c^{ne} d'Availle. —

S. Étienne des Blonds, 1782 (pouillé). — Anc. fief relev. de la bar. de Montoiron.

Saint-Félix (Roque), grotte, c^{ne} de Smarve. — *La Roche Saint Felis*, 1385 (cart. de la Trinité, f° 7). — *La Roche Saint Felix*, 1493 (chap. cathédral, reg. 39); 1583, 1607 (ibid. 16). — La croix de Saint-Félix est mentionnée en 1440 (abb. de la Celle, 15).

Saint-Fleur, vill. c^{ne} de Colombiers; distrait de la c^{ne} de Naintré le 7 décembre 1825. — *Vivianus de Sancto Floverio*, 1235; *Petrus de Sancto Floveyo*, 1262 (chap. de Notre-Dame-la-Grande, 26). — *Vivianus de Sancto Flodoveo*, 1277 (ch. de St-Hilaire, t. I, p. 340). — *Geoffroy de Saint Flour, Venan de Saint Flovier*, 1309 (Gauthier, f° 188). — *Guido de Sancto Flodoveo in parochia de Columberüs*, 1323 (chap. de Notre-Dame-la-Grande, 26). — *Jehan de Saint Flouer*, 1372 (ibid. 43).

Saint-Flour, anc. fief à Châtellerault, près l'église Saint-Jacques, uni en 1373 au domaine de la vicomté de Châtellerault (arch. de la Roche-de-Bran). — *Herbergement de Saint Flour*, 1407 (gr. Gauthier, f° 1 v°).

Saint-Gaudent, c^{on} de Civray. — *Apud Sanctum Gaudentium*, v. 1172 (Fonteneau, t. XVIII, p. 427). — *Ecclesia Sancti Gaudencii* (pouillé de Gauthier, f° 133 v°). — *Saint Gaudens*, 1345 (fam. Jousserant). — *Saint Gaudent*, 1395 (gr. Gauthier, f° 272 v°). — *Sainct Gaudant*, 1596 (aides et équivalents, p. 29).

Avant 1790 cette commune faisait partie de l'archiprêtré de Gençay, de la châtellenie et de la sénéchaussée de Civray, et de l'élection de Poitiers. La cure était à la nomination de l'évêque; elle a rétablie en 1851.

Saint-Genest, c^{on} de Lencloître. — *Amberia*, v. 1103 (Fonteneau, t. VIII, p. 451). — *Ambière*, 1281 (Duchesne, Hist. généal. de la maison des Chasteigners, pr. p. 111). — *Ambère*, 1363 (duché de Châtellerault, 4). — *Emberia*, 1383 (taux du décime, p. 11). — *Sainct Genois d'Amberre*, 1402; *Saint Genest d'Ambière*, 1481 (seign. de Puygarreau, 3). — *Prioratus Sancti Genesii de Amberia*, 1514 (abb. de Montierneuf, 6). — *Sainct Genays d'Ambière*, 1545 (ibid. 98). — *Saint Genest*, 1626 (seign. de Puygarreau, 8). — *Ambières*, 1649 (bissexte). — *S. Genest d'Ambières*, 1779 (almanach provincial). — *S. Genest d'Ambierre*, 1782 (pouillé).

Avant 1790 cette commune faisait partie de l'archiprêtré de Dissay, du duché, de la sénéchaussée et de l'élection de Châtellerault. Le prieuré et la cure de Saint-Genest d'Ambière dépendaient de l'abbaye de Montierneuf de Poitiers. Le temporel du prieuré relevait comme fief du duché de Châtellerault. Il y avait à Saint-Genest une maladrerie mentionnée en 1439 dans le terrier de Gironde (f° 14 v°) et en 1648 dans le pouillé de la prov. ecclés. de Bordeaux, p. 107.

En 1790 Saint-Genest devint le chef-lieu d'un canton dépendant du district de Châtellerault et formé des communes de Saint-Genest, Boussageau, Cernay, Doussay, Orches, Ouzilly et Savigny. Le siège de la justice de paix fut transféré à Lencloître le 27 brumaire an x (18 novembre 1801); la circonscription du canton fut modifiée à la même époque.

SAINT-GEORGES OU SAINT-GEORGES-LES-BAILLARGEAUX, ch.-l. de c^{on}, arr^t de Poitiers. — *Villa quæ dicitur Sanctus Georgius, in pago Pictavo, infra quintam ipsius civitatis*, 959 ou 960 (cart. de St-Cyprien, p. 202). — *Villa Sancti Joris, vineæ et molendinum in flumen Clini*, 1088-1091 (*ibid.* p. 30). — *Parrochia Sancti Georgii prope Dicay*, 1295 (chap. de Notre-Dame-la-Grande, 52). — *Ecclesia Sancti Georgii* (pouillé de Gauthier, f° 174). — *Sanctus Georgius Baillargins*, 1315 (chap. de Notre-Dame-la-Grande, 52); — *de Ballargeriz*, 1317 (abb. de Montierneuf, 9); — *de Baillargerins*, 1319 (chap. de Ste-Radegonde, 109); — *de Baillargerious*, 1322 (chap. de Notre-Dame-la-Grande, 52). — *Saint George*, 1324 (arch. de Poitiers, 24). — *Sanctus Georgius de Balhergeruis*, 1347 (com^{rie} de St-Georges, 2). — *Saint-George du Baillargerou*, 1347 (chap. de Notre-Dame-la-Grande, 52); — *des Bailhergereux*, 1383 (abb. de l'Étoile); — *des Baillergeaux*, 1385 (Fonteneau, t. XX, p. 609); — *des Baillargeroux*, 1405 (gr. Gauthier, f° 27); — *des Baillargereoux*, 1406 (*ibid.* f° 13 v°); — *des Baillargerieux*, 1428 (com^{rie} de St-Georges, 2); — *de Baillargeulx*, 1520 (bissexte); — *des Baillergeoux*, 1526 (chap. de St-Hilaire, 290); — *des Baillargeoulx*, 1544 (chap. de Ste-Radegonde, 109); — *des Baillergieulx*, 1544 (notaires, Villain à St-Georges). — *S. Georges*, 1720 (dénomb. du royaume). — *S. Georges-les-Baillargeaux*, 1782 (pouillé). — *S. Georges-des-Baillargeaux*, 1786 (almanach provincial). — *La Montagne*, 1793.

Avant 1790 Saint-Georges-les-Baillargeaux était de l'archiprêtré de Dissay, de la châtellenie, de la sénéchaussée et de l'élection de Poitiers. Il y avait une commanderie de l'ordre de Malte, qu'on appelait l'Hôpitau. Le chapitre de Notre-Dame-la-Grande, à qui appartenait le patronage de la cure, était le principal seigneur de la paroisse; le commandeur avait aussi droit de haute justice dans une partie de la paroisse.

Saint-Georges est chef-lieu de canton depuis le 18 novembre 1801; auparavant cette c^{ne} faisait partie du canton de Dissay.

SAINT-GEORGES, h. c^{ne} de Bournan.

SAINT-GERMAIN, c^{on} de Saint-Savin. — *Capella Sancti Germani*, 1184 (bulle de Luce III, abb. de St-Savin, 1). — *Ecclesia Sancti Germani de Sancto Savino* (pouillé de Gauthier, f° 176 v°). — *Sainct Germain lez Sainct Savyn*, 1532 (abb. de St-Savin, 22). — *S. Germain près S. Savin*, 1782 (pouillé). — *S. Germain-lès-S. Savin*, 1807 (annuaire).

Avant 1790 cette commune faisait partie de l'archiprêtré de Montmorillon, de la châtellenie de Saint-Savin au ressort de Montmorillon, et de l'élection du Blanc, généralité de Bourges. La cure était à la nomination de l'abbé de Saint-Savin; elle a été rétablie en 1826.

SAINT-GERMAIN, f. c^{ne} de Châtellerault; distraite de la c^{ne} de Naintré le 3 janvier 1839. — *Saint Germain*, 1397 (duché de Châtellerault, 8, inv. de 1477). — *Hostel Sainct Germain*, 1426 (*ibid.* 7). — *Chapelle de Sainct Germain, éloignée de deux grandes lieues de l'église de Naintré*, 1540 (cure de Naintré).

SAINT-GERVAIS, c^{on} de Leigné-sur-Usseau. — *In loco qui dicitur Cursous* (al. *Cursona*) *ecclesias sanctorum martyrum Gervasii et Prothasii et aliam in honore beati Martini*, 537 (dipl. non authentique de Dagobert Ier, ap. Pardessus, Diplomata, chartæ, etc. t. II, p. 57). — *Ecclesia sanctorum Gervasii et Protasii*, 1077-1100 (abb. de St-Cyprien). — *Saint Gerves de Avrigné*, 1276 (Filles-de-Notre-Dame de Châtellerault). — *Ecclesia Sancti Gervasii de Avrigniaco* (pouillé de Gauthier, f° 177 v°). — *Saint Gervaiz d'Avrigny*, 1479 (compte de J. Bourdin). — *Sainct Gervays près Avrigné*, 1486 (seign. de Puygarreau, 10). — *Saint Gervais des trois clochers*, 1644 (cure de St-Christophe). — *Saint Gervais et Saint Protais d'Avrigny des trois clochers*, 1659 (cure de St-Gervais). — *S. Gervais*, 1720 (dénomb. du royaume). — *S. Gervais d'Avrigny*, 1782 (pouillé).

Cette commune est formée des trois anciennes paroisses de Saint-Gervais, Avrigny et Saint-Martin-de-Quinlieu, qui faisaient partie de l'archiprêtré de Faye-la-Vineuse (Indre-et-Loire), du duché, de la sénéchaussée et de l'élection de Châtellerault. — La cure était à la nomination du chapitre cathédral de Poitiers.

SAINT-GILLES, anc. prieuré, près Lusignan. — *Theobaudus prior Sancti Egidii*, 1181 (Fontencau, t. XVI, p. 73). — *Prioratus Sancti Egidii de Leziginiaco* (pouillé de Gauthier, f° 140); — *de Sancto Egidio prope Leziniacum*, 1353 (abb. de Nouaillé, 57). — Il n'est plus question de ce prieuré après 1383; sa situation est inconnue. Un aveu du fief des Pouternières, de 1486, mentionne une *nayde assise à Sainct Gilles*, au bord de la Vonne.

SAINT-GRUÉ, h. c^{ne} de Salles-en-Toulon. — *Saint Gruer*, 1465 (fam. Taveau). — *Sainct Grué*, 1709 (chap. de Mortemer, 3).

SAINT-HENRI, anc. chapelle à Chauvigny, c^{ne} de Saint-Pierre-des-Églises.

SAINT-HILAIRE, église bâtie sur la sépulture de saint Hilaire à Poitiers; anc. abbaye sécularisée au commencement du IXe siècle; église paroissiale depuis 1803. — *Basilica beati Hilarii* (Greg. Tur. hist. l. V, cap. 25). — *Monasterium sancti Hilarii*, 768 (ch. de St-Hilaire, t. I, p. 1). — *Abbatia in honore beatissimi Hilarii incliti confessoris Christi dicata, ubi situm est corpus ejus*, v. 894 (ibid. t. I, p. 16). — *Ecclesia sancti Hilarii juxta Pictavensem civitatem constituta*, 1074 (ibid. t. I, p. 93). — *Ecclesia beati Hilarii majoris*, 1305 (ibid. t. II, p. 4). — *Chapitre de la grant église Saint Hillaire de Poictiers*, 1352 (ibid. t. II, p. 25). — *Saint Hilaire le grant*, 1363 (ibid. t. II, p. 35).

Le chapitre était seigneur haut justicier du bourg de Saint-Hilaire, qui comprenait la partie sud de la ville, limitée par une ligne passant près le couvent de la Visitation, aux halles, aux Trois-Piliers, au carrefour du Calvaire, et aboutissant à la porte de Tizon. Il était aussi patron et collateur des trois cures du bourg : Notre-Dame-de-la-Chandelière, Saint-Pierre-l'Hospitalier et Sainte-Triaise, qui n'ont pas été rétablies lors de la réorganisation du culte en 1803.

L'église de Saint-Hilaire était primitivement hors de la ville; Èbles, qui en était trésorier, frère de Guillaume Tête d'Étoupe, comte de Poitou, la fit entourer de murs : *murus noviter circa monasterium instructus*, 942 (ch. de St-Hilaire, t. I, p. 24). Cette enceinte fortifiée, *castrum Sancti Hylarii*, 941 ou 942 (ibid. t. I, p. 22), *castellum Sancti Ylarii*, 1058 (ibid. t. I, p. 88), ne formait qu'une petite portion du bourg de Saint-Hilaire, *burgus Sancti Hylarii*, 1083 (ibid. t. I, p. 105), qui fut compris dans la nouvelle enceinte de Poitiers au temps d'Henri II, roi d'Angleterre et comte de Poitou.

SAINT-HILAIRE, église en ruine, c^{ne} de Pouançay.

SAINT-HILAIRE, colonie pénitentiaire, c^{ne} de Roiffé. — L'endroit où elle est établie s'appelait Boulard avant 1860.

SAINT-HILAIRE ou SAINT-HILAIRE-DE-MONS, église détruite et f. c^{ne} de Saint-Sauveur; anc. c^{ne} réunie à celle-là le 18 novembre 1818. — *Ecclesia Sancti Hilarii de Mont*, 1097-1190 (cart. de St-Cyprien, p. 13); — *Sancti Hylarii de Montibus*, 1119 (ibid. p. 18). — *Ecclesia de Montibus* (pouillé de Gauthier, f° 173). — *Saint Hilayre de Mons*, 1380 (abb. de St-Cyprien). — *Saint Hillaire de Mont*, 1619 (aveu de St-Romain, f° 21).

Avant 1790 cette ancienne paroisse faisait partie de l'archiprêtré, du duché, de la sénéchaussée et de l'élection de Châtellerault; elle était unie à celle d'Abournay en 1478 et 1479 (reg. synodal et compte de J. Bourdin). La cure était à la nomination du chapitre cathédral; elle est réunie à celle de la Foucaudière depuis 1803. — Une ferme adjacente à l'anc. église de Saint-Hilaire est sur le territ. de Senillé.

SAINT-HILAIRE (BOIS DE), c^{nes} de Champagné-Saint-Hilaire et de Romagne, contenant 180 arpents en 1796, dont 100 appartenaient autref. au chapitre de Saint-Hilaire de Poitiers et le surplus à l'abbaye de Moreaux.

SAINT-HILAIRE (BOIS DE), c^{ne} de Quinçay, autref. au chapitre de Saint-Hilaire de Poitiers. — *Boys de Saint Hillaire*, 1517 (chap. de St-Hilaire, 395). — Ces bois, réunis à ceux de Vouillé, appartiennent à l'État. Voy. VOUILLÉ.

SAINT-HILAIRE (CHAUSSÉE DE), c^{ne} de Roiffé, à la limite des anc. diocèses de Poitiers, Tours et Angers. — *Calciata antiqua que dicitur adhuc Sancti Hilarii calciata*, v. 1127 (ch. de Fontevrault, ap. Mabille, *Essai sur les divisions territoriales de la Touraine*, p. 71).

SAINT-HILAIRE (CHEMINS DE) : de Sammarçolle à Saint-Citroine, 1498 (cure de Basses); — de la Jaltière à Charrières, 1661 (cure de Rossay). — Autres : c^{nes} d'Ayron, 1383 (gr. Gauthier, f° 74), Angliers et Pouançay.

SAINT-HILAIRE (LE PETIT-), f. c^{ne} de Saint-Sauveur.

SAINT-HILAIRE-DE-LA-CELLE à Poitiers, voy. CELLE (SAINT-HILAIRE DE LA). — Cet ancien monastère était établi sur l'emplacement de la maison où, suivant la tradition, mourut saint Hilaire; il était occupé dès la fin du XIe siècle par des chanoines réguliers de l'ordre de Saint-Augustin dont le prieur prit le titre d'abbé dans la seconde moitié du XIVe siècle : *canonici Sancti Hilarii de Cella*, v. 1095 (cart. de St-Cyprien, p. 183). — L'abbé était au XVe siècle en possession de la justice dans le bourg de la Celle; mais ce droit lui fut ensuite contesté et cessa d'être exercé. — Une communauté de carmélites occupe aujourd'hui les bâtiments de l'ancienne abbaye, dont une rue et une place ont conservé le nom, la rue de la Celle et le plan de la Celle.

Saint-Hubert, h. c^{ne} d'Oiré.

Saint-Hubert, f. c^{ne} de Pindray.

Saint-Jacques, faubourg de la Haye (Indre-et-Loire), sur la rive gauche de la Creuse, c^{ne} de Buxeuil. — *Bourg mons. Sainct Jacques près la Haye*, 1520 (duché de Châtellerault, 3). — *Bourg Sainct Jacques lès la Haye*, 1643 (cure de Buxeuil). — La chapelle de Saint-Jacques était une annexe de la cure de Buxeuil.

Saint-Jacques, m. r. c^{ne} de Liglet.

Saint-Jacques, chapelle détruite, c^{ne} de Mirebeau. — *Cappellania Sancti Jacobi leprosorum prope et contra muros ville de Mirabello* (pouillé de Gauthier). — *Saint Jacques lez Mirebeau*, 1545 (prieuré de St-André de Mirebeau, 3).

Saint-Jacques, anc. chapelle et cimetière, au faubourg de la Tranchée à Poitiers; — 1539 (ch. de St-Hilaire, t. II, p. 197).

Saint-Jacques (Chemin de), des Trois-Moutiers à Vaon.

Saint-Jacques (Grand chemin), de Lusignan à Chenay (Deux-Sèvres); — 1420 (gr. Gauthier, f° 50); 1498 (fief de Venours).

Saint-Jame, f. c^{ne} de Mignaloux.

Saint-Jean, anc. église à Loudun, donnée par Hugues de Baussay au prieuré de Notre-Dame du château de cette ville: *ecclesia in honorem Baptistæ Johannis consecrata* (ch. d'Isembert II, évêque de Poitiers, de l'an 1060, ap. Juenin, Hist. de l'abb. de Tournus, pr. p. 129); — appartient ensuite aux hospitaliers de Saint-Jean de Jérusalem.

Saint-Jean, appelé aujourd'hui Temple Saint-Jean, près la cathédrale, à Poitiers; anc. église ayant titre d'abbaye et de paroisse, la seule église de la ville où l'on ait baptisé jusque vers la fin du XVIe s^e (Thibaudeau, hist. du Poitou, 1re éd. t. I, p. 13). L'abbaye fut supprimée et ses biens unis au chapitre de Notre-Dame-la-Grande en 1758. Jusqu'alors l'abbé nommait à la cure, dont la circonscription était très peu étendue; depuis, ce droit appartient au doyen de la cathédrale.— *Abbas Sancti Johannis*, 1096 (Fontenau, t. XIII, p. 209). — *Capellanus Sancti Johannis Baptistæ*, 1162 (ibid. t. XXVII, p. 111). — *Episcopus dat baptisterium beati Johannis Baptistæ quod etiam vocatur abbatia* (pouillé de Gauthier, f° 179).

Cet antique édifice, dont l'origine et la destination primitive ont été souvent discutées, est auj. une propriété de l'État, qui l'a acquis de la fabrique de l'église cathédrale le 14 décembre 1834.

Saint-Jean-de-Sauves, c^{on} de Moncontour. — *Vicaria Salvensis in pago Pictavo*, 876 (ch. de St-Hilaire, t. I, p. 10); 914 (cart. de St-Cyprien, p. 85). — *Salvia, ecclesia Sancti Clementis*, v. 1030 (ibid. p. 98); — *ecclesia Sancti Johannis*, v. 1095 (ibid. p. 101). — *Sauve*, 1344 (abb. du Pin, 40). — *Saint Jehan de Sauves*, 1480 (seign. de Baussay).— *Parroisse de Sainct Clemens de Saulves*, 1488 (abb. de St-Cyprien, 35); — *de Sainct Jehan de Saulves*, 1522 (chap. de Mirebeau, 20). — *Sauves*, 1720 (dénomb. du royaume); 1818 (annuaire).—*S. Jean de Sauves*, 1782 (pouillé); 1807 (annuaire).

Cette commune est formée des deux anciennes paroisses de Sauves et Saint-Aubin-du-Dolet. Celle de Sauves, qu'on a pris l'habitude d'appeler Saint-Jean-de-Sauves, quoiqu'il n'y ait pas d'autre localité du même nom dans la région, était de l'archiprêtré de Mirebeau, de la baronnie de Mirebeau, sauf une portion qui ressortissait au bailliage de Loudun, et de l'élection de Richelieu, généralité de Tours. Le prieuré de Saint-Jean, *prioratus de Salvia* (pouillé de Gauthier, f° 146 v°), et la cure de Saint-Clément de Sauves dépendaient de l'abbaye de Saint-Cyprien de Poitiers.

Les localités qui faisaient partie de la viguerie de Sauves sont situées dans les communes de Sauves, Cuhon, Mirebeau, Varennes, Neuville, Marigny-Brizay, Ouzilly et Colombiers. Une portion du territoire de cette viguerie en fut détachée pour former celle de Colombiers.

En 1790 Saint-Jean-de-Sauves devint le chef-lieu d'un canton dépendant du district de Loudun et composé des communes de Saint-Jean-de-Sauves, Craon, Frontenay, Mazeuil, Saint-Aubin-du-Dolet et Sainte-Radegonde-de-Marconnay. Ce canton fut supprimé le 18 novembre 1801 et réuni à celui de Moncontour.

On donne le nom de rivière ou chenal de Saint-Jean-de-Sauves au cours d'eau du Pré-Pesson dans une partie de son parcours. Voy. Pré-Pesson.

Saint-Jean-l'Évangéliste, anc. prieuré ou aumônerie à Mirebeau, fondé avant 1185 (bulle du pape Luce III). — *Domus case Dei de Mirabello sicco alias prioratus seu elemosinaria nuncupata*, 1350; *domus Dei de Mirabello*, 1394; *les prieur et frères de prieuré séculier de la maison Dieu et aumousnerie de Mirebeau*, 1430; *les chanoynes et frères de l'église séculière et collégial, prioralle et aulmousnerie mons. sainct Jehan l'évangéliste lez Myrebau*, 1568 (prieuré de St-Jean de Mirebeau).

Cette maison charitable était desservie par un prieur et six frères; le prieur nommait ces derniers et il était élu par eux (pouillé de 1782, p. 252). Le faubourg où elle se trouvait est encore appelé faubourg de l'Aumônerie.

SAINT-JOSEPH, f. c^{ne} d'Adriers.

SAINT-JOSEPH, f. c^{ne} du Bourg-Archambault.

SAINT-JULIEN-LARS, ch.-lieu de c^{on}, arr^t de Poitiers. — *Cors Fagia habens capellas duas, unam in honore sancti Juliani, alteram in honore sancti Gervasi* (à Nieuil-l'Espoir), 962 (Fonteneau, t. XXVII, p. 28). — *Parrochia Sancti Juliani*, v. 1085 (cart. de St-Cyprien, p. 206). — *Ecclesia Sancti Juliani Arsi*, 1119 (Fonteneau, t. XXVII, p. 67). — *Curtis Sancti Juliani Lars*, 1217 (*ibid.* t. XXVII, p. 137). — *Saint Julien*, 1324 (arch. de Poitiers, 12). — *Saint Julian Lars*, 1429 (abb. de la Trinité, 57). — *Sainct Julien Lart*, 1451 (*ibid.* 60). — *Rector Sancti Juliani Arei*, 1478 (reg. synodal). — *Sainct Jullien*, 1596 (aides et équivalents, p. 6). — *S. Julien-Lars*, 1782 (pouillé). — *La Réunion*, 1793.

Avant 1790 Saint-Julien-Lars faisait partie de l'archiprêtré de Mortemer, de la châtellenie, de la sénéchaussée et de l'élection de Poitiers. Le patronage de la cure et la seigneurie et haute justice de la paroisse appartenaient à l'abbaye de la Trinité de Poitiers.

En 1790 Saint-Julien-Lars devint le chef-lieu d'un canton dépendant du district de Poitiers et formé des communes de Saint-Julien-Lars, Anxaumont, Bignoux, Bonnes, Jardres, Lavoux, Liniers, Pouillé, Savigny-l'Évescault, Sèvre et Tercé; cette circonscription fut modifiée en 1801.

SAINT-JUST, anc. prieuré et paroisse à Chauvigny. — *Ecclesia in honore sancti sepulcri Domini in convalle castri Calviniaci*, 1019-1027 (cart. de St-Cyprien, p. 136). — *Locus sancti sepulcri Domini nostri Jesu Christi in prospectu castri Calviniacensis*, v. 1030 (*ibid.* p. 138). — *Monasterium sancti sepulcri et sancti Justi martiris*, v. 1060 (*ibid.* p. 140). — *Ecclesia beati Justi*, v. 1085 (*ibid.* p. 142). — *Le prieur de Saint Just de Chauvigné*, 1309 (Gauthier, f° 182 v°).

Le prieuré de Saint-Just, fondé par Isembert Ier, évêque de Poitiers, dépendait de l'abbaye de Saint-Cyprien; il fut uni au grand séminaire de Poitiers en 1689. L'église de Saint-Just existe encore, mais sous le vocable de Notre-Dame depuis 1822.

Le moulin de Saint-Just, 1584 (évêché, 8), sur le Talbat, porte encore ce nom.

SAINT-LAMBERT, c^{ne} de Queaux; anc. fief relev. du comté de Civray; consistant en prés, vignes et terres labourables.

SAINT-LAON (on prononce SAINT-LON), c^{on} de Loudun. — *Ad Sanctum Launum*, 1107 (Gallia christ. t. II, instr. col. 373). — *Ecclesia Sancti Launi de Thoarcio* (pouillé de Gauthier, f° 171 v°). — *Sanctus Launus super Divam*, 1383 (taux du décime, p. 9). — *Saint Lon sur Dive*, 1412; *Saint Laon sur Dyve*, 1486 (chap. de Ste-Croix de Loudun, 6). — *S. Laon*, 1720 (dénomb. du royaume). — *S. Laon-sur-Dive*, 1782 (pouillé).

Avant 1790 Saint-Laon faisait partie de l'archiprêtré, de la châtellenie, du bailliage et de l'élection de Loudun. Le prieuré-cure dépendait de l'abbaye de Saint-Laon de Thouars (Deux-Sèvres); il fut uni en 1637 au chapitre de Saint-Maurice d'Oiron (*idem*). Le fief de Saint-Laon relevait de la bar. de Berrie (ms. Trincant). — Cette anc. paroisse est unie à celle d'Arçay depuis 1803.

SAINT-LAURENT, vill. c^{ne} de Béruges. — *Chapelle Saint Laurent*, 1462 (abb. du Pin, reg. 1, p. 181). — *Chapelle de Saint Laurent de Ferrières*, 1473 (*ibid.* reg. 1, p. 196). — Cette chapelle, dép. de l'abb. du Pin, était en ruine en 1676; il s'y tenait une assemblée le jour de la fête de saint Laurent.

SAINT-LAURENT, vill. c^{ne} de Charroux. — *Cappellania Sancti Laurencii de Karroffio* (pouillé de Gauthier, f° 151 v°). — *Chapelle et bourg Sainct Laurent*, 1527 (chap. de St-Hilaire, 548). — Cette chapelle était en ruine en 1634.

SAINT-LAURENT, chapelle détruite, près la fontaine de Prisay, c^{ne} de Coussay-les-Bois. — *Saint Laurens des Chaumes, chapelle de Saint Laurens*, 1424 (arch. de la Soc. des antiq. de l'Ouest, n° 722).

SAINT-LAURENT, h. c^{ne} de Saint-Cyr; chapelle détruite, sur l'emplacement de laquelle se tient une foire le 10 août. — *Apud Sanctum Laurentium*, 1258 (Ledain, Hist. d'Alphonse, p. 118). — *Prioratus Sancti Laurentii in parrochia Capelle Sancti Civici* (pouillé de Gauthier, f° 147). — *Sainct Laurent de Brosses*, 1537 (chap. cathédral, 62); — *des Brousses*, 1748 (almanach de Poitiers).

SAINT-LAURENT, f. c^{ne} de Sanxay; — 1775 (rôle des tailles).

SAINT-LAURENT-DE-JOURDE, c^{ne} de Lussac-le-Château. — *Jordia*, 1087 (abb. de Nouaillé). — *Jorda*, 1270 (Fonteneau, t. XXII, p. 315). — *Prieurté de Jordre*, 1396 (gr. Gauthier, f° 210 v°). — *Jorde*, 1404 (*ibid.* f° 85 v°). — *Sainct Laurens de Jordre*, 1498 (abb. de Nouaillé, 20). — *Saint Laurent de Jourdre*, 1639 (cure de St-Laurent-de-Jourde). — *Jour-*

dres, 1649 (bissexte). — *S. Laurent de Jourdres*, 1720 (dénomb. du royaume); 1782 (pouillé); 1818 (annuaire). — *S¹-Laurent-de-Jourdes*, 1841 (nomencl.).

Avant 1790 cette commune faisait partie de l'archiprêtré et de la baronnie de Mortemer, de la sénéchaussée et de l'élection de Poitiers. Le prieuré-cure de Saint-Laurent-de-Jourde dépendait de l'abbaye de Bénévent (Creuse); la cure a été rétablie en 1851.

Le ruiss. de Saint-Laurent-de-Jourde prend sa source près le Terrier, même c^{ne}, et se jette dans la Dive au-dessous de la Forge, c^{ne} de Lomaizé.

SAINT-LAZARE, anc. léproserie à Loudun; ses biens furent unis à l'hôpital de cette ville en 1700. — *Ecclesia Sancti Lazari de Loduno* (pouillé de Gauthier, f° 172). — *Saint Ladre*, 1410 (chap. de Ste-Croix de Loudun, 2). — Une rue du faubourg dit de Mirebeau est encore appelée rue Saint-Lazare.

SAINT-LAZARE, anc. porte et faubourg de Poitiers, tirant leur nom d'une léproserie dont les biens furent unis à l'hôpital général de Poitiers en 1695. — *Capella leprosorum*, 1177 (abb. de Montierneuf). — *Elemosinaria seu leprosaria Sancti Lazari de extra et prope portam Sancti Lazari Pict.*, 1384; chapelle et cimetière des ladres, 1551 (aumônerie de S¹-Lazare).

SAINT-LÉGER, chapelle détruite, c^{ne} de Chouppes. Voy. CHAPELLE (LA).

SAINT-LÉGER, anc. église collégiale à Loudun; unie à celle de Sainte-Croix en 1773. — *Ecclesia Sanctæ Mariæ Sanctique Leodegarii in honore constructa*, v. 1020 (Arch. hist. du Poitou, t. II, p. 16). — *Sanctus Leodegarius de Losduno*, 1100-1115 (gr. cart. de Fontevrault, 909). — *Ecclesia Sancti Leodegarii* (pouillé de Gauthier, f° 172). — *Saint Liger du chastel de Loudun*, 1380 (chap. de Ste-Croix de Loudun, 6). — *Saint Legier du chasteau de Loudun*, 1434 (*ibid.* 5).

SAINT-LÉGER-DE-MONTBRILLAIS, c^{on} des Trois-Moutiers. — *Villa quæ vocatur Mons Sancti Leodegarii*, v. 1066 (cart. de Bourgueil, p. 119). — *Fulcredus de Sancto Leodegario*, commenc^t du XIIe s^e (gr. cart. de Fontevrault, 707). — *Guillelmus de Rocha Rabaste*, 1115-1149 (*ibid.* 757). — *Ecclesia de Monte Sancti Leodegarii*, 1119 (Juenin, Hist. de l'abbaye de Tournus, pr. p. 146). — *Rocha Rabate* (pouillé de Gauthier, f° 171 v°). — *La Roche Rabaté*, 1304 (collège de Poitiers, 54). — *Prior de Capella Rabate*, 1326 (compte d'une impos. ecclés.). — *Saint Ligier de la Roche Rabasté*, 1376 (couvent de Guesne). — *Prior de Roca Rabate*, 1383 (taux du décime, p. 8). — *Saint Liger de Montbrillais*, 1384 (collège de Poitiers, 54). — *Saint Ligier de sur la Roche Rabasté*, 1465 (cure de S¹-Léger-de-Montbrillais). — *Parroisse de Monbrilloys*, 1498 (com^{rie} de Loudun, 20). — *Saint Liger sur la Roche Rabasté*, 1622 (collège de Poitiers, 55). — *S. Leger de Montbrillays*, 1720 (dénomb. du royaume). — *La Rocherabaté alias S. Leger de Monbrillais*, 1782 (pouillé). — *Saint-Léger*, 1818 (annuaire).

Avant 1790 cette commune faisait partie de l'archiprêtré, de la châtellenie, du bailliage et de l'élection de Loudun. Le prieuré et la cure de la Roche-Rabaté ou Saint-Léger-de-Montbrillais dépendaient de l'abbaye de Bourgueil (Indre-et-Loire).

En 1790 Saint-Léger-de-Montbrillais devint le chef-lieu d'un canton dépendant du district de Loudun et formé des communes de Saint-Léger-de-Montbrillais, Morton, Nueil-sur-Dive, Pouançay, Raslay, Roiffé, Saix et Solomé; ce canton fut supprimé le 18 novembre 1801 et réuni à celui dont le chef-lieu fut établi aux Trois-Moutiers.

SAINT-LÉGER-LA-PALU, vill. et mⁱⁿ sur la Palu, c^{ne} de Marigny-Brizay; anc. c^{ne} réunie à celle-là le 1er décembre 1819. — *Prioratus Sancti Leodegarii de Palude*, 1272 (chap. cathédral, 58). — *Saint Liger de Palu, Saint Liger en Palu*, 1334 (chap. de Notre-Dame-la-Grande, 28). — *Saint Legier de la Paluz*, 1410 (abb. de Fontaine-le-Comte, 24). — *Sainct Legier la Paluz*, 1476 (chap. de S¹-Pierre-le-Puellier, 9). — *Rector Sancti Leodegarii in Palude*, 1478 (reg. synodal). — *Saint Legier en Paluz*, 1479 (compte de J. Bourdin). — *Sainct Legier en Paludz*, 1528 (chap. de Notre-Dame-la-Grande, 27). — *Sainct Ligier en Pallu*, 1596 (aides et équivalents, p. 81). — *Sainct Leger la Pallu*, 1715 (abb. de S¹-Benoît, 18). — *S. Léger-la-Palu*, 1807 (annuaire).

Avant 1790 cette ancienne paroisse faisait partie de l'archiprêtré de Dissay, du duché et de la sénéchaussée de Châtellerault, et de l'élection de Poitiers; elle a appartenu à l'élection de Châtellerault jusqu'au commencement du XVIIIe siècle. Le prieuré et la cure dépendaient de l'abbaye de S¹-Benoît-de-Quinçay. La cure a été réunie à celle de Marigny-Brizay depuis 1803 jusqu'au 25 mai 1878.

SAINT-LÉOMER (populairement SAINT-LIOMET), c^{ne} de la Trimouille. — *Parochia Sancti Leonomari, Sancti Leomari*, XIIe s^e (maison-Dieu, cart.). — *Ecclesia de Sancto Liomer*, 1247 (Fontaneau, t. V, p. 413).

— *Parochia Sancti Lonomari* (pouillé de Gauthier, f° 176); — *Sancti Launomari, Sancti Lomari*, 1383 (taux du décime, p. 16 et 59). — *Saint Luyemier, Saint Luyner*, 1454 (hommages de Montmorillon). — *Saint Leomer, Sanctus Leomarius*, 1474 (chap. de Montmorillon, 3). — *Sanctus Leönomarius*, 1478 (reg. synodal). — *Saint Lupnier*, 1479 (compte de J. Bourdin). — *Saint Leomier*, 1498 (fief du prieuré de St-Léomer).

Avant 1790 la paroisse de Saint-Léomer faisait partie de l'archiprêtré, de la châtellenie et de la sénéchaussée de Montmorillon, et de l'élection de Poitiers. Le prieuré-cure de Saint-Léomer dépendait de l'abbaye de Lesterp (Charente); son temporel formait un fief relev. de la baronnie de Montmorillon. La cure a été rétablie en 1841.

SAINT-LIGAIRE, f. et chapelle détruite, c^{ne} du Vigean. — *Versus Sanctum Leodegarium*, 1234 (Fonteneau, t. XXIV, p. 277). — *Prioratus de Sancto Leodegario* (pouillé de Gauthier, f° 148 v°). — *Saint Lygaire*, 1479 (fam. Laurent de Reyrac). — *Sainct Ligaire*, 1524 (Fonteneau, t. XXIV, p. 765). — *Prieuré de Sainct Liguaire*, 1700 (fam. Laurent de Reyrac).

Cette chapelle, mentionnée comme prieuré dans le pouillé de Gauthier, était à la collation de l'abbé de Lesterp (Charente); elle fut interdite en 1786; le service en avait été transféré en 1757 dans l'église paroissiale du Vigean (cure du Vigean). — Une foire se tenait en ce lieu le 13 août (almanachs de Poitiers, 1752-1792); elle a été transférée au Vigean en 1793. — L'étang de Saint-Ligaire est sur le territ. de Saint-Martin-Lars.

SAINT-LUC, chapelle détruite, rue Saint-Pierre à Poitiers; dépd. autref. de l'abbaye de Nouaillé. — *Sinodoxium pauperum id est egrotorum et debilium intra muros Pictavensis civitatis, in quo et oratorium in honore Sancti Lucæ evangelistæ edificare jussimus*, v. 696 (Pardessus, Diplomata, chartæ, etc. t. II, p. 239). — *Ecclesia Sancti Lucæ in Pictavensi civitate*, 1119 (Gall. christ. t. II, instr. col. 347).

SAINT-MACOU, c^{on} de Civray. — *Petrinus de Sancto Macuto*, v. 1180 (Fonteneau, t. XVIII, p. 543). — *Ecclesia Sancti Macuti* (pouillé de Gauthier, f° 151). — *Saint Macol, Saint Macou*, 1396 (fam. Jousserant). — *Saint Macoul*, 1479 (compte de J. Bourdin); 1720 (dénomb. du royaume). — *S. Macoux*, 1680 (notaires, Pascault à Civray).

Avant 1790 cette commune faisait partie de l'archiprêtré de Gençay, de la châtellenie et de la sénéchaussée de Civray, et de l'élection de Poitiers. Le prieuré-cure de Saint-Macou dépendait du prieuré de Salles-la-Vauguyon (Haute-Vienne); la cure a été rétablie en 1823. Sous le chevet de l'église est une source abondante qui verse ses eaux dans la Charente.

SAINT-MACOU (FONTAINE DE), au chevet de l'église de Celle-l'Évêcault (Affiches du Poitou, 1780, p. 35).

SAINT-MACOU (FONTAINE DE), sous l'abside de l'église de Jazeneuil.

SAINT-MACOU (FONTAINE DE), à la Folie, c^{ne} de Migné (Mém. de la Soc. des antiq. de l'Ouest, t. XXVIII, p. 251).

SAINT-MACOU (FONTAINE DE), près l'église de Voulon. Une chapelle de Saint-Macou était desservie dans cette église.

SAINT-MAIXENT-LE-PETIT, h. c^{ne} d'Hains; anc. prieuré dép. de l'abbaye de Saint-Cyprien. — *Villa que dicitur Sancti Maxentii, in pago Pictavo, in vicaria Ranciacensi, cum ecclesia in honorem dicti sancti Maxentii inibi fundata et farinario in fluvium Suleron sito*, 914 (Fonteneau, t. XIII, p. 37). — *Ecclesia Sancti Maxentii*, 1097-1100 (cart. de St-Cyprien, p. 12). — *Prioratus Sancti Maxencii* (pouillé de Gauthier, f° 148); — *Sancti Maxencii parvi*, 1383 (taux du décime, p. 16). — *Saint Maizant*, 1450 (maison-Dieu, 154). — *Sainct Maixent le petit*, 1454 (hommages de Montmorillon). — *Le petit Saint Maixent*, 1539; *Sainct Maixant le petit*, 1603 (maison-Dieu, 103).

La garenne et la justice de ce lieu constituaient un fief relev. de la bar. de Montmorillon.

SAINT-MANDÉ, vill. c^{ne} d'Avanton. — *Capella Sancti Mandeti*, 1464 (abb. de Montierneuf, reg. 10). — *Chappelle Sainct Mandé*, 1497 (ibid. 56).

SAINT-MANDÉ, chapelle en ruine et h. c^{ne} de Monterre-Silly. — *Capellania Sancti Maldeti que dicitur esse annexata ecclesie de Chassaignes* (pouillé de Gauthier, f° 172). — *Saint Mandé*, 1367 (abb. de Fontevrault). — Anc. domaine de l'abbaye de Fontevrault.

SAINT-MARC, anc. chapelle et seigneurie, près les Caves, c^{ne} de Bertegon; — 1490 (chap. de Ste-Radegonde, 92). — *Chapelle Sainct Marc*, 1512 (abb. de St-Benoît, 21).

SAINT-MARC, anc. chapelle et aumônerie à Châtellerault, faubourg de Châteauneuf. — *Chappelle Saint Marc estant aux faubours de Chastellerault vers le pont d'Estrée*, 1440 (duché de Châtellerault, 1).

SAINT-MARC-EN-GÂTINE, chapelle en ruine, c^{ne} de Saint-Pierre-de-Maillé, près la limite d'Archigny; anc. prieuré dép. de l'abbaye de Saint-Savin. — *Ecclesia Sancti Medardi de Guastina*, 1093 (abb. de St-Savin). — *Prioratus Sancti Medardi de Gas-*

tina (pouillé de Gauthier, f° 147 v°); — *Sancti Medardi juxta Gastinam*, 1383 (taux du décime, p. 11). — *Le prieur de Saint Marc en Gastine*, 1429 (seign. de Moutoiron, 1).

Le domaine du prieuré formait un fief relev. de la bar. de Montoiron. — Une foire se tenait en ce lieu le 25 avril.

SAINT-MARS, h. et m^{ins} sur la Vienne, c^{ne} de Bonneuil-Matours. — *Alodum quod dicitur Cella, masum cum ecclesia que fuit fundata in honore sancti Medardi, exclusa, piscatoria, molendino*, etc., 1068-1073 (cart. de St-Cyprien, p. 149). — *Moulin de Sainct Mars*, 1547 (aveu de Touffou). — Le fief de Saint-Mars relevait de la bar. de Montoiron. Il reste quelques ruines d'un château démoli en 1531, en vertu d'un arrêt de la cour des grands jours de Poitiers.

SAINT-MARSAULT, chapelle détruite, près Château-Larcher, a donné son nom à quelques maisons situées dans le haut de ce bourg. — *St Martial* (Cassini).

SAINT-MARTIAL, c^{ne} de Chauvigny. — *Ecclesia Sancti Marcialis de Calvigniaco* (Gauthier, f° 178 v°). — *Parroysse de Saint Marsaut de Chauvigné*, 1309 (ibid. f° 193). — *Sainct Martial*, 1567 (chap. de Chauvigny, 14).

Cette commune comprend le territoire de l'ancienne paroisse de Saint-Martial de Chauvigny qui, dans l'ordre civil, était distincte de cette ville dès le commencement du XVIIIe siècle. Une partie de la haute ville, où était située l'église paroissiale, et le faubourg de la porte de Châtellerault, dans la basse ville, dépendent de la c^{ne} de Saint-Martial, relevant, pour le spirituel, de l'église de Saint-Pierre de Chauvigny.

SAINT-MARTIN, f. et fontaine, c^{ne} de Varennes; anc. mⁱⁿ sur la Palu. — *La fontaine Sainct Martin*, 1540 (prieuré de St-Jean de Mirebeau, 9).

SAINT-MARTIN (CHEMIN et FONTAINE DE), c^{ne} de Lusignan.

SAINT-MARTIN (FONTAINE DE), entre Origny et Monbaudon, c^{ne} de Leigné-sur-Usseau; — 1506 (duché de Châtellerault, 6).

SAINT-MARTIN (FONTAINE DE), c^{ne} de Mirebeau; lieu autref. habité (Cassini).

SAINT-MARTIN (PILE DE), sur les confins des c^{nes} de Blâlay et de Chabournay. — *Pierre appellée la Pille de Sainct Martin*, 1670 (aveu de Chénéché, 73).

SAINT-MARTIN-DE-QUINLIEU, h. et mⁱⁿ sur la Veude, c^{ne} de Saint-Gervais; anc. c^{ne} réunie à celle-là le 18 novembre 1818. — *Ecclesia beati Martini que de Cuelo vocatur*, v. 1090 (cart. de St-Cyprien, p. 179). — *Ecclesia de Cuelec*, 1097-1100 (ibid. p. 13). — *Parrochia Sancti Martini de Avrigne*, 1251; *Saint Martin de Quynlieu*, 1454 (chap. cathédral, 82). — *Rector Sancti Martini prope Avrigneyum*, 1478 (reg. synodal). — *Paroisse de Quynlieu*, 1538 (seign. de Puygarreau, 4). — *Sainct Martin d'Avregné*, 1649 (bissexte). — *Sainct Martin*, 1596 (aides et équivalents, p. 78).

Avant 1790 cette ancienne paroisse faisait partie de l'archiprêtré de Faye-la-Vineuse (Indre-et-Loire), du duché, de la sénéchaussée et de l'élection de Châtellerault. Le prieuré-cure de Saint-Martin-de-Quinlieu dépendait de l'abbaye de Saint-Hilaire-de-la-Celle de Poitiers. La cure est unie depuis 1803 à celle de Saint-Gervais.

Le ruiss. de Saint-Martin sort de la fontaine de Montbrard et se jette dans la Veude au-dessous du moulin de Bâtreau.

SAINT-MARTIN-LA-RIVIÈRE, c^{ne} de Chauvigny. — *Villa quæ appellatur Sancti Martini, in pago Pictavo, in vicaria Ranciasinse*, 924 (ch. de St-Hilaire, t. I, p. 19). — *Ecclesia de Riveria, ecclesia Sancti Martini* (pouillé de Gauthier, f° 175). — *Saint Martin de la Rivière*, 1309 (Gauthier, f° 188). — *Sanctus Martinus de Riperia*, 1383 (taux du décime, p. 60). — *Sanctus Martinus de Riparia*, 1478 (reg. synodal). — *Saint Martin de Rivière*, 1479 (compte de J. Bourdin). — *Sainct Martin la Rivière*, 1603 (chap. de Mortemer, 4).

Avant 1790 cette commune faisait partie de l'archiprêtré de Mortemer, de la sénéchaussée et de l'élection de Poitiers. La cure était à la nomination du chapitre de Mortemer. Le fief et haute justice de Saint-Martin-la-Rivière relevait en partie de la baronnie de Mortemer et en partie de la baronnie de Chauvigny.

SAINT-MARTIN-LARS, c^{en} d'Availle-Limousine. — *Ecclesia Sancti Martini Arsi*, 1096 (Fontencau, t. IV, p. 89). — *Sanctus Martinus Lars*, 1195 (ibid. t. XVIII, p. 625). — *Saint Martin Lart*, 1395 (gr. Gauthier, f° 282 v°). — *Rector Sancti Martini Arci*, 1478 (reg. synodal). — *Saint Martin Lard*, 1479 (compte de J. Bourdin). — *Sainct Martin Lardz*, 1596 (aides et équivalents, p. 35). — *S. Martin Lars*, 1720 (dénomb. du royaume).

Avant 1790 cette paroisse, de l'archiprêtré de Gençay et de l'élection de Poitiers, dépendait en partie de la baronnie de Charroux et en partie de la châtellenie de Civray. La cure était à la nomination du chapitre cathédral. Le fief et haute justice de Saint-Martin-Lars, qualifié châtellenie en 1676, relevait du comté de Civray; l'ancien château seigneurial existe encore. La maladrerie de Saint-

Martin-Lars est mentionnée dans un acte de 1736 (fief de St-Martin-Lars).

SAINT-MAUR, h. c^{ne} de Cissé. — *Saint Maur*, 1396 (seign. du Peux-de-Cissé). — *Sainct Mor*, 1478 (abb. du Pin, reg. I, p. 145). — Anc. fief apparl. à l'abbaye du Pin et relev. de la tour de Maubergeon. — Une foire se tient en ce lieu, de temps immémorial, le lundi qui suit le deuxième dimanche après la Saint-Jean.

SAINT-MAUR, anc. prieuré à Loudun, dép. de l'abb. de Saint-Maur-sur-Loire (Maine-et-Loire). — *Capella in honore sancti Mauri sacrata apud castrum Lausdunum*, 1105 (cart. de St-Maur-sur-Loire, p. 186). — Cette chapelle fut érigée en prieuré en 1121 (*ibid.* f° 184). — *Prioratus Sancti Mauri in castro Loduni* (pouillé de Gauthier, f° 146). — *Prior Sancti Mauri castri de Loduno*, 1383 (taux du décime, p. 8). — En 1626 il restait quelques ruines de ce prieuré (Fonteneau, t. LXIV, p. 183).

SAINT-MAUR, chapelle détruite et fontaine, c^{ne} de Vouneuil-sur-Vienne. — *Pont de Saint Mor*, 1587 (évêché, 20). — *Garenne de Saint Maur*, 1625 (aveu de Chitré, arch. de la Roche-de-Bran).

SAINT-MAURICE, c^{ne} de Gençay. — *Ecclesia Sancti Mauricii apud Gentiacum*, 1097-1100 (abb. de St-Cyprien). — *Ecclesia Sancti Mauricii de Gencayo* (pouillé de Gauthier, f° 151). — *Saint Morice de Gencay*, 1396 (gr. Gauthier, f° 78). — *La Clouère*, 1720 (dénomb. du royaume). — *St Maurice la Clouère*, 1735 (rôle des tailles). — *S. Maurice en Gençay*, 1782 (pouillé). — *S. Maurice*, 1807 (annuaire).

Avant 1790 cette commune faisait partie de l'archiprêtré et de la châtellenie de Gençay, de la sénéchaussée et de l'élection de Poitiers; une portion de son territoire toutefois se rattachait à la châtellenie et à la sénéchaussée de Civray. Le prieuré et la cure de Saint-Maurice dépendaient de l'abbaye de Saint-Cyprien de Poitiers.

SAINT-MAURICE, h. c^{ne} de Dangé; anc. prieuré dép. de l'abbaye de Nouaillé. Voy. PUYMILLEROUX.

SAINT-MÉMIN (FONTAINE DE), près Silly, c^{ne} de Moulerre-Silly. — *Fontaine de Saint Mesmin*, 1451 (com^{rie} de Loudun, 22). — Cette fontaine se trouve sous le chevet de la chapelle ruinée de Saint-Mémin ou Saint-Maximin; les pèlerins y affluent le 29 mai, jour de la fête de ce saint.

SAINT-MÉRY, près Moncontour; anc. chapelle dép. de l'abbaye de Saint-Jouin-de-Marnes (Deux-Sèvres). — *Ecclesia Sancti Marculphi*, 1179 (cart. de St-Jouin, p. 39). — *Prior Sancti Merulphi*, 1383 (taux du décime, p. 10). — *Saint Meroux*, 1409 (aveu de Moncontour). — *Capella sancto Mayrulfo dicata* (notæ ad litan. Pict. ap. Labbe, Nova bibl. mss. t. II, p. 733). — *Saint-Mery* (Cassini). Cette chapelle n'existe plus, mais son nom est resté à un cimetière qu'on appelle cimetière de Saint-Méru.

SAINT-NICOLAS, anc. église à Loudun. — *Ecclesia Sancti Nicholai de Lausduno*, 1093 (collège de Poitiers). — Elle est au nombre de celles qui furent confirmées en 1119 par le pape Calixte II à l'abbaye de Tournus en Bourgogne : *cellam Sanctæ Mariæ Lauduni, ecclesiam Sancti Nicolai, Sancti Petri*, etc. (Juenin, Hist. de l'abb. de Tournus, pr. p. 146). En 1245 elle appartenait encore à la même abbaye (*ibid.* pr. p. 204). En 1383 c'était un prieuré dép. de l'abbaye de Fontevrault: *prioratus S. Nicolai de Loduno, ord. Fontis Ebraudi* (taux du décime, p. 119); il fut uni à la seign. de Saint-Mathurin apparl. à cette abbaye : *seigneurie de Sainct Mathurin alias Sainct Nicollas de Loudun*, 1632 (couv. de l'Union-Chrétienne de Loudun). Un faubourg de Loudun en a gardé le nom.

L'église de Saint-Nicolas, comme celle de Sainte-Croix, était primitivement en la paroisse de Veniers (ch. de 1121, cart. de St-Florent, lib. argent. f° 36 v°).

SAINT-NICOLAS, h. c^{ne} de Montmorillon; anc. prieuré dép. de l'abbaye de Charroux. — *Ecclesia Sancti Nicholai de Montmorlum*, 1096 (Fonteneau, t. IV, p. 89). — *Prioratus Sancti Nicholay* (pouillé de Gauthier, f° 148); — *Sancti Nicolai prope Montem Maurilii*, 1383 (taux du décime, p. 16). — *Saint Nicholas*, 1408 (maison-Dieu, 13).

SAINT-NICOLAS, anc. prieuré à Poitiers, dép. de l'abbaye de Montierneuf depuis 1086; primitivement église collégiale fondée vers 1050 par Agnès de Bourgogne, troisième femme de Guillaume le Grand, comte de Poitou. — *Ecclesia Sancti Nicolai, clerici Sancti Nicolai*, v. 1050 (carl. de St-Nicolas, 1 et 13). — *Ecclesia Sancti Nicholai quæ in foro Pictavensi sita est*, v. 1060 (*ibid.* 2). — Le prieur avait le droit de haute justice dans le bourg de Saint-Nicolas, dont l'étendue était fort restreinte.

SAINT-PAIXENT, vill. c^{ne} de l'Isle-Jourdain; anc. c^{ne} détachée de celle de Millac en 1801, réunie de nouveau à celle-ci le 19 avril 1820, puis à celle de l'Isle-Jourdain le 27 mai 1857; anc. prieuré dép. de l'abbaye d'Ahun (Creuse). — *Ecclesia Sancti Paxentii*, 1140 (Gall. christ. t. II, col. 622).— *St-Peisant*, 1214 (itinér. de Jean-sans-Terre, ap. Revue anglo-française, t. VII, p. 378). — *Prioratus Sancti Paxencii* (pouillé de Gauthier, f° 148). —

Prieuré de Nostre Dame de Saint Paixent, 1561 ; *Sainct Paissant en la parroisse de Meilhac*, 1574 ; *bourg et paroisse de Saint Pexant*, 1731 ; *Saint Paixant*, 1779 (prieuré de S¹-Paixent). — *S. Pessant*, 1701 (almanach de Poitiers). — *N. D. de S. Paxent*, 1786 (almanach provincial).

Saint-Paixent dépendait anc¹ de la paroisse de Millac et en faisait encore partie en 1671, suivant un titre de ce prieuré ; au xvIII° siècle forma une paroisse distincte quant au spirituel ; la cure unie au prieuré était à la nomination de l'abbé d'Ahun (pouillé de 1782, p. 70 et 155). — L'église de Notre-Dame de Saint-Paixent, unie à celle de l'Isle-Jourdain depuis 1803, a été érigée en succursale le 2 juin 1866.

SAINT-PAUL, anc. abbaye d'origine inconnue, à Poitiers, fut donnée à l'abb. de Montierneuf en 1081 par Isembert II, évêque de Poitiers (Fonteneau, t. XIX, p. 55), et ne fut plus dès lors qu'un prieuré dép. de cette abbaye. — *Abbas Sancti Pauli*, 924 (Fonteneau, t. XXI, p. 231). — *Saint Poul*, 1411 (notaires, Fauconnier à Poitiers). — Cette église était aussi le centre d'une paroisse qui a existé jusqu'en 1791.

SAINT-PHILBERT, f. cⁿᵉ de Marigny-Brizay ; anc. prieuré dép. de l'abbaye de Saint-Cyprien et relev., pour le temporel, du marq. de Clairvaux. — *Locus qui appellatur Sutrinius in vicaria Salvinse*, 938 (cart. de S¹-Cyprien, p. 59). — *Capella in honore sancte Marie et sancti Philiberti confessoris dicata, in villa que dicitur Surinnus, in vicaria Columberio*, 975-989 (*ibid.* p. 73). — *Ecclesia Sancti Philiberti de Surim*, 1097-1100 (*ibid.* p. 12). — *Prioratus Sancti Philiberti* (pouillé de Gauthier, f° 147). — *Le prieur de Saint Philbert de Marigny*, 1439 (terrier de Gironde, f° 75 v°).

SAINT-PIERRE, f. cⁿᵉ d'Angle ; — 1776 (cure de Sᵗᵉ-Croix d'Angle). — C'était une métairie dép. du prieuré de Sᵗ-Pierre d'Angle.

SAINT-PIERRE, h. cⁿᵉ d'Availle-Limousine. — *Cinq Pierres*, v. 1520 (seign. d'Availle). — *Sainct Pierre*, 1568 (abb. de Sᵗ-Cyprien, 28).

SAINT-PIERRE, église cathédrale de Poitiers. — *Ad Sanctum Petrum Pectavensis ecclesiæ*, 768 (dipl. de Pépin, ap. J. Tardif, Monuments historiques, p. 52). — *Guarnarius sacerdos ex congregatione beati Petri apostolorum principis*, 862 (ch. de Sᵗ-Hilaire, t. I, p. 9). — *Cenobium almi Petri Pictavensis senioris ecclesie*, 925 (cart. de Sᵗ-Cyprien, p. 154). — *Sancti Petri apostoli majoris ecclesia Pictavis*, 938-949 (*ibid.* p. 118). — *Monasterium Sancti Petri*, 1081 (Fonteneau, t. XIX, p. 55). — *Capitulum beati Petri matricis ecclesiæ Pictavensis*, 1155 (*ibid.* t. II, p. 23). — *Ecclesia beati Petri Pictavensis*, 1213 (*ibid.* t. II, p. 41). — *Capitulum ecclesie Pictavensis*, 1290 (*ibid.* t. II, p. 51). — *Église de Saint Perre le grant*, 1404 (gr. Gauthier, f° 24 v°). — *Église cathédrale et matrice de Poitiers*, 1496 (Fonteneau, t. II, p. 351) ; — *de Saint Pierre le grand*, 1514 (*ibid.* t. II, p. 383).

SAINT-PIERRE, vill. cⁿᵉ de la Trimouille ; tire son nom de l'ancienne église paroissiale de Saint-Pierre de la Trimouille, située en ce lieu.

SAINT-PIERRE (BOIS DE) ou DE VERTREC, cⁿᵉˢ de Smarve et Nouaillé, appart. autref. au chapitre cathédral de Saint-Pierre. — *Le grand et le petit Vertrecq*, 1731 (chap. cathédral, 12) ; — contenaient 105 arpents en 1731.

SAINT-PIERRE (LE GRAND-), m. isolée, cⁿᵉ de Saint-Léger-de-Montbrillais.

SAINT-PIERRE-DE-MAILLÉ. Voy. MAILLÉ.

SAINT-PIERRE-DES-ÉGLISES, cⁿᵉ de Chauvigny. — *De curte ecclesiarum Calviniac.*, v. 1030 (cart. de Sᵗ-Cyprien, p. 138). — *Parrochia Ecclesiarum prope Calvigniacum*, 1285 ; *parrochia de Tribus Ecclesiis prope Calvigniacum*, 1288 (abb. de Montierneuf, 92). — *Ecclesia de Tribus Ecclesiis* (pouillé de Gauthier, fᵒˢ 139 et 178 v°). — *Parroysse des Églises près de Chauvigné*, 1326 (évêché, 17). — *Saint Pierre des Églises*, 1427 (chap. de Chauvigny, 16) ; 1782 (pouillé). — *Les Églises de Chauvigny*, 1720 (dénomb. du royaume). — *Saint-Pierre-les-Églises*, 1773 (almanach provincial).

Avant 1790 cette commune faisait partie de l'archiprêtré et de la baronnie de Chauvigny, de la sénéchaussée et de l'élection de Poitiers ; elle s'étendait sur une partie de la ville basse de Chauvigny. La cure était à la nomination du chapitre de cette ville ; elle a été rétablie en 1822. Au temps de Gauthier de Bruges, évêque de Poitiers, Saint-Pierre-des-Églises était *de camera episcopi extra decanatus et archipresbyteratus* (voy. Chauvigny). L'église et le presbytère, situés sur la rive droite de la Vienne, sont isolés.

SAINT-PIERRE-D'EXIDEUIL, cⁿ de Civray. — *Ecclesia Sancti Petri de Isinodio*, 1119 (bulle de Gélase II. ap. Gall. christ. t. II, instr. col. 347). — *Issinol*, av. 1130 (cart. de Montazay, n° 4). — *Sanctus Petrus de Isinol*, 1167 (Fonteneau, t. XVIII, p. 383). — *Essimoil*, v. 1195 (*ibid.* t. XVIII, p. 617). — *Sanctus Petrus de Exynolio*, 1383 (taux du décime, p. 65). — *Saint Pierre d'Exineuil*, 1398 (gr. Gauthier, f° 228 v°) ; — *d'Exiduilh*, 1401 (*ibid.* f° 238) ; — *d'Exideulh*, 1404 (*ibid.* f° 194 v°) ;

d'*Exireduilh*, d'*Exireuilh*, 1405 (*ibid.* f° 208); — d'*Essiduil*, 1443 (fam. Jousserant); — d'*Exinueil*, 1444; — d'*Exiduelh*, 1446; — d'*Exidoil*, 1448 (abb. de Nouaillé, 56); — d'*Exideuil*, 1461 (fam. Jousserant). — *Parroisse de Saint Pierre d'Ixdeuil*, 1479 (compte de J. Bourdin).

L'église de Saint-Pierre-d'Exideuil est mentionnée; dans la bulle du pape Gélase II citée plus haut, parmi celles qui dépendaient de l'abbaye de Nouaillé. Elle était une annexe de celle de Saint-Nicolas de Civray, dépendant de la même abbaye. Elle a été érigée en église paroissiale en 1844. — Dans l'ordre civil, Saint-Pierre d'Exideuil comptait parmi les paroisses de l'élection de Poitiers. — Une maladrerie existait en ce lieu en 1489 (fam. Jousserant).

SAINT-PIERRE-EN-HAUT, h. et anc. chapelle, c^{ne} de Bonnes. — *Vallis Sancti Petri ad Vigennam*, lieu où se retira Isembaud de l'Étoile avant la fondation de l'abbaye de l'Étoile, dont il fut le premier abbé (Fonteneau, t. LVIII, p. 369, extr. des mss. de D. Étiennot). — *Chapelle de Saint Pierre en Vaux*, 1612 (abb. de l'Étoile). — *Saint Pierre en Vault*, 1648 (chap. de Chauvigny, 13).

SAINT-PIERRE-LA-CELLE, f. c^{ne} de Marnay; anc. prieuré dép. de l'abbaye de St-Cyprien de Poitiers. — *Ecclesia Sancti Petri ad Cellam* (pouillé de Gauthier, f° 152 v°). — *Prieurté de Saint Pierre acelle*, 1404 (gr. Gauthier, f° 99 v°). — *Sainct Pere à Celle*, 1460 (seign. de la Vergne). — *Sainct Pierre à Celles*, 1468 (cure de Marnay).

SAINT-PIERRE-LE-PUELLIER, anc. église collégiale à Poitiers, fondée près l'abbaye de la Trinité par Adèle d'Angleterre, femme d'Ébles Manzer, comte de Poitou; c'était primitivement un monastère de femmes. — *Terra Sancti Petri Puellaris*, v. 937 (cart. de St-Cyprien, p. 188). — *Abbatia quæ olim monasterium puellare Sancti Petri vocatum ob puellas ibi deservientes, nunc canonicis instauratum*, 962 (dipl. Lotharii regis, ap. Gall. christ. t. II, instr. col. 361). — *Ecclesia Beati Petri Puellaris*, 1198 (prieuré de Ligugé). — *Ecclesia Beati Petri Puellarum*, 1277; chapitre de *S. Pere Pullier*, 1344; — de *Saint Pere le Pullier*, 1381; *l'église de Saint Pierre Puler*, 1411; *l'église colegial et seculière de Saint Pierre Pulier*, 1418; *Saint Pierre Puellier*, 1451; — *le Puillier*, 1543; — *le Pillier*, 1547; — *le Puellier*, 1547; — *le Pueslier*, 1622 (chap. de St-Pierre-le-Puellier, 1 et 2). — Une rue garde le nom de cette église, qui est détruite.

SAINT-PORCHAIRE, anc. prieuré et cure à Poitiers, dép. primitivement de l'abb. de Saint-Hilaire et, depuis 1068, de l'abbaye de Bourgueil (Indre-et-Loire); le prieuré fut uni en 1710 au séminaire de Saint-Charles de Poitiers. — *Basilica Beati Porcharii quam domnus ac venerabilis Thetbaldus claviger S. Hilarii construxit*, 950 (cart. de Bourgueil, p. 102). — *Ecclesia que est in honore S. Salvatoris constructa, ubi requiescit S. Porcharius*, v. 950 (*ibid.* p. 103). — *Parroiche Saint Porchaire*, 1376 (arch. de Poitiers, 15). — Saint-Porchaire est encore une des églises paroissiales de Poitiers.

SAINT-REMY, c^{on} de Montmorillon. — *Parrochia Sancti Remigii*, 1253 (Hommages d'Alphonse, p. 84). — *Ecclesia Sancti Remigii* (pouillé de Gauthier, f° 176). — *Saint Romays*, 1403 (gr. Gauthier, f° 102 v°). — *Sainct Remays*, 1452 (chap. de Montmorillon, 2). — *Sainct Remois*, 1487 (cure de Plaisance). — *Sainct Remy*, 1560 (maison-Dieu, 126). — *Sainct Roumoys*, 1563; *Sainct Remoys*, 1639 (*ibid.* 181). — *S. Romais*, 1720 (dénomb. du royaume). — *S. Romois*, 1766 (rôle des tailles). — *S. Remi*, 1779 (almanach provincial). — *S. Remois*, 1782 (pouillé).

Avant 1790 cette commune faisait partie de l'archiprêtré de Lussac-le-Château, de la châtellenie et de la sénéchaussée de Montmorillon, et de l'élection de Poitiers. Le prieuré-cure de Saint-Remy dépendait de l'abbaye de Lesterp (Charente).

SAINT-REMY ou SAINTE-CHRISTINE, près Salbardin, c^{ne} de Charroux; anc. prieuré dép. de l'abbaye de Charroux. — *Cappellania Sancti Remigii de Karroffio* (pouillé de Gauthier, f° 151 v°). — *Prieuré de Saint Remi alias Saincte Christine, sis proche la ville de Charroux*, 1567 (Fonteneau, t. IV, p. 524).

SAINT-REMY-SUR-CREUSE, c^{on} de Dangé. — *Obedientia Sancti Remigii de Haya*, 1184 (Layettes du trésor des chartes, t. I, p. 142). — *Prior Sancti Remigii prope castrum Haiam*, 1200 (Fonteneau, t. III, p. 294); — *Sancti Remigii prope Hayam* (pouillé de Gauthier, f° 147). — *Capellanus Sancti Remigii super Ayam*, 1326 (compte d'une impos. ecclés.). — *Chastellenie de Saint Remy sur la Haie*, 1407 (gr. Gauthier, f° 1 v°). — *Saint Remy sur Creuse*, 1451 (collège de Poitiers, 20). — *S. Remy*, 1720 (dénomb. du royaume). — *S. Remi-sur-Creuse*, 1779 (almanach provincial).

Avant 1790 la paroisse de Saint-Remy-sur-Creuse dépendait en majeure partie de l'archiprêtré, du duché, de la sénéchaussée et de l'élection de Châtellerault. La cure était à la nomination de l'évêque de la Rochelle, anc^t de l'abbé de Maillezais (Vendée); elle a été rétablie en 1822. La châtellenie de Saint-Remy était unie au duché de Châtellerault. — Le château, *castrum Sancti*

Remigii, que Richard Cœur-de-Lion, comte de Poitou, avait fait fortifier, fut pris et détruit par Philippe-Auguste. Hugues de Surgères, vicomte de Châtellerault, s'empara de ce lieu peu de temps après, prétendant qu'il faisait partie de sa vicomté (inquesta de castro S. Remigii, v. 1250, à la bibl. nat.).

Le couvent de Notre-Dame de Rives, de l'ordre de Fontevrault, situé sur la rive droite de la Creuse, était de la paroisse de Saint-Remy; ce lieu est auj. sur le territ. de la c^ne d'Abilly, c^on de la Haye-Descartes (Indre-et-Loire). Pour le temporel il appartenait à la Touraine (vicomté de la Guerche, élection de Loches), de même qu'une autre petite section de la paroisse, située sur la rive gauche de la Creuse, du côté de Buxeuil. Suivant un aveu de la vicomté de la Guerche, de 1669, le prieuré de Marchais-Rond, situé dans la partie méridionale de la paroisse, près celle de Leugny, dépendait aussi de cette vicomté.

La forêt de Saint-Remy, mentionnée dans des actes de v. 1250, 1551, 1652, dépendait de la seign. de la Chaise; elle contenait 102 arpents en 1682 (seign. de la Chaise).

Saint-Révérend, anc. cimetière, c^ne de Béruges; — 1480 (abb. du Pin, 5). — Un chêne et un bois portaient aussi ce nom : *le chesne Sainct Reverent*, 1375; *le bois Saint Reverend*, 1640 (seign. de Béruges).

Saint-Romain, c^on de Charroux. — *De Sancto Romano*, v. 1170 (Fontencau, t. XVIII, p. 407). — *Ecclesia Sancti Romani* (pouillé de Gauthier, f° 151). — *Saint Roman*, 1403 (gr. Gauthier, f° 248 v°). — *Saint Romain*, 1403 (*ibid.* 251).

Avant 1790 cette commune faisait partie de l'archiprêtré de Gençay, de la châtellenie et de la sénéchaussée de Civray, et de l'élection de Poitiers. La cure était à la nomination de l'abbé de Charroux.

Saint-Romain, anc. abbaye et église paroissiale à Châtellerault. — *Stephanus abbas Sancti Romani*, v. 1076 (cart. de Noyers, p. 85). — *Abbatia Sancti Romani*, 1088 (cart. de St-Cyprien, p. 180). — Cette abbaye, depuis 1088, ne fut plus qu'un prieuré dép. de celle de Saint-Cyprien de Poitiers. Ce prieuré fut uni au chapitre de Notre-Dame de Châtellerault le 3 septembre 1767 (pouillé de 1782, p. 73). Le prieur nommait aux cures de Saint-Romain, Saint-Jean-Baptiste et Notre-Dame de Châtellerault, Antogné, Pouthumé, Targé, Cenon et Avrigny.

Saint-Romain ou le Clos de Saint-Romain, m. près Antogné, c^ne de Châtellerault.

Saint-Romain (Chemin de), c^ne de Mazerolles; — 1693 (abb. de Nouaillé, 42).

Saint-Romain-sur-Vienne, c^on de Leigné-sur-Usseau. — *Ecclesia Sancti Romani in episcopatu Turonensi*, 1164 (Fontencau, t. V, p. 592). — *Parochia Sancti Romani de Dange*, 1250 (*ibid.* t. V, p. 643). — *Sanctus Romanus subtus Dangeum*, 1363; *Saint Romain sur Vienne*, 1465 (abb. de Ste-Croix, 81).

Avant 1790 cette commune faisait partie de l'archiprêtré de l'Isle-Bouchard, diocèse de Tours, du duché, de la sénéchaussée et de l'élection de Châtellerault. La seigneurie de Saint-Romain, ayant titre de châtellenie, et le patronage de la cure appartenaient à l'abbaye de Sainte-Croix de Poitiers.

Il est fait mention, dans des titres de 1546 et 1571 de la même abbaye, de la forêt de Saint-Romain, qui s'étendait sur le territoire des paroisses de Saint-Romain, Vellèche et Vaux; cette forêt n'existe plus.

Saint-Saturnin, faubourg de Poitiers, sur la rive droite du Clain, plus communément appelé auj. faubourg du Pont-Neuf; anc. paroisse dénommée parmi celles de l'élection de Poitiers; en 1790 elle devint une municipalité qui fut réunie à celle de Poitiers au mois de novembre 1792. — *Ecclesia Sancti Saturnini extra Pictavim*, 1097-1100 (cart. de St-Cyprien, p. 14); — *extra muros Pictave civitatis*, 1149 (*ibid.* p. 121). — *Saint Saournin*, 1363 (arch. de Poitiers, 15). — *Saint Sornin*, 1399 (chap. de St-Pierre-le-Puellier, 8). — *Saint Saornin*, 1430 (abb. de la Celle, 15). — *Saint Sournin*, 1446 (abb. de Montierneuf, 41). — *Sainct Sornyn*, 1523 (chap. cathédral, 50).

La cure était à la nomination de l'abbé de Saint-Cyprien et de l'abbé de Montierneuf.

Saint-Sauvant, c^on de Lusignan. — *Via que ducit ad Sanctum Silvanum*, v. 1032 (cart. de St-Cyprien, p. 273). — *Ecclesia Sancti Silvani*, 1097-1100 (*ibid.* p. 13). — *Saint Sovain*, 1274 (abb. de Fontaine-le-Comte, 22). — *Saint Seovain*, 1365 (abb. de Nouaillé, 6). — *Saint Sauvain*, 1456 (*ibid.* 54). — *Saint Sovant*, 1456 (chap. de Notre-Dame-la-Grande, 72). — *Saint Seauvain*, 1467 (abb. de Nouaillé, 54). — *Sainct Sauvent*, 1494 (chap. de Notre-Dame-la-Grande, 72). — *Sainct Sauvan*, 1647 (collège de Poitiers, 25). — *Sainct Seauvant*, 1649 (bissexte). — *S. Sauvant*, 1720 (dénomb. du royaume).

Avant 1790 la paroisse de Saint-Sauvant faisait partie de l'archiprêtré de Rom (Deux-Sèvres), du comté de la Roche-Ruffin (*idem*), au ressort du siège royal de Lusignan, et de l'élection de Poitiers; le prieuré-cure dépendait de l'abbaye de Notre-Dame de Celles (Deux-Sèvres). Il y avait à Saint-Sauvant une aumônerie dont les biens furent unis à l'hôpital de Lusignan en 1698.

Lors de l'organisation du département en 1790, la commune de Saint-Sauvant fut incorporée au canton de Lusignan; le 16 décembre de la même année, elle devint le chef-lieu d'un canton créé pour remplacer celui de Coulombiers et composé de deux communes seulement, celles de Saint-Sauvant et de Rouillé; ce canton exista jusqu'au 18 novembre 1801.

La forêt de Saint-Sauvant, domaine de l'État, s'étend sur le territ. des c^{nes} de Saint-Sauvant, Rom (Deux-Sèvres), Celle-l'Évècault et Pairé; elle a une superficie de 671 hectares.

SAINT-SAUVEUR OU SAINT-SAUVEUR-D'ABOURNAY, c^{on} de Châtellerault. — *Ecclesia del Borneis*, 1097-1100 (abb. de St-Cyprien). — *Ecclesia de Bornais* (pouillé de Gauthier, f° 173). — *Saint Sauvor dou Bornay*, 1326 (évêché, 17). — *Abornay*, 1345 (duché de Châtellerault, 6). — *Parochia de Abornayo*, 1348 (chap. de Châtellerault, 1). — *Sainct Sauveur d'Abournay*, 1429 (com^{rie} de la Foucaudière, 8). — *Sainct Sauveur du Bornay*, 1442 (ibid. 1). — *Bournay*, 1479 (compte de J. Bourdin). — *Sainct Sauveur de Montbournay*, 1624 (abb. de la Celle, 5). — *S. Sauveur*, 1720 (dénomb. du royaume); 1807 (annuaire).

Cette commune est formée des deux anciennes paroisses de Saint-Sauveur-d'Abournay et Saint-Hilaire-de-Mons, qui faisaient partie de l'archiprêtré, de la sénéchaussée, du duché et de l'élection de Châtellerault. La cure de Saint-Sauveur était à la nomination du chapitre cathédral. L'église, auj. détruite, de Saint-Sauveur, qui a donné son nom à la commune, était isolée et située à 1 kilomètre nord-est de la Foucaudière, chef-lieu actuel de la commune.

SAINT-SAVIN, ch.-lieu de c^{on}, arr^t de Montmorillon; anc. abbaye de l'ordre de Saint-Benoît, fondée vers l'an 800, unie à la congrégation de Saint-Maur en 1640. — *Villa Cirescus, ab Antiniaco villa seu vico uno milliario* (De SS. Savino et Cypriano, mart. ap. Bolland. jul. t. III, p. 197). — *Vicus cui nomen Cercheus* (id. ap. Labbe, Nova bibl. manuscript. libr. t. II, p. 665). — *In villa nuncupante Cerisio*, ixe s^e (Acta transl. S. Savini, ap. Martene, Ampliss. collectio, t. VI, p. 808). — *Monasterium Sancti Savini*, 825 (abb. de St-Savin). — *Cœnobium Sancti Savini et castrum in quo est, quod Carolus Magnus jussit ædificari* (chron. de St-Maixent dite de Maillezais). — *Pont-sur-Gartempe*, 1794. — *Saint-Savin-sur-Gartempe*, 1859 (Diction. des postes).

Cette commune est formée des deux anciennes paroisses de Saint-Savin et Mont-Saint-Savin. Celle de Saint-Savin dépendait de l'archiprêtré et de la sénéchaussée de Montmorillon, et de l'élection du Blanc, généralité de Bourges. L'église paroissiale était sous l'invocation de Notre-Dame. Anciennement il en existait une autre sous le vocable de saint Hilaire : *ecclesia Sancte Marie cum capella Sancti Hylarii*, 1184 (abb. de St-Savin, 1); *parrochia Sancti Hilarii apud Sanctum Savinum in burgo novo*, 1322 (ibid. 11); elle est encore mentionnée dans le pouillé publié en 1647 à la suite des Évêques de Poitiers, de Besly. Ces deux cures étaient à la nomination de l'abbé (pouillé de Gauthier, f° 177).

L'abbé de Saint-Savin était seigneur de la châtellenie de ce nom, *castellania Sancti Savini*, 1258 (Ledain, Hist. d'Alphonse, p. 114), qui relevait de la tour de Mauhergeon et comprenait avec la ville de Saint-Savin les paroisses d'Antigny, Hains en partie, Mont-Saint-Savin, Nalliers, Paizay-le-Sec, Saint-Germain et Villemort.

En 1790 Saint-Savin devint le chef-lieu d'un canton du district de Montmorillon, composé des c^{nes} de Saint-Savin, Antigny, Béthines, Hains, Mont-Saint-Savin, Paizay-le-Sec, Saint-Germain et Villemort. Cette circonscription fut modifiée en 1801.

La forêt de Saint-Savin, *foresta de Sancto Savino*, 1253 (Hommages d'Alphonse, p. 85), située entre Saint-Germain et Nalliers, appartenait à l'abbaye. Elle contenait 120 arpents en 1796.

SAINT-SAVIOL, c^{on} de Civray. — *Ecclesia Sancti Savyoli* (pouillé de Gauthier, f° 133 v°). — *Saint Saviol, Saint Saviou*, 1388 (gr. Gauthier, f° 206 v°). — *Saint Savyo*, 1453 (abb. de Nouaillé, 56). — *Sainct Savioul*, 1460 (fam. Jousserant, 1).

Avant 1790 cette ancienne paroisse faisait partie de l'archiprêtré de Gençay, de la châtellenie et de la sénéchaussée de Civray, et de l'élection de Poitiers. La cure était à la nomination de l'évêque; elle est auj. réunie à celle de Saint-Macou.

SAINT-SECONDIN, c^{on} de Gençay. — *Ecclesia Sancti Secundini*, 1097-1100; — *Sancti Segundini*, 1149 (abb. de St-Cyprien); — *Sancti Segondini* (pouillé de Gauthier, f° 151). — *Saint Segondin*, 1477 (chap. de St-Pierre-le-Puellier, 24). — *Sainct Secondin*, 1649 (bissexte).

Avant 1790 Saint-Secondin faisait partie de l'archiprêtré et de la châtellenie de Gençay, de la sénéchaussée et de l'élection de Poitiers; une portion de son territoire toutefois dépendait de la châtellenie et de la sénéchaussée de Civray. La cure était à la nomination du chapitre cathédral.

Saint-Senery, h. c^{ne} de Pleumartin. — *Ecclesia Sancti Celerini*, v. 1070 (cart. de St-Cyprien, p. 142); — *Sancti Celerici*, 1097-1100 (*ibid.* p. 13); — *Sancti Cirini*, 1119 (*ibid.* p. 18). — *Sanctus Cyrinus*, 1227; *Saint Ceneri*, 1291 (cart. de la Merci-Dieu, 103 et 278). — *Parochia Sancti Sirini*, 1339 (abb. de l'Étoile). — *Prior Sancti Serini, Sancti Cerini*, 1383 (taux du décime, p. 13 et 58). — *Saint Cenery*, 1451 (abb. de la Merci-Dieu, 11). — *Saint Senery*, 1453 (notaires, Artaud à la Roche-Posay). — *Sainct Cinery*, 1558 (abb. de St-Cyprien, 50).

Il y avait autrefois à Saint-Senery un prieuré et une cure dépendant de l'abbaye de Saint-Cyprien de Poitiers. Depuis le milieu du XVIe siècle, le culte paroissial se célébra dans une église que le seigneur de Pleumartin avait fait bâtir près de son château.

Saint-Silvain (Fontaine de), c^{ne} de Mairé, but de pèlerinage pour les maladies de la peau et des yeux.

Saint-Sulpice, vill. c^{ne} des Ormes; anc. prieuré dép. de l'abbaye de Noyers (Indre-et-Loire). — *Capella Sancti Sulpicii*, v. 1056 (cart. de Noyers, p. 19); — *in parrochia Paizaici*, v. 1061 (*ibid.* p. 27). — *Prioratus Sancti Supplicii* (pouillé de Gauthier, f° 147 v°); — *Sancti Suplicii de Nucariis*, 1383 (taux du décime, p. 11). — *Saint Supplice*, 1447 (prieuré de St-Sulpice). — *S. Sulpice de Noyers*, 1782 (pouillé).

Saint-Thibault, chapelle détruite et f. c^{ne} de Fleuré; anc. prieuré dép. de l'abbaye de Nouaillé. — *Prior Sancti Theobaldi*, 1293; *Saint Thibaut*, 1377; *Saint Thebaut*, 1454; *Sainct Thebault*, 1478 (abb. de Nouaillé, 49).

Saint-Thomas, h. anc. aumônerie à Moncontour.

Saint-Thomas, chapelle détruite, c^{ne} de Saint-Secondin. — *Ermitage Sainct Thomas*, 1580 (fief de Gençay). — *Chappelle Sainct Thomas*, 1595; *fief de l'ermitage de S. Thomas, relevant de la vicomté de Gençai*, 1740 (fief de l'Essart ou le Ferranon). — Ce lieu est auj. inconnu.

Saint-Ustre (on prononce Saint-Utre), vill. et chât. c^{ne} d'Ingrande; anc. c^{ne} réunie à celle-là le 18 novembre 1818. — *Hugo de Sancto Adjutore*, v. 1118 (cart. de Noyers, p. 463). — *Ecclesia Sancti Adjutoris* (pouillé de Gauthier, f° 173). — *Saint Eustre*, 1255 (cure d'Ingrande). — *Saint Ustre*, 1446 (chap. de Châtellerault, 11). — *Saint Hustre*, 1455 (abb. de St-Cyprien, 21). — *S. Utre*, 1782 (pouillé).

Avant 1790 cette ancienne paroisse faisait partie de l'archiprêtré, du duché, de la sénéchaussée et de l'élection de Châtellerault. La cure était à la nomination de l'évêque; depuis 1803, elle est réunie à celle d'Ingrande. — Le fief de Saint-Ustre relevait de Marigny.

Le moulin de Saint-Ustre, sur le ruisseau de Batreau, est aussi appelé *moulin des Bedards*, 1566 (cure d'Ingrande); 1754 (terrier de la Groye, p. 196).

Saint-Vincent, vill. c^{ne} de Monts-sur-Guesne. — *Parœcia Sancti Vincentii*, v. 1054 (cart. de Cormery, p. 81). — *Ecclesia Sancti Vincentii de Oratorio*, 1180 (*ibid.* p. 134). — *Ecclesia de Oratorio* (pouillé de Gauthier, f° 151 v°). — *Sainct Vincent du Rouer*, 1551 (chap. de Ste-Croix de Loudun, 6). — *Saint Vincent de l'Oratoire*, 1649 (bissexte). — *Saint Vincent de Monts*, 1726 (cure de Dercé). — *S. Vincent de l'Oratoire de Mons-sur-Guesne*, 1782 (pouillé).

Avant 1790 Saint-Vincent donnait son nom à une paroisse qui faisait partie de l'archiprêtré, de la châtellenie, du bailliage et de l'élection de Loudun, et dont le chef-lieu est Monts-sur-Guesne depuis 1803. Le prieuré et la cure de Saint-Vincent-de-l'Oratoire dépendaient de l'abbaye de Cormery (Indre-et-Loire).

Sainte-Catherine, m. r. c^{ne} de Leugny; anc. prieuré dép. de l'abb. de Fontaine-le-Comte. — *Prioratus de Palays* (pouillé de Gauthier, f° 147). — *Prieuré du Palays*, 1442 (cure de Leugny); — *du Palais*, 1464; *Sainte Katerine de Pallais*, 1477 (abb. de Fontaine-le-Comte, 29).

Sainte-Catherine, chapelle détruite, en la basse ville de Lusignan; autref. de la paroisse de Pranzay.

Sainte-Catherine, ff. c^{ne} de Mouterre-Silly; anc. prieuré dép. de l'abbaye d'Asnières (Maine-et-Loire). — *Prioratus de Briande*, 1383 (taux du décime, p. 8). — *Saincte Catherine des Marays*, 1547 (chap. cathédral, 88). — *Sainte Catherine de Briande*, 1782 (pouillé). — Le fief du prieuré de Sainte-Catherine relevait du château de Loudun.

Sainte-Catherine (Chemin de), passant à Montbron, c^{ne} de Luchapt.

Sainte-Christine, f. c^{ne} des Trois-Moutiers; anc. prieuré dép. de l'abbaye de Fontaine-le-Comte. — *Chapelle de la Motte de Baucai*, 1334 (abb. de Fontaine-le-Comte, 28). — *Prior de Mota*, 1383 (taux du décime, p. 8). — *Saincte Christine près la*

Mothe de Baucai, 1466 (abb. de Fontaine-le-Comte, 28). — *Sainte Cristine de Baussay*, 1688 (*ibid.* 29).

SAINTE-CHRISTINE (CHEMIN DE), de Charroux à Chantegrolle.

SAINTE-CROIX, à Angle, anc. abbaye de l'ordre de Saint-Augustin, fondée dans la première moitié du xi° siècle par Isembert Ier, évêque de Poitiers. — *Ecclesia Sancte Crucis apud Englam*, 1090 (epist. Urbani papæ II, ap. Bouquet, t. XIV, p. 696). — L'église de Sainte-Croix a été aussi paroissiale jusqu'en 1791.

SAINTE-CROIX, anc. église à Loudun, primitivement sous le vocable de Notre-Dame; un chapitre y fut fondé en 1062 par Geoffroi Martel, comte d'Anjou (Gallia christ. t. II, instr. col. 333). L'église de Notre-Dame avait été donnée par Hugues de Baussay, chevalier, au prieuré de Notre-Dame du château de Loudun (ch. d'Isembert, évêque de Poitiers, 1060, ap. Juenin, Hist. de l'abb. de Tournus, pr. p. 129). Elle était située *extra muros castri Lausdunensis* (*ibid.*), dans la paroisse de Veniers, suivant un accord passé en 1121 entre les chanoines de Sainte-Croix et les moines de Saint-Florent (cart. de St-Florent, lib. argent. f° 36 v°). Désignée dès 1096 sous le nom de Sainte-Croix, *ecclesia Sanctæ Crucis*, elle est mentionnée dans plusieurs bulles jusqu'en 1245 comme dépendant de l'abbaye de Tournus en Bourgogne (*ibid.* p. 135, 146, 151, 158, 204). — *Capitulum Sancte Crucis ad Losdunum*, 1108-1115 (gr. cart. de Fontevrault, 705). — *Ecclesia canonicorum Sancte Crucis de Loduno* (pouillé de Gauthier, f° 172). — Cette église sert auj. de halle.

SAINTE-CROIX, anc. abbaye de bénédictines à Poitiers, fondée par sainte Radegonde, reine de France. — *Monasterium beatæ Radegundis* (Greg. Turon. hist. vi, 29). — *Monasterium Sanctæ Crucis*, 825 (dipl. de Pépin, roi d'Aquitaine, ap. Bouquet, t. VI, p. 663). — *Monasterium sanctimonialium quod est constitutum in honore sanctæ Crucis, situm infra muros civitatis Pictavensis*, 884 (dipl. de Carloman, ap. Fonteneau, t. V, p. 535).

Cette abbaye était en possession des droits de seigneurie et haute justice sur des maisons et des terres situées tant en ville que hors ville, dans les paroisses de Sainte-Radegonde et Saint-Saturnin, et dans celles de Buxerolles et Mignaloux.

Rétabli en 1808, le monastère de Sainte-Croix occupe les bâtiments de l'ancien doyenné de l'église cathédrale.

SAINTE-CROIX, h. c^{ne} de Mignaloux; anc. maison seigneuriale appart. à l'abbaye de Sainte-Croix, au Breuil-l'Abbesse.

SAINTE-FLAIVE (FONTAINE DE), dans la vallée de la Vonne, près la Barre, c^{ne} de Jazeneuil. — *Fontaine de Saincte Flayve*, 1526 (titres concernant Jazeneuil, aux arch. de la Vienne).

SAINTE-FLORENCE, chapelle en ruine, dans la forêt de la Guerche, c^{ne} d'Ingrande. — *Saincte Florance*, 1438 (com^{rie} d'Auzon, 9). — *Saincte Florence*, 1493 (duché de Châtellerault, 5). — *Sainte Fleurance*, 1754 (seign. de la Groye, inv.). — On s'y rend en pèlerinage le 3 mai.

SAINTE-LOUBETTE (LEVÉE DE), chemin qui, suivant la tradition, fut tracé par sainte Loubette et marqua, du côté de Biard et de Migné, la limite des terres dont fut doté le chapitre de Saint-Pierre-le-Puellier. Voy. FIEF-LE-COMTE. — *Sentier appellé le chemin à la Lobete*, 1409 (gr. Gauthier, f° 35). — *Levée Saincte Loubete*, 1471 (chap. de St-Pierre-le-Puellier, 9). — *Chemin de Saincte Loubette*, 1475 (abb. de Montierneuf, 79).

SAINTE-LUCIE, f. c^{ne} de Montmorillon.

SAINTE-MAURE, m. r. c^{ne} de Quinçay. — *Sainte More*, 1596 (Fonteneau, t. XLI, p. 925). — *Saint Maur*, 1607 (chap. de Saint-Hilaire, 404). — *Sainte Maure*, 1775 (fam. Frotier). — Anc. fief relev. de celui de Marçay près Mirebeau (Dict. des fam. du Poitou, t. II, p. 414, col. 2).

SAINTE-NÉOMAYE, chapelle détruite, près la Plante, c^{ne} de Thuré. — *Saincte Neomaye, Saincte Lymoye*, 1437 (duché de Châtellerault, 5, la Plante).

SAINTE-PHILOMÈNE, communauté de femmes établie en 1842 en un lieu appelé Putet, c^{ne} de Migné. Voy. ce mot. L'église de Sainte-Philomène a été consacrée le 20 septembre 1866.

SAINTE-RADEGONDE, chapelle détruite, c^{ne} de Dercé. — *Chapelle Saincte Radegonde de Dercé*, 1547 (chapelle du Lac à Ste-Croix de Loudun). — *En la paroisse de Dercé il y a une chapelle très antienne de saincte Radegonde... où il ne se fait plus aucun service. Plusieurs y vont encore en voyage, et les habitans de la paroisse avoient de coutume d'y aller en procession le premier dimenche du mois. Et dit on que ceste chapelle est bastie au lieu où saincte Radegonde se reposa lorsqu'elle vint de Chinon à Poictiers; aussi est elle sur le chemin* (ms. Trincant).

SAINTE-RADEGONDE, m. r. c^{ne} de Mirebeau. — *Villa Burgundio in vicaria Salvinse*, 974 (Fonteneau, t. XV, p. 140). — *Ecclesia Sanctæ Radegundis de Burgunnio*, 1102 (bulle du pape Paschal II pour l'abbaye de Vézelay, ap. Bibl. Cluniac. notes, col. 133). — *Ecclesia S. Radegondis de Bur-*

gundo, 1105 (bulle du même pape pour l'abbaye de Bourgueil, mss. Gaignières à la bibl. nat. t. CXCII, f° 179). — *Capella Beatæ Radegundis,* 1446 (chap. de Ste-Radegonde, 1). — Cette chapelle dépendait sans doute du prieuré de la Madeleine ou Vézelay à Mirebeau.

Une rue de Mirebeau est appelée rue de Bourgogne et un territoire voisin portait le nom de Puy de Bourgogne : *puteus de Borgoigne,* 1292 (abb. de Fontaine-le-Comte, 26); *puteus de Bourgoigne,* 1394 (prieuré de St-Jean de Mirebeau, 1).

SAINTE-RADEGONDE, anc. église collégiale et paroissiale à Poitiers, dans laquelle on vénère le tombeau de cette sainte; c'était primitivement un monastère d'hommes sous le vocable de Notre-Dame. C'est encore aujourd'hui une des églises paroissiales de Poitiers. — *Basilica in honorem Sanctæ Mariæ ædificata* (Gregor. Turon. hist. IX, 44). — *Congregatio Sanctæ Radegundis,* 906 (abb. de Nouaillé). — *Monasterium Sancte Radegundis,* 926 (Fonteneau, t. XXIV, p. 11). — *Canonica Beate Radegundis,* 969 ou 970 (cart. de St-Cyprien, p. 80). — *Eglyse de Sainte Ragunt de Poytiers,* 1309 (Gauthier, f° 184). — *Sainte Ragond,* 1411 (notaires, Fauconnier à Poitiers). — *Eglise collegiée de Saincte Radegonde de Poictiers,* 1460 (chap. de Ste-Radegonde).

SAINTE-RADEGONDE, chapelle, c^{ne} de Verrières. — *Le Pas Saincte Radegonde,* 1498 (abb. de Nouaillé, 20). Près d'une croix de bois était une pierre portant l'empreinte d'un pas; on s'y rendait en pèlerinage. — *Chapelle de Saincte Radegonde,* 1629 (cure de Bouresse).

SAINTE-RADEGONDE-DE-MARCONNAY, église paroissiale et h. c^{ne} du Verger-sur-Dive. Ce lieu, avant le 18 juillet 1864, donnait son nom à la c^{ne} à présent appelée le Verger-sur-Dive. — *Villa Marconai,* 1077 (mss. Gaignières, t. CXCII, f° 176, à la bibl. nat.). — *Marconay,* 1383 (taux du décime, p. 35). — *Marconnay,* 1478 (reg. synodal). — *Saincte Ragond de Marconnay,* 1461; *Saincte Radegonde de Marconnay,* 1476 (cure de Ste-Radegonde-de-Marconnay). — *Ste-Radegonde de Marconnais,* 1720 (dénomb. du royaume).

Avant 1790 la paroisse de Sainte-Radegonde-de-Marconnay dépendait de l'archiprêtré de Parthenay (Deux-Sèvres), de la baronnie de Mirebeau, du duché-pairie et de l'élection de Richelieu, généralité de Tours. La cure était à la nomination de l'évêque; elle a été rétablie en 1849.

SAINTE-RADEGONDE-EN-GÂTINE, c^{on} de Chauvigny. — *Ecclesia de Gastina; — Sancte Radegundis de Gastina* (pouillé de Gauthier, f°s 139 et 175). — *Sancta Radegundis in Gastina,* 1383 (taux du décime, p. 60). — *Saincte Ragont en Gastine,* 1393 (chap. de Chauvigny, 11). — *Saincte Radegonde en Gastine,* 1445 (com^{rie} de Roche, 28). — *Sancta Radegundis in Vastina,* 1478 (reg. synodal). — *Saincte Radegonde de Gastine,* 1566 (évêché, 8). — *Ste-Radegonde-en-Gâtine,* 1779 (almanach provincial).

Avant 1790 cette commune faisait partie de l'archiprêtré de Mortemer, de la baronnie de Chauvigny, de la sénéchaussée et de l'élection de Poitiers. La cure était à la nomination du chevecier du chapitre de Chauvigny; elle a été rétablie en 1839.

La commune de Sainte-Radegonde-en-Gâtine a été distraite du canton de Pleumartin, arr^t de Châtellerault, le 21 juillet 1824, pour être réunie au canton de Chauvigny, arr^t de Montmorillon. — Le chef-lieu de cette commune ne se compose que de l'église et quatre maisons.

SAINTONS (LES), f. c^{ne} de Saint-Sauveur. — *Hostel de la Berthetière,* 1483; *l'héritage des Sainctons,* 1545; *la Berteliere,* 1557; *fief des Sainctons appellé aultrement la Borbellière,* 1562 (com^{rie} de la Foucaudière, 10). — *La Bertitière,* 1621 (fief de Colombiers). — *Fief de la Berthetière aultrement les Saintons,* 1640 (com^{rie} de la Foucaudière, 10). — Ce fief relevait de la bar. de Colombiers.

SAINTONS (LES), f. c^{no} d'Usseau; — 1644 (abb. de Montierneuf, 6).

SAINTS (LES), h. c^{ne} de Montoiron.

SAIRE, c^{on} de Monts-sur-Guesne. — *Ecclesia de Saeriis,* v. 1095 (cart. de Noyers, p. 259). — *Aimericus de Saeria,* v. 1216 (Fonteneau, t. XXV. p. 105). — *Saere,* 1288 (arch. de Poitiers, 14). — *Sayre* (pouillé de Gauthier, f° 177 v°). — *Sceria, Soyre,* 1383 (taux du décime, p. 15 et 77). — *Saint Pierre de Seyre,* 1472 (prieuré du Bouchet, 1). — *Seria,* 1478 (reg. synodal). — *Serra,* 1520 (bissexte). — *Saire,* 1559 (prieuré du Bouchet, 1).— *S. Pierre de Serre,* 1782 (pouillé). — *Sairres,* 1784 (carte du Poitou).

Avant 1790 cette commune faisait partie de l'archiprêtré de Faye-la-Vineuse (Indre-et-Loire), de la châtellenie et du bailliage de Loudun, et de l'élection de Richelieu, généralité de Tours. La cure était à la nomination du chapitre de Faye-la-Vineuse. Le fief de Saire relevait du château de Loudun.

SAIRÉ (LE GRAND-), h. et LE PETIT-SAIRÉ, vill. c^{ns} de Saint-Sauvant. — *Sayré,* 1486 (fief des Pouter-

nières). — *Sairé*, 1646 (collège de Poitiers, 25).
— *Serré*, 1841 (nomencl.).

Sais, faubourg de Vivonne, où existait anciennement une église paroissiale. — *Ecclesia de Seis*, 1097-1100 (abb. de St-Cyprien). — *Castrum Seie*, v. 1112 (cart. de St-Cyprien, p. 51). — *Capellanus de Seias*, 1155 (Fonteneau, t. II, p. 25). — *Ecclesia beatæ Mariæ de Sees de Vivcone*, 1264 (abb. de Nouaillé, 5); — *de Ses*, 1273 (abb. de Fontaine-le-Comte, 33); — *de Says apud Vivoniam* (pouillé de Gauthier, fº 152). — *Feodum de Ceys*, v. 1300 (Gauthier, fº 10). — *Ses en Vivonne*, 1404 (hommages du comté de Poitou, fº 37). — *Seps in Vivonia* 1478 (reg. synodal). — *Eglise de Nostre Dame de Ceps de la Leuve jouste la ville de Vivonne*, 1480 (chap. de St-Hilaire, 482). — *Nostre Dame de Ces*, 1481 (*ibid*. 564). — *Xes*, 1489 (livre de recette de Vivonne, fº 119). — *Nostre Dame de Says de la Layve*, 1535 (chap. de St-Hilaire, 482). — *Sez en Vivonne*, 1552 (fief de Bellefontaine). — *Nostre Dame de Xais letz Vivonne*, 1683 (cure de Sais). — *Notre-Dame de Saix-lès-Vivonne*, 1782 (pouillé).

La cure de Sais, qui était à la nomination de l'abbé de Saint-Cyprien, a été supprimée par un décret de l'évêque de Poitiers du 24 mars 1774 et le service paroissial transféré en l'église Saint-Georges de Vivonne. Dans l'ordre civil la paroisse de Sais faisait partie de la circonscription municipale appelée les Villages de Vivonne.

Le fief de Sais, dont Hugues XII de Lusignan fit hommage à l'évêque de Poitiers en 1268, *feodum Sayes* (Fonteneau, t. III, p. 375), relevait, aux trois derniers siècles, du château de Lusignan; il était alors confondu avec celui de Bellefontaine, dont le manoir s'éleva peut-être après la destruction du *castrum Seie*. — *Fief de Bellefontaine ou Seez en Vivonne*, 1756; *Bellefontaine ou Sœs*, 1776 (fief de Bellefontaine).

Saitre (La), vill. cne de Marigny-Brizay. — *La petite Saitre* (Cassini).

Saix, cn des Trois-Moutiers. — *In villa Suedas Pictavi territorio* (Vita S. Radegundis, auct. Fortunato, ap. Bolland. aug. t. III, p. 70). — *Gofredus de Seias*, 1108-1115 (cart. de Fontevrault, 596 bis). — *Suædas* (Vita S. Radegundis, auct. Baudonivia, ap. Bouquet, t. III, p. 457). — *Seis*, 1164 (Fonteneau, t. V, p. 592). — *Seys*, 1259 (abb. de Ste-Croix, 66). — *Ses*, 1267 (*ibid*. 64). — *Sayes*, 1286 (*ibid*. 66). — *Sois*, 1295; *Saes*, 1306 (*ibid*. 9). — *Says*, 1470 (*ibid*. 66). — *Sancta Radegundis de Seps*, 1478 (reg. synodal). — *Saix*, 1518 (abb. de Ste-Croix, 66). — *Sais*, 1531 (cure de Saix).

Cette commune est formée des deux anciennes paroisses de Saix et Solomé, qui faisaient partie de l'archiprêtré, de la châtellenie, du bailliage et de l'élection de Loudun. La seigneurie de Saix, avec droit de haute justice, et le patronage de la cure appartenaient à l'abbaye de Sainte-Croix de Poitiers.

Saizay, m. isolée, cne d'Arçay.

Saizine (La), f. cne de Saint-Romain. — *La Sazine*, 1403 (gr. Gauthier, fº 248). — *La Saisine*, 1494 (fief de Chaleur).

Saizines (Les), h. cne de Leigne. — *Les Saysynes*, 1583 (maison-Dieu, 158). — *Les Saysines*, 1628 (fam. Frotier). — *Les Saizines*, 1775 (rôle des tailles de Pouzioux).

Salandière (La), h. cne de Pleumartin; — 1453 (abb. de la Merci-Dieu, 11).

Salbardin, f. cne de Charroux. — *Salle Bardin*, 1754 (rôle des tailles).

Salbordières (Les), f. cne de Saint-Sauveur.

Salée (La), cne de Gençay; maisons situées sur la route de ce lieu à Saint-Maurice; — 1404 (gr. Gauthier, fº 85).

Salennes, cne de Colombiers. Ce nom ne s'applique plus auj. à une localité unique, mais à un certain nombre de hameaux et d'habitations isolées qui sont situés au sud-ouest du bourg de Colombiers et ont été détachés de la cne de Naintré le 7 décembre 1825. Le lieu particulièrement appelé autref. Salennes, est placé sur la carte de Cassini entre la Tour-Savary et l'Âne-Vert, où se trouvent actuellement les hameaux de Laumont et des Crochards. — *Villa quæ dicitur Selona*, v. 1080 (cart. de St-Nicolas, 22). — *Salaynes*, 1281 (Duchesne, Hist. généal. de la maison des Chasteigners, pr. p. 110). — *Salennes*, 1321 (abb. de Fontaine-le-Comte, 4). — *Salaines*, 1407 (gr. Gauthier, fº 1 vº). — *Sallaines*, 1438 (duché de Châtellerault, 7). — *Salene*, 1447 (abb. de Nouaillé, 60). — *Chapelle de Sainte Marguerite au village de Sallaine*, 1737 (cure de Naintré).

Saleron (Le), petite riv. prend sa source dans la cne d'Azat-le-Ris (Haute-Vienne), sépare cette cne de celle de Latus, traverse du sud au nord celles du Bourg-Archambault, Saint-Léomer, Journet et Béthines sur une longueur de 28 kilomètres, et entre dans le départ. de l'Indre pour se jeter dans l'Anglin près d'Ingrande. — *Fluvius Saleron*, 914 (Fonteneau, t. XIII, p. 37). — *Fluvius Saleronis*, v. 1020 (cart. de St-Cyprien, p. 119). — *Rivière* de *Salleron*, 1450 (maison-Dieu, 154). — *Sarleron* (Cassini).

Salinière (La), h. cⁿᵉ de Nieuil-l'Espoir. — *Rossalerie terra*, 1184 (abb. de la Trinité). — *La Roussalinère*, 1485 (*ibid.* 45). — *La Ressalinière*, 1561 (*ibid.* 46). — *La Sallinière*, 1617 (*ibid.* 54).

Sallardière (La), lieu détruit, près la Gatelinière, cⁿᵉ de la Roche-Posay; — *viel village*, 1458 (notaires, Artaud à la Roche-Posay).

Salle, f. cⁿᵉ de Beaumont. — *Maison noble de Salle*, 1634 (fief de Rouet).

Salle (La), h. cⁿᵉ d'Archigny. — *La Salle en Gastine*, 1544 (chap. de Chauvigny, 11). — *La Salle de Gastine*, 1774 (évêché, 37). — Anc. fief relev. de la bar. d'Angle. Il y avait aussi au bourg d'Archigny, près le cimetière, une maison appelée la Salle, *la Sale d'Archigny*, 1440 (seign. de Montoiron, 1), laquelle était tenue en fief de la bar. de Montoiron.

Salle (La), f. cⁿᵉ de Châtellerault.

Salle (La), h. cⁿᵉ de Leigne; — 1576 (maison-Dieu, 121).

Salle (La), f. cⁿᵉ de Leigné-sur-Usseau. — *La Sale*, 1339 (seign. de la Garde). — *La Salle*, 1444 (duché de Châtellerault, 1). — Anc. fief relev. de la Motte d'Usseau.

Salle (La), vill. cⁿᵉ de Vivonne. — *La Sale d'Entrigné*, 1411; *la Sale d'Antrigné*, 1430; *la Salle d'Entrigné*, 1506 (seign. de la Salle). — Anc. fief relev. de celui de Marigny-Chemerault.

Salle-aux-Chauvins (La), anc. fief, cⁿᵉ de Senillé. — *La grant Salle de Senillé*, située entre l'église et le cimetière, 1405 (duché de Châtellerault, inv. d'aveux, f° 38). — *La Salle aux Chauvyns*, 1538 (*ibid.* reg. d'hommages). — Ce fief relevait du duché de Châtellerault.

Sallebaudrouze, m. r. cⁿᵉ de Dienné. — *Sallebaudrouse*, 1562 (fief de Mortemer). — *La Sallebaudouze*, 1742 (seign. de Dienné et Verrières).

Salles, vill. et mⁱⁿ sur la Vienne, c⁽ᵉ⁾ du Vigean. — *Petrus de Sala*, v. 1080 (cart. de S¹-Cyprien, p. 243). — *Petrus de Salis*, 1395; *Sales*, 1461 (fam. Laurent de Reyrac). — *La grand maison de Salles*, 1661 (seign. de Ressonneau, 3). — *Moulin de Salle*, 1714 (cure du Vigean). — Anc. domaine de l'abbaye de la Reau.

Salles-en-Toulon, c⁽ᵒⁿ⁾ de Lussac-le-Château. — *Sale* (pouillé de Gauthier, f° 175). — *Sales*, 1390 (chap. de Mortemer, 3). — *Rector de Salis*, 1478 (reg. synodal). — *Salles*, 1512 (chap. de Mortemer, 3). — *Salles en Mortemer*, 1596 (aides et équivalents, p. 23). — *Salle en Toullon*, 1653 (cure de Salles-en-Toulon). — *Salles en Toulon* 1720 (dénomb. du royaume).

On a appelé ce lieu Salles *en Toulon* pour le distinguer des autres localités du même nom. Toulon est un village plus populeux que le chef-lieu de la commune, mais il n'a été le siège d'aucune seigneurie ou juridiction qui puisse faire attribuer à la préposition *en* d'autre signification que celle de *près*. L'église de Toulon paraît n'avoir jamais été qu'une annexe de celle de Salles.

Avant 1790 cette commune faisait partie de l'archiprêtré et de la baronnie de Mortemer, de la sénéchaussée et de l'élection de Poitiers. Le prieuré-cure de Saint-Martin de Salles avec son annexe de Saint-Hilaire de Toulon dépendait de l'abbaye d'Airvault (Deux-Sèvres).

Salmondières (Les), h. c⁽ⁿᵉˢ⁾ de Pouillé et Jardres. — *La Salmondère*, 1385 (cart. de la Trinité, f° 41). — *Les Salmondères*, 1410 (abb. de la Trinité, 69). — *Les Salmondières*, 1447 (*ibid.* 66). — *Maison vulgaument appellée les Psalmondières, qui anciennement fut de feu Jehan Psalmon*, 1451 (cure de S¹-Michel de Poitiers).

Salussac, h. cⁿᵉ de Saint-Gervais.

Salvagène (La), h. c⁽ⁿᵉ⁾ de la Chapelle-Montreuil. — *La petite Savargière*, 1529 (seign. de Curzay). — *La Sauvagière*, 1550 (abb. de Montierneuf, 84). — *La Servagière*, 1626 (*ibid.* 87). — *La Salvagère*, 1779 (*ibid.* 90). — Le fief de la Petite-Salvagère relevait de Curzay.

Salvagène (La), f. cⁿᵉ de Cloué. — *La Savarigière*, *la Savargère*, 1364 (abb. de S¹ᵉ-Croix, 95). — *La Sauvagère*, 1451 (abb. de Nouaillé, 60). — *La Savargière*, 1477 (fief de Monts). — *La Sauvagière*, 1480 (abb. de S¹ᵉ-Croix, 95). — *La Sivargière*, 1486 (fief des Pouternières). — *La grande Salvagère*, 1661 (seign. de Curzay). — *La grande Servagère*, 1690 (fam. Irland). — Anc. fief relev. de Curzay.

Salvantier, vill. cⁿᵉ de Romagne. — *Saleventer*, 1342; *Salvanter*, 1422 (chap. de S¹-Hilaire, 242). — *Salventier*, 1465; *la Serventère*, 1470 (*ibid.* 243). — *Sallevantier*, 1560 (seign. de Couhé). — *Village appellé la Chauvellière, à présent Sallevantier*, 1598 (chap. de S¹-Hilaire, 249).

Salvart, anc. verrerie, c⁽ⁿᵉ⁾ d'Archigny; mentionnée en 1491 (seign. de Touffou, 4). Il n'en reste point de vestiges. D'après cet acte elle était dans la contrée située à gauche du chemin *par lequel l'on va du moulin de Venguelle à Sennent*.

Salvert, h. cⁿᵉ d'Adriers. — *Salavert*, 1479 (prieuré de Teil). — *Salvert*, 1615 (prieuré d'Entrefins).

SALVERT, m. à Baudiment, c^{ne} de Beaumont. — *Salvert, paroisse de Moussay*, 1584 (seign. de Montcouard); 1666 (fam. Couraud).

SALVERT, h. c^{ne} de Champagné-le-Sec; — 1663 (notaires, Mestreau à Civray).

SALVERT, f. détruite, près la Sicaudière, c^{ne} de Doussay; — 1586 (seign. de Puygarreau, 1).

SALVERT, h. c^{ne} de Leigne. — *Sallevert*, 1447 (seign. de Touffou, 3). — *Salevert*, 1473 (abb. de Montierneuf, reg. 206). — *Salvert*, 1524 (seign. de Touffou, 3). — Anc. fief relev. de la châtell. de Touffou.

SALVERT, colonie agricole, c^{ne} de Migné. — *Sallevert*, 1277 (abb. de Montierneuf, 65). — *Salevert*, 1324 (arch. de Poitiers, 12). — *Salvert*, 1404 (gr. Gauthier, f° 24). — Anc. fief relev. de l'abbaye de Montierneuf.

SALVERT, f. détruite, c^{ne} du Port-de-Piles.

SALVERT, vill. c^{ne} de la Roche-Posay. — *Sallevart*, 1450 (abb. de la Merci-Dieu, 5). — *Salvart*, 1496 (ibid. 6). — *Sallevert*, 1663 (seign. de la Roche-Posay, 4). — *Salvard*, 1665 (cure de la Roche-Posay).

SALVERT, anc. seign. à Montbrillais, c^{ne} de Saint-Léger-de-Montbrillais. — *Terre de Sallevert*, 1462; *mestairie de Salvert de Mombrillois*, 1454; *château de Salvert*, 1716 (cure de Morton).

SALVERT, h. c^{nes} de Saint-Sauveur et Senillé. — *Sallevert*, 1392 (duché de Châtellerault, inv. d'aveux, f° 42 v°). — *Hostel de Salevert*, 1438 (com^{rie} d'Auzon, 9). — *Salvart*, 1457 (duché de Châtellerault, 5). — *Salvert*, 1567 (com^{rie} d'Auzon, 8). — Anc. fief relev. du duché de Châtellerault.

SALZERT, f. c^{ne} de Bonnes; — 1674 (seign. de Loubressay). — *Saleserd* (Cassini).

SAMMARÇOLLE, c^{on} de Loudun. — *Ecclesia Sancti Petri de Samarcholia*, 1119 (Arch. hist. du Poitou, t. II, p. 42). — *Sammartholia*, 1117-1129 (Clypeus nasc. Fontebrald. ord. t. II, p. 339). — *Ogerius de Sancta Marcholia*, 1115-1149 (gr. cart. de Fontevrault, 59). — *Ecclesia de Samarcolio*, de *Salmarcolio* (pouillé de Gauthier, f°s 137 v° et 171). — *Saint Marcolle*, 1341 (prieuré de Fontmore, 2). — *Capellanus de Sancto Marcole*, 1383 (taux du décime, p. 9). — *Saint Marssolle*, 1394 (chap. de Ste-Croix de Loudun, 5). — *Saint Marsolhe*, 1406 (chap. de St-Hilaire, 161). — *Samarcolle*, 1413 (chap. de Ste-Croix de Loudun, 5). — *Samarsolle*, 1531 (chap. de St-Hilaire, 91). — *Saincte Marsolle*, 1646 (bissexte). — *S. Marsolle*, 1720 (dénomb. du royaume). — *S. Pierre et S. Martial de Sammarçolle*, 1779 (almanach provincial). — *S. Marçolle*, 1782 (pouillé). — *Sammarçolles*, 1818 (annuaire).

Avant 1790 cette paroisse faisait partie de l'archiprêtré, de la châtellenie, du bailliage et de l'élection de Loudun. Le curé, à la nomination de l'évêque, était archiprêtre de Loudun. Le fief de Sammarçolle relevait de la Motte-Champdeniers (ms. Trincant). L'aumônerie de Sammarçolle, mentionnée dans des actes de 1454, 1660 (com^{rie} de Loudun, 19), fut unie à l'hôpital de Loudun en 1700.

SANDIÈRE (LA), f. c^{ne} de Mouterre.

SANDOURERIE (LA), h. c^{ne} de Leugny. — *La Sandourie*, 1773 (cure de Leugny).

SANGUINIÈRES (LES), lieu détruit, près la Jonchère, c^{ne} de Persac; — 1506 (seign. de la Brulonnière).

SANITAL (LE), m. près Loudun; anc. hôpital de pestiférés établi en 1604 (Essais sur l'hist. de Loudun, 2e partie, p. 38).

SANSONNERIE (LA), m. r. c^{ne} de Lomaizé.

SANTILLY, f. au vill. d'Ivernay, c^{ne} de Marigny-Brizay; — 1620 (fam. Chabot).

SANVY, h. c^{ne} de Vicq. — *Petrus de Cenvis*, 1190 (abb. de la Merci-Dieu, 1). — *Cenvis*, 1618 (prieuré de St-Martin d'Angle). — *Senvys*, 1708 (conv. de la Puye, 10).

SANXAY (on prononce SANÇAY), c^{on} de Lusignan. — *In vicaria Sanciaco*, 939 (ch. de St-Hilaire, t. I, p. 20). — *Sancai*, 1235 (Fontenau, t. V, p. 135). — *Sanceium*, 1248 (ibid. t. I, p. 311 bis). — *Archipresbyteratus de Sancayo, Sanxayo, Xancayo, Xanceyo* (pouillé de Gauthier, f°s 141 et 154 v°). — *Sansayum*, 1307 (Fontenau, t. III, p. 456). — *Sanczayum*, 1311 (abb. de St-Cyprien, 13). — *Sensay, Senxay*, 1379 (cure de Sanxay). — *Xancay*, 1383 (taux du décime, p. 22). — *Xanssay*, 1401; *Sanssay*, 1442 (abb. de St-Cyprien, 50). — *Cenxay*, 1479 (compte de J. Bourdin). — *Sancay*, 1596 (inscription en l'église de Sanxay). — *S. Pierre de Sanxay*, 1782 (pouillé).

L'archiprêtré de Sanxay, en l'archidiaconé de Briançay ou Brioux (Deux-Sèvres), comprenait les paroisses de Sanxay, Ayron, Benassay, Béruges, Biard, Chalandray, la Chapelle-Montreuil, Chiré-en-Montreuil, Cramard, Curzay, les Forges (Deux-Sèvres), Jazeneuil, Latillé, Menigoute (Deux-Sèvres), Montreuil-Bonnin, Nesde, Quinçay, Saint-Germier (Deux-Sèvres), Saint-Martin-du-Fouilloux (idem), Sauray (idem), Vandelogne (idem), Vasles (idem), Vausseroux (idem), Vouillé et Vouneuil-sous-Biard. Au temps de Gauthier de Bruges, évêque de

Poitiers, la dignité d'archiprêtre était unie à la cure de Saint-Pierre de Sanxay; elle fut conférée ensuite au trésorier du chapitre de Menigoute (Deux-Sèvres), fondé en 1328.

Sanxay fut le chef-lieu d'une viguerie mentionnée dans un seul document cité ci-dessus. Ce bourg dépendait de la châtellenie du Bois-Pouvreau au ressort de Saint-Maixent (Deux-Sèvres) et faisait partie de l'élection de Poitiers.

En 1790, lors de l'organisation du département, Sanxay devint le chef-lieu d'un canton dépendant du district de Lusignan et formé des communes de Sanxay, Benassay, Curzay, Jazeneuil et Nesde. Le 16 décembre de la même année, par suite de la suppression du c^{on} de Coulombiers, les c^{nes} de la Chapelle-Montreuil et de Montreuil-Bonnin furent réunies au c^{on} de Sanxay qui, en revanche, perdit celle de Jazeneuil, annexée au c^{on} de Lusignan. Ce canton exista jusqu'au 18 novembre 1801.

SANZELLE, h. c^{ne} de Leigne. — *Sanzelles*, 1404 (gr. Gauthier, f° 7 v°). — Anc. fief et haute justice relev. de la tour de Maubergeon.

SAPINIÈRE (LA), m. r. c^{ne} de Jazeneuil.

SARCELLE (LA), m. r. c^{ne} d'Availle.

SAREUIL, bois, près Servon, c^{ne} de Leigne; — 1605 (maison-Dieu, 76). — Anc. fief relev. de Fontprevoir.

SARIGAUDIÈRE (LA), f. c^{ne} de Jouet.

SARMANDIÈRE (LA), f. c^{ne} d'Alonne. — *La Solimandère*, 1316 (chap. de St-Hilaire, 288). — *La Sermandière*, 1492; *la Sermenterie*, 1499; *la Sermentière*, 1506; *la Salmandière*, 1598 (ibid. 541).

SARRAUDIÈRES (LES), f. c^{ne} de Saint-Sauveur. — *La Sarraudière*, 1456 (notaires, Artaud à la Roche-Posay).

SARRAZINERIE (LA), f. c^{ne} de Prinçay. — *La Sarazinerie*, 1605 (cure de Prinçay).

SARRAZINIÈRE (LA), f. c^{ne} de Saint-Gervais. — *La Sarrazinère*, 1426 (duché de Châtellerault, 5). — *La Sarrazinière*, 1543 (fam. de Brusse). — Anc. fief relev. du Plessis-Baunay.

SARRAZINS (LES), f. c^{ne} de la Roche-Posay. — *La maison Sarrasin*, 1477 (cure de la Roche-Posay). — *Mestairie des Sarrazins*, 1629; *fontaine des Sarazins*, 1636 (seign. de la Roche-Posay, 3).

Le ruiss. des Sarrazins a sa source près la Grondinière et tombe dans la Creuse à la Roche-Posay, accru du ruiss. des fontaines minérales. — *Ruisseau de la Guergonde, de la Gargonde*, 1456 (notaires, Artaud à la Roche-Posay); — *de Gergouer*, 1636; — *de Gergonde*, 1637; ruisseau appellé *Gironde qui descend de la fontaine des Sarazins en la rivière de Creuse*, 1652 (seign. de la Roche-Posay, 3).

SARRAZINS (CHEMIN DES), qui, dans une partie de son parcours, sépare les c^{nes} de Cissé, Avanton et Vendeuvre de celle de Neuville. — *Chemin Sarrazin*, 1518 (seign. de Chénéché, 8). — *Chemin Sarrazin, tendant de Cissé à Vendeuvre*, 1670 (aveu de Chénéché, f° 58).

SARRAZINS (FONTAINE AUX), c^{ne} d'Aunay. — *Fontayne aus Sarazins*, 1317 (abb. de Fontaine-le-Comte, 28).

SARRAZINS (TOUR AUX), tour ruinée, près la Grange, c^{ne} de Mairé. — *La tour au Sarrazin*, 1493 (seign. de la Guerche). — *La tour aux Sarazins*, 1720; — *aux Sarasins*, 1767 (cure de la Guerche).

SARSALÉ, h. c^{ne} de la Chaussée. — *Chersallée*, 1680 (cure de la Chaussée).

SARZEC, h. c^{ne} de Montamisé. — *Johannes de Cerset*, v. 1065 (Fonteneau, t. XXI, p. 425). — *Cersay*, 1253 (ibid. t. XXVII, p. 161). — *Sersey*, 1253 (abb. de la Trinité, 32). — *Serzay*, 1281 (évêché, 17). — *Cerzay*, 1324 (arch. de Poitiers, 12). — *Sersé*, 1392 (chap. cathédral, 16). — *Sersay, Sersel*, 1394 (com^{rie} de St-Georges, 35). — *Serzé*, 1405 (gr. Gauthier, f° 27 v°). — *Serzé*, 1410 (ibid. f° 29 v°). — *Sarzay*, 1486 (abb. de Ste-Croix, 96). — *Cersec*, 1535 (abb. de la Trinité, 32). — *Sarzé*, 1775 (rôle des tailles). — Anc. fief et haute justice appart. à l'abbaye de Saint-Jean de Poitiers.

SAUBREDAC, f. c^{ne} de Montreuil-Bonnin. — *Soberdacq*, 1775 (rôle des tailles).

SAUCOUTEAU, h. c^{ne} de Fleuré. — *Ugo de Saugustel*, v. 1125 (abb. de Nouaillé). — *Saugouteau*, 1460; *Saulgousteau*, 1560 (ibid. 49). — *Saucousteau*, 1567 (chap. de Mortemer, 5).

SAUDAIS (LA), h. c^{ne} de Nueil-sous-Faye. — *La Saudaie*, 1607 (com^{rie} de Loudun, 31). — Anc. seigneurie.

SAUDIÈRES (LES), h. c^{nes} de Bonneuil-Matours et Vouneuil-sur-Vienne. — *Les Essauldières*, 1599 (seign. de Touffou, 3).

SAUDIÈRES (LES HAUTES-), h. c^{ne} de Bonneuil-Matours.

SAUDOUX, brandes, c^{ne} de Dienné. — *Bois de Saudoux*, 1517; — *de Sauldour*, 1539; — *de Sadour*, 1553 (carmes de Poitiers).

SAUDOUX (LE), f. et anc. camp, dit camp des Anglais, c^{ne} de Charroux. — *Le Saudoux*, 1403 (abb. de Charroux). — *Le Saudour*, 1611 (fief des Malpierres).

SAUGÉ OU SAULGÉ, c^{ne} de Montmorillon. — *Ecclesia Salgiacensis*, v. 1090 (Fonteneau, t. IV, p. 11). — *Parrochia de Saugiaco, de Salgiaco*, 1260 (Hommages d'Alphonse, p. 84). — *Sauget, prioratus de Saugeyo* (pouillé de Gauthier, f°s 148 et 177). — *Capellanus de Saugeto*, 1383 (taux du décime, p. 60). — *Saugé*, 1401 (gr. Gauthier, f° 114 v°). — *Saugié*, 1479 (compte de J. Bourdin). — *Saulgé*, 1548 (maison-Dieu, 178). — *S. Divitian de Saugé*, 1779 (almanach provincial).
Le moulin de Saugé est situé sur la rive droite de la Gartempe, en amont du bourg.
Avant 1790 cette commune faisait partie de l'archiprêtré, de la châtellenie et de la sénéchaussée de Montmorillon, et de l'élection de Poitiers. Le prieuré et la cure de Saint-Divitien de Saugé dépendaient de l'abbaye du Bourg-Dieu (Indre).

SAUGÉ, m. r. c^{ne} de Sanxay. — *Hostel de la Contantinière*, 1627; *la Contantinière Chaugé*, 1736 (fief de Curzay). — Anc. fief relev. de Curzay.

SAUGE (LA), m. à Ayron; anc. fief.

SAUGETTERIE (LA), h. c^{ne} de la Puye. — *La Saugetrye*, 1576 (cure de St-Hilaire-entre-les-Églises de Poitiers). — *La Saugeterie*, 1598 (couv. de la Puye, 4).

SAUGOU, vill. c^{ne} de Rouillé. — *Saugour*, 1476 (chap. de St-Hilaire, 81). — *Sougou* (Cassini).

SAUGOUN, h. c^{ne} de Béthines. — *Saugoux*, 1459 (couv. de la Puye, 12). — *Saulgour*, 1606 (*ibid.* 13).

SAUGOUN, h. c^{ne} de Saint-Secondin.

SAUJOUAN, f. c^{ne} de Saint-Remy; anc. commanderie dép. de la maison-Dieu de Montmorillon. — *Domus de Saltu Johannis*, 1404 (gr. Gauthier, f° 113 v°). — *Commanderie de Saujohan*, 1470 (maison-Dieu, 181). — *Sault Jehan*, 1498 (fief de Chanteloube). — *Sauljouhan*, 1501; *Sauljohan*, 1530; *Soujouan*, 1563; *Sauljouan*, 1652 (maison-Dieu, 181).

SAULAIE (LA), f. c^{ne} de Chiré-en-Montreuil. — *Aymeri de la Sauleye*, 1404 (gr. Gauthier, f° 75). — *La Saullais*, 1644 (fam. Jacques). — Anc. fief relev. de Chiré.

SAULAIE (LA), f. c^{ne} de Coussay-les-Bois.

SAULAIE (LA), f. c^{ne} de Saint-Sauveur.

SAULES (LES), vill. c^{ne} de Montgauguier. — *Le Saule de Poillé*, 1284 (com^{rie} de St-Georges, 19).

SAULES (BOIS DES), c^{ne} de Queaux; appart. autref. au prieuré de Grand-Chaume.

SAULGÉ. Voy. SAUGÉ.

SAUNAY, lieu détruit, entre la Mignonnière et les Jeannins, c^{ne} de Prinçay. — *Sonnay*, 1512 (seign. de Saunay et Courteloup); 1677 (cure de Prinçay).

SAUNERIE (LA), f. c^{ne} d'Ingrande; — 1594 (seign. de la Borde, inv.). — *La Saunerie ou la Fosse*, 1619 (seign. de la Groye, inv.).

SAUNERIE (LA), f. c^{ne} de Sainte-Radegonde-en-Gâtine; — 1766 (rôle des tailles).

SAUNERIE (LA), m. r. c^{ne} de Sérigny.

SAUNERIE (LA), h. c^{ne} de Vendeuvre.

SAUNERIE (CHEMIN DE LA), aboutissant à la Prunerie, c^{ne} de Saint-Martin-la-Rivière.

SAUNERIES (LES), h. c^{ne} de Montoiron.

SAUNIER (CHEMIN), d'Availle-Limousine à la Rochelle. — *Via Salnaria*, v. 1100 (cart. de St-Cyprien, p. 245). — *Grant chemin des Saulniers*, entre Couhé et Brux, 1473 (chap. de St-Hilaire, 342). — *Grand chemin Saulnyer tendant de la Rochelle à Availle Lymousine*, 1527 (*ibid.* 548). — *Grand chemin Saulnier, près Blanzay*, 1590 (chap. cathédral, 83).

SAUNIER (CHEMIN), c^{ne} de Chabournay. — *La voye Saunère*, v. 1300 (seign. de Chéneché, 1). — *Chemin Saunyer*, 1499; *chemin Saulnier*, 1573 (*ibid.* 4). — Auj. inconnu.

SAUNIER (CHEMIN), du Breuil, c^{ne} de Château-Larcher, à Vivonne. — *Via que vocatur Salinaria*, 888 (cart. de St-Cyprien, p. 247).

SAUNIER (CHEMIN), de Cissé à Beaumont. — *Chemin Saulnier*, 1603 (abb. de Montierneuf, 75).

SAUNIER (CHEMIN), plus connu sous le nom de CHEMIN DES BŒUFS, de Jaunay à Chincé; — 1609 (cure de Jaunay).

SAUNIER (CHEMIN), de Montmorillon à Nérignac; — 1537 (cure de Moulimé).

SAUNIER (CHEMIN), de Poitiers à Jazeneuil. — *Chemin Sauner*, 1283 (abb. de Fontaine-le-Comte, 13). — *Chemin Saunier*, 1481 (*ibid.* 4).

SAUNIER (GRAND CHEMIN), de Civray à Sauzé (Deux-Sèvres); — près les Hommes-Guillaume, c^{ne} de St-Pierre-d'Exideuil, 1475 (fam. Jousserant, 1); — *par lequel l'on va de Savigné à Saulzé*, 1518 (*ibid.* 2).

SAUNIÈRE (LA), vill. c^{ne} de la Chapelle-Bâton. — *La Saunère*, 1394 (chap. de St-Hilaire, 548). — *La Saulnière*, 1642 (aumônerie de Charroux). — *La Saunière*, 1710 (rôle des tailles).

SAUNIERS (CHEMIN AUX), passant au gué de Reclarent, entre Saint-Secondin et Usson, 1404 (gr. Gauthier, f° 89 v°).

SAUNIERS (CHEMIN DES), de Gençay à Chauvigny; — 1693 (arch. de la Soc. des antiq. de l'Ouest; Mortemer).

SAUNIERS (CHEMIN DES), d'Yversay à Vouillé.

SAUT-À-L'ÂNE (LE), h. c^ne de Vendeuvre.

SAUTARD, vill. et m^in sur le ruiss. du même nom, c^ne de Lencloître. — *Estang de Sotart*, 1439 (terrier de Gironde, f° 122). — *Moulin de Sautard*, 1457 (chap. de St-Hilaire, 425).

Le ruiss. de Sautard a sa source dans la c^ne de Thurageau, passe sur le territ. de Lencloître et se jette dans l'Envigne à la limite de cette c^ne et de celle d'Ouzilly.

SAUTELLERIE (LA), m. r. c^ne de Dienné.

SAUTONNE, chât. c^ne de Martaizé. — *Xautonne*, 1459 (abb. de Ste-Croix, 65). — *Sautonne*, 1653 (seign. de Sautonne). — Anc. fief et haute justice relev. du château de Loudun.

SAUVAGÈRE (LA), h. c^ne de Massogne; distrait de la c^ne de Vouzailles le 25 avril 1866; — 1545 (Inv. des arch. de la Barre, t. II, p. 150). — Anc. fief.

SAUVAGÈRE (LA), f. c^ne de Rouillé. — *La Sauvagière*, 1476 (chap. de St-Hilaire, 81).

SAUVAGERIE (LA), m. r. c^ne de Biard.

SAUVERET (CHEMIN), c^ne de Dangé. — *Chemin Saulveret*, 1585 (seign. des Landes). — *Chemin Sauveret tendant de Puillemereou à la Haie*, 1628 (seign. de Poligny). — *Chemin Sauvert tendant de la fontaine du Beugnon au village des Moulières*, 1715 (fief de Bois-Simon).

SAUVERET ou SAUVRET (CHEMIN), par où l'on va de Cragon à Mazeuil; — 1620 (fam. de Fouchier, aveu de Rochefort, f°s 52 v° et 62).

SAUVES. Voy. SAINT-JEAN-DE-SAUVES.

SAUVETIÈRE (LA), caves, c^ne de Beaumont. — *La Sauvetière*, 1456 (seign. de la Tour-de-Beaumont). — *La Saulvetière*, 1559 (seign. de Montcouard).

SAUVIGNY, m^in sur l'Auzance et h. c^ne de Chiré-en-Montreuil. — *Moulin de Souveniz*, 1322 (abb. de la Celle, 18); — *de Subvenyn*, 1499; — *de Sauvigny aultrement le moulin de Chiré*, 1597 (ibid. 11); — *de Souvigny*, 1644 (fam. Jacques); — *de Souvigné*, 1664 (abb. de la Celle, 11).

SAUZÉ, h. c^ne de la Trimouille. — *Sauzet*, 1494 (seign. de Courtevrault). — *Saulset*, 1635 (maison-Dieu, 13). — *Sauzay*, 1646 (seign. de Courtevrault).

SAUZEAU, vill. et m^in sur la Dive, c^ne d'Ouzilly-Vignolles. — *Sauzea*, 1391 (abb. de Ste-Croix, 65). — *Sauzeau*, 1409 (aveu de Moncontour). — Anc. fief relev. de la bar. de Moncontour.

SAUZOUR (LE), f. c^ne de Vivonne. — *Le Sauzour*, 1463; *le Saulzour*, 1537; *le Sauzour*, 1556 (seign. du Sauzour). — Anc. fief relev. de Cercigny.

SAUZOUX, lieu auj. inconnu, c^ne de la Puye. — *Le Pont Sauzour, paroisse de Cenan*, 1481; *mestairie du grant Marchais de Sauzoux; le petit Sauzoux*, 1482 (couv. de la Puye, 7).

SAVAILLÉ, f. c^ne de Château-Garnier. — *Baucervère*, 1396 (gr. Gauthier, f° 210). — *Herbergement des Raoulx de Bauxcervère es vallées de Savaillet*, 1404 (ibid. f° 99 v°). — *Saveillé*, 1404 (hommages du comté de Poitou). — *Savaillé*, 1562 (fief du Bois de Vaux). — *Savaillé ou les Roux*, 1580 (fief de Gençay). — *Seraillères* (Cassini).

SAVARIÈRE (LA), lieu détruit, près les Voies, c^ne de Leigné-sur-Usseau; — 1661 (seign. de la Savarière). — *La Sivazière* (Cassini).

SAVATIERS (LES), lieu détruit, près les Relandières, c^ne de Leigné-sur-Usseau.

SAVATIERS (LES), m. r. c^ne de Sossay. — *Maisons des Savatiers*, 1547 (seign. de Puygarreau, 7). — *Village des Savathiers*, 1604 (duché de Châtellerault, 3).

SAVATONNIÈRE (LA), f. c^ne de Savigny-sous-Faye; — 1400 (chap. cathédral, reg. 108).

SAVIGNÉ, c^on de Civray. — *Vicaria Saviniacinsis*, 892 (Besly, Hist. des comtes de Poitou, p. 209). — *In vicaria Saviniaco*, 986-999 (cart. de St-Cyprien, p. 265). — *Savignec*, 1293 (fam. de Fayolle). — *Ecclesia de Savigniaco* (pouillé de Gauthier, f° 151). — *Savigné*, 1398 (gr. Gauthier, f° 216 v°). — *Savignet*, 1401 (ibid f° 238 v°). — *Savigny en Civray*, 1720 (dénomb. du royaume). — *S. Hilaire de Savigné*, 1779 (almanach provincial). — *Savigny près Civray*, 1782 (pouillé).

Depuis le commencement de notre siècle, l'orthographe officielle est Savigné; on distingue ainsi ce lieu de Savigny, c^ne du c^on de Lencloître.

Avant 1790 cette commune faisait partie de l'archiprêtré de Gençay, de la châtellenie et de la sénéchaussée de Civray, et de l'élection de Poitiers. Le curé de Savigné, à la nomination de l'évêque de Poitiers, était archiprêtre de Gençay; toutefois il a pris aussi le titre d'archiprêtre de Savigné, 1165 (Fonteneau, t. XVIII, p. 321); 1341 (ibid. t. III, p. 557); — *de Savigné et de Gençay*, 1504 (ibid. t. IV, p. 656).

La viguerie de Savigné n'est mentionnée que dans les deux documents cités plus haut et lui attribuant, le premier, *Layré*, *Aleriacus*, c^ne de Saint-Pierre-d'Exideuil, et le dernier un lieu appelé *Drullus*.

SAVIGNÉ, f. c^ne de Saint-Sauvant; — 1420 (gr. Gauthier, f° 50).

SAVIGNY ou SAVIGNY-SOUS-FAYE, c^on de Lencloître. —

Villa Saviniacus in *vicaria Brainse*, 975 ou 976 (cart. de S¹-Cyprien, p. 81). — *Ecclesia Savinniaci*, v. 1081 (cart. de Noyers, p. 99). — *Presbyter de Savigne*, 1156 (chap. de S¹º-Radegonde). — *Savignec*, 1192 (abb. de S¹-Benoît). — *Parochia de Savigniaco*, 1229; *Savigny*, 1333 (*ibid.* 20). — *Savigniacum subtus Fayam Vinosam*, 1340 (abb. de Fontaine-le-Comte, 26). — *Savigné soubz Faye en Anjou*, 1567 (abb. de S¹-Benoît, 13). — *Saint Pierre de Savigny sous Faye*, 1757 (*ibid.* 22).

Avant 1790 cette commune faisait partie de l'archiprêtré de Faye-la-Vineuse (Indre-et-Loire), du duché-pairie de Richelieu et du duché de Châtellerault, et de l'élection de Richelieu, généralité de Tours. Le prieuré et la cure de Savigny dépendaient de l'abbaye de Saint-Benoît-de-Quinçay. Le prieur était seigneur haut justicier de la paroisse; le fief du prieuré relevait du château de Saumur.

SAVIGNY, chât. et h. cⁿᵉ de Vouneuil-sur-Vienne; anc. prieuré dép. de l'abbaye de Saint-Cyprien de Poitiers. — *Villa Saviniacus in pago Pictavo, in vicaria Niverniacinse*, v. 900 (cart. de S¹-Cyprien, p. 156); — *in vicaria Linaronsi*, 909 (*ibid.* p. 153); — *in vicaria Ingrandinse*, 925 (*ibid.* p. 154). — *Prioratus de Savign. supra Vigennnam*, 1262 (abb. de S¹-Cyprien, 36). — *Savigné*, 1309 (Gauthier, f° 187 v°). — *Savigné près des Rives*, *Savigné sus Rives*, 1324; *Savigné près de Ryves*, 1337 (arch. de Poitiers, 12). — *Nostre Dame de Savigné sur Vienne*, 1407; *Savigny sur Vienne*, 1578 (abb. de S¹-Cyprien, 36). — Le fief du prieuré relevait de la bar. de Chauvigny.

SAVIGNY-L'ÉVÊCAULT, cᵐ de Saint-Julien-Lars. — *De Saviniaco*, v. 1112 (abb. de Montierneuf). — *Savigniacum*, 1229 (Fontencau, t. XXII, p. 150). — *Parrochia de Savigniaco Episcopali*, 1281 (chap. cathédral, 84). — *Savigné l'Evesquau*, 1324 (arch. de Poitiers, 24). — *Savigné*, *Savigny*, 1361 (évêché, 64). — *Savigné l'Evescal*, 1385 (cart. de la Trinité, f° 8). — *Savigny l'Evesqual*, 1407 (évêché, 66). — *Saint-Pierre de Savigny-Levescaut*, 1782 (pouillé); — *de Savigny-l'Evéquault*, 1786 (almanach provincial). — *Savigny-l'Evêcault*, 1807 (annuaire).

Avant 1790 Savigny-l'Évêcault faisait partie de l'archiprêtré de Chauvigny, de la châtellenie, de la sénéchaussée et de l'élection de Poitiers. L'évêque de Poitiers était seigneur haut justicier de la paroisse et nommait à la cure. Le pouillé de Gauthier (f° 139 v° et 178 v°) la range parmi celles qui étaient *de camera episcopi*, *extra decanatus* et *archipresbyteratus*; le taux du décime (p. 127) l'attribue à l'archiprêtré de Mortemer, le pouillé de 1782 (p. 169) et l'almanach provincial de 1790 à l'archiprêtré de Chauvigny.

Les bois de Savigny, ancien domaine des évêques de Poitiers, avaient une contenance de 129 hectares en 1815.

Cette commune a été réunie à celle de Saint-Julien-Lars depuis le 10 novembre 1819 jusqu'au 12 janvier 1870; elle en a dépendu pour le spirituel depuis 1803 jusqu'en 1856.

SAVIGNY-SOUS-FAYE. Voy. SAVIGNY.

SAVINIER (LE), anc. fief à Châtellerault, près le couvent des cordeliers. — *Terre de Savinière*, 1356 (Fontencau, t. I, p. 164). — *Le Savinier*, 1431 (duché de Châtellerault, 6). — *Le Savigner*, 1621 (fief du Savinier). — *La Savinière*, 1621 (fief de Charlée). — Ce fief relevait du duché de Châtellerault.

SAVINIERS (LES), vill. cⁿᵉ d'Availle. — *Les Savignées*, 1436 (chap. cathédral, 82). — *Les Savignez*, 1493 (duché de Châtellerault, 6).

SAVOIE (LE GRAND et LE PETIT-), vill. cⁿᵉ de Nueil-sur-Dive. — *Village de Savoye*, 1742 (chap. cathédral, 37). — *Savoix, seigneurie du petit Savoix*, 1750 (cure de Morton). — *Savoye* (Cassini).

SAVOIX (LES), h. cⁿᵉ de Vouneuil-sur-Vienne. — *Chez Savois*, 1642 (chap. cathédral, reg. 93).

SAYS, vill. et mⁱⁿ sur le Clain, cⁿᵉ de Champagné-Saint-Hilaire. — *Molendina de Ses*, 1251; — *de Sepx*, 1260 (chap. de S¹-Hilaire, 242). — *Ces*, 1284 (*ibid.* 546). — *Xes*, 1313 (seign. de la Millière). — *Ceys*, 1317 (chap. de S¹-Hilaire, 242). — *Ceps*, 1393; *Scays*, 1505; *Says*, 1526 (seign. de la Millière). — *Moulin de Seetz*, 1524 (chap. de Notre-Dame-la-Grande, 70). — Le fief de Says relevait du marq. de Couhé.

SAZAT, h. cⁿᵉ de Saugé. — *Sasac*, 1260 (Hommages d'Alphonse, p. 82). — *De Sazaco*, 1346 (maison-Dieu, 81). — *Sazac*, 1401 (gr. Gauthier, f° 114 v°). — *Sazat*, 1536 (fief de l'Age-Rouil).

SAZAN, mⁱⁿ sur le ruiss. du même nom, cⁿᵉ du Vigean. — *Moulin de Sazac*, 1613; — *de Sazat*, 1658 (cure du Vigean).

Le ruiss. de Sazat, formé de la réunion de plusieurs petits ruisseaux, se jette dans la Vienne au moulin de Vilodier.

SCEAUX, m. r. cⁿᵉ de Latillé. — *Saulx*, 1574 (minutes de P. Defonboisset, notaire à S¹-Maixent). — *Saux*, 1630 (cure de Latillé). — *Sceaux*, 1639 (*ibid.*). — Anc. terre noble.

Scévolle (Forêt de), c^{nes} de Verruc, Guesne et Saire. — *Locus Sovoliæ*, 1119 (bulle de Calixte II pour Fontevrault, ap. Gall. christ. t. II, col. 1315). — *Boys de Souvole*, 1381 (arch. nat. chambre des comptes, reg. 332, n° 7). — *Boys de Cevolle*, 1474 (com^{rie} de St-Georges, 19). — *Chemin tendant de Bonneil en Scevolles*, 1539 (chap. de Mirebeau, 30). — *Sovolle*, 1564; *Sevolles*, 1587 (arch. de la Soc. des antiq. de l'Ouest; Loudunais). — Cette forêt avait une superficie de 980 hectares en 1800.

Scorbé-Clairvaux, c^{on} de Lencloitre. — *De Seno Corbiaco*, vi^e s^e (Vita S. Germani, auct. Fortunato, ap. Bolland. mai. t. VI, p. 784). — *Villa Subcorbiacus in vicaria Braiacinse, in rem Sancti Ylarii*, v. 993 (Fonteneau, t. LXVI, p. 211). — *Succurbiacus cum ecclesia in honorem Sancti Hilarii consecrata*, v. 1070 (cart. de Cormery, p. 102). — *Ecclesia Sancti Hilarii de Sucurbeio*, 1139 (ibid. p. 120). — *Ecclesia Vallis clare* (pouillé de Gauthier, f° 174). — *Prioratus de Scorbe* (ibid. f° 146 v°); — *de Scorbeyo*, 1338 (cart. de Cormery, p. 230). — *Secorbé, Clervaux*, 1383 (taux du décime, p. 10 et 68). — *Scourbé*, 1437 (fam. Gillier). — *Scorbé*, 1720 (dénomb. du royaume). — *Scorbé en Clairvaux*, 1782 (pouillé). — *Scorbé-Clervault*, 1807 (annuaire).

Scorbé-Clairvaux tire son surnom de la terre de Clairvaux (voy. ce mot) et ordinairement n'est désigné que par ce surnom.

Avant 1790 la paroisse de Scorbé faisait partie de l'archiprêtré de Dissay, du duché, de la sénéchaussée et de l'élection de Châtellerault. Le prieuré et la cure dépendaient de l'abbaye de Cormery (Indre-et-Loire). Le temporel du prieuré était tenu en fief du marquisat de Clairvaux.

Scot (Le), h. c^{ne} de Pindray. — *Le Sescot*, 1493, 1595 (fief de Pruniers). — *Le Scot*, 1535 (maison-Dieu, 102). — *Le Secot*, 1551 (ibid. 102). — Anc. fiefs relev. de Pruniers et de la maison-Dieu de Montmorillon.

Sébioux (Le), h. c^{ne} de Saint-Léomer. — *Le Sebioux, le Soubioux*, 1454 (hommages de Montmorillon). — *Le Sebiou*, 1553 (cure de St-Léomer). — *Moulin du Sebioux*, 1695 (seign. de la Berthollière). — Anc. fief relev. de la bar. de Montmorillon (Fonteneau, t. XL, p. 390 et 439).

Séchault, h. c^{ne} de Saint-Léomer. — *Sechaut*, 1403 (gr. Gauthier, f° 102 v°). — *Les Sechaux*, 1498 (fief de Chanteloube). — *Sechault*, 1509 (maison-Dieu, 31). — *Seschault*, 1529 (ibid. terrier). — *Echaux* (Cassini).

Sécueugée (La), f. c^{ne} de la Chapelle-Viviers.

Séchère, h. et m^{in} sur la Clouère, c^{ne} de Saint-Secondin. — *Moulin de Seschères*, 1329 (cure de St-Secondin); — *de Sechères*, 1396 (gr. Gauthier, f° 210); — *de Secchières*, 1538 (seign. de la Boutinelière); — *de Seichères*, 1566 (fief de la Grande-Épine). — *Sechère*, 1739 (rôle des tailles).

Ségègue, vill. c^{na} de Ceaux, c^{on} de Couhé. — *Chezergues*, 1466 (seign. de la Millière). — *Chezergres*, 1516 (fam. Gourjault). — *Chezegre*, 1604 (séminaires de Poitiers, 19). — *Chezergre*, 1607; *Chezaigre*, 1634 (notaires de la châtell. de Monts). — Anc. fief relev. de la Monjatière.

Segrétain, lieu détruit, c^{ne} de Sommières. — *Segrestain, village*, 1404 (gr. Gauthier, f° 194 v°). — *Segretain*, 1528 (fief de la Bertinière).

Seguinière (La), m. r. c^{ne} de Savigny-l'Évécault; — 1622 (abb. de la Trinité, 62). — Anc. fief relev. de Savigny-l'Évécault; érigé en 1670 par M. de Clérambault, évêque de Poitiers.

Seguinoux (Le), m. r. c^{ne} de Saint-Secondin; — 1739 (rôle des tailles).

Seoun, lieu détruit, auj. inconnu, près Craon, entre les chemins de Craon à la Grimaudière et de Craon à Vieillemont; était déjà en ruine en 1386, suivant un aveu conservé aux arch. nat. et mentionné par M. E. de Fouchier dans son mémoire sur la bar. de Mirebeau (Mém. de la Soc. des antiq. de l'Ouest, 2e série, t. I, p. 118 et 164).

Seigneurets (Les), h. c^{ne} de Dercé.

Seigneurie (La), lieu détruit, près la Sicardière, c^{ne} de Saint-Christophe.

Seigneurie (La), f. c^{ne} de Saint-Pierre-de-Maillé.

Séjour (Le), m^{in} sur la Gartempe, c^{ne} de Montmorillon. — *Moulin aus Sejours*, 1404 (gr. Gauthier, f° 111). — *Moulin du Sejour*, 1493 (fief de Pruniers); — *au Sejour*, 1498 (fief de Pindray); — *à Sejour*, 1664 (maison-Dieu, 64).

Sémeguou, f. c^{ne} de Glenouze.

Séminière (La), h. c^{ne} de la Bussière.

Sénébaudrie (La), h. c^{ne} de la Chapelle-Moulière.

Sénéchalière (La), anc. fief relev. de celui de la Chèze, c^{ne} de Latillé. — *La Seneschalère*, 1378 (gr. Gauthier, f° 70). — *La Seneschallière*, 1423 (abb. du Pin, 26). — Auj. inconnu.

Sénégondière (La), h. c^{ne} de Dangé. — *Houstel de Senegond*, 1425 (cure d'Ingrande). — *La Senegondière*, 1598 (seign. de la Fontaine, 1).

Senelle (La), vill. c^{ne} de Linazay; — 1562 (fief du Magnou).

Seneret, anc. camp sur la rive gauche de l'Auzance, c^{ne} de Quinçay. — *Terrouer du mur de Seneré*, 1437 (gr. Gauthier, f° 40). — *Tènement planté en vigne appellé Senerot*, 1640 (cure de Quinçay).

SENESSAY, vill. c^{ne} de Saint-Jean-de-Sauves. — *Rainaldus de Seneciaco*, v. 1100; *Senetia*, v. 1104 (prieuré de Triou). — *Alboinus de Sanaciaco*, v. 1120 (cart. de St-Cyprien, p. 92). — *Senecay*, 1409 (aveu de Moncontour). — *Seneczay*, 1451 (chap. cathédral, 58). — *Cenesay*, 1474 (com^{rie} de St-Georges, 27). — *Senesay*, 1522 (chap. de Mirebeau, 20). — *Senessay*, 1608 (chap. cathédral, 58). — Anc. fief relev. de Marconnay.

SENEUIL, h. c^{nes} de Loudun et Rossay. — *Senueil*, 1431 (com^{rie} de Loudun, 27). — *Senyeull*, 1489 (cure de Rossay). — *Seneuil*, 1500 (com^{rie} de Loudun, 27).

SÉNEZAY, m. r. et bois, c^{ne} de Pouant. — Le bois de Sénezay contenait 90 arpents en 1800.

SENILLÉ, c^{on} de Châtellerault. — *Ecclesia Sancti Albini de Senillec*, v. 1088 (cart. de St-Cyprien, p. 182). — *Ecclesia de Senilec*, 1097-1100 (*ibid.* p. 13); — *de Semiliaco*, 1119 (*ibid.* p. 18). — *Senelle in castellania Castri Eraudi*, v. 1260 (Arch. hist. du Poitou, t. VIII, p. 116). — *Ecclesia de Senilliaco*, *de Seneilliaco* (pouillé de Gauthier, f°s 147 et 173); — *de Senilheyo*, 1319 (abb. de la Celle, 4). — *Senillé*, 1383 (taux du décime, p. 13). — *Senilhé*, 1388 (duché de Châtellerault, 6). — *Seneilhé*, 1520 (bissexte). — *S. André de Senillé*, 1782 (pouillé).

Avant 1790 cette commune faisait partie de l'archiprêtré, du duché, de la sénéchaussée et de l'élection de Châtellerault. Le prieuré-cure de Saint-André de Senillé dépendait de l'abbaye de Saint-Hilaire-de-la-Celle de Poitiers.

Le ruiss. de Senillé ou de Crochet sort de l'étang de la Salbordière, c^{ne} de Saint-Sauveur, et tombe dans l'Auzon au-dessous du mⁱⁿ du Gué-Girard, c^{ne} de Senillé. Il est appelé ruiss. de la Tongrière en 1673, dans l'aveu du fief de Dercé, p. 21.

SENILLÉ, vill. c^{ne} de Chaunay. — *Senillé*, 1648 (seign. de la Touche-Vivien). — *Le Senellier*, 1702 (notaires de la châtell. de Monts).

SENILLIÈRE (LA), f. c^{ne} de Saint-Remy-sur-Creuse. — *La Selenyère*, 1550; *la Selinyère*, 1558 (minimes de Châtellerault). — *L'Assellynière*, 1627 (cure de St-Remy). — *La Senillière*, 1652 (duché de Châtellerault, 3). — *La Callinière*, 1745 (cure de St-Remy). — *La Cenillère*, 1841 (nomencl.).

SENTIERS (LES), m. r. c^{ne} de Buxerolles.

SENTINET (LE), ruiss. a sa source près la Prinche, c^{ne} de Doussay, passe à la Jutière et tombe dans l'Envigne près le Moulin-Quenet, c^{ne} de Cernay.

SEPIÈRE (LA), vill. c^{nes} de Château-Garnier et Saint-Romain. — *La Cepère*, 1494 (fief de Chaleur). — *La Spière* (Cassini). — *Laspière*, 1841 (nomencl.).

SEPIÈRE (LA), f. c^{ne} de Genouillé. — *La Seppière*, 1646 (fam. Chiton). — *La Sipière*, 1679 (fief de Genouillé). — *La Sepière*, 1695 (fief du Cibiou). — *Lassepière*, 1749 (notaires, Trébuchet à Bois-Seguin).

SEPPE (LA), ff. c^{ne} de Savigné.

SÉRAILLÈNES (LES), vill. c^{ne} d'Availle-Limousine; — 1651 (fam. de la Broue de Vareilles).

SERAN, vill. c^{ne} de Cherves. — *Cerans*, 1531; *Seran*, 1573 (cure de Cherves).

SERENNE (LA), vill. c^{ne} de Vicq. — *Cerena*, v. 1300 (Gauthier, f° 2 v°). — *La Serene*, v. 1309 (*ibid.* f° 201 v°). — *Herbergamentum de Serena*, 1318 (évêché, 33). — *La Serenne*, 1450 (prieuré-cure de Vicq). — *La Seraine*, 1456 (notaires, Arland à la Roche-Posay). — *La Sereine*, 1605 (évêché, 26). — Anc. fief relev. de la bar. d'Angle.

SÉRIGNY, c^{on} de Leigné-sur-Usseau. — *Hugo de Seriniaco*, v. 1050 (abb. de Nouaillé). — *Sarinniacus*, v. 1083 (cart. de Noyers, p. 127). — *Bartholomæus de Sarinne*, v. 1139 (*ibid.* p. 545). — *Ecclesia beati Stephani de Savigniaco*, v. 1154 (*ibid.* p. 603). — *Sarigno*, 1166 (Fontenau, t. LXXIII, p. 750). — *Serigné*, 1411 (abb. de la Merci-Dieu, 4). — *Savigny*, 1551; *Serigny*, 1685; *Serrigny*, 1756 (cure de Sérigny).

Avant 1790 cette commune dépendait de l'archiprêtré de Faye-la-Vineuse (Indre-et-Loire), du duché-pairie et de l'élection de Richelieu (*idem*) en majeure partie, et, pour le surplus, du duché de Châtellerault. Le prieuré et la cure de Saint-Étienne de Sérigny dépendaient de l'abbaye de Noyers (Indre-et-Loire); la cure a été rétablie en 1840. Le fief du prieuré relevait de la baronnie de Faye-la-Vineuse.

SERIS, f. c^{ne} de Saint-Pierre-de-Maillé.

SERPENTIN (LE), h. c^{ne} de Rouillé.

SERPOULIÈRE (LA), h. c^{ne} d'Usson; — 1470 (prieuré de Grand-Chaume).

SERRE, h. c^{ne} de Pouillé. — *Serre*, 1385 (cart. de la Trinité, f° 33). — *Sare*, 1568 (abb. de la Trinité, 66). — *Searre*, 1596 (*ibid.* 70).

SERRE, h. c^{ne} du Vigean. — *Serres*, 1502 (Fonteneau, t. XL, p. 7). — *Serre*, 1620 (cure du Vigean). — Anc. fief relev. du marq. du Vigean.

SERREAUX (LES), f. c^{ne} de Saint-Gervais.

SERVANDRIE (LA), h. c^{ne} de Chenevelles. — *La Servendrye*, 1547 (seign. de Pleumartin, 1). — *La Servandrie*, 1640 (cure de Chenevelles).

SERVANTE, f. à Lirec, c`ne` de Bignoux. — *Servente*, 1413 (abb. de la Celle, 13). — *Servante*, 1418 (*ibid.* 4).

SERVANTERIE (LA), h. c`ne` de Vendeuvre.

SERVOISE (LA), f. c`ne` de Coussay-les-Bois.

SERVON, vill. et m`in` sur le ruiss. du même nom, c`ne` de Leigne. — *Moulin de Servont*, 1414 (cure de la Chapelle-Viviers). — *Servons*, 1465 (maison-Dieu, 156). — *Servon*, 1533 (*ibid.* 164). — *Cervon*, 1618 (fief de Sanzelle).

Le ruiss. de Servon prend sa source près Servon-les-Charrières, sert de limite entre les c`nes` de Leigne et la Chapelle-Viviers, et se perd dans les gouffres de Ry, c`ne` de Pouzioux. — *Le rivau de Servon*, 1429 (cure de la Chapelle-Viviers).

SERVON-LES-CHARRIÈRES, h. c`ne` de la Chapelle-Viviers. — *Les Charrières*, 1841 (nomencl.).

SERVOUSE, vill. c`ne` de Jardres. — *Servouze*, *Servosse*, *Servese*, 1309 (Gauthier, f`os` 184, 186 v° et 187).

SEUGNÉ, vill. c`ne` de Chalais. — *Suigné*, 1470; *Seugné*, 1476 (cure de Chalais). — *Suygné*, 1506 (cure de Glenouze).

SÈVRE, c`ne` de Saint-Julien-Lars. — *Sadebria*, 962 (Fontaneau, t. XXVII, p. 23). — *Villa Sadebria in pago Pictavo infra quintam ipsius civitatis*, 984 ou 985 (abb. de Nouaillé). — *Saevra*, 1083 (ch. de S`t`-Hilaire, t. I, p. 106). — *Petrus de Saevara*, v. 1112 (abb. de Montierneuf). — *Saevria*, 1162 (Fontaneau, t. XXVII, p. 111). — *Saybria*, *Seybria*, *Sevria*, 1281 (évêché, 17). — *Seyvre*, 1297 (*ibid.* 66). — *Sebria*, *Savre*, *Sayvre*, *Saivre* (pouillé de Gauthier, f`os` 139 v°, 147 et 149). — *Seevria*, 1322 (abb. de la Celle, 18). — *Sevre*, 1324 (arch. de Poitiers, 12). — *S. Nicolas de Seyvre*, 1782 (pouillé); — *de Sayvres*, 1786 (almanach provincial). — *Sèvres*, 1807 (annuaire).

Cette commune, dont le chef-lieu ne se compose que de l'église et de trois maisons, est formée des deux anciennes paroisses de Sèvre et d'Anxaumont, qui faisaient partie de l'archiprêtré de Dissay, de la châtellenie, de la sénéchaussée et de l'élection de Poitiers. L'évêque, patron de la cure de Sèvre, était le principal seigneur de la paroisse. Le pouillé de Gauthier (f° 139 v°) la range parmi celles qui étaient *de camera episcopi, extra decanatus et archipresbyteratus*; le taux du décime (p. 127) l'attribue à l'archiprêtré de Mortemer, le pouillé de 1782 (p. 171) à l'archiprêtré de Dissay.

SÈVRE, vill. c`ne` de Saint-Remy. — *Cevre*, 1494; *Sevre*, 1583 (fief de l'Âge-de-Plaisance). — *Sepvre*, 1565 (fief du Petit-Mont).

SIBILIÈRE (LA), chât. et h. c`ne` d'Ingrande. — *La Cybillière*, 1518; *la Sibillière*, 1520 (fam. de Sauzay). — *La Sebillière*, 1593 (seign. de Marigny, inv.). — Anc. fief relev. de Marigny.

SICANDERIE (LA), f. c`ne` de Saint-Christophe.

SICANDIÈRE (LA), h. c`ne` de Moulime; — 1566 (maison-Dieu, 191). — *La Ciquardière*, 1613 (seign. de la Valade).

SICAUDIÈRE (LA), f. c`ne` d'Ayron.

SICAUDIÈRE (LA), f. c`ne` de Doussay. — *La Scicaudière*, 1586 (seign. de Puygarreau, 1). — Anc. fief relev. de la châtell. de Doussay.

SICAUDRIE (LA), vill. c`ne` de la Bussière.

SICHARD, m`in` sur le Clain, bois et anc. camp retranché, c`ne` d'Anché. — *De Castello Siccardo*, v. 1080 (ch. de S`t`-Hilaire, t. I, p. 104). — *Castrum Sichardi*, 1232 (abb. de Nouaillé, 1). — *Molendinum de Castro Sicardi*, v. 1280 (*ibid.* 58). — *Sichart*, 1489 (livre de recette de Vivonne, f° 87 v°). — *Fonteyne de Cychard*, 1558 (fief de Château-Larcher). — *Chichard*, 1586 (chap. de S`t`-Hilaire, 482). — Anc. fief relev. de la châtell. de Cercigny (Fontaneau, t. XLII, p. 299).

SICOTIÈRE (LA), f. c`ne` de Journet. — *La Cicautière*, 1710 (rôle des tailles).

SICOTIÈRE (LA), h. c`ne` de Prinçay; — 1605 (cure de Prinçay). — *La Sicottière*, 1617 (seign. de Germigny).

SICOTIÈRE (LA), h. c`ne` de Saint-Georges.

SICOTIÈRE (LA), h. c`ne` de Vernon. — *L'Exicotère*, 1457; *l'Essicotère*, 1470 (abb. de Montierneuf, 92). — *L'Escotyère*, 1570 (*ibid.* 93). — *Lescotière* (Cassini).

SIGALERIE (LA), f. à la Jarrie, c`ne` de Vouneuil-sous-Biard.

SIGAULT, h. c`ne` de Saint-Christophe; — 1627 (cure de S`t`-Christophe).

SIGIERS, h. c`ne` de Jouet. — *Chigiers*, 1573 (maison-Dieu, 121). — *Sigée*, 1841 (nomencl.).

SIGNE (LA), h. c`ne` de Luchapt. — *Lassine*, 1577 (Fontaneau, t. XLV, p. 773). — Anc. fief.

SIGNY, vill. c`ne` de Vendeuvre. — *Villa Siniacus in vicaria Salvinse*, 938 (cart. de S`t`-Cyprien, p. 59). — *Signiacus in vicaria Columberio*, 993 (*ibid.* p. 72). — *Signé*, v. 1300 (seign. de Chénêché, 1). — *Cigné*, 1355 (chap. cathédral, 78). — *Seigné*, 1452 (seign. de Chénêché, 7). — *Seigny*, 1530 (seign. de la Tour-Signy). — *Signy*, 1596 (seign. de Chénêché, 7). — Anc. fief relev. de la châtell. de Chénêché.

SIGON, vill. et m`in` sur l'Auzance, c`ne` de Migné. — *Cygon super fluvium Ausancia*, 989 (Besly, Hist. des comtes de Poitou, p. 274). — *Cigon*, 1288 (abb. de Fontaine-le-Comte, 26). — *Sigon*, 1322 (abb. de la Celle, 18). — Anc. fief relev. de la bar. de Grisse.

Sillars, c^{on} de Lussac-le-Château. — *Vicaria Silarinsis in pago Pictavo*, 901; *vicaria Silares*, v. 1000 (abb. de Nouaillé). — *Ecclesia Sancti Felicis de Silare*, v. 1090 (Fontcneau, t. IV, p. 11). — *Silars*, 1251 (ch. de St-Hilaire, t. I, p. 270). — *Sillars*, 1451 (abb. de St-Savin, 33). — *Sillardz*, 1561 (fief des Clerbaudières). — *Sillards*, 1657 (arch. de Poitiers, 40). — *S. Félix de Sillars*, 1782 (pouillé).

Les chartes ne mentionnent qu'une seule localité, Lussac, appartenant à la viguerie de Sillars. Avant 1790 cette commune faisait partie de l'archiprêtré de Lussac, de la châtellenie et de la sénéchaussée de Montmorillon, et de l'élection de Poitiers. La cure était à la nomination du chapitre de Mortemer.

Sillerie (La), f. c^{ne} d'Antran. — *La Sellerie*, 1673 (fief de la Motte d'Usseau).

Silly, vill. c^{ne} de Mouterre-Silly. — *Capella beate Marie de Silleio*, 1211 (chap. cathédral, 9). — *Sillé*, 1427; *le bas Seillé*, 1430 (com^{rie} de Loudun, 22). — *Sillié*, 1435 (abb. du Pin, 39). — Anc. fief et haute justice relev. de la bar. de Berrie (ms. Trincant).

Simalière (La), vill. c^{ne} de Saint-Sauvant; — 1710 (rôle des tailles).

Simerie (La), h. c^{ne} d'Oiré; — 1594 (seign. de la Groye, inv.). — *La Cimerie* (Cassini).

Simois, f. c^{ne} de Latus. — *Symois*, 1408 (gr. Gauthier, f° 121). — *Symoys*, 1442 (prieuré de Saugé). — *Simois*, 1550 (seign. de Boussigny). — *Six Mois*, 1730 (rôle des tailles).

Simonnière (La), m. r. c^{ne} de Naintré; — 1607 (fief de la Tour-de-Naintré). — Anciens fiefs relev. de la Tour-de-Naintré et de la Charlotterie.

Sioton, h. c^{nes} d'Antigny et Paizay-le-Sec. — *Seoton*, 1260 (Hommages d'Alphonse, p. 113). — *Siotton*, v. 1630 (abb. de St-Savin, 31).

Siouvre, chât. en ruine et vill. c^{ne} de Saint-Savin. — *Silvana*, 1260 (Hommages d'Alphonse, p. 109). — *Seove*, 1508; *Seoulve*, 1533; *Seouve*, 1716 (abb. de St-Savin, 29). — Anc. fief relev. de l'abbaye de Saint-Savin.

Sirotière (La), m. isolée, c^{ne} de Queaux.

Sivrec, lieu détruit, c^{ne} de Montamisé. — *Villa que dicitur Sivrec montem (sic) in parochia Sanctæ Mariæ de Monte Tamiserio*, v. 964 (Fontcneau, t. XV, p. 132). — *Terra sita quatuor mill. passuum a Pictavis civitate in parrochia Sancte Mariæ de Monte Thamaserio, podium Sancti Maxentii omni tempore ob hoc vocatum et alio nomine videlicet Sivrec*, v. 1042 (ibid. t. XV, p. 255). — *Terres de Cyvret*, 1405 (gr. Gauthier, f° 9 v°). — Des terres situées entre Montamisé et Château-Fromage portent encore ce nom.

Six-Maisons (Les), h. c^{ne} de Saint-Pierre-de-Maillé.
Six-Routes (Les), ff. c^{ne} de Millac.

Smarve, c^{on} de la Villedieu. — *Samarva*, 962 (Fontcneau, t. XXVII, p. 23). — *Sammarvia*, v. 1183 (chap. cathédral). — *Samarcia, Salmarvia* (pouillé de Gauthier, f°s 151 et 178 v°). — *Saint Marve*, 1324 (arch. de Poitiers, 12). — *Sancta Marvia*, 1348 (abb. de la Trinité, 72). — *Smarve*, 1454 (abb. de la Celle, 15). — *Saint Felix de Samarve*, 1466 (chap. cathédral, 16). — *Samargne*, 1479 (compte de J. Bourdin). — *Semarve*, 1576 (abb. de la Trinité, 77); 1720 (dénomb. du royaume). — *S. Félix de Smarve*, 1782 (pouillé).

Avant 1790 Smarve faisait partie de l'archiprêtré de Gençay, de la châtellenie, de la sénéchaussée et de l'élection de Poitiers. Le chapitre de l'église cathédrale, qui nommait à la cure, et l'abbesse de la Trinité de Poitiers, principaux seigneurs de la paroisse, exerçaient les droits de haute justice dans leurs fiefs.

Soleillerie (La), f. c^{ne} d'Ingrande; — 1756 (terrier de la Groye, p. 165).

Solomé, f. et anc. église, c^{ne} de Saix; anc. c^{ne} réunie à celle-là le 24 novembre 1819. — *Ecclesia de Solome* (pouillé de Gauthier, f° 171). — *Saint Martin de Vertou de Solomé*, 1700 (cure de Morton).

Avant 1790 cette ancienne paroisse faisait partie de l'archiprêtré, de la châtellenie, du bailliage et de l'élection de Loudun. La cure était à la nomination de l'évêque.

Sommières, c^{on} de Gençay. — *Solmeria*, 1096 (Fontcneau, t. IV, p. 89). — *Someria*, 1298 (abb. de Moreaux). — *Somere*, v. 1300 (chap. de St-Pierre-le-Puellier, 21). — *Sommeria*, 1478 (reg. synodal). — *Sommères*, 1479 (compte de J. Bourdin). — *Sommière*, 1596 (aides et équivalents, p. 15). — *Vareilles Sommières* (Cassini). — *S. Gaudent de Sommières*, 1782 (pouillé).

Avant 1790 cette commune faisait partie de l'archiprêtré et de la châtellenie de Gençay, de la sénéchaussée de Civray et de l'élection de Poitiers. La cure était à la nomination de l'abbé de Charroux. La terre de Sommières, anciennement appelée la Roche de Sommières, *la Roche de Somère*, 1410 (seign. de Bernay), fut érigée en baronnie au mois de janvier 1614 en faveur de Jean Rat, conseiller au parlement de Paris. Cette baronnie fut appelée Vareilles-Sommières après avoir été acquise, le 15 décembre 1792, par Louis de la Broue, marquis de Vareilles.

En 1790 Sommières devint le chef-lieu d'un canton dépendant du district de Civray et composé des communes de Sommières, Champagné-Saint-Hilaire, Champniers, Château-Garnier, Romagne et Saint-Romain; ce canton fut supprimé le 18 novembre 1801.

Son (Fontaine de), c^ne de Saint-Léger-de-Montbrillais. Le ruiss. qui en sort traverse la c^ne de Morton et se jette dans la Petite-Maine au-dessous de Raslay. — *Fontaine de Son*, 1555 (cure de St-Léger-de-Montbrillais).

Sonnette (La), ruiss. Voy. Cibiou (Le).

Sorcin (Le), f. c^ne de Champagné-Saint-Hilaire. — *Le Chorsin*, 1438 (abb. de Moreaux). — *Le Chourchin*, 1489 (livre de recette de Vivonne, f° 221 v°). — *Le Sourcyn*, 1558 (fief de Château-Larcher). — *Le Choursin*, 1598 (chap. de St-Hilaire, 249). — *Le Soursin*, 1606 (seign. de Monts). — Anc. fief appart. à l'abbaye de Moreaux et relev. de la châtell. de Château-Larcher.

Sorèterie (La), f. c^ne de Savigny-sous-Faye.

Sorets (Les), m. r. c^ne de Saint-Pierre-de-Maillé. — *Maison Souret*, 1447; *les Sorets*, 1498 (seign. de la Roche-Aguet).

Sossaise (La), h. c^ne de Sossay. — *La Soussayre*, 1378 (bar. de Luain). — *La Sossayre*, 1411 (seign. de Puygarreau, 7). — *La Soussaire*, 1439 (terrier de Gironde, f° 112). — Anc. fief relev. de Montbrard et réuni à la seign. de Puygarreau.

Sossay, c^on de Lencloître. — *Guillelmus de Socai*, 1199 (abb. de Nouaillé). — *Socay*, 1295; *Sossay*, 1301 (seign. de Puygarreau, 7). — *Sosay*, 1307 (Gauthier, f° 206). — *Sossayum*, 1309 (ibid. f° 203 v°). — *Sochay*, 1340 (bar. de Luain). — *Soussay*, 1372 (seign. de Puygarreau, 3). — *Capellanus de Socaio*, 1383 (taux du décime, p. 77). — *Soucay*, 1440 (seign. de Puygarreau, 7). — *S. Jean l'Évangéliste de Sossay*, 1782 (pouillé).

Avant 1790 cette commune faisait partie de l'archiprêtré de Faye-la-Vineuse (Indre-et-Loire), du duché, de la sénéchaussée et de l'élection de Châtellerault. Le prieuré-cure de Sossay dépendait de l'abbaye de Saint-Hilaire-de-la-Celle de Poitiers. Le temporel de ce prieuré était tenu en fief de la Tour de Sossay, qui relevait du duché de Châtellerault. Le fief de Sossay relevait de la baronnie de Marmande.

Le ruisseau de Sossay prend sa source en ce lieu et se jette dans la Veude près le moulin de Follet.

Souche (La), m. r. c^ne de Lusignan.

Sorches (Les), f. c^ne de Château-Garnier.

Souches (Les), h. c^ne de Magné; — 1680 (seign. de Gençay, reg. de recette).

Souches (Les), f. c^ne de Vaux-en-Couhé; — 1766 (rôle des tailles).

Souci (Le), chât. et f. c^ne de Chenevelles. — *Maison du Soucy*, 1553 (seign. de Montoiron, 1). — Anc. fief relev. de la bar. de Montoiron.

Soudières (Bois des), près Bourgueil, c^ne de Bonnes; — 1466 (seign. de Touffou, 1).

Soudinière (La), h. c^ne de Vezières; — 1643 (cordeliers de Loudun).

Soudun, c^nes d'Orches et Saint-Genest. Voy. Chapelle-Soudun (La).

Soudun, vill. c^ne de Savigny; anc. prieuré dép. de l'abbaye de Saint-Benoît-de-Quinçay. — *Sosdan*, v. 1180 (abb. de St-Benoît). — *Sodan*, 1228; *Hugo de Sodein, miles*, 1285; *Soudain*, 1293 (ibid. 20). — *Prioratus de Soudains in parrochia de Savigne* (pouillé de Gauthier, f° 146 v°); — *de Capella de Soudaim*, 1303; *Souden*, 1346; *prieuré de la Chappelle de Soudain*, 1366 (abb. de St-Benoît, 20). — *Capella de Soudan*, 1383 (taux du décime, p. 14). — *La Chappelle de Soubdain*, 1503; *prieuré de Soudun*, 1682; *prioratus Sancti Laurentii de Subduno, vulgo de Soudun*, 1704; *prieuré de la Chapelle de Saint Laurent de Soudun*, 1706 (abb. de St-Benoît, 24). — *S. Laurent de la Chapelle Soudan*, 1782 (pouillé). — Le temporel du prieuré relevait de la bar. de Faye-la-Vineuse (Indre-et-Loire).

Souef, h. et m^in sur le Clain, c^ne de Naintré. — *In villa Sulciaco, in fluvium Clini*, 946 (Fontenau, t. XXI, p. 270). — *Moulin de Souhes, Soez*, 1388 (duché de Châtellerault, 5). — *Soes, Soues*, 1405; *Souefs*, 1431 (ibid. 7). — *Souers*, 1436 (ibid. 1). — *Souhers*, 1445 (Inv. des arch. de la Barre, t. II, p. 114). — *Souhé* (Cassini).

Sougé, vill. c^ne d'Oiré. — *Sogé*, 1353 (cure de St-Jean-Baptiste de Châtellerault). — *Sougé*, 1493 (duché de Châtellerault, 5).

Le ruiss. de Sougé naît près ce lieu et se réunit au ruiss. d'Oiré au-dessous de ce bourg.

Souilleau (Le Grand et le Petit-), vill. et h. c^ne de Rouillé. — *Souillault*, 1652 (chap. de St-Hilaire, 452). — *Souillaux*, 1657 (cure de Rouillé).

Soulage, h. c^ne de Pindray; anc. commanderie dép. de la maison-Dieu de Montmorillon. — *Terra de Solatges*, xiie s° (maison-Dieu, cart. n° 156). —

Solages, 1404 (gr. Gauthier, f° 109 v°). — *Soulages*, 1470 (maison-Dieu, 175). — *Soullaige*, 1547 (ibid. 177). — *Soullages*, 1576 (ibid. 102). — *Soulage*, 1603 (ibid. 175).

Souleville, f. détruite, c^{ne} de Saint-Georges; anc. fief relev. du château d'Harcourt à Chauvigny. — *Suillenvilla*, 1243 (Arch. hist. du Poitou, t. IV, p. 14). — *Nemus quod vocatur Solavilla*, v. 1247 (arch. nat. J. 491). — *Soleville, Soulevile*, 1324 (arch. de Poitiers, 12). — *Souleville*, 1547; *Soulville*, 1602; *Surville*, 1623 (évêché, 46).

Soulier, f. c^{ne} de Journet. — *Solyers*, 1292 (évêché, 33). — *Soliers*, v. 1300 (Gauthier, f° 4). — *Soulliers*, 1448 (chap. cathédral, 24). — *Soulies*, 1525 (maison-Dieu, 31). — *Souliers*, 1635 (ibid. 13). — Anc. fief relev. de la bar. de la Trimouille (Fontenean, t. XLII, p. 596).

Souneville, vill. c^{ne} de Chouppes. — *Villa Sola*, v. 1120 (ch. de St-Hilaire, t. I, p. 124). — *Solavilla*, v. 1143 (ibid. t. I, p. 149). — *Solleville*, 1363 (chap. de St-Hilaire, 324). — *Soleville*, 1388 (chap. cathédral, 36). — *Sonneville*, 1467 (com^{rie} de St-Georges, 25).

Soupe-Jaune, f. c^{ne} de Saint-Remy-sur-Creuse. — *Soupe jaune*, 1650 (fief de la Chaise). — *Soupe jaulne*, 1740 (minimes de Châtellerault).

Sourdière (La), f. c^{ne} de Saix.

Souvigny, h. c^{ne} d'Ayron. — *Souvigné*, 1383 (gr. Gauthier, f° 72). — *Souvigny*, 1386; *Sovigné*, 1454 (abb. de Ste-Croix, 28). — *Souveigné*, 1517 (ibid. 29). — *Sauvigny*, 1841 (nomencl.).

Souvigny, h. c^{ne} de Sossay. — *Sovigné*, v. 1400 (cure de Thuré). — *Souvigné*, 1429 (duché de Châtellerault, 6). — *Souvegny*, 1439 (terrier de Gironde, 126). — *Souveigny*, 1481 (seign. de Puygarreau, 3). — *Souvigny*, 1546 (ibid. 7). — Anc. fief relev. de Puygarreau.

Souvole, vill. c^{ne} de Marçay. — *Villa Sevola in vicaria Vicodonine*, v. 995 (cart. de St-Cyprien, p. 256). — *Soubz volle*, 1489 (livre de recette de Vivonne, f° 163 v°). — *Soubzvole*, fief relev. de Bellefontaine, 1552 (fief de Bellefontaine). — *Sovolles*, fief relev. de la châtell. de Marçay, 1600 (Fontenean, t. XLI, p. 1026). — *Souvolle*, 1761 (rôle des tailles).

Souzy (Le), f. c^{ne} de Martaizé.

Strière (La), f. c^{ne} de Charroux. — *Lastier*, 1754 (rôle des tailles).

Suberrie, mⁱⁿ sur le ruiss. du Cuhon et h. c^{ne} de Cuhon. — *Moulin de Soubearre*, 1414 (fam. de Fouchier); — *de Souberre*, 1478 (chap. de St-Hilaire, 338); — *de Soubaire*, 1505 (ibid. 326); — *de Suberre*, 1780 (rôle du vingtième).

Sud (Le), f. c^{ne} de Chalandray. — *Le Sus* (Cassini).

Suffisseaux (Les), m. r. c^{ne} de Prinçay. — *Logis des Soufficeaulx*, 1605 (cure de Prinçay).

Suires (Les), m. à Availle; anc. fief relev. de la bar. de Montoiron.

Sully, h. c^{ne} de Mirebeau; anc. c^{ne} réunie à celle-ci le 20 avril 1820. — *Ecclesia de Suilec in castellania Mirebellense*, 1097-1100 (cart. de St-Cyprien, p. 14); — *de Suliaco*, 1119 (ibid. p. 18). — *Suillé*, 1291 (abb. de Fontaine-le-Comte, 26). — *Ecclesia de Suylliaco, de Sulhiaco* (pouillé de Gauthier, f°s 137 v° et 170 v°). — *Suylly, Souilly, Souylly*, 1363 (chap. de Notre-Dame-la-Grande, 61). — *Suylhé, Suylhy*, 1383 (taux du décime, p. 19 et 128). — *Suilhé*, 1412 (chap. de Mirebeau, 13). — *Sainct Hyllaire de Sueillé*, 1467 (chap. cathédral, 75). — *Seuylly*, 1520 (bissexte). — *Seuillé*, 1539 (cure de St-André de Mirebeau). — *Seuilhé, Seuilly*, 1544 (chap. de Notre-Dame-la-Grande, 61). — *Suilly*, 1570 (chap. de Mirebeau, 12). — *Seully*, 1638 (ibid. 11). — *S. Hilaire de Sully*, 1782 (pouillé).

Avant 1790 Sully faisait partie de l'archiprêtré et de la baronnie de Mirebeau, du duché-pairie et de l'élection de Richelieu, généralité de Tours. La cure était à la nomination de l'évêque. Le territoire de cette anc. paroisse est réuni depuis 1803 à celui de Notre-Dame et de Saint-André de Mirebeau. Le fief de Sully relevait de la seigneurie de Bois-Nouveau (Beauchet-Filleau, Diction. des familles de l'ancien Poitou, t. II, p. 422).

Supplise (Moulin de), mⁱⁿ sur le Clain et f. c^{ne} de Beaumont. — *Moulins de Soupplice*, 1352 (chap. de Notre-Dame-la-Grande, 42); — *de Suplize*, 1405 (gr. Gauthier, f° 27); — *de Soupplize*, 1485; *de Supplice*, 1692 (fief des Moulins de Supplise); — *de Soubize*, 1538 (seign. de Montcouard). — Anc. fief relev. de la tour de Maubergeon.

Surin, c^{ne} de Charroux. — *Suirim*, 1096 (Fontenean, t. IV, p. 89). — *Suryn* (pouillé de Gauthier, f° 149 v°). — *Suyrins*, 1368 (Fontenean, t. XXIV, p. 305). — *Surin*, 1383 (taux du décime, p. 61). — *Suyrim*, 1388 (gr. Gauthier, f° 206). — *Surim*, 1408; *Suruin*, 1410 (seign. de Bois-Seguin). — *Suruim*, 1467 (seign. du Cibiou). — *Surun*, 1498 (fief de Layré). — *Surung*, 1618; *Suruin*, 1698 (seign. du Cibiou); 1766 (rôle des tailles). — *S. Pierre de Surin*, 1782 (pouillé).

Avant 1790 cette commune faisait partie de l'archiprêtré d'Ambernac (Charente), de la châtellenie et de la sénéchaussée de Civray, et de l'élection de Poitiers. La cure était à la nomination de l'abbé de Charroux; elle a été rétablie en 1877. Le fief de Surin relevait du comté de Civray. L'étang de Surin est mentionné dans des titres de 1408 et 1538 de la seign. de Bois-Seguin.

Surin, m^{in} sur la Dive et h. c^{ne} de la Grimaudière. — *Tour du grand Surin*, 1508 (aveu de Mirebeau). — *Moulin de Surin; maison noble du petit Surin*, 1640 (cure de la Grimaudière). — Le fief du Grand-Surin relevait de la bar. de Mirebeau.

Surin, m^{in} sur le ruiss. de Vellèche et h. c^{ne} de Saint-Romain-sur-Vienne. — *Moulin de Suzain*, 1500 (abb. de Ste-Croix, 82). — *Surain*, 1584 (ibid. 84). — *Surin*, 1661 (ibid. 86).

Le ruiss. qui fait mouvoir le moulin de Surin est appelé *rivière de Bordreau* dans un acte de 1591 (abb. de Ste-Croix, 84), *Surin* dans un acte de 1694 (ibid. 86).

Surin (Fontaine de), près la Moralière, c^{ne} de Vicq; — 1466 (abb. d'Angle, 2). — Le ruiss. qui en sort, *le ruceau de Surin*, 1461 (ibid.), se réunit au Ris près la Baudonnière, même c^{ne}.

Suzière (La), lieu détruit, près la Goumoisière, c^{ne} de Saint-Martin-la-Rivière. — *La Siouzière, village*, 1683 (prieuré du Teil-aux-Moines).

T

Tabary (Ruisseau de), a sa source à Antogné, traverse la ville de Châtellerault et se perd dans la Vienne. — *Ruisseau de Thabarie*, 1469; — *de Tabarie*, 1544; — *du Tabary*, 1753 (cure de St-Jean-Baptiste de Châtellerault); — *de Tabaris*, 1665 (fief du Verger). — Ce petit ruisseau tire son nom d'un lieu autref. appelé *le Tabary* ou *la Grange de Saint-Jean*, près les fossés de la ville, 1737 (cure de St-Jean-Baptiste).

Tabouldin, f. c^{ne} de Nalliers. — *Taboulebain*, v. 1650 (abb. de St-Savin, 33).

Tabouleau, faubourg de Poitiers; anc. chapelle sous l'invocation de sainte Catherine, située près la fontaine du même nom, *inter colles et iter inferius seu bassum per quod itur de civitate Pictavensi apud Castrum Ayraudi*, 1423 (chap. de St-Pierre-le-Puellier, 14); fondée par Jean Tabouleau, clerc, et léguée par lui en 1438 au chapitre de Saint-Pierre-le-Puellier (ibid.). — *Fontaine de Sainte Katherine de Tabouleau*, 1450 (abb. de Ste-Croix, 22).

Tabourins (Les), f. c^{ne} de Saint-Pierre-de-Maillé. — *Village de la Beausse alias les Tabourins*, 1578 (évêché, 25).

Tache (La), vill. c^{ne} d'Adriers. — *La Tasche*, 1561 (prieuré de St-Paixent). — *La Tache*, 1583 (fief de l'Age-de-Plaisance).

Tagné, vill. c^{ne} de Chaunay. — *Tasgniec*, v. 1195 (Fonteneau, t. XVIII, p. 610). — *Taignet*, 1402 (gr. Gauthier, f° 227 v°). — *Taigné*, 1405 (ibid. f° 283 v°). — *Tagné*, 1601 (fief de Cligeloup). — Le fief de Tagné relevait de Layré; le Puy de Tagné et les dîmes de Tagné étaient deux autres fiefs relev. du comté de Civray.

Taillebault, f. c^{ne} de Savigny-sous-Faye.

Taillebault, ff. c^{ne} de la Trimouille; — 1657 (cure de la Trimouille).

Tailleferrière (La), lieu auj. inconnu, vers le Tourault, c^{ne} de Saugé. — *La Talheferrère*, 1346 (maison-Dieu, 81). — *La Tailheferrère*, 1408 (gr. Gauthier, f° 121). — *La Tailleferrière*, 1587 (prieuré de Saugé).

Taillegour, h. c^{ne} de Saint-Pierre-des-Églises. — *Taillegouille*, 1628 (seign. de St-Martin-la-Rivière, 1). — *Taillegoulle*, 1764 (ibid. 3).

Taillepic, m. r. c^{ne} d'Usson.

Taille-Pierre, h. c^{ne} d'Anois.

Tailleprot, h. c^{ne} d'Orches.

Tailles-de-Nerpuy (Les), m. r. c^{ne} de Naintré.

Tailles-de-Souez (Les), h. c^{ne} de Naintré.

Tailletrou, h. c^{ne} de Brigueil-le-Chantre; — 1506 (fief de Fleix).

Tajot, ff. c^{ne} d'Adriers. — *Tajou*, 1479 (prieuré de Teil). — *Tajo*, 1640 (prieuré d'Entrefins). — *Tageau* (Cassini).

Talbardière (La), f. c^{ne} d'Archigny. — *La Taillebardière*, 1512 (seign. de Touffou, 4). — *La Tallebardière*, 1557 (évêché, 20). — *La Tabardière*, 1605 (seign. de Touffou, 5). — *La Tabbardière*, 1779 (rôle des tailles). — Anc. fief.

Talbat (Le), ruiss. a sa source près Chauvigny, traverse la ville basse et se jette dans la Vienne.

Talbatière (La), h. c^{ne} de Saint-Pierre-des-Églises. — *La Talebastère, la Thalebastère*, 1309 (Gauthier, f°s 182 et 185). — *Talabastre juxta Calvigniacum*, 1313 (Les Olim, t. III, p. 874). — *La Talabatère*, 1326 (évêché, 17). — *La Talebastière*, 1457 (chap. de Chauvigny, 9). — *La Talbastière*, 1517; *la Tallebastière*, 1596 (seign.

de la Talbatière). — Anc. fief relev. de la bar. de Chauvigny.

TALBOTRIE (LA), h. c⁰ᵉ d'Oiré. — *La Talboterie*, 1679 (seign. de la Groye, inv.).

TALBOTS (LES), f. c⁰ᵉ de Leugny. — *Village des Tallebotz*, 1606; — *des Talebots*, 1697; — *des Taillebeaux*, 1777 (cure de Leugny).

TALLENT, h. c⁰ᵉ de la Chapelle-Montreuil; anc. prieuré dépendant de l'abbaye de Saint-Maixent. — *Ecclesia Sanctorum Philippi et Jacobi que est in villa nomine Talenti*, 1068 (Fonteneau, t. XV, p. 311). — *Talant*, 1110 (ibid. t. XV, p. 532). — *Prior de Talent*, 1383 (taux du décime, p. 22). — *Village de Tallan*, 1573 (abb. du Pin, 8). — *S. Jacques de Tallan*, 1782 (pouillé).

Le ruiss. de Tallent a sa source en ce lieu et se jette dans la Boivre près le mⁱⁿ du Roi.

TALMONT, chât. en ruine et h. c⁰ᵉ de Bonnes; anc. fief ayant titre de châtellenie, uni à la châtell. de Touffou et relev. du château de Gouzon à Chauvigny. — *Willelmus de Thalemundo*, 1229 (abb. de Nouaillé, 19). — *Talemont*, 1309 (Gauthier, fᵒ 183 vᵒ). — *Tallemont*, 1449 (seign. de Touffou, 1). — *Thalmont*, 1458 (chap. cathédral, 62). — *Thallemond*, 1547 (aveu de Touffou).

TALONNIÈRE (LA), vill. c⁰ᵉ de Magné. — *La Talonnière*, 1364 (abb. de Sᵗ-Cyprien, 43). — *La Tallonnière*, 1461 (chap. de Sᵗ-Hilaire, 440).

TALU (LE HAUT et LE BAS-), h. et f. c⁰ᵉ de Saint-Savin. — *Tallutum*, 1260 (Hommages d'Alphonse, p. 109). — *Le Talu*, 1473 (évêché, 33). — *Le Tallut*, 1545 (abb. de Sᵗ-Savin, 29).

TAMBOURINERIE (LA), m. détruite, c⁰ᵉ de Vouillé.

TANGUÉ (LA), h. c⁰ᵉ de Saint-Martin-Lars; — 1617 (notaires de la vic. de Rochemeaux).

TANNERIE (LA), f. c⁰ᵉ de Colombiers; distraite de la c⁰ᵉ de Naintré le 7 décembre 1825.

TANNIÈRE (LA), ff. c⁰ᵉ de Saint-Martial. — *La Tanière*, 1646 (chap. de Chauvigny, 6).

TAPISSERIE (LA), f. c⁰ᵉ d'Antran; — 1519 (seign. de la Tapisserie). — *La Tapicerie*, 1621 (fief du Savinier).

TAPOTIÈRE (LA), m. r. c⁰ᵉ de Roiffé; — 1455, 1498 (com¹ᵈᵉ de Loudun, 20). — Anc. seigneurie (ms. Trincant).

TARÇAY, f. c⁰ᵉ de Marçay. — *Tresay, Tressay*, 1489 (livre de recette de Vivonne, fᵒˢ 154 vᵒ et 169 vᵒ). — *Moulin de Tarsay*, 1613 (collège de Poitiers, 15). — *Terçay*, 1775 (rôle des tailles). — Il ne reste point de traces du moulin.

TARD (LE), m. r. c⁰ᵉ de Mazeuil. — *Estard*, 1550; *le Tart*, 1577 (chap. de Mirebeau, 31).

TARDE (LE), f. c⁰ᵉ de Vicq. — *Le Terdre*, 1610; *le Tardre*, 1695 (prieuré-cure de Vicq).

TARDERIE (LA), f. c⁰ᵉ de Mirebeau. — *La Tardrye*, 1620 (fam. de Fouchier, aveu de Rochefort).

TARDES (LES), h. c⁰ᵉ de Coussay-les-Bois. — *Le Teldre*, 1456 (notaires, Artaud à la Roche-Posay). — *Les Tardres, les Terdres*, 1625 (seign. de la Roche-Posay, 3). — *Le Tardre*, 1653 (ibid. 4).

TARDIFS (LES), h. c⁰ᵉ de Mondion.

TARDIVEAU, vill. c⁰ᵉˢ de Voulême et Saint-Macou. — *Tardiveau*, 1353 (fam. de Chabanais). — *Tardivea*, 1403 (gr. Gauthier, fᵒ 281). — *Tardivaux*, 1766; *Tardiveaux*, 1769 (rôles des tailles).

TARDIVERIE (LA), f. c⁰ᵉ de Vouneuil-sous-Biard.

TANDY (LE), h. c⁰ᵉ de Savigné. — *Village des Tardys*, 1663 (notaires, Pascault à Civray).

TARGÉ, c⁰ⁿ de Châtellerault. — *In villa Targiaco*, 915 (cart. de Sᵗ-Cyprien, p. 174). — *Ecclesia in honore sancti Georgii constructa in villa que dicitur Targiacus, in vicaria Ygrandinse*, 1030 ou 1031 (ibid. p. 174). — *Stephanus de Targec*, v. 1088 (ibid. p. 183). — *Tarjech*, 1149; *Targé*, v. 1200 (abb. de Sᵗ-Cyprien). — *Ecclesia de Targeyo, de Targeio* (pouillé de Gauthier, fᵒˢ 138 et 173 vᵒ).

Avant 1790 cette commune faisait partie de l'archiprêtré, du duché, de la sénéchaussée et de l'élection de Châtellerault. La cure était à la nomination du prieur de Saint-Romain de cette ville. Le fief et haute justice de Targé relevait du duché de Châtellerault. Le château de Targé est situé à environ 200 mètres au sud-ouest du bourg.

TARJONNERIE (LA), lieu détruit, c⁰ᵉ de Smarve. — *La Targonnère*, 1378; *champ des Exarts davant l'ostel de la Meminère, où souloit avoir anciennement certaine meison qui s'appelloit la Tarjonnerie*, 1413 (abb. de Sᵗ-Cyprien, 43).

TARNAY, f. c⁰ᵉ d'Availle. — *Tarnay*, 1426 (chap. de Châtellerault, 1). — *Ternay*, 1444 (duché de Châtellerault, 1). — Anc. fief et haute justice relev. du duché de Châtellerault.

TARTIFUME, f. c⁰ᵉ d'Antran; — 1444 (duché de Châtellerault, 1). — *Hostel de Tartifume appellé le Fort de Valencay*, 1477 (seign. de la Motte d'Usseau). — *Le Fort de Vallancay*, lieu où anciennement il y avait une tour, en droit de haute, moyenne et basse justice, réunie depuis longtemps au domaine de la Motte d'Usseau; tenant au chemin de la Maison-Neuve au Port-d'Ingrande, 1673 (aveu de la Motte d'Usseau, p. 54). — Anc. fief relev. de la Motte d'Usseau.

TARTIFUME, f. c⁰ᵉ d'Asnières; — 1773 (cure d'Asnières).

TARTIFUME, à Aunay. — *Hostel de Tart y fume*, 1462; *Tartifume*, 1512 (cure d'Aunay).
TARTIFUME, h. c^{ne} d'Ingrande; anc. prieuré et seign. dép. de l'abbaye de la Merci-Dieu. — *Tartiffume*, 1425 (cure d'Ingrande). — *Tartiffume*, 1464 (abb. de la Merci-Dieu, 13). La chapelle était sous l'invocation de sainte Radegonde, 1442 (*ibid.* 13).
TARTIFUME, m. détruite, près l'Étang-Berland, c^{ne} de Saint-Sauveur; — 1727 (fief de la Cour).
TASSAY, h. c^{ne} de Chaunay; — 1357 (abb. de Nouaillé, 54). — *Taxay*, 1466 (seign. de Layré). — Anc. fief relev. de Layré.
TATINERIE (LA), m. r. c^{ne} de Chenevelles.
TAUDIÈRE (LA), h. c^{ne} de Châtellerault. — *La Tuaudière*, 1661 (fief de la Grande-Vau).
TAUDIÈRE (LA), m. r. c^{ne} d'Oiré. — *La Tuaudière*, 1603 (seign. de Ferrière, inv.).
TAUMINERIE (LA), m. à Iteuil. — *La Thouminière*, 1715 (rôle des tailles).
TAUPANNE (LA), f. c^{ne} d'Antran; — 1666 (seign. de la Maison-Neuve).
TAUPELLE (LA), mⁱⁿ sur le ruiss. de Mortaigue et tuilerie, c^{ne} de Queaux; — 1788 (rôle des tailles).
TAUPIÈRE (LA), f. c^{ne} de Mondion.
TAUREAUX (LES), f. c^{ne} d'Onzilly.
TEIGNOUSES (LES), h. c^{ne} de Romagne. — *Les Teygnouzes*, 1368 (chap. de St-Hilaire, 242). — *Les Teigneuses, les Teignouses*, 1470 (*ibid.* 243).
TEIL, vill. c^{ne} d'Asnières; anc. prieuré dép. de l'abbaye de Charroux. — *Prioratus de Tilio*, 1390; — *de Tilia*, 1495; *prieuré de Tailh*, 1441; — *de Teilh*, 1451; — *du Teilh*, 1479; — *de Saint Laurent de Theil*, 1770; — *de Saint Laurent du Theil*, 1777 (prieuré de Teil).
TEIL (LE), chât. en ruine et f. c^{ne} de Bonnes. — *Petronus de Thel*, 1004-1018 (cart. de St-Cyprien, p. 228). — *Helias del Tel*, 1087-1115 (*ibid.* p. 236). — *Elias de Tellio*, v. 1112 (gr. cart. de Fontevrault, 672); — *dau Tel*, v. 1118 (abb. de Nouaillé); — *de Telia*, 1202 (*ibid.* 19). — *Willelmus de Teillo*, 1216 (Fonteneau, t. XXII, p. 60). — *Laurentius de Tilia*, v. 1216 (*ibid.* t. XXII, p. 115). — *Boemundus de Tylia*, 1248; — *Helias de Thylia*, 1250 (abb. de Nouaillé, 19). — *Teil, Teyl*, 1377 (évêché, 17). — *Fief de Teilh*, 1460; *le Theil*, 1661 (chap. de Chauvigny, 10). — Anc. fief relev. de la bar. de Chauvigny.
TEIL (LE), h. c^{ne} de Champagné-le-Sec. — *Teil*, 1401 (gr. Gauthier, f° 237 v°). — *Le Theil*, 1678 (notaires, Mestreau de Civray).
TEIL (LE), vill. c^{ne} de Fleix. — *Village de Theil*, 1580 (terrier de Champeaux, f° 36 v°); — *de Telh*, 1581 (maison-Dieu, 163). — *Le Teilh*, 1626 (cure de Fleix).
TEIL (LE), f. c^{ne} de Lomaizé. — *Le Teilh*, 1465 (fam. Taveau). — *Le Teil*, 1469 (seign. de Dienné et Verrières, 3). — *Le Theil*, 1666; *le Tailh*, 1669 (*ibid.* 1). — *Le Teuil* (Cassini).
TEIL (LE), h. c^{ne} de Vendeuvre. — *Le Teil*, 1620 (évêché, 72). — *Le Theil*, 1841 (nomencl.).
TEIL-AU-SERVANT (LE), h. et mⁱⁿ sur le ruiss. du même nom, c^{ne} de la Chapelle-Viviers. — *Domus de Tilio*, 1260 (Hommages d'Alphonse, p. 86). — *Allodus de Tilia, Launus de Tilia, miles*, 1227 (Fonteneau, t. XXV, p. 593). — *Le Teil au Servans*, 1452; *le Teilh aux Servans*, 1479 (prieuré du Teil-aux-Moines). — *Le Teil au Servant*, 1571 (cure de la Chapelle-Viviers). — *Le Theil aux Servant*, 1622 (seign. du Teil-au-Servant). — Anc. fief et haute justice relev. du marq. de Lussac-le-Château.

Le ruiss. du Teil a sa source en ce lieu et se jette dans la Vienne à Cubord, c^{ne} de Salles, où il est appelé le Bineau.

TEIL-AUX-MOINES (LE), h. c^{ne} de la Chapelle-Viviers; anc. prieuré dép. de l'abbaye de Tiron (Eure-et-Loir). — *Prior de Tylia*, 1247 (Fonteneau, t. III, p. 353). — *Prioratus de Tillia, ordinis Turon.* (pouillé de Gauthier, f° 148). — *Prior de Tilhia Monacorum*, 1383 (taux du décime, p. 126). — *Prieuré du grant Teilh appellé le Teilh aus Moynes*, 1443; *le Teil aux Moynes*, 1473; *chastellenie du grand Teil aux Moynes*, 1630 (prieuré du Teil-aux-Moines). — *Prieuré du grand Theil au Moine*, 1651 (seign. du Teil-au-Servant); — *de Sainte Croix du Teil au Moine*, 1728 (clergé, 16). — Le fief du prieuré, en titre de châtellenie dès 1491, relevait de la bar. de Chauvigny.

TEILLÉE (LA), vill. c^{ne} de Saint-Sauvant; — 1498 (fief du Coudré).

TEILS (LES), h. c^{ne} de Nicuil-l'Espoir. — *In censibus deo Telles*, 1251 (abb. de Nouaillé, 24). — *Les Teilhes*, 1364 (chap. de St-Pierre-le-Puellier, 29). — *Les Teilles*, 1462 (abb. de la Trinité, 46). — *Les Theils*, 1841 (nomencl.).

TEINTURIER (LE), f. c^{ne} de la Chapelle-Viviers.

TEMPENOUX, h. c^{ne} de Champagné-Saint-Hilaire. — *Tempenos*, 1257 (ch. de St-Hilaire, t. I, p. 285). — *Tempenoux*, 1334 (chap. de St-Hilaire, 439). — *Tampenoux*, 1404 (gr. Gauthier, f° 91 v°). — *Tempenoux*, 1404; *Tempenous*, 1485 (fief de la Roche-d'Orillac). — *Tempenou*, 1558 (fief de Château-Larcher). — Anc. fief relev. de la châtell. de Cercigny (Fonteneau, t. XLII, p. 266).

TEMPERIE (LA), lieu détruit, près le Rivau, c^ne de Vellèche. — *La Temperie*, 1482, 1736; *la Temprye*, 1556; *terres qui furent aux Templiers*, 1570 (seign. de Mondion).

TEMPLE (LE), f. c^ne de Cenon. — *Le Temple*, 1480; *le Temple de Jonneaux*, 1572 (com^rie d'Auzon, 6). — C'était alors une métairie dép. de la com^rie d'Auzon.

TEMPLE (LE), m. r. c^ne de Champniers; — 1393 (gr. Gauthier, f° 230). — *Village du Temple*, 1498 (fief de la Chaux).

TEMPLE (LE), lieu détruit, c^ne de Chasseneuil. — *Treille du Temple*, 1433; *vallée du Temple*, 1447; *maison du Temple*, 1516 (com^rie de St-Georges, 8); 1601, 1651 (cure de Chasseneuil).

TEMPLE (LE), m. r. près Poligny, c^ne de Chouppes. — *Hostel du Temple*, 1439 (com^rie de St-Georges, 30).

TEMPLE (LE), m. au Ronday, c^ne de Maulay; — 1464 (com^rie de Loudun, 31).

TEMPLE (LE), h. c^ne de Saint-Gervais; — 1483 (seign. de la Varenne). — *Hostel noble du Temple*, 1552 (seign. de Puygarreau, 10); — dépendait anc^t du temple de Faye-la-Vineuse, uni à la com^rie de l'Isle-Bouchard (Indre-et-Loire); c'était en 1774 un fief relev. de la bar. de la Touche.

TEMPLE (LE), vill. c^ne de Saint-Léger-de-Montbrillais. — *Maison, jardin et treille appellés le Temple de Moulins*, 1440; *le Temple, au dessoubz de Saint Legier de la Roche Rabasté*, 1454 (com^rie de Loudun, 21). — Anc. dépendance de la com^rie de Moulins.

TEMPLE (LE), vill. c^ne de Salles-en-Toulon; — 1450 (com^rie de la Villedieu, 22).

TEMPLE (BOURG DU), à Châtellerault, au faubourg Sainte-Catherine; — 1438 (com^rie d'Auzon, 9); — auj. inconnu.

TEMPLE (CARROI DU), lieu détruit, c^ne d'Antran. — *Maison du Carroy du Temple, tenant au chemin tendant de Vallansay à la rivière de Vienne*, 1634 (fief de Mauvoisin).

TEMPLE (MOULIN DU), sur la Boivre, c^ne de Béruges; appart. anc^t aux templiers de l'Épine. — *Moulin du Temple*, 1438 (abb. du Pin, 11).

TEMPLE (MOULIN DU), sur la Charente, à Civray; appart. anc^t aux templiers de Civray; — 1388, 1403 (gr. Gauthier, f°s 207 et 224); 1498, 1601 (fief de la Chau). — Ce m^in n'existe plus ou, du moins, n'est plus connu sous ce nom.

Le *Puy du Temple* est mentionné en 1404 (gr. Gauthier f° 195 v°); en 1563 (com^rie de Civray, 1); *l'Isle du Temple* en 1498 (fief de Fayolle). — Une rue de Civray est appelée rue du Temple.

TENAIGNE, m. r. c^ne de Fleuré.

TENAUDRIE (LA), f. c^ne de Saint-Genest.

TENILLIÈRE (LA), lieu auj. inconnu, c^ne de Latus. — *La Tenillière*, 1730; *la Tenellière*, 1775 (rôles des tailles). — *La Tenillère* (Cassini). — Sur la carte de Cassini ce lieu est indiqué entre la Nouillère et la Gustière; c'est peut-être le hameau appelé aujourd'hui la Folie.

TENOTRIES (LES), f. c^ne de Bonneuil-Matours. — *La Thenotterie*, 1601 (fam. de Marans). — *La Tenotrie*, 1641 (abb. de St-Cyprien, 20).

TÉRAUDIÈRE (LA), m. détruite, près les Baudiments, c^ne de Coussay-les-Bois. — *Hostel de la Teraudière*, 1490 (seign. de la Roche-Posay, 1); — *de la Theraudière*, 1654 (ibid. 4).

TERCÉ, c^on de Saint-Julien-Lars. — *Tercec*, 1202 (abb. de Nouaillé, 19). — *Terzoc* (pouillé de Gauthier, f° 175). — *Tersec*, 1383 (taux du décime, p. 60). — *Tercé*, 1479 (compte de J. Bourdin). — *S. Crespin et S. Crepinien de Tercé*, 1782 (pouillé).

Avant 1790 Tercé faisait partie de l'archiprêtré et de la baronnie de Mortemer, de la sénéchaussée et de l'élection de Poitiers. La cure était à la nomination du chapitre de Mortemer.

TERCERIE (LA), c^ne d'Alonne; anc. fief relev. de la châtell. de Château-Larcher, situé entre les chemins de Château-Larcher à Poitiers et d'Alonne à la Villedieu. C'était un clos de vigne en 1413 (fief de la Tercerie).

TERCERIE (LA), f. c^ne d'Iteuil; — 1489 (livre de recette de Vivonne, f° 184). — *La Terserie*, 1673 (seign. d'Aigne).

TERLAUDIÈRE (LA), f. c^ne de Bonnes.

TERNAY, c^on des Trois-Moutiers. — *Ecclesia de Tirniaco*, 1046 (Besly, Évêques de Poitiers, p. 57). — *Boso de Tirnai*, v. 1125; *Radulfus de Tarnaio*, 1129 (gr. cart. de Fontevrault, 611 et 765). — *Ternay* (pouillé de Gauthier, f° 171 v°). — *Tarnay*, 1380 (com^rie de Loudun, 21). — *Capellanus de Tarnaio*, 1383 (taux du décime, p. 117). — *Notre-Dame de Ternay*, 1782 (pouillé).

Avant 1790 cette commune faisait partie de l'archiprêtré, de la châtellenie, du bailliage et de l'élection de Loudun. L'église paroissiale était, comme celle de Saint-Pierre de Curçay, desservie par deux curés nommés par le chapitre de Saint-Martin de Tours (pouillé de Gauthier, f° 171 v°). *Semirectores de Tarnay*, 1520 (bissexte). — Le fief de Ternay relevait du château de Loudun. Les bois de Ternay, dép. de ce fief, occupaient une superficie de 245 hectares en 1801. L'ancien château seigneurial est situé à 1 kilomètre à l'est du bourg.

DÉPARTEMENT DE LA VIENNE.

Terraron, m¹ⁿ sur la Veude, cⁿᵉ de Saint-Christophe. — *Moulin de Tarraron*, 1525 (cure de S¹-Christophe).

Terrasse (La), m. r. cⁿᵉ de Lésigny.

Terrasse (La), f. cⁿᵉ du Vigean; — 1510 (cure de S¹-Martin-Lars).

Terraudière (La), vill. cⁿᵉ de Rouillé. — *La Terraudère*, 1440 (comᵣⁱᵉ de Roche, 6).

Terre-au-Comte (La), cⁿᵉ d'Usson; — 1498, 1764; anc. fief relev. du comté de Civray.

Terreaux (Les), lieu auj. inconnu, cⁿᵉ de Journet. — *Les Terraux*, 1600 (maison-Dieu, 105).

Terrefort, h. cⁿᵉ de Doussay; — 1324 (couv. de Lencloître). — Anc. fief et haute justice relev. de la bar. de Mirebeau.

Terrefort, cⁿᵉ de Varennes; anc. fief relev. du Grand-Parigny; — 1508 (aveu de Mirebeau, p. 271).

Terre-Rouge (La), h. cⁿᵉ de Saint-Léger-de-Montbrillais.

Terres-Communes (Les), vill. cⁿᵉ de Saint-Christophe; — 1647 (cure de S¹-Christophe).

Terrier (Le), h. cⁿᵉ de Celle-l'Évescault.

Terrier (Le), h. cⁿᵉ de Liglet.

Terrier (Le), f. cⁿᵉ de Saint-Laurent-de-Jourde.

Terrier (Le), vill. cⁿᵉ de Vaux; — 1610 (prieuré de S¹-Denis-en-Vaux).

Terrier (Le), h. cⁿᵉ du Vigean. — *Terriet*, 1449 (cure de l'Isle-Jourdain). — *Theriet*, 1599 (cure du Vigean).

Terrier (Le Grand-), m. r. cⁿᵉ de Colombiers.

Terrier-Blanc (Le), m. isolée, cⁿᵉ d'Archigny.

Terrier-Blanc (Le), h. cⁿᵉ de Châtellerault.

Terrier-de-Perry (Le), m. r. cⁿᵉ de Saint-Léomer.

Terrier-de-Rillet (Le), f. cⁿᵉ de Jouet.

Terrier-des-Ormes (Le), h. cⁿᵉ de Montmorillon.

Terrière (La), h. cⁿᵉ de Marçay.

Terrière (La), f. cⁿᵉ de Marnay.

Terrière (La), f. cⁿᵉ de Plaisance.

Terrières (Les), vill. cⁿᵉˢ de Bonnes et Liniers. — *Les Tayrères*, 1439 (seign. de Touffou, 1). — *Les Terrières*, 1480 (abb. de S¹-Cyprien, 44). — *Les Tesrières*, 1515 (seign. de Touffou, 1). — *Les Terriers* (Cassini).

Terrières (Les), h. cⁿᵉ de l'Isle-Jourdain; détaché de la cⁿᵉ de Millac le 27 mai 1857.

Terrier-Pointu (Le), f. cⁿᵉ de Montmorillon.

Terriers (Les), h. cⁿᵉ de Leigne.

Terriers (Les), h. cⁿᵉ de Lussac-le-Château.

Terriers (Les), h. cⁿᵉ de Pindray.

Terriers (Les), h. cⁿᵉ de Pouzioux. — *Peux Richard*, 1623; *Puy Richard aultrement les Terriers*, 1671 (seign. de la Chaise-outre-Vienne). — *Village des Terriers Puy Richard*, 1778 (seign. de S¹-Martin-la-Rivière, 4).

Terrinière (La), f. cⁿᵉ d'Antran; — 1668 (chap. de Notre-Dame-la-Grande, 69).

Terronnière (La), m. détruite, entre Prémillant et les Vignes, cⁿᵉ de Brux.

Tervannes (Le Grand et le Petit-), hh. et four à chaux, cⁿᵉ de Journet. — *Tervannes, les petites Tervannes*, 1450 (maison-Dieu, 154). — *Le grant Tarvannes*, v. 1500 (comᵣⁱᵉ de Roullac). — *Les grans Terranne*, 1542 (terrier de Rouflac, 59).

Tessec, f. cⁿᵉ de Saint-Martial. — *Villa Teisec*. v. 1090 (cart. de S¹-Cyprien, p. 139). — *Tessec, Taysset, Taysec, Tisec*, 1309 (Gauthier, fᵒ 183 et 191). — *Teixet*, 1441 (séminaires de Poitiers, 12). — *Taissec*, 1503 (évêché, 22). — *Tesecq*, 1766 (rôle des tailles). — Anc. fief relev. de la bar. de Chauvigny.

Tessonnière (Bois de la), cⁿᵉ de Fontaine-le-Comte; autref. à l'abbaye de Fontaine-le-Comte; contenait 91 arpents en 1792.

Tessonnières (Les), vill. cⁿᵉ de Saint-Genest; — 1437 (abb. de Montierneuf, 98). — Anc. fief relev. du duché de Châtellerault.

Tétière (La), f. détruite, cⁿᵉ de Buxeuil.

Teudlerie (La), f. cⁿᵉ de Benassay.

Texerie (La), f. cⁿᵉ de Saint-Gervais.

Texerie (La), lieu détruit, près la Ponge, cⁿᵉ de Verrières. — *La Texerie*, 1409; *la Tesserie*, 1462 (abb. de Nouaillé, 20). — *La Tessière, masures*, 1751 (maison-Dieu, 199).

Tézier, vill. et m¹ⁿ sur la Charente, cⁿᵉ de Châtain. — *Taizié*, 1670 (notaires, Chevallier à Civray).

Thé (Moulin du), sur le ruiss. du Thé, cⁿᵉ d'Antran. — *Moulin du Tay*, 1756 (terrier de la Groye, p. 402); — *du Thé*, 1777 (aveu de Clairvaux).

Le ruiss. du Thé ou ruiss. d'Usseau a sa source près Usseau et se jette dans la Vienne au-dessous du m¹ⁿ du Thé. Il est appelé *rivière du Chat* en 1457 (seign. de la Motte d'Usseau); *ruisseau du Pont aux Moines* en 1673 (aveu de la Motte d'Usseau, p. 59).

Theil (Le). Voy. Teil (Le).

Thenay, h. cⁿᵉ de Bournan. — *Thanay, Tanay*, 1451 (prieuré de Bournan, 11). — *Tesnay*, 1456 (ibid. 1).

Thenet, vill. et m¹ⁿ sur le Saleron, cⁿᵉ d'Hains; anc. cⁿᵉ réunie à celle-là le 19 avril 1820. — *Tanetum*, 1233; *Thanetum*, 1237; *Thenetz*, 1266 (maison-Dieu, 127). — *Ecclesia de Teneto* (pouillé de Gauthier, fᵒ 176 vᵒ). — *Tenet*, 1302 (Fonteneau, t. XXIV, p. 473). — *Thenet, Enthenet,*

1483 (fief de Beaupuy). — *Anthenet*, 1493 (com^rie de Rouflac, 1). — *Antenet*, 1617 (fief des Clerbaudières). — *Notre-Dame d'Anthenet*, 1782 (pouillé). — *Thenet*, 1807 (annuaire).

Avant 1790 cette ancienne paroisse faisait partie de l'archiprêtré, de la châtellenie et de la sénéchaussée de Montmorillon, et de l'élection de Poitiers. D'après le pouillé de Gauthier (f° 177), elle avait été distraite de celle d'Hains. La cure était à la nomination de l'évêque; auj. elle est réunie à celle d'Hains. Le fief et haute justice de Thenet relevait de la maison-Dieu de Montmorillon.

Thenots (Les), h. c^nes d'Ingrande et Oiré.

Theuil, h. c^nes de Sillars et Saugé. — *Tueilh*, 1427 (maison-Dieu, 81). — *Teuilh*, 1506 (ibid. 29). — *Teuilhz*, 1585 (prieuré de Saugé). — *Teux*, 1580 (fief de l'Âge-Rouil). — *Theuilz*, 1608 (maison-Dieu, 81).

Thiaudière (La), h. c^ne d'Adriers. — *La Tiaudière*, 1449 (seign. de l'Isle-Jourdain). — *La Thiaudière*, 1632 (maison-Dieu, 194).

Thibaudelière (La), vill. c^ne de Cloué; — 1477 (fief de Monts).

Thibaudière (La), h. c^ne de Benassay. — *La Thebaudère*, 1573 (minutes de P. Defonboisset, notaire à St-Maixent).

Thibaudère (La), ff. c^ne de Chalandray. — *La Thebaudère*, 1383 (gr. Gauthier, f° 74). — Anc. fief relev. d'Ayron.

Thibaudière (La), m. r. c^ne de Tercé. — *La Thebaudère*, 1405 (gr. Gauthier, f° 22). — *La Thibaudière*, 1562 (fief de la Foucaudière). — Anc. fief relev. de la Foucaudière.

Thibaudnie (La), vill. c^ne d'Avanton. — *La Thibauderye*, 1566 (collège de Poitiers, 2).

Thibaudrie (La), anc. seign. à Cissé. — *La Thebaudric autrement la Caminière*, 1529 (chap. de St-Hilaire, 396). — *La Tybaudrye jadis la Charragolle*, 1604 (seign. du Peux-de-Cissé). — *La Thibaudière*, 1662 (seign. de Chéneché, 12). — *La Thibaudrye*, 1717 (fam. Morin). — Il n'y a plus d'habitation de ce nom à Cissé.

Thibaudrie (La), h. c^ne d'Ouzilly.

Thibaudries (Les), f. c^ne de Bellefont. — *La Thibauderie*, 1641 (abb. de St-Cyprien, 19).

Thibaudries (Les), f. c^ne de Salles-en-Toulon. — *Les Thibauderyes*, 1623 (fief de Fressine). — *La Thibauderie*, 1775 (rôle des tailles).

Thibaudries (Les), h. c^ne de Sérigny.

Thibets (Gué des), c^ne de la Grimaudière, où l'armée du duc d'Anjou passa la Dive avant la bataille de Moncontour en 1569.

Thibuère (La), h. c^ne de Buxeuil.

Thimotte (La), h. et bois, c^ne de Nieuil-l'Espoir. — *Le boys d'Athymot*, 1478 (abb. de la Trinité, 45). — *La Thimot*, 1530 (ibid. 46). — *Latimot*, 1587 (ibid. 45).

Le bois de la Thimotte, appart. autref. à l'abbaye de la Trinité de Poitiers, contenait 47 hectares en 1815.

Thiourat (Le Grand et le Petit-), ff. c^ne d'Asnières. — *Thiourat*, 1597, 1770 (cure d'Asnières). — *Thioura* (Cassini). — *Querat*, 1841 (nomencl.).

Thiours, h. c^ne de Thuré. — *Tiors*, 1307 (Gauthier, f° 203 v°). — *Thyors*, 1437 (duché de Châtellerault, 5). — *Moulin de Thiors*, 1610 (seign. des Robinières). — Ce moulin, sur l'Envigne, encore mentionné en 1777 (aveu de Clairvaux, p. 227), n'existe plus.

Thollet, c^on de la Trimouille. — *Tolet*, 1247 (Fonteneau, t. V, p. 413). — *Thollet*, 1408 (gr. Gauthier, f° 120). — *Tollet*, 1561 (fief du Bouchaud).

Avant 1790 la paroisse de Notre-Dame de Thollet faisait partie de l'archiprêtré de Rancon, diocèse de Limoges, de la baronnie de Magnac (Haute-Vienne), de la sénéchaussée de Montmorillon et de l'élection du Blanc, généralité de Bourges. Le prieuré de Thollet et du Cluseau dépendait de l'abbaye de la Règle à Limoges.

Thomas (Les), h. c^ne de Saint-Genest. — *Village des Thomas*, 1523 (seign. de Puygarreau, 4).

Thomasselière (La), h. c^ne de Champagné-Saint-Hilaire. — *La Thomassellère*, 1334 (chap. de St-Hilaire, 439). — *La Thomasselière*, 1488 (ibid. 547).

Thomassière (La), f. c^ne d'Usseau. — *La Thomassère*, 1431 (seign. de Montenay). — *La Thoumassière*, 1628; *la Thomassière*, 1663 (seign. de la Motte d'Usseau).

Thomassinière (La), h. c^ne d'Availle. — *La Toumasinière* (Cassini).

Thorigné, f. c^ne de Prossac. — *Torigné*, 1493 (seign. d'Availle).

Thorus, m^in sur le ruiss. de Fontjoise et h. c^ne de Château-Larcher. — *Villa Toruga in vicaria Vicovedonense, in condita Briocinse*, 936 (cart. de St-Cyprien, p. 265). — *Portus Tauruca*, v. 965 (ibid. p. 255). — *Molendinum de Torua prope villam quæ Joarenna vocatur*, 1083 (abb. de Nouaillé). — *Torus*, 1293 (ibid. 24). — *Thorue*, 1345; *Torue*, 1351 (ibid. 27). — *Thorus*, 1647 (ibid. 24). — *Moulin de Thoru*, 1659 (notaires, Mestreau à Civray). — Anc. fief relev. de l'abbaye de Nouaillé. — Sur les plateaux de Thorus et d'Arlait se voient de nombreux débris de monuments celtiques.

Thouary, f. c^{ne} de Moncontour. — *Thoyré*, 1532; *Toiry*, 1685 (cure de St-Nicolas de Moncontour).

Thurageau, c^{on} de Mirebeau. — *Ecclesia Sancti Petri de Turagel in castellania Mirebellense*, v. 1090 (cart. de St-Cyprien, p. 83); — *de Turagellio*, 1119 (*ibid.* p. 18). — *Turager*, 1149 (abb. de St-Cyprien). — *Turageia*, 1161 (Fonteneau, t. XXVII, p. 106). — *Ecclesia de Turagello*, 1258 (abb. de St-Cyprien, 39). — *Turagea*, 1363; *Turageau*, 1366 (arch. de Poitiers, 15). — *Thurageau*, 1445 (abb. de Montierneuf, 74). — *Tourageau*, 1596 (aides et équivalents, p. 11).

Avant 1790 Thurageau faisait partie de l'archiprêtré et de la baronnie de Mirebeau, du duché-pairie et de l'élection de Richelieu, généralité de Tours. La cure était à la nomination de l'abbé de Saint-Cyprien.

Thuré, c^{on} de Châtellerault. — *Stephanus de Turec*, v. 1100 (cart. de St-Cyprien, p. 40). — *Turec*, 1157 (ch. de St-Hilaire, t. I, p. 161). — *Tureyum*, 1273 (Fonteneau, t. XII, p. 657). — *Ture*, 1280 (abb. de Fontaine-le-Comte, 26). — *Capellanus de Turre*, *Thure*, 1383 (taux du décime, p. 13 et 126). — *Rector de Thureyo*, 1478 (reg. synodal). — *S. Pierre de Thuré*, 1782 (pouillé).

Avant 1790 la paroisse de Thuré faisait partie de l'archiprêtré, du duché, de la sénéchaussée et de l'élection de Châtellerault. La cure était à la nomination de l'évêque; elle est classée, dans le pouillé de Gauthier (f° 139), parmi celles qui étaient *de camera episcopi, extra decanatus et archipresbyteratus*. La seigneurie de Thuré, ancien domaine des évêques de Poitiers, fut cédée le 21 mai 1447 par l'évêque Guillaume de Charpaigne à Charles d'Anjou, comte du Maine, avec les terres de Saint-Christophe-sous-Faye et la Tour-d'Oiré et la dîme de Senillé, en échange du château et châtellenie d'Harcourt à Chauvigny, etc. (évêché, 21). Ce fief, qualifié baronnie depuis le xvie s^e, relevait du duché de Châtellerault. Il fut uni en 1768 au marquisat de Clairvaux avec les quatre fiefs du Grand-Pouillé, la Tour de Pouillé, la Plante et la Perlotière (aveu de Clairvaux, p. 1). Le château seigneurial est en ruine.

En 1790 Thuré devint le chef-lieu d'un canton dépendant du district de Châtellerault et composé des communes de Thuré, Antran, Colombiers, Remeneuil, Scorbé-Clairvaux, Sossay et Usseau; ce canton a existé jusqu'au 18 novembre 1801.

Thureaux (Les), h. c^{nes} de Leigné-les-Bois et Pleumartin. — *Les Thurault*, 1779 (seign. de Pleumartin, 1).

Tiers, f. c^{ne} de Coussay-les-Bois; anc. prieuré dép. de l'abbaye de Saint-Jean-d'Angély et annexé à celui de Remilly. — *Ecclesia Sancti Petri de Tierno*, v. 1080 (Fonteneau, t. LXIII, p. 95); — *Sancti Petri Tiernensis in territorio Castri Airaldi*, 1119 (*ibid.* t. XXVII bis, p. 353). — *Prior de Tiers*, 1383 (taux du décime, p. 12). — *Thier*, 1391 (chap. de Châtellerault, 11). — *Thiers*, 1461 (notaires, Artaud à la Roche-Posay).

Tiers (Le), ff. c^{ne} de Pressac.

Tiers (Les), vill. c^{ne} de Dissay. — *Les Querres*, 1559 (cure de Naintré). — *Les Quaires*, 1611 (cure de Dissay).

Tiers (Les), h. c^{ne} de Scorbé-Clairvaux.

Tiers-Colas (Le), h. c^{ne} d'Availle.

Tierzat, h. c^{ne} de l'Isle-Jourdain; détaché de la c^{ne} de Millac le 27 mai 1857. — *Dominus de Tiersaco*, 1422 (Fonteneau, t. XXXIX, p. 115). — *Tersacum*, 1434 (cure de l'Isle-Jourdain). — *Terzac*, 1449 (seign. de l'Isle-Jourdain). — *Tiersac*, 1501; *Tierzac*, 1530; *Tersac*, 1534 (cure de l'Isle-Jourdain).

Le ruiss. de Tierzat est formé de deux ruiss. qui se réunissent en ce lieu, et tombe dans la Vienne à la limite des c^{nes} de l'Isle-Jourdain et de Moussac. — *Le Ris Barbet*, 1630 (cure de l'Isle-Jourdain).

Tiffaille, f. c^{ne} de Mouterre. — *Tenuta de Thiphalle*, 1449 (cure de l'Isle-Jourdain). — *Tiffaille*, 1775 (rôle des tailles).

Tiffaille (La Basse et la Haute-), vill. et h. c^{ne} de la Chapelle-Montreuil. — *La Tuphaille*, 1397 (abb. de Montierneuf, reg. 10). — *La Tuffaille*, 1529 (*ibid.* 91). — *La Tiffaille*, 1550 (*ibid.* 84). — *La haulte Tiffaille ou la Pinaudrie*, 1665 (*ibid.* 91). — *La Tiffallière*, 1716 (rôle des tailles).

Tiffalières (Les), h. c^{ne} de Liniers. — *La Tuffaillère*, 1324 (arch. de Poitiers, 12). — *Les Tiffaillères*, 1459 (chap. de Ste-Radegonde, 108). — *La Tiffaillère*, 1547 (com^{rie} de St-Georges, 7).

Tiffannelière (La), h. c^{ne} de Celle-l'Évécault. — *La Tyfonelère*, v. 1300 (Gauthier, f° 10).

Tiffolières (Les), h. c^{nes} de Liniers et Bonnes. — *Les Touffoulères*, 1439 (seign. de Touffou, 1). — *Les Toufoulières*, 1455 (com^{rie} de St-Georges, 7). — *Les Touffolières*, 1456 (*ibid.* 1). — *Les Teffoulières*, 1480 (abb. de St-Cyprien, 44). — *Les Tiffollières*, 1486 (chap. de Chauvigny, 12).

Tigerie (La), lieu auj. inconnu, près Jesson, c^{ne} de Blanzay. — *La Tegerie*, 1405 (gr. Gauthier, f° 267 v°). — *La Tigerie de Gesson*, 1433 (fam. de Chabanais).

Tillac (Le), f. c^{ne} de Mignaloux.

Tilles (Les), h. c^{ne} de Saint-Martin-Lars. — *Destillec*, 1271 (Fonteneau, t. XXXVIII, p. 81). — *Village de Thille*, 1555 (seign. de Ressonneau, 2); — *de Destille*, 1643 (abb. de la Reau). — *Fief d'Estille*, relev. de l'Isle-Jourdain (Dict. des fam. du Poitou, t. I, p. 192). — Le moulin des Tilles, sur la Clouère, n'existe plus.

Tillisset, vill. c^{ne} de Coulonges; — 1750 (fam. Couraud). — *Telisset* (Cassini).

Tillolle (La), h. et bois, c^{ne} de Fontaine-le-Comte. — *Boys de la Tillolle ou boys d'Audray*, 1479 (abb. de Fontaine-le-Comte, 13). — *La Tillolle*, 1573 (fief de la Tillolle). — Anc. fief relev. de la châtell. de Lusignan.

Tillou, f. c^{ne} de Pairoux. — *Teillou*, 1404 (gr. Gauthier, f° 196 v°).

Tillou, f., h. c^{ne} de Blâlay; anc. fief relev. de la prévôté de Blâlay; — 1509 (prévôté de Blâlay, 2).

Tilly, f. c^{ne} de Dercé. — *Tillé*, 1447 (com^{rie} de Loudun, 31); 1663 (ibid. 14). — Anc. fief relev. du château de Loudun (Essais sur l'hist. de Loudun, 2° partie, p. 98).

Tilly, f. c^{ne} de Mairé.

Timblou (Le), h. c^{ne} de Saint-Gervais. — *Les Timblous*, 1774 (aveu de la bar. de la Touche).

Timloriers (Les), h. c^{ne} de Saint-Gaudent. — *Village des Tinloriers*, 1522 (com^{rie} de Civray, 2); — habité en 1566 par Antoine Tinlorier (seign. de Landraudière). — *Thimlorier*, 1841 (nomencl.).

Tinelière (La), h. c^{ne} d'Usson. — *La Tinelère*, 1403 (gr. Gauthier, f° 262). — *La Tinellière*, 1566 (fief de la Grande-Épine).

Tiray (Le Grand-), h. c^{ne} de la Roche-Posay. — *Tizé*, 1298 (abb. de la Merci-Dieu, 8). — *Tysé*, 1316 (ibid. 12). — *Tyzé*, 1447 (ibid. 9). — *Le petit Tiré*, 1459 (notaires, Artaud à la Roche-Posay). — *Le petit Thiré*, 1645; *le grand et le petit Tiray*, 1689 (abb. de la Merci-Dieu, 8). — *Le Grand-Tirot*, 1841 (nomencl.).

Tireau, m^{lin} sur le ruiss. du même nom et h. c^{ne} de Thuré.

Le ruiss. de Tireau ou de la Massardière prend naissance près la Bacherie, c^{ne} de Thuré, et tombe dans l'Envigne sur le territ. de la même c^{ne}.

Tireaux (Les), terres labourables et brandes près Joline, c^{ne} d'Archigny. — *Tyraudi boscus*, 1124 (Gallia christ. t. II, instr. col. 378). — *Boys de Thirault*, 1577 (évêché, 20).

Tirebaril (Bois de), c^{ne} de Verrières; contenait 156 arpents en 1805.

Tiretruie (La), f. c^{ne} de Scorbé-Clairvaux. — *Moulin de Tiretruye*, 1536; *la Tiretruye*, 1610 (seign. des Robinières). — Il ne reste point de traces du moulin.

Tiroir (Chemin du), du Port-de-Rives, c^{ne} de Saint-Remy-sur-Creuse, à Châtellerault.

Tiron, h. c^{ne} de la Chapelle-Mortemer. — *Tyron*, 1454 (abb. de Nouaillé, 49). — *Thiron*, 1562 (fief de Mortemer). — *Tiron*, 1711 (rôle des tailles). — Anc. fief relev. de la bar. de Mortemer et des seign. de Dienné et Verrières.

Tironnelière (La), anc. fief relev. de l'abbaye de Nouaillé, c^{ne} de Lusignan. — *Herbergamentum de la Tironelere*, 1353 (abb. de Nouaillé, 57). — Ce lieu, situé près Cliffort, est auj. inconnu.

Tivet (Le), h. c^{ne} de Mazeuil.

Tizon, fontaine et usine sur le Clain, à Poitiers; anc. fief et haute justice et moulin appart. à l'abbaye de la Trinité; anc. porte de ville. — *Fons de Tyron*, 1298 (abb. de la Trinité, 23). — *Tizon*, 1363; *Tiron*, 1369 (ibid. 28). — *Porte de Thiron*, 1436 (ibid. 29).

Toiré, f. c^{ne} de Saint-Remy-sur-Creuse. — *Thoiré*, 1450 (duché de Châtellerault, inv. d'aveux, f° 30 v°). — *Thoizé*, 1619 (fief de Toiré). — *Toiray*, 1652 (duché de Châtellerault, 3). — *Toizé*, 1739 (fief de Toiré). — *Thouaré*, 1841 (nomencl.). — Anc. fief relev. du duché de Châtellerault.

Tombe (Chemin de la), de Civray à Lisant; — 1576 (seign. du Cibiou).

Tomberrard (La), vulg. la Tombard, m. r. c^{ne} de Coulombiers. — *La Tombe Berart*, 1283; *aumosnerie de la Tombe Hebrart*, 1321; chapelle, cimetière et estang de la Tombe Berard, 1479 (abb. de Fontaine-le-Comte, 13). — Cet étang et la forêt de Gâtine formaient un fief avec haute justice, qui relevait de la châtell. de Lusignan et fut uni en 1740 à la châtell. de la Motte-sur-Croutelle. Une aumônerie fut fondée de 1310 à 1320 à la Tombe-Bérard par Aimeri Poupart, chev^{er}, et donnée par lui à l'abbaye de Fontaine-le-Comte. Cette aumônerie fut détruite pendant la guerre avec les Anglais (abb. de Fontaine-le-Comte, 13).

Tonat, f. c^{ne} de Latus. — *Johannes de Tonaco*, 1408 (gr. Gauthier, f° 121). — *Thonac*, 1496 (fief du Cluzeau-Bonneau). — *Thonat*, 1599 (fief de l'Âge-Courbejarret). — *Thosnat*, 1730; *Tonat*, 1775 (rôles des tailles).

Tonnelle (La), vill. c^{nes} de Vaux-en-Couhé et Brux; — 1766 (rôle des tailles).

TONNELLES (LES), h. c^{ne} de Thurageau; — 1440 (arch. de Poitiers, 12).

TONNIÈRE (LA), h. c^{ne} de Cuhon. — *La Taunayre*, 1478 (chap. de St-Hilaire, 338). — *La Tonnaire*, 1508 (aveu de Mirebeau). — *La Taunoyre*, 1556 (chap. de St-Hilaire, 327). — *La Taunière*, 1615 (*ibid.* 329). — *La Tonnière*, 1765 (rôle du vingtième); voy. ce mot. — Anc. fief relev. de la bar. de Mirebeau.

TORCHAISE (LA), vill. c^{nes} de Béruges et Fontaine-le-Comte. — *La Torchaera*, 1250 (abb. de St-Cyprien, 50). — *La Torcheyere*, 1286 (abb. de Fontaine-le-Comte, 33). — *La Torcheere*, 1293; *la Torcherie*, 1326 (*ibid.* 11). — *La Torchaize*, 1413 (abb. de Montierneuf, 99). — *La Torchaire*, 1414 (seign. de Béruges). — *La Torchesse*, 1506 (abb. de Fontaine-le-Comte, 11). — *La Torchaise*, 1743 (rôle des tailles).

Le ruiss. de la Torchaise est aussi appelé la Prèle; voy. ce mot.

TORFOU, vill. c^{ne} de Persac. — *Torfou*, 1506 (seign. de la Brulonnière). — *Torfeu*, 1547, 1624 (fief de la Jautrudon). — Terre dép. autref. de la Brulonnière.

TORIGNY, m. r. c^{ne} de Saint-Cyr.

TORILLIÈRE (LA), m. à la Davière, c^{ne} de Dangé; — 1686 (fief de la dîme de Piolant).

TORISSIÈRE (LA), vill. c^{ne} de la Chapelle-Moulière et Liniers. — *La Torgicère*, 1454 (com^{rie} de St-Georges, 7). — *La Torgissère*, 1477 (abb. de Montierneuf, reg. 10). — *La Torticière*, 1546; *la Torissère*, 1559 (*ibid.* 12).

TORLAUDRIE (LA), f. c^{ne} de Béthines. — *La Torlauderie*, 1553; *la Turlaudrye*, 1572 (maison-Dieu, 136).

TONSAC, f. c^{ne} d'Adriers. — *Torsac*, 1442 (cure de l'Isle-Jourdain). — *Torssac*, 1561 (prieuré de St-Paixent).

TORSAC, vill. c^{ne} de Lomaizé. — *Torsat*, 1469 (seign. de Dienné et Verrières, 3). — *Torsac*, 1548 (fief de Dienné et Verrières).

TONSAC, f. c^{ne} d'Usson; anc. fief.

TORSAY, h. c^{ne} de Saint-Sauveur. — *Torsay*, 1438 com^{rie} d'Auzon, 9). — *Toursay*, 1448 (seign. de Puygarreau, 10).

Le ruiss. de Torsay prend naissance près Bois-Millet, c^{ne} de Saint-Sauveur, sépare cette c^{ne} de celle de Leigné-les-Bois, sur le territ. de laquelle, près les Vignaux, il se réunit à l'un des deux cours d'eau qui forment la Luire.

TORSAY, lieu détruit, c^{ne} de Thuré. — *Torsay*, v. 1400 (cure de Thuré). — Village, carrois et croix de *Torsay*, 1777 (aveu de Clairvaux, p. 276).

TORSILLAC, f. c^{ne} de Charroux.

TORTERIE (LA), f. c^{ne} de Saint-Pierre-de-Maillé. — *Hostel de la Truterie*, 1478 (évêché, 37). — *La Turterye*, 1622; *la Tortrie*, 1719 (*ibid.* 43).

TORTINIÈRE (LA), f. c^{ne} d'Antran. — *La Tortinère*, 1444 (duché de Châtellerault, 1). — *La Tortinière*, 1519 (seign. de la Tapisserie).

TORTUES (LES), h. c^{ne} de la Bussière.

TOU, vill. c^{ne} de Rouillé. — *Tours*, 1476 (chap. de St-Hilaire, 81).

TOUARDRIE (LA), f. c^{ne} de Saint-Cyr; détachée de la c^{ne} de Dissay en 1847. — *La Touarderye*, 1584 (seign. de Marçay). — Anc. fief relev. de la châtell. de Dissay.

TOUCHARDIÈRE (LA), f. c^{ne} de la Roche-Posay. — *La Touschardière*, 1455 (abb. de la Merci-Dieu, 8). — *La Touchardière*, 1458 (notaires, Artaud à la Roche-Posay).

TOUCHARDIÈRES (LES), m. r. c^{ne} de Lésigny. — *Les Touschardières*, 1462 (notaires, Artaud à la Roche-Posay).

TOUCHAUBERT, vill. c^{ne} de Celle-l'Évescault. — *Touché Aubert*, 1622 (fief de la Gralière).

TOUCHAUD (LE), h. c^{ne} de Montreuil-Bonnin. — *Le Touchault*, 1577 (abb. de St-Cyprien, 14).

TOUCHAUD (LE), f. c^{ne} de Saint-Gervais. — *La Touschau*, 1298 (abb. de la Celle, 17). — *Le Touchau*, 1437 (fam. Frotier).

TOUCHAUDS (LES), h. c^{ne} de Saint-Romain-sur-Vienne. — *Le Touschau*, 1534 (abb. de Ste-Croix, 83).

TOUCHE (LA), m. à Alonne. — *La Tousche d'Aslonne*, 1625 (titres de Château-Larcher). — Anc. fief relev. de la Clielle.

TOUCHE (LA), f. c^{ne} d'Arçay. — *La Tousche*, 1380; *la Touche d'Arcay*, 1522 (com^{rie} de Loudun, 24).

TOUCHE (LA), h. c^{ne} d'Archigny. — *La Tousche*, 1480 (couv. de la Puye, 7). — C'est peut-être le lieu appelé *la Tousche à la Savete*, 1474 (évêché, 22); *la Tousche à la Cenecte*, 1525 (*ibid.* 24).

TOUCHE (LA), vill. c^{ne} de Bonnes.

TOUCHE (LA), h. c^{ne} de Ceaux, c^{on} de Couhé.

TOUCHE (LA), ff. c^{ne} de Ceaux, c^{on} de Loudun. — *La Tousche*, 1526 (cure de Pouant).

TOUCHE (LA), h. c^{ne} de Châtillon. — *La Tousche*, 1471 (chap. cathédral, reg. 98). — Anc. fief uni à celui du Plessis et relev. de Clavière.

TOUCHE (LA), h. c^{ne} de Chaunay. — *La Touche Vivien*, 1629 (arch. de Poitiers, 71). — *La Tousche Vivian*, 1636 (seign. de la Touche-Vivien). — Anc. fief relev. du marq. de Couhé.

TOUCHE (LA), vill. c^{ne} de Cherves. — *In villa quæ vocatur Sedegenago*, 893 (abb. de Nouaillé). — *Sedegenacus in vicaria Teneacinse, in pago Tohar-*

52.

cinse (viguerie de Thénezay dans le pagus de Thouars, Deux-Sèvres), 929 (abb. de Nouaillé). — *Segeaconiacus in vicaria Kanabinse*, 936 ou 937 (cart. de S¹-Cyprien, p. 325). — *Terra de Segenei*, v. 1102 (*ibid.* p. 89). — *Toscha de Segicnai*, 1206 (Fontenau, t. V, p. 59); — *de Sejenai*, 1218 (*ibid.* t. V, p. 69); — *de Segenei*, 1219 (*ibid.* t. V, p. 73). — *Sejenay*, 1224 (*ibid.* t. V, p. 93). — *Toscha*, 1227 (*ibid.* t. V, p. 111). — *Tusca*, 1239 (*ibid.* t. V, p. 149). — *Tuscha de Sigenayo*, 1319 (*ibid.* t. LV, p. 351). — *La Tousche de Cherves*, 1443 (seign. de Vouzailles).

Touche (La), f. cⁿᵉ de Civray. — *La Touche de Sivray*, 1345 (fam. Jousserant). — *La Tousche*, 1659 (notaires, Pascault à Civray).

Touche (La), vill. cⁿᵉ de Genouillé. — *La Tousche Geoffroy*, 1405 (gr. Gauthier, f° 233 v°). — *La Tousche*, 1566 (seign. de Landraudière). — *La Tousche Geoffroy*, 1679 (fief de Genouillé).

Touche (La), h. cⁿᵉ de Lautier.

Touche (La), mⁱⁿ sur la Vonne, cⁿᵉ de Lusignan. — *Moulin de la Touche*, 1619 (abb. de Nouaillé, 57). — *La Touche du Parc*, 1775 (rôle des tailles); — dép. autref. du prieuré de Notre-Dame de Lusignan.

Touche (La), f. cⁿᵉ de Marigny-Brizay. — *La Tousche*, 1466 (duché de Châtellerault, 4). — Anc. fief relev. du marq. de Clairvaux.

Touche (La), chât. cⁿᵉ de Marnay. — *La Touche*, 1456 (abb. de S¹-Benoît, 1). — *La Tousche Freycinet*, 1561 (titres de Château-Larcher). — Anc. fief relev. de la Ruffinière, unie à la châtell. de Château-Larcher.

Touche (La), h. cⁿᵉ de Pairoux; — 1334 (chap. de S¹-Hilaire, 548).

Touche (La), h. cⁿᵉ de Queaux. — *La Touche Paillardy*, 1555 (seign. de Ressonneau, 2). — *La Touche*, 1775 (rôle des tailles).

Touche (La), h. cⁿᵉ de Saint-Gervais. — *Aimericus de Tusca*, v. 1065 (cart. de Noyers, p. 49). — *Bernardus de Tuscia, Odo de Tuschia*, v. 1072 (*ibid.* p. 77). — *Johannes de Tuscha*, v. 1087 (*ibid.* p. 193). — *de Thuschia*, v. 1088 (*ibid.* p. 313); — *Guillelmus de Toscha*, v. 1100 (*ibid.* p. 313); — *de la Toche*, v. 1145 (*ibid.* p. 579). — *Johannes de Tosca*, 1157 (ch. de S¹-Hilaire, t. I, p. 162). — *Bouchart de la Touche*, 1298 (abb. de la Celle, 17). — *La Tousche, forteresse ancienne, environnée de douhes anciennes*, 1464 (duché de Châtellerault, inv. d'aveux, f° 7.) *La Tousche d'Avrigny*, 1685 (cure de S¹-Gervais).

— Anc. bar. relev. du duché de Châtellerault.

Touche (La), f. cⁿᵉ de Saint-Secondin. — *La Tousche*, 1486 (maison-Dieu, 196).

Touche (La), h. cⁿᵉ de Sainte-Radegonde-en-Gâtine. — *La Tousche*, 1574 (cordeliers de Poitiers).

Touche (La), chât. cⁿᵉ de Savigny-l'Évécault. — *La Tousche à l'Esleu*, 1618; *la Tousche de Savigné*, 1647 (évêché, 66). — *La Touche à Lelu* (Cassini). — Anc. fief relev. de Savigny-l'Évécault.

Touche (La), h. cⁿᵉ de Sérigny. — *La Tousche de Genczai*, 1427 (fam. Boivin); — *de Gencay*, 1516 (seign. de Germigny).

Touche (La), m. r. cⁿᵉ de Sommières. — *La Tousche de Bes*, 1404 (gr. Gauthier, f° 194 v°). — *La Tousche de Betz, la Tousche du Bé*, 1541 (abb. de Moreaux). — *La Tousche de Sommières*, 1561 (seign. de la Touche de Sommières). — *La Touche*, 1766 (rôle des tailles).

Touche (La), h. cⁿᵉ de Thurageau; — 1765 (rôle du vingtième).

Touche (La), h. cⁿᵉ de la Vausseau. — *La Tousche de Berlou*, 1429; *la Tousche autrement Painperdu et le petit Brelou*, 1499; *hostel de la Tousche autrement appellé le petit Brelou*, 1529; *la Tousche de Painperdu*, 1531; *la Touche*, 1565 (abb. du Pin, 17). — Anc. fief relev. de Berlau.

Touche (La Haute et la Basse-), hh. cⁿᵉ de Magné. — *Tuscha*, 1334 (chap. de S¹-Hilaire, 439). — *La Tousche*, 1404 (gr. Gauthier, f° 86 v°). — *La basse Touche*, 1590 (chap. de S¹-Hilaire, 441). — *La Tousche Capillon, la Tousche aux Girardz*, 1619 (*ibid.* 442).

Touche-à-Daudin (La), f. cⁿᵉ de Benassay; — 1577 (chap. de S¹-Hilaire, 226).

Touche-aux-Proux (La), h. cⁿᵉ de Lomaizé. — *Johannes de Tuscha*, 1223; — *de la Tosche*, 1228 (abb. de Nouaillé, 49). — *La Tousche au Prost*, 1453; *la Tousche aux Proustz*, 1517 (chap. de Mortemer, 2). — *La Touche au Prevostz*, 1561 (fief de Dienné et Verrières). — *La Touche au Proust*, 1577 (seign. de Dienné et Verrières, 1). — *La Tousche au Preoust*, 1601 (chap. de Mortemer, 2). — Anc. fief relev. de Dienné et Verrières.

Touche-Barreau (La), ff. cⁿᵉ de Salles-en-Toulon.

Touche-Baudry (La), anc. fief, à Senessay, cⁿᵉ de Saint-Jean-de-Sauves. — *La Tousche Baudri*, 1608 (Fontenau, t. XLII, p. 123).

Touche-Berle, m. r. cⁿᵉ de Montreuil-Bonnin.

Touche-Bouchereau (La), lieu détruit, près Brux; anc. fief relev. du marq. de Couhé.

Touche-de-Bois-Grolier (La), vill. cⁿᵉ de Rouillé.

Touche-des-Pins (La), ff. cⁿᵉ de Lusignan. — *La*

Tousche, 1403 (gr. Gauthier, f° 51). — *La Touche des Pains*, 1775 (rôle des tailles).

TOUCHE-FERRIÈRE (LA), h. c^{ne} de Chalandray.

TOUCHE-GAVARET (LA), f. c^{ne} de Saint-Maurice. — *La Touche Gaverret*, 1407 (évêché, 66). — *La Touche Gavarret*, 1416 (chap. de St-Pierre-le-Puellier, 21). — *Le Bois Gavaret*, 1567 (ibid. 27). — *La Tousche Gavaret*, 1580 (fief de Gençay). — *La Touche Gravet*, 1734 (rôle des tailles). — *La Touche Gavret* (Cassini). — Anc. fief appart. au chapitre de Saint-Pierre-le-Puellier de Poitiers et relev. de la vic. de Gençay.

TOUCHE-LE-COMTE (LA), partie méridionale de la forêt de Moulière, c^{ne} de Bignoux. — *Tuscha Comitis*, 1258 (Ledain, Hist. d'Alphonse, p. 118). — *La Tousche le Comte*, 1609 (prieuré de Tallent). — *La Tousche le Compte*, 1617 (seign. de Château-Fromage).

TOUCHE-LES-BŒUFS, h. c^{ne} de Pairoux. — *Touchelibeuf*, 1601 (fief de Pairoux). — *Touche les Bœufs*, 1775 (rôle des tailles). — Anc. fief relev. de Pairoux.

TOUCHE-MANTOUZEAU (LA), h. c^{ne} de Liniers. — *La Tousche Mantouzea*, 1394 (com^{rie} de St-Georges, 35). — *La Tousche Mentoseau*, 1404 (gr. Gauthier, f° 26). — *La Tousche Montozeau*, 1534 (abb. de Montierneuf, 12). — *La Tousche Mentouzeau*, 1548 (fief de la Pigeolière). — *La Tousche Montauzeau*, 1566 (abb. de Montierneuf, 12). — *La Tousche Montouseau*, 1716 (fief de la Pigeolière). — Anc. fief relev. de la tour de Maubergeon.

TOUCHE-MARGATE (LA), lieu détruit, c^{ne} de Champagné-Saint-Hilaire; un pré porte encore ce nom. — *La Touche Margate*, 1438 (chap. de St-Hilaire, 242). — *La Tousche Margathe*, 1533 (ibid. 245). — Les chartes de Saint-Hilaire mentionnent en 1136 *Margatæ molendinum*, *Margaritæ nemus et terra* (ch. de St-Hilaire, t. I, p. 133).

TOUCHEMARIN, lieu auj. inconnu, près Ferrière, c^{ne} de Béruges; — 1513 (chap. de St-Hilaire, 394).

TOUCHEMOREAU, f. c^{ne} de Saint-Sauvant; — 1423 (gr. Gauthier, f° 65).

TOUCHE-NEUVE, h. c^{ne} de Bouresse. — *Touche neufve*, 1642 (seign. de Ressonneau, 3). — *La Tousche neufve*, 1643 (cure de Queaux).

TOUCHE-NEUVE (LA), f. c^{ne} de Magné.

TOUCHEPENON, vill. c^{ne} de Saint-Romain; — 1601 (fief de Choleur).

TOUCHE-RICHARD (LA), f. c^{ne} de Sommières. — *La Tousche Richard*, 1547 (chap. de St-Hilaire, 440).

TOUCHERIE (LA), h. c^{ne} de Leigné-les-Bois.

TOUCHERONDE, f. c^{ne} d'Andillé. — *Tuscha rotonda*, 1303 (abb. de Montierneuf, reg. 10). — *Touche ronde*, 1408 (arch. de la Soc. des antiq. de l'Ouest, n° 255). — Anc. fief relev. de celui des Hautes-Vergnes.

TOUCHERONDE, près la Cousinière, c^{ne} de Châtellerault. — *Village des Dumontiers autrement de Toucheronde*, 1682 (cure de St-Jean-Baptiste de Châtellerault). — Auj. inconnu.

TOUCHERONDE, h. c^{ne} de Liguggé. — *Tuscha rotonda*, 1355 (abb. de Montierneuf, 10). — *Toucheronde*, 1647 (minimes de Poitiers). — Anc. propriété du prieuré de Saint-Nicolas de Poitiers.

TOUCHERONDE, h. c^{ne} de Saint-Maurice. — *Tuscha rotonda*, 1345 (fief de la Maingre). — *Toushceronde*, 1396 (gr. Gauthier, f° 210).

TOUCHEROUX, m. r. c^{ne} de Liguggé. — *Touchereoux*, 1646 (collège de Poitiers, 10).

TOUCHES (BOIS DES), c^{nes} de Savigné, Saint-Gaudent et Genouillé. — *Bois des Tousches*, 1405 (gr. Gauthier, f° 209). — Anc. domaine du comté de Civray; contenait 123 arpents en 1667 (Réform. des forêts du Poitou, p. 271); autref. appelé garenne de Civray.

TOUCHES (LES), f. et bois, c^{ne} d'Andillé; — 1653 (collège de Poitiers, 16).

TOUCHES (LES), h. c^{ne} de Bonneuil-Matours. — *Les Tousches*, 1620 (fief de Traversay).

TOUCHES (LES), f. c^{ne} de Cloué. — *La Tousche*, 1480 (com^{rie} de Roche, 2).

TOUCHES (LES), h. c^{ne} de Jazeneuil. — *La Tousche*, 1604 (fief de Mauprié). — *Les Touches*, 1723 (rôle des tailles).

TOUCHES (LES), chât. et f. c^{ne} de Mignaloux. — *Les Tousches*, 1404 (gr. Gauthier, f° 8 v°). — Anc. fief relev. de la tour de Maubergeon.

TOUCHES (LES), f. c^{ne} de Pressac.

TOUCHES (LES), f. c^{ne} de la Roche-Posay. — *La Tousche*, 1461 (abb. de la Merci-Dieu, 4). — *Les Tousches*, 1550 (chap. cathédral, 25). — Anc. fief relev. de la châtell. de la Roche-Posay.

TOUCHES (LES), h. c^{ne} de Rouillé. — *Les Tousches*, 1403 (gr. Gauthier, f° 142).

TOUCHES (LES), m. r. c^{ne} de Saint-Christophe.

TOUCHES (LES), vill. c^{ne} de Varennes. — *Les Tousches*, 1536 (prieuré de St-Jean de Mirebeau).

TOUCHES (LES), vill. c^{ne} de Vicq. — *Tuscha*, 1277 (cart. de la Merci-Dieu, 267). — *Les Tousches, estang des Tousches*, 1455 (seign. de la Roche-Posay, 1). — *Les Touches*, 1483 (seign. de Pleumartin, 1).

Touches (Les Petites-), h. c^{ne} d'Archigny. — *La petite Touche*, 1779 (rôle des tailles).

Touchette (La), h. c^{ne} de Saint-Romain; — 1601 (fief de Chaleur).

Touchettes (Les), lieu détruit, près la Parelle, c^{ne} de Pouillé. — *Village de la Touschette*, 1557 (abb. de la Trinité, 70).

Touchillon, f. c^{ne} de Vivonne. — *Tusca Gelie*, v. 1085 (cart. de St-Cyprien, p. 264). — *Tusca Goillan*, v. 1155 (*ibid*. p. 36). — *Touchillon*, *Touschillon*, 1489 (livre de recette de Vivonne, f°s 79 et 193 v°).

Touchillou, h. c^{ne} de Buxeuil.

Toueil, ff. c^{ne} de la Trimouille. — *Toualhe*, 1313 (Fontencau, t. V, p. 447). — *Touvilha*, 1525 (maison-Dieu, 31). — *Thouville*, 1664 (com^{rie} de Rouflac, 1). — *Thouille*, 1775 (rôle des tailles). — *Toeil*, 1841 (nomencl.). — Anc. fief.

Touffenet (Le), m. r. c^{ne} de Mignaloux. — *Le Deffenet*, 1404 (gr. Gauthier, f° 8 v°); 1595 (fief des Touches). — *Touffenet*, 1775 (rôle des tailles). — Anc. fief relev. des Touches.

Touffou, chât. sur la rive gauche de la Vienne, c^{ne} de Bonnes; anc. fief relev. de la bar. de Chauvigny. — *Tofsol*, 1127 (ch. de Guillaume, duc d'Aquitaine, citée dans la Réformation générale des forêts du Poitou, p. 57). — *Thofo*, 1267 (arch. nat. J. 190, n° 52). — *Toffo*, 1281 (Duchesne, Hist. généal. de la maison des Chasteigners, pr. p. 110). — *Guido de Monteleonis, dominus de Topho*, 1295 (*ibid*. p. 112). — *Touffou*, 1340 (arch. de Poitiers, 14). — *Toutfou*, 1370 (évêché, 21). — *Touffo*, 1406 (seign. de Touffou, 1).

Touffou était dès 1438 le siège d'une châtellenie dont la juridiction s'étendait sur les paroisses de Bonnes, Liniers et Lavoux, et sur quelques portions des paroisses de la Chapelle-Moulière, Jardres, Saint-Léger de Chauvigny, Leigne et Saint-Cyr.

Touffou, h. c^{ne} de Cloué. — *Touffou*, 1446 (com^{rie} de Roche, 2). — *Toufou*, 1624 (fam. Irland).

Touillet, ff. c^{ne} de Brigueil-le-Chantre. — *Tailler*, 1506 (fief de Fleix). — *Teuilhet*, 1509 (maison-Dieu, 31). — *Chapelle de Saincte Marie Magdellaine de Montplanet alias de Touilhet, estant au village de Touilhet*, 1578 (*ibid*. 12). — *Theuillet*, 1635 (*ibid*. 13). — *Teuillet, chapelle de Sainte Catherine de Tuillet*, 1691 (cure de Brigueil-le-Chantre). — *Thouillet*, 1745 (maison-Dieu, 12).

Toulasserie (La), f. c^{ne} de Sanxay. — *La Toulosserie*, 1401 (abb. de St-Cyprien, 50). — Anc. fief relev. de l'abbaye de Saint-Cyprien de Poitiers.

Toulifaut, lieu détruit, près la Brousse, c^{ne} de Béruges. — *Toutliffaut*, 1437 (abb. de St-Cyprien, 13).

Toulifaut, m. r. c^{ne} de Thuré.

Toulifaut, f. détruite, près les Doucets, c^{ne} de Vaux. — *Toutliffault*, 1668; *Touliffault*, 1701 (cure de Vaux).

Toulon, vill. c^{ne} de Salles-en-Toulon. — *Parroiche de Toulon*, 1401 (gr. Gauthier, f° 114 v°). — *Le port de Toulon*, 1477 (fief de Mortemer). — *Tholons*, *Tollon*, 1494 (seign. de Courtevrault). — *Parroisse de Sainct Hilaire de Toullon*, 1549 (seign. du Ry); — *de S. Hilaire de Toulon*, 1780 (chap. de Mortemer, 3). — L'église de Toulon était une annexe de celle de Salles; elle n'est pas mentionnée dans les anciens pouillés.

Toumitière (La), m. r. c^{ne} de Mignaloux. — *La Thomitière*, 1605 (abb. de Ste-Croix, 24).

Toupinet, h. c^{ne} de Lavoux. — *Boys de Touppinet*, 1547 (aveu de Touffou). — *Toupinet*, 1594 (seign. de Touffou, 1).

Toupinet, h. c^{ne} de Verrue. — *Touppinet*, 1602 (cure de Dandesigny). — *Thoupinet*, 1660 (prieuré de St-Jean de Mirebeau, 5).

Tour (La), m. à Charay. — *La Tour de Charais*, 1663 (chap. de St-Hilaire, 487). — Anc. fief relev. de la châtell. d'Étables.

Tour (La), tour en ruine et h. c^{ne} de Jardres; anc. fief relev. du duché de Châtellerault. — *La tour et mothe de Jardres*, 1663 (fief de la Tour de Jardres).

Tour (La), lieu détruit, près la Roche, c^{ne} de Mauprevoir; — 1665 (notaires de la bar. de Charroux).

Tour (La), f. c^{ne} de Saint-Gervais. — *Terra de Bosnay*, 637 (dipl. de Dagobert, non authentique, ap. Pardessus, Diplomata, charta, etc. t. II, p. 57). — *Radulfus de Bosniaco*, v. 1067 (cart. de Noyers, p. 55); — *de Bosnai*, v. 1067 (*ibid*. p. 61). — *Bosnaicum*, v. 1087 (*ibid*. p. 173). — *La tour de Bosnay*, 1363 (duché de Châtellerault, inv. d'aveux); — *de Bonnay*, 1459 (*ibid*. 6); — *de Baunay*, 1634; *le lieu où estoit la tour de Bosnay*, 1705 (fief de la Tour de Baunay). — *La Tour de Baunė* (Cassini). — Anc. fief relev. du duché de Châtellerault.

Tour (La), m. r. c^{ne} de Saint-Secondin. — *Bertrannus de Turre*, v. 1090 (cart. de St-Cyprien, p. 240). — *Dominus de Ponte Sancti Secondini*, 1329 (cure de St-Secondin). — *Hostelz du grant et petit Pont appellez le Pont de Sainct Segondin*, 1498 (fief de la Tour de St-Secondin). — *Fief du grand et petit Pont autrement la Tour de S^t-Se-*

condin, 1699 (*ibid.*). — Anc. fief et haute justice relev. du comté de Civray.

Tour (La), f. c^ne de Sossay. — *La Tour de Sossay*, 1429 (duché de Châtellerault, 6). — Anc. fief relev. du duché de Châtellerault et réuni à la seign. de Puygarreau.

Tour (La Grande et la Petite-), ff. c^ne de la Puye.

Tour (La Petite-), h. c^ne de Marigny-Brizay.

Touraine (La), lieu détruit, près Poué, c^ne de Cuhon; anc. fief relev. de la bar. de Mirebeau. — *La Touraine*, 1414 (arch. nat. chambre des comptes, reg. 330, n° 108). — *Hostel de la Tourayne*, 1508 (aveu de Mirebeau). — *La Tourenne*, 1572 (fam. de Chouppes).

Touraine (La), h. c^ne de Lusignan. — *Toronia*, 1009 (ch. à la bibl. de Poitiers). — *La Touraine*, 1423 (gr. Gauthier, f° 65). — *La Tourenne*, 1676 (seign. de Couhé). — Anc. fief relev. du marq. de Couhé.

Touratière (La), h. c^ne de Sommières; anc. fief relev. de Châtillon.

Touratière (La), h. c^ne de Sossay; — 1592 (seign. de Puygarreau, 7).

Touratrie (La), f. c^ne de Mignaloux.

Tourault (Le), chât. et f. c^ne de Saugé. — *Le Thourault*, 1498 (fief de Plaisance). — *Le Tourault*, 1525 (maison-Dieu, 31).

Le ruiss. du Tourault sort de l'étang de Beaufrand et tombe dans la Gartempe au sud-ouest du chât. du Tourault.

Tour-aux-Bourreaux (La), à Craon; anc. fief relev. de la bar. de Mirebeau. — *La Tour aux Borreaux au dedans de la ville de Craon*, 1386 (fam. de Fouchier). — *La Tour aux Boureaulx*, 1508 (aveu de Mirebeau).

Tour-aux-Cognons (La), vieille tour, vill. et m^in sur la Vienne, c^ne de Civaux; anc. châtell. relev. de la bar. de Calais, au ressort de la Basse-Marche. — *La Tour aux Connioux*, 1443 (fam. Savatte de Genouillé). — *La Tour aux Conioux*, 1458 (seign. de la Tour-aux-Cognons). — *La Tour aux Cognions*, 1461 (prieuré de Teil). — *La Tour aux Coignioux*, 1479 (fam. Laurent de Reyrac). — *La Tour aux Cougnioux*, 1487; — *aux Conyons*, 1564; — *aux Couignions*, 1646; — *aux Conions*, 1650 (seign. de la Tour-aux-Cognons). — *La Tour au Cognium* (Cassini).

Tour-aux-Poupaux (La), anc. fief, c^ne de Senillé. — *Place où souloit avoir une tour appellée la Tour aus Poupaus, assise devant l'église de Senillé*, 1388 (duché de Châtellerault, 6). — *La Tour Poupault*, 1539 (ibid. reg. d'hommages). — Ce fief et haute justice relevait du duché de Châtellerault.

Tour-Balan (La), lieu détruit, près la Bretallière, c^ne de Leigné-sur-Usseau. — *La Tour Baslon, la Tour Balon*, 1506 (duché de Châtellerault, 6). — *La Tour Ballon*, 1538 (ibid. reg. d'hommages). — *La Tour Baslan*, 1717 (fief de la Tour-Balan). — *La Tour Balan*, 1726 (seign. de la Salle). — *La Tour Ballant*, 1764 (fief de la Tour-Balan). — Anc. fief et haute justice relev. du duché de Châtellerault.

Tour-Césine (Chemin de la), d'Ayron à Assay (Deux-Sèvres).

Tour-Conzay (La), f. c^ne de Sérigny. — *Hostel de Conzay anciennement dit la Tour de la Cousdre*, 1484 (seign. de la Tour-Conzay). — *La Tour de Conzay*, 1550 (cure de Sérigny). — Anc. fief relev. de la bar. de Faye-la-Vineuse (Indre-et-Loire).

Tour-d'Asnières (La), f. c^ne de Montoiron.

Tour-de-Beaumont (La), chât. en ruine et vill. c^ne de Beaumont. — *Turris Belli Montis*, 1237 (chap. de Notre-Dame-la-Grande, 47). — *La Tour de Beaumont*, 1485 (ibid. 28). — Anc. châtell. relev. du duché de Châtellerault.

Tour-de-Boussay (La), h. c^ne de Vendeuvre; — 1487 (chap. de St-Hilaire, 56a). — Anc. fief relev. de la châtell. de Chéneché.

Tour-de-Loubressay (La), f. et vieux donjon, aussi appelée Tour-d'Ardenne, c^ne de Bonnes. — *La Tour d'Ardaine*, 1580 (seign. de Loubressay).

Tour-de-Naintré (La), chât. et f. c^ne de Naintré. — *Hostel et forteresse de Naintré*, 1446 (duché de Châtellerault, inv. d'aveux, f° 31). — *La Tour Levrault*, 1520 (duché de Châtellerault, 7). — *La Tour de Naintré*, 1662 (fief de la Tour-de-Naintré). — Anc. fief relev. du duché de Châtellerault.

Tour-de-Ry (La), vieille tour et f. c^ne de Coussay. — *La Tour de Ry*, 1518 (prieuré de St-André de Mirebeau, 9). — *La Tourderie* (Cassini). — Anc. seigneurie.

Tour-de-Ry (La), m. à Massogne; anc. fief relev. de la bar. de Mirebeau. — *La Tour de Ry de Massoignes*, 1508 (aveu de Mirebeau, p. 232).

Tour-de-Travensay (La), vieux manoir, c^ne de Saint-Cyr; détaché de la c^ne de Dissay en 1847. — *Hebergement de la Tour assis à Travazay*, 1394; *la Tour de Travarsay*, 1513 (seign. de Marçay). — Anc. fief relev. de Marçay.

Tour-d'Oiré (La), h. c^ne d'Availle. — *Herbergamentum Ulmi de Auriaco*, 1226 (Fonteneau, t. III, p. 309). — *Ulmus de Oyre*, 1261 (ibid. t. III, p. 367). — *Villa de Ulmo d'Oyre* (pouillé de Gauthier, f° 139). — *La Tour d'Oyré*, 1365 (chap. de Châtellerault, 13). — Anc. châtell. relev. de la bar. de Thuré; de la seign. de Tarnay, suivant un terrier de Chitré; anc. domaine des évêques de Poitiers, aliéné le 21 mai 1447. Voy. THURÉ.

TOUR-DU-BOIS (LA), lieu détruit, c^{ne} de Bonnes. — *La Tour du Bois*, 1640; *pièce de terre appellée les Murs de la Tour du Bois, tenant aux chemins de la Filardière aux Terriers et de Touffou à Poitiers*, 1674 (seign. de Touffou, 2).

TOUR-DU-BOIS-GOURMOND (LA), tour en ruine et m. r. c^{ne} de Veniers. — *Le Boys Gormont*, 1410 (com^{rie} de Loudun, 16). — *Bois Gourmon*, 1451 (prieuré de Bournan, 11). — *Le Boys Gourmond*, 1462 (com^{rie} de Loudun, 16). — *Tour et forteresse de Boys Gourmont*, 1559 (arch. de la Soc. des antiq. de l'Ouest; Loudunais). — *Tour-du-Bois-Gourmand*, 1841 (nomencl.). — Anc. fief relev. du château de Loudun (ms. Trincant).

TOURENNE (LA), vill. c^{ne} de Blanzay. — *La Tourenne*, 1498 (fief de la Feuilletrie). — *La Tourayne*, 1560 (arch. de Poitiers, 70). — *La Touraine*, 1561 (fief de Comporté).

TOURETTE (LA), h. c^{ne} de la Grimaudière; — 1752 (cure de la Grimaudière). — Anc. seigneurie.

TOURETTE (LA), h. c^{ne} de Lavoux.

TOURETTE (LA), h. c^{ne} de Marigny-Brizay; — 1532 (cure de St-Léger-la-Palu). — Anc. fief relev. de la Tour-de-Beaumont.

TOURETTE (LA), vill. c^{ne} de Saix. — *La Torete*, 1506 (abb. de Ste-Croix, 66). — *La Tourette*, 1616 (cure de Saix).

TOURETTE (LA), m. r. c^{ne} de Sèvre. — *La Tourate*, 1522 (fam. Fumée). — *La Touratte*, 1766 (rôle des tailles).

TOURETTE (LA), m. près Luché, c^{ne} de Varennes; — 1777 (rôle du vingtième).

TOUR-FRIQUET (LA), lieu détruit, près Bourcany, c^{ne} de Beuxe.

TOUR-GIRARD (LA), m. r. c^{ne} de Châtellerault. — *La Tour Girart*, 1426 (duché de Châtellerault, inv. d'aveux, f°s 15 et 16). — Anc. fief et haute justice relev. du duché de Châtellerault.

TOUR-LÉGAT (LA), f. et ruines, c^{ne} de Sérigny. — *La Tour Legart*, 1490 (seign. de Bougeville). — *La Tour Lesgart*, 1511 (cure de Sérigny). — *La Tour Legat*, 1536 (com^{rie} de l'Isle-Bouchard, 36). — *La Tour Lesgat*, 1621 (cure de St-Christophe). — Anc. fief relev. de la bar. de Faye-la-Vineuse (Indre-et-Loire).

TOUR-MALAKOF (LA), m. isolée, c^{ne} de Fontaine-le-Comte.

TOURNAC, vill. c^{ne} d'Antigny. — *Tornac*, 1260 (Hommages d'Alphonse, p. 80). — *Tornac*, 1404 (gr. Gauthier, f° 8). — *Tournac*, 1627 (abb. de St-Savin, 14).

TOURNECOUR, lieu détruit, près Bouteille, c^{ne} d'Ingrande. — *Tornecourt*, 1589; *Tournecour*, 1650 (cure de St-Jean-Baptiste de Châtellerault).

TOURNEPARCHÈRE (LA), h. c^{ne} de Cheneveiles.

TOURNEPART, m^{ins} sur l'Auzon, c^{ne} de Cheneveiles. — *Moulin de Tornepare*, 1429 (seign. de Montoiron, 1); — *de Tournepart*, 1497 (seign. de Touffou, 4).

TOURNEPOÊLE, m. r. c^{ne} de Bellefont. — *Tournepelle*, 1581 (abb. de St-Cyprien, 18). — *Tournepoisle*, 1590 (seign. de Bellefont). — *Tournepoille*, 1715 (seign. de Montoiron, 1).

TOURNERIE (LA), h. c^{ne} de Benassay; — 1476 (chap. de St-Hilaire, 81).

TOURNEUIL, lieu détruit, c^{ne} de Lavoux. — *Tornuil*, *Tornuyl*, 1309 (Gauthier, f° 91 v°). — *Tornoil*, *Tornuyl*, 1309 (Gauthier, f° 91 v°). — *Tornoil, de Tornolio*, 1320 (évêché, 22). — *Torneilh*, 1437; *Tourneul*, 1511 (seign. de Touffou, 1). — *Torneuilh*, 1524 (cure de Dienné).

TOURNIÈRE (LA), h. c^{ne} de Millac; — 1579 (seign. de Puyferrier); 1663 (prieuré d'Entrefins).

TOURONNERIE (LA), h. c^{ne} de Benassay.

TOUR-RINGUET (LA), à la Grimaudière; — 1508 (aveu de Mirebeau). — Anc. fief relev. de la bar. de Mirebeau; auj. inconnu.

TOURS (LES), h. c^{ne} de Saint-Martin-Lars. — *Torz*, 1403 (gr. Gauthier, f° 252 v°). — *Tours*, 1409 (ibid. 217 v°).

TOUR-SAVARY (LA), chât. en ruine et vill. c^{ne} de Colombiers; distraits de la c^{ne} de Naintré le 7 décembre 1825. — *La Tour Savari*, 1437 (duché de Châtellerault, inv. d'aveux, f° 91); — *forteresse et place forte*, 1458 (ibid. f° 2). — *La Tour Savary*, 1520 (ibid. 7). — Anc. fief et haute justice relev. du duché de Châtellerault.

TOUR-SIGNY (LA), vieux château et h. c^{ne} de Marigny-Brizay. — *La Tour de la Ploigne*, 1444 (duché de Châtellerault, 1). — *La Tour de Seigné*, 1537 (chap. de St-Hilaire, 555). — *La Tour de Seigny*, 1573; *la Tour Signy*, 1652; *la Tour de la Plaine*, 1664 (seign. de la Tour-Signy). — Anc. fief relev. du marq. de Clairvaux.

TOURS-MILANDES (LES), m. r. et restes de constructions romaines, c^{ne} de Vendeuvre. — *Les Tours Millandes*, v. 1300 (seign. de Chénéché, 1). — *La Tour Minande*, 1766 (rôle des tailles). — *Les Tours Milandre* (Cassini).

TOUSSAC, ff. c^{ne} de Château-Garnier. — *Toutsac*, 1404 (gr. Gauthier, f° 89 v°). — *Moulin de Toussac*,

1498 (fief de la Fuie et la Remigère); — *de Toussacq*, 1708 (seign. de Couhé). — Ce moulin, situé sur le Clain à Château-Garnier, n'est plus désigné par ce nom.

TOUSSARDIÈRE (LA), h. c^{ne} de Bouresse. — *La Troussardière*, 1390 (abb. de Nouaillé, 19). — *La Toussardière*, 1522 (cure de Bouresse).

TOUVENT, h. c^{ne} de Saint-Pierre-de-Maillé. — *Touvant*, 1611 (cure de St-Phéle de Maillé). — *Thouvent*, 1618 (seign. de la Roche-Aguet). — Anc. fief relev. de la Roche-Aguet.

TOUVOIE, mⁱⁿ sur le Palais, c^{ne} de Marçay. — *Touvoix*, 1761 (rôle des tailles).

TOUZALINS (LES), h. c^{ne} d'Usseau. — *Les Thouzallins*, 1644 (cure d'Usseau). — *Les Touzallins autrement la Massotière*, 1658 (seign. de la Motte d'Usseau).

TOUZALLINIÈRE (CHAPELLE DE LA), détruite, c^{ne} d'Usseau); — 1651 (seign. de la Motte d'Usseau); — dépendait de la chapelle de Sainte-Catherine des Palles, desservie en l'église de Saint-Hilaire d'Usseau, 1673 (fief de la Motte d'Usseau).

TRAFIGÈRE (LA), vill. c^{ne} de Genouillé. — *La Traffigère*, 1403 (gr. Gauthier, f° 234 v°). — *La Trafigère*, 1566 (seign. de Landraudière).

TRAIN, h. c^{ne} de Jaunay. — *Trin*, 1458 (seign. de Brin). — *Train*, 1728 (rôle des tailles). — Anc. fief relev. de Chincé.

TRAIN-BERGÈRE, vill. et mⁱⁿ sur la Palu, c^{ne} de Jaunay.

TRAINEAU, mⁱⁿ sur la Vienne, c^{ne} de Salles-en-Toulon. — *Moulin de Trineau*, 1563 (abb. de St-Benoît, 18); — *de Tresneau*, 1662 (seign. de Traineau).

TRAINEAU-LES-BOIS (LE), f. c^{ne} de Salles-en-Toulon. — *Trainea, Traynea*, 1404 (gr. Gauthier, f°s 7 et 8 v°). — *Trinea*, 1414 (cure de la Chapelle-Viviers). — *Trayneau*, 1443 (prieuré du Teil-aux-Moines). — *Treignea*, 1454 (hommages de Montmorillon). — *Trineau, Treyneau, Treineau*, 1465 (seign. de Traineau). — Anc. fief relev. de Sanzelle.

TRAINEBOT, vill. c^{ne} d'Archigny. — *Trinebot*, 1647, 1674 (seign. de Touffou, 5). — Il y avait en ce lieu un mⁱⁿ sur un petit ruiss. qui non loin de là se jette dans l'Auzon.

TRAINEBOT, h. c^{ne} de Lésigny. — *Trinebot*, 1619 (seign. d'Alogny).

TRAINEBOT, mⁱⁿ détruit, sur le Clain, c^{ne} de Poitiers. — *Moulin neuf des Ecluses autrement appellé Trainebot*, 1615 (abb. de St-Cyprien, 7). — *Trenebot où il y avoit autrefois un moulin à papier*, 1738 (chap. de St-Hilaire, 69, p. 533). — Le moulin de Trainebot a été ruiné avant 1688 (abb. de St-Cyprien, 7).

TRAINEBOTS (LES), vill. c^{ne} de Colombiers.

TRAIT-PAYSAN (LE), terres incultes, près la source de l'Auzon, c^{ne} d'Archigny. — *Nemus de Poysant, do Paysant, do Poyssant*, 1309 (Gauthier, f° 193).

TRALAGE, ff. c^{ne} de Saugé. — *Treslage*, 1483 (fief de Beaupuy). — *Traslage*, 1604 (fief de l'Âge-de-Plaisance).

TRALBEAU, chât. et f. c^{ne} de Châtain. — *Traslebousl*, 1552 (inv. de Font-le-Bon, p. 71). — *Traslebost*, 1558 (ibid. 72). — *Tralbaut* (Cassini). — Anc. seigneurie.

TRAMAILLE, f. c^{ne} de Marnay. — *Trois Mailles*, 1623 (abb. de Nouaillé, 28).

TRANCART, h. et mⁱⁿ sur la Clouère, c^{ne} de Marnay. — *Moulin de Tranquart*, 1775 (rôle des tailles).

TRANCHAYE (LA BASSE-), vill., LA HAUTE-TRANCHAYE, h. c^{ne} de Sailes-en-Toulon. — *La Tranchée*, v. 1300 (seign. de Dienné et Verrières, 1). — *La Tronchée*, 1405 (gr. Gauthier, f° 21 v°). — *La Troichée*, 1417 (carmes de Poitiers). — *La Trenchée*, 1457; *la Tronchays*, 1510 (fam. de Savatte de Genouillé). — *La Tranchais*, 1601 (chap. de Mortemer, 3). — *La Tranchaie*, 1613 (cure de Salles).

TRANCHÉE (LA), anc. f. c^{ne} de Châtellerault; — 1634 (fief de Mauvoisin); — a donné son nom à une rue du faubourg de Châteauneuf à Châtellerault.

TRANCHÉE (LA), h. c^{ne} de Lencloître; — 1750 (cure de Boussageau).

TRANCHÉE (LA), porte de ville et faubourg de Poitiers. — *Porta de Trencheia*, 1271 (chap. de St-Hilaire, 82). — *Porte de la Tranchée*, 1406 (Fonteneau, t. XXIII, p. 325). — *Faubourg des Pierres Blanches ou de la Tranchée*, 1627 (chap. de St-Hilaire, inv. du bourg, 795).

TRANCHÉE (LA), h. c^{ne} de Saint-Christophe.

TRANCHÉE (LA), h. c^{ne} de Vouneuil-sur-Vienne.

TRANCHIS (LE), h. c^{ne} de Couhé. — *Boys de la Tranchée*, 1473 (chap. de St-Hilaire, 342). — *Bois du Tranchy* (Cassini).

TRANSON (LE), ruiss. a sa source dans la c^{ne} d'Alloue (Charente) et entre dans celle de Châtain pour se jeter dans la Charente en amont du moulin des Melles. — *La ribera de Troisson*, 1196 (Fonteneau, t. XVIII, p. 635). — *Le fleuve de Troisson*, 1453 (chap. de Notre-Dame-la-Grande, 70). — *Rivière du Trançon*, 1788 (notaires, Baudinot à Civray).

TRAPASSE (CHIRON DE LA), butte, c^{ne} de Craon.

TRAPAUDIÈRE (LA), h. c^{ne} de Vicq.

TRAPIÈRE (LA), ff. c^{ne} de Doussay. — *La Trapère*, 1324 (couv. de Lencloître). — *La Trappère*, 1402 (chap. cathédral, 50). — *La Trapière*, 1586 (seign. de Puygarreau, 1). — Anc. fief relev. de la châtell. de Doussay.

TRAPIÈRE (LA), h. c^ne de Saire. — *La Trappière*, 1458 (prévôté de Blâlay, 5). — *La Haute-Trapière*, 1841 (nomencl.). — Anc. fief relev. de la Roche de Brizay.

TRAPPE (LA), h. c^ne de Millac. — *Massum de la Trappa*, 1286; *la Trape*, 1449 (cure de l'Isle-Jourdain).

TRAQUET, m^in sur le ruiss. de Beaupuy, c^ne de Saint-Genest. — *Le moulin Bourriau, Perrot Bourriau*, 1439 (terrier de Gironde, 90 et 92). — *Moulin viel dit Tracquet*, 1537 (seign. de Puygarreau, 4). — *Moulin Tracquet aultrement le moulin Boureau*, 1607 (ibid. 5).

TRAQUET (LE), m^in sur la Vienne, c^ne de Bellefont. — *Moulin du Traquet*, 1743 (abb. de St-Cyprien, 19).

TRAVAIL-COQUIN, h. c^ne de Coulonges.

TRAVAILLE-COQUIN OU LE PRESSOIR, métairie dép. autref. de la seign. de la Roche-Aguet, c^ne de Saint-Pierre-de-Maillé; — 1556 (seign. de la Roche-Aguet). — Ce lieu n'est plus connu.

TRAVERSAY, f. et ruines, c^ne de Bonneuil-Matours. — *Travazai, Travazay, Travezai*, v. 1260 (Arch. hist. du Poitou, t. VIII, p. 76, 91 et 93). — *Herbergement de Travasay*, 1324 (arch. de Poitiers, 12). — *Guillemus de Travase*, 1339 (évêché, 17). — *Travarzay*, 1530, 1620; *Traversay*, 1562 (fief de Traversay). — Anc. fief relev. de la tour de Maubergeon; érigé en comté en faveur du s^r de Bessay par lettres patentes du 30 mai 1645, non vérifiées (Réform. des forêts du Poitou, p. 60).

TRAVERSAY, vill. c^ne de Chaunay. — *Radulfus de Travaziaco*, 1093 (abb. de Nouaillé). — *Travacac*, v. 1135 (Fontenau, t. XVIII, p. 279). — *Travazac*, v. 1166 (cart. de Montazay, n° 18). — *Travassay*, 1345 (fam. Jousserant). — *Travarsay*, 1482 (fief de Loin); *Traverssay*, 1496 (fief de Traversay). — Anc. fief relevant du comté de Civray.

TRAVERSAY, vill. c^ne de Saint-Cyr; détaché de la c^ne de Dissay en 1847. — *Travasay*, 1324 (arch. de Poitiers, 12). — *Travazay*, 1343 (seign. de Marçay). — *Capellanus de Travarsay*, 1383 (taux du décime, p. 67). — *Travesay*, 1394 (com^rie de St-Georges, 35). — *Travarzay*, 1594 (chap. de Notre-Dame-la-Grande, 67). — Le Taux du décime est le seul document qui mentionne une cure à Traversay.

TRAVERSIÈRE (LA), lieu détruit, près la Maison-Vieille, c^ne de Dangé; — 1627 (cure de Dangé).

TRAVERSONNE, vill. c^ne de Vouillé; anc. c^ne réunie à celle-ci le 12 août 1818; c'était une section de l'ancienne paroisse de Vouillé, formant dès le commencement du xvie siècle une communauté d'habitants distincte et figurant sur les listes des paroisses de l'élection de Poitiers. — *Travarsonne*, 1380 (chap. de Ste-Radegonde, 31). — *Traversonne*, 1390 (Filles-de-Notre-Dame de Poitiers).

Le fief de Traversonne appartenait au couvent des Filles-de-Notre-Dame de Poitiers et relevait du chapitre de Sainte-Radegonde.

TREAU, lieu auj. inconnu, c^ne d'Ouzilly; — 1623 (seign. de la Tour-Signy); 1660 (chap. cathédral, inv. d'Ouzilly).

TRÉBASSY (LE), f. c^ne de Jazeneuil.

TRÉBAUDIÈRE (LA), h. c^ne de Verrières. — *La Trebaudère*, 1405 (gr. Gauthier, f° 22). — *La Trebaudière*, 1562 (fief de la Foucaudière).

TRÉBUCHON, f. c^ne de Nalliers. — *Trebuschon*, v. 1650 (abb. de St-Savin, 33).

TRÉDEAU, lieu détruit, c^ne de Verrières. — *Tresdo*, 1465 (fam. Taveau). — *Moulin de Tredo*, 1548 (fief de Dienné et Verrières). — *Trédeau*, 1841 (nomencl.). — Le m^in était sur la Dive.

TRÉGUEL, chât. c^ne de Chalandray.

TREILLE (LA), lieu détruit, près Jean-Bouyer, c^ne de Champniers. — *Herbergement de la Trille, de la Treilhe*, 1403 (gr. Gauthier, f° 281); — *de la Treuilhe*, 1498 (fief de la Chaux). — *Tenement de la Treille*, 1775 (notaires, Gibaux à Civray).

TREILLE (LA), h. c^ne de Châtain.

TREILLE (LA), vill. c^ne de Queaux.

TREILLE (LA), h. c^ne de Queaux; près la limite de Moussac.

TREILLÉ, chât. c^ne de Savigny-l'Évescault. — *Trillec*, 1214 (abb. de Nouaillé, 5). — *Trilliacum*, 1258; *Trellé*, 1296 (abb. de la Trinité, 45). — *Trilhé*, 1330 (ibid. 48). — *Treyllet*, 1336; *Treilhé, Treillé*, 1369 (ibid. cart. f^s 117 et 128). — Anc. fief relev. de l'abbaye de la Trinité de Poitiers.

TREILLOUX (LE), m. r. c^ne de Quinçay. — *Le Triou*, 1724 (chap. de St-Hilaire, 416).

TREMARDIÈRES (LES), f. c^ne de Pairé. — *L'Estramardière*, 1499; *l'Estramardière*, 1603 (fief de Guron). — *Les Tramardières*, 1717 (fief de Curzay). — Anc. fief relev. de Curzay.

TREMAUDERIE (LA), lieu détruit, auj. inconnu, près la Talbardière, c^ne d'Archigny. — *La Tremauderye*, 1512 (seign. de Touffou, 4). — *La Tremoderye*, 1605 (ibid. 5).

TREMBLAY (LE), f. c^ne de Lencloître.

TREMBLE (LE), f. c^ne de la Chapelle-Bâton; — 1710 (rôle des tailles).

TREMBLÉE (LA), lieu détruit, près et au sud de Château-Garnier.

TREMBLÉE (LA), h. c^ne de Moulime.

TREMBLÉE (LA), f. c"° de Sillars. — *La Tramblée*, 1525 (maison-Dieu, 31). — *La Tremblée*, 1578 (*ibid.* 98). — *La Tramblays*, 1633 (fief de la Chinau).

TRÉMOUILLE (LA). Voy. TRIMOUILLE (LA).

TRÉPEAUX (LES), vill. c"° de Ceaux, c°" de Loudun. — *L'Etappeau*, 1460; *l'Estappeau*, 1471 (chap. de S¹-Hilaire, 427). — *Les Trepeaulx*, 1612; *les Trepeaux*, 1742 (com"° de l'Isle-Bouchard, 35).

TRÉPILLÉ, ff. c"° de Mauprevoir. — *Terra de Turpilliaco*, 1265; *Turpilhec*, 1403 (abb. de Charroux). — *Turpillé*, 1527 (chap. de S¹-Hilaire, 458). — *Trois Pilliers*, 1775 (rôle des tailles).

TREUIL (LE), m. r. c"° de Celle-l'Évécault.

TREUIL (LE), grange, c"° de Cloué; — 1578 (fief de Cloué). — Anc. fief relev. de Cloué.

TREUIL (LE), h. c"° de Vivonne; — 1489 (livre de recette de Vivonne). — Anc. châtell. relev. de celle de Vivonne; érigée en juillet 1643 en faveur de Bonaventure Irland.

TREZAIGRE, f. c"° de Curzay; — 1627 (fief de Curzay).

TRIAUDIÈRE (LA), h. c"° de Saint-Pierre-des-Églises. — *La Truaudère*, 1320; *la Truyaudière*, 1503 (évêché, 22). — *La Triaudière*, 1551 (*ibid.* 8).

TRIBOSIÈRE (LA), f. c"° de Mouterre. — *La Triboysière*, 1577 (Fonteneau, t. XLV, p. 773). — *La Tribauzière* (Cassini). — Anc. fief.

TRICHERIE (LA), vill. c"° de Beaumont. — *Tricheria*, v. 1245 (arch. nat. J. suppl. du trésor des ch.). — *La Tricherie*, 1384 (chap. de S¹-Hilaire, 356). — *La Trecherie*, 1538 (seign. de Montcouard).

TRICON, chât. et h. c"° d'Ouzilly. — *In villa quæ dicitur Treconi, in vicaria Salvinæ*, 954 ou 955 (Fonteneau, t. XV, p. 115). — *Tricon*, 1444 (duché de Châtellerault, 1). — Anc. fief et haute justice relev. du duché de Châtellerault. — Une foire se tenait autrefois en ce lieu, le premier dimanche de mai (almanach provincial).

TRICOTERIE (LA), h. c"° de Croutelle.

TRIE (LA), h. c"° de Latus. — *La Terrye*, 1564; *la Terrie*, 1608 (prieuré de Latus). — *La Trée*, 1775 (rôle des tailles).

TRIGALE (LA), m. r. c"° d'Usseau. — *La Trigalle*, 1578 (chap. de Châtellerault, 16).

TRIGOGNE, f. c"° de Vellèche. — *Trigonne*, 1484 (abb. de S¹°-Croix, 82); 1601 (seign. de Montdidier).

TRIGONNAY, ff. c"° de Vicq. — *Trigonney*, 1320 (évêché, 22). — *Trigonnay*, 1444 (*ibid.* 43). — *Trigonnoyes*, 1584 (seign. de Pleumartin, 2). — *Fontaine de Trigonnays*, 1636 (seign. de la Roche-Posay, 3).

TRIMOUILLE (LA) OU LA TRÉMOUILLE, ch.-l. de c°", arr¹ de Montmorillon. — *Tremeollo?* triens mérovingien (Lecointre-Dupont, Essai sur les monnaies du Poitou). — *Tremollia*, 1078-1086 (ch. de S¹-Hilaire, t. I, p. 100). — *Castrum Tremoliæ*, XII° s° (maison-Dieu, cart. n° 131 *bis*). — *Guido de Tremulia*, 1214 (Fonteneau, t. V, p. 379); — *de Tremoila*, v. 1215 (*ibid.* t. V. p. 381). — *Tremolia*, 1292 (évêché, 33). — *Trimollia, Tremoleria* (pouillé de Gauthier, f°¹ 148 et 176 v°). — *Castellania de Tremolhia*, v. 1300 (Gauthier, f° 3). — *Capella beatæ Mariæ apud Tremulhiam*, 1334 (chap. cathédral, 24). — *Trimoillia, Trimoilhia*, 1383 (taux du décime, p. 17 et 59). — *Saint Pierre de la Trimoille*, 1401 (gr. Gauthier, f° 114 v°). — *La Tremoille*, 1433 (abb. de S¹-Savin, 26). — *La Tremoilhe*, 1494 (seign. de Courtevrault). — *La Trimoilhe*, 1530 (maison-Dieu, 134). — *Ville et chastellenye de la Trimouilhe*, 1547 (fief de la Jautrudon). — *La Tremouille*, 1553 (fief du prieuré de S¹-Léomer). — *La Trimoulle*, 1573 (seign. de Courtevrault). — *La Trimouille*, 1608 (maison-Dieu, 139). — *S. Pierre de la Trimouille*, 1782 (pouillé); — *de la Trémouille*, 1786 (almanach provincial).

Ce bourg, autref. entouré de murs et de fossés, faisait partie de l'archiprêtré, de la châtellenie et de la sénéchaussée de Montmorillon, et de l'élection de Poitiers. Le prieuré-cure de Saint-Pierre de la Trimouille, situé à 1 kilomètre à l'est du bourg, dépendait de l'abbaye de Lesterp (Charente). La châtellenie de la Trimouille, *castellania de Tremollia*, 1268 (Fonteneau, t. XXXVIII. p. 75), qualifiée baronnie en 1599, 1606..., duché en 1662, 1671..., relevait de la baronnie d'Angle. L'ancien château seigneurial n'existe plus. — Il y avait à la Trimouille un couvent de religieuses de l'ordre de Sainte-Claire, fondé en 1642.

En 1790 la Trimouille devint le chef-lieu d'un canton dépendant du district de Montmorillon et formé des communes de la Trimouille, Brigueil-le-Chantre, Condac, Coulonges, Liglet, Saint-Léomer, Thenet et Thollet. Cette circonscription fut modifiée en 1801.

Une forêt, appelée forêt Trimouillaise, était située près Thenet, c"° d'Hains. — *Foresta Tremolheze*, 1246 (maison-Dieu, 127). — *La fourest Tremoilheise*, 1403 (gr. Gauthier, f° 5).

TRINCARDIÈRE (LA), vill. c"° de Marigny-Chemerault. — *La Trinquardère*, 1402 (chap. de S¹-Hilaire, 439). — *La Transcardière*, 1524 (abb. de Nouaillé, 60). — *La Trancardière*, 1596 (seign. de Cernezay).

TRINGALLET, h. c"° de Champagné-Saint-Hilaire. —

Trugallet, 1598 (chap. de S¹-Hilaire, 250). — *Tringuallet*, 1607 (*ibid.* 252).

TRINITÉ (LA), anc. abbaye de bénédictines à Poitiers, fondée vers 936 par Adèle d'Angleterre, femme d'Èbles Manzer, comte de Poitou. — *Cœnobium in nomine et honore Sanctæ Trinitatis dicatum*, 962 (Gallia christ. t. II, instr. col. 361). — *Ecclesia Sanctæ Trinitatis Pictavis*, v. 1098 (abb. de la Trinité).

Cette abbaye était en possession des droits de seigneurie et de haute justice sur quelques maisons de la ville et sur les tènements de Tizon, les Sables, Pellegrolle et plusieurs autres adjacents.

TRINITÉ (LA), h. cⁿᵉ de Mignaloux; anc. maison seigneuriale de l'abbaye de la Trinité de Poitiers, au Breuil-l'Abbesse; — 1775 (rôle des tailles).

TRINQUELINIÈRE (LA), lieu auj. inconnu, près le Grand-Tiray, cⁿᵉ de la Roche-Posay. — *La Trinquellinyère*, 1536, 1629; *village de la Trainquelinière*, 1636 (seign. de la Roche-Posay, 2 et 3).

TRIOU (LE GRAND et LE PETIT-), vill. cⁿᵉ d'Angliers; anc. prieuré dép. de l'abb. de Marmoutier (Indre-et-Loire). — *Obedientia Sancti Martini Majoris Monasterii que vulgo Triho dicitur*, v. 1100; *Triocum*, 1104; *terra de Trio*, v. 1104 (prieuré de Triou). — *Bruno de Triol*, 1100-1108 (gr. cart. de Fontevrault, 746). — *Prioratus de Triou*, 1216; *Sainct Nicolas de Triou*, 1484 (prieuré de Triou).

TRIPOTIÈRE (LA), m. r. cⁿᵉ de Saint-Laurent-de-Jourde; — 1700 (notaires, Sandilleau à Verrières).

TRIQUETTE (LA), m. r. cⁿᵉ de Biard.

TROCHE (LA), m. r. cⁿᵉ de Leigné-les-Bois; — 1598 (prieuré de Malerny).

TROCHONNIÈRE (LA), f. cⁿᵉ de la Chapelle-Mortemer. — *La Torcheonnière*, 1710 (rôle des tailles).

TROINE (LE), m. près Champagné-Lureau, cⁿᵉ de Savigné. — *Le Troene*, 1315 (fam. de Fayolle).

TROIS-BOURDONS (LES), h. cⁿᵉ de Poitiers.

TROIS-CHEMINÉES (LES), f. cⁿᵉ de Châtellerault; — 1625 (fief du Verger).

TROIS-CHEMINÉES (LES), h. cⁿᵉ de Targé; — 1692 (comⁱᵉ de la Foucaudière, 12).

TROIS-CHÊNES (LES), m. isolée, cⁿᵉ de Montreuil-Bonnin.

TROIS-CHIRONS (BOIS DES), cⁿᵉ de Couhé; contenant 48 arpents en 1796.

TROIS-COMPAGNONS (LES), h. cⁿᵉ de Colombiers.

TROIS-FONTAINES (LES), m. isolée, cⁿᵉ de Pleumartin.

TROIS-FOSSES (LES), f. cⁿᵉ de la Puye. — *Les Troys Fosses*, 1505 (couv. de la Puye, 4).

TROIS-MAISONS (LES), h. cⁿᵉ de la Bussière; — 1595 (seign. de la Roche-Aguet).

TROIS-MAISONS (LES), h. cⁿᵉ de Sèvre; — 1508 (abb. de S¹-Benoît, 1).

TROIS-MARCHAIS (LES), f. détruite, près Bois-Morin, cⁿᵉ de Magné.

TROIS-MARCHAIS (LES), f. détruite, près la Roustière, cⁿᵉ de Saint-Pierre-de-Maillé; — (Cassini).

TROIS-MOULINS (LES), mⁱⁿ sur le ruiss. de Vellèche et h. cⁿᵉ de Saint-Romain-sur-Vienne. — *Molendinum de Tribus Molendinis*, v. 1096 (cart. de Noyers, p. 269). — *Tros Moulins*, 1254 (prieuré de Fontmore, 1). — *Troys Moulins*, 1427 (duché de Châtellerault, 6).

TROIS-MOUTIERS (LES), ch.-l. de cⁿ, arrᵗ de Loudun. — Cette commune tire son nom des trois églises paroissiales de Saint-Pierre, Notre-Dame et Saint-Hilaire de Bernezay (voy. ce mot), situées à un kilomètre de ce village et autour desquelles s'est formé le bourg des Trois-Moutiers. Depuis le commencement du xvᵉ siècle le nom de Trois-Moutiers a remplacé celui de Bernezay pour désigner ces trois paroisses. — *Troys Moustiers*, 1408 (comⁱᵉ de Loudun, 20). — *Saint Perre de Trois Moustiers*, 1412 (collège de Poitiers, 56). — *Rectores Sancti Hylarii, Beate Marie et Sancti Petri de Tribus Monasteriis*, 1478 (reg. synodal). — *S. Pierre, S. Hilaire et Notre-Dame des Trois-Moutiers*, 1782 (pouillé).

Avant 1790 les trois paroisses de ce lieu faisaient partie de l'archiprêtré, de la châtellenie, du bailliage et de l'élection de Loudun. Le prieuré et la cure de Saint-Hilaire dépendaient de l'abbaye de Saint-Savin, le prieuré-cure de Notre-Dame, de l'abbaye de la Trinité de Mauléon ou Châtillon-sur-Sèvre (Deux-Sèvres), et la cure de Saint-Pierre, du prieuré de Notre-Dame-du-Château de Loudun. L'église de Saint-Hilaire est auj. la seule église paroissiale en cette commune; les deux autres ont été détruites. — Une maladrerie, mentionnée en 1473 (comⁱᵉ de Loudun, 16), fut unie à l'hôpital de Loudun en 1700.

Les trois paroisses des Trois-Moutiers formèrent trois municipalités du canton de Loudun jusqu'au 18 novembre 1801. A cette époque le bourg des Trois-Moutiers devint chef-lieu de canton.

TROIS-THUETS (LES), m. r. cⁿᵉ de Vouneuil-sous-Biard. — *Les Trois Tuets*, 1766 (rôle des tailles).

TROMPAUDIÈRE (LA), f. cⁿᵉ de Coussay-les-Bois. — *La Trompaudère*, 1342 (chap. de Châtellerault, 1). — *La Trompaudière*, 1443 (abb. de la Merci-Dieu, 12). — *La Trompauldière*, 1571 (seign. de la Roche-Posay, 2). — *Baronnie de la Trompodière*, 1634 (chap. cathédral, 25); — *de la Trompau-*

dière et *Coussay les Bois*, 1637 (abb. de la Merci-Dieu, 12). — Anc. fief qualifié châtellenie en 1519, baronnie en 1634; relevait de Loches (Mém. de la Soc. archéol. de Touraine; Armorial, p. 138).

TROMPAUDIÈRE (LA), f. c^{ne} de Saint-Sauveur; — 1493 (duché de Châtellerault, 6).

TROMPE-SEL, étang desséché, c^{ne} de Journet.

TROMPE-SOURIS, mⁱⁿ sur la Dive, c^{ne} de Verrières.

TRON, vill. c^{ne} de Montamisé. — *Villa quæ dicitur Truncus infra quintam Pictavæ civitatis*, v. 1000 (cart. de St-Cyprien, p. 199). — *Trunx villa*, v. 1050 (cart. de St-Nicolas, 2). — *Simon de Truns*, 1215 (ch. de St-Hilaire, t. I, p. 221). — *Trons*, 1320 (abb. de St-Cyprien, 40). — *Tron*, 1477 (chap. de Notre-Dame-la-Grande, 58).

TROUILLONNIÈRE (LA), vill. c^{ne} de Scorbé-Clairvaux.

TROUILLONS (LES), f. c^{ne} de Saint-Pierre-de-Maillé; — 1639 (seign. de la Guitière).

TROUPEAU, vill. c^{ne} de Ceaux, c^{on} de Couhé. — *Troppeas*, 1323; *Tropoas*, 1326; *Troupea* 1436 (abb. de Nouaillé, 54). — *Trouppeau*, 1606 (seign. de Monts).

TROUS (LES), h. c^{ne} de la Chaussée. — *Les Troux*, 1580; *les Trous*, 1696 (cure de la Chaussée).

TROUSSAIE (LA), m. r. c^{ne} de Ceaux, c^{on} de Couhé; anc. prieuré dép. de l'abbaye de Thiron (Eure-et-Loir); uni au grand séminaire de Poitiers le 25 juin 1731. — *Prioratus de Trosseya, ordinis de Tyron* (pouillé de Gauthier, f° 140). — *Trosseia*, 1383 (taux du décime, p. 66). — *La Troussaye*, 1479; *la Troussay*, 1606; *la Troussaie*, 1641 (séminaires de Poitiers, 19 et 20). — *Ste-Radegonde de la Troussaye*, 1782 (pouillé).

TROUSSAIE (LA), f. et chapelle détruits; c^{ne} d'Iteuil; anc. prieuré de l'ordre de Grandmont. — *Domus de Trosseia, Grandimontensis ordinis*, 1191 (Layettes du trésor des ch. t. I, p. 166). — *Corrector de Trousseia*, 1383 (taux du décime, p. 31). — *La Troussée, la Troussaye*, 1488 (seign. d'Iteuil). — *Prieuré de la Troussaye, paroisse d'Iteuil*, 1783 (prieuré de la Vayolle). — Les revenus de cette maison étaient en 1783 affermés par le prieur de la Vayolle moyennant 220 livres par an. — Une forêt du même nom, *silva quæ dicitur Trossea*, est mentionnée v. 1105 dans une ch. de l'abbaye de Montierneuf (Fonteneau, t. XIX, p. 116).

TROUSSAIE (LA), f. c^{ne} de Marnay. — *Hugo de Trosseia*, 1281 (abb. de Nouaillé, 24).

TROUVÉ, mⁱⁿ détruit, en amont du mⁱⁿ de la Lande, sur le ruiss. de la Reguilouzière, c^{ne} de Saint-Gervais. — *Moulin de Trové*, 1340; — *de Trouvé*, 1410; — *de Trouhé*, 1438; *le moullin Pellault alias le moullin Trouvé*, 1673 (bar. de Lunin). — Anc. fief relev. de la bar. de Lunin.

TRUET, h. c^{ne} de Marigny-Brizay; — 1608 (seign. de Bonnivet).

TRUITE (FONTAINE DE LA), c^{te} de Saugé. — *Fontaine de la Trute* (carte de l'état-major).

TUE-MOINE, bois, c^{ne} de Fontaine-le-Comte. — *Forest de Thue moyne*, 1426 (abb. de Fontaine-le-Comte, 33).

TUFFEAU (LE), h. c^{ne} de Couhé; — 1676 (seign. de Couhé). — Anc. fief relev. du marq. de Couhé.

TUFFIÈRE (LA), anc. seign. c^{ne} de Saint-Léger-de-Montbrillais; — 1652 (cure de St-Léger-de-Montbrillais). — C'est auj. un terrain planté en vignes.

TUIE (LA), m. r. c^{ne} de Cernay.

TUILERIE (LA), tuilerie, c^{ne} d'Archigny.

TUILERIE (LA), tuilerie et f. c^{ne} de Bignoux.

TUILERIE (LA), m. r. c^{ne} de Champagné-Saint-Hilaire. — *La Tieublerie*, 1465 (chap. de St-Hilaire, 243). — *La Tieublerye des Gourdins*, 1598 (ibid. 250).

TUILERIE (LA), h. c^{ne} de Châtellerault.

TUILERIE (LA), h. c^{ne} de Chenevelles.

TUILERIE (LA), f. c^{ne} de Dangé. — *Les Tieblerics*, 1482; *la Tieblerie*, 1483 (seign. de la Fontaine, 1).

TUILERIE (LA), h. c^{ne} de Joussé.

TUILERIE (LA), tuilerie, c^{ne} de Mairé.

TUILERIE (LA), tuilerie et h. c^{ne} de Mazerolles.

TUILERIE (LA), tuilerie, c^{ne} de Saint-Léomer.

TUILERIE (LA), f. c^{ne} de Saint-Pierre-de-Maillé. — *La Nolière* (Cassini).

TUILERIE (LA), f. c^{ne} de Sillars.

TUILERIE (LA), anc. tuilerie, c^{ne} de Tercé. — *La Tuilerie des Forges*, 1766 (rôle des tailles).

TUILERIE (LA), h. c^{lle} de Vendeuvre.

TUILERIE-DE-BERNAY (LA), h. c^{ne} de Sommières.

TUILERIE-DE-FONTMORON (LA), tuilerie et h. c^{ne} de Liglet.

TUILERIE-DE-GEMELLES (LA), m. r. c^{ne} de Liglet.

TUILERIE-DE-JOURNET (LA), tuilerie, c^{ne} de Journet.

TUILERIE-DE-LA-ROCHE (LA), tuilerie, c^{ne} de Pindray.

TUILERIE-DE-SAINT-MARS (LA), tuilerie, c^{ne} de Bonneuil-Matours.

TUILERIE-DES-FONTAINES (LA), tuilerie, c^{ne} de la Roche-Posay.

TUILERIES (LES), h. c^{ne} de Marçay.

TUILERIES (LES), vill. c^{ne} d'Orches.

TUILERIES (LES), tuilerie, c^{ne} de Saint-Martial.

TUILERIES (LES), h. c^{ne} de Saint-Remy-sur-Creuse.

TUILERIES (LES), h. c^{ne} de Sossay. — *Les Tiebleries*, 1514 (seign. des Clouzeaux).

TUILERIES (LES BASSES-), h. cne de Sossay.
TUILIÈRE (LA), h. cne de Romagne. — *La Tullière*, 1499 (chap. de St-Hilaire, 244).
TUMULUS (LE), f. de création récente, cne du Vigean.
TURBATERIE (LA), m. r. cne de Béthines. — *La Trobatrye*, 1535; *la Tourbatrie*, 1573 (couv. de la Puye, 12). — *La Turbatrye*, 1606 (*ibid.* 13). — *La Tubatrie*, 1841 (nomencl.).
TURPAUDRIE (LA), h. cne de Coulombiers. — *La Turpauderye, située es vielles ventes de Gastine*, 1545 (Hommages de Lusignan).
TURREAU (LE), m. r. cne de Coussay-les-Bois.
TUNZAY, vill. cne de Claunay. — *Tursay*, 1468 (chap. de Ste-Croix de Loudun, 4). — *Turzay*, 1471 (cure de Chalais). — Anc. fief relev. du château de Loudun.
TUSSAC, vill. cne de Leigne. — *Tiosac*, 1291 (seign. de Tussac). — *Tyoussac*, 1473 (abb. de Montierneuf, reg. 206). — *Tyoussac*, 1498 (fief de Chanteloube). — *Tussac*, 1510 (maison-Dieu, 102). — *Thussac* (Cassini). — Anc. fief.

Le moulin de Tussac (1775, rôle des tailles), qui n'existe plus, était mû par un ruiss. qui a sa source près ce lieu et va se perdre dans le gouffre de la Cordieu, cne d'Antigny.

TUTAUDIÈRE (LA), h. cne d'Hains. — *La Tutaudère*, 1494 (seign. de Courtevrault). — *La Tutaudière*, 1542 (terrier de Rouflac, 69). — *La Toutaudière*, 1626 (notaires, Brisson à Montmorillon).

U

URÇAY, m. près Brizay, cne de Coussay. — *Hurczoys*, 1480 (fam. de Fouchier). — *Ursay*, 1515 (fief de la Grande-Féole).
USSEAU, con de Leigné-sur-Usseau. — *Ussellum*, v. 1065 (cart. de Noyers, p. 49). — *Araldus de Uxello*, v. 1103 (*ibid.* p. 343). — *Ecclesia de Usello* (pouillé de Gauthier, f° 173). — *Uxea*, *Uxeau*, 1313 (seign. des Mées). — *Parochia de Huyssello*, 1353 (chap. de St-Hilaire, 425). — *Capellanus de Ucello*, 1383 (taux du décime, p. 58). — *Eusseau*, *Husseau*, 1432 (seign. des Mées). — *Mota Usselli*, 1478 (reg. synodal). — *La Mothe d'Usseau*, 1584 (chap. de Châtellerault, 16). — *S. Hilaire de la Mothe d'Usseau*, 1782 (pouillé). — *S. Hilaire d'Usseau*, 1786 (almanach provincial).

Cette commune est formée des deux anciennes paroisses d'Usseau et de Remeneuil, qui faisaient partie de l'archiprêtré, du duché, de la sénéchaussée et de l'élection de Châtellerault. La cure d'Usseau était à la nomination de l'abbé de Noyers (Indre-et-Loire). Le fief de la Motte d'Usseau relevait du duché de Châtellerault. Le moulin d'Usseau (1431, seign. de Mortevieille), sur le ruiss. d'Usseau, était un fief relev. de la Motte d'Usseau.

Le ruiss. d'Usseau a sa source près de ce lieu, traverse la cne d'Antran et tombe dans la Vienne au-dessous du moulin du Thé. On l'appelle aussi ruiss. du Thé.

USSEAU, masure, anc. fief relev. de la bar. de Mirebeau, cne d'Amberre. — *Uisseau ou Allemaigne en la paroisse d'Amberre*, 1508 (aveu de Mirebeau, p. 208).

USSON, con de Gençay. — *Vicaria Icioninsis in condita Briosinse*, 913 (ch. de St-Hilaire, t. I, p. 17). — *Vicaria Uzoninsis in condita Briocinse*, v. 970 (cart. de St-Cyprien, p. 239). — *Ecclesia de Uchon*, 1073-1088 (*ibid.* p. 242). — *Ucon*, 1088-1091 (*ibid.* p. 241). — *Ecclesia de Uzono*, v. 1100 (*ibid.* p. 217). — *Petrus de Uzone*, 1099-1108 (*ibid.* p. 33). — *Ecclesiæ de Uccione*, v. 1110 (*ibid.* p. 45). — *Ucionium*, v. 1140 (*ibid.* p. 134). — *De Huconio*, 1292 (abb. de St-Cyprien, 36). — *De Uconio* (pouillé de Gauthier, f° 151). — *De Uxonio*, 1383 (taux du décime, p. 64). — *Husson*, 1408 (gr. Gauthier, f° 203). — *Usson*, 1479 (compte de J. Bourdin). — *Usson-du-Poitou*, 1859 (Diction. des postes).

Les documents qui révèlent l'existence de la viguerie d'Usson ne font connaître que deux localités dans sa circonscription, Joussé et *villa Felgerico*.

Avant 1790 Usson faisait partie de l'archiprêtré de Gençay, de la sénéchaussée de Givray et de l'élection de Poitiers. Le prieuré et la cure de Saint-Pierre d'Usson dépendaient de l'abbaye de Saint-Cyprien de Poitiers. La seigneurie d'Usson, ancienne châtellenie et prévôté, qualifiée baronnie en 1603 (fief d'Azac), fut unie au comté de Givray en 1526 et 1541. Elle avait été réunie au domaine de la couronne en 1350, comme faisant partie des biens confisqués sur le connétable Raoul de Brienne (Fonteneau, t. XXXIV, p. 79). Les fiefs de la Cour d'Usson et des Granges d'Usson relevaient du comté de Givray. — Il existait à Usson une maladrerie mentionnée dans des titres de 1465 et 1498 (fiefs des Granges d'Usson et de la Guéronnière).

En 1790 Usson devint le chef-lieu d'un canton dépendant du district de Civray et formé des communes d'Usson, Joussé, Pairoux, Saint-Martin-Lars et Saint-Secondin; ce canton exista jusqu'au 18 novembre 1801.

La forêt d'Usson, anc. domaine du comté de Civray, occupant une superficie de 138 arpents en 1667, ne consistait plus qu'en landes et brandes (Réform. des forêts du Poitou, p. 270).

V

VACHERESSE, f. bois et étang, c^{ne} de Saugé; anc. commanderie dép. de la maison-Dieu de Montmorillon. — *Villa quæ Vachartia dicitur*, v. 1086 (Fontencau, t. XXIV, p. 376). — *Vachereza, Vacharetia, Vacheretia, Vacarecia*, XIIe s^e (maison-Dieu, cart.). — *Vacherece*, 1260 (Hommages d'Alphonse, p. 85). — *Vacheresse*, 1403 (gr. Gauthier, f° 105 v°). — *Estang de Vacheresse appellé l'estang boueux, estang neuf de Vacheresse*, 1653 (maison-Dieu, 18).

VACHERESSE (LA), bois, c^{ne} d'Oiré; — 1420 (seign. d'Argenson, inv. p. 82).

VACHERESSE (LA), vill. c^{ne} de Pairé; détaché de la c^{ne} de Celle-l'Évécault le 24 juillet 1839; — 1622 (fief de la Gralière).

VACHERIE (LA), f. c^{ne} de Chiré-en-Montreuil; — *herbergement anciennement appellé le Bois Sambrans*, 1644 (fam. Jacques).

VACHERIE (LA), m. r. c^{ne} de Lusignan; dép. autref. du château de Lusignan.

VACHERIE (LA), f. c^{ne} de Pouant.

VACHERIE (LA), h. c^{ne} de Saint-Gervais; — 1782 (fam. de Brusse).

VACHERIE (LA), chât. et f. c^{ne} de Saint-Maurice. — *La Vacherie de Montoiron*, 1619 (seign. de Panièvre). — *La Vacherie*, 1710 (rôle des tailles).

VACHERIE (LA), m. r. près le Chaffaud, c^{ne} du Vigean; — 1426 (Fontencau, t. XXXIX, p. 136). — Anc. fief relev. du marq. de l'Isle-Jourdain.

VACHERIE (LA), vill. c^{ne} de Voulème; — 1498 (fief de la Vau-Frénicart).

VACHERIE (LA GRANDE et LA PETITE-), ff. c^{ne} de Poitiers. — *Vacaria*, v. 1050 (cart. de St-Nicolas, 1). — *Vacheria*, 1068 (ibid. 4). — *La Vacherie*, 1303 (abb. de Fontaine-le-Comte, 21). — Anc. fief relev. de la tour de Maubergeon.

VACHONNERIE (LA), f. c^{ne} d'Archigny.

VACHONNERIE (LA), h. c^{ne} de Saint-Sauveur. — *La Vachonrye*, 1555; *la Vachonnerye*, 1602 (com^{rie} de la Foucaudière, 8).

VAILLANTRIE (LA), f. c^{ne} de Sérigny.

VALADE (LA), anc. fief relev. de Fontprévoir, c^{ne} de Leigne. — *La Vallade*, 1548 (maison-Dieu, 76).

VALADE (LA), h. c^{nes} de Moulime et Plaisance. — *La Valade*, 1335 (ch. à la bibl. de Poitiers); 1405 (gr. Gauthier, f° 119). — *La Vallade*, 1407 (ibid. f° 118 v°). — Anc. fief et haute justice relev. de la bar. de Montmorillon.

VALAUDRIE (LA), h. c^{ne} de Thollet. — *La Valauderie*, 1507 (prieuré du Cluzeau).

VALENÇAY (LE GRAND et LE PETIT-), hh. c^{ne} d'Autran. — *Valentiacus super fluvium Viennam*, 989 (Besly, Hist. des comtes de Poitou, p. 274). — *Valencai*, v. 1200 (abb. de St-Cyprien). — *Valencay*, 1296 (abb. de la Celle, 17). — *Vallancay*, 1586 (seign. de Puygarreau, 7). — Le fief du Grand-Valençay relevait de la bar. de Marmande.

VALENCE, anc. abbaye, vill. et m^{in} sur la Dive, c^{ne} de Couhé, sauf une maison, c^{ne} de Châtillon. Cette abbaye, de l'ordre de Cîteaux, fut fondée en 1230 par Hugues X de Lusignan. — *W. de Valencia*, 1188 (abb. de Nouaillé). — *Abbatia Beatæ Mariæ de Valentia*, 1239 (Gallia christ. t. II, col. 1359). — Deux foires se tiennent à Valence, de temps immémorial, le lundi avant la Saint-Luc et le lundi avant le 21 décembre.

VALENCIENNE (ÉTANG DE), c^{nes} de Jouet et Hains.

VALENFRAY, anc. fief à Château-Larcher. — *Vallenfray*, 1558 (fief de Château-Larcher). — Ce fief, relev. en 1558 de la châtell. de Château-Larcher, y était réuni en 1569. — Un pré situé près le bourg est appelé pré de Valenfray; il ne reste pas d'autre vestige de ce fief.

VALENFRAY, vill. et m^{in} sur le Clain, c^{ne} de Sommières. — *Willelmus de Valle Enfredi*, v. 1112 (cart. de St-Cyprien, p. 267). — *Gaufridus de Valenfre*, v. 1180 (Fontencau, t. XVIII, p. 533). — *Valenfrey*, 1298 (abb. de Moreaux). — *Moulin de Valenffray*, 1404 (gr. Gauthier, f° 194 v°). — *Vallenfray*, 1463 (fam. Taveau). — *Valenfroy*, 1474 (abb. de Moreaux). — *Valenfray*, 1476 (fief de Châtillon). — *Vallenfré*, 1766 (rôle des tailles).

VALENFROID, ff. c^{ne} de Saint-Romain. — *Valenfroy*, 1494 (fief de Chaleur). — *Vallenfroy, Vallenfré*, 1519 (notaires de la vic. de Rochemeaux). — *Vallenfray*, 1685 (fam. de la Faye). — Anc. seigneurie.

VALENTIGNY, f. o^{ne} de Saint-Christophe. — *Valentigné*, 1489 (cure de St-Christophe). — *Valentigny*, 1567 (cure de Sérigny).

VALENTINS (LES), vill. c^{ne} d'Antigny. — *Les Vallantins*, 1650 (fam. Scourion).

VALETTE, h. c^{ne} de Châtellerault. — *Valete*, 1390 (com^{rie} d'Auzon, 3). — *La Vallete*, 1425 (cure d'Ingrande). — *Vallette*, 1439 (duché de Châtellerault, 4).

VALETTE (LA), h. c^{ne} de Beaumont. — *Petrus de la Valete*, 1258; *Guillelmus de Valeta, herbergamentum in loco qui dicitur la Vallette apud Bellum Montem*, 1720 (chap. de Notre-Dame-la-Grande, 26).

VALETTE (LA), vill. c^{ne} de Colombiers. — *La Vallette*, 1621 (fief de Colombiers).

VALETTE (LA), chât. à Saint-Léger-la-Palu, c^{ne} de Marigny-Brizay; anc. fief relev. du marq. de Clairvaux. — *La Valete*, 1476 (seign. de la Tour-de-Beaumont). — *Le Sable*, 1500; *la Valette*, 1673; *les Sables ou la Vallette*, 1769 (fam. des Courtis).

VALETTE (LA), vill. et m^{in} sur le Clain, c^{ne} de Pairoux et Saint-Martin-Lars. — *Moulin de la Valete*, 1405 (gr. Gauthier, f° 267). — *La Vallette*, 1575 (cure de St-Martin-Lars).

VALETTE (LA), h. c^{ne} de Saint-Jean-de-Sauves.

VALETTE (LA), f. c^{ne} de Sammarçolle. — *La Vallete*, 1490 (collège de Poitiers, 60). — *La Vallette*, 1617 (chap. de Ste-Croix-de-Loudun, 5).

VALIÈRE (LA), f. anc. manoir, c^{ne} d'Oiré. — *La Valière*, 1455 (abb. de St-Cyprien, 21). — *La Vallière*, 1493 (duché de Châtellerault, 5). — Anc. fief relev. de la Groye.

VALLADE (LA), vill. c^{ne} de Nérignac.

VALLAILLE (LA), vill. c^{nes} de Montgauguier et Vouzailles. — *La Vaillaille*, 1580 (seign. de Vouzailles). — *Avalaille* (Cassini).

VALLÉE (LA), f. c^{ne} d'Archigny; — 1779 (rôle des tailles).

VALLÉE (LA), vill. c^{ne} d'Avanton.

VALLÉE (LA), f. et m^{in} sur le Saleron, c^{ne} du Bourg-Archambault. — *La Vareuilhe*, 1509 (maison-Dieu, 31). — *La Vareille*, 1577 (ibid. 32). — *La Valleille*, 1728 (clergé, 16).

VALLÉE (LA), vill. c^{ne} de Buxerolles.

VALLÉE (LA), h. c^{ne} de Cherves. — *Vallis Poselis?* 1206 (Fontenau, t. V, p. 59). — *Vallis Poiselis?* 1219 (ibid. t. V, p. 73).

VALLÉE (LA), h. c^{ne} de Cuhon; — 1491 (chap. de St-Hilaire, 325).

VALLÉE (LA), m. r. c^{ne} d'Ingrande; — 1515 (cure d'Antran). — Terre anoblie en 1613 et relev. de la seign. de Chêne (seign. de Chêne, inv.).

VALLÉE (LA), h. c^{ne} de Jardres; — 1549 (chap. cathédral, 19).

VALLÉE (LA), h. c^{ne} de Marnay. — *Village de la Vallée de Mernay*, 1506 (titres de Château-Larcher, aveu de Chambon).

VALLÉE (LA), f. c^{ne} de Mignaloux.

VALLÉE (LA), f. c^{ne} de Saint-Pierre-de-Maillé.

VALLÉE (LA), h. c^{ne} de Saint-Romain-sur-Vienne; — 1500 (abb. de Ste-Croix, 82).

VALLÉE (LA), m. détruite, près la Saunerie, c^{ne} de Sainte-Radegonde-en-Gâtine.

VALLÉE (LA), vieux manoir et h. c^{ne} de Savigné. — *La Valée*, 1403 (gr. Gauthier, f° 287). — *La Vallée*, 1498 (fief de Fayolle). — Anc. terre noble.

VALLÉE (LA), m. r. c^{ne} d'Usseau.

VALLÉE (LA), h. c^{ne} de Vernon; — 1596 (abb. de Montierneuf, 93).

VALLÉE (LA BASSE-), f. c^{ne} de Jazeneuil; — 1730 (rôle des tailles).

VALLÉE (LA BASSE-), ff. c^{ne} de Lusignan.

VALLÉE (LA GRANDE-), vill. c^{ne} de Colombiers; distrait de la c^{ne} de Naintré le 7 décembre 1825.

VALLÉE (LA GRANDE et LA PETITE-), ff. c^{ne} de Paizay-le-Sec.

VALLÉE-AUX-MONTS (LA), h. c^{ne} de Vouillé.

VALLÉE-DES-BUIS (LA), m. r. c^{ne} de Buxerolles. — *La Vallée des Boys*, 1526; — *des Broys*, 1527 (collège de Poitiers, 18); — *des Vroys*, 1555 (cure de Buxerolles).

VALLÉE-DES-TOUCHES (LA), h. c^{ne} de Sèvre.

VALLÉES (LES), f. c^{ne} de Benassay; — 1534 (chap. de St-Hilaire, 223).

VALLÉES (LES), h. c^{ne} de Champagné-Saint-Hilaire; — 1488 (chap. de St-Hilaire, 244).

VALLÉES (LES), h. c^{ne} d'Ouzilly.

VALLÉES (LES), m. r. c^{ne} de Saint-Maurice; — 1542 (chap. de St-Pierre-le-Puellier, 25).

VALLÉES (LES), vill. c^{ne} de Targé.

VALLÉES (LES BASSES-), h. c^{ne} de Montoiron.

VALLÉES (LES GRANDES-), h. c^{ne} de Latillé.

VALLÉES (LES PETITES-), f. c^{ne} de Poitiers.

VALLETIÈRE (LA), h. c^{ne} de Vezières. — *La Valetyère*, 1554 (chap. de Ste-Croix de Loudun, 6).

VALLIÈRE, lieu détruit, auj. inconnu, près Crochet, c^{ne} de Coussay-les-Bois. — *Houstel de Vallières*, 1457 (notaires, Artaud à la Roche-Posay). — *Valières*, 1499 (arch. de la Soc. des antiq. de

DÉPARTEMENT DE LA VIENNE.

l'Ouest, n° 738). — *Vallière*, 1556 (chap. cathédral, 2). — Anc. fief uni à celui du Puy et relev. de la bar. de Preuilly en Touraine.

VALLON (LE), m. r. c^ne de Dienné.

VALONNIÈRE (LA), f. c^ne de Béthines.

VANDELOGNE (LA), ruiss. prend sa source à Vandelogne, c^ne de la Ferrière (Deux-Sèvres), traverse les c^nes de Chalandray et Ayron, et va se jeter dans l'Auzance à Chiré. — *Vicxinona rivulus*, 924 (ch. de St-Hilaire, t. I, p. 25). — *La Vandeloigne*, 1391 (chap. de Ste-Radegonde, 41). — *La Vendeloigne*, 1402 (abb. de Ste-Croix, 28). — *Esve de Vandouloigne, de Vendouloigne*, 1404 (gr. Gauthier, f° 75). — *La Vendeloingne*, 1493 (seign. de Chalandray). — *Rivière de Vendelougne*, 1644 (fam. Jacques).

VANDENEAU, bois, c^ne de Nieuil-l'Espoir. — *Boys de Vaudanyau*, 1362 (abb. de la Trinité, 45); — *de Vaudenia*, 1385 (cart. de la Trinité, f° 8); — *de Vaudenyat*, 1495; — *de Vaudenyas*, 1619 (abb. de la Trinité, 46). — Anc. propriété de l'abbaye de la Trinité de Poitiers.

VANGELY, fì. c^ne de Vendeuvre; anc. fief relev. de la Tour-Signy, 1764 (fam. de Fouchier).

VANGUEIL, h. et m^in sur l'Auzon de Chenevelles, c^ne d'Archigny. — *Vengolia villa in vicaria Ygrandinse*, v. 1010 (cart. de St-Cyprien, p. 169). — *Molendinum de Vengulia*, 1178 (abb. de l'Étoile). — *Vanguylle, Vanguille*, 1309 (Gauthier, f°s 183 v° et 194). — *Vengueille*, 1487 (seign. de Touffou, 4). — *Vengueulle*, 1542 (ibid. 5). — *Vangueille*, 1587 (seign. de Montoiron, 1). — Anc. fief relev. de la bar. de Montoiron.

VANT, vill. c^ne de Chaunay. — *Vent*, 1402 (gr. Gauthier, f° 226). — *Vents*, 1403 (ibid. f° 202). — *Vens*, 1496 (fief de Traversay). — *Vant*, 1674 (notaires, Mestreau à Civray).

VAON, vill. c^ne des Trois-Moutiers; anc. prieuré dép. de l'abbaye de la Trinité de Mauléon ou Châtillon (Deux-Sèvres). — *Ecclesia Sancti Vincentii de Venacho*, 1123 (Fontenau, t. XVII, p. 180). — *Hugo de Vone, Normandus de Voone, Guillelmus de Veon*, 1120-1145 (Arch. hist. du Poitou, t. II, p. 40 et 41). — *Vaon*, 1446; *Von*, 1460 (cure de St-Pierre des Trois-Moutiers). — *Sainct Jacques de Von*, 1639 (prieuré de Vaon). — La moitié de la dîme de la cour de Vaon était tenue en fief du château de Loudun.

VAONNET, m^in sur le ruiss. du même nom, c^ne des Trois-Moutiers. — *Moulin de Vonnet*, 1482 (cure de St-Pierre des Trois-Moutiers).

Le ruiss. de Vaonnet prend naissance près ce lieu et tombe dans la Barouse.

VARAILLES, m. de garde forestier, c^ne de Vouillé.

VARANNE (LA), f. c^ne de Dercé. — *Varains* (Cassini). — *Varins*, 1841 (nomencl.).

VARANNE (LA), m. à Silly, c^ne de Mouterre-Silly. — *Château de la Varanne*, 1728 (clergé, 15).

VARANNE (LA), ff. c^nes de Thuré et Saint-Gervais. — *Place fort de la Varanne*, 1475 (seign. de la Citière). — *La Varenne*, 1486 (seign. de la Varanne). — Anc. fief et haute justice, paroisse d'Avrigny, relev. de la bar. de la Touche.

VAREILLES, chât. f. et m^in sur la Vienne, c^ne d'Availle-Limousine. — *Vareilles*, v. 1580; *les Vareilles*, 1599 (fam. de la Broue de Vareilles). — Anc. fief.

Le ruiss. de Vareilles a sa source près Monplaisir et tombe dans la Vienne en amont du m^in de Vareilles.

VARENNE, f. c^ne d'Angle.

VARENNE (LA), h. c^ne d'Adriers; — 1567 (maison-Dieu, 178).

VARENNE (LA), h. c^ne de Béthines; — 1535 (couv. de la Puye, 12).

VARENNE (LA), m. r. c^ne de Buxerolles.

VARENNE (LA), f. c^ne de Gouex. — *Moulin de la Varenne*, 1553 (prieuré de Lussac); 1612 (maison-Dieu, 198). — Ce moulin, sur la Vienne, n'existe plus.

VARENNE (LA), m. r. c^ne de Ligugé; — 1563 (abb. de Montierneuf, terrier de St-Nicolas, p. 237). — Anc. propriété du prieuré de Saint-Nicolas de Poitiers.

VARENNE (LA), lieu auj. inconnu, c^ne de Prinçay; anc. seign. appart. au chapitre de Saint-Jean-l'Évangéliste du Plessis-lès-Tours. — *La Varenne*, 1657; *la Varanne*, 1749 (cure de Prinçay).

VARENNE (LA), m. r. c^ne de Saint-Benoît; — 1493 (abb. de St-Benoît, 4, f° 336). — *La Varanne*, 1775 (rôle des tailles).

VARENNE (LA), f. c^ne de Saint-Christophe.

VARENNE (LA), h. c^ne de Saint-Cyr.

VARENNE (LA), f. c^ne de Vouneuil-sur-Vienne. — *Varenes*, 1326 (évêché, 17). — *La Varenne*, 1626 (chap. cathédral, reg. 91).

VARENNE (LA BASSE et LA HAUTE-), ff. c^ne de Saint-Pierre-de-Maillé. — *Varena, la Varenne*, 1320 (évêché, 22). — Moulin à papier qui est de present en ruyne, assis sur la rivière de Gartanppe au lieu appellé la Varenne, 1506 (fam. de Couhé); le même document fait mention d'un moulin à drap existant alors en ce lieu.

VARENNES, c^ne de Mirebeau. — *Villa que vocatur Vacenas in vicaria Salvinse?* v. 943 (cart. de St-Cyprien, p. 185). — *Ecclesia de Varenis*, 1206;

Varennes, 1278 (chap. de S¹-Martin de Tours, 1). — *Ecclesia de Varennis* (pouillé de Gauthier, f° 170 v°). — *S. Martin de Varennes*, 1782 (pouillé).

Avant 1790 Varennes faisait partie de l'archiprêtré et de la baronnie de Mirebeau, du duché-pairie et de l'élection de Richelieu, généralité de Tours. La cure était à la nomination du chapitre de Saint-Martin de Tours; elle a été rétablie en 1852.

VARENNES, m. r. cⁿᵉ de Bonneuil-Matours. — *Villa quœ nuncupatur Varennas, super fluvium Vigenna, cum molendino*, v. 943 (cart. de S¹-Cyprien, p. 184). — *Molendinum cum exclusa in villa cognomento Varenas in parrochia de Bonolio Monasterio*, v. 980 (ibid. p. 147); — *in vicaria Ygrandisse*, v. 998 (ibid. p. 148). — *Varennes*, 1512 (seign. de Bellefont). — Anc. fief relev. de la bar. de Montoiron.

VARENNES, vill. cⁿᵉ du Bouchet. — *Varennes*, 1455 (comᵗⁱᵉ de Loudun, 27). — *Varanne*, 1679 (chap. de Sᵗᵉ-Croix de Loudun, 4). — Anc. fief relev. en partie de la bar. de Baussay (ms. Trincant).

VARENNES, vill. cⁿᵉ d'Ingrande. — *La Varenne*, 1425 (cure d'Ingrande).

VARENNES, f. cⁿᵉ de Latus. — *Varenes*, 1525 (maison-Dieu, 31). — *Varayne*, 1730; *Varenne*, 1775 (rôles des tailles).

Le ruiss. de Varennes prend naissance près ce lieu et se jette dans la Gartempe en amont du mᶦⁿ de l'Âge.

VARENNES, vill. cⁿᵉ de Thollet.

VARENNES, m. isolée, cⁿᵉ de Vicq. — *Varenæ*, 1309 (Gauthier, f° 199). — *Varaines*, 1573 (seign. de Pleumartin, 2).

VARENNES (LES), f. cⁿᵉ de Lencloître. — *La Varanne*, 1528; *la Varenne*, 1551 (chap. cathédral, 81). — *Les Varennes*, 1636 (chap. de Mirebeau, 29). — Anc. fief relev. de la châtell. de Chéneché.

VARENNES (LES), m. r. cⁿᵉ de Marigny-Brizay.

VARENNES (LES), m. r. cⁿᵉ de Montmorillon.

VARENNES (LES), f. cⁿᵉ de Moulime; — 1583 (fief de l'Âge-de-Plaisance).

VARENNES (LES), f. cⁿᵉ d'Oiré; — 1755 (terrier de la Groye, p. 676).

VARENNES (LES), h. cⁿᵉ de Senillé. — *La Varenne*, 1508 (duché de Châtellerault, 7).

VARENNES (LES), m. r. cⁿᵉ de Sossay; — 1511 (bar. de Luain).

VARIGAULT (LES), m. r. cⁿᵉ de Thuré. — *Village des Varigaultz*, 1698 (seign. de Puygarreau, 9).

VARIN, f. cⁿᵉ de Guesne. — *Varens*, 1100-1108 (gr. cart. de Fontevrault, 709). — *Domus de Vareins*, 1134, 1209 (cart. de Fontevrault, 134 et 407).

VARRONNIÈRE (LA), h. cⁿᵉ de Savigné. — *La Varonère*, 1315 (fam. de Fayolle). — *La Vaironnère*, 1403 (gr. Gauthier, f° 251). — *La Varronnère*, 1409 (ibid. f° 223). — *La Varronnière*, 1494 (fief de Chaleur). — *La Verronnière*, 1664 (notaires, Pascault à Civray).

VASSAUDERIE (LA), au Quéroir, cⁿᵉ de Quinçay. — *La Vassodrie*, 1608 (chap. de Sᵗ-Hilaire, 405). — *La Vassauderie*, 1640 (ibid. 410). — Ce nom n'est plus connu.

VASSET, f. cⁿᵉ de Dissay.

VASSOU, f. cⁿᵉ de Gouex. — *Vassour*, 1520 (seign. de Lussac, 1). — *Vassoux*, 1693 (abb. de Nouaillé, 42).

VATRE (LE GRAND et LE PETIT-), vill. cⁿᵉ de Martaizé. — *Vatres*, 1251 (abb. de Sᵗᵉ-Croix, 65).

VAU (LA), f. cⁿᵉ d'Adriers. — *La Vau d'Adriers*, 1566 (maison-Dieu, 191). — *La Vault*, 1640 (prieuré d'Entrefins).

VAU (LA), h. cⁿᵉ de Bouresse.

VAU (LA), h. cⁿᵉˢ de Château-Garnier et Joussé. — *La Vau*, 1408 (gr. Gauthier, f° 204).

VAU (LA), vill. cⁿᵉ de Marigny-Brizay; — 1466 (duché de Châtellerault, 4). — *Lavault* (Cassini).

VAU (LA), mᶦⁿ détruit, sur la Chenelle ou rivière de Saint-Jean-de-Sauves, près Messay. — *In villa que dicitur Vallo masnilum cum farinario*, v. 960 (cart. de Sᵗ-Cyprien, p. 93). — *Moulin de la Vau*, 1620, 1682 (collège de Poitiers, 67); — *de Lavault*, 1665 (seign. de Moncontour).

VAU (LA), vill. cⁿᵉ de Nueil-sur-Dive.

VAU (LA), vill. cⁿᵉ de Saint-Pierre-de-Maillé. — *La Vau*, 1469 (évêché, 43). — *La Vau de Maillé*, 1598 (ibid. 25). — *Village de la Vau alias des Grojardières*, 1622 (ibid. 43). — *Lavaux* (Cassini). — *Lavaud*, 1841 (nomencl.).

Le ruiss. de la Vau prend sa source à Champ-Gaillard, cⁿᵉ de Saint-Pierre-de-Maillé, et se jette dans le ruiss. de la Carte, sur le territ. de la même cⁿᵉ.

VAU (LA GRANDE-), h. cⁿ de Châtellerault. — *La Vau*, 1403 (comᵗⁱᵉ d'Auzon, 3). — *La grande Vau*, 1437 (duché de Châtellerault, 6). — Anc. fief. relev. du duché de Châtellerault.

VAU (LA GRANDE-), f. cⁿᵉ d'Usson. — *La Vau*, 1365 (fief de la Fa). — *Dominus de Valle*, 1405 (gr. Gauthier, f° 274 v°). — *La grant Vau*, 1482 (seign. de la Fa). — *La Vaulx Ussonnoise*, 1528 (seign. d'Artron). — *La grand Vault*, 1641 (prieuré de Grand-Chaume). — Anc. fief.

Vau (La Petite-), f. c^ne de Châtellerault; — 1437 (duché de Châtellerault, 6). — Anc. fief relev. de la Grande-Vau.

Vau (La Petite-), h. c^ne d'Usson. — *Laffa*, 1365 (fief de la Fa). — *La Fa près la Vau*, 1493; *la Fa de la Vau*, 1537 (fam. du Breuil-Hélion). — *La petite Vau*, 1578; — *aultrement appellée la Fa*, 1684 (fief de la Fa). — Anc. fief relev. du comté de Civray.

Vau (Le), h. c^ne de Buxeuil; — 1616 (cure de Buxeuil).

Vaubernon, anc. fief, c^ne de Vendeuvre; — 1725 (séminaires de Poitiers, 6). — Ce fief, auj. inconnu, relevait du prieuré de Chéneché.

Vaucellerie (La), h. c^ne de Saint-Christophe.

Vaucelles, anc. fief, au faubourg Sainte-Catherine de Châtellerault. — *Vaucelles*, 1538 (duché de Châtellerault, reg. d'hommages, f° 64). — *La Vaucelle*, 1757 (fief de Vaucelles). — Ce fief relevait du duché de Châtellerault.

Vauchardon, f. c^ne de Poitiers; — 1507 (chap. de St-Pierre-le-Puellier, 14). — Ce lieu faisait partie du Fief-le-Comte, appart. au chapitre de Saint-Pierre-le-Puellier.

Vauchenier, lieu détruit, près Liaigues, c^ne de Champigny-le-Sec; — 1407 (abb. de St-Cyprien, 39). — *Vauchemin*, 1636 (augustins de Poitiers). — Anc. fief relev. de la bar. de Mirebeau.

Vauchetan, vill. c^ne de Celle-l'Évécault. — *Vallis Chaton*, v. 1300 (Gauthier, f° 10). — *Vauchetan*, 1666 (notaires de la châtell. de Monts). — *Vaugetan* (Cassini).

Vauchiron, m^in sur la Vonne, c^ne de Lusignan. — *Moulin de Vauchiron*, 1414 (com^rie de Roche, 2). — Anc. moulin banal de la seign. de Lusignan.

Vaucimont, h. c^ne de Cuhon. — *La Vau Simon*, 1478 (chap. de St-Hilaire, 338). — *La Vaussymon*, 1554 (ibid. 327).

Vaucombar, lieu détruit, près Soupe-Jaune, c^ne de Saint-Remy-sur-Creuse.

Vaucour, h. c^ne de Leigne. — *Vaucorp*, 1403 (gr. Gauthier, f° 106 v°). — Anc. fief relev. de la châtell. de Touffou.

Vaucour, f. c^ne de Saint-Pierre-des-Églises. — *Vaucorp*, 1307 (Gauthier, f° 197 v°). — *Vaucourt*, 1320 (évêché, 22). — *Vaulcourt*, 1535 (ibid. 8).

Vaucroc, f. c^ne de Saint-Georges. — *La Vaucroz in riperia Clani*, 1315 (chap. de Notre-Dame-la-Grande, 52). — *Vaucrox*, 1391 (chap. de Ste-Radegonde, 109). — *Vaucrot*, 1474 (abb. de Montierneuf, 73). — *Vaucroc*, 1499 (fief de Forges).

Vau-de-Breuil (La), f. et m^in sur la Vonne, c^ne de Jazeneuil. — *La Vaudebruil*, v. 1405 (gr. Gauthier, f° 53 v°). — *La Vaudebreuil*, 1506 (fief de la Vaudebreuil). — Anc. fief relev. de la châtell. de Lusignan.

Vaudiot (La), m. r. c^ne de Marigny-Brizay. — *La Vauguyot*, 1398 (Filles-de-Notre-Dame de Poitiers, 9). — *La Vauguiot*, 1444 (duché de Châtellerault, 1). — *La Vaudiot*, 1588 (prieuré de Chenagon). — Anc. fief relev. de la Motte-de-Beaumont.

Vaudouzil, f. c^ne de Poitiers; — 1554 (chap. de St-Pierre-le-Puellier, 8).

Vau-Ferrand (La), f. dép. autref. de la seign. de Fressenay, c^ne de Vendeuvre; — 1670 (aveu de Chéneché, f° 5); — détruite avant 1670.

Vaugelade, vill. c^ne de la Trimouille; — 1529 (maison-Dieu, terrier).

Vaugelais (Les), h. c^ne de Genouillé. — *Les Vaugellez*, 1663 (notaires, Chevallier à Civray). — *Vaugelais*, 1679 (fief de Genouillé).

Vaugelées (Les), vill. c^ne de la Chapelle-Bâton. — *Vaugelade, Vaugelée*, 1316 (chap. de St-Hilaire, 548). — *Vaugellée*, 1710 (rôle des tailles).

Vaugibault, chapelle détruite, c^ne de Buxeuil; anc. prieuré dép. de l'abbaye de Maillezais (Vendée). — *Le prieur de Vaugibault*, 1437 (duché de Châtellerault, 5). — *Vaulgibault*, 1530 (prieuré de Vaugibault). — *Prieuré de Nostre Dame de Vaugibault et Marchais rond son annexe*, 1637 (ibid.). — Postérieurement ces deux prieurés sont mentionnés comme n'en faisant qu'un seul : *Marchay le rond ou Vaugibaud*, 1728 (clergé, 13). — *Marchayrond ou Vaugiraud*, 1782 (pouillé).

Dans un pouillé de l'ancienne abbaye de Maillezais (Fontenau, t. LXVI, p. 82), le prieuré de Vaugibault est désigné en ces termes : *ecclesia de Capella Alba alias de Vengibault*.

Le ruiss. de Vaugibault prend naissance près le Carroir-Duvau et tombe dans la Creuse près Buxeuil.

Vaugibault (Chaussée de), chemin par lequel l'on va de la Grève à l'abbaye de Bonnevaux, 1489 (livre de recette de Vivonne, f° 186 v°).

Vaugodin, f. et m^in sur le ruiss. de Pilairon, c^ne des Ormes. — *Vaugodin*, 1495; *Vaugaudin*, 1614 (seign. de Vaugodin). — Anc. fief relev. en partie de la châtell. de Nouâtre (Indre-et-Loire).

Vaugoirie, h. c^ne de Jazeneuil. — *Vaugoiry*, 1627 (fief de Curzay). — *Vaugoery*, 1723 (rôle des tailles). — Anc. fief relev. de Curzay.

Vaugouant, m. isolée, c^ne de Ceaux, c^on de Couhé. — *Vaugouan*, 1595 (chap. de St-Hilaire, 344).

VAUGOUFFIER (LA), anc. fief, c^{ne} de Vendeuvre; érigé en châtellenie avec Bonnivet en 1518 (seign. de Bonnivet).

VAUGRELLE, h. c^{nes} de Buxerolles et Poitiers.

VAUGUIBERT, h. c^{ne} de Pairé.

VAUJALLAIS, f. c^{ne} de Bignoux. — *Vaugeallé*, 1503; *Vaugeallay*, 1566 (seign. de Château-Fromage). — *Vaujallais*, 1752 (rôle des tailles).

VAULIARD, f. c^{ne} de Sérigny. — *Vauliart*, 1457 (seign. de Germigny). — *Vaulliart*, 1598 (cure de Sérigny).

VAULORIN, vill. c^{ne} d'Ayron; — 1386 (abb. de Ste-Croix, 28).

VAUMARTIN, h. c^{ne} de Vivonne; anc. prieuré dép. de l'abb. de Moreaux. — *Prioratus de Valle Martini*, 1264 (abb. de Nouaillé, 5); 1383 (taux du décime, p. 30). — *Prieuré de Vaux Martin*, 1489 (livre de recette de Vivonne, f° 105 v°). — *Saint Mandé de Vaumartin*, 1726 (abb. de Moreaux).

VAUMORET, h. c^{ne} de Poitiers. — *Vaumoret*, 1410 (gr. Gauthier, f° 29). — *Vaulmouret, parroisse de Saint Hilaire de la Celle*, 1526 (Inv. des arch. de la Barre, t. II, p. 437).

VAUNOIR, m. et four à chaux, c^{ne} de Marçay. — *Teublerie de Vaumayre*, 1447 (abb. de St-Cyprien, 10).

VAUNOIRE (LA), h. c^{ne} de Vaux-en-Couhé. — *Terra de Valle nigra*, 1227 (ch. de St-Hilaire, t. I, p. 234). — *La Vaunegre*, 1350 (chap. de St-Hilaire, 241). — *La Vaunoire*, 1766 (rôle des tailles).

VAUPÉROUSE (LA), h. c^{ne} de Chalandray. — *La Vauperrouze* (Cassini).

VAURAIS, h. c^{ne} de Vendeuvre. — *Vaurer*, 1395; *Vaurrey*, 1396; *Vauroir*, 1403 (seign. de Vaurais). — *Vau Rayer*, 1413 (seign. de la Joubardière). — *Houstel des Vaurroys*, 1489; *Vaux Roys*, 1550 (seign. de Vaurais). — *Vauray*, 1602 (seign. de Purnaud). — *Vauraye*, 1609; *Vaurais*, 1663 (seign. de Vaurais). — *Vourais* (Cassini). — Anc. fief relev. de la bar. de Grisse.

VAUROBERT, f. c^{ne} d'Avanton.

VAUROULAY (LA), f. c^{ne} de Montamisé. — *La Vauroullée*, 1562 (Filles-de-Notre-Dame de Poitiers). — *La Vau Roullé*, 1667 (Réform. des forêts du Poitou, p. 108).

VAUSSEAU (LA), c^{on} de Vouillé; c^{ne} érigée le 11 juillet 1868; démembrée de celle de Benassay; anc. commanderie de l'ordre de Malte, annexée dès le xv° siècle à celle de Saint-Remy (c^{ne} de Verruye, Deux-Sèvres). — *Vaucella*, 1192 (abb. du Pin). — *Domus hospitalis de Lavaucella*, 1225 (Teulet, Layettes du trésor des chartes, t. II, p. 60). — *La Vaucea*, 1256 (chap. de St-Hilaire, 222). — *Domus hospitalis de la Vauceau*, 1267 (Ledain, Hist. d'Alphonse, p. 139). — *La Vausseau*, 1462 (com^{rie} de la Vausseau, 1). — *Lavausseau*, 1841 (nomencl.). — L'église de la Vausseau, anc. chapelle de la commanderie, a été érigée en église paroissiale le 25 juillet 1858.

VAUSSEAU (LA), vill. c^{ne} de Chalandray; anc. domaine de la com^{rie} de la Vausseau. — *La Vauceau de Rouiller*, 1507; *la Vausseau de Rouillé*, 1560 (abb. de Ste-Croix, 29). — *La Vausseau de Cramard*, 1651 (com^{rie} de la Vausseau, 5).

VAUSSOURDE (LA), f. c^{ne} de Lomaizé.

VAUVERT, f. c^{ne} de la Grimaudière; — 1569 (cure de St-Nicolas de Moncontour). — Anc. terre noble.

VAUVERT (LA), h. c^{ne} de Chalandray.

VAUVINARD, vill. c^{nes} de Béruges et Montreuil-Bonnin. — *Villa Vinardi*, v. 1085 (cart. de St-Cyprien, p. 278). — *Vauvinart*, 1369 (com^{rie} de St-Georges, 14).

VAUX, c^{on} de Leigné-sur-Usseau. — *Ecclesia de Plumbata*, 637 (dipl. non authent. de Dagobert 1er, ap. Pardessus, Diplomata, chartæ, etc. t. II, p. 57). — *Cellula quæ est in pago Pictavensi non longe a Vienna flumine... locus... qui ante nuncupatur Plumbata... denominatus est Sancti Dyonisii valleta* (dipl. non authent. de Charles le Chauve, ap. Besly, Hist. des comtes de Poitou, p. 228). — *Galterius de Vallibus*, v. 1081 (cart. de Noyers, p. 107). — *Vallense monasterium*, 1113 (Fonteneau, t. XXVII bis, p. 351). — *Vael*, v. 1125 (cart. de Noyers, p. 485). — *Villa quæ nominatur Vallis*, 1163 (bulle d'Alexandre III, ap. Doublet, Hist. de l'abbaye de St-Denis, p. 510). — *Ecclesia beati Dyonisii de Vallibus*, 1201 (cart. blanc de St-Denis, p. 433, à la bibl. nat.). — *Prioratus Sancti Dionysii in Vallibus* (pouillé de Gauthier, f° 147). — *Vaus*, 1281 (Duchesne, Hist. généal. de la maison des Chasteigners, pr. p. 110). — *Saint Denis en Vaulx*, 1391 (arch. de Poitiers, 12). — *Nostre Dame de Vaulx*, 1480 (Fonteneau, t. V, p. 743). — *Paroisse de Nostre Dame de Sainct Denys en Vaulx*, 1585 (seign. de la Fontaine, 1). — *Vaux*, 1720 (dénomb. du royaume).

Avant 1790 cette commune faisait partie de l'archiprêtré, du duché, de la sénéchaussée et de l'élection de Châtellerault. Le prieuré de Saint-Denis en Vaux dépendait de l'abbaye de Saint-Denis près Paris; il fut uni au séminaire d'Autun en 1682. Le prieur nommait à la cure de Notre-Dame de Vaux et à celles d'Antran, Baudiment, Dangé,

Ingrande et Oiré; le temporel du prieuré, mentionné comme châtellenie en 1559 dans le procès-verbal de réformation de la coutume du Poitou, relevait du duché de Châtellerault.

VAUX, c⁽ⁿ⁾ de Couhé. Voy. VAUX-EN-COUHÉ.

VAUX, vill. c^ne de Château-Garnier. — *Vaux*, 1403 (gr. Gauthier, f° 263). — *Envaux*, 1866 (dénomb.). — *La tierce partie du boys de Vaulx*, 1482, formait un fief relevant du comté de Civray.

VAUX, vill. c^ne de Leigné-les-Bois. — *Vaulx*, 1452; *Vaux*, 1473 (abb. de la Merci-Dieu, 11). — Anc. terre seigneuriale dép. de l'abbaye de la Merci-Dieu.

VAUX, vill. c^ne de Lussac-le-Château.

VAUX (GRAND-), h. c^ne de Vaux. — *Le seigneur de Grant Vau*, 1525 (seign. des Closures).

VAUX (LES), h. c^ne de Beaumont.

VAUX (LES), vill. c^ne de Brigueil-le-Chantre. — *Les Vaulx*, 1494 (fief de Marcuil). — *Moulin des Vaux*, 1746 (cure de Brigueil).

VAUX (LES), h. c^ne de la Chapelle-Moulière. — *Vaulx*, 1524 (abb. de Montierneuf, 82). — *Les Vaux*, 1641 (abb. de St-Cyprien, 20).

VAUX (LES), f. c^ne de Loudun. — *Hostel de Vaulx*, 1430 (com^rie de Loudun, 13). — *Seigneurie des Vaux*, 1554 (chap. de Ste-Croix de Loudun, 6).

VAUX (LES), m. r. c^ne de Marigny-Brizay.

VAUX (LES), h. c^ne de Millac. — *Tenguta de Vallibus*, 1286; *les Vaux*, 1711 (cure de l'Isle-Jourdain). — Anc. fief relev. du marq. de l'Isle-Jourdain.

VAUX (LES), anc. fief à Montmorillon. — *Fief des Vaulx*, 1565 (maison-Dieu, 73). — Ce fief relevait de la maison-Dieu et consistait en quatre maisons dans cette ville et en quelques terres dans le voisinage.

VAUX (LES), f. c^ne de Saint-Gervais. — *Les Vaulx*, 1363 (duché de Châtellerault, inv. d'aveux). — Anc. fief relev. du duché de Châtellerault.

VAUX (LES), h. c^ne de Saint-Pierre-de-Maillé. — *Grangia de Vallibus*, 1320 (évêché, 22). — *Les Vaulx*, 1605 (ibid. 26). — Anc. fief relev. de la bar. d'Angle.

VAUX (LES GRANDS-), f. c^ne de Saint-Pierre-des-Églises. — *Les Vaux*, 1402 (évêché, 21). — *Les Vaulx*, 1525 (ibid. 24). — *Les grandz Vaux*, 1685 (chap. de Chauvigny, 13). — Anc. fief relev. de la bar. de Chauvigny.

VAUX (LES PETITS-), h. c^ne de Saint-Pierre-des-Églises. — *Les petitz Vaulx*, 1572 (seign. de St-Martin-la-Rivière, 1). — *Les petits Veaux*, 1788 (rôle des tailles).

VAUX (MOULIN DE), sur l'Auzon, et h. c^ne d'Archigny. — *Pons de Vallibus*, 1323 (abb. de l'Étoile). — *Moulin de Vaulx*, 1525 (évêché, 24).

VAUX (MOULIN DE), sur l'Auzance, et h. c^ne de Quinçay. — *Moulin de Vaux*, 1404 (gr. Gauthier, f° 24); — *de Vau*, 1571 (cure de Quinçay).

VAUX-EN-COUHÉ, c^ne de Couhé. — *Villa que vocatur Vallis et ecclesia in honore Sancte Marie virginis dicata, in pago Briocinse*, 969 (cart. de St-Cyprien, p. 249). — *Villa que vocatur Vals*, v. 1085 (ibid. p. 261). — *Ecclesia Sancte Marie de Vallibus*, 1149 (abb. de St-Cyprien). — *Vaux*, 1389 (chap. de St-Hilaire, 138). — *Vaulx près Couhé*, 1530; *Nostre Dame de Vaux*, 1694 (abb. de St-Cyprien, 36). — *Vaux en Cormis*, 1705 (seign. de Monts). — *Vaux en Couhé*, 1738; *Vaux en Cormy*, 1769 (abb. de St-Cyprien, 36).

Ce lieu a été appelé Vaux *en Couhé* parce qu'il était en la juridiction de Couhé; la dénomination de Vaux en Cormy ne se justifie pas aussi bien, Cormy étant simplement le nom de deux villages situés à l'extrémité de la c^ne du côté de Romagne, le Grand et le Petit-Cormy, qui n'étaient le siège d'aucune seigneurie ou juridiction.

Avant 1790 Vaux faisait partie de l'archiprêtré de Rom (Deux-Sèvres), de la châtellenie de Couhé et de l'élection de Poitiers. La cure était à la nomination de l'abbé de Saint-Cyprien.

VAUX-SAINTE-MARIE (LES), h. c^ue de Mouterre-Silly. — *Vaulx*, 1453 (com^rie de Loudun, 25). — *Les Vaulx*, 1516 (ibid. 16). — *Les Vaux*, 1540 (ibid. 25). — *Les Vaulx Saincte Marye*, 1547 (chap. cathédral, 88).

VAYOLLE (LA), h. et bois, c^ne de Nieuil-l'Espoir; anc. prieuré de l'ordre de Grandmont. — *Domus de la Valole*, 1191; — *de Lavaillola, Grandimontensis ordinis*, 1197 (Layettes du trésor des chartes, t. I, p. 166 et 192). — *Avallolia*, 1233 (Fonteneau, t. XXII, p. 203). — *Domus de Vaillole*, 1267 (Ledain, Hist. d'Alphonse, p. 137). — *Avalolia, Avayllolia, Lavayllolle*, 1276; *Avalholia*, 1281 (prieuré de la Vayolle). — *Domus de Avalhia, de Avallia, ordinis Grandimontensis*, v. 1300 (Gauthier, f° 13 v°). — *Fratres de Valolia*, 1308 (journal de la dépense de Philippe le Bel, tablettes de cire à la bibl. de Genève). — *Corrector de la Vaillolle, de la Vailholhe*, 1383 (taux du décime, p. 28 et 128). — *Prieuré d'Availhoille, d'Availholle*, 1404 (gr. Gauthier, f°s 93 v° et 94 v°); — *de la Vailholle*, 1406 (ibid. f° 81 v°). — *Availliolle*, 1465 (abb. de la Trinité, 46). — Ce prieuré fut uni en 1770 au séminaire Saint-Charles de Poitiers.

VAYOLLES, chât. et vill. c^{nes} de Bertegon et Saire. — *Valolia*, v. 1080 (ch. de St-Hilaire, t. I, p. 104). — *Avallolia*, 1246 (*ibid.* t. I, p. 257). — *Avayllole*, 1262 (*ibid.* t. I, p. 301). — *Availlole*, 1398 (chap. de Ste-Radegonde, 92). — *Avalloles*, 1512 (abb. de St-Benoît, 21). — *Seigneurie de la Judalière alias Availlole*, 1558 (chap. de St-Hilaire, 427). — *Availlolles*, 1569; *maison noble d'Avayolle*, 1668; — *de la Vayolle*, 1669 (com^{rie} de Loudun, 32).

VEILLARD, mⁱⁿ sur la Dive, c^{ne} de Ranton. — *Moulin de Vueillart*, 1410 (arch. de la Soc. des antiq. de l'Ouest; Ranton); — *de Veillard*, 1615 (abb. de Ste-Croix, 72).

VEILLEFAUX, lieu détruit, près la Fuie, c^{ne} de Saint-Pierre-d'Exideuil. — *Veillefau*, 1388; *Vaillefau*, 1410 (gr. Gauthier, f°s 206 et 219 v°). — *Veil village à present froust et desert appellé Veillefau*, 1448 (com^{rie} de Civray, 1). — *Veillefaux*, 1465 (fam. Jousserant, 1).

VELAUDON, f. c^{ne} de Vouneuil-sur-Vienne. — *Alodus de Valaudoni*, v. 1025 (cart. de St-Cyprien, p. 275). — *Domus de Velaudon prope Veteres Pict.*, 1299 (com^{rie} d'Auzon, 6). — Anc. domaine de la com^{rie} d'Auzon.

VELÉS (LES), h. c^{ne} de Bonnes. — *Boys des Vlez*, 1309 (Gauthier, f° 186 v°). — *Maison des Vellez*, 1515 (seign. de Touffou, 1). — Voy. NIDAUDIÈRES (LES).

VELLÈCHE, c^{on} de Leigné-sur-Usseau. — *Villechia*, v. 1099 (cart. de Noyers, p. 303). — *Vellechia*, v. 1129 (Fonteneau, t. V, p. 561). — *Veleche*, 1250 (*ibid.* t. V, p. 643). — *Valeche, Turonensis dyocesis*, 1281; *Velleche*, 1340 (abb. de Ste-Croix, 81). — *Parochia Sancte Radegundis de Velochia*, 1386 (*ibid.* 97). — *Veilloiche*, 1429; *Veloche*, 1430 (*ibid.* 81). — *Velesche*, 1596 (aides et équivalents, p. 82).

Avant 1790 cette commune était du diocèse de Tours, archiprêtré de l'Isle-Bouchard; elle faisait partie du duché de Châtellerault, à l'exception de la baronnie de Marmande, qui dépendait de la Touraine. La seigneurie de Vellèche formait avec celle de Saint-Romain une châtellenie qui appartenait à l'abbaye de Sainte-Croix de Poitiers; l'abbesse nommait à la cure du même lieu. L'église paroissiale était sous l'invocation de Notre-Dame, suivant des titres de 1544, 1681, 1693.

Le ruiss. de Vellèche a sa source près la Bailleric, c^{ne} de Leigné-sur-Usseau, et traverse les c^{nes} de Mondion, Vellèche et Saint-Romain pour se jeter dans la Vienne à la limite du dép^t d'Indre-et-Loire.

VELLINIÈRE (LA), lieu détruit, c^{ne} de Leigné-les-Bois; — *fondis et mazerils d'un village ancien*, 1460 (duché de Châtellerault, inv. d'aveux, f° 33).

VELORT, vill. c^{ne} de Loudun. — *Johannes de Volort*, v. 1081 (cart. de Noyers, p. 100). — *Gaufridus de Volorcio*, v. 1090 (*ibid.* p. 217). — *Vellort*, 1522 (com^{rie} de Loudun, 14). — *Prieuré de Nostre Dame de l'Espine alias Vellort*, 1551; *prioratus seu cappella regularis beate Marie de Lespine alias de Velort*, 1570; *prieuré de Notre-Dame de l'Epine de Velort*, 1769 (chapelle de Velort). — *Chapelle de Notre-Dame de Velor, paroisse de S. Pierre du Martrai de Loudun*, 1782 (pouillé, p. 322). — La chapelle de Velort était à la collation du prieur de Notre-Dame-du-Château de Loudun.

VELOUR (LE GRAND-), f. c^{ne} du Verger-sur-Dive. — *Vellour*, 1461; *le grant Velour*, 1487 (cure de Ste-Radegonde-de-Marconnay). — *Le grand Vellourd*, 1542; *le grand Veloux*, 1671 (chap. de Mirebeau, 31).

VELOUR (LE PETIT-), anc. seign. c^{ne} de Craon. — *Le petit Velour*, 1522; *le petit Vellours*, 1702 (com^{rie} de Loudun, 36).

VELOURS (LES), m. isolée, c^{ne} d'Oiré. — *Les Vellours*, 1587 (seign. de Ferrière, inv.).

VELUE, h. et mⁱⁿ sur le ruiss. du même nom, c^{ne} de Nueil-sous-Faye. — *Velleure*, 1653; *Velue*, 1682 (com^{rie} de l'Isle-Bouchard, 34). — *Vellue*, 1716 (cure de Nueil-sous-Faye).

Le ruiss. ou veude de Velue, formé des deux veudes de Maine et de Goille, se jette dans le Mable au-dessous du mⁱⁿ de Velue.

VENAUDRIE (LA), m. r. c^{ne} de Leigné-sur-Usseau. — *La Venaudrye*, 1639 (seign. de la Vieillardière).

VENAUDRIE (LA), m. r. c^{ne} de Saint-Pierre-de-Maillé. — *La Venaudrye*, 1650 (évêché, 30).

VENDE (LA), vill. c^{ne} de Celle-l'Évécault. — *Village de la Massonnerie aultrement la Vente de Brochessac*, 1622 (fief de la Gralière).

VENDE (LA), étang et brandes, c^{ne} de la Roche-Posay. — *Bois de la petite Vande*, 1491; *estang de la Vende*, 1542 (abb. de la Merci-Dieu, 8).

VENDES (LES), vill. c^{ne} de la Chapelle-Montreuil. — *Maison assise es veilles ventes de Monstreul Bonnyn*, 1496 (abb. du Pin, 28). — *Village des veilles Ventes*, 1567 (com^{rie} de Roche, 2). — *Les Vendes*, 1620 (abb. de Montierneuf, 87).

VENDES (LES), m. isolée, c^{ne} de Vouillé.

VENDES (LES HAUTES et LES BASSES-), hh. c^{ne} de Chiré-en-Montreuil; une maison des Hautes-Ventes est sur le territ. de la c^{ne} de Vouillé. — *Les Vendes*, 1609 (chap. de Ste-Radegonde, 62). — *Les Vandes*, 1667 (abb. du Pin, 19). — *Les basses Ventes*, 1762 (rôle des tailles).

VENDET, mⁱⁿ sur le Clain, c^{ne} de Pairoux. — *Moulin de Vendet*, 1404 (gr. Gauthier, f° 196 v°); — *de Vandet*, 1486 (fief de Pairoux). — Anc. domaine de l'abbaye de la Reau.

VENDEUVRE, c^{on} de Neuville. — *In villa Vindopore, in vicaria Salvinse*, 938 (cart. de St-Cyprien, p. 59). — *Terra Sancti Petri Vendobrie*, 973 ou 974 (*ibid.* p. 62). — *Curtis Vindobria*, 988-1020 (*ibid.* p. 64). — *Vendovria*, v. 1000 (*ibid.* p. 71). — *Vendovrium*, 1246 (Fontenau, t. III, p. 343). — *Vendovre, Vendovvre, ecclesia de Vendobrio* (pouillé de Gauthier, f°s 146 v°, 147 et 149). — *Venduevre*, 1309 (Gauthier, f° 204). — *Venduvre*, 1383 (taux du décime, p. 19). — *Venduvre*, 1403 (chap. cathédral, 78). — *Vandeuvre*, 1455 (séminaires de Poitiers, 3). — *Vendeuvre*, 1479 (compte de J. Bourdin). — *Saint Aventin de Vendeuvre*, 1728 (clergé, 14).

Avant 1790 Vendeuvre faisait partie de l'archiprêtré de Dissay, de la châtellenie, de la sénéchaussée et de l'élection de Poitiers. Le pouillé de Gauthier, f° 139, range cette paroisse parmi celles qui étaient de *camera episcopi, extra decanatus et archipresbyteratus*; néanmoins, f° 147, il la mentionne comme étant dans l'archiprêtré de la Sie, et, f° 149, dans celui de Mirebeau. Le Taux du décime de 1383, p. 19 et 76, la place dans ce dernier archiprêtré, le registre synodal de 1478 dans celui de la Sie, de même que le registre du bissexte de 1649 et le pouillé de 1782. La cure était à la nomination de l'évêque, seigneur châtelain d'une partie de la paroisse. Il y avait à Vendeuvre une aumônerie dont les biens furent unis à l'hôpital général de Poitiers en 1695.

VENELLE (LA), f. c^{ne} de Mirebeau.

VENELLES (LES), m. r. c^{ne} de Saint-Martin-Lars. — *Cheus les Venelles*, 1673 (notaires de la vic. de Rochemeaux). — *Les Venelles*, 1766 (rôle des tailles).

VENIERS, c^{on} de Loudun. — *Villa que vocatur Venetium*, v. 1070 (livre noir de St-Florent, f° 95). — *Parrochia Sanctæ Mariæ de Venecio*, XIe s° (*ibid.* f° 122); — *de Venezo, de Veneto*, fin du XIe s^e (Arch. hist. du Poitou, t. II, p. 20 et 21). — *Venet, Veneth*, 1093 (collège de Poitiers). — *Veneiz*, 1118; *Venezium*, 1156 (Arch. hist. du Poitou, t. II, p. 26 et 35). — *Venez* (pouillé de Gauthier, f° 171 v°). — *Venetz, Venes*, 1383 (taux du décime, p. 8 et 156). — *Veniez*, 1441 (collège de Poitiers, 59). — *Venier*, 1481 (prieuré de Bournan, 1, f° 154 v°). — *Notre-Dame de Veniers*, 1782 (pouillé).

Avant 1790 cette commune faisait partie de l'archiprêtré, de la châtellenie, du bailliage et de l'élection de Loudun. Le prieuré et la cure de Notre-Dame de Veniers dépendaient de l'abbaye de Saint-Florent de Saumur; la cure a été rétablie en 1822. Le fief de Veniers relevait du château de Loudun.

VENIERS, h. c^{ne} de Pouant. — *Venier*, 1460; *Veniez*, 1471 (chap. de St-Hilaire, 427).

VENISE, f. c^{ne} de Leigné-sur-Usseau.

VENOURS, chât. et vill. c^{ne} de Rouillé. — *Radulfus de Venaurs*, 1104 (Fontenau, t. XXI, p. 571). — *Venors* (pouillé de Gauthier, f° 155). — *Venours*, 1403 (Gauthier, f° 142). — Anc. fief et haute justice relev. du château de Lusignan; qualifié châtellenie en 1755 (seign. de Venours).

VENTE (LA), h. c^{ne} de Vernon. — *La Vande*, 1532 (cure de St-André de Mirebeau). — *La Vande*, 1766 (rôle des tailles).

VENZELLES, ff. c^{ne} de Vernon. — *De Venzellis*, 1112; *apud Vendellas*, v. 1155 (abb. de Montierneuf). — *Vanselez*, 1336; *Vanzelles, Venzelles*, 1407 (*ibid.* 92). — *Vanzelle* (Cassini).

VENASSIÈRE (LA), m. r. c^{ne} de Quinçay.

VÉNATON (BOIS DE), c^{nes} de Saint-Remy-sur-Creuse et Dangé.

VERBREUIL, f. c^{ne} de Vernon; anc. paroisse mentionnée dans le pouillé de Gauthier, *ecclesia de Veteri Brolio* (f° 151), parmi celles de l'archiprêtré de Gençay, dans un compte de décimes de 1396 et dans un acte de 1344 (chap. de St-Hilaire, 539); il paraît que dès la seconde moitié du XIVe siècle elle était réunie à celle de Vernon, car son nom ne se trouve pas dans le ms. de 1383, intitulé Taux du décime. La chapelle de Saint-Antoine, indiquée sur la carte de Cassini et appelée *S. Antoine de Verbereuil* dans le pouillé de 1782 (p. 322), était vraisemblablement l'église paroissiale. — *In Veteri Brollio*, v. 1095 (cart. de St-Cyprien, p. 221). — *De Veteri Brolio*, 1276 (prieuré de la Vayolle). — *Nemus de Verbroil*, XIIIe s° (abb. de Nouaillé). — *Veil Brueil*, 1403 (hommages du comté de Poitou, f° 20 v°). — *Bois de Verbruilh, Verbruil*, 1404 (gr. Gauthier, f°s 88 v° et 93). — *Verbreuil*, 1474 (abb. de la Trinité, 46). — *Vielbreuil*, 1521 (abb. de Montierneuf, 93).

Le fief de Verbreuil relevait de la vicomté de Gençay (hommages du comté de Poitou, f° 21).

VERBRISSE, vill. c^{ne} de Veniers. — *Verbrisse*, 1379 (com^tie de Loudun, 18). — *Verrebrices*, 1420 (chapelle de St-Nicolas à Loudun). — *Verbrisses alias la Bessière*, 1572 (chapelle de Ste-Marguerite-du-Pardon à Loudun). — Anc. fief.

Verdaizière (La), h. c^ne de Saint-Pierre-de-Maillé; — 1543 (abb. d'Angle).

Verdière (La), vill. c^ne de Savigné. — *La Veridère*, 1395 (gr. Gauthier, f° 272 v°). — *La Verdière*, 1494 (fief de Chaleur). — *La Vredière*, 1689 (notaires, Pascault à Civray).

Verdigné, f. c^ne des Trois-Moutiers.

Verdillon, h. c^ne de Paizay-le-Sec; — 1617 (fief des Clerbaudières).

Verdins (Les), h. c^ne d'Ouzilly; — 1680 (fam. des Courtis).

Verdoisière (La), h. c^ne de Rouillé. — *La Verdoyzère*, 1400 (chap. de St-Hilaire, 558). — *Les Verdoizères*, 1420 (gr. Gauthier, f° 50). — *La Verdaizère*, 1476 (chap. de St-Hilaire, 81). — *La Verdoixière*, 1775 (rôle des tailles).

Verdonnerie (La), h. c^ne de Scorbé-Clairvaux.

Verdons (Les), près la Croix, m. r. c^ne d'Usseau. — *Village des Verdons*, 1607 (seign. de la Morinière).

Verdons (Les), près la Menaudière, h. c^ne d'Usseau.

Verdrie (La), h. c^ne de Lussac-le-Château. — *La Verdrye*, 1583 (cure de Lussac).

Verdune (La), vill. c^ne de Ceaux, c^on de Loudun; — 1512 (com^tie de Loudun, 29).

Verge-au-Rond (La), bois, c^ne de Saint-Benoît; autref. à l'abb. de Saint-Benoît; contenait 90 arpents en 1685 (abb. de St-Benoît, 27).

Verger (Le), f. c^ne d'Availle-Limousine.

Verger (Le), m. isolée, c^ne de Béruges.

Verger (Le), h. c^nes de Bonneuil-Matours et Montoiron. — *Le Vergier*, 1602 (seign. de Montoiron, 1). — *Le Verger*, 1645 (seign. de Touffou, 5).

Verger (Le), f. c^ne de Ceaux, c^on de Loudun.

Verger (Le), h. c^ne de la Chapelle-Bâton. — *Le Vergier*, 1710 (rôle des tailles).

Verger (Le), f. c^ne de la Chapelle-Montreuil. — *Le Vergier*, 1504 (abb. de Montierneuf, 84).

Verger (Le), m. r. c^ne de Châtellerault; — 1444 (duché de Châtellerault, 1). — *Hostel et place fort du Verger*, 1505 (*ibid.* 6). — Anc. fief et haute justice relev. du duché de Châtellerault.

Verger (Le), chât. et vill. c^ne de Liglet. — *Viridarium*, 1274 (maison-Dieu, 127). — *Le Vergier*, 1457 (cure de Liglet). — Anc. fief relev. de la bar. de la Trimouille (Fonteneau, t. XLI, p. 983).

Verger (Le), f. c^ne de Luchapt. — *Viridarium*, 1413 (Fonteneau, t. XXXIX, p. 77). — *Le Vergier*, 1640 (fam. de la Broue de Vareilles). — Anc. fief.

Verger (Le), vill. c^ne de Verrières.

Verger-Gazeau (Le), h. c^ne de Chouppes. — *Le Vergier Gazeau*, 1426 (chap. de Mirebeau, 16). — Anc. fief relev. de la bar. de Mirebeau.

Verger-Gazeau (Le Petit-), h. c^ne de Mirebeau. — *Le petit Vergier Gazeau*, 1588 (arch. de la Soc. des antiq. de l'Ouest, n° 300).

Verger-Grenet (Le), h. c^ne de Varennes. — *Le Vergier Grenet*, 1572 (chap. de Mirebeau, 22).

Verger-Marion (Le), forêt, c^ne de Montreuil-Bonnin; dép. autref. du château de Montreuil-Bonnin; sa contenance était de 280 arpents en 1781 (affiche de vente).

Verger-Saint-Martin (Le), f. c^ne de Blâlay. — *Viridarium*, 1263 (prévôté de Blâlay, 1). — *Le Vergier*, 1316 (*ibid.* 4). — *Le Vergier Saint Martin de Tours*, 1430 (*ibid.* 1). — Cette terre appartenait au chapitre de Saint-Martin de Tours.

Verger-sur-Dive (Le), c^on de Moncontour. — Depuis le 18 juillet 1864, le village du Verger, qu'on a appelé le Verger-sur-Dive, quoiqu'il soit distant de plus de 1,500 mètres de cette rivière, est le chef-lieu de la commune appelée jusqu'alors Sainte-Radegonde-de-Marconnay. — *Le Verger*, 1327 (arch. nat. chambre des comptes, reg. 330, n° 36). — *Le Verger de Marconnay*, 1408 (fam. de Fouchier). — *Le Vergier de Marconnay*, 1572 (chap. de Mirebeau, 31).

Vergène (La), à la Grimaudière; — 1508 (aveu de Mirebeau). — Anc. fief relev. de la bar. de Mirebeau; auj. inconnu.

Vergerie (La), m. r. c^ne de Buxeuil.

Vergerie (La), h. c^ne de Sérigny.

Verges, h. c^ne de Queaux; — 1450 (seign. de Ressonneau, 1).

Vergnade (La), h. c^ne de Saint-Remy; — 1550 (maison-Dieu, 188).

Vergnade (Ruisseau de la), c^ne de Millac, se jette dans la Vienne près le m^in de Fouquet. — *Ruisseau de la Vernade*, 1618 (cure de Millac).

Vergnaudes (Les), m^in sur la Grande-Blour, c^ne d'Adriers.

Vergnaudière (La), f. c^ne de Moussac-sur-Vienne. — *La Vernaudière*, 1497 (seign. de Lussac, 1).

Vergnaudrie (La), f. c^ne de Romagne. — *La Vergnauderie*, 1608 (chap. de St-Hilaire, 254).

Vergnay (Le), h. c^ne de Magné. — *Domus communie Pict. de Vergney*, 1290 (arch. de Poitiers, 14). — *Le Vergnay*, 1404 (gr. Gauthier, f° 89 v°). — *La Vergnée*, 1406 (*ibid.* f° 82).

Vergne (La), f. c^ne d'Adriers; — 1561 (prieuré de St-Paixent).

Vergne (La), m. r. c^{ne} de Châtain. — *Molendinum de Vergnia*, 1306 (Fontencau, t. XXXVIII, p. 13). — *Moulin de la Vergne*, 1404 (ibid. t. XXXIX, p. 23). — Ce moulin, qui n'existe plus, appartenait à l'abbaye de Charroux.

Vergne (La), f. c^{ne} de Coulonges.

Vergne (La), f. c^{ne} de Latus. — *Domina de Vernhia*, 1409 (gr. Gauthier, f° 123). — *La Verigne*, 1496 (fief du Cluzeau-Bonneau). — *La Vergne*, 1561 (seign. de la Dallerie).

Vergne (La), chât. en ruine, ff. et m^{in} sur la Clouère, c^{ne} de Marnay. — *Ecclesia de la Vernia*, 1097-1100 (cart. de St-Cyprien, p. 13). — *Willelmus de Vergna*, v. 1118; *Ugo de la Verne*, v. 1172 (abb. de Nouaillé). — *Domus de Vergnia*, 1220 (ibid. 1). — *Helias de la Vergne*, 1240 (ibid. 19). — *Prior de Vergnia*, 1383 (taux du décime, p. 27). — *Les Vergnes*, 1499 (chap. de St-Pierre-le-Puellier, 23). — *La basse Vergne, les hasultes Vergnes*, 1558 (fief de Château-Larcher). — *Les basses Vergnes, vieux froustis d'une tour toute ruynée et inhabitable, n'y paroissant que les vestiges de quelque pan de murailles*, 1626 (religieuses de Ste-Catherine de Poitiers).

Le fief des Basses-Vergnes, ayant titre de châtellenie, relevait de la bar. de Celle-l'Évêcault; celui des Hautes-Vergnes, relev. de la châtellenie de Château-Larcher, y fut réuni en 1566. Il n'est fait mention de l'église et du prieuré de la Vergne que dans les deux documents cités plus haut.

Le moulin de la Vergne était autrefois appelé moulin de Charzay ou de Chérizé. — *In villa Chereziaco, in vicaria Vicovedonense*, v. 965 (cart. de St-Cyprien, p. 267). — *Molendinum de Charazaio*, 1221 (Fontencau, t. XXII, p. 81). — *Willelmus, reclusus de Cherezayo*, 1227 (ibid. t. XXII, p. 131). — *Moulin de Charzay*, 1541 (fam. Pidoux). — *Moulin de Chérizé, aultrement appellé le moulin de la Vergne*, 1626 (religieuses de Ste-Catherine de Poitiers).

Vergne (La), ff. c^{ne} de Montmorillon. — *Vergnia*, 1260 (Hommages d'Alphonse, p. 84). — *La Vergne*, 1405 (maison-Dieu, 74). — Anc. fief relev. de la bar. de Montmorillon.

Vergne (La), lieu détruit, près la Roche, c^{ne} de Pairoux; — 1498, 1736; *terres labourables où autrefois il y avoit un village nommé la Vergne*, 1767 (fief de St-Martin-Lars).

Vergne (La), h. c^{ne} de Queaux; — 1504 (prieuré de St-Nicolas de Civray).

Vergne (La), vill. et m^{in} sur la Vienne, c^{ne} de Saint-Martin-la-Rivière. — *Moulin de la Varne*, 1572;

— *de la Verne*, 1603, 1645 (chap. de Mortemer, 4); — *de la Vergne*, 1663 (évêché, 13).

Vergne (La), f. c^{ne} de la Trimouille. — *La Vergne, moulin de la Vergne*, 1494 (fief de Gersant). — Le m^{in} de la Vergne, sur l'Asse, n'existe plus.

Vergne (La), h. c^{ne} du Vigean; — 1558 (cure de l'Isle-Jourdain).

Vergne (La Grande-), vill. et m^{in} sur la Vienne; la Petite-Vergne, h. c^{ne} de Moussac-sur-Vienne.

Vergné, vill. c^{ne} de Savigné. — *Vergnec*, 1183 (Fontencau, t. XVIII, p. 551). — *Villagium de Verigniaco*, 1364 (abb. de Moreaux). — *Vergniet*, 1403 (gr. Gauthier, f° 251 v°). — *Vergné*, 1404 (ibid. f° 195). — *Verignec*, 1482 (fief de Loin). — *Vrigné*, 1632 (notaires, Vaugelade à Civray). — *Vregné*, 1671 (notaires, Pascault à Civray).

Vergnesaude (La), f. c^{ne} de Moussac-sur-Vienne.

Vérine, h. c^{ne} de Beaumont. — *Decima de la Verina*, 1216; *Verrines*, 1258 (chap. de Notre-Dame-la-Grande, 26). — *Vayrines*, 1357 (ibid. 28). — *Verines*, 1499 (duché de Châtellerault, 4). — Anc. fief relev. de la châtell. de Beaumont appart. au chapitre de Notre-Dame-la-Grande de Poitiers.

Vénine, vill. c^{ne} de Chouppes. — *Voyrines*, 1388 (chap. cathédral, 36). — *Voirines*, 1432 (chap. de Mirebeau, 16). — *Verines*, 1507 (chap. cathédral, 36). — Anc. fief relev. de celui de la Roche-de-Chizay appart. à l'église cathédrale de Poitiers.

Vénine (Le Bas-), ff. c^{ne} de Marigny-Brizay.

Verlay, f. c^{ne} de la Roche-Posay. — *Vellé*, 1200; *Velé*, 1275 (cart. de la Merci-Dieu, 242 et 261). — *Verlé*, 1455 (notaires, Artaud à la Roche-Posay). — *Verlay*, 1636 (seign. de la Roche-Posay, 3). — *Verlet*, 1841 (nomencl.).

Verletrie (La), m. au bourg de Saint-Pierre-de-Maillé. — *La Verdeletrie*, 1646 (évêché, 29). — *La Verlateric*, 1719 (ibid. 43). — Anc. fief relev. de la bar. d'Angle.

Verliat, f. c^{ne} d'Availle-Limousine. — *Verilhac*, v. 1520 (seign. d'Availle).

Vernaux (Les), m. près les Limbaudières, c^{ne} d'Usseau. — *Village de Limbelotière alias les Vernaux*, 1539; — *des Vernaux de Limbelotière*, 1622; — *des Verneaulx aultrement Burcelottière*, 1628; — *les Verneaux autrement Barsalotière*, 1672 (seign. de la Motte d'Usseau).

Vernay, à la Roche-de-Chizay, c^{ne} de Saint-Jean-de-Sauves; — 1508 (aveu de Mirebeau). — Anc. fief relev. de la bar. de Mirebeau.

Vernay, f. c^{ne} de Saint-Sauvant. — *Vernay*, 1470; *Verné*, 1515 (fief de Laugerie).

Vernay (Le Haut-), f. c^{ne} de Bournan. — *De Ver-*

niaco, v. 1080 (ch. de S¹-Hilaire, t. I, p. 104). — *Verneium*, v. 1150 (*ibid.* t. I, p. 152).

VERNELLE, h. c^ne de Saint-Martial. — *Vernelles*, 1547; *Veronnelles*, 1566 (évêché, 17). — Anc. fief relev. du chât. de Gouzon.

VERNESSAC, h. c^ne de Millac; — 1486 (cure de l'Isle-Jourdain); 1582 (seign. de l'Isle-Jourdain).

VERNEUIL, h. c^ne de Charroux. — *Verneuilh*, 1354; *Verneil*, 1401; *Verneuilh*, 1407 (chap. de S¹-Hilaire, 548).

VERNEUIL, h. c^ne de Gençay. — *Vernolium*, 1088-1091 (cart. de S¹-Cyprien, p. 213). — *Vernuil*, 1404 (gr. Gauthier, f° 86 v°). — *Vernoil*, 1478; *Verneil*, 1522 (chap. de S¹-Pierre-le-Puellier, 26). — *Verneuil*, 1599 (*ibid.* 22).

VERNEUIL, h. c^ne de Maupréyoir. — *Vernueilh*, 1538 (aveu de S¹-Germain). — *Verneuil*, 1624 (notaires de la vic. de Rochemeaux).

VERNEUIL, h. et m^in sur l'Auzance, c^ne de Migné. — *Molendinum de Vernolio*, 1280 (abb. de Montierneuf, 13). — *Vernuyl*, 1324; *Verneul*, 1337 (arch. de Poitiers, 12). — *Vernuylh*, *Vernoilh*, *Verneilh*, *Vernueil*, *Vernoil*, 1404 (gr. Gauthier, f°s 23 et 24). — Anc. fief relev. d'Auzance.

VERNEUIL (LE GRAND et LE PETIT-), ff. c^ne de Mouterre. — *Verneuilh*, 1449 (seign. de l'Isle-Jourdain). — *Varneuil*, 1620 (Fonteneau, t. XLV, p. 797).

VERNIÈRE (LA), m. r. c^ne de la Vausseau. — *Chaigne Odet*, 1641 (com^rie de la Vausseau).

VERNON, c^on de la Villedieu. — *Varnon*, 1274 (abb. de Montierneuf, 92). — *Vernon* (pouillé de Gauthier, f° 151). — *S. Christophe de Vernon*, 1782 (pouillé).

Cette commune est formée des deux anciennes paroisses de Vernon et Chiré-les-Bois, qui faisaient partie de l'archiprêtré et de la châtellenie de Gençay, de la sénéchaussée et de l'élection de Poitiers. La cure de Vernon était à la nomination du sous-chantre du chapitre cathédral. Les bois de Vernon s'étendent sur les c^nes de Vernon et Nieuil-l'Espoir.

VÉRON (LE), ruiss. sort de l'étang de Gardaché, c^ne de Journet, passe au chef-lieu de cette c^ne et se jette dans le Saleron au-dessous de la Châtre, même c^ne. — *Le rivau de Vayron*, 1450 (maison-Dieu, 154). — *Le rys de Veron*, 1529 (*ibid.* terrier, f° 194 v°). — *Le Rivault de Voyron*, 1530 (*ibid.* f° 192). — *Ruisseau de Vairon*, 1580 (seign. de Courtevrault).

VÉRONS (LES), h. c^ne de Sossay. — *Les Verrons*, 1565 (seign. de Puygarreau, 7).

VERRE, chât. et ff. c^ne de Saint-Georges; anc. fief relev. du château d'Harcourt à Chauvigny. — *Varias super fluvium Clinni*, 989 (Besly, Hist. des comtes de Poitou, p. 274). — *Molendinum de Vaires*, 1236 (chap. de Notre-Dame-la-Grande, 52); — *de Vaeres*, 1286 (évêché, 46). — *Veres*, 1315 (chap. de Ste-Radegonde, 8). — *Vayres*, 1322 (abb. de la Celle, 18). — *Veyres*, 1379 (évêché, 46). — *Voyres*, 1408 (gr. Gauthier, f° 11). — *Molins de Vaisres*, 1437 (*ibid.* f° 41). — *Verre*, 1685 (évêché, 46). — Le moulin de Verre, sur le Clain, est détruit depuis longtemps.

VERRE (LE PETIT-), h. c^ne de Chasseneuil. — *Le petit Vaisres*, 1437 (gr. Gauthier, f° 40). — *La petit Verre*, 1542 (com^ris de Saint-Georges, 8). — *Le petit Vaire*, 1588 (arch. de la Soc. des antiq. de l'Ouest, n° 300).

VERRÉE (LA), h. c^ne d'Avantou.

VERRERIE (LA), champs, vignes et bois, près la Guilletrie, c^ne d'Archigny; anc. verrerie. — *Verrie de Bichaz*, 1442 (arch. de la Roche-de-Bran); — *du Bischat*, 1485; *la verrerye neufve*, 1494; — appellée *Lasseron*, v. 1500 (seign. de Touffou, 4). — Heritage appellé le Bischa ou Muzetterie, 1648 (évêché, 34). — *La Verrie neufve*, 1610 (*ibid.* 5).

VERRERIE (LA), h. c^ne de Béruges. — *La Vesrye*, 1605; *la Verrie*, 1673 (abb. du Pin, 19).

VERRERIE (LA), m. à Lautier.

VERRERIE (LA), f. c^ne de Mazerolles. — *La Verrerye*, 1693 (abb. de Nouaillé, 42).

VERRERIE (LA), m. r. c^ne de Saint-Pierre-de-Maillé. — *La vieille Verrye*, 1639 (seign. de la Roche-Aguet).

VERRERIE (LA), ff. c^ne du Vigean.

VERRERIE (LA GRANDE et LA PETITE-), ff. c^ne de la Bussière.

VERRIE (LA), h. c^ne de Coulombiers; — 1515 (fief des Ponternières).

VERRIÈRE, vill. c^ne de Champniers. — *Verrières*, 1393 (gr. Gauthier, f° 230). — *Verrères*, 1438 (seign. de la Millière). — *Verière*, 1641 (inscription en l'église de Champniers).

VERRIÈRES, c^on de Lussac-le-Château. — *Villa que dicitur Vedrerias, in pago Pictavo, in vicaria Exidualinse*, 936 (cart. de S¹-Cyprien, p. 231). — *Vitrerias*, v. 964 (abb. de Nouaillé). — *Verera in pago Pictavo, in vicaria Lisilvalensi, in condito Brioninse*, 1025 (*ibid.*). — *Parrochia de Vereriis*, v. 1030 (cart. de S¹-Cyprien, p. 233). — *Verreria*, v. 1090 (*ibid.* p. 232). — *Veyreres*, 1276 (prieuré de la Vayolle). — *Vayreres*, 1285 (abb. de Montierneuf, 92). — *Verreres* (pouillé de Gauthier, f° 175). — *Varreres*, v. 1300 (bar. de Dienné). — *Capellanus de Verreriis*, 1383 (taux du décime, p. 60). — *Verrières*, 1462 (abb. de Nouaillé, 20). — *S. Michel de Verrières*, 1782 (pouillé).

Avant 1790 cette commune faisait partie de l'archiprêtré de Mortemer, de la sénéchaussée et de l'élection de Poitiers. La cure était à la nomination de l'évêque. Le fief de Verrières, qualifié châtellenie dès 1600, était uni à la baronnie de Dienné et relevait de la tour de Maubergeon.

En 1790 Verrières devint le chef-lieu d'un canton dépendant du district de Montmorillon et composé des communes de Verrières, la Chapelle-Mortemer, Lomaizé, Mortemer, Salles-en-Toulon et Saint-Laurent-de-Jourde. Ce canton fut supprimé le 18 novembre 1801; son territoire fut réuni à celui du canton de Lussac.

La forêt de Verrières, autref. appelée Foulatier et dép. de la châtell. de Verrières, s'étend sur les c^{nes} de Dienné, Saint-Laurent-de-Jourde et Lomaizé. — *Silva de Fullus*, v. 1112 (abb. de Nouaillé). — *Bois de Dienné appellé Foulatere*, 1404 (gr. Gauthier, f° 84). — *Les boys de Foulater*, 1477 (fief de Mortemer); — *de Follatier*, 1534 (seign. de Dienné et Verrières). — *Grande fourest et boys de Dyenné aultrement nommée Follatier, contenant mil cinq arpans*, 1548 (fief de Dienné et Verrières). — *Le grand boys de Foulatier*, 1607 (abb. de Nouaillé, 50). — *Fourest de Foulatier*, 1672 (notaires, Sandilleau à Verrières). — *Forest de Verrière* (Cassini).

VERRIÈRES, chât. f. et bois, c^{ne} de Bournan. — *Terra que Verreria appellatur?* 1115 (Bull. de la Soc. des ant. de l'Ouest, t. II, p. 194). — *Verrères*, 1355 (abb. de la Celle, 16). — *Chastel et forteresse de Verrières* (ms. Trincant). — Anc. fief relev. du château de Loudun; érigé en baronnie en 1569 (Essais sur l'hist. de Loudun, 2° partie, p. 99).

VERRIÈRES (LES), h. c^{ne} d'Availle-Limouzine. — *Les Verrères*, 1448 (fam. Laurent de Reyrac). — *Verrières*, 1480; *les Verrières*, 1520 (cure de Millac).

Le ruiss. des Verrières sort d'un étang voisin de ce hameau, appelé l'étang de Foncube, et se réunit au Puistourlet près les Baupinières.

VERRIERS (LES), h. c^{ne} de Montoiron.

VERRINES, vill. et fontaine, c^{ne} de Frontenay. — *Verrines*, 1262 (ch. de St-Hilaire, t. I, p. 296).

VERRINES (LES), f. c^{ne} de Lusignan. — *Les Verines*, 1409 (gr. Gauthier, f° 47 v°). — *Les Vesrines*, 1583 (seign. des Verrines).

VERRONNERIE (LA), m. r. c^{ne} de Prinçay. — *La Veronnerie*, 1717, 1784 (cure de Prinçay).

VERRONNIÈRE (LA), f. c^{ne} de Sanxay; — 1730 (rôle des tailles de la Chapelle-Montreuil).

VERRUE, c^{on} de Monts-sur-Guesne. — *Verruca in pago Pictavensi*, 931 (dipl. du roi Raoul pour St-Martin de Tours, ap. Bouquet, t. IX, p. 575). — *Capella Sancti Hilarii in villa Verruca*, 954 (E. Mabille, La pancarte noire de St-Martin de Tours, p. 233). — *Verrue*, 1265 (chap. cathédral, 44). — *Verrua* (pouillé de Gauthier, f° 170 v°). — *Capellanus de Veruca*, 1383 (taux du décime, p. 76). — *S. Hilaire de Verrue*, 1782 (pouillé).

Cette commune est formée des trois anciennes paroisses de Verrue, Dandesigny et Ligniers-Langoût. Avant 1790 celle de Verrue faisait partie de l'archiprêtré et de la baronnie de Mirebeau, du duché-pairie et de l'élection de Richelieu, généralité de Tours. La cure était à la nomination du chantre du chapitre cathédral; elle a été transférée à Purnon. Le fief de Verrue relevait de la baronnie de Mirebeau.

VERRUE, m. au vill. de Cloître, c^{ne} de Vendeuvre; — 1472 (séminaires de Poitiers, 3); — anc. fief relev. du prieuré de Chéneché.

VERSAILLES, m. détruite, c^{ne} de Nieuil-l'Espoir.

VERSAILLES (LE PETIT-), h. c^{ne} de Sammarçolle.

VERSÉE (LA), f. c^{ne} de Mortemer. — *La Vercée*, 1465 (fam. Taveau).

VERTOUX, f. c^{ne} de Lomaizé. — *Avalatot?* 1223; *domus de Voslatot in parrochia de Lomaisec?* 1228 (abb. de Nouaillé, 49).

VERVOLIÈRE (LA), chât. c^{ne} de Coussay-les-Bois. — *La Varvolère*, 1346; *la Varvolière*, 1395; *la Vervolière*, 1398 (arch. de la Soc. des antiq. de l'Ouest, n°s 710, 717, 719). — Anc. fief, qualifié châtellenie en 1738, 1776, et relev. de la bar. de Preuilly (Indre-et-Loire).

VESINIÈRE (LA), f. c^{ne} de Bonnes. — *La Vezinière*, v. 1400; *la Voisinière*, 1598 (seign. de Touffou, 1).

VÉTILLONS (LES), h. c^{ne} de Buxeuil; — 1675 (fam. de Monléon).

VÉTON, lieu détruit, près la Nesde, c^{ne} de Saint-Genest. — *Les Mazeres Chezelles, estanc de Veton, de Veston*, 1411; *Veton ou les Masures Cheselles*, 1439 (seign. de Puygarreau, 3). — Anc. fief relev. de la châtell. de Gironde.

VEUDE (LA), petite riv. prend naissance à la fontaine de Boisgrollier, c^{ne} de Thuré, traverse la c^{ne} de Saint-Gervais, passe à la limite est du territ. de Saint-Christophe et, après un parcours de 12 kilomètres, entre dans le départ. d'Indre-et-Loire pour aller se jeter dans la Vienne. — *Aqua quæ Voda vocatur*, 637 (dipl. non authent. de Dagobert Ier, ap. Pardessus, Diplomata, chartæ, etc. t. II, p. 57). — *Rivulus Vorda*, 931 (Bouquet, t. IX, p. 575). —

Fluvius Wosda, 960 ou 961 (cart. de S¹-Cyprien, p. 79). — *Vosda*, v. 1067 (cart. de Noyers, p. 56). — *Voda*, v. 1094 (*ibid.* p. 254). — *La Wede*, 1340; *la Veude*, 1374 (bar. de Luain). — *La Voide*, 1468 (abb. de S¹-Cyprien, 35). — *Rivière de Vede, du Vedde*, 1528 (prieuré de Fontmorre, 2).

Dans une partie de l'arrondissement de Châtellerault et de celui de Loudun, le mot veude ou vède est souvent usité avec l'acception commune de ruisseau.

VEZIÈRES ou VEZIENS, c^en des Trois-Moutiers. — *Vicaria Vareciacinsis in pago Pictavo*, 969 ou 970 (cart. de S¹-Cyprien, p. 80). — *Aymericus de Vareza*, v. 1040 (Arch. hist. du Poitou, t. II, p. 43 et 44). — *Aimericus de Varezia*, 1115-1149 (gr. cart. de Fontevrault, 28). — *Prior de Varezio*, 1120-1145 (Arch. hist. du Poitou, t. II, p. 40). — *Ecclesia Sancti Petri de Varesia* (pouillé de Gauthier, f° 171 v°). — *Prioratus de Vereres* (*ibid.* f° 146). — *Philippus de Vareze*, 1309 (Les Olim, t. III, p. 427). — *Capellanus de Varezeia, Verreria, Vareria, Varezia*, 1383 (taux du décime, p. 9, 76, 118 et 120). — *Prior de Vereres*, 1383 (*ibid.* 8). — *Vezières*, 1454 (com^rie de Loudun, 16). — *Rector de Vereriis*, 1478 (reg. synodal). — *Veziers*, 1649 (bissexte). — *S. Pierre et S. Paul de Veziers*, 1782 (pouillé). — *Vezières*, 1818 (annuaire).

Cette commune est formée des deux anciennes paroisses de Vezières et Saint-Citroine, qui faisaient partie de l'archiprêtré, de la châtellenie, du bailliage et de l'élection de Loudun.

La viguerie de Vezières est mentionnée dans le seul document cité plus haut, avec les localités de Chavenay et Virsay. Le prieuré et la cure de Vezières dépendaient de l'abbaye de Saint-Florent de Saumur.

Les bois de Vezières ou de Lamothe (carte de l'état-major), contigus à l'ouest à ceux de Chalmont, sont situés entre le chef-lieu de la c^ne et la limite du départ. d'Indre-et-Loire.

VEZIN, h. c^ne d'Usson. — *Voysins*, 1498 (fief de la Guéronnière). — *Voysin*, 1514 (fam. Frotier). — Anc. fief relev. du comté de Civray (Fontenau, t. XXXIX, p. 725).

VEZINERIES (LES), f. c^ne de Villemort. — *Les Vezyneryes*, 1572 (maison-Dieu, 104). — *Les Vezineries*, 1609 (couv. de la Paye, 13). — *Les Vesineries* (Cassini).

VEZINIÈRE (LA), h. c^ne d'Ayron. — *La Vesinère*, 1383 (gr. Gauthier, f° 73).

VEZINIÈRE (LA), vill. c^ne de Lomaizé. — *La Voysinère*, 1465 (fam. Taveau). — *La Vesinière*, 1469 (seign. de Dienné et Verrières, 3). — *La Vezinière*, 1700 (notaires, Sandilleau à Verrières).

VIANDERIE (LA), m. détruite, près Larnay, c^ne de Biard.

VIANNIÈRE (LA), vill. c^ne de Brux. — *La Viennère*, 1470 (chap. de S¹-Hilaire, 243). — *La Vianyère*, 1529 (fief d'Épanvilliers). — *La Vienière*, 1605 (fief de Miserit). — *La Viennière*, 1628 (seign. de Panièvre).

VICANE (LA), m. à Biard. — *Mestairie de la Vicanne*, sur le chemin de l'église au moulin de Biard, 1599, 1729 (chap. cathédral, 13 et 14).

VICANE (LA), anc. fief relev. de la châtell. de Dissay, c^ne de Chassencuil. — *La Vicanne*, 1494 (évêché, 46). — On ne connaît plus sous ce nom qu'un terrain communal situé à 500 mètres sud du bourg de Chassencuil.

VICQ, c^en de Pleumartin. — *Ecclesia Sancte Serene in loco qui dicitur Vicus, super fluvium Engle*, v. 1080 (cart. de S¹-Cyprien, p. 132). — *Vic*, v. 1085 (*ibid.* p. 131). — *Vicus super Crozum*, 1309 (Gauthier, f° 199). — *Vicus super Crosam*, 1320 (évêché, 22). — *Vic Saint Leger*, 1461 (abb. d'Angle). — *Sainct Legier de Vic*, 1506; *Vicq*, 1508 (évêché, 33). — *Vic-sur-Gardempe*, 1829 (Diction. gén. des communes). — *Vic-sur-Gartempe*, 1859 (Diction. des postes).

C'est par erreur que l'acte de 1080 environ, cité ci-dessus, place Vicq sur l'Anglin; d'ailleurs un acte du même temps, qui suit celui-là dans le cartulaire de Saint-Cyprien, mentionne des moulins qui sunt *in aqua nomine Gartimpa sub ecclesia Sancte Serene*. Les dénominations de 1309 et 1320, *Vicus super Crosam*, sont également erronées.

Avant 1790 cette commune faisait partie de l'archiprêtré et de la baronnie d'Angle, de la sénéchaussée de Poitiers et de l'élection du Blanc, généralité de Bourges. Le prieuré de Sainte-Serène de Vicq dépendait de l'abbaye de Saint-Cyprien de Poitiers; le prieuré-cure de Saint-Léger, de l'abbaye d'Angle. Une bulle de 1210 pour cette dernière abbaye fait connaître une troisième église, celle de Saint-Maurice, dont il n'est resté aucun autre souvenir : *ecclesias Sancti Mauricii et Sancti Leodegarii de Vico* (Epist. Innocentii papæ III, t. II, p. 509). — Le pont de Vicq est mentionné en 1496 dans un titre du prieuré-cure de ce lieu.

La commune de Vicq a été détachée le 25 mai 1835 du canton de Saint-Savin, arr¹ de Montmorillon, pour être réunie au canton de Pleumartin, arr¹ de Châtellerault.

DÉPARTEMENT DE LA VIENNE. 437

Victoire (La), f. c^{ne} de Queaux.

Vieillardière (La), f. c^{ne} de Leigné-sur-Usseau. — *La Vellardère*, 1235 (prieuré de Fontmore, 1). — *La Veillardère*, 1339 (seign. de la Garde). — *L'Esveillardière*, 1426 (duché de Châtellerault, 5). — *La Veillardière*, 1479 (seign. de Puygarreau, 10). — *La Vieillardière*, 1489 (cure de Mondion). — Anc. fief relev. du Plessis-Baunay.

Vieillards (Les), h. c^{ne} de Châtellerault. — *La grange des Vieillardz*, 1621 (fief du Savinier).

Vieille-Écluse, mⁱⁿ sur la Vienne, c^{ne} de Bonnes; autref. mⁱⁿ banal de la seign. de Touffou. — *Moulin de Vieille Escluse*, 1410 (chap. de Chauvigny, 23); — *de Vielle Escluze*, 1547 (aveu de Touffou).

Vieillefont, h. c^{ne} de Vouneuil-sur-Vienne.

Vieille-Grange (La), f. c^{ne} de Marçay; — 1761 (rôle des tailles).

Vieille-Maison (La), h. c^{ne} d'Usseau. — *Village de la Maletrie et Vielle Maison*, 1673 (aveu de la Motte d'Usseau, p. 88).

Vieille-Métive, vill. c^{ne} d'Anois. — *Veille Mestive*, 1403 (gr. Gauthier, f° 252).

Vieillemont, h. c^{ne} de Craon. — *Feodum de Villomonte*, 1189 (ch. de St-Hilaire, t. I, p. 206). — *Veilhemont*, 1457 (com^{rie} de St-Georges, 33). — *Veilmont*, 1477; *Viellmont*, 1496 (com^{rie} de Loudun, 36). — *Vieillemont*, 1549 (com^{rie} de St-Georges, 26). — *Chastellenie de Vieilmont*, 1683 (cure de Mazeuil). — *Prieuré de S. Jacques de Villemon-en-Cron*, 1782 (pouillé, p. 80). — Ce prieuré dépendait de l'abbaye d'Airvault (Deux-Sèvres). — Le fief et haute justice de Vieillemont relevait de la bar. de Moncontour.

Vieilleraux, h. c^{ne} de la Ferrière. — *Vielleraux* (Cassini).

Vieillère (La), h. c^{ne} de Coussay-les-Bois. — *La Viellière*, 1516 (seign. de la Roche-Posay, 2). — *La Viollière* (Cassini).

Vieillerie (La), m. r. c^{ne} de Sèvre.

Vieille-Roche (La), f. c^{ne} de Blâlay; — 1450 (couv. de Lencloître). — *Les Vielles Roches* (Cassini).

Vieille-Vigne, lieu détruit, près Ogeron, c^{ne} de Bonneuil-Matours; — 1651 (seign. de Touffou, 3).

Vieille-Vigne, f. c^{ne} de Chouppes. — *Gressigny*, 1573; *seigneurie de Viellevigne aultrement Gresseigny*, 1602 (chap. de Mirebeau, 18). — Anc. fief relev. de la bar. de Mirebeau.

Vieilles-Vignes (Les), f. c^{ne} de Nouaillé; — 1607 (abb. de Nouaillé, 6).

Vieilles-Vignes (Les), f. c^{ne} de Vernon.

Viennay, h. c^{ne} de Mirebeau. — *Viennay*, 1412 (chap. de Mirebeau, 13). — *Vienois*, 1554 (seign. de Puygarreau, 10). — Anc. fief relevant de Puygarreau.

Vienne (La), riv. qui a donné son nom au département; prend sa source dans le départ. de la Corrèze, arrose ceux de la Haute-Vienne et de la Charente avant d'entrer dans celui de la Vienne, qu'elle traverse du sud au nord, en baignant Availle-Limousine, l'Isle-Jourdain et Chauvigny dans l'arrond. de Montmorillon, Bonnes dans l'arrond. de Poitiers, Bonneuil-Matours, Châtellerault et les Ormes dans l'arrond. de Châtellerault; elle pénètre ensuite dans le départ. d'Indre-et-Loire et va se jeter dans la Loire à Candes. — *Vingenna* (Greg. Turon. hist. I, 43). — *Vigenna* (Fortunati carmina, ap. Bouquet, t. II, p. 510). — *Vincenna* (Gesta reg. franc. ibid. t. II, p. 554). — *Vienna*, 800 (præcept. Caroli M. pro mon. Cormaricensi, ibid. t. V, p. 764). — *Vicenna* (anon. Raveun. ibid. t. I, p. 121). — *Vinzanna*, 901 (Fontenenu, t. XXI, p. 154). — *Vinzenna*, 904 (cart. de St-Cyprien, p. 156). — *Vizenna*, v. 980 (ibid. p. 147). — *Rivière de Vyenne*, *fluve de Vienne*, 1309 (Gauthier, f°s 185 v° et 187 v°). — *Fluve de Vigenne*, 1410 (fam. Laurent de Reyrac).

Vieux, h. c^{ne} de Vendeuvre. — *Maison noble de la Cousture à present Vieux*, 1662 (seign. de Vieux). — Anc. fief relev. de la châtell. de Chéneché.

Vieux-Marnay (Le). Voy. Marnay (Le Vieux-).

Vieux-Poitiers (Le). Voy. Poitiers (Le Vieux-).

Vieux-Pré (Le), m. r. c^{ne} de Thuré.

Vieville, vill. c^{ne} de Saint-Romain. — *Veville*, 1601 (fief de Chaleur). — *Vieville*, 1641 (notaires, Vaugelade à Civray).

Vigealières (Les), vill. c^{ne} de Bonnes; — 1461 (seign. de Loubressay).

Vigean (Le), c^{on} de l'Isle-Jourdain. — *Petrus clericus del Vigiand*, v. 1100 (cart. de St-Cyprien, p. 245). — *Parochia de Vigano*, 1236 (Fontenenu, t. XXVII, p. 759); — *de Auoygan*, 1286 (ibid. t. XXII, p. 365). — *Paroisse du Vigen*, 1406 (gr. Gauthier, f° 284 v°); 1536 (épitaphe de François du Fou en l'église du Vigean). — *Le Vigem*, 1537 (fam. Laurent de Reyrac). — *Le Vigean*, 1537 (cure du Vigean). — *S. George du Vigean*, 1782 (pouillé). — *Le Vigeant*, 1807 (annuaire).

Avant 1790 cette commune faisait partie de l'archiprêtré de Lussac, de la baronnie de Calais, au ressort de la sénéchaussée du Dorat (Haute-Vienne), et de l'élection de Confolens (Charente). Le prieuré-cure de Saint-Georges dépendait de l'abbaye de Lesterp (Charente). Le château du Vigean, situé au sud du bourg, était le siège d'une châtellenie qualifiée baronnie en 1618 (cure du Vigean), marquisat en 1659, et relevant de la baronnie de Calais, unie au comté de la Basse-Marche. Les carmes de Mortemart (Haute-Vienne), à cause de leur châtellenie de l'Isle-Jourdain et du Vigean, étaient en possession des droits de seigneurie sur une petite étendue de la paroisse.

Vigerie (La), h. c^{ne} de Fleuré; — 1460 (abb. de Nouaillé, 49). — Anc. fief relev. de la bar. de Mortemer.

Vigerie (La), f. c^{ne} de l'Isle-Jourdain; détachée de la c^{ne} de Millac le 27 mai 1857; — 1561 (prieuré de St-Paixent).

Vigerie (La), f. c^{ne} de Jouet; — 1493 (fief de Pruniers).

Vigerie (La), lieu auj. inconnu, aux environs du Peux-Pintureau, c^{ne} de Latus. — *Village de la Vigerie*, 1489 (chap. de Montmorillon, 3); 1561 (seign. de la Dallerie).

Vigerie (La), chât. et f. c^{ne} de Marigny-Chemerault; — 1489 (liv. de recette de Vivonne, f° 129). — *Fief du Rezeaulx appellé la Vigerye*, 1603 (fief de Guron). — Anc. fief relev. de Guron.

Vigerie (La), anc. fief à Plaisance. — *Vigeria*, 1410; *hostel de la Vigerie*, 1510 (maison-Dieu, 97). — Ce fief, avec la moitié de la justice haute, moyenne et basse dans la ville de Plaisance, relevait de la maison-Dieu de Montmorillon.

Vigerie (La), f. m^{in} sur le Clain et étang, c^{ne} de Pressac; — 1493 (seign. d'Availle). — Anc. fief relev. de la châtell. de Saint-Germain (Charente).

Vigerie (La), vill. c^{ne} de Saint-Gaudent; — 1401 (seign. de la Vigerie). — Anc. seigneurie.

Vignaud (Le), f. c^{ne} de Romagne. — *Le Vignau*, 1450 (cure de Romagne). — *Le Vignault*, 1496; *le Vignaud*, 1501 (seign. de la Millière).

Vignaudrie (La), h. c^{ne} de Sillars. — *La Vingnaudrye*, 1652; *la Vignauderie*, 1693 (prieuré de la Chaise-aux-Moines).

Vignaux (Les), h. c^{ne} de Colombiers. — *Le Vignau*, 1621 (fief de Colombiers).

Vignaux (Les), f. c^{ne} de Leigné-les-Bois.

Vignaux (Les), h. c^{ne} de Scorbé-Clairvaux. — *Les Vignaulx*, 1473 (seign. de la Citière).

Vigne (La Grande-), h. et tuilerie, c^{ne} de Saugé. — *La Grand Vigne*, 1775 (rôle des tailles).

Vigneau (Le), m. r. c^{ne} de Biard. — *Le Vignault*, 1566 (chap. cathédral, 13).

Vigneau (Le), h. c^{ne} de Mouterre-Silly. — *Le Vignau*, 1547 (chap. cathédral, 88).

Vigneau (Le), f. c^{ne} de Saint-Gervais. — *Le Vigneau*, 1634 (fief de la Tour de Baunay). — *Le Vignau*, 1732 (fief de Vaux). — *Les Vignots* (Cassini).

Vigneau (Le), m. r. c^{ne} de Thollet.

Vigneau (Le Grand et le Petit-), h. c^{ne} de Vaux-en-Couhé. — *Le Vignault*, 1458 (seign. de la Millière).

Vigne-au-Roux (La), h. c^{ne} de Jardres. — *La Vigne au Roux*, 1385 (cart. de la Trinité, f° 47). — *La Vigne aux Roux*, 1640 (seign. de Touffou, 3).

Vigne-Gelée (La), h. c^{ne} de Montoiron.

Vignerons (Les), f. détruite, près le Petit-Marigny, c^{ne} d'Ingrande; — 1556 (seign. de Chêne, inv.); 1757 (terrier de la Groye, p. 427).

Vignes (Les), m. r. c^{ne} de Béthines.

Vignes (Les), h. c^{ne} de Brux.

Vignes (Les), h. c^{ne} de Champniers.

Vignes (Les), vill. c^{ne} de Châtain.

Vignes (Les), m. r. c^{ne} de Lomaizé; — 1539 (carmes de Poitiers). — Anc. fief relev. de la Foucaudière.

Vignes (Les), h. c^{ne} du Vigean.

Vignes-de-la-Motte (Les), m. isolée, c^{ne} de Brion.

Vignes-d'Erveu (Les), f. c^{ne} de Champniers. — *Les Vignes de Reveulx*, 1602 (seign. du Parc et Boisvert, 3); — *de Reveuz*, 1686 (notaires, Pascault à Civray).

Vignolles, vill. c^{ne} d'Ouzilly-Vignolles. — *Vignoles*, 1252 (abb. de Ste-Croix, 65). — *Vignolles*, 1435 (abb. du Pin, 39).

Vignot (Le), lieu détruit, près les Roberies, c^{ne} de Saint-Sauveur.

Vignots (Les), ff. c^{ne} de Prinçay.

Vignots-de-la-Roche-du-Maine (Les), m. r. c^{ne} de Prinçay.

Vilaigre, m. r. c^{ne} de Saint-Martin-Lars. — *Villegue*, 1409 (gr. Gauthier, f° 215 v°). — *Villaigue*, 1555 (cure de St-Martin-Lars). — *Villegues*, 1560 (fief de la Cour d'Usson). — Anc. fief relev. du comté de Civray.

Vilaine, h. c^{ne} d'Archigny. — *Villenes*, 1309 (Gauthier, f° 194). — *Vilaines*, 1457 (seign. de Loubressay). — *Villennes*, 1474 (évêché, 22). — *Villaine*, 1627 (seign. de Montoiron, 1). — Anc. fief relev. du chât. d'Harcourt.

Vilaine, vill. c^{ne} de Saint-Cyr. — *Vilaines*, 1258 (Ledain, Hist. d'Alphonse, p. 118). — *Villennes*, 1260 (abb. de la Celle, 15). — *Vileines*, 1363 (arch. de Poitiers, 15). — *Villaines*, 1426 (chap. de Notre-Dame-la-Grande, 70). — *Villaine*, 1775 (rôle des tailles).

Vilaine, h. c^{ne} de Saint-Pierre-de-Maillé. — *Grangia de Villena*, 1210 (Epist. Innocentii papæ III, t. II, p. 509). — *Villaines*, 1452 (abb. d'Angle). — *Villaine*, 1500 (évêché, 33).

VILAINE, m. r. cne de Varennes. — *Villena*, v. 1080 (ch. de St-Hilaire, t. I, p. 104). — *Villennes*, 1334 (prévôté de Blâlay, 5). — *Villaines*, 1509 (cure de St-André de Mirebeau). — Anc. fief relev. de Ry.

VILAINE (LA), h. cne de la Vaasseau. — *La Villenne*, 1476 (chap. de St-Hilaire, 81). — *La Villayne*, 1534 (ibid. 223).

VILAINES (LES GRANDES et LES PETITES-), hh. cne de Champniers. — *Villenes, les grans Villaines, les petits Villaines*, 1403 (gr. Gauthier, fos 248 et 250). — *Les grans Villennes, les petites Villennes*, 1494 (fief de Chalour).

VILATIÈRES (LES), m. r. cne de Bonnes. — *Les Villatères*, 1439; *les Veilhatières*, 1457; *les Villatières*, 1467 (seign. de Touffou, 1).

VILDARD, h. cne de Persac. — *Villedart*, 1407 (gr. Gauthier, fo 193).

VILLA-DE-L'ÉTANG (LA), h. cne de Naintré.

VILLAGE (LE BAS-), h. cne de Rouillé.

VILLAGE (LE GRAND-), vill. cne de Pleumartin. — *Le grant villaige de Jehan Grateau*, 1487 (abb. de la Merci-Dieu, 11).

VILLAGE (LE PETIT-), h. cne de Saint-Remy-sur-Creuse.

VILLAGE-A-TAVEAU (LE), ff. cne de Benassay.

VILLAGE-DU-BOIS (LE), h. cne de Chenevelles. — *Village du Boys*, 1474 (duché de Châtellerault, 5); — *aultrefois appellé le village des Durant*, 1551; — *appellé la Durandrie*, 1610 (seign. de Touffou, 5). — *Le Bois* (Cassini).

VILLAGE-DU-BOIS (LE), h. cne de Dangé; — 1686 (fief de la dîme de Piolant; Cassini). — *Les Dubois*, 1841 (nomencl.).

VILLAGE-DU-BOIS (LE), h. cne de Saint-Pierre-de-Maillé. — *Le Vilage du Boys*, 1547 (fam. de la Bussière).

VILLAGE-DU-BOIS (LE), h. cne de Thuré.

VILLAGRAS, h. cne du Vigean. — *Villagra*, 1479; *Villagras*, 1504 (fam. Laurent de Reyrac).

VILLAIGRON (LE), ruiss. Voy. NÉGRON (LE).

VILLANIÈRES (LES), vill. cne de Châtain; — 1590 (inv. de Font-le-Bon, p. 54).

VILLARAY, vill. cne de Montoiron. — *Vilaran*, 1239 (ch. de St-Hilaire, t. I, p. 265). — *Villaray*, 1429 (seign. de Montoiron, 1). — *Vilairay*, 1622 (chap. de St-Hilaire, 221).

VILLARD (LE), h. cne d'Adriers.

VILLARET, vill. cne de Blanzay; anc. cne réunie à celle-ci le 19 avril 1820. — *Villaretum*, 1136 (ch. de St-Hilaire, t. I, p. 134). — *Vilaret*, 1185 (Fonteneau, t. XVIII, p. 563). — *Villaret* (pouillé de Gauthier, fo 150 vo). — *Villairet*, 1479 (compte de J. Bourdin). — *Villeret*, 1649 (bissexte). — *S. Antoine de Villaret*, 1782 (pouillé).

Avant 1790 la paroisse de Villaret faisait partie de l'archiprêtré de Chaunay, de la châtellenie et de la sénéchaussée de Civray, et de l'élection de Poitiers. La cure était à la nomination de l'évêque; elle est depuis 1803 réunie à celle de Blanzay.

VILLARET, vill. cne de Saint-Romain. — *Villayret, Villairet*, 1403 (gr. Gauthier, fo 248 vo). — *Vilaret, Villaret*, 1404 (ibid. fo 90 vo).

VILLARET, h. cne de Senillé. — *Willelmus de Vilaret?* v. 1088 (cart. de St-Cyprien, p. 144). — *Villaray*, 1457 (duché de Châtellerault, 5). — Anc. fief relev. du Bornais.

VILLARET, lieu détruit, près Azac, cne d'Usson. — *Villa que nuncupatur Redus, in pago Pictavo, in vicaria Brioninse, super fluvium Cludera*, 903 (abb. de Nouaillé). — *Villa que vocatur Reto, in pago Brioninse, in vicaria Brioninse*, 969 (cart. de St-Cyprien, p. 251). — *Villaret*, 1404 (gr. Gauthier, fo 200).

VILLARS, vill. cne de Champniers. — *Villers*, 1393 (gr. Gauthier, fo 230). — *Villars*, 1498 (fief de la Chaux). — La dîme de Villars constituait un fief relev. du comté de Civray.

VILLARS, chât. vill. et min sur la Vienne, cne de Persac. — *Moulin de Villars*, 1407 (gr. Gauthier, fo 118). — *Dominus de Villaribus*, 1462 (seign. de Villars). — Anc. fief relev. du marq. de Lussac-le-Château.

VILLARS (LE GRAND et LE PETIT-), hh. cne de Pressac. — *Petronnus de Vilar*, v. 1100 (abb. de St-Cyprien). — *Les grand et petit Villars*, 1557; *le grand Villard*, 1565 (fam. Laurent). — Anc. fiefs dép. de la châtell. de Saint-Germain (Charente).

VILLASSON, h. cne d'Anois. — *Stephanus de Villacent*, 1100 (Fonteneau, t. IV, p. 106). — *Vilacent*, 1327 (abb. de Charroux). — *Villassent*, 1332 (chap. de St-Hilaire, 548). — *Villazent, Villascent*, 1493 (fief des dîmes de Passac). — *Villasant*, 1698; *Villassant*, 1739 (fam. de Chergé).

VILLATE (LA), f. cne de Millac. — *Moulin de la Villate anciennement appellé moulin de la Barbière, sur la rivière d'Ablour*, 1579 (seign. de Puyferrier). — *La Villatte*, 1677 (cure de l'Isle-Jourdain).

VILLATTE, h. cne d'Availle-Limousine. — *Villate*, 1493 (seign. d'Availle). — *Villatte*, 1568 (abb. de St-Cyprien, 28).

VILLAUDIÈRE (LA), h. cne de Saint-Genest. — *La Vilaudière*, 1482 (seign. de Puygarreau, 3). — *Village des Polleaux autrement la Villaudière*, 1604 (ibid. 5). — La Villaudrie, 1645 (seign. des Clouzeaux).

VILLE (LA), h. c ne d'Orches.

VILLE (LA PETITE-), h. c ne d'Hains; — 1494 (fief des Clerbaudières).

VILLEBURE, f. c ne de Saint-Sauveur; — 1540 (com rie de la Foucaudière, 2).

VILLE-CHAMPAGNE, h. c ne de Luchapt. — Villechampaigne, 1442 (cure de l'Isle-Jourdain). — Anc. fief.

VILLE-CHARRAULT (LA), vill. c ne de Journet. — Lavé Charrault, 1613, 1715 (arch. de la Soc. des antiq. de l'Ouest; Villesalem). — Vicharaud (Cassini).

VILLECOUPÈRE, vill. c ne de Chouppes. — Petrus de Villa Coperina, 1108-1115; — de Villa Coperia, 1124-1140 (gr. cart. de Fontevrault, 589 et 735). — Villecopère, 1332 (abb. de Fontaine-le-Comte, 26). — Villecoupère, 1459 (chap. de Mirebeau, 14). — Villecouppère, 1473 (évêché, 87). — Villecouppière, 1508; Villecoupère, 1550 (cure de Chouppes). — Vircoupère, 1627 (seign. de Villecoupère). — Vilcoupère, 1660 (prieuré de S t-Jean de Mirebeau, 5). — Virecoupère (Cassini). — Anc. fief relev. de Mondon.

VILLECOURT, h. c ne de Châtellerault. — Vilcourt, 1660; Villecourt, 1706 (cure d'Antogné).

VILLEDAN, f. c ne de Beuxe. — Villedam, 1548 (com rie de Loudun, 33).

VILLEDIEU (LA), ch.-l. de c on, arr t de Poitiers; anc. commanderie de l'ordre de Malte. — Villa Dei, v. 1172 (abb. de Nouaillé). — Ecclesia de Villa Dei (pouillé de Gauthier, f° 151). — La Vile Dé, 1324; la Ville Dieu, 1337 (arch. de Poitiers, 12). — Lospital de la Villedé, 1360 (com rie de la Villedieu, 21). — La Villedieu des Roches, 1492 (chap. de S t-Hilaire, 84). — S. Jean-Baptiste de la Villedieu, 1782 (pouillé). — La Villedieu-du-Clain, 1859 (Diction. des postes).

La Villedieu faisait autref. partie de l'archiprêtré de Gençay, de la châtellenie, de la sénéchaussée et de l'élection de Poitiers. La cure était à la nomination du commandeur.

En 1790 la Villedieu devint le chef-lieu d'un canton dépendant du district de Poitiers et composé des communes de la Villedieu, Alonne, Andillé, Chiré-les-Bois, Dienné, Gizay, les Roches-Prémary, Saint-Benoît, Smarve et Vernon; la circonscription de ce canton fut modifiée en 1801.

VILLEDON (LE GRAND et LE PETIT-), ff. étang et m in sur le ruiss. du même nom, c ne d'Asnières. — Ugo de Villa Dodonis, 1078 (abb. de Nouaillé). — Petrus de Villa Doonis, de Viledona, v. 1090 (cart. de S t-Cyprien, p. 233 et 236). — Ugo de Viledo, 1095 (abb. de Nouaillé). — Petrus de Villadoo, 1116 (ibid.). — Ugo de Viladon, 1147 (cart. de S t-Cyprien, p. 296). — Vildon, 1533 (prieuré de Teil). — Anc. fief relev. de la châtell. de S t-Germain-sur-Vienne (Charente).

Le ruiss. de Villedon, affluent de la Grande-Blour, prend sa source dans la c ne de Saint-Martial (Haute-Vienne), traverse la c ne d'Asnières, où il alimente les étangs de Villedon, du Cluseau et d'Asnières, et se perd dans l'étang de la forge de Luchapt.

VILLEGAST, f. c ne de Curzay.

VILLEGOYON, lieu détruit, près Belphagé, c ne de Saint-Léger-de-Montbrillais; — 1524 (collège de Poitiers, 59).

VILLE-MALNOMMÉE (LA), vill. c nes de Chabournay et Blâlay. — Villa male nominata, 1284 (prévôté de Blâlay, 5). — La Ville mal nomée, v. 1300 (seign. de Chéneché, 1). — La Ville maunommée, 1316 (prévôté de Blâlay, 1).

VILLE-MAROT (LA), f. près Grassay, c ne de Saint-Secondin. — La Villemonnoye, 1618 (chapelle S te-Catherine à S t-Secondin). — Villemarot, 1739 (rôle des tailles).

VILLEMBLÉE, vill. c ne de Bouresse; anc. prieuré ou commanderie dép. de la maison-Dieu de Montmorillon, en la châtell. d'Usson. — Villa emblea, XII e siècle (cart. de la maison-Dieu, 173). — Domus de Villa amblada; — de Villa emblee, 1234; Villemblée, 1237; Ville emblade, 1240 (maison-Dieu, 196). — Ville emblée, 1456 (abb. de Nouaillé, 19). — Villa amblée, 1485; preceptoria de Villa Segetis, 1495; commanderie de Saincte Catherine de Villamblée, 1583 (maison-Dieu, 196).

VILLEMER (LE GRAND et LE PETIT-), ff. c ne d'Adriers. — Villemert, 1561 (prieuré de S t-Paixent). — Villemar, Villemet, 1583 (fief de l'Âge-de-Plaisance, aveu, p. 62).

VILLEMONNAY, m in sur le Clain et h. c ne de Champagné-Saint-Hilaire. — Villaymoneys, 1281 (abb. de Nouaillé, 58). — Villemonoye, 1489 (livre de recette de Vivonne, f° 221 v°). — Moulin de Villemonneys, 1505 (seign. de la Millière); — de Vieille Monnoye, 1550 (chap. de S t-Pierre-le-Puellier, 29). — Villemonnoye, 1558 (fief de Château-Larcher). — Villemonnois, 1629 (abb. de Moreaux).

VILLEMONT, m. r. c ne de Mirebeau. — Vieilmont, 1563 (chap. de S t-Hilaire, 239).

VILLEMONT, c on de Saint-Savin. — Villa Mor, 1233 (maison-Dieu, 127); 1266 (ch. de S t-Hilaire,

DÉPARTEMENT DE LA VIENNE.

t. I, p. 325). — *Hugo de Vilemor*, 1260 (Hommages d'Alphonse, p. 85). — *Villemor*, 1271 (maison-Dieu, 127). — *Villemort*, 1320 (évêché, 22). — *Tour, chastel et forteresse de Villemort*, 1684 (*ibid.* 34). — *S. Maixent de Villemort*, 1782 (pouillé).

La paroisse de Villemort a été démembrée de celle de Béthines et érigée en 1776. Elle faisait partie de l'archiprêtré de Montmorillon, de la châtellenie de Saint-Savin, de la sénéchaussée de Montmorillon et de l'élection du Blanc, généralité de Bourges. Le seigneur du lieu présentait à la cure, qui a été rétablie en 1810. Le fief et haute justice de Villemort relevait de la bar. d'Angle; l'ancien château seigneurial existe encore.

VILLENEUVE, lieu détruit avant 1645, c^{ne} d'Archigny. — *Villeneufve*, 1512, 1610 (seign. de Touffou, 4 et 5). — Ce village, auj. inconnu, était situé entre Marsugeau et le Châtelet.

VILLENEUVE, lieu auj. inconnu, c^{ne} de Béthines. — *Villanova*, 1236 (maison-Dieu, 127). — *Villeneuve*, 1450 (*ibid.* 154). — *Villeneufve*, 1568 (*ibid.* 137).

VILLENEUVE, h. c^{ne} de la Chapelle-Bâton. — *Villeneufve*, 1711 (rôle des tailles).

VILLENEUVE, f. c^{ne} de Château-Garnier.

VILLENEUVE, ff. c^{ne} de Genouillé. — *Villa nova*, v. 1172 (Fonteneau, t. XVIII, p. 437).

VILLENEUVE, lieu détruit, c^{ne} de Liniers. — *Villeneuve*, 1394 (com^{rie} de St-Georges, 35). — *Villeneufve*, 1441 (*ibid.* 7).

VILLENEUVE, f. c^{ne} de Loudun; — 1691 (com^{rie} de Loudun, 13).

VILLENEUVE, h. c^{ne} de Mauprevoir.

VILLENEUVE, f. c^{ne} de Mazerolles.

VILLENEUVE, f. c^{ne} de Moncontour. — *Villeneufve*, 1651 (cure de St-Nicolas de Moncontour).

VILLENEUVE, lieu détruit, c^{ne} de Nouaillé; anc. propriété du chapitre de Sainte-Radegonde de Poitiers. — *Village de Villeneuve dit de Chasteau Mouton*, 1387 (chap. de St^e-Radegonde, 109). — *Fontaine de Villeneufve*, 1427 (com^{rie} de la Villedieu, 22). — Les prés et la fosse de Villeneuve, sur les rives du Miosson, indiquent auj. la situation de ce lieu.

VILLENEUVE, f. c^{ne} de Quinçay. — *Ville nueve*, 1324; *Villeneuve*, 1337 (arch. de Poitiers, 12). — *Villenefve*, 1389 (abb. du Pin, 14).

VILLENEUVE, vill. c^{ne} de Saint-Léger-de-Montbrillais. — *Ville nouve*, 1281; *Villeneufve*, 1466 (collège de Poitiers, 54).

VILLENEUVE, vill. c^{ne} de Saint-Pierre-des-Églises. —

Villa nova, 1285 (abb. de Montierneuf, 92). — *Villeneuve*, 1309 (Gauthier, f° 194). — *Villeneufve*, 1478 (chap. de Chauvigny, 8). — Anc. fief relev. de la bar. de Chauvigny.

VILLENEUVE, m. r. c^{ne} de Saint-Saviol; — 1405 (gr. Gauthier, f° 267 v°).

VILLENEUVE, c^{ne} de Savigné. — *Villa nova*, v. 1172 (Fonteneau, t. XVIII, p. 437). — *Villeneufve*, 1498 (fief de la Grenatière).

VILLENEUVE, f. c^{ne} de Sérigny. — *Villeneufve*, 1642 (bar. de Luain).

VILLENEUVE, vill. c^{nes} de Sillars et Lussac-le-Château. — *Villeneufve*, 1504 (fief de Maillezac). — Anc. fief relev. du marq. de Lussac-le-Château.

VILLENIÈRES (LES), h. c^{ne} de Gizay; — 1547 (cure de Gizay).

VILLE-NOIRE, m. r. c^{ne} de Prinçay; — 1644 (cure de Prinçay).

VILLENON, chât. et vill. c^{ne} d'Anché, et mⁱⁿ sur la Bouleur, c^{ne} de Voulon. — *Villenon*, 1489 (livre de recette de Vivonne, f° 71). — Anc. fief et haute justice relev. du chât. de Marigny-Chemerault.

VILLENOUVELLE, vill. c^{ne} de la Vausseau. — *Nova Villa*, v. 1085 (cart. de St-Cyprien, p. 278). — *Lo Villenouvelle*, 1473 (chap. de St^e-Radegonde, 72). — *La Virenouvelle*, 1582 (abb. du Pin, 17). — Le cartulaire de Saint-Cyprien, p. 279, mentionne, vers 1110, un moulin *de Nova Villa*, situé dans le voisinage de Montreuil-Bonnin; auj. inconnu.

VILLEPESANT, h. c^{ne} de Vivonne. — *Villepezant*, 1489 (livre de recette de Vivonne, f° 169); — *viel prieurté* (*ibid.* f° 82 v°). — *Villepessant*, 1609 (seign. du Sauzour).

VILLERET, f. détruite, entre la Vervollière et les Guyonnets, c^{ne} de Coussay-les-Bois; — 1456 (notaires, Artaud à la Roche-Posay); 1672 (chap. cathédral, 25).

VILLESALEM, vill. et étang, c^{ne} de Journet; anc. couvent de femmes de l'ordre de Fontevrault, fondé avant 1109. — *Locus Villesalem*, 1119 (bulle de Calixte II, ap. Gall. Christ. t. II, col. 1316). — *Villessalem*, 1211 (Revue des Sociétés savantes, 4e série, t. VIII, p. 71). — *Villassalem*, 1215 (Fonteneau, t. V, p. 381). — *Vilesalem*, 1218 (couv. de Villesalem). — *Prioratus de Villa Salem, ordinis Fontis Ebraudi* (pouillé de Gauthier, f° 148). — *Villesalan*, 1450 (maison-Dieu, 154). — *Villesallent*, 1541 (*ibid.* 103).

Villesalem, *locus de Villasalem*, fut donné aux religieuses de Fontevrault *a duobus anachoretis, Gauffrido videlicet Gastinelli et Bertramno, quod donum a Petro Pictaviensi episcopo confirmatum est*

(Clypeus nasc. Fontebrald. ord. t. I, 2° partie, p. 139). La prieure avait droit de haute justice dans la seigneurie de Villesalem.

VILLET, m^{in} sur la Dive, c^{ne} de Ternay; — 1664 (cure de Ternay).

VILLEVERT, m. à Châtellerault; — 1575 (com^{rie} d'Auzon, 2); — a donné son nom à une rue de cette ville.

VILLEVERT, f. c^{ne} de Dissay. — Mestairie des Cartz aultrement Villevert, 1654 (notaires, Gaultier à Poitiers).

VILLIERS, c^{on} de Neuville. — *Villa que nuncupatur Villaris, in rem Sancte Radegundis*, 923 (ch. de St-Hilaire, t. I, p. 18). — *Villers*, 1295 (chap. de Ste-Radegonde, 8). — *Vilhers*, 1396 (seign. du Peux-de-Cissé). — *Villiers*, 1402 (chap. de Ste-Radegonde, 47).

Villiers, section de l'ancienne paroisse de Vouillé, formait dès 1657 (arch. de Poitiers, 40) une communauté d'habitants distincte de celle de Vouillé, et figurait à ce titre sur les listes des paroisses de l'élection de Poitiers.

Une chapelle fondée en ce lieu en 1835 a été érigée en église paroissiale le 31 mars 1844.

VILLIERS, m^{in} sur l'Auzon de Chenevelles et h. c^{ne} d'Archigny. — *Moulin de Veillet*, 1497; — *de Villet*, 1542 (seign. de Touffou, 4); — *de Marcegeau, vulgairement appellé Villet*, 1574 (ibid. 5); — *de Villiers*, 1779 (rôle des tailles).

VILLIERS, vill. c^{ne} de Brux. — *In villa que dicitur Villari Hunam?* v. 950 (cart. de St-Cyprien, p. 282). — *Villiers*, 1498 (fief de Miserit).

VILLIERS, vill. c^{ne} de Curzay; — 1627 (fief de Curzay). — *Fief de Villiers ou des Salberts*, relev. de Curzay, 1633 (arch. de Poitiers, 71).

VILLIERS, f. c^{ne} de la Ferrière. — *Villers*, 1404 (gr. Gauthier, f° 89 v°). — *Villiers*, 1598 (chap. de St-Hilaire, 249).

VILLIERS, vill. c^{ne} de Frontenay; — 1409 (aveu de Moncontour).

VILLIERS, vill. c^{ne} d'Ingrande. — *Villers*, 1336 (chap. de Châtellerault, 1). — *Villiers*, 1438 (com^{rie} d'Auzon, 9). — Anc. fief relev. de la Groye.

VILLILUS, vill. c^{ne} de Messemé; anc. c^{ne} réunie à celle-ci le 7 avril 1840. — *Vilers*, 1216 (Fonteneau, t. V, p. 631). — *Villers*, 1247 (ibid. t. V, p. 641). — *Villiers*, 1317 (abb. de Ste-Croix, 64). — *Sainte Ragond de Villiers*, 1433 (ibid. 71). — *Villiers Saincte Radegonde*, 1548 (com^{rie} de Loudun, 28).

Avant 1790 cette ancienne paroisse faisait partie de l'archiprêtré, de la châtellenie, du bailliage et de l'élection de Loudun. L'abbesse de Sainte-Croix de Poitiers et le baron de Berrie y possédaient en commun les droits de seigneurie; l'abbesse de Sainte-Croix nommait à la cure, qui depuis 1803 est unie à celle de Messemé.

VILLIERS, h. c^{ne} des Ormes. — *Vilers*, v. 1064 (Fonteneau, t. LXXI, p. 113).

VILLIERS, ff. c^{ne} de Pouzioux. — *Villers*, 1309 (Gauthier, f° 182 v°). — *Villiers*, 1610 (seign. du Ry).

VILLIERS, vill. c^{nes} de Saint-Germain et Antigny. — *Villec*, 1532, 1565; *Vilec*, 1566; *Villé*, 1570 (abb. de St-Savin, 22).

VILLIERS, h. c^{ne} de Saint-Pierre-de-Maillé. — *Vilers*, 1410 (abb. d'Angle). — *Villers*, 1429 (fam. de Monléon). — *Villiers*, 1470; *Viliers*, 1516 (seign. de la Roche-Aguet). — Anc. fief relev. de la Roche-Aguet.

VILLIERS, f. c^{ne} de Saint-Secondin. — *Villaris villa in vicaria Briom*, 987-990 (cart. de St-Cyprien, p. 210). — *Vilers*, v. 1100 (ibid. p. 212). — *Villers*, 1271 (abb. de St-Cyprien). — *Villiers*, 1580 (fief de Gençay). — Anc. fief relev. de la vic. de Gençay.

VILLIERS, f. c^{ne} de Thurageau. — *Le sire du Vilier*, 1466; — *de Vilier*, 1531 (prieuré de St-Jean de Mirebeau, 8). — *Le Villier*, 1765 (rôle du vingtième).

VILLIERS, ff. c^{ne} de Vernon. — *Villers*, 1404 (gr. Gauthier, f° 92 v°).

VILLIERS (LE GRAND et LE PETIT-), hh. c^{ne} de Saint-Romain-sur-Vienne. — *Vilers*, 1239 (Arch. hist. du Poitou, t. I, p. 351). — *Villiers*, 1465 (abb. de Ste-Croix, 81). — *Le petit Villiers*, 1509 (cure de St-Romain). — Le fief de Villiers relevait de la châtell. de Saint-Romain.

Le ruiss. du Grand-Villiers a sa source près ce lieu et se jette dans la Vienne près Saint-Romain.

VILLIERS (LE HAUT et LE BAS-), hh. c^{ne} de Vouneuil-sur-Vienne. — *Villa que dicitur Villaris, in vicaria Igrandinse*, v. 943 (cart. de St-Cyprien, p. 152). — *Vilares villa in vicaria Ygranda*, v. 1030; — *in pago Pictavo, in condito Castro Adraldum et in ipsa vicaria*, v. 1035 (abb. de Nouaillé). — *Villers*, 1309 (Gauthier, f° 187 v°). — *Villiers*, 1709 (cure de Vouneuil-sur-Vienne).

VILLIERS-BOIVIN, f. c^{ne} de Vezières. — *Villiers Boyvin*, 1392 (fam. Boivin). — Anc. fief relev. de Bournan (ms. Trincant).

VILNIÈRE (LA), f. c^{ne} de Fleix. — *La Villenère*, 1398 (évêché, 17).

VILODIER (LE GRAND et LE PETIT-), ff. et m^{in} sur le ruiss. de Sazat, c^{ne} du Vigean. — *Villodier*, 1629 (cure du Vigean). — *Moulin de Villaudier*, appartenant aux carmes de Mortemart, 1675 (seign. de l'Isle et du Vigean).

VILVERT, h. cne de Mouterre. — *Villevert*, 1775 (rôle des tailles).

VILVERT, f. cne de Nieuil-l'Espoir; — 1755 (rôle des tailles).

VILVERT, f. cne de Sérigny.

VINARDIÈRE (LA), f. cne de Joussé. — *La Vinardelère*, 1409 (gr. Gauthier, f° 215). — *La Vinardelière*, 1486 (fief de Pairoux).

VINATIER (LE), m. r. cne de Lussac-le-Château. — *Le Vinattier*, 1711 (inv. des titres des biens de Mme de Blom, f° 19 v°; cab. de M. Beauchet-Filleau).

VINAY, m. r. cne de Messemé; — 1500 (collège de Poitiers, 59); 1633 (cure de Messemé).

VINCENDRIE (LA), h. près Rochereuil, cne de Poitiers; — 1642 (abb. de Ste-Croix, 19).

VINCENTS (LES), h. cne d'Orches. — *Carrefour des Vincens*, 1523; *Cheux les Vincent*; 1572 (seign. de la Citière).

VINÇONNERIE (LA), f. cne d'Ouzilly. — *La Vinssonnerie*, 1522 (chap. cathédral, reg. 109). — *La Vinçonnerye*, 1604 (chap. de St-Hilaire, 425).

VINIÈRE (LA), h. cne de Coussay-les-Bois. — *La Vignière*, 1462 (notaires, Artaud à la Roche-Posay). — *La Vinnière*, 1523 (abb. de la Merci-Dieu, 12). — *La Vinière*, 1537 (chap. cathédral, 25). — *La Vismière*, 1637 (abb. de la Merci-Dieu, 12).

VINSAC, h. cne du Vigean. — *Vinsat*, 1668 (fam. Laurent de Reyrac).

VINTRAY, vill. cne d'Alonne. — *In villa que vocatur Vintriaco, in vicaria Vicovedonise*, 880 (abb. de Nouaillé). — *Vitriacus*, 888 (cart. de St-Cyprien, p. 248). — *Vitraicus*, 955 ou 956 (abb. de Nouaillé). — *Vintrai*, v. 1000 (cart. de St-Cyprien, p. 268). — *Vintray*, 1293 (abb. de Nouaillé, 24). — Ce village dépendait de la seign. de Jouarenne.

VIOCHE (LA), f. cne de Sommières; — 1766 (rôle des tailles).

VIOLETTE (LA), f. cne d'Asnières.

VIOLETTE (LA), lieu détruit, près la Ferrandière, cne de Jouet. — *Fondis de la Viollette*, 1632 (abb. de St-Savin, 24).

VIOLETTERIE (LA), h. cne de Beaumont.

VIOLETTERIE (LA), h. cne de Nalliers. — *La Viollettrie*, v. 1650 (abb. de St Savin, 33).

VIOLETTERIE (LA), m. r. cne de Prinçay.

VIREC, h. cne de Saint-Pierre-des-Églises. — *Agatha de Vire*, 1281 (évêché, 17). — *Virec*, 1320 (ibid. 22). — Anc. fief.

VIRECOURT, f. cne de Benassay. — *Villecourt* (Cassini).

VIREVENT, ff. cne de Paizay-le-Sec.

VIRLAINE (LA), f. cne de Rouillé. — *La Villenne*, 1409 (gr. Gauthier, f° 46). — *La Villaine*, 1410 (ibid. f° 46 v°). — *La Virlayne*, 1548; *la Virelaine*, 1559 (fief de la Virlaine). — Anc. fief relev. de la châtell. de Lusignan.

VIROLLET, vill. cne de Ligugé.

VIROLLET, h. cne de Queaux. — *Villaret*, 1641 (seign. de Ressonneau, 3). — *Virollet*, 1775 (rôle des tailles).

VINSAY, m. r. cne de Vezières. — *Villa que dicitur Virsiacus, in vicaria Laucedunense vel Vareciacense*, 969 ou 970 (cart. de St-Cyprien, p. 80).

VINVOLETTE (LA), f. cne de Sillars; — 1766 (rôle des tailles).

VISAY, h. et m{in} sur la Boivre, cne de Béruges. — *Vilziacus villa*, 951 ou 952 (abb. de Nouaillé). — *Vizaicum*, 1199 (abb. de Fontaine-le-Comte). — *Vizai*, 1228; *Vizay*, 1240 (ibid. 17). — *Visay*, 1366 (seign. de Béruges). — Le moulin de Visay dépendait de l'abbaye de Fontaine-le-Comte.

VISSOUI, h. cne de Doussay. — *Vissouys*, 1608 (fam. Gillier). — *Vissoué*, 1662 (prieuré de St-André de Mirebeau, 12).

VITERIE (LA), f. cne de Coulombiers. — *Herbergement de la Vitryo assis es vielles ventes de Gastine*, 1545 (hommages de Lusignan).

VITRÉ, f. cne de Pairoux; — 1775 (rôle des tailles).

VITRÉ, vill. cne de Saint-Sauvant; — 1489 (chap. de Notre-Dame-la-Grande, 72). — Anc. fief relev. du marq. de Couhé.

VITRÉ, h. et bois, cne de Saint-Secondin. — *Gauterius de Vitriaco*, v. 1094 (cart. de St-Cyprien, p. 215). — *Vitré*, 1363 (arch. de Poitiers, 15). — *Vitret*, 1403 (gr. Gauthier, f° 262 v°). — Anc. fief relev. de la vic. de Gençay.

VITRÉ-PORTAL, f. cne de Pairoux.

VITRERIE (LA), h. cne de Salles-en-Toulon. — *La Vitterie*, 1775 (rôle des tailles).

VITRIE (LA), h. cne de Saint-Martin-la-Rivière.

VIVIER (LE), f. cne de Bournan.

VIVIER (LE), m. r. cne de Curçay; — 1487 (com{rie} de Loudun, 33). — Anc. fief relev. du château de Loudun (arch. de la Soc. des antiq. de l'Ouest, n° 15).

VIVIER (LE), f. détruite, près le bourg de Leigne; — 1572 (maison-Dieu, 163).

VIVIER (LE), f. cne de Lésigny. — *Viviers*, 1522 (chap. cathédral, 25). — Anc. fief uni à celui de la Patrière, appart. au chapitre cathédral de Poitiers.

VIVIER (LE), m. r. cne de Leugny. — *Le petit Vivyer*,

1547 (seign. de Pleumartin, 1). — *Le grand Vivier*, 1754 (terrier de la Groye, p. 175).

Vivier (Le), h. c^{ne} de Mirebeau; — 1539 (aveu du Vivier, titre appart. à M. E. de Fouchier). — Anc. fief relev. de la bar. de Mirebeau.

Vivier (Le), h. c^{ne} d'Orches.

Vivier (Le), h. c^{ne} de Quinçay. — *Viverium*, 1245 (chap. de St-Hilaire, 388). — *Le Vivier*, 1546 (ibid. 557).

Vivier (Le), f. c^{ne} de Vicq; — 1515 (prieuré de St-Martin d'Angle).

Vivier (Le), h. près Montgamé, c^{ne} de Vouneuil-sur-Vienne. — *In loco qui dicitur ad Viverios prope de Castello Vello in vicaria Ygrandinse*, 1017 (cart. de St-Cyprien, p. 177). — *In villa que vocatur Viveris in vicaria de Castro Araldi*, v. 1025 (ibid. p. 176). — *Castellarium nomine Vivers*, v. 1088 (ibid. p. 182). — *Le Vivier*, 1618 (chap. cathédral, 21). — Anc. fief relev. de la châtell. de Montgamé.

Viviers, vill. c^{ne} de Saint-Martin-Lars. — *Vivers*, 1238 (fam. Gourjault). — *Vivier*, 1643 (notaires de la vic. de Rochemeaux).

Vivonne, ch.-l. de c^{on}, arr^t de Poitiers. — *In condito Vicovedonense in pago Pictavo*, 857 (abb. de Nouaillé). — *Vicaria Vicovedonensis in pago Pictavo*, 888 (cart. de St-Cyprien, p. 247); — *in condita Briocinse*, 936 (ibid. p. 265). — *Vic. Vicodoninsis in pago Briocinse*, 923-936 (ibid. p. 268). — *Vic. Vicavedonensis in pago Pictavo*, 954 ou 955 (ch. de St-Hilaire, t. I, p. 28). — *In vicaria Vidvidono in pago Pictavo*, 955 ou 956 (abb. de Nouaillé). — *Vic. Vicvedona*, v. 962 (Fonteneau, t. XV, p. 129). — *Vic. Vedoninsis*, v. 965 (cart. de St-Cyprien, p. 255). — *Vic. Vicoveonensis*, 966 ou 967 (ibid. p. 91). — *Vic. Vicovidonensis in pago Briocinse, vic. Vitvedonensis*, 969 (ibid. p. 250 et 251). — *Vic. Vividonensis*, 969 (ch. de St-Hilaire, t. I, p. 42). — *Vic. Vivedoninsis in pago Briocinse*, v. 970 (cart. de St-Cyprien, p. 257). — *Vivedona*, v. 980 (ibid. p. 256). — *Bartholomeus de Vivcona*, 1068 (cart. de St-Nicolas, 14). — *Castrum Vicvione*, v. 1077 (Fonteneau, t. XXI, p. 447). — *Vivcona*, 1078 ou 1079 (ch. de St-Hilaire, t. I, p. 98). — *Vivconna*, v. 1080 (abb. de Montierneuf). — *Hugo de Vicovione*, v. 1081 (abb. de St-Cyprien). — *Boso de Vivcona*, 1083 (abb. de Montierneuf). — *Ecclesia in honore Sancti Georgii constructa in castro Vicovionie*, v. 1095 (cart. de St-Cyprien, p. 270). — *Ecclesia Sancti Micahelis de Vitvconia*, v. 1095 (ibid. p. 272). — *Apud Vitvionem*, 1097-1100 (abb. de St-Cyprien). — *Castrum Veonie*, v. 1105 (cart. de St-Cyprien, p. 67). — *Vitvonia*, 1119 (ibid. p. 17). — *Castrum Vivionie*, v. 1120 (ibid. p. 70). — *Castrum Vivione*, v. 1120; *Helias de Vicvehona*, v. 1137 (abb. de Nouaillé). — *Vivoonia*, v. 1140 (Fonteneau, t. XV, p. 711). — *Ecclesia Sancti Albini de Vicoveone*, 1149 (abb. de St-Cyprien). — *Ugo de Vivone*, v. 1160 (abb. de Nouaillé). — *Feodum de Vicovoone*, 1189 (ch. de St-Hilaire, t. I, p. 206). — *Vivonia*, 1237 (Fonteneau, t. XIX, p. 403). — *De Viveone*, 1264 (abb. de Nouaillé, 5). — *De Vivoone*, 1264 (Fonteneau, t. XXII, p. 281). — *Vivone*, 1308; *Vivosne*, 1335 (abb. de Nouaillé, 24). — *Vivonne*, 1418 (chap. cathédral, 71). — *Vivonnya*, 1520 (bissexte). — *Vyvousne*, 1579 (collège de Poitiers, 15). — *Vivóne*, 1743 (almanach de Poitiers).

La viguerie de Vivonne faisait partie du *pagus Briocensis*, de Brioux (Deux-Sèvres). Les localités que lui attribuent les documents de l'époque sont situées dans les c^{nes} de Vivonne, Marigny-Chemerault, Celle-l'Évescault, Marçay, Iteuil, Alonne, Château-Larcher, Marnay et Anché. Elle renfermait un village appelé *Maisonis*, situé près la Sèvre, *fluvius Severæ* (962, Fonteneau, t. XV, p. 129).

Vivonne dépendait de l'archiprêtré de Lusignan, de la sénéchaussée et de l'élection de Poitiers. Cette ville était le siège d'une châtellenie qui relevait de la baronnie de Celle-l'Évescault et s'étendait sur les paroisses de Vivonne et de Sais, et sur des portions seulement de celles de Marçay, Marigny-Chemerault, Anché et Batresse; le château seigneurial est en ruine. Le prieuré et la cure de Saint-Georges étaient à la nomination de l'abbé de Saint-Cyprien; en 1774 ce prieuré et les deux cures de Saint-Michel de Vivonne et de Sais furent supprimés et leurs biens unis à la cure de Saint-Georges. Il y avait à Vivonne un couvent de carmes fondé au xve siècle et une aumônerie, mentionnée en 1264 (abb. de Nouaillé, 5) et dans le pouillé de Gauthier (f° 152 v°), dont les revenus furent unis à l'hôpital de Lusignan en 1695. On l'appelait l'Arceau: *Nostre Dame de l'Arceau, ausmonerie de l'Arceau*, 1489 (livre de recette de Vivonne, f° 178).

En 1790 Vivonne devint le chef-lieu d'un canton dépendant du district de Lusignan et composé des c^{nes} de Vivonne, Batresse, Château-Larcher, Écrouzilles, Marçay, Marigny-Chemerault et Marnay, auxquelles fut ajoutée celle de Ruffigny lors de la suppression du canton de Coulombiers. Cette circonscription fut modifiée en 1801 par l'adjonction de la c^{ne} d'Iteuil, qui faisait partie du canton de Croutelle supprimé. Les villages de Vivonne formaient dès 1657, pour la perception des tailles, une communauté distincte, qui fut réunie à celle de la ville au mois de janvier 1793.

VIVONNE, m. isolée, c^{ne} de Cherves.

VIVONNERIE (LA), h. c^{ne} d'Archigny; — 1617 (évêché, 8).

VIVONNIÈRE (LA), h. c^{ne} de Pleumartin; — 1491 (seign. de Pleumartin, 1).

VIZELLE (LA), h. c^{ne} de Lizant. — *La Viselle, la Vizelle*, 1353 (fam. de Chabanais).

VOGLADENSIS CAMPUS, où Clovis vainquit Alaric. — *Chlodovechus rex cum Alarico rege Gothorum in campo Vogladense* (al. *Vocladense*) *decimo ab urbe Pictava milliario convenit* (Gregor. Turon. hist. ap. Bouquet, t. II, p. 182). — *In campania Voglavensi; Voglense bellum* (Fredeg. epitom. ibid. t. II, p. 401). — *In pago Vogladise* (al. *Vogladinse*) *super fluvium Clinno milliario decimo ab urbe Pictava* (gesta reg. Franc. ibid. t. II, p. 554). — *In campo Vosaglinse super Clinnum fluvium decimo milliario ab urbe Pictava* (Roricon. gesta Franc. ibid. t. III, p. 18). — *In campo Voglensi juxta Pictavis urbem* (Hermanni Contracti chron. ibid. t. III, p. 319). — *Rex Alaricus cum suis decimo ab urbe milliario obviam venit adversariis et confligentibus eis in campania Voglavense...* (Virdunense chron. ibid. t. III, p. 354).

Il résulte de ces textes que le *campus Vogladensis* était situé sur les rives du Clain à 10 milles de Poitiers. Hincmar (vita S. Remigii, ap. Bouquet, t. III, p. 379) dit que le combat se livra *in campo Mogotinse super fluvium Clinno, milliario decimo ab urbe Pictavis*. Mougon, ancien prieuré, aujourd'hui village de la commune d'Iteuil, se trouve près de la rive gauche du Clain, à 15 kilomètres en amont de Poitiers, distance équivalente à 10 milles romains de 1,481 mètres. Néanmoins on est loin de s'accorder sur la position de ce fameux champ de bataille. Suivant les deux opinions les plus accréditées, il faut le chercher aux environs de Voulon entre Vivonne et Champagné-Saint-Hilaire, ou à Vouillé; mais Voulon est à 19 milles de Poitiers et Vouillé est sur l'Auzance à 15 kilomètres du Clain. On ne connaît pas mieux la situation de la *villa Vocladus* mentionnée dans une vie de saint Maixent du vi^e siècle : *cum autem (Franci) monasterio propinquassent in quo S. Maxentius pastor habebatur egregius et venissent in villam vocabulo Vocladum* (Bolland. jun. t. V, p. 172).

VOIE (LA), f. c^{ne} de Dienné. — *La Vayrou*, 1469 (seign. de Dienné et Verrières, 3). — *La Voyroux*, 1575; *la Voye*, 1743 (rôle des tailles).

VOIE-BASSE (LA), f. c^{ne} d'Orches.

VOIES (LES), h. c^{ne} de Leigné-sur-Usseau.

Le ruiss. des Voies a sa source près Origny, passe sur le territ. de Mondion et se réunit au ruiss. de Vellèche près de la Madelainerie, c^{ne} de Vellèche.

VOIRET, f. c^{ne} de la Roche-Posay. — *Oisay*, 1654 (seign. de la Roche-Posay, 4). — *Voiray* (Cassini).

VOIRIES (LES), h. c^{ne} d'Usseau; — 1506 (seign. des Closures).

VOISINIÈRE (LA), lieu détruit, près Chez-Foureau, c^{ne} de Civaux. — *La Vesinière*, 1487 (seign. de la Tour-aux-Cognons).

VOLBIÈNES (LES), h. c^{ne} de Vouneuil-sur-Vienne. — *Volouhière*, 1537 (abb. de Montierneuf, 8). — *Les Vollebières*, 1585 (chap. cathédral, reg. 93). — Anc. fief relev. de l'abbaye de Montierneuf.

VOLERIE (LA), h. c^{ne} de Chouppes.

VOLEURS (CHEMIN DES), c^{ne} de Loudun; de la Chabotterie à Nardanne.

VOLIÈRE (LA), h. c^{ne} de Sérigny. — *La Volière*, 1603 (cure de Sérigny). — *La Vollière*, 1641 (seign. de Germigny).

VOLLIER (LE), f. c^{ne} de Thurageau; — 1561 (prieuré de St-Jean de Mirebeau, 5).

VOLLINIÈRES (LES), vill. c^{ne} d'Ingrande. — *La Vaulinère*, 1425 (cure d'Ingrande). — *Les Vaullinières*, 1516 (abb. de la Merci-Dieu, 7). — *Les Vollinières*, 1608 (ibid. 13). — Anc. fief relev. de la seign. de Chêne.

VOLUESNE, f. c^{ne} de Châtellerault. — *Vauluene*, 1655 (cure de Pouthumé). — *Voluenne*, 1665 (fief du Verger).

VONNE (LA), riv. prend sa source dans la c^{ne} de Beaulieu, c^{on} de Mazières (Deux-Sèvres), et se jette dans le Clain à Vivonne, après avoir arrosé dans l'arr^t de Poitiers les c^{nes} de Sanxay, Curzay, Jazeneuil, Lusignan, Cloué, Celle-l'Évescault, Marigny-Chemerault et Vivonne sur une longueur de 47 kilomètres. — *Amnis Vedauna*, v. 696 (Pardessus, Diplomata, chartæ, t. II, p. 240). — *Vedona*, v. 1000 (cart. de St-Cyprien, p. 276). — *Veona*, 1009 (Fontenean, t. XXI, p. 355). — *Voonia*, 1261 (ibid. t. XXII, p. 273). — *La Vousne*, 1379 (gr. Gauthier, f° 56). — *La Vosne*, 1404 (ibid. f° 57). — *La Vonne*, 1404 (seign. de Giez). — *La Voûne*, 1669 (chap. de St-Hilaire, 446). — *La Vône*, 1787 (almanach provincial, p. 103).

VORIÉ (LE GRAND et LE PETIT-), hh. c^{ne} de Moulime. — *Le petit Vouerec*, 1494 (fief de l'Âge-de-Plaisance). — *Le grand Vorict*, 1563 (seign. de la Valade). — *Le petit Vouriet*, 1640 (prieuré d'Entrefins).

Vouge (La), h. c^{ne} de Thurageau; — 1531 (cure de St-Aubin-du-Dolet).

Vouillé, ch.-l. de c^{on}, arr^t de Poitiers. — *Villa Villiaci, de Volliaco, de Volleio*, v. 560 et 562 (diplômes de Clotaire Ier et de ses fils, non authentiques, ap. Pardessus, Diplomata, chartæ, etc. t. I, p. 119 et 125). — *In Volliaco*, v. 1095 (Fontencau, t. XXIV, p. 35). — *Vollec*, 1231 (*ibid*. t. XXIV, p. 88).— *Voyllé*, 1250 (chap. de Ste-Radegonde, 8). — *Voilliacus*, 1252 (Layettes du trésor des ch. t. III, p. 158). — *Voliacum*, 1266 (chap. de Ste-Radegonde, 47). — *Voillé*, 1298 (*ibid*. 32). — *Voulhé*, 1370; *ville de Vouillé*, 1375 (*ibid*. 18). — *Volhé, Voilhé*, 1383 (taux du décime, p. 22 et 69). — *Vouillé*, 1596 (aides et équivalents, p. 12). — *Ste-Radegonde de Vouillé*, 1782 (pouillé).

La paroisse de Vouillé, archiprêtré de Sanxay, châtellenie de Montreuil-Bonnin, sénéchaussée et élection de Poitiers, comprenait le territoire des communes actuelles de Vouillé, Frozes, Villiers, Yversay et le Rochereau. Pour la perception de la taille, elle était divisée en six *barges* : Vouillé, Frozes, Yversay, Traversonne, Civray et Villiers. Le chapitre de Sainte-Radegonde de Poitiers en était seigneur châtelain et haut justicier, et nommait à la cure. Par lettres patentes de Charles VII, du 7 avril 1431 (chap. de Ste-Radegonde, 17), il fut autorisé à faire fortifier l'église et le bourg de Vouillé. En 1377 il avait obtenu de Jean, duc de Berri, comte de Poitou, la création en ce bourg de quatre foires par an et d'un marché par semaine (*ibid*. 20). Il y avait à Vouillé une aumônerie dont les biens furent unis à l'hôtel-Dieu de Poitiers en 1698.

Suivant quelques historiens, la campagne de Vouillé serait le *campus Vogladensis* où Clovis défit Alaric en 507; mais les chroniqueurs postérieurs à Grégoire de Tours plaçant le champ de bataille sur les rives du Clain, Vouillé, qui en est éloigné de 15 kilomètres, ne satisfait pas à cette condition.

En 1790 Vouillé devint le chef-lieu d'un canton dépendant du district de Poitiers et formé des communes de Vouillé, Chiré-en-Montreuil, Civray-les-Essarts, Latillé, Quinçay et Traversonne. Cette circonscription fut modifiée en 1801.

Les bois de Vouillé, appartenant autrefois au chapitre de Sainte-Radegonde de Poitiers, avaient une contenance de 1,018 arpents en 1791; réunis aux bois de Saint-Hilaire, c^{ne} de Quinçay, ils forment la forêt de Vouillé-Saint-Hilaire, domaine de l'État, ayant 1,183 hectares de superficie.

Vouillée (La), f. c^{ne} de Vernon. — *La Vollhye*, 1276 (abb. de Montierneuf, 92). — *Vinee de la Volhea*, 1281 (prieuré de la Vayolle). — *La Vollée*, 1286 (abb. de Montierneuf, 92). — *La Voillée*, 1293 (arch. de Poitiers, 14). — *La Vouillée*, 1596 (abb. de Montierneuf, 93).

Vouillés (Les), prairie entre Dalidant et l'Étang, anc. mⁱⁿ sur la Charente, c^{ne} de Saint-Pierre-d'Exideuil. — *Molendina de Volec*, v. 1178 (Fontencau, t. XVIII, p. 513). — *Moulin de Vouillé*, 1404 (gr. Gauthier, f° 260 v°); — *de Voillé*, 1405 (*ibid*. f° 209); — *de Vouillé*, 1406 (*ibid*. f° 221 v°). — *Voilhet*, 1409 (*ibid*. f° 222 v°). — *Isle de Vouillé*, contenant deux quartiers de pré, 1480 (couv. de Montazay). — L'emplacement de ce moulin fut concédé en 1485 par le prieur de Montazay à Jean et Charles Jousserant à la charge de le faire rebâtir (fam. Jousserant, 1).

Vouis (Les), f. c^{ne} de Maulay. — *Seigneurie des Vouyes*, 1612 (cure de Maulay); — *des Vouhis*, *des Vouis*, 1657 (couv. de Guesne). — *Les Ouies*, 1841 (nomencl.). — Cette terre appartenait à l'abbaye de Fontevrault.

Voulannière (La), h. c^{ne} du Vigean. — *La Voularnière*, 1503; *la Vollarnyère*, 1563 (cure du Vigean).

Voulême, c^{on} de Civray. — *Volesma*, v. 1195 (Fontencau, t. XVIII, p. 615). — *Voleme* (pouillé de Gauthier, f° 151). — *Volisma*, 1341 (seign. de la Vaufrenicart). — *Voulesme*, 1398 (gr. Gauthier, f° 229). — *S. Hilaire de Voulême*, 1782 (pouillé).

Avant 1790 la paroisse de Voulême faisait partie de l'archiprêtré de Gençay, de la châtellenie et de la sénéchaussée de Civray, et de l'élection de Poitiers. Le prieuré et la cure de Voulême dépendaient de l'abbaye de Nanteuil (Charente). La cure a été rétablie en 1848.

Voulon, c^{on} de Couhé. — *Tetbaudus de Volun*, v. 1120 (ch. de St-Hilaire, t. I, p. 122). — *Aqua de Volum*, 1232 (abb. de Nouaillé, 1). — *Valon, Volon* (pouillé de Gauthier, f°s 134 et 152). — *Voulon*, 1364 (abb. de St-Cyprien, 43). — *Velon*, 1383 (taux du décime, p. 68). — *Voullon*, 1479 (compte de J. Bourdin). — *S. Maixent de Voulon*, 1782 (pouillé).

Avant 1790 Voulon dépendait de l'archiprêtré et de la châtellenie de Lusignan, et de l'élection de Poitiers; une partie de la paroisse ressortissait à la sénéchaussée de Poitiers et l'autre au siège royal de Lusignan. Le curé de Voulon, à la nomination de l'évêque, était archiprêtre de Lusignan; le prieur du chapitre de Celle-l'Évécault était revêtu de cette dignité sous l'épiscopat de Gauthier de Bruges : dans les temps postérieurs, les deux titres de prieur et d'archiprêtre furent annexés à la cure de Voulon. Un registre synodal de 1478 prouve qu'à cette époque le curé de Voulon était archiprêtre de Lusignan. L'église de Voulon a recouvré son titre paroissial en 1858; depuis 1803 elle était une annexe de celle d'Anché.

Vounant, h. c^{ne} de Vivonne. — *Vonan*, 1264 (abb. de Nouaillé, 5). — *Vounant, Vousnant*, 1420 (seign. de Vounant). — *Pont de Vosnant* (sur la Vonne), 1442 (seign. de St-Aubin). — *Voulnant*, 1475; *Vousnent*, 1486 (seign. de Vounant). — *Vosnent*, 1489 (livre de recette de Vivonne, f° 47). — *Vonnan*, 1669 (seign. de la Touche-Vivien). — Anc. fief relev. de la châtell. de Bellefontaine.

Vouneuil-sous-Biard, c^{on} sud de Poitiers. — *Villa que vocatur Voginolio*, 989 (ch. de St-Hilaire, t. I, p. 55). — *Curtis Sancti Petri de Vodonolio, de Vonologio*, 988-1031 (cart. de St-Cyprien, p. 52 et 53). — *Ecclesia in honore Sancti Petri fundata, infra quintum miliarium ab urbe Pictavi et in ipsa vicaria, vocatur autem Vohonolus*, 990-996 (*ibid.* p. 51). — *Veonolium*, 1088-1091 (*ibid.* p. 200). — *Ecclesia Sancti Petri de Vonolio*, 1149 (abb. de St-Cyprien). — *Voonolium*, 1184 (Gallia christ. t. II, instr. col. 371). — *Vonolium prope Biarcium*, 1265 (chap. de Notre-Dame-la-Grande, 11). — *Vuounuel, Vounuel*, 1286 (abb. de Fontaine-le-Comte, 33). — *Prioratus de Voonul* (pouillé de Gauthier, f° 141). — *Vonuyl, Vonnuyl*, 1324; *Vouneul*, 1337 (arch. de Poitiers, 12). — *Vouneuil près Poictiers*, 1380; *Vonolium subtus Fenestram*, 1381 (abb. de St-Cyprien, 10). — *Vonuyl près Poictiers*, 1391; *Vouneuil près Poictiers*, 1397 (chap. de St-Hilaire, 566). — *Vonenilh près Poictiers*, 1418 (*ibid.* 566). — *Vouneil soubz Biart*, 1438 (abb. de St-Cyprien, 10). — *Vounoilh soubz Fenestre*, 1457 (chap. cathédral, 71). — *Vonolium supra Byarcium*, 1478 (reg. synodal). — *Vouneuil soubz Byart*, 1527 (abb. de Montierneuf, 59). — *Vouneuil sur Byard*, 1542 (abb. de St-Cyprien, 10). — *Vousneuil soubz Biard*, 1620 (cure de Vouneuil-sous-Biard). — *S. Pierre et S. Paul de Vouneuil-sous-Biard*, 1782 (pouillé).

Avant 1790 Vouneuil-sous-Biard faisait partie de l'archiprêtré de Sanxay, de la châtellenie, de la sénéchaussée et de l'élection de Poitiers. Le prieuré et la cure de Saint-Pierre de ce lieu dépendaient de l'abbaye de Saint-Cyprien de Poitiers.

Vouneuil-sur-Vienne, ch.-l. de c^{on}, arr^t de Châtellerault. — *Ex curte Vodonogilo*, 909 (cart. de St-Cyprien, p. 153). — *De curte Vodonogilo*, v. 942 (*ibid.* p. 152). — *Villa que vocatur Vonodolium*, v. 950 (*ibid.* p. 159). — *Vodonolozium*, v. 960 (*ibid.* p. 160). — *Ecclesia de Voenol*, v. 1080 (*ibid.* p. 144); — *de Voenolio*, 1097-1100 (*ibid.* p. 13); — *de Voonolio*, 1119 (*ibid.* p. 18); — *de Vonolio*, 1149 (abb. de St-Cyprien). — *Vonuyl*, 1309 (Gauthier, f° 187 v°). — *Vonnuyl sus Vienne*, 1324 (arch. de Poitiers, 12). — *Vonenyl*, 1326 (évêché, 17). — *Vouneul sus Vienne*, 1337 (arch. de Poitiers, 12). — *Vonneillium subtus Vigennam*, 1348 (abb. de Fontaine-le-Comte, 24). — *Vonolium super Viganam*, 1361 (chap. cathédral, 8¤). — *Vouneil sur Vienne*, 1418; *Vouncil soubz Vienne*, 1437 (seign. de Chitré). — *Vonolium supra Vigennam*, 1478 (reg. synodal). — *Vouneuil sur Vienne*, 1479 (compte de J. Bourdin). — *Sainct Estienne de Vouneul*, 1504 (abb. de St-Cyprien, 36).

Cette commune est formée de l'ancienne paroisse de Vouneuil-sur-Vienne et de celle de Moussay, moins Baudiment, son annexe.

Vouneuil-sur-Vienne faisait partie de l'archiprêtré de Châtellerault, de la châtellenie, de la sénéchaussée et de l'élection de Poitiers. En 1304 c'est *Savigné sur Rives*, Savigny-sur-Vienne, et non Vouneuil-sur-Vienne, qui figure sur la liste des paroisses de la châtellenie de Poitiers (arch. de Poitiers, 12). La cure était à la nomination de l'abbé de Saint-Cyprien.

En 1790 Vouneuil-sur-Vienne devint le chef-lieu d'un canton dépendant du district de Châtellerault et composé des communes de Vouneuil-sur-Vienne, Beaumont, Bellefont, Bonneuil-Matours, Cenon, Moussay, Naintré et Prinçay. Cette circonscription fut modifiée en 1801.

Voûte (La), m. isolée, c^{ne} de Beuxe. — *La Vouste*, 1655 (com^{rie} de Loudun, 33).

Voûte (La), vill. c^{ne} de Bonnes. — *La Voste*, 1446; *la Vouste*, 1535; *la Volte*, 1559; *la Voulte*, 1608 (seign. de Loubressay).

Voûte (La), m. à Chasseneuil. — *La Voulte*, 1564; *la Vouste*, 1733; *la Voute*, 1763 (fief de la Voûte). — Anc. fief relev. de la tour de Maubergeon.

Voûte (La), h. c^{ne} de Chouppes. — *La Voulte*, 1480 (fam. de Fouchier). — *La Vouste*, 1613 (prieuré de St-André de Mirebeau, 9). — Anc. fief relev. de la bar. de Mirebeau.

Voûte (La), h. c^{ne} de Marnay. — *La Voulte*, 1550 (seign. de la Vergne). — *La Vouste*, 1565 (religieuses de Ste-Catherine de Poitiers). — Anc. fief relev. de la Poussinière.

Voûte (La), f. c^{ne} de Prinçay. — *La Voulte*, 1625, 1644 (cure de Prinçay).

Voûte (La), f. près la Motte, c^{ne} de Senillé. — *La Voulte alias la Mothe*, 1607 (abb. de St-Cyprien, 23). — *La Vouste*, 1748 (fief de la Tour-aux-Poupeaux).

Voûte (La), f. c^{ne} de Vendeuvre. — *La Vouste*, 1670 (aveu de Chéneché, f° 72 v°). — Anc. fief relev. de la châtell. de Chéneché.

Voûte-de-Bourg (La), lieu détruit, entre Bourg et la Jarrie, c^{ne} de Saint-Genest. — *La Vouste de Borz*, 1370; *la Voste de Bort*, 1372 (seign. de Puygarreau, 3).

Vouzaillère (La), lieu détruit, près Agressay, c^{ne} de Thurageau; — 1620 (fam. de Fouchier, aveu de Rochefort, f° 45 v°).

Vouzailles, c^{on} de Mirebeau. — *Vosalia*, 889 (ch. de St-Hilaire, t. I, p. 13); — *cum ecclesia in honore sancti Hilarii*, 990 (cart. de Bourgueil, p. 20). — *Vosallia*, 1204 (chap. de Mirebeau, 32). — *Vossalle*, 1253 (chap. de St-Hilaire, 134). — *Vousalle*, 1292 (chap. de Mirebeau, 32). — *Vozaillia* (pouillé de Gauthier, f° 169 v°). — *Vosailha, Vozalhia, Vouzaillia*, 1383 (taux du décime, p. 34 et 72). — *Vouzaille, Vousaille*, 1416; *Vouzailles*, 1439 (seign. de Vouzailles). — *S. Hilaire de Vousailles*, 1782 (pouillé).

Vouzailles faisait autref. partie de l'archiprêtré de Parthenay (Deux-Sèvres), de la baronnie de Mirebeau, du duché-pairie et de l'élection de Richelieu, généralité de Tours. Le prieuré et la cure de St-Hilaire de Vouzailles dépendaient de l'abbaye de Bourgueil (Indre-et-Loire). La seigneurie de Vouzailles, en titre de châtellenie, appartenait à la même abbaye et relevait de la baronnie de Mirebeau.

En 1790 Vouzailles devint le chef-lieu d'un canton dépendant du district de Poitiers et formé des communes de Vouzailles, Ayron, Chalandray, Cherves, Cramard, Frozes, Jarzay, Maillé, Montgauguier et Villiers; ce canton fut supprimé le 18 novembre 1801.

Vouzenay, h. c^{ne} de Pouant; — 1460 (chap. de St-Hilaire, 427).

Voyette (La), vill. c^{ne} de Ceaux, c^{on} de Loudun. — *La Voyete*, 1446 (com^{rie} de Loudun, 29).

Vrassac, h. et m^{in} sur le Salcron, c^{ne} de Béthines. — *Massum Varaxii*, 1089; *Vairecac*, 1224; *Veracac* 1235 (couv. de la Puye, 12). — *Verecac*, 1259 (ibid. 1). — *Varecac*, 1271 (maison-Dieu, 127). — *Vrassac*, 1450 (ibid. 154). — *Moulin de Varassac*, 1472 (couv. de la Puye, 12). — *Verassac*, 1550 (maison-Dieu, 132). — Anc. seign. et haute justice appart. au couvent de la Puye; était de la châtell. d'Angle.

Vrignay (La), h. c^{ne} de Senillé. — *Moulin de la Vergnoye*, 1429 (abb. de la Celle, 16). — *La Vergnaye* (Cassini). — Anc. fief relev. de la bar. de Montoiron; le m^{in}, sur l'Auzon, n'existe plus.

Vrillé, vill. c^{ne} de Brux. — *Petrus de Verilee*, v. 1160 (Fonteneau, t. XVIII, p. 307). — *Vrilhé*, 1599 (seign. de Couhé). — *Vrillé*, 1679 (notaires de la châtell. de Monts). — Anc. fief relev. du marq. de Couhé; érigé en 1595.

Vrine, fontaine, c^{ne} de Prinçay. — *Fontaine de Verine*, 1653 (com^{rie} de l'Isle-Bouchard, 35).

Vron, vill. c^{ne} de Brux. — *Veron, Vron*, 1470 (chap. de St-Hilaire, 243).

Vron (Le Petit-), h. c^{ne} de Romagne. — *Le petit Vayron*, 1477 (chap. de St-Hilaire, 244).

Vublon, vill. c^{ne} de Romagne. — *Goffridus de Viblo*, 1136 (ch. de St-Hilaire, t. I, p. 133). — *Viblon*, 1342; *Veiblon*, 1430 (chap. de St-Hilaire, 242). — *Vublon*, 1470 (ibid. 243). — *Vulbon*, 1487 (seign. du Parc et de Boisvert, 1). — *Veublon*, 1598 (chap. de St-Hilaire, 249).

Y

Yversay, c^{on} de Neuville. — *Yversayum*, 1301 (chap. de Ste-Radegonde, 64). — *Iversay*, 1370 (ibid. 18). — *Ivercay*, 1489 (chap. cathédral, 77). — *Grand Yversay* (Cassini).

Yversay, section de l'ancienne paroisse de Vouillé, formait dès 1657 (arch. de Poitiers, 40) une communauté d'habitants distincte de celle de Vouillé et figurait à ce titre sur les listes des paroisses de l'élection de Poitiers. Cette c^{ne} est réunie pour le culte à celle de Charay.

Yversay (Le Petit-), vill. c^{ne} de Neuville; — 1480 (seign. de Chéneché, 4). — *Le petit Iversay*, 1775 (rôle des tailles).

TABLE DES FORMES ANCIENNES.

A

Aage (L'). *Age (L')* (Journet).
Aages (Les). *Ages (Les)* (Savigné).
Abahanc; Abahent. *Habéan.*
Abaie (L'). *Abbaye (L')* (Marigny-Brizay).
Abain; Abayn. *Abin.*
Abaty (L'). *Batie (La).*
Abdon et Sennes; Abdouis et Sennis (ecclesia sanctorum). *Dandesigny.*
Abean. *Habéan.*
Abenoir. *Abenoux.*
Abireeum. *Abiré.*
Ablee; Ablineus. *Ablet.*
Ablour (L'). *Blour (La).*
Aboain; Aboig; Aboing. *Abin.*
Abonor; Abonour; Abonnour. *Abenoux.*
Abornay. *Saint-Sauveur.*
Aboyn. *Abin.*
Abriæ. *Abre.*
Abrioux. *Paradis.*
Acadie des huit maisons (L'). *Huit-Maisons (Les).*
Accadie (L'). *Ligne (La)* (Archigny).
Achebouteau (L'). *Âge-Bouteau (L').*
Acullia. *Cueille-Mirebalaise (La).*
Addon Desenne; Addon et Segnes. *Dandesigny.*
Adillé. *Aillé* (Saint-Pierre-des-Églises).
Admiral (L'). *Amiral (L').*
Adrer; Adrerium; Adreyum. *Adriers.*
Aent. *Hains.*
Aeraon. *Ayron.*
Affouarts (Les). *Offoirs (Les).*
Affrais (Les). *Affrois (Les).*
Age Aquemyn (L'). *Jacquemin (La).*
Age à Rouilh (L'). *Jarrouie (La).*
Vienne.

Age au Rei (L'). *Âge (L')* (Gouex).
Age au Trudon (L'). *Jautrudon (La).*
Age Borget (L'). *Âge-Bourget (L').*
Age Bougrin. *Âge (L')* (Millac).
Age Chausson (L'). *Âge-au-Chou (L').*
Age Corbejarret (L'); Age de Courbejarret (l'). *Âge-Courbe (L').*
Age de Jornee (L'). *Âge (L')* (Journet).
Age de Marcillé (L'). *Âge (L')* (Liglet).
Age de Plaisance (L'). *Âge (L')* (Saugé).
Age du Chaucheur (L'); Age du Chauchour (l'); Age du Chauchoux (l'); Age du Chaussour (l'). *Âge-au-Chou (L').*
Age du Faictz (L'); Age du Faiz (l'); Age du Fex (l'). *Âge du Faix (L').*
Age en Chauvigny (L'). *Âge (L')* (Saint-Pierre-des-Églises).
Age Frogier (L'). *Âge (L')* (Joussé).
Age Gaudon (L'). *Grange-à-Gaudon (La).*
Age Hélye (L'). *Gélie (La).*
Agenaix; Agenay; Agenès. *Angenay.*
Agentum. *Hains.*
Agenics (Les); Ageois (les); Ageoys (les). *Charasson (Pouzioux).*
Age Rouil (L'); Age Royl (l'). *Jarrouie (La).*
Age Volarne (L'); Age Volergne (l'); Age Voullerne (l'). *Âge-Voulerne (L').*
Ages de Chaverneuil (Les). *Âges (Les)* (Bouresse).
Agezun. *Jesson.*
Agguillon (Maison de Jeau). *Guillonnière (La)* (Bonneuil-Matours).
Agia. *Âge (L').*
Agia au Dradon. *Jautrudna (La).*
Agia Pariola. *Âge-Pariole (L').*

Agia Regis. *Âge (L')* (la Bussière).
Agia Rouylh. *Jarrouie (La).*
Agiæ. *Âges (Les)* (Savigné).
Agiæ de Chavernoyl. *Âges (Les)* (Bouresse).
Agricay; Agriciacus; Agriciai; Agrissiacus; Agriziacus. *Agressay.*
Aguayt (Herbergamentum Guillelmi). *Guitière (La).*
Aguestons (Les). *Aguétons (Les).*
Aguison. *Aguzon.*
Aguron. *Guron.*
Ahyncay. *Ainçay.*
Aiffes (Les). *Effes (Les).*
Aige (L'). *Âge (L')* (la Bussière).
Aige Bougrain (L'). *Âge (L')* (Millac).
Aige Chaussour (L'). *Âge-au-Chou (L').*
Aiges (Les). *Âges (Les)* (Bouresse).
Aigremond. *Maison-Neuve* (Montreuil-Bonnin).
Aillec; Ailhé; Aillec; Aillet; Ailly. *Aillé.*
Aimardières (Les). *Émarières (Les).*
Aincai; Aincei; Ainchaium. *Ainçay.*
Aingstz; Ains; Aint. *Hains.*
Ainzec. *Anzec.*
Airable (L'). *Érable (L').*
Airaon; Airaum. *Ayron.*
Airau (L'). *Hérault (L').*
Airault (L'). *Lairault.*
Airolles (Les). *Hérolles (Les).*
Airon. *Ayron.*
Airoux; Airouz. *Ayroux.*
Ajeccio (L'). *Ajasseau (L').*
Ajambe. *Enjambes.*
Ajeons (Les). *Ajoncs (Les).*
Alamania. *Allemagne.*
Alexandras. *Alexandre.*
Albaterra. *Opterre.*
Alberes. *Aubière.*

57

450

Albiacus; Albibec. *Aubiers.*
Aléc. *Allay.*
Alegretz (Les). *Algrets (Les).*
Alemaigne. *Allemagne. Maigne (La).*
Alemania. *Maigne (La).*
Aler; Alerius. *Saint-Clair.*
Aleriacus. *Layré.*
Alexander; Alexandria. *Alexandre.*
Alhié. *Aillé* (Saint-Pierre-des-Églises).
Aliacus. *Aillé* (Saint-Georges).
Aliarinsis vicaria. *Liniers.*
Alixandre. *Alexandre.*
Allais. *Allay.*
Allebardières (Les). *Alberdières (Les).*
Allebroust; Allebroux. *Albroux.*
Allec. *Aillé.*
Allegrestz (Les). *Algrets (Les).*
Allemaigne. *Allemagne. Usseau.*
Allemania. *Allemagne.*
Aller. *Saint-Clair.*
Allerie (L'). *Alletrie (L').*
Allests; Alloz. *Allay.*
Alliacus. *Aillé.*
Allogny. *Alogny.*
Allona; Allonne. *Alonne.*
Alluz (Les). *Alleuds (Les).*
Almaigne. *Allemagne. Bourneuil. Maigne (La).*
Alochon (L'). *Lochon (La).*
Aloigné. *Alogny.*
Alonna; Alona; Alone; Alonia. *Alonne.*
Alsancia fluvius. *Auzance (L').*
Alsander. *Alexandre.*
Also; Alsonius fluvius. *Auzon (L').*
Altaro; Altaro Montis Maurilii; Altarium. *Lautier.*
Alu (L'). *Alleuds (Les).*
Alus (Les). *Alloux (Les).*
Alyots (Les). *Aliaux (Les).*
Amailhac. *Millac.*
Ambarrete. *Ambrette.*
Ambère. *Saint-Genest.*
Amberette. *Ambrette.*
Amberia. *Amberre. Saint-Genest.*
Amberre. *Saint-Genest.*
Amberretta; Amberrette. *Ambrette.*
Amberria. *Amberre.*
Ambière. *Saint-Genest.*
Ambière (Dîme d'). *Mauléon* (fief).
Ambliacus. *Ablet.*
Amboiron. *Namboiron.*
Amboisse (Moulin d'). *Boisses (Les).*
Ambretin. *Ambertin.*
Ameilhac; Ameilhac. *Millac.*
Ameilles (Les). *Amouils (Les).*
Amelières (Les). *Amillières (Les).*
Amellac; Amilhacum; Amilhat. *Millac.*

Amilliers (Les); Amylliers (les). *Amillières (Les).*
Amboysse (Moulin d'). *Boisses (Les).*
Ances (Les). *Auzance.*
Ances (Les grandes). *Grand-Pont (Le).*
Anchec; Anchet; Ancheyum; Anchiacus; Anchié; Anciacus. *Anché.*
Ancrevé; Ancrever. *Encrevé.*
Andeliacus; Andiliacus. *Andillé.*
Andillé. *Andilly.*
Andilliacus. *Andillé.*
Andraudière (L'). *Doyenné (Le).*
Aneis. *Anois.*
Aneres; Aneriæ. *Asnières.*
Anesium; Aneys. *Anois.*
Auffrenet; Anfrenet. *Enfrenet.*
Angibaudière (L'). *Giraudeaux (Les).*
Angiveil. *Guiveil.*
Anglæ. *Anglo.*
Anglain (L'). *Anglin (L').*
Anglarias. *Angliers.*
Anglen (L'). *Anglin (L').*
Angleriæ; Anglerium; Anglers. *Angliers.*
Angles; Anglia; Angliæ. *Anglo.*
Anglia fluvius. *Anglin (L').*
Anier. *Asnières.*
Anière (Moulin de l'). *Lanière.*
Anières. *Asnières.*
Anisius villa in pago Pictavo, in vicaria Ingoranda, 964 (ch. de S'-Hilaire, t. I, p. 35). — Lieu inconnu.
Anjambe; Anjambes. *Enjambes.*
Annesium. *Anois.*
Anneteaux (Les). *Pain-Chaud.*
Anoys. *Anois.*
Ansaumont. *Anxaumont.*
Auschec. *Anché.*
Ansec; Anseciacus. *Anzec.*
Anseigné. *Dandesigny.*
Ansiacus. *Anzec.*
Ansoleise. *Ansoulesse.*
Ausses (Rivière des). *Auzance (L').*
Anssolece. *Ansoulesse.*
Anteigny. *Antigny.*
Antenet. *Anthenet. Thenet.*
Anthebrault. *Entrebrault.*
Anthenet. *Thenet.*
Anthignec. *Antigny.*
Anthogneyum; Anthoigné; Anthogny. *Antogné.*
Antidicinnaco; Autigné; Antigniacus. *Antigny.*
Antiniacu. *Antigny. Antogné.*
Antoigné; Antoignec; Antoigniacus; Antoniacus. *Antogné.*
Antram; Antron; Antronium. *Antran.*
Antygnet. *Antigny.*

Anveau. *Enwaux.*
Anvigne. *Envigne (L').*
Anxaulmont. *Anxaumont.*
Anxiacus. *Anché.*
Anxomond; Anxomont. *Anxaumont.*
Aqueductus villa in vicaria Salvinse, 938 (cart. de S'-Cyprien, p. 59). — Lieu inconnu.
Arabian (L'); Arable (l'); Arablon (l'). *Rablane (La).*
Arables (Les). *Crémault.*
Araon; Araun. *Ayron.*
Araux (L'). *Reau (La).*
Arcaium. *Arçay.*
Arcediacre (L'). *Archidiacre (L').*
Archayum. *Archeium. Arçay.*
Archec; Archet; Archiec; Archiet. *Arché.*
Archigné; Archigneium; Archigniacus. *Archigny.*
Archillac (L'). *Archidiacre (L').*
Archimbaut. *Archambault.*
Archine; Archinec; Archiniacus; Archinnecum; Archinniacus. *Archigny.*
Arciacus. *Arçay.*
Arciacus villa in vicaria Sievall., 986 ou 987 (cart. de S'-Cyprien, p. 225). — Ce lieu, plusieurs fois mentionné dans le cart. de Saint-Cyprien, était dans le voisinage de Bonneuil, c"° de Saint-Martin-la-Rivière (*ibid.* p. 149).
Arcus Parriniaci. *Arcs de Parigny (Les).*
Ardaine (La tour d'). *Tour-de-Loubressay (La).*
Ardanne. *Nardanne.*
Ardeynne. *Nardanne.*
Ardeleaux. *Ardilleux.*
Ardenne. *Nardanne.*
Ardilleaux (Les); Ardilloux (les). *Ardilleux.*
Ardon. *Ardan.*
Arecourt. *Harcourt.*
Arepay. *Arpoix.*
Armailhet; Armalec; Armalet. *Normaillé.*
Armenterece; Armenteresse. *Fou (Le).*
Armenteria, locus in vicaria Vicodoninse, v. 995 (cart. de S'-Cyprien, p. 256). — Ce lieu était contigu à la villa Sevola, Souvole, c"° de Marçay.
Armentic. *Hermentin.*
Armilhec. *Normaillé.*
Armintresse. *Fou (Le).*
Arnerant; Arnarent. *Nervarand.*

TABLE DES FORMES ANCIENNES.

Arnaudère (L'). *Renaudière (La)* (Latus. Romagne).
Arnoire. *Renoir.*
Arpay. *Arpoix.*
Arpinère (L'); Arpineria. *Erpinière (L').*
Arpinière (L'). *Herpinière (L').*
Arsay. *Arçay.*
Arsenson. *Argenson.*
Arsis (Les). *Arcis (Les).*
Artaudière (L'). *Rotaudière (La).*
Artiacus. *Arçay.*
Artigia. *Artige.*
Artigné. *Artigny.*
Artusère (L'); Artuysère (l'). *Artuzières (Les).*
Arverant. *Nervarand.*
Arzandière (L'). *Rezandière (La).*
Asbre. *Abre.*
Aslonne; Aslonnes. *Alonne.*
Asneres; Asnerias. *Asnières.*
Asnois; Asnoys. *Anois.*
Asnon (L'). *Anon (L').*
Assay; Assé. *Nassé.*
Assellynière (L'). *Senillière (La).*
Assistance (L'). *Aisance (L').*
Aszay. *Azay.*
Athymot. *Timotte (La).*
Aubaterre. *Opterre.*
Auber. *Auberts (Les).*
Auberdière (L'). *Lauberdière.*
Auberge aux Villiers (L'). *Laubergère.*
Auberigère (L'). *Aubergère (L').*
Aubeue blanche (L'). *Aubuie-Blanche (L').*
Aubié. *Aubiers.*
Aubigère (L'). *Aubergère (L').*
Aubis (Moulin d'). *Dies (Les).*
Auboing; Auboya. *Abin.*
Aubouynère (L'); Auboynière (l'). *Aubonnière (L').*
Aubrigère (L'); Aubrugère (l'). *Aubergère (L').*
Aubue (L'); Aubues (les). *Aubus (Les).*
Aubuhe (L'). *Aubue (L').*
Aubus (Les). *Aubuyes (Les).*
Aubyé. *Aubiers.*
Aucaise (L'). *Laussaize.*
Aucherie (L'). *Hocherie (La).*
Audray (Bois d'). *Tillollo (La).*
Augé; Augecq; Augés (les). *Augot.*
Augeardière (L'). *Cheval-Blanc (Le) (Châtellerault).*
Augezière (L'). *Augizière (L').*
Augoires (Les); Augouards (Les).
Aulbues (Les). *Aubus (Les).*
Aulnay. *Aunay.*

Aulteffa (Forest d'). *Motte-d'Autefa (La).*
Aumelles (Les); Aumesles (les). *Eaux-Melles (Les).*
Aumonnerie (L'). *Monneroy (Le).*
Aumosne (L'); *Aumône (L').*
Aumosnerie (L'); Aumousnerie (l'). *Aumônerie (L').*
Aunaium; Aunayum; Auncy. *Aunay.*
Auperanche. *Péranches (Les).*
Aureis. *Rets (Les).*
Aureyum; Auriacus. *Oiré.*
Aurigny. *Origny.*
Aurilhes (Les). *Orillets (Les).*
Aurilhet. *Orillac.*
Aurilhetz (Les); Aurillet (le fief). *Orillets (Les).*
Ausance; Ausancia; Ausence; Ausencia. *Auzance.*
Ausigière (L'). *Augizière (L').*
Auson, Ausonium; Ausum. *Auzon.*
Ausona; Ausonius fluvius. *Auzon (L').*
Autafa; Autefa; Auteffa. *Motte-d'Autefa (La).*
Authon. *Auton.*
Auxais (L'). *Laussaize.*
Auxances. *Auzance.*
Auzannière (L'). *Hosannière (L').*
Auzenets (Les). *Hozannets (Les).*
Auzigière (L'). *Augizière (L').*
Availa; Availhe; Avoilhia; Availhya; Availia; Availlio; Availlya. *Availle.*
Availhia Lemovica. *Availle-Limousine.*
Availhoillo; Availholle; Availliolle. *Vayolle (La).*
Availlolo; Availlollos. *Vayolles.*
Avalaille. *Vallaille (La).*
Avalatot. *Vertoux.*
Avalhe; Avalia. *Availle.*
Avalhia; Availia. *Availle. Vayolle (La).*
Avalliacus. *Availle.*
Avalloles. *Vayolles.*
Avallolia. *Vayolle (La). Vayolles.*
Avalolia. *Vayolle (La).*
Avantum. *Avanton.*
Avaylia; Avaylle. *Availle.*
Avayliolo. *Vayolles.*
Avayliolia. *Vayollo (La).*
Avayolle. *Vayolles.*
Aventon; Aventonium; Avenium. *Avanton.*
Avreigné; Avrigné; Avrigné la Touche; Avrignec; Avrigneyum; Avrigniacus; Avriniacus; Arriniciacus. *Avrigny.*
Aya Roil. *Jarrouie (La).*
Ayffes (Les); Ayflœ. *Effes (Les).*
Ayge du Fays (L'). *Âge-du-Faix (L').*

Aygnos. *Aigne.*
Aygret. *Aigret.*
Ayllec; Ayllé; Ayllec. *Aillé (Saint-Georges).*
Ayllec. *Aillé (Saint-Pierre-des-Églises).*
Ayncay. *Ainzay.*
Aynt. *Hains.*
Ayons (Les). *Ajoncs (Les).*
Ayrable (L'). *Érable (L').*
Ayram. *Ayron (Saint-Chartres).*
Ayraon. *Ayron.*
Ayrevau. *Ervaux.*
Ayroardère (L'); Ayrouardière (l'). *Louardières (Les).*
Azoy. *Azay.*

B

Babaudère (La). *Baudière (La) (Curzay).*
Babelinières (Les); Babelynière (la). *Bablinières (Les).*
Babigeons (Les). *Babigeonnières (Les).*
Babigière (La). *Babigère (La).*
Babinatière (L'); Babinotère (la). *Babinotière (La).*
Bacaudère (La). *Boucaudière (La) (Verrières).*
Bachers (Les). *Caillaux (Les) (Saint-Genest).*
Bachier; Bachiers (les). *Bâchers (Les).*
Bachotière (La). *Bagotière (La).*
Bacnolios. *Bignoux (Châtellerault).*
Baconnays; Baconnoys; Bacougnay. *Baconnay.*
Bacquetière (La). *Banquetière (La).*
Bactriacus. *Bayré.*
Badevillain; Badevillen. *Badevilain.*
Badœil; Badueil; Badullum. *Badouil.*
Baedon. *Baidon.*
Baesse. *Besse.*
Baesse (Moulin de). *Moulin-Neuf (Le) (Châtellerault).*
Baffolet; Bafolet. *Bafollet.*
Bageon. *Bajon.*
Bagnec. *Bagné.*
Bagneux. *Bignoux.*
Bagnos; Bagnoux. *Bignoux (Châtellerault).*
Bagouaire. *Bagoire.*
Baidon. *Bindon.*
Baidonnus. *Baidon.*
Baigné. *Bagné.*
Baignechat (Rivière de). *Liaigue (La).*
Baigneoux. *Bignoux.*
Baigneulx. *Bagneux.*
Baigneux; Baignolium. *Bignoux.*

452   TABLE DES FORMES ANCIENNES.

Baignos. *Bignoux* (Châtellerault).
Baignoulx; Daignous; Boiguoux; Baignox. *Bignoux.*
Bailhonnère (La). *Baillonnière (La).*
Baillargiers (Les). *Baillargeais (Les).*
Baillont. *Baillant.*
Baillère (La). *Beillerie (La)* (Rouillé). *Ballière (La).*
Baillergaux (Les). *Baillargeaux (Les).*
Bailletrie (La). *Bonnins (Les).*
Baillière (La). *Ballière (La).*
Bailliffière (La). *Balifière (La).*
Bailventrie (La). *Belleventrie.*
Baincec. *Baincy.*
Baingné. *Bagné.*
Bainsi. *Daincy.*
Bairain. *Bérin.*
Baisignec. *Bessigné.*
Baisnes. *Boine.*
Baitree. *Baytré.*
Balaise (La). *Balesse (La).*
Balanbouene. *Balamboine.*
Balangerie (La). *Ballangerie (La).*
Balantrut. *Balentru.*
Balbinière (La). *Barbinière (La).*
Balbroux. *Barbrou.*
Baldiment. *Baudiment.*
Balendières. *Balandière.*
Balhionère (La). *Baillonnière (La).*
Ballallière (La). *Baillollère (La).*
Ballandières. *Balandière.*
Ballanger. *Balange.*
Ballenbayne. *Balamboine.*
Ballionère (La). *Baillonnière (La).*
Ballou. *Bastou.*
Balotère (La); Balotière (la). *Blotière (La).*
Balu; Baluc; Balucq; Balue; Balut. *Balluc.*
Banchoreau. *Banchoreau (Le).*
Bancifière (La); Bancillyère (la). *Bancelière (La).*
Bande (La). *Banne (La).*
Banlègue (La). *Banlègre (La).*
Banonium. *Bignoux.*
Bansillère (La). *Bancelière (La).*
Baptereze; Baptresse. *Batresse.*
Baptu (Le). *Battu (Le).*
Bar. *Bars.*
Baraiellères (Les). *Baraillères (Les).*
Baralhère (La). *Barrière (La)* (Verrières).
Barauderies (Les). *Baraudière (La)* (la Chapelle-Montreuil).
Baraudière (La). *Barauderies (Les)* (Lusignan).
Baraudrie (La). *Baraudière (La)* (Celle-l'Évéault).

Baraudryes (Les). *Barauderies (Les).*
Barbaleria; Barbalières (les); Barbaliers (les). *Barballières (Les).*
Barbalinières (Les). *Barbarinières (Les).*
Barbaste. *Barbate.*
Barbataux (Les). *Barbateau (Le).*
Barbate. *Barbade (La).*
Barbauldière (La). *Barbaudière (La).*
Barbelinière (La). *Barbinière (La).*
Barberie (La). *Barderie (La). Marberie (La).*
Barberoux. *Barbrou.*
Barbière (La). *Villate (La)* (Millac).
Barbiers (Tènement des). *Préjasson.*
Barbinière (La). *Babinière (La)* (Saint-Sauvant).
Barblinière (La). *Barbinière (La).*
Barbottrie (La). *Barbeterie (La).*
Barbouceau. *Barbousseau.*
Barda. *Bardo (La).*
Bardetière (La). *Bartière (La).*
Bardinière (La); Bardynerye (la). *Bardinerie (La).*
Barea. *Bareau* (Chiré).
Barelière (La). *Barillère (La).*
Barenger (Moulin). *Branger.*
Baret. *Barret.*
Barotère (La); Barottière (la). *Barretière (La).*
Bareterie (La). *Baletrie (La).*
Baricaudrie (La). *Bricaudrie (La).*
Barie (La). *Barrerie (La).*
Barifière (La). *Balifière (La).*
Barinière (La). *Bernière (La).*
Barnizec vicaria in pago Pictavo, 987 (cart. de Bourgueil, p. 285). — Deux localités sont mentionnées comme appartenant à cette viguerie: villa Darciacus, Dercé, c⁰ⁿ de Montssur-Guesne, et Maulay, c⁰ⁿ de Loudun, curtis Maleciacus. On ne trouve dans cette région que Bernezay, cᵐᵉ des Trois-Moutiers, dont le nom réponde à celui de Barnizec; mais on ne peut guère admettre que Bernezay, situé au delà de Loudun, à 34 kilom. de Dercé, ait été le chef-lieu de cette viguerie.
Barnon. *Bernon.*
Baronère (La). *Baronnière (La).*
Baronnerie(La). *Baronnie (La)* (Saint-Sauveur).
Baronneries (Les). *Baronnerie (La)* (Sérigny).
Baronnie (La). *Baronnerie (La)* (Lussac).
Barot. *Barrot.*

Baroterie (La); Barottière (la). *Saint-Éloi* (Usseau).
Barouillère (La). *Barlière (La).*
Barra. *Barre (La)* (Saint-Pierre-des-Églises. Vouillé).
Barra de Neintré. *Barres (Les)* (Naintré).
Barraudère (La). *Baraudière (La)* (la Chapelle-Montreuil).
Barraudière (La). *Baraudière (La)* (Availle).
Barrauldière (La). *Baraudière (La)* (Celle-l'Évéault).
Barraulx (Les). *Barraux (Les).*
Barrea. *Bareau* (la Vausseau).
Barreau (Le haut). *Bareau (Le Haut-).*
Barre Baronneau (La). *Barre (La)* (Jazeneuil).
Barre d'Anzec (La). *Barre (La)* (Jardres).
Barre Favreau (La); Barre Foureau (la). *Barre (La)* (Curzay).
Barretères (Les). *Barretries (Les).*
Barretière (La). *Bartière (La).*
Barrialières (Les). *Barriollières (Les).*
Barrie (La). *Barrerie (La).*
Barrillère (La). *Barlière (La).*
Barroterie (La); Barrotrie Sainct Eiloy (la). *Saint-Éloi* (Usseau).
Barrotiers (Chemin des). *Barotiers (Chemin des).*
Barrouze. *Barouse.*
Barrye (La). *Barrerie (La).*
Barsalotière. *Vernaux (Les).*
Barthenot. *Bertenou.*
Barum. *Baron (La).*
Bascher; Baschers (les). *Báchers (Les).*
Baslo. *Baslou.*
Basion. *Báton.*
Baslonnière (La). *Ballonnière (La).*
Bas Nicuil; Bas Nuel; Bas Nueil. *Nueil-sur-Dive.*
Basse (La). *Carte (La)* (ruisseau).
Bassetière (La). *Bastière (La).*
Bastardières (Les). *Batardières (Les).*
Baste (La). *Bâto (La).*
Bas Teil. *Maison-Neuve (La)* (Bonnes).
Bastelière (La). *Batelière (La).*
Bastereau. *Batreau* (Ingrande).
Basteviande. *Batoviande.*
Bastonère (La); Bastonères (les); Bastonnières; Bastonnières (les). *Bâtonnière.*
Batallec. *Baillé.*
Bâtard Genouse. *Genouse.*
Batereau. *Batreau.*
Bateretzia; Batereza; Batereze; Baterose. *Batresse.*

TABLE DES FORMES ANCIENNES. 453

Batfolet. *Bafollet.*
Batonnères. *Bâtonnière.*
Batreize; Batreze; Batrezia; Batriacinsis villa. *Batresse.*
Batriacus. *Baytré.*
Batricia; Batrizia. *Batresse.*
Batreau. *Batreau.*
Batu (Le). *Battu (Le).*
Baubanchère (La). *Bobanchère (La).*
Baubelère (La); Baubellère (la); Baubellière (la). *Boblière (La).*
Baubinière (La). *Bobinière (La).*
Baubyns (Les). *Chez-Bobin.*
Baucay. *Baussay.*
Baucayz (Les). *Beaussais (Le).*
Bauceium. *Baussay.*
Baucervère. *Savaillé.*
Bauchayum. *Baussay.*
Baudayncennes; Baudencennes. *Bois-d'Ancenne (Le).*
Baudement. *Baudiment.*
Bauderoy. *Bourderoi.*
Baudetère (La). *Bauquetière (La). Bautière (La).*
Baudière (La). *Baudières (Les).*
Baudimans (Les); Baudiment; Baudiment (le). *Baudiments (Les).*
Baudineau (La). *Bodineau (La).*
Baudinères. *Baudinière (La) (Saint-Secondin).*
Baudinière. *Baudonnières (Les).*
Baudinière (La). *Bodinière (La).*
Baudinières (Les). *Baudinière (La) (Saint-Secondin). Loges (Les) (Pindray).*
Baudionnère (La); Baudionnière (la). *Baudonnière (La) (Champagné-Saint-Hilaire).*
Baudonalera (La). *Baudenalière (La).*
Baudonère (La); Baudonnère (la). *Baudonnière (La) (Gizay).*
Baudonnerye (La). *Baudonnière (La) (Sossay).*
Baudouinière(La); Baudouynière (la); Baudoynière (la). *Baudinière (La).*
Baudouinières (Les). *Baudonnières (Les).*
Baudouynière (La). *Baudonnière (La) (Sérigny. Sossay). Baudonnières (Les).*
Baudouzière (La). *Baudusière (La). Boudauzière (La).*
Baudoyn. *Baudouin.*
Baudrilloux (Les). *Baudrillons (Les).*
Baudruzière (La), *Baudusière (La).*
Baudyment. *Baudiment (Saint-Genest).*
Bauffran; Baufran. *Beaufranc.*
Baulain; Baulin. *Bolin.*

Bauldonneau. *Baudonneau.*
Baumartin. *Beaumartin.*
Baumenière (La). *Baumière (La).*
Baunets (Les). *Bonnets (Les).*
Bauptière (La). *Bautière (La).*
Bausay. *Beaussais (Le).*
Bausdonneau. *Baudonneau.*
Baussoy (Le); Baussays (les). *Beaussais (Le).*
Bausters; Beuters; Bautest. *Bauterre.*
Bautodière (La). *Boitaudière (La).*
Bauvrye (La). *Bauverie (La).*
Bauxcervère. *Savaillé.*
Bavachère (La). *Barachère (La).*
Baydon. *Baidon.*
Baygneous; Baygnos. *Bignoux.*
Baynes. *Boine.*
Bayrouste. *Béroute.*
Bazainne (La); Bazenne (la). *Bazanne (La).*
Beaaces. *Basses.*
Bealieu. *Beaulieu (Sèvre).*
Beamarcheis. *Beaumarchais.*
Beamont; Beamunt. *Beaumont.*
Beata Maria d'Ochz; Beata Maria de Dos. *Notre-Dame-d'Or.*
Beata Maria. Voy. Sancta Maria.
Beaucé. *Baussay.*
Beaucours. *Brocou.*
Beaulieu. *Chagnats (Les).*
Beaulieu-la-Rolette. *Beaulieu (Martaizé).*
Beaulx (Les). *Beaux (Les).*
Beaumarchaix; Beaumarchays; Beaumarchés; Beaumarcheys; Beaumarchoys. *Beaumarchais.*
Beaumond (Le Petit-). *Écosse (L').*
Beaumont. *Boumont.*
Beaupuy. *Beaupeux.*
Beauquaire. *Beaucaire.*
Beauregard. *Coutarderie (La).*
Beauregard. *Beauregard (la Chapelle-Moulière).*
Beaurepère. *Beauropaire.*
Beaussay. *Baussay.*
Beausse. *Beauce.*
Beausse (La). *Tabourins (Les).*
Beauterre. *Dauterre.*
Beauvais. *Beauvoir (Mignaloux).*
Beauvais-sur-Charente. *Beauvais (Châtain).*
Beauveer. *Beauvais (Cherves).*
Beauvais. *Beauvais (Joussé; Saint-Pierre-des-Églises).*
Beauvoir. *Beauvais.*
Beauvoirs. *Beauvais (Saint-Pierre-des-Églises).*
Beauvoix. *Beauvais (Moulisme).*

Beauvoyr. *Beauvais. Beauvoir.*
Beauvoys. *Beauvais. Beauvoir (Vouneuil-sous-Biard).*
Beavair. *Beauvoir (Mignaloux).*
Beaveeir; Beaveer. *Beauvais (Cherves).*
Beavoir; Beavoer; Beavoir; Beavoyr. *Beauvoir (Mignaloux).*
Becac. *Bessac.*
Becai; Becay. *Bessé.*
Becaudière (La). *Boucaudière (La) (Liglet).*
Beccherium; Becheron. *Merci-Dieu (La).*
Bechetz (Les). *Bechet.*
Becq (Le). *Grange (La) (Martaizé).*
Beczay. *Bessé.*
Bedards (Moulin des). *Saint-Ustre (Moulin de).*
Bedaudière (La). *Bedaudrie (La).*
Bedoer (Le); Bedouer (le). *Pissevieille (Ruisseau de).*
Bedoerie (La); Bedorie (la). *Bedourie (La).*
Bedouer (Le). *Bedoué (Le).*
Bedouerie (La); Bedourye (la). *Bedourie (La).*
Beduyre (La). *Bedoire (La).*
Béo (La). *Bye (La).*
Beencècres (Les). *Bonnes-Terres (Les).*
Beenliveent. *Bien-lui-vient.*
Befz (Le). *Bé (Le) (ruisseau).*
Begaudière (La). *Boivre.*
Bège (La). *Besge (La).*
Begnox. *Bignoux.*
Beigneos. *Bagneux.*
Beigneux; Beignoux; Beignox. *Bignoux.*
Beilventrie (La). *Belleventrie.*
Beirusta. *Béroute.*
Bejandryo (La). *Bugendrie (La).*
Bejassières (Les). *Besacières (Les).*
Belacq. *Bellac.*
Belafaya. *Bellefoye.*
Bel Air. *Franchise (La).*
Belardière (La). *Bellardière (La).*
Belasbre. *Fenicardière (La).*
Bele (La). *Belle (La).*
Belean. *Bellion.*
Belefont; Belefunt. *Bellefont.*
Belengier (Moulin de). *Branger.*
Belestat. *Belétat.*
Beletère (La). *Bellotière (La) (Migné). Cornouaille.*
Belfons. *Bellefont.*
Belian; Belléan. *Bellian.*
Belinère (La). *Bellinière (La).*
Belinerie (La). *Blinerie (La).*
Beliveraye (La). *Percevaux (Les).*

TABLE DES FORMES ANCIENNES.

Beljoens. *Baugé.*
Beljoensis vicaria in pago Pictavo. — Cette viguerie n'est mentionnée que dans une seule charte de 967, dont une copie défectueuse a été trouvée par D. Fontenau dans les mss. de M. Rapeillon, chanoine de Saint-Hilaire, et publiée par la Société des Antiquaires de l'Ouest (ch. de S¹-Hilaire, t. I, p. 367). Deux localités sont indiquées comme en faisant partie : terra quæ vocatur Marciliacus, mansus qui vocatur Aniliacus; mais les lieux appelés Marcilly ou Marsilly et Nillé sont fort éloignés les uns des autres.
Bellobre. *Belabre. Fenicardière (La).*
Bellafons. *Bellefont.*
Bellair. *Bel-Air* (Lusignan).
Bellais (Les). *Beslais (Les).*
Bellandière (La); Bellandières. *Berlandière (La).*
Bellandrie (La). *Berlanderie (La).*
Bellarbre. *Fenicardière (La).*
Belleau. *Bellieu.*
Bellebat. *Belébat.*
Belleen. *Bellien.*
Bellefay; Bellefaye; Bellefays; Bellefois. *Bellefoye.*
Bellefond; Bellefonds; Bellefondz; Bellefons; Bellefonts. *Bellefont.*
Belle Johanne. *Bellejouanne.*
Belletère (La); Belletrie (la). *Cornouaille.*
Bellonière (La). *Bellinière (La).*
Bellonnières (Les). *Belonnières (Les).*
Bellosme. *Belhomme.*
Bellotère (La). *Giez.*
Bellots (Les). *Blots (Les).*
Bellum Podium. *Beaupuy.*
Bellus Boscus. *Charroux* (forêt).
Bellus Campus. *Beauchamp.*
Bellus Fons. *Bellefont. Bellefontaine.*
Bellus Locus. *Beaulieu.*
Bellus Mons. *Beaumont.*
Bellus Visus. *Beauvais* (Saint-Pierre-des-Églises). *Beauvoir* (Mignaloux).
Bellutterye (La); Belluttrie (la). *Bellutrie (La).*
Belmunt. *Beaumont* (Saint-Pierre-d'Exideuil).
Belonnière (La). *Bellinière (La).*
Belonnières (Les). *Bellonnières (Les).*
Belotère (La); Belottière (la); Belotière (la). *Blotière (La).*
Beloterie (La). *Giez.*
Beltière (La). *Belletière (La)* (Verrières).

Belvaux. *Bellevaux.*
Belvearium. *Beauvais* (Cherves). *Beauvoir* (Mignaloux).
Bemendre (La); Bemenière (la). *Baumière (La).*
Bemennes. *Bemène.*
Bemont. *Beumont.*
Benacaium; Benacay; Benaciacum. *Benassay.*
Benaiacum; Benaicum; Benais; Benaiz. *Benest.*
Benais (La). *Abenars (L').*
Benassais. *Benassay.*
Benatz. *Bena.*
Benay; Benays; Benayum. *Benest.*
Benayse (La). *Benaise (La)* (rivière).
Benaz. *Bena.*
Bencé. *Baincy.*
Bencellière (La). *Bancelière (La).*
Beneccium; Beneciacum. *Benassay.*
Bencis; Benès. *Benest.*
Benest (La). *Abenars (L').*
Benestière (La). *Benétière (La).*
Benestz; Benet. *Benest.*
Beneysa. *Benaise (La)* (rivière).
Benez; Bennais; Bennays. *Benest.*
Benoise, Benoize, Benoyse (Rivière de). *Benaise (La).*
Benour. *Abenoux.*
Beomont. *Beumont.*
Beoxia. *Beuxe.*
Béquellerie (La). *Bertellerie (La).*
Bequère (La). *Botière (La).*
Berardère (La); Berarderye (la); Berardière (la). *Bellardrie (La).*
Berards (Les). *Breuil (Le)* (Dangé).
Berauderie (La). *Baraudière (La)* (Anché). *Braudrie (La).*
Beraudière (La); Berauldière (la). *Braudière (La).*
Berault; Beraut. *Brault.*
Beraux (Les). *Braults (Les).*
Berec. *Beiré.*
Berene. *Bran.*
Berengerie (La). *Brangerie (La).*
Berestz. *Beiré.*
Bergault (Le). *Bergeau (Le).*
Bergeas (Le). *Courbejarre.*
Bergeas (Les); Bergerais (les). *Bergeais (Les).*
Bergerault (Le). *Bergeau (Le).*
Bergerese. *Bergeste.*
Bergerotière (La); Bergotière (la). *Bergeottière (La).*
Berigère (La). *Brigère (La).*
Beriz (Cheux les). *Bois (Le Petit-)* (Leigné-sur-Usseau).

Berjeaud. *Bergeau (Le).*
Berjonnerie (La); Berjonnière (la). *Bregeonnerie (La).*
Berjottière (La). *Bergeottière (La).*
Berlaisère (La). *Brelaisière (La).*
Berlay (Le). *Berlais (Le).*
Berlaysière (La); Berlayzère (la). *Brelaisière (La).*
Berlère (La). *Berlière (La).*
Berlo. *Berlau.*
Berlonnière (La). *Bernonnière (La).*
Berlotière (La). *Barlotière (La).*
Berlotières (Les). *Bourlotières (Les).*
Berlou. *Berlau.*
Bernagoue. *Bernagout.*
Bernallière (La). *Robins (Les)* (Ingrande).
Bernarderie (La). *Bernardrie (La).*
Bernarderye (La). *Bernardière (La).*
Bernardie (La). *Bernardrie (La)* (la Chapelle-Bâton).
Bernardière (La). *Bénardière (La). Bernardrie (La)* (Saint-Georges). *Bernatière (La). Martins (Les)* (Usseau).
Bernards (Les). *Chez-Bernard.*
Bernasaium. *Bernezay.*
Bernasium. *Bernay.*
Bernazai; Bernazay; Bernazayum; Bernazei; Berneciacus. *Bernezay.*
Bernegannum; Bernegonnum. *Bertegon.*
Bernegoux. *Bernagout.*
Bernesay; Bernezacum; Bernezaicum; Bernezayum; Bernezeyum. *Bernezay.*
Bernigou. *Bernagout.*
Berniziacum. *Bernezay.*
Bernochière (La). *Bernochère (La).*
Bérouste. *Béroute.*
Berpouil; Berpouoil. *Brepouil.*
Berreia; Berria. *Berrie.*
Berriz (Les). *Berthonnière (La).*
Berrye. *Berrie.*
Bersegerost. *Boursignoux.*
Bersillère (La). *Bercilière (La).*
Bersonnière (La). *Perreaux (Les).*
Bertagnola. *Bertignolle.*
Bertaigne. *Bretagne.*
Bertaize (La). *Berterre (La).*
Bertandère (La). *Bertandrie (La).*
Bertaud; Bertaut. *Bertault.*
Bertauderies (Les). *Beaufranc.*
Bertaignoille. *Bertignolle.*
Bertelière (La). *Saintons (Les).*
Bertenis. *Bretigny.*
Bertenot; Bertenour; Bertenoz. *Bertenou.*

TABLE DES FORMES ANCIENNES.

Bertent (Mons qui vocatur). *Mont* (Vendeuvre).
Berthault; Berthaut. *Bertault.*
Berthegon; Berthegonium. *Bertegon.*
Berthenis; Berthony; Berthenys. *Bretigny.*
Berthenot; Berthenou; Berthenoz. *Bertenou.*
Berthetière (La). *Saintons (Les).*
Berthinerie (La). *Bertinière (La)* (Vernon).
Berthinières (Les). *Bretinières (Les).*
Bertholière (La). *Bertolière (La)* (Saint-Léomer).
Berthollère (La); Berthollière (la). *Bertholière (La).*
Berthonelière (La); Berthonnalière (la). *Bertonnalière (La).*
Berthonerie (La); Berthonnerye (la). *Bertonnerie (La).*
Berthonierre (La). *Bretonnière (La).*
Berthonnerie (La). *Bretonnerie (La).*
Berthonnières (Les). *Berthonnerie (La). Bertonnières (Les).*
Berthouyn. *Bertouin.*
Bertinalière (La). *Berthonnalière (La).*
Bertinère (Moulin de). *Moulin-Bois.*
Bertinère (La); Bertinerie. *Bertinière (La)* (Sommières).
Bertinières (Les). *Bretinières (Les).*
Bertitière (La). *Saintons (Les).*
Bertollière (La). *Bertholière (La). Bertolière (La).*
Bertolonnère (La). *Berthonnière (La).*
Bertonnalerie (La). *Bertonnalière (La).*
Bertonnalière (La). *Berthonnalière (La).*
Bertonnère (La). *Bertonnerie (La).*
Bertonnerie (La). *Chuchettrie (La).*
Bertonnerie (La). *Bertonnalière (La).*
Bertons (Les). *Berthons (Les).*
Bertranderie (La); Bertrandrye (la). *Bertandrie (La).*
Bertrandière (La). *Bertandinière (La).*
Bertynère (La). *Bertinière (La)* (Sommières).
Berugia; Berugium. *Béruges.*
Berusta; Berustia. *Béroute.*
Bery. *Berrie.*
Bes (Le). *Bé (Le)* (ruisseau).
Besassières (Les). *Besacières (Les).*
Beschet. *Bechet.*
Besdon. *Baidon. Bindon.*
Besdonnière (La); Besdonnières (les). *Bédonnière (La).*
Beslean. *Bellien.*
Besmont. *Beumont.*
Besnardière (La). *Bénardière (La).*

Besnière (La). *Bénière (La).*
Besquère (La); Besquière (la). *Botière (La).*
Besrin. *Bérin.*
Besseigné. *Bessigné.*
Bessia. *Besse.*
Bessière (La). *Verbrisse.*
Bessignot. *Bessigné.*
Bessonotère. *Boissenatière.*
Bessotière (La). *Belletière (La)* (Migné).
Bestiannerie (La). *Bertinerie (La)* (Doussay).
Bestière (La). *Botière (La).*
Bestré. *Baytré.*
Besvre (Le). *Boivre (La)* (rivière).
Bethinière (La). *Petinière (La)* (Jazeneuil).
Bethleam; Bethlean; Bethleem. *Bellien.*
Bethoille (La). *Betoulle (La).*
Betinas; Betines; Betinia. *Béthines.*
Betinière (La). *Petinière (La)* (Jazeneuil).
Betoilhe (La); Betouilhe (la); Betouille (la). *Betoulle (La).*
Betouzallière (La). *Rabots (Les).*
Betrolière (La). *Bertolière (La)* (Montoiron).
Bettinière (La). *Bertinière (La)* (Pairé). *Petinière (La)* (Jazeneuil).
Betuzaleries (Les); Betuzallières (les); Betuzelles (les). *Mingrets (Les).*
Betz (Le). *Bé (Le)* (ruisseau).
Beucia. *Beuxe.*
Beufaumont. *Buffumonc.*
Beurnallière (La). *Brunalière (La).*
Beusse; Beussin. *Beuxe.*
Beuveer. *Beauvais* (Cherves).
Bèvre (Le); Bevria. *Boivre (La)* (rivière).
Beygneos; Beygnox. *Bignoux.*
Beyrosta. *Béroute.*
Beyrugia. *Béruges.*
Beyz (Le); Bez (le). *Bé (Le)* (ruisseau).
Biarcium. *Biard.*
Biardeaux (Les). *Bons-Hommes (Les).*
Biarnoys (Les). *Diarnais (Les).*
Biars; Biart; Biarz. *Biard.*
Biarson (Le). *Biarçon (Le).*
Biauvoeyr; Biauvoir. *Beauvoir.*
Biaz. *Biais.*
Bibera; Biberis. *Doivre (La)* (rivière).
Biberii molendinum. *Boivre (La)* (moulin).
Bichaz. *Verrerie (La)* (Archigny).
Bichonnière (La). *Pichonnière (La).*

Bicquerie (La). *Biguerie (La)* (Champagné-Saint-Hilaire).
Bie (La). *Bye (La).*
Biers. *Biais. Biard* (Journet).
Bierson. *Biarçon (Le).*
Bies. *Biais.*
Biez (Le). *Bé (Le)* (ruisseau).
Bigarnais (Les). *Biarnais (Les).*
Bigeonnière (La); Bigeonnerye (la). *Bigeonnerie (La).*
Bigotrye (La). *Bigoterie (La).*
Bigottrie (La). *Bigotière (La).*
Bigrerie (La); Bigrie (la); Bigueries (les). *Biguerie (La)* (Migné).
Bijardière (La Grande-). *Bizardière (La Grande-).*
Bijonnière (La). *Bigeonnière (La).*
Bileteria. *Billetière (La).*
Bilhé. *Billy.*
Billonge (La). *Bilange (La).*
Billarderie (La). *Biardrie (La).*
Billère (La). *Bière (La).*
Billotte (Moulin de la). *Boisguillon.*
Billetterie (La). *Biguétrie (La).*
Billettière (La). *Billetière (La).*
Billonières (Les). *Belonnières (Les).*
Billonnerie (La). *Bironnerie (La).*
Billotière (La). *Bilotière (La).*
Bindonnière (La). *Bédonnière (La).*
Bineau (Le). *Teil-au-Servant (Ruisseau du).*
Binotière (La). *Bignotière (La).*
Birocellerie (La). *Briochellerie (La).*
Birotrye (La). *Bilotorie (La).*
Bisardère (La); Bisardière (la). *Bizardière (La).*
Bischat (Le). *Verrerie (La)* (Archigny).
Bise (La). *Bize (La).*
Bissce; Bisset; Bissiaeus. *Bissé.*
Blaalai; Bladalaicus; Bladelacensis villa; Bladolium; Blaclai. *Blálay.*
Blaerie (La). *Blairie (La).*
Blalaium. *Blálay.*
Blanchetrie (La). *Blanchetterie (La).*
Blanzaicum; Blanzais; Blanzaium; Blanziacus. *Blanzay.*
Blardrie (La). *Bellardrie (La).*
Blaslai; Blaslais; Blaslay. *Blálay.*
Blaut (La). *Blour (La Grande-)* (rivière).
Blayerie (La). *Blairie (La).*
Blays (Les). *Blaiserie (La).*
Blaziacinsis vicaria. *Blanzay.*
Bledz; Blée; Bleez. *Blé.*
Blerie (La); Blesrie (la). *Blairie (La).*
Blinière (La). *Bellinière (La).*

Blizincus villa in vicaria Blanzinco, 987-996 (cart. de S¹-Cyprien, p. 284). — Lieu inconnu.
Bloirie (La). *Blairie (La)*.
Blonnières (Les). *Delonnières (Les)*.
Blons (Les). *Fortins (Les)*.
Blourd (Le); Blourds (ia); Blourt (la). *Blour (La)* (rivière).
Bloyrie (La). *Blairie (La)*.
Boamundi locus. *Habit-Beaumont (L')*.
Boaressa. *Bouresse*.
Boatelère (La); Boateleria. *Batelière (La)*.
Bobaudière (La). *Baudière (La)* (Salles-en-Toulon).
Bebe (La). *Bourbes (Les)*.
Bobelière (La). *Boblière (La)*.
Bobereau. *Boubrault*.
Bobins (Les). *Chez-Bobin*.
Bobynière (La). *Bobinière (La)*.
Bocageau. *Boussageau*.
Bocai; Bocaienm. *Boussay*.
Bocayum. *Baussay*.
Bocheaus. *Bouchaux (Les)*.
Bochet (Le); Bochetum. *Bouchet (Le)*.
Bochetères (Les). *Bouchetières (Les)*.
Bocheyrou (Le). *Boucheron (Le)*.
Bocia. *Bouxe*.
Bociaens. *Boussay*.
Bocigné. *Boussigny*.
Bodargère (La). *Baudregère (La)*.
Boderie (La). *Bauderie (La)*.
Bodines (Rivière de). *Gougé (Ruisseau de)*.
Bodinères. *Baudinière (La)* (Saint-Secondin).
Bodinière (La). *Baudinière (La)*.
Dodoerie (La). *Dedourie (La)*.
Bodonnière (La). *Baudinière (La)* (Journet). *Baudonnière (La)* (Sossay. Vicq).
Boe (La). *Boue (La)*.
Bocee. *Boisse*.
Boemont. *Beumont*.
Boereco; Boerecia; Boeresse; Boeressia; Boerethia. *Bouresse*.
Boeretia. *Beiré. Bouresse*.
Boerichère (La). *Bourichère (La)*.
Boericia; Boerithia. *Bouresse*.
Boeries. *Boirie*.
Boerigia. *Béruges*.
Boesbocca. *Babousseau*.
Boesde (Le). *Boide (Le)*.
Boesrand (Le). *Boisrand (Le)*.
Boesse. *Boisse. Bouesse*.
Boesseguin. *Bois-Seguin*.
Boesset. *Boissec*.
Boessia. *Boisse*.

Boessière (La). *Boissière (La)*.
Boesson (Le). *Boisson (Le)*.
Boessonnière (La). *Boissonnière (La)* (Marnay).
Boeste (La). *Boîte (La)*.
Boesvre (La). *Boivre (La)* (rivière).
Boet (Moulin de). *Moulin-Bois*.
Boetière (La). *Bocquetière (La)*.
Bœuf-Agé. *Betphagé*.
Bœufmond. *Beumont*.
Bœufs (Chemin des). *Saunier (Chemin)* (Jaunay).
Bœuxe. *Bouxe*.
Boffram. *Beaufranc*.
Bogaudère (La). *Boivre*.
Bogaudrie (La). *Bigaudrie (La)*.
Bogoyran. *Bagouérand*.
Boguerelière (La). *Bougratière (La)*.
Boherecia; Bohericia. *Bouresse*.
Boiceau. *Boisseau (Le)*.
Boiceaux (Les). *Boisseaux (Les)*.
Boicellière (La). *Boissellière (La)*.
Boidonnerie (La). *Baudonnerie (La)*.
Boiffran. *Beaufranc*.
Boige (La). *Boulge (La)*.
Boillon (Le). *Beuillon (Le)*.
Boirecia. *Bouresse*.
Bois. Voir à Boys les noms qu'on ne trouverait pas écrits par un *i*.
Bois (Le). *Riffaudrie (La). Village-du-Bois (Le)* (Chenevelles).
Bois Borsaut. *Bois-Boursault*.
Bois Boutcrea (Le). *Bois-Butreau (Le)*.
Boisbretaut. *Bois-Bertault*.
Boisbruslon. *Bois-Brûlon*.
Bois Clerebaut. *Bois-Clerbault*.
Boiscleret. *Bois-Clairet (Le)*.
Bois Corcer; Boiscourcier. *Bois-Coursier*.
Bois Costent. *Bois-Coutant*.
Boiscroulier. *Bois-Grolier*.
Boisde (Le). *Boide (Le)*.
Boisdenceune. *Bois-d'Ancenne (Le)*.
Boisdichaon. *Boisdichon*.
Boisdossé (Le); Boisdoucé (le); Boisdoussay. *Bois-Dousset (Le)*.
Boiserie (La). *Bauzerie (La)*.
Boiserpin. *Bois-Herpin*.
Boiservant. *Bois-Servant*.
Bois Fimin. *Bois-Fremin*.
Bois Folette; Boisfollet. *Bafollet*.
Bois Fouqueron (Le); Boisfouquairon (le). *Bois-Fouquerant (Le)*.
Boisgarnier. *Bougarnier*.
Bois Gaultier (Le). *Bois-Gauthier*.
Bois Gavaret (Le). *Touche-Gavaret (La)*.
Boisgeaubert. *Bois-Joubert*.

Bois Gibert. *Bois-Joubert (Le)*.
Boisgorand; Boisgoucrand. *Bagouérand*.
Bois Gourmon. *Tour-du-Bois-Gourmond (La)*.
Bois Guarnaut. *Bois-Garnault*.
Boishuguon. *Bois-de-Gond*.
Boislantours. *Boislentour*.
Boislemot. *Bois-Guillemot (Le)*.
Boislentier. *Boislantier*.
Boislentot; Boislentoust. *Boislentour*.
Bois Lintier. *Boislantier*.
Boismeneud. *Bois-Menu*.
Bois Menu. *Menassé (Bois)*.
Boismetoier. *Bois-Métais*.
Boisne. *Boine*.
Boisnière (La). *Boinière (La)*.
Bois Nollet (Le). *Plissonnerie (La)*.
Bois Poussin (Le); Bois Pouzain. *Bois-Pouzin*.
Bois Retard. *Bouretard*.
Boissaillière (La). *Boissolière (La)*.
Bois Sambrans (Le). *Vacherie (La)* (Chiré-en-Montreuil).
Boisse. *Boucsse*.
Boisset. *Boissec*.
Boissons (Les). *Buissons (Les)*.
Boistaudière (La). *Boitaudière (La)*.
Boiste (La). *Boîte (La)*.
Boistrollière (La). *Bertolière (La)* (Montoiron).
Boisvre. *Boivre*.
Boisvre (Le). *Boivre (La)* (rivière).
Boitardières (Les). *Boistardières (Les)*.
Boiterne. *Boisterne*.
Boitrollière (La). *Bertolière (La)* (Montoiron).
Boitte (La). *Boîte (La)*.
Boixière (La). *Boissière (La)*.
Bolardère (La). *Boulardière (La)*.
Bolen. *Bolin*.
Bolinière (La). *Boulinière (La)* (Journet).
Bolobé. *Balamboine*.
Bolodère (La); Boloudère (la). *Bouldière (La)*.
Bomunt. *Beumont*.
Bonæ. *Bonnes*.
Bonalière (La); Bonallière (la). *Bonnalière (La)*.
Bonardelère (La). *Bonnardelière (La)*.
Bonaudière (La). *Grenouillère (La)* (Roiffé).
Bonavallis. *Bonnevaux*.
Bondillé. *Bondilly*.
Bones. *Bonnes*.
Bonetère (La); Bonetière (la). *Bonnetière (La)*.

TABLE DES FORMES ANCIENNES.

Bonetterie (La). *Bonneterie (La).*
Bonoullet. *Bonnillet.*
Boncul Mathorre. *Bonneuil-Matours.*
Boneyllet; Bonillet; Bonillet. *Bonnillet.*
Bonimatorre; Bonimatour; Bonimatourre; Bonimatours. *Bonneuil-Matours.*
Binière (La). *Boulinière (La).*
Bouivet. *Bonnivet.*
Bon Jobert. *Bois-Joubert.*
Bon Martin. *Beaumartin.*
Bonnacherie (La). *Bonnarcherie (La).*
Bonnoide. *Bonne-Aide* (chapelle).
Bonnaigue. *Bonnaigre.*
Bonnalières (Les); Bonnallières (les). *Bonnallière (La)* (Usseau).
Bonnatières (Les). *Bonnetières (Les).*
Bonnays (Les). *Bonnets (Les).*
Bonne au Moyne (La). *Borne-aux-Moines (La).*
Bonne aygue. *Bonnaigre.*
Bonne Dame de Ranton (La). *Notre-Dame-de-Pitié.*
Bonnegon. *Bonnigon.*
Bonneilh. *Bonneuil.*
Bonneill. *Bonnillet* (Blanzay).
Bonneil Matorre. *Bonneuil-Matours.*
Bonnelère (La); Bonnellière (la). *Rochereau (La).*
Bonnemandière (La). *Caillaudière (La)* (Benassay).
Bonnes (Les). *Fouines (Les).*
Bonnesfardières (Les). *Bonifardières (Les).*
Bonnesgue. *Bonnaigre.*
Bonnesmanderie (La). *Caillaudière (La)* (Benassay).
Bonneuil. *Bonnillet* (Blanzay).
Bonneuilg. *Charbonnières (Les)* (Saint-Martin-la-Rivière).
Bonneval; Bonnevau. *Bonnevaux.*
Bonnifardières (Les). *Bonifardières (Les).*
Bonnillé. *Bonnillet.*
Bonninière (La). *Boulinière (La).*
Bonniotryo (La). *Boniotrie (La).*
Bonnuyl. *Bonneuil-Matours.*
Bonnuyllet; Bonnyllet. *Bonnillet.*
Bonnyns (Les). *Bonnins (Les).*
Bonœul; Bonogilus; Bonoiolus; Bonolium. *Bonneuil.*
Bonolium castrum; Bonolium Matorre; Bonolium Monasterium. *Bonneuil-Matours.*
Bonollet. *Bonnillet.*
Bonorum virorum molendinum. *Bons-Hommes (Moulin des).*
Bonoyl. *Bonneuil-Matours.*

Bonoyllet. *Bonnillet.*
Bonueil. *Bonneuil.*
Bonuel Matourre. *Bonneuil-Matours.*
Bonuil; Bonuilh. *Bonneuil.*
Bonus Oculus. *Bonneuil-Matours.*
Bonuyl; Bonuyl Matorre. *Bonneuil-Matours.*
Bonynère (La). *Boulinière (La).*
Bonyvetum. *Bonnivet.*
Boonolium. *Bonneuil-Matours.*
Bopinières (Les). *Ébaupinières (Les).*
Boptière (La). *Bautière (La).*
Borbellière (La). *Saintons (Les).*
Borc. *Bourg* (Saint-Genest).
Borcarvier. *Bourcavier.*
Borda. *Borde-des-Bois (La).*
Bordæ. *Bordes (Les).*
Borde Burin (La); Borde Busain (la). *Borde (La)* (la Roche-Posay).
Bordelère (La). *Bourdelière (La).*
Bordellière (La). *Bourdelière (La).*
Bordes (Les). *Piquefesse.*
Bordes de Lacenniers (Les). *Bordes (Les) (Sèvre).*
Bordesolie. *Bordesoulle.*
Bordeuil. *Bourdeuil.*
Bordière (La). *Bourdière (La).* Matois (Les) (Oiré).
Bordières (Les). *Bourdière (La).*
Bordigalle. *Bourdigal.*
Bordillère (La). *Bourdillère (La).*
Bordins (Les). *Bourdins (Les).*
Bordreau (Rivière de). *Surin (Ruisseau de)* (Saint-Romain-sur-Vienne).
Bordrie (La). *Borderies (Les)* (Liglet).
Bordyns (Les). *Bourdins (Les).*
Borecia. *Bouresse.*
Boreleria. *Prieuré (Le)* (Massogne).
Boresse; Boressia. *Bouresse.*
Borglère (La). *Borlière (La)* (Mazerolles).
Borgueil. *Bourgueil.*
Borilère (La). *Bourlière (La).*
Borlère (La). *Borlière (La)* (Mazerolles).
Borlhauderie (La). *Bourliaudrie (La).*
Borlotière (La). *Barlotière (La).*
Bornai (Le). *Bornais (Le).*
Bornois (Le). *Saint-Sauveur.*
Bornan. *Bournan.*
Bornan (Font du). *Bornat.*
Bornaveas. *Bournezeau.*
Bornaveau. *Bournaveau.*
Bornay (Le). *Saint-Sauveur.*
Bornayl. *Bourneuil.*
Bornays (Le). *Bornais (Le).*
Bornazeaux. *Bournezeau.*

Borneas; Borneaus. *Bourneau.*
Bornei; Borneis. *Bornais (Le).*
Borneis (Le). *Saint-Sauveur.*
Bornel; Bornellum. *Bourneau.*
Bornellère (La). *Borlière (La)* (Mazerolles).
Bornen. *Bournan.*
Bornesium. *Bornais (Le).*
Borneus. *Bourneau.*
Bornezeas; Bornezeaux; Bornezellum; Bornezeus. *Bournezeau.*
Bornoil. *Bourneuil.*
Bornois (Le). *Bornais (Le).*
Bornomus. *Bournan.*
Bornoveaux. *Bournezeau.*
Bornouyl; Bornul. *Bourneuil.*
Bornum. *Bourneau.*
Borouy. *Bourouy.*
Borralère (La). *Bourrelière (La).*
Borredueilh; Borreduilh. *Bourdeuil.*
Borreillère (La). *Borlière (La)* (Hains).
Borrelère (La). *Bouralière (La)* (Vouneuil-sous-Biard).
Borreleria. *Bourrelière (La). Prieuré (Le)* (Massogne).
Borrellère (La). *Bourrelière (La).*
Borrellyère (La). *Bourrelière (La).*
Borreverssé. *Bourg-Versé.*
Borriot (Tènement de Flory). *Bourriotterie (La).*
Borrouy. *Bourouy.*
Bors, Bord. *Bords. Bourg* (Saint-Genest).
Borsaudère (La). *Boursaudière (La).*
Borsegerost; Borsignost. *Boursignoux.*
Bort. *Bourg* (Saint-Genest).
Bortz. *Bord.*
Bosantra. *Bouzantre.*
Boschage (Le). *Bouchage (Le).*
Boschea (Le). *Bouchaud (Le).*
Boschet (Le); Boschetum. *Bouchet (Le).*
Bosco (Molendinum de). *Moulin-du-Bois (Le).*
Boscostenc. *Bois-Coutant.*
Bosculus. *Bouchot (Le).*
Boscus Baculi. *Beau-Bâton.*
Boscus Bertant. *Bois-Bertault.*
Boscus Bocelli. *Babousseau.*
Boscus Borssaudi. *Bois-Boursault.*
Boscus communau; Boscus communis. *Bois-Communaux.*
Boscus Corserii. *Bois-Coursier.*
Boscus Costant. *Bois-Coutant.*
Boscus Firmini. *Bois-Fremin.*
Boscus Garnaudi. *Bois-Garnault.*
Boscus Grosleus. *Bois-Grolier.*
Boscus Herverii. *Bourcavier.*

Vienne.

TABLE DES FORMES ANCIENNES.

Boscus Jouberti. *Bois-Joubert* (*Le*).
Boscus Lentoldis; Boscus Lentot. *Boislentour.*
Boscus Lobon. *Bois-le-Bon.*
Boscus Martini. *Beaumartin.*
Boscus Mediator; Boscus Medietarius; Boscus Medilarius. *Bois-Métais.*
Boscus Putot. *Bois-Putot.*
Boscus Roberti. *Bois-Robert.*
Boscus Rotardi. *Bourotard.*
Boslando; Boslanto; Boslentot. *Boislentour.*
Bosnai; Bosnaicum; Bosnay; Bosniacum. *Tour* (*La*) (Saint-Gervais).
Bossagea; Bossageau; Bossagellum. *Boussageau.*
Bossarte (Molendinum de). *Bossard.*
Bossayum. *Boussay.*
Bosse (La). *Rocherie* (*La*) (Verrières).
Bossigné; Bossignec. *Boussigny.*
Bossolium. *Buxeuil.*
Bost (Le). *Baux* (*Les*). *Beau* (*Le*). *Bois* (*Le Petit-*) (Luchapt). *Bos* (*Le*).
Bosts (Le); Bostz (le). *Bos* (*Le*).
Botandère (La). *Boutaudière* (*La*) (Charroux).
Botatère (La). *Boutalière* (*La*).
Botigné. *Boutigny.*
Botinellière (La). *Boutinelière* (*La*).
Botinère (La). *Boutinière* (*La*) (Saint-Pierre-de-Maillé).
Botinnec. *Boutigny.*
Botinolière (La); Botouillère (la). *Bouilloliére* (*La*).
Bouardère (La); Bouardière (la). *Bordière* (*La*).
Bouatelière (La). *Batelière* (*La*).
Boubaudère (La). *Baudière* (*La*) (Salles-en-Toulon).
Boube (La). *Bourbes* (*Les*).
Bouberoult; Bouberaut. *Boubrault.*
Boucantes (Les). *Bocantes* (*Les*).
Boucarvé. *Bourcavier.*
Boucay. *Boussay.*
Bouchardères (Les); Bouchardières. *Bouchardière* (*La*).
Bouchardière (La). *Boucharderie* (*La*).
Bouchardrie (La). *Boucardrie* (*La*).
Boucheau Marin (Le). *Bouchau-Marin* (*Le*).
Bouchoit. *Bouchet* (*Le*) (Bertegon).
Bouchères (Les). *Bouchers* (*Les*).
Boucheret (Le). *Bouchet* (*Le*) (Marigny-Brizay).
Bouchetère (La). *Bouchotières* (*Les*).
Bouchiers (Les). *Bouchers* (*Les*).
Bouchièvre (La); Bouchyèvre (la). *Bouchèvre* (*La*).

Boucquauderies (Les). *Boucaudries* (*Les*).
Boucquetrie (La). *Courances* (*Les*) (Oiré).
Boudoterie (La). *Baudetrie* (*La*).
Bondosière (La); Boudouzière (la). *Boudauzière* (*La*).
Boucrece; Boueresse. *Bouresse.*
Bouerechière (La). *Bourichère* (*La*).
Bouerie. *Boirie.*
Bouers (Les). *Boudes* (*Les*).
Bouesde (Le). *Boide* (*Le*).
Bouessec; Bouesset. *Boissec.*
Bouessonetères. *Boissenatière.*
Bouctière (La). *Boitières* (*Les*).
Bouette (La). *Boîte* (*La*).
Bouettières (Les). *Boitières* (*Les*).
Bouez (Le). *Boux* (*Le*).
Bouffonnerie (La). *Normandon.*
Bouffran. *Beaufranc.*
Boufray. *Bouffray.*
Bougandrie (La). *Bégandrie* (*La*).
Bouguerère (La). *Bougrière* (*La*).
Bouhardère (La). *Bordière* (*La*).
Bouhé. *Boué.*
Bouherie (La). *Boirie.* *Bourie* (*La*).
Bouillaudrie (La). *Bourliaudrie* (*La*).
Bouilledière (La). *Bouldière* (*La*).
Bouillon (Le). *Beuillon* (*Le*).
Boujauderie (La). *Boulaudrie* (*La*).
Boulaudrie (La). *Bourliandrie* (*La*).
Bouledère (La). *Bouldière* (*La*).
Boulfardières (Les). *Bonifardières* (*Les*).
Bouliaudrie (La). *Massolinière* (*La*).
Boulignère (La). *Boulinière* (*La*).
Boulitière (La). *Bouletrie* (*La*).
Boullain. *Bolin.*
Boullanière (La). *Boulinière* (*La*) (Usseau).
Boullardière (La). *Boulardière* (*La*).
Boullenderies (Les). *Boulanderie* (*La*).
Boulle Pouvreau (La). *Boule* (*La*) (Sanxay).
Boulletrie (La). *Bouletrie* (*La*).
Boulleur (La). *Bouleur* (*La*).
Boulliaux (Les). *Bouillaux* (*Les*).
Boullinière (La). *Boulinière* (*La*).
Boullon (Le). *Beuillon* (*Le*).
Boullynière (La). *Boulinière* (*La*).
Boulolière (La). *Bouilloliére* (*La*).
Boulour (La). *Bouleur* (*La*).
Boulversé. *Bourg-Versé.*
Boulynyère (La). *Boulinière* (*La*).
Bouquetière (La). *Courances* (*Les*) (Oiré).
Bour. *Bourg* (Bournan).
Bourcagnin; Bourcany. *Bourcanin.*

Bourceaux (Les). *Boursault* (*Les*).
Bourcebonneau. *Brousse-Bonneau.*
Bourcegasto. *Boursegate.*
Bourde (La). *Bordo* (*La*) (la Roche-Posay).
Bourde (Ruisseau de la). *Launay* (*Ruisseau de*).
Bourdeau. *Bordereau.*
Bourdelière (La). *Bordelière* (*La*). *Bourdillère* (*La*).
Bourdereau. *Bordereau.*
Bourdes (Les). *Bordes* (*Les*).
Bourdevayre; Bourdevère. *Bourdevaire.* *Bourdeverre.*
Bourdevers; Bourdevert. *Bourdevay.*
Bourdigaille. *Bordigal.*
Bourdigault. *Bourdigaux* (*Les*).
Bourdreau. *Bordereau.*
Bourdrie (La). *Bordorie* (*La*) (Mondion).
Bourduil. *Bourdeuil.*
Boureau. *Bourreau.*
Boureac (Moulin). *Traquet.*
Bourellère (La); Bourellière (la). *Bourlière* (*La*).
Boureversé. *Bourg-Versé.*
Bourg. *Ambourg.*
Bourg à Chambault (Le). *Bourg-Archambault* (*Le*).
Bourgalière (La). *Bougralière* (*La*).
Bourgarnier. *Bougarnier.*
Bourg au Chambaud (Le); Bourg aux Chabaux (le); Bourg aux Chambaux (le). *Bourg-Archambault* (*Le*).
Bourgavior. *Bougarnior.* *Bourcavier.*
Bourgeoisière (La). *Bourgeoisie* (*La*).
Bourgeottière (La). *Bergeottière* (*La*).
Bourgesie (La). *Bourgeoisie* (*La*).
Bourglauderie (La). *Bourliaudrie* (*La*).
Bourgnoys (Les). *Bournais* (*Les*).
Bourgpeil; Bourgpeuilh; Bourgpoilh. *Bourpeuil.*
Bourg reversé (Le). *Bourg-Versé.*
Bourgville. *Bourville.*
Bourilhauderye (La). *Bourliaudrie* (*La*).
Bourlière (Moulin de). *Bourelière* (*La*) (Montreuil-Bonnin).
Bourlière (La). *Borlière* (*La*) (Hains). *Bourrelière* (*La*). *Prieuré* (*Le*) (Massogne).
Bourmaut. *Courtil-Bruneau* (*Le*).
Bournais (Le). *Bornais* (*Le*).
Bournalière (La). *Bonnelière* (*La*) (Paizay-le-Sec).
Bournallière (La). *Brunalière* (*La*).
Bournam; Bournand. *Bournan.*
Bournaseau. *Bournaveau.*

TABLE DES FORMES ANCIENNES.

Bournays (Le). *Bornais (Le)*.
Bournays (Les). *Bournais (Les)*.
Bournazeas; Bournazeaux. *Bournezeau*.
Bournets (Les). *Bournais (Les)*.
Bourneil; Bourneille. *Bourneuil*.
Bourneuf, *Bourg-Neuf*.
Bournois (Les); Bournoys (les). *Bournais (Les)*.
Bournoys (Le). *Bornais (Le)*.
Bournuil. *Bourneuil*.
Bourpeuil; Bourpeuilh; Bourpouil; Bourpouylh. *Brepouil*.
Bourpoil; Bourpoilh; Bourpouilh. *Bourpeuil*.
Bourrachière (La). *Lorière*.
Bourralières (Les). *Bouralière (La)*.
Bourrelère (La). *Borlière (La)* (Hains). *Dourelière (La)*.
Bourrelière (La). *Dourelière (La)*.
Bourreversé. *Bourg-Versé*.
Bourriau (Moulin). *Traquet*.
Bourrouil; Bourrouy. *Bourouy*.
Bourry. *Bouril*.
Bours. *Ambourg. Bord. Bords. Bourg* (Saint-Genest). *Busserolles*.
Boursadère (La). *Boursaudière (La)*.
Boursandère (La). *Bersaudière (La)*.
Boursaudières (Les). *Bressaudières (Les)*.
Boursepoilh. *Bourpeuil* (le Vigean).
Bourtard. *Bouretard*.
Bourye (La). *Bourie (La)*.
Bousardière (La). *Boussardière (La)*.
Bouschau (Le); Bouschaut (le). *Bouchaud (Le)*.
Bouschaulx (Les). *Bouchaux (Les)*.
Bouschet (Le). *Bouchet (Le)*.
Bouschetères (Les). *Bouchetières (Les)*.
Bousignet. *Boussigny*.
Bousle Pouvreau (La). *Boule (La)* (Sanxay).
Bouslière (La). *Bouillère (La)*.
Boussard. *Bossard*.
Boussée d'Availle (La). *Availle* (Antran).
Boussennes. *Boussonne (La)*.
Bousset. *Boussec*.
Boussière (La). *Boissière (La)* (Pleumartin).
Boussigné; Boussignet. *Boussigny*.
Boussignoux. *Boursignoux*.
Boust (Le). *Bou (Le). Boux (Le)*.
Boustière (La). *Boutière (La)*.
Boustz (Le). *Bos (Le)*.
Bout (Le). *Boux (Le)*.
Boutaires (Les). *Bouterre (Le)*.
Boutandière (La). *Boutandrie (La)*.

Boutaudière (La). *Boitaudière (La)*.
Bout du Pont (Lé). *Âges (Les)* (Brux).
Bouteillerie (La). *Boutalerie (La)*.
Bouteillière (La). *Boutalière (La)*.
Boutelay (La); Boutelaye (la); Boutelays (la); Boutellaye (la); Boutellerays (la). *Boutelaie (La)*.
Boutellinière (La). *Boutinelière (La)*.
Bouteraie (La). *Boutelaie (La)*.
Bouterye (La). *Boutrie (La)*.
Boutetalière (La). *Boutalière (La)*.
Boutetère (La). *Bocquetière (La)*.
Boutière. *Boutiers*.
Boutières (Les). *Boitières (Les)*.
Boutigné. *Boutigny*.
Boutignollière (La). *Bouillolière (La)*.
Boutillenière (La). *Boutinelière (La)*.
Boutinolière (La). *Bouillolière (La)*.
Boutraie (La); Boutroys (la). *Boutelaie (La)*.
Bouttelaie (La). *Boutelée (La)*.
Boutteraye (La). *Boutelaie (La)*.
Bouttinerie (La). *Boutinerie (La)*.
Bouttrie (La). *Boutrie (La)*.
Bouverie (La). *Bauverie (La)*.
Bouvinières (Les). *Boivinières (Les)*.
Bouxereou. *Busseroux*.
Bouyge (La). *Bouige (La)*.
Bouyge de Bellepleine (La). *Bouige (La)* (Moulime).
Bouynallière (La). *Boisnalière (La)*.
Bouynière (La). *Aubonnière (L')*.
Bouzautray. *Bouzantre*.
Bouzerie (La). *Bauzerie (La)*.
Boverie; Boverie (la). *Bauverie (La)*.
Boybaton. *Beau-Bâton*.
Boyborsaut. *Bois-Boursault*.
Boydegon. *Bois-de-Gon*.
Boyffremin. *Bois-Fremin*.
Boyfram. *Beaufranc*.
Boygarnault. *Bois-Garnault*.
Boyge (La). *Bouige (La)*.
Boygoeran. *Bagouérand*.
Boylivière (La). *Boislivière (La)*.
Boyllon (Le). *Beuillon (Le)*.
Boynes (Les). *Boisnes (Les)*.
Boynière (La). *Aubonnière (L')*.
Boyressia. *Bouresse*.
Boyrie. *Boirie*.
Boyrin. *Bérin*.
Boys (Le). *Bois (Le). Bois-Bourrélière. Bouex (Le). Grange-du-Bois (La)* (Saint-Laurent-de-Jourde).
Boysagon. *Bois-de-Gond*.
Boysalière (La). *Boisselière (La)*.
Boys Arnou (Le). *Bois-Renoux (Le)*.
Boys au Cante (Le). *Bocantes (Les)*.

Boys Bastart. *Bois-Bâtard*.
Boys Baston. *Beau-Bâton*.
Boys Baudri. *Boisbaudry*.
Boysberaut. *Bois-Brault*.
Boysboisseau. *Bois-Boisseau*.
Boys Bordin. *Bois-Bourdin*.
Boysborsaut. *Bois-Boursault*.
Boys Botereau. *Bois-Butreau (Le)*.
Boys Bouchart (Le). *Bois-Bouchard*.
Boys Bousseau. *Babousseau*.
Boys Boyssant. *Bois-Boursault*.
Boys Bruslon (Le). *Bois-Brûlon*.
Boys Bynault (Le). *Bois-Bineau*.
Boys Clerbaut (Le). *Bois-Clerbault*.
Boys Communault (Le). *Bois-Communaux*.
Boyscourcer; Boyscoursier. *Bois-Coursier*.
Boys Coustant. *Bois-Coutant*.
Boysdanceue (Le). *Bois-d'Ancenne (Le)*.
Boys d'Arson (Le). *Bois-d'Arson (Le)*.
Boys Daussé (Le). *Bois-Doussé (Le)*.
Boysde (Le). *Boide (Le)*.
Boys de Cron (Le). *Bois-de-Craon (Le)*.
Boys de Marmende (Le). *Brou (Mouterre-Silly)*.
Boys d'Eubrenne (Le). *Bois-d'Ambrenne*.
Boysdinières (Les). *Boisdinières (Les)*.
Boys Dosset (Le); Boys Doulcé (le); Boys Doussé (le); Boys du Sec (le); Boys Dussé (le); Boys Dusset (le). *Bois-Doussel (Le)*.
Boys Follet. *Bafollet*.
Boys Foucquairon (Le); Boys Foucquerant (le). *Bois Fouquerant (Le)*.
Boysfranc. *Beaufranc*.
Boys Fremin. *Bois-Fremin*.
Boys Garnaut. *Bois-Garnault*.
Boys Gillet (Le). *Bois-Gillet (Le)*.
Boys Gormont (Le); Boys Gourmond (le). *Tour-du-Bois-Gourmond (La)*.
Boys Gouffoys (Le). *Breuil (Le)* (Rouillé).
Boys Goula (Le). *Bois-Goulu*.
Boysgrenier (Le). *Bois-Grenier*.
Boys Grolier. *Bois-Grolier*.
Boys Gueryn. *Bois-Guérin (Le)*.
Boys Hardouin. *Bois-Hardouin*.
Boys Jaubert. *Bois-Joubert*.
Boys Jobert; Boys Joubert (le). *Bois-Joubert (Le)*.
Boys Joustart. *Bois-Joutard*.
Boysjugon. *Bois-Gigon*.
Boys Juré. *Bois-Jurés (Les)*.
Boys Lamy (Le). *Bois-Lamy*.

58.

Boys l'Anglois (Le). *Bois-Langlais* (*Le*).
Boyslantost; Boyslentoust; Boyslentoux. *Boislentour*.
Boyslentier. *Boislantier*.
Boyslivière (La). *Boislivière* (*La*).
Boysmartin. *Beaumartin*.
Boys Mestayer; Boys Mestoier; Boys Metais. *Bois-Métais*.
Boys Morant; Boys Mourant. *Bois-Morand*.
Boys Morin. *Bois-Morin*.
Boys Naulet (Le); Boys Nollet (le). *Plissonnerie* (*La*).
Boysoleil. *Beausoleil*.
Boys Poussin (Le); Boys Pouzin (le). *Bois-Pouzin*.
Boys Preuillé (Le); Boys Preuilly (le). *Brou* (Mouterre-Silly).
Boys Putet. *Bois-Putet*.
Boys Renault. *Bois-Renaud*.
Boys Renou. *Bois-Renoux* (*Le*).
Boys Robert (Le). *Bois-Robert*.
Boys Rogues (Le). *Bois-Rogue* (*Le*).
Boys Sandebaut (Le). *Bois-Senebault*.
Boysse. *Boisse*. *Boucssa*.
Boyssenatières. *Boissonatière*.
Boys Sendebaut (Le); Boys Senebault (le); Boys Sennebaut (le). *Bois-Senebault*.
Boyssot; Boysseul. *Boissec*.
Boyssière (La). *Boissière* (*La*).
Boys Simon. *Bois-Simon*.
Boyssonnère (La). *Boissonnière* (*La*).
Boys Souleil (Le). *Beausoleil*.
Boysterne. *Boisterne*.
Boysvert. *Boisvert*.
Boysvinières (Les). *Boisvinières* (*Les*).
Boytaudière (La). *Boitaudière* (*La*).
Boyvinières (Les). *Boisvinières* (*Les*).
Boyvre (La); Boyvre (le). *Boivre* (*La*) (rivière).
Bozantre. *Bouzantre*.
Bozerie (La). *Bauzerie* (*La*).
Bozier (La maison). *Pots* (*Les*).
Bozlebon. *Bois-le-Bon*.
Braceox. *Brassioux*.
Bracers (La). *Brassaise* (*La*).
Bracheissac. *Brossac* (Mirebeau).
Bradières (Les). *Braudières* (*Les*).
Braene. *Bran*.
Braguières (Les). *Bradières* (*Les*).
Braguillière (La). *Bertellerie* (*La*).
Brahene (Turris de). *Brin*.
Brain. *Bran*. *Brin*.
Braine. *Brin*.
Bran. *Roche-de-Bran* (*La*).
Brandelai. *Brantelay*.

Brangé. *Branger*.
Brangeardières (Les). *Branjardières* (*Les*).
Brasor; Brasour. *Brazou*.
Brasseoux. *Drassioux*.
Brassour. *Brazou*.
Braud (Le). *Albrault*.
Braud (Veil). *Bréhu*.
Braudellerie (La). *Blordrie* (*La*).
Braudinières (Les). *Brodinières* (*Les*).
Brauldrie (La). *Braudrie* (*La*).
Brax. *Brae*.
Brayrie (La). *Brairie* (*La*).
Bréandrie (La). *Fiacrie* (*La*).
Breaucou. *Brocou*.
Breau Sureau (La). *Brosse-Renault* (*La*).
Brecheterie (La). *Brachetrie* (*La*).
Brechonnère (La); Brechonnière (la). *Brechonnorie* (*La*).
Bredy. *Berdy*.
Breefs; Brées. *Brie*.
Bregeon. *Bergerons* (*Les*).
Bregière (La). *Brogère* (*La*).
Bregon. *Bregoux*.
Breheu. *Brux*.
Breheuz; Brebus. *Bréhu*.
Breil (Le); Breilh (le). *Breuil* (*Lo*).
Brelanderie (La). *Berlanderie* (*La*).
Brelendière (La). *Berlandière* (*La*).
Brelière (La). *Brillère* (*La*).
Brelinerie (La). *Balinerie* (*La*).
Brellac (Le). *Breuillac* (*Le*).
Brelliaquerie (La). *Berliaquerie* (*La*).
Brellière (La). *Brelière* (*La*).
Brelo. *Berlau*.
Brelotières (Les). *Bourlotières* (*Les*).
Brelou. *Berlau*.
Brelou (Le petit). *Touche* (*La*) (la Vausseau).
Bremandière (La). *Bremondière* (*La*).
Brenacum. *Bernay*.
Brenallière (La). *Robins* (*Les*) (Ingrande).
Brenallières (Les). *Brunallières* (*Les*).
Brenatelière (La). *Bernatelière* (*La*).
Brenatière (La). *Bernatière* (*La*).
Brenaudière (La). *Bernaudière* (*La*).
Brenay. *Bernay*.
Brenc. *Bran*.
Brenegou. *Bernagout*.
Brenesart. *Bernessac*.
Brenezay. *Bernezay*.
Brenochère (La); Brenochière (la). *Bernochère* (*La*).
Brenonnière (La). *Bernonnière* (*La*).
Brent. *Bran*. *Roche-de-Bran* (*La*).
Brenteliacus. *Brantelay*.

Brenusson. *Bernusson*.
Brepoilh. *Bourpeuil* (le Vigean).
Brequilière (La). *Bertellerie* (*La*).
Brerie (La). *Brairie* (*La*).
Brescheterie (La). *Brachetrie* (*La*).
Breschonnère (La). *Brechonnerie* (*La*).
Bresdanchère (La); Bresdanchière (la). *Bredanchère* (*La*).
Bressaudière (La). *Bersaudière* (*La*).
Bretaigne. *Bretogne*.
Bretaillerie (La). *Bretallière* (*La*).
Bretaudières (Les). *Beaufranc*.
Bretaut. *Bertault*.
Bretegnys. *Bretigny*.
Bretegon; Bretegonium. *Bertegon*.
Bretenallière (La). *Bertinalière* (*La*).
Bretencria. *Brétinières* (*Les*).
Bretenys. *Bretigny*.
Breterre (La). *Berterre* (*La*).
Brethault. *Bertault*.
Brethegon. *Bertegon*.
Brethelière (La). *Brotellerie* (*La*).
Brethenis. *Bretigny*.
Brethinalière (La). *Bertinalière* (*La*).
Brethinières (Les). *Brétinières* (*Les*).
Brethollière (La). *Bortolière* (*La*) (Saint-Léomer).
Brethonnerye (La). *Bertonnerie* (*La*) (Coussay). *Brotonnerie* (*La*).
Brethons (Les). *Berthons* (*Les*).
Bretignère (La). *Bertinière* (*La*) (Antran).
Bretinerie (La). *Bertinerie* (*La*).
Bretinière (La). *Bertinière* (*La*).
Bretolière (La). *Bertholière* (*La*).
Bretollière (La). *Bortolière* (*La*) (Saint-Léomer).
Bretonalère (La). *Bertonnalière* (*La*).
Bretonnalière (La). *Berthonnalière* (*La*). *Bertonnalière* (*La*).
Bretonnières (Les). *Bertonnières* (*Les*).
Bretons (Les). *Berthons* (*Les*).
Breu. *Bréhu*.
Breuil (La Tour du). *Breuil-Mingot* (*Le*).
Breuil aux Begouains (Le); Breuil aux Begouins (le); Breuil aux Berjouins (le); Breuil aux Bourgeons (le). *Breuil* (*Le*) (Saint-Pierre-d'Exideuil).
Breuil aux Jacobz (Le). *Breuil* (*Le*) (Blanzay).
Breuil Boufflz (Le); Breuil Boufly. *Breuil* (*Le*) (Rouillé).
Breuil d'Allaine (Le). *Breuil-d'Haleine* (*Le*).
Breuil de Cursais (Le). *Breuil* (*Le*) (Lencloître).

TABLE DES FORMES ANCIENNES.

Breuil de Messé (Le). *Breuil* (Le) (Brux).
Breuil de Prin (Le). *Breuil* (Le) (Chalandray).
Breuil de Rochefort (Le). *Breuil* (Le) (Mirebeau).
Breuil Gouffis (Le). *Breuil* (Le) (Rouillé).
Breuillotière; Breuil Ytier (le). *Breuilleté.*
Breul (Moulin du). *Chaume* (La) (la Trimouille).
Breul Bordin. *Breuil-Bardin.*
Breulglons (Les). *Breuillons* (Les).
Breulh de Vernon (Le). *Breuil* (Le) (Vernon).
Breul l'abbasse (Le). *Breuil-l'Abbesse* (Le).
Breul Mainguo (Le). *Breuil-Mingot* (Le).
Breulz (Les). *Broux* (Les).
Breus (Le viel). *Chez-Bouchet.*
Breux. *Bréhu. Breuil* (Le Port de). *Brux.*
Brez. *Bréc.*
Brianda; Briandia. *Briande* (La) (rivière).
Briande. *Sainte-Catherine* (Mouterre-Silly).
Brianderie (La). *Briandrie* (La).
Bribcham alodus cum farinario in pago et vicaria Lausdunense, 987-996 (cart. de S¹-Cyprien, p. 81). — Lieu inconnu.
Bricquetière (La). *Briquetière* (La).
Bride les Loups. *Minimes* (Les) Mairé).
Brider. *Berdy. Bridier.*
Briderays (La); Brideroys (la). *Brideraie* (La).
Bridier. *Berdy.*
Bridraie (La). *Brideraie* (La).
Briefou. *Brifou.*
Briende. *Briande.*
Briendière (La). *Briandière* (La).
Brières (Les). *Bruyères* (Les) (Saint-Martial).
Brieul. *Breuil* (Le) (Vicq).
Brieul Patrix (Le). *Breuil-Patri* (Le).
Brifol. *Brifou.*
Brigeuil le Chantre. *Brigueil-le-Chantre.*
Brignauldère (La). *Bernaudière* (La).
Brignonnère (La). *Brionnière* (La).
Brigolii villa in vicaria Brainse, ex curte Potente, 957 (ch. de S¹-Hilaire, t. I, p. 30). — Aucun lieu du nom de Briguoil ne se trouve aux environs de Pouant.
Brigolium. *Brigueil-le-Chantre.*
Brigoux. *Brogoux.*
Brigueul; Briguil; Briguoilh. *Brigueil-le-Chantre.*
Brillaizière (La). *Brelaisière* (La).
Brinaudière (La). *Bernaudière* (La).
Brindaudrie (La); Brindorie (la). *Brindaurie* (La).
Briom; Brionium. *Brion.*
Brionneryc (La). *Brionnière* (La).
Briost; Briotum; Brioust; Brioz. *Brioux.*
Brisaium. *Brizay.*
Brisardère (La). *Bizardrie* (La).
Brisay. *Brizay.*
Brischonnière (La). *Brechonnerie* (La).
Brissaudières (Les). *Bressaudières* (Les).
Brissonière (La). *Brissonnières* (Les).
Britellus. *Bertault.*
Britinerium. *Brotinières* (Les).
Briun. *Brion.*
Briveraye (La); Briverays (la). *Percevaux* (Les).
Brizay. *Ormeau* (Le Gros-).
Brizay (Le Petit). *Brizay* (Marigny-Brizay).
Brizé. *Brizay* (Saint-Gervais).
Broce (La). *Brosse* (La). *Brousse* (La) (Saint-Romain).
Broce Boneau. *Brousse-Bonneau.*
Brochechat. *Brossac* (Celle-l'Évêcault).
Brochesac; Brochessac. *Brossac.*
Brocia. *Brosse* (La).
Brociæ. *Brousses* (Les) (Saint-Maurice).
Brocourt. *Brocou.*
Broil (Le). *Breuil* (Le).
Broilhetière (La). *Breuilleté.*
Brol; Brolium; Brolius; Brollium. *Breuil* (Le).
Brolium abbatissæ Sanctæ Crucis. *Breuil-l'Abbesse* (Le).
Brolium Helenæ. *Breuil-d'Haleine* (Le).
Brolium Maengoti; Brolium Maingoti; Brolium Mangoti. *Breuil-Mingot* (Le).
Broqueroux. *Brocou.*
Brosse (La). *Brousse* (La) (Saint-Romain).
Brosse au Prieur (La). *Brousse-au-Prieur* (La).
Brosse de Breuil (La); Brosse du Breucuilh (la). *Brousse* (La) (Gizay).
Brosses (Les). *Brousses* (Les).
Brossete (La). *Broussette* (La).
Brouce au Prieur (La). *Brousse-au-Prieur* (La).
Brouce Bazin (La). *Brousse-Bazin* (La).
Brouce Bonnea (La). *Brousse-Bonneau.*
Brouces (Les). *Brousses* (Les) (Saint-Maurice).
Broucil (Le). *Breuil* (Le) (Saint-Savin).
Broufardières (Les). *Bonifardières* (Les).
Brouhe (La). *Broue* (La).
Brouhées (Les). *Broux* (Les).
Brouhes (Les). *Brouées* (Les). *Broues* (Les). *Broux* (Les).
Brouillarderie (La). *Bourliaudrie* (La).
Brouillons (Les). *Breuillons* (Les).
Broulfardières (Les). *Bonifardières* (Les).
Brou Preuilly. *Brou* (Mouterre-Silly).
Brousse (La). *Brosse* (La).
Brousse au Bouyer (La). *Brosse* (La) (Vicq).
Brousse Barin (La). *Brousse-Bazin* (La).
Brousse de Breuil (La). *Brousse* (La) (Gizay).
Brousseroaux (La). *Brosse-Rouault* (La).
Brousses (Les). *Chez-Chenu.*
Brouste (La). *Broute* (La).
Brouville. *Bourville.*
Broux (Les). *Brouées* (Les). *Broues* (Les).
Broyn. *Brouin.*
Bruayum. *Brux.*
Bruc; Bruccum; Brucum. *Brux.*
Brucia. *Brousse* (La) (Latus).
Bruoil aux Borgoins (Le). *Breuil* (Le) (Saint-Pierre-d'Exideuil).
Brueil Bardin (Le); Bruel Bourdin. *Breuil-Bardin.*
Brueil d'Alayne (Le). *Breuil-d'Haleine* (Le).
Brueil de Surin (Le). *Breuil-de-Surin* (Le).
Brueilh de Nailhé (Le). *Naillé.*
Brueillac (Le). *Breuillac* (Le).
Brueil Maingou (Le); Bruel Maingo (le). *Breuil-Mingot* (Le).
Brueilz (Les). *Breux* (Les).
Bruel l'abbaesse (Le). *Breuil-l'Abbesse* (Le).
Bruère (La). *Bruyère* (La).
Bruères (Les). *Bruyère* (La) (Ouzilly). *Bruyères* (Les). *Grillea* (Le).

Brucylh (Le). *Breuil (Le)*.
Bruffaudère (La). *Brifaudière (La)*.
Brugère (La); Brugeria. *Bruère (La)* (Nieuil-l'Espoir).
Brugères (Les). *Bruyères (Les)* (Saint-Pierre-de-Maillé).
Bruhères (Les). *Bruyères (Les)* (Montreuil-Bonnin).
Bruière (La). *Bruère (La)* (Fontaine-le-Comte).
Bruières (Les). *Bruyères (Les)* (Béthines).
Bruil (Le); Bruilh (le). *Breuil (Le)*.
Bruil aux Borgoigns (Le); Bruil aus Bourgoins (le). *Breuil (Le)* (Saint-Pierre-d'Exideuil).
Bruil Cartois (Le); Bruil Quartois (le). *Breuil-Cartais (Le)*.
Bruil d'Alonne (Le). *Breuil-d'Haloine (Le)*.
Bruilhoisères (Les); Bruillatzières (les); Bruillesères. *Brelaisières (Les)*.
Bruillac (Le). *Breuillac (Le)*.
Bruil Mangou (Le); Bruilmayngo. *Breuil-Mingot (Le)*.
Bruin. *Brouin*.
Brulangier. *Berlanger*.
Brullium. *Breuil (Le)*.
Bruly (Le). *Brûlis (Le)*.
Brumandière (La). *Bremondière (La)*.
Brumaudière (La). *Bremaudière (La)*.
Brunalère (La). *Brunelière (La)*.
Brunatelière (La). *Bernatelière (La)*.
Brunayssart; Brunessart. *Bernessac*.
Brunetière (La petite). *Grand-Chemin (Le)* (la Chapelle-Montreuil).
Bruns (Maison des). *Jumeaux (Senillé)*.
Brusc. *Brux*.
Bruslon (Moulin). *Brûlon (Le)*.
Breslonière (La). *Brûlonnière (La)*.
Bruslyère (La). *Brûlière (La)*.
Brust; Brusum; Brut; Bruth; Brutz. *Brux*.
Bruyaults (Les). *Briaux (Les)*.
Bruyère (La). *Bruère (La)*.
Bruyl. *Breuil (Le)*.
Bruylhat (Le). *Breuillac (Le)*.
Bruz. *Brux*.
Bryandrye (La). *Briandrie (La)*.
Bryou. *Brioux*.
Bubalicia; Bubalitia. *Bouresse*.
Buce. *Beuxe*.
Buchellerie (La). *Birochellerie (La)*.
Bucsia. *Boisse*.
Buemont. *Beumont*.
Buest (Le); Bucz (le). *Bué (Le)*.
Bueyre (Aqua de). *Boivre (La)*.

Bufalère (La). *Buffalière (La)*.
Bufefeu. *Buffefeu*.
Buffe ajasse. *Bel-Air* (Lusignan).
Buffaumosne; Buffeaulmosne. *Buffomone*.
Bufferie (La). *Buffrières (Les)*.
Bugaudré. *Bégaudré*.
Bugé (Le). *Maubugé*.
Bugeallerye (La); Bugeaux (les). *Bugellerie (La)*.
Buignon (Fontaine du). *Beugnon (Fontaine du)*.
Buillon (Le). *Beuillon (Le)*.
Buissière (La). *Bussière (La)* (Lomaizé).
Buisserum; Buixerum. *Busseroux*.
Buissonnière (La). *Bessonnerie (La)*.
Bumenère (La). *Baumière (La)*.
Bundeliacus; Bundiliacus. *Bondilly*.
Buradière (La). *Bureaudrie (La)*.
Burallière (La). *Robins (Les)* (Ingrande).
Burbail. *Brebail*.
Burcelottière. *Vernaux (Les)*.
Burgaudré. *Bégaudré*.
Burgoult. *Bergault (Le)*.
Burgopoyl. *Brepouil*.
Burgundio. *Sainte-Radegonde* (Mirebeau).
Burgus Archinbaut; Burgus au Chaboz; Burgus aus Chabaus; Burgus aux Chabotz; Burgus aus Chalbaux; Burgus Chabaldorum; Burgus Chabaudorum. *Bourg-Archambault (Le)*.
Burmezium. *Amberre*.
Burnallière (La). *Brunalière (La)*.
Burnan. *Bournan*.
Burneis. *Bornais (Le)*.
Burnel. *Bourneau*.
Burneys. *Bornais (Le)*.
Burnomus; Burnonius. *Bournan*.
Burnusson. *Bernusson*.
Busanla. *Douzantre. Gauborté (Ruisseau de)*.
Busse. *Beuxe*.
Busselloies. *Buxerolles*.
Bussère (La); Busseria. *Bussière (La)*.
Busseriæ. *Buxière*.
Bussero; Busserol; Busserolium. *Busseroux*.
Busserolles. *Buxerolles*.
Busseya. *Beuxe*.
Bussière. *Chez-Picault*.
Bussière la Gaillarde. *Buxière*.
Busseuil; Bussuil. *Buxeuil*.
Butaudère (La). *Boitaudière (La)*.
Buttière (La). *Butière (La)*.
Buxalium. *Buxeuil*.

Buxeræ. *Bussière*.
Buxère (La). *Bussière (La)*.
Buxereou. *Busseroux*.
Buxeria. *Boisse. Bussière (La). Buxière*.
Buxeria villa in vicaria Salvinse, v. 960 et v. 1085 (cart. de St-Cyprien, p. 93 et 94). — Lieu inconnu.
Buxeriæ. *Buxière*.
Buxeroles; Buxeroliæ. *Buxerolles*.
Buxerolium; Buxeroux. *Busseroux*.
Buxia. *Boisse*.
Buxière (La). *Bussière (La)*.
Buxolium; Buxueil. *Buxeuil*.
Buygnon (Fontaine de). *Beugnon (Fontaine du)*.
Buysseroles; Buyxerole. *Buxerolles*.
Byarges. *Biarge*.
Byars; Byart. *Biard*.
Byertz. *Biard* (Montmorillon).
Bygnoux. *Bignoux* (Châtellerault).

C

Cabannes. *Chabanne* (Chenevelles).
Cabanne (La); Cabonne (la). *Caborne (La)* (Bellefont).
Cabriella. *Caverie (La)*.
Cabriouls. *Chanvrolle*.
Caderia. *Cadrie (La)*.
Cadeu. *Châtaignier (Le)* (Saint-Martial).
Cadinière (La). *Guérinerie (La)* (Savigny-l'Évescault).
Cadisinila flumen. *Chenelle (La)*.
Cadoc (La); Cadohe (la). *Cadouc (La)*.
Cadoillère (La). *Cadouillère (La)*.
Cadouaudière (La). *Cataudière (La)* (Availle).
Cadoux (La). *Cadouc (La)*.
Cadrye (La). *Cadrie (La)*.
Cagoilhière (La); Cagouillère (la); Cagoullière (La). *Cagouillères (Les)*.
Caillau. *Caillault*.
Caillandère (La); Caillaudière (la). *Caillotrie (La)* (Romagne).
Caillaudières (Les). *Caillaudrie (La)* (Hains).
Caillaudrye (La). *Caillaudière (La)* (Tercé).
Coilleau. *Caillault*.
Caillierie (La). *Caillerie (La)* (Sossay).
Cailliers (Les). *Caillers (Les)*.
Caillotière (La). *Caillotrie (La)*.
Caioca. *Queaux*.
Calcasacum farinarium in vicaria Sal-

TABLE DES FORMES ANCIENNES. 463

vinse, v. 1000 (cart. de St-Cyprien, p. 94). — Ce moulin, aujourd'hui inconnu, était peu éloigné de Cragon, commune de Saint-Jean-de-Sauves.
Calcea; Calcearia; Calceia; Calciata. *Chaussée* (*La*).
Calendraium. *Chalandray*.
Calesium; Callaix. *Calais*.
Callcaux (Les). *Caillaux* (*Les*) (Saint-Remy-sur-Creuse).
Callinière (La). *Collinière* (*La*).
Callotière (La). *Calotière* (*La*).
Calma. *Chaume* (*La*).
Calois. *Calais*.
Calondreyum. *Chalandray*.
Calottière (La). *Calotière* (*La*).
Caloys. *Calais*.
Calvigniacum; Calvinec; Calviniacus. *Chauvigny*.
Calvus Mons. *Chaumont*.
Cambon. *Chambon* (Quinçay).
Cambono (Villa cujus vocabulum est), v. 696 (ch. de l'abb. de Nouaillé, ap. Fontenеau, t. XXI, p. 19); 780 (ch. de St-Hilaire, t. I, p. 2). — Cambonus in vicaria Exidualinso, 862 (*ibid.* t. I, p. 9). — Il n'existe point de lieu du nom de Chambon aux environs de Civaux.
Cambonelli; Camboniacus. *Chambonneau*.
Caminière (La). *Thibaudrie* (*La*) (Cissé).
Campagniacum siccum. *Champigny-le-Sec*.
Campaigniacum. *Champagné-Saint-Hilaire*. *Champigny-le-Sec*.
Campaliacus. *Allier* (*L'*).
Campaniacus. *Champagné-le-Sec*. *Champagné-Saint-Hilaire*. *Champigny-le-Sec*.
Campeigniacum. *Champagné-Saint-Hilaire*.
Campiacus villa in vicaria Salvinse, 938 (cart. de St-Cyprien, p. 59). — Ce ne peut être Champigny-le-Sec, qui était du pagus et de la viguerie de Thouars.
Campigniacum. *Champagné-le-Sec*. *Champagné-Saint-Hilaire*. *Champigny-le-Sec*.
Campiniacum. *Champagné-Saint-Hilaire*.
Campotrimolia. *Champ* (la Trimouille).
Campus Aliacus. *Allier* (*L'*).
Campus Bonelli. *Chambonneau*.
Campus Bonus. *Chambon* (Le) (Jouет).

Campus Briconi. *Chambrochon*.
Campus Niger. *Champniers*.
Can (Le). *Canterie* (*La*).
Canalis. *Chinau* (*La*).
Canavellæ. *Chenevelles*.
Canitiapum. *Chéneché*.
Canniacus. *Chaunay*.
Cante (Le). *Chez-le-Cante*.
Cante (Moulin de). *Cantes* (*Les*).
Cantela. *Chantelle*.
Cantole; Cantoler; Cantolern; Cantulernum. *Chantouillet*.
Cantum Lupi. *Chanteloup*.
Canutum Caput; Canum Caput. *Chéneché*.
Caopes; Caopia. *Chouppes*.
Capella Alba. *Vaugibault*.
Capella apud Mortuum Mare. *Chapelle-Mortemer* (*La*).
Capella Baсuli; Capella Baston. *Chapelle-Bâton* (*La*).
Capella Benoin; Capella Berloin; Capella Bernoin; Capella Bloini. *Chapelle-Bellouin* (*La*).
Capella de Molere; Capella de Moleria; Capella de Moleriis. *Chapelle-Moulière* (*La*).
Capella de Mortuo Mari. *Chapelle-Mortemer* (*La*).
Capella de Mosterolio Bonnin. *Chapelle-Montreuil* (*La*).
Capella de Vivario; Capella de Vivers. *Chapelle-Viviers* (*La*).
Capella Girardi; Capella Giraudi. *Reau* (*La*) (prieuré):
Capella juxta Mosterolium Bonini. *Chapelle-Montreuil* (*La*).
Capella Moleriarum; Capella Molerie; Capella Mollerie. *Chapelle-Moulière* (*La*).
Capella Monsterioli; Capella Monsterolii; Capella Mosterolii. *Chapelle-Montreuil* (*La*).
Capella Mortuimaris. *Chapelle-Mortemer* (*La*).
Capella prope Mosterolium Bonin. *Chapelle-Montreuil* (*La*).
Capella Rabate. *Saint-Léger-de-Montbrillais*.
Capella Rubea. *Chapelle-Roux* (*La*).
Capella Sancti Cirici. *Saint-Cyr*.
Capella supra Mortuum Mare. *Chapelle-Mortemer* (*La*).
Capellæ. *Chapelle-Montreuil* (*La*).
Cappella; voy. Capella.
Capsinsiacus. *Chassigny* (Chasseneuil).
Caracque (La). *Caraque* (*La*).

Caraium. *Charay*.
Caranta; Carantinus; Carantona; Carantonus; Carantum. *Charente* (*La*).
Carantinière (La). *Quarantinière* (*La*).
Carboneria. *Charbonneries* (*Les*).
Carduncampus; Carduus campi. *Chardonchamp*.
Careillère (La). *Caraillère* (*La*).
Carionnière (La). *Carillonnière* (*La*).
Carloterie (La). *Caroterie* (*La*).
Carlouets (Les). *Carloits* (*Les*).
Carlouettrie (La). *Caroterie* (*La*).
Carotère (La). *Calotière* (*La*).
Carouer (Le). *Carroir* (*Le*).
Carouetèrie (La); Carouettrie (la). *Caroterie* (*La*).
Caroy (Le). *Carroir* (*Le*).
Carraillière (La). *Caraillère* (*La*).
Carraque (La). *Caraque* (*La*).
Carrelière (La). *Caraillère* (*La*).
Carvenère (La). *Caronnière* (*La*) (Saint-Pierre-des-Églises).
Carrof; Carroficum; Carrofinium; Carrofum. *Charroux*.
Carroir (Le). *Quéroir* (*Le*).
Carronnie (La). *Caronnière* (*La*) (Leugny).
Carronnière (La). *Caronnière* (*La*).
Carroy (Le). *Carroir* (*Le*).
Carroy Gaillard (Le). *Carroir* (*Le*) (Saint-Romain-sur-Vienne).
Cars (Les). *Quarts* (*Les*) (Trois-Moutiers).
Cartæ. *Cartes* (*Les*).
Cartallière (La). *Regardalière* (*La*).
Cartauderye (La). *Cartaudrie* (*La*).
Carthages. *Cartage*.
Carthe (La). *Carte* (*La*).
Cartz (Les). *Villevert*.
Caruas. *Moulin-à-Parent* (*Le*).
Casa Monachorum. *Chaise* (*La*) (Sillars).
Casanogilus. *Chasseneuil*.
Casdrouse (La). *Cadrouse* (*La*).
Casillæ. *Chezeaux* (*Les*) (Vendeuvre).
Cassanæ. *Chassaigne*.
Cassaniæ. *Chassaignes*.
Cassanol; Cassanolium. *Chasseneuil*.
Casse (La). *Gasse* (*La*).
Cassellas. *Chezelle* (Thurageau).
Cassenielle. *Notre-Dame* (Moulin de).
Cassenoilum; Cassenolium. *Chasseneuil*.
Cassiniacus. *Chassigny* (Chasseneuil).
Castanedus; Castaniacus. *Chatain* (Blanzay).
Castelachart; Castellum Achardi. *Château-Larcher*.

Castellum Garnerii. *Château-Garnier*.
Castellum Siccardi. *Sichard*.
Castieleraut. *Châtellerault*.
Castille (La). *Renaults (Les)*.
Castillia. *Chatille (La)*.
Castra. *Châtre (La)*.
Castres. *Châtres (Les) (Jazeneuil)*.
Castrum Acardi; Castrum Achardi. *Château-Larcher*.
Castrum Adraldi; Castrum Aeraudi; Castrum Airaldi; Castrum Airaudi; Castrum Araldi; Castrum Araudi; Castrum Arraudi; Castrum Ayraudi. *Châtellerault*.
Castrum Casci. *Château-Fromage*.
Castrum Eraudi. *Châtellerault*.
Castrum Forte. *Châteaufort*.
Castrum Garnerii. *Château-Garnier*.
Castrum Hachardi. *Château-Larcher*.
Castrum Novum. *Châteauneuf (Châtellerault)*.
Castrum Sicardi; Castrum Sichardi. *Sichard*.
Catilia. *Chatille (La)*.
Caudière (La). *Boucaudière (La) (Ligiet)*.
Cauma. *Chaume (La) (Château-Larcher)*.
Cauviniacum. *Chauvigny*.
Cavadadum. *Choué*.
Cavanaicum; Cavanedis. *Chavenay*.
Cavanella. *Chavagne (Ceaux)*.
Cavancium; Cavanetis; Cavaneum. *Chavenay*.
Cavania. *Chavaigne*.
Cavaniacus. *Chavagné. Chavigné*.
Cavannas. *Chabanne (Chenevelles)*.
Cavannet. *Chavigné*.
Cave (La). *Meschinière (La)*.
Caverne Vilou (La). *Cave-Revilou (La)*.
Caves de Chiefdefueil (Les); Caves de Chevrefeuil (les). *Caves (Les Grandes-)*.
Cayllau. *Caillault*.
Ceaulx; Ceaus. *Ceaux*.
Celié; Celiers. *Colliers*.
Cella. *Celle (La). Saint-Mars*.
Cella episcopalis. *Celle-l'Évécault*.
Cella Sancti Hilarii. *Saint-Hilaire-de-la-Celle*.
Cella Sancti Severiani et Sancti Vincentii. *Saint-Cyprien*.
Celle. *Celles*.
Celle hors Poitiers (La). *Breuil-Mingot (Le)*.
Celle l'évêquault; Celle l'évescault; Celle l'évesqual; Celle l'évesquau; Celles l'évescau; Celles l'évesquau;

Celles l'évesquault; Cellevescaut. *Celle-l'Évécault*.
Collières. *Cellier*.
Collinière (La). *Squillière (La)*.
Cellyer. *Cellier*.
Celsis; Celsus vicus. *Ceaux*.
Celyé. *Colliers*.
Cenans; Cenant. *Cenan*.
Cenbennius villa in vicaria Ranciacensi, cum piscatoriis et farinariis in fluvio qui dicitur Guartimpa, 886 (abb. de Nouaillé). — Lieu inconnu.
Ceneché. *Chéneché*.
Cencsay. *Sencesay*.
Ceniacum. *Chéneché*.
Cenillère (La). *Senillière (La)*.
Cenvis. *Sanvy*.
Cenxay. *Sanxay*.
Ceos. *Ceaux (Loudun)*.
Cepère (La). *Sepière (La)*.
Ceps. *Says*.
Ceps de la Leuve. *Sais*.
Cerans. *Seran*.
Cerantonia. *Charente (La)*.
Cerchous. *Saint-Savin*.
Cerchon. *Corchon (Le)*.
Cerena. *Serenne (La)*.
Ceresius. *Ceré*.
Cerisius. *Saint-Savin*.
Cernezay. *Cellevezay*.
Cerniacum. *Cornay*.
Cersay; Cersec; Cerset. *Sarzec*.
Cersigné. *Cercigny*.
Cervezay. *Cellevezay*.
Cervon. *Servon*.
Cerzay. *Sarzec*.
Ces. *Sais. Says*.
Ceuille (La). *Cueille (La)*.
Ceus. *Ceaux (Couhé)*.
Cevolle. *Scévolle (forêt)*.
Cèvre. *Sèvre (Saint-Remy)*.
Ceys. *Suis. Suys*.
Chabanetière (La). *Chebannetière (La)*.
Chabarnayum. *Chabournay*.
Chabaudière (La). *Chebaudière (La)*.
Chabezan (Rys de). *Prun (Ruisseau de)*.
Chabocellière (La). *Chaboisselière (La)*.
Chaboère (La). *Chabossière (La)*.
Chaboères (Les). *Chaboissière (La). Chabossière (La)*.
Chabocière (La). *Chaboissière (La)*.
Chabonnea. *Clos-Bonneau (Le)*.
Chabornai; Chabornay. *Chabournay*.
Chabotrie (La); Chabottière (la). *Chebotrie (La)*.

Chaboucère (La); Chabozcère (la). *Chaboissière (La)*.
Chabourz. *Chabanne (Le Petit-)*.
Chachignolle (La). *Chassignolle (La)*.
Chachilli. *Cherchillé*.
Chacourtaut. *Chat-Courtaud*.
Chadiens (Les). *Chaguin*.
Chafauderie (La). *Chaffaudrie (La)*.
Chagnay (La). *Chénaie (La)*.
Chagneaulx (Les). *Châgnats (Les)*.
Chagne Berland. *Chêne-Berland (Le)*.
Chagnée (La). *Chénaie (La)*.
Chagnerie (La). *Chaignerie (La)*.
Chagneroux (Le). *Chaigneroux*.
Chagnes. *Chêne*.
Chaignais (La). *Chénaie (La)*.
Chaignay (La); Chaignaye (la). *Chagnay (La)*.
Chaigne. *Chaignerie (La) (Smarve)*.
Chaigne (Le). *Chêne (Le)*.
Chaigne forcheu (Le). *Chêne-Fourcher (Le)*.
Chaigne l'abbé (Le). *Chêne-l'Abbé (Le)*.
Chaigne Morin (Le). *Chêne-Morin (Le)*.
Chaigne Odet. *Vernière (La)*.
Chaigne Richard (Le). *Chêne-à-Richard (Le)*.
Chaignerie (La). *Chagnerie (La)*.
Chaignes. *Chêne*.
Chaignevert (Le). *Chêne-Vert (Le)*.
Chaignoux (Le). *Chagnoux (Le)*.
Chaillé; Chailli. *Chailly*.
Chaillotère (La). *Chaillochère (La)*.
Chairdechien. *Char-de-Chien*.
Chaisgne Richard. *Chêne-à-Richard (Le)*.
Chaize (La). *Chaise (La). Chèze (La)*.
Chaize oultre Vienne (La). *Chaise (La) (Pouzioux)*.
Chalaon; Chalaum. *Chalons*.
Chalbret. *Charbret*.
Chaleis. *Chalais*.
Chaleminère (La); Chalemynères (les). *Chalminières (Les)*.
Chalendray. *Chalandray*.
Chalesium; Chalest; Chalet; Chaleys. *Chalais*.
Challache. *Chalache*.
Challacholle (La); Challacholes. *Chalachole (La)*.
Challais; Challays. *Chalais*.
Challecholes. *Chalachole (La)*.
Challeminières (Les). *Charminières (Les)*.
Challemon. *Chalmont*.
Challemynière (La). *Charminières (Les)*.

TABLE DES FORMES ANCIENNES.

Challemynières (Les). *Chalminières (Les)*.
Challerie (La). *Charlerie (La)*.
Chaileroux. *Chaleroux.*
Challet. *Chalais* (Millac).
Challeur. *Chaleur.*
Challon. *Chalons.*
Challonge. *Chalonges.*
Challoppin. *Chalopin.*
Chelma. *Chaume (La)* (Chauvigny).
Chalminières (Les). *Charminières (Les)*.
Chalmunt. *Chaumont* (Fontaine-le-Comte).
Chalour. *Chaleur.*
Chaloys. *Chalais.*
Chalumelière (La). *Chomelière (La)*.
Chalvigniacum. *Chauvigny.*
Chamagnan; *Chamagnen. Champmagnan.*
Chamaillardière (La). *Rose (La)* (Antran).
Chamaillardrye (La). *Chamarderie (La).*
Chamazière (La). *Chamoisière (La)* (Saint-Georges).
Chambarrye (La). *Chambrerie (La).*
Chambaudère (La). *Chambaudrie (La).*
Chambault. *Chambeau.*
Chambertin. *Champbertin.*
Chambrichum. *Chambrechon.*
Chambrin. *Chambrun.*
Chamdour (Le). *Chaudour (Le).*
Chamesière (La). *Chamoisière (La)* (Latus).
Chamfrau. *Chanfreau.*
Champgeollière (La). *Chantegeolière (La).*
Champgobert. *Champ-Gobert.*
Champgroier (Le). *Champ-Greulet.*
Chamner. *Champnier.*
Chamoiserie (La); Chamoizerie (la). *Chamoisière (La)* (Saint-Georges).
Chamoix (Les). *Chamoiserie (La)* (Vouneuil-sur-Vienne).
Chamoysière (La). *Chamoisière (La)*.
Champ (Le). *Camp (Le).*
Champagné-la-Montagne. *Champagné-Saint-Hilaire.*
Champagnec beati Hylarii. *Champagné-Saint-Hilaire.*
Champaigne. *Champagne.*
Champaigné. *Champagné-Saint-Hilaire. Champigny* (Journet). *Champigny-le-Sec.*
Champaigné Guenaut; Champaigné Lureau. *Champagné-Lureau.*

Champaigné le sec. *Champagné-le-Sec. Champigny-le-Sec.*
Champaignelles. *Champignolles.*
Champaignerie (La). *Champagnerie (La).*
Champaigny Sainct Hilaire; Champanhiet; Champaniacum. *Champagné-Saint-Hilaire.*
Champazière (La). *Champaisière (La).*
Champbon. *Chambon* (Quinçay).
Champ Brechon (Le). *Chambrechon.*
Champbretin. *Champbertin.*
Champ Charroux. *Renardières (Les)* (Andillé).
Champclos. *Champcloux.*
Champdalouhe. *Chandaloue.*
Champ de Gain. *Chantegain.*
Champdegrau. *Chantegros* (Marçay).
Champ de Gros. *Chantegroux.*
Champdigon. *Chandigon.*
Champdoiseau; Champdoizeau; Champdoysceau; Champdozeau. *Chantdoiseau.*
Champ Duvau (Le). *Brouillardrie (Le).*
Champegné; Champeigné. *Champagné-Saint-Hilaire. Champigny-le-Sec.*
Champeigné le Sec. *Champagné-le-Sec. Champigny-le-Sec.*
Champellière. *Champlière.*
Champenet. *Champnot.*
Champfort. *Pré-Pesson.*
Champ Grelet. *Chantegrelet.*
Champigné le Sec. *Champagné-le-Sec. Champigny-le-Sec.*
Champmacé; Champ Massé. *Chamassé.*
Champner. *Champniers.*
Champnoau; Champnouhau. *Chenevaux.*
Champodin. *Champaudin.*
Champ Recret. *Charcret.*
Champron; Champ ron. *Charon.*
Champs. *Champ.*
Champs Challoys. *Champ* (Bourg-Archambault).
Champs Nivaulx. *Chenevaux.*
Champs ronds. *Champrond.*
Champs Trimouillais. *Champ (la Trimouille).*
Champtclos; Champtcloux. *Champcloux.*
Champtejay. *Chantegeai* (Saint-Martial).
Champtelon. *Chanteloup* (Guesne).
Champteloup. *Chanteloup* (Saint-Pierre-de-Maillé).
Champtleu. *Champ-Lieu.*
Champtramée. *Chanterane.*

Champus Bonea. *Chambonneau.*
Champvenu. *Champvent.*
Champvrolle. *Chanvrolle.*
Chamsallé. *Champsalé.*
Chamsin. *Champsin.*
Chamvent. *Champvent.*
Chanagunt. *Chenagon.*
Chanai. *Chaunay.*
Chanaux. *Chenevaux.*
Chanbo. *Chambe.*
Chanbon. *Chambon (Le)* (Thollet).
Chanbonnerie (La). *Chambonnerie (La).*
Chanbricon. *Chambrechon.*
Chanceléc. *Champsalé.*
Chancloux. *Champcloux.*
Chandour (Le). *Chaudour (Le).*
Chandoyscau. *Chantdoiseau.*
Chanelière (La). *Chanalière (La).*
Chanet. *Chenet.*
Changeur. *Chausseur (Le).*
Changobert. *Champ-Gobert.*
Chanier; Chaniers. *Champniers.*
Chanouau; Chanouvault. *Chenevaux.*
Chanpagné le Secq. *Champagné-le-Sec.*
Chanponnière. *Chapellenie (La).*
Chanpot. *Champot.*
Chansellée. *Chancelay.*
Chanssain. *Champsin.*
Chanssalée. *Champsalé.*
Chantallay. *Châtalé.*
Chantaloe; Chante aloe. *Chanteloup* (Mazerolles).
Chantegaiz. *Chantegeai* (Pouzioux).
Chantegay. *Chantegeai* (Liglet).
Chantegeault. *Chanjeau.*
Chantegrellet. *Âges (Les)* (Maupreyoir).
Chantegreo; Chantegreou; Chantegreoux; Chantegreou; Chantegrou; Chantegroux. *Chantegros.*
Chantegrue. *Chantegroux.*
Chanteguen; Chanteguin. *Chantegain.*
Chantejau. *Chantegeau.*
Chantejaulière (La). *Chantegeolière (La).*
Chantela; Chanteles. *Chantelle.*
Chantelo; Chantelou en Bosnay. *Chanteloup* (Mondion).
Chanteloube. *Chanteloup.*
Chanteloupe. *Chanteloup* (Salles-en-Toulon).
Chanteloupt. *Chanteloup* (Usson).
Chantemerle. *Château-Merle.*
Chantepy. *Chantepie.*
Chanteraine; Chanterraine. *Chanterane.*

Vienne.

59

TABLE DES FORMES ANCIENNES.

Chantesandille. *Champ-de-Sandille.*
Chantnoir. *Champnoir.*
Chantnovau. *Chenevaux.*
Chantolern; Chantoliers; Chantouillier; Chantouliers. *Chantouillet.*
Chantpabou. *Champabou.*
Chanturie (La). *Chanturerie (La).*
Chantvent; Chanvant; Chanvent. *Champvent.*
Chaopes; Chaoppa; Chaoupes. *Chouppes.*
Chapelinière (La). *Chapelinerie (La).*
Chapelle (La). *Chapelle-Montreuil (La).*
Chapelle Belouin (La); Chapelle Bernouyn (la); Chapelle Bernoyn (la). *Chapelle-Bellouin (La).*
Chapelle de Loubressac (La). *Chapelle (La) (Mazerolles).*
Chapelle de Molère (La); Chapelle de Molière (la); Chapelle de Mollière (la); Chapelle de Moulère (la); Chapelle de Moulière (la); Chapelle de Moullière (la); Chapelle de Moulières (la). *Chapelle-Moulière (La).*
Chapelle de Monstreul Bonin (La); Chapelle de Montreuil (la). *Chapelle-Montreuil (La).*
Chapelle de Mortemer (La). *Chapelle-Mortemer (La).*
Chapelle de Périgné (La); Chapelle de Pruigné (la). *Chapelle (La) (Vouillé).*
Chapelle de Thoiré (La); Chapelle de Thoyree (la). *Chapelle-Toiré (La).*
Chapelle de Vivers (La); Chapelle de Viviers (la). *Chapelle-Viviers (La).*
Chapelle Girard (La). *Reau (La) (prieuré).*
Chapelle les Monstreul Bonnyn (La). *Chapelle-Montreuil (La).*
Chapelle Molière (La); Chapelle Mollière (la). *Chapelle-Moulière (La).*
Chapelle Monstereul Bonyn (La); Chapelle près de Monstereul Bonin (la). *Chapelle-Montreuil (La).*
Chapelle près Morthemer (La). *Chapelle-Mortemer (La).*
Chapelle Roe (La); Chapelle Roue (la); Chapelle Rouge (la); Chapelle Rouhe (la); Chapelle Roye (la). *Chapelle-Roux (La).*
Chapelle Sainct Legier (La). *Chapelle (La) (Chouppes).*
Chapelle-Soudan (La). *Soudun.*
Chapelle sur Monstereul Bonnyn (La). *Chapelle-Montreuil (La).*
Chapelle Toucheronde (La). *Chapelle (La) (Chouppes).*

Chapelle Vaution (La). *Chapella (La) (Saint-Romain).*
Chapellière (La). *Chaplière (La).*
Chapellotière (La). *Chapelatière (La).*
Chapnier; Chapniers. *Champniers.*
Chaponnerie (La). *Chapelenie (La).*
Chappeau. *Chapeau (moulin).*
Chappellatière (La). *Chapelatière (La).*
Chappelle (La). *Chapelle (La).*
Chappellenye (La). *Chapellerie (La) (Sossay).*
Chappellère (La). *Chaplière (La).*
Chappellerie (La). *Chapellerie (La).*
Chappellière (La). *Chapelière (La).*
Chappodières (Les). *Chapaudières (Les).*
Charaai. *Charay.*
Charageou. *Charajou.*
Charai; Charais; Charaium. *Charay.*
Charantona. *Charente (La).*
Charantonneau. *Chez-Rantonneau.*
Charau (Le); Charaud (le); Charault (le). *Charrault (Le). Charraux (Les) (Châtellerault).*
Charaud Bonneau (Le). *Charrault-Boniot (Le).*
Charault Prieur (Le). *Charrault (Le) (Pouzioux).*
Charozaium. *Chassaigne (moulin). Vergne (La) (Marnay).*
Charboniers (Les). *Charbonnières (Les) (Saint-Martin-la-Rivière).*
Charbonneau. *Charbonneau.*
Charde villa in parrochia Sanctæ Mariæ de Venecio, v. 1100 (Arch. hist. du Poitou, t. II, p. 23). — Il n'existe plus de lieu de ce nom aux environs de Veniers.
Chardechain. *Char-de-Chien.*
Chardonnerie (La). *Chardonnière (La).*
Charel. *Charrault (Le) (Salles-en-Toulon).*
Charentona. *Charente (La).*
Charentonnière (La). *Charantonnière (La).*
Charetorie (La). *Charterie (La).*
Chargelardière (La); Chargellardière (la). *Charlardière (La).*
Charière. *Charrière.*
Chariot (Chemin). *Bœufs (Chemin des).*
Charlay. *Charlée.*
Charlerie (La). *Chaleric (La). Challerie (La) (Vernon).*
Charlet (Moulin de). *Chauvalière (La) (Latillé).*
Charmolière (La). *Chemelière (La).*
Charnuaire (La). *Charnoire (La).*

Charoderie (La). *Charaudrie (La) (Gizay).*
Charontont. *Charenton.*
Charoux. *Charroux.*
Charpellée. *Charpillé.*
Charpreau (Le). *Charpeau (La).*
Charprée (La). *Cherprée (La).*
Charproye (La). *Charpraie (La).*
Charracay. *Charçay.*
Charracé; Charraccium. *Charassé (Montamisé).*
Charragolle (La). *Thibaudrie (La) (Cissé).*
Charrais. *Charay.*
Charrassé. *Charassé. Chassaigne (moulin).*
Charrassec; Charrassez (les). *Charassé (Mignaloux).*
Charrasson. *Charasson.*
Charrau (Le). *Charraux (Les) (Châtellerault).*
Charrau de Mons (Le); Charraud du Mont (le). *Charaudemont.*
Charrault Borjoys (Le). *Charrault-Bourgeois (Le).*
Charrault Constable (Le). *Charrault (Le) (la Bussière).*
Charrault de Flez (Le). *Charrault (Le) (Fleix).*
Charrault de Mons (Le). *Charaudemont.*
Charrault Goupil (Le). *Charrault-de-Boussec (Le).*
Charrault l'aumosnier (Le). *Charrault (Le) (Liniers).*
Charraut Berloys (Le); Charraut Berles (le). *Brelaisière (La).*
Charray; Charrays. *Charay.*
Charreau (Le). *Charraux (Les) (Châtellerault).*
Charrecay. *Charçay.*
Charrele. *Moulin-à-Parent (Le).*
Charrères. *Charrière.*
Charressay. *Charçay.*
Charreterie (La). *Charterie (La).*
Charrière (La). *Chaurière (La).*
Charrocay; Charrosay. *Charçay.*
Charros. *Charroux.*
Charrua; Charruau; Charruel; Charruhel; Charruia; Charruyau; Charruyea. *Moulin-à-Parent (Le).*
Charsay. *Charçay.*
Charterie (La). *Chanturerie (La).*
Chartrie (La). *Chanturerie (La). Charterie (La).*
Charva; Charves. *Cherves.*
Charzaium. *Charzay.*
Charzay (moulin). *Vergne (La) (Marnay).*

TABLE DES FORMES ANCIENNES. 467

Chasgnallière (La). *Chanallière (La)*.
Chasgnaux (Les). *Châgnats (Les)*.
Chasgnée (La). *Chagnay (La)*.
Chasgne l'abbé. *Chêne-l'Abbé (Le)*.
Chasgnerie (La). *Chagnerie (La)*. *Chaignerie (La)*.
Chasgont. *Chagon*.
Chaslache. *Chalache*.
Chasleryc (La). *Charlerie (La)*.
Chaslon. *Chalons*.
Chasnas. *Chêne*.
Chassagne. *Chasseignes*.
Chassagnes; Chassagnia. *Chassaigne*.
Chassaignes. *Chasseignes*.
Chassanel; Chassanolium. *Chasseneuil*.
Chasseigne (La). *Chassagne (La)*.
Chasseignes. *Chassaigne*.
Chasseigneul. *Chasseneuil*.
Chasseigny. *Chassigny* (Chassenueil).
Chassenoil; Chassenoillium; Chassenolium. *Chasseneuil*.
Chassenois; Chassenoix; Chassenoys. *Chassenay*.
Chassenucil; Chassenueilh; Chassenuil; Chassenuilh; Chassenuyl. *Chasseneuil*.
Chassepoil; Chasseporc. *Chasseport*.
Chassigné; Chassigniacum. *Chassigny*.
Chastagn; Chastaign. *Chatain*.
Chastaigniers (Les petits). *Châtaignier (Le Petit-)*.
Chastaillon (Le). *Châtaillon (Le)*.
Chastain; Chastaing; Chastaingn. *Châtain*.
Chastalier (Le). *Chatalé*.
Chastallière (La). *Châtalière (La)*.
Chastanayum. *Châtenay*.
Chastea Garner. *Château-Garnier*.
Chasteamerle. *Château-Merle*.
Chasteau Bruslon. *Château-Brûlon*.
Chasteau Couvert. *Château-Couvert*.
Chasteaufort. *Châteaufort*.
Chasteau Fourmage; Chasteau Fromaige. *Château-Fromage*.
Chasteau Gaillard. *Château-Gaillard*.
Chasteau Gane; Chasteau Ganne; Chasteau Gasne. *Château-Ganne*.
Chasteau Garnier. *Château-Garnier*.
Chasteau Gontier. *Château-Gontier*.
Chasteaulachair; Chasteaulachar; Chasteaulacher; Chasteaulachair; Chasteaularcher. *Château-Larcher*.
Chasteauleraut. *Châtellerault*.
Chasteau Merle. *Château-Merle*.
Chasteau Milan; Chasteau Millan. *Château-Milan*.
Chasteau Mouton. *Villeneuve (Nouaillé)*.

Chasteauneuf. *Châteauneuf*. Fontaine (La) (Ingrande).
Chasteaunouère (La). *Chatonoire (La)*.
Chasteaurocher. *Château-rocher*.
Chastegneraye (La). *Châtaigneraie (La)*.
Chasteigne. *Châtain*.
Chasteigner (Le). *Châtaignier (Le)*.
Chasteigners (Les). *Châtaignier (Le)* (Jazeneuil).
Chasteigneraie (La); Chasteigneraye (la); Chasteignereye (la). *Châtaigneraie (La)*.
Chasteillon. *Chantillon*. *Châtillon* (Sommières).
Chasteing. *Châtain*.
Chastel Accart; Chastelachair; Chastelachart; Chastelacher. *Château-Larcher*.
Chastelacraut. *Châtellerault*.
Chastelard (Le). *Châtelard (Le)*.
Chastelarraut; Chastel Ayraut. *Châtellerault*.
Chasteler (Le). *Châtellier (Le)*. *Châtelliers (Les)*.
Chasteleraut. *Châtellerault*.
Chastelère (La). *Châtalière (La)*.
Chastelet (Le); Chastellet (le). *Châtelet (Le)*.
Chastel Garner. *Château-Garnier*.
Chasteliers (Les). *Châtelliers (Les)*.
Chastellachar; Chastellacher; Chastellachier. *Château-Larcher*.
Chastellar (Le). *Châtelard (Le)*.
Chastelleraud; Chastelleraut; Chastelleraut. *Châtellerault*.
Chastelleraudais (Le); Chastelleraudois (le). *Châtelleraudais (Le)*.
Chastellier (Le); Chastelliers (les). *Châtellier (Le)*. *Châtelliers (Les)*.
Chastellon. *Chantillon*.
Chastelneuf. *Château-Neuf* (Saint-Julien-Lars).
Chasten. *Châtain* (Blanzay).
Chastenay. *Châtenay*.
Chastenay (Le). *Châtaignier (Le)* (Jazeneuil). *Châtenet (Le)*.
Chastenet. *Châtenet*.
Chastenier (Le). *Châtaignier (Le)*.
Chastennay (Le). *Châtenet (Le)*.
Chastigneraye (La). *Châtaigneraie (La)*.
Chastigniers (Les). *Châtaigniers (Les)*.
Chastilbe (La); Chastille (la). *Chatille (La)*.
Chastillon. *Châtaillon (Le)*. *Châtillon*.
Chastillon les Saint Savin. *Châtillon* (la Bussière).

Chastillon sur Dyve. *Châtillon (Couhé)*.
Chastonnac; Chastougnac. *Châteaugnac*.
Chastonneetz (Les). *Châtenet*.
Chastre; Chastres. *Châtre*.
Chastre (La). *Châtre (La)*.
Chastres (Les). *Châtres (Les)*.
Chat (Moulin du). *Chapt (Moulin du)*. *Chats (Moulin de)*.
Chat (Rivière du). *Thé (Ruisseau du)*.
Chataler. *Châtelliers (Les)* (Chauvigny).
Chatea Guarner. *Château-Garnier*.
Chateigneraye (La). *Châtaigneraie (La)*.
Châteigniers (Les petits). *Châtaignier (Le Petit-)*.
Chatelachart; Chatelacher. *Château-Larcher*.
Chateler; Chatelers (les). *Châtelliers (Les)*.
Chatellier. *Châtelliers (Les)* (Chauvigny).
Chathonat. *Châteaugnac*.
Chatigner (Le). *Châtaignier (Le)* (Mondion).
Chatilhia. *Chatille (La)*.
Châtillon. *Contilloux*.
Chatonnères. *Chatonnières (Les)*.
Chatonnière (La). *Chetonnière (La)*.
Chatra (La). *Châtre (La)* (Journet).
Châtre au Talent (La). *Châtre-au-Volent (La)*.
Chatrie (La). *Chatterie (La)*.
Chau (La). *Chaux (La)*.
Chaubaudière (La). *Chebaudière (La)* (Benassay).
Chaucée (La). *Chaussée (La)*.
Chaucenigou. *Chaussenigoux*.
Chauceroe; Chauce roye. *Chausseroye*.
Chauchedour. *Chaussidoux*.
Chauchour; Chauchour (le). *Chausseur (Le)*.
Chaudellerie (La). *Charaudellerie (La)*.
Chaudet. *Chauday*.
Chauffaudrie (La). *Chaffaudrie (La)*.
Chauffault (Le). *Chaffaud (Le)* (le Vigean).
Chauffaux de Remeneil (Le). *Chaffaud (Le Grand-)*.
Chaulme; Chaulmes. *Chaume*. *Chaumes*.
Chaulme (La). *Pleumartin*.
Chaulmeil. *Chaumeil*.
Chaulmelonge; Chaulmelongue. *Chaumelonge*.

59.

Chaulmenetière (La). *Chaumenetière (La).*
Chaulmont. *Chaumont.*
Chaulnay. *Chaunay.*
Chaultière (La). *Choltière (La).*
Chaulvet. *Chauvet.*
Chaulvetière (La). *Chauvetière (La).*
Chaulvière. *Chauvières (Les).*
Chaume (Moulin de la). *Breuil (Le)* (la Trimouille).
Chaume Aguillon (La); Chaume Guillon (la). *Chaume (La)* (Saint-Genest).
Chaume de Pouziou (La). *Chaume (La)* (Blâlay).
Chaumelih. *Chaumeil.*
Chaumelière (La). *Chemelière (La).*
Chaume Penet (La). *Champnet.*
Chaumes (Les). *Chaumeaux (Les).*
Chaumignyère (La); Chauminière (la). *Chaumilière (La).*
Chaumoucca; Chaumouccau; Chaumoussea; Chaumousseau. *Chamousseau.*
Chaunac. *Chaunay* (Pouant).
Chaurellum; Chauruia. *Moulin-à-Parent (Le).*
Chauseau; Chauzeau. *Chezeau.*
Chaussac. *Chaussat (Le).*
Chaussat (Le vieux). *Chez-Verry.*
Chaussée de Renoué (La). *Chaussée (La)* (c^{en} de Moncontour).
Chausseray. *Chausseroy.*
Chausseroube; Chausseroye. *Chausseroue. Chausseroy.*
Chauseesac. *Chaussac.*
Chautmont. *Chaumont* (Thurageau).
Chauvant. *Champvent.*
Chauvegni. *Chauvigny.*
Chauvellère (La). *Chauvelleria (La).*
Chauvellière (La). *Salvantier.*
Chauverole; Chauverolle; Chauverolles. *Chanvrolle.*
Chauveron. *Chauvron.*
Chauvetière (La); Chauvettière (la). *Chauffetière (La).*
Chauvetonnerye (La). *Chauvettorie (La).*
Chauvière (La). *Chauriéro (La).*
Chauvigné. *Chauvigny.*
Chauvrolles. *Chanvrolle.*
Chauvynerie (La). *Chauvinerie (La).*
Chavaigne; Chavaignes. *Chavagne (Ceaux).*
Chavaigne (La); Chavaignes (forêt de). *Chavagno (Forêt de).*
Chavaigné. *Chavagné.*
Chavanac. *Chavenat.*

Chavaneicum; Chavaneium. *Chavenay.*
Chavaniæ nemus. *Chavagne (Forêt de).*
Chavantonnerie (La). *Charentonnerie (La).*
Chaveigna (Foresta de); Chaveigne (la). *Chavagne (Forêt de).*
Chaveigne. *Chavagne (Ceaux). Chavaigne.*
Chaveigné. *Chavagné.*
Chaveneium. *Chavenay.*
Chavennes. *Chavanne.*
Chavenniacum. *Chavenay.*
Chavernoyl. *Âges (Les)* (Bouresse).
Chaverolle. *Chanvrolle.*
Chaviguerie (La). *Chauvinerie (La).*
Chavigny. *Chavigné.*
Chavoygne. *Chavaigne.*
Chaygnerie (La). *Chinière (La).*
Chaystellon. *Châtillon.*
Chazallac. *Chadelat.*
Chazeau. *Chédeau. Chezeau.*
Chazelac. *Chadelat.*
Ché. *Choix.*
Chebacière (La). *Chebasserie (La).*
Chebessan (Ry de). *Prun (Ruisseau de).*
Cheblières (Les). *Chebillères (Les).*
Chebrolère (La). *Chauvolière (La).*
Chebrols. *Chanvrolle.*
Chef (Le). *Ché (Le).*
Chef de loup. *Laillet.*
Chefdeville. *Chédeville.*
Cheigne (Le). *Chêne (Le).*
Cheigne Forchier (Le). *Chêne-Fourcher (Le).*
Cheilly. *Chilly.*
Cheix Couldré; Cheix Gousdré. *Chez-Coudret.*
Cheize (La). *Chaise (La).*
Chemereaux (Les). *Chemerault.*
Chemoisière (La). *Chamoisière (La)* (Latus).
Chempsdors (Les). *Chandors (Les).*
Chenagun; Chenagunt. *Chenagon.*
Chenau (La); Chenault (la); Chenaut (la). *Chinau (La).*
Cheneau (La). *Acheneau (L').*
Chenec. *Chêne.*
Chenecheacum; Chenechiacum; Chenepchec; Chenepiacum; Cheniché; Chenichetum; Cheniciacum. *Chéneché.*
Chenier. *Champniers.*
Chenillé. *Chemillé.*
Chenipiacum. *Chéneché.*
Chenner. *Chenet.*

Chensain. *Champsin.*
Chenuché; Chenuciacum. *Chéneché.*
Cheonaium. *Chaunay.*
Chepdeville. *Chédeville.*
Chepellière (La). *Chapellerie (La)* (Saint-Georges).
Cheraium. *Charay.*
Cheranthonneau. *Chez-Rantonneau.*
Cherantonia. *Charente (La).*
Cherazayum. *Charzay.*
Cherbon blanc (Le). *Charbon-Blanc (Le).*
Cherbonneries (Les). *Charbonneries (Les).*
Cherbonneryes (Les petites). *Guillemetrie (La).*
Cherbonnière (La). *Charbonnières (Les)* (Paizay-le-Sec).
Cherbonnières. *Charbonnières.*
Cherbonnières (Les). *Charbonneries (Les).*
Cherçay. *Charçay.*
Cherchillé. *Cherchillé.*
Cherdechain; Cherdechien. *Char de Chien.*
Chère (La). *Chaise (La)* (Liniers).
Chère de Biard (La). *Chaise-de-Biard (La).*
Cherelée. *Charlée.*
Cherezayum; Chereziacus. *Vergne (La)* (Marnay).
Cheric (La). *Beaulieu* (Cloué).
Cherizé (Moulin de). *Vergne (La)* (Marnay).
Cherlée. *Charlée.*
Cherminières (Les). *Chalminières (Les).*
Chernuère (La). *Charnoire (La).*
Cherpeau (Le). *Charpeau (Le).*
Cherpée (La). *Charpraie (La).*
Cherpentrie (La). *Charpentrie (La).*
Cherpillé; Cherpillet. *Charpillé.*
Cherpraix (La). *Charpraix (La).*
Cherpraye (La). *Charpraie (La). Cherpraie (La). Cherprée (La).*
Cherpre (Le). *Cherpe (Le).*
Cherprée (La). *Cherpraie (La).*
Chers (Le). *Ché (Le).*
Chersailée. *Sarsalé.*
Cherzay; Cherzé. *Charzay.*
Chesa. *Chaise (La)* (Sillars).
Chesagne (La). *Chassagne (La).*
Chesaux (Les); Cheseaux (les). *Chezeaux (Les).*
Chesdevergnes (Les). *Chédevergnes (Les).*
Chés Endrault. *Chez-Andrau.* Voy. au mot Chez les autres noms commençant par cette préposition Chés.

TABLE DES FORMES ANCIENNES.

Chèse aux Moynes (La). *Chaise (La)* (Sillars).
Chesgne (Le). *Chêne (Le)*.
Chesgne Chappin (Le). *Chêne-Sapin (Le)*.
Chesia. *Chaise (La)* (Sillars. Usson).
Chesigné. *Chassigny*.
Chesnallière (La). *Chanalière (La)*.
Chesne; Chesnes. *Chêne*.
Chesne (Le). *Chêne (Le)*.
Chesne Billault (Le). *Chêne-Billault (Le)*.
Chesne Richard (Le). *Chêne-à-Richard (Le)*.
Chesne Sapin (Le). *Chêne-Sapin (Le)*.
Chesnée (La). *Chênaie (La)*.
Chesnerie (La). *Chênerie (La)*.
Chesnevaux. *Chaincheneva*.
Chesnières (Les). *Chenières (Les)*.
Chesnou (Le). *Chagnoux (Le)*.
Chessigné. *Chassigny*.
Chestiveau. *Chétiveau*.
Chestriacum. *Chitré*.
Chetenerie (La). *Châtaigneraie (La)*.
Cheux Andraux. *Chez-Andrau*. Voy. au mot Chez les autres noms commençant par cette préposition Cheux ou Cheulx.
Cheuzelles. *Chazelles*.
Chevalerie (La). *Beaulieu* (Nouaillé). *Chevallerie (La)*.
Chevaliers (Les). *Chevalières (Les)*.
Chevalin (Le). *Âge-Valin (L')*.
Chevallerie (La). *Chenilleries (Les)*.
Chevalliers (Les). *Chevaliers (Les)*.
Chevaufeu; Chevaufuz. *Chaufeu*.
Chevecerie (La). *Chasserie (La)*.
Cheverie (La). *Chevrie (La); Chevries (Les)*.
Cheverlerie (La). *Chevarderies (Les)*.
Cheverollerie (La). *Chevrolière (La)*.
Cheveserie (La). *Chasserie (La)*.
Chevesquand. *Chevécand*.
Chevré. *Chevret*.
Cheverrie (La). *Chevries (Les). Gabins (Les). Grange (La)* (Bonnes).
Chevrie Chappeau (La). *Chevries (Les)*.
Chevrolière (La). *Chevralière (La)* (Liniers).
Chevrye (La). *Grange (La)* (Bonnes).
Chey. *Ché*.
Chez (Le). *Ché (Le)*.
Chez Bellet. *Chez-Blet*.
Chez Boby. *Chez-Bobin*.
Chez Boubet. *Chez-Bobet*.
Chez Bricou. *Bricou (Le)*.

Chez Brochet. *Chambrochet*.
Chez Cayot. *Chez-Cailland*.
Chez Couanot; Chez Couindaud. *Chez-Coindeau*.
Chez Couldré; Cheix Cousdré. *Chez-Coudret*.
Chez Darenlos. *Chez-Déranlot*.
Chez Darindeau. *Chez-Derindeau*.
Chez Dorenlot. *Chez-Déranlot*.
Chez Dosmin. *Chez-Domain*.
Chez Dousset. *Gris*.
Chez Fayraud. *Chez-Ferraud*.
Chez Fontenier. *Chez-Fontaudier*.
Chez Gallard. *Galardrie (La)*.
Chez Gamary. *Chez-Gamori*.
Chez Gaschapt. *Chez-Gâchat*.
Chez-Ginguet. *Château-Ringuet* (Sillars).
Chez Goibeau. *Goibeau*.
Chez Gouveneau. *Chez-Guyonneau*.
Chez Grazillier. *Franchise (La)*.
Chez Grilleau. *Grillea (Le)*.
Chez Grolard. *Chez-Gâchat*.
Chez-Joubert. *Chez-Jobard*.
Chez-Lavoye. *Chez-Savoye* (Asnières).
Chez Leger. *Chez-les-Geais*.
Chez le Masson. *Chez-le-Maçon*.
Chez le Mestre. *Chez-le-Maître*.
Chez Leonet. *Chez-Lionnet*.
Chez les Gury. *Chez-les-Gris*.
Chez les Jay. *Chez-les-Geais*.
Chez les Moreaux. *Bouqueterie (La)*.
Chez les Rats; Chez les Roys. *Rois (Les)* (Andillé).
Chez les Roux. *Chaleroux* (Saint-Laurent-de-Jourde).
Chez Mauroux. *Chez-Moroux*.
Chez Mayoux. *Chez-Maillou*.
Chez Mérine. *Chez-Mesrine*.
Chez Mesrine. *Chez-le-Maître. Chez-Mairine*.
Chez Millaud. *Chez-Meillaud. Chez-Millot*.
Chez Mollet. *Chez-Mallet*.
Chez Nadot. *Chez-Nadeau* (Availle-Limousine).
Chez-Partenay. *Parthenaiserie (La)*.
Chez Paulot. *Chez-Pollet*.
Chez Pellegrand. *Chez-Péregran*.
Chez Périer. *Chez-Poirier*.
Chez-Perrin. *Chez-Bouyer*.
Chez Pourret. *Pourctterie (La)*.
Chez Rioux. *Chez-Royoux*.
Chez Robourjon. *Chez-le-Bourgeon*.
Chez Savois. *Savoix (Les)*.
Chez Varenne. *Chez-Ragon*.
Chez Verrier. *Chez-Verry*.
Chez Villot. *Chez-Villeau*.

Chez Voloux. *Chez-Vauloux*.
Chezaigre. *Ségègre*.
Chezaux (Les). *Chezeaux (Les)*.
Chèze (La). *Chaise (La). Chise (La)*.
Chèze (Moulin de la). *Dunois (Moulin de)*.
Chèze au Moyne (La); Chèze aux Moynes (la). *Chaise (La)* (Sillars).
Chèze de Biard (La). *Chaise-de-Biard (La)*.
Chèze oultre Vienne (La). *Chaise (La)* (Pouzioux).
Chèze Poictevine (La). *Chaise (La)* (Montmorillon).
Chèze Sainct Remy (La). *Chaise (La)* (Saint-Remy-sur-Creuse).
Chezègre; Chezergre; Chezergues. *Ségègre*.
Chezelles (Les). *Cherelles (Les)*.
Chiaulx; Chiaut; Chiaux. *Bourg-Archambault (Le)*.
Chichard. *Sichard*.
Chief de Ioux; Chieloup. *Laillet*.
Chiefdeville; Chiepdeville. *Chédeville*.
Chierelée. *Charlée*.
Chiers (Le); Chiers (les); Chiez (le). *Ché (Le)*.
Chiersay. *Charzay*.
Chieze (La). *Chise (La)*.
Chièze aux Mougnes (La). *Chaise (La)* (Sillars).
Chige (La). *Chise (La)*.
Chigeloup. *Laillet*.
Chigiers. *Sigiers*.
Chignère (La). *Chinière (La)*.
Chilevort. *Chilvert*.
Chilhé. *Chilly*.
Chiloc (Le). *Chillot (Le)*.
Chilhonet. *Chez-Lionnet*.
Chillaud (Le); Chilleau (le). *Chilloc (Le)* (Queaux).
Chillé. *Chilly*.
Chilleium. *Chez-les-Gonds*.
Chillevert. *Chilvert*.
Chillionet. *Chez-Lionnet*.
Chillo (Le). *Chez-les-Gonds*.
Chilloc (Le). *Chillot (Le)*.
Chillollay (Le). *Arnaux (Les)* (Dangé).
Chilloloys (Le). *Chilloli (Le)*.
Chillonnet; Chillonnet. *Chez-Lionnet*.
Chillou (Le); Chilloux (le). *Chez-les-Gonds*.
Chilollière (La). *Cartes (Les)* (les Ormes).
Chinagunt. *Chenagon*.
Chinché; Chinchiacum; Chinciacum. *Chincé*.
Chiniacum; Chiniciacum. *Chénéché*.

Chinior. *Chigné.*
Chinipiacum. *Chénéché.*
Chinsec ; Chinssé ; Chinzé. *Chincé.*
Chiray en Gençay ; Chiré en Gençay. *Chiré-les-Bois.*
Chirec ; Chiré près Vouillé. *Chiré-en-Montreuil.*
Chirech ; Chiret ; Chiriacum ; Chiriec. *Chiré-les-Bois.*
Chironnière (La). *Chirons (Les)* (Civaux).
Chirons Taupeaux (Les). *Chirons (Les)* (Lussac-le-Château).
Chirost. *Chiroux.*
Chisse (La). *Chaise (La)* (Vernon).
Chisseloup. *Laillot.*
Chistré ; Chistrec ; Chistriacum ; Chistricum ; Chitriacum. *Chitré.*
Chize (La). *Chise (La).*
Choapes. *Chouppes.*
Choec ; Choiacum. *Couhé.*
Chognes ; Choignes. *Chougne.*
Choignère (La). *Chinière (La).*
Choisnetterie (La) ; Choisnetz (les). *Chennetrie (La).*
Choizeau. *Chédeau.*
Choizis (Les). *Bocantes (Les).*
Chomeilh. *Chaumeil.*
Chomignère (La). *Chaumilière (La).*
Chonai ; Chonayum. *Chaunay.*
Chonouan. *Chenevaux.*
Choopes ; Chopœ ; Chopes ; Choppes. *Chouppes.*
Chorsin (Le). *Sorcin (Le).*
Chouan. *Choyau.*
Chouenetrie (La). *Chennetrie (La).*
Chounac. *Chaunay.*
Choupallière (La). *Chapalière (La).*
Chourchin (Le) ; Choursin (le). *Sorcin (Le).*
Chousgnes. *Chougnes.*
Chozea ; Chozeaux. *Chédeau.*
Chozeau. *Chezeau.*
Chrosa. *Creuse (La).*
Chuchardière (La) ; Chuchaudière (la). *Cuchaudière (La).*
Chunichec. *Chénéché.*
Chyaux. *Bourg-Archambault (Le).*
Chynière (La). *Chinière (La).*
Chyré ; Chyrec. *Chiré-les-Bois.*
Cicautière (La). *Sicotière (La).*
Ciconia. *Cigogne (La)* (Thurageau).
Cigné. *Signy.*
Cigon. *Sigon.*
Cigunnia (La). *Cigogne (La)* (Mignaloux).
Cilay. *Cillais.*
Ciliacus. *Celliers.*

Cimal (Le) ; Cimau (le). *Cimeau (Le).*
Cimerie (La). *Simerie (La).*
Cinq Pierres. *Saint-Pierre* (Availle-Limouzine).
Ciquardière (La). *Sicardière (La).*
Cisicus ; Cissec ; Cisset ; Cissiacus. *Cissé.*
Cistière (La). *Citière (La).*
Cistriacus. *Chistré.*
Civeilh. *Civeuil.*
Claanay ; Claennay. *Clané.*
Clairbaudières (Les). *Clerbaudières (Les).*
Clairet. *Cléret.*
Clairterye (La). *Clarterie (La).*
Claislant ; Cloisland. *Claieland.*
Clam. *Clan.*
Clan (Le) ; Clanus. *Clain (Le).*
Clanay. *Clané.*
Claraval ; Clara Vallis ; Claræ Valles. *Clairvaux.*
Clarec ; Claret. *Cléret.*
Clarefa. *Clairefa.*
Ctartrie (La). *Clerterie (La).*
Clarum Vallum. *Clairvaux.*
Claslière (La). *Clalière (La).*
Clasnay. *Clané.*
Claunay (Le petit). *Noré.*
Clauniacum. *Claunay.*
Clausea. *Clouzeau (Le).*
Claustræ. *Cloître.*
Claustre (La). *Lencloître.*
Claustro (Molendinum de). *Lencloître (Moulin de).*
Claustrum. *Cloître.*
Claustrum Jarundie ; Claustrum in Geronda ; Claustrum in Gerundia. *Lencloître.*
Clausum Bonelli. *Clos-Bonneau (Le).*
Clausures (Les). *Closures (Les)* (Roiffé).
Clauzete. *Cluzette.*
Clavalère (La). *Clavellière (La).*
Clavère ; Clavères ; Claveria. *Clavière.*
Claye (La). *Claie (La).*
Clayland. *Claieland.*
Clayn (Le). *Clain (Le).*
Clazac ; Clazat. *Robins (Les)* (Hains).
Clemnis ; Clen (le) ; Clenc fluvius ; Clennis ; Clennius ; Clennus ; Clenus. *Clain (Le).*
Clerbaudières (Les). *Clairbaudières (Les).*
Clereau. *Claireau.*
Clerebaudère (La). *Clerbaudières (Les).*
Clerefa. *Clairefa.*
Clerefeuilhe. *Clerfeuille.*
Clères (Les). *Clers (Les).*

Clerevaux. *Clairvaux. Scorbé-Clairvaux.*
Clereville. *Clerville.*
Clervault ; Clervaux ; Clerz Vaux. *Clairvaux.*
Clervaux. *Métairies-de-Clairvaux (Les).*
Cleslant. *Claieland.*
Cleuzaudière (La). *Cluzaudière (La).*
Cleuzeau (Le). *Cluzeau (Le)* (Latus).
Cleyn (Le). *Clain (Le).*
Clie (La) ; *Claie (La).*
Clielles. *Cliel.*
Clienne fluvius ; Clin ; Clinnius ; Clinnus ; Clinus. *Clain (Le).*
Clo (Le). *Cloux (Les)* (Latillé).
Cloaistre (La). *Lencloître.*
Clodoacus. *Cloué.*
Clodere ; Cloderia. *Clouère (La).*
Cloé ; Cloec. *Cloué.*
Cloenaium. *Claunay.*
Cloère (La) ; Cloeria. *Clouère (La).*
Cloestre (La). *Lencloître.*
Clohé. *Cloué.*
Cloira ; Cloire (la). *Clouère (La).*
Cloirete. *Cluzette.*
Cloistre. *Cloître.*
Cloistre (Moulin de la). *Lencloître (Moulin de).*
Cloistreau (Le). *Cloîtreau (Le).*
Cloistre de Gironde (La) ; Cloistre en Gironde (la). *Lencloître.*
Cloistres. *Cloître.*
Cloistres (Les). *Claîtres (Les).*
Cloître (La). *Lencloître.*
Clonai ; Clonayum. *Claunay.*
Clonerie (La). *Clionnerie (La).*
Cloniacum. *Claunay.*
Clori fluvius. *Clouère (La).*
Closeau (Le). *Clouzeau (Le).*
Closure (La). *Gauvinière (La)* (Liglet).
Clot (Le). *Clos (Le)* (Saint-Clair).
Clotereau (Le). *Cloîtreau (Le).*
Clou (Le grand). *Clos (Le Grand-).*
Clouachard. *Clos-Achard.*
Clou Bonneau. *Clos-Bonneau (Le).*
Clou du Teil (Le). *Clos-de-Teil (Le).*
Cloudy (Le). *Claudy (Le).*
Clouère (La). *Saint-Maurice.*
Clouerie (La). *Cloris (La).*
Clouestres (Les). *Claîtres (Les).*
Clouseau (Le). *Clouzeau (Le).*
Clouseaux (Les). *Clouzeaux (Les).*
Clousure (La). *Closure (La).*
Clousures (Les). *Closures (Les).*
Clouty (Le). *Claudy (Le).*
Cloux (Le). *Clos (Le)* (Saint-Remy-sur-Creuse).

TABLE DES FORMES ANCIENNES. 471

Cloux Achart. *Clos-Achard.*
Cloux Chausson; Cloux Sanson (le). *Clouchausson.*
Clouzeau (Le). *Cluzeau (Le)* (Adriers).
Clouzet. *Cluzette.*
Clouzure (La). *Closure (La).*
Clouzures (Les). *Closures (Les).*
Cloviacum. *Cloué.*
Cloyre (La). *Clouère (La).*
Cloystereau (Le). *Cloîtreau (Le).*
Cloystres; Cloytres. *Cloître.*
Cloz Achart. *Clos-Achard.*
Clozeaux (Les). *Clouzeaux (Les).*
Cludera; Cludra; Clucyra. *Cloudre (La).*
Clurette. *Cluzette.*
Clusac; Clusat. *Robins (Les)* (Hains).
Cluseau (Le). *Cluzeau (Le).*
Cluseau Bonneau (Le). *Cluzeau (Le) (Latus).*
Cluseaux (Les). *Clouzeaux (Les).*
Cluselles (Les). *Écluselles (Les).*
Clusellum Bonelli. *Cluzeau (Le) (Latus).*
Clusettes. *Cluzette.*
Cluzelles. *Écluselles (Les).*
Cluzellum Bonelli. *Cluzeau (Le) (Latus).*
Clye (La). *Clis (La).*
Clyelle (La). *Clielle (La).*
Clyons (Les). *Clionnerie (La).*
Coacus. *Couhé.*
Cocai. *Coussay.*
Cocayum. *Coussay-les-Bois.*
Cocquaigne. *Cocagne.*
Coczayum. *Coussay-les-Bois.*
Codavid (Le). *Coudavid.*
Codognère (La); Codoignée (la); Codoignère (la); Codougnère (la). *Coudinière (La).*
Codre (La). *Coudre (La).*
Codrières (Les). *Coudrières (Les).*
Codros; Codroux (le). *Caudroux.*
Codruze (La). *Cadrouce (La).*
Coé; Coec. *Couhé.*
Cœuille (La); Cœulle (la). *Cueille (La).*
Cofalère (La); Cofelère (la). *Coufalière (La).*
Cogastea. *Gâteau (Le).*
Cogolle; Cogouilia. *Cougouille.*
Coguastea. *Gâteau (Le).*
Cohe; Cohec; Coherium; Cohiacum; Coiacum. *Couhé.*
Coignac. *Cognac.*
Coilla alba. *Cueille-Blanche (La).*
Coindaux (Les). *Chez-Coindeau.*
Cointardière (La). *Coindardière (La).*

Coiratière (La). *Coratière (La).*
Colanius; Colannus; Colans; Colanus. *Coulin.*
Colay. *Collay.*
Coldredum; Coldret (le). *Coudray (Le).*
Collay. *Fournouf.*
Collé. *Collay.*
Colle blanche (La). *Cueille-Blanche (La).*
Collège des Moreaux (Le). *Brudres (Les Petites-).*
Collet. *Collay.*
Collia alba. *Cueille-Blanche (La).*
Collianus. *Coulin.*
Collinière (La). *Colinière (La).*
Collis. *Cucille (La).*
Collombier (Le). *Colombier (Le).*
Collombiers. *Colombiers.*
Collonges. *Coulonges.*
Colomberiæ. *Colombiers. Coulombiers.*
Colombier; Colombiers. *Coulombiers.*
Colonges. *Coulonges.*
Colonnière (La). *Cononière (La).*
Colpoi. *Coupé (les Ormes).*
Columbariæ; Columbarium; Columber; Columberium. *Colombiers. Coulombiers.*
Columberia; Columberiæ; Columberum. *Colombiers.*
Columerias. *Coulombiers.*
Colunges; Colungiæ. *Coulonges.*
Combe baussaize (La); Combe baussèse; Combe bocesze; Combe bossèze. *Combosseize.*
Comberye (La). *Decombrie (La).*
Combes (Les). *Combles (Les).*
Combosay. *Combosseize.*
Combrayne. *Combrenne.*
Comdacum. *Comblé.*
Cominal (Le). *Communaux (Saint-Julien-Lars).*
Comiré. *Comméré.*
Commarcac; Commarsat. *Commersac.*
Commendrye (La). *Commanderie (La).*
Commigliy; Commigné. *Comigné.*
Commillais (La). *Comblais (La).*
Comminau. *Communaux (Saint-Julien-Lars).*
Commiré. *Comméré.*
Compdé. *Condé.*
Compelère (La). *Coupelière (La).*
Comprengniacum. *Comprigny.*
Comtour (Le). *Contour (La).*
Concayum. *Coussay.*
Condacum; Condaita. *Comblé.*
Condat. *Condac.*

Condatum; Conde; Condeium; Condetum; Condiacum. *Comblé.*
Congouilhe. *Cougouille.*
Conmclaye (La). *Comblais (La).*
Connillières (Les). *Coniliéres (Les). Écornilières (Les).*
Conninglays (La). *Comblais (La).*
Conporté. *Comporté.*
Consise. *Concise.*
Conssin. *Concin.*
Constancière (La). *Coutancière (La).*
Constantinière (La). *Contensinière (La). Cotentinière (La).*
Contancière (La). *Coutancière (La).*
Contantinière (La). *Cotentinière (La).*
Contantinière Chaugé (La). *Saugé (Sanxay).*
Contays; Conteiz; Contes; Contest. *Contais.*
Conzay. *Tour-Conzay (La).*
Copei; Copcis. *Coupé (les Ormes).*
Copelère (La). *Coupelière (La).*
Copolla. *Coupolle.*
Copiet. *Coupé (les Ormes).*
Coppelère (La). *Coupelière (La).*
Coquelinière (La). *Chez-Foureau.*
Corbère (La); Corberia. *Corbière (La).*
Corberoye (La); Corbraye (la). *Corberaie (La).*
Corcayum. *Curzay.*
Corcelles. *Courcelles.*
Corcherie (La). *Lac (Le) (Ligugé).*
Corcheron. *Corchon (Le).*
Corciacus. *Curzay.*
Corcières (Les). *Escorcière (L').*
Cordé (La). *Cordieu (La).*
Corentinère (La). *Quarantinière (La).*
Corgé; Gorgec. *Courgé.*
Corgnet. *Corigné.*
Corichon. *Corchon (Le).*
Corlivauderie (La). *Colivaudrie (La).*
Cormerie. *Gauderies (Les).*
Cormeroux. *Corneroux.*
Cormier. *Cornet (Saugé).*
Cormier (Le petit). *Cormy (Le Petit-).*
Cormis. *Cormy.*
Cornardière (La). *Persil-Vert.*
Corné. *Cornet (Saugé). Cornette.*
Cornereou; Cornereoux. *Corneroux.*
Corners; Cornier. *Cornet (Saugé).*
Cornis. *Cormy.*
Cornuaille. *Cornouaille.*
Cornuellière (La); Cornullière (la). *Cornillère (La).*
Corres (Les). *Cours (Les) (Saint-Martin-Lars).*

472 TABLE DES FORMES ANCIENNES.

Corret (Le). *Couret (Le)*.
Corretz (Les). *Chéric (La)*.
Cors Bergeas. *Courbejarre*.
Corscet; Corsec. *Coursec*.
Cortallon. *Courtalon*.
Corteloue. *Courteloup*.
Cortcoux (La). *Courtiou (Le)*.
Cortesole (Ruisseau de). *Roche (Ruisseau de la)* (Millac).
Cortilz (Les). *Courtils (Les)*.
Cortiou (Le); Cortioux (le). *Courtiou (Le)*.
Corval. *Grange-Neuve* (Senillé).
Coschaium; *Cosciacus*. *Coussay-les-Bois*.
Cosdray (Le). *Coudray (Le)* (Châtellerault).
Cosdre (La). *Coudre (La)*.
Cosdret (Le). *Coudret (Le)* (Blanzay).
Cosdrouse (La). *Cadrouse (La)*.
Cosnacq. *Conac*.
Cossai. *Coussay-les-Bois*.
Cossayum. *Coussay*. *Coussay-les-Bois*.
Cosse (La). *Écosse (L')*.
Costallum Aquini. *Cotelequin*.
Costardière (La). *Coutardière (La)*.
Coste (La). *Côte (La)*.
Coste Bertrand (La). *Côte-Bertrand (La)*.
Coste Marronneau (La). *Côte-Marronneau (La)*.
Coste sans chemin (La). *Côte (La)* (Brigueil-le-Chantre).
Costure (La). *Couture (La)* (Saint-Jean-de-Sauves).
Cotantinère (La). *Contensinière (La)*.
Cotard. *Écoutard*.
Cotelue (La). *Cotelue (La)*.
Coterie (La); Cotherie (la); Cotière (la). *Cotterie (la)*.
Cottiers (Les). *Chez-Cottier*.
Cotures. *Couture*.
Coubesses (Les). *Écoubesse*.
Coubillons (Les); Coublons (les). *Écoubillon (L')*.
Coubrejarre. *Courbejarre*.
Coucay. *Coussay. Coussay-les-Bois*.
Coucyn. *Concin*.
Coudefière (La); Coudoeffère (la). *Queue-des-Fièves (La)*.
Coudoignère (La); Coudonière (la). *Coudinière (La)*.
Coudougnière (La). *Coudonnière (La)*.
Coudoynère (La). *Coudinière (La)*.
Coudray (Le). *Coudré (Le). Coudret (Le)*.
Coudré. *Coudret (Le)* (Blanzay).
Coudret (Le). *Coudray (Le)*.

Coudrou (Le). *Coudreaux (Les)* (Dangé).
Coudrouse (La). *Cadrouse (La)*.
Coué; Coué Vérac. *Couhé*.
Cougnac. *Cognac*.
Cougnée (La). *Cognées (Les)*.
Cougnonnière (La). *Cononière (La)*.
Cougrousat. *Coucoussac*.
Couhé. *Coué*.
Couhedasne. *Condâne*.
Couhedeserre. *Cou-de-Cerf (Le)*.
Couhinière (La). *Couinière (La)*.
Couilhonnyère (La); Couillonnière (la). *Coulonnière (La)*.
Couillebaudière (La). *Chez-Gâtineau*.
Coulant. *Coulin*.
Couldray (Le). *Coudray (Le). Coudret (Le)*.
Couldre (La). *Coudre (La)*.
Couldré (Le). *Coudré (Le)*.
Couldreau (Le). *Coudreau (Le)*.
Couldreou (Le). *Coudreaux (Les)* (Dangé).
Couldres (Les). *Coudres (Les)*.
Couldret (Le). *Coudray (Le). Coudret (Le)*.
Couldrinière (La). *Coudrinière (La)*.
Couldrouse (La). *Cadrouse (La)*.
Couldroux (Le). *Coudroux (Le)*.
Couldroy (Le). *Coudret (Le)* (Thurageau).
Couleigné. *Coligné*.
Coullain. *Coulin*.
Coullaines. *Coulaine*.
Coullombelière (La). *Coulombelière (La)*.
Coullombiers. *Colombiers*.
Coullonnière (La). *Colonnière (La)*.
Coul Martineau (Le). *Cou-Martineau (Le)*.
Coulombier (Le). *Colombier (Le)*.
Coulombières; Coulombiers; Coulumbiers. *Colombiers*.
Coulumbellière (La). *Coulombelière (La)*.
Coumangart; Coumengeard. *Commenjart*.
Coumignó; Coumigny. *Comignó*.
Coupe (La). *Coppe (La)*.
Coupet. *Coupé* (Pindray).
Coupoy. *Coupé (Les Ormes)*.
Couplière (La). *Coupelière (La)*.
Couppe (La). *Coupe (La)*.
Couppé; Couppée. *Coupé* (Pindray).
Couratière (La). *Coratière (La)*.
Courazais; Courazay. *Courazeaux*.
Courcheron; Courchon. *Corchon (Le)*.
Courdaux (La). *Cordeau (La)*.

Cour de Forges (La). *Cour (La)* (Saint-Georges).
Cour de Germigné (La). *Cour-de-Saint-Bonnet (La)*.
Cour dexmère (La). *Courdemière (La)*.
Cour du Roi (La). *Bois (Le)* (Usseau).
Courgée (La). *Épinoux (L')* (Chauvigny).
Couriz (Le). *Courry (Le)*.
Courner. *Cornet* (Saugé).
Courneroux. *Corneroux*.
Courolant (Le). *Courallant (Le)*.
Courpaillère (La). *Corpalière (La)*.
Courransane (La). *Couransanne (La)*.
Courrazeau; Courrazoys. *Courazeaux*.
Courres (Les). *Cours (Les)* (Saint-Martin-Lars).
Courret (Le). *Couret (Le)*.
Cour-Robinet (La). *Fenêtre (La)*.
Cours (Le). *Chérie (La)*.
Courselles. *Courcelles*.
Courseto (La). *Croizette (La)*.
Court (La). *Bâtonnière. Cour (La)*.
Courtaudière (La). *Cartaudière (La)*.
Court Dieu (La). *Cordieu (La)*.
Court du Fouilloux (La). *Fouillaudrie (La)*.
Courteoux (Le). *Courtiou (Le)*.
Courtielz (Moulin de); Courtilz (moulin des). *Courtiou (Moulin du)*.
Courtioux Beaulieu (Le). *Courtiou (Le)* (Thurageau).
Courtodière (La). *Cartaudière (La)*.
Courtyou (Le). *Courtiou (Le)*.
Cousdray. *Coudré (Le)* (Châtellerault et Targé).
Cousdre (La). *Coudre (La)*.
Cousdreau (Le). *Coudreau (Le)*.
Cousdrées (Les). *Coudrais (Les Grandes)*.
Cousdret (Le). *Coudray (Le). Coudret (Le)*.
Cousdroy (Le). *Coudré (Le). Coudret (Le)*.
Cousin (Le). *Concin*.
Coussay. *Cousset*.
Coussaye (La). *Coussaie (La)*.
Coussec. *Corset. Cousset*.
Coussière (La). *Cossière (La)*.
Coussin. *Concin*.
Coussonnère (La). *Cossonnière (La)* (Montoiron).
Coustardière (La). *Coutarderie (La). Coutardière (La)*.
Coustau (Le); Coustault (le). *Coteau (Le)*.

TABLE DES FORMES ANCIENNES.

Coustaulequin; Coustaulesquins; Cousteaulesquin. *Cotelequin.*
Couste (La). *Côte (La).*
Coustelequin; Coustelesquins. *Cotelequin.*
Couste Marionneau (La). *Côte-Maronneau (La).*
Cousture (La). *Couture. Couture (La). Vieux.*
Coustures. *Couture.*
Coutelequin; Coutellequain. *Cotelequin.*
Coutencière (La). *Coutancière (La).*
Couynière (La). *Couinière (La).*
Couzay. *Coudray (Le) (Mondion).*
Covert. *Couvray.*
Coyacum. *Couhé.*
Coylle blanche (La). *Cueille-Blanche (La).*
Coyndes (Les). *Coindries (Les).*
Coyraudère (La). *Coiraudrie (La).*
Craciacum. *Grassay.*
Cracmarcius. *Cramard.*
Craiacus. *Cray.*
Craimarcus. *Cramard.*
Craimault. *Crémault.*
Crassa vallis. *Grassevau.*
Grassay. *Grassay.*
Crebefou. *Corbefou.*
Crecherière (La). *Crechère (La) (Antigny).*
Credousse (La). *Cadrouse (La).*
Crée. *Cray.*
Cremart. *Cramard.*
Crenaudière (La); Creniaudière (la). *Cregnaudière (La).*
Creon; Creonium. *Craon.*
Cres. *Cray.*
Creschet. *Crochet.*
Cresmault. *Crémault.*
Creuilh. *Cricuil.*
Creum. *Craon.*
Creux. Betière (La).
Creys; Crez. *Cray.*
Cridollière (La). *Coudralière (La).*
Crignaudière (La). *Cregnaudière (La).*
Crimilia. *Cremille.*
Crioil. *Cricuil.*
Crooilium. *Crouailles.*
Crocet. *Coursec.*
Crochet. *Crochet.*
Crochet (Moulin). *Fontaine (La) (Senillé).*
Crocheterie (La). *Crochatière (La).*
Croix Bardin (La). *Croix-Bardon (La).*
Croix Brisseau (La). *Croix-Bussereau (La).*

Croix Enceosme (La); Croix Enceaulmes (la); Croix Enceaume (la). *Croix-Saume (La).*
Croix Favre (La). *Cofabre (La).*
Croix Gouard (La). *Croix-Girard (La).*
Croix Guyon (La). *Coupelle.*
Croix Noyau (Ruisseau de la). *Chez-Tourteau (Ruisseau de).*
Crom; Cron. *Craon.*
Cromelia. *Cremille.*
Croperie (La). *Couperie (La).*
Crosa. *Creuse (La).*
Crosile. *Écrouzilles.*
Grosse (Fief de la). *Auton.*
Crosset. *Coursec. Crochet (Queaux).*
Crossette (La). *Crouzette (La) (Persac).*
Crossoys. *Coursec.*
Crostellæ; Croteles; Crotellæ; Crotelles. *Croutelle.*
Croucet. *Coursec.*
Croullières. *Creuillère.*
Crousac. *Robins (Les) (Hains).*
Crousatz (Les). *Crouzats (Les).*
Crouset. *Corset.*
Crousilhes. *Écrouzilles.*
Crousille (La). *Crouzille (La).*
Crousle (La). *Croule (La).*
Croussé. *Coursec.*
Croustelle; Crousleles. *Croutelle.*
Crouxatz (Les). *Crouzats (Les).*
Crouzete (La). *Croizette (La).*
Crouzilles. *Écrouzilles.*
Groxet. *Corset.*
Croysette (La). *Croizette (La).*
Croza. *Creuse (La).*
Crozilhiæ. *Écrouzilles.*
Crubtella. *Croutelle.*
Cruchauderie (La). *Crechauderie (La).*
Cruciacus. *Curçay.*
Crueil. *Cricuil.*
Cruencaycum. *Crué.*
Cruillière; Crulière; Crullière. *Creuillère.*
Cruisilhes. *Écrouzilles.*
Crun. *Craon.*
Cruolium villa, v. 995 (cart. de Bourgueil, p. 175); apud Vosaliam, suivant une note marginale; mais il n'y a point de nom de lieu qui réponde à celui-là aux environs de Vouzailles.
Cruptellæ. *Croutelle.*
Crusacus. *Curçay.*
Cruteles. *Croutelle.*
Crux alba. *Croix-Blanche (La).*

Cubault (Les). *Chez-Cubeau.*
Cubours. *Cubord.*
Cuchardière (La). *Cuchandière (La).*
Cuchetière (La). *Custière (La).*
Cuciacus. *Coussay.*
Cuelec. *Saint-Martin-de-Quinlieu.*
Cuelle (La). *Cueille (La).*
Cuerzay. *Curzay.*
Cugeault. *Cujaud.*
Cuilhe (La); Cuille (la); Cuillia. *Cueille (La).*
Cuilleya acuta. *Cueille-Aiguë (La).*
Cuio; Cuion; Cuionnum. *Cuhon.*
Culla acuta. *Cueille-Aiguë (La).*
Cullia alba. *Cueille-Blanche (La).*
Culturæ. *Couture.*
Cumbæ. *Combes (Les).*
Cumdé. *Comblé.*
Cumignech; Cumilliacus. *Comigné.*
Cuon; Cuonium. *Cuhon.*
Curcaium. *Curçay.*
Curcay. *Curzay.*
Curceiacum; Curceium. *Curçay.*
Curcelles. *Courcelles.*
Curchai; Curciacus; Curciacus super Divam. *Curçay.*
Curentaycum. *Crué.*
Curiacus. *Curçay.*
Curia Dei. *Cordieu (La).*
Curon. *Crué.*
Cursai; Cursaicum; Cursaium; Cursay; Cursayum; Cursiacus. *Curçay. Curzay.*
Cursona; Cursous. *Saint-Gervais.*
Curzaicum. *Curçay.*
Cusac. *Robins (Les) (Hains).*
Cuschardère (La). *Cuchaudière (La).*
Cusciacus. *Coussay.*
Cusiacus. *Robins (Les) (Hains).*
Cussautrie (La). *Cussotrie (La).*
Cussiacus. *Coussay.*
Cuylhia alba. *Cueille-Blanche (La).*
Cuylla. *Cueille (La).*
Cuysmes. *Cuismes.*
Cybillière (La). *Sibillière (La).*
Cybioux (Le). *Cibiou (Le).*
Cyboterye (La). *Cibottière (La).*
Cychard. *Sichard.*
Cyliacus. *Celliers.*
Cymault. *Cimeau (Le).*
Cyr-la-Constitution. *Saint-Cyr.*
Cyssé. *Cissé.*
Cytière (La). *Citière (La).*
Cyvenay. *Civéné.*
Cyveuil; Cyveul. *Civeuil.*
Cyvole; Cyvolle. *Civolle.*
Cyvraicum. *Civray.*
Cyvret. *Sivret.*

Vienne.

60

D

Dainsay. *Dinsé.*
Dalidant; Dallidant; Daludent. *Dalidant.*
Dames (Moulin des). *Franchise (Moulin de la).*
Danceigné; Dandeciigné; Dandeciigny; Daudeseigné. *Dandesigny.*
Dangeacum; Dangeium; Danger; Dangeyum; Dangi; Dangiacum; Dangié. *Dangé.*
Dangue (La). *Martins (Les)* (Châtellerault).
Danlotum. *Danlot.*
Danseigné; Danseigny. *Dandesigny.*
Daouces. *Douce.*
Daousse (La). *Dousse (La).*
Darciacus. *Dercé.*
Darlerie (La); Darlerye (la). *Dallerie (La).*
Daucias; Daulces. *Douce.*
Daulge (La). *Dauge (La).*
Daumont (Le grand). *Chez-Paris.*
Daumont (Le petit). *Chez-Bernard (Brux).*
Dausinaux (Les). *Doussineau.*
Davaillellerie (La). *Bauge (La)* (Saint-Pierre-de-Maillé).
Daveilleric (La). *Devaillerie (La).*
David (Moulin de). *Chez-David.*
Davière (La). *Coudrière (La). Davie (La).*
Davières (Les). *Davière (La)* (Lésigny).
Davye (La). *Davie (La).*
Davyère (La). *Coudrière (La). Davière (La).*
Davyères (Les). *Davières (Les).*
Davynotz (Les). *Chez-Davinot.*
Daymon (Le). *Doimont (Le).*
Daynère (La). *Dinière (La).*
Déaure (La). *Dohors (La).*
Debertières (Les); Debertyères (les); Debretières (les). *Rubertières (Les).*
Défens (Les). *Piliers (Les).*
Defensum comitis. *Fief-le-Comte (Le).*
Deffans (Les). *Deffend (Le).*
Deffends (Les). *Deffend (Le). Piliers (Les).*
Deffenet (Le). *Touffenet (Le).*
Deffens (Les). *Deffend (Le). Maison-Neuve (La)* (Colombiers). *Piliers (Les).*
Deffens le comte (Le). *Fief-le-Comte (Le).*
Deguellerie (La). *Guillerie (La)* (Saint-Pierre-des-Églises).

Deinet. *Dienné.*
Deinsee. *Dinsé.*
Delavaudrie (La). *Duvauderie (La).*
Demaison (La); Demongions (les). *Demaigeons (Les).*
Denguye (La). *Martins (Les)* (Châtellerault).
Denjotterie (La). *Danjotrie (La).*
Denloz. *Danlot.*
Dercoyum; Derciacus. *Dercé.*
Derigny (Les). *Driniers (Les).*
Desmais; Desmer; Desmés. *Démé.*
Desmingeons (Les). *Demaigeons (Les).*
Desinon (Le). *Doimont (Le).*
Desmoulime; Desmoulismes. *Démoulines.*
Destille. *Destillee. Tillos (Les).*
Deux Molines; Deux Moulines. *Démoulines.*
Devollerie (La). *Devoilerie (La).*
Deynerie (La). *Dinière (La).*
Dianné. *Dienné.*
Dicay; Diciacum. *Dissay.*
Dicné; Dienet; Digné. *Dienné.*
Dimandrière (La). *Divandrière (La).*
Dinsee. *Dinsé.*
Dionets (Les). *Guyonnets (Les).*
Diorcau (Le). *Gureau (Le).*
Diots (Les). *Guiots (Les).*
Disac; Disat. *Dizac.*
Discium. *Dissay.*
Disme (La). *Dixme (La).*
Dismerie (La). *Dimerie (La).*
Disnæ masnilium in villa Postemia, v. 1020 (Besly, Histoire des comtes de Poitou, p. 361). — Lieu aujourd'hui inconnu.
Disnandrière (La). *Divandrière (La).*
Disnet. *Dienné.*
Disnière (La). *Dinière (La).*
Dissais; Dissayum. *Dissay.*
Diva; Divana. *Dive (La).*
Divandère (La); Divandrère (la); Divandrie (la); Divendrière (la). *Divandrière (La).*
Dixmerie (La). *Dimerie (La).*
Doatelière (La); Doatellère (la). *Chez-Dauffard.*
Doault. *Douault.*
Docai. *Doussay.*
Docat. *Doussac.*
Docay; Doceyum; Dochai. *Doussay.*
Dochandrye (La); Dochampdrye (la). *Duchandrie (La).*
Dochenderye (La). *Dochandrie (La).*
Dociacus. *Doussay.*
Doet mont. *Doimont (Le).*
Dogay (Le); Doiayum. *Duget (Le).*

Doignon (Le). *Dognon (Le).*
Doismon (Le). *Doimont (Le).*
Doitelière (La). *Chez-Dauffard.*
Dole. *Saint-Aubin-du-Dolet.*
Dolentum; Doles; Dollé. *Doulé.*
Dolompna. *Leigne.*
Domatrie (La). *Daumatrie (La).*
Dom de Segne. *Dandesigny.*
Domnum Lolium (Ad). *Danlot.*
Domus infirmorum. *Maladerie (La).*
Domus nova. *Maison-Neuve (La)* (Bignoux).
Dondesennee. *Dandesigny.*
Dongé; Dongié. *Dougé.*
Dongiacensis parochia. *Dangé.*
Donloz. *Danlot.*
Donnallyère (La). *Donalière (La).*
Donnet (Le). *Donné (Le).*
Dordière (La). *Douardière (La).*
Doreaux (Tenue aux). *Dallerie (La).*
Dorelière (La); Dorlières (les). *Dorlière (La).*
Dorreterie (La). *Doretière (La).*
Dorryz (Les). *Douris (Les).*
Dortière (La); Dortyère (la). *Doretière (La).*
Dos. *Notre-Dame-d'Or.*
Dossat. *Doussac.*
Dossayum. *Doussay.*
Dotterie (La). *Dotrie (La).*
Douatellière (La). *Chez-Dauffard.*
Doublalière (La); Doublallière (la). *Doublatière (La).*
Doublière (La). *Doutière (La).*
Doucay. *Doussay.*
Douchandrie (La). *Duchandrie (La).*
Dougnon (Le). *Dognon (Le).*
Douhe (Le fief de la). *Girouardière (La)* (Naintré).
Doulay. *Doulé.*
Doulce; Doulces. *Douce.*
Doullé; Doullet. *Doulé.*
Douloir. *Saint-Aubin-du-Dolet.*
Doussa. *Douce.*
Doussets (Les). *Doucets (Les).*
Doussière (La). *Laudussière.*
Douxat. *Doussac.*
Douxe. *Douce.*
Doymon (Le). *Doimont (Le).*
Dressière (La). *Ressière (La).*
Drivandière (La). *Drivandrière (La).*
Droetère (La). *Douardière (La).*
Droion (Le). *Drion (Le).*
Droitière (La). *Droutière (La).*
Drouaulx (Les). *Draux (Les). Dreoaux (Les).*
Drouetterie (La). *Droitorie (La).*
Droyon (Le); Druon (le). *Driou (Le).*

Dructère (La). *Dultière* (*La*).
Drullus villa in vicaria Saviniaco, 986-999 (cart. de St-Cyprien, p. 265). — Ce nom ne correspond à celui d'aucune localité des environs de Savigné.
Dubois (Les). *Village-du-Bois* (*Le*) (Dangé).
Ducai (Le). *Duget* (*Le*).
Ducas (Le fief). *Girouardière* (*La*) (Naintré).
Ducei. *Doussay*.
Dugeais (Le); Dugeay (le). *Duget* (*Le*).
Dugeiacus locus infra castello Calviniaco tres miliarios, et est circumcinctus ipse alodus... de uno latus... via vetera, v. 1013 (abb. de Nouaillé). — Inconnu.
Dugrye (La). *Duguerie* (*La*).
Dujay (Le). *Duget* (*Le*).
Dulcia; Dulciacus. *Doussay*.
Duméré; Dumiré. *Dumeray*.
Dumontiers (Les). *Toucheronde* (Châtellerault).
Duneys; Dunoys (le). *Dunois*.
Duplex (Les). *Duplais* (*Les*).
Duppe (La). *Dupe* (*La*).
Duranderie (La). *Durandrie* (*La*).
Durandrie (La); Durant (les). *Village-du-Bois* (*Le*) (Chenevelles).
Durboezière (La). *Durboisière* (*La*).
Dureffort; Durefort; Durfort. *Dulfort*.
Duretière (La). *Dultière* (*La*).
Dutertres (Les). *Doutardes* (*Les*).
Duygnon (Le). *Dognon* (*Le*).
Dyenné; Dyné. *Dienné*.
Dyoreau (Le). *Gureau* (*Le*).
Dyve (La). *Dive* (*La*) (rivière).
Dyve (La). *Châtillon* (Couhé).
Dyves. *Dives*.

E

Eage du Festz (L'). *Âge-du-Faix* (*L'*).
Ébaudière (L'). *Baudières* (*Les*).
Écaution. *Écotion*.
Ecclesiæ prope Calvigniacum. *Saint-Pierre-des-Églises*.
Échaux. *Séchault*.
Écluseaux (Les). *Cluzeau* (*Le*) (Asnières).
Écluses (Moulin neuf des). *Trainebot* (Poitiers).
Éconillières (Les). *Écornilières* (*Les*).
Écottrie (L'). *Écoterie* (*L'*).
Écusious (L'). *Écluzioux* (*L'*).

Écussee; Écusset. *Cussec*.
Edrarinsis, Edrinsis vicaria. *Adriers*.
Efe Raymon (L'); Effe Ranon (l'); Effe Resmon (l'). *Essart* (*L'*) (Saint-Secondin).
Églises de Chauvigny (Les); Églises près Chauvigny (les). *Saint-Pierre-des-Églises*.
Embeire. *Amberre*.
Emberia. *Amberre*. *Saint-Genest*.
Embrette. *Ambrette*.
Emcremer. *Estremer*.
Emées. *Mées* (*Les*) (Usseau).
Émoynère (L'). *Moisnières* (*Les*).
Empergoile (Farinarium in loco qui dicitur), ex curte Cuion, 974 (ch. de St-Hilaire, t. I, p. 46). — C'était probablement l'un des moulins qui se trouvent sur le ruisseau de Cuion.
En Bas (Moulin d'). *Millier*.
Encloître (L'). *Lencloître*.
Encorchanchère (L'). *Écorchanchère* (*L'*).
Encreber. *Encrebier*.
Encremer; Encrever. *Encrevé*.
Eudillé. *Andillé*.
Engambella. *Enjambes*.
Engeardière (L'). *Angelardière* (*L'*).
Engibaudière (L'). *Giraudeaux* (*Les*).
Engla; Engle. *Angle*.
Engle; Engleen; Englen. *Anglin* (*L'*).
Englia. *Angle*. *Anglin* (*L'*).
Englis (Riveria de). *Anglin* (*L'*).
Engremis (les); Engremys (les). *Angromys* (*Les*).
Enjambia. *Enjambes*.
Enset. *Anzec*.
Ensoleyce; Ensouleee; Ensouilcce; Ensouleee. *Ansoulesse*.
Enthebrault. *Entrebrault*.
Enthenet. *Thenet*.
Enteignet. *Antigny*.
Entourlober. *Étourloubier*.
Entran. *Antran*.
Entraygues. *Entraigues*.
Entrem; Entron. *Antran*.
Entrigué. *Salle* (*La*) (Vivonne).
Envaux. *Vaux* (Château-Garnier).
Enville (L'). *Nanville*.
Enxomont. *Anxaumont*.
Épandouèvre (L'). *Pandoires* (*Les*).
Epeyne. *Épeine*.
Epine (Notre-Dame de l'). *Velort*.
Epront. *Épran*.
Erce (L'). *Herse* (*L'*).
Ermentic. *Hermentin*.

Ernigère (L'). *Remigères* (*Les*) (Saugé).
Érouardère (L'). *Louardières* (*Les*).
Erse (L'). *Herse* (*L'*).
Esbaubanchère (L'). *Bobanchère* (*La*).
Esbaudière (L'). *Baudières* (*Les*).
Esbaupin (L'). *Ébaupin* (*L'*).
Esbaupinière (L'). *Beaupinières* (*Les*).
Esbaupinières (Les); Esbaupuyères (les). *Ébaupinières* (*Les*).
Escars (Les). *Essarts* (*Les*) (Colombiers).
Eschalle (L'); Eschelle (l'). *Échelle* (*L'*).
Eschenau (L'). *Échenau* (*L'*).
Escherpeau; Eschiepeau; Eschirpea; Eschirpes. *Écharpeau*.
Eschevardières (Les). *Échevardières* (*Les*).
Esclopechin. *Éclopchin*.
Esclusellcs. *Éclusellcs* (*Les*).
Esclusette. *Cluzette*.
Escoing (L'). *Écoin* (*L'*).
Escole (La grande). *Écoles* (*Les Grandes-*).
Escolle (Moulin de l'). *École* (*Moulin de l'*).
Escomillère (L'); Escomulière (l'). *Écornilières* (*Les*).
Escorchenchière (L'). *Écorchanchère* (*L'*).
Escorsière (L'); Escorsières (les). *Escorcière* (*L'*).
Escoserie (L'). *Écorcerie* (*L'*).
Escotard. *Écoutard*.
Escotière (L'); Escottière (l'). *Écotière* (*L'*).
Escotion. *Écotion*.
Escots (Les). *Écots* (*Les*).
Escotyère (L'). *Sicotière* (*La*) (Vernon).
Escoubesse. *Écoubesse*.
Escoutard. *Écoutard*.
Escremer. *Estremer*.
Escrouzilles. *Écrouzilles*.
Escu (L'). *Écu* (*L'*).
Escuré. *Écuré*.
Escuris (Les). *Écuries* (*Les*).
Escussé; Escuysset. *Cussec*.
Esgne. *Aigne*.
Esgouet (L'). *Égouet* (*L'*).
Esmarière (L'). *Emarière* (*L'*).
Esmaux. *Némaux*.
Esmaynère (L'). *Moisnières* (*Les*).
Esmé. *Mées* (*Les*).
Esmée. *Mai* (*Les*). *Mées* (*Les*).
Esmergellère (L'). *Merzelières* (*Les*).
Esmoinière (L'); Esmosnière (l');

476 TABLE DES FORMES ANCIENNES.

Esmoynère (l'). *Moienières (Les)*.
Esolece. *Ansoulesse*.
Espacière (L'). *Espassière (L')*.
Espagné; Espaigné. *Épagné*.
Espagneux (Les). *Carloits (Les)*.
Espaines; Espaniez. *Épeine*.
Espanvilier; Espanvilier; Espanviliers. *Épanvilliers*.
Espeines; Espenes. *Épeine*.
Espelugia. *Pluches (Les)* (ruisseau).
Espenvillier. *Épanvilliers*.
Esperant; Esperent. *Épran*.
Espiffettes (Les). *Épifettes (Les)*.
Espinace (L'); Espinasse (l'). *Épinasse (L')*.
Espinay (L'); Espinaye (l'). *Épinay (L')*.
Espine (L'). *Épine (L')*.
Espinée (L'). *Épinay (L')*.
Espinet. *Épinet (L')*.
Espinotte (L'). *Épinette (L')*.
Espinettes (Les). *Épinettes (Les)*.
Espineux (L'). *Épinoux (L')* (Chauvigny).
Espinoie (L'). *Épinay (L')*.
Espinou; Espinoux. *Épinoux*.
Espinoux (L'). *Épinoux (L')*.
Espinoye (L'); Espinoys (l'). *Épinay (L')*.
Espoigné. *Épagné*.
Espors; Esports; Espours. *Éport*.
Esprans. *Épran*.
Espyne (L'). *Épine (L')*.
Espynière (L'). *Épinière (L')*.
Esrouardère (L'). *Louardières (Les)*.
Essarta. *Lessart*.
Essarteau. *Certeaux (Les)*.
Essarts (Les). *Chêne-Sapin (Le)*.
Essauldières (Les). *Saudières (Les)*.
Esselette. *Ansoulesse*.
Essemont. *Anxaumont*.
Esserteaux. *Certeaux (Les)*.
Essicotère (L'). *Sicotière (La)* (Vernon).
Essinoil. *Saint-Pierre-d'Exideuil*.
Essoan. *Noussouan*.
Essolace; Essolece. *Ansoulesse*.
Essomont. *Anxaumont*.
Essouan; Essouen. *Noussouan*.
Essoulesce. *Ansoulesse*.
Estables. *Étables*.
Estang (L'). *Boutinière (La)* (Vendeuvre). *Étang (L')*.
Estang de Surin (Moulin de l'). *Chez-Vaillant*.
Estangs (Les). *Étangs (Les)*.
Estappeau (L'). *Étapeau (L')*. *Trépeaux (Les)*.

Estard. *Tard (Le)*.
Estebbrault; Estebraud. *Entrebrault*.
Estelle (L'). *Étoile (L')*.
Esternes; Esternus. *Éterne*.
Esterp (L'). *Éterpe (L')*.
Estille. *Tilles (Les)*.
Estivale; Estivales; Estivaux. *Étivault*.
Estoille (L'). *Étoile (L')*.
Estolium. *Iteuil*.
Estopacère (L'); Estopassère (l'). *Espacière (L')*.
Estorlober. *Étourloubier*.
Estoupassère (L'). *Espacière (L')*.
Estourlouber; Estourloubier. *Étourloubier*.
Estournea; Estourneaux. *Étourneau*.
Estournelière (L'); Estournellière (l'). *Étournelière (L')*.
Estralle (L'). *Estrelle (L')* (chemin).
Estremardière (L'); Estremardière (l'). *Tremardières (Les)*.
Estrepié. *Étrepied*.
Étoupassière (L'). *Espussière (L')*.
Étrepé. *Étrepied*.
Êtres (Les). *Aitres (Les)*.
Euranda. *Ingrande*.
Eurterie (L'). *Heurtrie (L')*.
Eusseau. *Usseau*.
Esveillardière (L'). *Vieillardière (La)*.
Esvillerie (L'). *Éveillerie (L')*.
Exars (Les); Exarta; Exarts (les). *Essarts (Les)*. *Lessart*.
Exarteaulx. *Certeaux (Les)*.
Excelsus mons. *Anxaumont*.
Excluses (Les). *Écluselles (Les)*.
Excussct; Excuyssec. *Cussec*.
Exgne. *Aigne*.
Exhidualinsis vicaria. *Civaux*.
Exicotère (L'). *Sicotière (La)* (Vernon).
Exidualinsis, Exinvalinsis vicaria. *Civaux*.
Exolesse; Exoletia. *Ansoulesse*.
Exomundum; Exomont; Exoumont. *Anxaumont*.
Expagnolus villa in vicaria Vicovedoninse, v. 980; alodus Expagnolia, 988-1031 (cart. de S¹-Cyprien, p. 221 et 264). — Lieu aujourd'hui inconnu, près Reigner, c¹¹ᵉ de Marnay.
Exsarta. *Lessart*.
Exsidoalinsis, Exsidualinsis vicaria. *Civaux*.
Exsoletia. *Ansoulesse*.
Extrammis. *Antran*.

F

Fa (La). *Brandrie (La). Lafa. Vau (La Petite-)*.
Faa (La). *Faye (La)* (Béthines).
Fabrrie (La). *Favrie (La)*.
Fa de la Vau (La). *Vau (La Petite-)*.
Faduntiæ. *Saint-Amant*.
Faelijoce. *Faljoie*.
Fagia, cors Fagia, terres appartenent anciennement à l'abbaye de la Trinité de Poitiers et sur lesquelles se trouvaient Saint-Julien-Lars et Nieuil-l'Espoir. Voy. *Saint-Julien-Lars*.
Fagotis (Le). *Fagotilles (Les)*.
Faia. *Fa (La). Fay (Le). Foy (La)*.
Faia Froteldis; Faia Frotillis. *Foie*.
Faia Raboti; Faia Rathbodi. *Ferabœuf*.
Faiduncinum. *Saint-Amant*.
Faies d'Anchec (Les); Failha. *Fayes-d'Anché (Les)*.
Faillijoie. *Fuljoie*.
Failliodric (La). *Faillaudrie (La)*.
Faiole Vigerat (La); Faiole Vigerau (la). *Féolle (La)* (Blanzay).
Faix (Le). *Fay (Le)*.
Faix (La). *Fay (La)* (Antigny).
Faiz (La). *Faye (La)* (Antigny).
Faizannyère (La). *Faisannière (La)*.
Falgeriacus. *Fougeré*.
Falgeriolus villa in vicaria quæ dicitur Briom, 987-990 (cart. de S¹-Cyprien, p. 210). — Lieu inconnu.
Falhardère (La). *Filardière (La)*.
Fallaise. *Falaise*.
Fam. *Fan. Fond*.
Fand. *Fan*.
Fans (Les); Fant (le). *Fants (Les)*.
Fanus. *Fond*.
Faole. *Faule. Foule (La)*.
Faom. *Fond*.
Farfoué; Farfouer. *Frefoir*.
Farou. *Farroux*.
Fas (La). *Fa (La)*.
Fas Blanchard (La). *Lafa* (Usson).
Fauchardère (La). *Fouchardière (La)*.
Fauconère (La). *Fauconnière (La)*.
Faucons (Les). *Coutardière (La)*.
Faugeracère (La); Faugeraceria. *Fougeassière (La)*.
Faugeracum. *Fougeré*.
Faugerate. *Fougeassière (La)*.
Faugeray. *Faugerit. Fougeret*.
Faugeré. *Fougeré. Fougeret*.

TABLE DES FORMES ANCIENNES. 477

Faugère (La). *Fougère (La)*.
Faugerec. *Fougeret*.
Faugères. *Fougère*.
Faugeret. Faugerit. *Fougeré*.
Faugerit. *Faugeré*.
Faugerolles. *Fougerolles*.
Faugery. *Faugeré. Faugerit. Fougeré. Fougeret.*
Faujacière (La). *Fougeassière (La)*.
Faulchonnerie (La). *Fauchonnerie (La)*.
Faulconnière (La). *Fauconnière (La)*.
Faugeray. *Fougeret*.
Faulgeraye (La). *Faugeraie (La)*.
Faulgeré. *Faugeré*.
Faulgères. *Faugère*.
Faulgereys. *Fougeret*.
Faulle. *Faule*.
Faulque (Terres de); Faulquerie (la). *Fauquerie (La)*.
Faurgas. *Forges (Chaunay)*.
Favereaulx (Les). *Favreaux (Les)*.
Favere de Montibus (La). *Favrie (La) (Millac)*.
Faverie (La); Faverrie (la). *Favrie (La)*.
Favrie (La). *Février (La)*.
Faya. *Foy (La). Foye (La)*.
Fayant (Le); Fayaud (le). *Foyant (Le)*.
Fayaudrie (La). *Faillaudrie (La)*.
Faye; Faye en Couhé. *Foie.*
Faye (La). *Foie (La). Foye (La)*.
Fayeau (Le). *Foyant (Le)*.
Faye Baudin; Fayebodin. *Faille-Baudin*.
Fayemolant. *Fémolant*.
Faylijoye; Faylijoye (la). *Faljoie*.
Faymolan; Faymolant. *Fémolant*.
Fayola; Fayolle (la). *Féole (La)*.
Fayola Badestraut. *Féolle-Boisdretaux (La)*.
Fayole; Fayole (la). *Fayolle*.
Fayolle (La). *Féolle-Mauny*.
Fayolle Vigart (La); Fayolle Vigron (la). *Féolle (La) (Blanzay)*.
Fayre de may (La). *Foire-de-Mai (La)*.
Fays (La). *Faye (La) (Antigny)*.
Fays (Le). *Fay (Le) (Saint-Martin-Lars)*.
Faysannère (La). *Faisannière (La)*.
Fé (Le). *Fay (Le)*.
Febertière (La). *Fébretière (La)*.
Febverye (La). *Favrie (La)*.
Fedeau. *Faydeau*.
Feillebert. *Feuillebert*.
Feilloux (Le). *Filloux (Les)*.

Feiz (La). *Faye (La) (Antigny)*.
Felgericus. *Faugeraie (La)*.
Felgerollæ. *Fougerolles*.
Felijoye. *Faljoie*.
Felipière (La). *Philippière (La) (Mauprevoir)*.
Fellé. *Fleix (Vaux-en-Couhé)*.
Fellejoye. *Faljoie*.
Fellins. *Felin. Felins*.
Femaullans; Femoulans. *Fémolant*.
Fen. *Fan*.
Fencaulx. *Feneau*.
Feneon. *Fénéan*.
Fonestra. *Fenêtre (La)*.
Fonicardière (La). *Bellabre*.
Fenion. *Fénéan*.
Feodum. *Fay (Le) (prieuré)*.
Féole. *Foule (La). Foulle (La)*.
Féolle; Féolles. *Fayolle*.
Féolle Vigerault (La). *Féolle (La) (Blanzay)*.
Féolmauni. *Féolle-Mauny*.
Féraceau (Le). *Ferrasseau (Le)*.
Férandère (La). *Ferrandière (La)*.
Férasserye (La). *Ferracerie (La)*.
Ferbetère (La). *Fébretière (La)*.
Ferdoterye (La). *Fredotrie (La)*.
Ferfoué. *Ferfroy*.
Ferfouyer. *Fresoir*.
Fernollière (La). *Fernaulière (La)*.
Feroux. *Froux*.
Ferrabeu; Ferrabeuf; Ferrabotum; Ferrabou; Ferrabovis. *Ferabœuf*.
Ferracelère (La). *Farcière (La)*.
Ferranon (Le). *Essart (L') (Saint-Secondin)*.
Ferraria. *Ferrière (La)*.
Ferrebeuf; Ferrebum. *Ferabœuf*.
Ferrebochère (La); Ferrebouchère (la); Ferrebouchière (la); Ferrebouschère (la). *Ferbouchère (La)*.
Ferreræ; Ferrère (la). *Ferrière (La)*.
Ferrères. *Ferrière. Ferrières*.
Ferreria. *Chez-les-Nauds. Ferrière. Ferrière (La)*.
Ferreriæ. *Ferrières*.
Ferrière (La vieille). *Chez-les-Nauds*.
Ferrolles. *Férolle*.
Ferronnyères (Les). *Fournières (Les)*.
Ferros; Ferrou; Ferroux. *Froux*.
Ferroux (Le). *Feroux (Le)*.
Ferrychardère (La). *Fonicardière (La)*.
Fes (La). *Faye (La) (Antigny)*.
Fesbretière (La). *Fébretière (La)*.
Fesdeau. *Faydeau*.
Feslynes. *Féline*.
Fesmolant. *Fémolant*.
Feste (La). *Fête (La)*.

Festivière (La). *Fétivière (La)*.
Feu Clairet. *Fief-Clairet*.
Feue (La); Feuhe (la). *Fuie (La)*.
Feuglu (Le). *Feuillu (Le)*.
Feuilhetrye (La). *Feuilletrie (La)*.
Feuillants (Moulin des). *Fénéan (Moulin de)*.
Feuillé. *Feuillet*.
Feuilletrie (La). *Feuilletrie (La)*.
Feumolant. *Fémolant*.
Feumollant. *Feumorant*.
Feydellum. *Faydeau*.
Fez (La). *Faye (La) (Antigny)*.
Fiaquerie (La). *Fiacrie (La)*.
Fie (Le). *Fies (Les)*.
Fief (Le). *Fay (Le) (prieuré)*.
Fié Molan; Fiefmolant. *Fémolant*.
Filhollère (La). *Fillolière (La)*.
Fillesoye. *Filesoie*.
Fillodière (La). *Filaudière (La)*.
Fillonnière (La). *Filonnière (La)*.
Fillonlère (La). *Fillolière (La)*.
Fillyère (La). *Fillière (La)*.
Fils (Les). *Fies (Les)*.
Filsoye. *Filesoie*.
Finerye (La). *Funeries (Les)*.
Fines. *Ingrande*.
Fiollière (La). *Feuillère (La)*.
Fistardière (La). *Millochère (La)*.
Flacac. *Flassac*.
Flace. *Flée. Fleix*.
Flaet. *Fleix*.
Flagiacus; Flais. *Flée*.
Flaiacus. *Flée. Fleix*.
Flaiacus villa in vicaria Villena, 965 ou 966 (abb. de Nouaillé). — Lieu inconnu.
Flalière (La). *Clalière (La)*.
Flamoigne; Flameignes. *Flamague*.
Flancc. *Fleigné*.
Flathaicum. *Flassac*.
Flau (Le). *Fleau (Le)*.
Flaxac. *Flassac*.
Flazniacus. *Fleigné*.
Flé. *Flée. Fleix*.
Flec; Flecc. *Flée. Fleix*.
Flect; Flœz. *Fleix*.
Fleistz. *Fleix (Brigueil-le-Chantre)*.
Flemaigne. *Flamagne*.
Flescherie (La). *Marandière (La) (Curzay)*.
Fleurancens. *Fleuronsant*.
Fleuree. *Fleuré*.
Fleuricllerie (La). *Girouette (La)*.
Fleurs. *Flours*.
Flex. *Flée. Fleix*.
Fley; Fleye. *Fleix Ayron)*.
Flcz. *Fleix*.

Flice; Fliest. *Fleix* (Brigueil-le-Chantre).
Fliguec. *Fleigné*.
Flocré. *Fleuré* (Vellèche).
Flocrey; Flocret; Floirce. *Fleuré*.
Floré; Floriacus. *Fleuré. Fleury.*
Florencans; Florenceus. *Fleurensant.*
Flossalière (La). *Flocelière* (La).
Flossallère (La). *Fronsallière* (La).
Flotu; Flote (la). *Flotte* (La).
Flouré; Flource. *Fleuré.*
Flourensseus. *Fleurensant.*
Flousallière (La); Floxalère (la). *Fronsallière* (La).
Floyré. *Fleuré.*
Fluirec. *Fleury.*
Flumaignes. *Flamagne.*
Fluriniacus. *Furigny.*
Fluyné. *Fleigné.*
Fluyrec. *Fleuré. Fleury.*
Focemont. *Foutsémont.*
Fochonnerie (La). *Fauchonnerie* (La).
Fociacus. *Foussac.*
Fodia do Bauday. *Fuie* (La) (Savigny).
Fogerassère (La). *Fougeassière* (La).
Foilhosium; Foilleux (le); Foillos. *Fouilloux* (Le).
Fois (La). *Foie* (La). *Foye* (La).
Foix (La). *Foy* (La).
Folcoderia. *Foucaudière* (La).
Fole. *Foule* (La).
Folemprise. *Follemprise.*
Folet. *Follet.*
Foletruan. *Fortran.*
Folin (Le); Follain (le). *Faulin* (Le).
Follanprise. *Follemprise.*
Follatier. *Verrières* (forêt).
Follatière (La). *Folatière* (La).
Folle. *Foule* (La). *Foulle* (La).
Folles. *Foule.*
Folletruan; Folletruant. *Fortran.*
Follie (La); Follye (la). *Folie* (La).
Follie Marot (La). *Forêt-Marot* (La).
Follin (Le). *Faulin* (Le).
Follos; Folos; Folost. *Fouilloux* (Le).
Foltruans. *Fortran.*
Folye du Moutierneuf (La). *Folie* (La) (Poitiers).
Fom. *Fond.*
Fombedeure. *Fondeuil.*
Fon (La). *Font* (La).
Fonbedeure; Fonbedensle. *Fondeuil*
Fonbelle. *Fontbelle.*
Fonbenaistre; Fonbenoist. *Fontbenoît.*
Fonbernard. *Font-Bernard.*
Fonbeurs (Les). *Fombeurs* (Les
Fonbiau. *Fontbeau.*

Fonbois. *Fontboué.*
Fonbrete. *Fontbrette.*
Foncemont; Foncesmont. *Fontsémont.*
Fond (La). *Font* (La).
Fondecé (La); Fondecef (la). *Font-de-Cé* (La).
Fongeoffroy. *Fontgeoffroy.*
Fongoise; Fonjoise; Foujoize; Fonjoyse; Fonjuze. *Fontjoise.*
Fonlebon; Fonlobun. *Font-le-Bon.*
Fonmore. *Fontmore.*
Fonpourry. *Fontpourry.*
Fons. *Fond.*
Fons (La). *Font* (La).
Fons (Les). *Fonds* (Les).
Fonsallière (La). *Fronsallière* (La).
Fons Arnauldi. *Fontarnaud.*
Fonsaymond. *Fontsémont.*
Fons Benedicta. *Fontbenoît.*
Fons Bodoyre. *Fonbedoire.*
Fonsburs. *Fombeure.*
Fons Calcis. *Étoile* (L').
Fons Clusa. *Foncluse.*
Fons Comilis. *Fontaine-le-Comte.*
Fons Daiachus villa in vicaria Exsidualinse, 936 (Fontenean, t. XXI, p. 247). — Ce lieu est inconnu.
Fons de Cef (La); Fons de Sé. *Font-de-Cé* (La).
Fons du Parc (La). *Font-du-Parc* (La).
Fonsellemaye. *Fonsalmois.*
Fons Lobun. *Font-le-Bon.*
Fons Joize. *Fontjoise.*
Fons Mauri; Fons More. *Fontmore.*
Fons Morini. *Fontmorin.*
Fons Moron. *Fontmoron.*
Fonsmorte. *Granges-Fontmorte* (Les).
Fons Prouart. *Fontprévoir.*
Fons Pulcra. *Fontbelle.*
Fons Sancti Martini. *Font-Saint-Martin* (La).
Fons Seca. *Font-de-Cé* (La).
Fonssellemoys. *Fousalmois.*
Fons Sitis. *Font-de-Cé* (La).
Fontaffray; Fontaffré; Fontafré. *Fontaffray.*
Fontagrive; Fontaigrive. *Fontégrive.*
Fontaigue. *Fontaigre.*
Fontaine (Vieille). *Fontaine* (Basse-).
Fontaine Dangé (La); Fontaine de Benays (la); Fontaine de Benest (la). *Fontaine* (La) (les Ormes).
Fontaine l'Égalité. *Fontaine-le-Comte.*
Fontaines près Saint-Georges. *Fontaine* (Basse-).
Fontaines de la Grolière (Les). *Fontaines* (Les) (Blalay).

Fontamellu. *Fontamiel.*
Fontanæ. *Fontaine* (Vicq).
Fontanella. *Fontaine-le-Comte.*
Fontanes. *Fontaines* (Les) (Vernon).
Fontaygrive; Fontaygue. *Fontégrive.*
Fontayne (La). *Fontaine* (La).
Fontaynes (Les). *Fontaines* (Les).
Fontbedcule; Fontbedoyre. *Fondeuil.*
Fontbela. *Fontbelle.*
Fontbeufz; Fontbeurs. *Fombeure.*
Fontbeurs. *Fombeurs* (Les).
Fontbiau. *Fontbeau.*
Fontboué. *Fonboyer.*
Font Bouher; Fontboyer. *Fontboué.*
Font de Sey (La). *Font-de-Cé* (La).
Fontegres. *Fontaigre.*
Fontenes. *Fontaines* (Savigny-l'Évécault).
Fontenfoues; Font en Foys. *Fouctenfonet.*
Fonternault. *Fontarnault.*
Fontes, villagium de Fontibus. *Font* (La) (Mouterre).
Fontesgrive. *Fontégrive.*
Font Fadul (La). *Fonfadour* (La).
Fontgeize. *Fontjoise.*
Font Guillaume. *Fontlidines.*
Fontiau; Fontiaut; Fontiou. *Fontioux.*
Fontlobon. *Font-le-Bon.*
Fontmorand. *Fontmoron.*
Fontmorte. *Granges-Fontmorte* (Les).
Fontpedart. *Fontpetard.*
Fontproard; Fontproart; Fontprohard; Fontprouart. *Fontprévoir.*
Font Sorin. *Fontserin.*
Fonzburz. *Fombeure.*
Foole. *Foule* (La).
Foquetière (La). *Fouquetière* (La).
Forché. *Fourché.*
Forcilia. *Frouzille.*
Fordié (Le). *Forgué* (Le).
Fordilles. *Frouzille.*
Forest (La); Foresta. *Forêt* (La).
Forest (S. Maria de la); Foresta. *Ayroux.*
Forest Becher. *Ferbouchère* (La).
Forest Bost (La). *Forêt* (La) (Millac).
Forest Civraisoise (La); Forest Civraize (la); Forest Civrazèze (la); Forest Cyvraise (la). *Forêts* (Les) (Saint-Secondin).
Forest de Boulleur (La); Forest de la Boulleur (la); Forest du Bouleur (la); Foresta de Beloer; Foresta de Bolor. *Forêt* (La) (Vaux-en-Couhé).
Forge. *Forges* (Chaunay).
Forge (La). *Forges* (Les) (Vezières).

TABLE DES FORMES ANCIENNES.

Forge aux Giraulx (La). *Forge (La)* (Archigny).
Forge aux Sornins (La). *Forge (La)* (la Chapelle-Viviers).
Forge Bareau (La). *Reveillaud (Le).*
Forge du Boys (La). *Forges-les-Bois.*
Forges. *Forgé* (Chenevelles).
Forges juxta Fontlobon. *Forge (La)* (Châtain).
Forges (Hébergement de Lucas de). *Garnerie (La).*
Forges (Les). *Rocherie (La)* (Latus).
Forges des Boys; Forges du Boys. *Forges-les-Bois.*
Forgiæ. *Rocherie (La)* (Latus).
Forneraye (La). *Fourneraie (La).*
Forniols; Fornoils; Fornols; Fornos. *Fournœuf.*
Fort de Valencay (Le); Fort de Vallancay (le). *Tartifume* (Antran).
Fortilesse (La). *Forteresse (La).*
Fortperoy (Prioratus de) (pouillé de Gauthier, f° 147 v°); — de Fortpeiron, 1383 (taux du décime, p. 12). — Ce prieuré, que ne mentionne aucun autre document, était en l'archiprêtré de Châtellerault.
Fortpuy. *Frépuy.*
Fortruand. *Fortran.*
Forts (Bois des). *Montoiron (Forêt de).*
Forziliæ; Forzilles; Forzillus. *Frouzille.*
Fosaimont. *Fontsémont.*
Fosle. *Foule.* Foulle (La).
Fossa Aymont; Fossa Eadmundi. *Fontsémont.*
Fossac. *Foussac.*
Fossalière (La). *Fronsallière (La).*
Fossamont. *Fontsémont.*
Fosse (La). *Saunerie (La)* (Ingrande).
Fossebleau. *Fosseblot.*
Fossemont; Fossesmont. *Fontsémont.*
Fosses à Marchelidon. *Machelidon (La).*
Fou (Le petit). *Marc (La)* (Marigny-Brizay).
Foucauldière (La). *Foucaudière (La).*
Fouchers de la Tousche aux Bertronds (Les). *Chez-Foucher.*
Foucquetière (La); Fouctrie (la). *Fouctière (La).* Fouquetière (La).
Foucta. *Fouet (Le).*
Foucts (Les). *Caillallière (La).*
Fougeray. *Cordeliers (Les). Fougeret.*
Fougeraye (La). *Faugeraie (La).*
Fougeré. *Fougeret.*
Fougeret. *Faugeré.*

Fougières. *Fougère.*
Fouilhetrye (La). *Feuilletrie (La).*
Fouillamart. *Fouillemare.*
Fouilloux (Le); Fouilloux (les). *Filloux (Les).*
Fouineraye (La). *Founières (Les).*
Foujassière (La). *Fougeassière (La).*
Foulater; Foulatère; Foulatier. *Verrières* (forêt).
Foulces (Les). *Fosses (Les)* (Champniers).
Fouleresse (La). *Foulleresse (La).*
Foulhamar. *Fouillemare.*
Foulie (La). *Folie (La)* (Savigné).
Foulin (Le). *Faulin (Le).*
Foulioux (Le). *Fouilloux (Le).*
Foulatère (La). *Folatière (La).*
Foullaudin. *Fouillaudin.*
Foulle. *Foule.* Foule (La).
Foulles. *Foule.*
Foulletruan. *Fortran.*
Foulloux (Le). *Fouilloux (Le).*
Foullye (La). *Folie (La)* (Savigné).
Foulquetière (La). *Fouctière (La).*
Foultruan. *Fortran.*
Fouquerio (La). *Fauquerie (La).*
Fouquetarie (La). *Fouquetière (La).*
Fouquetière (La). *Fouctière (La).*
Four (Le). *Foux (Le).*
Fourchallerie (La). *Fouchalerie (La).*
Fourchaudière (La). *Fouchaudière (La).*
Fourellière (La). *Forlière (La).*
Fourest (La). *Forêt (La).*
Fourest (Nostre-Dame de la). *Ayroux.*
Fouresta d'Airoux. *Forêt (La)* (la Ferrière).
Fourest Botz (La). *Forêt (La)* (Millac).
Fourest de Dyné (La). *Forêt (La)* (Dienné).
Fourestries (Les). *Forestries (Les).*
Fourests (Les). *Forêts (Les).*
Fourfoucr. *Frefoir.*
Fourneolz; Fourneoux; Fourneulx; Fourneux. *Fournœuf.*
Fournicardière (La). *Fenicardière (La).*
Fourrache (La). *Fourache (La).*
Fourrellière (La). *Forlière (La).*
Fourt. *Fours (Les).*
Fouschallerie (La); Fouschallière (la). *Fouchalerie (La).*
Fouselfardère (La). *Fouchardière (La).*
Fouschiers (Les). *Chez-Foucher.*
Fousle (La). *Foule (La).*
Fousse (La). *Fosse (La).*
Fousse Blau. *Fosseblot.*

Foussegrand. *Fosse-Grande.*
Fousse Marion (La). *Fosse-Marion.*
Fousse Martin (La). *Fosse-Martin (La).*
Fousses (Les). *Fosses (Les).*
Fouxallière (La). *Fronsallière (La).*
Fouylhoux (Le); Fouylloux (le). *Fouilloux (Le).*
Fouynes (Les). *Fouines (Les).*
Fouynières (Les). *Founières (Les).*
Fovea grandis. *Fosse-Grande.*
Foy (La). *Foye (La).*
Foya de Banday. *Foie (La)* (Savigny).
Foye (La). *Faye (La)* (Saint-Gervais). *Foie (La).* Foy (La).
Foys. *Foix.*
Fracinetum. *Fressineau.*
Fradinère (La). *Fredinière (La).*
Fraene. *Fresne (Le)* (Cherves).
Fragnais (La). *Fragnée (La).*
Fragnayum. *Fresne (Le)* (Cherves).
Fraigne (Le). *Frêne (Le).* Fresne (Le).
Fraignée (La). *Fragnée (La).*
Fraisne. *Fresne (Le)* (Cherves).
Fraitet. *Fretet.*
Franchedoere (La); Franche Douaire (la). *Franche-Doire (La).*
Frangoux. *Frangours.*
Frapuy. *Frépuy.*
Fraxenellum; Fraxenolium; Fraxinellium; Fraxinellum; Fraxinetum; Fraxiniacum. *Fressineau.*
Frayne. *Frêne (Le).*
Frayssenay. *Fressinay.*
Frayssineium. *Fressineau.*
Frebertière (La); Frebretère (la). *Fébretière (La).*
Frecinay. *Fressinay.*
Fredainneryo (La); Fredesnerye (la). *Ronde (La)* (Vernon).
Fredillé. *Fredilly.*
Fredilles. *Frouzille.*
Fredinière (La). *Ronde (La)* (Vernon).
Frefoué; Frefouer; Frefoy. *Frefoir.*
Frefoy. *Forfroy.*
Frefoyre. *Frefoir.*
Fregeaudrie (La). *Ferjaudrie (La).*
Fregnaudrie (La). *Feignaudrie (La).*
Freigné; Freignée (la). *Fregnée (La).*
Frejaudrie (La). *Ferjaudrie (La).*
Frementinière (La). *Fromentinière (La).*
Frenauderie (La). *Feignaudrie (La).*
Frenaullière (La). *Fernaulière (La).*

Frenicardière (La). *Fenicardière (La)*. *Frincardière (La)*.
Frenollière (La); Frenouillère (la). *Fernaulière (La)*.
Freppeulx. *Frépuy*.
Frereaux (Les). *Chez-Fréreau*.
Fresange. *Fressange*.
Fresgne (Le). *Fresne (Le)*.
Fresne (Le). *Frêne (Le)*.
Fressigney. *Fressinay*.
Fressigneyum; Fressiney. *Fressineau*.
Fressinet; Fressiney. *Fressinay*.
Fressineyum. *Fressineau*.
Frestet; Freteix. *Frêté. Fretet.*
Fretfouer. *Frefoir.*
Frexanges. *Fressange.*
Frexineau. *Fressineau.*
Frezange. *Fressange.*
Frignauderie (La). *Feignauderie (La)*.
Fripière (La). *Phelippières (Les). Philippière (La)* (Saint-Gervais).
Froings (Herbergement aux). *Feuilletrie (La)*.
Fronteniacus; Frontiniacus. *Frontenay*.
Froses. *Frozes.*
Frou (Le). *Feroux (Le)*.
Froustz (Les). *Froux (Les)*.
Froutix (Le). *Frutin (Le)*.
Froybertière (La). *Fébretière (La)*.
Froz. *Froux.*
Frozilia; Frozillia. *Frouzille.*
Fruiterie (La). *Fertrie (La)*.
Fruitpuys. *Frépuy.*
Frussonnère (La). *Frissonnière (La)*.
Fuc (La). *Fuie (La)*.
Fugerie (La). *Frugerie (La)*.
Fugia de Baudayo. *Fuie (La)* (Savigny).
Fuie (La). *Fuie (La)*.
Fulberteria. *Foubertière (La)*.
Fullus. *Verrières* (forêt).
Funtjoise. *Fontjoise.*
Funtmorin. *Fontmorin.*
Furatière (La); Furetière (la). *Furtière (La)*.
Furetrie (La). *Fertrie (La)*.
Furgerye (La). *Frugerie (La)*.
Furille. *Fourilles.*
Furne; Furniacus. *Furigny.*
Furnoeli; Furniols; Furnolii; Furnols. *Fourneuf.*
Fuyo (La). *Feue (La). Fuie (La)*.
Fuyo de Bauday (La). *Fuie (La)* (Savigny).
Fuzellerye (La). *Fusellerie (La)*.
Fye (Le). *Fies (Les)*.
Fyé (Le). *Fay (Le)* (prieuré).

G

Ga (Le). *Gâts (Les)* (Saugé). *Gua (Le)*.
Gabardère (La). *Gaubardière (La)*.
Gabelinère (La). *Guimblinière (La)*.
Gabideria. *Gabidière (La)*.
Gabillaux (Les); Gabilleaux (les). *Gabillas (Les)*.
Gabillière (La). *Gabilière (La)*. *Gabillorie (La)*.
Gabouray. *Gabouret.*
Gagoullière (La). *Cagoullières (Les)*.
Gaierie (La). *Gayerie (La)*.
Gaigne. *Guesne.*
Gaillard. *Champ-Gaillard. Château-Gaillard* (la Villedieu).
Gaillardière (La). *Galardière (La)*.
Gaillotz (Village des). *Gaillotrie (La)*.
Gaina; Gaine; Gaisne. *Guesne.*
Gaiton. *Jesson.*
Galemardière (La). *Galmardière (La)*.
Galeysère (La). *Galisière (La)*.
Galezerie (La). *Galiserie (La)*.
Galigeria. *Galisière (La)*.
Galinacus. *Jaunay.*
Gallairie (La). *Gélirie (La)*.
Gallaisière (La). *Galézière (La)*.
Gallaizerie (La). *Galiserie (La)*.
Gallandrie (La). *Galandrie (La)*.
Gallardonnière (La). *Galardonnerie (La)*.
Gallardrie (La). *Galardrie (La)*.
Gallemandrie (La). *Galmandrie (La)*.
Gallemardière (La). *Galmardière (La)*.
Gallemoisin. *Galmoisin.*
Galleterie (La). *Galettrie (La)*.
Gallevardière (La). *Grainevaldières (Les)*.
Gallevesse. *Galvesse.*
Gallezière (La). *Galisière (La)*.
Gallicherie (La). *Galicherie (La)*.
Gallinacus. *Jaunay.*
Gallipallière (La). *Galipalière (La)*.
Gallizière (La). *Galisière (La)*.
Gallonnière (La). *Galonnière (La)*.
Gallotyère (La). *Bugellerie (La)*.
Gallus comestus. *Jaumangé.*
Galonnière (La). *Rois (Les)* (Andillé).
Galopin (Moulin de). *Clouère.*
Galoys (Moulins). *Gallois (Moulins des)*.
Galvardière (La). *Grainevaldières (Les)*.
Gamant. *Gaumant.*

Gamba. *Chambe.*
Gandery. *Ganderin.*
Gandosmer. *Gandomier.*
Ganteria; Ganterie (la). *Gantrie (La)*.
Garcelière (La). *Garcillère (La)*.
Gardaillière (La). *Regardalière (La)*.
Gardampe (La). *Gartempe (La)*.
Gardecher. *Gardaché.*
Garde Hugon; Garde Ugon (la). *Gardigon (La)*.
Gardeleu. *Gardeloup.*
Gardempe (La); Gardemple (la), *Gartempe (La)*.
Gardescher. *Gardaché.*
Gardimpu. *Gartempe (La)*.
Garendea; Garendeau. *Garandeau.*
Garonne (La). *Connilles (Les)*.
Garennerie (La). *Gannerie (La)*.
Gargonde (La). *Sarrazins (Ruisseau des)*.
Gargoussé. *Gregoussé.*
Garielère (La). *Gazilière (La)*.
Garignère (La); Garinère (la). *Garnière (La)*.
Garinière (La). *Garnière (La). Guérinière (La)*.
Garlandière (La). *Grelandière (La). Guerlandière (La)*.
Garlendyère (La). *Grelandière (La)*.
Garmaysin. *Galmoisin.*
Garmendrie (La). *Galmandrie (La)*.
Garnerie (La). *Gannerie (La)*.
Garnière (La). *Guérinière (La)* (Vendeuvre).
Garnonère (La); Garonnière (la). *Guéronnière (La)*.
Garrandière (La). *Garandière (La)*.
Garrelière (La). *Gazilière (La)*.
Garrinière (La). *Guérinerie (La)* (Champniers).
Garronière (La). *Guéronnière (La)*.
Garsillière (La). *Garcillère (La)*.
Gartampe (La); Gartampia; Gartempla; Gartimpa. *Gartempe (La)*.
Garunda. *Gironde.*
Garynerie (La). *Guérinerie (La)*.
Gas (Le). *Gast (Le)*.
Gas (Les). *Gâts (Les)*.
Gaschardère (La). *Gachardière (La)*.
Gaschatz (Les). *Chez-Gâchat*.
Gaschet. *Gâchet.*
Gaschetrie (La). *Gachetrie (La)*.
Gascon (Le); Gascons (les). *Gâcon (Le)*.
Gasne. *Ganne.*
Gastaudière (La). *Cataudière (La)* (Mondion).
Gasteau (Le). *Gâteau (Le)*.

TABLE DES FORMES ANCIENNES. 481

Gastebource; Gastebourse. *Gâtebourse.*
Gastellenière (La); Gastellinière (la). *Gatelinière (La).*
Gastellerie (La). *Gatellerie (La).*
Gastine. *Gâtine. Sainte-Radegonde-en-Gâtine.*
Gastinalière (La). *Gatelinière (La). Gâtinalière (La).*
Gastineau. *Gâtineau.*
Gastinelière (La). *Gatelinière (La).*
Gastynalière (La). *Gâtinalière (La).*
Gastz (Les). *Gâts (Les).*
Gat (Le). *Gas (Le).*
Gat (Le petit). *Gâts (Les Petits-).*
Gatardère (La). *Quetardière (La).*
Gateborce; Gatebource. *Gâtebourse.*
Gatellinière (La); Gatinière (la). *Gatelinière (La).*
Gau (La). *Gaud (La).*
Gaubertère; Gaubertière (la). *Gaubertières (Les).*
Gaubreté; Gaubroter. *Gauberté.*
Gaubretière (La). *Gaubertière (La).*
Gaudais. *Boutaude (La).*
Gaudan; Gaudant. *Gaudent.*
Gauderie. *Gaudry.*
Gaudet. *Godet (moulin).*
Gaudet (La). *Godet (La).*
Gaudiacus. *Joué.*
Gaudier. *Gauguier.*
Gaudinière (La). *Cour-Nallet. Gaudinières (Les). Godinière (La).*
Gaudins (Les). *Godins (Les).*
Goudois. *Gaudais.*
Gaudric; Gaudrit. *Gaudry.*
Gaudrie. *Gauderies (Les).*
Gauferrand; Gauffrans. *Gaufran.*
Gaufferrant; Gauffrerant; Gaufrant. *Gauffrand.*
Gaufrido (Molendinum de). *Jouffre.*
Gaugay. *Gauguier.*
Gauger. *Gougé.*
Gaugué. *Gauguier.*
Gauguer; Gauguier. *Montgauguier.*
Gauguerye (La). *Luderie (La).*
Gaulcherie (La petite). *Bois (Le Petit-) (la Chapelle-Montreuil).*
Gaulcherye (La). *Gaucherie (La).*
Gauldère (La). *Gaudière (La).*
Gauldinière (La). *Gaudinière (La).*
Gault (La). *Gaud (La).*
Gaultelière (La); Gaultellière (la). *Gautelière (La). Gautelières (Les).*
Gaultenallière (La); Gaulterallère (la). *Godenalière (La).*
Gaultereau; Gaultreau. *Gautreau.*
Gaultiers (Les). *Gautiers (Les).*
Gaultrie (La). *Gautrie (La).*

Gaultronnyère (La). *Gautronnière (La).*
Gaultrons (Les). *Gautrons (Les).*
Gaurillère (La). *Gorlière (La).*
Gauscherie (La). *Gaucherie (La).*
Gautelle (La). *Gotelle (La).*
Gauteralière (La). *Godenalière (La).*
Gauterie (La). *Gauderies (Les).*
Gautrenière (La). *Gautronnière (La).*
Gautrons (Les). *Bellutrie (La).*
Gautrye (La). *Gautrie (La).*
Gauvagnère (La); Gauvaignère (la). *Gauvanière (La).*
Gauvigère (La). *Gauvinière (La) (Liglet).*
Gauvignère (La). *Gauvanière (La). Gauvinière (La).*
Gauvillenerie (La). *Gauvignellerie (La).*
Gauvillerie (La). *Gauvellerie (La).*
Gauvingière (La). *Gauvinière (La) (Liglet).*
Gauvinière (La). *Gauvanière (La).*
Gauvynière (La). *Gauvinière (La).*
Gavartière (La); Gavretière (la). *Gavertière (La).*
Gayna; Gayne; Gaysne. *Guesne.*
Gaytère (La). *Guitière (La).*
Gazelière (La). *Gazilière (La).*
Gazenogilum. *Jazeneuil.*
Gebetière (La). *Juptière (La).*
Gebrorius villa in vicaria Salvinse, v. 970 (cart. de St-Cyprien, p. 84). — Lieu inconnu.
Gecon. *Jesson.*
Gedaux; Gedaux (les). *Jedaux (Les).*
Gegnerie (La); Gegnerye (la). *Gennerie (La).*
Gehelie (La); Gehellye (la). *Gélie (La).*
Gelais; Gelasius. *Jalais.*
Gelis; Gellic. *Gely.*
Gellie (La). *Gélie (La).*
Gelnacus. *Jaunay.*
Gemeas; Gemeaux. *Jumeaux (Cenon).*
Geminete (La). *Âge-Minette (L').*
Genais (Le petit). *Genêt (Le Petit-).*
Gençai; Gençais; Gencayum; Genciacus. *Gençay.*
Genectz (Les). *Genêts (Les).*
Generie (La). *Gennerie (La).*
Genest (Le). *Genêt (Le).*
Geneston, *Genêton.*
Genevrière (La). *Génébrière (La).*
Genièbre (La). *Genèbre (Le).*
Genièvres (Les). *Genèbres (Les).*
Geniolum. *Jazeneuil.*

Gennays (Le petit). *Genêt (Le Petit-).*
Gennebryc. *Génebrie.*
Genoilé; Genoilhé; Genoilhec; Genoilhet; Genoillé; Genoilli; Genoilly; Genolee; Genolhé; Genoliacum; Genollé; Genollec; Genollincum. *Genouillé.*
Genoraye (La). *Genauraie (La).*
Genoulhé. *Genouillé.*
Genouraye (La); Genouroie (la). *Genauraie (La).*
Genoylliacum. *Genouillé.*
Genssayum; Gentiacus. *Gençay.*
Genulliacum. *Genouillé.*
Geoffelinière (La); Geoffelonnière (la). *Geoffonnière (La).*
Geoffre; Geoffroy (moulin de). *Jouffre.*
Geoffrionyère (La); Geofronière (la). *Geoffonnière (La).*
Geollynne. *Jolines.*
Geouffre. *Jouffre.*
Gercocé. *Grogoussé.*
Gerebria. *Genebrée (La).*
Gergonde; Gergouer (ruisseau de). *Sarrazins (Ruisseau des).*
Gergoussé. *Grogoussé.*
Gerio (La). *Gère (La).*
Germaniacum; Germeigné; Germenniacum. *Germigny.*
Germer. *Germier.*
Gernaudière (La). *Journaudière (La).*
Gernella villa in pago Briocinse, 987 ou 988 (cart. de St-Cyprien, p. 283). — Le poys de Gernelles, 1389 (gr. Gauthier, f° 245 v°). — Vers Saint-Macou.
Gerundo. *Gironde.*
Gerzant. *Gersant.*
Gesson. *Jesson.*
Geureau (Le). *Gureau (Le).*
Gezun. *Jesson.*
Giacus. *Jarcq (Le).*
Gibertère (La); Gibetère (la). *Juptière (La).*
Gibetière (La). *Chepsière (La). Gibertière (La).*
Gibretière (La). *Gibertière (La).*
Gibsière (La). *Chepsière (La).*
Gié. *Giez.*
Gignech; Gignet. *Engeniec.*
Gihec. *Giez.*
Gilbertye (La). *Gilbertrie (La).*
Gilbretière (La). *Gilbertière (La).*
Gilevetum. *Chilvert.*
Gillard. *Gilard.*
Gillardière (La). *Gilardière (La).*
Gillardières (Les). *Gilardières (Les).*

Vienne. 61

Gilleberterie (La); Gillebertie (la). *Gilbertric (La)*.
Gillebertière (La). *Gilbertière (La)*.
Gilletorie (La). *Girettrie (La)*.
Gimelles. *Gemelle*.
Ginère (La). *Ginière (La)*.
Gippiacus; Giptiacus. *Giez*.
Giptière (La). *Gipsière (La)*.
Girardière (La). *Giraudière (La)* (Prinçay).
Girards (Les). *Gouins (Les)*.
Giraud (La). *Chez-Mesrine*.
Giraudère (La). *Giraudelles (Les)*. *Giraudière (La). Giraudrie (La)* (Ligugé).
Giraudorie (La). *Giraudrie (La)*.
Girauderye (La). *Giraudière (La)* (Prinçay).
Giraudière (La). *Garandière (La)*.
Giraudières (Les). *Giraudelles (Les)*.
Giraulderye (La). *Milétrie (La)*.
Giraudières (Les). *Giraudières (Les)*.
Girauldries (Les). *Giraudries (Les)*.
Giraudryc (La). *Giraudière (La)* (Prinçay).
Gironde. *Sarrazins (Ruisseau des)*.
Girondelle (Ruisseau de). *Morelle (Ruisseau de la)*.
Girondia. *Lencloître*.
Girouard; Girouart. *Giroir*.
Girouard (Le fief). *Girouardière (La)* (Naintré).
Girouardière (La). *Pichereaux (Les)* (Usseau).
Girunda. *Lencloître*.
Gisai; Gisayum; Gisiacum. *Gizay*.
Gisnère (La). *Ginière (La)*.
Giuzie (La). *Juzie (La)*.
Glanle. *Glande*.
Glantignous. *Glantinoux*.
Glaumerie (La); Glaumière (la). *Glomière (La)*.
Gleaumerie (La). *Glomerie (La)*.
Glennosa; Glenosa; Glenose; Glenosse; Glenouse; Glenouxe. *Glenouze*.
Glignor. *Glégnon*.
Glinière (La). *Galinière (La)*.
Glionnière. *Lionnière*.
Glomière (La). *Glomerie (La)*.
Glotonnye (La). *Glotomerie (La)*.
Gobé (Le). *Gobier (Le)*.
Gobertyères (Les). *Gaubertières (Les)*.
Gobrété. *Gauberté*.
Godefère (La). *Queue-des-Fières (La)*.
Goderies (Les). *Gauderies (Les)*.
Godinière (La); Godinières (les). *Gaudinières (Les)*.

Godoflère (La). *Queue-des-Fières (La)*.
Godynière (La). *Godinière (La)*.
Goeles. *Gouelle*.
Goeslerie (La). *Goualerie (La)*.
Goferant. *Gouffrand*.
Goger. *Gougé*.
Gogrière (La). *Gaugrière (La)*.
Gogué. *Ganguier*.
Goia. *Gouex*.
Goille; Goilum. *Gouelle*.
Goisbeau. *Goibeau*.
Goix; Goiz. *Gouex*.
Gomanjart. *Commenjart*.
Gomart. *Goumas*.
Gomengart. *Commenjart*.
Gonèche; Gonuesche. *Gonnèche*.
Gongoulhon. *Cougouillon*.
Gonnières (Les). *Gouinières (Les)*.
Gons (Les). *Chez-les-Gonds*.
Gonterie (La). *Contrie (La). Quinterie (La)*.
Gopilhon. *Goupillon*.
Gorbeillère (La); Gorbellière (la); Gorbillière (la). *Corbellière (La)*.
Gordonnière (La). *Regordonnière (La)*.
Gorgeaudière (La). *Hillerets (Les)*.
Gorilhère (La); Gorillère (la); Gorrelière (la); Gorrellière (la). *Gorlière (La)*.
Gorrenière (La). *Gornière (La)*.
Gorressière (La). *Gorcière (La)*.
Gorrilhière (La). *Gorlière (La)*.
Gorronnière (La). *Gornière (La)*.
Gosonium. *Gouzon*.
Goteloicacus. *Ligugé*.
Gothenallière (La). *Godenalière (La)*.
Gotorum (Villa que dicitur) in vicaria Salvinse, 886; villa que vocatur Gottorum in pago Pictavo; farinarium super alveum Divane, 994 (abb. de Nouaillé). — Lieu inconnu.
Gouabaux (Le). *Goibeau*.
Gouaudière (La). *Gaudière (La). Gaudières (Les)*.
Gouauldière (La). *Gaudières (Les)*.
Gouay. *Gouex*.
Goubardières (La). *Gaubardière (La)*.
Goubeillon (Le). *Chez-Piquet*.
Goubertières (Les). *Gaubertières (Les)*.
Gouellerie (La). *Goualerie (La)*.
Goués. *Gouex*.
Goueslerye (La). *Goualerie (La)*.
Gouetz; Gouez. *Gouex*.
Gouffalière (La). *Confalière (La)*.
Goufferie (La). *Gouffrie (La)*.
Gouffrandière (La). *Goulfandière (La)*.

Gougeons (Les). *Goujons (Les)*.
Gougonnerie (La). *Goujonnerie (La)*.
Gouhez. *Gouex*.
Goulardorie (La). *Coutarderie (La)*.
Goumaizière (La). *Goumoisière (La)*.
Goumenjart. *Commenjart*.
Gounesche (La). *Gonnèche*.
Goupillère Tallebart (La). *Goupillères (Les)* (Saint-Sauveur).
Gourbeillerie (La). *Goublerie (La)*.
Gourbillière (La). *Corbellière (La)*.
Gourderie (La). *Gorderie (La)*.
Gourgeaudière (La). *Gourjaudière (La)*.
Gourgoussé. *Grogoussé*.
Gourjaulderie (La). *Gourjaudrie (La)*.
Gourmenderie (La). *Galmandrie (La)*.
Gourroussière (La). *Grossière (La)*.
Gouynière (La). *Gouinière (La)*.
Govanière (La). *Gauvanière (La)*.
Goy. *Gouex*.
Goya (La); Goyea (la). *Dia (La)*.
Gozomium; Gozon. *Gouzon*.
Gracevault; Gracevaulx. *Grassevau*.
Gracineus. *Grassay*.
Gragon; Gragum. *Cragon*.
Graifec. *Greffier*.
Gramont. *Grandmont. Gremont*.
Grand Bois (Le). *Grange-du-Bois (La)*.
Grande Maison (La). *Grand'Maison (La)*.
Grande Maison du seigneur de Rosilly (La). *Grand'Maison (La)* (le Bouchet).
Grandes Maisons (Les). *Grand'Maisons (Les)*.
Grandimontensis prioratus. *Grandmont*.
Grandin. *Ganderin*.
Grandis Calma. *Grand-Chaume*.
Grandis Campus; Grandis Champus. *Grand-Champ*.
Grand Maison (La). *Maillolière (La)* (Jazeneuil).
Grand Maison de l'escolle (La). *Grand-Maison (La)* (Saint-Benoît).
Grand Maison du bout du bourg de la Villedieu (La). *Grand'Maison (La)* (Alonne).
Grand Maison Saincte Marthe (La). *Grand'Maison (La)* (Saint-Benoît).
Grandmont. *Gremont*.
Grand Pont d'Auxance (Le); Grand Pont des Ances (le). *Grand-Pont (Le)*.
Grandrin. *Ganderin*.
Granetère (La). *Grenatière (La)*.

TABLE DES FORMES ANCIENNES. 483

Grange (La). *Chez-Gabourin*. *Grange-Villedon* (*La*).
Grange à Barois (La); Grange à Barrois (la). *Grange* (*La*) (Jouet).
Grange à Goudon (La). *Grange-à-Gaudon* (*La*).
Grange à la Croix Chappellet (La). *Grange-à-Pasquier* (*La*).
Grange à l'Humeau (La). *Charloterie* (*La*).
Grange à Liret (La). *Grange* (*La*) (Chiré-en-Montreuil).
Grange à Mayault (La). *Grange-à-Maillaud* (*La*).
Grange au Meignen (La). *Grange-au-Mien* (*La*).
Grange aux Batards (La). *Grange-à-Bastard* (*La*).
Grange aux Berris (La). *Grange-à-Berri* (*La*).
Grange aux Rondeaux (La). *Grange-à-Rondeau* (*La*).
Grange Baccouil (La). *Grange* (*La*) (Chiré-en-Montreuil).
Grange-Bourgeoise (La). *Grange-Verdoise* (*La*).
Grange de Bellevue (La). *Grange* (*La*) (Savigné).
Grange de Saint-Jean (La). *Tabary*.
Grange de Saint Pierre le Puellier (La). *Grange* (*La*) (Poitiers).
Grange de Saincte Marthe (La). *Grand'Maison* (*La*) (Saint-Benoit).
Grange des Champs (La). *Bégaudré*.
Grange des fouines (La). *Fouines* (*Les*).
Grange des Ymberthons (La). *Grange-aux-Imbertons* (*La*).
Grange de Vildon (La). *Grange-Villedon* (*La*).
Grange Maugarny (La). *Grange* (*La*) (Saint-Gervais).
Grange Neufve de Monais (La). *Grange-Neuve* (*La*) (Pairoux).
Grange Pacault (La). *Grange* (*La*) (Messemé).
Grange près l'Étang (La). *Grange-Verdoise* (*La*).
Grange Sainct Gelays (La). *Folie* (*La*) (Poitiers).
Granges. *Grange* (Linazay).
Granges (Les). *Grange* (*La*) (Saint-Martin-la-Rivière). *Granges-Fentmorte* (*Les*).
Grangiæ. *Granges* (*Les*) (Saint-Pierre-des-Églises).
Granicæ. — Inter Granicas et Claustras, 938; villa quæ vocatur Grangas, 988-1031 (cart. de S¹-Cyprien, p. 60 et 63). — Ce lieu était situé près de Vendeuvre.
Grenoillère (La). *Grenouillère* (*La*).
Grans Maisons (Les). *Grand'Maisons* (*Les*).
Grantchomp. *Grand-Champ*.
Grantchauma. *Grand-Chaume*.
Grantfons; Grantfont. *Grand-Font*.
Grantmont. *Grandmont*. *Gremont*.
Graslière (La). *Gralière* (*La*).
Grassa vallis. *Grassevau*.
Grassienerie (La). *France*.
Gratart. *Gretard*.
Gratebard. *Gratte-Balle*.
Gratienerye (La). *France*.
Gratouset; Gratouzet. *Gratouzay*.
Gravis (Terra de). *Grève* (*La*) (Vendeuvre).
Grayflech. *Greffier*.
Grée (La). *Lagré*.
Grelay. *Grelé*.
Grelière (La). *Gralière* (*La*).
Grellay; Grellé. *Grelé*.
Gremille. *Gremille*.
Grenetère (La); Grenetière (la). *Grenatière* (*La*).
Grenetru; Grenetu. *Grainetu*.
Grenevardière (La). *Grainevaldières* (*Les*).
Grenoillaux (Les). *Grenouilleric* (*La*).
Grenoille (La). *Grenouille* (*La*).
Grenoilleau. *Grenouilleau*.
Grenoillère (La). *Grenouillère* (*La*) (Usseau). *Grenouillère* (*La*).
Grenoillères (Les). *Grenouillères* (*Les*).
Grenoillerie (La). *Grenouillerie* (*La*).
Grenolle (La). *Grenouille* (*La*) (Usseau).
Grenollère (La). *Grenouille* (*La*) (Usseau). *Grenouillère* (*La*).
Grenoullière (La). *Grenollière* (*La*).
Gressigny; Gressigny. *Vieille-Vigne* (Chouppes).
Greuzallière (La). *Gruzalière* (*La*).
Grevis (Terra de). *Grève* (*La*) (Vendeuvre).
Grezilion. *Gremillon*.
Grice; Gricia. *Grisse*.
Grière (La). *Grillère* (*La*).
Griffière (La). *Grissière* (*La*) (Chenevelles).
Grifonère (La). *Griffonnières* (*La*).
Grigné. *Grigny*.
Grillas (Les). *Grillea* (*Le*).
Grimauderie. *Grimaudière* (*La*).
Griptes (Moulin des). *Gâtebourse* (Montmorillon).

Griscia. *Grisse*.
Grisfera. *Grissière* (*La*) (Chenevelles).
Grisse. *Coutarderie* (*La*).
Grissa (La); Grisses (les). *Chapelle-des-Grises* (*La*).
Grites (Moulin des). *Gâtebourse* (Montmorillon).
Gritia. *Grisse*.
Grix. *Gris*.
Grobost; Groboust. *Gros-Bost*.
Grocolère (La); Grocollière (la). *Gricollière* (*La*).
Grogæ. *Groge* (*La*).
Groges (Les). *Groge* (*La*) (Pindray).
Grogiæ. *Groges* (*Les*).
Grohes (Les). *Groge* (*La*) (Nalliers).
Groin; Groing. *Grouin*.
Grois (La). *Groie* (*La*). *Groye* (*La*).
Groissière (La). *Grossière* (*La*).
Groissonnerie (La). *Gressonnière* (*La*).
Groix (La). *Groie* (*La*). *Roche-Tardille*.
Groizallière (La). *Gruzalière* (*La*).
Grojardières (Les). *Vau* (*La*) (Saint-Pierre-de-Maillé).
Grojonière (La). *Pinier* (*Le*) (Ceaux).
Grollière (La). *Grolière* (*La*).
Gronère (La). *Guéronnière* (*La*).
Gronnium. *Grouin*.
Gronolhère (La). *Grenollière* (*La*).
Grosheau; Grosbois. *Gros-Bost*.
Grosbot. *Gros-Bout* (*Le*).
Grossinière (La). *Groussinière* (*La*).
Grossus Boscus. *Gros-Bos*. *Gros-Bout* (*Le*).
Grousboys. *Gros-Bout* (*Le*).
Groussalière (La). *Gruzalière* (*La*).
Groussineau (Moulin de). *Chauvalière* (*La*) (Latillé).
Grouyn. *Grouin*.
Grouzalière (La). *Gruzalière* (*La*).
Groye (La). *Groie* (*La*). *Croix* (*La*).
Groys (La). *Groie* (*La*).
Grozbourg; Grozbônx; Grozboz. *Grosbout*.
Grugeaudière (La). *Gregeaudière* (*La*).
Grymauldière (La). *Grimaudière* (*La*).
Gua (La). *Dia* (*La*).
Gua (Le). *Gas* (*Le*). *Gâts* (*Les*) (Saugé).
Guacherie (La). *Gacherie* (*La*).
Guadni fluvius. — In villa Luciaco area ad molendinum faciendum super fluvium Guadni, v. 914 (abb. de Nouaillé). — C'est l'un des deux ruisseaux appelés l'un ruisseau des

61.

TABLE DES FORMES ANCIENNES.

Grands-Moulins et l'autre ruisseau des Petits-Moulins.
Guaina. *Guesne.*
Guarde (La). *Garde (La).*
Guardigon (La). *Gardigon (La).*
Guarinère (La). *Garinière (La). Garnière (La).*
Guartimpa. *Gartempe (La).*
Guaschard. *Gaschard.*
Guastellenière (La). *Gatelinière (La).*
Guastina; Guastine. *Gâtine.*
Guastineau. *Gâtineau.*
Guaytère (La). *Guitière (La).*
Guébelinère (La). *Guimblinière (La).*
Gué de Sceau. *Gué-de-Ceaux.*
Guédhosmes; Guédhousmes; Guédosme (le). *Guidome.*
Gué d'Usseau (Le). *Gué-de-Ceaux.*
Gueigne; Gueine. *Guesne.*
Gué Jacquelin (Le). *Jacquelin (Le).*
Gueminère (La); Guemynière (la). *Guiminière (La).*
Guenevardère (La). *Grainevaldières (Les).*
Guercenne (La). *Garenne (La).*
Gueretière (La). *Guertière (La).*
Guergonde (La). *Sarrazins (Ruisseau des).*
Gueritière (La). *Guertière (La).*
Guerjaudière (La). *Gregeaudière (La).*
Guerlandière (La). *Grelandière (La).*
Guernoilbère (La). *Grenollière (La).*
Guerris (Les); Guerritz (les). *Chez-les-Gris.*
Guertempe (La). *Gartempe (La).*
Gué Sabault (Le). *Guissabault.*
Guesbellinyère (La). *Guimblinière (La).*
Guesdonnière (La). *Guédonnière (La).*
Guesmettière (La). *Guinetière (La).*
Guesminière (La). *Guiminière (La).*
Guesrivière (La). *Guérivière (La).*
Guessière (La). *Guesserie (La).*
Guestière (La). *Guitière (La).*
Guetardière (La). *Quetardière (La).*
Guetière (La); Guettière (la). *Guitière (La).*
Gueullerie (La). *Guillerie (La) (Saint-Pierre-des-Églises).*
Guey de Mazerolles (Le). *Gué (Le) (Mazerolles).*
Guiaudrie (La). *Liaudrie (La) (Nieuil-l'Espoir).*
Guibaudières (Les). *Guillebaudières (Les).*
Guibretière (La). *Guibertière (La).*
Guierche (La). *Guerche (La).*

Guignaudière (La). *Guillandière (La).*
Guignefolle. *Guinfolle.*
Guignetterie (La). *Guinterie (La).*
Guilbardière (La); Guilberdière (la). *Boisseaux (Les).*
Guilbaudières (Les). *Guillebaudières (Les).*
Guilhemans. *Guillements (Bois des).*
Guilher (Le). *Guillé (Le).*
Guilhéraut. *Gilleronde (Moulin).*
Guilhetière (La). *Guitière (La) (Thuré).*
Guilhonnières. *Lionnière.*
Guilhotière (La). *Guillotière (La).*
Guillebaut. *Guilbault.*
Guillemets (Fief des); Guillemette (fief). *Bellefont.*
Guillonnère (La). *Dionnerie (La).*
Guillonnière (La). *Lionnière (La).*
Guillonnières. *Lionnière.*
Guillottières (Les). *Claveaux (Les).*
Guinandière (La). *Guillandière (La).*
Guinaudelière (La). *Guignaudelière (La).*
Guinefolle. *Guignefolle.*
Guineterie (La). *Guignétrie (La).*
Guinetière (La). *Guignetière (La).*
Guinevert. *Guignevert.*
Guionnère (La). *Dionnerie (La).*
Guionnière (La). *Guyonnière (La).*
Guiraud (La). *Chez-Mesrine.*
Guirochère (La). *Guérochère (La).*
Guistière (La). *Guitière (La).*
Guitardi feodum; dompni Guitardi turris. *Guitardières (Les). Anguitard.*
Guittière (La). *Guitière (La) (Thuré).*
Guizabeau. *Guissabault.*
Guizeoulx (La); Guizjou (la). *Écluzioux (L').*
Guoy. *Goucx.*
Gusson. *Aguzon.*
Guya (La). *Dia (La).*
Guybert. *Guibert (moulin).*
Guybretière (La). *Guibertière (La).*
Guye Sabault. *Guissabault.*
Guygnaulx (Les). *Guignaux (Les).*
Guygnefolle. *Guignes-Folles (Les).*
Guyminière (La). *Guiminière (La).*
Guynardières (Les). *Guignardières (Les).*
Guynaudière (La). *Guillandière (La).*
Guynefolle. *Guignes-Folles (Les).*
Guynemendière (La). *Guinemendière (La).*
Guynetière (La). *Guignetière (La).*
Guyonnerie (La). *Dionnerie (La).*
Guyonnière (La petite). *Girouette (La) (Montoiron).*

Guyrochère (La); Guyrochière (la). *Guérochère (La).*
Guy Sabault; Guyssabault. *Guissabault.*
Guytart (La tour en). *Anguitard.*
Guytière (La). *Guitière (La).*
Guzeoulx (La). *Écluzioux (L').*
Gyat. *Giat.*
Gye (La). *Gie (La).*
Gyé. *Giez.*
Gyrauldière (La). *Giraudière (La) (Béthines).*

H

Haans. *Hains.*
Habbatiz (Les). *Abattis (Les).*
Habin. *Abin.*
Habitu (Domus de); Habitus Beamondi; Habitus Boamondi. *Habit-Beaumont (L').*
Haeut; Haentum. *Hains.*
Haia. *Age (L') (la Bussière).*
Haims; Hainct; Hainctz; Haings; Haintz. *Hains.*
Hairecourt. *Harcourt.*
Haires (Les). *Ers (Les).*
Halbardière (La). *Hallebardière (La).*
Halée. *Allay.*
Hallebroux. *Albroux.*
Hant; Hanz. *Hains.*
Haraum. *Ayron.*
Hardiloux. *Ardilloux.*
Hardonnière (La); Hardouinière (la); Hardouynère (la). *Lardonnière.*
Hardouins (Les). *Boistardières (Les).*
Harecourt. *Haricuria. Harcourt.*
Harpay. *Arpoix.*
Harpe (La). *Herpe (La).*
Haudeberts (Les). *Audeberts (Les).*
Haultefeuille (Boys de). *Clionnerie (La).*
Haumont. *Haut-Mont.*
Haute Perrière (La). *Houperrière (La).*
Haye (La petite). *Petite-Oye (La).*
Hayns. *Hains.*
Hayrecourt. *Harcourt.*
Hays (Les). *Hayes (Les) (Couloubriers).*
Heant; Hecnt; Heint; Henc; Hem. *Hains.*
Helemosina. *Laumone.*
Hérault (Les). *Ayraults (Les).*
Herbaudière (L'). *Baudières (Les).*
Herce (L'). *Herse (L').*
Hercourt; Herecourt. *Harcourt.*

TABLE DES FORMES ANCIENNES.

Hermigère (L'). *Remigère (La)* (Genouillé).
Herpay. *Arpoix.*
Herpinière (L'). *Erpinière (L').*
Herraudières (Les). *Héraudières (Les)* (Leugny).
Hervault. *Ervaux.*
Hestres (Les). *Aîtres (Les).*
Heyns. *Hains.*
Hisla. *Isle-Jourdain (L').*
Hispania. *Épcine.*
Hisset. *Essier.*
Holmes Guillaume (Les). *Hommes-Guillaume (Les).*
Homes Saint Martin (Les). *Ormes (Les).*
Hommaillerie (L'). *Loumaillerie.*
Hommaizé (L'). *Lomaizé.*
Hommeau (L'). *Ormeau (L')* (Lusignan).
Hommes Saint Martin (Les). *Ormes (Les).*
Hopitault (L'). *Lapitaux.*
Horiolères (Les). *Oriolières (Les).*
Hormeau Marion (L'). *Ormeau (L')* (la Roche-Posay).
Hosmes (Les). *Hommes (Les).*
Hosmes Guillaume (Les). *Hommes-Guillaume (Les).*
Hospital de la Villedieu (Moulin de l'). *Hôpitau (Moulin de l')* (Andillé).
Hospitau (L'). *Hôpitau (L').*
Hospitault (L'). *Lapiteau. Hôpitau (L').*
Hostes (Les). *Outres (Les).*
Houlières (Les); Houllières (les). *Houillères (Les).*
Houme (L'). *Homme (L').*
Houmeau (L'). *Ormeau (L')* (Lusignan).
Houmée (L'). *Hommée (L').*
Houppellière (La). *Houperrière (La).*
Houslières (Les). *Houillères (Les).*
Housme Guillaume (L'); Housmes Guillaume (les). *Hommes-Guillaume (Les).*
Housmée (L'). *Hommée (L').*
Huardière (La). *Ourdière (L').*
Huballerie (La). *Jouballerie (La).*
Huchepic. *Juspy.*
Huconium. *Usson.*
Huilleries (Les). *Huilerie (L')* (Vaux-en-Couhé).
Humeau (L'). *Ormeau (L')* (Lavoux).
Humeau (Le gros). *Ormeau (Le Gros-).*
Humeau de la Coux (L'). *Humeau (L') (Jardres).*

Humeau Marion (L'). *Ormeau (L')* (la Roche-Posay).
Humeaux (Les). *Ormeaux (Les)* (Bournan).
Hurchan. *Herson.*
Hurczoys. *Urçay.*
Husseau. *Usseau.*
Husson. *Usson.*
Huyssellum. *Usseau.*

I

Ibaudières (Les). *Hibaudières (Les).*
Iboullio; Ibuils. *Ibeille.*
Icionum. *Usson.*
Igoranda; Igorandis; Igranda. *Ingrande.*
Ile-Jourdain (L'). *Isle-Jourdain (L').*
Illæ. *Isle.*
Imbaudières (Les). *Hibaudières (Les).*
Incay; Incayum. *Ainçay.*
Incnvinea flumenculum. *Envigne (L').*
Ingambe; Ingambia. *Enjambes.*
Ingla. *Angle.*
Ingoranda; Ingranda; Ingrandia; Ingrandisse. *Ingrande.*
Injambe; Injambia. *Enjambes.*
Insay. *Ainçay.*
Inson. *Ainson.*
Insula Jordani. *Isle-Jourdain (L').*
Interamnis. *Antran.*
Inter Vineas (Beata Maria). *Envigne (L').*
Intra Amnem; Intra Annam. *Antran.*
Inzé. *Ainzay.*
Isinodium. *Saint-Pierre-d'Exideuil.*
Isla. *Isle-Jourdain (L').*
Isle Dandouard (L'). *Isle-Gandouart (L').*
Isop (L'). *Iseau (L').*
Isset; Issict. *Essier.*
Issinol. *Saint-Pierre-d'Exideuil.*
Istaol; Isteuil; Istolium; Itolium; Itueilh; Ituilg. *Iteuil.*
Izannensis vicaria. *Ingrande.*

J

Jabonnière (La). *Jabouinerie (La).*
Jabrouille (La). *Jabrouille (La).*
Jacerie (La). *Jasserie (La).*
Jaciacus (Locellus nuncupatus), 780 (Besly, Histoire des comtes de Poitou, p. 149). — Ce lieu est inconnu. Ce serait Saint-Maurice, suivant M. de la Fontenelle (Histoire des ducs d'Aquitaine, p. 51).
Jacquetière (La). *Jactière (La).*

Jadres. *Jardres.*
Jadres (Moulin de). *Ronde (La)* (Bonnes).
Jacre (La). *Gère (La).*
Jailleric (La). *Géliric (La).*
Jalaisère (La); Jaleserye (la). *Jalaiserie (La).*
Jaletière (La); Jalletières (les). *Mougarni.*
Jallais. *Jalais.*
Jallaiserie (La); Jallaizerie (la). *Jalaiserie (La).*
Jallenai. *Jalnay.*
Jallerie (La). *Géliric (La).*
Jallezerie (La). *Jalaiserie (La).*
Jallière (La). *Jalière (La).*
Jallonnay. *Jalnay.*
Jalniacus. *Jaunay.*
Jaloirye (La). *Géliric (La).*
Jalonia. *Jalouin.*
Jaltière (La). *Jalletière (La).*
Jambe. *Enjambes.*
Jamboher. *Jean-Bouyer.*
Jançay. *Gençay.*
Jancillé. *Genouillé* (Civaux).
Janizas. *Jaunay.*
Januæ. *Chapelle-Moulière (La).*
Jaquelinière (La). *Jacquelinière (La).*
Jaquemin (La). *Jacquemin (La).*
Jaqueries (Les). *Jacquetière (La)* (Oiré).
Jard (Le). *Jareq (Le).*
Jardrins (Les). *Chez-Jardin.*
Jarige (La); Jarigia. *Jarrige (La).*
Jarnac; Jarnacum; Jarnay; Jarnee. *Jarnet.*
Jarnezay. *Jornezay.*
Jaronde. *Gironde.*
Jarrandère. *Jarlandière (La).*
Jarrie. *Jarrige.*
Jarrige. *Jarige. Jarnet.*
Jarrige (La). *Jarrie (La)* (Archigny).
Jarrondère (La). *Jarrandière (La).*
Jarrouilh (La); Jarrouilhe (la); Jarrouy (la). *Jarrouie (La).*
Jarrousserie (La). *Bolin.*
Jarye (La). *Jarrie (La).*
Jarsant. *Gersant.*
Jarsays; Jarsois. *Jarzay.*
Jartres (Les). *Jartes (Les).*
Jarunda; Jarundia. *Lencloitre.*
Jarye (La). *Jarrie (La).*
Jarzois; Jarzoy. *Jarzay.*
Jasenolium; Jasemuyl. *Jazeneuil.*
Jaslays; Jasloys. *Jallais.*
Jasonolium. *Jazeneuil.*
Jasse (La). *Ajasse (L').*
Jasseau (La ou le). *Ajasseau (L').*
Jasserie (Moulins de la). *Bajon.*

TABLE DES FORMES ANCIENNES.

Jaufinerie (La). *Jofinerie (La)*.
Jauflonière (La). *Geofflonnière (La)*.
Jaulline. *Jolines*.
Jaulnay. *Jaunay*.
Jaumer. *Joumé*.
Jaumerie (La). *Jaunerie (La)*.
Jaunai; Jaunaium; Jaunais; Jauncium. *Jaunay*.
Jaunoy (Le petit). *Clau*.
Jauvrardenat. *Javardenac*.
Jaux (Les); Jaux blancs (les). *Rimbard*.
Javeizenac; Javerzenac; Javredenac. *Javardenac*.
Jayzonolium; Jazinoyl. *Jazeneuil*.
Jazenas. *Jaunay*.
Jazencul; Jazenoil; Jazenolium; Jazeneuil. *Jazeneuil*.
Jean Moulin. *Gué-des-Roches (Le)* (moulin).
Jeau (Le). *Jau (Le)*.
Jehan Boher; Jehan Bouher. *Jean-Bouyer*.
Jehannins (Les). *Jeannins (Les)*.
Jemca (La), *Jumeau (La)*.
Jemelles. *Gemelle*.
Jencay; Jenciacum. *Gençay*.
Jenoilbet. *Genouillé*.
Jensay. *Gençay*.
Jerondia. *Gironde*.
Jerzay. *Jarzay*.
Jezellas. *Chezelle* (Thurageau).
Jezun. *Jesson*.
Jignerie (La). *Gennerie (La)*.
Jioux. *Gioux*.
Joarena; Joarenna; Joarennes. *Jouarenna*.
Jobertère (La). *Gibertière (La)*.
Jobertères (Les); Jobertière (la). *Joubertière (La)*.
Jobertière (La). *Joubardière (La)*.
Jocus. *Jeu*.
Jodoin. *Jaudonnière (La)*.
Joé. *Joué*.
Joec. *Joué. Jouet. Jouy*.
Joent. Jean *(Bois de)*.
Joffelinière (La); Joffrionère (la). *Geofflonnière (La)*.
Johannetière (La). *Janetière (La)*.
Johant. Jean *(Bois de)*.
Johé; Johec; Johet. *Joué*.
Joischère (La). *Jouachère (La)* (Persac).
Jolains (Les); Jollains (les). *Chapelière (La)* (Coussay-les-Bois).
Joliet (Le). *Gcolier (Le)*.
Jolliets (Les). *Jollets (Les)*.
Jollines. *Jolines*.

Jollinières (Les). *Jalinières (Les)*.
Jullis (Les). *Jolis (Les)*.
Jomet; Jomez. *Joumé*.
Jonayum. *Jaunay*.
Jonchayum. *Gençay* (Sérigny).
Jonchère (La). *Jouachère (La)* (Persac).
Jonnete (La); Jonnettère (la). *Gaillotrie (La)*.
Jonnetère (La). *Janetière (La)*.
Jorda. *Jourdc. Saint-Laurent-de-Jourde*.
Jordain. *Jourdain*.
Jordannière (La). *Jourdanière (La)*.
Jordc. *Jourde*.
Jordenère (La). *Jordonnière (La)*.
Jordia; Jordre. *Jourde. Saint-Laurent-de-Jourde*.
Jorgnec; Jorgncium. *Jorigny*.
Jorie. *Jourie (La)*.
Jorillère (La). *Jarrilière (La)*.
Jornacum; Jornec; Jornet. *Journet*.
Josmé; Josmer; Josmet. *Joumé*.
Josnerie (La). *Jaunerie (La)*.
Jossec. *Joussé*.
Joterea; Jotereau; Joterellum, *Jutreau*.
Joualin (La). *Âge-Valin (L')*.
Jouardière (La). *Jardière (La)*.
Jouarinus. *Jouarenne*.
Jouberdière (La). *Joubardière (La)*.
Joubertère (La). *Gibertière (La)*.
Joubertz (Les). *Chez-Jobard*.
Joucet. *Joussé*.
Jouchière (La). *Jouachère (La)* (Queaux).
Jouffinerie (La). *Jofinerie (La)*.
Jouffrey. *Jouffre*.
Jouhant. Jean *(Bois de)*.
Jouhé. *Joué. Jouet*.
Jouhec. *Jouet*.
Jouhent. Jean *(Bois de)*.
Jouherie (La). *Jourie (La)*.
Jouhet. *Jouet*.
Joullains (Les). *Chapelière (La)* (Coussay-les-Bois).
Joulnière (La); Jounellière (la). *Jaunelière (La)*.
Jounoux. *Jonoux*.
Jourdenière (La). *Jourdinière (La)*.
Jourdre. *Jourde*.
Jourdres. *Saint-Laurent-de-Jourde*.
Journé; Journec. *Journet*.
Jousné. *Joumé*.
Joussault. *Jousseau*.
Jousseampère (La). *Joussamière (La)*.
Jousselière (La). *Jusselière (La)*.

Jousset; Joussiet. *Joussé*.
Joussinière (La). *Groussinière (La)*.
Joustreau; Jouxterau. *Jutreau*.
Joyn. *Jouin*.
Juballière (La). *Joubaüerie (La)*.
Jubinière (La). *Pontdartin*.
Jublière (La). *Juptière (La)*.
Juchepie; Juchepye. *Juspy*.
Judalière (La). *Caves-Saint-Marc (Les)*. *Vayolles*.
Judes (Fief des). *Papetrie (La)*.
Judum. *Jeu* (Plaisance).
Juctière (La). *Jutière (La)*.
Jugum Arenæ. *Jouarenne*.
Juhe. *Jeu* (Vicq).
Juilhec; Juillé; Julhet; Jullé. *Juillet*.
Juliodunum. *Loudun*.
Juscincus; Jussiec. *Joussé*.
Jussière (La). *Jugière (La)*.
Jusson. *Jesson*.
Justiacus. *Joussé*.
Justice de Marsigeau (La). *Justice (La)* (Archigny).
Justrean. *Jutreau*.
Juygnatz. *Juniat*.
Juyhec. *Jouet* (Charroux).
Juzalère (La). *Caves-Saint-Marc (Les)*.
Juzée (La). *Juzie (La)*.
Juzerie (La). *Juscrie (La)*.
Juzetière (La). *Jutière (La)*.
Juzière (La). *Jugière (La)*.
Juzye (La). *Jusie (La)*.

K

Kabannas. *Chabanne* (Chenevelles).
Kadelena flumen. *Chenolle (La)*.
Kalezium. *Calais*.
Kanabum. *Cheroes*.
Καυευτέλος. *Charente (La)*.
Karanta; Karantona; Karentonu. *Charente (La)*.
Karroffia; Karroffum; Karroflum; Karrofum, *Charroux*.
Karronère (La). *Caronnière (La)*.
Kassanas. *Chassaigne. Chassoignes*.
Kastriacus. *Chitré*.
Kresminière (La). *Cardonière (La)*.
Kursai. *Curçay*.

L

Labée. *Abbaye (L')* (Brion).
Labit Beaumont. *Habit-Beaumont (L')*.
Lacay. *Lassay*.
Lac Douault (Le); Lac Douhet (le). *Lac (Le)* (Frozes).
Lacost. *Cou (La)*.

TABLE DES FORMES ANCIENNES.

Lacon; Lacoux. *Cou (La). Couu (La).*
Lacoulz; Lacoustz. *Coue (La).*
Lactardière. *Quetardière (La).*
Lacunes. *Cunaye (La).*
Ladiniacus, 938; villa Laigniacus in rem Sancti Petri Vendobrie, 973 ou 974 (cart. de S¹-Cyprien, p. 60 et 62). — Lieu inconnu.
Lafa. *Fa (La).*
Laffa. *Lafa. Vau (La Petite-).*
Laga Pariola. *Âge-Pariolle (L').*
Lagdemaison. *Demaison (La).*
Lage. *Âge (L').*
Lageasserie. *Jasserie (La).*
Lage Chambut. *Chambut (La).*
Lagée. *Gie (La).*
Lage Gandelain; Lage Jaquelin. *Âge-Gandelin (L').*
Lageon. *Saint-André.*
Lagerant. *Âge-Rault (L').*
Lagodet. *Godet (La).*
Lagrest. *Lagré.*
Laia; Laia Pariola; Laia Periolo. *Âge-Pariolle (L').*
Laidureau. *Lédureau.*
Laigne. *Loigné.*
Laigné. *Loigné-les-Bois. Loigné-sur-Usseau.*
Laigné des Bois. *Loigné-les-Bois.*
Laignia; Laignon. *Loigné.*
Laignon (Le). *Lignon (Le).*
Loigrest. *Lagré.*
Laillé. *Allier (L'). Lallier.*
Lainec. *Loigné-les-Bois.*
Laingniacus. *Loigné-les-Bois. Loigné-sur-Usseau.*
Lainiacus. *Loigné-sur-Usseau.*
Lairaudière. *Héraudière (L'). Léraudière.*
Lairé. *Layré.*
Lairière. *Larrière.*
Laissay. *Lassay.*
Lajahon. *Saint-André.*
Lajasseau., *Ajasseau (L').*
Lajeon. *Lajon. Lageon. Saint-André.*
Laleu. *Alleu (L'). Laleuf. Leue-des-Bois (La).*
Lalier. *Laillet.*
Lalieu. *Lalou. Laleuf.*
Lallandz (Les); Lallantz (les). *Allants (Les).*
Lalleu. *Laleu.*
Lalus. *Alleu (L').*
Lambaudière. *Ambaudière (L').*
Lamberderie (La). *Lambarderie (La).*
Lambertevia. *Lembertière.*
Lamboiron. *Namboiron.*
Lambre. *Lambray. Limbre.*

Lamondie. *Mondie-Bigarre (La).*
Lamosne. *Laumone.*
Lamothe (Bois de). *Vezières (Bois de).*
Lan de Chavaigne (Le grand). *Lan (Bois du).*
Lanbre. *Lambray.*
Lande de Craon (La); Lande de Creon (la); Lande de Cron (la). *Lande (La) (Craon).*
Landerie. *Andérie (L').*
Landes. *Lande (La) (Latus).*
Landes (Les). *Beauregard (Saint-Sauveur).*
Landrodière; Landrosdère. *Landrandière.*
Laneboire; Lanebouère. *Laniboire.*
Lanet; Lanetum. *Lenet.*
Langelarde. *Angelarde (L').*
Langelère; Langelerie; Langelerye; Langellerie; Langellerye. *Angellerie (L').*
Longevinyère. *Lanjouinière.*
Langle. *Angle (L').*
Lanibor. *Laniboire.*
Lanivart. *Nivard (La).*
Lanivoire. *Nivoire (La).*
Lanjallerie. *Angellerie (L').*
Lannier. *Lanier.*
Lannybouère. *Laniboire.*
Lanoir (Le). *Lac-Noir (Le).*
Lanroy. *Lenray.*
Lans (Forest du); Lanz de Chaveigne - (le grand). *Lan (Bois du).*
Lantigné; Lahtignee; Lantinee; Lantinghet; Lantiniacum. *Lantigny.*
Lantillé; Lantilly. *Nantilly.*
Lanvigne. *Envigne (L').*
Lappuio; Lappuy; Lappuye. *Puyé (La).*
Lapsyc (Archiprêtré de). *Dissay.*
Lapuye. *Puye (La).*
Lopytaud. *Paritaux.*
Laquox. *Cou (La).*
Lardoinère; Lardouinière; Lardouynière. *Lardonnière.*
Lareau. *Réau (La).*
Lareux. *Rue (La) (Moussac-sur-Vienne).*
Largnac. *Nérignac.*
Larmeneau. *Hermeneau (L').*
Larreau. *Lerou. Reau (La).*
Lartraye. *Retraie (La).*
Lasnebouère. *Lasneboire.*
Lasnevert. *Âne-Vert (L').*
Lasnier. *Lanier.*
Laspière. *Sepière (La).*
Lassée (Archiprêtré de). *Dissay.*

Lassepière. *Sepière (La).*
Lasseron. *Verrerie (La) (Archigny).*
Lassie (Archiprêtré de). *Dissay.*
Lassine. *Signe (La).*
Lassonnière. *Lansonnière.*
Lassoulx. *Chez-Bobin.*
Lassye (Archiprêtré de). *Dissay.*
Lastier. *Stière (La).*
Lastucium; Lastuz. *Latus.*
Lata Aqua. *Liaigue.*
Latcillé; Latelcium. *Latillé.*
Lathus. *Latus.*
Latilhé; Latilineus; Latillineum. *Latillé.*
Latimot. *Timotte (La).*
Latterceaux (Les). *Poligny (Dangé).*
Latu; Lututz; Latuz. *Latus.*
Latz, *Laps.*
Laubantière. *Loubantière (La).*
Lauberière. *Loubrière.*
Laubertière. *Aubertière (L').*
Laubouinière. *Laubonnière.*
Laubregière; Laubrigère. *Laubergère.*
Laubressac. *Loubersac.*
Laubretière. *Laubertière.*
Laucedunum; Laucidunum. *Loudun.*
Laudebertière. *Laubertière.*
Laudemont. *Audemont.*
Laudenière. *Laudonnière (Pouzioux).*
Laudinerie. *Audinerie (L').*
Laudoir. *Laudouard.*
Laudoneyre. *Laudonnière (Saint-Maurice).*
Laudouinière; Laudouynière. *Laudonnière.*
Laudouissière; Laudoycère. *Laudussière.*
Laudoynère. *Laudonnière (Vicq).*
Loudun; Laudunium; Laudunum. *Loudun.*
Laugère. *Gère (La).*
Laugeria; Laugerie. *Logerie (Prioratus de) (pouillé de Gauthier, f° 147 v°); — de Lagayre, 1326 (compte d'une impos. ecclés.); — de Lauguere, 1388 (taux du décime, p. 12 et 126). — Ce prieuré, dont il n'est plus fait mention depuis 1383, était en l'archiprêtré de Châtellerault.*
Loulnaix. *Launay (Vouneuil-sur-Vienne).*
Laultier. *Lautier.*
Laumailherie. *Loumaillerie.*
Launay. *Liaunay.*
Laurans (Les). *Laurents (Les).*
Laurents (Les). *Chandelière (La).*
Laurière. *Lorière.*

TABLE DES FORMES ANCIENNES.

Lausaize. *Maison-Martin (La)*.
Lausdunum. *Loudun*.
Lausigière. *Laugisière*.
Lausmonne. *Laumone*.
Lauternes (Les). *Laurents (Les)*.
Lauthier. *Lautier*.
Lautynière. *Lautimière*.
Lauzdunum; Lauzidunum. *Loudun*.
Lavaillola. *Vayolle (La)*.
Lavatorium. *Lavoux*.
Lavaucella. *Vausseau (La)*.
Lavaud; Lavault; Lavaux. *Lavau. Vau (La)*.
Lavausseau. *Vausseau (La)*.
Lavayllolle. *Vayolle (La)*.
Lavayret. *Lavairé*.
Laveau. *Lavau*.
Lavé Charrault. *Ville-Charrault (La)*.
Laveor; Laveour (le). *Lavoux*.
Laveriacum. *Lavairé*.
Laveur (Le); Lavour. *Lavoux*.
Laygné. *Loigné-les-Bois*.
Laymbre. *Limbre*.
Laymé. *Laimé*.
Layraudère. *Léraudière*.
Layraudière. *Héraudière (L')*.
Layree; Layret. *Layré*.
Layses (Les); Layzes (les). *Laises (Les)*.
Laz. *Laps*.
Leardère (La). *Liardière (La)*.
Lebattière (La). *Loubatière (La)*.
Lectus Ansaldi in pago Laudunensi, 1124 (cart. de S¹-Maur-sur-Loire).
— Lieu inconnu.
Lecnia vicaria. *Aigne*.
Legat (Le); Legeat (le). *Léjat (Le)*.
Legeardière. *Jardières (Les)*.
Legne. *Leigne*.
Legné les Boys. *Leigné-les-Bois*.
Legnet. *Leigné (Champniers)*.
Legnia. *Leigne*.
Legré. *Lagré*.
Legudiacus; Legugé; Legugié; Legugiacus; Leguziacus. *Ligugé*.
Leguiseau. *Aiguiseau (L')*.
Lehum; Lehun. *Loin*.
Leignee; Loignes. *Leigne*.
Leigne Soubterroux; Leigne Soubz Toiroux; Leigne Souzterrous; Leigne sur Fontaine. *Leigne*.
Leigné sur Creuse. *Leugny*.
Leignet. *Leigné (Champniers)*.
Leigneya; Leignya. *Leigne*.
Leigniacum. *Leigné-sur-Usseau*.
Leignon (Le). *Lignon (Le)*.
Leigny. *Leugny*.
Leigny les Boys. *Leigné-les-Bois*.

Lejardière. *Jardières (Les)*.
Leliec. *Liglet*.
Lembre. *Limbre*.
Lembretère. *Lambertière*.
Lembruchière. *Limbrinchère*.
Lemma; Lemna; Lemnia. *Leigne*.
Lemonum. *Poitiers*.
Lempnia. *Leigne*.
Lenbrouchère; Lenbrynchière. *Limbrinchère*.
Lencherye. *Beaulieu (Cloué)*.
Lenderie. *Andérie (L')*.
Lendraudère; Lendrodière. *Landraudière*.
Lengelarde. *Angelarde (L')*.
Lengellerie. *Angellerie (L')*.
Lengne. *Leigne*.
Lentiacus, v. 696 (Pardessus, Diplomata, chartæ, etc. t. II, p. 240).
— Ce lieu, aujourd'hui inconnu, était, comme Pranzay et Lucaniacus, une propriété de l'hospice de Saint-Luc à Poitiers.
Lentiniacum. *Lantigny*.
Lentillé; Lentilleium. *Nantilly*.
Lenvigne. *Envigne (L')*.
Lenzigniacum. *Lusignan*.
Léperon. *Éperon (L')*.
Lépinasse. *Épinasse (L')*.
Lépinay. *Épinay (L')*.
Lépine. *Épine (L')*.
Lépinette. *Épinette (L')*.
Lépinoux. *Épinoux (L')*.
Leprosaria. *Maladerie (La)*.
Léraudière. *Héraudière (L')*.
Lérau froust. *Froux (Les)*.
Leray. *Layré*.
Lerbaudière. *Herbaudière (L')*.
Lerbertère. *Herbertière (L')*.
Lerbesrière. *Liberrière*.
Lerbetière. *Herbertière (L')*.
Lerbière. *Lardière (Ligugé)*.
Lerdouchamp. *Air-des-Champs (L')*.
Leré. *Layré*.
Lerière. *Larrière*.
Lériguac. *Nérignac*.
Lermenault. *Hermeneau (L')*.
Lermitère. *Hermitières (Les)*.
Lérodière. *Héraudière (L')*.
Lerpinière. *Herpinière (L')*.
Lerraudrie. *Héraudrie (L') (Lencloitre)*.
Lertigaud. *Lartigault*.
Losché (Le). *Léché (Le)*.
Lescoteria; Lescothière. *Licotière*.
Lescotière. *Licotière. Sicotière (La) (Vernon)*.
Lescoubesse. *Écoubesse*.

Lescoublon. *Écoubillon (L')*.
Lescuré. *Écuré (L')*.
Leseignen. *Lusignan*.
Lesgret. *Lagré*.
Lesignan. *Lusignan*.
Lesigné. *Lésigny*.
Lesignen; Lesigniacum. *Lusignan*.
Lesjardières. *Jardières (Les)*.
Lesmé. *Laimé*.
Lesmergère. *Lémergère*.
Lespau. *Cartelière (La) (Lusignan). Lépaud*.
Lespaut. *Lépaud*.
Lesperon; Lespron. *Éperon (L')*.
Lesraudière. *Héraudière (L') (Sillars)*.
Lesrière. *Larrière*.
Lessart. *Essart (L') (Saint-Secondin)*.
Lesses (Les). *Laises (Les)*.
Lessignet. *Lusigny*.
Lestap; Lestat. *État (L')*.
Lestiacre. *Archidiacre (L')*.
Lestière (La). *Laitière (La)*.
Lesvinière (La). *Lévinière (La)*.
Leszes (Les). *Laises (Les)*.
Létat. *État (L')*.
Letière (La). *Laitière (La)*.
Letrie (La). *Literie*.
Leu; Leum. *Loin*.
Leuduno. *Loudun*.
Leuf (La). *Lalœuf*.
Leugné. *Leigné (Liglet). Leugny (Saint-Jean-de-Sauves)*.
Leugnec. *Leigné (Liglet)*.
Leugné sur Creuse. *Leugny*.
Leugny de Bretouin. *Lougny (Bonneuil-Matours)*.
Leugny les Boys. *Leigné-les-Boys*.
Leugny sur Creuse. *Leugny*.
Leupeloup. *Huppeloup*.
Levineria. *Lézinière (La)*.
Leyvinère (La). *Lévinière (La)*.
Lexerie. *Lesserie*.
Lexmé. *Laimé*.
Loygne. *Leigne*.
Leymé. *Laimé*.
Leyngné. *Leigné-sur-Usseau*.
Leyrec. *Layré*.
Leysinère (La). *Lézinière (La)*.
Lezegnen; Lezegneium; Lezeignam; Lezenniacum. *Lusignan*.
Lezes (Les). *Laises (Les)*.
Lezignac; Lezignacum. *Lésignac*.
Lezignan. *Lusignan*.
Lezigné. *Lusigny. Lésigny*.
Lezigné sur Creuse. *Lésigny*.
Lezignec. *Lusignan (Planche de)*.
Lezignen. *Lusignan*.
Lezignet. *Lusigny*.

TABLE DES FORMES ANCIENNES.   489

Lezigniacum. *Lésigny. Lusignan.*
Loziguy-sur-Creuse. *Lésigny.*
Lezinau. *Lusignan.*
Lezinec. *Lusigny.*
Lezingniacum; Lezinhans; Leziniacum. *Lusignan.*
Leziny. *Lésigny.*
Lherou. *Lerou.*
Lhomaizé; Lhomnaisé; Lhoumaizé. *Lomaizé.*
Lhomme; Lhoume. *Homme (L').*
Lhun. *Loin.*
Liagmerie (La). *Liamerie (La).*
Liaigre; Liaigres. *Liaigue.*
Liberssé. *Laubrecé.*
Librajois (La). *Brairie (La).*
Lic; Licq. *Lhic.*
Liciniacus. *Lusignan.*
Licaygue. *Liaigue.*
Liègue (La). *Liaigue (La)* (ruisseau).
Liesgue; Liesgues. *Liaigue.*
Ligeat (Le). *Léjat (Le).*
Ligne. *Leigne.*
Ligne Acadienne (La). *Ligne (La)* (Archigny).
Ligné. *Leigné* (Champniers). *Leignéles-Bois. Leigné-sur-Usseau. Leugny.*
Ligné les Bois. *Leigné-les-Bois.*
Ligné sur Usseau. *Leigné-sur-Usseau.*
Ligners. *Liniers.*
Ligners Lengouste; Ligners Langout. *Ligniers-Langout.*
Ligneyum nemorum. *Leigné-les-Bois.*
Ligneyum supra Crosam. *Leugny.*
Ligniers. *Leigné* (Liglet). *Ligners* (Chouppes). *Liniers.*
Lijat (Le). *Léjat (Le).*
Lilairière. *Hilairière (L').*
Lilec; Lilet. *Liglet.*
Lilette. *Lillet.*
Lilhec; Lilhet. *Liglet.*
Liliacus villa in vicaria Liraninse, v. 963; Laliacus, 987-990 (cart. de S¹-Cyprien, p. 126 et 127). — Lieu inconnu.
Lillé; Lillec. *Liglet.*
Limbardière. *Limberdière.*
Limbelotière. *Vernaux (Les).*
Limbertière. *Imbertière (L').*
Limbranchère. *Limbrinchère.*
Limol. *Limeuil.*
Limonum. *Poitiers.*
Limosinère (La). *Limousinière (La).*
Limosinerie (La); Limousinière (la). *Limonerie (La).*
Limueil. *Limouil.*
Linaris; Linarius. *Liniers.*
Linaziacus. *Linazay.*

Linbaudière. *Limbaudières (Les).*
Lineacinsis vicaria in pago Pictavo, 969 (cart. de S¹-Cyprien, p. 251). — Aucun autre document ne mentionne cette viguerie et la villa Mazonas qu'elle renfermait. La situation en est inconnue, à moins qu'on ne suppose que la vicaria Lineacinsis est la même que la vicaria Leonia et que Mazonas est le même lieu que Masels.
Lineau (Le). *Linot (Le).*
Linerie. *Liniers.*
Lineris. *Ligniers-Langout.*
Liners. *Ligners* (Paizay-le-Sec). *Ligniers* (le Rochereau). *Liniers.*
Liners Langote; Liners Lengoste. *Ligniers-Langout.*
Linezay. *Linazay.*
Lingaudère. *Ligaudière.*
Lingne (La). *Ligne (La)* (Availle-Limousine).
Liniers. *Ligners* (Paizay-le-Sec). *Ligniers* (le Rochereau).
Liniers Langoste; Liniers Langouste. *Ligniers-Langout.*
Liozet. *Glouzet.*
Liraninsis vicaria. *Liniers.*
Lisac. *Lizac.*
Lisan; Lisant. *Lizant.*
Liselier. *Lizelier.*
Lisent. *Lizant.*
Lisignanum. *Lusignan.*
Lisle en Roiffé. *Isle (L') (Roiffé).*
Lislec. *Liglet.*
Lislet. *Lillet.*
Lison (Le). *Lizon (Le).*
Listière (La). *Litière (La).*
Litousère. *Étouzière (L').*
Litrye (La). *Literie.*
Lizaicum. *Lizac.*
Lizelay. *Lizelier.*
Lizent. *Lizant.*
Lizignier. *Lésigny* (Availle-Limousine).
Liziniacum. *Lusignan.*
Liziniacum prope Meri. *Lésigny.*
Lizobière (La). *Lizaubière (La).*
Lobantère; Lobanteriæ. *Loubantière (La).*
Lobergères. *Laubergère.*
Lobersac. *Loubressac.*
Lobete (Chemin à la). *Sainte-Loubette (Chemin de).*
Loborsay. *Loubressay.*
Lobrecac; Lobresac; Lobressacum. *Loubressac.*
Lochap. *Luchapt.*

Locherie. *Hocherie (La).*
Locociagense monasterium; Locodiaco; Locogeiaco; Locojaco; Locoteiaco; Locotigiagense, Locutiacense monasterium. *Ligugé.*
Lodonium; Lodonolium. *Louneuil.*
Lodouynère. *Laudonnière* (Celle-l'Évécault).
Lodun; Lodunum. *Loudun.*
Lodunoys (Le). *Loudunais (Le).*
Loere (La). *Luire (La).*
Loge (La). *Galettrie (La).*
Loge à Charré (La). *Loge-au-Tailleur (La).*
Loge aux Bordiers (La). *Loge-Fradet (La).*
Loge aux Rousseaux (La). *Loge (La)* (Béruges).
Loge du Pin (La). *Loge (La)* (Béruges).
Loge Fredure. *Lorge-Froidure.*
Logerie. *Laugerie.*
Loge Trevallet (La). *Loge (La)* (Coulombiers).
Lognon. *Ognon (L').*
Lohun. *Loin.*
Loignet. *Leigné* (Liglet).
Loignon. *Ognon (L').*
Lomaisé; Lomaisec; Lomaiset; Lomaysé; Lomayset. *Lomaizé.*
Lomeré; Lomeroye. *Homeray (L').*
Lomesec; Lommaisé; Lommaizé. *Lomaizé.*
Lomme. *Homme (L').*
Lommeroye. *Hommeray (L').*
Lomonum; Lomounum. *Poitiers.*
Lompna. *Leigne.*
Longa aqua. *Longève.*
Longauve (La); Longayve (la). *Longève (La)* (ruisseau).
Longbas (Le). *Lombas (Le).*
Longe aigue; Longe ayve; Longe eaue; Longesgue; Longesve; Longeyve. *Longève.*
Longins (Les). *Langins (Les).*
Long-Jumeau. *Jumeau (La).*
Longue ayve. *Longève.*
Longum pratum. *Prélong.*
Lonnes. *Nonne.*
Lonnuil; Lonnuylh; Lonueil; Lonuil; Lonul. *Louneuil.*
Lopchac. *Luchapt.*
Lopitau. *Hôpitau (L'). Lapiteau.*
Loppitau. *Hôpitau (L').*
Loradinère. *Ladinière (La).*
Lordière. *Lardière (Ligugé).*
Lordines. *Lourdines.*
Lorere; Loreriæ. *Lorière.*

Loriacus villa in vicaria Ygrandinse, v. 1000 (cart. de S¹-Cyprien, p. 170). — Lieu inconnu.
Lorme. *Homme* (*L'*).
Lorray. *Lauray*.
Lortheil; *Lorthet. Lortet*.
Losdunum. *Loudun*.
Losil. *Louzil*.
Losme Guillaume. *Hommes-Guillaume* (*Les*).
Losmes. *Homme* (*L'*).
Losmone. *Laumone*.
Lospital; Lospitau. *Hôpitau* (*L'*). *Lapiteau*.
Loubarcey; Loubarcé. *Laubrecé*.
Loubercay. *Loubressay*.
Loubersac. *Loubressac*.
Loubersay. *Loubressay*.
Loubertière. *Laubertière*.
Loubertières (Les). *Aubertière* (*L'*).
Loubrecac. *Loubressac*.
Loubrecay. *Loubressay*.
Loubrecé. *Laubrecé*.
Loubresac; Loubressac. *Loubersac*.
Loubressay. *Laubrecé*.
Louchac; Louchap. *Luchapt*.
Loucherie (La). *Locherie* (*La*).
Louchiec. *Luchet*.
Loudouissière. *Laudussière*.
Lougné. *Font-d'Alougny* (*La*).
Loumaizé. *Lomaizé*.
Loumeray. *Hommeray* (*L'*).
Loumesec. *Lomaizé*.
Lourères. *Lorière*.
Lousil. *Louzil*.
Lousme. *Homme* (*L'*).
Loustre. *Loutre*.
Louyce (La); Loysse (la). *Louisse* (*La*).
Lozil. *Louzil*.
Lubauderia; Lubaudière (la). *Baudières* (*Les*).
Luc; Luccus; Lucus villa, in vicaria Salvinse, v. 960-v. 1000 (cart. de S¹-Cyprien, p. 92, 93, 94). — Ce lieu, situé près de Leugny, cⁿᵉ de Saint-Jean-de-Sauves, est aujourd'hui inconnu.
Luc (Le). *Luth* (*Le*).
Lucac. *Lussac-le-Château*.
Lucaniacus, v. 696 (Pardessus, Diplomata, chartæ, t. II, p. 240). — De ce nom est formé celui de Loigny en Beauce. Dans le département de la Vienne, on trouve Leugny, cⁿᵉ de Dangé, et un autre lieu du même nom, cⁿᵉ de Saint-Jean-de-Sauves.
Lucay. *Lussay*.

Luchardus in vicaria Villena, 963 ou 966 (abb. de Nouaillé). — Lieu inconnu.
Lucchoium. *Luché* (Varennes).
Luccus, voy. ci-dessus Luc.
Lucoac. *Lussac-le-Château*.
Luchac. *Luchapt. Lussac-le-Château*.
Luchap; Luchat. *Luchapt*.
Luchec. *Luché. Luchet*.
Luchiacus. *Luché* (Varennes). *Lussac-le-Château*.
Luchus; Luci (Duo). *Puy-de-Luc* (*Le*).
Luciacus; Luciagus. *Lussac-le-Château*.
Luco Gisco (De). *Ligugé*.
Lucus. *Puy-de-Luc* (*Le*). Voy. ci-dessus Luc.
Luderic. *Milétrie* (*La*).
Ludomensis vicaria. *Loudun*.
Ludonnière (La). *Petit-Château* (*Le*).
Ludunum. *Loudun*.
Lucigné. *Leugny* (Saint-Jean-de-Sauves).
Lucigny sur Creuse. *Leugny*.
Luens. *Luain*.
Lugdunensis vicaria. *Loudun*.
Lugduniacus. *Ligugé*.
Lugné les Boys. *Leigné-les-Bois*.
Lugniacum. *Leugny*.
Lugnon. *Lignon* (*Le*).
Lugny. *Leugny* (Saint-Jean-de-Sauves).
Lugny les Boys. *Leigné-les-Bois*.
Lugny sur Creuse. *Leugny*.
Lugugé; Lugugiacus. *Ligugé*.
Luiens. *Luain*.
Luigné. *Leugny*.
Luigné sur Usseau. *Leigné-sur-Usseau*.
Luigny sur Creuse. *Leugny*.
Luihensis villa in vicaria Lausdunense, v. 985 (cart. de S¹-Cyprien, p. 185). — Lieu inconnu.
Luiniacus. *Leugny* (Saint-Jean-de-Sauves).
Luize (La). *Luire* (*La*).
Lujat. *Léjat* (*Le*).
Lun. *Loin*.
Lunoziniacum. *Leugny*.
Lunduconni. *Loudun*.
Lung. *Loin*.
Luniacus. *Leugny* (Saint-Jean-de-Sauves).
Lunziacus. *Leugny* (Bonneuil-Matours).
Lupchiacus. *Luché* (Varennes).
Lupiacus. *Luché* (Saint-Sauvant).
Lurgère. *Lorgère*.
Lusignon; Lusignon. *Lusignan*.

Lussac-sur-Vienne; Lussacum castri. *Lussac-le-Château*.
Lussaudrie (La). *Courances* (*Les*) (Oiré).
Lussiers (Les). *Potrie* (*La*) (Lenguy).
Luxonnières (Les). *Lussonnières* (*Les*).
Luygné. *Leugny* (Saint-Jean-de-Sauves).
Luygniacum. *Leugny*.
Luyre (La); Luyze (la). *Luire* (*La*).
Luzignan. *Lusignan*.
Luzigné. *Lusigny*.
Luzignon. *Lusignan*.
Lyaisgues. *Liaigne*.
Lyardière (La). *Liardière* (*La*).
Lyc. *Lhic*.
Lyme; Lymes. *Lime*.
Lymousinière (La). *Limousinière* (*La*).
Lysme. *Lime*.
Lyners. *Liniers*.
Lyniers. *Ligners* (Chouppes).
Lysant. *Lizant*.

M

Maëllé. *Maillé*.
Maalgam; Maalgannum; Maalgentum. *Maugeant*.
Maam. *Mons* (moulin).
Macayum. *Messay*.
Maceriolæ. *Mazerolles*.
Moceunnia. *Massogne*.
Machegoux. *Machecou*.
Macheret. *Mazeray*.
Macheries. *Mazière*.
Macheriolæ. *Mazerolles*.
Machese Rodondo. *Marchais-Rond*.
Machicou; Machigoux. *Machecou*.
Muciacum. *Messay*.
Maciriolæ. *Mazerolles*.
Macogne; Macognia; Macoigne; Macoignia. *Massogne*.
Madreniacus (Vetulus). *Marnay* (*Vieux-*).
Maen (Moulin de). *Main*.
Maerenaium. *Marnay*.
Magdelaine (La); Magdelaine (la). *Madeleine* (*la*).
Magesac; Magezac. *Maillezac*.
Magnac. *Migné*.
Magnacus. *Marigny* (Ingrande).
Magnalor; Magnalorum villa; Magnalour. *Mignaloux*.
Magnanière (La). *Manière* (*La*).
Magné. *Migné*.
Magné (Fief de). *Masta* (*Le*).
Magnec; Magnecium. *Migné*.
Magniacum. *Magné. Migné*.

TABLE DES FORMES ANCIENNES.

Magniacus in vicaria Ygrandinse. *Marigny* (Ingrande).
Magnière (La); Magnonnière (la). *Manière* (La).
Magocran. *Mougaurand*.
Mahoucelère (La). *Moussellerie* (La).
Mahye (La). *Moix* (La).
Maiereniacus. *Marnay*.
Maignaleur; Maignalor. *Mignaloux*.
Maignanère (La). *Manière* (La).
Maigne (Moulin de la). *Loubressac*.
Maigné; Maignoc. *Magué. Migné*.
Maigneox. *Magnou* (Le) (Thurageau).
Maignère (La). *Manière* (La).
Maignot. *Migné*.
Maignos. *Magnou* (Le) (Thurageau).
Maignou (Le); Maignoux (le). *Magnou* (Le).
Maignou Baupin. *Magnou* (Le) (Linazay).
Maigny. *Migné*.
Mailai. *Molay*.
Mailec. *Saint-Pierre-de-Maillé*.
Mailhé. *Maillé*.
Mailhec. *Saint-Pierre-de-Maillé*.
Mailholère (La); Mailholière (la). *Maillolière* (La).
Maillec. *Saint-Pierre-de-Maillé*.
Maillet. *Maillé* (Saint-Martin-Lars).
Maillezay. *Maleray*.
Mainardière (La). *Deilloire* (La).
Maindain. *Moindin*.
Maingeon. *Demaigeons* (Les).
Maingoteria; Maingotière (la). *Mangotière* (La).
Maintré. *Nintré*.
Maintrie (La). *Maitrie* (La).
Maipodium. *Mépied*.
Mairalt silva. *Forêt-Marot* (La).
Mairé; Mairet. *Méray*.
Mairenai; Mairenai l'eglese; Maircnay; Maireniacus; Mairnay. *Marnay*.
Maisay. *Moisay*.
Maison à Brureau (La). *Maison-Brureau* (La).
Maison Blanche (La). *Âne-Vert* (L') (Saint-Pierre-des-Églises).
Maison Commune. *Commune*.
Maison de Sainte Marthe (La). *Grand'Maison* (La) (Saint-Benoît).
Maison Dieu (La). *Regard* (Le).
Maison Haudays (La). *Maison-Hode* (La).
Maison Neuve (La). *Brunetière* (La) (Vendeuvre). *Crémault*.
Maison Neuve (La). *Caillerie* (La) (Sossay). *Chez-Bonnet-Rouge*.

Maison Roy (La); Maison Roy des Boys (la). *Maison-au-Roi* (La).
Maison Sulle (La). *Maison-Soule* (La).
Maison Vieille (La). *Grand'Maison* (La) (Châtellerault).
Maisons Celles. *Maisoncelle* (Saint-Remy).
Maisons Neufves. *Brunetière* (La) (Vendeuvre).
Maissaudières (Les). *Missaudières* (Les).
Maissec. *Moisay*.
Maissellère (La). *Messelière* (La).
Maizay. *Moisay*.
Maizonnière (La). *Maisonnière* (La).
Malabuffa. *Malbuffe*.
Malafidencia; Malafiducia. *Malfiance*.
Malafria foresta juxta Syvriacum, 1112-1129 (Mém. de la Soc. des Antiq. de l'Ouest, t. XX, p. 119). — Aujourd'hui inconnue.
Malagait; Malaguart. *Malaguet*.
Malanchère (La). *Maranchère* (La).
Malapirus. *Mauprié*.
Malaspina. *Malépine*.
Malavallis. *Malvau*.
Malbœuf. *Malbuffe*.
Malciacus. *Malezay*.
Malebuffe. *Malbuffe*.
Maleciacus. *Maulay*.
Male Espine. *Malépine*.
Maleredum; Malereium. *Maleray*.
Maleschoite (La). *Couture* (La) (Jouet).
Malescot. *Malécot*.
Males Piarres (Les); Males Pierres (les). *Malpierres* (Les).
Malespine. *Malépine*.
Maletière (La). *Maltière* (La).
Maletrie (La). *Vieille-Maison* (La).
Maleu. *Maleuf*.
Malevau; Malevaud. *Malvau*.
Malezay. *Maleray*.
Malgam; Malgandus. *Maugeant*.
Malhec. *Saint-Pierre-de-Maillé*.
Malhouère (La). *Maloire* (La).
Maliguart. *Malaguet*.
Malinerie (La). *Marinerie* (La).
Malinges (Les). *Rois* (Les) (Cissé).
Malitorne; Malitourne. *Maritorne*.
Mallai. *Molay*.
Mallardières (Les). *Malardières* (Les).
Mallé. *Saint-Pierre-de-Maillé*.
Mallebran. *Malbran*.
Mallebuffe (La). *Malbuffe*.
Mallec. *Saint-Pierre-de-Maillé*.
Mallecot. *Malécot*.

Malleffe. *Maleffe*.
Mallefiance. *Malfiance*.
Mallegache (La); Mallegasche (la). *Malgache* (La).
Mallepierre; Mallepierres (les). *Malpierres* (Les).
Malleray. *Maleray. Malezay*.
Mallerone. *Mailleroux*.
Malletière (La). *Maltière* (La).
Mallevau; Mallevaud. *Malvau*.
Mallicorne. *Malicorne*.
Malligratte. *Maligratte*.
Mallogante. *Maugeant*.
Mallubert. *Malhubert*.
Malperer. *Mauprié*.
Malprevere; Malprevoyre. *Mauprevoir*.
Malsassière (La). *Marcossière* (La).
Malubert. *Malhubert*.
Malum Vadum. *Maugué*.
Malus Nidus. *Monique*.
Malus Presbyter. *Mauprevoir*.
Malvau. *Mallevau*.
Malveisins (Les); Malvoysins (les). *Mauvoisins* (Les).
Malytorne. *Maritorne*.
Mamojent. *Mémageon*.
Mananière (La). *Manière* (La).
Manase (Boscus); Manassier (boscus). *Menassé* (Bois).
Manceau. *Moisseau*.
Mancaulx (Les). *Manceaux* (Les).
Manec. *Migné*.
Mangotère (La); Mangotière (la). *Maingotière* (La).
Mangoueran; Mangoyran. *Mongauraud*.
Manseaux. *Moisseau*.
Mansiones villa in vicaria Exidualinse, 862 (ch. de St-Hilaire, t. I, p. 9); 922 (abb. de Nouaillé). — Lieu inconnu.
Mansum (Villa quæ dicitur Ad illum), in vicaria Salvinse, 914 (cart. de St-Cyprien, p. 85). — Lieu inconnu.
Mansus Pomeria. *Monpommery*.
Mantalerye (La). *Montallerie* (La) (Sérigny).
Maon. *Mons* (moulin).
Maoucelère (La). *Moussellerie* (La).
Marains (Les). *Marin*.
Marais (Le). *Arceau* (L').
Marays (Le). *Marais* (Le). *Marais* (Les).
Marcaium. *Marçay*.
Marçay. *Marcé*.
Marcegea; Marcegeau. *Marsugeau*.

Marcegeau (Moulin de). *Villiers* (Archigny).
Marchai. *Marçay.*
Merchais au Veau (Le). *Marchauveau.*
Marchais de Boussec (Le). *Marchais (Le)* (Liniers).
Marchais de Cherbes (Le); Marchais de Cherbre (le); Marchais de Cherves (le). *Marchais (Le)* (Liniers).
Marchais de Sauzoux (Le grant). *Sauzoux.*
Marchais Gourjault; Marchais Grujault. *Marchais-Grogeau.*
Marchais Piffault (Le). *Marchais (Le)* (Liniers).
Marchais Resnier (Le). *Reyner (Le).*
Marchaisière (La); Marchessière (la). *Marcessière (La).*
Marchaium Rotundum. *Marchais-Rond.*
Marchay (Le). *Marchais (Le).*
Marchay le Rond. *Marchais-Rond. Vaugibault.*
Marchayrond. *Vaugibault.*
Marchays Regner (Le); Marchays Renier (le). *Reyner (Le).*
Marchays Ront. *Marchais-Rond.*
Marchès (Le). *Marchais (Le).*
Marchès Durant (Le). *Marchais-Durand (Le).*
Marchés Ront; Marchesium Rotondum. *Marchais-Rond.*
Marchezalier. *Marsaillé.*
Marchin. *Marchain.*
Marchois (Le). *Marchais (Le).*
Marchonai. *Marconnay.*
Marchoys Durant. *Marchais-Durand (Le).*
Marchoys Ront. *Marchais-Rond.*
Marciacus. *Marçay. Marcé.*
Marcigea; Marcigeau; Marcijeau. *Marsugeau.*
Marcilbec; Marcillé; Marcillec; Marcillet; Marcilliacus. *Marsilly.*
Marcironnière (La). *Marsonnière (La).*
Marconai; Marconay; Marconnay. *Sainte-Radegonde-de-Marconnay.*
Mardenso (Li); *Merdenson (Le)* (ruisseau).
Mardry. *Merdric* (moulin).
Marcignec. *Marigny-Brizay.*
Mareilhe; Mareille (boys de); Morellia (foresta de). *Marcuille (La).*
Marenai; Marenay. *Marnay.*
Marenchère (La). *Maranchère (La).*
Mareniacus (Vetus). *Marnay (Vieux-).*
Mareschau (Hostel). *Marèches (Les).*
Maresche (La). *Maraiche (La).*

Mareschère (La). *Maréchère (La).*
Marestz (Le). *Marais (Le).*
Marez d'Anthoigné (Les). *Marais (Les)* (Châtellerault).
Margarins (Les). *Molgarin.*
Margata. *Touche-Margate (La).*
Margnac. *Nérignac.*
Margné. *Marigné* (Savigné). *Marigny-Brizay. Marigny-Chemerault.*
Margnec. *Marigny-Chemerault. Marnay.*
Margneium. *Marnay.*
Margnet. *Marigné* (Savigné).
Margniacus. *Marigny-Brizay.*
Marguarita. *Touche-Margate (La).*
Mariacus. *Méray.*
Mariaudière (La). *Mériaudière (La).*
Marigné. *Marigny* (Ingrande). *Marigny-Brizay. Marigny-Chemerault.*
Marigné soubz Beaumont. *Marigny-Brizay.*
Marigneau. *Marineaux (Les).*
Marignec. *Marigné. Marigny-Brizay.*
Marigneyum. *Marigny-Chemerault.*
Marigniacus. *Marigny* (Beuxe).
Marilly. *Marigny* (Tercé).
Marinière (La). *Malinière (La).*
Marins; Maris; Marisius; Mariz. *Marit.*
Marlatières (Les). *Merlatières (Les).*
Marliacus. *Maillé.*
Marnei. *Marigny-Chemerault.*
Maroilh. *Marcuil.*
Marois (Le). *Marais (Les).*
Maroix (Les). *Marais (Le).*
Marolia (Nemus de); Marollia. *Marcuille (La).*
Marolium. *Marcuil.*
Maronnière (La). *Méronnière (La).*
Maroylle (Forest de). *Marcuille (La).*
Maroys (Le). *Marais (Le).*
Marquaisière (La); Marquazière (la). *Marcazière (La).*
Marqueltière (La). *Martière (La).*
Marquoysière (La). *Marcazière (La).*
Marre (La). *Mare (La).*
Marrenai; Marrenniacus. *Marnay.*
Marsadière (La). *Massardière (La).*
Marsay. *Marçay. Marcé.*
Marselle (La). *Marzelle (La).*
Marsigeau. *Marsugeau.*
Martan. *Martran.*
Martays; Marteis. *Martrais.*
Marteizé; Martesié. *Martaizé.*
Marteysière (La); Martezière (la). *Martaisière (La).*
Martezay. *Martaizé.*

Marthan. *Martran.*
Martheis; Martheys. *Martrais.*
Marthesé; Marthesium. *Martaizé.*
Marthonnerye (La). *Martonnerie (La).*
Marthoys. *Martrais.*
Martinotto (La). *Baucherie (La).*
Martinière (La). *Martinerie (La).*
Martiniacus. *Martigny.*
Martiseium. *Martaizé.*
Martois. *Martrais.*
Martoizé. *Martaizé.*
Mortrais (Le). *Riane (La)* (ruisseau).
Martray (Le). *Martrais (Le).*
Martric (La). *Marqueterie (La)* (Orches).
Martroiz. *Martrais.*
Martronnerie (La). *Martonnerie (La).*
Martynière (La). *Martinière (La).*
Marueil; Maruel; Maruil; Maruyl. *Marcuil.*
Marueille (La); Maruelhe (boys de); Maruilhe (fourest de); Maruille (boys de). *Marcuille (La).*
Mary; Marys. *Marit.*
Mas (Le).
Mas (Moulinet des). *Brasserie (La).*
Masaus. *Mazault.*
Masble (Le). *Mable (Le).*
Maseas; Maselli; Mascls. *Mezeaux.*
Mascré. *Mazeray.*
Mascus. *Mezeaux.*
Masleray. *Maleray.*
Mas Letard (Le). *Maltard.*
Maslon. *Malouf.*
Masliacum. *Maillé.*
Masnonière (La). *Meunière (La).*
Maso (Ad). *Mazault.*
Masogilus. *Massouil.*
Mascires. *Mazert.*
Masol. *Mazeuil.*
Masolium. *Massouil. Mazeuil.*
Masollius. *Massouil.*
Masonnière (La); Masouinière (la). *Maisonnière (La).*
Massarderye (La). *Mansarderie (La).*
Masseillé; Massoilly. *Massilly.*
Masseuyl. *Mazeuil.*
Massiniacus. *Messemé.*
Massolium. *Massouil.*
Massonnerie (La). *Vende (La)* (Celle-l'Évèault).
Massonnière (La). *Maçonnière (La).*
Massotière (La). *Touzalins (Les).*
Massougnes. *Massogne.*
Massueil. *Massouil.*
Massum. *Mas (Les)* (Luchapt).
Masta (Le). *Magné.*
Mastz (Les). *Mas (Les)* (Béthines).

TABLE DES FORMES ANCIENNES. 493

Masueil. *Mazeuil.*
Masum. *Mas (Les) (Saugé).*
Masum Girac. *Masgirard.*
Masures Cheselle (Les). *Véton.*
Mas Verinaud (Le). *Mas (Les) (Luchapt).*
Masviault. *Maviaux.*
Matax. *Masta (Le).*
Mathefelon. *Matefelon.*
Mathois (Les). *Matois (Les) (Oiré).*
Mathons (Les). *Matois (Les) (Dangé).*
Matorre (Portus de). *Bonneuil-Matours.*
Matrinincus. *Marnay.*
Mats (Le); Matz (le). *Mas (Le).*
Matteys (Les). *Matheys (Les).*
Maubernage. *Cueille-Blanche (La). Montbernage.*
Mauboisseau; Maubousseau. *Chantebon.*
Maubrejon (Tour de). *Maubergeon (Tour de).*
Maubucan. *Naubusson.*
Maubuceau; Maubusseau. *Chantebon.*
Mauchande; Mauchaudit; Mauchandy. *Monchandy.*
Maudemer; Maudomer. *Modemais.*
Maudiconnerie (La). *Moniconnerie (La).*
Mauduictz (Les). *Chez-Mauduit.*
Maufoussac. *Monfoussac.*
Maufremigé; Maufromagier; Maufromiger; Moufroumigier. *Monfremigé.*
Maugarnies; Maugarnye. *Mongarni.*
Maugenellerye (La). *Mauginerie (La).*
Maugier. *Maugé.*
Maugière (La). *Mougère (La).*
Maugoyran. *Mongaurand..*
Maujant. *Maugeant.*
Maujenerie (La). *Mauginerie (La) (Béthines).*
Maujonnerie (La). *Mauginerie (La) (Pleumartin).*
Maulai. *Molay.*
Maulaium. *Maulay.*
Maulaize (La). *Molaise (La).*
Maulay. *Chailly (Saint-Genest). Froncille. Molay.*
Maulaye (La). *Molaise (La).*
Maulgué. *Maugué.*
Maullay. *Chailly (Saint-Genest). Molay.*
Maullay de Piollant. *Chailly (Saint-Genest).*
Maulnyq. *Monique.*
Mauloère (La). *Maloire (La).*
Maulvinière (La). *Mauvinière (La).*
Maulx Vezins (Les). *Mauvoisins (Les).*

Maumatin. *Montmatin.*
Maunicq; Manny. *Monique.*
Mauperer; Mauperier. *Mauprié.*
Maupertuis; Maupertuys. *Cardinerie (La).*
Maupoint. *Chez-Maupin.*
Maupoit; Maupouet; Maupouoit. *Monpoit.*
Mauprevayre; Mauprevoire. *Mauprevoir.*
Maurains (Les). *Brouillardrie (La).*
Mauricère (La). *Morcière (La).*
Mauricets (Les). *Moricets (Les).*
Maurinière (La). *Morinerie (La) (Nueil-sous-Faye).*
Maurousset. *Mont-Rousset.*
Mauroussière (La). *Morcière (La).*
Mauroux (Les). *Chez-Mauroux. Chez-Moroux.*
Maurusset. *Mont-Rousset.*
Maussay. *Mossay.*
Maustru (La). *Mautru (La).*
Mautitière (La). *Maupetitière (La).*
Mauvau. *Mavault.*
Mauvynière (La). *Mauvinière (La).*
Maux. *Mons (moulin).*
Maux (Les). *Némaux.*
Mauzellière (La). *Mousclière (La).*
Mavillan. *Mauvillant.*
Maxemé. *Messemé.*
Maxime (Étang). *Gabidière (Étang de la).*
Maximé; Maximei; Maximiacus. *Messemé.*
Maxoigne. *Massogne.*
May (Les). *Més (Les).*
Maye (La). *Moix (La). Moye (La).*
Mayczac. *Maillezac.*
Maygnalour. *Mignaloux.*
Maygnec. *Magné. Migné.*
Maygnoulx (Le). *Magnou (Le) (Thurageau).*
Mayleray. *Maleray.*
Maylhorière (La). *Maillolière (La) (Jazeneuil).*
Maylié; Mayllec; Maylleium; Maylliacum. *Maillé.*
Maynardère (La). *Ménardière (La).*
Maynious. *Magnou (Le) (Savigné).*
Mayolères (Les); Mayolières (les). *Miollières (Les).*
Moyré. *Mairé.*
Mayrenayum. *Marnay.*
Mayrevant. *Mervant.*
Mayses. *Moisay.*
Maysonnays. *Maisonnais.*
Maysons noes (Les). *Maison-Neuve (Montgauguier).*

Mayssignac. *Messignac.*
May sur Boivre (Le). *Bernagout.*
Mayximé. *Messemé.*
Mayzay. *Moisay.*
Mayzeroles. *Mazerolles.*
Maz (Le). *Mas (Le).*
Mazaicum. *Mazay.*
Mazaire. *Mazert.*
Mazaium. *Mazay.*
Mazay (Moulin à papier de). *Cassette (La).*
Mazcas. *Mazeaux.*
Mazère. *Mazert.*
Mazeré; Mazeriacum. *Mazeray.*
Mazères Chezelles (Les). *Véton.*
Mazeriæ. *Mazert.*
Mazeurie (La). *Mazurie (La).*
Mazières. *Mazaire.*
Mazoires. *Mazert.*
Mazolium. *Mazeuil.*
Mazonae (Villa quæ vocatur), in vicaria Lineacinse, 969 (cart. de St-Cyprien, p. 252). — Lieu inconnu. Voy. Lineacinsis vicaria.
Mazouynière (La). *Maisonnière (La).*
Mazuoil; Mazuyl. *Mazeuil.*
Meabila. *Mable (Le).*
Meaulières (Les). *Miollières (Les).*
Mecay; Mecayum. *Messay.*
Mecherye (La). *Chez-Guinot.*
Mechinière (La). *Meschinière (La).*
Meetrie (La). *Maîtrie (La).*
Medières (Les). *Mesdières (Les).*
Mées (Les). *Mai (La).*
Meez (Les). *Més (Les).*
Megnalour. *Mignaloux.*
Megnec. *Migné.*
Megont. *Mougon.*
Mehuc. *Méocq.*
Meignaleur; Meignalor; Meignalour. *Mignaloux.*
Meigné. *Magné. Migné.*
Meigné lez Gençay. *Magné.*
Meigné sur l'Auzance. *Migné.*
Meignec; Meignet. *Magné.*
Meignenère (La); Meignonère (la). *Manière (La).*
Meigny. *Migné.*
Meilhac; Meillac; Meillat. *Millac.*
Meillereium. *Maleray.*
Meillotière (La). *Miltière (La).*
Meingre (La), Maingre (La).
Meintré. *Nintré.*
Meiré. *Méray.*
Meletière (La); Mellotière (la). *Miltière (La).*
Melletières (Les). *Meltière (La).*
Meltière (La). *Miltière (La).*

494   TABLE DES FORMES ANCIENNES.

Mely. *Melet.*
Meminère (La); Memynère (la). *Minière (La)*.
Menacer (Brolium); Menesse (nemus de). *Menassé (Bois)*.
Menetières (Les). *Minetières (Les)*.
Menezière (La). *Menisière (La)*.
Menic fluvius. *Chavenay (Ruisseau de)*.
Menomyère (La). *Meunière (La)*.
Menteresse (La). *Fou (Le)*.
Menthousaillière (La). *Montouzalière (La)*.
Menusière (La). *Menisière (La)*.
Meolières (Les). *Miollières (Les)*.
Meosson (La). *Miosson (Le)*.
Meot. *Méocq*.
Meraux (Les). *Mériaux (Les)*.
Mercidé (La). *Merci-Dieu (La)*.
Merdedasne. *Méráne* (moulin).
Merderec; Merderye. *Merdric* (moulin).
Mordron. *Mordron*.
Merdusson (Le). *Merdenson (Le)* (ruisseau).
Meré. *Méray*. *Mairé*.
Meré le Gaulier; Meré le Gautier. *Mairé*.
Meredane. *Méráne* (moulin).
Meremande. *Marmande*.
Merenay; Merenaycum. *Marnay*.
Meretyère (La). *Mertière (La)*.
Merguerin. *Melgarin*.
Merinerie (La). *Merennerie (La)*.
Merletère (La). *Merlatières (Les)*.
Mermande; Mermandia; Mermende. *Marmande*.
Mernay. *Marnay*.
Meron. *Miron*.
Mersigeau. *Marsugeau*.
Merssy Dieu (La). *Merci-Dieu (La)*.
Més (Les). *Mées (Les)*.
Meschere (La); Meschière (la). *Méchière (La)*.
Meschinière (La). *Méchinière (La)*.
Mesciacum. *Messay*.
Mesdela; Mesdelles. *Médelle*.
Mesé. *Moiré*.
Meseaux. *Mezeaux*.
Meseré. *Mezeray*.
Mesgon; Mesgonnus. *Château-Larcher*.
Mesgrets (Les). *Mingrets (Les)*.
Mesletière (La). *Miltière (La)*.
Mesmageau; Mesmagent; Mesmageon. *Mémageon*.
Mesminière (La). *Minière (La)*.
Mesnonnière (La). *Meunière (La)*.
Mesoment. *Mézaumont*.

Meson nueve; Mesons neuez (les). *Maison-Neuve* (Montgauguier).
Mespó; Mespié; Mespied. *Mépied*.
Mesré. *Méray*.
Mesrenayum. *Marnay*.
Mesrichère (La). *Mérichère (La)*.
Messalière (La); Messallière (la). *Messelière (La)* (Savigny).
Messay. *Mossay*.
Messeas. *Mezeaux*.
Messellière (Les grands moulins de la). *Grands-Moulins (Les)* (Queaux).
Messiacum. *Messay*.
Mestairie (La). *Métairie (La)*.
Mestayrie de l'aumousnerie de Couhé (La). *Métairie (La)* (Vaux-en-Couhé).
Mestrise (La); Mestrye (La). *Maîtrie (La)*.
Mesveillé; Mesvillé. *Méveillé*.
Metgon. *Château-Larcher*.
Metsiacum. *Messay*.
Metzaumont. *Mézaumont*.
Meuc. *Méocq*.
Meugon. *Mougon*.
Meurs Baguelins (Les). *Girauts (Les)*.
Mex (Les). *Mées (Les)*.
Meygnac. *Mignac*.
Meygnalour. *Mignaloux*.
Meygné. *Migné*.
Meyrenayum. *Marnay*.
Meysson (Rivière de). *Miosson (Le)*.
Mez (Les). *Mai (Les)*. *Mées (Les)*. *Més (Les)*.
Mezachard. *Mésachard*.
Mezay. *Moisay*.
Mezère. *Mazaire*.
Mezoment. *Mézaumont*.
Mialoux. *Mignaloux*.
Michaudrie (La). *Mouchauderie (La)*.
Micheleterie (La). *Michettrie (La)*.
Michenie (La). *Chez-Guinot*.
Micholière (La). *Micolière (La)*.
Mignalou. *Mialoup*.
Migonnerie (La). *Mignonnerie (La)*.
Milcionus, fluvius. *Miosson (Le)*.
Milech. *Milly*.
Miler. *Millier* (moulin).
Milhé. *Milly*.
Milhère (La). *Millière (La)*.
Milhière (La). *Millerie (La)*.
Milhiacum; Miliacus. *Milly*.
Milhonnère (La). *Ormeaux (Les Grands-)* (Mignaloux).
Milier. *Millier* (moulin).
Millachère (La). *Millochère (La)*.
Millé; Millec. *Milly*.
Millemaux. *Milmaux*.

Miller. *Millier* (moulin).
Millère (La); Milleria. *Millière (La)*.
Millerins (Les). *Millerie (La)*.
Milleterye (La); Milletrie (la). *Milétrie (La)*.
Milletière (La); Millettière (la). *Miltière (La)*.
Milli; Milliacus. *Milly*.
Millieu (Moulin du). *Moulin (Le Grand-)* (Coussay-les-Bois).
Millonnière (La). *Ormeaux (Les Grands-)* (Mignaloux). *Roche-de-Chizay (La)*.
Milmanda; Milmandia. *Marmande*.
Milonnère (La). *Boissonnerie (La)*.
Milonnière (La). *Millonnière (La)*. *Ormeaux (Les Grands-)* (Mignaloux).
Miltio, amnis. *Miosson (Le)*.
Minatères (Les). *Minetières (Les)*.
Minaudère (La). *Mimaudière (La)* (Blanzay).
Mineray (Le). *Mineret (Le)*.
Minères (Les). *Minières (Les)*.
Mingouère (La). *Mingoire (La)*.
Mingue (La). *Maingre (La)*.
Mintré; Mintreg; Mintræcus. *Nintré*.
Mirabel; Mirabellum; Mirabellum siccum; Mirabiau. *Mirebeau*.
Mirballois (Le). *Mirebalais (Le)*.
Mirbellière (La). *Mirebelière (La)*.
Mirbazin. *Mirbazin*.
Mirebel; Mirebellum; Mirembellum; Miribellum. *Mirebeau*.
Mirmanda; Mirmandia. *Marmande*.
Mirot. *Miron*.
Miseré; Miserit. *Chez-Jamet*.
Misericordia Dei. *Merci-Dieu (La)*.
Misseium. *Messay*.
Missoudyères (Les). *Missaudières (Les)*.
Mocac. *Moussac*.
Mociron. *Moisseron*.
Modiconnerie (La). *Moniconnerie (La)*.
Moes. *Mois*.
Mœurs (Les). *Meurs (Les)* (Bertegon).
Mogon; Mogonium; Mogont; Mogoünsis campus; Mogunt. *Mougon*.
Mohes. *Mois*.
Moiden. *Moindin*.
Moilhobet; Moillebec. *Mouillebet*.
Moillerie (La). *Maillolière (La)* (Jazeneuil).
Mois (La). *Moix (La)*.
Moisnerye (La). *Moinerie (La)*.
Moizans. *Monzan*.
Molarias silva. *Moulière (Forêt de)*.
Mole (La). *Molle (La)*.

TABLE DES FORMES ANCIENNES.   495

Molé. *Molay.*
Molendina. *Moulins* (Bournan).
Molendina regia. *Moulins-au-Roi* (*Les*).
Molendinulum. *Moulinet.*
Molendinum. *Moulins* (Bournan).
Molendinum ad ventum; Molendinum de vento. *Moulin-au-Vent* (*Le*).
Molendinum novum. *Moulin-Neuf* (*Le*). *Pérotière* (*La*) (*Latus*).
Molendinum Raberti; Molendinum Ratbert. *Moulin-Robert* (*Le*).
Molendinum vetus. *Moulin-Vieux* (*Le*).
Molente. *Molante.*
Moléon. *Mauléon.*
Molère (La); Molères. *Moulière* (*Forêt de*).
Moleria; Moleriæ. *Chapelle-Moulière* (*La*). *Moulière* (*Forêt de*).
Moles (Les). *Molles* (*Les*).
Molière; Molière (la). *Moulière* (*Forêt de*).
Molière (La); Molières (les). *Mouillères* (*Les*).
Molinars; Molinart. *Forge* (*La*) (Romagne).
Molinet; Molinctum. *Moulinet.*
Molins. *Moulins.*
Molisma; Molisme. *Moulime.*
Me͞laize (La). *Molaise* (*La*).
Mollante. *Molante.*
Mollay. *Molay.*
Mollères (Les). *Mouillères* (*Les*).
Molleria. *Moulière* (*Forêt de*).
Molri. *Moury.*
Molyme. *Moulime.*
Mombrelé. *Berlais* (*Le*).
Mombrou. *Montbron.*
Monasteria; Monasterium. *Mouter.*
Monasteria Sille; Monasterium Sille. *Mouterre-Silly.*
Monbeil. *Montbeil.*
Monberart. *Montbrard.*
Monberon; Monbron. *Montbron.*
Monbertaut. *Montbertaud.*
Monbeuil. *Montbeil.*
Monbrart. *Montbrard.*
Monbrelay. *Berlais* (*Le*).
Monbrillays; Monbrilleys; Monbrilloys; Monbrulesium. *Montbrillais.*
Monbuer. *Bué* (*Le*).
Monbugier. *Maubugé.*
Moncae. *Moussac.*
Moncantorium. *Moncontour.*
Monceaux; Monceis; Moncelli; Moncels, *Moisseau. Mousseaux.*
Monchallant. *Montchalan.*
Monciacum. *Moussac.*

Monciaus. *Mousseaux* (la Roche-Posay).
Moncler; Monclerc. *Monclair.*
Moncoard; Moncoart. *Montcouard.*
Moncogguyou; Moncognou; Moncoignou. *Couyou* (*Le*).
Monconturium. *Moncontour.*
Moncorniou. *Couyou* (*Le*).
Moncouard; Moncouart. *Montcouard.*
Moncougnoux; Moncouguyon; Moncoyou. *Couyou* (*Le*).
Moncut. *Moncou.*
Mondeme. *Mondemain.*
Mondenavaut. *Mondenau.*
Mondenium. *Moindin.*
Mondeon. *Mondion.*
Mondidier. *Montdidier.*
Mondus Aymen. *Mondemain.*
Mondye (La). *Mondie* (*La*).
Monezière (La). *Menisière* (*La*).
Monfaucon. *Montfaucon.*
Monferault. *Monfrault.*
Monforton; Monfortum. *Montforton.*
Mongaugrie (La). *Maugogrie* (*La*).
Mongauguier. *Montgauguier.*
Mongeatère (La). *Monjatière* (*La*).
Monginerie (La). *Mauginerie* (*La*) (Pleumartin).
Mongogué; Mongoguerium; Mongoguier. *Montgauguier.*
Mongoirand; Mongoueran. *Mongaurand.*
Mongorge. *Montgorge.*
Mongouion. *Sadoux.*
Mongriffon. *Montgriffon.*
Monguillier. *Guillé* (*Le*).
Monguogué. *Montgauguier.*
Monisma. *Moulime.*
Monjaugin. *Montjaugin.*
Monjaulx (Les). *Chez-Montjeau.*
Monlabeur. *Montlabeur.*
Monlarge. *Montlarge.*
Monlauryer. *Montlorier.*
Monlogis; Monlorgis. *Montlorgis.*
Monloryer. *Montlorier.*
Monmorellium; Monmorlio; Monmorlo. *Montmorillon.*
Monnar. *Monas.*
Monnaisière (La). *Menisière* (*La*).
Monnenière (La). *Meunière* (*La*).
Monnerie (La). *Moinerie* (*La*).
Monnestryo (La). *Mouêtrie* (*La*).
Monnières (Les). *Moisnières* (*Les*).
Monnoye (Chemin de la). *Monnaie* (Chemin de la).
Mononière (La). *Meunière* (*La*).
Monpensier. *Montpensier.*
Monprevoir. *Mauprevoir.*

Mons. *Monts.*
Mons (Les). *Mont* (*Le*) (Béruges).
Monsac. *Moussac.*
Mons Adesius; Mons Adesus. *Montazay.*
Mons Agriacus; Mons Agrius. *Montagré.*
Monsalandraut; Monsalendraut. *Moussandreau.*
Mons Albanus. *Montauban.*
Mons Alfredi. *Montfray.*
Mons Amiscr; Mons Amiscrius. *Montamisé.*
Mons Asii. *Montazay.*
Mons Aureus. *Montoiron.*
Monsaut. *Mousseaux* (Saint-Secondin).
Mons Azesius. *Montazay.*
Mons Baldonis. *Monbaudon.*
Mons Bubanus, lieu inconnu. — In villa quæ vocatur Monte Bubano in vicaria Linarinse, 969 (cart. de St-Cyprien, p. 251). — Une localité du même nom est placée vers 965 dans la vigucrie de Brion (*ibid.* p. 255).
Mons Cantoris; Mons Cantorius. *Moncontour.*
Mons Ceardi. *Montcouard.*
Mons Comitoris; Mons Consularis; Mons Contor; Mons Contoris; Mons Contorius. *Moncontour.*
Mons Cuculli; Mons Cugulli. *Couyou* (*Le*).
Mons Cunctorius. *Moncontour.*
Mons Dionis; Mons Dyonis; Mons Duim. *Mondion.*
Monseaux. *Mousseaux* (la Roche-Posay).
Mons Ebroni, lieu inconnu, près Varennes, c͞ne de Bonneuil-Matours.— In loco qui dicitur Monte Ebroni in vicaria Ygrandisse, v. 998 (cart. de St-Cyprien, p. 148).
Monselandrault. *Moussandreau.*
Mons Endaut. *Montandault.*
Mons Falconis. *Montfaucon.*
Mons Galgerius. *Montgauguier.*
Mons Gamerii. *Montgamé.*
Mons Gaudon; Mons Gaudonus. *Mongadon.*
Mons Gaugerii; Mons Gaugerii. *Montgauguier.*
Mons Gorgius. *Montgorge.*
Mons Gualgerius. *Montgauguier.*
Mons Guatmerius. *Montgamé.*
Mons Guillerius. *Guillé* (*Le*).
Mons Hoirannus. *Montoiron.*
Mons Johannis. *Montjean.*

TABLE DES FORMES ANCIENNES.

Mons Leonis. *Monléon.*
Mons Malus. *Montmidi.*
Mons Maurelius; Mons Maurilii; Mons Maurilionis. *Montmorillon.*
Mons Mercus, lieu inconnu, aux environs de Lusignan. — In villa quæ dicitur Monte Merco, 936 ou 937 (cart. de S'-Cyprien, p. 277). — Ce lieu touchait aux terres de Saint-Maixent, peut-être de Saint-Maixent de Cloué.
Mons Miser; Mons Miseri; Mons Miserii. *Montamisé.*
Mons Moritlionis. *Montmorillon.*
Mons Odonis. *Montedon.*
Mons Oiramni; Mons Oirannus; Mons Oirandi; Mons Oirramni; Mons Oram; Mons Orandi. *Montoiron.*
Monsorber; Monsorbier. *Mont-Sorbier.*
Mons Petrosus, arbergamentum in parrochia de Jocet; fief relevant de l'abbaye de Charroux, 1296 (Fonteneau, t. XXXVIII, p. 144). — Lieu inconnu.
Mons Sancti Leodegarii. *Saint-Léger-de-Montbrillais.*
Mons Sancti Savini. *Mont-Saint-Savin.*
Mons Sorberii. *Mont-Sorbier.*
Mons soubz Messay; Mons sur Messay. *Monts* (Messay).
Mons sur Guesne. *Monts-sur-Guesne.*
Mons Tamisarius. *Montamisé.*
Mons Taurus. *Montoiron.*
Monsterneuf de Mortemer. *Montierneuf* (Mortemer).
Monstereo; Monstereul Bonnin; Monsteriollium Bonin;-Monsterol; Monsterolium Bonini; Monsterollium; Monsteruel. *Montreuil-Bonnin.*
Monstre (La); Monstrée (la). *Montrée (La).*
Mons Urbani. *Monterbeau.*
Mons Vinardus; Mons Vinarius. *Montvinard.*
Mons Vitalis, lieu inconnu, vers Dissay. — In villa quæ vocatur Monte Vitali, in pago Pictavo, in vicaria Aliarinse, v. 937 (cart. de S'-Cyprien, p. 187); — in vicaria Linarinse, 1004-1018 (ibid. p. 228).
Mons Willerius. *Guillé (Le).*
Montaglerie (La). *Montallerie (La)* (Pouant).
Montagne (La). *Saint-Georges.*
Montaigne; Montaignes. *Montagne.*
Montail (Le). *Monteil (Le)* (Saint-Jean-de-Sauves).

Montaillerye (La). *Montallerie (La)* (Pouant).
Montairain; Montairant. *Montoiron.*
Montamiser; Montamisier; Montamizé. *Montamisé.*
Montanæ; Montanhuez. *Montagne.*
Montanai. *Montenay.*
Montardum. *Moutardon.*
Montascis; Montases; Montascys; Montasois; Montasoys. *Montazay.*
Mont au Donnet (Le). *Donné (Le).*
Montaurannum. *Montoiron.*
Montauré. *Montoré.*
Montayran. *Montairon.*
Montayron. *Montoiron.*
Montazeis; Montazes; Montazesum; Montazeys; Montazois; Montazoys. *Montazay.*
Mont Bardonneau (Le). *Bardonneau (La).*
Montbaudon. *Monbaudon.*
Montberard. *Montbrard.*
Montberon. *Montbron.*
Montbeuilh. *Montbeil.*
Montbrelay. *Berlais (Le).*
Montbrenage. *Montbernage.*
Montbrileys; Montbrilloys. *Montbrillais.*
Montbroux. *Montbron.*
Montbuel. *Montbeil.*
Montbuez. *Bué (Le).*
Montbuger; Montbugier. *Maubugé.*
Montbuyl. *Montbeil.*
Monteler; Montclert; Montclier. *Monclair.*
Montcoggiou; Montcogniou. *Couyou (Le).*
Montcomtor; Montcomtur; Montcontour, *Moncontour.*
Montcougneo; Montcoyoux. *Couyou (Le).*
Montdenault. *Mondenau.*
Montdion; Montedeum. *Mondion.*
Montée du Roc (La). *Roc (Le)* (Châtellerault).
Monteffroy; Montefroy. *Montfray.*
Montegné. *Montigny* (Coussay-les-Bois).
Monteil Boiyin (Le). *Monteil (Le)* (Sérigny).
Monteillerie (La). *Montallerie (La)* (Sérigny).
Montein; Monteins. *Montain.*
Montelh (Le); Montellium. *Monteil (Le).*
Montemiser. *Montamisé.*
Monter. *Mouterre.*
Monterannum. *Montoiron.*

Monterban. *Monterbeau.*
Montereul Bonnin. *Montreuil-Bonnin.*
Montes. *Saint-Hilaire-de-Mons.*
Monteuil. *Monteil (Le)* (Ouzilly).
Monteurbau. *Monterbeau.*
Montferraut. *Monfrault.*
Montfou; Montfou. *Monfou.*
Montfromagier. *Monfremigé.*
Montgauger; Montgauguer. *Montgauguier.*
Montgeaugyn. *Montjaugin.*
Montgoion; Montgoyon. *Sadoux.*
Montguaugueir. *Montgauguier.*
Mont Guiller. *Guillé (Le).*
Monthayron; Monthoiron. *Montoiron.*
Monthorier. *Montoré.*
Montibus (Herbergamentum de). *Charaudemont.*
Montier. *Mouterre.*
Montigné; Montigniacus. *Montigny.*
Montjardain. *Monjardin.*
Montjaulx (Les). *Chez-Montjeau.*
Mont Jouyn. *Monjoin.*
Montleobet; Montliobet; Montlobet. *Mouillebet.*
Montléon. *Monléon.*
Montlogis. *Montlorgis.*
Montmorlium; Montmorlun. *Montmorillon.*
Montmulon. *Maumulon.*
Montoiran; Montoirannum; Montoirantum. *Montoiron.*
Montoiron. *Montairon.*
Montoramnum; Montoyron. *Montoiron.*
Montpancier. *Montpensier.*
Montplanet (Chapelle de). *Touillet.*
Montpou. *Monpoit.*
Montsalandrault. *Moussandreau.*
Montserant. *Monserant.*
Mont Thamiser; Mont Thamisiez. *Montamisé.*
Monturbau; Monturbo. *Monterbeau.*
Montz; Monz. *Monts.*
Monzac. *Moussac-sur-Gartempe.*
Monzay. *Mouzan.*
Monzic (La). *Mondic-Bigarre (La).*
Moquejoury. *Moquesouris.*
Morel. *Moreaux.*
Morelière (La). *Barrière (La)* (Verrières). *Morlière (La)* (Chaunay). *Mouralitère (La). Mourilère (La).*
Morellière (La). *Mourillère (La).*
Morellus. *Moreaux.*
Moremartin. *Mormartin (La).*
Moretière (La). *Mortière (La).*
Morgandère (La). *Mergaudrie (La).*
Moricière (La). *Morcière (La).*

TABLE DES FORMES ANCIENNES.

Morissère (La). *Morcière (La)*.
Mornière (La). *Morinière (La)* (Saint-Gervais).
Moroulx (Les). *Chez-Moroux*.
Morraillière (La); Morrallière (la). *Morallière (La)* (Vicq).
Morri. *Moury*.
Morrie (La). *Maurie (La)*.
Morrie (Ruisseau de la). *Boucarault (Le)*.
Morroussière (La). *Morcière (La)*.
Morroux (Les). *Chez-Moroux*.
Morrucère (La). *Morcière (La)*.
Morry. *Maury*. *Moury*.
Mors Asini. *Mort-à-l'Âne (La)*.
Morsière (La). *Morcière (La)*.
Mortaigre. *Mortaigue (Queaux)*.
Mortamare. *Mortemer*.
Mortaygue (Forest de); Morte aygue. *Mortaigre*.
Morteffons; Mortefons. *Morfonds (Les)*.
Mortègue. *Mortaigue (Queaux)*.
Mortemara; Mortemare; Mortemarium; Mortemarum. *Mortemer*.
Mortemer (Hostel de). *Cognac*.
Mortereou; Mortereoul; Mortercoux. *Mortroux*.
Morterium. *Mortiers*.
Morteroul; Morteroux. *Mortroux*.
Morters. *Mortiers*.
Mortesgre; Mortesgue. *Mortaigre. Mortaigue*.
Mortesve (Forest de). *Mortaigre*.
Morteveille. *Mortevieille*.
Mortevilliers. *Mortevieille*.
Morthalasne (La). *Mort-à-l'Âne (La)*.
Morthemer. *Mortemer*.
Mortmartin (La). *Mormartin (La)*.
Mortomer; Mortommer; Mortoumé; Mortoumer. *Mortemer*.
Mortreou; Mortreoux. *Mortroux*.
Mortua Aqua. *Mortaigue*.
Mortum. *Mortou*.
Mortuum Marc. *Mortemer*.
Mory (Le). *Maury (Le)* (ruisseau).
Morye (La). *Maurie (La)*.
Morynières (Les). *Morinières (Les)*.
Mosant. *Mouzan*.
Moslay. *Maulay. Molay*.
Moslières (Les). *Mouillères (Les)*.
Mosnay. *Monas*.
Mosnyère (La). *Meunière (La)*.
Mosseurye (La). *Mazurie (La)*.
Mosson. *Monson*.
Mostereo; Mostereo Bonini; Mostereol; Mosteriolum. *Montreuil-Bonnin*.
Mosternou. *Montiorneuf*.

Mosterol; Mosterolium Bonini; Mosterolium in Gastina. *Montreuil-Bonnin*.
Mosterssille. *Mouterre-Silly*.
Mosters nuefs. *Montierneuf*.
Mosteruel; Mostreu; Mostrevelium. *Montreuil-Bonnin*.
Mota. *Motte (La)* (Saint-Maurice). *Sainte-Christine*.
Mota Usselli. *Ussoau*.
Mote (La). *Motte (La)*.
Mote Baschier (La). *Motte (La)* (Pouant).
Motha de Authefa. *Motte-d'Autefa (La)*.
Mothe (La). *Voûte (La)*.
Mothe de Baucay (La); Mothe de Baussay (la). *Motte-Champdeniers (La)*.
Mothe de Bourbon (La). *Motte-Bourbon (La)*.
Mothe de Brion (La). *Motte (La)* (Saint-Maurice).
Mothe de Challigny (La). *Motte (La)* (Chouppes).
Mothe de Chandenier (La). *Motte-Champdeniers (La)*.
Mothe de Clavière (La). *Motte (La)* (Iteuil).
Mothe de Croustelle (La); Mothe dessus Croustelles (la). *Motte (La)* (Ligugé).
Mothe de Lumaisé (La). *Motte (La)*, (Lomaizé).
Mothe de Peressac (La). *Motte (La)* (Persac).
Mothe de Peroux (La). *Motte (La)* (Pairoux).
Mothe des Rouflames (La). *Rouflames*.
Mothe d'Usseau (La). *Motte (La)* (Usseau). *Usseau*.
Mothe Guignement (La); Mothe Guynement (la). *Roche (La)* (Beaumont).
Mothe Messemé (La). *Motte (La)* (Messemé).
Mothe Moléon (La); Mothe Monléon (la). *Motte (La Jeune-)*.
Mothe Pommerée (La). *Motte (La)* (Queaux).
Mothe Rapichon (La). *Motte (La)* (Lomaizé).
Mothe sur Croustelles (La). *Motte (La)* (Ligugé).
Motronnerie (La). *Matonnerie (La)*.
Motte (La vieille). *Motte-Bureau (La)*.
Motte Contais (La). *Motte (La)* (Saint-Maurice).

Motte de Bauçai (La). *Sainte-Christine*.
Motte de Chaunay (La). *Chaunay (Pouant)*.
Motte de Messemé (La). *Messemé*.
Mottes (Les). *Molles (Les)*.
Moucac. *Moussac-sur-Gartempe*.
Moucay. *Moussay*.
Moudurie (La); Moudurières (la grange des). *Moudurerie (La)*.
Mouescau. *Moiseau*.
Mouilladrye (La). *Mouillardrie (La)*.
Moulières. *Chapelle-Moulière (La)*.
Moulin à Collas (Le). *Moulin-Colas (Le)*.
Moulin à Daudin (Le). *Moulin-Daudin (Le)*.
Moulin à Jollin (Le); Moulin à Jouslain (le). *Moulin-Jaulin (Le)*.
Moulin à la Dame (Le). *Moulin-des-Dames (Le)* (Smarve).
Moulin à Millon (Le). *Moulin-Milon (Le)*.
Moulinard; Moulinart. *Forge (La)* (Romagne).
Moulin à Tan (Le). *Moulin-du-Tan (Le)*.
Moulin au Roy (Le). *Moulin-Colas (Le)*.
Moulin aux Dames (Le). *Chantebon. Moulin-des-Dames (Le)*.
Moulin aux Nonnains (Le). *Moulin-des-Dames (Le)* (Saint-Martial).
Moulin Beraud (Le). *Moulin-Brault (Le)*.
Moulin Borgeoix (Le). *Moulin-Bourgeois (Le)*.
Moulin Bost (Le); Moulin Bot (le); Moulin Botz (le). *Moulin-Beau (Le)* (l'Isle-Jourdain).
Moulin Caillier (Le). *Pont (Le moulin du)* (Saint-Genest).
Moulin Coullon (Le). *Moulin-Colon (Le)*.
Moulin de Batitan (Le); Moulin de Batiten (le). *Moulin-du-Tan (Le)*.
Moulin de Cous (Le); Moulin de Coux (le). *Moulin-Guillot (Le)*.
Moulin de Moriat (Le). *Moulin-Moreau (Le)*.
Moulin de Robert (Le). *Moulin-Robert (Le)*.
Moulin Dupond (Le); Moulin Dupont (le). *Pont (Le moulin du)*.
Moulin du Ruisseau (Le). *Moulins (Les) (Mazerolles)*.
Moulin du Temps (Le). *Moulin-du-Tan (Le)*.

Vienne.

Moulinet (Papeterie du). *Brasserie(La).*
Moulin Fregand (Le). *Moulin-Fargant (Le).*
Moulin Imbault (Le). *Moulin-Beau (Le).* (Gouex).
Moulin Jousselin (Le). *Papeterie (La)* (Migné)
Moulin neuf (Le). *Pérotière (La)* (Latus).
Moulin Roy (Le). *Moulin-au-Roi (Le).*
Moulin veilh (Le); Moulin vieil (le). *Moulin-Vieux (Le).*
Moulin Ybault (Le). *Moulin-Beau (Le)* (Gouex).
Moulins du Roy (Les). *Moulins-au-Roi (Les).*
Moulins le Roy (Les). *Moulin-du-Roi (Le).*
Moulins neufz. *Moulin-Neuf (Le)* (Châtellerault).
Moulisme; Moulismes. *Moulime.*
Moullière; Moullières. *Moulière (Forêt de).*
Moullières (Les). *Mouillères (Les).*
Moullime. *Moulime.*
Moullin (Le). *Chevaliers (Les)* (Lavoux).
Moulline (La). *Démoulines.*
Moulymes. *Moulime.*
Moulynard. *Forge (La)* (Romagne).
Mourallière (La). *Morallière (La)* (Antran).
Mouraudière (La); Mourraudière (la). *Chez-Micard.*
Mourelle (La). *Mouillères (Les).*
Mourgeau (Le). *Morgeas (Le).*
Mouriet. *Moirier.*
Mourigeaux (Les). *Morgeas (Le).*
Mournay. *Mornay.*
Moury. *Maury.*
Moury (Moulin de). *Chauvalière (La)* (Latillé).
Mousac. *Moussac-sur-Gartempe.*
Mousay. *Mossay.*
Mouschau. *Mouchaux.*
Mouschet (Le moulin). *Mouchet (Le).*
Mouslandrault. *Moussandreau.*
Mousnay. *Monas.*
Mousnerière (La). *Menisière (La).*
Moussay. *Mossay.*
Moussedune. *Mouchedune.*
Mousselandrault. *Moussandreau.*
Mousseran; Mousseron. *Moisseron.*
Mousson. *Monson.*
Mouster. *Mouterre.*
Mouster neuf (Le). *Montierneuf.*
Mouster Seillé; Moustersillé. *Mouterre-Silly.*

Mousteruel en Gastine. *Montreuil-Bonnin.*
Moustier; Moustier (le). *Mouterre.*
Moustier neuf (Le). *Montierneuf.*
Moute de Autefla (La). *Motte-d'Autefa (La).*
Mouterneuf (Le). *Montierneuf.*
Mouter Silhé; Moutersillé; Moutersilly. *Mouterre-Silly.*
Mouzinière (La). *Limousinière (La).*
Movoisins (Les). *Mauvoisins (Les).*
Moy. *Mois.*
Moy (Le). *Moie (La).*
Moye (La). *Moix (La).*
Moyllebort. *Mouillebert.*
Moynardère (La). *Ménardière (La)* (Saint-Pierre-de-Maillé).
Moynaudière (La); Moynaudrie (la). *Moinaudrio (La).*
Moynerie (La). *Moinerie (La).*
Moyouson (Le). *Miosson (Le).*
Moyrié; Moyriet. *Moirier.*
Moys. *Mois.*
Moysay. *Moisay.*
Moysea; Moyseau; Moyssea. *Moiseau.*
Moyson (Le); Moysson (le). *Miosson (Le).*
Moyzay. *Moisay.*
Mozant. *Mouzan.*
Mozelière (La). *Mouselière (La).*
Mugnotorie (La). *Miétrie (La).*
Mulciacus. *Moussay.*
Muleiuns, fluvius. *Miosson (Le).*
Mulonnerie (La). *Boissonnerie (La).*
Mumbuil. *Montbeil.*
Muncot. *Moncou.*
Muncuntour. *Moncontour.*
Mundaimen. *Mondemain.*
Mundie (La). *Mondie (La).*
Mundium. *Mondion.*
Mundomayn. *Mondemain.*
Muntazeis. *Montazay.*
Muntontur. *Moncontour.*
Muntoiran. *Montoiron.*
Munz. *Mons.*
Muoc. *Méocq.*
Muri, oppidum. *Meurs (Les)* (Bertegon).
Murs (Les). *Meurs (Les). Mur (Le).*
Musciacus. *Moussay.*
Musson (Le). *Miosson (Le).*
Musterol; Musterollium. *Montreuil-Bonnin.*
Muzetterie. *Verrerie (La)* (Archigny).
Mycterie (La). *Miétrie (La).*
Mygnac. *Mignac.*
Mygnalou. *Mialoup.*

Mymaudière (La). *Mimaudière (La).*
Mymetière (La). *Mimetière (La).*
Mymodière (La). *Mimaudière (La).*
Mynaudyère (La). *Minaudière (La).*
Mynauldières (Les). *Minaudières (Les).*
Myneray (Le). *Mineret (Le).*
Mynotière (La). *Minotière (La).*
Myntree. *Nintré.*
Myocum (Aqua quæ vocatur); Myosson (le); Myousson (le). *Miosson (Le).*
Myotherie (La). *Miétrie (La).*
Mytaudière (La). *Mitaudière (La).*

N

Nableron (Le). *Rablane (La).*
Nabusson. *Naubusson.*
Nadauderies (Les); Nadaudière (la). *Nidaudières (Les).*
Naide. *Nesde.*
Naigremont. *Maison-Neuve* (Montreuil-Bonnin).
Naigrevaulx. *Négrevault.*
Naintré. *Tour-de-Naintré (La).*
Naintrec. *Naintré.*
Naisde (La). *Nesde (La).*
Naler; Nalers; Nalier; Nallier en Serluc. *Nalliers.*
Nallent; Nallins. *Nâlin.*
Nanteil. *Nanteuil.*
Nantillé. *Nantilly.*
Nantolium. *Nanteuil.*
Nantriacus. *Naintré.*
Nantucil; Nantucilh. *Nanteuil.*
Narablan (Ruisseau de). *Rablane (La).*
Nardaine. *Nardenne.*
Nargnac; Narignac. *Nérignac.*
Narlant; Narlent. *Nâlin.*
Narnac. *Nérignac.*
Narnay. *Larnay.*
Naslère (La); Naslière (la). *Nalière (La).*
Naslier. *Nalliers.*
Nassay. *Nassé.*
Naubisson; Naubussan. *Naubusson.*
Naudemont. *Audemont.*
Naudinerie (La). *Audinerie (L').*
Nauldonnerie (La). *Naudonière (La).*
Naullière (La). *Nolière (La).*
Naydo; Naydia. *Nesde.*
Naytré; Neentrec. *Naintré.*
Negucrie (La). *Nigrie (La).*
Neintré. *Naintré.*
Nemaric. *Annemaric.*
Nemus Borsaudi. *Bois-Boursault.*
Nemus Herberti. *Bois-Norbert.*

TABLE DES FORMES ANCIENNES. 499

Nentillé. *Nantillé.*
Nentré. *Naintré.*
Nepvcuère (La); Nepvouère (la). *Nivoire (La).*
Nerbona; Nerbonne. *Narbonne.*
Nerland. *Nálin.*
Nernai. *Larnay.*
Neschaud; Neschaulx. *Néchaud.*
Nesda (Le). *Néda (Le).*
Nesgrevault. *Négrevault.*
Nesme (La maison). *Cou-Martineau (Le).*
Nessouan; Nessouen. *Noussouan.*
Nesvinière (La). *Navinières (Les).*
Nesvoire (La). *Nivoire (La).*
Netré. *Naintré.*
Neufville. *Neuville.*
Neufville (La). *Neuville (La).*
Nouillet. *Nicullet.*
Neuil sous Faye. *Nueil-sous-Faye.*
Neuil sur Dive. *Nueil-sur-Dive.*
Neuray. *Noré.*
Neutan (Le). *Nutin (Le).*
Nevoire (La). *Nivoire (La).*
Neydes. *Nesda.*
Neyron. *Noiron.*
Neytré. *Naintré.*
Nicuil sous Faye. *Nueil-sous-Faye.*
Nicuil sur Dive. *Nueil-sur-Dive.*
Nicullet. *Niculett.*
Nigrerye (La). *Nigrie (La).*
Nintré; Nintriacus. *Naintré.*
Niol; Niolium; Niolum. *Nieuil. Nieuil-l'Espoir. Nueil-sous-Faye. Nueil-sur-Dive.*
Niolium (Altum). *Nucil (Le Haut-).*
Niolium Lespaer; Niolium Lespayer; Niolium Lespeyer. *Nieuil-l'Espoir.*
Niolium super Divam. *Nueil-sur-Dive.*
Niriau. *Nériau.*
Niul. *Nueil-sous-Faye.*
Nivarderie (La). *Niverdrie (La).*
Nivardières (Les). *Nivaudière (La).*
Niverniacensis vicaria, v. 900 (cart. de S¹-Cyprien, p. 156). On ne connaît point le lieu qui a donné son nom à cette vignerie, où se trouvait le prieuré de Savigny-sur-Vienne, qui ensuite fit partie de la viguerie d'Ingrande. En 913, ce n'était plus qu'une condita en cette viguerie d'Ingrande : «Marciacus in pago Pictavo, in vicaria Igorandinse, in condita Niverniaciuse» (ch. de S¹-Hilaire, t. I, p. 17).
Nosilhé; Noaillé; Noaillec; Noailliacum; Noale; Noalec; Noalhé; Noallé;

Noaylhé; Noayllé; Noayllicc; Nobiliacus. *Nouaillé.*
Nodinerie (La). *Audinerie (L').*
Noccaulx; Noccos; Noccoux. *Nossiou.*
Noefville. *Neuville.*
Noeillet. *Noillette.*
Noelière (La). *Nolière (La). Nouillère (La) (la Roche-Posay).*
Noellère (La). *Nouillère (La) (Latus).*
Nocriæ. *Nouères.*
Nœuil. *Neuil.*
Noez (Les). *Caborne (La) (Bellefont).*
Nofville. *Neuville.*
Noiseillium. *Nouzilly.*
Noitric (La). *Nouatrie (La).*
Nolière (La). *Tuilerie (La) (Saint-Pierre-de-Maillé).*
Nollière (La). *Nolière (La). Nouillère (La) (Latus).*
Norcoux. *Nossiou.*
Normandeur. *Normandoux.*
Normandie (La). *Ormandrie (L').*
Normandon; Normandos; Normandour; Normandoz. *Normandoux.*
Normandrie (La). *Ormandrie (L').*
Normantin. *Hermentin.*
Normenderye (La). *Normandrie (La).*
Norrais (La). *Norais (La).*
Nosière. *Nouzière.*
Noslière (La). *Nouillère (La) (la Roche-Posay).*
Nosseoux. *Nossiou.*
Nostre Dame d'Aoust; Nostre Dame d'Aux; Nostre Dame d'Oehs; Nostre Dame d'Ost; Nostre Dame d'Otz; Nostre Dame d'Ouz; Nostre Dame d'Ox; Nostre Dame d'Oz. *Notre-Dame-d'Or.*
Nouaillé; Nouailly. *Nouaillé.*
Nouaillé (Fourest de). *Fayes-d'Anché (Les).*
Noucellière (La). *Nocelière (La).*
Nouellière (La). *Nolière (La).*
Nougeray (La). *Marinerie (La).*
Nougerée (La). *Nougeraie (La).*
Nougère (La). *Mougère (La).*
Nouliere (La). *Nouillère (La) (la Roche-Posay).*
Noullière (La). *Nouillère (La) (Latus).*
Nouraye (La). *Noraie (La).*
Nouvellière (La). *Nouillère (La) (Latus).*
Nouzillé. *Nouzilly.*
Novaliacus. *Nouaillé.*
Novalles (Les). *Chêne-Sapin (Le).*

Nova Villa. *Neuville. Villenouvelle.*
Noviliacus. *Nouaillé.*
Novum Monasterium. *Montierneuf.*
Noyer Gachard; Noyer Gaschard. *Gaschard (Le).*
Noyron. *Noiron.*
Nozère. *Nouzière.*
Noziliacum; Nozillé; Nozilleyum; Nozillié; Nozilly. *Nouzilly.*
Nuailec; Nuaillé. *Nouaillé.*
Nuallec. *Niculett.*
Nubiliacus. *Nouaillé.*
Nuefville. *Neuville (Le Petit-) (Chouppes).*
Nueil. *Nué.*
Nueilh. *Nieuil.*
Nueil soubz Baussay; Nueil sur Baucay. *Nué.*
Nueuil soubz Faye. *Nueil-sous-Faye.*
Nuevile. *Neuville.*
Nuillecum. *Niculett.*
Nuptin; Nuptun (le); Nutun (le); Nutung. *Nutin (Le).*
Nuviliacus. *Nouaillé.*
Nydaudières (Les). *Nidaudières (Les).*
Nyeil Lespoir; Nyeil Lespoyer; Nyeuil Lespoir; Nyeul Lespaier; Nyeul Lespayeur; Nyeul Lespayr; Nyeul Lespoer; Nyeulh Lespoier. *Nieuil-l'Espoir.*
Nyeuilh; Nyeul; Nyeulh. *Nieuil.*
Nyeuillet; Nyeulhet; Nyeullet; Nyullet. *Niculett.*
Nyouyl. *Nueil-sur-Dive.*
Nyeuylh Lespeir. *Nieuil-l'Espoir.*
Nyllé. *Nillé.*
Nymes. *Lime.*
Nyoil Lespiers; Nyolium. *Nieuil-l'Espoir.*
Nyolium subtus Fayam. *Nueil-sous-Faye.*
Nyolium supra Divam. *Nueil-sur-Dive.*
Nyorteau. *Niorteau.*
Nyortière (La). *Niortière (La).*
Nyré. *Niré.*
Nyreau; Nyriau. *Nériau.*
Nyuilh. *Nieuil.*
Nyvardière (La). *Nivardière (La).*
Nyvart (La). *Nivard (La).*
Nyvaudère (La); Nyvaudières (les); Nivauldières (les). *Nivaudière (La).*
Nyvaudières (Les). *Bourdevaire.*
Nyvière (La). *Nivière (La).*

O

Oairé. *Oiré.*
Obeneaulx (Les). *Auboniaux (Les).*

63.

TABLE DES FORMES ANCIENNES.

Obterres. *Opterre.*
Oches (Les). *Ouches (Les).*
Odriacus. *Oiré.*
Oger (La tour). *Mondion.*
Ogizière (L'). *Augizière (L').*
Oiriacum. *Oiré.*
Oirvau. *Ervaux.*
Oisay. *Voiret.*
Oiscaumesle. *Eaux-Melles (Les).*
Oizé. *Oiré* (Mondion).
Oizillé. *Ouzilly.*
Olcas. *Ouches (Les).*
Olères (Les). *Houillères (Les).*
Olmes Guillaume (Les). *Hommes-Guillaume (Les).*
Omeau Marion (L'). *Ormeau (L')* (la Roche-Posny).
Oratorium. *Saint-Vincent.*
Orbras (L'). *Lorbras.*
Ordaien. *Hordin.*
Orczeaux; Orczcoux. *Rozeau (Le).*
Orglouzierre (L'); Orgoyllousère (l'); Orgueilheusière (l'); Orguiglozière (l'); Orguillenerie (l'); Orguillousière (l'). *Reguillouzière (La).*
Oriacus. *Oiré.*
Origniacus villa, fin du XIe siècle (Arch. hist. du Poitou, t. II, p. 22); dans le Loudunais.
Orilheau. *Orillac.*
Orillières (Les); Oriculières (les). *Oriolières (Les).*
Orioust. *Orion. Orioux.*
Orle; Orleium. *Ourly.*
Orliac. *Orillac.*
Ormelle. *Armelle.*
Ormes de Sainct Martin (Les); Ormes sur Vienne (les). *Ormes (Les).*
Oryou. *Oriou.*
Orzeau; Orzcou. *Rezeau (Le).*
Os. *Notre-Dame-d'Or.*
Osches (Les). *Ouches (Les).*
Osigli. *Ouzilly-Vignolles.*
Osilly. *Ouzilly.*
Osmes (Les). *Hommes (Les).*
Osmonerye du Puy (L'). *Aumônerie (L')* (Persac).
Ouches (Les). *Baraudière (La)* (Anché).
Ouies (Les). *Vouis (Les).*
Oulières (Les); Oullières (les). *Houillères (Les).*
Oulmes Guillaume (Les). *Hommes-Guillaume (Les).*
Oumea l'abbesse (L'). *Ormeau (L')* (Buxerolles).
Ourdain. *Hordin.*
Ourillé. *Ouzillé.*

Ourzault. *Rozeau (Le).*
Ousches (Les). *Ouches (Les).*
Ousilhet. *Ouzilly.*
Ousillé. *Ouzillé.*
Ousilliacum; Ousilly. *Ouzilly.*
Ousmea (L'). *Ormeau (L')* (Lusignan).
Ousmeau l'abbesse (L'). *Ormeau (L')* (Buxerolles).
Ouvardière (L'); Ouverardière (l'); Ouvradière (l'). *Ouvrardière (L').*
Ouzance. *Auzance.*
Ouzilhe; Ouzillé; Ouzillec. *Ouzilly.*
Ouzines. *Ousine.*
Ovrardières (Les). *Ouvrardières (Les).*
Oyré; Oyriacum. *Oiré.*
Oyroux. *Orioux.*
Oyseaumesle. *Eaux-Melles (Les).*
Ozilé; Ozileium; Ozilheyum; Oziliacus; Ozille; Ozillec; Ozilleyum; Ozilliacum. *Ouzilly. Ouzilly-Vignolles.*
Ozillères (Les). *Oriolières (Les).*
Ozon. *Auzon.*
Ozoriollières (Les). *Oriolières (Les).*

P

Pabiotière (La). *Papiotière (La).*
Pacae. *Passac.*
Pacaillas (Le). *Pont-Caillas (Le).*
Pachec; Pacheium; Pachiacum. *Paché.*
Pachonnière (La). *Panchonnière (La).*
Pacquerye (La). *Pâquerie (La).*
Pacquetrye (La); Pacquettrie (la). *Paqueterie (La).*
Padul. *Badeuil.*
Paellé. *Pouillé.*
Paeressae. *Persac.*
Paganalière (La). *Paquenalière (La).*
Pagnièvre. *Panièvre.*
Paguenalière (La). *Paquenalière (La).*
Paignière (La). *Poinière (La).*
Pailec; Pailhé. *Pouillé.*
Pailhetère (La). *Pelletière (La).*
Paille (La). *Saint-Cyprien.*
Paillé; Paillec; Paillet. *Pouillé.*
Pailletière (La). *Pelletière (La).*
Paillias. *Palluau.*
Pain (Le). *Pin (Le).*
Painfou. *Poinfoux.*
Painparé. *Pimparé.*
Painperdu. *Touche (La)* (la Vausseau).
Paiposzin. *Puypousin.*
Pairacac. *Persac.*
Pairat (Le). *Poirat (Le).*

Pairaudière (La). *Perraudières (Les).*
Pairault (Les). *Perréaux (Les).*
Paire (La). *Payre (La).*
Pairee. *Pairé.*
Pairignec; Pairinec. *Périgné.*
Pairoderye (La). *Péraudrie (La)* (Pouzioux).
Pairoux (Le). *Poiroux (Le)* (Leigné).
Paisai. *Paizay-le-Sec.*
Paisaium; Paisay le Jolly. *Poizay-le-Joli.*
Paisay le sec; Paisayum sicum. *Paizay-le-Sec.*
Paisé. *Pezay.*
Paisé le Joly. *Poizay-le-Joli.*
Paisec; Paisiacum. *Pezay.*
Paizai; Paizaicus; Paizay le Jolly. *Poizay-le-Joli.*
Paizé. *Pezay.*
Paizé le sec. *Paizay-le-Sec.*
Paizei; Paiziacus. *Poizay-le-Joli.*
Pajardz (Les). *Pageards (Les).*
Pajaudrye (La). *Pageaudrie (La).*
Palais (Le); Palays. *Sainte-Catherine* (Leugny).
Palæœ. *Pailles (Les).*
Paleys (Le). *Palais (Le)* (ruisseau).
Palias. *Palluau.*
Pallais (Le); Pallays (le). *Palais (Le)* (ruisseau).
Pallastries (Les). *Palatries (Les).*
Palleu (La). *Palu (La).*
Palliau. *Palluau.*
Pallicaudrye (La). *Palicaudrie (La).*
Pallier (Le). *Paillé (Le).*
Pallisse (La). *Palisse (La).*
Pallotère (La). *Perlotière (La).*
Pallu (La). *Palu (La).*
Pallu (Le grand). *Pallus (Les).*
Paloys (Le). *Sainte-Catherine* (Leugny).
Palu; Pallu. *Pallus (Les).*
Paluau. *Palluau.*
Palud (La). *Palu (La).*
Paluia (Rivus de). *Palluau (Ruisseau de).*
Paluya. *Palluau.*
Paluz. *Pallu.*
Paluz (La). *Palu (La).*
Paneteria. *Penetrie (La).*
Panèvres; Pannièvre. *Panièvre.*
Pantenay. *Pentenay.*
Pantillou. *Pontillou (Le).*
Pauvilliers. *Épanvilliers.*
Panyère (La). *Poinière (La).*
Paouvredières (Les). *Pont-Verdelle.*
Papaulx (Les); Papaut (herbergement de Massé); Papeas. *Papeaux (Les).*

TABLE DES FORMES ANCIENNES.

Papelais. *Paplais.*
Papelotière (La). *Patelotière (La).*
Papetrie de Salvert (La). *Papeterie (La)* (Migné).
Papignonnière (La). *Bregeonnerie (La).*
Papodière (Estang de la). *Palisse (La).*
Poponère (La). *Papinière (La).*
Paqreau (Le); Paquereau (le). *Godus (Les).*
Paquauderie (La). *Pacauderie (La).*
Paquères (Les). *Paquerière (La).*
Paraciacum. *Persac.*
Parajouc. *Pérajoux.*
Paranches (Les). *Pévanches (Les).*
Parayre (La). *Parelle (La).*
Parcay. *Parsay.*
Parchaiz (La). *Perchaie (La).*
Parcus Monsterolii. *Parc (Le)* (Montreuil-Bonnin).
Paregné. *Parigny* (Champigny-le-Sec).
Paregny (Arcs de). *Arcs de Parigny (Les).*
Parère (La). *Parelle (La).*
Pareria. *Pierrerie (La).*
Paresle (La); Parière (la). *Parelle (La).*
Parigné. *Parigny.*
Parignec. *Périgné.*
Parigniacum; Pariniacus; Parinniacus. *Parigny.*
Parlotière (La). *Perlotière (La).*
Parmoliacum. *Prémillant.*
Parrie (La). *Pierrerie (La).*
Parriniacus. *Périgné.*
Parsay; Parssay. *Parçay* (Saint-Genest).
Parsay (Le veil). *Parc (Le)* (Romagne).
Partenaiserie (La). *Parthenaiserie (La).*
Partinière (La). *Partenière (La).*
Pascaudière (La); Pascauldère (la). *Pacaudière (La).*
Pasché. *Paché.*
Pasiacum. *Pezay.*
Pasquelière (La); Pasquerière (la). *Paquerière (La).*
Pasquerie (La). *Pâquerie (La).*
Pas Saincte Radegonde (Le). *Sainte-Radegonde* (Verrières).
Pas Salardin; Passe Allardin (roche de); Passelardin; Passelardun; Passelourdault. *Passelourdin.*
Passiacum. *Pezay.*
Passouer (Le). *Passoir (Le).*
Passus Sancti Martini. *Pas-Saint-Martin (Le).*
Pastallères (Les). *Patallières (Les).*

Pastallière (La). *Pantalière (La).*
Pastelère (La). *Patallières (Les).*
Pasterie (La). *Pâtrie (La).*
Pastoureau. *Pâtureau (Le).*
Pastourelle (La). *Paturelle (La).*
Pastric (La). *Pâtrie (La).*
Pasturau (Le); Pastureau (le). *Pâtureau (Le).*
Patallière (La). *Pantalière (La).*
Pataudière (La). *Petaudière (La)* (Paizay-le-Sec).
Patedoyo. *Patto-d'Oie.*
Patelères (Les). *Patallières (Les).*
Patelotrye (La). *Paplotrie (La).*
Patriciacum. *Persac.*
Patriniacus. *Parigny. Périgné.*
Pauliacus villa infra quintam civitatis, 940 (ch. de St-Hilaire, t. I, p. 21).
— Lieu inconnu. Pouillé, c^{on} de Saint-Julien, situé à 19 kilomètres de Poitiers, était trop éloigné pour se trouver dans la quinte.
Paulié; Paulier. *Pauillé.*
Paullac. *Pouillac* (Mouterre).
Paullinerie (La). *Pollinière (La).*
Paully. *Pauillé.*
Paupinière (La). *Popinière (La).*
Pautonnerie (La). *Château-Gaillard* (la Villedieu).
Pauvredières (Les). *Pont-Verdelle.*
Pauzayum (Vetus). *Posay-le-Vieil.*
Payllé; Paylloc. *Pouillé.*
Payllet. *Pouilly.*
Paylloyum. *Pouillé.*
Paynère (La). *Poinière (La).*
Paynetère (La). *Pintière (La).*
Payrade (La). *Pérade (La).*
Payrat (Le). *Poirat (Le).*
Payré; Payrec. *Pairé.*
Payressac. *Persac.*
Payrigné. *Parigny.*
Payrignice. *Périgné.*
Payroux. *Pairoux.*
Payrouz (Le). *Poiroux (Le)* (Bouresse).
Paysai. *Paizay-le-Sec.*
Paysai le Jolly; Paysay le Joli. *Poizay-le-Joli.*
Paysé. *Pezay.*
Payssea. *Paisseau (Le).*
Paytiers. *Poitiers.*
Payzai. *Poizay-le-Joli.*
Payzaycum; Payzayum. *Paizay-le-Sec.*
Pcabric. *Paubry.*
Peaubins (Les). *Plobins (Les).*
Peaubri; Peaubric; Peaubrit. *Paubry.*
Peaujard. *Peaugeard.*

Pectava urbs; Pectavis; Pectavum. *Poitiers.*
Pectavus pagus. *Poitou (Le).*
Pedaudière (La). *Petaudière (La)* (Paizay-le-Sec).
Pefo. *Pifou* (Thuré).
Pegrignoux. *Puygrenioux.*
Peilhé; Peillé. *Pouillé.*
Peilletère (La). *Pelletière (La).*
Peingtière (La); Peintière (la). *Pintière (La).*
Peiressac. *Persac.*
Peirôs (Le). *Poiroux (Le)* (Bouresse).
Peiroux. *Pairoux.*
Peiters; Peitiers. *Poitiers.*
Peizay le Sec. *Paizay-le-Sec.*
Pelaudière (La). *Berterre (La).*
Pelaut. *Monplaisir* (Pleumartin).
Pelavezin. *Pellevoisin.*
Pelebatière (La). *Perchatière (La).*
Pelebert. *Peulbert.*
Pelegrole. *Pied-de-Grolle.*
Pelepigère (La). *Perpigère (La).*
Pelesac; Pelesacq. *Pelsac.*
Pelevesin; Pelevezin. *Pellevoisin.*
Pellacherye (La). *Placherie (La).*
Pellaudière (La). *Berterre (La).*
Pellaudrye (La). *Plauderie (La).*
Pellault (Moulin). *Trouvé.*
Pelle (Le). *Poile (Le).*
Pellegaux; Pellegoault. *Pellejeau.*
Pellegrolle. *Boutinière (La)* (Saint-Genest). *Pied-de-Grolle.*
Pellejasson. *Préjasson.*
Pellentum. *Piolant.*
Pellossacq. *Pelsac.*
Pelleterière (La). *Partenière (La).*
Pelletière (La). *Pelletrie (La)* (Thuré).
Pelletiers (Les). *Peltiers (Les).*
Pellinière (La). *Petinière (La)* (Rouillé).
Pellisson. *Plisson.*
Pellissonnerie (La). *Plissonnerie (La).*
Pelloquin (Le). *Plotinière (La).*
Pelloquinerie (La). *Peloquinerie (La).*
Pelloquinière (La). *Peloquinière (La).*
Pellordrie (La). *Plourdrie (La).*
Pelloube; Pelloubes. *Ploubes.*
Pellourdrie (La). *Plorderie (La).*
Peloquinière (La). *Plotinière (La).*
Pelorderie (La); Pelourdrie (la). *Plourdrie (La).*
Pelpichère (La); Pelpigère (la). *Perpigère (La).*
Pelvesin. *Pellevoisin.*
Pemertière (La). *Pibertière (La).*
Penart. *Puynard.*
Penetiers (Les). *Pannetiers (Les).*

502   TABLE DES FORMES ANCIENNES.

Penetrie (La). *Pinetrie (La)*.
Penlois. *Paulois*.
Pennetrie (La). *Penetrie (La)*.
Pennèvres. *Panièvre*.
Penoilhoux. *Penillou*.
Pentieris (Les). *Pantigueries (Les)*.
Penvilliers. *Épanvilliers*.
Penyns (Les). *Pouins (Les)*.
Peogeart. *Peaugeart*.
Peolant. *Piolant*.
Peoufollet. *Pnyfolet*.
Pepenea. *Pimpaneau*.
Pequetière (La). *Pillière (La)*.
Perat. *Poirat (Le)*.
Perata. *Pérat (Le)*.
Peraudère (La). *Perraudières (Les)*.
Peraudière (La). *Perauderie (La) (Pouzioux)*. *Praudière (La)*.
Peraulx (Les). *Perreaux (Les)*.
Perche (La). *Saint-Éloi (Poitiers)*.
Percheia; Perchès (la). *Perchaie (La)*.
Perdrigeonnère (La); Perdrigonnère (la). *Perdrigère (La)*.
Pere (La). *Payre (La)*.
Perceat. *Persac*.
Perecouillon. *Pierre-Folle (La) (Sillars)*.
Pere couverte (La). *Pierre-Couverte (La)*.
Perefiste; Perefixe; Perefixte. *Pierre-Fitte*.
Perefolle (La). *Pierre-Folle (La) (Sillars)*.
Peregrinorum (Via). *Pèlerins (Chemin des)*.
Perelles. *Poirelles (Les)*.
Perenche (La). *Péranche (La)*.
Perer (Le). *Perrière (La)*.
Perère (La). *Pavelle (La)*.
Perers (Les). *Poiriers (Les) (Saint-Macou)*.
Peressac. *Persac*.
Peret. *Pret (moulin)*.
Perfiete. *Pierre-Fitte*.
Pergonde. *Gassouillé (Le)*.
Periers (Les). *Poiriers (Les) (Saint-Macou)*.
Perigné. *Parigny (Saint-Benoît)*.
Perissac. *Persac*. *Pressac*.
Permeillans; Permeillant; Permeillon; Permellans. *Prémillant*.
Pero. *Pairoux*.
Peroches (Les). *Péranches (Les)*.
Perolium. *Pairoux*.
Peron (Le). *Poiron (Le)*.
Perosium. *Pairoux*.
Perotrye (La). *Prétrie (La)*.
Perottrie (La). *Proterie (La)*.

Perou; Peroul; Peroulx; Peronx. *Pairoux*.
Peroux (Le). *Poiroux (Le) (Bouresse)*.
Perre (La). *Payre (La)*.
Perrecac. *Persac*.
Perrefiete. *Pierre-Fitte*.
Perrefolle. *Pierre-Folle*.
Perrère (La). *Perrières (Les) (Châtellerault)*.
Perreria. *Perrière (La)*.
Perreterye (La). *Prétrie (La)*.
Perrière Godeau (La). *Perrière-Godeau (La)*.
Perriers. *Poiriers (Les) (Biard)*.
Perrinière (La). *Périnière (La)*.
Perroge (La). *Péroge (La)*.
Perron (Le). *Pierron (Le)*.
Perronnelle (La). *Périnelle (La)*.
Perronnerie (La). *Pironnerie (La)*.
Perros. *Poiroux (Le) (Bouresse)*.
Perrot Bourriau (Moulin). *Traquet*.
Perrotrie (La); Perrotterye (la). *Proterie (La)*.
Perruce. *Pérusse*.
Persageau; Persageau. *Percejeau*.
Persay. *Parsay*.
Persegeau. *Percejeau*.
Perserie (La). *Percerie (La)*.
Persevaultz (Les). *Percevaux (Les)*.
Pertenière (La). *Partenière (La)*.
Pertica; Perticha. *Saint-Éloi (Poitiers)*.
Pertuy Renard. *Bouillaux (Les)*.
Peruces. *Prusse*.
Perum de Jaunaio. *Payre (La)*.
Perusse; Perusses. *Prusse*.
Pesé. *Pezay*.
Pesle (Le). *Poile (Le)*.
Pesré (Moulin de). *Pairé (Moulin de)*.
Pesseau (Le). *Paisseau (Le)*.
Petasvim; Potavi. *Potanin*.
Peters. *Poitiers*.
Petitière (La). *Pitière (La) (la Chapelle-Moulière)*.
Petoufle. *Giez*.
Petra. *Payre (La)*.
Petra levata. *Pierre-Levée (Poitiers)*.
Petra sopese. *Pierre-Levée (Marigny-Brizay)*.
Petra sopcyze. *Pierre-Levée (Archigny)*.
Petra soupoeze; Petra suspensa. *Pierre-Levée (Poitiers)*.
Petrenard. *Péterenard*.
Peu (Le). *Peux (Le)*.
Peuabry; Peuaubry. *Paubry*.

Peubaugier. *Pied-Baugé*.
Peubellon (Le); Peublond (le). *Peublon (Le)*.
Peubeuzain. *Pied-Buzin*.
Peubouin. *Puybouin*.
Peucet. *Peusset (Cloué)*.
Peuc (La). *Puye (La)*.
Peufran; Peufranc. *Puyfranc*.
Peugilard. *Peugirard*. *Puy-Girard*.
Peugirard. *Puy-Girard*.
Peugriffet. *Pied-Griffé*.
Peugriffier. *Dochandrie (La)*.
Peuhe (La). *Puye (La)*.
Peu Joubert. *Puy-Joubert*.
Peulx (Le). *Peux (Le)*.
Peulx d'Eubierre (Le). *Puys (Les) (Saint-Gencst)*.
Peu Martin. *Puy-Martin*.
Peu Milleron (Le). *Paymilleroux*.
Peupinot. *Pinot*.
Peupliers (Les). *Aubiers (Les)*.
Peurageou. *Pérajoux*.
Peurajou. *Pérajoux*. *Puyrajoux*.
Pournon. *Purnon*.
Pouroy. *Pierrois*.
Pousot. *Puisseau*.
Peux (Le). *Puy-Lonchard*.
Peux (Le bas). *Puy-Jousserant*.
Peux Audebran (Le). *Poussaudebran*.
Peux aux Bobyns (Le). *Plobins (Les)*.
Peuxcot. *Peucot*.
Peux d'Ansaulmon (Le). *Peumartin (Sèvre)*.
Peux de Brochesac (Le); Peux de Brossac (le). *Peux (Le) (Celle-l'Évécault)*.
Peux de Geusson (Le). *Peux (Le) (Blanzay)*.
Peux de la Roche (Le); Peux de la Ruche (le). *Peux (Le) (Lomaizé)*.
Peux de Liesgues (Les petits). *Peux (Les) (Champigny-le-Sec)*.
Peux Gibes. *Peugible*.
Peux Joyeux (Le). *Peux (Le) (Saint-Martin-Lars)*.
Peux Martin. *Puy-Martin*.
Peux Maujugé (Le). *Peux (Le) (Salles-en-Toulon)*.
Peux Montfleury (Le). *Peux (Le) (Leigne)*.
Peux Pastoureau. *Peux-Pintureau (Le)*.
Peux Pinteau (Le). *Peupleau*.
Peux Richard. *Terriers (Les) (Pouzioux)*.
Peux Templer (Le). *Peux (Le) (Pairoux)*.
Peuz (Le). *Peux (Moulin du)*.
Peuz Girard. *Peugirard*.

TABLE DES FORMES ANCIENNES. 503

Poybuzan. *Pied-Buzin.*
Peychier. *Piché.*
Peynière (La). *Poinière (La).*
Peyrade (La). *Pérade (La).*
Peyrat (Le). *Pérat (Le).* Poirat (Le).
Peyré. *Pairé.*
Peyre de Jaunay (La). *Payre (La).*
Peyressac. *Persac.*
Peyron (Le). *Poiron (Le).*
Peyros (Le). *Poiroux (Le)* (Bouresse).
Peyrou; Peyroul; Peyroux. *Pairoux.*
Peyroux (Le). *Poiroux (Le)* (Bouresse).
Peytavinère (La). *Poitevinière (La).*
Peytiers; Peytieus. *Poitiers.*
Phelins. *Felin.*
Phelipère (La); Phelippière (la); Phellipière (la). *Philippière (La).*
Phelliponnière (La). *Philiponnière (La).*
Pheneaux. *Feneau.*
Phillardière (La). *Filardière (La).*
Phlipoterie (La). *Fripotrie (La).*
Piarre levée (La). *Pierre-Levée* (Saint-Pierre-d'Exideuil).
Picardière (La). *Papetrie (La).*
Picaudière (La). *Pacaudière (La).*
Pichonnère (La). *Panchonnière (La).*
Pichonnerie (La). *Chez-Montjeau.*
Picoterie (La). *Picotellerie (La)* (Smarve).
Picourté. *Puycourté.*
Picquarderie (La). *Picardie (La).*
Picquardière (La). *Papetrie (La).*
Pictachon. *Pitachon.*
Pictava civitas; Pictavensis civitas; Pictavi; Pictavia civitas; Pictavis; Pictavium; Pictavorum civitas; Pictavum. *Poitiers.*
Pictavia; Pictavus ager; Pictavus pagus; Pictavus terminus. *Poitou (Le).*
Pictavis (Vetus); Pictavium (Vetus); Pictavus (Vetus). *Poitiers (Le Vieux-).*
Pictonum civitas. *Poitiers.*
Pidouaire (La); Pidouère (la). *Pidoire (La).*
Piébauger. *Pied-Baugé.*
Piébuzain; Piébuzin. *Pied-Buzin.*
Pied Bernard. *Puy-Bernard.*
Piedcrachoux. *Chez-Sicault.*
Piédelance. *Pied-de-Lance.*
Pied d'humeau. *Puydonneau.*
Piedfou. *Pifou* (Thuré).
Piefo; Piefou. *Pifou.*
Piéfollet. *Puyfolet.*
Piegrignoux. *Puygrenioux.*

Pière (La); Pierre (la). *Payre (La).*
Pierre Barraud (La). *Bruyères (Les)* (Béthines).
Pierrefiete. *Pierre-Fitte.*
Pierrepèze. *Pierre-Levée* (Mazerolles).
Pierres Blanches (Les). *Tranchée (La)* (Poitiers).
Pierrie (La). *Pierrerie (La).*
Pierrière (La). *Poirière (La)* (Salles).
Pierrières (Les). *Perrières (Les)* (Châtellerault).
Pies (Les). *Piques (Les).*
Piétable. *Pied-Table.*
Pietère (La). *Pitière (La).*
Piffau. *Pifou* (Châtellerault).
Piffe (La grange au). *Piferie (La).*
Pigarreau. *Puygarreau.*
Pigeatière (La). *Pijatière (La).*
Pigeollière (La). *Pigealière (La).*
Pigerye (La). *Chez-Tribot.*
Pigné. *Pinier (Le).* (Saint-Gaudent).
Pigné (Le). *Pinier (Le)* (la Ferrière).
Pignier (Le). *Pinier (Le)* (Iteuil).
Pignier du Parcq (Le). *Pinier-du-Parc (Le).*
Pigniers. *Pinier (Le)* (Nouaillé).
Pignollière du bois (La). *Pinolière-des-Bois (La).*
Pigournels (Les). *Milleroux (Les).*
Pilæ; Pilers; Piles. *Port-de-Piles (Le).*
Pilesron. *Pilairon.*
Pillacherie (La). *Placherie (La).*
Pillardière (La). *Pilardière (La).*
Pillebert. *Peulbert.*
Pilleron. *Pilairon.*
Pilletière (La). *Pelletière (La).*
Pilon. *Pillon.*
Pin (Moulin du). *Groye (Moulin de la).*
Pinasses (Les). *Épinasse (L').*
Pinauderie (La). *Pinaudière (La)* (Savigny).
Pinaudières (Les). *Mariville.*
Pinaudrie (La). *Tiffaille (La).*
Pinceguerre. *Marçay* (Saint-Cyr).
Pinchault. *Painchaud.*
Pinctière (La). *Pintière (La).*
Pindae; Pindrac; Pindroi; Pindraium. *Pindray.*
Pindray. *Pingray.*
Pineau. *Pinot.*
Pincec; Pinchec. *Pinier (Le)* (Nouaillé).
Pinellerie (La). *Pinelière (La).*
Pinellum. *Pineau.*
Pinetière (La). *Pinetrie (La).*
Pinetum. *Pinier (Le)* (Nouaillé).
Pingaudz Les). *Chez-Pingault.*

Pingaulderye (La). *Poupardière (La)* (Alonne).
Pignier (Le). *Pinet (Le).*
Pinière (La). *Pinelière (La)* (Mauprevoir).
Pinnière (La). *Piniers (Les)* (Lussac).
Pinpaneau. *Pimpaneau.*
Pinsonnerie (La). *Pinçonnerie (La).*
Pinsonnière (La). *Pinçonnière (La).*
Pinternère (La). *Pintarnière (La).*
Pinum; Pinus. *Pin (Le).*
Pinum (Villa quæ dicitur Ad), in vicaria Sieval, 986 ou 987, et v. 1007 (cart. de St-Cyprien, p. 225 et 226). — Lieu inconnu.
Pioletère (La). *Pelletière (La).*
Pipaux (Les). *Chez-Pipaud.*
Pipho. *Pifou* (Marigny-Brizay).
Pipouzin. *Puypousin.*
Piretailbée. *Pierre-Taillée.*
Pisiacus. *Pisay.*
Pislon. *Pillon.*
Pisserote (La). *Roche (La)* (Poitiers).
Pissevielle. *Marais (Les)* (Châtellerault).
Pistelance. *Pied-de-Lance.*
Pizay. *Pisay.*
Placencia. *Plaisance.*
Placts (Les). *Pluts (Les).*
Plaigne (La). *Plaine (La).*
Plain (Le). *Plein (Le).*
Plainboys. *Plein-Bois.*
Plainforches. *Planfourché.*
Plainmartin. *Ploumartin.*
Plais (Les). *Plaids (Les).*
Plaisantia. *Plaisance.*
Plaiseit (Ad). *Plessis (Le)* (la Chapelle-Montreuil).
Plaisis (Le); Plaissis (le). *Plessis (Le)* (Celle-l'Évêcault).
Plaist (Le). *Plaix (Le).*
Plaix (Les); Plaiz (les). *Plaids (Les).*
Plajasson. *Préjasson.*
Plambo; Plambot; Plambou; Plambout; Plambox. *Plamboux.*
Plamboys. *Plein-Bois.*
Plan (Le). *Porcherie (La)* (Archigny).
Planboc; Planbou. *Plamboux.*
Planche au Greou (La); Planche au Groux (la). *Planche-au-Gros (La).*
Planche Chemerault (La). *Chemerault.*
Planche d'Andillé (La). *Planche (La)* (Andillé).
Planche d'Availle (La). *Availle* (Antran).
Planche de Montmorillon (La). *Planche (La)* (Montmorillon).

504 TABLE DES FORMES ANCIENNES.

Planches à Branger (Ruisseau des). *Bignoux* (Ruisseau de) (Châtellerault).
Plandeschalle. *Plantéchelle.*
Planforchais; Planfourchays. *Planfourché.*
Plania. *Plaine* (La).
Planifurches. *Planfourché.*
Plans; les Plans. *Plan.*
Planson. *Plançon* (Le).
Plante eschalle. *Plantéchelle.*
Planteforche. *Planfourché.*
Planteis (Le). *Plantis* (Le).
Planteis (Molendinum de). *Cherbonneau.*
Plantis (Le). *Planty* (Le).
Plantis (Moulin du). *Cherbonneau.*
Plantis Pochon (Le). *Planty* (Le) (Ingrande).
Planty (Le). *Plantis* (Le).
Plantz (Les). *Plans* (Les).
Planum Boscum. *Plamboux.*
Planum Martini. *Ploumartin.*
Planum Nemus; Plannus Boscus. *Pleinbois.*
Plas (Les). *Plats* (Les).
Plasac; Plassac. *Plessac* (forêt).
Plasses (Les). *Places* (Les) (Leigne).
Plotart. *Piétard.*
Plaubins (Les). *Plobins* (Les).
Playgne (La); Playne (la). *Plaine* (La).
Plébin. *Plobins* (Les).
Plegne (La); Pleigne (la); Pleine (la). *Plaine* (La).
Plein Martin; Plen Martin. *Ploumartin.*
Plemartin. *Pomnartin. Ploumartin.*
Plente (La). *Plante* (La).
Plesance; Plesence; Plesencia; Plessencia. *Plaisance.*
Plessoyacum de Anchec. *Plessis* (Le) (Anché).
Plesseys (Le). *Plessis* (Le).
Plessis (Le). *Bernardrie* (La) (Anché). *Brions* (Les) (Ingrande). *Chandelière* (La).
Plessis Baunay (Le); Plessis Baune (le); Plessis Bosnay (le). *Plessis* (Le) (Saint-Gervais).
Plessis d'Anché (Le). *Plessis* (Le) (Anché).
Plessis de Bonnay (Le). *Plessis* (Le) (Saint-Gervais).
Plétard. *Piétard* (Châtellerault).
Pletz (Le). *Plaix* (Le).
Pleumassière (La). *Plumassière* (La).
Plevoysynère (La). *Pluvoisinière* (La).

Plex (Le). *Plaix* (Le).
Plouteries (Les). *Prouteries* (Les).
Plouvesinière (La). *Pluvoisinière* (La).
Plumartin. *Ploumartin.*
Plumbata. Vaux (c^on de Leigné-sur-Usseau).
Plumeriou; Plumerou. *Puymilleroux.*
Plumosinière (La); Pluvausinière (la). *Pluvoisinière* (La).
Plusmassière (La). *Plumassière* (La).
Pluvillière (La). *Chez-Larabe.*
Poansayum. *Pouançay.*
Poces. *Pouet* (Saint-Genest).
Pociacus. *Posay-le-Vieil. Pouet* (Saint-Genest).
Pocquetière (La). *Poctière* (La).
Podia. *Puye* (La).
Podium. *Peux* (Le) (Persac). *Puye* (La). *Puy-Lonchard.*
Podium aux Bobins. *Plobins* (Les).
Podium Aynardi. *Puynard* (Le).
Podium Brulart. *Puybelliard.*
Podium Busan; Podium Buzen. *Pied-Buzin.*
Podium Calidum. *Peuchault.*
Podium Chevrer. *Puychévrier.*
Podium de Dos. *Puy-de-Mouron* (Le).
Podium de Serra. *Puy-de-Saire* (Le).
Podium Felis. *Puyfélix.*
Podium Ferrier. *Puyferrier.*
Podium Gacher. *Puy-Gachet.*
Podium Garrelli. *Puygarreau.*
Podium Geraldi; Podium Giraudi. *Puy-Girault.*
Podium Giron. *Puygiron.*
Podium Joberti. *Puy-Joubert.*
Podium Jocerandi. *Puy-Jousserand.*
Podium Loyer. *Pilloud.*
Podium Millierii; Podium Millereo; Podium Millerii; Podium Mollereo. *Puymilleroux.*
Podium Morelli. *Poutmoreau.*
Podium Nardi. *Puynard.*
Podium Ollant. *Piolant.*
Podium Pectureau; Podium Poignevrea. *Peux-Pintureau* (Le).
Podium Rapices. *Puyrajoux.*
Podium Ravelli. *Puyraveau.*
Podium Regnon; Podium Renon. *Purnon.*
Podium Rodulphi. *Pouvoux.*
Podium Salsatum. *Pussalé.*
Podium Stulti. *Pifou* (Marigny-Brizay).
Pocle (Le). *Poîle* (Le).
Poenart. *Puynard.*
Poencaium; Poensaium. *Pouançay.*

Poent. *Pouant.*
Pocslé. *Pouillé.*
Poet. *Pouet* (Saint-Genest).
Pocz. *Peux* (Le) (Saint-Martin-Lars). *Puy-Lonchard.*
Poezay le Jolly. *Poizay-le-Joli.*
Pogue (La). *Pouge* (La) (Journet).
Pognetz (Les). *Piguets* (Les).
Poicairer. *Puy-Carré* (Le).
Poictors (Veil). *Poitiers* (Le Vieux-).
Poictevinière (La). *Poitevinière* (La).
Poictiers. *Poitiers.*
Poictou (Le). *Poitou* (Le).
Poiguetz (Les). *Piguets* (Les).
Poilec. *Pouillac* (la Chapelle-Bâton).
Poilent. *Piolant.*
Poilhé; Poillé. *Pauillé. Pouillé.*
Poilleux. *Poilieu.*
Poinctureaux (Les). *Pointureaux* (Les).
Pointfoux. *Poinfoux.*
Poiré (Le). *Poirier* (Le) (Chenevelles).
Poiré de Blalay. *Poirier* (Le) (Blâlay).
Poirier aux Coustz (Le). *Chez-Bernard.*
Poirille (La). *Poirelles* (Les).
Poiroux. *Pairoux.*
Pois Audebran (Le). *Poussaudebran.*
Poisle (Le). *Poîle* (Le).
Poislieu. *Poilieu.*
Poisnière (La). *Poinière* (La).
Poisrou (Le). *Poiroux* (Le) (Leigne).
Poissac. *Poizac.*
Poissonnière (La). *Fortinière* (La).
Poiters. *Poitiers.*
Poitiers (Le petit). *Pouant* (Nueil-sur-Dive).
Poix (Le). *Poux* (Le) (Availle-Limousine).
Poix de Gesson (Le). *Peux* (Le) (Blanzay).
Poiz. *Poué. Puy-Lonchard.*
Poiz (Le). *Peux* (Le) (Brux).
Poizai; Poizai le joli. *Poizay-le-Joli.*
Poizay le vieil. *Posay-le-Vieil.*
Pojolière (La). *Pigealière* (La).
Polhac. *Pouillac* (Mouterre).
Poligné; Polignec; Poligniacum; Polincium; Polinniacum. *Poligny.*
Polleaux (Les). *Villaudière* (La).
Pollec. *Pauillé.*
Pollicias. *Pouillé* (Thuré).
Polligné. *Poligny* (Chouppes).
Pomerée (La); Pommerée (la). *Pommeraie* (La).
Pomperier; Pomprier. *Pontprier.*
Ponmoreau. *Pontmoreau.*
Ponperier. *Pontprier.*
Pons Acardi. *Pont-Achard.*

TABLE DES FORMES ANCIENNES. 505

Pons Aigoni. *Pontaigon*.
Pons Ausanciœ. *Grand-Pont* (*Le*).
Ponsayum. *Pouançay*.
Pons Engelberti; Pons Engeobert; Pons Enjoberti; Pons Ingelberti; Pons Joberti. *Pont-Joubert* (*Le*).
Pons regalis. *Ponrault*.
Ponssay. *Ponçay*.
Pont (Le). *Pont-de-Lussac* (*Le*).
Pont (Moulin du). *Barre* (*Moulin de la*).
Pontaegon. *Pontaigon*.
Pont à Joubert (Le); Pont au Joubert (le). *Pont-Joubert* (*Le*).
Pontaureau (Le). *Pontoreau* (*Le*).
Pont aux Moines (Ruisseau du). *Thé* (*Ruisseau du*).
Pont d'Auzence (Le). *Grand-Pont* (*Le*).
Pont de Saint Secondin (Le). *Tour* (*La*) (*Saint-Secondin*).
Pont des Champs (Le). *Pas-des-Champs* (*Le*).
Ponteil (Ruisseau de). *Giverdan* (*Ruisseau de*).
Pontenay. *Pentenay*.
Pontenière (La). *Pontonnière* (*La*).
Pont Enjobert (Le); Pont Enjoubert (le). *Pont-Joubert* (*Le*).
Pontereau (Le). *Pontreau* (*Le*).
Pontesgon. *Pontaigon*.
Pontet (Bois du). *Montrée* (*Bois de la*).
Pont Girault. *Bois-Girault*.
Ponthalon. *Pontalon*.
Ponthoreau (Le). *Pontoreau* (*Le*).
Pont Rau; Pont Reau; Pontreau (le); Pont Rouault; Pont Royau. *Ponrault*.
Pont-sur-Gartempe. *Saint-Savin*.
Pontum Aigono. *Pontaigon*.
Ponzaium. *Ponçay*.
Poollet (Molendinum de). *Paullet* (*Moulin de*).
Poollos (Le). *Pouilloux* (*Le*).
Poparderia. *Poupardière* (*La*).
Popaudière (Estang de la). *Palisse* (*La*).
Popelinière (La); Popellinière (la). *Poplinière* (*La*).
Popetière (La). *Poupetière* (*La*).
Popinière (La). *Poupinière* (*La*).
Popinotière (La). *Poupinotière* (*La*).
Porchoie (La). *Perchaie* (*La*).
Portail (Le). *Portal* (*Le*).
Portail du Boys Mestayer (Le); Portal de Boys Mestoier (le). *Portail* (*Le*) (*Jazeneuil*).

Portail Jaulain (Le); Portail Jaulin (le); Portail Jouslain (le). *Portail* (*Le*) (*Jazeneuil*).
Portal de Surin (Le); Portal de Surun (le). *Portal* (*Le*) (*Usson*).
Portallum. *Porteau* (*Le*).
Portau (Le). *Portail* (*Le*). *Porteau* (*Le*).
Portau sur Meigné (Le). *Porteau* (*Le*) (*Migné*).
Portault (Le). *Porteau* (*Le*).
Port de Lesignen (Le); Port de Lezigné (le); Port de Lusinan (le); Port de Luzignem (le). *Lésigny*.
Porteguière. *Portaiguière*.
Porte Haussee (La). *Porte-au-Sec* (*La*).
Porterie (La). *Poterie* (*La*) (*Sèvre*).
Portesguière. *Portaiguière*.
Portron (Ruisseau du). *Étang-Berland* (*Ruisseau de l'*).
Ports (Les). *Léport*.
Portus ad Pilas; Portus de Piles; Portus de Pilis. *Port-de-Piles* (*Le*).
Portus Leziginaci. *Lésigny*.
Portus Luciaci. *Port* (*Le*) (*Lussac*).
Portus Pilarum; Portus Pile. *Port-de-Piles* (*Le*).
Portus Seguini. *Port-Seguin* (*Le*).
Possimiacus villa in pago Pictavo, in vicaria Briosinse, 985 (ch. de St-Hilaire, t. I, p. 53) : — Inter duas villas quæ vocantur Quinciaco et Possimiaco. — Lieu inconnu.
Possinère (La). *Pousinière* (*La*).
Postemia. *Pouthumé*.
Posterie (La). *Pautrie* (*La*).
Postimiacus; Postume; Postumec; Postumiacus. *Pouthumé*.
Potedoye. *Patte-d'Oie*.
Potentum. *Pouant*.
Potere (La); Poteria. *Potière* (*La*).
Poterie (La). *Pautrie* (*La*).
Pothedoye. *Patte-d'Oie*.
Potiacus. *Pouet* (*Saint-Genest*).
Potitière (La). *Poetière* (*La*).
Potreau. *Poteraau*.
Potrie (La); Potterye (la). *Pautrie* (*La*). *Poterie* (*La*).
Pottiers (Les). *Potiers* (*Les*).
Pottinière (La). *Potinière* (*La*).
Pottrie (La). *Poterie* (*La*) (*Saint-Gervais*).
Puttyère (La). *Potière* (*La*) (*Persac*).
Potumé. *Pouthumé* (*Ingrande*).
Pou. *Poux*.
Pouant soubz Berrye. *Pouant* (*Nueil-sur-Dive*).

Pouant soubz Ceaux. *Pouant* (c^{on} de Monts).
Poubloye Bodin (La). *Poublaie* (*La*).
Poueilhé. *Pouillé*.
Pouent. *Pouant*.
Poueron (Le). *Poiron* (*Le*).
Pouez. *Puy-Lonchard*.
Pougeolière (La). *Pigeollière* (*La*).
Pougly. *Pauillé*.
Pouhant. *Pouant*.
Pouhé. *Puy-Lonchard*.
Pouhencayum. *Pouançay*.
Pouhentum. *Pouant*.
Pouillé. *Pauillé*.
Pouillet. *Pouillé* (*Montoiron*).
Pouilloux (Le). *Pouyoux* (*Le*).
Pouillouze (La). *Pissevieille* (*Ruisseau de*).
Ponioux (Le). *Pouyoux* (*Le*).
Poujalière (La). *Pigeollière* (*La*).
Poulge (La). *Pouge* (*La*) (*Journet*).
Pouligny; Poulligny. *Poligny* (*Dangé*).
Pouligny (Le petit). *Bois-Simon*.
Poullouze (La). *Pissevieille* (*Ruisseau do*).
Poully. *Pouillé* (*Thuré*).
Poumedium. *Phanin*.
Poumeraye (La). *Pommeraie* (*La*).
Poumeroux. *Pommeroux*.
Poupaudière. *Bellac*.
Poupault (Moulin). *Papault*.
Poupellinière (La). *Poplinière* (*La*).
Poupetière (La). *Cornus* (*Les*).
Pourcherie (La). *Porcherie* (*La*) (*Archigny*).
Pousayre (La). *Pouzaire* (*La*).
Pouscous. *Pouzieux*.
Pouscoux. *Pouzioux*.
Pousère (La). *Pouzaire* (*La*).
Pousge (La). *Pouge* (*La*) (*le Vigean*).
Pousinière (La). *Poussinière* (*La*).
Pousioux. *Pouzioux*.
Poussalière (La). *Pussalière* (*La*).
Poussardière (La). *Poussardière* (*La*). Poussardrie (La) (Marçay).
Poussardières (Les). *Poussardières* (*Les*).
Pousse cetront, Poussetron, Poustron (Rivière de). *Étang-Berland* (*Ruisseau de l'*).
Poussetrie (La). *Pousterie* (*La*).
Poustarnières (Les); Pousternière (la); Pousternières (les). *Pouternières* (*Les*).
Poustord. *Poutort*.
Poustumé. *Pouthumé*.
Poutarnière (La). *Pouternières* (*Les*).
Poutrot. *Pautrot*.

506 TABLE DES FORMES ANCIENNES.

Poux. *Peux* (*Le*) (Marnay). *Pou.*
Poux (Le). *Peux* (*Le*) (Saint-Martin-Lars).
Poux Audebran (Le). *Poussaudebran.*
Poux au Rabier (Le). *Payrabier* (*Le*).
Pouylhé. *Pouillé.*
Pouzay le viel. *Posay-le-Vieil.*
Pouzeaux. *Pouzioux.*
Pouzeos; Pouzcoulx; Pouzeous. *Pouzioux.*
Pouzcoux. *Pouzieux. Pouzioux.*
Pouzigné. *Pousigny.*
Pouzinière (La). *Pousinière* (*La*).
Pouziou (Le). *Pouzioux* (Blâlay).
Pouzioux. *Pouzioux.*
Poverdelle. *Pont-Verdelle.*
Poya. *Puye* (*La*).
Poygeollière (La). *Pigealière* (*La*).
Poylevoisin. *Pellevoisin.*
Poylieu. *Poilieu.*
Poyllé. *Pouillé.*
Poyllet (Molendinum de). *Paullet* (*Moulin de*).
Poynart. *Puynard.*
Poynère (La). *Poinière* (*La*).
Poyoux (Le). *Pouyoux* (*Le*).
Poyriers (Les). *Poiriers* (*Les*).
Poyron (Le). *Poiron* (*Le*).
Poyrou (Le); Poyroux (le). *Poiroux* (*Le*) (Leigne).
Poys. *Poué.*
Poysant; Poyssant. *Trait-Paysan* (*Le*).
Poysat (Le). *Poizac.*
Poyters; Poytiers. *Poitiers.*
Poyto (Le). *Poitou* (*Le*).
Poyz de Lonchart (Le). *Puy-Lonchard.*
Poyzat (Le). *Poizac.*
Poyzay le Jolly. *Poizay-le-Joli.*
Poyzeus. *Pouzieux.*
Pozai; Pozaium (Vetus). *Posay-le-Vieil.*
Pozaise (La). *Pouzaire* (*La*).
Pozay le viel; Pozayum; Pozé le vel. *Posay-le-Vieil.*
Pozeaus. *Pouzioux* (Vouneuil-sous-Biard).
Pozeos. *Pouzioux.*
Pozeoux. *Pouzieux. Pouzioux.*
Pozeux. *Pouzioux* (Blâlay).
Poziacus. *Pouet* (Saint-Genest).
Pozueus. *Pouzioux* (Chouppes).
Pradelles (Les). *Chez-Bourdet.*
Praella. *Prée* (*La*).
Praeria; Prahere; Praheria. *Praire.*
Praerie (La); Praherie (la). *Prairi* (*La*).

Pransai. *Pranzay.*
Pransour (Le); Pransoux (le). *Prensour* (*Le*).
Prantiacus; Pranzai; Pranzaium; Pranziacus. *Pranzay.*
Pratum. *Pré.*
Pratum Bernart. *Prébernard.*
Pratum Longum. *Prélong.*
Pratum Maledictum. *Prémary. Roches-Prémary* (*Les*).
Preadame; Preaudame. *Prédame.*
Preaulx; Preaux. *Preau* (Loudun).
Prebert. *Peulbert.*
Precerodrie (La). *Jouardière* (*La*) (Bonneuil-Matours).
Prechaiz (La). *Perchaie* (*La*).
Préfeson; Préfesson; Préfexon. *Pré-Pesson.*
Pré Gamin. *Puy-Gamé.*
Pré Girauld (Le). *Grand'Maison* (*La*) (Saint-Benoît).
Pregonde. *Gassouillé* (*Le*).
Prehaire; Prehère. *Praire.*
Preigné. *Périgny.*
Preille (La). *Preuille* (*La*).
Preisac. *Pressac.*
Preisay. *Prisay.*
Pré Marie; Prémaudit; Prémeliz. *Prémary.*
Prémellant. *Prémillant.*
Prémeré. *Primery.*
Prémery. *Prémary.*
Prentangarde. *Prendiangarde.*
Prepson (Le). *Pré-Pesson* (*Ruisseau du*).
Preraie (La). *Praire* (*La*) (Coussay-les-Bois).
Préreguaud. *Purnault.*
Presle (La). *Preuille* (*La*). *Torchaise* (*Ruisseau de la*).
Pressoir (Le). *Travaille-Coquin.*
Pressouer (Le). *Pressoir* (*Le*).
Pret. *Pré* (Persac).
Preth. *Pré* (Béthines).
Preugnes (Les). *Prunes* (*Les*).
Prevosterie (La). *Proutrie* (*La*).
Prez. *Pré* (Béthines).
Prière (La). *Prère* (*La*).
Prieur (Le village au). *Duvauderie* (*La*).
Primaliz; Primaly; Primary; Primery. *Prémary.*
Princaium. *Prinçay.*
Princé. *Prinçay* (Availle).
Prinsay. Arnaux (Les) (Usseau).
Prinsays (Les). *Prinçays* (*Les*).
Prinssai; Prinssay. *Prinçay.*
Prinssec. *Pressec.*

Prisai; Priscay; Prischai; Prischaicum; Prisciacus. *Prinçay.*
Prissac. *Pressac.*
Prissay. *Prinçay.*
Prissece; Prissec. *Pressec.*
Prissiacus. *Prinçay.*
Prodemyer; Prodenier; Prodomyer. *Prudenier.*
Proustallières (Les). *Proutalière* (*La*).
Prousterie (La). *Proutrie* (*La*).
Prousteries (Les). *Prouteries* (*Les*).
Prouterie (La). *Prétrie* (*La*).
Provosté (La). *Prévôté* (*La*).
Pruces. *Prusse.*
Prugné. *Périgny.*
Pruigné. *Preugné.*
Pruilhe (La). *Preuille* (*La*).
Pruilhé; Pruillé; Pruilly. *Preuilly.*
Pruiniers. *Pruniers* (Ingrande).
Pruliacus. *Preuilly.*
Pruneria. *Prunerie* (*La*).
Prung. *Prun.*
Pruniacum. *Périgny.*
Pruns. *Prun.*
Pruygné. *Périgny.*
Pruylhé; Pruyllé; Pruylly. *Preuilly.*
Psalmondières (Les). *Salmondières* (*Les*).
Psellis. *Gué-de-Ceaux.*
Pubuisant. *Puy-Buisant.*
Puchaille; Pucheilles; Puchelles. *Picheille.*
Puc (La). *Puye* (*La*).
Puellentum. *Piolant.*
Puentum. *Pouant.*
Puerenon. *Purnon.*
Puesliard. *Peuliard.*
Pucy de Blalay (Le). *Peux* (*Le*) (Blâlay).
Pufo. *Pifou* (Marigny-Brizay).
Pugeila; Pugeilla. *Picheille.*
Puia. *Puye* (*La*).
Puibaugé. *Pied-Baugé.*
Puiberger. *Puy-Berger.*
Puichault. *Peuchault.*
Puidardaine; Puidardane. *Puy-d'Ardanne.*
Puiferrier. *Puyferrier.*
Puifrant. *Puyfranc.*
Puiffroit. *Puyfroid.*
Puifolet. *Puyfolet.*
Puifranc; Puifrans. *Puyfranc.*
Puigarreau. *Puygarreau.*
Puigaschier. *Puy-Gachet.*
Puigervier (Le). *Puy-Gervier* (*Le*).
Puigirault. *Bois-Girault. Puy-Girault.*
Puigiron. *Puygiron.*
Puigregnoux. *Puygrenioux.*

TABLE DES FORMES ANCIENNES. 507

Puigremier. *Bellefont.*
Puigriffé. *Pied-Griffé.*
Puihervé. *Pervé.*
Puilhé. *Pouillé.*
Puilmerion; Puimeilleroux; Puimillerou. *Puymilleroux.*
Puimaudeau (Le). *Peux (Le)* (Surin).
Puimeusnier. *Peumeusnier.*
Puinard. *Puynard.*
Puipotier. *Puy-Potier.*
Puiraveau. *Puyraveau.*
Puirenault. *Purnault.*
Puironon. *Purnon.*
Puis (Le). *Peux (Le)* (Brux). *Puy (Le)* (la Chapelle-Bâton).
Puis (Les). *Puys (Les).*
Puisardère (La). *Poussardrie (La)* (Beaumont).
Puisaugeard. *Peaugeart.*
Puiscarré. *Puy-Carré (Le).*
Puischevrier. *Puy-Chevrier.*
Puis de Brux (Le). *Peux (Le)* (Brux).
Puis de Sonnay (Le). *Peux (Le)* (Chalandray).
Puis du Pin (Le). *Puy-du-Pin (Le).*
Puisgreffier; Puis Grifier (le). *Dechandrie (La).*
Puishervé. *Pervé.*
Puisigot. *Peussicot.*
Puisnard (Le). *Puynard.*
Puis Pastureau (Le). *Peux-Pintureau (Le).*
Puissalé. *Pussalé.*
Puissautières (Les). *Pissotières (Les).*
Puissellière (La). *Pussalière (La).*
Puisset. *Peussec (Saint-Saviol).*
Puissicot; Puisigot. *Peussicot.*
Puissottière (La). *Beaulieu (Vellèche).*
Puis Templier (Le). *Peux (Le)* (Pairoux).
Puisteraud. *Peutrot.*
Puitraud. *Peutro.*
Puits (Le). *Puy (Le).*
Puits (Les). *Puys (Les).*
Puits-Blanc (Le). *Peublon (Le).*
Puits-Chaton. *Puy-Chaton.*
Pulcher Locus. *Beaulieu (Angle).*
Pulcher Visus. *Beauvais (Cherves).*
Pulchra Fons. *Fontbelle.*
Pulchrum Merches; Pulchrum Marchezium. *Beaumarchais.*
Pulchrum Podium. *Beaupuy.*
Pumain. *Plumin.*
Punaisons (Les). *Punaisons (Les).*
Punilhière (La). *Chez-Larabe.*
Puoygeron. *Puygiron.*
Pupozin. *Purbezin.*

Purabié. *Puyrabier (Le).*
Puraty. *Peuraty.*
Puraveau. *Puyraveau.*
Purdenier. *Prudenier.*
Purgnon. *Purnon.*
Pusalé. *Pussalé.*
Pusé; Pusincus. *Puzé.*
Putei. *Puy-Lonchard.*
Puteoli. *Pouzioux* (Vouneuil-sous-Biard).
Puteus. *Peux (Le)* (Blanzay). *Poué. Poux (Le)* (Availle-Limousine); *Puy-Lonchard. Puy-Mérault.*
Puteus de Luc. *Puy-de-Luc (Le).*
Puteus Raberii. *Puyrabier (Le).*
Puy (Le). *Peux (Le). Puy-de-la-Lande (Le). Puy-Mérault.*
Puy au Bobin (Le). *Plobins (Les).*
Puy Aucande (Le); Puy au Cante (le). *Puy-au-Comte (Le).*
Puy Audebran. *Poussaudebran.*
Puy Augibes; Puy aus Gihez. *Pougible.*
Puy au Poyateau (Le). *Poupeau.*
Puy au Raber (Le). *Puyrabier (Le).*
Puy Bataveyer. *Peux-Bataillé (Le).*
Puybauger; Puybaugier; Puybauljé. *Pied-Baugé.*
Puybelon. *Peublon (Le).*
Puy Besnard. *Puy-Bernard.*
Puyblanc. *Peublanc* (la Ferrière).
Puyblanc (Le). *Puys-Blancs (Les).*
Puybobins. *Plobins (Les).*
Puy Boullard. *Puybelliard.*
Puyboutier. *Puy-Potier.*
Puybouya. *Piloubin.*
Puy Broullart; Puybruilhart; Puy Bruyllart; Puy Buillard. *Puybelliard.*
Puy Burgault. *Puybergault.*
Puybussan; Puybuzain. *Pied-Buzin.*
Puycarrez (Le); Puycarrier (le). *Puy-Carré (Le).*
Puycessaud; Puycessault. *Puisseau.*
Puycessault (Moulins de). *Moulins (Les Grands-) (Queaux).*
Puychaut. *Peuchault.*
Puycheilles. *Picheille.*
Puychèvre. *Puy-Chévrier (Le)* (Bonneuil-Matours).
Puycot. *Peucot.*
Puycourtaut. *Piécourtault.*
Puycrachoux. *Chez-Sicault.*
Puydardenne. *Puy-d'Ardanne.*
Puy de Blalay (Le). *Peux (Le)* (Blalay).
Puy de Bru (Le). *Peux (Le)* (Brux).
Puy de la Crée (Le). *Habéan.*

Puy de la Rochereau (Le). *Rochereau (La).*
Puy de Launay. *Peux (Le)* (Adriers).
Puy de Montfaucon (Le). *Puy (Le)* (Marigny-Brizay).
Puy de Naintré (Le). *Charlotterie (La). Peux (Le)* (Naintré).
Puydeneau. *Puydonneau.*
Puy de Saunay (Le). *Peux (Le)* (Chalandray).
Puy de Soire (Le). *Puy-de-Soire (Le).*
Puy de Tagné (Le). *Tagné.*
Puy de Thée (Le). *Peux-de-Tay (Le).*
Puydhumeau; Puyduneau. *Puydonneau.*
Puy Favard. *Peufavard.*
Puyféliz. *Puyfélix.*
Puy Gaillard. *Chez-Gaillard.*
Puy Gascher; Puy Gaschier. *Puy-Gachet.*
Puygatière (La). *Pijatière (La).*
Puy Gauvain. *Peux-Gauvin (Le).*
Puygeron. *Puygiron.*
Puygibes; Puygilbes. *Peugible.*
Puy Girard. *Peugirard.*
Puygirolles. *Pigerolles.*
Puygomer; Puygorner; Puygoumer. *Bellefont.*
Puygreffier. *Pied-Griffé.*
Puygrenier. *Bellefont.*
Puygriffé; Puygriffier. *Pied-Griffe.*
Puygrignoux. *Puygrenioux.*
Puyhabry. *Paubry.*
Puyhervé. *Pervé.*
Puylobin. *Piloubin.*
Puyloer. *Pilloué.*
Puyloins (Les). *Pilouin (Le).*
Puylouer; Puylouher. *Pilloué.*
Puylouyn. *Piloubin.*
Puymartin. *Peumartin.*
Puy Maujugat (Le); Puy Maujugé. *Peux (Le)* (Salles-en-Toulon).
Puymeillerio; Puymelleriou; Puymilhereou; Puymillereo; Puymillereou; Puymillereux; Puymilleriou; Puymillerou. *Puymilleroux.*
Puymonnyer. *Peumeunier.*
Puyogeart; Puyojart. *Peaugeard.*
Puyolant. *Piolant.*
Puy Paintureau (Le). *Peux-Pintureau (Le).*
Puypaneu. *Pimpaneau.*
Puyparé. *Pimparé.*
Puy Pinctureau (Le). *Peux-Pintureau (Le).*
Puypoirier. *Pipoirier.*
Puy Poutbier. *Puy-Potier.*

64.

Puyquayré; Puyquayrer; Puyquerier; Puyquerrer. *Puy-Carré* (*Le*).
Puyrageou; Puyrageur. *Puyrajoux.*
Puy Ratier. *Peuraty.*
Puyraveau. *Marqueterie* (*La*) (Orches).
Puy Regnart; Puy Regnault. *Puyrenard.*
Puyregnier; Puyrenier. *Pruniers* (Ingrande).
Puyregnon; Puyrenom; Puyrenon. *Purnon.*
Puy-Richard. *Terriers* (*Les*) (Ponziaux).
Puyroy. *Pierrois.*
Puysallé. *Pussalé.*
Puy Savoreau; Puy Savoureau (le). *Puy-Saboureau* (*Le*).
Puys (Le). *Peux* (*Le*). *Puy-Lonchard.*
Puys au Rabier (Le). *Puyrabier* (*Le*).
Puysbaugier. *Pied-Baugé.*
Puysbouyer. *Puybouyer.*
Puys d'Ambière (Les). *Puys* (*Les*) (Saint-Genest).
Puys de la Ville (Le). *Chez-Andrau.*
Puys Durant (Ruisseau de). *Latus* (*Ruisseau de*).
Puysessault. *Puisseau.*
Puyset. *Pousec* (Persac).
Puysgriffé (Le). *Dochandrie* (*La*).
Puyshubert. *Puysebert.*
Puysicot. *Poussicot.*
Puys Pastoureau (Le). *Poux-Pintureau* (*Le*).
Puysquarré (Le). *Puy-Carré* (*Le*).
Puys Rabier (Le). *Puyrabier* (*Le*).
Puys Rajoux. *Puyrajoux.*
Puyssigot. *Poussicot.*
Puytaveau. *Potaveau.*
Puyterault; Puyterraud. *Peutrot.*
Puyturllet (Le riou de). *Puistourlet* (*Le*).
Puy Villiers (Ruisseau de). *Cibiou* (*Le*).
Puyz de Liesgue (Les). *Peux* (*Les*) (Champigny-le-Sec).
Payzé. *Puzé.*
Pyfou. *Pifou.*
Pyn (Le). *Pin* (*Le*).
Pynece. *Pinier* (*Le*) (Nouaillé).
Pynier (Le). *Pinet* (*Le*).
Pyolent. *Piolant.*
Pytaire (La). *Pitière* (*La*) (la Chapelle-Moulière).

Q

Quachagrenoilhe. *Cache-Grenouille.*
Quadoillère (La). *Cadouillère* (*La*).

Quadouaudière (La). *Cataudière* (*La*) (Availle).
Quaillère (La). *Couallière* (*La*).
Quaires (Les). *Tiers* (*Les*).
Quaireux (Le). *Quéreux* (*Le*).
Qualesium; Qualoys. *Calais.*
Quamalière (La). *Cartaillère* (*La*).
Quantes (Les). *Cantes* (*Les*).
Quantinière (La). *Cantinière* (*La*).
Quanton (Le). *Canton* (*Le*).
Quarantière (La). *Quarantinière* (*La*).
Quaranton, fluvius. *Charente* (*La*).
Quarelet (Le). *Carlet* (*Le*).
Quarelière (La). *Carrelière* (*La*).
Quaresmière (La). *Carémière* (*La*).
Quarlet (Le). *Carlet* (*Le*).
Quaroy (Le). *Querroux* (*Le*).
Quarronnière (La). *Caronnière* (*La*) (Saint-Pierre-des-Églises).
Quarta. *Carte* (*La*).
Quartages. *Cartage.*
Quarte (La). *Carte* (*La*).
Quartelière (La); Quartellière (la). *Cartelière* (*La*).
Quartes (Les). *Cartes* (*Les*).
Queas; Queax. *Queaux.*
Quegoille; Quegouilhe. *Cougouille.*
Queille (La). *Cueille* (*La*).
Quelcis; Quellum. *Queaux.*
Quemectère (La). *Guimetière* (*La*).
Quenardrie (La); Quenaudière (la). *Canarderie* (*La*).
Queo. *Queaux.*
Querat. *Thiourat.*
Quercoulx (Le). *Querroux* (*Le*) (Saugé).
Quéreux (Le). *Quéroir* (*Le*). *Querroux* (*Le*).
Quéreux-Levrault (Le). *Curé-Levrault* (*Le*).
Querfour. *Quierfour.*
Quérou (Le); Quéroux (le). *Querroux* (*Le*).
Quérouer de Bárberoux ou de la Perchée (Le). *Querroux* (*Le*) (Sillars).
Querres (Les). *Tiers* (*Les*).
Querreux (Le). *Querroux* (*Le*).
Querrouer (Le). *Quéroir* (*Le*).
Quesray (Le); Quesrou (le); Quesroux (le); Quesruy (Le). *Querroux* (*Le*).
Questardière (La). *Quetardière* (*La*).
Queuedasne. *Coudâne.*
Queuille (La). *Cueille* (*La*).
Queulxmes. *Cuismes.*
Quiaux. *Queaux.*
Quierrioux. *Quérieux* (*Le*).

Quincaium. *Quinçay.*
Quinçay-les-Plaisirs. *Saint-Benoît-de-Quinçay.*
Quinciacus. *Quinçay. Saint-Benoît-de-Quinçay.*
Quinssay. *Quinçay.*
Quinzac. *Quinsac.*
Quoctium. *Couhé.*
Quotz (Les). *Cotterie* (*La*) (Bonnes).
Quouedasne. *Coudâne.*
Quynatière (La). *Quinatière* (*La*).
Quyncay. *Quinçay.*
Quynlieu. *Saint-Martin de-Quinlieu.*

R

Raalai; Raaleium. *Raslay.*
Rabaé. *Raboué.*
Rabardière (La). *Rebardière* (*La*).
Rabasté. *Rabâté.*
Rabasterie (La); Rabastrie (la). *Rabâtrie* (*La*).
Rabastière (La). *Rabâtière* (*La*).
Rabayé. *Raboué.*
Raboceau. *Rubois.*
Rabotœ. *Rabottes* (*Les*) (Vaux).
Rabotalière (La). *Raboteaux* (*Les*) (Sossay).
Rabouas. *Rubois.*
Raciacinsis ou Ranciacinsis vicaria in pago Pictavo. — Vicaria Ranciacensis, 882 (Besly, Rois de Guyenne, p. 42); 886 (abb. de Nouaillé); 924 (ch. de St-Hilaire, t. I, p. 19). — Vicaria Raciacinsis, 936 (cart. de St-Cyprien, p. 5). — Cette viguerie s'étendait de la Vienne à la Creuse; la localité qui lui a donné son nom est inconnue.
Racynère (La). *Racinière* (*La*).
Raffinère (La); Raffinières (les). *Ressinières* (*Les*).
Raffinières (Moulin des). *Chanteranc* (Sommières).
Raflnière (La). *Racinière* (*La*).
Raganière (La). *Raguenière* (*La*).
Rabaudère (La). *Rodières* (*La*).
Raibardière (La). *Rebardière* (*La*).
Raibart. *Rimbard.*
Raimbault. *Rimbault.*
Raimondière (La). *Rémondière* (*La*).
Rainberdière (La). *Rimbertière* (*La*).
Raincec. *Rinsac.*
Rainerie (La). *Renaintrie* (*La*).
Rainerie (La). *Rênerie* (*La*).
Reinière (La). *Reinière* (*La*).
Raintrye (La). *Renaintrie* (*La*).
Raisnière (La). *Reinière* (*La*) (Moiré).

TABLE DES FORMES ANCIENNES. 509

Raissonuca; Raissonneau. *Ressonneau.*
Raizeau (Le). *Rezeau (Le).*
Ralay; Rallay; Rallayum. *Raslay.*
Rallerie de Fougeré (La). *Cordeliers (Les).*
Rambart. *Rimbard.*
Rambaut. *Rimbault.*
Rambertère (La). *Rimbertière (La).*
Rambinoire. *Rombinoir.*
Ramegoz. *Romegoux.*
Ranciacinsis vicaria. Voy. ci-dessus Reciacinsis vicaria.
Ranconnère (La). *Ressonnière (La).*
Randgarnaulx. *Rangarnaud.*
Rangardière (La); Ranjardière (la). *Rangeardière (La).*
Rantum. *Ranton.*
Raoulère (La). *Rouillère (La).*
Raquinières (Les). *Retinières (Les).*
Raslerie (La). *Cordeliers (Les). Rallerie (La).*
Raslettes. *Beaulieu (Martaizé).*
Raslière (La). *Ralière (La).*
Rasteau. *Rateau (moulin).*
Rataudère (La). *Retaudière (La).*
Rateraye (La). *Retraie (La).*
Ratère (La); Ratière (la). *Ralière (La) (Coussay-les-Bois).*
Ratrye (La). *Raterie (La).*
Ratteau. *Rateau (moulin).*
Rattière (La). *Ralière (La).*(Coussay-les-Bois).
Rauderie (La). *Roderie (La).*
Raudière (La). *Rodières (Les).*
Rauliacus. *Rouillé.*
Ravardère (La); Ravarderie; Ravardière (la). *Rivardière (La).*
Raygondrie (La). *Rigondrie (La).*
Raymbaut. *Rimbault.*
Raymondère (La). *Rémondière (La).*
Raynère (La). *Reinière (La). Rénerie (La).*
Raynière (La). *Reinière (La).*
Raynières (Les). *Renières (Les).*
Rayonnières (Les). *Regnonnière (La).*
Rayrye (La). *Rérie (La).*
Razillé. *Rasillé (Le).*
Real (La). *Reau (La).*
Reaux (La). *Lareau.*
Rebastellière (La). *Rabatelière (La).*
Rebellotière (La); Rebellotières (les). *Riblotières (Les).*
Rebertières (Les). *Robertières (Les).*
Rebetière (La). *Robertière (La) (Béruges).*
Rebordonnière (La). *Bourdonnière (La).*
Rechauldric (La). *Chaudric (La).*

Rechauvritan. *Chauvreteau.*
Rechembaut; Rechimbault. *Archambault.*
Recoullecte (Le rys de). *Ricouillettes (Les)* (ruisseau).
Rectz (Les). *Rets (Les).*
Redelières (Les). *Retières (Les).*
Rediseau. *Iseau (L')* (ruisseau).
Redon. *Rezon.*
Redonnière (La). *Lardonnière.*
Redons (Les). *Chez-Redon.*
Redus. *Villaret (Usson).*
Rée (La). *Larrey.*
Reebart. *Rimbart.*
Regalis; Sancta Maria Regalis. *Reau (La).*
Reglandrie (La). *Reliandrie (La).*
Regnardière (La). *Renardière (La).*
Regnardières (Les). *Renardières (Les).*
Regnaudière (La); Regnauldière (la). *Renaudière (La).*
Regnaudières (Les). *Renaudière (La) (la Vausseau). Renaudières (Les).*
Regnaulderies (Les). *Renaudries (Les).*
Regnault Garnier (Fief de). *Jalaiscrie (La) (Saint-Georges).*
Regné. *Reigner.*
Regnec; Regniacus. *Reigner. Rigny.*
Regnier. *Reigner.*
Regnier (Le). *Reyner (Le).*
Regnière (La). *Reinière (La).*
Regnouard. *Renouard.*
Regnoué. *Renoué.*
Regny. *Reigner (la Trimouille). Rigny.*
Regny les Boys. *Rigny (Thurageau).*
Regondelière (La). *Ragondelière (La).*
Regondrie (La). *Rigondrie (La).*
Regoux. *Rijoux.*
Reguignères (Les). *Retinières (Les).*
Reigné; Reignec. *Reigner. Rigny.*
Reignec (Le petit). *Périnière (La).*
Reiguerie (La). *Rénerie (La).*
Reignière (La). *Reinière (La).*
Reignonnyère (La). *Regnonnière (La).*
Reijade (La). *Regeade (La).*
Reillandrie (La). *Relianderie (La).*
Reillé. *Rillet.*
Roillette (La). *Reliette (La).*
Reiz (Les). *Rets (Les).*
Rejade (La). *Regeade (La).*
Relousière (La). *Reguilouzière (La).*
Rembart; Rembert. *Rimbard.*
Remegeaulx. *Romegoux.*
Remelle. *Remerle.*

Remés (Les). *Remiers (Les).*
Remigoux (Le); Remijou (le). *Remigeoux (Le).*
Remillé; Remillé. *Remilly.*
Renaudière (La). *Mousseaux (les Ormes).*
Renaudières (Les). *Renaudière (La) (la Vausseau). Renaudries (Les).*
Rendaut. *Rondeau (Le).*
Rendonnère (La). *Randonnière (La).*
Renerie (La). *Jagorderie (La).*
Renetrie (La). *Grand'Maison (La) (Ingrande).*
Rengiers (Les). *Chez-Ranger.*
Rengonnère (La). *Rangonnière (La).*
Reniacus. *Rigny.*
Renière (La). *Reinière (La).*
Renjardière (La). *Rangeardière (La).*
Renoé. *Renoué.*
Renoir. *Renouard.*
Renouard. *Renoir.*
Renqureau. *Rancureau.*
Renton. *Ranton.*
Renversée (La). *Reversaie (La).*
Reorteau (Le). *Riorteau (Le).*
Requinières (Les). *Retinières (Les).*
Resant. *Rezan. Rezon.*
Resgnières (Les). *Renières (Les).*
Resmondière (La). *Raymondière (La) (Dangé).*
Resnerie (La). *Rénerie (La). Renetterie (La).*
Resnier (Le). *Reyner (Le).*
Resnière (La). *Reinière (La).*
Resniers (Les). *Renières (Les).*
Resonnyère (La). *Ressonnière (La).*
Resons; Resont. *Rezon.*
Resrie (La). *Rérie (La).*
Ressalinière (La). *Salinière (La).*
Ressean. *Rezan.*
Ressonellum. *Ressonneau.*
Ret (Le). *Rets (Les).*
Rete. *Villaret (Usson).*
Reufey; Reuffé. *Roiffé.*
Reuge. *Ruge.*
Reullière (La). *Relinière (La).*
Réunion (La). *Saint-Julien.*
Reveillandrie (La); Revillanderie (la). *Reliandrie (La).*
Revet; Reveu; Reveut; Reveux; Revoc. *Erveu.*
Reygné. *Rigny.*
Reyllec. *Rillet.*
Reynère (La). *Reinière (La).*
Reynerie (La). *Rénerie (La).*
Rez (Les). *Rets (Les).*
Rozeaulx (Le). *Vigerie (La) (Marigny-Chemerault).*

TABLE DES FORMES ANCIENNES.

Rezcoux (Le). *Rezeau (Le)*.
Rezoen. *Rezan.*
Rhue de Chapitre (La). *Chapitre (Le)* (Availle).
Ri. *Ry.*
Riba. *Ribe* (Béthines).
Ribadières (Les). *Ribardières (Les)*.
Ribartière (La). *Rebertière (La)* (Queaux).
Ribatellière (La). *Rabatelière (La)*.
Ribaudière (La). *Riboulière (La)*.
Ribbes. *Ribes.*
Ribeau. *Ribault.*
Ribereau. *Ribault.*
Riberia. *Rivière (La)* (Sérigny).
Ribertière (La). *Rebertière (La)* (Béruges).
Ribières. *Rivières (Les)* (Moussac).
Ribolère (La). *Ribolleries (Les)*.
Ribouard. *Riboire.*
Ribouau. *Ribault.*
Ribreaulx (Village aux). *Coussec.*
Ricardière (La). *Métiviers (Les)*.
Richarderye (La). *Richardière (La)* (Iteuil).
Richardière (La). *Guichardière (La)* (Mignaloux). *Porteau (Le)* (Benassay).
Richardières (Les). *Richarderies (Les)*.
Richier (Les). *Rechés (Les)*.
Ridain (Le). *Hordin.*
Rideau (Le). *Montagré.*
Ridepière. *Rudepère.*
Ridin (Le). *Hordin.*
Riditières (Les). *Retières (Les)*.
Rigadalière (La). *Regardalière (La)* (Usseau).
Rigaudaine (La); Rigaudène (la); Rigauldène (la). *Rigondaine (La).*
Rigaumer; Rigaumier. *Rigomier.*
Rigeou. *Rijoux.*
Riglee. *Rillet.*
Rigné. *Reigner. Rougny. Rigny.*
Rignerye (La). *Rènerie (La)*.
Rignet. *Reigner* (la Trimouille).
Rigniacum. *Rigny.*
Rigondilière (La). *Ragondelière (La)*.
Rigordonnière (La). *Regordonnière (La)*.
Rigou. *Rijoux.*
Rilhec; Rilhet. *Rillet.*
Rillandrie (Lu). *Reliandrie (La)*.
Rillé. *Rillet. Rilly.*
Rillee; Rillecq. *Rillet.*
Rillette (La). *Reliette (La)*.
Rimaudière (La). *Rémondière (La)* (Thollet).
Rimbaux (Les). *Raimbaux (Les)*.

Rinchambaut; Rinchinbaut. *Archambault.*
Rinerie (La). *Rènerie (La)*.
Ringardère (La); Rinjardière (la). *Rangeardière (La)*.
Rintiers (Les). *Raintiers (Les)*.
Rioupeyru (Le). *Gourdines (Ruisseau des).*
Riparia; Riperia. *Rivière (La)*.
Riperia. *Rivière-aux-Chirets (La)*.
Ripperia. *Ribière* (moulin).
Riquatellerie (La). *Ricatellerie (La)*.
Ris (Le). *Ry (Le).*
Ris (Les). *Ries (Les)*.
Ris Barbet (Le). *Thierzat (Ruisseau de).*
Ris de Jeu (Le). *Ry-de-Jeu (Le)*.
Rivæ. *Rivau (Le)* (Bouresse). *Ry.*
Rivalère (La); Rivallère (la). *Rivolière (La)*.
Rivallum. *Rivau (Le)* (Vellèche).
Rivallyère (La). *Chez-Meillaud.*
Rivau (Le). *La Petite-Guerche* (Thuré).
Rivau aux malades (Le). *Rivau (Le)* (la Roche-Posay).
Rivault (Le). *Rivaux (Les)* (Availle-Limousine).
Rivault Brault (Le). *Rivaubrault.*
Riveitère (La). *Rivetière (La)*.
Riveria. *Saint-Martin-la-Rivière.*
Rives. *Ribe.*
Rivière. *Rivières (Les)* (Liglet).
Rivière (La). *Ribière (La)*.
Rivière aux Gaultiers (La). *Rivière (La)* (Claunay).
Rivière Beneist (La); Rivière de Benays (la). *Rivière (La)* (Dangé).
Rivière Cydrat (La); Rivière de Cidrac (la). *Rivière (La)* (la Trimouille).
Rivière Petaille (La); Rivière Piedtaille (la); Rivière Puistoille (la). *Rivière (La)* (Dercé).
Rivoux (Les). *Rivau (Le)* (Bouresse).
Riz de Jeu (Le). *Ry-de-Jeu (Le)*.
Roaria. *Rourie (La)*.
Robertières (Les). *Aubertière (L')*.
Robertrye (La). *Roberdrie (La)* (Latillé).
Robetière (Le). *Aubertière (L')*.
Robineria. *Robinière (La)*.
Robinière (La). *Robinières (Les)* (la Chapelle-Mortemer).
Robinnerie (La). *Robinière (La)* (Coulombiers).
Roca. *Roches (Les)* (Montoiron).
Roca de Pouzay. *Roche-Posay (La)*.
Rocaium. *Rossay.*

Rocameldis; Rocamellum; Rocameltis; Roca Meolia. *Rochemeaux.*
Roca Rabato. *Saint-Léger-de-Montbrillais.*
Rocay; Rocayum; Rocey. *Rossay.*
Rocha. *Roche. Roche-Amenon (La). Roches (Les)* (Montoiron).
Rocha au Bocenz. *Roche-au-Baussan (La).*
Rocha Bovis. *Rochebeuf (La)*.
Rocha de Chamairant. *Roche-Mairan (La).*
Rocha de Chiseis; Rocha de Chysais. *Roche-de-Chizay (La)*.
Rocha de Margnet. *Roche (La)* (Marigny-Chemerault).
Rocha de Posayo; Rocha de Pouzai; Rocha de Pozaio. *Roche-Posay (La)*.
Rocha Dominica. *Roche-du-Maine (La).*
Rocha Jongeules. *Rochangout.*
Rocha Rabasta; Rocha Rabato. *Saint-Léger-de-Montbrillais.*
Rocha Vernoyse. *Roche-Vernaise (La)*.
Rochæ. *Roches (Les)* (Beaumont).
Rochæ in parrochia de Nyolio; Rochæ prope Pratum Maledictum. *Roches-Prémary (Les)*.
Rochaium. *Rossay.*
Rochamellum; Rochamel; Rochamelt; Rochamoldis. *Rochemeaux.*
Rochateau (La). *Roche-Rasteau (La)*.
Roche (Moulin de). *Roche-Papillon. Roches-Parrouines (Les)*.
Roche (La). *Chez-le-Cante. Mignonnerie (La). Roches (Les)* (Bonneuil-Matours).
Roche à Bossant (La). *Roche-au-Baussan (La).*
Roche à Dollant (La). *Roche-Dolant (La).*
Roche Agait (La); Roche à Guet (la). *Roche-Aguet (La).*
Roche Amelon (La); Roche à Melons (la); Roche Amellon (la). *Roche-Amenon (La).*
Roche aux fées (La); Roche des fées (la). *Bruyères (Les)* (Montreuil-Bonnin).
Roche aux Tornoulx (La); Roche aux Tournoux (la). *Roche (La)* (Fleix).
Rochebacon (La). *Pimpaneau.*
Roche Bascher (La); Roche Motte de Baché (la). *Motte (La)* (Pouant).
Roche Bouzon (La). *Roche-Bauzon (La).*
Roche Champmerant (La); Roche

TABLE DES FORMES ANCIENNES. 511

Chemeraut (la); Roche Chemerent (la). *Roche-Mairan (La)*.
Roche Charea (La). *Rochereau (La)*.
Rochecheve. *Rochèvre*.
Roche Chizay (La). *Roche-de-Chizay (La)*.
Roche Coaigne. Gardaché. *Roche (La) (Journet)*.
Roche Coigne (La); Roche Couigne (la). *Roche (La) (Journet)*.
Roche d'Anguitard (La). *Roche (La) (Poitiers)*.
Roche de Brisay (La). *Brizay (Coussay)*.
Roche de Chiseys (Le); Roche de Chizé (la). *Roche-de-Chizay (La)*.
Roche de Coullombiers (La). *Roche (La) (Colombiers)*.
Roche de Gençay (La). *Roche (La) (Magné)*.
Roche de la Baudonnère (La). *Roche (La) (Gizay)*.
Roche de Posay (La); Roche de Pousay (la); Roche de Pouzay (la); Roche de Pozay (la); Roche de Pozé (la). *Roche-Posay (La)*.
Roche de Puygomer (La). *Bellefont*.
Roche de Sommières (La). *Sommières*.
Roche de Villaray (La). *Roche-Dauzon (La)*.
Roche Domaine (La). *Roche-du-Maine (La)*.
Roche d'Usseau (La). *Mignonnerie (La)*.
Roche Enguytard (La). *Roche (La) (Poitiers)*.
Rochefort. *Richefort*.
Roche Fortet (La). *Roche (La) (Millac)*.
Roche Martel (La). *Roche-Marteau (La)*.
Roche Meminot (La). *Roche (La) (Queaux)*.
Rochemeo; Rochemeol; Rochemeou; Rochemeou; Rochemeoux. *Rochemeaux. Rochemioux*.
Rochemeran (La); Roche Mesrain (la). *Roche-Mairan (La)*.
Roche Mycalet (La). *Roche-Mingalet (La)*.
Rochemyo. *Rochemeaux*.
Roche Normandon (La). *Normandon*.
Roche Papaillon. *Roche-Papillon*.
Roche Plaimeau (La); Roche Plesmeau (la). *Roche (La) (Loudun)*.
Roche Rabasté (La); Roche Rabaté (la). *Roche (La) (Saint-Léger-de-Montbrillais)*.

Roche Rambaut (La); Roche Raymbaut (la). *Roche-Rimbault (La)*.
Rocher (Le). *Château-Larcher*.
Rochereo; Rochereou. *Rochereau (Chauvigny). Rochereuil*.
Rochereoul. *Rochereuil*.
Roche Sagailh (La). *Roche (La) (Charroux)*.
Roche soubz les Poiriers; Roches sous les Periers. *Roche-Papillon*.
Roche souz Vonnuyl (La). *Roche (La) (Vouneuil-sous-Biard)*.
Roche sur Usseau (La). *Mignonnerie (La)*.
Roche sus le Boyvre (La). *Roche (La) (Vouneuil-sous-Biard)*.
Roches (Les). *Roche (La) (Saint-Gervais. Vouneuil-sur-Vienne)*.
Roches de Coulombiers (Les). *Roche (La) (Colombiers)*.
Roches de Cuersay (Les); Roches de Curzay (les). *Roches (Les) (Marigny-Brizay)*.
Roches de Gizay (Les). *Roche (La) (Gizay)*.
Roches de Longefons (Les). *Roches (Les) (Saire)*.
Roches de Premalay (Les); Roches de Premaleys (les); Roches de Premaliz (les); Roches de Premery (les); Roches de Primaliz (les); Roches de Primary (les). *Roches-Prémary (Les)*.
Roches du gué Jaquelin (Les); Roches Jacquellin (les). *Roches (Les) (Doussay)*.
Roches Longefonts (Les). *Roches (Les) (Saire)*.
Roches Papaillon. *Roche-Papillon*.
Roches Perines (Les). *Roches-Parrouines (Les)*.
Roches Premarics (Les); Roches Primaries (les); Roches Primary (les). *Roches-Prémary (Les)*.
Roches Rabasté (Les). *Roches (Les) (Loudun)*.
Roches Sainct Pacul (Les); Roches Sainct Pol (les); Roches Sainct Paul (les). *Roches (Les) (Coussay)*.
Rochetellum. *Rocheteau*.
Rocheyum. *Rossay*.
Rochia. *Roche-Posay (La)*.
Rochiefvres. *Rochèvre*.
Rochier (Le). *Rocher (Le)*.
Rochière (La). *Rochère (La)*.
Rochiers (Les). *Rochés (Les)*.
Rociai. *Roussay*.

Rodayum; Rodcy. *Roiffé*.
Rodière (La). *Héraudière (L') (Sillars). Raudière (La) (Latillé)*.
Roeffé. *Roiffé*.
Roeffon. *Réfoux*.
Roeflames. *Rouflame*.
Roclère (La); Roellère (la), *Rouillère (La)*.
Roer; Roera. *Rouyère*.
Roère (La). *Rouère (La)*.
Roet. *Rouet*.
Roffiacum. *Roiffé*.
Roffigné; Roffigniacum; Roffigny. *Ruffigny*.
Rofflac; Roflac. *Rouflac*.
Rofiacus. Voy. ci-après Rufiacus.
Rohenorio (In villa que nuncupatur), in pago Pictavo, 962 (abb. de Nouaillé). — Ce lieu, touchant aux terres de Saint-Maurice et de Saint-Martin, se trouvait peut-être entre Saint-Maurice et Gizay.
Roifec. *Roiffé*.
Roifos; Roifou. *Réfoux*.
Roignardière (La). *Renardière (La)*.
Roigné. *Reugny*.
Roignon (Le). *Rognon (Le)*.
Roilec; Roilhé. *Rouillé*.
Roillé. *Rouillé. Rouilly*.
Roilliacus. *Rouillé*.
Roioux. *Rouyoux*.
Rolandeys. *Relandais (Le)*.
Rolhec; Roliacus. *Rouillé*.
Rollanderia. *Rolandière (La)*.
Rollandesium. *Relandais (Le)*.
Rolliacus. *Rouillé*.
Romages (Les). *Remages (Les)*.
Romagna; Romaigne; Romania. *Romagne*.
Romanoculus; Romanul. *Remeneuil*.
Romaygne. *Romagne*.
Romée (La). *Ramée (La)*.
Romegne; Romoigne. *Romagne*.
Romejous (Le). *Romigeoux (Le)*.
Romeliacum. *Remilly*.
Romelle (La). *Riano (La)*.
Romeneuil; Romenol; Romenolium. *Remeneuil*.
Romensac. *Romansac*.
Romenueil; Romenuel; Romenul; Romenuyl. *Remeneuil*.
Rometelère (La). *Remetelière (La)*.
Romigeoux (Le); Romigeux (le). *Romigeoux (Le)*.
Romigère (La). *Remigères (Les) (Saugé)*.
Romiglé. *Remilly*.
Romigniacum. *Romagné*.

512   TABLE DES FORMES ANCIENNES.

Romilhé; Romillec; Romillié. *Remilly.*
Romonolium. *Remenœuil.*
Romyglé. *Remilly.*
Rondaium; Ronday. *Roiffé.*
Rond du Chêne (Le). *Rond (Le)* (Leugny).
Rondé. *Ronday (Le)* (Maulay).
Rondières (Les). *Épine (L')* (Mauprevoir).
Rondillière (La). *Durantière (La).*
Rongère; Rongières. *Ringère.*
Rongua Vulpis, mansus, in vicaria Sievalis, v. 992 (abb. de Nouaillé). — Lieu inconnu.
Ronsière (La). *Roncière (La).*
Ropions (Les). *Carroir-Ropion (Le).*
Roptiz (Le). *Roty (Le).*
Roqueterie (La). *Roctrie (La).*
Roscheria. *Rochère (La)* (Vivonne).
Roseium. *Rossay.*
Rosellum. *Roseau (Le).*
Rossaleria. *Salinière (La).*
Rossalière (La). *Roussalière (La).*
Rossetières (Les). *Chebillères (Les).*
Rotonda. *Ronde (La)* (Mouterre-Silly).
Rouandière (La). *Raudière (La).*
Rouayre (La). *Rouère (La)* (Coussay-les-Bois).
Roubelère (La). *Ribalière (La).*
Roubertière (La). *Rebertière (La)* (Queaux).
Roucelière (La). *Rousselière (La).*
Roucellain (Moulin de). *Rousselin.*
Rouche (La). *Roche (La)* (Pouzioux).
Rouche Aguet (La). *Roche-Aguet (La).*
Rouches Saint Poul (Les). *Roches (Les)* (Coussay).
Rouchoux. *Rochou.*
Roucilhe (La). *Roussille (La).*
Roueffé. *Roiffé.*
Rouffigné. *Ruffigny.*
Rouffinère (La). *Ruffinière (La).*
Rouffou. *Réfoux.*
Rougnon (Le). *Rognon (Le).*
Rouhalière (La); Rouhallière (la). *Rouaillère (La).*
Rouhaudyère (La). *Raudière (La).*
Rouhe (La). *Roue (La).*
Rouhère (La). *Rouère (La).*
Rouhet. *Rouet.*
Rouilhe (La); Rouille (la). *Route (La).*
Rouilhé; Rouillé; Rouilley. *Rouilly.*
Rouissille (La). *Roussille (La).*
Roulecrotte. *Rulecrotte.*
Roulière (La); Rouillère (la). *Rouillère (La).*

Roullandière (La). *Relandière (La).*
Roumages (Les). *Remages (Les).*
Roumaigné. *Romagné.*
Roumaille (La). *Riane (La).*
Roumansac. *Romonsac.*
Roumigeux (Le). *Remigeoux (Le).*
Rouortinière (La). *Rouertinière (La).*
Rourye (La). *Roucrie (La).*
Rouschiers (Les). *Chez-Roucher.*
Rouseau (Le). *Roseau (Le).*
Rousserie (La). *Rozerie (La).*
Rousiers (Les). *Rosiers.*
Roussalinière (La). *Salinière (La).*
Roussellière (La). *Roussalière (La).*
Rousselyère (La). *Rousselières (Les).*
Rousserie (La). *Rozerie (La).*
Roussetière (La). *Roustière (La).*
Roussignollerie (La). *Rossignollerie (La).*
Roussignollière (La). *Rossignolière (La).*
Roussonnière (La). *Ressonnière (La).*
Roustis (Les); Rousty (le). *Roty (Le).*
Routisserie (La). *Rotisserie (La).*
Routy (Le). *Roty (Le).*
Roux (La). *Roue (La).*
Roux (Les). *Savaillé.*
Rouzea (Le). *Roseau (Le).*
Rouzellières (Les). *Rousselières (Les).*
Rouzerie (La). *Rozerie (La).*
Rouziers. *Rosiers.*
Rouziers (Les). *Rosiers (Les).*
Rouzlart. *Rouillard.*
Roy (Moulin du). *Guignet (Moulin).*
Royal (La); Royau (la). *Reau (La).*
Royère. *Rouyère.*
Royffé. *Roiffé.*
Royffou. *Réfoux.*
Roygné. *Rougné.*
Royilhe (La). *Rouille (La).*
Roylle (La). *Route (La).*
Roylles. *Rouillé.*
Royné. *Reugny.*
Royou. *Rouyoux.*
Roys (Les). *Rois (Les).*
Rozaicum. *Rossay.*
Rozeau (Le). *Roseau (Le).*
Rozière. *Jarige (Leigne). Rosière.*
Roziers. *Jarige (Leigne).*
Roziers (Les). *Rosiers.*
Ruaulx (Les); Ruaux (les). *Reaux (Les).*
Rucaria. *Rivière (La)* (Dercé).
Ruceaux. *Ruisseau.*
Rue Chessée (La). *Rue (La)* (Jardres).
Rue du Chapitre (La). *Chapitre (Le)* (Availle).
Rueffé. *Roiffé.*

Rucigné. *Reugny.*
Rucillière (La). *Relinière (La).*
Ruffé; Ruffiacum. *Roiffé.*
Ruflacus ou Roflacus. — In villa quæ vocatur Ruflago in vicaria Exidualinse, 887; villa Roflacus super fluvium Divane, 916; Ruflacus in vicaria Exsidualinse, 936 (abb. de Nouaillé). — Lieu auj. inconnu, vers Pontaigon, c^{ne} de Lomaizé.
Rufigny; Rufiniacus. *Ruffigny.*
Ruflac. *Rouflac.*
Ruhe (La). *Roue (La). Rue (La).*
Ruhe de Faille. *Rudepaille.*
Ruigné. *Reugny.*
Ruiphec. *Roiffé.*
Ruisseau noir. *Chanteloube (Ruisseau de).*
Rungeres; Rungeria; Rungières. *Ringère.*
Rupes. *Roche. Roche-Amenon (La). Roche-Posay (La). Roches (Les).*
Rupes de Chiezeis. *Roche-de-Chizay (La).*
Rupes de Poizay; Rupes de Pozaico. *Roche-Posay (La).*
Rupes Forteti. *Roche (La)* (Millac).
Rupes Fortis. *Rochefort.*
Rupes Medeldis; Rupes Melli; Rupes Mellis. *Rochemeaux.*
Rupes Parcoygne. *Roches-Parrouines (Les).*
Rupes Pozai. *Roche-Posay (La).*
Rupibus (Parrochia de). *Roches-Prémary (Les).*
Ruppes Fortis. *Rochefort.*
Rusay; Rusayum; Rusé. *Reuzé.*
Ruson. *Russon.*
Russaudrie (La). *Lussaudrie (La).*
Rutepaille. *Rudepaille.*
Ruynellière (La). *Relinière (La).*
Ruzay. *Reuzé.*
Ry (Le). *Ries (Les). Ris (Le).*
Rybatières (Les). *Ribatières (Les).*
Rybatoux (Le). *Ribatoux (Le).*
Rye (La). *Rie (La).*
Ryellec. *Rillet.*
Rymelle. *Remerle.*
Rynerie (La). *Réneric (La).*
Ryortheau (Le). *Riorteau (Le).*
Rys Chazerac (Le). *Ris-Chazerat (Le).*
Rysnière (La). *Reinière (La)* (Mairé).
Ryvau (Le); Ryvault (le). *Rivau (Le).*
Ryvet (Le). *Rivet (Le).*
Ryvière Puytaille (La). *Rivière (La)* (Dercé).

TABLE DES FORMES ANCIENNES.

S

Sable (Le) ou Sables (les). *Valette (La).*
Sablonnère (La); Sablonnerie (la). *Sabonnerie (La).*
Sabornerye (La). *Sabonnerie (La).*
Sabournauderie (La). *Babinières (Les).*
Sabulum. *Sables (Les).*
Sachaigne (La). *Chassagne (La).*
Sadebria. *Sèvre.*
Sadour. *Saudour.*
Sacre; Sacria; Sacriæ. *Saire.*
Saevara; Saevra; Saevria. *Sèvre.*
Sagrie (La). *Saguerie (La).*
Saigno (La). *Sagno (La).*
Sainctons (Les). *Saintons (Les).*
Saindremont. *Saint-Drémont.*
Saint André de Quinçay. *Saint-Benoît-de-Quinçay.*
Saint André du bourg l'abbé. *Saint-Christophe.*
Saint Antoine de Verbercuil. *Verbreuil.*
Saint Aubin ou Saint Aulbin; — de Dollet; — de Doloir; — de Doulay; — de Doulez; — de Doullé; — des Dolelz; — du Doloir; — du Doulloir. *Saint-Aubin-du-Dolet.*
Saint Benait de Quinçay; Saint Benoayt de Quinçay; Saint Benoest de Quinsay. *Saint-Benoît-de-Quinçay.*
Saint Benest des Umbres. *Saint-Benoît-de-Quinçay.*
Saint Blais. *Saint-Blaise.*
Saint Bonnifait; Saint Bonnifet. *Saint-Bonifet.*
Saint Cenery. *Saint-Senery.*
Saint Cerde; Saint Cerdre. *Saint-Cyr.*
Saint Cerin. *Gué-de-Saint-Serin (Le).*
Saint Chardre. *Saint-Chartres.*
Saint Christofle; Saint Christophe sous Faye. *Saint-Christophe.*
Saint Cierde. *Saint-Cyr (Brigueil-le-Chantre).*
Saint Cinery. *Saint-Senery.*
Saint Cire. *Saint-Cyr.*
Saint Clair (Le grand); Saint Clair le grand. *Saint-Clair.*
Saint Clault. *Saint-Claude.*
Saint Clément de Saulves. *Saint-Jean-de-Sauves.*
Saint Cler; Saint Clier. *Saint-Clair.*
Saint Clou. *Saint-Claude.*
Saint Clouaud; Saint Clouault. *Saint-Claud. Saint-Claude.*
Saint Cloud. *Saint-Claud.*
Saint Crapaire. *Saint Caprais.*
Saint Crispin. *Saint-Crépin.*

Saint Cyr; Saint Cyr sur Dive. *Saint-Chartres.*
Saint Cyre près Saint Laurent des Brosses. *Saint-Cyr.*
Saint Cytroine; Saint Cytronne. *Saint-Citroine.*
Saint Denis en Vaulx. *Vaux (c^on de Leigné-sur-Usseau).*
Saint Denys des Treilhes. *Saint-Denis (Poitiers).*
Saint Eloy de la Perche. *Saint-Éloi (Poitiers).*
Saint Esloy. *Saint-Éloi (Usseau).*
Saint Eustre. *Saint-Ustre.*
Saint Flouer; Saint Flovier. *Saint-Fleur.*
Saint Gation. *Saint-Cassien.*
Saint Genays d'Ambière; Saint Genest d'Ambière; Sainct Genois d'Amberre. *Saint-Genest.*
Saint George de Baillargeroux; — de Baillargeulx; — des Bailbergeroux; — des Baillargeoulx; — des Baillargerieux; — des Baillergeaux; — des Baillergeoux; — des Baillergeroux; — des Baillergioulx; — du Baillargereou. *Saint-Georges-les-Baillargeaux.*
Saint Gervais d'Avrigny; Saint Gervais des trois Clochers; Saint Gervais et Saint Protais d'Avrigny des trois Clochers; Sainct Gervays près Avrigné; Sainct Gerves de Avrigné. *Saint-Gervais.*
Saint Grapère. *Saint-Caprais.*
Saint Hustre. *Saint-Ustre.*
Saint Ladre. *Saint-Lazare.*
Saint Laurent de Brosses; Saint Laurent des Brousses. *Saint-Laurent (Saint-Cyr).*
Saint Laurent de Ferrières. *Saint-Laurent (Béruges).*
Saint Laurent de Jordre; Saint Laurent de Jourdre. *Saint-Laurent-de-Jourde.*
Saint Laurent des Chaumes. *Saint-Laurent (Coussay-les-Bois).*
Saint Legier de la Paluz; Saint Legier la Paluz; Saint Legier en Paludz; Saint Logier en Paluz. *Saint-Léger-la-Palu.*
Saint Legier de Laultier; Sainct Legier sur Lautier. *Lautier.*
Saint Leomier. *Saint-Léomer.*
Saint Liger de Montbrillais. *Saint-Léger-de-Montbrillais.*
Saint Liger de Palu; Saint Liger en Palu. *Saint-Léger-la-Palu.*

Saint Liger du Chastel. *Saint-Léger (Loudun).*
Saint Liger sur la Roche Rabasté; Saint Ligier de la Roche Rabasté. *Saint-Léger-de-Montbrillais.*
Saint Ligier en Pallu. *Saint-Léger-la-Palu.*
Saint Liguaire. *Saint-Ligaire.*
Saint Lou sur Dive. *Saint-Laon.*
Saint Lupnier; Saint Luyemier; Saint Luyner. *Saint-Léomer.*
Saint Lygaire. *Saint-Ligaire.*
Saint Macol; Saint Macoul; Saint Macoux. *Saint-Macou.*
Saint Maizant. *Saint-Maixent-le-Petit.*
Saint Marcelle. *Sammarçolle.*
Saint Marsault. *Saint-Martial.*
Saint Marsolhe; Saint Marsolle. *Sammarçolle.*
Saint Martin d'Avrigné. *Saint-Martin-de-Quinliou.*
Saint Martin de la Forest. *Mondion.*
Saint Martin de Rivière. *Saint-Martin-la-Rivière.*
Saint Marve. *Smarve.*
Saint Mathurin. *Saint-Nicolas (Loudun).*
Saint Maur. *Sainte-Maure.*
Saint Maurice la Clouère. *Saint-Maurice.*
Saint Meroux. *Saint-Méry.*
Saint Mesmin. *Saint-Mémin (fontaine).*
Saint Mor. *Saint-Maur.*
Saint Morice de Gençay. *Saint-Maurice.*
Saint Paissant; Saint Paixant; Saint Paxent; Saint Peisant; Saint Pessant; Saint Pexent. *Saint-Paixent.*
Saint Père ie Pullier; Saint Père Pullier. *Saint-Pierre-le-Puellier.*
Saint Perre le grant. *Saint-Pierre (cathédrale).*
Saint Philbert de Marigny. *Saint-Philbert.*
Saint Pierre à Celle. *Saint-Pierre-la-Celle.*
Saint Pierre d'Essiduil; — d'Exideulh; — d'Exidoil; — d'Exiduelh; — d'Exiduilh; — d'Exincuil; — d'Exinueil; — d'Exiredulh; — d'Exireuilh; — d'Ixdeuil. *Saint-Pierre-d'Exideuil.*
Saint Pierre en Vaux. *Saint-Pierre-en-Haut.*
Saint Pierre le Pillier; Saint Pierre le Puellier; Saint Pierre le Puillier; Saint Pierre Pueler; Saint Pierre Pulier. *Saint-Pierre-le-Puellier.*

TABLE DES FORMES ANCIENNES.

Saint Poul. *Saint-Paul.*
Saint Remays; Saint Remois. *Saint-Remy.*
Saint Remy sur la Haie. *Saint-Remy-sur-Creuse.*
Saint Romais. *Saint-Remy.*
Saint Roman. *Saint-Romain.*
Saint Romays; Saint Romois; Saint Roumoys. *Saint-Remy.*
Saint Saornin; Saint Saournin. *Saint-Saturnin.*
Saint Souvain. *Saint-Sauvant.*
Saint Sauveur d'Abournay; Saint Sauveur de Montbournay; Saint Sauveur du Bornay; Saint Sauvor dou Bornay. *Saint-Sauveur.*
Saint Saviou; Saint Savioul; Saint Savyo. *Saint-Saviol.*
Saint Seauvant; Saint Seauvain; Saint Seovain. *Saint-Sauvant.*
Saint Segondin. *Saint-Secondin.*
Saint Serdre. *Saint-Cyr.*
Saint Sire. *Saint-Cyr* (Brigueil-le-Chantre, Thuré).
Saint Sornin. Saint Sournin. *Saint-Saturnin.*
Saint Sovain; Saint Sovant. *Saint-Sauvant.*
Saint Supplice. *Saint-Sulpice.*
Saint Thebault. *Saint-Thibault.*
Saint Utre. *Saint-Ustre.*
Saint Valenxin (Les vyes de). *Carmes* (Chemin des).
Saint Vincent de l'Oratoire; Saint Vincent de Monts; Saint Vincent du Rouer. *Saint-Vincent.*
Sainte Catherine de Briande; Sainte Catherine des Marays. *Sainte-Catherine* (Mouterre-Silly).
Sainte Christine. *Saint-Remy* (Charroux).
Sainte Cristine de Baussay. *Sainte-Christine.*
Sainte Fleurance. *Sainte-Florence.*
Sainte Katherine de Pallais. *Sainte-Catherine* (Lougny).
Sainte Lymoye. *Sainte-Néomaye.*
Sainte Marsolle. *Sammarçolle.*
Sainte More. *Sainte-Maure.*
Sainte Ragond; Sainte Ragont. *Sainte-Radegonde* (Poitiers).
Sainte Ragont en Gastine. *Sainte-Radegonde-en-Gâtine.*
Sainte Soubzterrayne près Vezières. *Saint-Citroine.*
Suirres. *Saire.*
Snis. *Saix.*
Snivre. *Sèvre.*

Saix lès Vivonne. *Sais.*
Sala. *Salles* (le Vigean).
Salæ. *Salles* (le Vigean). *Salles-en-Toulon.*
Salaines; Salaynes. *Salonnes.*
Salavert. *Salvert* (Adriers).
Salberts (Les). *Villiers* (Curzay).
Salcedus. *Saint-Claud.*
Sale. *Salles-en-Toulon.*
Sale (La). *Salle (La)* (Leigné-sur-Usseau).
Sale d'Archigny (La). *Salle (La)* (Archigny).
Salène. *Salonnes.*
Salcrolet. *Cercolet* (Thuré).
Sales. *Salles-en-Toulon.*
Saleventer. *Salvantier.*
Salevert. *Salvert.*
Salgiacus. *Saugé.*
Salinaria (Via). *Saunier (Chemin)* (Château-Larcher).
Sallaine; Sallaines. *Salonnes.*
Salle Bardin. *Salbardin.*
Salle de Gastine (La); Salle en Gastine (la). *Salle (La)* (Archigny).
Salle de Senillé (La grande). *Salle-aux-Chauvins (La).*
Salle en Toulon. *Salles-en-Toulon.*
Salleron (Le). *Saleron (Le).*
Salles-Beaulieu. *Beaulieu* (le Vigean).
Salles en Morthemer. *Salles-en-Toulon.*
Sallevantier; Sallevontier. *Salvantier.*
Sallevart. *Salvert* (la Roche-Posay).
Sallevert. *Salvert.*
Sallinière (La). *Salinière (La).*
Salmandière (La). *Sarmandière (La).*
Salmarcolium. *Sammarçolle.*
Salmarvia. *Smarve.*
Saltus Johannis. *Saujouan.*
Salvard; Selvart. *Salvert* (la Roche-Posay. Saint-Sauveur).
Salvert (Le moulin vieux de). *Moulin-Vieux (Le)* (Migné).
Salvia. *Saint-Jean-de-Sauves.*
Salzedus. *Saint-Claud.*
Samarcholin; Samarcolium; Samarcolle; Samarsolle; Sammartholin. *Sammarçolle.*
Samargne; Samarva; Samarve; Samarvia; Sammarvia. *Smarve.*
Samarve (Les moulins de). *Moulin-des-Dames (Le).*
Sanaciacus. *Senessay.*
Sancai; Sancay; Sancayum; Sanceium; Sanciacus. *Sanxay.*
Sancta Crux. *Sainte-Croix* (Angle. Loudun).

Sancta Crux, monasterium beatæ Radegundis. *Sainte-Croix* (Poitiers).
Sancta Marcholia. *Sammarçolle.*
Sancta Maria. *Sainte-Radegonde* (Poitiers).
Sancta Maria de ante Aulam; Sancta Maria de ante pontem Aule regie; Sancta Maria de Aula. *Notre-Dame-la-Petite* (Poitiers).
Sancta Maria Lausdunensis; Beata Maria de castro de Loduno. *Notre-Dame-du-Château.*
Sancta Maria major. *Notre-Dame-la-Grande* (Poitiers).
Sancta Marvia. *Smarve.*
Sancta Radegundis de Burgundo; Sancta Radegundis de Burgundio. *Sainte-Radegonde* (Mirebeau).
Sancta Radegundis de Gastina; Sancta Radegundis in Gastina. *Sainte-Radegonde-en-Gâtine.*
Sanctenou alodus in pago Pictavo, in vicaria Lausdunensi, super fluviolum Divæ, cum farinario, 976 ou 977 (Arch. hist. du Poitou, t. II, p. 10). — Lieu inconnu.
Sancti Joris villa. *Saint-Georges-les-Baillargeaux.*
Sanctus Adjutor. *Saint-Ustre.*
Sanctus Albinus. *Saint-Aubin* (Vivonne).
Sanctus Albinus; Sanctus Albinus de Doleto; Sanctus Albinus de Dolez. *Saint-Aubin-du-Dolet.*
Sanctus Amandus. *Saint-Amant.*
Sanctus Benedictus de Quincai; — de Quincayo; — de Quinciaco; Sanctus Benedictus de Umbris. *Saint-Benoît-de-Quinçay.*
Sanctus Bonefacius; Sanctus Bonifacius. *Saint-Bonifet.*
Sanctus Carrofus. *Charroux.*
Sanctus Cassianus. *Saint-Cassien.*
Sanctus Colericus; Sanctus Colerinus; Sanctus Cerinus. *Saint-Senery.*
Sanctus Christoforus. *Saint-Christophe.*
Sanctus Christoforus apud Mortemarum. *Moutiernueuf* (Mortemer).
Sanctus Ciltronius. *Saint-Citroine.*
Sanctus Ciprianus. *Saint-Cyprien.*
Sanctus Ciricus; Sanctus Ciricus et Sancta Jullita prope Dissayum. *Saint-Cyr.*
Sanctus Ciricus et Sancta Jullita prope Gencayum. *Chiré-les-Bois.*
Sanctus Ciricus; Sanctus Ciricus prope Marnes; Sanctus Ciricus super Divam. *Saint-Chartres.*

TABLE DES FORMES ANCIENNES.

Sanctus Cirinus. *Saint-Senery.*
Sanctus Citroninus; Sanctus Citronius. *Saint-Citroine.*
Sanctus Clarus; Sanctus Clarus d'Agler; Sanctus Clarus de Alerio. *Saint-Clair.*
Sanctus Crispinus. *Saint-Crépin.*
Sanctus Cyrinus. *Saint-Senery.*
Sanctus Cytronius. *Saint-Citroine.*
Sanctus Dionisius; Sanctus Dyonisius. *Saint-Denis.*
Sanctus Dyonisius de Vallibus; Sanctus Dyonisius in Vallibus. *Vaux* (c^{on} de Leigné-sur-Usseau).
Sanctus Egidius de Lezigniaco; Sanctus Egidius prope Lezigniacum. *Saint-Gilles.*
Sanctus Flodaldus. *Saint-Claud.*
Sanctus Flodoveus; Sanctus Floverius; Sanctus Floveyus. *Saint-Fleur.*
Sanctus Gaudencius. *Saint-Gaudent.*
Sanctus Genesius de Amberia. *Saint-Genest.*
Sanctus Georgius; — de Baillargerius; — de Baillargerious; — de Baillargeriz; — de Baillargins; — de Balbergeriis; — prope Dicay. *Saint-Georges-les-Baillargeaux.*
Sanctus Germanus; Sanctus Germanus de Sancto Savino. *Saint-Germain.*
Sanctus Gervasius et Sanctus Protasius. *Nieuil-l'Espoir.*
Sanctus Gervasius de Avrigniaco. *Saint-Gervais.*
Sanctus Hilarius; Sanctus Hilarius major. *Saint-Hilaire.*
Sanctus Hilarius de Cella. *Saint-Hilaire-de-la-Celle.*
Sanctus Hilarius de Mont; Sanctus Hilarius de Montibus. *Saint-Hilaire-de-Mons.*
Sanctus Hylarius. *Saint-Hilaire.*
Sanctus Johannes Baptista. *Saint-Jean* (Poitiers).
Sanctus Julianus; Sanctus Julianus Arsus; Sanctus Julianus Lart. *Saint-Julien-Lars.*
Sanctus Launomarus. *Saint-Léomer.*
Sanctus Launus; Sanctus Launus super Divam. *Saint-Laon.*
Sanctus Laurentius (prioratus). *Saint-Laurent* (Saint-Cyr).
Sanctus Leodegarius. *Saint-Léger* (Loudun). *Saint-Liguire.*
Sanctus Leodegarius de Palude; Sanctus Leodegarius in Palude. *Saint-Léger-la-Palu.*

Sanctus Leomarius; Sanctus Leonomarius; Sanctus Leonomarus; Sanctus Liomer; Sanctus Lomarus; Sanctus Lonomarus. *Saint-Léomer.*
Sanctus Macutus. *Saint-Macou.*
Sanctus Moldetus. *Saint-Mandé* (Mouterre-Silly).
Sanctus Mandetus. *Saint-Mandé* (Avanton).
Sanctus Marcoles. *Sammarçolle.*
Sanctus Marculphus. *Saint-Méry.*
Sanctus Martinus, parrochia. *Ligugé.*
Sanctus Martinus Arsus. *Saint-Martin-Lars.*
Sanctus Martinus de Cuelio. *Saint-Martin-de-Quinlieu.*
Sanctus Martinus de Riparia; Sanctus Martinus de Riperia. *Saint-Martin-la-Rivière.*
Sanctus Martinus prope Avrigneyum. *Saint-Martin-de-Quinlieu.*
Sanctus Mauricius apud Genliacum; Sanctus Mauricius de Gencayo. *Saint-Maurice.*
Sanctus Maxentius; Sanctus Maxentius parvus. *Saint-Maixent-le-Petit.*
Sanctus Mayrulfus. *Saint-Méry.*
Sanctus Medardus. *Saint-Mars.*
Sanctus Medardus de Gastina; Sanctus Medardus juxta Gastinam. *Saint-Marc-en-Gâtine.*
Sanctus Merulphus. *Saint-Méry.*
Sanctus Nicholaus. *Saint-Nicolas.*
Sanctus Olompus. *Saint-Aubin-du-Dolet.*
Sanctus Paxentius. *Saint-Paixent.*
Sanctus Petrus ad Cellam. *Saint-Pierre-la-Celle.*
Sanctus Petrus ad Vignennam. *Saint-Pierre-en-Haut.*
Sanctus Petrus de Exynolio; Sanctus Petrus de Isinol. *Saint-Pierre-d'Exideuil.*
Sanctus Petrus Puellaris; Sanctus Petrus Puellarum. *Saint-Pierre-le-Puellier.*
Sanctus Philibertus; Sanctus Philibertus de Surim. *Saint-Philbert.*
Sanctus Porcharius. *Saint-Porchaire.*
Sanctus Remigius. *Saint-Remy.*
Sanctus Remigius de Haya; Sanctus Remigius prope Hayam; Sanctus Remigius super Ayam. *Saint-Remy-sur-Creuse.*
Sanctus Romanus. *Saint-Romain.*
Sanctus Romanus de Dange; Sanctus Romanus subtus Dangeum. *Saint-Romain-sur-Vienne.*

Sanctus Salvator. *Saint-Porchaire.*
Sanctus Secundinus; Sanctus Segondinus; Sanctus Sejundinus. *Saint-Secondin.*
Sanctus Serinus; Sanctus Sirinus. *Saint-Senery.*
Sanctus Silvanus. *Loubressac. Saint-Sauvant.*
Sanctus Supplicius; Sanctus Supplicius de Nucariis. *Saint-Sulpice.*
Sanctus Theobaldus. *Saint-Thibault.*
Sanctus Vincentius, capella. *Mont-Saint-Savin.*
Sanctus Vincentius de Oratorio. *Saint-Vincent.*
Sanctus Ylarius. *Saint-Hilaire.*
Sauezayum. *Sanxay.*
Sandoux. *Sadoux.*
Sanital (Le). *Cenital* (Le).
Sannono; Sanonno. *Cenon.*
Sansayum; Sanssay. *Sanxay.*
Sansy (Le). *Censif* (Le).
Sanzelle (Moulin de). *Caillaux* (Moulin de) (Pouzioux).
Saplice (Rivulus de), v. 1095 (cart. de St-Cyprien, p. 101). — Ruisseau indéterminé, aux environs de Saint-Jean-de-Sauves.
Sarazinerie (La). *Sarrazinerie* (La).
Sarazins (Les). *Sarrazins* (Les).
Sarbonnerie (La). *Sabonnerie* (La).
Sare. *Serre.*
Savigné; Sarigniacus; Sarigny; Sarinné; Sarinniacus. *Sérigny.*
Sarleron. *Saleron* (Le).
Sarnay. *Cernay.*
Sarrazins (Murs des). *Arcs de Parigny* (Les).
Sartalière (La); Sartallière (la). *Certallière* (La).
Sarteaux (Les). *Certeaux* (Les).
Sartus. *Lessart.*
Sarvazay. *Cellevezay.*
Sarvollet. *Corvolet* (Nouaillé).
Sarzay; Sarzé. *Sarzec.*
Sasac. *Sazat* (Saugé).
Sauget; Saugeyum; Saugiacus; Saugié. *Saugé.*
Saugouteau; Saugustel. *Saucouteau.*
Sauldour. *Saudour.*
Saule de Poillé (Le). *Saules* (Les).
Sauleye (La). *Saulaie* (La).
Saulgé. *Saugé.*
Saulgour. *Sangour.*
Saulgousteau. *Saucouteau.*
Sauljohan; Sauljouhan. *Saujouan.*
Saullais (La). *Saulaie* (La).
Saulnier (Chemin). *Saunier* (Chemin).

TABLE DES FORMES ANCIENNES.

Saulnière (La). *Saunière (La)*.
Saulsot. *Sauzé*.
Sault Jehan. *Sanjouan*.
Saulves. *Saint-Jean-de-Sauves*.
Saulvetière (La). *Sauvetière (La)*.
Saulx. *Sceaux*.
Saulzour (Le). *Sauzour (Le)*.
Saumon (En). *Anxaumont*.
Saunère (La). *Saunière (La)*.
Sauterie (La). *Cherpraie (La)*.
Sauvagère (La); Sauvagière (la). *Salvagère (La)*.
Sauve; Sauves. *Saint-Jean-de-Sauves*.
Sauvert (Chemin). *Sauveret (Chemin)*.
Sauvigny. *Sonvigny* (Ayron).
Saux. *Sceaux*.
Sauzay. *Saint-Claud*. *Sauzé*.
Sauzel. *Sauzé*.
Sauzour (Le). *Sauzour (Le)*.
Sauzour. *Sauzour*.
Savargère (La); Savargière (la). *Salvagère (La)*.
Saveillé. *Savaillé*.
Savigné. *Chavigné*.
Savigné l'Evescat; Savigné l'Evesquau. *Savigny-l'Évécault*.
Savigné souhz Faye. *Savigny-sous-Faye*.
Savigné sur Vienne; Savigné sus Rives. *Savigny* (Vouneuil-sur-Vienne).
Savignées (Les); Savignez (les). *Saviniers (Les)*.
Savigner (Le). *Savinier (Le)*.
Saviguet. *Savigné*.
Savigniacum Episcopale. *Savigny-l'Évécault*.
Savigniacum subtus Fayam Vinosam. *Savigny-sous-Faye*.
Savigniacus. *Savigné*. *Savigny*.
Savigniacus supra Vigennam. *Savigny* (Vouneuil-sur-Vienne).
Savigny en Civray; Savigny près Civray. *Suvigné*.
Savigny Levescaut; Savigny l'Evesqual; Savigny l'Evèquault. *Savigny-l'Évécault*.
Savigny sur Vienne. *Savigny* (Vouneuil-sur-Vienne).
Saviniacus. *Savigné*. *Savigny*.
Savinière (La). *Savinier (Le)*.
Savinniacus. *Savigny-sous-Faye*.
Savoix; *Savoye*. *Savoie*.
Savre; Soybria; Soyvre. *Sèvre*.
Sayes. *Sais*. *Saix*.
Sayre. *Saire*.
Sayré. *Sairé*.
Says. *Sais*. *Saix*.
Says de la Layve. *Sais*.

Saysines (Les). *Saizines (Les)*.
Sazac. *Cezay*. *Sazat*.
Sazay. *Cezay*.
Sazine (La). *Saizine (La)*.
Sçays. *Says*.
Sceaulx; Secaux. *Ceaux*.
Sces. *Sais*.
Scietière (La); Scitière (la). *Citière (La)*.
Scilinacus. *Celliers*.
Scissus Podius. *Rivière (La)* (Dercé).
Scorbé Clervault; Scorbé en Clairvaux; Scourbé. *Scorbé-Clairvaux*.
Scrugelia; Scrugilæ. *Écrouzilles*.
Scruptellæ. *Croutelle*.
Scuriacus. *Écuré*.
Scarre. *Serre*.
Scaulx; Seaux. *Ceaux*.
Sebillière (La). *Sibilière (La)*.
Sebiou (Le); Sebioux (le). *Cibiou (Le)*.
Sebria. *Sèvre*.
Sechaigne (La). *Chagne (La)*.
Sechers; Sechiers. *Chessé*.
Secorbé. *Scorbé-Clairvaux*.
Secot (Le). *Scot (Le)*.
Sectz. *Says*.
Sedegenacus; Sedegenagus. *Touche (La)* (Cherves).
Sedis archipresbyteratus; Séc (archiprêtré de la). *Dissay*.
Sceria. *Saire*.
Sees de Viveone; Seez en Vivonne. *Sais*.
Scevria. *Sèvre*.
Segeacniacus; Segenei. *Touche (La)* (Cherves).
Segean. *Chezean*.
Segrestain. *Segrétain*.
Segric (La). *Saguerie (La)*.
Seia; Seias. *Sais*.
Seichères. *Séchère*.
Seigne (La). *Sagne (La)*.
Seigne (Moulin de la). *Loubressac*.
Seigné; Seigny. *Signy*.
Seillé. *Silly*.
Seis. *Sais*. *Saix*.
Séjenay. *Touche (La)* (Cherves).
Sejotte. *Chezotte*.
Selena. *Salennes*.
Selenyère (La). *Senillière (La)*.
Selié. *Celliers*.
Selinyère (La). *Senillière (La)*.
Sella; Selle (la). *Celle (La)*.
Sellense castrum. *Celle-l'Évécault*.
Sellerie (La). *Sillerie (La)*.
Selles. *Celles*.
Selsis. *Ceaux* (Couhé).
Semarve. *Smarve*.
Senans; Senant. *Cenan*.

Senechó. *Chénoché*.
Seneciacus. *Senessay*.
Senecorbiacus. *Scorbé-Clairvaux*.
Seneczay. *Senessay*.
Seneilliacum; Senellé. *Senillé*.
Senellier (Le). *Senillé* (Chaunay).
Senens; Senent; Senentum. *Cenan*.
Senesay. *Senessay*.
Seneschalère (La); Seneschallière (la). *Sénéchalière (La)*.
Seneschó. *Chénoché*.
Senetia. *Senessay*.
Senevelles. *Chenevelles*.
Senilee; Seniliacum; Senilhé; Senillee; Senilliacum. *Senillé*.
Sennent. *Cenan*.
Senon; Senona. *Cenon*.
Sensay. *Sanxay*.
Senun. *Cenon*.
Senvys. *Sanvy*.
Senxay. *Sanxay*.
Senyeull. *Seneuil*.
Seoton. *Sioton*.
Seouive; Seouve. *Siouvre*.
Seove. *Siouvre*. *Siouvre*.
Seppes (Les). *Gros-Chêne (Le)* (Salles-en Toulon).
Seppière (La). *Sepière (La)*.
Seps. *Sais*. *Saix*.
Sepuleri (Ecclesia Sancti). *Saint-Just*.
Sepvre. *Sèvre* (Saint-Remy).
Sepx. *Says*.
Sercigné. *Corcigny*.
Sereis; Sereys; Serez. *Ceré*.
Seria. *Saire*.
Serier (Le). *Cérier (Le)*.
Serigniacus; Seriniacus. *Sérigny*.
Seris. *Ceré*.
Serisiers (Les); Seriziers (les). *Galvesse*.
Sermandière (La); Sermenterie (la); Sermentière (la). *Sarmandière (La)*.
Sernay; Sernaycum. *Cernay*.
Serpentin (Fief de). *Drosse (La)* (Thollet).
Serra; Serre. *Saire*.
Serré. *Sairé*.
Serrigny. *Sérigny*.
Sersay; Sersé; Serset; Sersey. *Sarzec*.
Serteaux (Les). *Certeaux (Les)*.
Servagère (La); Servagière (la). *Salvagère (La)*.
Servays (Les). *Guiberdrie (La)*.
Serventère (La). *Salvantier*.
Servese. *Servouse*.
Servezay. *Collevezay*.
Servollet. *Cervolet*.
Servosse. *Servouse*.

TABLE DES FORMES ANCIENNES.

Serzay; Serzee. *Sarzec.*
Ses. *Sais. Saix. Says.*
Ses en Vivonne. *Sais.*
Seschault. *Séchault.*
Seschères. *Séchère.*
Sescot (Le). *Scot (Le).*
Seuilhé; Seuillé; Seuilly; Seully; Seuylly. *Sully.*
Sevaillères. *Savaillé.*
Severiacum. *Civray.*
Sevola. *Souvole.*
Sévolle; Sévolles. *Scévolle (forêt).*
Sevria; Seybria. *Sèvre.*
Seyre. *Saire.*
Seys. *Saix.*
Seyvre; Seyvres. *Sèvre.*
Sez en Vivonne. *Sais.*
Sezay. *Cezay.*
Sibiou (Le); Sibioux (le). *Cibiou (Le).*
Sibotière (La). *Cibottière (La).*
Sicardière (La). *Cicardière (La).*
Sicval; Sicvallis. *Civaux.*
Sidrac. *Rivière (La) (la Trimouille).*
Sidremun. *Saint-Drémont.*
Sigauderie (La). *Coin-du-Bois (Le).*
Sigée. *Sigiers.*
Signé; Signiacus. *Signy.*
Sigogne (La); Sigoigne (la). *Cigogne (La).*
Sigonnière (La). *Cigonnière (La).*
Sigougne (La). *Cicogne (La).*
Signoynère (La). *Cigonnière (La).*
Silares; Silars. *Sillars.*
Silay; Sillais. *Cillais.*
Sillé; Sillcium; Silliè. *Silly.*
Silvalensis vicaria. *Civaux.*
Silvania. *Siouvre.*
Simault (Le). *Cimeau (Le).*
Siniacus. *Signy.*
Sinsac. *Âne-Vert (L') (Châtain).*
Siouvre. *Ciouvre.*
Siouzière (La). *Suzière (La).*
Sipière (La). *Sopière (La).*
Sissec. *Cissé.*
Sitière (La). *Citière (La).*
Sitvals; Sivallis. *Civaux.*
Sivargière (La). *Salvagère (La) (Cloué).*
Sivaulx; Sivaus; Sivaux. *Civaux.*
Sivazière (La). *Savarière (La).*
Sivené. *Civéné.*
Siveuilh; Siveulh. *Civeuil.*
Sivrac; Sivrai; Sivraicum; Sivray; Sivrayum; Sivriacus. *Civray.*
Six Mois. *Simois.*
Sixtière (La). *Citière (La).*
Soberdacq. *Saubredac.*
Socai; Socay; Sochay. *Sossay.*

Sodan; Sodein. *Soudun.*
Soés; Soez *Souez.*
Sogé. *Sougé.*
Sogum villa, in pago Pictavo, in vicaria Brainse, et farinarium super fluvium Wosda, 960 ou 961 (cart. de St-Cyprien, p. 79). — Ce lieu inconnu était peut-être sur le territ. du dép^t d'Indre-et-Loire, vers Richelieu ou Champigny-sur-Veude.
Sois. *Saix.*
Solace (En). *Ansoulesse.*
Solatges. *Soulage.*
Solavilla; Soleville. *Souleville. Souneville.*
Solezcia. *Ansoulesse.*
Soliers. *Soulier.*
Solimandère (La). *Sarmandière (La).*
Solleville. *Souneville.*
Solmeria. *Sommières.*
Solyers. *Soulier.*
Somère; Someria; Sommères; Sommeria. *Sommières.*
Sonnay. *Saunay.*
Sonneville. *Souneville.*
Sorbier (Le). *Mont-Sorbier.*
Sorez. *Ceré.*
Sosdan. *Soudun.*
Sossayre (La). *Sossaise (La).*
Sotart. *Santard.*
Soterie (La). *Cherpraie (La).*
Soubaire. *Suberre.*
Soubdain. *Soudun.*
Soubearre; Souberre. *Suberre.*
Soubioux (Le). *Sébioux (Le).*
Soubize. *Suppliso (moulin).*
Soubzvole; Soubzvolle. *Souvole.*
Soucay. *Sossay.*
Soudain; Soudains; Soudan; Souden. *Soudun.*
Souefs; Souers. *Souez.*
Souffiecaulx (Les). *Suffisseaux (Les).*
Souhé; Souhers; Sonhés. *Souez.*
Souilly. *Sully.*
Soulece. *Ansoulesse.*
Soullages; Soullaige. *Soulage.*
Soupplice. *Suppliso (moulin).*
Sourcyn (Le). *Sorcin (Le).*
Souret (Maison). *Sorets (Les).*
Soursin (Le). *Sorcin (Le).*
Soussaire (La). *Sossaire (La).*
Soussay. *Sossay.*
Souvegny; Souveigné; Souveigny. *Souvigny.*
Souveniz. *Sauvigny.*
Souvigné. *Sauvigny. Souvigny.*
Souvigny. *Sauvigny.*
Souvole. *Scévole (forêt).*

Souylly. *Sully.*
Sovigné. *Souvigny.*
Sovolles. *Souvole.*
Soyre. *Saire.*
Spina. *Épine (L').*
Spinatia. *Épinasse (L').*
Spincia. *Épinet (L').*
Spineta. *Épinette (L').*
Stabula. *Étables.*
Stagno (Molendinum de). *Étang (Moulin de l').*
Stella. *Étoile (L').*
Stivallum. *Étivault.*
Stranego (In villa quæ vocatur), in vicaria Vicodoninse, cum prato, molendinis, etc., 866. — Ce lieu inconnu est mentionné dans une charte de l'abbaye de Nouaillé.
Suacdas. *Saix.*
Subcorbiacns. *Scorbé-Claireaux.*
Subdunum. *Soudun.*
Subvenyn. *Sauvigny.*
Succurbiacus; Sucurbeium. *Scorbé-Claireaux.*
Suedas. *Saix.*
Sueillé. *Sully.*
Suigné. *Seugné.*
Suilee; Snilhé; Suillé. *Sully.*
Suillenvilla. *Souleville.*
Suilly. *Sully.*
Suirim; Suirin. *Surin.*
Sulciacus. *Souez.*
Suliacus. *Sully.*
Surain. *Surin (Saint-Romain-sur-Vienne).*
Surinnus. *Saint-Philbert.*
Suruin; Suruu; Surung. *Surin.*
Sus (Le). *Sud (L').*
Sutrinius. *Saint-Philbert.*
Suygné. *Seugné.*
Suylhé; Suylhy; Suylliacum; Suylly. *Sully.*
Suyrim; Suyrins. *Surin.*
Suzain. *Surin (Saint-Romain-sur-Vienne).*
Syetière (La). *Citière (La).*
Syguonière (La). *Cigonnière (La).*
Symau (Le); Symaulx (les). *Cimeau (Le).*
Symois. *Simois.*
Syssec. *Cissé.*
Syvaulx. *Civaux.*
Syvesnay. *Civéné.*
Syvrayum. *Civray.*

T

Tabbardière (La). *Talbardière (La).*

518 TABLE DES FORMES ANCIENNES.

Tabuteaux (Les); Tabutelère (la); Tabutelières (les). *Chez-Tabuteau.*
Tageau. *Tajot.*
Tahec. *Peux-de-Tay (Le).*
Taigné; Taignec; Taignet. *Tagné.*
Tailh. *Teil.*
Taillebardière (La). *Talbardière (La).*
Taillebeaux (Les). *Talbots (Les).*
Taillepied (Ruisseau de). *Gabouret (Ruisseau de).*
Taillor. *Touillet.*
Taissec. *Tessec.*
Taizié. *Tézier.*
Tajou. *Tajot.*
Talabastre. *Talbatière (La).*
Talant. *Tallont.*
Talbast (Moulin). *Fontaine-Talbat (La).*
Talebastière (La). *Talbatière (La).*
Talebots (Les). *Talbots (Les).*
Talemont. *Talmont.*
Talent. *Tallont.*
Talheferrière (La). *Tailleferrière (La).*
Tallan. *Tallont.*
Tallebardière (La). *Talbardière (La).*
Tallebastière (La). *Talbatière (La).*
Tallebotz (Les). *Talbots (Les).*
Tallemont. *Talmont.*
Talochons (Les). *Martinières (Les Basses-).*
Tample (Le). *Temple (Le) (Champniers).*
Tanay. *Thénay.*
Tanetum. *Thenet.*
Tardre (Le). *Tarde (Le). Tardes (Les).*
Tardres (Les). *Tardes (Les).*
Targec; Targeium. *Targé.*
Targelière (La). *Château-Merle.*
Targeyum; Targiacus. *Targé.*
Targonnère (La). *Tarjonnerie (La).*
Tarjech. *Targé.*
Tarnaium; Tarnay. *Ternay.*
Tarraron. *Tarraron.*
Tarsay. *Tarçay.*
Tartault (Les). *Chez-Tartaud.*
Tart y fume. *Tartifume.*
Tarvannes. *Tervannes.*
Tasche (La). *Tâche (La).*
Tasgniec. *Tagné.*
Taunayre (La); Taunière (la); Taunoyre (la). *Tonnière (La).*
Tauruca. *Thorus.*
Tay (Le). *Richardière (La) (Béruges).*
Tay (Moulin du). *Thé (Moulin du).*
Tayrères (Les). *Terrières (Les).*
Taysec; Tayssel. *Tessec.*
Teblère (La). *Gençay (forêt).*

Teffoulières (Les). *Tiffolières (Les).*
Tegerie (La). *Tigerie (La).*
Tegiacus. *Ligugé.*
Teilh (Le grant). *Teil-aux-Moines (Le).*
Teillou. *Tillou.*
Teisde; Teixet. *Tessec.*
Tel (Le). *Teil (Le).*
Teldre (Le). *Tardes (Les).*
Telh (Le); Telia. *Teil (Le).*
Tolisset. *Tillisset.*
Telles (Les). *Teils (Les).*
Tellium. *Teil (Le).*
Tempenees; Tempenos. *Tempenoux.*
Temple (Bois du). *Épine (Forêt de l').*
Temple de Jumeaux (Le). *Temple (Le) (Cenon).*
Temple de Moulins (Le). *Temple (Le) (Saint-Léger-de-Montbrillais).*
Templier. *Peux (Le) (Pairoux).*
Tempryc (La). *Temperie (La).*
Tenellière (La). *Tenillière (La).*
Tenet; Tenetum. *Thenet.*
Tentenonus. *Pont-Achard.*
Terçay. *Tarçay.*
Terdre (Le). *Tarde (Le).*
Terdres (Les). *Tardes (Les).*
Ternay. *Tarnay.*
Terraux (Les). *Terreaux (Les).*
Terrie (La); Terrye (la). *Trie (La).*
Terriers (Les). *Terrières (Les) (Bonnes).*
Terrict. *Terrier (Le) (le Vigean).*
Tersac; Tersacum. *Thierzat.*
Tersec. *Tercé.*
Terseric (La). *Tercerie (La).*
Terzac. *Tierzat.*
Terzec. *Tercé.*
Tesecq. *Tessec.*
Tesnay. *Thénay.*
Tesrières (Les). *Terrières (Les).*
Tesserie (La); Tessière (la). *Texerie (La).*
Teublère (La). *Gençay (forêt).*
Teublerye (La). *Four (Le).*
Teuil (Le). *Teil (Le) (Lumaizé).*
Teuilh; Teuilhz. *Theuil.*
Teuilhet; Teuillet. *Touillet.*
Teux. *Thenil.*
Texerons (Les). *Barbate (La Petite-).*
Teyguouzes (Les). *Teignouses (Les).*
Teyl (Le). *Teil (Le).*
Thabarie. *Tabary (ruisseau).*
Thalemundum; Thallemond; Thalmont. *Talmont.*
Thanay. *Thénay.*
Thanetum. *Thenet.*
Thebaudère (La). *Thibaudière (La).*
Thebaudrie (La). *Thibaudrie (La).*
Thée. *Peux-de-Tay (Le). Recloux (Le).*

Theil. *Teil.*
Theils (Les). *Teils (Les).*
Thenotterie (La). *Tenotries (Les).*
Theraudière (La). *Téraudière (La).*
Theriet. *Terrier (Le) (le Vigean).*
Theuillet. *Touillet.*
Thevenaudère (La). *Tenotries (Les).*
Thibauderie (La). *Thibaudries (Les).*
Thibaudière (La). *Thibaudrie (La) (Cissé).*
Thibia Asini. *Jambe-à-l'Âne (La).*
Thier; Thiers. *Tiers.*
Thille. *Tilles (Les).*
Thillé (La). *Latillé.*
Thiors. *Thiours.*
Thiphalle. *Tiffaille.*
Thirault. *Tiveaux (Les).*
Thiré (La). *Tivay (Le Grand-).*
Thiron. *Tizon.*
Thofo. *Touffou.*
Thoiré. *Chapelle-Toiré (La). Toiré.*
Thoizé. *Toiré.*
Tholons. *Toulon.*
Thomitière (La). *Toumitière (La).*
Thonac; Thonat. *Tonat.*
Thoru; Thorue. *Thorus.*
Thosnat. *Tonat.*
Thouaré. *Toiré.*
Thoucille; Thouille. *Toucil.*
Thouillet. *Touillet.*
Thoumassière (La). *Thomassière (La).*
Thouminière (La). *Tauminerie (La).*
Thoupinet. *Toupinet.*
Thourault (Le). *Tourault (Le).*
Thouvent. *Touvent.*
Thouzailins (Les). *Touzalins (Les).*
Thoyré. *Thouary.*
Thoyrec. *Chapelle-Toiré (La).*
Thuemoyne. *Tue-Moine (bois).*
Thurault (Les). *Thireaux (Les).*
Thuschia. *Touche (La) (Saint-Gervais).*
Thussac. *Tussac.*
Thybaudrye (La). *Thibaudrie (La) (Cissé).*
Thylia. *Teil (Le).*
Thyors. *Thiours.*
Tiaudière (La). *Thiaudière (La).*
Tibaudière (La). *Bouchet (Le) (Bertegon).*
Tiernum. *Tiers.*
Tiersac; Tiersacum; Tierzac. *Tierzat.*
Tieublerie (La). *Tuilerie (La).*
Tieublerie de Gençay (La). *Gençay (forêt).*
Tieublerie des Gourdins (La). *Tuilerie (La) (Champagné-Saint-Hilaire).*
Tiffallière (La). *Tiffaille (La).*

TABLE DES FORMES ANCIENNES. 519

Tilhia Monachorum. *Tril-aux-Moines* (*Le*).
Tilia; Tilium. *Teil*.
Tillé. *Tilly*.
Tiers. *Thiours*.
Tiosac. *Tussac*.
Tiré. *Tiray* (*Le Grand-*).
Tiret (Le grand). *Tiray* (*Le Grand-*).
Tirnai; Tirniacus. *Ternay*.
Tiron. *Tizon*.
Tisec. *Tessec*.
Tisiciacus. *Cissé*.
Tizé. *Tiray* (*Le Grand-*).
Toche (La). *Touche* (*La*) (Saint-Gervais).
Tocil. *Toueil*.
Toffo. *Touffou*.
Toiray. *Toiré*.
Toiry. *Thouary*.
Toisé; Toizé. *Toiré*.
Tolet; Tollet. *Thollet*.
Tolfol. *Touffou*.
Tollon. *Toulon*.
Tombe Berard (La); Tombe Hebrart (la). *Tomberrard* (*La*).
Tonacum. *Tonat*.
Tonnaire (La). *Tonnière* (*La*).
Topho. *Touffou*.
Toppasère (La). *Espacière* (*L'*).
Torchaera (La); Torchaire (la); Torchaize (la); Torcheere (la); Torcherie (la); Torchesse (la); Torcheyère (la). *Torchaise* (*La*).
Torcheonnière (La). *Trochonnière* (*La*).
Toreto (La). *Tourette* (*La*) (Saix).
Torfeu. *Torfou*.
Torgicère (La); Torgissère (la). *Torissière* (*La*).
Torigné. *Thorigné*.
Torlober; Torlobier. *Étourloubier*.
Tornac; Tornec. *Tournac*.
Tornat; Tornec. *Cornac*.
Torneuilh; Torneuilh. *Tournouil*.
Tornincum. *Cornac*.
Tornolium; Tornuil; Tornuyl. *Tournouil*.
Toronia. *Touraine* (*La*) (Lusignan).
Torlicière (La). *Torissière* (*La*).
Torua; Torue; Toruga. *Thorus*.
Torz. *Tours* (*Les*).
Tosca; Toscha. *Touche* (*La*).
Toscha de Segenei; Toscha de Segienai; Toscha de Sejenai. *Touche* (*La*) (Cherves).
Toscho (La). *Touche-aux-Proux* (*La*).
Toualhe. *Toueil*.
Touche (La); voy. ci-après : Tousche (La).

Touche (La). *Jollets* (*Les*).
Touche à Lélu (La). *Touche* (*La*) (Savigny-l'Évêcault).
Touche Aubert. *Touchaubert*.
Touche aux Mosniers (La); Touche aux Monsniers (La). *Caillaudrie* (*La*) (Bouresse).
Touche du Parc (La). *Touche* (*La*) (Lusignan).
Touche Gaverret (La); Touche Gavret (la); Touche Gravel (la). *Touche-Gavaret* (*La*).
Touchelibeuf. *Touche-les-Bœufs*.
Touchembert. *Boivre*.
Touche Paillardy (La). *Touche* (*La*) (Queaux).
Touche Vivien (La). *Touche* (*La*) (Chaunay).
Touffolières (Les); Touffoulères (les); Toufoulières (les). *Tiffolières* (*Les*).
Toulosserie (La). *Toulasserie* (*La*).
Toumasinière (La). *Thomassinière* (*La*).
Toupassière (La). *Espassière* (*L'*).
Tourageau. *Thurageau*.
Touraine (La). *Toureune* (*La*).
Tourate (La); Touratte (la). *Tourette* (*La*) (Sèvre).
Tour au Cognium (La); Tour aux Coignioux (La); Tour aux Conions (la); Tour aux Conioux (la); Tour aux Connioux (la); Tour aux Cougnioux (la); Tour aux Conignions (la). *Tour-aux-Cognons* (*La*).
Tour Ballant (La); Tour Ballon (la); Tour Balon (la); Tour Baslau (la); Tour Baslon (la). *Tour-Balon* (*La*).
Tour de Baunay (la); Tour de Bauné (la); Tour de Bonnay (la); Tour de Bosnay (la). *Tour* (*La*) (Saint-Gervais).
Tour de Germigné (La); Tour de Germigny (la). *Saint-Bonnet*.
Tour de la Cousdre (La). *Tour-Conzay* (*La*).
Tour de la Pleigne (La); Tour de la Plaine (la). *Tour-Signy* (*La*).
Tourderie (La). *Tour-de-Ry* (*La*).
Tour de Saint Secondin (La). *Tour* (*La*) (Saint-Secondin).
Tour de Seigné (La); Tour de Seigny (la). *Tour-Signy* (*La*).
Tour de Sossay (La). *Tour* (*La*) (Sossay).
Tourenne (La). *Touraine* (*La*).
Tour Lesgart (La); Tour Lesgat (la). *Tour-Légat* (*La*).

Tour Levrault (La). *Tour-de-Naintré* (*La*).
Tour Minande (La). *Tours-Milandes* (*Les*).
Tournelières (Les). *Étournelière* (*L'*).
Tournepelle. *Tournepoèle*.
Tour Poupault (La). *Tour-aux-Poupaux* (*La*).
Tours. *Tau*.
Toursay. *Torsay*.
Tourue. *Thorus*.
Touschardière (La). *Touchardière* (*La*).
Touschardières (Les). *Touchardières* (*Les*).
Touschau (Le). *Touchaud* (*Le*). *Touchauds* (*Les*).
Tousche (La). *Touche* (*La*). *Touches* (*Les*).
Tousche à la Concete (La); Tousche à la Savote (la). *Touche* (*La*) (Archigny).
Tousche à l'Esleu (La). *Touche* (*La*) (Savigny-l'Évêcault).
Tousche au Preoust (La); Tousche au Prevostz (la); Tousche au Prost (la); Tousche au Proust (la). *Touche-aux-Proux* (*La*).
Tousche aux Bertrands (La). *Chez-Foucher*.
Tousche aux Girardz (La). *Touche* (*La*) (Magné).
Tousche aux Proustz (La). *Touche-aux-Proux* (*La*).
Tousche Capillon (La). *Touche* (*La*) (Magné).
Tousche d'Avrigny (La). *Touche* (*La*) (Saint-Gervais).
Tousche de Berlou (La). *Touche* (*La*) (la Vausseau).
Tousche de Bés; Tousche de Betz (la). *Touche* (*La*) (Sommières).
Tousche de Gençay (La). *Touche* (*La*) (Sérigny).
Tousche de Painperda (La). *Touche* (*La*) (la Vausseau).
Tousche de Savigné (La). *Touche* (*La*) (Savigny-l'Évêcault).
Tousche de Sommières (La). *Touche* (*La*) (Sommières).
Tousche de Touffou (La). *Maison-Neuve* (*La*) (Bonneuil-Matours).
Tousche du Bé (La). *Touche* (*La*) (Sommières).
Tousche Freycinet (La). *Touche* (*La*) (Marnay).
Tousche Geoffroy (La). *Touche* (*La*) (Genouillé).
Tousche Mentosceau (La); Tousche

Montouzeau (la); Tousche Mon-
tauzeau (la); Tousche Montouseau
(la); Tousche Montozeau (la). *Tou-
che-Mantouzeau (La)*.
Tousche Roussin (La). *Mouchedune*
(Vaux-en-Couhé).
Tousche Vivian (La). *Touche (La)*
(Chaunay).
Touschette (La). *Touchettes (Les)*.
Toutaudière (La). *Tutaudière (La)*.
Toutfou. *Touffou.*
Touliffaut. *Toulifaut.*
Tout-lui-faut. *Bellevue* (Sillars).
Toutsac. *Toussac.*
Tracquet. *Traquet.*
Trainguelinière (La). *Tringuelinière
(La)*.
Tramblode (La). *Épinoux (L')* (Journet).
Tramblays (La); Tramblée (la).
Tremblée (La).
Trancardière (La). *Trincardière (La)*.
Tranchée (La). *Tranchaye (La)*. *Tran-
chis (Le)*.
Trançon (Le). *Transon (Le)*.
Tranglars (Les). *Étranglard (L')*.
Tranquart. *Trancart.*
Transcardière (La). *Trincardière (La)*.
Traslage. *Tralage.*
Traslebost; Traslebousl. *Tralbeau.*
Travacac. *Traversay* (Chaunay).
Travarsay. *Traversay* (Chaunay. Saint-
Cyr).
Travarsonne. *Traversonne.*
Travarzay; Travasay. *Traversay* (Bon-
neuil-Matours. Saint-Cyr).
Travasé. *Traversay* (Bonneuil-Ma-
tours).
Travassay; Travazac; Travaziacum.
Traversay (Chaunay).
Travazay. *Traversay* (Bonneuil-Ma-
tours. Saint-Cyr).
Travesay. *Traversay* (Saint-Cyr).
Travezai. *Traversay* (Bonneuil-Ma-
tours).
Traynea; Trayneau. *Traineau-les-
Bois.*
Trecherie (La). *Tricherie (La)*.
Treconus. *Tricon.*
Tredo. *Trédeau.*
Trée (La). *Trie (La)*.
Treignea. *Traineau-les-Bois.*
Treilles (Les). *Jalaiserie (La)* (Saint-
Georges).
Treineau. *Traineau-les-Bois.*
Trejallière (La). *Château-Merle.*
Trellé. *Treillé.*
Tremblère (La). *Gençay* (forêt).
Tremeollo. *Trimouille (La)*.

Tremoderye (La). *Trimauderie (La)*.
Tremoila; Tremoilhe (la); Tremoille
(la); Tremoleria; Tremolhia; Tre-
molia; Tremollia; Tremouille (la);
Tremoulle (la); Tremulhia; Tre-
mulia. *Trimouille (La)*.
Trenchée (La). *Tranchaye (La)*.
Troncheia. *Tranchée (La)* (Poitiers).
Trenchot. *Trainebot* (Poitiers).
Tresay; Tressay. *Tarçay.*
Tres Cypressos (Mons dictus Ad).
Mont-Saint-Savin.
Tresdo. *Trédeau.*
Tres Ecclesiæ prope Calvigniacum.
Saint-Pierre-des-Églises.
Treslage. *Tralage.*
Tres Moulins. *Trois-Moulins (Les)*.
Tresneau. *Traineau.*
Treuilhe (La). *Treille (La)* (Champ-
niers).
Treyllet. *Treillé.*
Treyneau. *Traineau-les-Bois.*
Trezauriers (Moulin des). *Caillaux
(Moulin des)* (Pouzioux).
Tria Monasteria. *Trois-Moutiers (Les)*.
Tribauzière (La); Triboysière (la).
Tribosière (La).
Triboz (Les). *Chez-Tribot.*
Trigonne. *Trigogne.*
Triho. *Triou.*
Trilhé. *Treillé.*
Trille (La). *Treille (La)* (Champ-
niers).
Trillec; Trilliacum. *Treillé.*
Trimoilhe (La); Trimoilhia; Trimoille
(la); Trimoillia; Trimollia; Tri-
mouilhe (la). *Trimouille (La)*.
Trin. *Train.*
Trineau. *Traineau.*
Trinebot. *Trainebot.*
Trinquardère (La). *Trincardière (La)*.
Triocum; Triol. *Triou.*
Trior villa in vicaria Vicodoninse,
v. 995 (cart de S¹-Cyprien, p. 266).
— Ce lieu, auj. inconnu, était
situé près Souvole, cⁿᵉ de Marçay.
Triou (Le). *Trcilloux (Le)*.
Trobatrye (La). *Tourbaterie (La)*.
Troichée (La). *Tranchaye (La)*.
Trois Mailles. *Tramaille.*
Trois Piliers (Les). *Piliers (Les)*.
Trois Pilliers. *Trépillé.*
Troisson. *Transon (Le)*.
Trompe-Souris (Moulin de). *Bordes
(Moulin des)* (Nouaillé).
Trompodière (La). *Trompaudière (La)*.
Tron (Le); Tronc (le); Troncq (le).
Chez-Taboury.

Tronchays (La); Tronchée (la). *Tran-
chaye (La)*.
Tropea; Troppeas. *Troupeau.*
Tropidort. *Belleventrie.*
Trossca; Trosscia; Trosseya. *Trous-
saie (La)*.
Trouhé. *Trouvé.*
Troussoy (La); Troussaye (la); Trous-
sée (la). *Troussaie (La)*.
Truaudère (La). *Triaudière (La)*.
Trugallet. *Tringallet.*
Truncus; Truns; Trunx. *Tron.*
Truterie (La). *Torterie (La)*.
Truyaudière (La). *Triaudière (La)*.
Tuaudière (La). *Taudière (La)*.
Tubatrie (La). *Tourbaterie (La)*.
Tublerie (La). *Tuilerie (La)*.
Tueilh. *Theuil.*
Tuffaille (La). *Tiffaille (La)*.
Tuffaillère (La). *Tiffalières (Les)*.
Tuilerie (La). *Four (Le)*.
Tuilerie des Forges (La). *Tuilerie
(La)* (Tercé).
Tuillet. *Touillet.*
Tullière (La). *Tuilière (La)*.
Tuphaille (La). *Tiffaille (La)*.
Turagea; Turageau; Turagcia; Tura-
gel; Turagellium; Turagellium; Tu-
rager. *Thurageau.*
Turbatryé (La). *Tourbaterie (La)*.
Turé; Turec; Tureyum. *Thuré.*
Turlaudrye (La). *Torlaudrie (La)*.
Turpilhec; Turpillé; Turpilliacum.
Trépillé.
Turré. *Thuré.*
Turris. *Tour (La)* (Saint-Secondin).
Turterye (La). *Torterie (La)*.
Tusca. *Touche (La)*.
Tusca Comitis. *Touche-le-Comte (La)*.
Tusca Geillan; Tusca Gelixæ. *Touchillon.*
Tuscha. *Touche (La)*.
Tuscha de Sigenoyo. *Touche (La)*
(Cherves).
Tuscha rotonda. *Toucheronde.*
Tuschia. *Touche (La)*.
Tyacus. *Liguyé.*
Tyblère (La). *Gençay* (forêt).
Tyfonelère (La). *Tiffannelière (La)*.
Tylia. *Teil (Le)*.
Tyousac; Tyoussac. *Tussac.*
Tyraudi boscus. *Tiveaux (Les)*.
Tyron. *Tiron.*
Tysé; Tyzé. *Tiray (Le Grand-)*.

U

Uballerie (L'). *Jouballerie (La)*.
Uccio. *Usson.*

TABLE DES FORMES ANCIENNES.

Ucellum. *Usseau.*
Uchon; Ucionium; Ucon; Uconium. *Usson.*
Uisseau. *Usseau.*
Ulmus; Ulmus grandis; Ulmus magnus. *Homme-Grand* (*L'*).
Ulmus de Auriaco; Ulmus de Oyre. *Tour-d'Oiré* (*La*).
Ulmus Marion. *Ormeau* (*L'*) (la Roche-Posay).
Umeau l'abbasse (*L'*). *Ormeau* (*L'*) (Buxerolles).
Umeau Marion (*L'*). *Ormeau* (*L'*) (la Roche-Posay).
Unciacus; Unciacus. *Puymilleroux.*
Uppeloup. *Huppeloup.*
Urchon; Urconium. *Herson.*
Ursay. *Urçay.*
Urterie (*L'*). *Heurtrie* (*L'*).
Ussellum; Uxea; Uxeau; Uxellum. *Usseau.*
Uxonium; Uzon; Uzonum. *Usson.*

V

Vacarccia. *Vacheresse.*
Vacaria. *Vacherie* (*La*) (Poitiers).
Vacenas. *Varennes* (c^{on} de Mirebeau).
Vacherctia; Vacherlia; Vacheretia; Vachereza. *Vacheresse.*
Vacherie de Montoiron (*La*). *Vacherie* (*La*) (Saint-Maurice).
Vachiers (Les). *Caillaux* (*Les*) (Sossay).
Vadum. *Gâts* (*Les*)-(Saugé). *Gué* (*Le*). *Gué-Rochelin* (*Le*).
Vael.*Vaux* (c^{on} de Loigné-sur-Usseau).
Vaeres. *Verre.*
Vagina. *Guesne.*
Vailhulle (La). *Vayolle* (*La*).
Vaillaille (*La*). *Vallaille* (*La*).
Vaiflefau. *Veillefaux.*
Vaillolle. *Vayolle* (*La*).
Vaire (Le petit). *Verro*.(*Le Petit-*).
Vairecac. *Vrassac.*
Vaires. *Verre.*
Vairon (Ruisseau de). *Véron* (*Le*).
Voironnère (La). *Varronnière* (*La*).
Vaisres. *Verre.*
Val (La). *Laval.*
Valaudonum. *Velaudon.*
Valeche. *Vellèche.*
Valée (La). *Vallée* (*La*) (Savigné).
Valegevella villa, 937 ou 938 (cart. de St-Cyprien, p. 277). — Ce lieu était situé près de la villa de Monte Merco; l'un et l'autre sont inconnus.

Valenfré; Valenfrey. *Valenfray.*
Valenfrey. *Valenfray. Valenfroid.*
Valentia. *Valence.*
Valentiacus. *Valençay.*
Valetyère (La). *Valletière* (*La*).
Vallade (La). *Valade* (*La*).
Vallançay. *Valençay.*
Vallantins (Les). *Valentins* (*Les*).
Vallenfray. *Valenfray. Valenfroid.*
Valières. *Vallière.*
Vallée des Boys (La); Vallée des Vroys (la). *Vallée-des-Buis* (*La*).
Vallées (Les). *Raboteaux* (*Les*) (Orches).
Valleille (La). *Vallée* (*La*) (Bourg-Archambault).
Vallenfré. *Valenfray. Valenfroid.*
Valles; molendinum de Vallibus. *Chédeau.*
Valles; Vallis. *Vaux.*
Valleta Sancti Dyonisii. *Vaux* (c^{on} de Loigné-sur-Usseau).
Vallette (La). *Valette* (*La*).
Vallière (La). *Valière* (*La*).
Vallis. *Vaux* (*La Grande-*).
Vallischaton. *Vauchetan.*
Vallis Clara. *Scorbé-Clairvaux.*
Vallis Enfredi. *Valenfray.*
Vallis Frenicart. *Lavau* (Voulême).
Vallis Martini. *Vaumartin.*
Vallis Nigra. *Vannoire* (*La*).
Vallis Poiselis; Vallis Poselis. *l'allée* (*La*) (Cherves).
Vallotière (La). *Giez.*
Vallum. *Vau* (*La*) (Messay).
Valole. *Vayolle* (*La*).
Valolia. *Vayolle* (*La*). *Vayolles.*
Vals. *Vaux-en-Couhé.*
Vande (La). *Vende* (*La*). *Vente* (*La*).
Vandes (Les). *Vendes* (*Les*).
Vandet. *Vendet.*
Vandeuvre. *Vendeuvre.*
Vandouloigne (La). *Vandelogne* (*La*).
Vanselez. *Venzelles.*
Vantonium. *Avanton.*
Vanzelle; Vauzelles. *Venzelles.*
Varacac. *Vrassac.*
Varaines. *Varennes* (Vicq).
Varains. *Varanne* (*La*) (Dercé).
Varanne. *Varennes* (le Bouchet).
Varanne (La). *Varenne* (*La*) (Prinçay. Saint-Benoit). *Varennes* (*Les*) (Lencloitre).
Varassac; Varaxium. *Vrassac.*
Varayne. *Varennes* (Latus).
Varecaeum. *Vezières.*
Vareille (La). *Vallée* (*La*) (Bourg-Archambault).

Vareilles-Sommières. *Sommières.*
Vareins. *Varin.*
Varenæ; Varennæ. *Varennes.*
Varenne (La). *Varenne* (*La*) (Thuré). *Varennes* (Ingrande). *Varennes* (*Les*) (Lencloitre. Senillé).
Varenne (Moulin de la). *Comigné.*
Varennes (Les). *Saint-André.*
Varens. *Varin.*
Vareria; Varesia; Varezu; Varezo; Varezeia; Varezia; Varezium. *Vezières.*
Vareuilhe (La). *Vallée* (*La*) (Bourg-Archambault).
Variæ. *Verre.*
Varins. *Varanne* (*La*) (Dercé).
Varne (La). *Vergne* (*La*) (Saint-Martin-la-Rivière).
Varnon. *Vernon.*
Varonère (La). *Varronnière* (*La*).
Varraine (La). *Varanne* (*La*).
Varreres; Varreriæ. *Verrières.*
Varronnière (La). *Pinier-de-la-Verronnière* (*Le*).
Varvolère (La); Varvolière (la). *Vervolière* (*La*).
Vaslatot. *Vertoux.*
Vassodrie (La). *Vassauderie* (*La*).
Vau (La). *Lavau.*
Vau (Ruisseau du). *Badard* (*Ruisseau de*).
Vaucea (La); Vauceau (la); Vaucella. *Vansseau* (*La*).
Vaucelle (La). *Vaucelles.*
Vauchemin. *Vauchenier.*
Vaucorp. *Vaucour.*
Vaud (La). *Lavau.*
Vaudanyau. *Vandeneau.*
Vaudebloys (La). *Grange* (*La*) (Mairé).
Vaudencennes. *Bois d'Anceune* (*Le*).
Vandenia; Vaudenyas; Vaudenyau. *Vandeneau.*
Vau Fournicat (La); Vaufrenicart (la). *Lavau* (Voulême).
Vaugaudin. *Vaugodin.*
Vaugeallay; Vaugeallé. *Vaujallais.*
Vaugelade; Vaugellée. *Vaugelées* (*Les*).
Vaugellez (La). *Vaugelais* (*Les*).
Vaugolan. *Vauchetan.*
Vaugiraud. *Vaugibault.*
Vauguiot (La); Vauguyot (la). *Vaudiot* (*La*).
Vaulcourt. *Vaucour.*
Vauldebloys. *Grange* (*La*) (Mairé).
Vaulgibault. *Vaugibault.*
Vaulnère (La); Vaullinières (les). *Vollinières* (*Les*).
Vaulmouret. *Vaumoret.*
Vault (La). *Lavau.*

522 TABLE DES FORMES ANCIENNES.

Vaulx. *Envaux. Vaux.*
Vaulx de Roches. *Anvaux.*
Vaulx (La). *Lavau.*
Vaulx Ussonnoise (La). *Van (La Grande-).*
Vaulx (Les). *Anvaux.*
Vaumartin. *Lavoux-Martin.*
Vaumartin (La). *Affrois (Les).*
Vaumayre. *Vaunoir.*
Vaunègre (La). *Vaunoire (La).*
Vau Bayer; Vaurer; Vauroir; Vauroye; Vaurroys. *Vaurrais.*
Vau Simon (La); Vaussymon (la). *Vaucimont.*
Vauters. *Bauterre.*
Vaux. *Anvaux* (Cloué). *Envaux. Vaux-en-Couhé.*
Vaux (Moulin de la petite). *Bordes (Moulin des)* (Nouaillé).
Vaux (Les). *Riboux (Les).*
Vaux en Cormy. *Vaux-en-Couhé.*
Vauxmartin. *Lavoux-Martin. Vaumartin.*
Vaux Roys. *Vaurais.*
Vayolle (La). *Vayolles.*
Vayré (La). *Lavairé.*
Vayrères. *Verrières.*
Vayres. *Verre.*
Vayrines. *Vérine.*
Vayron (Le petit). *Vron (le Petit-).*
Vayron (Rivau de). *Véron (Le)* (ruisseau).
Vayrou (La). *Voie (La).*
Veaux (Les petits). *Vaux (Les Petits-).*
Veaux Saint James (La). *Lavau (Bonnes).*
Vedauna. *Vonne (La).*
Vedclayum; Vedelley lez Myrebeau. *Madeleine (La).*
Vedde (Le); Vede (rivière de). *l'eude (La).*
Vedona. *Vivonne. Vonne (La).*
Vedrerias. *Verrières.*
Veiblon. *Vublon.*
Veil Brueil. *Verbrouil.*
Veilhatières (Les). *Vilatières (Les).*
Veilhemont; Veillemont. *Vieillemont.*
Veillardière (La). *Vieillardière (La).*
Veillet. *Villiers* (Archigny).
Veilloiche. *Vellèche.*
Veilmont. *Vieillemont.*
Veil Pouzay. *Posay-le-Vieil.*
Velecho; Velesche. *Vellèche.*
Vellardère (La). *Vieillardière (La).*
Vellechia. *Vellèche.*
Velleure. *Velue.*
Vellort. *Velort.*
Vellour. *Velour.*

Vellouzard (La). *Blouzard (Le).*
Velluc. *Velue.*
Vellum (Castellum), lieu auj. inconnu, près le Vivier, c[ne] de Vouneuil-sur-Vienne. — Locus qui dicitur Ad Viverio, prope de castello Vello, 1017 (cart. de St-Cyprien, p. 177).
Veloche; Velochia. *Vellèche.*
Velocière (La). *Chez-Serpoux.*
Velouzard (Le). *Blouzard (Le).*
Venachum. *Vaon.*
Venaurs. *Venours.*
Vende (La). *Vente (La).*
Vendelais. *Bize (La).*
Vendellæ. *Venzelles.*
Vendeloingne (La); Vendelougne (rivière de). *Vandelogne (La).*
Vendevre; Vendobria; Vendoivre. *Vendœuvre.*
Vendouloigne (Esve de). *Vandelogne (La).*
Vendovre; Vendovria; Vendovrium; Venduevre; Venduvre. *Vendœuvre.*
Venecium; Veneis; Venes; Venet; Venetium; Veneth; Venetz; Venez; Venezium. *Veniers.*
Venezia flumen. *Palu (La).*
Vengibault. *Vaugibault.*
Vengolia; Vengulia. *Vangueil.*
Veniez. *Veniers.*
Venors. *Venours.*
Vens; Vent; Vents. *Vant.*
Vente de Brochessac (La). *Vende (La) (Colle-l'Évécault).*
Ventes (Les). *Vendes (Les).*
Veon. *Vaon.*
Veona. *Vonne (La).*
Veonia. *Vivonne.*
Veonolium. *Vouneuil-sous-Biard.*
Veracac; Verassac. *Vrassac.*
Verbroil; Verbruil. *Verbreuil.*
Vereée (La). *Versée (La).*
Verdaizère (La). *Verdoisière (La).*
Verdelay. *Madeleine (La).*
Verdeletrie (La). *Verleterie (La).*
Verdeleyum; Verdelhiacum. *Madeleine (La) (Mirebeau).*
Verdoizères (Les); Verdoixière (la); Verdoyzère (la). *Verdoisière (La).*
Veré (La). *Lavairé.*
Verecac. *Vrassac.*
Verera; Vereriæ. *Verrières.*
Vereres; Vereriæ. *Vezières.*
Veres. *Verre.*
Verger de Marconnay (Le). *Verger-sur-Dive (Le).*
Vergier (Le). *Verger (Le).*

Vergnée (La); Vergney (le). *Vergnay (Le).*
Vergnia. *Vergne (La).*
Vergniet. *Vergné.*
Vergnoye (La). *Vrignay (La).*
Veridère (La). *Verdière (La).*
Verier (Moulin de). *Loubersac.*
Verière. *Verrière.*
Verigne (La). *Vergne (La) (Lutus).*
Verignee; Verigniacum. *Vergné.*
Verilee. *Vrillé.*
Verilhac. *Verliat.*
Verine. *Vrine.*
Verines. *Verrines.*
Veriola villa in vicaria Sicvallis, 1009 (Fonteneau, t. XXI, p. 351). — Lieu inconnu.
Verlé; Verlet. *Verlay.*
Vernade (La). *Vergnade (La)* (Millac).
Vernallière (La). *Minimes (Les) (Mairé).*
Vernaudière (La). *Vergnaudière (La).*
Vernay. *Roche-de-Chizay (La).*
Verné. *Vernay.*
Verne (La). *Vergne (La).*
Verneaux (Les). *Vornaux (Les).*
Verneil. *Verneuil.*
Verneium. *Vernay.*
Vernhia; Vernia. *Vergne (La).*
Verniacum. *Vernay.*
Vernoil; Vernolium; Vernueilh; Vernuil; Vernuyl. *Verneuil.*
Vernolium villa in vicaria Ygrandinse, 962 ou 963 (cart. de St-Cyprien, p. 178). — Lieu inconnu.
Veron. *Vron.*
Veronnelles. *Vernelle.*
Veronnerie (La). *Verronnerie (La).*
Verroy (La); Verré (la). *Lavairé.*
Verrebrices. *Verbrisse.*
Verrères. *Verrière. Verrières. Vezières.*
Verreria. *Verrières. Vezières.*
Verreriæ. *Verrières.*
Verrie (La). *Verrerie (La).*
Verriers (Les). *Chez-Verry.*
Verrines. *Vérine.*
Verronnière (La). *Varronnière (La).*
Verrons (Les). *Vérons (Les).*
Verruca. *Verrue.*
Vertree. *Saint-Pierre (Bois de).*
Vervalière (La). *Fervalière (La).*
Vervollière (Le grand moulin de la). *Moulin (Le Grand-) (Coussay-les-Bois).*
Verzelayum; Vescelay. *Madeleine (La) (Mirebeau).*
Vesinère (La). *Vezinière (La). Voisinière (La).*

TABLE DES FORMES ANCIENNES.

Vesineries (Les). *Vezineries (Les).*
Vesquants (Les). *Chevécand.*
Vesré (La). *Lavairé.*
Vesrines (Les). *Verrines (Les).*
Vesronnière (La). *Pinier-de-la-Verronnière (Le).*
Vesrye (La). *Verrerie (La).*
Veston. *Véton.*
Vetus Brolium. *Verbreuil.*
Vetus Pictavis. *Poitiers (Le Vieux-).*
Vetus Posayum. *Pasay-le-Vieil.*
Veublon. *Vublon.*
Veville. *Vieville.*
Veyreres. *Verrières.*
Veyres. *Verre.*
Vezalloium; Vezeilliacum; Vezolai les Mirebeau; Vezelay; Vezellay. *Madeleine (La) (Mirebeau).*
Vezinière (La). *Vesinière (La).*
Vianyère (La). *Viannière (La).*
Viblon. *Vublon.*
Vicanne (La). *Colombier (Le) (Biard).*
Vicavedona. *Vivonne.*
Vicenna. *Vienne (La).*
Vicharaud. *Ville-Charrault (La).*
Vicodona; Vicovedona; Vicoveon; Vicovidona; Vicovionia; Vicovoon. *Vivonne.*
Vicus; Vicus super Crozam. *Vicq.*
Vicvedona; Vicvehona; Vicveona; Vicvione. *Vivonne.*
Vicxinoua. *Vandelogne (La).*
Vidvidonum. *Vivonne.*
Vieille Monnoye. *Villemonnay.*
Vieilmont. *Vieillemont. Villemont.*
Vielbreuil. *Verbreuil.*
Vielleraux. *Vieilleraux.*
Vieillière (La). *Vieillère (La).*
Vienière (La); Viennère (la); Viennière (la). *Viannière (La).*
Vienois. *Viennay.*
Viganum; Vigen (le). *Vigean (Le).*
Vigenna. *Vienne (La).*
Vigiand (Le). *Vigean (Le).*
Vignière (La). *Vinière (La).*
Vignots (Les). *Vigneau (Le) (Saint-Gervais).*
Vilacent. *Villasson.*
Viladon. *Villedon.*
Vilairay. *Villaray.*
Vilar. *Villars (Pressac).*
Viloran. *Villaray.*
Vilares. *Villiers (Vouneuil-sur-Vienne).*
Vilaret. *Villaret.*
Vilaudière (La). *Villaudière (La).*
Vilcoupère. *Villecoupère.*
Vilcourt. *Villecourt.*
Vildon. *Villedon.*

Vilec. *Villiers (Saint-Germain).*
Vile Dé (La). *Villedieu (La).*
Viledo; Viledona. *Villedon.*
Vileines. *Vilaine.*
Vilemor. *Villemort.*
Vilers. *Villiers.*
Vilesalem. *Villesalem.*
Vilhers; Viliers. *Villiers.*
Villa Amblata. *Villembléc.*
Villacent. *Villasson.*
Villa Coperia; Villa Coperina. *Villecoupère.*
Villa Dodouis; Villa Doo; Villa Doonis. *Villedon.*
Villa Emblea. *Villembléc.*
Villafoleto (Mosus qui cognominatur), in vicaria Vicodonense, v. 1010 (cart. de S¹-Cyprien, p. 283). — Villafolet juxta Brues, v. 1160 (Fonteneau, t. XVIII, p. 317). — Lieu inconnu. L'extension de la viguerie de Vivonne jusque près de Brux est à noter.
Villaigron (Le). *Négron (Le).*
Villaigue. *Vilaigre.*
Villaine; Villaines. *Vilaine.*
Villaine (La). *Virlaine (La).*
Villairet; Villaray. *Villaret.*
Villaloniez (Prioratus de), in archipresbyteratu Castri Ayraudi (pouillé de Gauthier, f° 147 v°). — Ce nom ne se trouve dans aucun autre document. On ne sait quel lieu il désigne, à moins que ce ne soit Aloguy, c^{ne} de Lésigny.
Villa male nominata. *Ville-Malnommée (La).*
Villamblée. *Villemblée.*
Villamoneys. *Villemonnay.*
Villa Mor. *Villemort.*
Villa nova. *Neuville. Villeneuve.*
Villares. *Villars (Persac).*
Villaret. *Virollet (Queaux).*
Villaris. *Villiers.*
Villaris Hunam. *Villiers (Brux).*
Villa Salem. *Villesalem.*
Villascent. *Villasson.*
Villa Segetis. *Villemblée.*
Villa Sola. *Souneville.*
Villassalem. *Villesalem.*
Villassaut. *Villasson.*
Villatères (Les). *Vilatières (Les).*
Villaudier. *Vilodier.*
Villayret. *Villaret.*
Villa Vinardi. *Fauvinart.*
Villazent. *Villasson.*
Villé. *Villiers (Saint-Germain).*
Ville Amblée. *Villembléc.*

Ville au Roy (La). *Chez-Tartaud.*
Villec. *Villiers (Saint-Germain).*
Villecheneu; Villechenour; Villechenu. *Perrières (Les) (Châtellerault).*
Villechia. *Vellèche.*
Villecompère; Villecopère. *Villecoupère.*
Villecourt. *Virecourt.*
Villedard. *Vildard.*
Villedé (La). *Villedieu (La).*
Ville Emblade; Ville Emblée. *Villembléc.*
Villègue. *Vilaigre.*
Villemaunommée (La). *Ville-Malnommée (La).*
Villemon. *Vieillemont.*
Villemonneys; Villemonnois; Villemonnoye. *Villemonnay.*
Villemonnoye (La). *Ville-Marot (La).*
Villena vicaria in pago Pictavo, 965 ou 966 (abb. de Nouaillé), où étaient les localités appelées *Flaiacus, Vathedolium* et *Lucbardum,* dont la situation n'a pas été déterminée.
Villena; Villenes. *Vilaine.*
Villenère (La). *Vilnière (La).*
Villenne (La). *Vilaine (La). Virlaine (La).*
Villennes. *Vilaine.*
Villenouve; Villeneuve. *Villeneuve.*
Villeret. *Villaret.*
Villers. *Villars (Champniers). Villiers.*
Villesalan; Villesallent; Villessalem. *Villesalem.*
Villet. *Villiers (Archigny).*
Villevert. *Vilvert.*
Villiacus. *Touillé.*
Villiers Saincte Radegonde. *Villiers (Messemé).*
Villomonte (Feodum de). *Vieillemont.*
Vilziacus. *Visny.*
Vincenna. *Vienne (La).*
Vindobria; Vindopera. *Vendeuvre.*
Vingenna. *Vienne (La).*
Vingnaudrye (La). *Vignaudrie (La).*
Vinssonnerie (La). *Vinçonnerie (La).*
Vintriacus. *Vintray.*
Vinzanna; Vinzenna. *Vienne (La).*
Violette (La). *Fougeassière (La).*
Viollière (La). *Vieillère (La).*
Vircoupère; Vircoupère. *Villecoupère.*
Viré. *Virec.*
Virelaine (La). *Virlaine (La).*
Virenouvelle (La). *Villenouvelle.*
Viridarium. *Verger (Le).*
Virsiacus. *Virsay.*
Viselle (La). *Vizelle (La).*
Visnière (La). *Vinière (La).*

TABLE DES FORMES ANCIENNES.

Vitriacus. *Vintray.*
Vitreries. *Verrières.*
Vitriacus. *Vintray. Vitré.*
Vitrye (La). *Viterie (La).*
Vitterie (La). *Vitrerie (La).*
Vittré. *Puy-de-la-Roche (Le).*
Vitvedona; Vitvegnia; Vitvion; Vitvonia. *Vivonne.*
Vivarius. *Chapelle-Viviers (La).*
Vivedona; Viveona; Viveonia; Viveonna. *Vivonne.*
Viveræ. *Vivier (Le) (Vouneuil-sur-Vienne).*
Viverii. *Chapelle-Viviers (La). Vivier (Le).*
Viverium; Vivers. *Vivier (Le).*
Vivione; Vivionia; Vivone; Vivonia; Vivonnya; Vivoonia; Vivosne. *Vivonne.*
Vizaicum; Vizay. *Visay.*
Vizenna. *Vienne (La).*
Viziliacum. *Madeleine (La).*
Vlez (Les). *Velés (Les).*
Vocladus; Vocladensis campus. *Vogladensis campus.*
Voda. *Veude (La).*
Vodenogilus; Vodonogilus; Vodonolozium; Voenol; Voenolium. *Vouneuil-sur-Vienne.*
Vodonolium; Voginolium; Vohenolus. *Vouneuil-sous-Biard.*
Voide (La). *Veude (La).*
Voilhé; Voillé. *Vouillé.*
Voillet; Voillé. *Vouillés (Les).*
Voillée (La). *Vouillée (La).*
Voilliacus. *Vouillé.*
Voiray. *Voiret.*
Voirines. *Vérine.*
Voiseray. *Vouzeray.*
Voisinière (La). *Vosinière (La).*
Voizins (Les). *Chez-Vezin.*
Volec. *Vouillés (Les).*
Volesma. *Vouléme.*
Volhé. *Vouillé.*
Volhea; Volhye. *Vouillée (La).*
Voliacum. *Vouillé.*
Volisma. *Vouléme.*
Vollarnyère (La). *Voularnière (La).*
Vollebières (Les). *Volbières (Les).*
Vollec. *Vouillé.*
Vollée (La). *Vouillée (La).*
Volleium; Volliacus. *Vouillé.*
Vollière (La). *Volière (La).*
Volon. *Voulon.*
Volorcium; Volort. *Velort.*

Voloubière. *Volbières (Les).*
Volte (La). *Voûte (La) (Bonnes).*
Volum; Volun. *Voulon.*
Von. *Vaon.*
Vonan; Vonant. *Vounant.*
Vòne (La). *Vonne (La).*
Voneuilh près Poictiers; Vonolium; Vonolium prope Biarcium; Vonolium subtus Fenestram; Vonolium supra Byarcium; Vonologium; Vonnuyl; Vonuyl; Vonuyl près Poictiers. *Vouneuil-sous-Biard.*
Vonouyl; Vonneillium subtus Vigennam; Vonnuyl sus Vienne; Vonolium; Vonolium super Viganam; Vonolium supra Vigennam. *Vouneuil-sur-Vienne.*
Vonnet. *Vaonnet.*
Voon. *Vaon.*
Voonia. *Vonne (La).*
Voonolium. *Vouneuil-sous-Biard. Vouneuil-sur-Vienne.*
Voonul. *Vouneuil-sous-Biard.*
Vorda. *Veude (La).*
Vosaglinsis campus. *Vogladensis campus.*
Vosailha; Vosalia; Vosallia. *Vouzailles.*
Vosda. *Veude (La).*
Vosnant; Vosnent. *Vounant.*
Vosne (La). *Vonne (La).*
Vossalle. *Vouzailles.*
Voste (La). *Voûte (La).*
Vouerce. *Vorié.*
Vouillé. *Vouillés (Les).*
Voulhé. *Vouillé.*
Voulnant. *Vounant.*
Voulte (La). *Voûte (La).*
Voulx (La). *Lavoux.*
Voùne (La). *Vonne (La).*
Vouneil près Poictiers; Vouneil soubz Biard; Vouneil près Poicters; Vouneuil soubz Byart; Vouneuil sur Byard; Vouneul; Vounoilh soubz Fenestre; Vounuel. *Vouneuil-sous-Biard.*
Vouneil soubz Vienne; Vouneil sur Vienne; Vouneul sur Vienne. *Vouneuil-sur-Vienne.*
Vouriet. *Vorié.*
Vousaille; Vousalle. *Vouzailles.*
Vouste (La). *Voûte (La).*
Vousmartin (La). *Lavoux-Martin.*
Vousnant; Vousnent. *Vounant.*
Vousne (La). *Vonne (La).*

Vousneuil soubz Biard. *Vouneuil-sous-Biard.*
Vouyes (Les). *Vouis (Les).*
Voyllé. *Vouillé.*
Voyres. *Verro.*
Voyrines. *Vérine.*
Voyron (Rivault de). *Vérou (Le) (ruisseau).*
Voyroux (La). *Voie (La).*
Voysin; Voysins. *Vezin.*
Voysinère (La). *Vezinière (La).*
Vozaillia; Vozalhia. *Vouzailles.*
Vredière (La). *Verdière (La).*
Vregné; Vrigné. *Vergné.*
Vuartimpa. *Gartempe (La).*
Vueillart. *Veillard.*
Vulbon. *Vublon.*
Vuounuel. *Vouneuil-sous-Biard.*
Vuthedolium villa in vicaria Villena, 965 ou 966 (abb. de Nouaillé). — Lieu inconnu.
Vyenne (La). *Vienne (La).*
Vyvousne. *Vivonne.*

W

Wede (La); Wosda. *Veude (La).*

X

Xais letz-Vivonne. *Sais.*
Xancay; Xancayum; Xanceyum; Xanssay. *Sanxay.*
Xarta. *Lessart.*
Xautonne. *Sautonne.*
Xes. *Sais. Says.*

Y

Yadris (Parochia de). *Jardres.*
Ybeil; Ybeuil; Yboul; Ybueilh. *Ibeille.*
Ygranda; Ygrandisse. *Ingrande.*
Ymbaudière (L'). *Imbaudière (L').*
Ymbertières (Les). *Imbertière (L').*
Yncay. *Aincay.*
Yngranda. *Ingrande.*
Yssec; Yssiet. *Essier.*
Ysteuil; Yteuil; Ytolium; Ytuel; Ytuil. *Iteuil.*
Yvernoys. *Ivernay.*

Z

Zafoire. *Offoirs (Les).*
Zezinoialum; Zizolliolum. *Jazeneuil*

ADDITIONS ET CHANGEMENTS.

P. 2. Art. Âge (L'), c^{ne} d'Archigny; ajoutez: *L'Aage*, 1701, 1738 (seign. de Loubressay).

P. 8. Ajoutez: Anguitard (La Tour d'), anc. fief, c^{ne} de Chasseneuil. — *Fief et seigneurie d'Enguytard en Chasseneuil*, 1564; *la Tour d'Anguitard en Chasseneuil*, 1676 (arch. de la Soc. des antiq. de l'Ouest, seign. de Guignefolle). — *La Tour en Chasseneuil*, 1674 (fief d'Anguitard). — Ce fief relevait de celui d'Anguitard, à Poitiers; aux deux derniers siècles, il était possédé par les seigneurs de Guignefolle. Il ne reste point de vestiges du manoir ou tour d'Anguitard.

P. 11. Ajoutez: Arpinière (L'), f. près la Brignolle, c^{ne} de Vezières.

Art. Artron; ajoutez: Ancien fief relev. de la Cour d'Usson.

P. 12. Art. Aubertière (L'); ajoutez: *Les Aubertières*, 1279 (cart. de la Merci-Dieu, 270).

P. 15. Art. Azay, c^{ne} de la Roche-Posay; ajoutez: *Azaium*, 1228 (cart. de la Merci-Dieu, 11).

P. 44. Art. Bois-Garnault, c^{ne} de Vicq; ajoutez: *Hemericus de Boisguernaut*, 1220; *Aymericus de Boys Gernaut*, 1277 (cart. de la Merci-Dieu, 58 et 254).

P. 47. Art. Bois-Vent, c^{ne} de Saint-Pierre-d'Exideuil; ajoutez: Ancien fief relev. de Layré.

P. 48. Art. Boniotrie (La); ajoutez: Le fief de la Boniotrie ou des Minettières relevait de la bar. de Mortemer.

P. 49. Art. Bonnetalière (La); ajoutez: *La Bonnetallière*, 1559 (seign. de Loubressay).

Art. Bonnevaux; ajoutez: Bonnevaux était déjà habité par des moines au vi^e siècle, d'après la vie de saint Avit: *Adiit locum... qui vulgo Bonavallis vocatur, ubi tunc temporis monasterium regulariter constructum... ab incolis in maximi honoris reverentia habebatur* (Bolland. t. III, jun. p. 360).

P. 50. Art. Borde (La), c^{ne} de la Roche-Posay; ajoutez: *Grangia de Borda*, 1197 (cart. de la Merci-Dieu, 213).

P. 75. Ajoutez: Capeux (Les), à Vivonne. — *Village des Cappus au dessus du grand cimetière de Vivonne*, 1650; — *des Capeux*, 1673 (seign. de Vounant).

P. 81. Art. Cerné, c^{ne} de Chaunay; ajoutez: Anc. fief relev. de Layré.

P. 100. Art. Château-Milan; ajoutez: *Chastel Millent*, 1496 (seign. de la Grand'Maison).

P. 122. Art. Cholay; ajoutez: *Moulin de Chiolay*, 1409 (aveu de Moncontour).

Art. Choltière (La), c^{ne} de Tercé; au lieu de: Fief relev. de la bar. de Mortemer, lisez: Fief relev. de la châtell. de Normandoux unie à la bar. de Mortemer.

P. 142. Art. Couture (La), c^{ne} de Saint-Secondin; ajoutez: *Fief de la Cousture, alias la Maleschaite et Jouhet, au village de Morin*, 1610 (seign. de la Couture).

P. 167. Art. Flassac; ajoutez: *Moniales de Flasac*, 1247 (maison-Dieu, 127).

P. 184. Art. Garde (La), c^{ne} de Savigné; ajoutez: 1472 (abb. de Charroux).

P. 188. Art. Gautrie (La), c^{ne} d'Anois; ajoutez: *Gauteria*, 1428 (fam. Jousserant). — Anc. fief relev. de Layré.

P. 189. Art. Gayrie (La); ajoutez: *La Gayerie; la Gaierie*, 1528 (abb. de Charroux).

P. 197. Art. Grand'Maison (La), cne d'Alonne; ajoutez : *aultrement la Voulte*, 1598 (seign. de la Grand'-Maison), et, au lieu de : Fief relev. de la châtell. de Château-Larcher, lisez : Fief relev. en partie de la châtell. de Château-Larcher et en partie de la seign. de la Clielle.

P. 200. Art. Grassay, cne de Saint-Secondin; ajoutez : Il faut observer que ce lieu est situé près le Drion, affluent de la Clouère, à 8 kilomètres du Clain. Si donc l'indication donnée par le cartulaire de Bourgueil est exacte, il y aurait eu une autre localité du même nom sur le Clain.

P. 203. Art. Grollerie (La), cne d'Anois; ajoutez : *Groleria*, 1428 (fam. Jousserant). — Anc. fief relev. de Layré.

P. 213. Art. Jacquelin (Le), cne de Doussay; ajoutez : La dîme du Gué-Jacquelin constituait un fief relev. de la bar. de Mirebeau.

P. 215. Ajoutez : Jarrie (La), anc. fief, cne de Vivonne. — *Fief et seigneurie de la Jarrye*, 1650 (seign. de Vounant). — Ce fief, dont la mouvance est inconnue, était situé entre Vivonne et Cercigny.

P. 220. Art. Joussé; après ces mots : Le fief de Joussé, ajoutez : avec haute justice.

P. 229. Art. Leugny, cne de Saint-Jean-de-Sauves; ajoutez : *Luygné sur Sauve*, 1409 (aveu de Moncontour).

P. 238. Art. Lusignan; ajoutez : *Gaufridus de Lezinen*, vers 1250 (Arch. hist. du Poitou, t. VIII, p. 68). — *Jeufroi de Lixengnien*, 1268 (*ibid.* t. VIII, p. 35).

P. 249. Art. Marchais-Rond; ajoutez : Ce prieuré était tenu en franche aumône de la vicomté de la Guerche en Touraine, suivant un aveu de cette vicomté de 1669 (collection D. Housseau, t. XI, n° 4844, à la bibl. nat.).

P. 250. Art. Mardelon (Le); ajoutez : *Rivau de Mardallon*, 1498 (seign. des Roches près Loudun).

P. 279. Ajoutez : Morinière (La), lieu détruit, près Verlay, cne de la Roche-Posay. — *Villa de la Morinière, in parrochia Beati Martini de veteri Pozaio*, 1275 (cart. de la Merci-Dieu, 261).

P. 349. Art. Rémondière (La), cne de Thollet; ajoutez : Anc. fief relev. de la châtell. de Château-Guillaume (Indre).

P. 357. Art. Roche (La), cne d'Anois; ajoutez : *herbergamentum de Ruppe*, 1428 (fam. Jousserant). — Anc. fief relev. de Layré.

P. 391. Ajoutez : Salle (La), anc. fief à Voulême. — *La Salle*, 1405; *la Sale*, 1476; *la Salle Yaulx*, 1560 (fam. Jousserant). — Ce fief relevait de Layré.

P. 418. Art. Traversay, cne de Chaunay; ajoutez : Un hébergement en ce lieu relevait de Layré.